Nührmann
Das große Werkbuch Elektronik - Band 1

Ing. Dieter Nührmann

Das große Werkbuch Elektronik

Tabellen • Mathematik • Formeln • Wechselstromtechnik • Mechanik • SMD-Technik • Passive Bauelemente • Batterien • Solarzellen • EMV-Technik

Mit 845 Abbildungen und 300 Tabellen
6., neu bearbeitete und erweiterte Auflage

Franzis'

Die Deutsche Bibliothek – CIP-Einheitsaufnahme

Nührmann, Dieter:
Das große Werkbuch Elektronik / Dieter Nührmann. – Poing : Franzis.
ISBN 3-7723-6546-9
ISBN 3-7723-6545-0 (5. Aufl.)
NE : HST

Bd. 1. Tabellen, Mathematik, Formeln, Wechselstromtechnik, Mechanik, SMD-Technik, passive Bauelemente, Batterien, Solarzellen, EMV-Technik : mit Tabellen. – 6., neubearb. und erw. Aufl. – 1994

© 1994 Franzis-Verlag GmbH, 85586 Poing

Sämtliche Rechte - besonders das Übersetzungsrecht - an Text und Bildern vorbehalten. Fotomechanische Vervielfältigungen nur mit Genehmigung des Verlages. Jeder Nachdruck, auch auszugsweise und jede Wiedergabe der Abbildungen, auch in verändertem Zustand, sind verboten.

Satz: Kaltner Satz & Litho GmbH, 86399 Bobingen
Druck: Wiener Verlag, A-2325 Himberg
Printed in Austria - Imprimé en Autriche

ISBN 3-7723-6546-9

Das große Werkbuch Elektronik

– eine Einleitung und sein Gebrauch –

Wenn seit 1979 in fünf Auflagen weit über 100 000 Exemplare verkauft wurden, so ist das für ein Handbuch ein großer Erfolg. Wie ist das Buch entstanden? Wie läßt sich der Umfang von rund 3500 Seiten in der vorliegenden 6. Auflage erklären?
Zunächst, die Idee zu diesem Werkbuch entstand Ende der 70er Jahre durch ein Gespräch zwischen Herrn Georg Geschke, seinerzeit Verkaufs- und Werbeleiter des Franzis-Buchverlages, und mir, als ich meinen „Zettelkasten" mit Formeln, Schaltungen und Daten vorführte. So erschien 1979 die erste Auflage mit 650 Seiten. Die Elektronik eröffnete immer neue Möglichkeiten. So folgte die zweite Auflage. Es entstand stark erweitert die dritte Auflage. Die vierte Auflage 1983 hatte bereits über 1200 Seiten. Meine Leser honorierten den Aufwand, brachten mir aber auch ihre Wünsche für Ergänzungen und Verbesserungen nahe. So entstand im Dezember 1988 die zweibändige 5. Auflage. Technische Neuerungen und wieder die Wünsche meiner Leser bildeten die Basis für die jetzt vorliegende dreibändige 6. Auflage. Soweit möglich und erforderlich wurden Themen und Ergänzungen aus dem Jahr 1994 berücksichtigt. An dieser Stelle möchte ich meinen Dank für die Mitarbeit an den vorherigen Auflagen erneut für Herrn Thomas Meyer-Veit, der im mathematischen Bereich das Smith-Diagramm ergänzt hat, sowie Herrn Jens-Uwe Rumsfeld, der im ersten Kapitel einen Teil der Tabellen über Metalle und Kunststoffe auf den neuesten Stand brachte, aussprechen. Herr Klaus Petersen (Technical Marketing Manager PHILIPS-Semiconductors) erarbeitete die PLD-Unterlagen und den Bereich µP-Technik und Herr Dipl.-Ing. B. Pahl, ebenfalls PHILIPS, beschrieb die µC-Technik. Herrn Horst Erben im Franzis-Verlag gebührt Lob für die Koordinierung der Herstellarbeit. Um die 6. Auflage zu bearbeiten, standen mir die Monate März bis Juni 1994 zur Verfügung. Mit dieser kurzen Einleitung versuche ich, die immer wieder an mich gestellte Frage zu beantworten: Wie entsteht bei Ihnen das Werkbuch?
Wer braucht das Werkbuch? Viele Leser der vorherigen Auflagen haben es für die tägliche Arbeit und ihr Studium schätzen gelernt. Der Werkbuch-Leser ist Praktiker. Er ist im Elektroniklabor und in der Hochschule tätig. In den Bundesbehörden und Ingenieurschulen wird es benutzt. Laboratorien, große und mittelständische Betriebe der Industrie, die mit der modernen Elektronik konfrontiert werden, z. B. im Kfz-Gewerbe, der Robotertechnik und der Büroelektronik, finden im Werkbuch ihre Informationen. Ein weiteres, erhebliches Leserpotential liegt im Bereich der professionell begeisterten Elektronik-Praktiker, der Amateurfunker und in all den Berufszweigen, die artverwandte Bereiche aus der praktischen Elektronik nutzen müssen.

Zum Werkbuch und seiner Benutzung soll noch folgendes gesagt werden: Das bewährte Grundkonzept der vorherigen Auflagen wurde beibehalten. Das Werkbuch ist kein Lehrbuch, sondern es ist für die tägliche Laborpraxis geschaffen worden. Das zeigen die vielen Oszillogramme, die dem Leser einen leichten Einstieg in komplexe Vorgänge bieten.

Zu den Unterlagen für die Berechnung einer Schaltung möchte ich noch folgenden Hinweis geben. Ein Bauteil oder eine Schaltung verhält sich nie so, wie es sich mit der Schulweisheit errechnen läßt. Das liegt ganz einfach daran, daß zu viele Parameter des Aufbaus oder des Bauteiles selbst, sich entgegen der Hochschultheorie verhalten. Aus diesem Grund sind mathematische Berechnungen nur eine erste Hilfe für die Ermittlung bestimmter Größen einer Schaltung. Der praktische Aufbau zeigt grundsätzlich erst später durch Messungen, inwieweit Theorie und Praxis mit den Planungen und Berechnungen übereinstimmen. Das beste Beispiel ist der Aufbaueinfluß von Hochfrequenzschaltungen oder das der nicht bekannten Parameter von Transistoren, die in Lehrbüchern für die dort erklärten Vorgänge aber stillschweigend vorausgesetzt werden. Aus diesem Grund sind die in diesem Werkbuch benutzten Angaben so praxisnah wie möglich gehalten und in vielen Fällen aus eigener Laborpraxis bestätigt.

Ich möchte diese naturgegebenen Tatsachen durch ein vernünftiges Zitat eines Klebemittel-Herstellers untermauern:

„Hinweis: Diese Richtlinien haben wir aufgrund zahlreicher Versuche und Erfahrungen zusammengestellt. Bei der Vielfalt der Materialien und Kombinationsmöglichkeiten empfehlen wir jedoch erforderlichenfalls eigene Versuche durchzuführen, um die Klebetechnik dem speziellen Anwendungsfall anzupassen. Für die Ergebnisse und Schäden jeder Art können wir im jeweiligen Anwendungsfall keine Verantwortung übernehmen, da sich bei den vielfältigen Möglichkeiten (Werkstofftypen, Werkstoffkombinationen und Arbeitsweise) die mitspielenden Faktoren unserer Kontrolle entziehen."

Das dreibändige Werkbuch in seiner 6. Auflage bietet jedem Elektroniker die Möglichkeit, diese eben zitierte Problematik zwischen Theorie und Praxis verstehen und berücksichtigen zu lernen.

Das Thema Mikroprozessor-Technik ist im Werkbuch enthalten. Dafür sind auf den ersten Blick wenige Seiten benutzt worden. Warum? Die heutigen Datenbücher der µP-Hersteller behandeln eine Familie mit Daten und Beispielen auf über 800 Seiten – mit englischem Text. Nehmen Sie die fünf wichtigsten µP-Typen, so haben sie 4000 Seiten vor sich. Das sprengt jeden Rahmen, auch den des Werkbuches. Ich habe mich mit mehreren Profis aus dem „µP-Clan" unterhalten. Ergebnis: Es kann kein umfassendes Werk über µP-Praxis geben. Der Umfang ist zu groß, der Aufwand zu teuer und die Wandlung auf dem Markt zu rasant. Haben Sie deshalb bitte Verständis, weshalb dieses Thema begrenzt wurde.

Dem Trend der Zeit folgend, soll darauf hingewiesen werden, daß spezielle Datenveröffentlichungen von Großfirmen zukünfig auch für den deutschen Sprachraum – auf englisch – erfolgen.

Über den Inhalt der 6. Auflage möchte ich an dieser Stelle keine weiteren Angaben machen. Ich empfehle meinen Lesern, vor dem Gebrauch des Buches, das in jedem Band enthaltene vollständige Inhaltsverzeichnis sorgfältig zu lesen. In der Praxis werden Sie später sicher am häufigsten mit dem über 5000 Stichworte umfassenden Sachregister arbeiten. Das ist der schnellste Zugriff zu dem gewünschten Thema. Die drei Bände sind mit ihren etwa 3500 Seiten durchnumeriert, so daß ein leichtes Auffinden des jeweiligen Sachgebietes einfach ist.

Ich danke meinen Lesern für das Vertrauen, das Sie auch in die 6. Ausgabe setzen. Ich bin Ihnen auch dankbar für Verbesserungen und Anregungen, die sich bei der Benutzung herausstellen.

Herbst 1994 *Dieter Nührmann*

Hersteller und deren Produktionsbereiche

Die Themen des „Großen Werkbuch Elektronik" sind breit gefächert. Sie sind zu einem großen Teil aus eigenen Laborunterlagen, aber auch mit Unterstützung vieler Industriefirmen entstanden. Diese Firmen haben mir unfangreiches Schrifttum aus ihrer Praxis zur Verfügung gestellt. Ich danke an dieser Stelle allen beteiligten Firmen für die mir überlassenen Informationen, die eine entsprechende Berücksichtigung fanden.
Insbesondere den Firmen SIEMENS und PHILIPS gilt mein Dank, die nicht nur technische Informationen und Schriften, sondern auch eigene Laborunterlagen zur Verfügung stellten.
Allen im folgenden nicht genannten Firmen sei ebenso gedankt. Schreiben Sie mir, wenn Ihnen eine Erwähnung wünschenswert und gerechtfertigt erscheint. Die nachstehend genannten Unternehmen unterstützten mich u. a. mit ihren Datenbüchern, technische Unterlagen und direkten Auskünften.

Assmann – Kühlkörper
BAPT – Bundesamt für Post- und Telekommunikation, Mainz
BASF – Kunststoffe und Software, Ludwigshafen
CadSoft Computer GmbH – EAGLE-Software, Pleiskirchen
Daimon – Batterien
EUPEC (AEG – SIEMENS) – Leistungshalbleiter, München
F + G Unternehmensbereich der Philips AG – Kabel
Fischer Elektronik – Kühlkörper
Frako – Kondensatoren
Fuba – Antennen
Grundig AG, Fürth
Heimann – Infrarotdektoren, Wiesbaden
Henkel + Cie. – Kleber
Hirschmann – Antennen
ITT (INTERMETALL) – Halbleiter
Kontakt-Chemie – Technische Sprays
Litz Elektronik GmbH – Software
Marconi – Meßtechnik
Motorola – Halbleiter
National Semiconductor – Halbleiter
NDR (Norddeutscher Rundfunk) – Frequenzpläne, Hamburg
NDR – Meßstelle, Wittsmoor
Papst – Lüfter, St. Georgen

Philips – Audio-Video-Technik, Hamburg
Phillips GmbH – Röhren- und Halbleiterwerk, Hamburg
Philips Optoelectronics Centre, Eindhoven
Philips Semiconductors, Hamburg
Philips Components, Hamburg
Preh – Potentiometer
Quarzkeramik GmbH – Quarztechnik
Radio Bremen – Bereich HF-/Sender-Technik
Rosenthal – Hochlastwiderstände
Ruwido – Potentiometer
Siemens AG, München
Siemens AG – Bereich Halbleiter
Siemens AG – Bereich passive Bauelemente und Röhren
Siliconix – Halbleiter
Stettner u. Co. – u. a. Quarztechnik
Solar Computer – Software
Tektronix, Köln
TEMIC Telefunken microelectronic GmbH – Halbleiter, Heilbronn
Texas Instruments
UHU-Linger + Fischer – Kleber, Bühl
Varta – Batterien, Hannover
Vogt – Spulen und Kernmaterial, Erlangen
Westermann – Kondensatoren, Mannheim
WISI – Antennen, Niefern
Ziegler Instruments – Software

Hinweise zu weiterführender Literatur

Die Unterlagen zu den einzelnen Kapiteln entsprechen der fünften Auflage des „Großen Werkbuch Elektronik". Für neue Kapitel und die Erweiterung der bekannten Themen standen verschiedene Aufzeichnungen zur Verfügung:

- Aus vorhandenen Unterlagen eigener Laborpraxis. Formeln finden Sie teilweise mit anderen Korrekturfaktoren als evtl. bekannt vor. Diese Werte wurden duch Versuche aus der Praxis ermittelt und geben gute Näherungswerte für Ihre Anwendungen.

- Eigene Studienunterlagen verschiedener Fachrichtungen der Nachrichtentechnik.

- Unterlagen, die von mir an ein bekanntes Fernlehrinstitut geliefert wurden.

- Technische Schriften mit Formelansätzen aus der Praxis der Halbleiterindustrie, wie z. B. von den Firmen TELEFUNKEN electronic, ITT (INTERMETALL), MOTOROLA, RCA, NS, SIEMENS, PHILIPS und weiter sind berücksichtigt worden, wenn dieses für den praktischen Entwurf und für die Berechnung von Schaltungen erforderlich war. Angegebene Schaltungen sind in den meisten Fällen mit Bauelementen der obengenannten Firmen ausgeführt worden. Technische Schriften der Firmen GRUNDIG und PHILIPS ergänzen den Audio-Video-Themenkreis.

- Informationen aus Zeitschriften und Büchern, aus Deutschland, USA, England und Japan der Jahre 1938 bis 1994, wurden laufend für die eigene Labortätigkeit benutzt und für die praktische Anwendung erweitert. Wichtige neue Themenkreise konnten so nach Laboruntersuchungen in der 6. Auflage des „Großen Werkbuch Elektronik" berücksichtigt werden.

- Technische Informationen der Firma MOTOROLA, NS, RCA, SIEMENS, TEXAS, INSTRUMENTS, SILICONIX, TELEFUNKEN electronic, VALVO, PHILIPS, WISI, KATHREIN, HIRSCHMANN, PABST, u. a.

- Sollten Sie ergänzende Literatur benötigen, sendet Ihnen der Franzis-Verlag, Gruberstr. 46a, 85586 Poing (Telefon 0 81 21/7 69-0, Telefax 0 81 21/7 69-479) gerne sein Gesamtverzeichnis über Elektronik-Fachbücher

Wichtiger Hinweis

Der Autor übernimmt keine Gewähr dafür, daß die hier veröffentlichten Schaltungsunterlagen, Beschreibungen, Berechnungen, Verfahren oder technische Hinweise frei von Patent-, Genehmigungspflicht- und/oder Schutzrechtsansprüchen Dritter sind. Die Unterlagen sind ausschließlich für Studien- und Lehrzwecke sowie als Grundlageninformation für Forschung und Laboratorien gedacht. Bei gewerblicher und ähnlicher Nutzung der Unterlagen oder daraus hervorgehenden Schaltungsanwendungen empfiehlt es sich daher für den Anwender, die Patentsituation entsprechend zu klären und sich gegebenenfalls um Lizenzen zu bemühen. Autor und Verlag können hierüber keine Auskunft geben. Bei geplanten Serienfertigungen sind genaue Bauelementespezifikationen mit deren möglichen Applikationen direkt beim Hersteller einzuholen.
Planungsunterlagen für Sender und Empfänger sind nur für den befugten Labortechniker zu verstehen. In diesem Zusammenhang soll auf die einschlägigen Bestimmungen des Fernmeldegesetzes hingewiesen werden. Bei sämtlichen Versuchsaufbauten, die Teile von VDE- und/oder EMV-Bestimmungen berühren, sind vorher die Schriften über die einschlägigen Schutz- und Sicherheitsbestimmungen einzulesen und dann in der Praxis zu berücksichtigen.
Alle Schaltungen, technische Angaben und Formelansätze in diesem Buch wurden vom Autor mit größter Sorgfalt erarbeitet, zusammengestellt, teilweise im eigenen Labor erprobt sowie unter Einschaltung von weiteren Kontrollmaßnahmen reproduziert. Trotzdem sind Fehler bei der Herstellung der drei Bände nicht auszuschließen. Der Verlag und der Autor sehen sich deshalb gezwungen, darauf hinzuweisen, daß sie weder eine Garantie für die Richtigkeit noch die juristische Verantwortung oder irgendeine Haftung für Folgen, die auf fehlerhafte Angaben zurückgehen, übernehmen können oder werden. Das Buch gibt keine aktuellen Lieferhinweise und/oder – Garantien der Lieferbarkeit von Bauelementen. Bauelemente entsprechender Firmen dienen in diesem Buch lediglich der Erklärung von Eigenschaften, Anwendungen und Schaltungen.

Für Mitteilung evtl. Fehler ist der Autor jederzeit dankbar.

Inhalt

1 Praktische Entwurfsdaten der Elektronik

1.1 Tabellenteil 1

Basisgrößen, Einheiten, technische Formelzeichen 1

Tab. 0.1	Basisgrößen, Basiseinheiten	6
0.1.1	Abgeleitete SI-Einheiten mit eigenem Namen (Kurzübersicht)	7
0.1.2	Gesetzliche Einheiten, welche keine SI-Einheiten sind	7
0.1.3	Alphabetisch geordnete SI-Sachruppen	10
0.1.4	Bezeichnung dekadisch vervielfachter Einheiten	10
0.2	Atomphysikalische Einheiten und Größen	10
0.3	Abgeleitete Einheiten – Länge, Fläche, Volumen	10
0.4	Abgeleitete Einheiten – Masse, Zeit, Beschleunigung	11
0.5	Abgeleitete Einheiten – Kraft, Energie, Leistung	11
0.6	Abgeleitete Einheiten der Elektrotechnik	12
0.7	Abgeleitete Einheiten – Temperatur, Licht	12
0.8	Überholte Einheiten	13
0.9	Beschränkt gültige Einheiten	13
0.10	Formelzeichen und Einheiten mechanischer Größen (ehemalige Systeme)	14
0.11	Formelzeichen und Einheiten elektrischer und magnetischer Größen (ehemalige Systeme)	14
0.12	Wärmeleitzahl	14
0.13	Wärmeübergangszahl	15
0.14	Umrechnung von Temperatureinheiten	15
0.15	Umrechnung von amerikanischen und englischen Einheiten in SI-Einheiten	16
0.16	Universelle Konstanten aus der Physik	18

Tabellen 1	**Chemische Eigenschaften von Stoffen**	19
1.1	Periodisches System der Elemente	20
1.2	Kennwerte der Elemente	21
1.3	Austrittsarbeit	22
1.4	Ionisierungsspannung	23
1.5	Elektrochemische Spannungsreihe	23
1.6	Wichtige Chemikalien und ihre Lösungsmittel	24
1.7	Ätzlösungen für feste Stoffe	26
1.8	Beständigkeit organischer Isolierstoffe in unterschiedlichen Medien	27
1.9	Eisenwerkstoffe und ihre Begleitelemente	29
1.10	Einfluß von Begleit- und Legierungselementen im Stahl auf die Werkstoffeigenschaften	29

Tabellen 2	**Physikalische und technische Eigenschaften von Metallen, Legierungen und technischen Stoffen**	30
2.1	Elektrothermische Spannungsreihe	32

2.2	Physikalische Daten – Dichte – Wärme – Festigkeit	33
2.2.1	Spezifische Daten	33
2.2.2	Festigkeitswerte	37
2.2.3	Verschiedene Wärmewerte technischer Stoffe	39
2.2.4	Weitere Eigenschaften von Metallen und Legierungen	49
2.2.5	Thermische Ausdehnung verschiedener Metalle	50
2.2.6	Legierungen mit besonders niedrigem Schmelzpunkt	50
2.3	Technische und physikalische Eigenschaften von Kupfer und Kupferlegierung	50
2.3.1	Mechanische Eigenschaften von Kupferlegierungen	50
2.3.2	Physikalische Eigenschaften von Kupferlegierungen	53
2.4	Aluminium in der Elektrotechnik	55
2.4.1	Physikalische Eigenschaften von Reinaluminium	55
2.4.2	Aluminiumlegierungen in der Elektrotechnik	55
2.5	Messinglegierungen	55
Tabellen 3	**Isolierstoffe, Daten und Eigenschaften**	**56**
3.1	Kunststoffe, ihre Hersteller und Handelsnahmen	57
3.2	Schaumstoffe, Gießharze, Wachse und Pasten	60
3.3	Kautschukarten	61
3.4	Anwendungsbereiche häufig verwendeter Kunststoffe	61
3.5	Elektrische und thermische Eigenschaften von Isolierstoffen	63
3.6	Physikalische, mechanische und thermische Eigenschaften von Kunststoffen	64
3.7	Technische Eigenschaften von Schichtpreßstoffen (Platinbasismaterialien)	65
3.8	Technische Eigenschaften von Kunststoffolien	66
3.9	Technische Eigenschaften von Lackdrähten	67
3.10	Dielektrizitätszahl, Verlustfaktor und Durchschlagsfestigkeit wichtiger Stoffe	68
3.11	Kunststoffe mit hoher Temperaturbeständigkeit	70
3.12	Wärmeklassen der Isolierstoffe nach VDE 0530	70
3.13	Kurzzeichen zur Kennzeichnung besonders behandelter Kunststoffe	71
3.14	Häufig verwendete Verstärkungsstoffe	71
Tabellen 4	**Ausgewählte Werkstoffe für spezielle Anwendungen in der Elektronik**	**72**
4.1	Permeabilitätszahlen (μ_r)	72
4.1.1	Ferromagnetische Stoffe $\mu_r \gg 1$	72
4.1.2	Diamagnetische Stoffe $\mu_r \approx 1$ (< 1)	73
4.1.3	Paramagnetische Stoffe $\mu_r \approx 1$ (> 1)	73
4.2	Widerstandsänderungen von Leitern bei Erwärmung	73
4.2.1	Widerstandsänderungen bei Kupferdrähten	74
4.2.2	Widerstandsänderungen bei Wärme – reine Metalle	75
4.2.3	Widerstandsänderungen bei Wärme – Legierungen	76
4.2.4	Widerstandsänderungen bei Wärme – Heizleiter	78
4.3	Kontaktwerkstoffe	79
4.3.1	Eigenschaften wichtiger Kontaktwerkstoffe – Übersicht	80
4.3.2	Technische Eigenschaften von Kontaktwerkstoffen	81
4.4	Bimetalle	83
4.5	Thermoelemente	84
4.6	Lote, ihre Schmelzpunkte und Anwendungen	85
4.6.1	Schmelzpunkte von Loten – Übersicht	86
4.6.2	Weichlote (DIN 1707) – Richtwerte	86

4.6.3	Hartlote (DIN 8513) – Richtwerte	87
4.6.4	Gewichte von Blechen	87

Tabellen 5	Tabellen für Leiterkabel und Leitermaterialien, Transformatoren und Spulendrähte, Sicherung von Stromkreisen, KFZ-Daten	88
5.1	Stromdichte und Querschnitt von Drähten	88
5.2	Mindestdurchmesser von Kupferdrähten für gegebene Strombelastung	90
5.3	Lackrunddrähte aus Kupfer für Transformatoren und Spulen (DIN 46435)	90
5.4	Kerndurchmesser – Außendurchmesser	92
5.5	Mögliche Windungszahlen je 1 cm Wickellänge	93
5.6	Mögliche Windungszahlen je Quadratzentimeter Wickelquerschnitt	94
5.7	Widerstandstabelle für Kupferdrähte	95
5.8	Amerikanische Drahttabellen (A.W.G.)	96
5.9	Kurzzeichen wichtiger Isolier- und Mantelwerkstoffe von Kabeln	97
5.10	PVC-isolierte Kupferleitungen für Kraftfahrzeuge	98
5.11	KFZ-Sicherungen	99
5.12	Zulässiger Spannungsverlust im KFZ-Bordnetz	99
5.13	Klemmenbezeichnungen im KFZ nach DIN 72552	100
5.14	Widerstandstabelle verschiedener Leitermaterialien	100
5.15	Widerstandstabelle der Gruppe Resistin-Isabellin-Konstantan (DIN 17471)	103
5.16	Kenndaten von Sicherungen und Stromversorgungsleitungen	104

Tabellen 6	Daten der Funk- und Fernsehtechnik	105
6.1	Frequenzen und Wellenlängen elektromagnetischer Schwingungen	105
6.2	Umrechnung Frequenz und Wellenlänge	108
6.3	Ausbreitungseigenschaften einzelner Frequenzbereiche	109
6.4	Verwendung wichtiger Frequenzbereiche	110
6.5	Benennung und Aufteilung der Bereiche von 1 GHz – 100 GHz	123
6.6	Öffentlicher Landstraßenfunk (Auszug)	124
6.7	Übersicht über Radaranlagen im GHz-Bereich	128
6.8	Fernsteuerfrequenzen	128
6.9	CB-Betriebsfrequenzen und Kanalnummern	130
6.10	Relaisfunkstellen – Amateurfunk	130
6.11	Rufzeichenverteilung für Amateurfunkstellen im Bereich der DB	131
6.12	Sendearten – Amateurfunk	132
6.13	Einteilung der Amateurfunkfrequenzbereiche	134
6.14	Amateurbänder von 1,7 MHz – 24 GHz	136
6.15	Q-Abkürzungen	138
6.16	Abkürzungen im Amateurfunkverkehr	139
6.17	Internationales Morse- und Buchstabieralphabet	141
6.18	Der RSM- und SINPO-Code im Amateurfunkverkehr	141
6.19	Kanalaufteilung Band II (UKW 87,5 – 104 MHz)	142
6.20	UKW-Rundfunksender der ARD mit Verkehrsdurchsagen, und die Programme 1...5	143
6.21	Spannungswerte für Rundfunk- und Fernsehempfang	149
6.22	Nomogramm der Normpegel für Antennenanlagen	150
6.23	Internationale Fernsehsysteme	151
6.24	Übertragungsnormen und Anschlußdaten (Fernsehen)	152
6.25	Kanalverteilungen nach Ländern	156
6.26	Sonderkanäle (Kabelfernsehen)	159

Inhalt

6.27	SAT-Daten (Fernsehen)	171
6.28	ASTRA 1A, B, C, D Programme, Frequenzen, Tansponder, Polarisationen	175
6.29	FBAS-Signalwerte	176

Tabellen 7	**Zeichnungs- und Bauteilenormung**	178
7.1	Elektronische Schaltzeichen	178
7.2	Symbole für Meßgeräte (DIN 43780)	196
7.3	Prüfspannungen lt. VDE 0410	197
7.4	Gehäuseformen und Baumaße von Transistoren	197
7.5	Dioden-Gehäuseformen	215
7.6	IC-Gehäuseformen	217

Tabellen 8	**Steckverbindungen**	219
8.1	Stecker und Buchsen für die HiFi- und Videotechnik	219
8.2	Kontaktbelegung der EURO-AV-(SCART-)Buchse	223
8.3	Technische Daten der SCART-Schnittstelle	226
8.4	Kontaktbelegungen von funkgesteuerten Rudermaschinen	228
8.5	Montagehilfe für BNC-N-UHF-Buchsen	230

Tabellen 9	**Kennzeichnung und Codierung von elektronischen Bauelementen**	232
9.1	Die IEC-Normreihe	232
9.2	DIN-Reihe (veraltet)	237
9.3	Der Farbcode	237
9.4	Farbcode für Kondensatoren	238
9.5	Erläuterungen und Ergänzungen zum Farbcode	238
9.6	Typkennung, Herstellercode und Firmen von Halbleiterbauelementen und Spezialröhren	244

Tabellen 10	**Technische Schutzmaßnahmen des Arbeitsplatzes (E-Labor)**	250

Tabellen 11	**Daten der NF-Technik**	254
11.1	Signalquellen der NF-Technik	254
11.2	NF- und HiFi-Meßtechnik / Grundbegriffe	254

Tabellen 12	**Schall- und Tontechnik**	264
12.1	Schallgeschwindigkeit	264
12.1.1	Elastizitätsmodul	266
12.1.2	Schallgeschwindigkeit C	266
12.1.3	Wellenlängen verschiedener Frequenzen für Luft (20° C)	268
12.2	Tonbereich von Musikinstrumenten	268
12.3	Frequenzbereiche von Stimmen und Instrumenten	269
12.4	Obertöne von Sprache und Musik	269
12.5	Klangspektren von Musikinstrumenten	270
12.6	Einfachste Tonintervalle	270
12.7	Normalton $a_1 = 440$ Hz und die Tonleiter $c - c_2$	270
12.8	Frequenzbereiche (8 Oktaven) in der Musik	271
12.9	Frequenzbereiche nach Altersstufen	271

12.10	Schallabsorptionsgrad in %	271
12.11	Schalldämmzahl D	272
12.12	Schallabsorption in %	273
12.13	Schallintensität und abgeleitete Größen (ebene Wellen)	273
12.14	Phonskala	276
12.15	Schalldrücke von Musikinstrumenten in 1 m Abstand	277
12.16	Schalleistung von Sprache und Musikinstrumenten in 1 m Abstand	277
12.17	Schallstärke in Luft bei 20° C und 760 Torr	278
12.18	Schalldruck und Schallstärke bei der Phonskala	278
12.19	Amplituden- und Leistungsverhältnis in dB	279
1.2	**Mathematik**	**280**
1.2.1	**Kurzdaten**	280
	A Die Basiseinheiten und Größen mit den zugehörigen Kurzzeichen	280
	B Die wichtigsten Größen und SI-Einheiten für die Elektronikpraxis	280
	C Oft benötigte Umrechnungen	281
	D Wichtige Konstanten für die Elektronikpraxis	282
	E Häufig benutzte Zahlen	283
	F Normzahlen	283
	G Mathematische Zeichen (DIN 1302)	283
	H Kurzzeichen zur Bezeichnung von Vielfachen und Teilen der Einheiten	284
	I Römische Ziffern	284
	K Griechisches Alphabet	284
	L Russisches Alphabet	284
	M Oft benutzte Indizes und Bezeichnungen	285
	N Zählpfeile	288
	O Übersicht häufig benutzter mathematischer Kurvenformen	290
1.2.2	**Arithmetik**	293
	A Grundrechenarten	293
	B Definitonen von Mittelwerten	294
	C Potenzen	295
	D Wurzeln	295
	E Logarithmen	296
1.2.3	**Imaginäre Zahlen – Darstellung komplexer Zahlen**	298
	A Imaginäre Zahl j	298
	B Komplexe Zahlen	299
1.2.4	**Geometrie – Trigonometrie**	305
	A Trigonometrische Funktionen	305
	B Cofunktionen und deren Zusammenhänge	307
	C Einheitskreis und Kreisfunktionen	307
	D Umrechnungen von triginometrischen Funktionen	308
	E Inverse trigonometrische Funktionen und Umrechnungen von Winkel- in Bogenmaß	309
	F Gegenüberstellung der Arcusfunktionen im Liniendiagramm	311

1.2.5 Das Smith-Kreisdiagramm (Smith Chart) 312

- A Die Bedeutung des Liniennetzes im Smith-Kreisdiagramm 312
- B Das Smith-Diagramm selbst konstruiert 316
- C Maßstab und Normierung im Smith-Diagramm 316
- D Das Smith-Diagramm als Scheinwiderstandsnetz oder als Scheinleitwertnetz ... 317
- E Verhalten von Bauelementen in der Wechselstromtechnik und deren Berechnung (siehe auch 1.4.3) 319
- F Die grafische Methode der Umwandlung komplexer Serienwiderstände in äquivalente Parallelwiderstände und umgekehrt 322
- G Die grafische Methode der Umwandlung komplexer Serienwiderstände in äquivalente Parallelwiderstände 325
- H Die grafische Darstellung der Parallelschaltung mit veränderlichem Blindwiderstand (Variation der Frequenz) 330
- I Die grafische Darstellung der Parallelschaltung mit veränderlichem Wirkwiderstand bei konstanter Frequenz 332
- K Die grafische Darstellung der Serienschaltung mit einem veränderbaren Blindwiderstand (Variation der Frequenz) 333
- L Die grafische Darstellung der Serienschaltung eines Blindwiderstandes mit veränderbarem Wirkwiderstand bei konstanter Frequenz 334

1.2.6 Flächen- und Körperberechnungen 335

- A Flächen 335
- B Körper 337

1.2.7 Mechanische Gesetze 340

- A Arbeit – Leistung – Kraft 340
- B Geschwindigkeit 341
- C Zerlegung von Kräften 341
- D Seil und Rolle 342
- E Schiefe Ebene 344
- F Kreisende Bewegung 344

1.3 Zusammenfassung wichtiger Formeln für die Schaltungsberechnung 345

- A Spannung – Strom – Widerstand – Leistung 345
- B Spannungsteilung 347
- C Strom- und Spannunsverzweigung 348
- D Blind- und Scheinwiderstände 349
- E Grenzfrequenzen 353
- F Resonanzkreise 354
- G Bandspreizung 355
- H Transformator 356
- I Frequenzumrechnungen 357
- K Kondensatoren 358
- L Zeitkonstante 358
- M Induktivität 359
- N Wechselstromtechnik 359
- O Sondergebiete 361
- P Kurvenanalyse (Fourier) 363

1.4	**Grundlagen zur Berechnung von Elektronikschaltungen**	367
1.4.1	Das ohmsche Gesetz in der Gleichstromtechnik	367
1.4.2	Blindwiderstände in der Wechselstromtechnik	372
1.4.3	Komplexe Widerstände	378
1.4.4	Parallel- und Serienschaltung von Bauelementen	382
1.4.5	Transformation von Netzwerkschaltungen	386
	A π- und T-Glied Umrechnungen	386
	B Widerstände	386
	C Widerstand und Induktivität	387
	D Widerstand und Kondensator	388
	E Dreieck-Sternschaltung	389
	F Impedanzanpassung mit Widerstandsnetzwerken	389
	G Entkopplung – Anschluß mehrerer Verbraucher an einen Generator	398
1.4.6	**Tiefpaß und Hochpaß in der Wechselspannungstechnik**	400
	A Hochpaß-Differnzierglied	400
	B Tiefpaß-Integrationsglied	404
	C Zusammenhang Bandbreite – Flankensteilheit – Zeitkonstante	407
1.4.7	**R-C- und R-L-Zeitkonstante – Impulsverhalten**	411
	A R-C- und C-L-Zeitkonstante	411
	B Impulsdefinitionen	417
	C Integration und Differentation von Impulsen und Impulsfolgen	422
1.4.8	**Pegelrechnungen in der Übertragungstechnik**	429
	A Relativer Pegel	429
	B Absoluter Pegel	433
	C dB-Werte und ihre Skalenzuordnung bei Meßgeräten	440
1.49	**Rauschspannungen**	441
	A Widerstandsrauschen	441
	B Antennenrauschen	450
	C Kreisrauschen – L-C-Komponenten	451
	D Transistorrauschen	453
	E Störabstand der Nachrichtenübertragung	455
1.4.10	**Skineffekt**	455
2	**Mechanik und mechanische Baugruppen der Elektronik**	**461**
2.1	**Mechanik**	462
2.1.1	**Hilfsmittel und Hinweise für die mechanische Bearbeitung von Stoffen**	462
	A Kühlung und Schmiermittel	462
	B Auslaufseiten beim Bohren	462

		C Hilfsmittel für das Abkanten von Blechen	462
		D Werkzeuge mit Hartmetallschneiden	462
		E Festhaltewerkzeuge	463
		F Meßwerkzeuge	463
2.1.2		**Schneidende und spanabhebende Vorgänge und Werkzeuge**	464
		A Schneiden	464
		B Sägen	464
		C Feilen	465
		D Bohren	466
		E Gewindebohren und Schneiden	469
		F Sonderlochwerkzeuge	472
2.1.3		**Löten und Schweißen von Werkstoffen**	473
		A Weichlöten	473
		B Hartlöten	474
		C Schweißen	474
2.1.4		**Kleben und Klebstoffe**	475
		A Einkomponentenkleber	476
		B Einkomponentenkleber auf Cyanarcrylat-Basis (Sicomet)	481
		C Einkomponentenkleber auf Cyanarcrylat-Basis (UHU-Sekundenkleber)	486
		D Anlösende Kleber (Verschweißung, Quellschweißen)	489
		E Zweikomponentenkleber (Epoxid-Basis)	490
		F Heißklebeverfahren	502
2.1.5		**Werkstoffe für Chassis, Frontplatten, chemische Schutzmittel**	502
2.1.6		**Anreißen, Biegen, Formen von Werkstoffen**	506
		A Anreißen und Biegen	506
		B Papierformate	507
		C Maßstab von Zeichnungen	507
		D Strichbreite von Linien	507
		E Normschrift	508
		F Konstruktionshilfen	508
		G Ansichten von Konstruktionsteilen	511
		H Perspektivische Darstellung	511
		I Maßeintragungen bei allgemeinen Konstruktionen	512
		K Bearbeitungszeichen	512
2.2		**Die Mechanik für besondere elektronische Baugruppen und Schaltungen**	513
2.2.1		**Mechanische Bauteile, Steckverbindungen**	513
		A Bauteile	513
		B Steckverbindungen	517
		C Steckverbinder DIN 41612, Reihe 1	519
		D Rastermaß elektronischer Bauelemente	521

2.2.2		Entstörmaßnahmen	522
	B	Bauelemente für die Entstörung	540
	C	Funkenlöschung – Begrenzung von Induktionsspannungen	598
	D	Entstörmaßnahmen im Schaltungsaufbau	600
2.3		**Die mechanischen und elektrischen Daten der Printplatte**	615
	A	Herstelldaten	615
	B	Leiterbahnwiderstand	621
	C	Strombelastbarkeit	623
	D	Isolationswiderstand von Leitern	625
	E	Leiterbahninduktivitäten	626
	F	Kapazitäten von Leiterbahnaufbauten	631
	G	Technologie und Herstellung von Leiterplatten	632
	H	Praxis der Herstellung	635
	I	Herstellung von ALU-Frontplatten und Formteilen mit Fotospray – Positiv 20	641
	K	Mögliche Fehler, Ursachen und deren Behebung beim Arbeiten mit Fotokopierlack	642
	L	Hinweise über die Behandlung von gedruckten Schaltungen	644
2.4		**Kühlung von Halbleiterbauelementen**	648
	A	Grundsätzliches	648
	B	Definitionen und Formelzeichen	648
	C	Leistungsbilanz bei Halbleiterbauelementen	649
	D	Wärmewiderstände bei verschiedenen Montage- und Kühlarten	651
	E	Der Wärmeabgabewiderstand	661
	F	Isolierungen von Halbleitern und Kühlkörpern	661
	G	Wärmeübergang bei Drahtanschlüssen und Printplatten	662
	H	Beispiel	663
	I	Verlustleistung bei Impulsbetrieb	664
	K	Technische Daten von Lüftern (Fa. Papst)	668
2.5		**Montage und Behandlungsvorschrift für besondere elektronische Bauelemente**	674
2.5.1		Montage von Leistungstransistoren	674
	A	Richtlinien für die Montage	674
	B	Beispiele für Montagefehler	675
	C	Montage der Gehäuse TO-126 (SOT-32)	676
	D	Montage der Gehäuse SOT-82	681
	E	Montage der Gehäuse TO-220 (SOT-78)	682
	F	Montage der Gehäuse SOT-93	686
	G	Montage der Gehäuse TO-3 (SOT-3)	689
2.5.2		Lötvorschriften für Halbleiterbauelemente	694
2.5.3		SMT – Surface Mounted Technology	696
	A	Allgemeine Angaben	696
	B	Allgemeine technische Daten und Codes	708

	C SMD-Bauteile	748
	D Gehäusebauformen	800
	E SMD-Chip-Widerstände	800
	F SMD-Keramik-Vielschicht-Chip-Kondensatoren	800
	G Tantal-Chip-Kondensatoren	800
	H Aluminium-Chip-Elektrolytkondensatoren	800
3	**Elektronische Bauelemente für den Schaltungsentwurf Aufbau, Eigenschaften, Werte, Bauformen und Berechnung aus der Praxis**	805
3.1	**Widerstände in elektronischen Schaltungen**	807
3.1.1	Ohmsche lineare Widerstände	807
	A Auswahl von Widerstandsschichten und Bauformen	808
	B Der Drahtwiderstand	817
	C Der Kohleschichtwiderstand	822
	D Der Metalloxidwiderstand	823
	E Metallschicht- und Filmwiderstände	823
	F Übersicht der technischen Eigenschaften	824
3.1.2	Grundlagen der Widerstandsberechnungen in Schaltungen	825
	A Ohmsches Gesetz – Widerstandsberechnung	825
	B Leitwert	826
	C Leitfähigkeit	826
	D Leitungswiderstand	827
	E Temperaturkoeffizient	827
	F Kombination von Widerständen mit unterschiedlichen Temperaturkoeffizienten	827
	G Darstellung von Widerstandsgrößen einer Schaltung im Nomogramm	830
	H Klirrdämpfung A_3	830
	I Hochfrequenzverhalten	831
	K Derating – Uprating; Belastbarkeit	833
	L Widerstandsrauschen	834
3.2	**Nichtlineare Widerstände (NTC – PTC – VDR)**	836
	A Bauformen	837
	B Anwendungsbeispiele	838
3.2.1	NTC-Widerstände (Heißleiter)	840
	A Kennwiderstand und Farbcode	841
	B B-Wert	841
	C Stabilität bei Erwärmung	843
	D Verhalten des elektrisch belasteten Heißleiters	843
	E Spannungs-Stromkennlinie	844
	F Kennlinienbeeinflussung in der Schaltung	845
	G Temperaturkompensation und Linearisierung	845
	H Spannungsstabilisierung für einfache Anwendungen	846
	I Temperturmessung und -regelung	847
	K Anwendungsbeispiele	850

3.2.2	**PTC-Widerstände (Kaltleiter) und ihre Schaltungstechnik**	852
	A Dynamische Kennlinie	853
	B Kennlinien und Werte	854
	C Anwendungen	857
3.2.3	**VDR-Widerstände (Varistoren)**	860
	A VDR bei Wechselspannungen und sein Verhalten	862
	B Kennwerte für die Schaltungsauslegung	862
	C Varistoren mit kurzen Ansprechzeiten	862
3.2.4	**Magnetisch steuerbare Widerstände (Feldplatten)**	866
	A Feldplattenarten	867
	B Technische Daten	869
	C Anwendung von Feldplatten und Feldplattenfühlern	882
3.3	**Veränderbare (Regel-)Widerstände – Potentiometer**	889
3.3.1	**Das Potentiometer und seine Bauformen**	889
	A Anschlag- und Springwerte	890
	B Tabelle zur Ermittlung der Widerstandseigenschaften	895
	C Anschlags- und Endwerte	895
	D Genormte Widerstandswerte	895
	E Nennlast und Einbaubreite	896
	F Grenz- und Prüfspannungen	896
	G Temperaturkoeffizient	896
	H Buchsen und Wellen	896
	I Besondere Schichteigenschaften	897
	K Drahttrimmerwiderstände	897
3.4	**Kondensatoren – Bauformen, Anwendung und Daten**	900
3.4.1	**Kapazitäten von Leitern und Aufbauten**	904
	A Kugelförmige Körper	904
	B Gerader, horizontal gespannter Draht (Zylinder)	904
	C Gerader, vertikal gespannter Draht (Zylinder)	906
	D Koaxiale (Zylinder-)Leitung	906
	E Paralleldrahtleitung	907
	F Abgeschirmte symmetrisch aufgebaute Paralleldrahtleitung	908
	G Zwei parallele Platten (Plattenkondensator)	908
	H Kapazität einer Durchführung	909
	I Kondensatoren mit Dielektrikum	909
	K Kapazitäten von abgeschirmten Leitungen	910
	L Kondensatoren mit Hilfe gedruckter Schaltungen	910
	M Zylinderischer Tauchkondensator	910
3.4.2	**Folien-Kondensatoren**	910
	A Begriffe und Daten	913
	B Verlustfaktor	915
	C Isolationswiderstand	920

	D Resonanzfrequenz	921
	E Kapazitätsänderung (Temperaturkoeffizient)	923
	F Spannungsfestigkeit	925
	G Kapazitätsänderung in Abhängigkeit von der Frequenz	926
	H Rastermaß, Aufbau	926
3.4.3	**Elektrolyt- und Tantal-Elektrolyt-Kondensatoren**	926
	A Aufbau	926
	B Nennspannung	928
	C Reststrom	932
	D Verlustfaktor, Serien- und Scheinwiderstand	934
	E Kapazität, Toleranz, Temperaturkoeffizient	939
3.4.4	**Keramik-Kondensatoren und HF-Durchführungen**	939
	A Kennzeichnung	940
	B Temperaturkoeffizient des Dielektrikums	941
	C Verlustfaktor, Isolationswiderstand	943
	D Induktivität und Baulänge	943
	E Eigenresonanz von Keramikscheibenkondensatoren	943
	F Bauformen	944
3.4.5	**Veränderbare Kondensatoren**	946
	A Drehkondensatoren	947
	B Trimm-Kondensatoren	951
	C Mindestplattenabstand bei Drehkondensatoren	952
3.5	**Spulen und Übertrager – Bauformen, Anwendungen und Daten**	953
3.5.1	**Einfache Induktivitäten**	953
	A Gerade, gestreckte Leiter	954
	B Gerader Bandleiter	955
	C Induktivität gerader Leiter (genauere Rechnung)	955
	D Leiter mit Fläche als Rückleiter	956
	E Leiterinduktivität von Koaxkabel	957
	F Doppelleitung	958
3.5.2	**Spulen ohne Kern**	958
	A Kreisspule	958
	B Ringspule (Toroid)	959
	C Spiralspule	960
	D Einlagige Spule – eng gewickelt	960
	E Einlagige Spule – weit gewickelt	961
	F Einlagige Spule $D/l \approx 0{,}5 \ldots 4$	961
	G Einlagige Spule – kurz	963
	H Rahmenspule	964
	I Spule ohne Kern mit Abschirmhaube	964
	K Mehrlagige Spule ohne Eisenkern mit $1 < D_m$	965
	L Mehrlagige Spule mit $D_m < 1$ ohne Eisenkern	965

	M Mehrlagige Spule D >> 1	966
	N Mehrlagige Toroid-Spule	967
	O Einlagige λ/4- und λ/2-Resonanzdrosseln	968
3.5.3	**Gegeninduktivität – Kopplung von Spulen**	969
	A Gegeninduktivität	969
	B Messung der Gegeninduktivität, des Kopplungsfaktors und des Streufaktors	972
	C Berechnung der Gegeninduktivität von Leitern und Spulen	973
3.5.4	**Spulen mit Kern für hochfrequente Anwendungen**	976
	A Hochfrequenzspulen f > 5 kHz	976
	B Ferritantennen	979
	C Breitbanddrosselspulen	983
	D Mikroinduktivitäten und Dämpfungsperlen	985
	E Siebfaktor einer HF-Drossel	987
	F Eigenkapazitäten von Spulen	987
	G Die Güte der Spulen	989
	H Eigenresonanz von Spulen	991
	I Drahtmaterial für Spulen	992
3.5.5	**Spulen mit Kern für NF- und HF-Übertrager**	996
	A Genormte Ferritkerne für Frequenzen bis ≈ 1 MHz (Siemens)	996
	B Doppellochkerne für Symmetrieübertrager (Valvo)	1007
	C Ringkerne für Breitband- und Impulsübertrager (Valvo)	1007
3.5.6	**Übertrager mit vernachlässigbaren Verlusten**	1009
	A Übersetzungsverhältnis, Transformation und Induktivitätsermittlung bei verlustarmen Übertragern	1009
	B Leistungsbetrachtung und Anpassung bei Übertragern	1014
	C Grenzfrequenzen und Induktivitäten des Übertragers	1015
	D Die erforderliche Induktivität bei der unteren Grenzfrequenz (Beispiel)	1019
3.5.7	**Übertrager mit Verlusten**	1020
	A Wirkungsgrad; Verlustfaktor	1020
	B Innenwiderstand eines Übertragers	1021
	C Ohmscher Kupferwiderstand der Wicklung	1022
	D Drahtwahl der Wicklung	1026
	E Zulässige Stromdichte – Drahtstärke – Querschnitt	1026
	F Der Kupferwiderstand des Spulendrahtes	1027
	G Widerstandsänderung der Wicklung bei Erwärmung	1027
	H Drahtlänge, Wickelraumbelegung und Kupferfüllfaktor einer Wicklung	1028
3.5.8	**Kerndaten von Netz- und Tonleistungsübertragern**	1030
	A Daten aus der Praxis für eine überschlägige Übertragerberechnung	1030
	B Kerntabellen für Transformatoren	1036
	C Spulenkörper	1044

3.6	Batterien und Normalelemente	1046
3.6.1	Normalelemente	1047
3.6.2	Bleiakkumulatoren	1047
	A Spannungen	1047
	B Ladestrom	1048
	C Innenwiderstand	1048
	D Wartungsfreie Bliakkumulatoren (DRYFIT)	1049
3.6.3	Ni-Cd-Akkumulatoren	1051
	A Begriffsbestimmung	1051
	B Anwendungsgebiete	1054
	C Zylindrische Ni/Cd-Zellen (VARTA)	1055
	D Wiederaufladbare gasdichte Nickel/Cadmium-Knopfzellen mit Masse-Elektroden	1092
3.6.4	Ni/MH-Akkumulatoren	1104
	A Beschreibung der Ni/MH-Zellen	1104
	B Begriffsbestimmungen	1105
	C Vergleich von Sekundärsystemen	1107
	D Typenreihen (VARTA)	1107
	E Elektrische Daten	1108
	F Arbeitstemperaturbereiche	1113
	G Lebensdauererwartung von Ni/MH-Zellen	1114
	H Ni/MH-Knopfzellen – Datenübersicht	1115
3.6.5	Primärelemente	1116
	A Bauformen und Bezeichnungen – Abmessungen	1116
	B Trockenbatterien	1119
	C Quecksilberbatterien – Vergleich	1123
	D Silberoxid-Batterien	1124
	E Luft-Zink-Zellen	1124
	F Alkali-Mangan-Knopfzellen	1125
	G Typische Entladekennlinien von Knopfzellen der Baugröße 11,6 x 5,4 mm	1125
	H Lithium-Batterien	1126
3.7	Solarzellen	1137
3.7.1	Grundlagen der Anwendung	1137
	A Leistungsbilanz der Sonnenstrahlung	1137
	B Grundlegende elektrische Daten	1141
	C Spektrale Empfindlichkeit	1143
	D Wirkungsgrad	1143
	E Anwendungsbeispiele	1145
3.7.2	Technische Daten	1145
	A Kenndaten einer Zelle	1145
	B Optimaler Lastwiderstand	1147

	C	Kurzschlußstrom und Innenwiderstand	1148
	D	Temperaturabhängigkeit	1149
	E	Strahlungsabhängigkeit	1150

3.7.3 Schaltungstechnik und Anwendung ... 1150

- A Hinweise für die Behandlung von Solarzellen ... 1150
- B Serienschaltung ... 1151
- C Parallelschaltung ... 1152
- D Lastabtrennung ... 1153
- E Akkuladebetrieb ... 1153
- F Lastbegrenzung ... 1154
- G Module ... 1155
- H Spannungstransformation ... 1155

3.8 Halbleiterdioden ... 1156

3.8.1 Kennlinien und Werte ... 1156

- A Germaniumdioden ... 1156
- B Siliziumdioden ... 1157
- C Durchlaßspannung ... 1157
- D Durchlaß-Sperrwiderstand der Diode ... 1158
- E Ersatzschaltbild ... 1161
- F Diffusionskapazität C_f ... 1162
- G Differentieller Durchlaßwiderstand ... 1162
- H Verlustleistung und Impulsbelastbarkeit ... 1163
- I Temperaturabhängigkeit ... 1166
- K Dynamische Daten ... 1166
- L Einbauvorschriften ... 1167
- M Kennzeichnungen – Code ... 1168
- N Diodendaten der Hersteller ... 1170
- O Anwendungen ... 1174

3.8.2 Z-Diode (Zenerdiode) ... 1182

- A Bezeichnungsweise (Pro Elektron) ... 1182
- B Temperaturkoeffizient ... 1183
- C Strom-Spannungskennlinie ... 1185
- D Innenwiderstand ... 1188
- E Rauschspannung ... 1189
- F Diodenkapazität ... 1190
- G Verlustleistung ... 1190
- H Zenerspannungen und Leistungen ... 1191
- I Genauigkeit und Toleranz ... 1191
- K Anwendung – Spannungsstabilisierung ... 1192
- L Berechnung der Schaltungsdaten bei Z-Dioden ... 1193
- M Präzisionsstabilisierung mit zwei Z-Dioden ... 1196
- N Stabilisierung kleiner Spannungen ... 1197
- O Anwendungsbeispiele ... 1197
- P Z-Dioden Datenbeispiel ... 1197

Inhalt

3.8.3 Temperaturkompensierte Referenzdioden 1206
- A Aufbau und Wirkungsweise 1206
- B Strom-Spannungskennlinie 1207
- C Z-Stromabhängigkeit 1207
- D Bestimmen des TK 1208
- E Spannungsstabilität 1209
- F Thermische Eigenschaften 1209
- G Elektrisches Verhalten 1210
- H Anwendungshinweise 1210
- I Daten von ultrastabilen Referenzdioden 0,25 W im Glasgehäuse 1210

3.8.4 TAZ-Suppressor-Diode 1214

3.8.5 Kapazitätsdioden 1217
- A Grundlagen 1217
- B Daten von Kapazitätsdioden 1219
- C Ersatzschaltbild – Einfügungsdaten 1226
- D Schwingkreise mit Kapazitätsdioden 1233
- E Schaltbeispiele 1238

3.8.6 Varaktor (Kapazitätsdiode) für Frequenzvervielfachung 1244

3.8.7 PIN-Diode als CCR (Current-Controlled-RF-resistor) 1249
- A Eigenschaften der PIN-Diode als CCR 1250
- B Daten von PIN-CCR-Dioden 1252
- C Berechnung des Dämpfungsgliedes in π-Schaltung 1257
- D Anwendungen 1258

3.8.8 Schalterdioden in Si-Planar- und PIN-Ausführung 1262
- A Eigenschaften der Schalterdioden 1262
- B Daten von Schalterdioden 1264
- C Anwendungen im HF-Gebiet 1266
- D Anwendungen im NF-Gebiet 1268

3.8.9 PIN-Diode bei HF-Anwendungen 1270
- A Allgemeine Anwendungen zum PIN-Dioden-Einsatz im HF-Gebiet 1270
- B Daten von Mikrowellen-PIN-Dioden 1273
- C Anwendungen 1275

3.8.10 Hot carrier-(Schottky-)Dioden 1281
- A Eigenschaften der HC-Dioden 1281
- B Daten von hot carrier-(Schottky-)Dioden 1283
- C Anwendungen 1288

3.8.11 Tunnel-Diode (ESAKI-Diode) 1293

3.8.12 Germanium-Backward-Dioden 1294

3.8.13 GUNN-Dioden 1295

3.9 Thyristoren, Traics und Diacs ... 1298

3.9.1 Diac ... 1298

3.9.2 Thyristoren und Triacs ... 1301
- A Beschreibung der Kennlinie ... 1301
- B Allgemeine Daten ... 1303
- C Funktionsdaten ... 1335
- D Dynamische Daten für den Durchlaß- und Zündbereich ... 1338
- E Leistungsbetrachtungen ... 1341

3.9.3 Schaltungstechnik des Thyristors und des Triacs ... 1344
- A Schutz gegen Überspannungen und Überströme ... 1344
- B Entstörung von Wechselstromstellern ... 1346
- C Prinzipielle Zünd- und Prüfschaltungen ... 1347
- D Parallel- und Serienschaltung von Thyristoren und Traics ... 1352
- E Gleichstromschaltungen ... 1354
- F Gleichrichterschaltungen ... 1354
- G Wechselstrom- und Steuerschaltungen ... 1357

3.10 Transistoren ... 1377

3.10.1 Bipolare Transistoren ... 1377
- A Typenübersicht und Einsatzgebiete ... 1377
- B Mechanische Daten, Einbau- und Lötvorschriften ... 1380
- C Zulässige Verlustleistung ... 1381
- D Das Ersatzschaltbild des Transistors im NF- und HF-Bereich ... 1388
- E Die Eingangskapazität der Basis-Emitterstrecke ... 1390
- F Die Ermittlung des differentiellen Widerstandes xxx ... 1390
- G Die Grenzfrequenz des Transistors ... 1393
- H Eingangs- und Ausgangskapazitäten im dynamischen Betrieb ... 1395
- I Schaltzeichen von Transistoren ... 1400
- J Die α- und β-Stromverstärkung ... 1408
- K NPN- und PNP-Transistoren ... 1410
- L Datenangaben von bipolaren Transistoren ... 1410
- M Temperatureinflüsse ... 1425

3.10.2 Betriebsverhalten der bipolaren Transistoren im dynamischen Bereich ... 1425
- A Arbeitspunkteinstellung ... 1425
- B Daten der Emitterstufe ... 1439
- C Daten der Basisstufe ... 1444
- D Daten der Kollektorschaltung (Emitterfolger) ... 1448
- E Darlingtonschaltung ... 1452
- F NEP-Transistor (Komplementär-Darlington-Schaltung) ... 1455
- G Emitterschaltung mit Gegenkopplung ... 1456
- H Bootstrap-Schaltung ... 1461
- I Phasenumkehrstufe ... 1463
- J Kaskadestufe ... 1464
- K Differenzverstärker ... 1465

	L	Leistungsverstärker mit R_L-C-Kopplung	1469
	M	HF- und Impulsverstärker	1476
	N	Komplementäre Ausgangsstufen	1479
	O	Verstärkerstufen mit Transistor als Ausgangswiderstand	1485
	P	Gleichstromgegenkopplung über zwei Stufen	1486
3.10.3		**Sperrschicht- und Isolierschicht-Feldeffekttransistoren**	1488
	A	Allgemeine Angaben, Behandlungsweise und Lötvorschriften	1490
	B	Der Sperrschicht-FET und seine Daten	1492
	C	Gate-Vorspannungsgewinn und Prüfschaltung für den Sperrschicht-FET	1503
	D	Verstärkungsberechnung für den FET	1508
	E	Die Grundschaltungen des FET	1512
	F	Betrieb als ohmischer Widerstand in Regelschaltungen	1517
	G	Der FET als Schalter	1521
	H	Der MOS-FET	1524
3.10.4		**Power-MOS-FETs**	1544
	A	Äquivalenztypen verschiedener Hersteller	1549
	B	PMF-SIPMOS	1552
	C	Ansteuerung	1572
	D	Ansteuerschaltungen	1582
	E	Schutzschaltungen	1593
	F	Datenbeispiel	1596
3.11		**Operationsverstärker**	1604
	A	Das Prinzip und die Anwendung	1604
	B	Die Schaltung des OP und ihre Bezeichnungen	1604
	C	Die Daten des idealen OP	1606
	D	Der Bezeichnungsschlüssel des OP	1607
	E	Temperaturbereiche des OP	1607
	F	Gehäusebauformen und Laboraufbauten	1608
3.11.1		**Das Schaltbild des Operationsverstärkers**	1609
	A	Prinzipielle Schaltung des Eingangsverstärkers	1609
	B	Die Gleichspannungspotentiale an den beiden Eingängen	1610
	C	Transistoren als Dioden geschaltet	1610
	D	Der bipolare Eingang des OP	1611
	E	Der Darlington-Eingang des OP	1612
	F	Der FET-Eingang	1613
	G	Der Eingangsschutz	1613
	H	Prinzipielle Schaltungen des Ausgangsverstärkers	1616
	I	Der Komplementärausgang	1617
	K	Ausgang mit offenem Kollektor	1617
3.11.2		**Das elektrische Verhalten des Eingangsverstärkers**	1618
	A	Der Eingangskreis bei Gleichspannung	1618
	B	Betriebsspannungszuführung und deren Spannungsbezug zum Ein- und Ausgang	1618
	C	Eingangsströme	1619
	D	Eingangsspannungen	1620

	E Die Gleichspannungs-Übertragungskennlinie	1621
	F Der Eingangskreis bei Wechselspannung	1623
	G Eingangsverstärkung des Differenzverstärkers	1623
	H Gleichtaktverstärkung (Common-mode gain)	1624
	I Gleichtaktunterdrückung (Common-mode rejection ratio)	1625
	K Eingangswiderstand	1625
	L Das Frequenzverhalten des OP – Bode-Diagramm	1626
	M Spannungsverlauf und Phasenwinkel im Bereich der oberen Grenzfrequenz	1626
	N Der Phasenwinkel des Tief- oder Hochpasses	1628
	O Schwingneigung des OP	1629
3.11.3	**Aussteuereigenschaften des OP bei Wechselspannungen**	**1631**
	A Der OP im Verstärkerbetrieb	1631
	B Der Frequenzgang	1631
	C Gleichtaktunterdrückung (CMRR) bei höheren Frequenzen	1632
	D Maximale unverzerrte Ausgangsspannung bei Laständerung	1633
	E Einstellzeit (Settling time t_s) und Anstiegszeit (Transient response t_r)	1633
	F Durchsteuerzeit (Slew rate SR) und Leistungsbandbreite	1635
	G Schalterbetrieb	1639
	H Erholzeit (Recovery time)	1639
3.11.4	**Der OP mit Gegenkopplung (Negative Feedback)**	**1641**
	A Die Grundschaltungen der Gegenkopplung	1641
	B Die Daten des nichtinvertierenden Spannunsverstärkers	1643
	C Der Spannungsfolger	1648
	D Die Daten des nichtinvertierenden Stromverstärkers	1649
	E Der invertierende Strom-Spannungswandler	1652
	F Der invertierende Spannungs-Stromwandler	1655
	G Der invertierende Spannungsverstärker	1657
	H Der Eingangswiderstand des invertierenden Spannungsverstärkers	1661
3.11.5	**Eingangsschaltungen eines OP**	**1663**
	A Erhöhung der Wechselstromeingangsimpedanz (Boot-strapping)	1663
	B Schutzschaltung für den Eingang	1663
	C Eingangsabschirmung im Layout	1665
	D Eingangsschaltungen mit FET	1666
	E Offsetkompensationsschaltungen	1670
	F Offsetkompensation nach Herstellerangaben	1671
	G Kompensationsschaltungen für die OP-Eingänge	1671
	H Offsetschaltungstechnik bei einem als Verstärker geschalteten OP	1672
3.11.6	**Sonderschaltungen mit Gegen- und Mitkopplung**	**1675**
	A Der Komparator	1675
	B Der Fensterkomparator	1680
	C Der Nulldurchgang-Detektor	1682
	D Der OP als hochwertiger Meß-Differenzverstärker	1683
	E Spannungsfolger mit regelbarer Verstärkung und Ausgangsphase	1687
	F Brückenverstärker	1689
	G Der OP als Logarithmierer geschaltet	1690
	H Der OP als Differenzierer geschaltet – Hochpaßfilter	1693

29

		I Der OP als Integrierer geschaltet – Tiefpaßfilter	1697
		K Der OP als Schmitt-Trigger geschaltet	1700
3.11.7		**Betriebs- und Versorgungsdaten des OP**	1709
		A Übersicht	1709
		B Stromaufnahme und maximale Ausgangsspannung	1709
		C Duale Spannungsversorgung	1709
		D Einzelspannungsversorgung	1711
		E Untere Grenzfrequenz bei R-C-Kopplung	1713
		F Siebung der Betriebsspannung	1715
		G Der Einfluß von Betriebsspannungsschwankungen und der Temperatur auf die OP-Daten	1717
		H Rauschgrößen des Operationsverstärkers	1720
		I Meßschaltungen für den OP (SIEMENS)	1722
3.11.8		**Bezeichnungen und Kurzdaten von OPs**	1726
		A Wichtige Vergleichsdaten von OPs und Komparatoren	1726
		B Einzeldaten wichtiger OPs (Siemens – Valvo Signetics)	1729
		C Die wichtigsten Anschlußbilder	1731
		D Technische Daten der OPs 741 und LF 355...357	1736
		E Fachausdrücke des OP	1757
3.11.9		**Schaltungsauswahl mit OPs**	1765
		A Rechteckgenerator mit veränderlicher Impulsbreite	1765
		B Tongenerator mit Rechtecksignal	1768
		C Konstantstromquelle	1769
		D Ein sehr einfacher Spannungskonstanter	1769
		E Funktionsgenerator	1770
		F NF-Millivoltmeter	1771
		G Meßbrückenverstärker	1774
		H Temperaturmessung mit dem OP als Dieffernzverstärker	1776
		I Ultraschallwarnanlage	1777
		K Lichtverstärker mit 50-Hz-Unterdrückung	1779
		L Lichtschwankungsmesser als Differenzverstärker	1779
		M Mikrofon- und Telefonadapterverstärker	1780
		N NF-Vorverstärker mit Klangregelung	1782
3.12		**Optoelektronik**	1783
3.12.1		**Grundlagen und Begriffe**	1783
		A Sichtbares Licht und Infrarotstrahlung	1783
		B Augenempfindlichkeit und Farbensehen	1785
		C Definitionen der physikalisch-optischen Größen	1788
3.12.2		**Optische Gesetze für die Elektronik**	1796
		A Einfluß der Entfernung	1796
		B Transmission	1796
		C Reflexion	1797
		D Linsengesetze	1801

3.12.3	Optische Formeln für dei Videokamera	1803
	A Allgemeine Angaben	1803
	B Brennweite	1805
	C Blendenbereich, Beleuchtungsstärke	1806
	D Einsatzbereiche für die verschiedenen Objekte	1807
	E Blendensteuerung	1808
3.12.4	Der Fotowiderstand (LDR = Light dependent resistor)	1808
	A Prinzipschaltung	1809
	B Spektrale Empfindlichkeit	1810
	C Zeitverhalten	1810
	D Verschiebung der Arbeitskennlinie – Temperatureinfluß	1812
	E Betriebsspannung	1812
	F Arbeitsstrom	1813
	G Zulässige Verlustleistung und Arbeitskennlinie	1813
	H Dunkelwiderstand	1813
	I Hellwiderstand	1813
	K Daten von Fotowiderständen	1813
3.12.5	Infrarot-Detektoren (IR-Detectors)	1816
	A Wellenlänge der Wärmestrahlung – Betriebstemperatur	1817
	B Empfindlichkeit	1817
	C Begriffserläuterung	1818
	D Technische Daten	1819
	E Linsensysteme für IR-Bewegungsmelder	1825
	F Schaltungs- und Anschlußtechnik der Einzelelemente	1827
	G Komplette Schaltung für Bewegungsmelder	1830
3.12.6	Fotoelemente	1831
	A Funktion	1832
	B Praktische Hinweise	1832
	C Zellenkapazität	1833
	D Sperrspannung	1834
	E Spektrale Empfindlichkeit	1834
	F Daten von Fotoelementen	1834
3.12.7	Fotodioden	1838
	A Schaltzeiten – Trägheit (PN- und PIN-Diode)	1839
	B Arbeitsweise	1840
	C Arbeitsbereich und Betriebsstrom	1841
	D Temperatureinfluß	1842
	E Kapazität	1842
	F Optische Linse	1843
	G Spektralbereich	1843
	H Technische Daten einer PN- und PIN-Fotodiode	1844
	I Foto-Lawinen-Dioden	1854
3.12.8	Fototransistoren	1854
	A Funktion	1854

	B	Basisanschluß	1856
	C	Signal-Rauschverhältnis	1856
	D	Spektrale Empfindlichkeit	1857
	E	Kennlinienfeld	1857
	F	Maximaler Kollektorstrom	1857
	G	Kollektor-Hellstrom	1858
	H	Kollektor-Dunkelstrom	1858
	I	Impulsverhalten und Schaltzeiten	1859
	K	Fotodarlingtontransistoren	1862
	L	Schaltungstechnik	1862
	M	Technische Daten	1862
3.12.9	**LED – Lumineszenz-Dioden**		1871
	A	Funktion	1871
	B	Wellenlänge und Bandbreite	1872
	C	Abstrahlwinkel	1872
	D	Eigenschaften von LEDs	1873
	E	Lebensdauer	1876
	F	Betriebswerte	1877
	G	Impulsbetrieb	1881
	H	Low current-LEDs	1881
	I	Blinkende LEDs	1881
	K	Zweifarbig leuchtende LEDs	1882
	L	LEDs für Lichtwellenleiter	1882
	M	Schaltungstechnik	1883
	N	Daten von LEDs	1885
3.12.10	**Sieben-Segment-Anzeige und Rastermatrix**		1897
	A	LED-Anzeigen	1897
	B	LCD-Flüssigkristall-Anzeigen	1907
3.12.11	**Laserdiode (Halbleiter-Laser)**		1909
	A	Prinzip	1909
	B	Lasereigenschaften	1910
	C	Daten einer Laser-Dauerstrich-Diode	1912
3.12.12	**Optokoppler**		1917
	A	Anwendung	1917
	B	Funktion	1918
	C	Isolationseigenschaften	1919
	D	Feldeffekt, Verhalten im elektrischen Feld	1919
	E	Lebensdauer	1920
	F	Stromübertragungsverhältnis – Koppelfaktor	1920
	G	Temperaturverlauf	1922
	H	Übertragungskennlinie	1923
	I	Schaltzeiten	1924
	K	Grundschaltungen	1925

Inhalt

3.13   **Sensoren für Sonderanwendungen** 1936

3.13.1   **Temperatursensoren für NTC-, PTC- und Metallbasis** 1936
- A   Heißleiter-Sensoren (NTC-Widerstände) 1936
- B   Kaltleiter-Sensoren (PTC-Widerstände) 1937
- C   Temperatursensoren auf Metallbasis 1937

3.12.2   **Temperatursensoren auf Siliziumbasis – KTY-Typen (Siemens; Valvo)** 1938
- A   Prinzipieller Kennlinienverlauf 1938
- B   Linearisierung mit Serienwidersatnd und Konstantspannung 1939
- C   Linearisierung mit Parallelwiderstand und Konstantstrom 1940
- D   Anwendung des KTY 10 mit einem OP 1940
- E   Meßstellenauswertung mit Multiplexer, AD-Wandler und µC 1942
- F   Technische Daten KTY 10 (Siemens) 1946

3.13.3   **Magnetfeldhalbleiter (Feldplatten)** 1950

3.13.4   **Hallgeneratoren (Siemens)** 1956
- A   Funktion und Aufbau 1956
- B   Hallgeneratoren und ihre Anwendung 1959
- C   Erläuterungen zu den Datenangaben 1959
- D   Anwendung von Signalhallgeneratoren – Hallspannungsverlauf 1964
- E   Anwendung von Signalhallgeneratoren 1969
- F   Technische Daten 1976

3.13.5   **Induktive Näherungsschalter (Valvo)** 1979

3.13.6   **Reed-Kontakte** 1980
- A   Beschreibung des Reed-Kontaktes 1980
- B   Bestätigung von Reed-Kontakten mit Permanentmagneten 1981
- C   Schaltzustände des Reedkontaktes 1989
- D   Kontaktwiderstand und Lebensdauer 1991
- E   HF-Verhalten von Reed-Kontakten 1992

3.13.7   **Feuchtesensor (Valvo)** 1998
- A   Begriffe und Definitionen 1998
- B   Beispiel der Anwendung 2000

3.13.8   **Gassensor (Valvo)** 2003

3.13.9   **Beschleunigungssensoren (Valvo)** 2006

3.13.10   **Radar-Bewegungssensoren** 2008

3.13.11   **Silizium-Drucksensoren (piezoresistive Sensoren)** 2015
- A   Beschreibung und Anwendung 2015
- B   Temperaturkompensation, Signalverarbeitung 2016
- C   Technische Daten KPY 10 (Siemens) 2020

Inhalt

        D Typenauswahl und Anschluß 2022
        E Technische Daten KPY 10 (SIEMENS) 2030

3.14 Röhren für Verstärker, Sender und Sichtgeräte 2032

3.14.1 Prinzipbilder – allgemeine Anschlußdaten 2033
        A Erläuterung der Anschlußbilder 2033
        B Funktionsprinzip 2034
        C Bezeichnung einzelner Röhrengrößen 2034
        D Gegenüberstellung der Trioden und Pentoden-Kennlinie 2035
        E Gewinnung der Gittervorspannung 2037
        F Galvanische Trennung zu den Röhrenelektroden 2038
        G Röhrenbasisschaltungen – Vergleich mit Transistorbasisschaltungen 2039
        H Verlusthyperbel – Wahl des Arbeitswiderstandes 2039
        I Allgemeine Betriebshinweise für Verstärkerröhren 2041

3.14.2 Verstärkerröhren 2045
        A Definitonen von Werten für die Barkhausen-Gleichung 2045
        B Trioden (Bezug auf Schaltung Abb. 3.14.2-1) 2045
        C Pentoden (Bezug auf Schaltung Abb. 3.14.2-2) 2046
        D Berechnungen bei Sonderschaltungen 2047
        E Daten von NF-Verstärkerröhren 2048

3.14.3 HF-Senderöhren kleiner Leistung 2063
        A Ansteuerung und Ankopplung der HF-Röhren 2063
        B Allgemeine Angaben für den Betrieb von Senderöhren 2065
        C Daten von Senderöhren 2068

3.14.4 Röhren für Oszilloskope, Radar- und Datensichtgeräte 2072
        A Behandlung von Oszilloskop- und Monitorröhren 2072
        B Schlüssel für Typenbezeichnung 2073
        C Zusammenstellung der am häufigsten verwendeten Leuchtschirme 2075
        D Schirmdaten der Pro Elektron- und JEDEC-Bezeichnung 2077
        E Nachleuchtdauer der Schirmarten 2078
        F Hinweise für die Anwendung der Leuchtschirme 2078
        G Angabe zu den technischen Daten 2084
        H Schirmgeometrie 2086
        I Elektrische Daten 2087
        K Beispiel von technischen Datenangaben 2089
        L Praktische Ausführung einer Versorgung mit Betriebsdaten 2095

3.15 Lichtwellenleiter – LWL 2097

3.15.1 Einführung 2097
        A Prinzip der LWL-Technik 2097
        B Störanfälligkeit der Information 2098
        C Aufbau und Daten der Glasfaser 2098

3.15.2	Technische Daten	2099
	A Die drei Typen der Glasfaser	2099
	B Spezielle Daten	2100
	C Fachausdrücke in der LWL-Technik	2103
	D Licht-Detektoren	2109
	E Spezielle Daten	2111
	F Fachausdrücke in der LWL-Technik	2114
3.15.3	Daten von LWL-Systemen	2119
	A Audio-Übertragungssystem (Hirschmann)	2119
	B Video-Übertragungssystem 25 MHz (Hirschmann)	2120
	C Digitales Übertragungssystem 10 MBit/s (Hirschmann)	2121
3.16	Kontakte, Schalter, Verbindungen	2122
3.16.1	Allgemeine Daten mechanischer Kontakte	2122
	A Kontakte	2122
	B Kontaktführungen in der HF-Technik	2123
3.16.2	Schalter	2126
	A Bauarten	2126
	B Ersatzbild	2128
3.16.3	Relais	2128
	A Symbole	2128
	B Relaisbauformen	2129
	C Schaltarten	2131
	D Beschreibung von Relaisbegriffen	2132
	E Reed-Relais	2135
	F Induktionsspannungsschutz	2135
3.16.4	Elektronisches Lastrelais	2137
	A Beschreibung	2137
	B Technische Daten	2138
3.16.5	Halbleiterschalter	2142
4	Schaltungen der Elektronik – Berechnungen und Beispiele aus der Praxis	2143
4.1	Gleichrichterschaltungen	2145
4.1.1	Halbleiterbauelemente für Gleichrichterschaltungen	2145
	A Dioden für Gleichrichterzwecke	2145
	B Daten von Gleichrichterdioden	2145
	C Durchlaßwiderstand der Diode	2152
	D Durchlaßspannung der Diode	2154
	E Zulässige Verlustleistung	2154
	F Wärmeableitung bei Gleichrichterdioden	2158

		G Parallelschalten von Gleichrichterdioden	2159
		H Serienschalten von Gleichrichterdioden	2160
		I Gleichrichtersätze	2161
4.1.2		**Gleichrichterschaltungen**	2168
		A Gleichrichterschaltungen mit rein ohmscher Last	2168
		B Fleichrichterschaltungen mit Ladekondensator	2182
		C Spannungs- und Stromdaten von Gleichrichterschaltungen	2193
		D Siebschaltungen mit R-L-C-Gliedern	2212
4.2		**Stabilisierungsschaltungen für Gleichspannungen**	2216
4.2.1		**Stabilisierungsprinzip**	2216
		A Konstantspannungsquelle	2216
		B Konstantstromquelle	2217
		C Die Parallelstabilisierung	2218
		D Die Serienstabilisierung	2218
4.2.2		**Serien-Spannungsstabilisierung mit Z-Diode und Serientransistor**	2218
		A Der Transistor in einem Serienregelzweig	2218
		B Basisspannung des Serientransistors über eine Z-Diode stabilisiert	2220
		C Kurzschlußbegrenzung	2222
		D Stabilisierung mit Serientransistor und Regelverstärker	2223
		E Spannungsstabilisierung mit Operationsverstärker	2230
4.2.3		**Festspannungsregler**	2231
		A Datenangaben	2233
		B Prinzipielle Schaltung und Entkopplung der Regler	2239
		C Ausgangskennlinie	2240
		D Einsatz bei höheren Leistungen	2240
		E Änderung der Reglerspannung	2246
		F Änderung der Reglerspannung über einen OP	2248
		G Konstantstromquelle mit Spannungsregler und Transistoren	2250
4.2.4		**Schaltungstechnik der Spannungs- und Stromkonstanter**	2255
		A Spannungs- und Stromkonstanter-Schaltungen mit dem OP	2255
		B Präzisionsspannungsregler 723	2264
4.3		**Schaltungsprinzipien mit aktiven Halbleiterbauelementen**	2276
4.3.1		**Schaltungsprinzipien mit Transistoren**	2276
		A Transistor im Schalterbetrieb	2276
		B Phasenumkehrstufen mit symmetrischen Ausgängen	2277
		C Gleichstromgegenkopplung über zwei Stufen	2279
		D Verstärkerstufen mit Transistor als Ausgangswiderstand	2281
		E Kaskadenstufen	2283
		F Komplementärbreitband-Endstufen	2283
		G Differenzverstärker	2284

	H Transistorkopplung – Pegelanpassungen	2286
	I Schmitt-Trigger	2290
	K Komparator	2294
	L Eingang von FET-Voltmetern	2295
	M Regelschaltungen mit Feldeffekttransistoren	2296
4.3.2	**Schaltungsprinzipien mit Operationsverstärkern**	2300
	A Leistungserweiterung durch einen Emitterfolger	2300
	B Leistungserweiterung durch eine Komplementärendstufe	2300
	C Leistungserhöhung durch eine Gegentaktstufe	2304
	D Spannungserhöhung für den Ausgang	2305
	E Kompensation höherer Lastkapazitäten	2306
	F Phasenumkehrstufe	2307
	G Einfache Ausgangsschaltungen für Leitungstreiber	2307
	H Schnittstellen-Umsetzung 0...20mA auf 0...10 V	2309
	I Pegelanpassungen an höhere Pegel bei TTL- oder CMOS-Schaltungen	2310
	K Mikrocomputer-Interface für Wechselspannungs-Tachogenerator	2312
	L Schmitt-Trigger für kleine Eingangswechselspannungen	2313
	M Luxmeter für 500 bis 50.000 Lux	2314
	N Überstromabtastung	2314
	O Temperaturmeßschaltung für die Vorlauftemperatur in Heizungsreglern	2315
	P Verzögerungsschaltung mit einem Operationsverstärker	2316
	Q Verschiedene Grundschaltungen mit dem Operationsverstärker	2317
4.4	**Schutzschaltungen und Entstörungen bei Transistoren**	**2323**
4.4.1	**Schaltungstechnik**	2323
	A Schutzschaltungen mit Dioden und Transistoren	2323
	B Eingänge von bipolaren Transistoren	2324
	C Eingänge von Feldeffekttransistoren	2325
	D Schaltungen mit induktiven Ausgängen	2326
	E Schwingerscheinungen bei Transistoren	2326
	F Neutralisation von Emitter-(Source-)Schaltungen	2328
	G Entkopplung einzelner Stufen	2328
4.5	**R-C-(NF-)Filter**	**2331**
4.5.1	**Passive R-C-Filter**	2331
4.5.2	**Bemessungsgrundlagen für aktive Frequenz-Filterschaltungen**	2339
	A Filterübersicht	2339
	B Frequenzverhalten von Filtern	2340
	C Hinweise, Bezeichnungen und Filter-Praxis	2340
4.5.3	**Aktiver Tief- und Hochpaß**	2346
	A Tief- und Hochpaß 1. Ordnung	2346
	B Tief- und Hochpaß 2. Ordnung	2350
	C Tief- und Hochpaß 3. Ordnung, Dimensionierte Filter 2. und 3. Ordnung	2356

4.5.4	**Aktive Bandpaß- und Sperrfilter**	2361
	A Bandpaßschaltungen 2. und 3. Ordnung	2368
	B Bandpaßschaltungen mit hoher Güte und 2 Polen	2371
	C Sperr-(notch-)Filter	2374
4.5.5	**Schaltungsvorschläge**	2374
4.5.6	**R-C-Filter für Klangregelungen**	2376
	A Baßregelung	2376
	B Höhenregelung	2377
	C Beispiel einer aktiven Klangregelung	2378
4.6	**NF-HiFi-Technik**	2380
4.6.1	**Klangregelung, Vorverstärker, Mischer**	2380
	A Aktiver Klangeinsteller	2380
	B Aktiver Präsenzeinsteller	2381
	C Trennverstärker	2383
	D Tiefen-Höhen-Filter	2383
	E Rausch- und Rumpelfilter	2384
	F Mischverstärker	2385
	G Basisbreiteneinsteller mit Stereo-Monoumschaltung	2386
	H Elektronischer Verstärkungssteller	2388
4.6.2	**Leistungsendstufen**	2390
	A 25-W-, 50-W- und 100-W-Verstärker	2390
	B Verstärker in Hybridtechnikg	2392
	C 25-W-NF-Verstärker in Brückenschaltung mit TDA 2030	2397
4.6.3	**Lautsprecherweichen**	2404
4.6.4	**Bemessungsgrundlagen von Komplementärendstufen**	2408
4.7	**Breitbandverstärker und Signaltastung**	2411
4.7.1	**Breitbandverstärker**	2411
	A Verzerrungen bei R-C-Gliedern (Hochpaß-Tiefpaß)	2411
	B Praxis der Kompensation	2412
	C Einschalten von Induktivitäten zur Anhebung der oberen Grenzfrequenz	2415
	D Induktives Verhalten von ohmschen Widerständen	2425
	E Praktisches Beispiel eines HF-Breitbandverstärkers	2428
4.7.2	**Schaltungsgrundlagen der Signalbegrenzung und der Signaltastung**	2429
4.8	**Wellenwiderstand von Aufbauten und Leitungen**	2433
4.8.1	**Grundlagen**	2433

4.8.2	Wellenwiderstand koaxialer Anordnungen – Topfkreise	2435
4.8.3	Zweileitersysteme	2437
4.8.4	Wellenwiderstand offener Leitungen (Wandhöhe << D)	2438
4.8.5	Wellenwiderstand von Leiterbahnanordnungen (Strip-line)	2440
	A Asymmetrische Streifenleitung (Microstrip)	2440
	B Symmetrische Doppelbandleitung	2442
	C Strip-line (symmetrisch geschirmte Streifenleitung) Tri-Plate Strip-line	2443
4.8.6	Wellenwiderstand von Helical-Topfkreisen	2445
4.9	**Schwingkreise**	2446
4.9.1	Grundlagen	2446
	A Dämpfung – Güte	2446
	B Verlust bei Spule und Kondensator	2446
	C Summe der Schwingkreisverluste	2447
	D Resonanzwiderstand R_o	2447
	E Resonanzfrequenz f_o	2448
	F Güte Q	2450
	G Resonanzkurve	2450
	H Bandbreite b (3 dB Bandbreite); b' (6 dB Bandbreite)	2456
	I Selektion s; Trennschärfe	2457
	K Grenzbedingungen	2458
	L Schwingkreiszeitkonstante	2458
	M Stabilität der Schwingkreise	2458
	N Frequenzabweichungen durch thermische Einflüsse	2459
	O Abschirmungen und deren Einfluß	2462
4.9.2	Schwingkreise mit drei Blindwiderständen – zwei Resonanzstellen	2463
4.9.3	Konzentrierte Schwingkreise	2464
4.10	**Frequenzabstimmung und Bandspreizung bei L-C-Kreisen**	2466
4.10.1	Grundlagen der L-C-Abstimmung	2466
	A Änderung der Güte	2466
	B Änderung der Frequenz	2468
	C Abstimmung auf feste Frequenzwerte	2468
	D Mechanische Stabilität	2469
4.10.2	Frequenzstabilität	2471
	A Sollfrequenz	2471
	B Frequenzdrift von Oszillatoren	2471
	C Temperaturkompensation von Kondensatoren	2471
4.10.3	Anfangskapazität des Schwingkreises	2473

4.10.4	**Allbandkreis**	2473
4.10.5	**Frequenzbandspreizung**	2474
	A Bandspreizung mit Parallelkonsendator	2477
	B Bandspreizung mit Serienkondensator	2478
	C Bandspreizung mit Serien- und Parallelkondensator	2479
	D Berechnung für eine optimale Frequenzlinearität	2480
	E Gegenüberstellung der Verfahren zur Bandspreizung	2482
	F Bandspreizung mit Induktivitäten	2483
4.10.6	**Abstimmung und Bandspreizung mit Kapazitätsdioden**	2487
4.11	**Hochfrequenzfilter**	2495
4.11.1	**Bandfilter und gestaffelte Einzelkreise**	2495
	A Funktion	2495
	B Schaltungsarten und Kopplung	2495
	C Durchlaßkurve von gekoppelten und nichtgekoppelten Kreisen	2498
	D Gestaffelt aufgebaute Schwingkreise	2499
	E Bandfilter aus zwei Schwingkreisen	2502
4.11.2	**Hoch- und Tiefpaß mit L-C-Gliedern**	2506
	A Halbglied – Tiefpaß	2506
	B T-Glied – Tiefpaß	2507
	C π-Glied – Tiefpaß	2508
	D Versteilerter Tiefpaß	2509
	E T-Glied – Hochpaß	2511
	F π-Glied – Hochpaß	2513
	G Versteilerter π-Hochpaß	2513
4.11.3	**Bandpaß und Bandsperren mit L-C-Gliedern**	2514
	A Bandpaß	2514
	B Versteilerter Bandpaß	2517
	C Bandsperre	2518
	D Versteilerte Bandsperre	2520
	E Paßdämpfung	2522
4.12	**Laufzeitglieder**	2523
	A Verzögerungsglieder	2523
	B Phasenausgleichsglieder	2524
4.13	**Anpaßschaltungen in der HF-Technik**	2526
4.13.1	**Eingangs- und Ausgangsimpedanzen von Transistoren**	2526
	A Bipolare Transistoren	2526
	B Feldeffekt-Transistoren	2529
	C Arbeitspunkteinstellung beim Transistor A-B-C-Betrieb	2534
	D Hinweise für die Wahl des Arbeitspunkts und des Netzwerkes	2536

4.13.2	**Resonanztransformatoren und Koppelschaltungen**	2538
	A Transformatoren mit K < 1	2539
	B Transformation mit L-Unterteilung	2540
	C Transformation mit C-Unterteilung	2542
	D Link-Leitung als Ankopplung	2544
	E Anpaßschaltungen mit Streifenleitungen – $\lambda/4$-Resonanzleitungen	2545
4.13.3	**Impedanztransformation mit dem Collinsfilter**	2550
4.13.4	**Spezielle Anpaßschaltungen für HF-Transistoren**	2552
	A Allgemeine Grundlagen	2552
	B Anpaßschaltungen – Übersicht	2560
	C Spezielle Kopplungen von zwei Transistoren	2564
	D Filter für Leistungsstufen _ Ein- und Ausgangskopplung	2574
	E Schaltbespiele zu den Transformationsgleichungen	2581
4.13.5	**Neutralisation von HF-Stufen**	2592
4.14	**Breiband- und Leitungsübertrager**	2593
4.14.1	**Übertrager mit Ferritkernen**	2593
4.14.2	**Spezielle $\lambda/4$- und $\lambda/2$-Leitungen als Übertrager und Impedanzwandler**	2597
4.14.3	**Leistungsteiler – Leistungsaddierer**	2600
4.14.4	**Zirkulatoren; Einwegleitungen**	2601
	A Prinzip des Zirkulators	2601
	B Typengruppen	2604
	C Kenngrößen	2604
	D Allgemeine Hinweise für Messungen und Zirkulator	2606
4.14.5	**Einspeisung mehrerer HF-Quellen auf eine Leitung** ...	2606
	A Zusammenschaltung von zwei HF-Quellen durch eine Widerstandsverzweigung	2607
	B Rückwirkungsfreie Zusammenschaltung von zwei HF-Quellen mit einer Ringleitung	2607
4.15	**Topfkreistechnik im Gebiet bis 1,5 GHz**	2609
4.15.1	**Resonanzeigenschaften von abgestimmten Leitungen**	2612
	A Der Topfkreis	2612
	B Reflexionsfaktor, Stehwellenverhältnis	2612
	C Spannungs- und Impedanzverlauf einer verlustfreien Leitung	2615
	D Leitungsgleichungen	2618
	E $\lambda/2$-Leitungskreise	2619
	F $\lambda/4$-Leitungen	2621
	G $\lambda/8$-Leitungen	2627

	H Exponentialleitungen	2627
	I Stichleitungen (stub)	2628
4.15.2	**Datenangaben für Berechnungen und mechanische Konstruktion von Topfkreisen**	2630
	A Eingangsblindwiderstand einer Leitung	2630
	B Rechenhilfe für die Winkelfunktionen	2633
	C Daten elektrischer Werte zur Konstruktion	2633
	D Topfkreis-Daten	2635
4.15.3	**Berechnung von belasteten abgestimmten Leitungslängen**	2639
	A Prinzip der Abstimmung	2639
	B Durchstimmbare Leitung	2641
	C Berechnung der $\lambda/4$-abgestimmten Leitung	2642
	D Berechnung der $\lambda/2$-abgestimmten Leitung	2643
4.15.4	**Kopplungsmöglichkeiten bei Topfkreisen**	2647
	A Prinzip	2647
	B Galvanische Kopplungen	2649
	C Induktive Kopplungen	2649
	D Kapazitive Kopplungen	2650
	E Gemischte Kopplungen	2651
4.16	**Helical-Topfkreise**	**2654**
4.16.1	**Funktion des Helical-Topfkreises**	2654
4.16.2	**Dimensionierung des Helical-Topfkreises**	2655
4.16.3	**Helical-Filter als Bandpaß**	2657
4.17	**Frequenzvervielfacher**	**2659**
4.17.1	**Prinzip der Vervielfachung mit Transistoren**	2659
	A Anordnung der Resonanzkreise	2659
	B Arbeitspunkteinstellungen von Transistoren für Vervielfacher	2662
	C Schaltungsbeispiele von Transistorvervielfachern	2665
4.17.2	**Frequenzvervielfachung mit Varactoren**	2668
	A Grunddaten	2668
	B Datenbeispiel einer step recovery-Varactordiode	2671
	C Grundschaltungen	2673
	D Schaltbeispiele	2673
4.18	**Quarze und Quarzfilter**	**2687**
4.18.1	**Quarze**	2687
	A Resonanzfrequenzen	2687

	B	Lastkapazität und Ziehen der Frequenz	2690
	C	Die Resonsnazfrequenzen	2690
	D	Standardwerte für Lastkapazitäten	2692
	E	Belastung	2694
	F	Temperturabhängigkeit der Frequenz	2694
	G	Alterung	2695
4.18.2		**Quarzoszillatoren**	2696
4.18.3		**Oszillatoren mit Quarzstabilisierung**	2703
	A	Quarzoszillatoren für niederige Frequenzbereiche	2703
	B	Quarzoszillatoren für mittlere Frequenzbereiche	2705
	C	Quarzoszillatoren ab 2 MHz...400 MHz	2706
	D	Spezielle Colpittoszillatoren mit Quarzstabilisierung	2708
	E	Einfache Pierce-Oszillatoren	2710
	F	FET-Oszillatoren mit Quarzstabilisierung	2711
	G	Quarzoszillatoren mit integrierten Schaltkreisen	2713
	H	Quarzoszillatoren mit astabilem Multivibratoraufbau	2715
	I	Umschaltbarer Quarzoszillator	2715
4.18.4		**Quarzfilter**	2717
	A	Prinzip	2717
	B	Prüfung von Filtern	2719
	C	Technische Daten	2720
	D	Anschlußbilder und Daten gebräuchlicher Kristallfilter	2725
	E	Schaltungsdesign mit Keramik-Filtern	2728
	F	Oberflächenfilter	2730
4.19		**Oszillatoren**	2746
	A	Übersicht	2746
	B	Signalformen	2747
	C	Impulsfomer	2751
	D	Vervielfacher	2751
	E	Leistungsverstärker	2751
	F	Quarzoszillatoren	2751
	G	Lade- und Entladekurven von R-C-Gliedern	2751
	H	Sonderformen der Kondensatoraufladung	2753
	I	Wahl des zeitbestimmenden Kondensatortyps	2754
4.19.1		**R-C-Sinus- und Rechteck-Oszillatortypen**	2758
	A	Sinus-Oszillatoren mit phasendrehenden R-C-Gliedern	2758
	B	Sinus-Oszillatoren mit der Wien-Robinson-Brücke	2759
	C	Astabile R-C-Kippschaltungen _ Multivibratoren	2762
	D	Monostabile Kippschaltungen (Monoflop)	2766
	E	Bistabile Kippschaltungen (binäre Schaltstufe)	2766
4.19.2		**R-C-Oszillatoren mit integrierten Schaltkreisen**	2767
	A	Sinusoszillator für eine Festfrequenz	2767
	B	Rechteckgenerator mit einem OP	2768
	C	Rechteckgenerator mit änderbarer Impulsbreite	2770

Inhalt

	D Rechteckgenerator mit Impulsbreiten- und Frequenzänderung	2771
	E Multivibrator mit veränderbaren Tastzeiten	2774
	F Multivibrator mit Sanchronisation und unterschiedlichen Impulszeiten	2776
	G Multivibrator mit änderbarer Impulszeit durch eine Steuerspannung	2777
	H Multivibrator mit drei NAND-Gliedern	2778
4.19.3	**Monoflop und Pulsgeneratoren**	2779
	A Monoflop Standardschaltung	2779
	B Monoflop mit störsicherem Eingang	2781
	C Monoflop mit negativer Triggerung	2782
	D Impulsgeber als Monoflop	2783
4.19.4	**VCO – Spannungsgeregelter R-C-Oszillator**	2784
	A Einfacher VCO	2784
	B VCO für den professionellen Einsatz	2785
	C Präzisions-VCO	2788
4.19.5	**Oszillator- und Zeitschaltungen mit dem IC-Typ 555**	2790
	A Allgemeine Daten	2790
	B Multivibrator	2794
	C VCO (Voltage Controlled Oszillator)	2797
	D Einfacher Oszillator mit D = 0,5	2799
	E Monoflop	2799
	F Linearer Sägezahngenerator	2805
	G Impulsdetektor	2805
	H Tastverhältnis D < 0,5	2807
	I Sonderschaltungen	2809
4.19.6	**L-C-Oszillatoren**	2814
	A L-C-Meißner-Schaltung	2814
	B Hartley-Oszillator	2818
	C L-C-Colpitts-Schaltung	2823
	D Clapp-Schaltung	2829
	E Oszillator mit zwei Transistoren und Amplitudennachregelung	2830
	F L-C-Gegentakt-(Balance-)Schaltung	2832
	G Topfkreisoszillatoren-Schmetterlingskreise und Oszillatoren mit Lecher-Leitungen	2834
	H Mikrowellen-Oszillatoren	2838
4.20	**Stripline und Kabel für Impuls- und HF-Signale**	2840
4.20.1	**Stripline-Design**	2840
	A Aufbauten	2840
	B Wellenwiderstand (siehe auch Abschnitt 4.8.5)	2842
	C Verzögerungszeiten t_d	2846
	D Stripline-Resonatoren	2848
4.20.2	**Koaxiale Kabel**	2854
	A Dielektrizitätskonstante ϵ_r von Kabelisolierstoffen	2855

	B Induktivität	2855
	C Kapazität	2855
	D Wellenwiderstand Z_o	2856
	E Fortpflanzungsgeschwindigkeit (Verzögerungszeit)	2856
	F Verkürzungsfaktor α	2857
	G Dämpfung a	2858
	H Grenzfrequenz f_G	2858
	I Leistung, Spannung	2859
	J Daten wichtiger Kabel	2860
4.20.3	**Zweidraht-Leitungen**	2862
4.20.4	**Verdrillte Leitungen**	2863
4.20.5	**Hohlleiter**	2864
	A Definition	2865
	B Frequenzbezeichnungen, Abmessungen von Hohlleitern	2866
	C Wellenausbreitung	2870
	D Ersatzbilder und TEM-Einkopplungen	2876
	E Beispiel für Berechnungen	2877
	F Hohlleiterdämpfung	2878
4.21	**Impulsübertragungen auf Leitungen**	2880
4.21.1	**Allgemeine Angaben zur Impulsübertragung auf Leitungen**	2880
	A Störsicherheit	2880
	B Störungen durch falsche Masseverlegung	2881
4.21.2	**Signallaufzeit auf einer Leitung**	2881
4.21.3	**Frequenz-Bandbreite-Anstiegszeit eines Übertragungssystems**	2884
4.21.4	**Signalleitungen mit Abschlußwiderstand in der Impulstechnik**	2885
4.21.5	**Leistungsreduzierung von Signalen**	2886
4.21.6	**Berechnung der Einfügungsdämpfung bei Leitungen**	2887
4.21.7	**Der Wellenwiderstand von Impulsübertragungsleitungen**	2890
4.21.8	**Maximale Länge einer Impulsleitung**	2891
4.21.9	**Reflexionen auf Leitungen bei Impulsübertragungen**	2892
4.21.10	**Clamping-Dioden als Impulsbegrenzung bei Reflexionen**	2898
4.21.11	**Reflexionen an Leitungsinhomogenitäten**	2898

Inhalt

4.22 Anwendungen von Ferritkernen für Übertrager und Schaltnetzteile 2900

4.22.1 Magnetfeldtechnik für Ferrite 2900
    A Hysterese 2900
    B Permeabilität 2902
    C Magnetische Kernformgrößen 2904
    D Definitionsgrößen im Kleinsignalbereich 2906
    E Bestimmungsgrößen im Leistungsbereich 2907
    F Temperatureinfluß 2908
    G Desakkomodation 2910
    H Allgemeine mechanische, elektrische und magnetische Eigenschaften von Ferriten 2910
    I Anwendungen von Ferritkernen 2913
    K Kernbauformen – Vorschriften – 2919
    L Auswahltabellen von Kernwerkstoffen 2920

4.22.2 Schaltnetzteile (SNT) – Switched Mode Power Supplies (SMPS) 2927

4.22.3 Schaltnetzteile zur Stromversorgung 2927
    A Übersicht 2927
    B Funktion 2932

4.22.4 Grundschaltungen der Schaltnetzteile 2933
    A Übersicht 2933
    B Schaltungsprinzipien der Wandler 2934
    C Durchflußwandler-(Eintakt-)Funktion 2935
    D Prinzip eines Eintakt-Durchflußwandlers mit Spannungsnachregelung 2938
    E Sperrwandler-Funktion 2939
    F Sperrwandler mit galvanischer Trennung 2944
    G Technische Angaben für die Berechnung von Schaltnetzteil-Trafo-Kernen 2945

4.22.5 Schaltnetzteil-Schaltungen 2956
    A Steuerbausteine 2956
    B Sperrwandler – SNT 2965
    C Gegentaktflußwandler 2965
    D Schaltnetzteil 250 W (Durchflußwandler) 2968
    E Sperrwandler-SNT mit mehreren Ausgangsspannungen 2973

5 Hochfrequente und drahtgebundene Signalübertragung 2993

5.1 Modulationssysteme und Infrarot-Signalmodulation 2994

5.1.1 AM-Modulatoren 2994
    A Betriebsdaten 2994
    B AM-Modulationsschaltungen mit Transistoren 2994
    C Modulation mit Dioden 2996
    D Typische Modulationsoszillogramme 2996

5.1.2	FM-Modulatoren	2997
5.2	**Mischer und Modulatoren mit Trägerunterdrückung**	2999
	A Additive Mischung	2999
	B Multiplikative Mischung	3000
	C Gegentaktmischer (Balanced Mixer)	3000
	D Doppelgegentaktmischer (Double-Balanced Mixer)	3002
	E Mischer mit integrierten Schaltungen	3004
	F Interferenzprodukte (Mehrfachempfang) bei Mischern	1013
5.3	**Antennen**	3016
5.3.1	**Begriffe und Berechnungen für die Antenne**	3016
	A Wirkfläche, Strahlungsdichte, Antennenspannung	3016
	B Strom- und Spannungsverteilung beim Dipol	3018
	C Effektive Antennenhöhe und Antennenlänge	3019
	D Resonanz einer Antenne durch Bestimmung ihrer L-C-Werte	3020
	E Verkürzung oder Verlängerung einer Antenne durch Blindkomponenten	3021
	F Strahlungsleistung der Antenne	3022
	G Strahlungswiderstand der Antenne	3022
	H Antennenwirkungsgrad	3023
5.3.2	**Einfluß des Antennendurchmessers (Schlankheitsgrad)**	3023
5.3.3	**Antennen mit mehreren Elementen (Yagi-Antennen)**	3026
	A Antennengewinn und VR-Dämpfung	3026
	B Dimensionierung von Mehrelementen-Yagi-Antennen	3027
5.3.4	**λ/4-Vertikalstrahler (Marconi-Antenne), Helical-Antennen**	3028
	A Wellenwiderstand und Daten der Marconi-Antenne (λ/4-Strahler)	3028
	B Daten der Helical-Antenne	3030
5.3.5	**Antennenzusammenschaltungen**	3034
	A Parallelschalten von Antennen	3034
	B Asymmetrische – symmetrische Speisungen	3035
5.3.6	**Künstliche Antennen**	3035
6	**Digitale Schaltungstechnik**	3039
6.1	**Digitaltechnik**	3041
6.1.1	**Einführung**	3041
	A Begriffe, Typenspektrum	3041
	B Begriffe der Digitaltechnik	3043
	C Schaltzeichen	3048
	D Funktionsbilder und zugehörige IEC Symbole	3054
6.1.2	**Signalcodierung**	3060
	A Dualcode (BCD)	3060

	B Boole'sche Algebra	3060
	C Digitalcode	3061
	D ASCII-Code (American Standard Code for Information Interchange)	3064
	E Weitere Zahlen-Code	3064
6.1.3	**Logikschaltungen und deren Verknüpfung**	3065
	A Buffer (Leistungstreiber)	3065
	B UND-Gatter (AND)	3065
	C ODER-Gatter (OR)	3066
	D NAND-Gatter	3067
	E NOR-Gatter	3067
	F Äquivalenz-Verknüpfung	3068
	G EXOR-Gate (Exclusive-ODER-Verknüpfung)	3068
	H Umkehrstufe (Inverter)	3069
	I Kombination von Gattern	3070
	J Schaltungsvarianten mit dem NAND-Gatter 7400	3072
	K Digitale Schaltkreise mit „INHIBIT"-, „STROBE"- und „ENABLE"-Eingängen	3075
	L Das Transmissionsgate	3076
	M Tristate-Ausgang (Three-state)	3077
6.1.4	**Schaltkreisfamilien**	3077
	A Schaltkreisfamilien – Übersicht – Kenndaten	3078
	B TTL-Reihen, Daten	3081
	C FAST-(TTL-)Reihe	3083
	D MOS-/CMOS-Reihen, Daten	3091
6.1.5	**Flip-Flop-Schaltungen**	3157
	A Flip-Flop-Übersicht	3157
	B RS-Flip-Flop	3158
	C D-Flip-Flop	3160
	D JK-Flip-Flop	3161
	E JK-Master-Slave-Flip-Flop	3163
	F T-Flip-Flop (Trigger-Flip-Flop)	3165
	G Besonderheiten der Flip-Flop-Eingänge	3166
	H Synchronbetrieb/Asynchronbetrieb	3167
6.1.6	**Frequenzteiler**	3167
	A Frequenzteiler mit Flip-Flop-Stufen	3167
	B Frequenzteiler mit dem Baustein 7490	3171
	C Frequenzteiler mit dem Baustein 7493	3176
6.1.7	**Frequenzzähler**	3178
	A Dezimalzähler	3178
	B Asynchrone Zähler	3180
	C Synchronzähler in der Schaltungspraxis	3183
	D Vor-Rückwärts-Zähler (Abwärtszähler)	3185
6.1.8	**Spezielle Logikbausteine und Schaltungen**	3186
	A Schieberegister	3186

	B Zwischenspeicherung der Zählerergebnisse (Latch)	3186
	C Schmitt-Trigger	3187
	D Optoelektronisches Zählsystem	3188
	E Monostabile Kippstufe	3189
	F Taktgenerator für digitale Steuerstufen mit Quarzen	3190
	G Start-Stop-Oszillator	3190
	H Prellfreier Schalter	3191
6.2	**Mikroprozessortechnik – Software**	3192
6.2.1	**Software für Laboranwendungen**	3192
	A Systemprogramme	3192
	B Programmiersprachen	3195
	C Assembler, Compiler, Interpreter, Quellencode-Umsetzer	3197
	D Anwenderprogramme für die Laborpraxis	3197
6.3	**Mikroprozessortechnik – Hardware**	3233
6.3.1	**Die Entwicklungsumgebung**	3233
6.3.2	**Architekturmerkmale**	3234
6.3.3	**Mikroprozessoren**	3234
	A Die 68000-Familie	3234
	B Neues 68000-Derivat	3236
6.3.4	**Mikrocontroller**	3241
	A Rechnerleistung	3241
	B Speicherkapazität	3241
	C Modularität	3242
	D Speisestrom	3242
	E Hardware-Konfigurationen	3242
	F Die 8051-Familie und 80C51-Derivate	3243
	G Kurzbeschreibung PCB 83C552 (PHILIPS)	3246
	H Applikationsbeispiele	3248
6.3.5	**Programmierbare Logik**	3251
	A Einleitung	3251
	B PLD-Grundarchitekturen	3257
	C Anwendungsvorteile	3261
	D Entwicklungshilfmittel und Programmierung	3265
	E PLD-Applikationen mit ausgewählten Schaltungen	3267
	F Auswahlkriterien	3290
6.3.6	**Bussysteme und Schnittstellen**	3292
	A Serieller I^2C-Bus	3292
	B Paralleler Bus: VMEbus	3299
	C Schnittstellen und Controllerzuordnung für Bussysteme	3300

6.3.7	Häufig verwendete Abkürzungen und Kurzbegriffe	3304
7	**Meßtechnik**	3307
7.1	**Abschwächer**	3308
7.1.1	Eingangsabschwächer	3308
	A Gleichspannungsteiler	3308
	B Wechselspannungsteiler	3309
7.1.2	Ausgangsabschwächer	3312
	A Allgemeine Hinweise	3312
	B T-Teiler nach Abb. 7.1.2-1	3312
	C π-Teiler nach Abb. 7.1.2-2	3313
	D Ausgangsteiler +20..−70 dB nach Abb. 7.1.2-3	3314
	E Einzelne Dämpfungsglieder	3315
	F Komplementärbreitband-Endstufen	3316
7.1.3	Gleichstromteiler – Ringshunt	3317
7.1.4	Elektronische Amplitudenregelung	3318
	A Spannungsteiler mit einer Verstärkungsregelung	3318
	B Verstärkungsregelung bei Operationsverstärkern	3319
	C Spannungsregelung mit Kapazitätsdioden	3320
	D Spannungsnachregelung mit Feldeffekttransistor	3320
	E Verstärkungsregelung mit symmetrischen Gleichspannungsverstärkern	3324
7.1.5	Hochfrequenz-Spannungsteiler	3325
7.2	**Breitbandverstärker**	3327
7.2.1	HF-Verstärker für Breitbandübertragung	3327
7.2.2	Anwendung von Operationsverstärkern mit hoher slew rate	3328
7.2.3	Phasenumkehrstufen mit symmetrischen Ausgängen	3329
	A Phasenumkehr mit einem Transistor	3329
	B Phasenumkehr mit zwei Transistoren	3330
	C Phasenumkehr mit Operationsverstärkern	3331
7.2.4	Breitbandverstärker für Oszilloskope	3331
	A Vorverstärker für Breitband-Oszilloskope 0 bis 300 MHz	3332
	B Kaskadestufen als Leistungsendstufen für die Plattenansteuerung	3333
	C Dimensionierungshinweise für Kaskadestufen	3334
	D Y-Verstärker für ein Oszilloskop mit einem Nennfrequenzbereich von 0 bis 375 MHz	3336

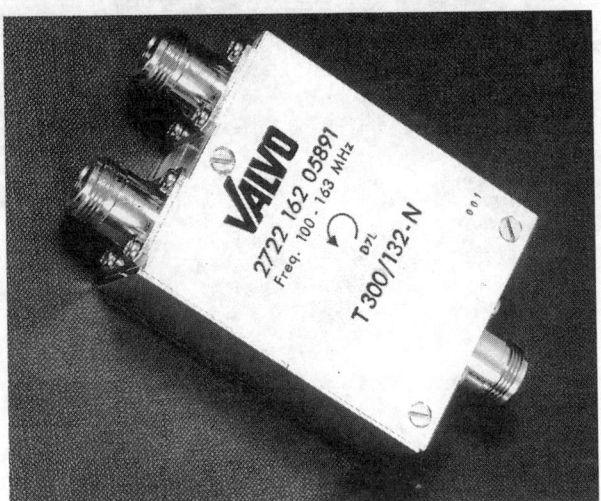

Zirkulatoren – Beispiele für Valvo-Bauelemente

Die Bilder zeigen sogenannte konzentrierte Zirkulatoren (Lumped-Circuit-C.) – eine besondere Bauart, die kleine Abmessungen bei niedrigen Frequenzen (bis ca. 50 MHz) ermöglicht. Diese Zirkulatoren werden in professionellen Mobilfunkanlagen, z. B. auch Flugfunkanlagen, zur Unterdrückung von Intermodulationsprodukten als Einwegleitung mit abgeschlossenem dritten Tor, eingesetzt.

Das obere Bild soll einen Einblick in das Bauprinzip geben: Zwischen zwei durch Permanentmagnete vormagnetisierte Ferritscheiben kreuzen sich drei gegeneinander isolierte Leiter unter Winkeln von 3 x 120°.

Meist sind die Leiter in zahlreiche parallele Strompfade aufgeteilt und untereinander verflochten. An den drei Anschlüssen der Verzweigung sind zusätzliche Anpaßschaltungen, für Breitbandtypen meist zweistufige, eingebaut. Das untere Bild zeigt einen 300-W-Typ
T 300 / 132-N (2722 162 0589.1)

Frequenzbereich	100 ... 163 MHz	Eingangswelligkeit (typ.)	1,3
Sperrdämpfung (typ.)	17 dB	Anschlüsse	N-Konnektor fem.
Durchlaßdämpfung (typ.)	0,8 dB	Abmessungen	80 x 65 x 33 (mm)

51

Für den Einsatz in Videoübertragungssystemen wurden von Siemens Videoübertragungsmodule für Lichtwellenleiter im Wellenlängenbereich von 860 nm entwickelt

Siemens-Pressebild

1

Praktische Entwurfsdaten der Elektronik

1.1 Tabellenteil

Basisgrößen, Einheiten, technische Formelzeichen

Erläuterungen zu ausgewählten Begriffen

Ampere
Das Ampere ist die Einheit des konstanten Stromes, welcher in zwei geradlinigen, parallel zueinander liegenden, unendlich langen, in einem Meter Abstand befindlichen Leitern mit vernachlässigbarem Querschnitt fließt, wodurch zwischen ihnen im Vakuum eine Kraft von $2 \cdot 10^{-7}$ Newton pro Meter Leitungslänge hervorgerufen wird.
Die Definition ist gleichbedeutend mit der Festlegung der magnetischen Feldkonstante:

$$\mu_o = 4 \cdot \pi \cdot 10^{-7} \frac{kg \cdot m}{s^2 \cdot A^2} = 4 \cdot \pi \cdot 10^{-7} \frac{N}{A^2} = 4 \cdot \pi \cdot 10^{-7} \frac{H}{m}$$

woraus folgt: $1\,A = \frac{1}{s} \sqrt{4 \cdot \pi \cdot 10^{-7}\, kg\, m/\mu_o} = \sqrt{4 \cdot \pi \cdot 10^{-7}\, N/\mu_o}$

Avogadro-Zahl
Die Avogadro-Zahl steht für die Anzahl der Moleküle in einem Volumen von einem Kubikzentimeter irgendeines Gases.
Der Zahlenwert entsteht einfach aus der Division der Loschmidt-Zahl durch das Molvolumen von 22421 cm/mol und beträgt
$26{,}872 \cdot 10^{18}$ [1/cm]

Becquerel
Das Becquerel ist die SI-Einheit für die Aktivität einer radioaktiven Substanz.

Blindleistung
Die Blindleistung bezeichnet die Leistung, welche durch einen Wechselstrom hervorgerufen wird. Die Leistung wird berechnet, indem man das Produkt aus Spannung und Stromstärke bildet und den zeitlichen Mittelwert bestimmt. Liegt die Spannung zudem an einem Blindwiderstand (Kondensator, Spule), so besteht zwischen beiden Größen eine Phasenverschiebung.

Boltzmann-Spannung

$U_{Bo} = \dfrac{k \cdot T}{e}$ darin ist $k = 13{,}80662 \cdot 10^{-24}$ J/K
$e = 0{,}160221917 \cdot 10^{-18}$ C
T = Temperatur K

Candela
Das Candela ist die photometrische SI-Einheit für die Lichtstärke.

Die Definition für das Candela lautet: Ein schwarzer Körper der Temperatur des erstarrenden Platins hat pro Quadratzentimeter ebener Oberfläche senkrecht zur Oberfläche eine Lichtstärke von 60 Candela.

Coulomb
Das Coulomb ist die Einheit für die elektrische Ladung bzw. die Elektrizitätsmenge. Die elektrische Ladung ergibt sich aus der folgenden Gleichung:

elektrische Ladung = Stromstärke x Zeit $C = A \cdot s$

Ein Coulomb ist die Ladung, die pro Sekunde durch einen Strom von einem Ampere transportiert wird.

Dichte
Die Dichte wird auch spezifische Masse genannt und entspricht dem Verhältnis aus Masse und Volumen eines Körpers.

$$\varrho = \frac{m}{V}$$

Darüber hinaus ist mit der Dichte eines Körpers auch der Zustand, resp. seine Temperatur, Druck und Feuchtigkeit anzugeben.

Relative Dichte
Quotient aus der Dichte eines Stoffes und der eines Bezugsstoffes.

Dioptrie
Die Dioptrie ist die in der Optik gebräuchliche Einheit für die Brechkraft eines Linsensystems. Die Brechkraft wird mit der folgenden Gleichung bestimmt:

$$\text{Brechkraft} = \frac{1}{\text{Brennweite}}$$

Die Brechkraft wird mit dem Dioptriemeter gemessen.

Elektronenvolt
Das Elektronenvolt ist die Energie, welche ein Elektron beim Durchlaufen einer Potentialdifferenz von 1 Volt (im Vakuum) gewinnt.

$1 \text{ eV} = 0{,}16021 \cdot 10^{-19} \text{ J}$

In der Kernphysik wird die Einheit Elektronenvolt meist in der folgenden Form angewendet:

$1 \text{ MeV} = 1 \text{ Megaelektronenvolt} = 10^6 \text{ eV} = 1{,}602 \cdot 10^{-13} \text{ J}$
$1 \text{ GeV} = 1 \text{ Gigaelektronenvolt} = 10^9 \text{ eV} = 1{,}602 \cdot 10^{-10} \text{ J}$

Energiedosis
Die Energiedosis ist die durch ionisierende Strahlung auf die Masseneinheit übertragene Energie. Die Energiedosisleistung, auch Energiedosisrate genannt, ergibt sich aus der Energiedosis pro Zeitintervall:

Energiedosisrate = Energiedosis / Zeitintervall

Entropie
Die Entropie ist eine Zustandsgröße aus der Thermodynamik. Sie ist ein Maß für die Umkehrbarkeit eines thermodynamischen Prozesses.

Die Entropie eines abgeschlossenen Systems kann nur zunehmen bzw. gleich bleiben, womit Aussagen über die Ablaufrichtung eines physikalischen Vorganges gemacht werden können.

Faraday-Konstante
Die Faraday-Konstante definiert eine Elektrizitätsmenge, welche durch ein Grammäquivalent (val) bei der Elektrolyse abgeschieden wird. Das Grammäquivalent ist eine in der Chemie verwendete Masseneinheit für Ionen. Sie ist durch die Beziehung

$1 \text{ val} = \frac{1}{Z} \text{ mol}$ (Z = Wertigkeit des Ions) definiert.

Oder: molare Ladung eines Elektrolyten; erforderliche Ladung, um 1 mol eines einwertigen Ions anzulagern oder freizusetzen.

Frequenz
Die Frequenz bezeichnet die Schwingungszahl, das heißt, die Anzahl der vollen Schwingungszüge bezüglich einer gewählten Zeiteinheit. Man wählt für die Zeiteinheit die Sekunde. Somit erhält man für die Frequenz die Einheit

$1 \text{ Hz} = 1/\text{s}$ (Hz = Hertz)

Ein Hertz bedeutet also, daß ein voller Schwingungszug in einer Sekunde abläuft.

Ionendosis
Die Ionendosis bezeichnet diejenige Ionenladung, welche durch eine ionisierende Strahlung auf eine Masseneinheit erzeugt wird. Die Ionendosisleistung, auch Ionendosisrate genannt, wird durch die Ionendosis pro Zeitintervall bestimmt.

Ionendosisrate = Iondendosis / Zeitintervall

Kompressibilität
Die Kompressibilität bezeichnet die Zusammendrückbarkeit eines Stoffes, also die relative Volumenänderung bei allseitig wirkendem Druck.
Der Kehrwert $1/\aleph$ wird Kompressionsmodul genannt.
Die Kompressibilität ist definiert durch

$\aleph = -\frac{1}{V} \left(\frac{\partial V}{\partial V} \right)_T$ bei konstanter Temperatur.

Die Kompressibilität ist druck- und temperaturabhängig.

Kreisfrequenz
Die Kreisfrequenz bezeichnet die Anzahl der Vollwinkel pro Zeiteinheit multipliziert mit 2π.
Also

$\text{Kreisfrequenz } \omega = 2\pi \cdot \frac{\text{Zahl der Vollwinkel}}{\text{Zeit}}$

Leitwert
Der Leitwert eines Widerstandes wird durch den reziproken Widerstandswert bestimmt. In der Wechselstromtechnik ist der Scheinleitwert durch den reziproken Scheinwiderstand gegeben. Die Einheit für den Leitwert ist das Siemens (S).

$1 \text{ S} = 1/\Omega$

1 Praktische Entwurfsdaten der Elektronik

Lichtstrom
Der Lichtstrom ist eine photometrische Größe und wird in der Einheit Lumen (ℓm) angegeben. Der Lichtstrom ist folgendermaßen definiert: Man erhält den Lichtstrom 1 Lumen, wenn man mit einer Lichtquelle der Stärke 1 Candela den Raumwinkel 1 Steradiant ausstrahlt.
1 ℓm = 1 cd · sr ; also Produkt aus Lichtstärke und Raumwinkel.

Masseneinheit, atomare
Die atomare Masseneinheit (u) ist durch den 12. Teil der Masse des Kohlenstoffisotops ^{12}C definiert (keine SI-Einheit).
Isotope sind Atomkerne mit gleicher Ordnungszahl, aber mit unterschiedlicher Massenzahl. Man unterscheidet sie durch Angabe der Massenzahl.

mhO
Die Einheit mhO taucht häufig in Schaltungen und Formeln der amerikanischen Fachliteratur auf. Sie ist gleichbedeutend mit der SI-Einheit Siemens und bezeichnet den Leitwert eines Widerstandes. Das Wort mhO ist ein rückwärts geschriebenes Ohm. Oftmals wird auch ein umgedrehtes Ohmzeichen verwendet:
1 ℧ = 1 mhO = 1 S

mil
Das mil ist eine in den USA gebräuchliche Längeneinheit. Die Definition lautet:
1 mil = 10^{-3} inch = 25,4 µm = 25,4 · 10^{-6} m

mol
Das mol bezeichnet die Stoffmenge, die aus ebensoviel Teilchen besteht, wie Atome in 12 · 10^{-3} kg des Kohlenstoffisotops ^{12}C enthalten sind.

Plancksches Wirkungsquantum
Nach Planck ist jede Strahlung, somit auch die Lichtstrahlung aus Energiequanten, zusammengesetzt. Damit ist die Strahlungsenergie ein ganzzahliges Vielfaches der Energie eines Strahlungsquants, wobei sie jedoch frequenzabhängig ist.
Die Energie eines Strahlungsquants ist daher
W = h · f   mit dem Planckschen Wirkungsquantum h

Schallgeschwindigkeit
Die Ausbreitung des Schalls erfolgt in Form von Längswellen. Die Phasengeschwindigkeit dieser Wellen wird als Schallgeschwindigkeit bezeichnet. Sie hängt in erster Linie von den mechanischen Eigenschaften des Mediums ab. So sind die Schallgeschwindigkeiten in Flüssigkeiten, Festkörpern und Gasen sehr unterschiedlich.

SI-System
Aus einem Übermaß von Einheiten hat man in den letzten Jahren das SI-System (Système International d'Unités) herausgearbeitet. Das SI-System beruht auf vernünftig gewählten wohldefinierten Basiseinheiten und ist kohärent. Die Basiseinheiten sind in der Tafel 0.1 zu finden. Kohärent heißt, daß die Gleichungen, welche die abgeleiteten Einheiten festlegen, keine Faktoren außer 1 enthalten.

Scheinleistung

Die elektrische Leistung eines Wechselstromes ist gegeben durch

$U_{eff} \cdot I_{eff} \cdot \cos \varphi$ mit dem Phasenwinkel φ.

Die Scheinleistung gibt den höchsten Wert dieses Produktes an, nämlich dann, wenn $\varphi = 0$ ist.

Temperatureinheit

Temperatureinheit sind das Kelvin, Grad Fahrenheit, Grad Celsius, Grad Reaumur. Die Umrechnungsfaktoren sind in der Tafel 0.14 zu finden. Eine weitere in Großbritannien und den USA übliche Temperatureinheit ist das Grad Rankine (°R). Sie steht im gleichen Verhältnis zum Grad Fahrenheit, wie das Kelvin zum Grad Celsius. Daher gilt

Absoluter Nullpunkt: 0 °R
Tripelpunkt des Wassers: 491,682 °R
Dampfpunkt: 671,67 °R

Zur thermodynamisch definierten Kelvin-Temperaturskala gilt die Beziehung

$1 \text{ K} = \dfrac{5}{9}$ °R (Grad Rankine)

Das Kelvin (K) ist die SI-Basiseinheit.

Wärmeleitzahl

Die Wärmeleitzahl λ, auch spezifisches Wärmeleitvermögen oder Wärmeleitfähigkeit genannt, ist eine für die Wärmeleitung in isotropen Medien, also in Medien, die nach allen Richtungen hin gleiche Eigenschaften aufweisen, maßgebliche Konstante. Die Wärmeleitzahl ist vom Material abhängig.

Wärmeübergangszahl

Die Wärmeübergangszahl α, auch Wärmeübergangskoeffizient genannt, soll alle Einflüsse der Materialeigenschaften und der Strömungsvorgänge bei Flüssigkeiten bzw. bei Gasen berücksichtigen. Sie ist unter anderem von den geometrischen Verhältnissen abhängig und nimmt mit dem Temperaturunterschied zu. Die Wärmeübergangszahlen hängen sehr stark von den speziellen Bedingungen ab und sind experimentell zu bestimmen.

Weber

Das Weber (Wb) ist die SI-Einheit für den magnetischen Fluß. Sie ergibt sich aus der Beziehung:

Änderung des magnetischen Flusses = elektrische Spannung x Zeit

Die Definition lautet: Das Weber ist der magnetische Fluß, der in einer ihn umfließenden Windung eine Spannung von einem Volt induziert, wenn man ihn in einer Sekunde gleichmäßig auf Null abnehmen läßt.

Wellenlänge

Die Wellenlänge λ bestimmt den Abstand zweier aufeinander folgender Wellentäler oder Wellenberge bzw. zweier Punkte eines schwingenden Mediums, welche sich im gleichen Schwingungszustand befinden. Der Phasenunterschied beträgt 2π.

Winkelgeschwindigkeit

Die Winkelgeschwindigkeit ist das Verhältnis des Drehwinkels $d\varphi$, den eine durch die Drehachse gehende Ebene im Zeitabschnitt dt durchläuft:

1 Praktische Entwurfsdaten der Elektronik

$$\omega = \frac{d\varphi}{dt}$$

Der Winkel φ wird im Bogenmaß angegeben.

Wirkungsgrad
Der Wirkungsgrad ist das Verhältnis der von einer Maschine geleisteten Nutzarbeit zur gleichzeitig zugeführten Energie. Das Verhältnis ist stets kleiner als 1, da ein Teil der zugeführten Energie durch Reibungsverluste verlorengeht. Der Wirkungsgrad ist definiert als

$$\eta = \frac{P_N}{P_Z} \qquad \begin{array}{l} P_N = \text{Nutzleistung} \\ P_Z = \text{zugeführte Leistung} \end{array}$$

Zahlenwertgleichung
Sie entsteht dadurch, daß man in die Größengleichung für die Größenarten die (z. B. bei einem Versuch ermittelten) Zahlenwerte einsetzt.
Beispiel: Für den Blindwiderstand eines Kondensators lautet die Größengleichung Absolutwert des Blindwiderstandes:

$$R_C = \frac{1}{2\pi} \cdot \frac{1}{\text{Frequenz f} \cdot \text{Kapazität C}}$$

die Einheitengleichung lautet:

$$\Omega = \frac{1}{\text{Hz} \cdot \text{F}}$$

die Zahlenwertgleichung lautet:

mit $f = 50$ Hz, $C = 1$ μF $\qquad R_C = \dfrac{1}{2 \cdot \pi \cdot 50 \cdot 1 \cdot 10^{-6}} \approx 3000 \; \Omega$

Zeitkonstante
Ändert sich ein Vorgang zeitlich derart, daß eine Größe U (z. B. eine Spannung) vom Ausgangswert U_o exponentiell nach der folgenden Gleichung abfällt:
$$U = U_o \cdot e^{-t/\tau}$$
so nennt man $\tau = C \cdot R$ die Zeitkonstante.

Tabelle 0.1 Basisgrößen, Basiseinheiten

Basisgröße	Formelzeichen	Basiseinheit	SI-Einheit
Länge	l	Meter	m
Masse	m	Kilogramm	kg
Zeit	t	Sekunde	s
elektrische Stromstärke	I	Ampere	A
thermodynamische Temperatur	T	Kelvin	K
Stoffmenge	mol	MOL	mol
Lichtstärke	I	candela	cd

Tabelle 0.1.1 Abgeleitete SI-Einheiten mit eigenem Namen – Kurzübersicht

Größe	Formelzeichen	SI-Einheit		weitere SI-Einheiten
Kraft	F	N	Newton	kg · m/s^2
Druck	p	Pa	Pascal	N/m^2
Energie, Arbeit	W	J	Joule	N · m = W · s
Wärmemenge	Q	J	Joule	
Leistung	P	W	Watt	J/s = N · m/s = V · A
elektrische Spannung	U	V	Volt	W/A = kg · m^2/(A · s^3)
elektrischer Widerstand	R	Ω	Ohm	V/A
elektrischer Leitwert	G	S	Siemens	1/Ω = A/V
Elektrizitätsmenge, elektrische Ladung	Q	C	Coulomb	A · s
elektrische Kapazität	C	F	Farad	C/V = A · s/V
magnetischer Fluß	Φ	Wb	Weber	V · s
magnetische Flußdichte	B	T	Tesla	Wb/m^2 = V · s/m^2
Induktivität	L	H	Henry	Wb/A = V · s/A
Winkel, ebener	α, β, γ	rad	Radiant	m/m
Raumwinkel	Ω, ω	sr	Steradiant	m^2/m^2
Lichtstrom	Φ	lm	Lumen	cd · sr
Beleuchtungsstärke	E	lx	Lux	lm/m^2
Frequenz	f	Hz	Hertz	1/s
Aktivität radioaktiver Substanz	A	Bq	Becquerel	1/s
Energiedosis	D	Gy	Gray	J/kg

Tabelle 0.1.2 Gesetzliche Einheiten, welche keine SI-Einheiten sind

Größe	Bedeutung	Einheit	Umrechnung
Atomare Masseneinheit	Masse (Kernphysik)	u	1 u = 1,660531 · 10^{-27} kg
Bar	Druck	bar	1 bar = 10^5 Pa
Elektronenvolt	Energie	eV	1 eV = 0,16022 · 10^{-18} kg · m^2/s^2
Gon	ebener Winkel	gon	1 gon = (π/200) rad
Grad Celsius	Celsius-Temperatur	°C	1 °C = 1 K
Gramm	Masse	g	1 g = 10^{-3} kg
Liter	Volumen	l	1 l = 10^{-3} m^3
Minute	Zeitspanne	min	1 min = 60 s
Stunde	Zeitspanne	h	1 h = 3600 s
Tag	Zeitspanne	d	1 d = 86 400 s
Tonne	Masse	t	1 t = 10^3 kg
Vollwinkel	ebener Winkel	pla	1 pla = 2 π rad

Tabelle 0.1.3 Alphabetisch geordnete SI-Sachgruppen

Bezeichnung	Zulässige gesetzliche Einheit	Einheitenzeichen	Basiseinheit, durch andere Einheiten ausgedrückt
Aktivität einer radioaktiven Substanz	Becquerel	Bq	$1\ Bq = \dfrac{1}{s}$
Äquivalentendosis	Sievert	Sv	$1\ Sv = \dfrac{J}{kg}$

1 Praktische Entwurfsdaten der Elektronik

Tabelle 0.1.3 Alphabetisch geordnete SI-Sachgruppen

Bezeichnung	Zulässige gesetzliche Einheit	Einheitenzeichen	Basiseinheit, durch andere Einheiten ausgedrückt
Beschleunigung	Meter durch Sekundenquadrat	$\frac{m}{s^2}$	
Druck, mechanische Spannung			
	Pascal	Pa	$1\ Pa = 1\ \frac{N}{m^2}$
	Hektopascal	hPa	$1\ hPa = 10^2\ Pa$
	Kilopascal	kPa	$1\ kPa = 10^3\ Pa$
	Megapascal	MPa	$1\ MPa = 10^6\ Pa$
	Millibar	mbar	$1\ mbar = 1\ h\ Pa$
	Bar	bar	$1\ bar = 10^5\ Pa$
	Millimeter-Quecksilbersäule (nur für Blutdruck)	mmHg	$1\ mmHg = 1{,}33322\ mbar$
Ebener Winkel			
	Radiant	rad	$1\ rad = 1\ \frac{m}{m}$
	Gon	gon	$1\ gon = \frac{\pi}{200}\ rad$
Elektrische Kapazität	Farad	F	$1\ F = 1\ \frac{C}{V}$
Elektrische Ladung	Coulomb	C	$1\ C = A \cdot s$
Elektrische Spannung	Volt	V	$1\ V = 1\ \frac{W}{A}$
Elektrische Stromstärke	Ampere	A	Basiseinheit
Energie, Arbeit, Wärmemenge			
	Joule	J	$1\ J = 1\ N \cdot m$
	Kilojoule	kJ	$1\ kJ = 1000\ J$
	Wattstunde	Wh	$1\ Wh = 3600\ J$
	Wattsekunde	Ws	$1\ Ws = 1\ J$
	Kilowattstunde	kWh	$1\ kWh = 3{,}6 \cdot 10^6\ J$

1.1 Tabellenteil

Bezeichnung	Zulässige gesetzliche Einheit	Einheitenzeichen	Basiseinheit, durch andere Einheiten ausgedrückt
Energiedosis	Gray	Gy	$1\ \text{Gy} = 1\ \dfrac{\text{J}}{\text{kg}}$
Energie in der Atomphysik	Elektronvolt	eV	$1\ \text{eV} = 1{,}6021892 \cdot 10^{-19}\ \text{J}$
Frequenz	Hertz	Hz	$1\ \text{Hz} = \dfrac{1}{\text{s}}$
Geschwindigkeit			
	Meter durch Sekunde	$\dfrac{\text{m}}{\text{s}}$	$1\ \dfrac{\text{m}}{\text{s}} = 3{,}6\ \dfrac{\text{km}}{\text{h}}$
	Kilometer durch Stunde	$\dfrac{\text{km}}{\text{h}}$	$1\ \dfrac{\text{km}}{\text{h}} \approx 0{,}278\ \dfrac{\text{m}}{\text{s}}$
Induktivität	Henry	H	$1\ \text{H} = 1\ \dfrac{\text{Wb}}{\text{A}}$
Ionendosis	Coulomb durch Kilogramm	$\dfrac{\text{C}}{\text{kg}}$	$1\ \dfrac{\text{C}}{\text{kg}} = \dfrac{\text{A} \cdot \text{s}}{\text{kg}}$
Kraft	Newton	N	$1\ \text{N} = 1\ \dfrac{\text{kg} \cdot \text{m}}{\text{s}^2}$
Leistung			
	Watt	W	$1\ \text{W} = 1\ \dfrac{\text{J}}{\text{s}}$
	Kilowatt	kW	$1\ \text{kW} = 1000\ \text{W}$
	Var (für die Blindleistung)	var	$1\ \text{var} = 1\ \text{W}$
Lichtstärke	Candela	cd	Basiseinheit
Magnetische Flußdichte	Tesla	T	$1\ \text{T} = 1\ \dfrac{\text{Wb}}{\text{m}^2}$
Magnetischer Fluß	Weber	Wb	$1\ \text{Wb} = 1\ \text{V} \cdot \text{s}$
Stoffmenge	Mol	mol	Basiseinheit
Thermodynamische Temperatur			
	Kelvin	K	Basiseinheit
	Grad Celsius	°C	$1\ \text{K} \triangleq 1\ °\text{C}$

1 Praktische Entwurfsdaten der Elektronik

Tabelle 0.1.4 Bezeichnung dekadisch vervielfachter Einheiten

Vorsatz	Zeich	Potenz	in Ziffern	in Buchstaben	USA
Atto	a	10^{-18}	0,000 000 000 000 000 001	Trillionstel	
Femto	f	10^{-15}	0,000 000 000 000 001	Billiardstel	
Piko	p	10^{-12}	0,000 000 000 001	Billionstel	
Nano	n	10^{-9}	0,000 000 001	Milliardstel	
Mikro	µ	10^{-6}	0,000 001	Millionstel	
Milli	m	10^{-3}	0,001	Tausendstel	
Zenti	c	10^{-2}	0,01	Hundertstel	
Dezi	d	10^{-1}	0,1	Zehntel	
Deka	da	10^{1}	10	Zehn	
Hekto	h	10^{2}	100	Hundert	
Kilo	k	10^{3}	1 000	Tausend	
Mega	M	10^{6}	1 000 000	Million	
Giga	G	10^{9}	1 000 000 000	Milliarde	Billion
Tera	T	10^{12}	1 000 000 000 000	Billion	Trillion
Peta	P	10^{15}	1 000 000 000 000 000	Billiarde	
Exa	E	10^{18}	1 000 000 000 000 000 000	Trillion	

Tabelle 0.2 Atomphysikalische Einheiten und Größen

Größe	Formelzeichen	SI-Einheit	Bemerkungen
Stoffmenge	n	mol	
molare Masse	M	kg/mol	
Stoffmengenkonzentration, Konzentration eines Stoffes i	c_i	mol/m^3	Mol pro m^3
molares Volumen	V_m	m^3/mol	
molare Wärmekapazität	C_m	J/(mol · K)	
Ionendosis	J	C/kg	Coulomb pro kg
Ionendosisleistung	$\dot{J}$	A/kg	
Energiedosis	D	Gy	Gray
Energiedosisleistung	$\dot{D}$	Gy/s	
Äquivalentdosis	Dq	J/kg	Joule pro kg
Äquivalentdosisleistung	$\dot{Dq}$	W/kg	Watt pro kg
Aktivität	A	Bq = 1/s	Bequerel

Tabelle 0.3 Abgeleitete Einheiten – Länge, Fläche, Volumen

Größe	Formelzeichen	SI-Einheit	Bemerkungen
Länge	l	m	Meter
Fläche	A	m^2	Quadratmeter
Volumen	V	m^3	Kubikmeter
ebener Winkel	α, β, γ (alpha, beta, gamma)	rad	Radiant
räumlicher Winkel	Ω, ω (omega)	sr	Steradiant
Phasenwinkel	φ (phi)	rad	
Halbmesser, Radius	r	m	
Durchmesser	d	m	
Wellenlänge	λ (lambda)	m	

Tabelle 0.4 Abgeleitete Einheiten – Masse, Zeit, Beschleunigung

Größe	Formel-zeichen	SI-Einheit	Bemerkungen
Masse	m	kg	
längenbezogene Masse	m′	kg/m	Kilogramm pro Meter
flächenbezogene Masse	m″	kg/m^2	Kilogramm pro Quadratmeter
Dichte, volumenbezogene Masse	ϱ (rho)	kg/m^3	Kilogramm pro Kubikmeter
Zeit	t	s	
Zeitkonstante	τ (tau)	s	
Frequenz	f .	Hz = 1/s	Hertz
Periodendauer, Schwingungsdauer	T	s	
Geschwindigkeit	v	m/s	Meter pro Sekunde
Drehzahl	n	1/s	
Beschleunigung	a	m/s^2	Meter pro Sek.-Quadrat
Winkelgeschwindigkeit	Ω (omega)	rad/s	Radiant pro Sekunde
Winkelbeschleunigung	α (alpha)	rad/s^2	Radiant pro Sek.-Quadrat
Volumenstrom	V, Q	m^3/s	Kubikmeter pro Sekunde
Massenstrom	m, q	kg/s	Kilogramm pro Sekunde

Tabelle 0.5 Abgeleitete Einheiten – Kraft, Energie, Leistung

Größe	Formelzeichen	SI-Einheit	Bemerkungen
Kraft	F	N	Newton
Druck	p	Pa	Pascal
Drehmoment	M	N · m	
Drehimpuls	L	kg · m^2/s	
Kompressibilität	$\aleph$ (kappa)	m^2/N	
Arbeit	W, A	J	Joule
Energie	E, W	J	
potentielle Energie	E_p, W_p	J	
kinetische Energie	E_k, W_k	J	
Wärmemenge	Q	J	
Leistung	P	W	
Wirkungsgrad	η (eta)	1	Leistungsverhältnis
Wärmestrom	Q, Φ (phi)	W	
Wirkleistung	P, P_p	W	
Blindleistung	Q, P_q	W	
Scheinleistung	S, P_s	W	

1 Praktische Entwurfsdaten der Elektronik

Tabelle 0.6 Abgeleitete Einheiten der Elektrotechnik

Größe	Formelzeichen	SI-Einheit	Bemerkungen
elektrische Spannung, elektrische Potentialdifferenz	U	V	Volt
elektrischer Widerstand	R	Ω	Ohm
elektrischer Leitwert, Wirkleitwert	G	S	Siemens
Blindwiderstand	X	Ω	
Blindleitwert	B	S	
Impedanz, komplexe Impedanz	Z	Ω	
Scheinleitwert	Y	S	
Wellenwiderstand	Z, Γ (gamma)	Ω	
Elektrizitätsmenge, elektrische Ladung	Q	C	Coulomb
elektrische Kapazität	C	F	Farad
elektr. Flußdichte, Verschiebungsdichte	D	C/m^2	Coulomb pro qm
elektrische Feldstärke	E	V/m	Volt pro Meter
elektrische Stromstärke	I	A	Ampere
elektrische Stromdichte	J, S	A/m^2	Ampere pro qm
magnetischer Fluß	Φ (phi)	Wb	Weber
magnetische Flußdichte	B	T	Tesla
Induktivität	L	H	Henry
magnetische Feldstärke	H	A/m	Ampere pro Meter

Tabelle 0.7 Abgeleitete Einheiten – Temperatur, Licht

Größe	Formelzeichen	SI-Einheit	Bemerkungen
thermodynamische Temperatur	T, Θ (theta)	K	Kelvin
Temperaturdifferenz	ΔT, Δt, $\Delta \vartheta$	K	
Celsius-Temperatur	t, ϑ (theta)	°C	Celsius
Entropie	S	J/K	
Lichtstärke	I, I_v	cd	candela
Leuchtdichte	L, L_v	cd/m^2	candela pro qm
Lichtstrom	Φ, $Φ_v$ (phi)	lm	Lumen
Beleuchtungsstärke	E, E_v	lx	Lux
Lichtmenge	Q, Q_v	lm · s	
Brennweite	f	m	
Brechzahl	n	1	Verhältnis

Tabelle 0.8 Überholte Einheiten

Größe	Einheit	Umrechnung
Amperewindung	Aw	1 Aw = 1 A
Ångström	Å	1 Å = 10^{-10} m
Apostilb	asb	1 asb = 0,383099 cd/m^2
Biot	Bi	1 Bi = 10 A
Curie	Ci	1 Ci = 37 · 10^9 1/s
Dyn	dyn	1 dyn = 10^{-5} N
Erg	erg	1 erg = 10^{-7} J
Gal	Gal	1 Gal = 10^{-2} m/s^2
Gauss	G	1 G = 10^{-4} T
Gilbert	Gb	1 Gb = 0,795775 A
Grad	grd	1 grd = 1 K
Kalorie	cal	1 cal = 4,1868 J
kilogramme-force	kgf	1 kgf = 9,80665 N
Kraftkilogramm	kg*	1 kg* = 9,80665 N
Lambert	L, la	1 L = 3183,098862 cd/m^2
Lichtjahr	Lj	1 Lj = 9,46053 10^{15} m
Mach	M	1 M = 341 m/s = 1230 km/h
Maxwell	M	1 M = 10^{-8} Wb
Meter Wassersäule	m WS	1 m WS = 9806,65 Pa
mm Quecksilbersäule	mm Hg	1 mm Hg = 133,322 Pa
Neugrad	g	1 g = 1 gon
Nit	nt	1 nt = 1 cd/m^2
Nox	nx	1 nx = 10^{-3} lx
Oersted	Oe	1 Oe = 79,5775 A/m
Pferdestärke	PS	1 PS = 735,49875 W
Phot	ph	1 ph = 10^4 lx
physikalische Atmosphäre	atm	1 atm = 101325 Pa
Poise	p	1 p = 0,1 Pa s
Pond	p	1 p = 9,80665 10^{-3} N
rem(rad)	rem	1 rem = 10^{-3} J/kg
Steinkohleneinheit	SKE	1 SKE = 29,3076 MJ
Stilb	sb	1 sb = 10^4 cd/m^2
Technische Atmosphäre	at	1 at = 98066,5 Pa
Torr	Torr	1 Torr = 133,322 Pa

Tabelle 0.9 Beschränkt gültige Einheiten

Größe	Bedeutung	Einheit	Umrechnung
Ar	Fläche	a	1 a = 100 m^2
Astronomische Einheit	Länge	AE	1 AE = 149,6 · 10^9 m
Dioptrie	Brechwert (Optik)	dpt	1 dpt = 1/m
Hektar	Fläche	ha	1 ha = 10^4 m^2
Karat (für Masse)	Masse	kt	1 kt = 0,2 · 10^{-3} kg
Knoten	Geschwindigkeit	kn	1 kn = 1,852 · 10^3 m/h
Parsec	Länge (Astronomie)	pc	1 pc = 30,8572 · 10^{15} m
Seemeile	Länge (Seefahrt)	sm	1 sm = 1,852 · 10^3 m
Tex	Massenbelag (Textil)	tex	1 tex = 10^{-6} kg/m
Var	Blindleistung	var	1 var = 1 W
Voltampere	Scheinleistung	VA	1 VA = 1 W

1 Praktische Entwurfsdaten der Elektronik

Tabelle 0.10 Formelzeichen und Einheiten mechanischer Größen (ehemalige Systeme)

Größe	Formel-zeichen	Einheit im MKS-System	Einheit im techn. Maßsyst.	CGS-System (absolut. Maßsyste)	Eine MKS-Einheit techn. Einheiten	... CGS-Einheiten
Länge	l, l	m	m	cm	1	10^2
Fläche	A, S, F	m^2	m^2	cm^2	1	10^4
Rauminhalt, Volumen	V, τ	m^3	m^3	cm^3	1	10^6
Zeit	t, τ, z	s	s	s	1	1
Geschwindigkeit	τ, u, w	m/s	m/s	cm/s	1	10^2
Winkelgeschwindigkeit	ω, Ω	1/s	1/s	1/s	1	1
Beschleunigung	a, b	m/s^2	m/s^2	cm/s^2 = Gal	1	10^2
Winkelbeschleunigung	ω'	$1/s^2$	$1/s^2$	$1/s^2$	1	1
Masse	m	kg	$kp\, s^2/m$	g	0,10197	10^3
Dichte	ς, d	kg/m^3	$kp\, s^2/m^4$	g/cm^3	0,10197	10^{-3}
Wichte	γ	$kg/m^2 s^2 = N/m^3$	kp/m^3	$g/cm^2 s^2$	0,10197	10^{-1}
Kraft, Gewicht	F, P, K, G	$kg\, m/s^2$ = N	kp	$g\, cm/s^2$ = dyn	0,10197	10^5
Druck	p	$kg/m\, s^2$ = N/m^2	kp/m^2	g/cm^2 = dyn/cm^2	0,10197	10
Arbeit, Energie, Wärmemenge	A, W, Q	$kg\, m^2/s^2$ = Nm = Ws = J	kp m	$g\, cm^2/s^2$ = erg	0,10197	10^7
Leistung	P, N	$kg\, m^2/s^3$ = Nm/s = J/s = W	kp m/s	$g\, cm^2/s^3$ = erg/s	0,10197	10^7
Trägheitsmoment	J, Θ	$kg\, m^2$	$kp\, m\, s^2$	$g\, cm^2$	0,10197	10^7
Moment einer Kraft	M, T	$kg\, m^2/s^2$ = Nm	kp m	$g\, cm^2/s^2$	0,10197	10^7
Kompressibilität	κ	$m\, s^2/kg$	m^2/kp	$cm\, s^2/g$	9,80665	10^{-1}
Oberflächenspannung	σ, γ	kg/s^2	kp/m	g/s^2	0,10197	10^3
Dynamische Viskosität	η	$kg/m\, s$	$kp\, s/m^2$	$g/cm\, s$ = P	0,10197	10
Kinematische Viskosität	ν	m^2/s	m^2/s	cm^2/s = St	1	10^4

Beispiel zur Umbrechung von techn. Einheiten in CGS-Einheiten: 0,10197 kp m = 10^7 erg, 1 kp m = 9,80665 · 10^7 erg (Norm-Fallbeschleunigung g_n = 9,80665 m/s^2; $1/g_n$ = 0,10197 s^2/m).

Tabelle 0.11 Formelzeichen und Einheiten elektrischer und magnetischer Größen (ehemalige Systeme)

Größe	Formel-Zeichen	Einheit im MKS-System	elektrostat. CGS-System	elektromagn. CGS-System	Eine MKSA-Einheit ... el.-stat. Einheiten	... el.-magn. Einheiten
Elektr. Spannung	U	$kg\, m^2/s^3 A \equiv W/A \equiv V$	$g^{1/2} cm^{1/2}/s$	$g^{1/2} cm^{3/2}/s^2$	0,333·10^{-2}	10^8
Elektr. Feldstärke	E	$kg\, m/s^3 A \equiv N/C \equiv V/m$	$g^{1/2} cm^{1/2}/s^2$	$g^{1/2} cm^{1/2}/s^2$	0,333·10^{-4}	10^4
Elektrizitätsmenge	Q, q	$As \equiv C$	$g^{1/2} cm^{3/2}/s$	$g^{1/2} cm^{1/2}$	3·10^9	10^{-1}
Elektr. Verschiebung	D	$As/m^2 \equiv C/m^2$	$g^{1/2} cm^{1/2}/s$	$g^{1/2}/cm^{3/2}$	3·10^5	10^{-5}
Elektr. Kapazität	C	$A^2 s^4/kg\, m^2 \equiv s/\Omega \equiv C/V \equiv F$	cm	s^2/cm	9,1·10^{11}	10^{-9}
Abs. Dielektr.-Konst.	ϵ	$A^2 s^4/kg\, m^3 \equiv F/m$	$g^0 cm^0 s^0$	s^2/cm^2	1,129·10^{11}	1,256·10^{-10}
Elektr. Stromstärke	I	A	$g^{1/2} cm^{2/3}/s^2$	$g^{1/2} cm^{1/2}/s$	3·10^9	10^{-1}
Elektr. Stromdichte	S, G	A/m^2	$g^{1/2} cm^{1/2}/s^2$	$g^{1/2}/cm^{3/2} s$	3·10^5	10^{-5}
Elektr. Leitwert	G	$A^2 s^3/kg\, m^2 \equiv A/V \equiv S$	cm/s	s/cm	9,1·10^{11}	10^{-9}
Elektr. Leitfähigkeit	χ	$A^2 s^3/kg\, m^3 \equiv S/m$	1/s	s/cm^2	9·10^9	10^{-11}
Elektr. Widerstand	R	$kg\, m^2/s^3 A^2 \equiv V/A \equiv \Omega$	s/cm	cm/s	0,111·10^{-11}	10^9
Spez. elektr. Widerst.	ς	$kg\, m^3/s^3 A^2 \equiv \Omega m$	s	cm^2/s	0,111·10^{-9}	10^{11}
Kraft	F, P, K	$kg\, m/s^2 \equiv Ws/m \equiv N$	$g\, cm/s^2$ = dyn	$g\, cm/s^2$ = dyn	10^5	10^5
Arbeit, Energie	A, W, E	$kg\, m^2/s^2 \equiv Nm \equiv Ws \equiv J$	$g\, cm^2/s^2$	$g\, cm^2/s^2$ = erg	10^7	10^7
Leistung	P, N	$kg\, m^2/s^3 \equiv J/s \equiv VA \equiv W$	$g\, cm^2/s^3$	$g\, cm^2/s^3$ = erg/s	10^7	10^7
Magnet. Spannung	V	A	$g^{1/2} cm^{1/2}/s$	$g^{1/2} cm^{1/2}/s$ = Gb	3,770·10^{10}	2,357
Magnet. Feldstärke	H	A/m	$g^{1/2} cm^{1/2}/s^2$	$g^{1/2} cm^{1/2}/s$ = Oe	3,770·10^8	1,257·10^{-2}
Magnet. Fluß	Φ, Ψ	$kg\, m^2/s^2 A = Vs = Wb$	$g^{1/2} cm^{1/2}$	$g^{1/2} cm^{3/2}/s = M$	0,333·10^{-2}	10^8
Magnet. Induktion	B	$kg/s^2 A = Vs/m^2 = T$	$g^{1/2}/cm^{3/2}$	$g^{1/2} cm^{1/2}/s = G$	0,333·10^{-6}	10^4
Induktivität	L	$kg\, m^2/s^2 A^2 = J/A^2 = \Omega s = H$	s^2/cm	cm	0,111·10^{-11}	10^9
Absol. Permeabilität	μ	$kg\, m/s^2 A^2 = H/m$	s^2/cm^2	$g^0 cm^0 s^0$	0,8854·10^{-15}	0,796·10^6
Magnet. Leitwert	Λ	$kg\, m^2/s^2 A^2 = J/A^2 = \Omega s = H$	s^2/cm	cm	0,111·10^{-11}	10^9

Tabelle 0.12 Wärmeleitzahl

Die Wärmeleitzahl, auch spezifisches Wärmeleitvermögen oder Wärmeleitfähigkeit genannt, ist eine für die Wärmeleitung in isotropen Medien, also in Medien, die nach allen Richtungen hin gleiche Eigenschaften aufweisen, maßgebliche Konstante λ. Die Wärmeleitzahl hat die SI-Einheit W/(m · K).

1.1 Tabellenteil

Wärmeleitzahl λ	SI-Einheit	W/(m · K)
Wärmeleitzahl λ	alte Einheiten	W/(m · grd) cal/(cm · s · grd) kcal/(m · h · grd) J/(m · s · grd)

Umrechnung der Einheiten

$$\frac{kcal}{m \cdot h \cdot grd} = 1000 \cdot \frac{cal}{m \cdot h \cdot grd} = 10 \cdot \frac{cal}{cm \cdot h \cdot grd} = \frac{1}{360} \cdot \frac{cal}{cm \cdot s \cdot grd} =$$

$$= \frac{4{,}1855}{360} \cdot \frac{J}{cm \cdot s \cdot grd} = \frac{4{,}1855}{3{,}6} \cdot \frac{J}{m \cdot s \cdot grd} = \frac{4{,}1855}{3{,}6} \cdot \frac{W}{m \cdot grd} = \frac{4{,}1855}{3{,}6} \cdot \frac{W}{m \cdot K}$$

Tabelle 0.13 Wärmeübergangszahl

Die Wärmeübergangszahl α, auch Wärmeübergangskoeffizient genannt, soll alle Einflüsse der Materialeigenschaften und der Strömungsvorgänge bei Flüssigkeiten bzw. von Gasen berücksichtigen. Sie ist unter anderem von den geometrischen Verhältnissen abhängig und nimmt mit dem Temperaturunterschied zu. Die Wärmeübergangszahlen hängen sehr stark von den speziellen Bedingungen ab und sind experimentell zu bestimmen.

Wärmeübergangszahl α	SI-Einheit	W/(m² · K)
Wärmeübergangszahl α	alte Einheiten	kcal/(m² · h · grd) cal/(cm² · s · grd)

Umrechnung der Einheiten

$$\frac{kcal}{m^2 \cdot h \cdot grd} = 4185{,}5 \cdot \frac{J}{m^2 \cdot h \cdot grd} = \frac{4185{,}5}{3600} \cdot \frac{J}{m^2 \cdot s \cdot grd} = 1{,}1626 \cdot \frac{W}{m^2 \cdot K}$$

Tabelle 0.14 Umrechnung von Temperatureinheiten

Eine in Großbritannien und den USA übliche Temperatureinheit ist das Grad Rankine (°R). Sie steht im gleichen Verhältnis zum Grad Fahrenheit, wie das Kelvin zum Grad Celsius. Daher gilt:

Absoluter Nullpunkt: 0 °R
Tripelpunkt des Wassers: 491,682 °R
Dampfpunkt: 671,67 °R

Zur thermodynamisch definierten Kelvin-Temperaturskala gilt die Beziehung:

$1 K = \dfrac{5}{9}$ °R (Grad Rankine)

Gegeben \ Gesucht	C	F	K	R
C	1	$\dfrac{9C}{5} + 32$	$C + 273{,}2$	$\dfrac{4}{5} C$
F	$\dfrac{5 \cdot (F-32)}{9}$	1	$\dfrac{5F}{9} + 255{,}4$	$\dfrac{4(F-32)}{9}$
K	$K - 273{,}2$	$\dfrac{9K}{5} - 459{,}7$	1	$\dfrac{4K}{5} - 218{,}5$
R	$\dfrac{5R}{4}$	$\dfrac{9R}{4} + 32$	$\dfrac{5R}{4} + 273{,}2$	1

C = Grad Celsius
R = Grad Reaumur
F = Grad Fahrenheit
K = Grad Kelvin

1 Praktische Entwurfsdaten der Elektronik

Tabelle 0.15 Umrechnung von amerikanischen und englischen Einheiten in SI-Einheiten

Einheit/Größe	Zeichen	Wert in SI-Einheiten	Umrechnungsfaktor x^{-1}
Längeneinheiten			
1 inch = 40 lines	in	2,539 cm	0,393701
1 mil		25,39 µm	0,03937
1 line		0,635 mm	1,57480
1 foot = 12 in = 3 hands	ft	30,468 cm	0,0328084
1 yard = 3 feet = 4 spans	yd	0,9144 m	1,09361
1 fathom = 2 yd	fath	1,8288 m	0,546807
1 rod, (perch, pole)	rd	5,0292 m	0,198839
1 chain = 100 links	ch	20,1168 m	0,0497097
1 furlong = 220 yd	fur	0,201168 km	4,97097
1 mile (Landmeile)	mi	1,60934 km	0,62137
1 nautical mile (internat.)	n mi, NM	1,852 km	0,539957
1 knot (Knoten)	kn	1,852 km/h	0,539957
Flächeneinheiten			
1 square inch	sq in	6,4516 cm^2	0,155000
1 circular inch		5,0671 cm^2	0,197352
1 square foot = 144 sq in	sq ft	929,03 cm^2	$1,0764 \cdot 10^{-3}$
1 square yard = 9 sq ft	sq yd	0,83613 m^2	1,19599
1 acre = 4 roods		4046,8 m^2	$2,4711 \cdot 10^{-4}$
1 square mile = 640 acres	sq mi	2,5900 km^2	0,38610
Raumeinheiten			
1 cubic inch	cu in	16,387 cm^3	0,061024
1 cubic foot 1728 cu in	cu ft	28,317 dm^3	0,035315
1 cubic yard = 27 cu ft	cu yd	0,76455 m^3	1,30795
1 register ton = 100 cu ft		2,8317 m^3	0,35314
1 shipping ton		1,13268 m^3	0,88286
1 fluid ounce (GBr)	fl oz	0,028413 dm^3	35,1950
1 fluid once (USA)	fl oz	0,029574 dm^3	33,8138
1 pint = 4 gills (GBr)	(liq) pt	0,56826 dm^3	1,75975
1 pint = 4 gills (USA)	liq pt	0,47318 dm^3	2,11336
1 dry pint	dry pt	0,55061 dm^3	1,81616
1 quart = 2 pints (GBr)	(liq) qt	1,13652 dm^3	0,87988
1 quart = 2 pints (USA)	liq qt	0,94636 dm^3	1,05668
1 dry quart	dry qt	1,10123 dm^3	0,908077
1 quarter = 64 gal		290,950 dm^3	0,0034370
1 gallon = 2 pottles (GBr)	gal	4,54609 dm^3	0,219969
1 gallon (USA)	gal	3,78543 dm^3	0,264170
1 bushel = 4 pecks (GBr)	bu	36,3687 dm^3	0,0274962
1 bushel = 4 pecks (USA)	bu	35,2393 dm^3	0,0283774
1 dry barrel		115,628 dm^3	0,0086484
1 petroleum barrel		158,762 dm^3	0,0062987
Masseneinheiten			
1 grain	gr	64,7989 mg	0,0154324
1 dram	dr	1,77185 g	0,564383
1 ounce = 16 drams	oz	28,3495 g	0,0352739
1 pound = 16 oz	lb	0,453592 kg	2,204622
1 quarter = 28 lb (lbs)		12,7006 kg	0,078737
1 hundredweight = 112 lb	cwt	50,8024 kg	0,0196841

Einheit/Größe	Zeichen	Wert in SI–Einheiten	Umrechnungs-faktor x^{-1}
1 long hundredweight	l cwt	50,8024 kg	0,0196841
1 short hundredweight	sh cwt	45,3592 kg	0,0220462
1 ton = 1 long ton	tn, l tn	1016,047 kg	$0,984206 \cdot 10^{-3}$
1 short ton = 2000 lb	sh tn	907,185 kg	$1,102311 \cdot 10^{-3}$
Krafteinheiten			
1 pound-weight	lb wt	4,448221 N	0,2248089
1 pound-force	Lb, lbf	4,448221 N	0,2248089
1 poundal	pdl	0,138255 N	7,23301
1 kilogramme-force	kgf, kgp	9,80665 N	0,1019716
1 short ton-weight	sh tn wt	8,896444 kN	0,1124045
1 long ton-weight	l tn wt	9,964015 kN	0,1003611
1 ton-force	Ton, tonf	9,964015 kN	0,1003611
Druckeinheiten (Kraft/Fläche)			
1 pound-weight per square inch	lb wt/sq in ppsi, psi	6894,8 Pa	$0,145038 \cdot 10^{-3}$
1 pound-weight per square foot	lb wt/sq ft ppsf, psf	47880 Pa	$0,0208854 \cdot 10^{-3}$
1 kilogramme-force/sq in	kgf/sq in	1520,02 Pa	$0,657880 \cdot 10^{-3}$
1 short ton-weight/sq in		$13,789 \cdot 10^6$ Pa	$0,072552 \cdot 10^{-6}$
1 ton-force/sq in	Ton/sq in	$15,4443 \cdot 10^6$ Pa	$0,064749 \cdot 10^{-6}$
1 foot of water	ft H_2O	$2,9891 \cdot 10^3$ Pa	$0,34483 \cdot 10^{-3}$
1 inch of Hg	in Hg	$3,3864 \cdot 10^3$ Pa	$0,29529 \cdot 10^{-3}$
Arbeit- und Energieeinheiten			
1 foot pound-weight	ft lb wt	1,355821 J	0,737561
1 foot pound-force	ft Lb, ft lbf	1,355817 J	0,737563
1 foot-poundal	ft pdl	0,0421401 J	23,7304
1 British Thermal Unit (internat., steam table)	Btu, BTU B, th. u.	⎰ 1,055056 kJ ⎱ 0,293071 Wh	⎰ 0,947817 ⎱ 3,412141
1 horse-power hour	hph, HPhr h.p.hr.	⎰ 2,6845 MJ ⎱ 0,74570 kWh	⎰ 0,37251 ⎱ 1,34102
Leistungseinheiten (Arbeit/Zeit)			
1 foot pound-weight/s	ft lb wt/s	1,355821 W	0,737561
1 British thermal unit/s	Btu/s,	1,055056 kW	0,947817
1 British thermal unit/h	Btu/h	0,293071 W	3,41214
1 horse-power	hp, h.p.	0,74570 kW	1,34102
Lichttechnische Einheiten			
1 lambert	la	3183,10 cd/m²	$\pi \cdot 10^{-4}$
1 foot-lambert	ft la	3,42626 cd/m²	0,291864
1 candela per square inch	cd/sq in	1550,0 cd/m²	$6,4516 \cdot 10^{-4}$
1 candela per square foot	cd/sq ft	10,7639 cd/m²	0,092903
1 footcandle	ft cd	10,7639 lx	0,092903

1 Praktische Entwurfsdaten der Elektronik

Tabelle 0.16 Universelle Konstanten aus der Physik

Bezeichnung der Konstanten	Formelzeichen	Zahlenwert	Einheit
Atomare Masseneinheit	u	$1{,}660531 \cdot 10^{-27}$	kg
Bohrscher Bahnradius des Wasserstoffatoms	r	$52{,}92 \cdot 10^{-12}$	m
Elektronenradius (klassisch)	r_e	$2{,}817939 \cdot 10^{-15}$	m
Ruhemasse des Elektrons	m_e	$0{,}9109558 \cdot 10^{-30}$	kg
Ruhemasse des H-Atoms	m_H	$1{,}6734 \cdot 10^{-27}$	kg
Ruhemasse des Deuterons	m_D	$3{,}3429 \cdot 10^{-27}$	kg
Ruhemasse des Protons	m_P	$1{,}6726485 \cdot 10^{-27}$	kg
Ruhemasse des Neutrons	m_N	$1{,}6749543 \cdot 10^{-27}$	kg
Ruheenergie des Elektrons	$(W_e)_0$	$0{,}511 \cdot 10^6$	eV
Ruheenergie des Protons	$(W_p)_0$	$0{,}938 \cdot 10^9$	eV
spezifische Ladung des Protons	e/m_p	$95{,}7929 \cdot 10^6$	C/kg
spezifische Ladung des Elektrons	e/m_e	$0{,}175888 \cdot 10^{12}$	C/kg
absolute Dielektrizitätskonstante (Vakuum)	ϵ_0	$8{,}85418743 \cdot 10^{-12}$	F/m
magnetische Feldkonstante, absolute Induktionskonstante (Vakuum)	μ_0	$1{,}256637061 \cdot 10^{-6}$ $= 4 \cdot \pi \cdot 10^{-7}$	H/m
Lichtgeschwindigkeit	c_0	$0{,}299792458 \cdot 10^9$	m/s
Wellenwiderstand des leeren Raumes (Vakuum)	Z_0	$\sqrt{\mu_0/\epsilon_0} = 376{,}73$	Ω
Schallgeschwindigkeit (Luft)	v	$331{,}45$	m/s
elektrische Elementarladung	e	$0{,}160221917 \cdot 10^{-18}$	C
Faraday-Konstante	F	$96{,}48670 \cdot 10^3$	C/mol
Boltzmann-Konstante	k	$13{,}80662 \cdot 10^{-24}$	J/K
Stefan-Boltzmann-Konstante	σ	$56{,}6961 \cdot 10^{-9}$	W/(K^4 · m^2)
Compton Wellenlänge des Elektrons	λ_c	$2{,}4263096 \cdot 10^{-12}$	m
Rydberg-Frequenz	R_y	$3{,}2899 \cdot 10^{-15}$	1/s
Absoluter Nullpunkt der thermodynamischen Temperatur	t_0	$-273{,}16$	°C
Avogadro-Konstante	N_A	$602{,}205 \cdot 10^{21}$	1/mol
Avogadrosche Zahl	$1/V_0$	$26{,}872 \cdot 10^{18}$	1/cm^3
Fallbeschleunigung	g	$9{,}80665$	m/s^2
Gravitationskonstante	G	$66{,}732 \cdot 10^{-12}$	N · m^2/kg^2
Loschmidt-Konstante	N_L	$26{,}86754 \cdot 10^{24}$	1/m^3
Loschmidtsche Zahl	L	$0{,}60249 \cdot 10^{24}$	Moleküle/mol
Molvolumen idealer Gase	V_0	$22{,}41383$	m^3/(K · mol)
Plancksches Wirkungsquantum	h	$0{,}6626196 \cdot 10^{-33}$	J · s
Universelle Gaskonstante	R	$8{,}31434$	J/(mol · K)
Jahr, tropisches	a	$31{,}556926 \cdot 10^6$	s

1 Chemische Eigenschaften von Stoffen

Erläuterungen zu den verwendeten Begriffen

Atomgewicht	Das Atomgewicht ist das durchschnittliche Gewicht eines Atoms im Isotopengemisch bezogen auf ^{12}C.
Austrittsarbeit	Notwendige Arbeit, um ein Elektron aus dem Leitungsband aus dem Inneren eines Stoffes durch dessen Oberfläche hindurch zu befördern. Diese Austrittsarbeit ist maßgebend für die Größe des bei einer bestimmten Temperatur aus der Oberfläche austretenden Stromes. Sie wird in Elektronenvolt angegeben.
Elektrochemische Spannungsreihe	Die in der Tabelle 1.5 angegebenen Werte der Urspannung beziehen sich auf Wasserstoff als Vergleichselektrode und gelten für ionennormale Lösungen (ein Grammäquivalent Ionen in einem Leiter).
Gitter	Feste Anordnung der Atome in kristallinen Körpern. Die kleinste Einheit eines solchen Raumgitters ist die Elementarzelle. Diese Elementarzellen nehmen je nach Element unterschiedliche Formen an (z. B. Kubisch raumzentriert [krz] oder Kubisch flächenzentriert [kfz]).
Ionisierungsspannung	Spannung, die zum Loslösen eines Elektrons aus der Eletronenhülle eines Atoms gehört (Ionisierungsenergie). Dabei entspricht die Ionisierungsspannung in Volt der Ionisierungsarbeit in Elektronenvolt (eV).
Ordnungszahl	Die im Periodensystem angegebenen Ordnungszahlen der Elemente entsprechen dem Platz in der Rangordnung. Sie sind außerdem der Zahl der Kernladung und der Zahl der Elektronen des Atoms gleich.
Wertigkeit	Die Wertigkeit gibt an, wieviel Wasserstoffatome ein Atom eines Elements binden oder ersetzen kann.

1 Praktische Entwurfsdaten der Elektronik

Tabelle 1.1 Periodisches System der Elemente

Periode	Gruppe I a	b	Gruppe II a	b	Gruppe III a	b	Gruppe IV a	b	Gruppe V a	b	Gruppe VI a	b	Gruppe VII a	b	Gruppe VIII a	b
1	1 H 1,0080														2 He 4,003	
2	3 Li 6,940		4 Be 9,013		5 B 10,82		6 C 12,011		7 N 14,008		8 O 16		9 F 19		10 Ne 20,183	
3	11 Na 22,991		12 Mg 24,32		13 Al 26,98		14 Si 28,09		15 P 30,975		16 S 32,066		17 Cl 35,457		18 Ar 39,944	
4	19 K 39,100		20 Ca 40,08		21 Sc 44,96		22 Ti 47,90		23 V 50,95		24 Cr 52,01		25 Mn 54,94			
4		29 Cu 63,54		30 Zn 65,38	31 Ga 69,72		32 Ge 72,60		33 As 74,91		34 Se 78,96		35 Br 79,916		26 Fe 55,85 27 Co 58,94 28 Ni 58,71	
5	37 Rb 85,48		38 Sr 87,63		39 Y 88,905		40 Zr 91,22		41 Nb 92,906		42 Mo 95,94		43 Tc 97			
5		47 Ag 107,9		48 Cd 112,4	49 In 114,82		50 Sn 118,69		51 Sb 121,75		52 Te 127,6		53 J 126,9		44 Ru 101,1 45 Rh 102,9 46 Pd 106,4	
6	55 Cs 132,9		56 Ba 137,34		57 La 138,91		72 Hf 178,49		73 Ta 180,95		74 W 183,85		75 Re 186,2			
6		79 Au 196,97		80 Hg 200,59	81 Tl 204,37		82 Pb 207,19		83 Bi 208,98		84 Po (209)		85 At (210)		76 Os 190,2 77 Ir 192,2 78 Pt 195,1	
7	87 Fr (223)		88 Ra (226)		89 Ac (227)											

Lanthanide und Actinide

6	58 Ce 140,13	59 Pr 140,92	60 Nd 144,27	61 Pm 145	62 Sm 150,35	63 Eu 152,0	64 Gd 157,26	65 Tb 158,93	66 Dy 162,51	67 Ho 164,94	68 Er 167,27	69 Tm 168,94	70 Yb 173,04	71 Lu 174,99
7	90 Th 232,04	91 Pa (231)	92 U 238,03	93 Np (237)	94 Pu (244)	95 Am (243)	96 Cm (247)	97 Bk (247)	98 Cf (251)	99 Es (254)	100 Fm (253)	101 Md (256)	102 No (256)	103 Lr (257)

Die eingeklammerten Zahlen geben die Masse des längstlebigen Isotops an.

Elektron Ladung $e = 1{,}602 \cdot 10^{-19}$ As
Masse $m = 9{,}109 \cdot 10^{-28}$ g

Proton Ladung $e = 1{,}602 \cdot 10^{-19}$ As
Masse $m = 1{,}672 \cdot 10^{-24}$ g

Neutron Masse $m = 1{,}675 \cdot 10^{-24}$ g

Tabelle 1.2 Kennwerte der Elemente (chemische)

Name	Symbol	Ordnungszahl	Atomgewicht	Wertigkeit	Gitter
Aluminium	Al	13	26,98	3^+	kfz
Antimon	Sb	51	121,76	5^+	Rhomboedr.
Argon	A	18	39,99	inert	kfz
Arsen	As	33	74,91	$3^+, 5^+$	Rhomboedr.
Barium	Ba	56	137,36	2^+	krz
Beryllium	Be	4	9,01	2^+	Hex.
Blei	Pb	82	207,21	$2^+, 4^+$	kfz
Bor	B	5	10,82	3^+	
Brom	Br	35	79,91		
Cadmium	Cd	48	112,41	2^+	Hex.
Cäsium	Cs	55	132,91		krz
Calcium	Ca	20	40,08	2^+	kfz
Cer	Ce	58	140,13		kfz
Chlor	Cl	17	35,45		Tetragon.
Chrom	Cr	24	52,01	3^+	krz
Eisen	Fe	26	55,85	$2^+, 3^+$	krz
Fluor	F	9	19,00		
Gallium	Ga	31	69,72	3^+	
Germanium	Ge	32	72,60	4^+	Diamantg.
Gold	Au	79	197,00		kfz
Helium	He	2	4,00	inert	
Indium	In	49	114,82	3^+	Tetr. flz
Iridium	Ir	77	192,20	4^+	kfz
Jod	J	53	126,91		Tetragon.
Kalium	K	19	39,10		krz
Kobalt	Co	27	58,94	2^+	Hex.
Kohlenstoff	C	6	12,01		Hex.
Kohlenstoff	C				Diamantg.
Krypton	Kr	36	83,8	inert	kfz
Kupfer	Cu	29	63,54		kfz
Lanthan	La	57	138,92	3^+	Hex.
Lithium	Li	3	6,94		krz
Magnesium	Mg	12	24,32	2^+	Hex.
Mangan	Mn	25	54,94	2^+	kub.
Molybdän	Mo	42	95,95	4^+	krz
Natrium	Na	11	22,99		krz
Neon	Ne	10	20,18	inert	kfz
Nickel	Ni	28	58,71	2^+	kfz
Niob	Nb	41	92,91	5^+	krz
Osmium	Os	76	190,2	4^+	Hex.
Palladium	Pd	46	106,70		kfz
Phosphor	P	15	30,97	5^+	kub.
Platin	Pt	78	195,09		kfz
Quecksilber	Hg	80	200,61	2^+	
Rhenium	Re	75	186,22		Hex.
Rhodium	Rh	45	102,91	3^+	kfz
Rhutenium	Ru	44	101,10	4^+	Hex.
Sauerstoff	O	8	16,00	2^-	kub.
Schwefel	S	16	32,06	$2^-, 6^+$	
Selen	Se	34	78,96	2^-	Hex.
Silber	Ag	47	107,88		kfz

1 Praktische Entwurfsdaten der Elektronik

Name	Symbol	Ordnungszahl	Atomgewicht	Wertigkeit	Gitter
Silizium	Si	14	28,09	4^+	Diamantg.
Stickstoff	N	7	14,01	3^-	Hex.
Strontium	Sr	38	87,63	2^+	kfz
Tantal	Ta	73	180,95	5^+	krz
Tellur	Te	52	127,61	2^-	Hex.
Thallium	Tl	81	204,39	3^+	Hex.
Thorium	Th	90	232,05	4^+	kfz
Titan	Ti	22	47,90	4^+	Hex.
Uran	U	92	238,07	4^+	
Vanadium	V	23	50,95	$3^+, 5^+$	krz
Wasserstoff	H	1	1,008		Hex.
Wismut	Bi	83	209,0		
Wolfram	W	74	183,86	4^+	krz
Xenon	Xe	54	131,30	inert	kfz
Zink	Zn	30	65,38	2^+	Hex.
Zinn	Sn	50	118,70	4^+	Tetr.
Zirkon	Zr	40	91,22	4^+	Hex.

Tabelle 1.3 Austrittsarbeit

Element	eV	Element	eV
Cäsium	1,90	Kobalt	4,10 ... 4,25
Rubidium	2,13	Zirkon	4,13
Strontium	2,25	Blei	4,15
Kalium	2,26	Molybdän	4,19 ... 4,29
Natrium	2,30	Gallium	4,20
Lithium	2,36	Aluminium	4,25
Barium	2,55	Zink	4,25
Kalzium	2,96	Kupfer	4,29
Cer	3,07	Zinn	4,38 ... 4,51
Hafnium	3,20 ... 3,53	Quecksilber	4,53
Uran	3,28	Germanium	4,55
Thorium	3,29	Wolfram	4,55 ... 4,57
Thallium	3,68	Wismut	4,62
Magnesium	3,69	Silber	4,73
Chrom	3,72	Rhodium	4,75
Mangan	3,76	Eisen	4,75 ... 4,77
Vanadium	3,78	Gold	4,76
Titan	3,92	Silizium	4,80
Beryllium	3,93	Palladium	4,97 ... 4,99
Niob	3,99	Nickel	4,98 ... 5,03
Antimon	4,05	Arsen	5,17
Kadmium	4,08	Platin	5,44 ... 6,37
Tantal	4,12 ... 4,16		

Tabelle 1.4 Ionisierungsspannung

Element	V	Element	V
Kalium	4,32	Silizium	8,14
Natrium	5,09	Platin	8,80
Barium	5,21	Kadmium	8,94
Lithium	5,37	Gold	9,20
Gallium	5,97	Zink	9,37
Aluminium	5,98	Selen	9,75
Kalzium	6,25	Arsen	10,05
Chrom	6,70	Quecksilber	10,41
Vanadium	6,74	Schwefel	10,42
Titan	6,81	Kohlenstoff	11,24
Blei	7,37	Chlor	13,01
Mangan	7,41	Wasserstoff	13,54
Silber	7,58	Sauerstoff	13,57
Nickel	7,60	Krypton	13,94
Magnesium	7,63	Stickstoff	14,51
Kupfer	7,67	Argon	15,68
Kobalt	7,80	Neon	21,47
Eisen	7,83	Helium	24,48
Germanium	8,10		

Tabelle 1.5 Elektrochemische Spannungsreihe

Chem. Element	V	Chem. Element	V	Chem. Element	V
Lithium	− 2,96	Verzinkter Stahl	− 0,53 ... − 0,72	Wismut	+ 0,23
Rubidium	− 2,92	Gallium	− 0,52	Messing	+ 0,26 ... + 0,05
Kalium	− 2,92	Schwefel	− 0,50	Arsen	+ 0,32
Strontium	− 2,90	Eisen	− 0,44	Bronze	+ 0,36 ... + 0,03
Barium	− 2,90	Kadmium	− 0,40	Kupfer	+ 0,345
Natrium	− 2,71	Indium	− 0,34	Sauerstoff	+ 0,393
Kalzium	− 2,56	Kobalt	− 0,29	Polonium	+ 0,4
Magnesium	− 1,87	Nickel	− 0,25	Palladium	+ 0,49
Beryllium	− 1,69	Flußstahl	− 0,21 ... − 0,48	Jod	+ 0,53
Uran	− 1,40	Gußeisen	− 0,18 ... − 0,42	Chromnickel	+ 0,75 ... − 0,05
Aluminium	− 1,28	Zinn	− 0,14	Graphit	+ 0,75
Mangan	− 1,07	Blei	− 0,13	Quecksilber	+ 0,775
Tellur	− 0,83	Wasserstoff	±0	Silber	+ 0,7987
Zink	− 0,76	Antimon	±0,20	Platin	+ 0,86
Chrom	− 0,56			Brom	+ 1,06
				Gold	+ 1,38
				Chlor	+ 1,40
				Fluor	+ 2,0

Tabelle 1.6 Wichtige Chemikalien und ihre Lösungsmittel

Chemische Bezeichnung	Handelsname	Chemische Formel	Verdünnung/ Auflösung mit
Aceton, Propanon	Aceton	$(CH_3)_2CO$	H_2O; Alkohol, Äther
Acetylen, Äthin	Acetylen	C_2H_2	Aceton, wenig in H_2O
Äthylalkohol (Äthanol)	Alkohol	C_2H_5OH	H_2O; Äther, Chloroform
Ameisensäure	Ameisensäure	HCOOH	Wasser, Äther, Benzol
Arsentrioxid	Arsenik	As_2O_3	Natronlauge
Aminobenzol	Anilin	$C_6H_5NH_2$	Alkohol, Äther
Äthyläther	Äther	$(C_2H_5)_2O$	Alkohol
Monochloräthan	Äthylchlorid	CH_3CH_2Cl	Alkohol
Kaliumhydroxid	Ätzkali	KOH	Wasser
Calciumoxid	Ätzkalk	CAO	Säuren
Natriumhydroxid	Ätznatron	NaOH	Wasser
Benzol	Benzol	C_6H_6	Alkohol, Äther, Aceton
Magnesiumsulfat	Bittersalz	$MgSO_4 \cdot 7H_2O$	Alkohol, Äther, Aceton, Wasser
Zyanwasserstoff	Blausäure	HCN	
Bleioxid	Bleiglätte	PbO	Salpetersäure
Blei(II,IV)oxid	Bleimennige	Pb_3O_4	Salpetersäure
bas. Bleicarbonat	Bleiweiß	$Pb_3(OH)_2(CO_3)_2$	Salpetersäure
Natriumtetraborat	Borax	$Na_2B_4O_7 \cdot 10H_2O$	Wasser
Mangan(IV)oxid	Braunstein	MnO_2	Salzsäure
Silberbromid	Bromsilber	AgBr	Fixierbad
Siliziumkarbid	Carborundum	SiC	
Calciumkarbid	Calciumkarbid	CaC_2	mit H_2O Acetylen
Calciumchlorid	Chlorcalcium	$CaCl_2$	Wasser
Chlorkalk	Chlorkalk	CaCl(OC)	schlecht in Wasser
Eisen(lll)chlorid	Eisenchlorid	$FeCl_3$	mit H_2O Ätzflüssigkeit
Essigsäure, rein	Eisessig	CH_3COOH	Wasser
Essigsäure, verdünnt	Essig	$CH_3COOH + H_2O$	
Methanal	Formaldehyd	HCHO	Wasser, Alkohol
Natriumthiosulfat	Fixiersalz	$Na_2S_2O_3 \cdot 5H_2O$	Wasser
Fluorwasserstoff, gelöst	Flußsäure	$H_2F_2 + H_2O$	Wasser
Calciumsulfat	Gips	$CaSO_4 \cdot 2H_2O$	
Glyzerin	Glyzerin	$C_3H_5(OH)_3$	H_2O, Alkohol
Methan	Grubengas	CH_4	Alkohol, Äther
Silbernitrat	Höllenstein	$AgNO_3$	Wasser
Äthansäure	Holzessig	CH_3COOH	Wasser
Methylalkohol (Methanol)	Holzgeist	CH_3OH	H_2O, Alkohol, Äther
Kaliumhydroxid, gelöst	Kalilauge	$KOH + H_2O$	Wasser
Calciumoxid	Kalk, gebrannter	CaO	
Calciumhydroxid	Kalk, gelöschter	$Ca(OH)_2$	
Calciumkarbonat	Kalkstein	$CaCO_3$	Salzsäure
Calciumkarbid	Karbid	CaC_2	mit H_2O Acetylen
Siliziumdioxid	Kieselsäure	SiO_2	Flußsäure
Oxalsäure	Kleesalz	$(CO_2H)_2 \cdot 2H_2O$	Wasser
Natriumchlorid	Kochsalz	NaCl	Wasser
Kohlenmonoxid	Kohlenoxid	CO	
Kohlendioxid	Kohlensäure	CO_2	

Chemische Bezeichnung	Handelsname	Chemische Formel	Verdünnung/ Auflösung mit
Aluminiumoxid	Korund	Al_2O_3	
Calciumcarbonat	Kreide	$CaCO_3$	
Kupfersulfat	Kupfervitriol	$CuSO_4 \cdot 5\,H_2O$	Wasser
Zinkchlorid, gelöst	Lötwasser	$ZnCl_2 + H_2O$	
Blei(II,IV)oxid	Mennige	Pb_3O_4	Salpetersäure
Methan	Methangas	CH_4	Alkohol, Äther
Methylalkohol (Methanol)	Methylalkohol	CH_3OH	Wasser, Alkohol, Äther
Naphthalin	Naphthalin	$C_{10}H_8$	Benzol, Äther
Natriumhydrogencarbonat	Natron, doppeltkohlensaures	$NaHCO_3$	Wasser
Natriumhydroxid, gelöst	Natronlauge	$NaOH + H_2O$	
Natriumnitrat	Natronsalpeter	$NaNO_3$	
Propantrioltrinitrat	Nitroglycerin	$C_3H_5(NO)_3)_3$	Chloroform
Phenol	Phenol	C_6H_5OH	Alkohol, Äther, Wasser
Kaliumcarbonat	Pottasche	K_2CO_3	Wasser
Propan	Propangas	C_3H_8	Äther, etwas in Alkohol
Siliziumdioxid	Quarz	SiO_2	Flußsäure
Kohlenstoff	Ruß	C	
Ammoniumchlorid	Salmiak	NH_4Cl	Wasser
Ammoniak, gelöst	Salmiakgeist	NH_3	Wasser, Alkohol
Kaliumnitrat	Salpeter, Kali-	KNO_3	Wasser
Salpetersäure	Salpetersäure	HNO_3	Wasser, mischbar
Chlorwasserstoffsäure	Salzsäure	HCl	Wasser, mischbar
Aluminiumoxid	Schmirgel	Al_2O_3	
Pyrit	Schwefelkies	FeS_2	
Schwefelsäure	Schwefelsäure	H_2SO_4	Wasser, mischbar
Schwefelwasserstoff	Schwefelwasserstoff	H_2S	
Schweflige Säure	Schweflige Säure	H_2SO_3	Wasser
Bariumsulfat	Schwerspat	$BaSO_4$	
Silbernitrat	Silbernitrat	$AgNO_3$	Wasser
Siliziumdioxid	Siliziumdioxid	SiO_2	Flußsäure
Siliziumkarbid	Siliziumkarbid	SiC	
Natriumcarbonat wasserfrei	Soda, kalziniert	Na_2CO_3	Wasser
Natriumcarbonatdecahydrat	Soda kristallin	$Na_2CO_3 \cdot 10\,H_2O$	Wasser
Magnesiumsilikat	Speckstein	$Mg_3H_2(SiO_3)_4$	
Äthylalkohol, vergällt	Spiritus	C_2H_5OH	Wasser, Äther
Vinylbenzol	Styrol	$C_6H_5CHCH_2$	Alkohol, Äther
Magnesiumsilikat	Talkum	$Mg_3H_2(SiO_3)_4$	
Tetrachlorkohlenstoff	Tetra	CCl_4	Alkohol, Äther
Methylbenzol	Toluol	$C_6H_5CH_3$	Alkohol, Äther, Benzol
Aluminiumoxid	Tonerde	Al_2O_3	

Chemische Bezeichnung	Handelsname	Chemische Formel	Verdünnung/ Auflösung mit
Trichloräthylen	Tri	C_2HCl_3	Alkohol, Äther
Vinylchlorid	Vinylchlorid		wenig in Wasser
Kupfersulfat	Vitriol, blauer	$CuSO_4 \cdot 5H_2O$	Wasser
Natriumsilikat	Wasserglas	Na_2SiO_3 (auch K_2SiO_3)	Wasser
Wasserstoffperoxid	Wasserstoffsuperoxid	H_2O_2	Wasser
Äthylalkohol (Äthanol)	Weingeist	C_2H_5OH	H_2O, Äther, Chloroform
Dextrin	Zellulose	$C_6H_{10}O_5$	
Zitronensäure	Zitronensäure	$C_6H_8O_7$	Wasser

Tabelle 1.7 Ätzlösungen für feste Stoffe

Material	Lösung
Aluminium	Eisen(lll)chlorid
	Natronlauge
	konz. Salzsäure
	konz. Salpetersäure
	konz. Flußsäure
	Wasser (60 °C)
	Methanol
	Äthylenglykol
	Perchlorsäure (70%)
	dest. Wasser (20%)
Chrom	Salzsäure
	Eisen(lll)chlorid
	konz. Salzsäure
Chrom/Nickel	konz. Salzsäure
	dest. Wasser
Gold	konz. Salpetersäure
	konz. Salzsäure
Gold/Palladium	konz. Flußsäure
	konz. Salpetersäure
	dest. Wasser
Konstantan	Eisen(lll)chlorid
Kupfer	Eisen(lll)chlorid
Kupfer	Ammoniumpersulfat
Molybdän	konz. Schwefelsäure
	konz. Salpetersäure
	dest. Wasser

Material	Lösung
Nickel	konz. Salzsäure
	dest. Wasser
Palladium	konz. Salpetersäure
	konz. Salzsäure
Palladium und Platin	konz. Salpetersäure
	konz. Salzsäure
	dest. Wasser
Silizium	Eisen(lll)chlorid
	konz. Flußsäure
	konz. Salpetersäure
Quarz; SiO_2	Flußsäure
	Ammoniumfluoridlösung
Silber	Eisennitrat
	verdünnte Salpetersäure
Tantal	konz. Flußsäure
	konz. Salpetersäure
	dest. Wasser
Tellur	Salpetersäure
	Ammoniumpersulfat
Titan	konz. Flußsäure
	dest. Wasser
Zinnoxid	Kupferchlorid 2 M in Salzsäure 4 N
Zinn-Bleileg.	Chromsäureanhydrid
	Natriumsulfat
	Schwefelsäure

1.1 Tabellenteil

Tabelle 1.8 Beständigkeit organischer Isolierstoffe in unterschiedlichen Medien

1 = beständig 2 = bedingt beständig 3 = unbeständig

Stoff/Konzentration in %	Aceton	Ameisensäure /10	/50	Ammoniak, wäßrig /10	/konz.	Äthanol (Äthylalkohol)/96	Äther (Diäthyläther)	Benzin (normal)	Benzol	Butanol (Butylalkohol)	Chloroform	Dieselöl	Essigsäure /10	/100	Flußsäure /20	Glycerin	Glycol	Kalilauge (Kaliumhydroxid)/10	/50
Acrylnitril-Butadien-Styrol (ABS)	3	1	1	1	1			3		3		3	1	1	3	1		1	1
Äthylen-Tetrafluoräthylen (ETFE)	1											3	1	1	1		3	1	1
Celluloseacetobutyrat (CAB)	3			3	1	1				3	2				3	3	1		3
Epoxidharz (EP)	3		3	2						1			3					1	1
Harnstofformaldehyd (PF)	2			2		2	1		1						3	3	1		1
Polyamid (PA) amorph	2				3		1			1			1		3	1			1
PA 6	1	3		1			2			2	3		3		3		2	1	2
PA 12	1	1	2				1					1		2	3		1	1	1
PA 12 bei 60 °C	1	2	3	1			1			1		3	2	3	3	1		1	1
Polyäthersulfon (PES)	3				1				3				3	2	2	1		1	1
Polyäthylenterephthalat (PETP)	1		1	3	3	1					2					1			3
Polybutylenterephthalat (PBTP)	3			3	1	1	1		2		3	1	3	1					
Polycarbonat (PC)	3			3	3	1	3	1	3		3	1		3	1	2		3	
Polyimid (PI)	3			1	1	3	1		1		1	1			1	2			
Polymethylmethacrylat (PMMA)	3	3			1	1	3	2	1	3	3		1	3	2	1			
Polypropylen (PP)	1		1	2	1	1		2	3		3	1	1	2				1	1
Polystyrol (PS)	3	1	1	1			3	2	3	1	3	2	1					1	1
bei 50 °C	3	2	1	2			3	3	3		3	2	1	3				1	1
Polytetrafluoräthylen (PTFE)	2	1		1			2	1	1	1	1	1	1	1	3	1	1	1	1
Polyurethan (PUR)	2			2			1		2	1		3	1		3	3	1	1	1
Polyvinylchlorid (PVC) PVC-hart	3	1		1	1	1	1	3	1	3		1	3	1	1	1	1	1	1
bei 60 °C	3	1	2	2	2	2	1	3	1	3		1		3	2	1	1	1	1
PVC-weich	3	1	2	1	1	2	3	3	3	1		2	3			1	1	1	2
bei 60 °C	3	2	3	3	3		3	3	3	3		2	3			1			
PVC-schlagzäh	3	1				1	3		1	3		1				1	1	1	1
bei 60 °C	3	1	1	2	1		2		3			3	1	1		1	1	1	1
Polyvinylidenflourid (PVDF)	2	1	1	1	1			1											
Styrol-Acrylnitril (SAN)	3	1				2	1			3	1		3						
bei 60 °C	3	2	1	1	2	2	3	1	1		2	3							
Styrol-Butadien (SB)	3	1	1	1			2	1	3	2	3	2		3				1	1
bei 50 °C	3	2	1	2			3	1	3		3	2	1	3				2	1

1 Praktische Entwurfsdaten der Elektronik

Stoff/Konzentration in %	Meerwasser	Methanol (Methylalkohol)	Mineralöl (für Elektrotechnik)	Natriumchlorid	Natronlauge (Natriumhydroxid)/30	/50	Nitrobenzol	Ozon	Petroleum	Phosphorsäure/30	/85	Salpetersäure/10	/50	Salzsäure/10	/konz.	Schwefelsäure/10	/50	/konz.	Silikonöl	Terpentin	Tetrachlorkohlenstoff	Toluol	Trichloräthylen	Xylol
Acrylnitril-Butadien-Styrol (ABS)	1	2	1	1	1		1			1	1	3	1	3	1	3	1	3	3	1	3
Äthylen-Tetrafluoräthylen (ETFE)	1	1	1	1		1	1		1	1	1	1	1	1	1	1	1	1	1	2	1	1
Celluloseacetobutyrat (CAB)	1	2	1	1		1			3	3	3	3		3	1	3	2	3	3	2
Epoxidharz (EP)	1	1	1	1	1		1		1	3	1	3			1	2		1	3	1
Harnstofformaldehyd (PF)	1	1	1	1		1	1			3	1	3	3		1	1	1	1	1
Polyamid (PA) amorph	1	3	1	1	1	1		3	1	3	1	3	1	3	1	1	1	1	1	1
PA 6	1	2	1	1	3	3	3	1		3	3	3	1	3	1	1	1	1	1	1
PA 12	1	1	1	1	1	2	1		1	2	3	3	1	3	3	1	1	1	1	1	1
PA 12 bei 60 °C	1	1	1	1	1	2		1	3	3	3	3	2	3	3	1	2	1	2	1	2
Polyäthersulfon (PES)	1	2	1	1	1	1	1			1	1	3	1	1	3	3
Polyäthylenterephthalat (PETP)	1	1	1	1	3	3	3		1	1	1	3	1	3	1	3	3	1	2	1	1
Polybutylenterephthalat (PBTP)	1	1	1	1	1	1		1	3	1	1	3	1	1	2	1	2
Polycarbonat (PC)	1	3	1	1	3		1		1	3	1	3	1	3	1	3	3	3	3
Polyimid (PI)	1	1	1	1	1	1		2		1	1		1	1	1	3	1	3
Polymethylmethacrylat (PMMA)	1	3	1	1	1	3	1	3	1	3	1	1	3	1	3	3	3
Polypropylen (PP)	1	1	2	1	1	1	2	1	1	3	1	1	2	3	1	3	3	3	3
Polystyrol (PS)	1	1	2	1	1	3	2	1	1	2	1	1	3	3	3	3	3
bei 50 °C	1	1	2	1	1	3	3	1	1	3	1	3	1	2	1	3	3	3	3
Polytetrafluoräthylen (PTFE)	1	1	1	1	1	1	1	1	1	1	1	1	1	1	1	1	1	1	1	1	1
Polyurethan (PUR)	1	2	1	1	1		1			3		3	1		2	3	1	1
PVC-hart	1	1	1	1	1	3	1	1	1	1	1	1	1	1	1	1	1	1	1	3	3	3
PVC bei 60 °C	1	1	1	1	1	3	1	1	1	1	1	1	1	1	2	2	3	3	3
PVC-weich	1	3	2	1	2	3	3	3	1	1	2	1	1	3	3	3	3	3
bei 60 °C	1	3	3	1	2	3	3	3	1	2	2	3	1	1	3	3	3	3	3
PVC-schlagzäh	1	1	1	1	1	1	3	1		1	1	1	1	1	1	1	2	1	3	3	3
bei 60 °C	1	1	1	1	1	3	3	1	1	1	1	1	1	2	3	3	3
Polyvinylidenflourid (PVDF)	1	1	1	1	1	1	1	1	1	1	1	1		1	1	1	1	1
Styrol-Acrylnitril (SAN)	1	2	1	1	1	3	1	1	1	1	2		3	2	2	3	3	3
bei 60 °C	1	3	1	1	2	3	1	1	2	2	3	1	3	2	3	3	3	3
Styrol-Butadien (SB)	1	2	1	1	1	3	2	1	1	1	2	1	1	2	1	2	1	3	3	3	3
bei 50 °C	1	3	2	1	2	3	3	1	2	1	3	1	2	1	2	3	2	3	3	3	3

Tabelle 1.9 Eisenwerkstoffe und ihre Begleitelemente

Werkstoffe nach DIN 17006	C %	Si %	Mn %	P %	S %	Cr %	Mo %	Ni %	N %	Al %	V %	Cu %
GGG	3,32	2,57	0,46	0,09	0,012	0,005		0,22				0,08
USt 37-2	0,14	0,04	0,68	0,015	0,016				0,006	0,012		
C 15	0,12	0,24	0,49	0,038	0,020	0,05		0,08				
C 35	0,34	0,27	0,60	0,030	0,029				0,005			
	0,32	0,32	0,55	0,018	0,034	0,09						
CK 45	0,45	0,38	0,71	0,018	0,029	0,05		0,03				
Cq 45	0,46	0,31	0,76	0,014	0,017	0,10	Spuren	0,04				
34 Cr 4	0,32	0,27	0,70	0,011	0,029	0,91	0,06	0,06				
41 Cr 4	0,41	0,38	0,79	0,022	0,026	1,09		0,08				
42 CrMo 4	0,39	0,30	0,72	0,020	0,026	0,90	0,22	0,05				
21 CrMoV 5 11	0,20	0,38	0,35	0,018	0,008	1,24	1,09	0,26			0,34	

Tabelle 1.10 Einfluß von Begleit- und Legierungselementen im Stahl auf die Werkstoffeigenschaften

▲ = stark erhöht   △ = erhöht   O = erniedrigt   ● = stark erniedrigt

Legierungs- bzw. Begleit- elemente im Stahl	Warmfestigkeit	Verschleißwiderstand	Tiefziehfähigkeit	Streckgrenze	Korrisionsempfindlichkeit	Kerbschlagzähigkeit	Kaltverformbarkeit	Härte	Festigkeit	Dehnung	Dauerstandfestigkeit
Aluminium					O						
Chrom	▲				△			△	▲	O	△
Kobalt	△	△		△	△			△	△	O	△
Kohlenstoff	△	△	●	△		●		▲	▲	●	△
Kupfer					▲	●		△	△	●	
Mangan					△	△		△	▲	O	
Molybdän	▲				△	△		△	△	O	▲
Nickel					△	△		△	△	△	△
Niob						△		△	△		
Phosphor					△	O	O	△	△	O	
Silizium			O		△		O	△	▲	O	
Stickstoff						●					
Tantal						△		△	△		
Titan					△	△		△	△		
Vanadium	△				△			O	△	△	▲
Wolfram	△							O	△	△	O	△

2 Physikalische und technische Eigenschaften von Metallen, Legierungen und technischen Größen

Erläuterungen zu den verwendeten Größen

Brinellhärte HB
Nach DIN 50351 aus einer Kraft F und der bleibenden Eindruckfläche A (Kalottenoberfläche). Die elastischen Verformungen der Stahlkugel und der Probe bleiben dabei unberücksichtigt.

$$\text{Härte HB} = \frac{0{,}102 \cdot F}{A}$$

F: Prüfkraft
A: Kalottenoberfläche

Aus der Brinellhärte kann annähernd die Zugfestigkeit bei Stahl bestimmt werden:

$$R_m = 3{,}38 \cdot HB$$

Bruchdehnung A
Gemessene Dehnung des Proportionalstabes nach DIN 50125 beim Bruch in %.

$$A = \frac{L_u - L_o}{L_o} \cdot 100 \text{ in \%}$$

L_o: Meßlänge vor dem Bruch
L_u: Meßlänge nach dem Bruch

0,2-Dehngrenze $R_{p0,2}$
Beim stetigen Übergang vom elastischen zum plastischen Bereich gibt die 0,2-Dehngrenze die Spannung an, bei der nach Entlastung des Proportionalstabes eine bleibende Dehnung von 0,2 % festzustellen ist.

$$R_{p0,2} = \frac{E_{p0,2}}{S_o} \text{ in N/mm}^2$$

$E_{p0,2}$ = Prüfkraft bei 0,2 % bleibender Dehnung
S_o = Anfangsquerschnitt

Dichte
Die Dichte ist der Quotient aus der Masse und dem Volumen eines Körpers, ihre Einheit ist g/cm³. Dichtewerte von Gasen werden häufig auch in g/l angegeben.
Sie ist temperaturabhängig, bei Gasen auch druckabhängig.

Elektr. Leitfähigkeit $\varkappa$
Kehrwert des elektrischen Widerstandes, ihre Einheit ist m/Ωmm².

E-Modul
Der Zusammenhang zwischen Spannung und Dehnung (Hookesches Gesetz) gilt nur im rein elastischen Bereich.

$$E = \frac{\text{Spannung}}{\text{Dehnung}} = \frac{\text{Spannung} \cdot \ell_o}{\Delta \ell}$$

ℓ_o = Ausgangslänge des unbelasteten Stabes
$\Delta \ell$ = Längendifferenz zwischen Ausgangslänge und betrachteter Länge

Elektrothermische Spannung	Die angegebenen Werte gelten für Platin als zweites Modul und 100 °C Übertemperatur der erhitzten Stelle gegen die kalte Vergleichsstelle.
Ionisierungsspannung	Als Ionisierungsspannung bezeichnet man die Spannung, die notwendig ist, ein Elektron aus der Atomhülle abzuspalten.
Kappa $\aleph$	Verhältnis der isobaren- zur isochoren Wärmekapazität.
Kritischer Druck	Druck, der bei der kritischen Temperatur eben noch zur Verflüssigung ausreicht.
Kritische Temperatur	Temperaturgrenze, oberhalb derer ein Gas nicht verflüssigt werden kann.
Längenausdehnungskoeffizient α	Mit Hilfe des von der Temperatur abhängigen Längenausdehnungskoeffizienten α besteht die Möglichkeit der Bestimmung der Längenänderung $\Delta\ell$ eindimensionaler Körper. $\Delta\ell = \ell_2 - \ell_1 = \ell_1 \alpha \, (t_2 - t_1)$ ℓ_2: Länge nach der Temperaturänderung ℓ_1: Länge vor der Temperaturänderung t_2: Temperatur nach der Temperaturänderung t_1: Temperatur vor der Temperaturänderung
Raumausdehnungskoeffizient β	Mit dem von der Temperatur abhängigen β gilt: $\Delta V = V_2 - V_1 = V_1 \beta \, (t_2 - t_1)$ ΔV: Volumenänderung V_2: Volumen nach der Temperaturänderung V_1: Volumen vor der Temperaturänderung t_2: Temperatur nach der Temperaturänderung t_1: Temperatur vor der Temperaturänderung
Schmelztemperatur	Die Schmelztemperatur gibt die Temperatur des Stoffes beim Übergang von dem festen in den flüssigen Aggregatzustand an.
Schmelzwärme	Die Schmelzwärme eines Stoffes ist die Energie, die zum Schmelzen einer bis zum Schmelzpunkt erwärmten Menge eines festen Körpers notwendig ist.
Siedetemperatur	Die Siedetemperatur gibt die Temperatur des Stoffes beim Übergang von dem flüssigen in den gasförmigen Aggregatzustand an.
Verdampfungswärme	Die Verdampfungswärme ist die zur Verdampfung einer bis zum Siedepunkt erhitzten Flüssigkeitsmenge notwendige Energie.
Vickershärte HV	Nach DIN 50133 wird mit der Kraft F ein Eindruck mit der Pyramidenspitze eines Diamanten im Prüfstück erzeugt. Aus der Diagonalen berechnet man die Eindruckoberfläche A in mm^2. Elastische Verformungen bleiben unberücksichtigt.

$$HV = \frac{0{,}102 \cdot F}{A}$$

F: Prüfkraft
A: Eindruckoberfläche

Bei Angaben wie HV 10 steht die 10 für die Größe der Prüfkraft in Newton.

Spezifische Wärme- kapazität c	Die spezifische Wärmekapazität c gibt an, welche Wärme Q einer Masse m zuzuführen bzw. zu entziehen ist, um seine Temperatur um die Differenz Δt zu ändern.

$$c = \frac{Q}{m \cdot \Delta t}$$

c_p: Isobare Wärmekapazität (Temperaturänderung erfolgt bei der Bestimmung von c_p unter Konstanthaltung des Druckes p)
c_v: Isochrone Wärmekapazität (Temperaturänderung erfolgt bei der Bestimmung von c_v unter Konstanthaltung des Volumens v)

Wärmeleitfähigkeit λ	Die Wärmeleitfähigkeit wird definiert durch die Gleichung $q = \lambda \cdot F \cdot dT/dx$, wobei q der durch einen konstanten Querschnitt F hindurchgehende Wärmestrom (der auf eine Zeiteinheit entfallende Energietransport) ist, wenn die auf die Strecke dx fallende Temperaturänderung (unabhängig von der Zeit) dT beträgt.
Zugfestigkeit R_m	Die Zugfestigkeit wird durch den genormten Zugversuch mit Probestäben nach DIN 50125 bestimmt.

$$R_m = \frac{F_m}{S_o} \text{ in N/mm}^2$$

F_m: Höchstlast
S_o: Anfangsquerschnitt

Tabelle 2.1 Elektrothermische Spannungsreihe

Metall	mV	Metall	mV
Wismut	−7,70...−6,50	Gold	+0,56...+0,80
Konstantan	−3,47...−3,04	Manganin	+0,57...+0,82
Kobalt	−1,99...−1,52	Zink	+0,60...+0,79
Nickel	−1,94...−1,20	Rhodium	+0,65
Kalium	−0,9	Iridium	+0,65...+0,68
Palladium	−0,3	Wolfram	+0,65...+0,90
Natrium	−0,2	Silber	+0,67...+0,79
Quecksilber	−0,07...+0,04	Kupfer	+0,72...+0,77
Platin	±0	V2A-Stahl	+0,77
(Graphit)	+0,22	Cadmium	+0,85...+0,92
(Kohle)	+0,3	Molybdän	1,16...+1,31
Tantal	+0,34...+0,51	Eisen	+1,87...+1,89
Aluminium	+0,40...+0,41	Chromnickel	+2,20
Magnesium	+0,40...+0,43	Antimon	+4,70...+4,86
Zinn	+0,40...+0,44	Silizium	+44,8
Blei	+0,41...+0,46	Tellur	+50
Cäsium	+0,5		

2.2 Physikalische Daten: Dichte – Wärme – Festigkeit

Tabelle 2.2.1 Spezifische Dichten

Reine Metalle

Metall	Dichte in g/cm³	Metall	Dichte in g/cm³
Aluminium, rein	2,702	Molybdän	10,2
Alu-Blech	2,73	Natrium	0,97
Alu, gegossen	2,56	Nickel	8,9
Alu, gehämmert	2,57	Niob	8,4
Antimon	6,684	Osmium	22,48
Arsen	5,8	Palladium	11,97
Barium	3,5	Platin	21,45
Beryllium	1,85	Quecksilber	13,546
Blei	11,344	Rhenium	20,53
flüssig bei 350 °C	10,66	Rhodium	12,4
gewälzt	11,38	Rubidium	1,532
Cadmium	8,642	Ruthenium	12,43
Caesium	1,90	Selen, met.	4,80
Chrom	6,92	Silber	10,5
Eisen	7,6...7,9	Silizium	2,4
Gallium	5,9	Tantal	16,65
Germanium	5,35	Tellur	6,24
Gold	19,3	Thalium	11,84
Hafnium	13,3	Thorium	11,7
Indium	7,31	Titan	4,43
Iridium	22,421	Uran	19,0
Kalium	0,86	Vanadium	6,07
Kobalt	8,9	Wismut	9,80
Kupfer, rein	8,933	Wolfram	19,3
gegossen	8,3...8,92	Zink,	7,133
gehämmert	8,9...9	-Blech	7,0
gewalzt	8,9...9	-Druckguß	6,8
Kupferdraht	8,96	Zinn,	7,3
Lithium	0,534	gegossen	7,2
Magnesium	1,74	Zirkonium	6,5
Mangan	7,20		

Legierungen Dichten

Legierung	g/cm³
Aluminiumbronze	7,75...8,4
Aluminiumnickelstahl	6,6
Bronze (Rotguß) (6...20 Sn) (Tombak)	8,7...8,9
Beryllium-Bronze	8,3...8,8
Chrom-Bronze	8,8
Chromnickel	8,5
Chromnickelstahl	7,8...8,0
Chromstahl (3 % Cr)	7,7
Deltametall (56 Cu, 40 Zn, 2 Fe, 1 Pb)	8,6
Deutrostahl	7,6...7,9

Legierung	g/cm³
Duraluminium	2,75...2,87
Dynamoblech	7,55...7,8
Eisenchromaluminium WM 140	7,2
Elektron	1,7...1,8
Elektronmetall (90 % Mg)	1,8...1,83
Fe-Ni-Legierungen	8,2
Fe-Ni-Co-Legierungen	8,2...8,3
Fe-Ni-Cr-Legierungen	7,8...7,95
Gold-Legierungen	
Au-Ag-Legierungen	16...18,5
Au-Ni-Legierungen	18,3
Au-Pt-Legierungen	19,5
Gußeisen	7,3
Hydronalium (10 % Mg)	2,6
Invar (64 Fe, 36 Ni)	8,7
Isabellin	8,0
Konstantan	8,8
Kruppin	8,1
Kupfer-Nickel-Mangan-Legierungen	8,8...8,9
Lagermetall (Weißmetall)	7,1...10,1
Legal	2,7
Magnesia	3,2...3,6
Manganin	8,43
Messing, gelb	8,5
rot	8,8
weiß	8,2
gegossen	8,4...8,7
Messing, gewalzt	8,5...8,6
gezogen	8,43...8,73
Neusilber	8,3...8,7
Nickelin (55 Cu, 45 Ni)	8,8
Palladium-Legierungen	
Pd-Ag-Legierung	11,3
Pd-Cu-Legierung	10,5...11,3
Phosphorbronze (95,5 Cu, 4,5 Sn, 0,2 P)	8,91
Permalloy	8,59
Platin-Legierungen	
Pt-Ir-Legierung	21,5...21,8
Pt-Ni-Legierung	19,1...19,4
Remanitstahl	7,6...8,0
Rheotan	8,6
Rosesches Metall	10,7
Schmiedeeisen	7,8
Schnellschneidemetalle, Acrit	9,0
Cadit	8,3
Widia	14,4
Sicromal	7,6...7,8
Silber-Bronze	8,9...9,2
Silber-Legierungen	
Ag-Cd-Legierung	10,2...10,4
Ag-Cu-Legierung	10,1...10,4
Ag-Ni-Legierung	10,5
Ag-Pd-Legierung	10,8...11,2
Silumin	2,5...2,65

1.1 Tabellenteil

Legierung	g/cm³
Stahl, Alu-	6,30
Chromnickel-	7,9
Chrom-	7,7
-guß	7,85
Kobalt-	7,8
Nickel-	8,13
Nickelmangan-	8,03
Niro-	7,3...7,4
Nirosia-	7,3...7,4
V 2 A-	7,8
Wolfram- (6 % W)	8,2
Woodsches Metall	9,7

Flüssigkeiten bei 0 °C

Flüssigkeit	g/cm³
Alkohol	0,79
Äthanol	0,789
Azeton	0,791
Benzin, Fahr-	0,78
Flug-	0,72
Benzol	0,879
Brom	3,12
Chloroform	1,489
Diäthyläther	0,714
Dieselkraftstoff	0,85...0,88
Erdöl	0,73...0,94
Glyzerin	1,261
Heizöl	0,95...1,08
Kalilauge (40 %; 15 °C)	1,395
Maschinenöl	0,9
Methylalkohol	0,7915
Mineralöl, Schmier-	0,85
Zylinder-	0,93
Natronlauge (40 %; 15 °C)	1,434
Oktan	0,702
Olivenöl	0,91
Paraffinöl	0,9...1,0
Petroleum	0,81
Quecksilber	13,546
Salpetersäure 50 %	1,31
Salpetersäure 100 %	1,512
Salzsäure (40 %)	1,195
Schwefelsäure 50 %	1,40
Schwefelsäure 100 %	1,834
Silikonöl	0,76...0,97
Spiritus	0,83
Terpentinöl	0,855
Tetrachlorkohlenstoff	1,594
Toluol	0,8669
Transformatorenöl	0,87
Wasser	0,9982
Wasserstoffperoxid	1,463
Xylol	0,88

1 Praktische Entwurfsdaten der Elektronik

Gase und Dämpfe bei 0 °C und 101,3 kPa*

Gas/Dampf	g/dm³	Gas/Dampf	g/dm³
Ätherdampf	2,586	Krypton	3,744
Alkoholdampf	1,601	Leuchtgas	0,34...0,44
Ammoniak	0,771	Luft	1,29
Argon	1,784	Methan	0,716
Butan	2,732	Neon	0,9
Chlor	3,214	Propan	2
Chlorwasserstoff	1,639	Sauerstoff	1,43
Dimethyläther	2,11	Stickstoff	1,25
Grubengas	0,559	Wasserdampf	0,7
Helium	0,179	Wasserstoff	0,089
Kohlenmonoxid	1,250	Xenon	5,897
Kohlensäure	1,529		

* früher 760 Torr

Sonstige Stoffe

Stoff (Material)	g/cm³	Stoff (Material)	g/cm³
Achat	2,5...2,8	Glimmer	2,6...3,2
Anthrazit	1,3...1,5	Granit	2,6...3,0
Asbestplatten	1,5...2,8	Graphit, Natur-	2,0...2,5
Asphalt	1,1...2,0	Gummi	0,92...0,96
Bakelit	1,335	Hartgummi (Ebonit)	1,1...1,3
Basalt	2,4...3,1	Holz, trocken	0,4...0,8
Bauxit	2,4...2,6	Holz, Balsaholz	0,08...0,2
Bergkristall	2,64	Birkenholz	0,52...0,8
Bernstein	1,0...1,1	Ebenholz	1,2
Beton, Gas-	0,5...0,9	Eichenholz	0,7...1,0
Kies-	1,8...2,4	Fichtenholz	0,4...0,7
Schwerst-	bis 5,0	Holzspannplatten	0,4...0,8
Bimsstein, natürlich	0,37...0,9	Hostaflon	2,1...2,2
Bitumen	1,05	Kalkmörtel, trocken	1,6
Bleiglätte, natürlich	7,8...8,0	Keramik	2,1...2,3
Bleiglanz	7,4...7,6	Kolophonium	1,08
Braunkohle	1,2...1,5	Kork (Platten)	0,20...0,35
Braunstein	4,9...5,0	Korund	3,8...4,0
Dachpappe	1,1...1,2	Leder (trocken)	0,9...1,0
Dachschiefer	2,7...2,8	Lehm	1,5...1,8
Diamant	3,51	Lote, Aluminium-	2,7...5,9
Eis (0 °C)	0,917	Blei-	11,2
Elektrokohle	1,55...2,0	Messing-	8,1...8,7
Elfenbein	1,8...1,9	Silber-	8,27...9,18
Erdreich	1,3...2,0	Zink-	7,2
Fette	0,90...0,95	Zinn-	7,5...10,8
Glas, Blei- (15 PbO)	2,89	Marmor	2,1...2,8
Fenster-	2,48	Mikanit	2,5
Flaschen-	2,6	Natriumchlorid	2,17
Flint-, leicht	2,5...3,2	Papier	0,7...1,2
Flint-, schwer	3,5...5,9	Paraffin	0,8...0,9
Quarz	2,2	Pertinax	1,3

1.1 Tabellenteil

Stoff (Material)	g/cm³
Plexiglas (Acrylglas)	1,2
Polyamid (Perlon, Nylon u. ä.)	1,08...1,14
PVC	1,38
Porzellan	2,3...2,5
Sand, erdfeucht	2,0
Schamotte	1,7...2,2
Schaumstoff	0,02...0,05
Schiefer	2,7...2,8
Schnee	0,125
Steinkohle	1,2...1,4
Torf	0,64
Ziegelstein	1,0...1,6

Tabelle 2.2.2 Festigkeitswerte
Reine Metalle Festigkeit

Werkstoff	Zugfestigkeit R_m (weich und verformt) in $N \cdot mm^{-2}$	Bruchdehnung A (weich und verformt) in %	E-Modul in $10^3 N \cdot mm^{-2}$	Vickershärte HV
Aluminium	40— 220	2—35	65— 70	150— 450
Blei	12— 14	25—60	16— 20	30— 50
Eisen	180— 850	40—50	200—215	450— 200
Gold	130— 300	1—30	80	180— 700
Kupfer	200— 450	5—40	110—130	400—1150
Magnesium	—	10	29	—
Molybdän	800—4000	2—25	33	1500—3500
Nickel	340—1230	2—40	200—230	800—2400
Rhodium	240— 350	3—10	390	1300—4000
Palladium	200— 480	2—44	123	400—1200
Platin	180— 380	3—40	173	400—1200
Silber	180— 400	2—30	80	260—1050
Tantal	400—1200	25—45	50—185	600—1200
Titan	—	—	110	—
Vanadium	—	—	130	—
Wolfram	360—2800	1— 4	415	2800—5000
Zink	25— 150	1—50	95—130	120— 350
Zinn	15— 30	30—55	65	30— 40

Legierungen Festigkeit

Legierung	E-Modul $10^3 N \cdot mm^{-2}$	Vickers-härte HV	Zugfestigkeit R_m (weich und verformt) $N \cdot mm^{-2}$	Bruchdehnung A (weich und verformt) %
Aluminium-Bronze	—	800...1800	350... 750	5...25
Beryllium-Bronze	120...138	600...4500	250...1500	1...60
Cadmium-Bronze	—	900...1100	350... 650	1...40
Chrom-Bronze	135	1200...1550	360... 550	5...18

37

1 Praktische Entwurfsdaten der Elektronik

Legierungen

Legierung	E-Modul 10^3 N · mm^{-2}	Vickers-härte HV	Zugfestigkeit R_m (weich und verformt) N · mm^{-2}	Bruchdehnung A (weich und verformt) %
Fe-Cr-Al-Legierung	—	2000...2500	650... 850	12...20
Fe-Ni-Legierung	130...160	1300...2200	500... 750	5...40
Fe-Ni-Co-Legierung	150	1400...3000	550... 990	2...50
Fe-Ni-Cr-Legierung	210...220	1300...3300	650...1200	5...35
Au-Ag-Legierung	85... 90	330...1300	160... 450	2...38
Au-Ni-Legierung	84	1000...1900	380... 650	1...25
Au-Pt-Legierung	95	500...1150	220... 420	2...34
Cu-Ni-Legierung	165	900...2000	450... 850	2...40
Cu-Ni-Mn-Legierung	155...165	900...1950	350... 550	25...40
Mangan-Bronze	—	600...>850	260...>550	15...45
Messing	110...120	550...2100	250... 780	4...45
Neusilber	130...140	950...2300	380... 830	1...40
Ni-Cr-Legierung	210...220	1300...3300	650...1300	5...35
Ni-Cr-Fe-Legierung	200	1300...2000	650...1300	5...35
Pd-Ag-Legierung	145	900...2800	400... 900	2...35
Pd-Cu-Legierung	150...175	900...2600	380...1150	1...40
Pt-Ir-Legierung	190...270	700... 360	300...1690	2...25
Pt-Ni-Legierung	180	1600...3500	600...1280	2...24
Silber-Bronze	110...130	500...2400	250... 800	1...40
Ag-Cd-Legierung	70... 80	300... 130	180... 550	1...15
Ag-Cu-Legierung	80...100	400...1700	240... 700	1...35
Ag-Ni-Legierung	80	400...1100	190... 360	1...25
Ag-Pd-Legierung	120...140	550...2000	320... 780	1...25
Zinn-Bronze (5 bis 9 Gewichts-%)	115	800...2600	200... 700	2...60

Brinellhärte verschiedener Metalle

Stoff	HB
Aluminium	20...30
Aluminium-Cu-Legierungen	50...100
Aluminium-Si-Legierungen	45...70
Antimon	30
Barium	42
Beryllium	60
Blei	3
Bronze	85
Cadmium	35
Caesium	0,015
Cer	21
Chrom	70
Eisen	45
Gold	25
Indium	1
Iridium	220

Brinellhärte verschiedener Metalle

Stoff	HB
Kalium	0,037
Kobalt	125
Kupfer	50…90
Messing	75
Molybdän	160
Monel	200
Natrium	0,07
Neusilber	80…160
Nickel	70
Niob	250
Palladium	50
Platin	50
Rhenium	250
Rhodium	110
Rubidium	0,022
Ruthenium	220
Silber	30
Stähle	
Baustahl	95…190
vergüteter Stahl	150…230
Federstahl	440
Stahlguß	100…115
Tantal	30
Thallium	3
Thorium	40
Titan	160
Uran	470
Vanadium	260
Wismut	9
Wolfram	250
Zink	35
Zinn	4
Zirkonium	80

Tabelle 2.2.3 Verschiedene Wärmewerte technischer Stoffe

Reine Metalle

Metall	Längenausdehnungskoeff. α 10^{-6}/K (0…100 °C)	Siedetemperatur °C	Schmelztemperatur °C	spez. Wärmekapazität c kJ/(kg · K) bei 20 °C	Wärmeleitfähigkeit λ W/(m · K) bei 0 °C	Schmelzwärme J/g	Verdampfungswärme J/g
Aluminium	23,1	2300	658	0,879	220	397	10900
Antimon	10,8	1635	630	0,209	17,5	167	1050
Arsen	5	613	—	0,348	—	368	—
Barium	19	1638	704	0,29	—	56	1100
Beryllium	12	2970	1280	1,59	165	1390	32600
Blei	28	1740	327,4	0,13	34,7	23	8900

1 Praktische Entwurfsdaten der Elektronik

Metall	Längenausdehnungskoeff. α 10^{-6}/K (0…100 °C)	Siedetemperatur °C	Schmelztemperatur °C	spez. Wärmekapazität c kJ/(kg · K) bei 20 °C	Wärmeleitfähigkeit λ W/(m · K) bei 0 °C	Schmelzwärme J/g	Verdampfungswärme J/g
Cadmium	31	765	320,9	0,24	92,1	56	890
Caesium	97	690	28,5	—	—	16,4	496
Calcium	—	1439	850	—	—	216	3750
Chrom	8,5	2700	1800	0,45	69	280	6700
Eisen	11,5	3070	1530	0,452	74	277	6340
Gallium	18	2064	29,7	0,34	—	80,8	3640
Germanium	6	—	958	0,322	—	410	4600
Gold	14,2	2700	1063	0,13	312	65,7	1650
Indium	56	1450	156,4	0,24	—	28,5	1970
Iridium	6,58	4800	2450	0,134	59,3	117	3900
Kalium	84	760	63,6	0,75	110	59,6	1980
Kobalt	11	3180	1490	0,435	69,4	—	—
Kupfer	16,5	2595	1084	0,394	384	205	4790
Lathan	—	—	810	—	—	81,3	2880
Lithium	58	1372	179	0,36	301,2	603	20500
Magnesium	26	1110	657	1,05	171	368	5420
Mangan	23	2150	1221	0,46	—	266	4190
Molybdän	5,1	5500	2600	0,215	132	290	5610
Natrium	71	880	97,5	1,26	126	113	390
Nickel	12,5	2730	1452	0,46	91	303	6480
Niob	7,1	2900	1950	0,28	—	—	—
Osmium	7	5400	2500	0,13	—	—	—
Palladium	10,6	2930	1552	0,247	70,9	157	—
Platin	8,94	4400	1770	0,13	70	111	2290
Quecksilber	—	357	−38,83	0,14	8,2	11,8	285
Rhenium	4	5500	3175	0,14	71	178	—
Rhodium	9	2500	1960	0,24	88	218	—
Rubidium	90	700	39	0,33	58	25,7	880
Ruthenium	10	im Lichtb.	2500	0,26	—	193	—
Selen	—	685	220	0,36	0,2	68,6	1200
Silber	18,7	2170	960	0,234	407	105	2350
Silizium	7	2600	1420	0,703	83	164	14050
Tantal	6,58	4100	2990	0,138	54	—	—
Tellur	17,2	1300	455	0,201	4,9	105	—
Thallium	29	1457	302,5	0,14	49	21	—
Thorium	11,1	4000	1800	0,14	38	—	—
Titan	9	3200	1727	0,63	15,5	324	—
Vanadium	—	3300	1890	0,52	31,4	—	—
Wismut	12,1	1560	271	0,13	8,1	52,5	725
Wolfram	4,5	5900	3410	0,13	130	192	4350
Zink	14,1	906	419,4	0,38	110	111	1755
Zinn	20	2500	232	0,24	64	59,6	2450
Zirkonium	14,2	3600	1850	0,29	22	219	—

Wärmedaten spezieller technischer Stoffe für induktive Erwärmung

	spez. Widerst. ($\mu\Omega$ cm)	Temp.-koeff. spez. Wärme	spez. Gewicht (g/cm^3)	spez. Wärme (4,2 kJ/ kg K)	Wärmeleit-fähigkeit (W/cm K)
Aluminium	2,69	0,0042	2,70	0,214	2,01
Duraluminium	5	0,002			
Barium	9,8	0,0033	3,78	0,068	
Beryllium	18,5		1,8	0,397	1,62
Bronze	17	0,0005	8,8	0,086	0,56
Chrom	13,1		6,92	0,11	0,69
Gold	2,44	0,0034	19,3	0,032	3,06
Hartkupfer	1,72	0,0039	8,89	0,093	3,48
Kupfer (gezogen)	1,77	0,0038	8,89	0,093	3,48
Invar	71	0,002	8,0	0,12	0,11
Konstantan	42,4		8,88	0,098	0,23
Lagermetall	22	0,0039	11,4	0,036	0,35
Kohle	3500	0,0009	3,52	0,165	
Magnesium	4,6	0,004	1,74	0,246	1,57
Mangan	5		7,42	0,121	
Manganin	44	0,00001	8,4	0,097	
Nickel	7,8	0,0054	8,9	0,105	0,59
21 Permendur	26		8,2		
Phosphorbronze	7,8	0,0018	8,9		
Platin	10	0,003	21,4	0,035	0,70
Quecksilber	96	0,00089	13,6	0,033	0,64
Reineisen	10	0,005	7,8	0,11	0,52
Gußeisen	79 ... 104		7,03	0,12	0,46
4% Si-Eisen (kornorientiert)	60		7,6		
Walzstahl	10		7,8	0,11	
Silber	1,59	0,0038	10,5	0,057	4,19
Tantal	15,5	0,0033	16,6	0,036	0,54
Wolfram	5,5	0,0045	19	0,034	1,98
Zink	11,5	0,0042	7,3	0,054	0,65

1 Praktische Entwurfsdaten der Elektronik

Längenausdehnungskoeffizienten von Legierungen

Legierung	Längenausdehnungskoeff. α 10^{-6}/K (0...100 °C)	Legierung	Längenausdehnungskoeff. α 10^{-6}/K (0...100 °C)
Al-Cu-Legierungen	26	Nickeleisen	8,0
Aluminium-Bronze-Legierungen	14,2	Phosphorbronze	18,9
Antimonblei	27	Platin-Iridium (0,2 Ir)	8,3
Bleilot	25	Platinit	5...8
Bronze	17,5	Platin-Rhodium	9,28
Chromeisen	9,5...10	Stahl	
Chromnickel	18; 13...14,5	hochlegierter (V2A)	16,0
Chromstahl	10...11	Fluß-	11
Co-Fe-Cr	0,5...1,2	Gußeisen	10,5
Duraluminium	23...26	Nickel-	12
Elektron	24	Schmiedeeisen	11,5
Fernico	5	Schnell-	14
Hydronalium	24	Stahlguß	14
Invar	1,5...2	V 2-Stahl	16
Supra-Invar	0,0...0,5	Al-Stahl	11,6
Konstantan	15	Cr-Ni-Stahl, hitzebeständig	15...18,5
Kovar	3...5	Mn-Stahl	12,9
Legal	23	Ni-Stahl	3,7
Magnalium	23,8	Si-Stahl	12,2...11,3
Mangal	23	W-Stahl	10,4
Manganin	18	Titan	9
Monel	14	Wonico	~5,5
Neusilber	18,36		

Spezielle Wärmekapazitäten von Legierungen

Legierung	Spez. Wärmekapazität c (20 °C) kJ/(kg · K)	Legierung	Spez. Wärmekapazität c (20 °C) kJ/(kg · K)
Aluminiumbronze	0,43	Manganin	0,42
Bleiglätte	0,21	Messing	0,39
Bronze	0,36	Monel	0,43
Deltametall	3,8	Neusilber	0,4
Duraluminium	0,92	Phosphorbronze	0,36
Elektron	1	Platin-Iridium (10)	0,13
Flußstahl	0,5	Platin-Rhodium (10)	0,15
Gußeisen	0,54	Rosesches Metall	0,17
Schmiedeeisen	0,46	Stahl	0,42...0,51
Schnellstahl	0,49	Rotguß	0,38
V 2-Stahl	0,5	Silumin	0,92
Hydronalium	0,9	Weißmetall	0,15
Invar	0,46	Woodsches Metall	0,15
Konstantan	0,4	Zink, gegossen	0,38
Legal	0,92		

1.1 Tabellenteil

Schmelztemperaturen von Legierungen

Legierung	Schmelztemperatur in °C	Legierung	Schmelztemperatur in °C
Bronze	900	Hartmetall	2000
Aluminium-Bronze	900	Hydronalium	625
Beryllium-Bronze	860...1000	Konstantan	1600
Cadmium-Bronze	1080	Cu-Ni-Legierungen	1150...1230
Chrom-Bronze	1075	Cu-Ni-Mn-Legierungen	1125...1300
Phosphor-Bronze	900	Legal	640
Zinn-Bronze	860...1000	Manganin	1200
Deltametall	950	Messing	900
Duraluminium	650	Monel	1300
Eisen	1530	Neusilber	1020
grauen Gußeisen	1200	Ni-Cr-Legierungen	1400...1430
weißes Gußeisen	1130	Ni-Cr-Fe-Legierungen	1390...1400
Flußstahl	1350...1450	Nickelin	1230
Schmiedeeisen	1300	Palladium-Ag-Legierungen	1330...1360
Stahlguß	1350	Palladium-Cu-Legierungen	1200...1410
Schnellstahl	1400	Platiniridium (10%)	1850
V 2-Stahl	1300	Pt-Ir-Legierungen	1775...1900
Fe-Cr-Al-Legierungen	1520	Rotguß	950
Fe-Ni-Legierungen	1430...1450	Silber-Bronze	700...1080
Fe-Ni-Co-Legierungen	1450	Ag-Cd-Legierungen	860...940
Fe-Ni-Cr-Legierungen	1340...1400	Ag-Cu-Legierungen	780...940
Elektron	650	Ag-Ni-Legierungen	960
Au-Ag-Legierungen	1025...1040	Ag-Pd-Legierungen	1150...1300
Au-Ni-Legierungen	1000		
Au-Pt-Legierungen	1100		

Zusammensetzungen und Wärmeleitfähigkeiten von Legierungen

Legierung	Zusammensetzung	Wärmeleitfähigkeit λ bei 20 °C W/(m · K)
Aluminiumbronze	4 Al, Rest Cu	83
Bronze	25 Sn, Rest Cu	26
	10 Sn, Rest Cu	42
	10 Sn, 2 Zn, Rest Cu	48
	6 Sn, 9 Zn, 1 Pb, Rest Cu	59
Cekas	23 Fe, 16 Cr, Rest Ni	12
Chromel 502 (bei 100 °C)	34 Ni, 10 Cr, Rest Fe	13,5
Chromel C (bei 100 °C)	23 Fe, 16 Cr, Rest Ni	13
Chrom-Nickel	10 Cr, Rest Ni	18
(bei 400 °C)		24,8
	20 Cr, Rest Ni	12,6
(bei 400 °C)		19
Cronin	83...84 Ni, Rest Co	12...17
Contracid	58...61 Ni, 12...19, 5 Fe, 15 Cr 2 Mn, Mo, W, Co, Be	13

43

Zusammensetzungen und Wärmeleitfähigkeiten von Legierungen

Legierung	Zusammensetzung	Wärmeleitfähigkeit λ bei 20 °C W/(m · K)
Deltametall	40 Zn, 2 Fe, 1 Pb, Rest Cu	97
Gold-Kupfer (bei 0 °C)	12 Cu, Rest Au	56
(bei 0 °C)	27 Au, Rest Cu	91
Invar	35 Ni, Rest Fe	11
Kupfer-Mangan	30 Mn, Rest Cu	13
Konstantan	40 Ni, Rest Cu	23
Kupfer-Nickel	10 Ni, Rest Cu	59
	20 Ni, Rest Cu	35
	60 Ni, Rest Cu	22
	82 Ni, Rest Cu	26
Manganin	4 Ni, 12 Mn, Rest Cu	22
Messing	38,5 Zn, Rest Cu	80
	33 Zn, Rest Cu	110
Monel	29 Cu, 2 Fe, Rest Ni	22
Neusilber	22 Zn, 15 Ni, Rest Cu	25
Nickel-Chrom-Eisen	12 Fe, 18 Cr, Rest Ni	12
Nickel-Eisen	5 Ni, Rest Fe	35
	80 Ni, Rest Fe	33
Platin-Iridium	10 Ir, Rest Pt	31
Platin-Rhodium	10 Rh, Rest Pt	30
Phosphorbronze	12,4 Sn, 87,2 Cu, 0,4 P	36
	8 Sn, 0,3 P, Rest Cu	45
Rosesches Metall	25 Pb, 25 Sn, Rest Be	16
Rotguß	6,4 Sn, 7 Zn, Rest Cu	60
Woodsches Metall	26 Pb, 13 Sn, 13 Cd, Rest Be	13
Leichtmetall-Legierungen		
Al-Mg-Legierungen	8 Mg, Rest Al	62
Duraluminium	5 Cu, 0,5 Mg, Rest Al	166
Elektron	0,5 Cu, 4 Zn, 2 Al, Rest Mg	117
Hydronalium	1 Si, 0,5 Mn, 12 Mg, Rest Al	148
Legal	1,2 Si, 1 Mn, 1,2 Mg, 0,4 Fe, Rest Al	211
Magnesium-Aluminium-Legierungen	2,5 Al, Rest Mg	89
	8,2 Al, Rest Mg	51
	12,2 Al, Rest Mg	39
Mg-Al-Si-Legierungen	10 Al, 2 Si, Rest Mg	59
Mg-Cu-Legierungen	8 Cu, Rest Mg	126
Mg-Mn-Legierungen bei 0 °C	2 Mn, Rest Mg	118
Silumin	11 Si, Rest Al	162
Stahllegierungen (Rest jeweils Fe)		
Aluminium-Stahl	0,5 Al	54
Chromelustahl (bei 100 °C)	17,11 Cr, 1,55 Al, 1,1 C, 0,47 Si, 0,35 Ni, 0,3 Mn	18
Chromstähle	0,5 Cr, 0,6 C	42
	5 Cr, 0,6 C	31
	20 Cr, 0,6 C	18

Zusammensetzungen und Wärmeleitfähigkeiten von Legierungen

Legierung	Zusammensetzung	Wärmeleit-fähigkeit λ bei 20 °C W/(m · K)
Chromnickelstahl, nichtr.	9,1 Ni, 18,6 Cr, 0,07 C, 0,27 Mn	
(bei 100 °C)		16
(bei 300 °C)		19
(bei 500 °C)		22
Chromnickelstahl	13 Ni, 15 Cr, 2 W, 0,5 C	12
hitzebest. (bei 400 °C)		13
Kanthal	20 Cr, 5 Al, 1,5...3 Co	13
Kobaltstahl	5...10 Co	41
Kruppscher Nickelstahl	36 Ni, 0,8 Mn	12
Ni-Stähle	5 Ni, 0,1 C, 0,1 Si, 0,3 Mn, 0,2 Cu	33
	40 Ni, 0,1 C, 0,1 Si, 0,3 Mn, 0,2 Cu	10
Nichrothermstahl	0,15 C, 15...60 Ni, 15...25 Cr	13
Manganstahl	1,6 Mn, 0,56 C	41
Si-Stähle	0,6 Si	51
	1,5 Si	32
V 1 M-Stahl (Krupp)		21
V 2 M-Stahl (Krupp)		15
Wolfram-Stähle	1 W, 0,6 Cr, 0,3 C	40
	5 W, 0,3 C	39
	5 W, 0,6 C	35
	25 W, 0,01 C, 0,03 Si, 0,01 Mn	40

Wärmedaten

Sonstige feste Stoffe

Stoff	Längenausdehnungs-koeffizient α 10^{-6}/K	Spezifische Wärmekapazität c (bei 20 °C) J/(g · K)	Wärmeleit-fähigkeit λ (bei 20 °C) W/(m · K)
Asbest	—	0,816	0,7
Beton	12	0,84	1,0
Bakelit	30	1,6	0,23
Bernstein	54	—	—
Braunkohle	—	2,5	—
Diamant	1,3	0,502	—
Eis (0 °C)	0,502	2,1	2,2
Fette	~100	2	—
Glas, Flint-	7,9	0,481	0,78
Kron-	9,5	0,666	1,07
Quarz-	0,45	0,17	1,36
Glimmer	9	0,21	0,5...0,7
Granit	3...8	0,75	2,1...2,9
Graphit	7,9	0,7	169
Hartgummi	75...100	1,4	~0,2
Hartpapier	10	—	~0,26
Harz	212	1,8	—

Sonstige feste Stoffe

Stoff	Längenausdehnungs-koeffizient α 10⁻⁶/K	Spezifische Wärmekapazität c (bei 20 °C) J/(g · K)	Wärmeleit-fähigkeit λ (bei 20 °C) W/(m · K)
Kaliumchlorid	33	0,68	—
Kaliumnitrat	78	0,942	—
Kalkstein	8	2,3	2,2
Kolophonium	85	1,1	—
Kork	—	~2,0	0,036
Kunsthorn	60...80	—	0,17
Marmor	~11	0,8	2,8
Naphthalin	94	—	—
Natriumchlorid	40	0,867	—
Pertinax	10...30	1,3...1,7	0,2...0,35
Phenol	290	—	~0,2
Phosphor, weiß	124	0,75	—
Plexiglas	70...100	1,4...2,1	0,19
Polyamid	100...140	~1,85	~0,26
Polyäthylen	200	2,5	~0,4
Polystyrol	60...80	1,3	~0,15
Polyvinylchlorid	150...200	1,3...2,1	0,16
Porzellan	3...4	0,8...0,88	~1,0
Rohrzucker	83	1,25	—
Sand (trocken)	—	0,84	0,35
Sandstein	7...12	0,71	1,6...2,1
Schamotte	5	0,84	~1,0
Schiefer	—	0,75	2,1
Schwefel, rhomb.	90	0,73	—
Siliziumkarbid	6,6	0,68	—
Sinterkorund	6	0,75	—
Speckstein	9...10	0,84	3,3
Steinsalz	40	0,84	—
Ton (trocken)	—	0,88	—
Teflon	60...100	1,0	~0,2
Vulkanfiber	25	—	0,3
Wachs	—	3,34	0,1
Zelluloid	101	1,3...1,7	0,022
Ziegelstein	—	0,84	~0,6

Flüssigkeiten Wärmedaten

Stoff	Raumaus-dehnungs-koeffizient γ 10^{-5}/K	Schmelz-temperatur °C	Siede-temperatur °C	Spez. Wärme-kapazität c J/(g · K)	Wärmeleit-fähigkeit λ W/(m · K)
Ameisensäure	102	8,4	101	2,15	—
Anilin	84	− 6,1	184	2,05	0,156
Äthyläther	—	−116	35	2,28	0,13
Äthylalkohol	110	−110	78,4	2,38	0,156
Azeton	149	− 95	56	2,22	0,16
Benzin	106	− 30...−50	25...210	2,02	0,13
Benzol	124	5,5	80	1,70	0,15
Brom	113	− 7,2	58,8	0,46	—
Chlorbenzol	98	—	—	1,33	—
Chloroform	125	− 7,0	61	0,959	0,117
Diesel	128	− 30	150...300	2,05	0,15
Dioxan	109	—	—	—	—
Essigsäure	107	16,8	118	2,052	0,16
Flußsäure	—	− 92,5	19,5	—	—
Glyzerin	50	19	290	2,39	0,285
Glykol	64	—	—	—	—
Heizöl	—	− 10	>175	2,07	0,14
Leinöl	—	− 15	316	1,88	0,17
Heptan	124	− 90,6	98,4	—	0,128
Hexan	135	− 94,3	68,7	2,253	0,123
Methylalkohol	120	− 98	66	2,51	0,198
Nitrobenzol	83	5,7	211	1,47	—
Oktan	114	− 56,8	126	21,19	—
Olivenöl	72	—	—	1,97	0,169
Pentan	160	−131	36,1	—	0,116
Petroläther	—	−160	> 40	1,76	0,14
Petroleum	96	− 7,0	>150	2,16	0,13
Pyridin	112	− 41,6	115	1,72	—
Quecksilber	18,1	− 38,9	357	0,138	8,2
Rüböl	—	0	300	1,97	0,17
Salpetersäure	124	− 41	84	1,72	0,26
Schmieröl	—	− 20	>360	2,09	0,13
Schwefelsäure (konz.)	57	10	338	1,42	0,47
Silikonöl	90...160	—	—	1,45	—
Terpentinöl	97	—	—	1,80	0,14
Tetralin	78	—	—	0,861	—
Trafoöl	—	− 30	17,0	1,88	0,13
Tetrachlorkohlen-stoff	123	− 22,9	76,7	0,801	0,105
Trichloräthylen	—	− 86	87	0,93	0,14
Toluol	111	− 95	110	1,67	0,14
Wasser	20,7	0	100	4,184	0,6
Xylol	98	− 47,9	139	—	—

1 Praktische Entwurfsdaten der Elektronik

Gasförmige Stoffe Wärmedaten

Stoff	Raumausdehnungskoeff. β 10^{-5}/K	Spez. Wärmekapazität J/(g · K) c_p	Spez. Wärmekapazität J/(g · K) c_v	$\varkappa$	Schmelztemperatur °C	Siedetemperatur °C	Wärmeleitfähigkeit λ W/(m · K)	Kritische Temperatur t_k/°C	Kritischer Druck p_k/MPa	Gaskonstante R J/(kg · K)
Ammoniak	377	2,052	1,560	1,32	− 77,9	− 33,4	0,022	132	11,3	488
Argon	368	0,523	0,317	1,65	−189,3	−185,9	0,016	−122	4,9	208
Äthan	375	1,729	1,455	1,19	−189	− 88,6	0,0207	− 32	4,88	277
Äthylen	—	1,549	1,249	1,24	−169,5	−103,7	0,017	9,3	5,07	297
Azetylen	373	1,683	1,372	1,23	− 83	− 81	0,018	35,9	6,26	320
Butan	—	1,658	—	—	−135	− 1	0,0155	152	3,8	143
Chlor	383	0,745	0,552	1,35	−100,5	− 34	0,0081	144	7,7	216
Chlorwasserstoff	372	0,803	0,578	1,39	−111,2	− 84,8	0,013	52	8,31	128
Gichtgas	—	1,05	0,75	1,40	−210	−170	0,02	—	—	—
Helium	366	5,23	3,21	1,63	−270,7	−268,9	0,143	−268	0,23	2078
Kohlendioxid	373	0,837	0,647	1,29	− 78,2	− 56,6	0,015	31	7,38	189
Kohlenmonoxid	367	1,042	0,744	1,40	−205	−191,6	0,023	−140	3,50	297
Krypton	369	0,25	0,151	1,66	−157,2	−153,2	0,0088	− 63,8	5,49	—
Luft, trocken	367	1,005	0,717	1,40	−213	−192,3	0,025	141	3,78	287
Methan	368	2,219	1,696	1,31	−182,5	−161,5	0,03	− 82	4,64	519
Neon	366	1,030	0,628	1,64	−248,6	−246,1	0,046	−229	2,65	412
Ozon	—	0,795	0,568	1,40	−251	−112	—	—	—	—
Propan	—	1,595	1,412	1,13	−187,7	− 42,1	0,015	97	4,23	189
Sauerstoff	367	0,917	0,656	1,40	−218,8	−182,9	0,024	−118	5,08	—
Schwefelkohlenstoff	—	0,582	0,473	1,23	−111,5	46,3	0,069	—	—	130
Schwefeldioxid	385	0,640	0,504	1,27	− 75,5	− 10	0,086	158	7,88	—
Schwefelwasserstoff	—	0,992	0,748	1,33	− 85,6	− 60,4	0,013	100	9,01	—
Stickstoff	367	1,038	0,741	1,40	−210,5	−195,7	0,024	−147	3,39	297
Stickstoffmonoxid	368	0,996	0,718	1,39	− 90,8	− 88,5	—	36,4	7,27	277
Wasserdampf[1]	394	1,842	1,381	1,33	0	100	0,016	37,4	22,0	461
Wasserstoff	366	14,32	10,18	1,41	−259,2	−252,8	0,171	−240	1,3	4125
Xenon	372	0,159	0,095	1,67	−111,9	−108	0,0051	—	—	—

[1]: bei 100 °C

Angaben der spezifischen Wärmekapazität für 0...100 °C und 101,3 kPa

1.1 Tabellenteil

Tabelle 2.2.4 Weitere Eigenschaften von Metallen und Legierungen

Werkstoff	Zähigkeit	Ziehbarkeit	Schmiedbarkeit	Zerspanbarkeit	Elastizität	Säurefestigkeit	Feuerfestigkeit
Aluminium	mittelzäh	gut	gut	ziemlich gut	sehr gering	gering	gering
Blei	zäh	sehr gering	gut	gut	sehr gering	gut	sehr gering
Kupfer	zäh	sehr gut	gut	noch gut	gering	gut	sehr gut
Nickel	sehr zäh	gut	gut	gut	gut	gut	sehr gut
Silber	zäh	gut	gut	gut	gering	ziemlich gut	ziemlich gut
						löst sich in Salpeter- und Schwefelsäure	
Zink	spröde	teils gut	gut bei 100...150 °C	gut	spröde	sehr gering	sehr gering
Zinn	sehr zäh	gut	gut	ziemlich gut	sehr gering	sehr gering	sehr gering
Dural	gut	gut	sehr gut	gut	gut	gering	gering
Elektron	mittel	sehr gering	gut	gut		sehr gering	gering
Messing	zäh...spröde	sehr gut	zum Teil	sehr gut	gering	gering	gut
Neusilber	gut	gut	zum Teil gut	gut	gut	gering	gut
Silumin	Dehnung bis 10 %	gering		gut	gering	gering	gering

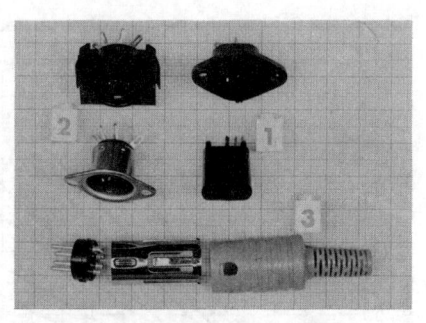

Elektronikbauteile aus Kunststoff

1 Praktische Entwurfsdaten der Elektronik

Tabelle 2.2.5 Thermische Ausdehnung verschiedener Metalle

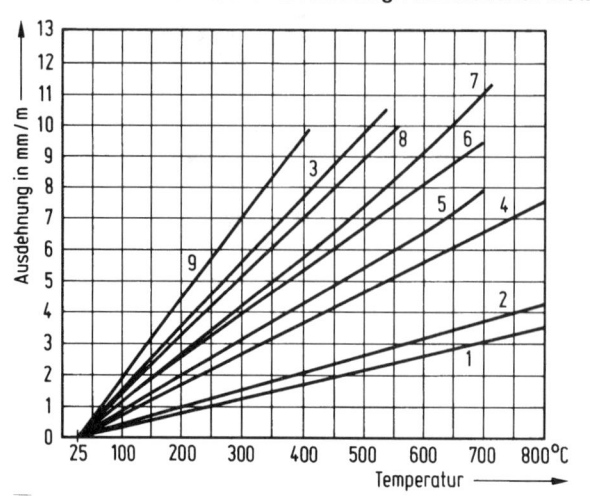

Thermische Ausdehnung verschiedener Metalle

1 Wolfram
2 Molybdän
3 Silber
4 Platin
5 Chromeisen
6 Eisen
7 Chronin
8 Kupfer
9 Aluminium

Tabelle 2.2.6 Legierungen mit besonders niedrigem Schmelzpunkt

Name, Zusammensetzung	°C
60,5 % Hg, 39,5 % Na	21,5
40,95 % Bi, 22,10 % Pb, 18,10 % In, 10,65 % Sn, 8,2 % Cd	46,5
Woods Metall: 50 % Bi, 25 % Pb, 12,5 % Sn, 12,5 % Cd	60
Lipowitz-Metall: 50 % Bi, 26,7 % Pb, 13,3 % Sn, 10 % Cd	70
Lichtenberg-Metall: 50 % Bi, 30 % Pb, 20 % Sn	92
Roses Metall: 50 % Bi, 25 % Pb, 25 % Sn 52 % Bi, 32 % Pb, 16 % Sn	94 96
Newtons Metall: 53 % Bi, 26 % Sn, 21 % Cd	103

2.3 Technische und physikalische Eigenschaften von Kupfer und Kupferlegierungen

Tabelle 2.3.1 Mechanische Eigenschaften von Kupferlegierungen

Art der Legierung	Werkstoff	Zustand	Härte	Zugfestigkeit R_m N/mm²	0,2-Dehngrenze $R_{p0,2}$ N/mm²	Bruchdehnung A %
niedriglegierte Kupferlegierungen	CuAg	weich hart	HB 55 HB 90	250 420	100 390	40 3
	CuCd	weich hart	HB 80 HB 120	250 450	150 400	40 4

1.1 Tabellenteil

Art der Legierung	Werkstoff	Zustand	Härte	Zugfestigkeit R_m N/mm²	0,2-Dehngrenze $R_{p0,2}$ N/mm²	Bruchdehnung A %
	CuTeP	weich	HB 60	220	90	30
		halbhart	HB 80	270	200	6
aushärtbare Kupferlegierungen	CuCr (CuCrZr)	weich	HB 60	220	100	35
		hart	HB 120	420	380	10
		weich vergütet	HB 130	460	350	20
		hart vergütet	HB 165	600	500	15
	CuZr	weich	HB 55	220	100	40
		hart	HB 70	400	370	15
		weich vergütet	HB 115	400	280	30
		hart vergütet	HB 125	450	400	20
	CuTi3	weich vergütet	HB 250	680	540	25
		hart vergütet	HB 330	960	870	10
	CuTi4,5	weich vergütet	HB 270	780	640	25
		hart vergütet	HB 350	1080	1030	5
Kupfer-Zinn-Legierungen	CuSn2	weich	60 HV 10	260	120	48
		hart	110 HV 10	380	320	18
	CuSn4	weich	75 HV 10	310	120	45
		hart	140 HV 10	450	340	16
	CuSn6	weich	85 HV 10	360	160	54
		hart	155 HV 10	520	450	25
		federhart	180 HV 10	610	530	15
	CuSn8	weich	90 HV 10	400	180	62
		hart	170 HV 10	560	490	25
		federhart	200 HV 10	640	600	13
	CuSn6Zn	weich	90 HV 10	390	170	52
		federhart	185 HV 10	620	550	12
Kupfer-Zink-Legierungen	CuZn5	weich	HB 60	220	100	40
		halbhart	HB 85	270	220	16
		hart	HB 110	330	280	8
	CuZn10	weich	HB 60	260	140	40
		halbhart	HB 85	320	220	20
		hart	HB 110	360	310	8
	CuZn20	weich	HB 65	290	150	46
		halbhart	HB 100	350	200	28
		hart	HB 130	450	330	10
	CuZn30	weich	HB 70	300	150	50
		halbhart	HB 110	380	200	33
		hart	HB 135	470	350	15
	CuZn37	weich	HB 70	330	180	50
		halbhart	HB 110	400	210	28
		hart	HB 135	500	380	12
	CuZn40	weich	HB 80	340	230	43
		halbhart	HB 115	420	250	23
		hart	HB 140	480	400	12
	CuZn23 Al3Co	weich	HB 125	540	320	40
		hart	HB 210	800	700	3
		federhart	HB 220	860	750	2
Kupfer-Nickel-Zink-Legierungen	CuNi18 Zn20	weich	100 HV 10	430	200	40
		hart	160 HV 10	560	510	10
		federhart	180 HV 10	610	560	5
	CuNi12 Zn24	weich	90 HV 10	400	180	45
		hart	160 HV 10	530	470	10
		federhart	170 HV 10	590	550	4

1 Praktische Entwurfsdaten der Elektronik

Art der Legierung	Werkstoff	Zustand	Härte	Zugfestig-keit R_m N/mm²	0,2-Dehn-grenze $R_{p0,2}$ N/mm²	Bruch-dehnung A %
Kupfer-Beryllium-Legierungen	CuBe1,7	weich	100 HV 10	420	200	45
		hart	220 HV 10	750	700	5
		weich vergütet	350 HV 10	1100	1000	7
		hart vergütet	380 HV 10	1300	1200	2
		werksvergütet	230 HV 10	700…1200	500…1100	5…20
	CuBe2	weich	110 HV 10	450	220	45
		hart	230 HV 10	760	720	5
		weich vergütet	380 HV 10	1200	1100	6
		hart vergütet	410 HV 10	1400	1300	2
		werksvergütet	240…380 HV 10	720…1280	570…1200	6…20
	CuCoBe	weich	80 HV 10	330	170	35
		hart	180 HV 10	620	550	5
		weich vergütet	230 HV 10	730	580	14
		hart vergütet	270 HV 10	930	850	5
	CuNiBe	weich	80 HV 10	320	170	36
		hart	160 HV 10	600	530	6
		weich vergütet	210 HV 10	690	550	17
		hart vergütet	250 HV 10	870	780	6
Kupfer-Nickel- und Kupfer-Eisen-Legierungen	CuNi30Fe	weich	90 HV 10	400	150	35
	CuNi44	weich	90 HV 10	500	180	35
		hart	160 HV 10	800	750	3
	CuNi9Sn2	weich	85 HV 10	400	190	40
		hart	150 HV 10	540	520	5
		federhart	180 HV 10	620	610	2
	CuFe2,4	weich	90 HV 10	330	180	30
		federhart	150 HV 10	500	460	6
Kupfer-Silber-Legierungen	CuAg2	weich	50 HV 10	280	—	30
		halbhart	100 HV 10	380	—	6
		hart	130 HV 10	450	—	3
		federhart	160 HV 10	550	—	1
	CuAg2 Cd1,5	weich	55 HV 10	300	—	30
		halbhart	100 HV 10	380	—	8
		hart	130 HV 10	480	—	3
		federhart	160 HV 10	600	—	1
	CuAg4 Cd1	weich	55 HV 10	300	—	30
		halbhart	100 HV 10	380	—	7
		hart	130 HV 10	460	—	3
		federhart	165 HV 10	560	—	1
	CuAg5 Cd1,8	weich	70 HV 10	320	—	30
		halbhart	110 HV 10	400	—	6
		hart	135 HV 10	500	—	3
		federhart	110 HV 10	620	—	1
	CuAg6	weich	70 HV 10	320	—	30
		halbhart	110 HV 10	400	—	6
		hart	145 HV 10	500	—	3
		federhart	115 HV 10	600	—	1
	CuAg6 Cd1,5	weich	70 HV 10	350	—	30
		halbhart	120 HV 10	450	—	6
		hart	150 HV 10	550	—	3
		federhart	180 HV 10	650	—	1

Tabelle 2.3.2 Physikalische Eigenschaften von Kupferlegierungen

Art der Legierung	Werkstoff	Zusammensetzung Gew.-%	Dichte g/cm³	E-Modul kN/mm²	Schmelzbereich °C	Temp.-Koeff. d. Widerst. 10⁻³ K⁻¹	Wärmeleitfähigkeit W/(mK)	Lin. Ausdehnungskoeff. 10⁻⁶ K⁻¹	Elektr. Leitfähigkeit m/(Ωmm²)	Elektr. Widerstand μΩcm
niedriglegierte Kupferlegierungen	CuAg	Ag 0,08...0,12	8,89	126	1082	3,9	385	17	56[1]/54[2]	1,79[1]/1,85[2]
	CuCd	Cd 0,3...1,3	8,94	124	1040...1080	3,0...3,7	320	17	45	2,2
	CuTeP	Te 0,4...0,7 P 0,005...0,012	8,93	118	1050...1075	3,7	350	18	50...56	1,8...2,0
	CuMg	Mg 0,3...0,8	8,91	124	970...1050		245	17,6	40	2,5
aushärtbare Kupferlegierungen	CuCr (CuCrZr)	Cr 0,3...1,2 (Zr 0,08...0,25)	8,9	116	1070...1080	3,5	170[1]/315[2]	17	29[1]/53[2]	3,4[1]/1,9[2]
	CuZr	Zr 0,08...0,25	8,9	119	1020...1080		340[2]	16	35[1]/55[2]	2,9[1]/1,8[2]
	CuTi 3	Ti 2,9...3,4	8,7	118[1]/128[2]	1040...1080			18,6	6[1]/10[2]	9[2]
	CuTi 4,5	Ti 4...5	8,6	123[1]/128[2]	1030...1060	0,6		18,6	4[1]/9[2]	25[1]/11[2]
Kupfer-Zinn-Legierungen	CuSn 2	Sn 1...2,5	8,92	128	1015...1070	1,4	184	17,8	25	4,0
	CuSn 4	P 0,01...0,4 Sn 3...5	8,92	124	960...1060	1,3	96	18,2	12	8,3
	CuSn 6	P 0,01...0,4 Sn 5,5...7,5	8,92	120	910...1040	0,7	75	18,5	9,0	11,1
	CuSn 8	P 0,01...0,4 Sn 7,5...9	8,92	117	875...1025	0,7	67	18,5	7,5	13,3
	CuSn 6 Zn	P 0,01...0,4 Sn 5...7 Zn 5...7 P 0,01...0,1	8,85	116	900...1015	0,8	80	18,4	9,5	10,5
Kupfer-Zink-Legierungen	CuZn 5	Cu 94...96	8,87	127	1055...1065	2,4	243	18,0	33,3	3,0
	CuZn 10	Cu 89...91	8,79	125	1030...1045	1,8	184	18,2	24,7	4,0
	CuZn 20	Cu 79...81	8,67	120	980...1000	1,5	142	18,8	19,0	5,3
	CuZn 30	Cu 69...71	8,53	114	910...940	1,5	124	19,8	16,0	6,3
	CuZn 37	Cu 62...64	8,44	110	900...920	1,4	121	20,2	15,5	6,5
	CuZn 40	Cu 59,5...61,5	8,41	103	895...900	1,7	117	20,3	15	6,7
	CuZn 23 Al 3 Co	Cu 73,5 Al 3,4 Co 0,4	8,23	116	950...1000		78	18,2	9,8	10,2

1 Praktische Entwurfsdaten der Elektronik

Art der Legierung	Werkstoff	Zusammen-setzung Gew.-%	Dichte g/cm³	E-Modul kN/mm²	Schmelz-bereich °C	Temp.-Koeff. d. Widerst. $10^{-3} K^{-1}$	Wärme-leitfähig-keit W/(mK)	Lin. Aus-dehnungs-koeff. $10^{-6} K^{-1}$	Elektr. Leit-fähigkeit m/(Ωmm²)	Elektr. Wider-stand μΩcm
Kupfer-Nickel-Zink-Legierungen	CuNi18Zn20	Cu 60...63 Ni 17...19	8,71	135	1055...1105	0,3	33	17,7	3,3	30
	CuNi12Zn24	Cu 63...66 Ni 11...13	8,76	125	1020...1065	0,4	42	18,0	4,4	23
Kupfer-Beryllium-Legierungen	CuBe1,7	Be 1,6...1,8 Co+Ni 0,2...0,6	8,4	125³⁾/135⁴⁾	890...1000	1,3	84³⁾/105⁴⁾	17	8...10³⁾ 12...14⁴⁾ 16...18⁵⁾	10...12,5³⁾ 7,1...8,3⁴⁾ 5,6...6,3⁵⁾
	CuBe 2	Be 1,8...2,1 Co+Ni 0,2...0,6	8,3	125³⁾/135⁴⁾	870...980	1,3	84³⁾/105⁴⁾	17	8...10³⁾ 12...14⁴⁾ 16...18⁵⁾	10...12,5³⁾ 7,1...8,3⁴⁾ 5,6...6,3⁵⁾
	CuCoBe	Co 0,4...0,5	8,8	130³⁾/140⁴⁾	1030...1070		200⁴⁾	18	11...13³⁾/ 25...32⁴⁾	7,7...9,1³⁾
	CuNiBe	Co 2,0...2,8 Be 0,2...0,6 Ni 1,4...2,2	8,8	140⁴⁾	1040...1100		250⁴⁾		26...34⁵⁾ 16...18³⁾ 27...34⁴⁾	3,1...4,0⁴⁾ 5,6...6,3³⁾ 2,9...3,7⁴⁾
Kupfer-Nickel- und Kupfer-Eisen-Legierungen	CuNi30Fe	Ni 30...32 Fe 0,4...1 Mn 0,5...1,5	8,94	155	1180...1240	0,1	29	15,3	2,7	31
	CuNi44	Ni 43...45 Mn 0,5...2	8,9	168	1225...1290	±0,04	23	14,5	2,0	49
	CuNi9Sn2	Ni 8,5...10,5 Sn 1,8...2,8	8,93	132	1060...1130	0,5	48	17,6	6,4	16
	CuFe2,4	Fe 2,1...2,6 Zn 0,05...0,2 P 0,015...0,15	8,78	123	1084...1090		150²⁾/260⁶⁾	16,3	20²⁾ 34⁶⁾	5,0²⁾ 2,9⁶⁾
Kupfer-Silber-Legierungen	CuAg2	Ag 2	9,0	123	1050...1075	3,0	330	17,5	49	2,0
	CuAg2Cd1,5	Ag 2, Cd 1,5	9,0	121	970...1055	2,4	260	17,8	43	2,3
	CuAg4Cd1	Ag 4, Cd 1	9,1	120	1010...1065	2,4	250	17,8	41	2,4
	CuAg5Cd1,8	Ag 5, Cd 1,8	9,1	120	920...1040	2,4	240	17,8	38	2,6
	CuAg6	Ag 6	9,2	120	960...1050	2,4	270	17,5	38	2,6
	CuAg6Cd1,5	Ag 6, Cd 1,5	9,2	119	880...1040	2,4	230	17,8	36	2,8

[1] weich geglüht   [2] kalt verformt   [3] lösungsgeglüht   [4] warmausgehärtet   [5] übervergütet   [6] vergütet

2.4 Aluminium in der Elektrotechnik

Tabelle 2.4.1 Physikalische Eigenschaften von Reinaluminium

Atomgewicht	26,98
Dichte	2,70 g/cm^3
E-Modul	65 kN/mm^2
Ionisierungsspannung	5,98 V
Elektrischer Widerstand	2,65 µΩcm
Härte (HV) weich	18...23
hart	33...45
Zugfestigkeit weich	70...90 N/mm^2
hart	130...180 N/mm^2
Schmelzpunkt	660 °C
Schmelzwärme	395 J/g
Siedepunkt	2450 °C
Verdampfungswärme	10470 J/g
Spezifische Wärmekapazität	0,896 J/(gK)
Linearer Ausdehnungskoeffizient	4,6 · 10^{-3} K^{-1}
Wärmeleitfähigkeit	222 W/(mK)
Temperatur-Koeffizient der thermischen Ausdehnung	23,6 · 10^{-6} K^{-1}

Tabelle 2.4.2 Aluminiumlegierungen in der Elektrotechnik

Bezeich- nung	Dichte g/cm^3	E-Modul kN/mm^2	Leitfähigkeit m/(Ωmm^2)	Zusammensetzung in Gewichtsprozent					
				Si	Mg	Fe	Cu	Zn	Sonstige
AlMgSi	2,69	70	30...32	0,5...0,6	0,35...0,6	0,1...0,3	0,02	0,15	Cr+Mn+ Ti+V 0,03
AlMgSi 0,5	2,70	70	30...32	0,3...0,6	0,35...0,6	0,1...0,3	0,05	0,1	Mn 0,05

Rest jeweils Al

Tabelle 2.5 Messinglegierungen

Messing ist ein in der Funktechnik häufig verwendeter Werkstoff. Die gebräuchlichsten Sorten sind:

	Benennung	Kurz- zeichen	Cu-Gehalt in %	Zugfestigkeit kg/mm^2	Bruchdeh- nung in %	Brinell- härte	Verwendung
Gußmessing	Gußmessing 63 Sonder-Gußmessing A B	GMs 63 So-GMs A So-GMs B	63 54—62	15 30 35—60	7 10 45—15	45 — 90—150	Armaturen u. ähnl. Hochbeanspruchte Teile im Maschinen- u. Schiffsbau
Schmiede- messing	Hartmessing Schmiedemessing Druckmessing	Ms 58 Ms 60 Ms 63	58 60 63	38—48 35 25	22 25 30	95—115 75 60	Warmpreßteile, Schrauben Stangen, Rohre, Bleche kalt drücken, ziehen

3 Isolierstoffe, Daten und Eigenschaften

Erklärungen zu den in den Tabellen verwendeten Größen

Biegefestigkeit	Maximal zulässige Belastung des Materials beim Belastungsfall „Träger auf zwei Stützen".
Brinellhärte HB	Nach DIN 50351 aus einer Kraft F und der bleibenden Eindruckoberfläche A (Kalottenoberfläche). Die elastischen Verformungen der Stahlkugel und der Probe bleiben dabei unberücksichtigt.

$$\text{Härte HB} = \frac{0{,}102 \cdot F}{A}$$

Dielektrischer Verlustfaktor tan δ	Der dielektrische Verlustfaktor ist definiert als das Verhältnis der Wirkleistung (P) zur Blindleistung (P_q).
Dielektrizitätszahl ϵ_r	Wird ein Isolierstoff zwischen die zwei leitenden Flächen eines Kondensators gebracht, erhöht sich die Kapazität C. Das Maß dieser Kapazitätssteigerung wird durch die Dielektrizitätszahlen ϵ_r gezeigt.
Druckfestigkeit	Ermittelt im Druckverbrauch nach DIN 50106. Es handelt sich dabei um eine Umkehrung des Zugversuches.
Durchschlagfestigkeit	Nach DIN 53481 mit einem plattenförmigen Probenkörper ermittelter Wert.
E-Modul	Der Zusammenhang zwischen Spannung und Dehnung (Hookesches Gesetz) gilt nur im rein elastischen Bereich.

$$E = \frac{\text{Spannung}}{\text{Dehnung}} = \frac{\text{Spannung} \cdot \ell_o}{\Delta \ell}$$

ℓ_o = Ausgangslänge des unbelasteten Stabes
$\Delta \ell$ = Längendifferenz zwischen Ausgangslänge und betrachteter Länge.

Grenztemperatur	Unter der Grenztemperatur versteht man die Temperatur, der ein Kunststoff längere Zeit ausgesetzt werden kann, ohne daß sich wichtige technische Eigenschaften deutlich verändern.
Härte der Lackisolierung	Zahlenangaben beziehen sich auf die Bleistifthärte H nach DIN 46453.
Kerbschlagzähigkeit	Die Kerbschlagzähigkeit gibt einen Anhaltswert für das Verhalten des Werkstoffes bei hoher und schlagartiger Beanspruchung. Die Werte werden nach DIN 50115 mit dem Pendelschlagwerk bestimmt.
Kriechstromfestigkeit Verfahren KC	Kriechströme sind zunächst stromschwache Leitungsvorgänge auf der Oberfläche eines Isolierstoffes oberhalb von ca. 100 V. Auf die Dauer kann sich Funkenspiel bilden, was bis zur Erzeugung einer leitenden Schicht führen kann.

1.1 Tabellenteil

	Die Kriechstromfestigkeit wird nach DIN 53480 mit einem plattenförmigen, mindestens 3 mm dicken Probekörper bestimmt.
Lackfilmdehnung	Unter der Lackfilmdehnung versteht man die maximal mögliche Dehnung der Isolierung eines Leiters, ohne daß die Funktion der Isolierung dabei beeinträchtigt wird. Sie wird im Wickelversuch nach DIN 46453 ermittelt.
Längenausdehnungskoeffizient α	Mit seiner Hilfe besteht die Möglichkeit der Bestimmung der Längenänderung $\Delta\ell$ eindimensionaler Körper: $\Delta\ell = \ell_2 - \ell_1 = \ell_1 \alpha (t_2 - t_1)$ ℓ_2: Länge nach der Temperaturänderung ℓ_1: Länge vor der Temperaturänderung t_2: Temperatur nach der Temperaturänderung t_1: Temperatur vor der Temperaturänderung
Temperaturbeständigkeit nach Martens	Nach DIN 53462 gibt die Temperaturbeständigkeit die Temperatur an, bei der eine unter 5 N/mm² Biegespannung stehende Probe eine bestimmte Biegung erfährt.
Wärmeleitfähigkeit λ	Die Wärmeleitfähigkeit wird definiert durch die Gleichung $q = \lambda \cdot F \cdot dT/dx$, wobei q der durch einen konstanten Querschnitt F hindurchgehende Wärmestrom (der auf eine Zeiteinheit entfallende Energietransport) ist, wenn die auf die Strecke dx fallende Temperaturänderung (unabhängig von der Zeit) dT beträgt.
Zugfestigkeit R_m	Die Zugfestigkeit wird durch den genormten Zugversuch mit Probestäben nach DIN 50125 bestimmt. $R_m = \dfrac{F_m}{S_o}$ in N/mm² $\quad F_m$: Höchstlast $\qquad\qquad\qquad\qquad\quad S_o$: Anfangsquerschnitt

Tabelle 3.1 Kunststoffe, ihre Hersteller und Handelsnamen

Thermoplaste

Polymer	Kürzel	Hersteller	Handelsnamen
Acrylnitril-Butadien-Styrol	ABS	BASF Bayer Borg Warnes Chem. Monsanto Montedison	Terluran Novodur Cycolac Lustran Editer
Acrylnitril-Styrol-Acrylester	ASA	BASF Hoechst	Luran S Hostyren XS
Äthylen-Tetraflouräthylen	ETFE	—	—
Äthylen-Vinylacetat	EVA	BASF Bayer ICI	Lupolen Levapren Alkathene
Celluloseacetat	CA	Bayer Dynamit Nobel	Cellidor A Cellon

1 Praktische Entwurfsdaten der Elektronik

Polymer	Kürzel	Hersteller	Handelsnamen
Celluloseacetobutyrat	CAB	Bayer	Cellidor
Cellulosenitrat	CN	—	Celluloid
Cellulosepropionat	CP	Bayer	Cellidor CP
Perflouräthylenpropylen	FEP	Daikin	Neoflon
	PFEP	Du Pont	Teflon
Polyacetal	POM	BASF	Ultraform
		Celanese	Celcon
		Du Pont	Delrin
		Hoechst	Hostaform
Polyamid	PA	BASF	Ultrmid B
		Bayer	Durethan BK PA 6
		ICI	Moranyl
		BASF	Ultramid A PA 66
		Du Pont	Zytel
		BASF	Ultramid S PA 610
		ATO	Rilsan A
		Emser Werke	Grilamid PA 12
		Hüls	Vestamid
Polyäthersulfon	PES	—	—
Polyäthylen	PE	BASF	Lupolen
		Bayer	Baylon
		Du Pont	Alathon
		Hoechst	Hostalen
		ICI	Alkathene
		Hüls	Vestolen
		Montedison	Moplen Ro
		Solvay	Eltex
		Unifos	Polyethen
		Wacker	Wacker PE
Polyäthylenenterephthalat	PETP	BASF	Ultralen
		Bayer	Pocan
		Ciba-Geigy	Crastin
		Du Pont	Mylar
		ICI	Mellinex
		Hoechst	Hostaphan
		Hüls	Vestadur
Polybutylenterephthalat	PBTP	BASF	Ultradur
		Bayer	Pocan
		Ciby-Geigy	Crastin
		Dynamit-Nobel	PTMT
		Hüls	Vestadur
Polycarbonat	PC	Bayer	Makrolon
		General Electric	Lexan
Polyisobutylen	PIB	—	Oppanol B
Polymethylmethacrylat	PMMA	Degussa	Degalan
		ICI	Diakon
		Lenning	Oroglas
		Resart-IHM	Resarit
		Röhm	Plexiglas
Polypropylen	PP	BASF	Novolen
		Hoechst	Hostalen PP
		Hüls	Vestolen P
		ICI	Propathene

1.1 Tabellenteil

Polymer	Kürzel	Hersteller	Handelsnamen
Polystyrol	PS	BASF	Polystyrol
		Hoechst	Hostyren
		Hüls	Vestyron
		Monsanto	Lustrex
Polysulfon	PSO		
Polytetrafluoräthylen	PTFE	Du Pont	Teflon
		ICI	Fluon
		Hoechst	Hostaflon TF
Polytrifluorchloräthylen	PCFE	Hoechst	Hostaflon C
Polyurethan	PUR	Bayer	Durethan U
		Bayer	Desmopan
		Elastogran	Elastollan
Polyvinylacetat	PVA	—	Mowicoll
Polyvinylchlorid (hart)	PVC	Hoechst	Hostalit C
		Hüls	Vestolit
		—	Vinnol
		Bayer	Astralon
		—	Trovidur
(weich)		—	Vestolit
		—	Mipolam
		—	Pegulan
Polyvinylformal	PVFM	Hoechst	Mowital
		Monsanto	Formvar
		Wacker	Pioloform
Polyvinylidenflourid	PVDF	—	—
Polyvinyllidenchlorid	PVDC	BASF	Saran
Styrol-Acrylnitril	SAN	BASF	Luran
		Hüls	Vestoran
		Monsanto	Lustran
Styrol-Butadien	SB	BASF	Polystyrol
		Hoechst	Hostyren
		Hüls	Vestyron
		Monsanto	Lustran

Duroplaste

Polymer	Kürzel	Hersteller	Handelsnamen
Äthylen-Propylen-Kautschuk	EPR	Du Pont	Nordel
		Esso Chemie	Vistalon
		Hüls	Buna AP
		Montedison	Dutral
Epoxid-Harze	EP	Bayer	Lekutherm
		Ciba-Geigy	Araldit
		Dow Chemical	DER
		Hoechst	Beckopox
		Shell	Epikote
		Schering	Eurepox
Harnstoff-Formaldehyd	UF	Bakelite	Bakelite (BA)
		BASF	Kauril, Urecoll
		Ciba-Geigy	Ciba noid
		Dynamit Nobel	Ultrapas (DAG)
		Hoechst	Hostaset UF

1 Praktische Entwurfsdaten der Elektronik

Polymer	Kürzel	Hersteller	Handelsnamen
Kresolformaldehyd	CF	—	—
Melamin-Formaldehyd	MF	Bakelite	Bakelite
		Hoechst	Hostaset MF
		Dynamit-Nobel	Ultrapas
		Ciby-Geigy	Melopas
		Phoenix	Keramin
		Süd West Chemie	Supraplast
Phenol-Formaldehyd	PF	Bakelite	Bakelite (BA)
		Hoechst	Hostaset PA (HOE)
		Phoenix	Kerit (IGG)
		Süd West Chemie	Supraplast (SWC)
Polydiallyphthalat	PDAP	Allied Chem.	Plaskon
		Bakelite	Bakelite BXL
Polyimid	PI	Du Pont	Kapton, Pyrolin
		Monsanto	Skybond
		Rhone Poulenc	Kinel, Kerimid
Polyisobutylen	PIB	—	—
Polyurethan	PUR	Bayer	Baymidur, Desmophen
		Bayer	Desmodur
Silikon	SI	Bayer	Baysilon
		General Electric	GE-Silicones
		Goldschmidt	Sikovin
		Wacker	Wacker Silicone
Ungesättigte Polyesterharze	UP	BASF	Palatal
		BASF-Glasurit	UP-Tränkharze
		Bakelite	Bakelite (BA)
		Bayer	Leguval
		Dr. Herberts	UP-Tränkharze
		Hoechst	Hostaset UP (HOE)
		Hüls	Vestopal
		Phoenix	Keripol (IGG)

Tabelle 3.2 Schaumstoffe, Gießharze, Wachse und Pasten

Gruppe	Technische Bezeichnung	Kürzel
Schaumstoffe	Polyäthylen	PE
	Polystyrol	PS
	Polyurethan	PUR
	Silikon	SI
Gießharze	Epoxidharz	EP
	Polyurethan	PUR
	Silikon	SI
Wachse, Pasten	Ceresin	—
	Paraffin	—
	Polyisobutylen	PIB
	Silikon-Paste	SI
	Trichlornaphthalin	—
	Vaseline	—

Tabelle 3.3 Kautschukarten

technische Bezeichnung	Kürzel
Acrylester-Kautschuk	ABR
Äthylen-Propylen-Kautschuk	EP(D)M
Äthylen-Vinylacetat	EVA
Butyl-Kautschuk	IIR
Chloropren-Kautschuk	CR
Chlorsulfoniertes Polyäthylen	CSM
Fluor-Kautschuk	
Nitril-Kautschuk	NBR
Polysulfid-Kautschuk	T
Polyurethan-Kautschuk	U
Silikon-Kautschuk	SI
Styrol-Butadien-Kautschuk	SBR

Kunststoffe Bezeichnungen

Tabelle 3.4 Anwendungsbereiche häufig verwendeter Kunststoffe

Teilgebiet	Bezeichnung	Kunststoff
Kunststoffe in Bauelementen	Flexible Leiterplatten	PETP, PI
	Harte Leiterplatten	PF, GF-EP
	Halbleitereinbettungen	EP, SI
	Kondensatorisolierungen	PETP, PC, PP
	Kondensatorbecher	PP, PA, PC, ABS
	Röhrensockel	PF, UP, DAP, PC
	Steckerleisten	UP, DAP, PC, PBTP, PPO
	Spulenkörper	PF, UP, DAP, PC, PP, PBTP, PS, SAN
	Transformatorisolierungen	PETP, PP, PC
	Transformatorumhüllungen	PU, UP, EP
	Widerstandsisolierungen	EP, SI
Kunststoffe in der Fernmeldetechnik	Kabelisolierungen	PVC, LD-PE
	Kabelmäntel	LD-PE, PVC, HD-PE
	Muffen	PP, GF-UP
	Stecker	PTFE, PP, PE
	Telefongehäuse	ABS, ASA
	Telefonmuscheln	HD-PE
	Telefonwählscheiben	PMMA, PC
Kunststoffe in der Unterhaltungselektronik	Abdeckhauben	PS, PC, SAN, PMMA
	Bedienungsteile	PS, PMMA, CAB, PA, PF, PC
	Bildplatten	PVC
	Chassis	SB, ABS, PPO
	Gehäuse und Rückwände	SB, SAN, ABS
	Isolierung von Hochspannungsteilen	UP, SI, EP
	Schallplatten	VC/VAC
	Tonbänder	PETP, PVC
	Tonbandspulen, Cassetten	PS
	Träger für Ablenkspulen	PPO

1 Praktische Entwurfsdaten der Elektronik

Teilgebiet	Bezeichnung	Kunststoff
Kunststoffe in Haushaltsgeräten	Heizgeräteleitungen Heizgerätegriffe Heizgerätegehäuse Kühlschrankinnenbehälter Kühlschrankisolierung Kühlschrankdichtungen Staubsaugergehäuse Waschmaschinenpumpengehäuse Waschmaschinendichtungen	EVA MF, PF, PBTP SB, ABS, PP, PA ABS, SB PU, PS (aufgeschäumt) PVC ABS, SB, PP, PA, PF PP, PPO, POM EPR
Kunststoffe in der Hochspannungstechnik	Durchführungen Isolierende Bauteile Leiterisolierung Mäntel Schaltgeräteabschottungen Schaltstangen Stützisolatoren Transformatorisolierfolien Transformatorleiterisolierung Transformatorumhüllungen	EP, PUR, PF EP, GF-EP VPE, EPR, PE, PVC, FEP PVC, PE, CR GF-UP, PC GF-UP, PA, MF PA, EP, UP PETP, GF-EP, GF-UP PVC, PETP, PEI EP, PUR
Kunststoffe in der Installationstechnik	Befestigungsmaterial Dosen, Gehäuse Kabel Lampenabdeckungen Lampengehäuse Lampenfassungen Schalter, Stecker Zähler-, Sicherungsgehäuse	PF, MF, PP, PE, PVC PF, PVC, MF PVC, SBR, EPR, PE, PP PMMA, PC GF-UP UF, PC, PF, UP UF, MF, PF, UP, PVC, PA PF, MF, UF, ABS, PA, PC
Kunststoffe in elektrischen Maschinen	Anschlußlitzen Gehäuse Isolierschläuche Leiterlackierungen Leiterumwicklungen Lüfterräder, -hauben Schleifringe, Kollektoren Schützelemente Tauchharze	PVC, SI, PTFE ABS, PP, PA, PC, PF SI, PVC, GF-PU, GF-SI PVM, PUR, EI, PAI, PI PETP, EP, SI, PI-FEP PP, PPO, POM, PC PF PF, MF, GF-UP, GF-EP UP, EP, SI
Kunststoffe in weiteren Gebieten	Abdeckungen von Werkzeugen Bewegte Bauteile Bewegte und isolierende Bauteile von Büromaschinen Büromaschinengehäuse Gehäuse von Handwerkzeugen Skalen, Tasten, Knöpfe	GF-UP PA, POM POM, PA, PPO ABS, PA PA, ABS, GF-UP PS, CA, PC, POM

Tabelle 3.5 Elektrische und thermische Eigenschaften von Isolierstoffen

Stoff	spez. Durch-gangswider-stand $\Omega \cdot cm$	Dielektr. Verlustfaktor $10^{-3} \tan \delta$ bei $f=$ 50 Hz	Dielektr. Verlustfaktor $10^{-3} \tan \delta$ bei $f=$ 1 MHz	Durch-schlags-festigkeit E_d kV/mm	Temperatur-beständigkeit nach Martens $\vartheta/°C$
Aminoplast-Preßmassen	10^{11}	100	—	8…15	100…120
Bakelit	10^{11}	5	20	10…12	150
Bernstein	$>10^{18}$	1	5	50…70	250
Bitumen-Vergußmasse	10^{15}	—	—	20…40	110
Chlophen	—	1…2	—	16	—
Epoxydharz	10^{16}	6	15	15…40	80
Glas	10^{14}	5	8	20…50	150
Glimmer	10^{16}	0,5	0,2	60…180	800
Gummi	10^{15}	5	65	16…50	60
Hartgewebe	10^{11}	40	25	40…50	125
Hartgummi	10^{16}	14	7	15…40	60
Hartpapier	10^{10}	80	80	20…30	120
Hartpapier IV	10^{12}	30	4,0	10…20	120
Hartporzellan	10^{12}	20	10	35	800
Lackglasseide	10^{12}	—	—	—	150
Luft (trocken)	—	<0,1	<0,1	2,4	—
Magnesiumsilikat	10^{12}	1	2	38	500
Melaminharz	—	—	—	10…15	150
Mikanit	10^{15}	1	0,3	30…38	750
Mikalex	10^{10}	10	18	15	400
Papier, clophengetr.	10^{15}	4	—	60	100
Papier, paraffingetr.	10^{15}	7	38	60	100
Paraffin, fest	10^{17}	4	9	15…35	35
Paraffinöl	—	0,08	0,3	16	—
Pertinax	10^{10}	60	90	10…20	125
Phenolharz	10^{12}	50	30	20	155
Phenolpreßmassen	10^{11}	30	20	10…20	150
Plexiglas	10^{15}	60	20	30…45	80
Polyamid	10^{11}	—	20	—	60
Polyäthylen	10^{16}	0,2	0,2	50	40
Polyisobutylen	10^{15}	0,4	0,4	23	—
Polyurethan	10^{10}	12	45	20	50
Polystrol	10^{14}	0,2	0,3	50	70
Polytetrafluoräthylen	10^{18}	0,5	0,5	20…40	100
Polyvinylchlorid	10^{13}	13	18	40…90	75
Porzellan	10^{15}	15	10	30…35	600
Preßspan	10^{9}	30	50	6…11	80
Quarz	10^{16}	0,1	0,1	—	1000
Quarzglas	10^{16}	0,5	0,5	25…40	1000
Rutil-Keramik	10^{13}	1	0,8	10…20	500
Schellack	10^{15}	3,8	10	10…15	80
Silikongummi	10^{13}	1,0	3	20…30	220
Silikonöl	10^{14}	0,1	0,1	50	80
Steatit	10^{12}	3	2	20…30	500
Titanat-Keramik	10^{13}	0,3…2	0,3	10…25	500
Transformatoröl	10^{18}	0,1	0,2	12…20	80
Trolitul	10^{16}	0,1	0,2	50	70
Vulkanfiber	10^{8}	50	—	5	80
Wasser, destilliert	10^{10}	—	—	—	—
Weichgummi	10^{15}	15	—	20	50
Zelluloid	10^{10}	40	50	40	40
Zelluloseacetat	10^{13}	10	60	32	40

1 Praktische Entwurfsdaten der Elektronik

Tabelle 3.6 Physikalische, mechanische und thermische Eigenschaften von Kunststoffen

Gruppe	Polymer	Kürzel	Dichte g/cm³	E-Modul N/mm²	Zugfestigkeit R_m N/mm²	Kerbschlagzähigkeit kJ/m²	Brinellhärte HB	Wärmeleitfähigkeit λ W/m·K	Grenztemperatur °C	Längenausdehnungskoeffizient α 10^{-6}/K
Thermoplaste	Acrylnitril-Butadien-Styrol	ABS	1,0...1,2	1300...3000	45...65	8...20	60...90	0,17...0,2	80	75...110
	Äthylen-Tetrafluoräthylen	ETFE	1,7	1300...1400	40...50	–	ca. 70	0,24	155	80...140
	Celluloseacetat	CA	1,25...1,3	1800...3000	30...60	10...25	35...70	0,2...0,22	60	80...120
	Perfluoräthylenpropylen	FEP	2,1	300...370	15...35	–	60...65	0,23	200	90...100
	Polyamid, PA 12	PA	1	1400...1500	40...50	6...12	ca. 95	0,32	70	100...110
	Polyäthylen, LDPE	PE	0,92	120...250	7...17	–	12...20	0,3	80	130...230
	Polyäthylen, HDPE	PE	0,95	500...1200	20...35	5...12	35...50	0,35	100	130...200
	Polyäthylenterephthalat	PETP	1,33...1,38	2400...3000	55...75	2...5	90...140	0,24	100	60...70
	Polycarbonat	PC	1,2	2400...3500	55...70	20...40	95...110	0,2	130	60...70
	Polymethylmethacrylat	PMMA	1,18	3300...7000	60...80	1,8...3,0	175...190	0,18	95	70...80
	Polyoxymethylen	POM	1,43	2600...3000	65...75	5...10	130...160	0,23	100	80...130
	Polypropylen	PP	0,9	1000...2000	25...35	4...12	55...75	0,18...0,3	110	110...150
	Polystyrol	PS	1,05	2800...3500	40...55	2,0...2,8	150...160	0,14...0,17	70	60...80
	Polytetrafluoräthylen	PTFE	2,2	350...750	15...35	13...15	ca. 25	0,24	260	55...120
	Polyurethan	PUR	1,1...1,25	60...2700	5...60	10...12	60...95	0,22...0,35	120	110...170
	Polyvinylchlorid, hart	PVC	1,38	1300...4000	50...60	2...4	70...120	0,14...0,16	60	70...80
	Polyvinylchlorid, schlagzäh	PVC	1,36	1500...3500	35...55	10...50	50...90	0,16	60	80
	Styrol-Acrylnitril	SAN	1,08	3400...3700	55...80	ca. 3	160...165	0,15...0,17	85	60...80
	Styrol-Butadien	SB	1,05	1800...3000	25...50	5...14	80...95	0,17	70	80...100
	Triazinharz	A	–	22000	–	70	–	–	160	10...52
Duroplaste	Epoxidharz	EP	1,1...1,25	2600...7500	15...90	ca. 1,5	140...160	0,13...0,27	130	50...100
	Melaminformaldehyd	MF	1,5...1,9	5000...14000	30...45	1,2...5	140...190	0,39...0,63	110...130	–
	Phenolformaldehyd	PF	1,3...1,9	5000...15000	15...45	1...4	130...190	0,32...0,7	110...130	5...50
	Polyimid	PI	1,4	3000...3200	70...100	–	–	0,38	220	50
	Silikonharz	SI	1,05...1,25	–	2...6	–	35...45	0,15...0,35	200	250...300
	Ungesättigte Polyester	UP	1,4...2,0	5000...20000	50...150	20...60	160...200	0,25...0,5	130	12...30

Tabelle 3.7 Technische Eigenschaften von Schichtpreßstoffen (Platinenbasismaterialien)

Gruppe	Typ nach DIN 7735	Bezeichnung nach ISO/R 1642	Harzbasis	Gewebe	Biegefestigkeit N/mm²	Druckfestigkeit N/mm²	Zugfestigkeit R_m N/mm²	E-Modul N/mm²	Dielektr. Verlustfaktor $\tan \delta$	Widerstand Ω	Kriechstromfestigkeit Verfahren KC	Wasseraufnahme für 2 mm Dicke in mg	Wärmeleitfähigkeit λ W/m·K	Grenztemperatur °C	Hauptanwendungsgebiete
Hartgewebe-Typen	Hgw 2031	PF AC 1	Phenolharz	Asbest	65	120	40	–	–	–	–	–	0,3	130	Industrie-Elektronik, Computerbau, Luft- und Raumfahrt Industrie
	Hgw 2072	PF GC 1		Glasfilament	200	150	100	14000	–	10^8	100	100	0,3	130	
	Hgw 2081	–		Baumwoll grob	100	170	50	–	–	–	–	–	0,2	110	
	Hgw 2082	PF CC 1		fein	130	170	80	–	–	–	–	–	0,2	110	
	Hgw 2082.5	PF CC 2			115	150	60	–	–	10^7	–	–	0,2	110	
	Hgw 2083	PF CC 3			150	170	100	–	–	–	–	–	0,2	110	
	Hgw 2083.5	PF CC 4		feinst	130	150	80	–	–	10^7	–	–	0,2	110	
	Hgw 2272	–	Melaminharz	Glasfilament	270	180	120	14000	–	10^7	600	200	0,3	130	
	Hgw 2282	–		Baumwoll fein	100	200	70	–	–	–	–	–	0,2	95	
	Hgw 2282.5	–			90	200	60	5000	–	10^7	560	130	0,2	95	
	Hgw 2370.4	Epoxidharz		Glasfilamenttroving	350	180	220	16000	0,05	10^{10}	180	20	0,3	155	
	Hgw 2372	EP GC 1		Glasfilament	350	200	220	18000	0,05	200	20	0,3	130		
	Hgw 2372.1	EP GC 2			350	200	220	18000	0,05	$5 \cdot 10^{10}$	200	20	0,3	120	
	Hgw 2372.2	EP GC 3			350	150	220	18000	0,05	180	20	0,3	120		
	Hgw 2372.4	EP GC 4			350	150	220	18000	0,05	180	20	0,3	155		
	Hgw 2572	SI GC 2	Silikonharz	Glasfilament	125	50	–	13000	0,06	10^8	440	30	0,3	180	
Hartpapier-Typen	Hp 2061	PF CP 1	Phenolharz	Cellulosepapier (CP)	150	150	120	–	–	–	–	–	0,2	120	Rundfunk, Fernsehen
	Hp 2061.5	PF CP 2			130	150	100	–	0,05	–	–	–	0,2	120	
	Hp 2061.6	PF CP 3			130	100	100	–	0,08	$5 \cdot 10^7$	–	–	0,2	120	
	Hp 2062.8	PF CP 4			80	120	70	–	0,08	–	–	–	0,2	120	
	Hp 2062.9	–			60	–	60	–	–	10^{10}	–	–	0,2	90	
	Hp 2063	PF CP 4			80	–	70	–	–	–	–	–	0,2	120	
	Hp 2064	–			130	100	100	–	–	10^6	–	–	0,2	120	
	Hp 2262	–	Melaminharz		100	150	80	–	–	10^{10}	–	–	0,2	90	Meßgeräte, Rechner
	Hp 2361	–	Epoxidharz		120	120	70	–	–	–	–	–	0,2	110	
	Hp 2362	EP CP 1			–	–	–	–	–	–	–	–	0,2	90	

1 Praktische Entwurfsdaten der Elektronik

Tabelle 3.8 Technische Eigenschaften von Kunststoffolien

Polymer	Kurzzeichen nach DIN 40634	Herstellung	Einstellung	Dichte g/cm³	Zugfestig- keit (Min- destwerte) N/mm²	Reißdeh- nung (Min- destwerte) %	Grenz- temperatur °C	Formbe- ständigkeit °C	Dielektr. Verlustfaktor tan δ	spez. Durch- gangswider- stand Ω · cm	Wasser- aufnahme mg	Wasser- dampfdurch- lässigkeit g/m² · d
Polypropylen	F 1130	Extruderfolie	biaxial ver- streckt	0,91	120	50	105	150	0,8	10^{17}	<1	0,5
Polystyrol	F 1150	Extruder- blasfolien	biaxial ver- streckt	1,05	50	2	90	110	<0,2	10^{17}	<1	35
Polyamid	F 1310	Gießfolie	weich	1,10	25	350	105	170	300	10^{10}	60	35
Polyimid	F 1410	Gießfolie	in Sonder- einst. mit FEP-Be- schichtung	1,42	160	60	>180	>350	3	10^{17}	10	10
Polyäthyl- entereph- thalat	F 1510	Extruder- folie	biaxial ver- streckt	1,40	160	80	130	>240	5	10^{17}	4	5
	F 1515	Extruder- folie	bevorzugt längsver- streckt	1,40	260	40	130	>240	5	10^{17}	4	5
Polycarbonat	F 1530	Gießfolie Extruderfolie	normal	1,20	80	100	120	150	2,0	10^{17}	5	35
	F 1535	Gießfolie	einachsig gereckt	1,20	130	50	120	160	1,1	10^{17}	5	35
	F 1540	Gießfolie	zus. kristal- lisiert	1,21	220	30	130	230	0,9	10^{17}	3	20
Cellulose- ester	F 1610	Gießfolie	normal	1,30	80	20	120	190	18	10^{14}	50	220
	F 1615	Gießfolie	weich	1,30	70	25	120	170	28	10^{15}	25	200
	F 1620	Gießfolie	normal	1,25	70	20	120	150	15	10^{15}	20	200
	F 1625	Gießfolie	weich	1,23	50	35	120	130	16	10^{14}	15	150

Tabelle 3.9 Technische Eigenschaften von Lackdrähten

Lackbasis	Anwendungsbereich	DIN-Bezeichnung	Werks-bezeichnung	Erweichungs-temperatur °C	Grenztemperaturen nach IEC 172 in °C	Wärmeklasse	Steilanstieg des dielektr. Verlustfaktors tan δ in °C	Lackfilmdehnung in %	Schabefestigkeit	Härte der Lackisolierung H
Polyurethan	direkt verzinnbare Drähte	V	LF	>220	130	B	125	70	50	4
Polyvinylformal	mechanisch hoch beanspruchte Drähte	M	PV	250	120	E	110	70	90	6
Polyesterimid	thermisch hoch beanspruchte Drähte	W 155	F	>280	175	F	170	70	60	4
Polyesterimid mit Overcoat	thermisch hoch beanspruchte Drähte	W 155 (M)	FC	>280	175	F	170	65	150	5
THEIC-Polyesterimid	thermisch hoch beanspruchte Drähte	W 180	H	>330	200	H	190	75	70	5
THEIC-Polyesterimid mit Overcoat	thermisch hoch beanspruchte Drähte	W 180 (M)	HC	>330	200	H	190	70	300	6

1 Praktische Entwurfsdaten der Elektronik

Tabelle 3.10 Dielektrizitätszahl, Verlustfaktor und Durchschlagsfestigkeit wichtiger Stoffe

Stoff	ϵ_r		tan δ		E_D	Dichte	Kürzel
	50 Hz	1 Mhz	50 Hz	1 Mhz	kV/mm	g/cm³	
Aminoplast-Preßmassen	7	6	0,1		8...14	1,5	
Araldit	3,6						(EP)
Argon	1,000504						
Asbestkautschuk	4						
Asbest	4,8						
Asphalt	2,66						
Äthylalkohol	25,1						
Azeton	21,4						
Bakelit	4...6,5	5...10	0,005	0,02	10...12	1,3	(PF)
Bariumtitanat	1000...2000						
Benzol	2,28						
Bernstein	2,2...2,9		0,001	0,005	50...70	0,9...1,1	
Bitumen-Vergußmasse					20...40	1,1...1,55	
Brom	3,2						
Calit	6,5						
Chlophen	4,9		0,0015		16		
Chloroform	4,8						
Condensa C	80						
Condensa N	40						
Diäthyläther	4,34						
Ebonit	2,5						
Epoxydharzgießstoff (Epoxydharz)	3,3...3,6	3,4...3,7	0,006	0,015	15...40	1,25	(EP)
Glas	3...14	6...16	0,005	0,008	20...50	2,5	
Glimmer	5...9	6...10	0,0005	0,0002	60...180	2,6...3,3	
Gummi	2,5...3		0,005	0,065	16...50	0,95	
Glyzerin	41,4						
Hartgummi	3,5		0,014	0,007	15...40	1,15	
Hartpapier	3,5...6		0,08	0,08	20...30	1,4	
Hartpapierplatten, Hartgewebe	5						
Hartporzellan	5...10	5...10	0,02	0,01	35	2,4	
Helium	1,000066						
Holz	2,5...6,8						
Holz, imprägniert	3,5...5						
Igelit	5						
Isolierleinen	3,5...4						
Kabelvergußmasse	2,5						
Kabelpapier	4...4,3						
Kabelöl	2,25						
Keramikmassen	<4000						
Kohlendioxid	1,000985						
Luft, trocken	1,000594	1	<0,0001	<0,0001	2,4	0,0013	
Magnesiumsilikat	6	6	0,001	0,002	38	2,7	
Marmor	8,4...14						
Melaminharzpreßstoff	6	8			10...15	1,5	(MF)
Methylalkohol	33,5						
Mikanit	5		0,001	0,0003	30...38	3	
Mikatex	8		0,01	0,018	15	2,8...3,2	
Mineralöl	2,15						

1.1 Tabellenteil

Stoff	ϵ_r 50 Hz	ϵ_r 1 Mhz	tan δ 50 Hz	tan δ 1 Mhz	E_D kV/mm	Dichte g/cm³	Kürzel
Naphthalin	3,78						
Nitrobenzol	35,5						
Olivenöl	3						
Ölpapier	4						
Papier, clophengetr.	5	2,9	0,004		60	0,9	
Papier, paraffingetr.	3		0,007	0,038	60	0,8	
Papier, Elektroisolierpapier	2,4		0,002		8		
Papier, Hartpapier IV	4,5	4,5	0,03	0,004	10…20	1,2	
Paraffin, fest	2	2	0,004	0,009	15…35	0,9	
Paraffin (Öl)	3						
Pertinax	3,5…5,5	3,5…5,5	0,06	0,09	10…20	1,2	
Petroleum	2,2						
Phenolharz	5…8	5…8	0,3	0,03	15…22	1,25	
Phenolharzpreßstoff	4…6	4…6	0,3	0,02	10…20	1,8	
Plexiglas, Plexidur	3,6	2,8	0,06	0,02	30…45	1,18	PMMA
Polyamid (Nylon, Perlon)	3…8	2,6…4	0,02	0,025	18…24	1,1…1,2	PA
Polyäthylen (Hostalen)	2,3	2,2	0,0002	0,0002	50	0,92	PE
Polycarbonat (Makrolon)	3	2,9	0,001		25		PC
Polycarbonatfolie	2,8…3,1		0,003		170		PC
Polyesterharzpreßstoff	3,6		0,03		10		
Polyesterharzgießstoff	3,4		0,006		25		
Polyesterfolie	3,1		0,002		160		
Polyimidfolie	3,8		0,003		200		
Polyisobutylen (Oppanol)	2,2						PIB
Polyurethan (Perlon)	3,4	2,6…4,8			17		PUR
Polytetrafluoräthylen (Teflon)	2,1	2,1	0,0005	0,0005	20…40	2,1	PTFE
Polyvinylchlorid (Hostalit)	3,3…4,1	2,9…3,3	0,014	0,022	40…90	1,4	PVC
Polystyrol (Trolitul)	2,5	2,5	0,0003	0,0003	45	1,05	PS
Porzellan	4,2…6,5	4,2…6,5	0,015	0,010	30…35	2,2	
Preßspan	4	4	0,03	0,05	6…10	1,2	
Quarz	2…4	2,5…5	0,0001	0,0001	—	2,7	
Quarzglas	4,3	4,1	0,0005	0,0005	25…40	2,2	
Rizinusöl	4,7						
Rapsöl	2,2						
Sauerstoff	1,000486						
Schellack	3,3…4		0,0038	0,01	10…15	1,1	
Siegellack	4,3						
Silikongummi	6		0,001	0,003	20…30	2,0	
Silikonöl	2,8	2,8	0,0001	0,0001	50	0,95	
Schwefelkohlenstoff	2,63						
Stickstoff	1,000528						
Steatit	6,3	6,0	0,003	0,002	20…30	2,5	
Schiefer	4						
Teflon, siehe PTFE	2,0	2,1	0,0005	0,0005	20…40	2,1	PTFE
Tempa S	14						
Tempa X	30						
Terpentinöl	2,2						

1 Praktische Entwurfsdaten der Elektronik

Stoff	ϵ_r		tan δ		E_D	Dichte	Kürzel
	50 Hz	1 Mhz	50 Hz	1 Mhz	kV/mm	g/cm³	
Titanat-Keramik	12...40	12...40	0,0003	0,0003	10...25	3...4,5	
Toluol	2,38						
Transformatorenöl	2,4	2,4	0,0001	0,0002	12...20	0,84	
Triacetatfolie	4		0,014		120		
Vaseline	2,1...2,3						
Trolit	4...7						
Vakuum	1,000						
Vulkanfiber	4				5	1,3	
Wasser (dest.)	80,8					1,0	
Wasserstoff	1,000252						
Weichgummi	2,5		0,015		20	1,0	
Zelluloid	3		0,04	0,05	40	1,35	
Zelluloseacetat	5,5	4,5	0,01	0,06	32	1,3	

Die angegebenen Daten gelten für 20 °C.   Schichtdicke 1 mm; Foliendicke ≈ 0,04 mm

Tabelle 3.11 Kunststoffe mit hoher Temperaturbeständigkeit

technische Bezeichnung	Kürzel
Äthylen-Tetrafluoräthylen	ETFE
Perfluoräthylenpropylen	FEP, PFEP
Polyäthersulfon	PES
Polydiallylphthalat	PDAP
Polyimid	PI
Polysulfon	PSO
Polytetrafluoräthylen	PTFE
Polyvinylidenfluorid	PVDF
Silikon	SI

Tabelle 3.12 Nach VDE 0530 werden Isolierstoffe in folgende Wärmeklassen eingeteilt:

Grenztemperatur	Klasse	Stoffe
90 °C	Y	Papier und daraus hergestellte Isolierstoffe (Preßspan, Vulkanfiber), Polyäthylen, Polystyrol, PVC, Naturgummi, Holz
105 °C	A	Papier u. ä., imprägniert oder getränkt mit flüssigen Isoliermitteln
120 °C	E	Melaminharz-Hartgewebe, Phenolharz(-Hartpapier), Polyesterharze, Polyamid- oder Epoxid- oder Polyurethanharze für Drahtlacke
130 °C	B	Glas- und Asbestfaserstoffe, gebunden mit Schellack oder einem der vorstehenden Harze
155 °C	F	Glasfaser, Glimmer, Asbest, Polyesterharze, Polyurethanharze, Silikon-Alkydharze, Drahtlacke auf Imid-Basis
180 °C	H	Silikone, Silikon-Kombinationen mit Glimmer oder Glas-Faserstoffen, Polyimide, aromatische Polyamide
>180 °C	C	Glas, Glimmer, Porzellan, Quarz, Polytetrafluoräthylen, besondere Silikonharze

Tabelle 3.13 Bezeichnungen von Kunststoffen

Im praktischen Gebrauch haben sich neben den erwähnten Kurzzeichen noch einige andere ergeben, die einer weiteren Differenzierung dienen:

Kurzzeichen	Erklärung
ASA	Acrylester-Styrol-Acrylnitril-Copolymer
EPS	Expandierbares Polystyrol
E-PVC	Emulsions-PVC
EVA	Äthylen-Vinylacetat-Copolymer
GFK	Glasfaserverstärkte Kunststoffe (allgemein)
GUP	Glasfaserverstärkte ungesättigte Polyesterharze
HDPE	High Density Polyäthylen = Polyäthylen hoher Dichte
LDPE	Low Density Polyäthylen = Polyäthylen niedriger Dichte
S-PVC	Suspensions-PVC

Tabelle 3.14 Häufig verwendete Verstärkungsstoffe

Glasfasern	E-Glas
	Quarz
Keramische Fasern	Chrysotil
	Asbest
	$Al_2 O_3$
Kohlenstofffasern	Graphit HM
	Graphit HT, HS
	Graphit Thornel 100
Metallfilamente	Stahl
	Wolfram
Einkristalle	C
	SiC

Praktische Anwendung von Kunststoff-Formteilen in der Elektronik

4 Ausgewählte Werkstoffe für spezielle Anwendungen in der Elektronik

4.1 Permeabilitätszahlen (μ_r)

Tabelle 4.1.1 Ferromagnetische Stoffe $\mu_r \gg 1$

Material	Anfangswert μ_r für H≈ 0	Endwert μ_r für H ≈ max
Armco-Eisen	300	5000
Gußeisen	50 ... 100	500
Schmiedeeisen		5000
Baustahl	100	800 bis 2000
Flußstahl	200	2000 bis 4000
Stahl, hart		200
Technisch reines Eisen		
Holzkohleneisen (geglüht)	470	6400
Magnetreineisen, gesintert	bis 1000	bis 30000
Siliziumhaltige Stähle		
Dynamoblech I	150	2000 bis 5000
Dynamoblech II	≈180	2000 bis 5000
Dynamoblech III	≈230	3000 bis 6000
Dynamoblech IV	400 bis 600	4000 bis 6000
HYPERM 1, 3 und 7 ⎫ TRAFOPERM N 1 ⎭	550 bis	7000 bis 11200
TRAFOPERM N 2	>1500	35000
Aluminiumhalt. Werkstoffe		
SENDUST	40000	120000
Nickelhaltige Werkstoffe		
HYPERM 36, 40; ⎫ PERMENORM 3601 ⎭	2000 bis 2500	7000 bis 14000
50 % NiFe; HYPERM 50F1		20000 bis 50000
PERMENORM 5000 H 2 ⎫ DELTAMAX; 5000 Z ⎭	≈ 4000 300 bis 1700	50000 bis 250000
MEGAPERM 65/10	3000	26000
Nicalloy	1400	10000
PERMALLOY	6000	70000
PERMALLOY C ⎫ MUMETALL E 3 ⎭	20000	10^5 bis $2,5 \cdot 10^5$
MO–PERMALLOY	25000	85000
M 1040	$6 \cdot 10^4$	90000
ULTRAPERM 10	10^5	$\approx 4 \cdot 10^5$

Tabelle 4.1.2 Diamagnetische Stoffe $\mu_r \approx 1 \; (< 1)$

Material	
Aluminiumoxid	0,999 986 4
Ameisensäure	0,999 993 3
Äthylalkohol	0,999 992 7
Azeton	0,999 986 4
Benzol	0,999 992 2
Diäthyläther	0,999 991 6
Glyzerin	0,999 9902
Glas	0,999 987
Kalziumkarbonat	0,999 987 2
Kalziumoxid	0,999 988 5
Kupfer	0,999 990 4
Methylalkohol	0,999 993 1
Nitrobenzol	0,999 992 42
Petroleum	0,999 989 06
Schwefelkohlenstoff	0,999 991 17
Tetrachlorkohlenstoff	0,999 991 23
Toluol	0,999 992 21
Wasser	0,999 990 97
Wismut	0,999 843 2
Zinkoxid	0,999 975 93

Tabelle 4.1.3 Paramagnetische Stoffe $\mu_r \approx 1 \; (> 1)$

Material	
Aluminium	1,000 0208
Barium	1,000 00694
Chlorwasserstoff	1,0156
Chrom	1,000 278
Eisen, 800 °C	1,149
Eisen, 1200 °C	1,00259
Eisensulfid	1,000 871
Hartgummi	1,000 014
Kobalt, 1200 °C	1,0333
Kobalt, 1400 °C	1,007 71
Luft	1,000 0004
Magnesium	1,000 0174
Mangan	1,000 871
Nickel, 550 °C	1,000 907
Platin	1,000257
Sauerstoff	1,000 001 86
Titan	1,000 18
Uran	1,000 574
Vanadium	1,000 348

4.2 Widerstandsänderungen von Leitern bei Erwärmung

Erklärungen zu den in den Tabellen verwendeten Abkürzungen.

ϱ_{20} = Spezifischer Widerstand, bezogen auf:
eine Leiterlänge von 1 m
einen Leiterquerschnitt von 1 mm²
eine Temperatur von 20 °C

Einheit 1 $\Omega \dfrac{\text{mm}^2}{\text{m}}$

$\aleph_{20}$ = Spezifischer Leitwert = $\dfrac{1}{\varrho_{20}}$. Bezugswerte wie vorher

Einheit 1 S $\dfrac{\text{m}}{\text{mm}^2}$

α = Temperaturkoeffizient des Widerstandes

Ist R_{20} ein bei t = 20 °C gegebener Widerstand, so beträgt bei einer beliebigen (höheren oder niedrigeren) Temperatur t der Widerstandswert

$R_t = R_{20} [1 + \alpha (t - 20)]$

Errechnung von Übertemperaturen $t_ü = t_2 - t_1$ mit Hilfe von α:

$t_ü = \dfrac{R_2 - R_1}{\alpha \cdot R_1}$ [°C]

R_2 = Widerstand bei der Temperatur t_2
R_1 = Widerstand bei der Temperatur t_1
gültig für alle technischen Zwecke bis etwa 200 °C

Ist der Kaltwiderstand R_k nicht für t = 20 °C (R_{20}) gegeben, sondern für eine beliebige Temperatur t_k und wird der Widerstand R_w bei einer beliebigen höheren Temperatur t_w gesucht, so ist folgende Formel bequemer:

$$\frac{R_w}{R_k} = \frac{\tau + t_w}{\tau + t_k} \quad \text{wobei} \quad \tau = \frac{1}{\alpha} - 20$$

den Tabellen ebenfalls entnommen werden kann. Merkwert für α bei den meisten Metallen: Der Widerstand steigt um ca. 0,4 % je 1 °C Temperaturerhöhung.

Tabelle 4.2.1 Widerstandsänderungen bei Kupferdrähten

Geglühtes Kupfer	$\varrho_{20} = 0{,}01724 = \frac{1}{58}$ $\alpha = 0{,}00393 = \frac{1}{254{,}5}$ Spez. Gewicht = 8,89 $\frac{kg}{dm^3}$
Leitungskupfer nach VDE-Vorschrift Weichgeglühter Draht	Höchstwerte $\varrho_{20} = 0{,}01754 = \frac{1}{57}$
Kaltgereckter Draht mit einer Festigkeit von 30 $\frac{kg}{mm^2}$	
$\varnothing \geq 1$ mm	$\varrho_{20} = 0{,}01786 = \frac{1}{56}$
$\varnothing < 1$ mm	$\varrho_{20} = 0{,}018183 = \frac{1}{55}$
Weichgeglühter, verzinnter Draht	
$\varnothing \geq 0{,}3$ mm	$\varrho_{20} = 0{,}0177 = \frac{1}{56{,}5}$
$\varnothing < 0{,}3 \geq 0{,}1$ mm	$\varrho_{20} = 0{,}01802 = \frac{1}{55{,}5}$
$\varnothing < 0{,}1$ mm	$\varrho_{20} = 0{,}01852 = \frac{1}{54}$
Für überschlägige Rechnungen (Kupfer) (unter Berücksichtigung der Erwärmung)	
Leitungen: $\varrho = \frac{1}{53}$	
Kupferdrähte in elektrischen Maschinen: $\varrho = \frac{1}{50}$ bis $\frac{1}{46}$	

Für Leiterkupfer gilt allgemein für ϱ:
Kleinstwert 0,0171
Nennwert 0,0172
Größtwert 0,0174

Tabelle 4.2.2 Widerstandsänderungen bei Wärme (Metalle)
Reine Metalle

Metall	Chem. Zeichen	ϱ_{20}	$\aleph_{20}$	α	τ
Aluminium	Al	0,028...0,04	35,70...25,00	0,0036	258
Aluminiumdraht mit 99,6 % Al-Gehalt		0,028	35,7	0,0040	230
Antimon	Sb	0,427	2,34	0,0054	165
Arsen	As	0,26	3,85	0,047	193
Barium	Ba	0,4	2,5	—	—
Beryllium	Be	0,075	13,33	0,0067	129
Blei	Pb	0,22	4,54	0,0042	218
Cer	Ce	0,78[1]	1,28	—	—
Chrom	Cr	~0,15[1]	6,67	—	—
Eisen 99,9...99,0 % Fe-Gehalt	Fe	0,10...0,15	10,0...6,67	0,0045	202
Eisenblech		0,13	7,7	0,0045	202
Eisenblech leg. 1,0...5 % Si-Gehalt		0,27...0,67	3,7...1,5	—	—
Eisen, gegossen		0,6...1,6 (0,7)	1,67...0,625 (1,43)	—	—
Gallium	Ga	0,425	2,35	0,0039	235
Germanium	Ge	~890	~ 0,00112	0,0014	694
Gold	Au	0,024	41,67	0,0040	230
Hafnium	Hf	0,32	3,125	0,0044	207
Indium	In	0,09	11,11	0,0049	184
Iridium	Ir	0,049	20,41	0,0041	224
Kadmium	Cd	0,068	14,71	0,0042	218
Kalium	K	0,07	14,29	0,0054	165
Kalzium	Ca	0,047	22,28	0,0042	218
Kobalt	Co	0,057	17,54	0,0066	131
Kupfer	Cu	0,0172...0,0178	58,14...56,18	0,0039...0,0042	235...218
Kupfer für Leitungen		0,0178	56,18	0,00392	235
Kupfer für Wicklungen		0,0172	58,14	0,00392	235
Lithium	Li	0,094	10,64	0,0049	184
Magnesium	Mg	0,044	22,73	0,0041	224
Mangan	Mn	⎧ 0,100 ⎨ 0,935 ⎩ 0,254	10,00 1,07 3,94	0,00017 0,00136 0,00530	5860 715 169
Molybdän	Mo	0,056	17,86	0,0046	197
Natrium	Na	0,048	20,83	0,0055	162
Nickel	Ni	0,09...0,11	10,10...9,1	0,0046	197
Niob	Nb	0,141	7,1	<0,003	>313
Osmium	Os	0,105	9,52	0,0042	218
Palladium	Pd	0,107	9,35	0,0038	243
Platin	Pt	0,108	9,26	0,00398	231
Quecksilber	Hg	0,958	1,044	0,0009098	1079
Rhenium	Re	0,21	4,76	0,0031	303
Rhodium	Rh	0,047	21,28	0,0044	207
Rubidium	Rb	0,12	8,33	0,0053	169
Ruthenium	Ru	0,0764[1]	13,09	—	—
Silber (99,98 %)	Ag	0,0163	61,35	0,004	230
Stahl		0,10...0,25	10,0...4,0	0,0045...0,0050	202...180
Stahldraht		0,17	5,88	0,0052	172
Silizium	Si	~10^2	~10^{-2}	—	—
Strontium	Sr	0,33	3,03	0,0038	243
Tantal	Ta	0,13	7,7	0,0033	283

1 Praktische Entwurfsdaten der Elektronik

Metall	Chem. Zeichen	ϱ_{20}	$\varkappa_{20}$	α	τ
Tellur	Te	~600	~0,0017	—	—
Thallium	Tl	~0,16	~6,25	0,0052	172
Thorium	Th	0,13	7,7	0,0039	236
Titan	Ti	0,475[1])	2,1	0,00423[1])	216
Uran	U	0,32	3,125	0,0021	456
Vanadium	V	0,20	5,00	0,0035	266
Wismut	Bi	1,1	0,91	0,0045	202
Wolfram	W	0,055	18,18	0,0048	198
Zäsium	Cs	0,209	4,78	0,005	180
Zink	Zn	0,06	16,67	0,0042	218
Zinn	Sn	0,12	8,33	0,0044	207
Zirkonium	Zr	0,41	2,44	0,0044	207
Zirkonium (handelsübliches Pulver, gepreßt)	Zr	0,49	2,04	0,0044	207

[1]) bei 0° C

Tabelle 4.2.3 Widerstandsänderung bei Wärme
Legierungen

Name	Chemische Zusammensetzung	Verwendung oder Eigenschaft	ϱ_{20}	$\varkappa_{20}$	α	τ
A. Leichtmetall-Legierungen						
Duralumin	2,5...5,5 Cu, 0,2...1,0 Si, bis 1,2 Mn, 0,2...2,0 Mn. Rest Al	Al-Knet-legierung	0,05	20	0,0041	224
Hydronalium	0,2...1,0 Si, 0,2...0,5 Mn, 3,0...12,0 Mg, Rest Al	Al-Knet-legierung	0,066	15,15	—	—
Silumin	G Al Si mit 11,0...13,5 % Si 0,3...0,5 % Mn	Al-Guß-legierung	0,038	26,32	0,004	230
Elektron	Sammelbez. f. versch. Magnesiumleg. m. ca. 90% Mg	—	0,08...0,055	12,5..18,18	—	—
Aluminium-bronze	80,0..98,0 Cu +2...20,0 Al	fest, seewasserbest. Münzmetall	0,13...0,29	7,7...3,45	−0,001	−980

1.1 Tabellenteil

B. Sonstige Legierungen

Name	Chemische Zusammensetzung	Verwendung oder Eigenschaft	ϱ_{20}	$\varkappa_{20}$	α	τ
Bronze	85,0 Cu, 9,0 Zn, 6,0 Sn	Lagerschal., Maschinenb.	0,028... 0,021	35,7...47,6	0,004	230
Chromeisen	37,0 Fe, 30,0 Ni, 25,0 Co, 8,0 Cr	Einschmelzdrähte, Wärmeausdehn. wie Glas	0,6	1,67	0,0016	605
Chromel	89,0...91,0 Ni 4,7...9,8 Cr 0,2...1,9 Mn 0...1,4 Si 0,9...1,01 Fe 0...0,1 C	Thermoelemente	1,1/0,7	0,9/1,43	0,0001/5	9980...1980
Illium	60,0 Ni, 21,0 Cr 6,0 Cu, 5,0 Mo 2,0 W, 1,0 Mn 1,0 Si, 1,0 Al 1,0 Fe, Spuren, C, B, Ti	säurefest	0,916	1,092	0,00048	2063
Invar	35,0...37,0 Ni Rest Fe	sehr kl. therm. Ausdehnungskoeff.	0,75	1,33	0,002	480
Messing	62,0 Cu, 38,0 Zn	Apparatebau	0,07...0,08	14,3...12,5	0,0013... 0,0019	749...506
Phosphorbronze	72,0...95,0 Cu 4,0...12,0 Sn. <20,0 Zn, <0,5 P	Hohe Festigkeit, Lager, Maschinenb.	0,12	8,33	0,004	230
Platin-Iridium	95,0 Pt, 5,0 Ir 90,0 Pt, 10,0 Ir 80,0 Pt, 20,0 Ir	ger. Wärmeausdehnung Thermoelem. Norm.-Maßst.	0,18...0,19 0,24...0,25 0,30...0,31	5,56...5,26 4,17...4,0 3,33...3,23	0,00188 0,00126 0,00081	512 774 1215
Platin-Rhodium	90,0 P, 10,0 Rh	Thermoelem.	0,2	5,0	0,0017	568
Platinsilber	Pt+Ag	—	0,25	4,0	0,0003	3310
Zamak-Lambda (Z 100)	0,8 Al, 0,4 Cu Rest Feinzink (99,99 %)	Zink-, Guß-, Walz-, Drahtlegierung	0,059... 0,060	16,95... 16,67	—	—

C. Widerstands-Legierungen

Name	Chemische Zusammensetzung	Verwendung oder Eigenschaft	ϱ_{20}	$\varkappa_{20}$	α	τ
Cekas	27,0 Fe, 60,0 Ni 2,0 Mn, 11,0 Cr	Heizwicklung bis 1300° C	bis 1,4	bis 0,7	—	—
Contracid	58,0...61,0 Ni 12,0...19,5 Fe 15,0 Cr 2,0 Mn Mo,W,Co,Be	säurebeständ. chirurg. Instr. Heizwicklg. bis 1050° C	1,16	0,86	—	—
Excello	85,0 Ni, 14,0 C 0,5 Fe, 0,5 Mn	Widerstandsmaterial	0,92	1,09	0,00016	6230
Ferrochronin	Ni+Cr+Fe	Widerstandsmaterial	1,10	0,91	0,0003	3310
Glowray	65,0 Ni, 15,0 C 20,0 Fe	Heizwicklungen	1,06	0,94	veränderlich	—
Isabellin	84 % Cu, 13 % Mn, 3 % Al	Widerstandsmat. b. 400° C	0,50	2,0	negativ sehr klein	—
Kanthal	20,0 Cr, 5,0 Al 1,5...3,0 Co Rest Fe	Widerstandsu. Heizdrähte bis 1300° C	1,45	0,69	0,00006 20 - 100° C	16650
Konstantan	60,0 Cu, 40,0 Ni	Wdst.-Draht Thermoelem.	0,49	2,04	0,000002	500000
Kruppin	30,0 Ni, 70,0 Fe	Wdst.-Mat.	0,85	1,18	0,0007	1410
Manganin	84,0...82,0 Cu 12,0...15,0 Mn 2,0...4,0 Ni	Widerstandsmaterial	0,43	2,33	0,000000 bei 25° C	—
30 Mn/70 Cu		Widerstandsmaterial	1,00	1,0	0,00004 bei 0° C	25000
Megapyr	65,0 Fe, 30,0 Cr 5,0 Al (oder: 20,0 Cr, 3,0 Al 77,0 Fe)	Heizwicklung bis 1350° C	1,4	0,71	0,00004	25000
Nichrom (Chromnick.)	80,0...90,0 Ni 20,0...10,0 Cr 0...3 % Fe	Heizwicklung bis 1150° C	1,1...0,9	0,9...1,1	0,00005... 0,00002	20000... 50000
Neusilber	46,0...66,0 Cu 19,0...31,0 Zn 13,0...36,0 Ni	korrosionsfest	0,35...0,41	2,86...2,44	0,007	123
Nirestit	2,0...4,0 C, 13,0 ...16,0 Ni, 6,0 ...8,0 Cu, 2,0... 6,0 Cr, Rest Fe	säurebest., unmagn. Gußleg. Kompaßgeh. Hw. b. 700° C	1,18	0,85	—	—
Nickelin	55,0...68,0 Cu 19,0...33,0 Ni < 18 Zn, 3 Mn	Widerstandsmaterial	0,4...0,33	2,5...3,0	0,0003	3310
Patentnickel	75,0...75,5 Cu Rest Ni	Widerstandsmaterial	0,34	2,94	0,0002	4980
Resistin	85,0 Cu, 15,0 Mn	Widerstandsmaterial	0,51	1,96	0,000008	125000
Rheotan	53,2 Cu, 25,2 Ni, 16,7 Zn, 4,5 Fe, 0,4 Mn	Widerstandsmaterial	0,53	1,89	0,0004	2500
Sic(h)romal	6,0...20,0 Cr 0,5...1,0 Si 0,6...4,0 Al < 0,12 C Rest Fe	Hitzebeständ. bis 1200° C	bis 1,17	bis 0,85	—	—
Siliziumstahl	4,0 Si, 96,0 Fe	Widerstandsmat. b. 200° C	0,50	2,0	—	—
Therlo	85,0 Cu, 13,0 Mn, 2,0 Al	Widerstandsmaterial	0,47	2,13	0,00001	100000
Ultrasi	18,0...20,0 Cr 3,0...4,0 Al, 0,5 ...1,0 Si, 0,5 Mn < 0,12 C	Heizwicklg. b. 1200 °C und Behälter für chem. Ind.	1,17	0,85	—	—

77

Tabelle 4.2.4 Widerstandsänderungen bei Wärme
Heizleiter

Werkstoff	Spezifischer Widerstand ϱ bei Temperaturen von (in Grad Celsius)															Höchste Betriebstemperatur (°C)
	20°	100°	200°	300°	400°	500°	600°	700°	800°	900°	1000°	1100°	1200°	1300°	1500°	
Wolfram [2]	0,055	0,074	0,098	0,125	0,153	0,182	0,211	0,241	0,271	0,301	0,332	0,362	0,394	0,425	0,49	2000
Molybdän [2]	0,055	0,075	—	—	—	—	—	0,23	0,265	0,288	0,315	0,345	0,374	0,403	0,462	1500
Platin	0,10	0,137	0,174	0,21	0,245	0,28	—	—	—	—	—	—	—	—	—	1500
Megapyr	1,40	1,40	1,41	1,41	1,42	1,42	1,42	1,42	1,43	1,43	1,43	1,43	1,43	1,43	—	1300
Kanthal	1,45	—	—	—	—	—	—	—	—	—	—	—	—	—	—	1300
Cr — Al — Stahl (65 Fe, 30 Cr, 5 Al)	1,5	—	—	—	—	—	—	—	—	—	—	—	—	—	—	1300
Chromnickel (20 % Cr, 80 % Ni)	1,10	1,12	1,14	1,17	1,17	1,17	1,17	1,16	1,16	1,16	1,17	1,18	—	—	—	1150
Fe— Cr — Ni — Leg. 15/65	1,13	1,15	1,16	1,18	1,19	1,20	1,20	1,20	1,21	1,23	1,24	1,25	—	—	—	1100
Cr — Ni Stahl P 265	1,05	1,09	1,13	1,17	1,20	1,23	1,25	1,27	1,29	1,31	1,33	—	—	—	—	1000
Chromnickel (62 Ni, 18 Fe, 17 Cr, 3 Mn)	1,13	1,13	—	—	—	—	—	—	—	1,32	1,33	—	—	—	—	1000
Cr — Stahl W 18	1,05	1,08	1,11	1,14	1,17	1,21	1,26	1,29	1,31	—	—	—	—	—	—	1000
Nirestit	1,18	1,26	1,34	1,40	1,46	1,51	1,56	1,62	—	—	—	—	—	—	—	700
unleg. Gußeisen 95,13 Fe, 3,08 C, 1,79 Si	0,70	0,80	0,88	0,99	1,11	1,22	1,33	—	—	—	—	—	—	—	—	600
Isabellin	0,50	0,498	0,496	0,495	0,496	—	—	—	—	—	—	—	—	—	—	400
Konstantan	0,50	0,504	0,505	0,506	0,506	—	—	—	—	—	—	—	—	—	—	400
Nickel	0,09	0,16	0,22	0,30	0,37	—	—	—	—	—	—	—	—	—	—	400
Manganin	0,43	0,429	0,428	0,426	—	—	—	—	—	—	—	—	—	—	—	300
Neusilber	0,55	0,562	0,579	0,589	—	—	—	—	—	—	—	—	—	—	—	300
Nickelin	0,40	0,408	0,415	0,422	—	—	—	—	—	—	—	—	—	—	—	300
Siliziumstahl	0,50	0,55	0,59	—	—	—	—	—	—	—	—	—	—	—	—	200

[1] Als Schutzgas für W ist H$_2$ oder Gemisch aus H$_2$ und N$_2$ („Formiergas") zu verwenden.
[2] Schutzgas wie bei [2] oder Methylalkohol.

4.3 Kontaktwerkstoffe

Allgemeine Angaben
Die Kontakte eines Schalters arbeiten in der Praxis mit verschiedensten elektrischen Kontaktbelastungen hinsichtlich Spannung, Strom und Leistung. Dabei ist zu beachten, daß durch Induktivitäten im Schaltkreis beim Ausschalten hohe Überspannungen entstehen können, während Kapazitäten die Ursache von großen Einschaltstromspitzen sein können. Auch die Wirkung einer eventuellen Funkenlöschung gehört zur Kontaktbelastung. Bisher ist kein Kontaktwerkstoff bekannt, der bei der Vielzahl der möglichen Anwendungsfälle als der beste angesehen werden kann. Es stehen deshalb mehrere Kontaktwerkstoffe zur Auswahl. Da die Belastung der Kontakte außer vom Kontaktwerkstoff auch von konstruktiven Merkmalen abhängig ist (z. B. von der Kontaktkraft, von den geometrischen Abmessungen des Kontaktfedersatzes usw.), lassen sich die Angaben der einzelnen Schaltertypen nicht ohne weiteres auf andere übertragen.
Ferner müssen auch Umwelteinflüsse, wie atmosphärische Verunreinigungen, Temperatur, Luftfeuchtigkeit u. ä. berücksichtigt werden. Die Durchgangswiderstände sind je nach Kontaktwerkstoff verschieden und können sich im Betrieb in gewissen Grenzen ändern. Nachstehend werden die wesentlichen Merkmale der wichtigsten Kontaktwerkstoffe angegeben. Eine Reihe von Werkstoffen, die nicht aufgeführt sind, haben sich für ganz bestimmte Belastungen bewährt. Ihr Anwendungsbereich ist aber eng begrenzt, so daß diese Ausführungen nicht listenmäßig geführt werden. Siehe dazu die Tabelle 4.3.2 u. a.

Silber
ist der gebräuchlichste Kontaktwerkstoff der Nachrichtentechnik. Er hat die höchste elektrische Leitfähigkeit und bewährt sich bei mittleren Belastungen. Da Silber empfindlich gegen Schwefeleinfluß ist, eignet es sich weniger bei kleinen Schaltspannungen. Es wird empfohlen, etwa 6 V nicht zu unterschreiten. Silber-Kontakte sind in der Regel mit einer Hauchvergoldung als Lagerschutz versehen.

Silber-Nickel
hat ähnliche Kennwerte wie Silber. Es ist jedoch gegenüber hohen Einschaltstromspitzen weniger empfindlich als Silber und hat eine höhere Abbrandfestigkeit. Silber-Nickel wird deshalb mit Erfolg in Lampenstromkreisen und ähnlichen Schaltungen eingesetzt.

Silber-Cadmium-Oxid
hat eine geringe Schweißneigung bei großen Schaltleistungen. Es wird vorzugsweise in Netzstromkreisen mit hohen Einschaltstromspitzen und Schaltleistungen eingesetzt und hat hier eine bessere Standfestigkeit als Silber. Für Schaltspannungen unter 12 V und für lichtbogenfreien Betrieb ist Silber-Cadmium-Oxid weniger geeignet.

Wolfram
ist wegen seiner großen Härte, hohen Schweißfestigkeit und Lichtbogenbeständigkeit für große Schaltleistungen geeignet. Wegen seiner Neigung zur Oxidbildung ist es wenig klimabeständig und für die Tropen nicht geeignet. Wolfram bewährt sich in Schaltkreisen mit höchsten Ein-

schalt- und Ausschaltbelastungen, z.B. Induktivitäten und Kapazitäten ohne Funkenlöschung. Für Schaltspannungen unter 24 V und für lichtbogenfreien Betrieb eignet es sich weniger.

Gold F
ist ein Kontaktwerkstoff, der auch bei sehr kleinen Spannungen und Strömen sicher schaltet und geringe bzw. konstante Durchgangswiderstände aufweist. Es eignet sich deswegen für „trockene" Schaltkreise, für Meßkreise und ungefrittete Sprechwege. Da mit steigender Schaltleistung der Verschleiß der Kontakte zunimmt, wird der Einsatz dieses Werkstoffes gewöhnlich nach oben eingeschränkt (z. B. max. 24 V, max. 0,2 A, max. 5 W). Die angegebenen Grenzen können jedoch überschritten werden, wobei sich die Lebensdauer verringert.

Platin A
ist ein spezieller Kontaktwerkstoff für Kontaktkreise der Fernschreibtechnik u. ä., wo nach langer Betriebszeit eine große Genauigkeit der Zeitwerte verlangt wird. Der Kontaktwerkstoff wird speziell bei 60 V und 20 bis 40 mA verwendet. Bei kleineren Spannungen neigt der Kontakt zu störenden Durchgangswiderständen, bei höheren Werten zu Spitzenbildung.

Kontaktstörungen durch Silikone
Bei Lagerung, Transport und Einsatz der Schalter ist unbedingt darauf zu achten, daß keine silikonhaltigen Mittel mit den Schaltern in Berührung kommen. Es besteht sonst die Gefahr, daß Silikon zwischen die Kontaktstücke gelangt und dort unter der Einwirkung von Schaltlichtbögen isolierende Deckschichten bildet.

Tabelle 4.3.1 Eigenschaften wichtiger Kontaktwerkstoffe – Übersicht

Kontaktwerkstoff	besondere Eigenschaften [1 p $\triangleq$ 9,8 · 10^{-3} N]
Ag 99,95 (Feinsilber)	Billigstes Edelmetall, Anlauf durch Schwefeleinwirkung, daher nicht für besonders hohe Ansprüche, Kontaktkraft möglichst >15 p.
Ag Ni 0,15	Gegenüber Feinsilber verbesserte mechanische Eigenschaften.
Ag Cu 3	„Hartsilber", bessere Abbrandfestigkeit und geringere Schweißneigung, dafür etwas höherer Kontaktwiderstand. Gute mechanische Festigkeit.
Ag Pd 30	Gute Anlaufbeständigkeit, höhere Härte, relativ geringer Abbrand.
Ag Pd 50	Deutlich bessere Anlaufbeständigkeit.
Ag Ni 10	Sinterwerkstoff, sehr gute Abbrandfestigkeit bei höheren Schaltleistungen auf Kosten eines höheren Kontaktwiderstandes.
Ag CdO 10	Geringe Schweißneigung, gute Abbrandfestigkeit bei höheren Schaltleistungen, lichtbogenlöschende Eigenschaften.
Au (Feingold)	Als galvanischer Überzug von großer Bedeutung (üblich im Bereich von 0,1—10 µm Dicke). Die Härte (auf Kosten der elektr. Leitfähigkeit) ist dabei in weiten Grenzen variierbar. Porenfreie Schichten oberhalb 1 µm. Beste Korrosionsbeständigkeit aller Metalle.
Au Ni 5	Üblicher Werkstoff für höchste Ansprüche, Kontaktkräfte bis herunter zu 1 p möglich.
Au Co 5	Dichte: 18,2 [g/cm³], Härte: 95—150 [kp/mm²], elektr. Leitfähigkeit: 1,8 [m/Ωmm²] (nach Wärmebehandlung 16 [m/Ωmm²]). Eigenschaften wie Au Ni 5.

1.1 Tabellenteil

Kontaktwerkstoff	besondere Eigenschaften [$1\ p \triangleq 9{,}8 \cdot 10^{-3}$ N]
Au Ag 25 Cu 5 Au Ag 26 Ni 3	Sehr gute Korrosionsbeständigkeit.
Pd (Palladium)	Als reines Metall (außer in den USA) weniger üblich. als galvanischer Überzug häufiger verwendet. Bereitschaft zur Reaktion mit organischen Dämpfen ist zu beachten.
Pd Cu 15	Günstig beim Einschalten kapazitiver Last.
Rh (Rhodium)	Praktisch nur als galvanischer Überzug verwendet, übliche Schichtdicken 0,1–1,0 µm, z. B. Schleifbahnen für Gleitkontakte, Beläge von Zungen für Reed-Kontakte.
W (Wolfram)	Höchster Schmelzpunkt aller Metalle. Kein Edelmetall! In Luft für Geräte mit hoher Schalthäufigkeit, Kontaktkraft >70 p. Geringe Schweißneigung.

Tabelle 4.3.2 Technische Eigenschaften von Kontaktwerkstoffen

Werkstoff	Dichte g/cm³	Schmelzpunkt °C	Siedepunkt °C	Wärmeleitfähigkeit $\frac{W}{m \cdot K}$ bei 0 °C	Temperaturkoeffizient des elektr. Widerst. $\aleph \cdot 10^{-3}$	Elektr. Leitfähigkeit $\frac{m}{\Omega \cdot mm^2}$	Spez. elektr. Widerstand $\Omega \cdot \frac{mm^2}{m}$
A Reine Metalle							
Gold	19,3	1063	2860	312	4,0	47,6	0,021
Silber	10,5	961	2185	407	4,1	67,1	0,015
Platin	21,4	1770	4300	70	3,9	10,2	0,098
Palladium	12,0	1553	2930	70,9	3,7	9,8	0,1
Iridium	22,5	2454	4600	59,3	4,1	20,4	0,049
Elektrolytkupfer	8,9	1084	2595	384	3,9	58	0,017
Aluminium	2,7	658	2380	220	4,7	37,6	0,027
Cadmium	8,65	321	765	92,1	4,26	14,6	0,068
Chrom	7,19	1800	2700	69	5,9	6,7	0,15
Nickel	8,9	2730	1452	91	6,7	14,5	0,069
Rhenium	21,03	3175	5500	71	4,5	5,26	0,19
Rhodium	12,4	1960	2500	88	4,4	22	0,046
Molybdän	10,2	2600	5500	132	4,75	20	0,05
Wolfram	19,3	3410	5900	130	4,82	17,6	0,066
Graphit	1,9	3917	./.	0,3	./.	~10	~0,1
B Legierungen							
Goldbasis							
Stoff %							
Au-Ni 95/5	18,2	1010	2600	52	0,71	7,2	0,14
Au-Cu 92/8	18,5	950	2400	96	0,42	10	0,1
Au-Pt 90/10	19,5	1150	2600	97	0,98	8,3	0,12
Au-Pt 75/25	19,9	1220	2960	85	2,5	3,6	0,28
Au-Ag 90/10	18,1	1058	2250	147	1,25	15,9	0,063
Au-Ag 80/20	16,5	1040	2300	80	0,86	10	0,1
Au-Ag 70/30	15,4	1028	2200	60	0,7	9,8	0,102
Au-Ag-Cu 70/20/10	15,1	885	2200	75	0,45	7,2	0,14
Au-Ag-Pt 67/26/7	17,1	1100	2400	46	0,54	6,7	0,15

81

1 Praktische Entwurfsdaten der Elektronik

Werkstoff		Dichte g/cm³	Schmelz- punkt °C	Siede- punkt °C	Wärmeleit- fähigkeit $\frac{W}{m \cdot K}$ bei 0 °C	Temperatur- koeffizient des elektr. Widerst. $\aleph \cdot 10^{-3}$	Elektr. Leit- fähigkeit $\frac{m}{\Omega \cdot mm^2}$	Spez. elektr. Widerstand $\frac{\Omega \cdot mm^2}{m}$
Platinbasis								
Stoff	%							
Pt-Ir	95/5	21,5	1775	4380	42	1,9	5,6	0,18
Pt-Ir	90/10	21,6	1790	4400	29	1,2	4,5	0,22
Pt-Ir	80/20	21,7	1840	4450	18	0,77	3,21	0,31
Pt-W	95/5	21,4	1840	4400	./.	0,7	2,3	0,44
Pt-W	88/12	21,1	1920	4800	./.	0,23	2,1	0,48
Pt-Cu	90/10	19,0	1610	3400	./.	0,06	1,51	0,66
Pt-Ag	70/30	12,8	1090	2600	./.	0,3	3,4	0.29
Palladiumbasis								
Stoff	%							
Pd-Ag	60/40	11,4	1330	2500	31	0,10	2,5	0,4
Pd-Ag	50/50	11,3	1285	2350	35	0,25	3,1	0,32
Pd-Ag	40/60	11,1	1225	2200	48,1	0,34	4,9	0,2
Pd-Ag	30/70	10,8	1150	2170	61	0,39	6,7	0,15
Pd-Cu	60/40	10,5	1230	2450	39,4	0,28	2,85	0,35
Pd-Cu-Ni	80/10/10	11,2	1430	3800	./.	0,8	2,7	0,37
Pd-W	90/10	12,6	1730	4300	./.	0,83	2,65	0,38
Pd-W	80/20	13,4	1840	4600	./.	0,06	0,91	1,1
Silberbasis								
Stoff	%							
Ag-Cu-Ni	Hartsilber	10,45	945	2150	424	3,5	52	0,019
Ag-Cu	97/3	10,4	900	2050	380	3,85	57	0,018
Ag-Cu	95/5	10,4	870	2100	350	3,8	53	0,019
Ag-Cu	90/10	10,3	780	2150	345	3,7	52	0,019
Ag-Cu	80/20	10,2	775	2200	340	3,6	51	0,02
Ag-Cd	92/8	10,4	930	950	180	1,9	28	0,036
Ag-Cd	90/10	10,3	910	920	158	1,6	23	0,043
Ag-Cd	85/15	10,1	875	906	136	1,4	21	0,048
Ag-Pd	96/4	10,54	985	2200	232	1,74	27	0,037
Ag-Au	90/10	11,4	965	2160	206	./.	28	0,036
Ag-W	70/30	11,9	990	2300	340	1,9	43	0,023
Ag-W	40/60	13,4	1010	2450	290	1,9	27	0,037
Ag-W	30/70	15,0	1030	2580	270	1,9	26	0,039
Ag-W	20/80	15,9	1050	2700	250	2,0	22	0,046
Kupferbasis								
Stoff	%							
Cu-Ag	2...6 % Ag	9,2	1010	2500	118	./.	38	0,026
Cu-Cr	0,7 % Cr	8,92	1075	2600	350	./.	48	0,020
Cu-Si	0,2 % Si	8,7	1096	2500	./.	2,6	28	0,036
Cu-Ni-Si	97,4/2/0,6	8,8	1050	2650	263	./.	12	0,083

Werkstoff		Dichte g/cm³	Schmelz- punkt °C	Siede- punkt °C	Wärmeleit- fähigkeit $\frac{W}{m \cdot K}$ bei 0 °C	Temperatur- koeffizient des elektr. Widerst. $\aleph \cdot 10^{-3}$	Elektr. Leit- fähigkeit $\frac{m}{\Omega \cdot mm^2}$	Spez. elektr. Widerstand $\frac{\Omega \cdot mm^2}{m}$
Gesinterte Kontaktwerkstoffe								
Stoff	%							
Ag-Ni	90/10	10,1	960	2150	373	3,5	50	0,02
Ag-Ni	70/30	9,7	960	2150	276	3,2	40	0,025
Ag-CdO (Cadmiumoxyd)	90/10	10,2	960	2150	298	3,6	43	0,023
Ag-SnO₂ (Zinnoxid)	95/5	9,8	960	2150	340	3,1	49	0,02
Ag-Graphit	2,5 % C	9,5	960	2150	250	3,9	48	0,021
W-Cu (Wolfram)	80/20	15,5	1050	2240	162	./.	20	0,05
W-Ag	80/20	15,5	960	2150	241	0,95	22	0,045
Ag-Wolfram- carbid	50/50 20/80	13 12,5	960 960	2150 2150	165 120	1,2 0,8	20 22	0,05 0,045

4.4 Bimetalle

Bimetalle sind Kombinationen zweier Metallstreifen mit verschiedenen thermischen Ausdehnungskoeffizienten, die in der Elektrotechnik bei Auslösevorrichtungen (Thermo- sicherungen, -schaltern) und für Temperaturmessungen verwendet werden.

Mögliche Kombinationen sind z. B.:

1. Invar / Kupfer
2. Invar / Nickel
3. Invar / Eisen
4. Invar / Konstantan
5. Invar / Mn-Ni-Fe-Legierungen
6. Invar / 25 Ni+5Mo+Fe
7. Invar / 25 Ni+75 Fe
8. 42 Ni+58 Fe / Konstantan

Bimetall-Kombination	Ausdehnung in mm bei t =		
	100 °C	200 °C	300 °C
Invar-Kupfer	16	35	44
Invar-Konstantan	14	31	37
Invar-Nickel	12	28	33
Invar-Eisen	12	24	—
Konstantan-42 Ni + 58 Fe .	8	19	32

Zur Verwendung bei höherer Temperatur als 120° sind an Stelle von Invar günstiger:

bis 230°: 40 Ni + 60 Fe
bis 340°: 42 Ni + 58 Fe
bis 440°: 46 Ni + 54 Fe

Richtwerte für die Ausdehnung (Probestreifen 100 mm lang, 10 mm breit, 0,6 mm dick).

4.5 Thermoelemente

Nach DIN 43710 sind folgende Thermopaare genormt.

+Schenkel	Kupfer	Eisen	Nickel-Chrom	Platin-Rhodium	Nickel-Chrom
−Schenkel	Konstantan	Konstantan	Nickel	Platin	Konstantan
Temperatur-Bereich	−200 °C...+600 °C (73 K...873 K)	−200 °C...+800 °C (73 K...1073 K)	0 °C...1200 °C (273 K...1473 K)	0 °C...1600 °C (273 K...1873 K)	−200 °C...+800 °C (73 K...1073 K)

Die Paarung NiCr-Konstantan ist nicht festgelegt. Die Kontakte müssen sich nicht unbedingt berühren, sie können auch verlötet werden. Die Thermospannung wird bei Bezugstemperaturen von z. B. 0 °C oder 50 °C in folgender Schaltung gemessen.

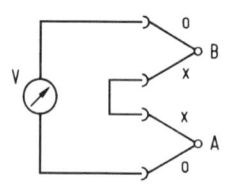

x Metall a — z.B. +Pol
o Metall b — z.B. −Pol
A Thermopaar mit der Vergleichstemperatur t_A
B Thermopaar mit der Meßtemperatur t_B
$t_B > t_A$

Zusammensetzung der Materialien	spez. Widerstand ϱ $\dfrac{\Omega \cdot mm^2}{m}$
Kupfer Cu: ≈ 100% (Reinkupfer)	0,017
Konstantan: 55% Cu, 45% Ni oder 55% Cu, 44% Ni, 1% Mn	0,495
Eisen Fe: ≈ 100% Reineisen	0,11
Nickelchrom NiCr: 90% Ni, 10% Cr	0,72
Nickel Ni: 95% Ni, Rest Mn, Al, Si	0,27
Platinrhodium: 90% Pt, 10% Rh	0,193
Platin Pt: ≈ 100% Reinplatin	0,107

Spezielles Thermopaar:
Chromel-Alumel. Bereich −190 °C ... +1200 °C. Bei 300 K ca. 41 µV/Grad.

Zusammensetzung:
Chromel: 89% Ni, 9,8% Cr, 1% Fe, 0,2% Mg
Alumel: 94% Ni, 2% Al, 1% Si, 2,5% Mg, 0,5% Fe

Thermospannungen bei Bezugstemperaturen von 0 °C (273,16 K). Werte in mV.

Thermopaar	Cu-Konstantan	Fe-Konstantan	NiCr-Ni	PtRh-Pt	NiCr-Konstantan
ca. mV/Grad	≈ 0,04 mV/Grad	≈ 0,0525 mV/Grad	≈ 0,04 mV/Grad	≈ 0,00565 mV/Grad	≈ 0,053 mV/Grad
Meßtemperatur in °C	\multicolumn{5}{c}{Thermospannung in mV}				
−200	−5,70 ± 0,5	−8,15 ± 0,5			−9
−100	−3,40 ± 0,3	−4,60 ± 0,4			−6
0	0	0	0	0	−0,2
100	4,25 ± 0,3	5,37 ± 0,4	4,04 ± 0,3	0,64 ± 0,05	5,5
200	9,20 ± 0,3	10,95 ± 0,4	8,14 ± 0,3	1,44 ± 0,05	12,5
300	14,89 ± 0,4	16,55 ± 0,4	12,24 ± 0,3	2,32 ± 0,05	20
400	20,99 ± 0,4	22,15 ± 0,4	16,38 ± 0,3	3,26 ± 0,05	27
500	27,40 ± 0,4	27,84 ± 0,4	20,64 ± 0,3	4,22 ± 0,05	36
600	34,30 ± 0,6	33,66 ± 0,4	24,94 ± 0,4	5,23 ± 0,05	44
700	—	39,72 ± 0,8	29,15 ± 0,4	6,27 ± 0,05	52
800		46,23 ± 0,8	33,27 ± 0,4	7,34 ± 0,05	60
900		53,15 ± 0,8	37,32 ± 0,4	8,45 ± 0,05	68
1000		—	41,32 ± 0,4	9,6 ± 0,05	—
1100			45,22 ± 0,6	10,77 ± 0,05	
1200			49,02 ± 0,6	11,97 ± 0,05	
1300				13,17 ± 0,05	
1400				14,38 ± 0,05	
1500				15,58 ± 0,05	
1600				16,76 ± 0,05	

Thermospannungen bei $\Delta t = 100$ °C.

Cu–Al ≈ 0,3 mV
Cu–Fe ≈ 1 mV
Al–Fe ≈ 1,3 mV
Cu–Ag ≈ 0 mV

4.6 Lote, ihre Schmelzpunkte und Anwendungen

Es werden u. a. folgende DIN-Schriften auszugsweise mitbenutzt:
1707 Weichlote II-81
8513 Hartlote. Weiter sind zu beachten:
8511 Flußmittel
8505 allgem. Verfahren und Begriffe
1503677 Zusätze zum Weich- und Hartlöten

Tabelle 4.6.1 Schmelzpunkte von Loten – Übersicht

Bezeichnung	Zur Lötung von	Zusammensetzung	°C
leicht schmelzendes Lot	Zinn	13…15 Sn, 27…32 Pb, 50…53 Bi, Rest Cd	70…96
Weichlot	Cu, Messing, Zn, Pb, Sn, Neusilber, weichem Stahl	25…90 Sn, Rest Pb	190…270
Berzelit	Blei, Kupfer, Zinn, Messing, Zinklegierung	60 Ni, 15 Cr, 15 Fe, 6,5 Mo, 0,65 Be, 2 Mn	250
Aluminium-Hartlot	Aluminium und Alu-Legierung	70 Al, Zusätze von Cu, Ni, Zn, Sn, Cd, Si und seltene Metalle	540
Sonder-Messinglot	weichem Stahl, Gußeisen, Kupfer, Messing, Nickel	48…60 Cu, 1…10 Sn, Rest Zn	810…900
Hartlot (Schlaglot)	weichem Stahl	60…63 Cu, Rest Zn	900…915
Neusilberlot	weichem Stahl, Gußeisen, Cu, Ni	35…65 Cu, 8…15 Ni, Rest Zn	870…1000
Kupferlot	Hartmetallschneiden auf Werkzeugstahl	techn. Kupfer oder Cu-Ni-Legierungen	1080…1230
Lote für Edelmetalle	Silber, Platin	60 Ag, Rest Cu; Zn; 80 Ag, 16 Cu, 4 Zn	770
	Gold, Aluminiumlegierungen	42,5…62,5 Au, 22,5…32,5 Ag, 15…25 Cu	1000

Es bedeuten:
Sn = Zinn; Pb = Blei; Sb = Antimon; Ag = Silber; Cu = Kupfer; Zn = Zink; Ni = Nickel; Cd = Kadmium; Mn = Mangan; P = Phosphor

Tabelle. 4.6.2 Weichlote (DIN 1707) – Richtwerte

Bezeichnung	Schmelzbereich °C		Zusammensetzung. Gew. Anteil %						Anwendung und Benennung
	≈ fest	≈ flüssig	Sn	Sb	Pb	Cu	Ag	Zn	Cd	
L-Pb Sn 35 Sb	186	235	35	0,5…2	Rest					**Blei-Zinn-Weichlot**
L-Pb Sn 25 Sb	188	240	25	1	74					Bleilötungen, feine Blecharbeiten, Fein-
L-Sn 50 Pb Sb	185	205	50	0,6…0,3	Rest					lötungen, Verzinnungen, Elektro-
L-Sn 60 Pb Sb	183	190	60	0,1…0,5	Rest					arbeiten, Kühlerbau
L-Sn 50 Pb Cu	183	215	50		Rest	1,2…1,6				**Pb-Sn-Weichlot mit Cu-Ag-Zusatz**
L-Sn 60 Pb Cu	183	190	60		Rest	1,2…1,6				Feine Elektarbeiten, Verzinnen, Elek-
L-Sn 50 Pb Ag 3	178	210	50		Rest		3…4			tronik, Printtechnik, Schichttechnik i.
L-Sn 60 Pb Ag 3	178	180	60		Rest		3…4			Elektronik, Hf-Technik m. Ag-Zusätzen beim Lot
L-Sn Ag 5	221	240	Rest				3…5			**Spezielle Weichlote:** Elektromotoren-
L-Pb Ag 3	304	305			Rest		2…3			Kleinbau, Schmelzsicherungen, Kabel-
L-Sn Pb Cd 18	145	145	Rest		32				18	lötungen,
L-Sn Zn 10	200	250	Rest					8…15		Zn-Gruppe: Ultraschall-Löten, Löten
L-Sn Zn 40	200	350	Rest					30…50		mit getr. Flußmittel
L-Cd Zn 20	265	280						17…25	Rest	

Tabelle 4.6.3 Hartlote (DIN 8513) – Richtwerte

Bezeichnung	Schmelzbereich °C		Zusammensetzung. Gew. Anteil %						Anwendung und Benennung
	≈ fest	≈ flüssig	Cu	Sn	Zn	Cd	Ag	Ni	P + sonst.	
L-Cu Sn 6	910	1040	Rest	5…8					< 0,5	**Kupferlote:** Kupferhartlötungen, Neusilber, Nickelwerkstoffe,
L-Cu Sn 12	825	990	Rest	11…13					< 0,5	
L-Zn Cu 42	835	845	41…43		Rest					
L-Cu Zn 46	880	890	53…55		Rest					Stahl, Temperguß
L-Cu Ni 10 Zn 42	890	920	46…50		Rest			8…11	Si ≈ 0,2	Stahl, Temperguß, Ni u. Ni-Legierungen, Gußeisen
L-Cu P 8	710	770	Rest						7,8…8,6	Kupfer, Kupferlegierungen
L-Ag 12 Cd 3.)	620	825	49…51		Rest	5…9	11…13			**Silberlote:** vorwiegend für:
L-Ag 20 Cd 3.)	605	765	39…41		Rest	13…17	19…21			1.) Edelmetalle
L-Ag 40 Cd 3.)	595	630	18…22		Rest	18…22	39…41			2.) Cu- und Cu-Ni-Legierungen, Hartmetall auf Stahl, Wolfram- und Molybdänwerkstoffe
L-Ag 50 Cd 3.)	620	640	14…16		Rest	15…19	49…51			
L-Ag 5 P 4.)	650	810	Rest				4…6		5,7…6,3	
L-Ag 15 P 4.)	650	800	Rest				14…16		4,7…5,3	3.) Edelmetalle, Cu-Legierungen, Edelstahl, Kupfer, Ni-Legierungen (50 Cd), Messing
L-Ag 12 2.)	800	830	47…49		Rest		11…13			
L-Ag 49 2.)	625	705	15…17		Rest		48…50	4…5	Mn 6,5…8,5	4.) Kupfer, Messing, Cu-Messing-Legierungen, Bronze, Cu-Zn- und Cu-Sn-Legierungen
L-Ag 60 1.)	695	730	25…27		Rest		59…61			
L-Ag 72 2.)	720	775	Rest				71…73			
L-Ag 75 1.)	740	779	Rest			2…4	74…76			
			Si	Al						
L-Al Si 7,5	575	615	6,8…8,2	Rest						**Al-Hartlote**
L-Al Si 10	575	595	9…10,5	Rest						
L-Al Si 12	575	590	11…13,5	Rest						

Tabelle 4.6.4 Gewicht von Blechen (kg pro m^2)

Blechstärke mm	Aluminium	Kupfer	Messing	Eisen
0,10	0,270	0,89	0,85	0,78
0,15	0,405	1,33	1,27	1,17
0,20	0,540	1,78	1,70	1,56
0,22	0,594	1,96	1,87	1,72
0,25	0,675	2,22	2,12	1,95
0,28	0,756	2,49	2,38	2,18
0,30	0,810	2,67	2,55	2,34
0,35	0,945	3,11	2,97	2,73
0,40	1,08	3,56	3,40	3,12
0,45	1,215	4,00	3,82	3,51
0,50	1,350	4,45	4,25	3,90
0,60	1,620	5,34	5,10	4,68
0,70	1,890	6,23	5,95	5,46
0,80	2,160	7,12	6,80	6,24
0,90	2,430	8,01	7,65	7,02

Blechstärke mm	Aluminium	Kupfer	Messing	Eisen
1,00	2,700	8,90	8,50	7,80
1,1	2,970	9,79	9,35	8,58
1,2	3,240	10,68	10,20	9,36
1,3	3,510	11,57	11,05	10,14
1,4	3,780	12,46	11,90	10,92
1,5	4,050	13,35	12,75	11,70
1,8	4,860	16,02	15,30	14,04
2,0	5,400	17,80	17,00	15,60
2,2	5,940	19,58	18,70	17,20
2,5	6,750	22,25	21,25	19,50
3,0	8,100	26,70	25,50	23,40
3,5	9,450	31,10	29,75	27,30
4,0	10,800	35,60	34,00	31,20
4,5	12,150	40,05	38,25	35,10
5,0	13,500	44,50	42,50	39,00

5 Tabellen für Leiterkabel und Leitermaterialien
Transformatoren- und Spulendrähte
Sicherungen von Stromkreisen
KFZ-Daten
Daten für den spezifischen Widerstand für Kupfer und Aluminium in der Praxis

Es wird hier u. a. auf die Tabelle 4.2.1 – Widerstandsänderungen bei Kupferdrähten – hingewiesen.
Für den spezifischen Widerstand gilt für Kupfer bei Drähten und 20 °C:

$\dfrac{\varrho_{20}}{\Omega \cdot \dfrac{mm^2}{m}}$	
0,0171	Kleinstmaß
0,0172	Nennmaß
0,0174	Größtmaß

Für Al-Leitungen ist zu rechnen mit $\varrho_{20} \approx 0,29$.

Tabelle 5.1 Stromdichte und Querschnitt von Drähten

In den folgenden Formeln bedeuten:
q = Querschnitt in mm^2
d = Durchmesser in mm
l = Länge in m
G = Gewicht in g
γ = spez. Gewicht in $\dfrac{g}{cm^3}$

ϱ = spez. Widerstand in $\Omega \, \dfrac{mm^2}{m}$
i = Stromdichte in $\dfrac{A}{mm^2}$
I = Stromstärke in A
R' = Widerstand für 1 m Drahtlänge

Querschnitt	$q = d^2 \frac{\pi}{4} \approx 0{,}7854 \cdot d^2$
Durchmesser	$d = 2\sqrt{\frac{q}{\pi}} \approx 1{,}1284 \cdot \sqrt{q}$
Gewicht	$G = 0{,}7854 \cdot d^2 \cdot l \cdot \gamma$
Widerstand pro m	$R' = \frac{\varrho}{q} = \frac{4 \cdot \varrho}{\pi \cdot d^2} \approx \frac{1{,}273 \cdot \varrho}{d^2}$
Stromdichte	$i = \frac{4 \cdot I}{\pi \cdot d^2} \approx \frac{1{,}273 \cdot I}{d^2}$
Mindestdurchmesser	$d = \sqrt{\frac{4\,I}{\pi\,i}} \approx 1{,}1284\,\sqrt{\frac{I}{i}}$

Durchmesser – Querschnitt
(mm)　　　(mm²)

⌀ mm	□ mm²	⌀ mm	□ mm²	⌀ mm	□ mm²	⌀ mm	□ mm²
0,03	0,00071	0,24	0,04524	0,45	0,1590	0,90	0,6362
0,04	0,00126	0,25	0,04909	0,46	0,1662	0,95	0,7088
0,05	0,00196	0,26	0,05309	0,47	0,1735	1,00	0,7854
0,06	0,00283	0,27	0,05726	0,48	0,1810	1,10	0,9503
0,07	0,00385	0,28	0,06158	0,49	0,1886	1,20	1,131
0,08	0,00503	0,29	0,06605	0,50	0,1963	1,30	1,327
0,09	0,00636	0,30	0,07069	0,51	0,2043	1,40	1,54
0,10	0,00785	0,31	0,07548	0,52	0,2124	1,50	1,77
0,11	0,00950	0,32	0,08042	0,53	0,2206	1,60	2,01
0,12	0,01131	0,33	0,08553	0,54	0,2290	1,70	2,27
0,13	0,01327	0,34	0,09079	0,55	0,2376	1,80	2,55
0,14	0,01539	0,35	0,09621	0,56	0,2463	1,90	2,84
0,15	0,01767	0,36	0,1018	0,57	0,2552	2,00	3,14
0,16	0,02011	0,37	0,1075	0,58	0,2642	2,30	4,16
0,17	0,02270	0,38	0,1134	0,59	0,2734	2,50	4,91
0,18	0,02545	0,39	0,1195	0,60	0,2827	2,80	6,16
0,19	0,02835	0,40	0,1257	0,65	0,3318	3,00	7,07
0,20	0,03142	0,41	0,1320	0,70	0,3848	3,50	9,62
0,21	0,03464	0,42	0,1385	0,75	0,4418	4,00	12,57
0,22	0,03801	0,43	0,1452	0,80	0,5027	4,50	15,90
0,23	0,04155	0,44	0,1521	0,85	0,5675	5,00	19,63

Tabelle 5.2 Mindestdurchmesser von Kupferdrähten für gegebene Strombelastung

Für außenliegende Wicklung kann bei entsprechender Kühlung (Luft) eine Stromdichte bis 4 A/mm² gewählt werden.

Strombelastung (mA)	Mindestdurchmesser in mm bei einer Stromdichte von ... A/mm²					
	1	2	2,55	3	4	5
5	0,08	0,06	0,05	0,05	0,04	0,04
10	0,11	0,08	0,07	0,06	0,05	0,05
15	0,14	0,10	0,09	0,08	0,07	0,06
20	0,16	0,11	0,10	0,09	0,08	0,07
25	0,18	0,13	0,11	0,10	0,09	0,08
30	0,20	0,14	0,12	0,11	0,10	0,09
35	0,21	0,15	0,13	0,12	0,10	0,09
40	0,23	0,16	0,14	0,13	0,11	0,10
50	0,25	0,18	0,16	0,14	0,12	0,11
60	0,28	0,19	0,17	0,16	0,14	0,12
80	0,32	0,23	0,20	0,18	0,16	0,14
100	0,36	0,25	0,22	0,20	0,18	0,16
150	0,44	0,31	0,27	0,25	0,22	0,19
200	0,50	0,36	0,31	0,29	0,25	0,22
250	0,57	0,40	0,35	0,32	0,28	0,25
300	0,62	0,44	0,39	0,35	0,31	0,27
400	0,71	0,50	0,45	0,41	0,35	0,32
500	0,80	0,56	0,50	0,46	0,40	0,35
600	0,88	0,62	0,55	0,50	0,44	0,39
800	1,00	0,71	0,63	0,57	0,50	0,45
1 A	1,1	0,80	0,71	0,65	0,55	0,50
1,5 A	1,4	1,00	0,85	0,80	0,70	0,60
2 A	1,6	1,1	1,00	0,90	0,80	0,70
3 A	1,9	1,4	1,2	1,1	0,95	0,90
4 A	2,3	1,6	1,4	1,3	1,1	1,00
5 A	2,5	1,8	1,6	1,5	1,3	1,1

Tabelle 5.3 Lackrunddrähte aus Kupfer für Transformatoren und Spulen (DIN 46435)

Durchmesser blank mm	Toleranz mm	Gleichstrom-Widerstand bei 20 °C			Außendurchmesser			
		Nennwert[1] Ω/m	Kleinstwert[2] Ω/m	Größtwert[3] Ω/m	einfach lackisoliert		doppelt lackisoliert	
					Kleinstmaß mm	Größtmaß mm	Kleinstmaß mm	Größtmaß mm
0,063	[4])	5,531	5,196	5,848	0,068	0,078	0,077	0,085
0,071		4,355	4,104	4,610	0,076	0,088	0,087	0,095
0,08		3,430	3,235	3,625	0,088	0,098	0,099	0,105
0,09		2,710	2,556	2,864	0,098	0,110	0,109	0,117
0,1		2,195	2,072	2,318	0,109	0,121	0,121	0,129
0,112	±0,003	1,74	1,646	1,864	0,122	0,134	0,135	0,143
0,125		1,405	1,328	1,488	0,135	0,149	0,147	0,159
0,14		1,120	1,064	1,180	0,152	0,166	0,164	0,176
0,16		0,8575	0,8192	0,8983	0,173	0,187	0,185	0,199
0,18		0,6775	0,6499	0,7068	0,195	0,209	0,206	0,222
0,2		0,5488	0,5282	0,5706	0,216	0,230	0,227	0,245
0,224		0,4375	0,4224	0,4534	0,242	0,256	0,252	0,272

1.1 Tabellenteil

Durchmesser blank	Toleranz	Gleichstrom-Widerstand bei 20 °C			Außendurchmesser einfach lackisoliert		doppelt lackisoliert	
		Nennwert[1])	Kleinstwert[2])	Größtwert[3])	Kleinstmaß	Größtmaß	Kleinstmaß	Größtmaß
mm	mm	Ω/m	Ω/m	Ω/m	mm	mm	mm	mm
0,25 0,28 0,315 0,355	±0,004	0,3512 0,2800 0,2212 0,1742	0,3374 0,2698 0,2139 0,1689	0,3659 0,2907 0,2289 0,1797	0,268 0,301 0,336 0,377	0,284 0,315 0,352 0,395	0,279 0,310 0,349 0,392	0,301 0,334 0,371 0,414
0,4 0,45 0,5	±0,005	0,1372 0,1084 0,08781	0,1327 0,1051 0,08534	0,1419 0,1118 0,09037	0,424 0,475 0,526	0,442 0,495 0,548	0,438 0,490 0,543	0,462 0,516 0,569
0,56 0,63	±0,006	0,07000 0,05531	0,06794 0,05381	0,07215 0,05687	0,578 0,658	0,611 0,684	0,606 0,678	0,632 0,706
0,71	±0,007	0,04355	0,04234	0,04481	0,739	0,767	0,762	0,790
0,75 0,8	±0,008	0,03903 0,03430	0,03788 0,03334	0,04022 0,03530	0,779 0,829	0,809 0,861	0,802 0,853	0,832 0,885
0,85 0,9	±0,009	0,03038 0,02710	0,02950 0,02634	0,03131 0,02789	0,879 0,929	0,913 0,965	0,905 0,956	0,937 0,990
0,95 1	±0,010	0,02432 0,02195	0,02362 0,02134	0,02506 0,02259	0,979 1,030	1,017 1,068	1,007 1,059	1,041 1,093
1,06 1,12	±0,011	0,01953 0,01750			1,090 1,150	1,130 1,192	1,121 1,181	1,153 1,217
1,18	±0,012	0,01576			1,210	1,254	1,241	1,279
1,25 1,32	±0,013	0,01405 0,01259			1,281 1,351	1,325 1,397	1,313 1,385	1,351 1,423
1,4	±0,014	0,01120			1,433	1,479	1,466	1,506
1,5	±0,015	0,009757			1,533	1,581	1,568	1,608
1,6	±0,016	0,008575			1,633	1,683	1,669	1,711
1,7	±0,017	0,007596			1,733	1,785	1,771	1,813
1,8	±0,018	0,006775			1,832	1,888	1,870	1,916
1,9	±0,019	0,006081			1,932	1,990	1,972	2,018
2	±0,020	0,005488			2,032	2,092	2,074	2,120

Tabelle 5.4 Kerndurchmesser – Außendurchmesser

Durchmesser des blanken Drahtes (mm)	Außendurchmesser Größtwerte						
	Lack		Lack+ Seide	1× Seide	2× Seide	1× Baumwolle	2× Baumwolle
	Kleinster Wert	Größter Wert					
0,03	0,037	0,047	0,082	0,067	0,102		
0,04	0,046	0,058	0,093	0,078	0,113		
0,05	0,056	0,068	0,103	0,088	0,123		
0,06	0,068	0,082	0,117	0,097	0,132		
0,07	0,078	0,092	0,127	0,107	0,142		
0,08	0,088	0,102	0,137	0,117	0,152		
0,09	0,097	0,113	0,148	0,128	0,163		
0,10	0,107	0,123	0,158	0,138	0,173	0,203	0,263
0,11	0,122	0,138	0,173	0,148	0,183	0,213	0,273
0,12	0,131	0,149	0,184	0,159	0,194	0,224	0,284
0,13	0,141	0,159	0,194	0,169	0,204	0,234	0,294
0,14	0,151	0,169	0,204	0,179	0,214	0,244	0,304
0,15	0,160	0,180	0,215	0,190	0,225	0,255	0,315
0,16	0,170	0,190	0,225	0,200	0,235	0,265	0,325
0,17	0,180	0,200	0,235	0,210	0,245	0,275	0,335
0,18	0,190	0,210	0,245	0,220	0,255	0,285	0,345
0,19	0,199	0,221	0,256	0,231	0,266	0,296	0,356
0,20	0,209	0,231	0,266	0,241	0,276	0,306	0,366
0,21	0,225	0,245	0,285	0,255	0,285	0,315	0,375
0,22	0,235	0,255	0,295	0,265	0,295	0,325	0,385
0,23	0,245	0,265	0,305	0,275	0,305	0,335	0,395
0,24	0,255	0,275	0,315	0,285	0,315	0,345	0,405
0,25	0,265	0,285	0,325	0,295	0,325	0,355	0,415
0,26	0,273	0,297	0,337	0,307	0,337	0,367	0,427
0,27	0,283	0,307	0,347	0,317	0,347	0,377	0,437
0,28	0,293	0,317	0,357	0,327	0,357	0,387	0,447
0,29	0,303	0,327	0,367	0,337	0,367	0,397	0,457
0,30	0,313	0,337	0,377	0,347	0,377	0,407	0,467
0,31	0,326	0,354	0,394	0,357	0,387	0,437	0,517
0,32	0,336	0,364	0,404	0,367	0,397	0,447	0,527
0,33	0,346	0,374	0,414	0,377	0,407	0,457	0,537
0,34	0,356	0,384	0,424	0,387	0,417	0,467	0,547
0,35	0,366	0,394	0,434	0,397	0,427	0,477	0,557
0,36	0,376	0,404	0,444	0,407	0,437	0,487	0,567
0,37	0,386	0,414	0,454	0,417	0,447	0,497	0,577
0,38	0,396	0,424	0,464	0,427	0,457	0,507	0,587
0,39	0,406	0,434	0,474	0,437	0,467	0,517	0,597
0,40	0,416	0,444	0,484	0,447	0,477	0,527	0,607
0,42	0,439	0,471	0,511	0,469	0,499	0,549	0,629
0,45	0,469	0,501	0,541	0,499	0,529	0,579	0,659
0,48	0,499	0,531	0,571	0,529	0,559	0,609	0,689
0,50	0,519	0,551	0,591	0,549	0,579	0,629	0,709
0,55	0,571	0,609	0,649	0,599	0,639	0,679	0,779
0,60	0,621	0,659	0,699	0,649	0,689	0,729	0,829
0,65	0,671	0,709	0,749	0,699	0,739	0,779	0,879
0,70	0,721	0,759	0,799	0,749	0,789	0,829	0,929
0,75	0,778	0,822	0,862	0,802	0,842	0,882	0,982
0,80	0,828	0,872	0,912	0,852	0,892	0,932	1,032
0,85	0,878	0,922	0,962	0,902	0,942	0,982	1,082
0,90	0,928	0,972	1,012	0,952	0,992	1,032	1,132
0,95	0,978	1,022	1,062	1,002	1,042	1,082	1,182
1,00	1,028	1,072	1,112	1,052	1,092	1,132	1,232

Kerndurchmesser – Außendurchmesser für Lackdrähte über 1 mm

Kerndurchmesser	1,1	1,2	1,3	1,4	1,5	1,6	1,7	1,8	1,9	2,0
Außendurchmesser	1,2	1,29	1,39	1,49	1,60	1,70	1,80	1,90	2,0	2,1
Kerndurchmesser	2,1	2,2	2,3	2,4	2,5	2,6	2,7	2,8	2,9	3,0
Außendurchmesser	2,21	2,31	2,42	2,52	2,62	2,72	2,82	2,92	3,02	3,12

Tabelle 5.5 Mögliche Windungszahl je 1 cm Wickellänge

Kern-durch-messer	Lack	Lack+ Seide	1 × Seide	2 × Seide	1 × Baum-wolle	2 × Baum-wolle
0,03	204	116	142	93		
0,04	164	100	122	84		
0,05	141	92	108	77		
0,06	116	81	98	72		
0,07	103	75	89	67		
0,08	93	69,5	81,5	62,5		
0,09	84	64,5	74,5	58,5		
0,10	78	60	69	55	47	36
0,11	69	55,2	64,2	52	45	35
0,12	64	52	60	49	42,5	33,6
0,13	60	49	56,3	46,7	40,7	32,4
0,14	56,5	47	53	44,4	39	31,4
0,15	53	44	50	42,2	37,4	30,3
0,16	50,3	42,3	47,5	40,5	36	29,3
0,17	47,5	40,5	45,3	39	34,5	28,5
0,18	45,5	39	43,3	37,3	33,5	27,6
0,19	43	37	41,2	35,8	32	26,7
0,20	41,2	36	39,5	34,5	31,2	25,8
0,21	39	33,5	37,3	33,5	30,2	25,4
0,22	37,3	32,3	36	32,3	29,5	24,8
0,23	36	31,3	34,5	31,3	28,5	24,2
0,24	34,5	30,2	33,5	30,2	27,6	23,5
0,25	33,5	29,4	32,3	29,4	26,8	23
0,26	32	28,3	31	28,3	26	22,3
0,27	31	27,5	30	27,5	25,3	21,8
0,28	30	26,7	29,2	26,7	24,7	21,3
0,29	29,2	26	28,3	26	24	20,9
0,30	28,3	25,3	27,5	25,3	23,5	20,4
0,31	27	24,2	26,7	24,5	24	18,8
0,32	26,2	23,5	26	24	21,4	18,4
0,33	25,5	23	25,3	23,4	21	17,8
0,34	24,8	22,5	24,5	23	20,4	17,5
0,35	24,2	22	24	22,3	20	17,2
0,36	23,6	21,5	23,4	21,8	19,5	16,8
0,37	23	21	23	21,4	19,2	16,5
0,38	22,5	20,5	22,3	21	18,8	16,2
0,39	22	20,0	21,8	20,4	18,5	16
0,40	21,5	19,5	21,4	20	18	15,7
0,42	20,3	18,6	20,3	19,2	17,4	15,2
0,45	19	17,6	19,1	18,0	16,5	14,5
0,48	18	16,7	18	17	15,7	13,8
0,50	17,3	16,2	17,4	16,5	15,2	13,4
0,55	15,7	14,7	16	15	14	12,2
0,60	14,5	13,7	14,7	13,8	13	11,5
0,65	13,4	12,7	13,6	13	12,2	10,8
0,70	12,6	11,9	12,7	12	11,5	10,3
0,75	11,6	11	12	11,3	10,8	9,7
0,80	11	10,5	11,2	10,7	10,2	9,2
0,85	10,3	10	10,6	10	9,7	8,8
0,90	9,8	9,4	10	9,6	9,2	8,4
0,95	9,3	9	9,5	9,1	8,8	8,1
1,00	9	8,6	9	8,7	8,4	7,7

Anmerkung: Für den Abstand zwischen den Windungen ist ein Zuschlag von 5 % in der Tabelle enthalten.

1 Praktische Entwurfsdaten der Elektronik

Tabelle 5.6 Mögliche Windungszahl je Quadratzentimeter Wickelquerschnitt

Kern-durch-messer mm	Windungszahl pro cm²					Kern-durch-messer mm	Windungszahl pro cm²				
	Lack	Lack +Seide	1× Seide	2× Seide	1× Baum-wolle	2× Baum-wolle		Lack	Lack +Seide	1× Seide	2× Seide	1× Baum-wolle	2× Baum-wolle

Kern-durch-messer mm	Lack	Lack +Seide	1× Seide	2× Seide	1× Baum-wolle	2× Baum-wolle	Kern-durch-messer mm	Lack	Lack +Seide	1× Seide	2× Seide	1× Baum-wolle	2× Baum-wolle
0,03	41000	13500	20000	8700	—	—	0,34	620	505	605	520	415	300
0,04	27000	10500	14900	7100	—	—	0,35	585	485	575	500	400	290
0,05	19600	8500	11700	6000	—	—	0,36	555	460	550	475	385	280
0,06	13500	6600	9600	5200	—	—	0,37	530	440	520	455	370	275
0,07	10700	5600	7900	4500	—	—	0,38	505	420	500	435	355	265
0,08	8700	4800	6600	3900	—	—	0,39	485	405	475	415	340	255
0,09	7100	4100	5500	3400	—	—	0,40	450	390	455	400	330	245
0,10	6000	3650	4750	3000	2200	1300	0,42	410	350	410	365	300	230
0,11	4800	3000	4150	2700	2000	1200	0,45	360	310	365	325	270	210
0,12	4100	2650	3600	2400	1800	1100	0,48	320	280	325	290	245	190
0,13	3600	2400	3200	2200	1650	1050	0,50	300	260	300	270	230	180
0,14	3200	2150	2800	1950	1500	980	0,55	245	215	255	220	195	150
0,15	2800	1950	2500	1800	1400	920	0,60	210	185	215	190	170	130
0,16	2500	1800	2300	1650	1300	860	0,65	180	160	185	165	150	115
0,17	2300	1650	2050	1500	1200	810	0,70	158	140	160	145	130	105
0,18	2050	1500	1900	1400	1120	770	0,75	135	120	140	128	117	94
0,19	1850	1400	1700	1300	1050	720	0,80	120	110	125	114	105	85
0,20	1700	1300	1550	1200	970	675	0,85	105	98	110	100	94	77
0,21	1500	1120	1400	1120	920	650	0,90	96	88	100	93	85	70
0,22	1400	1040	1300	1040	860	610	0,95	87	80	90	84	77	65
0,23	1300	980	1200	980	810	580	1,00	79	73	82	76	71	60
0,24	1200	920	1120	920	765	555	1,10	63	56	63	56	53	45
0,25	1120	860	1040	860	720	530	1,20	55	48	55	48	46	39
0,26	1030	800	960	800	675	500	1,30	45	40	45	40	38	32
0,27	960	755	910	755	640	475	1,40	40	35	40	35	33	31
0,28	910	715	850	715	605	455	1,50	33	29	33	33	28	24
0,29	850	675	800	675	575	435	1,60	29	25	29	25	24	21
0,30	800	640	755	640	550	415	1,70	26	23	26	23	22	19
0,31	725	585	715	605	475	340	1,80	23	20	23	20	19	17
0,32	685	555	675	580	455	330	1,90	21	18	21	18	18	15
0,33	650	530	640	550	435	315	2,00	19	16	19	16	16	13

Tabelle 5.7 Widerstandstabelle für Kupferdrähte

Siehe hier auch Tabelle 4.2.1.

Draht-durchmesser (blank) mm	Widerstand in Ω/m			
	bei 20° C			bei 90° C
	Kleinstwert	Größtwert	Rechnungswert	Rechnungswert
0,03	21,59	28,05	24,82	31,77
0,04	12,14	15,78	13,96	17,85
0,05	8,04	9,83	8,94	11,45
0,06	5,83	6,58	6,21	7,95
0,07	4,29	4,83	4,56	5,84
0,08	3,28	3,70	3,49	4,47
0,09	2,59	2,92	2,76	3,54
0,10	2,10	2,37	2,23	2,86
0,11	1,735	1,957	1,846	2,35
0,12	1,458	1,644	1,551	1,985
0,13	1,243	1,401	1,322	1,692
0,14	1,071	1,208	1,140	1,459
0,15	0,933	1,052	0,993	1,270
0,16	0,820	0,925	0,873	1,117
0,17	0,727	0,819	0,773	0,989
0,18	0,648	0,731	0,689	0,883
0,19	0,582	0,656	0,619	0,792
0,20	0,525	0,592	0,558	0,715
0,21	0,481	0,532	0,507	0,649
0,22	0,438	0,485	0,462	0,591
0,23	0,401	0,443	0,422	0,540
0,24	0,368	0,407	0,388	0,497
0,25	0,340	0,375	0,357	0,457
0,26	0,314	0,347	0,330	0,422
0,27	0,291	0,322	0,306	0,392
0,28	0,271	0,299	0,285	0,365
0,29	0,252	0,279	0,266	0,340
0,30	0,236	0,261	0,248	0,318
0,31	0,221	0,244	0,232	0,297
0,32	0,207	0,229	0,218	0,279
0,33	0,1948	0,2154	0,2051	0,263
0,34	0,1835	0,2029	0,1932	0,247
0,35	0,1732	0,1915	0,1824	0,234
0,36	0,1637	0,1810	0,1724	0,2206
0,37	0,1550	0,1713	0,1632	0,2089
0,38	0,1470	0,1624	0,1547	0,1980
0,39	0,1395	0,1542	0,1469	0,1880
0,40	0,1326	0,1466	0,1396	0,1787
0,42	0,1216	0,1317	0,1266	0,1620
0,45	0,1059	0,1147	0,1103	0,1412
0,48	0,0931	0,1008	0,0970	0,1242
0,50	0,0858	0,0929	0,0894	0,1145
0,55	0,0709	0,0768	0,0738	0,0945
0,60	0,0596	0,0645	0,0621	0,0795
0,65	0,0508	0,0550	0,0529	0,0678
0,70	0,0438	0,0474	0,0456	0,0584
0,75	0,0381	0,0413	0,0397	0,0509
0,80	0,0335	0,0363	0,0349	0,0447
0,85	0,0297	0,0322	0,0309	0,0396
0,90	0,0265	0,0287	0,0276	0,0354
0,95	0,0238	0,0257	0,0248	0,0318
1,00	0,0215	0,0232	0,0223	0,0286
1,10			0,01846	0,0236
1,20			0,01551	0,0199
1,30			0,01322	0,01693
1,40			0,01140	0,01460
1,50			0,00993	0,01271
1,60			0,00873	0,01117
1,70			0,00773	0,00990
1,80			0,00689	0,00882
1,90			0,00619	0,00793
2,00			0,00558	0,00715
2,20			0,00462	0,00592
2,50			0,00357	0,00457
3,00			0,002482	0,003180

1 Praktische Entwurfsdaten der Elektronik

Tabelle 5.8 Amerikanische Drahttabellen (AWG)

Amerikanische Bezeichnungen für Isolierungen:
S.S.C.   = 1 x Seide
D.S.C.   = 2 x Seide
S.C.C.   = 1 x Baumwolle
D.C.C.   = 2 x Baumwolle
Plain enamel   = Lack
S.S.E.   = Lack + 1 x Seide
S.C.E.   = Lack + 1 x Baumwolle

Amerikanische Drahttabelle
American Wire Gauge (A.W.G.)

1 in. = 25.4 mm; 1 mil = 1/1000 in.
1 mm = 0.03937 in.

Nenndurchmesser		AWG-Nummer	
mm	mil	BG[1]	SWG[2]
2.642	104	–	12
2.591	102	10	–
2.337	92	–	13
2.311	91	11	–
2.057	81	12	–
2.032	80	–	14
1.829	72	13	15
1.626	64	14	16
1.448	57	15	–
1.422	56	–	17
1,295	51	16	–
1.219	48	–	18
1.143	45	17	–
1.016	40	18	19
0.9144	36	19	20
0.8128	32	20	21
0.7239	28.5	21	–
0.7112	28	–	22
0.6426	25.3	22	–
0.6096	24	–	23
0.5740	22.6	23	–
0.5588	22	–	24
0.5105	20.1	24	–
0.5080	20	–	25
0.4572	18	–	26
0.4547	17.9	25	–
0.4166	16.4	–	27
0.4039	15.9	26	–
0.3759	14.8	–	28
0.3607	14.2	27	–
0.3454	13.6	–	29
0.3200	12.6	28	–
0.3150	12.4	–	30
0.2946	11.6	–	31
0.2870	11.3	29	–
0.2743	10.8	–	32
0.2540	10.0	30	33
0.2337	9.2	–	34
0.2261	8.9	31	–
0.2134	8.4	–	35
0.2007	7.9	32	–
0.1930	7.6	–	36
0.1803	7.1	33	–
0.1727	6.8	–	37
0.1600	6.3	34	–
0.1524	6.0	–	38
0.1422	5.6	35	–
0.1321	5.2	–	39
0.1270	5.0	36	–
0.1219	4.8	–	40
0.1118	4.4	37	41
0.1016	4.0	38	42
0.09144	3.6	–	43
0.08890	3.5	39	–
0.08128	3.2	–	44
0.07874	3.1	40	–
0.07112	2.8	41	45
0.0633	2.5	42	–
0.06096	2.4	–	46
0.0564	2.2	43	–
0.05080	2.0	44	47
0.0447	1.8	45	–
0.04064	1.6	46	48
0.0355	1.4	47	–
0.03048	1.2	48	49
0.0282	1.1	49	–
0.02504	1.0	50	50

[1] BG = Birmingham gauge
[2] SWG = Standard wire gauge

AWG	Einzellitze		Gesamtleiter	Querschnitt	Widerstand Cu Ohm/100 m
	Zahl der Adern	Durchmesser mm	Durchmesser mm	mm²	
12	19	0,455	2,29	3,09	0,63
14	19	0,361	1,80	1,95	1,00
16	19	0,287	1,44	1,23	1,4
18	1	1,020	1,02	0,790	2,10
18	19	0,254	1,27	0,963	2,00
20	1	0,812	0,812	0,519	3,30
20	7	0,320	0,97	0,563	3,1
20	19	0,203	1,02	0,615	2,9
22	1	0,643	0,64	0,326	5,3
22	7	0,254	0,76	0,355	4,9
22	19	0,160	0,81	0,382	4,6
24	1	0,510	0,510	0,205	8,5
24	7	0,203	0,61	0,227	7,8
24	19	0,127	0,64	0,241	7,2
26	1	0,404	0,404	0,128	13,8
26	7	0,160	0,48	0,141	12,4
26	19	0,102	0,51	0,149	11,7
28	1	0,320	0,320	0,08	21,5
28	7	0,127	0,381	0,089	19,0
28	19	0,08	0,40	0,092	19,5
30	1	0,250	0,250	0,050	34,0
30	7	0,102	0,30	0,057	31
32	1	0,20	0,20	0,032	54,6
32	7	0,08	0,23	0,034	51,5
34	1	0,16	0,16	0,02	8,
34	7	0,065	0,195	0,022	80
36	1	0,125	0,125	0,012	145
36	7	0,05	0,150	0,014	125
38	1	0,10	0,10	0,008	218
40	1	0,08	0,08	0,0048	362
42	1	0,065	0,065	0,003	558
44	1	0,050	0,050	0,002	875

Tabelle 5.9 Kurzzeichen wichtiger Isolier- und Mantelwerkstoffe von Kabeln

DIN/VDE		Werkstoff
Cu		Kupferdraht
G		Gummi
2 G	SiR	Silikon-Kautschuk
3 G	JJR	Isobuthylen-Isopren-Kautschuk
4 G	EVA	Äthylenvinylacetat-Kautschuk
5 G	CR	Chloropren-Kautschuk
6 G	CSM	chlorsulfoniertes Polyäthylen
7 G		Fluorelastomer
8 G	NBR	Nitrilkautschuk
Li		Litzenleiter
RG		Koaxialkabel n. MIL-Spezifikation
RS		Rechnerkabel
X	PVC	vernetztes Polyvinylchlorid
2 X	PE	vernetztes Polyäthylen
10 X	PVDF	vernetztes Polyvinylidenfluorid
Y	PVC	Polyvinylchlorid
2 Y	LDPE	Hochdruck-Polyäthylen
2 Y	HDPE	Niederdruck-Polyäthylen
9 Y	PP	Polypropylen
4 Y	PA	Polyamid
12 Y	PETP	Polyäthylenterephthalat
11 Y	PUR	Polyurethan
7 Y	ETFE	Tefzel®, Hostaflon® ET
	ECTFE	Halar®
6 Y	FEP	Teflon®
5 Y	PTFE	Teflon®, Hostaflon® TF
	PFA	Teflon®
8 Y	PI/F	Polyimidfolie/FEP Kapton®
9 Y	PP	Polypropylen
10 Y	PVDF	Polyvinylidenfluorid
11 Y	PUR	Polyurethan
12)		Polyterephthalsäureester

1 Praktische Entwurfsdaten der Elektronik

Tabelle 5.10 Typenbezeichnungen von Elektrokabeln nach VDE

Starkstromkabel VDE 0271

☐-☐☐☐☐☐×☐☐ ☐ ☐ ☐
1 2 3 4 5 6   7 8 9 10 11

Pos.	Code	Bedeutung
1 Grundtype	N	VDE-Norm
	X	in Anlehnung
2 Leitermaterial	–	Kupfer
	A	Aluminium
3 Isolierwerkstoff	Y	PVC
4 Elektrischer Schirm	C	konzentrischer Cu-Leiter
	CW	konzentrischer Cu-Leiter, wellenförmig
	CE	konzentrischer Cu-Leiter, pro Einzelader
	S	Kupferschirm
	H	leitfähige Schicht
	SE	Cu-Schirm u. leitfähige Schicht
5 Bewehrung	F	Flachdraht, verz.
	R	Runddraht, verz.
	Gb	Gegenwendel, Stahl
6 Mantelwerkstoff	Y	PVC
7 Schutzleiter	J	mit Schutzleiter
	O	ohne Schutzleiter
8 Aderanzahl	…	Anzahl der Adern
9 Leiterquerschnitt	…	in mm²
10 Leitertyp	r..	runder Leiter
	s..	Sektorleiter
	o..	ovaler Leiter
	..e	eindrähtiger Leiter
	..m	mehrdrähtiger Leiter
	..h	Hohlleiter
	/V	verdichteter Leiter
11 Nennspannung		0,6/1,0 kV
		3,5/6,0 kV
		5,8/10,0 kV

Fernmeldekabel und Leitungen VDE 0816

☐☐-☐☐☐☐☐×☐ ☐
1 2   3 4 5 6 7   8

Pos.	Code	Bedeutung
1 Grundtype	A	Außenkabel
	G	Grubenkabel
	J	Installationskabel
	L	Schlauchleitung
	S	Schaltkabel
2 Zusatzangabe	B	Blitzschutzaufbau
	J	Induktionsschutz
	E	Elektronik
3 Isolierwerkstoff	Y	PVC
	2Y	Polyäthylen
	O2Y	Zell-PE
	5Y	PTFE
	6Y	FEP
	7Y	ETFE
	P	Papier
4 Aufbaubesonderheiten	L	Petrolatfüllung
	LD	Aluminiummantel
	(L)	Al-Wellmantel
	(St)	Aluminiumband
	(K)	Metallfolienschirm
	(Z)	Kupferbandschirm
	W	Stahldrahtgeflecht
	M	Stahlwellmantel
	Mz	Bleimantel
	b	Spezialbleimantel
	c	Bewehrung
	E	Jutehülle + Masse Masseschicht + Band (siehe 3. Isolation)
5 Mantelwerkstoff		
6 Elementzahl	…	Anzahl der Verseilelemente
7 Verseilelement	1	Einzeladder
	2	Paar
8 Leiter-Ø	…	in mm

Harmonisierte Leitungen VDE 0292

☐☐☐-☐☐☐ ☐ ☐ ☐
1 2 3   4 5 6   7   8   9

Pos.	Code	Bedeutung
1 Grundtype	H	harmonisierter Typ
	A	nationaler Typ
2 Nennspannung	03	300/300 Volt
	05	300/500 Volt
	07	450/750 Volt
3 Isolierwerkstoff	V	PVC
	R	Gummi
	S	Silikongummi
4 Mantelwerkstoff	V	PVC
	R	Gummi
	N	Chloroprengummi
	J	Glasfasergeflecht
	T	Textilgeflecht
5 Besonderheiten	H	Flachleitung, teilbar
	H2	Flachleitung, nicht teilbar
6 Leiterart	U	eindrähtig
	R	mehrdrähtig
	K	feindrähtig (fest verlegt)
	F	feindrähtig (flexibel)
	H	feinstdrähtiger
	Y	Lahnlitze
7 Aderzahl	…	Anzahl der Adern
8 Schutzleiter	X	ohne Schutzleiter
	G	mit Schutzleiter
9 Leiterquerschnitt		Angabe in mm²

Tabelle 5.11 PVC-isolierte Kupferleitungen für Kraftfahrzeuge

Nenn-querschnitt mm²	Widerstand je Meter bei 20 °C m Ω/m	Leiterdurchmesser Größtmaß mm	Leitungsdurchmesser Größtmaß mm	zulässiger Dauerstrom (Richtwert) bei +30 °C A	zulässiger Dauerstrom (Richtwert) bei +50 °C A	zulässige Stromdichte Dauerbetrieb A/mm²
0,5	37,1	1,0	2,3	11	7,8	10
0,75	24,7	1,2	2,5	15	10,6	10
1	18,5	1,4	2,7	19	13,5	10
1,5	12,7	1,6	3,0	24	17,0	10
2,5	7,6	2,1	3,7	32	22,7	10
4	4,71	2,7	4,5	42	29,8	10
6	3,14	3,4	5,2	54	38,3	6
10	1,82	4,3	6,6	73	51,8	6
16	1,16	6,0	8,1	98	69,6	6
25	0,743	7,5	10,2	129	91,6	4
35	0,527	8,8	11,5	158	112	4
50	0,368	10,3	13,2	198	140	4
70	0,259	12,0	15,5	245	174	3
95	0,196	14,7	18,0	292	207	3
120	0,153	16,5	19,8	344	244	3

Tabelle 5.12 Kfz-Sicherungen

Ausführung	Nennstrom A	Farbe
Runde Sicherungen	5	gelb
	8	schwarz
	8	weiß
	16	rot
	25	blau
	25	weiß
Sicherungsstreifen	25	weiß
	30, 50, 100, 125, 150, 250	grau
	35, 60, 100	grau
Steck-Sicherungen	3	violett
	4	rosa
	5	beige/klar
	7,5	braun
	10	rot
	15	blau
	20	gelb
	25	neutral/weiß
	30	grün

Ausführung	Nennstrom A	Farbe
Glas-Sicherungen	5	rot
	10	gelb
	15	blau
	20	grün
	25	silber
Radio-Sicherungen	2	klar

Tabelle 5.13 Zulässiger Spannungsverlust im Kfz-Bordnetz

Art der Leitung	Zul. Spannungsabfall der Plus-Leitung U_{vl}	Zul. Spannungsabfall im gesamten Stromkreis U_{vg}	Bemerkungen
Lichtleitungen von Lichtschalter Klemme 30 bis Leuchten < 15 W bis Anhängersteckdose von Anhängersteckdose bis Leuchten	0,1 V	0,6 V	Strom bei Nennspannung und Nennleistung
von Lichtschalter Klemme 30 bis Leuchten > 15 W bis Anhängersteckdose	0,5 V	0,9 V	
von Lichtschalter Klemme 30 bis Scheinwerfer	0,3 V	0,6 V	
Ladeleitung von Drehstromgenerator Klemme B+ bis Batterie	0,4 V bei 12 V 0,8 V bei 24 V	— —	Strom bei Nennspannung und Nennleistung
Steuerleitungen von Drehstromgenerator bis Regler (Klemmen D+, D−, DF)	0,1 V bei 12 V 0,2 V bei 24 V	— —	bei maximalem Erregerstrom
Starterhauptleitung	0,5 V bei 12 V 1,0 V bei 24 V	— —	Starterkurzschlußstrom bei +20 °C
Startersteuerleitung von Startschalter bis Starter Klemme 50 Einrückrelais mit Einfachwicklung Einrückrelais mit Einzug- und Haltewicklung	1,4 V bei 12 V 2,0 V bei 24 V 2,4 V bei 12 V 2,8 V bei 24 V	1,7 V bei 12 V 2,5 V bei 24 V 2,8 V bei 12 V 3,5 V bei 24 V	Maximaler Steuerstrom
Sonstige Steuerleitungen von Schalter bis Relais, Horn usw.	0,5 V bei 12 V 1,0 V bei 24 V	1,5 V bei 12 V 2,0 V bei 24 V	Strom bei Nennspannung

Tabelle 5.14 Klemmenbezeichnungen im Kfz nach DIN 72552

Das in der Norm für die elektrische Anlage im Kfz festgelegte System der Klemmenbezeichnungen soll ein möglichst fehlerfreies Anschließen der Leitungen an den Geräten, vor allem bei Reparaturen und Ersatzeinbauten, ermöglichen. Die Klemmenbezeichnungen sind nicht gleichzeitig Leitungsbezeichnungen, da an den beiden Enden einer Leitung Geräte mit unterschiedlicher Klemmenbezeichnung angeschlossen sein können. Die Klemmenbezeichnungen brauchen infolgedessen nicht an den Leitungen angebracht zu werden.

1.1 Tabellenteil

Klemme	Bedeutung
1	Zündspule, Zündverteiler Niederspannung
1a 1b	Zündverteiler mit zwei getrennten Stromkreisen zum Zündunterbrecher I zum Zündunterbrecher II
2	Kurzschließklemme (Magnetzündung)
4	Zündspule, Zündverteiler Hochspannung
4a 4b	Zündverteiler mit zwei getrennten Stromkreisen von Zündspule I, Klemme 4 von Zündspule II, Klemme 4
7	Steuereingang (elektronische Zündung)
12	+12 V (nach Zündschloß)
15	Geschaltetes Plus hinter Batterie [Ausgang Zünd-(Fahrt)-Schalter]
15a	Ausgang am Vorwiderstand zur Zündspule und Starter
17 19	Glühstartschalter Starten Vorglühen
30	Eingang von Batterie Plus, direkt +12 V (vor Zündschloß)
30a	Batterieumschaltrelais 12/24 V Eingang von Batterie II Plus
31	Rückleitung an Batterie Minus oder Masse, direkt
31b	Rückleitung an Batterie Minus oder Masse über Schalter oder Relais (geschaltetes Minus)
31a 31c	Batterieumschaltrelais 12/24 V Rückleitung an Batterie II Minus Rückleitung an Batterie I Minus
32 33 33a 33b 33f 33g 33h 33L 33R	Elektromotoren Rückleitung[1] Hauptanschluß[1] Endabstellung Nebenschlußfeld für zweite kleinere Drehzahlstufe für dritte kleinere Drehzahlstufe für vierte kleinere Drehzahlstufe Drehrichtung links Drehrichtung rechts
45	Starter Getrenntes Startrelais, Ausgang; Starter: Eingang (Hauptstrom)
45a 45b	Zwei-Starter-Parallelbetrieb Startrelais für Einrückstrom Ausgang Starter I, Eingang Starter I und II Ausgang Starter II

Klemme	Bedeutung
48	Klemme am Starter und am Startwiederholrelais Überwachung des Startvorgangs
49 49a 49b 49c	Blinkgeber (Impulsgeber) Eingang Ausgang Ausgang zweiter Blinkkreis Ausgang dritter Blinkkreis
50	Starter Startersteuerung (direkt)
50a	Batterieumschaltrelais, Ausgang für Startersteuerung
50b	Startersteuerung, Parallelbetrieb von zwei Startern mit Folgesteuerung
50c 50d	Startrelais für Folgesteuerung des Einrückstroms bei Parallelbetrieb von zwei Startern Eingang in Startrelais für Starter I Eingang in Startrelais für Starter II
50c 50f	Startsperrelais Eingang Ausgang
50c 50h	Startwiederholrelais Eingang Ausgang
51 51e	Wechselstromgenerator Gleichspannung am Gleichrichter Gleichspannung am Gleichrichter mit Drosselspule für Tagfahrt
52	Anhänger-Signale Weitere Signalgebung vom Anhänger zum Zugwagen
53 53a 53b 53c 53e 53i	Wischermotor, Eingang (+) Wischer (+), Endabstellung Wischer (Nebenschlußwicklung) Elektr. Scheibenspülerpumpe Wischer (Bremswicklung) Wischermotor mit Permanentmagnet und dritter Bürste (für höhere Geschwindigkeit)
54	Anhänger-Signale Anhänger-Steckvorrichtungen und Leuchtenkombinationen, Bremslicht
54g	Druckluftventil für Dauerbremse im Anhänger, elektro-magnetisch betätigt
55	Nebelscheinwerfer
56 56a 56b 56d	Scheinwerferlicht Fernlicht und Fernlichtkontrolle Abblendlicht Lichthupenkontakt

[1] Polaritätswechselklemme 32/33 möglich

101

1 Praktische Entwurfsdaten der Elektronik

Klemme	Bedeutung
57	Standlicht für Krafträder (im Ausland auch für Pkw, Lkw usw.)
57 a	Parklicht
57 L	Parklicht, links
57 R	Parklicht, rechts
58	Begrenzungs-, Schluß-, Kennzeichen- und Instrumentenleuchten
58 b	Schlußlichtumschaltung bei Einachsschleppern
58 c	Anhänger-Steckvorrichtung für einadrig verlegtes und im Anhänger abgesichertes Schlußlicht
58 d	Regelbare Instrumentenbeleuchtung, Schluß- und Begrenzungsleuchte,
58 L	links
58 R	rechts, Kennzeichenleuchte
59	Wechselstromgenerator (Magnetzünder-Generator) Wechselspannung, Ausgang Gleichrichter, Eingang
59 a	Ladeanker, Ausgang
59 b	Schlußlichtanker, Ausgang
59 c	Bremslichtanker, Ausgang
61	Generatorkontrolle
71	Tonschaltgerät Eingang
71 a	Ausgang zu Horn 1 + 2 tief
71 b	Ausgang zu Horn 1 + 2 hoch
72	Alarmschalter (Rundumkennleuchte)
75	Radio, Zigarettenanzünder
76	Lautsprecher
77	Türventilsteuerung
81	Schalter Öffner und Wechsler Eingang
81 a	erster Ausgang, Öffnerseite
81 b	zweiter Ausgang, Öffnerseite Schließer
82	Eingang
82 a	erster Ausgang
82 b	zweiter Ausgang
82 z	erster Eingang
82 y	zweiter Eingang
83	Mehrstellenschalter Eingang
83 a	Ausgang, Stellung 1
83 b	Ausgang, Stellung 2
83 L	Ausgang, Stellung links
83 R	Ausgang, Stellung rechts
84	Stromrelais Eingang, Antrieb und Relaiskontakt
84 a	Ausgang, Antrieb
84 b	Ausgang, Relaiskontakt

Klemme	Bedeutung
85	Schaltrelais Ausgang, Antrieb (Wicklungsende Minus oder Masse) Eingang, Antrieb
86	Wicklungsanfang
86 a	Wicklungsanfang oder erste Wicklung
86 b	Wicklungsanzapfung oder zweite Wicklung
87	Relaiskontakt bei Öffner und Wechsler Eingang
87 a	erster Ausgang (Öffnerseite)
87 b	zweiter Ausgang
87 c	dritter Ausgang
87 z	erster Eingang
87 y	zweiter Eingang
87 x	dritter Eingang
88	Relaiskontakt bei Schließer Eingang
88 a	Relaiskontakt bei Schließer und Wechsler (Schließerseite) erster Ausgang
88 b	zweiter Ausgang
88 c	dritter Ausgang
88 z	Relaiskontakt bei Schließer erster Eingang
88 y	zweiter Eingang
88 x	dritter Eingang
B +	Generator und Generatorregler Batterie Plus
B −	Batterie Minus
D +	Dynamo Plus
D −	Dynamo Minus
DF	Dynamo Feld
DF1	Dynamo Feld 1
DF2	Dynamo Feld 2
U, V, W	Drehstromgenerator Drehstromklemmen
C	Fahrtrichtungsanzeige (Blinkgeber) Erste Kontrollampe
C0	Hauptanschluß für vom Blinkgeber getrennte Kontrollampe
C2	Zweite Kontrollampe
C3	Dritte Kontrollampe (z.B. beim Zwei-Anhänger-Betrieb)
L	Blinkleuchten, links
R	Blinkleuchten, rechts

Tabelle 5.15 Widerstandstabelle verschiedener Leitermaterialien – Widerstand in Ω/m von Drähten aus:

Durchmesser (mm)	Kanthal	Cekas Megapyr	Nirestit	Chromnickel 20/80	Chromel	Neusilber	Eisen	Resistin Isabellin Konstantan	Manganin	Nickelin	Tantal	Nickel	Molybdän	Wolfram
0,03	2051	1981	1669	1556	1415	778,1	141,5	707,4	608,3	563,2	183,9	99,03	79,22	77,81
0,04	1154	1114	939	875,4	795,8	437,7	79,58	379,4	342,2	317,5	103,5	55,7	44,56	43,77
0,05	738,5	713	601	560,2	509,3	280,1	50,93	254,6	219,0	204,1	66,21	35,65	28,52	28,01
0,06	512,8	495,1	417,3	389,0	353,7	194,5	35,37	176,8	152,1	141,4	45,98	24,76	19,81	19,45
0,07	376,8	363,8	306,6	285,8	259,9	142,9	25,98	129,9	111,7	103,9	33,78	18,19	14,55	14,29
0,08	288,5	278,5	234,8	218,8	198,9	109,4	19,89	99,47	85,55	79,52	25,86	13,93	11,14	10,94
0,09	227,9	220,1	185,5	172,9	157,2	86,45	15,72	78,59	67,59	62,88	20,43	11,00	8,80	8,65
0,10	184,6	178,3	150,2	140,1	127,3	70,03	12,73	63,66	54,75	50,96	16,56	8,913	7,13	7,003
0,11	152,7	147,4	124,3	115,8	105,3	57,92	10,53	52,65	45,28	42,12	13,69	7,371	5,897	5,792
0,12	128,2	123,8	104,3	97,26	88,4	48,63	8,84	44,21	38,00	35,37	11,49	6,189	4,952	4,863
0,13	109,3	105,5	88,92	82,90	75,36	41,45	7,536	37,68	32,40	30,14	9,797	5,275	4,220	4,145
0,14	94,22	90,97	76,68	71,48	64,98	35,74	6,498	32,49	27,94	25,99	8,447	4,549	3,639	3,574
0,15	82,07	79,24	66,79	62,26	56,60	31,13	5,660	28,30	24,34	22,64	7,358	3,962	3,169	3,113
0,16	71,89	69,61	58,67	54,69	49,72	27,35	4,972	24,86	21,38	19,89	6,464	3,480	2,784	2,735
0,17	63,87	61,67	51,98	48,46	44,05	24,23	4,405	22,03	18,94	17,62	6,227	3,083	2,467	2,423
0,18	56,98	55,02	46,37	43,23	39,30	21,62	3,930	19,65	16,90	15,70	5,109	2,751	2,201	2,162
0,19	51,16	49,39	41,63	38,81	35,28	19,40	3,528	17,64	15,17	14,11	4,586	2,769	1,976	1,940
0,20	46,15	44,56	37,56	35,01	31,83	17,51	3,183	15,92	13,69	12,73	4,138	2,282	1,783	1,751
0,22	38,15	36,83	31,05	28,94	26,31	14,47	2,631	13,15	11,31	10,52	3,420	1,842	1,473	1,447
0,25	29,54	28,52	24,04	22,41	20,37	11,20	2,037	10,18	8,759	8,148	2,648	1,426	1,141	1,120
0,28	23,55	22,74	19,16	17,86	16,24	8,932	1,624	8,120	6,983	6,496	2,111	1,137	0,9094	0,8932
0,30	20,51	19,81	16,69	15,56	14,15	7,781	1,415	7,074	6,083	5,656	1,839	0,9903	0,7922	0,7781
0,35	15,08	14,56	12,27	11,44	10,40	5,720	1,040	5,200	4,472	4,160	1,352	0,728	0,5824	0,5720
0,40	11,54	11,14	9,39	8,754	7,958	4,377	0,7958	3,979	3,422	3,178	1,035	0,557	0,4456	0,4377
0,45	9,119	8,805	7,42	6,918	6,289	3,459	0,6289	3,145	2,704	2,516	0,8176	0,4402	0,3522	0,3459
0,50	7,385	7,130	6,01	5,602	5,093	2,801	0,5093	2,546	2,190	2,038	0,6621	0,3565	0,2852	0,2801
0,55	6,103	5,893	4,966	4,630	4,209	2,315	0,4209	2,105	1,810	1,684	0,5472	0,2946	0,2357	0,2315
0,60	5,128	4,951	4,173	3,890	3,537	1,945	0,3537	1,768	1,521	1,415	0,4598	0,2476	0,1981	0,1945
0,65	4,370	4,219	3,557	3,315	3,014	1,658	0,3014	1,507	1,296	1,206	0,3918	0,2110	0,1688	0,1658
0,70	3,768	3,638	3,066	2,858	2,598	1,429	0,2598	1,299	1,117	1,039	0,3378	0,1819	0,1455	0,1429
0,75	3,281	3,168	2,670	2,489	2,263	1,245	0,2263	1,132	0,9731	0,905	0,2942	0,1584	0,1267	0,1245
0,80	2,885	2,785	2,348	2,188	1,989	1,094	0,1989	0,9947	0,8555	0,7956	0,2586	0,1393	0,1114	0,1094
0,85	2,556	2,468	2,080	1,939	1,763	0,9696	0,1763	0,8815	0,7581	0,7052	0,2292	0,1234	0,0987	0,0969
0,90	2,279	2,201	1,855	1,729	1,572	0,8645	0,1572	0,7859	0,6759	0,6288	0,2043	0,1100	0,0880	0,0865
0,95	2,044	1,974	1,664	1,551	1,410	0,7755	0,1410	0,7050	0,6063	0,5640	0,1833	0,0987	0,0789	0,0775
1,00	1,846	1,783	1,502	1,401	1,273	0,7003	0,1273	0,6366	0,5475	0,5092	0,1656	0,0891	0,0713	0,0700
1,20	1,282	1,238	1,043	0,9726	0,884	0,4863	0,0884	0,4421	0,3802	0,3537	0,1149	0,0619	0,0495	0,0486
1,50	0,8207	0,7924	0,6679	0,6226	0,5660	0,3113	0,0566	0,2830	0,2434	0,2264	0,0736	0,0396	0,0317	0,0311
1,80	0,5698	0,5502	0,4637	0,4323	0,3930	0,2162	0,0393	0,1965	0,1690	0,1570	0,0511	0,0275	0,0220	0,0216
2,00	0,4615	0,4456	0,3756	0,3501	0,3183	0,1751	0,0918	0,1592	0,1369	0,1273	0,0414	0,0228	0,0178	0,0175

Der Tabelle liegen folgende Werte für den spezifischen Widerstand (Ω · mm² · m⁻¹) zugrunde:

Kanthal 1,45
Cekas 1,40
Megapyr
Nirestit 1,18

Chromnickel 1,10
Chromel 1,00
Nickelin 0,40
Nickel 0,07

Wolfram 0,055
Neusilber 0,55
Eisen 0,10

Resistin
Isabellin } 0,50
Konstantan

Manganin
Tantal } 0,43 / 0,13 / 0,056
Molybdän

Tabelle 5.16 Widerstandsdraht der Gruppe Resistin – Isabellin – Konstantan nach DIN 17471

Die Widerstandsdrähte sind beständig in ihrem spezifischen Widerstand. Der T_K liegt bei etwa 0,8 % pro 100 °C. Sie können weich und hart gelötet werden. Die höchste zulässige Dauertemperatur beträgt ca. 580 °C.

Draht ⌀ mm	Gleichstromwiderstand bei 20 °C Ohm/m	Stromstärke für Drahttemperaturen von:		
		100 °C Amp.	200 °C Amp.	300 °C Amp.
0,1	62,4	0,237	0,396	0,537
0,2	15,6	0,56	0,94	1,28
0,3	6,93	0,94	1,57	2,12
0,4	3,90	1,34	2,24	3,08
0,6	1,73	2,21	3,70	5,0
0,8	0,975	3,19	5,33	7,21
1,0	0,624	4,22	7,05	9,55
1,2	0,433	5,3	8,85	12,0
1,5	0,277	7,0	11,7	15,8
2,0	0,156	10,0	16,8	22,7
3,0	0,069	16,6	27,8	37,7
4,0	0,039	23,9	40,0	54,0

Tabelle 5.17 Kenndaten von Sicherungen und Stromversorgungsleitungen

Strombelastungen von mehradrigen Leitungen $t_u \leqq 30°$, Kupfer

Querschnitt	max. Strom	Absicherung
mm	≦ A	A
0,5	(4)	(2)
0,75	(6)	(4)
1	11	6
1,5	15	10
2,5	20	16
4	25	20
6	33	25

Kennfarben von Sicherungen

Farbe	Ampere	Farbe	Ampere	Farbe	Ampere
rosa	2	rot	10	blau	20
braun	4	grau	16	gelb	25
grün	6	blau	20	schwarz	35

Gerätesicherungen DIN 41571

T = träge; M = mittelträge; F = flink

Wert [mA]	Abschaltung	Wert [mA]	Abschaltung
32	M	125	F,M,T
50	M	160	F,M,T
63	M	200	F,M,T
80	M,T	250	F,M,T
100	F,M,T	315	F,M,T

Wert [A]	Abschaltung	Wert [A]	Abschaltung
0,4	F,M,T	1,25	F,M,T
0,5	F,M,T	1,6	F,M,T
0,63	F,M,T	2	F,M,T
0,8	F,M,T	2,5	F,M,T
1	F,M,T	4	F,M,T
		6,3	F,M,T

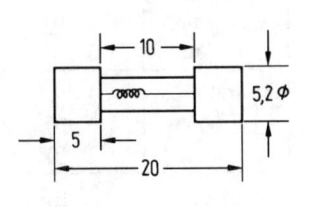

Aufdruck: M – 0,125/250 – B entspricht: mittelträge,
125 mA max. 250 V, B $\triangleq$ Kennung für Schaltvermögen

6 Daten der Funk- und Fernsehtechnik

Tabelle 6.1 Frequenzen und Wellenlängen elektromagnetischer Schwingungen

Netzfrequenz, $f = 16^2/_3$ bis 60 Hz
Tonfrequenter Wechselstrom, $f = 16$ bis $2 \cdot 10^4$ Hz
Myriameterwellen $\lambda = 10$ bis 100 km
Kilometerwellen (Langwellen), $\lambda = 1$ bis 10 km
Hektometerwellen (Mittelwellen), $\lambda = 100$ bis 1000 m
Dekameterwellen (Kurzwellen), $\lambda = 10$ bis 100 m
Meterwellen (Ultrakurzwellen), $\lambda = 1$ bis 10 m
Dezimeterwellen, $\lambda = 1$ bis 10 dm
Zentimeterwellen, $\lambda = 1$ bis 10 cm
Millimeterwellen, $\lambda = 1$ bis 10 mm
Ultrarot (Infrarot), $\lambda = 0,8$ bis 375 µm
Sichtbares Licht rot/violett, $\lambda = 0,4$ bis 0,8 µm
Ultraviolett, $\lambda = 100$ bis 4000 Å
Röntgenstrahlen, $\lambda = 0,03$ X.E. bis 300 Å
Anm.: 1 Å = 10^{-8} cm, 1 X.E. $\approx 10^{-11}$ cm.

Das Spektrum der elektromagnetischen Wellen

Wellenlänge	Frequenz (Hertz)	Wellen- und Strahlungsart			
10^4 km	$3 \cdot 10$	Elektrische Wellen	Niederfrequenz	Technischer Wechselstrom	
10^3 km	$3 \cdot 10^2$				
10^2 km	$3 \cdot 10^3$			Niederfrequente elektrische Schwingungen	
10 km	$3 \cdot 10^4$				
1 km	$3 \cdot 10^5$				
100 m	$3 \cdot 10^6$		Hochfrequenz	Lang,-Mittel- und Kurzwellen	
10 m	$3 \cdot 10^7$			Ultrakurzwellen (Very high Frequ.)	
1 m	$3 \cdot 10^8$			Dezimeterwellen (Ultra high Frequ.)	
10 cm	$3 \cdot 10^9$			Hertzsche Wellen	(Super high Frequ.)
1 cm	$3 \cdot 10^{10}$				
1 mm	$3 \cdot 10^{11}$				(Extremely high Frequ.)
100 μm	$3 \cdot 10^{12}$	Lichtwellen		Infrarot	Wärmestrahlen
10 μm	$3 \cdot 10^{13}$				
1 μm	$3 \cdot 10^{14}$			Sichtbares Licht	
10^3 Å	$3 \cdot 10^{15}$			Ultraviolett	
10^2 Å	$3 \cdot 10^{16}$	Röntgenstrahlen			
10 Å	$3 \cdot 10^{17}$				
1 Å	$3 \cdot 10^{18}$				
10^{-1} Å	$3 \cdot 10^{19}$				
10^{-2} Å	$3 \cdot 10^{20}$	Gammastrahlen		Radioaktivität	
1 X	$3 \cdot 10^{21}$				
10^{-1} X	$3 \cdot 10^{22}$	Kosm. Strahlen			
10^{-2} X	$3 \cdot 10^{23}$				
10^{-3} X	$3 \cdot 10^{24}$				

1.1 Tabellenteil

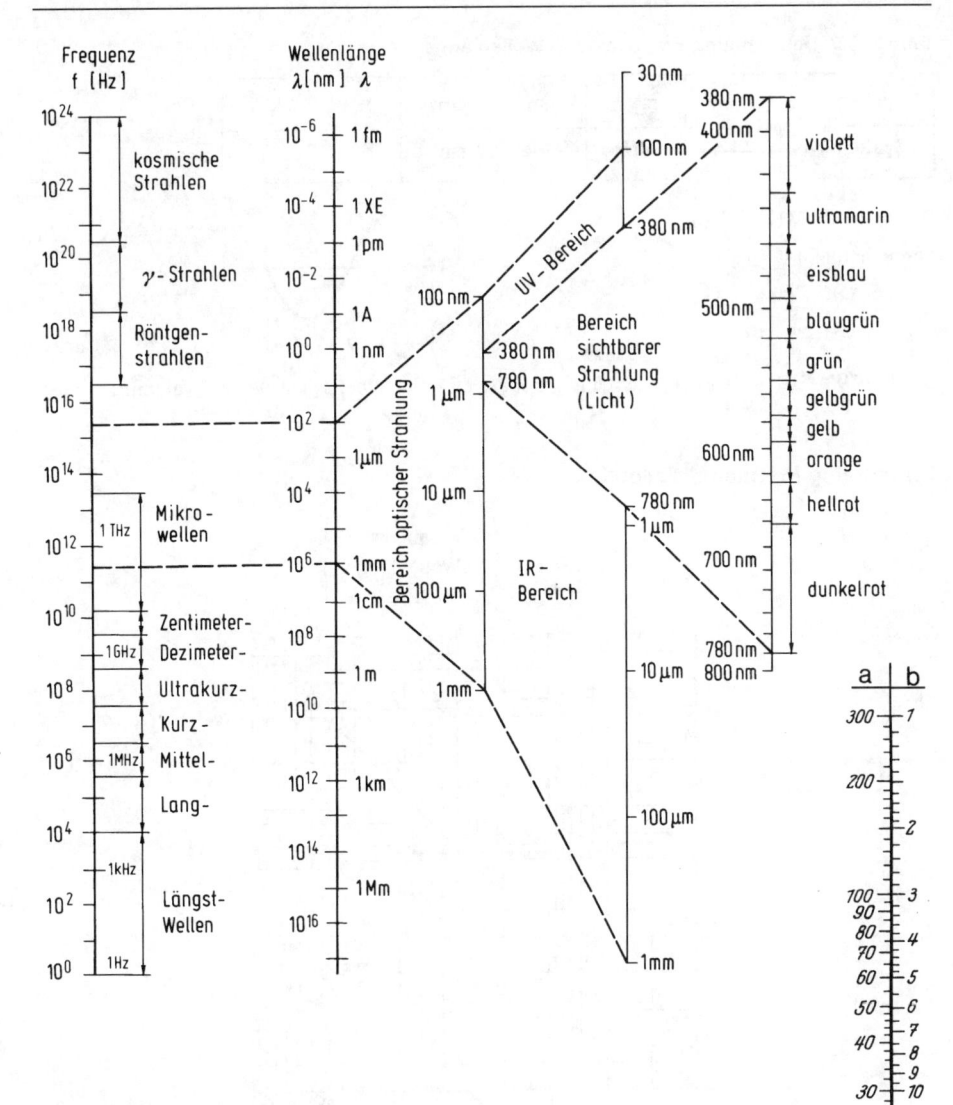

Das Spektrum des sichtbaren Lichtes

Wellenlänge Å (10^{-8} cm)	Frequenz x 10^{12} Hz	Spektrallinie	Farbe
7608	395	A	rot
6867	437	B	hellrot
6563	458	C	orange
5890	509	D	gelb
5270	570	E	grün
4861	616	F	hellblau
4308	695	G	dunkelblau
3968	752	H	violett

1 Praktische Entwurfsdaten der Elektronik

Tabelle 6.2 Umrechnung Frequenz und Wellenlänge

Spalte a	km	m	mm	GHz	MHz	kHz
Spalte b	kHz	MHz	GHz	mm	m	km

Beispiel: 100 MHz ≙ 3 m
Umrechnung:

$$\lambda = \frac{c}{f}$$

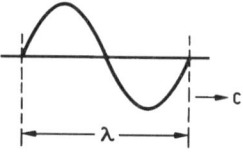

$c = 2{,}99792 \cdot 10^8 \, \frac{m}{s}$ (Wellengeschwindigkeit der elektromagnetischen Welle – Vakuum)

Umrechung Frequenz-Wellenlänge

$$f \cdot \lambda = c_o \quad \begin{cases} f: \text{Frequenz} \\ \lambda: \text{Wellenlänge} \\ c_o: \text{Lichtgeschw.} \end{cases}$$

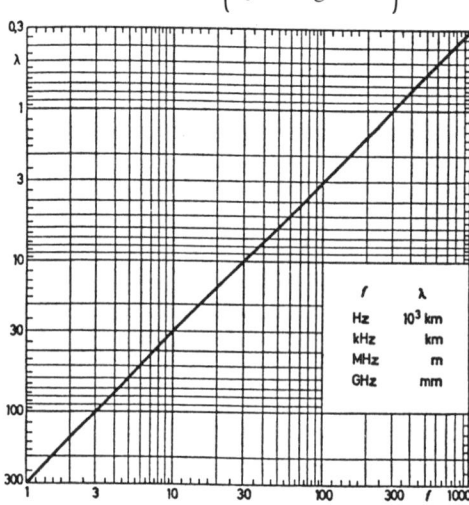

f	λ
Hz	10^3 km
kHz	km
MHz	m
GHz	mm

In anderen Medien als Vakuum (Luft) ergibt sich eine andere Fortpflanzungsgeschwindigkeit, nämlich

$$c = \frac{c_o}{\sqrt{\epsilon \cdot \mu}} \quad \begin{pmatrix} \epsilon: \text{Dielektrizitätskonstante des betr. Mediums} \\ \mu: \text{Permeabilität des betreffenden Mediums} \end{pmatrix}$$

Die Beziehung zwischen Wellenlänge und Frequenz wird somit

$$\lambda = \frac{c}{f} = \frac{c_o}{f \cdot \sqrt{\epsilon \cdot \mu}}$$

Bei gegebener Frequenz f (Wellenlänge λ) muß also die aus dem Nomogramm ermittelte Wellenlänge λ (Frequenz f) durch $\sqrt{\epsilon \cdot \mu}$ dividiert werden.
In Hohlleitern gelten besondere Gesetzmäßigkeiten.

Tabelle 6.3 Ausbreitungseigenschaften einzelner Frequenzbereiche

Wellenbereich (DIN 40015)	Frequenzbereich	Ausbreitungseigenschaften
100...10 km Myriameterwellen	3...30 kHz VLF; CCIR-Band 4	praktisch ohne Raumwelle u. Schwunderscheinungen; Reichweite z. B. 20 000 km
10 000...1000 m Kilometerwellen	30...300 kHz LF; CCIR-Band 5	vorwiegend Bodenwellen mit Schattenwurf durch entsprechend große Hindernisse im kurzwelligen Bereich; Raumwelle wird von Ionosphäre nicht reflektiert, sondern auf große Entfernungen geführt
1000...100 m Hektometerwellen	300...3000 kHz MF; CCIR-Band 6	tags vorwiegend Bodenwellen (Nahempfang), nachts erhöhte Reichweite der Raumwelle und Fading; Reichweite je nach Senderleistung z. B. 1500 bis 4000 km
100...10 m Dekameterwellen Kurzwellen	3...30 MHz HF; CCIR-Band 7	allgemein: mit zunehmender Frequenz geringere Bedeutung der Bodenwelle und tote Zone um Sender (30... über 100 km); Weitempfang durch mehrfach an der Ionosphäre reflektierte Raumwellen.
100...50 m	3... 6 MHz	Labile Ausbreitungsverhältnisse, nachts tote Zone; Reichweiten wenig senderabhängig, z. B. 400 (tags) bis 3000 km (nachts);
50...30 m	6...10 MHz	mit toter Zone und Fading, i. a. aber stabile Ausbreitungsbedingungen; Reichweiten tags bis 5000 km, nachts bis 15 000 km;
30...15 m	10...20 MHz	Reichweiten: Sommertag bis 20 000 km, Winternacht bis 25 000 km; Wintertag und Sommernacht wegen Dämmerungszone weniger;
15...10 m	20...30 MHz	Weitverkehr kurzzeitig (Sommertag) möglich, wenn Raumwelle reflektiert wird.
10...1 m Meterwellen, UKW	30...300 MHz VHF; CCIR-Band 8	nahezu quasioptische Ausbreitung mit regelmäßigen Schattenreichweiten und meteorologisch bedingten Überreichweiten; Raumwelle kehrt nicht zur Erde zurück.
1...0,1 m Dezimeterwellen	300...3000 MHz UHF; CCIR-Band 9	quasioptische Ausbreitung
10...1 cm Zentimeterwellen	3...30 GHz SHF; CCIR-Band 10	quasioptische Ausbreitung
10...1 mm Millimeterwellen	30...300 GHz EHF; CCIR-Band 11	quasioptische Ausbreitung
1...0,1 mm Dezimillimeterwellen	300...3000 GHz CCIR-Band 12	quasioptische Ausbreitung Übergang in das Infrarotgebiet

Die Reichweitenangaben dienen nur dem Vergleich zwischen den einzelnen Bereichen, sie sind also keine absoluten Werte.

In den Abkürzungen der englischen Bereichsbezeichnungen bedeuten:

F = Frequency (Frequenz); E = Extreme (besonders); H = High (hoch); L = Low (niedrig); M = Middle (Mittel-); S = Super (Über-); U = Ultra; V = Very (sehr).

1 Praktische Entwurfsdaten der Elektronik

Tabelle 6.4 Verwendung wichtiger Frequenzbereiche

Frequenz	Wellenlänge	zugewiesen für:
10 kHz	**30000 m**	**Bereich ab:**
9 - 14		Navigationsfunkdienst, Funkortung
14 - 19,95		Fester Funkdienst, Beweglicher Seefunkdienst
15,762/8	19033 - 19026	Raumforschung und andere Dienste
16	18750	Fernsprechgebührenanzeige
18,030/8		Raumforschung und andere Dienste
19,95 - 20,05	15000	Normalfrequenz und Zeitzeichenfunkdienst (20 kHz)
20,05 - 70		Fester Funkdienst, Beweglicher Seefunkdienst
39	7692	Tf-Wechselsprechanlagen
70,31	4266,8	Drahtloser Personenruf
70 - 72		Navigationsfunkdienst
72 - 84		Fester Funkdienst, Beweglicher Seefunkdienst
84 - 86		Navigationsfunkdienst
86 - 90		Fester Funkdienst, Beweglicher Seefunkdienst
100 kHz	**3000 m**	**Bereich ab:**
90 - 112		Weitstrecken-Funknavigation
112 - 115		Navigationsdienst
115 - 125		Fester Funkdienst, Beweglicher Seefunkdienst
126 - 129		Navigationsfunkdienst
129 - 148,8		Fester Funkdienst, Beweglicher Seefunkdienst
135	2222	Hf-Drahtfunk
143	2079,9	Seefunkdienst - Anruffrequenz
148,5 - 255		Rundfunkdienst
151	1986,755	Bezugsfrequenz (Deutschlandfunk)
255 - 283,5		Rundfunkdienst/Navigationsfunkdienst
150 ÷ 285	2000 - 1050	Langwellen-Rundfunk
283,5 - 315		Navigationsfunkdienst
315 - 405		Flugnavigationsfunkdienst
333	900	Allgemeine Luftfunk-Anruffrequenz
405 - 415		Navigationsfunkdienst
410		Seenavigationsdienst (Funkpeilung)
415 - 495		Flugnatigationsfunkdienst, Beweglicher Seefunkdienst
500	600	Internationale Anruf und Norfrequenz
505 - 526,5		Beweglicher Seefunkdienst, Flugnavigationsfunkdienst
526,5 - 16065	560 - 189	Rundfunkdienst, Mittelwellenrundfunk

1.1 Tabellenteil

Frequenz	Wellenlänge	zugewiesen für:
1 MHz	**300 m**	**Bereich ab:**
1,6065 - 1,625		Fester Funkdienst, Beweglicher Seefunkdienst, Beweglicher Landfunkdienst
1,625 - 1,635		Nichtnavigatorischer Ortungsdienst
1,635 - 1,800		Fester Funkdienst, Beweglicher Seefunkdienst, Beweglicher Landfunkdienst
1,800 - 1,810		Nichtnavigatorischer Ortungsdienst
1,810 - 1,830		Fester Funkdienst, Beweglicher Funkdienst[5])
1830 - 1,890		Amateurfunkdienst, Fester Funkdienst, Beweglicher Funkdienst[5])
1,950		Auch für Loran Navigation
1,715 - 2,00	160 m-Band	Amateure (160 m-Band) Weitstreckennavigation
1,890 - 2,045		Fester Funkdienst, Beweglicher Funkdienst[5])
2,025 - 2,045		Wetterhilfen-Funkdienst
2,045 - 2,160		Fester Funkdienst, Beweglicher Seefunkdienst, Beweglicher Landfunkdienst
2,091	143,47	Seefunk- Telegrafie-Anruffrequenz
2,160 - 2,170		Nichtnavigatorischer Ortungsdienst
2,170 - 2,1735		Beweglicher Seefunkdienst
2,1735 - 2,1905		Beweglicher Funkdienst (Notfall und Anruf)
2,182	137,49	Seefunk- Not- und Anruffrequenz
2,1905 - 2,194		Beweglicher Seefunkdienst
2,194 - 2,498		Fester Funkdienst, Beweglicher Funkdienst[5])
2,498 - 2,502	120	Normalfrequenz und Zeitzeichen Funkdienst (2500 kHz)
2,502 - 2,625		Fester Funkdienst, Beweglicher Funkdienst[5])
2,625 - 2,650		Beweglicher Funkdienst[5])
2,638	113,72	Seesprechfunkverkehr
2,650 - 2,850		Fester Funkdienst, Beweglicher Funkdienst[5])
2,850 - 3,155		Beweglicher Flugfunkdienst
3,155 - 3,400		Fester Funkdienst, Beweglicher Funkdienst[5])
3,400 - 3,500		Beweglicher Flugfunkdienst
3,453	86,88	Hubschrauber (Nordsee)
3,500 - 3,800	80 m-Band	Amateurfunkdienst (80 m-Band)
3,800 - 3,900		Fester Funkdienst, Beweglicher Funkdienst[5])
3,900 - 3,950		Beweglicher Flugfunkdienst
3,950 - 4,000		Fester Funkdienst, Beweglicher Funkdienst, Rundfunkdienst
4,000 - 4,438		Seefunkdienste
4,438 - 4,650		Fester Funkdienst, Beweglicher Funkdienst[5])
4,650 - 4,750		Beweglicher Flugfunkdienst
4,750 - 4,850		Fester Funkdienst, Beweglicher Flugfunkdienst, Beweglicher Landfunkdienst
4,850 - 4,995		Fester Funkdienst, Beweglicher Landfunkdienst
4,995 - 5,005	60,0	Normalfrequenz und Zeitzeichenfunkdienst (5000 kHz)
5,005 - 5,250		Fester Funkdienst
5,250 - 5,450		Fester Funkdienst, Beweglicher Funkdienst[5])

1 Praktische Entwurfsdaten der Elektronik

Frequenz	Wellenlänge	zugewiesen für:
5,450 – 5,480		Fester Funkdienst, Beweglicher Flugfunkdienst, Beweglicher Landfunkdienst
5,480 – 5,730		Beweglicher Flugfunkdienst
5,645	53,14	Hubschrauber (Nordsee)
5,730 – 5,950		Fester Funkdienst, Beweglicher Landfunkdienst
5,950 – 6,200	49 m-Band	Rundfunkdienst (49 m-Rundfunkband)
6,200 – 6,525		Beweglicher Seefunkdienst
6,525 – 6,765		Beweglicher Flugfunkdienst
6,526	45,97	Luftfahrtdienste (weltweit)
6,765 – 7,000		Fester Funkdienst
7,000 – 7,100		Amateurfunkdienst, Amateurfunkdienst über Satelliten
7,100 – 7,300	41 m-Band	Rundfunkdienst
7,300 – 8,100		Fester Funkdienst
8,100 – 8,195		Fester Funkdienst, Beweglicher Seefunkdienst
8,195 – 8,815		Beweglicher Seefunkdienst
8,815 – 9,040		Beweglicher Flugfunkdienst
9,040 – 9,500		Fester Funkdienst
9,500 – 9,775	31,58 – 30,69	Rundfunkdienst (31 m-Rundfunkband)
9,775 – 9,990		Fester Funkdienst, Rundfunkdienst
9,900 – 9,995		Fester Funkdienst
10 MHz	**30 m**	**Bereich ab:**
9,995 – 10,005	30	Normalfrequenz und Zeitzeichenfunkdienst
10,003 – 10,005	29,991 – 29,985	Raumforschung und Weltraumfunkdienst
10,005 – 10,100		Beweglicher Flugfunkdienst
10,100 – 11,175		Fester Funkdienst
11,175 – 11,400		Beweglicher Flugfunkdienst
11,400 – 11,650		Fester Funkdienst
11,650 – 11,700		Fester Funkdienst, Rundfunkdienst
11,700 – 11,975	25 m-Band	Rundfunkdienst (25 m-Band)
11,975 – 12,050		Fester Funkdienst, Rundfunkdienst
12,050 – 12,230		Fester Funkdienst
12,230 – 12,330		Fester Funkdienst, Beweglicher Seefunkdienst
12,330 – 13,200		Beweglicher Seefunkdienst
13,200 – 13,360		Beweglicher Flugfunkdienst
13,360 – 13,410		Fester Funkdienst, Radioastronomiefunkdienst
13,410 – 13,600		Fester Funkdienst
13,560 ± 0,05 %	22,124	HFG Ausnahmefrequenz (5 W); Fernsteuerungen
13,600 – 13,800		Fester Funkdienst, Rundfunkdienst
13,800 – 14,000		Fester Funkdienst
14,000 – 14,250	20 m-Band	Amateurfunkdienst, Amateurfunkdienst über Satelliten
14,250 – 14,350	20 m-Band	Amateurfunkdienst
14,350 – 14,990		Fester Funkdienst
14,990 – 15,010	20,0	Normalfrequenz und Zeitzeichenfunkdienst (15000 kHz)
15,010 – 15,100		Beweglicher Flugfunkdienst
15,100 – 15,450	19 m-Band	Rundfunkdienst (19 m-Band)
15,450 – 15,600		Fester Funkdienst, Rundfunkdienst
15,600 – 16,360		Fester Funkdienst

Frequenz	Wellenlänge	zugewiesen für:
16,360 – 16,460		Fester Funkdienst, Beweglicher Seefunkdienst
16,460 – 17,360		Beweglicher Seefunkdienst
17,360 – 17,410		Fester Funkdienst, Beweglicher Seefunkdienst
17,410 – 17,550		Fester Funkdienst
17,550 – 17,700		Fester Funkdienst, Rundfunkdienst
17,700 – 17,900	16 m–Band	Rundfunkdienst (16 m–Rundfunkband)
17,900 – 18,030		Beweglicher Flugfunkdienst
18,030 – 18,068		Fester Funkdienst
18,068 – 18,168		Fester Funkdienst, Amateurfunkdienst, Amateurfunkdienst über Satelliten
18,168 – 18,780		Fester Funkdienst
18,780 – 18,900		Fester Funkdienst, Beweglicher Seefunkdienst
18,900 – 19,680		Fester Funkdienst
19,680 – 19,800		Fester Funkdienst, Beweglicher Seefunkdienst
19,800 – 19,990		Fester Funkdienst
19,990 – 20,010	15,0	Normalfrequenz und Zeitzeichenfunkdienst Raumforschung, Weltraumfunkdienst
20,007	14,995	Weltraum- Notruf-Frequenz
20,010 – 21,000		Fester Funkdienst
21,000 – 21,450	15 m–Band	Amateurfunkdienst, Amateurfunkdienst über Satelliten
21,450 – 21,750	13 m–Band	Rundfunkdienst (13 m–Band)
21,750 – 21,850		Fester Funkdienst, Rundfunkdienst
21,850 – 21,924		Fester Funkdienst
21,924 – 22,000		Beweglicher Flugfunkdienst
22,000 – 22,720		Beweglicher Seefunkdienst
22,720 – 22,855		Fester Funkdienst, Beweglicher Seefunkdienst
22,855 – 23,200		Fester Funkdienst
23,200 – 23,350		Beweglicher Flugfunkdienst
23,350 – 24,000		Fester Funkdienst, Beweglicher Funkdienst[5]
24,000 – 24,890		Fester Funkdienst, Beweglicher Landfunkdienst
24,890 – 24,990		Fester Funkdienst, Beweglicher Landfunkdienst, Amateurfunkdienst, Amateurfunkdienst über Satelliten
24,990 – 25,010	12,0	Normalfrequenz und Zeitzeichenfunkdienst, (25000 kHz) Weltraumforschungsfunkdienst
25,010 – 25,070		Fester Funkdienst, Beweglicher Funkdienst[5]
25,070 – 25,110	11,97 – 11,95	Beweglicher Seefunkdienst, Seefunkstellen
25,110 – 25,210		Fester Funkdienst, Beweglicher Landfunkdienst, Beweglicher Seefunkdienst
25,210 – 25,550		Fester Funkdienst, Beweglicher Funkdienst[5]
25,550 – 25,600		Fester Funkdienst, Beweglicher Funkdienst[5]
25,500 – 25,600		Radioastronomiefunkdienst
25,600 – 25,670		Radioastronomiefunkdienst
25,670 – 26,100	11 m–Band	Rundfunkdienst (11 m–Band)
26,100 – 26,175		Fester Funkdienst, Beweglicher Landfunkdienst, Beweglicher Seefunkdienst
26,175 – 27,500		Fester Funkdienst, Beweglicher Funkdienst[5]
26,965 – 27,405	11 m–Band	Amateure, Sprechfunk (40 Kanäle 0,1 Watt)
27,005 – 27,135		Sprechfunk kleiner Leistung[1]
27,120 ± 0,6 %	11,0497	HFG–Ausnahmefrequenz
27,500 – 28,000	10,91 – 10,71	Beweglicher Funkdienst, Wettersonden

1 Praktische Entwurfsdaten der Elektronik

Frequenz	Wellenlänge	zugewiesen für:
28,000 – 29,700	10 m-Band	Amateurfunkdienst, Amateurfunkdienst über Satelliten
29,450		OSCAR 5
29,700 – 30,005		Fester Funkdienst
30,005 – 30,010		Beweglicher Funkdienst, Weltraumfernwirkfunkdienst, Weltraumforschungsfunkdienst
30,010 – 47,000		Beweglicher Funkdienst
31,700 – 41,000		Sprechfunk[1]) z. T. beweglicher Betriebsfunk
32,600 – 39,400	9,2 – 7,61	Streustrahlungsweitverkehr (Scatter)
36,700 ± 90 kHz	8,147	Drahtlose Mikrofone (1 mW) auch 37,9 MHz
37,100 ± 90 kHz	8,086	
37,950 – 41,000		Funkastronomie
39,986 – 40,002		Weltraumfunkdienst, Raumforschung
40,680 ± 0,05 %	7,4746	HFG-Ausnahmefrequenz (5 W)
40,715 – 40,985	7,377 – 7,372	Modellfernsteuerung
47,000 – 68,000		Rundfunkdienst, Beweglicher Landfunkdienst, UKW-Fernsehbereich 1
50,000 – 54,000		Amateurfunkdienst
68,000 – 70,000		Beweglicher Landfunkdienst
68,010 – 68,030	4,411 – 4,408	Grubenalarmfunk
70,000 – 74,200		Fester Funkdienst, Beweglicher Funkdienst[5])
74,200 – 74,800		Beweglicher Landfunkdienst
73,000 – 74,600		Funkastronomie
75,200 – 78,700		Beweglicher Landfunkdienst
75,275 – 77,475		4 m[1])
78,700 – 84,000		Beweglicher Funkdienst[5])
80,000		Funksprech-Band
84,000 – 87,500		Beweglicher Landfunkdienst
85,075 – 87,275		4 m[1])
87,300 – 87,500	3,436 – 3,429	Europäischer Funkdienst, (AM)-Eurosignal
68,0 – 87,5	4,41 – 3,43	UKW-Sprechfunk[1]), Beweglicher Betriebsfunk
87,500 – 88,000		Rundfunkdienst, Beweglicher Landfunkdienst
100 MHz	**3 m**	**Bereich ab:**
88,000 – 108,00		Rundfunkdienst, UKW-Rundfunk
108,00 – 117,975		Flugnavigationsfunkdienst
117,975 – 136,000		Beweglicher Flugfunkdienst
121,500	2,4691	Flugfunkdringlichkeitsfrequenz
136,000 – 137,000		Beweglicher Flugfunkdienst, Weltraumfernwirkfunkdienst, Wetterfunkdienst über Satelliten, Weltraumforschungsfunkdienst[3])
137,000 – 138,000		Weltraumfernwirkfunkdienst, Wetterfunkdienst über Satelliten, Weltraumforschungsfunkdienst[3])
138,000 – 144,000		Beweglicher Flugfunkdienst, Beweglicher Landfunkdienst, Weltraumforschungsfunkdienst[3])
144,000 – 146,000	2 m-Band	Amateurfunkdienst, Amateurfunkdienst über Satelliten
144,050		OSCAR 5
145,000	2,069	Anruffrequenz, bes. mobile Stationen

1.1 Tabellenteil

Frequenz	Wellenlänge	zugewiesen für:
145,950 – 146,000	2,005	Bakensender (Dauerbetrieb)
146,000 – 156,000		37 Kanäle Sprechfunknetze[2])
146,000 – 149,900		Beweglicher Landfunkdienst
149,900 – 150,050		Navigationsfunkdienst über Satelliten
150,050 – 156,7625		Beweglicher Funkdienst[5])
150,980 – 151,160	1,987 – 1,985	Fernwirk-, meß-, Kommandoanlagen
156,7625 – 156,8375		Beweglicher Seefunkdienst (Notfall und Anruf)
156,8375 – 174,000		Beweglicher Funkdienst[5]) Autostraßenfunk[2])
163,250 – 163,450		Fernwirk-, meß-, Kommandoanlagen
167,560 – 173,980		2 m[1])
174,000 – 223,000		Rundfunkdienst (UKW-Fernsehbereich III VHF)
223,000 – 230,000		Beweglicher Landfunkdienst, Rundfunkdienst
230,000 – 328,600		Beweglicher Funkdienst, Fester Funkdienst
243,000	1,2346	Funkstellen in Rettungsfahrzeugen
272,000 – 273,000		Weltraumfernwirkfunkdienst[3])
273,000 – 328,600	1,099 – 0,913	Feste und bewegliche Funkdienste
328,600 – 335,400	0,913 – 0,894	Flugnavigatonsfunkdienst ILS, Funknavigation
335,400 – 399,900		Beweglicher Funkdienst, Fester Funkdienst
399,900 – 400,050		Navigationsfunkdienst über Satelliten
400,050 – 400,150	0,75	Normalfrequenz und Zeitzeichenfunkdienst über Satelliten (400,1 MHz)
400,150 – 401,000		Wtterhilfenfunkdienst, Wetterfunkdienst über Satelliten[3]), Weltraumforschungsfunkdienst[3]), Weltraumfernwirkfunkdienst[3])
401,000 – 402,000		Wetterhilfenfunkdienst, Weltraumfernwirkfunkdienst[3]), Wetterfunkdienst über Satelliten[4])
402,000 – 403,000		Wetterhilfenfunkdienst, Wetterfunkdienst über Satelliten
403,000 – 406,000		Wetterhilfenfunkdienst
406,000 – 406,100		Beweglicher Funkdienst über Satelliten[4])
406,100 – 408,000		Radioastronomiefunkdienst, Wetterhilfenfunkdienst
408,000 – 410,000		Radioastronomiefunkdienst
410,000 – 420,000		Beweglicher Landfunkdienst
420,000 – 430,000		Fester Funkdienst
430,000 – 440,000	70 cm-Band	Amateurfunkdienst, (TV-)Amateure (70 cm-Band), Ortung
433,93 ± 0,2 %	0,69137	Industriefrequenz, Modellfernsteuerung, Meßwertübertragung
440,000 – 470,000		Beweglicher Landfunkdienst
461,04 ± 0,2 %	0,65070	HFG-Ausnahmefrequenz
467,7 ± 0,01 %	0,6414	Sprechfunk[1]) (1 W)
468,75 ± 0,2 %	0,640	Personenruf- u.a. Anlagen (5 W)
470,000 – 790,000	0,638 – 0,3513	Rundfunkdienst (Dezimeter-Fernsehbereich TV/V)
790,000 – 960,000		Fester Funkdienst, Beweglicher Funkdienst[5])
960,000 – 1215		Flugnavigationsfunkdienst
1 GHz	30 cm	**Bereich ab:**
1,215 – 1,24		Ortungsfunkdienst, Navigationsfunkdienst über Satelliten[3])
1,24 – 1,25	24 cm-Band	Ortungsfunkdienst, Navigationsfunkdienst über Satelliten[3]), Amateurfunkdienst (24 cm-Band)

1 Praktische Entwurfsdaten der Elektronik

Frequenz	Wellenlänge	zugewiesen für:
1,25 - 1,26		Flugnavigationsfunkdienst, Amateurfunkdienst (24 cm-Band)
1,26 - 1,3	24 cm-Band	Ortungsfunkdienst, Amateurfunkdienst (24 cm-Band)
1,3 - 1,34		Nichtnavigatorischer Ortungsfunkdienst, Bodenradar
1,34 - 1,35		Flugnavigationsfunkdienst, Bodenradar
1,35 - 1,4		Nichtnavigatorischer Ortungsfunkdienst
1,4 - 1,427		Radioastronomiefunkdienst, Erderkundungsfunkdienst über Satelliten (passiv), Weltraumforschungsfunkdienst (passiv)
1,42	0,2213	Rubin-Maser
1,427 - 1,429		Weltraumfernwirkfunkdienst[4])
1,429 - 1,525		Fester Funkdienst, Beweglicher Funkdienst[5])
1,525 - 1,53		Weltraumfernwirkfunkdienst[3]), Fester Funkdienst, Erderkundungsfunkdienst über Satelliten
1,53 - 1,535		Weltraumfernwirkfunkdienst[3]), Beweglicher Seefunkdienst über Satelliten[3]), Fester Funkdienst, Erderkundungsfunkdienst über Satelliten
1,535 - 1,544		Beweglicher Seefunkdienst über Satelliten[3]) Fester Funkdienst
1544 - 1,545		Beweglicher Funkdienst über Satelliten[3]), Fester Funkdienst
1,545 - 1,559		Beweglicher Flugfunkdienst über Satelliten[3]), Fester Funkdienst
1,559 - 1,610		Fester Funkdienst, Flugnavigationsfunkdienst, Navigationsfunkdienst über Satelliten[3])
1,610 - 1,6265		Fester Funkdienst, Flugnavigationsfunkdienst
1,6265 - 1,6455		Beweglicher Seefunkdienst über Satelliten[4]), Fester Funkdienst
1,6455 - 1,6465		Beweglicher Funkdienst über Satelliten[4]), Fester Funkdienst
1,6465 - 1,660		Beweglicher Flugfunkdienst über Satelliten[4]), Fester Funkdienst
1,660 - 1,6605		Beweglicher Flugfunkdienst über Satelliten[4]), Radioastronomiefunkdienst, Fester Funkdienst
1,6605 - 1,6684		Radioastronomiefunkdienst, Weltraumforschungsfunkdienst (passiv)
1,6684 - 1,670		Radioastronomiefunkdienst, Wetterhilfenfunkdienst
1,670 - 1,690		Wetterhilfenfunkdienst, Wetterfunkdienst über Satelliten[3])
1,690 - 1,700		Wetterhilfenfunkdienst, Wetterfunkdienst über Satelliten[3]), Fester Funkdienst
1,700 - 1,710		Fester Funkdienst, Wetterfunkdienst über Satelliten[3])
1,710 - 2,320		Fester Funkdienst
2,290 - 2,300	13,1 cm - 13,043 cm	Raumforschung mit großer Raumtiefe
2,320 - 2,400		Fester Funkdienst, Beweglicher Funkdienst, Nichtnavigatorischer Ortungsfunkdienst,
2,400 - 2,450		Nichtnavigatorischer Ortungsfunkdienst, Amateurfunkdienst
2,450 ± 0,05 %	12,2449 cm	HFG-Ausnahmefrequenz
2,450 - 2,480		Fester Funkdienst, Beweglicher Funkdienst, Nichtnavigatorischer Ortungsfunkdienst

1.1 Tabellenteil

Frequenz	Wellenlänge	zugewiesen für:
2,480 – 2,655		Fester Funkdienst
2,655 – 2,695		Fester Funkdienst, Radioastronomiefunkdienst
2,695 – 2,700		Radioastronomiefunkdienst
		Erderkundungsfunkdienst über Satelliten (passiv)
		Weltraumforschungsfunkdienst (passiv)
2,700 – 2,900		Flugnavigationsfunkdienst, Bodenradar
		Nichtnavigatorischer Ortungsfunkdienst
2,900 – 3,100		Navigationsfunkdienst, Nichtnavigatorischer
		Ortungsfunkdienst, Bodenradar
2,900 – 3,400		Nichtnavigatorischer Ortungsfunkdienst
3,400 – 3,475		Fester Funkdienst, Amateurfunkdienst
3,30 – 3,50	8 cm–Band	Funkortung, Amateure (8 cm–Band), Fester Funkdienst
3,520 – 3,600		Fester Funkdienst, Nichtnavigatorischer
		Ortungsfunkdienst
3,600 – 4,200		Fester Funkdienst, Fester Funkdienst über Satelliten[3])
3,400 – 4,200		Nachrichten-Satelliten[3])
4,200 – 4,210		Flugnavigationsfunkdienst, Fester Funkdienst
4,210 – 4,400		Flugnavigationsfunkdienst
4,400 – 4,800		Fester Funkdienst
4,400 – 4,700		Nachrichten-Satelliten[4])
4,800 – 5,000		Fester Funkdienst, Radioastronomiefunkdienst
4,829649	6,212 cm	Formaldehyd-Linie
5,000 – 5,250		Flugnavigationsfunkdienst
5,250 – 5,350		Nichtnavigatorischer Ortungsfunkdienst
5,350 – 5,460		Flugnavigationsfunkdienst,
		Nichtnavigatorischer Ortungsfunkdienst
5,460 – 5,470		Navigationsfunkdienst,
		Nichtnavigatorischer Ortungsfunkdienst
5,470 – 5,650		Seenavigationsfunkdienst,
		Nichtnavigatorischer Ortungsfunkdienst
5,650 – 5,725		Nichtnavigatorischer Ortungsfunkdienst,
		Amateurfunkdienst
5,660	5,3 cm	Gas-Maser
5,725 – 5,755		Nichtnavigatorischer Ortungsfunkdienst,
		Amateurfunkdienst
5,755 – 5,850		Nichtnavigatorischer Ortungsfunkdienst,
		Fester Funkdienst, Amateurfunkdienst
5,800 ± 0,075	5,1724 cm	HFG–Ausnahmefrequenz
5,850 – 5,875		Fester Funkdienst
5,875 – 5,925		Fester Funkdienst, Beweglicher Funkdienst
5,925 – 6,525		Fester Funkdienst, Fester Funkdienst über Satelliten[4])
6,525 – 7,250		Fester Funkdienst
7,250 – 7,300		Fester Funkdienst über Satelliten
		(Nachrichten-Satelliten) [3])
		Beweglicher Funkdienst über Satelliten
7,300 – 7,725		Fester Funkdienst, Fester Funkdienst über Satelliten[3])
		(Nachrichten-Satelliten)
7,725 – 7,750		Fester Funkdienst, Beweglicher Funkdienst[5]),
		Fester Funkdienst über Satelliten
		(Nachrichten-Satelliten) [3])
7,750 – 7,900		Fester Funkdienst, Beweglicher Funkdienst[5]

Frequenz	Wellenlänge	zugewiesen für:
7,900 - 7,975		Fester Funkdienst, Beweglicher Funkdienst[5]), Beweglicher Funkdienst über Satelliten, Fester Funkdienst über Satelliten[4]) (Nachrichten-Satelliten)
7,975 - 8,025		Fester Funkdienst über Satelliten[4]), Beweglicher Funkdienst über Satelliten
8,025 - 8,100		Fester Funkdienst, Beweglicher Funkdienst, Fester Funkdienst über Satelliten[4])
8,100 - 8,400		Fester Funkdienst über Satelliten[4]), Fester Funkdienst
8,400 - 8,500		Weltraumforschungsfunkdienst[3]), Fester Funkdienst
8,500 - 8,825		Nichtnavigatorischer Ortungsfunkdienst
8,825 - 9,000		Nichtnavigatorischer Ortungsfunkdienst, Seenavigationsfunkdienst
9,000 - 9,200		Flugnavigationsfunkdienst, Seenavigationsfunkdienst, Nichtnavigatorischer Ortungsfunkdienst
9,200 - 9,300		Nichtnavigatorischer Ortungsfunkdienst, Seenavigationsfunkdienst
9,300 - 9,800		Nichtnavigatorischer Ortungsfunkdienst, Navigationsfunkdienst
9,800 - 10,000		Nichtnavigatorischer Ortungsfunkdienst, Fester Funkdienst, Beweglicher Funkdienst
10 GHz	**3 cm**	**Bereich ab:**
10 - 10,4		Nichtnavigatorischer Ortungsfunkdienst, Amateurfunkdienst, Beweglicher Funkdienst, Meßfunkdienst
10,4 - 10,45		Fester Funkdienst, Beweglicher Funkdienst, Amateurfunkdienst, Meßfunkdienst
10,45 - 10,5		Fester Funkdienst, Amateurfunkdienst, Amateurfunkdienst über Satelliten, Beweglicher Funkdienst, Meßfunkdienst
10,5 - 10,6		Fester Funkdienst
10,6 - 10,68		Fester Funkdienst, Radioastronomiefunkdienst, Erderkundungsfunkdienst über Satelliten
10,68 - 10,7		Radioastronomiefunkdienst, Erderkundungsfunkdienst über Satelliten (passiv), Weltraumforschungsfunkdienst (passiv)
10,7 - 11,7		Fester Funkdienst, Fester Funkdienst über Satelliten[3])
11,7 - 12,5		Fester Funkdienst, Rundfunkdienst über Satelliten
12,5 - 12,75		Fester Funkdienst über Satelliten[3]) [4]), Fester Funkdienst, Beweglicher Funkdienst[5])
12,75 - 13,25		Fester Funkdienst, Fester Funkdienst über Satelliten[4])
13,25 - 13,4		Flugnavigationsfunkdienst
13,4 - 14		Nichtnavigatorischer Ortungsfunkdienst
14 - 14,25		Fester Funkdienst über Satelliten[4])
14,25 - 14,47		Fester Funkdienst, Fester Funkdienst über Satelliten[4])
14,3 - 14,4		Funknavigationssatelliten
14,47 - 14,5		Fester Funkdienst, Fester Funkdienst über Satelliten[4]), Radioastronomiefunkdienst
14,5 - 14,62		Fester Funkdienst

Frequenz	Wellenlänge	zugewiesen für:
14,62 – 15,23		Fester Funkdienst, Beweglicher Funkdienst
15,23 – 15,35		Fester Funkdienst
15,35 – 15,4		Erderkundungsfunkdienst über Satelliten (passiv), Weltraumforschungsfunkdienst (passiv), Radioastronomiefunkdienst
15,4 – 15,7		Flugnavigationsfunkdienst
15,7 – 17,3		Nichtnavigatorischer Ortungsfunkdienst
17,3 – 17,7		Fester Funkdienst über Satelliten[4]), Nichtnavigatorischer Ortungsfunkdienst, Fester Funkdienst, Beweglicher Funkdienst
17,7 – 18,1		Fester Funkdienst, Fester Funkdienst über Satelliten[3)4)]
18,1 – 19,7		Fester Funkdienst, Fester Funkdienst über Satelliten[3])
19,7 – 20,2		Fester Funkdienst über Satelliten[3])
20,2 – 21,2		Fester Funkdienst über Satelliten[3]), Beweglicher Funkdienst über Satelliten[3])
21,2 – 22,21		Fester Funkdienst
22,125 ± 0,125	1,3559 cm	Ausnahmefrequenz für die Industrie
22,21 – 22,5		Fester Funkdienst, Radioastronomiefunkdienst, Erderkundungsfunkdienst über Satelliten (passiv), Weltraumforschungsfunkdienst (passiv)
22,235	1,3492 cm	Wasserstoff- (Ruhe-) Spektrallinie
22,5 – 22,55		Beweglicher Funkdienst
22,55 – 23		Beweglicher Funkdienst, Intersatellitenfunkdienst
23 – 23,55		Fester Funkdienst, Beweglicher Funkdienst, Intersatellitenfunkdienst
23,55 – 23,6		Beweglicher Funkdienst
23,6 – 24		Radioastronomiefunkdienst, Erderkundungsfunkdienst über Satelliten (passiv), Weltraumforschungsfunkdienst (passiv)
24 – 24,05		Amateurfunkdienst, Amateurfunkdienst über Satelliten
24,05 – 24,25		Nichtnavigatorischer Ortungsfunkdienst, Amateurfunkdienst, Erderkundungsfunkdienst über Satelliten (aktiv)
24,25 – 25,25		Navigationsfunkdienst
25,25 – 27		Fester Funkdienst, Beweglicher Funkdienst Erderkundungsfunkdienst über Satelliten (Weltraum-Weltraum), Normalfrequenz und Zeitzeichenfunkdienst über Satelliten[4])
27 – 27,5		Fester Funkdienst, Beweglicher Funkdienst, Welterkundungsfunkdienst über Satelliten (Weltraum-Weltraum)
31,0 – 31,3		Beweglicher Funkdienst
31,3 – 31,5		Radioastronomiefunkdienst, Erderkundungsfunkdienst über Satelliten (passiv), Weltraumforschungsfunkdienst (passiv)
31,5 – 31,8		Radioastronomiefunkdienst, Erderkundungsfunkdienst (passiv), Weltraumforschungsfunkdienst (passiv) Beweglicher Funkdienst[5])
31,8 – 32		Navigationsfunkdienst
32,0 – 33		Navigationsfunkdienst, Intersatellitenfunkdienst

Frequenz	Wellenlänge	zugewiesen für:
33 – 33,4		Navigationsfunkdienst
33,4 – 35,2		Nichtnavigatorischer Ortungsfunkdienst
35,2 – 36		Wetterhilfenfunkdienst, Nichtnavigatorischer Ortungsfunkdienst
36 – 37		Fester Funkdienst, Beweglicher Funkdienst Erderkundungsfunkdienst über Satelliten (passiv), Weltraumforschungsfunkdienst (passiv)
37 – 37,5		Beweglicher Funkdienst
37,5 – 39,5		Fester Funkdienst, Beweglicher Funkdienst, Fester Funkdienst über Satelliten[3])
39,5 – 40,5		Fester Funkdienst, Fester Funkdienst über Satelliten[3]), Beweglicher Funkdienst, Beweglicher Funkdienst über Satelliten[3])
40,5 – 42,5		Rundfunkdienst über Satelliten, Rundfunkdienst, Fester Funkdienst, Beweglicher Funkdienst
42,5 – 43,5		Fester Funkdienst, Fester Funkdienst über Satelliten[4]), Radioastronomiefunkdienst
43,5 – 47		Beweglicher Funkdienst, Beweglicher Funkdienst über Satelliten, Navigationsfunkdienst, Navigationsfunkdienst über Satelliten
47 – 47,2		Amateurfunkdienst, Amateurfunkdienst über Satelliten
47,2 – 50,2		Fester Funkdienst, Fester Funkdienst über Satelliten[4])
50,2 – 50,4		Fester Funkdienst, Beweglicher Funkdienst, Erderkundungsfunkdienst über Satelliten (passiv), Weltraumforschungsfunkdienst (passiv)
50,4 – 51,4		Fester Funkdienst, Beweglicher Funkdienst, Fester Funkdienst über Satelliten[4]), Beweglicher Funkdienst über Satelliten[4])
51,4 – 54,25		Radioastronomiefunkdienst, Erderkundungsfunkdienst über Satelliten (passiv), Weltraumforschungsfunkdienst (passiv)
54,25 – 58,2		Intersatellitenfunkdienst, Beweglicher Funkdienst, Nichtnavigatorischer Ortungsfunkdienst, Ererkundungsfunkdienst über Satelliten (passiv), Weltraumforschungsfunkdienst (passiv)
58,2 – 59		Erderkundungsfunkdienst über Satelliten (passiv), Weltraumforschungsfunkdienst (passiv)
59 – 64		Fester Funkdienst, Beweglicher Funkdienst, Intersatellitenfunkdienst, Nichtnavigatorischer Ortungsfunkdienst
64 – 65		Radioastronomiefunkdienst, Erderkundungsfunkdienst über Satelliten (passiv), Weltraumforschungsfunkdienst (passiv)
65 – 66		Erderkundungsfunkdienst über Satelliten, Weltraumforschungsfunkdienst, Fester Funkdienst, Beweglicher Funkdienst
66 – 71		Beweglicher Funkdienst, Beweglicher Fündienst über Satelliten, Navigationsfunkdienst, Navigationsfunkdienst über Satelliten

1.1 Tabellenteil

Frequenz	Wellenlänge	zugewiesen für:
71 – 74		Fester Funkdienst, Beweglicher Funkdienst, Fester Funkdienst über Satelliten[4]), Beweglicher Funkdienst über Satelliten[4]), Beweglicher Funkdienst über Satelliten[4])
74 – 75,5		Fester Funkdienst, Fester Funkdienst über Satelliten[4]), Beweglicher Funkdienst
75,5 – 76		Amateurfunkdienst, Amateurfunkdienst über Satelliten
76 – 81		Nichtnavigatorischer Ortungsfunkdienst, Amateurfunkdienst, Amateurfunkdienst über Satelliten
81 – 84		Fester Funkdienst, Beweglicher Funkdienst, Fester Funkdienst über Satelliten[3]), Beweglicher Funkdienst über Satelliten[3])
84 – 86		Rundfunkdienst, Rundfunkdienst über Satelliten, Fester Funkdienst, Beweglicher Funkdienst
86 – 92		Radioastronomiefunkdienst, Erderkundungsfunkdienst über Satelliten (passiv), Weltraumforschungsfunkdienst (passiv)
92 – 95		Fester Funkdienst, Fester Funkdienst über Satelliten[4]), Nichtnavigatorischer Ortungsfunkdienst, Beweglicher Funkdienst
95 – 100		Beweglicher Funkdienst, Beweglicher Funkdienst über Satelliten, Navigationsfunkdienst, Navigationsfunkdienst über Satelliten, Nichtnavigatorischer Ortungsfunkdienst
100 GHz	**3 mm**	**Bereich ab:**
100 – 102		Erderkundungsfunkdienst über Satelliten (passiv), Weltraumforschungsfunkdienst (passiv), Fester Funkdienst, Beweglicher Funkdienst
102 – 105		Fester Funkdienst, Fester Funkdienst über Satelliten[3]), Beweglicher Funkdienst
105 – 116		Radioastronomiefunkdienst, Erderkundungsfunkdienst über Satelliten (passiv), Weltraumforschungsfunkdienst (passiv)
115,271	o,260256 cm	Kohlenstoffmonoxid-Linie
116 – 126		Fester Funkdienst, Beweglicher Funkdienst, Intersatellitenfunkdienst, Erderkundungsfunkdienst über Satelliten (passiv), Weltraumforschungsfunkdienst (passiv)
126 – 134		Fester Funkdienst, Beweglicher Funkdienst, Intersatellitenfunkdienst, Nichtnavigatorischer Ortungsfunkdienst
134 – 142		Beweglicher Funkdienst, Beweglicher Funkdienst über Satelliten, Navigationsfunkdienst, Navigationsfunkdienst über Satelliten, Nichtnavigatorischer Ortungsdienst
142 – 144		Amateurfunkdienst, Amateurfunkdienst über Satelliten
144 – 149		Nichtnavigatorischer Ortungsfunkdienst, Amateurfunkdienst, Amateurfunkdienst über Satelliten
149 – 150		Fester Funkdienst, Fester Funkdienst über Satelliten[3]), Beweglicher Funkdienst
150 – 151		Erderkundungsfunkdienst über Satelliten (passiv), Weltraumforschungsfunkdienst (passiv) Radioastronomiefunkdienst

Frequenz	Wellenlänge	zugewiesen für:
151 – 164		Fester Funkdienst, Fester Funkdienst über Satelliten[3], Beweglicher Funkdienst
164 – 168		Radioastronomiefunkdienst, Erderkundungsfunkdienst über Satelliten (passiv), Weltraumforschungsfunkdienst (passiv)
168 – 170		Fester Funkdienst, Beweglicher Funkdienst
170 – 174,5		Fester Funkdienst, Beweglicher Funkdienst, Intersatellitenfunkdienst
174,5 – 176,5		Erderkundungsfunkdienst über Satelliten (passiv), Weltraumforschungsfunkdienst (passiv), Radioastronomiefunkdienst
176,5 – 182		Fester Funkdienst, Beweglicher Funkdienst, Intersatellitenfunkdienst
182 – 185		Radioastronomiefunkdienst, Erderkundungsfunkdienst über Satelliten (passiv), Weltraumforschungsfunkdienst (passiv)
185 – 190		Fester Funkdienst, Intersatellitenfunkdienst, Beweglicher Funkdienst
190 – 200		Beweglicher Funkdienst, Beweglicher Funkdienst über Satelliten, Navigationsfunkdienst, Navigationsfunkdienst über Satelliten
200 – 202		Fester Funkdienst, Beweglicher Funkdienst, Erderkundungsfunkdienst über Satelliten (passiv), Weltraumforschungsfunkdienst (passiv)
202 – 217		Fester Funkdienst, Fester Funkdienst über Satelliten[4], Beweglicher Funkdienst
217 – 231		Radioastronomiefunkdienst, Erderkundungsfunkdienst über Satelliten (passiv), Weltraumforschungsfunkdienst (passiv)
231 – 235		Fester Funkdienst, Fester Funkdienst über Satelliten[3], Beweglicher Funkdienst, Nichtnavigatorischer Ortungsfunkdienst
235 – 238		Erderkundungsfunkdienst über Satelliten (passiv), Fester Funkdienst, Fester Funkdienst über Satelliten[3], Beweglicher Funkdienst, Weltraumforschungsfunkdienst (passiv)
238 – 241		Fester Funkdienst, Fester Funkdienst über Satelliten[3], Beweglicher Funkdienst, Nichtnavigatorischer Ortungsfunkdienst
241 – 248		Nichtnavigatorischer Ortungsfunkdienst, Amateurfunkdienst, Amateurfunkdienst über Satelliten
248 – 250		Amateurfunkdienst, Amateurfunkdienst über Satelliten
250 – 252		Radioastronomiefunkdienst, Erderkundungsfunkdienst über Satelliten (passiv), Weltraumforschungsfunkdienst (passiv)
252 – 261		Beweglicher Funkdienst, Beweglicher Funkdienst über Satelliten, Navigationsfunkdienst, Navigationsfunkdienst über Satelliten
261 – 265		Beweglicher Funkdienst, Beweglicher Funkdienst über Satelliten, Navigationsfunkdienst, Navigationsfunkdienst über Satelliten, Radioastronomiefunkdienst

1.1 Tabellenteil

Frequenz	Wellenlänge	zugewiesen für
265 – 275		Fester Funkdienst, Fester Funkdienst über Satelliten[4]), Beweglicher Funkdienst, Radioastronomiefunkdienst
über 275		nicht zugewiesen
315		kürzeste erzeugte el. Welle (1 uW)
750 – 3,7 $\cdot 10^5$		Infrarot-Bereich
2,6 $\cdot 10^5$		Gas-Laser
3,7 – 8,3 $\cdot 10^5$		sichtbares Licht
ca. 1,25 $\cdot 10^7$		Kalziumflurid-Laser
4,3 $\cdot 10^8$		Rubin-Laser

[1]) nichtöffentlicher beweglicher Landfunk
[2]) öffentlicher beweglicher Landfunk
[3]) Richtung Weltraum Erde
[4]) Richtung Erde Weltraum
[5]) außer beweglicher Flugfunkdienst

Tabelle 6.5 Benennung und Aufteilung der Bereiche von 1 GHz ... 100 GHz

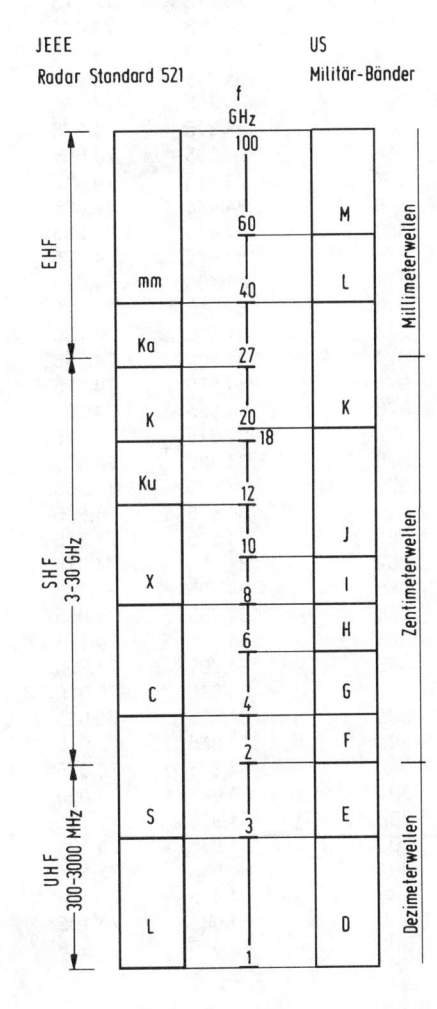

JEEE Radar Standard 521

US Militär-Bänder

	JEEE Radar Standard 521	US Militär-Bänder	
EHF	mm	100 / 60 / 40	M / L	Millimeterwellen
	Ka	27		
	K	20 / 18	K	
SHF 3–30 GHz	Ku	12		
		10	J	Zentimeterwellen
	X	8	I	
		6	H	
	C	4	G	
		2	F	
UHF 300–3000 MHz	S	3	E	Dezimeterwellen
	L	1	D	

Satelliten-Frequenzbänder

L-Band	1,10 – 2,60 GHz
S-Band	2,60 – 2,95 GHz
C-Band	3,70 – 4,80 GHz
X-Band	7,20 – 7,75 GHz
Ku-Band	10,95 – 12,70 GHz
– K1	10,95 – 11,70 GHz
– K2	11,70 – 12,50 GHz
– K3	12,50 – 12,75 GHz
Ka-Band	18,30 – 22,22 GHz

Tabelle 6.6 Öffentliche Behörden/Funkfrequenzen (Auszug)

Kanaltabelle für das Viermeter-Band

Kanalnummer	Oberband	Unterband	Kanalnummer	Oberband	Unterband
347	84,015	74,215	398	85,035	75,235
348	84,035	74,235	399	85,055	75,255
349	84,055	74,255	400	85,075	75,275
350	84,075	74,275	401	85,095	75,295
351	84,095	74,295	402	85,115	75,315
352	84,115	74,315	403	85,135	75,335
353	84,135	74,335	404	85,155	75,355
354	84,155	74,355	405	85,175	75,375
355	84,175	74,375	406	85,195	75,395
356	84,195	74,395	407	85,215	75,415
357	84,215	74,415	408	85,235	75,435
358	84,235	74,435	409	85,255	75,455
359	84,255	74,455	410	85,275	75,475
360	84,275	74,475	411	85,295	75,495
361	84,295	74,495	412	85,315	75,515
362	84,315	74,515	413	85,335	75,535
363	84,335	74,535	414	85,355	75,555
364	84,355	74,555	415	85,375	75,575
365	84,375	74,575	416	85,395	75,595
366	84,395	74,595	417	85,415	75,615
367	84,415	74,615	418	85,435	75,635
368	84,435	74,635	419	85,455	75,655
369	84,455	74,655	420	85,475	75,675
370	84,475	74,675	421	85,495	75,695
371	84,495	74,695	422	85,515	75,715
372	84,515	74,715	423	85,535	75,735
373	84,535	74,735	424	85,555	75,755
374	84,555	74,755	425	85,575	75,775
375	84,575	74,775	426	85,595	75,795
376	84,595	74,795	427	85,615	75,815
377	84,615	74,815	428	85,635	75,835
378	84,635	74,835	429	85,655	75,855
379	84,655	74,855	430	85,675	75,875
380	84,675	74,875	431	85,695	75,895
381	84,695	74,895	432	85,715	75,915
382	84,715	74,915	433	85,735	75,935
383	84,735	74,935	434	85,755	75,955
384	84,755	74,955	435	85,775	75,975
385	84,775	74,975	436	85,795	75,995
386	84,795	74,995	437	85,815	76,015
387	84,815	75,015	438	85,835	76,035
388	84,835	75,035	439	85,855	76,055
389	84,855	75,055	440	85,875	76,075
390	84,875	75,075	441	85,895	76,095
391	84,895	75,095	442	85,915	76,115
392	84,915	75,115	443	85,935	76,135
393	84,935	75,135	444	85,955	76,155
394	84,955	75,155	445	85,975	76,175
395	84,975	75,175	446	85,995	76,195
396	84,995	75,195	447	86,015	76,215
397	85,015	75,215	448	86,035	76,235

Kanalnummer	Oberband	Unterband	Kanalnummer	Oberband	Unterband
449	86,055	76,255	480	86,675	76,875
450	86,075	76,275	481	86,695	76,895
451	86,095	76,295	482	86,715	76,915
452	86,115	76,315	483	86,735	76,935
453	86,135	76,335	484	86,755	76,955
454	86,155	76,355	485	86,775	76,975
455	86,175	76,375	486	86,795	76,995
456	86,195	76,395	487	86,815	77,015
457	86,215	76,415	488	86,835	77,035
458	86,235	76,435	489	86,855	77,055
459	86,255	76,455	490	86,875	77,075
460	86,275	76,475	491	86,895	77,095
461	86,295	76,495	492	86,915	77,115
462	86,315	76,515	493	86,935	77,135
463	86,335	76,535	494	86,955	77,155
464	86,355	76,555	495	86,975	77,175
465	86,375	76,575	496	86,995	77,195
466	86,395	76,595	497	87,015	77,215
467	86,415	76,615	498	87,035	77,235
468	86,435	76,635	499	87,055	77,255
469	86,455	76,655	500	87,075	77,275
470	86,475	76,675	501	87,095	77,295
471	86,495	76,695	502	87,115	77,315
472	86,515	76,715	503	87,135	77,335
473	86,535	76,735	504	87,155	77,355
474	86,555	76,755	505	87,175	77,375
475	86,575	76,775	506	87,195	77,395
476	86,595	76,795	507	87,215	77,415
477	86,615	76,815	508	87,235	77,435
478	86,635	76,835	509	87,255	77,455
479	86,655	76,855			

1 Praktische Entwurfsdaten der Elektronik

Kanaltabelle für das Zweimeter-Band

Kanalnummer	Oberband	Unterband	Kanalnummer	Oberband	Unterband
200	172,140	167,540	252	173,180	168,580
201	172,160	167,560	253	173,200	168,600
202	172,180	167,580	254	173,220	168,620
203	172,200	167,600	255	173,240	168,640
204	172,220	167,620	256	173,260	168,660
205	172,240	167,640	257	173,280	168,680
206	172,260	167,660	258	173,300	168,700
207	172,280	167,680	259	173,320	168,720
208	172,300	167,700	260	173,340	168,740
209	172,320	167,720	261	173,360	168,760
210	172,340	167,740	262	173,380	168,780
211	172,360	167,760	263	173,400	168,800
212	172,380	167,780	264	173,420	168,820
213	172,400	167,800	265	173,440	168,840
214	172,420	167,820	266	173,460	168,860
215	172,440	167,840	267	173,480	168,880
216	172,460	167,860	268	173,500	168,900
217	172,480	167,880	269	173,520	168,920
218	172,500	167,900	270	173,540	168,940
219	172,520	167,920	271	173,560	168,960
220	172,540	167,940	272	173,580	168,980
221	172,560	167,960	273	173,600	169,000
222	172,580	167,980	274	173,620	169,020
223	172,600	168,000	275	173,640	169,040
224	172,620	168,020	276	173,660	169,060
225	172,640	168,040	277	173,680	169,080
226	172,660	168,060	278	173,700	169,100
227	172,680	168,080	279	173,720	169,120
228	172,700	168,100	280	173,740	169,140
229	172,720	168,120	281	173,760	169,160
230	172,740	168,140	282	173,780	169,180
231	172,760	168,160	283	173,800	169,200
232	172,780	168,180	284	173,820	169,220
233	172,800	168,200	285	173,840	169,240
234	172,820	168,220	286	173,860	169,260
235	172,840	168,240	287	173,880	169,280
236	172,860	168,260	288	173,900	169,300
237	172,880	168,280	289	173,920	169,320
238	172,900	168,300	290	173,940	169,340
239	172,920	168,320	291	173,960	169,360
240	172,940	168,340	292	173,980	169,380
241	172,960	168,360	293	174,00	169,400
242	172,980	168,380	294	174,020	169,420
243	173,000	168,400	295	174,040	169,440
244	173,020	168,420	296	174,060	169,460
245	173,040	168,440	297	174,080	169,480
246	173,060	168,460	298	174,100	169,500
247	173,080	168,480	299	174,120	169,520
248	173,100	168,500			
249	173,120	168,520			
250	173,140	168,540			
251	173,160	168,560			

1.1 Tabellenteil

Zug- und Schiff-Funk. 70-cm-Band

Kanalnummer	Oberband	Unterband	Kanalnummer	Oberband	Unterband
10	467,425	457,425	31	467,845	457,845
11	467,445	457,445	32	467,865	457,865
12	467,465	457,465	33	467,885	457,885
13	467,485	457,485	34	467,905	457,905
14	467,505	457,505	35	467,925	457,925
15	467,525	457,525	36	467,945	457,945
16	467,545	457,545	37	467,965	457,965
17	467,565	457,565	38	467,985	457,985
18	467,585	457,585	39	468,005	458,005
19	467,605	457,605	40	468,025	458,025
20	467,625	457,625	41	468,045	458,045
21	467,645	457,645	42	468,065	458,065
22	467,665	457,665	43	468,085	458,085
23	467,685	457,685	44	468,105	458,105
24	467,705	457,705	45	468,125	458,125
25	467,725	457,725			
26	467,745	457,745			
27	467,765	457,765			
28	467,785	457,785			
29	467,805	457,805			
30	467,825	457,825			

weitere Bereiche:

Unterband: 68.630 MHz bis 68.910 MHz
Oberband: 78.430 MHz bis 78.710 MHz

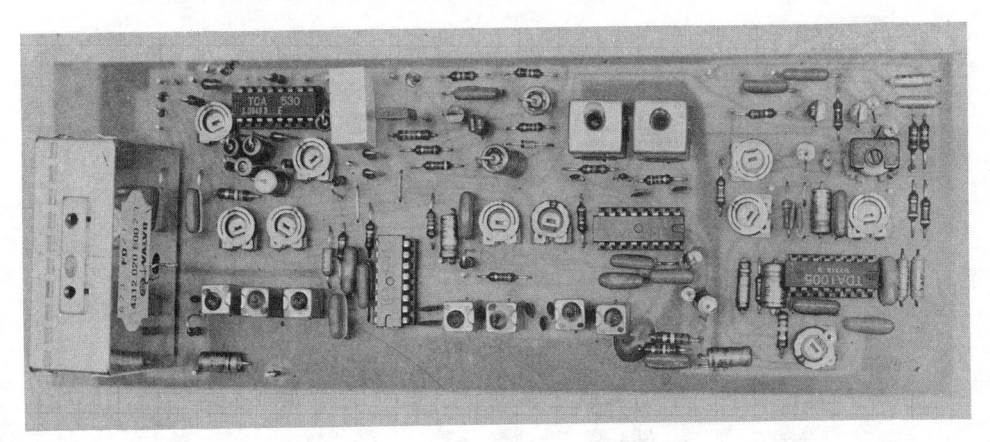

FM-Empfängerkonzept

Tabelle 6.7 Übersicht über Radaranlagen im GHz-Bereich

	Frequenz MHz	Wellenlänge cm	Leistung kW**	Reichweite km	Umdrehungen 1/min	Impulsfolge Hz	Impulsdauer µs
Schiffsradar (Seefahrt)	9400 (3000)	3,2 (10)	10 bis 75	60 bis 100	10 bis 25	1000	0,1 bis 0,5
Schiffsradar (Binnenfahrt)	9400 (35000)	3,2 (0,9)	20	10	20 bis 40	1000	0,05
Hafen- und Küstenradar	9000	3,3	10 bis 40	20	20	2000	0,05 bis 0,1
Rundsichtradar (Luftstraßen)	1300	23,1	1000 und mehr	220 bis 400	2 bis 7,5	500	2
Rundsichtradar (Flughafen)	2800	10,7	500	100	25	1200	1
Präzisions-Anflug-Radar	9000	3,3	40 und mehr	20	60*	2400	0,25
Rollfeldüberwachungsradar	37500	0,8	bis 40	10	60	4000	0,01 bis 0,05
Bordwetterradar	9400	3,2	20 und mehr	300	15	400	2
Bodenwetterradar	9400 und andere	3,2 und andere	20 bis 50	500	5 bis 10	250 bis 1000	0,2 bis 4
Höhenwindradar	9400	3,2	20	100		1000	kleiner als 0,5
CW-Höhenmesser	4300	7,0	1 W	1500 m	—	Hub: 10 oder 100 MHz	
Verkehrsradar	9400	3,2	25 mW	50 m	—	—	—
Doppler-Navigationsradar	8800	3,4	1 W	20000 m	—	—	—

* Abtastzyklus ** Impulsleistung beim Impulsradar und Dauerstrichleistung beim Dauerstrichradar

Tabelle 6.8 Fernsteuerfrequenzen

Kanal	Fernsteuerfrequenzen 27 MHz (AM) Senderfrequenz	Quarz-Empfängerfrequenz	Kanal	Fernsteuerfrequenzen 27 MHz (AM) Senderfrequenz	Quarz-Empfängerfrequenz
1	26.965	26.510	18	27.135	26.680
2	26.975	26.520	19	27.145●	26.690
3	26.985	26.530	20	27.155	26.700
4	26.995●	26.540	21	27.165	26.710
5	27.005	26.550	22	27.175	26.720
6	27.015	26.560	23	27.185	26.730
7	27.025	26.570	24	27.195●	26.740
8	27.035	26.580	25	27.205	26.750
9	27.045●	26.590	26	27.215	26.760
10	27.055	26.600	27	27.225	26.770
11	27.065	26.610	28	27.235	26.780
12	27.075	26.620	29	27.245	26.790
13	27.085	26.630	30	27.255●	26.800
14	27.095●	26.640	31	27.265	26.810
15	27.105	26.650	32	27.275	26.820
16	27.115	26.660			
17	27.125	26.670			

● Vorzugskanäle / Modelle aller Art

1.1 Tabellenteil

Kanal	Fernsteuerfrequenzen 35 MHz (FM) Senderfrequenz	Quarz-Empfängerfrequenz
61	35.010	34.555
62	35.020	34.565
63	35.030	34.575
64	35.040	34.585
65	35.050	34.595
66	35.060	34.605
67	35.070	34.615
68	35.080	34.625
69	35.090	34.635
70	35.100	34.645
71	35.110	34.655
72	35.120	34.665
73	35.130	34.675
74	35.140	34.685
75	35.150	34.695
76	35.160	34.705
77	35.170	34.715
78	35.180	34.725
79	35.190	34.735
80	35.200	34.745

nur Flugmodelle; ERP $\leq$ 0,1 W

Kanal	Fernsteuerfrequenzen 40 MHz (FM) Sendefrequenz MHz	Kanal	Sendefrequenz MHz
50	40.665	82	40.825
51	40.675	83	40.835
52	40.685	84	40.865
53	40.695	85	40.875
54	40.715	86	40.885
55	40.725	87	40.915
56	40.735	88	40.925
57	40.765	89	40.935
58	40.775	90	40.965
59	40.785	91	40.975
81	40.815	92	40.985

Zulassung: Kanäle 50—53 zur Fernsteuerung aller Modelle; Kanäle 54—59 und 81—92 zur Fernsteuerung aller Modelle mit Ausnahme von Flugmodellen; ERP $\leq$ 0,1 W

Kanal	Fernsteuerfrequenzen 430 MHz Sendefrequenz
1	433.100
2	433.125
3	433.150
⋮	25 kHz Raster
67	434.750

Modelle aller Art

Tabelle 6.9 CB-Betriebsfrequenzen und Kanalnummern für Geräte mit Prüfnummer:

„CEPT-PR27D ...", „CEPT-PR27D-40 ...", „KFFM40 ...", „KAM ...", „KFAM ...", „K/m ..." und „K/p ..."

Frequenz	Kanal-Nr.	Frequenz	Kanal-Nr.
26965 kHz	1	27215 kHz	21
26975 kHz	2	27225 kHz	22
26985 kHz	3	27255 kHz	23
27005 kHz	4	27235 kHz	24
27015 kHz	5	27245 kHz	25
27025 kHz	6	27265 kHz	26
27035 kHz	7	27275 kHz	27
27055 kHz	8	27285 kHz	28
27065 kHz	9	27295 kHz	29
27075 kHz	10	27305 kHz	30
27085 kHz	11	27315 kHz	31
27105 kHz	12	27325 kHz	32
27115 kHz	13	27335 kHz	33
27125 kHz	14	27345 kHz	34
27135 kHz	15	27355 kHz	35
27155 kHz	16	27365 kHz	36
27165 kHz	17	27375 kHz	37
27175 kHz	18	27385 kHz	38
27185 kHz	19	27395 kHz	39
27205 kHz	20	27405 kHz	40

Einschränkungen: PR27D-FM und KFFM bis K22
PR27 und KF bis K15

Tabelle 6.10 Relaisfunkstellen – Amateurfunk

2-m-Band

Kanal	Eingabe-Frequenz	Ausgabe-Frequenz	Kanal	Eingabe-Frequenz	Ausgabe-Frequenz
R 0	145,000 MHz	145,600 MHz	In F: R8B*	144,725 MHz	145,325 MHz
R 1	145,025 MHz	145,625 MHz	R9B*	144,750 MHz	145,350 MHz
R 2	145,050 MHz	145,650 MHz	R 10*	144,775 MHz	145,375 MHz
R 3	145,075 MHz	145,675 MHz	R 11*	144,800 MHz	145,400 MHz
R 4	145,100 MHz	145,700 MHz	R 12*	144,825 MHz	145,425 MHz
R 5	145,125 MHz	145,725 MHz	In OE: R 18*	144,850 MHz	145,450 MHz
R 6	145,150 MHz	145,750 MHz	R 19*	144,875 MHz	145,475 MHz
R 7	145,175 MHz	145,775 MHz			
R 8*	145,200 MHz	145,800 MHz	* Nicht (mehr) dem IARU-Bandplan der Region 1 entsprechend		
R 9*	145,225 MHz	145,825 MHz			

70-cm-Band

Kanal	Eingabe-Frequenz	Ausgabe-Frequenz	Kanal	Eingabe-Frequenz	Ausgabe-Frequenz
R 70	431,050 MHz	438,650 MHz	R 83	431,375 MHz	438,975 MHz
R 71	431,075 MHz	438,675 MHz	R 84	431,400 MHz	439,000 MHz
R 72	431,100 MHz	438,700 MHz	R 85	431,425 MHz	439,025 MHz
R 73	431,125 MHz	438,725 MHz	R 86	431,450 MHz	439,050 MHz
R 74	431,150 MHz	438,750 MHz	R 87	431,475 MHz	439,075 MHz
R 75	431,175 MHz	438,775 MHz	R 88	431,500 MHz	439,100 MHz
R 76	431,200 MHz	438,800 MHz	R 89	431,525 MHz	439,125 MHz
R 77	431,225 MHz	438,825 MHz	R 90	431,550 MHz	439,150 MHz
R 78	431,250 MHz	438,850 MHz	R 91	431,575 MHz	439,175 MHz
R 79	431,275 MHz	438,875 MHz	R 98	431,750 MHz	439,350 MHz
R 80	431,300 MHz	438,900 MHz	R 99	431,775 MHz	439,375 MHz
R 81	431,325 MHz	438,925 MHz	R 100	431,800 MHz	439,400 MHz
R 82	431,350 MHz	438,950 MHz	R 101	431,825 MHz	439,425 MHz

Tabelle 6.11 Rufzeichenverteilung für Amateurfunkstellen im Bereich der Deutschen Bundespost

Rufzeichen		Genehmigungsinhaber	Genehmigungsklasse	Zuständigkeit	Kennbuchstabe
DA1AA	—DA2ZZ	Stationierungsstreitkräfte	B/A	FTZ	75...
DA4AA	—DA4ZZ	Stationierungsstreitkräfte	C	FTZ	75...
DB0AA	—DB0ZZ	Klubstationen und Relaisfunkstellen	C	FTZ	K oder R
DB1AA	—DB9ZZ	Deutsche Funkamateure	C	OPD	
DC0AA	—DC0EZ	Deutsche Funkamateure	C	OPD	
DC0FA	—DC0JZ	Zivile Ausländer	C	FTZ	
DC0KA	—DC0ZZ	Deutsche Funkamateure	C	OPD	
DC1AA	—DC6ZZ	Deutsche Funkamateure	C	OPD	
DC7AA	—DC7ZZ	Deutsche Funkamateure	C	LPD	
DC8AA	—DC9ZZ	Deutsche Funkamateure	C	OPD	
DD0AA	—DD4ZZ	Deutsche Funkamateure	C	OPD	
DD5AA	—DD5ZZ	Zivile Ausländer	C	FTZ	
DD6AAA	—DD6ZZZ	Deutsche Funkamateure	C	LPD	
DD7AA	—DD9ZZ	Deutsche Funkamateure	C	OPD	

Rufzeichen		Genehmigungsinhaber	Genehmigungsklasse	Zuständigkeit	Kennbuchstabe
DF0AAA	−DF0ZZZ	Deutsche Klubstationen	B	FTZ	K
DF1AA	−DF9ZZ	Deutsche Funkamateure	B	OPD	
DG1AAA	−DG9ZZZ	Deutsche Funkamateure	C	OPD	
DH0AAA	−DH6ZZZ	Deutsche Funkamateure	A	OPD	
DH7AAA	−DH7ZZZ	Deutsche Funkamateure	A	LPD	
DH8AAA	−DH9ZZZ	Deutsche Funkamateure	A	OPD	
DJ0AAA	−DJ0ZZZ	Zivile Ausländer	B/A	FTZ	
DJ1AA	−DJ9ZZ	Deutsche Funkamateure	B	OPD	
DK0AA	−DK0ZZ	Deutsche Klubstationen	B	FTZ	K
DK1AA	−DK9ZZ	Deutsche Funkamateure	B	OPD	
DL0AAA	−DL0ZZZ	Deutsche Klubstationen	B	FTZ	K
DL1AAA	−DL6ZZZ	Deutsche Funkamateure	B	OPD	
DL7AAA	−DL7ZZZ	Deutsche Funkamateure	B	LPD	
DL8AAA	−DL9ZZZ	Deutsche Funkamateure	B	OPD	
DP0AA	−DP0ZZ	Sonderrufzeichen	B	FTZ	K
DP1AA	−DP1ZZ	Sonderrufzeichen	B	FTZ	
DP2AA	−DP2ZZ	Sonderrufzeichen	A	FTZ	
DP3AA	−DP3ZZ	Sonderrufzeichen	C	FTZ	

Tabelle 6.12 Sendearten − Amateurfunk

Amplitudenmodulation:

Amplitudenmodulation = Aussendung, deren Hauptträger amplitudenmoduliert ist (einschließlich der Fälle, in denen winkelmodulierte Hilfsträger vorhanden sind).

Art der Aussendung	Bezeichnung
Zweiseitenband, ein einziger Kanal, der quantisierte oder digitale Information enthält, ohne Verwendung eines modulierenden Hilfsträgers,	
Morsetelegrafie	A1A
Fernschreibtelegrafie	A1B
Faksimile	A1C
Fernwirken	A1D
Zweiseitenband, ein einziger Kanal, der quantisierte oder digitale Information enthält, unter Verwendung eines modulierenden Hilfsträgers,	
Morsetelegrafie	A2A
Fernschreibtelegrafie	A2B
Faksimile	A2C
Fernwirken	A2D
Zweiseitenband, ein einziger Kanal, der analoge Information enthält,	
Faksimile	A3C
Fernsprechen	A3E
Fernsehen (Video)	A3F

1.1 Tabellenteil

Amplitudenmodulation:

Art der Aussendung	Bezeichnung
Restseitenband, ein einziger Kanal, der analoge Information enthält,	
Fernsehen (Video)	C3F
Einseitenband, unterdrückter Träger, ein einziger Kanal, der quantisierte oder digitale Information enthält, unter Verwendung eines modulierten Hilfsträgers,	
Morsetelegrafie	J2A
Fernschreibtelegrafie	J2B
Faksimile	J2C
Fernwirken	J2D
Einseitenband, unterdrückter Träger, ein einziger Kanal, der analoge Information enthält,	
Faksimile	J3C
Fernsprechen	J3E
Fernsehen (Video)	J3F
Einseitenband, verminderter Träger oder Träger mit variablem Pegel, ein einziger Kanal, der analoge Information enthält,	
Fernsprechen	R3E
Unmodulierter Träger (für Prüfzwecke)	NØN

Frequenzmodulation

Frequenzmodulation (F), Phasenmodulation (G) = Aussendung, deren Hauptträger winkelmoduliert ist.

Art der Aussendung	Bezeichnung
Frequenzmodulation, ein einziger Kanal, der quantisierte oder digitale Information enthält, ohne Verwendung eines modulierenden Hilfsträgers,	
Morsetelegrafie	F1A
Fernschreibtelegrafie	F1B
Faksimile	F1C
Fernwirken	F1D
Frequenzmodulation, ein einziger Kanal, der quantisierte oder digitale Information enthält, unter Verwendung eines modulierenden Hilfsträgers,	
Morsetelegrafie	F2A
Fernschreibtelegrafie	F2B
Faksimile	F2C
Fernwirken	F2D
Frequenzmodulation, ein einziger Kanal, der analoge Information enthält,	
Faksimile	F3C
Fernsprechen	F3E
Fernsehen (Video)	F3F

Im Amateurfunkdienst darf auch Phasenmodulation verwendet werden. Im Einzelfall darf diejenige phasenmodulierte Aussendung verwendet werden, deren Sendeart der in der tabellarischen Übersicht aufgeführten frequenzmodulierten Aussendung entspricht. Das erste Hauptmerkmal „F" ist in diesem Fall durch „G" zu ersetzen (z. B. F1A = G1A).

Tabelle 6.13 Einteilung der Amateurfunkfrequenzbereiche

Klasse	Frequenzbereiche	Fuß-note	Status	Senderleistung (Spitzenleistung)	Sendearten	Bemerkungen
1	2	3	4	5	6	7
A	3 520–3 700 kHz		P	150	A1A, A1B, A2A, A2B, F1A, F1B, J2A, J2B, J3E	J3E nur 3 600… 3 700 kHz
	21 090–21 150 kHz	1	Pex			
	28–29,7 MHz	1	Pex	150		
	144–146 MHz				A1A, A1B, A1C, A1D, A2A, A2B, A2C, A2D, A3C, A3E, J2A, J2B, J2C, J2D, J3C, J3E, J3F, R3E, F1A, F1B, F1C, F1D, F2A, F2B, F2C, F2D, F3C, F3E, F3F	J3F + F3F nur als Schmalbandfernsehen
	430– 440 MHz	1, 2	P	150	A1A, A1B, A1C, A1D, A2A, A2B, A2C, A2D, A3C, A3E, A3F, J2A, J2B, J2C, J2D, C3F, J3C, J3E, J3F, R3E, F1A, F1B, F1C, F1D, F2A, F2B, F2C, F2D, F3C, F3E, F3F	
	1 240–1 300 MHz		S			
	2 320–2 450 MHz	1, 2	S	75		
	3 400–3 475 MHz		S			
	5 650–5 850 MHz	1, 2	S			
	10–10,5 GHz	1	S			
	24–24,05 GHz	1, 2	Pex			
	24,05–24,25 GHz	2	S			
	47–47,2 GHz	1	Pex			
	75,5–76 GHz	1	Pex			
	76–81 GHz	1	S			
	119,98–120,02 GHz		S			
	142–144 GHz	1	Pex			
	144–149 GHz	1	S			
	241–248 GHz	1	S			
	248–250 GHz	1	Pex			

1.1 Tabellenteil

Klasse	Frequenzbereiche		Fuß-note	Status	Sender-leistung (Spitzen-leistung)	Sendearten	Bemerkungen
1	2		3	4	5	6	7
	1 815–1 835	kHz		S	75	A1A (J3E)	J3E nur im Bereich 1 832-1 835 kHz
	1 850–1 890	kHz		S	75	A1A	
B	3 500–3 800	kHz		P	750	A1A, A1B, A1C, A1D, A2A, A2B, A2C, A2D, A3C, A3E, J2A, J2B, J2C, J2D, J3C, J3E, J3F, R3E, F1A, F1B, F1C, F2A, F2C, F2D, F3C, F3E, F3F	J3F+F3F nur als Schmalband-fernsehen
	7 000–7 100	kHz	1	Pex			
	10 100–10 150	kHz	4	S	150		
	14 000–14 350	kHz	1	Pex	750		
	18 068–18 168	kHz	1,3,4	S	150		
	21 000–21 450	kHz	1	Pex	750		
	24 890–24 990	kHz	1,3,4	S	150		
	28–29,7	MHz	1	Pex	750		
	144–146	MHz				A1A, A1B, A1C, A1D, A2A, A2B, A2C, A2D, A3C, A3E, J2A, J2B, J2C, J3C, J3E, J3F, R3E, F1A, F1B, F1C, F1D, F2A, F2B, F2C, F2D, F3C, F3E, F3F	
	430–440	MHz	1, 2	P	750	A1A, A1B, A1C, A1D, A2A, A2B, A2C, A2D, A3C, A3E, A3F, J2A, J2B, J2C, J2D, C3F, J3C, J3E, J3F, R3E, F1A, F1B, F1C, F1D, F2A, F2B, F2C, F2D, F3C, F3E, F3F	
	1 240–1 300	MHz	1	S			
	2 320–2 450	MHz	1, 2	S	75		
	3 400–3 475	MHz		S			
	5 650–5 850	MHz	1, 2	S			
	10–10,5	GHz	1	S			
	24–24,05	GHz	1, 2	Pex			
	24,05–24,25	GHz	2	S			
	47–47,2	GHz	1	Pex			
	75,5–76	GHz	1	Pex			
	76–81	GHz	1	S			
	119,98–120,02	GHz		S			
	142–144	GHz	1	Pex			
	144–149	GHz	1	S			
	241–248	GHz	1	S			
	248–250	GHz	1	Pex			

135

Klasse	Frequenzbereiche	Fuß-note	Status	Sender-leistung (Spitzen-leistung)	Sendearten	Bemerkungen
1	2	3	4	5	6	7
	144–146 MHz	1	Pex	75	A1B, A1C, A2B, A2C, A2D, A3C, A3E, J2B, J2C, J2D, J3C, J3E, J3F, R3E, F1B, F1C, F1D, F2B, F2D, F3C, F3E, F3F	J3F + F3F nur als Schmalband-fernsehen im Bereich 144 bis 146 MHz
	430–440 MHz	1, 2	P	75	A1B, A1C, A2B, A2C, A2D, A3C, A3E, A3F, C3F, J2B, J2C, J2D, J3C, J3E, J3F, R3E, F1B, F1C, F1D, F2B, F2C, F2D, F3C, F3E, F3F	144,000 bis 144,150 MHz soll für A1A der Klassen A und B freigehalten werden
	1 240–1 300 MHz	1	S			
	2 320–2 450 MHz	1, 2	S			
	3 400–3 475 MHz		S			
	5 650–5 850 MHz	1, 2	S			
C	10–10,5 GHz	1	S			
	24–24,05 GHz	1, 2	Pex			
	24,05–24,25 GHz	2	S			
	47–47,2 GHz	1	Pex			
	75,5–76 GHz	1	Pex			
	76–81 GHz	1	S			
	119,98–120,02 GHz		S			
	142–144 GHz	1	Pex			
	144–149 GHz	1	S			
	241–248 GHz	1	S			
	248–250 GHz	1	Pex			

Tabelle 6.14 Amateurbänder von 1,7 MHz ... 24 GHz

Meter-Band	Bereich MHz	Gebiet	Nutzung
160	1,715 ... 2,0	Österreich, CSSR, Dänemark, Finnland, Irland, Niederlande, Deutschland, England, Schweiz	200 kHz davon für Amateure mit Sender bis 10 W
	1,8 ... 2,0	Region 2 und 3	Amateure

1.1 Tabellenteil

Meter-Band	Bereich MHz	Gebiet	Nutzung
80	3,5 ... 3,8	Region 1 bis 3, Australien nur 3,5 ... 3,7 MHz	Amateure
	3,8 ... 3,9	Region 2 und 3, Indien nur 3,89 ... 3,9 MHz	Amateure
	3,9 ... 4,0	Region 2	Amateure
40	7,0 ... 7,1	Region 1 bis 3	Amateure
	7,1 ... 7,3	Region 2	Amateure
	13,55322 bis 13,56678	Region 1 bis 3	Fernsteuerung
20	14,0 ... 14,35	Region 1 bis 3	Amateure
15	21,0 ... 21,45	Region 1 bis 3	Amateure
	26,95728 27,28272	Region 1 bis 3	Fernsteuerung
	26,96 ... 27,23	Region 2	Amateure
10	28,0 ... 29,7	Region 1 bis 3	Amateure
	40,65966 bis 40,70034	Deutschland	Fernsteuerung
	50,0 ... 54,0	Region 2 und 3, aus Region 1: Rhodesien, Südafrikan. Union, Nyassaland	Amateure
2	144,0 ... 146,0	Region 1 bis 3	Amateure
	146,0 ... 148,0	Region 2 und 3	Amateure
	220,0 ... 225,0	Region 2	Amateure
	420,0 ... 450,0	Region 2 und 3	Amateure
	430,0 ... 440,0	Region 1	Amateure
	1215,0 ... 1300,0	Region 1 bis 3, außer Deutschland	Amateure
	1250,0 ... 1300,0	Region 1 bis 3	Amateure

Meter-Band	Bereich MHz	Gebiet	Nutzung
	2300,0... 2350,0	Deutschland	Amateure
	2300,0... 2450,0	Region 1 bis 3, außer Deutschland	Amateure
	3300,0... 3500,0	Region 2 und 3	Amateure
	3400,0... 3475	Deutschland	Amateure
	5650,0... 5775,0	Deutschland	Amateure
	10250... 10500	Schweiz, Deutschland	Amateure
	24000... 24250	Region 1 bis 3	Amateure

Erklärungen der Regionen

Region 1: Europa, Afrika, asiatischer Teil der ehemaligen UdSSR und äußere Mongolei
Region 2: Nord- und Südamerika einschließlich der Karibischen See, Grönland und Hawaii
Region 3: Rest der Erde, Asien außer der ehemaligen UdSSR, Australien, Neuseeland und Ozeanien

Tabelle 6.15 Q-Abkürzungen

QRA	Der Name meiner Station ist		1: nicht
QRB	Ich bin... von Ihnen entfernt		2: schwach
QRG	Ihre genaue Frequenz ist...		3: mäßig
QRH	Ihre Frequenz schwankt		4: stark
QRI	Ihr Ton ist...		5: sehr stark
	1: gut	QRO	Erhöhen Sie die Sendeleistung
	2: veränderlich	QRP	Vermindern Sie die Sendeleistung
	3: schlecht	QRQ	Bitte geben Sie schneller
QRJ	Ich habe... Gesprächsanmeldungen vorliegen	QRS	Bitte geben Sie langsamer
		QRT	Stellen Sie die Übermittlung ein
QRK	Die Lesbarkeit Ihrer Zeichen ist...	QRU	Ich habe nichts für Sie
	1: schlecht	QRV	Ich bin bereit
	2: mangelhaft	QRX	Ich werde Sie rufen — wann werden Sie mich rufen?
	3: ausreichend	QSA	Ihre Zeichen sind...
	4: gut		1: kaum hörbar
	5: ausgezeichnet		2: schwach hörbar
QRL	Ich bin beschäftigt — sind Sie beschäftigt?		3: ziemlich gut hörbar
QRM	Ich werde gestört...		4: gut hörbar
	1: nicht		5: sehr gut hörbar
	2: schwach	QSB	Die Stärke Ihrer Zeichen schwankt
	3: mäßig	QSD	Ihr Geben ist mangelhaft
	4: stark	QSK	Ich kann Sie zwischen meinen Zeichen hören. Sie dürfen mich während der Übermittlung unterbrechen.
	5: sehr stark		
QRN	Ich werde durch atmosphärische Störungen beeinträchtigt..	QSL	Ich gebe Ihnen Empfangsbestätigung

1 Praktische Entwurfsdaten der Elektronik

QSM	Wiederholen Sie bitte Ihre Übermittlung	QUH	Der augenblickliche Luftdruck, auf Meereshöhe bezogen, ist ...
QSN	Ich habe Sie auf ... kHz gehört		
QSO	Ich habe direkte Verbindung mit ...	QUM	Die normale Arbeit kann wieder aufgenommen werden
QSQ	Ich habe einen Arzt an Bord		
QSV	Senden Sie eine Reihe V auf dieser Frequenz	QUN	Mein Standort, mein rechtweisender Kurs und meine Geschwindigkeit sind ...
QSW	Ich werde auf der jetzigen Frequenz senden		
QSY	Gehen Sie zum Senden auf eine andere Frequenz über	QUO	Suchen Sie in der Nähe von ... Breite, ... Länge nach ...
QSZ	Geben Sie bitte jedes Wort zweimal		1: Luftfahrzeug
QTH	Mein Standort ist ... Breite, ... Länge ...		2: Seefahrzeug
QTJ	Meine Geschwindigkeit ist ...		3: Rettungsgerät
QTN	Ich habe ... um ... Uhr verlassen	QUP	Mein Standort wird angegeben durch ...
QTQ	Ich werde mit Ihrer Funkstelle unter Benützung des Internationalen Signalbuches verkehren		1: Scheinwerfer
			2: schwarzen Rauch
			3: Leuchtraketen
QTR	Es ist genau ... Uhr	QUT	Die Unfallstelle ist markiert durch ...
QUA	Hier sind die Nachrichten von ...		1: Flammen- oder Rauchsignal
QUB	Hier sind die erbetenen Auskünfte		2: schwimmendes Zeichen
QUE	Ich kann in ... auf ... kHz (MHz) in Sprechfunk antworten		3: gefärbtes Wasser
			4: ...

Tabelle 6.16 Abkürzungen im Amateurfunkverkehr

ABT	ungefähr	BU	Pufferstufe
AC	Wechselstrom	B4	vor
ADS	Adresse	CA	Rufzeichen
AER	Antenne	CC	quarzgesteuert
AF	Niederfrequenz	CET	Mitteleuropäische Zeit MEZ
AFC	automatische Frequenznachstellung	CFM	bestätigen Sie
AGC	automatische Verstärkungsregelung	CK	kontrollieren Sie
AGN	wieder	CKT	Schaltung
AM	Amplitudenmodulation	CL	ich schließe meine Station
ANI	irgendein	CLD	gerufen
ANL	selbsttätige Störbegrenzung	CLG	rufend
ANS	Antwort	CO	Kristalloszillator
ANT	Antenne	CONDX	Ausbreitungsbedingungen
ARTOB	Ballon-Frequenzumsetzer	CONGRATS	Glückwünsche
ATV	Amateur-Fernsehen	CQ	allgemeiner Anruf
AVC	automatische Schwundregelung	CRD	QSL Karte
AWH	Auf Wiederhören	CUAGN	Auf Wiederhören
AWS	Auf Wiedersehen	CUD	konnte
BC	Rundfunk	CUL	Auf Wiederhören
BCI	Radiostörung	CUM	kommen Sie
BCL	Rundfunkhörer	CW	ungedämpfte Welle, Telegrafie
BCNU	Freue mich, Sie wieder zu treffen	DC	Gleichstrom
BCP	viel	DCCW	Sender mit Gleichstrom an der Anode
BCUZ	weil	DE	von
BD	schlecht	DK	Danke
BFO	Telegrafieüberlagerer	DR	liebe(r)
BJR	Guten Tag	DS	danke sehr
BK	unterbrechen Sie	DSW	Auf Wiederhören
BN	gewesen oder zwischen	DX	große Entfernung
BM	Gute Nacht	EB	warten
BPM	Zeichen pro Minute	ECO	elektronengekoppelter Oszillator
BS	Rückwärtsstreuung	EME	Erde – Mond – Erde
BSR	Guten Abend	ENUF	genug
BTE	bitte	ERE	hier
BTR	besser	ES	und
BTWN	zwischen	EX	ehemals

1 Praktische Entwurfsdaten der Elektronik

EXCUS	entschuldigen Sie	LP	Verbindung über einen weiten Ausbreitungsweg
FB	ausgezeichnet		
FD	Frequenzverdoppler	LSB	unteres Seitenband
FF	frohes Fest	LSN	hören Sie
FM	Frequenzmodulation	LTR	Brief
FONE	Radiotelefonie	LUF	niedrigste brauchbare Frequenz
FR	für	LW	niedrig
FRM	von	MB	Reflexion am Mond
FRD	Freund	MC	Megahertz
FREQ	Frequenz	MCI	danke
FS	Vorwärtsstreuung	MEZ	Mitteleuropäische Zeit
FSK	Frequenzschubtastung	MHZ	Megahertz
GA	beginnen Sie	MI	mein
GA	Guten Abend	MIN	Minuten
GB	Auf Wiedersehen	MNI	viele
GD	Guten Tag	MO	Steuersender
GE	Guten Abend	MOD	Modulation
GG	ich werde	MOPA	fremdgesteuerter Sender
GL	Viel Glück	MRI	fröhlich
GLD	erfreut	MS	Reflexion an Meteorbahn
GM	Guten Morgen	MSG	Meldung
GMT	Mittlere Greenwich-Zeit	MTR	Meter
GN	Gute Nacht	MUF	höchste brauchbare Frequenz
GND	Erde	N	Neun
GT	Guten Tag	NA	Guten Abend
GUD	gut	ND	nicht möglich
HAM	Kurzwellenamateur	NBFM	Schmalband-Frequenzmodulation
HF	Hochfrequenz	NG	nicht gut
HI	ich lache	NIL	nichts
HP	große Leistung	NITE	Nacht
HPE	ich hoffe	NM	nichts mehr
HR	hier oder ich höre	NR	in der Nähe von
HRD	gehört	NR	Nummer
HRX	glücklich	NW	jetzt
HT	Hochspannung	OB	alter Junge
HV	ich habe	WSEM	allgemeiner Anruf
HVNT	habe(n) nicht	WUD	ich würde, ich wollte
HW	wie	WVL	Wellenlänge
HWS	wie ist	WX	Wetter
HWSAT	wie ist das?	XCUS	entschuldigen Sie
HZL	herzlich	XMAS	Weihnachten
I	ich	XMSN	Sendung
ICW	ungedämpft tönende Wellen	XMTR	Sender
IF	Zwischenfrequenz	XTAL	Quarz
INFO	Auskunft	XYL	Ehefrau
INPT	Eingangsleistung	YDAY	gestern
ITV	Störungen durch Fernsehen	YL	Fräulein
K	senden Sie	YR	Jahr
KA	Achtung, ich beginne	YR	Ihr
KC	Kilohertz	Z	Mittlere Greenwich-Zeit (GMT)
KMD	Kamerad	2NITE	heute nacht
KNW	ich weiß	2	zu
KY	Taste	4	für
LBR	lieber	33	freundschaftliche Grüße unter Funkerinnen
LF	Niederfrequenz		
LID	schlechter Funker	55	viel Erfolg
LIL	wenig	73	beste Grüße
LIS	lizenziert	88	Liebe und Küsse
LOG	Logbuch	99	verschwinde

Tabelle 6.17 Internationales Morse- und Buchstabieralphabet

Buchstabe	Zeichen	Buchstabe	Zeichen	Buchstabe	Zeichen	Zahlen
a	· —	j	· — — —	s	· · ·	1 · — — — —
b	— · · ·	k	— · —	t	—	2 · · — — —
c	— · — ·	l	· — · ·	u	· · —	3 · · · — —
d	— · ·	m	— —	v	· · · —	4 · · · · —
e	·	n	— ·	w	· — —	5 · · · · ·
f	· · — ·	o	— — —	x	— · · —	6 — · · · ·
g	— — ·	p	· — — ·	y	— · — —	7 — — · · ·
h	· · · ·	q	— — · —	z	— — · ·	8 — — — · ·
i	· ·	r	· — ·			9 — — — — ·
						0 — — — — —

· — — — — ·	'	— · —	Aufforderung zur Übermittlung
— · · · · —	-	— — · · — —	
— · — — ·	/	· — · · ·	Warten
— · — — ·	(	— · · · —	Bruchstrich
— · — — · —	)	· — · · —	Trennung zwischen ganzer Zahl und Bruch
· — · · — ·	"		
— · · · —	=	· · · — · —	Ende der Arbeit
· · · — ·	Verstanden	— · — · —	Anfangszeichen; Strichpunkt
· · · · · · · ·	Irrung		
· — · — · —	+	— · · —	×

· — · — · —	
— — · · — —	,
— — — · · ·	:
· · — — · ·	?
— · · — ·	Ende des Telegramms (Zeichen wie „+")

Ein Strich soll die Länge von drei Punkten haben, Abstand zwischen den Teilen eines Zeichens ist eine Punktlänge, zwischen zwei Zeichen drei Punktlängen, zwischen zwei Worten fünf Punktlängen. Durchschnittliches Betriebstempo 80 bis 120 Buchstaben je Minute.

Buchstabier-Alphabet (international)

A	Alpha	H	Hotel	O	Oscar	V	Victor
B	Bravo	I	India	P	Papa	W	Whiskey
C	Charly	J	Juliett	Q	Quebec	X	X-ray
D	Delta	K	Kilo	R	Romeo	Y	Yankee
E	Echo	L	Lima	S	Sierra	Z	Zulu
F	Foxtrott	M	Mike	T	Tango		
G	Golf	N	November	U	Uniform		

Tabelle 6.18 Der RSM- und SINPO-Code im Amateurfunkverkehr

R	R Verständlichkeit	S	S Lautstärke
1	nicht lesbar	1	kaum hörbar
2	zeitweise lesbar	2	sehr schwache Lautstärke
3	schwer lesbar	3	schwache Lautstärke
4	lesbar	4	genügend hörbar
5	gut lesbar	5	gut hörbar
6	gute Lautstärke		
7	im Kopfhörer unangenehm laut		
8	gute Lautsprecherlautstärke		
9	sehr gute Lautsprecherlautstärke		

M	M Modulation	3	schlechte Modulation (teilweise FM-Modulation)
1	unverständliche Modulation	4	Übermodulation
2	schlechte Modulation	5	gute Modulation, nicht über 100 %

SINPO-Code

	Signalstärke	Interferenz-Störungen	Störgeräusche* (Noise)	Ausbreitungsstörungen** (Propagation)	Gesamtbeurteilung (Overall Rating)
	S	**I**	**N**	**P**	**O**
5	Ausgezeichnet (60 dB)	Keine (−40 dB)	Keine (−40 dB)	Keine (0 dB)	Ausgezeichnet
4	Gut (45 dB)	Gering (−30 dB)	Gering (−30 dB)	Gering (10 dB)	Gut
3	Ausreichend (30 dB)	Mittel (−20 dB)	Mittel (−20 dB)	Mittel (20 dB)	Brauchbar
2	Schwach (15 dB)	Stark (−10 dB)	Stark (−10 dB)	Stark (30 dB)	Schlecht
1	Kaum hörbar (0 dB)	Sehr stark (0 dB)	Sehr stark (0 dB)	Sehr stark (40 dB)	Unbrauchbar

* Krachstörungen (Gewitter), Rauschen etc. im Verhältnis zum Eingangssignal
** Schwunderscheinungen (Fading), Echo etc. als Tiefe der Einbrüche

Tabelle 6.19 Kanalaufteilung Band II (UKW 87,5 ... 104 MHz)

Kanal	MHz	Kanal	MHz	Kanal	MHz	
2	87,6	21	93,3	40	99,0	
3	87,9	22	93,6	41	99,3	
4	88,2	23	93,9	42	99,6	
5	88,5	24	94,2	43	99,9	Frequenzraster:
6	88,8	25	94,5	44	100,2	± 100 kHz/Kanal
7	89,1	26	94,8	45	100,5	
8	89,4	27	95,1	46	100,8	K2 nur + 100 kHz
9	89,7	28	95,4	47	101,1	
10	90,0	29	95,7	48	101,4	Beispiel:
11	90,3	30	96,0	49	101,7	⎧ 88,7
12	90,6	31	96,3	50	102,0	K6 ⎨ 88,8
13	90,9	32	96,6	51	102,3	⎩ 88,9
14	91,2	33	96,9	52	102,6	
15	91,5	34	97,2	53	102,9	
16	91,8	35	97,5	54	103,2	
17	92,1	36	97,8	55	103,5	
18	92,4	37	98,1	56	103,8	
19	92,7	38	98,4			
20	93,0	39	98,7			

Tabelle 6.20 UKW-Rundfunksender der ARD mit Verkehrsdurchsagen

Rundfunkanstalt	Sender	Frequenz (MHz)	ERP (kW)	Bereichskennung	Rundfunkanstalt	Sender	Frequenz (MHz)	ERP (kW)	Bereichskennung
BR III	Bad Reichenhall	89,0	0,3	D	SDR I	Aalen	95,1	50	A
	Bamberg	99,8	25	C		Heidelberg	97,8	100	A
	Berchtesgaden	96,9	0,3	D		Stuttgart-Degerloch	94,7	100	A
	Brotjacklriegel	94,4	100	D		Ulm	94,5	1	A
	Büttelberg	99,3	25	C		Waldenburg	98,8	100	A
	Coburg	99,2	5	C		Bad Mergentheim	87,8	0,5	A
							93,0	0,5	A
							92,9	5	A
							88,0	0,5	(A)
							96,9	0,05	A
							92,4	10	A
							88,0	100	B
							92,3	5	B
							91,9	5	B
							97,0	8,4	E
							89,9	30	D
							98,5	8	D
							93,8	5	E
							90,0	25	D
							98,4	80	E
							91,6	10	D
							94,8	50	D
							93,7	0,1	D
							97,5	20	D
							94,3	25	E
							98,7	18	E
							97,1	37,5	E
							93,1	25	D
							94,1	0,5	E
							99,7	0,5	E
							99,2	0,5	E
							92,3	0,05	E
							96,8	0,5	E
							90,1	0,05	E
							90,6	5	D
							98,2	0,1	D
							98,5	1,0	E
							93,9	5	C
							90,7	0,5	C
							93,3	0,25	C
							99,2	100	C
							94,1	6	C
							93,5	15	C
							93,2	100	C
							95,7	0,5	C
							94,2	0,05	C
							92,6	0,4	C
							92,3	15	C

Absender

Name, Vorname

Straße

PLZ/Ort

Beruf

Spezielles Fach- und Interessengebiet

Ihr Alter

Ihre Tätigkeit
- ☐ Angestellt
- ☐ Selbständig
- ☐ in der Ausbildung
- ☐ im Studium
- ☐ in der Schule

Gerne schicken wir Ihnen unser aktuelles Gesamtverzeichnis:
☐ Ja ☐ Nein

An
Franzis-Buchverlag
z. Hd. Frau Ritthaler/Hr. Wahl
Gruberstr. 46a
85586 Poing

Bitte freimachen

1 Praktische Entwurfsdaten der Elektronik

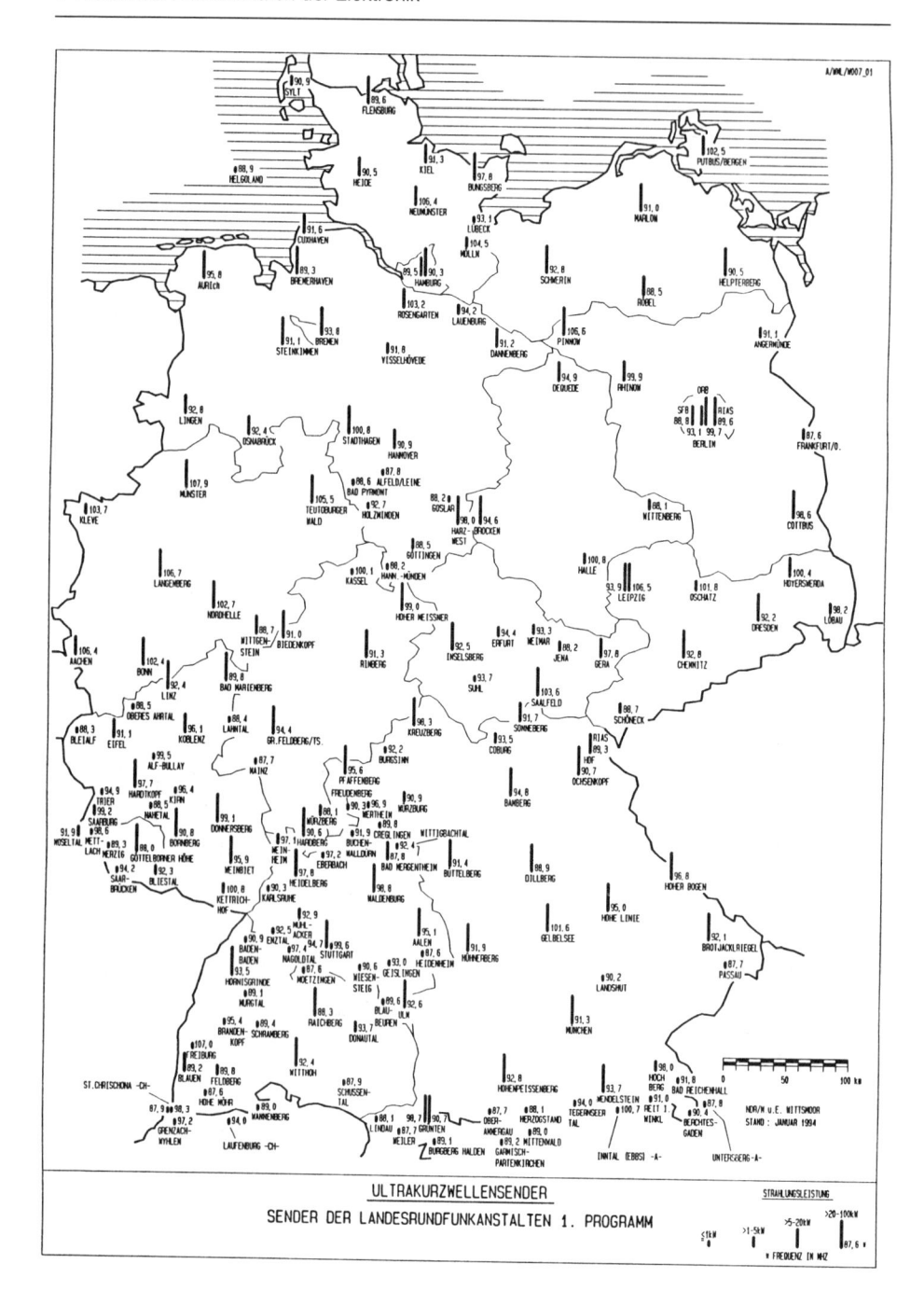

1.1 Tabellenteil

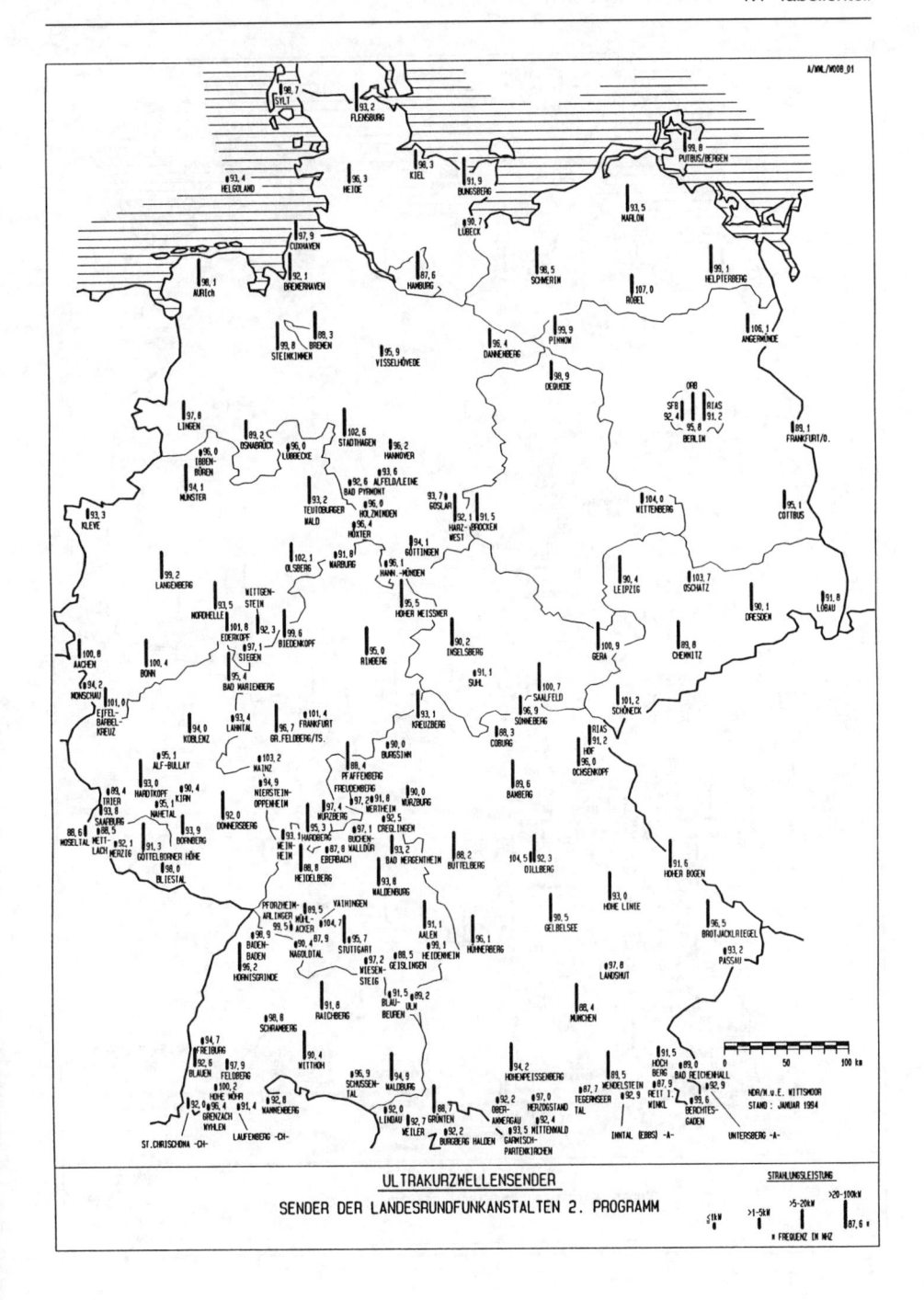

1 Praktische Entwurfsdaten der Elektronik

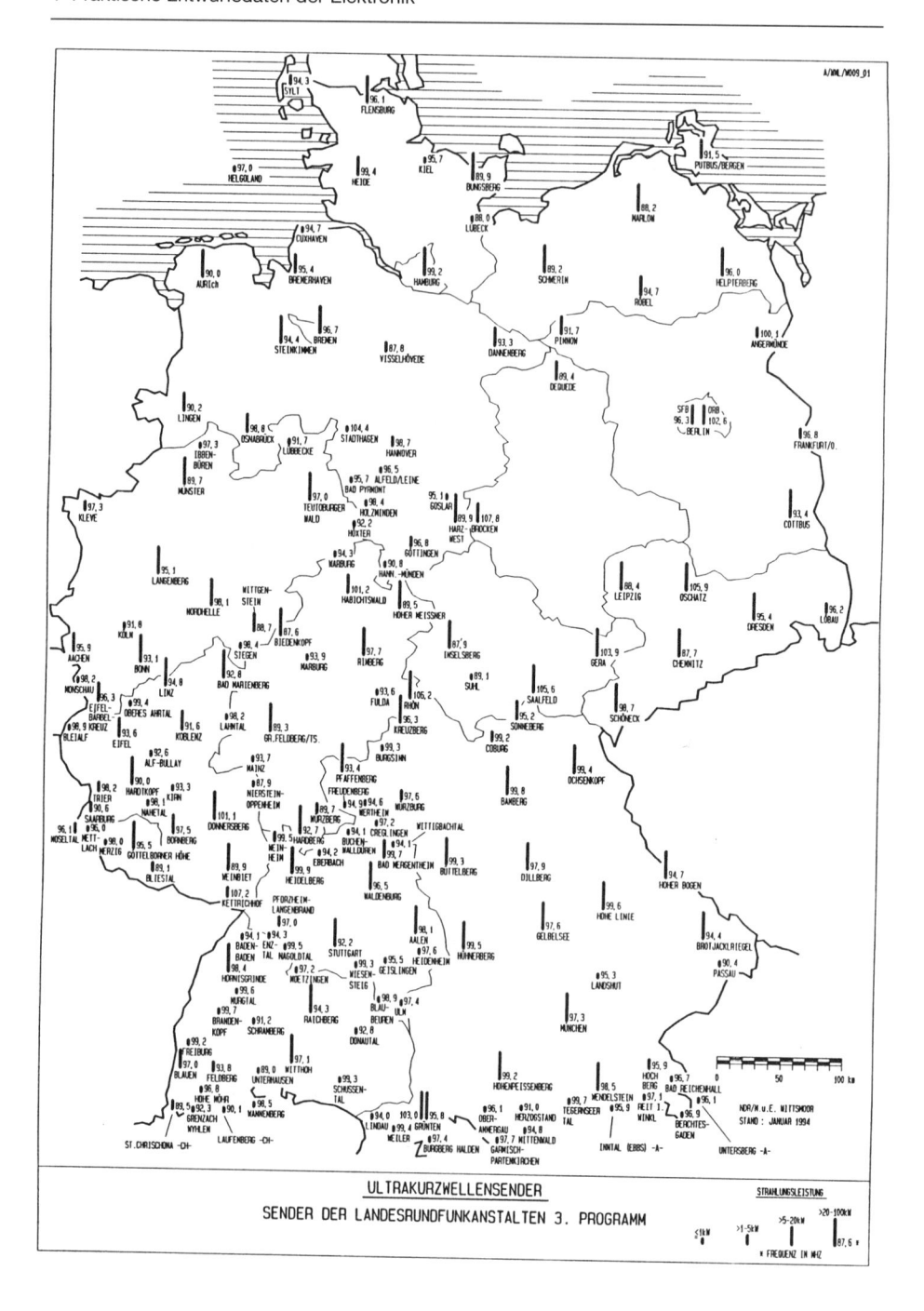

ULTRAKURZWELLENSENDER
SENDER DER LANDESRUNDFUNKANSTALTEN 3. PROGRAMM

1.1 Tabellenteil

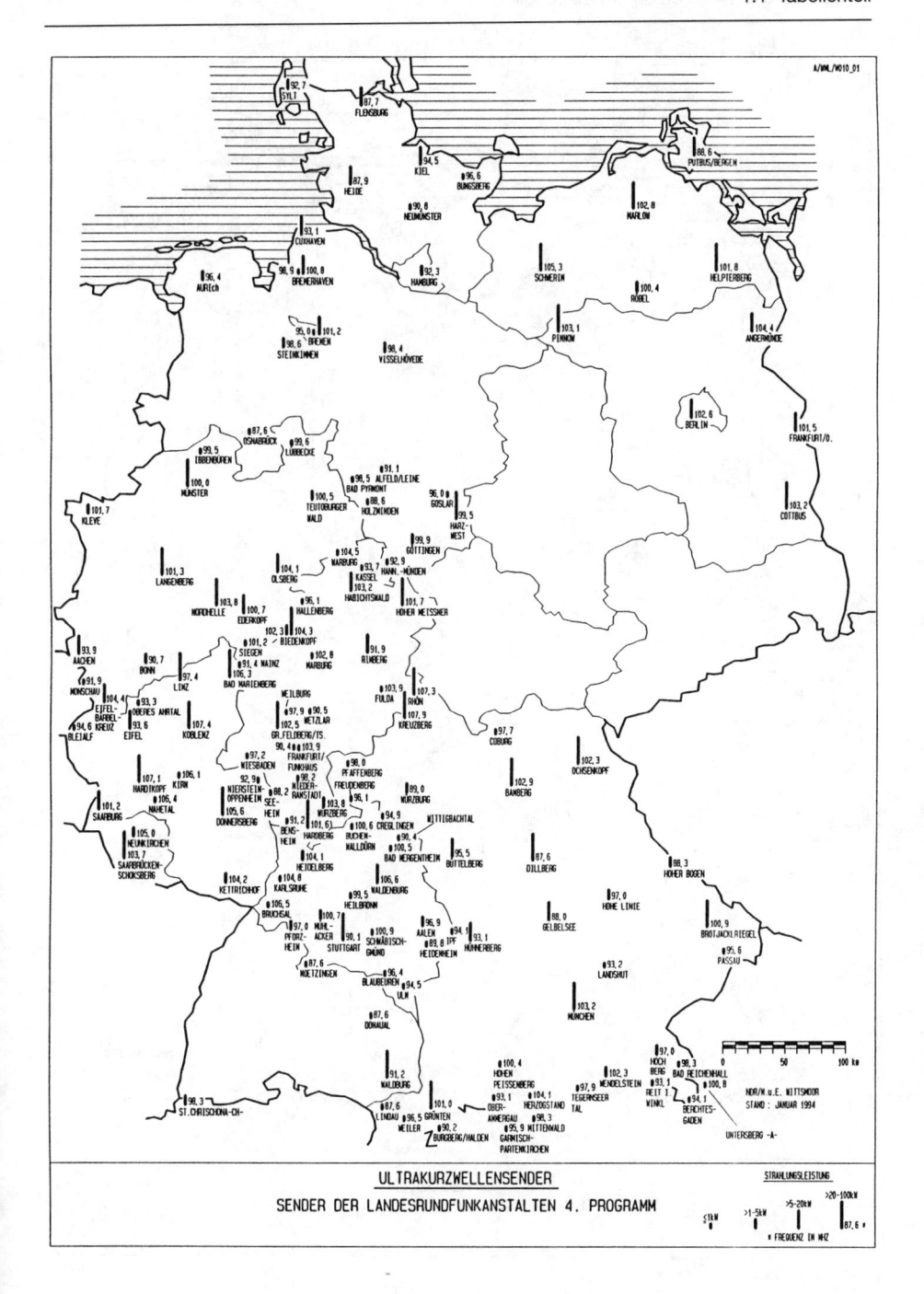

ULTRAKURZWELLENSENDER
SENDER DER LANDESRUNDFUNKANSTALTEN 4. PROGRAMM

1 Praktische Entwurfsdaten der Elektronik

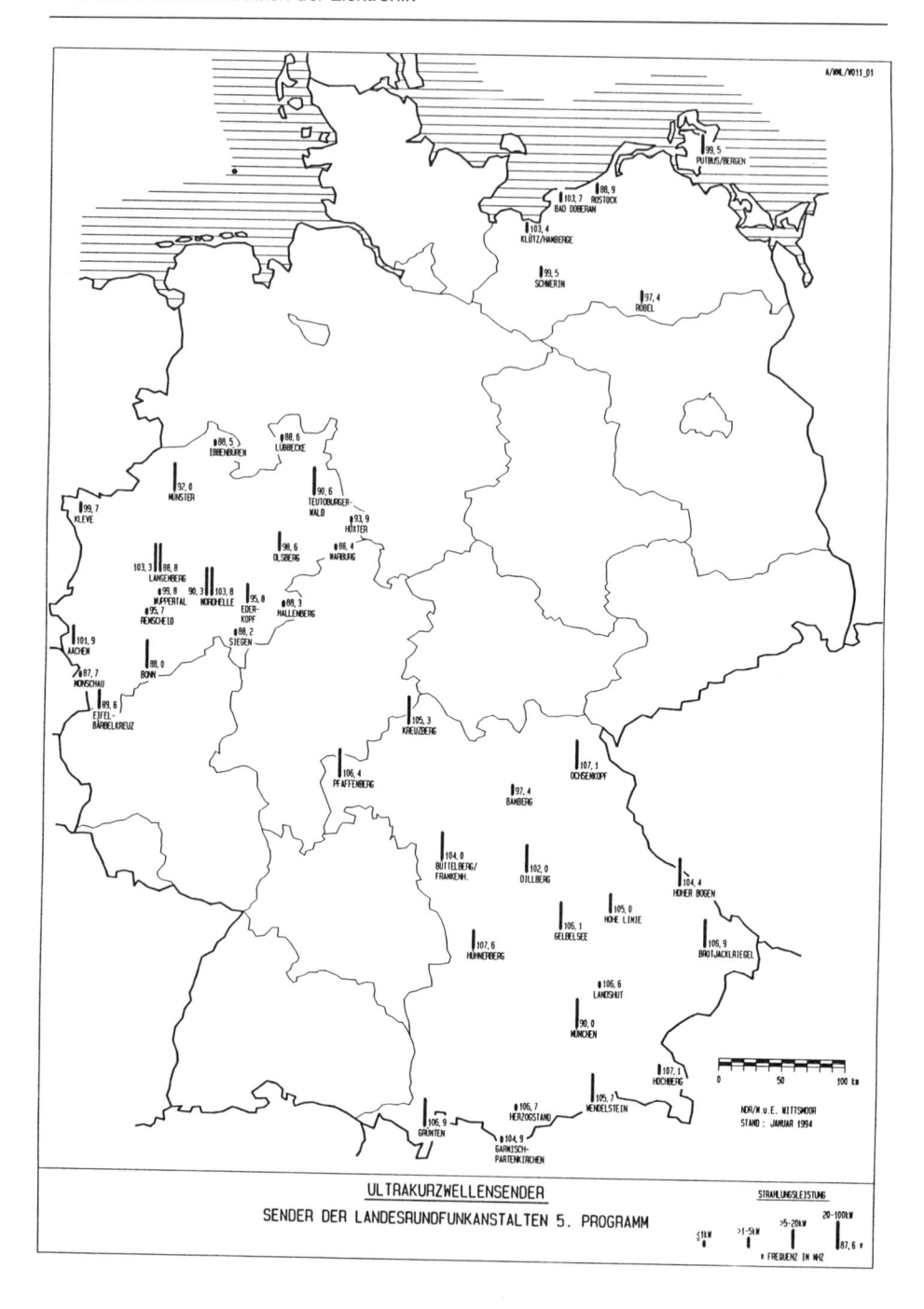

ULTRAKURZWELLENSENDER
SENDER DER LANDESRUNDFUNKANSTALTEN 5. PROGRAMM

Tabelle 6.21 Spannungswerte für Rundfunk- und Fernsehempfang

Empfangsbereich	Mindestwerte	
	Spannung an 75 Ω	Pegel dBµV
LW; MW; KW		
UKW – Band II	111,8 µV	40
UKW – Stereo	353 µV	50
VHF (Fernsehen) Band I	445 µV	52
VHF (Fernsehen) Band III	560 µV	54
UHF (Fernsehen) Band IV/V	791 µV	57

Empfangsbereich	Höchstwerte	
	Spannung an 75 Ω	Pegel dBµV
LW; MW; KW	56 mV	94
UKW – Band II	11,18 mV	80
UKW – Stereo	11,18 mV	80
VHF (Fernsehen) Band I	17,72 mV	84
VHF (Fernsehen) Band III	17,72 mV	84
UHF (Fernsehen) Band IV/V	17,72 mV	84

Das nachstehende Nomogramm gibt eine Übersicht über den Spannungspegel von 1 µV an 60 V (dBµV–60 Ω) für Pegel an 75 Ω sind ≈ 1 dB zu addieren.

Faktor $U = 1 \cdot 10^{-6} \cdot 10^{\frac{n}{20}}$ für 1 µV an 60 Ω

Faktor $U = 1,118 \cdot 10^{-6} \cdot 10^{\frac{n}{20}}$ für 1,118 µV an 75 Ω
bei gleicher Leistung von $1,66 \cdot 10^{-14}$ Watt ≙ 1 µV an 60 Ω.

U = gewünschte Spannung
n = Dämpfung in dB

1 Praktische Entwurfsdaten der Elektronik

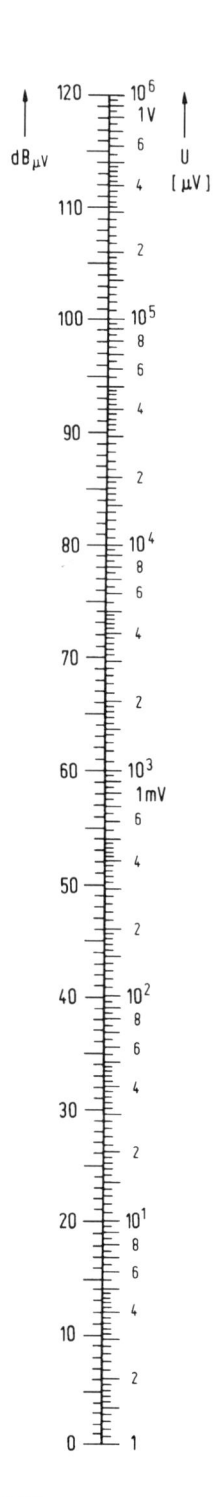

Tabelle 6.22 Nomogramm der Normpegel für Antennenanlagen

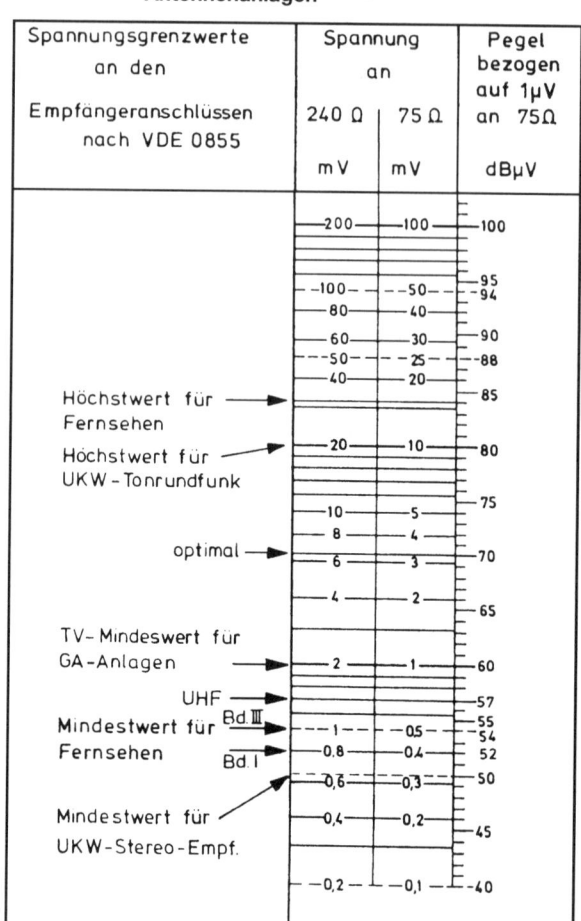

Spannungsgrenzwerte an den Empfängeranschlüssen nach VDE 0855	Spannung an		Pegel bezogen auf 1µV an 75Ω
	240 Ω	75 Ω	
	mV	mV	dBµV
	200	100	100
	100	50	95 / 94
	80	40	
	60	30	90
	50	25	88
	40	20	85
Höchstwert für Fernsehen →			
Höchstwert für UKW-Tonrundfunk →	20	10	80
	10	5	75
	8	4	
optimal →	6	3	70
	4	2	65
TV-Mindestwert für GA-Anlagen →	2	1	60
UHF →			57
Mindestwert für Fernsehen Bd.III →	1	0,5	55 / 54
Bd.I →	0,8	0,4	52
	0,6	0,3	50
Mindestwert für UKW-Stereo-Empf. →	0,4	0,2	45
	0,2	0,1	40

Left scale: dBµV from 0 to 120; U [µV] from 1 to 10⁶ (1V).

Tabelle 6.23 Internationale Fernsehsysteme

System	A	B	C	D	E	G	H	I	K	K1	L	M	N
Systembezeichnung	Englisches System (nur Schwarzweiß-VHF)	CCIR-System (Westeuropa)	Belgisches System (nur VHF)	OIRT-System (Osteuropa)	Französisches System (nur VHF)	CCIR-System (Westeuropa)	CCIR-System (Westeuropa)	Englisches System (nur UHF)	OIRT-System (Osteuropa)	OIRT-System (Osteuropa)	Französisches System (nur UHF)	Amerikanisches System Vereinigte Staaten)	Amerikanisches System 625 (Argentinien, Uruguay)
Abtastzeilen	405 Zeilen	625 Zeilen	625 Zeilen	625 Zeilen	819 Zeilen	625 Zeilen	625 Zeilen	625 Zeilen	625 Zeilen	625 Zeilen	625 Zeilen	525 Zeilen	625 Zeilen
Vertikalfrequenz	50 Hz	50 Hz	50 Hz	50 Hz	50 Hz	50 Hz	50 Hz	50 Hz	50 Hz	50 Hz	50 Hz	60 Hz	50 Hz
Verschachtelung	2/1	2/1	2/1	2/1	2/1	2/1	2/1	2/1	2/1	2/1	2/1	2/1	2/1
Bilder/s	25	25	25	25	25	25	25	25	25	25	25	30	25
Horizontalfrequenz	10 125 Hz	15 625 Hz	15 625 Hz	15 625 Hz	20 475 Hz	15 625 Hz	15 625 Hz	15 625 Hz	15 625 Hz	15 625 Hz	15 625 Hz	15 750 Hz	15 625 Hz
Video-Bandbreite	3 MHz	5 MHz	5 MHz	6 MHz	10 MHz	5 MHz	5 MHz	5,5 MHz	6 MHz	6 MHz	6 MHz	4,2 MHz	4,2 MHz
Kanal-Bandbreite	5 MHz	7 MHz	7 MHz	8 MHz	14 MHz	8 MHz	8 MHz	8 MHz	8 MHz	8 MHz	8 MHz	6 MHz	6 MHz
$f_T - f_B$ (f_T = Tonträgerfrequenz; f_B = Bildträgerfrequenz)	−3,5 MHz	+5,5 MHz	+5,5 MHz	+6,5 MHz	±11,15 MHz	+5,5 MHz	+5,5 MHz	+6 MHz	+6,5 MHz	+6,5 MHz	+6,5 MHz	+4,5 MHz	+4,5 MHz
Grenze des Kanals bezüglich f_B	+1,25 MHz	−1,25 MHz	−1,25 MHz	−1,25 MHz	±2,83 MHz	−1,25 MHz	−1,25 MHz	−1,25 MHz	−1,25 MHz	−1,25 MHz	−1,25 MHz	−1,25 MHz	−1,25 MHz
Oberes Seitenband	3 MHz	5 MHz	5 MHz	6 MHz	10 MHz	5 MHz	5 MHz	5,5 MHz	6 MHz	6 MHz	6 MHz	4,2 MHz	4,2 MHz
Unteres Seitenband	0,75 MHz	0,75 MHz	0,75 MHz	0,75 MHz	2 MHz	0,75 MHz	1,25 MHz	1,25 MHz	0,75 MHz	1,25 MHz	1,25 MHz	0,75 MHz	0,75 MHz
Video-Modulation und Polarität	AM positiv	AM negativ	AM positiv	AM negativ	AM positiv	AM negativ	AM negativ	AM negativ	AM negativ	AM negativ	AM positiv	AM negativ	AM negativ
Ton-Modulation	AM	FM ±50 kHz	AM	FM ±50 kHz	AM	FM ±50 kHz	FM ±50 kHz	FM ±50 kHz	FM ±50 kHz	FM ±50 kHz	AM	FM ±25 kHz	FM ±25 kHz
Akzentuierung	keine	50 μs	50 μs	50 μs	keine	50 μs	50 μs	50 μs	50 μs	50 μs	keine	75 μs	75 μs

151

Tabelle 6.24 Übertragungsnorm und Anschlußdaten (Fernsehen)

Land	Bild-ton-Abstand (MHz)	Farb-norm	Netzspannung (Volt)	Frequenz (Hertz)
A				
Afghanistan	+ 6,5		220	50
Ägypten	+ 5,5	S	110/220	50
Albanien	+ 6,5	S	220	50
Algerien	+ 5,5	P	127/220	50
Andorra	+ 6,5			50
Angola	+ 6,0		220	50
Antillen, französ.	+ 4,5	N	115/127/220	50/60
Antillen, niederl.				
Argentinien	+ 4,5	P	220	50
Äthiopien	+ 5,5		220	50
Australien	+ 5,5	P	240/250	50
Azoren	+ 4,5		220	50
B				
Bahamas	+ 4,5		120	60
Bahrein	+ 5,5	P	230	50
Bangladesh	+ 5,5		220/230	50
Belgien	+ 5,5	P	220	50
Benin(Dahome)	+ 6,5		220	50
Birma	+ 4,5		220	50
Bolivien	+ 4,5		110/115/220/230	50/60
Botsuana	+ 6,5		220	50
Brasilien	+ 4,5	P	110/127/220	50/60
Bulgarien	+ 6,5	S	220	50
Bundesrepublik Deutschland	+ 5,5	P	220	50
Burundi	+ 6,5		220	50
C				
Chile	+ 4,5	N	220	50
China, VR	+ 6,5	P	220	50
Costa Rica	+ 4,5	N	120	60
D				
Dänemark	+ 5,5	P	220	50
Dominikanische Republik	+ 4,5	N	110	60
E				
Ecuador	+ 4,5	N	110/120/127	60
Elfenbeinküste	+ 6,5	S	220	50
El Salvador	+ 4,5	N	115	60
F				
Finnland	+ 5,5	P	220	50
Frankreich	+ 6,5	S	115/127/220/230	50

Land	Bild-Ton-Abstand (MHz)	Farb-norm	Netzspannung (Volt)	Frequenz (Hertz)
G				
Gabun	+ 6,5	S	220	50
Gambia	+ 6,0		230	50
Ghana	+ 5,5		220	50
Gibraltar	+ 5,5		240	50
Griechenland	+ 5,5	S	220	50
Grönland	+ 4,5		220	50
Großbritannien	+ 6,0	P	240	50
Guadeloupe	+ 6,5	S	220	60
Guatemala	+ 4,5	N	110/120/127/220	60
Guayana, französ.	+ 6,5		220	50
Guinea, Republik	+ 6,5		220	50
H				
Haiti	+ 4,5	N	110/220	50/60
Hawaii	+ 4,5	N	115	60
Honduras	+ 4,5	N	110	60
Hongkong	+ 6,0	P	200	50
I				
Indien	+ 5,5		230	50
Indonesien	+ 5,5	P	110/220	50
Irak	+ 5,5	S	220	50
Iran	+ 5,5	S	220	50
Irland	+ 6,0	P	220	50
Island	+ 5,5	P	220	50
Israel	+ 5,5	P	230	50
Italien	+ 5,5	P	127/160/220	50
J				
Jamaika	+ 4,5		110	50
Japan	+ 4,5	N	100	50/60
Jemen (Nord),Arab.Rep.	+ 5,5		220	50
Jemen (Süd), Demokr.Rep.	+ 5,5		230	50
Jordanien	+ 5,5	P	220	50
Jugoslawien	+ 5,5	P	220	50
K				
Kamerun	+ 6,5		127/220/230	50
Kanada	+ 4,5	N	120	60
Kanarische Inseln	+ 5,5		127/220	60
Katar	+ 5,5	P	240	50
Kenia	+ 5,5	P	240	50
Khmer	+ 4,5		120/220	50
Kolumbien	+ 4,5		110/115/120/150	60
Kongo (Brazzaville)	+ 6,5		220	50
Korea, Nord-	+ 4,5	N	100	60
Korea, Süd-				

Land	Bild-Ton-Abstand (MHz)	Farb-norm	Netzspannung (Volt)	Frequenz (Hertz)
Kuba	+ 4,5	N	115/120	60
Kuwait	+ 5,5	P	240	50
L				
Laos			220	50
Libanon	+ 5,5	S	110/220	50
Liberia	+ 5,5		120	60
Libyen	+ 5,5	S	127/230	50
Luxemburg	+ 6,5	P+S	110/220	50
M				
Madagaskar	+ 6,5		220	50
Madeira	+ 5,5		220	50
Malawi	+ 5,5		230	50
Malaysia	+ 5,5	P	230/240	50
Mali	+ 6,5		220	50
Malta	+ 5,5		240	50
Marokko	+ 5,5	S	115/127/220/230	50
Martinique	+ 6,5	S	220	50
Mauretanien	+ 6,5		220	50
Mauritius	+ 5,5	S	230	50
Mexiko	+ 4,5	N	110/120/125/127	50/60
Monaco	+ 6,5	S	127/220	50
N				
Neukaledonien	+ 6,5		220	50
Neuseeland	+ 5,5	P	230	50
Nicaragua	+ 4,5		120	60
Niederlande	+ 5,5	P	220	50
Niger	+ 6,5		220	50
Nigeria	+ 5,5	P	230	50
Norwegen	+ 5,5	P	230	50
O				
Obervolta	+ 6,5		220	50
Oman	+ 5,5	P	220	50
Österreich	+ 5,5	P	220	50
P				
Pakistan	+ 5,5	P	230	50
Panama	+ 4,5	N	110/120	60
Paraguay	+ 4,5		220	50
Peru	+ 4,5		110/220	60
Philippinen	+ 4,5	N	110/115/220	60
Polen	+ 6,5	S	220	50
Portugal	+ 5,5		110/220	50
Puerto Rico	+ 4,5	N	120	60

Land	Bild-Ton-Abstand (MHz)	Farb-norm	Netzspannung (Volt)	Frequenz (Hertz)
R				
Rhodesien	+ 5,5		220/230	50
Ruanda	+ 6,5		220	50
Rumänien	+ 6,5	S	220	50
S				
Sambia	+ 5,5		230	50
Samoa	+ 4,5		230	50
Sansibar	+ 6,0	P	230	50
Saudi-Arabien	+ 5,5	S	127/220/230	50/60
Schweden	+ 5,5	P	120/127/220	50
Schweiz	+ 5,5	P	125/220	50
Senegal	+ 6,5		110	50
Sierra Leone	+ 5,5		230	50
Singapur	+ 5,5	P	230	50
Somalia	+ 5,5		110/220/230	50
Sowjetunion	+ 6,5	S	220	50
Spanien	+ 5,5	P	127/220	50
Sri Lanka	+ 5,5		230	50
Sudan	+ 5,5		240	50
Südafrika	+ 6,0	P	220/230/250	50
Surinam	+ 4,5	N	110/115/127	60
Syrien	+ 5,5	S	115/220	50
T				
Tahiti	+ 6,5		127	60
Taiwan	+ 4,5	N	110	60
Tansania	+ 5,5		230	50
Thailand	+ 5,5	P	220	50
Togo	+ 6,5		127/220	50
Tschad	+ 6,5		220	50
Tschechoslowakai	+ 6,5	S	220	50
Tunesien	+ 5,5	S	110/115/220	50
Türkei	+ 5,5	P	110/220	50
U				
Uganda	+ 5,5		240	50
Ungarn	+ 6,5	S	220	50
Uruguay	+ 4,5		220	50
V				
Venezuela	+ 4,5		120	50/60
Vereinigte Arabische Emirate	+ 5,5	P	220	50
Vereinigte Staaten (Nordamerika)	+ 4,5	N	117	60
Vietnam	+ 6,5		120/127/230	50

1 Praktische Entwurfsdaten der Elektronik

Land	Bild-Ton-Abstand (MHz)	Farbnorm	Netzspannung (Volt)	Frequenz (Hertz)
Z				
Zaire	+ 5,5	S	220	50
Zentralafrikanisches Kaiserreich	+ 6,5		220	50
Zypern	+ 5,5	S	240	50

es bedeuten: S SECAM, N NTSC, P PAL

Tabelle 6.25 Kanalverteilung nach Ländern

Italienische Kanalverteilung (Sonst Norm B)

	Bild MHz	Ton MHz		Bild MHz	Ton MHz
A	53,75	59,25	E	183,25	189,75
B	62,25	67,75	F	192,25	197,75
C	82,25	87,75	G	201,25	206,75
D	175,25	180,75	H	210,25	215,75
			H 1	217,25	222,75

Marokkanische Kanalverteilung (Sonst Norm B)

	Bild MHz	Ton MHz		Bild MHz	Ton MHz
M 4	163,25	168,75	M 8	195,25	200,75
M 5	171,25	176,75	M 9	203,25	208,75
M 6	179,25	184,75	M 10	211,25	216,75
M 7	187,25	192,75			

Australische Kanalverteilung (Sonst Norm B)

	Bild MHz	Ton MHz		Bild MHz	Ton MHz
K 0	46,25	51,75	K 6	175,25	180,75
K 1	57,25	62,75	K 7	182,25	187,75
K 2	64,25	69,75	K 8	189,25	194,75
K 3	86,25	91,75	K 9	196,25	201,75
K 4	95,25	100,75	K 10	209,25	214,75
K 5	102,25	107,75	K 11	216,25	221,75
K 5A	138,25	143,75			

Neuseeländ. Kanalverteilung (Sonst Norm B)

	Bild MHz	Ton MHz		Bild MHz	Ton MHz
K 1	45,25	50,75	K 6	189,25	194,75
K 2	55,25	60,75	K 7	196,25	201,75
K 3	62,25	67,75	K 8	203,25	208,75
K 4	175,25	180,75	K 9	210,25	215,75
K 5	182,25	187,75			

1.1 Tabellenteil

Japanische Kanalverteilung (Sonst Norm M)

	Bild MHz	Ton MHz		Bild MHz	Ton MHz
K 1	91,25	95,75	K 10	205,25	209,75
K 2	97,25	101,75	K 11	211,25	215,75
K 3	103,25	107,75	K 12	217,25	221,75
K 4	171,25	175,75			
K 5	177,25	181,75	K 33	591,25	595,75
K 6	183,25	187,75			
K 7	189,25	193,75	fortlaufend bis		
K 8	193,25	197,75			
K 9	199,25	203,75	K 62	765,25	769,75

Normen und Kanäle

Norm A

	Bild MHz	Ton MHz		Bild MHz	Ton MHz
K 1	45,0	41,5	K 7	184,75	181,25
K 2	51,75	48,25	K 8	189,75	186,25
K 3	56,75	53,25	K 9	194,75	191,25
K 4	61,75	58,25	K 10	199,75	196,25
K 5	66,75	63,25	K 11	204,75	201,25
K 6	179,75	176,25	K 12	209,75	206,25

Norm D *)

	Bild MHz	Ton MHz		Bild MHz	Ton MHz
K 1	49,75	56,25	K 7	183,25	189,75
K 2	59,25	65,75	K 8	191,25	197,75
K 3	77,25	83,75	K 9	199,25	205,75
K 4	85,25	91,75	K 10	207,25	213,75
K 5	93,25	99,75	K 11	215,25	221,75
K 6	175,25	181,75	K 12	223,25	229,75

*) UHF-Kanäle und Bildträger wie Norm B, Tonträger jeweils +6,5 MHz zum Bildträger

Norm E

	Bild MHz	Ton MHz		Bild MHz	Ton MHz
K 2	52,4	41,25	K 8	185,25	174,1
K 4	65,55	54,40	K 8 A	186,55	175,4
K 5	164,0	175,15	K 9	190,3	201,45
K 6	173,4	162,25	K 10	199,7	188,55
K 7	177,15	188,3	K 11	203,45	214,6
			K 12	212,85	201,7

Norm I

	Bild MHz	Ton MHz		Bild MHz	Ton MHz
A	45,75	51,75		Band IV/V	
B	53,75	59,75			
C	61,75	67,75	K 21	471,25	477,25
D	175,25	181,25	K 22	479,25	485,25
E	183,25	189,25			
F	191,25	197,25		bis *	
G	199,25	205,25			
H	207,25	213,25	K 67	839,25	845,25
I	215,25	221,25	K 68	847,25	853,25

* Kanalverteilung und Bildträger siehe Norm B. Tonträger jeweils +6 MHz zum Bildträger.

157

1 Praktische Entwurfsdaten der Elektronik

Norm K' (franz. Übersee)

	Bild MHz	Ton MHz		Bild MHz	Ton MHz
K 4	175,25	181,75	K 7	199,25	205,75
K 5	183,25	189,75	K 8	207,25	213,75
K 6	191,25	197,75	K 9	215,25	221,75

Norm M/N

	Bild MHz	Ton MHz		Bild MHz	Ton MHz
K 1	—	—	K 8	181,25	185,75
K 2	55,25	59,75	K 9	187,25	191,75
K 3	61,25	65,75	K 10	193,25	197,75
K 4	67,25	71,75	K 11	199,25	203,75
K 5	77,25	81,75	K 12	205,25	209,75
K 6	83,25	87,75	K 13	211,25	215,75
K 7	175,25	179,75	K 14	471,25	475,75
				fortlaufend bis	
			K 83	885,25	889,75

Norm B/C/F/G

	Bild MHz	Ton MHz		Bild MHz	Ton MHz
	Band I		K 37	599,25	604,75
K 1	41,25	46,75	K 38	607,25	612,75
K 2	48,25	53,75	K 39	615,25	620,75
K 3	55,25	60,75	K 40	623,25	628,75
K 4	62,25	67,75	K 41	631,25	636,75
			K 42	639,25	644,75
	Band III		K 43	647,25	652,75
K 5	175,25	180,75	K 44	655,25	660,75
K 6	182,25	187,75	K 45	663,25	668,75
K 7	189,25	194,75	K 46	671,25	676,75
K 8	196,25	201,75	K 47	679,25	684,75
K 9	203,25	208,75	K 48	687,25	692,75
K 10	210,25	215,75	K 49	695,25	700,75
K 11	217,25	222,75	K 50	703,25	708,75
K 12	224,25	229,75	K 51	711,25	716,75
			K 52	719,25	724,75
	Band IV/V nach Norm H		K 53	727,25	732,75
K 21	471,25	476,75	K 54	735,25	740,75
K 22	479,25	484,75	K 55	743,25	748,75
K 23	487,25	492,75	K 56	751,25	756,75
K 24	495,25	500,75	K 57	759,25	764,75
K 25	503,25	508,75	K 58	767,25	772,75
K 26	511,25	516,75	K 59	775,25	780,75
K 27	519,25	524,75	K 60	783,25	788,75
K 28	527,25	532,75	K 61	791,25	796,75
K 29	535,25	540,75	K 62	799,25	804,75
K 30	543,25	548,75	K 63	807,25	812,75
K 31	551,25	556,75	K 64	815,25	820,75
K 32	559,25	564,75	K 65	823,25	828,75
K 33	567,25	572,75	K 66	831,25	836,75
K 34	575,25	580,75	K 67	839,25	844,75
K 35	583,25	588,75	K 68	847,25	852,75
K 36	591,25	596,75	K 69	855,25	860,75

Tabelle 6.26 Sonderkanäle (Kabelfernsehen)

Kanal	Sonderkanal	Frequenz des Bildträgers (MHz)	Frequenz des Tonträgers (MHz)	Band
81	S1	105,25	110,75	unteres Kabel-Kanal-Band
82	S2	112,25	117,75	
83	S3	119,25	124,75	
84	S4	126,25	131,75	
85	S5	133,25	138,75	
86	S6	140,25	145,75	
87	S7	147,25	152,75	
88	S8	154,25	159,75	
89	S9	161,25	166,75	
90	S10	168,25	173,75	
91	S11	231,25	236,75	oberes Kabel-Kanal-Band
92	S12	238,25	243,75	
93	S13	245,25	250,75	
94	S14	252,25	257,75	
95	S15	259,25	264,75	
96	S16	266,25	271,75	
97	S17	273,25	278,75	
98	S18	280,25	285,75	
99	S19	287,25	292,75	
100	S20	294,25	299,75	
	S21	69,25	74,75	Sonder-kanalband-(Belgien) OIR-Kanäle
	S22	76,25	81,75	
	S23	83,25	88,75	
	S24	90,25	95,75	
	S25	97,25	102,75	
	S26	59,25	64,75	
	S27	93,25	98,75	
	K0	46,25	51,75	Australien

Italienische Sonderkanäle

Italienische Kanalbezeichnung	Frequenz des Bildträgers (MHz)	Frequenz des Tonträgers (MHz)
A	53,75	59,25
B	62,25	67,75
C	82,25	87,75
D	175,25	180,75
E	183,75	189,25
F	192,25	197,75
G	201,25	206,75
H	210,25	215,75
H1	217,25	222,75

1 Praktische Entwurfsdaten der Elektronik

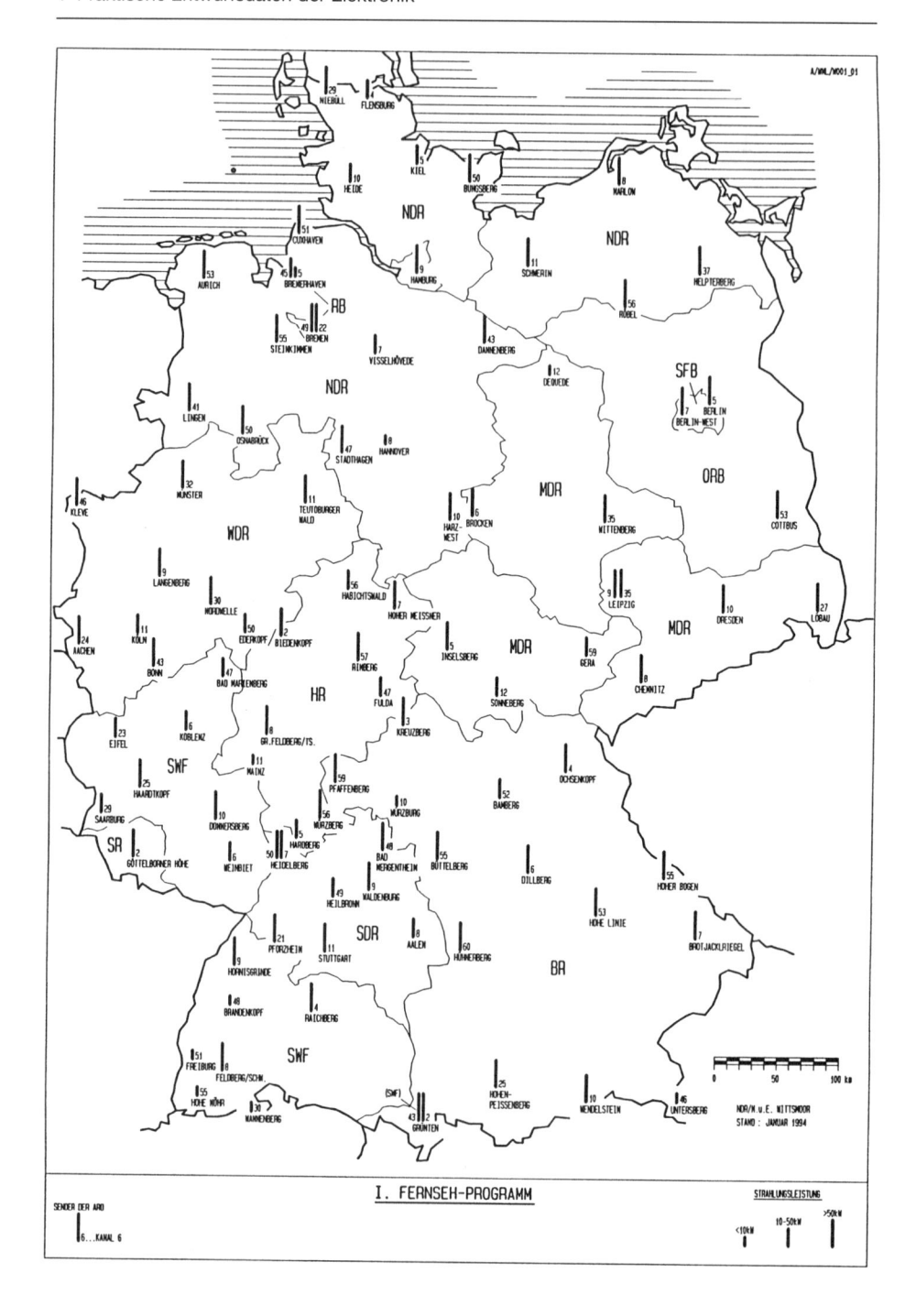

I. FERNSEH-PROGRAMM

1.1 Tabellenteil

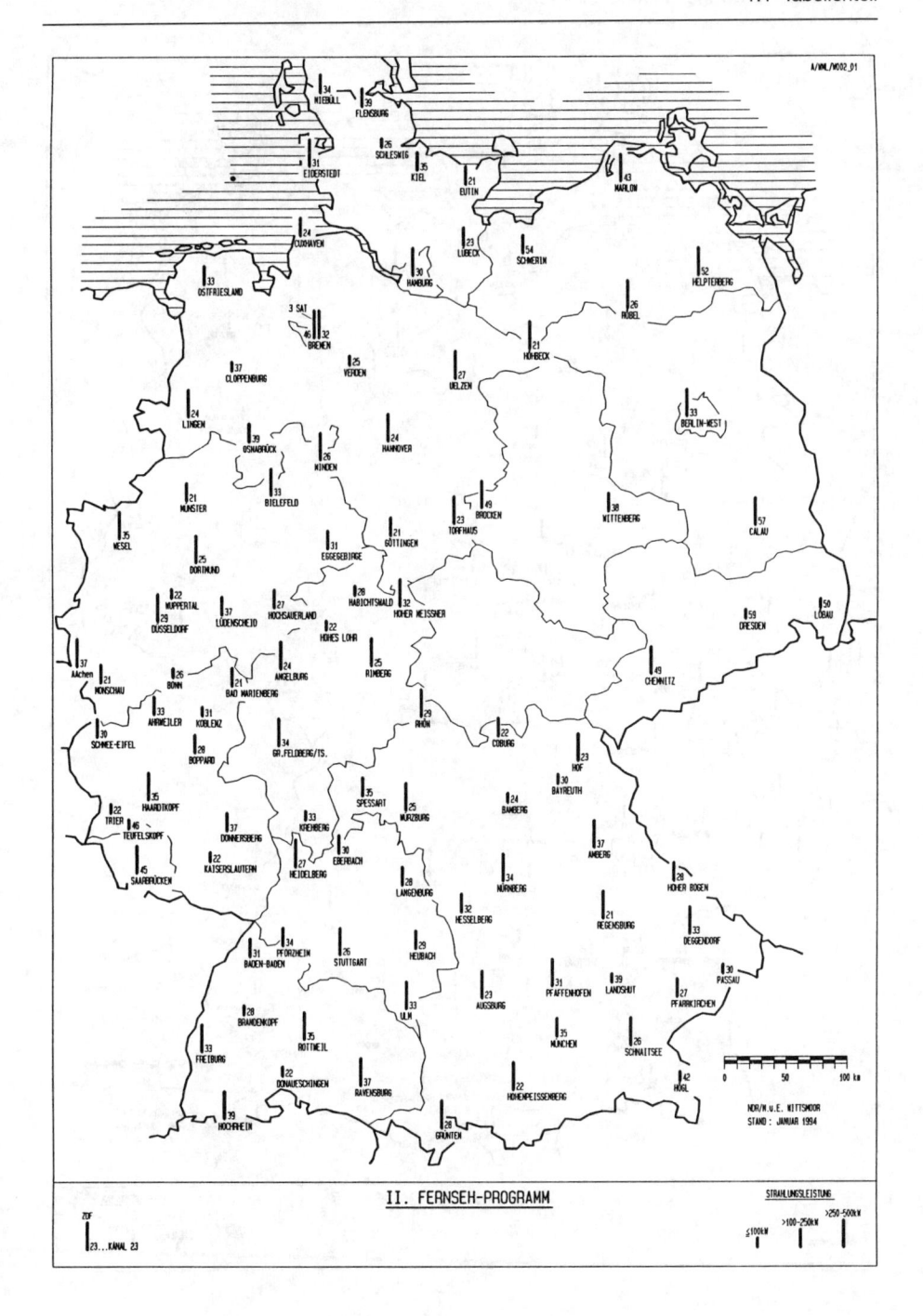

II. FERNSEH-PROGRAMM

1 Praktische Entwurfsdaten der Elektronik

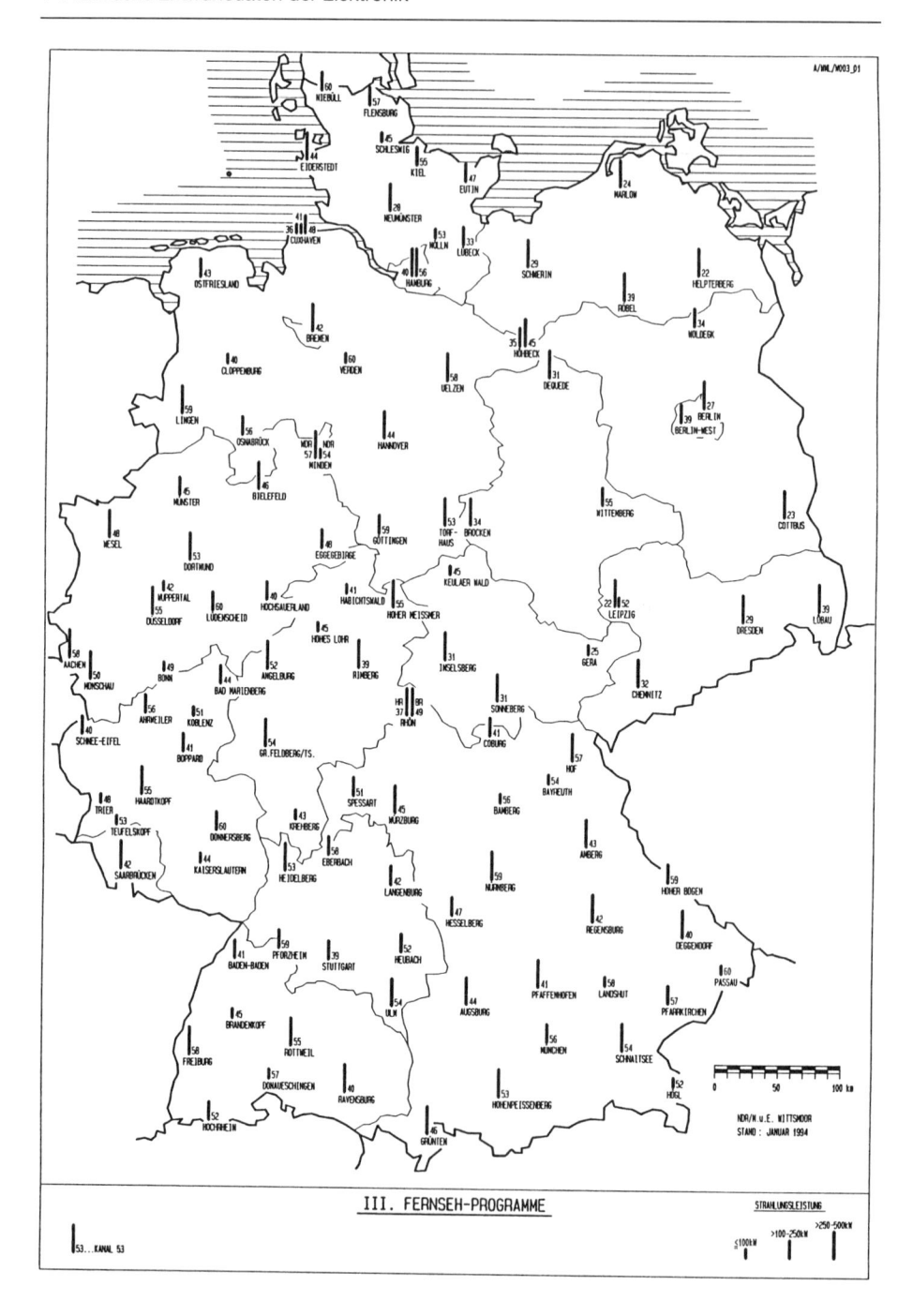

III. FERNSEH-PROGRAMME

1.1 Tabellenteil

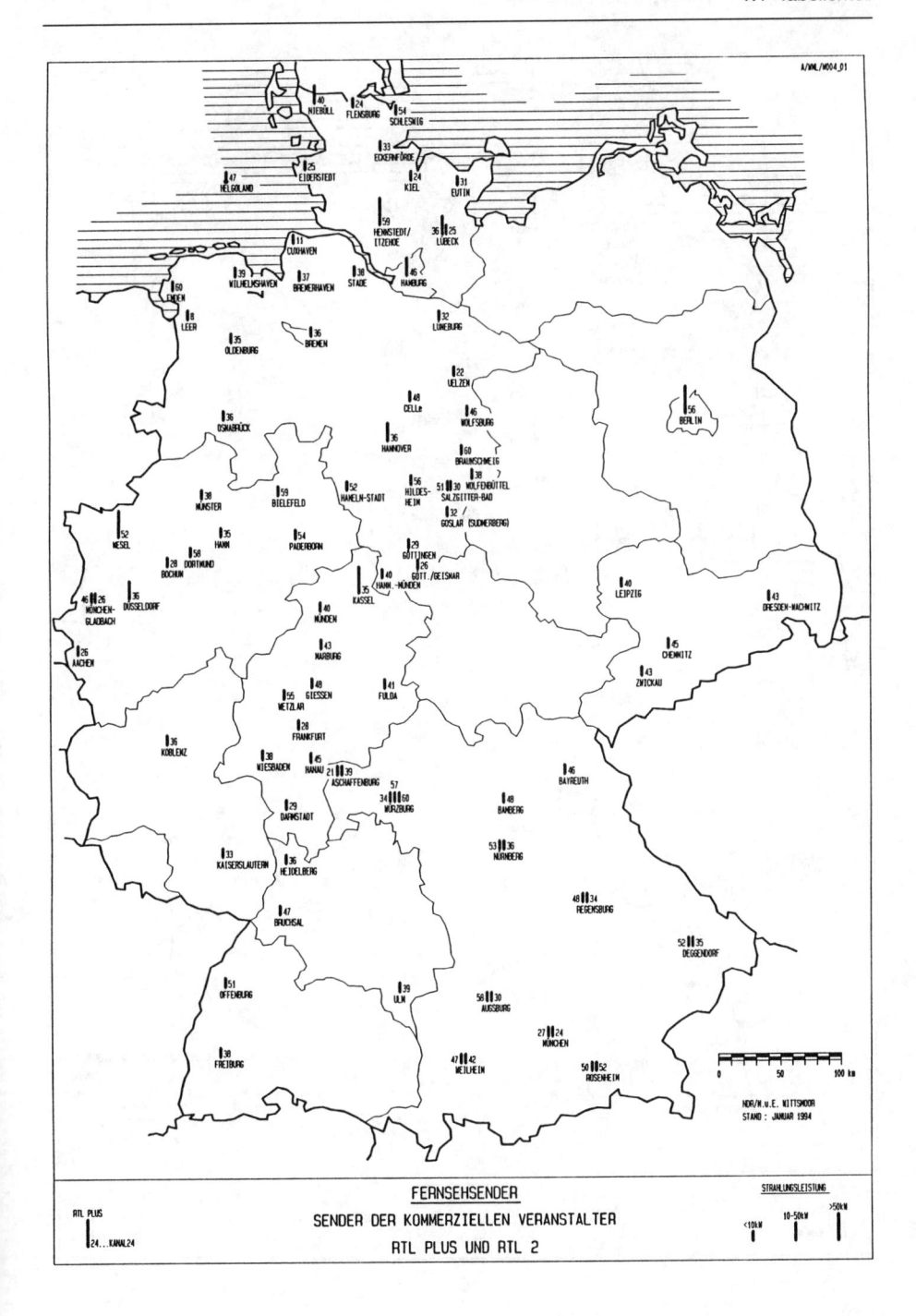

1 Praktische Entwurfsdaten der Elektronik

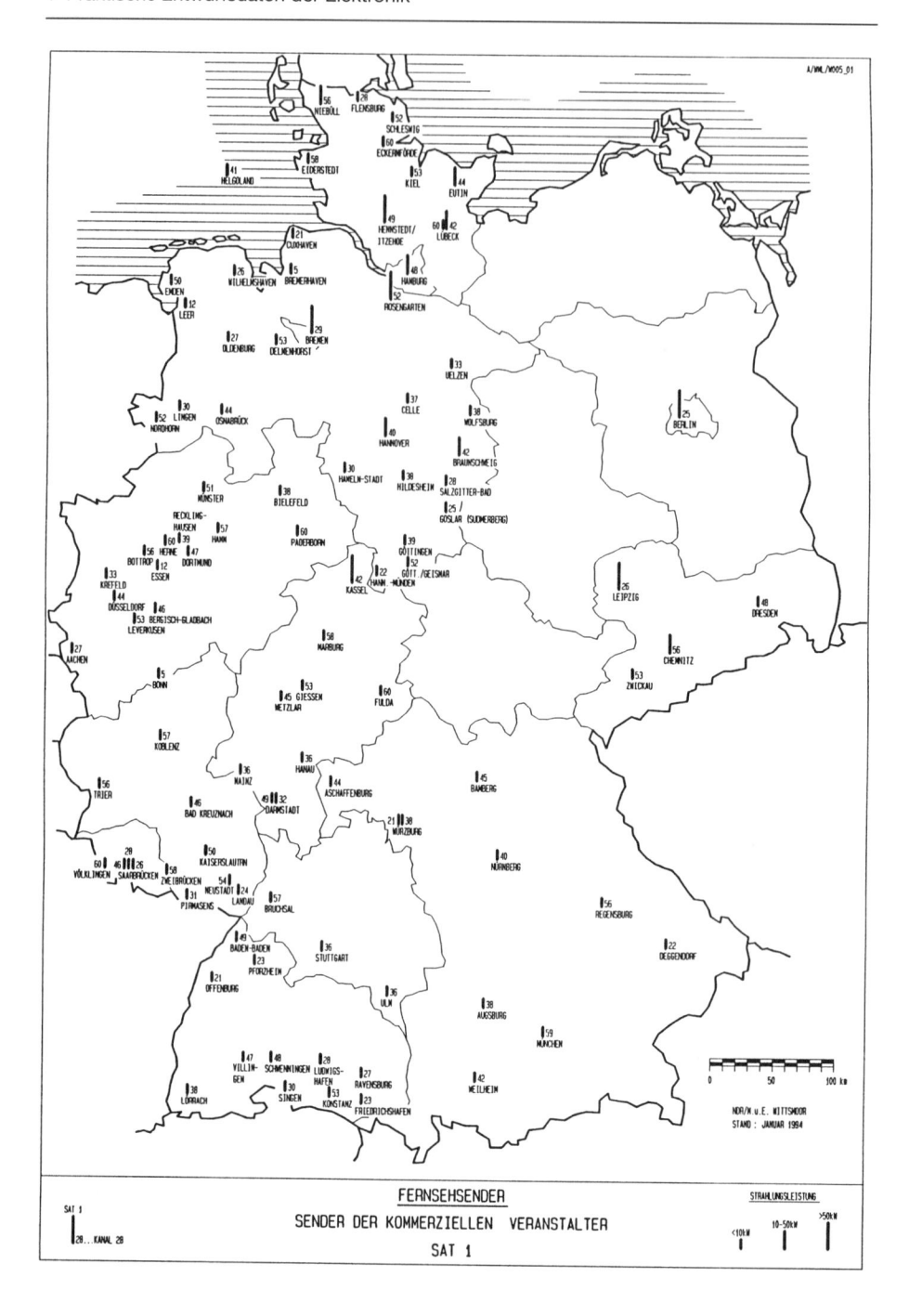

FERNSEHSENDER
SENDER DER KOMMERZIELLEN VERANSTALTER
SAT 1

1.1 Tabellenteil

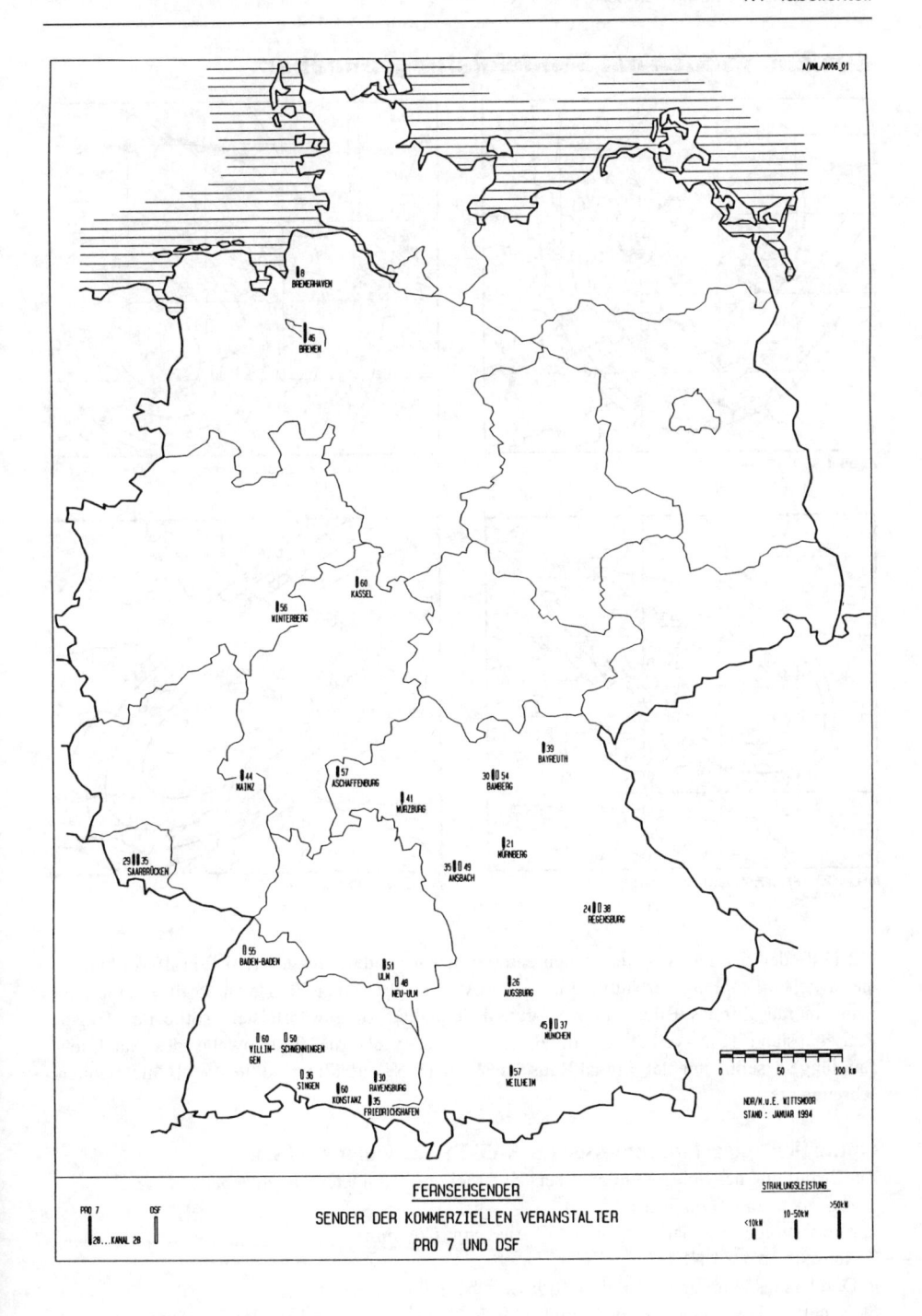

FERNSEHSENDER
SENDER DER KOMMERZIELLEN VERANSTALTER
PRO 7 UND DSF

1 Praktische Entwurfsdaten der Elektronik

Ausleuchtzonen mit Sendeleistungsangaben

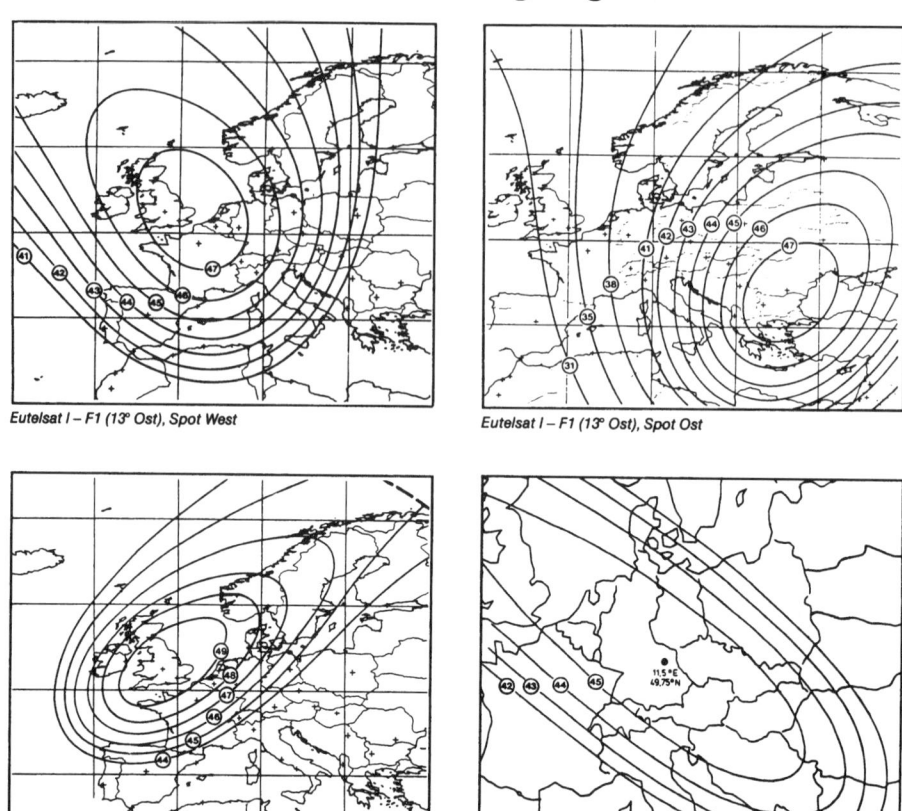

Eutelsat I – F1 (13° Ost), Spot West

Eutelsat I – F1 (13° Ost), Spot Ost

Intelsat VA – F11 (27,5° West), Spot West

Intelsat VA – F12 (60° Ost)

Mit Hilfe der aus den Ausleuchtzonen entnommenen Sendeleistungen (EIRP in dBW) können die örtlichen Empfangsverhältnisse berechnet werden. Bei einer EIRP von 45 dBW empfängt man ein rauschfreies Bild. Um eine gute Bildqualität zu gewährleisten, sollte der Träger/Rauschabstand (C/N-Verhältnis) mind. 2 dB größer als die Rauschwelle des Satelliten-Empfängers sein, und der Signal/Rauschabstand (S/N-Verhältnis) sollte 45 dB nicht unterschreiten.

Optimaler Spiegeldurchmesser für SAT-FS-Antennen (WISI)
Zur Ermittlung des Spiegeldurchmessers sind mehrere Parameter ausschlaggebend.
1. Ausleuchtzone (Footprint)
2. Mindestträgerrauschabstand am LNC-Ausgang (C/N min)
3. Rauschmaß des LNCs
4. Durchgangsdämpfung der Polarisationsweiche, falls eingesetzt
5. Signalpegelzuschläge für 99 % und 99,9 % Empfangbarkeit, d. h. der Empfang muß auch möglich sein bei starken Witterungseinflüssen, wie Regen, Schnee und Eis.
6. Kabeldämpfung

zu 1.
Die vom Satelliten abgestrahlte Leistung ist durch die von Solargeneratoren erzielbare Versorgungsleistung begrenzt. Deshalb muß die zur Verfügung stehende geringe HF-Leistung durch Bündelung der Energie mittels Parabolantennen, mit der daraus resultierenden Gewinnerhöhung und dem kleineren Öffnungswinkel genau auf das zu versorgende Gebiet (Ausleuchtzone) abgestrahlt werden. Die Abstrahlleistung wird häufig auch als EIRP (dbW) ausgedrückt.

Unter EIRP versteht man die Leistung, die eine Antenne mit gleichmäßig kugelförmiger Ausstrahlcharakteristik in alle Richtungen (isotrop) abgeben müßte, um am Empfangsort die gleiche Leistungsflußdichte, wie die relativ geringe, jedoch durch die Sendeantenne scharf gebündelte Leistung eines Satelliten zu erzeugen.

$EIRP_{(dBW)} = P_{s(dBW)} + G_{(dB)}$
P_s = Senderausgangsleistung
G_s = Gewinn der Sendeantenne

Beispiel ASTRA-Satellit:
EIRP = 52 dBw d. h. $P = 10^{EIRP/10}$ W = $10^{5,2}$
W = 158,5 kW

Diese Leistung müßte ein Kugelstrahler also ungezielt abgeben, damit im Zentrum der Ausleuchtzone das bestehende Leistungsangebot je m² herrscht. Durch Bündelung der geringen effektiven Sendeleistung des ASTRA-Satelliten von etwa 47 W durch die Sendeparabolantenne wird erreicht, daß im Zentrum der Ausleuchtungszone tatsächlich das erforderliche Leistungsangebot vorhanden ist. Die Sendeantenne bündelt um etwa den Faktor 158500/47 = 3372, was einem Antennengewinn von 35 dB entspricht.

Die Verteilung der Sendeenergie auf der Empfangsseite ist aus der Ausleuchtungszone (engl. footprint) ersichtlich. Die am Empfangsort auf einen Quadratmeter senkrecht eingestrahlte Leistung wird als Leistungsflußdichte PFD (engl. power flux density) bezeichnet. Medium-Power-Satelliten, z.B. ASTRA 1 A, haben im Strahlungszentrum eine Leistungsflußdichte von typ. 111 dBW/m².

Häufig findet man anstelle der Leistungsflußdichte die Leistung eines äquivalenten Kugelstrahlers in dBW angegeben, für ASTRA 1 A entspricht das 52,00 dBW.

Umrechnung der Leistungsflußdichte in Strahlungsleistung wie folgt:

$PFD/_{dBW/m^2}$ = $EIRP/_{dBW}$ − 10 log [(4 πd/m)²]
   = $EIRP/_{dBW}$ − 10 log (4 π) − 20 log d/m
   = $EIRP/_{dBW}$ − 162,7
$EIRP/_{dBW}$ = $PFD/_{dBW/m^2}$ − 162,7/$_{dBW}$

EIRP = Strahlungsleistung im Empfangszentrum in dBW
PFD = Power Flux Density (Leistungsflußdichte in dBW/m²)
d = Für die Bundesrepublik gilt der Mittelwert 38 500 km

Wegen des in der Bundesrepublik ungefähr gleichen Abstandes zum Satelliten weisen die EIRP- und PFD-Kurven grundsätzlich gleiche Gestalt auf.

zu 2.
Ein Mindestträgerrauschabstand am LNC-Ausgang von 12 dB für gute Bildqualität ist anzustreben.

zu 3.
Ein Rauschmaß von 1,0...1,2 dB ist anzustreben.

zu 4.
Die Durchgangs-/Einfügedämpfung der Polarisationsweichen ist abhängig von der Bauausführung. Sie beträgt in der Regel 0,2–0,4 dB.

zu 5.
Die von den Satelliten abgestrahlte Sendeleistung unterliegt auf der Strecke Satellit – Empfangsantenne qualitätsmindernden Einflüssen.
– Absorption
– Regendämpfung
– Polarisationsdrehung
– Niederschlagsrauschen
– Gruppenlaufzeitverzerrungen

Somit ist es plausibel, daß der Erhebungswinkel der Empfangsantenne (Elevation) dabei einen wesentlichen Einfluß hat. Kleinere (flache) Erhebungswinkel bedeuten eine längere Wegstrecke für die elektromagnetischen Wellen durch die Atmosphäre. Die Wellenlänge der elektromagnetischen Wellen beeinflußt die Dämpfung auch erheblich.
Untersuchungen haben ergeben, daß in Mitteleuropa bei einer Meßfrequenz von 12,1 GHz während 99 % des Jahres bei Antennenerhebungswinkeln zwischen 5° und 45° die atmosphärische Dämpfung nicht über 6,8 dB bzw. 1,5 dB liegt. Im Idealfall (clear sky) beträgt sie sogar nur 0,12 dB bei einem Elevationswinkel von 30°.

zu 6.
Die Kabellänge (Dämpfung) spielt bei Einzelanlagen ohne Kopfverstärker eine entsprechende Rolle. Die Praxis zeigt, daß bei Kabellängen > 25 m (Dämpfung ≈ 0,3 dB/m) ein nächstgrößerer Spiegeldurchmesser gewählt werden kann (Erfahrungswerte Autor).

Antennenerhebungs-winkel (Elevation)	Max. Dämpfung in dB während	
	99%	99,9% des Jahres
5	6,8	14,0
10	4,7	9,7
15	3,2	7,4
20	2,5	6,4
25	2,1	5,8
30	1,8	5,3
35	1,7	5,1
40	1,6	4,9
45	1,5	4,8

Eine wesentliche Erleichterung bei der Ermittlung des erforderlichen Spiegeldurchmessers bietet das folgende Nomogramm. Bei bekannter Abstrahlungsleistung des Satelliten bzw. Leistungsflußdichte läßt sich der erwünschte Spiegeldurchmesser in Abhängigkeit von C/N ermitteln.

Das Nomogramm basiert auf folgenden Annahmen:
Bandbreite .... = 27 MHz
Einfügedämpfung.. = 0,4 dB

Antennenrauschtemperatur To .... = 40 K*
Umgebungstemperatur .... = 290 K
   = 20 °C
Flächenwirkungsgrad .... = 67,5 %
Frequenzhub .... = 13,5 MHz
TV-Standard .... = B/G PAL

*
Die Rauschleistung N eines Systems kann direkt in Watt oder als Rauschtemperatur in Grad Kelvin (K) angegeben werden. Die Rauschtemperatur wird definiert als die Temperatur T, auf der sich ein äquivalenter ohmscher Widerstand befinden müßte, um die gleiche Rauschleistung N zu erzeugen. Als Bezugstemperatur To für Rauschmaßmessungen wurde 270° Kelvin = 17 °C (Raumtemperatur) festgelegt.

$$T = \frac{N_{(W)}}{k \cdot \Delta f_{(Hz)}} \, [K]$$

Δf = Rauschbandbreite des Empfangssystems
k = 1,39.10-23 Ws/K (Boltzmann-Konstante)

Jede Rauschleistung N (in Watt) läßt sich so durch eine Rauschtemperatur (in Kelvin) ausdrücken.

Sind nicht alle Daten vorhanden, kann der erforderliche Spiegeldurchmesser an Hand von Bedeckungskurven, die bereits mit den notwendigen Spiegeldurchmessern gekennzeichnet sind, bestimmt werden. Die dort angegebenen Spiegelgrößen sind für Einzelanlagen berechnet. Soll eine 99,9%ige Verfügbarkeit sichergestellt werden und ist eine Polweiche erforderlich, ist in jedem Fall der nächstgrößere Spiegeldurchmesser zu wählen.

Der Spiegelgrößenbestimmung liegen folgende Annahmen zugrunde:

1. Rauschmaß des LNC = 1,2 dB/1,0 dB
2. C/N = 12 dB

EIRP dBW (Footprint Angabe)	Spiegeldurchmesser (m)	
	Rauschmaß LNC 1,2 dB	Rauschmaß LNC 1,0 dB
52	0,55	0,55
51	0,55	0,55
50	0,60	0,55
49	0,75	0,65
48	0,80	0,70
47	0,85	0,80
46	0,95	0,90
45	1,05	1,00
44	1,20	1,15
43	1,35	1,30
42	1,50	1,45
41	1,70	1,60
40	1,90	1,80
37,5	2,55	2,40
35,5	3,20	3,00
33,7	3,95	3,70

1 Praktische Entwurfsdaten der Elektronik

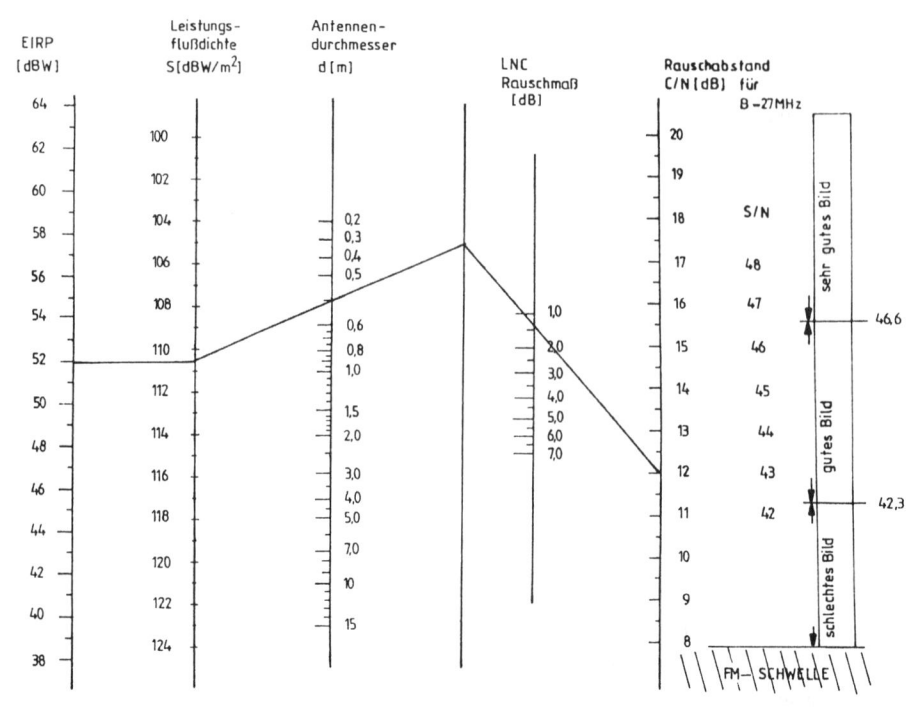

Pegel nach DIN V VDE 0855/11 am Empfänger:
Mindestpegel (75 Ω) 47 dB µV
Höchstpegel (75 Ω) 75 dB µV

Antennengewinn einer GHz-Reflektorantenne

Es ist G = Gewinn [dB]
η = Wirkungsgrad ≈ 0,6
f = Frequenz [GHz]
D = Reflektordurchmesser [m]
λ = Wellenlänge [m]

allgemein ist: $G = 10 \cdot \lg\left(\dfrac{\eta \cdot \pi^2}{\lambda^2}\right) + 20 \cdot \lg D$ [dB; m]

oder für f [GHz]: $G = 10 \cdot \lg(\eta \cdot f^2 \cdot 110{,}5) + 20 \cdot \lg D$ [dB; GHz; m]

Beispiel: mit η = 0,6 und f = 11,288 GHz sowie D = 75 cm
$G = 10 \cdot \lg(0{,}6 \cdot 11{,}288^2 \cdot 110{,}5) + 20 \cdot \lg 0{,}75 = 36{,}77$ dB

Tabelle 6.27 SAT-Daten (Fernsehen)
Satellit: ECS-F1 — Position: 13° Ost

Status VI-86

Name	Land	Programm	Videodaten					Audiodaten				Bemerkung
			Empfangs-frequenz GHz	Band-breite MHz	Polarisation H = horizontal V = vertikal	Farb-Codierung	Hub MHz	Tonträger MHz	Band-breite MHz	Hub KHz	Sendung	
RAI UNO	I	Erstes Programm RAI 1	11,0077	36	H	PAL	25	6,6	0,9	150		
3SAT ZDF, ORF, SRG	D	Vollprogramm mit Unterhaltung, Information, Kultur, Sport	11,0570	36	H	PAL	25	6,65	0,28	50		
Euro TV ARD, NOS, RAI, RTE, RTP	NL	Filme, Serien, Sport und Politik	11,1743	36	H	PAL	25	6,65 7,02 7,20 7,38 7,56	0,28 0,13 0,13 0,13 0,13	50	englisch holländisch portugiesisch deutsch italienisch	
TV 5 Satellimage Paris	F	Programm-Auszüge des A 2, SSR, TF 1, FR 3, RTBF	11,4720	36	H	SECAM	25	6,65	0,9	150		
World Net*	USA	US-Nachrichten	11,5120	36	H	PAL	25	6,65	0,5	75		⟩ time sharing
New World* Channel	N	Religiöse Programme Unterhaltung	11,5120	36	H	PAL	25	6,65	0,5	75		
Sky-Channel	GB	Unterhaltungs-Programm	11,6500	27	H	PAL	16	6,6 7,02 7,20	0,28 0,13 0,13	50 50 50	mono L ⟩ Stereo R	verschlüsselt (Oak Orion) Ton: digital in horizontaler Austastlücke Fernsehton: Stereo (Wegener System)
Schweizer Tele-Club	CH	Spielfilm-Programm Pay-TV	10,9866	36	V	PAL	25	6,5 5,5	0,28	50	mono Schaltsignal	zeitweise verschlüsselt
RTL-Plus	L	Unterhaltungs-Programm	11,0910	36	V	PAL	25	6,65	0,5	50		
World Public News*	B	Nachrichten	11,1403	36	V	PAL	25	6,6	0,28	50		Programm verschlüsselt
Film Net/ATN*	NL	Filme, Unterhaltung	11,1403	36	V	PAL	25	6,6	0,28	50		⟩ time sharing
SAT 1	D	Unterhaltungs-Programm PKS-Ludwigshafen	11,5077	36	V	PAL	25	6,65 7,02	0,28 0,13	50	TV-Ton Radioprogramm	7,02 MHz Radioprogr. „Voice of America" Stereo in Planung
Musik-Box	GB	Pop-Musik	11,6740	36	V	PAL	25	6,65 7,02 7,20	0,28 0,13 0,13	50	mono L ⟩ Stereo R	Stereo: Wegener System

1 Praktische Entwurfsdaten der Elektronik

Satellit: INTELSAT V – Position: 60° Ost Status VI-86

Name	Land	Programm	Videodaten					Audiodaten				Bemerkung
			Empfangs-frequenz GHz	Band-breite MHz	Polarisation H = horizontal V = vertikal	Farb-Codierung	Hub MHz	Tonträger MHz	Band-breite MHz	Hub KHz	Sendung	
NDR 3 Norddeutscher Rundfunk	D	z. Zt. Testbild	10,9745	36	H	PAL	25	6,65	0,28	50		
WDF Westdeutsches Fernsehen	D	3. terrestrisches Programm	11,0105	36	H	PAL	25	6,65 7,02 7,20	0,28 0,13 0,13	50 50 50	mono L ⎱ Stereo R ⎰	Stereoton nach Wegener. Als Test den Deutschlandfunk (Bundespost)
Musik-Box München	D	Pop-Musik Musikprogramm der Münchner Kabel-Mediagesellschaft	11,1370	36	H	PAL	25	6,65	0,28	50		
BR 3 Bayerischer Rundfunk	D	wie terrestrisch	11,1730	36	H	PAL	25	6,65	0,28	50		
Eins Plus ARD	D	neues Programmangebot Kulturprogramm	11,5495	36	H	PAL	25	6,65	0,28	50		

172

1.1 Tabellenteil

Satellit: INTELSAT V – Position: 27,5° West Status VI-86

Name	Land	Programm	Empfangs-frequenz GHz	Videodaten					Audiodaten				Bemerkung
				Band-breite MHz	Polarisation H = horizontal V = vertikal	Farb-Codierung	Hub MHz	Tonträger MHz	Band-breite MHz	Hub KHz	Sendung	
Premier*	GB	Filme/Unterhaltung	11,015	31	H	PAL	20	6,6	0,28	50		vorgesehen nach Wegener Stereoton time sharing L = 7,02 MHz R = 7,20 MHz
The Children's Channel	GB	Kinder-/Jugendprogr.	11,015	31	H	PAL	20	6,6	0,28	50		zweite (deutsche) Fremdsprache über 7,02 MHz geplant time sharing
Screen Sport	GB	Sport	11,135	31	H	PAL	20	6,6	0,28	50		
Lifestyl*	GB	Hausfrauen-Programm	11,135	31	H	PAL	20	6,6	0,28	50		
The Arts-Channel	GB	Bildungs-Programm	11,135	31	H	PAL	20	6,6	0,28	50		
Mirror Vision	GB	Allgem. Unterhaltung	11,175	31	H	PAL	20	6,6	0,28	50		
CNN Cable News Network	USA	Weltweite Informationen	11,155	31	V	PAL	20	6,6 7,56	0,28	50		7,56 MHz Kanal für digitale Daten mit 96 kBit/s

173

1 Praktische Entwurfsdaten der Elektronik

Satellit: TELECOM 1B – Position: 8° West Status VI-86

Name	Land	Programm	Videodaten					Audiodaten				Bemerkung
			Empfangs-frequenz GHz	Band-breite MHz	Polarisation H = horizontal V = vertikal	Farb-Codierung	Hub MHz	Tonträger MHz	Band-breite MHz	Hub KHz	Sendung	
La cinq	F	Kanal 5 Frankreich Unterhaltung	12,5	40	H	SECAM	22	5,8				
TV 6	F	Kanal 6 Frankreich		40	H	SECAM	22	5,8				

Satellit: INTELSAT V – Position: 1° West Status VI-86

Name	Land	Programm	Videodaten					Audiodaten				Bemerkung
			Empfangs-frequenz GHz	Band-breite MHz	Polarisation H = horizontal V = vertikal	Farb-Codierung	Hub MHz	Tonträger MHz	Band-breite MHz	Hub KHz	Sendung	
STV 1	S	1. Programm (Schweden)	11,9737	36	H	PAL	25	6,6	0,28	50		Programme verschlüsselt nach Sat-Tel-Save. Später nach C-MAC-System
STV 2	S	2. Programm	11,1360	36	H	PAL	25	6,6	0,28	50		

174

Tabelle 6.28 ASTRA 1A, B, C, D Programme, Frequenzen, Transponder, Polarisationen

Downlink-freq. /MHz	ASTRA 1 A,B,C,D	Pol.	Transp. Nr.	1. Sat-ZF/MHz (LO=10,0 GHz)	1. Sat-ZF/MHz (LO=9,75 GHz)	1. Sat.-ZF/MHz (EK-Lösg.)*	Programmname (Stand März 1994)	Tonträger MHz
10.714,25	D	H	49	/	964,25	/		
10.743,75	D	H	51	/	993,75	/		
10.773,25	D	H	53	/	1.023,25	/		
10.802,75	D	H	55	/	1.052,75	/		
10.832,25	D	H	57	/	1.082,25	/		
10.861,75	D	H	59	/	1.111,75	/		
10.891,25	D	H	61	/	1.141,25	/		
10.920,75	D	H	63	/	1.170,75	1.270,75	FilmNet TCMC ***	S 7,02/7,20
10.964,25	C	H	33	964,25	1.214,25	1.314,25	ZDF	S 7,02/7,20
10.993,75	C	H	35	993,75	1.243,75	1.343,75	Childrens Channel, ...	S 7,02/7,20
11.023,25	C	H	37	1.023,25	1.273,25	1.373,25	Cartoon Network	S 7,02/7,20
11.052,75	C	H	39	1.052,75	1.302,75	1.402,75	West 3	S 7,02/7,20
11.082,25	C	H	41	1.082,25	1.332,25	1.432,25	Discovery / CMTV	S 7,02/7,20
11.111,75	C	H	43	1.111,75	1.361,75	1.461,75	MDR	S 7,02/7,20
11.141,25	C	H	45	1.141,25	1.391,25	1.491,25	Bayern 3	S 7,02/7,20
11.170,75	C	H	47	1.170,75	1.420,75	1.520,75	SKY Sports 2	S 7,02/7,20
11.214,25	A	H	1	1.214,25	1.464,25	1.564,25	RTL 2	S 7,02/7,20
11.243,75	A	H	3	1.243,75	1.493,75	1.593,75	TV 3 Sverige	D
11.273,25	A	H	5	1.273,25	1.523,25	1.623,25	VOX	S 7,02/7,20
11.302,75	A	H	7	1.302,75	1.552,75	1.652,75	TV 1000	D
11.332,25	A	H	9	1.332,25	1.582,25	1.682,25	TELECLUB	S 7,02/7,20 ****
11.361,75	A	H	11	1.361,75	1.611,75	1.711,75	FilmNet +	D
11.391,25	A	H	13	1.391,25	1.641,25	1.741,25	RTL-4	S 7,02/7,20
11.420,75	A	H	15	1.420,75	1.670,75	1.770,75	MTV Europe	S 7,02/7,20
11.464,25	B	H	17	1.464,25	1.714,25	1.814,25	Premiere	S 7,02/7,20
11.493,75	B	H	19	1.493,75	1.743,75	1.843,75	ARD-Das Erste	S 7,02/7,20
11.523,25	B	H	21	1.523,25	1.773,25	1.873,25	DSF	S 7,02/7,20
11.552,75	B	H	23	1.552,75	1.802,75	1.902,75	UK Gold	S 7,02/7,20
11.582,25	B	H	25	1.582,25	1.832,25	1.932,25	Nord 3	S 7,02/7,20
11.611,75	B	H	27	1.611,75	1.861,75	1.961,75	TV 3 Danmark	D
11.641,25	B	H	29	1.641,25	1.891,25	1.991,25	n-tv	S 7,02/7,20
11.670,75	B	H	31	1.670,75	1.920,75	2.020,75	TV 3 Norge	D
10.729,00	D	V	50	/	979,00	/		
10.758,50	D	V	52	/	1.008,50	/		
10.788,00	D	V	54	/	1.038,00	/		
10.817,50	D	V	56	/	1.067,50	/		
10.847,00	D	V	58	/	1.097,00	/		
10.876,50	D	V	60	/	1.126,50	/		
10.906,00	D	V	62	/	1.156,00	/		
10.935,50	D	V	64	/	1.185,50	/	RTL 5 ***	S 7,02/7,20
10.979,00	C	V	34	979,00	1.229,00	/	UK Living	S 7,02/7,20
11.008,50	C	V	36	1.008,50	1.258,50	/	Minimax	S 7,02/7,20
11.038,00	C	V	38	1.038,00	1.288,00	/	QVC Shopping	S 7,02/7,20
11.067,50	C	V	40	1.067,50	1.317,50	/	Cineclassics	S 7,02/7,20
11.097,00	C	V	42	1.097,00	1.347,00	/	Bravo / Adult Channel	S 7,02/7,20
11.126,50	C	V	44	1.126,50	1.376,50	/	Galavision	S 7,02/7,20
11.156,00	C	V	46	1.156,00	1.406,00	/	Nickelodeon	S 7,02/7,20
11.185,50	C	V	48	1.185,50	1.435,50	955,50	Südwest 3	S 7,02/7,20
11.229,00	A	V	2	1.229,00	1.479,00	999,00	RTL Television	S 7,02/7,20 ****
11.258,50	A	V	4	1.258,50	1.508,50	1.028,50	EUROSPORT	M 7,20
11.288,00	A	V	6	1.288,00	1.538,00	1.058,00	SAT.1	S 7,02/7,20 ****
11.317,50	A	V	8	1.317,50	1.567,50	1.087,50	SKY One	S 7,02/7,20
11.347,00	A	V	10	1.347,00	1.597,00	1.117,00	3 SAT	S 7,02/7,20
11.376,50	A	V	12	1.376,50	1.626,50	1.146,50	SKY News	S 7,02/7,20
11.406,00	A	V	14	1.406,00	1.656,00	1.176,00	PRO 7	S 7,02/7,20
11.435,50	A	V	16	1.435,50	1.685,50	1.205,50	SKY Movies	S 7,02/7,20
11.479,00	B	V	18	1.479,00	1.729,00	/	The Movie Channel	S 7,02/7,20
11.508,50	B	V	20	1.508,50	1.758,50	/	SKY Sports	S 7,02/7,20
11.538,00	B	V	22	1.538,00	1.788,00	/	MTV Europe	S 7,02/7,20
11.567,50	B	V	24	1.567,50	1.817,50	/	JSTV	S 7,02/7,20
11.597,00	B	V	26	1.597,00	1.847,00	/	Sky Movies Gold / TV Asia	S 7,02/7,20
11.626,50	B	V	28	1.626,50	1.876,50	/	CNN International	S 7,02/7,20
11.656,00	B	V	30	1.656,00	1.906,00	/	Cinemania	S 7,02/7,20**
11.685,50	B	V	32	1.685,50	1.935,50	/	Documania	S 7,02/7,20**

Legende:
* LO-Frequenzen bei Einkabellösung: Vertikal 10,23 GHz, horizontal 9,65 GHz
** Audioscrambling
*** Frequenzen werden vorläufig von ASTRA 1C genutzt
**** geplante Tonunterträgerbelegung
D: Digitalton, S: Stereo, M: Mono

Tabelle 6.29 FBAS-Signalwerte

Signalwerte PAL-NORM G/H   Darstellungen zu Norm B und PAL-Kanaleinteilung

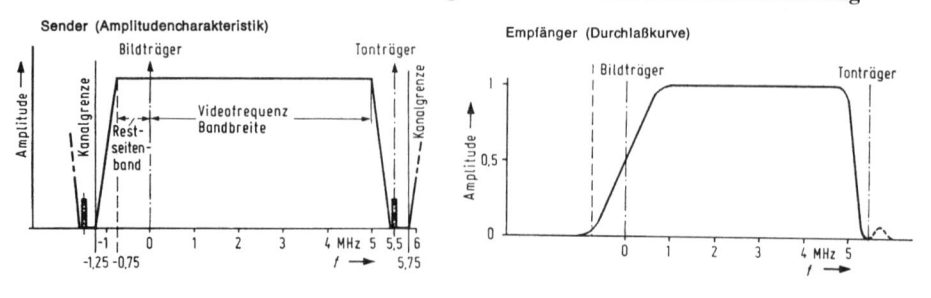

ZF-Trägerfrequenzen in einem Fernsehkanal

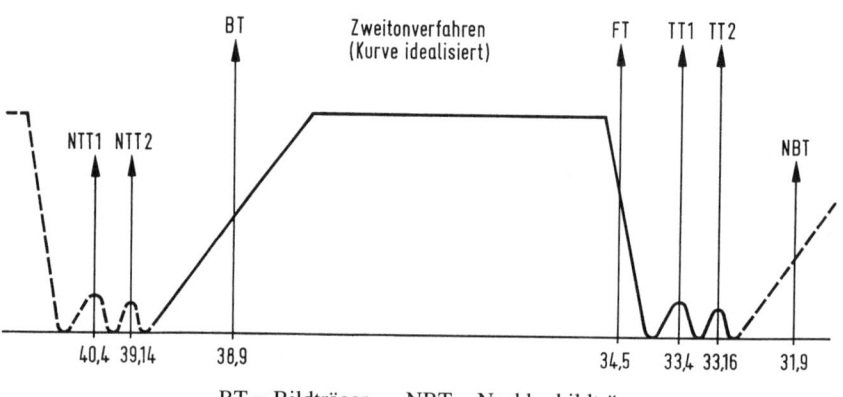

BT = Bildträger   NBT = Nachbarbildträger
TT = Tonträger   NTT = Nachbartonträger (TRAP-Frequenzen)
FT = Farbträger

FBAS-Signal im Bereich der Vertikalaustastung

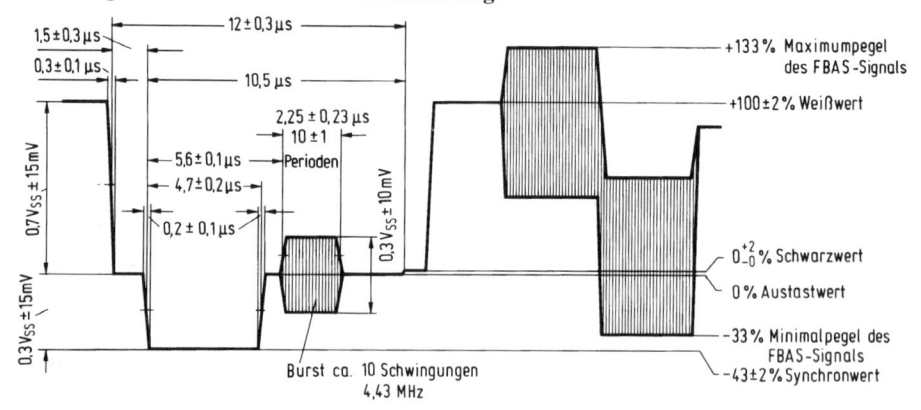

+133 % Maximumpegel des FBAS-Signals
+100 ± 2 % Weißwert
0^{+2}_{-0} % Schwarzwert
0 % Austastwert
−33 % Minimalpegel des FBAS-Signals
−43 ± 2 % Synchronwert

Burst ca. 10 Schwingungen 4,43 MHz

1.1 Tabellenteil

FBAS-Signal mit reduziertem Farbträger

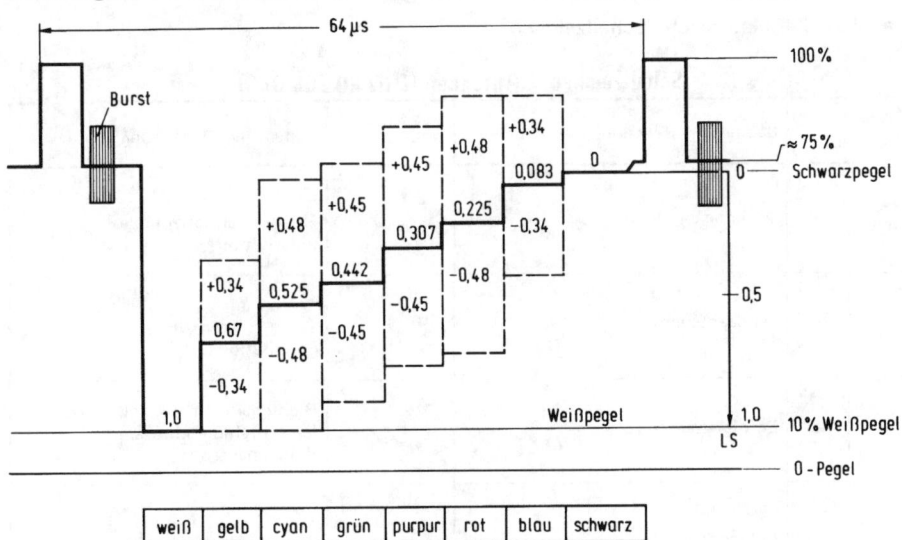

| weiß | gelb | cyan | grün | purpur | rot | blau | schwarz |

	$a\,[\,^\circ\,]$	U-Amplitude	V-Amplitude	$\sqrt{U^2 + V^2}$ = Farbvektoramplitude
rot	103	− 0,15	+ 0,62	± 0,64
grün	241	− 0,29	− 0,52	± 0,6
blau	347	+ 0,44	− 0,1	± 0,45
purpur	61	+ 0,29	+ 0,52	± 0,6
gelb	167	− 0,44	+ 0,1	± 0,45
cyan	283	+ 0,15	− 0,62	± 0,64

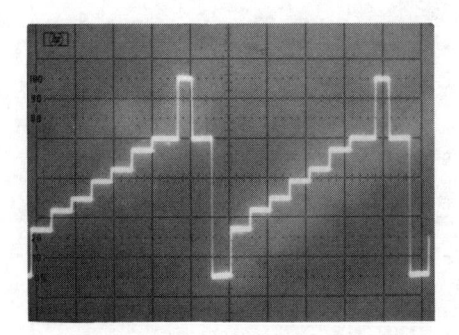

BAS-Signal einer Grautreppe

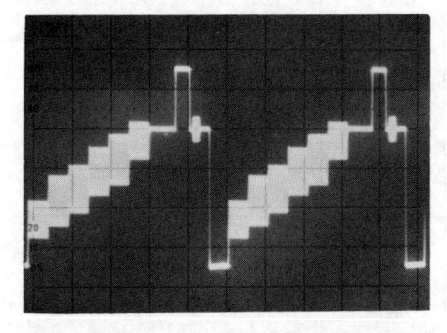

FBAS-Signal des Normfarbbalkensignales

7 Zeichnungs- und Bauteilenormung

Tabelle 7.1 Elektronische Schaltzeichen

Schaltzeichen – Antennen (DIN 40 700 Bl 3)

Schaltzeichen	Bedeutung, Benennung	Schaltzeichen	Bedeutung, Benennung
	Antenne allgemein	→	Zeichen für horizontale Polarisation
	Sendeantenne	↑	Zeichen für vertikale Polarisation
	Empfangsantenne	∞$_h$	Richtcharakteristik, z.B. horizontales Strahlungsdiagramm einer Rahmenantenne
	Rahmenantenne	⋈	Zeichen für Peilwirkung einer Antenne
	Rahmenantenne, abgeschirmt		Peilantenne
	Kreuzrahmenantenne		Zeichen für Rotation des Richtdiagramms
	Ferritantenne		Radarantenne, rotierend
	Dipolantenne, Dipol		Gegengewicht
	Schleifendipol		Hornstrahler
	Schleifendipol mit Reflektorwand		Parabolantenne, Parabolreflektor
	Reflektorstab		Schlitzantenne
	Dipolantenne mit einem Reflektorstab und drei Direktorstäben		Wendelantenne

Schaltzeichen – Zeichen für Einstellbarkeit und Veränderbarkeit (DIN 40 712)

Schaltzeichen	Bedeutung, Benennung	Schaltzeichen	Bedeutung, Benennung
	einstellbar durch mechanische Verstellung, allgemein		veränderbar durch mechanische Verstellung, allgemein
	einstellbar, stetig		veränderbar, stetig, linear
	einstellbar, stufig		veränderbar, stufig
			veränderbar, stetig, nicht linear

Diese Zeichen werden nur im Zusammenhang mit Schaltzeichen verwendet (siehe z.B. Widerstände, Kondensatoren, Induktivitäten).

Einstellbar bedeutet: Der Einstellvorgang wird durchgeführt zum Einstellen auf einen bestimmten Wert (Trimmpotentiometer), er geschieht z.B. beim Abgleich eines Gerätes in der Fertigung, im Service/Wartungsdienst.

Veränderbar heißt: Veränderung beim Betrieb, bei Benutzung des Gerätes, z.B. Drehkondensator beim Abstimmen auf einen Sender, Lautstärkesteller zum Einstellen der gewünschten Lautstärke.

Schaltzeichen für Ohmsche Widerstände (DIN 40 712)

	Widerstand, allgemein		rein Ohmscher Widerstand
	Widerstand, allgemein		Scheinwiderstand (Phasenwinkel beliebig)
	Widerstand mit Anzapfungen		Widerstand mit Schleifkontakt
	stufig einstellbarer Widerstand		Potentiometer

Seitenverhältnis des Widerstands-Schaltzeichens
Schmalseite : Langseite = 1 : $\geq$ 2

1 Praktische Entwurfsdaten der Elektronik

Schaltzeichen — Kondensatoren (DIN 40 712, 40 711)

Schaltzeichen	Bedeutung, Benennung	Schaltzeichen	Bedeutung, Benennung
	Kondensator, allgemein		Kondensator, gepolt
	Mehrfach-Festkondensator		ungepolter Elektrolytkondensator
	Drehkondensator		Elektrolytkondensator, gepolt
	mechanisch gekuppelte Drehkondensatoren		Mehrfach-Elektrolytkondensator
	Differentialkondensator		Kondensator mit Darstellung des Außenbelags
	Trimmer		Durchführungskondensator, koaxial
	Kondensator mit Anzapfung		Durchführungskondensator
Bei diesen Schaltzeichen		soll a = 0,2 ... 0,3 · l sein	

Schaltzeichen — Induktivitäten (DIN 40 712)

	Wicklung, Induktivität allgemein		Luftspule, Luftdrossel (ausdrücklich ohne Kern)
	Wicklung, allgemein		Wicklung mit Massekern, Drosselspule mit Massekern
	Wicklung, allgemein		Tonfrequenzdrossel
	Wicklung mit Anzapfungen		H.F.-Spule
	Wicklung mit Kern, vornehmlich aus magnetischem Werkstoff	Cu	Wicklung mit Kern aus Kupfer
	Wicklung mit Kern aus magnetischem Werkstoff und mit Luftspalt		Wicklung geschirmt
Bei dem Schaltzeichen		Seitenverhältnis Breite : Länge = 1 : $\geq$ 2	

Nach der neuen Norm ist es auch zulässig, die Kondensatorplatten, -beläge dünn, wie die Zuführungen, zu zeichnen. Das dient der Zeichenerleichterung.

Schaltzeichen – Transformator, Übertrager, Wandler (DIN 40 712)

Schaltzeichen	Bedeutung, Benennung	Schaltzeichen	Bedeutung, Benennung
	Transformator, Übertrager, Wandler, allgemein		Transformator, Übertrager, ausdrücklich ohne Kern
	Transformator, Übertrager, Wandler, allgemein		Transformator mit Massekern
	Transformator, Übertrager, Wandler, allgemein		Transformator (häufige Darstellung)
	Transformator mit Eisenkern		Netztransformator mit abgeschirmter Primärwicklung (häufige Darstellung)
	Transformator mit Eisenkern und Luftspalt		
	Transformator mit Kern aus Kupfer		Transformator, geschirmt

Schaltzeichen – Stromquellen, Sicherungen, Erde/Masse (DIN 40 712, 40 713)

Schaltzeichen	Bedeutung, Benennung	Schaltzeichen	Bedeutung, Benennung
1)	Gleichstromquelle mit eingezeichneter Polarität		Erde, allgemein
2)	Wechselstromquelle, technische Frequenz		Betriebserde
3)	Wechselstromquelle Tonfrequenz		Masse, allgemein
4)	Wechselstromquelle, Hochfrequenz		Sicherung, allgemein (Seitenverhältnis 1:3)
5)	Primärelement: Akkumulator, Batterie (langer Strich: positiver Pol)		Feinsicherung
	Batterie aus n-Elementen		Spannungssicherung, Durchschlagsicherung, Überspannungsableiter
	Batterie aus 3 Elementen mit Abgriff		Funkenstrecke

1) 2) 3) 4) Diese Zeichen sind nur in Prinzipschaltbildern üblich, nicht dagegen in Geräteschaltbildern. 5) Die negative Platte kann so dünn wie die positive gezeichnet werden.

Schaltzeichen – Leitungen, Leitungsverbindungen (DIN 40 711, 40 713)

Schaltzeichen	Bedeutung, Benennung	Schaltzeichen	Bedeutung, Benennung
	Leitung, allgemein		Rechteck-Hohlleitung (Höchstfrequenz)
	Verbindungsstelle allgemein, betriebsmäßig nicht lösbare Verbindung		Rundhohlleitung (Höchstfrequenz)
	lösbare Verbindung, Klemme		zusammengefaßte Leitungen allgemein, Reihenfolge auf beiden Seiten beliebig
	sich kreuzende, nicht verbundene Leitungen		wie vor: Reihenfolge auf beiden Seiten gleich
	leitende Verbindungen, gelötet oder geschraubt		zusammengefaßte Leitungen in Eindraht-Darstellung
	Geschirmte Leitung für lang gezeichnete Leitungen, ungeerdet		**Geschirmte Leitung** für kurz gezeichnete Leitungen, ungeerdet
	wie vor: geerdet, Erdungspunkt beliebig		wie vor: geerdet, Erdungspunkt beliebig
	verdrillte Leitungen, zweiadrig		wie vor: Erdungspunkt festgelegt
	koaxiale Leitung		koaxiale Leitung, geschirmt
	Schutzleitung für Erdung, Nullung, Schutzschaltung		
	Trennstelle		leicht auftrennbare Verbindung durch Buchsen, Schrauben
	Steckverbinder mit Steckerstift und Steckerbuchse		
	Trennstelle mit Verbindungsstecker, allgemein		Trennstelle mit Verbindungsstecker und Meßbuchse
	Trennstelle mit Verbindungsbuchse		Buchse mit Buchsenkontakt
	Koaxialbuchse mit Stecker		

Schaltzeichen – Schalter (DIN 40 713)

Schaltzeichen	Bedeutung, Benennung	Schaltzeichen	Bedeutung, Benennung
	Einschaltglied, Schließer		**Stellschalter,** allgemein Kippschalter, Druck/Zug-Schalter. Durch Drücken: Schließer
	Ausschaltglied, Öffner		
	Klinkenhülse		durch Drücken: Öffner
	Klinkenfeder		durch Ziehen: Schließer
	Klinke, zweipolig		durch Ziehen: Öffner
	Kreisförmiger Mehrfachschalter		**Tastschalter,** allgemein Kippschalter, Druckschalter Schließer
	Schalter mit Hf-Entstörung		Öffner
	Umschaltglied, Wechsler		

Schaltzeichen – Relais (Elektromechanische Antriebe) (DIN 40 713)

Schaltzeichen	Bedeutung, Benennung	Schaltzeichen	Bedeutung, Benennung
	Elektromechanischer Antrieb, eine wirksame Wicklung		Elektromechanisches Relais
	wie vor: zwei gleichsinnig wirkende Wicklungen		wie vor: mit Angabe des Ohmschen Widerstandes
	wie vor: zwei gegensinnig wirkende Wicklungen		Gepoltes (polarisiertes) Relais, 3 Schaltstellungen, Grundstellung: Mitte
	Thermorelais		wie vor: 2 Schaltstellungen
Bei dem Schaltzeichen			Seitenverhältnis: Breite : Länge = 1 : 2

Schaltzeichen — Halbleiterbauelemente (DIN 40 700 Bl. 8)

Schaltzeichen, neu	Schaltzeichen, bisher	Bedeutung, Benennung	Bemerkung
		Halbleiterdiode, Gleichrichter, Trockengleichrichter	p/n-Übergang Durchlaß in Pfeilrichtung (p) (p)p-Seite (n) (n)n-Seite Stromrichtung von + → −
		Begrenzer-Diode, Stabilisierungs-Diode, Z-Diode	in Sperr-Richtung begrenzend "Zenerdiode" nicht verwenden!
		Begrenzer-Diodenpaar	Dioden gegeneinander geschaltet
		Kapazitäts-(Variations-)Diode, Varicap, Diode als spannungsabhängige Kapazität	Betrieb im Sperrbereich
		Tunnel-Diode	
		Backward-Diode, Unitunnel-Diode, Back-Diode	Tunnel-Diode, bei der in Sperr-Richtung ein kleiner Strom fließt
		Temperaturabhängige Diode	
		Varistor	VDR-Widerstand
		Thyristor-Diode rückwärts sperrend	reverse blocking
		Thyristor-Diode rückwärts leitend	reverse conducting
		Zweirichtungs-Thyristor-Diode in beiden Richtungen schaltbar	bidirectional Diac
		Photoelektrisches Bauelement, allgemein	gilt, wenn der Typ nicht speziell dargestellt werden soll
		Photowiderstand (unabhängig von der Stromrichtung)	allgemein zur Kennzeichnung von Strahlung

Schaltzeichen – Halbleiterbauelemente (Forts.) (DIN 40 700 Bl. 8)

Schaltzeichen, neu	Schaltzeichen, bisher	Bedeutung, Benennung	Bemerkung
		Photodiode	stromrichtungsabhängig, meist in Sperr-Richtung betrieben
		Photoelement	
		Feldplatte, Widerstand abhängig vom Einfluß eines Magnetfeldes	
		Hallgenerator	horizontale Leiter $\hat{=}$ Speisestrom; Hallspannung an vertikalen Anschlüssen; x $\hat{=}$ Richtung der magnetischen Induktion in die Zeichenebene hinein
		pnp-Transistor	Anschluß mit Pfeil = Emitter Pfeil gibt Durchlaßrichtung an schräger Anschluß ohne Pfeil = Kollektor
		npn-Transistor	
		Zweizonentransistor, Unijunction-Transistor, Doppelbasisdiode (oben: n-Typ unten: p-Typ)	
		Thyristor-Triode rückwärts sperrend	oben: anodenseitig steuerbar unten: kathodenseitig steuerbar
		Thyristor-Triode rückwärts leitend	oben: anodenseitig steuerbar unten: kathodenseitig steuerbar
		Zweirichtungs-Thyristor-Triode	Triac
		Phototransistor (pnp-Typ)	

Schaltzeichen — Halbleiterbauelemente (Forts.) (DIN 40 700 Bl. 8)

Schaltzeichen, neu	Schaltzeichen, bisher	Bedeutung, Benennung	Bemerkung
		Sperrschicht-Feldeffekt-Transistor n-Kanal	p/n-Sperrschicht NP-FET G = Gate S = Source D = Drain
		wie vor: p-Kanal	
		Isolierschicht-Feldeffekt-Transistor Verarmungstyp, selbstleitend n-Kanal	Depletion-type, on-type B = Bulk („Masse")
		wie vor: p-Kanal	
		Isolierschicht-Feldeffekt-Transistor Anreicherungstyp, selbstsperrend, n-Kanal	enhancement-type, off-type
		wie vor: p-Kanal	
		Strahlungsdetektor z.B. für γ-Strahlen	

Schaltzeichen – Elektronenröhren (DIN 40 700 Bl. 2)

Schaltzeichen	Bedeutung, Benennung	Schaltzeichen	Bedeutung, Benennung
	Diode, Gleichrichter indirekt geheizt Kathode mit Heizfaden verbunden		Heizfaden indirekt geheizte Kathode
	Triode, indirekt geheizt		Kathode allgemein
	Pentode (links: vereinfachte Darstellung)		Gitter allgemein, Steuergitter Schirmgitter
	Doppeltriode mit getrennten Kathoden. Systeme gegeneinander abgeschirmt. Heizfäden für Parallel- und Serienschaltung		Doppeltriode in aufgelöster Darstellung
	Diode-Pentode (gemeinsame Kathode für beide Systeme)		Anode allgemein statische Schirmung, allgemein
	Diode-Doppeldiode-Triode 3 Kathoden, eine Kathode getrennt herausgeführt		Bremsgitter
	Triode-Heptode (Heptode mit 2 Steuergittern 1 und 3, 2 Schirmgittern 2 und 4, einem Bremsgitter)		
	Magisches Auge, Abstimmanzeigeröhre (tuning indicator)		Leuchtanode Steuersteg

Schaltzeichen — Elektronenröhren (DIN 40 700 Bl. 2)

Schaltzeichen	Bedeutung, Benennung	Bemerkung
	Spannungs-Stabilisator-Röhre Schalt-, Anzeigediode	(Anzeige durch Neon-Glimmlicht)
	Relaisröhre mit 2 Zündelektroden	Röhre mit Gas-, Edelgas-, Dampf-Füllung Gasentladungsröhre, Ionenröhre
	Relaisröhre mit Zündelektrode und Hilfselektrode zur Vorentladung	kalte Kathode, ionenbeheizte Kathode
	Dekadische Ziffernanzeigeröhre	für Ziffern, Buchstaben, Symbole
	Dekadische Ziffernanzeigeröhre	Zündanode, Zündelektrode
	Thyratron links: direkt geheizt rechts: indirekt geheizt	Edelgas oder Quecksilberdampf gefüllt
	Ignitron	Quecksilberkathode, allgemein Quecksilberkathode mit Zündstift
	Glimmlampe	Elektrode in Gasentladungsröhren als Anode oder Kathode wirkend.
	Blitzlichtlampe	

Schaltzeichen – Elektronenröhren (DIN 40 700 Bl. 2)

Schaltzeichen	Bedeutung, Benennung	Bemerkung
	Einstrahl-Oszillographenröhre	Elektrode in Elektronenstrahlröhre, allgemein (Elektronenoptische Elektrode)
	Einstrahl-Oszillographenröhre mit wendelförmigem Nachbeschleunigungswiderstand	Wehneltzylinder Plattenpaar für elektrostatische Ablenkung
	Einstrahl-Oszillographenröhre mit Austastelektrode, wendelförmigem Nachbeschleunigungswiderstand	Dunkelsteuerung, Austastelektrode zylindrische Fokussierelektrode
	Fernseh-Bildröhre elektrostatische Fokussierung	Röhrenkolben mit leitendem Äquipotentialbelag
	Wanderfeldröhre	
	Ablenkspule, allgemein	Ablenkspulen werden unabhängig von der räumlichen Lage dargestellt. Kennzeichnung z.B. durch h horizontal v vertikal

1 Praktische Entwurfsdaten der Elektronik

Schaltzeichen — Schaltzeichen der Digitaltechnik (DIN 40 700 Bl. 14)
(alte Norm, teilweise auch im Ausland üblich. **Neue Norm siehe Kap. Digitaltechnik**)

Schaltzeichen	Bedeutung, Benennung	Bemerkung	
$E_1, E_2 \rightarrow A$ $E_1, E_2, \ldots E_n \rightarrow A$	UND-Glied Konjunktion mit 2 Eingängen mit n Eingängen	Funktion n = 2 Eingänge E_1 E_2 A O O O O L O L O O L L L	Funktion n = 3 Eingänge E_1 E_2 E_3 A O O O O O O L O O L O O O L L O L O O O L O L O L L O O L L L L
$E_1, E_2 \rightarrow A$ $E_1, E_2, \ldots E_n \rightarrow A$	ODER-Glied Disjunktion mit 2 Eingängen mit n Eingängen	Funktion n = 2 Eingänge E_1 E_2 A O O O O L L L O L L L L	Funktion n = 3 Eingänge E_1 E_2 E_3 A O O O O O O L L O L O L O L L L L O O L L O L L L L O L L L L L
$E_1, E_2 \rightarrow x \rightarrow A$ $E_1, E_2, \ldots E_n \rightarrow x \rightarrow A$	Sonstige digitale Verknüpfungsglieder mit 2 Eingängen mit n Eingängen Für x können Zeichen eingetragen werden, die die Art der Verknüpfung kennzeichnen	Beispiel Exclusiv ODER Funktion n = 2 Eingänge E_1 E_2 A O O O O L L L O L L L O	Funktion n = 3 Eingänge E_1 E_2 E_3 A O O O O O O L L O L O L O L L L L O O L L O L L L L O L L L L O

Schaltzeichen – Schaltzeichen der Digitaltechnik (DIN 40 700 Bl. 14 alte Norm)

Schaltzeichen	Bedeutung, Benennung	Bemerkung		
E —▷○— A	Verneinung am Eingang, Negation	Funktion n = 1 Eingang E A O L L O	⊣•⊢	Kennzeichnung der Negation eines Eingangs
E_1 —▷○— A E_2	ODER-Glied mit Negation des Eingangs E_1	Funktion n = 2 Eingänge E_1 E_2 A O O L O L L L O O L L L	⊢•⊣	Kennzeichnung der Negation eines Ausgangs
E_1 —▷— A E_2 — —$\bar{A}$ E_3	UND-Glied mit Negation des Eingangs E_1 und zwei einander komplementären Ausgängen	Funktion n = 3 Eingänge E_1 E_2 E_3 A $\bar{A}$ O O O O L O O L O L O L O O L O L L L O L O O O L L O L O L L L O O L L L L O L	Mathem. Zeichen Negation: Zeichen: ¬ oder — Beispiel: ¬a oder $\bar{a}$ gesprochen: nicht a	
E_1 —▷— A E_2	UND-Glied mit dem dynamischen Eingang 1	An A erscheint ein L-Impuls, wenn an E_2 ein L anliegt und E_1 von O auf L geht	⊢▷⊣ ⊢▷⊣	Kennzeichnung dynamischer Eingänge Wirkung bei Übergang von O auf L Wirkung bei Übergang von L auf O
E_1 —▷○— A E_2	NAND-Glied, UND-Nicht-Glied	E_1 E_2 A O O L O L L L O L L L O		
E_1 —▷○— A E_2	NOR-Glied, ODER-Nicht-Glied	E_1 E_2 A O O L O L O L O O L L O		

1 Praktische Entwurfsdaten der Elektronik

Schaltzeichen – Kippschaltungen mit Speicherverhalten

Schaltzeichen	Bedeutung, Benennung	Bemerkung
	Bistabile Kippschaltung	
	Monostabile Kippschaltung	Der Pfeil zeigt in das Feld, dessen Ausgang in der stabilen Lage den Zustand L hat
	Einzelner Eingang (allgemein), auf eine Seite wirkend	
	Eingang mit logischer Verknüpfung	x = beliebiges Gatter, wenn keine Angabe
	Eingänge disjunktiv (ODER) verknüpft	Sonderfall zu
E_1 E_2	Zwei Eingänge, ein vorbereitender E_1, ein dynamischer Eingang E_2	Ein L-Impuls entsteht bei Übergang an E_2 von O auf L, wenn an E_1 ein L-Signal liegt oder gelegen hat
	Einzelner Eingang, auf beide Seiten wirkend	je nach Stellung und Impuls
E_2	Ein gemeinsam auslösender Eingang E_2 für beide Felder	In jedem Feld ein vorbereitender Eingang
	Gemeinsamer Eingang mit logischer Verknüpfung	
E_1 E_2	Gemeinsamer Eingang vorbereitend, dynamisch	
	Ein Ausgang in jedem Feld	einer auf O, der andere auf L stehend.
A_1 A_2 A_3 A_4	Zwei Ausgänge auf jeder Seite	L am Eingang von Feld a gibt L am Ausgang von Feld a und O am Ausgang von Feld b. Zustand $A_1=A_2$ und $A_3=A_4$
	Ein Ausgang auf jeder Seite. Der gekennzeichnete Ausgang zeigt in Grundstellung L	Grundstellung ist zu definieren

Schaltzeichen – Elektroakustische Geräte (DIN 40 700 Bl. 9 u. 7)

Schaltzeichen	Bedeutung, Benennung	Schaltzeichen	Bedeutung, Benennung
	Mikrofon, allgemein		Kondensatormikrofon
	Fernhörer, allgemein		Zeichen für elektromagnetische Arbeitsweise
	Lautsprecher, allgemein		Zeichen für elektrodynamische Arbeitsweise
	elektrodynamischer Lautsprecher mit Fremderregung		Zeichen für elektrodynamische, fremderregte Arbeitsweise
	Tonabnehmer, allgemein		Zeichen für piezoelektrische Arbeitsweise
	Tonabnehmer für Stereobetrieb		Kristall-Tonabnehmer, piezoelektrischer Tonabnehmer
	elektrodynamischer Tonabnehmer		elektrodynamischer Tonabnehmer für Stereowiedergabe
	Tonschreiber, allgemein, Schneiddose	→	Zeichen für: Wiedergabe
		←	Aufnahme
	Magnetköpfe, allgemein	↔	Wechselbetrieb
	Sprechkopf, Aufnahmekopf		Hörkopf, Wiedergabekopf
	Löschkopf mit Hochfrequenzlöschung		
	Kombinierter Sprech-Hörkopf		Sprech-Hör-Lösch-Kopf
	Lautsprecher im Wechselsprechbetrieb	≈	Zeichen für Hochton
		≈	Tiefton

193

1 Praktische Entwurfsdaten der Elektronik

Schaltzeichen — Meßgeräte (DIN 40 716, Bl. 1, 40 708)

Schaltzeichen	Bedeutung, Benennung	Schaltzeichen	Bedeutung, Benennung
	Messinstrument, allgemein		Anzeige allgemein
	Meßinstrument, allgemein mit beidseitigem Ausschlag		Anzeige mit beidseitigem Ausschlag
	Meßgerät, allgemein, registrierend		Seitenlängen des Zeichens 1:1
	Meßwerk zur Produktbildung		Registrierung schreibend
			Registrierung punktschreibend
	Meßwerk zur Quotientenbildung		Anzeige digital (numerisch)
(A)	Strommesser mit Angabe der Einheit A	(mV)	Spannungsmesser mit Angabe der Einheit mV
	Zählwerk		Grenzwertanzeige: Größtwert, Kleinstwert

Schaltzeichen — Geräte (DIN 40 700 Bl. 10, 40 717)

Schaltzeichen	Bedeutung, Benennung	Schaltzeichen	Bedeutung, Benennung
	Umsetzer, allgemein		Gleichrichtergerät, Stromversorgungsgerät: Umsetzung von Wechselstrom in Gleichstrom
	Gleichspannungswandler		Wechselrichter, Zerhacker, Umrichter
	Verstärker, allgemein		Frequenzumsetzer
	Gegentaktverstärker		Magnetischer Verstärker, Transduktor, allgemein
G 15kHz	Generator, Meßsender, Oszillator für 15 kHz	G	Kippgenerator
	Rundfunkempfangsgerät (für Installationspläne)		Fernsehempfangsgerät (für Installationspläne)

Sonstige Schaltzeichen

Schaltzeichen	Bedeutung, Benennung	Schaltzeichen	Bedeutung, Benennung
DIN 40 712, 40 717		DIN 40 713 Beibl. 2	
+	Dauermagnet, allgemein	+	Leuchtmelder, allgemein
+ (S)(N)	Dauermagnet, allgemein, wahlweise schwarz: Nordpol	+	Melder mit selbsttätigem Rückgang, Zeigermelder, Schauzeichen
		+	wie vor, leuchtend
+	Trennlinie zwischen Schaltfeldern	DIN 40 700 Bl. 4	
		+	positiver Rechteckimpuls
+	Umrahmungslinie zur Abgrenzung von Schaltfeldern	+	negativer Rechteckimpuls
+	Abschirmung	+	Bildmodulationsspannung für Negativmodulation mit Zeilensynchronimpulsen

\+ entsprechen gleichen Schaltzeichen des zugehörigen angegebenen DIN-Blattes
++ Schaltzeichen aus Elementen und Symbolen des DIN-Blattes

Tabelle 7.2 Symbole für Meßgeräte (DIN 43780)

⌒	Drehspulmeßwerk
⇥	als Zusatz zu Gleichrichter
⊶	Thermoumformer
⊷	isol. Thermoumformer
⌒⊗	Drehspul-Quotientenmeßwerk
⇟	Drehmagnetmeßwerk
✳	Drehmagnet-Quotientenmeßwerk
⌇	Dreheisenmeßwerk
⌇⌇	Dreheisen-Quotientenmeßwerk
⊹	Elektrodynamisches Meßwerk (eisenlos)
✻	Elektrodynamisches Quotientenmeßwerk (eisenlos)
⊕	Elektrodynamisches Meßwerk (eisengeschlossen)
⊛	Elektrodynamisches Quotientenmeßwerk (eisengeschlossen)
⊙	Induktionsmeßwerk
⊙	Induktions-Quotientenmeßwerk
Y	Hitzdrahtmeßwerk
▬	Bimetallmeßwerk
⩮	Elektrostatisches Meßwerk
ast	Astatisches Meßwerk
⍙	Vibrationsmeßwerk
1,5	Klassenzeichen, bezogen auf Meßbereich-Endwert
1,5 ∨	Klassenzeichen, bezogen auf Skalenlänge bzw. Schreibbreite
(1,5)	Klassenzeichen, bezogen auf richtigen Wert (Sollwert)

⊥	Senkrechte Nennlage
⌐	Waagrechte Nennlage
∠60°	Schräge Nennlage (mit Neigungswinkelangabe)
—	für Gleichstrom
≈	für Gleich- und Wechselstrom
∼	für Wechselstrom 40 bis 65 Hz
≋	für Drehstrom mit einem Meßwerk
≋	für Drehstrom mit zwei Meßwerken
≋	für Drehstrom mit drei Meßwerken
☆2	Prüfspannung, Inschrift siehe Tafel
•⌐⌐•	Hinweis auf getrennten Nebenwiderstand
•⌠⌠⌠•	Hinweis auf getrennten Vorwiderstand
○	Magnetischer Schirm (Eisenschirm)
◌	Elektrostatischer Schirm
⚠	Achtung! (Gebrauchsanleitung beachten)!
⚡	Instrument entspricht bezüglich Prüfspannung nicht den Regeln
(Sch) e	Schlagwettergeschützte Ausführung Schutzart "Erhöhte Sicherheit"
(Ex) e G1	Explosionsgeschützte Ausführung Schutzart "Erhöhte Sicherheit" Zündgr. G1

Tabelle 7.3 Prüfspannungen lt. VDE 0410

Nennspannung[1] U_n	Prüfspannung U_p	Prüfspannungszeichen (s. Tabelle 7.2)
V	V	
bis 40	500	Stern ohne Zahl
über 40 bis 650	2000	Stern mit Zahl 2
über 650 bis 1000	3000	Stern mit Zahl 3
über 1000 bis 1500	5000	Stern mit Zahl 5
über 1500 bis 3000	10000	Stern mit Zahl 10
über 3000 bis 6000	20000	Stern mit Zahl 20
über 6000 bis 10000	30000	Stern mit Zahl 30
über 10000 bis 15000	50000	Stern mit Zahl 50
über 15000	$2{,}2\, U_n + 20000$	Stern mit U_p in kV
Instrumente für Wandleranschluß[2]	2000	Stern mit Zahl 2
keine Spannungsprüfung		Stern mit Zahl 0

[1]) Bereichsendwert
[2]) Sonderprüfspannungen hier nicht näher erläutert

Tabelle 7.4 Gehäuseformen und Baumaße von Transistoren

TO - 3

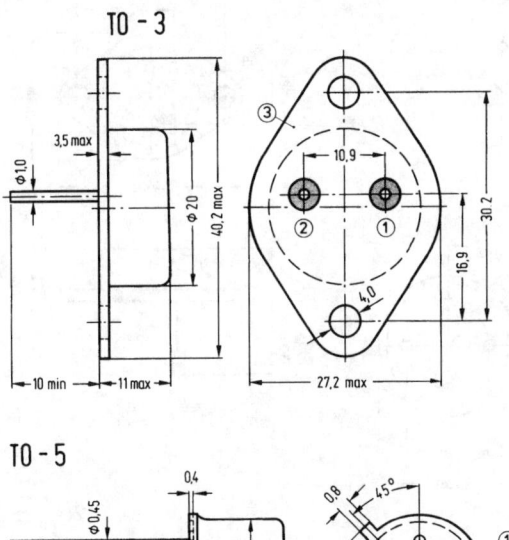

TO - 8

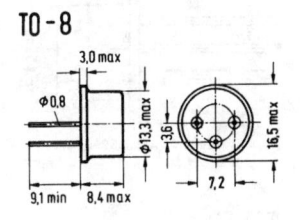

TO - 9

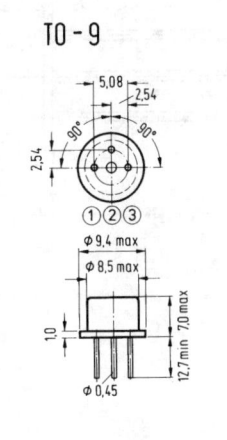

TO - 5

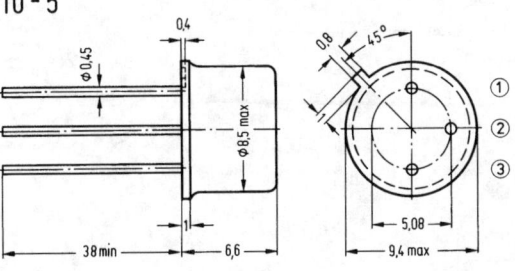

1 Praktische Entwurfsdaten der Elektronik

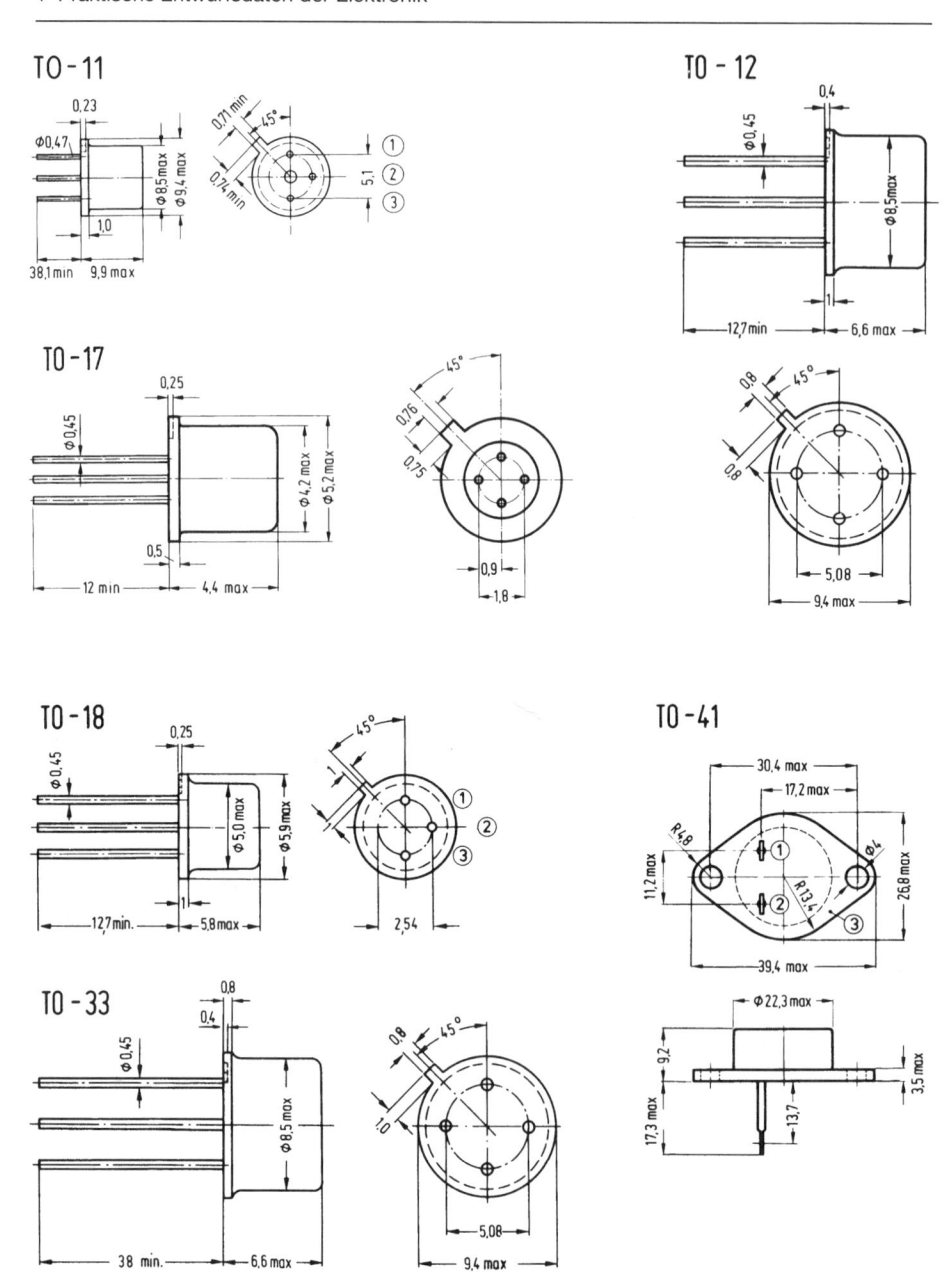

TO-11

TO-12

TO-17

TO-18

TO-41

TO-33

1.1 Tabellenteil

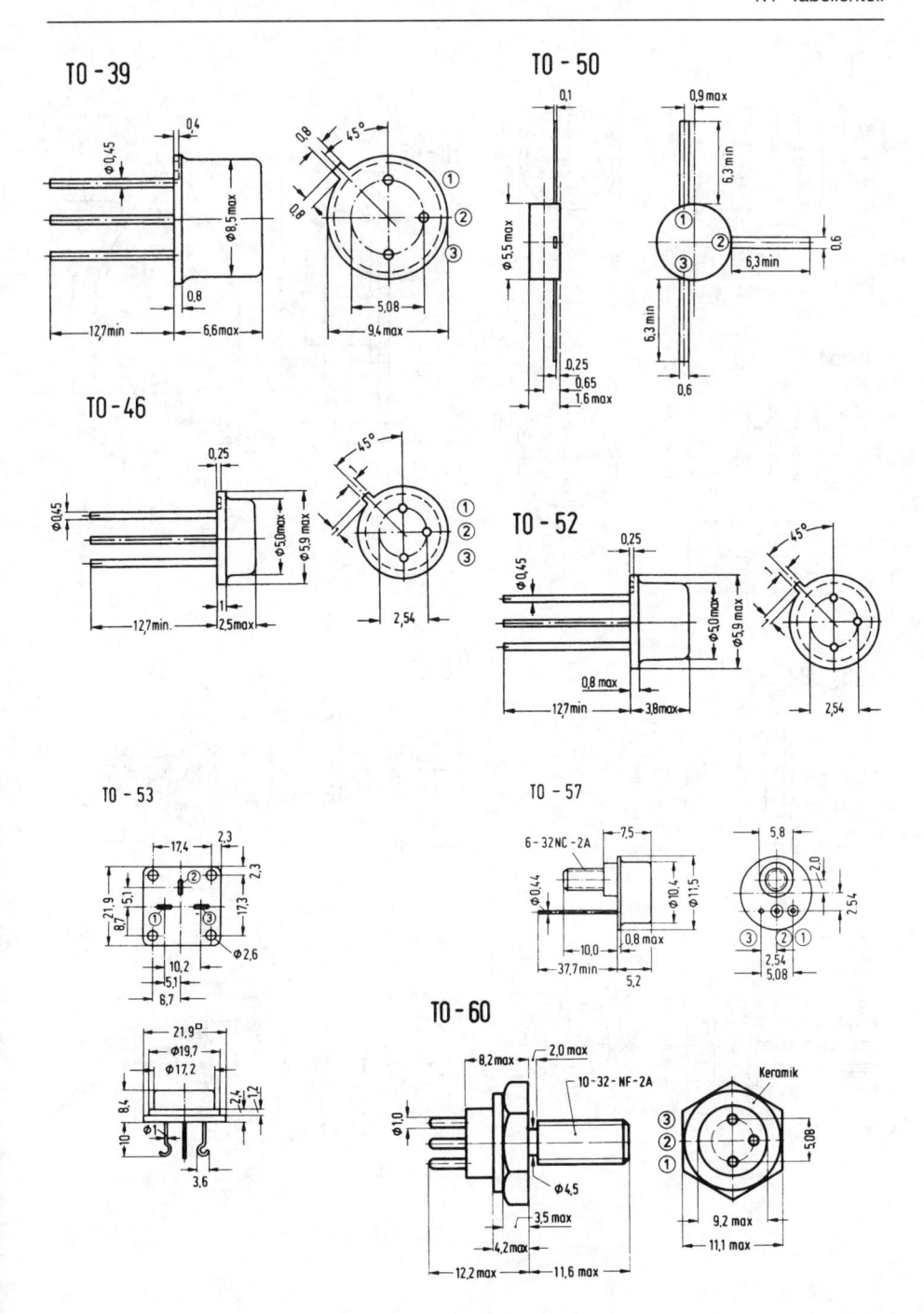

TO-39

TO-46

TO-50

TO-52

TO-53

TO-57

TO-60

1 Praktische Entwurfsdaten der Elektronik

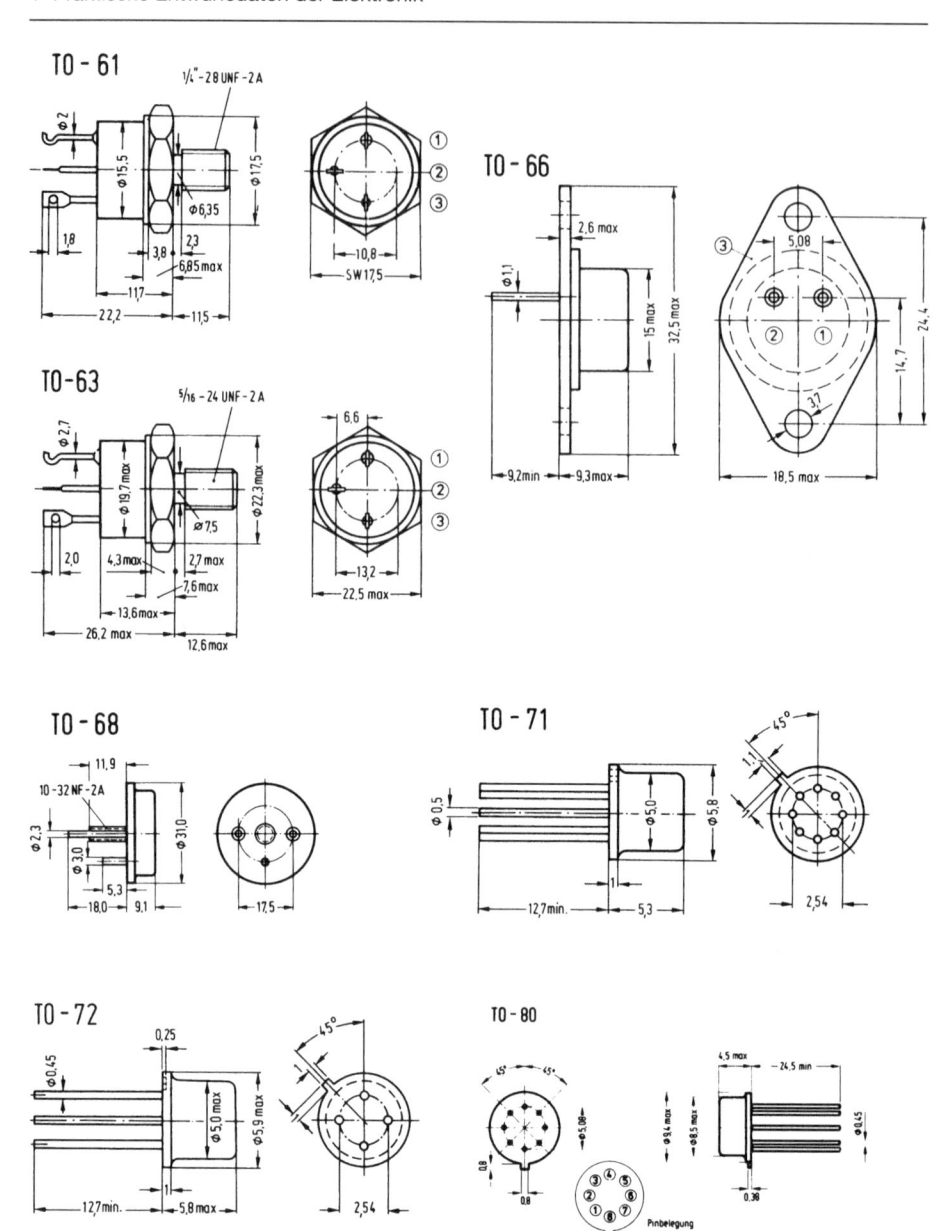

TO - 61

TO - 63

TO - 66

TO - 68

TO - 71

TO - 72

TO - 80

Pinbelegung

1.1 Tabellenteil

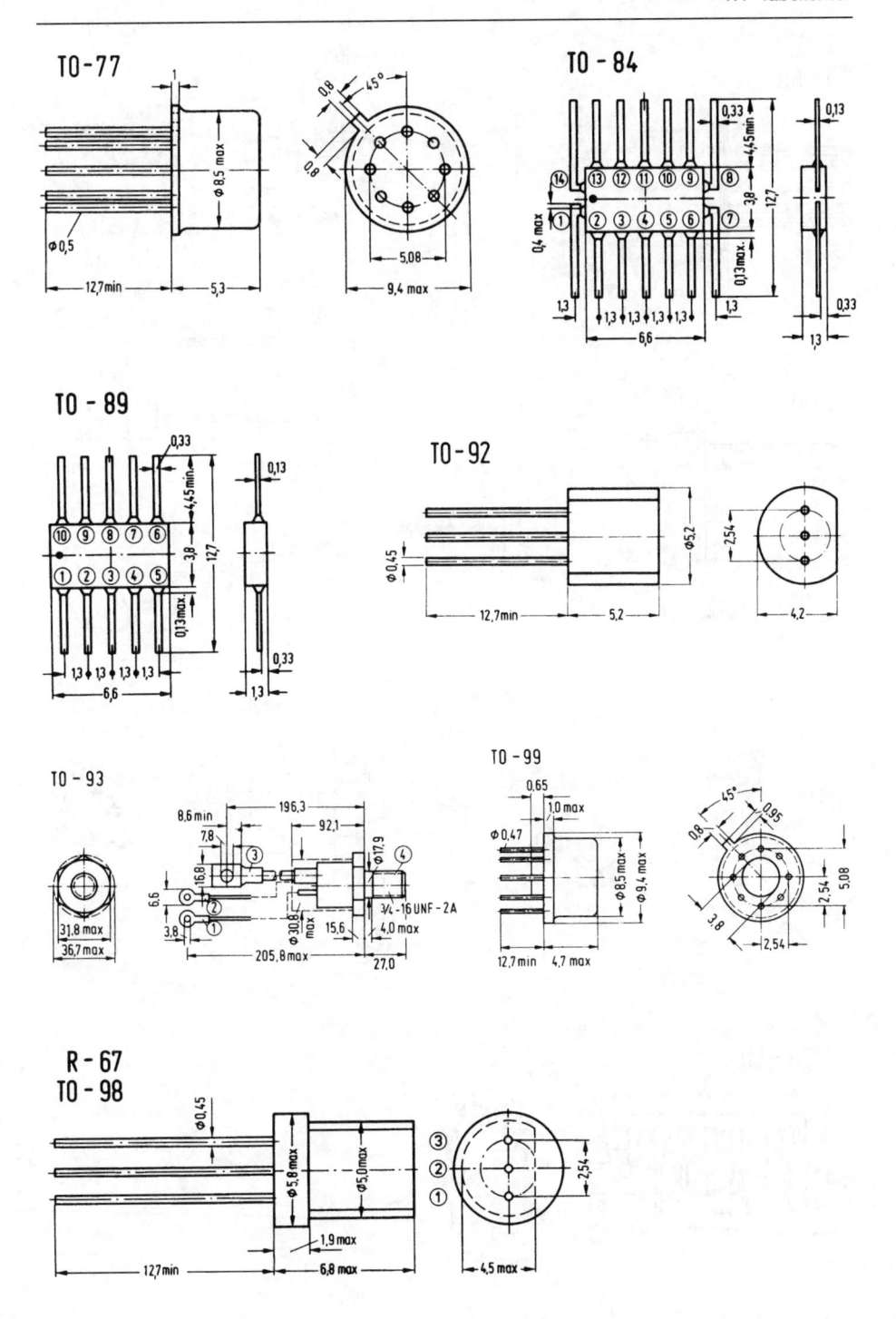

1 Praktische Entwurfsdaten der Elektronik

TO - 100

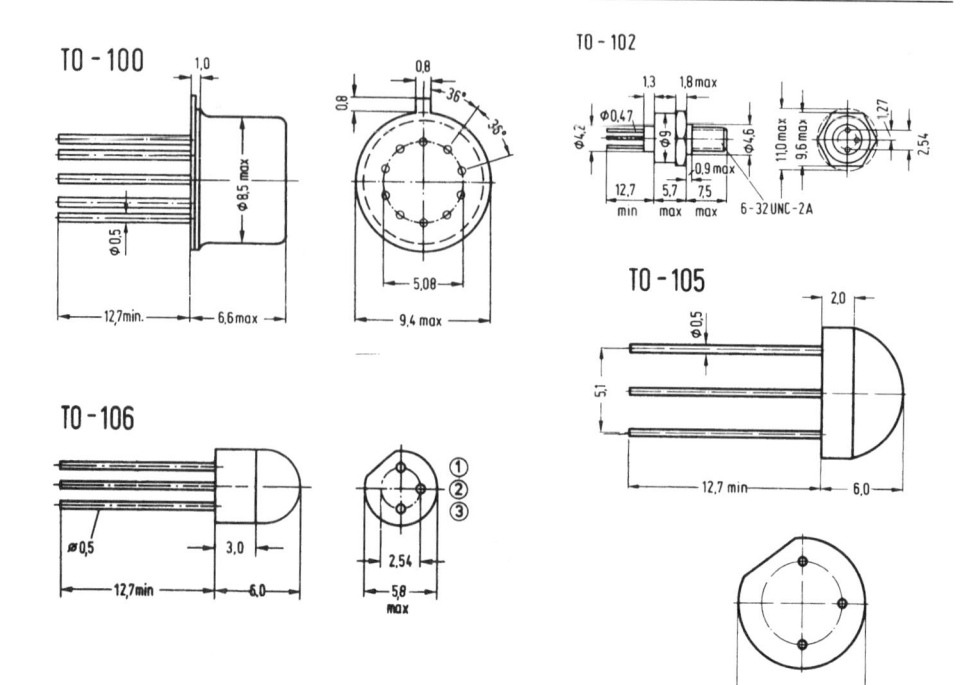

TO - 102

TO - 105

TO - 106

TO - 107

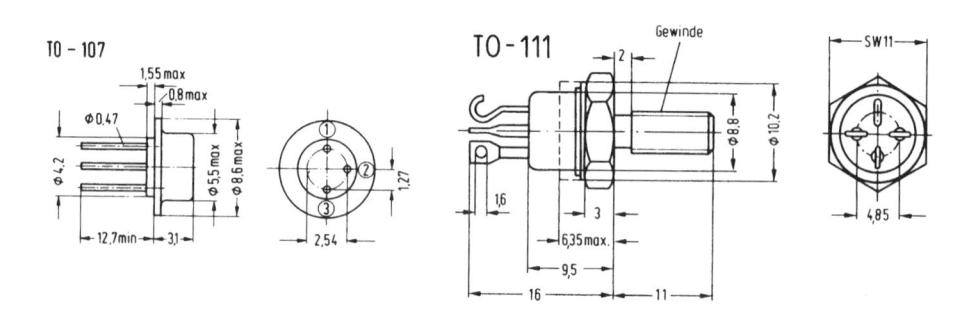

TO - 111

TO - 116

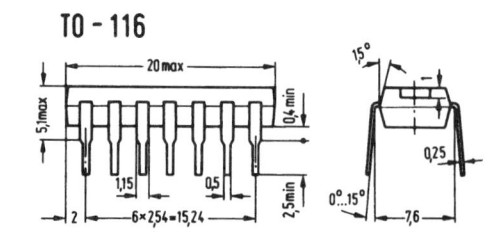

1.1 Tabellenteil

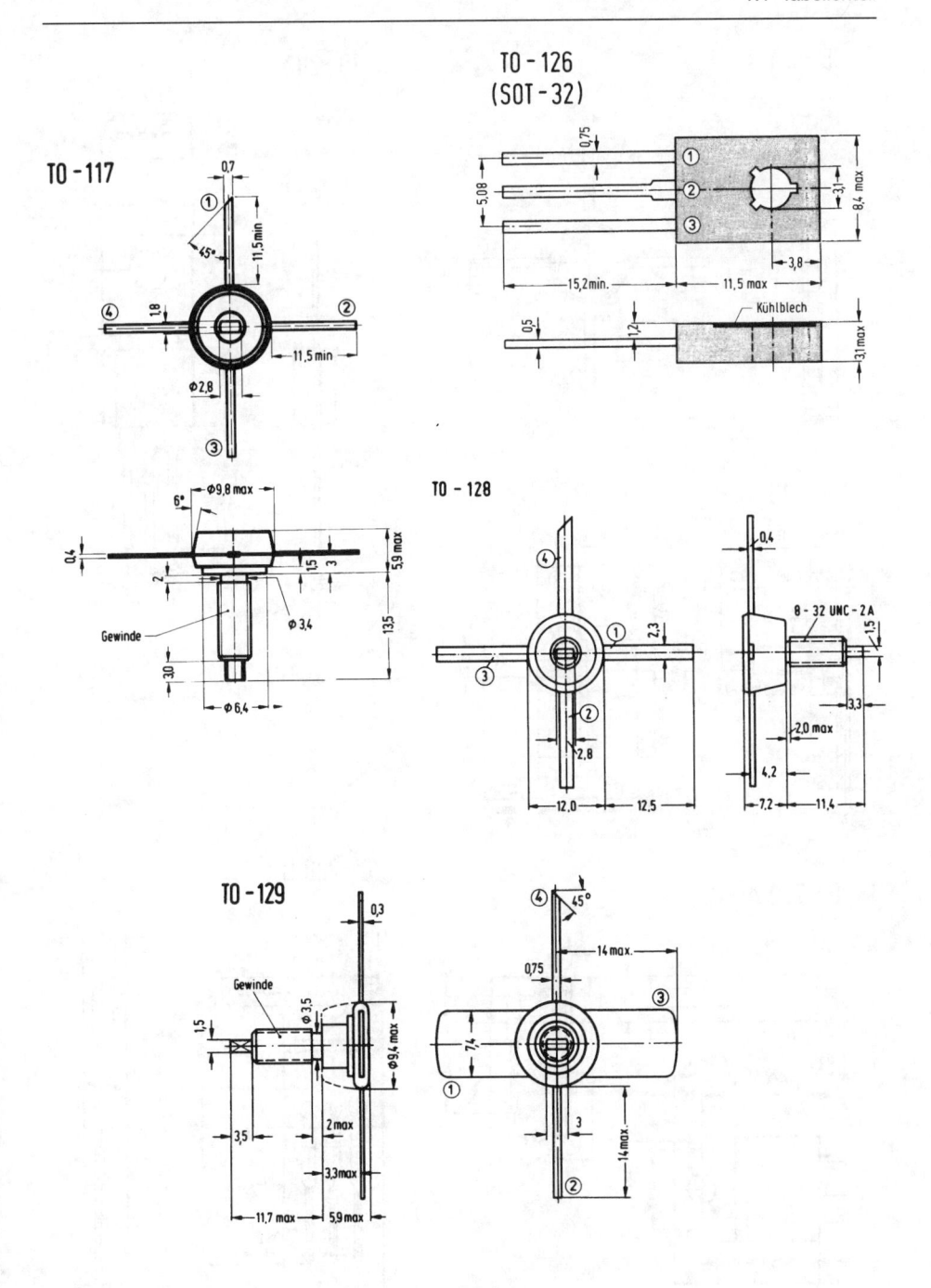

1 Praktische Entwurfsdaten der Elektronik

TO-131

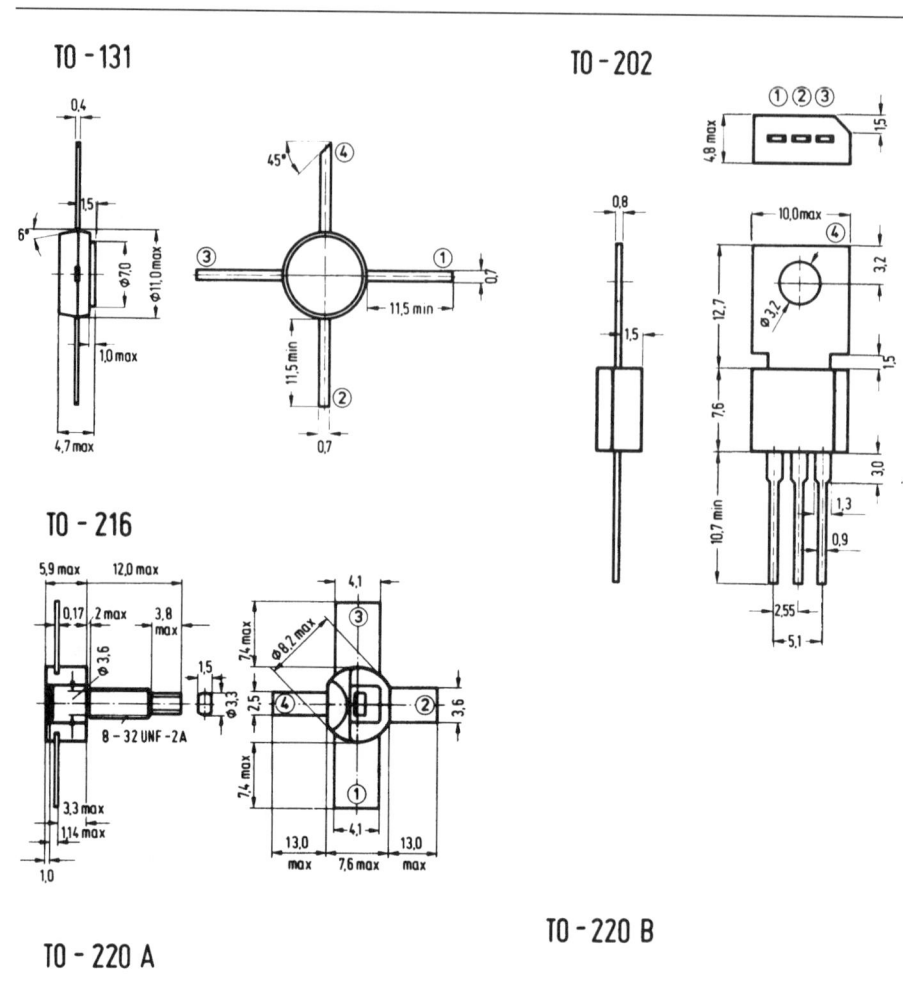

TO-202

TO-216

TO-220 A

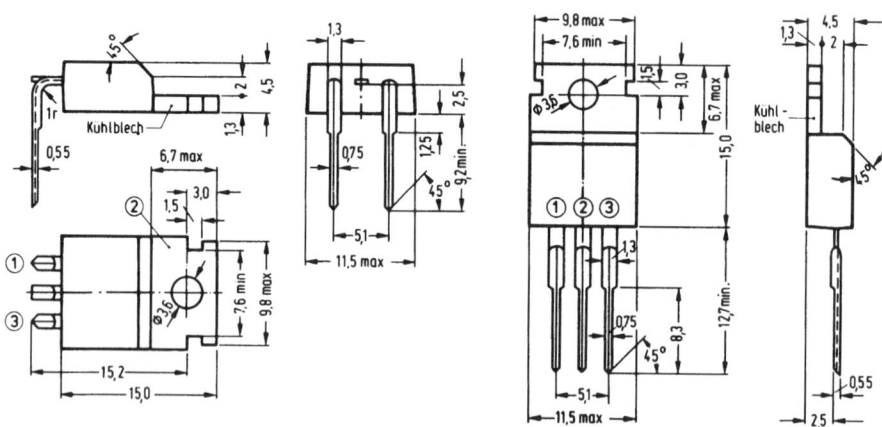

TO-220 B

204

1.1 Tabellenteil

TO-220 C

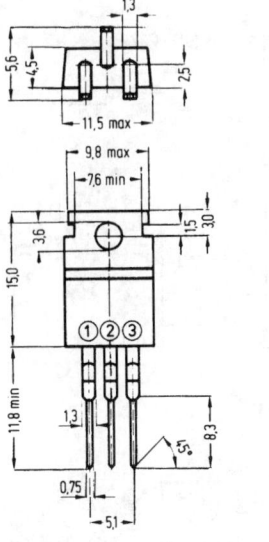

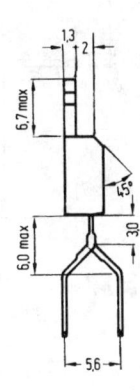

SOT-9 / F-9

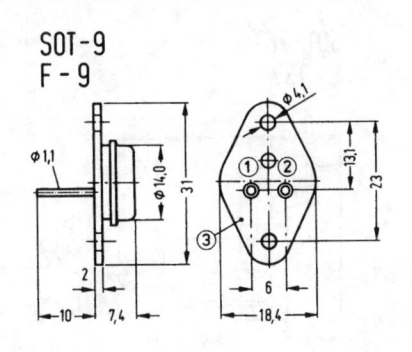

SOT-23 / X-156

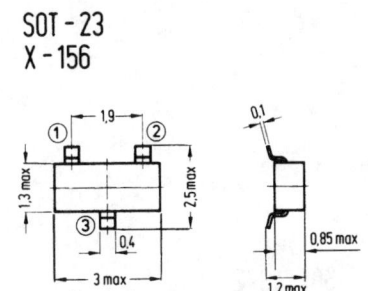

SOT-25

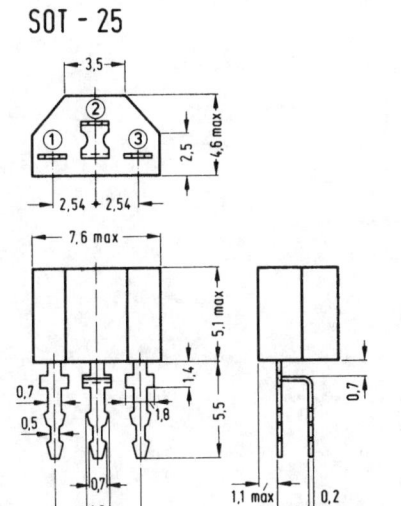

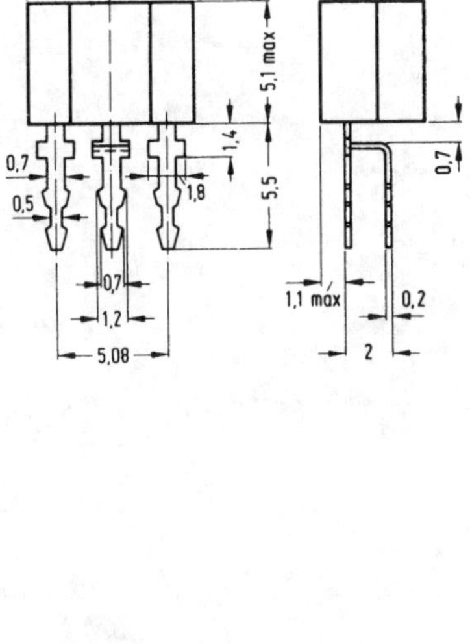

SOT-32

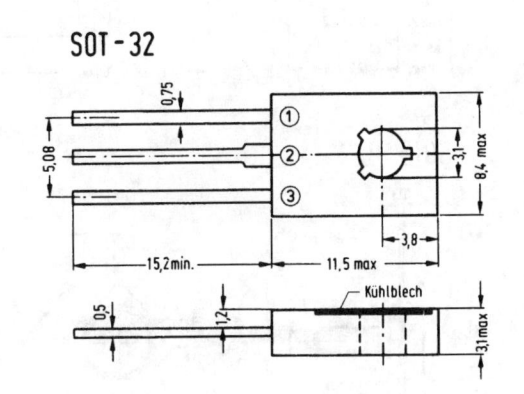

1 Praktische Entwurfsdaten der Elektronik

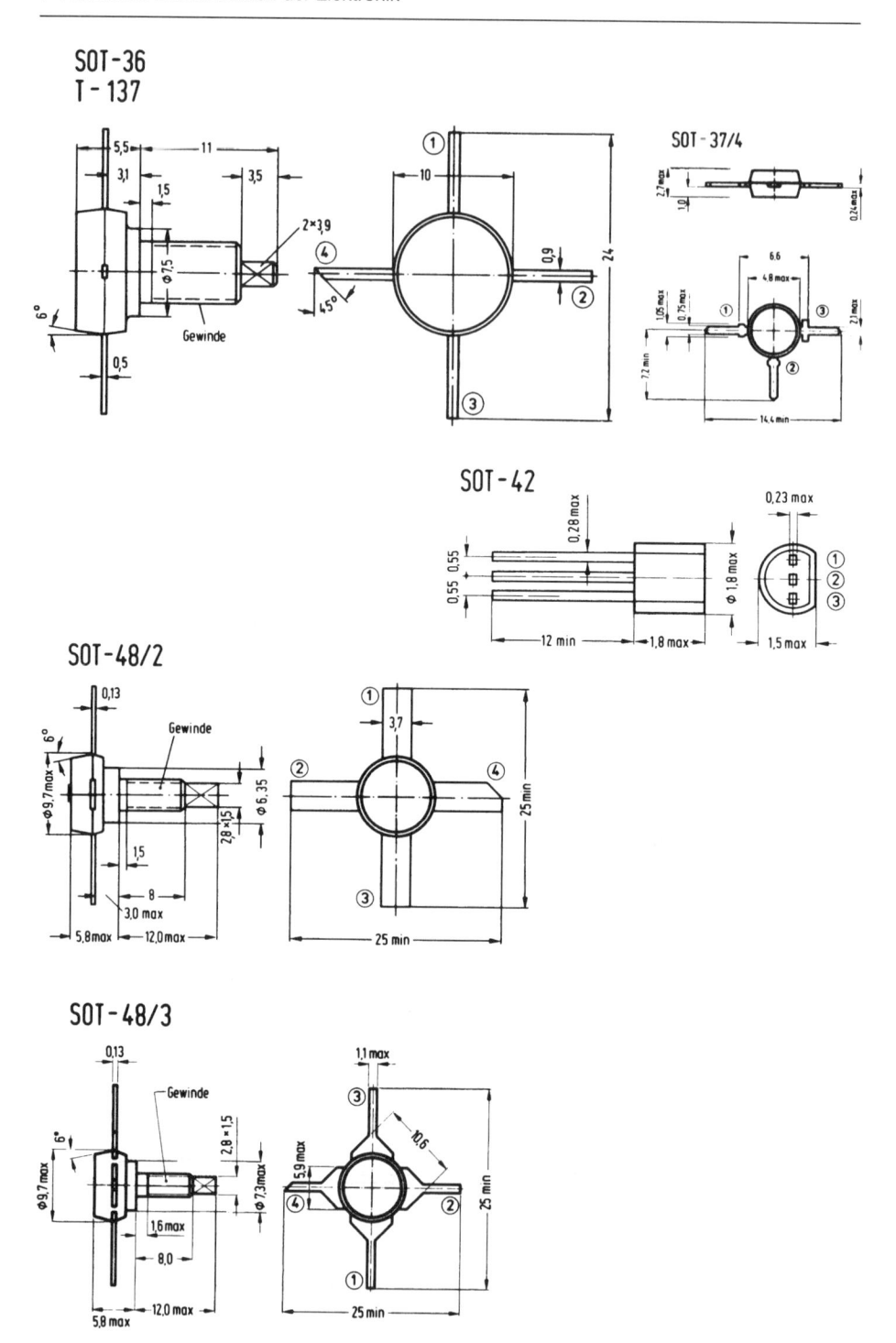

SOT-36
T-137

SOT-37/4

SOT-42

SOT-48/2

SOT-48/3

1.1 Tabellenteil

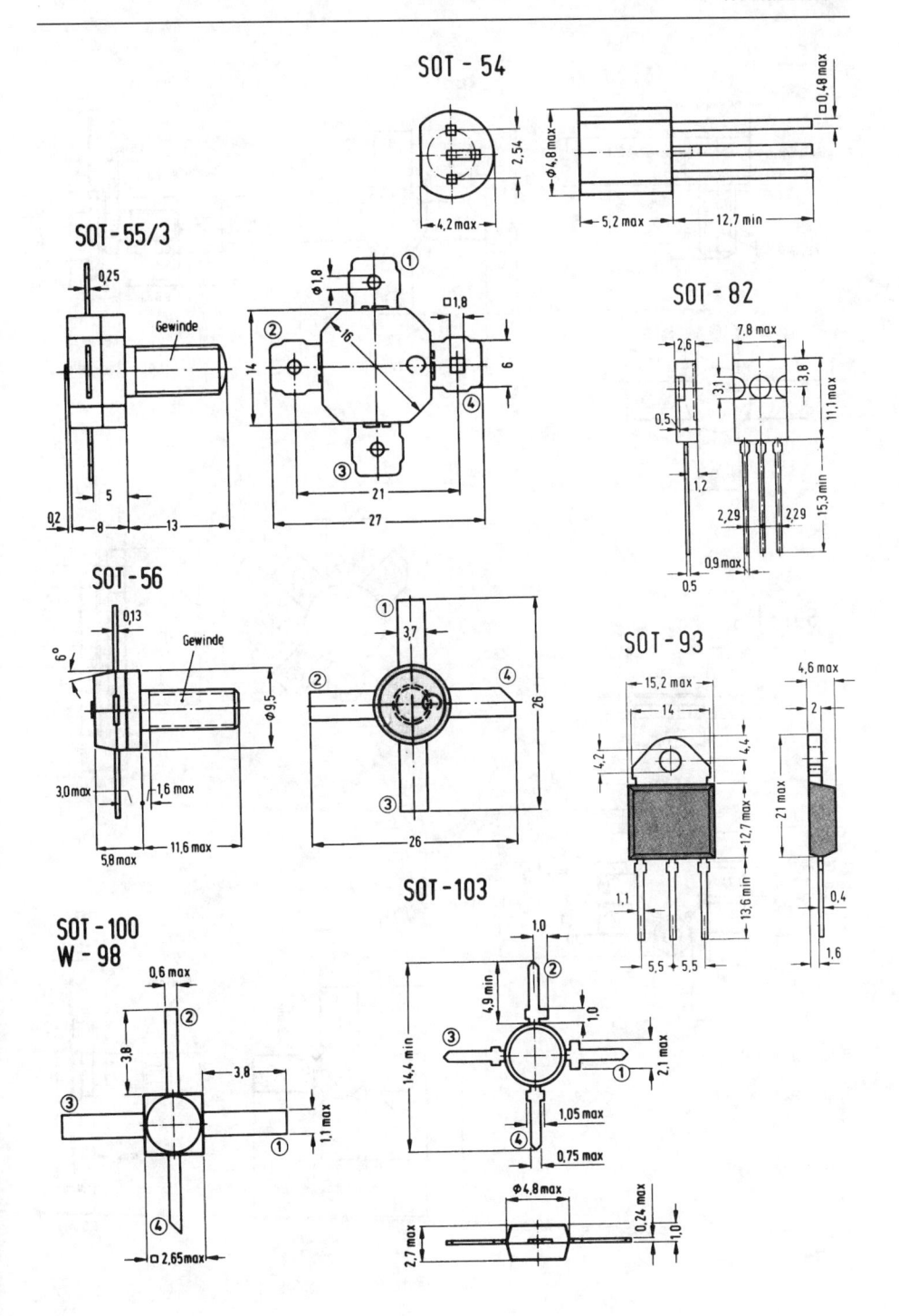

1 Praktische Entwurfsdaten der Elektronik

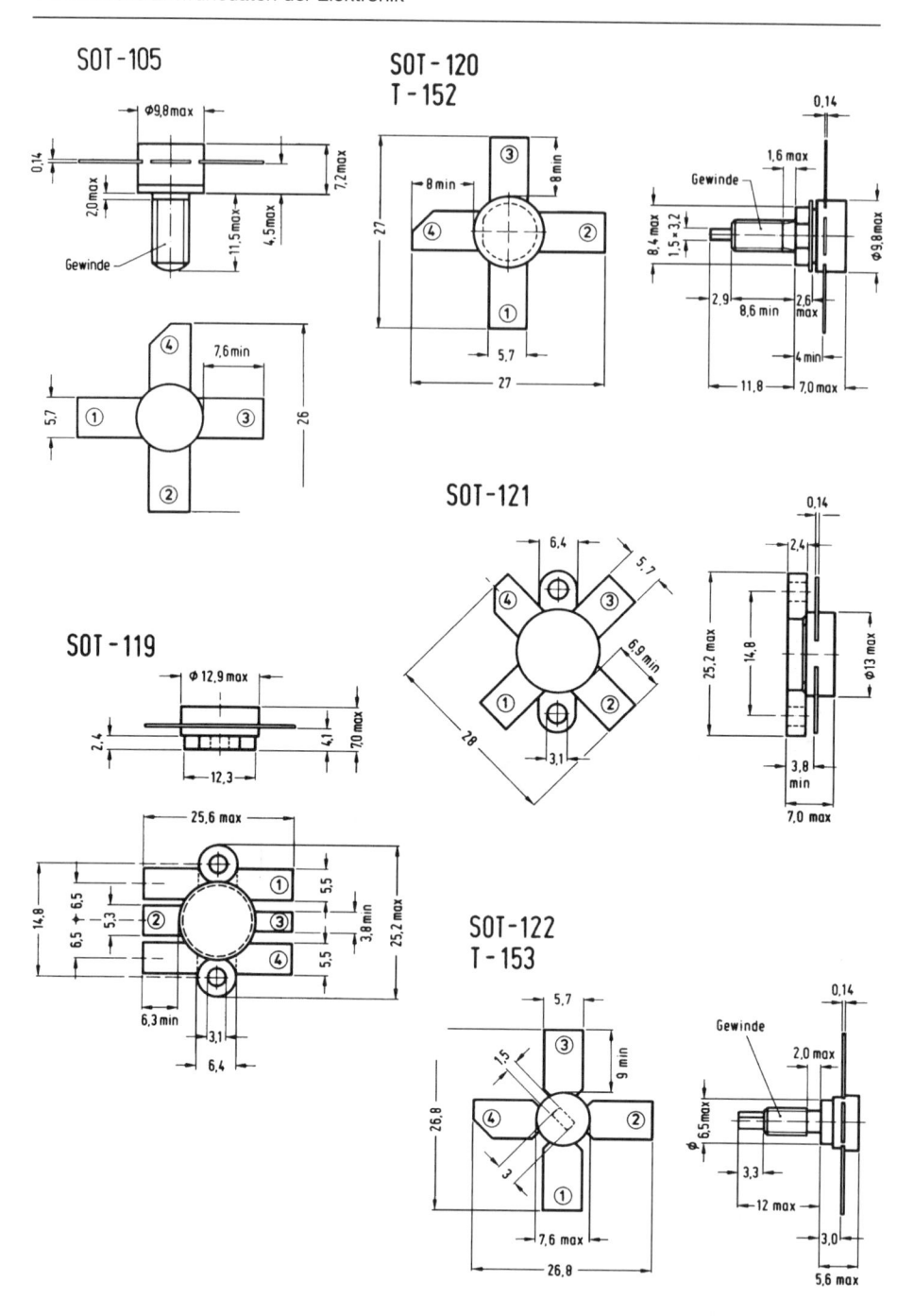

SOT-105

SOT-120
T-152

SOT-119

SOT-121

SOT-122
T-153

1.1 Tabellenteil

SOT-123

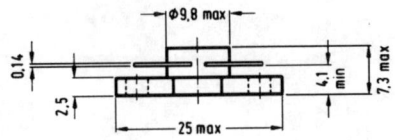

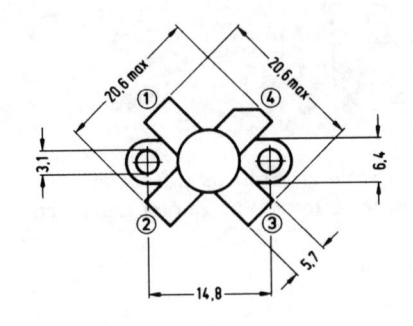

SOT-128

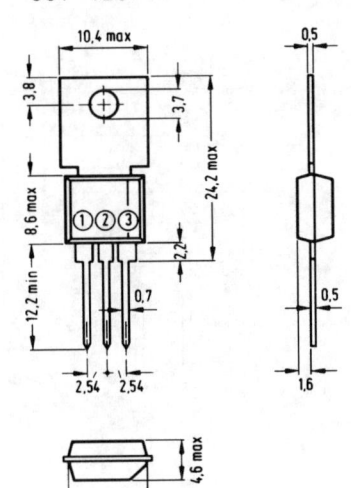

Gehäuse: SOT 23

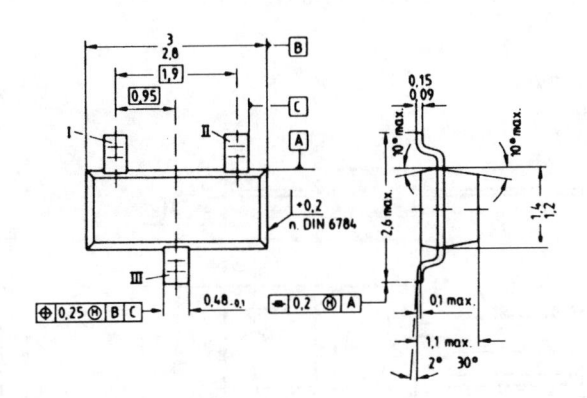

Gehäuse: SOT 143

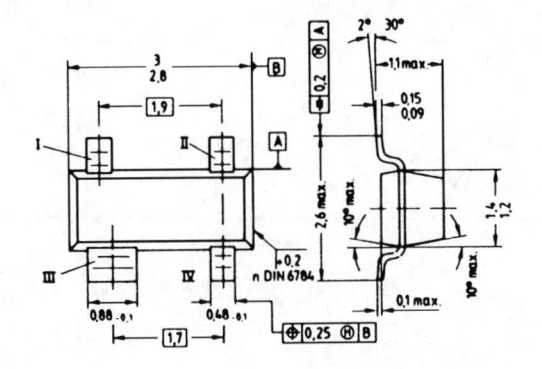

Gehäuse: SOT 89

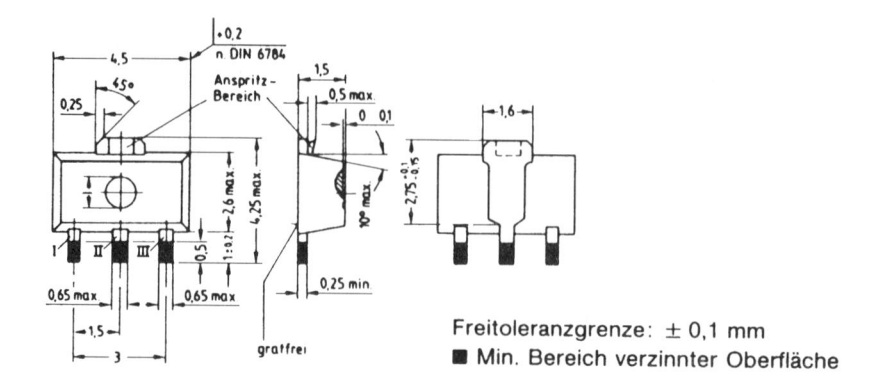

Freitoleranzgrenze: ± 0,1 mm
■ Min. Bereich verzinnter Oberfläche

Zusätzliche Gehäuseformen von Leistungstransistoren – Plastikgehäuse mit Kühlblech

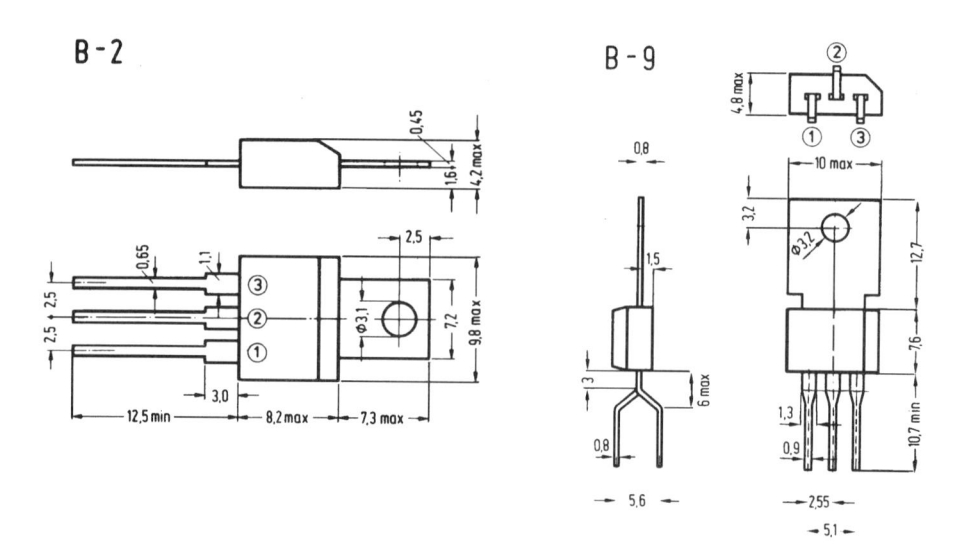

B-2

B-9

1.1 Tabellenteil

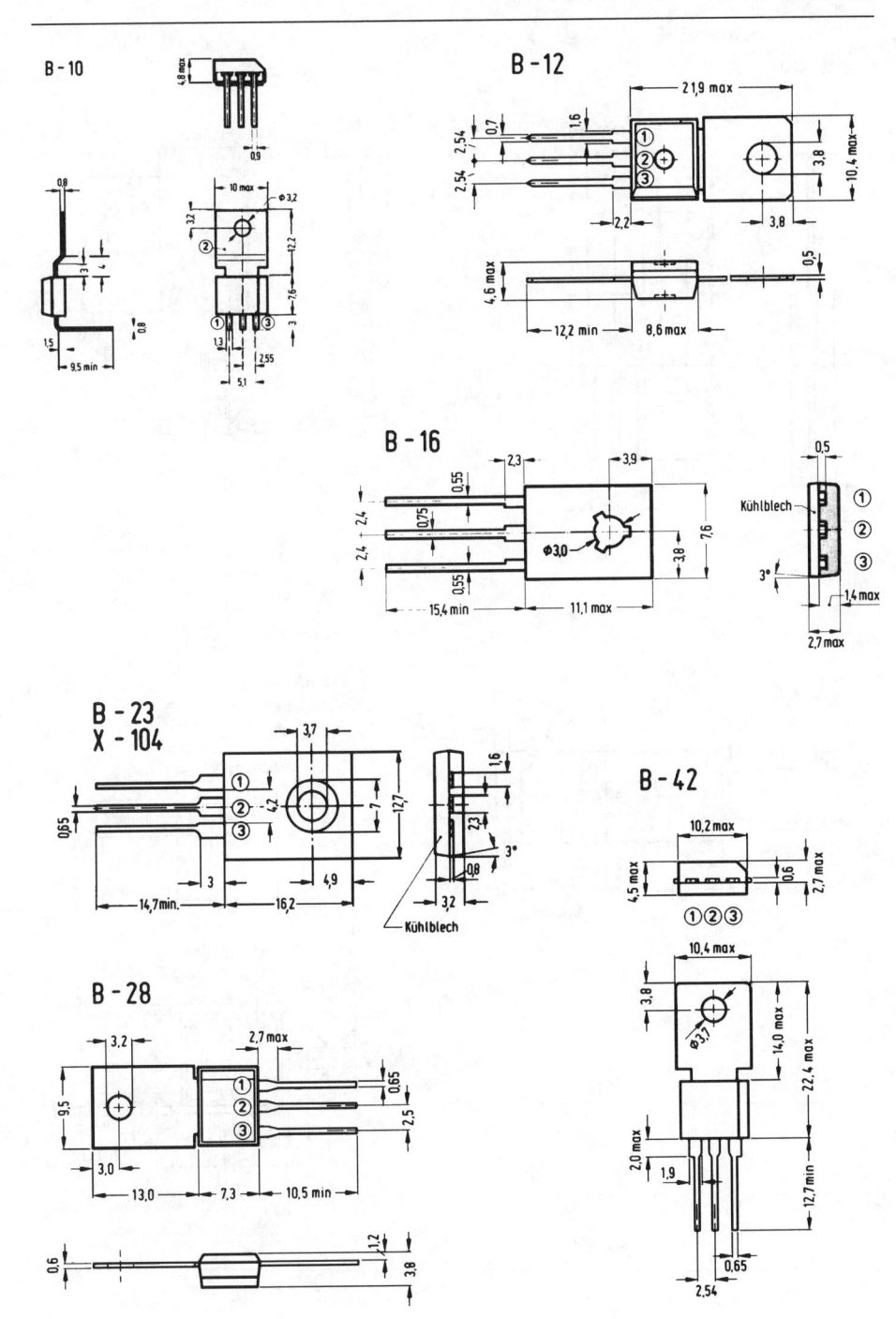

1 Praktische Entwurfsdaten der Elektronik

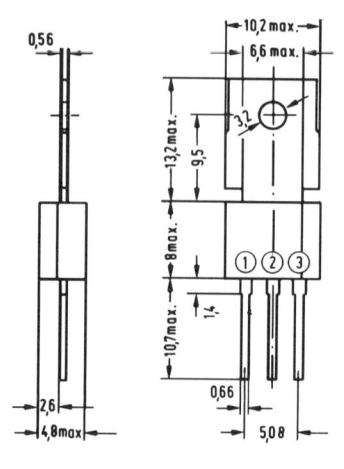

B-50

B-56

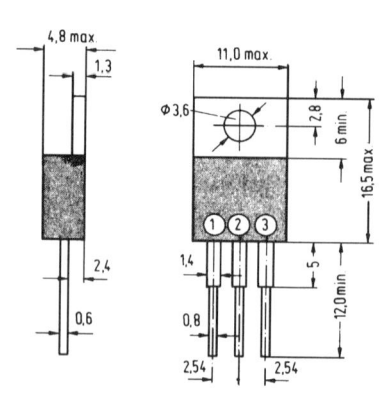

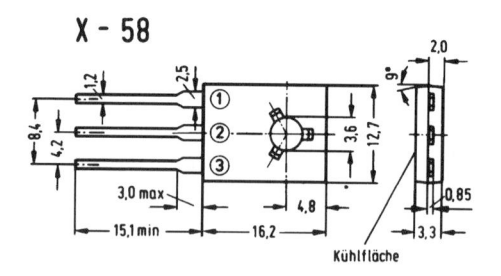

X-58

TO 238 AA
AMP-Steckanschluß
TO3-kompatibel

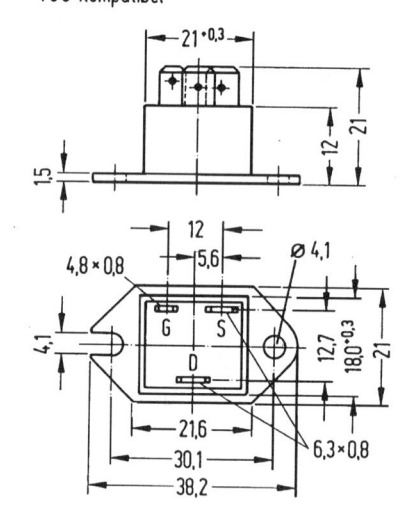

Kühlfläche

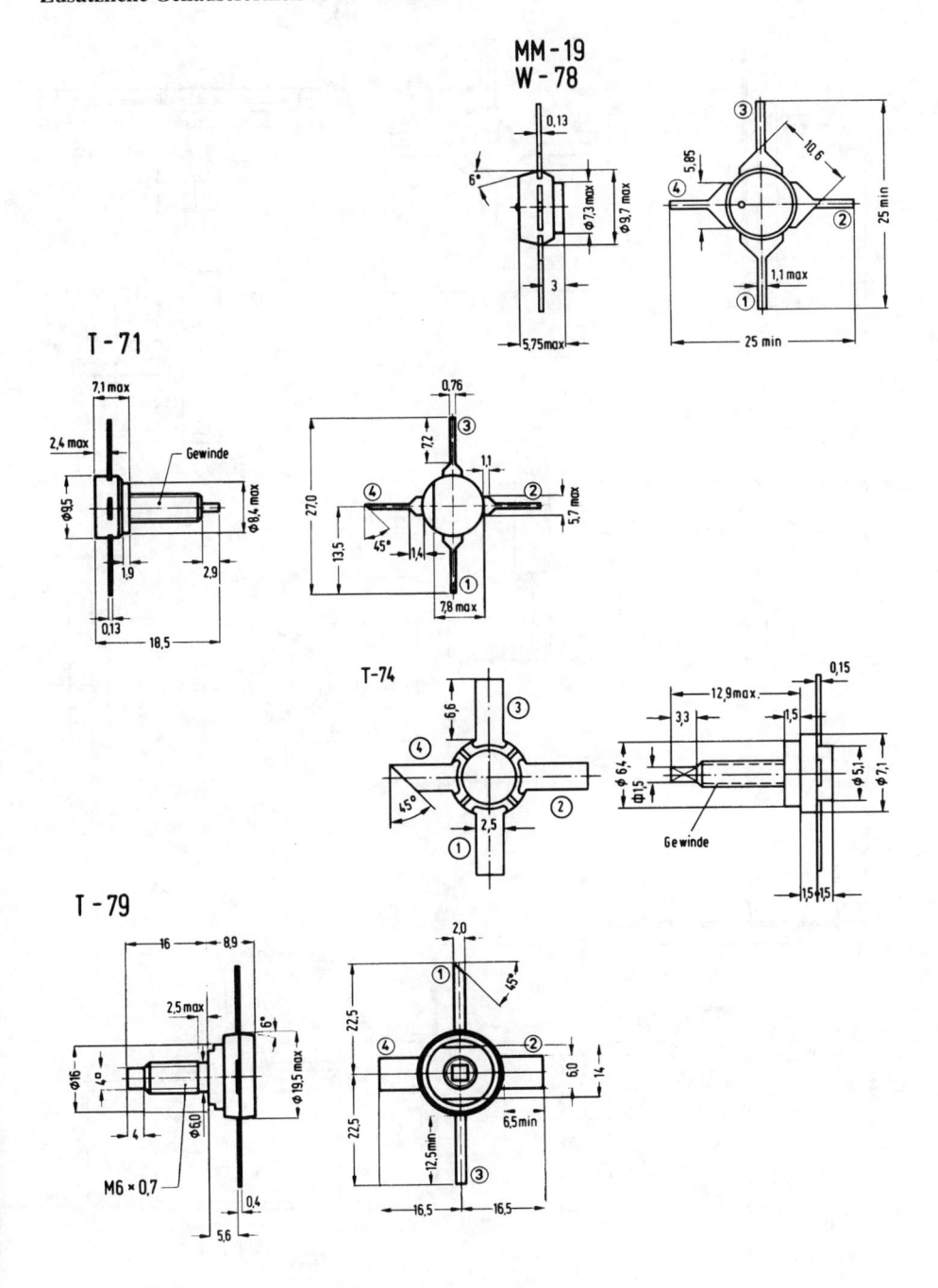

Zusätzliche Gehäuseformen von Hf-Transistoren

MM-19
W-78

T-71

T-74

T-79

1 Praktische Entwurfsdaten der Elektronik

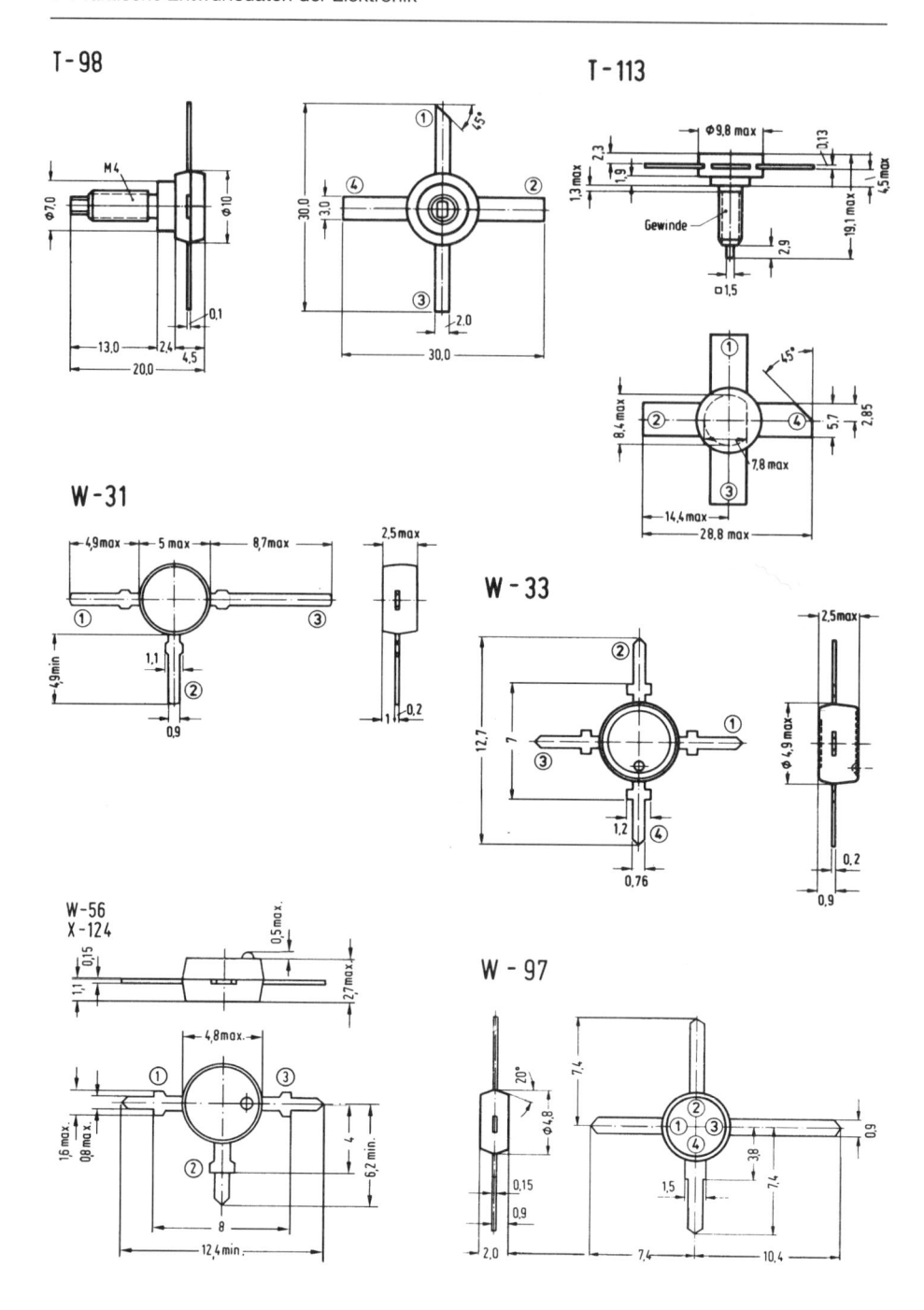

T-98

T-113

W-31

W-33

W-56
X-124

W-97

Tabelle 7.5 Dioden – Gehäuseformen

JEDEC DO - 1

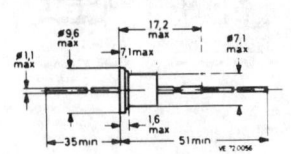

JEDEC DO - 4

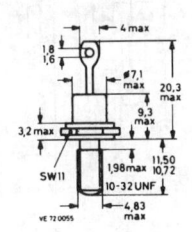

JEDEC DO - 5

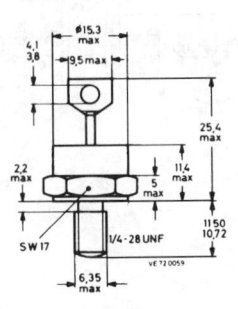

JEDEC DO - 7

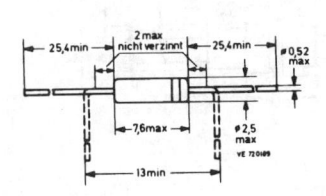

Farbring: Katodenseite

JEDEC DO - 14

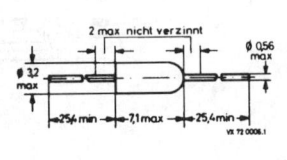

JEDEC DO - 15

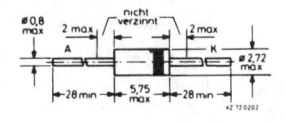

JEDEC DO - 22

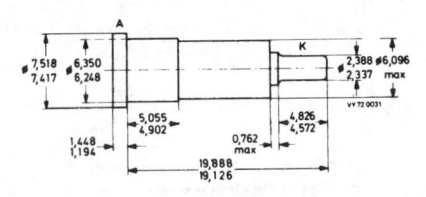

≈ **JEDEC DO - 23**

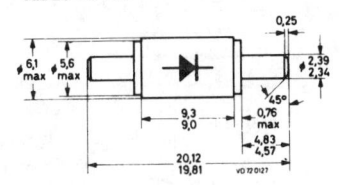

JEDEC DO - 35

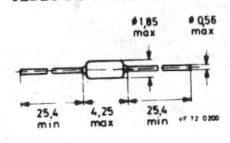

Die Farbkennzeichnung beginnt an der Katodenseite.

SOD - 18

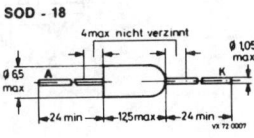

SOD - 23

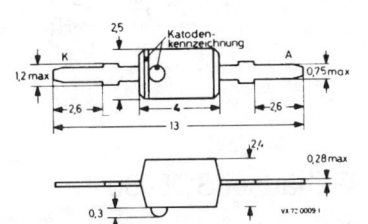

1 Praktische Entwurfsdaten der Elektronik

SOD-31

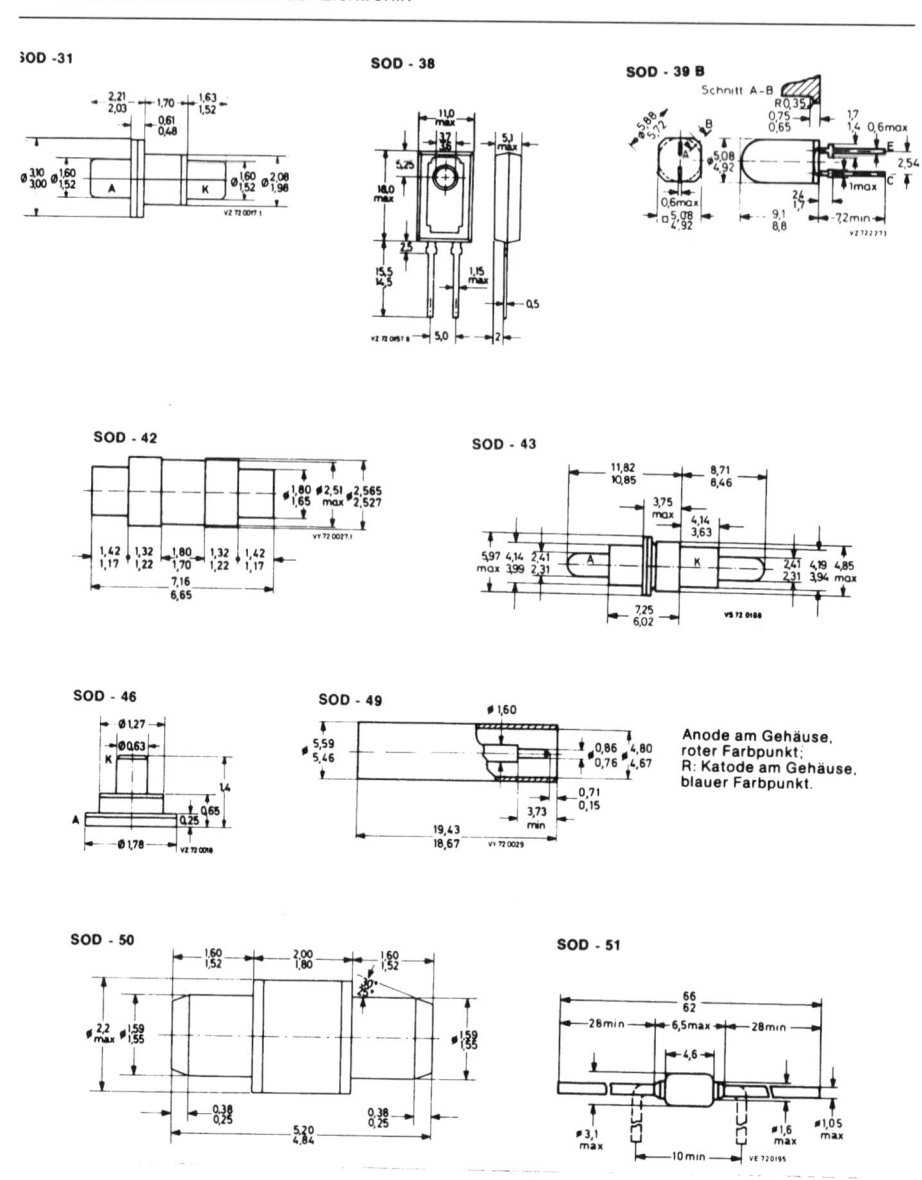

SOD-38

SOD-39 B

SOD-42

SOD-43

SOD-46

SOD-49

Anode am Gehäuse,
roter Farbpunkt;
R: Katode am Gehäuse,
blauer Farbpunkt.

SOD-50

SOD-51

Gehäuse: SOD 80

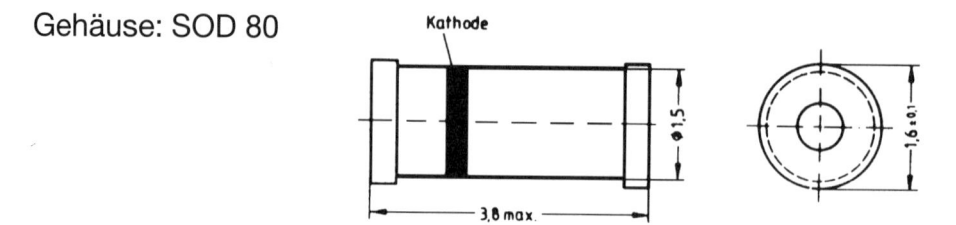

Tabelle 7.6 IC-Gehäuseformen

Metallgehäuse 6 Anschlüsse

Metallgehäuse 8 Anschlüsse

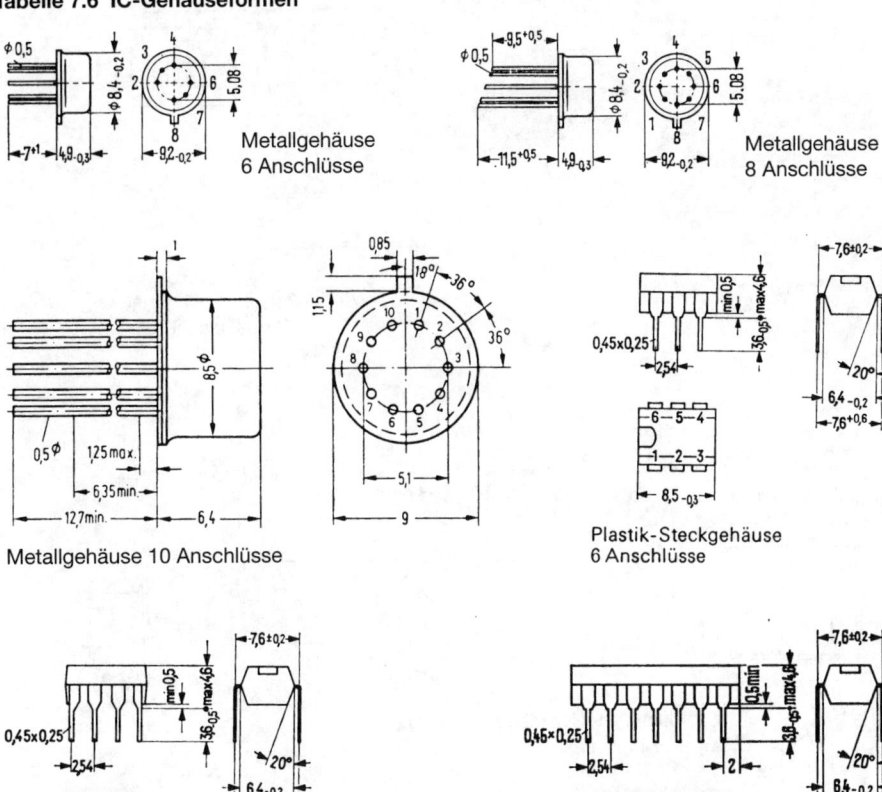

Metallgehäuse 10 Anschlüsse

Plastik-Steckgehäuse 6 Anschlüsse

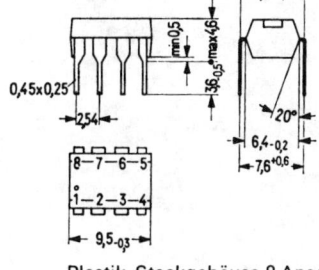

Plastik-Steckgehäuse 8 Anschlüsse

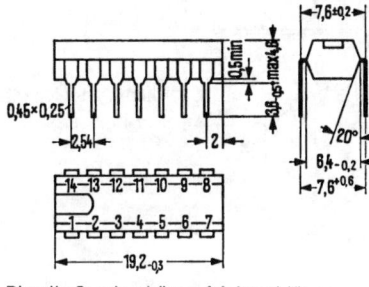

Plastik-Steckgehäuse 14 Anschlüsse

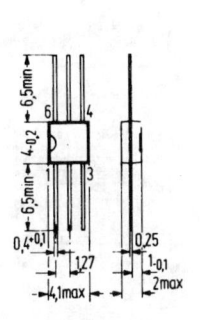

Kunststoffminiaturgehäuse 6 Anschlüsse

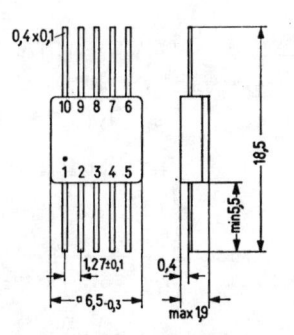

Metall-Keramik-Gehäuse 10 Anschlüsse

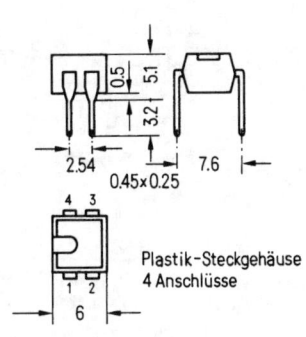

Plastik-Steckgehäuse 4 Anschlüsse

217

1 Praktische Entwurfsdaten der Elektronik

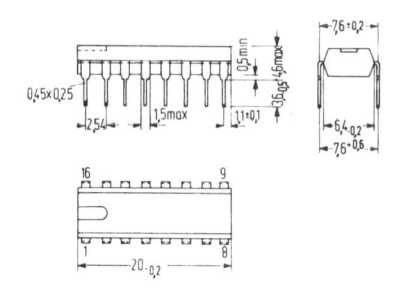

Plastik-Steckgehäuse **16** Anschlüsse;
20 A 14 DIN 41866 (TO–116)

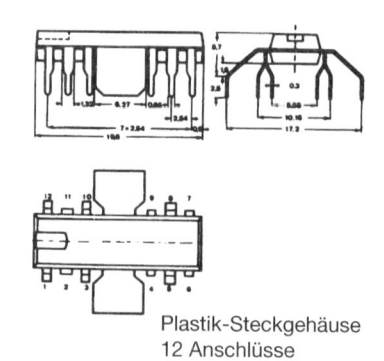

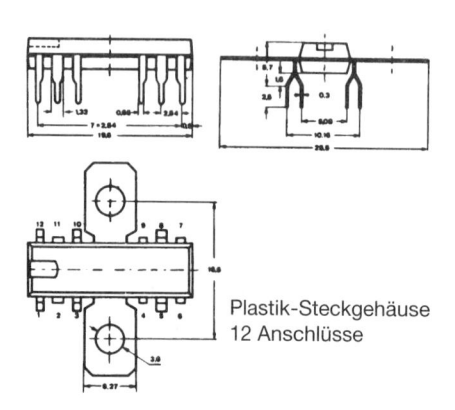

Plastik-Steckgehäuse
12 Anschlüsse

Plastik-Steckgehäuse
12 Anschlüsse

Kunststoff-Steckgehäuse 20 A 18 DIN 41866,
18 Anschlüsse, DIP

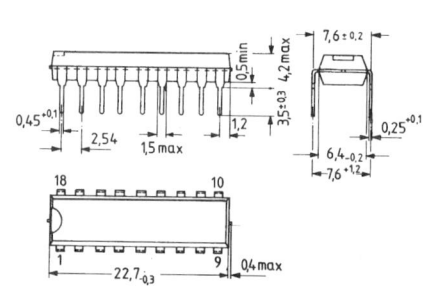

Kunststoff-Steckgehäuse 20 A 22 DIN 41866,
22 Anschlüsse, DIP

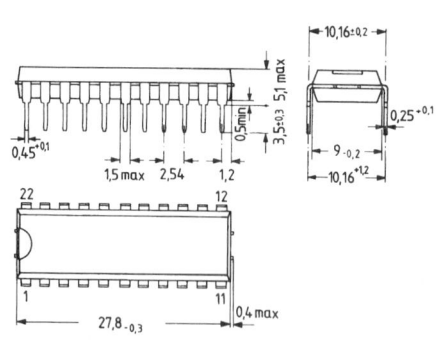

Kunststoff-Steckgehäuse 20 A 28 DIN 41866,
28 Anschlüsse, DIP

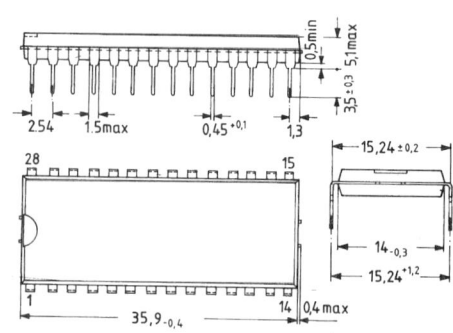

1.1 Tabellenteil

Kunststoff-Leistungsgehäuse, SIP 9, mit Kühlfahne und 9 Anschlüssen

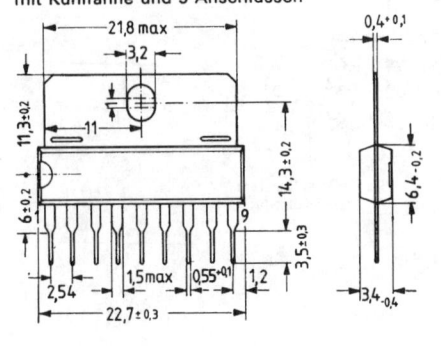

Kunststoffleistungsgehäuse TO-220/7 mit Kühllasche und 7 Anschlüssen

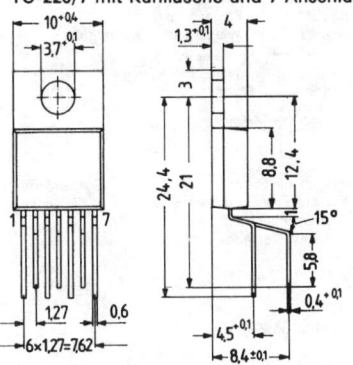

Kunststoffleistungsgehäuse TO-220/5 mit Kühllasche und 5 Anschlüssen

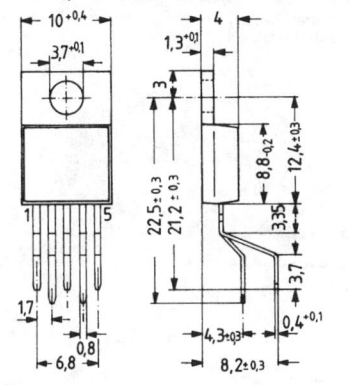

Kunststoffleistungsgehäuse TO-220/5-H mit Kühllasche und 5 Anschlüssen

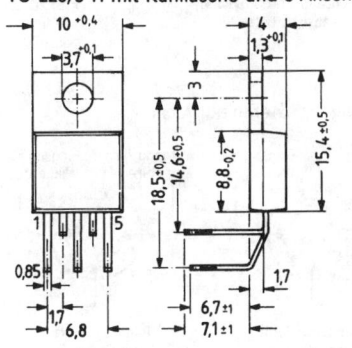

8 Steckverbindungen

Tabelle 8.1 Stecker und Buchsen für die HiFi- und Videotechnik

Stiftbezeichnungen der DIN-41524-Buchsen

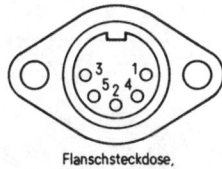

Flanschsteckdose, Ansicht: Steckseite

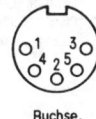

Buchse, Ansicht: Lötseite

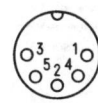

Stecker, Ansicht: Lötseite

219

1 Praktische Entwurfsdaten der Elektronik

Mono-Anschlüsse

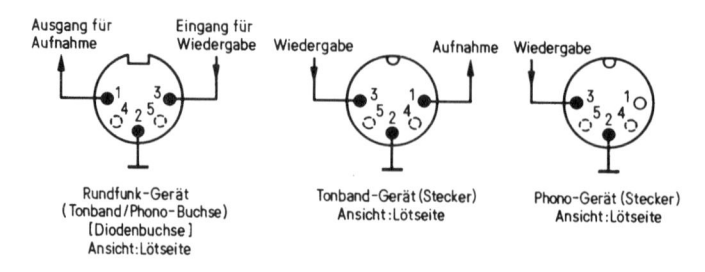

Ausgang für Aufnahme | Eingang für Wiedergabe | Wiedergabe | Aufnahme | Wiedergabe

Rundfunk-Gerät
(Tonband/Phono-Buchse)
[Diodenbuchse]
Ansicht:Lötseite

Tonband-Gerät (Stecker)
Ansicht:Lötseite

Phono-Gerät (Stecker)
Ansicht:Lötseite

Stereo-Anschlüsse

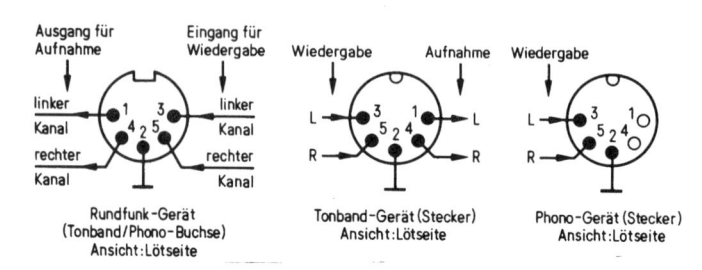

Ausgang für Aufnahme | Eingang für Wiedergabe | Wiedergabe | Aufnahme | Wiedergabe

linker Kanal — linker Kanal
rechter Kanal — rechter Kanal
L — L
R — R
L
R

Rundfunk-Gerät
(Tonband/Phono-Buchse)
Ansicht:Lötseite

Tonband-Gerät (Stecker)
Ansicht:Lötseite

Phono-Gerät (Stecker)
Ansicht:Lötseite

Übergang von Stereo auf Mono

Eingang für Wiedergabe | Ausgang für Aufnahme | Eingang für Wiedergabe | Ausgang für Aufnahme | Eingang für Wiedergabe

Rundfunk-Gerät
(Phono-Buchse)
Ansicht:Lötseite

Rundfunk-Gerät
(Tonband/Phono-Buchse)
Ansicht:Lötseite

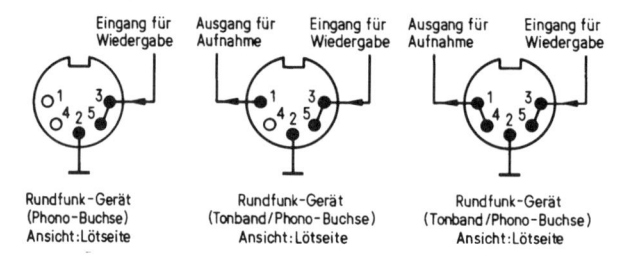

Rundfunk-Gerät
(Tonband/Phono-Buchse)
Ansicht:Lötseite

Alte Stereo-Beschaltung (3-Stift)

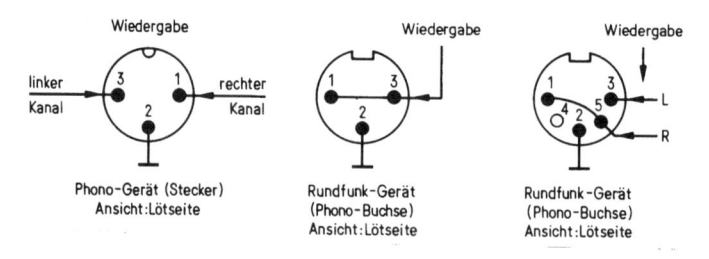

Wiedergabe | Wiedergabe | Wiedergabe

linker Kanal — rechter Kanal
L
R

Phono-Gerät (Stecker)
Ansicht:Lötseite

Rundfunk-Gerät
(Phono-Buchse)
Ansicht:Lötseite

Rundfunk-Gerät
(Phono-Buchse)
Ansicht:Lötseite

1.1 Tabellenteil

Mikrofonanschluß

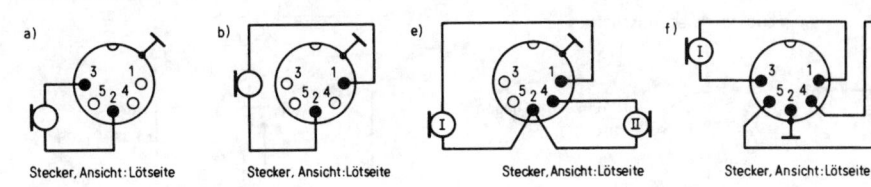

Stecker, Ansicht: Lötseite (a, b, e, f, c, d)

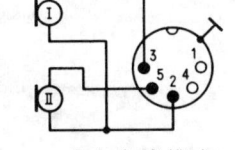

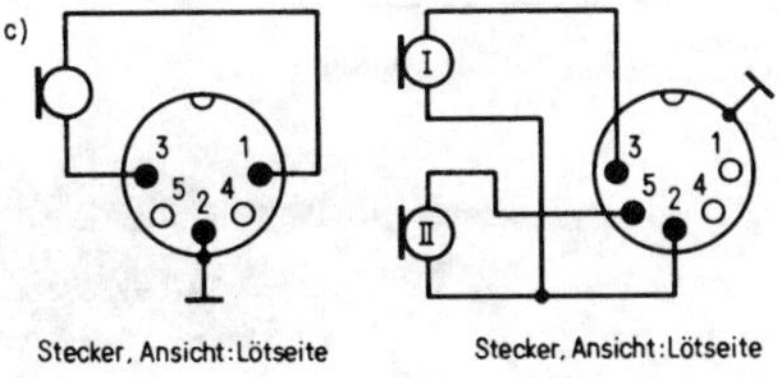

a: niederohmig, asymetrisch (50Ω...600Ω)
b: $R_i > 500Ω$
c: niederohmig, symmetrisch
d: Stereo – sonst Daten wie a)
e: Stereo – sonst Daten wie b)
f: Stereo – sonst Daten wie c)

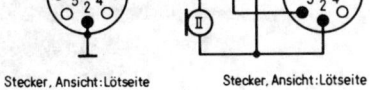

Kopfhöreranschluß

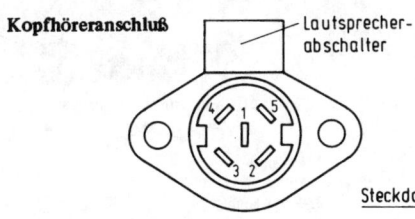

Lautsprecherabschalter

Stecker kann um 180° gedreht werden, entspricht EIN-AUS-Zustand der Lautsprecher

Steckdose, Ansicht: Lötseite

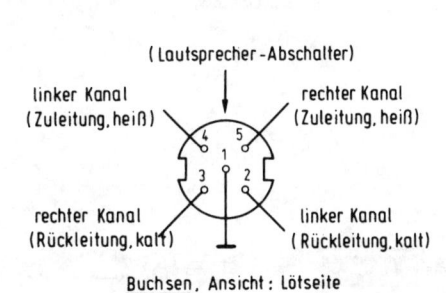

(Lautsprecher-Abschalter)
linker Kanal (Zuleitung, heiß)
rechter Kanal (Zuleitung, heiß)
rechter Kanal (Rückleitung, kalt)
linker Kanal (Rückleitung, kalt)

Buchsen, Ansicht: Lötseite

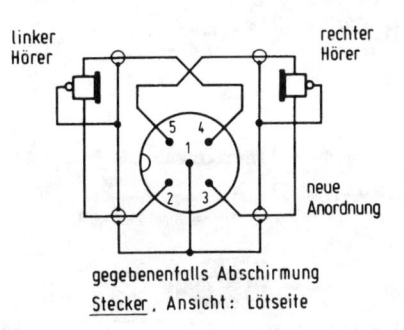

linker Hörer — rechter Hörer
neue Anordnung
gegebenenfalls Abschirmung
Stecker, Ansicht: Lötseite

Videoanschluß

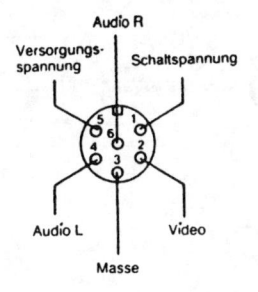

Audio R
Versorgungsspannung
Schaltspannung
Audio L
Video
Masse

221

1 Praktische Entwurfsdaten der Elektronik

(Lautsprecher-Abschalter)

linker Kanal — Innenverbindungen zulässig

rechter Kanal

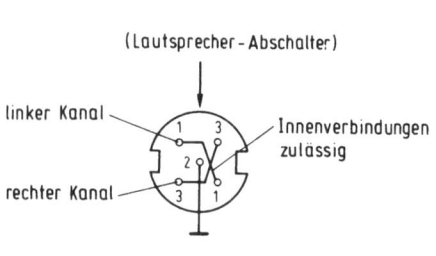

Buchsen, Ansicht: Lötseite

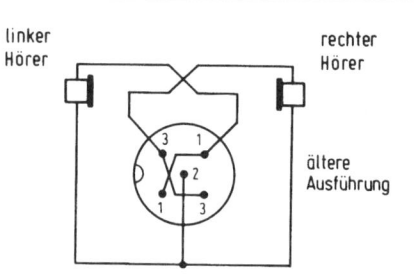

linker Hörer — rechter Hörer

ältere Ausführung

Stecker, Ansicht: Lötseite

Lautsprecheranschluß

Schalterkontakt zum Abschalten des eingebauten Lautsprechers

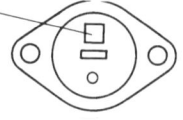

Lautsprecheranschluß

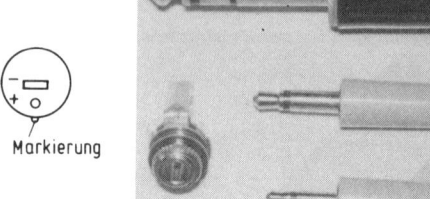

Markierung

Klinkenstecker verschiedener Durchmesser

Sonderbuchsen

8-polige Universalbuchse
1. Aufnahme
2. Masse
3. Wiedergabe
4. leer (mit 1 verbunden)
5. mit 3 verbunden
6. Start-Stop-Schaltspannung
7. für Schaltmikrofon
8. Betriebsspannung für Electret-Mikrofon

7-polige Universalbuchse
1. Aufnahme
2. Masse
3. Wiedergabe
4. leer (mit 1 verbunden)
5. mit 3 verbunden
6.⎱ Start-Stopp-Schaltspannung
7.⎰ für Schaltmikrofon

Japanische und amerikanische Stecker NF-Stecker

Aufnahme und Wiedergabe müssen entweder separat gesteckt werden oder es wird intern im Gerät umgeschaltet.

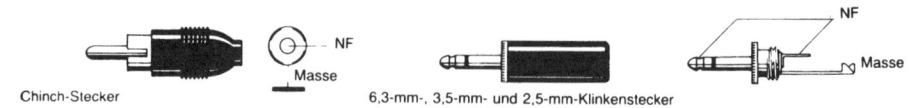

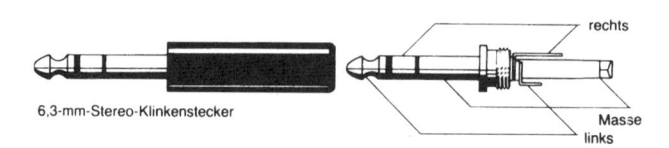

Chinch-Stecker

NF / Masse

6,3-mm-, 3,5-mm- und 2,5-mm-Klinkenstecker

NF / Masse

6,3-mm-Stereo-Klinkenstecker

rechts / Masse / links

222

1.1 Tabellenteil

Stecker für Spannungsversorgung

Cinch (RCA) - Buchse

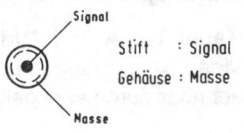

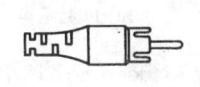

Stift : Signal
Gehäuse : Masse

Video- und Hf-Buchsen

6-polige-TV-Buchse; AV-Buchse

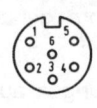

1. Schaltspannung 0V/12V-Ausgang (12V;100mA)
2. Videosignal Eingang/Ausgang
3. Masse
4. Audiosignal 1 Eingang/Ausgang
5. Versorgungsspannung 12V
6. Audiosignal 2 Eingang/Ausgang

FBAS-Buchse

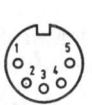

1. frei
2. FBAS
3. Masse
4. frei
5. frei

Honda - (VTR) - Buchse

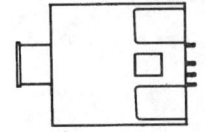

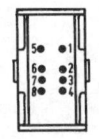

1. Audiosignal (Eingang/Ausgang)
2. Videosignal (Eingang/Ausgang)
3. Videosignal Masse (Ausgang/Eingang)
4. Videosignal (Ausgang/Eingang)
5. Audiosignal Masse (Eingang/Ausgang)
6. Masse Video (Eingang/Ausgang)
7. Audiosignal Masse (Ausgang/Eingang)
8. Audiosignal (Ausgang/Eingang)

HF-Buchse (Antennensteckbuchse; Antennenkoaxialbuchse)

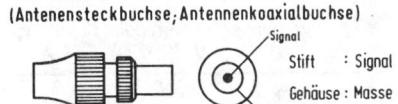

Stift : Signal
Gehäuse : Masse

BNC - Buchse

Stift : Signal
Gehäuse : Masse

Tabelle 8.2   Kontaktbelegung der EURO-AV-(SCART-)Buchse nach EN 50049

AV (Audio/Video)-Buchse
Für die AV-Buchse gelten folgende Werte:

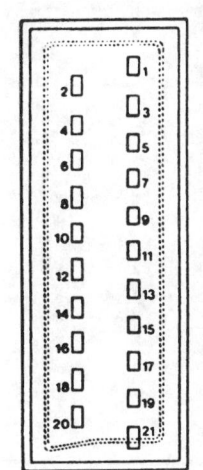

Buchse	Funktion	Wert
Buchse 1	Audio-Ausgang (rechter Kanal)	0,5 V_{eff}/$\leq$ 1 kΩ
Buchse 2	Audio-Eingang (rechter Kanal)	0,5 V_{eff}/$\geq$ 10 kΩ
Buchse 3	Audio-Ausgang (linker Kanal)	0,5 V_{eff}/$\leq$ 1 kΩ
Buchse 4	Masse-Anschluß Audio	
Buchse 5	Masse-Anschluß B-Eingang	
Buchse 6	Audio-Eingang (linker Kanal)	0,5 V_{eff}/$\geq$ 10 kΩ
Buchse 7	Video-Eingang blau	1 V/75 Ω
Buchse 8	Schaltspannung	12 V
Buchse 9	Masse-Anschluß G-Eingang	
Buchse 10	Takt-Eingang	
Buchse 11	Video-Eingang grün	1 V/75 Ω
Buchse 12	Daten-Eingang	
Buchse 13	Masse-Anschluß R-Eingang	
Buchse 14	Masse-Anschluß Daten-Eingang	
Buchse 15	Video-Eingang rot	1 V/75 Ω
Buchse 16	Austastsignal	3 V
Buchse 17	Masse-Anschluß FBAS	
Buchse 18	Masse-Anschluß Austastsignal	
Buchse 19	FBAS-Ausgang	1 V/75 Ω
Buchse 20	FBAS-Eingang	1 V/75 Ω
Buchse 21	Anschluß für Abschirmung	

Kabel-Typen: Abhängig von der beabsichtigten Anwendung gibt es 4 Kategorien:

Kabel Typ A (nur Audio) EN 50049: Dieses Kabel enthält alle Verbindungen außer Video (Verbindungen der Kontakte 19, 20, 17, 15, 13, 11, 9, 7, 16, 18 fehlen). Es ist erkennbar durch eine gelbe Markierung.

Kabel Typ C (Audio- und Videosignale, ohne RGB) EN 50049: Die Verbindung der Kontakte 15, 13, 11, 9, 7, 5, 16, 18 fehlen. Das Kabel ist erkennbar durch eine graue Markierung.

Kabel Typ U (Universal) EN 50049: Dieses Kabel enthält alle in dieser Norm genannten Verbindungen. Es ist erkennbar durch eine schwarze Markierung.

Kabel Typ V (nur Video) EN 50049: Dieses Kabel enthält alle Verbindungen außer Audio (Verbindungen der Kontakte 3, 1, 6, 2, 4 fehlen). Es ist erkennbar durch eine weiße Markierung.

Anschlußplan für Scart-Stecker

Kontakt Nr.	Signal-Bezeichnung	Ader-Nr.	U	V	C	A
3	Audio-Ausgang A	1 (fs)	x		x	x
1	Audio-Ausgang B	2 (ws)	x		x	x
6	Audio-Eingang A	3 (or)	x		x	x
2	Audio-Eingang B	4 (gr)	x		x	x
4	Audio-Masse	D-Schirm von 1, 2, 3 u. 4	x		x	x
19	Video-Ausgang	5 (gr)	x	x	x	
20	Video-Eingang	6 (sw)	x	x	x	
17	Video-Masse	C-Schirm von 5 u. 6	x	x	x	
15	rt-Signal	7 (rt)	x	x		
13	rt-Masse	C-Schirm von 7	x	x		
11	gn-Signal	8 (gn)	x	x		
9	gn-Masse	C-Schirm von 8	x	x		
7	bl-Signal	9 (bl)	x	x		
5	bl-Masse	C-Schirm von 9	x	x		
8	Schaltspannung	11 (br)	x	x	x	x
16	Austastsignal	10 (ws)	x	x		
18	Austastsignal-Masse	C-Schirm von 16	x	x		
12	Datenleitung 1	12 (ge)	x	x	x	x
10	Datenleitung 2	13 (gn)	x	x	x	x
14	Datenleitung-Masse	D-Schirm von 12 u. 13	x	x	x	x
21	Steckerabschirmung-Masseleitung	14	x	x	x	x

Pin-Belegung der Scart-Verbindung bei Kabelverlängerungen

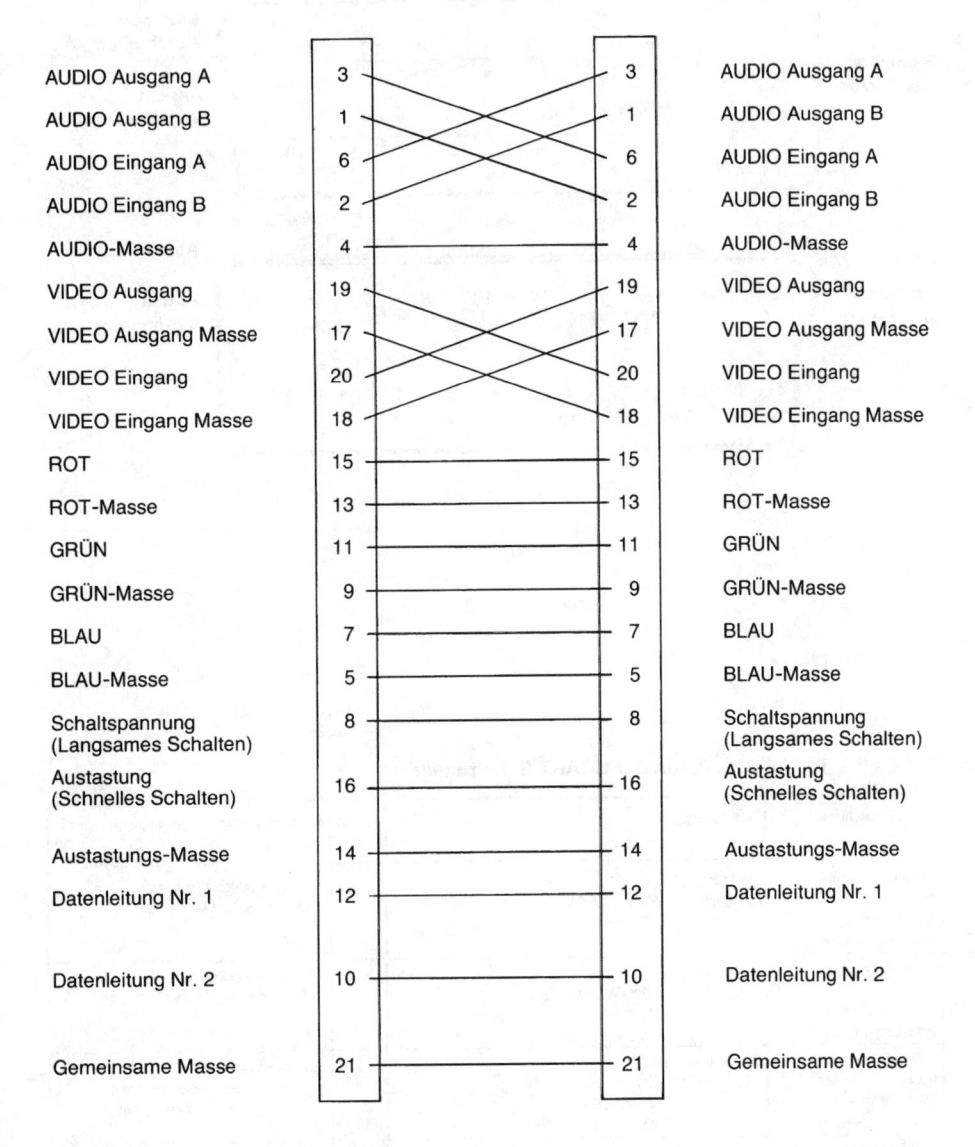

Links	Pin	Pin	Rechts
AUDIO Ausgang A	3	3	AUDIO Ausgang A
AUDIO Ausgang B	1	1	AUDIO Ausgang B
AUDIO Eingang A	6	6	AUDIO Eingang A
AUDIO Eingang B	2	2	AUDIO Eingang B
AUDIO-Masse	4	4	AUDIO-Masse
VIDEO Ausgang	19	19	VIDEO Ausgang
VIDEO Ausgang Masse	17	17	VIDEO Ausgang Masse
VIDEO Eingang	20	20	VIDEO Eingang
VIDEO Eingang Masse	18	18	VIDEO Eingang Masse
ROT	15	15	ROT
ROT-Masse	13	13	ROT-Masse
GRÜN	11	11	GRÜN
GRÜN-Masse	9	9	GRÜN-Masse
BLAU	7	7	BLAU
BLAU-Masse	5	5	BLAU-Masse
Schaltspannung (Langsames Schalten)	8	8	Schaltspannung (Langsames Schalten)
Austastung (Schnelles Schalten)	16	16	Austastung (Schnelles Schalten)
Austastungs-Masse	14	14	Austastungs-Masse
Datenleitung Nr. 1	12	12	Datenleitung Nr. 1
Datenleitung Nr. 2	10	10	Datenleitung Nr. 2
Gemeinsame Masse	21	21	Gemeinsame Masse

Kreuzungen bei: Kabel mit Steckern an beiden Enden
Kabel mit Buchsen an beiden Enden
Keine Kreuzungen bei Verlängerungskabel (Buchse — Stecker)

1 Praktische Entwurfsdaten der Elektronik

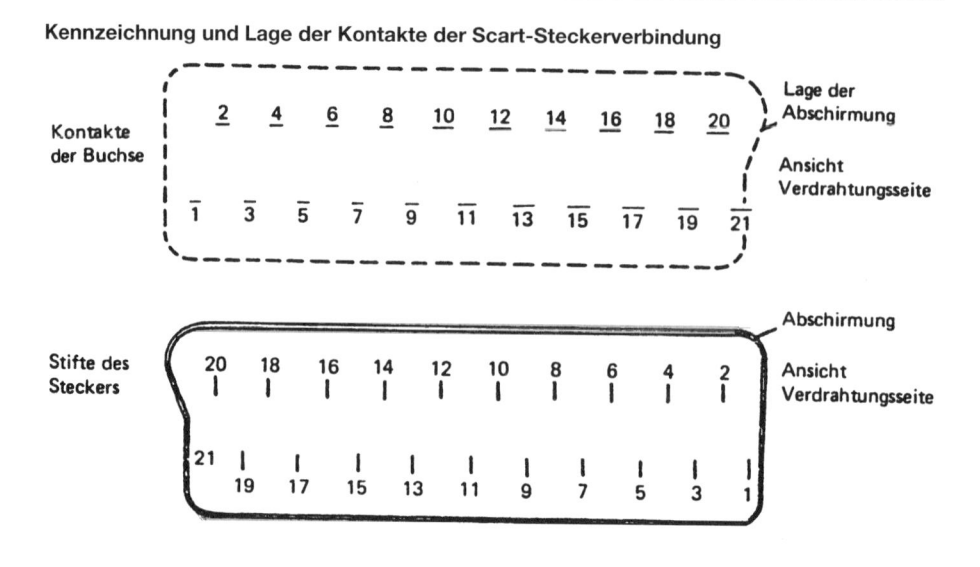

Kennzeichnung und Lage der Kontakte der Scart-Steckerverbindung

```
                                                                    Lage der
                                                                    Abschirmung
Kontakte    | 2   4   6   8   10  12  14  16  18  20 |
der Buchse  |                                        |
            |                                        |  Ansicht
            |                                        |  Verdrahtungsseite
            | 1   3   5   7   9   11  13  15  17  19  21 |
```

```
                                                          Abschirmung
Stifte des    20  18  16  14  12  10  8   6   4   2       Ansicht
Steckers                                                  Verdrahtungsseite
              21  19  17  15  13  11  9   7   5   3   1
```

Tabelle 8.3 Technische Daten der SCART-Schnittstelle

Signal-Bezeichnung	Anpassungswerte	Kontakt-Nr.	Prüfbedingungen und Bemerkungen
AUDIO Ausgang A[1] Mono Stereo Kanal links Unabhängiger Kanal A	Impedanz ≤ 1 kΩ[2]) EMK eff. Nennwert 0,5 V* Maximum 2 V	3	* Für einen Modulationsgrad des Senders von 80 % (FM oder AM)
AUDIO Ausgang B[1] Mono Stereo Kanal rechts Unabhängiger Kanal B	Impedanz ≤ 1 kΩ[2]) EMK eff. Nennwert 0,5 V* Maximum 2 V	1	* Für einen Modulationsgrad des Senders von 80 % (FM oder AM)

AUDIO Eingang A[1]
Mono
Stereo Kanal links
Unabhängiger Kanal A
	Impedanz ≥ 10 kΩ[2])
	Spannung eff. Nennwert 0,5 V
	       Minimum 0,2 V*
	       Maximum 2 V
		6	Last-Impedanz für die Prüfung: 10 kΩ
			* Für einen Nennausgangswert entsprechend den Gerätespezifikationen

AUDIO Eingang B[1]
Mono
Stereo Kanal rechts
Unabhängiger Kanal B
	Impedanz ≥ 10 kΩ[2])
	Spannung eff. Nennwert 0,5 V
	       Minimum 0,2 V*
	       Maximum 2 V
		2	Last-Impedanz für die Prüfung: 10 kΩ
			* Für einen Nennausgangswert entsprechend den Gerätespezifikationen

AUDIO-Masse		4	
VIDEO Ausgang	Videosignal FBAS: Differenz zwischen Weiß-Pegel und Synchronisationspegel: 1 V ($\pm$ 3 dB)[3] Impedanz: 75 Ω[4]) Überlagerte Gleichspannung zwischen 0 V und +2 V. Wenn das Signal an diesem Kontakt nur zur Synchronisation benutzt wird, ist die Spannung 0,3 V_{ss} (−3, +10 dB)	19	Positives Videosignal

1.1 Tabellenteil

Signal-Bezeichnung	Anpassungswerte	Kontakt-Nr.	Prüfbedingungen und Bemerkungen
VIDEO Ausgang Masse		17	
VIDEO Eingang	Videosignal FBAS: Differenz zwischen Weiß-Pegel und Synchronisationspegel: 1 V ($\pm$ 3 dB)[3] Impedanz: 75 Ω[4]) Überlagerte Gleichspannung zwischen 0 V und +2 V. Wenn das Signal an diesem Kontakt nur zur Synchronisation benutzt wird, ist die Spannung 0,3 V_{ss} (−3, +10 dB)	20	Positives Videosignal
VIDEO Eingang Masse		18	
SCHALTSPANNUNG[6]) (Langsames Schalten) Ein- oder Ausgang	0 V bis +2 V logisch „0" +9,5 V bis +12 V logisch „1" Eingangswiderstand $\geq$ 10 kΩ Eingangskapazität $\leq$ 2 nF Ausgangswiderstand wenn Kontakt 8 wie ein Ausgang wirkt: $\leq$ 1 kΩ	8	Lastwiderstand für Prüfung: 10 kΩ Für den Fernseh-Rundfunkempfänger ist die Schaltspannung ein Eingangssignal geliefert von peripheren Geräten. Logisch „0": Fernseh-Rundfunkempfangswiedergabe Logisch „1": Peritelevisionswiedergabe
Primärfarbsignal ROT Ein- oder Ausgang	Differenz zwischen Spitzenwert und Austastpegel: 0,7 V ($\pm$ 3 dB)[5]) Impedanz: 75 Ω[4]) Überlagerte Gleichspannung zwischen 0 V und +2 V	15	Positives Signal
ROT-Masse		13	
Primärfarbsignal GRÜN Ein- oder Ausgang	Differenz zwischen Spitzenwert und Austastpegel: 0,7 V ($\pm$ 3 dB)[5]) Impedanz: 75 Ω[4]) Überlagerte Gleichspannung zwischen 0 V und +2 V	11	Positives Signal
GRÜN-Masse		9	
Primärfarbsignal BLAU Ein- oder Ausgang	Differenz zwischen Spitzenwert und Austastpegel: 0,7 V ($\pm$ 3 dB)[5]) Impedanz: 75 Ω[4]) Überlagerte Gleichspannung zwischen 0 V und +2 V	7	Positives Signal
BLAU-Masse		5	
AUSTASTUNG[7]) (Schnelles Schalten) Ein- oder Ausgang	0 V bis 0,4 V logisch „0" +1 V bis +3 V logisch „1" Impedanz: 75 Ω[4])	16	Bandbreite und Zeitverzögerung sollen denen der RGB-Primärfarbsignale angepaßt sein.
AUSTASTUNGS-Masse		14	
Datenleitung Nr. 1 Datenleitung Nr. 2	a) Symmetrische Zweileiteranordnung für Datenbus. b) Logisch „0" entspricht einem Pegel $\geq$ 0,12 V und Logisch „1" entspricht $\leq$ 0,02 V, dabei ist Kontakt 10 positiv in bezug auf Kontakt 12. c) Der Pegel am Kontakt 12 muß positiv in bezug auf Kontakt 21 sein und der Pegel am Kontakt 10 muß < 5 V in bezug auf Kontakt 21 sein (siehe Bild 1). d) Bei Senden und Empfang haben die Geräteanschlüsse eine Impedanz R > 100 kΩ, mit einer Parallelkapazität < 75 pF. e) Im Logikzustand „0" muß der von irgendeiner Einheit an den Datenbus gelieferte Strom zwischen 2,75 mA und 5 mA betragen. f) Im Logikzustand „1" darf der an den Datenbus von jeder Einheit gelieferte Strom 1 µA nicht übersteigen. g) Die Hysterese des Komparators muß $\geq$ 20 mV sein. Inaktive Geräte dürfen den Datenbus nicht beeinflussen. Im Logikzustand „0" muß der Gleichtaktpegel zwischen 1 V und 3,75 V und im Logikzustand „1" zwischen 0 V und 5 V liegen.	12 und 10	Siehe Anmerkung 8

Signal-Bezeichnung	Anpassungswerte	Kontakt-Nr.	Prüfbedingungen und Bemerkungen
	h) Die Geräte müssen 2,5 V ± 10 % in Serie mit einem Widerstand von 50 kΩ an Datenleitung 1 und 2 in bezug auf Kontakt 21 liefern (siehe Bild 1).	12 und 10	Siehe Anmerkung 9
	i) Die charakteristische Impedanz (Z_o) eines angepaßten Buskabels beträgt 120 Ω ± 20 %. Die zulässige Kabellänge hängt von den Verlusten und Ausbreitungs-Verzerrungen ab.		
	j) Es können Kabel mit anderen Impedanzen verwendet werden, deren Länge hängt jedoch von der Anpassung und der Anzahl von Einheiten ab, die an den Bus angeschlossen sind. Kabelwiderstand muß ≤ 0,1 Ω/m betragen.		Siehe Anmerkung 9
	k) An einen gut angepaßten Datenbus können bis zu 50 Einheiten angeschlossen werden. Stichleitungen dürfen nicht länger als 2,5 m sein und dürfen am Ende nicht mit einem Widerstand abgeschlossen sein.		Siehe Anmerkung 9
	l) Das Buskabel muß an jedem Ende mit einem Widerstand von 120 Ω ± 5 % abgeschlossen werden.		
Gemeinsame Masse		21	Verbunden mit Bezugspotential und Steckerabschirmung

Anmerkungen

[1] Das Vorhandensein verschiedener Audiobetriebsarten (Mono, Stereo, unabhängige Kanäle) kann entsprechendes Schalten in den Signalquellen erfordern.
[2] Für Frequenzen von 20 Hz bis 20 KHz.
[3] Für Fernsehsysteme mit positiver Videomodulation darf die Toleranz −3 dB, +6 dB betragen.
[4] Die angegebenen Signalspannungen sind unter Anpassung zu messen.
[5] Bei Monochrom-Signalen darf der Unterschied zwischen jeweils zwei Primärfarbsignalen 0,5 dB nicht überschreiten. Die Spitzenwerte der Primärfarbsignale erzeugen ein Luminanz-Signal mit Spitzen-Weiß-Pegel.
[6] Die Übertragung einer niedrigen Datenrate zwischen den Einheiten kann über Kontakt 8 geschehen; es ist zulässig, diese Wechselspannungsinformation der Schaltgleichspannung zu überlagern, vorausgesetzt, der Spitze-Spitze-Wert bleibt innerhalb der Spannungsgrenzen für logisch „0" und logisch „1" nach dieser Norm.
[7] Logisch „1" entspricht Austastung aktiv, dann werden externe RGB-Primärfarbsignale wiedergegeben.
[8] Beim Senden stellt die Signalquelle eine Stromquelle dar. Beim Empfang bildet die Last einen spannungsgesteuerten Empfänger.
[9] Die Fehlergrenzen der Signalzeiten in der Funktionsbeschreibung (siehe Kapitel 5) basieren auf einer Signalanstiegs- und -abfallzeit von < 1,5 μs an jeder an den Datenbus angeschlossenen Einheit. Die Signalausbreitungsverzögerungen werden < 0,9 μs angenommen. Die Verzögerung im Sender soll < 0,1 μs sein. Die im Empfänger soll < 0,75 μs sein.

Tabelle 8.4 Kontaktbelegungen von funktgesteuerten Rudermaschinen
Übersicht der Steckerbelegung

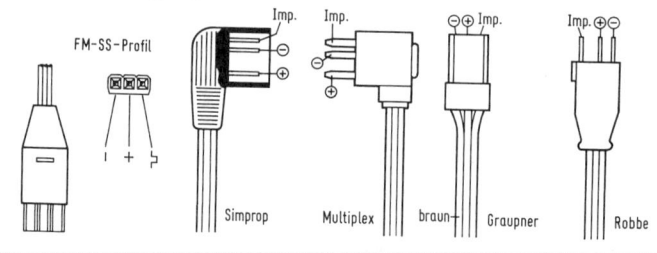

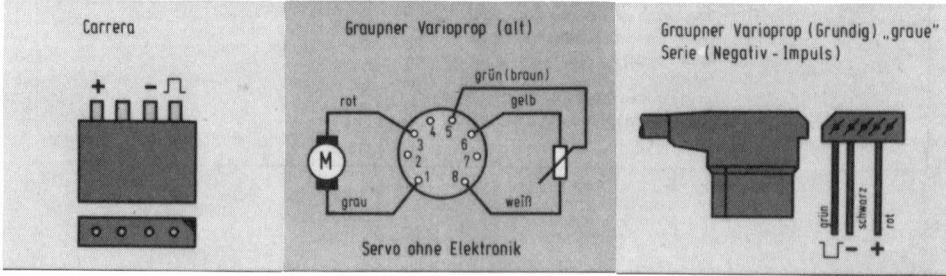

1.1 Tabellenteil

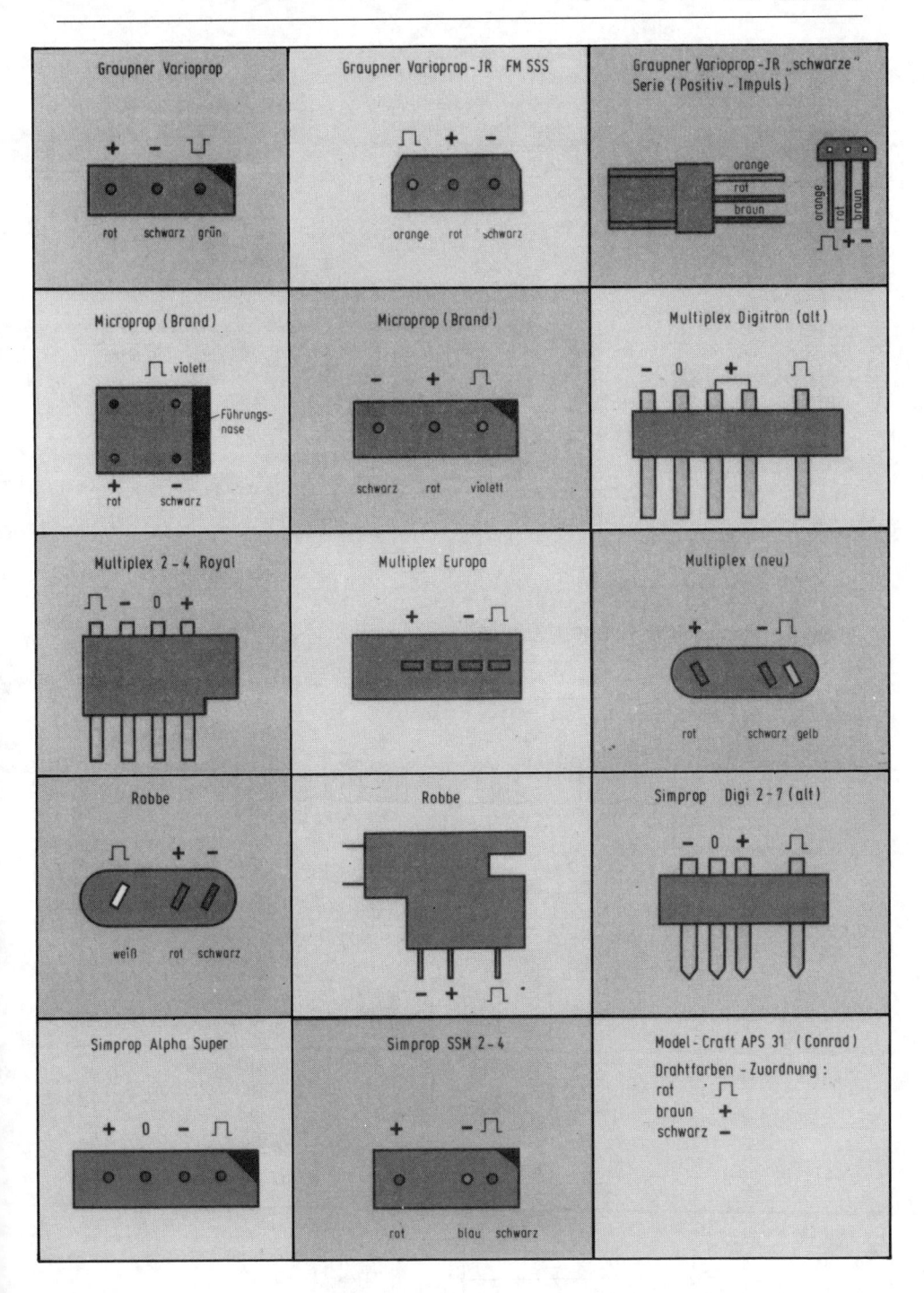

Graupner Varioprop
+ − ⊓
rot schwarz grün

Graupner Varioprop-JR FM SSS
⊓ + −
orange rot schwarz

Graupner Varioprop-JR „schwarze" Serie (Positiv-Impuls)
orange
rot
braun
⊓ + −

Microprop (Brand)
⊓ violett
Führungsnase
+ −
rot schwarz

Microprop (Brand)
− + ⊓
schwarz rot violett

Multiplex Digitron (alt)
− 0 + ⊓

Multiplex 2-4 Royal
⊓ − 0 +

Multiplex Europa
+ − ⊓

Multiplex (neu)
+ − ⊓
rot schwarz gelb

Robbe
⊓ + −
weiß rot schwarz

Robbe
− + ⊓

Simprop Digi 2-7 (alt)
− 0 + ⊓

Simprop Alpha Super
+ 0 − ⊓

Simprop SSM 2-4
+ − ⊓
rot blau schwarz

Model-Craft APS 31 (Conrad)
Drahtfarben-Zuordnung:
rot ⊓
braun +
schwarz −

229

1 Praktische Entwurfsdaten der Elektronik

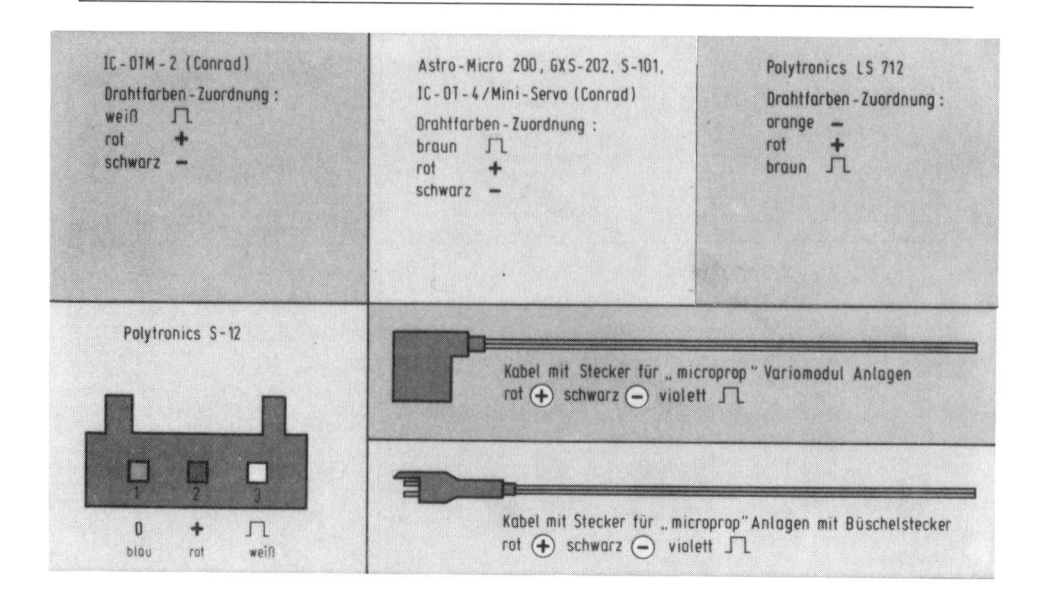

IC-OTM-2 (Conrad)
Drahtfarben-Zuordnung:
weiß ⊓
rot +
schwarz −

Astro-Micro 200, GXS-202, S-101,
IC-OT-4/Mini-Servo (Conrad)
Drahtfarben-Zuordnung:
braun ⊓
rot +
schwarz −

Polytronics LS 712
Drahtfarben-Zuordnung:
orange −
rot +
braun ⊓

Polytronics S-12

0   +   ⊓
blau rot weiß

Kabel mit Stecker für „microprop" Variomodul Anlagen
rot ⊕ schwarz ⊖ violett ⊓

Kabel mit Stecker für „microprop" Anlagen mit Büschelstecker
rot ⊕ schwarz ⊖ violett ⊓

Tabelle 8.5 Montagehilfe für BNC-N-UHF-Buchsen

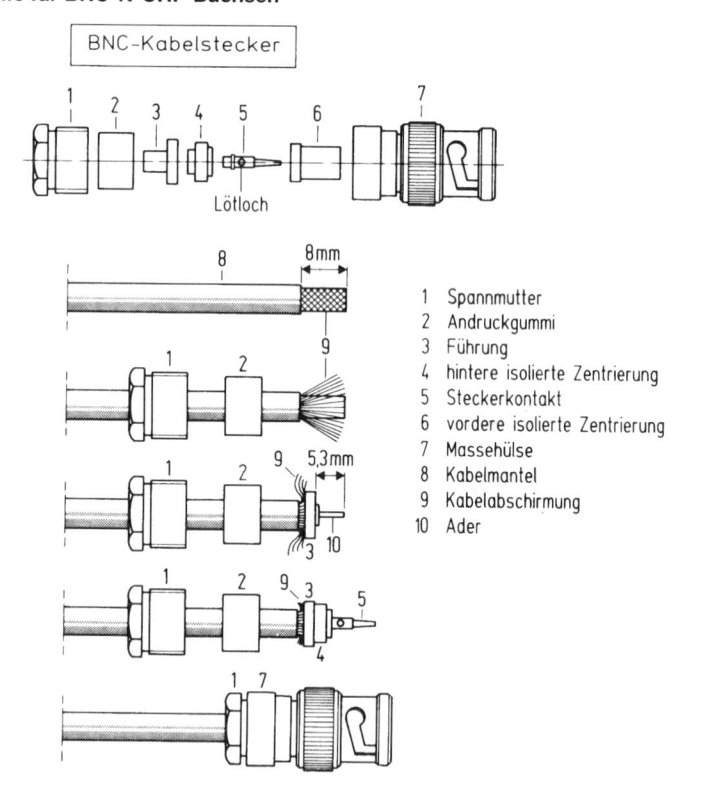

BNC-Kabelstecker

Lötloch

8 mm
5,3 mm

1 Spannmutter
2 Andruckgummi
3 Führung
4 hintere isolierte Zentrierung
5 Steckerkontakt
6 vordere isolierte Zentrierung
7 Massehülse
8 Kabelmantel
9 Kabelabschirmung
10 Ader

1.1 Tabellenteil

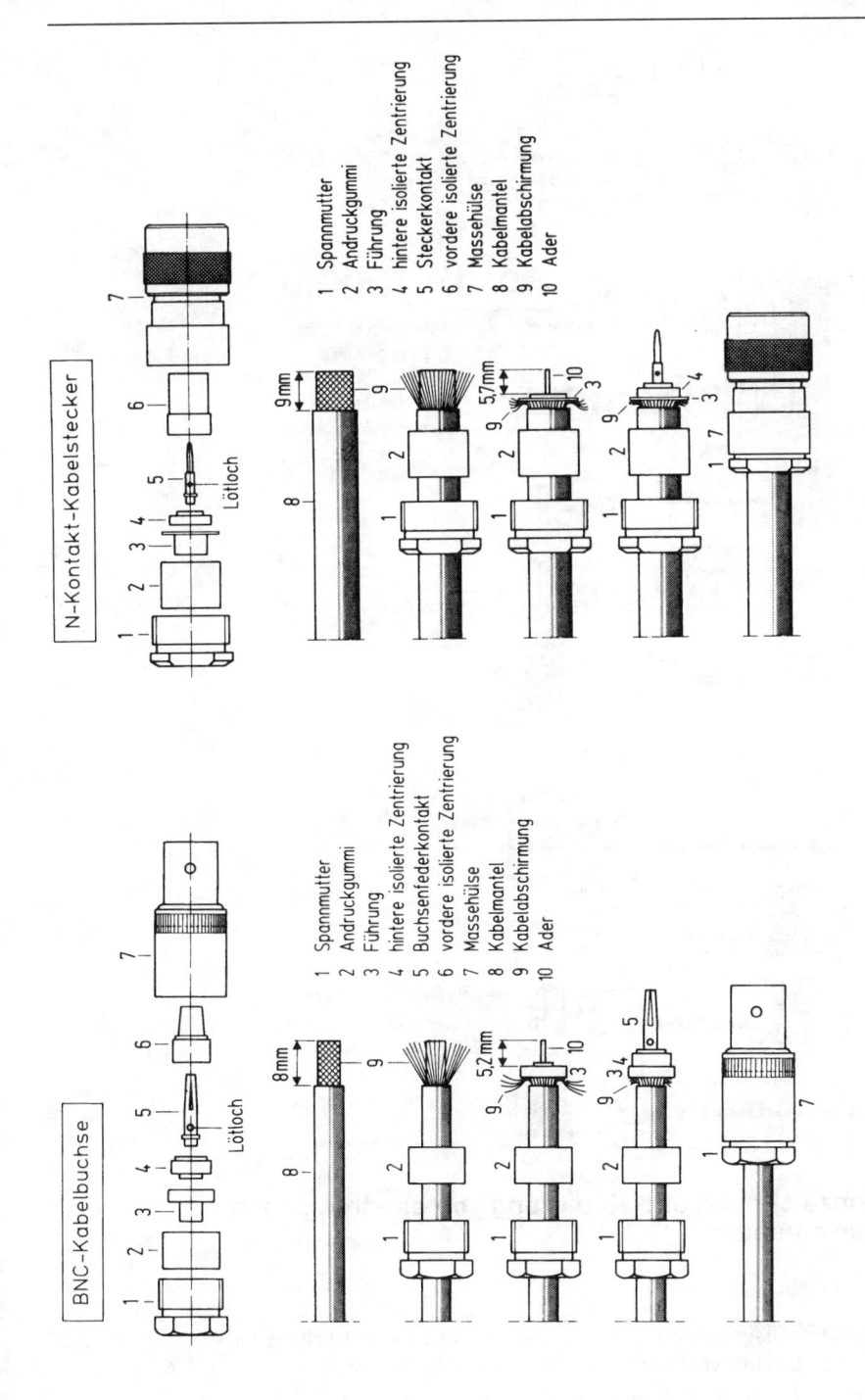

N-Kontakt-Kabelstecker

1 Spannmutter
2 Andruckgummi
3 Führung
4 hintere isolierte Zentrierung
5 Steckerkontakt
6 vordere isolierte Zentrierung
7 Massehülse
8 Kabelmantel
9 Kabelabschirmung
10 Ader

9 mm, 5,7 mm, Lötloch

BNC-Kabelbuchse

1 Spannmutter
2 Andruckgummi
3 Führung
4 hintere isolierte Zentrierung
5 Buchsenfederkontakt
6 vordere isolierte Zentrierung
7 Massehülse
8 Kabelmantel
9 Kabelabschirmung
10 Ader

8 mm, 5,2 mm, Lötloch

231

1 Praktische Entwurfsdaten der Elektronik

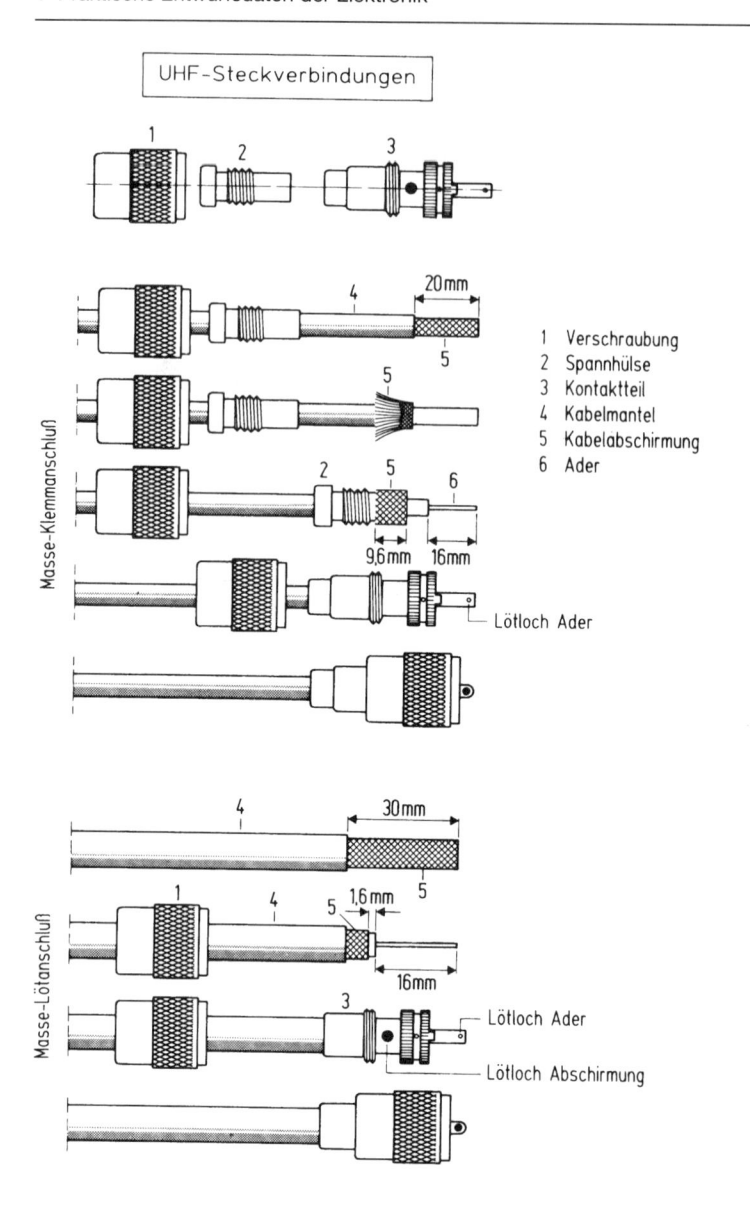

UHF-Steckverbindungen

1 Verschraubung
2 Spannhülse
3 Kontaktteil
4 Kabelmantel
5 Kabelabschirmung
6 Ader

Masse-Klemmanschluß

Lötloch Ader

Masse-Lötanschluß

Lötloch Ader
Lötloch Abschirmung

9 Kennzeichnung und Kodierung von elektronischen Bauelementen

9.1 Die IEC-Normreihe

Für die zahlenmäßige Erfassung und Abstufung bei passiven Bauelementen empfiehlt die IEC (International Electrotechnical Commission) Normzahlen aus den sogenannten E 6 – E 12 – E 24 – E 48 – E 96 – E 192-Reihen.

Die Reihen E 6...E 24 werden bevorzugt in der allgemeinen Elektronik benutzt, während die Reihen E 48...E 192 in der Meßtechnik aufgrund ihrer Genauigkeit und feineren Abstufung

Verwendung finden. Die Benutzung dieser Normreihen ergibt vereinfachte Planung und Lagerhaltung sowie Austauschmöglichkeiten.

Pro Dekade ergeben sich die folgenden Werte mit den entsprechenden Toleranzangaben; wobei der Faktor der Abstufung der einzelnen Reihen sich aus dem Ansatz $F = \sqrt[x]{10}$ herleitet. Für x ist je nach Reihe zu setzen 6 – 12 – 48 – 96 – 192.

E 3	E 6 ±20%	E 12 ±10%	E 24 ±5 %	E 48 ±2%	E 96 ±1%	E 192 ±0,5%
100	100	100	100	100	100	100
						101
					102	102
						104
				105	105	105
						106
					107	107
						109
			110	110	110	110
						111
					113	113
						114
				115	115	115
						117
					118	118
		120	120			120
				121	121	121
						123
					124	124
						126
				127	127	127
						129
			130		130	130
						132
				133	133	133
						135
					137	137
						138
				140	140	140
						142
					143	143
						145
				147	147	147
						149
150	150	150	150		150	150
						152
				154	154	154
						156
					158	158
			160			160
				162	162	162
						164
					165	165
						167

1 Praktische Entwurfsdaten der Elektronik

E 3	E 6 ± 20%	E 12 ± 10%	E 24 ± 5%	E 48 ± 2%	E 96 ± 1%	E 192 ± 0,5%
				169	169	169
						172
					174	174
						176
				178	178	178
		180	180			180
					182	182
						184
				187	187	187
						189
					191	191
						193
				196	196	196
						198
			200		200	200
						203
				205	205	205
						208
					210	210
						213
				215	215	215
						218
220	220	220	220		221	221
						223
				226	226	226
						229
					232	232
						234
				237	237	237
			240			240
					243	243
						246
				249	249	249
						252
					255	255
						258
				261	261	261
						264
					267	267
						271
			270	270		
				274	274	274
						277
					280	280
						284
				287	287	287
						291
					294	294
						298
				300	301	301	301
						305
					309	309
						312

E 3	E 6 ± 20%	E 12 ± 10%	E 24 ± 5%	E 48 ± 2%	E 96 ± 1%	E 192 ± 0,5%
				316	316	316
						320
					324	324
						328
		330	330	330		
				332	332	332
						336
					340	340
						344
				348	348	348
						352
					357	357
			360			361
				365	365	365
						370
					374	374
						379
				383	383	383
						388
			390	390		
					392	392
						397
				402	402	402
						407
					412	412
						417
				422	422	422
						427
			430		432	432
						437
				442	442	442
						448
					453	453
						459
470	470	470	470	464	464	464
						470
					475	475
						481
				487	487	487
						493
					499	499
						505
			510	511	511	511
						517
					523	523
						530
				536	536	536
						542
					549	549
						556
			560	560	562	562	562
						569
					576	576
						583

_{1.1 Tabellenteil}

235

1 Praktische Entwurfsdaten der Elektronik

E 3	E 6 ± 20%	E 12 ± 10%	E 24 ± 5%	E 48 ± 2%	E 96 ± 1%	E 192 ± 0,5%
				590	590	590
						597
					604	604
						612
			620	619	619	619
						626
					634	634
						642
				649	649	649
						657
					665	665
						673
	680	680	680	681	681	681
						690
					698	698
						706
				715	715	715
						723
					732	732
						741
			750	750	750	750
						759
					768	768
						777
				787	787	787
						796
					806	806
						816
		820	820	825	825	825
						835
					845	845
						856
				866	866	866
						876
					887	887
						898
			910	909	909	909
						920
					931	931
						942
				953	953	953
						965
					976	976
						988

9.2 DIN-Reihe (veraltet)

R 5	$\frac{5}{\sqrt{10}}$	1,00			1,60				2,50				4,00				6,30			
R 10	$\frac{10}{\sqrt{10}}$	1,00		1,25	1,60	2,00			2,50		3,15		4,00		5,00		6,30		8,00	
R 20	$\frac{20}{\sqrt{10}}$	1,00	1,12	1,25	1,40	1,60	1,80	2,00	2,24	2,50	2,80	3,15	3,55	4,00	4,50	5,00	5,60	6,30	7,10	8,00	9,00
R 40	$\frac{40}{\sqrt{10}}$	1,00	1,12	1,25	1,40	1,60	1,80	2,00	2,24	2,50	2,80	3,15	3,55	4,00	4,50	5,00	5,60	6,30	7,10	8,00	9,00
		1,06	1,18	1,32	1,50	1,70	1,90	2,12	2,36	2,65	3,00	3,35	3,75	4,25	4,75	5,30	6,00	6,70	7,50	8,50	9,50

9.3 Der Farb-Code

Passive Bauelemente, besonders Widerstände und Kondensatoren, werden anstelle einer alphanumerischen Bezeichnung ihres Wertes mit einem Farbcode versehen. Dieser wird entweder als Ringe, Punkte oder Segmente auf den Körper aufgebracht. Während der Farbcode bei Widerständen und Kondensatoren nach IEC-Empfehlungen internationale Verwendung findet, können bestimmte Bauelemente nach einem speziellen Firmencode gekennzeichnet werden. Die folgenden Übersichten zeigen die gebräuchlichsten Farbkennungen für passive Bauelemente, wobei für einige Hersteller firmeninterne Kennungen zu berücksichtigen sind.
Die Farben Gold und Silber sind leitend und deshalb nicht immer verwendbar. Deshalb hat man dafür die Ausweichmöglichkeiten:

statt Gold für 10^{-1} **Weiß**, für ± 5 % **Grün**
statt Silber für 10^{-2} **Grau**, für ±10 % **Weiß**.

Ziffern gibt man im Farbcode in der Regel zwei, selten drei an. Man wählt sie meist einer E-Reihe (internationale Normreihe, siehe Seite 282) gemäß. Es handelt sich dabei um die ersten zwei oder drei Ziffern, wovon die letzte durch Auf- oder Abrunden entstanden sein kann. Für die Zehnerpotenz gibt der positive Exponent der Zehnerpotenz die an die zwei oder drei Ziffern anzufügenden Nullen an. Der negative Exponent besagt, um wie viele Stellen das Komma nach links zu rücken ist.
Für die Toleranz besagt Schwarz oder keine Angabe ±20 %. Meistens findet man für ±10 % Silber und für ±5 % Gold.

Beschriftung nach dem RKM-Code

Nicht farbigcodierte Widerstände werden entsprechend der IEC-Publikation 63 nach dem RKM-Code beschriftet:
bei Widerstandswerten in Ω steht anstelle des Kommas der Buchstabe R
bei Widerstandswerten in kΩ steht anstelle des Kommas der Buchstabe K
bei Widerstandswerten in MΩ steht anstelle des Kommas der Buchstabe M

z. B. 4,7 Ω 4R7
       47 kΩ 47K
       4,7 MΩ 4M7

1 Praktische Entwurfsdaten der Elektronik

9.4 Farbcode für Kondensatoren (s. u.)

9.5 Erläuterungen und Ergänzungen zum Farbcode

Bei dem Farbcode kann die einzelne Farbe bedeuten:
Eine Ziffer oder eine Zehnerpotenz oder eine Spannung oder aber auch einen Kennbuchstaben, der etwas Besonderes aussagen soll.

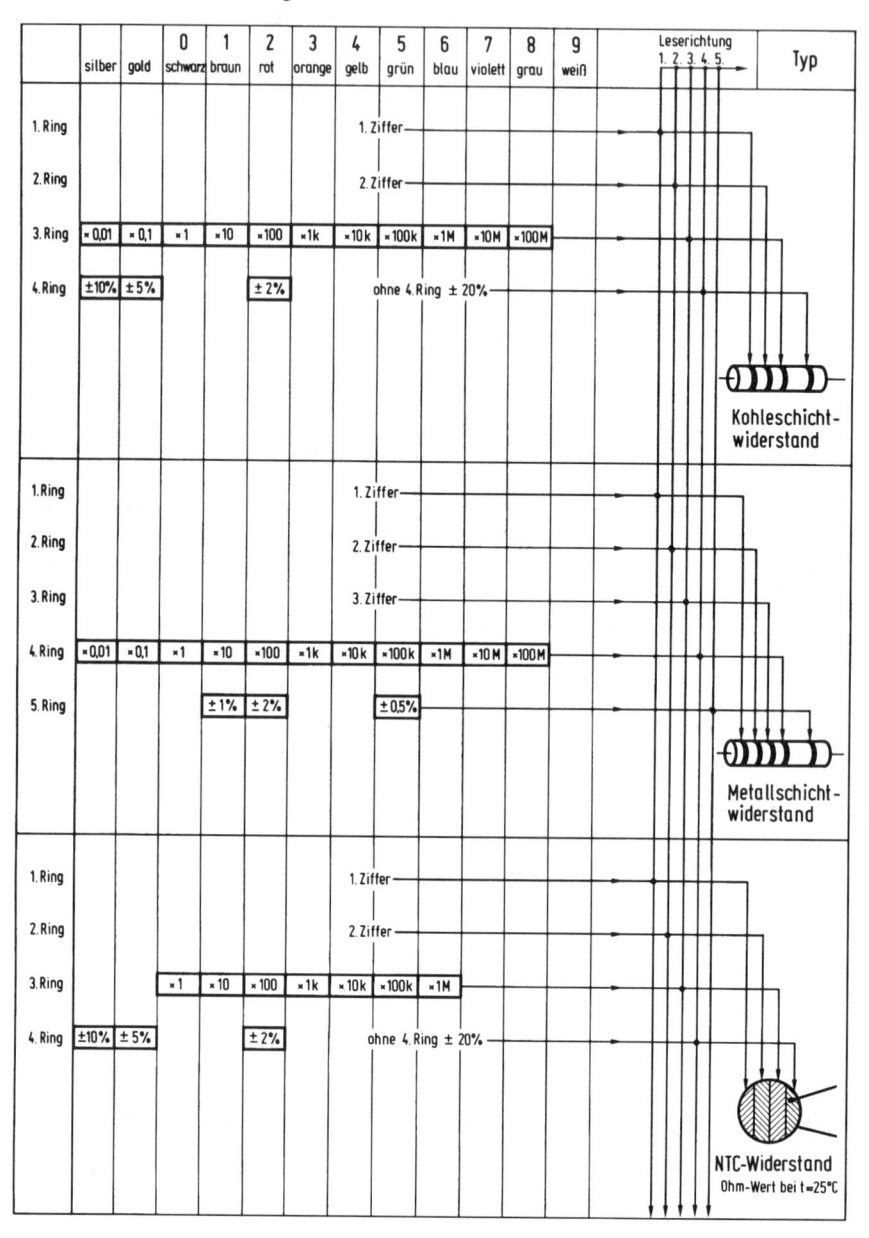

	silber	gold	0 schwarz	1 braun	2 rot	3 orange	4 gelb	5 grün	6 blau	7 violett	8 grau	9 weiß	Leserichtung 1.2.3.4.5.	Typ
1. Ring						1. Ziffer								
2. Ring						2. Ziffer								
3. Ring	×0,01	×0,1	×1	×10	×100	×1k	×10k	×100k	×1M	×10M	×100M			
4. Ring	±10%	±5%			±2%		ohne 4. Ring ±20%							Kohleschicht-widerstand
1. Ring						1. Ziffer								
2. Ring						2. Ziffer								
3. Ring						3. Ziffer								
4. Ring	×0,01	×0,1	×1	×10	×100	×1k	×10k	×100k	×1M	×10M	×100M			
5. Ring				±1%	±2%		±0,5%							Metallschicht-widerstand
1. Ring						1. Ziffer								
2. Ring						2. Ziffer								
3. Ring				×1	×10	×100	×1k	×10k	×100k	×1M				
4. Ring	±10%	±5%			±2%		ohne 4. Ring ±20%							NTC-Widerstand Ohm-Wert bei t=25°C

238

1.1 Tabellenteil

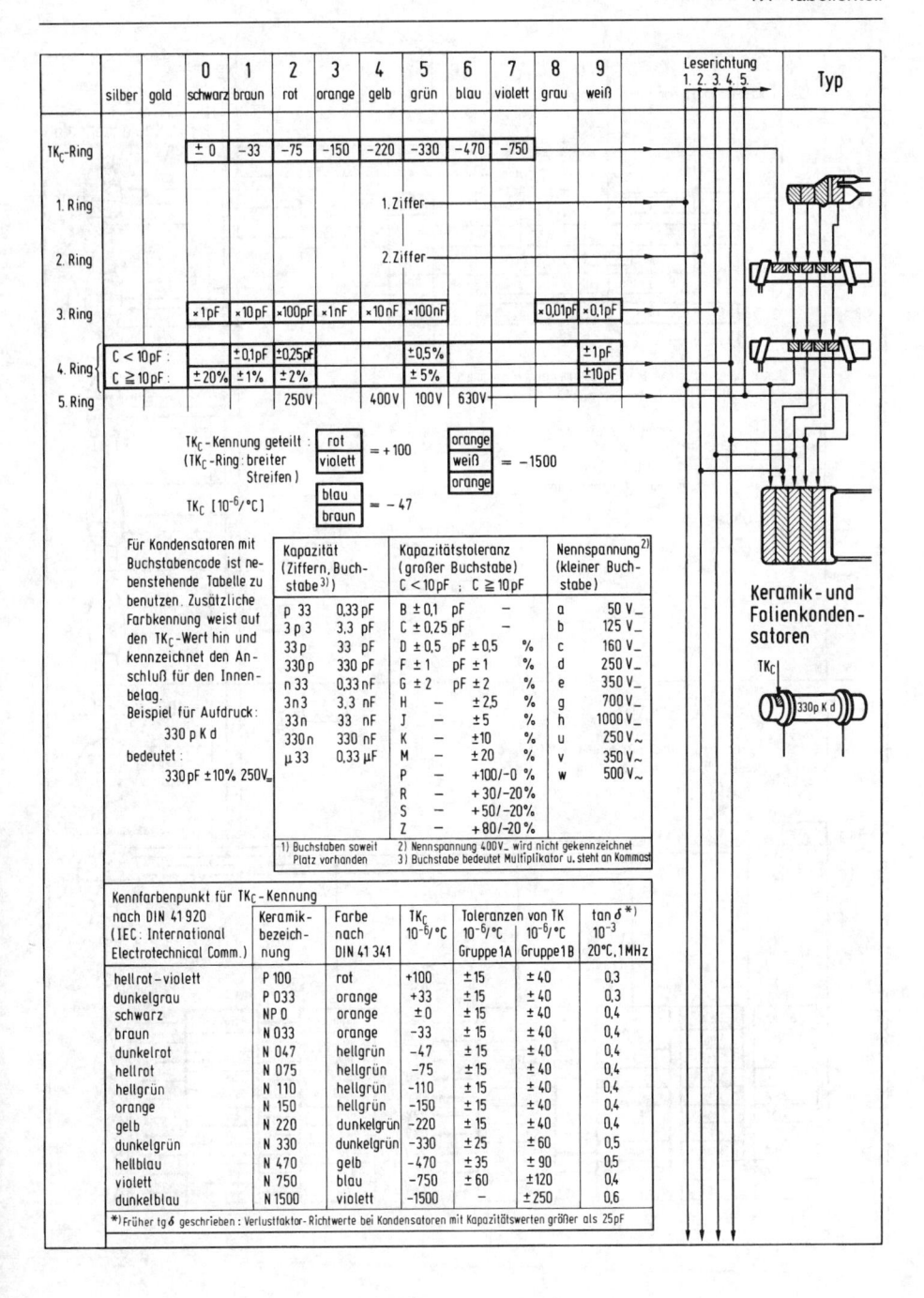

	silber	gold	0 schwarz	1 braun	2 rot	3 orange	4 gelb	5 grün	6 blau	7 violett	8 grau	9 weiß	Leserichtung 1.2.3.4.5.	Typ
TK_C-Ring			±0	−33	−75	−150	−220	−330	−470	−750				
1. Ring							1.Ziffer							
2. Ring							2.Ziffer							
3. Ring			×1pF	×10pF	×100pF	×1nF	×10nF	×100nF			×0,01pF	×0,1pF		
4. Ring $C<10pF$				±0,1pF	±0,25pF			±0,5%				±1pF		
4. Ring $C≥10pF$	±20%	±1%			±2%			±5%				±10pF		
5. Ring						250V	400V	100V	630V					

TK_C-Kennung geteilt: rot/violett = +100 ; orange/weiß = −1500 ; orange/ (TK_C-Ring: breiter Streifen)

TK_C [$10^{-6}/°C$] blau/braun = −47

Für Kondensatoren mit Buchstabencode ist nebenstehende Tabelle zu benutzen. Zusätzliche Farbkennung weist auf den TK_C-Wert hin und kennzeichnet den Anschluß für den Innenbelag.
Beispiel für Aufdruck:
330 p K d
bedeutet:
330 pF ±10% 250V_

Kapazität (Ziffern, Buchstabe[3])		Kapazitätstoleranz (großer Buchstabe) $C<10pF$; $C≥10pF$			Nennspannung[2] (kleiner Buchstabe)	
p 33	0,33 pF	B	±0,1 pF	—	a	50 V_
3 p 3	3,3 pF	C	±0,25 pF	—	b	125 V_
33 p	33 pF	D	±0,5 pF	±0,5 %	c	160 V_
330 p	330 pF	F	±1 pF	±1 %	d	250 V_
n 33	0,33 nF	G	±2 pF	±2 %	e	350 V_
3n3	3,3 nF	H	—	±2,5 %	g	700 V_
33n	33 nF	J	—	±5 %	h	1000 V_
330n	330 nF	K	—	±10 %	u	250 V~
μ33	0,33 μF	M	—	±20 %	v	350 V~
		P	—	+100/−0 %	w	500 V~
		R	—	+30/−20%		
		S	—	+50/−20%		
		Z	—	+80/−20%		

1) Buchstaben soweit Platz vorhanden 2) Nennspannung 400V_ wird nicht gekennzeichnet 3) Buchstabe bedeutet Multiplikator u. steht an Kommast.

Keramik- und Folienkondensatoren

TK_C

330 p K d

Kennfarbenpunkt für TK_C-Kennung nach DIN 41920 (IEC: International Electrotechnical Comm.)

Kennfarbenpunkt	Keramikbezeichnung	Farbe nach DIN 41 341	TK_C $10^{-6}/°C$	Toleranzen von TK $10^{-6}/°C$ Gruppe 1A	Toleranzen von TK $10^{-6}/°C$ Gruppe 1B	tan δ *) 10^{-3} 20°C, 1 MHz
hellrot−violett	P 100	rot	+100	±15	±40	0,3
dunkelgrau	P 033	orange	+33	±15	±40	0,3
schwarz	NP 0	orange	±0	±15	±40	0,4
braun	N 033	orange	−33	±15	±40	0,4
dunkelrot	N 047	hellgrün	−47	±15	±40	0,4
hellrot	N 075	hellgrün	−75	±15	±40	0,4
hellgrün	N 110	hellgrün	−110	±15	±40	0,4
orange	N 150	hellgrün	−150	±15	±40	0,4
gelb	N 220	dunkelgrün	−220	±15	±40	0,4
dunkelgrün	N 330	dunkelgrün	−330	±25	±60	0,5
hellblau	N 470	gelb	−470	±35	±90	0,5
violett	N 750	blau	−750	±60	±120	0,4
dunkelblau	N 1500	violett	−1500	—	±250	0,6

*) Früher tg δ geschrieben: Verlustfaktor-Richtwerte bei Kondensatoren mit Kapazitätswerten größer als 25 pF

1 Praktische Entwurfsdaten der Elektronik

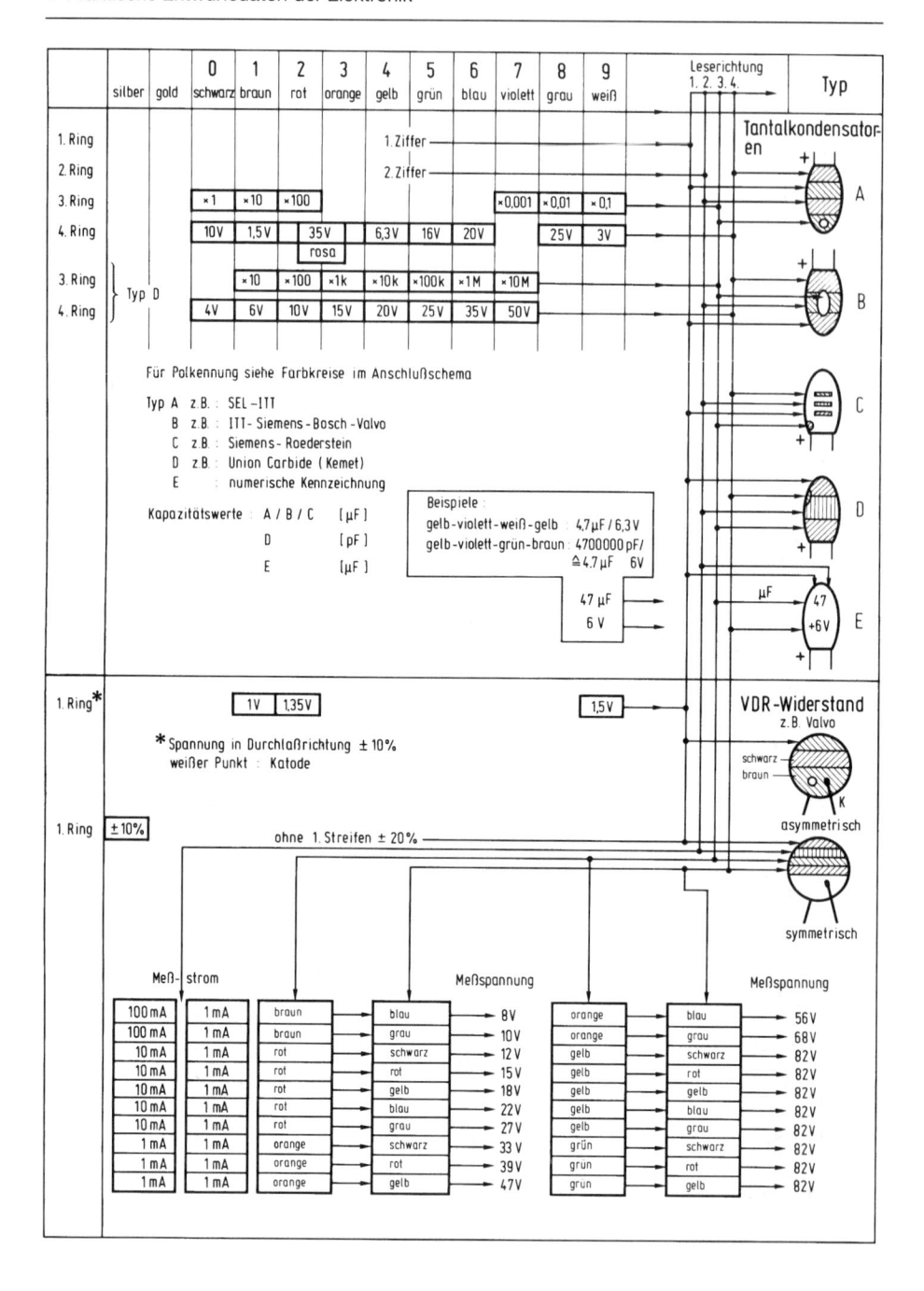

	silber	gold	0 schwarz	1 braun	2 rot	3 orange	4 gelb	5 grün	6 blau	7 violett	8 grau	9 weiß	Leserichtung 1, 2, 3, 4.	Typ
1. Ring							1. Ziffer							Tantalkondensatoren
2. Ring							2. Ziffer							
3. Ring			×1	×10	×100				×0,001	×0,01	×0,1			A
4. Ring			10V	1,5V	35V rosa		6,3V	16V	20V		25V	3V		
3. Ring	Typ D			×10	×100	×1k	×10k	×100k	×1M	×10M				B
4. Ring			4V	6V	10V	15V	20V	25V	35V	50V				

Für Polkennung siehe Farbkreise im Anschlußschema

Typ A z.B.: SEL–ITT
 B z.B.: ITT–Siemens–Bosch–Valvo
 C z.B.: Siemens–Roederstein
 D z.B.: Union Carbide (Kemet)
 E : numerische Kennzeichnung

Kapazitätswerte : A / B / C [µF]
  D [pF]
  E [µF]

Beispiele:
gelb–violett–weiß–gelb : 4,7µF / 6,3V
gelb–violett–grün–braun : 4700000 pF/
 ≙ 4,7µF 6V

C

D

47 µF
6 V

µF
47
+6V

E

| 1. Ring* | | | | 1V | 1,35V | | | | 1,5V | | | | VDR-Widerstand z.B. Valvo |

*Spannung in Durchlaßrichtung ± 10%
weißer Punkt : Katode

schwarz
braun
K
asymmetrisch

| 1. Ring | ±10% | | | | | | | | | | | | |

ohne 1. Streifen ± 20%

symmetrisch

Meß-strom			Meßspannung			Meßspannung		
100 mA	1 mA	braun	blau	8 V	orange	blau	56 V
100 mA	1 mA	braun	grau	10 V	orange	grau	68 V
10 mA	1 mA	rot	schwarz	12 V	gelb	schwarz	82 V
10 mA	1 mA	rot	rot	15 V	gelb	rot	82 V
10 mA	1 mA	rot	gelb	18 V	gelb	gelb	82 V
10 mA	1 mA	rot	blau	22 V	gelb	blau	82 V
10 mA	1 mA	rot	grau	27 V	gelb	grau	82 V
1 mA	1 mA	orange	schwarz	33 V	grün	schwarz	82 V
1 mA	1 mA	orange	rot	39 V	grün	rot	82 V
1 mA	1 mA	orange	gelb	47 V	grün	gelb	82 V

1.1 Tabellenteil

Farbe	Ziffer	Zehnerpotenz	Toleranz %	Spannung V	Kennbuchstabe
schwarz	0	10^0	± 20	–	A
braun	1	10^1	± 1	100	B
rot	2	10^2	± 2	200	C
orange	3	10^3	± 3	300	D
gelb	4	10^4	*	400	E
grün	5	10^5	± 5	500	F
blau	6	10^6	± 6	600	G
violett	7	10^7	± 12,5	700	–
grau	8	10^{-2}	± 30	800	I
weiß	9	10^{-1}	± 10	900	J
gold	–	10^{-1}	± 5	1000	–
silber	–	10^{-2}	± 10	2000	–
ohne Farbe	–	–	± 20	500	–

* „als Minimalwert garantiert".

Bei der Spannung handelt es sich üblicherweise um die Angabe des im Dauerzustand höchstzulässigen Wertes.
Der Kennbuchstabe charakterisiert eine besondere Eigenschaft – z. B. für Kondensatoren den Temperaturkoeffizienten oder für Widerstände die Belastbarkeit.

Kennzeichnung von hochgenauen Meßwiderständen mit tk-Angabe (DIN 41429/IEC 115-1-4.5)

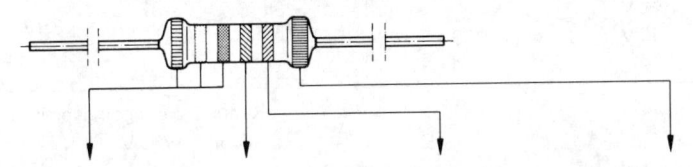

Farbe	Ziffern des Nennwider-standswertes	Multiplikator	Toleranz	Temperatur-koeffizient
schwarz	0	10^0		± 250 · 10^{-6}/K
braun	1	10^1	± 1 %	± 100 · 10^{-6}/K
rot	2	10^2	± 2 %	± 50 · 10^{-6}/K
orange	3	10^3		± 15 · 10^{-6}/K
gelb	4	10^4		± 25 · 10^{-6}/K
grün	5	10^5	± 0,5 %	± 20 · 10^{-6}/K
blau	6	10^6	± 0,25 %	± 10 · 10^{-6}/K
violett	7		± 0,1 %	± 5 · 10^{-6}/K
grau	8			± 1 · 10^{-6}/K
weiß	9			
silber		10^{-2}	± 10 %	
gold		10^{-1}	± 5 %	

Farbcode für Induktivitäten (Siemens)

Die Codierung des Induktivitätswertes und der Toleranz erfolgt durch Farbringe nach IEC-Publikation 62-1974 (Grundeinheit µH).

Bedeutung der Farbringe:
1. Ring: 1. Wertziffer des Induktivitätswertes.
2. Ring: 2. Wertziffer des Induktivitätswertes.
3. Ring: Multiplikator, d. h. die Zehnerpotenz, mit der die zwei ersten Ziffern zu multiplizieren sind.
4. Ring: Toleranz des Induktivitätswertes.

Kennzeichnung von Valvo Chip-Elektrolytkondensatoren (SMD-Technik)

Jeder Kondensator ist mit Kapazitätswert und Nennspannung gekennzeichnet. Die Zahlen entsprechen den Kapazitätswerten in µF, durch die Buchstaben werden die Nennspannungen festgelegt, und die Position des Buchstabens zeigt die Kommastelle des Kapazitätswertes an.

Beispiel: H 22 entspricht 0,22 µ/63 V
1 F5 entspricht 1,5 µ/25 V
1 OE entspricht 10 µ/16 V

Code für Nennspannungen

Spannung	Code
6,3 V	C
10 V	D
16 V	E
25 V	F
40 V	G
63 V	H

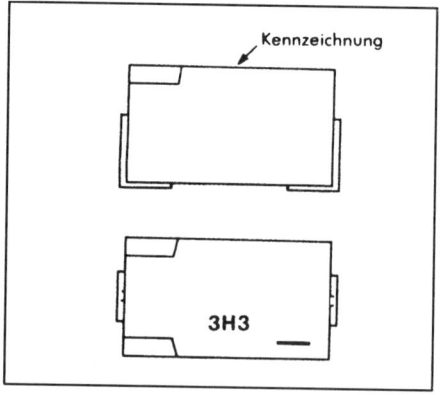

Kennzeichnungsbeispiel: Kondensator mit 3,3 µF/63 V

Beispiele:

1. Ring	2. Ring	3. Ring	4. Ring	
gelb	violett	gold	silber	
4	7	x 0,1 µH	± 10 %	= 47 · 0,1 µH ± 10 % = 4,7 µH ± 10 %
braun	grün	rot	gold	
1	5	x 100 µH	± 5 %	= 15 · 100 µH ± 5 % = 1500 µH ± 5 %

*Sonderbauformen entsprechend Kundenspezifikation sind durch weißen Toleranzring gekennzeichnet.

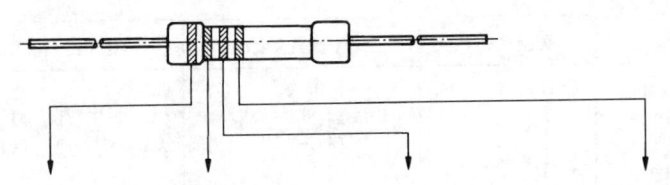

Kennfarbe	1. Ring = 1. Wertziffer	2. Ring = 2. Wertziffer	3. Ring = Multiplikator	4. Ring = Toleranz
farblos	–	–	–	$\pm$ 20 % (M)
silber	–	–	x 10^{-2} µH = 0,01 µH	$\pm$ 10 % (K)
gold	–	–	x 10^{-1} µH = 0,1 µH	$\pm$ 5 % (J)
schwarz	–	0	x 10^{0} µH = 1 µH	
braun	1	1	x 10^{1} µH = 10 µH	
rot	2	2	x 10^{2} µH = 100 µH	
orange	3	3		
gelb	4	4		
grün	5	5		
blau	6	6		
violett	7	7		
grau	8	8		
weiß	9	9		

Farbcode für Induktivitäten (Jahre)

Der Nenninduktivitätswert in micro Henry (µH) wird in Zahlen und Buchstaben nach folgendem Schlüssel angegeben: Induktivitätswerte kleiner 100 µH werden mit drei Zahlen, die den bestimmten Wert bezeichnen, und dem Buchstaben (R), der die Dezimalstelle angibt, gekennzeichnet. Z. B.:

0,68 µH = R680
6,8 µH = 6R80
68,0 µH = 68R0

Induktivitätswerte gleich oder größer 100 µH werden mit vier Zahlen gekennzeichnet. Die ersten drei Zahlen bezeichnen den Induktivitätswert und die letzte Zahl gibt die Anzahl der folgenden Nullen an. Z. B.:

680 µH = 6800
6800 µH = 6801
68 mH = 68000 µH = 6802

Zur Kennzeichnung der HF-Induktivitäten werden ein breiter silberner Ring und vier schmale Ringe verschiedener Farben aufgedruckt.
Der breite silberne Ring zeigt den Beginn der Zählrichtung an.
Der 2. bis 4. Ring gibt die Induktivität in micro Henry (µH) an.
Der 5. Ring kennzeichnet die Toleranz in Prozent.

1 Praktische Entwurfsdaten der Elektronik

Farbe	Wert	Multiplikator	Toleranz %
schwarz	0	1	–
braun	1	10^1	± 1 (F)
rot	2	10^2	± 2 (G)
orange	3	10^3	–
gelb	4	10^4	–
grün	5	10^5	± 0,5 (D)
blau	6	10^6	–
violett	7	10^7	–
grau	8	10^8	–
weiß	9	10^9	–
gold	decimal	–	± 5 (J)
silber	–	–	± 10 (K)
ohne*	–	–	+ 20 (M)

*Grundfarbe des Spulenkörpers/body color of coil

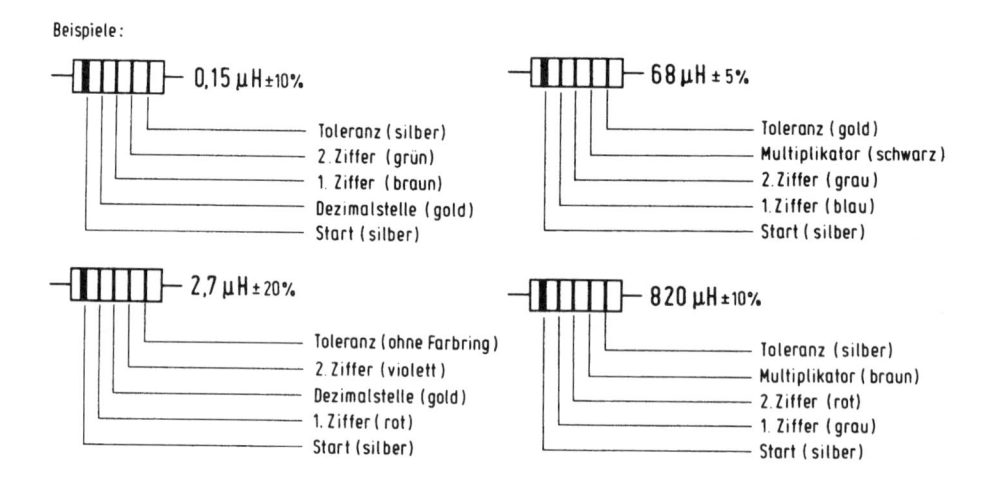

Beispiele:

0,15 µH ±10%
- Toleranz (silber)
- 2. Ziffer (grün)
- 1. Ziffer (braun)
- Dezimalstelle (gold)
- Start (silber)

68 µH ± 5%
- Toleranz (gold)
- Multiplikator (schwarz)
- 2. Ziffer (grau)
- 1. Ziffer (blau)
- Start (silber)

2,7 µH ± 20%
- Toleranz (ohne Farbring)
- 2. Ziffer (violett)
- Dezimalstelle (gold)
- 1. Ziffer (rot)
- Start (silber)

820 µH ±10%
- Toleranz (silber)
- Multiplikator (braun)
- 2. Ziffer (rot)
- 1. Ziffer (grau)
- Start (silber)

9.6 Typkennung, Herstellercode und Firmen von Halbleiterbauelementen und Spezialröhren

Bei Halbleiterbauelementen wird versucht, in Europa die nach Pro-Elektron vorgeschlagene Kennzeichnung zu benutzen. Dabei wird davon ausgegangen, daß die ersten beiden Buchstaben im wesentlichen den Typ kennzeichnen. Der erste Buchstabe weist auf das Ausgangsmaterial (Germanium-Silizium) hin, während der zweite Buchstabe den Verwendungszweck kennzeichnet. Danach folgt das laufende Serienkennzeichen mit entweder drei Zahlen für die Verwendung in der allgemeinen Elektronik oder einem Buchstaben und zwei Zahlen für professionelle Anwendungen.

Die ersten beiden Buchstaben haben folgende Bedeutung:

Der erste Buchstabe gibt Auskunft über das Ausgangsmaterial:
A   Ausgangsmaterial Germanium (Material mit einem Energiebandabstand von 0,6 – 1,0 eV)
B   Ausgangsmaterial Silizium (Material mit einem Energiebandabstand von 1,0 – 1,3 eV)
C   III-V-Material, z.B. Gallium Arsenid (Material mit einem Energiebandabstand von 1,3 und mehr eV)
D   Material mit einem Energiebandabstand von weniger als 0,6 eV, z.B. Indium-Antimonid
R   Halbleiter-Material für Photoleiter und Hallgeneratoren

Der zweite Buchstabe beschreibt die Hauptfunktion:
A   Diode (ausgenommen Tunnel-, Leistungs-Z-Diode und strahlungsempfindliche Diode, Bezugsdiode und Spannungsregler, Abstimmdiode)
B   Diode mit veränderlicher Sperrschichtkapazität (Abstimmdiode)
C   Transistor für Anwendungen im Tonfrequenzbereich (R_{thJG}: > 15 K/W)
D   Leistungstransistor für Anwendung im Tonfrequenzbereich (R_{thJG}: < 15 K/W)
E   Tunneldiode
F   Hochfrequenz-Transistor (R_{thJG}: > 15 K/W)
H   Hall-Feldsonde
K   Hallgenerator in magnetisch offenem Kreis (z.B. Magnetogramm- oder Signalsonde)
L   Hochfrequenz-Leistungstransistor (R_{thJG}: < 15 K/W)
M   Hallgenerator in magnetisch geschlossenem Kreis (z.B. Hallmodulator und Hallmultiplikator)
P   Strahlungsempfindliches Halbleiterbauelement (z.B. Photoelement)
Q   Strahlungserzeugendes Halbleiterbauelement (z.B. Lumineszenzdiode)
R   Elektrisch ausgelöste Steuer- oder Schaltbauteile mit Durchbruchcharakteristik (R_{thJG}: > 15 K/W), z.B. Thyristortetrode
S   Transistor für Schaltanwendungen (R_{thJG}: > 15 K/W)
T   Elektrisch oder mittels Licht ausgelöste Steuer- oder Schaltbauteile mit Durchbruchcharakteristik (R_{thJG}: < 15 K/W), z.B. Thyristortetrode, steuerbarer Leistungsgleichrichter
U   Leistungstransistor für Schaltanwendungen (R_{thJG}: < 15 K/W)
X   Vervielfacher-Diode, z.B. Varaktor-Diode und Step-recovery-Diode
Y   Leistungsdiode, Spannungsrückgewinnungsdiode, „booster"-Diode
Z   Bezugs- oder Spannungsreglerdiode Z-Diode (früher Zenerdiode genannt), als dritter Buchstabe wird für Typen gemäß 2 der Buchstabe Z oder Y oder X usw. verwendet.

Die den Buchstaben folgenden Ziffern haben nur die Bedeutung einer laufenden Kennzeichnung, sie beinhalten also keine technische Aussage.

In der amerikanischen Bezeichnungsweise sind 1 N...Typen Dioden. 2 N...Typen Transistoren. Hinter dem N folgt jeweils ein Zahlencode. 3 N-Typen oft FET.
In der japanischen Bezeichnungsweise sind PNP-Transistoren mit 2SA bzw. 2SB und NPN-Transistoren mit 2SC bzw. 2SD gekennzeichnet.
Bei integrierten Schaltungen wird ebenfalls eine Normung der Art der Kennzeichnung angestrebt. Hier ergibt sich folgende Darlegung:
Der Code besteht aus drei Buchstaben und einer Seriennummer.

Erste zwei Buchstaben
A. *Einzelschaltungen*
   Der *erste Buchstabe* bedeutet:
   S: Einzelne digitale Schaltung
   T: Analoge Schaltung
   U: Gemischte Analog/Digitalschaltung
   Der zweite Buchstabe hat keine feste Bedeutung, mit Ausnahme des Buchstabens H, der eine Hybridschaltung bezeichnet.

B. *Familienschaltungen*
Sind digitale Schaltungen mit aufeinander bezogenen Spezifikationen und sind dafür vorgesehen, miteinander verbunden zu werden.
Die *ersten* zwei *Buchstaben* kennzeichnen die *Familie*.

Der dritte Buchstabe: gibt den Temperaturbereich oder ausnahmsweise eine andere Bedeutung an.

A : kein bestimmter Temperaturbereich
B : 0 bis + 70 °C   Falls eine Schaltung für einen breiteren Temperaturbereich veröffentlicht ist, aber
C : –55 bis + 125 °C   noch nicht für eine höhere Klassifikation in Betracht kommt, wird der Code-
D : –25 bis + 70 °C   buchstabe für den schmaleren Temperaturbereich verwendet.
E : –25 bis + 85 °C
F : –40 bis + 85 °C

Die Seriennummer ist entweder eine Vier-Ziffern-Nummer (von Pro-Electron gegeben) oder eine Seriennummer (Ziffern und eventuelle Buchstaben) einer bestehenden Firmennummer. Falls die Firmennummer aus weniger als 4 Buchstaben besteht, wird sie vorn ausgefüllt mit Nullen (0).

Ein Versionsbuchstabe: kann angehängt sein für die Kennzeichnung einer Variante des Grundtyps. Die folgenden Buchstaben werden empfohlen für Gehäusevarianten:

C : Zylinderförmige Gehäuse
D : „Dual in-line"
F : Flaches Gehäuse
Q : „Quadruple in-line"

– Die Buchstaben von anderen Varianten haben keine feste Bedeutung, mit Ausnahme des Buchstabens Z: Innere Verbindungen nach Kundenwunsch („Customised wiring").

Ein Zwei-Buchstaben-Anhang für das Gehäuse: benutzt anstatt der C, D, F, Q Versionsbuchstaben.

Erster Buchstabe: Gehäuseform
Zweiter Buchstabe: Material
Erste Zahl: Zahl der Anschlüsse
Zweite Zahl: Serie

Zusammenstellung: 2 Buchstaben, eine Nummer/Seriennummer

Beispiele: DP14/1
               QP16/3

Bedeutung:

Erster Buchstabe: Allgemeine Form

C : Zylindrisch
D : „Dual in-line" (2 Reihen von Anschlüssen)
E : „Dual in-line" mit zusätzlicher Wärmeableitung
F : Flaches Gehäuse (Anschlüsse an 2 Seiten)
G : Flaches Gehäuse (Anschlüsse an 4 Seiten)
K : „TO-3"-Familie (Rhombus)
M : „Multiple in-line" (mehr als 4 Reihen von Anschlüssen)
Q : „Quadruple in-line" (4 Reihen von Anschlüssen)
R : „Quadruple in-line" mit zusätzlicher Wärmeableitung
S : „Single in-line" (eine Reihe von Anschlüssen)
T : „Triple in-line" (drei Reihen von Anschlüssen)

Zweiter Buchstabe: Material

B : Berylliumoxidekeramik
C : Keramik
G : Glas-Keramik
M : Metall
P : Plastik
X : Andere

Erste Nummer: Zahl der Anschlüsse
Seriennummer (getrennt von „Anschlüssennummer" durch einen Strich)

Für spezielle Anwendungsbereiche der Elektronik werden nach wie vor Röhren benutzt. Der Code ist der Vollständigkeit halber hier mit angegeben, wobei der erste Buchstabe besonders bei Empfängerröhren auf die Art der Heizung hinweist:

BP	Fotodiode, Fototransistor	MW	Monitorröhre, Lichtpunktabtaströhre Projektionsbildröhre
CL	Mikrowellenbaugruppen, -bauteil		
CQ	Lumiszenzdiode, GaAsP-Anzeigeelement, fotoelektronisches Koppelelement	RP	Fotowiderstand, Infrarotdetektor
		XA	Fotozelle
EA	Diode	XP	Fotovervielfacher
EB	Doppeldiode	XQ	Kameraröhre
EC	Triode Elektrometerröhre	XX	Bildwandler-, Bildverstärkerröhre
EF	Pentode	YD	Sendetriode
EH	Heptode, Hexode	YH	Wanderfeldröhre
EK	Oktode	YJ	Magnetron
EM	Abstimmanzeigeröhre	YK	Klystron
ER	Doppeldiode-Triode	YL	Sendetetrode, -doppeltetrode, -pentode
ES	Dreifachdiode-Triode	ZA	Schalt- und Anzeigediode
ET	Diode-Pentode	ZC	Relaisröhre
EU	Doppeldiode-Pentode	ZM	Anzeigeröhre, Zählröhre
EV	Doppeltriode	ZP	Strahlungszählrohr, Kernstrahlungsdetektor
EW	Triode-Pentode	ZT	Thyratron
EX	Doppelpentode	ZU	spezieller Röhrentyp, Zubehörteil
EY	Einweggleichrichter, Boosterdiode	ZX	Ignitron
EZ	Zweiweggleichrichter	ZY	industrielle Gleichrichterröhre
GH	Oszillografenröhre	ZZ	Stabilisatorröhre, Stromregelröhre

Im Einzelfall ist immer auf die Daten der Hersteller zurückzugreifen. Diese zeichnen die Halbleiter häufig nach folgendem Code aus:

Herstellerverzeichnis

Kurzzeichen	Erzeugerfirma	Land
APX	Amperex Electronic Corp.	USA
At	Aziende Techniche Elletroniche Del Sud	Italien
Ben	Bendix Semiconductor Division	USA
Del	Delco Radio Division	USA
EbN	Eberle (Nürnberg)	Deutschland
ETC	Electronic Transistors Corp.	USA
FCAJ	Fujitsu Ltd.	Japan
Fe	Ferranti Ltd.	England
FSC	Fairchild Semiconductor Corp.	USA
GE	General Electric Company	USA
GI	General Instruments	USA
SAKJ	Sanken Electric Co., Ltd. (Tokyo)	Japan
HITJ	Hitachi Ltd. Electronic Device and Component Division	Japan
HSD	Hofmann Electronics Corp.	USA
Hug	Hughes Semiconductor Div.	USA
INRB	Int. Recitifier Corp.	England
Is	Iskra	Jugoslawien
ITT	ITT Semiconductor Div.	USA
KOKJ	Kobe Kogyo Corp.	Japan
LTT	Lignes Telegraphiques et Telephoniques	Frankreich
MATJ	Matsushita Electronics Corp.	Japan
Mic	Microwave Associates	USA
MITJ	Mitsubishi Electronics Corp.	Japan
Mot	Motorola	USA
Mu	Mullard	England
NECJ	Nippon Electric Corp.	Japan
NPC	Nucleonic Products Co.	USA
Ph	Philips	Kanada/Holland
RCA	Radio Corp. of America	USA
Se	Sescosem	Frankreich
Ra	La Radiotechnique	Frankreich
S	Siemens AG	Deutschland
SGS	Societa Generale Semiconduttori	Italien
SOIF	Société Indus de Liaisons Electriques	Frankreich
SONY	Sony Corp. (Tokyo)	Japan
SPR	Sprague Electric Co.	USA
STC	Standard Telephones and Cables	England
SYL	Sylvania Electric Products, Inc., Semiconductor Div.	USA
TEC	Transitron Electronic Corp.	USA
TFK	AEG/Telefunken AG	Deutschland
Tho	Thorm-AEI Radio Valves and Tubes Limited	England
TI	Texas Instruments Inc.	USA
TKD	TE-KA-DE	Deutschland
TOSJ	Toshiba (Tokyo)	Japan
TP	Teledyne Philbrick	USA
TRW	TRW Electronics	USA
TSAJ	Tokyo Sanyo Electric Corp.	Japan
V	Valvo GmbH	Deutschland

9.7 Abkürzungen international bekannter Organisationen

ASA	American Standards Association
BREMA	British Radio Equipment Manufacturers' Association
BSI	British Standards Institution
BVA	British Radio Valve Manufacturers' Association
CCIF	Comité Consultatif International Téléphonique
CCIR	Comité Consultatif International des Radiocommunications
CCIT	Comité Consultatif International Télégraphique
CCIT	Comité Consultatif International Télégraphique et Téléphonique (Zusammenschluß 1956)
CEI	Comission Electrotechnique Internationale
EIA	Electronic Industries Association
IARU	International Amateur Radio Union
IEC	International Electrotechnical Commission
IOS	International Organization for Standardization
ISO	International Standardization Organization
ITU	International Telecommunication Union
JAN	Joint Army-Navy
JEDEC	Joint Electron Device Engineering Council
JETEC	Joint Electron Tube Engineering Council
NARTB	National Association of Radio and Television Broadcasters
NEMA	National Electrical Manufacturers' Association
RECMF	Radio and Electronics Component Manufacturer's Federation
RETMA	Radio-Electronics-Television Manufacturer's Association
RMA	Radio Manufacturers Association
RTMA	Radio-Television Manufacturers Association
SMPTE	Society of Motion Picture and Television Engineers
UER	Union Européenne de Radiodiffusion
UIT	Union Internationale des Télécommunications

1 Praktische Entwurfsdaten der Elektronik

10 Technische Schutzmaßnahmen des Arbeitsplatzes (E-Labor)

Standortisolierung – allgemeine Angaben

Die Isolierung des Standortes des Beschäftigten ist eine sehr wichtige Maßnahme, die immer anzustreben ist. Dies bedeutet, daß im Arbeitsbereich auch kein Erdpotential anstehen soll.
Andere Schutzmaßnahmen gegen Durchströmungen, die unter Berücksichtigung der örtlichen Verhältnisse ergänzend zu der Isolierung des Standortes oder auch in Sonderfällen einzeln angewendet werden, sind Maßnahmen zum Schutz sowohl gegen direktes als auch bei indirektem Berühren:

– Schutztrennung
– Schutzisolierung
– Schutzkleinspannung
– Funktionskleinspannung
– Andere Maßnahmen zum Schutz bei direktem Berühren
– Fehlerstrom-Schutzeinrichtung
– Leitungsschutzschalter mit Differenzstromauslöser (LS/DI-Automat)

Für bestimmte Arbeitsplätze, z. B. bei Arbeiten in der Nähe unter Spannung stehender, reparaturbedürftiger Radio- und Fernsehgeräte, ist ein zusätzlicher Schutz nach DIN VDE 0100 Teil 410/11.83 unumgänglich.

Standortisolierung (Schutz durch nicht leitende Räume)

Die Einrichtung der Arbeitsplätze muß den Anforderungen an die nichtleitenden Räume (Standortisolierung) entsprechen. In vielen Fällen wird allerdings nur eine teilweise Isolierung des Standortes zu erreichen sein, da im Betrieb das Einbringen von Erdpotential, z. B. durch Antennen oder für meßtechnische Zwecke, notwendig ist.
An den Reparatur- oder Prüfplätzen ist der Standort der Beschäftigten gegen Erde zu isolieren. Die im Handbereich der Arbeitsplätze liegenden, mit Erde in Verbindung stehenden leitfähigen Teile, wie Heizkörper, Wasser- und Gasrohre sowie leitfähige Gebäudeteile oder bauliche Einrichtungen, müssen isolierend abgedeckt sein. Der Isolationszustand des Fußbodens bzw. des Bodenbelags muß DIN VDE 0100 Teil 410/11.83 Abs. 6.3.3 entsprechen.
In vergleichbarer Form ist auch bei Arbeitsplätzen außerhalb der Werkstatt für eine Isolierung des Standortes zu sorgen. Dies kann z. B. durch Verwendung einer Isoliermatte nach DIN VDE 0680 Teil 1/1.83 erreicht werden.
Wenn die Isolierung des Standortes – auch gegen Potentialverschleppungen durch benachbarte Reparatur- oder Meßgeräte – nicht konsequent und dauerhaft durchgeführt werden kann, sind weitere, nachstehend aufgeführte Schutzmaßnahmen anzuwenden.

Schutztrennung

a) Der Prüfling oder das reparaturbedürftige Gerät werden nicht direkt mit der Verbraucheranlage („Netz") verbunden, vielmehr erfolgt die Stromversorgung über einen Trenntransformator nach VDE 0550 Teil 3/12.69. In jedem Fall sind hier die Bedingungen für die Schutzmaßnahme „Schutztrennung" nach DIN VDE 0100 Teil 410/11.83 Abs. 6.5

einzuhalten. Das heißt u. a., es darf an eine Sekundärwicklung des Trenntransformators nur ein Gerät angeschlossen werden, das nicht geerdet oder mit anderen Anlageteilen leitend verbunden ist.

Erdung über Berührungsschutzkondensatoren (Kopplungskondensatoren) ist jedoch zugelassen.

Parallel zur Sekundärwicklung liegende weitere Steckdosen sind unzulässig.

Werden die Bedingungen von DIN VDE 0100 Teil 410/11.83 Abs. 6.5.3.1 bis 6.5.3.4 erfüllt, können auch mehrere Verbraucher an einen Trenntransformator angeschlossen werden.

Da erfahrungsgemäß in zunehmendem Umfang die geerdete Abschirmung der Antennenzuleitung bei Fernsehgeräten nicht mehr über Kopplungskondensatoren abgeblockt ist, muß in der Praxis stets damit gerechnet werden, daß keine galvanische Trennung des Erdpotentials besteht.

Daher sind stets Antennenadapter zu verwenden, die beim Anschluß des Fernsehgerätes an die Antennenzuleitung diese einschließlich der Abschirmung von der Geräteschaltung galvanisch trennen.

Auch serienmäßig hergestellte Servicetische und Stromversorgungseinheiten sind entsprechend diesen Festlegungen auszurüsten.

Die Verwendung eines Trenntransformators bei der Stromversorgung des Prüflings ist gegenüber anderen Schutzmaßnahmen vorzuziehen. Sie bietet insbesondere bei Arbeitsplätzen außerhalb der Werkstatt Vorteile, da es sich hierbei um eine von der Verbraucheranlage unabhängige, sehr wirksame Schutzmaßnahme handelt.

b) Für die Stromversorgung von Meßgeräten (Strom- und Spannungsmesser, Oszilloskope, Meßsender, Wobbler usw.) bestehen folgende Möglichkeiten, wobei die im allgemeinen erforderliche Erdung der Geräte über Berührungsschutzkondensatoren (Kopplungskondensatoren) erfolgen kann:

- Versorgung über einzelne, dem jeweiligen Meßgerät zugeordnete Trenntransformatoren nach VDE 0550 Teil 3/12.69.
- Versorgung aller Meßgeräte über einen gemeinsamen ortsfesten Trenntransformator nach VDE 0550 Teil 3/12.69 unter den Voraussetzungen der Abs. 6.5.3.1 – 6.5.3.4 von DIN VDE 0100 Teil 410/11.83:

1. Die Körper der Verbrauchsmittel sind untereinander durch eine Potentialausgleichsleistung verbunden, schutzisolierte Geräte dürfen dennoch verwendet werden.
2. Steckdosen mit Schutzkontakten sind zu verwenden, wobei die Schutzkontakte mit der Potentialausgleichsleitung verbunden sind. Auf die gleiche Weise ist auch das elektrische Verbrauchsmittel anzuschließen. Die Potentialausgleichsleitung darf betriebsmäßig nicht geerdet werden; die mit dem Potentialausgleich verbundenen Steckdosen sind zu kennzeichnen.
3. Bewegliche Leitungen müssen einen Schutzleiter mitführen, der als Potentialausgleichsleiter verwendet wird. Ausgenommen hiervon sind Anschlußleitungen von schutzisolierten Betriebsmitteln.
4. Es muß sichergestellt werden, daß Fehler, die zu einer gefährlichen Berührungsspannung führen können, innerhalb von 0,2 s automatisch abgeschaltet werden (s. a. DIN VDE 0100 Teil 410/11.83 Abs. 6.1.3.3). Dies kann durch Einbau von FI-Schutzschaltern oder LS/DI-Automaten nach Pkt. 5 erreicht werden.

c) Lötkolben, Leuchten und ähnliche Hilfsmittel können in Anlehnung an Abschnitt b) versorgt werden.

Schutzisolierung

Durch diese Schutzmaßnahme soll das Auftreten gefährlicher Berührungsspannungen an elektrischen Betriebsmitteln infolge eines Fehlers an der Basisisolierung sowie eine Verschleppung von Potentialen, insbesondere Erdpotential, an den Arbeitsplatz vermieden werden. Meßgeräte, elektrische Hilfsgeräte und dgl. sollen nach Möglichkeit nur in schutzisolierter Ausführung – erkennbar an dem Symbol – eingesetzt werden. Das sind Geräte der Schutzklasse II, die vor allem als Leuchten, Lötkolben, Entlötgeräte usw. zur Verfügung stehen.

Schutzkleinspannung

a) Sofern ausschließlich mit Halbleitern betriebene Prüflinge und reparaturbedürftige Geräte ohnehin mit Kleinspannung zu versorgen sind, sollte angestrebt werden, die Kleinspannung aus einem schutzisolierten Netzteil zu entnehmen, so daß Netzspannung überhaupt nicht in den Prüfling eingeführt zu werden braucht.
Ist die Nennspannung bei Wechselspannung kleiner als 25 V bzw. bei Gleichspannung kleiner als 60 V, so erübrigt sich ein Schutz gegen direktes Berühren. Beträgt die Schutzkleinspannung mehr als 25 V bis 50 V bei Wechselspannung bzw. mehr als 60 V bis 120 V bei Gleichspannung, so muß ein Schutz gegen direktes Berühren sichergestellt werden wie z.B. Schutz durch Isolierung oder Schutz durch Abdeckungen oder Umhüllungen nach DIN VDE 0100 Teil 410/11.83 Abs. 5.1 und 5.2.

b) Im übrigen ist anzustreben, bei Lötkolben, Leuchten und ähnlichen Betriebsmitteln Kleinspannung zu verwenden. Kleinspannungssteckvorrichtungen müssen DIN 49465 entsprechen.

c) Als Stromquellen für Schutzkleinspannung sind Sicherheitstransformatoren nach VDE 0551/9.75 oder gleichwertige Stromquellen geeignet.
Als gleichwertig z.B. sind anzusehen
– Akkumulatoren nach DIN VDE 0510/1.77
– Elektronische Geräte, bei denen sichergestellt ist, daß beim Auftreten eines Fehlers im Gerät die Spannung an den Ausgangsklemmen und gegen Erde nicht höher ist als 50 V Wechselspannung oder 120 V Gleichspannung.

Einsatz eines Fehlerstromschutzschalters

a) Der Prüfling oder das reparaturbedürftige Gerät werden über einen Fehlerstromschutzschalter mit einem Nenn-Fehlerstrom von max. 30 mA und einer maximalen Abschaltzeit von 0,2 s versorgt.
Bei Arbeitsplätzen außerhalb der Werkstatt empfiehlt sich die Verwendung von mit Stecker und Kupplung versehenen Abschlußeinheiten, die diese Bedingungen erfüllen.
Um universell verwendbar zu sein, sollten diese Anschlußeinheiten auch den Schutzleiter unterbrechen.

b) Alle Stromverbraucher eines Arbeitsplatzes werden über einen Fehlerstromschutzschalter mit einem Nenn-Fehlerstrom von max. 30 mA und einer maximalen Abschaltzeit von 0,2 s versorgt.

c) Meßgeräte können über eine Kombination von Fehlerstromschutzschalter und Trenntransformator versorgt werden.
Die Versorgung erfolgt über einen Trenntransformator nach VDE 0550 Teil 3/12.69, dessen Sekundärseite eine Mittenanzapfung aufweist und in Form einer Differentialstromschutzschaltung mit einem Fehlerstromschutzschalter (Nenn-Fehlerstrom max. 30 mA) überwacht wird. Dies kann z.B. dadurch geschehen, daß die im Schutzleiter und Schutzkontaktstecker versehenen Verbrauchsmittel an Schutzkontaktsteckdosen angeschlossen werden, deren Schutzkontakte mit der sekundärseitigen Mittenanzapfung verbunden sind. Die Außenleiter der Sekundärwicklung des Trenntransformators werden über den Fehlerstromschutzschalter geführt.

Einsatz eines LS/DI-Automaten

Die als Personenschutz-Automaten bekannten Leitungsschutzschalter mit Differenzstromauslöser bestehen aus einem thermisch und elektromagnetisch auslösenden LS-Teil als Schutz bei indirektem Berühren im TN-Netz und einem elektronischen DI-Teil, der innerhalb von 30 ms abschaltet, wenn Differenzströme (Fehlerströme), z.B. durch Erdschluß oder aber auch bei indirektem Berühren, den Wert von 10 mA erreichen.
Fließt über den menschlichen Körper ein Strom zur Erde, so wird der resultierende magnetische Fluß ungleich Null. Dadurch wird in der Sekundärwicklung des Wandlers eine Spannung erzeugt, die über einen elektronischen Verstärker das Schaltwerk betätigt.

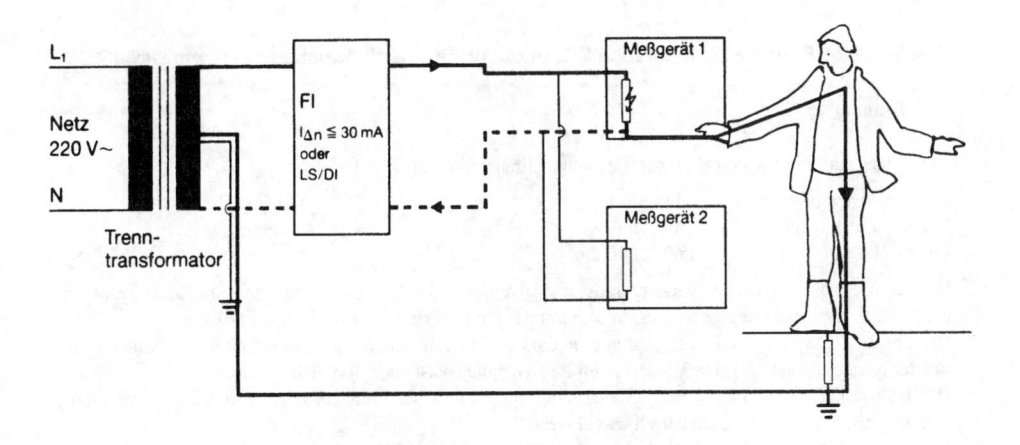

Dies ist auch als zusätzlicher Schutz bei direktem Berühren nach Abs. 5.5 DIN VDE 0100 Teil 410/11.83 zulässig.

Weitere Informationen:
Berufsgenossenschaft der Feinmechanik und Elektrotechnik, Gustav-Heinemann-Ufer 130, 50968 Köln, Telefon (9221) 3778-1

1 Praktische Entwurfsdaten der Elektronik

11 Daten der NF-Technik

Tabelle 11.1 Signalquellen der NF-Technik

	Urspannungs EMK Effektivwert	Quellwiderstand bzw. Kapazität oder Induktivität	Soll-Abschlußwiderstand der Signalquelle		Verstärker-Nenn-Eingangs-Spannung im Betrieb Effektivwert	von Signalquelle maximal abgebbare Spannung, Effektivwert	Frequenz-Bereich für ± 3 dB höchstzulässige Abweichung
Mikrophon							
Kohle	100 mV	30...500 Ω	500	Ω	500 mV	25 V	200...4000 Hz
Seignette-Kristall	2 mV	1000 pF	500	kΩ	5 mV	250 mV	100...7000 Hz
Magnetisch	0,5 mV	300 mH	10	kΩ	1 mV	50 mV	100...7000 Hz
Tauchspule	0,15 mV	200 Ω	1	kΩ	0,5 mV	25 mV	30...12000 Hz
Bändchen mit Transformator	0,1 mV	200 Ω	1	kΩ	0,3 mV	15 mV	30...14000 Hz
Kondensator mit Vorstufe	1,5 mV	200 Ω	1	kΩ	5 mV	75 mV	30...16000 Hz
Tonabnehmer							
Dynamisch	1,3...8 mV	2...15 Ω	50...5000	Ω	1 mV	4...25 mV	30...12000 Hz
Magnetisch	10...20 mV	16 Ω...3 kΩ	30...100	kΩ	8 mV	30...60 mV	30...12000 Hz
Keramisch	0,4...1 V	0,4...1 nF	1...2	MΩ	250 mV	1,8...2,5 V	30...10000 Hz
Seignette-Kristall	0,8...1,6 V	0,6...1,2 nF	0,5...1	MΩ	500 mV	2,5...3 V	30...10000 Hz
Magnettongeräte							
Heimgerät	1...2 V	10...30 kΩ	47	kΩ	500 mV	2 V	40...15000 Hz
Studiogerät	1,5 V	< 200 Ω	>200	Ω	1 V	3 V	30...17000 Hz
Rundfunkempfänger							
Diodenausgang	5...50 mV	beliebig	50 kΩ ∥ 250 pF		5 mV	150 mV	30...16000 Hz
Einschlägige Normen:	Kraftverstärker DIN 45 560,		Vorverstärker DIN 45 565,			Leistungsverstärker DIN 45 566.	

Tabelle 11.2 NF- und HIFI-Meßtechnik/Grundbegriffe – nach Angaben der Norm DIN 45500

Stand Januar 1973

Die Mindestanforderungen gelten bei folgenden Klimabedingungen:

Umgebungstemperatur: 15...35 °C
Relative Luftfeuchte: 45...75 %
Luftdruck: 860...1060 mb.

Bei den Messungen wird der Verstärkerausgang jeweils mit der Nenn-Eingangsimpedanz des nachfolgenden Gerätes, bzw. bei integrierten Verstärkern mit der Lautsprecher-Impedanz abgeschlossen.
Der Eingang ist durch eine Ersatzschaltung, in die der Generatorinnenwiderstand einbezogen werden kann, mit der Nennimpedanz der den Verstärker im Betriebsfalle speisenden Tonquelle abgeschlossen.
Der Lautstärkeregler wird auf max. Verstärkung eingestellt. Der Frequenzgang wird mit gegebenenfalls vorhandenen Stellern oder Schaltern linear eingestellt.
Bei Stereo-Geräten werden mit Ausnahme der Messung der Übersprechdämpfung beide Kanäle gleichzeitig mit gleichem Signal angesteuert.

Nennbelastungs-Scheinwiderstand eines Verstärkers:
Er wird in Ohm angegeben. Diesen Ohmwert müssen alle Impedanzen angeschlossener Lautsprecher oder Lautsprecherkombinationen aufweisen. Er setzt sich aus der geometrischen Addition von Wirk- und Blindwiderständen zusammen. Dabei kann der Anteil des Blindwiderstandes kapazitiven oder induktiven Charakter haben.

$$Z = \sqrt{R_L^2 + R_W^2} \quad \text{oder} \quad Z = \sqrt{R_C^2 + R_W^2}$$

Meßmethode: Der zu messende Scheinwiderstand wird über ein Milliamperemeter an einen Tongenerator angeschlossen. Eingestellt wird die Frequenz, bei der das Z ermittelt werden soll. Ausgangsspannung und -strom des Generators ergeben nach dem Ohmschen Gesetz die Impedanz.

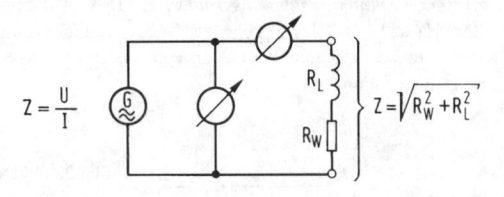

$$Z = \frac{U}{I} \qquad Z = \sqrt{R_W^2 + R_L^2}$$

Nennausgangsleistung (Sinusleistung):

Sie ergibt sich aus Nennausgangsspannung und Nennbelastungs-Scheinwiderstand eines voll ausgesteuerten Verstärkers bei 1000 Hz. Daraus resuliert ein bestimmter Klirrfaktor, der nach DIN 45500 für Vor- und Leistungsverstärker $\leq 0{,}7\ \%$ für Vollverstärker $\leq 1\ \%$ sein darf.

Die Mindestausgangsleistung ist nach DIN 45500:
bei monophonischen Verstärkern mindestens   10 W
bei stereophonischen Verstärkern mindestens $2 \cdot 6$ W

Die Leistung muß bei einem Sinuston von 1 kHz mindestens 10 Minuten lang abgegeben werden können.

Bestimmung der Nennausgangsleistung: Frequenzgang linear, LS-Regler auf. Durch einen Tongenerator wird der Verstärker so weit ausgesteuert, bis an seinem Nennbelastungs-Scheinwiderstand $Z = R_a$ der angegebene Klirrfaktor erreicht wird. Aus der Ausgangsspannung U_a läßt sich die Leistung P_a errechnen.

$$P_a = \frac{U_a^2}{R_a}$$

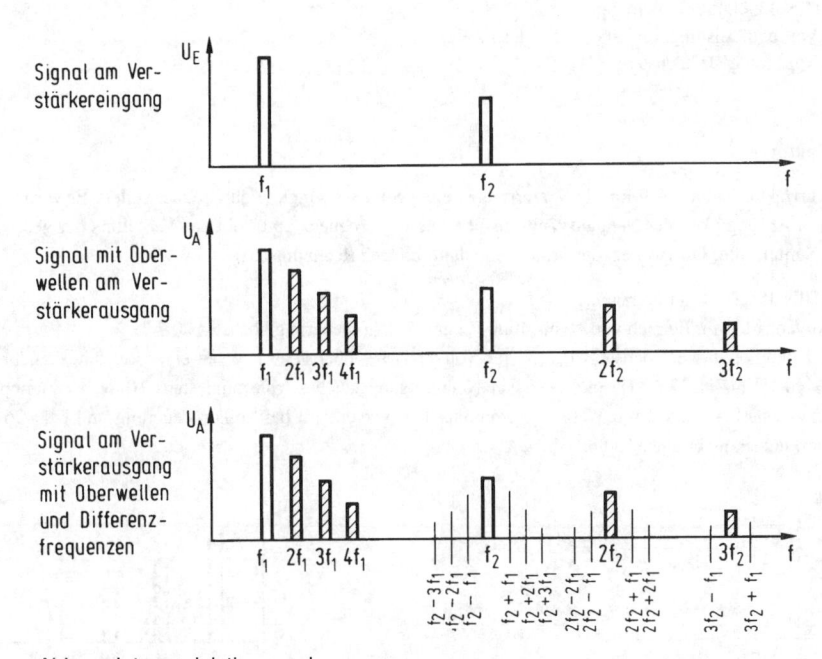

Abb. zu Intermodulationsgrad

1 Praktische Entwurfsdaten der Elektronik

Intermodulationsgrad:

Dieser Begriff erfaßt den Anteil aller Summen- und Differenzfrequenzen, die bei Vollaussteuerung eines Verstärkers durch ein Frequenzpaar (f_1, f_2) entstehen können (Mischung durch gekrümmte Kennlinie).

Messung des Intermodulationsgrades nach DIN: Auf den Verstärkereingang werden zwei Frequenzen (f_1 = 8000 Hz und f_2 = 250 Hz) gegeben. Das Amplitudenverhältnis beträgt 1 : 4. Die Summe der Scheitelwerte von f_1 und f_2 soll den Verstärker voll aussteuern, wobei auf f_2 vier Teile oder 80 % der maximalen Eingangsspannung entfallen.

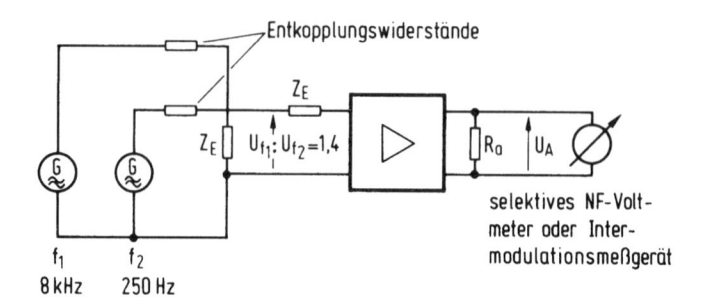

Am Ausgangswiderstand R_a werden mit einem Intermodulationsmeßgerät die Spannungen von Summe und Differenz der Frequenzen $Uf_2 - Uf_1$ und $Uf_2 + Uf_1$, sowie $Uf_2 - Uf_1$ und $Uf_2 + Uf_1$ usw. gemessen. Daraus ergibt sich der Intermodulationsgrad m:

$$m = \frac{\sqrt{[(Uf_2 - Uf_1) + (Uf_2 + Uf_1)]^2 + [(Uf_2 - 2Uf_1) + (Uf_2 + 2Uf_1)]^2 + \ldots}}{Uf_2} \cdot 100\%$$

Nach DIN 45500 darf er betragen:
a) für Vor- und Leistungsverstärker höchstens 2 %
b) für Vollverstärker höchstens 3 %

Klirrfaktor:

Der Klirrfaktor ist das Maß für die Verzerrungen einer Sinusschwingung durch Oberwellen. Er wird angegeben in Abhängigkeit der Nennausgangsleistung und der Frequenz und stellt das Verhältnis der geometrischen Summe aller Oberwellen zur Grundwelle dar (einfache Rechnungsart).

Nach DIN 45500 darf er betragen:
Für Vorverstärker im Bereich von 40 bis 4000 Hz und Vollaussteuerung höchstens 0,7 %.
Für Leistungsverstärker höchstens 0,7 %, für Vollverstärker höchstens 1 % bei einer Leistungsbandbreite von $\leq$ 40 Hz bis $\geq$ 12,5 kHz und bei einer Nennausgangsleistung von mindestens 10 W bei monophonischen Verstärkern und 2 x 6 W bei stereophonischen Verstärkern bei Vollaussteuerung und bis -26 dB darunter. Jedoch nicht unter 100 mW bzw. 2 x 50 mW.

$$K = \frac{\sqrt{U_{f_2}^2 + U_{f_3}^2 + \ldots}}{\sqrt{U_{f_1}^2 + U_{f_2}^2 + U_{f_3}^2 + \ldots}} \cdot 100\,[\%]$$

$$\approx \frac{\sqrt{U_{f_2}^2 + U_{f_3}^2 + \ldots}}{U_{f_1}}$$

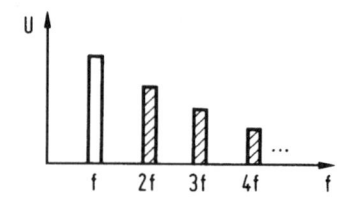

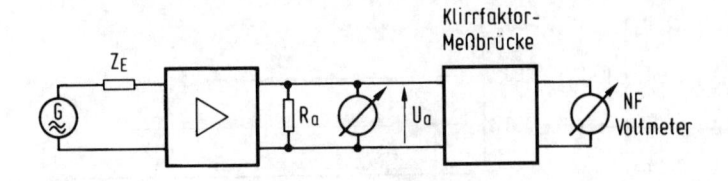

Klirrfaktormessung: Die Meßanordnung ist wie bei der Nennausgangsleistung. Der Verstärker wird durch einen Tongenerator so weit ausgesteuert, bis an seinem Belastungsscheinwiderstand R_a die Nennausgangsspannung U_a den maximal zulässigen Wert erreicht.

$$U_a = \sqrt{P_a \cdot R_a}$$

Tongenerator und Klirrfaktormeßbrücke auf die entsprechende Frequenz einstellen (wahlweise 40, 100, 400, 1000, 6300 oder 12500 Hz). Die Klirrfaktormeßbrücke in Verbindung mit einem NF-Millivoltmeter auf 25 mV eichen (mV = K %) und mit den beiden mittleren Reglern Minimum einstellen. Die Klirrfaktormeßbrücke unterdrückt die Grundwelle und zeigt die Summe der Oberwellen als Klirrfaktor in % an.

Übertragungsbereich: Er gibt die Breite des linearen Übertragungsbereiches eines Verstärkers an. Er soll mindestens 40 bis 16000 Hz betragen.

Die zulässigen Abweichungen des Übertragungsmaßes von der Sollkurve, bezogen auf 1000 Hz, betragen:
für lineare Eingänge: ± 1,5 dB
für entzerrende Eingänge: ± 2 dB
Gemessen wird 10 dB unter dem Wert der Nenneingangsspannung.

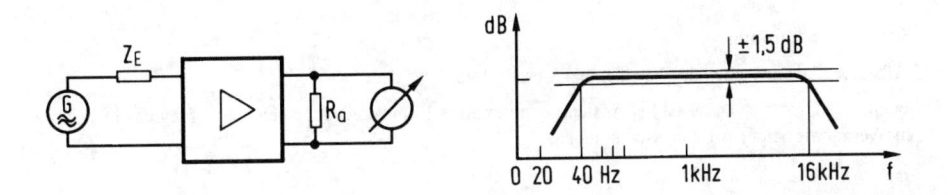

Bestimmung des linearen Übertragungsbereiches: Frequenzgang linear, LS-Regler auf. Der Verstärker wird mit dem Tongenerator bei 1000 Hz mit einer Spannung, die 10 dB unter dem Nenneingangswert liegt, angesteuert. Die daraus resultierende Ausgangsspannung am Nennbelastungsscheinwiderstand ist für weitere Messungen die Bezugsspannung 0 dB. Generatorfrequenz nach hohen oder tiefen Frequenzen verändern. Geht dabei die Ausgangsspannung U_a um mehr als 1,5 dB zurück, sind die Enden des linearen Übertragungsbereiches erreicht.

Leistungsbandbreite:

Als Leistungsbandbreite (Power-Bandwidth) bezeichnet man den Frequenzbereich, bei dem bei angegebenem Klirrfaktor die halbe Nennausgangsleistung erreicht wird.

Meßmethode: Frequenzgang linear, LS-Regler auf. Der Verstärker wird bei 1 kHz auf Nennausgangsleistung ausgesteuert. Generatorfrequenz nach hohen oder tiefen Frequenzen verändern, bis bei angegebenem Klirrfaktor die halbe Nennausgangsleistung erreicht wird.

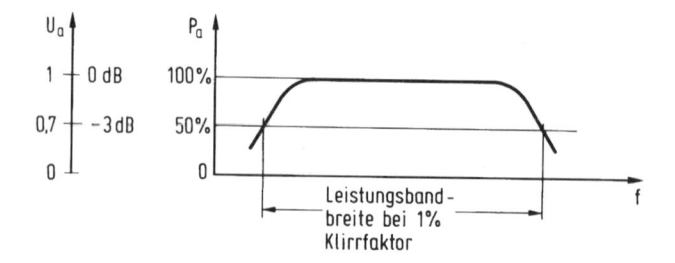

1 Praktische Entwurfsdaten der Elektronik

Nenneingangsspannung:

Sie gibt über die Verstärkung eines Niederfrequenzverstärkers Auskunft. Es ist die Spannung, mit der bei gegebenenfalls vorhandenem, voll aufgedrehtem Lautstärkesteller Nennausgangsspannung erreicht wird.

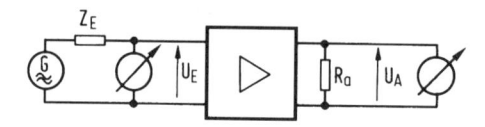

Bestimmung der Nenneingangsspannung: Frequenzgang linear, LS-Regler auf. Der Verstärker wird durch einen Tongenerator bei 1000 Hz auf Nennausgangsspannung ausgesteuert. Die hierbei benötigte NF-Eingangsspannung U_E entspricht der Nenneingangsspannung.

Übersprechdämpfung

1. Übersprechen zwischen den Kanälen bei Stereogeräten.

Bei einem Stereo-Verstärker ist bei Ansteuerung nur eines Kanals die Übersprechdämpfung das logarithmische Verhältnis beider Ausgangsspannungen.

Meßmethode: Beide Kanäle werden mit ohmschen Widerständen (Z_a = Z der Nennimpedanz) abgeschlossen. Ein Kanal wird durch einen Tongenerator auf Nennausgangsspannung ausgesteuert. Der Eingang des anderen Kanals wird normmäßig abgeschlossen. Beide Ausgangsspannungen (U_1 und U_2) sind mit einem NF-Millivoltmeter zu messen. Das logarithmische Verhältnis beider Spannungen zueinander ist die Übersprechdämpfung.

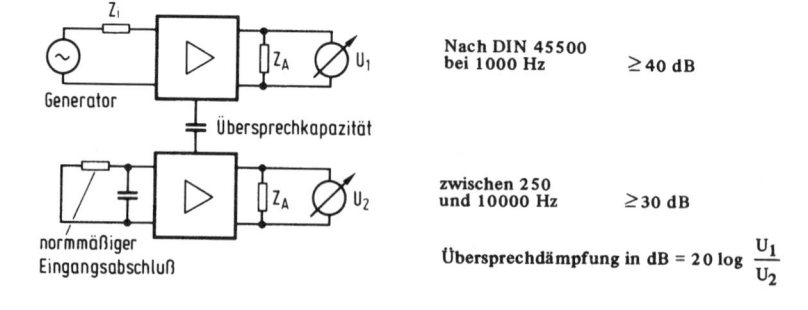

Nach DIN 45500 bei 1000 Hz ≥ 40 dB

zwischen 250 und 10000 Hz ≥ 30 dB

$$\text{Übersprechdämpfung in dB} = 20 \log \frac{U_1}{U_2}$$

2. Übersprechen zwischen verschiedenen Eingängen:
Es stellt das Übersprechen der verschiedenen Eingänge zueinander dar.

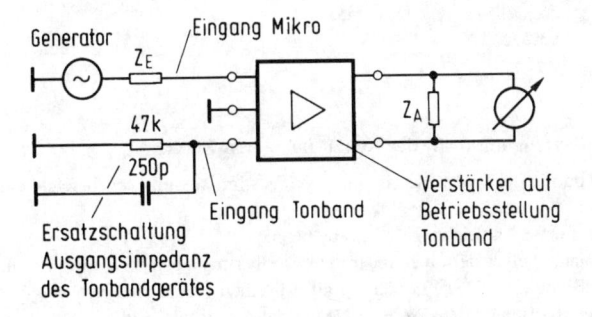

Meßmethode: Ein Eingang des Verstärkers wird mit dem Tongenerator mit Nenneingangsspannung angesteuert. Alle anderen Eingänge werden mit der Nennimpedanz der Tonfrequenzquellen abgeschlossen. Der Verstärker wird der Reihe nach auf alle anderen Eingänge geschaltet. Die Ausgangsspannungen, die sich dabei ergeben, werden zur Nennausgangsspannung ins Verhältnis gesetzt und ergeben das Übersprechen.

Für die Störspannungsmessung ist das Meßobjekt in den normalen Betriebszustand zu versetzen. Die Verstärkung wird so eingestellt, daß beim kleinstzulässigen Eingangssignal am Ausgangslastwiderstand die verlangte Ausgangsspannung ansteht. Der Verstärkereingang wird daraufhin mit dem Quellwiderstand R_Q gegen Masse gelegt. Die Spannung am Lastwiderstand des Verstärkerausganges ist dann die gesuchte Störspannung.

Der Störspannungsabstand errechnet sich

$$P_s = 20 \, \log \frac{U_{sa}}{U_{na}} = 20 \, \log \frac{6{,}32 \text{ V}}{U_{sa}}$$

U_{na} = Nennausgangsspannung für Nennleistung; 6,32 V an 4 Ω $\triangleq$ 10 W Ausgangsleistung
U_{sa} = Meßspannung (Störspannung)
Ist die gemessene Störspannung z. B. 6,3 mV, so ist der Störspannungsabstand = 60 dB.

Störpegel:

$$P_s = 20 \cdot \log \frac{6{,}3 \text{ mV}}{6{,}32 \text{ V}} = 20 \cdot \log \frac{1}{1000} = -20 \cdot 3 = -60 \text{ dB};$$

– 10 dB $\triangleq$ 31,6   % · U_{na};
– 20 dB $\triangleq$ 10,0   % · U_{na};
– 30 dB $\triangleq$ 3,16 % · U_{na};
– 40 dB $\triangleq$ 1,0   % · U_{na};
– 50 dB $\triangleq$ 0,316 % · U_{na};
– 60 dB $\triangleq$ 0,1   % · U_{na};

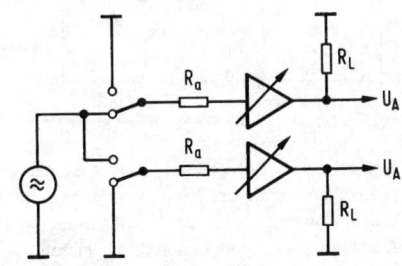

Die Übersprechspannung bestimmt man, indem man den zweiten Verstärker mit Nennleistung betreibt und wie bei der Störspannungsmessung die Spannung am Ausgangslastwiderstand mißt.
Die Übersprechdämpfung errechnet sich wie der Störabstand.
Beispiel:

$U_{na} = 6{,}32$ V; $U_{üa} = 63{,}2$ mV;
$U_{üa} = 1\ \% \cdot U_{na} \triangleq 40$ dB;

Unterschiede der Übertragungsmaße der Kanäle bei Stereo-Geräten
Bei Stereo-Geräten dürfen die beiden Kanäle, in einem bestimmten Frequenzbereich, ein bestimmtes Maß voneinander abweichen.
Nach DIN 45500 darf diese Abweichung ≤ 3 dB betragen.
Bei Geräten mit Balancesteller, der eine Änderung des Übertragungsmaßes von ≥ 8 dB erlaubt, darf die Abweichung ≤ 6 dB betragen. Diese Forderung gilt für einen Frequenzbereich von 250 bis 6300 Hz bei einem Meßpegel, der 10 dB unter dem Wert der Nennausgangsleistung liegt.
Bei Geräten mit Lautstärkesteller gelten diese Forderungen von der maximal erreichbaren Verstärkung bis zu einer Stellung von -40 dB.

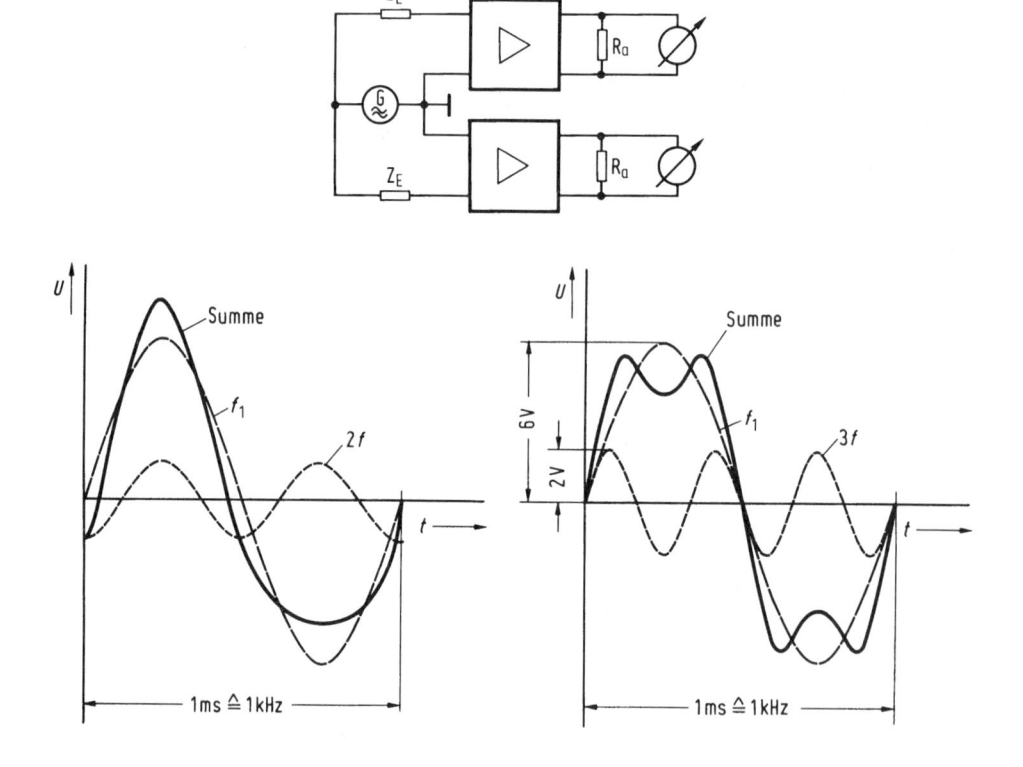

Meßmethode: LS-Regler auf – Balanceregler Mitte.
Die beiden Kanäle des Verstärkers werden durch einen Tongenerator mit gleichem Signal angesteuert, die beiden Ausgänge mit den Nennbelastungsscheinwiderständen abgeschlossen. Die Differenz der beiden Ausgangsspannungen wird in dB abgelesen.

1.1 Tabellenteil

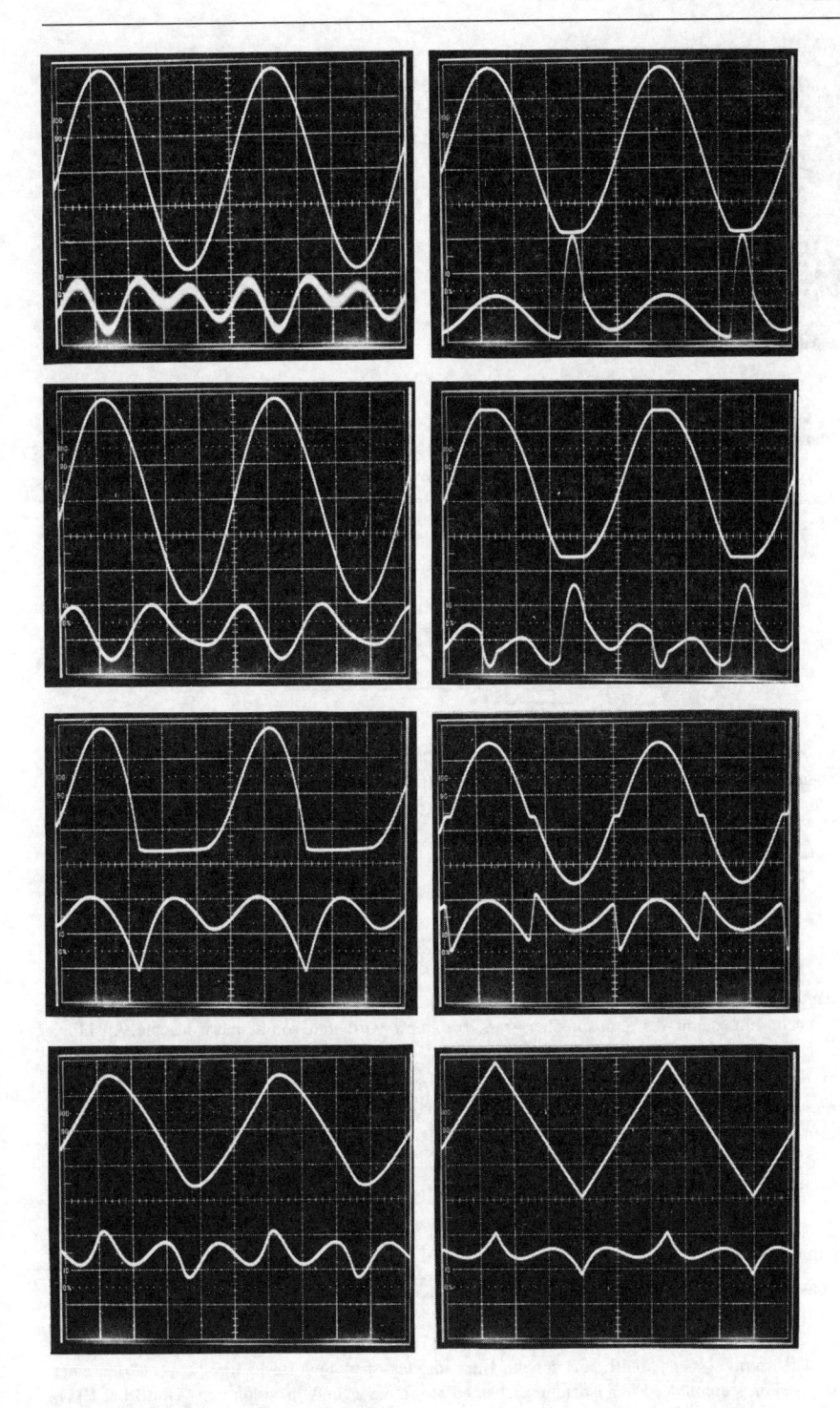

Text zu den Abb. siehe Seite 262 oben

1 Praktische Entwurfsdaten der Elektronik

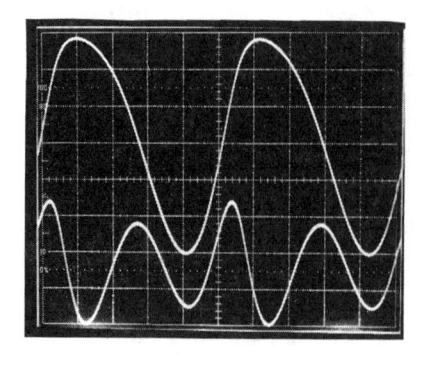

Summenkurve der Oberwellen einiger Wechselspannungen. Das obere Signal entspricht der vorliegenden Wechselspannungsform, die untere Kurve ohne Wertung der Amplitude dem Verlauf der Oberwellen.

Innenwiderstand eines Verstärkers

Der Innenwiderstand eines Verstärkers wird hauptsächlich von der Gegenkopplung bestimmt. Ein kleiner Innenwiderstand macht die Beeinflussung des Verstärkers durch die angeschlossenen Lautsprecher klein, d. h. der Frequenzgang des Verstärkers bleibt erhalten. Er muß im Frequenzbereich von 40 bis 12500 Hz $\leq 1/3 \cdot R_a$ sein.

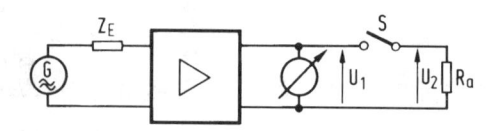

Meßmethode: Der Verstärker wird durch einen Tongenerator ausgesteuert. An seinem Ausgang wird die Leerlaufspannung U_1 (ohne R_a) und die Lastspannung U_2 (mit R_a) gemessen. Aus den Spannungen U_1, U_2 und dem Abschlußwiderstand R_a kann der Innenwiderstand des Verstärkers errechnet werden.

$$R_I \sim R_a \frac{U_1 - U_2}{U_2} \text{ oder } I = \frac{U_2}{R_a}; \quad R_I = \frac{\Delta U}{I}$$

Dämpfungsfaktor

Er ist abhängig vom Innenwiderstand und vom Nennbelastungs-Scheinwiderstand eines Verstärkers. Er soll möglichst hoch sein, damit der Lautsprecher stark bedämpft wird und somit unerwünschte Ausklingvorgänge unterdrückt.
Nach DIN 45500 beträgt er mindestens 3, d. h. $R_I \leq 1/3 \cdot R_a$, gemessen im Bereich von 40 bis 12500 Hz.
Meßanordnung: Wie bei Innenwiderstand.
Der Dämpfungsfaktor wird errechnet aus dem Abschlußwiderstand R_a und dem Innenwiderstand R_I.

$$\text{Dämpfungsfaktor} = \frac{R_a}{R_I}$$

Fremdspannungsabstand

Dies ist das Verhältnis der größtmöglichen Nutzamplitude zur Störamplitude, die sich ihrerseits aus Brumm- und Rauschanteilen zusammensetzt.
Nach DIN 45500 muß er betragen:
Bei Vorverstärkern mindestens 50 dB, bezogen auf Nennausgangsspannung. Besitzt der Vorverstärker einen Verstärkungssteller, so muß der Fremdspannungsabstand bis zu einer Stellerposition von –20 dB bei 1 kHz ≥ 50 dB sein;

bei Leistungs- und Vollverstärkern bis 20 W Gesamtleistung mindestens 50 dB, bezogen auf 100 mW Gesamtleistung bei monophonischen und 2 x 50 mW bei stereophonischen Verstärkern. Bei vorhandenem Verstärkungssteller ist dieser so einzustellen, daß die Mindesteingangsspannung den Bezugspegel (100 mW bzw. 2 x 50 mW) ergibt;

für Verstärker über 20 W Gesamtleistung gelten gegenüber dem vorgenannten Wert proportional der Leistungszunahme (in dB) verringerte Werte. Die Nenneingangspegel sind anzugeben.

Die Messung wird nach DIN 45405 durchgeführt. Durch geeignete Maßnahmen müssen Abweichungen des Übertragungsmaßes von der Sollkurve – bezogen auf 1 kHz – bei voll aufgedrehtem Lautstärkesteller und bis zur Stellerposition –20 dB bzw. zu der für 2 x 50 mW von ± 4 dB eingehalten werden (z. B. Abschalten der gehörrichtigen Lautstärkeeinstellung Kompensation mit Baßsteller).

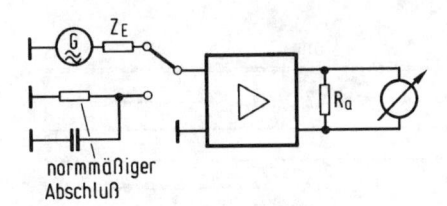

Meßmethode: (Leistungs- und Vollverstärker)
Der Verstärker wird durch einen Tongenerator bei 1000 Hz mit der Mindesteingangsspannung angesteuert. Der Lautstärkeregler wird so lange zurückgedreht, bis die Ausgangsleistung an dem Belastungsscheinwiderstand des Verstärkers auf 100 mW (bei R_a 4 Ω = 630 mV) bzw. 2 x 50 mW (bei R_a 4 Ω = 2 x 450 mV) zurückgegangen ist. Mittels Klangregler oder Tasten wird am Verstärker ein linearer Frequenzgang eingestellt. Er darf nicht mehr als ± 4 dB um den Wert bei 1 kHz schwanken. Wurde durch die Linearisierung die Ausgangsspannung bei 1 kHz verstellt, muß sie mit dem LS-Regler nachgestellt werden. Diese Ausgangsspannung ist die Bezugsspannung 0 dB. Der Verstärkereingang wird normmäßig abgeschlossen. Die sich am Leistungsausgang ergebende Fremdspannung wird zu der Bezugsspannung ins Verhältnis gesetzt und in dB abgelesen. Gemessen wird mit einem Instrument mit „Spitzenwert"-Anzeige.

$$\text{Fremdspannungsabstand dB} = 20\, \ell og\, \frac{U_a}{U_{stör}}$$

Genormte Ausgangs-Nennimpedanzen

für hochohmige TA-Eingänge	47,0 kΩ ‖ 250 pF
für magnetische TA-Eingänge	2,2 kΩ
für Rundfunk-Eingänge	47,0 kΩ ‖ 250 pF
für Tonband-Geräte	47,0 kΩ ‖ 250 pF

Mindesteingangsspannungen nach DIN 45310 (siehe auch Tabelle 11.1)

für niederohmige Eingänge	5 mV
für hochohmige Eingänge	500 mV

Spurenschema für Tonbandgeräte

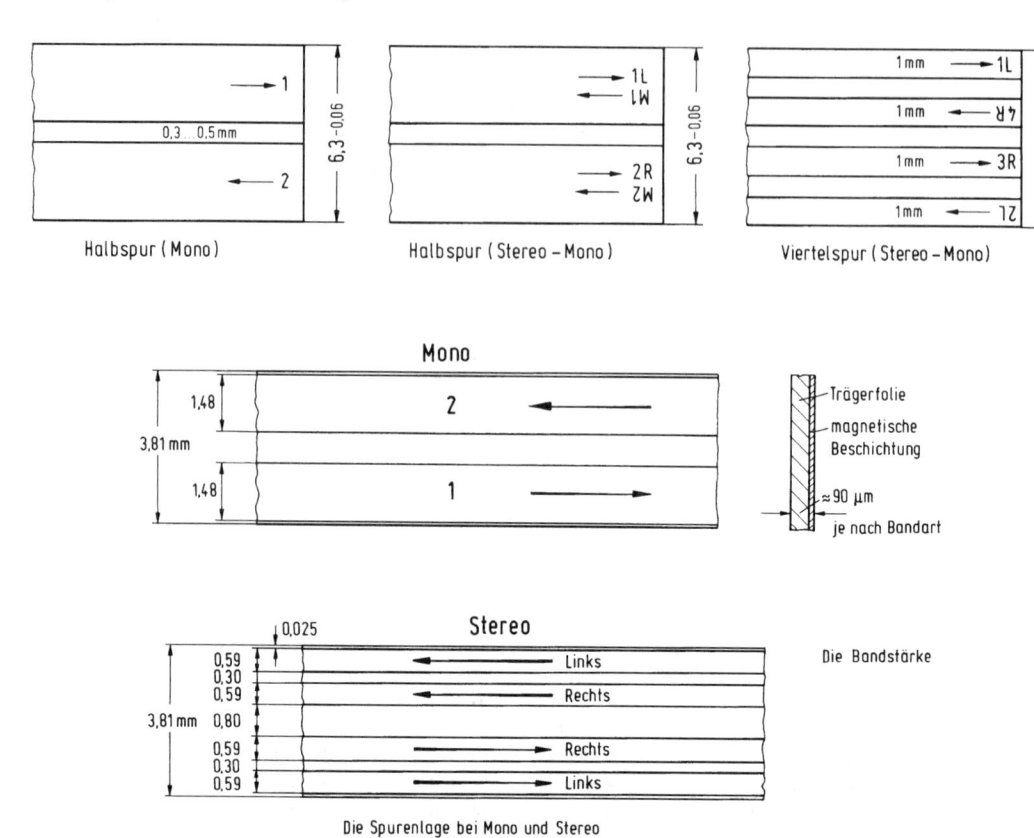

Halbspur (Mono)   Halbspur (Stereo–Mono)   Viertelspur (Stereo–Mono)

Die Spurenlage bei Mono und Stereo

Die Bandstärke

12 Schall- und Tontechnik

12.1 Schallgeschwindigkeit

Die Schallgeschwindigkeit c wird in Zentimeter pro Sekunde gemessen. Sie ist bei festen Stoffen vom Elastizitätsmodul E abhängig. Bei Flüssigkeiten beeinflußt die Kompressibilität K den Wert. Bei Gasen wird der Faktor durch den Gasdruck P und das Verhältnis der spezifischen Wärme

$$\chi = \frac{c_p}{c_v}$$

gebildet. In allen Fällen ist die Dichte S_o des Stoffes maßgebend.

Es gelten folgende Gleichungen für Longitudinalwellen:

Feste Stoffe

$$c = \sqrt{\frac{E}{s}} \qquad E\left[\frac{g}{cm \cdot s^2}\right]; \quad s\left[\frac{g}{cm^3}\right]; \quad c\left[\frac{cm}{s}\right]$$

Flüssigkeiten

$$c = \sqrt{\frac{1}{K \cdot \varsigma}} \qquad K \left[\frac{cm \cdot s^2}{g}\right]$$

Gase

$$c = \sqrt{\frac{\chi \cdot P}{\varsigma}} \approx \sqrt{\frac{P}{\varsigma}}$$

Da die Dichte ς in allen Fällen temperaturabhängig ist, wird somit auch die Schallausbreitung von der Temperatur beeinflußt.

Um auf die geforderte Umrechnung von E in $\left[\frac{g}{cm \cdot s^2}\right]$ zu kommen, sind die E-Werte in der Tabelle mit 10^6 zu multiplizieren.

Beispiel für Silber:

$$\varsigma \approx 10,5 \left[\frac{kg}{dm^3}\right] = 10,5 \left[\frac{g}{cm^3}\right]; \quad E \approx 8,1 \cdot 10^5 \, (10^6)$$

$$c = \sqrt{\frac{E}{\varsigma}} = \sqrt{\frac{8,1 \cdot 10^{11}}{10,5}} = 277746 \, \frac{cm}{s} = 2777,5 \, \frac{m}{s}$$

(Mit Kraft $1 \, N = \frac{1 \, kg \cdot m}{s^2}$ wird E auch oft angegeben als $10^{10} \cdot \frac{N}{m^2}$).

Aus den folgenden Tabellen sind Angaben über die Größe von E sowie bereits ausgerechnete Werte von c zu entnehmen.

Tabelle 12.1.1 Elastizitätsmodul E $\left[\frac{10^5 \cdot kp}{cm^2}\right]$

Aluminium	7,1 ... 7,2
Blei	1,6 ... 1,7
Bronze	11
Duraluminium	7,4
Eis (− 4 °C)	0,98
Eisen	21,5
Elektron	4,5
Epoxydharz – glasfaserverstärkt	1 ... 3
Glas, Fenster-	7 ... 7,5
Quarz-	6 ... 7,6
technisches	5 ... 10
Glimmer	16 ... 21
Gold	8
Grauguß	11
Holz	9 ... 13
Iridium	53,8
Kadmium	5,2
Kautschuk	10^{-4}
Keramik	0,051
Klinker	2,8
Konstantan	16,6

Tabelle 12.1.1 (Fortsetzung)

Kupfer	12,5
Magnesium	4,5
Manganin	12,6
Marmor	7,3
Messing	10,5
Molybdän	34
Neusilber	11,2
Nickel	21
Plexiglas (Acrylglas)	0,33 ... 0,40
Platin	17,3
Polystyrol	0,33
Porzellan	5,9
PVC hart	0,15 ... 0,30
Silber	8,1
Stahl, Bau-	21
Chromnickel-	20
Feder-	22
V 2 A	19,5
Titan	11
Vanadium	13
Vulkanfiber	0,50
Wolfram	36,2
Zelluloid	0,25
Zink	10
Zinn	5,6
Zirkon	7,0

Tabelle 12.1.2 Schallgeschwindigkeit c (temperaturabhängig)
feste Stoffe (bei 20 °C)

Aluminium	5110		Kronglas	5300
Beton	3150		Kupfer	3800
Blei	1200		Iridium	4900
Eis (− 4 °C)	3200		Manganin	3900
Eisen	5180		Marmor	3800
Elfenbein	3000		Mauerwerk	3480
Duraluminium	5150		Messing	3500
Basalt	5080		Neusilber	3580
Ferrite	4880		Nickel	4900
Flintglas	4000		Paraffin	1300
Glas	5200		Platin	2820
Gold	2000		Polystyrol	1800
Granit	3950		Polycarbonat	1400
Gummi weich	40 ... 80		Porzellan	4880
Hartgummi	1570		Pyrexglas	5170
Holz, Ahorn	4100		Quarzglas	5400
Buche	3300		Silber	2790
Eiche	3800		Stahl	5100
Esche	4700		Wolfram	4310
Tanne	4500		Ziegel	3650
Holzfaser	3000 ... 4000		Zink	2670
Kork	500		Zinn	2550

Gase (bei 0 °C und 101,3 kPa)

Ammoniak	415
Argon	308
Äthan	305
Äthylen	317
Azetylen	327
Brom	135
Bromwasserstoff	200
Chlor	206
Chlorwassrstoff	296
Helium	971
Kohlendioxid	258
Kohlenmonoxid	337
Luft, trocken − 40 °C	307
− 20 °C	319
− 10 °C	330
0 °C	332
+ 10 °C	337
+ 20 °C	344
+ 30 °C	350
+ 40 °C	355
Methan	430
Neon	433
Sauerstoff	315
Schwefeldioxid	212
Schwefelwasserstoff	290
Stadtgas	450
Stickstoff	334
Stickstoff(I)-oxid	257
Stickstoff(II)-oxid	326
Wasserstoff	1286
Xenon	170

Flüssigkeiten (bei 20 °C)

Äthylalkohol	1170
Anilin	1660
Azeton	1190
Benzol	1320
Bromoform	928
Chlorbenzol	1290
Chloroform	1000
Diäthyläther	985
Dioxan	1380
Glyzerin	1923
Methylalkohol	1123
Nitrobenzol	1470
Oktan	1192
Pentan	1020
Paraffinöl	1420
Petroleum	1320
Prophylalkohol	1220
Pyridin	1415
Quecksilber	1421
Schwefelkohlenstoff	1158
Wasser, dest. 0 °C	1403
20 °C	1483
40 °C	1529
60 °C	1551
80 °C	1555
100 °C	1543
Wasser, Meer-	1531
schweres	1399
Wasserstoff	1305
Tetrachlorkohlenstoff	943
Toluol	1308
Xylol	1357

Wellenlänge

Die Wellenlänge einer Schallschwingung errechnet sich bei gleichen Amplitudenwerten im Abstand von 360° (2 π) durch die Gleichung

$$\lambda = \frac{c}{f} \quad \lambda \, [m]; \quad c \left[\frac{m}{s}\right]; \quad f \, [Hz]$$

Die Wellenlänge ist stark abhängig von dem benutzten Schalltransportträger.
Beispiel: Frequenz 1000 Hz; Medium Silber (20 °C)

$$\lambda = \frac{2790}{1000} = 2{,}79 \, m$$

Frequenz 1000 Hz; Medium Luft (20 °C)

$$\lambda = \frac{344}{1000} = 0{,}344 \, m$$

1 Praktische Entwurfsdaten der Elektronik

Tabelle 12.1.3 Wellenlänge verschiedener Frequenzen für Luft (20 °C)

f_{Hz}	λ	
16	21,40	m
50	6,86	m
100	3,43	m
440	0,78	m
500	0,66	m
1000	0,34	m
3000	0,114	m
5000	6,86	cm
8000	4,3	cm
10000	3,4	cm
16000	2,14	cm
20000	1,72	cm

Siehe Tabelle für Korrekturen von c (Schallgeschwindigkeit) bei verschiedenen Temperaturen.

Tabelle 12.2 Tonbereich von Musikinstrumenten (Frequenzen der Grundschwingungen)

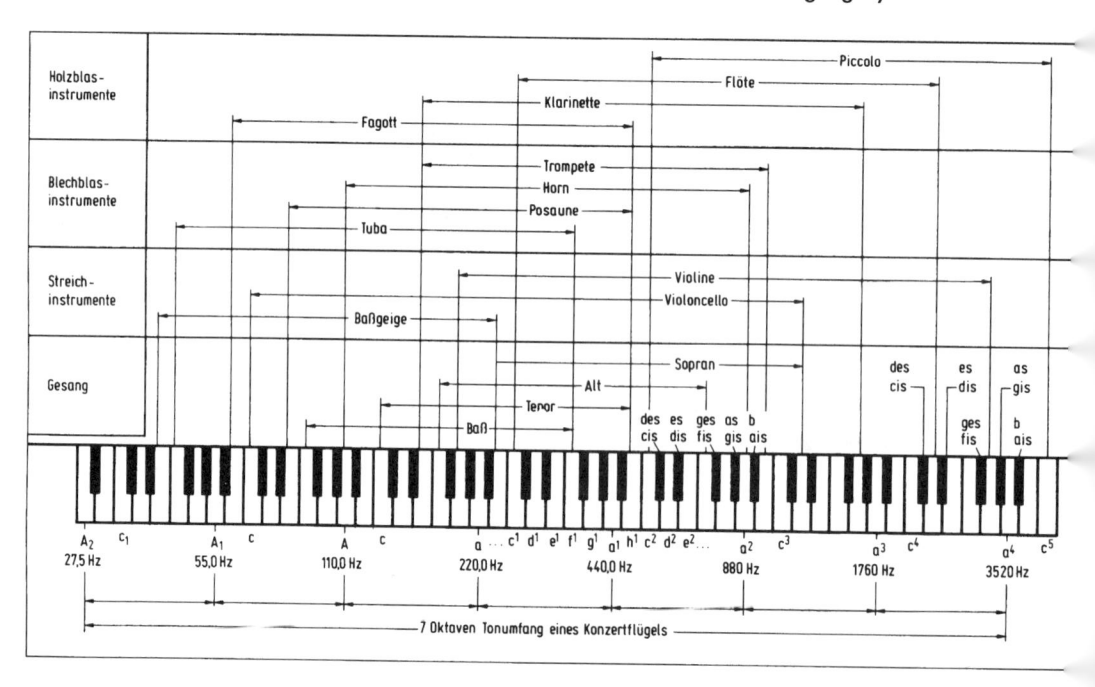

Tabelle 12.3 Frequenzbereiche von Stimmen und Instrumenten

Stimmlagen	Der Tonfrequenzbereich (Grundton) in Hertz (ca. Werte)
Baß	74 ... 350 Hz
Bariton	100 ... 380 Hz
Tenor	130 ... 520 Hz
Alt	170 ... 660 Hz
Mezzosopran	250 ... 800 Hz
Sopran	300 ... 1300 Hz

Instrumente	Der Tonfrequenzbereich (Grundton) in Hz (ca. Werte)
Pikkoloflöte	490 ... 5200 Hz
Flöte	220 ... 2500 Hz
Oboe	220 ... 1600 Hz
Klarinette	130 ... 1800 Hz
Trompete	150 ... 1100 Hz
Harfe	25 ... 3500 Hz
Orgel	10 ... 9500 Hz
Geige	170 ... 4000 Hz

Tabelle 12.4 Obertöne von Sprache und Musik
(hervorgehobene Teiltöne von Sprechlauten)

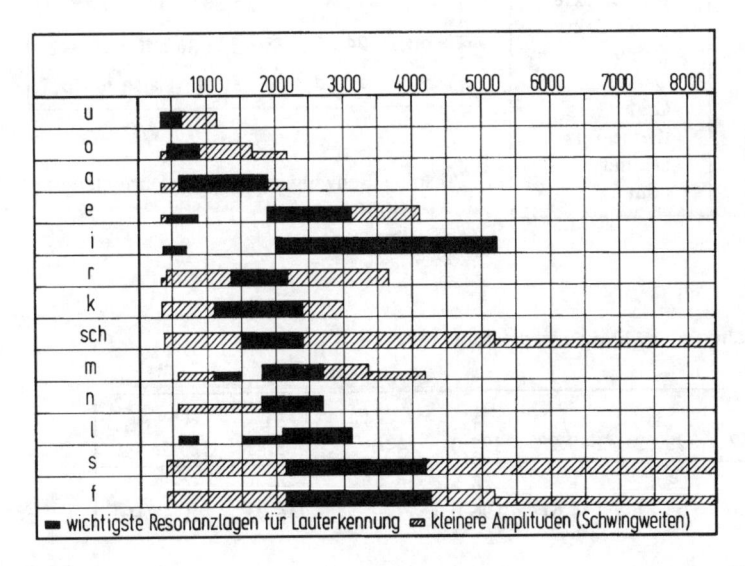

■ wichtigste Resonanzlagen für Lauterkennung ▨ kleinere Amplituden (Schwingweiten)

1 Praktische Entwurfsdaten der Elektronik

Tabelle 12.5 Klangspektren von Musikinstrumenten

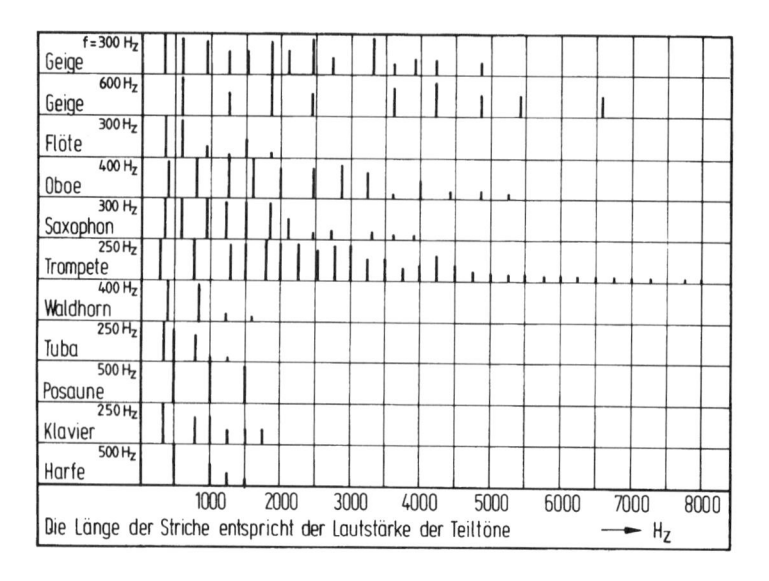

Geige	f = 300 Hz
Geige	600 Hz
Flöte	300 Hz
Oboe	400 Hz
Saxophon	300 Hz
Trompete	250 Hz
Waldhorn	400 Hz
Tuba	250 Hz
Posaune	500 Hz
Klavier	250 Hz
Harfe	500 Hz

Die Länge der Striche entspricht der Lautstärke der Teiltöne ⟶ H_z

Tabelle 12.6 Einfachste Tonintervalle

Verhältniszahl der Frequenzen	Bezeichnung des Intervalls
2 : 1	Oktave
15 : 8	Septime
5 : 3	Kleine Sexte
8 : 5	Große Sexte
3 : 2	Quinte
4 : 3	Quarte
5 : 4	Große Terz
6 : 5	Kleine Terz
9 : 8	Sekund
1 : 1	Prim

Bei der *Durtonleiter* hat die Oktave 8 Töne. Die Schwingungszahlen verhalten sich wie:

$$1 \quad \frac{9}{8} \quad \frac{5}{4} \quad \frac{4}{3} \quad \frac{3}{2} \quad \frac{5}{3} \quad \frac{15}{8} \quad 2$$

oder 24 : 27 : 30 : 32 : 36 : 40 : 45 : 48

c   d   e   f   g   a   h c_1

Absolute Schwingungszahl der Durtonleiter:
$a1 = 440$ Hz

Tabelle 12.7 Normalton $a_1 = 440$ Hz und die Tonleiter $c...c_2$

c_1	d_1	e_1	f_1	g_1	a_1	h_1	c_2
261,63	293,67	329,63	349,23	392,0	440	493,89	523,25 Hz
c	d	e	f	g	a	h	c_1
130,81	146,83	164,81	174,61	196,0	220	246,94	261,63 Hz

Tabelle 12.8 Frequenzbereiche (8 Oktaven) in der Musik

Subkontra	c^2	16,35 Hz
Kontra	c^1	32,70 Hz
	c	65,41 Hz
	c	130,81 Hz
	c_1	261,63 Hz
	c_2	523,25 Hz
	c_3	1046,51 Hz
	c_4	2093,02 Hz
	c_5	4186,03 Hz

Tabelle 12.9 Frequenzhörbereich nach Altersstufen

Alter (Jahre)	Frequenz in Hz					
	8000	10000	12000	14000	16000	18000
20–30	100	100	100	90	60	40
30–40	100	100	90	70	30	20
40–50	100	90	70	40	15	10
50–60	100	80	40	20	5	0
60–70	90	70	20	0	0	0

Schalldämpfung

Schallwellen können durch schallenergieabsorbierende Stoffe in ihrer Intensität beeinflußt werden.
Schallabsorptionsgrad a wird mit

$$a = 1 - \frac{P_r}{P} \text{ bezeichnet}$$

Dabei ist P_r die reflektierte Schalleistung und P die Leistung der Schallquellen. Die Tabelle 12.10 zeigt einige Werte und gibt ebenfalls darüber Aufschluß, daß der Wert a von der Schallfrequenz abhängt.

Tabelle 12.10 Schallabsorptionsgrad in %

Material	Schallabsorptionsgrad a bei		
	125 Hz	500 Hz	2000 Hz
Steine und Putze			
Glattputz und Mauerwerk	0,02	0,02	0,03
Gewöhnlicher Kalkputz	0,03	0,03	0,04
Leichtbeton	0,07	0,22	0,10
Kunststein	0,02	0,05	0,07
Rauhputz	0,03	0,03	0,07
Glattputz	0,02	0,03	0,06
Holzwolle – Leichtbauplatten			
Herakustikplatten 2,5 cm dick			
direkt auf der massiven Wand	0,15	0,23	0,73
mit 3 cm Abstand	0,25	0,73	0,74

Tabelle 12.10 (Fortsetzung)

Material	Schallabsorptionsgrad a bei		
	125 Hz	500 Hz	2000 Hz
Holz- und Holzfaserplatten			
Sperrholz 3 mm, mit 5 cm Abstand von der massiven Wand	0,25	0,18	0,10
Sperrholz 3 mm, mit 2 cm Abstand von der massiven Wand	0,07	0,22	0,10
Sperrholz 3 mm, Wandabstand 0	0,07	0,05	0,10
Holztüren.................	0,14	0,06	0,10
Parkett	0,05	0,06	0,10
Holzverkleidung (Eigenton 300 Hz)	0,14	0,10	0,08
Holzboden	0,10	0,10	0,08
Holzpaneel	0,25	0,25	0,08
Linoleum	0,04	0,03	0,04
Sonstige Materialien			
Boucleteppich	0,02	0,05	0,18
Kokosläufer	0,02	0,05	0,27
Gummimatte, 5 mm	0,04	0,08	0,03
Dünner Läufer	0,08	0,17	0,40
Baumwollstoff, glatt aufliegend ...	0,04	0,13	0,32
Vorhang, dick und faltig	0,25	0,40	0,60
Glas, in größerem Abstand	0,28	0,10	0,02
Person auf Polstersessel	0,05	0,16	0,12

Schalldämmzahl D

Die Schalldämmung gibt die Beziehung zwischen der Schallstärke I_1 vor der Dämmung und der geringen Schallstärke I_2 hinter der Dämmaßnahme an.

Die Beziehung $D = 10 \cdot \log \dfrac{J_1}{J_2}$ führt zu den Werten der folgenden Tabelle 12.11.

Tabelle 12.11 Schalldämmzahl D

	Dicke d/cm	Dämmwert D/dB
Ziegelwand, verputzt		
1/4 Stein	9	42
1/2 Stein	15	44
1/1 Stein	27	50
Betonwand	15 ... 18	48
Leichtbauplatte	2,5	35
Heraklithwand, verputzt		38
Holzwolleplatten	2,5	35
Koksascheplatte, verputzt	6,5	34
Bimsbetonplatte, verputzt	11	41
Sperrholz, lackiert	0,5	19

1.1 Tabellenteil

Tabelle 12.11 (Fortsetzung)

	Dicke d/cm	Dämmwert D/dB
Dickglas	0,6 ... 0,7	29
Fensterglas		28
Dachpappe		13
Einfachfenster		15 ... 25
Doppelfenster		25 ... 35
Einfachtür		15 ... 20
Doppeltür		30 ... 40

Tabelle 12.12 Schallabsorption in %

Material	125 Hz	250 Hz	500 Hz	1000 Hz	2000 Hz	4000 Hz
Baumwollstoff, glatt an der Wand	4	9	13	21	32	40
Glas	4	3	3	2	2	3
Gummi-Fußboden, 5 mm dick	4	5	8	5	3	4
Herakustik-Platten	5	16	50	64	62	60
Holzfaserplatten auf der Wand	8	15	22	25	30	36
Holztäfelung	9	12	15	16	17	18
Iporit-Betonwand 15 cm stark	26	35	38	40	30	42
Korkfußboden	4	4	5	6	7	9
Kunststein	2	3	5	6	7	9
Linoleum	2	2	3	3	4	5
Marmor	2	2	3	3	4	5
Mauer, verputzt	2	4	5	6	6	11
Mineralwolle (4 cm stark mit Holzspangeflecht abgedeckt)	31	60	80	85	60	20
Parkett, Parkett-Tapete	3	4	6	12	10	17
Putz, rauh	1	3	4	5	8	16
Sperrholzplatten (3 mm) auf 5 cm Luftpolster	17	30	19	110	12	13
Teppich (im Mittel)	7	8	10	15	27	48
Vorhang	5	10	23	26	30	34
Wachstuch auf 6 cm Luftpolster	48	72	60	43	28	15
Ziegelmauer, roh	2	3	3	4	5	14
Ziegelmauer, verputzt	2	4	6	6	6	12

Tabelle 12.13 Schallintensität und abgeleitete Größen (ebene Wellen)

Für Kugelwellen mit Radius $r \leq \lambda$ ist der Faktor $\cos\varphi$ einzuführen. Dieser errechnet sich aus

$$\cos\varphi = \frac{1}{\sqrt{1 + \left(\frac{\lambda}{2 \cdot \pi \cdot r}\right)^2}}$$

r = Entfernung des Meßpunktes von der Schallquelle in cm.
Der Faktor $\cos\varphi$ ist zu berücksichtigen auf der rechten Seite der folgenden Gleichungen für Kugelwellen:

$\rho = \omega \cdot \varsigma \cdot c \cdot a \cdot \cos\varphi$
$R_A = \varsigma \cdot c \cdot \cos\varphi$
$I = \rho \cdot \upsilon \cdot \cos\varphi$
$E = \upsilon^2 \cdot \varsigma \cdot \cos^2\varphi$
$P = A \cdot \rho \cdot \upsilon \cdot \cos\varphi$

Schalldruck p

Senkrecht zur Achse der Wellenausbreitung wird ein Wechseldruck in der Luft ausgeübt. Es ist dieses der Schalldruck p. Die Einheit ist 1 b (Bar) und entsprechend 1 mb und 1 μb. Die Hörschwelle liegt bei $\approx$ 0,002 μb und die Schmerzgrenze bei $\approx$ 630 μb.

1 μb = 10^{-1} N · m^{-2} = 1 g · cm^{-1} · s^{-2} = 10^{-1} Pa

Für Luft bei 20 °C und 760 Torr ist $P_L \approx V \cdot 41{,}33$ [μb] (Spitzenwerte).

Schallschnelle v

Es ist dieses die (Wechsel-)Geschwindigkeit eines Teilchens, das im Schallmedium – z.B. Luft – angeregt wird. Sie wird gemessen in

$\upsilon = \omega \cdot a$ ω [2π· f]
            a [cm]

Schallausschlag a

Es ist dieses der maximale Ausschlag eines Teilchens, gemessen in [cm]. Schalldruck und Schallausschlag sind durch die folgende Gleichung verknüpft.

$\rho = \omega \cdot \varsigma \cdot c \dfrac{a}{\sqrt{2}}$

ω   2 πf [Hz]

ς   Dichte des Gases $\left[\dfrac{g}{cm^3}\right]$

c   Schallgeschwindigkeit $\left[\dfrac{cm}{s}\right]$

a   Ausschlag [cm] (Spitzenwert – Sinus)

Für Luft mit ς = 1,205 · 10^{-3} $\left[\dfrac{g}{cm}\right]$ und c = 343 $\left[\dfrac{m}{s}\right]$

ergibt sich die Beziehung

p = 183, 7 · f · a.

Eine Beziehung zwischen Schallschnelle und -ausschlag ergibt die Gleichung

$\upsilon = a \cdot \omega$ $\upsilon \left[\dfrac{cm}{s}\right]$ a [cm] $\omega = 2 \cdot \pi \cdot f$ [Hz]

Schallkennimpedanz Z_0

Es ist dieses der Widerstand, den das Medium der Schallwelle entgegensetzt. Die Größe Z_0 ist gekennzeichnet durch

$$Z_0 = c \cdot \varsigma \qquad Z_0 \left[\frac{g}{cm^2 \cdot s}\right]; \qquad c \left[\frac{cm}{s}\right]; \qquad \varsigma \left[\frac{g}{cm^3}\right]$$

Luft bei 20 °C und 760 Torr: Z_0 \qquad 41,33. (Akustisches Ohm).
Wasser 10 °C: Z_0 \qquad $144 \cdot 10^{-3}$.

Zwischen Schallkennimpedanz Z_0 und der Schallschnelle besteht die Beziehung

$$\upsilon = \frac{\rho}{Z_0} \qquad \rho \left[\frac{g}{cm \cdot s^2}\right]; \qquad Z_0 \left[\frac{g}{cm \cdot s^2}\right]$$

Schallintensität I (Schallstärke)

Es ist dieses das Produkt aus Schallschnelle und Schalldruck.

$$J = \upsilon \cdot \rho = \frac{\rho^2}{Z_0}$$

$$I = \text{Schallintensität} \qquad \left[\frac{\mu b \cdot cm}{s}\right]$$

Es ergeben sich folgende Umrechnungen:

$$\frac{1\ \mu b \cdot cm}{s} = \frac{0{,}1\ \mu W}{cm^2} \qquad \text{oder} \qquad \frac{1\ \mu W}{cm^2} = \frac{10\ \mu b \cdot cm}{s}$$

Akustischer Widerstand einer Fläche R_A

Mit $Z_0 = \dfrac{P}{\upsilon}$ (Widerstand je cm^2) wird der akustische Widerstand der gesamten Fläche

$$R_A = \frac{\rho}{\upsilon \cdot A} \qquad \rho\ [\mu b] \qquad A\ [cm^2] \qquad \upsilon \left[\frac{cm}{s}\right] \qquad R \frac{g}{cm^4 \cdot \varsigma}$$

Schalldichte E

Sie wird ausgedrückt durch die Beziehung

$$E = \frac{J}{c} = \upsilon^2 \cdot \varsigma \cdot \cos^2 \varphi = \frac{\rho^2}{\varsigma \cdot c^2}$$

$$J \left[\frac{0{,}1\ \mu W}{cm^2}\right]; \qquad c \left[\frac{cm}{s}\right]; \qquad E \left[\frac{0{,}1\ \mu W \cdot s}{cm^3}\right]$$

Für Luft bei 20 °C und 760 Torr ist \qquad $E = 7{,}05 \cdot 10^{-14} \cdot p^2$ \quad $[\mu b]$

1 Praktische Entwurfsdaten der Elektronik

Schalleistung P

Diese ist gekennzeichnet durch die Gleichung

$$P = F \cdot \rho \cdot \upsilon \cdot \cos\varphi$$

$$P = 0{,}1 \cdot J \cdot A$$

$$P = \frac{0{,}1 \cdot A \cdot \rho}{\varsigma \cdot c} = 0$$

Für Luft 20 °C und 760 Torr

$$P = \frac{0{,}1 \cdot A \cdot p^2}{41{,}33} \quad [\mu W]$$

$$P \left[\frac{g \cdot cm^2}{s^3}; \mu W \right]$$

$$F \ [cm^2]$$

$$\upsilon \left[\frac{cm}{s} \right]$$

$$\rho \left[\frac{g}{cm \cdot s^2} \right] \quad A \ [cm^2]$$

Nachhallzeit t

Die Zeit t, nach der beim Abschalten der Schallquelle der (Nach-)Hall um 60 dB gesunken ist, wird als Nachhallzeit bezeichnet. Sie ist abhängig vom Schallabsorptionsgrad a.
In Tabelle 12.10 ist

$$a = 1 - \frac{P_r}{P}. \text{ Daraus wird } f \approx \frac{0{,}16 \cdot V}{A \cdot a}$$

t [s]
V [m³] (Volumen des Raumes)
A [m²]

Aus diesen Darlegungen ergeben sich die folgenden Tabellen als Rechenhilfe.

Tabelle 12.14 Phonskala

Entsprechendes Geräusch	Verhältniszahl der Schallstärke	phon
Untere Hörschwelle	1	0
Blättersäuseln, leises Flüstern leises Uhrticken, schalltoter Raum (gut isol.)	10	10
Ruhiger Garten, stille Wohnung	100	20
Flüstern, mittlere Wohngeräusche sehr ruhige Wohnstraße	1.000	30
Papierzerreißen, gedämpfte Unterhaltung, leise Rundfunkmusik im Zimmer	10.000	40
Unterhaltungssprache, Geräusche in Geschäftsräumen, stärkere Wohngeräusche, schwacher Straßenverkehr	100.000	50
Laute Musik, angeregte Unterhaltung Schreibmaschine, Staubsauger	1.000.000	60

1.1 Tabellenteil

Tabelle 12.14 Phonskala (Fortsetzung)

Entsprechendes Geräusch	Verhältniszahl der Schallstärke	phon
Unterhaltungssprache (1 m)		65
Großer Straßenlärm, Straßenbahn	10.000.000	70
Büro mit Buchungsmaschinen	10.000.000	75
Schreien, laute Rundfunkmusik im Zimmer, starker Straßenverkehr PKW (7 m)	100.000.000	80
Motorrad (7 m)		85
Laute Hupe, Druckluftbohrer LKW (7 m)	1.000.000.000	90
Sehr lauter Fabriksaal, Kesselschmiede, in Webereien	10.000.000.000	100
Werftbetrieb mit Niethämmern Hupe (1 m), elektrische Sirene (7 m)	100.000.000.000	110
Flugzeug mit Strahlantrieb (200 m) Sandstrahlgebläse (1 m)		115
Flugzeugmotor in 5 m Entfernung	1.000.000.000.000	120
Schmerzempfindung, Druckluftsirene (7 m)	10.000.000.000.000	130

Tabelle 12.15 Schalldrücke von Musikinstrumenten in 1 m Abstand

Schallquelle	Maximaldruck μ bar	Mittelwerte
Pauke	1300	100
Orgel, 5 m Abstand	100	20
Posaune	23	7
Flöte	15	2
Trompete	55	9
Klarinette	25	3,5
Klavier, 3 m Abstand	25	2,5
Orchester, 15 Mann, 2 m Abst.	90	8

Tabelle 12.16 Schalleistung von Sprache und Musikinstrument in 1 m Abstand

Schallquelle	Leistung	
Unterhaltungssprache	7	
Spitzenwert d. menschlichen Stimme	2000	μW
Flüstersprache	0,001	
Pauke	25	
Orgel, 5 m Abstand	12	
Posaune	6	
Flöte	1,5	W
Trompete	0,3	
Klarinette	0,05	
Klavier, 3 m Abstand	0,3	
Orchester, 15 Mann, 2 m Abst.	5	

Dynamik der Sprache etwa 0,1 bis 30 μ bar

Dynamik eines großen Orchesters etwa 0,5 bis 150 μ bar

Tabelle 12.17 Schallstärke in Luft bei 20° C und 760 Torr

Schalldruck p μ bar	Schallstärke I $\dfrac{\mu \text{Watt}}{\text{cm}^2}$	Schalldichte E $\dfrac{\mu W}{\text{cm}^3}$	Schallschnelle v cm/sec
0,001	$2,42 \cdot 10^{-9}$	$7,05 \cdot 10^{-14}$	$2,42 \cdot 10^{-5}$
0,005	$6,05 \cdot 10^{-8}$	$1,76 \cdot 10^{-12}$	$1,21 \cdot 10^{-4}$
0,01	$2,42 \cdot 10^{-7}$	$7,05 \cdot 10^{-12}$	$2,42 \cdot 10^{-4}$
0,05	$6,05 \cdot 10^{-6}$	$1,76 \cdot 10^{-10}$	$1,21 \cdot 10^{-3}$
0,1	$2,42 \cdot 10^{-5}$	$7,05 \cdot 10^{-10}$	$2,42 \cdot 10^{-3}$
0,5	$6,05 \cdot 10^{-4}$	$1,76 \cdot 10^{-8}$	$1,21 \cdot 10^{-2}$
1	$2,42 \cdot 10^{-3}$	$7,05 \cdot 10^{-8}$	$2,42 \cdot 10^{-2}$
5	$6,05 \cdot 10^{-2}$	$1,76 \cdot 10^{-6}$	0,121
10	0,242	$7,05 \cdot 10^{-6}$	0,242
50	6,05	$1,76 \cdot 10^{-4}$	1,21
100	24,2	$7,05 \cdot 10^{-4}$	2,42
500	605	$1,76 \cdot 10^{-2}$	12,1
1000 = 1 mbar	2420	$7,05 \cdot 10^{-2}$	24,2

Tabelle 12.18 Schalldruck und Schallstärke bei der Phonskala

Phon	Schallstärke (μW/cm²)	Schalldruck (μbar)	Phon	Schallstärke (μW/cm²)	Schalldruck (μbar)
0	$1,0 \cdot 10^{-10}$	$2,0 \cdot 10^{-4}$	20	$1,0 \cdot 10^{-8}$	$2,0 \cdot 10^{-3}$
0,5	$1,122 \cdot 10^{-10}$	$2,118 \cdot 10^{-4}$	25	$3,162 \cdot 10^{-8}$	$3,556 \cdot 10^{-3}$
1	$1,259 \cdot 10^{-10}$	$2,244 \cdot 10^{-4}$	30	$1,0 \cdot 10^{-7}$	$6,324 \cdot 10^{-3}$
2	$1,585 \cdot 10^{-10}$	$2,518 \cdot 10^{-4}$	35	$3,162 \cdot 10^{-7}$	$1,125 \cdot 10^{-2}$
3	$1,995 \cdot 10^{-10}$	$2,824 \cdot 10^{-4}$	40	$1,0 \cdot 10^{-6}$	$2,0 \cdot 10^{-2}$
4	$2,512 \cdot 10^{-10}$	$3,170 \cdot 10^{-4}$	45	$3,162 \cdot 10^{-6}$	$3,556 \cdot 10^{-2}$
5	$3,162 \cdot 10^{-10}$	$3,556 \cdot 10^{-4}$	50	$1,0 \cdot 10^{-5}$	$6,324 \cdot 10^{-2}$
6	$3,981 \cdot 10^{-10}$	$3,990 \cdot 10^{-4}$	55	$3,162 \cdot 10^{-5}$	$1,125 \cdot 10^{-1}$
7	$5,012 \cdot 10^{-10}$	$4,478 \cdot 10^{-4}$	60	$1,0 \cdot 10^{-4}$	$2,0 \cdot 10^{-1}$
8	$6,310 \cdot 10^{-10}$	$5,024 \cdot 10^{-4}$	65	$3,162 \cdot 10^{-4}$	$3,556 \cdot 10^{-1}$
9	$7,943 \cdot 10^{-10}$	$5,636 \cdot 10^{-4}$	70	$1,0 \cdot 10^{-3}$	$6,324 \cdot 10^{-1}$
10	$1,0 \cdot 10^{-9}$	$6,324 \cdot 10^{-4}$	75	$3,162 \cdot 10^{-3}$	1,125
11	$1,259 \cdot 10^{-9}$	$7,096 \cdot 10^{-4}$	80	$1,0 \cdot 10^{-2}$	2,0
12	$1,585 \cdot 10^{-9}$	$7,962 \cdot 10^{-4}$	85	$3,162 \cdot 10^{-2}$	3,556
13	$1,995 \cdot 10^{-9}$	$8,934 \cdot 10^{-4}$	90	0,1	6,324
14	$2,511 \cdot 10^{-9}$	$1,002 \cdot 10^{-3}$	95	0,3162	11,25
15	$3,162 \cdot 10^{-9}$	$1,125 \cdot 10^{-3}$	100	1,0	20,0
16	$3,981 \cdot 10^{-9}$	$1,282 \cdot 10^{-3}$	110	10,0	63,24
17	$5,011 \cdot 10^{-9}$	$1,416 \cdot 10^{-3}$	120	100,0	200,0
18	$6,310 \cdot 10^{-9}$	$1,589 \cdot 10^{-3}$	130	1000	632,4
19	$7,943 \cdot 10^{-9}$	$1,783 \cdot 10^{-3}$			

Tabelle 12.19 Amplituden- und Leistungsverhältnis in dB

Dezibel [dB]	Amplitudenverhältnis	Leistungsverhältnis
0	1 : 1	1 : 1
1	1,12 : 1	1,26 : 1
2	1,26 : 1	1,58 : 1
3	1,41 : 1	2,00 : 1
4	1,58 : 1	2,5 : 1
5	1,78 : 1	3,15 : 1
6	2,0 : 1	4,0 : 1
10	3,16 : 1	10 : 1
20	10,0 : 1	100 : 1
30	31,6 : 1	1 000 : 1
40	100,0 : 1	10 000 : 1
50	316 : 1	100 000 : 1
60	1000 : 1	1 000 000 : 1

1.2 Mathematik

1.2.1 Kurzdaten

In den folgenden Tabellen sind Basisgrößen und Basiseinheiten wiederholt, sowie eine Kurzübersicht der abgeleiteten SI-Größen angegeben.

Die Basiseinheiten und Größen mit dem zugehörigen Kurzzeichen

Basisgröße	Basiseinheit	Kurzzeichen
Länge	Meter	m
Masse	Kilogramm	kg
Zeit	Sekunde	s
elektrische Stromstärke	Ampere	A
thermodynamische Temperatur	Kelvin	K
Lichtstärke	Candela	cd

Die wichtigsten Größen und SI-Einheiten für die Elektronikpraxis

Größe	Formelzeichen	SI-Einheit		weitere SI-Einheiten
Kraft	F	N	Newton	kg $\cdot$ m/s^2
Druck	p	Pa	Pascal	N/m^2
Energie, Arbeit	W	J	Joule	N $\cdot$ m = W $\cdot$ s
Wärmemenge	Q	J	Joule	
Leistung	P	W	Watt	J/s = N $\cdot$ m/s = V $\cdot$ A
elektrische Spannung	U	V	Volt	W/A = kg $\cdot$ m^2/(A $\cdot$ s^3)
elektrischer Widerstand	R	Ω	Ohm	V/A
elektrischer Leitwert	G	S	Siemens	1/Ω = A/V
Elektrizitätsmenge, elektrische Ladung	Q	C	Coulomb	A $\cdot$ s
elektrische Kapazität	C	F	Farad	C/V = A $\cdot$ s/V
magnetischer Fluß	Φ	Wb	Weber	V $\cdot$ s
magnetische Flußdichte	B	T	Tesla	Wb/m^2 = V $\cdot$ s/m^2
Induktivität	L	H	Henry	Wb/A = V $\cdot$ s/A
Winkel, ebener	α, β, γ	rad	Radiant	m/m
Raumwinkel	Ω, ω	sr	Steradiant	m^2/m^2
Lichtstrom	Φ	lm	Lumen	cd $\cdot$ sr
Beleuchtungsstärke	E	lx	Lux	lm/m^2
Frequenz	f	Hz	Hertz	1/s
Aktivität radioaktiver Substanz	A	Bq	Becquerel	1/s
Energiedosis	D	Gy	Gray	J/kg

1.2 Mathematik

Oft benötigte Umrechnungen

1 Bar = 1 bar = 10^5 N/m² = 0,1 N/mm² = 10^5 Pa; 1 Pa = 10 µbar
1 Kilowattstunde = 1 kWh = 3,6 MJ (Megajoule); 1 MJ = 0,277778 kWh
Kilopond (Kp) = 1 kp = 9,81 N = 9,81 mkg/s²; 1 N = 0,1019 Kp
Technische Arbeitseinheit = 1 mkp = 9,81 J

Technische Leistungseinheit = $1 \, \frac{mkp}{s} = 9{,}81$ W

Pferdestärke = $1 \, PS = 75 \, \frac{mkp}{s} = 735{,}5$ W

Bei umfangreicheren Formeln und Rechnungen muß darauf geachtet werden, mit welchen Einheiten und Größen gerechnet wird. Das soll einmal kurz an dem Beispiel für die Angabe der Leistung (P) gezeigt werden. Die Einheit Watt (W) steht für die Größe der Leistung (P), die sich wie folgt berechnen läßt:

elektrische Leistung	Spannung (U) ↓ (Volt) V	mal ·	Strom (I) ↓ A (Ampere)	= =	Leistung (P) ↓ W (Watt)	(1)
mechanische Leistung	Arbeit (A) ↓ (Joule) J	durch :	Zeit (t) ↓ s (Sekunden)	= =	Leistung (P) ↓ W (Watt)	(2)
oder Kraft (F) ↓ (Newton) N	mal ·	Länge (*l*) ↓ (Meter) m	durch :	Zeit (t) ↓ s (Sekunden)	= = Leistung (P) ↓ W (Watt)	(3)

In der Größe der Kraft (F) mit der Einheit Newton (N) sind wiederum die Größen Gewicht, Länge und Zeit enthalten, nämlich in den Einheiten

$$N = \frac{kg \cdot m^2}{s} \qquad (4)$$

Soll also mit der Formel (3) die Leistung berechnet werden und liegen die Angaben

F = 5 N; ℓ = 3 cm; t = 15 min

vor, so müssen die Größen *l* und t in die SI-Einheiten umgeformt werden:

ℓ = 3 cm = 0,03 m sowie t = 15 min = 900 s

Also

$$P = \frac{5 \, N \cdot 0{,}03 \, m}{900 \, s} = 1{,}66 \cdot 10^{-4} \, \text{Watt}$$

Das Ergebnis entspricht einer sehr kleinen Zahl, nämlich ausgeschrieben
P = 0,000166 W

Nun wird das Ergebnis entweder in der dekadisch vervielfachten Einheit, wie sie in der Tabelle H gezeigt wird, angegeben, also z. B.:

P = 0,000166 W = 0,166 mW (Milliwatt)

oder wenn die Einheit Watt (W) beibehalten werden soll:

P = 0,166 · 10^{-3} W = 0,000166 W

Üblicherweise wird in der Elektronikpraxis dann immer nur in „Dreierpotenzen" gerechnet, wie zum Beispiel:

10^{-3}; 10^{-6}; 10^{-9}; 10^{-12} oder auch 10^3, 10^6, 10^9, 10^{12}

Wichtige Konstanten für die Elektronikpraxis

Formel-zeichen	Zahlenwert	Einheit	Bezeichnung der Konstanten
ε_o	8,85418782 · 10^{-12}	$\frac{F}{m}$; $\frac{A \cdot s}{V \cdot m}$	Absolute Dielektrizitätskonstante (Vakuum)
μ_o	1,25663706 · 10^{-6}	$\frac{H}{m}$; $\frac{V \cdot s}{A \cdot m}$	magnetische Feldkonstante absolute Induktionskonstante (Vakuum)
c_o	2,99792458 · 10^8	$\frac{m}{s}$	Lichtgeschwindigkeit im Vakuum
F	9,648456 · 10^4	$\frac{C}{mol}$	Faraday-Konstante
k	1,380662 · 10^{-23}	$\frac{W \cdot s}{K}$	Boltzmann-Konstante
t_o	− 273,16°	°C	Absoluter Nullpunkt der thermodynamischen Temperatur
e	1,6021892 · 10^{-19}	A · s	Elektrische Elementarladung

In der Elektronikpraxis hat man es immer wieder mit in den Formeln auftauchenden konstanten Faktoren zu tun. Die magnetische Feldkonstante μ_0 gibt zusammen mit der Permeabilitätszahl μ_r die Permeabilität eines Stoffes an:

Permeabilität $\mu = \mu_0 \cdot \mu_r$

1.2 Mathematik

Häufig benutzte Zahlen

e	=	$2{,}718282^4$)
e^2	=	$7{,}389056$
$1/e$	=	$0{,}367879$
lg e	=	$0{,}434294$
$\sqrt{e}$	=	$1{,}648721$
$1/\lg e$	=	$2{,}302585$
ln 10	=	$2{,}302585$
$1/\ln 10$	=	$0{,}434294$
π	=	$3{,}14159$
$\sqrt{\pi}$	=	$1{,}77245$
$1/\pi$	=	$0{,}31831$
π^2	=	$9{,}86960$
$180/\pi$	=	$57{,}29578$
$\pi/180$	=	$0{,}017453$
$\sqrt{2}$	=	$1{,}41421$
$1/\sqrt{2}$	=	$0{,}70711$
$\sqrt{3}$	=	$1{,}73205$

Normzahlen

Normzahlen sind gerundete Glieder geometrischer Reihen mit den Stufensprüngen (Verhältnis eines Glieds zum vorhergehenden):

Reihe   R5   R10   R20   R40

Stufensprung $\sqrt[5]{10}$ $\sqrt[10]{10}$ $\sqrt[20]{10}$ $\sqrt[40]{10}$

Sie werden für die Wahl und Stufung von Größen und Abmessungen verwendet. Außer den Grundreihen enthält DIN 323 noch die Ausnahmereihe R 80 und Rundwertreihen.

Normzahlen (DIN 323)

Grundreihen				Genauwerte	
R 5	R 10	R 20	R 40		lg
1,00	1,00	1,00	1,00	1,0000	0,0
			1,06	1,0593	0,025
		1,12	1,12	1,1220	0,05
			1,18	1,1885	0,075
	1,25	1,25	1,25	1,2589	0,1
			1,32	1,3335	0,125
		1,40	1,40	1,4125	0,15
			1,50	1,4962	0,175
1,60	1,60	1,60	1,60	1,5849	0,2
			1,70	1,6788	0,225
		1,80	1,80	1,7783	0,25
			1,90	1,8836	0,275
	2,00	2,00	2,00	1,9953	0,3
			2,12	2,1135	0,325
		2,24	2,24	2,2387	0,35
			2,36	2,3714	0,375
2,50	2,50	2,50	2,50	2,5119	0,4
			2,65	2,6607	0,425
		2,80	2,80	2,8184	0,45
			3,00	2,9854	0,475
	3,15	3,15	3,15	3,1623	0,5
			3,35	3,3497	0,525
		3,55	3,55	3,5481	0,55
			3,75	3,7584	0,575
4,00	4,00	4,00	4,00	3,9811	0,6
			4,25	4,2170	0,625
		4,50	4,50	4,4668	0,65
			4,75	4,7315	0,675
	5,00	5,00	5,00	5,0119	0,7
			5,30	5,3088	0,725
		5,60	5,60	5,6234	0,75
			6,00	5,9566	0,775
6,30	6,30	6,30	6,30	6,3096	0,8
			6,70	6,6834	0,825
		7,10	7,10	7,0795	0,85
			7,50	7,4989	0,875
	8,00	8,00	8,00	7,9433	0,9
			8,50	8,4140	0,925
		9,00	9,00	8,9125	0,95
			9,50	9,4409	0,975
10,0	10,0	10,0	10,0	10,0000	1,0

Mathematische Zeichen (DIN 1302)

<	klein gegen		−	minus
>	groß gegen		· oder ×	mal
≙	entspricht		— oder / oder :	geteilt durch
…	und so weiter, bis		Σ	Summe
=	gleich		Π	Produkt
≈	ungefähr gleich		~	proportional
≠	nicht gleich, ungleich		$\sqrt{}$	Wurzel aus ($\sqrt[n]{}$ n-te Wurzel aus)
≅	kongruent		$n!$	n Fakultät (z. B. 3! = 1 · 2 · 3 = 6)
<	kleiner als		$|x|$	Betrag von x
≦	kleiner oder gleich		→	nähert sich, strebt nach
>	größer als		∞	unendlich
≧	größer oder gleich		i oder j	imaginäre Einheit, $i^2 = -1$
+	plus		⊥	rechtwinklig zu

283

| | parallel zu
∡ Winkel
△ Dreieck
lim limes (Grenzwert)
Δ Delta (Differenz zweier Werte)
d vollständiges Differential
δ partielles Differential

∫ Integral
ln Logarithmus zur Basis e
lg Logarithmus zur Basis 10
lg_a Logarithmus zur Basis a
% Prozent, vom Hundert
‰ Promille, vom Tausend

Kurzzeichen zur Bezeichnung von Vielfachen und Teilen der Einheiten

T	Tera	= 10^{12}	= 1 000 000 000 000	c	Zenti	= 10^{-2}	= 0,01
G	Giga	= 10^{9}	= 1 000 000 000	m	Milli	= 10^{-3}	= 0,001
M	Mega	= 10^{6}	= 1 000 000	μ	Mikro	= 10^{-6}	= 0,000 001
k	Kilo	= 10^{3}	= 1 000	n	Nano	= 10^{-9}	= 0,000 000 001
h	Hekto	= 10^{2}	= 100	p	Piko	= 10^{-12}	= 0,000 000 000 001
D	Deka	= 10^{1}	= 10	f	Femto	= 10^{-15}	
d	Dezi	= 10^{-1}	= 0,1	a	Atto	= 10^{-18}	

1 μm (Mikron)   = 10^{-6} m = 10^{-3} mm
1 Å (Angström)   = 10^{-10} m = 10^{-7} mm
1 X-Einheit (XE) = 10^{-13} m = 10^{-10} mm

In den USA wird bezeichnet:
10^9 = Billion, 10^{12} = Trillion.

Römische Ziffern

I = 1	VI = 6	XX = 20	LXX = 70	CC = 200	DCC = 700	M = 1000
II = 2	VII = 7	XXX = 30	LXXX = 80	CCC = 300	DCCC = 800	MCC = 1200
III = 3	VIII = 8	XL = 40	XC = 90	CD = 400	CM = 900	MCD = 1400
IV = 4	IX = 9	L = 50	XCIX = 99	D = 500	CMXC = 990	MDCC = 1700
V = 5	X = 10	LX = 60	C = 100	DC = 600	CMXCIX = 999	MM = 2000

Griechisches Alphabet

Alpha	A α	Eta	H η	Ny	N ν	Tau	T τ
Beta	B β	Theta	Θ ϑ	Xi	Ξ ξ	Ypsilon	Υ υ
Gamma	Γ γ	Jota	I ι	Omikron	O o	Phi	Φ φ
Delta	Δ δ	Kappa	K κ	Pi	Π π	Chi	X χ
Epsilon	E ε	Lambda	Λ λ	Rho	P ρ	Psi	Ψ ψ
Zeta	Z ζ	My	M μ	Sigma	Σ σ	Omega	Ω ω

Russisches Alphabet

А Б В Г Д Е Ж З И Й К Л М Н О П Р С Т У Ф Х
Ц Ч Ш Щ Ъ Ы Ь Э Ю Я
а б в г д е ж з и й к л м н о п р с т у ф х ц ч ш щ
ъ ы ь э ю я
1 2 3 4 5 6 7 8 9 0 — i I e Θ v V » « . , - ( ) ! : ; ' ?
ј ћ ђ џ љ њ ж ѓ е ї Ј Ћ Ђ Џ Љ Њ Ж Ѓ Є Ї

1.2 Mathematik

Oft benutzte Indizes und Bezeichnungen

In den folgenden Kapiteln werden Formelzeichen und Bezeichnungen benutzt, die oft innerhalb der einzelnen Kapitel – auch im Hinblick auf die Dimensionierung – näher beschrieben werden. Die nachstehende Aufstellung gibt die wichtigsten Bezeichnungen wieder. Dabei ist ersichtlich, daß wegen der Vielzahl der erforderlichen Anwendungen Doppelbezeichnungen im Einzelfall nicht zu umgehen sind.

A	Fläche; elektrische Arbeit; Dämpfung; Ampere
A_L	Spulenkonstante
a	Dämpfung
B	Stromverstärkung, Bandbreite; Flußdichte
B_C	kapazitiver Blindleitwert
B_L	induktiver Blindleitwert
b	Bildweite, Bandbreite
C	Kondensator (Kapazität); Kollektor
C_B	Basis-(Emitter)-Kapazität
C_C	Kollektorkapazität
C_D	Dioden-(Sperr)-Kapazität
C_L	Ladekondensator
C_O	Anfangskapazität
C_S	Siebkondensator
cd	Candela
D	Durchmesser; Drain
d	Dämpfung, Abstand, Durchmesser
d_p	Primärdrahtstärke
d_s	Sekundärdrahtstärke
E	Lichtstärke, Eingang, Feldstärke, EMK-Spannung
E_e	Bestrahlungsstärke
e	Basis der nat. Logarithmen

Bei Wechselspannungs- und Impulsberechnungen werden in den meisten Fällen für Größenbezeichnungen kleine Buchstaben gewählt.

Beispiel:

U_C	= Kollektorgleichspannung
u_c	= Kollektorwechselspannung
R_E	= Emitterwiderstand
r_e	= elektronischer (dynamischer) Eingangswiderstand
R_a	= Arbeitswiderstand
r_a	= dynamischer Ausgangswiderstand
F	Farad, Frequenz, Fläche
f	Brennweite, Frequenz
f_0	Resonanzfrequenz, obere Grenzfrequenz
f_u	untere Grenzfrequenz
f_1	Frequenzen beim Arbeitspunkt 1

1 Praktische Entwurfsdaten der Elektronik

G	Leitwert, Gewicht, Gate
g	Gegenstandsweite
H	Belichtung
h	Entfernung
I, i	Strom
I_D	Drainstrom
I_e	Strahlstärke
I_R	zulässiger Reststrom
I_r	Rauschstrom
I_m	arithm. Strommittelwert
I_S	Sperrstrom, Sourcestrom
I_s	Spitzenstrom
I_V	Lichtstärke
I_Z	Zenerstrom
K	Kopplungsfaktor, Grad Kelvin
L	Lambert, Induktivität (Spule), Länge
L_V	Leuchtdichte
l	Länge
l_x	Lux
m	Modulationsgrad
n	Anzahl, Windungszahl
nm	Nanometer
n_p	Windungszahl primär
n_s	Windungszahl sekundär
P	Leistung
P_{max}	maximale Leistung
P_{tot}	Gesamtverlustleistung
ppm	parts per million (10^{-6})
Q	Güte, Elektrizitätsmenge
Q_e	Strahlungsenergie
Q_v	Lichtmenge
q	Querschnitt
R	Widerstand
R_A	Anfangswiderstand, Arbeitswiderstand Ausgangswiderstand, Außenwiderstand
$R_{A(a)}$	Anfangswiderstand, Arbeitswiderstand Ausgangswiderstand, Außenwiderstand
R_a	Anfangswiderstand, Arbeitswiderstand Ausgangswiderstand, Außenwiderstand
R_B	Basiswiderstand
R_C	Kollektorwiderstand
$R_C = X_C$	kapazitiver Blindwiderstand
R_d	Diodendurchlaßwiderstand
$R_{E(e)}$	Emitterwiderstand, Eingangswiderstand, Endwiderstand
R_g	Generatorinnenwiderstand

R_i	Innenwiderstand
R_K	Kurzschlußwiderstand, Kaltwiderstand
$R_L = X_L$	induktiver Blindwiderstand, Lastwiderstand, Leerlaufwiderstand
R_N	Nennwiderstand
R_P	Parallelwiderstand
R_S	Serienwiderstand
R_{th}	Wärmewiderstand
R_W	Warmwiderstand
r	Verlustwiderstand
r_{DS}	Kanalwiderstand (Drain-Source)
r_e	Emitter-Basiswiderstand
S	Source, Steilheit, Stromstabilisierungsfaktor
s	Sekunden
T	Temperatur
T_A	Anfangstemperatur
T_E	Endtemperatur
T_j	maximal zulässige Sperrschichttemperatur
T_K	Temperaturkoeffizient
T_N	Nenntemperatur
t	Laufzeit
t_d	Verzögerungszeit (delay time)
t_r	Anstiegszeit (rise time)
t_s	Speicherzeit (storage time)
t_f	Abfallzeit (fall time)
t_u	Umgebungstemperatur
$U_=$	Gleichspannung
U_A	Ausgangsspannung
U_B	Betriebsspannung, Spannung an der Basis
U_{BE}	Basis-Emitterspannung
U_{Br}	Brummspannung
U_E	Eingangsspannung
U_{eff}	Effektivwert der Spannung
U_m	arithm. Spannungsmittelwert
U_r	Rauschspannung
U_{ref}	Referenzspannung
U_S	Sperrspannung
U_{ss}	Spitzen-Spitzenspannung
U_Z	Zenerspannung
ü	Übersetzungsverhältnis
V_0	eingestellte Betriebsspannungsverstärkung
V_u	Spannungsverstärkung
W	Windungen
Y	Scheinleitwert
Z	Impedanz, Wellenwiderstand
Z_A	Ausgangsimpedanz
Z_E	Eingangsimpedanz
Z_O	Impedanz im Anpassungsfall

ϵ_r	relative Dielektrizitätskonstante	Φ_e	Strahlungsfluß
ω	$2\pi f$	Φ_v	Lichtstrom
τ	Zeitkonstante	$\varkappa$	Einheitsleitwert
η	Wirkungsgrad	a	Beiwert
λ	Wellenlänge	φ	Phasenwinkel

Zählpfeile

Anwendung im Werkbuch

In nicht allen Fällen wird von dieser Empfehlung Gebrauch gemacht. Die einmal festgelegten Pfeilrichtungen werden jedoch in die Rechnungen übernommen.

Bei der Betrachtung von elektrischen Netzwerken ist es notwendig, Zählrichtungen für Spannungen und Ströme festzulegen und sie in Schaltbildern mit Zählpfeilen zu versehen. Nur in diesem Fall lassen sich eindeutige Aussagen darüber machen, ob z. B. der Zahlenwert einer Spannung ein positives oder negatives Vorzeichen führt. Ein überzeugendes Beispiel ist die Knotenregel für Ströme (1. Kirchhoffsches Gesetz). Sie besagt: Die Summe der Augenblickswerte der einem Knotenpunkt zufließenden Ströme ist in jedem Zeitpunkt gleich der Summe der Augenblickswerte der abfließenden Ströme. Das bedeutet: Die Stromrichtungen müssen eindeutig festliegen, wenn man mit dieser Knotenregel rechnen will.

Folgerung: Gleichungen über Ströme und Spannungen in einem Netzwerk lassen sich nur dann aufstellen, wenn die Zählrichtungen für die einzelnen Ströme und Spannungen, dargestellt durch Zählpfeile, eindeutig festliegen.

Wahl der Zählrichtungen

Es gibt verschiedene Möglichkeiten, die Richtungen der Zählpfeile festzulegen. Man denke z.B. an die Stromrichtung. Nach der konventionellen Regel fließt der Strom vom Pluspol zum Minuspol einer Spannungsquelle (Transport positiver Ladungsträger), andererseits arbeitet man auch oft mit der durch den Elektronentransport gegebenen Stromrichtung (von – nach +). Es ist an sich gleichgültig, welches System man zur Kennzeichnung benutzt. Man muß aber in einem geschlossenen Rechengang stets nur das eine, einmal gewählte System anwenden. Im folgenden werden die Zählrichtungen definiert, wie sie heute meist benutzt werden.

Pfeilrichtung bei Spannungen

In unübersichtlichen Netzwerken kann im allgemeinen nicht von vornherein entschieden werden, wie die Spannung zwischen 2 Punkten gerichtet ist. Man nimmt in diesem Fall eine Lage des Zählpfeils an und die Rechnung sagt dann aus, ob der Zahlenwert von u positiv oder negativ ist.

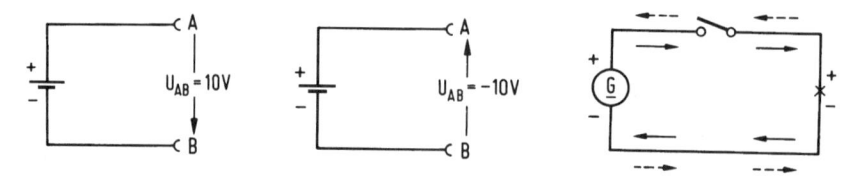

Zitat Prof. Dr. Ing. Moeller „Leitfaden der Elektrotechnik" (1953)

Die Festlegung der Bezeichnungen „positiv" und „negativ" ist zu einer Zeit erfolgt, als die heutigen, soeben dargelegten Vorstellungen vom Wesen und Aufbau der Atome und Elektronen noch unbekannt waren. Die damals als positiv angenommene Stromrichtung stimmt überein mit der Bewegungsrichtung von ausgeschiedenen Metallen bei der elektrolytischen Zersetzung von Salzlösungen. Nun ist leider das Elektron, also die vorhandene "Elektrizität" dann negativ. Daher stimmt auch die im Sprachgebrauch übliche Angabe der Stromrichtung nicht mit der wahren Bewegungsrichtung der Elektronen überein. Während man zu sagen pflegt, daß der elektrische Strom im Verbraucher von dessen positiver Klemme (+) zur negativen (−) fließt, bewegt sich der Elektronenstrom hier und in allen anderen Teilen des Stromkreises gerade entgegengesetzt (Abb.). Dennoch hat man die ursprünglichen Bezeichnungen beibehalten, um Irrtümer in den Angaben zu vermeiden. Auch wir werden uns dem herrschenden Sprachgebrauch anschließen, und als positive Stromrichtung stets die der Elektronenbewegung entgegengesetzte bezeichnen. Die Abb. legt diese Richtungsfragen fest. Man beachte bei dieser Abbildung weiter noch, daß die untereinander verbundenen Klemmen von Erzeuger und Verbraucher dasselbe Polaritätszeichen erhalten, so daß die obere Leitung die positive, die untere die negative ist.

Es folgt hieraus, daß der Strom im Verbraucher von Plus nach Minus, im Erzeuger jedoch von Minus nach Plus fließt.

Zitat Ende.

Pfeilrichtung bei Strömen

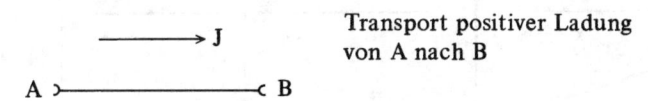

```
            ────────▶ J          Transport positiver Ladung
                                 von A nach B
  A ╾────────────────╼ B
```

„Der Stromzählpfeil gibt die Richtung an, in der positive Ladung transportiert wird." Diese Definition entspricht der konventionellen Stromrichtung. Von ihr wird in der Elektrotechnik allgemein Gebrauch gemacht. Lediglich in der Elektronik, speziell bei der Betrachtung von Strömen in Röhren und angrenzenden Schaltungen, hat man manchmal die Bewegungsrichtung der Elektronen, also die Bewegung negativer Ladungen, als Stromrichtung gewählt. Nach der konventionellen Festlegung fließt also in der Röhre der Strom von der (positiven) Anode zur (negativen) Katode, während man in der Röhrentechnik oft mit dem Elektronenstrom rechnet, der von der Katode zur Anode fließt.

Auch hier gilt, daß man in einem unübersichtlichen Netzwerk zunächst in einem Leitungsstück eine Stromrichtung markiert. Ergibt sich bei der Berechnung ein positiver Zahlenwert, dann wird positive Ladung in Pfeilrichtung oder negative Ladung entgegengesetzt transportiert. Der umgekehrte Fall tritt ein, wenn der Zahlenwert ein negatives Vorzeichen erhält.

1 Praktische Entwurfsdaten der Elektronik

Übersicht häufig benutzter mathematischer Kurvenformen

In den folgenden Abbildungen sind die am häufigsten vorkommenden mathematischen Kurvenformen mit der dazugehörigen Formel aufgeführt.

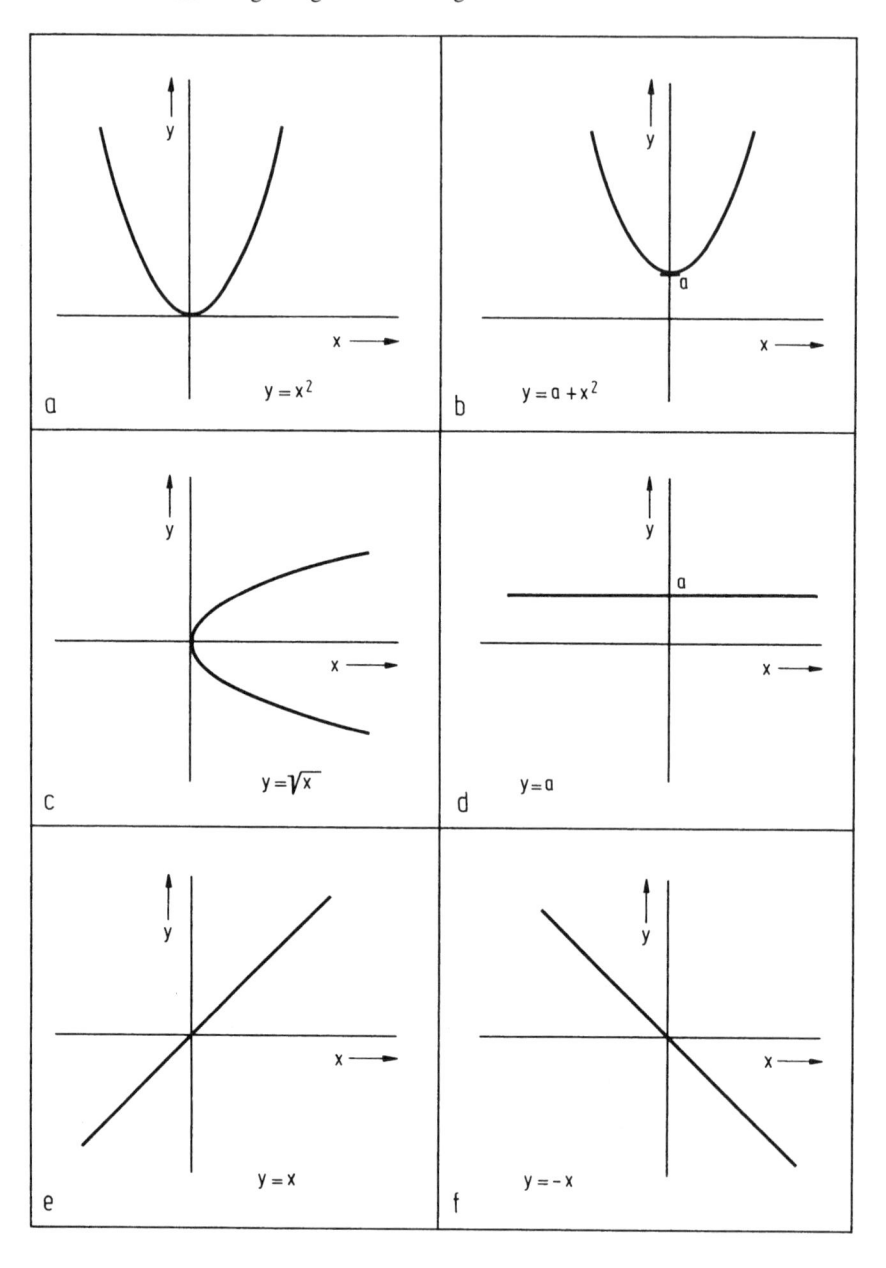

a	$y = x^2$	b	$y = a + x^2$
c	$y = \sqrt{x}$	d	$y = a$
e	$y = x$	f	$y = -x$

1.2 Mathematik

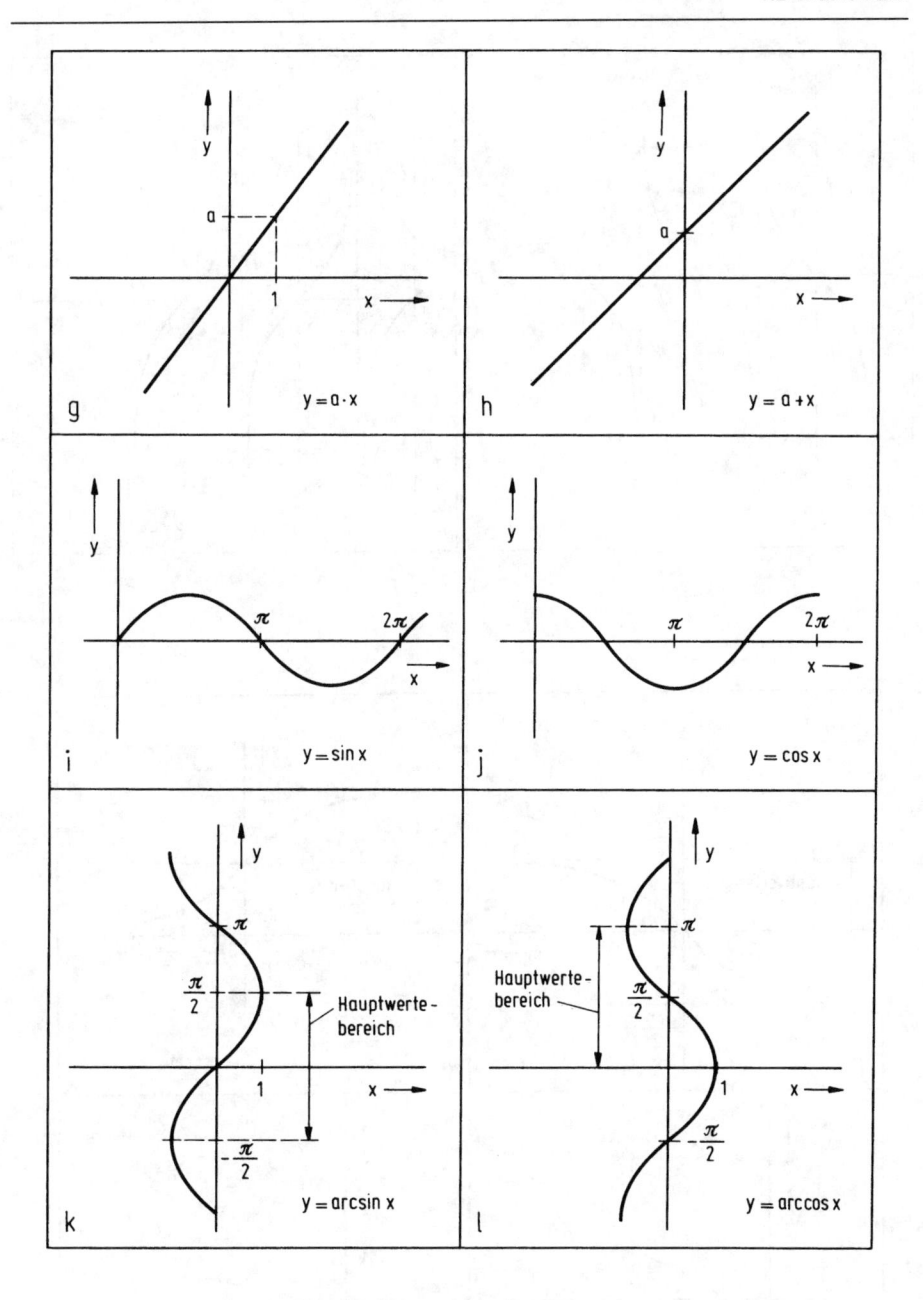

g) $y = a \cdot x$

h) $y = a + x$

i) $y = \sin x$

j) $y = \cos x$

k) $y = \arcsin x$ — Hauptwertebereich $[-\pi/2, \pi/2]$

l) $y = \arccos x$ — Hauptwertebereich $[0, \pi]$

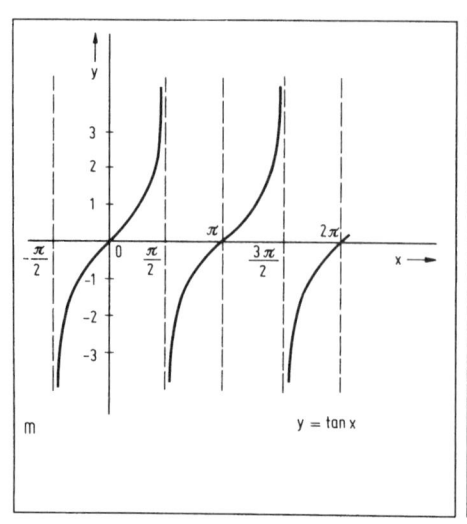

1 Praktische Entwurfsdaten der Elektronik

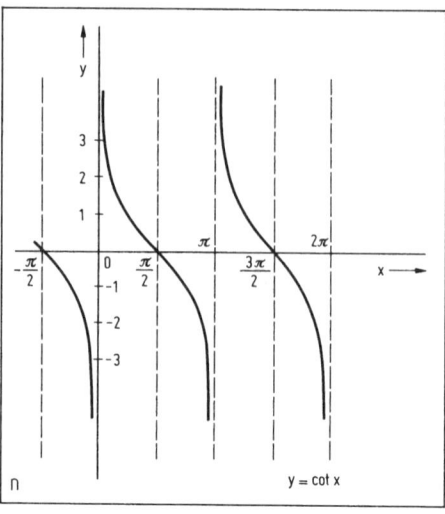

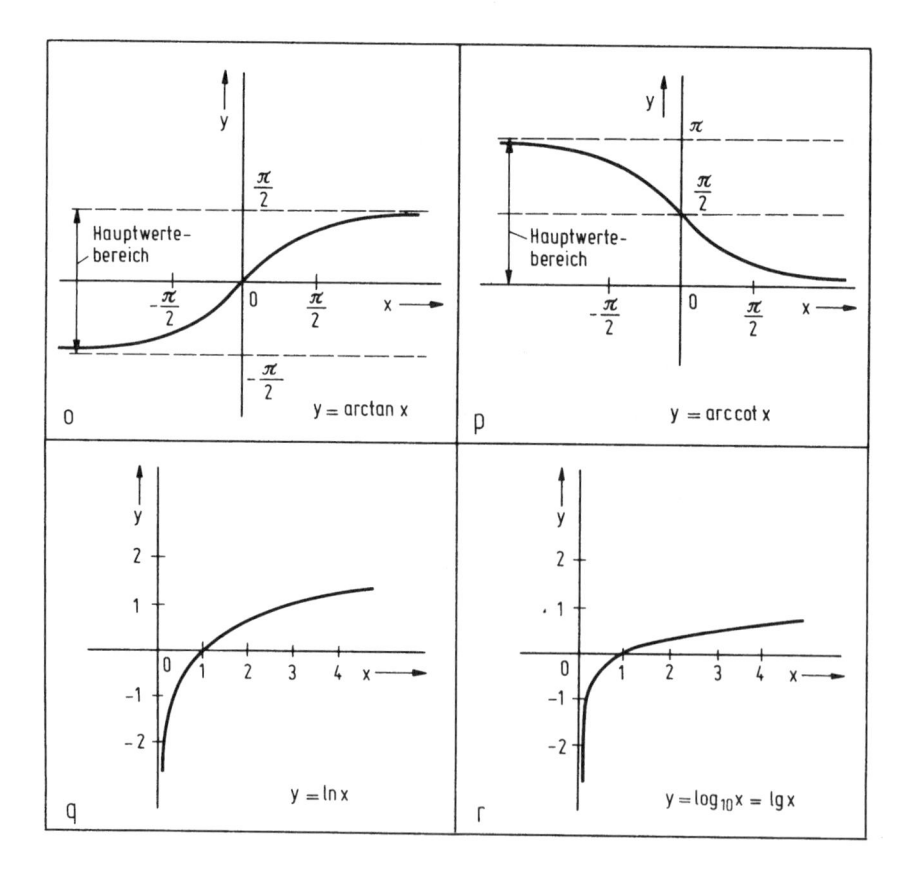

m $y = \tan x$

n $y = \cot x$

o Hauptwertebereich $y = \arctan x$

p Hauptwertebereich $y = \text{arccot}\, x$

q $y = \ln x$

r $y = \log_{10} x = \lg x$

$y = e^x$

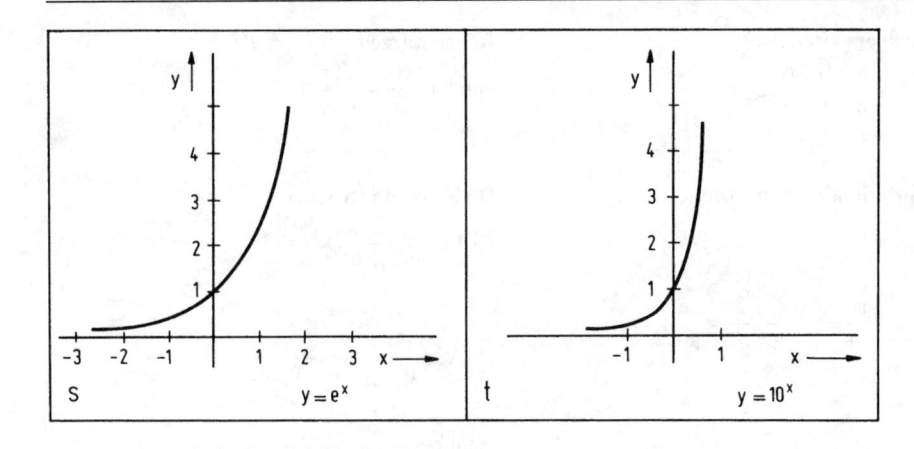

$y = 10^x$

1.2.2 Arithmetik

Grundrechenarten

Addition:
$a + b = b + a$
$(+ a) + (+ b) = a + b$
$(- a) + (+ b) = - a + b = b - a$
$(+ a) + (- b) = a - b = - b + a$
$a + (b + c) = (a + b) + c$
$a + (b - c) = (a + b) - c$

Subtraktion:
$a - b = - (b - a)$
$(+ a) - (+ b) = a - b$
$(+ a) - (- b) = a + b$
$(- a) - (+ b) = - a - b = - (a + b)$
$(- a) - (- b) = - a + b = b - a$
$a - (b + c) = a - b - c$
$a - (b - c) = a - b + c$

Multiplikation:
$a \cdot b = b \cdot a$
$(+ a) \cdot (+ b) = a \cdot b$
$(+ a) \cdot (- b) = - a \cdot b$
$(- a) \cdot (- b) = + a \cdot b$
$(a + b) \cdot c = a \cdot c + b \cdot c$
$(a - b) \cdot c = a \cdot c - b \cdot c$
$(a + b) \cdot (c + d) = ac + bc + ad + bd$
$(a + b) \cdot (c - d) = ac + bc - ad - bd$
$(a - b) \cdot (c - d) = ac - bc - ad + bd$
$(a + b) \cdot (a + b) = (a + b)^2 = a^2 + 2ab + b^2$
$(a - b) \cdot (a - b) = (a - b)^2 = a^2 - 2ab + b^2$
$(a + b) \cdot (a - b) = a^2 - b^2$

Division und Brüche:

$(a + b) : c = a : c + b : c = \dfrac{a}{c} + \dfrac{b}{c}$

$(a - b) : c = a : c - b : c = \dfrac{a}{c} - \dfrac{b}{c}$

$(+ ab) : (+ a) = + b$
$(+ ab) : (- a) = - b$
$(- ab) : (+ a) = - b$
$(- ab) : (- a) = + b$

$a : b = c : d$ identisch mit $\dfrac{a}{b} = \dfrac{c}{d}$ sowie

$a \cdot d = c \cdot b$ und $\dfrac{d}{b} = \dfrac{c}{a}$

$am : bm = c : d \quad \dfrac{am}{bm} = \dfrac{c}{d} \quad \dfrac{a}{b} = \dfrac{c}{d}$

1 Praktische Entwurfsdaten der Elektronik

Bruch erweitern

mit r : $\dfrac{a}{b} = \dfrac{a \cdot r}{b \cdot r}$

Bruch kürzen

durch r: $\dfrac{a}{b} = \dfrac{a : r}{b : r}$

Multiplikation von Brüchen

als Bruch: $\dfrac{a}{b}$

$\dfrac{a}{b} \cdot c = \dfrac{a \cdot c}{b}$; $\quad \dfrac{a}{b} \cdot \dfrac{c}{d} = \dfrac{ac}{bd}$;

Division von Brüchen

als Bruch: $\dfrac{a}{b}$

$\dfrac{a}{b} : c = \dfrac{a}{b \cdot c}$; $\quad \dfrac{a}{b} : \dfrac{c}{d} = \dfrac{a : \dfrac{c}{d}}{b : \dfrac{c}{d}} = \dfrac{ad}{bc}$

(Multiplikation mit dem Reziprokwert)

Addition und Subtraktion von Brüchen

$\dfrac{a}{b} + \dfrac{a}{b} = 2\dfrac{a}{b}$; $\quad \dfrac{a}{b} + \dfrac{c}{d} = \dfrac{a \cdot d + c \cdot b}{b \cdot d}$; $\qquad \dfrac{a}{b} + \dfrac{c}{d} - \dfrac{e}{f} = \dfrac{adf + bcf - bde}{bdf}$

(bd und bdf sind Hauptnenner)

Umwandeln eines Bruches in eine Dezimalzahl und umgekehrt

$0{,}42857 = \dfrac{42857}{100\,000}$

$\dfrac{3}{4} = 3 : 4 = 0{,}75$; $\quad 0{,}75 = \dfrac{750}{1000} : 250 = \dfrac{3}{4}$

Definitionen von Mittelwerten

arithmetische Mittel aus a und b $\qquad x_1 = \dfrac{a + b}{2}$

geometrische Mittel aus a und b $\qquad x_2 = \sqrt{a \cdot b}$

harmonische Mittel aus a und b $\qquad x_3 = \dfrac{2\,ab}{a + b}$

quadratische Mittel aus a und b $\qquad x_4 = \sqrt{\dfrac{a^2 + b^2}{2}}$

Es ist stets $x_4 \geq x_1 \geq x_2 \geq x_3$

Potenzen

a^m; a = Basis; m = Exponent

$a^n + a^n = 2 \cdot a^n$; aber $a^n \cdot a^m = a^{n+m}$

$a^{-n} = \dfrac{1}{a^n}$; $\dfrac{1}{a^{-n}} = a^n$; $e^{-n} = \dfrac{1}{e^n}$;

$a^0 = 1 \quad (a \neq 0)$

$(-1)^n = +1 \quad (n = \text{gerade})$

$(-1)^n = -1 \quad (n = \text{ungerade})$

$a^m \cdot a^n = a^{(m+n)}$

$\left(a^{\frac{1}{m}}\right)^m = a^{\frac{1}{m} \cdot m} = a$

$a^m : a^n = a^{(m-n)}$;

$(a \cdot b)^m = a^m \cdot b^m$;

$(a : b)^m = a^m : b^m$;

$(a^m)^n = a^{mn}$;

$(a+b) \cdot (a-b) = a^2 - b^2$

$(a \pm b)^2 = a^2 \pm 2ab + b^2$

$a^{\frac{m}{n}} \cdot a^{\frac{r}{s}} = a^{\frac{m}{n} + \frac{r}{s}}$

$a^{\frac{m}{n}} : a^{\frac{r}{s}} = a^{\frac{m}{n} - \frac{r}{s}}$

$(a \cdot b)^{\frac{m}{n}} = a^{\frac{m}{n}} \cdot b^{\frac{m}{n}}$

$(a : b)^{\frac{m}{n}} = a^{\frac{m}{n}} : b^{\frac{m}{n}}$

$\left(a^{\frac{m}{n}}\right)^{\frac{r}{s}} = a^{\frac{m \cdot r}{n \cdot s}}$

Wurzeln

$a^n = b$ ergibt $a = \sqrt[n]{b}$

$\sqrt[n]{a} + \sqrt[n]{a} = 2 \cdot \sqrt[n]{a}$

$a \cdot \sqrt[n]{b} = \sqrt[n]{a^n \cdot b}$

$a^{\frac{m}{n}} = \sqrt[n]{a^m} = \left(\sqrt[n]{a}\right)^m = a^{\frac{1}{n} \cdot m}$

$\sqrt[n]{a \cdot b} = \sqrt[n]{a} \cdot \sqrt[n]{b} = a^{\frac{1}{n}} \cdot b^{\frac{1}{n}} = (a \cdot b)^{\frac{1}{n}}$

$\sqrt[n]{a} \cdot \sqrt[m]{a} = \sqrt[nm]{a^m} \cdot \sqrt[nm]{a^n} = \sqrt[nm]{a^{n+m}}$

$\sqrt[n]{a} \cdot \sqrt[n]{b} = a^{\frac{1}{n}} \cdot b^{\frac{1}{n}} = (a \cdot b)^{\frac{1}{n}} = \sqrt[n]{ab}$

$\sqrt[n]{a} \cdot \sqrt[m]{a} = a^{\frac{1}{n}} \cdot a^{\frac{1}{m}} = a^{\frac{1}{n} + \frac{1}{m}} = a^{\frac{m+n}{m \cdot n}} = \sqrt[mn]{a^{m+n}}$

$\sqrt[n]{a : b} = \sqrt[n]{a} : \sqrt[n]{b}$

$a^{\frac{1}{n}} = \sqrt[n]{a}$

$\sqrt[-n]{a^r} = \sqrt[n]{a^{-r}}$

1 Praktische Entwurfsdaten der Elektronik

$$\frac{\sqrt[n]{a^p}}{\sqrt[n]{b}} = \sqrt[n]{\frac{a^p}{b}}$$

$$\frac{\sqrt[n]{a}}{\sqrt[m]{a}} = \frac{a^{\frac{1}{n}}}{a^{\frac{1}{m}}} = a^{\frac{1}{n}-\frac{1}{m}} = a^{\frac{m-n}{m \cdot n}}$$

$$\frac{\sqrt[n]{a}}{\sqrt[m]{a}} = \frac{\sqrt[nm]{a^m}}{\sqrt[nm]{a^n}} = \sqrt[nm]{a^{m-n}}$$

$$\left(\frac{1}{a^m}\right)^{\frac{1}{n}} = a^{\frac{1}{m \cdot n}} = \left(\frac{1}{a^n}\right)^{\frac{1}{m}}$$

$$\frac{\sqrt[n]{a}}{\sqrt[n]{b}} = \frac{a^{\frac{1}{n}}}{b^{\frac{1}{n}}} = \left(\frac{a}{b}\right)^{\frac{1}{n}}$$

$$\sqrt[n \cdot s]{a^{m \cdot s}} = a^{\frac{m \cdot s}{n \cdot s}} = a^{\frac{m}{n}} = \sqrt[n]{a^m}$$

Logarithmen

Natürliche Logarithmen

$e = 2{,}71828\ldots$
$e^{\ell n x} = \ell n e^x = x$

allgemein: $n = \ell og_a \cdot b$; darin ist:
n = Logarithmus
a = Basis
b = Numerus

$a^m = c$ führt zu $\sqrt[m]{c} = a$ und $\ell og_a c = m$
$\ell og_a 1 = 0$, da $a^0 = 1$ ($a \neq 0$)
$\ell og_a a = 1$, da $a^1 = a$;

Beispiel: $2^x = 8$
daraus folgt: $x \cdot \ell n 2 = \ell n 8$; $x = \frac{\ell n 8}{\ell n 2} = 3$

oder: $x \cdot \ell og 2 = \ell og 8$; $x = \frac{\ell og 8}{\ell og 2} = 3$

Dekadische Logarithmen

Logarithmus zur Basis 10 $\ell og_{10} a = \ell g\, a$

$\ell g\, 1000$	= 3	; aus	10^3	= 1000
$\ell g\, 100$	= 2	; aus	10^2	= 100
$\ell g\, 10$	= 1	; aus	10^1	= 10
$\ell g\, 1$	= 0	; aus	10^0	= 1
$\ell g\, 0{,}1$	= –1	; aus	10^{-1}	= 0,1
$\ell g\, 0{,}01$	= –2	; aus	10^{-2}	= 0,01
$\ell g\, 0{,}001$	= –3	; aus	10^{-3}	= 0,001

$\ell g\, a = x$ daraus folgt: $a = 10^x$

Beispiel:
$\ell g\, 4 = 0{,}6020$ also $4 = 10^{0{,}6020}$

Allgemeine Rechenregeln

$\ell og\, (x \cdot y) = \ell og\, x + \ell og\, y$
$\ell og\, (x : y) = \ell og\, x - \ell og\, y$
$\ell og\, x^y = y \cdot \ell og\, x$

$\ell og\, \sqrt[y]{x} = \frac{1}{y} \cdot \ell og\, x$

Natürliche Logarithmen

Basis $e = 2{,}718281\ldots$

$\ell og_e = \ell n$

$\ell n\, a = x$ daurus folgt: $e^x = a$

$e^{\ell n x} = \ell n\, e^x = x$

Beispiel einer Umwandlung:

$$\frac{U_2}{U_1} = e^{-\pi \cdot \tan \varphi}$$

$$\ell n \frac{U_2}{U_1} = -\pi \cdot \tan \varphi$$

$$\tan \varphi = \frac{\ell n \frac{U_2}{U_1}}{\pi}$$

$$\varphi = \arctan \frac{\ell n \frac{U_2}{U_1}}{\pi}$$

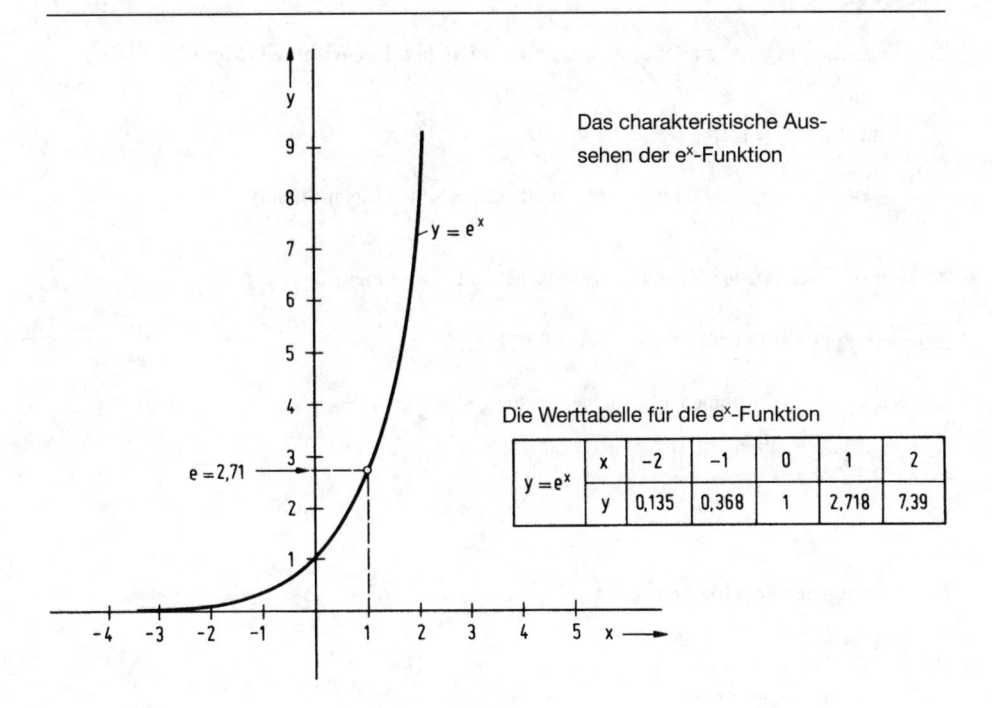

Das charakteristische Aussehen der e^x-Funktion

$y = e^x$

$e = 2{,}71$

Die Werttabelle für die e^x-Funktion

$y = e^x$	x	-2	-1	0	1	2
	y	0,135	0,368	1	2,718	7,39

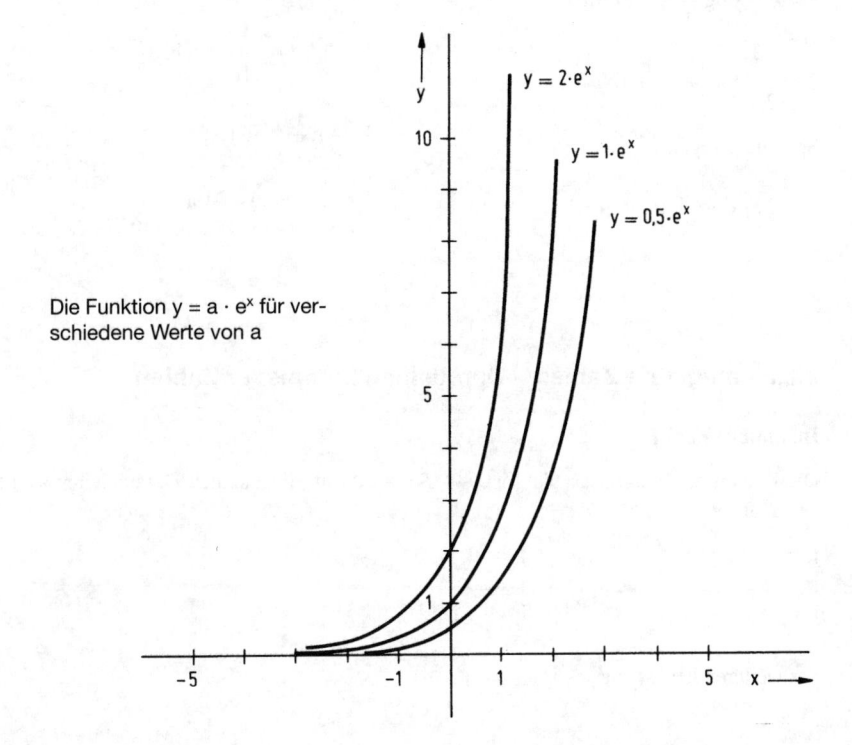

Die Funktion $y = a \cdot e^x$ für verschiedene Werte von a

$y = 2 \cdot e^x$
$y = 1 \cdot e^x$
$y = 0{,}5 \cdot e^x$

Zusammenhang zwischen dekadischen und natürlichen Logarithmen (Modul)

$$\ell g\, a = \frac{\ell n\, a}{\ell n\, 10} \quad \text{mit} \quad \frac{\ell}{\ell n\, 10} = \ell g\, e \quad \text{ist} \quad \frac{\ell n\, a}{\ell n\, 10} = \ell n\, a \cdot \ell g\, e$$

$$\frac{\ell}{\ell n\, 10} = \ell g\, e = M_{10} = 0{,}434294 \quad \text{(Modul der dekadischen Logarithmen)}$$

$$\ell n\, 10 = \frac{1}{M_{10}} = 2{,}302585 \quad \text{(Modul der natürlichen Logarithmen)}$$

Beispiel: $\ell g\, 3 = 0{,}434294 \cdot \ell n\, 3$ sowie $\ell n\, 3 = 2{,}302585 \cdot \ell g\, 3$.

Umrechnen der Logarithmen allgemeiner Form
$\ell g\, a = 0{,}434295 \cdot \ell n\, a$
$\ell n\, a = 2{,}302585 \cdot \ell g\, a$

Beispiele aus der Pegelrechnung

Leistungspegel:
(Index 1 für Eingangsgrößen,
 Index 2 für Ausgangsgrößen)

$$P = 10 \cdot \ell og \frac{P_2}{P_1} \quad \text{in [dB]}$$

$$P = \frac{1}{2} \cdot \ell n \frac{P_2}{P_1} \quad \text{in [NP]}$$

Spannungsregel:

$$U = 20 \cdot \ell og \frac{U_2}{U_1} \quad \text{in [dB]}$$

$$U = \ell n \frac{U_2}{U_1} \quad \text{in [NP]}$$

Strompegel:

$$I = 20 \cdot \ell og \frac{I_2}{I_1} \quad \text{in [dB]}$$

$$I = \ell n \frac{I_2}{I_1} \quad \text{in [NP]}$$

Umrechnungsfaktor:
1 dB = 0,115 NP oder NP = 8,686 dB

1.2.3 Imaginäre Zahlen – Darstellung komplexer Zahlen

Imaginäre Zahl j

Die Einheit der imaginären Zahl ist $\sqrt{-1}$. Sie wird mit j bezeichnet. Daraus leiten sich folgende Werte ab:

$j = \sqrt{-1}$ $\qquad j^2 = -1$
$j^3 = -j$ $\qquad j^4 = +1$
$j^5 = +j$ $\qquad j^6 = -1$ usf.

des weiteren ist: $j \cdot j = j^2 = -1; \quad \dfrac{1}{j} = -j; \quad \dfrac{1}{-j} = j;$

$(-j)^1 = -j$ $(-j)^2 = -1$
$(-j)^3 = +j$ $(-j)^4 = +1$
$(-j)^5 = -j$ $(-j)^6 = -1$

sowie:

$j^{-1} = -j$ $j^{-2} = -1$
$j^{-3} = +j$ $j^{-4} = +1$
$j^{-5} = -j$ $j^{-6} = -1$

ähnlich wird:

$(-j)^{-1} = +j$ $(-j)^{-2} = -1$
$(-j)^{-3} = -j$ $(-j)^{-4} = +1$
$(-j)^{-5} = +j$ $(-j)^{-6} = -1$

Die folgenden Regeln ergänzen das Thema.

Addition: $ja + jb = j(a + b)$
Subtraktion: $ja - jb = j(a - b)$
Multiplikation: $ja \cdot jb = -a \cdot b$
Division: $ja : jb = a : b$

Der Wert j beeinflußt den Betrag des Wertes, mit dem er multipliziert wird, nicht. Er gibt an (+j) positive Phasenvoreilung – (+90°) – zwischen Real- und Imaginärwert. Sowie (–j) negative Phasennacheilung – (–90°) – zwischen Real- und Imaginärwert. Der Wert j ($j = \sqrt{-1}$) wird der imaginären Komponente als Kennung zugeordnet.

Komplexe Zahlen

Eine komplexe Zahl Z besteht aus der Verbindung einer realen Zahl a mit einer imaginären Zahl *jb*. Also

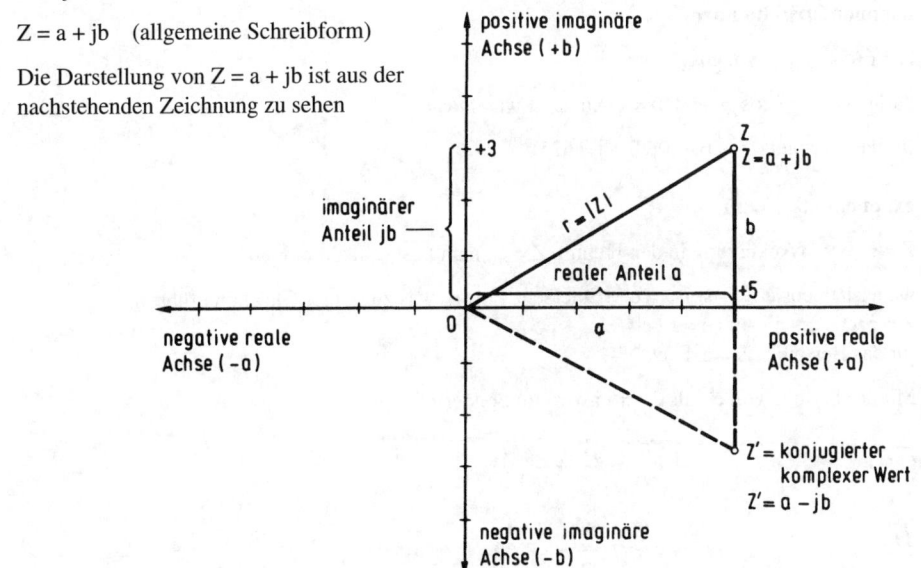

$Z = a + jb$ (allgemeine Schreibform)

Die Darstellung von $Z = a + jb$ ist aus der nachstehenden Zeichnung zu sehen

1 Praktische Entwurfsdaten der Elektronik

Ist a + jb = c + jd   dann folgert a = c und b = d
Ist a + jb = 0   dann folgert a = 0 und b = 0

Der absolute Wert |Z| ergibt sich zu |Z| = $\sqrt{a^2 + b^2}$

Der Wert Z wird als Zeiger (Vektor) r dargestellt, wobei dann r = |Z| ist. Also
r = |Z| = $\sqrt{a^2 + b^2}$

Eine komplexe Zahl läßt sich in verschiedenen Formen zeigen. Wir beziehen uns auf die gewählten Werte a = 5 und jb = 4 in der folgenden Zeichnung

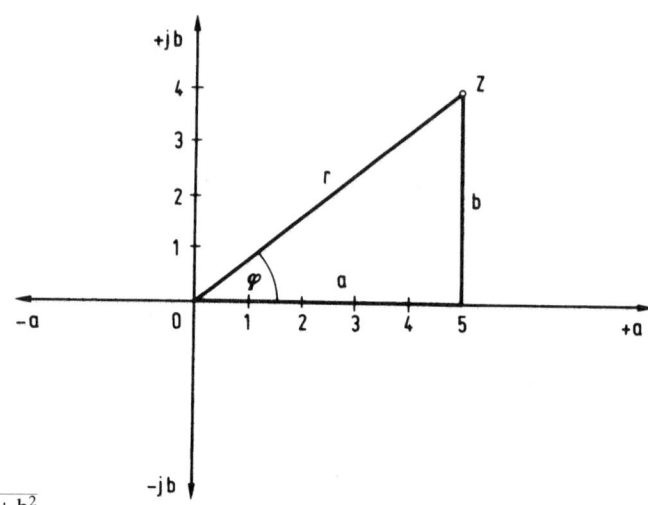

algebraische Form

Z = a + jb   und |Z| = $\sqrt{a^2 + b^2}$
für das Beispiel: Z = 5 + j4 ist |Z| = 6,4

trigonometrische Form

Z = r (cos φ + j · sin φ)

dafür ist a = r · cos φ und b = r · sin φ sowie tg φ = $\frac{b}{a}$

für das Beispiel: Z = 6,4 (0,78 + j 0,625)

exponentielle Form

Z = r · e^{jφ} (Abkürzung in der Technik Z = φ; man liest φ als Versor φ).

weiter ist: cos φ + j · sin φ = e^{jφ} (Eulersche Form), was zu obiger Gleichung führt mit
Z = r (cos φ + j · sin φ) = r · e^{jφ}
für das Beispiel: Z = 6,4 · e$^{j\,38,70°}$

Mit der Periode von e^{jφ} als 2 · π · j wird im Sonderfall:

$e^{\frac{j\pi}{2}} = j$ 　　　　　　 $e^{\frac{j2\pi}{3}} = -\frac{1}{2} + \frac{j}{2}\sqrt{3}$

$e^{\frac{j3\pi}{2}} = -j$ 　　　　　　 $e^{\frac{j4\pi}{3}} = -\frac{1}{2} + \frac{j}{2}\sqrt{3}$

1.2 Mathematik

Rechenregeln für die algebraische Form

Addition:

$Z_1 + Z_2 = (a_1 + jb_1) + (a_2 + jb_2) = a_1 + a_2 + j(b_1 + b_2)$

konjugiert komplex ist:

$(a + jb) + (a - jb) = 2a$

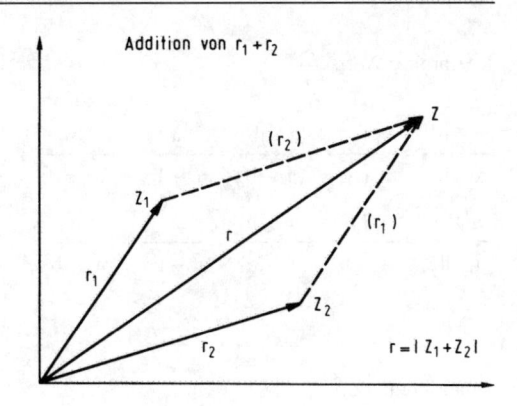

Addition von $r_1 + r_2$

$r = |Z_1 + Z_2|$

Subtraktion:

$Z_1 - Z_2 = (a_1 + jb_1) - (a_2 + jb_2) = a_1 - a_2 + j(b_1 - b_2)$

konjugiert komplex ist:

$(a + jb) - (a - jb) = j2b$

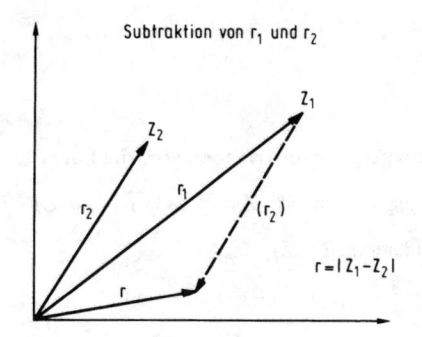

Subtraktion von r_1 und r_2

$r = |Z_1 - Z_2|$

Multiplikation:

$Z1 \cdot Z2 =$

1. $(a_1 + jb_1) \cdot (a_2 + jb_2) = a_1 \cdot a_2 - b_1 \cdot b_2 + j(a_1 b_2 + a_2 b_1)$
2. $(a_1 - jb_1) \cdot (a_2 - jb_2) = a_1 \cdot a_2 - b_1 \cdot b_2 + j(a_1 b_2 + a_2 b_1)$
3. $(a_1 - jb_1) \cdot (a_2 + jb_2) = a_1 \cdot a_2 + b_1 \cdot b_2 + j(a_1 b_2 - a_2 b_1)$

Konjugiert komplex ist:

$(a + jb) \cdot (a - jb) = a^2 + b^2$

Division:

$Z1 : Z2 =$

$$\frac{a_1 + jb_1}{a_2 + jb_2} = \frac{(a_1 + jb_1) \cdot (a_2 - jb_2)}{(a_2 + jb_2) \cdot (a_2 - jb_2)} = \frac{a_1 \cdot a_2 + b_1 \cdot b_2}{a_2^2 + b_2^2} + j \frac{a_2 \cdot b_1 - a_1 \cdot b_2}{a_2^2 + b_2^2}$$

Konjugiert komplex ist:

$$\frac{a + jb}{a - jb} = \frac{(a + jb) \cdot (a + jb)}{(a - jb) \cdot (a + jb)} = \frac{a^2 - b^2}{a^2 + b^2} + j \frac{2ab}{a^2 + b^2}$$

1 Praktische Entwurfsdaten der Elektronik

Reziproker Wert: $\dfrac{1}{Z}$

$$\dfrac{1}{a+jb} = \dfrac{1}{(a+jb)\cdot(a-jb)}(a-jb) = \dfrac{a}{a^2+b^2} - j\dfrac{b}{a^2+b^2}$$

$$\dfrac{1}{a-jb} = \dfrac{1}{(a-jb)\cdot(a+jb)}(a+jb) = \dfrac{a}{a^2+b^2} + j\dfrac{b}{a^2+b^2}$$

Quadrieren: $(Z)^2$

$(a+jb)^2 = (a+jb)\cdot(a+jb) = a^2 - b^2 + j2ab$

$(a-jb)^2 = (a-jb)\cdot(a-jb) = a^2 - b^2 - j2ab$

Rechenregeln für die trigonometrische Form

Ausgangsgleichung ist: $Z = r\,(\cos\varphi + j\cdot\sin\varphi)$

Multiplikation: $Z_1 \cdot Z_2$

$Z_1 \cdot Z_2 = r_1 \cdot r_2\,[\cos(\varphi_1 + \varphi_2) + j\cdot\sin(\varphi_1 + \varphi_2)]$

Division: $\dfrac{Z_1}{Z_2}$

$\dfrac{Z_1}{Z_2} = \dfrac{r_1}{r_2}\,[\cos(\varphi_1 - \varphi_2) + j\cdot\sin(\varphi_1 + \varphi_2)]$

Potenzieren: Z^n

$Z^n = r^n\,(\cos n\cdot\varphi + j\cdot\sin n\cdot\varphi)$

Rechenregeln für die exponentielle Form

Ausgangsgleichung ist: $Z = r\cdot e^{j\varphi}$

Multiplikation: $Z_1 \cdot Z_2$

$Z_1 \cdot Z_2 = r_1 \cdot r_2 \cdot e^{j(\varphi_1 + \varphi_2)}$

Division: $\dfrac{Z_1}{Z_2}$

$\dfrac{Z_1}{Z_2} = \dfrac{r_1}{r_2} \cdot e^{j(\varphi_1 + \varphi_2)}$

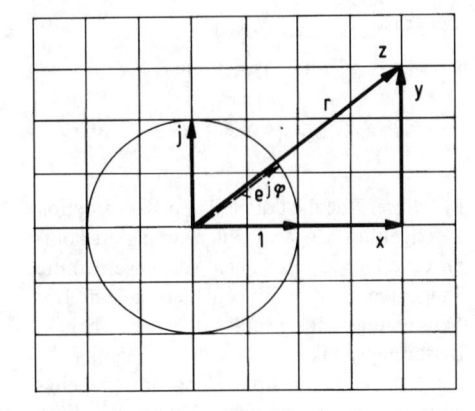

Potenzieren: Z^n

$Z^n = r^n \cdot e^{j \cdot n \cdot \varphi}$

Vektoren und ihre Darstellung

allgemeine Festlegung

$z = x + jy$ j = Einheitsvektor in y-Richtung
         1 = Einheitsvektor in x-Richtung
$z = r \cdot e^{j\varphi} = r(\cos \varphi + j \sin \varphi)$
$x = r \cdot \cos \varphi$ $y = r \cdot \sin \varphi$
$r = \sqrt{x^2 + y^2}$ $= \text{arc tg } y/x$

Formel gilt nur für den 1. und 4. Quadranten. Im 2. und 3. Quadranten ist:

$\varphi = \pi - \text{arc ctg } \dfrac{y}{x}$ im Bogenmaß oder entsprechend $\varphi = 180° - \text{arc ctg } \dfrac{y}{x}$ im Gradmaß.

$e^{j\varphi}$ = Einheitsvektor mit dem Winkel φ und den Komponenten: in x-Richtung $\cos \varphi$
                                                                   in y-Richtung $\sin \varphi$

Spiegelung am Nullpunkt (reale Achse) – Konjugiert komplexer Vektor

Z Ausgangsvektor $\overline{Z}$ gespiegelter Vektor

$\overline{Z} = X - jy = r \cdot e^{-j\varphi}$

Inversion: $\dfrac{1}{Z}$

$\dfrac{1}{z} = \dfrac{1}{x + jy} = \dfrac{x - jy}{x^2 + y^2} = \dfrac{x}{x^2 + y^2} - j\dfrac{y}{x^2 + y^2}$

$= \dfrac{x}{x^2 + y^2} - j\dfrac{y}{x^2 + y^2} = \dfrac{r \cdot \cos \varphi}{r^2} - j\dfrac{r \cdot \sin \varphi}{r^2}$

$= \dfrac{1}{r} \cdot e^{-j\varphi}$

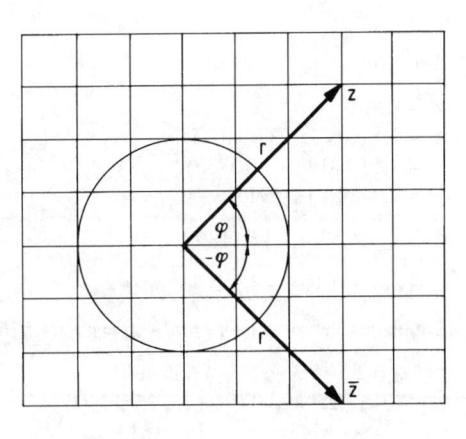

Die Konstruktion erfolgt nach einem Satz von Euklid: Im rechtwinkligen Dreieck teilt das Lot auf die Hypotenuse diese so, daß gilt:

$a \cdot (a + b) = c^2$

Hier ist

$a + b = r$, $c = 1$; $a = 1/r$

weiter ist

$x = r \cdot \cos \varphi$ und $jy = r \cdot \sin \varphi$

$\dfrac{jy}{x} = \text{tg}\, \varphi$ sowie $\varphi = \text{arc tg}\, \dfrac{jy}{x}$

Mit dieser Regel ist die Polaren-Konstruktion durchgeführt. Zu z wird der konjugiert komplexe Vektor $\bar{z}$ gezeichnet. Von $\bar{z}$ werden die Tangenten an den Einheitskreis gelegt. Die Verbindungslinie (polare) der beiden Berührungspunkte schneidet $\bar{z}$ im Punkte K. o K ist der durch Spiegelung am Einheitskreis gewonnene gesuchte Vektor 1/z. Eine genauere Bestimmung der Berührungspunkte der Tangenten mit dem Einheitskreis ist mit Hilfe des Kreises des Thales möglich. Man halbiert $\bar{z}$ und zieht um den Mittelpunkt einen Kreis mit dem Radius

$0 - \dfrac{\bar{z}}{2}$.

Dieser Kreis schneidet den Einheitskreis in den gesuchten Berührungspunkten.

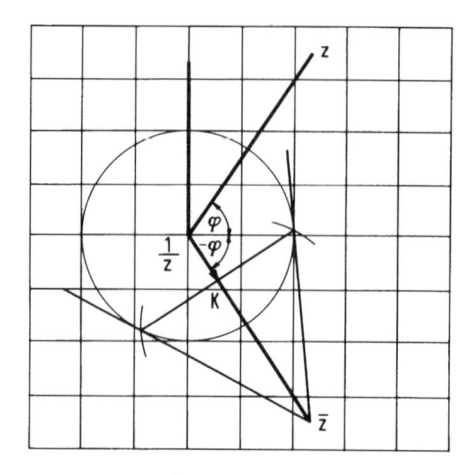

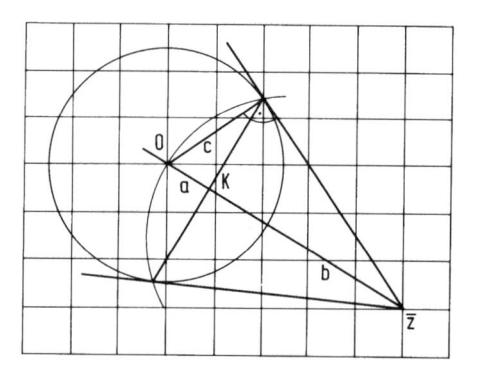

Beipiele:

$z_1 = 2{,}5 \cdot e^{j35°}$
$z_1 = 2{,}5\,(\cos 35° + j \sin 35°)$
$\quad = 2{,}5\,(0{,}8192 + j\,0{,}5735)$
$\quad = 2{,}0479 + j\,1{,}4340$

$z_2 = 5{,}3 \cdot e^{j62°}$
$z_2 = 5{,}3\,(\cos 62° + j \sin 62°)$
$\quad = 5{,}3\,(0{,}4695 + j\,0{,}8829)$
$\quad = 2{,}4882 + j\,4{,}6796$

$z_1 + z_2 = 4{,}5361 + j\,6{,}1136$

$z_1 - z_2 = -0{,}4403 - j\,3{,}2456$

Länge des Vektors $z_1 + z_2 = z_1 + z_2 = r = \sqrt{4{,}5361^2 + 6{,}1136^2} = 7{,}6126$

$z_1 \cdot z_2 = 2{,}5 \cdot 5{,}3 \cdot e^{j97°} = 13{,}25 \cdot e^{j97°}$
$\qquad = 13{,}25 \cdot \cos 97° + j\,13{,}25 \sin 97°$
$\qquad = -1{,}6148 \qquad + j\,13{,}1513$

$z_2/z_1 = \dfrac{5{,}3 \cdot e^{j62°}}{2{,}5 \cdot e^{j35°}} = 2{,}12 \cdot e^{j27°}$ $\quad z_2/z_1 = 1{,}8889 + j\,0{,}9625$

Umwandlung von:

$Z = 15 \cdot e^{j35°}$ in die algebraische Form

$Z = a + jb = 15 (\cos 35° + j \sin 35°) = 15 \cdot (0{,}82 + j\, 0{,}57) = 12{,}3 + j\, 8{,}55$

Umwandlung von:

$Z = -3 + j\, 5$ in die Exponential-Form

$r = \sqrt{-3^2 + 5^2} = 5{,}83 \quad \text{tg}\varphi = \dfrac{5}{-3} = -1{,}66 = 121° \triangleq 2{,}11 \text{ rad}$

somit ist: $Z = 5{,}83 \cdot e^{j2{,}11}$

1.2.4 Geometrie – Trigonometrie

A Trigonometrische Funktionen

Formeln für Dreiecke

Für ein rechtwinkliges Dreieck – siehe nebenstehende Darstellung – gelten die folgenden Beziehungen: $(\alpha)\, j = 90°$

$\gamma + \alpha + \beta = 180°$

Pythagoras:

$c^2 = a^2 + b^2$ daraus folgt:

$c = \sqrt{a^2 + b^2}$

$a = \sqrt{c^2 - b^2}$

$b = \sqrt{c^2 - a^2}$

Beziehung mit h_c

$h_c^2 = p \cdot q \quad b^2 = q \cdot c \quad a^2 = p \cdot c$

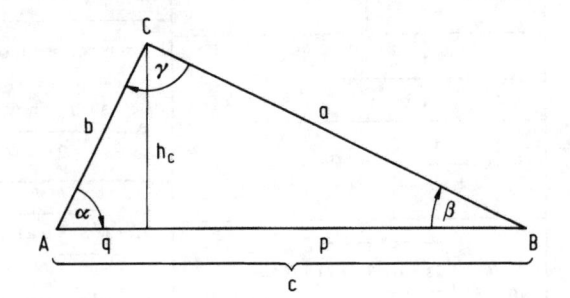

Umwandlung der Grundformeln für das rechtwinklige Dreieck

$\sin \alpha = a:c$	$\cot \beta = a:b$	$b = a \cdot \cot \alpha$	$A = b \cdot c \cdot \cos \beta : 2$	$A = \dfrac{a \cdot b}{2} =$
$\sin \beta = b:c$	$a = c \cdot \sin \alpha$	$a = b \cdot \cot \beta$	$A = a \cdot c \cdot \cos \alpha : 2$	$c^2 \cdot \sin \alpha \cdot \cos \alpha : 2$
$\cos \alpha = b:c$	$b = c \cdot \sin \beta$	$c = a:\cos \beta$	$A = a^2 \cdot \tan \beta : 2$	
$\cos \beta = a:c$	$b = c \cdot \cos \alpha$	$b = a:\tan \alpha$	$A = b^2 \cdot \tan \alpha : 2$	
$\tan \alpha = a:b$	$a = c \cdot \cos \beta$	$a = b:\tan \beta$	$A = b^2 \cdot \cot \beta : 2$	
$\tan \beta = b:a$	$a = b \cdot \tan \alpha$	$A = a \cdot c \cdot \sin \beta : 2$	$A = a^2 \cdot \cot \alpha : 2$	
$\cot \alpha = b:a$	$b = a \cdot \tan \beta$	$A = b \cdot c \cdot \sin \alpha : 2$	$A = c^2 \cdot \sin 2\alpha : 4$	

1 Praktische Entwurfsdaten der Elektronik

Fläche

$$A = \frac{a \cdot b}{2} = \frac{c \cdot h_c}{2}$$

bei einem gleichseitigen Dreieck mit a = b ist die Fläche

$$A = \frac{a}{2} \cdot hc = \frac{a^2}{4} \cdot \sqrt{3} = \frac{c}{2} \sqrt{a^2 - \frac{c^2}{4}}$$

Schiefwinkliges Dreieck

$$\frac{a}{\sin \alpha} = \frac{b}{\sin \beta} = \frac{c}{\sin \gamma} \quad \text{(Sinussatz)}$$

sowie:

$$a^2 = b^2 + c^2 - 2\,bc \cdot \cos \alpha \quad \text{(Cosinussatz)}$$
$$b^2 = a^2 + c^2 - 2\,ac \cdot \cos \beta$$
$$c^2 = a^2 + b^2 - 2\,ab \cdot \cos \gamma$$

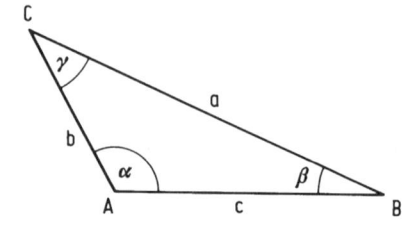

$\sin \alpha = \dfrac{a \cdot \sin \beta}{b}$	$\sin \beta = \dfrac{b \cdot \sin \alpha}{b}$	$a = \sqrt{b^2 + c^2 - 2\,b \cdot c \cdot \cos \alpha}$
$\cos \alpha = \dfrac{b^2 + c^2 - a^2}{2\,b \cdot c}$		$a = b \cos \gamma + c \cos \beta$
$\sin \alpha = \dfrac{2A}{b \cdot c}$	$\sin \beta = \dfrac{2A}{a \cdot c}$	$A = \dfrac{a \cdot b \cdot \sin \gamma}{2} = \dfrac{a \cdot c \cdot \sin \beta}{2} = \dfrac{b \cdot c \cdot \sin \alpha}{2}$
$\sin \dfrac{\alpha}{2} = \sqrt{\dfrac{(s-b)\,(s-c)}{bc}}$		$A = \sqrt{s\,(s-a)\,(s-b)\,(s-c)}$ s = halbe Seitensumme $= \dfrac{a+b+c}{2}$
$a = \dfrac{c \cdot \sin \alpha}{\sin \gamma}$	$b = \dfrac{c \cdot \sin \beta}{\sin \gamma}$	

Winkelsätze

$$\sin \alpha = \frac{a}{c} \quad \text{und} \quad a = c \cdot \sin \alpha \quad \text{sowie} \quad c = \frac{a}{\sin \alpha}$$

$$\cos \alpha = \frac{b}{c} \quad \text{und} \quad b = c \cdot \cos \alpha \quad \text{sowie} \quad c = \frac{b}{\cos \alpha}$$

$$\tan \alpha = \frac{a}{b} \quad \text{und} \quad a = b \cdot \tan \alpha \quad \text{sowie} \quad b = \frac{a}{\tan \alpha}$$

B Cofunktionen und deren Zusammenhänge

$\sin \beta = \cos \alpha = \dfrac{b}{c}$ $\qquad \tan \beta = \cot \alpha = \dfrac{b}{a}$

$\cos \beta = \sin \alpha = \dfrac{a}{c}$ $\qquad \cot \beta = \tan \alpha = \dfrac{a}{b}$

$\sin^2 \alpha + \cos^2 \alpha = 1$ $\qquad \tan \alpha = \dfrac{1}{\cot \alpha}$

$\dfrac{\sin \alpha}{\cos \alpha} = \tan \alpha$ $\qquad \cot \alpha = \dfrac{\cos \alpha}{\sin \alpha}$

$\sin(90° - \alpha) = \cos \alpha$ $\qquad \tan(90° - \alpha) = \cot \alpha$
$\cos(90° - \alpha) = \sin \alpha$ $\qquad \cot(90° - \alpha) = \tan \alpha$

$\tan \alpha = \dfrac{\sin \alpha}{\cos \alpha}$ $\qquad \cot \alpha = \dfrac{\cos \alpha}{\sin \alpha}$

$\sec \alpha = \dfrac{1}{\cos \alpha}$ $\qquad \operatorname{cosec} \alpha = \dfrac{1}{\sin \alpha}$

C Einheitskreis und Kreisfunktionen (r = 1)

$\sin \alpha = \dfrac{y}{r}$

$\cos \alpha = \dfrac{x}{r}$

$\tan \alpha = \dfrac{y}{x}$

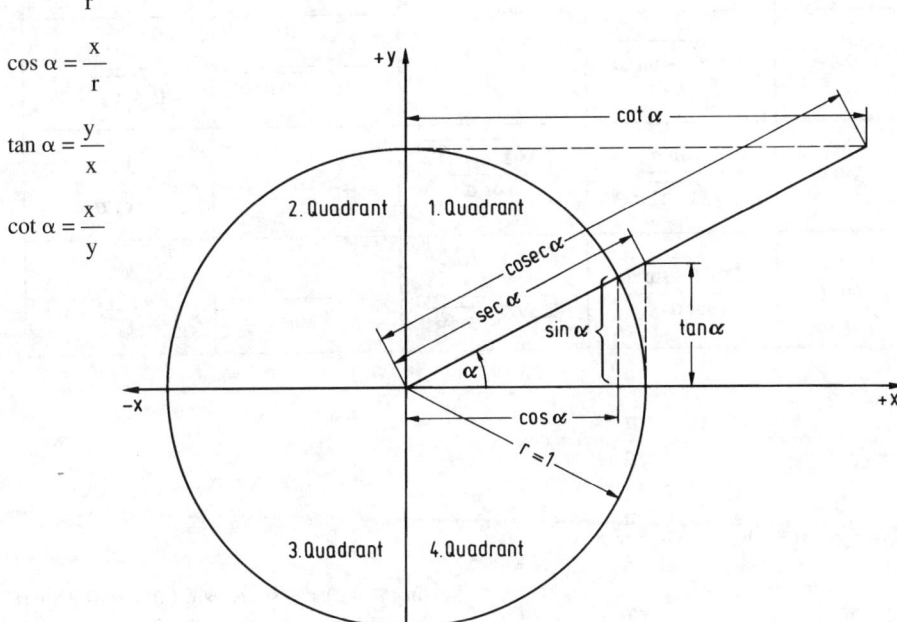

$\cot \alpha = \dfrac{x}{y}$

1 Praktische Entwurfsdaten der Elektronik

Vorzeichen und Verlauf von sin, cos, tan und cot in den vier Quadranten

$\rightarrow \alpha$	Quadrant	sin	cos	tan	cot
α	I	+	+	+	+
$180° - \alpha$	II	+	−	−	−
$180° + \alpha$	III	−	−	+	+
$360° - \alpha$	IV	−	+	−	−

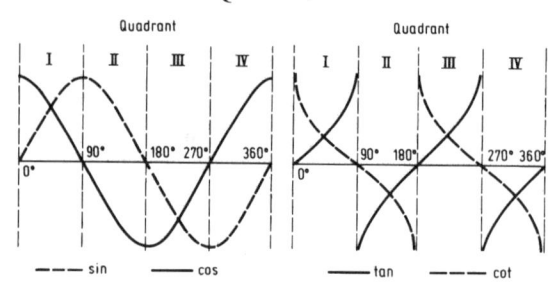

$\sin(-\alpha) = -\sin\alpha$
$\cos(-\alpha) = \cos\alpha$
$\tan(-\alpha) = -\tan\alpha$
$\cot(-\alpha) = -\cot\alpha$

$\arcsin(-u) = -\arcsin u$
$\arccos(-u) = \pi - \arccos u$
$\arctan(-u) = -\arctan u$
$\arccot(-u) = \pi - \arccot u$

D Umrechnungen von trigonometrischen Funktionen

	$\sin\alpha$	$\cos\alpha$	$\tan\alpha$	$\cot\alpha$
$\sin\alpha$		$\pm\sqrt{1-\cos^2\alpha}$	$\dfrac{\tan\alpha}{\pm\sqrt{1+\tan^2\alpha}}$	$\dfrac{1}{\pm\sqrt{1+\cot^2\alpha}}$
$\cos\alpha$	$\pm\sqrt{1-\sin^2\alpha}$		$\dfrac{1}{\pm\sqrt{1+\tan^2\alpha}}$	$\dfrac{\cot\alpha}{\pm\sqrt{1+\cot^2\alpha}}$
$\tan\alpha$	$\dfrac{\sin\alpha}{\pm\sqrt{1-\sin^2\alpha}}$	$\dfrac{\pm\sqrt{1-\cos^2\alpha}}{\cos\alpha}$		$\dfrac{1}{\cot\alpha}$
$\cot\alpha$	$\dfrac{\pm\sqrt{1-\sin^2\alpha}}{\sin\alpha}$	$\dfrac{\cos\alpha}{\pm\sqrt{1-\cos^2\alpha}}$	$\dfrac{1}{\tan\alpha}$	

$\sin\dfrac{\pi}{2} - \alpha = \cos\alpha$ $\sin\dfrac{\pi}{2} + \alpha = \cos\alpha$

$\cos\dfrac{\pi}{2} - \alpha = \sin\alpha$ $\cos\dfrac{\pi}{2} + \alpha = -\sin\alpha$

$\tan\dfrac{\pi}{2} - \alpha = \cot\alpha$ $\tan\dfrac{\pi}{2} + \alpha = -\cot\alpha$

$\sin(\pi - \alpha) = \sin\alpha$ $\sin(\pi + \alpha) = -\sin\alpha$
$\cos(\pi - \alpha) = -\cos\alpha$ $\cos(\pi + \alpha) = -\cos\alpha$
$\tan(\pi - \alpha) = -\tan\alpha$ $\tan(\pi + \alpha) = \tan\alpha$

	0°	30°	45°	60°	90°	180°	270°	360°
sin	0	$\frac{1}{2}$	$\frac{1}{2}\sqrt{2}$	$\frac{1}{2}\sqrt{3}$	1	0	-1	0
cos	1	$\frac{1}{2}\sqrt{3}$	$\frac{1}{2}\sqrt{2}$	$\frac{1}{2}$	0	-1	0	1
tan	0	$\frac{1}{3}\sqrt{3}$	1	$\sqrt{3}$	$\pm\infty$	0	$\pm\infty$	0
cot	$\pm\infty$	$\sqrt{3}$	1	$\frac{1}{3}\sqrt{3}$	0	$\pm\infty$	0	$\pm\infty$

E Inverse trigonometrische Funktionen und Umrechnung von Winkel- in Bogenmaß
(Einheitskreis r = 1)

Der Zusammenhang ist gegeben durch:

y = arc sin x   ⟷   x = sin y
y = arc cos x   ⟷   x = cos y
y = arc tan x   ⟷   x = tan y
y = arc cot x   ⟷   x = cot y

In der nebenstehenden Zeichnung des Einheitskreises ist das Bogenmaß des ∢ α:

$$\text{arc } \alpha = \frac{\pi \cdot \alpha}{180°}$$

Daraus ergibt sich die Bogenlänge b:

b = r · arc α

Für Umrechnungen ist: (r = 1)

arc 360° = 2 π   arc 1° ≈ 0,01745

$$\text{arc } 270° = \frac{3}{2} \cdot \pi$$ arc 1' ≈ 0,00029

arc 180° = π

$$\text{arc } 90° = \frac{\pi}{2}$$ $$\text{arc } 45° = \frac{\pi}{4}$$

$$\text{arc } 60° = \frac{\pi}{3}$$ $$\text{arc } 30° = \frac{\pi}{6}$$

Rechenbeispiele:

1. arc sin 1 = 1,57 = $\frac{\pi}{2}$ ≙ 90° (Werte im Bogenmaß),

   da sin 90° = 1 ist, wird arc sin 1 = 1,57

2. $\sin \frac{\pi}{6}$ = sin 30° = 0,5   also arc sin 0,5 = $\frac{\pi}{6}$

3. $\sin \frac{3}{2} \pi$ = sin 270° = –1   also arc sin (–1) = –1,57 ≙ $\frac{3}{2} \pi$

Folgende Beziehungen gelten:

arc cot x = arc tan $\frac{1}{x}$ für x > 0   sowie

arc cot x = arc tan $\frac{1}{x}$ + π für x < 0

arc sin x + arc cos x = $\frac{\pi}{2}$ sowie arc tan x + arc cot x = $\frac{\pi}{2}$

Darstellung der inversen Funktion im Einheitskreis
y = arc sin x (Koordinaten tauschen)   x = sin y
Das folgende Schaubild erklärt die Zusammenhänge

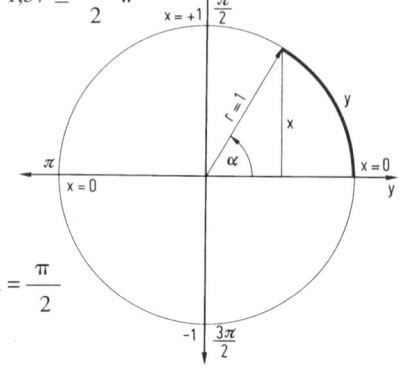

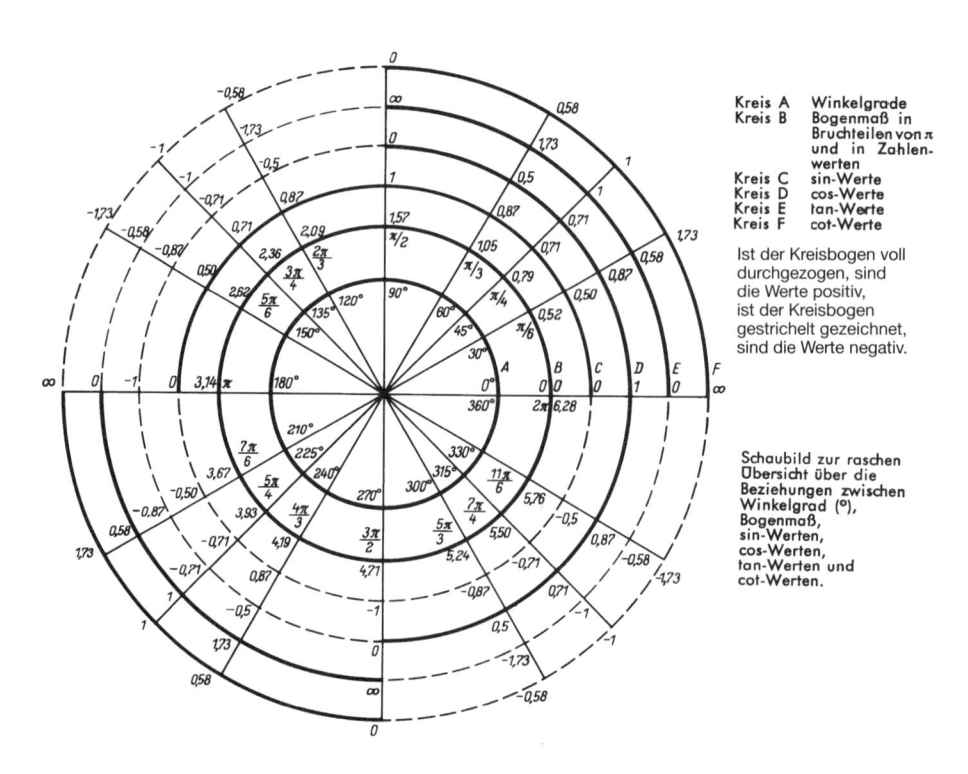

Kreis A   Winkelgrade
Kreis B   Bogenmaß in Bruchteilen von π und in Zahlenwerten
Kreis C   sin-Werte
Kreis D   cos-Werte
Kreis E   tan-Werte
Kreis F   cot-Werte

Ist der Kreisbogen voll durchgezogen, sind die Werte positiv, ist der Kreisbogen gestrichelt gezeichnet, sind die Werte negativ.

Schaubild zur raschen Übersicht über die Beziehungen zwischen Winkelgrad (°), Bogenmaß, sin-Werten, cos-Werten, tan-Werten und cot-Werten.

F Gegenüberstellung der Arcusfunktionen im Liniendiagramm

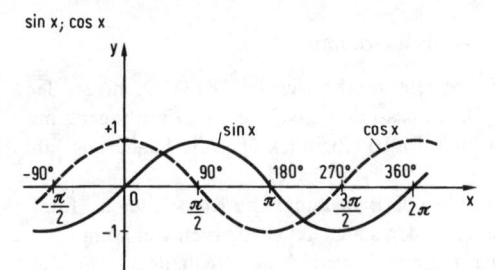

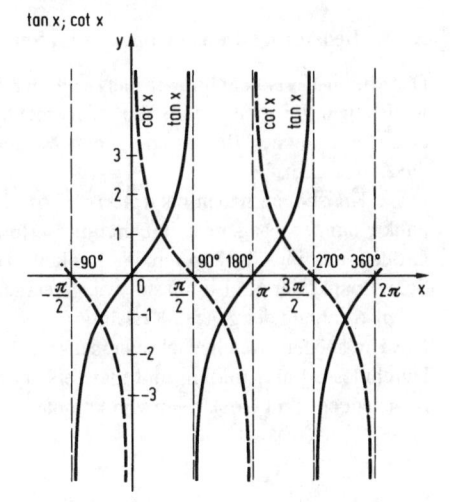

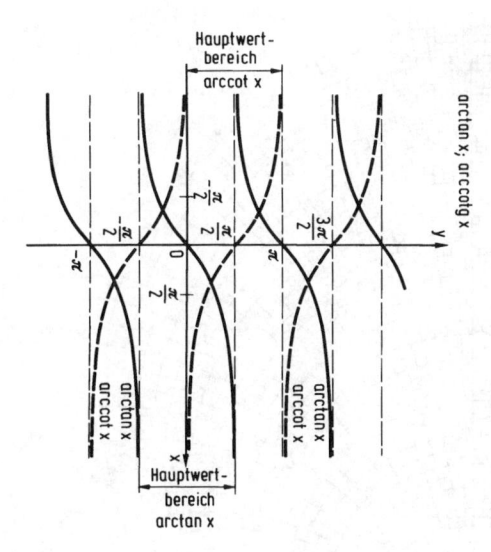

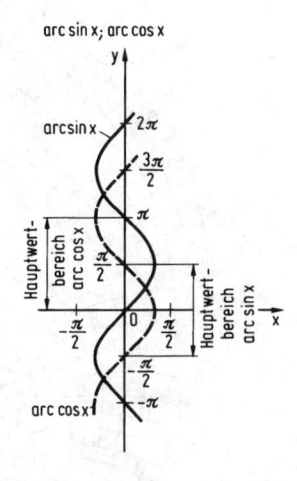

Beispiel:

arc cos 0 = 90° = $\frac{\pi}{2}$	arc cos 1 = 0 = 0
arc sin 0 = 0 = 0	arc sin 1 = 90° = $\pi/2$
arc tan 0 = 0 = 0	arc tan 1 = 45° = $\pi/4$
arc cot 0 = 90° = $\frac{\pi}{2}$	arc cot 1 = 45° = $\pi/4$

1.2.5 Darstellung komplexer Größen im Smith-Diagramm (Smith-Chart)

A Die Bedeutung des Liniennetzes im Smith-Kreisdiagramm

Das Smith-Kreisdiagramm in der *Abb. 1.2.5a* besteht aus Kreisen und Kreisbögen. Zu den Kreisbögen gehört ebenfalls die waagerechte Druchmesserlinie, welche als „Kreisbogen" mit einem unendlichen Radius angesehen werden muß. Einen Überblick über die Skalierung gibt die *Abb. 1.2.5b*.

Diese Kreisbögen haben nach *Abb. 1.2.5c* die folgende Bedeutung: Die Kreise, deren Mittelpunkte auf der waagerechten Durchmesserlinie zu finden sind, sind Ortskurven von komplexen Größen mit jeweils konstantem Realteil. Der normierte Wert dieses Realteils ist an dem Schnittpunkt der Kreise mit der waagerechten Durchmesserlinie abzulesen. Dieser Zahlenwert gilt also entlang der ganzen Kreislinie.

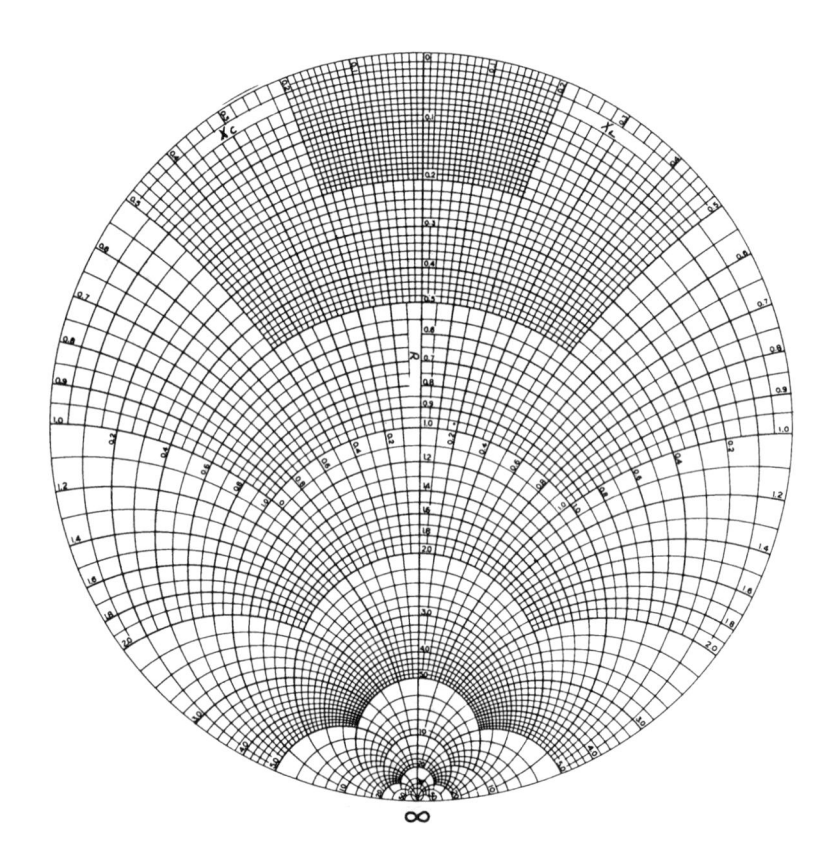

Die Kreisbögen, welche sich einerseits im Punkt unendlich (∞) (rechts von der waagerechten Durchmesserlinie) treffen, und andererseits auf dem äußersten, das Diagramm begrenzenden Kreis enden, sind Ortskurven von komplexen Größen mit jeweils konstantem Imaginärteil. Der normierte Wert des Imaginärteils ist auf dem Umfang des Diagramms begrenzenden Kreises dort bezeichnet, wo der betreffende Kreisbogen endet und den äußeren Kreis trifft.

Der äußere Begrenzungskreis des Kreisdiagramms und der waagerechte Durchmesser dieses Begrenzungskreises sind die beiden ausgezeichneten Linien des Kreisdiagramms, welche man mit den Achsen des Koordinatenkreuzes der Gaußschen Zahlenebene vergleichen kann. Auf dem äußeren Begrenzungskreis des Diagramms befinden sich alle rein imaginären Zahlenwerte, wozu auch der reelle Wert Null gehört. Auf der waagerechten Durchmesserlinie befinden sich alle rein reellen Werte, dazu gehört ebenso der imaginäre Wert Null.

Skalierungen im Smith-Diagramm

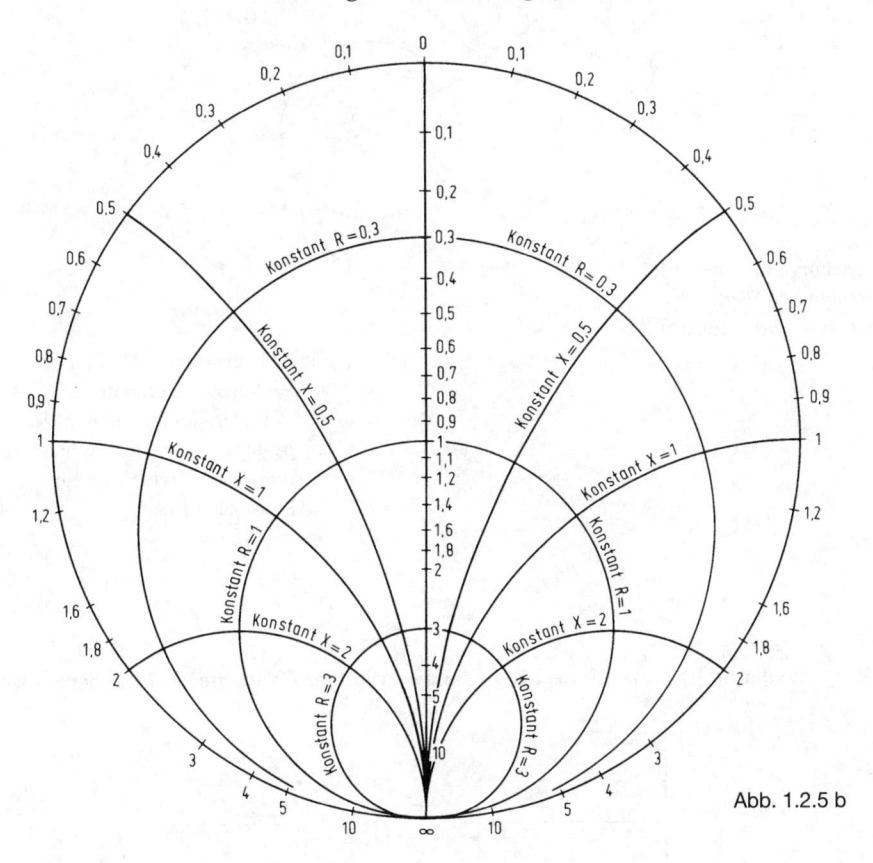

Abb. 1.2.5 b

Innere Kreise	Äußere Kreise	Normierung für alle
0,3 – 1 – 3 rein ohmsche Widerstandswerte. Skalierung auf der Geraden.	0,5 – 1 – 2 Blindwiderstände X_L oder X_C Skalierung am äußeren Kreis.	Skalen a = 1

313

Erläuterung der Kreisbögen der Smith-Chart nach *Abb. 1.2.5c*. Eine weiterführende Skalierung ist der *Abb. 1.2.5b* zu entnehmen.

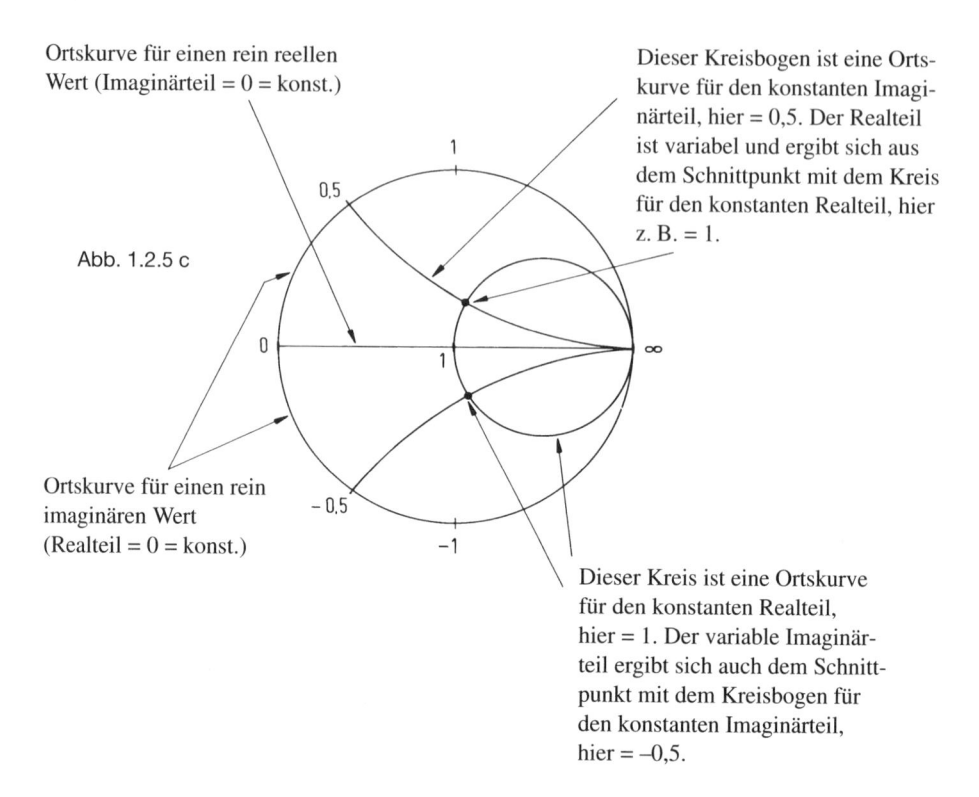

Ortskurve für einen rein reellen Wert (Imaginärteil = 0 = konst.)

Dieser Kreisbogen ist eine Ortskurve für den konstanten Imaginärteil, hier = 0,5. Der Realteil ist variabel und ergibt sich aus dem Schnittpunkt mit dem Kreis für den konstanten Realteil, hier z. B. = 1.

Abb. 1.2.5 c

Ortskurve für einen rein imaginären Wert (Realteil = 0 = konst.)

Dieser Kreis ist eine Ortskurve für den konstanten Realteil, hier = 1. Der variable Imaginärteil ergibt sich auch dem Schnittpunkt mit dem Kreisbogen für den konstanten Imaginärteil, hier = –0,5.

Vergleich der Smith-Cart mit dem Koordinatenkreuz der Gaußschen Zahlenebene

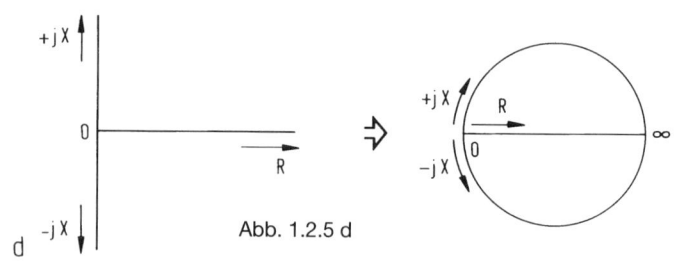

Abb. 1.2.5 d

Die imaginäre Achse +jX bzw. –jX schließt sich zu einem Kreis *(Abb. 1.2.5d)*.

Abb. 1.2.5 e

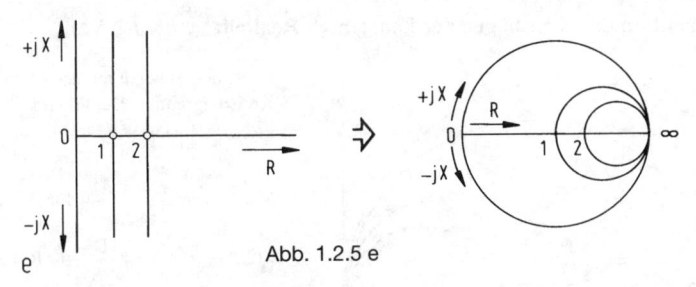

Die Linien des konstanten Realteils werden zu Kreisen des konstanten Realteils *(Abb. 1.2.5e)*.

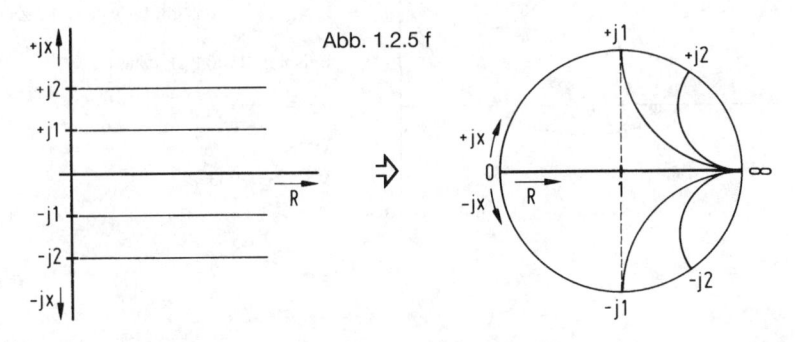

Abb. 1.2.5 f

Die Linien des konstanten Imaginärteils werden zu Kreisbögen des konstanten Imaginärteils *(Abb. 1.2.5f)*.

B Das Smith-Kreisdiagramm selbst konstruiert *(Abb. 1.2.5g)*

Die Kreisbögen der konstanten Imaginärteile:

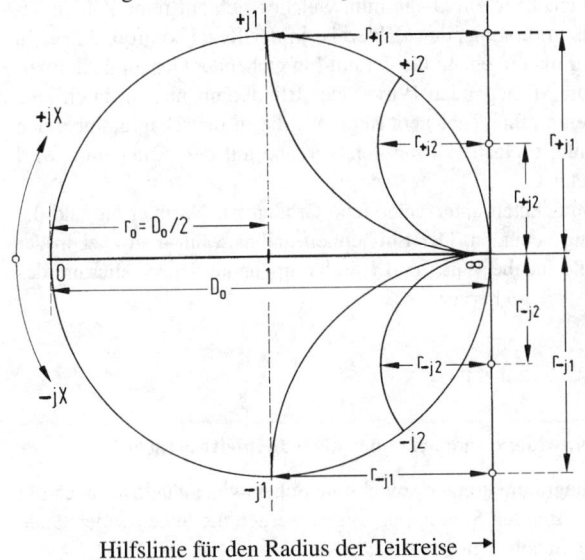

D_0 ist der Außendurchmesser des Kreisdiagramms:

$$r_{+j1} = r_0 = \frac{D_0}{2}$$

$$r_{-j1} = r_0 = \frac{D_0}{2}$$

$$r_{+j2} = \frac{r_0}{2} = \frac{D_0}{4}$$

$$r_{-j2} = \frac{r_0}{2} = \frac{D_0}{4}$$

Abb. 1.2.5 g

Hilfslinie für den Radius der Teikreise

1 Praktische Entwurfsdaten der Elektronik

Die Konstruktion der Kreisbögen der konstanten Realteile *(Abb. 1.2.5 h)*

D_0 ist der Außendurchmesser des Kreisdiagramms. Damit wird z. B.:

$$r_0 = \frac{D_0}{2}$$

M1: $r_1 = \dfrac{r_0}{2} = \dfrac{D_0}{4}$ für R = 1

M2: $r_2 = \dfrac{r_0}{3} = \dfrac{D_0}{6}$ für R = 2 usw.

Für beliebige Kreisbögen gewünschter Wert von R ist der Radius r_a:

$r_a = \dfrac{r_0}{a+1}$; das gilt für jede reelle Zahl.

Beispiel: R = 0,2 Ω, dann ist

$r_{0,2} = \dfrac{r_0}{0,2+1}$.

Mit $r_0 = 4$ ist für

M3: $r_3 = 3,33$.

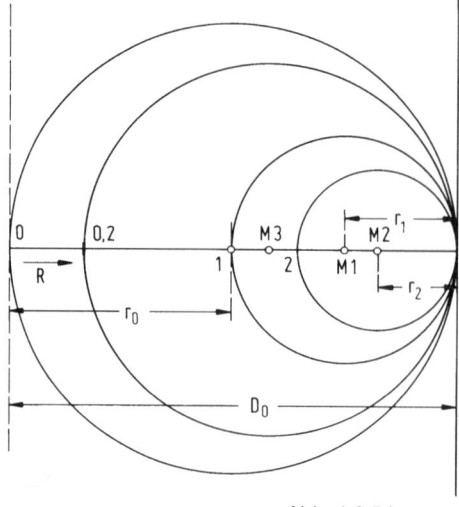

Abb. 1.2.5 h

C Maßstab und Normierung im Smith-Kreisdiagramm

Das Smith-Kreisdiagramm ist weder ein „Widerstands"- noch ein „Leitwerts"-Diagramm, sondern ebenso wie die Gaußsche Zahlenebene ein Diagramm, welches sich auf reine Zahlen bezieht. Der Bereich der in der Praxis vorkommenden Zahlen ist in der Regel so groß, daß er in das Diagramm nicht hineinpaßt, will man in einem Gebiet mit hinreichender Genauigkeit arbeiten. Aus diesem Grunde werden die vorliegenden Wirk- oder Blindkomponenten durch eine passende Größe dividiert, so daß eine reine Zahl herauskommt, die in den Diagrammbereich mit guter Ablesegenauigkeit hineinfällt. Nach Lösung der Aufgabe mit dem Diagramm wird mit der gleichen Größe zurückgerechnet.

Man kann für Wirk- und Blindkomponenten unterschiedliche Größen zur Normierung und die entsprechenden zur Rücknormierung benutzen. Der Einfachheit halber wählt man aber in der Regel die gleiche Normierungsgröße für die Wirk- und Blindkomponente. Die Skalierung des Smith-Diagramms geht aus der *Abb. 1.2.5 b* hervor.

D Das Smith-Diagramm als Scheinwiderstandsnetz oder als Scheinleitwertnetz

In ein und demselben Smith-Kreisdiagramm können sowohl die Scheinwiderstände als auch die Scheinleitwerte eingetragen werden. Bei den Serienschaltungen werden die Scheinwiderstände addiert, bei der Parallelschaltung die Scheinleitwerte.

Das Smith-Kreisdiagramm als Scheinwiderstandsnetz *(Abb. 1.2.5i)*

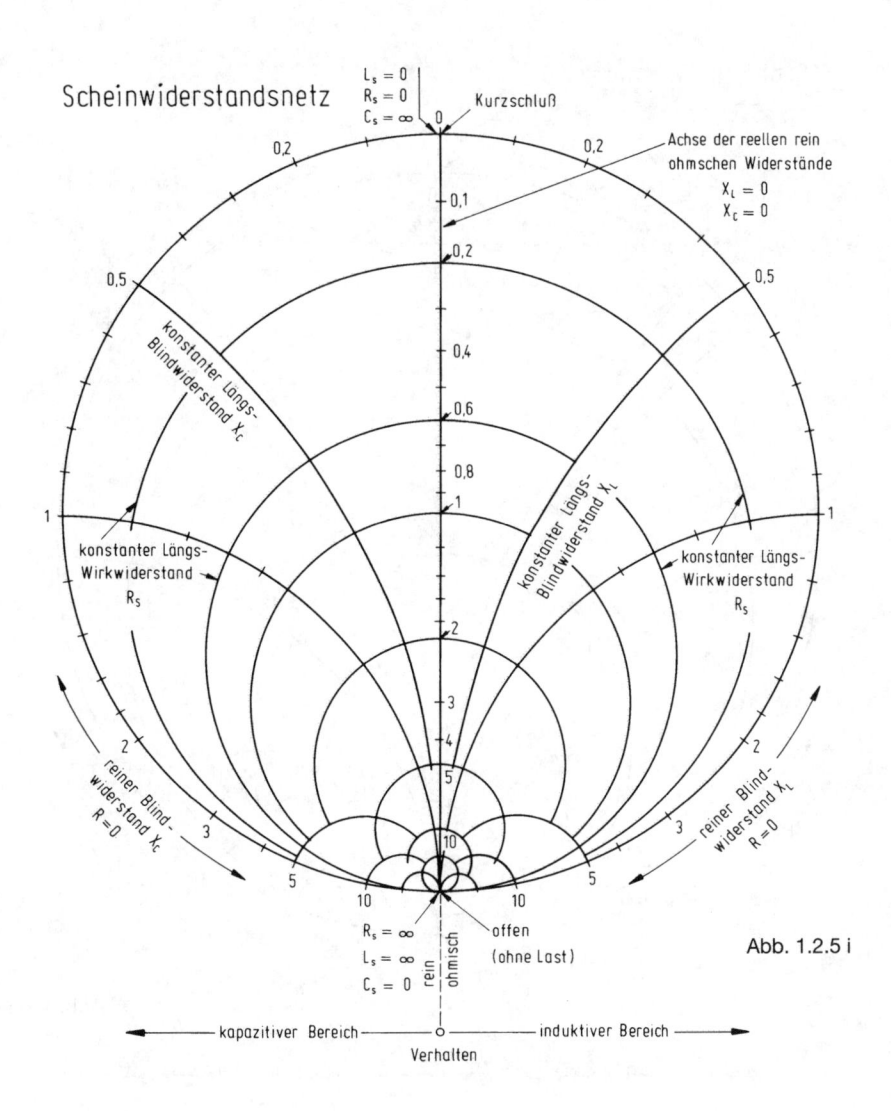

Abb. 1.2.5 i

Blindleitwerte und Blindwiderstände

Auf eine Besonderheit bei der Berechnung von und mit Leitwerten muß noch näher eingegangen werden. Und zwar muß beachtet werden, daß die Leitwerte aus den positiven Blindwiderständen $+jX$ bei der Umrechnung in Leitwerte mit negativem Vorzeichen, also $-jB$ angegeben werden. Analog dazu die negativen Blindwiderstände $-jX$, welche einen positiven Leitwert $+jB$ besitzen. Und das hat aus mathematischen Gründen folgende Ursache:

1 Praktische Entwurfsdaten der Elektronik

Das Smith-Kreisdiagramm als Scheinleitwertnetz *(Abb. 1.2.5j)*

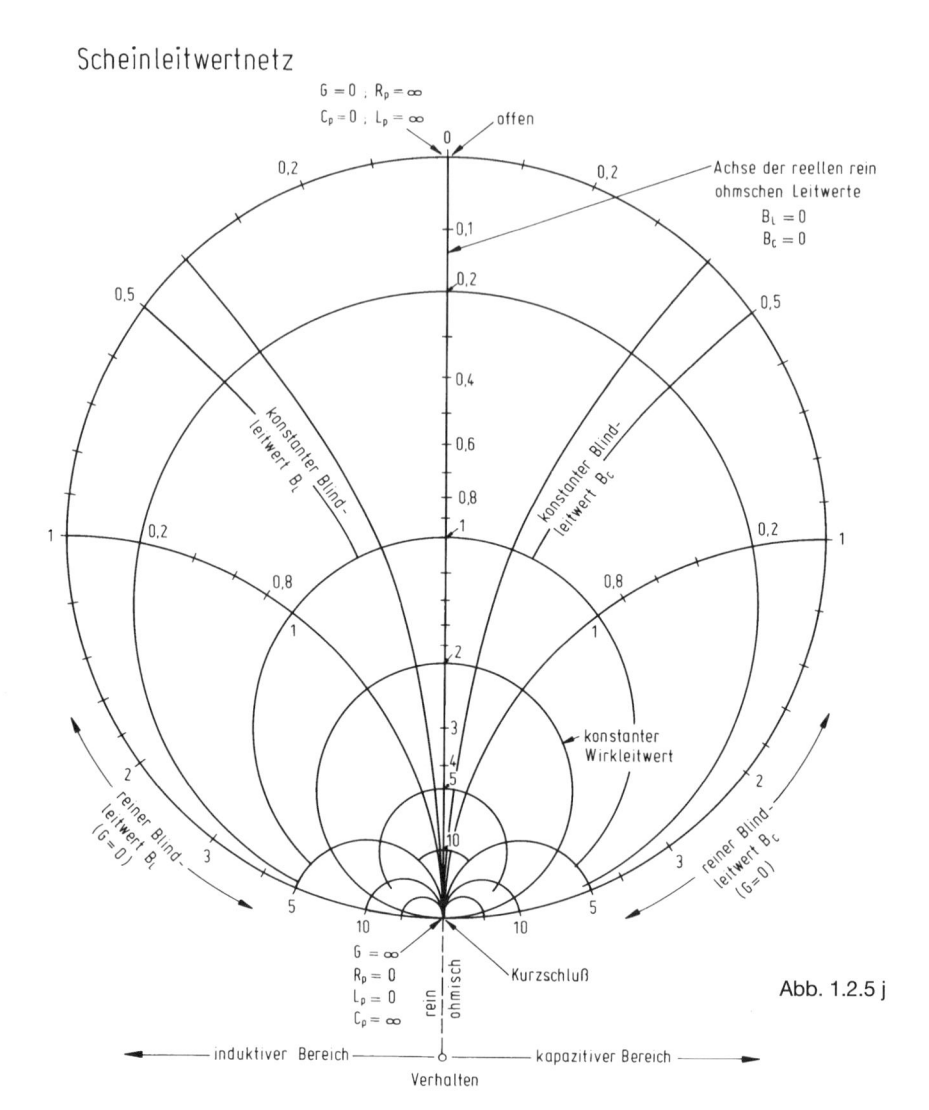

Abb. 1.2.5 j

+jX: der Leitwert ist $\dfrac{1}{+jX} = \dfrac{1}{+jX} \cdot \dfrac{j}{j} = -j\dfrac{1}{X} = -jB$

−jX: der Leitwert ist $\dfrac{1}{-jX} = \dfrac{1}{-jX} \cdot \dfrac{j}{j} = +j\dfrac{1}{X} = +jB$

Die Einheit für den elektrischen Leitwert ist definiert durch: $\dfrac{1}{1\Omega} = 1\,\mathrm{S}\;(\mathrm{S} = \mathrm{Siemens})$

Zwei Zahlenbeispiele:

Gegeben ist ein induktiver Blindwiderstand von $X_L = +j30\Omega$.

$$B_L = \frac{1}{X_L} = \frac{1}{+j30\Omega} = \frac{j}{j} \cdot \frac{1}{j30\Omega} = -j\frac{1}{30\Omega} = -j0{,}033\,S$$

oder ein kapazitiver Blindwiderstand von $X_C = -j2\Omega$.

$$B_C = \frac{1}{X_C} = \frac{1}{-j2\Omega} = \frac{j}{j} \cdot \frac{1}{-j2\Omega} = +j\frac{1}{2\Omega} = +j0{,}5\,S$$

E Verhalten von Bauelementen in der Wechselstromtechnik und deren Berechnung
(siehe auch 1.4.3)

Bezeichnung	Schaltzeichen	Vektorbild	Formelzeichen	Formel	Bemerkungen
induktiver Blindwiderstand		$\uparrow X_L$	X_L	$X_L = j \cdot \omega \cdot L$	
induktiver Blindleitwert		$\downarrow B_L$	B_L	$B_L = \dfrac{1}{X_L}$	
kapazitiver Blindwiderstand		$\downarrow X_C$	X_C	$X_C = \dfrac{1}{j \cdot \omega \cdot C}$	
kapazitiver Blindleitwert		$\uparrow B_C$	B_C	$B_C = j \cdot \omega \cdot C$	
ohmscher Widerstand, Wirkwiderstand		$\xrightarrow{R}$	R		
Wirkleitwert		$\xrightarrow{G}$	G	$G = \dfrac{1}{R}$	
komplexer Scheinwiderstand		(R, φ, Z, X_C)	Z	$Z = R + \dfrac{1}{j \cdot \omega \cdot C}$	$\|Z\| = \sqrt{R^2 + \left(\dfrac{1}{\omega \cdot C}\right)^2}$ [Hz, Ω, F] $\varphi = \arctan\left(-\dfrac{1}{R \cdot \omega \cdot C}\right)$
komplexer Scheinwiderstand		(Z, X_L, φ, R)	Z	$Z = R + j \cdot \omega \cdot L$	$\|Z\| = \sqrt{R^2 + (\omega \cdot L)^2}$ $\varphi = \arctan\left(\dfrac{\omega \cdot L}{R}\right)$ [Ω, Hz, H]
komplexer Scheinwiderstand		($Y=\tfrac{1}{Z}$, B_C, G)	Z	$Y = \dfrac{1}{Z} = G + j \cdot \omega \cdot C$ $Z = \dfrac{1}{G + j \cdot \omega \cdot C}$	$\|Z\| = \dfrac{1}{\sqrt{\left(\dfrac{1}{R}\right)^2 + (\omega \cdot C)^2}}$ $\varphi = \arctan(-R \cdot \omega \cdot C)$ [Hz, Ω, F]

1 Praktische Entwurfsdaten der Elektronik

Bezeichnung	Schaltzeichen	Vektorbild	Formel-zeichen	Formel	Bemerkungen
komplexer Scheinwiderstand			Z	$Y = \dfrac{1}{Z} = G + \dfrac{1}{j \cdot \omega \cdot L}$ $Z = \dfrac{1}{G + \dfrac{1}{j \cdot \omega \cdot L}}$	$\|Z\| = \dfrac{1}{\sqrt{\left(\dfrac{1}{R}\right)^2 + \left(\dfrac{1}{\omega \cdot L}\right)^2}}$ $\tan \varphi = \dfrac{R}{\omega \cdot L}$ $\varphi = \arctan\left(\dfrac{R}{\omega \cdot L}\right)$ [Hz, Ω, H]
komplexer Scheinleitwert			Y	$Y = \dfrac{1}{Z}$	
komplexer Scheinwiderstand		Leitwerte addieren	Z	$Y = \dfrac{1}{Z} =$ $= G + \dfrac{1}{j \cdot \omega \cdot L} + j \cdot \omega \cdot C$ $Z = \dfrac{1}{G + \dfrac{1}{j \cdot \omega \cdot L} + j \cdot \omega \cdot C}$	$\|Z\| = \dfrac{1}{\sqrt{\left(\dfrac{1}{R}\right)^2 + \left(\dfrac{1}{\omega \cdot L} - \omega \cdot C\right)^2}}$ $\tan \varphi = R \cdot \left(\dfrac{1}{\omega \cdot L} - \omega \cdot C\right)$

Umrechnung in die äquivalente Serien- oder Parallelschaltung

Schaltzeichen		Formel	Bemerkungen
Serie (R_S, X_S)	Parallel (R_P, X_P)	$\|X_S\| = \dfrac{\|Z\|^2}{X_P} \quad \|X_P\| = \dfrac{\|Z\|^2}{X_S}$ $R_S = \dfrac{\|Z\|^2}{R_P} \quad R_P = \dfrac{\|Z\|^2}{R_S}$	$\|Z\|$ ist der Betrag des komplexen Scheinwiderstandes der Serien- bzw. Parallelschaltung. Auf Seite 325 wird die Umrechnung graphisch im Smith-Diagramm durchgeführt.
Serie (X_S, R_S)	Parallel (X_P, R_P)		

1.2 Mathematik

Verhalten bei Variation der Frequenz

Schaltung	Vektorbild	Berechnung
(R, C in Reihe)	$f_2 < f_1$	$X_{C_1} = \dfrac{1}{j \cdot \omega \cdot C}$ mit f_1: $X_{C_1} = \dfrac{1}{j \cdot 2 \cdot \pi \cdot f_1 \cdot C}$ $X_{C_2} = \dfrac{1}{j \cdot \omega \cdot C}$ mit f_2: $X_{C_2} = \dfrac{1}{j \cdot 2 \cdot \pi \cdot f_2 \cdot C}$ $f_2 < f_1$ [Hz, F, Ω]
(R, L in Reihe)	$f_1 < f_2$	$X_{L_1} = j \cdot \omega \cdot L$ mit f_1: $X_{L_1} = j \cdot 2 \cdot \pi \cdot f_1 \cdot L$ $X_{L_2} = j \cdot \omega \cdot L$ mit f_2: $X_{L_2} = j \cdot 2 \cdot \pi \cdot f_2 \cdot L$ $f_1 < f_2$ [Hz, H, Ω]
(R, C parallel)	$f_1 < f_2$	$\|Z_1\| = \dfrac{1}{\sqrt{\left(\dfrac{1}{R}\right)^2 + \left(2 \cdot \pi \cdot f_1 \cdot C\right)^2}}$ $f_1 < f_2$ [Hz, F, Ω] $\|Z_2\| = \dfrac{1}{\sqrt{\left(\dfrac{1}{R}\right)^2 + \left(2 \cdot \pi \cdot f_2 \cdot C\right)^2}}$
(R, L parallel)	$f_2 < f_1$	$\|Z_1\| = \dfrac{1}{\sqrt{\left(\dfrac{1}{R}\right)^2 + \left(\dfrac{1}{2 \cdot \pi \cdot f_1 \cdot L}\right)^2}}$ [H, Hz, Ω] $f_2 < f_1$ $\|Z_2\| = \dfrac{1}{\sqrt{\left(\dfrac{1}{R}\right)^2 + \left(\dfrac{1}{2 \cdot \pi \cdot f_2 \cdot L}\right)^2}}$

Zahlenbeispiel:

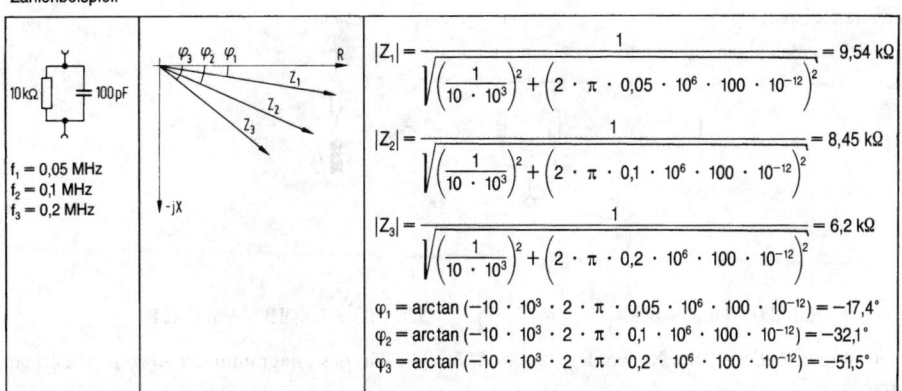

10 kΩ ∥ 100 pF

$f_1 = 0{,}05$ MHz
$f_2 = 0{,}1$ MHz
$f_3 = 0{,}2$ MHz

$$|Z_1| = \dfrac{1}{\sqrt{\left(\dfrac{1}{10 \cdot 10^3}\right)^2 + \left(2 \cdot \pi \cdot 0{,}05 \cdot 10^6 \cdot 100 \cdot 10^{-12}\right)^2}} = 9{,}54 \text{ k}\Omega$$

$$|Z_2| = \dfrac{1}{\sqrt{\left(\dfrac{1}{10 \cdot 10^3}\right)^2 + \left(2 \cdot \pi \cdot 0{,}1 \cdot 10^6 \cdot 100 \cdot 10^{-12}\right)^2}} = 8{,}45 \text{ k}\Omega$$

$$|Z_3| = \dfrac{1}{\sqrt{\left(\dfrac{1}{10 \cdot 10^3}\right)^2 + \left(2 \cdot \pi \cdot 0{,}2 \cdot 10^6 \cdot 100 \cdot 10^{-12}\right)^2}} = 6{,}2 \text{ k}\Omega$$

$\varphi_1 = \arctan(-10 \cdot 10^3 \cdot 2 \cdot \pi \cdot 0{,}05 \cdot 10^6 \cdot 100 \cdot 10^{-12}) = -17{,}4°$
$\varphi_2 = \arctan(-10 \cdot 10^3 \cdot 2 \cdot \pi \cdot 0{,}1 \cdot 10^6 \cdot 100 \cdot 10^{-12}) = -32{,}1°$
$\varphi_3 = \arctan(-10 \cdot 10^3 \cdot 2 \cdot \pi \cdot 0{,}2 \cdot 10^6 \cdot 100 \cdot 10^{-12}) = -51{,}5°$

1 Praktische Entwurfsdaten der Elektronik

F Die graphische Methode der Umwandlung komplexer Serienwiderstände in äquivalente Parallelwiderstände und umgekehrt

Der Schnittpunkt der beiden Kreise bestimmt den komplexen Scheinwiderstand Z der Schaltungen *(Abb. 1.2.5k).*

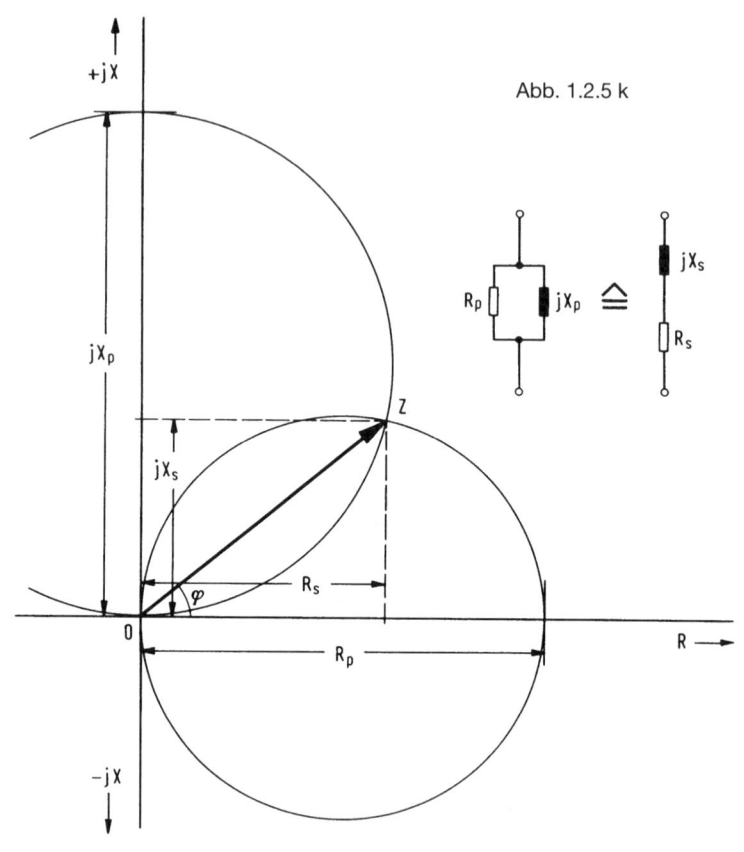

Abb. 1.2.5 k

Zahlenbeispiele zu F
Zahlenbeispiel ①   gegeben: gesucht:

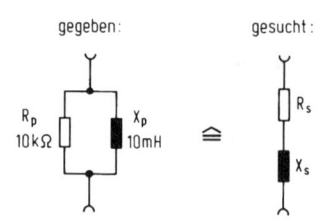

Bei $f = 320$ kHz, damit wird $X_p = j \cdot \omega \cdot L = j \cdot 2 \cdot 320 \cdot 10^3 \cdot 10 \cdot 10^{-3} \approx j20$ kΩ

Die Widerstände R_p und X_p werden gemäß *Abb. 1.2.5k* in das Diagramm der *Abb. 1.2.5l* eingetragen.

322

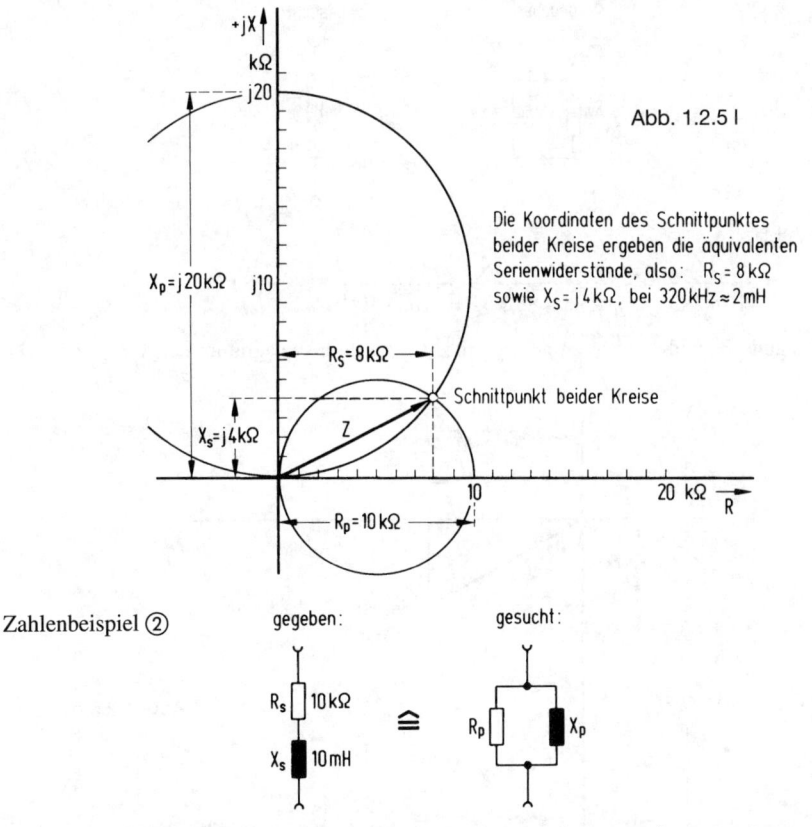

1.2 Mathematik

Abb. 1.2.5 l

Die Koordinaten des Schnittpunktes beider Kreise ergeben die äquivalenten Serienwiderstände, also: $R_S = 8\,k\Omega$ sowie $X_S = j\,4\,k\Omega$, bei 320 kHz ≈ 2 mH

Zahlenbeispiel ②

gegeben: $R_s = 10\,k\Omega$, $X_s = 10\,mH$

gesucht: R_p, X_p

Bei f = 320 kHz, damit ist $X_s = j \cdot \omega \cdot L = j \cdot 2 \cdot \pi \cdot 320 \cdot 10^3 \cdot 10 \cdot 10^{-3} \approx j20\,k\Omega$

Die Widerstände Rx und Xs werden gemäß Abb. 1.2.5k in das Diagramm der *Abb. 1.2.5m* eingetragen.

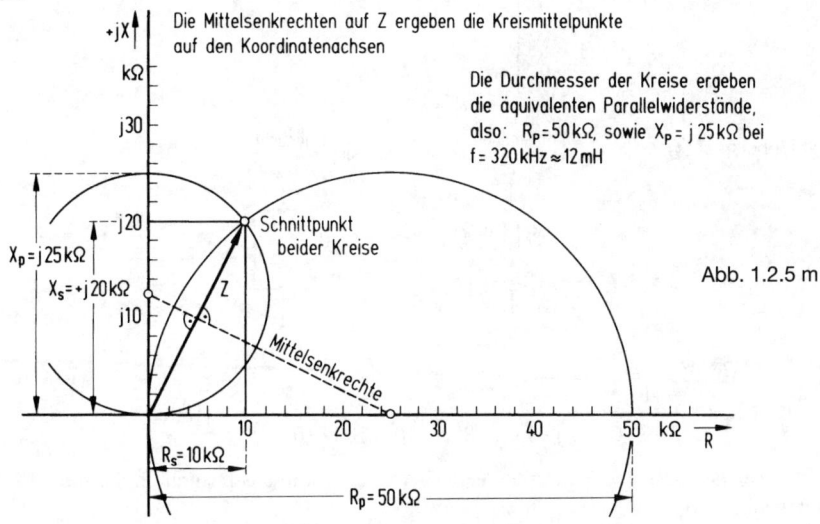

Die Mittelsenkrechten auf Z ergeben die Kreismittelpunkte auf den Koordinatenachsen

Die Durchmesser der Kreise ergeben die äquivalenten Parallelwiderstände, also: $R_p = 50\,k\Omega$, sowie $X_p = j\,25\,k\Omega$ bei f = 320 kHz ≈ 12 mH

Abb. 1.2.5 m

1 Praktische Entwurfsdaten der Elektronik

Zahlenbeispiel ③   gegeben: gesucht:

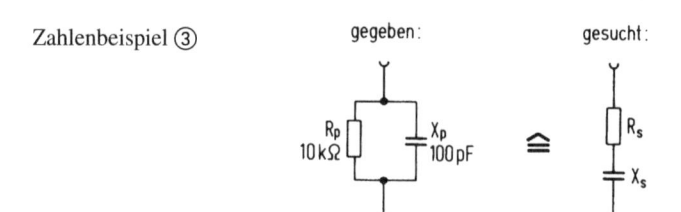

Bei f = 88,5 kHz,

damit ist $X_p = \dfrac{1}{j \cdot \omega \cdot C} = \dfrac{1}{j \cdot 2 \cdot \pi \cdot 88,5 \cdot 10^3 \cdot 100 \cdot 10^{-12}} \approx -j18 \text{ k}\Omega$

Die Widerstände R_p und X_p werden gemäß Abb. 1.2.5k in das Diagramm der *Abb. 1.2.5n* eingetragen.

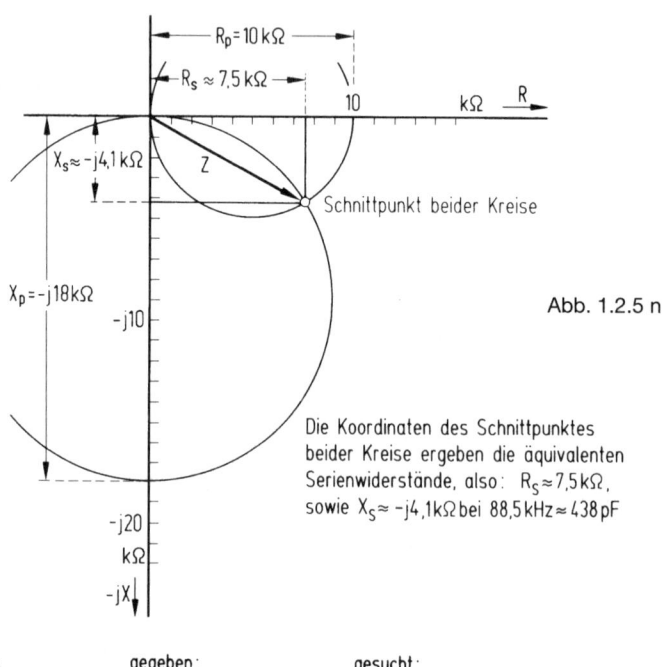

Abb. 1.2.5 n

Die Koordinaten des Schnittpunktes beider Kreise ergeben die äquivalenten Serienwiderstände, also: $R_s \approx 7,5 \text{ k}\Omega$, sowie $X_s \approx -j4,1 \text{ k}\Omega$ bei 88,5 kHz ≈ 438 pF

Zahlenbeispiel ④   gegeben: gesucht:

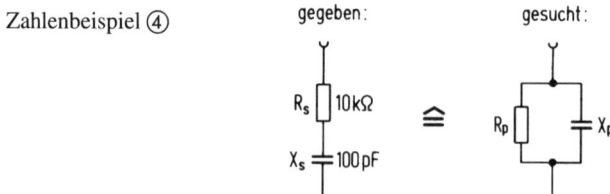

Bei f = 88,5 kHz,

damit ist $X_s = \dfrac{1}{j \cdot \omega \cdot C} = \dfrac{1}{j \cdot 2 \cdot \pi \cdot 88,5 \cdot 10^3 \cdot 100 \cdot 10^{-12}} \approx -j18 \text{ k}\Omega$

Die Widerstände Rs und Xs werden gemäß Abb. 1.2.5k in das Diagramm der *Abb. 1.2.5o* eingetragen.

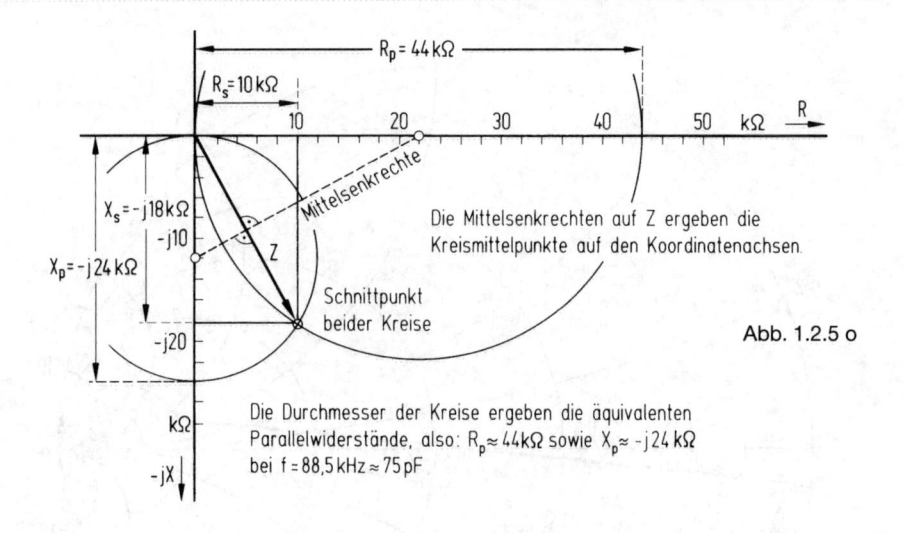

1.2 Mathematik

Die Mittelsenkrechten auf Z ergeben die Kreismittelpunkte auf den Koordinatenachsen.

Die Durchmesser der Kreise ergeben die äquivalenten Parallelwiderstände, also: $R_p \approx 44\,k\Omega$ sowie $X_p \approx -j24\,k\Omega$ bei $f = 88{,}5\,kHz \approx 75\,pF$

Abb. 1.2.5 o

G Die grafische Transformation von komplexen Serienwiderständen in äquivalente Parallelwiderstände und umgekehrt mit dem Smith-Kreisdiagramm

Zahlenbeispiel ①

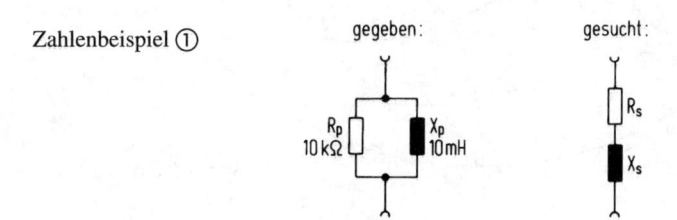

gegeben: $R_p = 10\,k\Omega$, $X_p = 10\,mH$

gesucht: R_s, X_s

Bei $f = 320\,kHz$ wird $X_p \approx j20\,k\Omega$

Damit der Maßstab des Smith-Diagramms ausreicht, empfiehlt es sich, die Widerstände auf geeignete Größen zu transformieren, in diesem Beispiel alle Werte um den Faktor 1000 zu verkleinern, also:

$$R'_p = \frac{R_p}{1000} = 10\,\Omega \quad \text{und} \quad X'_p = \frac{X_p}{1000} = j20\,\Omega$$

Die Leitwerte sind:

$$G = \frac{1}{R'_p} = \frac{1}{10\,\Omega} = 0{,}1\,S$$

$$B = \frac{1}{X'_p} = \frac{1}{j20\,\Omega} = -j0{,}05\,S$$

Die Leitwerte werden jetzt in das Smith-Diagramm eingezeichnet, wodurch der Punkt ⓐ in der Abb. 1.2.5 p entsteht. Zieht man nun eine Linie von ⓐ zum Diagrammmittelpunkt ⓑ und dreht

1 Praktische Entwurfsdaten der Elektronik

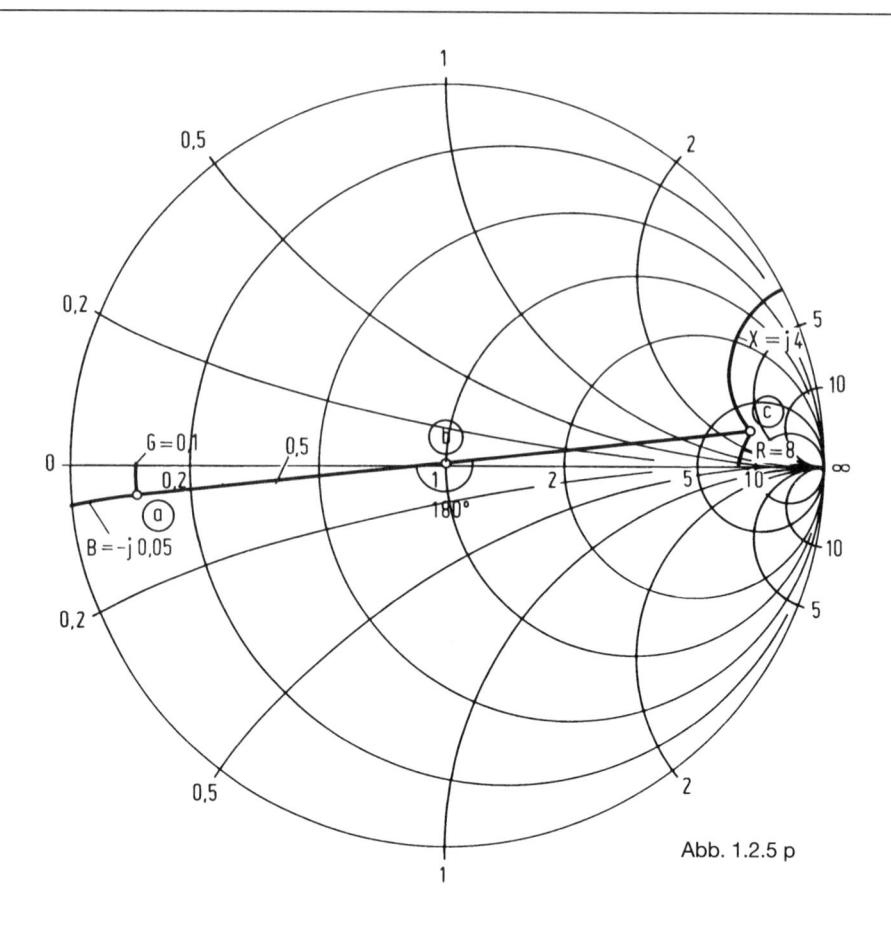

Abb. 1.2.5 p

diese um den Punkt ⓑ um 180°, so erreicht man den Punkt ⓒ in der Abb. 1.2.5 p. Der Punkt ⓒ hat die Koordinaten $R \approx 8\ \Omega$ und $X \approx j4\ \Omega$.

Werden beide Werte mit dem Faktor 1000 multipliziert (Maßstabskorrektur), so erhält man die äquivalenten Serienwiderstände für die eingangs erwähnte Parallelschaltung.

$R_S = R \cdot 1000 = 8\ k\Omega$
$X_S = X \cdot 1000 = j4\ k\Omega$ bei $f = 320$ kHz ≈ 2 mH

Zahlenbeispiel ② gegeben: gesucht:

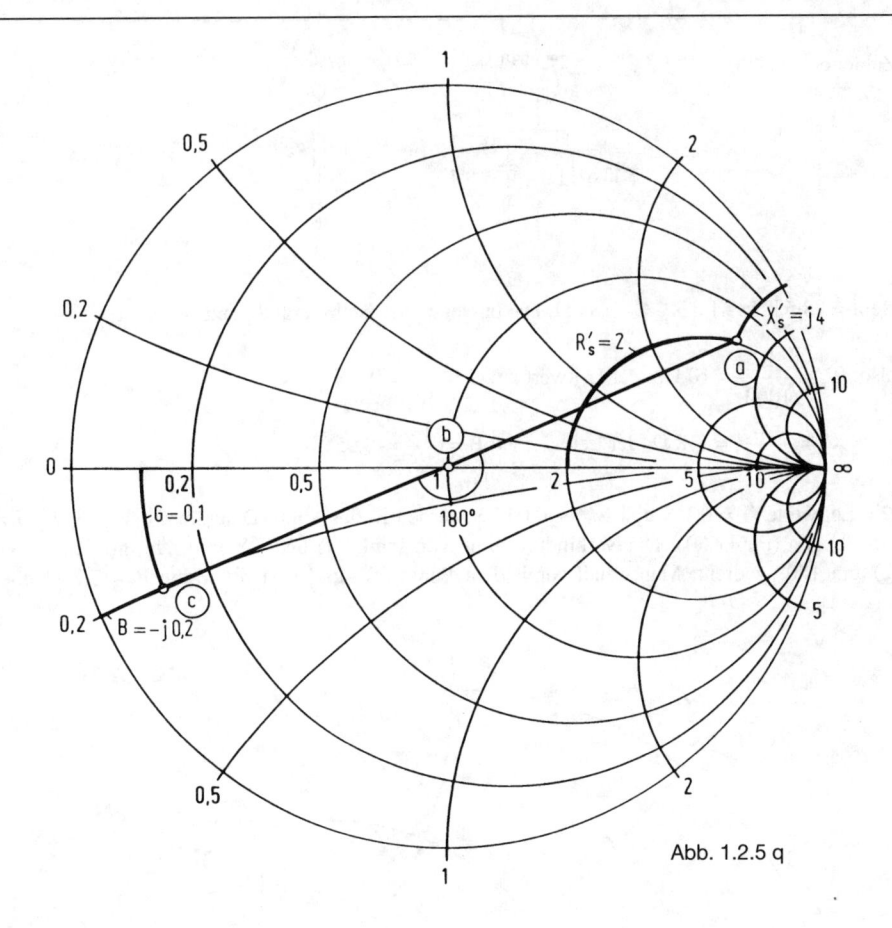

Abb. 1.2.5 q

Bei f = 320 kHz wird $X_s \approx j20$ kΩ
und damit $\left. \begin{array}{l} R_s = 10 \text{ k}\Omega \\ X_s = j20 \text{ k}\Omega \end{array} \right\}$ passende Maßstabsveränderung: Faktor $\dfrac{1}{5000}$

also $R_s' = \dfrac{R_s}{5000} = 2 \ \Omega$

$X_s' = \dfrac{X_s}{5000} = j4 \ \Omega$

Die Werte $R_s' = 2 \ \Omega$ und $X_s' = j4 \ \Omega$ werden in das Smith-Diagramm der *Abb. 1.2.5 q* eingetragen (Punkt ⓐ). Die Verbindungslinie von Punkt ⓐ und Punkt ⓑ wird nun um 180° um den Punkt ⓑ gedreht. Man erhält somit dem Punkt ⓒ und kann die Leitwerte der äquivalenten Parallelschaltung ablesen mit $G \approx 0{,}1$ S und $B \approx -j0{,}2$ S.

Damit ist $R_p' = \dfrac{1}{G} = 10 \ \Omega$ mit Maßstabskorrekturfaktor 5000:$R_p = 50$ kΩ,

sowie $X_p' = \dfrac{1}{B} = j5 \ \Omega$ mit Maßstabskorrekturfaktor 5000:$X_p = j25$ kΩ,

bei f = 320 kHz $\approx$ 12 mH.

Zahlenbeispiel ③

gegeben: R_p 10 kΩ ∥ X_p 100 pF

gesucht: R_s, X_s

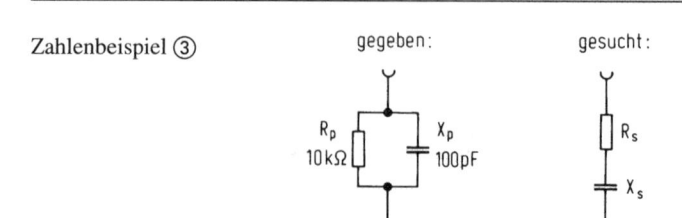

Bei f = 88,5 kHz wird $X_p \approx -j18$ kΩ. Die passende Maßstabsveränderung ist: Faktor $\frac{1}{1000}$

also: $R'_p = \dfrac{R_p}{1000} = 10\ \Omega$; der Leitwert ist: $G = \dfrac{1}{R'_p} = 0{,}1$ S

$X'_p = \dfrac{X_p}{1000} = -18\ \Omega$; der Leitwert ist: $B = \dfrac{1}{X'_p} = j0{,}055$ S

Die Leitwerte G = 0,1 S und B = +j0,055 S werden in das Smith-Diagramm der *Abb. 1.2.5 r* eingetragen (Punkt ⓐ). Die Verbindungslinie von Punkt ⓐ und ⓑ wird nun um den Punkt ⓑ um 180° gedreht. Man erhält somit dem Punkt ⓒ und liest die Werte R ≈ 7,7 Ω und

Abb. 1.2.5 r

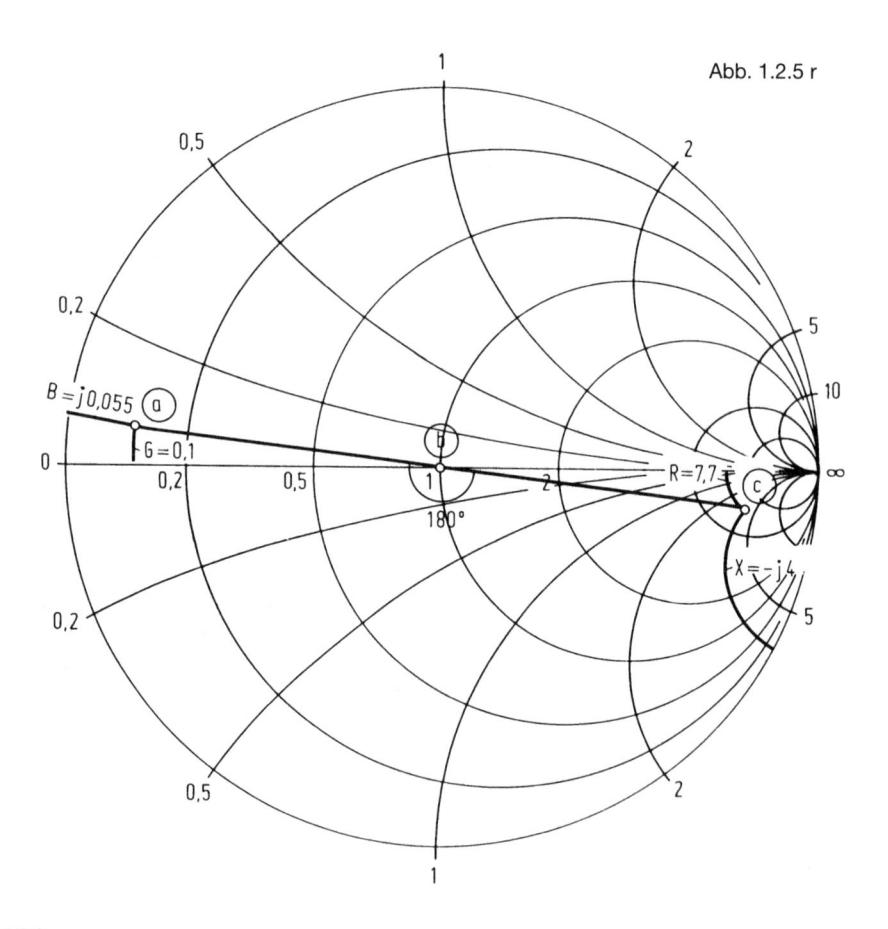

$X \approx -j4 \; \Omega$ ab. Werden beide Werte mit dem Faktor 1000 multipliziert (Maßstab), so erhält man die äquivalenten Serienwiderstände der Parallelschaltung, also

$R_s = R \cdot 1000 = 7,7 \; k\Omega$
$X_s = X \cdot 1000 = -j4 \; k\Omega$ bei $f = 88,5$ kHz; ca. 450 pF.

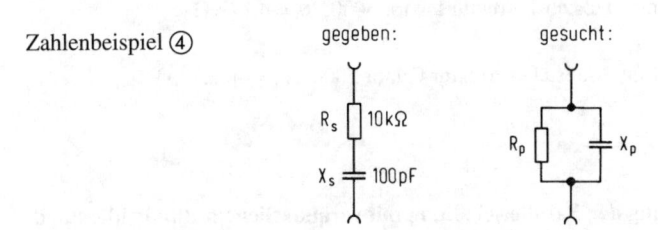

Zahlenbeispiel ④   gegeben: gesucht:

R_s 10 kΩ
X_s 100 pF

R_p X_p

Bei $f = 88,5$ kHz wird $X_s \approx -j18 \; k\Omega$ Die passende Maßstabsveränderung ist: Faktor $\dfrac{1}{5000}$

also wird $R'_s = \dfrac{R_s}{5000} = 2 \; \Omega$

$X'_s = \dfrac{X_s}{5000} = 2 \; \Omega$

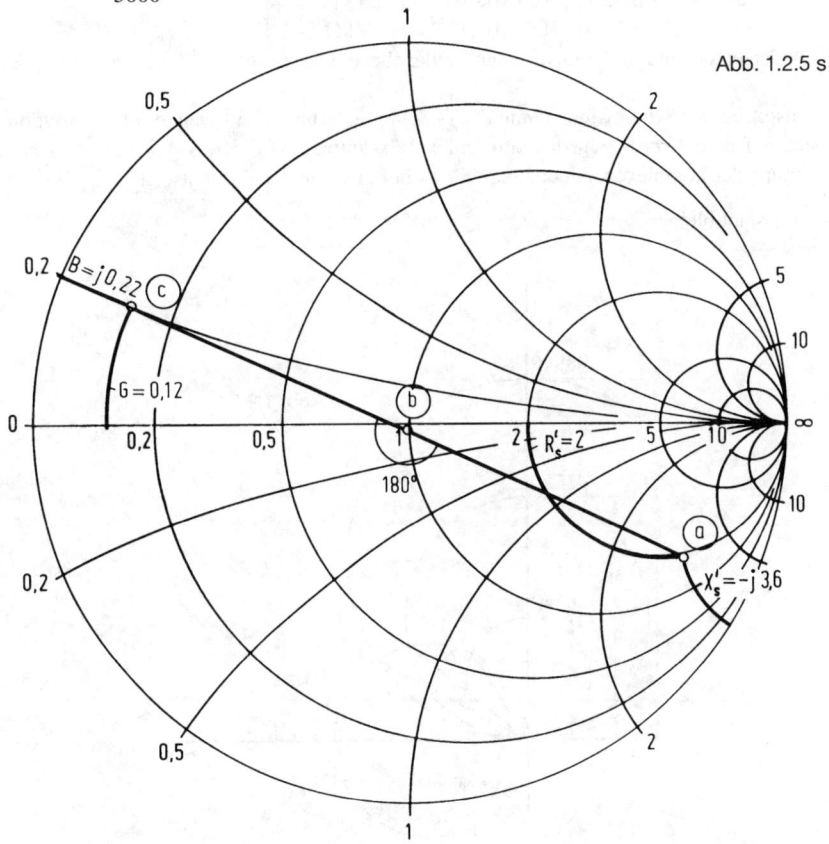

Abb. 1.2.5 s

Die Werte $R'_s = 2\ \Omega$ und $X'_s = -j3{,}6\ \Omega$ werden in das Smith-Diagramm der *Abb. 1.2.5 s* eingetragen (Punkt ⓐ). Die Verbindungslinie von Punkt ⓐ zu ⓑ wird nun um 180° um den Punkt ⓑ gedreht. Man erhält so den Punkt ⓒ und liest die Leitwerte der äquivalenten Parallelschaltung ab mit: $G \approx 0{,}12\ S$ und $B \approx j0{,}22\ S$.

Damit ist $R'_p = \dfrac{1}{G} = 8{,}33\ \Omega$ mit Maßstabskorrektur Faktor 5000: $R_p = 4{,}17\ k\Omega$

sowie $X'_p = \dfrac{1}{B} = -j4{,}55\ \Omega$ mit Maßstabskorrektur Faktor 5000: $X_p = -j22{,}7\ k\Omega$

bei $f = 88{,}5\ kHz \approx 79\ pF$.

H Die graphische Darstellung der Parallelschaltung mit veränderlichem Blindwiderstand (Variation der Frequenz)

Nach Abb. 1.2.5 t wird folgende Schaltung gewählt:

Als Beispiel werden die Frequenzen $f_1 = 100\ kHz$
$f_2 = 200\ kHz$
$f_3 = 300\ kHz$ behandelt.

Damit wird $X_{P1} = j \cdot 2 \cdot \pi \cdot 100 \cdot 10^3 \cdot 10 \cdot 10^{-3} \approx j6{,}3\ k\Omega$
$X_{P2} = j \cdot 2 \cdot \pi \cdot 200 \cdot 10^3 \cdot 10 \cdot 10^{-3} \approx j12{,}6\ k\Omega$
$X_{P3} = j \cdot 2 \cdot \pi \cdot 300 \cdot 10^3 \cdot 10 \cdot 10^{-3} \approx j18{,}9\ k\Omega$

Diese Widerstände sind in der Gaußschen Zahlenebene, wie in *Abb. 1.2.5 t* zu sehen ist, dargestellt.

Die Pfeilspitzen der Scheinwiderstände Z_1, Z_2, Z_3 in der Abb. 1.2.5 t wandern bei Variation der Frequenz auf dem Kreisbogen des konstanten Wirkleitwertes, G-Kreis genannt, weil bei der Umrechnung der komplexen Widerstände Z_1–Z_3 in Leitwerte der Wirkleitwert

$G = \dfrac{1}{R_p}$ konstant bleibt.

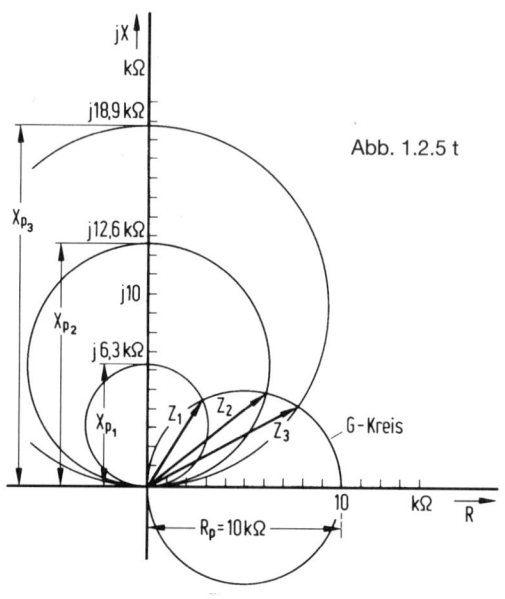

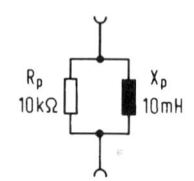

Abb. 1.2.5 t

Abb. 1.2.5 t

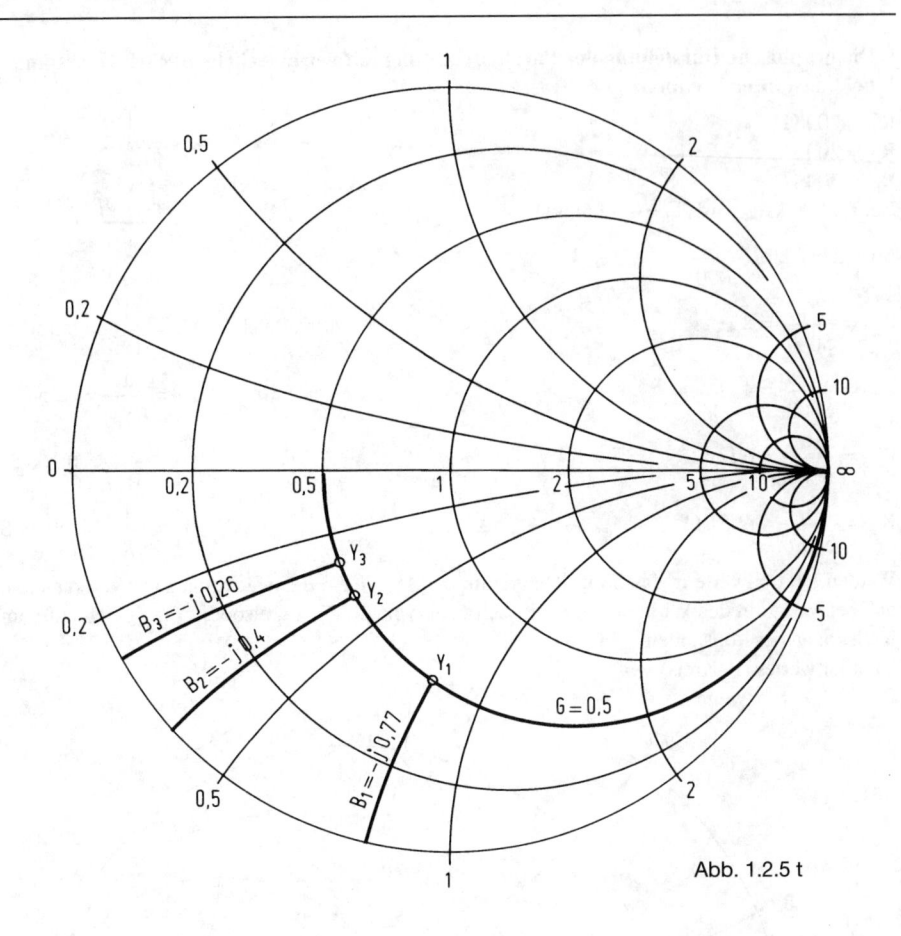

Soll diese Parallelschaltung mit dem Smith-Diagramm analysiert werden, so werden die Leitwerte benötigt:

Maßstabsfaktor $\dfrac{1}{5000}$

$R'_p = \dfrac{R_p}{5000} = 2\ \Omega$ $\qquad G = \dfrac{1}{R'_p} = 0{,}5\ S$

$X'_{p1} = \dfrac{X_{p1}}{5000} \approx j \cdot 1{,}3\ \Omega$ $\qquad B_1 = \dfrac{1}{X'_{p1}} \approx -j \cdot 0{,}77\ S$

$X'_{p2} = \dfrac{X_{p2}}{5000} \approx j \cdot 2{,}5\ \Omega$ $\qquad B_2 = \dfrac{1}{X'_{p2}} \approx -j \cdot 0{,}4\ S$

$X'_{p3} = \dfrac{X_{p3}}{5000} \approx j \cdot 3{,}8\ \Omega$ $\qquad B_3 = \dfrac{1}{X'_{p3}} \approx -j \cdot 0{,}26\ S$

Im Smith-Diagramm der Abb. 1.2.5 t wandern die Leitwerte von Z_1, Z_2, Z_3, also Y_1, Y_2, Y_3 bei Variation der Frequenz auf dem Kreisbogen des konstanten Wirkleitwertes $G = 0{,}5\ S$.

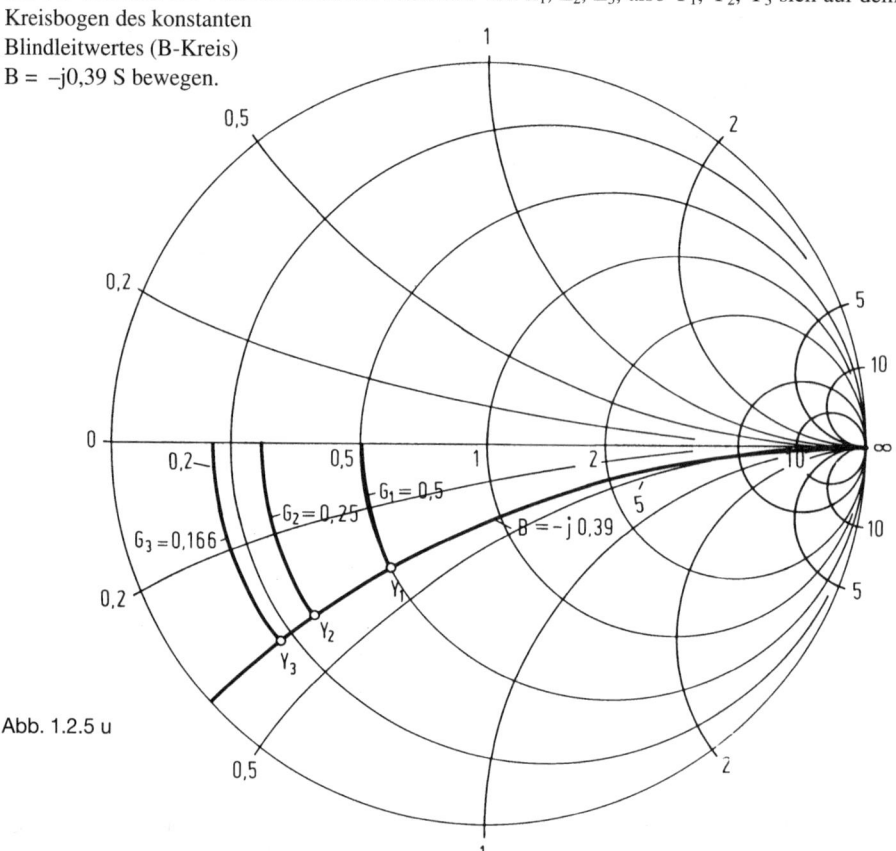

I Die graphische Darstellung der Parallelschaltung mit veränderlichem Wirkwiderstand bei konstanter Frequenz

$R_{p1} = 10\ k\Omega$
$R_{p2} = 20\ k\Omega$
$R_{p3} = 30\ k\Omega$
Bei $f = 200\ kHz$ wird $X_p = +j12{,}56\ k\Omega$.

Maßstabsfaktor $\dfrac{1}{5000}$:

$R'_{p1} = \dfrac{R_{p1}}{5000} = 2\ \Omega$

$R'_{p2} = \dfrac{R_{p2}}{5000} = 4\ \Omega$

$R'_{p3} = \dfrac{R_{p3}}{5000} = 6\ \Omega$

$X'_{p} = \dfrac{X_p}{5000} = j2{,}51\ \Omega$

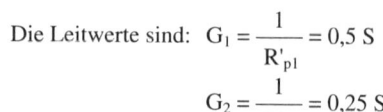

Die Leitwerte sind:
$G_1 = \dfrac{1}{R'_{p1}} = 0{,}5\ S$

$G_2 = \dfrac{1}{R'_{p2}} = 0{,}25\ S$

$G_3 = \dfrac{1}{R'_{p3}} = 0{,}166\ S$

$B = \dfrac{1}{X'_{p}} = -j0{,}39\ S$

Werden die Leitwerte in das Smith-Diagramm der *Abb. 1.2.5 u* eingetragen, so ist zu erkennen, daß bei Variation des Wirkleitwertes die Leitwerte von Z_1, Z_2, Z_3, also Y_1, Y_2, Y_3 sich auf dem Kreisbogen des konstanten Blindleitwertes (B-Kreis) $B = -j0{,}39\ S$ bewegen.

Abb. 1.2.5 u

K Die graphische Darstellung der Serienschaltung mit einem veränderbaren Blindwiderstand (Variation der Frequenz)

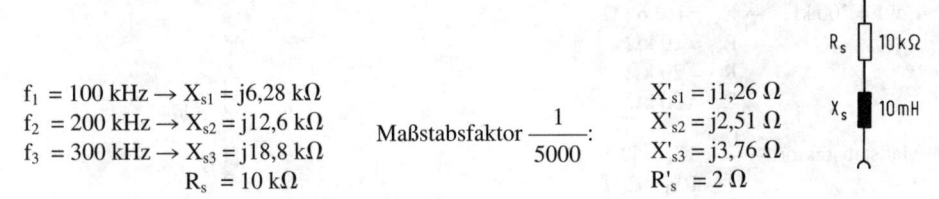

$f_1 = 100$ kHz $\rightarrow X_{s1} = j6{,}28$ kΩ
$f_2 = 200$ kHz $\rightarrow X_{s2} = j12{,}6$ kΩ
$f_3 = 300$ kHz $\rightarrow X_{s3} = j18{,}8$ kΩ
$R_s = 10$ kΩ

Maßstabsfaktor $\dfrac{1}{5000}$:

$X'_{s1} = j1{,}26\ \Omega$
$X'_{s2} = j2{,}51\ \Omega$
$X'_{s3} = j3{,}76\ \Omega$
$R'_s = 2\ \Omega$

R_s 10 kΩ
X_s 10 mH

Werden die Werte X'_{s1}, X'_{s2}, X'_{s3} und R'_s in das Smith-Diagramm der *Abb. 1.2.5 v* eingetragen, so ist zu erkennen, daß die Scheinwiderstände Z_1–Z_3 sich bei Variation der Frequenz auf dem Kreisbogen des konstanten Wirkwiderstandes (R-Kreis) bewegen.

Abb. 1.2.5 v

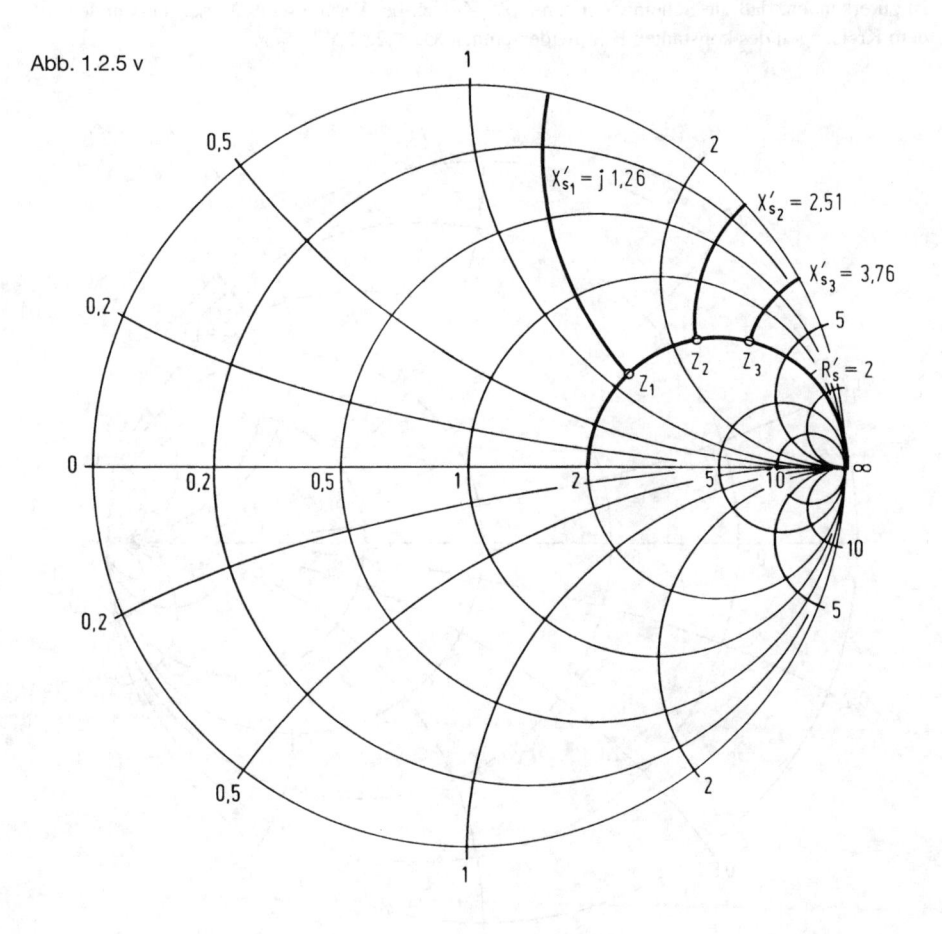

L Die graphische Darstellung der Serienschaltung eines Blindwiderstandes mit veränderbarem Wirkwiderstand bei konstanter Frequenz

Bei $f = 200$ kHz $\rightarrow X_s = j12,6$ kΩ
$R_{s1} = 10$ kΩ
$R_{s2} = 20$ kΩ
$R_{s3} = 30$ kΩ

Maßstabsfaktor: $\dfrac{1}{5000}$: $X'_s = j2,51$ Ω
$R'_{s1} = 2$ Ω
$R'_{s2} = 4$ Ω
$R'_{s3} = 6$ Ω

Werden die Werte X'_s, R'_{s1}, R'_{s2}, R'_{s3} in das Smith-Diagramm der *Abb. 1.2.5 w* eingetragen, so ist zu erkennen, daß die Scheinwiderstände Z_1–Z_3 sich bei Variation des Wirkwiderstandes auf dem Kreisbogen des konstanten Blindwiderstandes $X'_s = j2,51$ V bewegen.

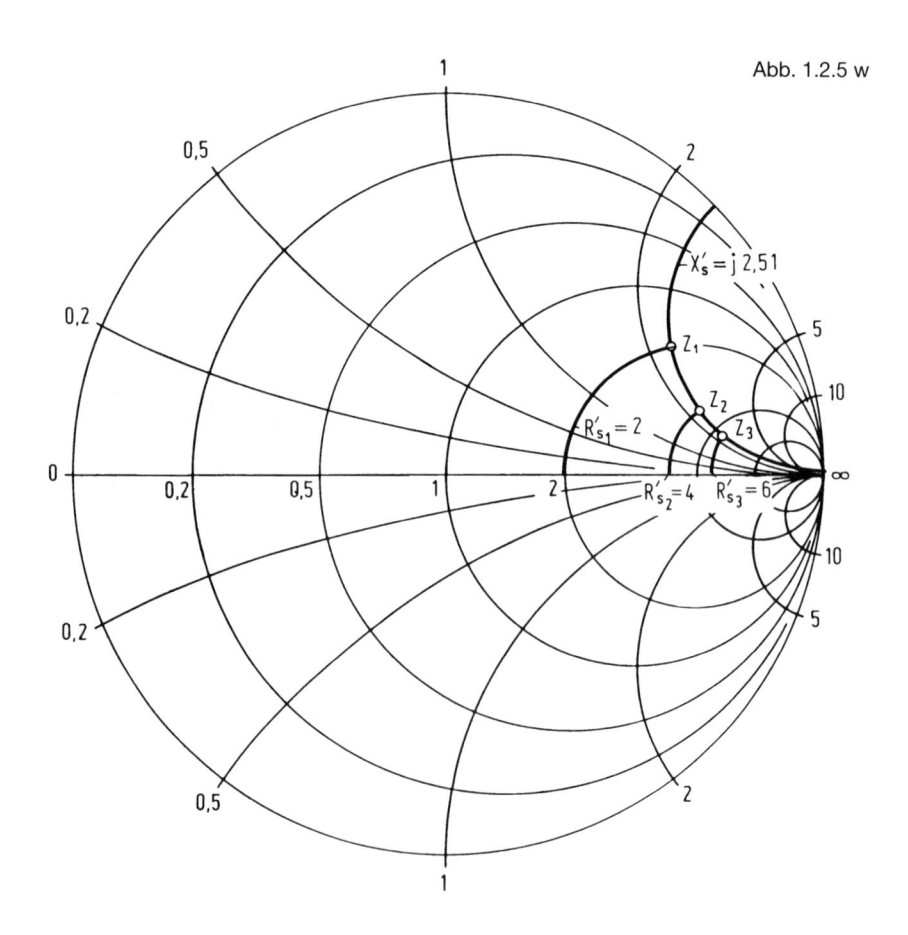

Abb. 1.2.5 w

1.2.6 Flächen und Körperberechnungen
A Flächen

Rechtwinkliges Dreieck

$$A = \frac{c \cdot h}{2} = \frac{a \cdot b}{2}$$

Abstand Schwerpunkt S von:

Hypotenuse $= \frac{1}{3} h$

Kathete a $= \frac{1}{3} b$ Kathete b $= \frac{1}{3} a$

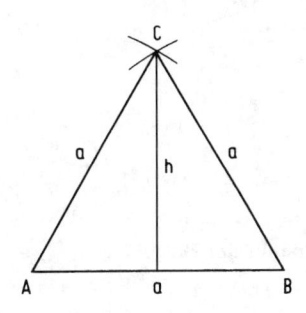

Gleichseitiges Dreieck

$$A = \frac{a^2 \cdot \sqrt{3}}{4}$$

Abstand Schwerpunkt S von einer Seite

$$S = \frac{a}{6} \cdot \sqrt{3}$$

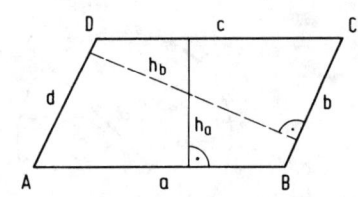

Parallelogramm

$A = a \cdot h_a = b \cdot h_b = g \cdot h$

g = Grundlinie
h = zugehörige Höhe

Schwerpunkt S = Schnittpunkt der Diagonalen

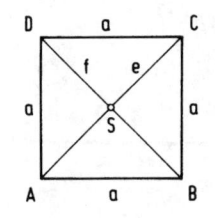

Quadrat

$e = f = a \cdot \sqrt{2}$

$A = a^2 = \frac{1}{2} e^2$

Schwerpunkt S = Schnittpunkt der Diagonalen

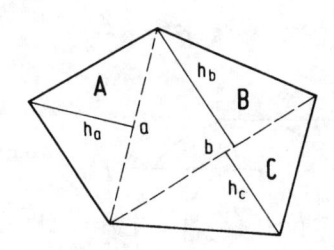

Vieleck

Zerlegung in die Dreiecke A+B+C somit

$A = A_A + A_B + A_C$

$$A = \frac{a \cdot h_a + b \cdot h_b + b \cdot h_c}{2}$$

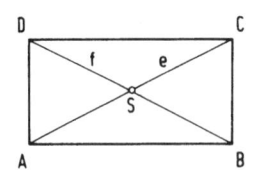

1 Praktische Entwurfsdaten der Elektronik

Rechteck

$e = f = \sqrt{a^2 + b^2}$

$A = a \cdot b$

Schwerpunkt S = Schnittpunkt der Diagonalen

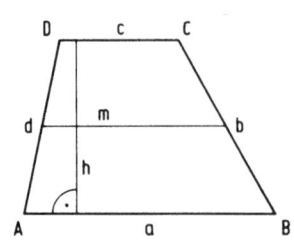

Trapez

$a \parallel c$; $A = \dfrac{a+c}{2} \cdot h = h \cdot m$

Der Schwerpunkt S liegt auf der Verbindungslinie der Mitten der parallelen Grundseiten im Abstand

$\dfrac{h}{3} \cdot \dfrac{a+2c}{a+c}$ von der Grundlinie a

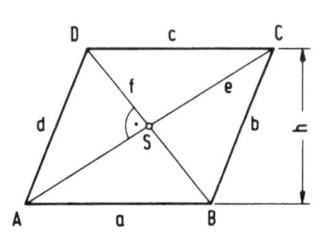

Rhombus (Raute)

$a = b = c = d$

$A = \dfrac{e \cdot f}{2} = a \cdot h$

Schwerpunkt S = Schnittpunkt der Diagonalen

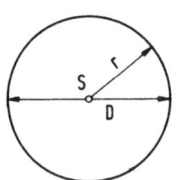

Kreis

Umfang $U = 2 \cdot \pi \cdot r = \pi \cdot D$

$A = \pi \cdot r^2 = \dfrac{\pi \cdot D^2}{4}$

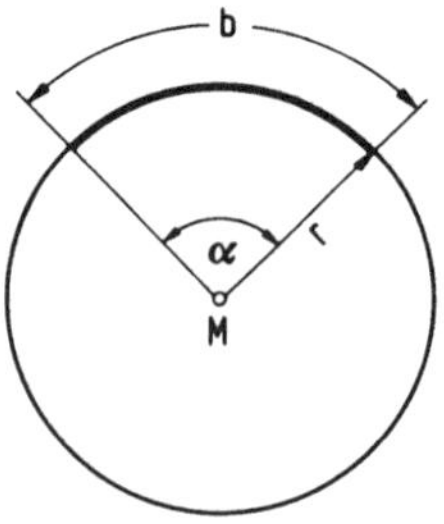

Kreissektor

$A = \dfrac{\pi \cdot r^2 \cdot \alpha}{360°} = \dfrac{b \cdot r}{2}$

Bogenlänge $b = \dfrac{\pi \cdot r \cdot \alpha}{180} \approx 0{,}0175 \cdot r \cdot \alpha$

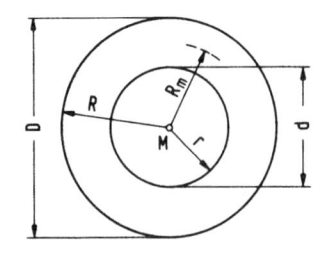

Kreisring

$A = \pi \cdot (R^2 - r^2) = \dfrac{\pi}{4}(D^2 - d^2)$

$A = 2 \cdot \pi \cdot R_m \cdot a$

$a = R - r$

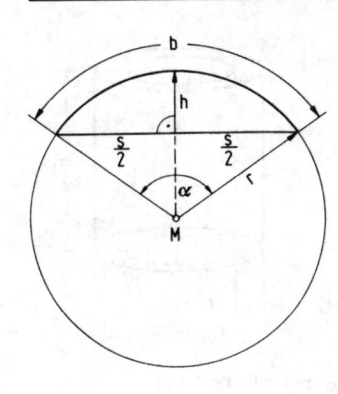

Kreisabschnitt – Segment

$$A = \frac{1}{2}\left[b \cdot r - s(r-h)\right] = \frac{r^2}{2}\left(\frac{\pi \cdot \varphi}{180} - \sin \alpha\right)$$

$$A \approx \frac{2}{3} h \cdot s \approx \frac{h}{6s}(3h^2 + 4s^2)$$

$$b \approx 0{,}0175 \cdot r \cdot \alpha$$

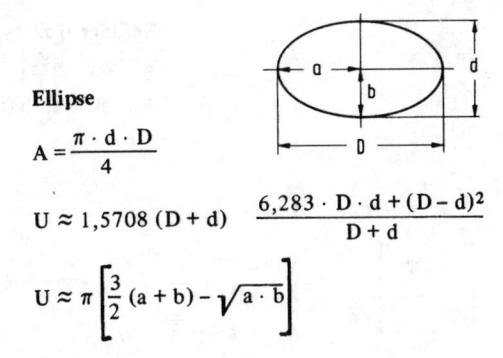

Ellipse

$$A = \frac{\pi \cdot d \cdot D}{4}$$

$$U \approx 1{,}5708\,(D + d) \qquad \frac{6{,}283 \cdot D \cdot d + (D-d)^2}{D+d}$$

$$U \approx \pi\left[\frac{3}{2}(a+b) - \sqrt{a \cdot b}\right]$$

B Körper

Allgemein gilt: A_o = Oberfläche des Körpers
A = Grundfläche
A_M = Mantelfläche

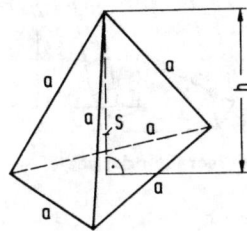

Tetraeder – vier gleichseitige Dreiecke –

$$V = \frac{a^3 \cdot \sqrt{2}}{12} \qquad A_o = a^2 \cdot \sqrt{3}$$

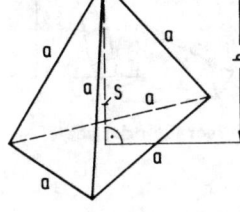

Keil

$$V = \frac{b \cdot h}{6} \cdot (2 \cdot a + a')$$

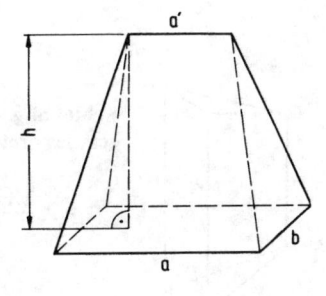

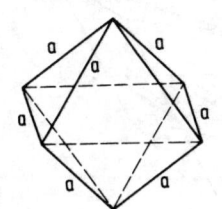

Oktaeder – acht gleichseitige Dreiecke –

$$V = \frac{a^3 \cdot \sqrt{2}}{3} \qquad A_o = 2a^2 \cdot \sqrt{3}$$

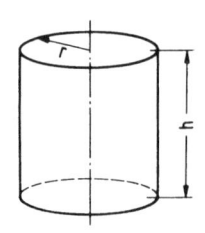

Gerader Kreiszylinder

$$V = \pi \cdot r^2 \cdot h = \frac{\pi \cdot d^2 \cdot h}{4}$$

$$A_M = 2 \cdot \pi \cdot r \cdot h$$

$$A_o = 2 \cdot \pi \cdot r \, (r + h)$$

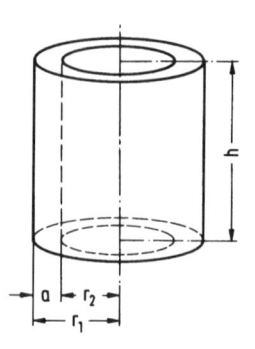

Gerader Hohlzylinder (Rohr)

$$V = \pi \cdot h \left(r_1^2 - r_2^2\right)$$

$$A_M = 2 \cdot \pi \cdot h \, (r_1 + r_2) \qquad A_o = 2 \cdot \pi \, (r_1 + r_2)$$

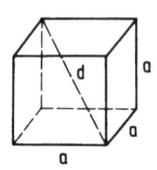

Würfel (Hexaeder)

$$V = a^3$$
$$A_o = 6a^2$$
$$d = a \cdot \sqrt{3}$$

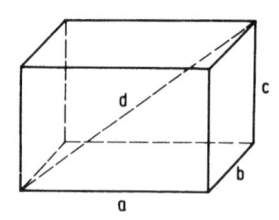

Rechteck (Quader)

$$V = a \cdot b \cdot c$$
$$A_o = 2 \, (a \cdot b + a \cdot c + b \cdot c)$$
$$d = \sqrt{a^2 + b^2 + c^2}$$

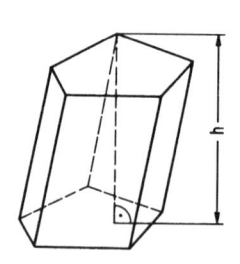

Prisma – gerade oder schief –

$$V = A \cdot h$$
$$A_o = A_M + 2A$$

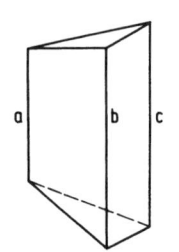

Schief abgeschnittenes gerades dreiseitiges Prisma

$$V = A \, \frac{a + b + c}{3}$$

Schief abgeschnittenes schräges dreiseitiges Prisma

$$V = A_D \, \frac{a + b + c}{3}$$

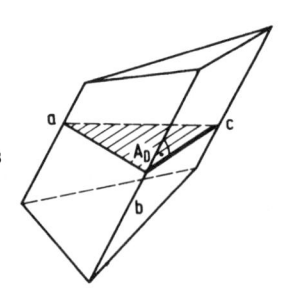

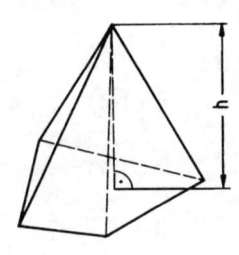

Pyramide — gerade oder schief —

$$V = \frac{1}{3} \cdot A \cdot h \; ; \qquad A_o = A + A_M$$

Schwerpunkt S liegt auf der Verbindungslinie der Spitze mit dem Flächenschwerpunkt der Grundfläche im Abstand $\frac{h}{4}$ von der Grundfläche.

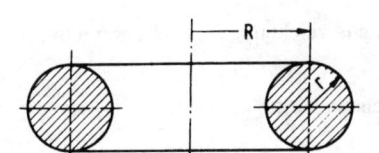

Zylindrischer Ring

$V = 2 \cdot \pi^2 \cdot r^2 \cdot R$
$A_o = 4 \cdot \pi^2 \cdot r \cdot R$

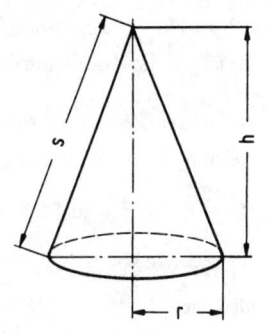

Kreiskegel

$V = \frac{1}{3} \cdot \pi \cdot r^2 \cdot h$
$A_M = \pi \cdot r \cdot s$
$A_o = \pi \cdot r (r + s)$

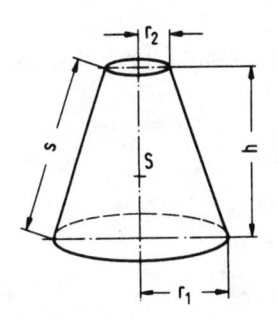

Kegelstumpf

$V = \frac{1}{3} \cdot \pi \cdot h \left(r_1^2 + r_1 \cdot r_2 + r_2^2 \right)$
$A_M = \pi \cdot s (r_1 + r_2)$
$A_o = \pi [r_1^2 + r_2^2 + s(r_1 + r_2)]$

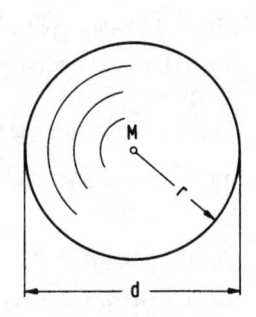

Kugel $V = \frac{4}{3} \cdot \pi \cdot r^3$

$A_M = \pi \cdot d^2$

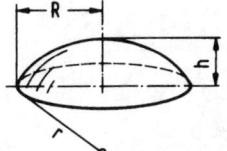

Kugelsegment

$V = \frac{1}{6} \cdot \pi \cdot h (3R^2 + h^2)$

$A_M = 2 \cdot \pi \cdot r \cdot h$

$A_o = \pi (2 \cdot r \cdot h + R^2)$

Kugelsektor

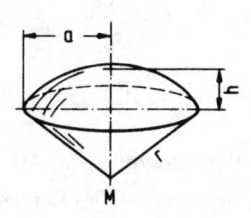

$V = \frac{2 \cdot \pi \cdot r^2 \cdot h}{3}$

$A_o = \pi \cdot r (2 \cdot h + a)$

1.2.7 Mechanische Gesetze

A Arbeit – Leistung – Kraft

Definitionen Arbeit

Arbeit = Kraft x Weg
$W = F \times s$
$F\ [N];\ W\ [N \cdot m];\ s\ [m]$
$1\ N = 0{,}10192\ Kp;\ 1\ Kp = 9{,}80665\ N$
$1\ Pond = 9{,}80665\ mN\ (10^{-3}\ N)$

Die Arbeitseinheit ist das Newtonmeter (Nm). Sie führt die Bezeichnung Joule (J). Somit ist
$1\ J = 1\ Nm = 1\ kg \cdot m^2 \cdot s^{-2} = W \cdot s$

Es ist nur die Kraft F einzusetzen, die in Richtung des Weges s wirkt.

Definition Leistung

Leistung = Arbeit durch Zeit

$$P = \frac{W}{t} \quad \text{also auch:} \quad P = \frac{F \cdot s}{t}$$

$P\ [\text{Watt W}];\ W\ [kp \cdot m];\ t\ [s]$

also auch:

$$P = \frac{J}{s} = \frac{kg \cdot m^2}{s^3} = \frac{kp \cdot m}{s}$$

(USA) 1 PS (horsepower hp) = 745,7 W;

Umrechnung: Pferdestärke PS in Kilowatt mit P_{KW} (Leistung in Kilowatt) und P_{PS} (Leistung Pferdestärke).

$P_{KW} = 0{,}736 \cdot P_{PS}$ entsprechend

$1\ PS = 736\ W = 75\ \dfrac{kpm}{S}$.

Definition Kraft

Kraft = Masse mal Beschleunigung

$F = m \cdot a \quad F\ [N];\ m\ [kg];\ a\ \left[\dfrac{m}{s^2}\right]$

Definition Wirkungsgrad

$$\text{Wirkungsgrad} = \frac{\text{abgegebene Leistung}}{\text{zugeführte Leistung}}$$

$\eta = \dfrac{P_a}{P_Z}\ [1]$

Gewichtskraft (Gewicht)

Gewichtskraft des Körpers = Masse des Körpers · Fallbeschleunigung
$G = m \cdot g \quad G\ [N];\ m\ [kg];\ g\ [m \cdot s^{-2}] \quad g \approx 9{,}8066\ m \cdot s^{-2}$

B Geschwindigkeit

Geschwindigkeit = Weg durch Zeit

$v = \dfrac{s}{t}$ s [m]; t [s]

Umrechnungen:
1 m · s⁻¹ = 3,6 km · h⁻¹
1 km · h⁻¹ = 0,278 m · s⁻¹
1 Knoten (Kn) = 1 Seemeile pro Stunde = 1,852 km · h⁻¹
1 mile per hour (m · p hr) = 1,609 km · h⁻¹

Umfangsgeschwindigkeit

$v_u = \omega \cdot r = d \cdot \pi \cdot f$

v_u = Umfangsgeschwindigkeit
ω = Winkelgeschwindigkeit = $2 \cdot \pi \cdot f$
d = Kreisdurchmesser
f = Frequenz

C Zerlegung von Kräften (maßstabsgerechte Konstruktionen)

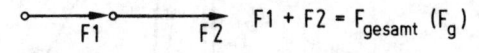

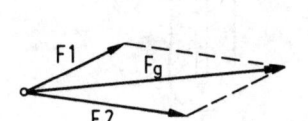

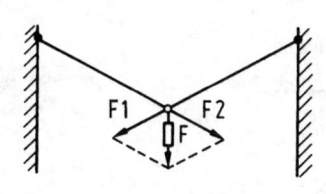

F1 + F2 = F_{gesamt} (F_g)

F1 − F2 = F_g

F1 $\hat{+}$ F2 = F_g

Seilkräfte durch Gewicht F

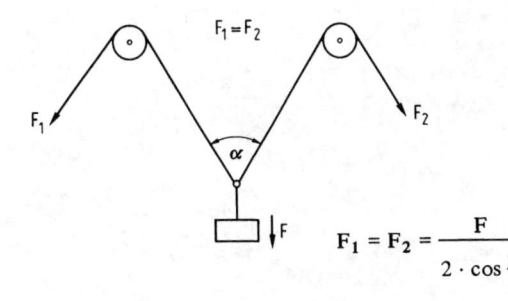

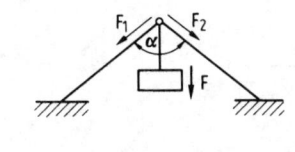

$F_1 = F_2 = \dfrac{F}{2 \cdot \cos \dfrac{a}{2}}$

D Seil und Rolle   lose Rolle
(Flaschenzug)

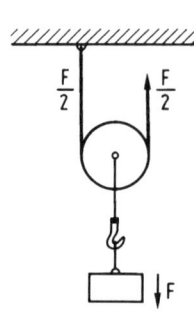

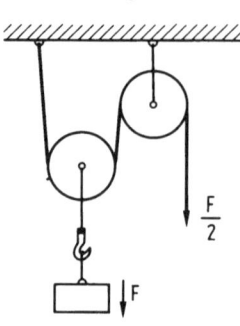

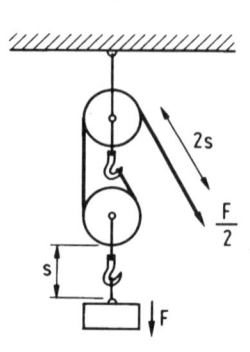

erforderliche Kraft = $\dfrac{\text{Last}}{\text{Zahl der Rollen}}$

erforderlicher Weg = Zahl der Rollen × Lasthub

Differentialflaschenzug

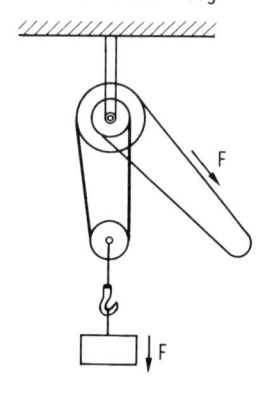

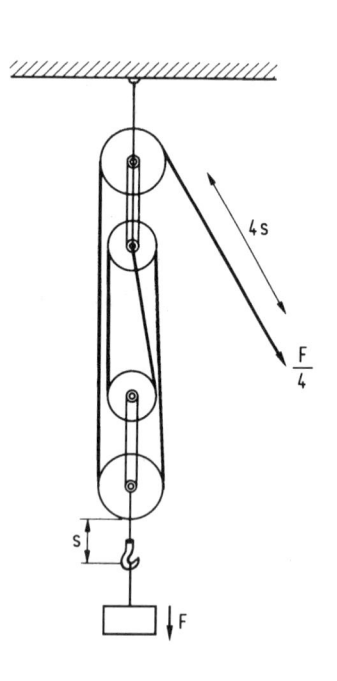

r = Durchmesser der kleinen Rolle
R = Durchmesser der großen Rolle

$$F_2 = F_1 \frac{R-r}{2R} = \frac{F_1}{2}\left(1 - \frac{r}{R}\right)$$

1.2 Mathematik

erforderliche Kraft = $\dfrac{\text{Last}}{2^{\text{Zahl der losen Rollen}}}$

Potenzflaschenzug (3 lose Rollen)

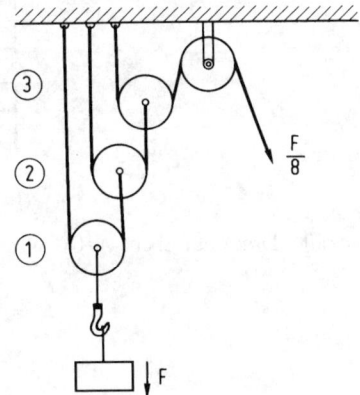

Beispiel: 3 lose Rollen

$\dfrac{F}{8} = \dfrac{F}{2^3}$

Drehmoment

Ausleger

$S_1 = F \cdot \tan \alpha$

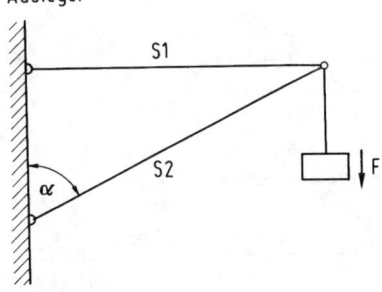

$S_2 = \dfrac{F}{\cos \alpha}$

E 5 Hebel

allgemein gilt:

Drehmoment = Kraft x wirksamer Hebelarm

$F_1 \cdot S_1 = F_2 \cdot S_2$ für a und b

für c gilt:

$S_1 = S \cdot \cos \alpha$

$F_2 = \dfrac{F_1 \cdot S_1}{S_2}$

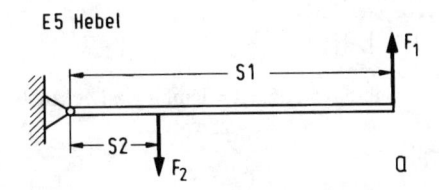

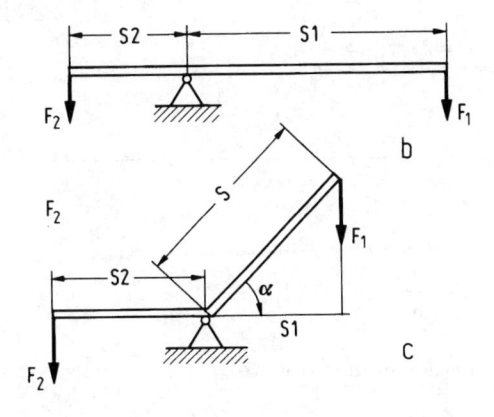

1 Praktische Entwurfsdaten der Elektronik

$F_A = F_1 + F_2 - F_B$

$FB = \dfrac{F_1 \cdot S_1 + F_2 \cdot S_2}{S}$

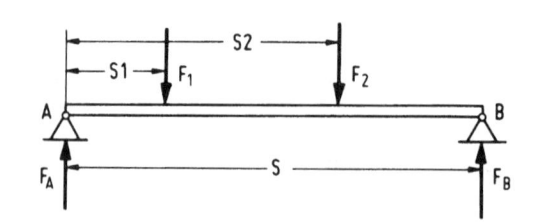

E Schiefe Ebene

F_H = Hangkraft
F_N = Normalkraft – Druck auf Ebene A–C
G = Gewichtskraft (M)

$F_H = G \cdot \dfrac{H}{S_B} = G \cdot \sin \alpha$

$F_N = G \cdot \dfrac{S_C}{S_B} = G \cdot \cos \alpha$

$\alpha = 0 \rightarrow F_H = 0 \rightarrow F_N = G$
$\alpha = 90° \rightarrow F_N = 0 \rightarrow F_H = G$

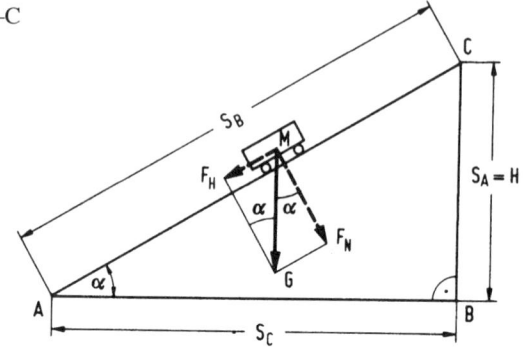

F Kreisende Bewegung

$\text{Drehzahl} = \dfrac{\text{Zahl der Umdrehungen}}{\text{Umlaufzeit}}$

$n = \dfrac{1}{T} \quad \left[\dfrac{U}{\min}\right]$

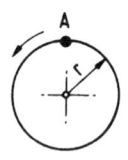

Umfangsgeschwindigkeit = Umfang × Drehzahl

$V_u = d \cdot \pi \cdot n$

Winkelgeschwindigkeit = $2 \cdot \pi \cdot$ Drehzahl $\left[\dfrac{1}{s}\right]$

$\omega = 2 \cdot \pi \cdot n = \dfrac{V_u}{r}$

Riemenantrieb

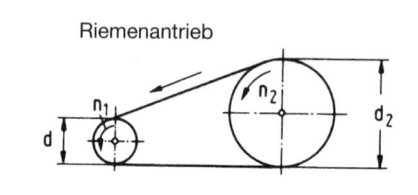

Zahnantrieb

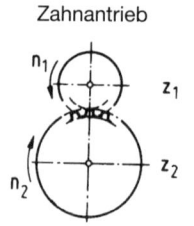

$\ddot{U} = \dfrac{n_1}{n_2} = \dfrac{d_2}{d_1} \qquad \ddot{U} = \dfrac{Z_1}{Z_2} = \dfrac{n_2}{n_1} \qquad Z = \text{Zahl der Zähne}$

$n_2 \cdot d_2 = n_1 \cdot d_1 \qquad n_1 \cdot Z_1 = n_2 \cdot Z_2$

1.3 Wichtige Formeln für die Schaltungsberechnung

A Spannung – Strom – Widerstand – Leistung

Elektrische Arbeit

$A = U \cdot Q = U \cdot I \cdot t$

$A = I^2 \cdot R \cdot t = \dfrac{U^2 \cdot t}{R}$

A = Arbeit [J]
U = Spannung [V]
Q = Ladung [A · s]

I = Strom [A]
R = Widerstand [Ω]
t = Zeit [s]

Widerstand

$R = \dfrac{U}{I}$ $U = I \cdot R;$ $I = \dfrac{U}{R}$ G = Leitwert $\left[\dfrac{1}{\Omega}\right]$

Leitwert

$G = \dfrac{1}{R}$ $R = \dfrac{1}{G};$ $G = \dfrac{I}{U}$ $I = G \cdot U$ $U = \dfrac{I}{G};$

Widerstandsänderung bei Erwärmung

$R_w = R_k [1 + \alpha (t_w - t_k)];$ $t_w = \dfrac{R_w - R_k}{R_k \cdot \alpha} + t_k;$ $R_k = \dfrac{R_w}{1 + \alpha (t_w - t_k)};$

$\alpha = \dfrac{R_w - R_k}{R_k (t_w - t_k)}$

α-Werte Tafel 2
w = (warm)
k = (kalt)

Leitungswiderstand

$R = \dfrac{\ell}{\chi \cdot A}$ $\ell = R \cdot \chi \cdot A;\ A = \dfrac{\ell}{R \cdot \chi};$ χ-Werte Tabelle 2 und 4.
A = Querschnitt [mm²]

$\varsigma = \dfrac{1}{\chi};$ χ = Leitfähigkeit $\left[\dfrac{m}{\Omega \cdot mm^2}\right]$ ς = spez. Widerstand $\left[\dfrac{\Omega \cdot mm^2}{m}\right]$

1 Praktische Entwurfsdaten der Elektronik

Leistung (siehe 100-V-Anpassung Nomogramm Kap. 4.4)

$$P = U \cdot I \qquad U = \frac{P}{I} \qquad I = \frac{P}{U} \qquad P = \text{Leistung [W]}$$

$$P = I^2 \cdot R \qquad I = \sqrt{\frac{P}{R}} \qquad R = \frac{P}{I^2} \qquad P = \frac{U^2}{R} \qquad U = \sqrt{P \cdot R} \qquad R = \frac{U^2}{P}$$

Wirkungsgrad η

$$\eta = \frac{P_A}{P_E} \qquad P_A \text{ Ausgangsleistung};\ P_E \text{ Eingangsleistung}$$

Leistung im Stromkreis

Aufgebrachte Leistung: $\quad P_a = E \cdot I$
Verbrauchte Leistung: $\quad P = U \cdot I$
Verlustleistung in R_1 $\quad P_i = P_a - P = I(E - U) = I^2 \cdot R_i$

$$I = \frac{E}{R_i + R_a}$$

Leistungsmaximum bei $\quad R_i = R_a$
(Leistungsanpassung)

$$P = \frac{U^2 \cdot R_a}{(R_i + R_a)^2} \qquad P_{max} = \frac{U^2}{4R_i}$$

Wirkungsgrad:

$$\eta = \frac{I^2 \cdot R_a}{I^2 (R_i + R_a)} = \frac{P_{Nutz}}{P_{ges}} = \frac{P}{P_a}$$

$U_E = U_{Ri} + U_{Ra}$

$$P_a = \frac{U_{Ra}^2}{R_a} = I^2 \cdot R_a$$

$$U_{Ra} = \frac{U_E \cdot R_a}{R_i + R_a}$$

$U_{Ri} = J \cdot R_i$

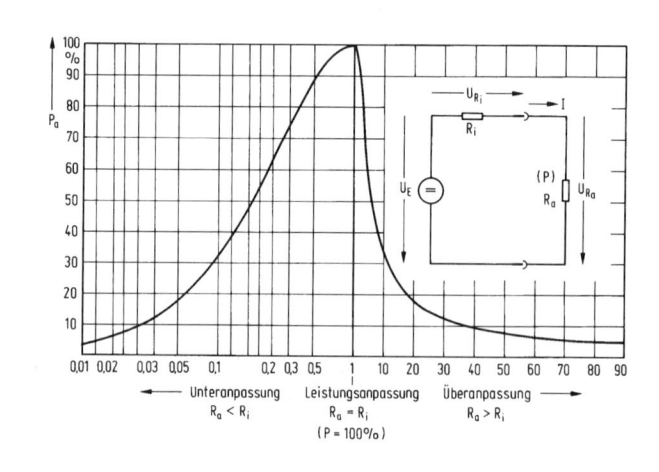

Unteranpassung $\quad$ Leistungsanpassung $\quad$ Überanpassung
$R_a < R_i$ $\qquad\qquad R_a = R_i$ $\qquad\qquad R_a > R_i$
$\qquad\qquad\qquad\quad (P = 100\%)$

1.3 Wichtige Formeln für die Schaltungsberechnung

Strom und Spannung im Stromkreis

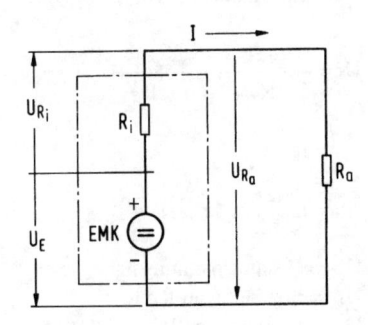

$$I = \frac{U_E}{R_i + R_a}$$

$$U_{Ra} = U_E - I \cdot R_i = I \cdot R_a$$

E   = EMK in Volt (U_E)
U_{Ra} = Spannung am Außenwiderstand
R_i = Innenwiderstand der Spannungsquelle
R_a = Außenwiderstand

Parallelschaltung von Widerständen   siehe Leitwertaddition Nomogramm Kap. 1.4.4

$$R_{ges} = \frac{R_1 \cdot R_2}{R_1 + R_2} \qquad R_1 = \frac{R_2 \cdot R_{ges}}{R_2 - R_{ges}}; \qquad R_2 = \frac{R_1 \cdot R_{ges}}{R_1 - R_{ges}}$$

$$G_{ges} = G_1 + G_2 + \ldots + G_n; \qquad \frac{1}{R_{ges}} = \frac{1}{R_1} + \frac{1}{R_2} + \ldots + \frac{1}{R_n}$$

Reihenschaltung von Widerständen

$$R_{ges} = R_1 + R_2 + R_3 + \ldots + R_n$$

B Spannungsteilung

Spannungsteiler (unbelastet)

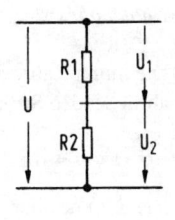

$$U = U_1 + U_2$$
$$R_g = R_1 + R_2$$

$$\frac{U_1}{U_2} = \frac{R_1}{R_2}; \qquad \frac{U}{U_2} = \frac{R_1 + R_2}{R_2}; \qquad U = \frac{U_2 \cdot (R_1 + R_2)}{R_2};$$

$$U_1 = \frac{U \cdot R_1}{R_1 + R_2} \qquad U_2 = \frac{U \cdot R_2}{R_1 + R_2};$$

$$R_2 = \frac{U_2 \cdot R_1}{U - U_2}; \qquad R_1 = \frac{R_2 (U - U_2)}{U_2}$$

1 Praktische Entwurfsdaten der Elektronik

Spannungsteiler (belastet)

$$U_1 = \frac{U_g \cdot R_{1b}}{R_g} = \frac{U_2 \cdot R_{1b}}{R_2}$$

$$= I_g \cdot R_{1b}$$
$$= I_1 \cdot R_1$$
$$= I_b \cdot R_b$$

U_g = Gesamtspannung
U_1 = Spannung an R_1, R_b
U_2 = Spannung an R_2
$R_{1,2}$ = Spannungsteilerwiderstände
I_1 = Strom durch R_1
I_b = Strom durch R_b

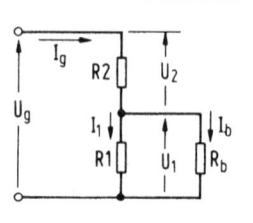

$$R_{1b} = \frac{R_1 \cdot R_b}{R_1 + R_b}$$

R_b = Belastungswiderstand

I_g = Gesamtstrom

C Strom- und Spannungsverzweigung

$I_1 \cdot R_1 = I_2 \cdot R_2$

$$\frac{I_1}{I_2} = \frac{R_2}{R_1}$$

$$I_1 = I \frac{R_2}{R_1 + R_2} \qquad I_2 = I \frac{R_1}{R_1 + R_2}$$

$I = I_1 + I_2$

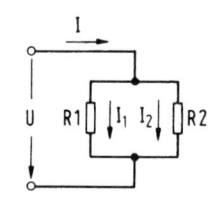

Kirchhoff'sche Gesetze
Knotenpunktsatz

Die Summe aller zufließenden Ströme ist gleich der Summe aller abfließenden Ströme.

$I_1 + I_2 + I_3 = I_4 + I_5$

Die Summe aller Ströme in einem Knotenpunkt ist gleich Null.

$I_1 + I_2 + I_3 - I_4 - I_5 = 0$
$I_g - I_4 - I_5 = 0$

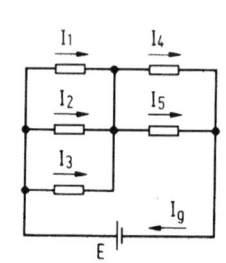

Maschensatz (Erzeugerzählpfeilsystem)

Die Summe aller Spannungsabfälle ist gleich der EMK.
Netzwerk mit einer Spannungsquelle:

1.3 Wichtige Formeln für die Schaltungsberechnung

Masche I: $U - U_1 - U_2 = 0$

Masche II: $U_2 - U_3 - U_4 = 0$

Ströme im Knotenpunkt:

$I_g - I_1 - I_2 = 0$

Teilspannungen:

$U_2 = U - U_1 = U - I_g \cdot R_1 = U_3 + U_4$

$$I_g = \frac{U}{R_{ges}} = \frac{U}{R_1 + \dfrac{R_2(R_3 + R_4)}{R_2 + R_3 + R_4}}$$

$I_1 = \dfrac{U_2}{R_2}$ $\qquad I_2 = I_g - I_1$ $\qquad U = U_1 + U_2 = U_1 + U_3 + U_4$
$\qquad\qquad\qquad\qquad\qquad\qquad\qquad U_3 = I_2 \cdot R_3$

D Blind- und Scheinwiderstände

kapazitiver Wechselstromwiderstand $X_C \triangleq R_C$

$R_C = \dfrac{1}{\omega \cdot C}$ $\qquad C = \dfrac{1}{\omega \cdot R_C};$ $\qquad f = \dfrac{1}{2 \cdot \pi \cdot C \cdot R_C}$

$R_C \triangleq X_C$ $\qquad \omega = 2 \cdot \pi \cdot f = 6{,}28 \cdot f$

$X_C = \dfrac{U_C}{I_C}$ $\qquad I_C = \dfrac{U_C}{X_C};$ $\qquad U_C = I_C \cdot X_C \; (X_C \triangleq R_C)$

Induktiver Wechselstromwiderstand

$R_L \triangleq X_L$ $\qquad L = \dfrac{R_L}{\omega}$ $\qquad f = \dfrac{R_L}{2 \cdot \pi \cdot L}$

$R_L = \omega \cdot L$ $\qquad \omega = 2 \cdot \pi \cdot f = 6{,}28 \cdot f$

$X_L = \dfrac{U_L}{I_L}$ $\qquad I_L = \dfrac{U_L}{X_L}$ $\qquad U_L = X_L \cdot I_L$

Kapazitive Spannungsteilung

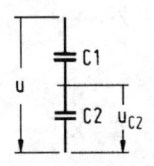

$U_{C2} = U \dfrac{C_1}{C_1 + C_2}$

1 Praktische Entwurfsdaten der Elektronik

Reihenschaltung von induktiven und kapazitiven Blindwiderständen

$$X = X_L - X_C = \omega L - \frac{1}{\omega C}$$

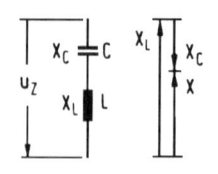

Parallelschaltung

$$\frac{1}{X} = \frac{1}{X_L} - \frac{1}{X_C} = \frac{1}{\omega L} - \omega C$$

Reihenschaltung von Wirk- und Blindwiderständen

Allgemein: Scheinwiderstand $Z = \sqrt{R^2 + X^2}$

Phasenwinkel $\cos \varphi = \dfrac{R}{Z}$

Wirkwiderstand R

Blindwiderstand $\omega \cdot L$ oder $\dfrac{1}{\omega \cdot C}$

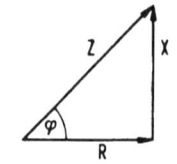

Reihenschaltung von R und L

Scheinwiderstand:

$$Z = \sqrt{R^2 + X_L^2} = \sqrt{R^2 + (\omega L)^2}$$

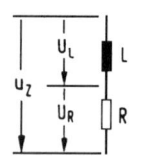

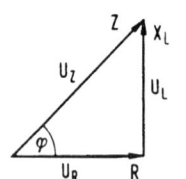

Reihenschaltung von R und C

$$Z = \sqrt{R^2 + \frac{1}{\omega^2 \cdot C^2}}$$

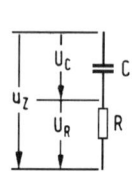

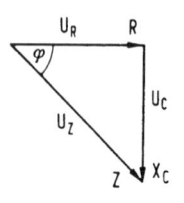

Reihenschaltung von R und C oder R und L (Zusammenfassung Abschnitt 1.4.3)

$Z = \sqrt{R^2 + X_C^2}$

$X_C = \dfrac{1}{\omega \cdot C}$ $\qquad R = \sqrt{Z^2 - X_C^2}$ $\qquad X_C = \sqrt{Z^2 - R^2}$

$Z = \sqrt{R^2 + X_L^2}$

$X_L = \omega \cdot L$ $\qquad R = \sqrt{Z^2 - X_L^2}$ $\qquad X_L = \sqrt{Z^2 - R^2}$

1.3 Wichtige Formeln für die Schaltungsberechnung

Spannungen der Reihenschaltung

$U_L = I \cdot \omega L \qquad I = \dfrac{U_L}{\omega L} \qquad L = \dfrac{U_L}{I \cdot \omega}$

$U_C = \dfrac{I}{\omega \cdot C} \qquad I = U_C \cdot \omega C \qquad C = \dfrac{I}{U_C \cdot \omega}$

$U_R = I \cdot R \qquad I = \dfrac{U_R}{R} \qquad R = \dfrac{U_R}{I}$

Scheinleistung

$P_S = U \cdot I$

$P_S = \sqrt{P_W^2 + P_B^2}$

Leistungsfaktor

$\cos \varphi = \dfrac{R}{Z} \qquad Z = \dfrac{R}{\cos \varphi} \qquad R = Z \cdot \cos \varphi$

$\cos \varphi = \dfrac{U_R}{U_S} \qquad U_S = \dfrac{U_R}{\cos \varphi} \qquad U_R = U_S \cdot \cos \varphi$

$\cos \varphi = \dfrac{P_W}{P_S} \qquad P_S = \dfrac{P_W}{\cos \varphi} \qquad P_W = P_S \cdot \cos \varphi$

Phasenwinkel

$\tan \varphi = \dfrac{X}{R} \qquad R = \dfrac{X}{\tan \varphi} \qquad X = R \cdot \tan \varphi$

$\tan \varphi = \dfrac{U_X}{R} \qquad U_R = \dfrac{U_X}{\tan \varphi} \qquad U_X = U_R \cdot \tan \varphi$

Blindstrom

$I_B = I \cdot \sin \varphi \qquad I = \dfrac{I_B}{\sin \varphi}$

1 Praktische Entwurfsdaten der Elektronik

Parallelschaltung von R und L (siehe auch Abschnitt 1.4.2...1.4.4).

Scheinleitwert:

$$Y = \sqrt{G^2 + B_L^2} = \sqrt{\frac{1}{R^2} + \left(\frac{1}{\omega L}\right)^2} = \frac{1}{Z} = \sqrt{\left(\frac{1}{X_L}\right)^2 + \left(\frac{1}{R}\right)^2}$$

$$X_L = \sqrt{\frac{Z^2 \cdot R^2}{R^2 - Z^2}}; \quad R = \sqrt{\frac{Z^2 \cdot X_L^2}{X_L^2 - Z^2}}$$

G = Wirkleitwert
B_L = Blindleitwert

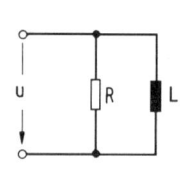

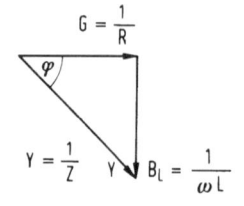

Parallelschaltung von R und C

Scheinleitwert:

$Y = \sqrt{G^2 + B_C^2}$

G = Wirkleitwert
B_C = Blindleitwert

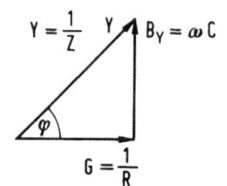

$$Y = \sqrt{\frac{1}{R^2} + (\omega C)^2} = \frac{1}{Z} = \sqrt{\left(\frac{1}{X_C}\right)^2 + \left(\frac{1}{R}\right)^2} \quad X_C = \sqrt{\frac{Z^2 \cdot R^2}{R^2 - Z^2}} \quad R = \sqrt{\frac{Z^2 \cdot X_C^2}{X_C^2 - Z^2}}$$

Reihenschaltung von R, L und C

Scheinwiderstand:

$$Z = \sqrt{R^2 + X^2} = \sqrt{R^2 + \left(\omega L - \frac{1}{\omega C}\right)^2}$$

Scheinstrom:

$$I = \frac{U}{Z} = \frac{U}{\sqrt{R^2 + \left(\omega L - \frac{1}{\omega C}\right)^2}}$$

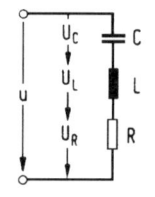

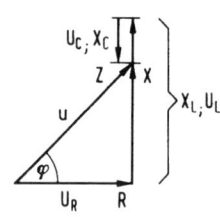

Parallelschaltung von R, L und C

Scheinleitwert:
B = resultierender Blindleitwert

$$Y = \sqrt{G^2 + B^2} = \sqrt{G^2 + (B_C - B_L)^2}$$

$$G = \frac{I}{R}; \qquad B_C = \omega C; \qquad B_L = \frac{1}{\omega L}$$

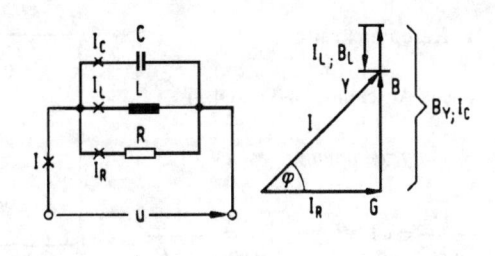

E Grenzfrequenzen

Untere Grenzfrequenz (siehe Abschnitt 1.4.6 ... 1.4.7)

(Hochpaß R-C-Kopplung)
Spannungsabfall am Ausgang auf 70 % (–3 dB); $\varphi = 45°$ $\omega = 2 \cdot \pi \cdot f_u$

$$R = \frac{1}{\omega \cdot C} = \frac{1}{2 \cdot \pi \cdot f_u \cdot C} \qquad f_u = \frac{1}{2 \cdot \pi \cdot R \cdot C}$$

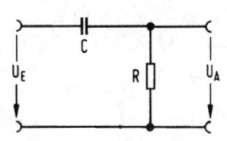

$$C = \frac{1}{2 \cdot \pi \cdot f_u \cdot R} \qquad \frac{U_A}{U_E} = \frac{1}{\sqrt{R^2 \cdot (\omega \cdot C)^2 + 1}}$$

$$\tan \varphi = R \cdot \omega \cdot C$$

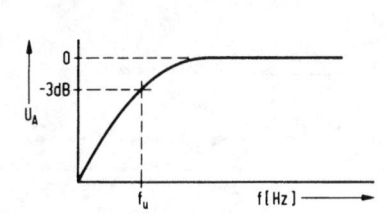

Obere Grenzfrequenz

(Tiefpaß RC-Glieder)
Parallelschalten eines Arbeitswiderstandes R mit einer schädlichen Kapazität C;
Spannungsabfall am Ausgang auf 70 % (–3 dB); $\varphi = 45°$

$$\omega = 2 \cdot \pi \cdot f_0 \qquad \frac{U_A}{U_E} = \frac{1}{\sqrt{\frac{1}{R^2 \cdot (\omega \cdot C)^2} + 1}}$$

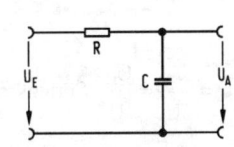

$$f_0 = \frac{1}{2 \cdot \pi \cdot R \cdot C} \qquad C = \frac{1}{2 \cdot p \cdot f_0 \cdot R}$$

$$R = \frac{1}{\varphi \cdot C} = \frac{1}{2 \cdot \pi \cdot f_0 \cdot C} \qquad \tan \varphi = \frac{1}{R \cdot \omega \cdot C}$$

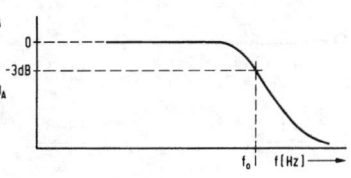

1 Praktische Entwurfsdaten der Elektronik

F Resonanzkreise

(siehe Abschnitt 1.4.3 und 4.5)

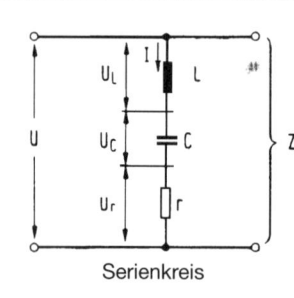

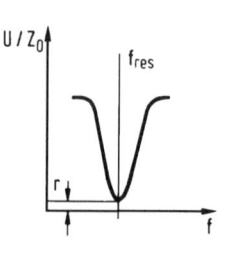

Resonanzbedingung

$$\frac{1}{\omega \cdot C} = \omega L \qquad L = \frac{1}{\omega^2 \cdot C}$$

$$C = \frac{1}{\omega^2 \cdot L} \qquad \omega^2 = \frac{1}{L \cdot C} \qquad f = \frac{1}{2\pi \sqrt{L \cdot C}}$$

Serienkreis

Bandbreite:

$$b = \frac{f_0}{Q} \qquad Q = \frac{f_0}{b} \qquad f_0 = b \cdot Q$$

$$b = \frac{r}{2 \cdot \pi \cdot L} \qquad r = b \cdot 2 \cdot \pi \cdot L$$

$$L = \frac{r}{2 \cdot \pi \cdot b}$$

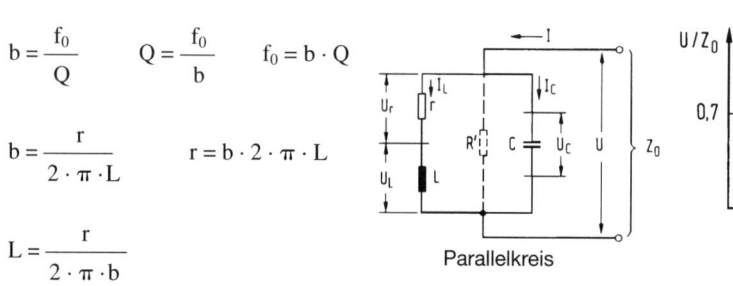

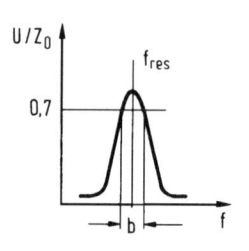

Parallelkreis

Güte:

$$Q = \frac{Z_0}{\omega L} \qquad Q = \frac{1}{d} \qquad Z_0 = Q \cdot \omega L \qquad \omega L = \frac{Z_0}{Q} \qquad Q = \sqrt{\frac{R'}{r}}$$

$$Q = Z_0 \cdot \omega C \qquad Z_0 = \frac{Q}{\omega \cdot C} \qquad \omega C = \frac{Q}{Z_0} \qquad Q = R'\sqrt{\frac{C}{L}} = \frac{1}{r}\sqrt{\frac{L}{C}}$$

$$Q = \frac{U_L}{U} = \frac{U_C}{U} \text{ Serienkreis} \qquad Q = \frac{I_L}{I} = \frac{I_C}{I} \text{ Parallelkreis}$$

$$Q = \frac{1}{\omega \cdot C \cdot r} \qquad C = \frac{1}{\omega \cdot Q \cdot r} \qquad r = \frac{1}{\omega \cdot C \cdot Q}$$

$$Q = \frac{\omega L}{r} \qquad L = \frac{Q \cdot r}{\omega} \qquad r = \frac{\omega \cdot L}{Q}$$

Dämpfung: *Resonanzwiderstand:*

$$d = \frac{1}{Q} \qquad Z_0 = \frac{L}{C \cdot r} \qquad C = \frac{L}{Z_0 \cdot r} \qquad L = Z_0 \cdot C \cdot r \qquad r = \frac{L}{Z_0 \cdot C}$$

für Serienkreis $Z_0 = r$

G Bandspreizung

Parallelresonanzkreis mit Kapazitätsvariation

$$V_C = \frac{C_e}{C_a} = \left(\frac{f_0}{f_u}\right)^2$$

$f_u : f_0 = \dfrac{1}{\sqrt{C_e : C_a}}$ (L = Konst)
                                 $C_e = C_{max}$
                                 $C_a = C_{min}$

$f_u : f_0 = \dfrac{1}{\sqrt{L_e : L_a}}$ (C = Konst)
                                 $L_e = L_{max}$
                                 $L_a = L_{min}$

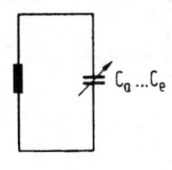

f_u ergibt sich nach der Schwingkreisberechnung durch die gewählte Spule.

$$f_0 = f_u \cdot \sqrt{V_C} = f_u \cdot \sqrt{\frac{C_e}{C_a}}$$

V_c = Kapazitätsvariation
C_a = Anfangskapazität des Drehkondensators
C_e = Endkapazität des Drehkondensators
f_0 = obere Grenzfrequenz (erreicht mit C_a)
f_u = untere Grenzfrequenz (erreicht mit C_e)

Bandspreizung durch Serienkondensator

$$V_{cg} = \frac{C_e}{C_a} \left(\frac{C_s + C_a}{C_s + C_e}\right) = V_c \left(\frac{C_s + C_a}{C_s + C_e}\right)$$

$$C_s = C_e \left(\frac{V_{cg} - 1}{V_c - V_{cg}}\right)$$

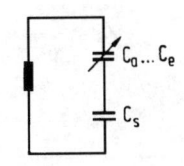

V_{cg} = Kapazitätsvariation der Gesamtschaltung
C_s = Serienkapazität

$$\frac{f_0}{f_u} = \sqrt{\frac{C_E (C_A + C_S)}{C_A (C_E + C_S)}}$$

1 Praktische Entwurfsdaten der Elektronik

Bandspreizung durch Parallelkondensator

$$\Delta C = C_e - C_a$$

$$V_{cg} = 1 + \frac{\Delta C}{C_p + C_a} = \left(\frac{f_0}{f_u}\right)^2 \qquad C_p = \frac{\Delta C}{V_{cg} - 1} - C_a \qquad \frac{f_0}{f_u} = \sqrt{\frac{C_E + C_P}{C_A + C_P}}$$

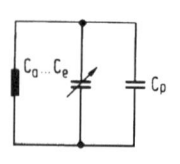

$$C_p = \frac{f_u^2 \cdot \Delta C}{f_0^2 - f_u^2} - C_a \qquad \begin{array}{l} \Delta C = \text{Kapazitätsänderung} \\ C_p = \text{Parallelkapazität} \end{array}$$

H Transformator

Transformator verlustlos   *Leistung*

Index „1" Primärseite; Index „2" Sekundärseite. $P_1 = P_2$
N [1] Windungszahl
ü [1] Übersetzungsverhältnis

Übersetzungsverhältnis

$\ddot{u} = \dfrac{N_1}{N_2}$ $N_1 = \ddot{u} \cdot N_2$ $N_2 = \dfrac{N_1}{\ddot{u}}$

$\ddot{u} = \dfrac{U_1}{U_2}$ $U_1 = \ddot{u} \cdot U_2$ $U_2 = \dfrac{U_1}{\ddot{u}}$

$\ddot{u} = \dfrac{I_2}{I_1}$ $I_1 = \dfrac{I_2}{\ddot{u}}$ $I_2 = \ddot{u} \cdot I_1$

$\ddot{u} = \sqrt{\dfrac{R_1}{R_2}}$ $R_2 = \dfrac{R_1}{\ddot{u}^2}$ $R_1 = R_2 \cdot \ddot{u}^2$

$\ddot{u} = \sqrt{\dfrac{Z_1}{Z_2}}$ $Z_2 = \dfrac{Z_1}{\ddot{u}^2}$ $Z_1 = Z_2 \cdot \ddot{u}^2$

$\ddot{u} = \sqrt{\dfrac{L_1}{L_2}}$ $L_2 = \dfrac{L_1}{\ddot{u}^2}$ $L_1 = L_2 \cdot \ddot{u}^2$

$\ddot{u} = \sqrt{\dfrac{C_2}{C_1}}$ $C_2 = \ddot{u}^2 \cdot C_1$ $C_1 = \dfrac{C_2}{\ddot{u}^2}$

Netztransformator (Faustformeln/50 Hz) Genaue Daten Abschnitt 3.5.8

$$A \approx 1{,}2 \sqrt{P}$$

Primärwicklung: $\quad n_1 = 37{,}5 \cdot \dfrac{u_1}{A}$

für 220 V und 50 Hz: $\quad n_1 = \dfrac{8240}{A} = \dfrac{6860}{\sqrt{P}}$

Sekundärwicklung: $\quad n_2 = 40 \cdot \dfrac{u_2}{A}$

$d = 0{,}707 \cdot \sqrt{I}$
A = Mindest-Eisenquerschnitt
d = Mindestdrahtdurchmesser

I Frequenzumrechnungen

Wellenlänge

$\lambda = \dfrac{c}{f} = \dfrac{3 \cdot 10^8}{f} \qquad f = \dfrac{3 \cdot 10^8}{\lambda} \qquad$ [m; HZ]

$\lambda = \dfrac{3 \cdot 10^2}{f} \qquad$ [m; Hz] $\qquad \lambda = \dfrac{3 \cdot 10^4}{f} \quad$ [cm; MHz]

$\lambda = 1{,}885 \cdot \sqrt{L \cdot C} \quad$ [m; µH; pF] $\qquad \lambda = 5{,}96 \sqrt{L \cdot C} \quad$ [cm; nH; pF]

Frequenz – Resonanz

$f = \dfrac{1}{2\pi\sqrt{L \cdot C}} \qquad$ [Hz; H; F;]

$f = \dfrac{159}{\sqrt{L \cdot C}} \qquad$ [MHz; pF; µH] $\qquad f = \dfrac{3 \cdot 10^2}{\lambda} \qquad$ [MHz; m]

Schwingungsdauer

$T = \dfrac{1}{f} \qquad$ [s; Hz]

Kreisfrequenz – Resonanz

$\omega = 2\pi f = \dfrac{1}{\sqrt{L \cdot C}}$

K Kondensatoren

Kapazität $\epsilon_0 = 8{,}85419 \cdot 10^{-12} \left[\dfrac{F}{m}\right]$; ϵ_r = Stoffdielektrikum

$$C = \epsilon_0 \cdot \epsilon_r \cdot \dfrac{A}{d} \quad A\,[cm^2] \quad d\,[cm] \quad C\,[pF] \quad d = \epsilon_0 \cdot \epsilon_r \cdot \dfrac{A}{C} \quad A = \dfrac{C \cdot d}{\epsilon_0 \cdot \epsilon_r} \quad \epsilon_r = \dfrac{C \cdot d}{A \cdot \epsilon_0}$$

Ladung

$$Q = C \cdot U \qquad C = \dfrac{Q}{U}; \qquad U = \dfrac{Q}{C}$$

Feldstärke

$$E = \dfrac{U}{d} \qquad U = d \cdot E; \qquad d = \dfrac{U}{E}$$

Kapazitätsänderung bei Erwärmung

$$C_N = C\,(1 + T_k \cdot \Delta t) \qquad C = \dfrac{C_N}{1 + T_k \cdot \Delta t} \qquad \Delta t = \dfrac{C_N - C}{C \cdot T_k}$$

Parallelschaltung von Kondensatoren

$$C_{ges} = C_1 + C_2$$

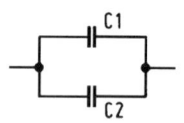

Reihenschaltung von Kondensatoren (siehe Leitwertaddition Nomogramm Abschnitt 1.4.4)

$$C_{ges} = \dfrac{C_1 \cdot C_2}{C_1 + C_2} \qquad C_1 = \dfrac{C_2 \cdot C_{ges}}{C_2 - C_{ges}} \qquad C_2 = \dfrac{C_1 \cdot C_{ges}}{C_1 - C_{ges}}$$

$$C_{ges} = \dfrac{1}{\dfrac{1}{C_1} + \dfrac{1}{C_2}}$$

L Zeitkonstante (siehe Kurve Abschnitt 1.4.7)

C–R	L–R
$\tau = R \cdot C$	$\tau = \dfrac{L}{R}$
$R = \dfrac{\tau}{C}$	$R = \dfrac{L}{\tau}$
$C = \dfrac{\tau}{R}$	$L = R \cdot \tau$
bei 1 τ ≈ 63% U 37% I	bei 1 τ 63% I 37% U
0,7 τ 50% U 50% I	0,7 τ 50% I 50% U
≈ 5 τ ≈ 100% U ≈ 0% I	≈ 5 τ ≈ 100% I ≈ 0% U

M Induktivität

Gegeninduktivität

$$M = K \sqrt{L_1 \cdot L_2} \qquad K = \frac{M}{\sqrt{L_1 \cdot L_2}} \qquad L_1 = \frac{M_2}{K^2 \cdot L_2} \qquad L_2 = \frac{M_2}{K^2 \cdot L_1}$$

Serienschaltung von Induktivitäten (nichtkoppelnd)

$$L_{ges} = L_1 + L_2 + L_3 + \ldots + L_n$$

Parallelschaltung von Induktivitäten

$$L_{ges} = \frac{L_1 \cdot L_2}{L_1 + L_2}$$

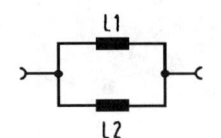

N Wechselstromtechnik

Spannungswerte der Wechselspannung

Begriffe: (für um Null symmetrische Spannungen)

S	– Scheitelfaktor:	Verhältnis des Spitzenwertes zum Effektivwert
U_G	– Gleichrichtwert:	Zeitlich linearer Mittelwert des Betrages, von dem aus die Summe aller größeren Augenblickswerte gleich der Summe aller kleineren Augenblickswerte ist (arithmetischer Mittelwert).
F	– Formfaktor:	Verhältnis des Effektivwertes zum Gleichrichtwert
E	– Effektivwert: (U_{eff})	Größe des Wechselstromes, der die gleiche Wärmeleistung erbringt wie ein entsprechender Gleichstrom. Eichung von Meßgeräten.
U_S	– Scheitelwert: (Spitzenwert)	Höchster (Spitzen-)Wert einer Wechselspannung.
i^2	– quadratischer Mittelwert:	Anzeige eines Hitzdrahtmeßgerätes.
U_{SS}	– Spitzen-Spitzen-Wert:	$U_{SS} = 2 \cdot U_S$

1 Praktische Entwurfsdaten der Elektronik

Kurve	Verlauf	E	S	F	U_G
Sinus	∿	$\dfrac{U_S}{\sqrt{2}} \approx 0{,}707 \cdot U_S$	$\sqrt{2} \approx 1{,}414$	1,11	0,6366
Rechteck	⊓⊔	U_S	1,0	1,0	1,0
Dreieck	∧∨	$\dfrac{U_S}{\sqrt{3}} \approx 0{,}577 \cdot U_S$	$\sqrt{3} \approx 1{,}732$	1,15	0,87
Halbkreis	⌢⌣	$\approx 0{,}822 \cdot U_S$	$\approx 1{,}217$	1,04	0,96

Für Sinusspannungen ist der quadratische Mittelwert gleich dem Effektivwert mit

$$U_{\text{eff}} = \sqrt{\frac{1}{T} \cdot \int_0^T u^2 \cdot dt} \quad \text{entsprechend} \quad I_{\text{eff}} = \sqrt{\frac{1}{T} \cdot \int_0^T i^2 \cdot dt} \quad \text{mit } T = \frac{1}{f}.$$

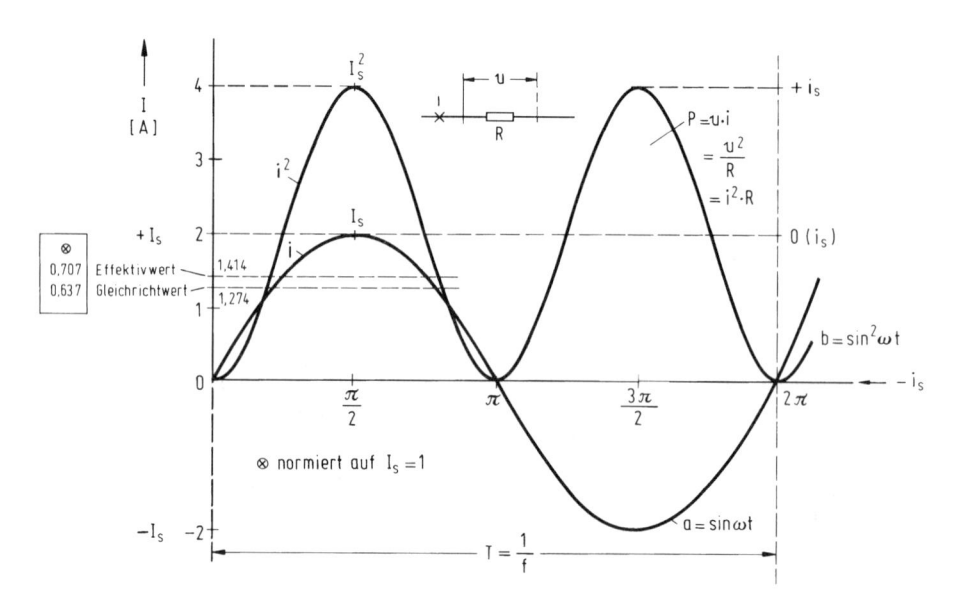

Gleichrichtwert:

$$U_G = \frac{2 \cdot U_s}{\pi} = \frac{2 \cdot \sqrt{2} \cdot U_{\text{eff}}}{\pi} = 0{,}6366$$

Formfaktor:

$$F = \frac{1}{U_G \cdot \sqrt{2}} = \frac{\pi}{2 \cdot \sqrt{2}} = 1{,}1107 = \frac{U_{\text{eff}}}{U_G}$$

Korrekturfaktor A für die U_{eff}-geeichte Meßgeräte-Umrechnung in U_{SS}.
Sym. Rechteck = 1 V_{SS} – entspricht RMS-Anzeige = 0,5556 V; A = 1,111.
Sägezahn-Dreieck = 1 V_{SS} – entspricht RMS-Anzeige = 0,2815 V; A = 0,5624.

O Sondergebiete

Rauschspannung

$$U_R = 0{,}13 \sqrt{R \cdot \Delta f} \qquad R = \frac{U_R^2}{0{,}13^2 \cdot \Delta f} \qquad \Delta f = \frac{U_R^2}{0{,}13^2 \cdot R} \qquad [\mu V;\ k\Omega;\ kHz]$$

Spiegelfrequenz

$$f_s = f_e + 2 f_z \qquad f_e = f_s - 2 f_z$$

Index:
s : Spiegel-Frequenz
e : Empfangs-Frequenz
z : Zwischen-Frequenz

Oszillatorfrequenz f_o

$$f_o = f_e + f_z \qquad f_e = f_o - f_z$$

elektronischer Eingangswiderstand bei Frequenzänderung (Röhren)

$$\frac{r_{e1}}{r_{e2}} = \frac{f_2^2}{f_1^2} = \frac{\lambda_1^2}{\lambda_2^2} \qquad r_{e1} = r_{e2} \cdot \frac{f_2^2}{f_1^2} \qquad r_{e1} = r_{e2} \cdot \frac{\lambda_1^2}{\lambda_2^2}$$

Wellenwiderstand (einer Leitung)

$$Z = \sqrt{\frac{L}{C}}$$

Brummspannung Genaue Daten Abschnitt 4.1

$$U_{Br} = K \cdot \frac{I}{C} \qquad C = \frac{K \cdot I}{U_{Br}} \qquad I = \frac{U_{Br} \cdot C}{K}$$

[V_{eff}; mA; μF]

$K \approx 4{,}8$ Einweg-Halbleiter-Gleichrichter
$K \approx 4{,}0$ Einweg-Röhren-Gleichrichter
$K \approx 1{,}8$ Zweiweg-Halbleiter-Gleichrichter
$K \approx 1{,}5$ Zweiweg-Röhren-Gleichrichter
$K \approx 1{,}8$ Brückengleichrichter

1 Praktische Entwurfsdaten der Elektronik

Siebung

Siebfaktor $= \dfrac{U_{Br1}}{U_{Br2}}$

RC-Siebung:

$s = \omega \cdot C_s \cdot R_s$

LC-Siebung:

$s = \omega^2 \cdot L \cdot C_s$

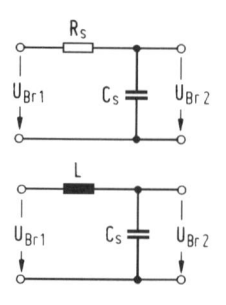

Frequenzkompensierter Spannungsteiler

$R_1 \cdot C_1 = R_2 \cdot C_2$ $\qquad R_1 = \dfrac{R_2 \cdot C_2}{C_1} \qquad C_1 = \dfrac{R_2 \cdot C_2}{R_1}$

mit $R \cdot C = \tau$ wird:

$\tau_1 = \tau_2$ $\qquad R_2 = \dfrac{R_1 \cdot C_1}{C_2} \qquad C_2 = \dfrac{R_1 \cdot C_1}{R_2}$

Reststrom von Elektrolytkondensatoren Genaue Daten Abschnitt 3.4.3

$I_R \approx 0{,}05 \cdot C \cdot U$ $\qquad [\mu A; \mu F; V]$ $\qquad I_R =$ Höchstzulässiger Reststrom
$\qquad\qquad\qquad\qquad\qquad\qquad\qquad\qquad\quad\; C =$ Nennkapazität
$\qquad\qquad\qquad\qquad\qquad\qquad\qquad\qquad\quad\; U =$ Betriebsspannung

Modulationsgrad

$m = \dfrac{A - B}{A + B} \cdot 100 \; [\%]$

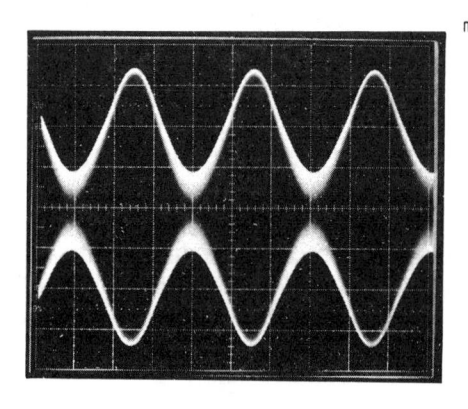

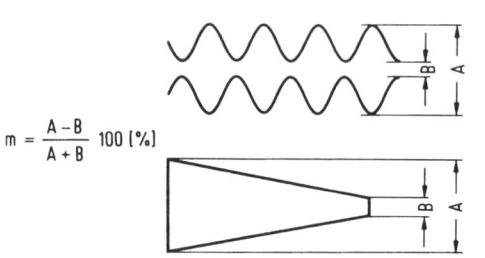

$m = \dfrac{A-B}{A+B} \; 100 \; [\%]$

P Kurvenanalyse (Fourier)

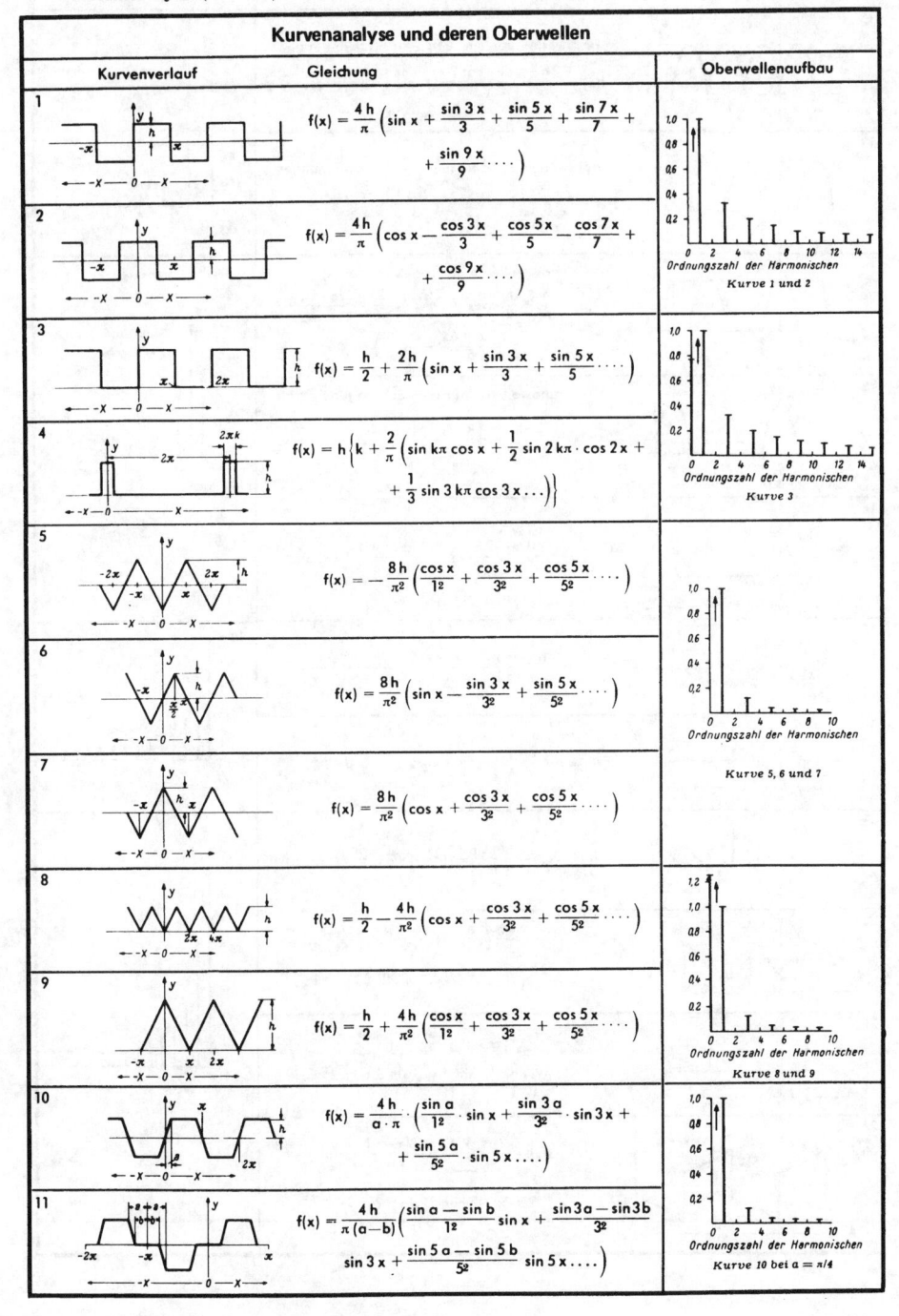

Kurvenanalyse und deren Oberwellen

Kurvenverlauf	Gleichung	Oberwellenaufbau
1	$f(x) = \dfrac{4h}{\pi}\left(\sin x + \dfrac{\sin 3x}{3} + \dfrac{\sin 5x}{5} + \dfrac{\sin 7x}{7} + \dfrac{\sin 9x}{9} \cdots \right)$	
2	$f(x) = \dfrac{4h}{\pi}\left(\cos x - \dfrac{\cos 3x}{3} + \dfrac{\cos 5x}{5} - \dfrac{\cos 7x}{7} + \dfrac{\cos 9x}{9} \cdots \right)$	Kurve 1 und 2
3	$f(x) = \dfrac{h}{2} + \dfrac{2h}{\pi}\left(\sin x + \dfrac{\sin 3x}{3} + \dfrac{\sin 5x}{5} \cdots \right)$	
4	$f(x) = h\left\{k + \dfrac{2}{\pi}\left(\sin k\pi \cos x + \dfrac{1}{2}\sin 2k\pi \cdot \cos 2x + \dfrac{1}{3}\sin 3k\pi \cos 3x \cdots \right)\right\}$	Kurve 3
5	$f(x) = -\dfrac{8h}{\pi^2}\left(\dfrac{\cos x}{1^2} + \dfrac{\cos 3x}{3^2} + \dfrac{\cos 5x}{5^2} \cdots \right)$	
6	$f(x) = \dfrac{8h}{\pi^2}\left(\sin x - \dfrac{\sin 3x}{3^2} + \dfrac{\sin 5x}{5^2} \cdots \right)$	
7	$f(x) = \dfrac{8h}{\pi^2}\left(\cos x + \dfrac{\cos 3x}{3^2} + \dfrac{\cos 5x}{5^2} \cdots \right)$	Kurve 5, 6 und 7
8	$f(x) = \dfrac{h}{2} - \dfrac{4h}{\pi^2}\left(\cos x + \dfrac{\cos 3x}{3^2} + \dfrac{\cos 5x}{5^2} \cdots \right)$	
9	$f(x) = \dfrac{h}{2} + \dfrac{4h}{\pi^2}\left(\dfrac{\cos x}{1^2} + \dfrac{\cos 3x}{3^2} + \dfrac{\cos 5x}{5^2} \cdots \right)$	Kurve 8 und 9
10	$f(x) = \dfrac{4h}{a \cdot \pi} \cdot \left(\dfrac{\sin a}{1^2} \cdot \sin x + \dfrac{\sin 3a}{3^2} \cdot \sin 3x + \dfrac{\sin 5a}{5^2} \cdot \sin 5x \cdots \right)$	
11	$f(x) = \dfrac{4h}{\pi(a-b)}\left(\dfrac{\sin a - \sin b}{1^2}\sin x + \dfrac{\sin 3a - \sin 3b}{3^2}\sin 3x + \dfrac{\sin 5a - \sin 5b}{5^2}\sin 5x \cdots \right)$	Kurve 10 bei $a = \pi/4$

363

1 Praktische Entwurfsdaten der Elektronik

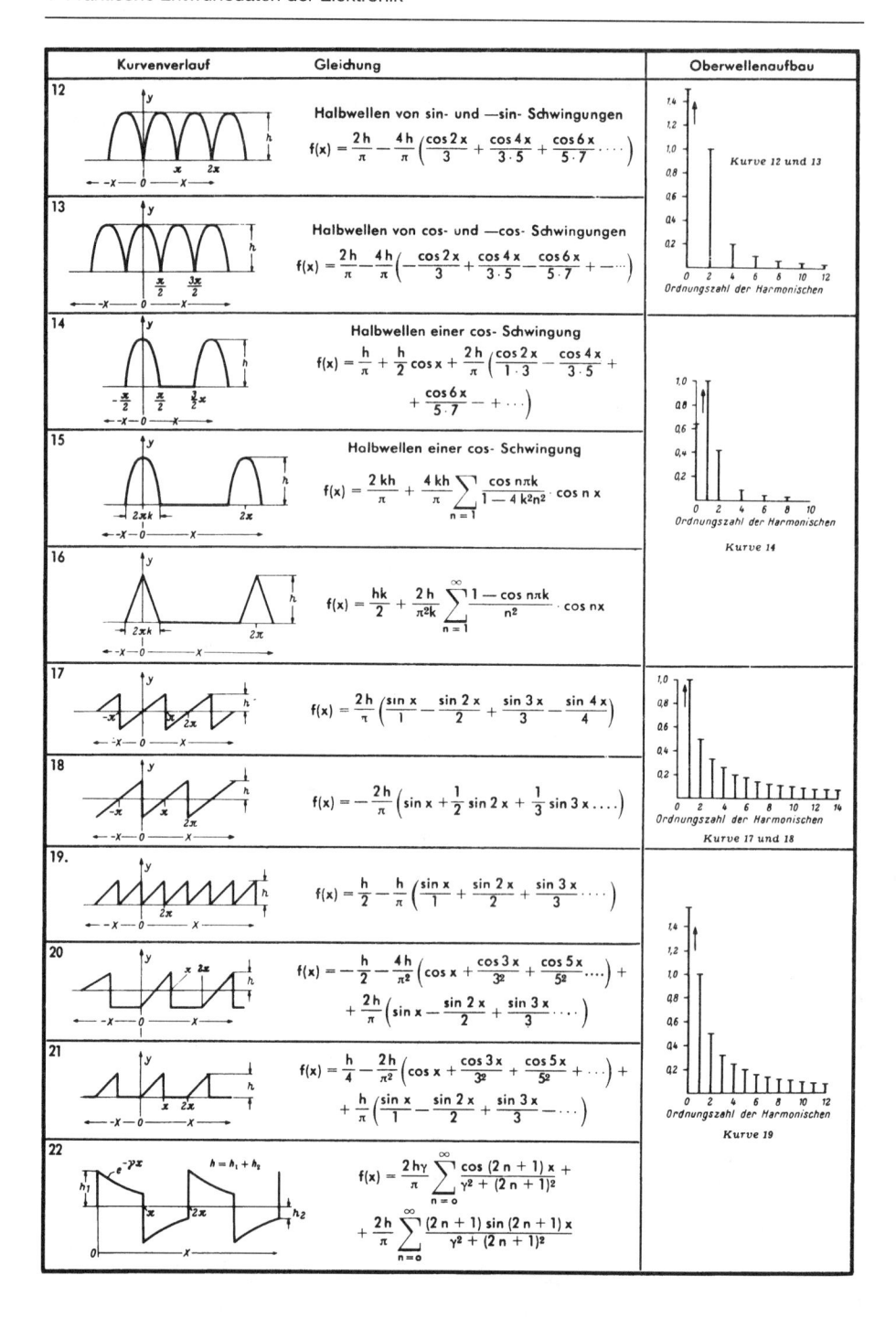

	Kurvenverlauf	Gleichung	Oberwellenaufbau
12		Halbwellen von sin- und −sin- Schwingungen $$f(x) = \frac{2h}{\pi} - \frac{4h}{\pi}\left(\frac{\cos 2x}{3} + \frac{\cos 4x}{3\cdot 5} + \frac{\cos 6x}{5\cdot 7} \cdots\right)$$	Kurve 12 und 13
13		Halbwellen von cos- und −cos- Schwingungen $$f(x) = \frac{2h}{\pi} - \frac{4h}{\pi}\left(-\frac{\cos 2x}{3} + \frac{\cos 4x}{3\cdot 5} - \frac{\cos 6x}{5\cdot 7} + \cdots\right)$$	Ordnungszahl der Harmonischen
14		Halbwellen einer cos- Schwingung $$f(x) = \frac{h}{\pi} + \frac{h}{2}\cos x + \frac{2h}{\pi}\left(\frac{\cos 2x}{1\cdot 3} - \frac{\cos 4x}{3\cdot 5} + \frac{\cos 6x}{5\cdot 7} - + \cdots\right)$$	
15		Halbwellen einer cos- Schwingung $$f(x) = \frac{2kh}{\pi} + \frac{4kh}{\pi}\sum_{n=1}^{\infty}\frac{\cos n\pi k}{1 - 4k^2n^2}\cdot \cos n x$$	Ordnungszahl der Harmonischen Kurve 14
16		$$f(x) = \frac{hk}{2} + \frac{2h}{\pi^2 k}\sum_{n=1}^{\infty}\frac{1 - \cos n\pi k}{n^2}\cdot \cos nx$$	
17		$$f(x) = \frac{2h}{\pi}\left(\frac{\sin x}{1} - \frac{\sin 2x}{2} + \frac{\sin 3x}{3} - \frac{\sin 4x}{4}\right)$$	
18		$$f(x) = -\frac{2h}{\pi}\left(\sin x + \frac{1}{2}\sin 2x + \frac{1}{3}\sin 3x \cdots\right)$$	Ordnungszahl der Harmonischen Kurve 17 und 18
19.		$$f(x) = \frac{h}{2} - \frac{h}{\pi}\left(\frac{\sin x}{1} + \frac{\sin 2x}{2} + \frac{\sin 3x}{3} \cdots\right)$$	
20		$$f(x) = -\frac{h}{2} - \frac{4h}{\pi^2}\left(\cos x + \frac{\cos 3x}{3^2} + \frac{\cos 5x}{5^2} \cdots\right) + \frac{2h}{\pi}\left(\sin x - \frac{\sin 2x}{2} + \frac{\sin 3x}{3} \cdots\right)$$	
21		$$f(x) = \frac{h}{4} - \frac{2h}{\pi^2}\left(\cos x + \frac{\cos 3x}{3^2} + \frac{\cos 5x}{5^2} + \cdots\right) + \frac{h}{\pi}\left(\frac{\sin x}{1} - \frac{\sin 2x}{2} + \frac{\sin 3x}{3} - \cdots\right)$$	Ordnungszahl der Harmonischen Kurve 19
22		$$f(x) = \frac{2h\gamma}{\pi}\sum_{n=0}^{\infty}\frac{\cos(2n+1)x}{\gamma^2 + (2n+1)^2} + \frac{2h}{\pi}\sum_{n=0}^{\infty}\frac{(2n+1)\sin(2n+1)x}{\gamma^2 + (2n+1)^2}$$	

1.2 Mathematik

Tabelle der Amplitudenwerte (Kurven 5 ... 14)

Ordnungszahl der Harmonischen	KURVE				
	5 – 6 – 7	8 – 9	10	12 – 13	14
f_0	—	1,23	—	1,5	0,636
f_1	1	1	1	—	1
f_2	—	—	—	1	0,425
f_3	0,111	0,111	0,111	—	—
f_4	—	—	—	0,2	0,085
f_5	0,04	0,04	0,04	—	—
f_6	—	—	—	0,0855	0,0364
f_7	0,0204	0,0204	0,0204	—	—
f_8	—	—	—	0,0475	0,0202
f_9	0,0124	0,0124	0,0124	—	—
f_{10}	—	—	—	0,0303	0,0129
f_{11}	0,00827	0,00827	0,00827	—	—
f_{12}	—	—	—	0,021	0,0089

Bildung einer Spannungsform aus den Oberwellen.
a) Rechteckspannung bis zur 11. Oberwelle
b) Summenschwingung aus f_1 und f_3
c) Summenschwingung aus f_1 und f_2

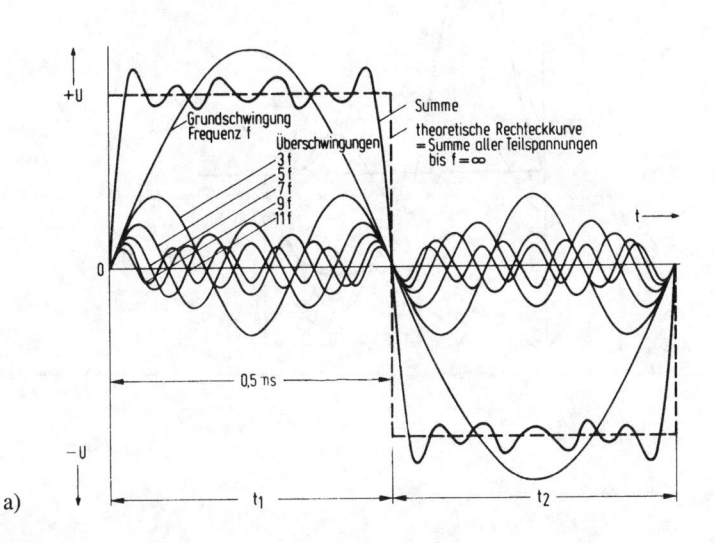

1 Praktische Entwurfsdaten der Elektronik

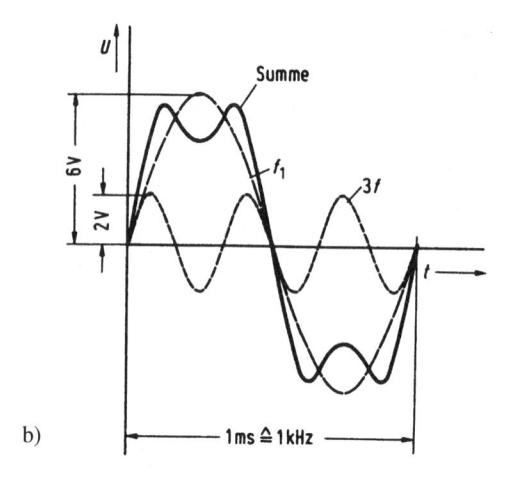

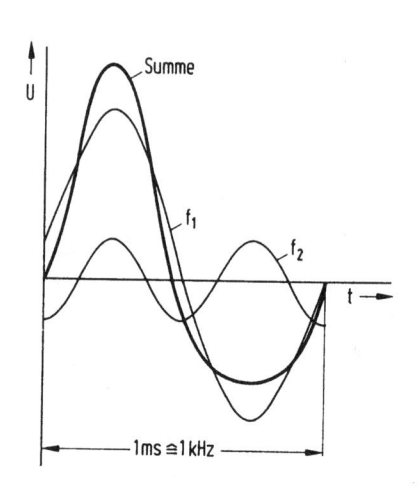

1.4 Grundlagen der Berechnung von Elektronikschaltungen

1.4.1 Das Ohmsche Gesetz in der Gleichstromtechnik

Ohmsche Widerstände dienen in der Elektronik der leistungsbehafteten Regelung von Strom und Spannung. Sie werden eingesetzt für Stromverzweigungen und Spannungsteilung. Weiter in komplexen Netzwerken für einen erforderlichen reellen Ohmschen Abschluß. Hinsichtlich der Bauformen sowie ihrer spezifischen Eigenschaften sei auf das Kapitel der Bauelemente hingewiesen.
In der *Abb. 1.4.1-1 a* bis *g* sind wichtige Schaltungen mit Widerständen gezeigt, die zu folgenden Ableitungen führen:

Ohmsches Gesetz – *Abb. 1.4.1-1 a* – Es ist:

$$R = \frac{U}{I}, \quad I = \frac{U}{R}; \quad U = I \cdot R \quad [V; A; \Omega] \; [V; mA; k\Omega]$$

Für die Leistung gilt:

$$P = U \cdot I \quad [W = V \cdot A] \quad P = I^2 \cdot R; \quad P = \frac{U^2}{R}$$

$$R = \frac{P}{I^2} = \frac{U^2}{P} \quad I = \sqrt{\frac{P}{R}} \quad U = \sqrt{P \cdot R}$$

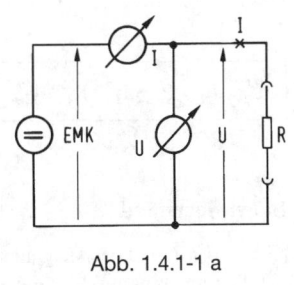

Abb. 1.4.1-1 a

Widerstände in Reihe

Abb. 1.4.1-1 b – Es ist:

$$R_g = R_1 + R_2 \quad \text{sowie} \quad U_g = U_1 + U_2$$

$$P_g = P_1 + P_2 = \frac{U_1^2}{R_1} + \frac{U_2^2}{R_2}$$

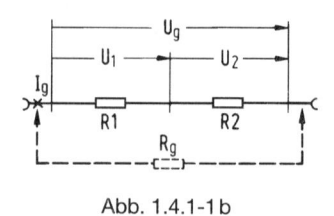

Abb. 1.4.1-1 b

Weiter ist:
$U_1 = I \cdot R_1$ und $U_2 = I \cdot R_2$

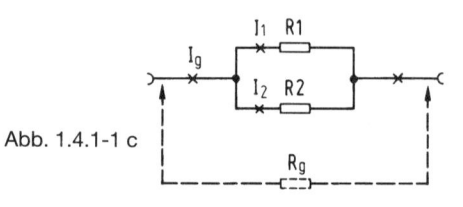

Widerstände parallel

Abb. 1.4.1-1 c – Es ist:

Abb. 1.4.1-1 c

$$R_g = \frac{R_1 \cdot R_2}{R_1 + R_2} \qquad R_1 = \frac{R_2 \cdot R_g}{R_2 - R_g} \qquad R_2 = \frac{R_1 \cdot R_g}{R_1 - R_g}$$

sowie

$$I_g = I_1 + I_2$$

und

$$P_g = P_1 + P_2 = I_1^2 \cdot R_1 + I_2^2 \cdot R_2$$

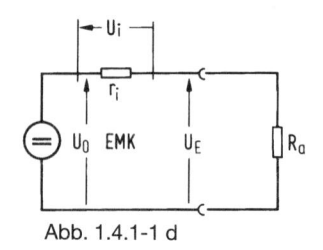

Abb. 1.4.1-1 d

Innenwiderstand

Abb. 1.4.1-1 d. Die Ausgangsspannung eines Generators ist um den Betrag des Spannungsabfalles am Innenwiderstand der Spannungsquelle geringer. Nach Abb. 1.4.1-1 d ist die zur Verfügung stehende Spannung mit EMK = U_o anzusetzen:

$$U_o - U_i = U_E$$

Dabei ergeben sich nach den Erklärungen von Abb. 1.4.1-1 b die Einzelgrößen. U_o wird auch als Leerlaufspannung bezeichnet.

1.4 Grundlagen für Elektronikschaltungen

Für die Ermittlung einer Leistung dient das Nomogramm *Abb. 1.4.1-1 e*.

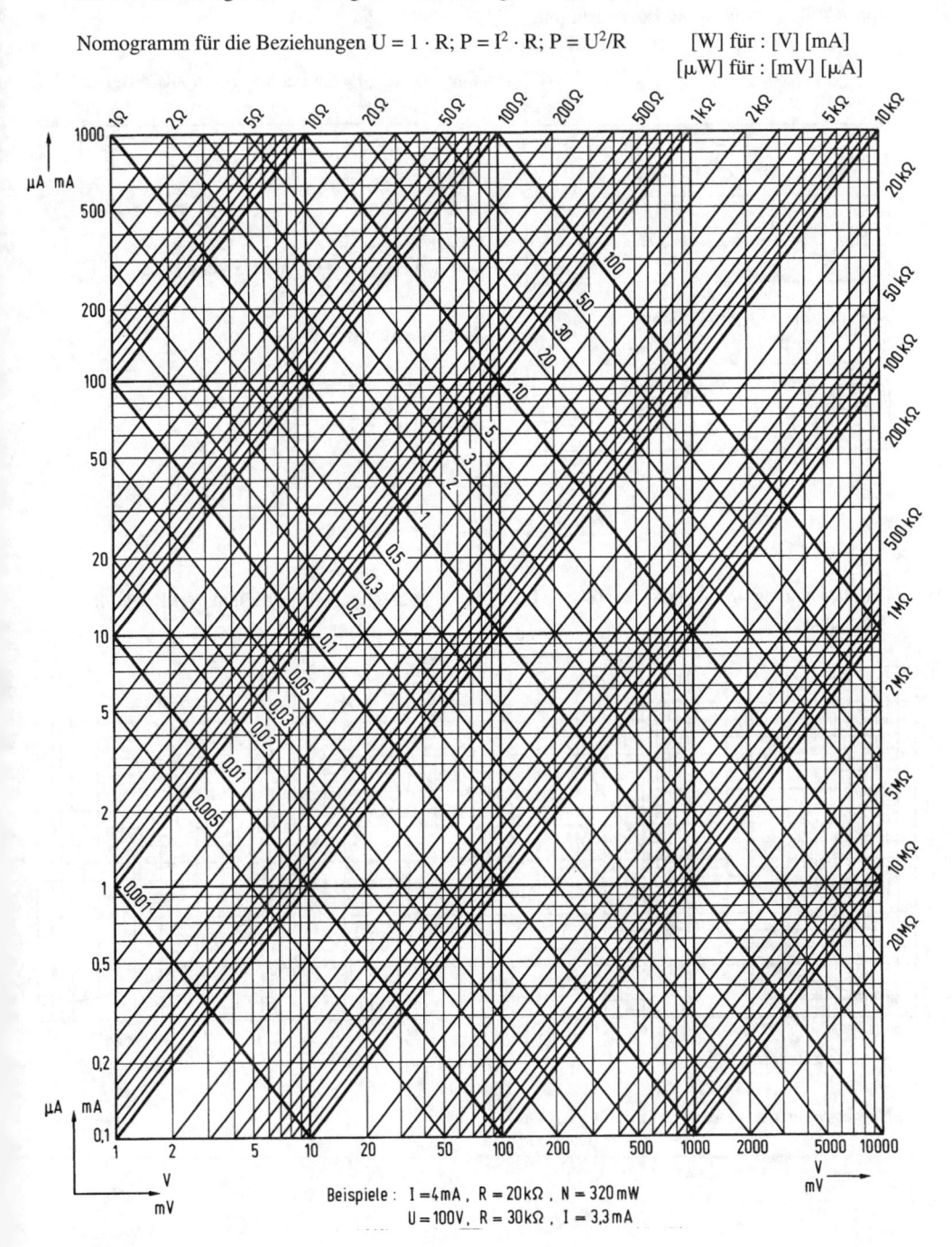

Nomogramm für die Beziehungen $U = 1 \cdot R$; $P = I^2 \cdot R$; $P = U^2/R$ [W] für : [V] [mA]
[µW] für : [mV] [µA]

Beispiele : $I = 4\,mA$, $R = 20\,k\Omega$, $N = 320\,mW$
$U = 100\,V$, $R = 30\,k\Omega$, $I = 3{,}3\,mA$

Abb. 1.4.1-1 e

Anpassungsarten

Abb. 1.4.1-1 d. Anpassung ist erreicht mit

$$R_a = r_i$$

Dann ist

$$U_i = U_E = \frac{U_o}{2}$$

Somit ist die Ausgangsleistung

$$P_a = \frac{U_o^2}{4 \cdot R}$$

Die Leistung P_F bei Fehlanpassung $R_a \neq R_i$ ist

$$P_F = \frac{U_o^2 \cdot R_a}{(R_i + R_a)^2}$$

Für den Begriff der Fehlanpassung bedeutet:

Unteranpassung bei $\dfrac{r_i}{R_a} > 1$ und

Überanpassung bei $\dfrac{R_a}{r_i} > 1$

Die drei Nomogramme der Abb. 1.4.1-1 f ... h dienen der schnellen Ermittlung von Daten der Anpassung.

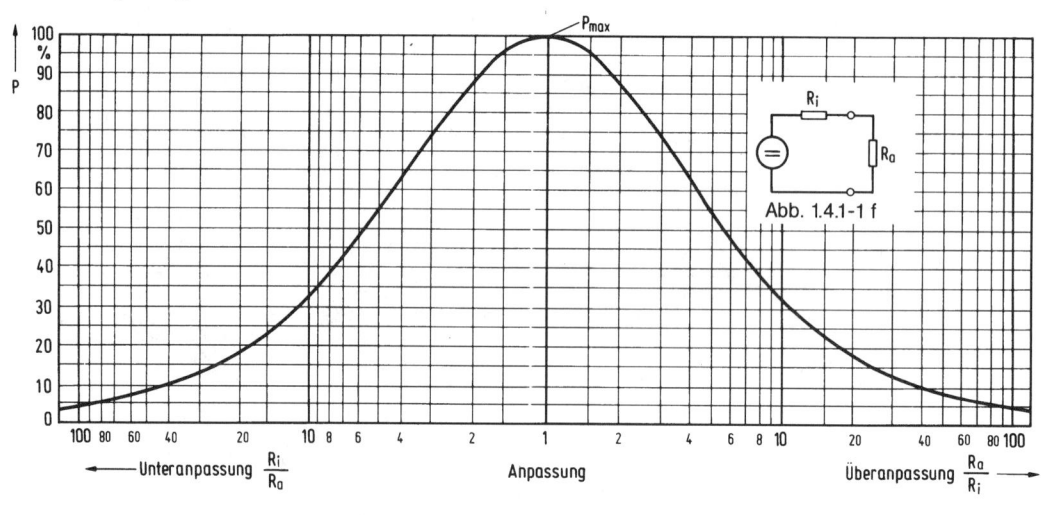

Abb. 1.4.1-1 f

Nomogramm der Abb. 1.4.1-1 f

1.4 Grundlagen für Elektronikschaltungen

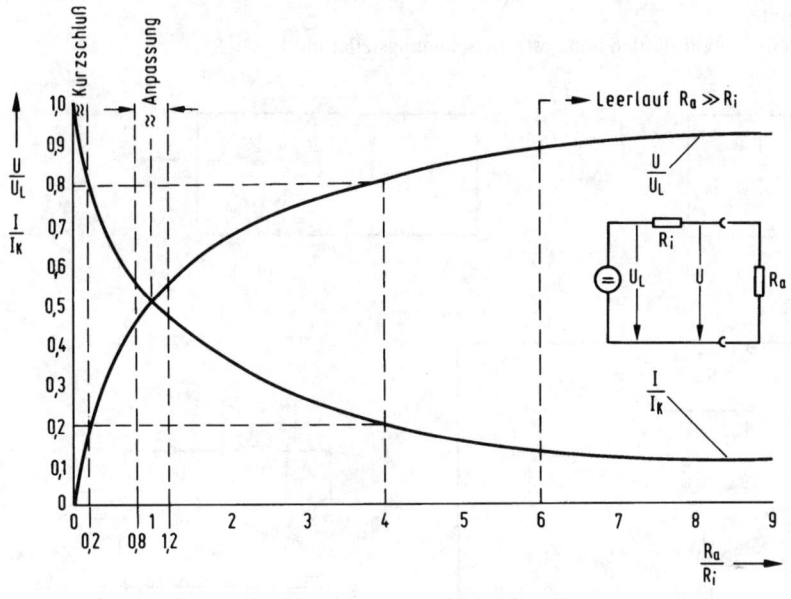

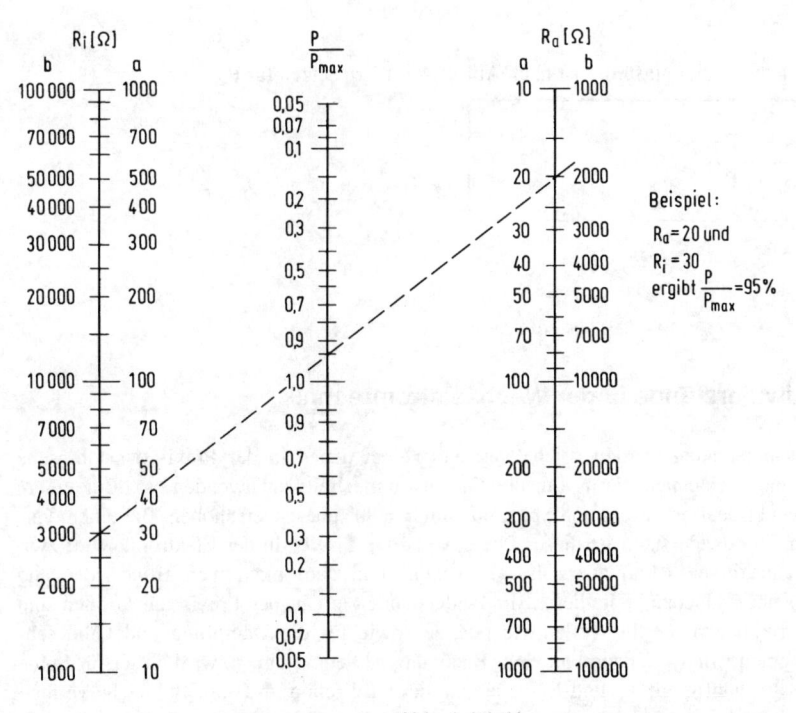

Abb. 1.4.1-1g

Beispiel:
$R_a = 20$ und
$R_i = 30$
ergibt $\frac{P}{P_{max}} = 95\%$

Abb. 1.4.1-1h

371

Spannungsteiler
Nach *Abb. 1.4.1-1 i* gilt für den unbelasteten Spannungsteiler mit $R_L \gg R_2$:

$$\frac{U_E}{U_A} = \frac{R_1 + R_2}{R_2}$$

sowie:

$$U_E = U_A \cdot \frac{R_1 + R_2}{R_2}$$

$$U_A = U_E \cdot \frac{R_2}{R_1 + R_2}$$

$$R_1 = R_2 \cdot \frac{U_E - U_A}{U_A}$$

$$R_2 = R_1 \cdot \frac{U_A}{U_E - U_A}$$

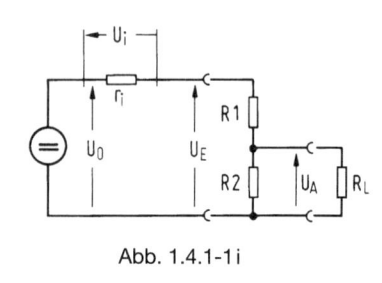

Abb. 1.4.1-1 i

Für den belasteten Spannungsteiler ist nach Abb. 1.4.1-1 i zu setzen für R_2:

$$R_2' = \frac{R_2 \cdot R_L}{R_2 + R_L}$$

1.4.2 Blindwiderstände in der Wechselstromtechnik

Unter Blindwiderständen werden solche verstanden, bei denen in der Praxis das Ohmsche Gesetz in seiner bekannten Form für die Gleichstromtechnik anzuwenden ist. Bei einem Blindwiderstand (ideal) ist Strom und Spannung um $\varphi = 90°$ phasenverschoben. Bei einem verlustbehafteten Blindwiderstand ist dieser Phasenwinkel $\varphi \leqq 90°$. In der Elektronik wird zwischen dem kapazitiven Blindwiderstand (Kapazität) und dem induktiven Blindwiderstand (Induktivität) unterschieden. Für diese Blindwiderstände sind in der Praxis die Größen und Bemessungsgrundlagen für die Verlustwiderstände sowie für die Dämpfung und Güte sehr wichtig. Um einen Blindwiderstand an einer Rechnung zu kennzeichnen, wird dieser für Spule und Kondensator häufig mit X_C und X_L benannt. Hier wird schon im Hinblick auf die verlustbehaftete Spule und den Kondensator die Kennzeichnung R_L und R_C benutzt.

1.4 Grundlagen für Elektronikschaltungen

Kapazitiver Blindwiderstand

Nach *Abb. 1.4.2-1 a* wird der Kondensator an eine Wechselspannung angeschlossen. Das Liniendiagramm *Abb. 1.4.2-1 b* zeigt die Phasenverschiebung zwischen Strom und Spannung.

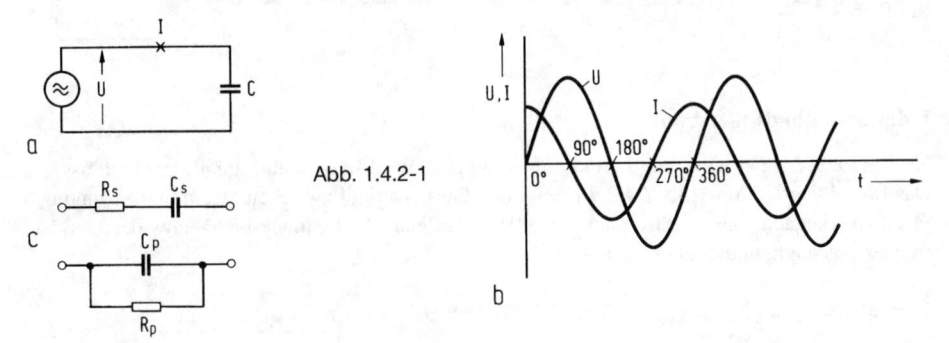

Abb. 1.4.2-1

Die Spannung eilt um 90° nach. Der kapazitive Blindwiderstand R_C ist frequenzabhängig und ergibt sich aus:

$$R_C = \frac{1}{\omega \cdot C} = \frac{1}{2 \cdot \pi \cdot f \cdot C} = \frac{0{,}159}{f \cdot C} \qquad [\text{Hz}; \Omega; \text{F}]$$

Kondensator mit Verlusten – siehe auch Kap. 3.4

In der *Abb. 1.4.2-1 c* ist der Kondensator mit seinem Verlustwiderstand gezeigt. Es ist die Dämpfung:

Dämpfung/Güte

$$D = \frac{1}{Q} = \omega \cdot R_s \cdot C_s = \frac{1}{\omega \cdot R_p \cdot C_p} \qquad Q^2 = \frac{R_p}{R_s}$$

Impedanz

$$Z = R_s + \frac{1}{j \cdot \omega \cdot C_s} = \frac{R_p}{1 + j \cdot \omega \cdot R_p \cdot C_p} = \frac{D^2 \cdot R_p + \frac{1}{j \cdot \omega \cdot C_p}}{1 + D^2}$$

Umrechnung Serie/Parallel (Abb. 1.4.2-1 c) siehe auch Abschnitt 1.4.5

$$C_s = (1 + D^2) \cdot C_p \qquad\qquad C_p = \frac{1}{\omega \cdot R_p \cdot C_p}$$

$$R_s = \frac{D^2 \cdot R_p}{1 + D^2} \qquad\qquad R_p = \frac{R_s (1 + D^2)}{D^2}$$

$$R = \frac{D}{\omega \cdot C_s} \qquad R_p = \frac{1}{\omega \cdot C_p \cdot D}$$

$$R_s \cdot R_p = \frac{1}{(\omega \cdot C)^2}$$

Abb. 1.4.2-1 d

Induktiver Blindwiderstand

Nach *Abb. 1.4.2-1 d* wird eine Induktivität L an eine Wechselspannungsquelle angeschlossen. Das Liniendiagramm in *Abb. 1.4.2-1 e* zeigt den Phasenverlauf zwischen Strom und Spannung. Es ist zu erkennen, daß der Strom um $\varphi = 90°$ nacheilend ist. Der induktive Blindwiderstand ist frequenzabhängig und ergibt sich aus:

$$R_L = \omega \cdot L = 2 \cdot \pi \cdot f \cdot L = 6{,}283 \cdot f \cdot L \qquad [\text{Hz}; \Omega; \text{H}]$$

Spule mit Verlusten

In *Abb. 1.4.2-1 f* ist die Spule mit ihrem Verlustwiderstand gezeigt. Es ist die Dämpfung

$$d = \frac{R_s}{\omega L} = \frac{\omega L}{R_p}$$

In der *Abb. 1.4.2-1 f* gilt für die Spule mit Widerstand

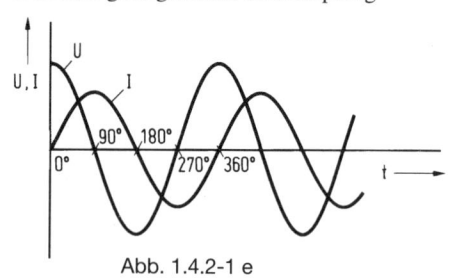

Abb. 1.4.2-1 e

Impedanz

$$Z = R_s + j \cdot \omega \cdot L_s = \frac{j \cdot \omega \cdot L_p \cdot R_p}{R_p + j \cdot \omega \cdot L_p} = \frac{R_p + j \cdot Q^2 \cdot \omega \cdot L_p}{1 + Q^2}$$

Dämpfung/Güte

$$Q = \frac{1}{D} = \frac{\omega \cdot L_s}{R_s} = \frac{R_p}{\omega \cdot L_p}$$

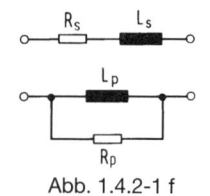

Abb. 1.4.2-1 f

Umrechnungen Serie/Parallel (Abb. 1.4.2-1 f) siehe auch Abschnitt 1.4.5

$$L_s = \frac{Q^2 \cdot L_p}{1 + Q^2} = \frac{L_p}{1 + D^2}$$

$$L_p = \frac{L_s (1 + Q^2)}{Q^2} = L_s \cdot (1 + D^2)$$

$$R_s = \frac{R_p}{1 + Q^2} = \frac{\omega \cdot L_s}{Q} \qquad R_p = R_s \cdot (1 + Q^2) = Q \cdot \omega \cdot L_p$$

Nomogramm für Q mit R_s und X_s oder R_p und X_p

Beispiel: Skala A nach Abb. 1.4.2-1 f ist R_s = 30 kΩ und X_s = 30 K Skala C.
Dann ist Q = 1 Skala B. Bei der Parallelschaltung ist entsprechend mit X_p (A) und R_p (C) zu rechnen. Es ist $D = \dfrac{1}{Q}$.

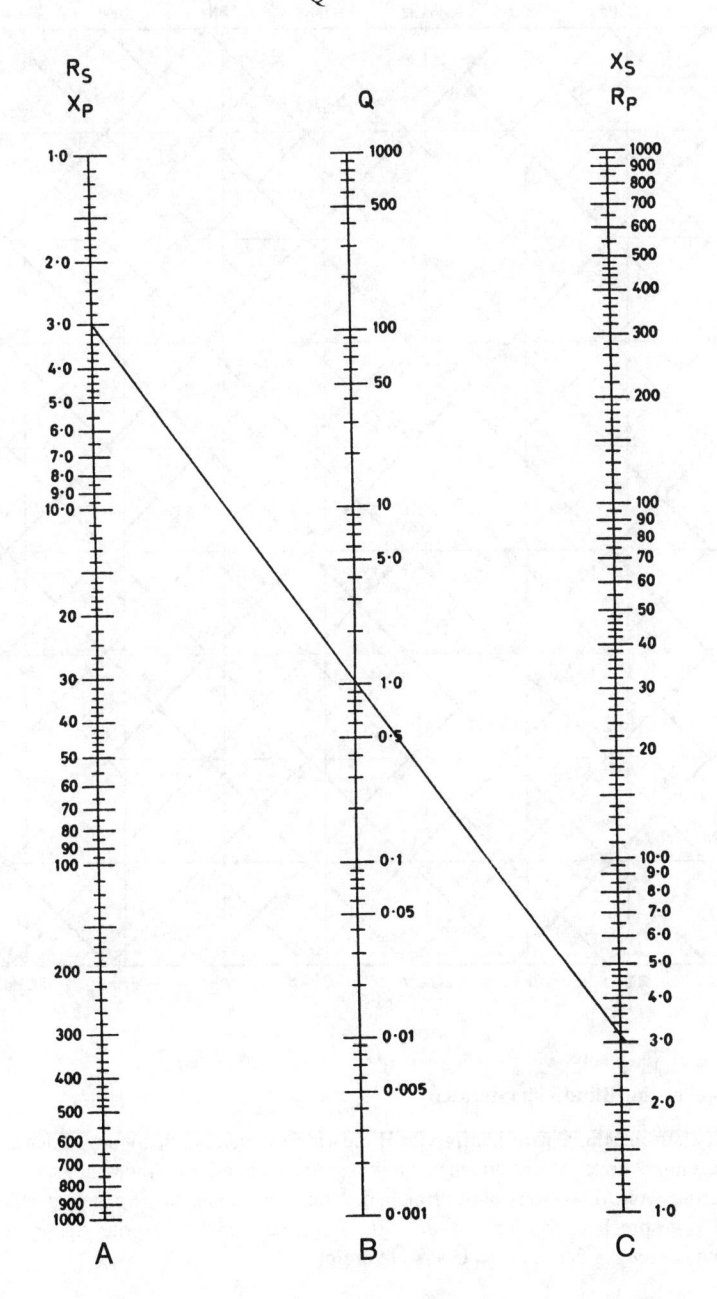

1 Praktische Entwurfsdaten der Elektronik

HF-Tapete

Das Nomogramm *Abb. 1.4.2-1 g* und *h* gibt eine schnelle Information über den Zusammenhang der Blindwiderstände und der Frequenz.

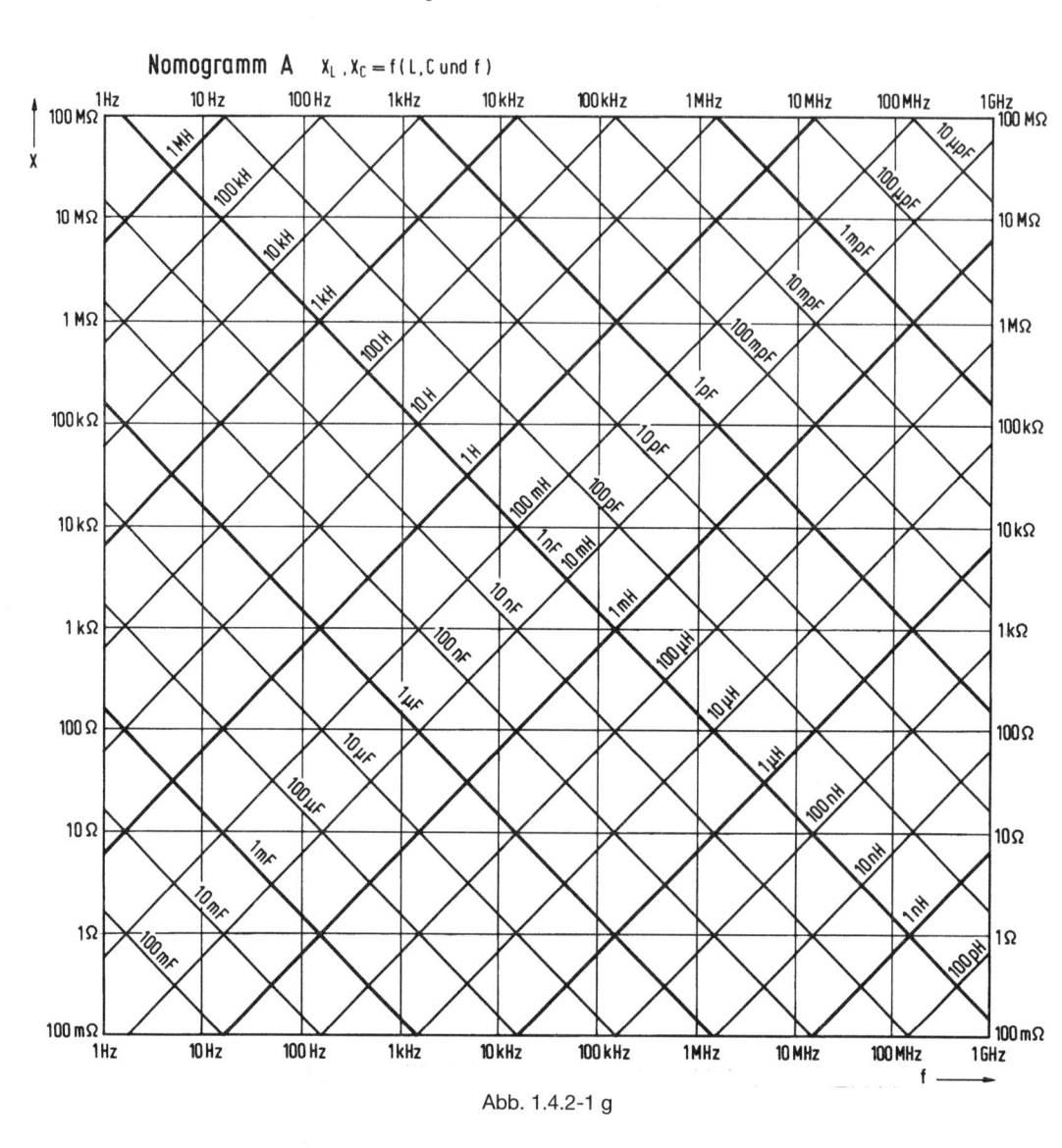

Nomogramm A $X_L, X_C = f(L, C \text{ und } f)$

Abb. 1.4.2-1 g

Spannungsteiler mit Blindwiderständen

In der Wechselstromtechnik wird häufig von Blindwiderständen als Spannungsteiler Gebrauch gemacht. Besonders in der Hochfrequenztechnik lassen sich damit oft Anpassungsprobleme bei der Ansteuerung von Verstärkerstufen erreichen. Über den Ohmschen Spannungsteiler ist in Kapitel 1.4.1 gesprochen worden, so daß die folgende Tabelle für die Spannungsteilerschaltungen aus *Abb. 1.4.2-1 i...l* eine Übersicht ergibt.

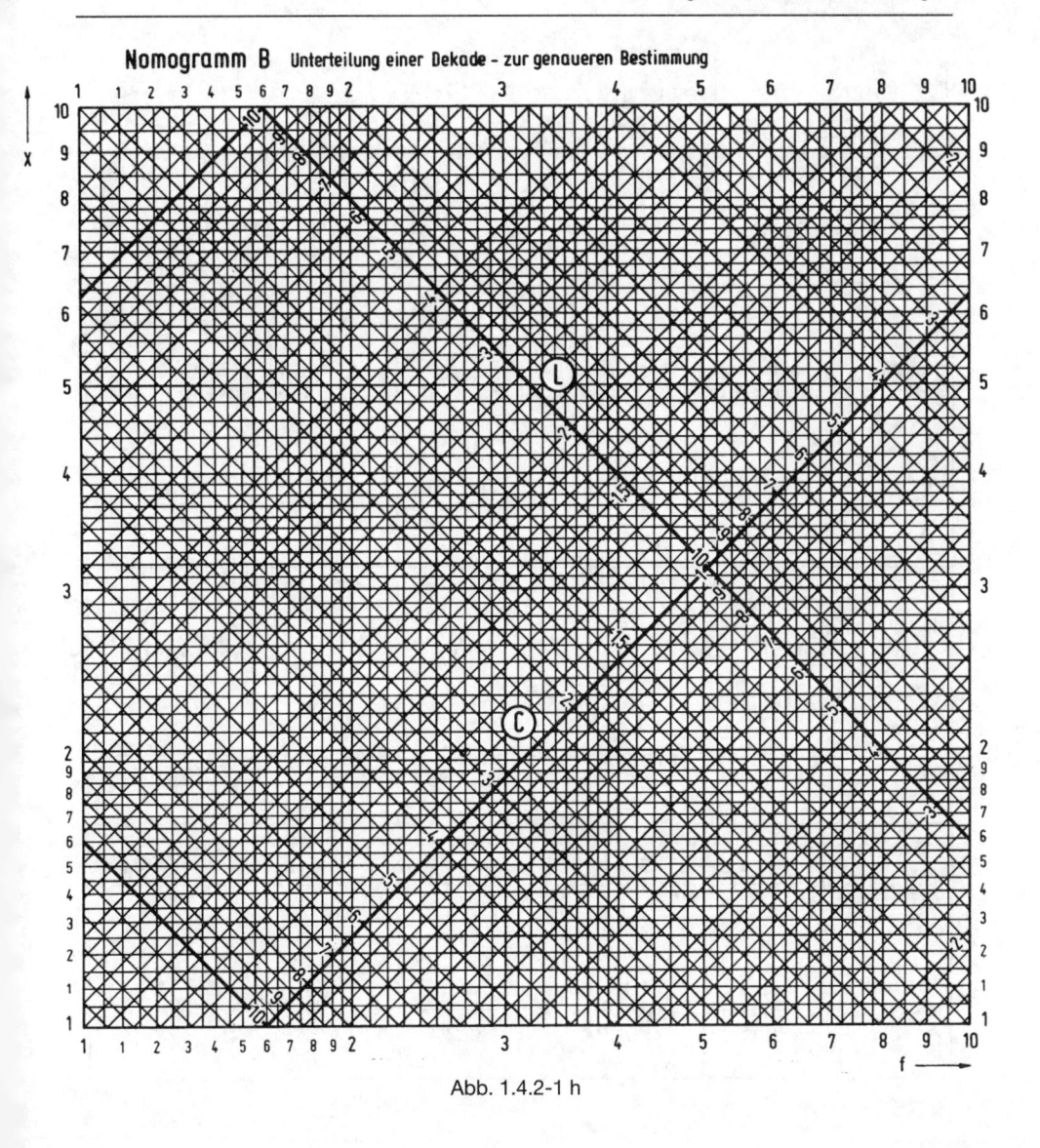

Nomogramm B Unterteilung einer Dekade – zur genaueren Bestimmung

Abb. 1.4.2-1 h

Hierin ist unter Abb. 1.4.2-1 i noch einmal der Ohmsche Spannungsteiler angegeben. In der Abb. 1.4.2-1 k ist der induktive und in der Abb. 1.4.2-1 l der kapazitive Spannungsteiler gezeigt. Für die einzelnen Blindwiderstände wird geschrieben:

$$\frac{1}{\omega \cdot C_1} = R_{C1} \text{ sowie } \omega \cdot L_1 = R_{L1}.$$

1 Praktische Entwurfsdaten der Elektronik

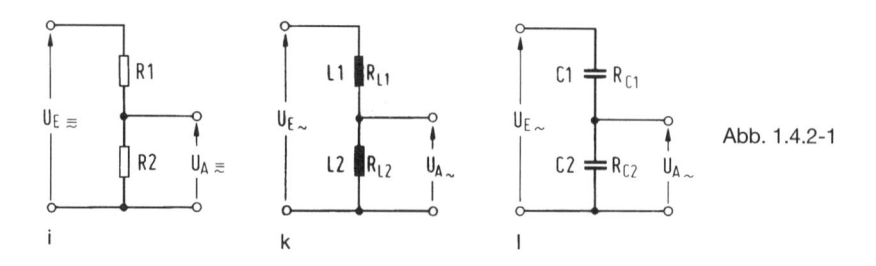

Abb. 1.4.2-1

Gesuchter Wert	Ohmscher Spannungsteiler	Induktiver Spannungsteiler		Kapazitiver Spannungsteiler	
$\dfrac{U_E}{U_A} =$	$\dfrac{R_1 + R_2}{R_2}$	$\dfrac{L_1 + L_2}{L_2}$;	$\dfrac{R_{L1} + R_{L2}}{R_{L2}}$	$\dfrac{C_1 + C_2}{C_1}$;	$\dfrac{R_{C1} + R_{C2}}{R_{C2}}$
$U_E =$	$U_A \cdot \dfrac{R_1 + R_2}{R_2}$	$U_A \cdot \dfrac{L_1 + L_2}{L_2}$;	$U_A \cdot \dfrac{R_{L1} + R_{L2}}{R_{L2}}$	$U_A \cdot \dfrac{C_1 + C_2}{C_1}$;	$U_A \cdot \dfrac{R_{C1} + R_{C2}}{R_{C2}}$
$U_A =$	$U_E \cdot \dfrac{R_2}{R_1 + R_2}$	$U_E \cdot \dfrac{L_2}{L_1 + L_2}$;	$U_E \cdot \dfrac{R_{L2}}{R_{L1} + R_{L2}}$	$U_E \cdot \dfrac{C_1}{C_1 + C_2}$;	$U_E \cdot \dfrac{R_{C2}}{R_{C1} + R_{C2}}$
$R_1; R_{L1};$ $R_{C1}; L_1;$ $=$ C_1	$R_2 \cdot \dfrac{U_E - U_A}{U_A}$	$L_2 \cdot \dfrac{U_E - U_A}{U_A}$;	$R_{L2} \cdot \dfrac{U_E - U_A}{U_A}$	$C_2 \cdot \dfrac{U_A}{U_E - U_A}$;	$R_{C2} \cdot \dfrac{U_E - U_A}{U_A}$
$R_2; R_{L2};$ $R_{C2}; L_1$ $=$ C_1	$R_1 \cdot \dfrac{U_A}{U_E - U_A}$	$L_1 \cdot \dfrac{U_A}{U_E - U_A}$;	$R_{L1} \cdot \dfrac{U_A}{U_E - U_A}$	$C_1 \cdot \dfrac{U_E - U_A}{U_A}$;	$R_{C1} \cdot \dfrac{U_A}{U_E - U_A}$

Die Teilspannungen verhalten sich wie die Größe der jeweiligen Blindwiderstände. Bei dem kapazitiven Spannungsteiler verhalten sich die Teilspannungen umgekehrt zur Größe der Kapazität.

1.4.3 Komplexe Widerstände

Wird zu einem Blindwiderstand ein Ohmscher Widerstand in Serie oder parallel geschaltet, so entsteht ein komplexer Wechselstromwiderstand. Das ist auch gültig bei Zusammenschaltungen von Kondensator-Spule und Widerstand. Zum Verständnis dient die grafische Darstellung nach *Abb. 1.4.3-1 a* und *b* für die Zusammenschaltung von Spule und Widerstand sowie Kondensator und Widerstand. Für Parallelschaltungen sind die Leitwerte zu benutzen, wobei sich das

1.4 Grundlagen für Elektronikschaltungen

Vektordiagramm (siehe anschließende Zusammenstellung) um 180° dreht. Für die Kennzeichnung des Scheinwiderstandes – das ist der Widerstand, mit welchem der Zweipol bei gewählter Frequenz wirkt – wird Z eingeführt. Siehe hierzu auch den Abschnitt 1.2.5. Der Absolutwert des Scheinwiderstandes ergibt sich für die Serienschaltung von R und L mit

$$Z = \sqrt{R^2 + (\omega L)^2} \qquad \text{sowie} \qquad U_Z = \sqrt{U_R^2 + U_L^2}$$

sowie

$$\text{tg}\varphi = \frac{\omega L}{R} = \frac{U_L}{U_R}$$

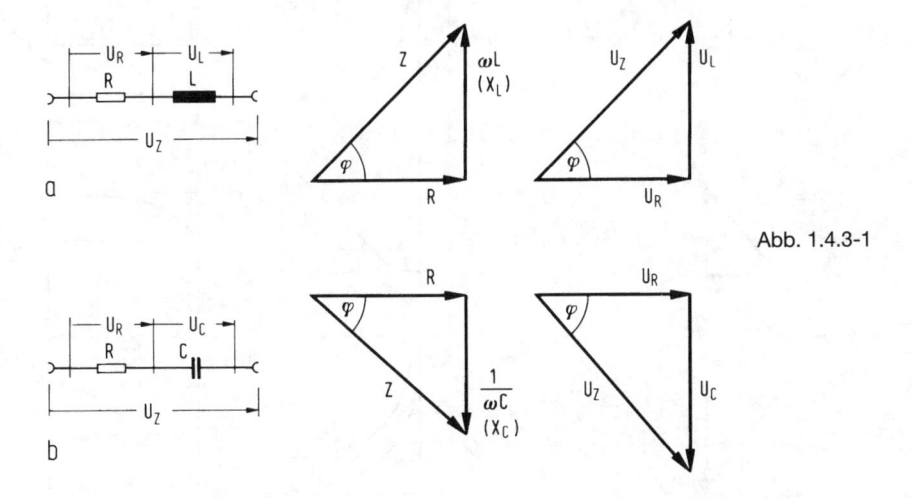

Abb. 1.4.3-1

Demgemäß gilt nach *Abb. 1.4.3-1 b* für den Kondensator

$$Z = \sqrt{R^2 + \left(\frac{1}{\omega C}\right)^2} \qquad \text{sowie} \qquad U_Z = \sqrt{U_R^2 + U_C^2}$$

sowie

$$\text{tg}\varphi = -\frac{1}{R \cdot \omega C} = -\frac{U_C}{U_R}$$

In der folgenden Abb. 1.4.3-1 c sind tabellarisch die in der Elektronik vorkommenden R-C-L-Schaltungen gezeigt. Siehe dazu auch 1.2.5.

1 Praktische Entwurfsdaten der Elektronik

Schaltung	Vektorbild	Scheinwiderstand Z	Phasenwinkel φ	Frequenzgang von Z	Frequenzgang von φ
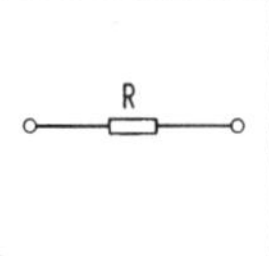 R	 R →	R	0	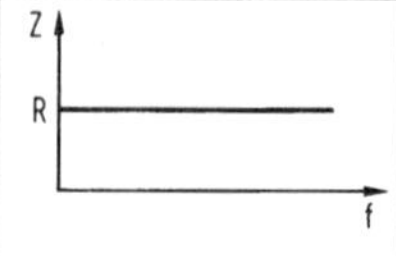	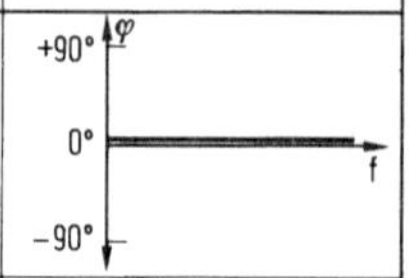
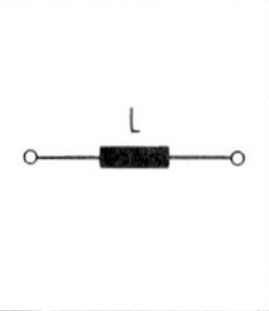 L	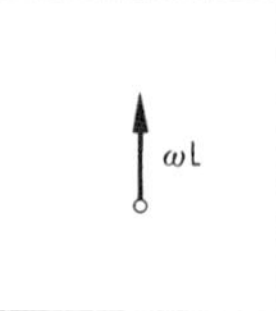 ↑ ωL	ωL	$+90°$	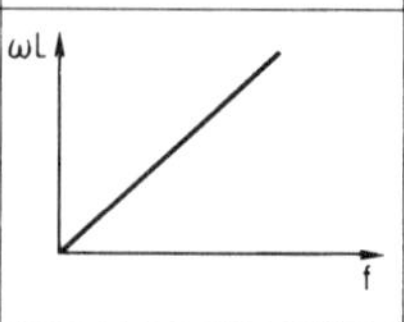	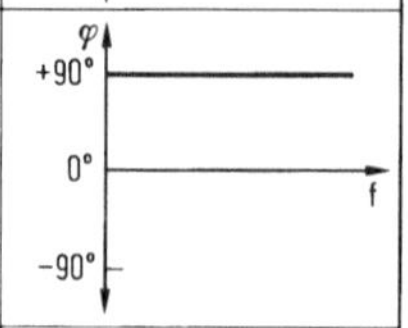
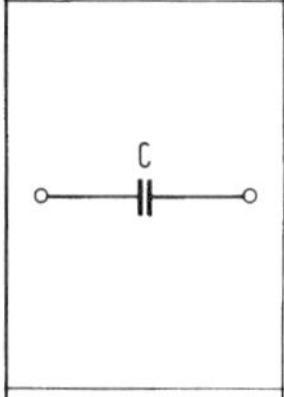 C	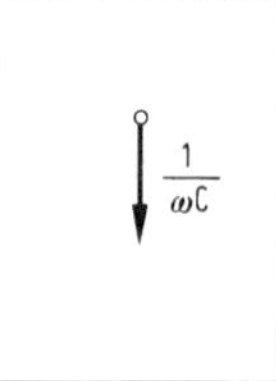 ↓ $\frac{1}{\omega C}$	$\frac{1}{\omega C}$	$-90°$	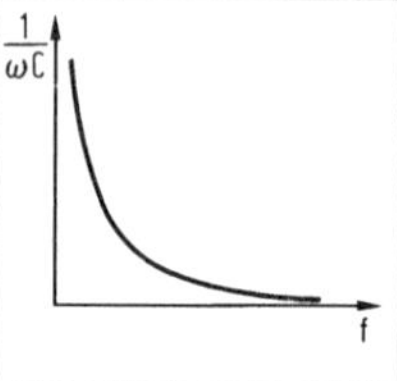	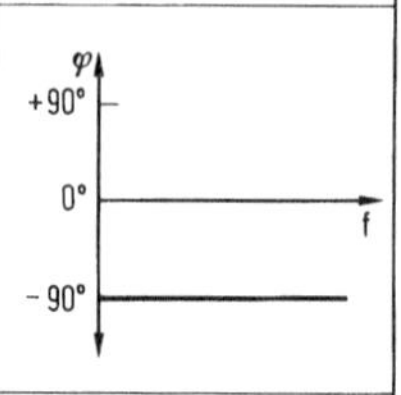
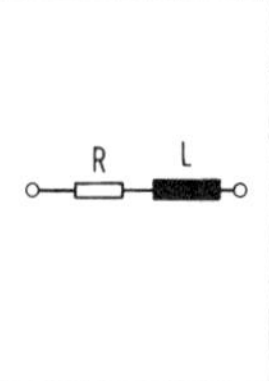 R L	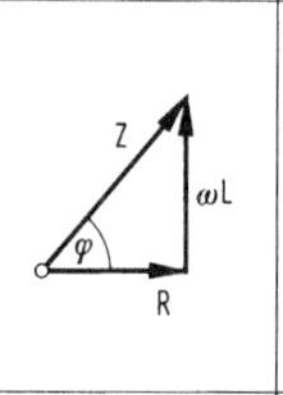	$\sqrt{R^2+(\omega L)^2}$	$\operatorname{tg}\varphi = \frac{\omega L}{R}$	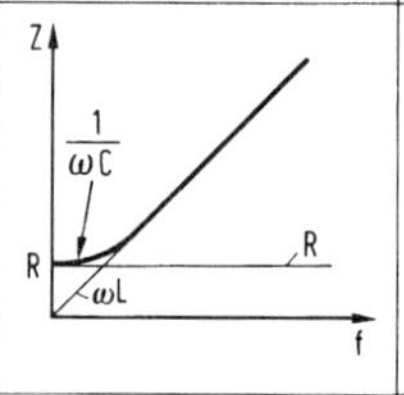	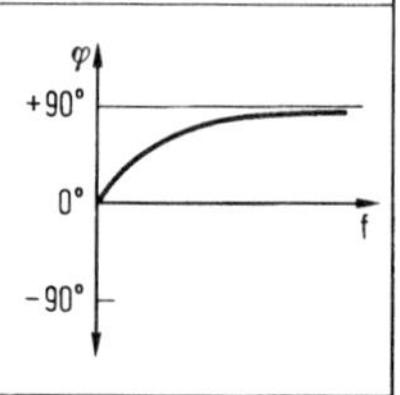
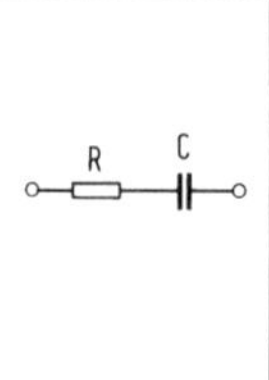 R C	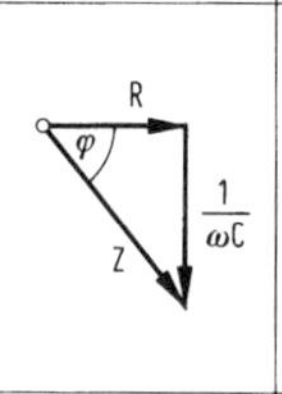	$\sqrt{R^2+\left(\frac{1}{\omega C}\right)^2}$	$\operatorname{tg}\varphi = -\frac{1}{R\omega C}$	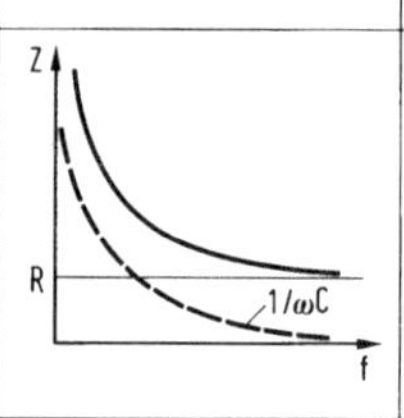	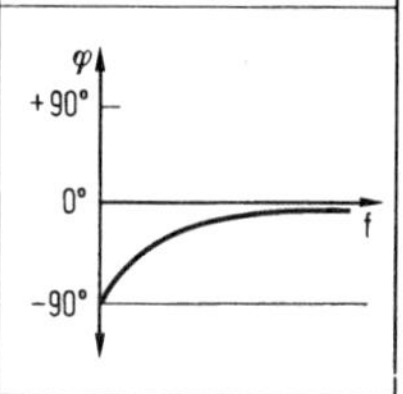
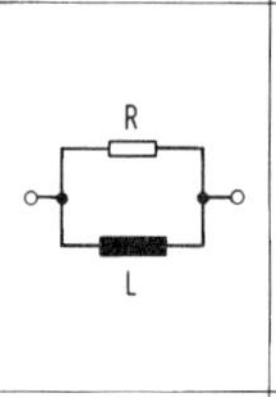 R ∥ L	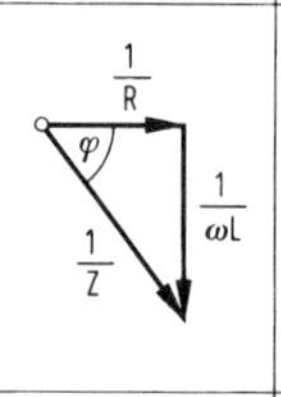	$\frac{R\omega L}{\sqrt{R^2+(\omega L)^2}}$	$\operatorname{tg}\varphi = \frac{R}{\omega L}$	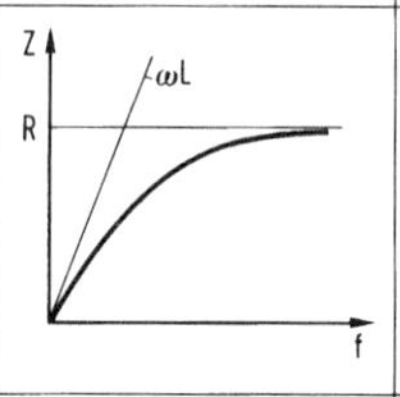	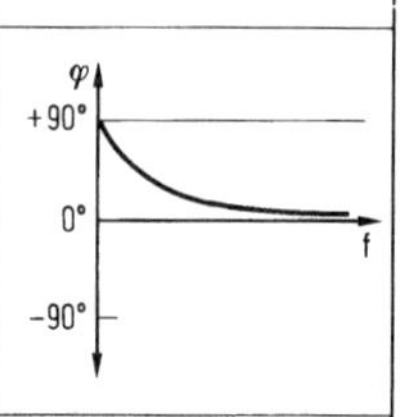
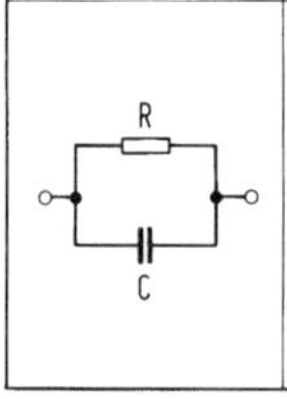 R ∥ C	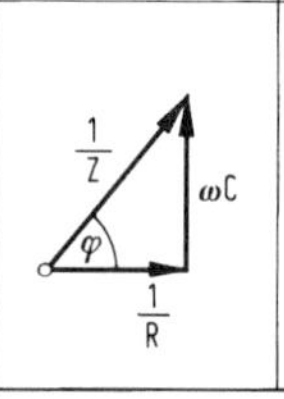	$\frac{R}{\sqrt{1+(R\omega C)^2}}$	$\operatorname{tg}\varphi = -R\omega C$	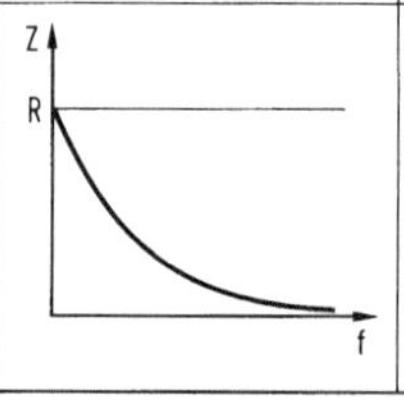	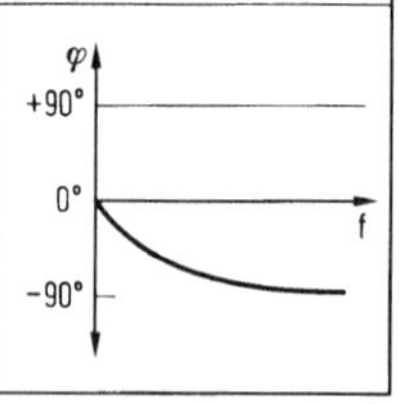

Abb. 1.4.3-1 c

1.4 Grundlagen für Elektronikschaltungen

Schaltung	Vektorbild	Scheinwiderstand Z	Phasenwinkel φ	Frequenzgang von Z	Frequenzgang von φ
C L (Reihe)	$\frac{1}{\omega C}$, ωL, Z	$\omega L - \frac{1}{\omega C}$ für Resonanz $Z = 0$	$\varphi = \pm 90°$ für Resonanz $\varphi = 0$	Kurven $\frac{1}{\omega C}$ und ωL, Minimum bei f_0	Sprung von $-90°$ auf $+90°$ bei f_0
C R L (Reihe)	$\frac{1}{\omega C}$, ωL, R, Z, φ	$\sqrt{R^2 + \left(\omega L - \frac{1}{\omega C}\right)^2}$ für Resonanz $Z = R$	$\operatorname{tg}\varphi = \dfrac{\omega L - \frac{1}{\omega C}}{R}$ für Resonanz $\varphi = 0$	Minimum R bei f_0	Übergang von $-90°$ über $0°$ bei f_0 nach $+90°$
L C parallel, R in Reihe	$\frac{1}{\omega C}$, ωL, $\frac{1}{Z}$, $\frac{1}{R}$, φ, $\frac{1}{(\omega L - \frac{1}{\omega L})}$	Leitwert $\dfrac{1}{\sqrt{\left(\frac{1}{R}\right)^2 + \left(\frac{1}{\omega L - \frac{1}{\omega C}}\right)^2}}$ für Resonanz $Z = 0$	$\operatorname{tg}\varphi = \dfrac{R}{\omega L - \frac{1}{\omega C}}$ für Resonanz $\varphi = 0$	R, Minimum bei f_0	Von $0°$ auf $+90°$, Sprung bei f_0 auf $-90°$, zurück auf $0°$
L ∥ C	$\frac{1}{\omega L}$, ωC, $\frac{1}{Z}$	$\dfrac{1}{\omega C - \frac{1}{\omega L}}$ für Resonanz $Z = \infty$	$\varphi = \pm 90°$ für Resonanz $\varphi = 0$	Spitze bei f_0	Sprung von $+90°$ auf $-90°$ bei f_0
L ∥ C, R parallel	$\frac{1}{\omega L}$, ωC, $\frac{1}{Z}$, $\frac{1}{R}$, φ	Leitwert $\dfrac{1}{\sqrt{\left(\frac{1}{R}\right)^2 + \left(\frac{1}{\omega L} - \omega C\right)^2}}$ für Resonanz $Z = R$	$\operatorname{tg}\varphi = R\left(\dfrac{1}{\omega L} - \omega C\right)$ für Resonanz $\varphi = 0$	R, Maximum bei f_0	Von $+90°$ über $0°$ bei f_0 nach $-90°$

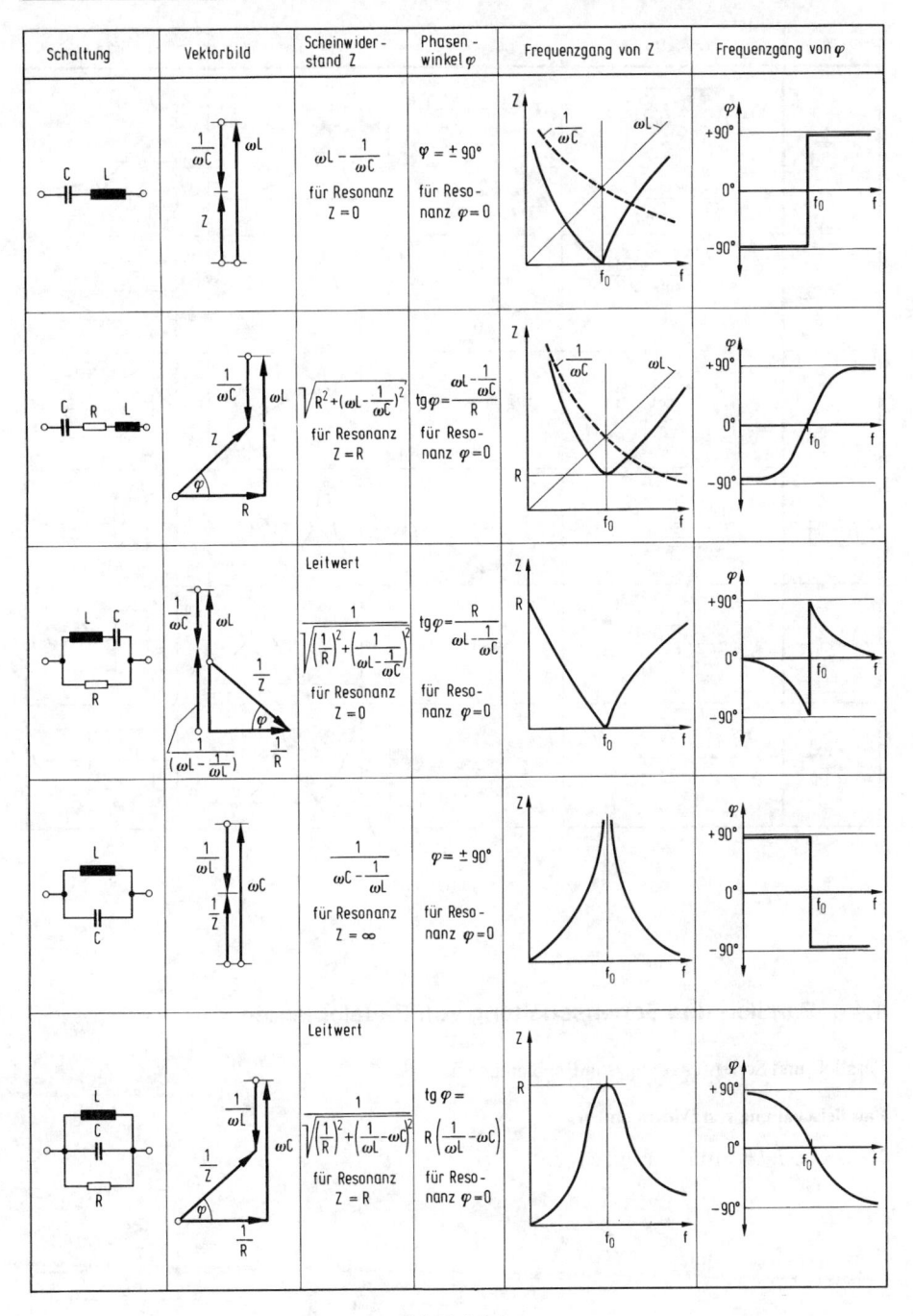

Abb. 1.4.3-1 c

1 Praktische Entwurfsdaten der Elektronik

Schaltung	Scheinwiderstand Z	Phasenwinkel φ	Frequenzgang von Z	Frequenzgang von φ
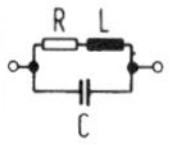 R L parallel, C	$\sqrt{\dfrac{R^2+(\omega L)^2}{(R\omega C)^2+(\omega^2 LC-1)^2}}$ $\dfrac{L}{CR} = \dfrac{R^2+(\omega L)^2}{R}$	$\mathrm{tg}\,\varphi = -\dfrac{\omega C(R^2+\omega^2 L^2)-\omega L}{R}$ $= -\dfrac{\omega C}{R}\left(R^2+\omega^2 L^2 - \dfrac{L}{C}\right)$ bei Resonanz $\varphi \approx 0$ wenn R klein	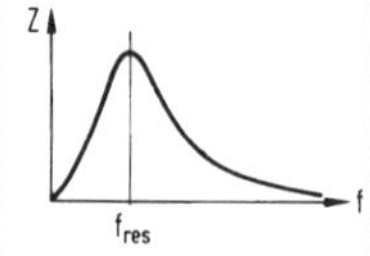	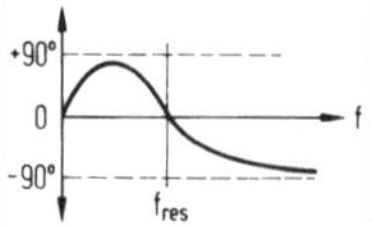
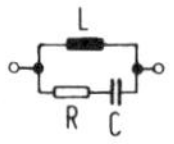 L, R C	$\omega\cdot L\cdot\sqrt{\dfrac{1+(R\omega C)^2}{(R\omega C)^2+(\omega^2 LC-1)^2}}$ bei Resonanz: $\dfrac{L}{CR}$	$\mathrm{tg}\,\varphi = \dfrac{1}{R\omega L}\left[R^2-\dfrac{L}{C}+\left(\dfrac{1}{\omega C}\right)^2\right]$ bei Resonanz $\varphi \approx 0$ wenn R klein	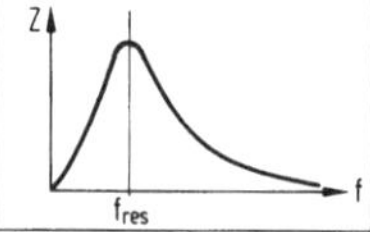	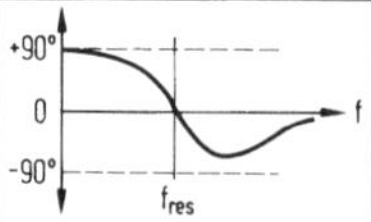
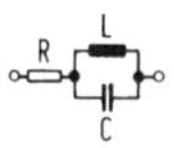 R L C	$\sqrt{R^2+\left(\dfrac{\omega L}{1-\omega^2 LC}\right)^2}$	$\mathrm{tg}\,\varphi = \dfrac{1}{R\left(\dfrac{1}{\omega L}-\omega C\right)}$	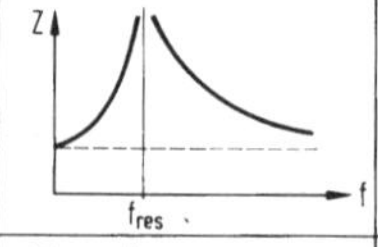	
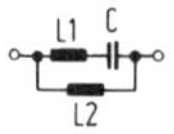 L1 C, L2	$\dfrac{\left(\omega L_1 - \dfrac{1}{\omega C}\right)\omega L_2}{\omega L_1 - \dfrac{1}{\omega C} + \omega L_2}$	$\varphi = \pm 90°$	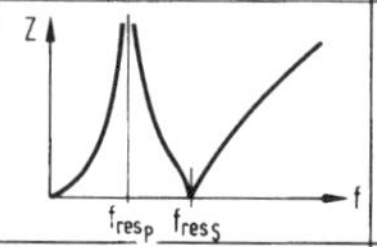	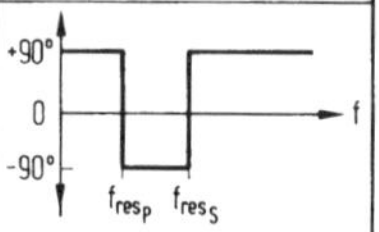
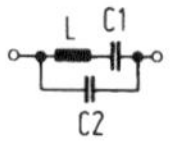 L C1, C2	$\dfrac{\left(\omega L - \dfrac{1}{\omega C_1}\right)\dfrac{1}{\omega C_2}}{\omega L - \dfrac{1}{\omega C_1} - \dfrac{1}{\omega C_2}}$	$\varphi = \pm 90°$	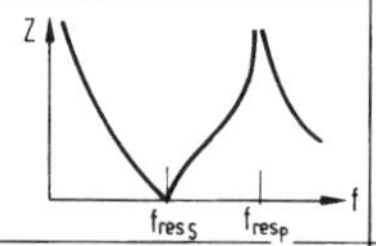	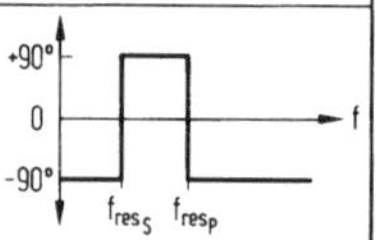
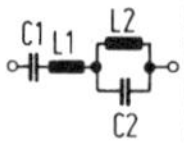 C1 L1 L2, C2	$\omega L_1 - \dfrac{1}{\omega C_1} + \dfrac{1}{\dfrac{1}{\omega L_2}-\omega C_2}$	$\varphi = \pm 90°$	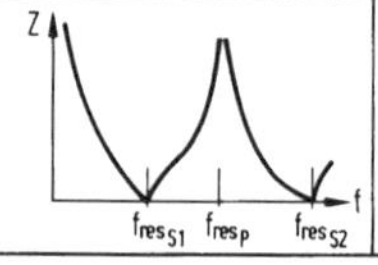	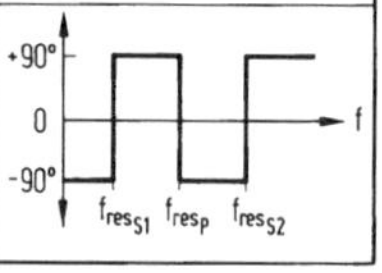

1.4.4 Parallel- und Serienschaltung von Bauelementen

Parallel- und Serienschaltung von Bauelementen

Parallelschaltung von Widerständen

Nach *Abb. 1.4.4 a* ist mit dem Leitwert

$G_g = G_1 + G_2$ und $G = \dfrac{1}{R}$

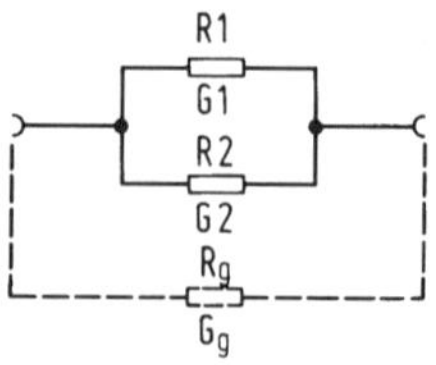

Abb. 1.4.4 a

$\dfrac{1}{R_g} = \dfrac{1}{R_1} + \dfrac{1}{R_2}$

sowie

$$R_g = \frac{R_1 \cdot R_2}{R_1 + R_2} \qquad R_1 = \frac{R_2 \cdot R_g}{R_2 - R_g} \qquad R_2 = \frac{R_1 \cdot R_g}{R_1 - R_g}$$

Bei n-gleichen Widerständen gilt

$$R_g = \frac{R}{n}$$

Serienschaltung von Kondensatoren
Nach *Abb. 1.4.4 b* ist:

$$\frac{1}{C_g} = \frac{1}{C_1} + \frac{1}{C_2}$$

Abb. 1.4.4 b

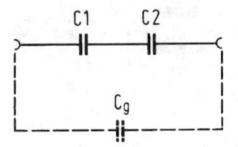

und somit

$$C_g = \frac{C_1 \cdot C_2}{C_1 + C_2} \qquad C_1 = \frac{C_2 \cdot C_g}{C_2 - C_g} \qquad C_2 = \frac{C_1 \cdot C_g}{C_1 - C_g}$$

Bei n-gleichen Kondensatoren gilt

$$C_g = \frac{C}{n}$$

Parallelschaltung von Spulen
Nach *Abb. 1.4.4 c* ist:

Abb. 1.4.4 c

$$\frac{1}{L_g} = \frac{1}{L_1} + \frac{1}{L_2} \quad \text{und somit}$$

$$L_g = \frac{L_1 \cdot L_2}{L_1 + L_2} \qquad L_1 = \frac{L_2 \cdot L_g}{L_2 - L_g} \qquad L_g = \frac{L_1 \cdot L_g}{L_1 - L_g}$$

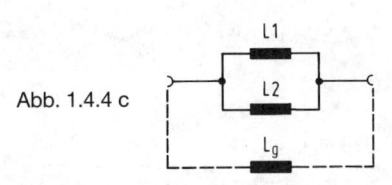

1 Praktische Entwurfsdaten der Elektronik

Bei n-gleichen Spulen gilt

$$L_g = \frac{L}{n}$$

Nomogramm für die Leitwertaddition

Beispiel:
100 kΩ ‖ 150 kΩ
ergibt 60 kΩ

$$\frac{1}{R_{ges}} = \frac{1}{R1} + \frac{1}{R2}$$

$$R_{ges} = \frac{R1 \cdot R2}{R1 + R2}$$

$$\frac{1}{C_{ges}} = \frac{1}{C1} + \frac{1}{C2}$$

$$C_{ges} = \frac{C1 \cdot C2}{C1 + C2}$$

$$\frac{1}{L_{ges}} = \frac{1}{L1} + \frac{1}{L2}$$

$$L_{ges} = \frac{L1 \cdot L2}{L1 + L2}$$

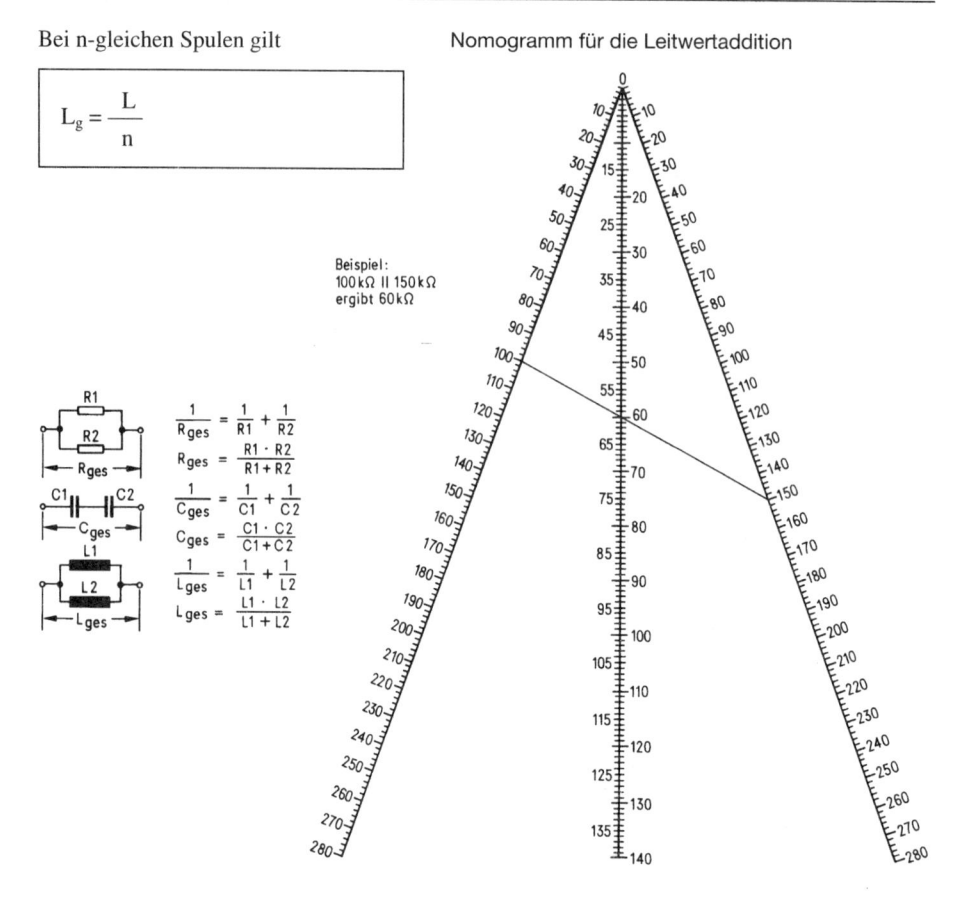

Temperaturkompensation mit Parallel- und Serienschaltung

Temperaturkoeffizient der Kapazität (TK$_C$)

Der Temperaturkoeffizient „α" gibt an, um welchen Bruchteil sich der bei +20 °C gemessene Kapazitätswert ändert, wenn die Umgebungstemperatur um 1 Grad steigt:

$C_t = C_{20} \cdot [1 + \alpha \cdot (t - 20)]$ C_{20} = Kapazität bei +20 °C
C_t = Kapazität bei t °C
α kann positiv oder negativ sein.

Beispiel:

Ein Keramikkondensator von 820 pF hat einen TK von $-47 \cdot 10^{-6}/°C$. Die Kapazität verringert sich pro Grad Temperatursteigerung um
$\Delta C = TK \cdot C = -47 \cdot 10^{-6} \cdot 820$ pF $= -0,0385$ pF pro Grad.

Bei einem Temperatursprung von + 15° auf + 60° entsteht eine Kapazitätsänderung von $-0,0385$ pF $\cdot 40 = -1,54$ pF. Diese sehr geringe Änderung muß nur bedacht werden, wenn der Kondensator in einem frequenzbestimmenden Kreis arbeitet. Nach der ersten Gleichung ist auch
$C_t = 820$ pF $\cdot [1 - 47 \cdot 10^{-6} (60° - 15°)] = 818,5$ pF.

Temperaturkoeffizient bei der Serien- und der Parallelschaltung

Werden zwei Kondensatoren in Reihe (Spulen parallel) geschaltet, so gilt für den Gesamtkoeffizienten TK_g:

$$TK_g = \frac{TK_1 \cdot C_1 + TK_2 \cdot C_2}{C_1 + C_2} \quad \text{sowie} \quad TK_1 = \frac{TK_G \cdot (C_1 + C_2) - TK_2 \cdot C_2}{C_1};$$

$$TK_2 = \frac{TK_G \cdot (C_1 + C_2) - TK_1 \cdot C_1}{C_2};$$

$$C_1 = \frac{TK_2 \cdot C_2 - TK_G \cdot C_2}{TK_G - TK_1}; \quad C_2 = \frac{TK_1 \cdot C_1 - TK_G \cdot C_1}{TK_G - TK_2};$$

Für eine Kompensation ist: $\quad \dfrac{C_1}{C_2} = -\dfrac{TK_2}{TK_1}$

Bei zwei parallelgeschalteten Kondensatoren (Spulen in Reihe) ist der Gesamtkoeffizient:

$$TK_G = \frac{TK_1 \cdot C_2 + TK_2 \cdot C_1}{C_1 + C_2} \quad \text{sowie:}$$

$$C_1 = \frac{TK_1 \cdot C_2 - TK_G \cdot C_2}{TK_G - TK_2}; \quad C_2 = \frac{TK_2 \cdot C_1 - TK_G \cdot C_1}{TK_G - TK_1};$$

$$TK_1 = \frac{TK_G \cdot (C_1 + C_2) - TK_2 \cdot C_1}{C_2}; \quad TK_2 = \frac{TK_G \cdot (C_1 + C_2) - TK_1 \cdot C_2}{C_1};$$

Für eine Kompensation ist: $\quad \dfrac{C_1}{C_2} = -\dfrac{TK_1}{TK_2}$

1.4.5 Transformation von Netzwerkschaltungen

Bestehende Schaltungen, so z.B. Reihen- oder Parallelschaltungen von Widerständen, Spulen, Kondensatoren, müssen häufig von einer Reihenschaltung in eine Serienschaltung – und umgekehrt – umgewandelt werden. Ebenso die Umrechnung eines T-Gliedes in ein π-Glied – oder umgekehrt – wird oft benutzt.

A π- und T-Glied-Umrechnungen
Umwandlung einer π-Schaltung in eine T-Schaltung (nach *Abb. 1.4.5 a*).

$$R_1' = \frac{1}{R_1} \cdot \frac{R_1 \cdot R_2 \cdot R_3}{R_1 + R_2 + R_3}$$

$$R_2' = \frac{1}{R_2} \cdot \frac{R_1 \cdot R_2 \cdot R_3}{R_1 + R_2 + R_3}$$

$$R_3' = \frac{1}{R_3} \cdot \frac{R_1 \cdot R_2 \cdot R_3}{R_1 + R_2 + R_3}$$

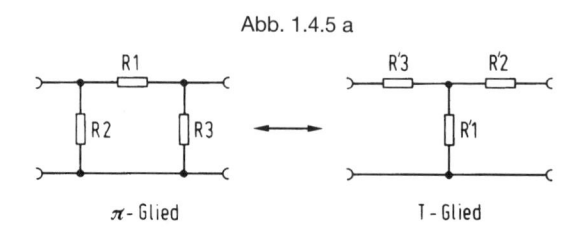

Abb. 1.4.5 a

π-Glied   T-Glied

Umwandlung einer T-Schaltung in eine π-Schaltung

$$R_1 = \frac{1}{R_1'} (R_1' \cdot R_2' + R_1' \cdot R_3' + R_2' \cdot R_3')$$

$$R_2 = \frac{1}{R_2'} (R_1' \cdot R_2' + R_1' \cdot R_3' + R_2' \cdot R_3')$$

$$R_3 = \frac{1}{R_3'} (R_1' \cdot R_2' + R_1' \cdot R_3' + R_2' \cdot R_3')$$

B Widerstände
Für den allgemeinen Fall der Umwandlung zweier Serienwiderstände (mit X = Blindwiderstand einer Wechselstromschaltung) nach *Abb. 1.4.5 b* in zwei gleichwertige Parallelwiderstände gilt:

1.4 Grundlagen für Elektronikschaltungen

Serienschaltung   Parallelschaltung

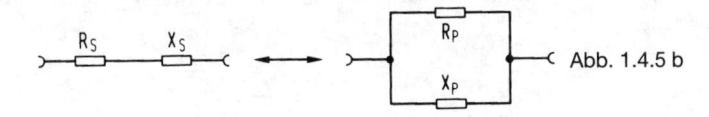

Abb. 1.4.5 b

$$R_p = \frac{R_s^2 + X_s^2}{R_s} \qquad X_p = \frac{R_s^2 + X_s^2}{X_s} \qquad \tan\varphi = \frac{X_s}{R_s}$$

Nach Abb. 1.4.5 b werden zwei Parallelwiderstände in gleichwertige Serienwiderstände wie folgt umgewandelt:

$$R_s = \frac{R_p + X_p^2}{R_p^2 + X_p^2} \qquad X_s = \frac{R_p^2 + X_p}{R_p^2 + X_p^2} \qquad \tan\varphi = \frac{R_p}{X_p}$$

C Widerstand und Induktivität

Aus den obigen Gleichungen ergibt sich für die *Abb. 1.4.5 c* für die Umwandlung einer Serienschaltung in eine gleichwertige Parallelschaltung:

$$R_p = \frac{R_s^2 + (\omega \cdot L_s)^2}{R_s} \qquad L_p = \frac{R_s^2 + (\omega \cdot L_s)^2}{\omega^2 \cdot L_s} \qquad \tan\varphi = \frac{\omega \cdot L_s}{R_s}$$

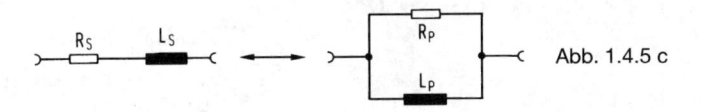

Abb. 1.4.5 c

Nach Abb. 1.4.5 c wird die Parallelschaltung in eine gleichwertige Serienschaltung wie folgt umgewandelt:

$$R_s = \frac{R_p + (\omega \cdot L_p)^2}{R_p^2 + (\omega \cdot L_p)^2} \qquad L_s = \frac{R_p^2 \cdot L_p}{R_p^2 + (\omega \cdot L_p)^2} \qquad \tan\varphi = \frac{R_p}{\omega \cdot L_p}$$

D Widerstand und Kondensator

Nach *Abb. 1.4.5 d* wird die Serienschaltung in eine gleichwertige Parallelschaltung wie folgt umgewandelt:

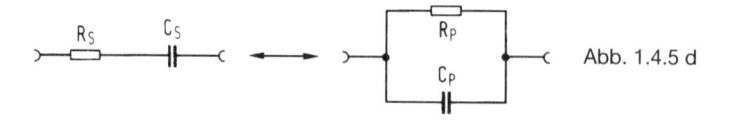

Abb. 1.4.5 d

$$R_p = R_s + \frac{1}{(\omega \cdot C_s)^2 \cdot R_s} \qquad C_p = \frac{C_s}{1 + (\omega C_s \cdot R_s)^2} \qquad \tan \varphi = \frac{1}{R_s \cdot \omega \cdot C_s}$$

Die Prallelschaltung wird in eine gleichwertige Serienschaltung wie folgt umgewandelt:

$$R_s = \frac{R_p}{1 + (\omega \cdot C_p \cdot R_p)^2} \qquad C_s = C_p + \frac{1}{(\omega \cdot R_p)^2 \cdot C_p} \qquad \tan \varphi = R_p \cdot \omega \cdot C_p$$

Beispiel:
Nach Abb. 1.4.5 a ist $R_2' = R_3' = 400 \, \Omega$ und $R_1' = 250 \, \Omega$.

Die T-Schaltung soll in eine gleichwertige π-Schaltung umgewandelt werden. Für die π-Schaltung ist:

$$R_1 = \frac{1}{R_1'} (R_1' \cdot R_2' + R_1' \cdot R_3' + R_2' \cdot R_3') = 1440 \, \Omega$$

$$R_2 = \frac{1}{R_2'} (R_1' \cdot R_2' + R_1' \cdot R_3' + R_2' \cdot R_3') = 900 \, \Omega$$

$$R_3 = \frac{1}{R_3'} (R_1' \cdot R_2' + R_1' \cdot R_3' + R_2' \cdot R_3') = 900 \, \Omega$$

Beispiel:
Nach Abb. 1.4.5 c soll die Serienschaltung mit $L_s = 100 \, \mu H$ und $R_s = 500 \, \Omega$ (Meßfrequenz 10 MHz) umgewandelt werden in eine gleichwertige Parallelschaltung.

$$R_p = \frac{R_s^2 + (\omega \cdot L_s)^2}{R_s} = \frac{(500)^2 + (2 \cdot \pi \cdot 10^7 \cdot 100 \cdot 10^{-6})^2}{500} = 79{,}3 \, k\Omega$$

$$L_p = \frac{R_s^2 + (\omega \cdot L_s)^2}{\omega^2 \cdot L_s} = \frac{25 \cdot 10^4 + (2 \cdot \pi \cdot 10^7 \cdot 10^{-4})^2}{(2 \cdot \pi \cdot 10^7)^2 \cdot 10^{-4}} = 100{,}6 \; \mu H$$

E Dreieck-Stern-Schaltung

Für die Umwandlung der Widerstände einer Dreieckschaltung in eine Sternschaltung oder umgekehrt – *Abb. 1.4.5 e* – gilt für

die Dreieck- in Stern-Schaltung:

$$R_1' = \frac{R_1 \cdot R_3}{R_1 + R_2 + R_3}$$

$$R_2' = \frac{R_1 \cdot R_2}{R_1 + R_2 + R_3}$$

$$R_3' = \frac{R_3 \cdot R_2}{R_1 + R_2 + R_3}$$

und für die Stern- in Dreieckschaltung:

$$R_1 = \frac{R_1' \cdot R_2'}{R_3'} + R_1' + R_2'$$

$$R_2 = \frac{R_2' \cdot R_3'}{R_1'} + R_2' + R_3'$$

$$R_3 = \frac{R_1' \cdot R_3'}{R_2'} + R_1' + R_3'$$

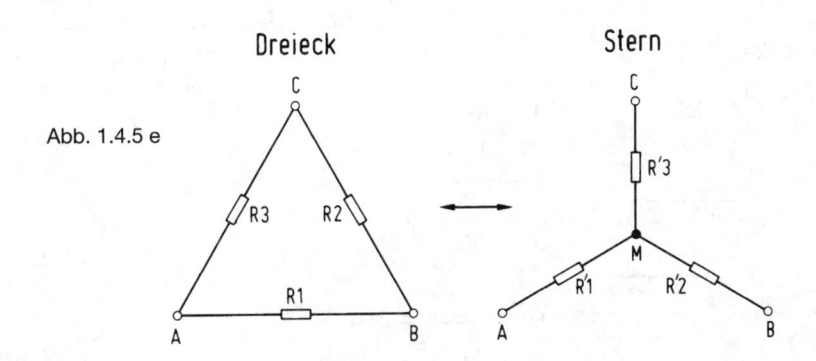

Abb. 1.4.5 e

F Impedanzanpassungen mit Widerstandsnetzwerken siehe auch 7.1.2

Generatorimpedanz und Lastimpedanz können unterschiedlich sein. Für eine reflexionsfreie Anpassung ist jedoch zu fordern: $Z_G = Z_L$. Um diese zu erreichen, stehen verschiedene Netzwerke zur Verfügung, die jedoch grundsätzlich zu einer Dämpfung $a = \frac{U_A}{U_E}$ führen, wobei $a < 1$ ist.

1 Praktische Entwurfsdaten der Elektronik

Serienwiderstand

Nach *Abb. 1.4.5 f* werden Generator und Last über den Widerstand R zusammengeschaltet. Für eine optimale Leistungsübertragung gilt bei $Z_L < Z_G$ die Gleichung $Z_G = R + Z_L$. In diesem Fall ist eine Anpassung nur von der Generatorseite gegeben. Ähnlich ist bei $Z_L > Z_G$ anstelle des Serienwiderstandes ein Parallelwiderstand R einzuschalten. Es ist dann $Z_G = \dfrac{R \cdot Z_L}{R + Z_L}$. Auch hier ist eine Anpassung nur von einer Seite möglich. Diese Probleme werden in den folgenden Schaltungen gelöst.

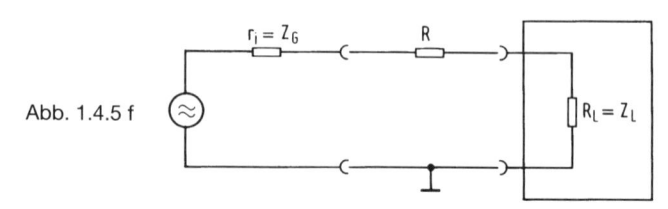

Abb. 1.4.5 f

L-Glied für $Z_L > Z_G$

Das Einschalten eines L-Gliedes ist in der *Abb. 1.4.5 g* erläutert. Für die Bedingung $Z_L > Z_G$ gelten die folgenden Gleichungen:

Dämpfung:

$$a = \frac{U_A}{U_E} \text{ mit } a < 1 \text{ sowie } U_E = \frac{U_G}{2} \text{ wegen der Anpassung } R_G = R_L.$$

$$a = \frac{1}{1 + \sqrt{1 - \dfrac{Z_G}{Z_L}}}$$

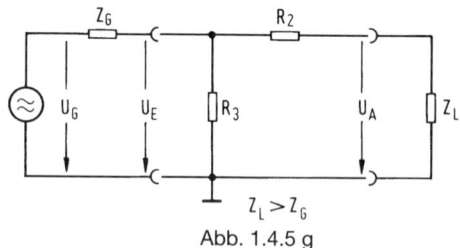

Impedanzen:

$$Z_L = R_2 + \frac{Z_G \cdot R_3}{Z_G + R_3} \qquad Z_G = \frac{R_3 \cdot (R_2 + Z_L)}{R_3 + R_2 + Z_L}$$

R_2: $R_2 = \sqrt{Z_L \cdot (Z_L - Z_G)} = Z_L \cdot \sqrt{1 - \dfrac{Z_G}{Z_L}} = Z_L \cdot x$

R_3: $R_3 = Z_G \cdot \sqrt{\dfrac{Z_L}{Z_L - Z_G}} = Z_G \cdot \dfrac{1}{\sqrt{1 - \dfrac{Z_G}{Z_L}}} = Z_G \cdot y$

Abb. 1.4.5 g

Kontrolle: Es ist $x \cdot y = 1$; somit $Z_L = Z_G$.

Beispiel: $U_G = 10$ V; $Z_G = 50\ \Omega$; $Z_L = 120\ \Omega$.

$$a = \frac{1}{1 + \sqrt{1 - \dfrac{50\ \Omega}{120\ \Omega}}} = 0{,}5669; \text{ daraus folgt} \qquad U_A = \frac{U_G}{2} \cdot a = 5 \text{ V} \cdot 0{,}5669 = 2{,}835 \text{ V}$$

$$R_2 = 120\,\Omega \cdot \sqrt{1 - \frac{50\,\Omega}{120\,\Omega}} = 91{,}65\,\Omega$$

$$R_3 = \frac{50\,\Omega}{\sqrt{1 - \dfrac{50\,\Omega}{120\,\Omega}}} = 65{,}46\,V$$

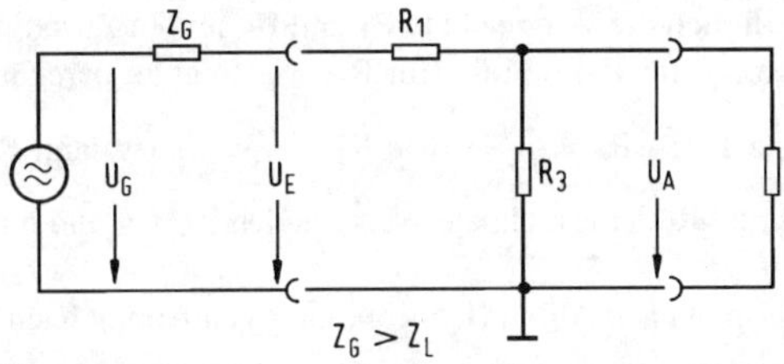

Abb. 1.4.5 h

L-Glied für $Z_G > Z_L$

Die Schaltung ist in der *Abb. 1.4.5 h* gezeigt. Es gelten ähnliche Gleichungen wie in der Abb. g mit:

$$a = \frac{U_A}{U_E} \text{ mit } a < 1 \text{ sowie } U_E = \frac{U_G}{2}$$

Dämpfung: $a = 1 - \sqrt{\dfrac{Z_L}{Z_G}}$

R_1: $R_1 = \sqrt{Z_G \cdot (Z_G - Z_L)} = Z_G \cdot \sqrt{1 - \dfrac{Z_L}{Z_G}} = Z_G \cdot m$

R_3: $R_3 = Z_L \cdot \sqrt{\dfrac{Z_G}{Z_G - Z_L}} = Z_L \cdot \dfrac{1}{\sqrt{1 - \dfrac{Z_L}{Z_G}}} = Z_L \cdot n$

mit $m \cdot n = 1$ ist entsprechend wieder $Z_G = Z_L$.

Beispiel: $U_G = 10\,V$; $Z_G = 120\,\Omega$; $Z_L = 50\,\Omega$.

$$a = 1 - \sqrt{\frac{50\,\Omega}{120\,\Omega}} = 1 - 0{,}763 = 0{,}2362, \text{ damit ist dann } U_A = 5\,V \cdot 0{,}2362 = 1{,}18\,V$$

$$R_1 = 120\,\Omega \cdot \sqrt{1 - \frac{50\,\Omega}{120\,\Omega}} = 91{,}65\,\Omega$$

$$R_3 = \frac{50\,\Omega}{\sqrt{1 - \dfrac{50\,\Omega}{120\,\Omega}}} = 65{,}46\,\Omega$$

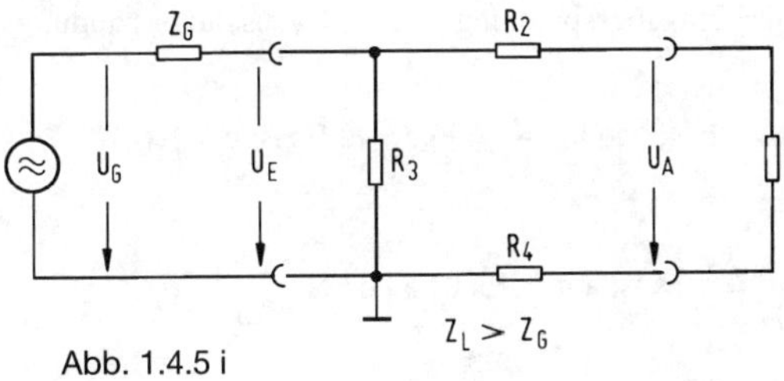

Abb. 1.4.5 i

Halbes T-Glied

Soll der Generator oder die Last einseitig symmetrisch angesteuert werden, so ist die Schaltung *Abb. 1.4.5 i* oder *k* zu wählen.

Es gelten die gleichen Formeln wie beim L-Glied wie folgt für
Abb. i die Gleichungen für die Abb. g sowie für
Abb. k die Gleichungen für die Abb. h.

Lediglich die Widerstände R_4 und R_5 sind in Zusammenhang mit den vorher ermittelten Werten von R_2 (für R_4) und R_1 (für R_5) wie folgt zu berechnen. Der an Masse liegende Widerstand R_4 oder R_5 ist $R_4 = \dfrac{Z_L}{2}$ sowie $R_5 = \dfrac{Z_G}{2}$. Es ist dann $R_2 = R_2' - R_4$ oder $R_1 = R_1' - R_5$; hierbei ist R_1' und R_2' der errechnete Wert aus den Abb. g und h mit den dort angegebenen Gleichungen.

Beispiel nach Abb. i (Umwandlung von Abb. g nach i):
Nach dem dort angeführten Beispiel war $R_2 = 91{,}65\,\Omega$ und $R_3 = 65{,}46\,\Omega$ sowie $a = 0{,}5669$. Es bleiben die Übertragungsdaten erhalten. Es ändert sich lediglich R_2 wie folgt. Zunächst ist $R_4 = \dfrac{Z_L}{2} = \dfrac{120\,\Omega}{2} = 60\,\Omega$. Daraus folgt mit $R_2 = R_2' - R_4$ jetzt $R_2 = 91{,}65\,\Omega - 60\,\Omega = 31{,}65\,\Omega$.
Also wird das Ergebnis der Gleichung aus den Abb. g und h benutzt, um für die Symmetrierung der Abb. i und k die Werte von R_2 und R_4 sowie von R_1 und R_5 zu ermitteln. Wird in den Abb. i und k keine Masseverbindung vorgesehen, also eine erdsymmetrische Schaltung, so wird in Abb. i $R_2 = R_4$ gewählt und in Abb. k entsprechend $R_1 = R_5$. Auch hier gelten die errechneten Werte aus Abb. g und h. Damit sind dann R_1 und R_2 in Abb. i und k nur $0{,}5 \cdot R_1$ oder $0{,}5 \cdot R_5$ aus Abb. g und h.
Bei geringen Unterschieden von Z_G und Z_L läßt sich die Symmetrierung nicht mehr durchführen, da die Widerstände R_2 und R_1 (Abb. i und k) negative Werte erhalten. Die Grenzbedingung lautet $0{,}5 \cdot Z_L \leq Z_L\sqrt{1 - \dfrac{Z_G}{Z_L}}$,

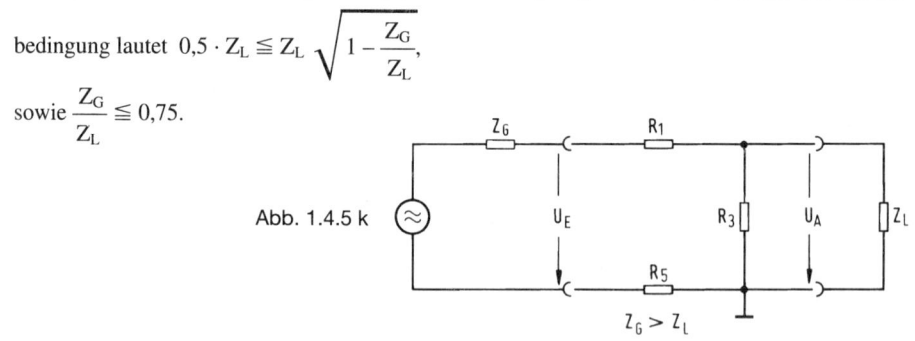

sowie $\dfrac{Z_G}{Z_L} \leq 0{,}75$.

Abb. 1.4.5 k

$Z_G > Z_L$

T-Glied

T-Glieder werden als Dämpfungsvierpole eingesetzt. Für die folgenden Formeln gelten mit U_E = Eingangsspannung und U_A = Ausgangsspannung:

$\dfrac{U_E}{U_A} = c$, sowie $\ln \dfrac{U_E}{U_A} = \ln c = d$. Es ist $c > 1$.

$\dfrac{U_A}{U_E} = a$, es ist $a < 1$. Es ist $a \cdot c = 1$.

Mit Z_G = Generatorwiderstand und Z_L = Lastwiderstand ist $\dfrac{Z_G}{Z_L} = b$. Bevor die Formelaufstellung erfolgt, soll in der Übersicht *Abb. 1.4.5 l* erläutert werden, wie im Einzelfall die Umwandlung von erdunsymmetrisch-auf-erdsymmetrische-Schaltungen Einzelkomponenten zu ändern sind. Das gleiche gilt für die Umwandlung der Kreuz-(X-)Schaltung in den T-Vierpol und umgekehrt. Die numerischen Bezeichnungen der Einzelkomponenten werden im Formelansatz gemäß den dann dazu gehörenden Abbildungen geändert.

1.4 Grundlagen für Elektronikschaltungen

Vierpolumwandlungen

Abb. 1.4.5 l

Es werden jetzt die Einzelgleichungen für das T-Glied nach *Abb. 1.4.5 m* angegeben. Für a, c, b und d siehe vorher beim T-Glied.

Für $Z_G \geqq Z_L$ (Abb. m) sind die Formeln wie folgt umzustellen.

Mit $c = \dfrac{U_E}{U_A}$ und $b = \dfrac{Z_l}{Z_G}$ ist in Abb. m

$$R_3 = R_L \cdot \frac{2 \cdot c}{c^2 - b}$$

$$R_1 = R_G \cdot \frac{c^2 + b}{c^2 - b} - R_3 \quad \text{sowie}$$

$$R_2 = R_L \cdot \frac{c^2 + b}{c^2 - b}$$

Abb. 1.4.5 m

Beispiel für $Z_G > Z_L$

$U_E = 10$ V; $U_A = 2$ V; $R_G = 200\ \Omega$; $R_L = 50\ \Omega$. Daraus errechnet sich $c = \dfrac{10\text{ V}}{2\text{ V}} = 5$ sowie

$$b = \frac{50\ \Omega}{120\ \Omega} = 0{,}25.$$

393

Für $Z_G \leq Z_L$ (Abb. m)	Für $Z_G = Z_L = Z$ (Abb. m)
$R_3 = \dfrac{2 \cdot Z_G \cdot c}{c^2 - b}$	$R_1 = R_2 = Z \cdot \dfrac{c-1}{c+1} = Z\dfrac{1-a}{1+a} = Z \cdot \tanh\dfrac{d}{2}$
$R_1 = Z_G \left(\dfrac{c^2 + b}{c^2 - b}\right) - R_3$	(tanh = tangens hyp).
$R_2 = Z_L \left(\dfrac{c^2 + b}{c^2 - b}\right) - R_3$	$R_3 = \dfrac{Z^2 - R_1^2}{2 \cdot R_1} = \dfrac{2 \cdot c \cdot Z}{c^2 - 1} = \dfrac{2 \cdot a \cdot Z}{1 - a^2} =$
Impedanz der Speiseseite Z_1	$R_3 = \dfrac{Z}{\sinh d}$
$Z_1 = \sqrt{Z_L + Z_K}$ mit $Z_L = R_1 + R_3$ und $Z_K = R_1 + \dfrac{R_2 \cdot R_3}{R_2 + R_3}$ ergibt:	$Z = R_1 \cdot \sqrt{1 + \dfrac{2 \cdot R_3}{R_1}}$
$Z_1 = \sqrt{R_1^2 + 2 \cdot R_1 \cdot R_2}$	

$$k_1 = \frac{2 \cdot c}{c^2 - b} = \frac{2 \cdot 5}{25 - 0{,}25} = 0{,}404 \text{ sowie } k_2 = \frac{c^2 + b}{c^2 - b} = \frac{25 + 0{,}25}{25 - 0{,}25} = 1{,}02$$

dann ist:

$R_3 = 50\ \Omega \cdot 0{,}404 = 20{,}2\ \Omega$
$R_1 = 200\ \Omega \cdot 1{,}02 - 20{,}2\ \Omega = 183{,}8\ \Omega$
$R_2 = 50\ \Omega \cdot 1{,}02 - 20{,}2\ \Omega = 30{,}81\ \Omega$

Probe: $50 + 30{,}81 = 80{,}81\ \|\ 20{,}2 = 16{,}16 + 183{,}8 = 199{,}99\ \Omega = Z_G$

In der folgenden Tabelle sind die Werte von $R_1 - R_2 - R_3$ angegeben für ein 50-Ω-System, also ist nach Abb. 1.4.5 m $Z_L = 50\ V = Z_G$.

dB	R_1 [Ω]	R_3 [Ω]	R_2 [Ω]
1	2,875	433,3	2,875
2	5,731	215,2	5,731
3	8,55	141,9	8,55
4	11,31	104,8	11,31
5	14,01	82,24	14,01
6	16,61	66,93	16,61
7	19,12	55,80	19,12
8	21,53	47,31	21,53
10	25,97	35,14	25,97
12	29,92	26,81	29,92
15	34,9	18,36	34,9
20	40,91	10,10	40,91
25	44,67	5,641	44,67
30	46,9	3,165	46,9
35	48,25	1,779	48,25
40	49,01	1,000	49,01

Beispiel für $Z_G < Z_L$

In Abb. 1.4.5 m ist Z_G = 50 V; U_G = 10 V entsprechend U_E = 5 V; U_A = 1 V entsprechend $\frac{U_E}{U_A}$ = c = 5 sowie a = $\frac{1}{5}$ = 0,2. Mit Z_L = 200 Ω wird b = $\frac{Z_G}{Z_L}$ = $\frac{50}{200}$ = 0,25. Aus diesen Daten errechnet sich:

$$R_3 = \frac{2 \cdot Z_G \cdot c}{c^2 - b} = \frac{2 \cdot 50\,\Omega \cdot 5}{5^2 - 0,25} = 20,2\,\Omega$$

$$R_1 = Z_G \cdot \left(\frac{c^2 + b}{c^2 - b}\right) - R_3 = 50\,\Omega \cdot \left(\frac{5^2 + 0,25}{5^2 - 0,25}\right) - 20,2\,\Omega = 30,81\,\Omega$$

$$R_2 = Z_L \cdot \left(\frac{c^2 + b}{c^2 - b}\right) - R_3 = 200\,\Omega \cdot \left(\frac{5^2 + 0,25}{5^2 - 0,25}\right) - 20,2\,\Omega = 183,80\,\Omega$$

Für das überbrückte T-Glied in *Abb. 1.4.5 n* gelten die folgenden Gleichungen:

mit c = $\frac{U_E}{U_A}$ wird

$Z = \sqrt{R_4 \cdot R_3}$ $k = e^d - 1$

$R_3 = \frac{Z_2}{R_4} = \frac{Z}{c-1}$ $R_3 = \frac{Z}{k}$

$R_4 = Z \cdot (c - 1)$ $R_4 = Z \cdot k$

$Z_G = Z_L = Z = R_1 = R_2 = Z$

Abb. 1.4.5 n

Das überbrückte T-Glied eignet sich gut für abstimmbare Dämpfungen mit gleichzeitiger Änderung von R_3 und R_4.

π-Glied

Für das π-Glied werden folgende Beziehungen festgelegt:
$\frac{U_A}{U_E}$ = a; weiter ist $\frac{U_E}{U_A}$ = c sowie ln c = d. Das Verhältnis der Wellenwiderstände ist $\frac{Z_G}{Z_L}$ = b.

Bei Vierpolbetrachtung des π-Gliedes ist zu unterscheiden zwischen der Z-symmetrischen Ausführung mit $Z_G = Z_L$, sowie der Schaltung mit $Z_G \neq Z_L$, die für Anpassung an unterschiedliche Aus- und/oder Eingangswiderstände benutzt wird.
In der Schaltungsaufstellung *Abb. 1.4.5 o* ist gezeigt, wie eine Umwandlung der erdsymmetrischen π-Schaltung in eine entsprechende unsymmetrische Schaltung vorgenommen werden kann. Des weiteren die Umwandlung der X-Schaltung in eine π-Schaltung.

1 Praktische Entwurfsdaten der Elektronik

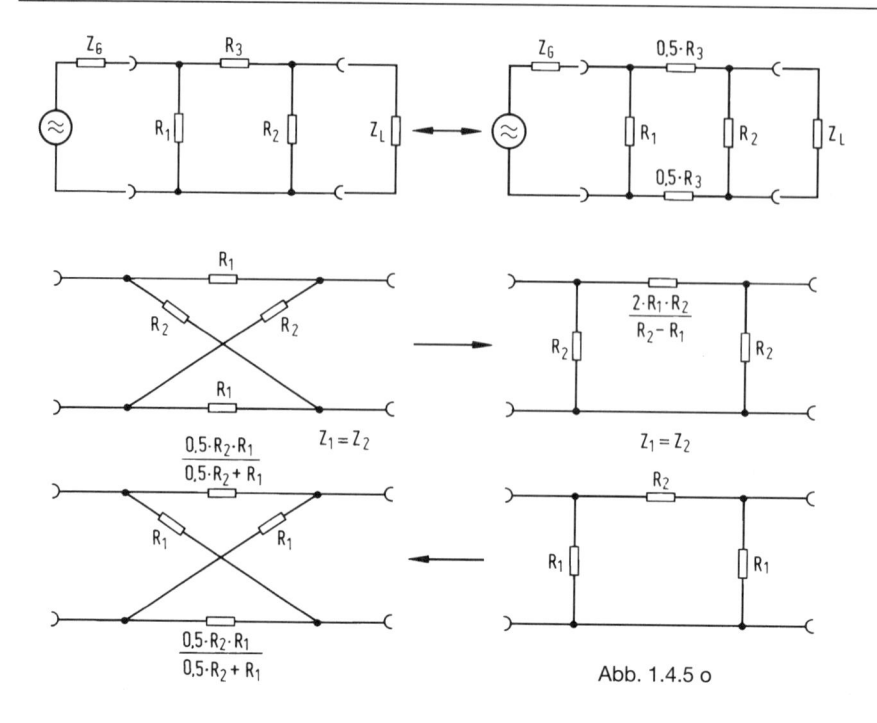

Abb. 1.4.5 o

Für die Berechnung des π-Gliedes in *Abb. 1.4.5 p* gelten folgende Gleichungen.

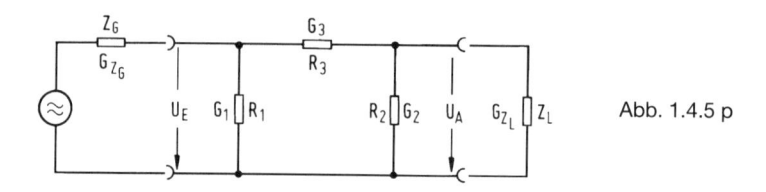

Abb. 1.4.5 p

Widerstandssymmetrische Ausführung mit $Z_G = Z_L$ und $R_1 = R_2$.

Impedanzen

$$Z_K = \frac{R_1 \cdot R_3}{R_1 + R_3}; \quad Z_L = \frac{R_1 \cdot (R_3 + R_2)}{R_1 + R_2 + R_3} \quad \text{daraus folgt}$$

$$Z = \sqrt{Z_L \cdot Z_K} = \frac{1}{\sqrt{1 + \frac{2 \cdot R_1}{R_3}}} = R_1 \cdot \sqrt{\frac{R_3}{2 \cdot R_1 + R_3}}$$

Es ist weiter:

$$\cos hd = \sqrt{\frac{Z_L}{Z_L - Z_K}} = 0{,}5 \cdot \left(\frac{U_1}{U_2} + \frac{U_2}{U_1}\right) = 0{,}5 \cdot (a + c).$$

Für die Widerstände gilt in Abb. 1.4.5 p mit $Z_G = Z_L$:

$$R_1 = R_2 = Z \cdot \frac{c+1}{c-1} = Z \cdot \frac{1+a}{1-a} = \frac{Z}{\tan h \frac{d}{2}}$$

$$R_3 = Z \cdot \frac{c^2 - 1}{2 \cdot c} = Z \cdot \frac{1 - a^2}{2 \cdot a} = Z \cdot \sin hd$$

Beispiel:
$Z_G = Z_L = 75\ \Omega$ sowie $U_E = 1$ V und $U_A = 0{,}1$ Volt;

damit wird $a = \dfrac{U_A}{U_E} = 0{,}1$ und $c = \dfrac{U_E}{U_A} = 10.$

$$R_1 = R_2 = 75\ \Omega\ \frac{10+1}{10-1} = 91{,}7\ V = \frac{75}{\tan h \dfrac{\ell nc}{2}}$$

$$R_3 = 75\ \Omega\ \frac{100-1}{20} = 371{,}25\ \Omega = 75 \cdot \sin h\ \ell nc.$$

Widerstandsunsymmetrische Ausführung mit $Z_G \neq Z_L$.

Diese Schaltung – ebenfalls Abb. p – bietet sowohl die Einfügung einer Dämpfung als auch die Impedanzanpassung. Es gelten ähnliche Beziehungen wie beim T-Glied, wobei hier jedoch anstelle der Widerstände ihre Leitwerte herangezogen werden. Es werden auch hier beide Möglichkeiten mit $Z_G \geqq Z_L$ und $Z_G \leqq Z_L$ diskutiert, so daß eine wellenwiderstandsrichtige Anpassung gewährleistet ist.

π-Glied (Abb. p) mit $Z_G \leqq Z_L$

Mit $c = \dfrac{U_E}{U_A}$ und $b = \dfrac{Z_G}{Z_L}$ ist auf die Leitwerte bezogen:

$$G_3 = \frac{1}{R_3} = G_{ZL} \cdot \frac{2 \cdot c}{c^2 - b}$$

$$G_1 = \frac{1}{R_1} = G_{ZG} \cdot \frac{c^2 + b}{c^2 - b} - G_3$$

$$G_2 = \frac{1}{R_2} = G_{ZL} \cdot \frac{c^2 + b}{c^2 - b} - G_3 \text{ sowie } Z = \frac{1}{\sqrt{\dfrac{1}{R_1 + R_2} + \dfrac{1}{R_1 + R_3} + \dfrac{1}{R_2 + R_3}}}$$

Beispiel für $Z_G < Z_L$

$U_E = 10$ V; $U_A = 2$ V; $Z_G = 50\ \Omega \triangleq 0{,}02$ S; $Z_L = 200\ \Omega \triangleq 0{,}005$ S; daraus wird
$c = \dfrac{U_E}{U_A} = \dfrac{10\ V}{2\ V} = 5$, sowie $b = \dfrac{Z_G}{Z_L} = \dfrac{50\ \Omega}{200\ \Omega} = 0{,}25$. Weiter ist dann $\dfrac{2 \cdot c}{c^2 - b} = 0{,}404$ und $\dfrac{c^2 + b}{c^2 - b} = 1{,}02$. Die Leitwerte ergeben folgendes Ergebnis für die Widerstände:

$G_3 = 5 \cdot 10^{-3}$ S $\cdot\ 0{,}404 = 2{,}02 \cdot 10^{-3}$ S $\triangleq 495\ \Omega$
$G_1 = 20 \cdot 10^{-3}$ S $\cdot\ 1{,}02 - 2{,}02 \cdot 10^{-3}$ S $= 18{,}38 \cdot 10^{-3}$ S $\triangleq 54{,}4\ \Omega$
$G_2 = 5 \cdot 10^{-3}$ S $\cdot\ 1{,}02 - 2{,}02 \cdot 10^{-3}$ S $= 3{,}08 \cdot 10^{-3}$ S $\triangleq 324{,}6\ \Omega$
Probe bezogen auf R_G: 200 ∥ 324,6 = 123,75 + 495 = 618,75 ∥ 54,40 = 50 Ω

π-Glied (Abb. p) mit $Z_G \gtreqless Z_L$

Mit $c = \dfrac{U_E}{U_A}$ und $b = \dfrac{Z_L}{Z_G}$ ist auf die Leitwerte bezogen:

$G_3 = \dfrac{1}{R_3} = G_{ZG} \cdot \dfrac{2 \cdot c}{c^2 - b}$

$G_1 = \dfrac{1}{R_1} = G_{ZG} \cdot \dfrac{c^2 + b}{c^2 - b} - G_3$

$G_2 = \dfrac{1}{R_2} = G_{ZL} \cdot \dfrac{c^2 + b}{c^2 - b} - G_3$ sowie $Z = \dfrac{1}{\sqrt{\dfrac{1}{R_1 + R_2} + \dfrac{1}{R_1 + R_3} + \dfrac{1}{R_2 + R_3}}}$

Beispiel für $Z_G > Z_L$

$U_E = 10$ V; $U_A = 2$ V; $Z_G = 200\ \Omega \triangleq 0{,}005$ S; $Z_L = 50\ \Omega \triangleq 0{,}02$ S.
Daraus wird $c = \dfrac{U_E}{U_A} = 5$, sowie $b = \dfrac{Z_L}{Z_G} = \dfrac{50\ \Omega}{200\ \Omega} = 0{,}25$.
Weiter ist dann $\dfrac{2 \cdot c}{c^2 - b} = 0{,}404$ und $\dfrac{c^2 + b}{c^2 - b} = 1{,}02$. Die Widerstände errechnen sich wie folgt:

$G_3 = 5 \cdot 10^{-3}$ S $\cdot\ 0{,}404 = 2{,}02 \cdot 10^{-3} \triangleq 495\ \Omega$
$G_1 = 5 \cdot 10^{-3}$ S $\cdot\ 1{,}02 - 2{,}02 \cdot 10^{-3}$ S $= 3{,}08 \cdot 10^{-3}$ S $\triangleq 324{,}57\ \Omega$
$G_2 = 20 \cdot 10^{-3}$ S $\cdot\ 1{,}02 - 2{,}02 \cdot 10^{-3}$ S $= 18{,}38 \cdot 10^{-3}$ S $\triangleq 54{,}39\ \Omega$

G Entkopplung-Anschluß mehrerer Verbraucher an einen Generator

Nach *Abb. 1.4.5 q* können zwei oder mehrere Verbraucher an einen Generator angeschlossen werden. Es ist einmal für eine wellenwiderstandsrichtige Anpassung gesorgt, weiter ergibt sich eine entsprechende Entkopplung. Die verfügbare Ausgangsspannung sinkt mit steigender Zahl n der Verbraucher. Nach Abb. q ist mit n der Anzahl der Verbraucher.

$$Z_E = 2 \cdot R_1 + \frac{R_2 \cdot \left(\frac{2 \cdot R_1 + Z}{n}\right)}{R_2 + \left(\frac{2 \cdot R_1 + Z}{n}\right)} \quad \text{sowie daraus}$$

$$R_2 = \frac{Z^2 - 4 \cdot R_1^2}{2 \cdot (n+1) \cdot R_1 - (n-1) \cdot Z}. \quad \text{Die Größe der Ausgangsspannung ist}$$

$$\frac{U_A}{U_E} = \frac{Z \cdot R_2}{(R_2 + 2 \cdot R_1) \cdot (Z + 2 \cdot R_1)}.$$ Je nach gewünschter Entkopplung, die sich als Schluß der Rechnung ergibt, sind probeweise Werte von R_1 im Bereich von 27 Ω ... 270 Ω zu wählen, wenn die Nennimpedanzen Werte bis 240 Ω betragen.

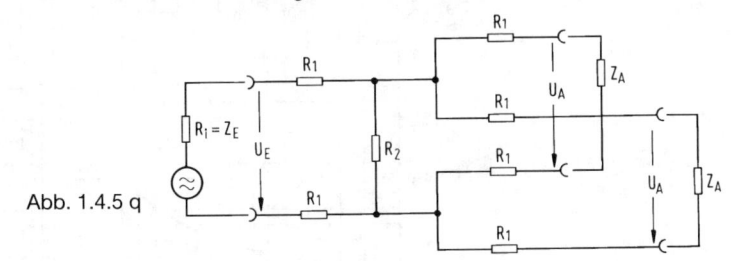

Abb. 1.4.5 q

Beispiel:

Mit Z = 240 Ω (symmetrische Bandleitung) und zwei Verbrauchern n = 2 wird R1 = 75 Ω gewählt. Dann ist mit U_E = 10 mV

$$R_2 = \frac{Z^2 - 4 R_1^2}{2 \cdot (n+1) \cdot R_1 - (n-1) \cdot Z} = \frac{240^2 - 4 \cdot 75^2}{5 \cdot 75 - 240} = 260 \, \Omega$$

$$U_A = \frac{Z \cdot R_2 \cdot U_E}{(R_2 + 2 \cdot R_1) \cdot (Z + 2 \cdot R_1)} = \frac{240 \cdot 260 \cdot 10 \, mV}{(260 + 2 \cdot 75) \cdot (240 + 2 \cdot 75)} = 3{,}90 \, mV$$

Für die Beurteilung der Entkopplung wird z. B. ein Wert von Z_{A_1} geändert.
Fall 1: $Z_{A_1} = \infty$, dann gilt für die zweite Impedanz Z'_{A_2}:

$$Z'_{A_2} = 2 \cdot R_1 + \frac{1}{\frac{1}{R_2} + \frac{1}{2 \cdot R_1 + Z}}; \text{ sowie bei } Z_{A_1} = 0$$

gilt dann für Z''_{A_2}

$$Z''_{A_2} = 2 \cdot R_1 + \frac{1}{\frac{1}{R_3} + \frac{1}{2 \cdot R_1} + \frac{1}{2 \cdot R_1 + Z}}$$

Durch Wahl von R_1 wird man versuchen, $Z'_{A_2} \approx Z''_{A_2} \approx Z$ zu erhalten.

1.4.6 Tiefpaß und Hochpaß in der Wechselspannungstechnik

A Hochpaß-Differenzierglied – untere Grenzfrequenz

In der folgenden Abbildung ist eine R-C- und R-L-Hochpaß gezeigt. Dieser Aufbau ist gleichzusetzen mit einem Differenzierglied. Als Spannungsteiler betrachtet, ergeben sich die folgenden Gleichungen

$$\frac{U_A}{U_E} = \frac{R}{R - j\frac{1}{\omega \cdot C}} = \frac{1}{1 - j\frac{1}{\omega \cdot R \cdot C}} \quad \text{mit dem Betrag:} \quad \left|\frac{U_A}{U_E}\right| = \frac{1}{\sqrt{1 + \frac{1}{(\omega \cdot R \cdot C)^2}}}$$

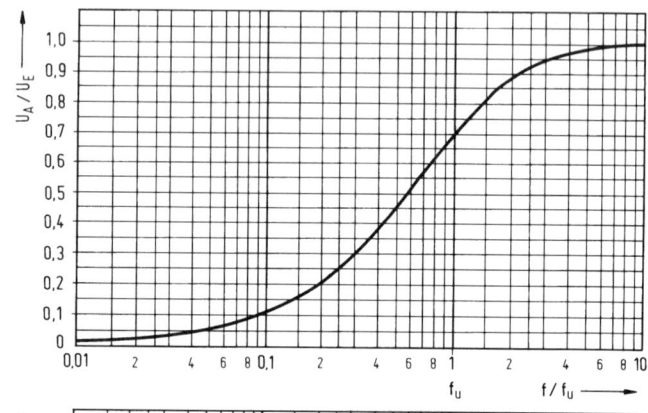

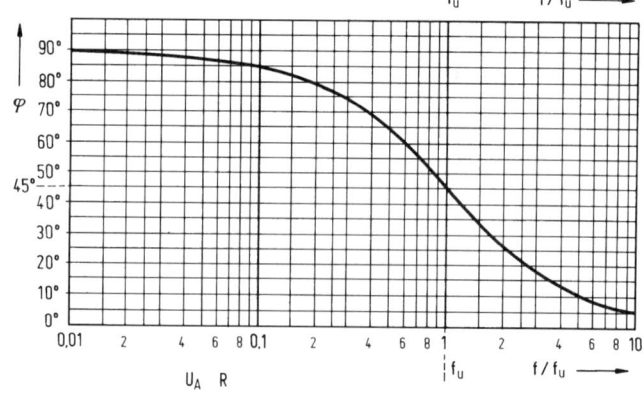

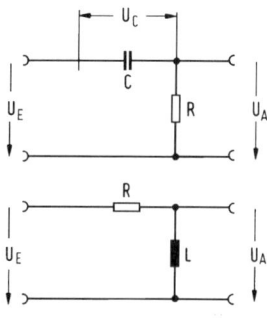

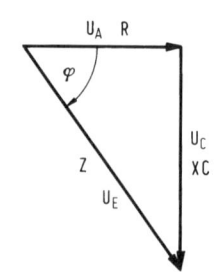

Weiter ist:

$$U_E = \sqrt{U_R^2 + U_A^2}$$

Scheinwiderstand Z:

$$Z = \sqrt{R^2 + \left(\frac{1}{\omega \cdot C}\right)^2}$$

Phasenwinkel:

$$\cos \varphi = \frac{U_A}{U_E} = e^{-\pi \cdot \tan \varphi} \qquad \text{daraus wird } \varphi = \text{ard tan } \frac{-\ln \frac{U_A}{U_E}}{\pi}.$$

Weiter ist

$$\tan \varphi = -\frac{1}{\omega \cdot R \cdot C}; \; \varphi = -\text{arc tan } \frac{1}{\omega \cdot R \cdot C}.$$ Untere Grenzfrequenz. Dieser Wert f_u ist erreicht, wenn $R = \frac{1}{\omega \cdot C}$ wird. Also wird: $f_u = \frac{1}{2 \cdot \pi \cdot R \cdot C}$. Bei der unteren Grenzfrequenz f_u ist die

Spannung U_A um den Faktor $\frac{1}{\sqrt{2}} = 0{,}707$ kleiner geworden als die Spannung U_E am Eingang. Der Phasenwinkel ist bei f_u gleich 45°. In der Praxis ist die untere Grenzfrequenz f_u oft unerwünscht, da hier ein Verstärkungsrückgang um den Wert $\approx 0{,}7$ auftritt. Sollen die Werte von R oder C bei gegebener Kreisfrequenz ω und vorgegebenem Verhältnis von $U_A/U_E = a$ bestimmt werden, so ist:

$$C = \frac{a}{\omega \cdot R \cdot \sqrt{1 - a^2}} \text{ entsprechend}$$

$$R = \frac{a}{\omega \cdot C \cdot \sqrt{1 - a^2}}.$$

In der folgenden Schaltung bilden sich zwei Hochpässe

1. Der Koppelkondensator C mit der Parallelschaltung von $R_1 \parallel R_2 = R'$

2. Der Emitterkondensator C_E im Gegenkoppelzweig mit R_E

Um einen Verstärkungsabfall $\ll 0{,}7$ zu erreichen, wird gewählt

$$\frac{1}{\omega \cdot C} \approx 0{,}1 \cdot R$$

Beispiel:
Ist $R_E = 680\ \Omega$ und soll bei $f_u = 30$ Hz
der Verstärkungsabfall < 1 dB sein, so wird (Praxis)

$$C \approx 10 \cdot \frac{1}{2 \cdot \pi \cdot f_u \cdot R_E} \approx 78\ \mu F$$

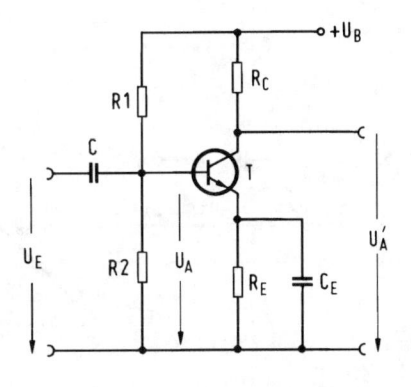

1 Praktische Entwurfsdaten der Elektronik

Bemerkt sein soll, daß die Phasenwinkel mehrerer Stufen sich addieren. Die untere Grenzfrequenz erhöht sich nach der Gleichung:

$$f_u = \sqrt{f_{u1}^2 + f_{u2}^2}$$

Beispiel: Ist $f_u = 30$ Hz und $f_{u2} = 50$ Hz, so wird die resultierende Grenzfrequenz

$$f_u = \sqrt{30^2 + 50^2} \approx 58 \text{ Hz} \qquad (\text{für } \frac{U_A}{U_E} \approx 0{,}7)$$

Soll ein Rechteckimpuls mit der Dachlänge T_D einwandfrei wiedergegeben werden, so gilt für ein einzelnes R-C-Glied

$$f_u \approx \frac{0{,}005}{T_D} \text{ [Hz]}$$

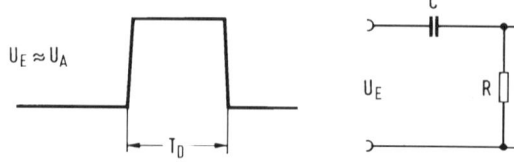

Beispiel: Ist die Impulsdachlänge 100 µs, so wird

$$f_u \approx \frac{5 \cdot 10^{-3}}{100 \cdot 10^{-6}} = 50 \text{ Hz};$$

für diesen Wert sind die R-C-Werte zu ermitteln.
Wird andererseits gefordert, daß die Ausgangsspannung U_A auf jeden Fall bereits während der Dachdauer T_D zu Null wird, so ist

$$\tau \leq 0{,}2 \, T_D$$

zu setzen.

Das Vektorbild für $U_E = 1$ ergibt sich wie folgt nach der bereits vorher diskutierten Spannungsaddition.

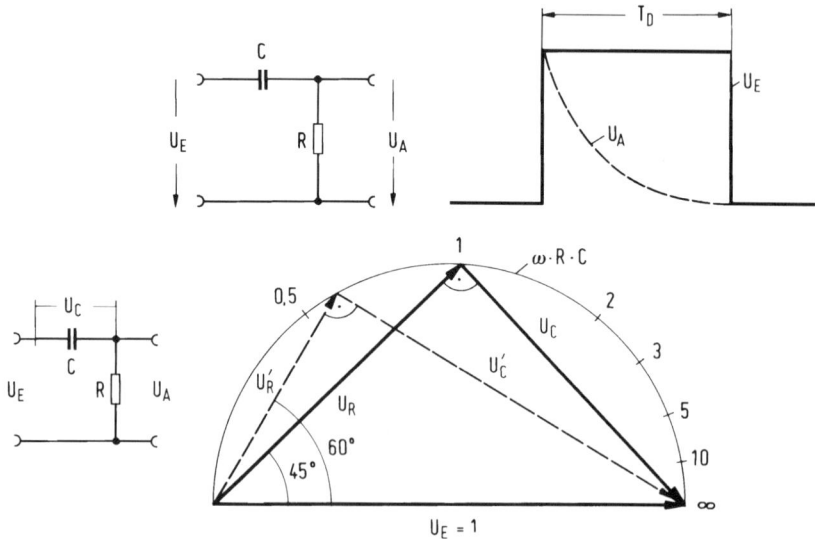

Um für die Praxis Dimensionierungsbeispiele zu erhalten, sollen die folgenden fünf Oszillogramme dienen. Das obere Oszillogramm – Zweikanalaufnahme – stellt die Eingangsspannung U_E dar. Die Spannungsmaßstäbe sind für beide Oszillogramme gleich (5 V_{SS}/T). Das untere Oszillogramm ist das differenzierte Ausgangssignal U_A. Ebenfalls sind die C-R-Werte aller Aufnahmen gleich. Es ist R = 1,38 kΩ und C = 9,3 nF (Normwerte 1,5 kΩ und 10 nF mit entsprechender Toleranz).
Geändert wurde die Frequenz des Rechtecksignals, sowie dementsprechend die Zeitablenkung. Die Zeitkonstante ist in allen Fällen gleich groß. Es ist
τ = R · C = 1,38 kΩ · 9,3 nF = 12,83 µs.

a
Frequenz: 1 kHz
Zeitbasis: 0,2 ms pro Teil
stark differenzierende Wirkung. Es entstehen Nadelimpulse. Dabei wird U_A = 2 U_E. Das bedeutet, daß die positive und negative Nadelamplitude jeweils 10 V_S groß ist.

b
Frequenz: 2 kHz
Zeitbasis: 0,1 ms pro Teil
Erklärung ähnlich a. Wegen der höheren Frequenz sind für eine Halbwelle hier 0,25 ms (Dachlänge) anzusetzen. Mit τ = 12,4 µs ist die Entladung bei $\approx$ 60 µs auf Null.

c
Frequenz: 15 kHz
Zeitbasis: 10 µs pro Teil
Es ist die Entladekurve zu erkennen mit T = 33,3 µs und τ = 12,83 µs. Bei τ = 12,83 µs ist die Spannung um den Faktor 0,7 kleiner geworden. Die Grenzfrequenz des R-C-Gliedes beträgt mit τ = 12,83 µs $\approx$ 12,4 kHz.

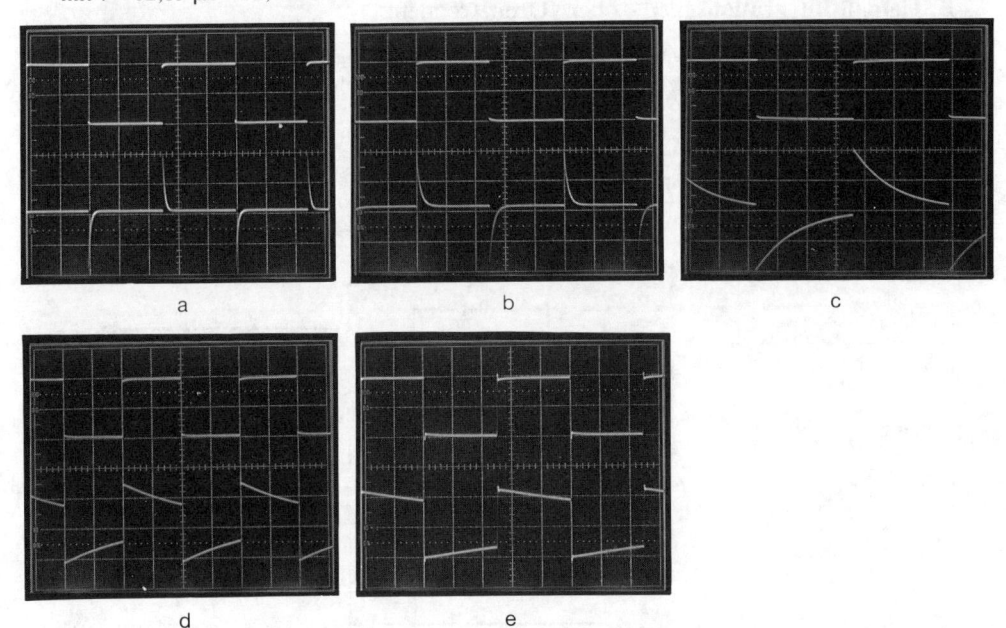

a

b

c

d

e

d
Frequenz: 50 kHz
Zeitbasis: 5 µs pro Teil
Die Zeitkonstante ist größer als die Dachdauer eines Impulses. Das Rechtecksignal ist erkennbar.

e
Frequenz: 100 kHz
Zeitbasis: 2 µs pro Teil
Erklärung ähnlich e. Es wurde mit der Formel

$$f_u \approx \frac{0{,}005}{T_D}$$

erklärt, daß damit eine gute Impulsübertragung erreicht wird. In unserem Beispiel ist $T_D = 5$ µs

sowie $f_u = \dfrac{1}{2 \cdot \pi \cdot \tau} = 12{,}4$ kHz. Nach der obigen Gleichung wäre zu fordern

$f_u \approx \dfrac{0{,}005}{5 \text{ µs}} = 1000$ Hz. Dieses wäre z. B. erreichbar mit $C \approx 0{,}1$µs (im Beispiel 9,3 nF).

Die Oszillogramme lassen jetzt einfache Dimenisonierungen von R-C-Hochpässen zu, wenn die Maßeinheiten von R-C-t entsprechend sinnvoll geändert werden.

B Tiefpaß-Integrationsglied – obere Grenzfrequenz

In den folgenden Abbildungen ist ein RC-RL-Tiefpaß gezeigt. Dieser Aufbau ist einem Integrationsglied gleichzusetzen. Als Spannungsteiler betrachtet, ergeben sich folgende Gleichungen

$$U_A = \frac{U_E}{\sqrt{1 + (\omega \cdot R \cdot C)^2}}$$

mit dem Betrag:

$$\left|\frac{U_A}{U_E}\right| = \frac{1}{\sqrt{1 + (\omega \cdot R \cdot C)^2}}$$

Weiter ist:

$$U_E = \sqrt{U_R^2 + U_A^2}$$

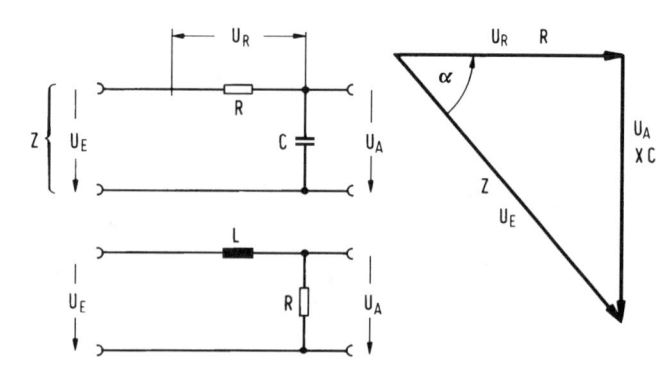

1.4 Grundlagen für Elektronikschaltungen

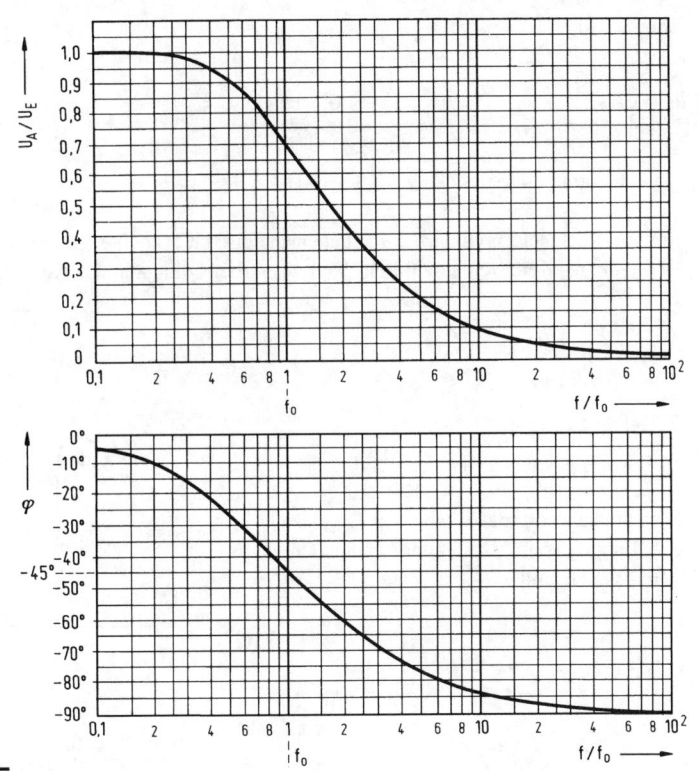

Scheinwiderstand Z:

$$Z = \sqrt{R^2 + \left(\frac{1}{\omega \cdot C}\right)^2}$$

Phasenwinkel:
$\tan \varphi = -R \cdot \omega \cdot C$;

$\varphi = -\arctan (R \cdot \omega \cdot C)$ $\varphi = -\arctan \dfrac{t_r \cdot f_0}{0{,}35}$

Obere Grenzfrequenz: Dieser Wert f_0 ist erreicht, wenn

$R = \dfrac{1}{\omega \cdot C}$ wird. Demnach ist: $f_0 = \dfrac{1}{2 \cdot \pi \cdot R \cdot C}$

Bei der oberen Grenzfrequenz f_0 ist die Spannung U_A um den Faktor $\dfrac{1}{\sqrt{2}} = 0{,}707$ kleiner geworden als die Spannung U_E am Eingang. Der Phasenwinkel beträgt bei f_0 genau 45°.

In der Praxis ist die obere Grenzfrequenz wichtig, da diese bei Impulsübertragungen mit der Zeit der Impulsflanken in einem direkten Verhältnis steht.

Die Schaltung auf Seite 405 zeigt, daß die obere Grenzfrequenz im wesentlichen durch die schädlichen Schaltkapazitäten und der Größe der Ohmschen Komponenten bestimmt wird. Es ist weiter zu bedenken, daß bei der Stromübernahme durch die Transistoren während der Flanken des Impulses noch der Ri des Generators (Transistor) zu berücksichtigen ist. Der Kondensator C_S stellt die Summe aller Kapazitäten der Signalleitung zur Masse dar. Es sind dies die Schaltkapazitäten, die der Bauelemente und die Transistorkapazitäten.

Somit wird

$$f_0 = \frac{1}{2 \cdot \pi \cdot R_g \cdot C_s} \quad \text{für} \quad \frac{U_A}{U_E} = 0{,}7 \quad \text{sowie} \quad \varphi = 45°$$

(R_g = Gesamtwiderstand $R_c \parallel R_1 \parallel R_2 \parallel R_i$)

Soll ein Rechteckimpuls mit der Flankenanstiegszeit t_r noch einwandfrei übertragen werden, so ist die obere Grenzfrequenz durch Wahl des Arbeitswiderstandes wie folgt festzulegen

$$f_0 \approx \frac{0{,}35}{t_r} \quad [\text{s: Hz}]$$

Beispiel:

Ist $t_r = 100$ ns, so wird $f_0 \approx \dfrac{0{,}35}{100 \cdot 10^{-9}} = 3{,}5$ MHz

Erwähnt sein soll, daß die beiden folgenden Schaltungen von R-C-Gliedern in der Berechnung von f_0 gleich sind.

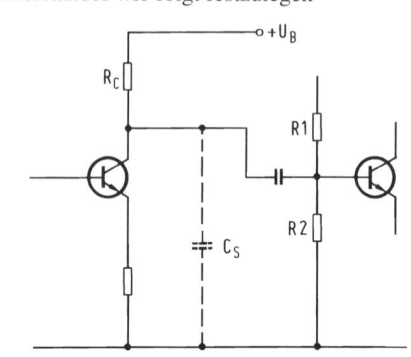

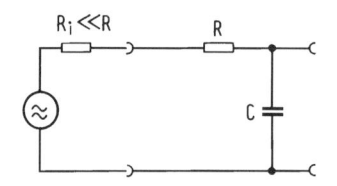

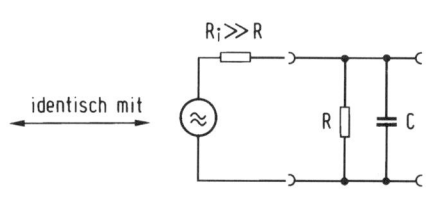

Um für die Praxis Dimensionierungsbeispiele zu erhalten, sollen die folgenden vier Oszillogramme dienen. Das obere Oszillogramm – Zweikanalaufnahme – stellt die Eingangsspannung U_E dar. Die Spannungsmaßstäbe sind für beide Oszillogramme gleich (5 V_{SS}/T). Das untere Oszillogramm ist das integrierte Ausgangssigan U_A. Ebenfalls sind die R-C-Werte für alle Aufnahmen gleich. Es ist R = 1,38 kΩ und C = 9,3 nF. Geändert wurde die Frequenz des Rechtecksignals, sowie dementsprechend die Zeitablenkung. Somit ist die Zeitkonstante $\tau = 12{,}83$ µs für alle Beispiele gleich groß. Die Schirmbilder auf der nächsten Seite haben die folgenden Daten:

a
Frequenz: 2 kHz
Zeitbasis: 0,1 ms pro Teil
Es bleibt die Kurvenform praktisch erhalten. Länge des Impulsdaches 0,25 ms. Zeitkonstante $\tau = 12{,}83$ µs.
$\varphi \approx 5°$

b
Frequenz: 15 kHz
Zeitbasis: 10 µs pro Teil
$\varphi = 30°$

1.4 Grundlagen für Elektronikschaltungen

Die Frequenz ist so gewählt, daß eine Dachlänge = 33 μs lang ist. Das entspricht dem Wert von ≈ 3 τ (2,57 τ). Die Ladekurve des Kondensators wird nach 33 μs beendet. Der Kondensator wird darauf 33 μs über R entladen.

c
Frequenz: 50 kHz
Zeitbasis: 5 μs pro Teil

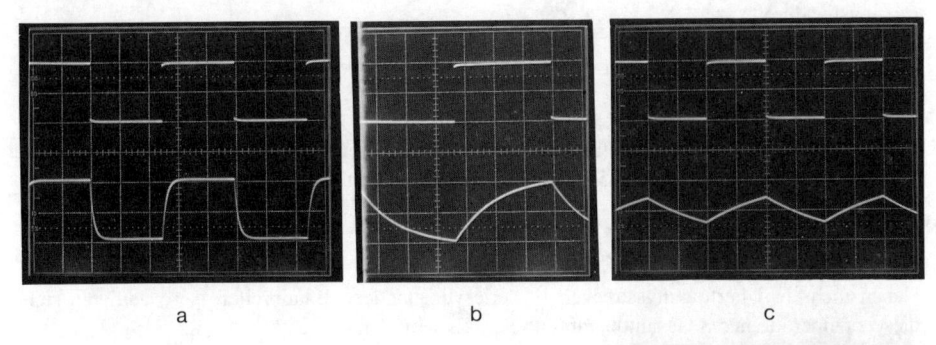

a   b   c

Hier ist τ ≈ T_D mit τ = 12,83 μs und T_D 10 μs.
Die Spannung U_A beträgt demnach nur rund 63 % von U_E
φ ≈ 65°

d
Frequenz: 100 kHz
Zeitbasis: 2 μs pro Teil
φ ≈ 80°
Hier ist τ > T_D. Die Zeit für die Aufladung reicht mit T_D = 5 μs nicht aus. Mit T_D ≈ 0,4 τ wird U_A ≈ 0,35 U_E.
Siehe dazu die Kurven der e-Funktion.

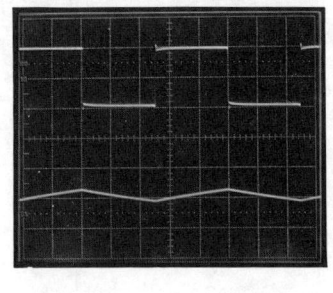

d

C Zusammenhang Bandbreite – Flankensteilheit – Zeitkonstante

Die jetzt gezeigten Definitionen führen zu folgenden Überlegungen.

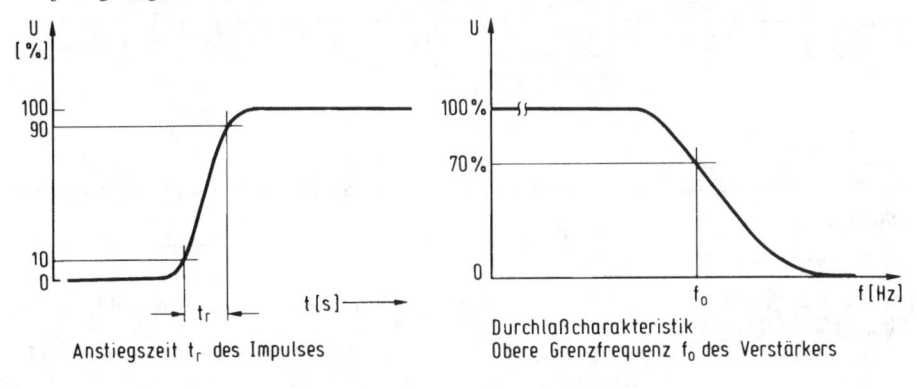

Anstiegszeit t_r des Impulses

Durchlaßcharakteristik
Obere Grenzfrequenz f_0 des Verstärkers

407

1 Praktische Entwurfsdaten der Elektronik

Zwischen der geforderten Bandbreite f_0 eines Übertragungsgliedes und der Impulsanstiegszeit t_r steht folgender Zusammenhang

$$f_0 \approx \frac{0{,}35}{t_r} \quad \text{[Hz; s]}; \quad \text{für } f_0 \text{ kann auch B (Bandbreite) gesetzt werden.}$$

Beispiel:
Wenn ein zu übertragender Impuls eine Anstiegszeit von $t_r = 8$ ns aufweist, so ist eine Übertragungsbandbreite von

$$f_0 \approx \frac{0{,}35}{8 \cdot 10^{-9}} = 43{,}75 \text{ MHz}$$

Der Faktor 0,35 ist für praktische Überlegungen – besonders bei L-C-kompensierten Verstärkern – zwischen 0,3 ... 0,45 zu wählen. Es gelten dann folgende Randbedingungen.

0,3 Überschwingen < 2,5 % t_r wird größer
0,45 Überschwingen < 5 % t_r wird richtig übertragen

Haben mehrere Übertragungsstrecken in Serie verschiedene Bandbreiten t_r, so addieren sich diese zu einer kleineren Gesamtbandbreite B_{ges}. Es wird dann:

$$t_{r\,ges} = \sqrt{t_{a1}^2 + t_{a2}^2 + \ldots} \quad \text{oder} \quad B_{ges} = \frac{1}{\sqrt{\dfrac{1}{f_{01}^2} + \dfrac{1}{f_{02}^2} \ldots}}$$

Bei n-gleichen Stufen wird $t_{r\,ges} = t_r \sqrt{n}$. Weiter ist

$$\frac{B_{ges}}{f_0} = \frac{t_r}{t_{r\,ges}} = \frac{B_{ges}}{\sqrt{n}}.$$

Für mehrere in Reihe geschaltete Verstärker ist die gesamte Bandbreite

$$B_{ges} = \sqrt{\frac{1}{B_1^2} + \frac{1}{B_2^2} \ldots}$$

Beispiel für die Addition von Anstiegszeiten

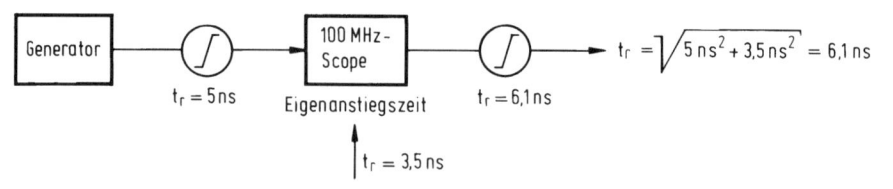

Generator → $t_r = 5$ ns → 100 MHz-Scope (Eigenanstiegszeit $t_r = 3{,}5$ ns) → $t_r = 6{,}1$ ns

$$t_r = \sqrt{5\,\text{ns}^2 + 3{,}5\,\text{ns}^2} = 6{,}1 \text{ ns}$$

Der Zusammenhang zwischen Anstiegszeit und Zeitkonstante bei einem Tiefpaß ist gegeben durch:

$$t_r \approx 2{,}2 \cdot \tau = 2{,}2 \cdot R \cdot C$$

für t_r 10 % ... 90 % aus der Gleichung $U_A = U_E \left(1 - e^{-\frac{t_r}{R \cdot C}}\right)$.

Beispiel:
R = 1000 Ω; C = 30 pF

$$f_0 \approx \frac{1}{2 \cdot \pi \cdot R \cdot C} = 5{,}3 \text{ MHz}$$

$$t_r \approx \frac{0{,}35}{5{,}3 \cdot 10^6} = 66 \text{ ns}$$

$$t_r \approx 2{,}2 \cdot R \cdot C \cdot 66 \text{ ns}$$

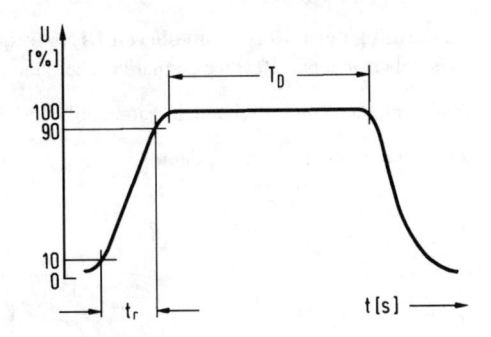

Zwischen der Anstiegszeit t_r, der Impulsdauer T_D und dem Phasenwinkel φ gelten die folgenden Beziehungen:

$$\tan \varphi = \frac{t_r}{0{,}70 \cdot T_D} \quad \text{somit ist } t_r = 0{,}70 \cdot T_D \cdot \tan \varphi$$

Bei einer symmetrischen Rechteckschwingung mit der Frequenz f ist $t_r \approx \frac{0{,}35 \cdot \tan \varphi}{f}$. Bei f_0 ist φ = 45° somit tan φ = 1. Daraus ergibt sich die bekannte Beziehung $t_r \approx \frac{0{,}35}{f_0}$

Aus der bereits oben diskutierten Gleichung läßt sich die erforderliche obere Grenzfrequenz ermitteln mit einem zugelassenen Phasenfehler φ (symmetrische Rechteckschwingung):

$$f_0 = \frac{1}{2 \cdot T_D \cdot \tan \varphi} \quad [\text{s; Hz}]$$

Meßfehler
Aus folgenden Gleichungen läßt sich der Amplitudenfehler ΔU in Prozent ermitteln, wenn f_0 und f_u bekannt sind. Mit f_m wird die Meßfrequenz bezeichnet.

Für die untere Grenzfrequenz gilt:

$$\Delta U \approx \left(1 - \frac{1}{\sqrt{1 + \left(\frac{f_u}{f_m}\right)^2}}\right) \cdot 100 \; [\%]$$

Für die obere Grenzfrequenz gilt:

$$\Delta U \approx \left(1 - \frac{1}{\sqrt{1 + \left(\frac{f_m}{f_0}\right)^2}}\right) \cdot 100 \; [\%]$$

Phasenverschiebung und Amplitudengang bei der oberen Grenzfrequenz
Phasenwinkel:

$$\varphi \approx - \arctan \frac{t_r \cdot f_0}{0{,}35} = - \arctan (R \cdot \omega \cdot C)$$

Amplitudengang: $\quad \dfrac{U_A}{U_E} = \cos \varphi$

1 Praktische Entwurfsdaten der Elektronik

Ermittlung der unteren und oberen Grenzfrequenz aus der Rechteckform

Das nebenstehende Rechtecksignal läßt bei einem Hochpaß im Bereich tieferer Frequenzen die Spannungen U und u erkennen. Eine ähnliche Überlegung gilt für den Tiefpaß. Mit $T = \frac{1}{f}$ ist die untere Grenzfrequenz f_u dann

$$f_u = \frac{f}{\pi} \cdot \ell n \frac{U}{1-u} = 0{,}318 \cdot f \cdot \ell n \frac{U}{1-u}.$$

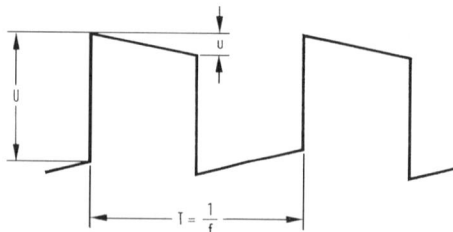

Beispiel:
$f = 1$ kHz; $U = 1$ V; $u = 0{,}1$ V.

$(-3 \text{ dB}) \ f_u = 0{,}318 \cdot 1 \cdot 10^3 \text{ Hz} \cdot \ell n \frac{1 \text{ V}}{1 - 0{,}1 \text{ V}} = 33{,}5 \text{ Hz}.$

Phasenmessungen mit Lissajous-Kurven

Nach dem nebenstehenden Bild wird das Bezugssignal dem Y-Eingang und das phasenverschobene Signal dem X-Eingang zugeführt. Bei der auf dem Schirm zentrierten Kurve wird entsprechend der hier gezeichneten Kurve der Phasenwinkel φ bestimmt.

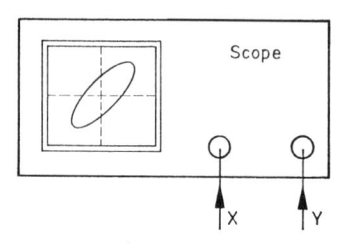

Es ist $\cos \varphi = \sqrt{1 - \left(\frac{a}{b}\right)^2}$

Die ebenfalls gezeigten Kurvendarstellungen geben Beispiele von Phasenverschiebungen bis 90°. Ebenfalls sind Frequenzverhältnisse von 1:1 ... 3:2 gezeigt.

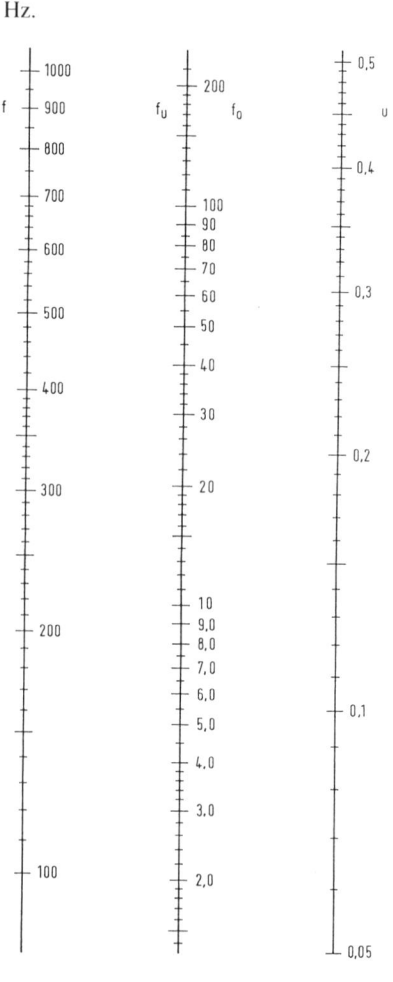

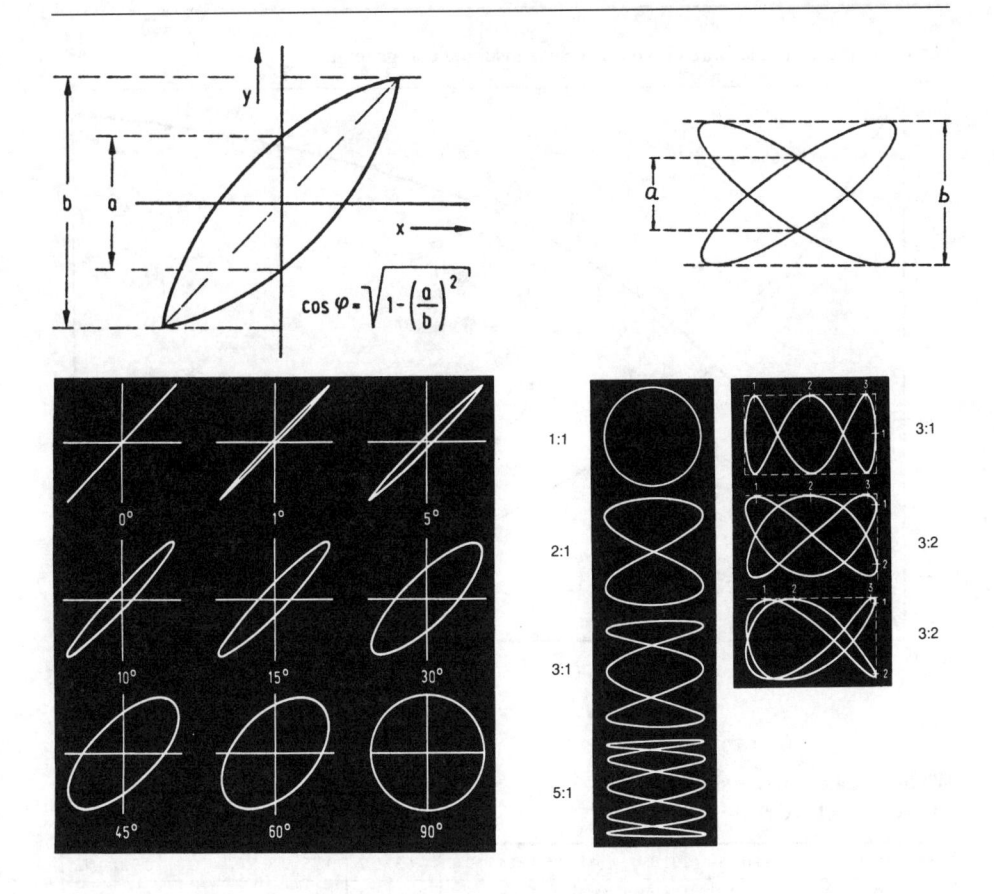

A 1.4.7 R-C- und R-L-Zeitkonstante – Impuls-Verhalten

R-C- und R-L-Zeitkonstante – Auf- und Entladung

Informationen werden in der Elektronik durch Signale – Impulse – gebildet. Dabei sind in dem Übertragungsweg, z. B. einem Verstärker, passive Bauelemente eingeschaltet. Widerstände bilden als Arbeits- oder Lastglieder die Generatorquelle. Kondensatoren – seltener Spulen – verformen die Impulse. Hierbei spielt die Dualität Widerstand und Kondensator – oder Spule – eine große Rolle. Das Zusammenwirken dieser Bauelemente findet folgende Klärung.

Dimensionierungshinweise

Kurven der e-Funktion.
In der folgenden Abbildung sind zwei Kurven gezeigt.
Bedeutung der Kurve 1:
Dieser Verlauf gehorcht der Gleichung

$y = 1 - e^{-a}$

Bedeutung der Kurve 2:
Dieser Verlauf gehorcht der Gleichung

$y = e^{-a}$

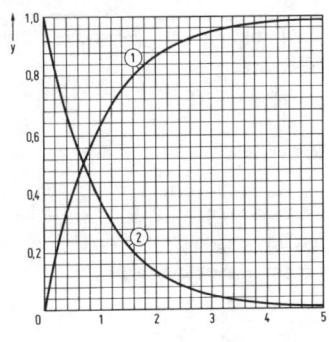

1 Praktische Entwurfsdaten der Elektronik

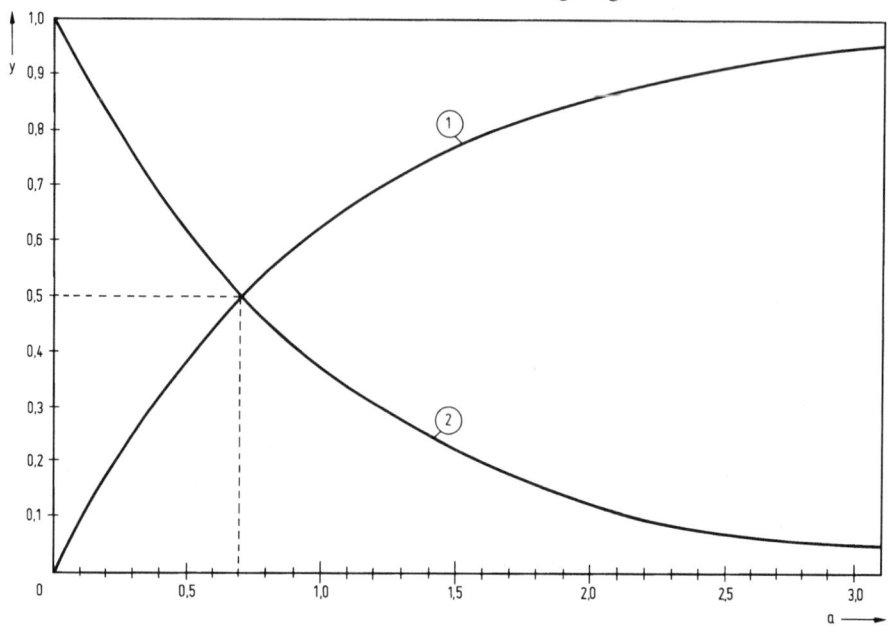

Der oft interessierende Bereich von a ≤ 3 ist anschließend gezeigt:

Wichtige Zahlenwerte sind:
Kurve 1 $y = 1 - e^{-a}$

y	0	0,1	0,18	0,26	0,33	0,4	0,45	0,5	0,55	0,6	0,63	0,7	0,75	0,8	0,84	0,87	0,92	0,95
a	0	0,1	0,2	0,3	0,4	0,5	0,6	0,7	0,8	0,9	1	1,2	1,4	1,6	1,8	2	2,5	3

Kurve 2 $y = e^{-a}$

y	1	0,9	0,82	0,74	0,67	0,6	0,55	0,5	0,45	0,4	0,37	0,3	0,25	0,2	0,16	0,14	0,082	0,05
a	0	0,1	0,2	0,3	0,4	0,5	0,6	0,7	0,8	0,9	1	1,2	1,4	1,6	1,8	2	2,5	3

Die Funktionen $1 - e^{-a}$ sowie e^{-a} entsprechen den Lade- und Entladekurven von R-C- oder R-L-Gliedern.

R-C-Glied

Ladevorgang $\quad U_B = U_R + U_C$
Entladevorgang $\quad U_C = U_R$
t = Zeit in Sekunden

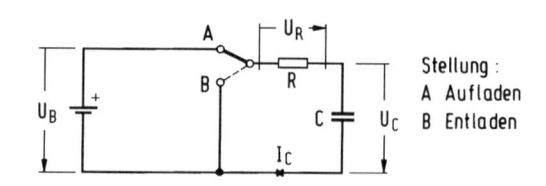

Stellung:
A Aufladen
B Entladen

1.4 Grundlagen für Elektronikschaltungen

Auflading
Kondensatorstrom (Kurve 2)

$$I_C = \frac{U_B}{R} \cdot e^{-\frac{t}{R \cdot C}}$$

Kondensatorspannung (Kurve 1)

$$U_C = U_B \cdot \left(1 - e^{-\frac{t}{R \cdot C}}\right)$$

Entladung
Kondensatorstrom (Kurve 2)

$$I_C = \frac{U_B}{R} \cdot e^{-\frac{t}{R \cdot C}}$$

Kondensatorspannung (Kurve 2)

$$I_C = U_B \cdot e^{-\frac{t}{R \cdot C}}$$

R-L-Glied

Auflading
Spulenstrom (Kurve 1)

$$I_C = \frac{U_B}{R} \cdot \left(1 - e^{-\frac{t \cdot R}{L}}\right)$$

Spulenspannung (Kurve 2)

$$U_L = U_B \cdot e^{-\frac{t \cdot R}{L}}$$

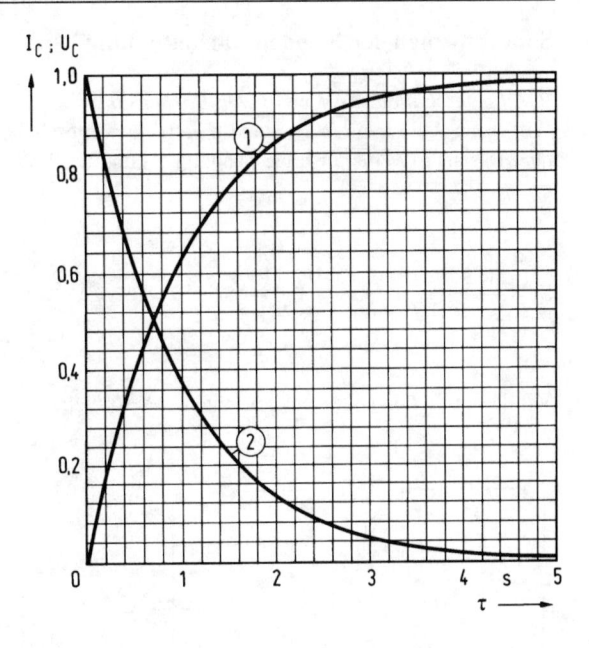

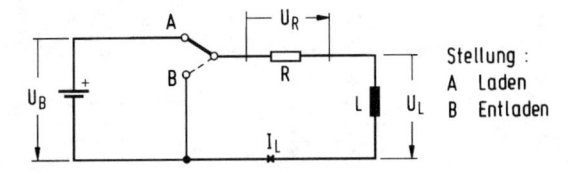

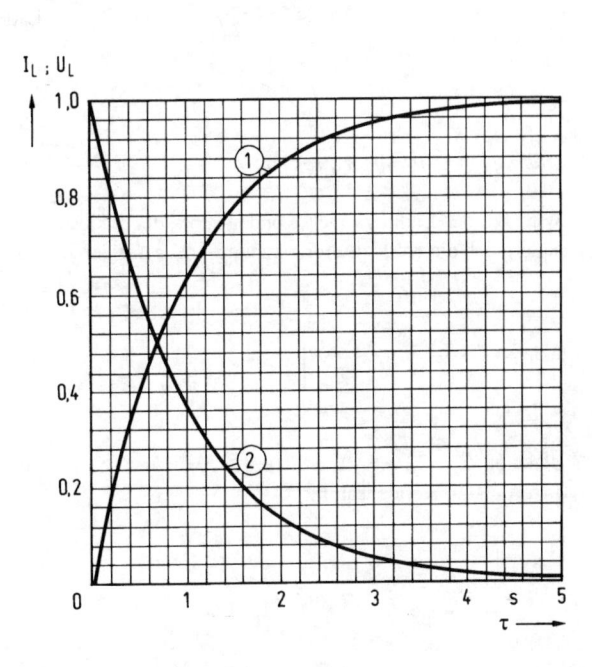

Entladung
Spulenstrom (Kurve 2)

$$I_L = \frac{U_B}{R} \cdot e^{-\frac{t \cdot R}{L}}$$

Spulenspannung (Kurve 2)

$$U_L = U_B \cdot e^{-\frac{t \cdot R}{L}}$$

Stellung:
A Laden
B Entladen

Sonderformen der Kondensatoraufladung

Parallelgeschalteter Widerstand am Kondensator
Wird nach Abb. a ein Widerstand parallel zu C geschaltet, so müssen nach Abb. b die effektiv wirksamen Werte der Ladespannung U_0 und des Ladewiderstandes R_0 ermittelt werden. Es ist:

$$R_0 = \frac{R_1 \cdot R_2}{R_1 + R_2}; \qquad U_0 = \frac{U_E \cdot R_2}{R_1 + R_2}; \qquad \tau = R_0 \cdot C.$$

Mit diesen Werten gelten die bekannten Ladeformeln.

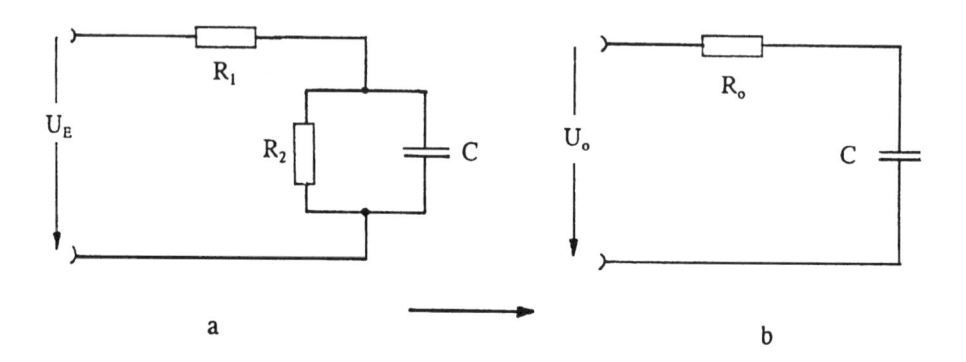

Das Ersatzschaltbild für den Ladevorgang

Ladung mit konstantem Strom I_K

Wird bei der Ladung eines Kondensators der Ladestrom pro Zeiteinheit konstant gehalten, so ändert sich die Kondensatorspannung linear mit der Zeit. Dafür gilt mit $Q = C \cdot U \; [s \cdot A]$ dann:

$$\Delta U_C = \frac{I_K \cdot \Delta t}{C} \qquad \left[\frac{A \cdot s}{F}\right].$$

Beispiel: $C = 22 \; \mu F$; $\Delta t = 20 \; ms$; $I_K = 3 \; mA$. Dann ist während dieser Zeit die Spannungsänderung am Kondensator:

$$\Delta U_C = \frac{3 \; mA \cdot 20 \; ms}{22 \; \mu F} = 2{,}73 \; V.$$

1.4 Grundlagen für Elektronikschaltungen

Für die Entladevorgänge ist wieder die Spannung U_B in den Gleichungen benutzt worden. Es wird davon ausgegangen, daß im Beginn der Entladung $U_B = U_C$ oder $U_B = U_L$ ist. Für andere Rechnungen ist die jeweilige zu Beginn der Entladung vorherrschende Spannung U_0 für U_B einzusetzen.

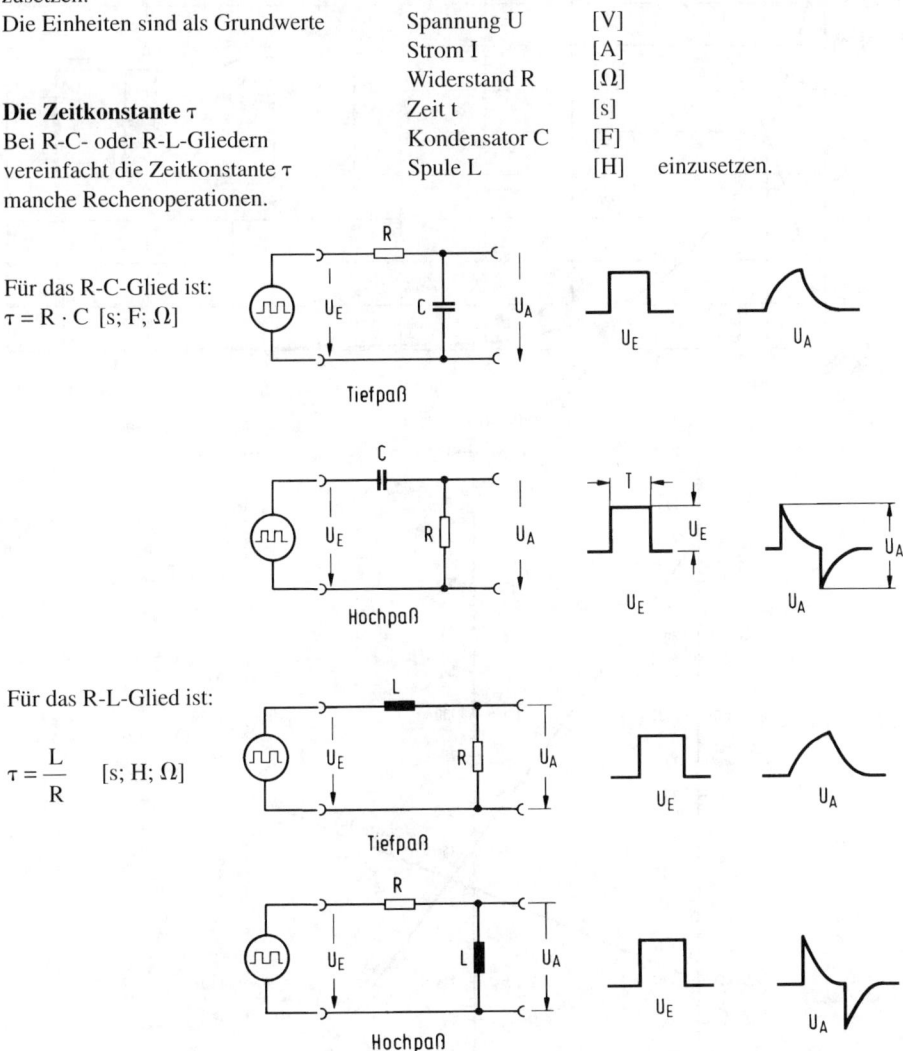

Die Einheiten sind als Grundwerte

Spannung U [V]
Strom I [A]
Widerstand R [Ω]

Die Zeitkonstante τ
Bei R-C- oder R-L-Gliedern vereinfacht die Zeitkonstante τ manche Rechenoperationen.

Zeit t [s]
Kondensator C [F]
Spule L [H] einzusetzen.

Für das R-C-Glied ist:
$\tau = R \cdot C \quad [s; F; \Omega]$

Tiefpaß

Hochpaß

Für das R-L-Glied ist:

$\tau = \dfrac{L}{R} \quad [s; H; \Omega]$

Tiefpaß

Hochpaß

Die Zeitkonstante τ kann somit auch in die Gleichungen der Ladevorgänge eingeführt werden. Damit wird der Exponent

$$-\frac{t}{R \cdot C} = -\frac{t}{\tau} \quad \text{sowie} \quad -\frac{t \cdot R}{L} = -\frac{t}{\tau}$$

Die folgende Abbildung gibt die Lade- und Entladekurven bis 9 τ wieder. Für die Praxis ist ein Lade- oder Entladevorgang bei $\approx$ 5 τ beendet.

1 Praktische Entwurfsdaten der Elektronik

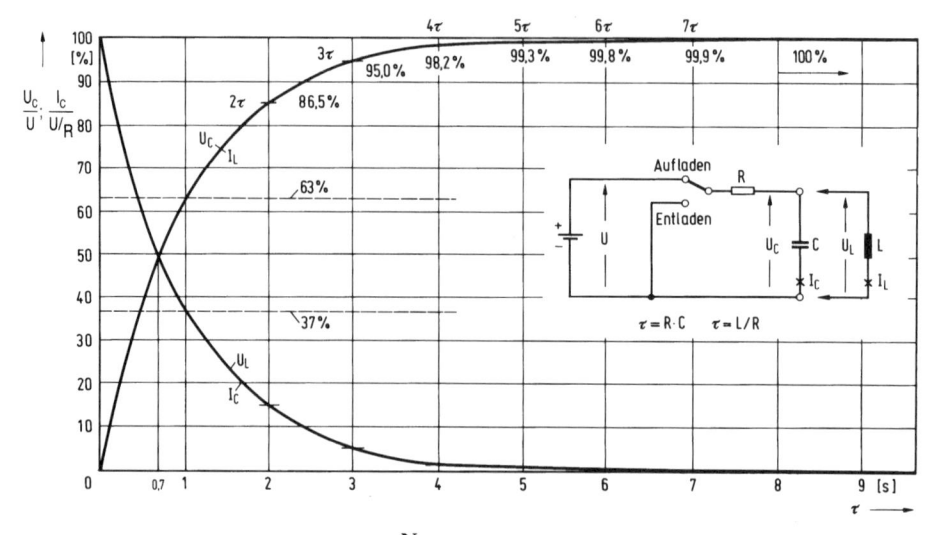

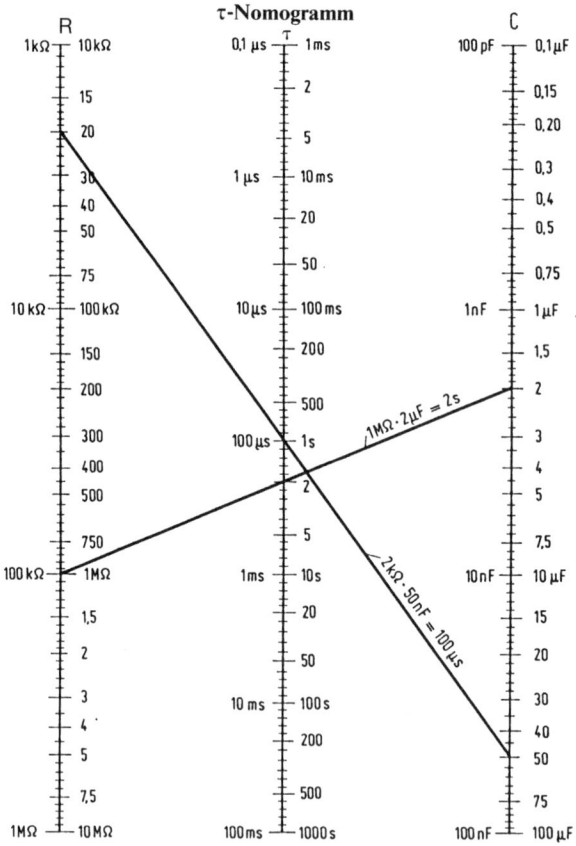

τ-Nomogramm

Hieraus ist die Grenzfrequenz: $f_g = \dfrac{1}{2 \cdot \pi \cdot \tau}$

B Impulsdefinitionen – Impulsverzerrungen

Von der richtigen Bezeichnung ausgehend, ist ein Impuls – wie es die nebenstehende Abbildung zeigt – eine plötzlich auftretende Spannungsänderung.

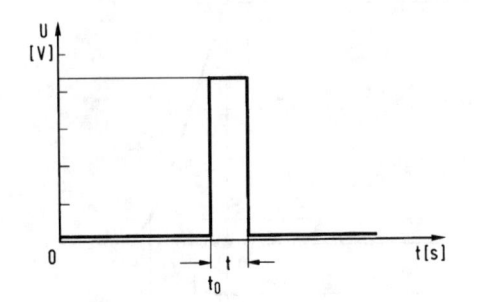

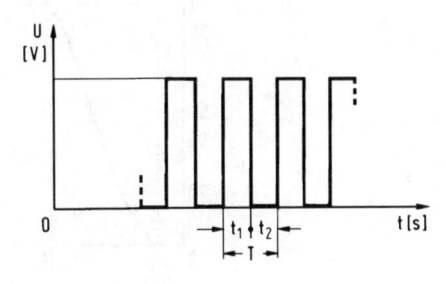

Also ein Einzelvorgang. Definiert wird seine Spannungshöhe U so wie die Länge t. Oftmals wird die Zeit t_0 – Impulsbeginn – noch festgelegt, wenn die Frage einer Koinzidenz von Interesse ist.

Treten mehrere gleiche Impulse auf, so spricht man von einem Puls oder einer Impulsfolge, einer Impulsschwingung. Es ist dabei gleichgültig, ob es sich hier um Rechteck-Dreieck-Sägezahn oder anders geartete Schwingungen handelt.

Bei der Impulsfolge können in obenstehender Abbildung folgende Begriffe definiert werden:

U = Impulsspannung
T = Dauer einer vollen Schwingung
t_1 = Dauer der positiv gerichteten Schwingung – auch Impulsdach
t_2 = Dauer der negativ gerichteten Schwingung – auch Impulsboden

Es ist
$t_1 + t_2 = T$.

Die Frequenz der Schwingung ist

$$f = \frac{1}{T} = \frac{1}{t_1 + t_2} \quad [\text{Hz; s}]$$

Der idealen Vorstellung eines Impulses wird in der Praxis folgendes entgegengesetzt.

Impulsflanken

Ein Impuls hat eine endliche Anstiegszeit seiner Flanken. Die Anstiegszeit wird weitgehend durch schädliche Kapazitäten der Bauelemente und des Aufbaues selbst bestimmt.

In der folgenden Abbildung sind die folgenden Zeitdefinitionen zu finden

T'_D : von $t_0 \dots t'_0$ Impulsdach des – gedachten – Ausgangssignales
t_0 : merkbarer Beginn der Vorderflanke
t_r : (rise-time) Anstiegszeit der Vorderflanke im Bereich von 10...90 % der Impulsamplitude

1 Praktische Entwurfsdaten der Elektronik

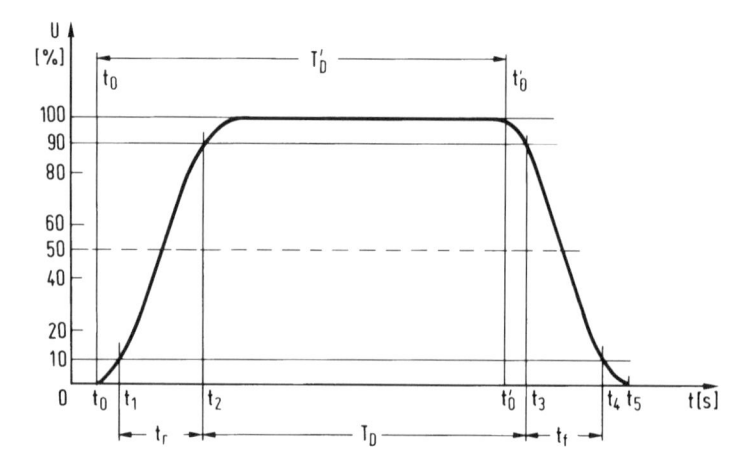

T_D : Impulsdach
t_f : (fall-time) Abfallzeit der Rückflanke
t_1 und t_4 : 10-%-Werte
t_2 und t_3 : 90-%-Werte
t_5 : merkbares Ende der Rückflanke

Die Zeiten $t_1 \ldots t_2$ sowie die Zeiten $t_3 \ldots t_4$ müssen nicht gleich sein. Wird der Impuls in einem aktiven Bauteil – Transistor – erzeugt, so wird die Flanke die kürzere Zeit aufweisen, bei der der Halbleiterstrom die Steuerung übernimmt. Das ist in nebenstehender Abbildung als Prinzip dargestellt.

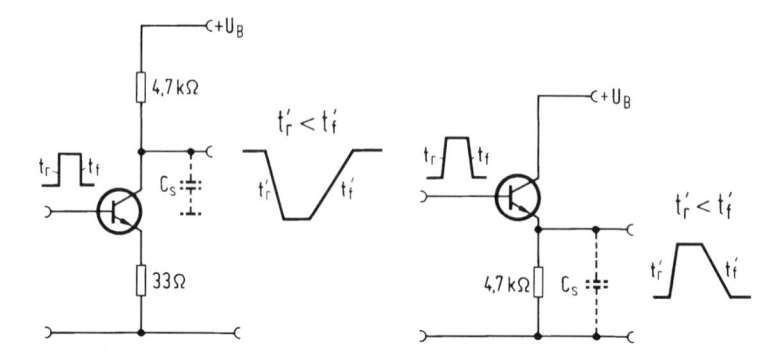

Gleich lange Flanken werden in Komplementärstufen erreicht. Die Ungleichheit spielt sich im Gebiet sehr kurzer Anstiegszeiten (ns) in der Praxis bei Impuls- und Meßverstärkern ab. Ebenso ist diese Erscheinung bereits bei schnellen high-speed-Digitalstufen zu beobachten.

Überschwingen (over shot)
Das Überschwingen einer Impulsflanke kann, wie in folgenden Abbildungen gezeigt ist, nicht nur nach der Vorderflanke, sondern ebenso bei der Rückflanke auftauchen. Als Grund des Überschwingens können bei steilen Impulsflanken parasitäre Induktivitäten angesehen werden. Dafür sind Zuleitungen zu den Bauelementen verantwortlich ebenso wie die induktiven

1.4 Grundlagen für Elektronikschaltungen

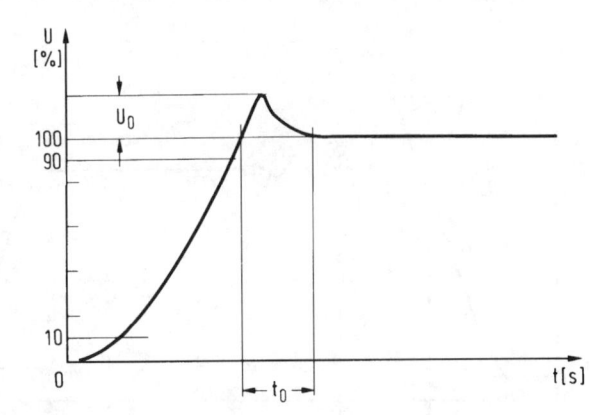

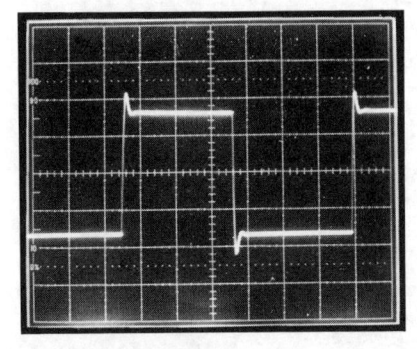

Typisches Überschwingen bei
überkompensierten Verstärkern

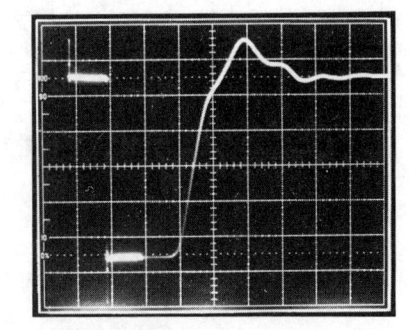

Überschwingen ≈ 25 %
Die genauen Einzelheiten des
Überschwingens sind im gedehnten
Teil mit 10 ns pro Teil zu erkennen

Komponenten von passiven Bauteilen. Oftmals hilft der Austausch von Siebkondensatoren an der Versorgungsleitung oder die Wahl eines anderen Massepunktes für die Siebschaltung der betreffenden Stufen. Abhilfe ist manchmal möglich durch Einfügen eines Serienwiderstandes 10 Ω...56 Ω in der Basisleitung oder ein unüberbrückter Emitterwiderstand gleicher Größe. Liegen kapazitiv kompensierte Schaltungen vor, so besteht auch die Möglichkeit, daß hier einzelne Kondensatoren zu groß gewählt wurden, so daß L-Komponenten ausscheiden.

Die Größe des Überschwingens wird in % der Impulsdachamplitude angegeben. Werte bis $U_0 \leq 5\%$ sind oft tragbar. Ein derartiger Fehler ist in dem obenstehenden Oszillogramm zu erkennen. Weitere Überlegungen sind den Kapiteln 3.7 und 3.10 zu entnehmen.

Überschwingen durch L-C-Glieder (gedämpfte Schwingung)

Dieser Fall ist in der folgenden Abbildung gezeigt.
Ein Impuls kann ein derartiges Aussehen erhalten, wenn im Signalverlauf – Verstärker, Zuleitungen etc. – aus L- und C-Gliedern schwingfähige Gebilde entstehen.
Die Schwingerscheinung klingt nach einer e-Funktion ab, wobei die erste Halbwelle den größeren Amplitudenhub aufweist. Also ist in fast allen Fällen

$U_0 > -U_u$.

1 Praktische Entwurfsdaten der Elektronik

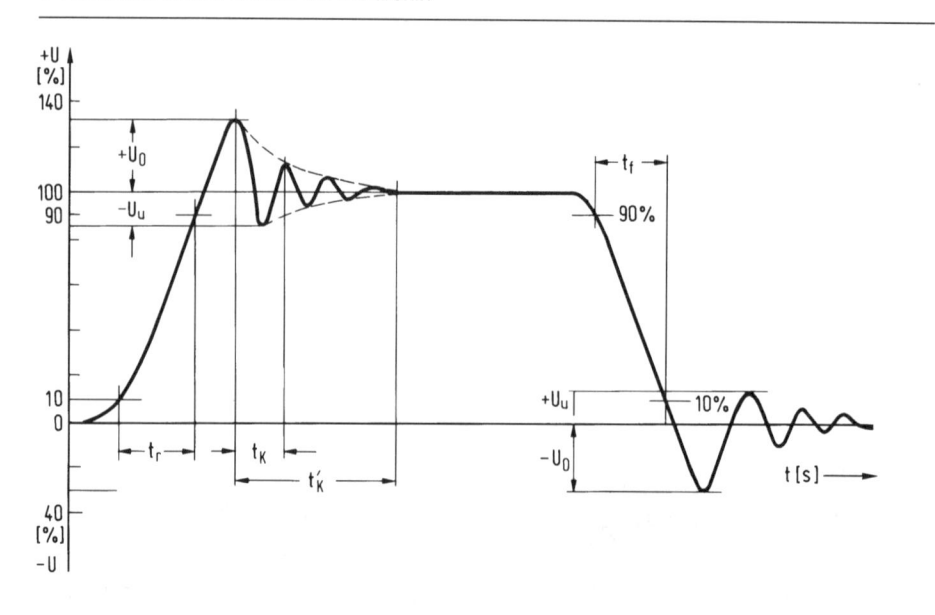

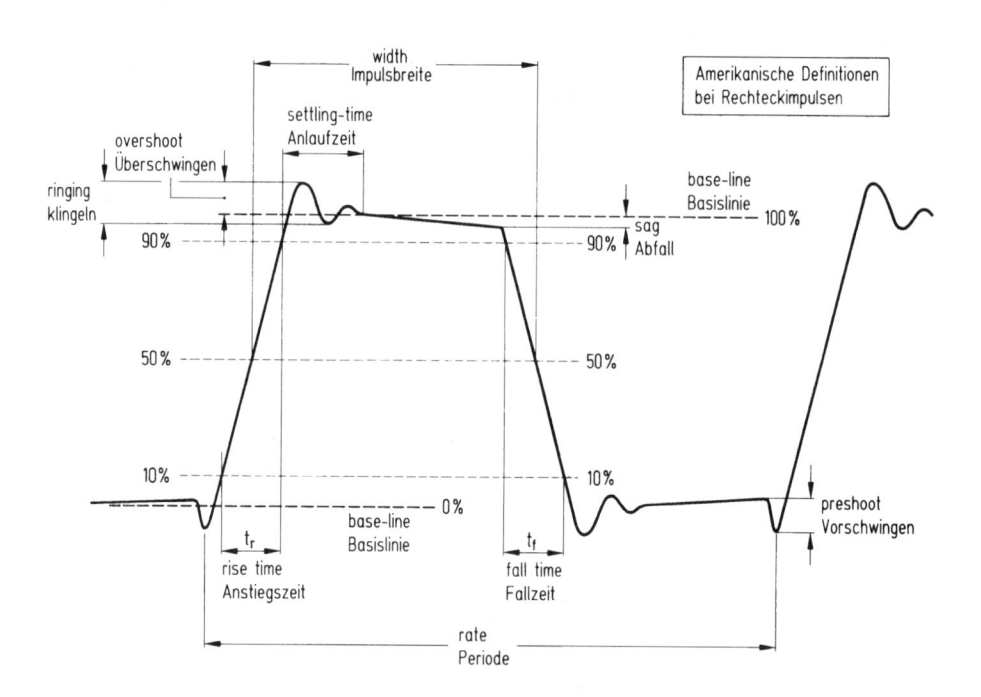

420

1.4 Grundlagen für Elektronikschaltungen

Die Größe U_0 wird wieder als „over shot" und
U_u wird wieder als „under shot"
bezeichnet.

Die Schwingfrequenz errechnet sich aus dem Wert t_K zu

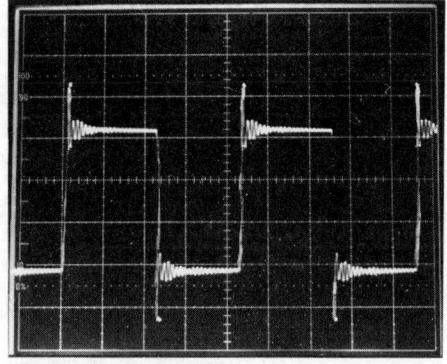

L-C-Einschwingvorgang bei steilen Impulsflanken

$$f_K = \frac{1}{t_K}$$

Die Größe von t'_K ist von der Dämpfung des Kreises abhängig. Diese auch als „Einklingeln" bezeichnete Erscheinung tritt nach jeder Flanke auf. Also auch nach der Rückflanke. Die Größe von U_0 oder $-U_0$ hängt mit der Zeit von t_r und t_f zusammen. Wie vorher erklärt, muß t_r nicht gleich t_f sein. Daraus können sich unterschiedliche Größen von U_0 und $-U_0$ ergeben.
Wie eine derartige Störschwingung in der Praxis aussieht, zeigt das obenstehende Oszillogramm.

Dachschräge

Impulsverzeichnungen dieser Art entstehen in den meisten Fällen durch R-C-Glieder, welche eine differenzierende Eigenschaft haben. Ist die Zeit T_D sehr kurz (ns), so ist es auch möglich, daß es sich um eine aperiodische Schwingung von L-C-Komponenten handelt. Das läßt sich oft leicht durch ein Antippen mit isoliertem Schraubenzieher feststellen, wobei sich dann die Kurvenform sofort ändert.

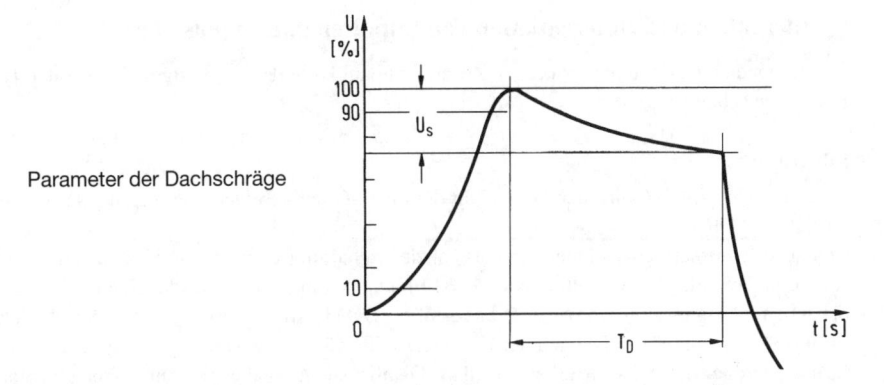

Parameter der Dachschräge

1 Praktische Entwurfsdaten der Elektronik

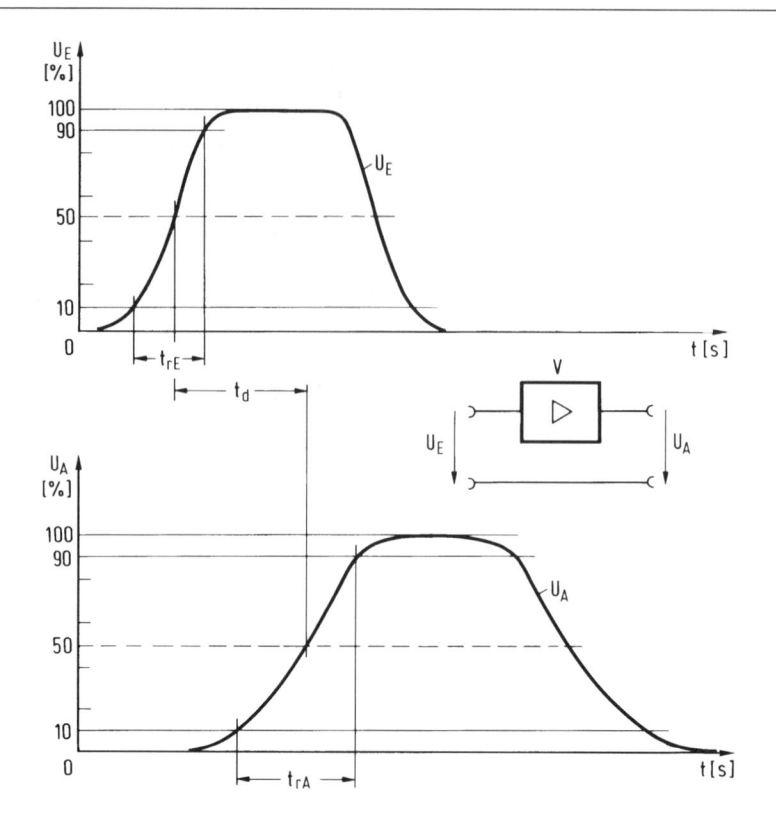

Impulsverzögerung

Durchläuft ein Signal U_E im obenstehenden Bild den Verstärker V, so wird die Ausgangsspannung U_A um eine Zeitdifferenz t_d (delay-time) später erscheinen. Je breitbandiger die Verstärkeranordnung und je weniger Stufen diese aufweist, je kürzer ist die Zeit t_d. Ebenfalls wird die Anstiegszeit t_{rE} kleiner sein als t_{rA}.

C Integration und Differentiation von Impulsen und Impulsfolgen

Die folgenden Darlegungen sind im Zusammenhang mit den vorherigen R-C- oder R-L-τ-Kurven zu sehen.

Integration

Nach der *Abb. 1.4.7-1* wird der Tiefpaß an dem R-C-Glied gebildet. Die gleiche Darlegung gilt für das R-L-Glied.
Gemäß den vorherigen Erläuterungen ist in der Schaltung dann das R-L-Glied entsprechend anzuschließen. Für das Verhältnis von $t_{i/\tau} = 1$ und $t_{i/\tau} \approx 6$ mit t_i = Impulsdauer sind die charakteristischen Ausgangskurvenformen dargestellt. Dabei soll zunächst nur die Ladekurve (*Abb. 1.4.7-2*) von U_E im Bereich der Zeitdauer t_i der Eingangsspannung U_E betrachtet werden. Je nach Größe von τ ist zu erkennen, daß die höchste Ausgangsspannung Werte gemäß der

1.4 Grundlagen für Elektronikschaltungen

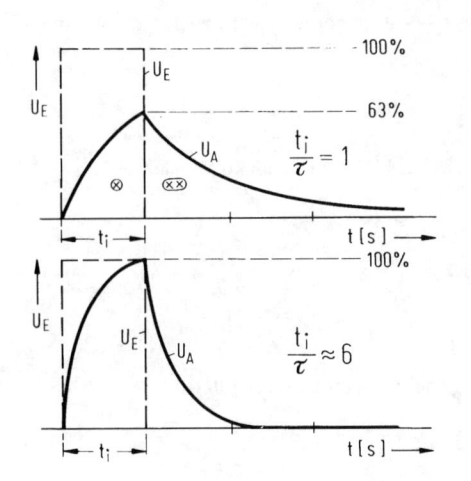

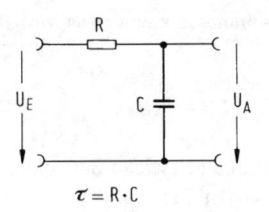

$\tau = R \cdot C$

⊗ Aufladung
⊗⊗ Entladung

$\dfrac{t_i}{\tau} = 1$

$\dfrac{t_i}{\tau} \approx 6$

Abb. 1.4.7-1

Kurve a – Aufladung

$U_A = U_E \left(1 - e^{-\frac{t_i}{\tau}}\right)$

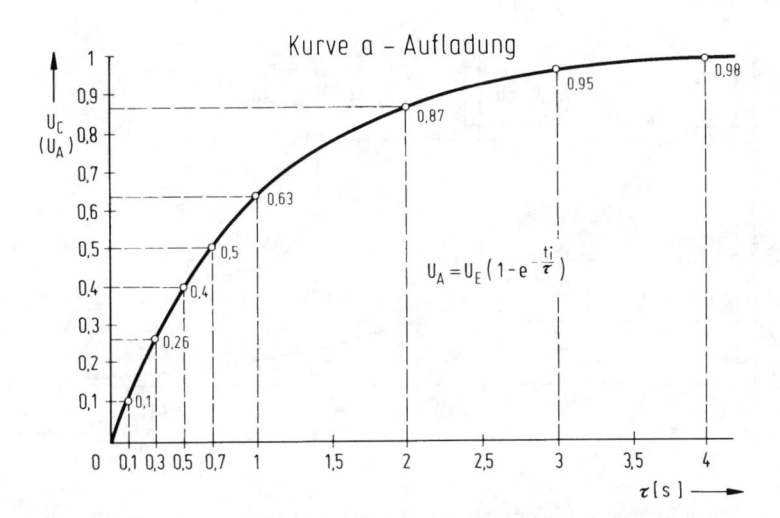

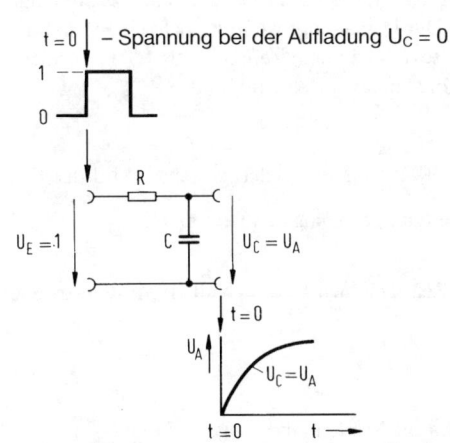

$t = 0$ – Spannung bei der Aufladung $U_C = 0$

$U_E = 1$, $U_C = U_A$

Abb. 1.4.7-2

1 Praktische Entwurfsdaten der Elektronik

R-C-Ladekurve annimmt. Je kleiner das Verhältnis $t_{i/\tau}$ ist, je geringer wird auch die Ausgangsspannung U_A.

Es gilt hier $U_A = U_E \cdot \left(1 - e^{-\frac{t_i}{\tau}}\right)$

Für die Rückflanke gilt eine gleiche Betrachtung, wobei hier die Entladekurve nach *Abb. 1.4.7-3* sich nach der Gleichung

$U_A = U_E \cdot e^{-\frac{t_i}{\tau}}$ einstellt.

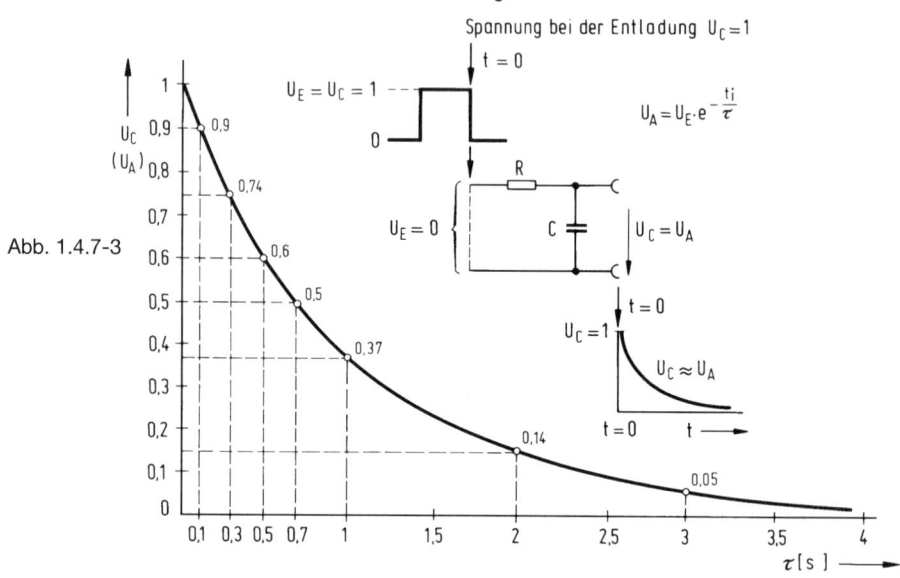

Kurve b – Entladung

Abb. 1.4.7-3

Dadurch kann, wie in den folgenden Bildern gezeigt ist, das Rechtecksignal eine relativ lange Rückflanke erhalten bei kleinem Verhältnis $t_{i/\tau}$. Die Darstellung ist so zu betrachten, daß am Ende von t_i des Impulses (Rückflanke des Impulses) die zu dem Zeitpunkt als U_A vorhandene Spannung einem Entladevorgang über das R-C-Glied unterworfen wird.
Das wird in der *Abb. 1.4.7-4* gezeigt.

Es sind hier die Verhältnisse von $t_{i/\tau}$ von 0,3...30 in fünf Beispielen gewählt. Wird der Fall $\frac{t_i}{\tau} = 0,3$ herangezogen, so erreicht hier die Kondensatorspannung den Betrag von

$\frac{U_A}{U_E} = 0,26$ nach $\frac{t_i}{\tau} = 0,3$ Kurz nach diesem Zeitpunkt wird U_E = Null. Es tritt jetzt eine Entladung von U_C über R ein.

Beispiel:
Hierfür eine Rechnung, die gleichermaßen auch für die Kurven gilt.

1.4 Grundlagen für Elektronikschaltungen

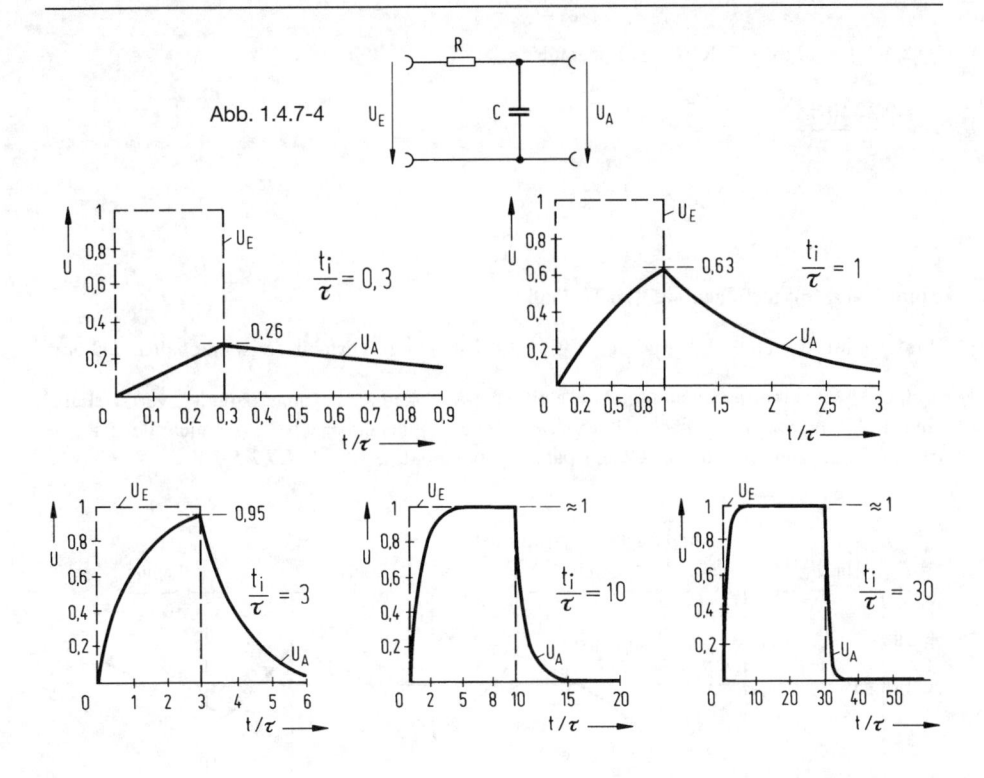

Abb. 1.4.7-4

$U_E = 1\text{ V}$; $t_i = 0{,}3\text{ ms}$; $\tau = 1\text{ ms} = 10\text{ k}\Omega \cdot 0{,}1\text{ μF}$; also $\dfrac{t_i}{\tau} = \dfrac{0{,}3\text{ ms}}{1\text{ ms}} = 0{,}3$.

Aus der Gleichung $U_A = U_E \left(1 - e^{-\frac{t_i}{\tau}}\right)$ wird für die maximale Spannung
$U_A = 1\text{ V}\,(1 - e^{-0{,}3}) = 1\text{ V}\,(1 - 0{,}741) = 0{,}26\text{ V}$.

Die Entladezeit für $t_e = 6\,\tau$ ist mit $0{,}26\text{ V} = 1$ (normiert), um bei $6\,\tau = 99{,}8\,\%$ entsprechend $100\,\% - 99{,}8\,\% = 0{,}2\,\%$ auf eine Entladespannung von $0{,}26\text{ V} \cdot 0{,}002 = 0{,}0005\text{ V}$ zu kommen; dann ist:

$U_A = U_E \cdot e^{-\frac{t_i}{\tau}}$ entsprechend $t = -\tau \cdot \ell n\,\dfrac{U_A}{U_E}$

$= -1\text{ ms} \cdot \ell n\,\dfrac{0{,}0005\text{ V}}{0{,}26\text{ V}} = -1\text{ ms}\,(-6{,}25) = 6{,}25\text{ ms}$.

Mit diesem Rechenbeispiel kann jetzt bei der Integration von Impulsen sowohl der Hinlauf (Aufladung) als auch der Rücklauf (Entladung) des integrierten Signals ermittelt werden.
Wahl von τ [s] für eine Übertragung mit Spannungsabfall $\leq 2\,\%$. Mit t_i als Impulsdauer ist zu wählen für den Tiefpaß

$\tau \leq 0{,}2 \cdot t_i$.

Beispiel: $t_i = 10$ ms und $R = 27$ kΩ. Dann ist

$$\tau \leq \frac{0{,}2 \cdot 10 \text{ ms}}{27 \cdot 10^3} = 74 \text{ nF}.$$

Einfluß von Impulsfolgen auf den Tiefpaß

Wird wie im Abschnitt „Integration" in Abb. 1.4.7-4 $\frac{t_i}{\tau} = 10$ gewählt, so ist erkennbar, daß dort nach ca. 15 t/τ erst die Spannung $U_A =$ Null ist. Damit keine Ausgangsspannungsverfälschung eintritt, darf hier auch erst nach $t \geq 15$ t/τ ein neuer Impuls einsetzen. Ist das nicht der Fall, so tritt die Bildung eines mittleren Gleichspannungspotentials auf (*Abb. 1.4.7-5*).

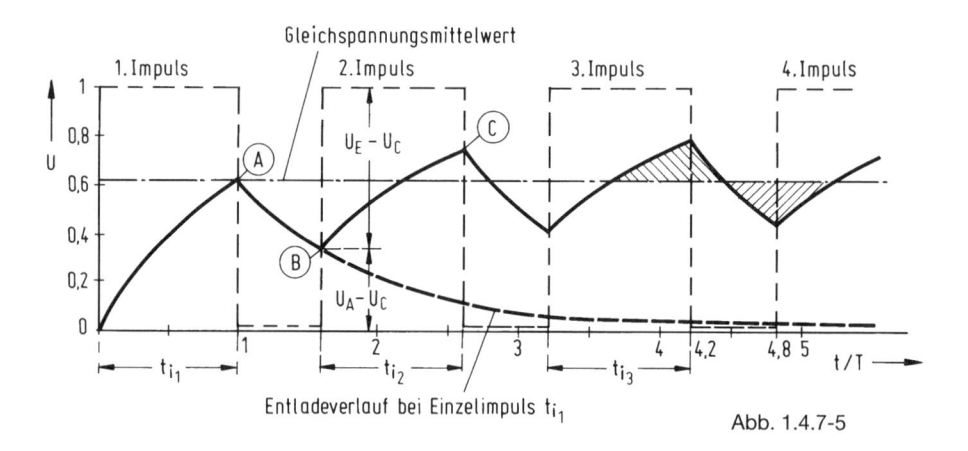

Abb. 1.4.7-5

Hier ist – siehe am Anfang unter „Integration" – $\frac{t}{\tau} = t_i = 1$ gewählt. Das entspricht beim Impulsabschalten einer Ladespannung von 0,63, wenn $U_E = 1$ gewählt wird. Die Zeit der Impulspause, also $U_E = 0$, ist hier mit 0,6 t/τ gewählt. Am Ende von t_1 ist die Spannung $U_A = 0{,}63$ (Punkt Ⓐ) erreicht. Die Entladekurve setzt von Ⓐ bis Ⓑ, Abb. 1.4.7-5, ein. Beim Punkt Ⓑ ist die Spannung nicht gleich Null, so daß der neue Impuls t_2 hier eine weitere Spannung bis Punkt Ⓒ bildet usf. Zum Zeitpunkt 1,6 (Punkt Ⓑ) entspricht $U_E = U_R + U_C$, dabei ist $U_R = U_E - U_C$. Die Spannung für den zweiten Ladevorgang ist dann nicht mehr gleich 1, sondern nur $U_E - U_C$, wobei hier der Wert von U_C im Punkt Ⓑ gemeint ist. Es ist zu erkennen, daß die Spannung für jeden neuen Integrationsvorgang immer kleiner wird. Schließlich liegt der sägezahnförmige Impuls auf dem Gleichspannungsmittelwert des Rechteckimpulses flächengleich mit seiner positiven und negativen Halbwelle.

Differentiation

Bei der Differentiation des Rechteckimpulses (*Abb. 1.4.7-6*) ist folgendes zu beachten. Zur Zeit $t = 0$ tritt ein sehr kurzer Spannungssprung von 0 auf 1 (V) auf. Diese Impulsflanke wird voll auf den Ausgang übertragen. Ab dieser Zeit wird der Kondensator über den Widerstand R aufgeladen. Die Ausgangsspannung sinkt entsprechend der Kurve (Abb. 1.4.7-3). Die Aufladung wird zur Zeit t = 1 beendet, wenn die Eingangsspannung wieder von +1 (V) auf Null zurückspringt; wobei auch dieser negative Sprung voll übertragen wird. Im letzten Augenblick der noch möglichen Aufladung ergibt sich eine Spannungsteilung von $U_E = U_C + U_R = U_C + U_A$. Also ist U_A zu dieser Zeit um den Betrag U_C niedriger als U_E. Die Ladespannung ist hier in Abb. 1.4.7-6 mit a bezeichnet. Die Spannung am Ausgang entspricht dem Punkt Ⓐ mit $U_R = U_A$. Springt U_E jetzt bei t = 1 auf Null, so tritt am Ausgang der entsprechend negative Wert $U_R - 1$ in Erscheinung; wobei für U_R hier der Wert von Punkt Ⓐ einzusetzen ist.

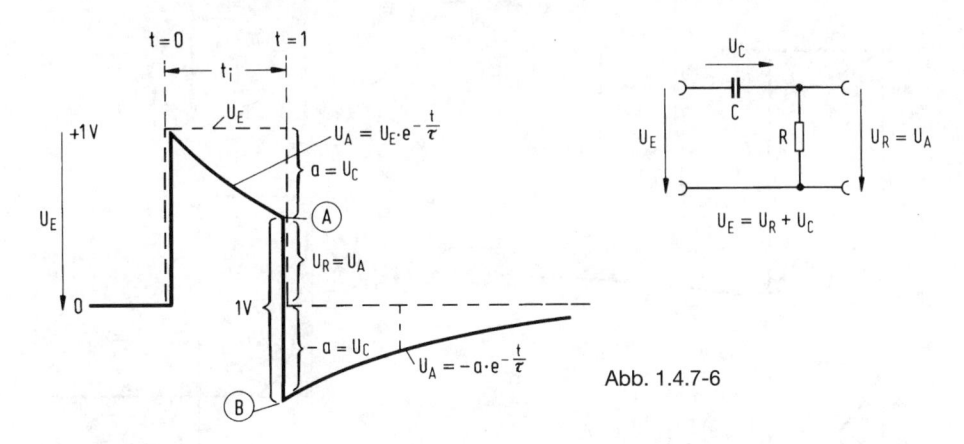

Abb. 1.4.7-6

Wahl von τ [s] für eine Übertragung mit Spannungsabfall $\leq$ 2 %. Mit t_i als Impulsdauer ist zu wählen für den Hochpaß

$\tau \geq 5 \cdot t_i$

Beispiel: t_i = 10 ms und R = 27 kΩ. Dann ist

$$\tau \geq \frac{5 \cdot 10 \text{ ms}}{27 \text{ k}\Omega} = 1,85 \text{ }\mu\text{F}.$$

Diese neue Spannung am Kondensator entlädt sich über den Widerstand R. Für diese Entladung gilt (Kurve 3)

$U_A = U_R = a \cdot e^{-\frac{t}{\tau}}$ mit a als Kondensatorspannung.

Beispiel: Im Punkt Ⓐ ist $U_R = U_A = 0,45$ V.

Diese ist zu Beginn der Entladung a = U_R - 1 V, mit U_R im Punkt Ⓐ. Damit ist der Wert von a in der Entladegleichung negativ.

Beispiel: Im Punkt Ⓐ ist $U_R = U_A = 0,45$ V. Dann ist bei der Impulsspannung von 1 V_{SS} entsprechend
a = 0,45 V - 1 V = - 0,55 V,

Abb. 1.4.7-7

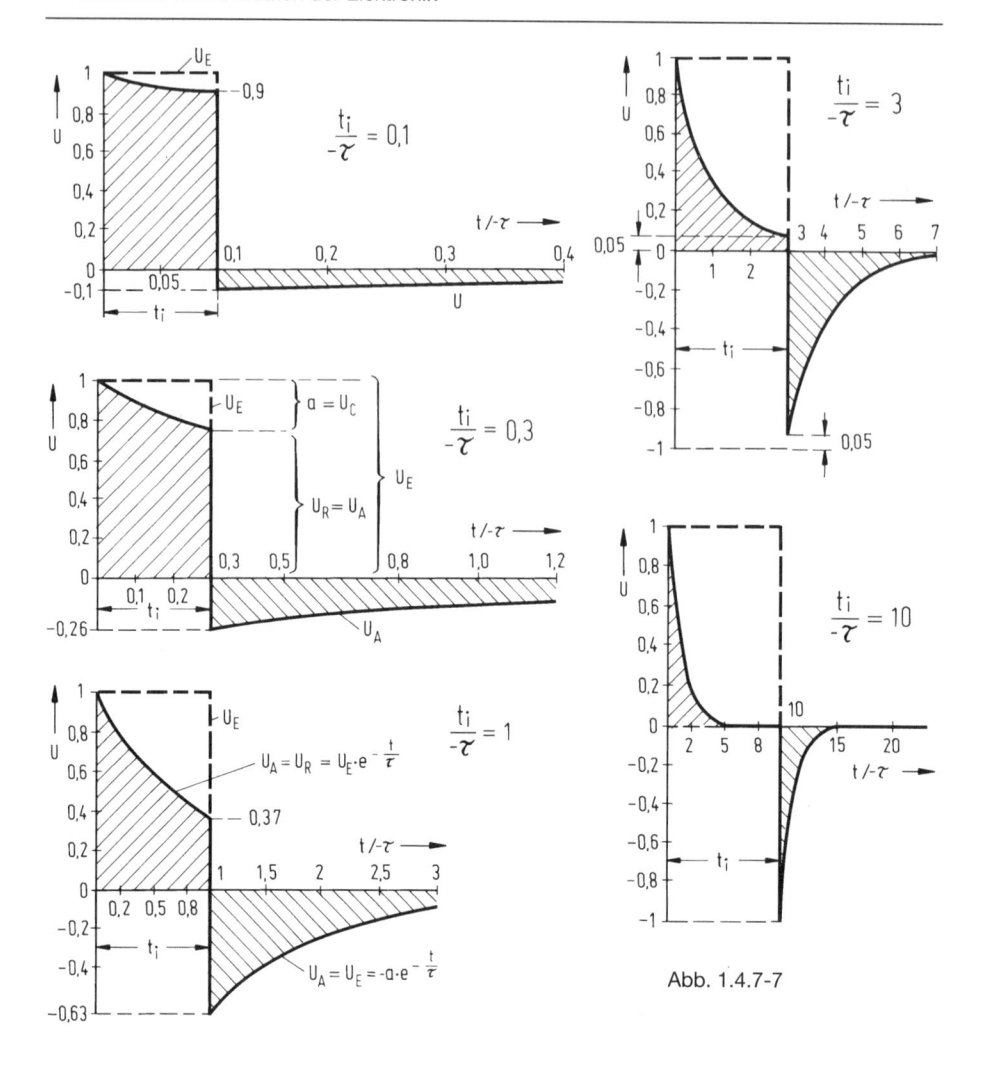

so daß die Gleichung für die Entladung dann lautet:

$$U_A = U_R = -0{,}55\ \text{V} \cdot e^{-\frac{t}{\tau}};$$

wobei das $U_A = U_R$ für den hier betrachteten Zeitpunkt t gilt. Für den Kurvenverlauf der Aufladung t = 0 bis t = 1 gilt

$$U_A = U_R = U_E \cdot e^{-\frac{t}{\tau}}.$$

Die Fläche von Null zur Aufladekurve ist gleich der Fläche von der Null-Linie zur Entladekurve. In den Kurvenbildern von *Abb. 1.4.7-7* ist eine Darstellung gemäß Entladekurve 3 gewählt mit

$$\frac{t_i}{\tau} = 0{,}1;\ 0{,}3;\ 1;\ 3\ \text{und}\ 10$$

1.4 Grundlagen für Elektronikschaltungen

Einfluß von Impulsfolgen auf den Hochpaß

Aufgrund der C-R-Kopplung wird das mittlere Gleichspannungspotential U_{C1} des Rechtecksignals gemäß *Abb. 1.4.7-8* nicht mit übertragen. Das mittlere Gleichspannungspotential erreicht nach einigen Impulsen die Null-Linie, so daß der Impuls von dieser Linie symmetrisch in positiver und negativer Richtung liegt. Bei Beginn des zweiten Impulses hat der Kondensator eine negative Restspannung U_{C2}, auf die sich die neue positive Impulsflanke addiert, so daß diese dann nicht mehr die volle positive Höhe des ersten Impulses erreicht. Ähnlich sind die Vorgänge der nächsten Impulse zu betrachten.

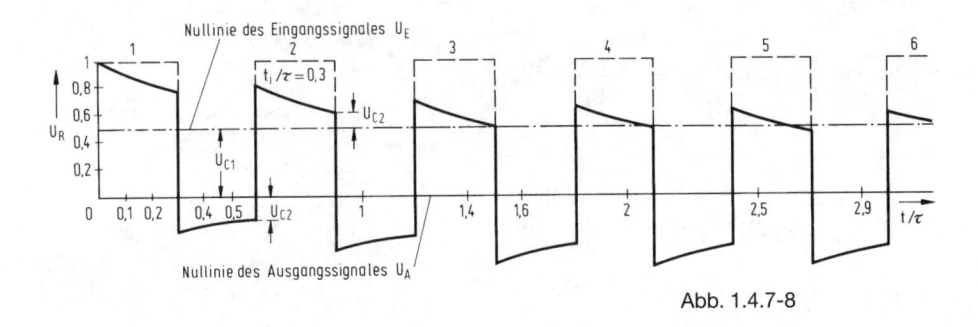

Abb. 1.4.7-8

1.4.8 Pegelrechnungen in der Übertragungstechnik

A Relativer Pegel

In der *Abb. 1.4.8-1* ist ein Vierpol gezeigt mit der Eingangsspannung U_E und der Ausgangsspannung U_A. Des weiteren die Bedingung für die Pegelbetrachtung $R_E = R_A$. Der gezeigte Vierpol kann sowohl eine Verstärkung aufweisen als auch eine Dämpfung bilden. Die Übertragungsgröße a kennzeichnet die beiden Möglichkeiten wie folgt:

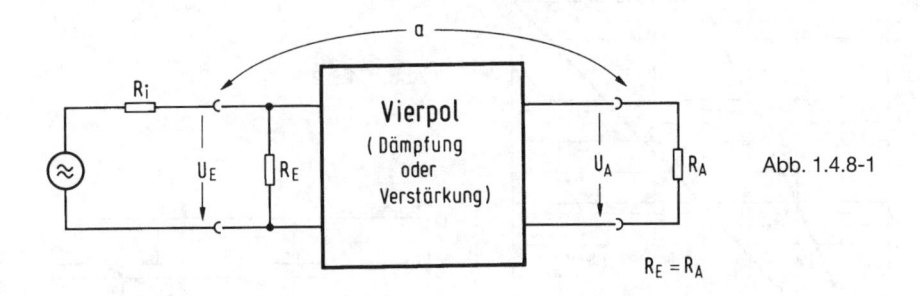

Abb. 1.4.8-1

Verstärkung:

$$a = \frac{U_A}{U_E} => > 1$$

Dämpfung:

$$a = \frac{U_A}{U_E} = < 1$$

429

1 Praktische Entwurfsdaten der Elektronik

Diese Übertragungsgröße a wird im logarithmischen Maßstab für Leistungs- sowie für Strom- und Spannungsberechnungen benutzt. Es ergeben sich folgende Gleichungen mit der Größe dB = Dezibel:

Leistung:

$$a = 10 \cdot \log \frac{P_A}{P_E} \text{ [dB]} \quad \text{sowie} \quad \frac{P_A}{P_E} = 10^{\frac{a}{10}}$$

Spannung:

$$a = 20 \cdot \log \frac{U_A}{U_E} \text{ [dB]} \quad \text{sowie} \quad \frac{U_A}{U_E} = 10^{\frac{a}{20}}$$

Strom:

$$a = 20 \cdot \log \frac{I_A}{I_E} \text{ [dB]} \quad \text{sowie} \quad \frac{I_A}{I_E} = 10^{\frac{a}{20}}$$

Beispiel:

$U_A = 5$ V und $U_E = 2$ V, es ist $a = \frac{5}{2} = 2{,}5$ also größer 1 (Verstärkung). Der für $a = 2{,}5$ gehörige dB-Wert ist $a = 20 \cdot \log 2{,}5$ [dB] $= +7{,}95$ dB.

Ist $U_A = 2$ V und $U_E = 5$ V, so wird $a = \frac{2}{5} = 0{,}4$ also kleiner 1 (Dämpfung). Der für $a = 0{,}4$ gehörige dB-Wert ist $a = 20 \cdot \log 0{,}4$ [dB] $= -7{,}95$ dB.

Aus dem folgenden Nomogramm können die Werte grob abgelesen werden (*Abb. 1.4.8–2*).

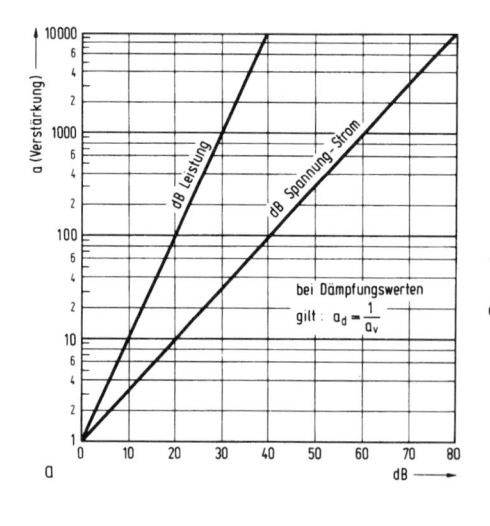

Abb. 1.4.8-2

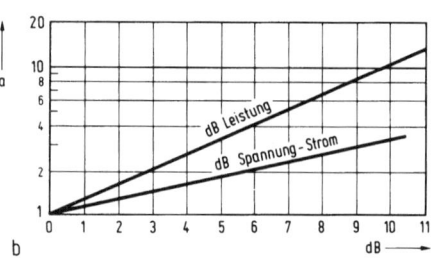

1.4 Grundlagen für Elektronikschaltungen

Die folgende Tabelle gibt errechnete Werte im Bereich von 0 dB ... 100 dB wieder.

dB-Werte – Dämpfung – Verstärkung

Dämpfung (-dB)	dB-Wert	Verstärkung (+dB)	Dämpfung (-dB)	dB-Wert	Verstärkung (+dB)	Dämpfung (-dB)	dB-Wert	Verstärkung (+dB)	Dämpfung (-dB)	dB-Wert	Verstärkung (+dB)
1,0000	0,0	1,000	0,7943	2,0	1,259	0,6310	4,0	1,585	0,5012	6,0	1,995
0,9886	0,1	1,012	0,7852	2,1	1,274	0,6237	4,1	1,603	0,4955	6,1	2,018
0,9772	0,2	1,023	0,7762	2,2	1,288	0,6166	4,2	1,622	0,4898	6,2	2,042
0,9661	0,3	1,035	0,7674	2,3	1,303	0,6095	4,3	1,641	0,4842	6,3	2,065
0,9550	0,4	1,047	0,7586	2,4	1,318	0,6026	4,4	1,660	0,4786	6,4	2,089
0,9441	0,5	1,059	0,7499	2,5	1,334	0,5957	4,5	1,679	0,4732	6,5	2,113
0,9333	0,6	1,072	0,7413	2,6	1,349	0,5888	4,6	1,698	0,4677	6,6	2,138
0,9226	0,7	1,084	0,7328	2,7	1,365	0,5821	4,7	1,718	0,4624	6,7	2,163
0,9120	0,8	1,096	0,7244	2,8	1,380	0,5754	4,8	1,738	0,4571	6,8	2,188
0,9016	0,9	1,109	0,7161	2,9	1,396	0,5689	4,9	1,758	0,4519	6,9	2,213
0,8913	1,0	1,122	0,7079	3,0	1,413	0,5623	5,0	1,778	0,4467	7,0	2,239
0,8810	1,1	1,135	0,6998	3,1	1,429	0,5559	5,1	1,799	0,4416	7,1	2,265
0,8710	1,2	1,148	0,6918	3,2	1,445	0,5495	5,2	1,820	0,4365	7,2	2,291
0,8610	1,3	1,161	0,6839	3,3	1,462	0,5433	5,3	1,841	0,4315	7,3	2,317
0,8511	1,4	1,175	0,6761	3,4	1,479	0,5370	5,4	1,862	0,4266	7,4	2,344
0,8414	1,5	1,189	0,6683	3,5	1,496	0,5309	5,5	1,884	0,4217	7,5	2,371
0,8318	1,6	1,202	0,6607	3,6	1,514	0,5248	5,6	1,905	0,4169	7,6	2,399
0,8222	1,7	1,216	0,6531	3,7	1,531	0,5188	5,7	1,928	0,4121	7,7	2,427
0,8128	1,8	1,230	0,6457	3,8	1,549	0,5129	5,8	1,950	0,4074	7,8	2,455
0,8035	1,9	1,245	0,6383	3,9	1,567	0,5070	5,9	1,972	0,4027	7,9	2,483
0,3981	8,0	2,512	0,2661	11,5	3,758	0,1778	15,0	5,623	0,1189	18,5	8,414
0,3936	8,1	2,541	0,2630	11,6	3,802	0,1758	15,1	5,689	0,1175	18,6	8,511
0,3890	8,2	2,570	0,2600	11,7	3,846	0,1738	15,2	5,754	0,1161	18,7	8,610
0,3846	8,3	2,600	0,2570	11,8	3,890	0,1718	15,3	5,821	0,1148	18,8	8,710
0,3802	8,4	2,630	0,2541	11,9	3,936	0,1698	15,4	5,888	0,1135	18,9	8,810
0,3758	8,5	2,661	0,2512	12,0	3,981	0,1679	15,5	5,957	0,1122	19,0	8,913
0,3715	8,6	2,692	0,2483	12,1	4,027	0,1660	15,6	6,026	0,1109	19,1	9,016
0,3673	8,7	2,723	0,2455	12,2	4,074	0,1641	15,7	6,095	0,1096	19,2	9,120
0,3631	8,8	2,754	0,2427	12,3	4,121	0,1622	15,8	6,166	0,1084	19,3	9,226
0,3589	8,9	2,786	0,2399	12,4	4,169	0,1603	15,9	6,237	0,1072	19,4	9,333
0,3548	9,0	2,818	0,2371	12,5	4,217	0,1585	16,0	6,310	0,1059	19,5	9,441
0,3508	9,1	2,851	0,2344	12,6	4,266	0,1567	16,1	6,383	0,1047	19,6	9,550
0,3467	9,2	2,884	0,2317	12,7	4,315	0,1549	16,2	6,457	0,1035	19,7	9,661
0,3428	9,3	2,917	0,2291	12,8	4,365	0,1531	16,3	6,531	0,1023	19,8	9,772
0,3388	9,4	2,951	0,2265	12,9	4,416	0,1514	16,4	6,607	0,1012	19,9	9,886
									0,1000	20,0	10,000
0,3350	9,5	2,985	0,2239	13,0	4,467	0,1496	16,5	6,683			
0,3311	9,6	3,020	0,2213	13,1	4,519	0,1479	16,6	6,761	0,08912	21	11,22
0,3273	9,7	3,055	0,2188	13,2	4,571	0,1462	16,7	6,839	0,07943	22	12,58
0,3236	9,8	3,090	0,2163	13,3	4,624	0,1445	16,8	6,918	0,07079	23	14,125

1 Praktische Entwurfsdaten der Elektronik

Dämpfung (-dB)	dB-Wert	Verstärkung (+dB)	Dämpfung (-dB)	dB-Wert	Verstärkung (+dB)	Dämpfung (-dB)	dB-Wert	Verstärkung (+dB)	Dämpfung (-dB)	dB-Wert	Verstärkung (+dB)
0,3199	9,9	3,126	0,2138	13,4	4,677	0,1429	16,9	6,998	0,06309	24	15,848
0,3162	10,0	3,162	0,2113	13,5	4,732	0,1413	17,0	7,079	0,05623	25	17,782
0,3126	10,1	3,199	0,2089	13,6	4,786	0,1396	17,1	7,161	0,05011	26	19,952
0,3090	10,2	3,236	0,2065	13,7	4,842	0,1380	17,2	7,244	0,04466	27	22,387
0,3055	10,3	3,273	0,2042	13,8	4,898	0,1365	17,3	7,328	0,03981	28	25,118
0,3020	10,4	3,311	0,2018	13,9	4,955	0,1349	17,4	7,413	0,03548	29	28,183
									0,03162	30	31,622
0,2985	10,5	3,350	0,1995	14,0	5,012	0,1334	17,5	7,499	0,028	31	35,5
0,2951	10,6	3,388	0,1972	14,1	5,070	0,1318	17,6	7,586	0,025	32	39,8
0,2917	10,7	3,428	0,1950	14,2	5,129	0,1303	17,7	7,674	0,022	33	45
0,2884	10,8	3,467	0,1928	14,3	5,188	0,1288	17,8	7,762	0,020	34	50
0,2851	10,9	3,508	0,1905	14,4	5,248	0,1274	17,9	7,852	0,018	35	56
									0,016	36	63
									0,014	37	71
0,2818	11,0	3,548	0,1884	14,5	5,309	0,1259	18,0	7,943	0,012	38	80
0,2786	11,1	3,589	0,1862	14,6	5,370	0,1245	18,1	8,035	0,011	39	89
0,2754	11,2	3,631	0,1841	14,7	5,433	0,1230	18,2	8,128	0,01	40	100
0,2723	11,3	3,673	0,1820	14,8	5,495	0,1216	18,3	8,222	0,005	45	178
0,2692	11,4	3,715	0,1799	14,9	5,559	0,1202	18,4	8,318	0,003	50	316
									0,002	55	560
									10^{-3}	60	10^3
									10^{-4}	80	10^4
									10^{-5}	100	10^5

Innerhalb einer Übertragungskette können dB-Werte addiert werden, wenn es sich um Verstärker handelt. Oder sie werden subtrahiert, wenn Dämpfungsglieder vorliegen. Ein Beispiel dafür ist in der *Abb. 1.4.8-3* angegeben.

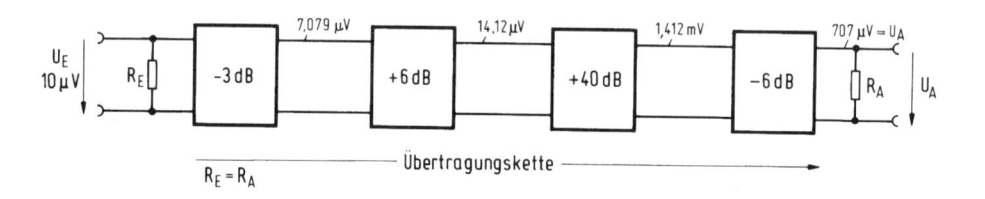

$U_E = 10\,\mu V$ → R_E → $-3\,dB$ → $7{,}079\,\mu V$ → $+6\,dB$ → $14{,}12\,\mu V$ → $+40\,dB$ → $1{,}412\,mV$ → $-6\,dB$ → $707\,\mu V = U_A$ → R_A | U_A

$R_E = R_A$ ——— Übertragungskette ———→

Der Rechenweg für das Verhältnis von $\dfrac{U_A}{U_E}$ ist wie folgt:

432

Die Addition der dB-Werte beträgt

$$\begin{array}{r}- \ 3 \text{ dB} \\ + \ 6 \text{ dB} \\ +40 \text{ dB} \\ - \ 6 \text{ dB} \\ \hline +37 \text{ dB} \end{array}$$

Aus der Tabelle geht hervor, daß + 37 dB dem Faktor 71 entsprechen, somit ist $a = \dfrac{U_A}{U_E}$ und damit $U_A = a \cdot U_E = 71 \cdot 10\ \mu V = 710\ \mu V$.

Der genaue Wert läßt sich aus den zuerst genannten Formeln berechnen oder aus der Tabelle wie folgt interpolieren.

$$\begin{array}{rcl}20 \text{ dB} & = & \underline{10} \\ 17 \text{ dB} & = & \underline{7{,}079} \\ 37 \text{ dB} & = & 10 \cdot 7{,}079 = 70{,}79 = a\end{array}$$

B Absoluter Pegel

Der Benutzung eines absoluten Pegels geht die Festlegung eines genau definierten Leistungs- oder Spannungspegels voraus. Zu diesem Zweck wird an einem vereinbarten Widerstand über den Strom die Leistung und die Spannung festgelegt.

Die Bezeichnung dBm (Ri = Ra = 600 Ω) oder dBµV deutet auf die Benutzung absoluter Pegel hin.

Genaugenommen kann für jeden Widerstand – je nach Anforderung – ein dBµV oder dBm-Wert festgelegt werden. Aus diesem Grunde muß dem Benutzer derartiger Werte vor Gebrauch erklärt sein, welcher Bezugswiderstand gemeint ist.

Folgende Bezugswerte sind gebräuchlich, wobei die Rechnung so erfolgt, daß die Spannung angegeben wird, die einer Leistung von 1 mW an dem betreffenden Widerstand zu Grunde liegt.

Es ist:

$$I_0 = \sqrt{\dfrac{P}{R}} \qquad \text{sowie} \qquad U_0 = \sqrt{P \cdot R}$$

daraus ergeben sich folgende Basiswerte:

$R_i = R_a$ [Ω]	P_o [mW]	I_o [mA]	U_o [V]	U_L (Leerlauf) [V]	Bemerkung
600	1	1,29099	0,77459	1,54919	Standard
75	1	3,65148	0,27386	0,54772	HF-Übertragungstechnik
60	1	4,08248	0,24494	0,48989	Meßtechnik
50	1	4,47213	0,22360	0,44721	Meßtechnik
600	1,6666	1,66666	1,00000	2,00000	USA-Standard
500	6	3,46410	1,73205	3,46410	USA

Für diese Angaben gelten die folgenden Gleichungen:

Leistung

$$a = 10 \cdot \lg \frac{P_x}{P_0}$$

P_0: z. B. 1 mW
P_x: Leistung am Meßpunkt

Umrechnungen:

Kurzzeichen	Bezug	Gleichung	Umrechnung
dBw	(1 Watt)	$a(dBw) = 10 \cdot \lg \frac{P_x}{1\,W}$	0 dBw $\triangleq$ 30 dBm
dBk	(1 KWatt)	$a(dBk) = 10 \cdot \lg \frac{P_x}{1\,KW}$	0 dBk $\triangleq$ 60 dBm

Spannung:

$$a = 20 \cdot \lg \frac{U_x}{U_0}$$

U_0: z. B. 0,77459 V
U_x: Spannung am Meßpunkt

Umrechnungen: (für 600 Ω)

Kurzzeichen	Bezug	Gleichung	Umrechnung auf dBm für $R_i = R_a = 600\,\Omega$
dBV	1 Volt	$a(dBV) = 20 \cdot \lg \frac{U_x}{1\,V}$	0 dBV $\triangleq$ 2,2 dBm
dBmV	1 m Volt	$a(dBmV) = 20 \cdot \lg \frac{U_x}{1\,mV}$	0 dBmV $\triangleq$ -57,8 dBm
dBµV	1 µ Volt	$a(dB\mu V) = 20 \cdot \lg \frac{U_x}{1\,\mu V}$	0 dBµV $\triangleq$ -117,8 dBm

In der *Abb. 1.4.8-4* sind die Angaben für dBV, dBmV und dBµV in einer Übersicht zu sehen.

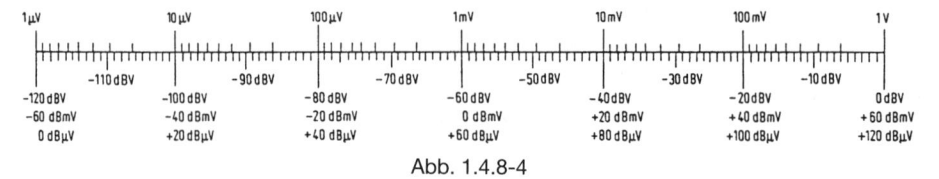

Abb. 1.4.8-4

1.4 Grundlagen für Elektronikschaltungen

Ausgangsspannung und Ausgangsleistung im 50-Ω-System.

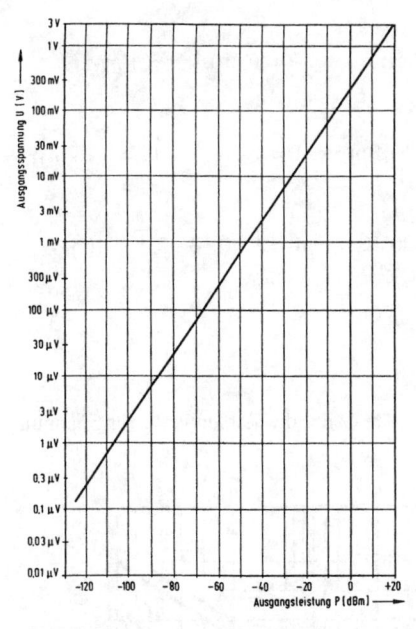

Ausgangsspannung in Abhängigkeit von der Ausgangsleistung bei dem 50-Ω-System

Ausgangsleistung in Abhängigkeit der Leistung für das 50-Ω-System

Abb. 1.4.8-5

Umrechnungen

Bei der Umrechnung von Spannungen oder Leistungen ist folgende Gleichung zu benutzen, wenn diese auf ein dBm bezogen wird

Leistung

$$P[mW] = 1\,mW \cdot 10^{\frac{a\,[dBm]}{10}}$$ sowie für die Spannung

$$U = \sqrt{R \cdot P \cdot 10^{\frac{a\,[dBm]}{10}}}$$ $\quad$ a [dBm]; U [V]; R [Ω]; P [W]

für das 50-Ω-System ist bezogen auf 1 mW $\triangleq$ 0 dBm.

$$U = \sqrt{50 \cdot 1\,mW \cdot 10^{\frac{a}{10}}} = \sqrt{0{,}05 \cdot 10^{\frac{a}{10}}}$$

435

1 Praktische Entwurfsdaten der Elektronik

Beispiele Spannung:

$0 \text{ dBm} \quad U = \sqrt{0,05 \cdot 10^{\frac{0}{10}}} = 0,2236 \text{ V}$

$+10 \text{ dBm} \quad U = \sqrt{0,05 \cdot 10^{\frac{10}{10}}} = 0,707 \text{ V}$

$-4 \text{ dBm} \quad U = \sqrt{0,05 \cdot 10^{-\frac{4}{10}}} = 0,141 \text{ V}$

Beispiele Leistung:

$0 \text{ dBm} \quad P = 1 \cdot 10^{-3} \cdot 1 = 1 \text{ mW}$

$+5 \text{ dBm} \quad P = 1 \cdot 10^{-3} \cdot 10^{\frac{5}{10}} = 3,16 \text{ mW}$

$-20 \text{ dBm} \quad P = 1 \cdot 10{-3} \cdot 5^{-\frac{20}{10}} = 10 \text{ μW}$

Nomogramme
In den folgenden Nomogrammen *Abb. 1.4.8-6* und *1.4.8-7* sind die Zahlenwerte für Spannung und Leistung der verschiedenen Systeme angegeben.

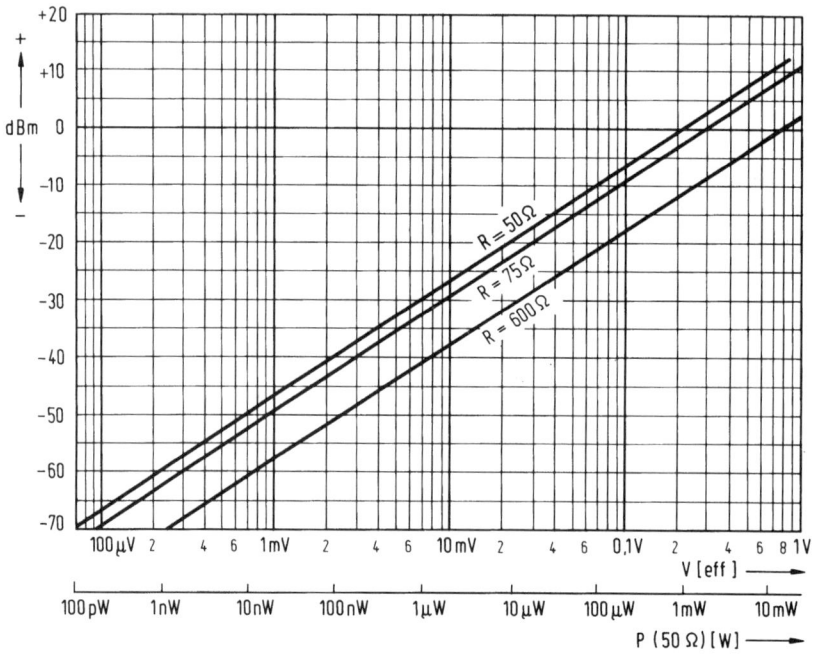

Abb. 1.4.8-7

1.4 Grundlagen für Elektronikschaltungen

Übersicht über dBm- und dBV-Werte im 50- und 75-Ω-System

dBm/50 Ω, dBm/75 Ω, V_{eff}, W/50 Ω, dBμ, dBV$_{eff}$

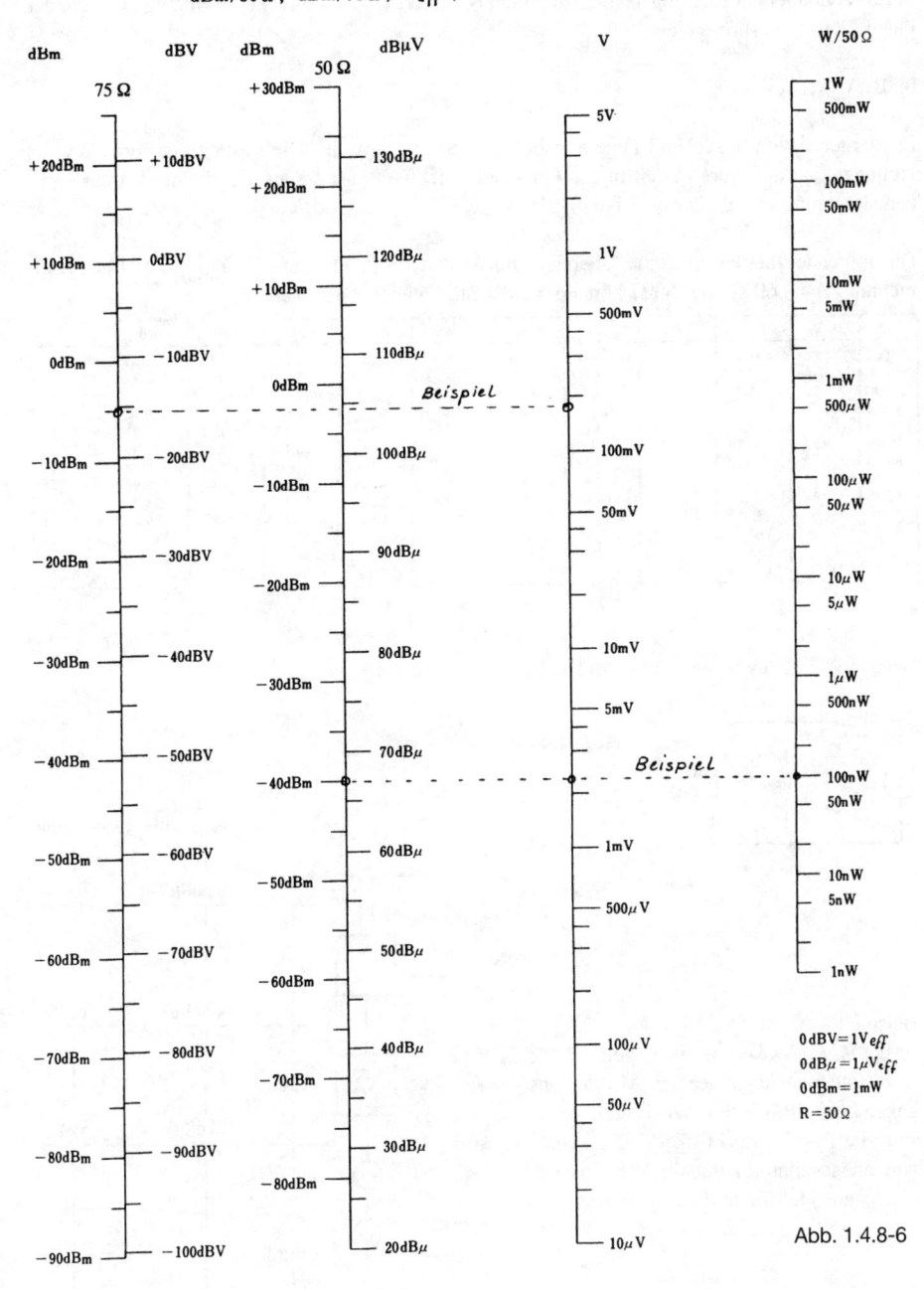

dBm (75 Ω)	dBV	dBm (50 Ω)	dBμV	V	W/50 Ω
		+30 dBm			1 W
				5 V	500 mW
+20 dBm	+10 dBV		130 dBμ		
		+20 dBm			100 mW
					50 mW
			120 dBμ	1 V	
+10 dBm	0 dBV	+10 dBm			10 mW
				500 mV	5 mW
0 dBm	−10 dBV		110 dBμ		
		0 dBm	*Beispiel*		1 mW
					500 μW
−10 dBm	−20 dBV		100 dBμ	100 mV	
		−10 dBm		50 mV	100 μW
					50 μW
−20 dBm	−30 dBV		90 dBμ		
		−20 dBm			10 μW
					5 μW
			80 dBμ	10 mV	
−30 dBm	−40 dBV	−30 dBm		5 mV	1 μW
					500 nW
−40 dBm	−50 dBV		70 dBμ	*Beispiel*	100 nW
		−40 dBm			50 nW
				1 mV	
−50 dBm	−60 dBV		60 dBμ		10 nW
		−50 dBm		500 μV	5 nW
−60 dBm	−70 dBV		50 dBμ		
		−60 dBm			1 nW
−70 dBm	−80 dBV		40 dBμ	100 μV	
		−70 dBm		50 μV	
−80 dBm	−90 dBV		30 dBμ		
		−80 dBm			
−90 dBm	−100 dBV		20 dBμ	10 μV	

0 dBV = 1 V$_{eff}$
0 dBμ = 1 μV$_{eff}$
0 dBm = 1 mW
R = 50 Ω

Abb. 1.4.8-6

dBµV in der 75-Ω-Antennentechnik

In der Antennenübertragungstechnik wurde aus der Praxis für einfache Rechnungen folgender Pegel (Null-Pegel) festgelegt.

$0\ dB\mu V \triangleq 1\ \mu V$ an $75\ \Omega$

Es werden davon ausgehend Pegelangaben in +dBµV gemacht. Die Festlegung von 1 µV als Nullpegel hat den Vorteil, daß in der Praxis alle Meßwerte größer als 1 µV sind. Daraus ergeben sich grundsätzlich nur positive dBµV-Werte.

Die folgende Tabelle gibt eine Übersicht für $R_i = R_a = 75\ \Omega$. Siehe *Abb. 1.4.8-8*. Für Pegelrechnungen an 60 Ω oder 50 Ω können ≈ 1 dB-Stufen abgezogen werden.

dBµV	0 dB	1 dB	2 dB	3 dB	4 dB	5 dB	6 dB	7 dB	8 dB	9 dB	U_E
0 dB	1.00	1.12	1.25	1.41	1.59	1.78	2.00	2.24	2.51	2.82	µV/75 Ω
10 dB	3.16	3.55	3.98	4.47	5.01	5.62	6.31	7.08	7.94	8.91	µV/75 Ω
20 dB	10.0	11.2	12.5	14.1	15.9	17.8	20.0	22.4	25.1	28.2	µV/75 Ω
30 dB	31.6	35.5	39.9	44.7	50.1	56.2	63.1	70.8	79.4	89.1	µV/75 Ω
40 dB	0.10	0.11	0.13	0.14	0.16	0.18	0.20	0.22	0.25	0.28	mV/75 Ω
50 dB	0.32	0.36	0.40	0.45	0.50	0.56	0.63	0.71	0.79	0.89	mV/75 Ω
60 dB	1.00	1.12	1.25	1.41	1.59	1.78	2.00	2.00	2.51	2.82	mV/75 Ω
70 dB	3.16	3.55	3.98	4.47	5.01	5.62	6.31	7.08	7.94	8.91	mV/75 Ω
80 dB	10.0	11.2	12.5	14.1	15.9	17.8	20.0	22.4	25.1	28.2	mV/75 Ω
90 dB	31.6	35.5	39.8	44.7	50.1	56.2	63.1	70.8	79.4	89.1	mV/75 Ω
100 dB	100	112	125	141	159	178	200	224	251	282	mV/75 Ω
110 dB	316	355	398	447	501	562	631	708	794	891	mV/75 Ω
120 dB	1000	1122	1259	1413	1585	1778	1995	2239	2512	2818	mV/75 Ω

Beispiel: 52 dBµV = 400 µV an 75 Ω

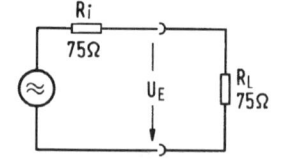

Abb. 1.4.8-8

Beispiel:
In der *Abb. 1.4.8-9* ist ein Pegelplan für eine Antennenanlage gezeigt. Mit den angegebenen dB-Werten der Bauelemente sind die Pegelwerte in dBµV (52 dBµV Antennenspannung) und in Volt aus der oben stehenden Tabelle zu entnehmen.

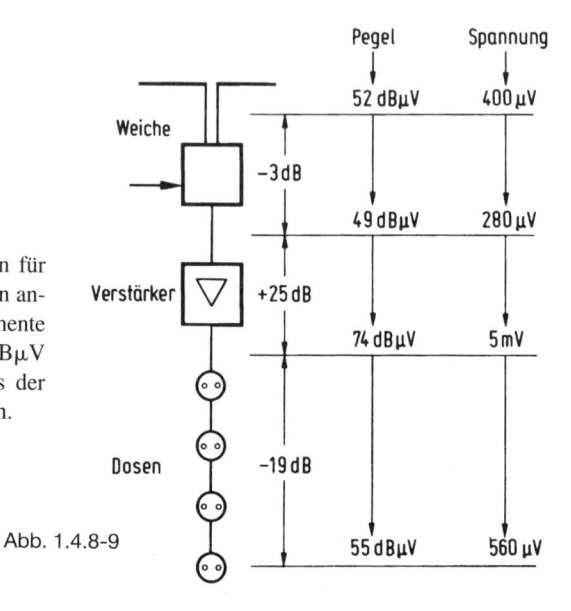

Abb. 1.4.8-9

1.4 Grundlagen für Elektronikschaltungen

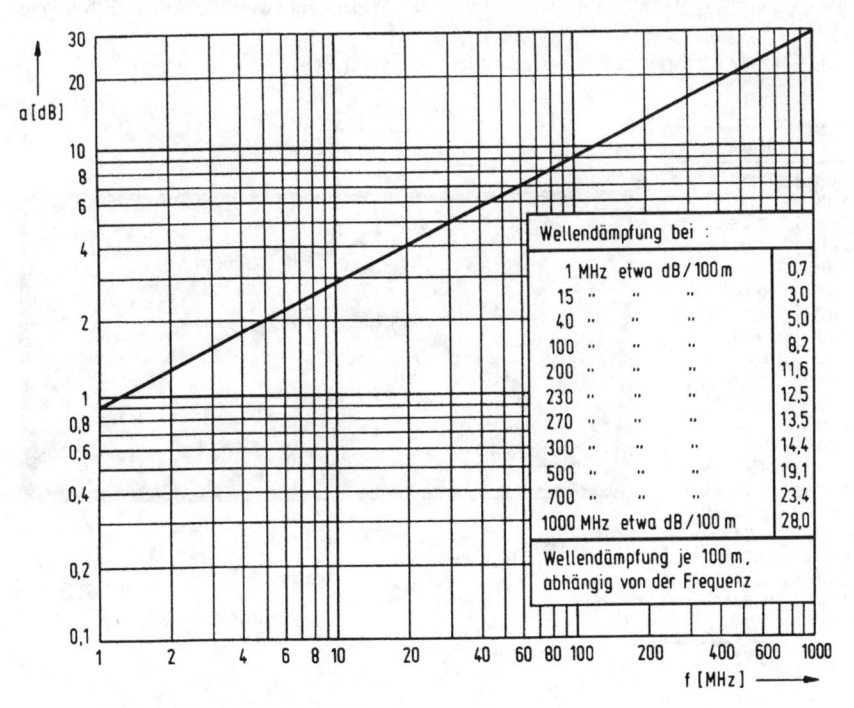

Beispiel eines typischen Dämpfungsverhaltens einer Koaxialleitung bei einer Antennenanlage (Abb. 1.4.8-10)

Wellendämpfung bei :			
1 MHz	etwa	dB/100 m	0,7
15 „	„	„	3,0
40 „	„	„	5,0
100 „	„	„	8,2
200 „	„	„	11,6
230 „	„	„	12,5
270 „	„	„	13,5
300 „	„	„	14,4
500 „	„	„	19,1
700 „	„	„	23,4
1000 MHz	etwa	dB/100 m	28,0

Wellendämpfung je 100 m, abhängig von der Frequenz

Die Wellendämpfung einer Koaxialleitung

Beispiel: angepaßte Antennenleitung; $u_o = 600$ μV; $\ell = 22$ m; $f = 1$ GHz.

Dann ist die Ausgangsspannung mit a (dB) = $20 \cdot \ell og \frac{U_A}{U_o}$ bei 22 m Kabellänge

$$U_A = U_o \cdot 10^{\frac{-a \cdot 1}{20}} = 600 \text{ μV} \cdot 10^{\frac{-28 \cdot 0{,}22}{20}} = 295 \text{ μV}.$$

C dB-Werte und ihre Skalenzuordnung bei Meßgeräten

Auch hier ist vorrangig darauf zu achten, auf welchen Widerstandswert die Angaben bezogen werden.
Für $R_i = R_a = 600\ \Omega$ (dBm) gibt folgende Tabelle eine Übersicht.

Pegel	Spannung
+ 40 dB	77,5 V
+ 20 dB	7,75 V
+ 10 dB	2,45 V
+ 3 dB	1,094 V
+ 2 dB	0,975 V
+ 1 dB	0,869 V
0 dB	0,775 V
− 1 dB	0,690 V
− 2 dB	0,615 V
− 3 dB	0,548 V
− 6 dB	0,387 V
− 10 dB	0,245 V
− 20 dB	0,0775 V
− 30 dB	24,49 mV
− 40 dB	7,75 mV
− 50 dB	2,45 mV
− 60 dB	0,775 mV
− 70 dB	0,245 mV
− 80 dB	0,0775 mV
− 90 dB	0,0245 mV
− 100 dB	7,75 µV

Abb. 1.4.8-11

Für diesen Spannungsbezug werden die dB-Skalen zu den linearen Meßskalen im logarithmischen Teilungsverhältnis angeordnet. Dem Skalenwert 775 wird demnach der Wert 0 dBm zugeordnet. Dieser Bezug gilt für die lineare Skala 0...1. Wird eine weitere Skala 0...3 angeordnet, so wird man den Endausschlag in bezug auf die 1 der ersten Skala mit $\sqrt{10} = 3{,}162$ wählen. Das entspricht einem 10-dB-Schritt für den entsprechenden Bereich, so daß die dB-Skala für alle Linear-Skalen 0...1 und 0...3,162 gilt.
Für die *Abb. 1.4.8.11* – Skalenfoto – gelten folgende Zuordnungen des Bereichsschalters:

Zuordnungen des Bereichsschalters:

Volt	dB	Volt	dB	Volt	dB
300	+ 50	3	+ 10	0,03	− 30
100	+ 40	1	0	0,01	− 40
30	+ 30	0,3	− 10	0,003	− 50
10	+ 20	0,1	− 20	0,001	− 60

Werden im 40-dB-Bereich − 4 dB abgelesen auf der Skala, so ist die Meßspannung um − 44 dB kleiner als der 0-dBm-Pegel von 0,775 Volt an 600 Ω. Bei anderen Impedanzen müssen Korrekturen gemäß dem Nomogramm *Abb. 1.4.8.12* durchgeführt werden.

Abb. 1.4.8-12

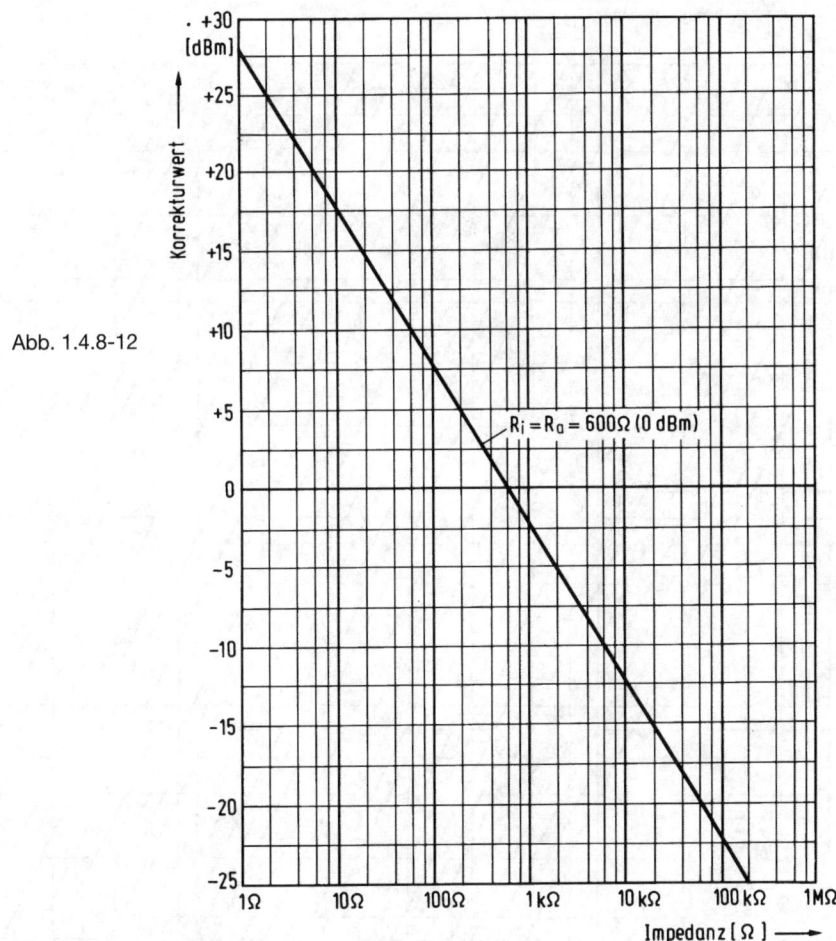

(Diagramm: Korrekturwert [dBm] vs. Impedanz [Ω], $R_i = R_a = 600\,\Omega$ (0 dBm))

1.4.9 Rauschspannungen

Rauschspannungen entstehen durch kleinste, unregelmäßige Spannungen, die sich in Widerständen, Röhren, Transistoren, Leitungen usw. ausbilden. Über deren Ursache ist noch zu sprechen. Da Rauschspannungen durch eine große Anzahl unregelmäßiger Wechselspannungen verschiedener dicht an dicht liegender Frequenzen entstehen, reicht das Rauschspektrum von 0 bis zu mehreren GHz. Das Spektrum der Rauschspannung beschränkt sich demnach nicht auf den Hörbereich. Wird die in den verschiedenen Frequenzgebieten entstandene Rauschleistung bewertet und stellt man dabei fest, daß diese je 1 Hz Bandbreite gleich groß ist, so spricht man vom „weißen Rauschen".

A Widerstandsrauschen

Die Rauschspannung eines Widerstandes entsteht durch einen unregelmäßigen, wärmeabhängigen Stromfluß der Elektronen innerhalb der Kristallstruktur des Aufbaues. Für Zimmertemperatur 20 °C ist

$$U_r \approx 0{,}13\sqrt{R \cdot \Delta f} \quad [\mu V] \quad [k\Omega] \quad [kHz]$$

1 Praktische Entwurfsdaten der Elektronik

$U_r \approx 0{,}13 \sqrt{R \cdot \Delta f}$ [µV; kΩ; kHz]

$I_r \approx 1{,}3 \cdot 10^{-4} \sqrt{\frac{1}{R} \cdot \Delta f}$ [µA; kΩ; kHz]

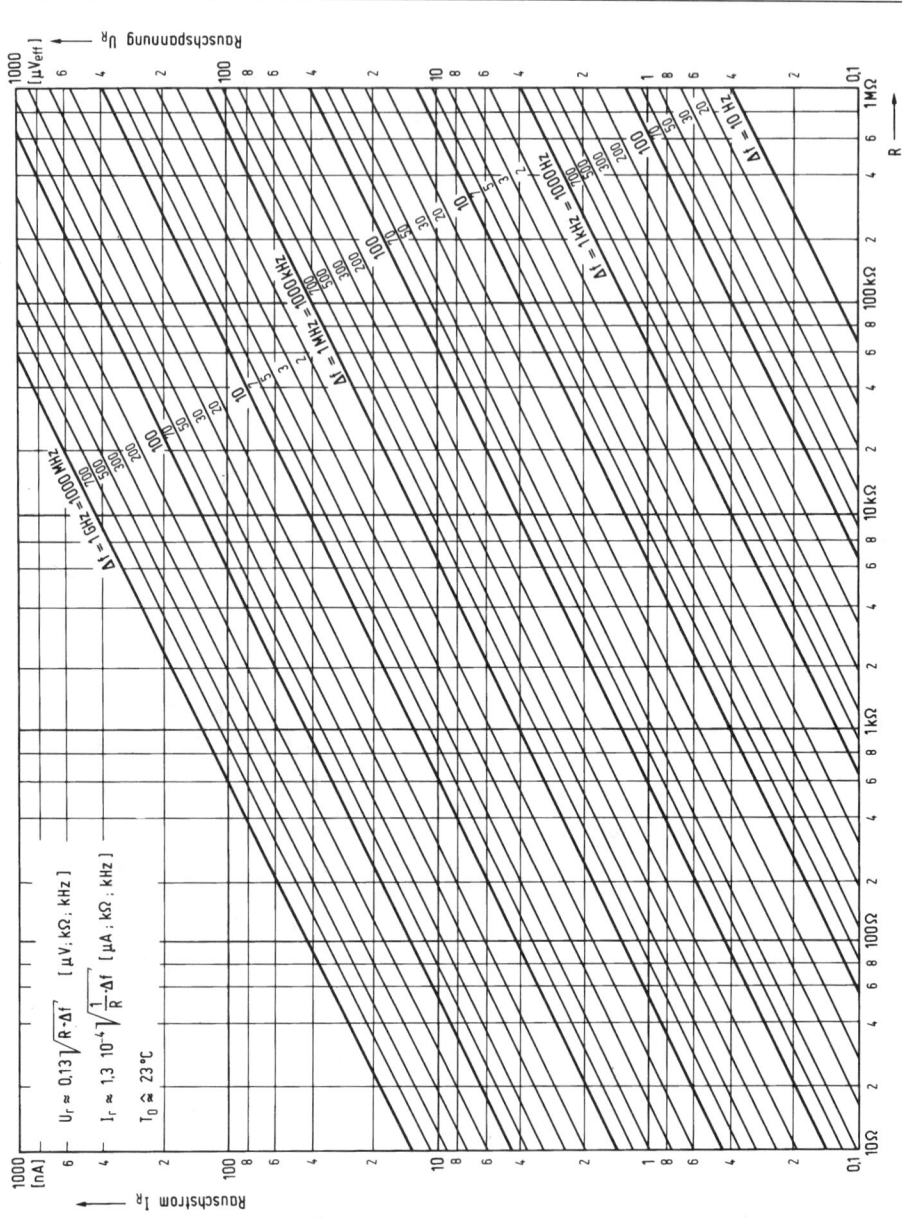

$T_0 \hat{=} 23\,°C$

Abb. 1.4.9-1

1.4 Grundlagen für Elektronikschaltungen

Für beliebig gewählte Temperaturen gilt:

$$U_r = \sqrt{4 \cdot K \cdot T \cdot R \cdot \Delta f}$$

oder:

$$U_r \approx 0{,}13 \sqrt{R \cdot \Delta f \cdot \frac{T}{T_o}}$$

Darin ist:
$K = 13{,}81 \cdot 10^{-24}$ J/K (Boltzmannkonstante)
T = absolute Temperatur K [−273,16 °C]
R = Widerstand [Ω]
Δf = Bandbreite [Hz]
(siehe dazu das Nomogramm *Abb. 1.4.9-1*).

Beispiel:
$R = 10$ kΩ; $\Delta f = 20$ kHz ($T_0 = 300$ °C)
$U_r = 0{,}13 \sqrt{10 \cdot 20} = 1{,}84$ μV.

Nach dem oben Gesagten ist es auch möglich, den Rauschstrom, der durch eine Rauschquelle fließt, zu definieren. Dieser ist gegenüber der Rauschspannung mit:

$$U_r \approx 0{,}13 \sqrt{R \cdot \Delta f} \quad [\mu V] \quad [k\Omega] \quad [kHz]$$

als Rauschstrom zu:

$$I_r \approx 1{,}3 \cdot 10^{-4} \cdot \sqrt{R \cdot \Delta f} \quad [\mu A; k\Omega; kHz]$$

angegeben.

Rauschleistung
Oftmals wird auch die Rauschleistung auf den Wert einer normierten 1-Hz-Bandbreiten-Rauschleistung angegeben. Es wird dabei ferner davon ausgegangen, daß die zur Verfügung stehende Rauschspannung bei Anpassung an einen rauschfrei gedachten Widerstand sich halbiert. Die Rauschleistung P_r eines Widerstandes ist unabhängig von seiner Größe und beträgt

$$P_r = 4 \cdot K \cdot T \cdot \Delta f \qquad K = 1{,}38 \cdot 10^{-23} \; [\frac{W}{K \cdot Hz}]$$

Für T = 300 K ergibt sich Δf [Hz]
P_r [W]

$$P_r = 1{,}6 \cdot 10^{-20} \cdot \Delta f \quad [\text{W; Hz}]$$

und damit für 1 Hz Bandbreite $\quad P_r = 1{,}6 \cdot 10^{-20} \quad [\text{W}]$

Rauschanpassung und Bezugsrauschleistung

Dafür ist mit $\dfrac{U_r}{2}$ und dementsprechend $R_r = R_0$ für je 1-Hz-Bandbreite

$P_{r\,max} = 1\,KT_0 = 4 \cdot 10^{-21}\ [290°;\ \text{W/Hz}]$

R_0 = Arbeitswiderstand (rauschfrei)
R_r = Widerstand mit Rauschspannung

Addition von Rauschwerten

Liegen mehrere Rauschgeneratoren – Widerstände – in Reihe, so werden die einzelnen Rauschspannungen geometrisch addiert. Somit ist bei drei Rauschspannungen die Summe:

$$U_{Rg} = \sqrt{U_{R_1}^2 + U_{R_2}^2 + U_{R_3}^2}$$

Das läßt sich für die Serienschaltung berücksichtigen als:

$$U_r \approx 0{,}13\,\sqrt{(R_1 + R_2 + R_3) \cdot \Delta f}$$

oder bei der Parallelschaltung von zwei Widerständen:

$$U_r \approx 0{,}13\,\sqrt{\dfrac{R_1 \cdot R_2}{R_1 + R_2} \cdot \Delta f}$$

Diese Gleichungen setzen voraus, daß die einzelnen Widerstände auf gleichem Temperaturpotential liegen.

Messung der Rauschspannung

Wird für die Messung einer Rauschspannung ein auf Sinusform geeichter Voltmeter benutzt, so ist bei der Rauschspannungsmessung ein Crest-Faktor – siehe Abschnitt 1.3 N – zu berücksichtigen. Mit u_r als abgelesener Wert ist die tatsächliche Rauschspannung:

$u_r \approx 1{,}125 \cdot u_r$

Rauschzahl F

Für die Ermittlung von Rauschgrößen einer Schaltung wird oft mit der Rauschzahl F gearbeitet. Dabei gibt die Rauschzahl F das Verhältnis der Rauschgrößen am Eingang zu denen am Ausgang der Schaltung an. Nach *Abb. 1.4.9-2* erzeugt ein Vierpol eine eigene Rauschleistung P_E. Am Eingang des Verstärkers liegt eine Nutzleistung P_N sowie eine Störleistung (Rauschleistung) P_R.

Mit $F_E = \dfrac{P_N}{P_R}$ ist für die Rauschzahl der Schaltung mit V_L als Leistungsverstärkung des Vierpols am Ausgang

$F_A = 1 + \dfrac{P_E}{P_N \cdot V_P}$ oder

Abb. 1.4.9-2

$$\boxed{F_A = \dfrac{P_N \cdot V_L}{P_R \cdot V_L + P_E}}$$

F_A = Ausgangsstörabstand
F_E = Eingangsstörabstand

Wird z.B. für einen Verstärker die Angabe gemacht $F = 4$, so bedeutet das, daß der Verstärker je 1 Hz Bandbreite eine Nutzsignalleistung von $\approx 4 \cdot K \cdot T_0 \approx 16 \cdot 10^{-21}$ W benötigt, damit das Nutzsignal am Ausgang genauso stark wie das Rauschen ist. Da die Praxis Mindesterfahrungswerte für gute Musikübertragung mit $\dfrac{U_N}{U_R} > 30$ dB gibt, kann man nach dem vorher Gesagten ohne weiteres auf die Größe der erforderlichen Nutzeingangsleistung schließen.

Störabstand S

Der Störabstand S ist in Zusammenhang mit der Rauschzahl F zu definieren. Dabei können der Rauschspannung U_R zusätzliche Störspannungen, wie z.B. Brummspannungen, überlagert sein. Der Störabstand S wird in dB angegeben und ergibt sich aus dem logarithmischen Verhältnis von

$\dfrac{P_N}{P_S}$ oder $\dfrac{U_N}{U_R}$ bei $R_E = R_A$ (siehe Rauschzahl F). Somit wird für die Spannung

$$S_U = 20 \cdot \ell og \cdot \frac{U_N}{U_R}$$

oder für die Leistung

$$S_P = 10 \cdot \ell og \cdot \frac{P_N}{P_R}$$

Beispiel:
Rauschspannung 2 mV, Brummspannung 5 mV, Nutzsignal 150 mV

$$U_{Rg} = \sqrt{U_{R1}^2 + U_{R2}^2} = \sqrt{4 + 25} = 5{,}38 \text{ mV}$$

$$S = 20 \cdot \ell og \frac{150}{5{,}38} = 28{,}91 \text{ dB}$$

Die Formeln können nach $P_N = P_n$; $P_R = P_r$ bzw. U_n, U_r umgeformt werden. Ist zum Beispiel der Rauschabstand S und die Signalleistung P_n bekannt, so wird die Formel nach P_r umgestellt:

$$S = 10 \cdot \ell og \frac{P_n}{P_r}$$

$$\frac{S}{10} = \ell og \frac{P_n}{P_r} \qquad 10^{\frac{S}{10}} = \frac{P_n}{P_r} \qquad P_r = \frac{P_n}{10^{\frac{S}{10}}}$$

Dadurch, daß in einem Übertragungskanal vorhandene Rauschquellen hinzukommen, ist der Rauschabstand von Ort zu Ort unterschiedlich. Daher wird der Rauschabstand vom Eingang eines Übertragungskanals zu seiner Größe am Ausgang ins Verhältnis gesetzt. Dieses Verhältnis wird als Rauschfaktor F bezeichnet, also

$$F = \frac{\text{Eingangsstörabstand}}{\text{Ausgangsstörabstand}} = \frac{S_E}{S_A}$$

Ein nichtrauschender Übertragungskanal hat also den Rauschfaktor 1. In den Datenbüchern wird der Rauschfaktor F häufig in dB angegeben und heißt dann Rauschzahl:

$$F' = F_{dB} = 10 \cdot \ell og F$$

Nach F umgeformt:

$$F = 10^{\frac{F_{dB}}{10}}$$

Die *Abb. 1.4.9-3* zeigt die Prinzipschaltung eines Verstärkers zur Erläuterung des Rauschfaktors F. Darin sind:

1.4 Grundlagen für Elektronikschaltungen

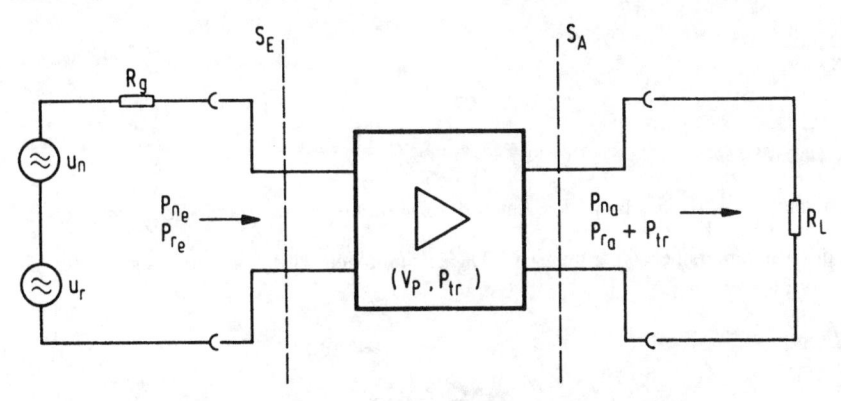

Abb. 1.4.9-3 Die Rausch- und Störsignalgrößen für einen Transistorvierpol

u_n	=	Nutzurspannung des Generators
u_r	=	Rauschspannung des Generators
R_g	=	Generatorinnenwiderstand
R_L	=	Lastwiderstand
P_{n_e}	=	zugeführte Nutzleistung
P_{r_e}	=	zugeführte Rauschleistung
P_{tr}	=	vom Verstärker erzeugte Rauschleistung
V_P	=	Leistungsverstärkungsfaktor
P_{n_a}	=	$P_{n_e} \cdot V_P$ Nutzleistung, die vom Verstärker abgegeben wird.
$P_{r_a} + P_{tr}$	=	$P_{r_e} \cdot V_P + P_{tr}$ Rauschleistung, die vom Verstärker abgegeben wird.

Die vom Verstärker abgegebene Rauschleistung setzt sich also zum einen Teil aus der am Eingang zugeführten Rauschleistung P_{r_e}, welche mit V_P verstärkt wird, und zum anderen aus der inneren Rauschleistung des Verstärkers P_{tr} zusammen. Der Rauschabstand am Eingang und Ausgang beträgt also:

$$S_A = \frac{P_{n_a}}{P_{r_a} + P_{tr}} = \text{Rauschabstand am Ausgang des Verstärkers}$$

$$S_E = \frac{P_{n_e}}{P_{r_e}} = \text{Rauschabstand am Eingang des Verstärkers}$$

Der Rauschfaktor $F = \dfrac{S_E}{S_A}$ wird somit:

$$F = \frac{\dfrac{P_{n_e}}{P_{r_e}}}{\dfrac{P_{n_a}}{P_{r_a} + P_{tr}}} = \frac{P_{n_e} \cdot (P_{r_a} + P_{tr})}{P_{r_e} \cdot P_{n_a}}$$

Wegen $P_{n_a} = V_P \cdot P_{n_e}$ und $P_{r_a} = V_P \cdot P_{r_e}$ ergibt sich für F der Ausdruck:

$$F = \frac{P_{n_e} \cdot (V_P \cdot P_{r_e} + P_{tr})}{P_{r_e} \cdot V_P \cdot P_{n_e}}$$

$$F = \frac{V_P \cdot P_{r_e} + P_{tr}}{V_P \cdot P_{r_e}}$$

$$F = 1 + \frac{P_{tr}}{V_P \cdot P_{r_e}}$$

Der Summand $\frac{P_{tr}}{V_P \cdot P_{r_e}}$ bestimmt den Anteil des Rauschfaktors der durch die innere Rauschleistung des Verstärkers hervorgerufen wird. Dieser Summand wird daher auch als der Zusatzrauschfaktor F_z bezeichnet:

$$F_z = \frac{P_{tr}}{V_P \cdot P_{r_e}}$$

Bei komplexen Abschlußwiderständen Z_g und Z_L oder komplexen Innenwiderständen Z_e oder Z_a des Vierpols interessieren für die Berechnung der Rauschgrößen nur die reellen Komponenten. Das heißt, für die Rechnung ist nur der Realteil von z. B. $Z_L \triangleq R_L$ notwendig. Daher sind in den Abbildungen nur reelle Abschlußwiderstände gezeichnet worden. Wie auch dem Abschnitt c im Kapitel Kreisrauschen zu entnehmen ist, besitzen die Blindkomponenten des komplexen Widerstandes keinen Rauschanteil.

Bei einer Kettenschaltung rauschender Vierpole, z. B. Transistorstufen, interessiert die resultierende Rauschzahl F_{res}. In der *Abb. 1.4.9-4* ist die Zusammenschaltung zweier rauschender Vierpole skizziert. Als bekannt sind die Rauschfaktoren F_1 und F_2 der einzelnen Vierpole und die Verstärkungsfaktoren V_{p1} und V_{p2} vorauszusetzen. Dabei ist es wichtig, daß die angegebenen Rauschfaktoren F_1 und F_2 für die in der Kettenschaltung vorhandenen eingangsseitigen Impedanzen bestimmt worden sind. In der Schaltung der Abb. 1.4.9-4 muß also der Rauschfaktor F_1 für R_{e1}, also dem Realteil von Z_{e1} und F_2 für R_{e2}, also dem Realteil von Z_{e2} bestimmt worden sein. Der resultierende Rauschfaktor berechnet sich dann nach der Formel:

$$F_{res} = F_{1+2} = F_1 + \frac{F_2 - 1}{V_{p1}}$$

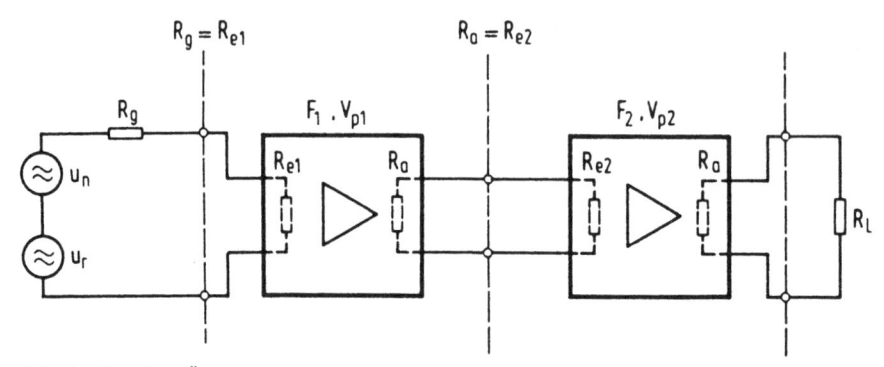

Abb. 1.4.9-4 Eine Übertragungskette von zwei rauschenden Vierpolen

Für mehrere rauschende Vierpole in Kettenschaltung lautet die Formel:

$$F_{res} = F_1 + \frac{F_2 - 1}{V_{p1}} + \frac{F_3 - 1}{V_{p1} \cdot V_{p2}} + \frac{F_n - 1}{V_{p1} \cdot V_{p2} \cdot \ldots \cdot V_{pn-1}}$$

1.4 Grundlagen für Elektronikschaltungen

Dabei bedeuten $F_1, F_2, \ldots F_n$ Rauschfaktoren der Vierpole der Anzahl n und $V_{p1}, V_{p2}, \ldots V_{pn}$ Leistungsverstärkungsfaktoren der n-Vierpole.

Dazu ein Zahlenbeispiel. In der *Abb. 1.4.9-5* ist das Prinzipschaltbild eines dreistufigen Verstärkers mit unterschiedlichen Rauschfaktoren F_1, F_2, F_3 und unterschiedlichen Leistungsverstärkungen V_{p1}, V_{p2}, V_{p3} gezeigt. Es soll der resultierende Rauschfaktor der Gesamtschaltung berechnet werden. Die Rauschzahlen jeder Stufe sind angegeben in dB mit:

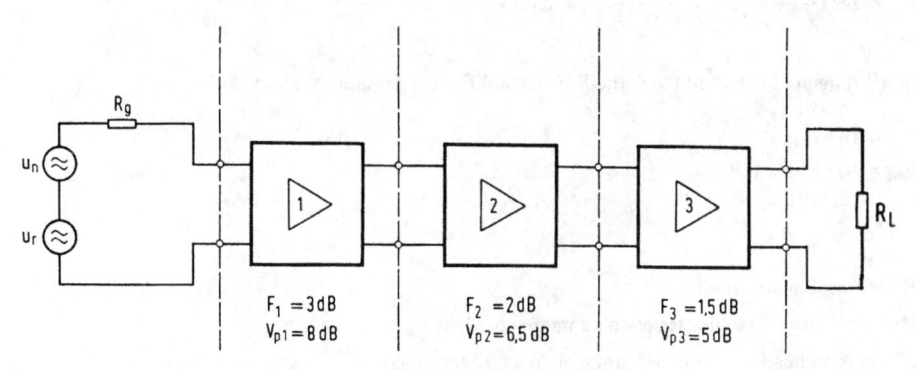

Abb. 1.4.9-5 Eine Übertragungskette von drei rauschenden Vierpolen

$F_1 = 3$ dB; $F_2 = 2$ dB; $F_3 = 1,5$ dB

sowie die Leistungsverstärkung:

$V_{p1} = 8$ dB; $V_{p2} = 6,5$ dB; $V_{p3} = 5$ dB

Diese dB-Werte können so noch nicht in die Formel eingesetzt werden, sondern müssen erst entlogarithmiert werden. Gesucht werden also die Rauschfaktoren F_1, F_2, F_3, die sich aus den Rauschzahlen (dB) berechnen lassen:

Rauschfaktor $F = 10^{\frac{F_{dB}}{10}}$

Also sind die Rauschfaktoren:

$F_1 = 10^{\frac{3}{10}} = 1,99$

$F_2 = 10^{\frac{2}{10}} = 1,58$

$F_3 = 10^{\frac{1,5}{10}} = 1,41$

und die Leistungsverstärkungsfaktoren:

$V_{p1} = 10^{\frac{8}{10}} = 6,3$

449

$V_{p2} = 10^{\frac{6,5}{10}} = 4,47$

$V_{p3} = 10^{\frac{5}{10}} = 3,16$

Diese Werte ergeben jetzt eingesetzt den resultierenden Rauschfaktor:

$F_{res} = 1,99 + \dfrac{1,58 - 1}{6,3} + \dfrac{1,41 - 1}{4,47 \cdot 6,3} = 2,096$

In dB umgerechnet, ergibt sich die Rauschzahl F_{res} der Gesamtschaltung zu:

$F_{dB} = 10 \cdot \ell og\ F$
$F_{dB} = 10 \cdot \ell og\ 2,096$
$F_{dB} = 3,21$ dB

B Antennenrauschen

Hier sind zwei Strahlungsquellen zu unterscheiden:

a) galaktisches Rauschen und atmosphärische Störungen
b) Rauschspannung des Antennenstrahlungswiderstandes

Der Faktor a ist nicht genau zu erfassen, so nehmen z. B. u. a. die atmosphärischen Störungen mit dem Quadrat der Wellenlänge zu. Das bedeutet einen höheren Störpegel im MW-Bereich gegenüber dem KW-Bereich. Des weiteren ist das galaktische Rauschen von Wellenlänge, Jahreszeit und Tageszeit abhängig. Ebenfalls vom Richtungsdiagramm der Antenne.
Um zu einer verständlichen Beschreibung zu kommen, geht man davon aus, nur mit dem Antennenwiderstand R_a zu rechnen und die zweite Komponente a so zu berücksichtigen, daß die Rauschtemperatur der Komponente b (R_a) so erhöht wird, daß sich eine entsprechende Antennenrauschspannung ergibt.
Es ist dafür

$U_{rA} = 2,35 \cdot 10^{-4} \sqrt{T_A \cdot R_A \cdot \Delta f}$ [μV; Ω; kHz]

Übersicht der ungefähren Werte von T_a:

Beispiel:
Bereich 30 m; $R_A = 75\ \Omega$;
$T_a \approx 1,5 \cdot 10^6$; Δf 3 kHz.

λ [m]	Bereich MHz	T_a
300	1	1 ... $3,8 \cdot 10^9$
30	10	0,4 ... $2,5 \cdot 10^6$
3	100	1 ... 3 $\cdot 10^3$
0,3	1000	2,5 ... 7

$U_r \approx 2,35 \cdot 10^{-4} \sqrt{1,5 \cdot 10^6 \cdot 75 \cdot 3} = 4,31$ μΩ (angenäherter Wert)

Beispiel nach *Abb. 1.4.9-6*
Rauschspannungen an einem 75-Ω-Antennensystem.
Frequenz f = 30 MHz lt. Tabelle $T_A \approx 1,5 \cdot 10^6$; R = 75-Ω-System; Δf = 2kHz. Koaxkabel 20 m mit a_{dB} = 2,9 dB für 100 m. Entsprechend 0,58 dB bei 20 m Leitungslänge.

1.4 Grundlagen für Elektronikschaltungen

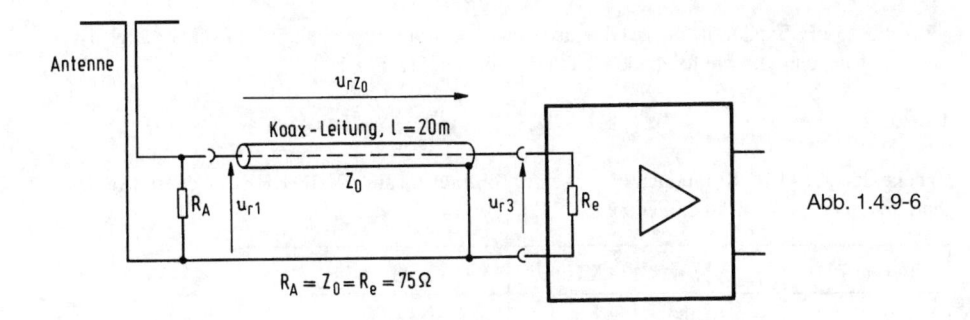

Abb. 1.4.9-6

Antenne — Koax-Leitung, $l = 20\,\text{m}$, Z_0 — u_{rZ_0}, u_{r1}, u_{r3}, R_A, R_e

$R_A = Z_0 = R_e = 75\,\Omega$

Mit diesen Angaben nach *Abb. 1.4.9-6*:

$$U_{r1} = \sqrt{1{,}38 \cdot 10^{-23} \cdot 1{,}5 \cdot 10^6 \cdot 75 \cdot 2 \cdot 10^3}$$
$$U_{r1} = 1{,}76 \cdot 10^{-6}\,\text{V} = 1{,}76\,\mu\text{V}$$

Ohne jetzt das Z_0-Rauschen der Leitung zu berücksichtigen, berechnet sich dann U_{r2} am Ausgang der Leitung zu:

$$a_{dB} = 0{,}58 = 20 \cdot \log \frac{U_{r1}}{U_{r2}}$$

$$\frac{0{,}58}{20} = \log \frac{1{,}76\,\mu\text{V}}{U_{r2}}$$

$$10^{0{,}029} = \frac{1{,}76\,\mu\text{V}}{U_{r2}}$$

$$U_{r2} = \frac{1{,}76\,\mu\text{V}}{1{,}069} = 1{,}65\,\mu\text{V}$$

Das Z_0-Leitungsrauschen einer 75-Ω-Leitung läßt sich mit der Formel für das Widerstandsrauschen berechnen:

$$U_{rZo} = \sqrt{4 \cdot 1{,}38 \cdot 10^{-23} \cdot 293 \cdot 75 \cdot 2 \cdot 10^3}$$
$$U_{rZo} = 0{,}049 \cdot 10^{-6}\,\text{V} = 0{,}049\,\mu\text{V} \qquad \text{mit } T = 293\,\text{K}$$
$$\Delta f = 2\,\text{kHz}$$

Die Rauschspannungen U_{r2} und U_{rZo} werden jetzt geometrisch addiert:

$$U_{r3} = \sqrt{U_{r2}^2 + U_{rZo}^2}$$
$$U_{r3} = \sqrt{1{,}65^2 + 0{,}049^2}\,\mu\text{V}$$
$$U_{r3} = 1{,}6507\,\mu\text{V}$$

C Kreisrauschen – L-C-Komponenten

Da eine Rauschspannung nur an einem ohmschen Widerstand entstehen kann, wird für die Beurteilung eines Schwingkreisrauschens der Resonanzwiderstand Z_0 eingesetzt. Des weiteren

1 Praktische Entwurfsdaten der Elektronik

wird die –3-dB-Bandbreite als Δf benutzt. Für alle Rauschspannungen, die innerhalb dieses Bereiches liegen, wird die folgende Gleichung benutzt. [T_0 300°]

$$U_r \approx 0{,}128 \sqrt{Z_0 \cdot \Delta f} \qquad [\mu V; k\Omega; kHz]$$

Tabelle für Z_o: (L-C-Komponenten – keine Topfkreistechnik VHF-UHF). Weitere Angaben sind den *Abb. 1.4.7...9* zu entnehmen.

Bereich	λ [m]	MHz	Z_o ca.
LW	3000	0,1	$\approx$ 800 kΩ
MW	300	1	$\approx$ 200 kΩ
KW	30	10	$\approx$ 50 kΩ
KW	10	30	$\approx$ 5 ... 30 kΩ
UKW	3	100	$\approx$ 2 ... 3 kΩ
VHF	1	300	$\approx$ 0,7 ... 1,8 kΩ

$$U_r \approx 0{,}128 \sqrt{Z_0 \cdot \Delta f} \qquad [\mu V; k\Omega; kHz]$$

$$U_r \approx \frac{45}{\sqrt{C}} \qquad [\mu V; pF]$$

Beide Gleichungen gelten für $\Delta f \triangleq -3$ dB. Für $\Delta f \rightarrow \infty$ gilt angenähert:

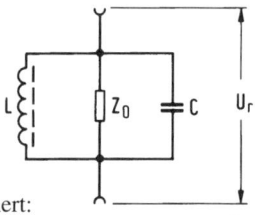

$$U_r \approx \frac{63{,}2}{\sqrt{C}} \qquad [\mu V; pF]$$

Abb. 1.4.9-7

$$U_r = 2{,}96 \cdot 10^{-12} \sqrt{\frac{T_0}{C} \cdot \arctan 2 \cdot \pi \cdot f \cdot R \cdot C}$$

[V; F; Hz; Ω]   mit definierter Größe für f.

Für $\Delta f \rightarrow \infty$ wird $U_r \approx \dfrac{63{,}24}{\sqrt{C}}$ [μV; pF] $T_0 = 290°$

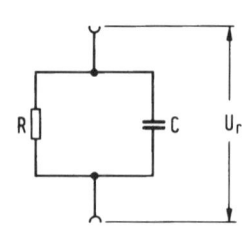

Abb. 1.4.9-8

$$I_r = 2{,}96 \cdot 10^{-12} \sqrt{\frac{T_0}{L} \cdot \arctan 2 \cdot \pi \cdot f \cdot \frac{1}{R} \cdot C}$$

[A; H; Hz; Ω]   mit definierter Größe für f.

Für $\Delta f \rightarrow \infty$ wird $I_r \approx \dfrac{63{,}24}{\sqrt{L}}$ [μA; pH]

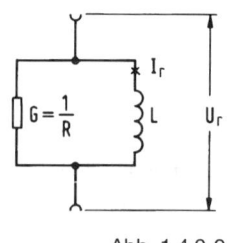

Abb. 1.4.9-9

D Transistorrauschen

Neben dem normalen Wärmerauschen der Elektronen innerhalb der einzelnen Kristallstruktur tritt noch ein sprunghaftes Funkelrauschen auf, das seine Ursache in plötzlichen Veränderungen der Sperrschichten haben wird. Der Hersteller gibt für einen Transistor die Rauschzahl oder das Rauschmaß an. Dieses wird als – F – bezeichnet. Die Rauschzahl F (englisch: Noise figure) wird für einen bestimmten Arbeitspunkt angegeben. Ebenfalls wird für die Bemessung von F der steuernde Generatorinnenwiderstand der Spannungsquelle am Eingang des Transistors sowie seine Frequenz oder Frequenzbandbreite angegeben. Auch ist der Wert der Leistungsverstärkung des Transistors V_L erforderlich. Mit diesen Größen ergibt sich bei der Voraussetzung von $K_{To} = 290° \approx$ Zimmertemperatur:

$$F = \frac{P_2}{V_L \cdot P_1}$$

$$\frac{F}{[dB]} = 10 \cdot \log \frac{P_2}{V_L \cdot P_1}$$

Darin ist: P_2 die vom Transistor abgegebene Rauschleistung
P_1 die vom Generator am Eingang abgegebene Rauschleistung
V_L die Leistungsverstärkung des Transistors.

Es ist:

$$V_L = \frac{P_2}{P_1}$$

Da nun die Rauschzahl F im Hinblick auf die Leistungsanpassung des Generators am Eingang des Transistors beeinflußt wird, ist man versucht, zu Werten nahe der Leistungsanpassung überzugehen.

Beispiel nach *Abb. 1.4.9.-10*
Gefordert ist ein Störabstand am Ausgang von $S_{A_{dB}} \geq 60$ dB. Das Nutzsignal am Eingang beträgt $U_{ne} = 3$ mV. Die Rauschspannung am Eingang $U_{re} = 1{,}2$ µV. Der Generatorinnenwiderstand ist $R_g = 75\,\Omega$. Die Spannungsverstärkung des Verstärkers liegt bei $V_u = 30$ dB. Gesucht ist die Rauschzahl F, die der Verstärker haben darf, damit der geforderte Ausgangsstörabstand eingehalten wird. Weiterhin interessiert der Betrag des Ausgangsnutzsignals und der Rauschspannung am Ausgang.
Mit $U_{ne} = 3$ mV und $U_{re} = 1{,}2$ µV wird der Störabstand am Eingang:

$$S_E = \frac{3 \cdot 10^{-3}\,V}{1{,}2 \cdot 10^{-6}\,V} = 2500$$

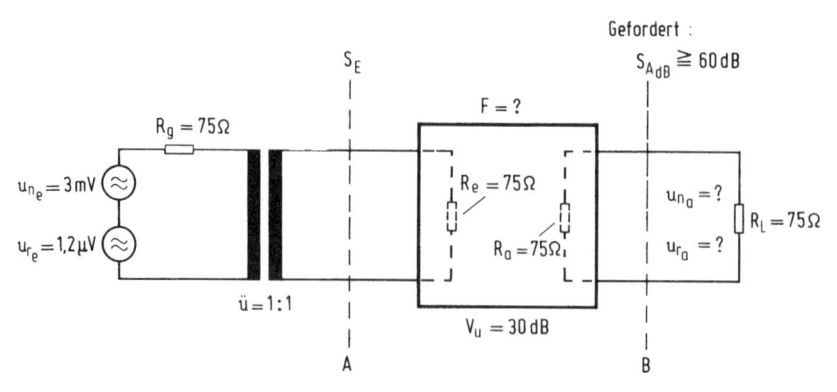

Abb. 1.4.9-10 Das Nutzsignal und das Rauschsignal am Punkt B dieser Schaltung bei einem geforderten Störabstand von $S_{AdB} \geq 60$ dB soll berechnet werden

Der Ausgangsstörabstand ist gefordert mit mindestens $S_{AdB} = 60$ dB.
Damit wird der Ausgangsstörabstand:

$$S_A = 10^{\frac{S_{AdB}}{20}} = 10^{\frac{60}{20}}$$

$S_A = 1000$

Mit der Formel (4) berechnet sich der gesuchte Rauschfaktor zu

$$F = \frac{S_E}{S_A} \qquad F = \frac{2500}{1000} \qquad F = 2{,}5$$

Die Rauschzahl ist dann mit
$F_{dB} = 10 \cdot \ell og\ F$
$F_{dB} = 10 \cdot \ell og\ 2{,}5$
$F_{dB} = 3{,}98$ dB

Damit also die Forderung $S_{AdB} \geq 60$ dB eingehalten werden kann, muß die Rauschzahl des Vierpols $F \leq 3{,}98$ dB sein.
Für die Berechnung der Ausgangsspannungen sind die folgenden Rechenschritte notwendig.
Am Punkt A der Schaltung in der Abb. 1.4.9-10 liegen aufgrund der Anpassung $R_g = R_e = 75\ \Omega$ die folgenden Spannungen vor:

$$U'_{n_e} = \frac{U_{n_e}}{2} = \frac{3\ mV}{2} = 1{,}5\ mV \qquad \text{sowie} \qquad U'_{r_e} = \frac{U_{r_e}}{2} = \frac{1{,}2\ \mu V}{2} = 0{,}6\ \mu V$$

Aus Gründen der Vereinfachung wurde das Übersetzungsverhältnis ü = 1 gewählt. Bei unterschiedlichen Werten von R_g und R_e muß jedoch ein entsprechendes Anpassungsverhältnis berücksichtigt werden.

Die Spannungsverstärkung $V_u = 30$ dB wird umgerechnet zu

$$V_u = 10^{\frac{30}{20}} = 31{,}622$$

und ist somit 31,622fach.
Die Ausgangsspannung des Nutzsignales beträgt dann bei einem $R_L = 75\ \Omega$:

$$U_{n_a} = 31{,}622 \cdot U'_{n_e} = 31{,}622 \cdot 1{,}5\ \text{mV} \approx 47\ \text{mV}$$

Die Rauschspannung am Ausgang (Punkt B) wird bei einem Ausgangsstörabstand von 60 dB wie folgt berechnet:
$S_{A_{dB}} = 60$ dB $\Rightarrow S_A = 1000$

Wegen $S_A = \dfrac{U_{n_a}}{U_{r_a}}$ wird U_{r_a} zu: $\quad U_{r_a} = \dfrac{U_{n_a}}{S_A} = \dfrac{47\ \text{mV}}{1000} \quad U_{r_a} = 47 \cdot 10^{-6}\ \text{V} = 47\ \mu\text{V}$

E Störabstand der Nachrichtenübertragung

Für die Nachrichtenübertragung von Signalen haben sich aus der Praxis für eine ausreichende Verständigungsqualität folgende Werte für den Störabstand der Leistung oder der Spannung ergeben:

Übertragungsart	dB	$\dfrac{P_N}{P_S}$ (Leistung)	$\dfrac{U_N}{U_S}$ (Spannung)
2 Telegrafie	3	2 : 1	1,4 : 1
4 Sprache	20	100 : 1	10 : 1
5 Musik	30	1000 : 1	32 : 1
6 Fernsehen	40	10000 : 1	100 : 1
3 untere Grenze der Sprachverständigung	10	10 : 1	3,2 : 1
1 untere Wahrnehmungsgrenze	0	1 : 1	1 : 1

1.4.10 Skineffekt

Wird ein Leiter, gleich welches Material, Form oder Durchmesser, an eine Gleichspannungsquelle angeschlossen, so ist der fließende Strom der Elektronen an jeder Stelle des Querschnitts gleich groß. Es ist ein homogener Stromfluß zustandegekommen.
Das ist nicht mehr so bei Wechselstrom höherer Frequenz. Der Strom fließ bei hohen Frequenzen vorwiegend nur noch an der Außenfläche des Leiters. Der Innenkern des Leiters ist bei sehr hohen Frequenzen stromlos – es könnte ein Rohr benutzt werden. Der Stromfluß von der Außenfläche bis zum Inneren des Leiters nimmt ständig nach einer e-Funktion ab. Diese Erscheinung wird als Stromverdrängung oder Skineffekt (Hauteffekt) bezeichnet. Ihre Ursache ist in der Verdrängung der Elektronen durch die äußeren Wechselfelder des Leiters zu suchen, die ihrerseits ein inneres, entgegengerichtetes Feld erzeugen. Dieses steigt mit der Höhe der Frequenz, wodurch der Stromfluß im Innern entsprechend geschwächt wird.

1 Praktische Entwurfsdaten der Elektronik

Dadurch erhöht sich der Widerstandswert des Leiters. Das bedeutet z. B. bei Spulen eine Verschlechterung der Güte. Da diese Erscheinung bereits bei Frequenzen > 200 kHz einen Einfluß ausübt, wird von 200 kHz...5 MHz häufig Hf-Litze benutzt. Bei höheren Frequenzen – häufig auch im Kurzwellengebiet – werden Leiter großen Querschnitts mit vegüteter Oberfläche – Silber – benutzt. Das führt im Gebiet von 400 MHz...1 GHz in der Topfkreistechnik zu Leitern, welche Durchmesser von z. B. 8 mm erreichen mit Silberauflage.

Eindringtiefe

In der *Abb. 1.4.10-1* ist die Eindringtiefe α für verschiedene Materialien gezeigt. In dem danebenstehenden Schaubild wird erkennbar, daß die Eindringtiefe keine plötzliche Begrenzung erfährt. Aus diesem Grunde wird mit der äquivalenten Leitschichtdicke (α) gerechnet. Die folgende Gleichung gibt die Beziehung an für d ≫ α, wobei der Stromfluß für α um den Faktor 1/e abgesunken ist.

$$\alpha \approx 0{,}503 \sqrt{\frac{\varrho}{\mu_r \cdot f}} \quad \left[\text{mm}; \frac{\Omega \, \text{mm}^2}{\text{m}}; \text{MHz} \right]$$

Abb. 1.4.10-1

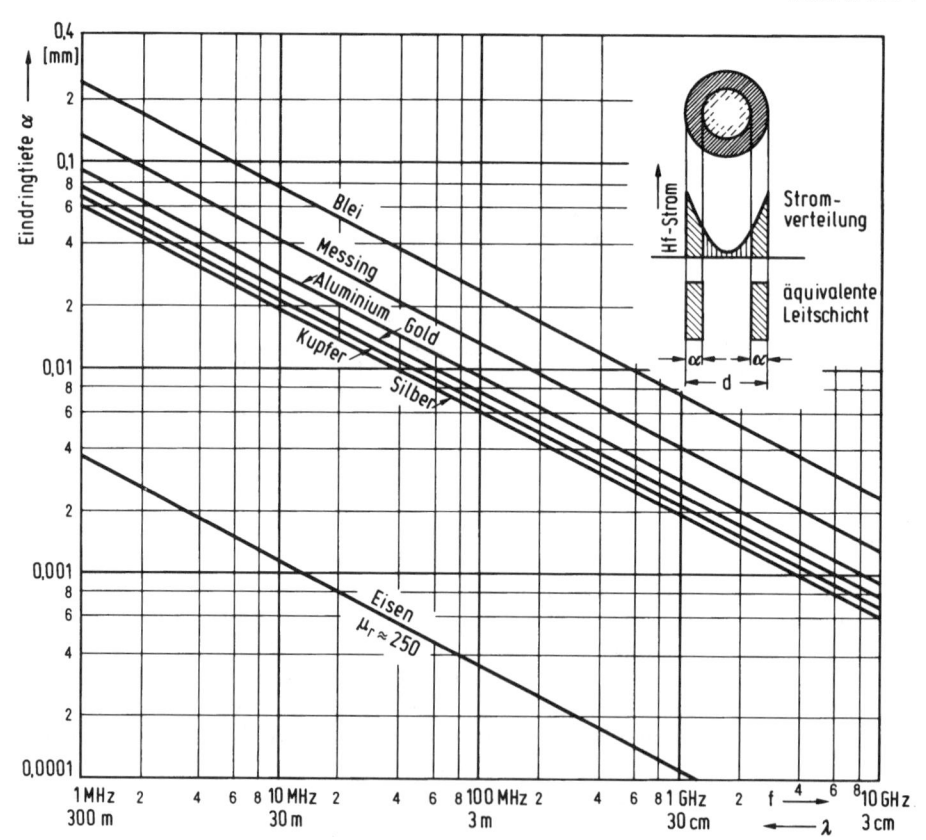

Für μ_r ist 1 zu setzen bei nicht ferromagnetischen Stoffen (Gold, Kupfer, Silber etc.). Die folgende Tabelle zeigt Werte von ϱ:

Material	$\varrho \left[\dfrac{\Omega \, mm^2}{m} \right]$
Silber	0,01612
Kupfer	0,01724
Gold	0,02222
Aluminium	0,03030
Messing	0,07692
Platin	0,1111
Stahl	0,1

Wird anstelle der Frequenz für die obige Gleichung die Wellenlänge λ benutzt, so gilt:

$$\alpha \approx 2{,}904 \cdot 10^{-2} \sqrt{\frac{\varrho \cdot \lambda}{\mu_r}} \quad \left[mm; \frac{\Omega \, mm^2}{m}; m \right]$$

Beispiel:
Betriebsfrequenz 100 MHz = 3 m, Material Gold ($\mu_r = 1$).

$$\alpha \approx 0{,}503 \cdot \sqrt{\frac{0{,}0222}{100}} = 0{,}00746 \text{ mm.}$$

Für die Berechnung von Abschirmungen sei noch einmal darauf hingewiesen, daß der Wert α eine äquivalente Leitergröße präsentiert. Je nach Anforderungen an die Abschirmung wird man eine Gehäusestärke von
$d \approx 5 \ldots 25 \, x \, \alpha$ wählen.

Hochfrequenzwiderstand von Leitern

Aufgrund des Skineffektes weicht der Hochfrequenzwiderstand eines Leiters von dem des Gleichstromwiderstandes ab. Zwischen Oberflächenvergütung – Eindringtiefe – und dem daraus resultierenden Hochfrequenzwiderstand R_0 ist ein Kompromiß zu suchen.
Die Größe des Wertes von R_0 ermittelt sich wie folgt:

$$R_0 = 6{,}33 \cdot 10^{-4} \cdot \frac{\ell}{d} \sqrt{f \cdot \varrho \cdot \mu_r}$$

R_0 [Ω]

ℓ Länge des Leiters

d Durchmesser des Leiters [mm]
f Frequenz [MHz]

ϱ Spezifischer Widerstand $\left[\dfrac{\Omega \, mm^2}{m} \right]$

Wird anstelle der Frequenz die Betriebswellenlänge benutzt, so gilt:

$$R_0 = 0{,}01097 \cdot \frac{1}{d} \sqrt{\frac{\varrho \cdot \mu_r}{\lambda}}; \quad \text{Größen wie oben, wobei } \lambda \text{ [m] zu setzen ist.}$$

Aus diesen Gleichungen ist zu erkennen, daß der Verlustwiderstand R_0 proportional der Quadratwurzel aus der Frequenz ist $R_0 \approx a \cdot \sqrt{f}$.

Beispiel:
Frequenz 100 MHz; ℓ = 10 cm; d = 3 mm; Material Silber.

$$R_0 = 6{,}33 \cdot 10^{-4} \cdot \frac{100}{3} \sqrt{100 \cdot 0{,}0161 \cdot 1} = 26{,}77 \text{ m}\Omega$$

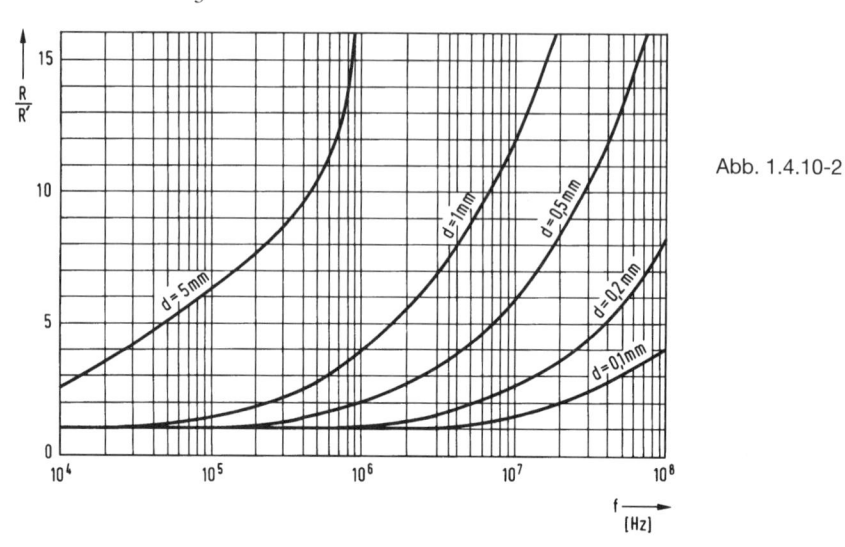

Abb. 1.4.10-2

Die *Abb. 1.4.10-2* zeigt die Widerstandsänderung R' (Wechselstrom) und R (Gleichstrom) bei verschiedenen Drahtstärken. Beispiel: bei 10 MHz ist bei d = 0,5 mm der Wechselstromwiderstand sechsmal so groß wie im Gleichstromfall.

Spezifischer Flächenwiderstand bei Hochfrequenz

Für eine definierte Fläche der Länge 1 = 10 mm und der Breite 10 mm ist der Flächenwiderstand R_F:

$R_F = 0{,}002 \cdot \sqrt{f \cdot \mu_r \cdot \varrho}$ $\quad R_F$ [Ω]
$\quad\quad\quad\quad\quad\quad\quad\quad\quad\quad$ f [MHz]

$$\varrho \left[\frac{\Omega \text{ mm}^2}{m}\right]$$

Beispiel: Silber; f = 100 MHz, dann ist mit $\mu_r = 1$

$R_F = 0{,}002 \cdot \sqrt{100 \cdot 0{,}01612} = 0{,}00254 \ \Omega$

Die Betrachtung von R_F ist wichtig bei Abschirmungen hochfrequenter Ströme. Es ist daran zu denken, daß 1 cm Leitungslänge eine zusätzliche Induktivität von ca. 1 nH aufweist.

1.4 Grundlagen für Elektronikschaltungen

Die folgenden Nomogramme *1.4.10-3* und *4* geben einen weiteren Überblick.

Die Eindringtiefe für bandförmige oder zylindrische Leiter ($\sigma \ll d$) ist

$$\sigma = 2{,}9 \sqrt{\frac{\rho \cdot \lambda}{\mu}}$$

σ = Eindringtiefe in μm; Stromdichte auf (1/e) · 100 % abgesunken
ρ = spezifischer Widerstand des Leiters in $\Omega\text{mm}^2\text{m}^{-1}$
λ = Wellenlänge in cm
μ = relative Permeabilität des Leiters (im allgemeinen = 1)

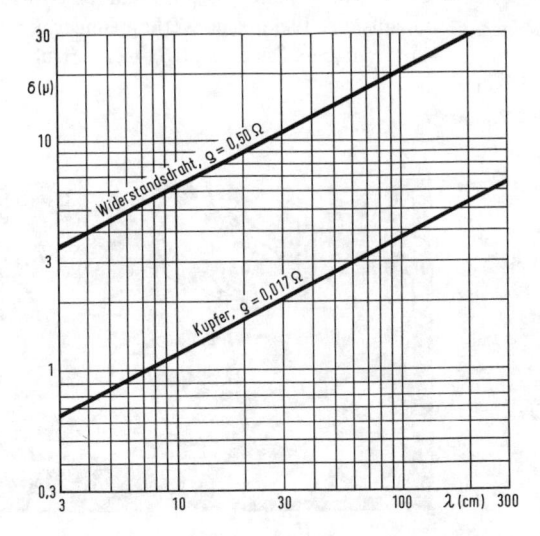

Abb. 1.4.10-3

Verhältnis HF-Widerstand/Gleichstrom-Widerstand für kreisring- und bandförmige Leiter

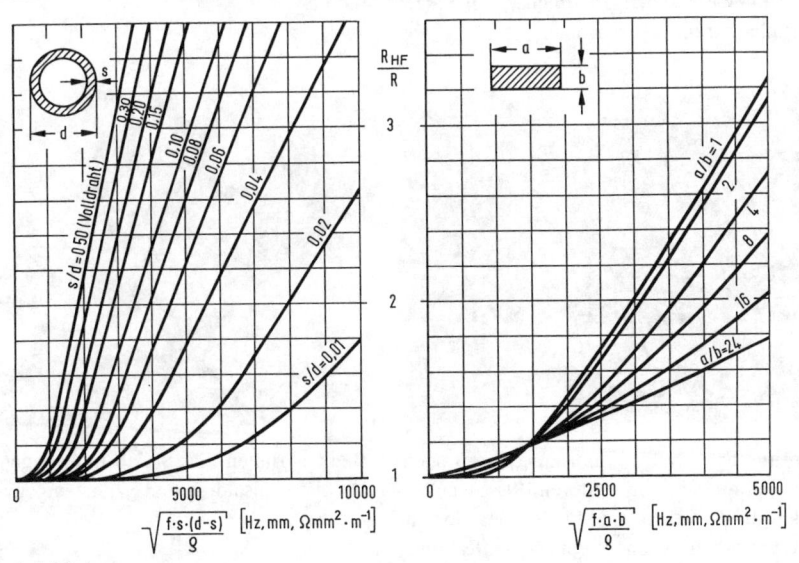

Abb. 1.4.10-4

Mechanischer Aufbau elektronischer Schaltungen

1. Schritt. Schaltungsaufbau als „Drahtigel". Werte der Bauelemente im Versuch optimieren.

2. Schritt. Schaltungsaufbau auf einer Rasterhilfsplatine. Elektrische Verkopplungen im Versuch erproben. Dauer- und Temperaturlauf.

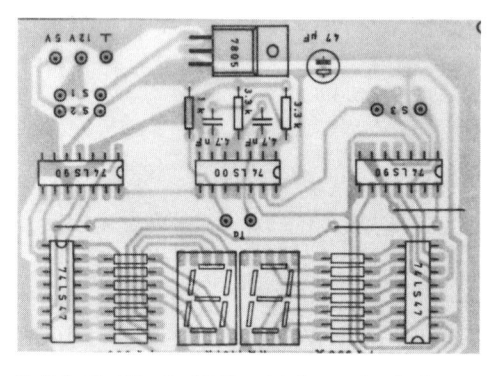

3. Schritt. Für die Platine ist der optimale Lageplan der Platine festzulegen. Ebenso ein kurzer Leitungsplan für die Leiterbahnen.

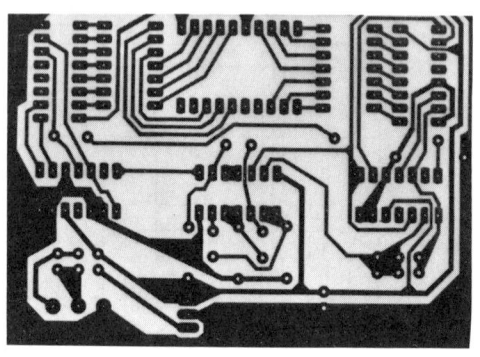

4. Schritt. Platine kleben für das Fotoätzverfahren.

5. Schritt. Das erste Labormuster erproben. Platine optimieren, um Störeinflüsse auszuschließen. In der Praxis sind bis zu vier Neuentwürfe erforderlich, wenn an eine Serienfertigung gedacht wird.

Baumaterialien für Seilabstimmungen. So z.B. Drehkondensatoren und Skalenzeiger.

2

Mechanik und mechanische Baugruppen der Elektronik

2.1 Mechanik

Die mechanische Bearbeitung von Werkstoffen nimmt in der Elektronik eine wichtige Stelle ein. Viele Erfahrungswerte und Hilfsmittel sind erforderlich, um eine saubere und maßgerechte Bearbeitung zu gewährleisten.

Es werden weiter die Herstellung der Printplatte mit deren spezifischen Größen wie Widerstände, Induktivitäten und Kapazitäten berechnet. Spezielle Bauformen von mechanischen Bauteilen und ihre Abmessungen werden angegeben. Die Mechanik der elektrischen Entstörung wird behandelt.

2.1.1 Hilfsmittel und Hinweise für die mechanische Bearbeitung von Stoffen

Kühlung und Schmiermittel

Bei spanabhebender Bearbeitung (Bohren, Sägen, Feilen) ist in vielen Fällen ein Schmiermittel erforderlich. Vor Anwendung – besonders bei Kunststoffen – ist zu prüfen, ob dadurch die Materialoberfläche angegriffen wird. Als Schmiermittel eignet sich Spiritus, Petroleum, Fahrradöl (verdünnt evtl. mit Benzin). Je weicher das Material, je dünnflüssiger darf das Gleitmittel sein. Bestimmte spröde Werkstoffe, wie Bronze, Gußeisen, können trocken bearbeitet werden.

Auslaufseiten beim Bohren

Besonders bei weichen Werkstoffen schmiert das Material an der auslaufenden Seite des Bohrers. Abhilfe ist möglich, wenn ein gleiches Material untergespannt, also mit durchbohrt wird. Das gilt auch für sprödes ausbrechendes Material – Hartgewebe und Kunststoffe.

Hilfsmittel für das Abkanten von Blechen

Dünne Aluminium- oder Messingbleche können am Schraubstock in einer Länge von ca. 30 cm abgekantet werden, wenn zwei – einwandfreie – Stahlwinkelprofile von z. B. 30 x 50 x 5 mm mit 35 cm Länge zur Verfügung stehen. An beiden Enden werden beide Profile mit je 2 Stück 8-mm-Schrauben zusammengehalten. Das Material (Blech) liegt zwischen den Profilen. Diese werden im Schraubstock gehalten. Abkanten mit Hartholz und Hammer. Blechstärke $\leq$ 1 mm bei 30 cm Länge z. B. $\leq$ 2 mm bei 15 cm Länge. Schraubstockbacken $\approx$ 120 mm.

Werkzeuge mit Hartmetallschneiden

In der täglichen Praxis bewähren sich diese nur, wenn Erfahrung und geeignete Werkzeuge für das Nachschleifen vorhanden sind.

2.1 Mechanik

Festhaltewerkzeuge

Um Unfallgefahren zu vermeiden, ist es erforderlich, daß das zu bearbeitende Werkstück fest gespannt werden kann. Für das Bohren sind mindestens Grip-Zangen vorzusehen. Bei spanabhebender Verarbeitung sind Schutzbrillen zu tragen.

Meßwerkzeuge

Wichtige Meßwerkzeuge und solche zum Anreißen sind in der *Abb. 2.1-1* zu sehen.

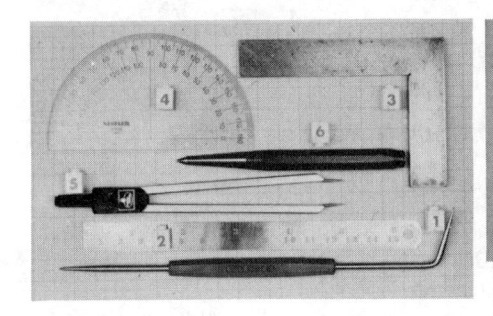

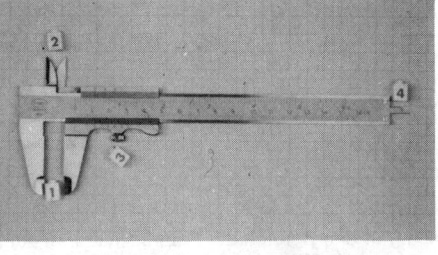

Abb. 2.1-2

Abb. 2.1-1

Abb. 2.1-3

1 Reißnadel
2 Stahl (mm) Maß
3 Winkel
4 Winkelmesser
5 Zirkel (Stahlspitzen)
6 Körner

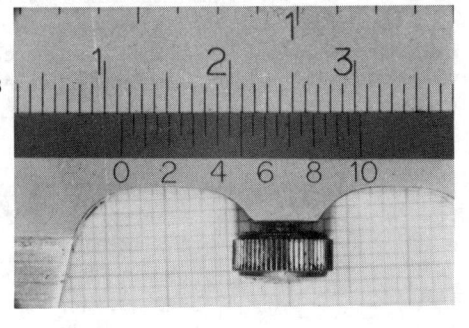

Für genaue Messungen ist die Schub- oder Schieblehre erforderlich. Diese ist in der *Abb. 2.1.-2* zu sehen. Es können hier Messungen auf $1/10$ mm vorgenommen werden. Das Ablesen wird nach *Abb. 2.1-3* vorgenommen. Der Ablesewert beträgt dort 11,4 mm. Ablesung 0 steht über 11. Auf der Noniusskala ist die 4 der erste Deckungsstrich mit der oberen Skala $\triangleq$ 11,4 mm.

In der Abb. 2.1.-2 bedeuten:
1 Meßschneiden   3 Festhalteschraube
2 Meßschneiden für Lochdurchmesser   4 Meßstift für Tiefenmessungen

Noch genauere Messungen sind mit der Mikrometerschraube möglich. Auflösung 1/100 mm. Die Mikrometerschraube ist in der *Abb. 2.1-4* zu sehen. Die Ablesung ist nach *Abb. 2.1-5* einfach. Dort ist abzulesen: 2,85 mm. In Einzelschritten wie folgt: Die Drehskala steht über 2,5. Der Nullstrich deckt sich mit 0,35. Die Addition ist 2,85.

463

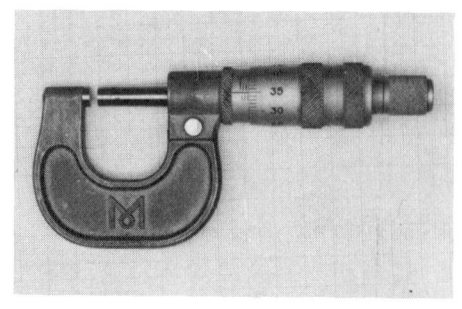

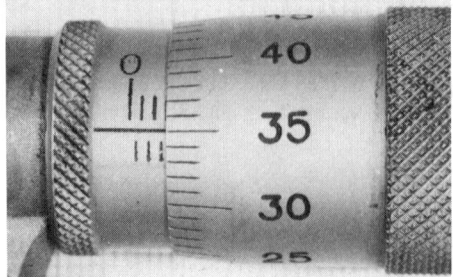

Abb. 2.1-4   Abb. 2.1-5

2.1.2 Schneidende und spanabhebende Vorgänge und Werkzeuge

Schneiden

Unter Schneiden wird das Trennen von Materialien ohne Werkstoffverlust – Späne – verstanden. Für den Bereich der Feinmechanik in der Elektronik werden dünne Aluminium-, Messing- oder verzinnte Stahlbleche < 1 mm mit der Metallschere – Goldschmiedeschere – geschnitten. Da dieser Schnittvorgang ein Verformen des Materials ergibt und es anschließend wieder gerichtet werden muß, eignet sich dieses Verfahren nicht für spröde Kunststoffe, wie z. B. Epoxydmaterial.
Hier treten Risse und Sprünge auf. Das umgeht die Schlagschere, die ein Einspannen des Werkstückes ermöglicht und ein sauberes Trennen gewährleistet.

Material	Schnittgeschwindigkeit V [Meter pro Minute]
Stahl	10 ... 50
Gußeisen	20 ... 40
Messing, Bronze	80 ... 150
Kupfer, Zink	100 ... 200
Leichtmetalle	200 ... 400
Kunstharze	3000 ... 3500
Hartpapier	500 ... 2000
Thermoplaste	1000 ... 2000
Duroplaste	2500 ... 3000

Sägen

Unter Sägen wird das Trennen von Materialien mit Werkstoffverlust (Schnittspalt, Sägespalt) verstanden. Der Sägespalt wird ca. 0,5 ... 1 mm neben der angerissenen Schnittlinie geführt. Das restliche Material wird mit einer Schlichtfeile strichgenau entfernt. Bei Handsägen – auch der Feinlaubsäge mit Metallsägeblatt – sowie auch bei Kreissägen ist darauf zu achten, daß die Späne nicht in der Verzahnung kleben und der Sägevorgang durch Materialschmieren – besonders bei Aluminium – nicht erschwert wird. Um dieses zu umgehen, wird die Schnittfläche mit einem Schmiermittel benetzt. Dazu eignen sich für Aluminium Spiritus oder Feinöle. Bei Buntmetallen und Stahl wird Feinöl verwendet (Nähmaschinenöl oder Petroleum). Für Serienfertigung stehen spezielle Schmiermittel zur Verfügung. Bei Maschinensägen ist auf einwandfreie Schärfe und Schränkung der Zähne zu achten, um ein Verklemmen zu verhindern.

Gut eignen sich verjüngte oder hohlgeschliffene Sägeblätter. Die Schnittgeschwindigkeit einzelner Materialien ist der vorangehenden Tabelle zu entnehmen.
Sägeblatt HSS-Qualität. Evtl. Schmiermittel siehe 1.2. Der angegebene erste Wert gilt für große Materialstärke; der zweite Wert für dünne Materialien.

In der *Abb. 2.1.-6* sind Zahnteilungen von Sägeblättern gezeigt. Da bei den Konstruktionselementen für die Elektronik im allgemeinen kleine und kurze Schnitte genügen, führen Sägeblätter mit feinerer Zahnteilung zu sauberen Schnitten.

In der Abb. 2.1-6 bedeuten:
1 Feinkreissäge. Durchmesser 30 mm; Stärke 0,3 mm
2 Feinkreissäge. Durchmesser 50 mm; Stärke 0,7 mm
3 Metallblätter fein und grob für die Laubsäge
4 Kreissäge. Durchmesser 125 mm; Stärke 1 mm
4 Feinsägeblatt für die Metallhandsäge

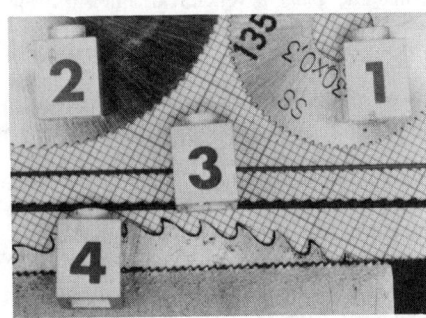

Abb. 2.1-6

Feilen
Der Feilvorgang dient zur maßgenauen Anfertigung von Werkstoffen. Für kleine Feilarbeiten eignen sich Schlüsselfeilen. Größere Arbeiten werden mit Feilen von z. B. 25 oder 30 cm Länge ausgeführt. Dabei ist planparalleles Feilen wichtig, da das Werkstück sonst besonders an den Rändern „ballig" wird. Das setzt bereits ein horizontal ausgerichtetes Werkstück im Schraubstock voraus. Das Werkstück muß beim Feilen – ebenso beim Sägen – kurz eingespannt werden, um ein Schwingen zu verhindern. Je nach Arbeitsstück kommen Schrupp-, Schlicht- und Feinfeilen zur Anwendung. Diese sind einhiebig oder mit Kreuzhieb versehen. Das Werkstück soll sauber – und im Gegensatz zum Sägen – ölfrei sein. Es gilt: rechte Hand am Feilengriff – Daumen oben. Die linke Hand wird auf das Feilenende gelegt. Der planparallele Feilvorgang erfolgt vom Körper weg. Beim Feilen von Kunststoffen und auch Aluminium bewährt sich die Zugabe von Spiritus. Für maßgenaues Arbeiten stehen nach *Abb. 2.1.-7* Feilen mit verschiedenen Profilen zur Verfügung.

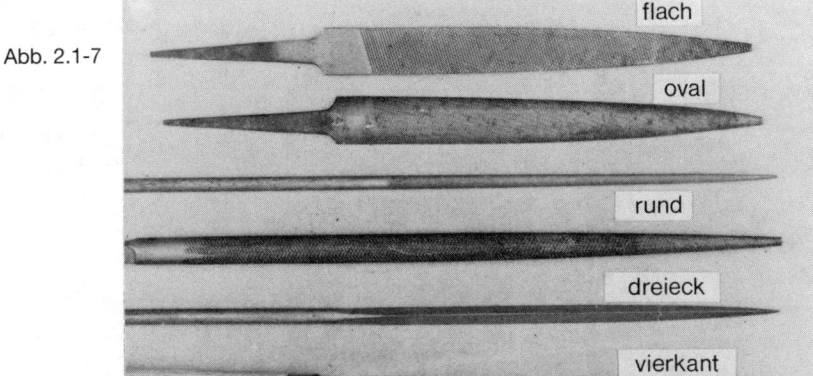

Abb. 2.1-7

flach
oval
rund
dreieck
vierkant

Bohren

Bohrer werden unterschieden in WS (Werkzeugstahl), SS (Schnellstahl), HSS (Hochleistungsschnellstahl), HM (Hartmetallschneide). Dieses gibt Auskunft über Härte und Standzeit des Werkzeuges. Für harten Stahl, Glas, bestimmte Kunststoffe und Mineralien werden Bohrer mit hart aufgelöteten Hartmetallschneiden benutzt. Vor dem Bohren ist das Bohrloch anzukörnen. Die Bohrschneide wird hinterschliffen. Der Bohrerspitzenwinkel – Winkel der beidseitigen Bohrerschneiden zueinander – beträgt für normale Arbeiten ca. 115°. Somit ergibt sich der Winkel der planen Werkstückfläche zur Bohrerschneide zu

$90° - \frac{115°}{2} = 34{,}5°$. Ungleiche Seiten und ungleiche Winkel nutzen den Bohrer stark ab und lassen oft dasBohrloch verlaufen. Die Nuten sind frei zu halten, um einwandfreien Spanaustritt zu gewährleisten. Es ist oft sinnvoll, Löcher > 8 mm mit einem kleinen Bohrer < 3 mm vorzubohren. Für paßgenaues Bohren ist ein Bohrer $< \frac{1}{10}$ des gewünschten Bohrdurchmessers zu benutzen. Anschließend wird das Loch mit einer Reibahle auf die gewünschte Stärke aufgerieben. Für Bohrungen in Metallen wird als Kühl- und Schmiermittel oft Feinöl benutzt. Bei Kunststoffen wird Spiritus – besonders bei Thermoplasten – benutzt, um ein Kleben und Schmieren durch Hitzebildung (Reibung) zu verhindern.

Die *Abb. 2.1-8* zeigt unter 1 eine 6-mm-Reibahle und unter 2 einen 8-mm-HSS-Bohrer. Daneben eine Kleinbohrmaschine mit einem 1-mm-Bohrer für Platinenbohrungen. Der Spitzenwinkel bestimmt die Bohrqualität in den einzelnen Werkstoffen. In der *Abb. 2.1-9* ist er gekennzeichnet.

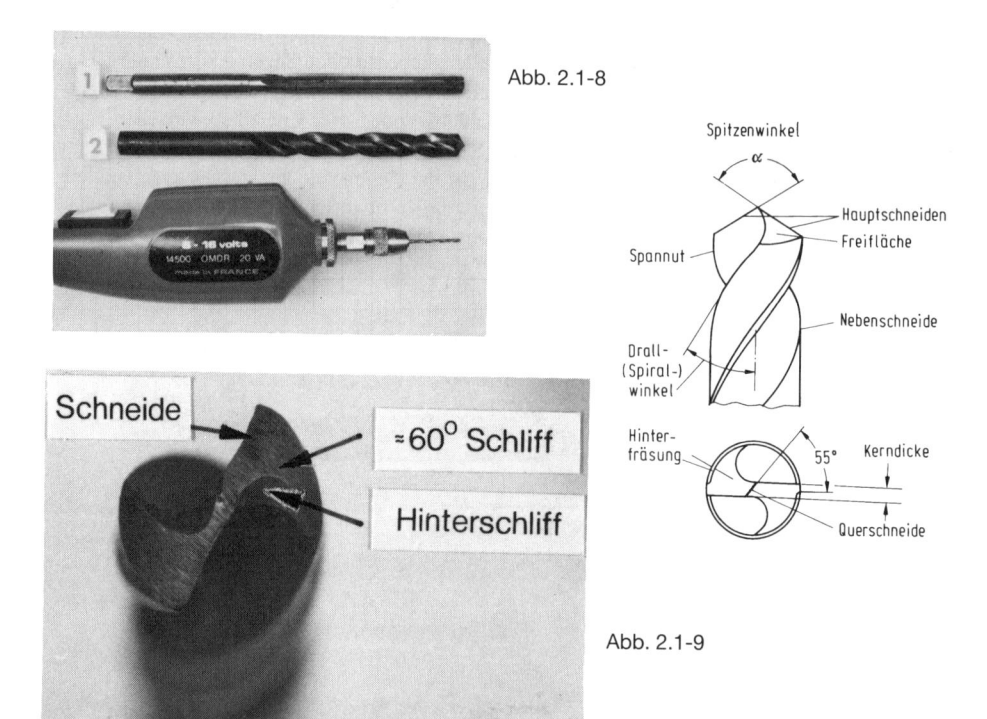

Abb. 2.1-8

Abb. 2.1-9

2.1 Mechanik

Die folgenden Tabellen geben Daten von Bohrgeschwindigkeit und Spitzenwinkel für verschiedene Werkstoffe an.

Material	Spitzenwinkel α	Schnittgeschwindigkeit V Meter pro Minute	Umdrehungen bei Bohrerdurchmesser in [mm]			
			1	2	5	8
Thermoplast	$\approx$ 60 ... 90°	30 ... 80				
Duroplast	$\approx$ 70 ... 100°	20 ... 40				
Formpreßstoff	$\approx$ 45 ... 60°	30 ... 50				
Hartpapier	$\approx$ 100 ... 110°	40 ... 60	5000	3000	1500	1000
Hartholz	$\approx$ 116°	30 ... 40				
Stahl	$\approx$ 115°	20 ... 40	6000	3000	1500	1250
Gußeisen	$\approx$ 115°	25 ... 35	5000	3000	1500	1000
Messing	$\approx$ 120°	60 ... 100	8000	6000	3000	2000
Kupfer	$\approx$ 120°	40 ... 70	7000	5500	2500	2000
Aluminium	$\approx$ 140°	110 ... 200	10000	8000	6000	5000
Plexiglas	$\approx$ 75°	25 ... 35				
Bronze	$\approx$ 120°	50 ... 85				
Polyvinylchlorid	$\approx$ 85°	40 ... 50				

Übersicht:
Spitzenwinkel für unterschiedliche Stoffe

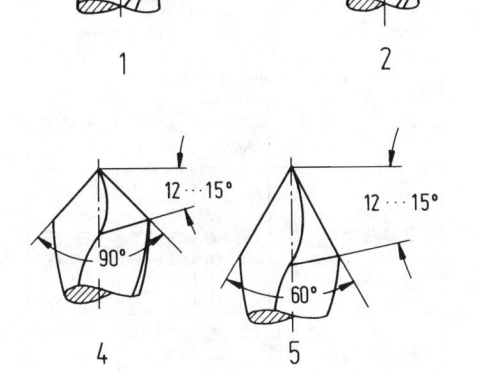

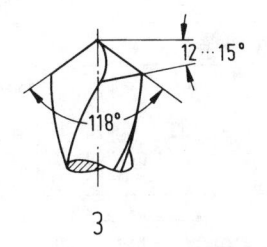

Typ	Verwendung
1	sehr harter Stahl
2	mittelharter Stahl
3	übliche Handelsform Stahl — Messing — Bronze
4	Aluminium-Legierungen
5	Alu-weich; Kunststoffe

Bohrdaten — Metalle

Stoff	Spitzenwinkel	Drallwinkel	Bohrer
Eisen / Stahl			
Stahl: Bau-,	118	25…35	HSS, SS
Maschinenstahl	118	25…30	HM
	130	20…35	HSS, SS
	140	22…28	HM
	118	25…30	SS
vergütet	130	25…30	HSS
	130	22…28	HM
Legierter Vergütungsstahl	118	13…16	HM
	130	20…30	HSS
Legierter Einsatzstahl	130	≈ 25	HSS, SS
	118	≈ 25	HM
Dünne Bleche	160	≈ 23	HSS, SS
Sehr dünne Bleche	90	≈ 23	HSS, SS
Gußeisen	118	≈ 28	HSS, SS
	118	≈ 28	HM
	140	≈ 25	HSS, SS
	140	≈ 25	HM
	150	≈ 22	HM
Stahlguß GS			
Hartguß	118	20…35	HSS, HM
Manganhartstahl	130	10	HSS, HM
Temperguß GT	118	25…35	HSS, SS
Nichteisenmetalle			
			(breite Nut)
Kupfer, rein	130	40…50	HSS, SS
	140…150	40…50	HSS, SS
	120	30…35	HSS, SS
	130	30…45	HSS, SS

Bohrdaten — Metalle

Stoff	Spitzenwinkel	Drallwinkel	Bohrer
Nichteisenmetalle			
Messing Ms 58, Schraubenmessing	118	10…15	HSS, SS (breite Nut)
Ms 60, Ms 63 Schmiedemessing	118	20…35	HSS, SS (breite Nut)
Tombak, Ms 80,	120…125	30…40	HSS, SS
Ms 90	125…130	30…40	HSS, SS
Rotguß	118	18…20	HSS, SS
Bronze	118	25…35	HSS, SS
	130	20…30	HSS, SS
Blei	130	10…20	HSS, SS
Weißmetall	130	15…25	HSS, SS
Zink	130	20…35	HSS, SS
Aluminium, rein	140	30…45	HSS, SS
	(60)	(12…15)	(breite Nut)
Al-Legierungen	140	30…45	HSS, SS
	(90)	12…15	(breite Nut)
	118	25…35	HSS
dünne Bleche	118	25…30	
Kolbenlegierungen	118	20…30	HSS
Automatenleg.	118	20…35	HSS
Siliziumhaltige	130	15…20	HSS
Al-Legierungen	140	15…20	HM
AlCuMg-Legiergn.	130	35…45	HSS
Mg-Legierungen	118	10…14	HSS
	118	25…30	HM
	100	10…16	HSS
	120	10…16	HSS
Typ Silumin	118	12	HSS
Typ Elektron	118	12…15	HSS

Bohrdaten — Kunststoffe

Stoff	Spitzenwinkel	Drallwinkel	Bohrer
			(breite Nut)
Kunststoffe (Plaste) allgemein	140	25…30	HSS, SS
	90	13…20	HM
Preßstoffe, geschichtet:	90	≈ 15	HSS, SS
	80	25…45	HSS, SS
Hartpapier	100	18…40	HSS, SS
z. B. Bakelit	70…80	12	HM
Pertinax	75…110	12…15	HM
Vulkanfiber	80…90	25…30	HSS, SS
	130…140	≈ 25	HM
Hartgewebe			
z. B. Novotext	80…100	25…40	HSS, SS
	118 (140)	18…25	HM

Bohrdaten — Kunststoffe

Stoff	Spitzenwinkel	Drallwinkel	Bohrer
Preßstoffe, nicht geschichtet;			
z. B. Galalith	50…80	10…20	HSS, SS
Trolit	80…90	25…30	HSS, SS
Hartgummi			
z. B. Ebonit	30…50	18…30	HSS, SS
	50…70	10…18	HM
Zellulose-Kunststoffe			
z. B. Zelluloid, Zellon, Ecarit	100	10…25	HM

Zum Einsatz kommen HS- oder HSS-Bohrer außer für Sonderstoffe wie Mineralien, Glas usw., wo hartmetallbestückte Bohrer zu verwenden sind. Bestimmte Metalle, besonders weiche, neigen zum Aufstülpen am Ende eines Bohrvorganges. Der Spitzenwinkel beeinflußt Drehmoment und Vorschubkraft, außerdem sind das Aussehen des Lochaustrittes und das Aufstülpen des Materials weitgehend von seiner Form abhängig. Spitzenwinkel um 100° sind in bezug auf Herabsetzung des Drehmomentes und der Vorschubkraft am günstigsten. Bohrer mit 50...60° Spitzenwinkel zeigen jedoch die geringste Neigung, das Material am Bohreraustritt aufzustülpen oder abzubrechen. Auch spröde Schichtpreßstoffe lassen sich mit derartig schlanken Bohrern einwandfrei bearbeiten. Das Aufstülpen ist weiter zu vermeiden, wenn an der Austrittsöffnung ein weiteres Material fest verpreßt sitzt, so daß hier der Bohrvorgang fortgesetzt wird. Werkstück und Bohrer müssen fest zueinanderstehen. Der Bohrer muß axial laufen, er darf nicht schlagen.

Aus diesem Grunde sind für Präzisionsbohrungen nach *Abb. 2.1-10* die oft – aus Preisgründen – vorhandenen Schlüsselbohrfutter mit Zahnkranz Pos. 3 und 2 gegen Präzisionsbohrfutter mit Konusaufnahme nach Pos. 1 zu tauschen. Diese Bohrfutter sind auch unter dem Namen Schnellspannfutter mit genormten Morsekonus MK 1 oder MK 2 bekannt.

Eine Sonderstellung nehmen nach *Abb. 2.1.-11* die sogenannten konischen Schälbohrer ein. Pos. 1 Handbohrer, Pos. 2 Maschinenbohrer. Diese werden benutzt, um vorhandene Löcher bei Materialien d < 4 mm zu erweitern. Eine konische Lochführung ist nicht zu vermeiden.

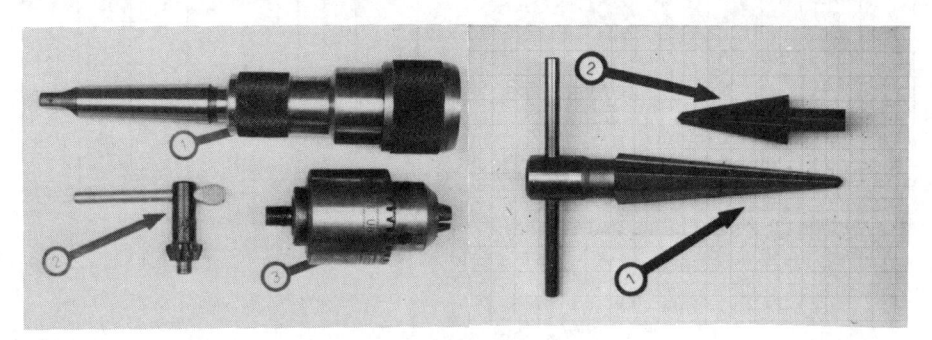

Abb. 2.1-10   Abb. 2.1-11

Gewindebohren und -schneiden

Für das Gewindebohren ist ein Kernloch erforderlich, welches vorher mit dem Spiralbohrer gebohrt wird. Der Kernlochdurchmesser soll um ca. 0,8fach kleiner gewählt werden als der Gewindedurchmesser. Also für ein M4-Gewinde wird mit 4 x 0,8 = 3,2 mm vorgebohrt.
Genauerer Wert ist: d_K = Gewindedurchmesser minus Steigung. Hinsichtlich der Schmierung gilt das unter „Bohren") Gesagte. Gewindebohrer werden als Satz zu drei Stück geliefert.
Gang 1...3. Es ist: 1 – Vorschneider (1 Ring); 2 – Mittelschneider (2 Ringe); 3 – Nach- oder Fertigschneider (3 Ringe). Die Gewindebohrer sind senkrecht zum Bohrloch zu halten.
Der Schneidvorgang kann durch leichtes Hin- und Herdrehen erleichtert werden. Neuere Ausführungen von Gewindebohrern – Maschinengewindebohrer in HSS-Ausführung – schneiden aufgrund ihrer Schneideform in einem Gang. Diese sind auch vorzüglich für Handarbeiten geeignet. Gebräuchliche Gewinde in der Elektronik sind: M 2; M 2,6; M 3; M 4; M 6.

2 Mechanik der Elektronik

Die folgende Tabelle gibt eine Übersicht. Alle Maße in Millimetern

Gewinde -d- Nenndurchmesser	Steigung	Norm-Gewinde	Feingewinde	Durchgangsloch Gewindebohrer	Durchgangsloch Schrauben (fein)	Mutternhöhe ≈ 0,8·d	Schlüsselweite S	Innensechskant [mm] A	B	C	Kreuzschlitz E	Kopfdurchmesser D	Kopfhöhe t	Kopfdurchmesser F	Kopfhöhe G
1	0,25	x		0,75	1,1	0,8						1,9	0,6		
1,2	0,25	x		0,95	1,3	1,0						2,3	0,72		
1,6	0,35	x		1,3	1,7	1,3						3,0	0,96		
2	0,25		x	1,75	2,1							3,8	1,2		1,3
2	0,4	x		1,6	2,2	1,6						3,8	1,2		1,3
2,2	0,25		x	2,0	2,3		4,5								
2,5	0,35		x	2,2	2,6		5				2,7	4,7	1,5	4,5	1,6
2,5	0,45	x		2,1	2,7	2	5					4,7	1,5	4,5	1,6
2,6	0,35		x	2,2	2,7										
3	0,35		x	2,6	3,1							5,6	1,65	5,5	2,0
3	0,5	x		2,5	3,2	2,4	5,5	3	5,5	2,5	2,9	5,6	1,65	5,5	2,0
3,5	0,6	x		2,9	3,7	2,8	6,0								
4	0,5		x	3,5	4,1							7,5	2,2		
4	0,7	x		3,3	4,3	3,2	7	4	7,0	3,0	4,4	7,5	2,2	7	2,6
4,5	0,5		x	4,0	4,7										
5	0,5		x	4,5	5,2							9,2	2,5		
5	0,8	x		4,2	5,3	4	8	5	8,5	4,0	4,6	9,2	2,5	8,5	3,3
5,5	0,5		x	5,0	5,7										
6	0,75		x	5,2	6,2							11	3		
6	1,0	x		5,0	6,4	5	10	6	10	5,0	6,6	11	3	10	3,9
7	0,75	⊗	x	6,2	7,2										
8	0,75	⊗	x	7,2	8,3							14,5	4		
8	1		x	7,0	8,3			8	13	6,0		14,5	4		
8	1,25	x		6,8	8,4	6,5	13	8	13	6,0	8,7	14,5	4	13	5
9	0,75		x	8,2	9,3										
9	1		x	8,0	9,3										
10	0,75	⊗	x	9,2	10,4										
10	1		x	9,0	10,4										
10	1,25		x	8,75	10,4			10	16	8,0					
10	1,5	x		8,5	10,5	8	17	10	16	8,0	9,6	18	5	16	6
12	1		x	13,0	12,5										
12	1,25		x	10,75	12,5										
12	1,5		x	10,5	12,5			12	18	10					
12	1,75	x		10,2	13	9,5	19	12	18	10		22	6		

⊗ Gewinde für Potentiometer und Schalter

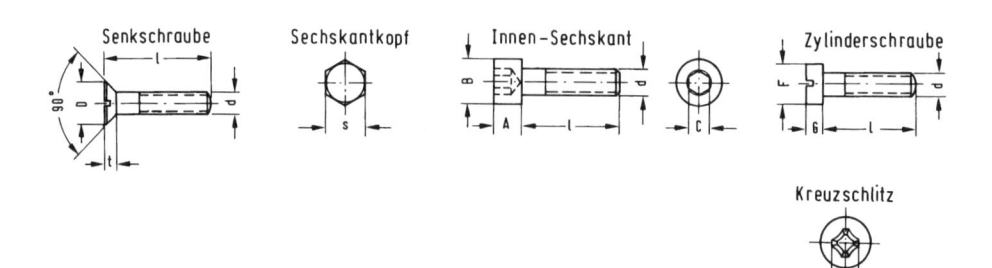

Senkschraube   Sechskantkopf   Innen-Sechskant   Zylinderschraube

Kreuzschlitz

Außengewinde von Potentiometern sind Feingewinde der Größen für folgende Wellendurchmesser üblich:

Feingewinde für Potentiometer und Schalter

Wellendurchmesser	4	5	6	8
Gewinde	M 7 x 0,75	M 8 x 0,75	M 10 x 0,75	M 12 x 0,75

In der *Abb. 2.1-12* sind folgende Werkzeuge für die Gewindebearbeitung zu erkennen:
1   Halter für Gewindebohrer mit Vierkantaufnahme (Windeisen)
2   Gewindeschneideisen M 6
3   Gewindeschneideisenhalter mit Einsatz M 4
4   HSS-Gewindebohrer (Combi(Schnell)-Bohrer)
5-6-7 Gang 1 bis 3 eines Gewindebohrers

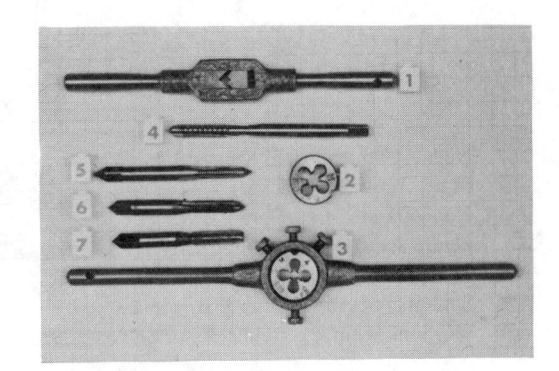

Abb. 2.1-12

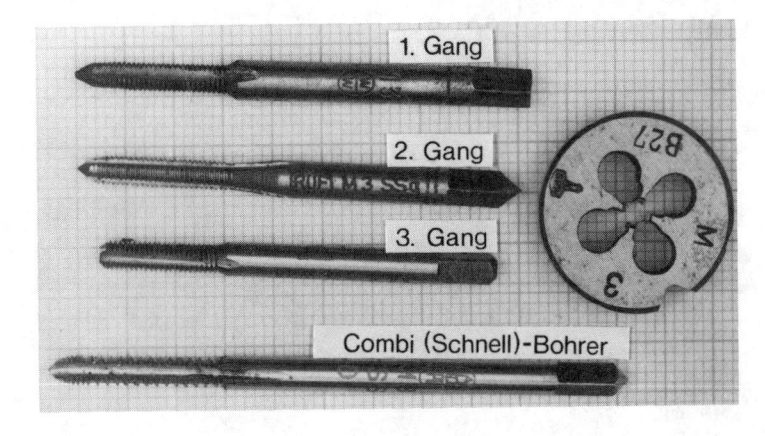

Abb. 2.1-12a

2 Mechanik der Elektronik

Sonderlochwerkzeuge

Diese sind in der *Abb. 2.1-13* und *2.1-14* erklärt. Das Lochstanzwerkzeug (13) mit Stempel und Locheisen wird nach Zwischenlage des Bleches und vorherigem Bohren für die Gewindestange mit dieser zusammengezogen. Damit wird der Blechring ausgestanzt. Anwendbar für Weichmetallbleche bis d < 2,5 mm. Bei Stahlblech bis d < 1 mm. Das Material wird je nach Blechart und Stärke gering deformiert, so daß ein Nachrichten erforderlich ist. Die Lieferung umfaßt oft folgende Lochdurchmesser: 16; 18; 20; 25; 30 [mm].

Abb. 2.1-13

In der Abb. 2.1-13 ist:
1 Locheinsatzstück
2 Lochstempel
3 wie 2, größerer Durchmesser
  (ohne Werkstück montiert)
4 wie 1, größerer Durchmesser
5 Windhebel
  (ohne Werkstück montiert)

Die Abb. 2.1-14 zeigt folgende Sonderwerkzeuge:
1 90°-Senker (Fräser) für
  Nichteisenmetalle und Kunststoffe
2 Fingerfräser (Langlöcher)
3 Konusfräser
4 Feinfräser z. B. Korrekturarbeiten an der
  Platine mit biegsamer Welle
5 Schleifkopf, Anwendung z. B. wie 4
6 90°-Senker mit Querschneide für Senkkopfschrauben

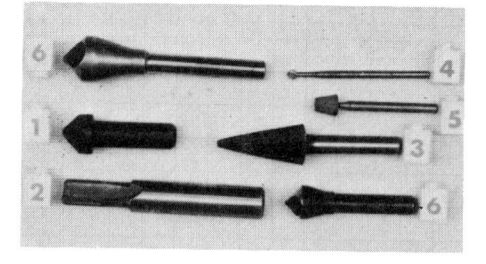

Abb. 2.1-14

Aus der *Abb. 2.1-15* ist ersichtlich, wie der 90°-Senker mit Querschneide einwandfreie Bearbeitungsstellen ermöglicht.

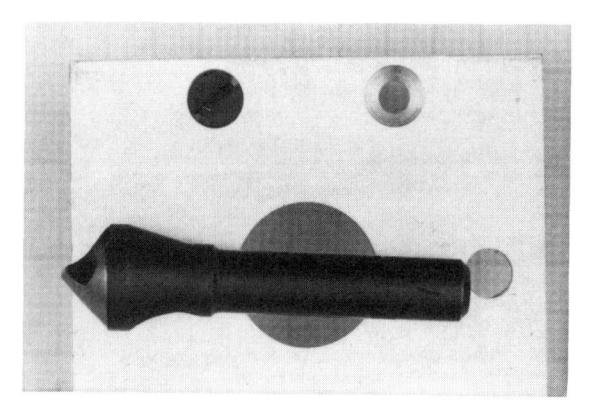

Abb. 2.1-15

2.1.3 Löten und Schweißen von Werkstoffen

A Weichlöten

Beim Weichlötvorgang dient ein Schmelzmittel (Lötzinn) zum Verbinden der Teile. Dabei tritt eine Oberflächendiffusion des niedrig schmelzenden Lötzinnes mit der Oberfläche der zu verbindenden Teile ein. Die so erhaltene molekulare Verankerung an den Materialien ergibt die Haftung des Schmelzmittels. Das fordert als wichtigste Voraussetzung eine exakt saubere Oberfläche der Materialien. Weiter ist es wichtig, daß die erforderliche Löttemperatur ebenfalls im Bereich der Oberfläche der zu verbindenden Materialien herrschen muß. Bestimmte Stoffe, wie z.B. Stahl(blech), lassen sich äußerst schwer weichlöten, weil sich an Luft und besonders durch die Löttemperatur sofort wieder eine Oxydationsschicht bildet. Folgendes Verfahren hat sich bewährt: Fläche mit Schmirgelleinen säubern. Anschließend sofort auf die trockene Stelle entweder Feinöl, Löthonig (Kolophonium mit Spiritus gelöst) oder ein Lötfett satt auftragen und gegebenenfalls mit diesem Flußmittel einen weiteren Arbeitsgang mit Schmirgelleinen einleiten. Auf diese Masse mit einem sehr heißen Lötkolben – > 100 Watt bei Blechen, die starke Wärme entziehen – die Oberfläche verzinnen.

Bei Lötungen in der Elektronik wird Lötdraht (Lötrohr) in verschiedenen Stärken mit einem Mittelstrang aus Kolophonium benutzt. Elektroniklötdraht sollte ca. 60 % Zinn und 40 % Blei enthalten. Für die Hf-Technik ist Lötzinn mit einem Silberzusatz erhältlich, wodurch sich eine bessere Oberflächenleitfähigkeit ergibt. Die zu lötenden Teile müssen beide metallisch sauber sein, um einwandfreie Verbindungen zu erhalten. Das Lötzinn legt sich perlförmig als Kugel um die Lötstelle. Der Lötvorgang dauert in der Praxis bei Verbindungen von Drähten, Leiterbahnen oder Bauteileanschlüssen zwischen 2 bis 3 s. Bis zum Erstarren ist die gleiche Zeit anzusetzen. Für die Festigkeit mechanischer Lötstellen gilt ebenfalls die *Abb. 2.1-16*. Feinlötkolben in der Elektronik liegen zwischen 8...30 Watt. Günstigster Wert ca. 16 Watt Feinlötkolben. Günstigste Temperatur der Lötspitze liegt zwischen 250...300 °C. Hier haben temperaturgeregelte Automatikkolben Vorteile. Die Tabelle gibt eine Übersicht über Daten von Loten.

Kurzzeichen	Zusammensetzung				Schmelzbereich	
	Zinn	Blei	Antimon	Sonstiges	Schmelzpkt.	flüssig
	%	%	%	%	°C	°C
L-Sn50Pb	50	50	–	–	183°	215°
L-Sn60Pb	60	40	–	–	183°	190°
L-SnSb5	95	–	5	–	230°	240°
L-SnAg5	95	–	–	5 Silber	220°	240°
L-PbAg3	1	96	–	3 Silber	304°	305°
L-SnPbCd18	50	32	–	18 Kadm.	145°	145°

Siehe die ausführliche Tabelle 4.6.2 – Tabellenteil S. 136.

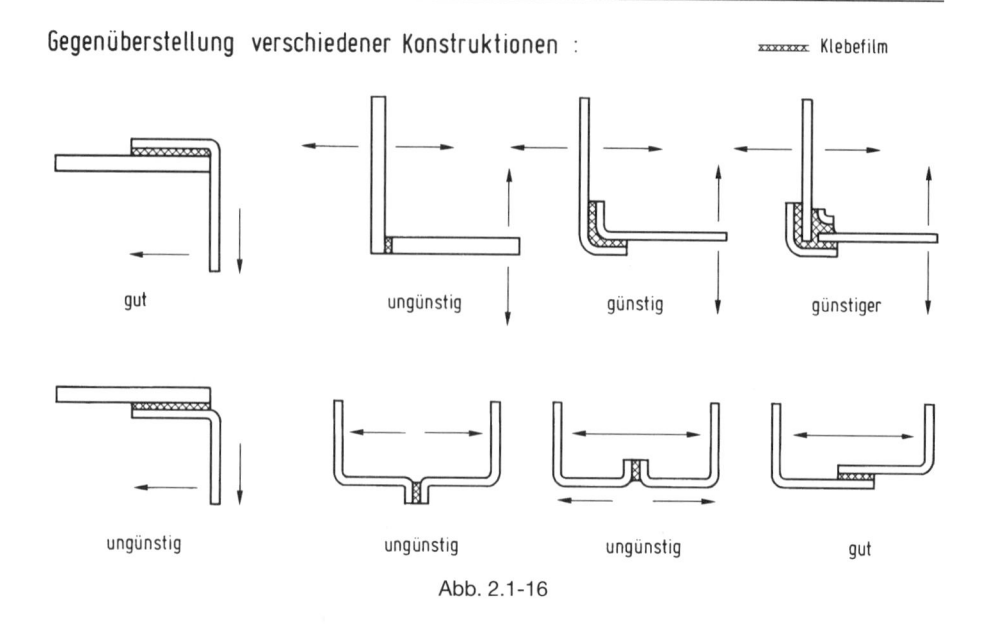

Gegenüberstellung verschiedener Konstruktionen :   xxxxxx Klebefilm

Abb. 2.1-16

B Hartlöten

Im Gegensatz zum Weichlöten wird im Sinne einer mechanisch festeren Verbindung bei der Montage von mechanischen Bauteilen, Blechen, Rohren, Winkeln usw. häufig eine Hartlötung vorgenommen. Diese erfolgt mit einem Lötflammkegel von > 2000 °C, wobei das Material auf schwache Rotglut ≈ 650 °C erhitzt wird. Als Lötmittel dient sogenanntes Silberlot, das je nach Zusammensetzung seinen Schmelzpunkt zwischen 400 °C...650 °C hat. Besondere Flußmittel sind erforderlich.

C Schweißen

Im Gegensatz zum Weich- oder Hartlöten tritt beim Schweißen eine Verflüssigung (Schmelzen) der Materialien auf, so daß sich unter Zusatz von Schweißdraht (autogenes Schweißen) oder der Schweißelektrode (elektrisches Schweißen) ein lückenloser Materialübergang der zu verbindenden Materialien ergibt. Der gleiche Vorgang gilt für das Punktschweißen, wobei hohe Stromstärken die Materialien punktförmig durch starken Andruck verschweißen.
In der Elektronik wird von diesem Vorgang nur beim Chassisbau Gebrauch gemacht. Das Elektroschweißen setzt einen besonderen Transformator mit hohem Streufeld voraus. Für eine 2-mm-Elektrode sind Stromstärken zwischen 80...100 A erforderlich. Die Schweißspannung liegt bei 22 V. Die Schweißelektrode wird in einem Winkel von 45° zum Werkstück gehalten. Die Gegenelektrode ist mit dem Werkstück verbunden. Nach kurzem Anzünden (Kurzschluß) entsteht ein Lichtbogen, in dem die Elektrode schmilzt und ebenfalls das Werkstück zum Schmelzen gebracht wird. Die sich aus der Umhüllung der Schweißelektrode bildende Schlacke wird anschließend entfernt. Es gibt weiterhin Schweißtransformatoren für Feinblech mit Stromstärken bis 80 A, die sich für Montagearbeiten in der Elektronik gut einsetzen lassen.

2.1.4 Kleben und Klebstoffe

Unter Kleben wird das Zusammenfügen zweier oder mehrerer Materialien mit einer Hilfsschicht – dem Kleber – verstanden. Dabei sind zwei Vorgänge zu unterscheiden:

1. Normale Klebestelle: Hier übernimmt der Kleber mit seinen Molekülen folgende Aufgaben. Erstens muß das Molekül geeignet sein, durch einen Adhäsionsvorgang an einer sauberen, fettfreien, möglichst rauhen Stelle des zu klebenden Materials zu haften. Weiter müssen die Moleküle des Klebers innerhalb der Klebeschicht – Klebefilm – durch Kohäsion aneinanderhaften (Kohäsionsschicht)

2. Bestimmte Kleber lösen die Oberfläche von zu verbindenden Kunststoffen an. Hier tritt eine Verschweißung ein, so daß der Kleber außer der Anlösung im wesentlichen in Teilgebieten die Aufgabe der Kohäsion übernimmt.

Kleber benötigen eine Trockenzeit, die durch ihre chemische Beschaffenheit bestimmt wird. Die Länge der Trockenzeit ist bei bestimmten Klebern durch Wärme beeinflußbar. Die Haftfähigkeit, also die Adhäsion, wird im wesentlichen durch die Art des Materials und der Oberfläche des Kleblings bestimmt. Deshalb ist die Oberfläche sauber, fett- und feuchtigkeitsfrei vorzubereiten. In vielen Fällen ist es sinnvoll, die Oberfläche anzurauhen, dadurch tritt eine zusätzliche mechanische Verankerung der Moleküle der Adhäsionsschicht ein.

Bestimmte Kleber, so besonders Zweikomponenten-Kleber, härten nicht elastisch aus. Diese Kleber können bei weichen, biegsamen Kunststoffen nicht angwandt werden, da sich hier die Adhäsionsschicht abschält.

Oberflächenvorbereitung

Folgende Oberflächenvorbereitungen sind zu empfehlen:

Metalle

Die Klebestellen müssen metallisch rein sein, d. h. völlig frei von Schmutz, Rost, Öl und Fett, Oxydations- und Eloxal-Schichten usw. Reinigung mit Aceton, Tri oder Methylenchlorid. Oberflächen möglichst kurz vor dem Verkleben mit Schmirgelpapier (K 240) anrauhen oder anschleifen. Gut haftende Lackierungen brauchen nicht entfernt zu werden, falls keine starke Bindung erforderlich ist.

Kunststoffe

Mit geeigneten, nicht zu stark angreifenden Lösungsmitteln, z. B. Aceton, Tri oder Alkohol, sorgfältig entfetten. Bei vielen Kunststoffen (PVC hart, ABS, Polystyrol, SAN) ist ein Aufrauhen nicht nötig, bei anderen (Acrylglas, Zelluloseacetonbutyrat) wird dadurch die Festigkeit erhöht. Bei glasfaserverstärkten Kunststoffen (Wellpolyester) müssen die Klebflächen wegen der anhaftenden Trennmittel unbedingt angeschliffen werden. Thermoplaste nur mit Spezialkleber verkleben.

Glas, Keramik, Porzellan, Marmor, Stein

Mit Aceton, Tri, Aethanol oder feinem Scheuermittel (Ata) reinigen und trocknen lassen. Glas oder glatte keramische Oberflächen (Fliesen) können glatt bleiben, doch erhöht Anschleifen die Haftung wesentlich.

Mechanische Festigkeit

Für die Klebeverbindung ist die Scherbeanspruchung am günstigsten. Biege- und Schälbeanspruchungen ergeben ebenso wie eine Zugbeanspruchung nicht so günstige mechanische Festigkeitswerte. Die Abb. 2.1-16 gibt einen Überblick, wobei allgemein zu sagen ist, daß mit modernen Klebern, besonders solchen auf Zweikomponentenbasis, sich ausgezeichnete metallische Verbindungen ergeben, die im Temperaturbereich bis 100 °C ähnliche Festigkeitseigenschaften aufweisen wie Lötverbindungen.

Anhand einiger Kleber der Firmen

Henkel KG aA	Sichel-Werke; GmbH	UHU-Werk GmbH
Postfach 110	Postfach 911380	Postfach 1440
40191 Düsseldorf	30430 Hannover	77804 Bühl (Baden)

sollen Beispiele angeführt werden, die stellvertretend für viele Kleber sind:

A Einkomponentenkleber

Die Hersteller sind bemüht, Erfahrungswerte ihrer Produkte nach bestem Wissen anzugeben. Die Angaben sind das Ergebnis sorgfältig durchgeführter Untersuchungen. Für die Ergebnisse und Schäden jeder Art kann im jeweiligen Anwendungsfall keine Verantwortung übernommen werden, da sich bei den vielfältigen Möglichkeiten (Werkstofftypen, Werkstoffkombinationen und Arbeitsweise) die mitspielenden Faktoren einer Kontrolle entziehen. Weitere Daten und spezielle Fragen beantworten die herstellenden Firmen auf Anfrage.

Vorsichtsmaßnahmen

Verschiedene Kleber enthalten flüchtige, leicht entzündliche Lösemittel. Deshalb sind bei der Verarbeitung und Lagerung entsprechende Vorsichtsmaßnahmen zu treffen. Beim Kleben größerer Flächen ist für gute Belüftung des Arbeitsplatzes zu sorgen. Feuer und Zündmöglichkeiten sind fernzuhalten.

UHU Alleskleber, Anwendung und technische Werte

UHU Alleskleber, ist ein farbloser Kunstharzklebstoff für universelle Anwendung beim Basteln, im Labor, Büro, beim Modellbau usw.

Spezifikation

Aussehen:	farblose, glasklare Lösung	Lösemittel:	Gemisch niedrigsiedender Ester
Konsistenz:	niedrigviskos	Festkörpergehalt:	ca. 34 %
Viskosität:	ca. 33 dPa · s	Dichte:	0,99
Basis:	Polyvinylester	Flammpunkt:	−14 °C

Eigenschaften

UHU Alleskleber zeigt ausgezeichnete Haftfestigkeiten auf Metallen, Holz, Papier, Textilien, Leder und eignet sich auch gut zum Verkleben solcher Werkstoffe mit Glas, keramischen Materialien und vielen Kunststoffen.

Die Wärmebeständigkeit wird vom thermoplatischen Charakter des Kunstharzes bestimmt; Klebungen sollen möglichst nicht über 70 °C belastet werden. Die absolute Temperaturbeständigkeit der Substanz geht jedoch bis mindestens 120 °C.

UHU Alleskleber ist beständig gegen Wasser, verdünnte Säuren und Laugen sowie gegen Benzin und Öl; unbeständig jedoch gegen Alkohole (z. B. Spiritus), Ketone (z. B. Aceton), Acetat-Lösemittel (z. B. Nitrolack-Verdünner) und aromatische Lösemittel (z. B. Benzol).

Bindefestigkeit: An Probekörpern aus Buchenholz wurden Zugscherfestigkeiten (Endwerte) von ca. 50 kp/cm² ermittelt.

Elektrische Daten

Spez. Durchgangswiderstand	bei 0,1 mm Filmdicke 10^{14} $\Omega \cdot$ cm
Durchschlagspannung	bei 0,2 mm Filmdicke 440 kV/cm
Oberflächenwiderstand	bei 0,2 mm Filmdicke $2 \cdot 10^{11}$ Ω/cm

Verarbeitung

Die zu klebenden Flächen müssen sauber, trocken, öl- und fettfrei sein. Je nach Erfordernis bestreicht man ein oder beide zu verbindende Teile und fügt sofort, spätestens aber nach etwa 1 Minute zusammen. Der Festigkeitsanstieg erfolgt durch Verdunsten der Lösemittel. Nach 24 Stunden sind etwa 2/3 der Endfestigkeit erreicht.

Reinigung

Verschmierter Klebstoff soll baldmöglichst abgewischt werden; getrocknete Reste, Flecken in Kleidungsstücken usw. lassen sich mit UHU-Löser oder Aceton oder Nitroverdünner entfernen. Ersatzweise kann auch Brennspiritus, in hartnäckigen Fällen Amylacetat verwendet werden.

Vorsichtsmaßnahmen

UHU Alleskleber enthält flüchtige, leicht entzündliche Lösungsmittel; deshalb sind Vorsichtsmaßnahmen bei Verarbeitung und Lagerung zu treffen.

UHU-hart, Anwendung und technische Werte

UHU-hart ist ein farbloser, schnelltrocknender Lösemittelklebstoff für Kleinteil-Klebungen beim Basteln, beim Modellbau und in der Elektronik.

Spezifikation:

Aussehen:	farblos, glasklar	Lösemittel:	Gemisch niedrigsiedender Ester
Konsistenz:	mittelviskose Lösung	Festkörpergehalt:	ca. 30 %
Viskosität:	ca. ≈ 90 dPa · s	Dichte:	1,04
Basis:	Cellulosenitrat	Flammpunkt:	ca. −14 °C
Gefahrenklasse (VbF): A1			

Eigenschaften

UHU-hart zeigt gute Haftfestigkeiten auf Metallen, Holz, Holzwerkstoffen, Glas und anderen silikatischen Materialien sowie auf vielen Kunststoffen, die beim Modellbau verwendet werden, wie z. B. Astralon®, Plexiglas®, Celluloseacetat und Celluloid, Novodur® und Terluran®.
Der Klebstoffilm von UHU-hart ist beständig gegen Wasser, verdünnte Säuren und Laugen, Benzin, Öle und Fette.
Von Lösemitteln wie Aceton, Nitroverdünner und Amylacetat wird UHU-hart gelöst.

Bindefestigkeiten: An Probekörpern aus Buchenholz wurden folgende Zugscherfestigkeiten ermittelt:

nach 1 Stunde	ca. 260 N/cm²	Wärmebeständigkeiten:		
nach 24 Stunden	ca. 550 N/cm²	bei	40 °C	ca. 420 N/cm²
nach 1 Woche	ca. 740 N/cm²	bei	50 °C	ca. 350 N/cm²
		bei	60 °C	ca. 270 N/cm²
		bei	80 °C	ca. 250 N/cm²
		bei	90 °C	ca. 240 N/cm²
		bei	100 °C	ca. 180 N/cm²

UHU-hart zeichnet sich durch rasches Anziehen der Klebung aus und zeigt beim Verarbeiten nur wenig Neigung zum Fadenziehen.

Verarbeitung

Die zu klebenden Flächen müssen sauber, trocken, öl- und fettfrei sein. Je nach Erfordernis bestreicht man ein oder beide verbindende Teile und fügt sofort zusammen.

Anwendungsmöglichkeiten

Außer zahllosen Verwendungsmöglichkeiten als Klebstoff kann man UHU-hart auch zum Versiegeln von Holz oder Papieroberflächen, zum Versteifen kraftübertragender Verbindungen an Modellen (Stoßkantenverstärkungen), zum Versteifen von Leichthölzern und Textilstücken (Formgebung) verwenden.

Reinigung

Verschmierter Klebstoff soll baldmöglichst abgewischt werden. Getrocknete Reste, Flecken in Kleidungsstücken lassen sich mit UHU-Löser entfernen. Ersatzweise kann auch Aceton verwendet werden.

Kontakt 2000, Greenit flüssig, Anwendung und technische Werte

Kontakt 2000 ist ein Vielzweckklebstoff, der schnellanziehende Kontaktklebungen ermöglicht.

Spezifikation

Aussehen:	gelblich, trüb
Konsistenz:	mittelviskos
Viskosität:	ca. 50 dPa · s
Basis:	Chlorbutadien-Kautschuk

Lösemittel:	Gemisch von Estern, Aromaten und aliphatischen Lösern
Festkörpergehalt:	ca. 25 %
Dichte:	0,89
Gefahrenklasse (VbF):	A 1
Flammpunkt:	ca. minus 20 °C

Eigenschaften

Kontakt 200 bildet nach dem Aufstreichen auf die Klebefläche einen kautschukelastischen Film, der nach einigen Minuten Ablüftezeit die Fähigkeit zur Soforthaftung entwickelt. Er verbindet die meisten Werkstoffe und ist deshalb geeignet zum Kleben von Holz und Holzwerkstoffen, zahlreichen Kunststoffen, Kunststoffplatten, Metallen, keramischen Materialien, Glas, Gummi, Leder, Filz, Textilien, Weichschaum u.a.m. Nicht geeignet für Polystyrolhartschaum (Styropor).

Der trockene Klebefilm behält zähelastischen Charakter und ist ausgezeichnet alterungsbeständig, d. h. er versprödet nicht. Kontakt 2000 bringt hohe Wärmefestigkeit (bis etwa 100 °C) ohne Härterzusatz und ist beständig gegen Wasser, Mineralöl und Fette, Alkohol, verdünnte Säuren und verdünnte Alkalien.

Bei Flächenklebungen beträgt der Verbrauch etwa 150 – 250 g pro Quadratmeter, je nach Beschaffenheit der Oberflächen.

Festigkeitsanstieg ermittelt als Zugscherfestigkeit an Probekörpern aus Buchenholz:

1 Stunde nach der Klebung	ca. 180 N/cm^2
6 Stunden nach der Klebung	ca. 230 N/cm^2
24 Stunden nach der Klebung	ca. 450 N/cm^2
7 Tage nach der Klebung	ca. 750 N/cm^2

Verarbeitung

Saubere, öl-, fett- und staubfreie Oberflächen sind Voraussetzung für gute Bindefestigkeiten.

Frischverklebung

Kontakt 2000 wird gleichmäßig auf beide Fügeteilflächen aufgetragen. Nach einer Ablüftezeit von 5 – 15 Minuten (abhängig von der Auftragsmenge und der Umgebungstemperatur) werden die Teile unter kurzem, kräftigem Druck miteinander verbunden. Der richtige Zeitpunkt zum Fügen ist dann erreicht, wenn der Klebstoff beim leichten Berühren mit der Fingerspitze keine Fäden mehr zieht (sog. Fingerprobe).

Verkleben mit Lösemittel-Reaktivierung

Klebstoffauftrag auf beide Fügeteilflächen – wie bei „Frischverklebung". Danach vollkommen trocknen lassen. Die Verklebung selbst kann zu einem beliebig späteren Zeitpunkt folgendermaßen vorgenommen werden:

Man überwischt eine der beiden Klebeflächen mit einem lösemittelbefeuchteten, nichtfasernden Tuch und verklebt unmittelbar danach durch kräftiges Andrücken. Als Lösemittel zum Reaktivieren eignen sich: UHU-Spezialöser für Kontakt 2000, Butanon (MEK) und Äthylacetat oder Toluol.

Verkleben mit Hitzereaktivierung

Klebstoffauftrag auf beide Fügeteilflächen wie bei „Frischverklebung", danach vollständig trocknen lassen. Zu einem beliebig späteren Zeitpunkt legt man die Teile zusammen und bewerkstelligt die Klebung durch Wärmezufuhr im Bereich von 120 °C bis 150 °C (Heizpresse, Strahler; bei kleineren Teilen mit dem Bügeleisen). Bei dieser Methode ist darauf zu achten, daß die angegebene Temperatur bis zur Klebefuge vordringen muß. Wenn die Fügeteile unter Spannung (Rundungen, Verwindungen) stehen, soll die Fixierung während der Abkühlzeit beibehalten werden, bis die Temperatur auf ca. 50 °C gesunken ist.

Reinigung

Zum Entfernen von Klebstoffresten und zur Reinigung der Arbeitsgeräte eignen sich UHU-Speziallöser für Kontakt 2000, Butanon, Äthylacetat, Toluol und Trichloräthylen (Tri) und Nitroverdünner.

Greenit, tropffrei, Anwendung und technische Werte

Greenit ist ein gelartig eingestellter Kunstkautschuk-Klebstoff, der schnellanziehende Kontaktklebungen ermöglicht.

Spezifikation

Aussehen:	gelblich, trüb
Konsistenz:	gelartig (thixotrop)
Basis:	Chlorbutadien-Kautschuk
Lösemittel:	Gemisch von Estern, Aromaten und aliphat. Lösern
Festkörpergehalt:	ca. 24 %
Dichte:	ca. 0,87
Gefahrenklasse (VbF):	A 1
Flammpunkt:	unter minus 35 °C

Eigenschaften

Hervorstechende Eigenschaft von Greenit ist die gelartige (thixotrope) Konsistenz, die gleichmäßige und sparsames Verteilen des Klebstoffes ohne Fadenziehen gestattet. Greenit bildet nach dem Auftragen einen kontaktfähigen Film, der nach einigen Minuten Ablüftezeit die Fähigkeit zur Soforthaftung entwickelt. Er verbindet die meisten Werkstoffe und ist deshalb geeignet zum Kleben von

Holz und	keram. Materialien	Filz
Holzwerkstoffen	Glas	Textilien
zahlreichen Kunststoffen	Gummi	Weichschaum
Metallen	Leder	u.a.m.

Nicht geeignet ist Greenit z. B. für geschäumtes Polystyrol (Styropor®) sowie für Weich-PVC. Der Greenit-Film behält zähelastischen Charakter und ist dadurch befähigt, gewisse Spannungen zwischen den Fügeteilen auszugleichen. Er ist ausgezeichnet alterungsbeständig, d. h. er versprödet nicht. Greenit ist beständig gegen Wasser, Öl, Fette, verdünnte Säuren und verdünnte Alkalien. Für Flächenklebungen beträgt der Verbrauch etwa 200...250 g pro Quadratmeter, je nach Beschaffenheit der Oberflächen. Bei erhöhter Temperatur (ca. 35 °C) wird Greenit flüssig, gewinnt jedoch seine gelartige Beschaffenheit bei Raumtemperatur wieder.

Verarbeitung

Saubere, öl-, fett- und staubfreie Klebeflächen sind Voraussetzung für gute Bindefestigkeiten.

Auftragsweise

Greenit wird bei Entnahme aus der Dose nicht umgerührt. Man verteilt das Gel mit dem beigefügten, feingezahnten Spachtel oder mit dem Pinsel gleichmäßig auf beiden zu klebenden Flächen.

Frischverklebung

Nach einer Ablüftezeit von etwa 7 bis 12 Minuten (bei dickeren Aufstrichen höchstens jedoch 25 Minuten) werden beide Teile zusammengefügt. Der richtige Zeitpunkt zum Zusammenfügen ist dann erreicht, wenn der Klebstoff berührtrocken ist.

Paßgleiches Ausrichten der Teile ist dadurch möglich, daß bei leichtem Aufeinanderlegen noch keine feste Bindung zustande kommt. Danach werden die Teile durch kurzen Druck miteinander verbunden. Hierbei ist die Kraft des Drucks entscheidend, nicht die Dauer. Erforderlich sind minimal etwa 5 kp/cm^2. Sofern nicht mit einer Druckpresse gearbeitet wird, verwendet man Schraubzwingen oder klopft an.

Verkleben mit Lösemittelreaktivierung

Klebstoffauftrag auf beide Fügeteilflächen wie bei „Frischverklebung". Danach vollkommen trocknen lassen. Die Verklebung selbst kann zu einem beliebig späteren Zeitpunkt folgendermaßen vorgenommen werden: Man überwischt eine der beiden Klebeflächen mit einem lösemittelbefeuchteten, nichtfasernden Tuch und verklebt unmittelbar danach durch kräftiges Anpressen (s. o.). Als Lösemittel zum Reaktivieren eignen sich z. B. UHU-Löser für Kontakt 2000, Butanon (MEK) und Äthylacetat.

Verkleben mit Hitzereaktivierung

Klebstoffauftrag auf beide Fügeteilflächen wie bei „Frischverklebung". Danach vollständig trocknen lassen. Zu einem beliebig späteren Zeitpunkt legt man die Teile paßgerecht zusammen und verbindet sie dann durch Wärmezufuhr im Bereich von 120 ° – 150 °C (Heizpresse, Strahler; bei kleineren Teilen mit dem Bügeleisen). Bei dieser Methode ist darauf zu achten, daß die angegebene Temperatur bis zur Klebefuge vordringen muß. Wenn die Fügeteile unter Spannung stehen (Rundungen, Verwindungen), muß die Fixierung bis zum Erreichen der Raumtemperatur beibehalten werden.

Reinigung

Zum Entfernen von Klebstoffresten und zur Reinigung der Geräte eignen sich Butanon (MEK), Äthylacetat, Nitroverdünner u. a. m.

B Einkomponentenkleber auf Cyanacrylat-Basis (Beispiel Sico met)

Diese Klebstoffe werden u. a. unter der Bezeichnung „Stabilit-Rasant" und „SICO MET" von den Firmen Henkel u. Cie Düsseldorf sowie den Sichelwerken in Hannover angeboten. „SICO MET" gibt es als Typenreihe für verschiedene Anwendungen und Problemlösungen. Für die Elektronik sei der Klebstoff „SICO MET 99" für Metalle, besonders Buntmetalle, sowie „SICO MET 77" für Kunststoffe hervorgehoben.

Allen Klebstoffen ist gemeinsam, daß sich innerhalb weniger Sekunden bereits feste Verbindungen ergeben, wenn von der glasklaren Klebeflüssigkeit die Kleblinge mit einem Tropfen benetzt und dann unter Druck zusammengefügt werden. Der sich so bildende Klebefilm < 0,2 mm härtet durch Katalytisierung mit der Luftfeuchtigkeit sofort aus. Daraus ergibt sich, daß der Klebstoff kühl, trocken und geschlossen zu lagern ist. Eine Lagerung in einem Tiefkühlfach von unter -15 °C ist zu empfehlen.

Diese Klebstoffe sind auch bestens geeignet für Sofortverbindungen kleiner Bauteile und Platinen, Verkleben von Ferritschalen und vieles mehr. Die Anwendung ist von der Menge gesehen äußerst sparsam. „SICO MET"-Kleber sind ebenfalls gut geeignet, um Gummi mit Metallen, Kunststoffe mit Metallen usw. zu verbinden. Der Temperaturbereich ist von ca. -30 °C...$+100$ °C zu sehen, wobei bei 100 °C noch etwa 70 % der bei 20 °C erzielbaren Festigkeitswerte erhalten werden. Nachfolgend die wichtigsten Eigenschaften:

Allgemeines

Sicomet-Klebstoffe, Markenname der Sichel-Werke, sind lösungsmittelfreie, schnell polymerisierende, kalthärtende Einkomponentenkleber. Sie enthalten als Hauptbestandteil Cyanacrylat, dem geringe Mengen Filmbildner und Stabilisatoren zugesetzt sind. Bei Klebverbindungen wird die Aushärtung durch die katalytische Wirkung der aus der Luft absorbierten Feuchtigkeit eingeleitet, wobei zu beachten ist, daß diese Reaktion nur bei dünnen Klebstoff-Filmen in der angegebenen Zeit vollständig abläuft. Der Einsatz von Sicomet setzt deshalb verhältnismäßig plane Fügeteile voraus. Durch einen leichten Kontaktdruck auf die Klebeverbindung wird ein dünner Sicomet-Film erzielt und dadurch eine Aushärtung innerhalb weniger Sekunden bis Minuten erreicht. Basische Materialien beschleunigen das Abbinden so sehr, daß ein Nachrichten der Fügeteile nur bedingt möglich ist. Stark saure Materialien können ein Aushärten nicht nur verzögern, sondern auch verhindern.

Mit Sicomet hergestellte Klebverbindungen zeichnen sich durch gute mechanische Festigkeit, hohes Haftvermögen bei den meisten unporösen Materialien, gute Temperaturbeständigkeit und Chemikalienresistenz aus.

Die in Sicomet enthaltenen Filmbildner dienen der Verbesserung der mechanischen Eigenschaften, wie z. B. Vibrations- und Schlagfestigkeit sowie der Verbesserung des Schrumpfverhaltens.

Anwendung

Sicomet eignet sich zum Verbinden vieler unporöser Materialien: Eisen, Stahl, Bunt- und Leichtmetalle und deren Legierungen, nichtmetallische Werkstoffe wie Porzellan, Keramik, Hartpapier, Kunststoff, Natur- und Synthesekautschuk. Die aufgeführten Werkstoffe sind sowohl miteinander als auch untereinander zu verkleben.

Sicomet wird vor allem für das Verbinden kleiner gut anliegender Flächen eingesetzt: Für die Serien- und Bandfertigung in der Elektroindustrie, Elektronik, Meß- und Regeltechnik, in der feinmechanischen Industrie, kunststoff- und gummiverarbeitenden Industrie, für die Uhrenfertigung und in der optischen Industrie.

Die spezifischen Eigenschaften von Cyanacrylat-Klebern sind aber auch von anderen Industriezweigen erkannt worden: im Metall- und Werkzeugbau, als Elektrodenkleber in Betriebswerkstätten und Schlossereien; ebenso für die Fertigung der verschiedensten Teile als Montagehilfe, für die Verklebung von Gummiprofilen und Rollringen und bei stark beanspruchten Gummi-/Metall-Bindungen, im Maschinen- und Apparatebau sowie in der Automobil-, Schiffs- und Flugzeugindustrie.

Nicht nur zum Verkleben der verschiedensten Materialien eignet sich Sicomet, sondern auch zur dauerhaften chemikalien- und temperaturbeständigen Metall- und Kunststoffschraubensicherung, Schraubenverbindungen, die unter Umständen gelöst werden müssen, sollten jedoch nicht mit Sicomet gesichert werden.

Vorbehandlung der Werkstoff-Oberflächen

Die Oberflächen der zu verklebenden Materialien sollen bei starker Verschmutzung mit Trichloräthylen – besser Trichlorethan – sonst mit Aceton, Benzin, Alkohol, Äthylacetat oder anderen Fettlösungsmitteln von Öl, Fett und Schmutz befreit werden. Um eine gute Verankerung des Klebstoffes zu erzielen, sind Metall- und Kunststoffteile nach Möglichkeit zusätzlich zu schleifen, mit Schmirgelpapier oder mit Sandstrahl aufzurauhen. Bei vielen Kunststoffteilen genügt schon maschinelle Bearbeitung – Fräsen, Bohren, Schleifen – für eine ausreichende Aufrauhung. Dadurch werden klebstoffabstoßende Formtrennmittel und andere Verunreinigungen von den Oberflächen beseitigt und eine bessere Benetzung der Fügeteile mit Sicomet erreicht. Elastomere sind grundsätzlich mit Aceton zu reinigen. Ist in der Praxis eine Vorbehandlung nicht möglich, muß durch eigene Versuche ermittelt werden, ob die erreichten Festigkeiten den gestellten Anforderungen entsprechen. Neben diesen mechanischen Vorbehandlungsverfahren sind zur Erzielung von maximalen Festigkeiten mit kleinster Streuung bei Serienverklebungen chemische Vorbehandlungen der Materialien unerläßlich.

Klebung und Aushärtung

Der Cyanacrylat-Klebstoff wird tropfenweise auf ein Fügeteil aufgebracht und mit einem Kunststoff- oder Metallspachtel zu einem dünnen Film verteilt. Unmittelbar darauf müssen die Werkstücke aufeinandergelegt und fixiert werden. Unter kurzem Kontaktdruck beginnt die Polymerisation des Klebstoffes bereits nach wenigen Sekunden.

Als sehr günstige Arbeitsmethode hat sich in der Praxis die Punktklebung erwiesen: Hierbei werden je nach Größe der Flächen ein oder mehrere Tropfen Sicomet gleichmäßig auf die Oberfläche eines Fügeteils aufgebracht, das andere Werkstück daraufgelegt und durch anschließenden Kontaktdruck der Klebstoffe zu einem dünnen Film ausgedrückt. Die Härtung tritt sofort ein. Außer der schnellen, einfachen Arbeitsweise hat dieses Verfahren den Vorteil eines geringeren Klebstoffverbrauchs. Durch Verwendung geeigneter Polyäthylenflaschen läßt sich für die Serienklebung die optimale Auftragsmenge schnell ermitteln. Aus 1 g Sicomet erhält man je nach Tropfengröße und Viskositätseinstellung bis zu 60 Tropfen.

Die Schichtdicke soll 0,2 mm nicht übersteigen, bei stärkerem Auftrag wird das Aushärten des Klebstoffes verzögert. Zum Überbrücken von Toleranzen sollten die hochviskosen Sicomet-

Aushärtezeiten in Sekunden:

Werkstoffe	Sicomet normalhärtend	Sicomet schnellhärtend
Aluminium/Aluminium	70 ... 120	30 ... 80
Kunststoff/Kunststoff	> 30	< 30
Kautschuk/Kautschuk	> 10	< 10

Typen zum Einsatz kommen. Je stärker die Klebstoffschicht ist, desto unvollständiger läuft die Polymerisationsreaktion ab.

Die Aushärtezeiten sind außerdem abhängig von der mechanischen Beschaffenheit der Oberfläche der zu verklebenden Materialien. Saure Oberflächen verzögern, basische Oberflächen beschleunigen die Polymerisation des Klebers.

Bei anderen Werkstoffen liegen die Aushärtezeiten in ähnlichen Grenzen. Dabei ist zu beachten, daß in den angegebenen Zeiträumen nur eine Teilhärtung eintritt, welche die Werkstücke aber so zusammenhält, daß sie nicht mehr gegeneinander verschiebbar sind. Die vollständige Aushärtung ist dagegen erst nach 24 Stunden erreicht. Die Lagergarantie beträgt bei Raumtemperatur $\approx$ 6 Monate. Gefahrenklasse nach VbF ist A III.

Elektrische Eigenschaften; mechanische Werte von Sicomet

Erweichungspunkt	165	[°C]
Brechungsindex	1,49	bei [t_u 20 °C]
Durchschlagsfestigkeit	11,6	kV/mm
Isolationswiderstand	$5{,}37 \cdot 10^{14}$	$\Omega \cdot$ cm
Dielektrizitätskonstante	5,4	bei 1 MHz ϵ_2 [10^{-3}]

Temperatur-Einsatzbereich –40°C ... +120 °C

Zeitstandfestigkeit von Klebverbindungen

Zum Verständnis der technologischen Eigenschaften einer Klebverbindung muß das Festigkeitsverhalten der beteiligten Werkstoffe bekannt sein. Die Festigkeit von Metallklebungen wird im allgemeinen im Zugscherversuch bei zügiger Belastung bis zum Bruch der Verbindung ermittelt. Um dem Konstrukteur zuverlässige Festigkeitswerte für das Bemessen von Klebverbindungen zu geben, ist es darüber hinaus erforderlich, das Verhalten der Klebverbindung unter Belastung über größere Zeiträume zu kennen. Für Metalle kann das Verhalten unter Last als bekannt vorausgesetzt werden. Zwischen Metallen und Kunststoffen (ausgehärteter Klebstoff) bestehen jedoch erhebliche Unterschiede. Unter Einwirkung einer gleichbleibenden statischen Last erleiden Metalle erst bei hohen Temperaturen plastische Formveränderungen, während Kunststoffe bereits bei Raumtemperatur kriechen. Bei Metallklebverbindungen hängen Kriechverlauf und Kriechgeschwindigkeit von Belastung, Temperatur, Eigenschaften der Fügeteile und dem Zustand des ausgehärteten Klebstoffs ab. Je weniger der ausgehärtete Klebstoff zum Kriechen neigt, desto besser ist die Dauerstandfestigkeit der Klebverbindung. Eine erheblich geringere Last als die statische Bruchlast im Kurzzeitversuch genügt bereits, um einen Bruch durch Zeitstandbelastung auszulösen. Für geklebte Konstruktionen besteht deshalb ein Zusammenhang zwischen Belastungshöhe und Lebensdauer. Mit zunehmender Last nimmt die Lebensdauer ab.

Gummi/Metall- und Gummi/Gummi-Verklebung

Die Erfahrung hat gezeigt, daß sich mit Sicomet sehr gute Gummi/Metall- und Gummi/Gummi-Verklebungen herstellen lassen. Obwohl das Verbinden dieser Werkstoffe im Rahmen der

Vulkanisation heute keine großen Schwierigkeiten bereitet, wird Sicomet zum Verkleben dieser Werkstoffe mit Erfolg eingesetzt. Reparaturen von vulkanisierten Teilen, Verkleben kleiner Gummiteile, Aufkleben von Gummiteilen und -profilen auf die unterschiedlichsten Metalle sind nur einige Beispiele für die vielseitigen Einsatzmöglichkeiten des Klebers.
Voraussetzung für eine einwandfreie Klebung mit bestmöglichen Festigkeitseigenschaften sind saubere Schnittflächen, Reinigung der Klebeflächen mit organischen Lösungsmitteln wie Toluol oder Aceton und ein einseitig sparsamer Klebstoffauftrag. Bei Metallen und harten Gummisorten ist evtl. ein mechanisches Aufrauhen der Klebflächen erforderlich. Da es sich bei Gummi um einen elastischen Werkstoff handelt, muß zur besseren Anpassung je nach Größe der Fügeteile ein Kontaktdruck über einen Zeitraum von 1 bis 5 Minuten auf die Verbindungsstelle ausgeübt werden. Durch schnellhärtende Sicomet-Typen kann diese Anpreßzeit erheblich verkürzt werden.
Versuche haben gezeigt, daß die meisten Kautschukarten zu verkleben sind. Durch die Vielzahl der verwendeten Gummimischungen sind Aussagen über eine alterungsbeständige Klebverbindung im voraus nicht immer eindeutig zu machen.

Kunststoffklebverbindungen mit Cyanacrylat-Kleber

Mit Sicomet können grundsätzlich viele handelsübliche Kunststoffe verklebt werden. Hierbei ist besonders auf fettfreie und saubere Oberflächen zu achten. Anhaftende Formtrennmittel müssen mechanisch durch Aufrauhung der Oberfläche entfernt werden, um eine gute Benetzung und Verankerung des Klebers zu erzielen. Mit Siliconformtrennmittel behandelte Kunststoffe lassen sich mit Sicomet nicht dauerhaft verbinden.
Bei Kunststoffen wie Polyäthylen, Polypropylen, Polytetrafluoräthylen und sonstigen perfluorierten Kohlenwasserstoffen mit naturbedingter klebstoffabweisender Oberfläche findet nur eine unzureichende Benetzung und Verankerung des Cyanacrylatklebers statt. Eine spezielle Vorbehandlung dieser Werkstoffe aktiviert die Oberflächen und ermöglicht eine Haftklebung mit Sicomet.
Es ergeben sich sonst für jede Kunststoffart spezifische Festigkeiten. Bei der Verklebung von Kunststoffen sind daher stets Probeklebungen durchzuführen.

Kunststoffklebeverbindungen mit Sicomet

Mit SICOMET können grundsätzlich viele handelsübliche Kunststoffe verklebt werden. Hierbei ist besonders auf fettfreie und saubere Oberflächen zu achten. Anhaftende Formtrennmittel müssen mechanisch durch Aufrauhung der Oberflächen entfernt werden, um eine gute Benetzung und Verankerung des Klebstoffes zu erzielen. Mit Siliconformtrennmittel behandelte Kunststoffe lassen sich mit SICOMET nicht verbinden.
Die am häufigsten in der Industrie anzutreffenden Thermoplaste wie Polystyrol, Styrolbutadien, Styrolacrylnitril, Polymethylmethacrylat, Polycarbonat und Polyvinylchlorid sowie Polyamid lassen sich mit den entsprechenden SICOMET-Klebstofftypen einwandfrei verkleben.
Bei Kunststoffen wie Polyäthylen, Polypropylen, Polyacetal, Polytetrafluoräthylen und sonstigen fluorierten Kohlenwasserstoffen mit naturbedingten klebstoffabweisenden Oberflächen findet nur eine unzureichende Benetzung und Verankerung der Cyanacrylatklebstoffe statt. Eine

2 Mechanik der Elektronik

spezielle Vorbehandlung dieser Werkstoffe aktiviert die Oberflächen und ermöglicht eine Haftklebung mit SICOMET.

Die Duroplaste wie Melaminformaldehyd-, Harnstoffformaldehyd-, Epoxid- und Polyesterharze werden mit SICOMET 77 gut verklebt, während Phenolformaldehydharze nur bedingt zu verkleben sind.

Es ergeben sich für jede Kunststoffart spezifische Festigkeiten. Bei der Verklebung von Kunststoffen sind daher stets Probeklebungen durchzuführen bzw. Muster für entsprechende Vorprüfungen mit detaillierten Angaben einzureichen.

Prüfstreifen:	verschiedene Kunststoffe 100 x 25 x 1,5 mm
Vorbehandlung:	entfettet, angerauht
Klebstoff:	SICOMET 50
Überlappung:	einfach, 20 mm
Klebung:	60 % relative Luftfeuchtigkeit +20 °C
Klemmabzuggeschwindigkeit:	10 mm/min.

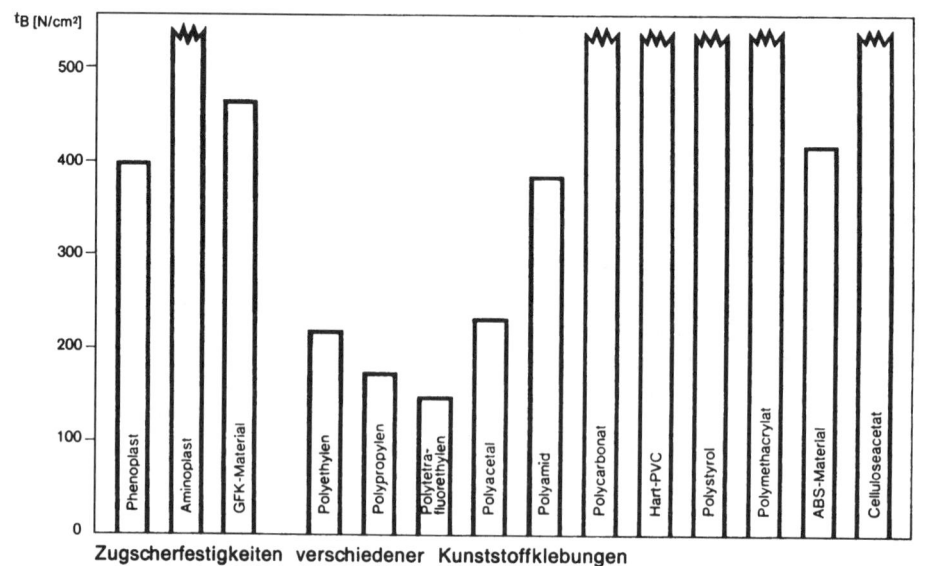

Zugscherfestigkeiten verschiedener Kunststoffklebungen

C Einkomponentenkleber auf Cyanacrylatbasis

UHU sekundenkleber spezial

UHU sekundenkleber spezial ist ein höherviskos eingestellter, lösungsmittelfreier, schnellabbindender Einkomponenten-Reaktionsklebstoff auf Basis von Cyanacrylat, der bei Kontakt mit Feuchtigkeitsspuren (z. B. aus der Luft) sehr schnell bei Raumtemperatur härtet.

UHU sekundenkleber spezial ermöglicht also in Sekunden bis Minuten hochfeste Klebungen von porösen Materialien untereinander wie auch mit nicht saugfähigen Werkstoffen.

Spezifikation

Aussehen	farblos, klare Flüssigkeit
Viskosität	ca. 500 m.Pa.s
Dichte	ca. 1,07 g/cm^3
Basis	Cyanacrylsäureethylester
Lösungsmittel	keines
Festkörper	100 %
Flammpunkt	(DIN 53213) 83 °C
Gefahrenklasse (VbF)	A III
Arbeitsstoff-Verordnung	nicht kennzeichnungspflichtig

Eigenschaften

Nach dem Aufbringen und Zusammenpressen der beiden Fügeteile verfestigt sich der Klebstoff in der Klebfuge in Sekunden bis zu einer Minute zu einem Kunstharz, das die Teile hochfest und spannungsfrei verbindet. Je dünner die Klebschicht, desto schneller zieht der Klebstoff an.
Das sekundenschnelle Abbinden bedingt die Verwendung vorwiegend bei kleinflächigen Klebstellen. Für großflächige Klebungen sind Cyanacrylat-Klebstoffe nicht geeignet. Hochfeste Klebungen erzielt man sowohl bei porösen Materialien untereinander als auch in Verbindung von porösen mit unporösen Werkstoffen. Holz und Holzwerkstoffe, Leder, keramische Materialien, Ton und Pappen lassen sich gleichermaßen gut miteinander verkleben, aber auch mit Metallen, z. B. Stahl, Kupfer, Messing und Aluminium, ferner mit duromeren Kunststoffen wie Phenolharzen (Bakelite, Pertinax), GFK-Polyestern und GFK-Epoxidharzen (glasfaserverstärkte Kunststoffe), selbst mit thermoplastischen Kunststoffen wie Hart-PVC (Polyvinylchlorid), Polycarbonat (Makrolon ®), Acrylharz (PMMA, Plexiglas ®), Polystyrol (PS) und ABS (schlagfestes Polystyrol) und Gummi. Glas ist, abhängig von der Glasqualität, bedingt klebbar.
Nicht klebbar sind Kunststoffe mit antiadhäsiver Oberfläche wie Polyethylen (PE), Polypropylen (PP), Silikonharze und -kautschuke (SI) und Polytetrafluorethylen (PTEE, Teflon ®). Die Wärmebelastbarkeit des vollständig gehärteten Klebstoffs geht bis zu etwa 80 °C (unbeständig bei Heißwasser). Von Tieftemperaturen wird der Klebstoff nicht beeinflußt. Die Klebungen sind weitgehend wasser- und lösungsmittelbeständig.
Das Fugenfüllvermögen ist begrenzt, deshalb soll die Klebfugedistanz nicht mehr als 0,1 mm betragen, da man sonst mit übermäßig langen Abbindezeiten rechnen muß und die Durchhärtung nicht sicher ist. Je genauer die Fügeteile anliegen, desto besser die Klebung. Je dicker der Klebstoffauftrag, desto unvollständiger und langsamer die Polymerisation.

Verbrauch

Die Ergiebigkeit von UHU sekundenkleber spezial ist groß. Ein mittlerer Tropfen reicht z. B. für 3–5 cm^2 Klebfläche.

Verarbeitung

Saubere, trockene, öl-, fett- und staubfreie Klebflächen sind Voraussetzungen für gute Klebfestigkeiten. Metallische Klebflächen werden zumindest gründlich mit Lösungsmittel (z. B. Aceton) entfettet; besser noch mit feinem Schleifpapier, Körnung 150, abgetragen und dann entfettet. Kunststoffoberflächen, Glas, keramische Materialien und Gummi werden lediglich mit Aceton entfettet. Nach der Entfettung sollen die Klebflächen nicht mehr mit den Fingern berührt werden. Holz- oder Holzwerkstoffoberflächen werden nur entstaubt. Der Klebstoff wird direkt aus der Flasche auf eine der beiden Klebflächen sparsam aufgebracht, das andere Fügeteil sogleich aufgesetzt, ausgerichtet und angedrückt.

Je nach Eigenschaften des Materials und Paßgenauigkeit der Klebflächen erreicht man die sogenannte Handfestigkeit nach 10 bis 60 Sekunden. Die Funktionsfestigkeit ist etwa 5 Minuten danach erreicht und die Endfestigkeit nach etwa 6 Stunden. Ein Tip: Etwas angefeuchtetes Holz klebt rascher.

Bei geringer Luftfeuchte verlangsamt sich der Härtungsvorgang. Günstige Voraussetzung für angemessene Härtung ist ein Luftfeuchtigkeitsgehalt zwischen 40 und 70 % relative Feuchte, 30 % sollten jedoch keinesfalls unterschritten werden.

Lösung von Klebverbindungen

Zum Lösen von Klebverbindungen kann man sich, soweit es die Werkstoffe erlauben, die Erweichung des Klebharzes bei 180–200 °C zunutze machen, um die Teile voneinander zu lösen. Ist es nicht möglich, mit solchen Temperaturen zu arbeiten, dann läßt sich das Klebharz durch längere Einwirkung von Dimethylformamid (DMF, giftig) oder Dimethylsulfoxid (DMSO, giftig) angreifen.

Reinigung

Die Reinigung von überschüssigem oder verschmiertem Klebstoff soll möglichst bald mit einem acetonbefeuchteten, nicht fasernden Tuch erfolgen. Frische Flecken in Textilien entfernt man ebenfalls mit Aceton; ist der Klebstoff jedoch voll durchgehärtet, dann kann man ihn nur noch mit DMF oder DMSO (Apotheke) nach ausreichend langer Einwirkung entfernen (bei Kunstfasergeweben Vorversuch an unsichtbarer Stelle!).

Schutzmaßnahmen

Cyanacrylat-Klebstoff härtet in Sekundenschnelle unter dem Einfluß der Luftfeuchte bzw. der Feuchtigkeitsspuren auf den Klebflächen aus. Deshalb ist Vorsicht geboten beim Verarbeiten, insbesondere aber im Hinblick auf Kinder, vor allem bei Haut- und Augenkontakt. Bei Hautkontakt, z. B. wenn die Finger zusammengeklebt sind, können die betroffenen Stellen sofort mit Aceton, ersatzweise mit Nagellackentferner behandelt werden. Gehärteter Klebstoff wird mit dem Bimsstein abgerieben. Gelangen Spritzer in die Augen oder in den Mund, dann Auge bzw. Mund unbedingt offenhalten und kräftig mit Wasser spülen. Falls noch nötig, anschließend den Arzt aufsuchen.

UHU sekundenkleber spezial ist weder giftig noch anderweitig gesundheitsschädlich. Der Eigengeruch von Cyanacrylat-Klebstoff läßt es ratsam sein, bei Verarbeitung größerer Mengen den Arbeitsplatz gut zu belüften.

Lagerung

Wie alle Sofortkleber auf Cyanacrylat-Basis ist auch UHU sekundenkleber spezial unbegrenzt haltbar. Deshalb soll die Flasche nach Gebrauch sofort wieder verschlossen und möglichst im Kühlschrank aufbewahrt werden.

Reinigung von Arbeitsgeräten, Lösen von Klebverbindungen

Die Reinigung der Arbeitsgeräte erfolgt problemlos bei noch nicht ausgehärtetem Kleber mit Äthylacetat oder Aceton.

Ausgehärtetes Sicomet kann nur mechanisch durch Schleifen oder Schmirgeln, chemisch durch Kochen in starker Natronlauge und anschließendem Spülen mit Wasser und Alkohol entfernt werden.

Klebverbindungen, die wieder gelöst werden sollen, sind durch Lagern in Dimethylformamid (giftig!) kurzfristig, durch Lagern in Äthylacetat langsam infolge Anquellung zu lösen.

Bei Temperaturen von 200 bis 250 °C tritt eine schnelle Lösung der Klebverbindung ein.

Folgende Stoffe lösen an:
Dimethylformamid, Acetonitril, Dimethyl-Sulfoxid, Alkali, Anquellung durch längeres Lagern in Estern (Äthylacetat) und Ketonen (Aceton).

D Anlösende Kleber (Verschweißung, Quellschweißen)

UHU-plast

UHU-plast ist ein Spezialklebstoff zum Verkleben von Polystyrol-Teilen.

Spezifikation

Aussehen:	farblos, klar
Konsistenz:	niedrigviskos
Viskosität:	ca. 8 d Pa · s
Basis:	Polystyrol
Lösemittel:	Gemisch von Aromaten und Ketonen
Festkörpergehalt:	ca. 27 %
Dichte:	0,90
Flammpunkt:	–25 °C
Gefahrenklasse (VbF):	A I

Eigenschaften

UHU-plast löst die Oberflächen von kompakten Polystyrol-Teilen an und bewirkt unter Filmbildung einen verschweißungsähnlichen Vorgang zwischen den zu klebenden Polystyrol-Teilen. Bei der Verdunstung der Lösemittel entsteht durch molekulare Verknäuelung eine praktisch untrennbare Klebeverbindung. Diese hat dieselben Eigenschaften und darüber hinaus eine größere Festigkeit als das Material selbst. Zum Verkleben von Polystyrol mit Papier, Pappe, Karton und Holz ist UHU-plast ebenfalls geeignet.

Die Klebungen sind beständig gegen Wasser, Benzin und Öl. Nicht geeignet ist UHU-plast für Polystyrol-Hartschaum (z. B. Styropor ®), da die Schaumstruktur zerstört wird; für diese Schaumstoffe ist UHU-por zu verwenden.

Verarbeitung

Die zu klebenden Flächen müssen sauber, trocken, öl- und fettfrei sein. Je nach Erfordernis bestreicht man ein oder beide zu verbindenden Teile und fügt sofort zusammen. Die Klebung zieht etwa 20 Minuten nach dem Fügen an und ist nach etwa $1^1/_2$ Stunden ausreichend fest, so daß man das geklebte Teil weiter handhaben kann.

Reinigung

Wenn feuchte Klebstoffreste von sichtbaren Polystyrol-Oberflächen abgewischt werden, hinterbleiben meist matte Stellen. Verschmierter Klebstoff soll deshalb entweder gar nicht oder erst nach dem Trocknen vorsichtig entfernt werden. Zum Reinigen der Geräte und zur Fleckenentfernung vewendet man den Spezial-Löser für UHU-plast oder Aceton.

Vorsichtsmaßnahmen

UHU-plast enthält flüchtige, leicht entzündliche Lösemittel, deshalb sind Vorsichtsmaßnahmen bei Verarbeitung und Lagerung zu treffen.

Elektrische Daten

$\epsilon \approx 2{,}5$ Durchschlagsfestigkeit > 40 kV/mm
$\mathrm{tg}\,\delta \approx 5 \cdot 10^{-5}$ bis 1 MHz Isolationswiderstand $> 10^{16}\,\Omega \cdot$ cm
$\phantom{\mathrm{tg}\,\delta} \approx 1{,}5 \cdot 10^{-4}$ (300 MHz)

E Zweikomponentenkleber (Epoxidharzbasis)
UHU-Plus, Stabilit Ultra, Metallon, UHU A · B · S

Klebungen von festen, mechanisch starren Stoffen ergeben hochstabile Verbindungen. Zweikomponentenkleber härten relativ starr aus, sind wenig elastisch und somit ungeeignet zum Verbinden von weichen, elastischen Kunststoffen (thermoplastische Kunststoffe) (Abschäleffekt). Für Duroplaste, also Phenolharze (Bakelit), Polyester- und Epoxidharze ergeben sich gute Klebeeigenschaften, wenn diese vorher angerauht (Schmirgelleinen) werden.
Die Kleber bestehen aus dem Binder und dem Härter. Beide Stoffe werden erst kurz vor dem Klebeprozeß in der speziellen angegebenen Mengendosierung gut angemischt. Diese Kleber wie
UHU-Plus (Fa. UHU-Werke)
Stabilit Ultra (Fa. Henkel u. Cie)
Metallon (Fa. Sichel)
werden (Binder und Härter) in Tubenform geliefert. Die Topfzeit, d. h. die verwendbare Zeit der Mischung beträgt je nach Temperatur ca. 30 bis 45 Minuten. Der Kleber
Stabilit Express (Fa. Henkel u. Cie)
enthält einen Härter in Pulverform. Hier sind die Klebeverbindungen bereits nach ca. 20 Minuten fest. Endfestigkeit nach ca. 60 Minuten. Die Topfzeit beträgt max. 8 Minuten. Der Kleber wird eingesetzt, wenn kurze Verarbeitungszeiten gefordert werden.

Metallon

Temperaturbereich und Aushärtung

Der Temperaturbereich der Zweikomponentenkleber ist innerhalb ca. -20 °C ... + 80 °C zu finden. Die Aushärtung kann durch erhöhte Temperatur beschleunigt werden (siehe untenstehende Tabelle: Metallon). Eine Schnelllösung tritt bei Temperaturen über 150 ° ... 200 °C ein, oder bei einem Bad mit Tri oder Aceton.
Nachstehend ein Überblick:

Härtungszeit [h; min]	Härtungstemperatur [°C]	Zugscherfestigkeit bei 20 °C [kp/mm^2]
		Metallon FL
6 h	20	1,4
8 h	20	1,9
24 h	20	2,4
48 h	20	2,8
120 h	20	3,2
168 h	20	3,2
60 min	60	3,2
120 min	60	3,6
30 min	80	3,9
15 min	100	3,1
30 min	100	3,5
15 min	120	3,8
30 min	120	4,2
10 min	150	4,0
5 min	180	4,0

Ein erhebliches Überschreiten der Härtungstemperatur und -zeit führt zur Überhärtung, der Klebstofffilm wird spröde und bei den Klebverbindungen tritt ein Festigkeitsabfall auf. Selbstverständlich können die Metallon-Epoxidharzkleber auch mit induktiver Erwärmung ausgehärtet werden.

Elektrische Werte

Durchschlagfestigkeit = ca. 12 [KV/mm]
Isolationswiderstand = ca. $2,5 \cdot 10^8$ [MΩ · mm]
Dielektrizitätskonstante = ca. 3 [10^{-3}]
Ausdehnungskoeffizient = ca. $9 \cdot 10^{-5}$ [mm · °C^{-1}]

UHU-plus endfest 300

UHU-plus ist ein lösungsmittelfreier Zweikomponenten-Klebstoff auf Epoxidharz-Basis, der hochfeste Klebebindungen an zahlreichen Werkstoffen ermöglicht.

Spezifikation:	Binder	Härter
Aussehen:	farblos opak	honiggelb, klar
Konstistenz:	hochviskos	mittelviskos
Viskosität:	ca. 40 Pa · s	ca. 33 Pa · s
Basis:	Epoxidharz	modifiziertes Amid
Lösungsmittel:	kein Lösungsmittel	kein Lösungsmittel
Festkörpergehalt:	100 %	100 %
Dichte:	ca. 1,2	ca. 0,92
Flammpunkt:	ca. 210 °C	ca. 65 °C
Gefahrenklasse (VbF):	keine	keine
Kennzeichnung gemäß Lösungsmittelverordnung der BRD (1972):	nicht kennzeichnungspflichtig	
Arbeitsstoff-Verordnung:	nicht kennzeichnungspflichtig	
EVO:	nicht kennzeichnungspflichtig	Kl. IIIa, Rn 301, Ziffer 4

Eigenschaften

Nach dem Mischen der beiden Komponenten härtet UHU-plus ohne Volumenverlust zu einem duroplastischen Kunstharz. Die Fügeteile benötigen lediglich den Fixierdruck; Anwendung höheren Druckes ist nicht erforderlich. Die Härtung erfolgt auch unter Luftabschluß. Die Verarbeitungskonsistenz ist so eingestellt, daß bei Raumtemperatur gute Benetzungsfähigkeit mit minimalem Laufbestreben vereinigt ist.

Das UHU-plus-System gibt dem Anwender die Möglichkeit, durch Variation der Härtermenge zu härteren oder weicheren Endprodukten zu gelangen:

a) Mischungsverhältnis   100 Gewichtsteile Binder
  + 50 Gewichtsteile Härter

ergibt ein härteres Endprodukt mit etwas erhöhter Wärme-, Wasser- und Chemikalienbeständigkeit.

b) Mischungsverhältnis   100 Gewichtsteile Binder
  + 80 Gewichtsteile Härter
  (gleichlange Stränge aus den Tuben)

ist das normale Mischungsverhältnis für universelle Anwendung.

c) Mischungsverhältnis   100 Gewichtsteile Binder
  + 120 Gewichtsteile Härter

ergibt ein Endprodukt mit guter Flexibilität und verbesserter Schälfestigkeit, jedoch mit verminderter Wärme, Wasser- und Chemikalienbeständigkeit.

In diesen Grenzen ist je nach Erfordernis jedes Mischungsverhältnis möglich. Mit erhöhtem Härteranteil verlängern sich Topfzeit und Härtung minimal.

Temperaturen unter 18 °C bremsen den Härtungsvorgang und ergeben schlechte Bindefestigkeiten, deshalb ist für die Verarbeitung in kühlen Arbeitsräumen oder im Freien Wärmezufuhr notwendig (Heizlüfter, Infrarotstrahler oder dergleichen).

Besonders hohe Klebfestigkeiten erzielt man, wenn die Härtung bei erhöhter Temperatur im Bereich zwischen 70 °C und 180 °C erfolgt. Hierzu folgende Temperatur/Zeitrelationen als minimale Härtungszeiten:

45 Minuten bei 70 °C
30 Minuten bei 80 °C
20 Minuten bei 90 °C

10 Minuten bei 100 °C
7 Minuten bei 120 °C
6 Minuten bei 140 °C
5 Minuten bei 150–180 °C

Temperaturen über 200 °C sind weder bei der Härtung noch bei späterer Beanspruchung der Klebung zu überschreiten, weil die Klebfestigkeit und die Stabilität der Substanz beeinträchtigt wird.

Zugscherfestigkeiten N/cm^2 bei verschiedenen Prüftemperaturen

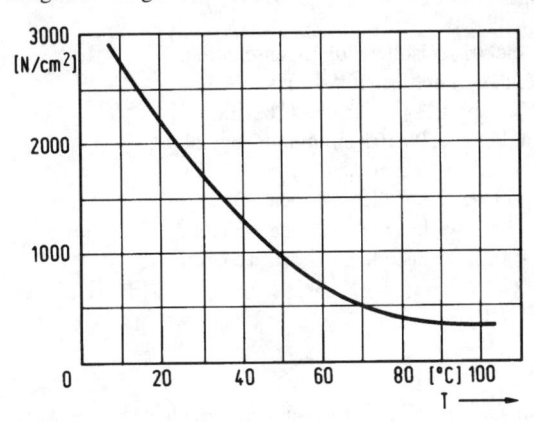

Proben:
Aluminiumstreifen (Anticorodal B) 25 mm breit, 1,5 mm dick mit 10 mm Überlappung geklebt.

Mischungsverhältnis
1 : 1 Vol.-Teile   100 Gewichtsteile Binder   +   80 Gewichtsteile Härter
Härtung: 20 Minuten bei 100 °C

Beim Kleben von Werkstoffen mit unterschiedlichen Wärmeausdehnungskoeffizienten ist zu beachten, daß der Klebstoff bei Temperaturschwankungen die Längenänderungen nur bis zu einem gewissen Grade aufnehmen kann. Es empfiehlt sich deshalb, in solchen Fällen den Härteranteil der Mischung zu erhöhen und damit ein flexibleres Endprodukt einzustellen (s. Seite 1). Größere Metallteile, z. B. Schilder, auf Glasflächen lassen sich später nur außerordentlich schwer wieder ablösen, da man den Klebstoff mit Harzauflösemitteln nur vom Rande her angreifen kann.

Beständigkeiten

UHU-plus-Verklebungen sind gegen Wasser sowie eine Reihe von Lösungsmitteln weitgehend beständig. Wasser, verdünnte Säuren und verdünnte Laugen, Benzin und Mineralöl beeinträchtigen die Bindefestigkeit auch bei längerer Einwirkung kaum. Allgemeingültige Angaben können nicht gemacht werden, da stets eine Vielzahl von Faktoren wie Angriffsmöglichkeiten, Einwirkungsdauer und Temperatur das Verhalten der Klebkonstruktion beeinflussen.

Einige Lösungsmittel, z. B. Methylenchlorid, Trichloräthylen und Chloroform, erweichen die Klebstoffsubstanz bei längerer Einwirkung. Diesen Effekt kann man sich zum Lösen von Klebverbindungen zunutze machen.

UHU-plus ist alterungs- und witterungsbeständig. Kälte, selbst sehr niedrige Temperaturen, beeinflussen den Klebstoff nicht.

Bei Temperaturen unterhalb minus 60 °C erniedrigen sich die Zugscherfestigkeitswerte auf etwa 75 – 80 % der bei Raumtemperatur gemessenen Werte; werden die Proben wieder auf Raumtemperatur erwärmt, so werden auch die ursprünglichen Klebfestigkeiten wieder erreicht.

Physikalische Eigenschaften

Gehärtetes UHU-plus hat ausgezeichnete elektrisch isolierende Eigenschaften:
Spezifischer Widerstand: 56–58 · 10^{12} Ω/cm, ermittelt bei 100 V und 21°C.
Die Wärmeleitfähigkeit nach DIN 52612 beträgt 0,214 kcal/m.h. °C bei 28,3 °C.
Der lineare Wärmeausdehnungskoeffizient liegt bei 90.10^{-6} mm/mm °C bei 20 °C.
Druckfestigkeiten (nach DIN 53454 gemessen am 10-mm-Würfel):
Mischungsverhältnis: 100 : 50 Gewichtsteile   ca. 69 N/mm^2
                       100 : 80 Gewichtsteile   ca. 45 N/mm^2
                       100 : 100 Gewichtsteile   ca. 16 N/mm^2

Verarbeitung

Vorbehandlung der Klebflächen

Die Klebflächen müssen vor dem Auftragen des Klebstoffes sehr gründlich gereinigt werden. Vorteilhafterweise schmirgelt man zunächst mit Schleifleinen, Körnung 100, danach entfettet man mit Zellstoff, der mit einem Fettlösemittel (Aceton oder Methylenchlorid) befeuchtet ist. Spezielle Vorbehandlungen zur Erzielung höchster Bindefestigkeiten sind in der DIN-Vorschrift 53281, Blatt 1, beschrieben. (Zu beziehen durch Beuth-Vertrieb GmbH, Berlin und Köln)

Aluminium

und seine Legierungen werden z. B. durch den sogenannten Pickling-Prozeß vorbehandelt: Die gereinigten Teile werden 30 Minuten in die 60–65 °C warme Beizlösung getaucht.
Diese Lösung besteht aus:

27,5 Gewichtsteilen konz. Schwefelsäure (Dichte 1,82)
7,5 Gewichtsteilen Natriumbichromat ($Na_2Cr_2O_7 \cdot 2H_2O$)
65,0 Gewichtsteilen Wasser
Nach dem Beizen wird sehr gründlich gespült und in Warmluft getrocknet. Andere Metalle: siehe DIN 53281, Blatt 1.

Kautschuk

Die Klebfläche von Vulkanisaten aus Natur- oder Kunstkautschuk wird je nach Gummiqualität zwischen 2 und 10 Minuten mit konz. Schwefelsäure (Dichte 1,82) behandelt. Danach wird sehr gründlich gespült (bis die Säurereste vollständig entfernt sind) und getrocknet. Wenn beim Durchbiegen des Gummis auf der vorbehandelten Fläche feine Haarrisse erkennbar werden, ist die Klebfläche ausreichend vorbehandelt.

Glas, Porzellan und dergl. werden üblicherweise nur mit Lösungsmitteln entfettet. Bei Holz ist lediglich für staubfreie Oberfläche zu sorgen.

Gehärtete Kunststoffe (Duroplaste), wie Phenolharz (Bakelite), Melamin-, Harnstoff-, Resorcin-, Polyester- und Epoxidharze, schmirgelt man mit Schleifleinen (Körnung 100) und entfettet wie oben angegeben.

Für thermoplastische Kunststoffe, wie Polyäthylen, Polypropylen, Polystyrol und Weich-PVC, eignet sich UHU-plus nicht.

Dosieren und Mischen

Genaues Dosieren und gründliches Mischen sind Voraussetzungen für gute Klebfestigkeiten und gleichmäßige Klebungen.

Das normale Mischungsverhältnis ist **1 : 1 Volumenteile** (gleichlange Stränge aus den Tuben), das sind

      100 Gewichtsteile Binder
   + 80 Gewichtsteile Härter

Geringe Abweichungen im Binder/Härter-Verhältnis machen sich kaum bemerkbar. Zugscherfestigkeiten von UHU-plus-Klebungen bei verschiedenen Mischungsverhältnissen und verschiedenen Härtungstemperaturen:

Mischungsverhältnis: 100 Gewichtsteile Binder und
                               20 bis 180 Gewichtsteile Härter

Härtung
a) 10 Minuten bei 180 °C
b) 20 Minuten bei 100 °C
c) 24 Stunden bei 20 °C

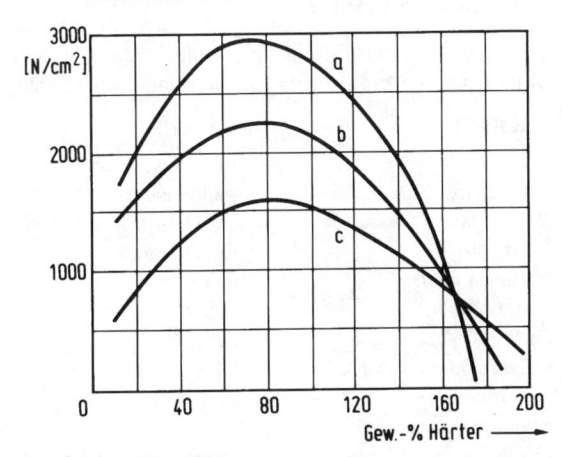

Zum Anmischen benutzt man am besten Kunststoffbecher (z. B. aus Polyäthylen) oder nichtparaffinierte Pappbecher. Kleine Mengen lassen sich auch auf einer Glasplatte oder dergleichen mit Holz- oder Metallspatel anmischen. Es soll so lange gemischt werden, bis die Paste gleichmäßige Farbe zeigt; dabei muß die Masse an Wandung und Boden mit erfaßt werden.

Baldmöglichst nach dem Mischen ist die Paste auf die Klebeflächen aufzubringen, um bestmögliche Benetzung zu gewährleisten. Das Auftragen geschieht mittels Holz- oder Metallspatel oder auch mit einem kurzborstigen Pinsel. Bei Großflächen verwendet man einen feingezahnten Spachtel, der das Aufbringen gleichmäßiger Mengen pro Fläche ermöglicht. Für Serienproduktion geben wir auf Anfrage gern Hinweise auf Hersteller von Dosier-, Misch- und Verarbeitungsgeräten.

Topfzeit (Gebrauchsdauer): Bei Raumtemperatur etwa 1 bis 1 $^{1}/_{2}$ Stunden.

Härtung

Die Härtungsdauer ist von der Temperatur abhängig.
Als minimale Härtungszeiten gelten:

12 Stunden bei 20 °C	45 Minuten bei 70 °C
10 Stunden bei 25 °C	10 Minuten bei 100 °C
3 Stunden bei 40 °C	5 Minuten bei 150–180 °C

Reinigung

Die Reinigung von Arbeitsgeräten soll erfolgen, solange der Klebstoff noch nicht ausgehärtet ist. Hierzu ist Aceton sowie Methylenchlorid oder Nitroverdünner als Lösungsmittel geeignet. Dasselbe gilt für beschmutzte Kleidung.

Schutzmaßnahmen

UHU-plus hat bei sachgemäßer Anwendung keine für die Haut schädlichen Eigenschaften, jedoch wird Sauberkeit beim Arbeiten empfohlen. Die Hände sind baldmöglich mit Wasser und Seife, keinesfalls mit Lösungsmittel zu reinigen. Bei Serienfertigung soll der Arbeitsplatz gut belüftet sein. Die gehärtete UHU-plus-Substanz ist physiologisch unbedenklich, geruchs- und geschmacksfrei.

UHU plus sofortfest

UHU plus sofortfest ist ein lösungsmittelfreier Zweikomponenten-Klebstoff auf Epoxidharz-Basis, der besonders schnelle Klebeverbindungen an zahlreichen Werkstoffen ermöglicht.

Spezifikation	Binder	Härter
Aussehen:	farblos, klar	farblos, klar
Konsistenz:	mittelviskos	mittelviskos
Viskosität:	ca. 400 dPa · sec	ca. 175 dPa · sec
Basis:	Epoxidharz	Polymerkaptan
Lösungsmittel:	keine	keine
Festkörper:	100 %	100 %
Dichte:	ca. 1,18	ca. 1,13
Gefahrenklasse (VbF):	keine	keine
Flammpunkt:	ca. 220 °C	ca. 110 °C
Kennzeichnung gemäß Gefahrstoffverordnung:	reizend, enthält Epoxidharz	reizend, enthält Amine
Gefahrensymbole:	Andreaskreuz	Andreaskreuz

Eigenschaften

Nach dem Vermischen der beiden Komponenten härtet UHU plus sofortfest zu einem duroplastischen Kunstharz. Die Fügeteile benötigen lediglich den Fixierdruck. Anwendung höheren Druckes ist nicht erforderlich. Die Härtung erfolgt auch unter Luftabschluß. Unterhalb Raumtemperatur verläuft der Härtungsvorgang etwas langsamer.

Dosieren und Mischen

Das Mischungsverhältnis der beiden Komponenten **beträgt 1:1** Gewichts- oder Volumenteile, also gleiche Mengen Binder und Härter. Nach Vorbereitung der zu klebenden Teile dosiert man

im angegebenen Verhältnis. Geringe Abweichungen machen sich nicht bemerkbar. Gründliches Mischen ist Voraussetzung für gute Bindefestigkeiten und gleichmäßige Klebungen.
Zum Anmischen benutzt man die der Packung beiliegende Mischwanne. Man kann auch auf einer sauberen Glasplatte, fettfreiem Karton o. dgl. unter Verwendung eines Spatels mischen.
Es soll sehr gründlich vermischt und dabei die Masse am Rande und am Boden miterfaßt werden. Baldmöglich nach dem Mischen ist der Klebstoff auf die Klebeflächen aufzubringen, um bestmögliche Benetzung zu gewährleisten.
Das Auftragen geschieht mit dem Spatel oder auch mit einem kurzborstigen Pinsel.

Topfzeit (Gebrauchsdauer)

Die Topfzeit ist von der angesetzten Menge sowie von der Umgebungstemperatur abhängig. Bei einer Menge von 3 – 5 g kann die Mischung bis zu 2 Minuten verarbeitet werden.

Härtung

Bei Raumtemperatur verläuft die Härtung von UHU plus sofortfest derart, daß die Klebeverbindung spätestens nach 5 Minuten fest ist, nach 10 Minuten etwa die Hälfte der Endfestigkeit und nach 1 Stunde die Endfestigkeit erreicht. Wärmezufuhr beschleunigt den Härtungsablauf.

Härtungsbedingungen

Temperatur	Minimale Härtungszeit
+ 5 °C	50 Minuten
+ 10 °C	30 Minuten
+ 20 °C	10 Minuten
+ 25 °C	7 Minuten

Richtwerte für die Zugscherfestigkeit

gemessen an Probekörpern aus Aluminium Anticorodal B gemäß DIN 53281.

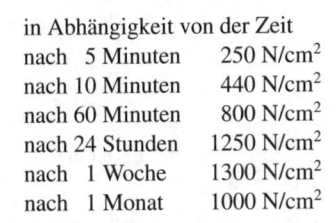

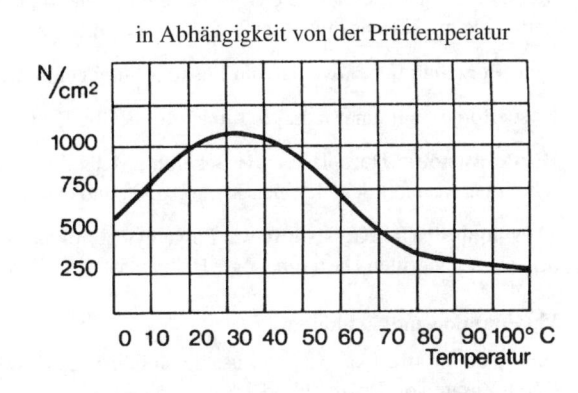

in Abhängigkeit von der Zeit

nach 5 Minuten	250 N/cm²
nach 10 Minuten	440 N/cm²
nach 60 Minuten	800 N/cm²
nach 24 Stunden	1250 N/cm²
nach 1 Woche	1300 N/cm²
nach 1 Monat	1000 N/cm²

in Abhängigkeit von der Prüftemperatur

Bemerkung

Schnellhärtende Systeme zeigen allgemein nach dem Bindefestigkeitsanstieg einen gewissen Abfall und pendeln sich dann auf einen bleibenden Durchschnittswert ein.
Erhöhte Temperaturen sind für den Härtungsvorgang nicht erforderlich, da die Härtung exotherm, also unter eigener Wärmeentwicklung abläuft.
Für die längerfristige Wärmebelastung einer Klebung sollten 100 °C nicht überschritten werden, hingegen verträgt die Substanz kurzfristig auch einmal etwa 200 °C.

Teile auf Glasflächen lassen sich später nur außerordentlich schwer wieder ablösen, da man den Klebstoff mit Harzauflösemitteln nur vom Rande her angreifen kann.
An großen Glasflächen, z. B. an Schaufensterscheiben, sollten deshalb mit UHU plus keine Schilder, Buchstaben u. dgl. geklebt werden, da die Haftung am Glas so gut ist, daß Schwingungen der Scheibe unter ungünstigen Umständen Muschelbrüche im Glas bewirken können.

Beständigkeiten

UHU plus sofortfest-Verklebungen sind gegen Wasser sowie eine Reihe von Lösungsmitteln weitgehend beständig. Wasser, verdünnte Säuren, verdünnte Laugen, Benzin und Mineralöl beeinträchtigen die Bindefestigkeiten auch bei längerer Einwirkung kaum. Allgemeingültige Angaben können nicht gemacht werden, da stets eine Vielzahl von Faktoren wie Angriffsmöglichkeiten, Einwirkungsdauer und Temperatur das Verhalten der Klebekonstruktion beeinflussen.
Einige Lösungsmittel, z. B. Methylenchlorid, Trichlorethylen und Chloroform, erweichen die Klebstoffsubstanz bei längerer Einwirkung. Diesen Effekt kann man sich zum Lösen von Klebeverbindungen zunutze machen.
UHU plus sofortfest ist alterungs- und witterungsbeständig. Kälte, selbst sehr niedrige Temperaturen, beeinflussen den Klebstoff nicht.

Verarbeitung

Vorbehandlung der Klebeflächen:
Die Klebeflächen müssen vor dem Auftragen des Klebstoffs sehr gründlich gereinigt werden. Vorteilhafterweise schmirgelt man zunächst mit Schleifleinen, Körnung 150–200, danach entfettet man mit Zellstoff, der mit einem Fettlösungsmittel (Aceton) befeuchtet ist. Spezielle Vorbehandlungen zur Erzielung höchster Bindefestigkeiten sind in der DIN-Vorschrift 53281, Blatt 1, beschrieben. (Zu beziehen durch Beuth-Vertrieb GmbH, Berlin und Köln.)

Vorbehandlung der verschiedenen Werkstoffe

Metalle: Es ist vorteilhaft, die Oberfläche mit Schleifleinen leicht abzutragen; sehr gründliche Entfettung mit Lösungsmittel muß in jedem Fall erfolgen.

Glas, Porzellan u. dgl. werden mit Lösungsmitteln entfettet.

Holz erfordert nur eine staub-, fett- und ölfreie Oberfläche.

Hartkunststoffe (Duroplaste) wie Bakelite-, Melamin-, Resorcin-, Polyester- und Epoxidharze schmirgelt man mit Schleifleinen Körnung 100 und entfettet wie angegeben.

Thermoplastische Kunststoffe wie Polyethylen, Polypropylen, Polystyrol und Weich-PVC geben einen schlechten Haftgrund ab, UHU plus ist deshalb nicht dafür geeignet.

Modifikationsmöglichkeiten

UHU plus sofortfest kann durch Zusatz von Füllstoffen modifiziert werden.
Durch Zusatz von Holzmehl oder Sägespänen kann man sich eine holzähnliche Spachtel- oder Modelliermasse herstellen, die mit Holzbearbeitungswerkzeugen bearbeitbar ist.
Wird Aluminiumschliff beigemischt, so entsteht eine metallisch aussehende Füllmasse. Wenn der Klebstoff farbig sein muß, so kann man der Mischung Farbpigmente oder Farbstoffe beigeben. Hierzu eignen sich praktisch alle fett- und ölfreien Farbpulver.
Steinähnlich hartes Material entsteht, wenn man der Mischung Quarzmehl, feinen Sand, Talkum, Kreide oder Kaolin zusetzt.

Reinigung

Das Entfernen von überschüssigem Klebstoff und die Reinigung von Arbeitsgeräten soll erfolgen, solange der Klebstoff noch nicht ausgehärtet ist. Hierzu ist Aceton oder Nitroverdünner geeignet. Dasselbe gilt für beschmutzte Kleidung.
Der gehärtete Klebstoff läßt sich nur durch das Einwirken des Lösungsmittels Methylchlorid (Dichlormethan) entfernen! Beachten Sie bitte unbedingt die Gebrauchshinweise für dieses Lösungsmittel.

Schutzmaßnahmen

Bei der Verarbeitung von UHU plus sofortfest sollte man auf saubere Hände achten. Nach den Klebearbeiten sind die Hände baldmöglichst mit Wasser und Seife, **keinesfalls mit Lösungsmittel** zu reinigen. Bei Serienfertigung soll der Arbeitsplatz gut belüftet sein. Die gehärtete UHU plus-Substanz ist **physiologisch unbedenklich**, geruchs- und geschmacksfrei.

Hinweis

Diese Richtlinien haben wir aufgrund zahlreicher Versuche und Erfahrungen zusammengestellt. Bei der Vielfalt der Materialien und Kombinationsmöglichkeiten empfehlen wir jedoch, erforderlichenfalls eigene Versuche durchzuführen, um die Klebetechnik dem speziellen Anwendungsfall anzupassen. Die obigen Angaben sind das Ergebnis sorgfältig durchgeführter Untersuchungen. Dieses Merkblatt soll Sie bei Klebearbeiten nach unserem besten Wissen beraten. Für die Ergebnisse und Schäden jeder Art können wir im jeweiligen Anwendungsfall keine Verantwortung übernehmen, da sich bei den vielfältigen Möglichkeiten (Werkstofftypen, Werkstoffkombinationen und Arbeitsweise) die mitspielenden Faktoren unserer Kontrolle entziehen.

UHU plus schnellfest

UHU plus schnellfest ist ein lösungsmittelfreier Zweikomponenten-Klebstoff auf Epoxidharz-Basis der besonders schnelle Klebverbindungen an zahlreichen Werkstoffen ermöglicht.

Spezifikation	Binder	Härter
Aussehen	farblos, klar,	farblos, klar
Konsistenz	mittelviskos	mittelviskos
Viskosität	ca. 400 dPa · s	ca. 216 dPa · s
Basis	Epoxidharz	Polymerkaptan
Lösungsmittel	keine	keine
Festkörper	100 %	100 %
Dichte	1,18	1,13
Gefahrenklasse	keine	keine
Flammpunkt	ca. 220 °C	ca. 110 °C
Kennzeichnung gemäß deutschen Lösemittelverordnung (1972)	nicht kennzeichnungspflichtig	

Eigenschaften

Nach dem Vermischen der beiden Komponenten härtet UHU plus schnellfest zu einem duroplastischen Kunstharz. Die Fügeteile benötigen lediglich den Fixierdruck; Anwendung höheren Druckes ist nicht erforderlich. Die Härtung erfolgt auch unter Luftabschluß. Unterhalb Raumtemperatur verläuft der Härtungsvorgang etwas langsamer.

Dosieren und Mischen

Das Mischungsverhältnis der beiden Komponenten beträgt 1 : 1 Gewichts- oder Volumenteile, also gleiche Mengen Binder und Härter. Nach Vorbereitung der zu klebenden Teile dosiert man im angegebenen Verhältnis. Geringe Abweichungen machen sich nicht bemerkbar. Gründliches Mischen ist Voraussetzung für gute Bindefestigkeiten und gleichmäßige Klebungen. Zum Anmischen benutzt man die der Packung beiliegende Mischwanne. Man kann auch auf einer sauberen Glasplatte, fettfreiem Karton oder dergleichen unter Verwendung eines Spatels mischen.

Es soll sehr gründlich vermischt und dabei die Masse am Rande und am Boden miterfaßt werden. Baldmöglich nach dem Mischen ist der Klebstoff auf die Klebeflächen aufzubringen, um bestmögliche Benetzung zu gewährleisten.

Das Auftragen geschieht mit dem Spatel oder auch mit einem kurzborstigen Pinsel.

Topfzeit (Gebrauchsdauer)

Die Topfzeit ist von der angesetzten Menge sowie von der Umgebungstemperatur abhängig. Bei einer Menge von 3–5 g kann die Mischung bis zu 4 Minuten, bei 20 g Ansatz etwa 3 Minuten verarbeitet werden.

Die Verlängerung der Topfzeit ist möglich durch Mitverwendung des UHU plus endfest 300-Härters. Die Menge beider Härter zusammen soll immer der Bindermenge entsprechen. z. B.

  100 Gewichtsteile UHU plus schnellfest Binder
+ 25 Gewichtsteile UHU plus schnellfest Härter
+ 75 Gewichtsteile UHU plus endfest 300-Härter
= 200 Gewichtsteile Mischung mit einer Topfzeit von etwa 7 Minuten.

Härtung

Bei Raumtemperatur verläuft die Härtung von UHU plus schnellfest derart, daß die Klebverbindung spätestens nach 10 Minuten fest ist, nach 30 Minuten etwa die Hälfte der Endfestigkeit und nach 1 Stunde die Endfestigkeit erreicht. Wärmezufuhr beschleunigt den Härtungsablauf.

Härtungsbedingungen

Temperatur	Minimale Härtungszeit
+ 5 °C	2 Stunden
+ 10 °C	1,5 Stunden
+ 20 °C	60 Minuten
+ 25 °C	30 Minuten

Richtwerte für die Zugscherfestigkeit

Gemessen an Probekörpern aus Aluminium Anticorodal B gemäß DIN 53281.

In Abhängigkeit von der Zeit:

nach 10 Minuten	200 N/cm^2
nach 30 Minuten	500 N/cm^2
nach 60 Minuten	900 N/cm^2
nach 6 Stunden	1500 N/cm^2
nach 24 Stunden	1900 N/cm^2
nach 3 Tagen	1850 N/cm^2
nach 1 Woche	1900 N/cm^2
nach 1 Monat	2200 N/cm^2

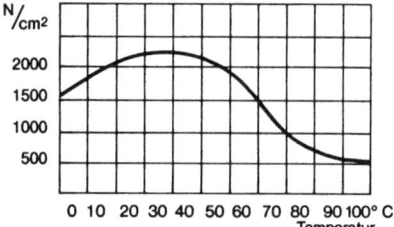

Bemerkung

Schnellhärtende Systeme zeigen allgemein nach dem Bindefestigkeitsanstieg einen gewissen Abfall und pendeln sich dann auf einen bleibenden Durchschnittswert ein.
Erhöhte Temperaturen sind für den Härtungsvorgang nicht erforderlich, da die Härtung exotherm, also unter eigener Wärmeentwickung abläuft.
Für die längerfristige Wärmebelastung einer Klebung sollten 100 °C nicht überschritten werden, hingegen verträgt die Substanz kurzfristig auch einmal etwa 180 °C.
Teile auf Glasflächen lassen sich später nur außerordentlich schwer wieder ablösen, da man den Klebstoff mit Harzauflösemitteln nur vom Rande her angreifen kann.
An großen Glasflächen, z. B. an Schaufensterscheiben, sollten deshalb mit UHU-plus keine Schilder, Buchstaben und dergleichen geklebt werden, da die Haftung am Glas so gut ist, daß Schwingungen der Scheibe unter ungünstigen Umständen Muschelbrüche im Glas bewirken können.

Beständigkeiten

UHU-plus-schnellfest-Verklebungen sind gegen Wasser sowie eine Reihe von Lösungsmitteln weitgehend beständig. Wasser, verdünnte Säuren, verdünnte Laugen, Benzin und Mineralöl beeinträchtigen die Bindefestigkeiten auch bei längerer Einwirkung kaum. Allgemeingültige Angaben können nicht gemacht werden, da stets eine Vielzahl von Faktoren, wie Angriffsmöglichkeiten, Einwirkungsdauer und Temperatur, das Verhalten der Klebkonstruktion beeinflussen.
Einige Lösungsmittel, z. B. Methylenchlorid, Trichloräthylen und Chloroform, erweichen die Klebstoffsubstanz bei längerer Einwirkung. Diesen Effekt kann man sich zum Lösen von Klebverbindungen zunutze machen.
UHU plus schnellfest ist alterungs- und witterungsbeständig. Kälte, selbst sehr niedrige Temperaturen, beeinflussen den Klebstoff nicht.

Verarbeitung

Vorbehandlung der Klebflächen:
Die Klebflächen müssen vor dem Auftragen des Klebstoffs sehr gründlich gereinigt werden. Vorteilhafterweise schmirgelt man zunächst mit Schleifleinen, Körnung 150 – 200, danach entfettet man mit Zellstoff, der mit einem Fettlösungsmittel (Aceton oder Trichloräthylen) befeuchtet ist.

Vorbehandlung der verschiedenen Werkstoffe
Metalle:
Es ist vorteilhaft die Oberfläche mit Schleifleinen leicht abzutragen; sehr gründliche Entfettung mit Lösungsmitteln muß in jedem Falle erfolgen.
Glas, Porzellan und dergleichen werden lediglich mit Lösungsmitteln entfettet.
Holz erfordert nur eine staub-, fett- und ölfreie Oberfläche.
Hartkunststoffe (Duroplaste) wie Bakelite-, Melamin-, Resorcin-, Polyester- und Epoxidharze schmirgelt man mit Schleifleinen Körnung 100 und entfettet wie oben angegeben.
Thermoplastische Kunststoffe wie Polyäthylen, Polypropylen, Polystyrol und Weich-PVC geben einen schlechten Haftgrund ab, UHU-plus ist deshalb nicht dafür geeignet.

Modifikationsmöglichkeiten

UHU plus schnellfest kann durch Zusatz von Füllstoffen modifiziert werden. Durch Zusatz von Holzmehl oder Sägespänen kann man sich eine holzähnliche Spachtel- oder Modelliermasse herstellen, die mit Holzbearbeitungswerkzeugen bearbeitbar ist.

Wird Aluminiumschliff beigemischt, so entsteht eine metallisch aussehende Füllmasse. Wenn der Klebstoff farbig sein muß, so kann man der Mischung Farbpigmente oder Farbstoffe beigeben. Hierzu eignen sich praktisch alle fett- und ölfreien Farbpulver.
Steinähnlich hartes Material entsteht, wenn man der Mischung Quarzmehl, feinen Sand, Talkum, Asbestmehl, Kreide oder Kaolin zusetzt.

Reinigung

Das Entfernen von überschüssigem Klebstoff und die Reinigung von Arbeitsgeräten soll erfolgen, solange der Klebstoff noch nicht ausgehärtet ist. Hierzu ist Aceton, Nitroverdünner oder Trichloräthylen (Tri) geeignet. Dasselbe gilt für beschmutzte Kleidung. Der gehärtete Klebstoff läßt sich mit Lösungsmittel nicht wieder auflösen, durch ausreichend lange Einwirkung des Lösungsmittels Methylenchlorid jedoch soweit erweichen, daß sich die Substanz abschaben und zerkrümeln läßt.

Abb. 2.1-17

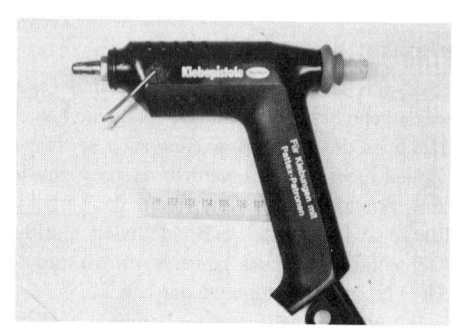

F Heißklebeverfahren

Mit der elektrischen Klebepistole nach *Abb. 2.1-17* wird mit Hilfe von Kunststoffpatronen, die rückseitig eingedrückt werden und so die Menge des Klebstoffes bestimmen, eine heiße ($\approx$ 200 °C) Klebemasse erzeugt. Diese bildet nach Erkalten gute Klebeeigenschaften an vielen Stoffen. Vorsicht ist bei Thermoplasten geboten.
Der Klebstoff hat gute elektrische Eigenschaften, so daß besonders zum Fixieren von Bauteilen – z. B. kleinen isoliert aufgebauten Abschirmblechen innerhalb einer Platine usf. – ein breites Anwendungsgebiet geboten ist.
Bei Klebestellen, die maßhaltig sein sollen, ist zu beachten, daß der heiße Klebstoff an der Materialfläche schnell erstarrt und somit aufträgt.
Die Anheizzeit der Pistole beträgt ca. 5...10 Minuten. Kleinere Klebestellen können durch Erhitzen mit dem Lötkolben gelöst werden.

2.1.5 Werkstoffe für Chassis, Frontplatten, chemische Schutzmittel

Für den mechanischen Aufbau von Gehäusen werden Stahl- oder Aluminiumbleche herangezogen. Stöße werden verschweißt, vernietet oder geschraubt, anschließend gespachtelt. Nach Säuberung mit Lackverdünner wird das Gehäuse gespritzt. Für Einzelanfertigung empfiehlt sich die Benutzung von Lack-Spraydosen in Blau- oder Grautönen. Frontplatten werden ebenfalls aus Stahlbleche oder Aluminium gefertigt. Standardstärke für Aluminium 2,0, 2,5 oder 3 mm. Aluminium wird fein geschmirgelt – 300er Körnung – und mit Lackreiniger gesäubert und anschließend mit Grundierlack gespritzt. Darauf kann ein weißer oder farbiger Mattlack gespritzt werden, der sich mit Zeichenschablone und Zeichentinte beschriften läßt. Auf diese

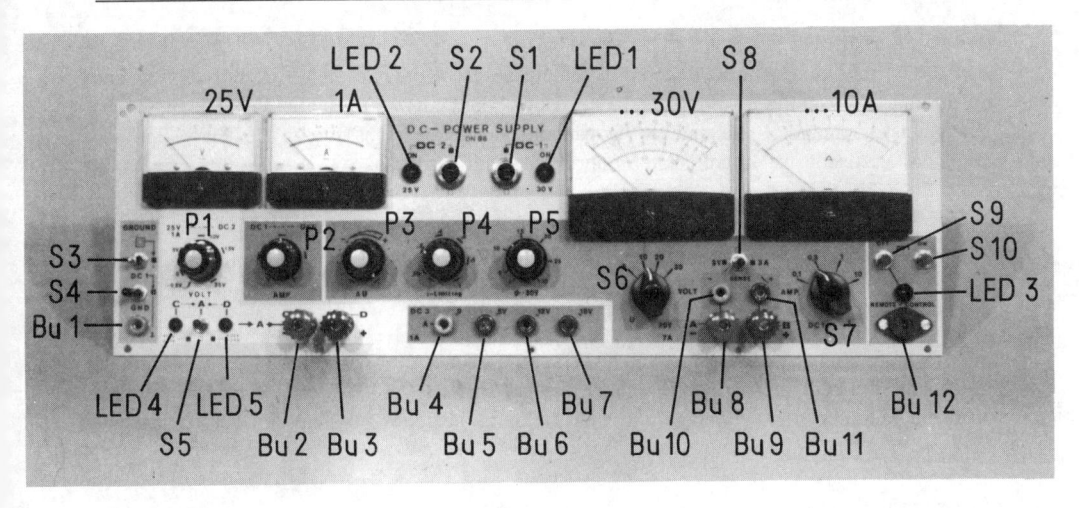

Abb. 2.1-18

Weise lassen sich auch farbige Skalensegmente auf der Frontplatte herstellen, die einzeln beschriftet werden. Anschließend wird mit einem Transparentspray die Schrift geschützt und somit die ganze Frontplatte überzogen. In der Abb. 2.1-18 ist gezeigt, wie sich nach diesem Verfahren einwandfrei beschriftete – hier in farbigen Segmenten aufgeteilte – Frontplatten herstellen lassen. Aufbauten der Bedienelemente lassen sich leicht durch M3- oder M4-Gewindelöcher in der Frontplatte befestigen.

Für den Chassisaufbau ist Aluminium vorzuziehen. Bei empfindlichen Meßgeräten ist darauf zu achten, daß bei Anwendung verschiedener Materialien keine Thermospannung an den Nahtstellen entsteht und sich somit Störspannungen bilden können. Für kleinere Abschirmungen empfiehlt sich fein verzinntes Stahlblech (Weißblech); ähnlich Dosenblech. Es läßt sich leicht schneiden, formen und ausgezeichnet löten. Für HF-Abschirmungen sind oft doppelwandige Gehäuseschirme erforderlich. Hier empfiehlt sich Kupferblech wegen der guten Oberflächenleitfähigkeit – Skineffekt. Abschirmgeflechte für Leitungen sind oft nicht ausreichend, um Strahlungen zu vermeiden. Oft wird doppeltes, voneinander isoliertes Abschirmgeflecht benutzt. Eine gute Möglichkeit ist die Anwendung von geschlossenen Rohrabschirmungen, die entweder wellenwiderstandsrichtig als Koaxialleiter üblich sind oder als Kupferrohr (Biegsamkeit) über die Geflechtskoaxleitung geschoben werden.

An Isolierstoffen steht der Elektronik nach den Tabellen im Tabellenteil 3 eine reiche Auswahl zur Verfügung. Die meisten Isolierstoffe lassen sich leicht kleben (siehe Kapitel 2.1.4) sowie mit entsprechenden Chemikalien – besonders bei Thermoplasten – anlösen und dann verschweißen. Zuschnitte erfolgen am einfachsten mit einer kleinen Handsäge (Laubsäge). Bei Thermoplasten ist mit Spiritus oder Öl zu schmieren, um ein Kleben beim Bearbeitungsvorgang zu verhindern. Befestigungen werden meistens für Einzelanfertigungen mit M3- oder M2,6-Schrauben durchgeführt.

Bestimmte Teile eines Aufbaues, so auch Schalterkontakte, bedürfen einer häufigen Reinigung und Pflege. Dieses ist – z. B. mit den Sprays der Firma Kontakt-Chemie, Rastatt – leicht möglich. Es ist zu unterscheiden zwischen Schutz-, Reinigungs- und Isoliersprays. Die wichtigsten Sprays für die Elektronik lassen sich somit aus der folgenden Beschreibung entnehmen. Es wird hier die Markenbezeichnung der Fa. Kontakt-Chemie stellvertretend für viele ähnliche Produkte benutzt.

Kontakt 60 *oxydlösend*

Bewährtes Reinigungs- und Pflegemittel für elektrische Kontakte aller Art. Löst Oxyd- und Sulfidschichten, entfernt Schmutz, Öl, Harz, Fett usw. Beseitigt unzulässig hohe Übergangswiderstände. Gleichzeitig langanhaltender Korrosionsschutz. Gezieltes Sprühen durch das elastische, ca. 15 cm lange Sprühröhrchen auf der Dose.

Tuner 600

Tuner-Reiniger für alle Tuner-Fabrikate, beseitigt Kontaktstörungen an Kanalschaltern, Kreuzschienenverteilern und Steckleisten in der Computer-Technik sofort und ohne Veränderung der Kapazitäts- oder Frequenzwerte.

Selbst empfindliche Tuner werden nicht verstimmt. Tuner 600 ist vollkommen unschädlich, greift keine Bauteile an, ist nicht brennbar und gewährleistet größte Betriebssicherheit. Es erspart die zeitraubende Demontage und verkürzt durch gezieltes Sprühen den Service wesentlich.

Isolier-Spray 72

Auf Silikonbasis. Hochwertiges, zähflüssiges Isolieröl mit einer Durchschlagsfestigkeit von 20 kV/mm. Anwendbar bei Temperaturen von −50 bis +200 °C. Verhindert Funkenüberschläge an Röhrensockeln und Hochspannungstransformatoren. Es unterbindet Kriechströme und beseitigt Corona-Effekte, ist wasserabweisend und als Feuchtschutz sehr wirksam. Ausgezeichnete dielektrische Eigenschaften.

Fluid 101

Verdrängt Feuchtigkeit, unterwandert Wasser, schützt vor Korrosion!
Es verhindert und beseitigt Störungen in elektrischen Anlagen und elektronischen Einrichtungen, die durch Kondenswasserniederschläge entstehen.

Graphit-Spray 33

dient zur Reparatur schadhafter Abschirmungen an Kathodenstrahlröhren (Fernseh-Bildröhren). GRAPHIT-SPRAY 33 leitet statische Aufladungen zuverlässig ab und bewirkt eine gute Abschirmung, wie das z. B. bei Autoradio-Gehäusen wichtig ist. In der Galvanotechnik lassen sich mit GRAPHIT-SPRAY 33 leitende Überzüge leicht und schnell auf nichtleitende Materialien sprühen. GRAPHIT-SPRAY 33 haftet gut auf Glas, Kunststoffen und anderen glatten Oberflächen.

Lötlack SK 10

Lötfähiger Schutz- und Überzugslack für gedruckte Schaltungen. Ein ausgezeichnetes Löthilfsmittel (Flux) für alle Gebiete der Elektronik. SK 10 verhindert die Oxydation von Platinen und ist für Produktion und Service gleichermaßen geeignet.

Positiv 20

Fotokopierlack für die Herstellung gedruckter Schaltungen nach dem Positiv-Verfahren für Techniker und Amateure, die sich mit der Fertigung einzelner gedruckter Schaltungen oder kleinerer Serien befassen.
Transparentgezeichnete Schaltungen können direkt auf die mit POSITIV 20 beschichteten Platinen kopiert werden. Die Auflösung ist randscharf. Ein großer Belichtungsspielraum bietet die erforderliche Sicherheit (siehe Kap. 2.2.3).

Kontakt 61 *korrosionsschützend*

Spezial-Reinigungs-, Gleit- und Korrosionsschutzmittel für neue (nicht oxydierte) und besonders empfindliche Kontakte und elektromechanische Triebwerkteile. Für die Hf- und Nf-Technik, Tonfilmtechnik, Elektronik etc.

Kontakt WL *fett- und harzlösend*

Reinigt und entfettet wirkungsvoll stark verschmutzte elektrische Geräte und elektronische Bauteile, ohne Konstruktionsmaterialien anzugreifen. Unterstützt die hervorragende Reinigungswirkung von KONTAKT 60, indem es den gelösten Oxydschmutz intensiv absprüht. So werden selbst kleinste Relaiskontakteinheiten einwandfrei sauber. Durch das aufgesteckte Sprühröhrchen können auch schwer zugängliche Teile lokal gereinigt werden.

Plastik-Spray 70

Transparenter Schutzlack. Isoliert, schützt, versiegelt, dichtet und gibt klare, farblose, elastische Überzüge. Er ist beständig gegen Säuren, Laugen, Alkohol, Mineralöle und atmosphärische Einflüsse. Viele zweckdienliche Anwendungsarten in Industrie und Gewerbe, Rundfunk, Television, Antennenbau, Elektrotechnik, bei Kraftfahrzeugen etc.

Sprühöl 88

Ohne Demontage der Triebwerke, Apparate, Geräte, Automaten, Schlösser usw. können jetzt schnell die verstecktesten Schmierstellen mit einem hochwertigen Öl versorgt werden. SPRÜHÖL 88 ist absolut säurefrei, verharzt nicht und ist vorzüglich geeignet für feinmechanische Teile.

Kälte-Spray 75

Zur raschen Feststellung von thermischen Unterbrechungen bei der Reparatur elektronischer Geräte. Wirksames Mittel zum Abkühlen von Transistoren, Widerständen, Silizium-Dioden usw. Verhindert Hitzeschäden während des Lötvorganges. Unentbehrlich im gesamten Bereich der Halbleitertechnik, Automation, Datenelektronik, Rundfunk- und Fernsehtechnik, in Forschung und Entwicklung. Kühlt bis minus 42 °C und wird mit Sprühröhrchen geliefert.

Video-Spray 90

Ein Spezialreiniger für Magnetköpfe an Video- und Tonbandgeräten, für alle Tonbandfreunde, HiFi-Fans, die Industrie, Rundfunkanstalten, Computer-Benutzer und Hersteller von Datenverarbeitungsanlagen.
VIDEO-SPRAY 90 löst selbst verhärtete Verschmutzungen aus Tonkopfspalten. Es ist vollkommen unschädlich, elektrisch nichtleitend, brennt nicht, trocknet sehr rasch, hinterläßt keine Spuren und bietet eine hohe Gebrauchssicherheit.

Kontaflon 85

Dieser Suspensions-Spray enthält als wirksamen Bestandteil Polytetrafluoräthylen-Partikel (PTFE) und ist ein fettfreies, fast unsichtbares, wachsartiges Gleit- und Trennmittel. Die Anwendung erfolgt überall dort, wo Öle (Mineral- oder Siliconöl) zur Schmierung nicht eingesetzt werden können und wo Graphit oder Molybdänsulfit zu starke Verfärbungen ergeben. Vielseitig anwendbar.

2.1.6 Anreißen, Biegen, Formen von Werkstoffen

A Anreißen und Biegen

Das saubere Anreißen in der Mechanik ist die Voraussetzung für einwandfreie, maßhaltige Werkstücke. Dazu sind gute Meßwerkzeuge selbstverständlich (Kap. 2.1.1). Löcher, Biege- und Schneidlinien werden grundsätzlich im X-Y-Koordinatensystem angerissen. Bohrlöcher werden anschließend gekörnt und dann gebohrt. Biegelinien müssen bei weichen Werkstoffen – besonders Aluminium – schwach (evtl. mit Bleistift) angerissen werden, da die äußere Zone der Streckung sonst beim Biegen reißen kann. Für das Biegen von Metallen nach *Abb. 2.1-19* ist eine Materialzugabe (r_1) je nach Biegeradius und Biegewerkzeug zu berücksichtigen. Der Biegeradius kann meistens mit $r_1 = $ ca. $\frac{d}{2}$ angenommen werden. Die äußere Kante I...II' im ungebogenen Zustand wird von I nach II gestreckt. Der Bereich N bleibt (neutral) ohne Spannung, so daß der Bereich B den Bereich der Streckung darstellt. Im Bereich A wird das Material gestaucht. Besonders stark im inneren Bereich D. Dadurch ist das Material im Biegebereich auch nicht mehr maßhaltig d ≠ d'. Somit ist r_2 ebenfalls nicht konstant. Bei zu kleinem Biegeradius r_1 besteht die Gefahr der Rißbildung in der Zone Z. Je nach Materialart und -stärke kann r_1 bis zu d gewählt werden.

Für Biegearbeiten am Schraubstock sind zwei gleichschenklige Stahlschienen mit scharfen Kanten zu empfehlen. Durch Löcher können diese zusätzlich an den beiden Seiten mit Schrauben angezogen werden. Kurzes Einspannen des Werkstückes ist Voraussetzung. Das Abkanten kleiner Bleche erfolgt mit Hartholz und Hammerkraft am Schraubstock. Für Biegelängen > 100 mm ist die Anwendung einer Biegebank erforderlich.

Unter Formen wird ähnlich dem Biegen eine plastische Verformung des Werkstückes verstanden. Für einfache Arbeiten ist das Treiben des Werkstückes mit dem Hammer gebräuchlich, um bestimmte Paßformen zu erhalten. Dafür eignen sich viele Metalle. Ein Beispiel ist das Verbinden von Werkteilen durch den Nietvorgang. Hier wird der Niet durch Treiben verformt.

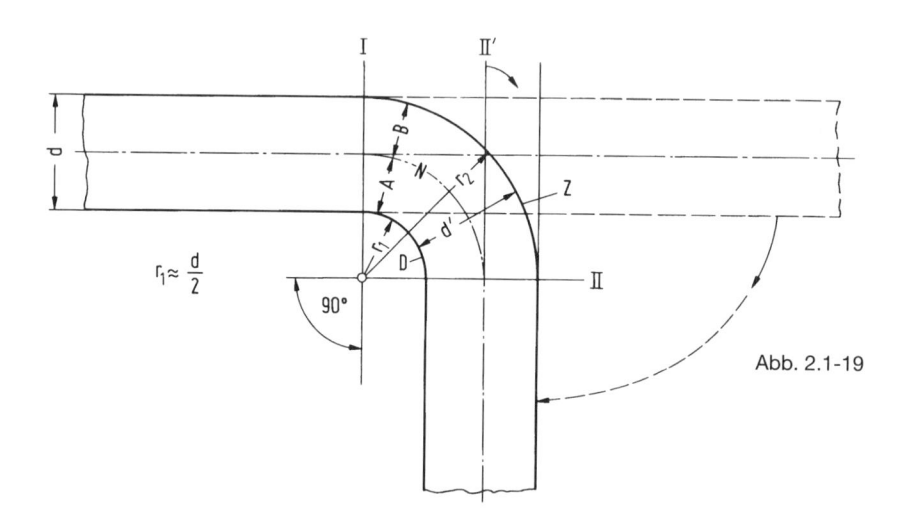

Abb. 2.1-19

2.1 Mechanik

B Papierformate

Für Zeichnungen stehen die folgenden Papierformate zur Verfügung. Die nachfolgenden Flächen weisen jeweils die Hälfte der vorangegangenen auf.

Zeichnungsformate (nach DIN 823)			Papierformate (nach DIN 476)		
Reihe A	Zeichenblatt		z.B. Hefte, Blöcke, Bücher, Mappen		
	unbeschnitten	beschnitten	Index	Zusatzreihen	
				B	C
4 A 0	1720 x 2420	1682 x 2378			
2 A 0	1230 x 1720	1189 x 1682			
A 0	880 x 1230	841 x 1189	0	1000 x 1414	971 x 1297
A 1	625 x 880	594 x 841	1	707 x 1000	648 x 917
A 2	450 x 625	420 x 594	2	500 x 707	458 x 648
A 3	330 x 450	297 x 420	3	353 x 500	324 x 458
A 4	240 x 330	210 x 297	4	250 x 353	229 x 324
A 5	165 x 240	148 x 210	5	176 x 250	162 x 229
A 6	120 x 165	105 x 148	6	125 x 176	114 x 162

C Maßstab von Zeichnungen

Für Zeichnungen sollten folgende Maßstäbe gewählt werden: (DIN 823)

Natürliche Größe	Verkleinerung	Vergrößerung
M 1:1	M 1:2,5 (= 4:10); 1:5 (= 2:10); 1: 10; 1:20; 1:50; 1:100; 1:200; 1:500; 1:1000	M 2:1 5:1 10:1

D Strichbreite von Linien (siehe u. a. DIN 15)

Für mechanische Zeichnungen sind wegen der Forderung der Unterscheidung bei Zeichnungsdetails bestimmte Linienstärken vorgesehen. Es ist sinnvoll, wegen der Erkennbarkeit, möglichst mit starken Linien zu arbeiten.

Linienarten	Liniengruppen und Breiten					Anwendung
	1,0	0,7	0,5	0,35	0,25	
Breite Vollinie	1,0	0,7	0,5	0,35	0,25	sichtbare Körperkanten; Umrisse; Gewindebegrenzung; Sinnbilder (Schweißnähte)
Breite Strichpunktlinie	1,0	0,7	0,5	0,35	0,25	Schnittverlauf; Kennzeichnung begrenzter Oberflächenbehandlung
Strichlinie	0,7	0,5	0,35	0,25	0,18	verdeckte (nicht sichtbare) Kanten; Umrisse (durchsichtige Werkstoffe werden wie undurchsichtige behandelt); Fußkreis bei Zahnrädern

Linienarten	Liniengruppen und Breiten 1,0 | 0,7 | 0,5 | 0,35 | 0,25					Anwendung
Schmale Vollinie	0,5	0,35	0,25	0,18	0,13	Maß- und Maßhilfslinien; Kerndurchmesser bei Bolzengewinde sowie Außendurchmesser bei Muttergewinde; Querschnitte in einer zur Zeichenfläche senkrechten Ebene; Schraffur von Schnittflächen; Oberflächenzeichen; Diagonalkreuz; Biegelinien; Lichtkanten; Bezugslinien; Umrisse benachbarter Teile zur Andeutung des Zusammenhanges
Schmale Strichpunktlinie	0,5	0,35	0,25	0,18	0,13	Mittellinien; Teilkreise bei Zahnrädern; Lochkreise bei Flanschen; Fertigteil, in ein Rohteil eingezeichnet; Bearbeitungszugabe für ein Fertigteil; Darstellung der ursprünglichen Form; Teile die vor der Schnittebene liegen
Freihandlinie	0,5	0,35	0,25	0,18	0,13	Bruchlinien bei Metallen, Isolierstoffen, Steinen, Sprengfugen; (bei Holz als Zickzacklinie)

E Normschrift

Es wird die schräge Normschrift (75° – DIN 16) benutzt. Mit der Schrifthöhe = h wird:
Buchstabenabstand   0,2 h
Schriftstärke   0,1 h
Wortabstand   0,6 h

Bevorzugte Schrifthöhen:
1,8; 2,5; 3,5; 5; 7; 10; 14

F Konstruktionshilfen

Parallele zeichnen

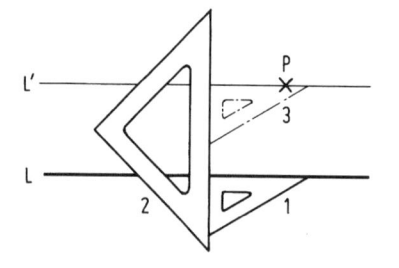

Hauptlinie L und Punkt P gegeben.
Linie L' ∥ L konstuieren.
Zeichendreiecke 1–2–3 anlegen. Dreieck 3 verschieben, bis der Punkt P erreicht ist.

Lot fällen

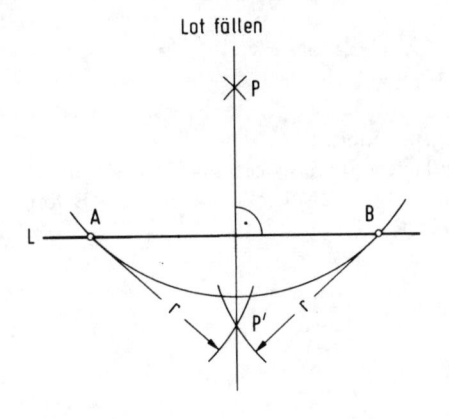

Hauptlinie L und Lotpunkt P gegeben. Kreisbogen um P schlagen. Von den Schnittpunkten A–B Kreisbögen mit gleichen Radien zeichnen. Schnittpunkt P' mit P verbinden.

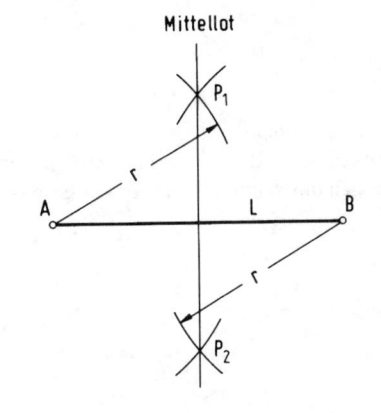

Mittellot

Hauptlinie L mit Punkten A–B gegeben. Um A und B je ein Kreisbogen mit gleichem Radius ziehen. Schnittpunkte P_1 und P_2 verbinden.

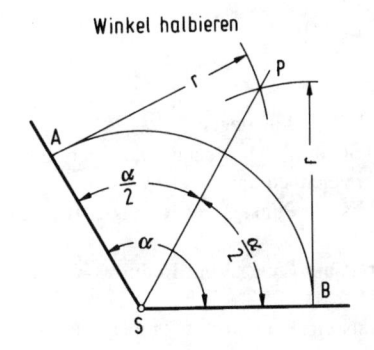

Winkel halbieren

Gegeben Winkel α
Gleichlange Strecken von S–SA–SB abtragen. Von A und B Kreisbogen mit gleichem Radius schlagen. Punkt P mit S verbinden.

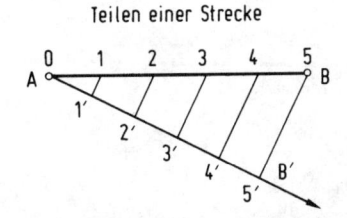

Teilen einer Strecke

Gegeben Strecke AB mit Teilung 0...5. Übertragen auf Strecke AB'. Gewünschten Endpunkt 5' mit 5 verbinden. In den weiteren Teilungspunkten Parallele zu der Linie B–B' ziehen.

2 Mechanik der Elektronik

Sechseck

Gegeben Kreis.
Fortlaufende Kreisbögen mit Radius r um A ziehen. Beim Zwölfeck zusätzlich um B fortlaufend.

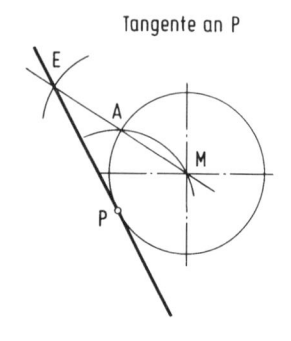

Tangente an P

Gegeben Kreis und P.
Kreisbogen um P mit r schlagen. Danach Kreisbogen um A mit r. Punkte M–A–E verbinden. Tagente P–E einzeichnen.

Spirale mit Zirkel konstruieren

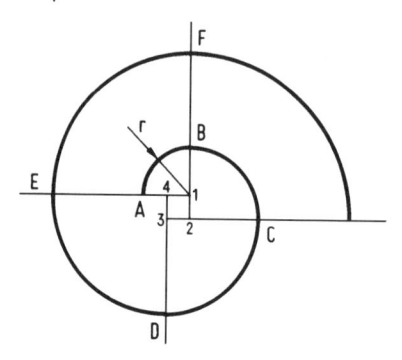

Quadrat 1–2–3–4 festlegen.
Radius (Beginn) r festlegen und Viertelkreis A–B mit r zeichnen um Punkt 1 (A–B).
Viertelkreis um Punkt 2 mit Radius 2–B zeichnen (B–C)
Viertelkreis um Punkt 3 mit Radius 3–C zeichnen (C–D)
Viertelkreis um Punkt 4 mit Radius 4–E zeichnen (D–E)
u.s.f.

G Ansichten von Konstruktionsteilen

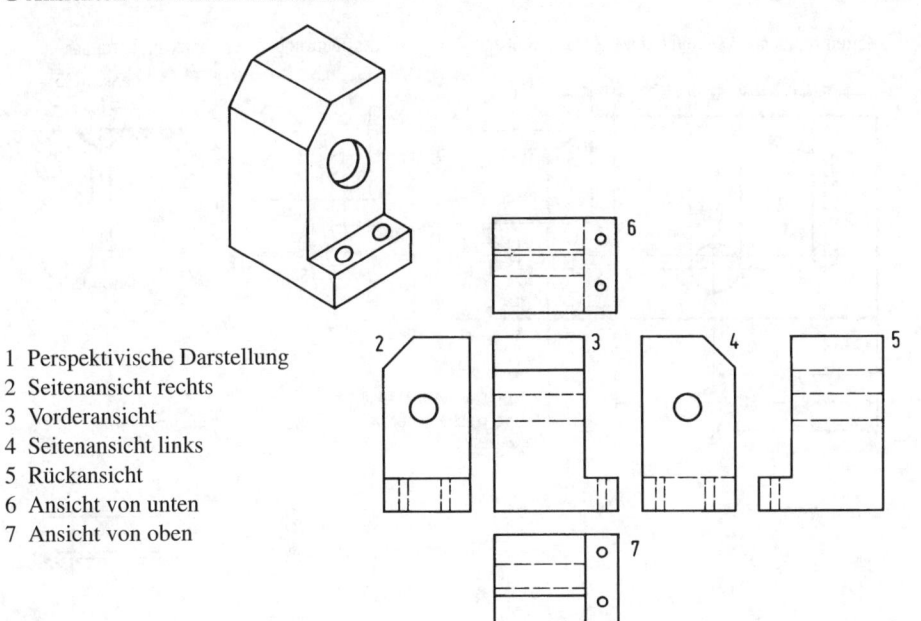

1 Perspektivische Darstellung
2 Seitenansicht rechts
3 Vorderansicht
4 Seitenansicht links
5 Rückansicht
6 Ansicht von unten
7 Ansicht von oben

H Perspektivische Darstellung

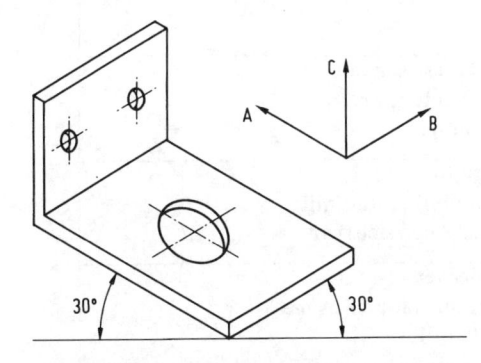

Isometrische Projektion. Alle Ansichten gleichrangig. Maß A - B - C wie 1:1. Kreise werden Ellipsen.

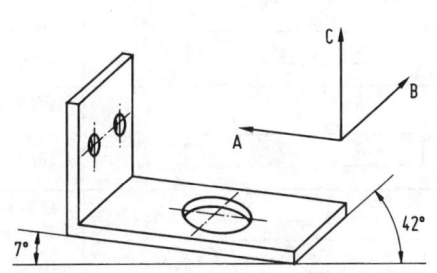

Dimetrische Projektion. Vorderseite betont. Maß A und C wie 1:1. Maß B 0,5:1. Kreise werden Ellipsen. Frontkreise fast kreisförmig.

I Maßeintragungen bei allgemeinen Konstruktionen

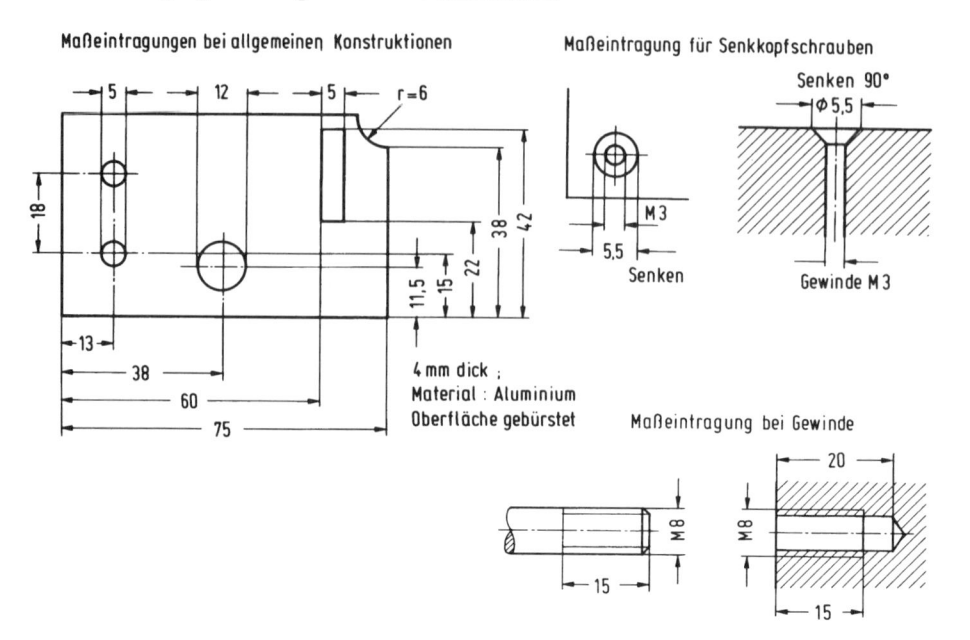

K Bearbeitungszeichen

Oberflächenzeichen	Bedeutung
ohne Zeichen	Rohe Oberfläche durch spanlose Herstellung
(Ungefährzeichen)	Rohe Oberfläche durch sorgfältigere spanlose Herstellung
▽	**geschruppt** Riefen fühlbar und mit bloßem Auge sichtbar
▽▽	**geschlichtet** Riefen mit bloßem Auge noch sichtbar
▽▽▽	**feingeschlichtet** Riefen mit bloßem Auge nicht mehr sichtbar
▽▽▽▽	mit Angabe: z.B. geschliffen, gebürstet etc.

2.2 Die Mechanik für besondere elektronische Baugruppen und Schaltungen

2.2.1 Mechanische Bauteile, Steckverbindungen

A Bauteile

Die Mechanik hat in elektronischen Aufbauten eine wichtige Rangstellung. Viele mechanische Bauteile müssen nicht angefertigt werden, da der Fachhandel Standardbauteile im Sortiment hat. Für die Elektronik steht somit ein breites Spektrum an mechanischen Bauteilen zur Verfügung. Diese sind im wesentlichen als DIN-Teile genormt und somit universell einsetz- und austauschbar. Für die mechanische Planung von Konstruktionen sollte man sich auf derartige Teile beschränken.

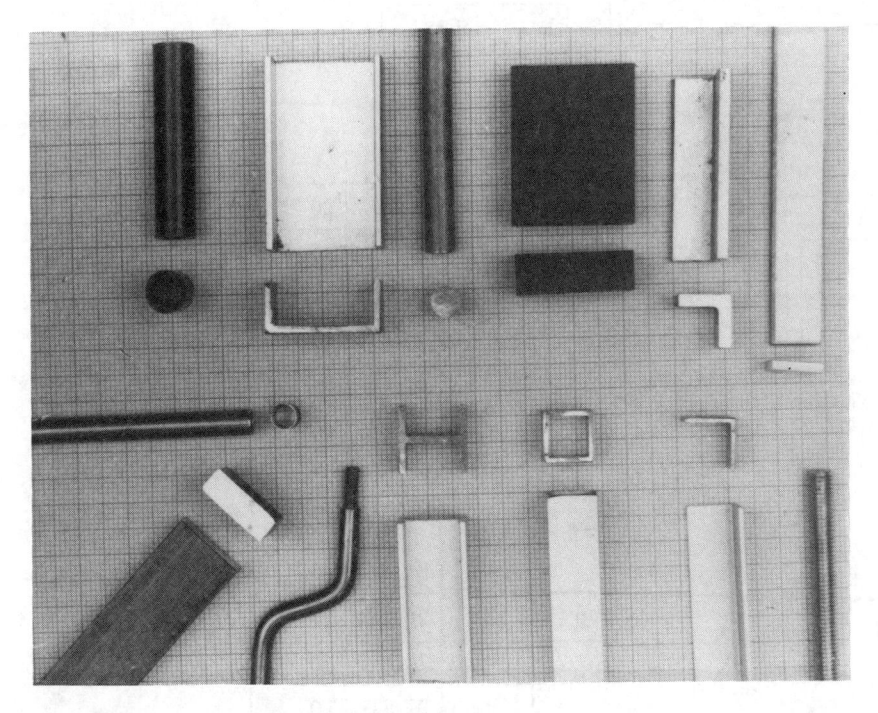

Abb. 2.2-1

2 Mechanik der Elektronik

Aluminium und Messingprofile – Meterware

Eine Auswahl derartiger Profile zeigt die *Abb. 2.2-1*. Die Materialien lassen sich sehr gut bearbeiten. Messingteile gut weichlöten. Sehr viele mechanische Befestigungen lassen sich mit Winkelmaterialien, in Abb. 2.2-1 gezeigt, vornehmen. Wir können diese in Aluminium oder Messingausführung kaufen. Es gibt die Profile in 1 m Länge. Auch Rundmaterial, Rundrohre, Gewindestangen usw. gibt es in diesen Längen. Die Wahl, ob Aluminium oder Messing, ist im wesentlichen davon abhängig, ob später auf diesen Profilen gelötet werden soll oder nicht. In Aluminium und Messing läßt sich sehr gut ein Gewindeloch einschneiden. Ist beispielsweise die Materialstärke zu schwach, so wird auf Aluminium eine entsprechende Mutter mit Zwei-Komponenten-Kleber hintergeklebt. Bei Messing läßt sich die Mutter auch anlöten. Das gesamte Gewindeloch im Aluprofil und der Mutter wird nach dem Löten von der Mutter ausgehend mit dem Gewindebohrer nachgearbeitet.

Die Formstücke in Abb. 2.2-1 sind oftmals in ihren Abmessungen so geartet, daß sie sich baukastenförmig ineinander verschachteln und schrauben lassen.

Die folgenden Maßangaben der *Abb. 2.2-2* sind in [mm].

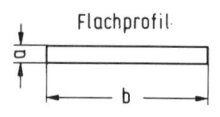

Flachprofil

	a	b
1	2,5	2,0
2	2	15

Abb. 2.2-2

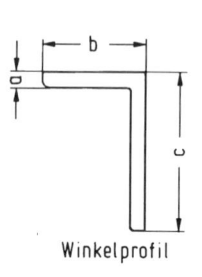

Winkelprofil

	a	b	c
Typ 1	1,5	8,5	20
Typ 2	2	20	30
3	2	10	40
4	2	20	40
5	1	15	15
6	1	10	10

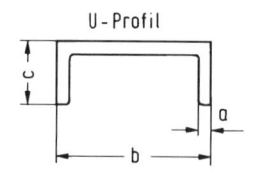

U-Profil

	a	b	c
Typ 1	1,5	20	17
2	1,5	20	20
3	1,5	22,5	10

T-Profil

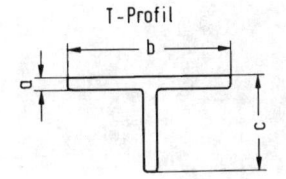

	a	b	c
Typ 1	1,5	15	15
2	2	20	20

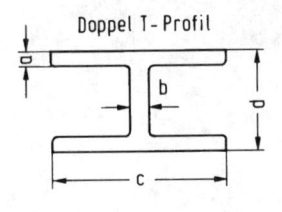

Doppel T-Profil

	a	b	c	d
Typ 1	1,5	1,5	11,5	8
2	1,5	2	14	16,5
3	1,5	2	17	19,5
4	1,5	2	20	22,5

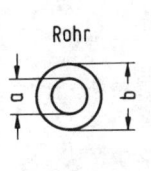

Rohr

	a	b
Typ 1	4	6
2	6	8
3	3	4
4	5	6
5	6	7
6	8	10

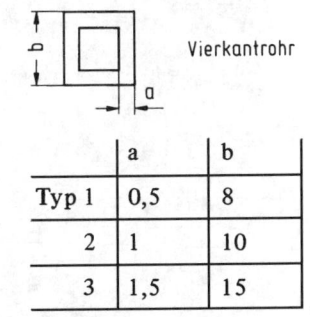

Vierkantrohr

	a	b
Typ 1	0,5	8
2	1	10
3	1,5	15

Rundmaterial
a = 2, 4, 6, 8, 10 mm

Vierkantmaterial
a = 6, 8, 10 mm

Schraubverbindungen

Sehr viele Konstruktionen werden geschraubt. In den meisten Fällen wird mit M3-Schrauben gearbeitet. Steckerbauteile z. B. BNC-Flanschstecker benötigen eine M2,6-Schraube. Größere Bauteile, wie z. B. Transformatoren, werden mit M4 ... M6-Schrauben befestigt. Je nach Verwendungszweck gibt es verschiedene Kopfformen. In der *Abb. 2.2-3* bedeuten:

1 Zylinderkopfschraube mit Mutter
2 Halbrundkopf mit Federring
3 Zylinderkopfschraube mit selbstschneidendem Gewinde und Sicherungsscheibe
4 Senkkopfschraube und Unterlegscheibe

2 Mechanik der Elektronik

Abb. 2.2-3

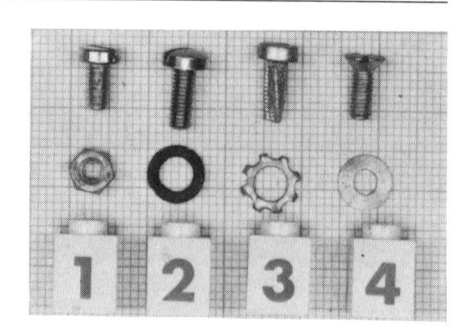

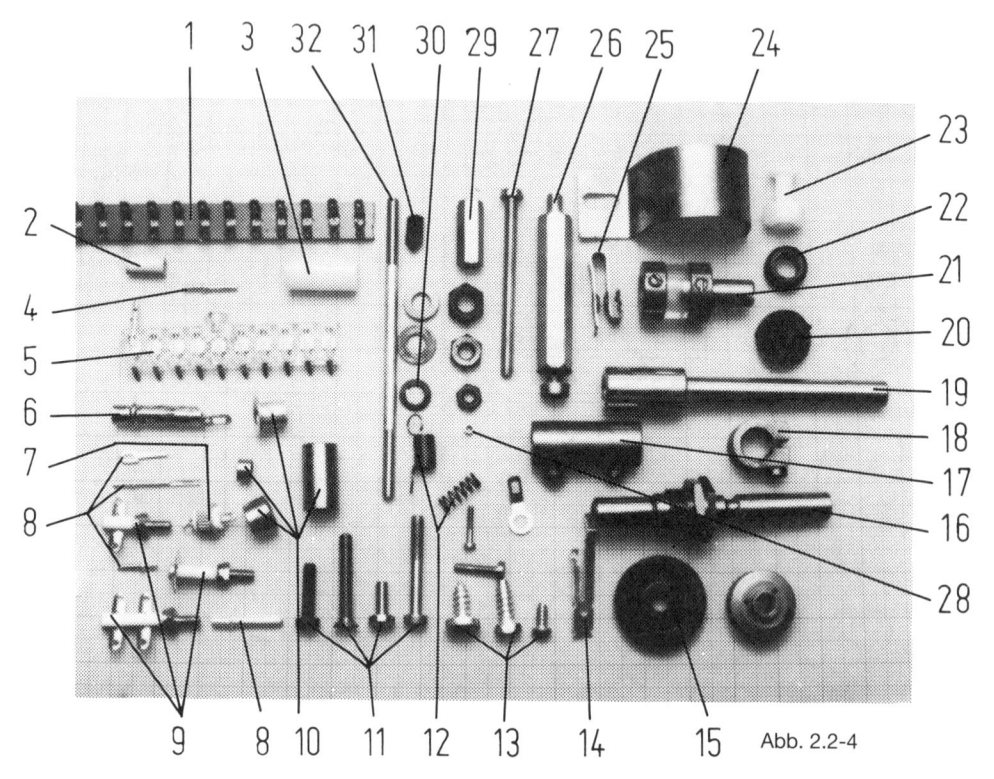

Abb. 2.2-4

Montage- und Hilfsmaterial

In der *Abb. 2.2-4* sind die folgenden Bauteile zu erkennen.

1. Lötleiste
2. Keramik-Distanzrohr
3. Plastik-Distanzrohr
4. Lötnagel (für 5 Printsteckbuchsen)
5. Printsteckkontaktleiste
6. Steckerbuchse
7. keramische Blechdurchführung (Preßsitz)
8. Lötnägel (Printaufbau)
9. keramische Lötstützpunkte
10. Metall-Distanzrohre
11. Gewindeschrauben M3
12. Zug-Druck-Federn
13. Blechschrauben
14. Kelchfeder (Kontakt)
15. Umlenkrollen (Skalen)
16. Antriebsachse für zentrale Blechmontage
17. Achsverlängerungen

18. Achsfixierung
19. Verlängerungsachse
20. Gummifuß
21. isolierte Achsverbindung (Hf-Technik, z. B. Drehkondensatoren)
22. Gummitülle (Kabeldurchführungen)
23. Plastikschraube mit Mutter
24. Halteschelle für Rollkondensator (Elko)
25. Printkontaktkralle
26. Distanzbolze, einseitig Schraube und M4-Gewindeloch
27. Langschraube M3
28. Muttern M5, M4, M3, M1,5
29. Distanzbolzen, beidseitig M3-Gewindelöcher
30. verschiedene Metallscheiben
31. Madenschraube (Drehknöpfe)
32. Gewindestange M3

Montagematerial für Skalenantriebe

Dieses ist in der *Abb. 2.2-5* gezeigt.

0   Skalenseilrad und Kleinkugellager
1   Antriebsrad z. B. Drehko oder Poti
2   6-mm-Achsverlängerung
3   90° Umlenksatz – 6-mm-Welle
4   6-mm-Achse mit drehgelagerter Chassisdurchführung
5   Untersetzungsgetriebe
6   Schwungmasse
7   6-mm-Achsdrehdurchführung
8   Kegelradsatz für 90° Umsetzung mit Untersetzung
9   Achsverbinder und Feder
5   (oberhalb) Kardanwinkelumsetzung bei nicht fluchtenden Achsen

Abb. 2.2-5

B Steckverbindungen

Baugruppen eines elektronischen Aufbaues werden so, wie auch die Ein- und Ausgänge von Geräten, über Steckverbindungen miteinander verbunden.
Hier ist im wesentlichen zu unterscheiden zwischen

– Leistungsverbindungen: hohe Ströme oder Spannungen
– Nf-Verbindungen: gute Abschirmungen
– BNC-Koax-Verbindungen: Meßtechnik – reproduzierbarer Wellenwiderstand
– Hf-Verbindungen: kleine Verluste, richtiger Wellenwiderstand, Abschirmungen
– Mehrfachsteckverbindungen: hochintegrierte Geräte der Analog- oder Digitalsteuertechnik
– Printstecker: Kabelverbindungen für Printanschlüsse, siehe auch Tabelle 8 (Tabellenteil)

2 Mechanik der Elektronik

Die *Abb. 2.2-6* zeigt verschiedene Steckverbinder der oben angesprochenen Techniken. Im einzelnen:

1. 4-mm-Klinkenstecker
2. Lautsprecher-Normstecker mit Buchse
3. Miniatur-Koax-Stecker
4. BNC-Stecker und Buchse
5. Schraubkopplung für Nf-Verbindungen
6. Nf-Stecker für professionelle Anlagen (Tuchel)
7. Klinkenstecker
8. Nf-Stecker mit Buchse
9. Hf-Antennenstecker für FS-RF-Geräte
10. 36polige Buchse für Mehrfachsteckverbindungen (Amphenol)

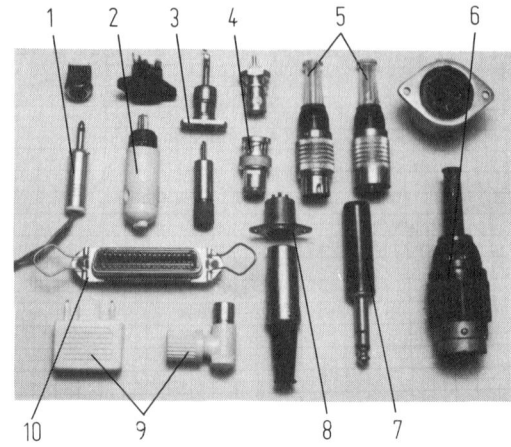

Abb. 2.2-6

In den Abb. *2.2-7a* und *7b* sind Details gezeigt. Es bedeuten in 7a:

1 BNC-Buchse Flanschmontage – 4 Gewindelöcher M2,6 (Montageanleitung Tabelle 8.5)
2 BNC-Buchse Flanschmontage Schreibgewinde
3 UHF-Winkelstecker

7b

1 Ladestecker-Batterieanschlußstecker
2 6,3-mm-Klinkenstecker
3 4,5-mm-Klinkenstecker
4 2,5-mm-Klinkenstecker

Montageanleitung wichtiger Steckverbinder siehe Tabelle 8.5 (Tabellenteil).

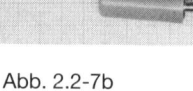

Abb. 2.2-7a   Abb. 2.2-7b

C Steckverbinder DIN 41612 Reihe 1

Übersicht

	Gruppe 1.1 Minitechnik typ. Drahtquerschnitt: AWG 30				Gruppe 1.2 Miditechnik typ. Drahtquerschnitt: AWG 24				Gruppe 1.3 Maxitechnik typ. Drahtquerschnitt: AWG 16			
	Bau-form	Pole	Platz-bedarf in T (5,08 mm)	Stiftraster 2,54 mm	Bau-form	Pole	Platz-bedarf in T (5,08 mm)	Stiftraster 5,08 mm	Bau-form	Pole	Platz-bedarf in T (5,08 mm)	Stiftraster 7,62 mm
Kontaktbelegung	C	96	3	1 2 3 4 5 30 31 32 a o o o o o o o o b o o o o o o o o c o o o o o o o o								
	B	64	2	1 2 3 4 5 30 31 32 a o o o o o o o o b o o o o o o o o								
	C	64	3	1 2 3 4 5 30 31 32 a o o o o o o o o c o o o o o o o o	E	48	4	2 4 6 30 32 a o o o o o c o o o o o e o o o o o				
	C	32	3	2 4 6 30 32 a o o o o o c o o o o o	D	32	3	2 4 6 30 32 a o o o o o c o o o o o	H	11	3	2 5 29 32 b o o o o
Drahtquerschnitte	AWG 32 ... AWG 26 0,032 0,13 mm²				AWG 26 ... AWG 20 0,13 0,52 mm²				AWG 20 ... AWG 10 0,52 5,3 mm²			
Anschlußstifte	0,6 × 0,6 mm				1 × 1 mm				0,8 × 6,3 mm			
Betriebsströme bei: + 20 °C + 70 °C + 100 °C	1,5 A 1 A 0,7 A				5,5 A 4 A 2,5 A				19 A 16 A 12 A			
max. Polzahlen	96				64				15 ... 11			
Polraster	2,54 mm				5,08 mm				7,62 mm			

2 Mechanik der Elektronik

Kontaktbelegung

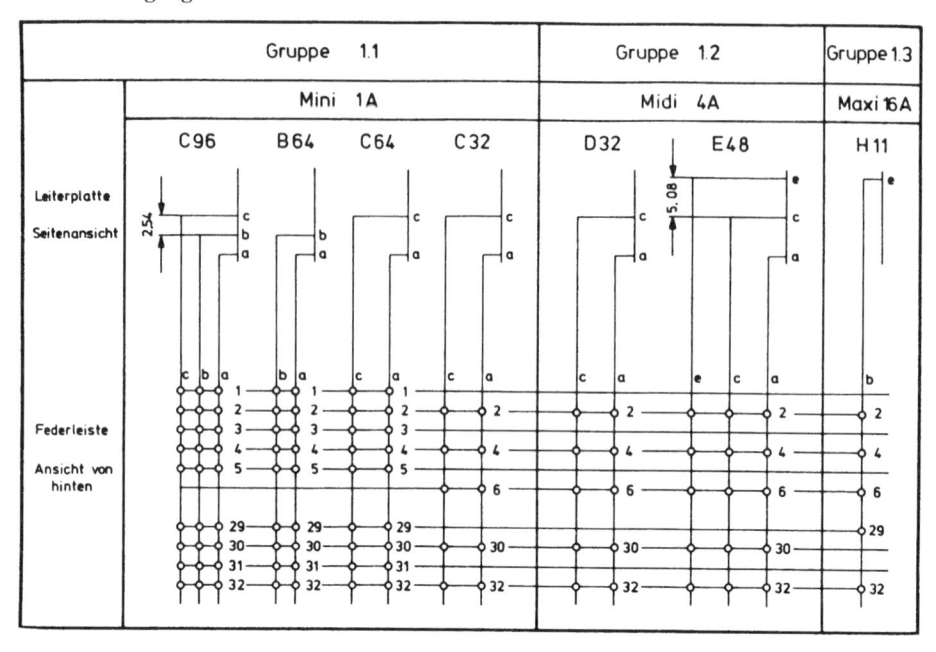

	Gruppe 1.1				Gruppe 1.2		Gruppe 1.3
	Mini 1A				Midi 4A		Maxi 16A
	C96	B64	C64	C32	D32	E48	H11
Leiterplatte Seitenansicht							
Federleiste Ansicht von hinten							

Layout für Printmontage und elektrische Daten

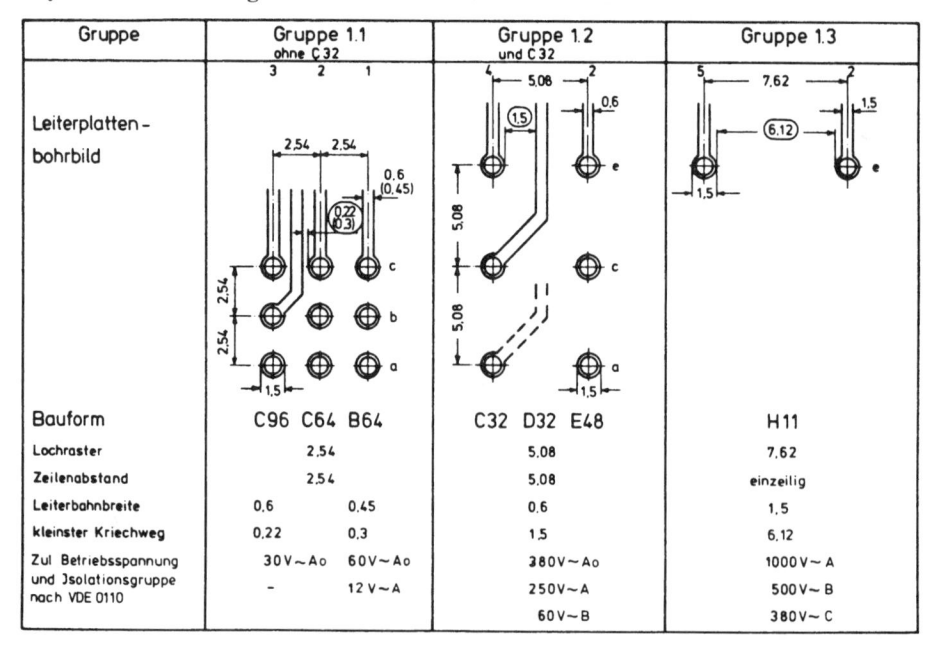

Gruppe	Gruppe 1.1 ohne C32	Gruppe 1.2 und C32	Gruppe 1.3
Leiterplattenbohrbild			
Bauform	C96 C64 B64	C32 D32 E48	H11
Lochraster	2,54	5,08	7,62
Zeilenabstand	2,54	5,08	einzeilig
Leiterbahnbreite	0,6 0,45	0,6	1,5
kleinster Kriechweg	0,22 0,3	1,5	6,12
Zul. Betriebsspannung und Isolationsgruppe nach VDE 0110	30 V ~ Ao – 12 V ~ A	380 V ~ Ao 250 V ~ A 60 V ~ B	1000 V ~ A 500 V ~ B 380 V ~ C
	60 V ~ Ao		

520

AWG (American Wire Gauge) und Drahtdurchmesser

Gruppe 1 Minitechnik 1 A			Gruppe 2 Miditechnik 4 A			Gruppe 3 Maxitechnik 15 A		
AWG Nr.	Draht-Ø mm	Querschnitt mm^2	AWG Nr.	Draht-Ø mm	Querschnitt mm^2	AWG Nr.	Draht-Ø mm	Querschnitt mm^2
50	0,025	0,00050	26	0,404	0,128	20	0,813	0,519
49	0,028	0,00062	24	0,511	0,205	18	1,024	0,823
48	0,032	0,00080	22	0,643	0,324	16	1,290	1,308
47	0,036	0,0010	20	0,813	0,519	14	1,628	2,082
46	0,039	0,0012				12	2,052	3,308
45	0,046	0,0016				10	2,588	5,262
44	0,051	0,0020						
43	0,056	0,0025						
42	0,063	0,0031						
41	0,071	0,0040						
40	0,0799	0,0050						
39	0,0897	0,0063						
38	0,1007	0,008						
37	0,1131	0,010						
36	0,1270	0,012						
35	0,1426	0,016						
34	0,1601	0,020						
33	0,1798	0,025						
32	0,203	0,032						
30	0,254	0,051						
28	0,320	0,080						
26	0,404	0,128						

D Rastermaß elektronischer Bauelemente

Bei passiven Bauelementen – hier als Beispiel bei Kondensatoren – sind je nach Baugröße folgende Rastermaße üblich. Angaben in [mm].

2,5		15,0
5,0	5,08	22,5
5,5		27,5
7,5		37,5
10,0	10,16	

2.2.2 Entstörmaßnahmen

A 1 Einführung in Rechtsvorschriften (Informationsblatt BAPT – Bundesamt für Post und Telekommunikation in Mainz)

Informationsblatt zum Gesetz über die elektromagnetische Verträglichkeit von Geräten (EMVG)
Ausgabe: 07. März 1994
Herausgegeben vom Bundesamt für Post und Telekommunikation
Bearbeitet von 124-1
Mainz
Dieses Informationsblatt umfaßt 6 Seiten

Auf dem vorliegenden Inhalt werden hier Auszüge wiedergegeben.

Inhalt

1   Rechtsquellen
1.1 Gesetz über die elektromagnetische Verträglichkeit von Geräten (EMVG)
1.2 Kostenverordnung für Amtshandlungen nach dem Gesetz über die elektromagnetische Verträglichkeit von Geräten (EMVKostV)
1.3 Verordnung über Beiträge nach dem Gesetz über die elektromagnetische Verträglichkeit von Geräten (EMVBeitrV)
2   Zuständige Behörde
3   Gemeldete und zuständige Stellen
4   Harmonisierte Europäische Normen
5   DIN VDE Normen
6   Nationale EMV-Vorschriften
7   Bestellhinweise
7.1 Bundesgesetzblatt
7.2 Amtsblatt des Bundesministeriums für Post und Telekommunikation
7.3 Harmonisierte Europäische Normen
7.4 DIN VDE Normen
7.5 EMVG in englischer Fassung

1 Rechtsquellen

1.1 Gesetz über die elektromagnetische Verträglichkeit von Geräten (EMVG)

Das Gesetz über die elektromagnetische Verträglichkeit von Geräten (EMVG) vom 9. November 1992 wurde
– im Bundesgesetzblatt, Teil I, Jahrgang 1992, Nr. 52, Seite 1864 am 12. November 1992 und
– im Amtsblatt des Bundesministeriums für Post- und Telekommunikation, Jahrgang 1993, Nr. 14 vom 07.07.1993,
Verfügung Nr. 176/1983
veröffentlicht. Am 13. November 1992 trat das EMVG in Kraft.

2 Zuständige Behörde

In der Bundesrepublik Deutschland ist das

Bundesamt für Post und
Telekommunikation (BAPT)

Templerstr. 2–4
D-55116 Mainz

Postfach 80 01
D-55003 Mainz

Telefon (0 61 31) 18-0
Telex 4187319 bapt d
Teletex 61318930 BAPT Mz
Telefax (0 61 31) 18-56 00
Btx 061 3118

und dessen Außenstellen nach § 6 EMVG die zuständige Behörde.

Der geografische Zuständigkeitsbereich der Außenstellen wurde im Amtsblatt des Bundesministers für Post und Telekommunikation, Jahrgang 1992, Nr. 23 vom 2.12.1992, mit Verfügung Nr. 181 veröffentlicht.

3 Gemeldete und zuständige Stellen

In der Bundesrepublik Deutschland ist das

Bundesamt für Zulassungen in
der Telekommunikation (BZT)

Talstr. 34–42
D-66119 Saarbrücken

Postfach 10 04 43
D-66004 Saarbrücken

Telefon (06 81) 5 98-0
Teletex 2627-681917-BZT
Telefax (06 81) 5 98-16 00
Btx (06 81) 5 98-1

und dessen Nebenstellen gemeldete und zuständige Stelle gemäß § 2 Nr. 8 und Nr. 10 EMVG.

Daneben wurden vom Bundesamt für Post und Telekommunikation (BAPT) noch weitere zuständige Stellen gemäß § 2 Nr. 8 EMVG anerkannt und in den folgenden Amtsblättern bekanntgegeben:

- Amtsblatt des Bundesministers für Post und Telekommunikation, Jahrgang 1992, Nr. 11 vom 17.6.1992,
  Verfügung Nr. 91/1992

4 Harmonisierte Europäische Normen

In folgenden Amtsblättern der Europäischen Gemeinschaften sind die Titel und die Bezugsdaten von harmonisierten Europäischen Normen, von denen angenommen wird, daß sie den wesentlichen Anforderungen entsprechen, veröffentlicht:

- Amtsblatt Nr. C 44 vom 19.2.1992, Seite 12,
- Amtsblatt Nr. C 90 vom 10.4.1992, Seite 2, und
- Amtsblatt Nr. C 49 vom 17.2.1994, Seite 3.

5 DIN VDE Normen

In den folgenden Amtsblättern wurden die Fundstellen der DIN VDE Normen veröffentlicht, in die die einschlägigen harmonisierten Europäischen Normen umgesetzt wurden:

Amtsblatt des Bundesministeriums für Post und Telekommunikation, Jahrgang 1994, Nr. 4 vom 23.2.1994,
Verfügung Nr. 43.

6 Nationale EMV-Vorschriften

In den folgenden Amtsblättern wurden die Fundstellen der nationalen EMV-Vorschriften veröffentlicht, die unter die Übergangsvorschriften des § 13 EMVG fallen:

- Amtsblatt des Bundesministeriums für Post und Telekommunikation, Jahrgang 1993, Nr. 13 vom 23.6.1993,
Verfügung Nr. 162 und
- Amtsblatt des Bundesministeriums für Post und Telekommunikation, Jahrgang 1993, Nr. 26 vom 22.12.1993,
Verfügung Nr. 279.

7 Bestellhinweise

7.1 Bundesgesetzblatt

Kontaktstelle: Bundesanzeiger Verlagsges.m.b.H.
            Postfach 1320
            D-53003 Bonn
            Telefon: (02 28) 3 82 08-0
            Telefax: (02 28) 3 82 08-36

Bezugspreis bei Einzelbestellung je angefangene 16 Seiten 3,10 DM zuzüglich Versandkosten.

Der Versand erfolgt gegen Vorausüberweisung des Betrages auf das Postgirokonto Bundesgesetzblatt Köln 3 99-509, BLZ 370 100 50, oder gegen Vorausrechnung.
Im Bezugspreis ist die Mehrwertsteuer enthalten; der angewandte Steuersatz beträgt 7 %.

7.2 Amtsblatt des Bundesministeriums für Post und Telekommunikation

Kontaktstelle: Vertrieb amtlicher Blätter
            beim Postamt 1
            Postfach 10 90 01
            D-50482 Köln
            Telefax (02 21) 9 73 59-2 99

Bezugspreis (einschließlich Versandkosten) bei Einzelbestellung je Exemplar 1,50 DM. Im Bezugspreis ist keine Umsatzsteuer im Sinne des § 14 UStG enthalten.

Der Versand erfolgt gegen Vorausüberweisung des Betrages auf das Postgirokonto Köln 11 99-508, Postgiroamt Köln, BLZ 370 100 50.

7.3 Harmonisierte Europäische Normen

Kontaktstelle: Comité Européen de Normalisation Électrotechnique (CENELEC)
            rue de Stassart 35
            B-1050 Bruxelles

7.4 DIN VDE Normen

Kontaktstelle: VDE-Verlag GmbH
Bismarckstraße 33
D-10625 Berlin
Telefax (0 30) 3 41 70 93
oder
Beuth-Verlag GmbH
Burggrafenstraße 6
D-10787 Berlin
Telefax: (0 30) 26 01-12 31

A 2 Allgemeine Begriffe und Definitionen

Elektromagnetische Veträglichkeit (EMV); englisch EMC (electromagnetic compatibility).

Der Begriff EMV bezieht sich:
– auf die elektromagnetische Verträglichkeit (Entstörung) zwischen zwei oder mehreren (elektronischen) Geräten,
– auf die elektromagnetische Verträglichkeit derartiger Systeme bezogen auf externe Störer (Gewitter).

Nicht einbezogen ist hier der Begriff EMVU, der in seiner Darstellung die Verträglichkeit einer EMV-Strahlung auf Pflanzen und Tiere beschreibt.
Hinzugefügt werden soll, daß im Rahmen von Entstörmaßnahmen nicht nur die magnetische Komponente alleine beachtet werden darf. Elektrostatische Abschirmungen gegen elektrische Wechselfelder sind in vielen Fällen ebenso wichtig.
Mit dem immer dichter werdenden Einsatz von elektrischen und elektronischen Geräten sind nicht nur die Prinzipien der Funk-Entstörung zu beachten, vielmehr ist dafür Sorge zu tragen, daß im Sinne der elektromagnetischen Verträglichkeit (EMV) alle Einrichtungen gleichzeitig arbeiten können. Definitionsgemäß ist die EMV die Fähigkeit elektrischer Einrichtungen, in ihrer elektromagnetischen Umgebung zufriedenstellend zu funktionieren und dabei diese Umgebung, zu der auch andere Einrichtungen gehören, nicht unzulässig zu beeinflussen.
Der EMV-Begriff umfaßt die elektromagnetische Aussendung (EMA) und die elektromagnetische Beeinflußbarkeit (EMB). Das ist näher in der *Abb. 2.2.2 A-1* aufgezeigt.

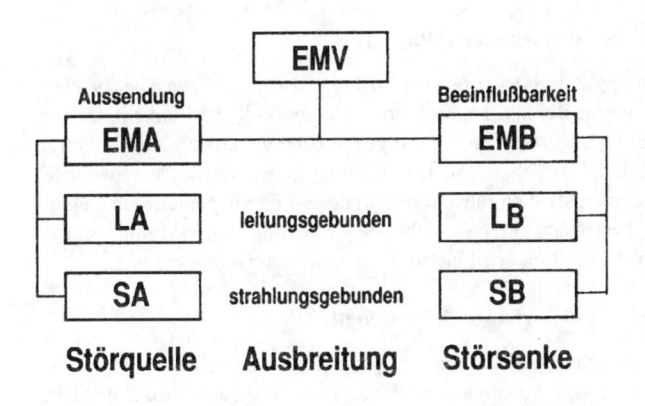

Abb. 2.2.2 A-1 EMV-Begriffe

Die von einer Störquelle ausgehenden elektromagnetischen Energien können leitungsgebunden oder strahlungsgebunden sein. Dies gilt auch für die Ausbreitungswege und die elektromagnetische Beeinflussung einer Störsenke.
Für die Erarbeitung wirtschaftlicher Lösungen ist es notwendig, nicht nur einen Teilbereich, z.B. die leitungsgebundene Aussendung, sondern beide, Ausbreitungs- und Beeinflussungsmöglichkeiten, im gleichen Maße zu beachten.
Um leitungsgebundene elektromagnetische Störungen auf die in einer EMV-Planung festgelegten Pegelwerte zu begrenzen oder unter die in den Funk-Entstörbestimmungen aufgeführten Grenzwerte abzusenken, werden Entstörbauelemente oder Entstörfilter eingesetzt. Diese können entweder der Störquelle oder der Störsenke nach *Abb. 2.2.2 A-2* zugeordnet sein.

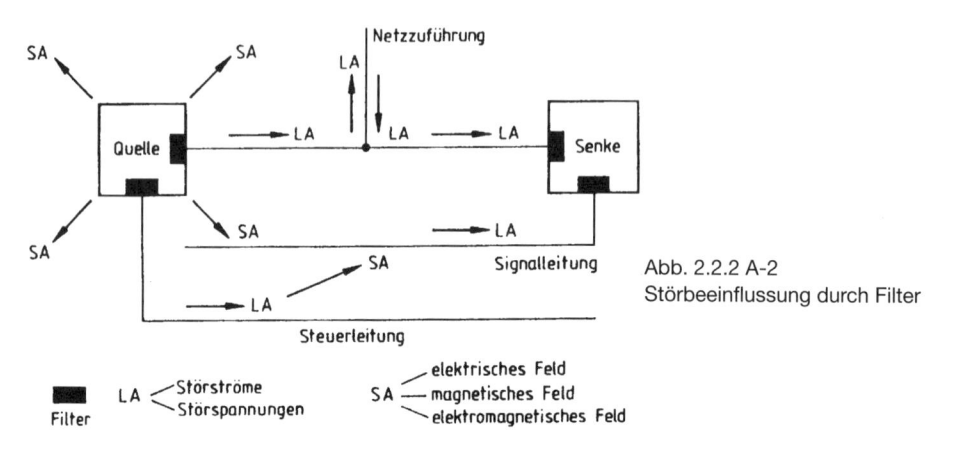

Abb. 2.2.2 A-2
Störbeeinflussung durch Filter

Eine Störaussendung (engl. „emission")

ist das aktive Störvermögen eines elektrischen Gerätes, d. h. seine Fähigkeit, elektromagnetische Störungen zu erzeugen. Diese wirkt auf die Umgebung hauptsächlich direkt über angeschlossene Leitungen, als Störsignale, über Abstrahlung vom Gehäuse bzw. internen Bauteilen oder über Abstrahlung von angeschlossenen Leitungen. Zur Beurteilung, ob die vorgeschriebenen Grenzwerte eingehalten werden, sind je nach untersuchtem Frequenzbereich folgende Größen zu erfassen.

Funkstörspannung (engl. „terminal disturbance voltage")

wird hauptsächlich zur Bestimmung des Störvermögens im Frequenzbereich zwischen 9 kHz und 30 MHz gemessen. Da in diesem Bereich gegen Störungen empfindliche Funkempfänger als Bezugspotential in der Regel Erde verwenden, ist die gegen Erde gemessene unsymmetrische Funkstörspannung maßgeblich. Die englische Bezeichnung „common mode" für diese Meßanordnung bezieht sich darauf, daß hier die stromführenden Leitern gemeinsam gegen Erde betrachtet werden. Im Gegensatz hierzu steht die Messung der symmetrischen Funkstörspannung zwischen den stromführenden Leitern (engl. „differential mode").

Funkstörfeldstärke (engl. „radiated disturbance field strength")

wird als elektrische Feldkomponente hauptsächlich im Frequenzbereich zwischen 30 und 1000 MHz gemessen. Mit der vereinfachenden Annahme, daß die Störenergieabgabe bis ca. 30 MHz vorwiegend leitergebunden erfolgt und oberhalb dieser Grenze zunehmend direkte Abstrahlung

2.2 Besondere elektronische Baugruppen

eintritt (weil die Geräteabmessungen in die Größenordnung angepaßter Antennen gelangen), ist eine durchgehende Beurteilung des Frequenzbereiches von 9 kHz bis 1000 MHz mit zwei Meßverfahren möglich (Spannungsmessung unterhalb 30 MHz, Feldstärkemessung oberhalb 30 MHz).
Soll die Abstrahlung im Frequenzbereich unterhalb 30 MHz ermittelt werden, so wird hier die magnetische Störfeldstärke gemessen. Die Meßwerte werden aber vielfach nach Fernfeldbedingungen in elektrische Feldstärkewerte umgerechnet angegeben.

Funkstörleistung (engl. „disturbance power", auch „interference power")

Bei netzbetriebenen Geräten begrenzter Größe wird das Abstrahlvermögen für Störenergie hauptsächlich durch die angeschlossenen Leitungen bestimmt. Mit einer speziell hierfür entwickelten Absorptions-Meßwandlerzange kann die vom Gerät an eine Leitung abgegebene Funkstörleistung relativ einfach bestimmt werden. Diese Messung kann unter bestimmten Bedingungen im Bereich von 30 MHz bis 300 MHz die aufwendige Funkstörfeldstärkemessung ersetzen.

Funkstörstrahlungsleistung (engl. „radiated disturbance power")

Das Störvermögen eines Gerätes bzw. einer Anlage läßt sich auch durch ein Substitutionsmeßverfahren bestimmen. Dabei wird das Gerät während des Meßablaufes zeitweise durch einen Meßsender mit einer Sendeantenne ersetzt (substituiert). Dieses Verfahren hat den Vorteil, daß es an die verwendete Empfangseinrichtung keine großen Anforderungen stellt. Die Meßgenauigkeit wird bestimmt durch den verwendeten Meßsender und die daran angeschlossene Antenne mit bekannten Eigenschaften. Besonders im Frequenzbereich über 1 GHz wird dieses Meßverfahren angewendet.

Netzoberschwingungen (engl. „harmonics")

Im Frequenzbereich 0 – 2 kHz sind Grenzwerte für auf das Versorgungsnetz rückwirkende Oberschwingungen definiert, die in angeschlossenen Geräten entstehen können. Gemessen werden die Oberschwingungsströme auf Harmonischen der Netzfrequenz bis zur 40fachen Ordnung, d. h. in der Regel von 100 Hz (2x50 Hz Netzfrequenz) bis 2 kHz.

Netzspannungsschwankungen (engl. „voltage fluctuations")

Zum Schutz anderer angeschlossener Verbraucher dürfen an das Versorgungsnetz angeschlossene Geräte durch ihren Betrieb dort nur in begrenztem Umfang Spannungsschwankungen hervorrufen. Wiederholen sich Spannungsänderungen in kurzen Zeitabständen, verursachen sie beispielsweise störende Helligkeitsschwankungen (Flicker) bei Lampen, die an dasselbe Stromversorgungsnetz angeschlossen sind. Je nach Wiederholungshäufigkeit sollen Spannungsschwankungen von bis zu 3 % nicht überschritten werden.
Die Störfestigkeit (immunity) eines Gerätes beschreibt den jeweiligen Entwicklungsstand, inwieweit das Gerät oder die Schaltung von einem externen Störer beeinflußt werden kann. Der Grad der Störfestigkeit wird durch entsprechende Normen mit den damit zusammenhängenden Prüfverfahren festgelegt. Es seien hier vier Begriffe für die Störfestigkeit genannt.

Störfestigkeit gegen hochfrequente elektromagnetische Felder (engl. „radio-frequency electromagnetic field")

Diese Prüfung soll ermitteln, ob ein Gerät durch im Alltagsleben vorhandene Funkanlagen (Ton- und Fernsehrundfunksender, Mobilfunkgeräte, Amateurfunkgeräte usw.) beeinträchtigt werden kann bzw. ob es hinreichend störfest ist, damit Beeinträchtigungen bei allgemein üblichen Betriebsbedingungen vermieden werden. Bei der ständig zunehmenden Zahl von Funkgeräten ist diese Prüfung von großer Bedeutung. Sie erfordert allerdings erheblichen Aufwand zur Erzeugung gleichmäßiger Hochfrequenzfelder in abgeschirmten Räumen.

Störfestigkeit gegen Entladungen statischer Elektrizität (engl. „electrostatic discharge", abgekürzt „ESD")

Elektrostatische Aufladungen kommen im heutigen Alltagsleben überall vor. Bei trockener Luft und Bewegung von Geweben und Kunststoffen werden durchaus elektrostatische Spannungen von mehreren Tausend Volt erreicht. Die immer häufiger in vielen Geräten eingesetzten Mikroprozessoren und andere Halbleiterelemente sind hiergegen sehr empfindlich und müssen durch geeignete Maßnahmen geschützt werden. Dieser Schutz erstreckt sich auch auf Einflüsse von atmosphärischen Entladungen.

Störfestigkeit gegen leitungsgeführte impulsförmige Störgrößen

Gegen Einwirkungen durch Strom- und Spannungsimpulse sind moderne Geräte mit Halbleiterbauelementen sehr empfindlich, wenn keine geeigneten Schutzmaßnahmen getroffen werden. Mit unterschiedlichen Prüf-Störimpulsen läßt sich die Störfestigkeit gegen solche Einflüsse feststellen. Auch auf Gleichstromversorgungsnetzen, wie z. B. dem Bordnetz eines Kraftfahrzeuges, muß mit kurzzeitigen Spannungsimpulsen von erheblicher Größe gerechnet werden. Diese dürfen selbstverständlich die Funktion von Steuerungs- und Sicherheitskomponenten (z. B. ABS-Systeme, Airbag, elektronische Motor- und Getriebesteuerungen) nicht beeinflussen.

Störfestigkeit gegen Spannungseinbrüche und Kurzzeitunterbrechungen der Stromversorgung (engl. „voltage dips and interruptions")

Moderne Digitaltechnik kann auch auf Kurzzeitunterbrechungen und Spannungseinbrüche bei der Stromversorgung empfindlich reagieren. Mit verschiedenen Prüfverfahren werden solche Einflußmöglichkeiten untersucht. Wie bei allen anderen Störfestigkeitsprüfungen sind die Prüfgrößen so gewählt, daß sie für den üblichen Alltagsgebrauch ausreichend erscheinen. Dies schließt aber nicht aus, daß unter besonderen Umständen dennoch Unverträglichkeit auftreten kann.
Auf diese Begriffe wird unter A 4 noch weiter eingegangen.

A 3 Bestimmungen und Vorschriften

Um einen ausreichend störungsfreien Funkempfang zu gewährleisten, sind schon frühzeitig internationale und nationale Vereinbarungen getroffen worden, die laufend ergänzt werden müssen, weil die genutzten Frequenzbereiche ständig ausgeweitet werden. International sind auf diesem Gebiet tätig:

CISPR   Comité International Spécial des Perturbations Radioélectriques
        Internationales Spezialkomitee für Funkstörungen – Gründung 1933
CIGRE   Conférence Internationale des Grands Réseaux Electriques à Haute Tension
        Internationale Konferenz für Hochspannungstechnik
CEE   Commission internationale de réglementation en vue de l'approbation de
        l'Equipement Electrique
        Internationale Kommission für Regeln zur Begutachtung elektrotechnischer Erzeugnisse

CENELEC Comité Européen de Normalisation Electrotechnique
 früher CENELCOM, CENEL
 Europäisches Komitee für elektrotechnische Normung
 Vereinheitlichung der Bestimmungen elektrotechnischer Normen bzw. Vorschriften
 in EG- und EFTA-Ländern
IEC International Electrotechnical Commission
 Internationale elektrotechnische Kommission

Auf dem Gebiet der EMV sind in den letzten Jahren zahlreiche Normen beschlossen worden. Der Rat der Europäischen Gemeinschaft hat in einer EMV-Richtlinie seine Absicht erklärt, alle Vorschriften auf diesem Gebiet bis zum 1.1.1992 europaweit zu harmonisieren. Darunter fallen auch einschlägige VDE-Bestimmungen. An dieser Stelle sollen die folgenden Auszüge genannt werden.

Vorschriften zur Funkentstörung

- ISM-Geräte (Industrial, Scientific, Medical Equipment)
  VDE 0871 Teil 1 – 11   EN55011   CISPR Publ. 11
  VDE-Bestimmung für die Funk-Entstörung von elektrischen Betriebsmitteln und Anlagen mit beabsichtigter Hochfrequenz-Erzeugung

- ITE-Geräte (Information Technolgoy Equipment)
  VDE 0871 Teil 2 – 20   EN55022   CISPR Publ. 22

- Radio- und TV-Geräte
  VDE 0872 Teil 13   EN55013   CISPR Publ. 13
  VDE-Bestimmungen für die Funk-Entstörung von Ton- und Fernseh-Rundfunkempfängern

- Geräte für höhere Spannungen
  VDE 0873   EN55018   CISPR Publ. 18

- Hausgeräte
  VDE 0875 Teil 1   EN55014   CISPR Publ. 14
  VDE-Bestimmungen für die Funk-Entsörung von Geräten, Maschinen und Anlagen für Nennfrequenzen von 0 bis 10 kHz

- Leuchten
  VDE 0875 Teil 2   EN55015   CISPR Publ. 15

- Meßgeräte
  VDE 0876   –   CISPR Publ. 16
  VDE-Bestimmung für Funkstörmeßgeräte

- Meßverfahren
  VDE 0877   –   CISPR Publ. 16
  VDE-Leitsätze für das Messen von Funkstörungen

- Fernmeldegeräte
  VDE 0878   EN55022   CISPR Publ. 22

- Kraftfahrzeuge
  VDE 0879   –   CISPR PUBL. 12
  VDE-Bestimmung für die Funk-Entstörung von Fahrzeugen, von Fahrzeugausrüstungen und von Verbrennungsmotoren.

- 0874 VDE-Leitsätze für Maßnahmen zur Funk-Entstörung

Vorschriften zur Störfestigkeit

Die Vorschriften zur Funkentstörung geben teilweise auch Forderungen zur Störfestigkeit der Geräte an. Daneben sollen – ohne Anspruch auf Vollständigkeit – folgende Normen oder Normentwürfe genannt werden, die Prüfvorschriften festlegen:

- **Leitungsgebundene Störungen**

    VDE 0160 : energiereicher Puls, entsprechend nahem Kurzschluß
    IEC 801 Teil 5: Einzelpuls, entspricht Blitz oder Schaltpuls
    IEC 801 Teil 4: Burst, entspricht Schaltpulsen oder z. B. Kontaktprellen
    IEC 801 Teil 6: schmalbandige Störgrößen 10 kHz...150 MHz

- **Strahlungsgebundene Beeinflussung**

    IEC 1000-5-3 : Versorgungsnetz, magnetisches Feld
    IEC 801 Teil 3: hochfrequente Strahlungsfelder

- **Elektrostatische Entladungen**

    IEC 801 Teil 2: ESD-Prüfungen

VDE- und DIN-Bestimmungen für Störschutzbauteile

VDE 0565/DIN 57565
  Bestimmungen für Funk-Entstörmittel (in Vorbereitung)
Teil 1   Funk-Entstörkondensatoren
Teil 2   Funk-Entstördrosseln
Teil 3   Funk-Entstörfilter bis 16 A
Teil 4   Funk-Entstörkondensatoren mit keramischen Dielektrikum des Typs 2

Bis zum endgültigen Erscheinen von VDE 0565 gelten für Funk-Entstörmittel folgende VDE-Bestimmungen:

VDE 0550 Bestimmungen für Kleintransformatoren
Teil 1   Allgemeine Bestimmungen
Teil 6   Besondere Bestimmungen für Drosseln
          (Netzdrosseln, vormagnetisierte Drosseln und Funk-Entstördrosseln)

VDE 0560 Bestimmungen für Kondensatoren
Teil 1   Allgemeine Bestimmungen
Teil 7   Funk-Entstörkondensatoren
Teil 13   Regeln für Papier-Kondensatoren für Nenngleichspannung bis 1000 V und für Nennwechselspannung bis 500 V
Teil 14   Regeln für selbstheilende Metallpapier-Kondensatoren für Nenngleichspannungen bis 1000 V und für Nennwechselspannungen bis 500 V
Teil 17   Regeln für Keramik-Kleinkondensatoren mit Nennspannungen bis 1000 V
Teil 18   Regeln für Kunststoffolien-Kondensatoren für Nenngleichspannungen bis 1000 V

DIN 40010

Blatt 1 Verbandszeichen des VDE
Blatt 2 Verbandszeichen des VDE-Funkschutzzeichens

DIN 40040 Anwendungsklassen und Zuverlässigkeitsangaben für Bauelemente der Nachrichtentechnik und Elektronik

DIN 40045 Richtlinien für die Bildung von klimatischen Prüfklassen für elektrische Bauelemente der Nachrichtentechnik

DIN 40046 Umweltprüfungen für die Elektronik

DIN 40050 Schutzarten; Berührungs-, Fremdkörper- und Wasserschutz

DIN 41140 Papier- und Papier-/Kunststoffolien-Kondensatoren bis 1000 V–.
Technische Werte und Prüfbestimmungen

DIN 41170 Funk-Entstörkondensatoren, technische Werte

DIN 41171 Zweipol-Funk-Entstörkondensatoren mit Drahtanschlüssen für Anwendungsklasse HPF

Blatt 1 Funk-Entstör-Berührungsschutzkondensatoren (Y-Kondensatoren)
Blatt 2 Funk-Entstörkondensatoren ohne Berührungsschutz-Kapazität (X-Kondensatoren)
Blatt 3 Funk-Entstörkondensatoren mit Berührungsschutz-Kapazität (XY-Kondensatoren)

DIN 41172 Vierpol-Funk-Entstörkondensatoren, koaxiale Durchführungskondensatoren bis 25 A mit zentraler Schraubbefestigung für Anwendungsklasse GMC

Blatt 1 Funk-Entstör-Berührungsschutzkondensatoren (Y-Kondensatoren)
Blatt 2 Funk-Entstörkondensatoren ohne Berührungsschutz-Kapazität (X-Kondensatoren)

DIN 41174 Vierpol-Funk-Entstörkondensatoren, nichtkoaxiale Durchführungskondensatoren bis 4 A mit Drahtanschlüssen für Anwendungsklasse HPF

Blatt 1 Funk-Entstörkondensatoren ohne Berührungsschutz-Kapazität (X-Kondensatoren)
Blatt 2 Funk-Entstörkondensatoren mit Berührungsschutz-Kapazität (XY-Kondensatoren)

DIN 41260 Funk-Entstördrosseln, technische Werte

DIN 41262 Funk-Entstördrosseln, bevorzugte Nennwerte

DIN 41263 Funk-Entstördrosseln mit Stabkern aus Dynamoblech.
Einfach- und Zweifachdrosseln 0,1 bis 10 A mit Drahtanschlüssen

DIN 41264 Funk-Entstördrosseln mit Stabkern aus HF-Eisen oder Ferrit.
UKW-Einfachdrosseln 0,2 bis 10 A mit axialen Drahtanschlüssen

DIN 46200 Stromführende Anschlußbolzen bis 1600 A (Zuordnung der Stromstärken)

DIN 89008 Funk-Entstörung auf Schiffen

VDE-Vorschriften, zu beziehen bei: VDE-Verlag-GmbH, Bismarckstraße 33, Berlin.
DIN-Normen, zu erhalten über: Beuth-Vertrieb-GmbH, Burggrafenstr. 4–7, Berlin.

A 4 Störquellen und Störsenken

a) Störquelle

Bei den **Störquellen** können nach *Abb. 2.2.2 A-3* zwei Hauptgruppen nach der Art des emittierten Frequenzspektrums unterschieden werden.
Störquellen mit diskreten Frequenzspektren (z. B. Hochfrequenzgeneratoren und Mikroprozessorsysteme) geben die Störenergie konzentriert auf schmalen Frequenzbändern ab.
Schaltgeräte und Elektromotoren in Hausgeräten z. B. verteilen ihre Störenergien auf breite Frequenzbänder und werden den Störquellen mit kontinuierlichem Frequenzspektrum zugeordnet.

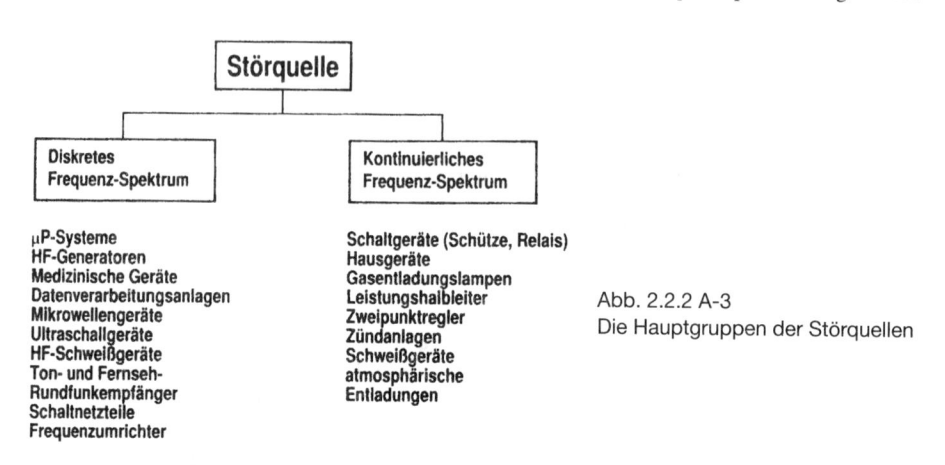

```
                    ┌─────────────┐
                    │  Störquelle │
                    └──────┬──────┘
             ┌─────────────┴─────────────┐
    ┌────────┴────────┐         ┌────────┴────────┐
    │    Diskretes    │         │  Kontinuierliches│
    │ Frequenz-Spektrum│        │ Frequenz-Spektrum│
    └─────────────────┘         └─────────────────┘
```

Diskretes Frequenz-Spektrum	Kontinuierliches Frequenz-Spektrum
µP-Systeme	Schaltgeräte (Schütze, Relais)
HF-Generatoren	Hausgeräte
Medizinische Geräte	Gasentladungslampen
Datenverarbeitungsanlagen	Leistungshalbleiter
Mikrowellengeräte	Zweipunktregler
Ultraschallgeräte	Zündanlagen
HF-Schweißgeräte	Schweißgeräte
Ton- und Fernseh-Rundfunkempfänger	atmosphärische Entladungen
Schaltnetzteile	
Frequenzumrichter	

Abb. 2.2.2 A-3
Die Hauptgruppen der Störquellen

b) Störsenke

Elektrische Betriebsmittel oder Anlagen, die Störungen ausgesetzt sind und von diesen beeinflußbar sind, werden als **Störsenken** bezeichnet.
In gleicher Weise wie die Störquellen lassen sich auch die Störsenken hinsichtlich der Frequenzcharakteristik katalogisieren. Man unterscheidet nach *Abb. 2.2.2 A-4* zwischen schmalbandiger und breitbandiger Beeinflußbarkeit.
Schmalbandsysteme sind z. B. Ton- und Fernsehgeräte, während Datenverarbeitungsanlagen meist den Breitbandsystemen zuzuordnen sind.

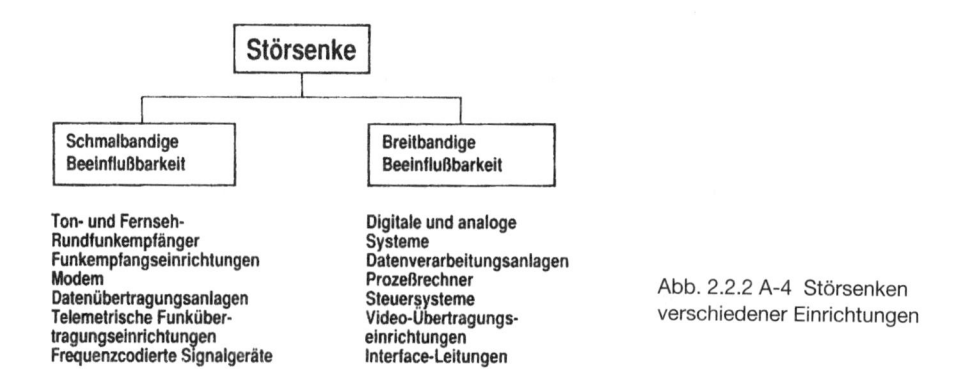

Schmalbandige Beeinflußbarkeit	Breitbandige Beeinflußbarkeit
Ton- und Fernseh-Rundfunkempfänger	Digitale und analoge Systeme
Funkempfangseinrichtungen	Datenverarbeitungsanlagen
Modem	Prozeßrechner
Datenübertragungsanlagen	Steuersysteme
Telemetrische Funkübertragungseinrichtungen	Video-Übertragungseinrichtungen
Frequenzcodierte Signalgeräte	Interface-Leitungen

Abb. 2.2.2 A-4 Störsenken verschiedener Einrichtungen

2.2 Besondere elektronische Baugruppen

c) Ausbreitung und Erfassung von (EMV-)Störungen

Wie bereits erwähnt, gehen von einer Störquelle leitungsgebundene und strahlungsgebundene elektromagnetische Störungen aus.
Die Ausbreitung über Leitungen nach *Abb. 2.2.2 A-5* kann durch die Messung des Störstromes und der Störspannung nachgewiesen werden.

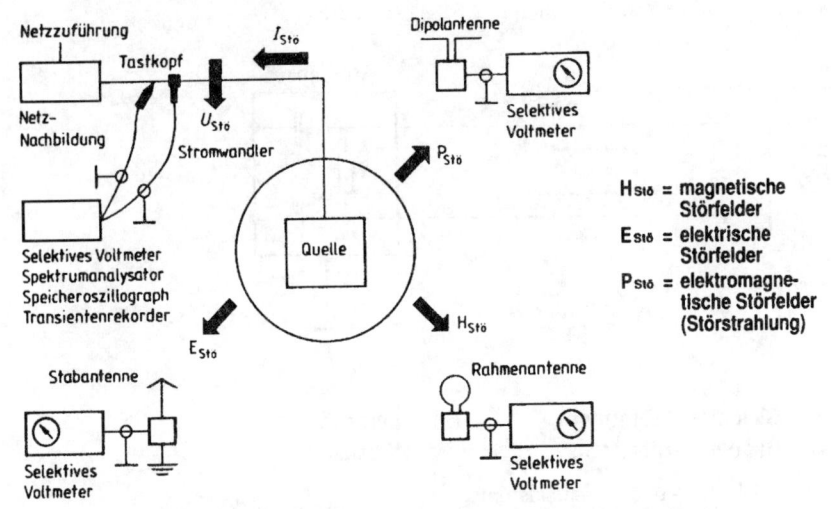

Abb. 2.2.2 A-5 Ausbreitung und Meßtechnik der elektromagnetischen Störungen

$H_{Stö}$ = magnetische Störfelder
$E_{Stö}$ = elektrische Störfelder
$P_{Stö}$ = elektromagnetische Störfelder (Störstrahlung)

Der Einfluß von Störfeldern auf die nächste Umgebung wird durch die Messung der magnetischen und elektrischen Feldkomponenten beurteilt. Diese Art von Ausbreitung wird vielfach auch als elektrische oder magnetische Kopplung bezeichnet.
Im höheren Frequenzbereich, gekennzeichnet dadurch, daß Gerätedimensionen in die Größenordnung der betrachteten Wellenlänge kommen, werden die Störenergien vorwiegend direkt abgestrahlt.
Meßtechnisch läßt sich diese Abstrahlung in der Beurteilung der elektrischen oder der magnetischen Komponente der elektromagnetischen Störstrahlungsdichte erfassen.
Um die Beeinflußbarkeit von Störsenken überprüfen zu können, sind ebenfalls leitungs- und strahlungsgebundene Wege zu beachten.
Als Störgeneratoren stehen dabei Quellen sowohl mit sinusförmigen Dauerstörungen wie auch Impulsgeneratoren unterschiedlichster Pulsformen zur Verfügung.

d) Ausbreitung von leitungsgebundenen Störungen: X- oder Y-Störung

Leitungsgebunde Störungen können sogenannte **X-Störungen oder Y-Störungen** sein; sie können getrennt oder gemischt auftreten.
Zur richtigen Auswahl von Entstörbauelementen und -Filtern ist es notwendig, die Ausbreitungsverhältnisse der leitungsgebundenen Störungen zu kennen.

X-Störungen

X-Störspannungen U_{St} sind Querstörspannungen, weil sie quer zu den beiden Stromversorgungsleitungen gemessen werden.

Von einer erdfreien Störquelle gehen zunächst nur Störungen aus, die sich längs der angeschlossenen Leitungen ausbreiten.
Wie der Netzstrom so fließt auch der Störstrom auf dem einen Leiter zur Störsenke hin und auf dem anderen Leiter zurück.
Die beiden Ströme befinden sich im Gegentakt (X-Störung).
Diese Störung wird deshalb als Gegentaktstörung (differential-mode) oder symmetrische Störung bezeichnet und ist gestrichelt in *Abb. 2.2.2 A-6* dargestellt.

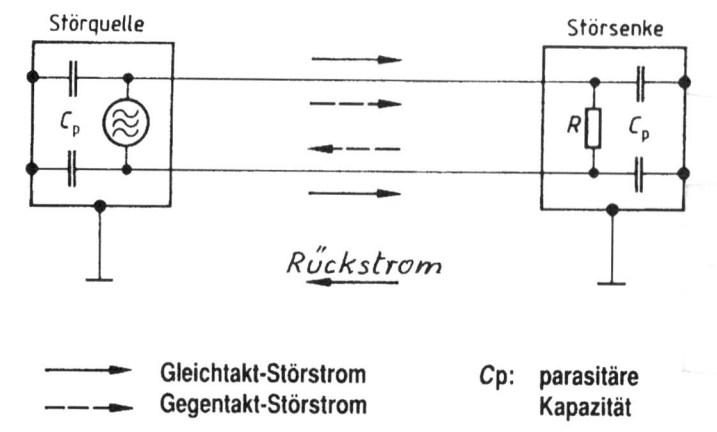

——▶ Gleichtakt-Störstrom   Cp: parasitäre
– – ▶ Gegentakt-Störstrom   Kapazität

Abb. 2.2.2 A-6 Gleichtakt- und Gegentaktstörung

Y-Störungen (Y-Störstrom)

Y-Störströme fließen längs beider Netzzuleitungen als Gleichtaktströme vom Störgenerator einmal gegen Masse oder über die Gerätekapazität gegen den Raum oder gegen eine Schirmung zur Masse und zum andern über die beiden Netzleiter – als ein Leiter wirksam – gegen das Netz, wo sie an einer Netznachbildung als Störspannung gemessen werden.
Eine Netznachbildung ist erforderlich, um definierte Verhältnisse für vergleichbare Messungen zu erhalten.
Parasitäre Kapazitäten in der Störquelle und Störsenke nach Abb. 2.2.2 A-6 oder beabsichtigte Masseverbindungen rufen jedoch auch einen Störstrom im Erdkreis hervor. Dieser Störstrom fließt auf den beiden Anschlußleitungen zur Störsenke hin und über Erdleitungen zurück.
Die beiden Ströme auf den Anschlußleitungen befinden sich im Gleichtakt. Die Störung wird deshalb Gleichtaktstörung (common-mode) oder asymmetrische Störung genannt.
Im europäischen Sprachgebrauch wird zusätzlich zu den beiden o. g. Komponenten noch die unsymmetrische Störung verwendet. Diese Komponente kennzeichnet die Störspannung zwischen einer Leitung und Bezugsmasse bzw. der zweiten Leitung und Bezugsmasse.

X/Y-Störungen (Mischstörungen)

In den meisten Störspannung erzeugenden Geräten entstehen sowohl *X*- als auch *Y*-Störungen, welche sich über die Netzzuleitungen bzw. gegen den Raum ausbreiten oder über eine Ableitkapazität gegen Erde geführt werden.

A 5 Impulsstörungen – Definitionen – Entstehung

Nähere Angaben zu möglichen Schirmmaßnahmen siehe B 1

a) Ursachen

Störsignale in der Elektronik können die verschiedensten Ursachen haben.
Zu unterscheiden ist
a. zwischen Geräten, die HF-Energie erzeugen (Sinusstörquellen).
   Hierzu gehören die Industriegeneratoren, die die Hochfrequenz zur Erwärmung von Metallen und Isolierstoffen benutzen, außerdem medizinische Bestrahlungsgeräte. Die Hochfrequenz wird dabei meist durch Hochfrequenzgeneratoren gewonnen, so daß als Störfrequenzen keine Frequenzbänder, sondern nur einzelne Frequenzen auftreten, und zwar die Arbeitsfrequenz und ihre Harmonischen (Linienspektrum). Störquellen mit gleichem Charakter sind die HF-Oszillatoren der Rundfunkgeräte sowie die Oberwellen der Zeilenkippfrequenz von Fernsehgeräten usw.
und
b. Geräten, Maschinen und Anlagen, die unbeabsichtigt Hochfrequenz erzeugen (Impulsstörquellen). Diese Funkstörungen werden durch Schaltvorgänge in elektrischen Stromkreisen verursacht. Hierbei entstehen Impulse, deren Hochfrequenzspektrum den Funkempfang breitbandig, d. h. auf jeder Frequenz, stören kann (kontinuierliches Spektrum). Siehe dazu auch die Darlegungen 1.3 P mit den nachfolgenden Bildern.

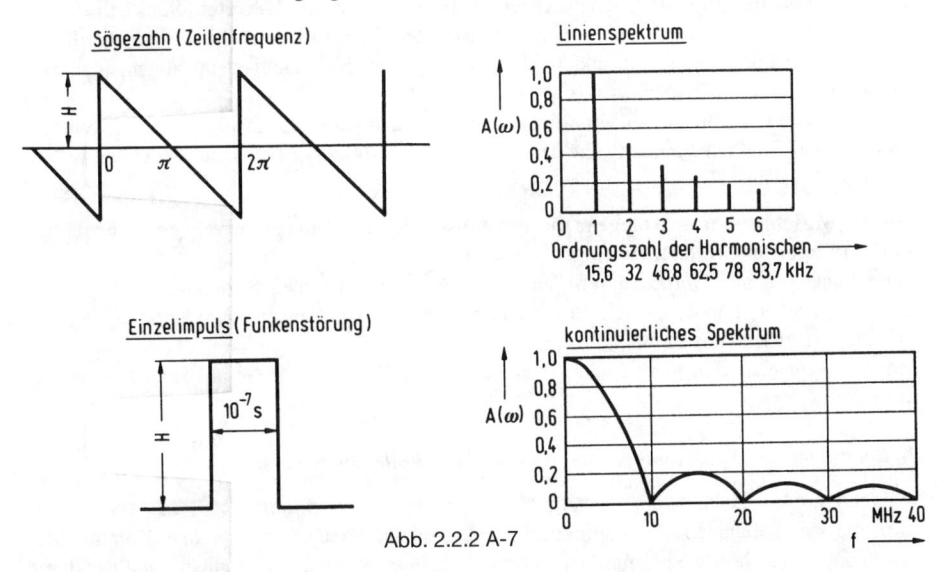

Abb. 2.2.2 A-7

Die Darstellung beider Spektren ist in der *Abb. 2.2.2 A-7* gezeigt. Sinn der Entstörung ist es, entweder von einer störverseuchten Versorgungsspannung diese für die Stromversorgungsspannung bestimmter Baugruppen störfrei zu erhalten, oder aber eine Baugruppen, welche Störsignale erzeugt, so abzuschirmen, daß auch über die Versorgungsleitungen keine Störimpulse auftreten. Bei der Funk-Entstörung hängt die Entstörwirkung eines eingesetzten Filters weitgehend von den Hochfrequenzeigenschaften der Störquelle ab. Je nach Aufbau tritt die Störspannung als sogenannte symmetrische Komponente zwischen den Leitungen oder aber als unsymmetrische Komponente zwischen den Leitungen und Masse (Gehäuse) auf. Für die

Spannungsteilung ist der Innenwiderstand der Störquelle maßgebend. Bei Einsatz von Filtern zum Schutz gegen Impulse aus dem Starkstromnetz ist der HF-Widerstand der angeschlossenen Netze von Einfluß. Aussagen über die Dämpfung von Entstörfiltern, die alle möglichen Einsatzfälle berücksichtigen, würden demnach aus einer Vielzahl von Diagrammen bestehen. Es ist daher international üblich, nur eine Einfügungsdämpfung, gemessen in einem System mit definiertem Wellenwiderstand, anzugeben.

b) Störungen durch unsachgemäßen Aufbau

Das können Störungen durch falsche Masseführungen sein. Weiter Störungen durch Verkopplungen einzelner Schaltgruppen. Ebenso führen unvollständige Abschirmungen zu Störungen. Werden Signalleitungen nicht mit dem richtigen Wellenwiderstand abgeschlossen, so entstehen Reflexionen, die erhebliche Signalverformungen nach sich ziehen.

c) Definitionen der Funkstörungen

Man spricht ganz allgemein von Funkstörung, wenn der Funkempfang durch unerwünschte hochfrequenztechnische Vorgänge beeinträchtigt wird.
Im engeren Sinne interessieren hier nur solche Störungen, die – von elektrischen Geräten ausgehend – als unerwünschte HF-Energie gleichzeitig mit der Nutzenergie von der Empfangsantenne aufgenommen werden. Zwei Hauptgruppen von Funkstörquellen sind zu unterscheiden:

Geräte, die beabsichtigt HF-Energie erzeugen (Störquellen mit diskretem Spektrum)
Hierzu gehören Geräte für medizinischen, industriellen, gewerblichen oder wissenschaftlichen Einsatz sowie Fernmeldegeräte und Funkempfangsgeräte. Sie erzeugen im allgemeinen HF-Energie auf diskreten Frequenzen.
Geräte, zu deren Betrieb Impulse nötig sind (z. B. Datenverarbeitungsanlagen), erzeugen HF-Energie sowohl auf der Frequenz, die der Impulsfolge entspricht, als auch auf dem Oberwellenspektrum dieser Impulse.

Geräte, Maschinen und Anlagen, die unbeabsichtigt HF-Energie erzeugen (Störquellen mit kontinuierlichem Spektrum)
Diese Funkstörungen werden durch Schaltvorgänge in elektrischen Stromkreisen verursacht. Hierbei entstehen Impulse, deren Hochfrequenzspektren den Funkempfang breitbandig, d. h. auf jeder Frequenz, stören können.
Die verbreitetsten Störquellen sind Kommutatormaschinen und Geräte mit elektrischen Kontakten.

d) Entstehung von Funkstörungen am Beispiel eines Kollektor-Motors

Während die *Abb. 2.2.2 A-8* das Schaltbild eines Motors zeigt, gibt die *Abb. 2.2.2 A-9* das vereinfachte HF-mäßige Ersatzschaltbild dieser Störquelle wieder. Die an den Kommutator-Anschlüssen anstehende Spannung U_M setzt sich aus der Netzwechselspannung und der durch die Kommutierung bedingten überlagerten Wechselspannung höherer Frequenz zusammen, siehe *Abb. 2.2.2 A-10*. Die schnellen Spannungsänderungen verursachen die in *Abb. 2.2.2 A-11* wiedergegebenen Störspannungen.
Besonders energiereiche Funkstörungen (bis zu 2 V, gemessen bei 150 kHz) erzeugen die verlustarmen Leistungssteuerungen auf Halbleiterbasis (Phasenanschnittsteuerung). Eine weitere Störquellenart sind Hochspannungsleitungen und -armaturen. Die Störungen werden hierbei durch die Korona-Entladungen ausgelöst und beeinflussen hauptsächlich den Mittel- und Langwellenbereich.

2.2 Besondere elektronische Baugruppen

Abb. 2.2.2 A-8
Schaltbild eines Motors

U_M = Kommutatorspannung
Z_i = HF-Innenwiderstand
U_{0St} = Stör-Urspannung
U_{St} = Stör-Klemmenspannung

Abb. 2.2.2 A-9
HF-Ersatzschaltbild eines Motors

Abb. 2.2.2 A-10
Oszillogramm der Kommutatorspannung

Abb. 2.2.2 A-11
Störspannung eines Motors

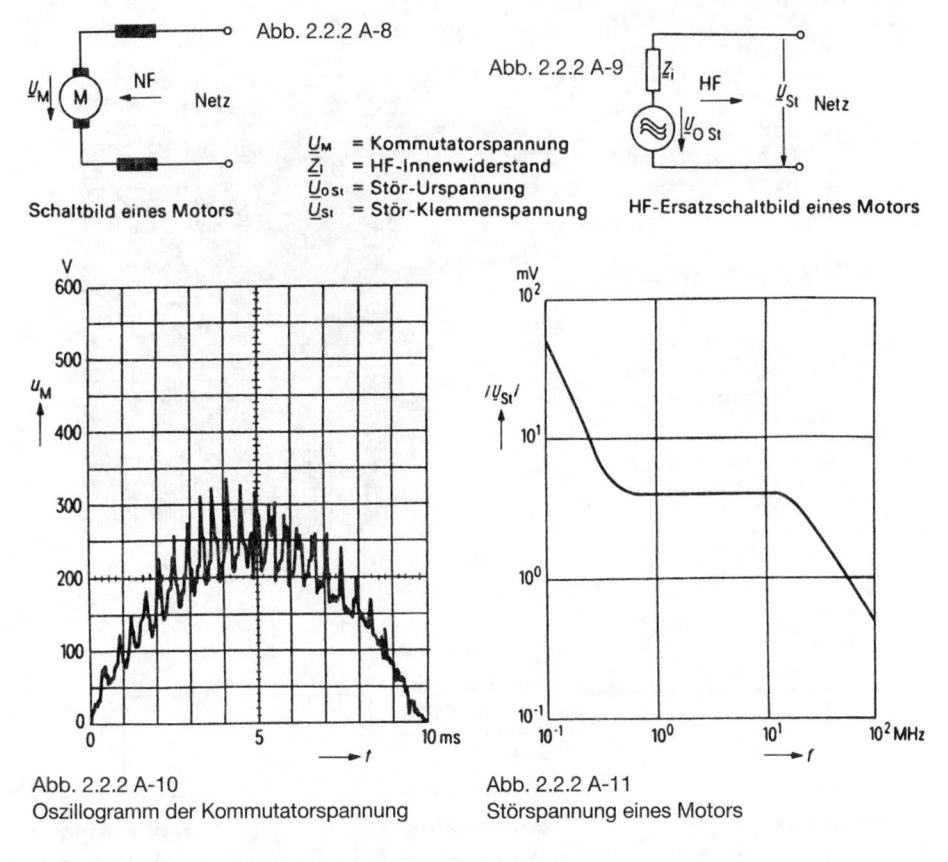

e) Nutzfeldstärke und Rauschgrenze

Die Güte des Funkempfangs wird durch den Abstand Nutzspannung zu Störspannung bzw. durch die Rauschgrenze bestimmt. Dieser Abstand soll, z. B. für Tonrundfunk, 40 dB betragen; das entspricht einem Verhältnis von 100 : 1 für Netzspannung zu Störspannung am Empfängereingang. Die physikalisch durch atmosphärisches Rauschen, kosmisches Rauschen und Empfängerrauschen bedingten Störungen entsprechen Feldstärkewerten, die etwa im Bereich 0,03 bis 80 μV/m liegen. Bei Ausnutzung des Störabstandes von 40 dB könnte man mit Nutzfeldstärken auskommen, die nur um einen Faktor 100 größer als die natürlich bedingten Störfeldstärken sind.

Die durch elektrische Geräte verursachten Störungen, siehe dazu die *Abb. 2.2.2 A-12*, erreichen aber einen Störpegel, der teilweise höher liegt als die theoretisch als ausreichend anzusehende Nutzfeldstärke. Daraus ist die Notwendigkeit ersichtlich, den Pegel von Funkstörungen zu begrenzen.

f) Ausbreitung von Funkstörungen

Die Ausbreitung der Funkstörungen zum Empfänger erfolgt auf drei Wegen nach *Abb. 2.2.2 A-13* längs der Leitungen, durch Kopplung und durch direkte Strahlung.

Solange die Wellenlänge gegenüber den Abmessungen der Störquelle groß bleibt, ist die Abstrahlung unerheblich. Die Störungen breiten sich dann hauptsächlich auf den Leitungen aus und koppeln von dort auf das Empfangssystem über. Solche Störungen treten in der Regel im Frequenzbereich bis 30 MHz auf.

2 Mechanik der Elektronik

Abb. 2.2.2 A-12
Nutz- und Störfeldstärke für die Rundfunkbänder

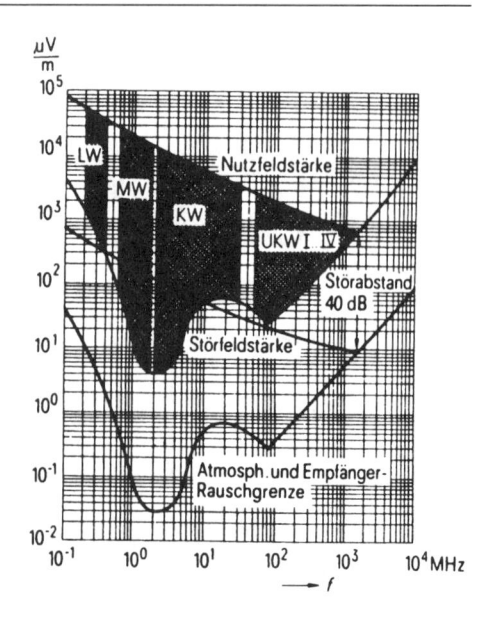

Abb. 2.2.2 A-13
Ausbreitung von Funkstörungen

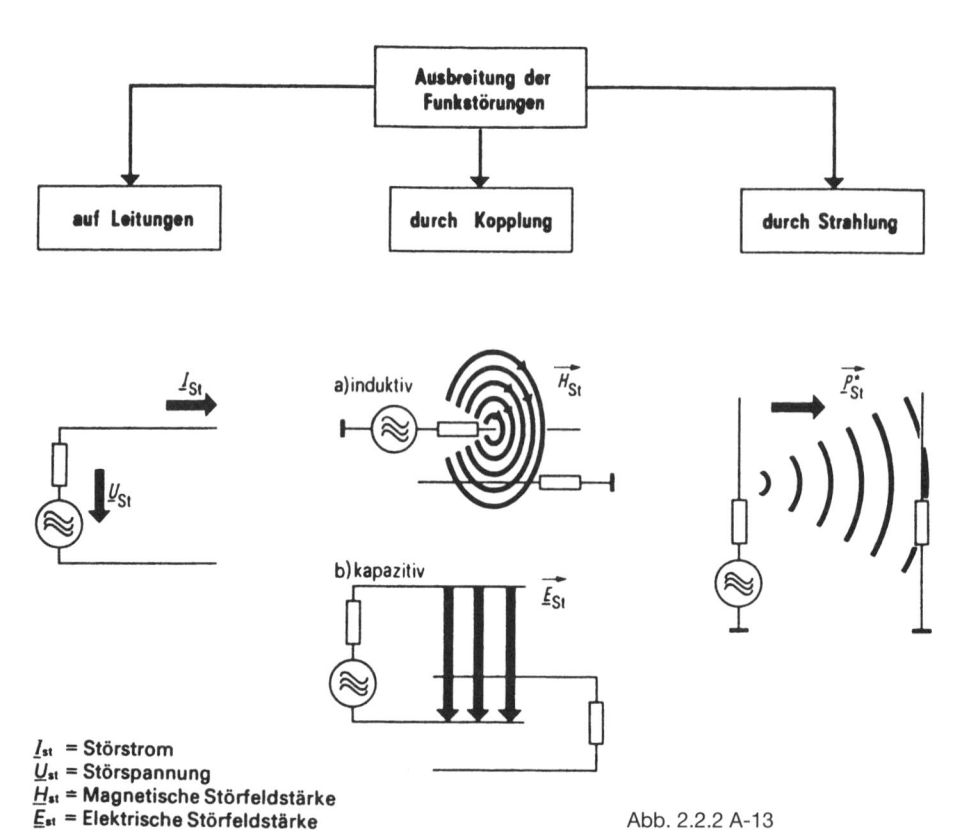

I_{st} = Störstrom
U_{st} = Störspannung
H_{st} = Magnetische Störfeldstärke
E_{st} = Elektrische Störfeldstärke
P^*_{st} = Elektromagnetische Störstrahlungsdichte

Kommen die Abmessungen der Störquelle jedoch in die Größenordnung der Wellenlänge λ, so wird die Störenergie vorwiegend direkt abgestrahlt. Bevorzugt werden dabei die Frequenzen, bei welchen die Störquelle selbst oder ihre metallischen Einzelteile die Abmessung von λ/4 oder ein Vielfaches davon haben. Mit der Verbesserung der Abstrahlungsbedingungen verringert sich die Ausbreitungsmöglichkeit längs der Leitungen.
Diesen Tatbestand berücksichtigen die bestehenden Vorschriften:
Bis 30 MHz (10 m Wellenlänge) wird die Störspannung $|U_{st}|$ auf den Anschlußleitungen zur Beurteilung der Störquelle zugrunde gelegt, über 30 MHz wird die Störfeldstärke $|E_{st}|$ bzw. die Störleistung $|P_{st}|$ gemessen.

A 6 Begriffe von Energieentladungen
(Siehe hierzu auch B 1 – Schirmmaßnahmen)

a) Elektrostatische Entladungen (ESD Electro Static Discharge)

Der Mensch ist elektrisch vergleichbar mit einer Kapazität von etwa 250 pF. Bewegungen auf Kunstfasern laden diese Kapazität bis zu 20 KV auf. Eine Entladung erfolgt im Nanosekundenbereich mit einem Impulsstrom bis zu 10 A. Das kann zu einer Zerstörung nicht geschützter elektronischer Anlagen – siehe CMOS-Kreise – führen. Durch die Entladung über Leitungen (Induktivitäten) können hohe Resonanzamplituden im MHz-Bereich auftreten.

b) Atmosphärische Blitzentladungen (LEMP Lightning Electro Magnetic Pulse)

Ein Blitz kann ein Gebiet von mehr als 1000 Metern erfassen. Durch seinen Impulsstrom von einigen Kiloampere entsteht ein starkes magnetisches Feld. Dieses induziert hohe Überspannungen auf Stark- und Schwachstromleitungen. Erfaßt werden davon auch Datenleitungen.
Für derartige Schutzmaßnahmen sind hinsichtlich der Anstiegsgeschwindigkeit von Strom- und Spannungsimpulsen „Normdaten" u. a. in VDE 0185 angegeben.

c) Schaltimpulsstörungen (SEMP Switching Electro Magnetic Pulse)

Elektromagnetische Änderungen in Leitungsnetzen entstehen durch plötzliche Laständerungen, Schalten von kapazitiven oder induktiven Lasten und durch Kurzschlüsse. So können Einschaltströme von 500-VA-Halogenstrahlern, deren Leitungen parallel zu Sensor- und/oder Niedervoltleitungen von Alarmanlagen verlaufen, diese Anlagen durch induzierte Impulsspannungen zerstören. Abhilfe: elektronisch gesteuerte Nullpunkt(Phasen)-Schalter. Entstehende Störspektren liegen im 10-kHz-Bereich. Näheres IEC 801-4.

d) NEMP (Nuclear Electro Magnetic Pulse)

Entstehung aus Gammastrahlung, die aus Atomverbänden (Lompton-)Elektroden frei macht. Zu unterscheiden ist der:

Endo NEMP: in Höhen bis ca. 4000 m. Störungsdurchmesser bis ca. 5000 m mit Störfeldstärken von mehreren 100 $^{KV}/_m$ bzw. als Entladung von einigen $^{kA}/_m$ mit Pulszeiten von ca. 10 ns. Das Strahlungsspektrum liegt im Maximum bei einigen kHz. Begrenzung zwischen etwa 100 Hz...100 kHz.

Exo NEMP: Explosionen in Höhen von einigen 100 km werden Flächen mit einem Radius von etwa 12 000 km stören. Das Strahlungsspektrum liegt im MHz-Bereich (100 kHz...15 MHz). Maximum bei 1 MHz Energiedichte etwa 50 $^{KV}/_m$ resp. 150 $^{A}/_m$. Pulszeiten wieder etwa 10 ns.

Durch die Flächenstrahlung erfolgt eine direkte Beeinflussung aller nicht geschützten Informationssysteme, deren Daten und Versorgungsleitungen.

B Bauelemente für die Entstörung

Für fast alle Fälle bietet die Firma SIEMENS ein umfangreiches Typenspektrum an Entstörbauteilen sowie ganze Entstörsysteme an. Es ist zweckmäßig, in Einzelfragen und bei Serienfertigung den technischen Rat der Fa. SIEMENS einzuholen.

B 1 Abgeschirmte Meß- und Laborkabinen

Elektromagnetische Verträglichkeit (EMV) ist, wie erläutert, die „Fähigkeit einer elektrischen Einrichtung, in ihrer elektromagentischen Umgebung zufriedenstellend zu funktionieren, ohne diese Umgebung, zu der auch andere Einrichtungen gehören, unzulässig zu beeinflussen." (VDE 0870 Teil 1).

Eine vollständige Abschirmung besteht immer aus
Schirmung
Filterung
Erdung

Ein erfolgreiches EMV-Konzept kann nur erreicht werden bei konsequenter Ausführung aller drei Maßnahmen.
Ein gegen elektromagentische Felder geschirmter Raum besteht normalerweise aus einem geschlossenen metallischen Käfig.

a) Zweck der Abschirmung

Nahezu alle elektrischen Maschinen, Geräte und Anlagen – beabsichtigt oder unbeabsichtigt – erzeugen Nieder- und Hochfrequenzenergie, die sich über die angeschlossenen Leitungen fortpflanzt und als Strahlungsenergie ausbreitet. Diese beeinflußt wiederum andere elektrische Maschinen, Geräte und Anlagen, die mit Nieder- und Hochfrequenzen arbeiten. Es treten somit elektromagnetische Beeinflussungen auf, die nicht nur den Funkbereich stören, sondern auch Kommunikationsmittel, Meß-, Regel- und Überwachungsgeräte behindern, im medizinischen Bereich diagnostische Messungen unter Umständen verfälschen, wie auch Fabrikationseinrichtungen stören.
Je nach Aufgabenstellung ist es für exakte Messungen erforderlich, einen Raum gegenüber der elektromagnetisch verseuchten Umwelt abzuschirmen oder aber die Umwelt vor elektromagnetischer Strahlung zu schützen.
Zudem gilt es, elektrische Einrichtungen auch vor energiereichen, impulsartigen Störfeldern zu schützen (z. B. EMP). Schematisch ist das in Abb. 2.2.2 B-1 dargestellt.

2.2 Besondere elektronische Baugruppen

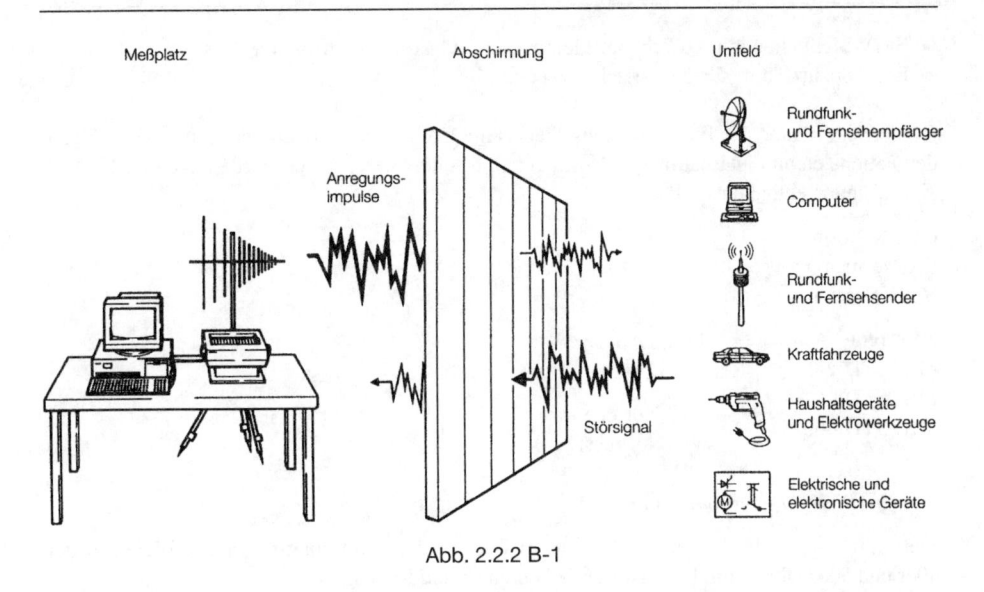

Abb. 2.2.2 B-1

Filterung

Sowohl geschirmte Kabinen als auch Raumschirmungen erfüllen nur dann ihren Zweck, wenn aus allen zugeführten Leitungen, wie z. B. Energieversorgungs-, Telefon-, Feuermelderleitungen usw., durch speziell ausgebildete Filter die ein- und ausfließenden Störströme herausgesiebt werden. Diese Filter werden in HF-dichten Gehäusen untergebracht und sind nach der Montage ein fest verbundener organischer Bestandteil der Abschirmung.

Anwendungsgebiete und Normen

Geschirmte Kabinen und Raumschirmungen sind in zahlreichen Anwendungsfällen erprobt und eignen sich z. B. für:

- Fernmelderäume (Wählämter, Übertragungstechnik, Relaisstationen, Mehrzweckfunkanlagen)
- Diagnostik- und Untersuchungsräume in Kliniken und Krankenhäusern
- Fernseh- und Hörfunkstudios
- Prüfräume und Laboratorien der Nachrichten-, Meß- und Hochspannungstechnik
- Meßräume in technischen Universitäten, Fachhochschulen und anderen wissenschaftlichen Instituten
- Forschungslaboratorien der Industrie
- Meßräume für Störspannungsmessung an elektrischen Geräten, Maschinen und Anlagen einschließlich Rundfunk- und Fernsehgeräten sowie an Kraftfahrzeugen
- Eich- und Prüfräume auf Flughäfen
- Rechenzentren bei Banken und Versicherungen, Industrieunternehmen und Behörden (Industrial Tempest)
- Teilentladungsmeßräume zur Bestimmung der Güte von Isolierstoffen
- Amagnetische Abschirmungen
- Funkkabinen auf Schiffen

- EMV-Meßräume mit Absorberauskleidung im Industrie- und Militärbereich
- EMP-Schutzräume für militärische Zwecke

Geschirmte Räume der Firma Siemens Matsushita Components orientieren sich an den folgenden nationalen und internationalen Normen und erfüllen diese, soweit Forderungen nach EMV-Abschirmung enthalten sind.

CISPR-Normen
EN-Normen
VDE-Normen

NSA 65-6	FCC OST 55
MIL-STD-285	ANSI C63
MIL-STD-461	IEC-Normen
MIL-STD-462	VG-Normen

b) Definition der Schirmdämpfung

Wesentliche theoretische Entwicklungen im Bereich der Schirmungstechnik erfolgten in den 40er und 50er Jahren durch die Herren Schelkunoff und Kaden.
Kaden gibt für verschiedene metallische Hüllen, wie z. B. zwei unendlich ausgedehnte Platten, einen Zylinder und eine Kugel, geschlossene Lösungen an. Dabei legt er ein homogenes, zeitlich veränderliches Feld und einen quasistationären Feldzustand zugrunde.
Schelkunoff hingegen verwendet sein Impedanzkonzept, um den Zustand einfallender Wellen vor einer ebenen unendlich ausgedehnten Wand zu berechnen. In der Praxis haben sich beide Lösungsansätze bewährt. Der Weg von Schelkunoff ist jedoch handhabbarer und für bestimmte Konfigurationen in der Literatur leicht nachvollziehbar.
Nach Schelkunoff setzt sich die Schirmdämpfung aus drei Einzelkomponenten zusammen:

$S = A + R + B.$

A beinhaltet die Schirmdämpfung, die durch die Absorption in der Schirmungswand entsteht,
R die Schirmdämpfung, die durch Reflexion an der Schirmungswand entsteht, und
B die Schirmdämpfung, die durch Mehrfachreflexionen in der Schirmwand entsteht.

Die Schirmdämpfung ist abhängig von der Leitfähigkeit χ, der Permeabilität μ_r und der Dicke d der Schirmwand. Des weiteren geht bei der Messung der Schirmdämpfung die Art und der Abstand der Sende- und Empfangsantenne von der Schirmwand in die Schirmdämpfung ein (insbesondere in den Anteil R und B). Für den jeweiligen Frequenzbereich sind die Ausbreitungsbedingungen zu beachten.

Man unterscheidet drei Frequenzbereiche:
- Frequenzbereich I (1 kHz bis 10 MHz)
  Entspricht einer Wellenlänge von 300 km bis 30 m. Es können quasi stationäre Meßzustände angenommen werden. Es dominiert das magnetische Feld.
- Frequenzbereich II (10 MHz bis 100 MHz)
  Entspricht einer Wellenlänge von 30 m bis 3 m. Der elektrische Wellenwiderstand fällt auf Z_0, der magnetische steigt bis Z_0. Es dominiert das elektrische Feld.
- Frequenzbereich III (Wellenlänge kleiner 3 m)
  Elektrische und magnetische Komponente des Wellenwiderstandes ist gleich groß, $Z_0 = 377\ \Omega$. (Auch Bereich ebene Welle genannt.)

Bei der Betrachtung der Wirksamkeit einer Abschirmung geht man zweckmäßigerweise von den beiden Komponenten der elektromagnetischen Welle aus, dem elektrischen Feld (E) und dem magnetischen Feld (H).
Als Maß für die Abschirmwirkung ist die Schirmdämpfung α_s gebräuchlich (ausgedrückt in Dezibel [dB]):

$$\alpha_{SE} = 20 \cdot \ell g \left| \frac{E_i}{E_a} \right| \qquad \alpha_{SH} = 20 \cdot \ell g \left| \frac{H_i}{H_a} \right|$$

α_{SE} Schirmdämpfung für elektrisches Feld
α_{SH} Schirmdämpfung für magnetisches Feld
E_i bzw. H_i Feldstärke bei vorgeschriebenem Meßabstand ohne dazwischenliegende Abschirmung
E_a bzw. H_a Feldstärke bei vorgeschriebenem Meßabstand mit dazwischenliegender Abschirmung

Weniger gebräuchlich als Maß für die Schirmwirkung ist der Schirmfaktor S, der definiert ist durch das Verhältnis

$$S_E = \left| \frac{E_a}{E_i} \right| \qquad \text{bzw.} \qquad S_H = \left| \frac{H_a}{H_i} \right|$$

S_E Schirmfaktor für elektrisches Feld
S_H Schirmfaktor für magnetisches Feld

Der Schirmfaktor S_x ist mit der Schirmdämpfung α_{Sx} verknüpft durch die Beziehung

$$\alpha_{Sx} = 20 \cdot \ell g \frac{1}{S_x} \quad \text{(in dB)}.$$

x = E (elektrisches Feld) bzw. H (magnetisches Feld)

c) Meßmethoden der Schirmdämpfung

Zur Messung der Schirmdämpfung werden internationale Meßmethoden angewandt, die in den Vorschriften MIL-STD-285, MIL-STD-461 A und NSA 65-6 festgelegt sind. In diesen Vorschriften sind die Antennen und der Meßabstand spezifiziert.
Bei den Meßmethoden werden Antennen dicht am zu messenden Objekt aufgestellt, z. B. an einer Trennfuge, an einer Tür oder einem Wabenkamin. Es wird also ein bestimmter Schirmungsausschnitt beurteilt. Da homogene Wandflächen eine höhere Schirmdämpfung haben als z. B. Dichtungsfugen an Türen und Toren, wird zweckmäßigerweise sowohl die Schirmdämpfung eines homogenen Raumteiles als auch die der schwächsten Stelle zur Beurteilung des Gesamtraumes herangezogen.
Schirmdämpfungsmessungen sind relative Messungen, d. h. es wird zuerst die Dämpfung zwischen den Antennen in der geschirmten Kabine gemessen, danach wird die Empfangsantenne außerhalb der geschirmten Kabine aufgestellt und nochmals gemessen. Die Entfernung der Antennen zueinander ist bei beiden Messungen gleich groß.
Die Werte werden voneinander subtrahiert und dieser Wert ergibt direkt die Schirmdämpfung in dB.

2 Mechanik der Elektronik

Abb. 2.2.2 B-2 zeigt einen typischen Meßaufbau nach der Meßmethode MIL-STD-285.

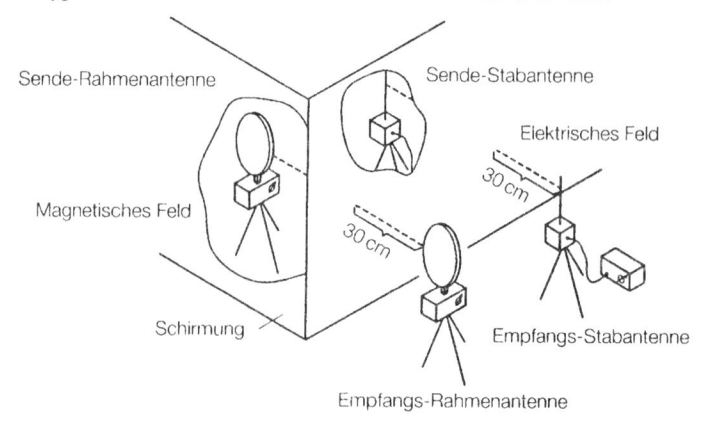

Abb. 2.2.2 B-2
Typischer Aufbau einer Schirmdämpfungsmessung nach MIL-STD-285

Um einen Gesamtüberblick von den Schirmungseigenschaften von Kabinen oder Räumen zu erhalten, wird u. a. (SIEMENS) die sogenannte Raummittelpunkts-Meßmethode erprobt. Siehe *Abb. 2.2.2 B-3*. Bei dieser Meßmethode wird die Sendeantenne im Mittelpunkt der Kabine oder des Raumes aufgestellt und die Empfangsantenne außerhalb der Kabine oder des Raumes, und zwar mit demselben Abstand von der Schirmwand, wie er im Inneren zwischen Sendeantenne und Schirmwand gegeben ist. Auf diese Art erfaßt man einen großen Teil der Schirmungsflächen, und zwar sowohl dämpfungshohe als auch dämpfungsärmere Teile. Allerdings hat die Raummittelpunkts-Meßmethode den Nachteil, daß sehr hohe Senderenergien notwendig sind, um eine ausreichend hohe Feldstärke zu erzeugen. Im Idealfall müßten die Antennen als Kugelstrahler ausgebildet sein. Das läßt sich jedoch in der Praxis nur mit Entfernungen von ca. 6 m durchführen.

Da bei allen Messungen zunächst die Feldstärkewerte **ohne** Abschirmung zu messen sind, muß das entsprechende freie Gelände außerhalb der Kabine oder des Raumes zur Verfügung stehen. Es dürfen keine Wand- oder Metallteile die Ausbreitung des Feldes beeinflussen. Das läßt sich in vielen Fällen, insbesondere bei der Beurteilung von geschirmten Räumen, nicht verwirklichen. Es ist ein Kompromiß zu suchen unter Einbeziehung der örtlichen Verhältnisse.
In Anlehnung an die Hauptkomponenten der Wellenausbreitung in den einzelnen Frequenzgebieten werden in der Schirmungstechnik 3 Frequenzbereiche unterschieden. Dementsprechend ist auch die Meßtechnik hinsichtlich der verwendeten Antennen orientiert.

Im **Frequenzbereich I** von 1 kHz bis 1 MHz, das entspricht einer Wellenlänge von 300 km bis 300 m, können quasi-stationäre Meßzustände angenommen werden. Der Abstand der Meßantennen von den Schirmwänden – siehe Abb. 2.2.2 B-3 „Beispiel magnetisches Feld" – ist meist kleiner als die Wellenlänge der Meßfrequenz. In diesem „Nah-Feld" ist der elektrische Wellenwiderstand sehr viel größer als Z_O, der Wellenwiderstand der eingeschwungenen Welle von 377 Ω und der magnetische Wellenwiderstand sehr viel kleiner. Mit Rahmenantennen wird die magnetische Schirmdämpfung gemessen.

2.2 Besondere elektronische Baugruppen

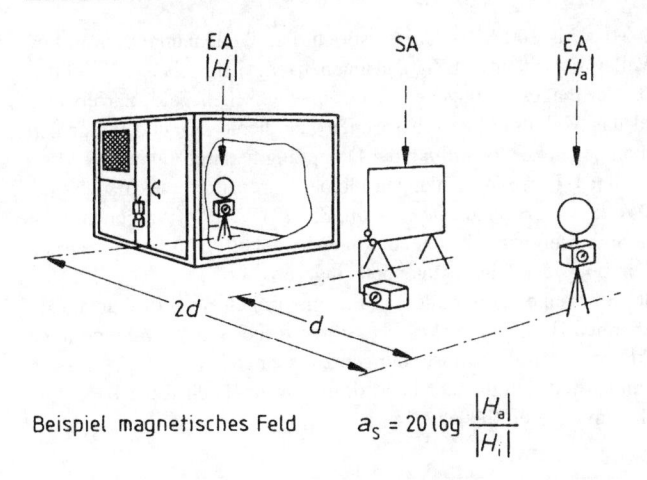

Beispiel magnetisches Feld $\quad a_S = 20 \log \dfrac{|H_a|}{|H_i|}$

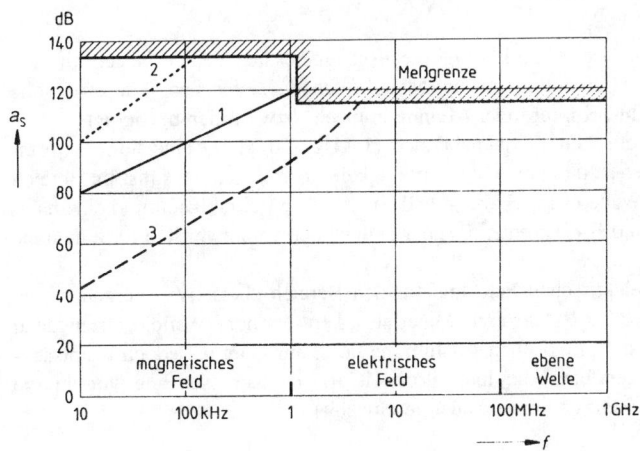

Kurve 1: Schirmdämpfung einer geschirmten Kabine B83102 –
3,53 m x 3,53 m x 2,5 m
für den Frequenzbereich bis 1 GHz
Wand mit Tür

Kurve 2: Schirmdämpfung einer geschirmten Kabine B83107 –
3,53 m x 3,53 m x 2,5 m
für den Frequenzbereich bis 1 GHz
Wand mit Tür

Kurve 3: Schirmdämpfung eines mit 0,1 mm Kupferfolie geschirmten Raumes
6,2 m x 4,2 m x 2,5 m
für den Frequenzbereich bis 1 GHz

Abb. 2.2.2 B-3 Anordnung zum Messen der Schirmdämpfung nach der Raummittelpunkt-Meßmethode
SA Sendeantenne
EA Empfangsantenne
Die Diagramme wurden mit der Raummittelpunkt-Meßmethode gewonnen.

Im **Frequenzbereich II** von 1 MHz bis 100 MHz, das entspricht der Wellenlänge von 300 m bis 3 m, fällt der elektrische Wellenwiderstand auf Z_O, der magnetische steigt bis Z_O. Es ist die Übergangszone vom Nah-Feld zum eingeschwungenen elektromagnetischen Feld, zur ebenen Welle. In diesem Bereich wird das Verhältnis der elektrischen Felddichte vor und hinter der Schirmwand vor allem mit Stabantennen zur Ermittlung der Dämpfung herangezogen.

Ab 100 MHz, im **Frequenzbereich III**, mit Wellenlängen kleiner 3 m, ist die elektrische und magnetische Komponente des Wellenwiderstandes gleich groß, $Z_O = 377\ \Omega$. Als Antennen werden, je nach Frequenzbereich und Meßmethode (siehe folgende Tabelle), Dipole, Reusen, Spiralantennen, Hornstrahler, Parabol- oder Trichterantennen eingesetzt.

Im Frequenzbereich I ist von der Störsenke her vor allem mit magnetischen Beeinflussungen zu rechnen. Nicht so im Frequenzbereich II, in dem elektrische Störer vorherrschen, während man im Frequenzbereich III mit elektromagnetischen Einstreuungen zu rechnen hat.

Die Meßarten und Störeigenheiten sind aufeinander abgestimmt, wenngleich die Übergänge von dem einen Frequenzbereich zum anderen fließen.

d) Auslegung der Schirmung

Die grundsätzliche Methode der Abschirmung elektromagnetischer Felder besteht in der Verwendung von lückenlosen Umhüllungen aus Metallfolien oder -blechen. Für eine hohe Schirmdämpfung werden Stahl-, Kupfer- oder Aluminiumbleche bzw. -folien bevorzugt.

Während im niederen magnetischen Frequenzbereich (1 kHz – 10 MHz) eine hohe Schirmdämpfung nur durch ein hohes μ_r und eine gute Leitfähigkeit zu erreichen ist, so ist im Bereich elektrisches Feld und ebene Welle (10 MHz bis 40 GHz) eine gute Leitfähigkeit und eine nahtlose Verbindung der Folien und Bleche untereinander maßgeblich verantwortlich für eine hohe Abschirmung.

Für Schirmdämpfungen im elektrischen Feld und für den Bereich ebene Welle ergeben sich rechnerisch für unten in *Abb. 2.2.2 B-4* gezeigte Materialstärken sehr hohe Werte. Entscheidend für die Schirmdämpfung bei der praktischen Ausführung der Schirmung ist jedoch hauptsächlich die Dichtigkeit der Fugen bzw. die lückenlose elektrische Kontaktierung von in die Schirmung eingebauten Bauteilen (geschraubt oder geschweißt).

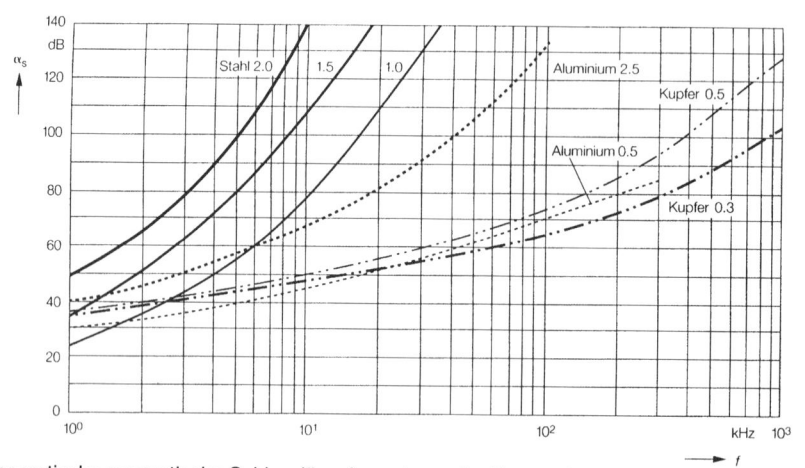

Theoretische magnetische Schirmdämpfung eines allseitig geschlossenen Raumes mit verschiedenen Materialien und unterschiedlichen Materialstärken. (Gerechnet nach Schelkunoff. Bei Stahl $\mu_r = 200$) Abb. 2.2.2B-4

Maschendraht als Schirmmaterial

Die Schirmwirkung eines Maschendrahtkäfigs gegen elektrische Felder beruht darauf, daß die Feldlinien des äußeren Feldes nur geringfügig in den Innenraum durchgreifen, weil sie zum größten Teil auf den Maschendrähten enden. Dabei hängt die Höhe der Schirmdämpfung außer von der Größe des zu schirmenden Raumes in erster Linie von der Maschenweite und der Ausführung des Drahtgitters ab. Bei unmagnetischen Schirmungsmaterialien wird die Abschirmung der magnetischen Feldkomponente durch ein Gegenfeld bewirkt, das durch die in den Maschendrähten vom äußeren Feld induzierten Wirbelströme erzeugt wird. Unmagnetische Materialien schirmen magnetische Gleichfelder nicht und magnetische Wechselfelder tiefer Frequenzen nur schlecht ab, da keine oder nur geringe Wirbelströme in ihnen induziert werden. Magnetische Schirmmaterialien dämpfen auch magnetische Gleichfelder in geringem Maße. Mit zunehmender Frequenz steigt die Schirmdämpfung der magnetischen Feldkomponente an und strebt einem Endwert zu, der ebenfalls im wesentlichen durch die Größe der Maschenweite bestimmt wird. Zusammenfassend ergibt sich, daß die Schirmdämpfung einfacher Maschendrahtkäfige mit kleiner werdender Maschenweite zunimmt, wobei elektrische Felder erheblich besser abgeschirmt werden als magnetische.

Die nur geringen Ansprüchen genügende Schirmdämpfung einfacher, engmaschiger Drahtkäfige kann erhöht werden, wenn man zu einer Doppelschirmung übergeht, in der Weise, daß beide Schirmungen gegeneinander isoliert sind und nur an einer Stelle miteinander verbunden und geerdet werden.

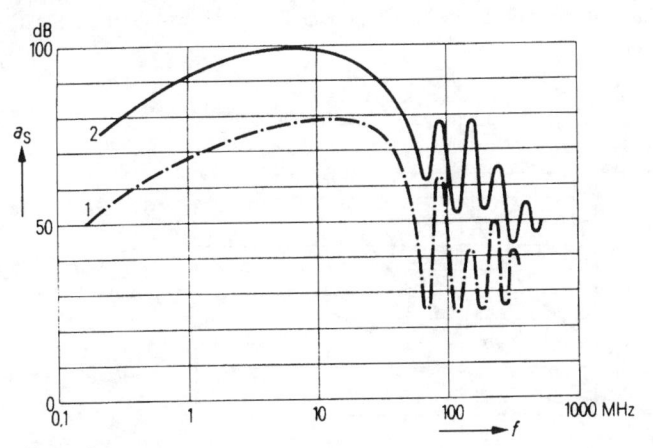

Kurve 1:
doppelwandiger Käfig,
Abmessungen etwa 3,3 m x 3,25 m x 3 m,
Eisendrahtgeflecht, tauchverzinkt,
hexagonale Maschen,
größtes Maschenmaß 15 mm x 17 mm.

Kurve 2:
doppelwandiger Käfig,
Abmessungen etwa 4 m x 4 m x 3 m,
Eisendrahtgewebe, tauchverzinkt,
quadratische Maschen,
Maschenweite 4 mm.

Abb. 2.2.2 B-5 Schirmdämpfung von Maschendrahtkäfigen

2 Mechanik der Elektronik

Trotz des verhältnismäßig großen Kostenaufwandes für doppelt geschirmte Ausführungen mit Maschendraht genügt die erzielte Schirmdämpfung den heutigen Anforderungen nur unvollkommen, weil die Frequenzbereiche von Funk- und Meßgeräten im Laufe der Jahre erweitert und die Empfindlichkeit der Meßgeräte immer mehr erhöht wurden.

Maschendrahtkäfige normaler Abmessungen haben ihre Grenzfrequenz bei etwa 20 MHz; bei höheren Frequenzen nimmt die Schirmwirkung wieder ab. Hinzu kommt noch, daß in den höheren Frequenzbereichen, für die die Käfigabmessungen die Größenordnung der Wellenlänge haben, eine Eigenerregung des Käfigs eintritt, die zu periodisch wiederkehrenden Dämpfungseinbrüchen führt.

Metallfolien und Bleche als Schirmmaterial

Wesentlich günstiger als doppelwandige Maschendrahtkäfige verhalten sich einwandige geschirmte Kabinen aus Metallfolien bzw. -blechen. Die Schirmung der elektrischen Feldkomponente ist hierbei ideal, weil keine Feldlinien mehr in das Innere des Raumes gelangen können. Bei der magnetischen Komponente steigt die Schirmdämpfung mit zunehmender Frequenz infolge der eintretenden Stromverdrängung zur Außenfläche des Schirmes hin immer mehr an (Skineffekt), so daß bei hohen Frequenzen selbst dünne Metallfolien eine beachtliche Schirmdämpfung zeigen.

Anhand von Rechenformeln lassen sich die Schirmwirkungen verschiedener Bleche bei Kenntnis ihrer Permeabilität, Leitfähigkeit und Dicke theoretisch errechnen. So wird für den besonderen Anwendungsfall die technisch notwendige und wirtschaftlich günstige Lösung gefunden.

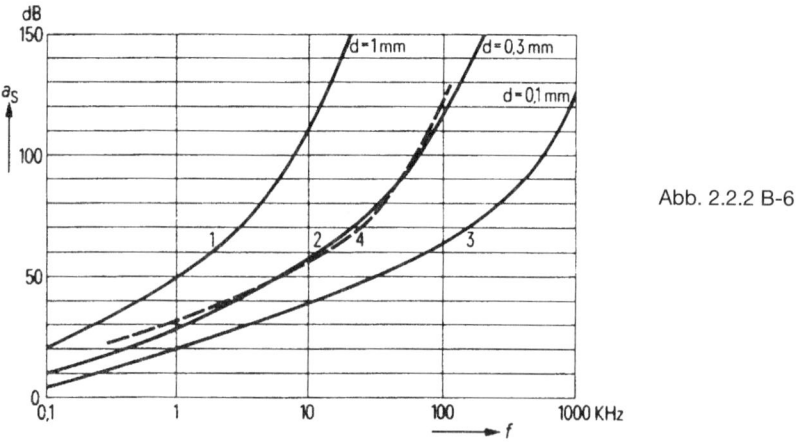

Abb. 2.2.2 B-6

Kurve 1, 2, 3: Theoretische Schirmdämpfung einer Kugel mit 8 m ⌀, bestehend aus Stahlblech verschiedener Dicke (d) mit einer Permeabilität von 200.

Kurve 4: Schirmdämpfung einer Halle mit den Abmessungen Länge 20 m, Breite 10 m, Höhe 6 m, ausgekleidet mit 0,3 mm starkem Weißblech.

In der *Abb. 2.2.2 B-6* wird gesagt, wie bei einer Kugel von 8 m Durchmesser, ausgekleidet mit Stahlblechen von 0,1 mm, 0,3 mm und 1 mm Dicke und ihrer Permeabilität von 200 die Schirmdämpfung im Frequenzgebiet von 0,1 bis 1 MHz theoretisch verlaufen müßte. In das gleiche Bild ist die Schirmdämpfung einer Halle mit den Abmessungen 20 m Länge, 10 m Breite und 6 m Höhe, ausgekleidet mit 0,3 mm starkem Weißblech, eingezeichnet. Diese aus Messungen gewonnene Kurve 4 schmiegt sich eng an die theoretisch ermittelte Kurve mit 0,3 mm dickem Stahlblech an.

In der *Abb 2.2.2 B-7* ist der Dämpfungsverlauf der Schirmmaterialien Stahl und Kupfer gezeigt.

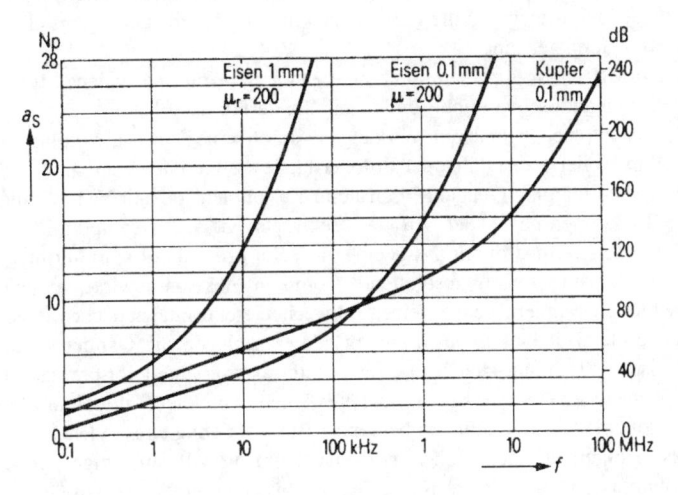

Abb. 2.2.2 B-7
Magnetische Schirmdämpfung eines allseits mit Blech oder Folie umschlossenen Raumes

Bei der Konzeption eines geschirmten Raumes muß nicht nur die Art und Dicke des Schirmbleches beachtet werden, sondern auch die Verarbeitbarkeit, die Korrosionsanfälligkeit, die Kombinationsmöglichkeit mit Fenstern, Türen und Toren und der damit im Zusammenhang stehenden magnetischen und elektrischen Überbrückung von Spalten und Fugen. Es ist zu entscheiden, ob nicht statt aufgeklebter Metallfolien besser Schirmungselemente in Modulbauweise eingesetzt werden, wobei auch die Montagezeit eine entscheidende Rolle spielen kann.

Aufgrund theoretischer Überlegungen und praktischer Erfahrungen wurde zur Erleichterung der Auswahl von Schirmungsmaterialien folgende **Übersicht** zusammengestellt (SIEMENS):

Maschendraht – bestehend aus Eisendrahtgewebe – verzinnt – läßt sich unter Putz einarbeiten oder auf Bahnen spannen – hat bis ca. 30 MHz geringe bis mittlere Dämpfung – wird nur in Ausnahmefällen eingesetzt.

Kupferblech oder -folie – besonders geeignet für Raumauskleidung im allgemeinen durch Aufkleben – ausreichender Korrosionsschutz – einfache Verarbeitbarkeit – Verbindungen durch Löten und Schweißen – ausreichende Festigkeit – sehr gute Schirmwirkung –. Bevorzugte Anwendung bei SIEMENS.

Aluminiumblech – für Raumauskleidung weniger geeignet – bevorzugt wegen geringen Gewichts z. B. für verschweißte Shelter – sehr guter Korrosionsschutz durch Oxydhaut, jedoch problematisch beim Einbau von Fenstern, Türen etc. – sehr gute Schirmwirkung.

Eisenblech oder -folie – für Raumauskleidungen geeignet – Folien können aufgeklebt, Bleche in vorgeformten Teilen an Stützkonstruktionen befestigt werden – Korrosionsschutz z. B. durch verzinkte Oberfläche – Verbindungen durch Löten und/oder Umbördeln und Schweißen (Flußmittel sorgfältig entfernen) – im Frequenzgebiet 10 kHz bis ca. 300 kHz Dämpfungswerte unterhalb, ab ca. 300 kHz oberhalb von Kupfer gleicher Stärke – im allgemeinen Schirmdämpfung sehr gut.

2 Mechanik der Elektronik

e) Schirmungen für NEMP- und EMP-Puls (siehe A 6)

Unter dem Begriff „EMP" versteht man allgemein den elektromagnetischen Impuls, der durch rasch verlaufende elektromagnetische Entladungen in der Erdatmosphäre entsteht. Als Beispiel wird die Blitzentladung genannt.

Der Begriff „NEMP" steht für einen durch eine Kernexplosion entstandenen Impuls, den sog. nuklearen elektromagnetischen Impuls und ist ein Sonderfall des EMP.

Der NEMP entsteht, neben anderen Wirkungen, durch eine Wechselwirkung der bei einer Kernexplosion in großen Höhen über der Erdoberfläche auftretenden Gamma-Strahlung mit der Erdatmosphäre. Die Gamma-Quanten lösen beim Zusammenstoß mit den Luftmolekülen aus der äußeren Elektronenschale der Atome Elektronen heraus (Compton-Elektron). Diese Compton-Elektronen werden durch das geomagnetische Erdfeld auf spiralförmige Bahnen gezwungen. Jedes sich spiralförmig ausbreitende Compton-Elektron bewirkt, vergleichbar wie in einer Stromschleife (Rahmenantenne), einen schwachen elektromagnetischen Puls. Die von ihnen ausgehende elektromagnetische Strahlung addiert sich, da die Gammastrahlung und die elektromagnetische Strahlung sich beide mit Lichtgeschwindigkeit fortbewegen und auch in Phase sind. Es entstehen elektromagnetische Feldstärken von vielen Kilovolt pro Meter.

Im Gegensatz zu einem durch räumlich begrenzte Blitzentladung entstandenen elektromagnetischen Impuls erfolgen die elektrischen Vorgänge beim NEMP um einige Größenordnungen schneller und umfassen einen geografischen Bereich bis zu kontinentaler Größe.

Die Intensität und Reichweite des NEMP hängt von der Höhe der Kernexplosion ab. Da von den Auswirkungen her verschieden, unterscheidet man zwischen zwei Formen des NEMP.

Der durch eine bodennahe Explosion (endoatmosphärisch) in Höhen bis 2 km enstandene NEMP wird als Endo-NEMP, der durch eine Explosion oberhalb der Erdatmosphäre (exoatmosphärisch) entstandene NEMP als Exo-NEMP bezeichnet.

In Anbetracht der Größe des betroffenen Gebietes wird aufgrund der weitreichenden elektromagnetischen Beeinflussung hier nur der exoatmosphärische NEMP betrachtet.

Die *Abb. 2.2.2 B-8* zeigt schematisch den Zeitverlauf der normierten magnetischen bzw. elektrischen Feldstärke des Endo- und Exo-NEMP, nach heute zugänglichen Veröffentlichungen. Danach besitzt der Exo-NEMP eine Anstiegszeit von ca. 10 ns mit einer mittleren Impulsdauer von 255 ns.

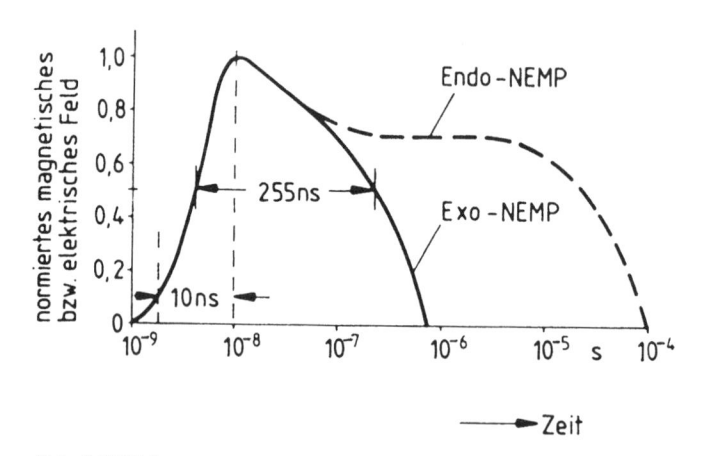

Abb. 2.2.2B-8
Vereinfacht dargestellt, ergibt sich ein Dreiecks-Impuls mit der Anstiegszeit von 10 ns und einer Abfallzeit von 500 ns.

2.2 Besondere elektronische Baugruppen

Nach den heutigen Erkenntnissen wird beim Exo-NEMP mit Impulsamplituden der magnetischen und elektrischen Feldstärke von 130 A/m bzw. 50 kV/m im bodennahen Einflußgebiet gerechnet. Das daraus resultierende Betragsspektrum des Exo-NEMP ist in der *Abb. 2.2.2 B-9* dargestellt.

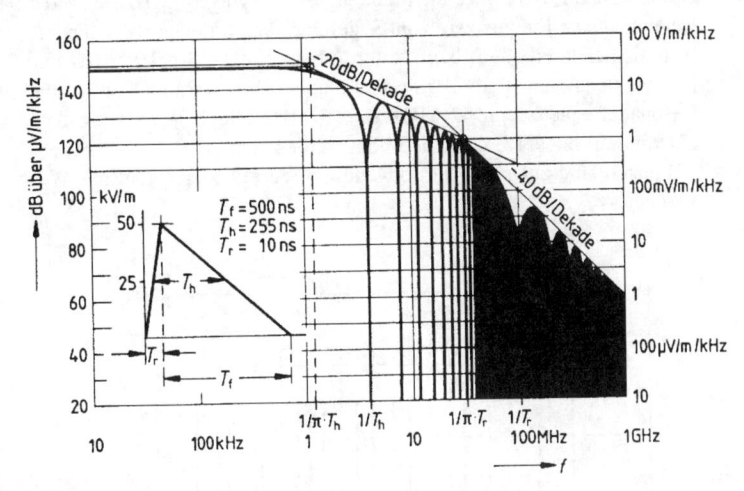

Abb. 2.2.2 B-9 Das Spektrum eines Exo-NEMP-Pulses

Die Amplitudenwerte sind in der Einheit der elektrischen Feldstärke und bezogen auf eine Bandbreite von 1 kHz im Frequenzbereich von kHz bis 1 GHz angegeben. Die Angaben in Dezibel beziehen sich auf 1 μV/m/kHz $\triangleq$ 0 dB. Aus dem Verlauf des Betragsspektrums ist erkennbar, daß der Hauptanteil in einem Frequenzbereich bis einige 100 MHz liegt.

Daß elektrische Einrichtungen, insbesondere elektrische Systeme, von den Einwirkungen des NEMP geschützt werden müssen, steht heute außer Zweifel. Auch hier gelten die physikalischen Gesetze der Ausbreitung elektromagnetischer Energie.

Die gefährdeten Objekte und Systeme werden primär durch das elektromagnetische Feld des NEMP und sekundär durch induzierte Ströme und Spannungen auf elektrischen Leitungen beeinträchtigt. Bezüglich der Begrenzung dieser Ströme und Spannungen durch NEMP-Schutzelemente, wie z. B. Überspannungsleiter in Kombination mit Tiefpaßfiltern, wird auf das Datenbuch bzw. Kapitel für Entstörfilter verwiesen.

Die direkte (primäre) Gefährdung, durch das elektromagnetische Feld des NEMP, läßt sich durch Raumabschirmung verhindern.

Besondere Abschirmtechniken zur Beherrschung des NEMP zu entwickeln ist nicht notwendig. Zu bemerken ist jedoch, daß diese Techniken konsequent und qualitativ einwandfrei angewendet werden müssen, da wegen der extrem hohen elektromagnetischen Feldstärke die zu schützenden Objekte der elektromagnetischen Beeinflussung und gegebenenfalls auch der elektrischen Zerstörung durch den NEMP ausgesetzt wären.

Bei der Konzipierung von NEMP-geschützten Räumen sollten folgende Punkte besonders beachtet werden:

- Zur Abschirmung des Raumes wie bei EMV nur elektrisch und/oder magnetisch gut leitendes Material wie z. B. Kupfer bzw. Stahlblech verwenden.
- Die Schirmungselemente, wie Kupferbahnen oder Blechtafeln, sind lückenlos zu verschweißen.

2 Mechanik der Elektronik

- Wegen der Gefahr von Dämpfungseinbrüchen durch Raumresonanzen ist der geschirmte Raum in seinen Abmessungen so klein wie möglich zu halten. Dies kann durch Raumteiler aus Abschirmwänden mit integrierten geschirmten Türen oder Wabenkaminfenstern verwirklicht werden.
  Die *Abb. 2.2.2 B-10* gibt im Frequenzbereich von 30 MHz bis 100 MHz die berechneten Raumresonanz-Frequenzen von 3 geschirmten Räumen verschiedener Größe wieder. So liegt die tiefste Frequenz beim Raum A bei 42 MHz, B bei 78 MHz und C bei 53 MHz.
  Der Vergleich von Raum A mit dem halb so großen Raum C zeigt, daß die tiefste mögliche Resonanzfrequenz von 42 MHz auf 53 MHz, durch Halbierung des Raumes A mit Hilfe einer geschirmten Trennwand, erhöht werden kann.
- Öffnungen sind auf das Allernotwendigste zu reduzieren und mit Wabenkamineinsätzen zu versehen.

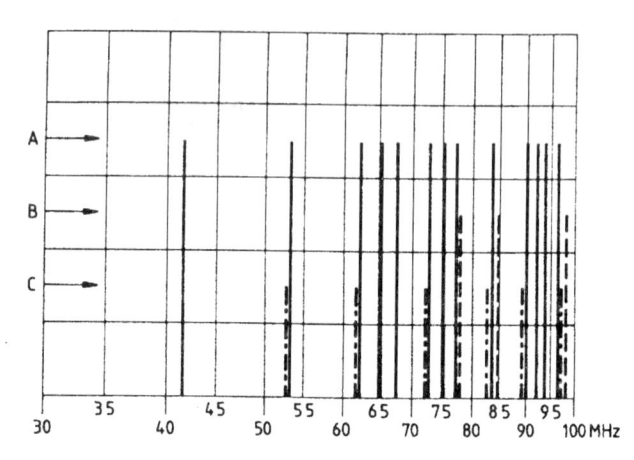

Abb. 2.2.2B-10

Durch EMP entstehende Raumresonanzen

Raum-Resonanzen (stehende Wellen)
A Raumgröße: 8 m × 4 m × 3 m
    (L × B × H)
B Raumgröße: 3 m × 2,5 m × 2,5 m
    (L × B × H)
C Raumgröße: 4 m × 4 m × 3 m
    (L × B × H)

Die Festlegung von Schirmdämpfungswerten nach NEMP-Gesichtspunkten ist in nationalen und internationalen Grenzen noch in der Diskussion, doch dürften sich Werte herauskristallisieren, wie sie in *Abb. 2.2.2 B-11* dargestellt sind.

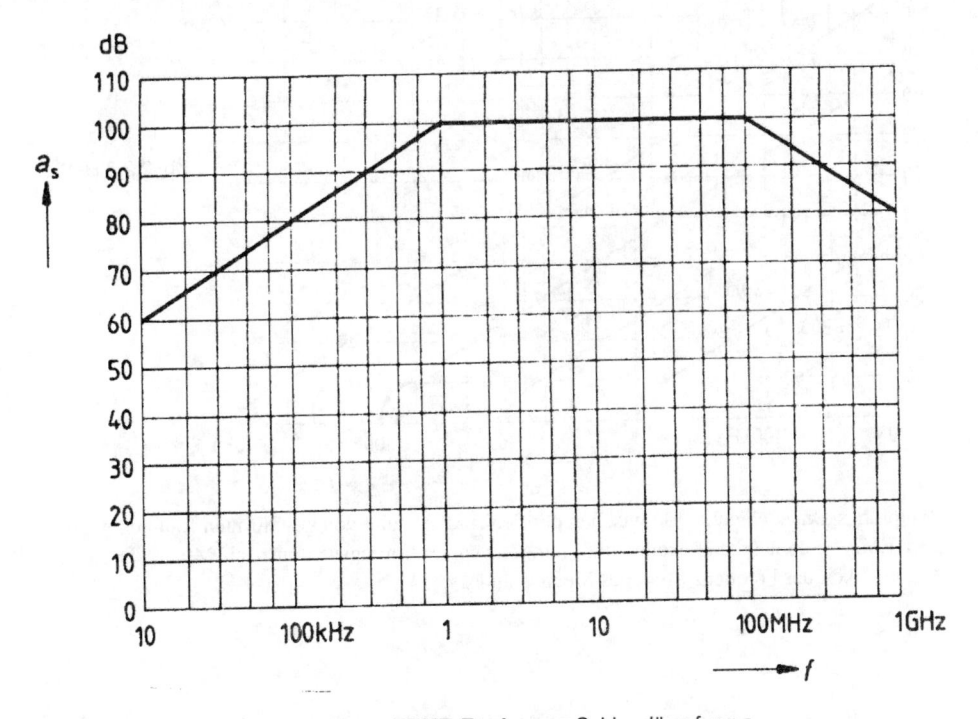

Abb. 2.2.2B-11 **NEMP-Forderung**, Schirmdämpfung a_s

Für die qualitative Beurteilung der Werte ist das Wissen um die Meßmethode wichtig.
International anerkannt sind Meßmethoden nach MIL-STD 285 und NSA 65-6, mit denen im Frequenzbereich bis 1 MHz das magnetische Nahfeld mit Hilfe von Rahmenantennen in einem Abstand von 30 cm von der Schirmwand gemessen wird. Der geringe Abstand gestattet es, die Qualität der Schirmungsbauteile, wie z. B. Türen, Wabenkaminfenster oder Durchführungen, getrennt von einander zu messen und zu beurteilen. Über die wirkliche Schirmwirkung des gesamten Raumes gegenüber NEMP-Feldern gibt diese Meßmethode jedoch nur eingeschränkt Auskunft. Wegen der großen Entfernung des Entstehungsortes des NEMP vom zu schützenden Objekt handelt es sich hier um Fernfelder, d. h. die elektromagnetische Welle des NEMP trifft als ebene Welle ein.

Die Schirmdämpfung gegenüber ebener Wellen ist aufgrund der unterschiedlichen Feldimpedanzen wesentlich höher als gegenüber magnetischen Nahfeldern, so wie sie z. B. bei der Messung nach MIL-STD 285 erzeugt werden. Nach R. L. Monroe (1) dürfen deshalb die nach MIL-STD-285 ermittelten Schirmdämpfungswerte korrigiert werden. Die *Abb. 2.2.2 B-12* gibt die Korrekturwerte in dB in Abhängigkeit der Frequenz und des Meßabstandes wieder.

(1) EMP-SHIELDING EFFECTIVENESS AND MIL-STD-285, Richard L. Monroe, Harry Diamond Laboratories, Washington, D. C.

Abb. 2.2.2 B-12

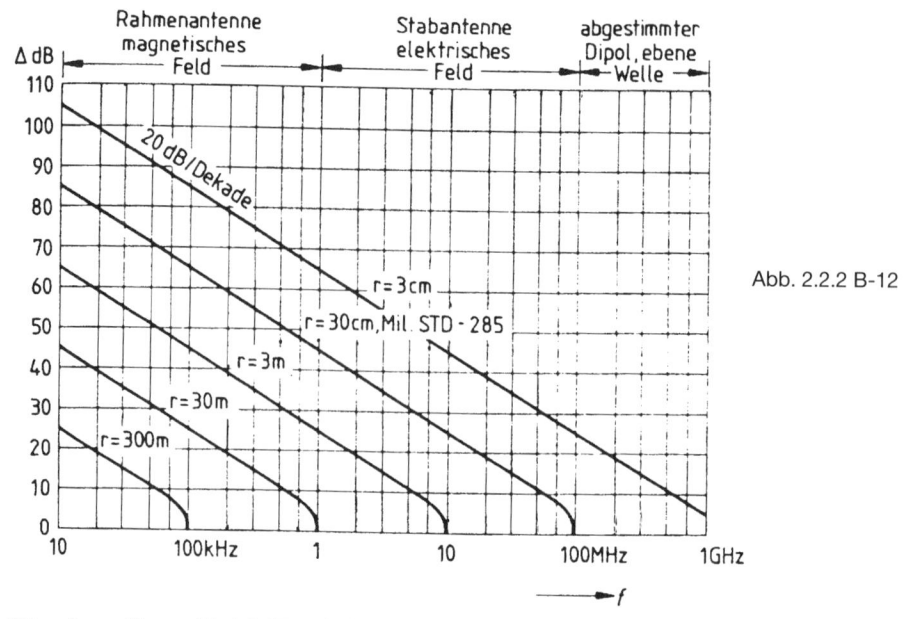

Dämpfungs-Unterschied Δ dB zwischen der Schirmdämpfung von geschirmten Räumen gegenüber EMP-Feldern (ebene Welle) und gemessenen Dämpfungswerten nach MIL-STD-285 in Abhängigkeit der Frequenz f und des Meßabstandes r.

Hier ist die Dämpfung:

$a_{sEMP} = a_{sM} + \Delta dB$

bzw.

$a_{sEMP} = a_{sE} - \Delta dB$

mit

a_{sEMP} = Schirmdämpfung gegenüber EMP-Feldern
a_{sM} = Schirmdämpfung mit magnetischer Antenne
(Rahmenantenne)
a_{sE} = Schirmdämpfung gemessen mit elektrischer Antenne
(Stabantenne)

Die Schirmdämpfung gegenüber NEMP-Feldern kann danach errechnet werden. Der Korrekturwert Δ dB wird zum Meßwert addiert, wenn die Schirmdämpfung mit Hilfe von magnetischen Antennen (Rahmenantennen) gemessen wurde. Im Fall der Messung mit elektrischen Antennen (Stabantennen) ist Δ dB vom Meßwert abzuziehen.

In der *Abb. 2.2.2 B-13* sind elektromagnetische Störungen und Pegel im Vergleich zum Betragsspektrum des Exo-NEMP dargestellt.

2.2 Besondere elektronische Baugruppen

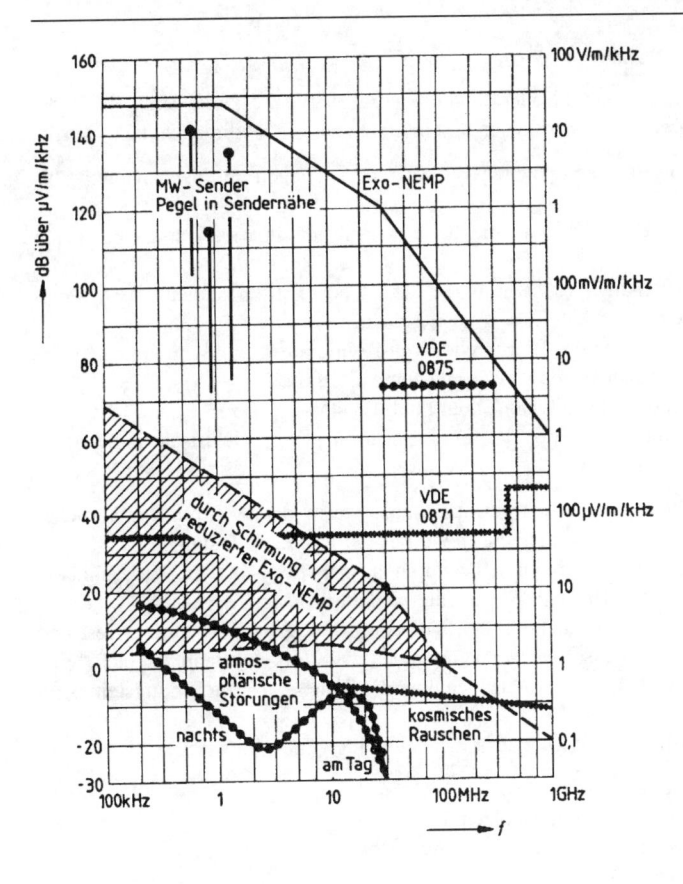

Abb. 2.2.2 B-13
Störamplitude eines
Exo-NEMP-Puls

Gezeichnet ist die Einhüllende des bereits in Abb. 2.2.2 B-9 angegebenen Betragsspektrums des Exo-NEMP.

Die Pegel des Exo-NEMP übersteigen sogar die Pegel von Mittelwellensendern, wobei zu berücksichtigen ist, daß von Mittelwellensendern nur in umittelbarer Sendernähe und auf sehr schmalen Frequenzbändern derartig hohe Pegel vorkommen.

Die zulässigen Feldstärkepegel für Impulsstörungen (Knackstörungen) nach VDE 0875 und Pegel für diskrete Frequenzen nach VDE 0871 sollen die Größenordnung des Exo-NEMP verdeutlichen. Auch hier ist zu berücksichtigen, daß es sich bei den zulässigen Pegeln nach VDE 0875 und VDE 0871 um örtlich sehr begrenzte elektromagnetische Beeinflussungen handelt.

Ebenfalls eingezeichnet ist das durch Schirmung reduzierte Betragsspektrum des Exo-NEMP. Es sind zwei Kurven mit dazwischenliegendem schraffiertem Bereich dargestellt. Die höheren Werte ergeben sich durch Abzug der NEMP-geforderten Schirmdämpfungswerte nach Abb. 2.2.2 B-11; die niedrigen Werte berücksichtigen noch zusätzlich die für ebene Wellen zulässige Korrektur nach Abb. 2.2.2 B-12.

Die wirklichen Werte dürften zwischen diesen beiden Kurven innerhalb der schraffierten Fläche liegen und abhängig von den Fernfeldbedingungen und damit von der Entfernung des Entstehungsortes des Exo-NEMP zum geschirmten Raum sein.

In jedem Fall werden die elektromagnetischen Felder des Exo-NEMP reduziert auf Werte, die für elektrische bzw. elektronische Systeme und Geräte verträglich sind.

555

f) Erdung von geschirmten Räumen

Aus Sicherheitsgründen müssen geschirmte Räume geerdet werden. Hierbei sind die VDE-Vorschriften bzw. die entsprechenden nationalen und internationalen Richtlinien zu beachten.

VDE 0100	Bestimmung für das Errichten von Starkstromanlagen mit Nennspannung bis 1000 V.
VDE 0107	Errichten und Prüfen von elektrischen Anlagen in medizinisch genutzten Räumen.
VDE 0141	VDE-Bestimmung für Erdungen in Wechselstromanlagen für Nennspannungen über 1 kV, $\varnothing \geqq 16$ mm^2 bei Cu
VDE 0190	Bestimmungen für das Einbeziehen von Rohrleitungen in Schutzmaßnahmen von Starkstromanlagen mit Nennspannung bis 1000 V
VDE 0874	VDE-Leitsätze für Maßnahmen der Funk-Entstörung
VDE 0875/6.77	VDE-Bestimmungen für die Funk-Entstörung von elektrischen Betriebsmitteln und Anlagen

Die Erdung ist ausschließlich eine Sicherheitsmaßnahme gegen das Auftreten gefährlicher Spannungen. Sie hat keinen Einfluß auf die Schirmwirkung der Raumauskleidung. Gefährliche Spannungen können auftreten z. B. durch schadhafte Isolation, Kurzschlüsse, Blitzeinwirkung, den Ableitstrom der Funk-Entstörfilter und durch andere Ursachen.

Wird der geschirmte Raum in einer „metallischen Umgebung" aufgebaut, so muß er fest und elektrisch leitend mit dieser (Masse) verbunden werden. Hierfür empfiehlt es sich, eine Verbindungsleitung zu verwenden, die den Angaben über die Bemessung von Erdungsleitungen nach VDE 0141 entspricht.

Eine Modulkabine mit Filtern muß mit folgenden Erdleitern angeschlossen werden:

- PE-Leiter (in der Filterzuleitung mitgeführt)
- Erdleiter vom Filtergehäuse zum Erdungsbolzen der Kabine
- Erdleiter vom Erdungsbolzen der Kabine zur Gebäudeerde

In bestimmten Fällen wird ein isolierter Aufbau der Schirmung verlangt. Dann dürfen zur Schirmung gehörende elektrisch leitende Materialien nicht galvanisch mit dem Raum verbunden sein (metallische Armierung in Betonwänden, Gas- und Wasserrohre, Schutzleiter von außerhalb der Räume angebrachten Leuchtstofflampen u. ä.). Nur an einem einzigen Punkt bekommt die Schirmhülle die Erdverbindung (HF-Erdung). Die Wahl der Erdungsstelle muß sorgfältig erfolgen. Die möglichst induktivitätsarme Erdverbindung soll häufig überprüft werden.

Gefährliche Spannungen können auftreten z. B. durch den hohen Ableitstrom der Funk-Entstörfilter und durch andere Ursachen wie schadhafte Isolation, Kurzschlüsse, Blitzeinwirkung.

Die für die Verriegelung der Starkstromleitungen verwendeten Entstörfilter haben vielfach, um auch bei tiefen Frequenzen (kHz-Bereich) eine hohe Dämpfung zu erzielen, Kondensatoren mit hohen Kapazitätswerten (mehrere μF) zwischen spannungsführendem Leiter und Masse, d. h. Gehäuse. Über diese Kondensatoren fließen Blindströme (einige 100 mA) nach Masse, die wesentlich höher sind als die über Isolierstrecken fließenden Ströme. Die Summe aller dieser Ströme bildet den Ableitstrom, der bei fehlerhafter oder unzureichender Erdung an den berührbaren Metallteilen zu gefährlichen Spannungen führt. Da die Filter eine feste Masseverbindung mit der Schirmhülle des Raumes besitzen, kann bei Versagen der Erdung, also der entscheidenden Schutzmaßnahme, der ganze Raum eine gefährliche Spannung gegen eine äußere Umgebung annehmen. In diesem Fall ist jeder, der den Raum berührt, durch elektrischen Schlag gefährdet. Der Raum befindet sich praktisch auf Netz-Potential.

Für den Betrieb der geschirmten Räume mit Netzfiltern gelten deshalb die Sicherheitsbestimmungen der VDE 0875, 6.77, Tabelle 2, die allgemein für ortsfeste Betriebsmittel anzuwenden sind, bei denen der Ableitstrom nicht begrenzt ist.

Da geschirmte Räume an den unterschiedlichsten Orten Aufstellung finden, können die erforderlichen Schutzmaßnahmen nach den Festlegungen in der genannten Tabelle 2, lfd. Nr. 6 bis 8, ausgewählt werden.

B 2 Funkentstörkondensatoren (Siemens Matsushita Components)

Begriffsbestimmungen und Erläuterungen

Nachstehende Begriffsbestimmungen und Erläuterungen sind zum größten Teil der einschlägigen VDE-Bestimmung VDE 0565-1/12.79 entnommen. Sie sind der entsprechenden IEC-Publikation 384 Teil 14 (1981) „Fixed Capacitors for radio interference suppression" soweit wie möglich angepaßt.

Entstörkondensatoren

sind Kondensatoren zum Verringern der Störungen des Funkempfangs, die durch elektrische Betriebsmittel erzeugt werden.

a) Entstörkondensatoren der Klasse X, kurz X-Kondensatoren,

sind Kondensatoren unbegrenzter Kapazität für Anwendungen, bei denen ihr Ausfall durch Kurzschluß nicht zu einem gefährdenden elektrischen Schlag führen kann. Kondensatoren der Klasse X werden in zwei Unterklassen eingeteilt, entsprechend den Spitzenspannungen, denen sie zusätzlich zu der Netzspannung im Einsatz ausgesetzt sind.

Anmerkung:
Als Quelle für solche zusätzlichen Belastungen sind anzusehen:
a) Spitzenspannungen, die der Netzspannung z. B. infolge von Schaltvorgängen überlagert sind. Es wird davon ausgegangen, daß die in normalen Haushaltsnetzen auftretenden Spitzenspannungen $\leq$ 1200 V betragen.
b) Spitzenspannungen, die beim Abschalten von induktiven Lasten im zu entstörenden Gerät entstehen.
Die Höhe dieser Spitzenspannungen ist abhängig von Art und Aufbau des zu entstörenden Geräts.

Die einzusetzende Unterklasse von X-Kondensatoren wird durch die vom Gerätehersteller an dem X-Kondensator des zu entstörenden Geräts unter den ungünstigsten Last- und Abschaltbedingungen ermittelten Spitzenspannungen bestimmt.

Tabelle X-Kondensatoren

Unterklasse	Spitzenspannungs-belastung im Einsatz U_s in kV	Anwendung	Spitzenspannung, bis zu der die Sicherheitsanforderungen erfüllt werden U_s in kV
X1	> 1,2	Einsatz mit hoher Spitzenspannung	4 für $C \leq 0,33$ µF $4 \cdot e^{(0,33-C)}$ für $C > 0,33$ µF
X2	$\leq$ 1,2	normaler Einsatz	1,4

b) Entstörkondensatoren der Klasse Y, kurz Y-Kondensatoren,

sind Kondensatoren für eine Isolierspannung (nach VDE 0550 Teil 1) von U_{eff} = 250 V mit erhöhter elektrischer und mechanischer Sicherheit und begrenzter Kapazität.

Anmerkung:
Die erhöhte elektrische und mechanische Sicherheit soll Kurzschlüsse im Kondensator ausschließen; durch die Begrenzung der Kapazität soll bei Wechselspannung der durch den Kondensator fließende Strom und bei Gleichspannung der Energie-Inhalt des Kondensators auf ein ungefährliches Maß herabgesetzt werden.

Y-Kondensatoren überbrücken in Erfüllung ihrer technischen Aufgabe in elektrischen Geräten, Maschinen und Anlagen Betriebsisolierungen, deren Sicherheit in Verbindung mit einer zusätzlichen Schutzmaßnahme zur Abwendung von Gefahren für Menschen und Tiere dient.

Sie sind für Verwendungsfälle bestimmt, bei denen es bei Versagen der Schutzmaßnahmen des Betriebsmittels zu einer Gefährdung durch elektrischen Schlag kommen kann.

Y-Kondensatoren verursachen einen erheblichen Anteil des Ableitstroms, der in einem Gerät auftritt. Die Sicherheitsvorschriften der einzelnen Gerätefamilien, z. B. VDE 0805 für DV-Geräte, VDE 0750 für medizintechnische Geräte oder VDE 0700 für Haushaltsgeräte begrenzen aus Sicherheitsgründen den Ableitstrom und damit indirekt die maximale Kapazität der Y-Kondensatoren.

c) Y-Sicherheitskondensatoren nach IEC 65

sind Kondensatoren, die speziellen Sicherheitsanforderungen nach IEC 65, § 14.2 genügen.

Beispiele
Als Beispiel wird, wie in *Abb 2.2.2 B-14a* und *b* dargestellt, die Funk-Entstörung des Motors eines elektrischen Betriebsmittels (Staubsauger, Handbohrmaschine oder dergleichen) der Schutzklasse I gezeigt. Der Kondensator C_Y, der zum Verringern der unsymmetrischen Störspannung dient, liegt zwischen einem unter Spannung stehenden Leiter und dem berührbaren Metallgehäuse *G* des Betriebsmittels; er muß deshalb ein Y-Kondensator sein.

Bei einem Gerät der Schutzklasse II wird, wie in Abb. 2.2.2 B-14b dargestellt, an das Metallgehäuse *G* kein Schutzleiter angeschlossen. Die unter Spannung stehenden, nicht zum Betriebsstromkreis gehörenden Teile sind durch eine Schutzisolierung der Berührung entzogen.

In beiden Fällen wird durch einen Kurzschluß des Y-Kondensators eine Person, die das Gerät berührt, erst dann gefährdet, wenn gleichzeitig entweder bei Schutzklasse I der Schutzleiter unterbrochen oder bei der Schutzklasse II die Gehäuse-Isolierung beschädigt ist.

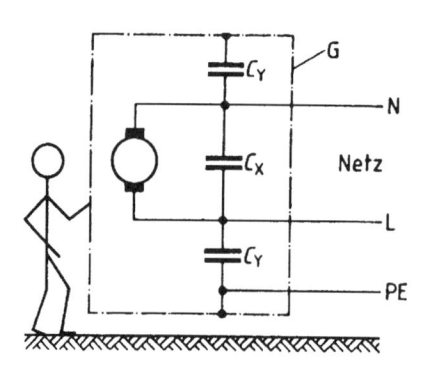

Abb. 2.2.2B-14

a) Beispiel einer Entstörung mit X- und Y-Kondensatoren bei einem Betriebsmittel der Schutzklasse I z. B. nach VDE 0730 Teil 1

b) Beispiel einer Entstörung mit X- und Y-Kondensatoren bei einem Betriebsmittel der Schutzklasse II z. B. nach VDE 0730 Teil 1

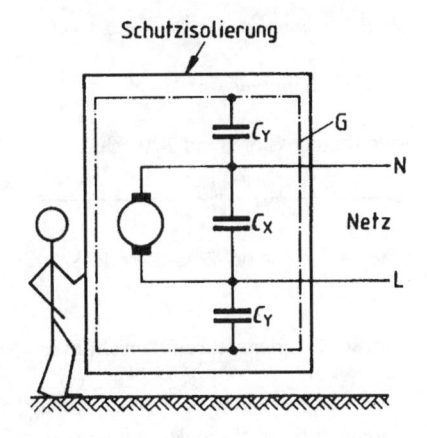

Die HF-Eigenschaften der Kondensatoren sind abhängig von dem Kapazitätswert, der Anschlußart und der Leitungslänge der Kondensatoren. Lange Anschlußleitungen verschlechtern durch ihre Induktivität, die in Reihe mit der Kapazität liegt, die Entstöreigenschaften bei hohen Frequenzen. Besondere Bauformen der Kondensatoren ermöglichen es, die zu beschaltende Leitung ohne zusätzliche Anschlußdrähte mit dem Kondensator zu verbinden; die Entstörwirkung ist dann wesentlich breitbandiger. Höchste Anforderungen über breiteste Frequenzbereiche bedingen die Verwendung von Durchführungskondensatoren. Das sind sogenannte Vierpolkondensatoren. Die Entstörgüte wird durch die Einfügungsdämpfung erfaßt.
Für die Anwendung im Lang- und Mittelwellenbereich reichen in der Regel Zweipol-Kondensatoren aus:
z. B. Papierfolien, MP-, metallisierte Kunststoff- und Keramik-Kondensatoren. Die Einfügungsdämpfung verschiedener Entstörkondensatoren ist in der *Abb 2.2.2 B-15* zu erkennen.

Abb. 2.2.2 B-15
Einfügungsdämpfung a_e bei $Z = 60\ \Omega$ von verschiedenen Funk-Entstörkondensatoren mit 0,1 µF

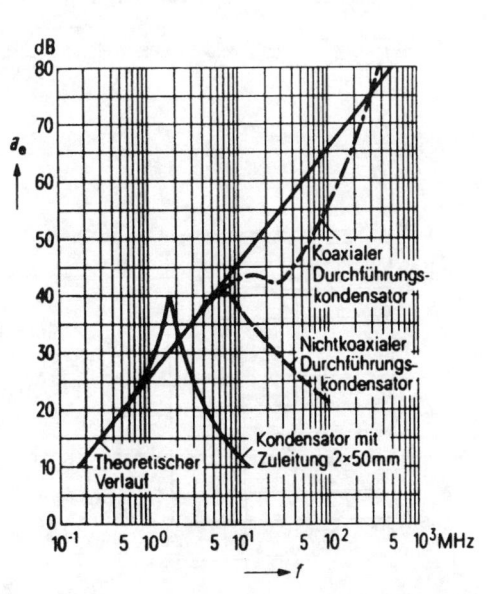

2 Mechanik der Elektronik

d) Bezeichnungen für Störschutzkondensatoren

Zweipol-Kondensatoren

sind Kondensatoren mit 2 Anschlüssen.

Abb. 2.2.2B-16

Beispiel für Zweipol-Entstörkondensator

Vierpol-Kondensatoren (Durchführungskondensatoren)

haben für mindestens einen Belag zwei elektromagnetisch weitgehend entkoppelte Zuführungen, über die der Leitungsstrom fließt. Außen sind entweder 3 Anschlüsse (*Abb. 2.2.2 B-17a* und *b*) oder 4 Anschlüsse (*Abb. 2.2.2 B-17c*) vorhanden.

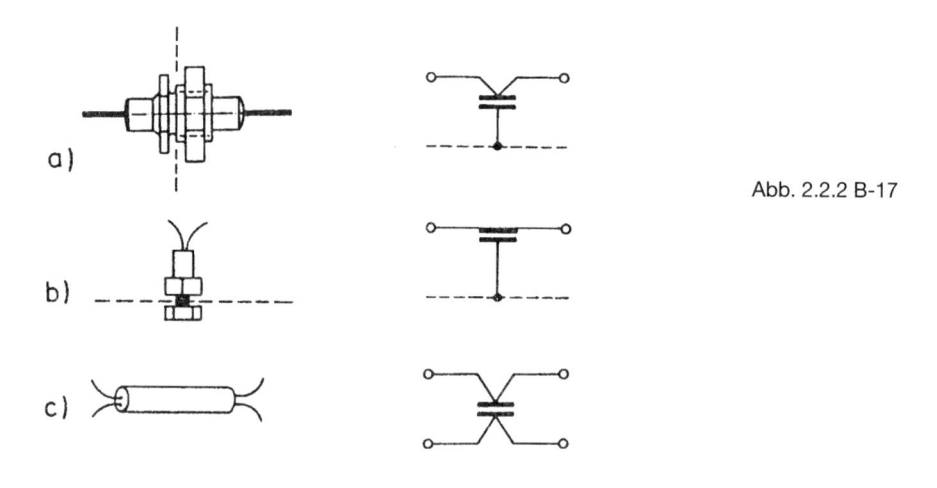

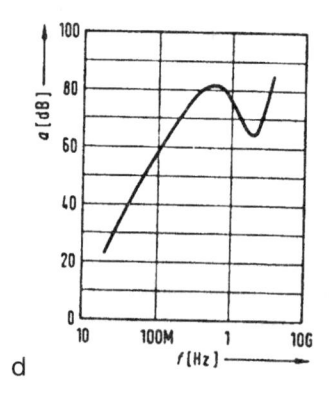

Abb. 2.2.2 B-17

a) Durchführungskondensator (koaxial)
b) Kondensator mit Masseverschraubung
c) Vierpolanschlußtechnik
d) Beispiel einer Dämpfungskurve mit Kondensator

2.2 Besondere elektronische Baugruppen

Koaxiale Durchführungs-Kondensatoren

sind Vierpol-Kondensatoren, die für den Betriebsstrom einen zentralen Leiter besitzen (z. B. Durchführungsbolzen), um den der Kondensator koaxial angeordnet ist (siehe dazu die *Abb. 2.2.2 B-17a* und *2.2.2 B-18*). Der eine Belag ist in der Regel koaxial und HF-dicht mit dem Gehäuse oder einem leitenden Teil des Gehäuses des Kondensators verbunden. Das Gehäuse (oder sein leitender Teil) ist so beschaffen, daß es mit einer Schirmwand HF-dicht verbunden werden kann.

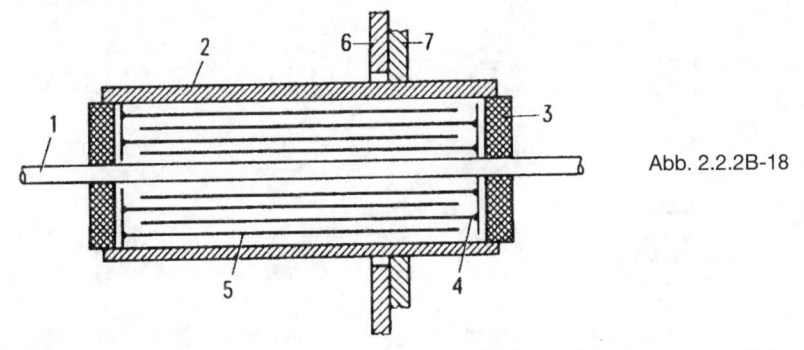

Abb. 2.2.2B-18

Beispiel eines koaxialen Durchführungs-Kondensators (Wickelkondensator) in eingebautem Zustand
1 Durchführungsbolzen (zur Führung des Leitungsstromes)
2 Metallgehäuse des Kondensators
3 Deckel aus Isolierstoff
4 mit Durchführungsbolzen verbundener Belag
5 mit Kondensatorgehäuse verbundener Belag
6 Schirmwand des Gerätes
7 HF-dichte Verbindung zwischen Kondensator und Schirmwand

Ein HF-dichter Einbau wird im allgemeinen durch einen ununterbrochenen, geschlossenen Linien- oder Flächenkontakt hergestellt.

Nichtkoaxiale Durchführungskondensatoren

sind Vierpol-Kondensatoren, die für den Betriebsstrom einen oder mehrere Leiter haben; die Leiter sind durch den Kondensator hindurchgeführt. Der Aufbau dieser Kondensatoren ist nicht koaxial (Abb. 2.2.2 B-17b und c und *Abb. 2.2.2 B-19*).

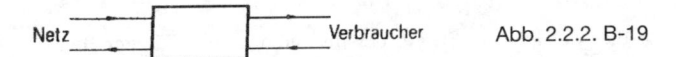

Netz — Verbraucher   Abb. 2.2.2. B-19

Beispiel eines nichtkoaxialen Durchführungs-Kondensators

Breitband-Kondensatoren (nichtkoaxiale Ausführung)

besitzen über einen hohen Frequenzbereich eine hohe Dämpfung im Gegensatz zu Zweipolkondensatoren, deren Dämpfung im wesentlichen bei der Resonanzfrequenz ausgeprägt ist. Um die Breitbandeigenschaften von Entstörkondensatoren voll auszunutzen, ist eine mögliche kurze Anschlußleitung zur Masse notwendig.

2 Mechanik der Elektronik

e) Prüfzeichen

Grundsätzlich sind alle Siemens-Funk-Entstörkondensatoren nach den einschlägigen VDE-Bestimmungen ausgelegt. Bei den einzelnen Bauformen sind diese jeweils gültigen VDE-Bestimmungen genannt. Darüber hinaus gibt es Bauformen, die auf Kundenwunsch von VDE oder von analogen ausländischen Institutionen nach *Abb. 2.2.2 B-20* dahingehend geprüft worden sind, ob sie die einschlägigen Vorschriften erfüllen. Nach Bestehen einer solchen Prüfung wird für die betroffenen Bauformen das entsprechende Prüf- bzw. Gütezeichen erteilt, z. B.

| VDE Deutschland | SEV Schweiz | DEMKO Dänemark | SETI Finnland | NEMKO Norwegen |
| SEMKO Schweden | ÖVE Österreich | IMQ Italien | UL USA | CSA Kanada |

Abb. 2.2.2. B-20 Internationale Prüfzeichen

f) Technische Daten und Bezeichnungen von Störschutzkondensatoren

Nennspannung U_N

Die Nennspannung U_N ist diejenige Spannung, für welche ein Kondensator bemessen ist, nach der er benannt ist, auf die sich andere Nenngrößen beziehen und mit der er innerhalb seines Nenntemperaturbereiches dauernd betrieben werden darf.

Anmerkung:
Die Nennspannung von Funk-Entstörkondensatoren wird üblicherweise gleich der Nennspannung des Netzes, an dem sie betrieben werden sollen, oder größer als diese gewählt. Es ist dabei zu berücksichtigen, daß die Spannung der Netze zeitweise bis 10 % über ihrem Nennwert liegen kann.

Leitungsnennstrom

Beim Vierpol-Kondensator ist dies der höchste Strom, der im durchgeführten Leiter fließen darf.

Die Größe des Leitungsnennstromes wird im allgemeinen durch das zu entstörende Betriebsmittel bestimmt. In Sonderfällen muß auch der durch die Störspannung hervorgerufene Störstrom berücksichtigt werden.

Überlagerte Wechselspannung bis 400 Hz

Bei Kondensatoren mit Nenngleichspannung kann einer angelegten Gleichspannung auch eine Wechselspannung überlagert sein. Die Summe aus Gleichspannung und Scheitelwert der überlagerten Wechselspannung darf die Nenngleichspannung nicht überschreiten. Die überlagerte Wechselspannung muß jedoch in jedem Fall kleiner sein als die Nennwechselspannung.

Nichtsinusförmige Wechselspannung (Dauerbetriebsspannung)

Für nichtsinusförmige Wechselspannung im Dauerbetrieb muß die spezifische Belastung der Kondensatoren für jeden Anwendungsfall getrennt ermittelt werden. Bei Bedarf bittet Siemens um Ihre Anfrage, möglichst unter Beifügung eines Spannungsoszillogramms.

Spitzenspannung

Eine Spitzenspannung ist eine kurzzeitige, impulsförmige Spannung mit Scheitelwert U_s wie sie insbesondere beim Schalten von Induktivitäten auftreten kann.
Solche Spitzenspannungen dürfen nur Bruchteile von Sekunden auftreten, bis zu 5mal pro Stunde.
(Die Begrenzung „5mal pro Stunde" ist als allgemeiner Richtwert aufzufassen und nur deshalb gewählt, um eindeutig klarzustellen, daß es sich nur um gelegentlich auftretende Spitzenspannungen handeln darf).

Überspannungen

Über die nach VDE 0565-1 zugelassene Betriebsspannung (= Nennspannung U_N) hinaus sind für Funk-Entstörkondensatoren Überspannungen bis zu $1,1 \cdot U_N$ erlaubt. Solche Überspannungen dürfen im Rahmen gelegentlicher Schwankungen der Netzspannung bis zu 2 Stunden pro Tag auftreten.
(Die Begrenzung „2 Stunden pro Tag" ist als allgemeiner Richtwert aufzufassen und nur deshalb gewählt, um eindeutig klarzustellen, daß es sich nur um gelegentliche Überspannungen handeln darf).

Kapazität

Die Kapazität wird gemessen bei 1000 Hz und 20 °C. Bevorzugte Kapazitätstoleranz ist $\pm 20\,\%$.
Die in Siemens-Kondensatoren verwendeten Technologien stellen sicher, daß die Kapazität praktisch unabhängig von der angelegten Spannung ist. Über den gesamten zugelassenen Temperaturbereich ändert sich die Kapazität um maximal 10 %.

Die maximale Kapazität von Y-Kondensatoren ist aus Sicherheitsgründen durch Vorschriften begrenzt.

Isolationswiderstand

eines Kondensators ist das Verhältnis der angelegten Gleichspannung zu dem nach einer festgelegten Zeit fließenden Strom.

Der beim Anlegen einer konstanten Gleichspannung fließende Strom ist temperatur-, spannungs- und zeitabhängig. Er setzt sich zusammen aus dem Lade-, Nachlade- und Reststrom (Definition nach VDE 0560, Teil 1, § 11).
Güte der Isolierung (in Sekunden) ist das Produkt aus Isolationswiderstand (in $M\Omega$) und Kapazität (μF).

Betriebstemperaturbereich

ist der Bereich zwischen den Grenztemperaturen, in welchem der Kondensator betrieben werden darf. Die Grenzen des Betriebstemperaturbereiches sind durch die Anwendungsklasse nach DIN 40040 bestimmt.
1. Kennbuchstabe untere Grenztemperatur
2. Kennbuchstabe obere Grenztemperatur
3. Kennbuchstabe zulässige Feuchtebeanspruchung (Feuchteklasse)

Untere Grenztemperatur ϑ_{min}

ist definiert als die niedrigste im Betrieb zulässige Temperatur des Bauelementes (ohne Einfluß von Eigen- und Fremderwärmung z.B. im Einschaltmoment).

Obere Grenztemperatur ϑ_{max}

ist definiert als die höchstzulässige Temperatur, die an der wärmsten Stelle der Oberfläche des Bauelementes (einschließlich des Einflusses von Eigen- und Fremderwärmung) auftreten darf.

Kurzzeichen für Grenztemperaturen (nach DIN 40040, 2.73)

Die zulässige Temperaturbeanspruchung ist bauformabhängig. Folgende Grenztemperaturen kommen vor:

Untere Grenztemperatur	1. Kennbuchstabe
−55°C	F
−40°C	G
−25°C	H
−10°C	J
0°C	K
Einzelbestimmung	Z [1]
Obere Grenztemperatur	**2. Kennbuchstabe**
+125°C	K
+110°C	L
+100°C	M
+ 90°C	N
+ 85°C	P
+ 80°C	Q
+ 75°C	R
+ 70°C	S
+ 65°C	T
+ 60°C	U
Einzelbestimmung	Z [1]

[1] Ist ein Temperaturwert nötig, der nicht in den Tabellen steht, so ist der Kennbuchstabe Z anzugeben.

2.2 Besondere elektronische Baugruppen

Kurzzeichen für Feuchteklassen (nach DIN 40040, 2.73)

Tabelle II

3. Kennbuchstabe	zul. Feuchtebeanspruchung[1]			z. B. geeignet für folgende Bauelemente-Umgebungsklimate	
	rel. Luftfeuchte		Betauung	bei betriebenem Gerät	bei nicht betriebenem Gerät
	Höchstwert	Jahresmittel			
C[2])	100 %	≦95 %	ja	In Geräten, in denen eine rel. Luftfeuchte von 100 % (Betauung) bei allen Temperaturen auftreten kann (vornehmlich auch über +35°C).	Feuchte und nasse Räume[3] in allen Zonen, Außenräume[4] in der gemäßigten Zone, Außenräume in den feuchten Tropen, Luftfahrtklima.
F[5])	95 % für 30 Tage[6]) im Jahr	≦75 %	nein	In Geräten, auch mit Eigenerwärmung, für Dauer- und für aussetzenden Betrieb in feuchtigkeitsgefährdeten Räumen der gemäßigten Zone.	feuchtigkeitsgefährdete Räume der gemäßigten Zone
G[5])	85 % für 60 Tage[6]) im Jahr	≦65 %	nein	Auch in feuchtigkeitsgefährdeten Räumen, wenn Bauelement in Geräten mit dauernder Aufheizung eingesetzt ist.	Trockene Räume der gemäßigten Zone, trockene Räume in den trockenen Tropen.

Beispiel für das Bilden der Anwendungsklasse mit Kurzzeichen

```
                                    G   P   F
untere Grenztemperatur: −40°C ──────────┘
obere Grenztemperatur: +85°C ───────────────┘
Feuchtebeanspruchung:
Jahresmittel          ≦75 %  ┐
Höchstwert für                ├──────────────┘
30 Tage im Jahr       = 95 % │
keine Betauung               ┘
```

---

[1]) Die Angaben beziehen sich auf das Bauelemte-Umgebungsklima.
[2]) Die angegebenen Werte gelten für alle Temperaturen innerhalb der oberen und unteren Grenztemperatur (zul. Temperaturbereich). Insbesondere für Klimate mit zusätzlichen Feuchtequellen.
[3]) Gemäß VDE 0100/11.58 3N f 4 und 5. Soweit besondere Schutzarten erforderlich sind, siehe klimatische Sonderbeanspruchungen Tabelle 6 in DIN 40040.
[4]) Als Außenräume sind Räume bezeichnet, in denen die Geräte und/oder die Bauelemte vor der unmittelbaren Einwirkung von Sonnenstralen und Niederschlägen geschützt sind, in denen sie aber im übrigen den Einflüssen des entsprechenden Freiluftklimas ausgesetzt sind.
[5]) Die angegebenen Werte für die rel. Luftfeuchte beziehen sich auf Bauelemte in Raumtemperatur. Bei höheren Temperaturen ermäßigt sich die rel. Feuchte entsprechend DIN 40040, Anlage I.
[6]) In natürlicher Weise über das Jahr verteilt.

g) Begrenzung der symmetrischen und unsymmetrischen Funkstörspannung

Neben den zwischen den Netzanschlußleitungen auftretenden symmetrischen Störspannungskomponenten entstehen auch unsymmetrische Störspannungen. Sie werden verursacht durch die kapazitive Verkopplung der Störquelle mit dem Gehäuse. Eine übliche Entstörschaltung zeigt die *Abb. 2.2.2 B-21.*

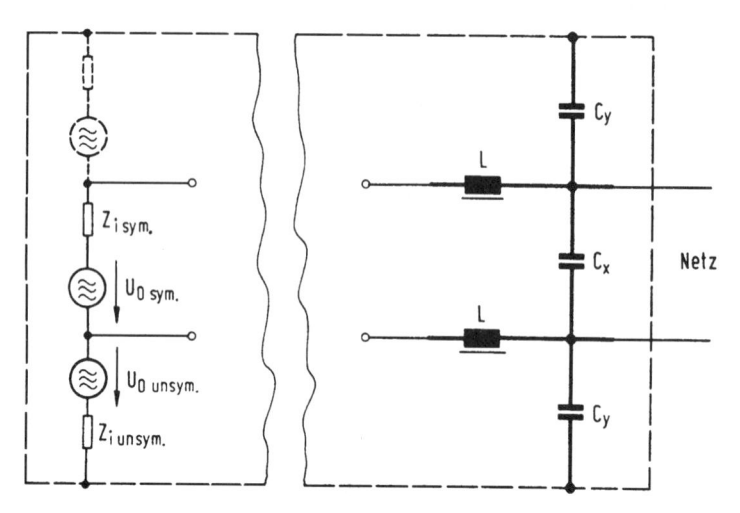

Abb. 2.2.2B-21
Begrenzung der symmetrischen und der unsymmetrischen Funkstörspannung

h) Sicherheitsbestimmungen

Durch die Beschaltung der Netzleitungen mit Kondensatoren gegen Erde fließt ein kapazitiver Ableitstrom zwischen Gerätegehäuse und Erde. Dieser Strom muß begrenzt oder aber so abgeleitet werden, daß keine gefährlichen Spannungen an berührbaren Metallteilen auftreten können.

Beispielsweise gilt für ortsveränderliche Hausgeräte ein Strom von 0,75 mA und für ortsfeste Geräte mit Schutzleiter (Schutzklasse I) ein Strom von 3,5 mA. Der Grenzwert (3,5 mA) ist auch bei schutzisolierten Geräten (Schutzklasse II) für die Beschaltung des inneren Gehäuses vorgeschrieben.

Für Schaltungen dieser Art werden *Y-Kondensatoren (C_Y)* eingesetzt. Diese Kondensatoren haben eine besonders große Sicherheit, geben Durch- und Überschläge im Dielektrikum. Durch richtige Auswahl der Kapazität wird der Ableitstrom unter 0,75 mA bzw. 3,5 mA gehalten.

Im Gegensatz dazu heißt der Kondensator, der entweder zwischen die Netzanschlußleitungen oder unter Beachtung besonderer Sicherheitsmaßnahmen zwischen einen spannungsführenden Leiter und ein leitendes Gehäuse geschaltet wird, *X-Kondensator (C_X)*. Über die verschiedenen Möglichkeiten gibt VDE 0875 § 9 Tafel 2 Auskunft. Beide Schaltungsmöglichkeiten sind in der *Abb. 2.2.2 B-22* gezeigt.

2.2 Besondere elektronische Baugruppen

Netz — Schutzleitersystem (Schutzklasse I)

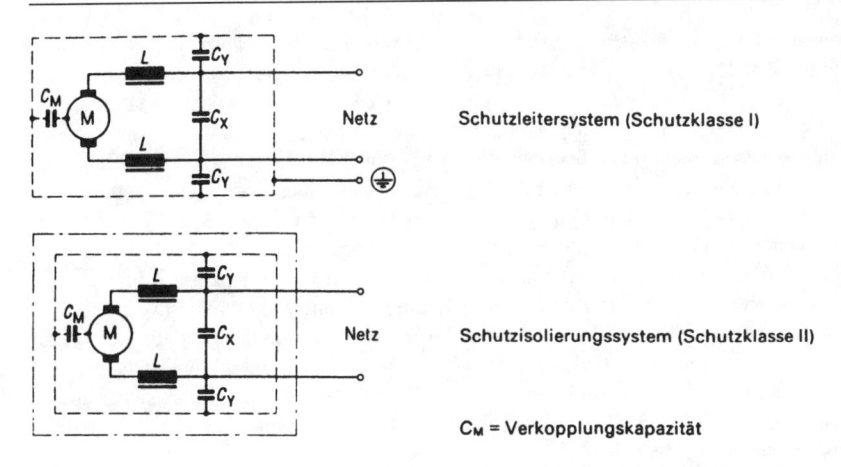

Netz — Schutzisolierungssystem (Schutzklasse II)

C_M = Verkopplungskapazität

Abb. 2.2.2 B-22 Störkondensatorbeschaltung bei verschiedenen Schutzleitersystemen

i) Besondere Bauformen von Störschutzkondensatoren

Durchführungskondensatoren

Für eine breitbandige Entstörung elektrischer Anlagen und Betriebsmittel, die von tiefen Frequenzen bis über den KW- und UKW-Bereich hinaus wirksam sein soll, werden in Verbindung mit Abschirmungen Kondensatoren verwendet. Um deren HF-Eigenschaften voll auszunutzen, müssen sie in eine Abschirmwand eingesetzt werden. Dabei ist es notwendig, das Kondensatorgehäuse lückenlos (HF-dicht) mit der Abschirmwand mit Durchführungskondensatoren nach *Abb. 2.2.2 B-23* zu kontaktieren.

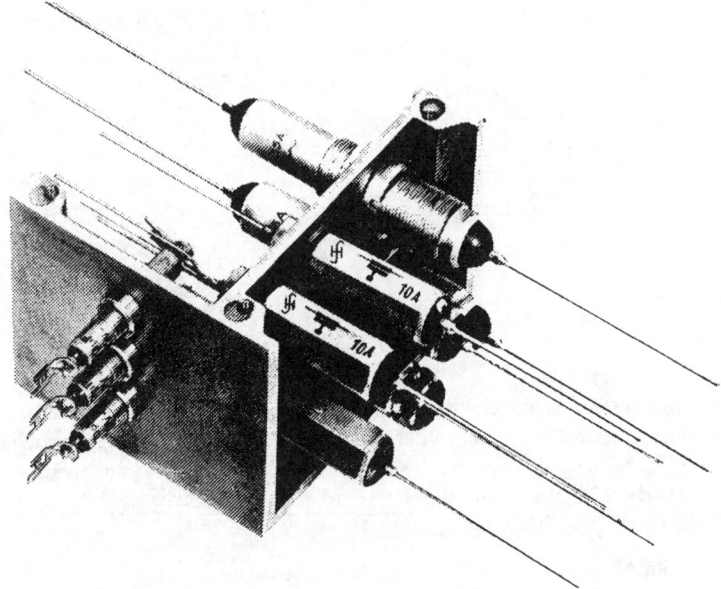

Abb. 2.2.2 B-23 In eine Abschirmwand eingesetzte Durchführungskondensatoren

Die Befestigungselemente sind so ausgebildet, daß die erforderliche lückenlose und konzentrische Verbindung des Kondensators mit der Abschirmung gewährleistet ist. Bei den Kondensatoren mit Gewindeansatz ergibt sie sich durch den Kontaktkonus am Gewindeansatz, wobei darauf zu achten ist, daß die Befestigungsbohrung scharfkantig ausgeführt ist. In gleicher Weise wird bei den Durchführungskondensatoren mit Außengewinde M6 x 0,5 über den Kontaktkonus der Mutter die lückenlose Verbindung mit der Abschirmung erreicht, während bei der Bauform mit Außengewinde M12 x 0,75 die Befestigungsmutter mit einer scharfen Kante ausgeführt ist.

Bei diesen Durchführungskondensatoren ist der den Betriebsstrom führende Leiter, der großflächig mit dem einen Belag verbunden ist, zentral durch den Kondensator hindurchgeführt. Der andere Belag ist mit dem Kondensatorgehäuse konzentrisch kontaktiert.

Durchführungskondensatoren sind bezüglich ihrer elektrischen Ersatzschaltung als Vierpole zu betrachten. Sie sind so bemessen, daß sich ihre Wirksamkeit von niedrigen Frequenzen bis weit über 300 MHz erstreckt. Der stirnseitig kontaktierte, dämpfungsarme und kontaktsicher ausgeführte Wickel ist in ein Metallgehäuse eingebaut, das entweder mit einem Gewindeansatz oder einem Außengewinde versehen ist.

Um die Entstörwirkung auch bei hohen Frequenzen zu garantieren, werden alle koaxialen Durchführungskondensatoren einer Dämpfungs-Stückprüfung unterzogen.

Montagevorschrift für Durchführungskondensatoren bis 25 A

Beim Befestigen des Kondensators in der metallischen Schirmwand nach Abb. 2.2.2 B-23 und 24 ist folgendes zu beachten:

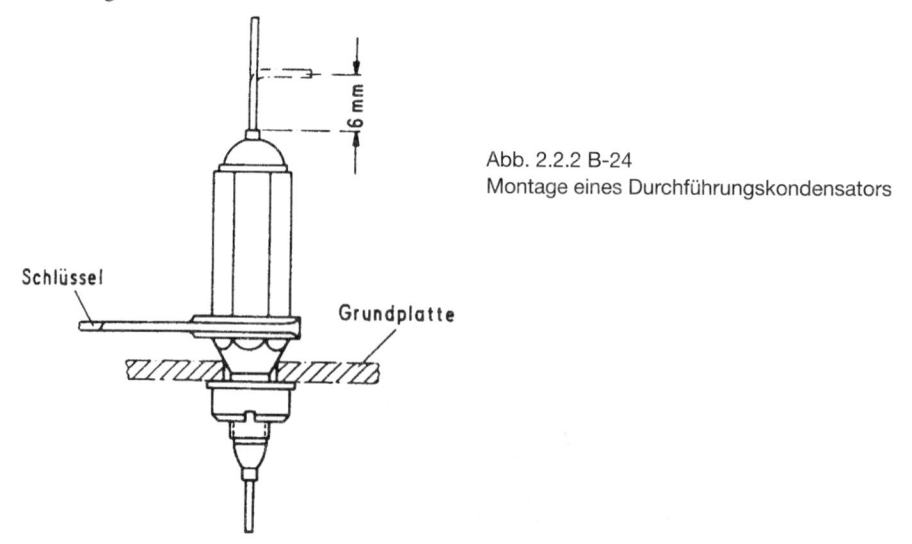

Abb. 2.2.2 B-24
Montage eines Durchführungskondensators

1. Kondensator senkrecht zur Grundplatte in die Bohrung einsetzen. Befestigungen des Kondensators durch Anziehen der Mutter mit einem Schlitzschraubenzieher. Bei Anwendung eines Sechskant- oder Gabelschlüssels als Hilfswerkzeug ist darauf zu achten, daß der Schlüssel direkt an der Montageplatte angesetzt wird, so daß nur an dieser Stelle ein Drehmoment auf das Gehäuse übertragen werden kann.

2. Beim Abbiegen des Durchführungsdrahts ist darauf zu achten, daß die Biegestelle mindestens 6 mm vom oberen Rand des Durchführungsröhrchens entfernt ist und der Draht beim Abbiegen durch eine geeignete Vorrichtung zwischen Glasperle und Biegewerkzeug abgefangen wird.

3. Lötungen am Durchführungsdraht dürfen nur in einer Mindestentfernung von 5 mm vom oberen Rand des Durchführungsröhrchens vorgenommen werden.

B 3 Entstördrosseln (Siemens Matsushita Components)

a) Entstörung mit Serieninduktivitäten (Drossel)

Für die Entstörung mechanischer Schalter und Motoren, die eine unsymmetrische und eine ausgeprägte symmetrische Störspannung erzeugen, haben sich Drosseln mit magnetisch stark gescherten Kernformen bewährt (Stabkern-Drosseln). Man nennt sie lineare Drosseln, weil ihre Induktivität eine sehr geringe Abhängigkeit von der Aussteuerung im Bereich der Nennstromstärke besitzt. Um diese Drosseln auch bei möglichst hohen Frequenzen anwenden zu können, sollen sie eine geringe Eigenkapazität besitzen. Das erreicht man durch Unterteilung der Wicklung, wenn sie aus Runddraht besteht. Bei Drosseln für hohe Stromstärken wird aus dem gleichen Grunde Flachkupfer verwendet, das als einlagige Wicklung hochkant aufgebracht ist.

Für Störquellen, die ausgeprägte unsymmetrische Störspannungen erzeugen, werden sogenannte „stromkompensierte Ringkerndrosseln" eingesetzt. Diese Drosseln sind ebenfalls lineare Drosseln, weil deren Wicklungen so angeschaltet werden, daß sich die vom Betriebsstrom verursachten magnetischen Felder im Kern nahezu kompensieren. Durch die hohe Werkstoffpermeabilität des verwendeten SIFERRIT-Kernes haben diese Drosseln eine hohe Induktivität für die unsymmetrische Störkomponente bei sehr günstigen Abmessungen. In manchen Fällen läßt sich anstelle einer linearen Entstördrossel, die vom Betriebsstrom durchflossen wird, auch vorteilhaft eine Schutzleiterdrossel (Ringkern) verwenden, die in den Schutzleiter eingeschaltet ist und somit nur durch den Ableitstrom belastet wird. Für die Funk-Entstörung von Halbleiter-Schaltkreisen (Thyristoren, Triacs) bestehen Funk-Entstördrosseln, die sich von anderen Drosselbauformen wesentlich unterscheiden. Durch Spezialmaterial haben diese Ringkerndrosseln eine nicht lineare Abhängigkeit der Induktivität von der Aussteuerung. Die Halbleiterschalter können mit diesen Drosseln entstört werden, ohne daß eine schädliche Rückwirkung von dem Entstörglied auf die Funktion des Schaltkreises entsteht.

Speziell für Funk-Entstörungen im HF- und VHF-Bereich eigenen sich Drosseln mit nur kleinen Induktivitäten von 1 µH zu einigen hundert µH. Durch die besondere Auswahl des SIFERRIT- bzw. SIRUFER-Kern-Werkstoffes wird eine besonders gute Entstörwirkung erreicht. In der *Abb. 2.2.2 B-25* ist der Scheinwiderstandsverlauf verschiedener UKW-Drosseln gezeigt.

Abb. 2.2.2 B-25
Scheinwiderstände von UKW-Drosseln

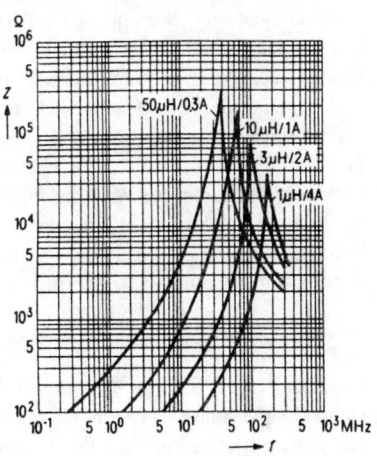

2 Mechanik der Elektronik

b) Entstörschaltungen

Funkstörspannungen auf Leitungen werden durch einen der Störquelle nachgeschalteten HF-Spannungsteiler nach *Abb. 2.2.2 B-26* herabgesetzt.
Einfachstes Entstörmittel ist ein Kondensator; er wird jedoch nur dann wirksam, wenn der HF-Innenwiderstand Z_i gegenüber dem Scheinwiderstand der Kapazität C genügend groß ist. Bei vielen Störquellen (z. B. mechanische und elektronische Schalter) ist der Innenwiderstand zu klein und muß künstlich durch eine Funk-Entstördrossel erhöht werden. Eine Entstörschaltung mit einer Drossel allein ist nur dann sinnvoll, wenn ihr Scheinwiderstand hinreichend groß ist gegenüber dem Netznachbildwiderstand R_N.

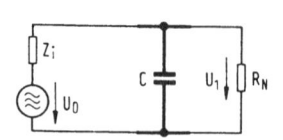

Begrenzung der Funkstörspannung
mit einem Kondensator

Abb. 2.2.2 B-26

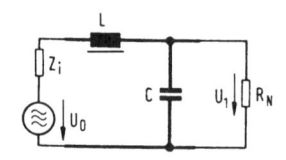

Begrenzung der Funkstörspannung
mit Kondensator und Drossel

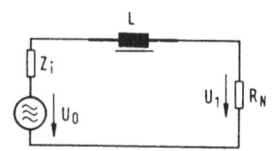

Begrenzung der Funkstörspannung
mit einer Drossel

U_0 = Urspannung
U_1 = Klemmenspannung
Z_i = HF-Innenwiderstand
R_N = HF-Netznachbildwiderstand
Um den Einfluß des hochfrequenten Netzwiderstandes zu erfassen, einigte man sich international (CISPR) auf einen Wert von R_N = 150 Ω für den Frequenzbereich von 0,15 ... 30 MHz.
C = Entstörkondensator
L = Entstördrossel

c) Bedämpfte UKW-Drosseln (RL-Glieder)

Für die Funk-Entstörung von elektrischen Hausgeräten, elektrischen Werkzeugen und ähnlichen Geräten müssen zur Vermeidung der Funkstörung im HF- und VHF-Bereich Drosseln mit Induktivitäten von einigen μH verwendet werden. Diese Drosseln können trotz guter Absenkungen der Störungen im VHF-Bereich zu ausgeprägten Resonanzerhöhungen der Störspannungen im Mittel- und Kurzwellenbereich führen. Das Ansteigen der Störspannung beruht auf der Wirkung eines Resonanzkreises, der sich aus der Induktivität der UKW-Drossel und gegen Erde bzw. Masse wirksamen Streukapazitäten der Störquelle bildet. Diese parasitären Kapazitäten der Störquelle sind durch Aufbau und Konstruktion der Störquelle gegeben und lassen sich nicht beeinflussen. Das unerwünschte Ansteigen der Störspannung läßt sich wirkungsvoll durch Verwendung bedämpfter UKW-Drosseln (RL-Glieder) anstelle normaler, verlustarmer UKW-Drosseln vermeiden. Die bedämpfte UKW-Drossel hat in dem Frequenzbereich, in welchem sich die Resonanz bilden kann, so hohe Verluste, daß eine Resonanzüberhöhung nicht auftritt.

d) Scheinwiderstand eines Serien-Parallel-Schwingkreises mit einer bedämpften UKW-Drossel

In der *Abb. 2.2.2 B-27* ist ein vereinfachtes Ersatzschaltbild eines funkentstörten Motors dargestellt. Die parasitäre Kapazität C_p besteht in der Praxis aus vielen Teilkapazitäten, die sich zwischen den UKW-Drosseln, ihren Verbindungsleitungen, den Bürsten, dem Läufer und der

Wicklung des Läufers gegen das HF-Bezugspotential (z. B. Blechpaket der Feldwicklung) ausbilden. Die parasitäre Kapazität beträgt etwa 10 bis 60 pF. Sie ist damit wesentlich kleiner als die Eigenkapazität C_F der Feldwicklung und bestimmend für die Resonanzfrequenz.

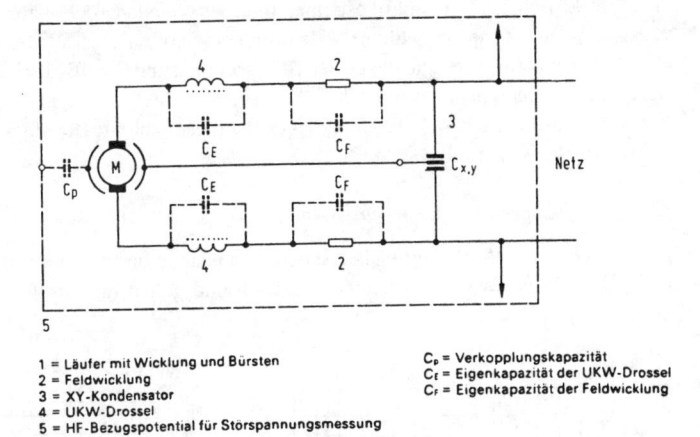

Abb. 2.2.2 B-27
Ersatzschaltbild eines funkentstörten, geerdeten Motors

1 = Läufer mit Wicklung und Bürsten
2 = Feldwicklung
3 = XY-Kondensator
4 = UKW-Drossel
5 = HF-Bezugspotential für Störspannungsmessung

C_P = Verkopplungskapazität
C_E = Eigenkapazität der UKW-Drossel
C_F = Eigenkapazität der Feldwicklung

Die UKW-Drossel bildet mit der parasitären Kapazität einen Serienschwingkreis. Die Eigenkapazität C_E der UKW-Drossel ist um über eine Größenordnung kleiner als die parasitäre Kapazität und liegt parallel zur Drossel. Die Ersatzschaltung, mit der die Wirkung der UKW-Drossel in einem funkentstörten Motor von diesem getrennt dargestellt werden kann, ist ein Serien-Parallel-Schwingkreis, entsprechend der *Abb. 2.2.2 B-28*. Dieses Bild zeigt außerdem den charakteristischen Kurvenverlauf des Scheinwiderstandes eines derartigen Schwingkreises, bei dem einmal eine unbedämpfte UKW-Drossel und ein anderes Mal eine bedämpfte UKW-Drossel eingesetzt wurde.

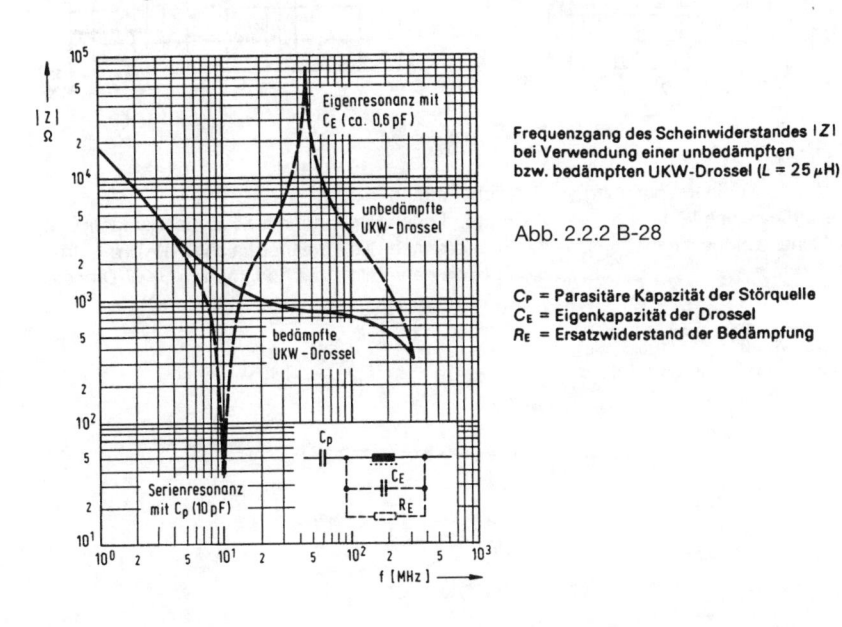

Frequenzgang des Scheinwiderstandes $|Z|$ bei Verwendung einer unbedämpften bzw. bedämpften UKW-Drossel ($L = 25\,\mu H$)

Abb. 2.2.2 B-28

C_P = Parasitäre Kapazität der Störquelle
C_E = Eigenkapazität der Drossel
R_E = Ersatzwiderstand der Bedämpfung

2 Mechanik der Elektronik

e) Einfluß der bedämpften UKW-Drossel auf die Frequenzabhängigkeit der Störspannung

Der Anstieg der Störspannung im Frequenzgebiet zwischen 1 MHz und 30 MHz, der bei Verwendung normaler UKW-Drosseln entstehen kann, zeigt die *Abb. 2.2.2 B-29* am Beispiel einer elektrischen Handbohrmaschine mit verschiedenen Entstörschaltungen. Bei guter Absenkung der Störleistung ab 30 MHz durch eine normale UKW-Drossel tritt bei etwa 7 MHz eine Resonanz auf, die den Pegel der Störspannung um 14 dB über den N-Grad anhebt. Bei Verwendung einer bedämpften UKW-Drossel tritt diese Resonanzüberhöhung nicht auf, die Entstörwirkung im UKW-Bereich ist dagegen ebenso gut wie die einer normalen, verlustarmen UKW-Drossel.

f) Eigenresonanzen von UKW-Drosseln

In den *Abb. 2.2.2 B-30a* und *b* sind Scheinwiderstände und Eigenresonanz von UKW-Drosseln angegeben. Diese Werte sind bauartspezifisch und gelten hier als Anhaltswerte für praktische Überlegungen.

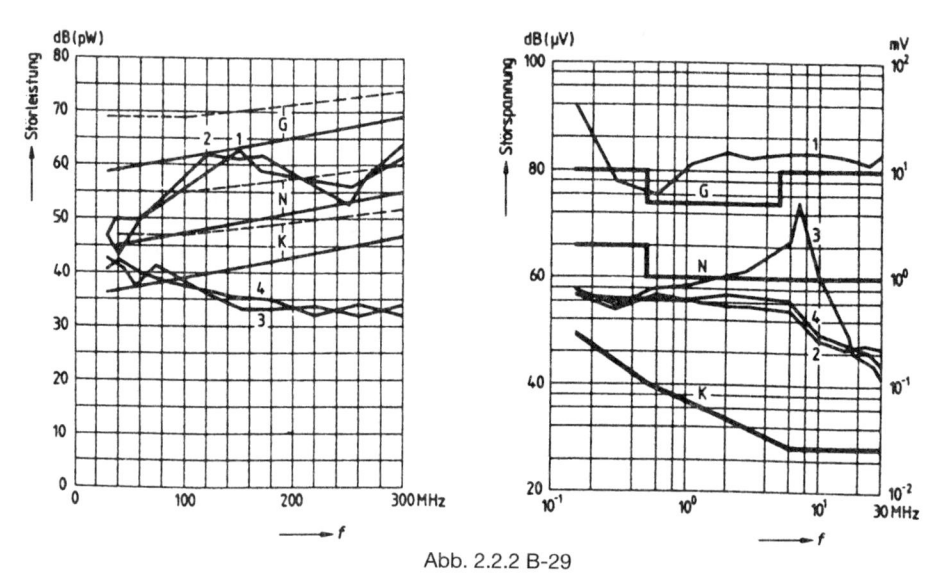

Abb. 2.2.2 B-29

Frequenzgang der Funkstörspannung $|U_{st}|$ und der Störleistung $|P_{st}|$ am Beispiel einer elektrischen Handbohrmaschine.

1 – Nicht entstört
2 – Entstört nach Bild 1 nur mit XY-Kondensatoren
3 – Entstört nach Bild 1 mit normalen UKW-Drosseln
4 – Entstört nach Bild 1 mit bedämpften UKW-Drosseln

Gestrichelte Kurven:
Grenzwerte nach VDE 0875/7.71, gültig bis zum Ablauf der Übergangsfrist gemäß § 1 b.

2.2 Besondere elektronische Baugruppen

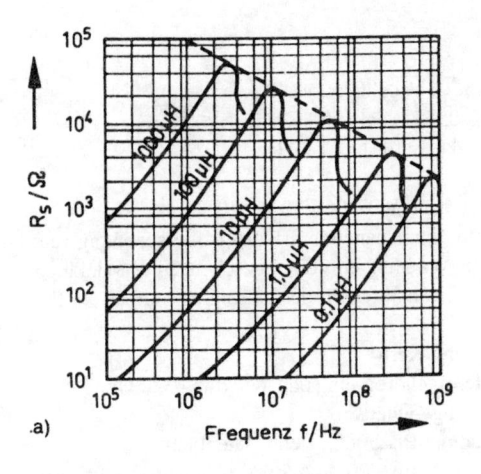

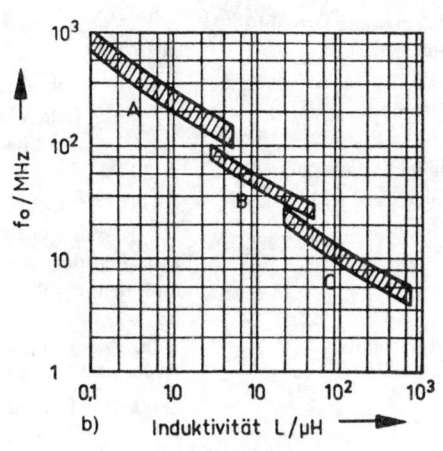

a) Scheinwiderstand R_s in Abhängigkeit von der Frequenz f und der Spuleninduktivität L

b) Eigenresonanz f_0 in Abhängigkeit von der Spuleninduktivität L für Isolierstoffkern A, Eisenpulver- und Ferritkern einlagig B, Eisenpulver- und Ferritkern mehrlagig C

Abb. 2.2.2 B-30 a/b

g) Stabkerndrosseln

Allgemeine technische Angaben

Stabkerndrosseln werden zur Bedämpfung sowohl von symmetrischen als auch unsymmetrischen Störspannungen eingesetzt. Sie zeichnen sich durch eine weitgehende Unabhängigkeit der Induktivität von der Betriebsstromvormagnetisierung aus. Die geringe Eigenkapazität der Wicklungen wird erreicht durch eine in Kammern unterteilte Runddrahtwicklung bzw. durch eine einlagige Hochkantwicklung.
Stabkerndrosseln sind zum überwiegenden Teil mit einem Kern aus FeSi-Blechen aufgebaut. Als Wicklungsträger wird ein Spulenkörper aus Kunststoff eingesetzt.
Entsprechend der Anzahl ihrer Wicklungen sind die Drosseln als Einfach- oder Zweifachdrosseln ausgelegt, wobei die Anschlüsse teils frei herausgeführt und teils mit Anschlußelementen versehen sind. Für die Montage der Drosseln sind einfache Befestigungsmöglichkeiten vorgesehen. Es stehen für den Einbau in gedruckte Schaltungen auch Bauformen in vergossener Ausführung mit Anschlußstiften im Rastermaß zur Verfügung:

Technische Daten
Vorschriften   Die Drosseln entsprechen der Bestimmung VDE 0565-2.

Unvergossene Drosseln
IEC-Klimakategorie   40/110/21
                      Ausnahmen: B82503-U-A (40/125/56)
                                   B82523-T-A (40/125/56)
DIN-Anwendungsklasse   GLF (– 40 bis + 110 °C, Feuchteklasse F)
                      Ausnahmen: B82503-U-A (GKC)
                                     B82523-T-A (GKC)
                      (– 40 bis + 125 °C, Feuchteklasse C)

Vergossene Drosseln

IEC-Klimakategorie	40/125/56
DIN-Anwendungsklasse	GKC (– 40 bis + 125 °C, Feuchteklasse C)
Nenninduktivität	gemessen nach VDE 0565-2 bei 160 kHz für $L \leq 1$ mH
	bei 16 kHz für $L > 1$ mH
Induktivitätstoleranz	$\pm 20\,\%$
Gleichstromwiderstand	Richtwerte, gemessen nach VDE 0565-2 bei 20 °C
Nennspannung	Die jeweils genannte Nennspannung ist die Isolierspannung, die zwischen den beiden Wicklungen oder zwischen einer Wicklung und den berührbaren Metallteilen betriebsmäßig auftritt (VDE 0565-2).
Prüfspannung	2800 V~, 2 s (Wicklung/Kern bei Mehrfachdrosseln auch Wicklung/Wicklung)
	2800 V~, 2 s (Wicklung/Gehäuse)
	Ausnahme: B82500..., siehe Datenblatt.
Nennstrom	je nach Bauform 0,1 A ⋍ bis 700 A–/550 A ~ bezogen auf 50 Hz und 40 bzw. 60 °C Raumtemperatur.
	Betriebsstrom bei 400 Hz: siehe Datenblätter

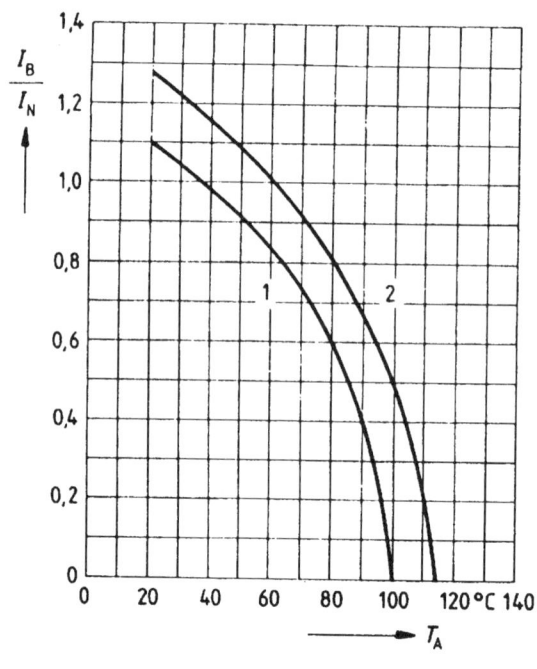

Abb. 2.2.2 B-31
Zulässiger Betriebsstrom I_B in Abhängigkeit von der Umgebungstemperatur T_A

Kurve 1
Drossel, unvergossene Ausführung (Nennstrom auf $T_A = 40$ °C bezogen)

Kurve 2
Drossel, vergossene Ausführung (Nennstrom auf $T_A = 60$ °C bezogen)

2.2 Besondere elektronische Baugruppen

Stabkerndrosseln – Kennzeichnung der Anschlüsse und Schaltungen der Drosseln

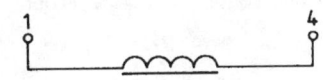

Einfachdrossel

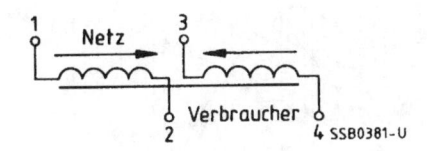

Zweifachdrossel
wirksam für **unsymmetrische** Störspannung
1 und 3 mit dem Netz,
2 und 4 mit dem Verbraucher verbinden

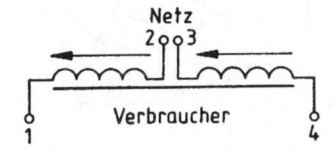

Zweifachdrossel
wirksam für **symmetrische** Störspannung
2 und 3 mit dem Netz,
1 und 4 mit dem Verbraucher verbinden

Zweifachdrossel
(bei **Verwendung als Einfachdrossel**)
2 und 3 kurz miteinander verbinden,
Zwischen 1 und 4 liegt dann ca. das 3fache
der Induktivität der Einzelwicklung

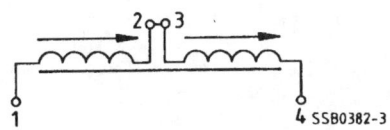

Abb. 2.2.2 B-32

Abb. 2.2.2 B-33 zeigt folgende Bauformen:
1 Stabkerndrossel – 2fach 2 x 220 µH; 0,13 Ω; 4 A.
2 Ringkerndrossel, stromkompensiert 2 x 13 mH; 0,3 A.
2 (unten) Ringkerndrossel 40 µH; 3 A.
3 Ringkerndrossel, stromkompensiert 2 x 20 µH; 1 A.
3 (unten) Ringkerndrossel 50 µH; 1,5 A.

Abb. 2.2.2 B-33

2 Mechanik der Elektronik

Nähere Angaben siehe auch Abschnitt 3.5. Die folgenden Diagramme *2.2.2 B-34* zeigen den typischen Verlauf von Z von der Siemens Baureihe B82500-C und B82502-W-C. Die letztere Kurve entspricht etwa der Bauform „1" in Abb. 2.2.2 B-33.

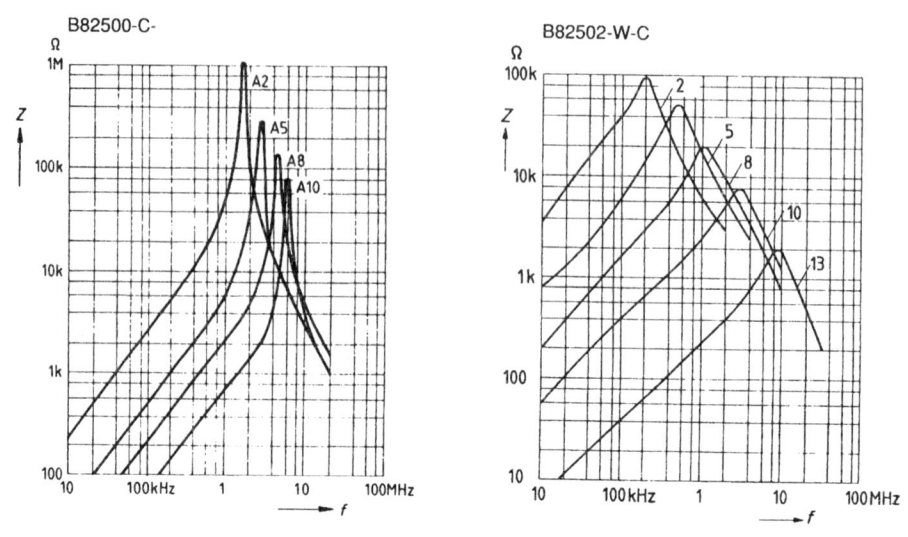

Abb. 2.2.2 B-34
Stabkerndrosseln Scheinwiderstand Z in Abhängigkeit von der Frequenz f (Richtwerte)

h) Stromkompensierte Ringkerndrosseln

Allgemeine technische Angaben

Aufbau und Funktion der in Abb. 2.2.2 B-33 gezeigten Bauform geht aus *Abb. 2.2.2 B-35* hervor.

2.2 Besondere elektronische Baugruppen

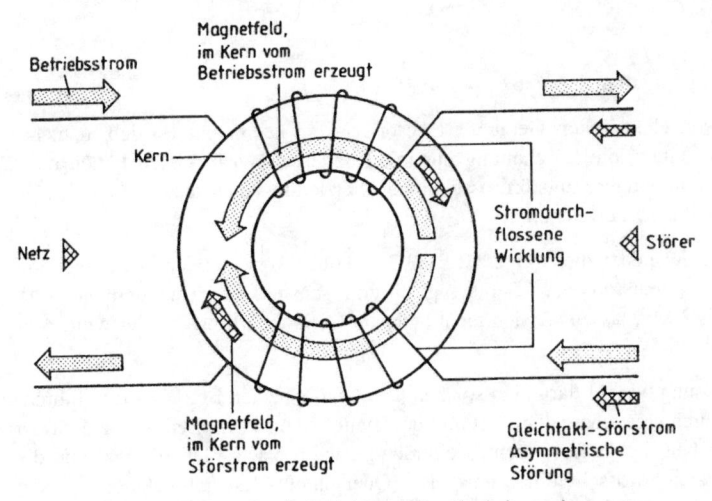

Abb. 2.2.2 B-35 Aufbau am Beispiel einer Zweifachdrossel

Stromkompensierte Drosseln mit Ferritkern wirken nur dann, wenn die Summe aller Betriebsströme durch die Drossel – vorzeichenrichtig addiert – Null ergibt.
Kompakt aufgebaute Geräte der Elektrotechnik und Elektronik erzeugen überwiegend Gleichtaktstörungen.
Um die im Hinblick auf die Sicherheitstechnik (Begrenzung des Ableitstromes und damit Begrenzung der Kapazität der Y-Kondensatoren) geforderten Grenzwerte einhalten zu können, ist der Einsatz von Drosseln mit großer asymmetrisch wirksamer Induktivität notwendig.
Hierzu eignen sich besonders stromkompensierte Ringkerndrosseln nach dem Schema 2.2.2 B-36, bei denen durch eine spezielle Wicklungsanordnung der Kern durch den Betriebsstrom nicht gesättigt wird.
Dadurch ist es möglich, hochpermeable Ringkerne einzusetzen, so daß große Induktivitäten pro Wicklung erreicht werden. Bei stromkompensierten Zweifachdrosseln mit Ferritkern wirkt auf asymmetrische Störungen die volle Induktivität.
Auf den Betriebsstrom wirkt lediglich die Streuinduktivität (Größenordnung 1 % des Nennwertes) und der ohmsche Widerstand, der in der Regel gering ist. Entsprechend ist die Entstörwirkung der stromkompensierten Drosseln gegenüber Gegentaktstörungen relativ gering. Eine zusätzliche Kombination mit symmetrisch angeschalteten Kondensatoren oder Pulverkerndrosseln ist deshalb in vielen Fällen notwendig.

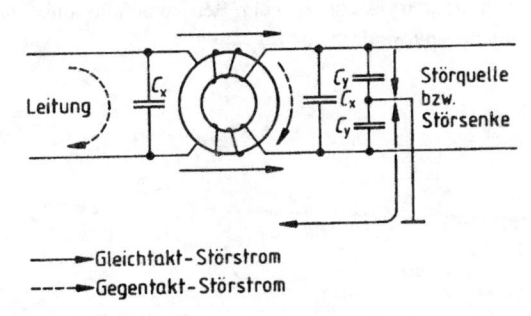

Abb. 2.2.2 B-36 Schaltungsaufbau eines Entstörfilters mit stromkompensierter Drossel

i) Schutzleiterdrosseln

Allgemeine technische Angaben

Bei der Entstörung von elektrischen Geräten ist besonders bei geerdetem Betrieb, d. h. bei Anschluß eines Schutzleiters, die Beschaltung nur mit Kondensatoren in vielen Fällen nicht mehr ausreichend. Man muß daher Entstördrosseln in die Netzleitungen einsetzen, um eine ausreichende Spannungsteilung zu erreichen.

Diese Entstördrosseln, siehe dazu die Abb. 2.2.2 B-33 2 u. 3 oben, werden bei hoher aufgenommener Leistung des zu entstörenden Gerätes groß und schwer. Bei Handgeräten, z. B. Elektrowerkzeugen bis 1 kW, lassen sie sich nicht mehr im Gerät unterbringen oder würden es unhandlich machen.

Eine zweckmäßige Lösung besteht darin, bei solchen Geräten die beiden Betriebsstrom führenden Entstördrosseln durch eine einzige Drossel im Schutzleiter zu ersetzen. Bedingung dafür ist jedoch, daß die Sicherheit des Gerätes nicht beeinträchtigt wird. Nach VDE 0565-2 muß die Wicklung der Schutzleiterdrossel mindestens den Querschnitt des Schutzleiters haben; außerdem muß der Spannungsabfall bis zum 4fachen Nennstrom kleiner als 4 V sein. Die Sicherheit gegen falsche Anwendung und Verwechslung wird dadurch erhöht, daß nur 4 Leiterquerschnitte und damit 4 verschiedene Stromstärken zugelassen sind.

Nennstrom A	Leiterquerschnitt Kupfer mm^2
16	1,0
20	1,5
27	2,5
36	4,0

Im Normalbetrieb wird die Schutzleiterdrossel nur vom Ableitstrom durchflossen ($\leq$ 3,5 mA). Wegen der dadurch bedingten geringen Vormagnetisierung ist es möglich, geschlossene Kerne (Ringkerne aus Ferrit) mit hoher Permeabilität zu verwenden. Hierdurch erreicht man besonders kleine Bauformen. Bei Strömen > 3,5 mA beginnt bereits die Sättigung.

Gemäß Erläuterungen zu der VDE-Bestimmung 0875 ist zu beachten: Bei Geräten mit Schutzleiterdrosseln, die beim Betrieb zufällig mit Erde in Verbindung kommen, ist die Drossel unwirksam, weil sie überbrückt wird.

2.2 Besondere elektronische Baugruppen

Daten von Schutzleiterdrosseln (Leiterquerschnitt bis 4 mm^2) Siemens Matsushita Components

Ferrit-Ringkerndrosseln mit einer Wicklung aus Kupferlackdraht, ohne Umhüllung.

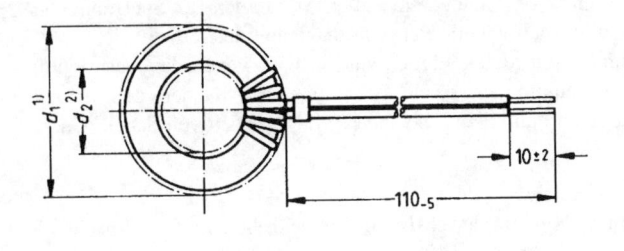

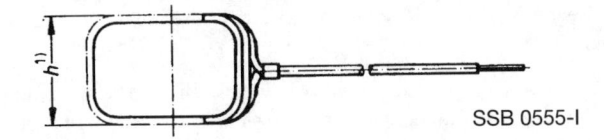

SSB 0555-I

^{1}) max.
^{2}) min.

Bauform	d_1	d_2	h
B82302-A-A2	45	10	20
B82302-A-A3	42	12	18
B82302-A-A4	44	10	20
B82302-A-A5	22	5	18

Technische Daten

Obere Grenztemperatur	+ 100 °C
Vorschriften	Die Drosseln entsprechen den Bestimmungen nach VDE 0565-2
Prüfzeichen	⟨VDE 565-2⟩

Bauformen

Nennstrom A	Nenninduktivität mH	Leiterquerschnitt mm^2	Gewicht ≈ g
16	1,2	1	20
20	4,3	1,5	60
27	1,6	2,5	65
36	1,6	4	75

j) UKW-Drosseln (Siemens Matsushita Components)

Bauformen und Anwendung

UKW-Drosseln dienen zur Entstörung von Kleingeräten aller Art, ferner zur Sperrung von Hochfrequenz und zur Entkopplung in Nachrichten-, Fernseh- und Rundfunkgeräten.
Die Serienschaltung von Drosseln verschiedener Eigenfrequenzen ist wegen der Ausbildung störender Serienresonanz nicht zu empfehlen, da in dem Bereich zwischen den beiden Eigenfrequenzen die eine Drossel einen induktiven, die andere einen kapazitiven Scheinwiderstand aufweist.

Folgende Ausführungsformen sind lieferbar:
- **UKW-Drosseln mit Ferrit- bzw. Karbonyleisen-Kern** mit beidseitig axialen Anschlußdrähten und Isolierumhüllung.
- **UKW-Drosseln mit 6-Loch-Ferrit-Kernen** mit beidseitig axialen Anschlußdrähten nicht umhüllt oder mit Isolierumhüllung.

Diese Bauform wird bevorzugt zur breitbandigen Entstörung von elektrischen Maschinen und Geräten im HF- und VHF-Bereich und zur Verminderung der Störstrahlung von Rundfunk- und Fernsehempfängern eingesetzt. Der magnetisch geschlossene Kern, dessen Vorteil in einem geringen äußeren Streufeld liegt, bedingt eine erhöhte Abhängigkeit der Induktivität der Drossel von der Strombelastung.

Beim Einbau von UKW-Drosseln ist generell zu beachten:

Zum Abbiegen der Anschlußdrähte ist darauf zu achten, daß die Biegestelle **mindestens 3 mm** von der Stirnseite des Drosselkerns entfernt liegt und hierbei die Anwicklung mechanisch nicht belastet wird.

Technische Daten

Prüfspannung	2500 V ~, 1 min. (Spannungsfestigkeit der Isolierung)
Induktivitätstoleranz	± 20 %
IEC-Klimakategorie	55/125/56
DIN-Anwendungsklasse	FKF (–55 bis +125 °C, Feuchteklasse F)
Kennzeichnung	Klartext

Strombelastbarkeit $\frac{I_B}{I_N}$
In Abhängigkeit von der Umgebungstemperatur T_A

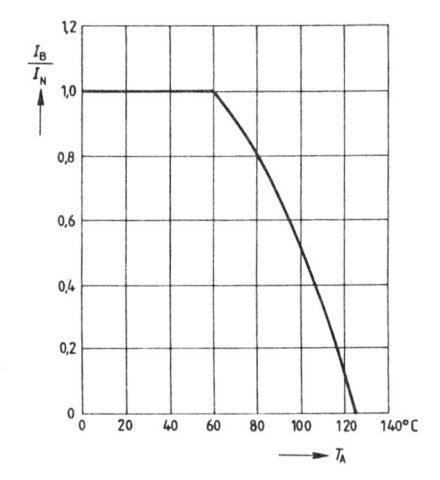

2.2 Besondere elektronische Baugruppen

UKW-Drosseln mit Ferritkern   **Nennspannung 500 V ≂ Nennstrom 0,1 bis 6 A**

UKW-Drossel, mit einlagiger Wicklung und Zylinderkern aus Ferrit mit axialen Anschlußdrähten und Isolierumhüllung.

Beim Abbiegen der Anschlußdrähte ist darauf zu achten, daß die Biegestelle **mindestens 3 mm** von der Stirnseite des Drosselkerns entfernt liegt und hierbei die Anwicklung mechanisch nicht belastet ist.

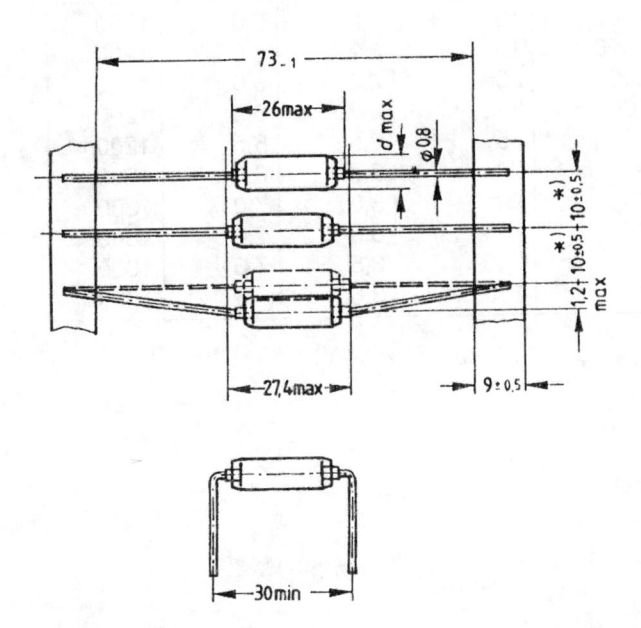

∗) Toleranz über 10 Schritte ± 2mm

Technische Daten

Nenninduktivität	7 bis 1200 µH
	Meßfrequenz 1 MHz für $L \leq 10$ µH
	100 kHz für $L > 10$ µH bis $L = 1000$ µH
	10 kHz für $L > 1000$ µH
Nennstrom	bezogen auf 60 °C Umgebungstemperatur
Gleichstromwiderstand	gemessen bei 20 °C
Prüfspannung	2500 V~, 1 min. (Spannungsfestigkeit der Isolierung)
Induktivitätstoleranz	± 20 %
IEC-Klimakategorie	55/125/56
DIN-Anwendungsklasse	FKF (− 55 bis + 125 °C, Feuchteklasse F)
Kennzeichnung	Klartext
Prüfzeichen	565-2

Bauformen

Nenn-strom A	Nenn-induktivität μH	Kaltwiderstand bei + 20 °C Richtwert mΩ	Erste Resonanzfrequenz Richtwert MHz	Gewicht ≈ g	Abmessung d_{max} mm	VE
0,1	1200	34000	16	2,2	6,0	1200
0,2	680	14000	19	2,2	6,0	1200
0,3	470	6500	25	2,3	6,0	1200
0,5	220	2600	32	2,3	6,5	1200
1	100	650	55	2,5	6,5	1200
1,5	56	300	70	2,7	6,5	1200
2	40	180	90	3,0	7,0	1200
3	22	70	110	3,3	7,0	1000
4	12	40	140	3,5	7,6	1000
6	7	20	180	3,6	7,5	1000

Scheinwiderstand Z in Abhängigkeit von der Frequenz f (Richtwerte)

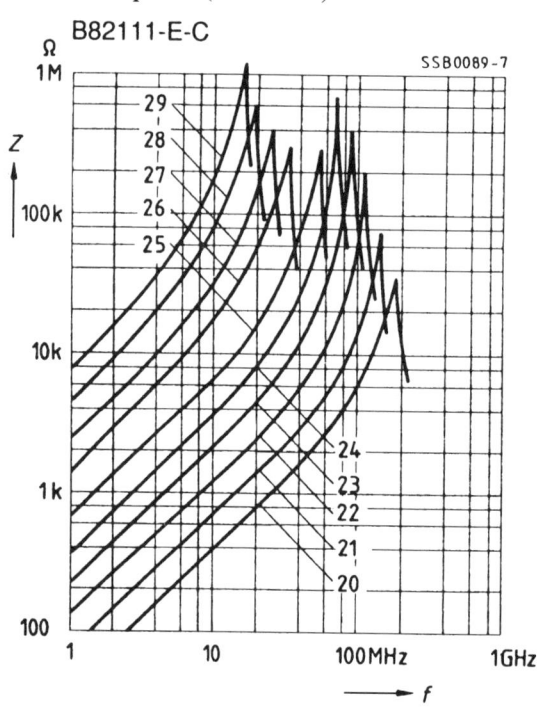

B82111-E-C

UKW-Drosseln mit runden Sechsloch-Ferrit-Kernen

Nennspannung 500 V $\backsim^1$)
Nennstrom max. 1 A

UKW-Drosseln aus einem Ferritkern mit 6 axialen Bohrungen, durch die die Wicklung geführt ist, mit und ohne Isolierumhüllung. Die Auswahl des Kernmaterials wurde so getroffen, daß in dem interessierenden Frequenzbereich zwischen 50 und 200 MHz jeweils höchste Scheinwiderstände erreicht werden. Um Windungsschlüsse auszuschließen, ist über die mittlere Schlaufe ein Isolierschlauch geschoben.

Bauform B82114-R-A ... ▣ (ohne Isolierumhüllung)

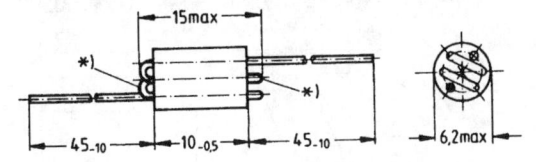

Bauform B82114-R-C ... (mit Isolierumhüllung)

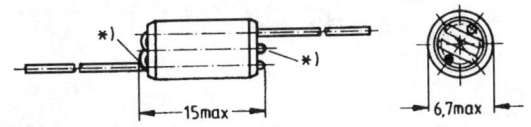

*) Isolierschlauch

Drahtdurchmesser 0,5 $^{+\,0,15}$ mm (verzinnt)

Anwendung: z.B. zur breitbandigen Entstörung von elektrischen Maschinen und Geräten im HF- und VHF-Bereich, und zur Verminderung der Störstrahlung von Rundfunk- und Fernsehempfängern.

Technische Daten

Prüfspannung	2500 V~, 1 min. (nur bei isolierter Bauform)
Nennstrom	max. 1 A
Gewicht	≈ 1,3 g
Vorschriften	Die Entstördrosseln entsprechen den Bestimmungen nach VDE 0565-2
Prüfzeichen	⚠ 565-2

Ausführung	Ohne Umhüllung	mit Isolierumhüllung
IEC-Klimakategorie	55/120/21	25/080/21
DIN-Anwendungsklasse	FZF – 55 bis + 120 °C	HQF – 25 bis + 80 °C Feuchteklasse F

[1]) nur bei Bauform mit Isolierumhüllung

Bauformen

Resonanzfrequenz f_R MHz	Scheinwiderstand Z bei f_R Ω	Kennfarbe	Windungszahl
60	900	braun	2,5
100	800	grün	

Scheinwiderstand Z in Abhängigkeit von der Frequenz f
I_v: Vormagnetisierungs-Gleichstrom

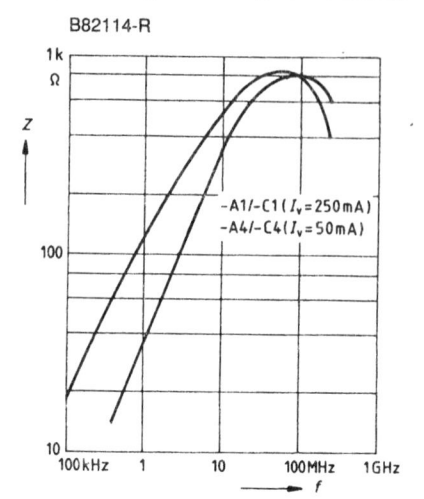

B82114-R

B 4 Entstörfilter

a) Filterschaltung und Leitungsimpedanz

Entstörfilter sind nahezu immer als reflektierende Tiefpaßfilter aufgebaut, d. h. sie erreichen dann ihre höchste Sperrdämpfung, wenn sie einerseits an die Impedanz der Störquelle bzw. der Störsenke und andererseits an die Impedanz der Leitung fehlangepaßt sind. Mögliche Filterschaltungen bei verschiedenen Impedanzen der Leitung bzw. der Störquelle und Störsenke zeigt die *Abb. 2.2.2 B-37*.

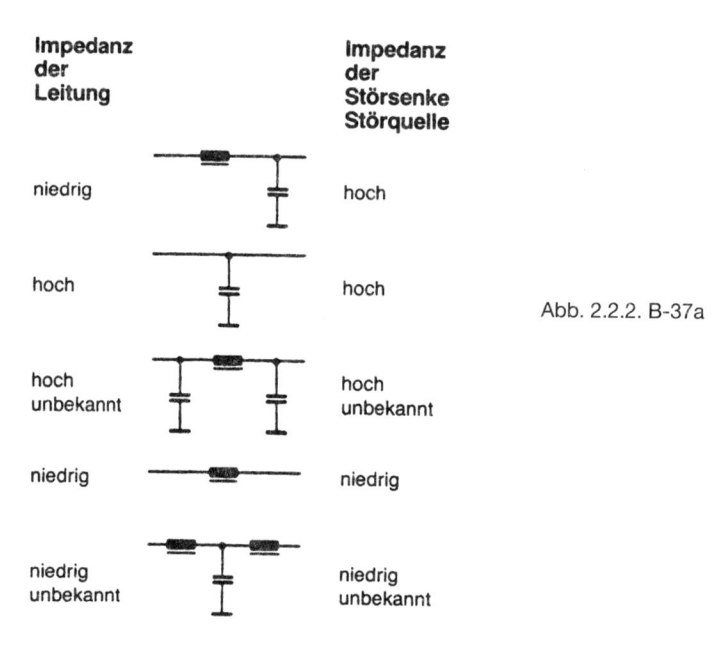

Impedanz der Leitung		Impedanz der Störsenke Störquelle
niedrig		hoch
hoch		hoch
hoch unbekannt		hoch unbekannt
niedrig		niedrig
niedrig unbekannt		niedrig unbekannt

Abb. 2.2.2. B-37a

Um Filterschaltungen optimal aufbauen zu können und wirtschaftliche Lösungen zu ermöglichen, ist also die Kenntnis der Innenimpedanzen notwendig.

Aus Berechnungen und umfangreichen Messungen sind die Innenimpedanzen der in Betracht kommenden Leitungsnetze bekannt. Nicht bekannt oder nur unzureichend bekannt sind in den meisten Fällen die Impedanzen der Störquellen bzw. der Störsenken.

Zur Dimensionierung der geeigneten Filterschaltung ist daher stets die Meßtechnik notwendig.

b) Zulässiger Ableitstrom

Für die zu entstörenden Geräte sind zumeist in den einschlägigen VDE-Bestimmungen die Ableitströme genannt. Sollte dies nicht der Fall sein, so gelten die in VDE 0875 genannten Werte. Danach darf bei *orsveränderlichen* Geräten ein Ableitstrom von 0,75 mA nicht überschritten werden. Es dürfen für solche Störquellen daher nur Entstörfilter mit unsymmetrischen Kapazitäten bis 2 x 2500 pF (Y), bei doppelpoliger Abschaltung bis 2 x 5000 pF (Y), verwendet werden.

Bei *ortsfesten* Geräten mit Steckanschluß ist ein maximaler Ableitstrom von 3,5 mA zulässig. Für diese Störquellen können also Entstörfilter mit max. 2 x 0,035 μF (Y) eingesetzt werden. Diese Angaben beziehen sich auf eine Netzfrequenz von 50 Hz.

c) Beispiele für Filter und Störer

Entstörfilter sind in fast allen Fällen mit Stabkerndrosseln oder mit stromkompensierten Drosseln ausgerüstet. Um für die jeweilige Entstörforderung die wirtschaftlichste Lösung zu finden, ist es notwendig, anhand von Störspannungsmessungen das für den Anwendungsfall günstigste Filter auszuwählen.

Im folgenden sind einige Gesichtspunkte für die Auswahl der Filterbauformen in Abb. 2.2.2 B-38 genannt. Mit Kondensatorseite ist hier die Seite bezeichnet, auf welcher die unsymmetrischen, gegen Masse geschalteten Kapazitäten liegen. Die Entstörfilter eignen sich für Geräte, bei denen sowohl eine Absenkung der Störspannung als auch ein wirksamer Schutz gegen Einzelimpulse aus dem Starkstromnetz erforderlich ist.

Dies ist besonders wichtig bei elektronischen Geräten, da Impulse zu einem Fehlverhalten solcher Geräte führen können.

d) Funk-Entstörfilter für elektronische Anlagen

Bei der Installation von elektronischen Anlagen, so zum Beispiel von elektronischen Datenverarbeitungsanlagen oder von elektronischen Steuerungen, sind Funkentstörfilter unentbehrlich.

Es dürfen weder die zum Funktionieren einer Maschine erforderlichen noch die unbeabsichtigt erzeugten Hochfrequenzströme in das Versorgungsnetz eindringen, weil sie dort benachbarte Anlagen stören könnten. Außerdem müssen die elektronischen Anlagen selbst vor hochfrequenten Störungen aus dem Versorgungsnetz geschützt werden.

Man unterscheidet: Sammelentstörung und Einzelentstörung.

Bei der **Sammelentstörung** – abb. 2.2.2 B-37b – faßt man Netzzuleitungen aller Anlagenteile zusammen und beschaltet sie mit einem für den Gesamtstrom ausgelegten Funk-Entstörfilter. Zur Vermeidung von Überkopplungen müssen die Netzleitungen der Einzelgeräte bis zur Einführung in die Anschlußeinheit und die Leitung von der Anschlußeinheit zum Entstörfilter lückenlos geschirmt sein. Als Entstörfilter für die Sammelentstörung eigenen sich die 80/100-dB-Typen.

2 Mechanik der Elektronik

I, II, III, IV, V wie in Abb.-b.
1, 2, 3, 4 Einbau-Entstörfilter

Abb. 2.2.2 B-37 c Einzelentstörung

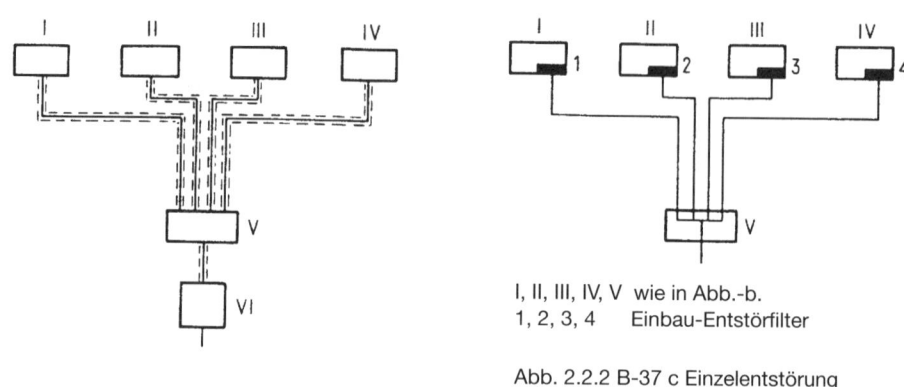

I, II, III, IV Elektronische
   Einzelgeräte
V Anschlußeinheit
VI Funk-Entstörfilter
   für Gesamtstrom von
   I bis IV
   Abschirmung

Abb. 2.2.2 B-37 b Sammelentstörung

Das Prinzip der **Einzelentstörung** veranschaulicht Abb. 2.2.2 B-37c. In jede Einheit der Anlage ist ein Funk-Entstörfilter fest eingebaut, das die Störspannung der Netzleitungen auf den erforderlichen Funkentstörgrad absenkt. Im Gegensatz zur Sammelentstörung ist auch eine Beeinflussung innerhalb der Einzelgeräte unterbunden. Da die Schirmung der Netzleitungen entfallen kann, ist die Einzelentstörung in vielen Fällen die technisch günstigere Lösung der Entstör- und Beeinflussungsprobleme.

Die Entstörfilter im Kunststoffgehäuse sind mit einer stromkompensierten Mehrfachdrossel als Längsglied und mit großen Kapazitäten zwischen den Phasen und dem Mittelleiter aufgebaut. Dadurch können bei den Zweileiterfiltern die Kondensatoren von der Phasenleitung gegen Masse und bei den Drehstromfiltern die Kondensatoren vom Mittelleiter gegen Masse klein gehalten werden.

Störer-Beispiele
Motoren mit aufgeteilten Wicklungen
Leuchtstofflampen

Störquelle mit hoher unsymmetrischer Störspannung

Netz
SL

Störer-Beispiele
Geräte, Motoren und Kontakte
Waschmaschinen
Klein-Computer
Offset- und Kopiergeräte

Störquelle mit symmetrischer und unsymmetrischer Störspannung

Netz
SL

Störer-Beispiele
Geräte mit direkt herausgeführten Kontaktleitungen

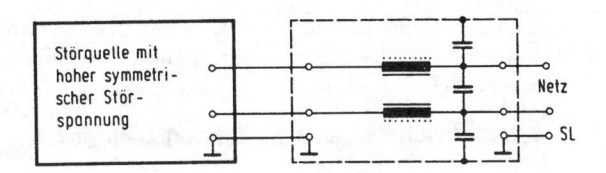

Abb. 2.2.2 B-38

e) Montage der Entstörfilter

Bei den Filtern, bei denen die unsymmetrischen Kapazitäten gegen das Filtergehäuse geschaltet sind, soll die Befestigung direkt an der Masse (Gehäuse) des zu entstörenden Gerätes erfolgen, d. h. entweder müssen die Metallteile auf der blanken Masser der Störquelle aufliegen oder aber es müssen die Befestigungsschrauben der Filter einen sicheren Kontakt zur Masse geben. Sollte eine direkte Befestigung nicht möglich sein, so muß eine großflächige Masseverbindung zwischen dem Filter und der Störquelle hergestellt werden. Bei der Montage der Filter können die Starkstromleitungen zwischen Filter und Störquelle abgeschirmt werden. Eine solche Abschirmung muß aber sowohl am Filter als auch an der Störquelle mit der jeweiligen Masse verbunden sein.

Bei Filtern mit isoliert herausgeführtem Masseanschluß (grün-gelb) ist bei der Montage dieser Anschluß möglichst kurz an die Masse des zu entstörenden Gerätes zu legen.

f) Auswahl der Filter nach Art der Störquelle

Entstör-Filter sollen, als Tiefpässe, der Netzstromversorgung einen niederohmigen Weg zum elektrischen Gerät bieten. Die störenden HF-Ströme von den Geräten in das Netz und vom Netz in die Geräte müssen jedoch gedämpft werden. Nun gibt es zwei leitungsgebundene Ausbreitungsarten für die störende Hochfrequenz, die symmetrische und die unsymmetrische Ausbreitung. Bei der *symmetrischen Ausbreitung* fließt der HF-Strom, so wie der Netzstrom, in den beiden Netzleitungen. Er ist in der Regel bei allen elektrischen Geräten im unteren Frequenzgebiet bis etwa 1 MHz bestimmend. Also muß auch das Filter eine hohe symmetrische Dämpfung haben. Sie wird gemäß C.I.S.P.R.-Publ. 17 nach *Abb. 2.2.2 B-39a* gemessen.

Bei hohen Frequenzen dagegen ist die *unsymmetrische Ausbreitung* maßgeblich. Die Störströme fließen über die beiden Netzleitungen in der einen und über die zum Schutz von Benützern und Geräten angeschlossene Erdleitung in der anderen Richtung. So müssen auch die Filter besonders im höheren Frequenzbereich ab etwa 1 MHz unsymmetrisch dämpfen. Die *Abb. b* zeigt dafür die Meßanordnung.

Im anglikanischen Raum wird anstelle der unsymmetrischen Messung sehr verbreitet die asymmetrische Messung angegeben, *Abb. c*. Dabei sind die beiden Filterzweige galvanisch verbunden, so daß z. B. die Kondensatoren zwischen den Filterzweigen überbrückt sind. Die asymmetrische Störaussendung kann als ein Sonderfall der unsymmetrischen angesehen werden, nämlich dann, wenn die Störströme über beide Netzleitungen gleichphasig fließen.

Mit weiter steigender Frequenz über 30 MHz hinaus ist die HF-Ausbreitung über die Anschlußleitungen nicht mehr relevant, weil dann das Kabel selbst wie ein Filter mit verteilter Induktivität in Längsrichtung und verteilter Kapazität in Querrichtung wirkt und so dämpft. Die *Abb. 2.2.2 B-40* zeigt erklärend die Leitungsdämpfung eines Netzkabels zwischen benachbarten Räumen. Bei 10 MHz ist sie um 50 dB, also um den Faktor 300, höher als bei 0,15 MHz.

Andererseits kann ein Teil des Kabels als Antenne die HF-Energie abstrahlen. Deswegen müssen die Filter auch in diesem Frequenzbereich wirksam sein. Das Ersatzschaltbild für die Filter der SiFi A-, B- und D-Reihen der Fa. SIEMENS zeigt *Abb. 2.2.2 B-41a*. Es ist eine nahezu klassische Entstörschaltung mit einem π-Glied. Das Ersatzschaltbild, *Abb. 2.2.2 B-41b*, für die Filter der SiFi C-Reihe baut auf zwei modifizierten π-Gliedern auf.

symmetrische Messung (differential mode)

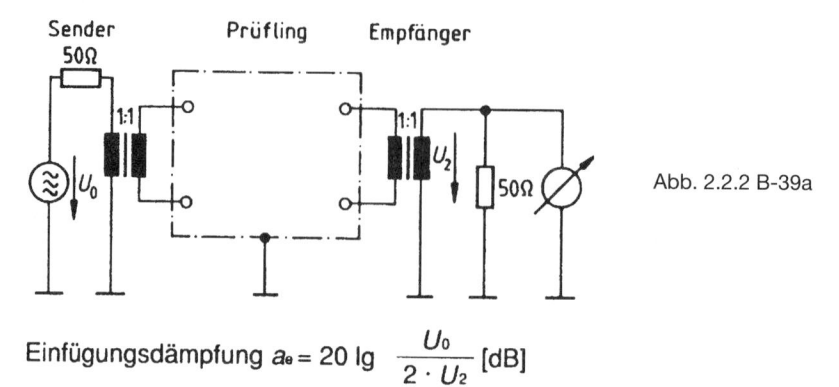

Abb. 2.2.2 B-39a

Einfügungsdämpfung $a_e = 20 \lg \dfrac{U_0}{2 \cdot U_2}$ [dB]

asymmetrische Messung (common mode)
Zweige parallel geschaltet

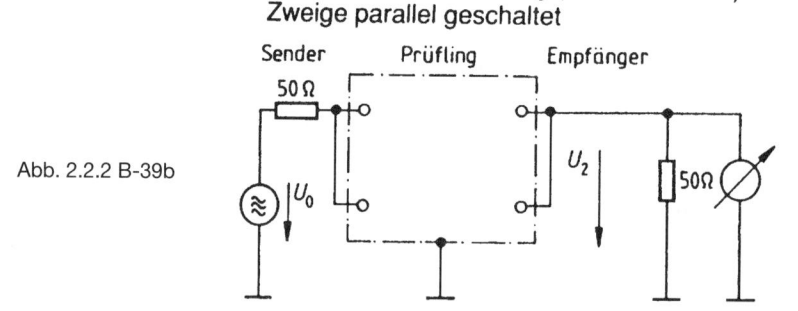

Abb. 2.2.2 B-39b

siehe C.I.S.P.R. 17 (1981) Fig. B 6

unsymmetrische Messung mit Nachbarzweigabschluß

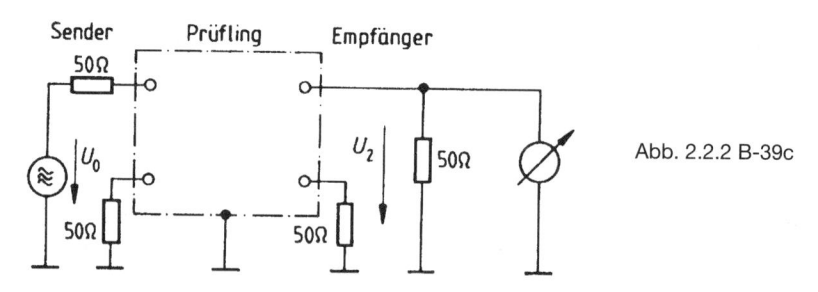

Abb. 2.2.2 B-39c

siehe C.I.S.P.R. 17 (1981) Fig. 7

2.2 Besondere elektronische Baugruppen

Abb. 2.2.2 B-40 Leitungsdämpfung eines Netzkabels zwischen benachbarten Räumen in Abhängigkeit von der Frequenz 0 dB $\triangleq$ 1 µV

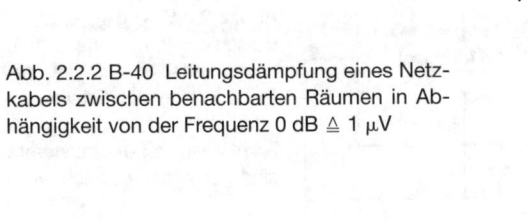

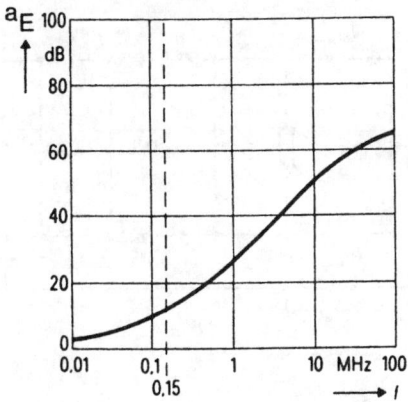

Abb. 2.2.2 B-41a Schaltbild für die Entstörfilter der Sifi-A-, B- und D-Reihen (SIEMENS)

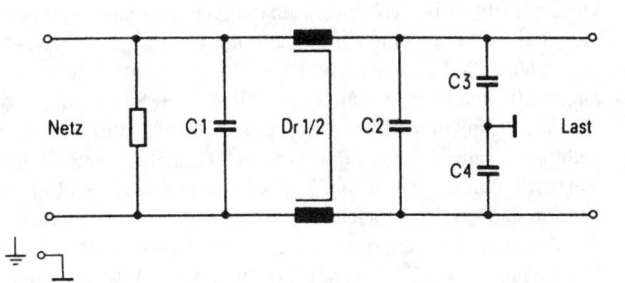

Abb. 2.2.2 B-41b Schaltbild für die Entstörfilter der Sifi-C-Reihe (SIEMENS)

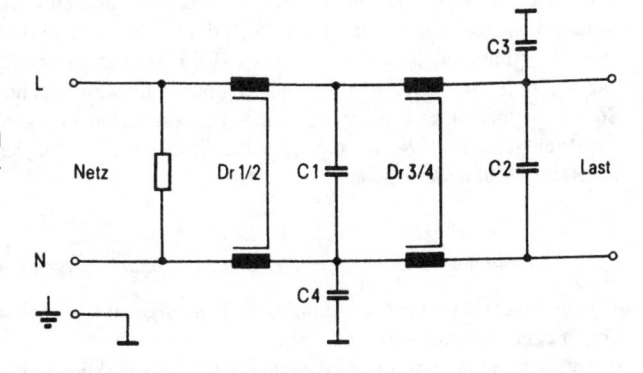

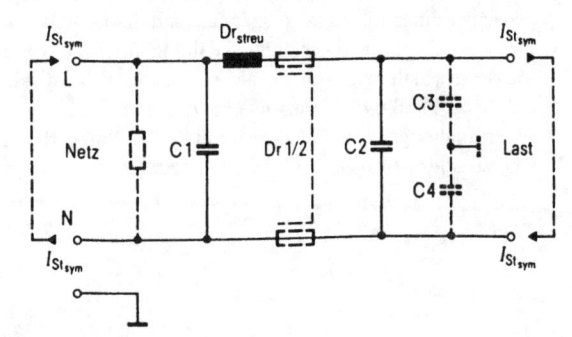

Abb. 2.2.2 B-41 c Ersatzschaltbild für den symmetrischen Störstromfluß $I_{St_{sym}}$ in der Filterschaltung. Streuinduktivität der Drossel 1/2 als Dr_{streu} gekennzeichnet. Nicht wirksame Bauelemete sind gestrichelt gezeichnet.

589

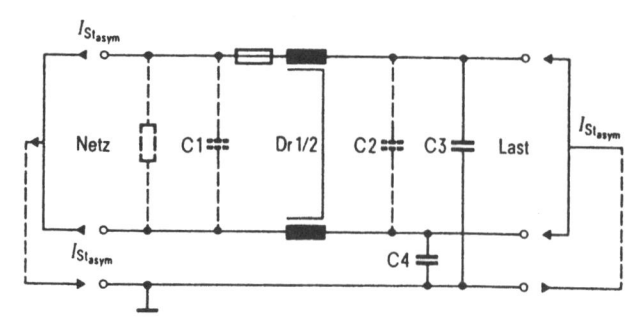

Abb. 2.2.2 B-41 d
Ersatzschaltbild für den asymmetrischen Störstromfluß $I_{St_{asym}}$ in der Filterschaltung.
Nicht wirksame Bauelemte sind gestrichelt gezeichnet.

Die Drosseln in beiden Entstörschaltungen sind stromkompensiert gegenüber dem Netzstrom dargestellt. Es sind Ringkerndrosseln mit zwei gegensinnig aufgebrachten Wicklungen. Darum laufen auch die Feldlinien von Drossel 1 gegensinnig zu der der Drossel 2, sie heben sich auf. Dies trifft auch für den symmetrisch fließenden Störstrom zu. Nun kann man in der Praxis eine absolute Stromkompensation nicht verwirklichen, die (hier nützliche) Streuinduktivität läßt sich nicht ausschalten. Wenn diese Streuinduktivität so hoch eingestellt wird, daß beim optimalen Netzstromfluß die Permeabilität des Ferrites gerade nicht in die Sättigung geht, dann läßt sich mit ihr und den X-Kondensatoren C1 und C2 ein symmetrisch wirkendes Tiefpaßfilter als π-Glied verwirklichen. In *Abb. 2.2.2 B-41c* ist das Ersatzschaltbild dafür wiedergegeben.

Der asymmetrische Störstrom fließt durch beide Filterzweige in gleicher Richtung. Jetzt ist die Drossel Dr $^1/_2$ voll wirksam. Da bei Netzstromkompensation hochpermeable Ferrite benutzt werden können, lassen sich auch hohe Induktivitätswerte erzielen. Die X-Kondensatoren C1 und C2 sind überbrückt und wirkungslos, die Y-Kondensatoren C3 und C4 übernehmen die kapazitive Ableitung. Die *Abb. 2.2.2 B-41d* gibt das Ersatzschaltbild wieder.

So wie bei der Filterschaltung mit einer Drossel lassen sich auch für die Schaltung mit zwei Drosseln (*Abb. 2.2.2 B-41b*) die typischen Störstromläufe für den symmetrischen und unsymmetrischen Fall herausheben.

g) Anordnung und Einbau von Filtern und Filterbauelementen bei Platinenaufbau

Werden Filterschaltungen aus Einzelbauteilen aufgebaut, so sind nach *Abb. 2.2.2 B-42* folgende Grundregeln zu beachten:
- Zur Vermeidung von kapazitiven und induktiven Verkopplungen zwischen den Bauteilen und zwischen Filter-Ein- und Ausgängen sind die Bauteile im Zuge der Leitung anzuordnen.
- Da die Dämpfung einer Filterschaltung im MHz-Bereich in erster Linie von den gegen Masse geschalteten Kondensatoren bestimmt wird, sind die Kondensator-Anschlußdrähte möglichst induktivitätsarm, also kurz, zu halten.
- Filterschaltungen, die in Geräten mit engen Platzverhältnissen untergebracht werden müssen, sind zu schirmen.

Bei fertigen Filtern sind die folgenden Regeln besonders zu beachten:
- das Herstellen einer elektronisch gut leitenden Verbindung zwischen dem Filtergehäuse bzw. der Filtermasse und dem metallischen Gehäuse der Störquelle bzw. Störsenke und
- die ausreichende hochfrequente Entkopplung, wenn nötig durch Schirmtrennwände, zwischen den Leitungen am Filtereingang (störende Leitung) und am Filterausgang (gefilterte Leitung)

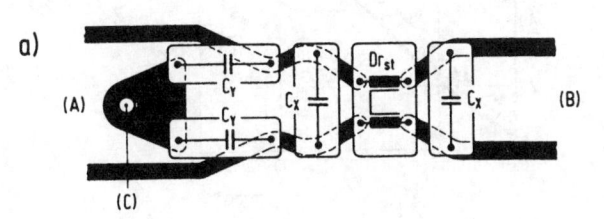

Abb. 2.2.2 B-42
Richtige Anordnung von Filter-Bauelementen z. B. auf einer Leiterplatte

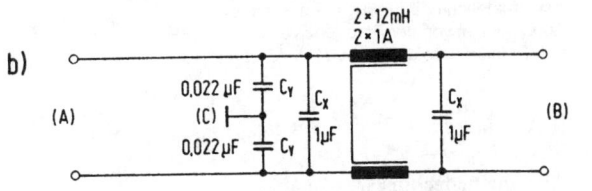

h) Charakteristische Dämpfungskurven

In der Praxis sind alle elektrischen Geräte Mischstörer. Die symmetrischen und unsymmetrischen Störströme fließen, zwar mit unterschiedlicher Amplitude, nebeneinander. Also müssen auch die Einfügungsdämpfungskurven der Filter nebeneinander gesehen und beurteilt werden. Repräsentativ für alle Filter der Sifi (SIEMENS) A-, B- und D-Serie wurden die charakteristischen symmetrischen, unsymmetrischen und asymmetrischen Dämpfungkurven in die *Abb. 2.2.2 B-43* eingetragen.

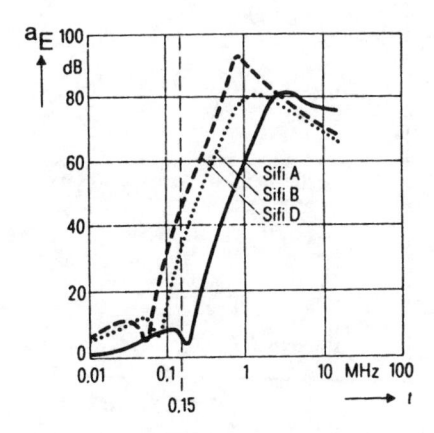

Symmetrische Einfügungsdämpfung α_E in Abhängigkeit von der Frequenz f von 6-A-Entstörfiltern der Reihen Sifi A, -B und -D

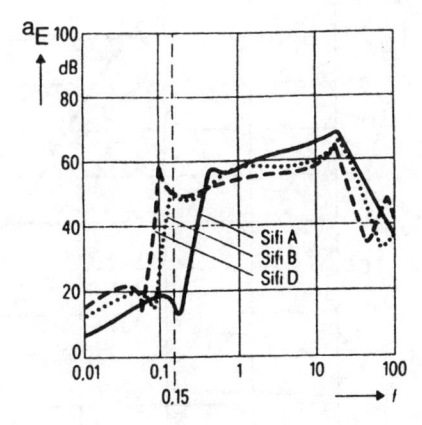

Unsymmetrische Einfügungsdämpfung α_E in Abhängigkeit von der Frequenz von 6-A-Entstörfiltern der Reihen Sifi A, -B und -D

2 Mechanik der Elektronik

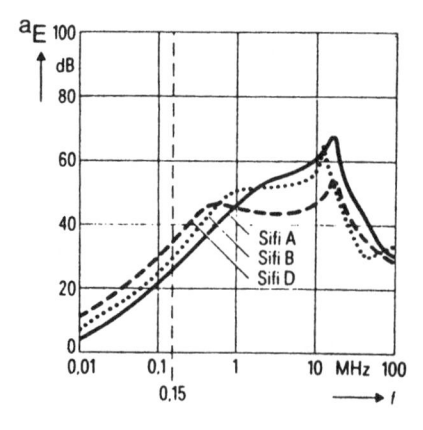

Abb. 2.2.2 B-43

Asymmetrische Einfügungsdämpfung α_E in Abhängigkeit von der Frequenz von 6-A-Entstörfiltern der Reihen Sifi A, -B und -D

i) Netzfilter für 1-Phasen-Systeme

Allgemeine technische Angaben

Die Filter sind für Dauerbetrieb bei Nennspannung und Nennfrequenz dimensioniert. Sie sind so ausgelegt, daß sie bei vollem Nennstrom bis 40 °C Umgebungstemperatur betrieben werden können. Bei anderen Umgebungstemperaturen ergibt sich der zulässige Betriebsstrom aus nachstehendem Diagramm *Abb. 2.2.2 B-44*.

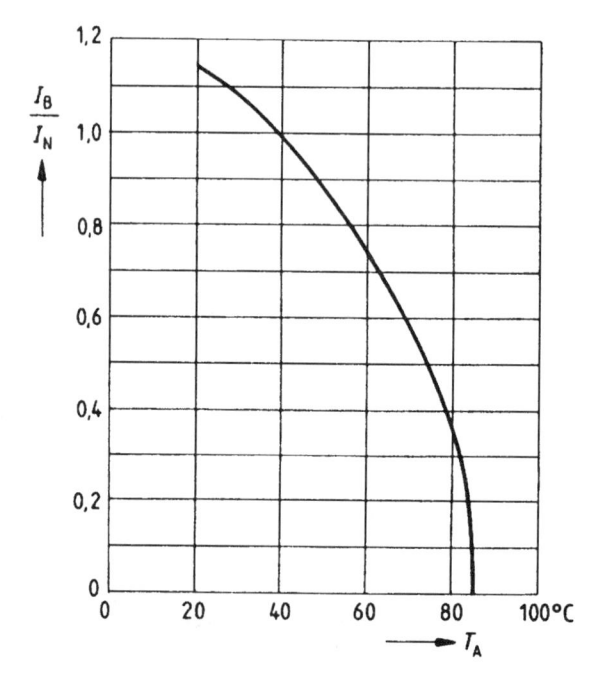

Zulässiger Betriebsstrom in Abhängigkeit von der Umgebungstemperatur

Abb. 2.2.2 B-44

Überspannungen

Über die nach VDE 0565-3 zugelassene Betriebsspannung (= Nennspannung U_N) hinaus sind für Entstörfilter Überspannungen bis zu $1,1 \cdot U_N$ erlaubt. Solche Überspannungen dürfen im Rahmen gelegentlicher Schwankungen der Netzspannung bis zu 2 Stunden pro Tag auftreten. (Die Begrenzung „2 Stunden pro Tag" ist als allgemeiner Richtwert aufzufassen und nur deshalb gewählt, um eindeutig klarzustellen, daß es sich nur um gelegentliche Überspannungen handeln darf.)

Standardfilterreihen (Siemens Matsushita Components)

Anwendung	Mit den Standard-Filtern SIFI B84111-A bis B84115-E stehen für die Lösung von EMV-Problemen und für die Funk-Entstörung 5 Filterreihen zur Verfügung, die je nach Dämpfungsanforderung eine wirtschaftliche Beschaltung ermöglichen. **SIFI A** B84111-A-*10 bis -*120 Normale Dämpfung, für Nennströme bis 20 A **SIFI B** B84112-B-*10 bis -*120 Erhöhte Dämpfung, für Nennströme bis 20 A **SIFI D** B84114-D-*10 bis -*110 Erhöhte symmetrische Dämpfung gegenüber SIFI B, für Nennströme bis 10 A **SIFI C** B84113-C-*30 bis -*110 Sehr hohe Dämpfung für Nennströme bis 10 A **SIFI E** B84115-E-*30 bis -*110 Sehr hohe Dämpfung auch im Bereich unter 100 kHz
Aufbau	Die Bauelemente sind im abschirmenden Aluminiumgehäuse eingebaut und mit einem selbsthärtenden, flammhemmenden Gießharz vergossen.
Gehäuse- und Anschluß- varianten	Gehäuseform A: Beidseitig Flachstecker, Befestigungslaschen längsseitig. Besonders für die Montage an einer Schirmwand geeignet. Gehäuseform B: Beidseitig Flachstecker, Befestigungslaschen stirnseitig. Gehäuseform K: Netzseitig IEC-Stecker nach IEC 320 C14, lastseitig Flachstecker, Befestigungsbohrungen mit metrischem Gewinde. Gehäuseform L: Beidseitig Litzenanschlüsse. Gehäuseform P: Anschlußstifte im Rastermaß.
Dimensionierung	Die Filter sind so dimensioniert, daß sie die Forderungen von VDE 0565 Teil 3, UL, CSA, SEV, Semko und Demko erfüllen.
Nennstrom	Die Nennstromstärke gilt sowohl für 115 V~, 50/60 Hz als auch für 250 V ~ 50/60 Hz, d. h. eine Reduzierung des Stromes bei Einsatz an 250 V~ ist nicht notwendig.
Entlade- widerstände	Die Entladewiderstände sind nach VDE 0730 bemessen, d. h. eine Sekunde nach Abtrennen des Gerätes vom Netz muß die Spannung am Netzstecker auf 34 V abgesunken sein. Die Forderungen dieser VDE-Vorschrift decken sich mit denen der entsprechenden IEC-Vorschriften. (IEC 335 für Hausgeräte, IEC 380 für Büromaschinen und IEC 435 für Datenverarbeitungsanlagen).
Ableitstrom	Durch die Verwendung spannungsunabhängiger Dielektrika bei den Y-Kondensatoren wird bei 250 V~ 50 Hz ein Ableitstrom < 0,5 mA pro Zweig sicher eingehalten. Ausnahmen B84115-E-*60 und -E-*110 mit Ableitstrom < 3,5 mA.

Datenbeispiel Netzfilter

SIFI-Standardfilterreihen
SIFI-A, normale Dämpfung

Nennspannung 250 V~
Nennstrom 1 bis 20 A

Schaltbild

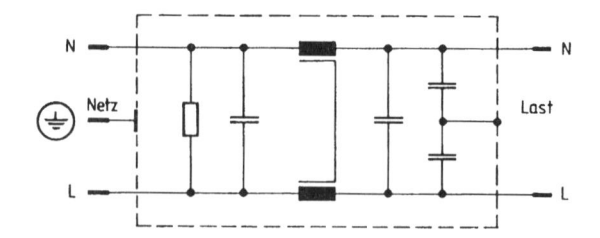

Technische Daten

Nennspannung U_N	115/250 V~, 50/60 Hz
Nennstrom	bezogen auf 40 °C Umgebungstemperatur
Prüfspannung	1414 V–, 2 s, Leitung/Leitung
	2700 V–, 2 s, Leitungen/Masse
Ableitstrom	< 0,5 mA bei 250 V~/50 Hz
IEC-Klimakategorie	25/085/21
DIN-Anwendungsklasse	HPF (– 25 bis + 85°C, Feuchteklasse F)
Prüfzeichen	⚠ ⓢ Ⓓ Ⓢ 🆁🆄 ⓢ 565-3
Entladewiderstände	nach VDE 0730, IEC 355, IEC 380 und IEC 435

Nennstrom A	Gehäuseform	Bestell-Nr. VE 20		Nennkapazität	Nenninduktivität	Gewicht ≈ g
1	A K	B84111-A-A10 B84111-A-K10	S	2 × 0,1 µF (X2) + 2 × 4700 pF (Y)	2 × 1,5 mH	80 140
2	A	B84111-A-A20	S	2 × 0,1 µF (X2) + 2 × 4700 pF (Y)	2 × 1,5 mH	80
3	A K L	B84111-A-A30 B84111-A-K30 B84111-A-L30	S	2 × 0,1 µF (X2) + 2 × 4700 pF (Y)	2 × 1,5 mH	80 140 80
6	A B K L	B84111-A-A60 B84111-A-B60 B84111-A-K60 B84111-A-L60	S	2 × 0,1 µF (X2) + 2 × 4700 pF (Y)	2 × 1,8 mH	110 110 140 110
10	A B L	B84111-A-A110 B84111-A-B110 B84111-A-L110	S	2 × 0,1 µF (X2) + 2 × 4700 pF (Y)	2 × 820 µH	120 120 120
20	A B	B84111-A-A120 B84111-A-B120	S	2 × 0,1 µF (X2) + 2 × 4700 pF (Y)	2 × 470 µH	210 210

SIFI-Standardfilterreihen

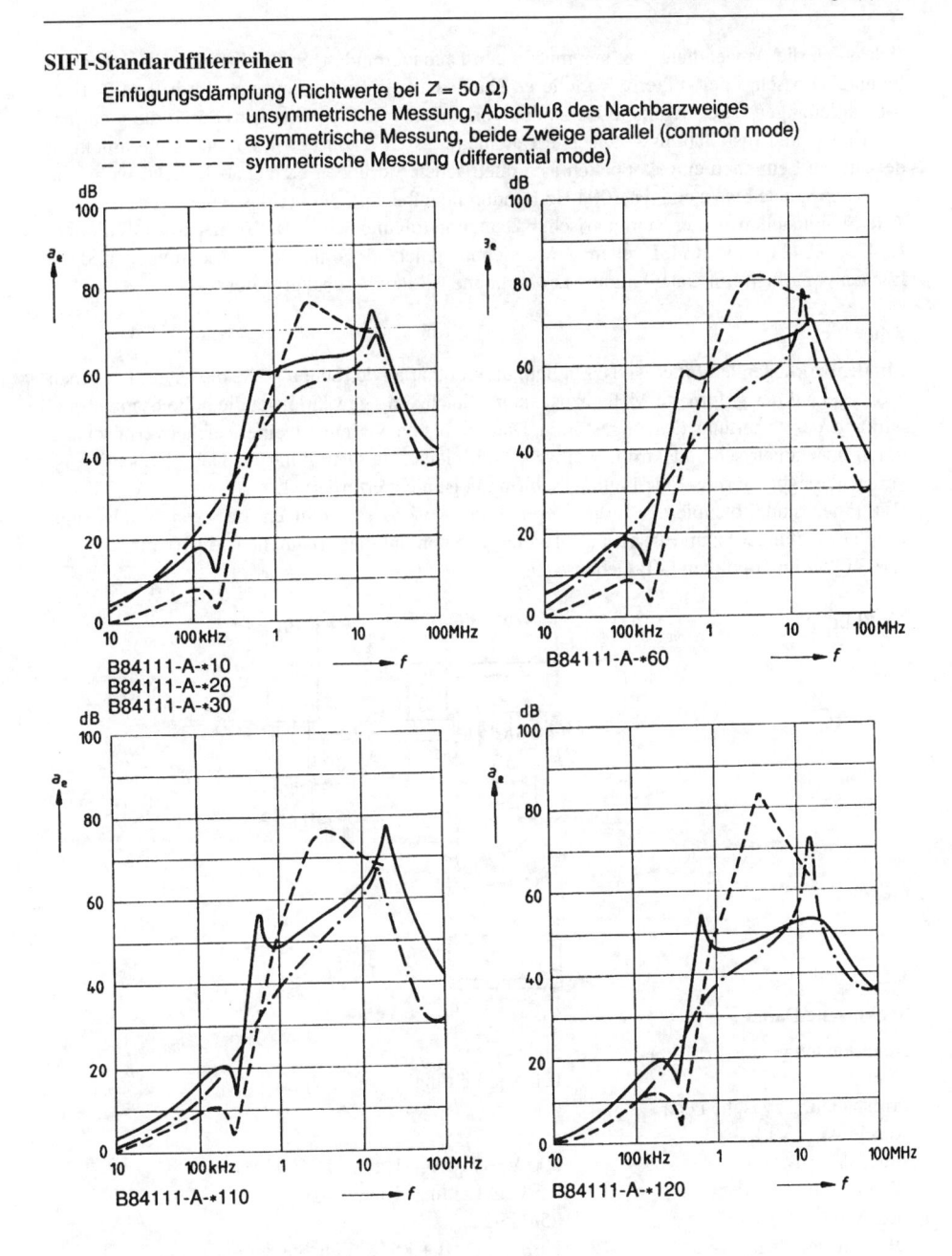

Einfügungsdämpfung (Richtwerte bei $Z = 50\,\Omega$)
— unsymmetrische Messung, Abschluß des Nachbarzweiges
—·—·—·— asymmetrische Messung, beide Zweige parallel (common mode)
— — — — symmetrische Messung (differential mode)

B84111-A-∗10
B84111-A-∗20
B84111-A-∗30

B84111-A-∗60

B84111-A-∗110

B84111-A-∗120

j) *Drosseln und Filter für Daten- und Signalleitungen*

Allgemeine technische Angaben (Siemens Matsushita Components)

Um eine Störung der Datenübertragung durch hochfrequente Störfelder zu vermeiden, wurden bisher meistens geschirmte Datenleitungen verwendet. Eine kostengünstigere Lösung ergibt

2 Mechanik der Elektronik

sich durch die Anwendung von symmetrischen Datenverbindungen in Verbindung mit Datenleitungs-Drosseln oder -Filtern. Vorteile ergeben sich bei Verwendung von verdrillten 2- bzw. 4-Drahtleitungen (z. B. bereits in Gebäuden vorhandener Telefonleitungen) durch die niedrigeren Kabel- und Installationskosten. Die Datenleitungs-Drosseln bewirken eine Unterdrückung der auf die Leitungen eingekoppelten asymmetrischen Störungen bereits ab 10 kHz, wobei sie die Datensignale bis zu einigen 100 kHz Bandbreite unbeeinflußt durchlassen.
Alle Schnittstellen mit erdsymmetrischer Datenübertragung wie z. B. 20 mA Stromschleifen, RS422, RS423 oder RS485, ebenso wie Schnittstellen in Fernmelde-Einrichtungen (ISDN) können vorteilhaft mit Datenleitungs-Drosseln und -Filtern beschaltet werden.

Filter

Mit dem vorliegenden Filter ist es möglich, unmittelbar an der Schnittstelle die asymmetrischen Störpegel auf das geforderte Maß abzusenken. Gleichzeitig gewährleistet die hohe Symmetrierwirkung der Schaltung den ungestörten Datenfluß und verhindert eine Zeichenverfälschung durch unsymmetrische, elektromagnetische Störfelder. Die Dämpfung im Durchlaßbereich ist vernachlässigbar gering. Eine Leitungsschirmung ist nicht erforderlich.
Die Filter sind konzipiert für die Beschaltung von vier Leitungen (je zwei Sende- und Empfangsleitungen) zum Einsatz auf Flachbaugruppen mit max. Bauhöhen von 10 mm.
EMV-Filter im 16poligen DIP-Gehäuse

Maßbild

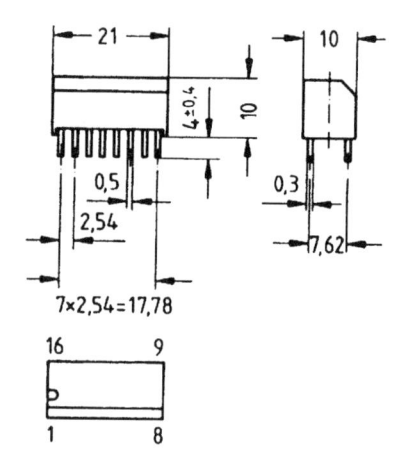

Technische Daten

Nennspannung	50 V–
Nennstrom	0,1 A je Leitung
Prüfspannung zwischen den Anschlüssen 3/14, 4/13 sowie 8/9 usw.	300 V~/710 V–, 1 min (VDE 0804)
Gleichstromwiderstand	2,5 Ω je Leitung (Richtwert)
IEC-Klimakategorie	25/085/21
DIN-Anwendungsklasse	HPF (– 25 bis + 85 °C, Feuchteklasse F)
Gewicht	2,5 g
Kapazität zwischen den Anschlüssen	
C1 bis C4	6,8 nF
C5/C6	1,5 nF
Bestell-Nr.	**B84551-A11-K90** S

2.2 Besondere elektronische Baugruppen

Lieferbar ist auch ein Drossel- und Filtersortiment, bestehend aus 6 Zweifach-Drosseln, liegend; 4 Zweifach-Drosseln, stehend; 4 Vierfach-Drosseln, liegend; 1 Filter (16poliges DIP-Gehäuse)

Schaltbild des Filters *Abb. 2.2.2 B-45*
Schaltbeispiele in eingefügte Datenleitungen *Abb. 2.2.2 B-46 a* und *b*.
Einfügungsdämpfung *Abb. 2.2.2 B-47*.

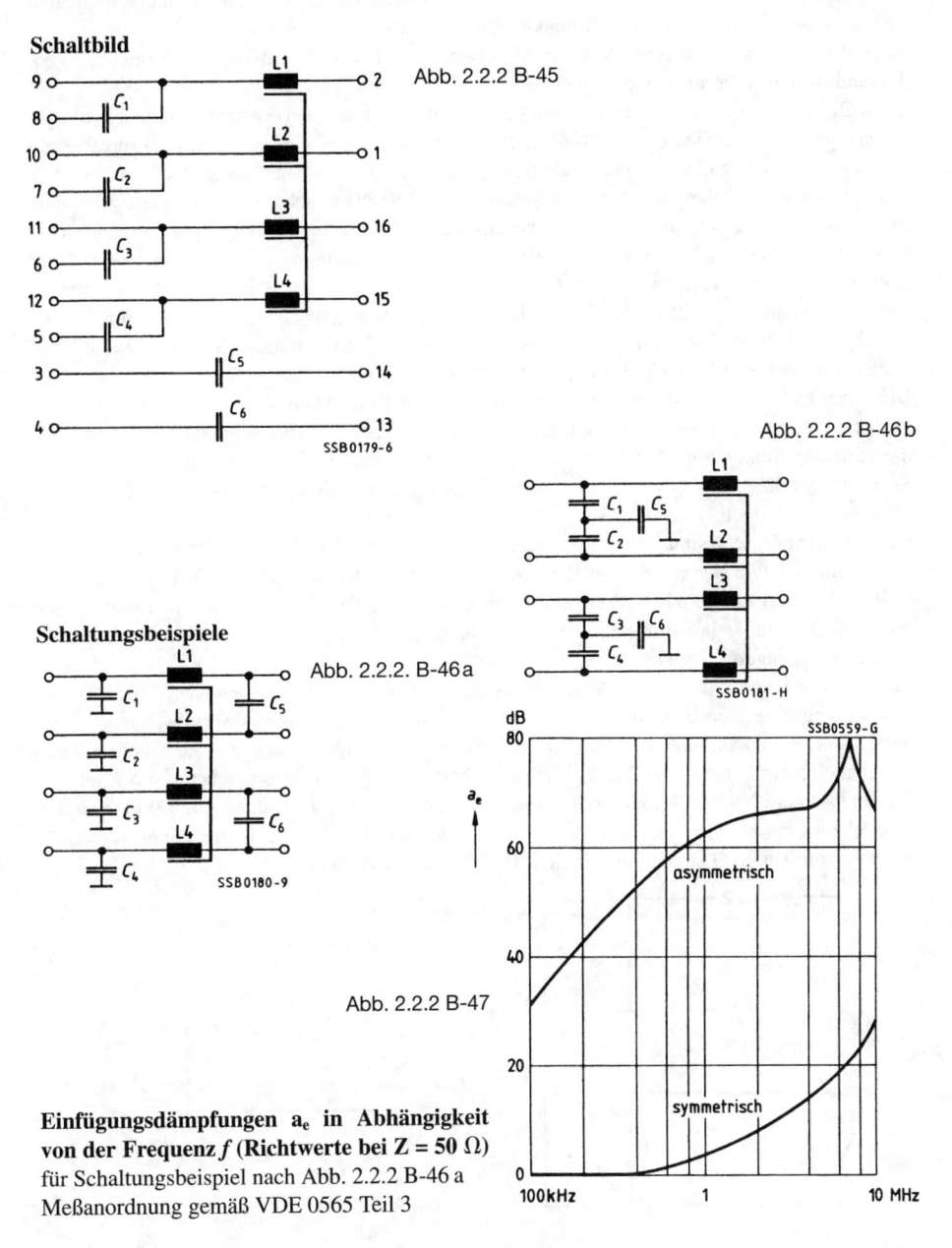

Schaltbild

Abb. 2.2.2 B-45

Abb. 2.2.2 B-46 b

Schaltungsbeispiele

Abb. 2.2.2. B-46 a

Abb. 2.2.2 B-47

Einfügungsdämpfungen a_e in Abhängigkeit von der Frequenz f (Richtwerte bei $Z = 50\ \Omega$) für Schaltungsbeispiel nach Abb. 2.2.2 B-46 a Meßanordnung gemäß VDE 0565 Teil 3

C Funkenlöschung – Begrenzung von Induktionsspannungen

Funkenlöschkombinationen

Die Funkenlöschung dient vorwiegend zum Schutz hochbelasteter Kontakte vor raschem Abbrand; gleichzeitig wird damit eine Entstörung erreicht. Die Schaltfunken können besonders dann sehr stark werden, wenn Induktivitäten, z. B. Relaisspulen und Schützspulen, im Stromkreis liegen. Die Funkenlöscheinrichtung soll dann die in der Induktivität gespeicherte Energie ohne Beanspruchung der Kontakte abbauen helfen.

Außerdem bewirken die beim Schalten entstehenden Impulse hochfrequente Schwingungen, die Funkstörungen verursachen können.

Beim Öffnen eines Stromkreises mit Induktivität entsteht durch den Abbau der in der Spule gespeicherten magnetischen Energie ($LI^2/2$) eine Selbstinduktionsspannung. Diese verursacht am Unterbrecherkontakt einen Funken oder Lichtbogen, in dem sich die magnetische Energie in Wärme umsetzt. Dabei erwärmen sich die Kontaktflächen sehr stark, und es tritt eine Materialwanderung auf, durch die die Lebensdauer des Kontaktes erheblich herabgesetzt wird.

Die Höhe der Selbstinduktionsspannung U_L, auch Spitzenspannung genannt, hängt gemäß der Gleichung $U_L = LdI/dt$ von der Größe der geschalteten Induktivität und der Schaltgeschwindigkeit ab. Sie kann Werte erreichen, die zur Schädigung der Isolierung führen.

In jedem Fall stören jedoch diese Spannungsspitzen impulsempfindliche Schaltungen; sie zerstören z. B. auch empfindliche Bauelemente, wie Halbleiter etc.

Die gebräuchlichste Art ist die RC-Kombination (Kondensator und Widerstand in Reihenschaltung). Die Anschaltung erfolgt in der Regel parallel zum Kontakt. Damit ist auch die Entstörwirkung am besten. Zu unterscheiden sind UKW-Filter, die ihre höchste Sperrwirkung im UKW-Bereich und darüber haben, und Breitbandfilter, deren Dämpfung bereits im MW-Bereich einsetzt.

Die Breitbandfilter sind eine Weiterentwicklung der UKW-Filter, entsprechend den Erfordernissen, wie sie sich bei der Entstörung größerer Anlagen ergaben. Die Kapazitätswerte sind hoch, meist einige µF, und erfordern deshalb zusätzliche Schutzmaßnahmen (siehe auch VDE 0875), um sicherzustellen, daß an berührbaren Teilen im Fehlerfall keine zu hohe Berührungsspannung entstehen kann.

Zur Vermeidung der beim Abschalten von Induktivitäten auftretenden nachteiligen Erscheinungen verwendet man z. B. für Relaisschaltungen sogenannte Funkenlöschungen; man will damit erreichen, daß sich die in der Spule gespeicherte magnetische Energie beim Abschalten nicht in einem Funken am Schaltkontakt, sondern auf einem Nebenweg abbaut. Zur Funkenlöschung kann man der Spule einen Widerstand parallelschalten – mit Widerstand R parallel zur Spule L. Bei Gleichstrom kann statt eines Widerstandes auch eine Diode verwendet werden – mit Diode D parallel zur Spule L (nur bei Gleichspannungen).

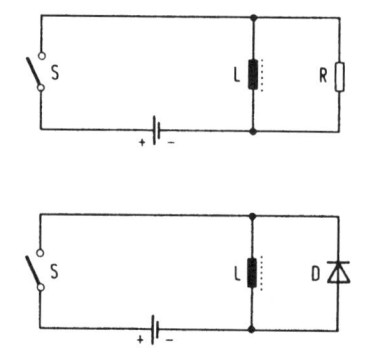

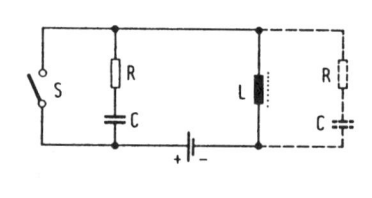

Abb. 2.2.2 C-1

Am gebräuchlichsten aber ist eine Funkenlöschung mit einem Kondensator, der über den zu schaltenden Kontakt oder über die Relaiswicklung geschaltet wird – RC-Kombination parallel zum Kontakt S oder parallel zur Spule L. Beim Öffnen des Schaltes lädt sich der Kondensator auf, beim Schließen wird er entladen. Um zu verhindern, daß zu hohe Ströme auftreten, die die Kontakte zusammenschweißen, begrenzt man den Entladestrom durch einen dem Kondensator vorgeschalteten Widerstand (RC-Funkenlöschkombination). Die RC-Funkenlöschkombination wird bevorzugt über den Kontakt geschaltet; auf diese Weise wird meistens auch die beste Funkentstörwirkung erreicht. Die *Abb. 2.2.2 C-1* zeigt verschiedene Schutzschaltungen.

Belastbarkeit und Messung

Die Bemessung der Kapazität und des Widerstandes für die Funkenlöschung richtet sich nach der Größe der Induktivität und des Widerstandes der Relaisspule, dem Kontaktwerkstoff, der Größe des Schaltstromes und dem zulässigen Wert der Spitzenspannung.

Für die spannungsmäßige Auslegung des Dielektrikums ist die Kenntnis des Verlaufs der Spitzenspannung am Kondensator nötig (Spannungsdiagramm). Die Belastung des Widerstandes ergibt sich aus dem Funkenlöschstrom, dessen effektiver Wert mit einem Thermokreuz gemessen werden kann.

Die zulässigen Spitzenspannungen und Flankensteilheiten sind für alle Bauformen genannt. Sie dürfen als oberste Grenzbelastung nicht überschritten werden.

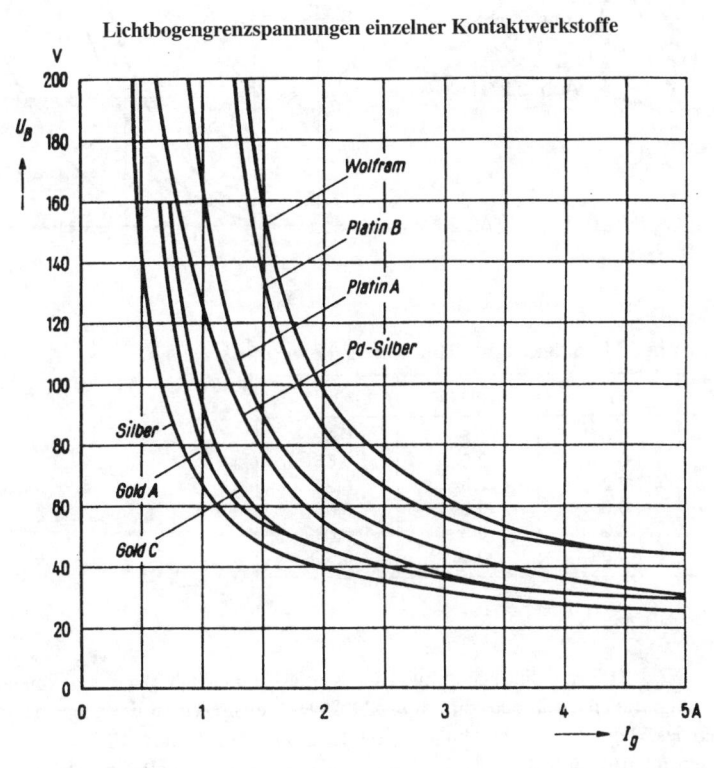

Abb. 2.2.2 C-2 Lichtbogengrenzspannung U_B in Abhängigkeit vom Schaltstrom I_g

D Entstörmaßnahmen im Schaltungsaufbau

a) Abschirmungen von Magnetfeldern

Nach *Abb. 2.2.2 D-1* ruft der Strom I_1 ein Magnetfeld hervor, das durch die Abschirmwand d gedämpft wird, so daß der Strom I_2 als Störstrom betrachtet entsprechend geringer ist. Es wird hier die Eindringtiefe t definiert, bei der die magnetische Flußdichte auf $\approx$ 37 % gesunken ist. Die Abschwächung erfolgt nach einer e-Funktion, wobei $\frac{1}{e} \approx 0{,}37$ ist. Dafür sind je nach Abhängigkeit von Frequenz- und Materialstärke folgende Werte wichtig:

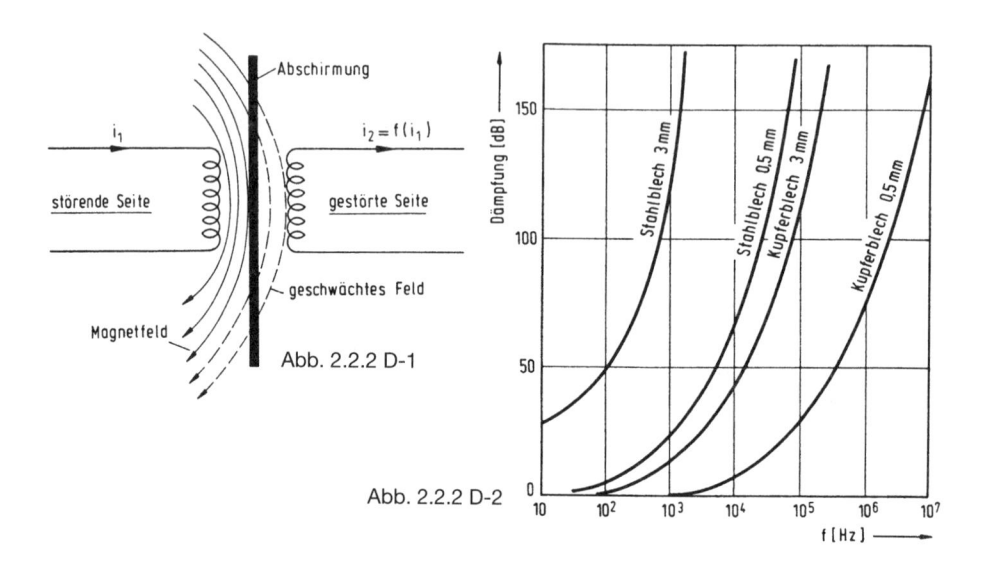

Abb. 2.2.2 D-1

Abb. 2.2.2 D-2

Eindringtiefe t in Abhängigkeit der Materialstärke in [mm]

Frequenz	Kupfer	Aluminium	Stahlblech
50 Hz	8,8	11,5	0,9
100 Hz	6,5	8,5	0,65
1 kHz	2,2	2,8	0,25
10 kHz	0,65	0,85	0,08
100 kHz	0,2	0,3	0,02
1 MHz	0,08	0,085	0,009

In der *Abb. 2.2.2 D-2* ist die Dämpfung für Kupfer- und Stahlblech bei verschiedenen Frequenzen aufgetragen, während die *Abb. 2.2.2 D-3* einen Überblick über Dämpfungseigenschaften des Magnetflusses in Abhängigkeit der Materialstärke darstellt.
Werden Abschirmkäfige aufgebaut, so ist dafür zu sorgen, daß diese allseitig elektrisch leitend verlötet oder verschraubt sind. Derartige Schirmwände sollen elektrische Störfeldstärken an einem Punkt an Masse legen, um zusätzliche Masseverschleifungen zu vermeiden.

2.2 Besondere elektronische Baugruppen

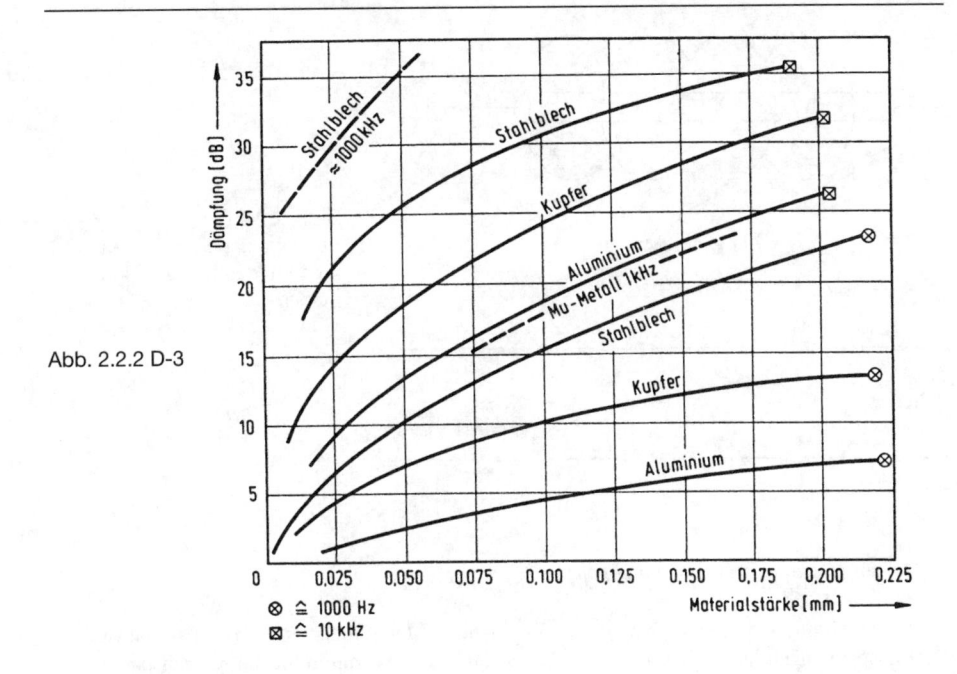

Abb. 2.2.2 D-3

⊗ ≙ 1000 Hz
⊠ ≙ 10 kHz

Für Metallabschirmungen kommen weichmagnetische Werkstoffe mit hoher spezifischer Permeabilität von $\mu_r \gg 1$ in Frage.

Die Schirmdämpfung ist gegeben durch $a = 20 \cdot \log \frac{Ha}{Hi}$. Dabei ist Ha die Stärke des Außenfeldes und Hi die des Innenfeldes. In einem Wechselfeld tritt entgegen dem Gleichfeld eine Feldverdrängung nach außen auf. Der Abschirmfaktor eines Wechselfeldes ist somit größer. Wichtig ist hier das Verhältnis der Wanddicke d zur Eindringtiefe t. Diese ist

$$t = 0{,}5 \cdot \sqrt{\frac{\varrho}{\mu_r \cdot f}}$$

Darin ist:
t = Eindringtiefe (mm)
f = Frequenz (MHz)
μ_r = relative Permeabilität (1)
ϱ = spezifischer Widerstand $\left(\frac{\Omega \cdot mm^2}{m} \right)$

Siehe dazu die obenstehende Tabelle und die Tabellen Abschnitt 4.

b) Magnetische Verkopplungen parallel geführter Leitungen

Nach *Abb. 2.2.2 D-4* tritt zwischen den Leitungen aufgrund des Magnetfeldes eine induktive Störspannung auf. Siehe hierzu den Abschnitt 2.3 Printplatte und 3.5.3 Gegeninduktivität-Kopplung von Spulen. Siehe dazu weiter im Abschnitt dieses Kapitels.

601

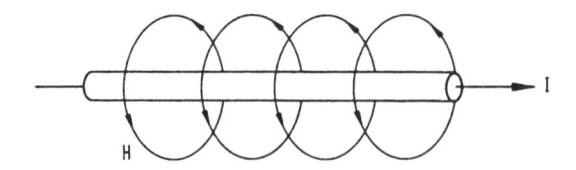

Abb. 2.2.2 D-4
Verkopplungen zwischen zwei Leitern durch deren Magnetfelder.

c) Störungen durch Thermospannungen

Nach Abschnitt 4.5 treten bei unterschiedlichen Materialien an deren Kontaktstellen Thermospannungen auf. Dieser Effekt ist besonders bei empfindlichen Gleichspannungsmeßverstärkern zu beachten. Ebenso, daß der Innenwiderstand dieser Spannungsquelle extrem niederohmig ist.
Beispiel: Verbindung Stahlchassis mit Kupferleitung. Hier entsteht eine Thermospannung nach 4.5 von 0,01 mV/K.

d) Schaltungsmaßnahmen für die Entstörung von Stromversorgungsleitungen

Die Fragen der Entstörmaßnahmen für die primäre Netzanschlußtechnik sind in den vorherigen Abschnitten behandelt. Bei Netzsiebung nach *Abb. 2.2.2 D-5a* hat der Elektrolytkondensator C_2 einen nicht zu vernachlässigenden Ohmschen Serienwiderstand R_S. Hier können Störströme,

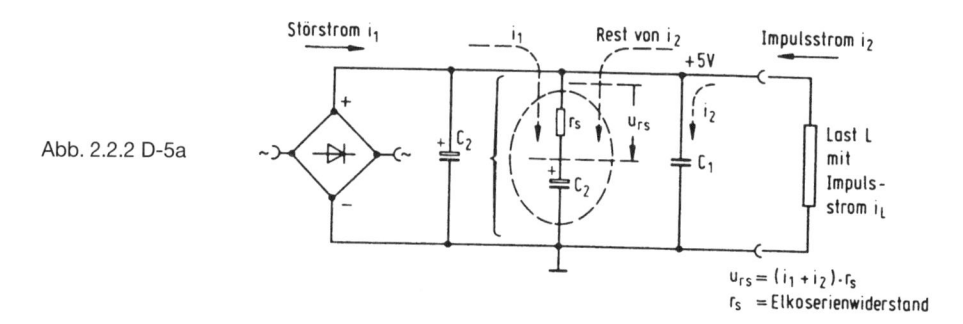

Abb. 2.2.2 D-5a

$u_{rs} = (i_1 + i_2) \cdot r_s$
r_s = Elkoserienwiderstand

die von außen in die Schaltung gelangen oder von der Schaltung her selbst, eine Störspannung erzeugen und somit parasitär die gesamte Schaltung beeinflussen. Abhilfe schafft hier ein Kondensator C_1 = 10 nF ... 0,1 µF keramisch parallel zu C_2 für Impuls- oder HF-Störungen. Sonst einen 1-µF-Kondensator kurz angelötet parallel schalten. Netzseitig ist es oft sinnvoll, einen Kondensator C parallel zu C_2 zu schalten. Hier eignen sich hochspannungsfeste

2.2 Besondere elektronische Baugruppen

Tantalkondensatoren im Wert bis 50 µF oder ein Parallelschalten von 1-µF-Folienkondensatoren. In beiden Fällen ist von der Praxis her die Beobachtung mit einem Oszillogramm erforderlich, um zu einer Optimierung zu gelangen. Bei netzfrequenten Impulsstörungen ist in manchen Fällen eine Abhilfe nach *Abb. 2.2.2 D-5 b* zu erreichen.

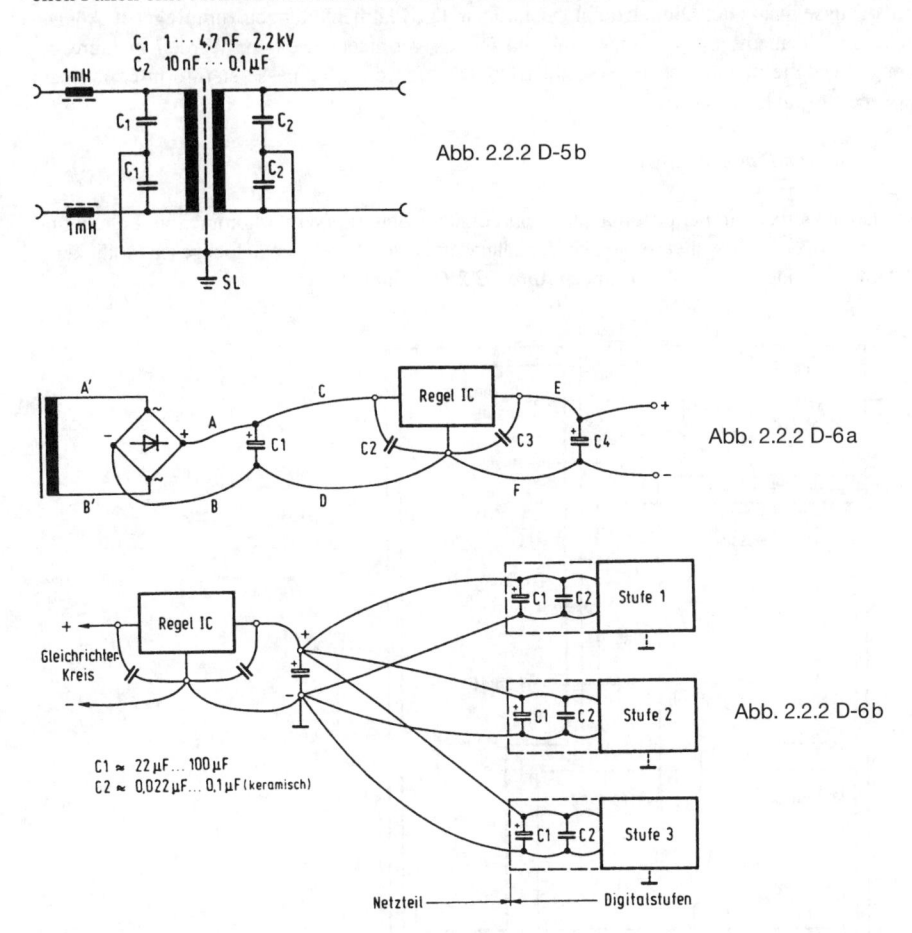

Abb. 2.2.2 D-5 b

Abb. 2.2.2 D-6a

Abb. 2.2.2 D-6 b

Werden mehrere digitale oder analoge Schaltstufen von einer Versorgungsspannung aus betrieben, so muß nach *Abb. 2.2.2 D-6 a* zunächst die Leitungsführung der Stabilisierungsstufe so gewählt werden, daß von C1 ausgehend diese versorgt und an C4 die Versorgungsspannung abgegriffen wird. Die Kondensatoren C2 und C3 sind Stützkondensatoren für das Regel-IC ≈ 0,1 µF. Von den Anschlüssen C4 ausgehend werden nach *Abb. 2.2.2 D-6 b* über getrennte Leitungsversorgungen die einzelnen elektrischen Baustufen versorgt. Jeweils an deren Eingängen ist eine Abblockung mit C1 ≈ 220 µF und C2 ≈ 0,68 µF vorzusehen. In hartnäckigen Fällen der Beeinflussung der Stufen untereinander können in den jeweiligen Zuleitungen zum Netzteil Induktivitäten oder auch ohmsche Widerstände ≈ 1 Ω eingeschaltet werden, um die Siebwirkung zu verbessern. Die Stabilisierungseigenschaft des Netzteils verringert sich dann entsprechend.

Die Leitungen A–A' und B–B' in Abb. 2.2.2 D-6a sollen kurz sein und entfernt genug von möglichen Verkopplungen. Die Leitungen C–D können länger sein, sollten jedoch direkt an C1

angeschlossen werden und nicht am Gleichrichter. Schließlich sind C2 und C3 an die Punkte des Regel-IC ebenso wie die Leitungen E und F anzuschließen.
Die Kondensatoren C2 haben Werte von 0,1 µF (keramisch) und sind bei Digitalstufen erforderlich, die mit steilen Schaltflanken arbeiten. Die Leitungen von C2 sind besonders kurz am Versorgungseingang der Digitalstufen anzuordnen. Die Platinenleitungen zum Regel-IC können länger sein, gemeinsame Leitungen müssen jedoch vermieden werden. Werden mehrere getrennte Netzteile benutzt, so ist von allen Digitalstufen die Meßmasse sternförmig zu einem Massebezugspunkt zu führen.

e) Planung von Platinenaufbauten

Bei Platinenaufbauten, bei denen analoge und digitale Baugruppen vorkommen und die digitalen Baugruppen sich weiter in solche der „langsamen ICs" und der „Hochgeschwindigkeits-ICs" unterscheiden, ist ein Aufbau nach *Abb. 2.2.2 D-7* sinnvoll.

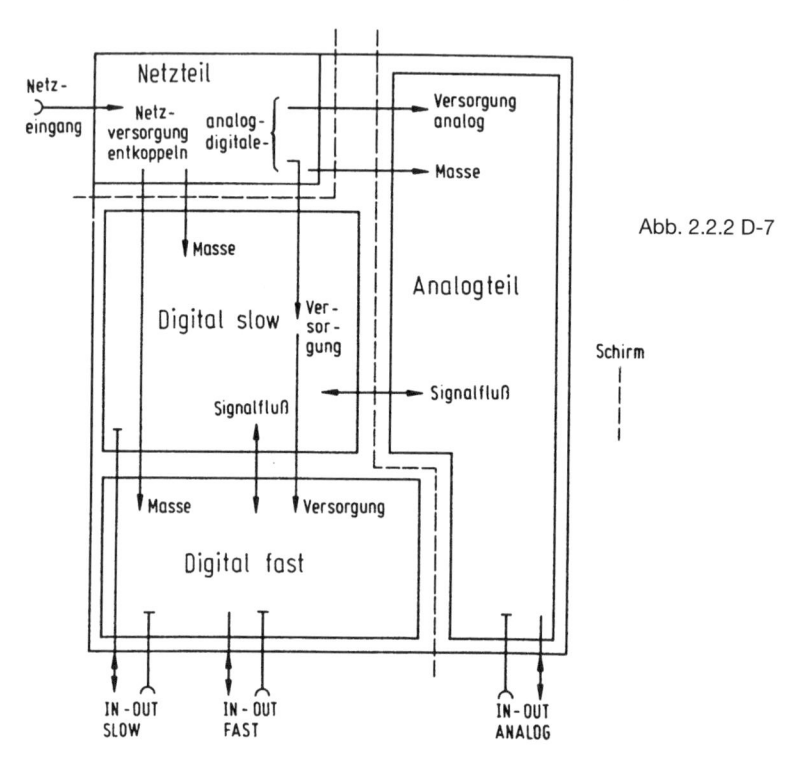

Abb. 2.2.2 D-7

Die Plazierung der Gruppe wird nach folgenden Kriterien vorgenommen:
- Entkoppeln und Trennen der einzelnen Versorgungsspannungen, also auch getrennte Masse.
- Netzteil für magnetische und kapazitive Einstrahlungen auf die Schaltungen evtl. abschirmen.
- Analogteil in einer Linie aufbauen hinsichtlich Ein- und Ausgang. Bei hohen Ausgangsspannungen (> 5 V_{ss}) ist es sinnvoll, den Ausgang auf kürzestem Weg zum Ausgangsanschluß für weitere Verbindungen zu legen. Eine starke Massebahn durchführen. Die einzelnen ICs getrennt mit Tantalelkos 47 µF abblocken.

- Digital-„fast"-Baugruppen eng nebeneinanderlegen. Dafür Ein- und Ausgang entsprechend kurz planen. Die Entkopplung der Digital-ICs über Tantalelkos pro Versorgungsanschluß so vornehmen, daß größere Impulsströme über Masse und Versorgungsleitung vermieden werden. Große Massebahnen vorsehen.
- Digital-„slow"-Baugruppen sollten ebenfalls eng aufgebaut sein. Es gilt auch hier das Entkoppeln der Versorgungsleitungen. Das gleiche gilt für breite Massebahnen. Impulseinkopplungen zwischen „slow" auf „fast" oder umgekehrt sollten über Längswiderstände z. B. 100 Ω ... 470 Ω entkoppelt werden, um evtl. Einschwingvorgänge oder Oszillation zu verhindern.

f) Masseverlegung und mögliche Störungen

Bei allen Masseverlegungen verschiedener digitaler Schaltstufen ist die *Abb. 2.2.2 D-8a* als ungünstig, die *Abb. 2.2.2 D-8b* als vernünftig geplant anzusehen. Wie wichtig die richtige Masseverlegung ist, soll an einem Zahlenbeispiel bewiesen werden. Angenommen, in der

Abb. 2.2.2 D-8a

Abb. 2.2.2 D-8b

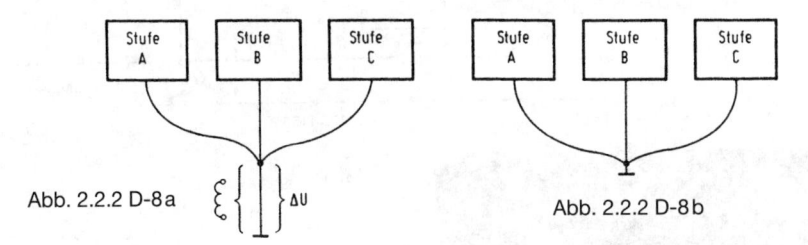

Abb. 8a ist die gemeinsame Masseleitung – mit der Klammer und dem ΔU bezeichnet – 7 cm lang. Bei Leiterbahnaufbauten und auch bei der Drahtlänge von Bauelementen kann vereinfacht mit rund 1 nH pro mm Baulänge gerechnet werden. Demnach ist die Induktivität der gemeinsamen Masseleitung in Abb. a $\approx$ 70 nH. Ferner soll eine der drei digitalen Stufen innerhalb einer Zeit von 7 ns einen Stromhub – LED-Treiber – von 20 mA aufweisen. Dann entsteht eine Induktionsspannung von

$$\Delta U = L \cdot \frac{\Delta I}{\Delta t} \approx 70 \text{ nH} \cdot \frac{20 \text{ mA}}{7 \text{ ns}} \approx 200 \text{ mV}.$$

Diese Störspannung von rund 200 mV wird über die gemeinsame Masseleitung in die beiden übrigen digitalen Schaltstufen eingekoppelt und kann zu entsprechenden Störungen führen.

g) Entkopplung einzelner Stufen

Abb. 2.2.2 D-9 gilt für die optimale Entkopplung einer aktiven, mit l_1 und l_2 langen Leitungen, wenn Impulsstörungen aus dem Netz kommen.
Hier ist zusätzlich eine Induktivität L mit 1 ... 100 mH angebracht oder an deren Stelle ein Widerstand zwischen 27 Ω ... 100 Ω je nach Schaltung. Signalleitungen und Signalmasse sollten von den Versorgungsleitungen ferngehalten werden. Basiswiderstand R_B zur Verhinderung von parasitären Schwingungen kurz an die Basis löten. Kondensator C_P kurz an R_a und R_E ergibt ein definiertes Wechselspannungsverhalten der Schaltung, wenn am unteren Ende von R_E und C_P gleich die Signalmasse mit angelötet wird. Es ist zu bedenken, daß 1 cm Leitungslänge $\approx$ 10 nH Induktivität ergibt. Demnach sind alle Leitungen, besonders die der kurzschließenden Kondensatoren, so kurz wie möglich zu halten; weiterhin sind induktivitätsarme Kondensatoren

zu benutzen. Evtl. mehrere Kondensatoren parallel schalten. Die *Abb. 2.2.2 D-10* läßt ein Rechteckausgangssignal sehen, das bei der kurzen Anstiegsflanke einen Einschwingvorgang (hier 72 MHz) auslöst. Im unteren Oszillogramm ist das vergrößert herausgestellt. Verhindert werden kann dieser Effekt durch induktionsarme Bauelemente (R_A, C_P und C_E in *Abb. 2.2.2 D-9*), sowie durch entsprechend kurze Leitungsführung. Verkopplungen vom Ausgang auf den Eingang sind zu vermeiden.

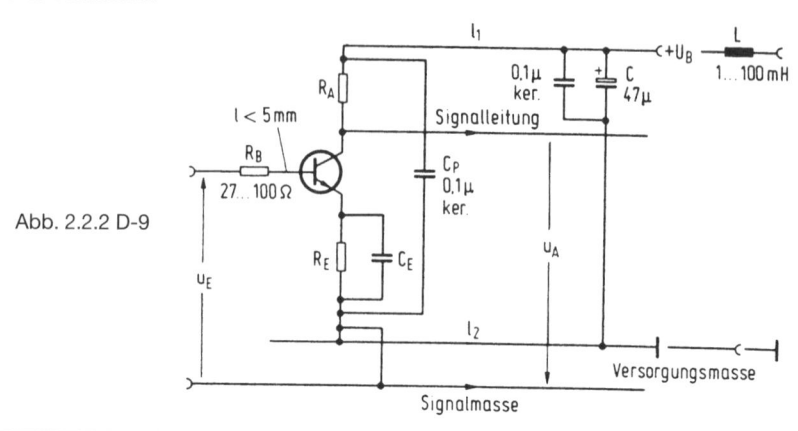

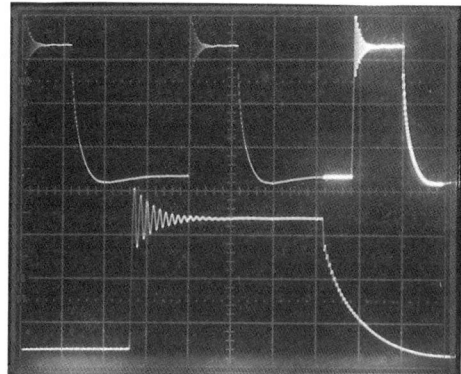

Abb. 2.2.2 D-9

Abb. 2.2.2 D-10

Bei der Entstörung einzelner digitaler Schaltkreise auf dem Gebiet der Versorgungsspannung sind folgende Maßnahmen sinnvoll. Nach *Abb. 2.2.2 D-11* ist zu erkennen, daß bei einer integrierten DIL-14-Schaltung die Massebahn großzügig und breit ausgeführt wurde. Es ist ohnehin sinnvoll, Masseleitungen gezielt niederohmig auszulegen. So kann dann in Abb. 2.2.2 D-11 der Kondensator C1 (Wert 3,3 nF ... 47 nF keramisch) extra kurz an die Anschlüsse 7 und 14, die hier die Speiseanschlüsse darstellen, angelötet werden. Ebenso der Kondensator C2, ein Tantalelko von z. B. 22 μF. Zwischen C1 und C2 ist es zweckmäßig, eine Drossel L auf Ferritkern, z. B. 4 ... 6 Windungen gewickelt, anzuordnen.

Die einzelnen Maßnahmen sind in dem folgenden Oszillogramm, *Abb. 2.2.2 D-12a*, zu erkennen. Das untere Oszillogramm stellt Impulsreste der Versorgungsspannung dar. Hier können die Einschwingvorgänge über keramische Kondensatoren (C1 in Abb. 2.2.2 D-11) verringert werden. Die Reste der Rechteckform auf der Versorgungsleitung werden über L und C2, ebenfalls Abb. 2.2.2 D-11, verringert. Im Endeffekt bleibt oft ein Oszillogramm, *Abb. 2.2.2 D-12b*, bestehen, wobei Impulsreste verschiedener Digitalstufen sich addieren und tolerierbare Störspannungen < 50 mV$_{ss}$ auf der Versorgungsleitung bilden.

2.2 Besondere elektronische Baugruppen

Abb. 2.2.2 D-11

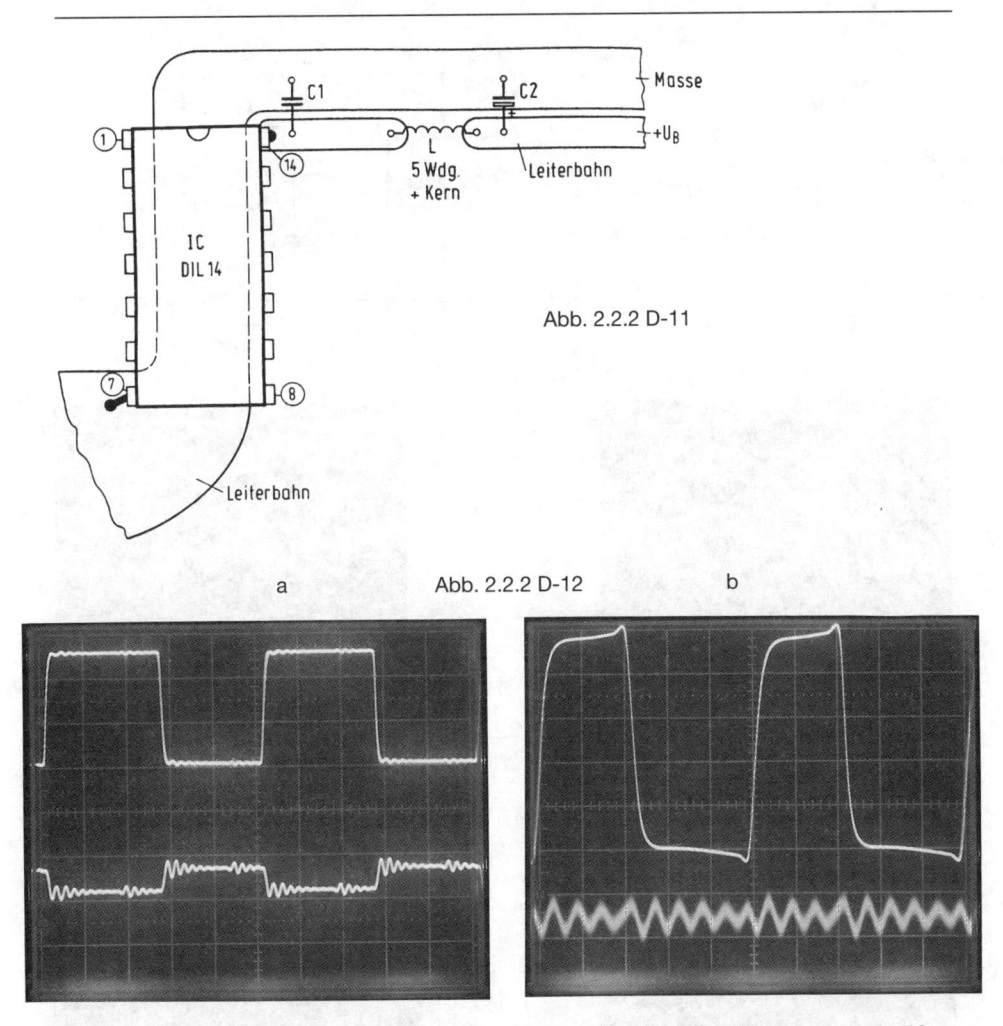

a   Abb. 2.2.2 D-12   b

In der Schaltung *Abb. 2.2.2 D-13* wird ein NAND-Glied mit schnellen Impulsen (< 10 ns Flankensteilheit) angesteuert. Oberes Oszillogramm der *Abb. 2.2.2 D-14 a*. Hierzu ist im unteren Oszillogramm ein „Einklingeln" auf der Speiseleitung, Spannung U_o in Abb. 2.2.2 D-14 a zu erkennen. Eine Siebung erfolgt über die Induktivität L in Verbindung mit C_2; dadurch entsteht die Spannung U_{C2} – unteres Oszillogramm *Abb. 2.2.2 D-14 b*. Es sind hier restliche Nadelstörungen (spikes) erkennbar. Diese sind zur besseren Deutlichkeit in *Abb. 2.2.2 D-14 c* getrennt im rechten Teil des Oszillogramms bei gedehnter Zeitbasis von 10 ns $_{Teil}$ aufgelöst.

Schließlich ist in der *Abb. 2.2.2 D-14 d* das Signal U'_A nach Abb. 2.2.2 D-13 zu sehen, das durch lange Zuleitungen L' in Verbindung mit C'-Leitungskapazitäten entsteht. Um diesen Störungen vorzubeugen, ist eine durchdachte Platinenführung nach Abb. 2.2.2 D-11 sinnvoll. Große – schirmende – Masseflächen, kurze Anordnungen der Entstörbauelemente sind wichtig. Siehe dazu auch die Schaltung Abb. 2.2.2 D-11 und 13.

Die Störung von „Glitches", Einbrüche in Signalform durch signalsynchrone Impulse benachbarter Digitalstufen, zeigt die *Abb. 2.2.2 D-14 e*. Im unteren Oszillogramm sind positive Triggerimpulse zu erkennen, bei denen jeder dritte eine Störung bei einer niedrigeren, mit den Triggerimpulsen synchron laufenden, Rechteckspannung auslöst. Diese Störsignale können so-

2 Mechanik der Elektronik

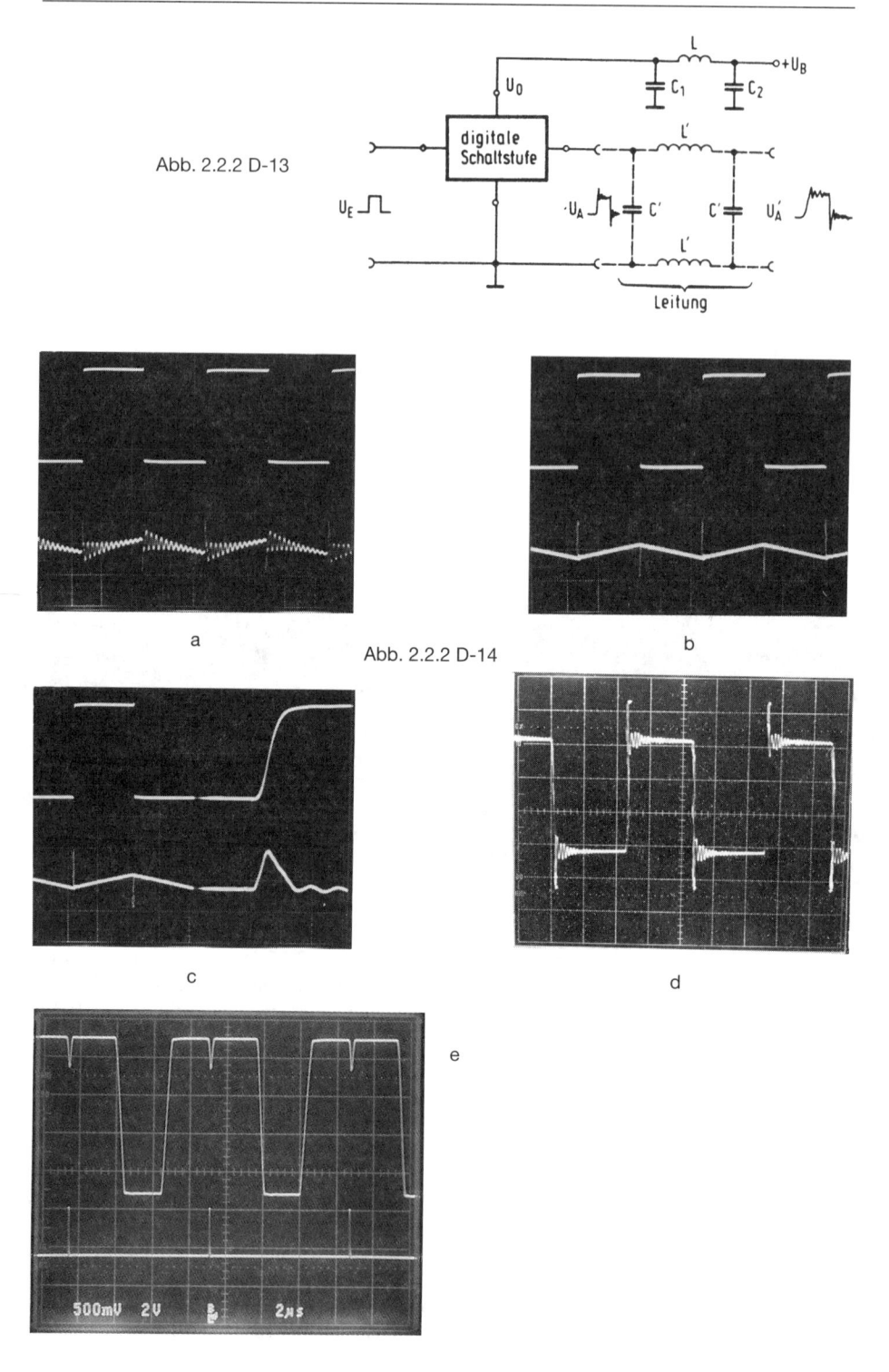

Abb. 2.2.2 D-13

Abb. 2.2.2 D-14

a

b

c

d

e

2.2 Besondere elektronische Baugruppen

wohl als induktive, als auch als kapazitive Einkopplungen in Signalleitungen aufgefaßt werden. Sie entstehen aber auch bei sehr „weichen" Netzteilen, wenn digitale Stufen entsprechend hohe Versorgungsströme benötigen.

Störsignale, die durch H–L- oder L–H-Flanken entstehen, sind nicht immer gleich groß. Das ist besonders deutlich in *Abb. 2.2.2 D-15* bei Stufen mit offenem Kollektorausgang. Mit dem Kondensator C_s (Streu- und Schaltkapazität) entstehen hier zwei unterschiedliche Zeitkonstanten. τ_f (5 V nach 0,1 V) ist sehr klein, da hier der niederohmige Widerstand der Emitter-Kollektorstrecke wirksam wird.

Hier entsteht ein größerer Störstrom I_s als in der Flanke von 0,1 V auf 5 V, wo der hochohmigere 2,2-kΩ-Widerstand (R_a) wirksam wird.

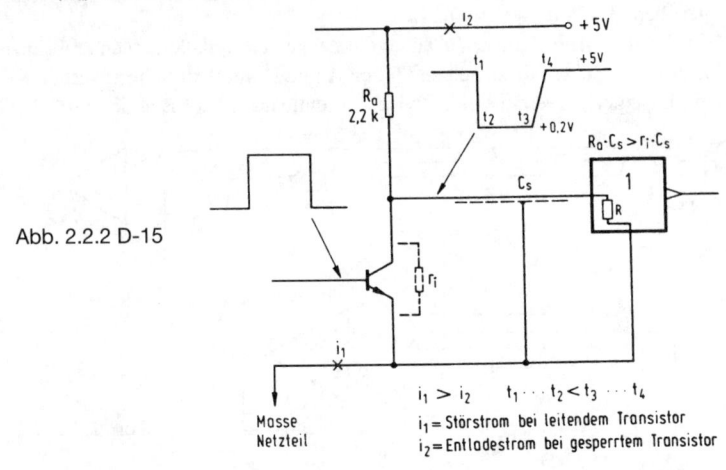

Abb. 2.2.2 D-15

$i_1 > i_2 \quad t_1 \cdots t_2 < t_3 \cdots t_4$

i_1 = Störstrom bei leitendem Transistor
i_2 = Entladestrom bei gesperrtem Transistor

h) Störeinflüsse auf Signalleitungen

Kapazitive Störeinstrahlung

Wird nach *Abb. 2.2.2 D-16 a* der Eingang eines empfindlichen OP-Verstärkers mit einem abgeschirmten Kabel zwischen Signalquelle und Eingang angeschlossen, so ist dabei folgendes zu berücksichtigen:

Erhöhte Eingangskapazität: Durch die Kabellänge mit ihrem Kapazitätsbelag entsteht eine zusätzliche Eingangskapazität, welche für die Betrachtung der oberen Grenzfrequenz eine erhebliche Rolle spielen kann.

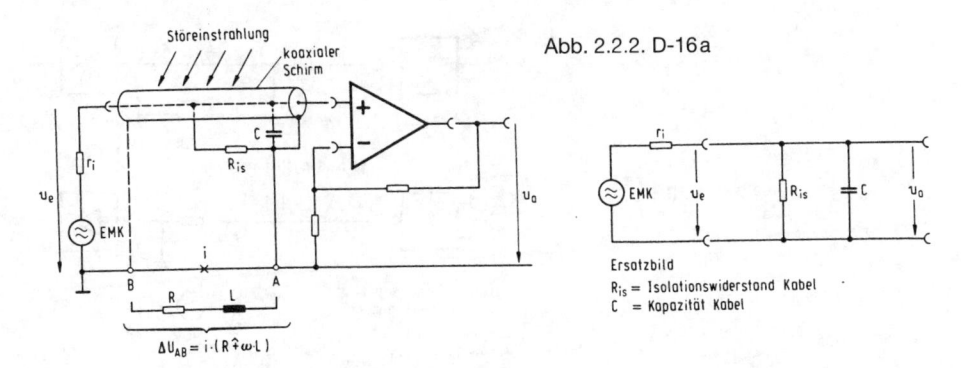

Abb. 2.2.2. D-16a

$\Delta U_{AB} = i \cdot (R + \omega L)$

Ersatzbild
R_{is} = Isolationswiderstand Kabel
C = Kapazität Kabel

609

Verringerter Eingangswiderstand: Das Kabel weist einen Isolationswiderstand auf, der besonders dann zu berücksichtigen ist, wenn bei extrem hochohmigen OPs (FET-Eingang) ein hoher – möglichst konstanter – Eingangswiderstand gefordert ist.

Schirmanschluß: Bei sämtlichen koaxialen Abschirmungen ist zu berücksichtigen, daß – wie in Abb. 2.2.2 D-16a gezeigt – der Schirm nur an einer Seite A oder B angeschlossen wird. Ein beidseitiger Anschluß kann über den Massestrom zwischen den Potentialstellen A und B des Aufbaus eine zusätzliche Störspannung ΔU_{AB} zwischen dem Eingang und Ausgang des Koaxkabels bilden. Derartige Abschirmungen für niederfrequente Anwendungen werden gewöhnlich am Verstärkereingang an Masse gelegt. Diese Regelung kann nicht mehr benutzt werden, wenn bei hochfrequenten oder Impulsanwendungen der Wellenwiderstand des Kabels definiert berücksichtigt werden muß.

Werden nach *Abb. 2.2.2 D-16 b* über die Länge der Signalleitungen drei Einzelleitungen $\ell_1 \ldots \ell_3$ benutzt, so müssen diese an den Stellen A und B mit dem Schirm verbunden und an der Stelle C an Masse gelegt werden. Eine Zwischenerdung an A oder B ergibt zusätzliche Störsignale.

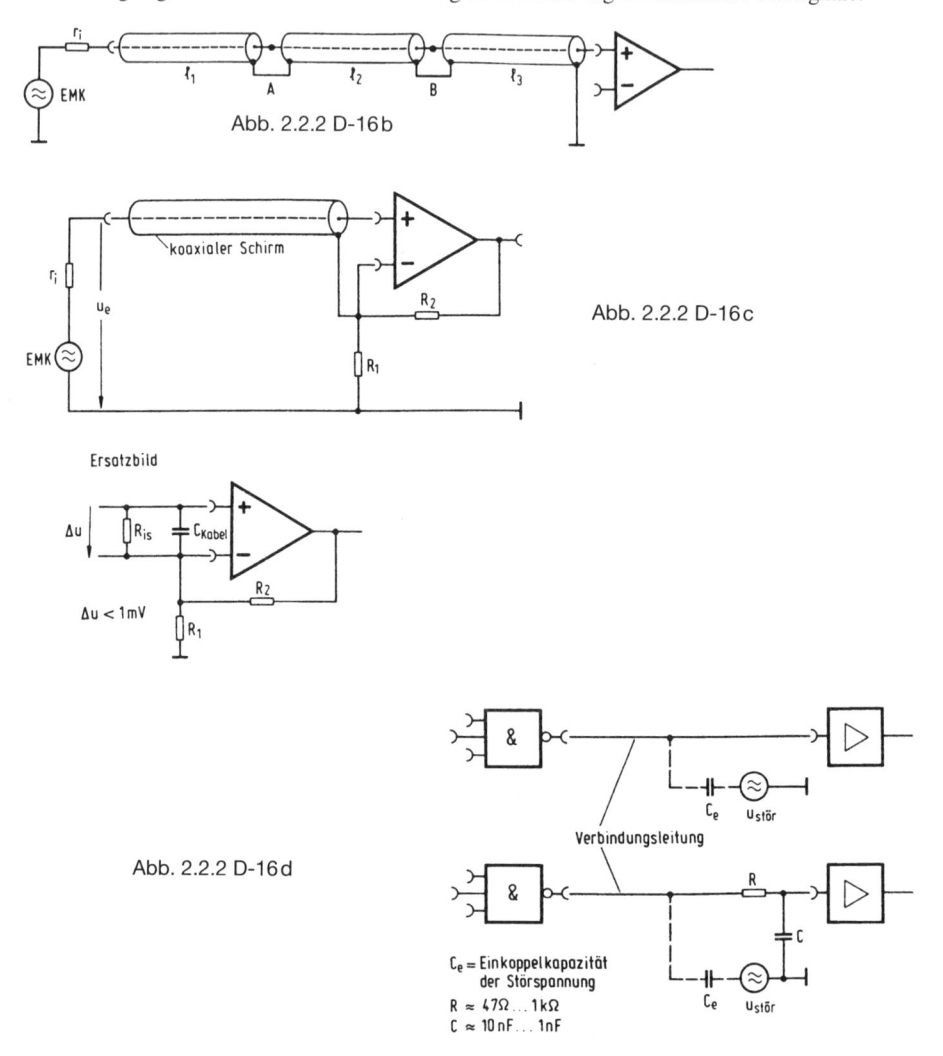

Abb. 2.2.2 D-16b

Abb. 2.2.2 D-16c

Ersatzbild

$\Delta u < 1 mV$

Abb. 2.2.2 D-16d

C_e = Einkoppelkapazität der Störspannung
$R \approx 47\Omega \ldots 1k\Omega$
$C \approx 10 nF \ldots 1 nF$

2.2 Besondere elektronische Baugruppen

Diese eben genannten Fragen werden umgangen, wenn nach *Abb. 2.2.2 D-16 c* der Schirm mit an den niederohmigen invertierenden Eingang angeschlossen wird. Damit liegen Innenleiter und Schirm fast auf gleichem Potential.

Wird nach *Abb. 2.2.2 D-16 d* ein Digitalsignal kapazitiv über eine Störquelle gestört, so ist in Fällen einer langsamen Logikansteuerung, wenn also auf kurze Schaltflanken keine Rücksicht genommen werden kann, ein Tiefpaß (R–C-) nach Abb. d der gestörten Stufe vorzuschalten. Die Dimensionierung ist so vorzunehmen, daß einmal die Störspannung entsprechend verringert wird, zum anderen aber die Schaltflanke steil genug ist, um kein Jittern beim Durchschalten entstehen zu lassen.

Induktive Störeinkopplung

Induktive Störeinflüsse können nur durch entsprechend gewählten Aufbau und Abschirmungen aus Stahlblech reduziert werden. Durch falsche Wahl der Masseleitung und Masseführung können bei schneller Logik induktive Eigenstörungen eines Schaltkreises entstehen. Das ist als Beispiel in der *Abb. 2.2.2 D-17* dargestellt.

Die so induzierten Störspannungen sind je nach Flanke H–L oder L–H unterschiedlich stark, wenn ein Schaltkreis vorliegt, dessen Ausgang unsymmetrisch aufgebaut ist, z. B. ein offener Kollektorausgang. Wir nehmen in der Abb. D-17 an, daß der Ausgangs-Transistor des Schaltkreises in H–L richtig mit einem Innenwiderstand von 10 Ω den H–L-Pegel von 4,5 V auf 1 V schaltet – $\Delta U = 3{,}5$ V. In umgekehrter Richtung L–H soll der Innenwiderstand 180 Ω betragen. Des weiteren soll der H–L-Sprung 4 ns und der L–H-Sprung 13 ns betragen.

Der Stromhub in H–L-Richtung ist demnach:

$$\Delta_i = \frac{3{,}5 \text{ V}}{R_i + Z} = \frac{3{,}5 \text{ V}}{10\ \Omega + 75\ \Omega} = 41 \text{ mA}$$

und der in L–H-Richtung:

$$\Delta_i = \frac{3{,}5 \text{ V}}{180\ \Omega + 75\ \Omega} = 14 \text{ mA}$$

Wird die 5 cm lange Zuführung des negativen Anschlusses A in Abb. D-17 bis zur Masse Punkt B mit ≈ 7 nH ermittelt, so ist mit

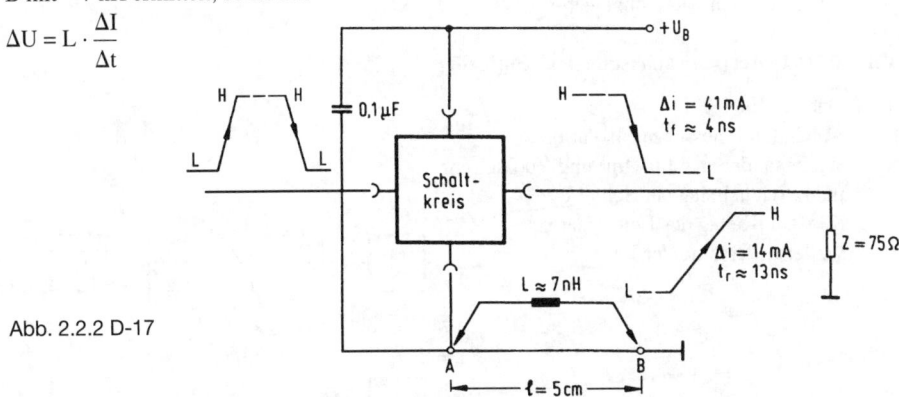

$$\Delta U = L \cdot \frac{\Delta I}{\Delta t}$$

Abb. 2.2.2 D-17

der am Stützpunkt A des Schaltkreises stehende Spannungshub, der sich der Eingangsspannung überlagert, in H–L-Richtung

$$\Delta U = 7 \text{ nH} \cdot \frac{41 \text{ mA}}{4 \text{ ns}} = 72 \text{ mV}$$

groß und der in L–H-Richtung liegende Störimpuls

$$\Delta U = 7 \text{ nH} \cdot \frac{14 \text{ mA}}{13 \text{ ns}} = 7,5 \text{ mV}.$$

Diese möglichen Störeinflüsse sind von Fall zu Fall abzuwägen.

Zu beachten ist weiter die ohmsche Einkopplung von Störimpulsen. Hier ist nach dem ohmschen Gesetz $U_{st} = R \cdot i_{st}$. Dabei ist R der Leiter(bahn)-Widerstand. Einige Angaben dazu enthält die folgende Tabelle.

[mm²] Cu Kabelquerschnitt	[mΩ] Widerstand/m	[mm] Leiterbahnbreite (35 µm Cu)	[mΩ] Widerstand/cm
0,05	340	0,7	7,06
0,10	173	1,0	4,94
0,25	69,2	1,5	3,30
0,50	34,6	2,0	2,47
0,75	23,1	2,0	2,47
1,00	17,3	3,0	1,65
1,50	11,5	5,0	0,99

Übersprechen zweier Signalleitungen

Das Übersprechen entsteht nach *Abb. 2.2.2 D-18* bei zwei Signalleitungen entweder durch die kapazitive Verkopplung mit der sich aus dem Aufbau ergebenden Schaltkapazität C oder durch die induktive Verkopplung M der beiden Leitungen.

In beiden Fällen ist zunächst für eine mechanische Abhilfe hinsichtlich des Aufbaus zu sorgen. Eine elektrische Möglichkeit, die Verkopplungen geringzuhalten, ist die Anwendung eines verdrillten Zweileitersystems mit ca. 2 ... 3 Umschlingungen pro mm. Für diese Signalleitungsart gelten die folgenden Näherungswerte:

Verdrilltes Leiterpaar aus isolierter Kupferlitze

q   Querschnitt
D_a Außendurchmesser mit Isolation
R'   Widerstandsbelag für Hin- und Rückleitung
L'   Induktivitätsbelag der Schleife
C'   Kapazitätsbelag des Leiterpaares
Z   Wellenwiderstand der Leitung

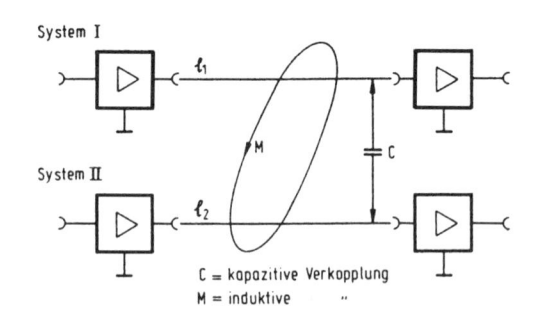

Abb. 2.2.2 D-18

2.2 Besondere elektronische Baugruppen

Litzen-Typ	q mm²	D_a mm	R' mΩ/m	L' nH/m	C' pF/m	Z Ω
5 × 0,1 ⌀	0,04	0,55	900	700	54	113,9
10 × 0,1 ⌀	0,08	0,65	450	590	58	101
14 × 0,15 ⌀	0,25	1,30	150	610	42	121
14 × 0,2 ⌀	0,50	1,60	75	530	47	106
24 × 0,2 ⌀	1,00	2,00	38	480	49	99

Die Anwendung ist in *Abb. 2.2.2 D-19* erläutert. Hier ist die induktive Verkopplung gering. Die Felder der hin- und rücklaufenden Leitungen heben sich auf. Des weiteren ist die kapazitive Verkopplung zwischen beiden Systemen sehr gering. Diese Anwendung nach Abb. D-19 ist natürlich nur sinnvoll bei längeren Leitungen. Sie wird aber auch auf Platinenaufbauten verwendet, wenn z. B. Leitungslängen von mehr als 10 cm zu Störungen neigen. Obwohl in Abb. D-19 die elektrische Masse aller vier Massepunkte ein gleiches Gleichspannungspotential aufweist, ist die Impulsmasse an den Punkten A ... D ungleich. Deshalb wird der jeweilige Masseanschluß des Zweileiterdrahtsystems auf kürzestem Weg zur Ausgangs- oder Eingangsmasse des Senders oder Empfängers angeschlossen – Abb. D-19. Es kann im Einzelfall sogar sinnvoll sein, zwischen den Gleichstrommasseanschlüssen – als Beispiel C und D in Abb. D-19 – eine Drossel L einzuschalten, um der Impulsleitung eine definierte Impulsmasse am Eingang und Ausgang zu geben.

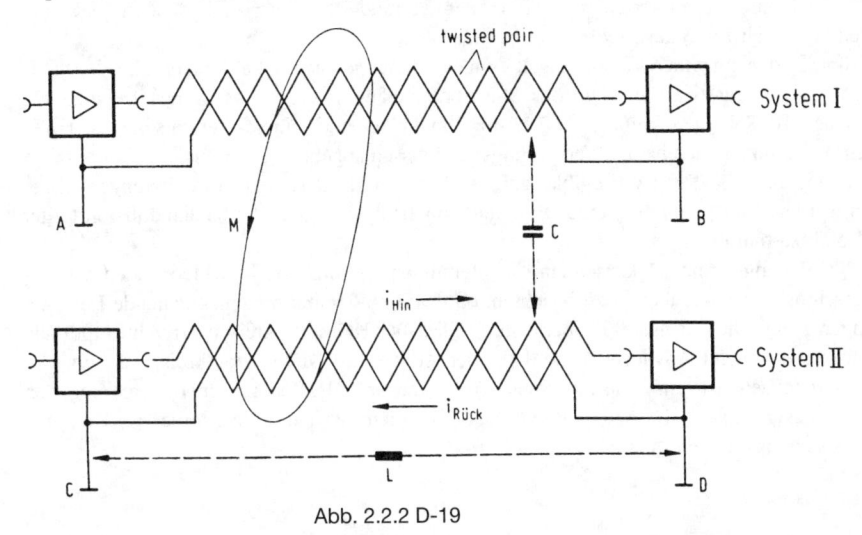

Abb. 2.2.2 D-19

Leitungen mit definiertem Wellenwiderstand

Bei längeren Leitungszuführungen werden die Signalleitungen entweder in Koaxausführung oder als verdrilltes Zweileitersystem (siehe weiter vorn) ausgeführt. In diesen Fällen ist es erforderlich, siehe auch unter „Reflexionen", sowohl den Eingang als auch den Ausgang der Leitung wellenwiderstandsrichtig anzuschließen, um Störungen durch überlagerte Reflexionsspannungen zu vermeiden. Dieser Abschluß ist bei kurzen Leitungen im Platinenaufbau nicht erforderlich. Unter „kurzer Leitung" wird eine solche verstanden, bei der die Laufzeit T_L auf dieser kleiner als die halbe (kürzeste) Impulsflanke ist. Also

$T_L < 0.5 \cdot t_i$.

2 Mechanik der Elektronik

Dabei kann t_i der H–L- oder der L–H-Sprung bedeuten. In diesen Fällen gelangen die Reflexionen noch in die Zeit der Flanke und treten am Schluß der Flanke nicht mehr in Erscheinung. Eine Leitung ist in diesem Sinne eine „lange Leitung", wenn

$$T_L > 0{,}5 \cdot t_i$$

wird. Bei isolierten Schaltdrähten kann im allgemeinen mit einer Laufzeit von

$$T_L \approx 5 \cdot \ell \; [\text{ns; m}]$$

gerechnet werden. Wird bei der 74-S-Serie mit einer Impulsflanke von 2,5 ns gerechnet, so ist zunächst mit $T_L < 0{,}5 \cdot t_i$ der Wert von $T_L < 0{,}5 \cdot 2{,}5$ ns, gewählt $T_L = 1$ ns. Damit ist die längste Leitungsführung, die noch zu keinen Störungen führt,

$$\ell \approx \frac{T_L}{5} = \frac{1 \text{ ns}}{5} = 20 \text{ cm}.$$

Leitungsaufbau von BUS-Systemen

Es wird empfohlen, eine Mehrlagen-Platine für die Verbindung einzelner Baugruppen untereinander zu benutzen. Dabei wird eine Platine als definierte Massefläche und die zweite als Leiterverbindung ausgeführt. Dadurch wird einmal erreicht, daß eine Masseverbindung mit geringem Störspannungshub durch Impulsströme vorhanden ist. Des weiteren, daß die Impedanzen der Leiterbahnen, die üblicherweise im Bereich von 20 ... 40 Ω liegen, konstanter bleiben. Dadurch werden mögliche Reflexionen verhindert. Es ist zu bedenken, daß hier Ausbreitungsgeschwindigkeiten von etwa 18 ns/$_m$ vorliegen.

Die Ströme in den einzelnen Versorgungsleitungen können je nach Schaltkreisfamilie Werte bis 130 mA pro Leitung erreichen. Um das Massepotential von Ausgleichsströmen freizuhalten, sollte jeder BUS-Treiber mit einem 4,7-nF-Tantelelko und einem keramischen 0,1-μF-Kondensator direkt an den beiden Versorgungsanschlüssen abgeblockt werden.

Steuerleitungen, z. B. Read-Write-Takt usf., sollten von Daten- und Adreßleitungen abgeschirmt werden. Das kann durch eine Dreileiterbahn erfolgen, wobei die beiden äußeren Leiter Massepotential führen.

BUS-Signalleitungen, die „elektrisch lang" sind, müssen mit ihren Wellenwiderständen beidseitig abgeschlossen sein. Dabei ist zu beachten, ob der BUS-Treiber die entsprechende Leistung aufbringen kann. Die geringste Treiberleistung wird bei HCMOS-Kreisen erreicht. Optimale Ergebnisse werden mit Advanced-Schottky- oder Advanced-CMOS-Schaltkreisen erzielt. Für höhere Leistungen ist ein Einsatz eines Transistors als Buffer zu überlegen. Bei den Mehrfachsteckern ist dafür zu sorgen, daß möglichst viele – verteilte – Kontakte Wechselspannungsmasse führen.

2.3 Die mechanischen und elektrischen Daten der Printplatte

A Herstelldaten

DIN-Normen für gedruckte Schaltungen

DIN 40801 Bl. 1, 2	Gedruckte Schaltungen, Grundlagen. Leitfaden für die Gestaltung und Anwendung von Bauteilen, Löcher, Raster, Nenndicken
DIN 40802 Bl. 1, 2, 10	Metallkaschierte Basismaterialien für gedruckte Schaltungen
DIN 40803 Bl. 1, 2	Gedruckte Schaltungen, Leiterplatten, allgemeine Anforderungen, Prüfungen, Toleranztabellen, Unterlagen
DIN 40804	Gedruckte Schaltungen, Begriffe
DIN 41612 41613 41617	Steckverbinder für gedruckte Schaltungen
DIN 7735	Schichtpreßstoffe

Isolierstoffträger

Als Isolierstoffträger für gedruckte Schaltungen eignen sich hauptsächlich die bekannten Isolierstoffplatten, die für elektronische Erzeugnisse Anwendung finden.
Das sind in den meisten Fällen Schichtpreßstoff-Erzeugnisse, nämlich Hartpapier, Hartgewebe und Hartmatten, die in DIN 7735 genormt sind.
Der größte Teil der kupferkaschierten Laminate ist ebenfalls genormt und die technischen Daten aus folgenden Normblättern zu ersehen:
DIN 40802
Nema LI 1
MIL-P 13949
IEC-Publikationen 249-2

2 Mechanik der Elektronik

Die Materialtypen unterscheiden sich hauptsächlich durch das verwendete Kunstharz und den Trägerwerkstoff.

Als Trägerwerkstoff kommen in Frage:

Papier
Baumwollgewebe
Glasgewebe
Glasmatten

Als Harze werden verwendet:

Phenolharz
Epoxydharz
Polyesterharz
Melaminharz
Siliconharz
Teflon

Kombinationen für Trägerstoffe

Harz	Träger	DIN 40802	Nema LI 1	MIL P-13949	IEC 249-2
Phenol	Papier	PF-CP 02	FR 2	–	249-2-1-IEC PF-CP-CU
Epoxyd	Papier	EP-CP 01	FR 3	PXP	249-2-3-IEC EP-CP-CU
Epoxyd	Glasgewebe	EP-GC 01	G 10	GEN	249-2-4-IEC EP-GC-CU
Epoxyd	Glasgewebe	EP-GC 02	FR 4	GFN/GFP	249-2-5-IEC EP-GC-CU

Eigenschaften von Isolierstoffträgern

Phenolharz-Hartpapier: Hervorragende elektrische Eigenschaften bei guten mechanischen Qualitäten. Es gibt kaltstanzbare Qualitäten. Die Nema-Type FR 2 stellt eine selbstverlöschende Qualität dar.

Epoxydharz-Hartpapier: Dem Phenolharz-Hartpapier in mechanischer, elektrischer und thermischer Beziehung überlegen. Nach Nema FR 3 in selbstverlöschender Qualität.

Epoxydharz-Glashartgewebe: Beste mechanische und elektrische Werte. Nach DIN Hgw 2372. Nach Nema sind FR 4 und FR 5 die selbstverlöschenden Qualitäten, sonst ähnlich G 10 und G 11, wobei G 11 und FR 5 hohe mechanische Festigkeit bei hohen Temperaturen besitzen.

2.3 Daten der Printplatte

Wichtige Rastermaße von Bauelementen

Schritt	1	2	3	4	5	6	7	8	9	10
0,1 Zoll Technik (Schritt = 2,54 mm)	2,54	5,08	7,62	10,16	12,7	15,24	17,78	20,32	22,86	25,4
A 1 — Technik (Schritt = 2,5 mm)	2,5	5	7,5	10,0	12,5	15,0	17,5	20,0	22,5	25,0
B 1 — Technik (Schritt = 0,635 mm)	0,635	1,27	1,905	2,54	3,175	3,81	4,445	5,08	5,715	6,35

Anmerkung:
A 1 — Technik wird bevorzugt
B 1 — Technik für Miniaturbau

Elektrische Daten von Basismaterial

		Epoxydharz-Glashartgewebe			Phonolharz-Hartpapier
Basismaterial nach DIN 40802 Typ:		EP-CP 01	EP-GC 01	EP-GC 02	PF-CP 02
Vergleichbar mit mit Nema LI-1-Grade		FR 3	G 10	FR 4	FR 2
Vergleichbar mit MIL P 13949 Typ		PXP	GEN	GFN/GFP	
Eigenschaft	Einheit	Sollwert	Sollwert	Sollwert	Sollwert
Oberflächenwiderstand	Ohm	$2 \cdot 10^9$	10^{10}	10^{10}	min. 10^9
Spez. Durchgangswiderstand	Ohm cm	$8 \cdot 10^{10}$	$5 \cdot 10^{11}$	$5 \cdot 10^{11}$	min. 10^{11}
Dielektrischer Verlustfaktor $\tan \delta \cdot 10^3$ bei 1 MHz	—	45	35	35	50
Dielektrizitätszahl ϵ_r bei 1 MHz	—	5	5,5	5,5	5,5

Basisträger	Füllstoff	DIN-Bezeichnung	Relative Dielektrizitätskonstante ϵ_r bei 1 MHz	Dielektr. Verlustfaktor tan δ · 10⁻³ 800 Hz	1 MHz
Phenolharz	Papier	Hp 2063	4,2	30	40
Epoxydharz	Papier	–	4,2	15	38
Epoxydharz	Glasgewebe	Hgw 2372	4,9	10	20
Melaminharz	Glasgewebe	Hgw 2272	6,8	30	40
Siliconharz	Glasgewebe	Hgw 2572	3,8	3	3
Polyester	Glasmatte	Hm 2471	4,3	35	15
Keramik	–	–	6	20	12
Teflon	Glasgewebe		2,6	2	2
Polyesterfolie	–	–	2,5	0,3	

Mikrowellentechnik

Speziell für die Mikrowellentechnik ist eine Alternative für Basiswerkstoffe von Keramikträgern AL_2O_3 oder BeO gegeben. Die Fa. Mauritz, Hamburg, liefert keramikgefüllte, kupferkaschierte RT/duroid®Substrate. Die Dielektrizitätskonstante beträgt 6 (Typ 6006) oder 10,5 (Typ 6010.5). Die Unterseite weist eine mit dem Trägermaterial verschweißte Versteifung aus Aluminium, Kupfer oder Messing auf mit Stärken von 0,5...6,35 mm. Diese Kaschierung dient der Mikrostriptechnik, der Abschirmung und Wärmeableitung. Weitere Daten von Trägermaterialien sind dem Kap. 2.5.3 (SMT) zu entnehmen.

Kupferfolie für Leiterplatten

Nach DIN 40802 muß die Kupferfolie aus Elektrolytkupfer mit einem Reinheitsgrad von min. 99,5 % hergestellt sein. Die Beschaffenheit der Oberfläche ist besonders zu vereinbaren. Die Kupferdicke beträgt in den meisten Fällen 0,035 mm, aber auch 0,0175; 0,070 und 0,105 mm Dicken sind lieferbar und für bestimmte Schaltungen besonders geeignet. Der spezifische Widerstand ist bei 20° mit $\delta \approx 0{,}0174 \left[\dfrac{\Omega \cdot mm^2}{m}\right]$. Die Kaschierung kann einseitig oder doppelseitig sein.
Einen Überblick über die zulässigen Dickenabweichungen der Kupferfolie soll die nachfolgende Aufstellung geben.

Normen	Nenndicke		Zulässige Abweichungen	
	mm	inch	mm	inch
DIN 40802	0,035		+0,005 / −0,005	
	0,070		+0,008 / −0,008	
Nema LI-1	0,0355	0,0014	+0,0102 / −0,0051	+0,0004 / −0,0002
	0,0715	0,0028	+0,0178 / −0,0076	+0,0007 / −0,0003

2.3 Daten der Printplatte

Plattenstärke mit Kaschierung

DIN 40802 für Phenolharz- und Epoxyd-Hartpapier

Nenndicke in mm	zulässige Abweichungen in mm
0,8	± 0,09
1,0	± 0,11
1,2	± 0,12
1,5	± 0,14
1,6	± 0,14
2,0	± 0,15
2,4	± 0,18
3,2	± 0,20

DIN 40802 für Epoxydharz-Glashartgewebe

Nenndicke in mm	zulässige Abweichungen in mm	eingeengt
0,8	± 0,15	± 0,09
1,0	± 0,17	± 0,11
1,5	± 0,20	± 0,14
1,6	± 0,20	± 0,14
2,0	± 0,23	± 0,15
2,4	± 0,25	± 0,18
3,2	± 0,30	± 0,20

Nema LI-1 für Phenolharz- und Epoxydharz-Hartpapier

Nenndicke		Zulässige Abweichungen					
		Klasse I E 35		Z 35, E + 70		Klasse II	
mm	inch	mm	inch	mm	inch	mm	inch
0,8	0,031	± 0,10	± 0,004	± 0,115	± 0,0045	± 0,076	± 0,003
1,6	0,062	± 0,14	± 0,0055	± 0,15	± 0,0006	± 0,10	± 0,004
2,4	0,023	± 0,175	± 0,007	± 0,19	± 0,0075	± 0,125	± 0,005
3,2	0,125	± 0,215	± 0,0085	± 0,23	± 0,009	± 0,15	± 0,006

Nema LI-1 1971 für Epoxydharz-Glasgewebe

Nenndicke		zulässige Abweichungen			
		Klasse I		Klasse II	
mm	inch	mm	inch	mm	inch
0,8	0,031	± 0,165	± 0,0065	± 0,10	± 0,004
1,6	0,062	± 0,19	± 0,0075	± 0,125	± 0,005
2,4	0,093	± 0,23	± 0,0090	± 0,175	± 0,007
3,2	0,125	± 0,30	± 0,0120	± 0,23	± 0,009

2 Mechanik der Elektronik

MIL – P-13949 E für Epoxydharz-Hartpapier

Nenndicke		zulässige Abweichungen					
		Klasse I		Klasse II		Klasse III	
mm	inch	mm	inch	mm	inch	mm	inch
0,8	0,031	± 0,115	± 0,0045	± 0,10	± 0,004	± 0,076	± 0,003
1,6	0,062	± 0,15	± 0,0060	± 0,125	± 0,005	± 0,076	± 0,003
2,4	0,093	± 0,23	± 0,0090	± 0,175	± 0,007	± 0,10	± 0,004
3,2	0,125	± 0,30	± 0,0120	± 0,23	± 0,009	± 0,125	± 0,005

MIL – P-13949 E für Epoxydharz-Glashartgewebe

Nenndicke		zulässige Abweichungen					
		Klasse I		Klasse II		Klasse III	
mm	inch	mm	inch	mm	inch	mm	inch
0,8	0,031	± 0,165	± 0,0065	± 0,10	± 0,004	± 0,076	± 0,003
1,6	0,062	± 0,19	± 0,0075	± 0,125	± 0,005	± 0,076	± 0,003
2,4	0,093	± 0,23	± 0,0090	± 0,175	± 0,007	± 0,10	± 0,004
3,2	0,125	± 0,30	± 0,0120	± 0,23	± 0,009	± 0,125	± 0,005

Typische Werte	Maß-einheit	Epoxydharz-Glasgewebe	Polyesterfolie	Polyimidfolie
Löttemperatur/Lötzeit	°C/s	260/10	230/1	260/10
max. Dauerbetriebstemperatur	°C	150	110	220
Zugfestigkeit	kp · cm^{-2}	1750	1500	1700
Zugdehnung	%	3	1130	70
Kupferhaftfestigkeit (20 °C)	kp	4,5	1,8	1,3
Ausdehnungskoeffizient	°C	1,1 · 10^{-5}	1,5 · 10^{-5}	2,0 · 10^{-5}
Dielektrizitätskonstante (60 Hz)		3,4	3,25	3,5
Verlustfaktor		0,037	0,006	0,003
spez. Widerstand	Ω · cm^{-1}	1,6 · 10^{13}	10^{17}	4 · 10^{16}
Bemerkungen		nicht für Dauerwechselbiegebeanspruchung geeignet, jedoch höchste Haftfestigkeit der Folie, geringe Zugdehnung	gegen Lötwärme empfindlich, aber niedrigste Kosten, gute mechanische und elektrische Werte	nicht brennbar, ausgezeichnete mechanische, thermische und elektrische Werte

Flexible Isolierstoffträger

Als Basismaterial werden dünne Laminate oder Folien verwendet, die ein- oder beidseitig meist mit Kupfer kaschiert sind. Da bei flexiblen Schaltungen die Kupferleiter an den mechanischen Eigenschaften einen wesentlich höheren Anteil haben als bei den starren Schaltungen, muß hier auf eine optimale Auswahl der Kupferstärke und der Kupferqualität bezüglich Duktilität und Flexibilität besonderer Wert gelegt werden. Wenn auch hier 35 µm als Standardstärke gelten können, so werden doch öfter auch 17,5 µm, 70 µm und 105 µm angewendet.

B Leiterbahnwiderstand

Der elektrische Bahnwiderstand kann durch seinen Spannungabfall einmal die Funktion einer Baugruppe stören und zum anderen mit seiner Verlustwärme $P_L = I^2 \cdot R_L$ empfindliche Bauteile aufheizen. Die Verlustwärme muß bei dünnen Leiterbahnen bereits bei Strömen < 1 A berücksichtigt werden. Schaltungen mit dichter Packungsdichte können, besonders bei mehreren kritischen schmalen Leitern, zu Wärmeproblemen führen. Kapazitive und/oder induktive Verkopplungen entstehen, wenn zwei oder mehrere Leiter parallel geführt werden. Eine galvanische Kopplung entsteht, wenn zwei oder mehr Verbraucher an einer Leitungsbahn mit Spannungsabfall angeschlossen sind. Aus diesen Gründen ist es wichtig, den ohmschen Widerstand einer Leiterbahn bestimmen zu können. Bei Frequenzen im MHz-Bereich tritt auch bei Leiterbahnen der Skineffekt auf. Der Skineffekt ist von dem Leitwert, der Form und Größe des Leiterquerschnitts und der Frequenz abhängig. Eine Leiterbahn von 1 mm Breite hat bei etwa 10 MHz einen doppelt so hohen Widerstand wie bei Gleichstrom.

Spezifischer Widerstand ϱ und Temperaturbeiwert α

Metall	spez. Widerstand ϱ bei 20 °C $\left[\dfrac{\Omega \cdot mm^2}{m}\right]$	Temperaturbeiwert α $[10^{-3}/°C]$
Kupfer	0,0174	4,33
Silber	0,0159	4,10
Gold	0,0224	4,0
Nickel	0,078	6,75
Zinn	0,123	4,6
Blei	0,208	3,8
Palladium	0,108	3,77
Rhodium	0,0454	4,43

2 Mechanik der Elektronik

Der Leiterbahnwiderstand ist:

$R = \dfrac{\varrho \cdot \ell}{d \cdot b}$; darin bedeuten: ℓ [mm] = Länge der Leiterbahn
d [μm] = Stärke der Kaschierung
b [mm] = Breite der Leiterbahn
R [Ω] = Leiterbahnwiderstand

Für Kupfer ist für die Praxis

$R = \dfrac{174 \cdot \ell}{d \cdot b} \quad \left[m\Omega; \dfrac{cm}{\mu m \cdot mm} \right]$ oder bereits für eine Kaschierungsstärke von d = 35 μm

$R = \dfrac{4{,}97 \cdot \ell}{b} \quad \left[m\Omega; \dfrac{cm}{mm} \right].$

Abb. 2.3-1

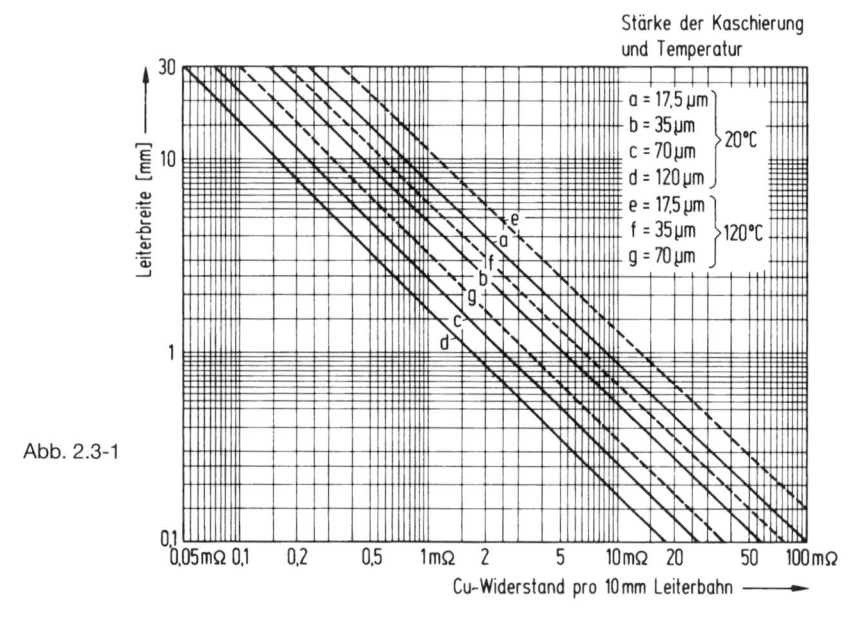

Stärke der Kaschierung und Temperatur
a = 17,5 μm
b = 35 μm
c = 70 μm
d = 120 μm } 20°C
e = 17,5 μm
f = 35 μm
g = 70 μm } 120°C

Leiterbreite [mm]
Cu-Widerstand pro 10 mm Leiterbahn

Beispiel:

Leiterlänge ℓ = 5 cm
Kupfer-Kaschierung d = 35 μm
Breite b = 1 mm

dann ist $R = \dfrac{4{,}97 \cdot \ell}{b} = \dfrac{4{,}97 \cdot 5}{1} = 24{,}9 \; m\Omega$

oder mit $R = \dfrac{\varrho \cdot \ell}{d \cdot b} = \dfrac{0{,}0174 \cdot 50}{35 \cdot 1} = 24{,}9 \; m\Omega$

Anhaltswerte für b = 1 mm sind pro Zentimeter Leiterbahn:

d	R
35 µm	5 mΩ
70 µm	2,5 mΩ
105 µm	1,68 mΩ

Das Nomogramm *Abb. 2.3-1* dient der schnellen Ermittlung der Daten.

Leiterbahn Temperaturbeiwert α

Entsprechend der eben angeführten Tabelle mit dem Temperaturbeiwert α ändert sich der Leiterbahnwiderstand bei Erwärmung mit R_O = ohmscher Wert bei 20 °C
  t = betrachtete Temperatur und
  R_Z = Widerstandswert bei t, wie folgt:

$R_t = R_O [1 + \alpha (t - 20)]$.

C Leiterbahn Strombelastbarkeit

Die hier angegebenen Daten sind obere Grenzwerte. Der praktische Betrieb sollte weitaus niedriger hinsichtlich der Strombelastung gewählt werden. Genaue Daten anzugeben ist schwierig, da der Wärmeableitwiderstand eine große Rolle spielt. Dieser ist von der Plattenstärke, dem Basismaterial, der vertikalen oder horizontalen Anordnung der Platte abhängig. Ein weiterer Faktor sind wärmeableitende Materialien. Diese werden durch Bauteile, Montageteile o. ä. gebildet. Ebenfalls ist die Frage einer Zwangskühlung (Lüfter) von Bedeutung.
Für eine Leiterbahntemperaturerhöhung von ca. 40° ($t_u \approx 20°$), die als maximal zulässig betrachtet wird, gilt

$I_{max} \approx 5{,}25 \sqrt{[d \cdot b (d + b)] \cdot K}$ ($t_L \approx 60°$)

Der Korrekturwert K ist von der Leiterbahn b abhängig. Die Werte für K sowie eine Übersicht über maximal zulässige Belastungen zeigt das Nomogramm *Abb. 2.3-2*. Die Angaben der red. Werte (reduzierte Werte) können für den praktischen Gebrauch dienen, wenn durch Wärmestau oder Wärmeeinstrahlung von Bauteilen keine zusätzliche Belastung auftritt.

Beispiel:
d = 0,035 (35 µm); b = 2 mm; K = 6
$I_{max} \approx 5{,}25 \sqrt{[0{,}035 \cdot 2(0{,}035 + 2)] \cdot 6} = 4{,}85$ A

In der *Abb. 2.3-3* ist die Temperaturerhöhung in Abhängigkeit von Leiterbreite und Strombelastung gezeigt. Im gewählten Beispiel erhöht sich die Leitertemperatur um 30 °C bei b = 5,5 mm und I = 13 A für eine Kaschierungsstärke von 35 µm.
Für die Kaschierungsstärken 35 µm und 70 µm sind die Kurven in *Abb. 2.3-4* getrennt gezeichnet. Der Wärmewiderstand von Leiterplatten ist u. a. im Abschnitt 2.5.3 SMT-Technik angegeben. Maximale Stromwerte liegen bei 35 µm $\approx$ 2,4 A pro mm Leiterbreite und bei 70 µm $\approx$ 4 A pro mm Leiterbreite für die Dimensionierung in der Praxis.

2 Mechanik der Elektronik

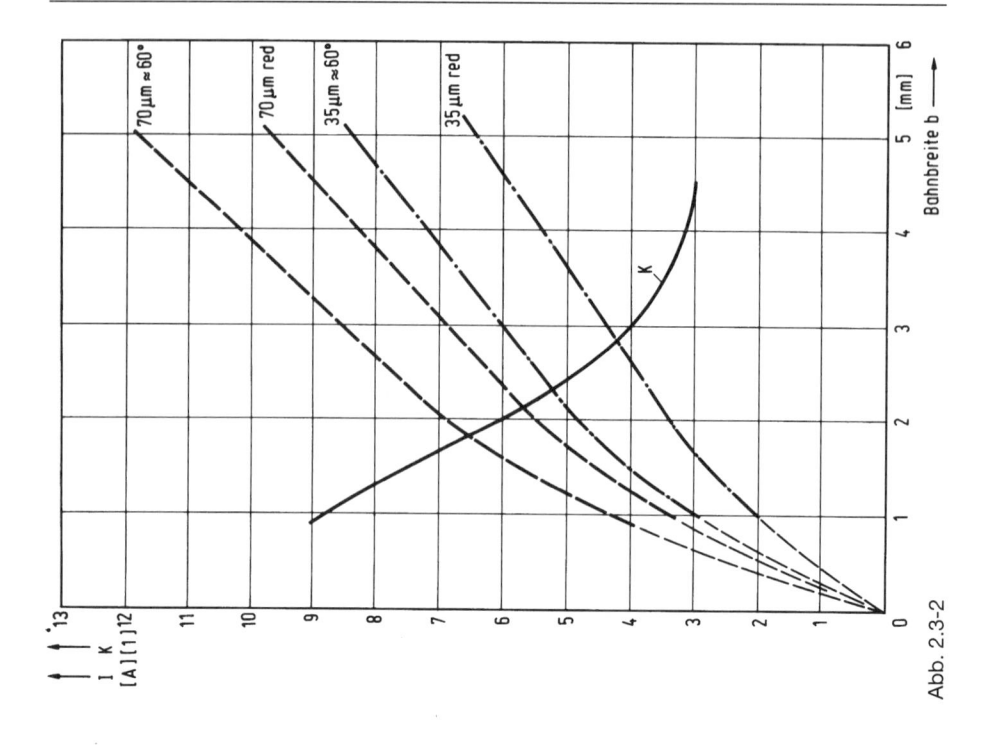

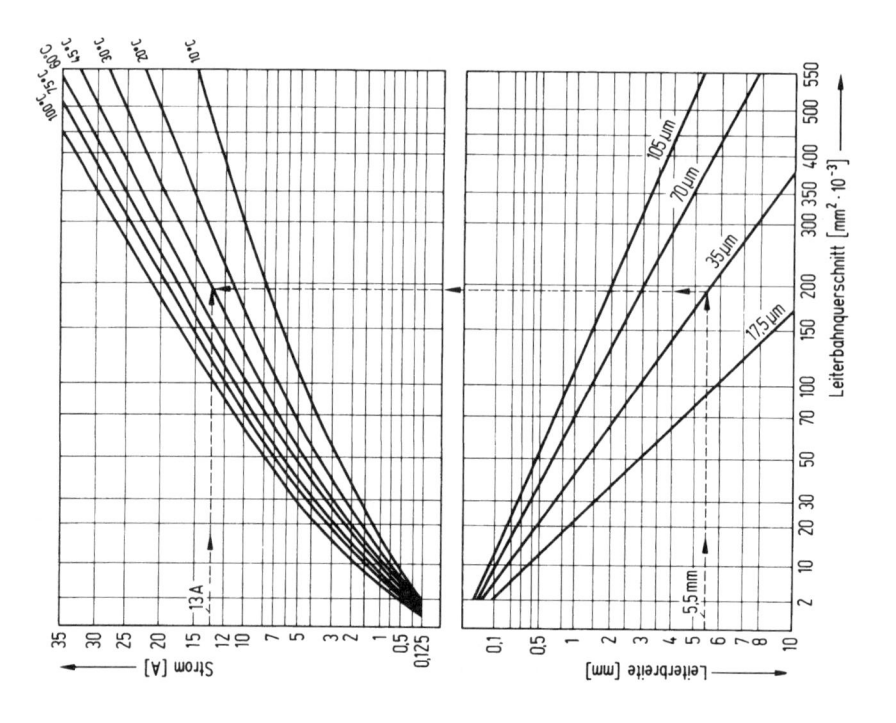

Abb. 2.3-2

Abb. 2.3-3

2.3 Daten der Printplatte

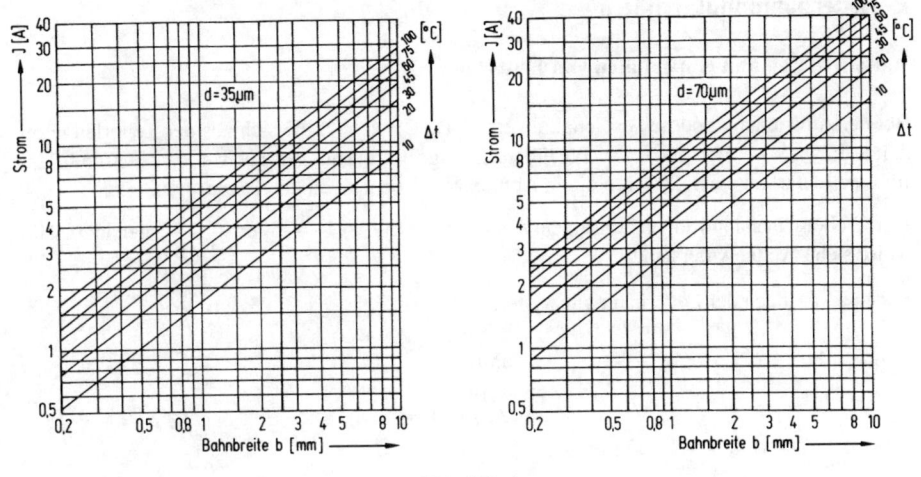

Abb. 2.3-4

D Isolationsabstand von Leiterbahnen (USA MIL-Std. 275 B)

Die folgende Tabelle gibt eine Übersicht. Darin bedeuten die Buchstaben A = normale Umweltbedingungen und B = für staubige oder schmutzige Umgebung. Die angegebenen Spannungswerte gelten für Gleichspannungen oder den Spitzenwert einer Wechselspannung.

Spalte I ohne Schutzüberzug in Höhen von 0...3048 m
Spalte II ohne Schutzüberzug in Höhen   über 3048 m
Spalte III mit Schutzüberzug in Höhen von 0...3048 m
Spalte IV mit Schutzüberzug in Höhen   über 3048 m

Spannung [V]	I A	I B	II	III	IV
0 ... 50	0,381	2,032	0,660	0,381	0,559
51 ... 100			1,575		0,762
51 ... 150	0,660	2,032		0,559	
101 ... 170			3,17		1,524
151 ... 300	1,575	3,17		0,762	
171 ... 250			6,35		3,17
301 ... 500	3,17	7,62		1,524	
251 ... 500			12,70		6,35
> 500	0,0076 je Volt	0,0152 je Volt	0,025 je Volt	0,0051 je Volt	0,0127 je Volt

Die angegebenen Zahlen sind Mindestwerte in [mm].

E Leiterbahninduktivitäten

Induktivitäten und Kapazitäten von Leiterbahnen

Bei der Anwendung gedruckter Schaltungen im Hf-Bereich ist die sich aus der Leiterlänge bildende Induktivität von Interesse. Für überschlägige Berechnungen nach *Abb. 2.3-5* und *2.3-6* für eine Leiterlänge von 200 mm die in Abb. 2.3-6 zu entnehmenden Daten.

Der Wellenwiderstand einer derartigen Anordnung ist $Z \approx \dfrac{120}{\sqrt{\epsilon_r}} \cdot \ell n \dfrac{\pi \cdot a}{d + b}$; genauere Hinweise siehe Wellenwiderstand.

Für Induktivitäten der Leiterbahn gilt weiter:

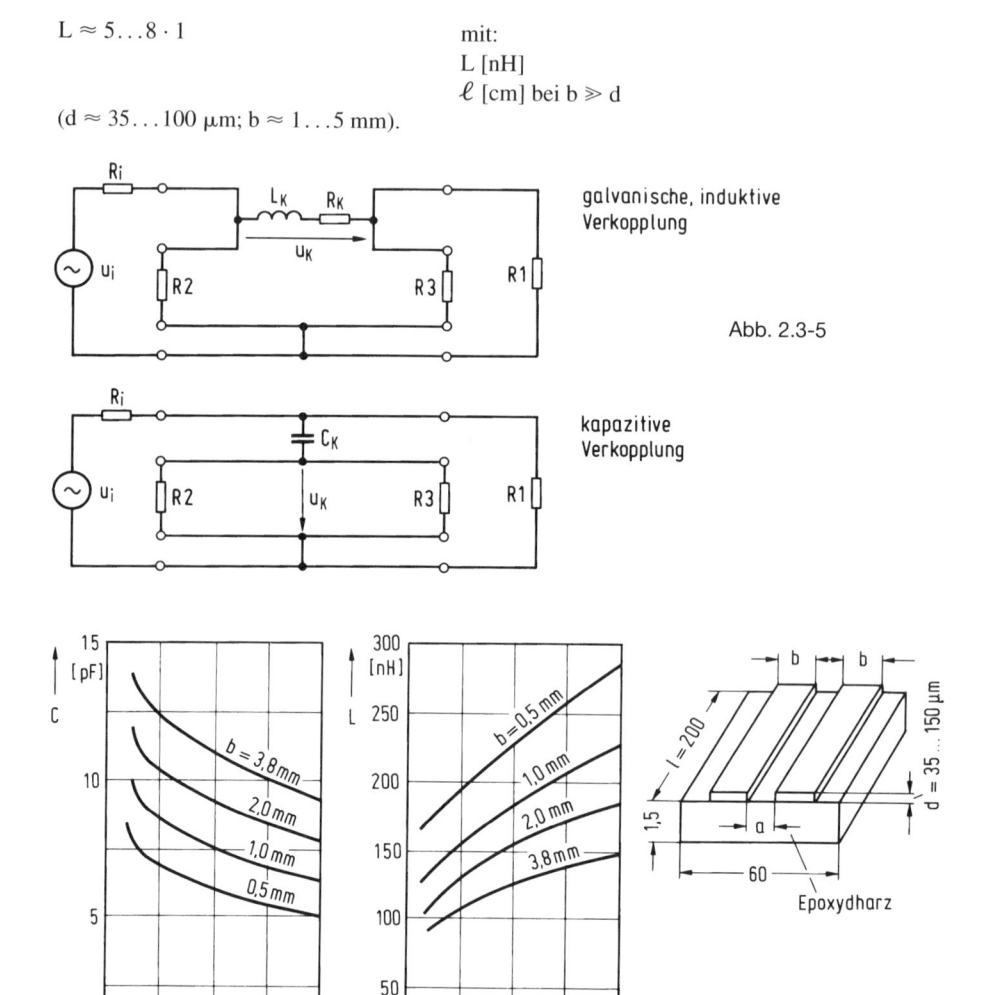

$L \approx 5 \ldots 8 \cdot l$ mit:
       L [nH]
       ℓ [cm] bei $b \gg d$

($d \approx 35 \ldots 100$ μm; $b \approx 1 \ldots 5$ mm).

Abb. 2.3-5

galvanische, induktive Verkopplung

kapazitive Verkopplung

Abb. 2.3-6

Beispiel: $\ell = 5$ cm ergibt
L ≈ 8 · 5 = 40 nH.

Nach Abb. 2.3-5 ist zu erkennen, daß induktive Verkopplungen in elektronischen Versorgungsleitungen nicht zu vernachlässigen sind. Das ist besonders dann der Fall, wenn schnelle Signalflanken übertragen werden sollen. In der Abb 2.3-5 ist die Impedanz der galvanisch-induktiven Verkopplung $Z = \sqrt{R_K^2 + \omega L_K^2}$. Im allgemeinen kann der Wert R_K vernachlässigt werden, da er sehr klein gegenüber der Leiterinduktivität ist. Die an der Anordnung abfallende Spannung bei plötzlichen Stromänderungen ist

$$U_K = R_K \cdot i + L_K \cdot \frac{di}{dt} \qquad [nH; ns; mA; mV]$$

Wird R_K vernachlässigt, so ist

$$U_K \approx L_K \cdot \frac{di}{dt} \qquad [nH; ns; mA; mV]$$

Beispiel: Ist nach der Formel L ≈ 8 · ℓ; ℓ z. B. 25 cm, so wird L = 200 nH. Bei einer plötzlichen Stromänderung von 50 mA in 25 ns, also Δi ≈ 50 mA und Δt = 25 ns, ergibt sich ein wirksamer Spannungsabfall auf dieser 25 cm langen Versorgungs- und Signalleitung von:

$$U_K \approx 200 \cdot \frac{50}{25} \approx 400 \text{ mV}.$$

Dieser Spannungshub kann bereits zu starken Störungen in elektronischen Schaltungen führen, besonders dann, wenn mehrere Stufen eine gemeinsame Masse- oder Versorgungsleitung haben und eine dieser Stufen diese Störspannung erzeugt. Eine kapazitive Abblockung mit keramischen Kondensatoren ≈ 0,1 μF verhindert weitgehend diese Störspannung.

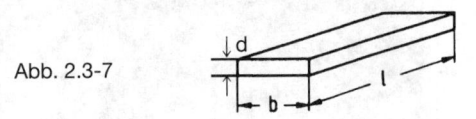

Abb. 2.3-7

Printspulen

Für eine gerade Leiterbahn nach *Abb. 2.3.-7* ist für $\ell \gg$ b und f < 50 kHz:

$$L \approx 2 \cdot \ell \cdot \ell n \cdot \left(\frac{2 \cdot \ell}{b+d} + 0{,}75\right) \quad ; [nH; cm].$$

Beispiel:
$\ell = 5$ cm; b = 2 mm; d = 35 μ.

Abb. 2.3-8

$$L \approx 2 \cdot 5 \cdot \ell n \left(\frac{2 \cdot 5}{0{,}2 + 35 \cdot 10^{-4}}\right) = 38{,}95 \text{ nH}$$

Für einen Kreisring nach nebenstehender *Abb. 2.3-8* ist:

$$L \approx 12{,}75 \cdot R_m \left(\ell n \frac{2 \cdot R}{b} + 0{,}08 \right) \quad [nH; cm] \quad R_m = \text{mittlerer Radius}$$

Beispiel:
$R_m = 2$ cm; $b = 2$ mm

$$L \approx 12{,}75 \cdot 2 \left(\ell n \frac{2 \cdot 2}{0{,}2} + 0{,}08 \right) = 78{,}43 \text{ nH}$$

Schneckenspule (siehe auch 3.5.2-3)

Für eine Spule nach *Abb. 2.3-9* ist:

$$L \approx \frac{21{,}5 \cdot n^2 \cdot D}{1 + 2{,}72 \cdot \frac{d}{D}} \quad [nH; cm]$$

$D = E - d$

Abb. 2.3-9

Beispiel (Werte in mm):
E = 16,5; d = 3,5; n = 5 → L ≈ 393 nH
gemessen an einer Spule   400 nH

E = 17; d = 7; n = 9   → L ≈ 581 nH
gemessen an einer Spule   565 nH
Abb. 2.3.-10

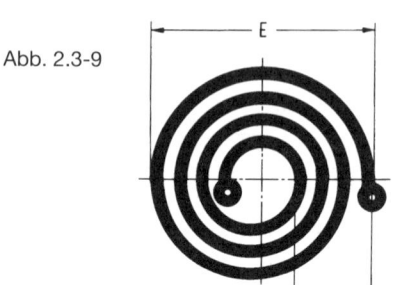

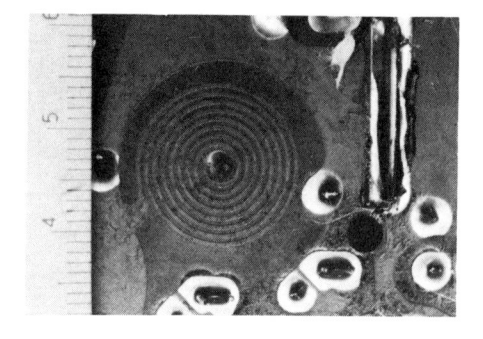

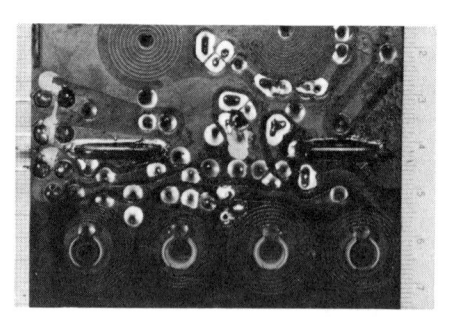

Abb. 2.3-10

Für alle Fälle gilt, daß ferromagnetische Stoffe – Bauteile o. ä. – weit genug von den Spulenanordnungen entfernt sind. Abstand ≳ größter Spulendurchmesser. Um Streuerscheinungen gering zu halten, sollte der Anfang des äußeren Spulenringes an Masse gelegt werden. Um die Eigenresonanz der Schneckenspule zu erfassen, ist der Wert der resultierenden Schwingkreiskapazität erforderlich. Dieser errechnet sich als $C_S \approx 0{,}15 + \frac{0{,}44}{n}$ [pF] mit n als Windungszahl.
Mit n = 5 ist nach dem Beispiel $C_S = 0{,}24$ pF und mit L = 400 nH ist f = 513 MHz.
Die *Abb. 2.3-10 a* gibt eine schnelle Hilfe für die Ermittlung der Windungszahl von Schneckenspulen mit
d = Anfangsdurchmesser und a = Abstand zweier benachbarter Windungen.

2.3 Daten der Printplatte

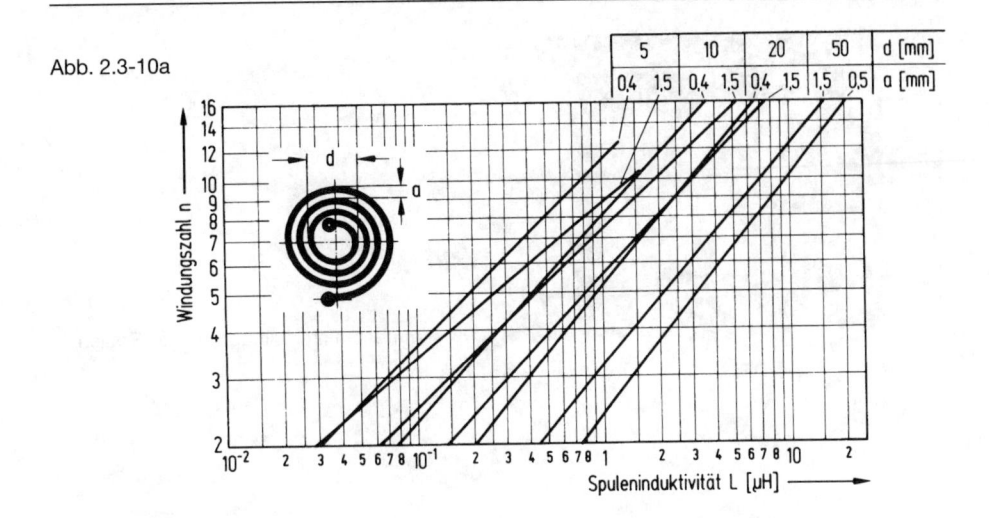

Abb. 2.3-10a

d [mm]	5		10		20		50
a [mm]	0,4	1,5	0,4	1,5	0,4	1,5	1,5 0,5

Aus der *Abb. 2.3-10 b* kann im Einzelfall die Kapazität pro cm Leitungslänge von zwei parallel laufenden Leiterbahnen ermittelt werden. Die Werte sind für $\epsilon \approx 5$ aufgenommen.

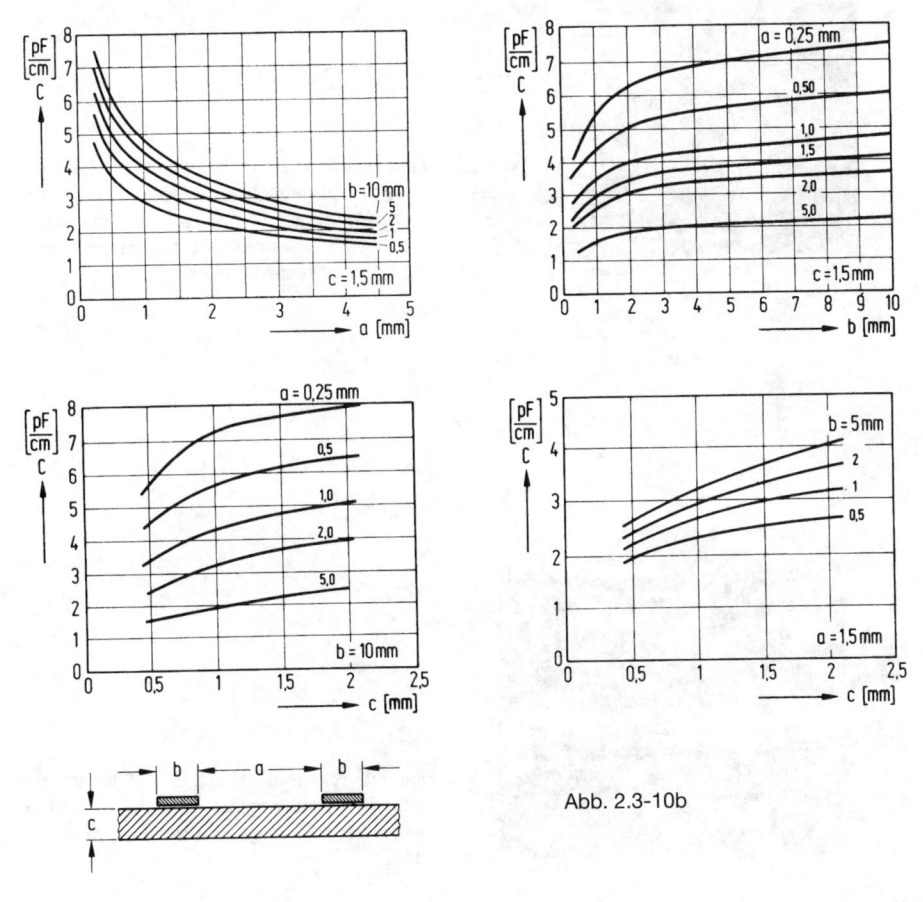

Abb. 2.3-10b

2 Mechanik der Elektronik

Abstimmbare Filter mit gedruckten Spulen

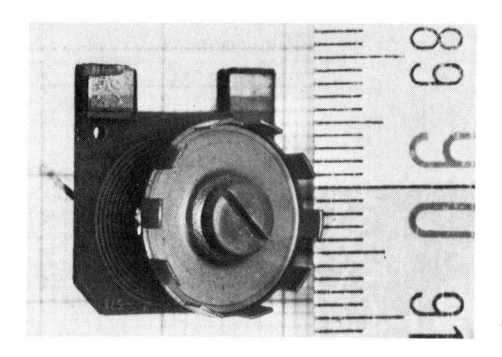

Eine Printspule kann mit einer Messingscheibe abgeglichen werden. Gegenüber dem Kernabgleich wird mit der Scheibe die Induktivität geringer (Kurzschlußwirkung – Transformationseigenschaft).

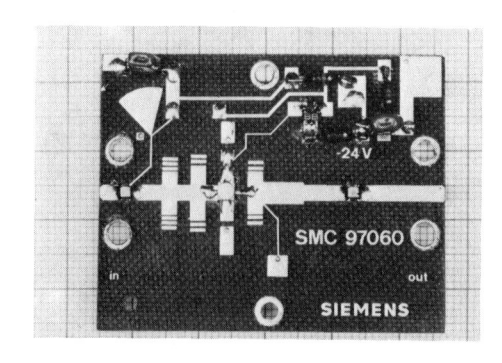

Hier ist eine Platine mit Streifenleitern gezeigt. Die Bauelemente sind zwischen den Leiterunterbrechungen induktionsarm eingelötet.

2.3 Daten der Printplatte

F Kapazitäten von Leiterbahnaufbauten

Kapazitäten von Leiterbahnen

Leitung gegen Massefläche (doppeltkaschiertes Material)
Für einen Aufbau nach *Abb. 2.3-11* ist:

$$C = 0{,}0885 \cdot \epsilon_r \cdot \frac{b \cdot l}{a} \quad [\text{pF; cm}]$$

Beispiel:
b = 2 mm; *l* = 10 cm; a = 1,5 mm $\epsilon_r = 4{,}5$

$$C = 0{,}0885 \cdot 4{,}5 \cdot \frac{0{,}2 \cdot 10}{0{,}15} = 5{,}3 \text{ pF}$$

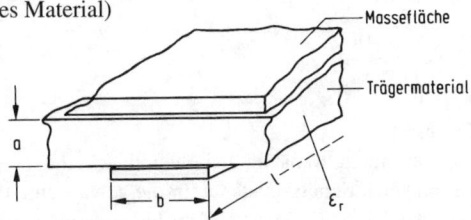

a Stärke Trägermaterial
b Leiterbahnbreite
l Leiterbahnlänge
ϵ_r relative Dielektrizitätskonstante

a Stärke Trägermaterial   *l* Leiterbahnlänge
b Leiterbahnbreite ϵ_r relative Dielektrizitäts-
                        Konstante

Abb. 2.3-11

Leiterbahnen gegeneinander

In der *Abb. 2.3-12* ist

$$C \approx 6{,}65 \cdot 10^{-2} \cdot \epsilon_r \cdot \frac{b \cdot \ell}{a} \quad [\text{pF; cm}]$$

Beispiel:
a = 1 mm; ℓ = 10 cm; b = 2 mm; $\epsilon_r = 4{,}5$

$$C \approx 6{,}65 \cdot 10^{-2} \cdot 4{,}5 \cdot \frac{0{,}2 \cdot 10}{0{,}1} = 6 \text{ pF}$$

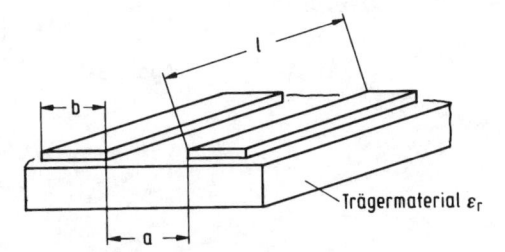

a = Abstand der Bahnen [cm]
l = Länge der Bahnen [cm]
b = Bahnbreite [cm]

Abb. 2.3-12

(siehe dazu auch die Abb. 2.3-5 und 2.3-6). Man erkennt z. B., daß bei einer Verdoppelung der Leiterbahnbreite b auch der Leiterbahnabstand a mindestens doppelt so groß gewählt werden muß, um die Koppelkapazität ungefähr konstant zu halten. Nach Abb. 2.3-5 gilt für kapazitive Verkopplung:

$$U_K = \frac{R_2 \cdot R_3}{R_2 + R_3} \cdot \frac{R_1}{R_1 + R_i} \cdot C_K \cdot \frac{du}{dt}$$

Durch Einfügen einer Masseleitung zwischen zwei Leiterbahnen läßt sich die Kapazität im günstigsten Fall etwa um den Faktor 5 verringern. Dazu muß die Erdleitung etwa die dreifache Breite der Signalleitungen erhalten, und die Abstände sollen jeweils gleich der einfachen Leiterbahnbreite sein.

Kondensatoren mit Hilfe gedruckter Schaltungen

Kondensatoren geätzter Leiterbahnen (Kammkondensatoren) nach *Abb. 2.3-13* werden mit Leiterbahnen und Abständen >0,2 mm gewählt, bei einer Kaschierungsstärke von 35 µm bei Phenolhartpapierträgermaterial. Wird anderes Material als Dieelektrikum gewählt, so gilt

$$C = C_X \cdot \frac{\epsilon_B}{\epsilon_p}$$

Dabei ist:
C_X = ermittelte Kapazität bei Phenolharz
ϵ_B = Dielektrizitätskonstante für die gewünschte Basisisolierung
ϵ_p = Dielektrizitätskonstante für Phenolisolierstoff
Die Kapazität des „Kammkondensators" Abb. 2.3-13 ist aus dem Nomogramm *Abb. 2.3-14* zu erkennen. Dabei gilt der Kapazitätswert je cm² Fläche mit a = b und d = 35 µm.

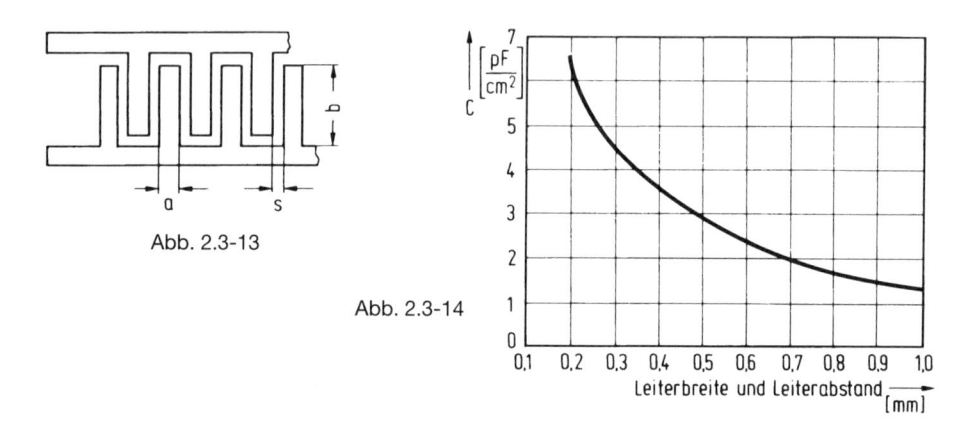

Abb. 2.3-13

Abb. 2.3-14

G Technologie und Herstellung von Leiterplatten

Leiterplatten werden in verschiedenen Materialstärken (siehe Punkt A) zwischen 0,5...4,0 mm Stärke hergestellt. Die Kupferkaschierung beträgt (DIN) 0,35 µm, 0,70 µm oder 105 µm.

Das Basismaterial

Bedingt durch die unterschiedlichen Anforderungen an die Druckplatte gelangen verschiedene Grundmaterialien – sogenannte Hartpapiere – zum Einsatz.
1. Kupferkaschiertes Hartpapier auf Phenolharzbasis
   Dieses Material findet vor allem im Rundfunk- und Tonbandgerätebereich Einsatz.
2. Kupferkaschiertes Hartpapier auf Epoxydharzbasis
   Epoxydharzpapiere werden u. a. wegen ihrer Flammwidrigkeit vorzugsweise im Fernsehbereich eingesetzt.

2.3 Daten der Printplatte

3. Kupferkaschierter Schichtpreßstoff aus Epoxydharzglasseidengewebe
   Glasfaserverstärkte Materialien werden praktisch nur im Bereich der professionellen Elektronik eingesetzt.
4. Hartpapier für Additiv-Techniken
   Hierbei handelt es sich um Druckplatten mit Leitern auf beiden Seiten, speziell im Rundfunk- und Tonbandgerätebereich (Spulen- und Kassettengeräte).

Die technischen Daten der einzelnen Hartpapiere sind in der DIN 40802 festgelegt. Leiterplatten für elektronische Aufbauten und/oder Serienfertigung können nach folgenden wichtigen Verfahren hergestellt werden.

Herstellung der Vorlage

1. Das Subtraktiv-Verfahren

Beim Subtraktiv-Verfahren geht man von Isolierstoffen aus, die ein- oder beidseitig mit einer Kupferfolie versehen sind. Die Kupferfolie wird im Siebdruckverfahren mit einem Ätzlack, im Fotoverfahren mit einem Fotolack an den Stellen geschützt, an denen die Leiterzüge und Lötaugen entstehen sollen. Das freiliegende Kupfer wird weggeätzt. Fertigungsschritte siehe *Abb. 2.3-15*.

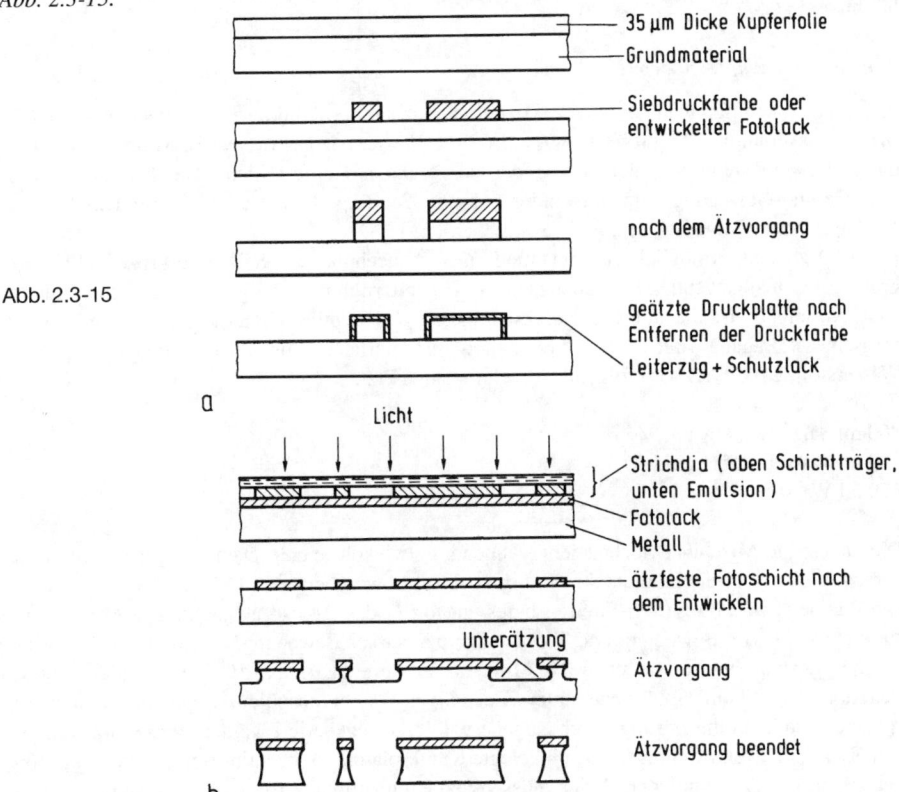

Abb. 2.3-15

a
- 35 µm Dicke Kupferfolie
- Grundmaterial
- Siebdruckfarbe oder entwickelter Fotolack
- nach dem Ätzvorgang
- geätzte Druckplatte nach Entfernen der Druckfarbe
- Leiterzug + Schutzlack

b
- Licht
- Strichdia (oben Schichtträger, unten Emulsion)
- Fotolack
- Metall
- ätzfeste Fotoschicht nach dem Entwickeln
- Unterätzung — Ätzvorgang
- Ätzvorgang beendet

633

Ausgangsmaterial: Kupferkaschiertes Hartpapier bzw. Schichtpreßstoff. Bedrucken der Platte und Ätzen. Danach Reinigung (Auftragen von Schutz- bzw. Lötstoplack). Nach Entfernen des Ätzschutzes werden die zurückbleibenden Cu-Leiter nochmals mit einer Harzschicht lötfreudig gemacht und vor Oxidation geschützt.

Diese Harzschicht hat bei Lagerung der Platten in trockener Luft eine ausgezeichnete Lötbarkeit auch nach 12 Monaten. In feuchter Atmosphäre nimmt die Lötfreudigkeit ab.

Das Ätzen

Mit Eisen-III-Chlorid und Ammoniumpersulfat wird heute noch am häufigsten geätzt. Hier eine kurze Beschreibung dieser beiden Verfahren:

Eisen-III-Chlorid-Prozeß (Fe-III-Cl)

Fe-III-Cl liegt vor in fester Form und wird in Wasser bis zur Sättigung aufgelöst, dabei entsteht eine goldgelbe Färbung (Sättigung besteht, wenn zugesetztes Fe-III-Cl sich nicht mehr löst, sondern am Boden absetzt). Die Ätzdauer beträgt 30 bis 60 Minuten, Erwärmung und Bewegung beschleunigen den Vorgang. Anschließend spült man unter fließendem Wasser. Säurereste auf der Platine werden in einem Seifenbad neutralisiert. Nachteile: Schlammbildung, geringe Ergiebigkeit, veränderte Ätzgeschwindigkeit durch veränderte Konzentrationsverhältnisse.

Ammoniumpersulfat-Prozeß $(NH_4)_2S_2O_8$

Ammoniumpersulfat liegt als weiße kristalline Substanz vor und wird in Wasser aufgelöst. Mischungsverhältnis: 35 g $(NH_4)_2S_2O_8$ auf 65 ml Wasser. Ätzdauer: etwa 10 Minuten, dabei ist diese stark abhängig von der Fläche der zu ätzenden Kupferschicht. Handwarme Lösung (40 °C) und Bewegung sind notwendig. Anschließend spült man unter fließendem Wasser. Nachteil: Lösung muß erwärmt und bewegt werden.

Kurze Ätzzeiten ermöglicht in der modernen Ätztechnik der Salzsäure-Prozeß. Er wird großtechnisch angewendet, ist jedoch auch für Einzelfertigungen gut geeignet und empfehlenswert. Vorteilhaft ist die hohe Ätzgeschwindigkeit und relative Gefahrlosigkeit. Dennoch ist sorgsamer Umgang mit den Chemikalien erforderlich. Vor allen Dingen mit dem Wasserstoffperoxid. Es wird folgende Mischung angesetzt:

200 ml Salzsäure, etwa 35 %
 30 ml Wasserstoffperoxid 30 %
770 ml Wasser.

Die angesetzte Mischung riecht leicht stechend, entwickelt leichte Dämpfe (gut durchlüften), verätzt Kleidung. Bei Hautkontakt muß man sofort abwaschen. Die Augen sind zu schützen. Die Platine wird an Tesafilm-Streifen befestigt und in das Ätzbad getaucht. Die Ätzdauer ist stark abhängig von Bewegung und Temperatur; bei starker Bewegung, Zimmertemperatur und frischer Lösung beträgt sie etwa 10 Minuten. Erwärmung (max. 50 °C) beschleunigt die Reaktion. Die Platine muß man unter fließendem Wasser abspülen. Ergeben sich längere Ätzzeiten, so kann die Lösung durch Zugabe von H_2O_2 regeneriert werden. Die Konzentration von H_2O_2 ist korrekt, wenn sich die eingelegte Kupferplatine rot bis dunkelbraun (nicht nur rötlich) färbt. Bei Bewegung der Platine müssen Schlieren auftreten. Blasenbildung signalisiert einen Überschuß an H_2O_2, welcher zum Abbruch der Reaktion führt. Abhilfe: Zugießen von H_2O_2 + HC*l*. Ein Liter des angesetzten Gemisches reicht bei ordnungsgemäßem Zugießen von H_2O für etwa 10 m^2. Die Aufbewahrung der Lösung erfolgt in dunklen Flaschen, die jedoch nicht luftdicht verschlossen sein dürfen, da sich durch Zersetzung von H_2O_2 ein Überdruck in der Flasche bildet. Die verbrauchte Lösung darf man nur in extremer Verdünnung wegschütten. Die amtlichen Bestimmungen erlauben eine Maximalmenge von 2 mg Kupfer pro 1 Liter Wasser. HC*l* in 35%iger Konzentration riecht stechend, entwickelt farblose, auf Haut und Schleimhäute ätzend wirkende Dämpfe und greift Kleidung an. Die Augen sind zu schützen. Verwahrt wird in dichten Glas- und Kunststoff-Falschen an kühlem Ort. H_2O_2 in 30%iger Konzentration ist geruchlos, farblos und greift stark die Haut an (weiße Verfärbung und starkes Brennen). Die Haut ist sofort mit klarem Wasser zu reinigen, die Augen zu schützen. Verwahrt wird in dunklen Flaschen, die jedoch nicht luftdicht verschlossen sein dürfen, nicht schütteln und kühl lagern.

Das Ätzen wird in Kunststoff-Schalen vorgenommen. Üblich sind Fotoentwickler-Schalen, jedoch eignen sich auch andere Behältnisse, z. B. flache Kaffeedosen.

Auf jeder Flasche muß deutlich und lesbar der Inhalt vermerkt sein, mit Beschaffungsdatum und Totenkopf-Symbol (Haushaltsladen, Autozubehör-Läden, Apotheken). Chemikalien-Flaschen müssen an dunklen, kühlen und verschließbaren Orten gelagert und für Kinder unerreichbar sein.

Das Entschichten

Nach dem Ätzen werden die Leiterbahnen von der restlichen Fotoschicht befreit. Dies ist möglich mit organischen Lösungsmitteln, wie z. B. Aceton.

Wenn die Platine fertig bestückt ist, kann die Schaltung sicher gegen Umwelteinflüsse durch ein Plastik-Spray (z. B. PLASTIK-SPRAY 70 der Kontakt-Chemie, Rastatt) als transparenter Acrylhart-Schutzlack – für hochisolierende, glasklare Überzüge – geschützt werden. Solche Schutzschichten können sogar nachträglich durchgelötet werden.

H Praxis der Herstellung

Hier wird im wesentlichen zwischen drei Techniken unterschieden.

Ätzfeste Lackstifte

Für den schnellen Laborversuchsaufbau wird mit einem ätzfesten Lackstift, z. B. edding-Filzschreiber 400 oder 3000 permanent oder Decon-DALO 2 M Professional (Lack!), Geha formy 30 o. ä., die Leiterbahn direkt auf die Kupferkaschierung gezeichnet.

Aufreibesymbole

Nach *Abb. 2.3-16* werden Aufreibesymbole auf die vorher gereinigte Platte angebracht. Vor der Übertragung der Symbole ist die Kupferseite der Platine gründlich mit einem feinkörnigen Scheuermittel (z. B. Ata o. ä.) zu säubern. Die Platine muß kupferblank und absolut fettfrei sein. Fingerabdrücke sind unbedingt zu vermeiden, sie beeinträchtigen die Haftfähigkeit jeder Ätzreserve.

Die Symbole werden mit einem Stift (Bleistift, Kugelschreiber, Hartholzstift) von der durchsichtigen Kunststoff-Folie auf die Kupferseite durch Abreiben übertragen. Sie haften auf dem

2 Mechanik der Elektronik

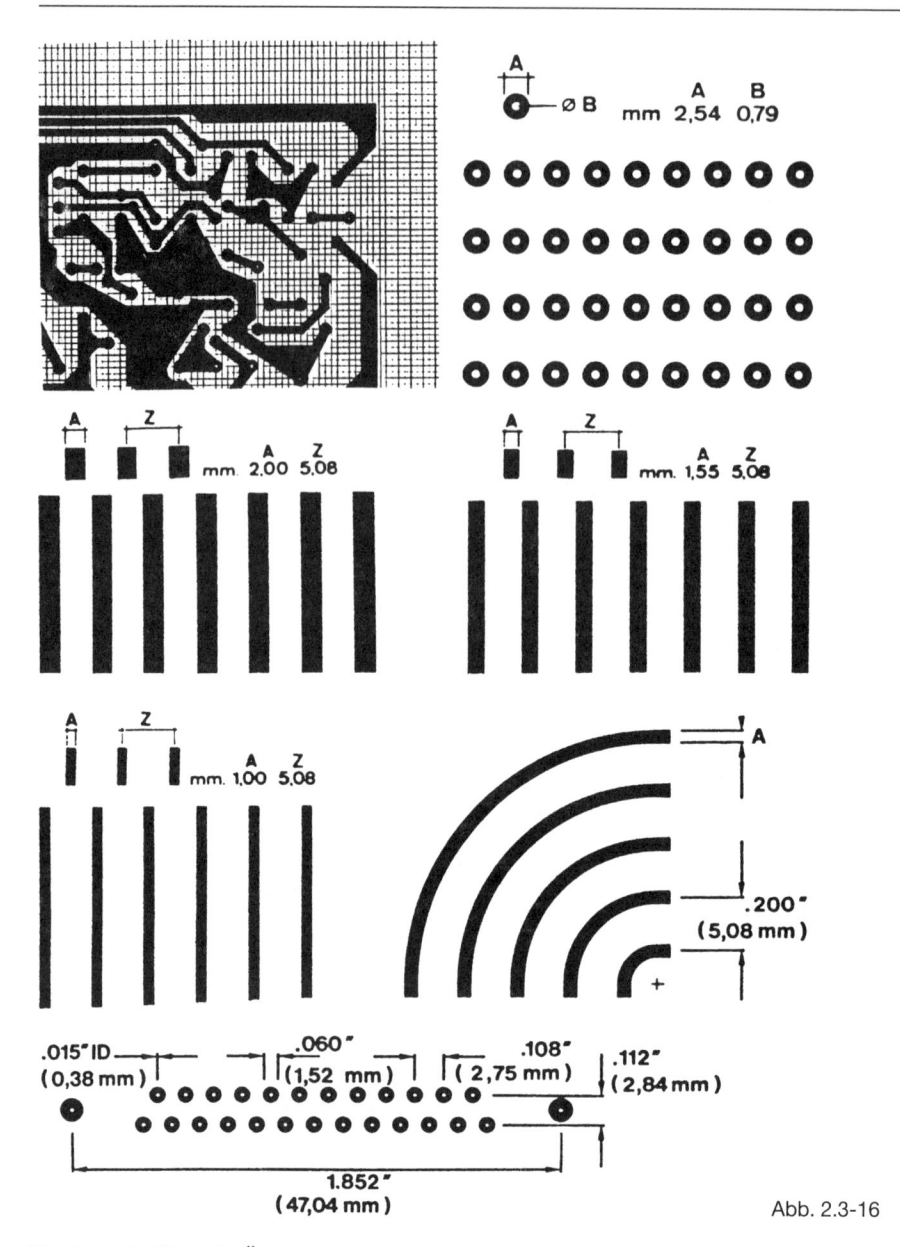

Abb. 2.3-16

Kupfer und bilden die Ätzreserve. Die Lage der Symbole wird vor dem Abreiben mit leichten Körnerschlägen auf der Kupferseite markiert, diese Ankörnung markiert gleichzeitig die nach dem Ätzen anzubringenden Bohrlöcher. Es wird empfohlen, die abgeriebenen Symbole nach Entfernen der Trägerfolie nochmals mit dem Handballen anzudrücken, das erhöht die Sicherheit gegen Unterätzung.

Transfer-Symbole für IC-Fassungen, Transistoranschlüsse, Leiterbahnen, Leitungsbögen, Lötaugen, Anschlußpunkte usw. stehen in reicher Auswahl (z. B. im edding R 41 Transfer-Programm) zur Verfügung. Zur Herstellung der leitenden Verbindungen zwischen den

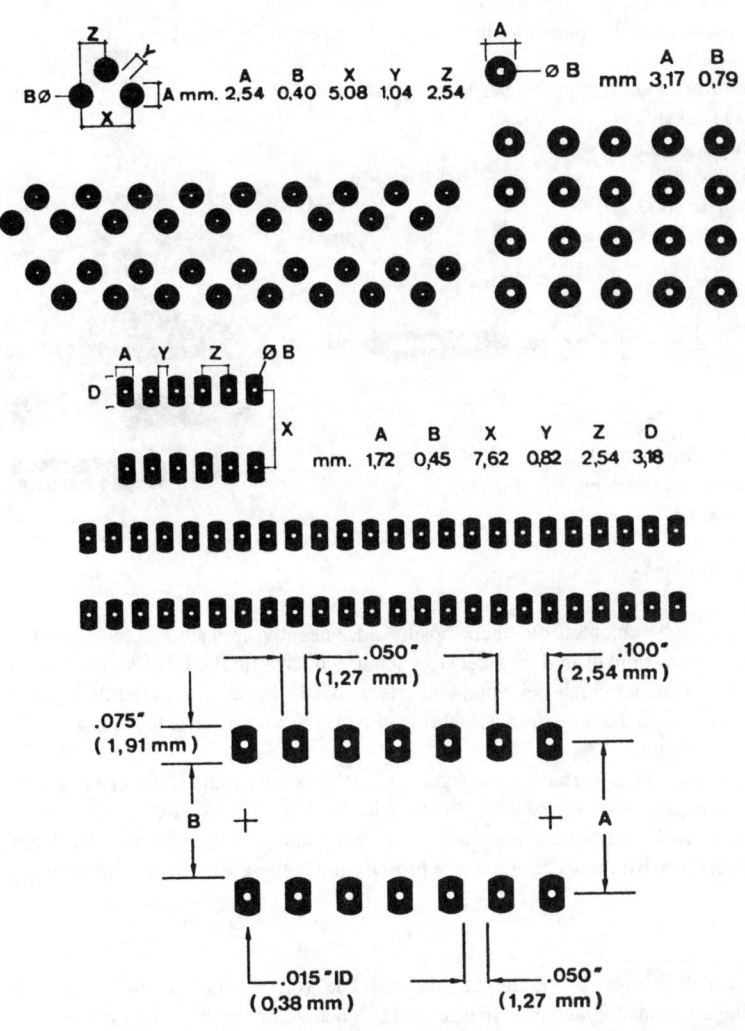

Abb. 2.3-16 Oben links. Auf eine transparente UV-lichtdurchlässige Folie mit 2,54-mm-Raster klebt der Profi sein Layout. Rasterabstände werden so exakt eingehalten. Die Vorlage wird direkt als Original für das Fotoätzverfahren benutzt. Die weiteren Bilder zeigen eine Auswahl verschiedener Klebesymbole der Fa. alfac.

Anschlußsymbolen dienen die in verschiedenen Breiten erhältlichen Linien. Sollen größere Flächen abgedeckt werden, so dienen die Filzschreiber und oben genannten Ätzresiststifte zum „Ausmalen". Das Endprodukt ist eine schwarz abgedeckte Platine, auf der nur noch alle wegzuätzenden Teile als blankes Kupfer zu erkennen sind.

Die Herstellung der Vorlagen für das fotomechanische Verfahren erfolgt nach der gleichen Methode, nur mit dem Unterschied, daß die Transfer-Symbole auf Transparentfolie abgerieben werden. Von dieser Vorlage können dann beliebig viele „Abzüge" auf fotobeschichteten Platinen hergestellt werden. Bei der fotomechanischen Vervielfältigung sind die Angaben der Hersteller hinsichtlich Entwicklung und Weiterbehandlung zu beachten.

2 Mechanik der Elektronik

Die *Abb. 2.3-17* gibt eine Übersicht der wichtigsten Werkzeuge für die Leiterbahnzeichnung.

1 Messer für feine Korrekturarbeiten bei der Klebetechnik von Symbolen
2 DECON-DALO Lackstift
3 Korrektur-(Schabe-)Feder
4 Resiststift EDDING 400
5 Resiststift EDDING 3000
6 Plastikstift für Aufreibesymbole

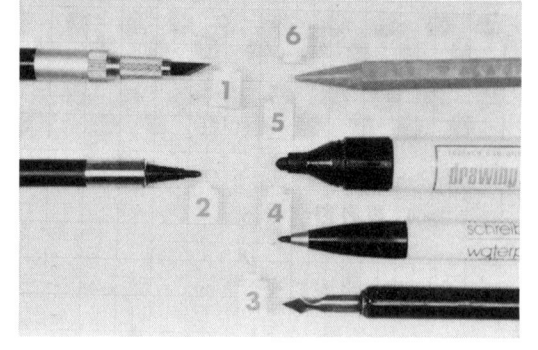

Abb. 2.3-17

Für sehr feine Korrekturarbeiten kann der EDDING 1800 benutzt werden.

Das Fotoätzverfahren

Hier können bereits fotobeschichtete Platinen (positiv oder negativ, je nach Printvorlage) benutzt werden. Sie müssen dunkel und abgedeckt – Schutzschicht – aufbewahrt werden. Eine gute Möglichkeit bietet jedoch auch der Fotkokopierlack, der in Sprühdosen erhältlich leicht auf die vorher gut gereinigte Kaschierung aufzubringen ist (z. B. von der Fa. Kontakt-Chemie Positiv 20 Fotokopierlack).
Hier wird nach dem folgenden Verfahren vorgegangen, welches auch sehr sinnvoll für kleine Serien benutzt werden kann. Der Vorgang ist ebenfalls in der Abb. 2.3-15 zu erkennen, wobei hier der Isolierträger nicht mitgezeichnet wurde. Für Fotoplatten und Fotospray wird ein Verfalldatum angegeben. Wird dieses gering überschritten, sind längere Ätzzeiten erforderlich.

Die Vorlagen

Das Leiterbild muß vollkommen lichtundurchlässig sein. Die Vorlage muß faltenfrei sein und absolut plan aufliegen (sonst Unterstrahlungsgefahr). Daher sollten schmale Leiterbahnen, Schriften, Embleme, Zeichen usw. grundsätzlich Schicht auf Schicht kopiert werden, da anderenfalls eine Verlustbreite von ungefähr der doppelten Trägermaterialdicke der Vorlage an Strichbreite eingebüßt wird.
Vor allem bei geklebten Leiterbahnen empfiehlt es sich, diese spiegelverkehrt aufzukleben. Das bewirkt einen erstklassigen Kontakt und ermöglicht die kantenscharfe Kopie der schmalsten Leiterbahn.
Das Trägermaterial sollte möglichst wenig UV-Licht absorbieren und darf auf keinen Fall vergilbt sein. Ideal sind Dia-Filmvorlagen. Auch geklebte Leiterbahnen decken erstklassig. Wenn die Vorlagen mit Tusche gezeichnet werden, eignet sich am besten ein Transparentpapier von 90 g/m². Leichte Federführung ermöglicht ein gleichmäßiges Fließen der schwarzen Tusche. Retuschen nur nach Antrocknung vornehmen. Ein mehrmaliges Überziehen der Leiterbahnen im nassen Zustand führt zu Kontrastunterschieden. Letztere können vermieden werden, wenn der schwarzen Tusche ein Gläschen gelbe beigemischt wird. Gelb ist die Komplementärfarbe zu blau und widersteht dem UV-Licht. Wenn auf Hostaphanfolie gezeichnet werden soll, empfiehlt sich die schwarze „rotring"-Folien-Tusche.

Die Reinigung

Es wurde bereits darauf hingewiesen, daß die zu besprühenden Platinen absolut fettfrei sein müssen. Die Scheuermittel Ata oder Vim machen die Kupferschicht blank, oxydfrei und gut benetzbar. Sie werden auf die im Wasser benetzten Platinen gestreut und mit einem feuchten Lappen kreisförmig verrieben. Gründliches Spülen ist besonders wichtig zur Entfernung von Schleifmittel-Rückständen. Jedoch sollte das Spülen mit reinem Wasser erfolgen. Nach dem Spülen keinesfalls zusätzlich noch Lösungsmittel wie Aceton, Tri, Alkohol u. ä. benutzen. Oberflächen mit zusammenhängendem Wasserfilm sind ein guter Indikator für die Sauberkeit.
Nach der Reinigung sollte sich ein zusammenhängender Wasserfilm auf der gesamten Oberfläche der Platine ausbilden, und zwar ohne Einsatz von Netzmitteln. Das Aufreißen des Filmes deutet auf Verunreinigungen hin.
Besonders wichtig ist eine vollständige Trocknung der gespülten Platine, da Feuchtigkeitsrückstände zu mangelnder Haftfestigkeit des Fotoresistlackes führen können.
Der Fotokopierlack sollte möglichst umgehend nach der Reinigung aufgebracht werden. Dadurch wird eine Oberflächenverunreinigung, die durch Lagerung, Berührung und erneute Oxydation zustande kommen kann, vermieden.

Die Beschichtung

Obwohl das Arbeiten mit dem Fotokopierlack POSITIV 20 relativ einfach ist, erfordert der Umgang mit der Sprühdose für diejenigen, die das erste Mal damit arbeiten, ein klein wenig Übung. Das Besprühen der gut gereinigten und entfetteten Platinen kann bei normalem Tageslicht erfolgen. Eine Dunkelkammer ist nicht erforderlich. Da der Lack UV-lichtempfindlich ist, muß der Einfluß direkter Sonneneinstrahlung oder hellen Tageslichtes auf jeden Fall vermieden werden. Staubfreie und gleichmäßige Beschichtung ist Voraussetzung für eine einwandfreie und ätzfeste Kopie.
Beim Beschichten liegt die Platine leicht schräg bis waagerecht. Sie wird aus ca. 20 cm Abstand zügig eingesprüht. Am besten ohne Unterbrechung, also nicht intermittierend, in Schlangenlinien oben links beginnend. Dadurch ergibt sich eine gleichmäßige Lackschicht. Vorher zeigt sich ein Hammerschlageffekt. Wird er sichtbar, den Sprühkopf sofort loslassen. Nach kurzer Zeit verläuft der Lack dann zu einer gleichmäßigen dünnen lichtempfindlichen Schicht. Wird zu satt gesprüht, kommt es zur unerwünschten Randbildung und unterschiedlichen Schichtstärken, die wiederum eine längere Belichtungszeit erfordern (siehe auch den Absatz Belichtung).
Bei extremen Sommertemperaturen muß dagegen satter beschichtet oder der Sprühabstand verkürzt werden. Hierdurch wird eine verstärkte Lösungsmittelverdunstung kompensiert. Beachtet man das nicht, kann es zu einer uneinheitlichen Beschichtung kommen, weil der Lackverlauf durch zu rasche Trocknung gestört wird.
Bei dem Fotokopierlack POSITIV 20 lassen sich aus der Farbe der Schicht Anhaltspunkte für die erzielte Schichtdicke entnehmen:

hellgraublau $= 1 - 3 \, \mu$
dunkelgraublau $= 3 - 6 \, \mu$
blau $= 6 - 8 \, \mu$
dunkelblau $=$ ist dicker als $8 \, \mu$

Bei Kupfer und anderen Gelbmetallen als Schichtträger wirkt die Farbe mehr oder minder grünstichig. Der belichtete Lack erscheint im Tageslicht und nach der Belichtung immer satt blau.

639

Die Trocknung

Um gute Abbildungs- und Hafteigenschaften zu erzielen, muß die Fotolackschicht vor der Belichtung im Dunkeln getrocknet werden. Das kann im Trockenschrank, im Backofen mit Thermostatregelung oder durch Infrarotstrahlung (abgedunkelter Grill) erfolgen. Die Trockentemperatur soll bis max. 70 °C liegen, keinesfalls höher. Die Platinen sollen nicht sofort der hohen Endtemperatur ausgesetzt werden. Wird zu schnell getrocknet, kann es zu einer oberflächlichen Hautbildung und zu einer unvollständigen Entfernung der Lösungsmittel aus der Lackschicht kommen. Das muß auf alle Fälle vermieden werden, da der Fotokopierlack im flüssigen Zustand eine wesentliche geminderte Empfindlichkeit gegenüber UV-Licht besitzt. Der Grad der Empfindlichkeit wächst mit zunehmendem Trocknungsgrad der Lackschicht an. Grundsätzlich können Lösungsmittelrückstände beim Belichten Haftungsschwierigkeiten oder ungenügende Zersetzung zur Folge haben. Deshalb bei geringer Temperatur vortrocknen, auf ca. 60 °C aufheizen und bei dieser Temperatur 15 – 20 Minuten trocknen. Unzureichende Trocknung bei geringerer Temperatur ist auch möglich – Erfahrungswerte.
Eine Übertrocknung führt zu einer ansteigenden Belichtungszeit. Im Extremfall kann daraus ein Verlust der Fotoempfindlichkeit resultieren.

Temperatur und Lagerfähigkeit

Der Fotokopierlack sollte bei Temperaturen unterhalb +25 °C gelagert werden. Vorzugsweise jedoch bei +8 bis +12 °C. Das verlängert seine Haltbarkeit.
Vor Benutzung muß der Lack Raumtemperatur erreichen, sonst können sich durch Viskositätsänderung Stippen bilden. Deshalb den Lack ca. fünf Stunden vor Verarbeitung aus dem Kühlschrank nehmen, damit er genügend Zeit hat, Zimmertemperatur anzunehmen.
Der in der Spraydose lichtgeschützte Fotokopierlack ist mindestens ein Jahr lagerfähig. Überlagerter oder durch höhere Temperatur unbrauchbar gewordener Lack ist an der rauhen Oberfläche erkenntlich. Intakte Lacke glänzen.

Das Belichten

Die UV-Belichtung mittels Höhensonne oder Quecksilberdampflampe, z. B. Philips HPR 125, bringt die besten Ergebnisse. Ebenso Xeononlampen oder superaktinische Leuchtröhren. Wichtig ist also ein genügend hoher Anteil wirksamen UV-Lichtes im Bereich zwischen 370 und 400 nm. Normale Glühbirnen haben nur einen geringen Anteil an blauem Licht. Mit einer 200-Watt-Glühbirne in einer Reflektorlampe und einem Abstand von 12 cm beträgt hierbei die Belichtungszeit 15 Minuten. Die Positiv-Vorlagen waren in diesem Falle mit Klebesymbolen auf transparenter Kunststoff-Folie geklebt, und zwar so, daß die Klebesymbole und Leiterbahnen ohne Zwischenraum direkt auf der Fotokopierlacksichtschicht auflagen.
Für die Belichtung nur einwandfreie Positiv-Vorlagen auf hochtransparentem Träger verwenden (siehe Abschnitt Vorlagen).
Es entscheidet nicht die Wattzahl einer Lampe, wie lange belichtet werden muß, sondern die Wellenlänge, welche die Lichtstrahlen besitzen. Der günstigste Spektralbereich für POSITIV 20 z. B. liegt zwischen 370 und 440 nm. Falls Glasscheiben zum Abdecken verwendet werden, können diese bis zu 65 % UV-Strahlen absorbieren. In solchen Fällen sollte doppelt so lange belichtet oder Kristall- oder Plexiglas verwendet werden.
Die doppelte Belichtungszeit ist auch bei stärkeren Lackschichten und der dabei meist beobachteten Randbildung erforderlich. Ebenso wird empfohlen, älteren Lack länger zu belichten. Verfalldatum an der Dose beachten!

2.3 Daten der Printplatte

Beispiele für Belichtungszeiten:

Lichtquelle	Zeit	Abstand	Bemerkung
Quecksilberdampflampe Philips HPR 125	3 Minuten	30 cm	Abdeckung Kristallglas 5 mm dick
Quecksilberdampflampe 1000 Watt	90 Sekunden	50 cm	dto.
Quecksilberdampflampe 500 Watt	150 Sekunden	50 cm	dto.
Heimsonne 300 Watt	180 bis 240 Sekunden	30 cm	dto.
Sonnenlicht	5 - 10 Minuten		dto.
Osram-Vitalux 300 Watt	4 - 8 Minuten	40 cm	8 mm

In jedem Fall die Platinen erst dann dem UV-Licht aussetzen, wenn die Lampen das volle Licht entwickelt haben (ca. zwei Minuten nach dem Einschalten). Bei Verwendung von UV-Licht Schutzbrillen tragen!

Die Entwicklung

Die getrocknete und belichtete Fotokopierlackschicht wird bei normalem Tageslicht – keine direkte Sonneneinstrahlung – in der Entwicklerflüssigkeit, die aus 1 Liter Wasser und 7 g Ätznatron (NaOH) besteht, in einer Küvette oder Fotoschale – ohne Sonneneinwirkung – entwickelt. Der belichtete Lack löst sich dabei wolkenartig auf. Wenn die Entwicklerflüssigkeit über die Platine schwappt, werden die belichteten Flächen frei. Es ist darauf zu achten, daß das Schaltbild sauber und schleierfrei entwickelt wird, da sonst beim anschließenden Ätzen Störungen auftreten können.
Niedere Temperaturen verzögern die Entwicklung, zu hohe Temperaturen beschleunigen sie unter Verlust feinster Bildpartien. Unterbelichtete Schichten lassen sich schwer oder gar nicht entwickeln und führen zu störenden Restschleiern. Nach dem Entwickeln ist zur Beseitigung anhaftender Schicht- und Entwicklungsreste kräftig mit Wasser nachzuspülen.
Zeigen sich danach kleine Fehlerstellen durch Staubkörnchen an den Leiterbahnen, können diese mit POSITIV 20 überdeckt werden. Man sprüht zu diesem Zweck ein wenig Lack in die Schutzkappe der Spraydose und entnimmt ihn daraus mit einem kleinen Pinsel. Nach dem Ausbessern sind auch diese Stellen sicher gegen die Ätzsäure geschützt.
Für richtig belichtete Schichten in einer Dicke zwischen $4-6$ μ (siehe Absatz Beschichtung) liegt die Entwicklungszeit bei unverbrauchtem Entwickler zwischen 30 und 60 Sekunden. Dünnere Schichten entwickeln rascher, dickere beanspruchen mehr Zeit, aber nicht länger als zwei Minuten.

I Herstellung von Alu-Frontplatten und Formätzteilen mit Fotospray-Positiv 20

Bei der Herstellung von Alu-Frontplatten erfolgt die Beschichtung der gereinigten und fettfreien Platten wie bei Kupferplatinen. Das gleiche gilt für die Belichtung.
Die Vorlage kann auf zweierlei Art gestaltet werden:

1. So, daß nur die gewünschte Schrift durchbelichtet wird,
2. oder so, daß die Schrift lichtundurchlässig bleibt.

Im ersten Fall wird die Beschriftung im alkalischen Entwicklerbad lackfrei. Die Schrift kann also im anschließenden Säurebad eingeätzt werden. Sie liegt dann tiefer und geschützt in der Alu-Platte und kann zusätzlich mit Farbe ausgelegt werden.

Im zweiten Fall bleibt beim Entwickeln nur der unbelichtete Lack, also die Schrift, stehen. Dieser Lack kann dann bei ca. 220 °C 20 Minuten lang eingebrannt werden. Eine solche Beschriftung wird wohl nicht, wie es wünschenswert wäre, tiefschwarz, sondern dunkelbraun. Sie ist jedoch absolut kratzfest und beständig.

Aluminium kann mit Eisen-III-Chlorid bei Zimmertemperatur geätzt werden. Auf 200 cm^3 Wasser werden etwa 40–45 g benötigt (hierbei wurde die geringere Konzentration für Aluminium bereits berücksichtigt). Für Aluminium genügt aber auch eine gebrauchte, mit Kupfer fast gesättigte Lösung. Für die Herstellung von Formätzteilen wird auf den unter E3 beschriebenen Salzsäureprozeß verwiesen, weil er höhere Ätzgeschwindigkeiten erlaubt. Das gilt auch für die Herstellung von Kupferstichen, Wandschmuck und Scherenschnitt-Charakter und Türschilder, um nur einige der vielen Möglichkeiten zu nennen, die mit dem Fotokopierlack POSITIV 20 offenstehen.

K Mögliche Fehler, Ursachen und deren Behebung beim Arbeiten mit Fotokopierlack

Die Herstellung von gedruckten Schaltungen mit dem Fotokopierlack POSITIV 20 bereitet normalerweise keine Schwierigkeiten, wenn unsere vorstehenden Hinweise beachtet werden. Dennoch kann es gelegentlich vorkommen, daß eine Schaltung mal nicht auf Anhieb gelingt. Das passiert sogar Experten. Lassen Sie sich deshalb bitte nicht entmutigen. Vielmehr gilt es, den Fehler schnell aufzuspüren. Deshalb hier einige Hinweise auf mögliche Fehlerquellen und Ratschläge für deren Beseitigung:

Mögliche Fehler	Ursachen	Beseitigung
stark violette Randbildung	zu satt gesprüht	Platine doppelt so lange belichten. Dadurch lassen sich auch die stärkeren Ränder wegentwickeln.
Unterschiedlich lange Belichtungszeiten	ungleichmäßige Beschichtung	Platine waagerecht legen und aus ca. 20 cm Abstand in Schlangenlinien oder links beginnend besprühen. Wenn Lackschicht Hammerschlageffekt zeigt, Sprühknopf loslassen. Der Lack breitet sich danach in kurzer Zeit gleichmäßig über die ganze Platte aus. Ein hauchdünner zusammenhängender Film genügt als Resist.
Stippenbildung	Agglomeration durch Temperaturunterschiede, besonders wenn der Fotolack im Kühlschrank aufbewahrt wurde.	Vor Benutzung des Lackes Spraydose mindestens 5 Stunden vorher aus dem Kühlschrank nehmen, damit er sich der Raumtemperatur anpaßt.

2.3 Daten der Printplatte

Mögliche Fehler	Ursachen	Beseitigung
Lack kleckst aus dem Sprühkopf. Es tritt mehr Treibgas als Lack aus.	Fast verbrauchte Dosen werden beim Sprühen zu schräg gehalten.	Sprühkopf um 180° drehen und danach Düse wieder auf die Platine richten. Oder Platine schräg stellen und Dose beim Sprühen senkrecht halten.
inhomogene (ungleichmäßige), porige Lackschicht	zu schnelles Trocknen	nicht gleich in den 70°C heißen Ofen legen, sondern erst nach dem Einlegen aufheizen. Elektro-Grill (Frontplatte abdunkeln) auf 40°C (Handwärme) aufheizen, Platine einlegen und Temperatur langsam auf 70°C steigern. 15 Minuten trocknen
Lange Belichtungszeiten	Vorlage absorbiert zu viel UV-Licht oder Lichtquelle hat wenig UV-Anteil oder Vorlage ist wenig transparent oder Lackschicht wurde übertrocknet oder zu dicke Glasplatte zum Abdecken verwendet.	Klare Folien verwenden Höhensonne oder Quecksilberdampflampe verwenden, oder mit Glühbirne 200 Watt bei 12 cm Abstand 15 Minuten belichten. keine Transparentpapiere mit Füllstoffen verwenden, die viel UV-Licht schlucken Trocknung nicht über 70°, höchstens 80°C Kristallglas oder Plexiglas
Platine läßt sich nicht entwickeln	zu kurze Belichtungszeit	prüfen, ob Vorlage genügend transparent ist prüfen, ob Lichtquelle genügend hohen Anteil UV-Licht besitzt. Belichtungszeit verlängern.
Platine läßt sich trotz transparenter Vorlage und richtiger Lichtquelle und Belichtungszeit nicht entwickeln	zu hohe Trockentemperatur über 80°C. Daraus kann Verlust der Fotoempfindlichkeit resultieren.	Trockentemperatur von 80°C nicht überschreiten

643

Mögliche Fehler	Ursachen	Beseitigung
Nadellöcher (pin-holes)	unzureichende Trocknung oder	mindestens 15—20 Minuten bei 70—80 °C (nicht höher) trocknen
	zu lange Entwicklungszeit	nicht länger als 2 Minuten entwickeln
Lack verläuft schlecht und bildet feinporige Oberfläche	bei extremer Sommertemperatur verdunstet das Lösungsmittel zu rasch	Lack satter aufsprühen als bei normaler Zimmertemperatur oder Sprühabstand verringern.
Lackschicht löst sich beim Entwickeln von den Leiterbahnen	ungenügende Trocknung oder zu schnelle Trocknung oder	nach Vortrocknung 15—20 Minuten bei 70—80 °C durchtrocknen
	zu scharfer Entwickler	Entwicklungskonzentration 7 g Ätznatron (NaOH) auf 1 Liter Wasser, nicht mehr.
Restschleier	Unterbelichtung	länger belichten
teilweise angeätzte Leiterbahnen	lichtdurchlässiges Leiterbild und dadurch unzulässige Vorbelichtung	durch vollkommen lichtundurchlässige Vorlage. Wenn mit Tusche gezeichnet wurde, der schwarzen ein Gläschen gelbe beimischen. Gelb ist die Komplementärfarbe zu blau und wird von UV-Licht nicht durchbelichtet.

L Hinweise über die Behandlung von gedruckten Schaltungen

Der Oberflächenschutz des Kupfers kann mittels galvanischem Zinn erfolgen. Das Kupfer wird dann mit einer 6–9 μm starken galvanischen Zinnschicht geschützt. Die Lötfreudigkeit ist noch nach Jahren ausgezeichnet.

Lötstoplacke

Die Platten erhalten teilweise einen Lötstoplack. Er ist notwendig, wenn bei Platten mit großen Massefeldern, engen Leiterbahnen und Lötaugenabständen hohe Isolationswiderstände gefordert sind.
Platten ohne Lötstoplack sind servicefreundlicher, da nicht erst der Lack entfernt werden muß, sondern die Leiterbahn direkt zum Löten und Messen freiliegt.
Die Haftfestigkeit der Kupferfolie auf dem Grundmaterial ist einer der wichtigsten Punkte bei der Reparatur von bestückten Druckplatten.
Beständigkeit der Haftung gegen Lot bei 250 °C.

Sollwert gemäß DIN zehn Sekunden. Dies bedeutet, daß bei einer Temperatureinwirkung von 250 °C die Haftung nach max. zehn Sekunden ohne jegliche mechanische Einwirkung von außen aufgehoben wird. Die Leiterbahn hebt sich bei größerer thermischer Belastung ab und führt zu Unterbrechungen.

Abzugsfestigkeit der Kupferfolie

Durch Temperaturbelastungen während der Verarbeitung und Bestückung tritt eine Minderung der Haftfestigkeit ein. Die Abzugsfestigkeit ist im Anlieferungszustand mindestens 140 g/mm. Nach fünf Sekunden Lötbad bei 250 °C mindestens 100 g/mm (fertiggelötete Leiterplatte – abgekühlt). Wird an einer 0,5 mm breiten Leiterbahn gelötet, so genügt bereits eine Kraft von 18 g, um die Haftung beim Löten zum Grundmaterial zu zerstören. Deshalb muß, um Beschädigungen zu vermeiden, die Temperatur und Dauer des Lötens so niedrig wie möglich gehalten werden. Erhitzen der Lötstelle nicht wesentlich über 250 °C. Lötdauer an einer Stelle max. zehn Sekunden nach DIN. Grundsätzlich Lötzinn absaugen!

Auslöten und Einlöten von Bauteilen – Lötvorschriften

Auslöten:
– Immer den Bauteildraht und die Leiterplatte gleichzeitig erhitzen
– Das Bauteil erst nach Absaugen des Lötzinnes herausziehen
– Nicht mit dem Lötkolben auf der Lötstelle "kratzen"
– Für Filter und ICs empfehlen sich Form-Lötkolben
– Lötkolben nie als Hebel benutzen, da die Leiterbahnen, die auf das Hartpapier geklebt wurden, bei der Löttemperatur nicht mehr so fest haften wie bei Raumtemperatur
– Das Lötloch muß frei von Zinn sein

Einlöten:
– Neue Bauteile vorsichtig einsetzen. Lange Anschlüsse vorher abschneiden
– Lötvorgang nach max. 4 s (bei 250 °C Lötkolbentemperatur) beenden
– Immer den Bauteildraht und die Leiterplatte gleichzeitig erhitzen
– Beim Abschneiden eines Drahtendes nach dem Einlöten darauf achten, daß Draht und Leiterbahn nicht abgerissen werden
– Übermäßigen Zinnauftrag vermeiden (Gefahr von Zinnbrücken)
– Evtl. Unterbrechungen nur mit versilbertem Draht entsprechender Stärke überbrücken.

Lötvorschriften

Halbleiter mit Plastik-Steckgehäuse (IC)

Plastiksteckgehäuse werden auf der dem Gehäuse abgewandten Plattenseite gelötet. Die Anschlußfahnen der Gehäuse sind um 90° nach unten abgebogen und passen in ein Lochraster von 7,6 x 2,54 mm Lochkreisdurchmesser 0,7 bis 0,9 mm.
Der Gehäuseboden berührt nach dem Einsetzen die Leiterplatte nicht, weil die Anschlußfahnen kurz vor dem Gehäuse breiter werden. Das zeigt die *Abb. 2.3-18 a*.
Nach dem Einsetzen des Gehäuses in die Leiterplatte ist es vorteilhaft, zwei Anschlußenden in einem Winkel von ca. 30° zur Leiterplatte abzubiegen, während des Lötvorganges braucht dann das Gehäuse nicht auf die Leiterplatte gepreßt zu werden.
Die maximal zulässige Löttemperatur beträgt bei Handlöten 265 °C (max. 10 s).

Flachgehäuse

a) Lötung auf der dem Gehäuse abgewandten Seite. Die Anschlußdrähte werden um 90° nach unten gebogen und in die Bohrungen 0,6 bis 0,8 mm ⌀ der Leiterplatte eingesetzt. Das rechtwinklige Kröpfen der Anschlußdrähte ist bis zu einem Abstand von 0,8 mm vom Gehäuse zulässig. *Abb. 2.3-18 b.*

Die Lötung der Anschlußdrähte kann durch Tauch- oder Kolbenlötung erfolgen. Bei einer Badtemperatur von 250 °C darf die Lötzeit max. 5 s, bei 300 °C max. 2 s betragen.

Nach dem Einsetzen des Gehäuses in die Leiterplatte ist es auch hier vorteilhaft, zwei (oder auch alle) Anschlußenden in einem Winkel von ca. 30° zur Leiterplatte abzubiegen, das Gehäuse braucht dann nicht während des Lötvorganges an die Leiterplatte gepreßt zu werden. Das Kürzen zu langer Anschlußdrähte soll vor dem Löten erfolgen.

b) Bei Lötung auf der Plattenseite – *Abb. 2.3-18 c* – braucht die Leiterplatte nicht durchbohrt zu sein. Die Verbindung mit den Leiterbahnen kann durch Kolbenlötung oder Schweißung erfolgen. Die max. Lötzeiten, bei einem Lötabstand von I ≧ 1,5 mm, betragen bei einer Kolbentemperatur von 250 °C: t_{max} = 15 s; 300 °C: t_{max} = 12 s; und 350 °C: t_{max} = 7s.

Metallgehäuse TO-18 und ähnliche Gehäuse mit 8, 10 und 12 ausgeführten Anschlußenden

Die Einbaulage des Gehäuses ist beliebig. Die Anschlußenden dürfen bis zu einem Abstand von 1,5 mm vom Gehäuseboden gekröpft werden und entsprechend dem Lochraster der *Abb. 2.3-18 d.* Zu lange Anschlußenden sollen vor dem Löten gekürzt werden. Die Lötung kann durch Kolben- oder Tauchlötung erfolgen. Die max. Lötzeit beträgt bei Kolbenlötung mit Drahtlängen > 10 mm

t_{max} ≦ 15 s bei 250 °C Lötkolbentemperatur,
t_{max} ≦ 12 s bei 300 °C Lötkolbentemperatur und
t_{max} ≦ 8 s bei 350 °C Lötkolbentemperatur.

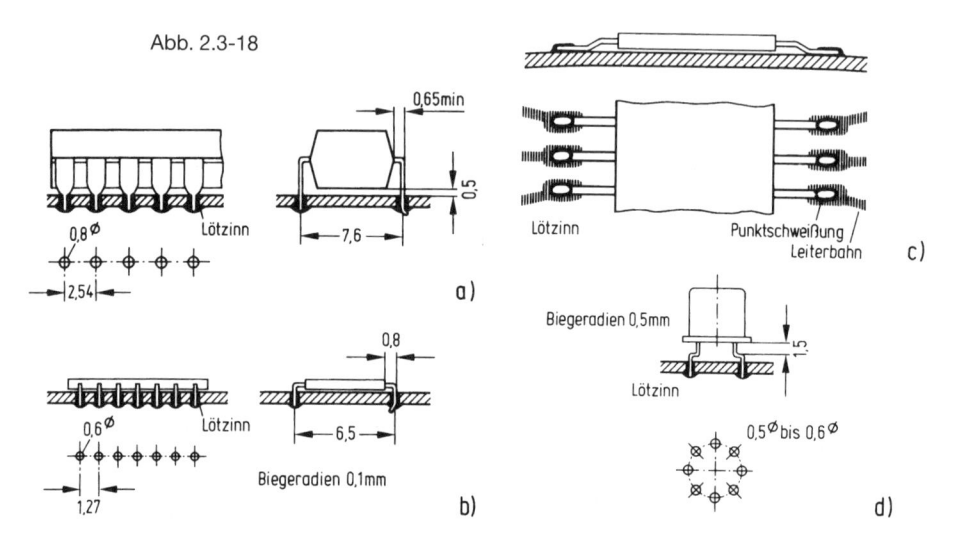

Abb. 2.3-18

2.3 Daten der Printplatte

Bei Kolbenlötung mit einer Löttemperatur von 230...250 °C ist die maximal zulässige Lötzeit 5 s. Der Abstand Lötstelle – Gehäuseboden soll wenigstens 5 mm betragen. Bei Anschlußdrahtlängen unter 5 mm ist für eine zusätzliche Wärmeableitung, z. B. durch eine Kühlzange, zu sorgen.

MOS-Bausteine

Für MOS-Bauelemente ist eine Löttemperatur > 300 °C nicht zugelassen. Ferner ist bei MOS-Bauelementen dafür zu sorgen, daß zwischen Lötbad bzw. Lötkolben und Platine keine Ströme fließen können. Es wird daher empfohlen, die zu lötenden Anschlüsse und das Lötbad bzw. den Lötkolben an Masse zu legen. Lötvorschriften SMT (Technik) siehe Kap. 2.5.3 und 2.5.2.

Das Bohren von Leiterplatten

Passive und aktive elektronische Bauelemente haben Drahtdurchmesser von 0,4 mm...1 mm. Transistoren, Widerstände kleinerer Leistung und Kondensatoren liegen bei 0,6 mm. In der Praxis wird mit $\approx$ 0,8 mm und 1,00 mm gebohrt. Dazu gehören schnellaufende Bohrmaschinen (U $\approx$ 10 000...25 000 U/min). Um ein Brechen der Bohrer zu vermeiden, sind präzise Ständerbohrmaschinen erforderlich. Für kleinere Arbeiten genügt eine leichte, schnelle Handbohrmaschine, siehe Kap. 2.1.2 Abb. c. Das Platinenmaterial läßt sich gut bearbeiten. So sind Gewindelöcher kein Problem. Ebenfalls kann mit selbstschneidenden Gewindeschrauben gearbeitet werden.

2.4 Kühlung von Halbleiterbauelementen

A Grundsätzliches

Die in der Sperrschicht eines Halbleiterkristalls auftretende Wärme darf einen in den jeweiligen Datenblättern angegebenen Wert nicht überschreiten und muß zur Erhaltung des thermischen Gleichgewichtes an die Umgebung abgeführt werden. Dabei dient als Bezug die maximal mögliche Umgebungstemperatur, wie sie, ruhend und unbeeinflußt von der abgeführten Wärmemenge des Halbleiters, gemessen werden kann. Aus Sicherheitsgründen wird hier oft mit 45 °C gerechnet. Bei Halbleitern, die in einem geschlossenen Gehäuse arbeiten, ist die mittlere Lufttemperatur im Gehäuse anzusetzen, die gegebenenfalls durch Zwangsumwälzung (Lüfter) stark reduziert werden kann. Leistungshalbleiter erhalten zwecks besserer Wärmeableitung Kühlsterne oder Kühlprofile. Durch diese Maßnahme wird die wirksame Kühlfläche erhöht. Wichtig ist der thermisch (mechanisch) gute Kontakt zum Kühlkörper, der durch Einsatz von Wärmeleitpaste verbessert werden kann.

B Definitionen und Formelzeichen

Es ist allgemein üblich, den Wärmewiderstand als R_{th} darzustellen, so daß beispielsweise der Wärmewiderstand des Gehäuses mit R_{thG} gekennzeichnet wird. Aus Gründen der Übersichtlichkeit wird hier im Text der Index th nicht mitgeschrieben, der Gehäuse-Wärmewiderstand stellt sich also beispielsweise als R_G dar. Im amerikanischen Sprachgebrauch wird anstelle des G ein C (Case) gesetzt.

Temperatur

Sperrschichttemperatur = T_j (*junction temperature*), angegeben in °C: Hierunter wird der vom Hersteller (Datenbuch) angegebene räumliche Mittelwert der Temperatur im Halbleiterkristall verstanden. Es handelt sich um den maximal erlaubten Wert, der nicht überschritten werden darf. Er beträgt für Silizium $\approx$ 150 °C...175 °C, für Germanium $\approx$ 90 °C...100 °C und für integrierte Schaltkreise $\approx$ 100 °C...150 °C.

Gehäusetemperatur = T_C (*case temperature*), angegeben in °C; Messung erfolgt an einer definierten Stelle des Gehäuses, meist am Gehäuseboden.

Umgebungstemperatur = T_A (*ambient temperature*), in °C. Die Messung erfolgt in genügend großem Abstand vom Wärmestrahler. Für Leistungstransistoren mit Kühlprofilen: d > 1 m. Eingesetzt wird der unter Betriebsbedingungen ungünstigste (höchste) Wert, aus Sicherheitsgründen oft 45 °C.

Wärmewiderstand

Innerer Wärmewiderstand = R_i in K/W; $R_i = R_g - R_a$; hierunter wird der sich bildende Wärmewiderstand zwischen der Sperrschicht und dem Gehäuse verstanden. Er ist den Datenblättern des Halbleiters (dort als R_{thJG}, R_{itherm}, R_{thG}) zu entnehmen.

Äußerer Wärmewiderstand = R_a in K/W; $R_a = R_g - R_i$; hierunter wird der sich bildende Wärmewiderstand zwischen dem Gehäuse und der ruhenden isothermen Umgebung verstanden. Dabei wird vorausgesetzt, daß die Umgebungstemperatur für die Endbetrachtung der Rechnung eingesetzt wird.

Äußere Teilwärmewiderstände = R'_a ... in K/W; hierunter werden Teilwiderstände verstanden, deren Summe $R'_a + R''_a \ldots = R_a$ ist. Diese können durch Übergangswiderstände der Gehäuse zu Kühlkörpern gebildet werden. Weiterhin besitzen Isolierstoffe, Glimmer, Pertinax, Wärmeleitpasten o. ä. spezifische Wärmewiderstände.

Gesamt-Wärmewiderstand = R_g in K/W; $R_g = R_i + R_a$; hierunter wird die Summe von $R_i + R_a = R_g$ verstanden. Auch dieser Wert wird den Datenblättern des Halbleiters entnommen. Er findet Verwendung bei Kleinsignaltransistoren und bestimmten Gehäusetypen mit Zwangskühlung durch Luft unter Umgehung eines zusätzlichen Kühlkörpers.

Eine erste Orientierung gibt die *Tabelle 1*; exakte Werte und Größen müssen den Datenblättern der Halbleiter-Hersteller entnommen werden.

Tabelle 1 Wärmewiderstände verschiedener Gehäusetypen

Gehäusetyp	R_i	$R_g = R_i + R_a$
SOT 9	<4...7	(Montagetyp)
TO 3	<1,5...2	(Montagetyp)
TO 41	<1,5...2	(Montagetyp)
TO 18	<150...200	<500
TO 39	<58	<220
TO 50	./.	<450
TO 92	<150	<420
TO 126	<3,5	<100
Dual Inline	≈20	≈80...120
TCA 940	≈10	≈80
DO 7	./.	<500
SOT 23	./.	<400

Für den Wärmewiderstand gilt als Formel allgemein:

$$R = \frac{\Delta \delta}{P} \ (K/W).$$

C Leistungsbilanz bei Halbleiter-Bauelementen

Die in der Sperrschicht entstehende Wärmemenge ergibt sich aus der elektrischen Verlustleistung des Bauelementes. Diese ist bei einem Kleinsignaltransistor

$P = U_C \cdot I_C$ (W).

Bei Leistungstransistoren muß gegebenenfalls die Basisverlustleistung mit hinzugerechnet werden.

$P' = U_C \cdot I_C + U_{BE} \cdot I_B$ (W)

Diese Betrachtung setzt eine reine Gleichstromverlustleistung voraus. Für Impulsbelastungen gelten Reduktionskurven, die den jeweiligen Datenblättern zu entnehmen sind. Das ist auch besonders im Hinblick auf U_{CE} und I_C für den „zweiten Durchbruch" bei Leistungstransistoren zu beachten.

Dabei ist mit $\Delta\delta$ die Temperaturdifferenz zwischen Wärmequelle und Umgebung gemeint. Für $P = I \cdot U$ ist die Verlustleistung in W einzusetzen. Demnach ist:

$$R = \frac{T_j - T_A}{P}$$

Abb. 2.4-1

oder aufgelöst nach T_j: $T_j = T_A + P \cdot R$.

Ein *Beispiel* soll der Verdeutlichung dienen:
Gleichstrom-Verlustleistung eines Si-Transistors   4 W
Gesamter Wärmewiderstand R_g 15 K/W
Umgebungstemperatur   30 °C

Aus den gemachten Angaben ergibt sich die Sperrschichttemperatur zu:
$T_j = 30 °C + 4 W \cdot 15 K/W = 90 °C$
dies ist ein für Silizium-Halbleiter zulässiger Wert.

Der Wärmewiderstand R bedarf einer weiteren Erläuterung. Nach *Abb. 2.4-1* kann ähnlich dem Ohmschen Gesetz die abgeführte Wärmemenge (Wärmestrom) durch den Quotienten der Wärmedifferenz (Wärmepotential) zum Wärmewiderstand definiert werden. Sinngemäß werden auch nach *Abb. 2.4-2* Serienwiderstände addiert; sowie bei Parallelschaltung die Leitwerte. So kommt man dann zu der einfachen Darstellung *(Abb. 2.4-3)* für die Wärmebetrachtung bei einem Transistor. Darin ist R_i gekennzeichnet als Wärmewiderstand zwischen Halbleiter und Gehäuse sowie R_a als Wärmewiderstand zwischen Gehäuse und der isolierten Umgebung. Der Hersteller gibt für Kühlung über zusätzliche Kühlkörper den Widerstand R_i an. Für Luftzwangskühlung mit Wärmeabführung über das Gehäuse wird der Widerstand $R_g = R_i + R_a$ angegeben. So ist für den Transistor BD 135 (TO-126-Gehäuse):

$R_i = < 10$ K/W; $R_g = < 110$ K/W und T_j 150 °C

Bei Wärmeableitung über einen Kühlkörper sieht die Rechnung etwas komplexer aus, da nach *Abb. 2.4-4* verschiedene Wärmewiderstände berücksichtigt werden müssen. Der äußere Wärmewiderstand R_a teilt sich in mehrere Teilwiderstände auf:

– R'_a Wärmewiderstand eines Isoliermittels (Glimmerscheibe) bzw. Luftzwischenraumes

Immer muß jedoch berücksichtigt werden, daß aus Sicherheitsgründen die maximale Sperrschichttemperatur nie erreicht werden darf. Als Faustformel kann hier gelten:
$T_j - 25 °C \approx T_A + P \cdot R_a$.

Abb. 2.4-3

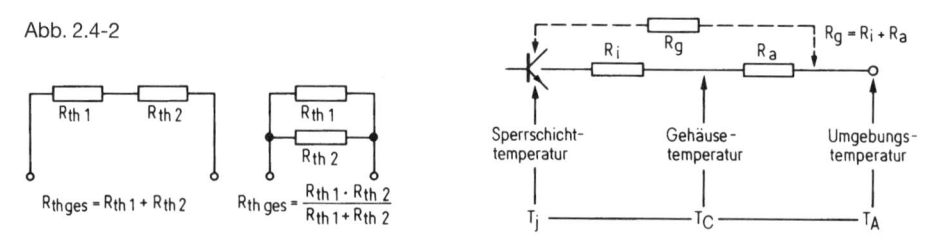

Abb. 2.4-2

2.4 Kühlung von Halbleiterbauelementen

Abb. 2.4-4

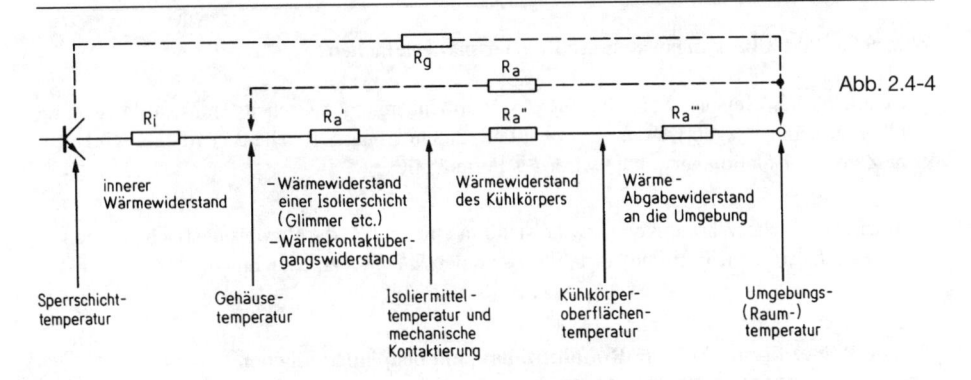

- innerer Wärmewiderstand R_i — Sperrschichttemperatur
- Wärmewiderstand einer Isolierschicht (Glimmer etc.) – Wärmekontaktübergangswiderstand R'_a — Gehäusetemperatur
- Wärmewiderstand des Kühlkörpers R''_a — Isoliermittel-temperatur und mechanische Kontaktierung
- R'''_a Wärme-Abgabewiderstand an die Umgebung — Kühlkörperoberflächentemperatur
- Umgebungs- (Raum-) temperatur

– R''_a Wärmewiderstand des Kühlkörpers; – R'''_a Wärme-Abgabewiderstand an die Umgebung

Es ist somit gefährlich, den Wärmehaushalt auf Kosten der Sperrschichttemperatur auszugleichen! Später wird noch darauf hingewiesen, daß besonders bei Kleinsignaldioden und Kleinsignal-Transistoren eine Wärmeableitung über die Anschlußdrähte erfolgt. Ist hier der Wärmewiderstand bekannt oder wird er aus der Kurve in *Abb. 2.4-5* entnommen, so ist dieser Widerstand als Parallelschaltung zu R_g zu betrachten.

Tabelle 2 Werte für R'_a bei Glimmerscheiben-Isolierung*

R'_a in K/W		TO 3/ TO 41	TO 126	SOT 9	SOT 23
Glimmer trocken	50 µm	1,25	8	2,5	8
	100 µm	1,4	9	3	10
Glimmer mit Wärmeleitpaste beidseitig	50 µm	0,35	4	1	4
	100 µm	0,4	4,5	1,5	6

* abhängig vom Kontaktdruck

Abb. 2.4-5

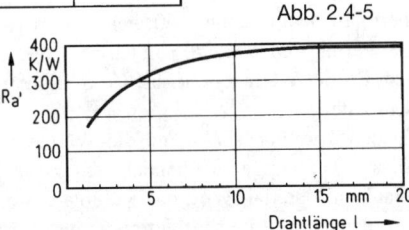

D Wärmewiderstände bei verschiedenen Montage- und Kühlarten

Die einzelnen Montagearten von Leistungstransistoren sind in dem Kap. 2.5.1 näher erläutert.

Transistorisolierung mit Glimmerscheiben

Bei dieser Art der Isolierung muß besonders berücksichtigt werden, daß der mechanische Befestigungsdruck stark in den Wärmehaushalt eingreift. Der *Tabelle 2* sind einige Werte für gängige Gehäuseformen zu entnehmen.

Wärmekontakt-Übergangswiderstand zweier planer Flächen

Als markantestes Beispiel kann hierfür der Wärmeübergang zwischen Transistorboden und Kühlkörper herangezogen werden – für den Fall, daß nicht nach Tabelle 2 gearbeitet wird, also keine Zwischenisolation verwendet wird. Als Formel gilt:
$$R'_a = \frac{\gamma}{A};$$
γ ist der spezifische Wärme-Kontaktwiderstand in $cm^2 \cdot K/W$; die Berührungsfläche A muß in cm^2 eingesetzt werden. Typische Werte für γ sind der *Tabelle 3* zu entnehmen.

Tabelle 3 Spezifischer Wärme-Kontaktwiderstand bei planen Flächen

γ in $cm^2 \cdot K/W$	ohne	mit
	Leitpaste	
Metall auf Metall	1,0	0,5
Metall-Eloxalschicht	2,0	1,4

Wärmewiderstand der Anschlußleitungen

Dieser spielt nach Abb. 2.4-5 eine nicht unwesentliche Rolle. Für Kleinsignaldioden ist hier der Einfluß der Drahtlänge auf den Wärmewiderstand R'_a (Wärmeübergang zur Lötstelle) zu sehen. Dabei werden die Lötstellen auf 25 °C bezogen. Wichtig ist, daß dieser Wärmewiderstand als Parallelwiderstand zu R_g zu rechnen ist (R''_a und R'''_a entfallen).

Wärmewiderstand von einfachen Kühlblechen und Montageflächen

Für Leiterbasismaterial von 1,5 mm Stärke bei quadratischen Flächen mit einer Kantenlänge > 50 mm und senkrechter Montage kann für R'_a gesetzt werden (Wärmequelle im Zentrum); Werte in K/W:
Pertinax nicht kaschiert: 60; Pertinax einseitig 35 μm Cu bei Wärmequelle auf Kunststoffseite: 48; Pertinax einseitig 70 μm Cu bei Wärmequelle auf Kunststoffseite: 36; Pertinax einseitig 35 μm Cu bei Wärmequelle auf Cu-Seite: 26; Pertinax einseitig 70 μm Cu bei Wärmequelle auf Cu-Seite: 16.
In den *Abb.* von *2.4-6* sind die Wärmewiderstände R''_a für Kupfer-, Stahl- und Aluminiumflächen aufgetragen. Es handelt sich um senkrecht stehende, annähernd quadratische Bleche aus blankem Material. Wird das Kühlblech waagerecht montiert, so sind die erhaltenen Werte R''_a mit dem Faktor 1,3 zu multiplizieren. Wird die Oberfläche matt geschwärzt, so ist ein Faktor $\approx 0,7$ anzusetzen. Derartige Kühlbleche lassen sich für die Praxis auch hinreichend genau in ihrem Wärmewiderstand R''_a berechnen. Der wirksame Wärmewiderstand R''_a setzt sich dabei aus den Anteilen
$$R''_a = R_1 + R_2$$
zusammen. Dabei ist der Anteil R_1 durch die Fläche A bestimmt. Der Anteil R_2 setzt sich aus der Materialstärke sowie deren Oberflächenbeschaffenheit (Wärmeabstrahlung) zusammen.
Für R_1 gilt mit A in cm^2 für Aluminium (quadr.):

$$R_1 = \frac{596}{A} \quad \text{(Einheit K/W) horizontale Anordnung, sowie}$$

2.4 Kühlung von Halbleiterbauelementen

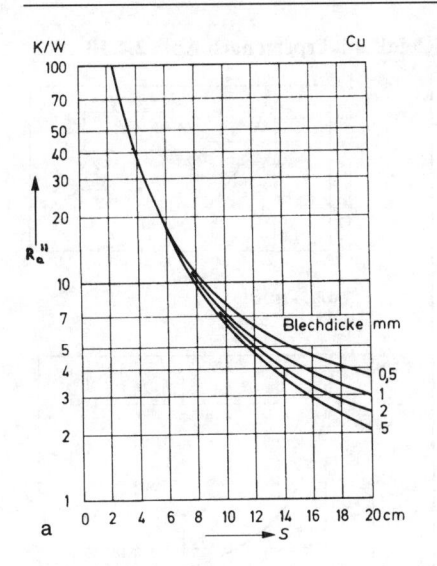

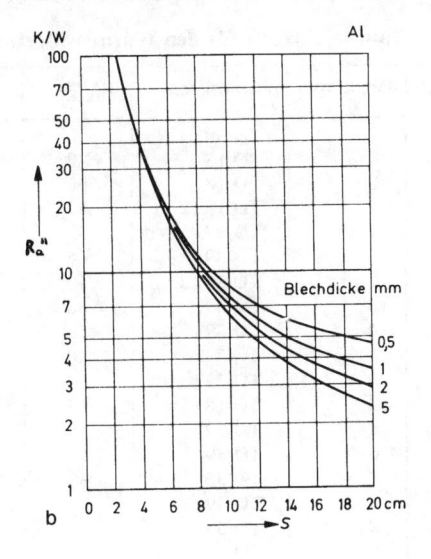

Abb. 2.4-6

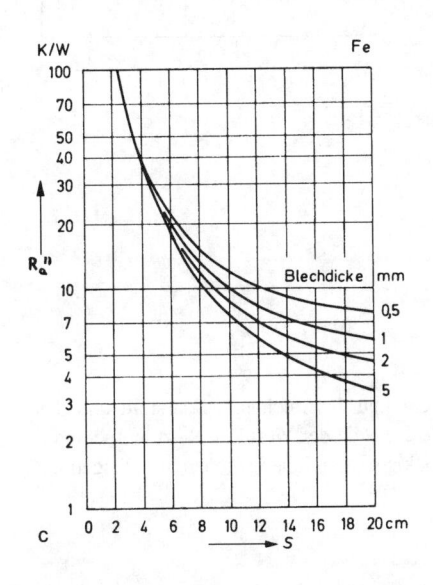

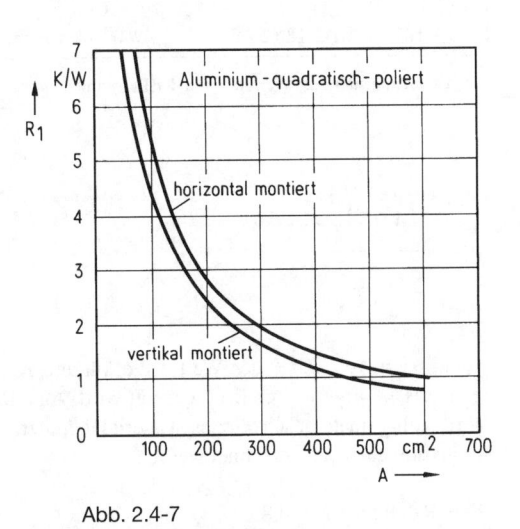

Abb. 2.4-7

$$R_1 = \frac{505}{A} \quad \text{(Einheit K/W) vertikale Anordnung.}$$

Abb. 2.4-7 zeigt die obige Gleichung in Kurvenform für ein quadratisches Format. Wird zu einer Rechteckform übergegangen, so ist ein Korrekturfaktor λ zu berücksichtigen, der mit dem Ergebnis von R_1 zu multiplizieren ist, wodurch sich R_1 entsprechend vergrößert. Es ist

Tabelle 4 Werte für den Wärmewiderstand von Kleinkühlkörpern nach Abb. 2.4-10

Kühlkörper	Transistor	$R''_a / \frac{K}{W}$	h/mm
1	TO 39	60	20
2	TO 18	72	5
2	TO 18	60	10
2	TO 18 (2 x)	52	15
2	TO 39	57	5
2	TO 39	46	10
2	TO 39 (2 x)	40	15
10	TO 39	60	5
4	TO 39	50	10
3	TO 39	40	15
5	TO 39	60	8
5	TO 18	85	5
6	TO 39	38	10
6	TO 39	52	5
7	TO 39	33	12
8	TO 39	33	12
9	TO 39	48	10
9	TO 18	48	10
11	TO 18	60	5
12	TO 18 (2 x)	75	6
13	TO 18	70	20
14	DIL	50	5
15 + 16	TO 18 (2 x)	Wärmeklammer	

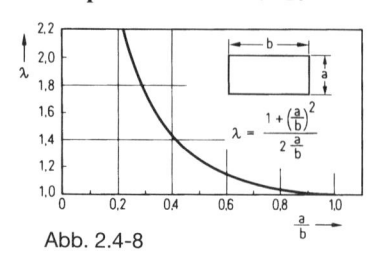

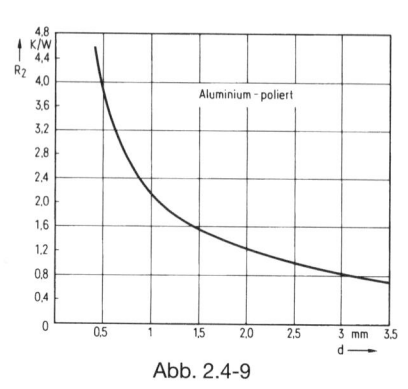

Abb. 2.4-8

Abb. 2.4-9

*R''_a ist ein angenäherter Wert, der von der Lage und Montage abhängig ist.

$$\lambda = \frac{1 + \left(\frac{a}{b}\right)^2}{2 \cdot \frac{a}{b}}$$

wobei nach *Abb. 2.4-8* der Wert a die kürzere Kantenlänge des Rechteckes darstellt und das rechnerische Ergebnis grafisch gezeigt wird. Aus *Abb. 2.4-9* ist der Wert von R_2 zu entnehmen. Wird völlig matt geschwärztes Material benutzt, so kann hinreichend genau mit folgenden Reduktionsfaktoren gerechnet werden:

$R''_a = R_1 \cdot 0{,}55 + R_2 \cdot 0{,}85$.

Für andere Materialien als Aluminium wird zusätzlich ein Faktor λ' für R_2 benutzt. Dabei ist

$R''_a = R_1 + \lambda' \cdot R_2$

(Die Faktoren λ': Aluminium = 1; Kupfer ~ 0,743; Messing ~ 1,38; Stahl ~ 2,1)
Beispiel: Rechteckiges 2-mm-Al-Blech – 5 x 10 cm² – vertikal angeordnet:

$R''_a = R_1 + R_2 = \left(\dfrac{505}{50} \cdot 1{,}25 + 1{,}3\right)$ K/W = 13,9 K/W.

2.4 Kühlung von Halbleiterbauelementen

Wärmewiderstand von Kleinkühlkörpern

In *Abb. 2.4-10* sind Kleinkühlkörper für TO-18- und TO-39-Gehäuse gezeigt. Weiterhin ein Kühlkörper für DIL-Gehäuse. Es ist mit Werten nach *Tabelle 4* zu rechnen.
Beispiele – Kleinkühlkörper *(Abb. 2.4-10)* Aluminium schwarz eloxiert – sind in den folgenden *Abb. 2.4-11* zu sehen. Die in Klammern stehenden Zahlen geben die ungefähren Größen des Wärmewiderstandes [K/W] an.

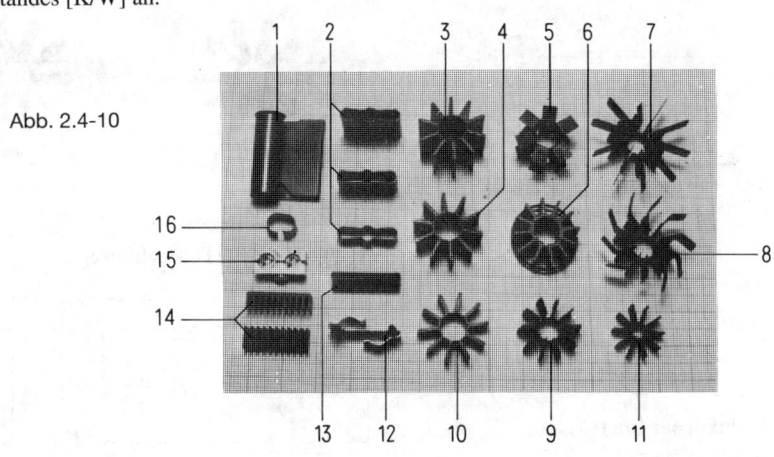

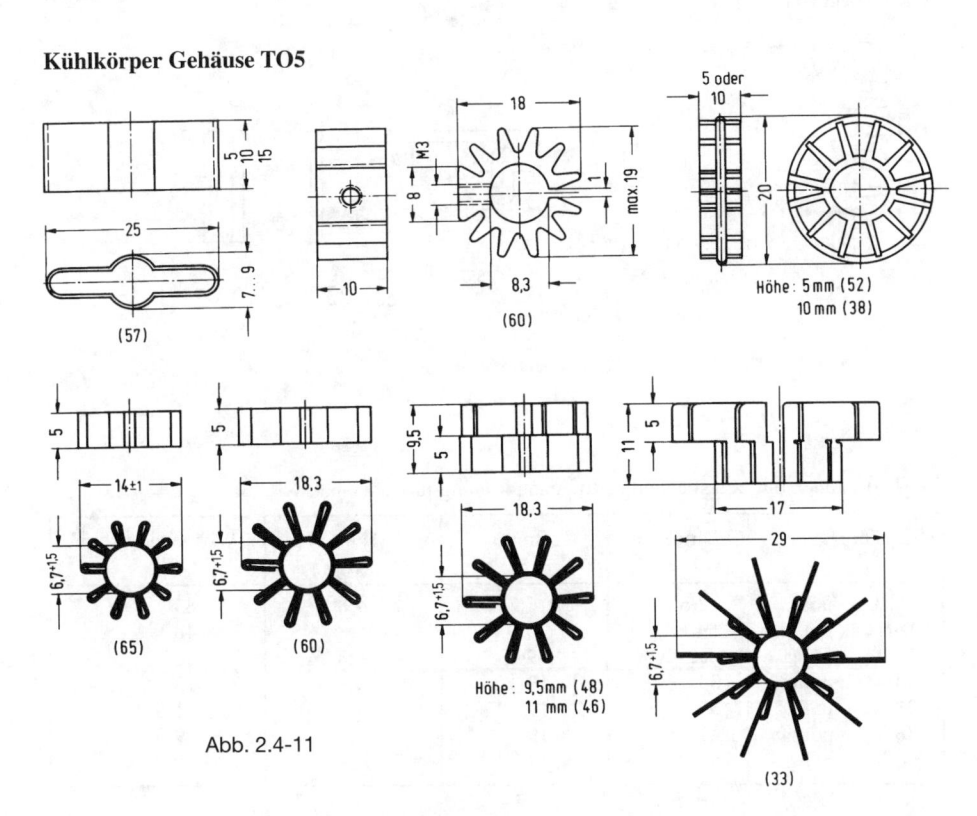

Abb. 2.4-10

Kühlkörper Gehäuse TO5

Abb. 2.4-11

655

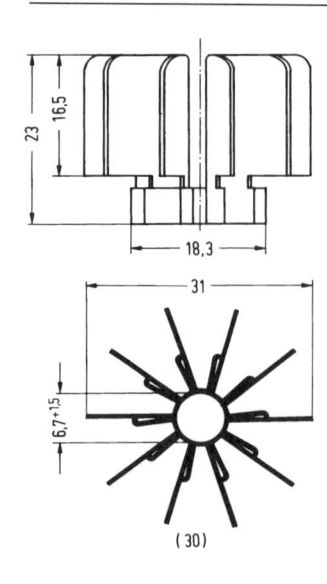

2 Mechanik der Elektronik

Kühlkörper Gehäuse TO18

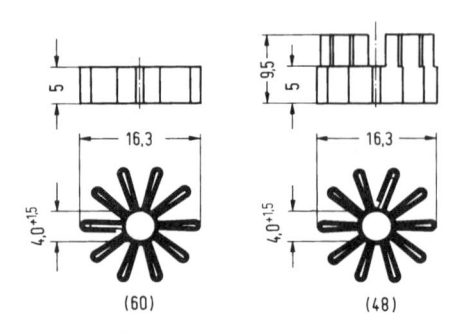

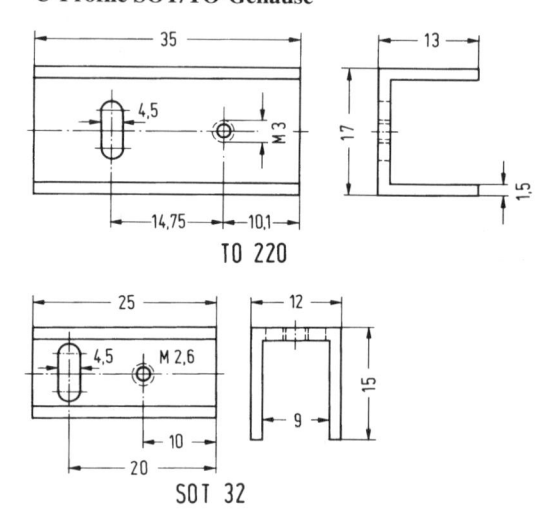

Kühlkörper für IC-Gehäuse (Klebevorgang)

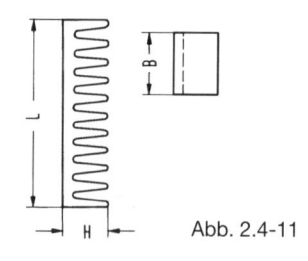

Abb. 2.4-11

U-Profile SOT/TO-Gehäuse

TO 220

SOT 32

Lieferform auch mit längsliegender Rippenanordnung für IC-Gehäuse

Gehäuse		Länge L	Breite B	Höhe H	Wärmewiderstand C/W
6/8	polig	8,5	6,3	4,8	83
14/16	polig	19	6,3	4,8	46
14/16	polig	6,3	19	4,8	50
24	polig	33	19	4,8	13
28	polig	37	19	4,8	11,5
36	polig	47	19	4,8	9,5
40	polig	51	19	4,8	8,5

2.4 Kühlung von Halbleiterbauelementen

Wärmewiderstand von Großkühlkörpern

Hier werden vorwiegend fertig gezogene Al-Profile als Meterware benutzt, deren verwendete Länge sich nach dem geforderten Wärmewiderstand richtet. Um den optimalen Wärmewiderstand des Profils zu erreichen, ist es sinnvoll, die Länge $\geqq 100$ mm zu wählen. Gemäß dem Kurvenverlauf in *Abb. 2.4-12* – der für fast alle Kühlkörper gleichen Verlauf, nicht Wert, aufweist – stellt sich ab der Länge 100 mm der praktisch erreichbare spezifische Wärmewiderstand für das Profil ein.

Beispiel:

Transistor BD 135 (Gehäuse TO 126); $T_j = 150\ °C$; $R_i = 10$ K/W; Glimmerscheibe 50 µm gefettet; $P = 6$ W. Ermittelt werden soll die Größe eines Al-Bleches, 2 mm stark; Umgebungstemperatur 40 °C.

$$R_g = \frac{T_j - T_A}{P} = \frac{150\ °C - 40\ °C}{6\ W} = 18{,}33\ K/W;$$

mit $R_g = R_i + R_a$ und $R_a = R'_a + R''_a$ wird $R'_a = 4$ K/W: Glimmer beidseitig gefettet (Tabelle 2)
$R''_a =$ Wärmewiderstand des Kühlkörpers
$R_g = R_i + R'_a + R''_a$
$R''_a = R_g - R_i - R'_a$
$R''_a = 18{,}33$ K/W $- 10$ K/W $- 4$ K/W $= 4{,}33$ K/W.

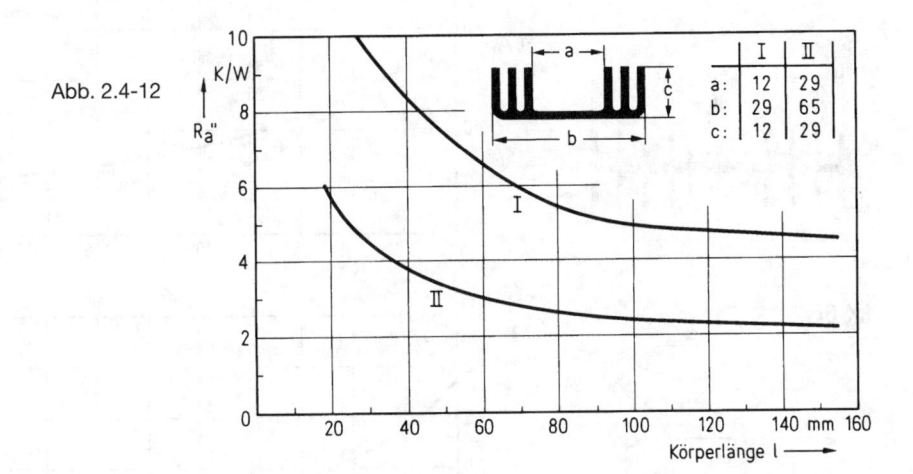

Abb. 2.4-12

	I	II
a:	12	29
b:	29	65
c:	12	29

Körperlänge l →

Aus der Kurve (Abb. 2.4-6) wird eine Kantenlänge ≈ 12 cm erforderlich. Ein Kühlkörper nach Abb. 2.4-12 (Kurve II) ist z. B. mit $\ell > 3$ cm zu wählen. Vernachlässigt wurde der Wärme-Abgabewiderstand R'''_a. Die folgenden Kühlkörper für Leistungshalbleiter (SK = Fischer Elektronik) geben mit den Nomogrammen Aufschluß über die Abhängigkeit des Wärmewiderstandes und der Baulänge. Lieferausführung ALU – schwarz eloxiert – Meterware (*Abb. 2.4-13*).

2 Mechanik der Elektronik

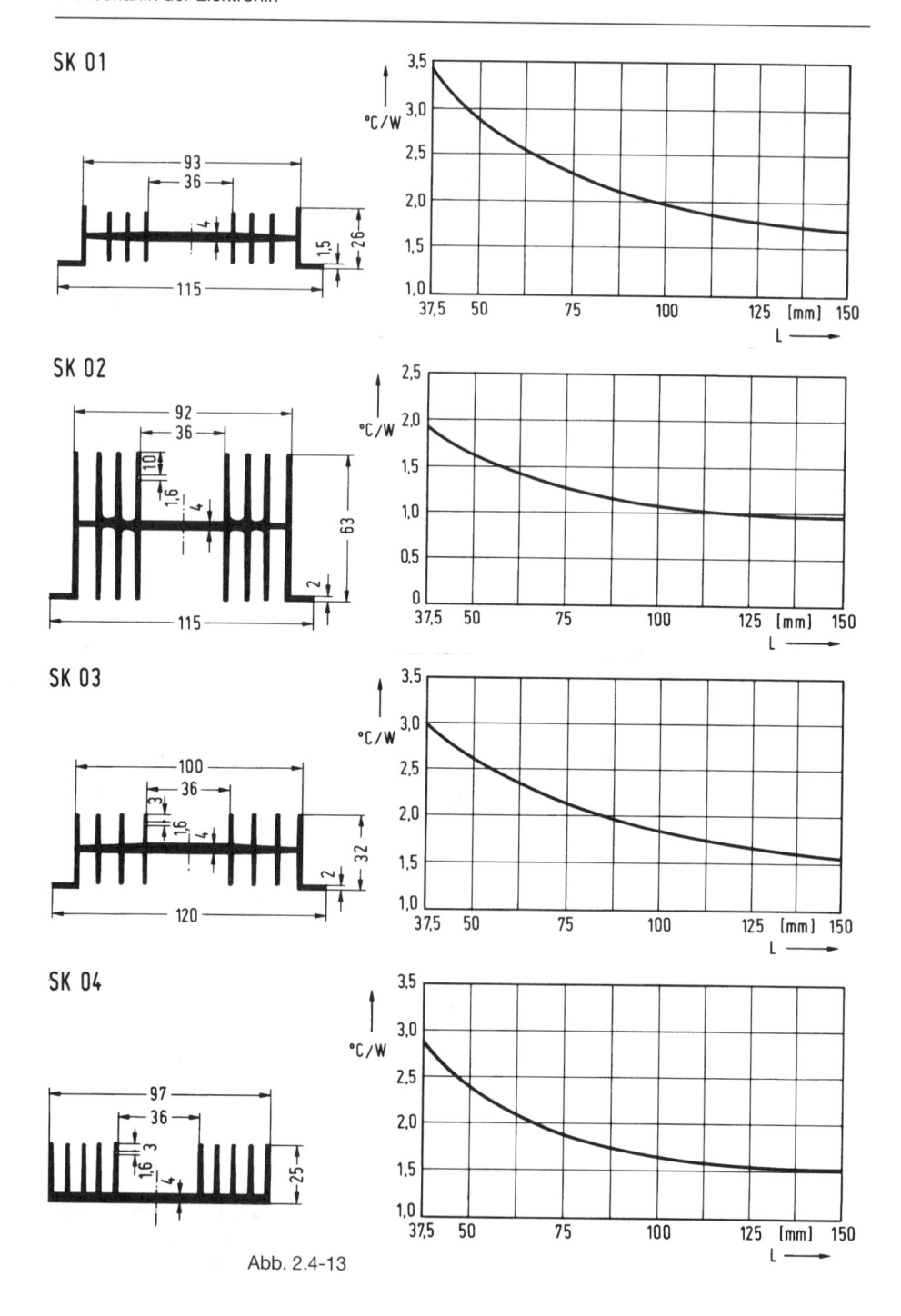

SK 01

SK 02

SK 03

SK 04

Abb. 2.4-13

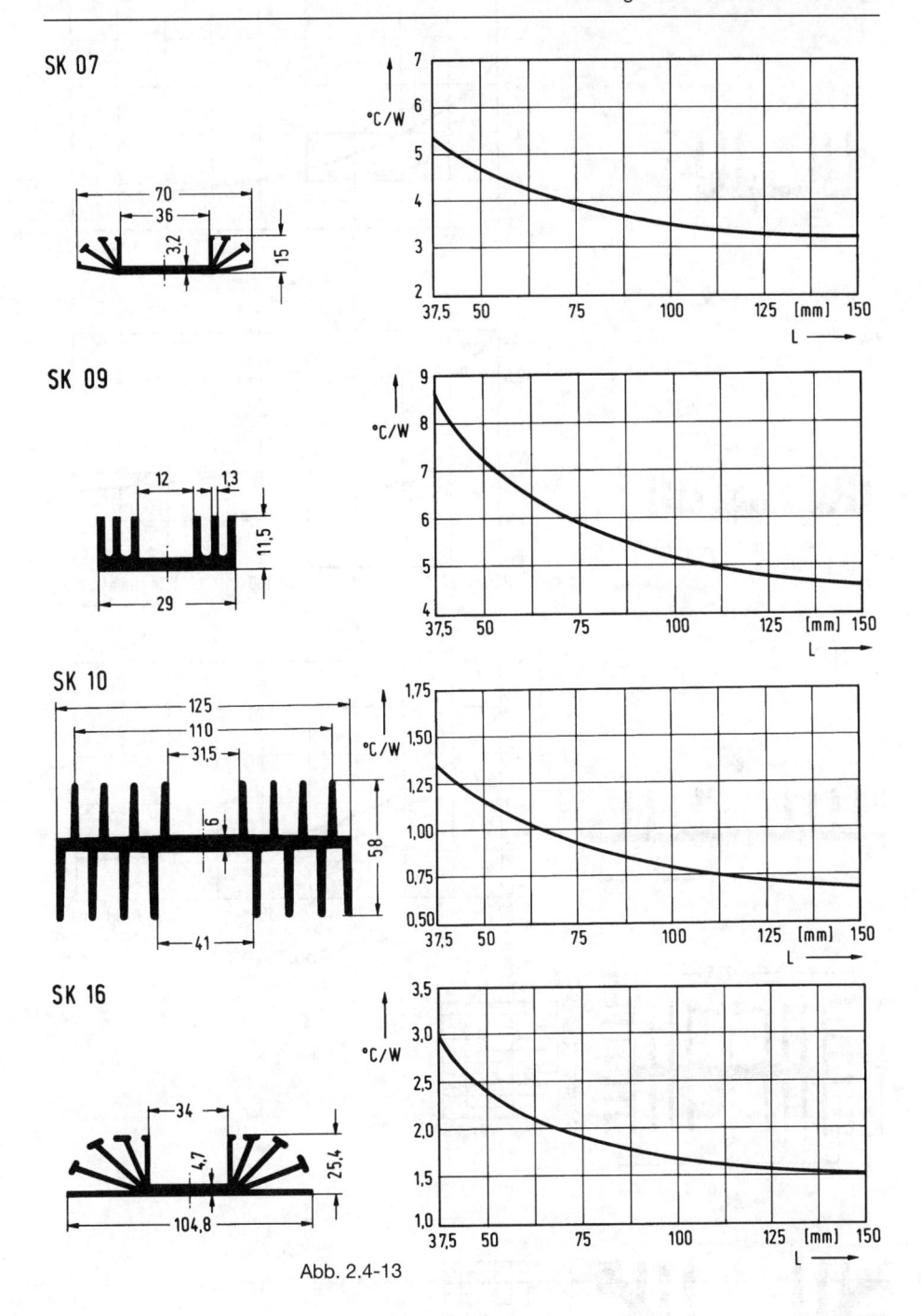

2.4 Kühlung von Halbleiterbauelementen

SK 07

SK 09

SK 10

SK 16

Abb. 2.4-13

SK 18

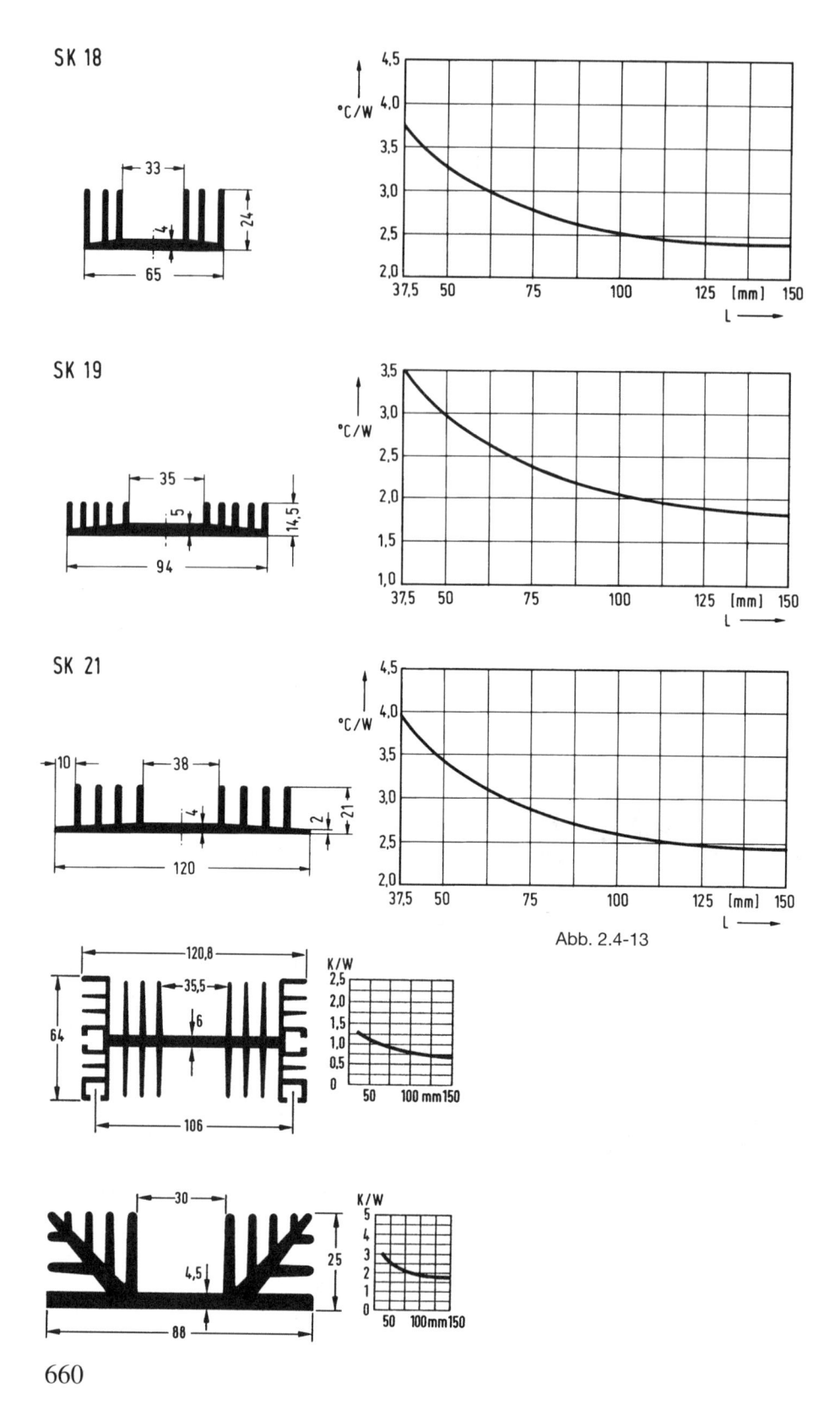

SK 19

SK 21

Abb. 2.4-13

660

2.4 Kühlung von Halbleiterbauelementen

E Der Wärme-Abgabewiderstand

Dieser Wärmewiderstand (R'''_a) tritt zwischen der Kühlkörper-Oberfläche und der ruhenden isothermen Umgebung (Raumtemperatur in größerem Abstand) auf. Sollte er durch „Sicherheitsreserven" nicht ganz vernachlässigt werden können, darf mit folgender Faustformel (für Konvektion) gerechnet werden:

$$R'''_a \approx \frac{1}{\alpha \cdot A}$$

F Isolierungen von Halbleitern auf Kühlkörper-Wärmeleitpaste und Klebemittel

Glimmerscheiben, *Abb. 2.4-14*, zeigt eine Auswahl mit den Abmessungen.

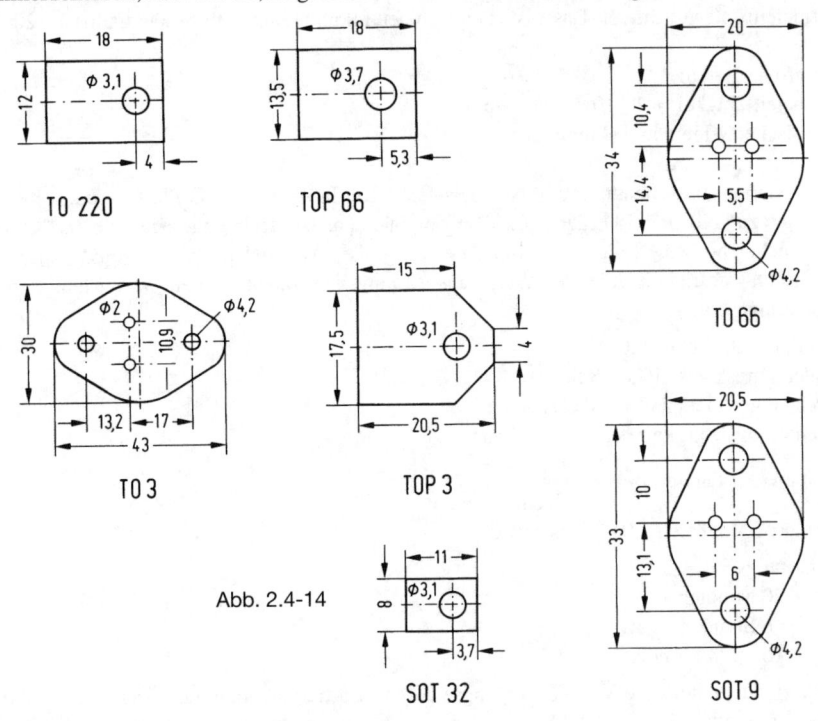

Abb. 2.4-14

TO 220, TOP 66, TO 66, TO 3, TOP 3, SOT 32, SOT 9

Aluminium-Oxyd-Unterlegscheiben

Diese Scheiben werden in etwas anderen Abmessungen als die Glimmerscheiben geliefert. Wichtige Daten sind:

Spez. Wärme $\approx 0{,}2\ldots 0{,}25$; Wärmewiderstand $\approx$ x 8 besser als bei Glimmer

Durchschlagsfestigkeit bei 50 Hz (U_{eff}) ≈ 200 kV/cm
Durchgangswiderstand $\approx 10^{14}$ Ω/cm
Dielektrischer Verlustfaktor [x10^{-3}]

50 Hz	$\approx 0{,}5$	1 GHz	$\approx 0{,}15\ldots 0{,}6$
1 MHz	$\approx 0{,}1\ldots 0{,}2$	5 GHz	$\approx 0{,}12\ldots 0{,}7$
10 MHz	$\approx 0{,}15\ldots 0{,}4$	Dielektrizitätskonstante $\epsilon_r \approx 9{,}5$	

Wärmekleber – Wärmeleitpaste

Wärmeleitpaste wird benutzt, um bei den nicht plangeschliffenen Flächen des Halbleiterbodens und des Kühlkörpers – auch bei Zwischenlage einer Isolierscheibe – einen möglichst geringen Wärmeübergangswiderstand zu erzielen.

Die immer vorhandene Oberflächenrauhigkeit der Halbleiter- und Kühlelementemontageflächen verhindert einen 100%igen Kontakt von Metall zu Metall. Die in den mikroskopisch kleinen Vertiefungen eingeschlossene Luft erhöht den Wärmewiderstand bis auf den doppelten Wert. Die Wärmeleitpaste füllt diese Unebenheit aus und stellt einen vollständigen Kontakt her. Auch bei der Halbleitermontage mit Isolierscheiben sollte grundsätzlich Wärmeleitpaste auf allen Kontaktflächen aufgetragen werden. Die elektrisch nichtleitenden Pasten beeinträchtigen die Isolationswirkung nicht.

Wärmeleitpaste auf Silicon-Basis ist chemisch neutral und temperaturbeständig bis ca. 200°.

Technische Daten:
Wärmeleitfähigkeit $\approx 1 \cdot 10^{-3}$ cal/s $\cdot$ cm °C
Spezifischer Widerstand (Meßfläche 1 cm^2) $\approx 3 \cdot 10^{11}$ Ω

Wärmekleber wird benutzt, um beispielsweise Kühlkörper auf IC-Plastik- oder Keramikgehäusen zu befestigen. Dieser auf zwei Komponentenbasis arbeitende Kleber befestigt poröse und nicht poröse Teile. Er weist eine große Wärmeleitfähigkeit und eine hohe Durchschlagsfestigkeit auf. Der Wärmeausdehnungskoeffizient ist dem von Aluminium und Kupfer angepaßt.

Wichtige technische Daten:
Ausdehnungskoeffizient $\approx 8,5 \cdot 10^{-6}$ K^{-1}
Durchgangswiderstand $\approx 10^{16}$ Ωcm
Durchschlagsfestigkeit ≈ 10 kV/10^{-3} mm
Wärmewiderstand $\alpha = \dfrac{120 \cdot \text{Filmdicke}}{\text{Fläche}}$
Wärmeleitfähigkeit $2 \cdot 10^{-3}$ cal/s cm °C
Aushärtung
190° $\approx$ 20 Minuten
38° $\approx$ 6 Stunden
20° $\approx$ 16...24 Stunden

Der Wert für α stellt die Wärmeübergangszahl an Luft dar; sie kann bei gängigen Kühlkörper-Maßen mit etwa 10...15 W/K $\cdot$ m^2 angesetzt werden; entsprechend ist die Kühlkörper-Oberfläche in m^2 einzusetzen.

G Wärmeübergang bei Drahtanschlüssen und Printplatten

Bei Dioden mit höherer Leistung und ohne Kühlkörper wird ein wesentlicher Teil der Verlustwärme über die Anschlußdrähte und damit gegebenenfalls über die Leiterplatte abgeführt.

Nachstehend in *Abb. 2.4-15* die thermischen Widerstände quadratischer Pertinaxplatten in Abhängigkeit von der Kantenlänge. Die Werte gelten für eine Wärmequelle im Mittelpunkt der Platten, in ruhender Luft und bei senkrechter Lage der Platten. Bei waagerechter Lage erhöhen sich die thermischen Widerstände um ca. 15...20 %.

Für den Wärmewiderstand von Printplatten siehe auch 2.5.3 SMT (Technik).

2.4 Kühlung von Halbleiterbauelementen

Wärmewiderstand in Abhängigkeit von der Drahtlänge

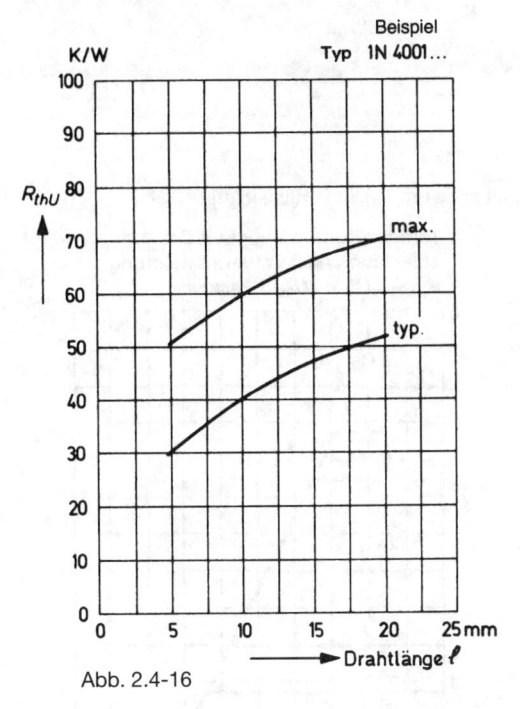

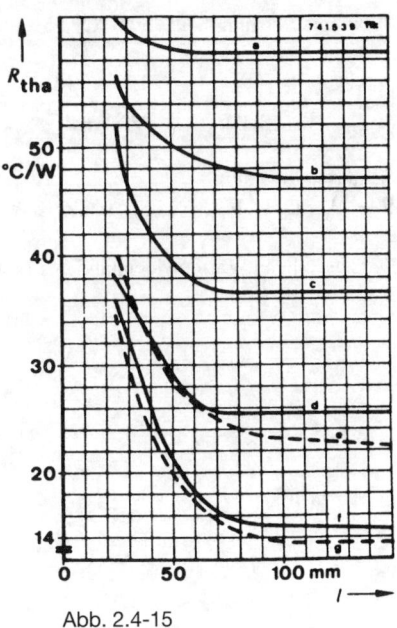

Beispiel Typ 1N 4001...

Abb. 2.4-16

Abb. 2.4-15

Dicke der Pertinaxplatten: 1,5 mm

a: Pertinax nicht kaschiert
b: Pertinax einseitig 35 μm kupferkaschiert, Wärmequelle auf Kunststoffseite geschraubt
c: Pertinax einseitig 70 μm kupferkaschiert, Wärmequelle auf Kunststoffseite geschraubt
d: Pertinax einseitig 35 μm kupferkaschiert, Wärmequelle auf Kunststoffseite geschraubt
e: Pertinax doppelseitig 35 μm kupferkaschiert
f: Pertinax einseitig 70 μm kupferkaschiert, Wärmequelle auf Kupferseite geschraubt
g: Pertinax doppelseitig 70 μm kupferkaschiert

R_{tha}: thermischer Widerstand der Platten
l: Kantenlänge der Platte

H Beispiel

Leistungstransistor (VALVO) BDV 67 mit folgenden Daten:

maximale Sperrschichttemperatur $\vartheta_j = 150°$
maximale Leistung bei 25 °C $P_{tot\,max} = 200$ W
Wärmewiderstand des Gehäuses $R_{th\,G} = 0{,}625$ K/W

Welche maximale Leistung ist bei einer Umgebungstemperatur von $t_u = 50$ °C und einem Kühlkörper mit Wärmewiderstand $R_{th\,K} = 2{,}0$ K/W möglich? Welche Gehäusetemperatur ergibt sich dabei?

2 Mechanik der Elektronik

Maximale Leistung bei $t_u = 50\ °C$

$$P_{max} = \frac{\vartheta_j - \vartheta_u}{R_{th\,G} + R_{th\,K}} = \frac{150 - 50}{0{,}625 + 2} = \frac{100\ K}{2{,}625\ K/W} = 38\ Watt$$

Gehäusetemperatur
$\vartheta_G = \vartheta_j - R_{th\,G} \cdot P_{max} = 150° - 0{,}625\ K/W \cdot 38\ W = 126\ °C$

Der zusätzliche Wärmewiderstand des Leitklebers wurde nicht berücksichtigt.

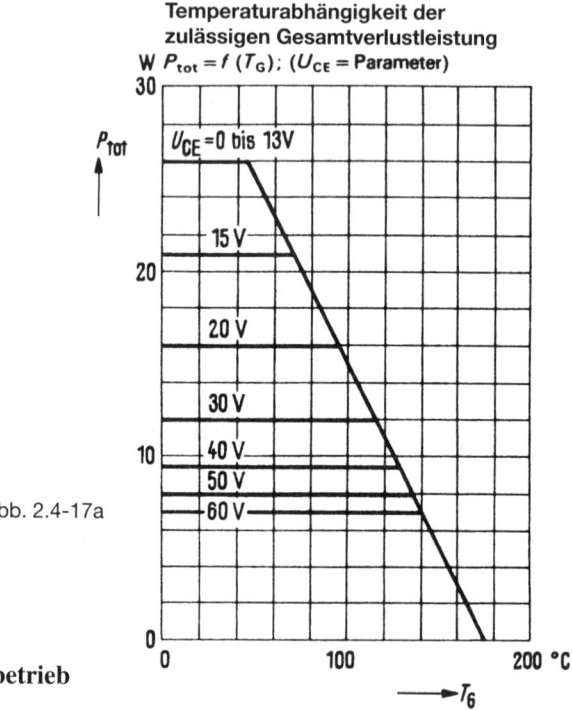

Abb. 2.4-17a

I Verlustleistung bei Impulsbetrieb

Zulässige Gesamtverlustleistung bei Transistoren

Bei Leistungstransistoren ist die zulässige Gesamtverlustleistung in Abhängigkeit von der Umgebungstemperatur T_U mit der Spannung U_{CE} als Parameter in Form von Kurvenscharen angegeben.
Diese Kurven der *Abb. 2.4-17a* und *b* gelten unter dem Gesichtspunkt gleicher Zuverlässigkeit. Dabei nimmt die zulässige Gesamtverlustleistung mit steigender Kollektorspannung ab. Die folgenden Kurven gelten als Beispiele. Die Wärmeverteilung im Kristall des Halbleiterbauelementes ist bei Belastung nicht gleichmäßig, sondern abhängig vom Strom und der angelegten Spannung. Bei größeren Kollektorspannungen verändert sich mit steigendem Temperaturgradienten im Kristall der am Stromfluß beteiligte Querschnitt im Halbleiter, so daß es zu einer Zunahme des Wärmewiderstandes kommt.
Wird dieses durch Ausbau und Größe des Halbleiterbauelementes bedingte Verhalten nicht beachtet, so kann eine so starke Stromeinschnürung auftreten, daß schon bei relativ kleinen Leistungen gegenüber der maximal zulässigen Verlustleistung so hohe Temperaturen im

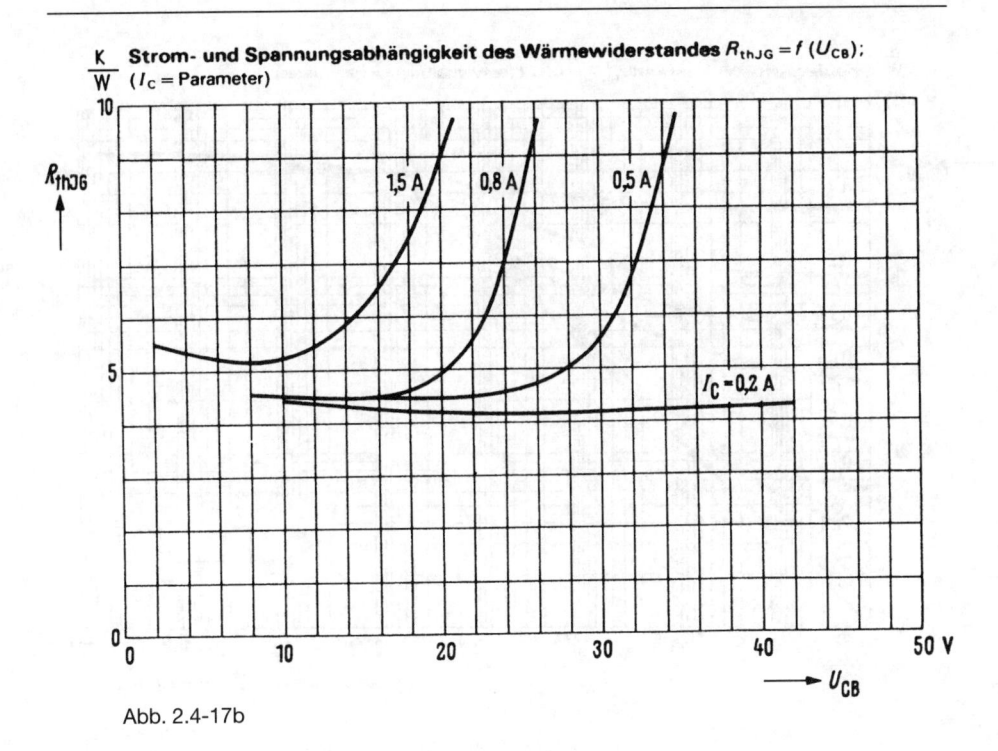

$\frac{K}{W}$ **Strom- und Spannungsabhängigkeit des Wärmewiderstandes** $R_{thJG} = f(U_{CB})$; (I_C = Parameter)

Abb. 2.4-17b

Kristall auftreten, daß dieser lokal aufschmilzt, d. h. der Transistor kann zerstört werden. Die Wärmekapazität eines solchen Stromkanals ist äußerst gering, so daß trotz des hohen Wärmewiderstandes Zeitkonstanten von z. B. 10^{-7} s auftreten. Die Sperrspannung bricht aufgrund der plötzlich auftretenden hohen Temperatur zusammen. Man spricht deshalb vom Durchbruch „zweiter Art" (second breakdown), welcher praktisch nicht von der Temperatur abhängt.

Mit Transistoren können Leistungen geschaltet werden, die größer als die statische Verlustleistung sind. Während eines Umschaltvorganges wird im allgemeinen die für die Dauerlast gültige Verlustleistungs-Kurve überschritten. Dies ist dann zulässig, wenn die Wärmekapazität des Systems und die Wärmeableitung verhindern, daß die kurzzeitig auftretenden Verluste das Transistorsystem über die maximal zulässige Sperrschichttemperatur erwärmen. Siehe dazu die *Abb. 2.4-18*.

Das Diagramm *Abb. 2.4-19* wurde aus dem thermischen Einschwingvorgang eines Transistors abgeleitet. Das Ersatzschaltbild des Wärmewiderstandes R_{th}, *Abb. 2.4-20*, kann als Leitung mit verteilten *R*- und *C*-Gliedern dargestellt werden. Dadurch, daß Wärmekapazitäten vorhanden sind, halten Transistoren Impulsleistungen aus, die größer sind als die statisch zulässige Gesamtverlustleistung (vgl. DIN 41862).

Will man den Transistor in der Nähe der maximal zulässigen Sperrschichttemperatur betreiben, so sind zwei Diagramme für die Errechnung der maximalen Sperrschichttemperatur zu beach-

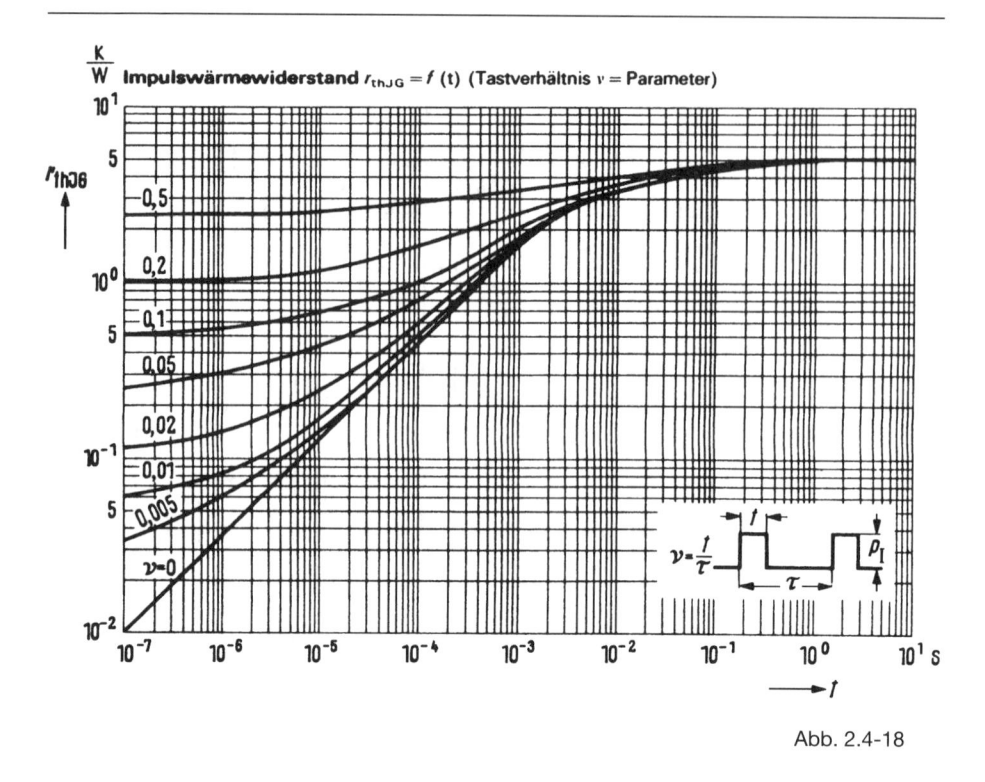

2 Mechanik der Elektronik

Abb. 2.4-18 Impulswärmewiderstand $r_{thJG} = f(t)$ (Tastverhältnis $v =$ Parameter)

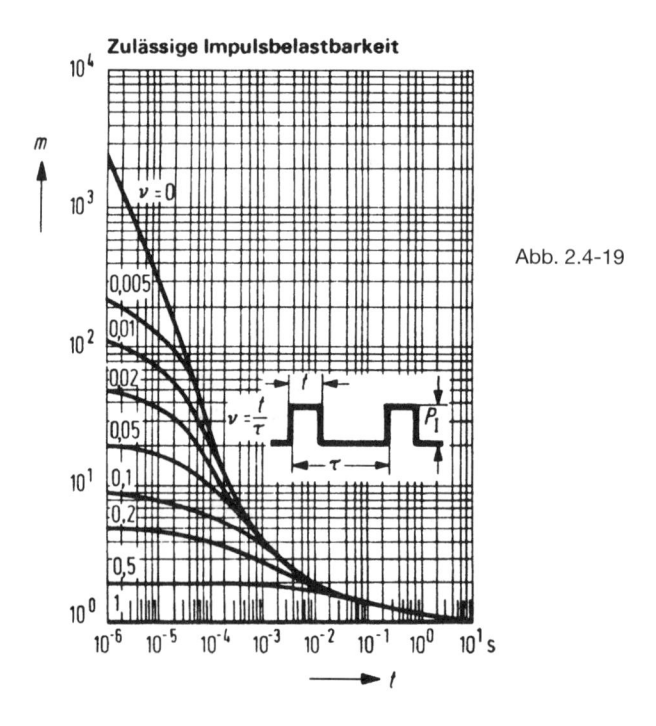

Abb. 2.4-19 Zulässige Impulsbelastbarkeit

ten. Das Diagramm für den Wärmewiderstand als Funktion der Zeit gilt uneingeschränkt für den Betrieb bei sekundärdurchbruchfreiem Spannungsbereich. Bei sekundärdurchbruchbegrenztem Spannungsbereich ist jedoch die Spannungsabhängigkeit des thermischen Widerstands zu berücksichtigen. In diesem Falle ist der Impulswärmewiderstand r_{thJG} = f (t) mit einem spannungsabhängigen Korrekturfaktor K_U zu multiplizieren. Dieser Faktor wird aus dem Diagramm P_{tot} = f (T_G) als das Verhältnis P_{tot} zu P_U ermittelt. P_{tot} ist die maximale zulässige Gesamtverlustleistung, P_U ist die maximal zulässige Impulsverlustleistung bei der im Betrieb auftretenden Spannung U_{CE}.
Der spannungsabhängige Korrekturfaktor wird auf ähnliche Weise auch für statische Belastung berechnet.

$$R_{thJG(U)} = K_U R_{thJG} = \frac{P_{tot}}{P_U} R_{thJG}$$

$$r_{thJG(U)} = K_U r_{thJG} = \frac{P_{tot}}{P_U} r_{thJG}$$

Abb. 2.4-20

Mit dem Diagramm Abb. 2.4-19 der zulässigen Impulsbelastbarkeit kann man eine maximale zulässige Impulsverlustleistung P_I errechnen.
Zuerst wird ein Faktor m aus dem Diagramm für das im Anwendungsfall vorliegende Tastverhältnis v und Impulsdauer t abgelesen, danach wird P_U aus dem Diagramm „Temperaturabhängigkeit der zulässigen Gesamtverlustleistung" bei der Betriebsspannung ermittelt. Die maximal zulässige Impulsverlustleistung ergibt sich sodann aus der Formel

$P_I = m \cdot P_U$.

Ist der Impulsverlauf nicht rechteckig, so ist die volle Impulshöhe zu berücksichtigen und für die Impulsdauer eine Näherung einzusetzen, die sich aus der Impulsbreite bei 20 % der Impulshöhe ergibt. Eine Umrechnung in ein flächengleiches Rechteck ist aus Gründen des komplexen Wärmewiderstandes nicht zulässig.
Das Maximum der Sperrschichttemperatur kann dann berechnet werden nach der Formel:

$$T_j = (P_o + vP_I) \underbrace{(R_{thJU} - K_U R_{thJG})}_{R_{thC}} + P_o K_U R_{thJG} + P_I K_U r_{thJG} + T_U$$

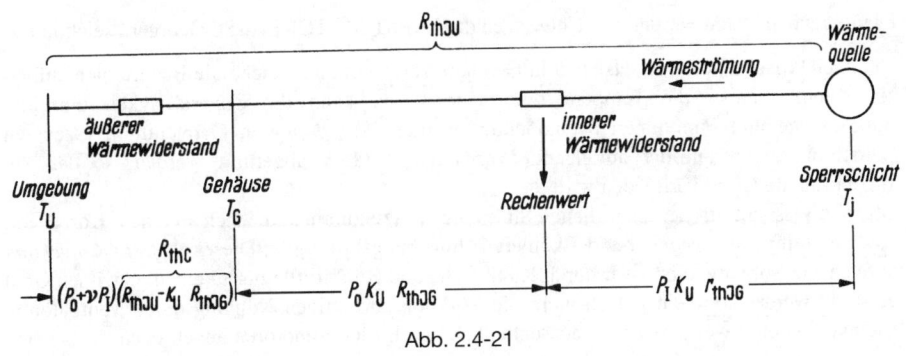

Abb. 2.4-21

667

2 Mechanik der Elektronik

Wird hierbei die maximale zulässige Sperrschichttemperatur überschritten, ist die Rechnung mit einem größeren Kühlkörper zu wiederholen. Die einzelnen Beträge zur Erhöhung der Sperrschichttemperatur sind aus *Abb. 2.4-21* ersichtlich.

Dabei bedeutet:
P_I Scheitelwert der Verlustleistung (Impulsverlustleistung)
P_o Gleichstromverlustleistung
νP_I über die Dauer einer Periode gemittelte Impulsverlustleistung
t Dauer der Impulsverlustleistung
ν Tastverhältnis $\dfrac{t}{\tau}$
τ Periode
r_{thJG} Impulswärmewiderstand
K_U spannungsabhängiger Korrekturfaktor
P_U maximale zulässige Gesamtverlustleistung bei U_{CE}
R_{thC} Wärmewiderstand zwischen Gehäuse und Umgebung

Die *Abb. 2.4-22* läßt außer der Anwendung von Kühlsternen auch den Bau und die Montage selbstgefertigter Kühlkörper aus AL-Profilen erkennen.

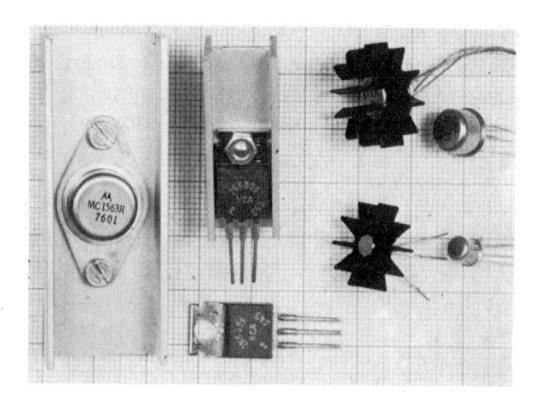

Abb. 2.4-22

K Lüfter für die aktive Kühlung von Baugruppen und Komponenten

Die folgenden Daten wurden aus Unterlagen der PAPST-MOTOREN (St. Georgen) selektiert.

Durch elektrische Verluste entstehen in Geräten Wärmeströme, welche die Baugruppen aufheizen. Steigen dabei die Temperaturen zu stark an, kann die Zuverlässigkeit einzelner Bauelemente und Funktionen beeinträchtigt werden. Mit dem von Gerätelüftern erzeugten Luftstrom kann dann die anfallende Wärmemenge rasch abgeführt werden, so daß ein Wärmestau im Gerät vermieden wird.

Oft wird versucht mit der „natürlichen Strömung" auszukommen, die sich an einem Körper mit erhöhter Temperatur gegenüber der kühleren Umgebungsluft ergibt. Dieser als *freie Konvektion* bezeichnete Vorgang kann zwar durch Kühlbleche und Kühlprofile bis zu einem gewissen Grad verstärkt werden, erreicht jedoch nicht die Wirkung der aktiven Kühlung durch Ventilatoren. Kleinventilatoren werden nahezu ausschließlich durch Elektromotoren angetrieben, wobei sich

Abb. 2.4-23

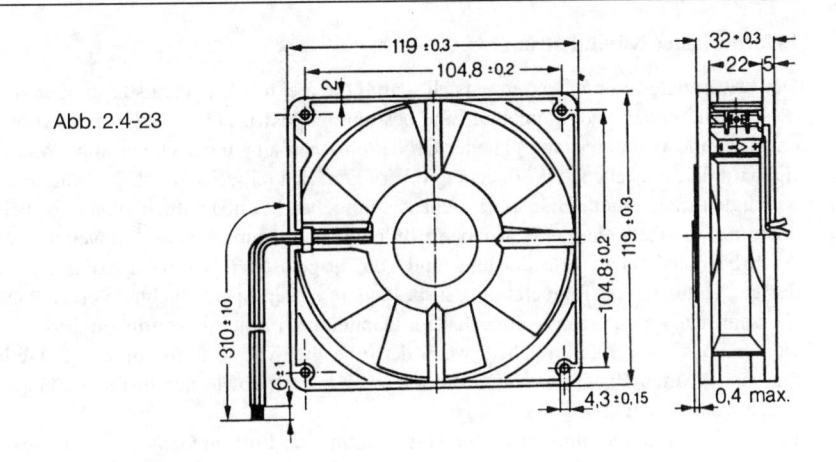

überwiegend der integrierte Direktantrieb durchgesetzt hat. Je nach Anwendungsfall kommen Wechselspannungs- und Gleichspannungsmotoren, diese zunehmend mit elektronischer Kommutierung, zum Einsatz.

Eine definierte Abgrenzung der Kleinventilatoren hinsichtlich ihrer maximalen Außenabmessungen existiert nicht, üblicherweise sind aber die Luftraddurchmesser kleiner, bei den meisten Typen sogar erheblich kleiner als 200 mm.

Im Teil 3 der DIN 24163, der speziell die Leistungsmessung an Kleinventilatoren betrifft, legte man fest, daß diese einen Volumenstrom von 0,3 m^3/s und ein Druckverhältnis von 1,03 nicht überschreiten. Es handelt sich demnach nicht nur um kleine, sondern auch um leistungsschwache Ventilatoren, die man daher häufig als „Lüfter" bezeichnet.

Diese Tatsache berücksichtigte man ebenso wie die sehr kleinen Druckerhöhungen und Volumenströme in dem bereits erwähnten Teil 3 der DIN 24163, um dennoch eine gute Übereinstimmung von Leistungsmessungen an verschiedenen Prüfständen für Kleinventilatoren gewährleisten zu können. Demgegenüber treten bei dieser Gattung keine wesentlichen Probleme hinsichtlich der Berücksichtigung von Dichteunterschieden oder Stautemperaturerhöhungen auf.

In verschiedenen Anwendungsbereichen haben sich bestimmte Abmessungen als Standard international durchgesetzt, ohne daß man dies jemals durch Normen vorgeschrieben hätte.

Als typisches Beispiel kann ein Axialventilator mit elektronisch kommutiertem Gleichspannungsmotor und den Außenabmessungen von 92 x 92 x 32 mm gelten, der vorwiegend zur Elektronikkühlung eingesetzt wird. Die Schnittzeichnung in *Abb. 2.4-23* dokumentiert die Integration von Außengehäuse, Lagerung, Motorbefestigung, Motor mit Elektronik-Leiterplatte, Außenläufer-Rotor mit Magnetring sowie dem aufgesetzten Kunststoff-Laufrad zu einer kompakten Baueinheit. Der Laufraddurchmesser beträgt in diesem Fall 86 mm und liegt damit auch innerhalb des Hauptanwendungsbereiches von Kleinventilatoren, der Laufraddurchmesser von 30 bis 150 mm umfaßt.

Der Wunsch nach kompakteren Einheiten in elektronischen Geräten hat in jüngster Zeit zur Reduzierung der üblichen Bautiefe von 38 auf 32 und schließlich auf 25 mm geführt, was besondere konstruktive, strömungstechnische und akustische Maßnahmen erforderte, denn die technischen Eigenschaften sollten nicht nachteilig geändert und die Kosten gesenkt werden.

Erforderlicher Kühlluftstrom

Die Erwärmung in den Geräten entsteht durch die elektrischen Verlustleistungen der verschiedenen Baugruppen und -elemente. Eine bestimmte elektrische Verlustleistung verwandelt sich dabei in eine Wärmeleistung gleicher Größe, die ebenfalls in der Dimension „Watt" ausgewiesen wird. Die entstehende Wärmeenergie wird zunächst teilweise durch die Wärmekapazität der beteiligten Materialien (Halbleiter, Gehäuse, umgebende Luft) aufgenommen, wobei sich diese erwärmen, und teilweise an benachbarte Teile und an die umgebende Luft weitergegeben.

Auch bei maximaler Verlustleistung und voll ausgelasteter Wärmekapazität der Baugruppen dürfen die zulässigen Temperaturen, insbesondere in den Sperrschichten von Halbleitern, nicht überschritten werden. Ein Wärmestau im Geräteinnern muß demzufolge unbedingt verhindert werden. Das kann man erreichen, wenn der erzeugte Wärmestrom von den Bauteilen gut auf die benachbarten Baugruppen und die umgebende Luft sowie durch das Gerätegehäuse nach außen weitergeleitet wird.

In *Abb. 2.4-24* ist die mittlere Temperaturerhöhung der Luft im Gerät in Abhängigkeit der auftretenden Verlustleistung für verschiedene Fälle vergleichend dargestellt. Als Gehäuseabmessungen wurden eine Grundfläche von 500 x 500 mm und eine Höhe von 250 mm festgelegt. Die Rechnungen wurden mit vereinfachenden Annahmen für mittlere Temperaturen durchgeführt. Die örtlichen Temperaturen an verlustreichen Bauteilen können davon erheblich abweichen.

Im Fall A erfolgt die Konvektion beidseits der Wandung des geschlossenen Gehäuses mit freier Strömung, d. h. ohne aktive Ventilation. Schon bei einer Verlustleistung von 100 W steigt die mittlere Lufttemperatur im Gerät um mehr als 60 K an, was in den meisten Fällen nicht akzeptiert werden kann.

Im Fall B wird im Inneren des Gerätes ein Ventilator eingesetzt, so daß die Luft umgewälzt und infolgedessen eine ausgeglichenere Temperaturverteilung sowie ein besserer Wärmeübergang zur Gehäusewand durch erzwungene Strömung erreicht wird.

Bei einer mittleren Strömungsgeschwindigkeit von 2 m/s im Gerät entsteht nach Abb. 2.4-24 bei 100 W Verlustleistung eine Temperaturerhöhung von 44 K. Damit ergibt sich gegenüber dem Fall A trotz der relativ hohen Luftumwälzgeschwindigkeit nur eine bescheidene Senkung des Temperaturniveaus.

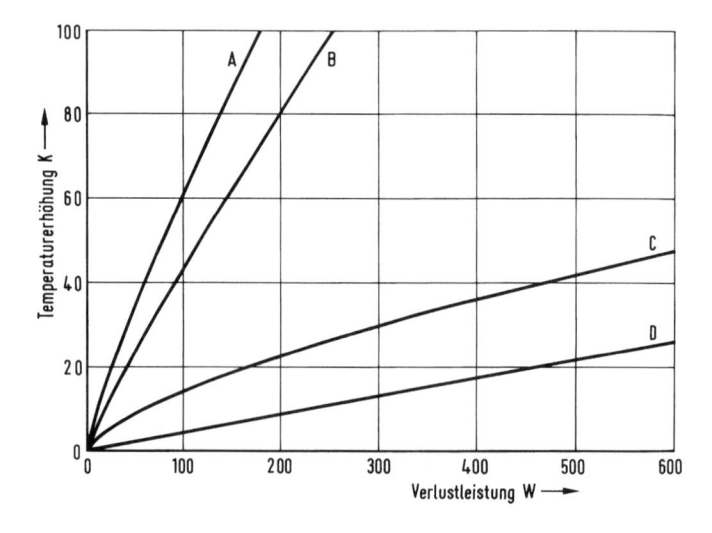

Abb. 2.4-24

Für diese Luftumwälzung würde man im betrachteten Beispiel einen Ventilator benötigen, der einen Volumenstrom von etwa 150 ℓ/s fördert.

Der Wärmetransport kann in diesen Fällen intensiviert werden, wenn man die wärmeübertragenden Oberflächen vergrößert. Bei begrenzten Abmessungen bieten sich z. B. Wände und Zwischenwände mit Rippen an, die als Stangpreßprofile verfügbar sind. Auf diese Weise entstehen Wärmetauschsysteme, die allerdings zusätzlichen Bauaufwand erfordern und größeren Raumbedarf haben.

Geschlossene Gehäuse haben den Vorteil, daß das Geräteinnere vor Verunreinigungen geschützt ist. Nachteilig ist, daß die Wärme nicht durch strömende Luft fortgeführt werden kann, sondern über die Gehäusewände nach außen übertragen werden muß.

Offene Gehäuse besitzen Lufteinlaß- und -auslaßöffnungen, die meist als Gitter mit unterschiedlichem Design ausgebildet sind. Soll ein Gerät vor dem Eindringen von Staub geschützt werden, muß man im Einlaßquerschnitt Filter vorsehen. Vorteilhaft ist bei offenen Gehäusen, daß die Wärme mit strömender Luft direkt aus dem Gerät transportiert werden kann.

Die mittlere Temperaturerhöhung läßt sich mit folgender Gleichung berechnen:

$$\Delta T = \frac{P_V}{C_p \cdot \varrho \cdot \dot{V}},$$

wobei C_p die spezifische Wärmekapazität der Luft, ϱ die Luftdichte und $\dot{V}$ der Volumenstrom sind. Dabei wird der Wärmestrom, der über die Gehäusewände per Wärmedurchgang abfließt, vernachlässigt, weil er hier nur noch geringen Einfluß auf das Ergebnis hat.

Eine Strömung entsteht schon durch den Dichteunterschied zwischen der im Gerät erwärmten Luft zur kühleren Umgebung. Die Geschwindigkeit und den Volumenstrom dieser freien Strömung (Fall C) kann man abschätzen. Abb. 2.4-24 zeigt, daß die Temperaturerhöhung, selbst wenn nur 5 % der Unter- und der Oberseite des Gehäuses durch Kühlschlitze geöffnet sind, bei 100 W Verlustleistung nur 14 K beträgt und somit deutlich geringer ist als bei den Fällen mit geschlossenem Gehäuse. Diese einfache und doch recht wirksame Kühlung findet daher eine weite Verbreitung. Kühlschlitze sollten stets an der Gehäuseoberseite und an der Unterseite vorgesehen werden, um das Durchströmen des Gerätes zu gewährleisten.

Die *Abb. 2.4-25* zeigt weiter, welche wesentliche Reduzierung der Temperaturerhöhung durch die von Ventilatoren erzwungene Strömung (Fall D mit einem relativ kleinen Volumenstrom von 20 $\ell/_s$) erzielt wird. Diese Kühlmethode ist heute in elektrischen Geräten am weitesten verbreitet, weil sie mit relativ kleinem Aufwand und hoher Zuverlässigkeit äußerst wirksam arbeitet. Für die Dimensionierung des Volumenstromes bzw. für die Auswahl eines geeigneten Lüfters kann man die Gleichung, die für die Temperaturerhöhung benutzt wurde, in geeigneter Weise umformen:

$$\dot{V} = \frac{P_V}{C_p \cdot \varrho \cdot \Delta T}$$

Bei Kenntnis der Verlustleistung P_V und Vorgabe einer zulässigen mittleren Temperaturerhöhung ΔT ergibt sich daraus der erforderliche Volumenstrom.

Die grafische Darstellung dieser Beziehung in Abb. 2.4-25 zeigt als Beispiel, daß bei einer Verlustleistung von 2500 W ein Volumenstrom von 217 $\ell/_s$ benötigt wird, um eine mittlere Temperaturerhöhung von 10 K einzuhalten.

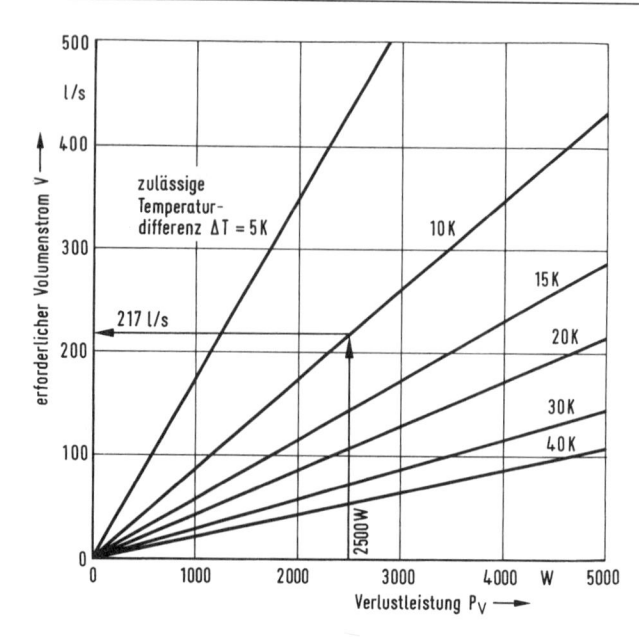

Abb. 2.4-25

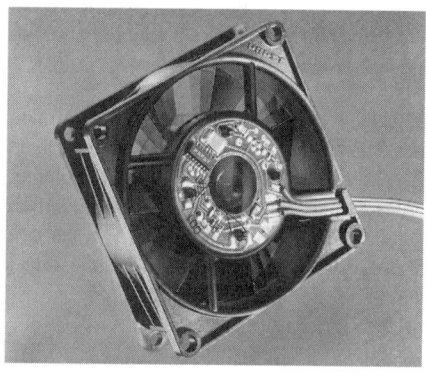

Abb. 2.4-26 Elektronisch gesteuerter Lüfter

Elektronisch gesteuerte Luftmenge (Variofan)

Der für die Kühlung erforderliche Volumenstrom wird in der Praxis aufgrund der Bedingungen definiert, die nur im ungünstigsten Fall auftreten können. So geht man von der maximal möglichen Verlustleistung des Gerätes und einer sehr hoch angesetzten Umgebungstemperatur aus. Eigentlich ist die volle Ventilatorleistung aber nur beim Auftreten dieser ungünstigsten Bedingungen erforderlich, ansonsten würde ein kleinerer Volumenstrom ausreichen.

Mit dem PAPST VARIOFAN wird die Drehzahl und damit auch die Geräuschentwicklung stets an die momentane thermische Belastung angepaßt. Als Temperatursensor dient ein NTC-Widerstand, der an einem für die Temperaturverhältnisse repräsentativen oder kritischen Ort positioniert wird. VARIOFAN ist für viele Standardabmessungen von Axiallüftern für Gleichspannung lieferbar. Üblicherweise können diese Lüfter ihre Drehzahl um 50 % reduzieren, wenn die Temperatur von 50 auf 30 °C fällt, wobei das Geräusch um etwa 15 dB(A) abnimmt.

2.4 Kühlung von Halbleiterbauelementen

Daten und Abmessungen von Lüftern

PAPST Gerätelüfter

Abmessungen	maximaler Volumenstrom		Geräusch freiausblasend und im optimalen Betriebsbereich		Kugel-/ Gleitlager ● ○	zul. Umgebungs- temperaturbereich	Lebensdauererwartung bei 40 °C Umgebungstemperatur	Typ
mm	m³/h	(10⁻³m³/s)	dB(A)	bels		°C	Stunden	

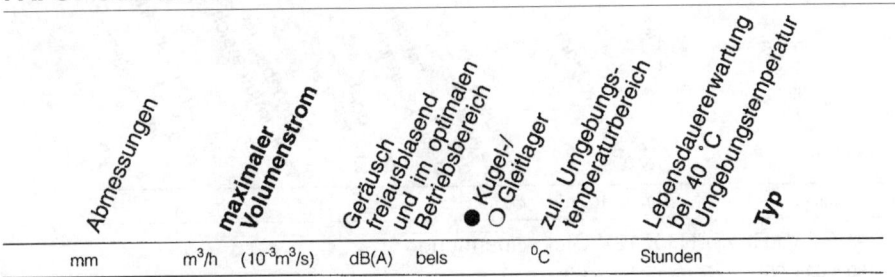

Axiallüfter für 12V Gleichspannung
Diese Axiallüfter sind, bei gleichen technischen Daten, auch für den Betrieb an 24V, die mit á gekennzeichneten Typen für den Betrieb an 48V Gleichspannung lieferbar.

60 x 60 x 25	40	(11,0)	40	5,1	●	-20...+65	55.000	612
80 x 80 x 25	56	(15,5)	35	4,7	●	-20...+75	70.000	8412
80 x 80 x 32	54	(15,0)	36	5,2	●	-20...+75	70.000	8312①
92 x 92 x 25	84	(23,3)	36	5,0	●	-20...+75	70.000	3412
92 x 92 x 32	80	(22,2)	37	5,2	●	-20...+75	70.000	3312
119 x 119 x 32	170	(47,2)	45	5,8	●	-20...+75	70.000	4312①
119 x 119 x 38	165	(45,8)	45	5,6	●	-20...+75	70.000	4212①
127 x 127 x 38	200	(55,6)	44	5,5	●	-25...+72	60.000	5212①
135 x 135 x 38	250	(69,4)	48	6,1	●	-25...+72	60.000	5112①
150 Ø x 38	360	(100,0)	55	6,5	●	-25...+72	60.000	7112①
150 Ø x 55	360	(100,0)	50	6,2	●	-25...+72	60.000	7212①
172 Ø x 51	350	(97,2)	50	5,7	●	-20...+72	80.000	6212 NM

Axiallüfter für 24V Gleichspannung
Diese Axiallüfter sind, bei gleichen technischen Daten, auch für den Betrieb an 48V Gleichspannung lieferbar.

172 Ø x 51	410	(113,9)	55	6,1	●	-20...+72	80.000	6224 N

Flachgebläse für 12V Gleichspannung
Diese Flachgebläse sind, bei gleichen technischen Daten, auch für den Betrieb an 24V Gleichspannung lieferbar.

121 x 121 x 37	40	(11,1)	-	5,9	●	-30...+72	60.000	RL90-18/12
135 x 135 x 38	54	(15,0)	-	5,8	●	-20...+70	45.000	RG90-18/12
180 x 180 x 40	86	(23,9)	-	5,9	●	-20...+70	45.000	RG125-19/12
220 x 220 x 56	202	(56,1)	-	6,6	●	-20...+70	45.000	RG160-28/12

Axiallüfter für 220/230V 50 Hz Wechselspannung
Alle PAPST Gerätelüfter für Wechselspannung sind auch für den Betrieb an 115V/60Hz lieferbar.

80 x 80 x 38	30	(8,3)	18	3,3	○	-10...+70	35.000	8880 N
80 x 80 x 38	37	(10,3)	24	3,9	○	-10...+70	35.000	8850 N
80 x 80 x 38	50	(13,9)	30	4,4	○	-10...+70	35.000	8550 N
92 x 92 x 25	59	(16,4)	37	4,7	●	-30...+60	40.000	3958
119 x 119 x 25	117	(32,5)	41	5,1	●	-30...+60	40.000	4958
119 x 119 x 38	160	(44,4)	46	5,4	○	-10...+55	27.500	4650 N
127 x 127 x 38	180	(50,0)	44	5,5	●	-30...+55	35.000	5958
135 x 135 x 38	235	(65,3)	46	5,9	●	-35...+80	50.000	5656 S
150 Ø x 38	360	(100,0)	55	6,5	●	-35...+80	50.000	7056
150 Ø x 55	350	(97,2)	49	6,0	●	-35...+55	50.000	7855 S
172 Ø x 55	350	(97,2)	50	5,8	●	-40...+72	37.500	6058 S
172 Ø x 55	420	(116,7)	53	6,1	●	-40...+72	37.500	6078 S

Flachgebläse für 220/230 50 Hz Wechselspannung
Alle PAPST Flachlüfter für Wechselspannung sind auch für den Betrieb an 115V/60Hz lieferbar.

121 x 121 x 37	40	(11,1)	-	5,9	○	-10...+55	30.000	RL90-18/50
135 x 135 x 38	54	(15,0)	-	5,8	●	-30...+60	32.500	RG90-18/56
180 x 180 x 40	86	(23,9)	-	5,8	●	-30...+70	35.000	RG125-19/56
220 x 220 x 56	202	(56,1)	-	6,6	●	-30...+70	50.000	RG160-28/56S

PAPST VARIOFAN – Temperaturgeregelte Lüfter

Abmessungen	Temperaturpunkt	**maximaler Volumenstrom**		Geräusch freiausblasend und im optimalen Betriebsbereich		Kugel-/ Gleitlager	zul. Umgebungs- temperaturbereich	Lebensdauererwartung bei 40 °C Umgebungstemperatur	Typ
mm	°C	m³/h	(10⁻³m³/s)	db(A)	bels		°C	Stunden	
PAPST VARIOFAN für 12V Gleichspannung									
60 x 60 x 25	<5	7	(1,9)	10	-	○	-10...+65	40.000	**612 GMI**
	>50	30	(8,3)	33	4,7				
60 x 60 x 25	<5	7	(1,9)	10	-	○	-10...+65	40.000	**612 GI**
	>50	40	(11,1)	40	5,1				
80 x 80 x 25	30	17,5	(4,9)	10	2,2	○	-20...+65	50.000	**8412 GLV**
	50	35	(9,7)	21	3,8				
80 x 80 x 25	30	22	(6,2)	12	2,8	○	-20...+65	50.000	**8412 GMV**
	50	45	(12,5)	29	4,4				
80 x 80 x 25	30	28	(7,8)	15	3,3	○	-20...+65	50.000	**8412 GV**
	50	56	(15,6)	35	4,7				
80 x 80 x 32	30	24	(6,7)	18	3,4	●	-20...+65	70.000	**8312 MV**
	50	48	(13,3)	34	5,0				
92 x 92 x 25	30	36	(10,0)	16	3,7	○	-20...+65	50.000	**3412 GMV**
	50	72	(20,0)	32	4,6				
92 x 92 x 32	30	40	(11,1)	24	3,7	●	-20...+65	70.000	**3312 V**
	50	80	(22,2)	37	5,2				
119 x 119 x 32	30	70	(19,5)	22	3,7	●	-20...+65	70.000	**4312 MV**
	50	140	(38,9)	40	5,4				
119 x 119 x 32	30	85	(23,6)	29	4,2	●	-20...+65	70.000	**4312 V**
	50	170	(47,2)	45	5,8				
PAPST VARIOFAN für 24V Gleichspannung									
6224 NT ist bei gleichen technischen Daten auch für 48V Gleichspannung lieferbar									
172 Ø x 51	30	205	(56,9)	35	4,4	●	-20...+72	77.500	**6224 NT**
	50	410	(113,9)	55	6,1				

2.5 Montage und Behandlungsvorschriften für spezielle elektronische Bauelemente

2.5.1 Montage von Leistungstransistoren

A Richtlinien für die Montage

Es muß sichergestellt sein, daß die zur Montage verwendeten Zubehörteile (Federn, Scheiben, Buchsen etc.) der Vorschrift entsprechen. Nach Möglichkeit sollte auf die im Valvo-Programm enthaltenen Zubehörteile zurückgegriffen werden. Angegebene Nummern in den einzelnen Zeichnungen entsprechen VALVO-Lieferhinweisen.

Wegen der wesentlichen Verkleinerung des Wärmewiderstands ($R_{th\,G-K}$) wird generell empfohlen, eine Wärmeleitpaste zu verwenden. Diese muß gleichmäßig und dünn auf die Montagefläche des Gehäuses und – bei isolierter Montage – auf die dem Kühlblech zugewandte Seite der Glimmerscheibe gestrichen werden.

Die Montage des Gehäuses auf dem Kühlblech muß vollständig beendet sein, bevor man die Lötverbindungen zu den Anschlüssen herstellt. Nach dem Lötvorgang sind Lageveränderungen des Gehäuses nicht mehr zulässig.

Während des Lötens dürfen keinerlei Kräfte auf das Gehäuse oder die Drähte ausgeübt werden. Sofern nicht ausdrücklich vermerkt, ist es unzulässig, die Montagefläche des Gehäuses mit dem Kühlblech zu verlöten, da hierbei unzulässig hohe thermische Spannungen auftreten und zu Kristallbruch führen können.

Bei der Schraubmontage ist unbedingt der angegebene Drehmomentbereich einzuhalten.

Zusätzliche Hinweise zur Clipmontage:
Die im Valvo-Programm aufgeführten Clips sind für eine Kühlblechdicke von 1,5...2 mm bemessen.

Das Gehäuse wird zusammen mit der Glimmerscheibe auf dem Kühlblech genau ausgerichtet, nachdem die Montagefläche und die Unterseite der Glimmerscheibe mit Wärmeleitpaste versehen wurden.

Der Clip wird mit dem kürzeren Ende in den im Kühlblech befindlichen engeren Schlitz gesteckt, wobei der Winkel zwischen dem Clip und der Vertikalen 10...30° betragen soll *(Abb. 2.5-1a)*.

Der Clip wird über das Gehäuse gedrückt, bis das längere Ende des Clips in dem breiteren Schlitz des Kühlblechs einschnappt (Abb. 2.5-1a). Für die durch die Clips ausgeübten Andruckkräfte gelten:

2 Mechanik und Elektronik

Gehäusetyp	minimal	maximal
SOT-32/SOT-82	40 N	300 N
SOT-78	40 N	150 N
SOT-93	20 N	150 N

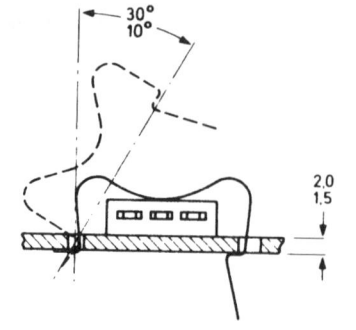

Abb. 2.5-1a
Clipmontage eines Transistors

Montagearten und ihre Wärmewiderstände

R_{thG-K}-Werte (in K/W)

Gehäuse-Typ	Wärmeleit-paste	Clipmontage		Schraubmontage	
		nicht isol.	isoliert	nicht isol.	isoliert
TO-126	ohne	3,0	6,0	1,0	6,0
	mit	1,0	3,0	0,5	3,0
SOT-82	ohne	2,0	5,0	—	—
	mit	0,4	2,0	—	—
TO-220	ohne	1,4	5,2	1,4	3,0/4,5*
	mit	0,3	2,2	0,5	1,4/1,6*
SOT-93	ohne	1,5	3,0	0,8	2,2
	mit	0,3	0,8	0,3	0,8
TO-3	ohne	—	—	0,6	1,0/1,25*
	mit	—	—	0,1	0,3/0,5 *

Bei den mit „*" bezeichneten Werten wurde eine Glimmerscheibe mit einer Dicke von 100 µm verwendet. Die nicht bezeichneten Werte gelten für eine 50-µm-Glimmerscheibe.

B Beispiele für Montagefehler

Einen häufiger vorkommenden Fehler bei der Montage verdeutlicht *Abb. 2.5-1b*. Es wurde (was für den Fehler ohne Bedeutung ist) ein Kühlblech mit Gewindeloch verwendet. Eine Glimmerscheibe und eine Isolierbuchse bewirken die isolierte Montage des Gehäuses.
Wegen der Isolierbuchse muß das Gewindeloch angesenkt werden.
Der eigentliche Fehler liegt nun in dem zu großen Durchmesser des Senkloches. Beim Anziehen der Schraube wird nämlich die Montagefläche des Gehäuses verformt, was zwei Mängel zur Folge haben kann:

- Die Montagefläche des Gehäuses hebt sich vom Kühlblech ab und R_{thG-K} erhöht sich entsprechend.

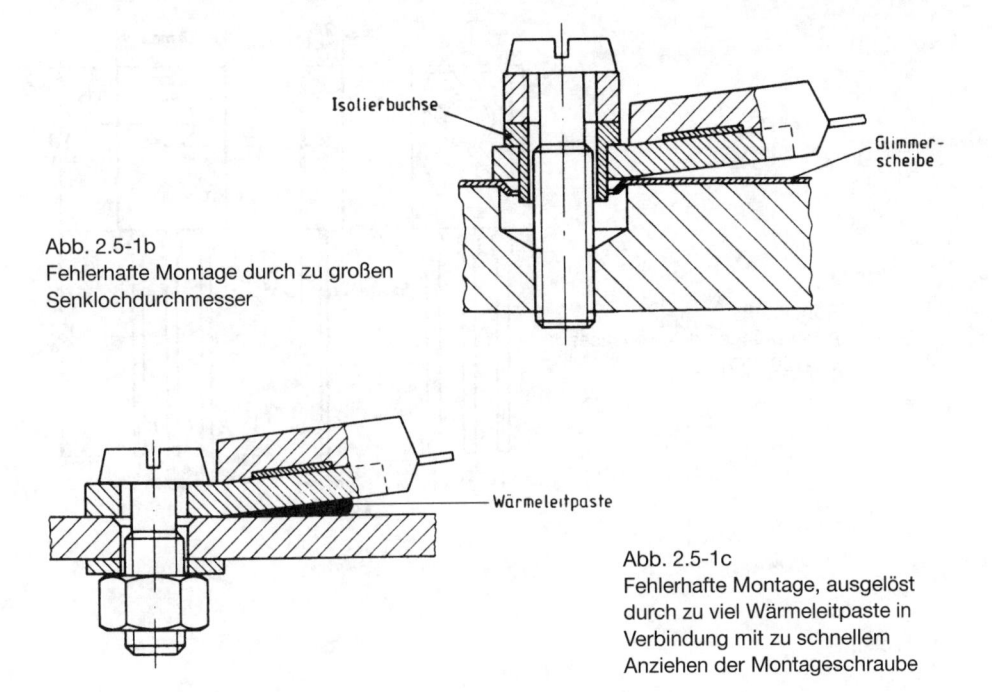

2.5 Montage für spezielle elektronische Bauelemente

Abb. 2.5-1b
Fehlerhafte Montage durch zu großen Senklochdurchmesser

Abb. 2.5-1c
Fehlerhafte Montage, ausgelöst durch zu viel Wärmeleitpaste in Verbindung mit zu schnellem Anziehen der Montageschraube

- Die in der Regel nur 50 μm dicke Glimmerscheibe zerbröckelt an der Senklochkante, was zu einer niedrigeren Spannungsfestigkeit oder gar zum Kurzschluß führt.

Ein weiterer Montagefehler wird mit Hilfe von *Abb. 2.5-1c* erläutert.
Es handelt sich um ein Beispiel, bei dem ein Gehäuse unisoliert, aber unter Verwendung von Wärmeleitpaste mit dem Kühlblech verschraubt ist.

Zwei Fehler treffen zusammen:
- Die Wärmeleitpaste wurde zu dick bzw. ungleichmäßig aufgetragen.
- Die Schraube wurde zu schnell angezogen.

Durch das schnelle Anziehen der Schraube hatte die Paste keine Zeit, zu fließen und sich gleichmäßig zu verteilen bzw. seitlich herauszuquellen. Die Montagefläche wurde dadurch verformt. Die möglichen Folgen sind:
- Der $R_{th\,G-K}$-Wert erhöht sich und
- Kristallsprünge treten auf.

Beide Folgen können zu einem Ausfall des Transistors führen.

C Montage der Gehäuse TO-126 (SOT-32)

Abb. 2.5-2 zeigt die Maßzeichnung des Gehäuses TO-126. Es läßt sich durch Clip- oder Schraubmontage auf dem Kühlblech befestigen.

2 Mechanik und Elektronik

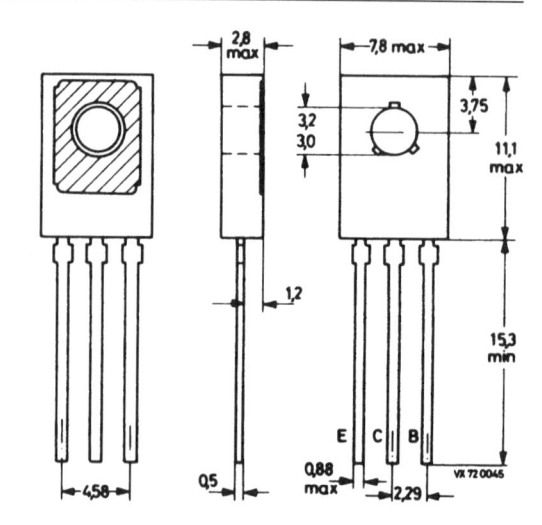

Abb. 2.5-2
Abmessungen des Gehäuses
TO-126 (SOT-32)

Allgemeines

Transistoren am Kühlblech befestigen, bevor die Anschlußdrähte verlötet werden.
Unebenheit der Auflagefläche max. 0,02 mm pro 10 mm. Montagebohrungen müssen senkrecht zur Auflagefläche verlaufen und gratfrei sein.
Bei Schraubmontage dürfen Schraubenköpfe und Scheiben keinen seitlichen Druck auf das Kunststoffgehäuse ausüben.
Zugbeanspruchung der Anschlußdrähte max. 5 N.
Der Wärmewiderstand zwischen Montagefläche des Gehäuses und Kühlblech kann durch Wärmeleitpaste verringert werden. Die dafür angegebenen Werte des Wärmewiderstands gelten bei Verwendung einer mit Metalloxid gefüllten Wärmeleitpaste.

Biegen der Anschlußdrähte

Die Anschlußdrähte dürfen min. 2,4 mm vom Gehäuse entfernt bis zu 90° in der Montageebene oder senkrecht dazu abgebogen werden. Dabei darf die auf das Gehäuse wirkende Zugkraft kurzzeitig (max. 5 s) bis zu 20 N (2 kp) betragen.
Beim Biegen sollen die Anschlußdrähte unmittelbar am Gehäuse durch eine Zange gehalten werden. Auf die Drähte dürfen keine Torsionskräfte wirken.

Lötvorschriften

Während des Lötens ist darauf zu achten, daß das Gehäuse nicht mit Teilen in Berührung kommt, deren Temperatur 200 °C überschreitet.
Gehäuse und Anschlußdrähte dürfen während des Lötens nicht mechanisch belastet und nach dem Löten nicht mehr in ihrer Lage verändert werden.

Tauchlötung

Bei einer Löttemperatur von max. 260 °C beträgt die zulässige Lötzeit max. 7 s. Die Lötstellen müssen min. 5 mm vom Gehäuse entfernt sein.

Kolbenlötung

Bei einer Kolbentemperatur von max. 250 °C beträgt die zulässige Lötzeit max. 10 s. Bei einer Kolbentemperatur von max. 275 °C beträgt die zulässige Lötzeit max. 5 s. Die Lötstellen müssen min. 3 mm vom Gehäuse entfernt sein.
Transistoren im Kunststoffgehäuse TO-126 können auch mit ihrer Montagefläche auf Hybridschaltungen geklebt oder gelötet werden. Zum Auflöten werden Kupferplatten oder Aluminiumplatten mit Kupferauflage empfohlen. Für Klebemontage mit wärmeleitendem Kleber können auch Keramiksubstrate verwendet werden.
Um beim Auflöten gute Lötverbindungen zu erhalten und Beschädigungen zu vermeiden, wird Vorheizen auf $\leq$ 165 °C für die Dauer von max. 10 s empfohlen.

Lötdauer
mit Lötpaste 62 Sn/36 Pb/2 Ag ohne Vorheizen $\leq$ 14 s,
mit Lötpaste 60 Sn/40 Pb   mit Vorheizen $\leq$ 22 s.

TO-126 Schraubmontage, nicht isoliert

Für die nicht isolierte Montage des Gehäuses ist eine M3-Schraube vorgesehen. Bei Kühlblechdicken von 1,5 mm bis etwa 4 mm wird für die Verschraubung eine Mutter benötigt. Bei Kühlblechdicken $\geq$ 4 mm kann diese durch ein Gewindeloch im Blech ersetzt werden.
Der Zusammenbau der Anordnung bei Verwendung einer Mutter geht aus *Abb. 2.5-3a* hervor. Den Fall mit Gewinde im Kühlblech zeigt *Abb. 2.5-3b*.

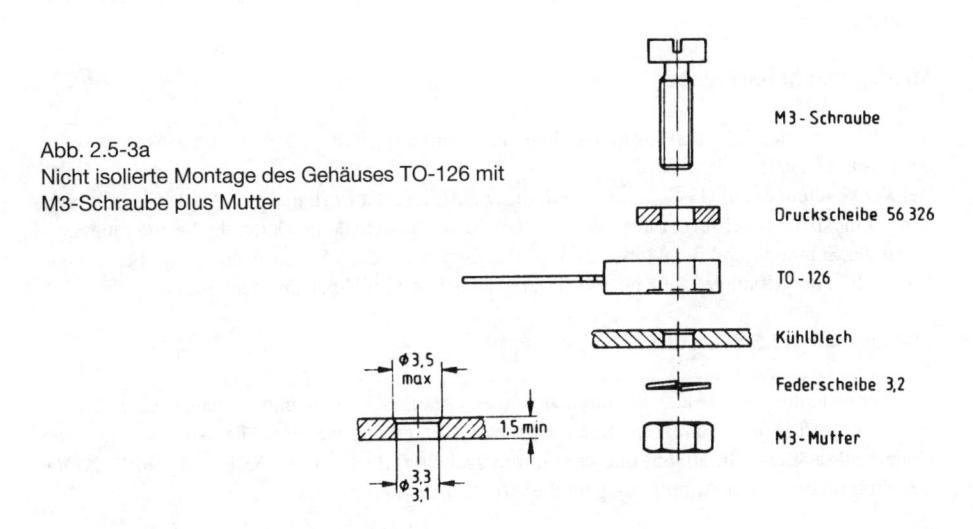

Abb. 2.5-3a
Nicht isolierte Montage des Gehäuses TO-126 mit M3-Schraube plus Mutter

2 Mechanik und Elektronik

Abb. 2.5-3b
Nicht isolierte Montage des
Gehäuses TO-126 mit M3-Schraube
und Kühlblechgewindeloch

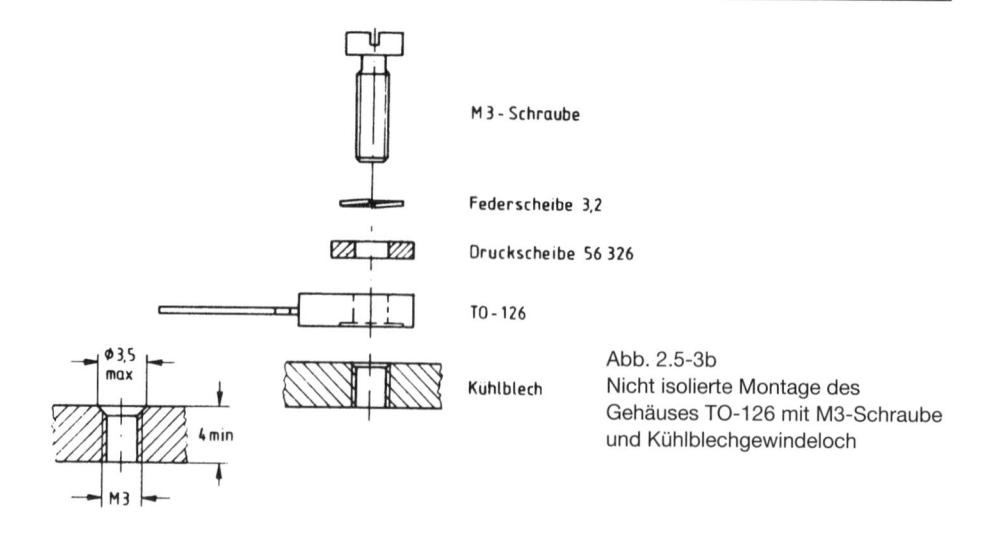

Das bei der Montage auf den Schraubenkopf oder die Mutter ausgeübte Drehmoment soll zwischen 0,4 Nm und 0,6 Nm liegen. Stehen der Schraubenkopf oder die Mutter in direktem Kontakt mit einer Federscheibe (Zahnscheibe), dann erhöhen sich die Werte auf 0,55 Nm und 0,8 Nm.

Für die Wärmewiderstände gilt:
$R_{th\,G-K} = 1{,}0$ K/W ohne Wärmeleitpaste,
$R_{th\,G-K} = 0{,}5$ K/W mit Wärmeleitpaste.

TO-126 Schraubmontage, isoliert

Bei der isolierten Schraubmontage kann sowohl eine M3- als auch eine M2,5-Schraube verwendet werden.

Montage mit M3-Schraube

Abb. 2.5-3c verdeutlicht den Zusammenbau der Anordnung; *Abb. 2.5-3d* gibt die Abmessungen der Glimmerscheibe wieder.
Bei Verwendung einer M3-Schraube kann diese aufgrund der vorliegenden Abmessungen nicht durch eine Isolierbuchse geführt werden. Trotzdem entsteht keine leitende Verbindung zwischen der Schraube und der Montagefläche des Gehäuses, da, wie aus Abb. 2.5-3d hervorgeht, das Loch in der Montagefläche etwas größer als das Loch im Kunststoffgehäuse ist.

Montage mit M2,5-Schraube

Bei Verwendung einer M2,5-Schraube kann zwischen Schraube und Gehäuse eine Isolierbuchse eingefügt und damit die Spannungsfestigkeit erhöht werden. Die Abmessungen der Isolierbuchse (Best.-Nr. 56365) und der Glimmerscheibe (Best.-Nr. 56333 B) zeigt *Abb. 2.5-3e*.
Der Zusammenbau der Anordnung geht aus *Abb. 2.5-3f* hervor.

2.5 Montage für spezielle elektronische Bauelemente

Abb. 2.5-3c
Isolierte Montage des Gehäuses TO-126 mit M3-Schraube plus Mutter

M3-Schraube
Druckscheibe 56 326
TO-126
Glimmerscheibe 56 302
Kühlblech
Federscheibe 3,2
M3-Mutter

Abb. 2.5-3d
Abmessungen der Glimmerscheibe 56302 für die isolierte Montage des Gehäuses TO-126

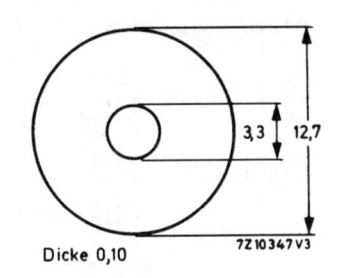

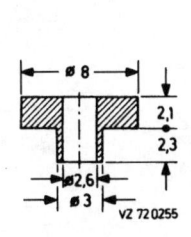

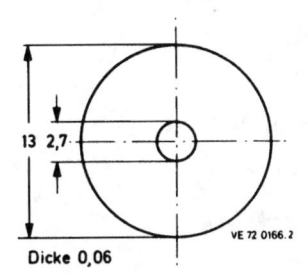

Dicke 0,10

7Z 10347 V3

Dicke 0,06

VE 72 0166.2

VZ 72 0255

Abb. 2.5-3e
Abmessungen der Isolierbuchse 56365 und der Glimmerscheibe 56333 B für die isolierte Montage des Gehäuses TO-126 mit M2,5-Schraube

Auch bei der isolierten Montage kann für Kühlblechdicken $\geq$ 4 mm die Mutter durch ein Gewindeloch im Blech ersetzt werden. Den Zusammenbau bei Verwendung einer M2,5-Schraube zeigt wieder die Abb. 2.5-3 e. Unabhängig von Schraubendicke und Montageart betragen die Wärmewiderstände bei isolierter Montage:

$R_{th\,G-K}$ = 6,0 K/W ohne Wärmeleitpaste,
$R_{th\,G-K}$ = 3,0 K/W mit Wärmeleitpaste.

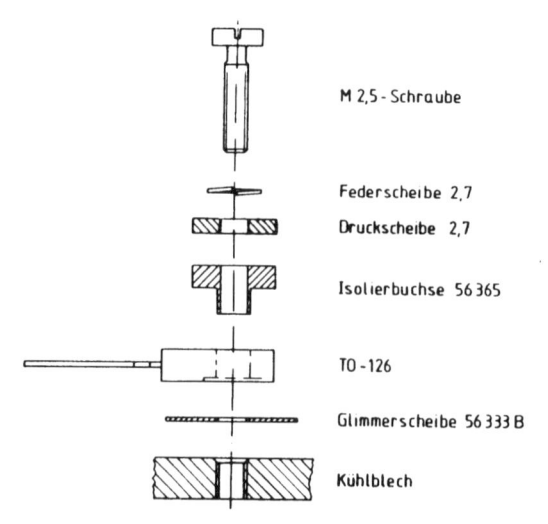

2 Mechanik und Elektronik

M 2,5-Schraube

Federscheibe 2,7
Druckscheibe 2,7
Isolierbuchse 56365
TO-126
Glimmerscheibe 56333 B
Kühlblech

Isolierte Montage des Gehäuses TO-126 mit M2,5-Schraube
und Kühlblechgewindeloch für höhere Spannungsfestigkeit

Abb. 2.5-3f

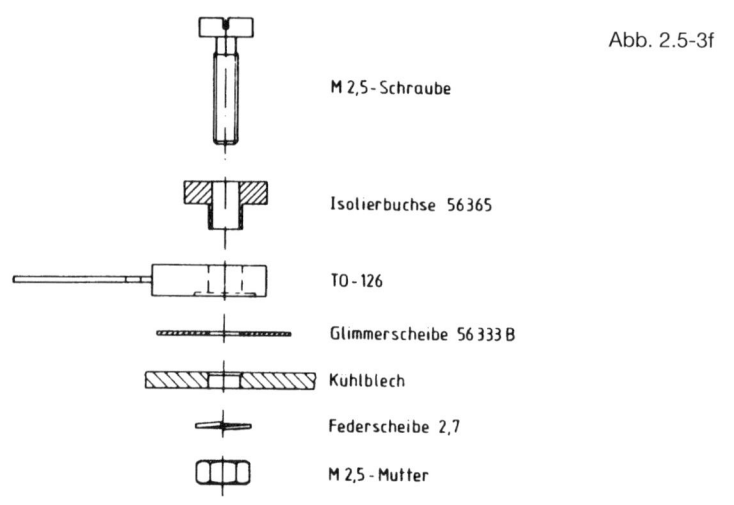

M 2,5-Schraube

Isolierbuchse 56365
TO-126
Glimmerscheibe 56333 B
Kühlblech
Federscheibe 2,7
M 2,5-Mutter

Isolierte Montage des Gehäuses TO-126 mit M2,5-Schraube
plus Mutter für höhere Spannungsfestigkeit

D Montage der Gehäuse SOT-82

Die *Abb. 2.5-4* zeigt die Maßzeichnung des Gehäuses SOT-82. Das Gehäuse hat keine Bohrung und kann nur mittels Clipmontage auf dem Kühlblech befestigt werden.

Allgemeines siehe TO-126

Biegen der Anschlußdrähte und Lötvorschriften siehe TO-126

682

2.5 Montage für spezielle elektronische Bauelemente

Clipmontage, nicht isoliert

Für die nicht isolierte Montage sind die erzielbaren Wärmewiderstände
$R_{th\,G-K} = 2{,}0$ K/W ohne Wärmeleitpaste,
$R_{th\,G-K} = 0{,}4$ K/W mit Wärmeleitpaste.

Clipmontage, isoliert

Die Wärmewiderstande sind:
$R_{th\,G-K} = 5{,}0$ K/W ohne Wärmeleitpaste,
$R_{th\,G-K} = 2{,}0$ K/W mit Wärmeleitpaste.

Abb. 2.5-4
Abmessungen des Gehäuses SOT-82

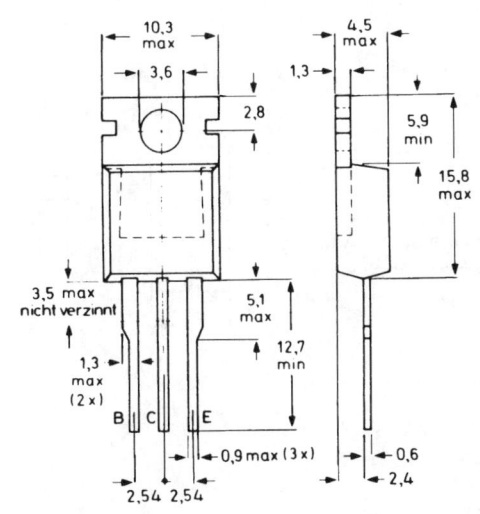

Abb. 2.5-5a
Abmessungen des Gehäuses TO-220

E Montage der Gehäuse TO-220 (SOT-78)

Die *Abb. 2.5-5a* zeigt die Maßzeichnung des Gehäuses TO-220. Es läßt sich durch Clip- oder Schraubmontage auf dem Kühlblech befestigen.

Allgemeines und Biegen der Anschlußdrähte siehe TO-126

Lötvorschriften

Während des Lötens ist darauf zu achten, daß das Gehäuse nicht mit Teilen in Berührung kommt, deren Temperatur 200 °C überschreitet.

Gehäuse und Anschlußdrähte dürfen während des Lötens nicht mechanisch belastet und nach dem Löten nicht mehr in ihrer Lage verändert werden.
Bei einer Löttemperatur von max. 275 °C beträgt die zulässige Lötzeit max. 5 s. Die Lötstellen müssen min. 3 mm vom Gehäuse entfernt sein.
Transistoren im Kunststoffgehäuse TO-220 dürfen nicht mit ihrer Montagefläche auf das Kühlblech gelötet werden, weil dabei die zulässige Sperrschichttemperatur überschritten würde.

Schraubmontage, nicht isoliert

Um Verformungen der Montageplatte und damit Kristallrisse zu vermeiden, empfiehlt sich die Verwendung der rechteckigen Druckscheibe 56360 A nach *Abb. 2.5-5b*. Den Zusammenbau der Anordnung gibt die *Abb. 2.5-5c* wieder. Die Mindestdicke des Kühlblechs beträgt 1,5 mm.
Verwendet man ein Kühlblech mit einer Mindestdicke von 4 mm, kann das Blech mit einem M3-Gewindeloch versehen werden. Den Zusammenbau der Anordnung zeigt wieder die Abb. 2.5-5 c. Es ist in jedem Fall eine rechteckige Druckscheibe (Abb. 2.5-5 b) erforderlich.
Das bei der Montage auf den Schraubenkopf oder die Mutter ausgeübte Drehmoment soll zwischen 0,4 Nm und 0,6 Nm liegen. Stehen der Schraubenkopf oder die Mutter in direktem Kontakt mit einer Federscheibe (Zahnscheibe), dann erhöhen sich die Werte auf 0,55 Nm und 0,8 Nm.
Die Wärmewiderstände betragen:
$R_{th\,G-K}$ = 1,4 K/W ohne Wärmeleitpaste,
$R_{th\,G-K}$ = 0,5 K/W mit Wärmeleitpaste.

Abb. 2.5-5b
Abmessungen der rechteckigen Druckplatte 56360 A für die Schraubmontage des Gehäuses TO-220

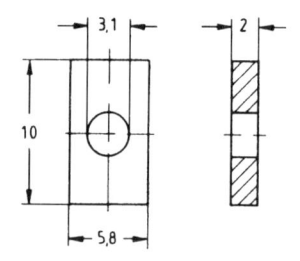

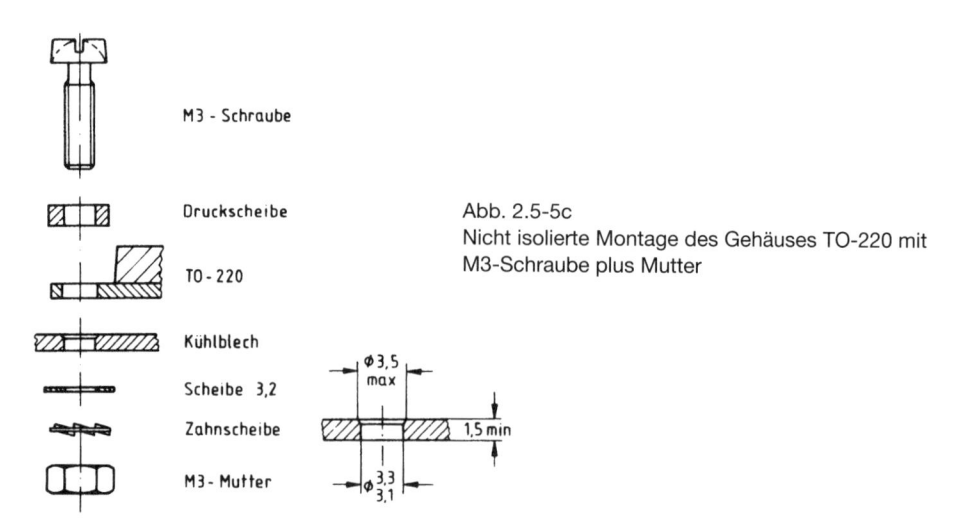

Abb. 2.5-5c
Nicht isolierte Montage des Gehäuses TO-220 mit M3-Schraube plus Mutter

2.5 Montage für spezielle elektronische Bauelemente

Abb. 2.5-5c
Nicht isolierte Montage des Gehäuses TO-220 mit M3-Mutter und Kühlblechgewindeloch

Abb. 2.5-5 d

Abmessungen der Glimmerscheibe 56359 B und der Isolierbuchse 56359 E für die isolierte Schraubmontage des Gehäuses TO-220

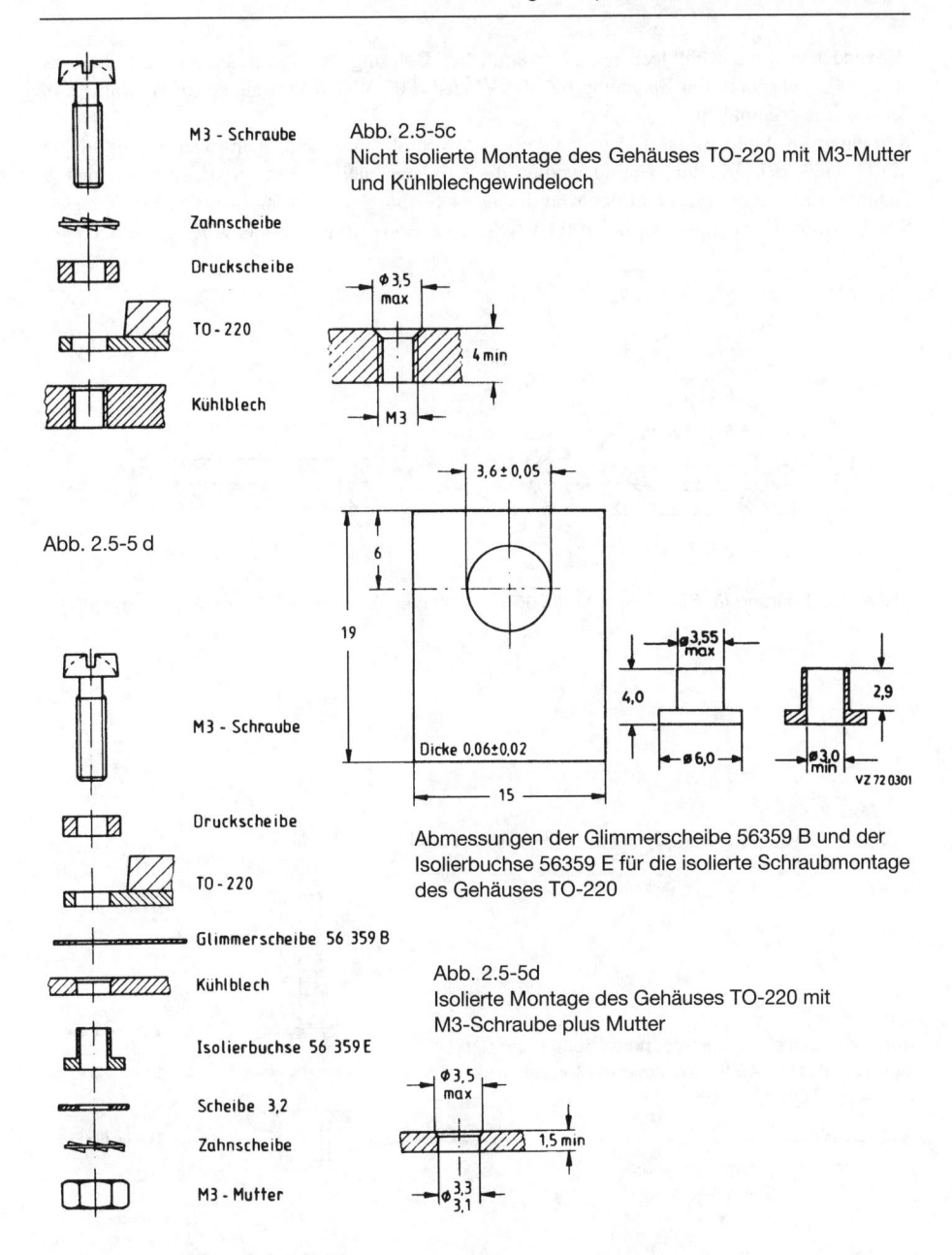

Abb. 2.5-5d
Isolierte Montage des Gehäuses TO-220 mit M3-Schraube plus Mutter

Schraubmontage, isoliert

Bei der isolierten Schraubmontage werden zusätzlich zur Druckscheibe 56360 A noch eine Glimmerscheibe 56359 B und eine Isolierbuchse 56359 E benötigt. Die Abmessungen von Glimmerscheibe und Isolierbuchse sowie den Zusammenbau der Anordnung gibt die *Abb. 2.5-5d* wieder.

685

2 Mechanik und Elektronik

Verwendet man ein Kühlblech mit einer einfachen Bohrung, ist eine Spannungsfestigkeit bis etwa 200 V gegeben. Für Spannung bis 500 V oder 1000 V sind Vorschläge für Bohrungen in der *Abb. 2.5-6* enthalten.

Bei einem Kühlblech mit einer Mindestdicke von 4 mm kann man wieder mit einem M3-Gewindeloch arbeiten. Hierzu werden die Glimmerscheibe 56347 und die Isolierbuchse 56346 mit dem Zusammenbau der Anordnung nach *Abb. 2.5-7* benötigt. Für Spannungen bis 500 V sowie für Spannungen bis 1000 V wird eine Bohrung gemäß der *Abb. 2.5-8* herangezogen.

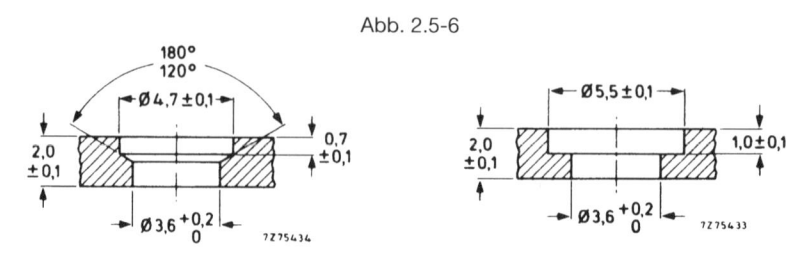

Abb. 2.5-6

Kühlblechbohrung für Spannungen bis 500 V   Kühlblechbohrung für Spannungen bis 1000 V

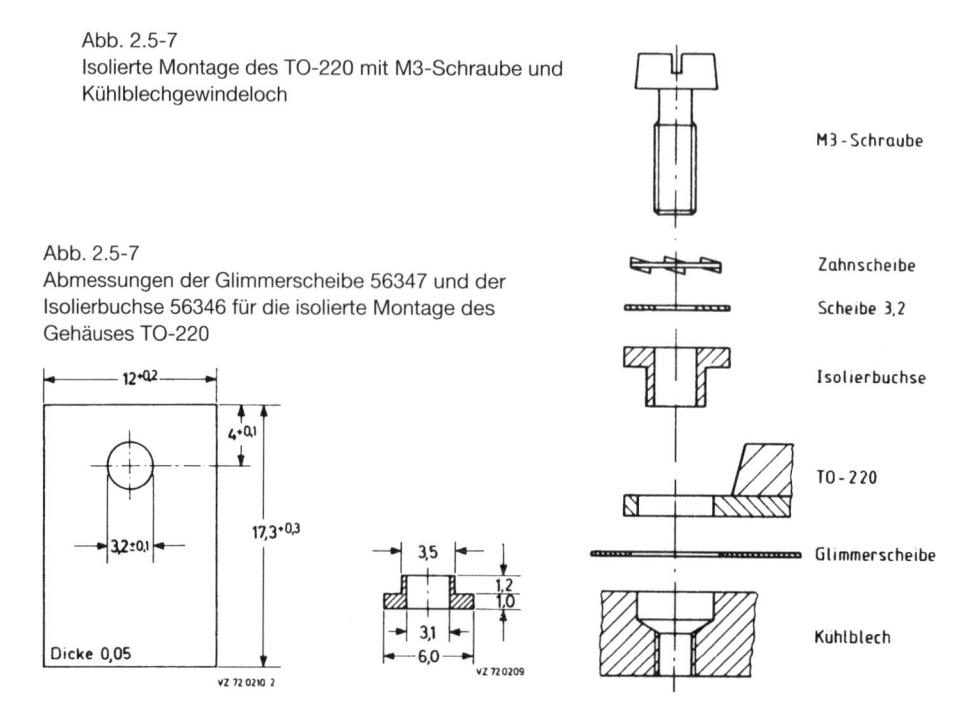

Abb. 2.5-7
Isolierte Montage des TO-220 mit M3-Schraube und Kühlblechgewindeloch

Abb. 2.5-7
Abmessungen der Glimmerscheibe 56347 und der Isolierbuchse 56346 für die isolierte Montage des Gehäuses TO-220

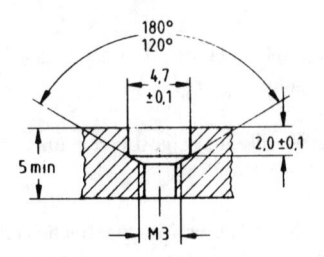

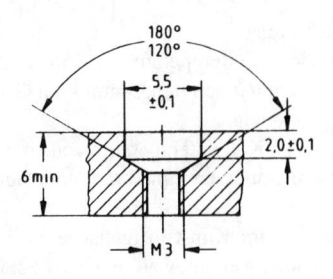

2.5 Montage für spezielle elektronische Bauelemente

Abb. 2.5-8

Sowohl für den Fall mit Befestigungsmutter als auch für den Fall mit Kühlblechgewinde betragen die Wärmewiderstände:

	Normal-bohrung	Bohrung 500 V	Bohrung 1000 V
$R_{th\,G-K}$ ohne Wärmeleitpaste	2,5	3,0 K/W	4,5 K/W
$R_{th\,G-K}$ mit Wärmeleitpaste	1,3	1,4 K/W	1,6 K/W

F Montage der Gehäuse SOT-93

Die *Abb. 2.5-9* zeigt die Maßzeichnung des Gehäuses SOT-93. Es läßt sich durch Clip- oder Schraubmontage auf dem Kühlblech befestigen.

Abb. 2.5-9
Abmessungen des Gehäuses SOT-93

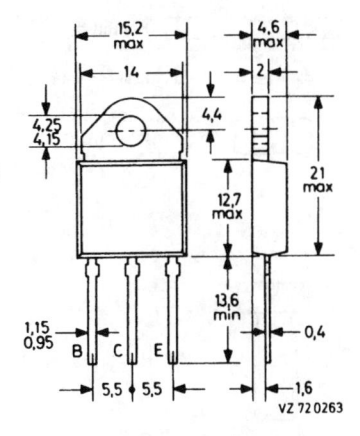

Montageregeln

Allgemeines siehe TO-126

Biegen der Anschlußdrähte siehe TO-126

Lötvorschriften

Während des Lötens ist darauf zu achten, daß das Gehäuse nicht mit Teilen in Berührung kommt, deren Temperatur 200 °C überschreitet.
Gehäuse und Anschlußdrähte dürfen während des Lötens nicht mechanisch belastet und nach dem Löten nicht mehr in ihrer Lage verändert werden.

a) Tauchlötung
   Bei einer Löttemperatur von max. 260 °C beträgt die zulässige Lötzeit max. 7 s. Die Lötstellen müssen min. 5 mm vom Gehäuse entfernt sein.
b) Kolbenlötung
   Bei einer Kolbentemperatur von max. 275 °C beträgt die zulässige Lötzeit max. 5 s. Die Lötstellen müssen min. 3 mm vom Gehäuse entfernt sein.

Transistoren im Kunststoffgehäuse SOT-93 dürfen nicht mit ihrer Montagefläche auf Kühlbleche gelötet werden, weil dabei die zulässige Sperrschichttemperatur überschritten würde.

Schraubmontage, nicht isoliert

Die nicht isolierte Montage wird mit einer M4-Schraube durchgeführt. Den Zusammenbau der Anordnung zeigt *Abb. 2.5-10*. Hat das Kühlblech eine Mindestdicke von 5 mm, kann man es mit einem M4-Gewindeloch versehen. Die Mutter entfällt dann, und die Federscheibe wird unter dem Schraubenkopf angeordnet. Den Zusammenbau der Anordnung zeigt ebenfalls die Abb. 2.5-10.

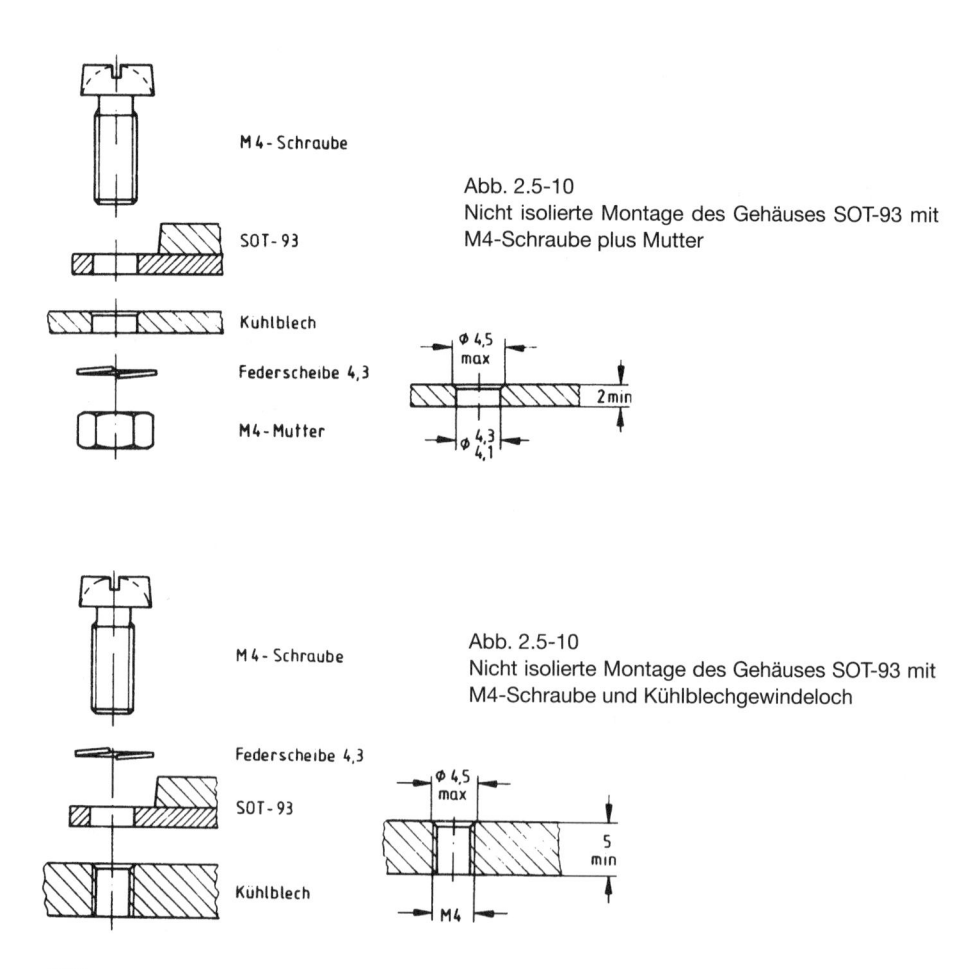

Abb. 2.5-10
Nicht isolierte Montage des Gehäuses SOT-93 mit M4-Schraube plus Mutter

Abb. 2.5-10
Nicht isolierte Montage des Gehäuses SOT-93 mit M4-Schraube und Kühlblechgewindeloch

2.5 Montage für spezielle elektronische Bauelemente

Das bei der Montage auf den Schraubenkopf oder die Mutter ausgeübte Drehmoment soll zwischen 0,4 Nm und 1,0 Nm liegen. Stehen der Schraubenkopf oder die Mutter in direktem Kontakt mit einer Federscheibe (Zahnscheibe), dann erhöhen sich die Werte auf 0,55 Nm und 1,35 Nm.

Für die Wärmewiderstände gilt:
$R_{th\,G-K} = 0{,}8$ K/W ohne Wärmeleitpaste,
$R_{th\,G-K} = 0{,}3$ K/W mit Wärmeleitpaste.

Schraubmontage, isoliert

Für die isolierte Schraubmontage wird eine M3-Schraube verwendet. Als Zubehör stehen eine Glimmerscheibe 56368 A und eine Isolierbuchse 56368 B zur Verfügung.
Die Abmessungen von Glimmerscheibe und Buchse sowie den Zusammenbau der Anordnung zeigt die *Abb. 2.5-11*. Es ist eine Spannungsfestigkeit bis 800 V gewährleistet. Bei Verwendung eines Kühlblechs von mindestens 6 mm Dicke kann mit einem M3-Gewindeloch gearbeitet werden. Den Zusammenbau der Anordnung, die ebenfalls bis 800 V geeignet ist, geht auch aus der Abb. 2.5-11 hervor.

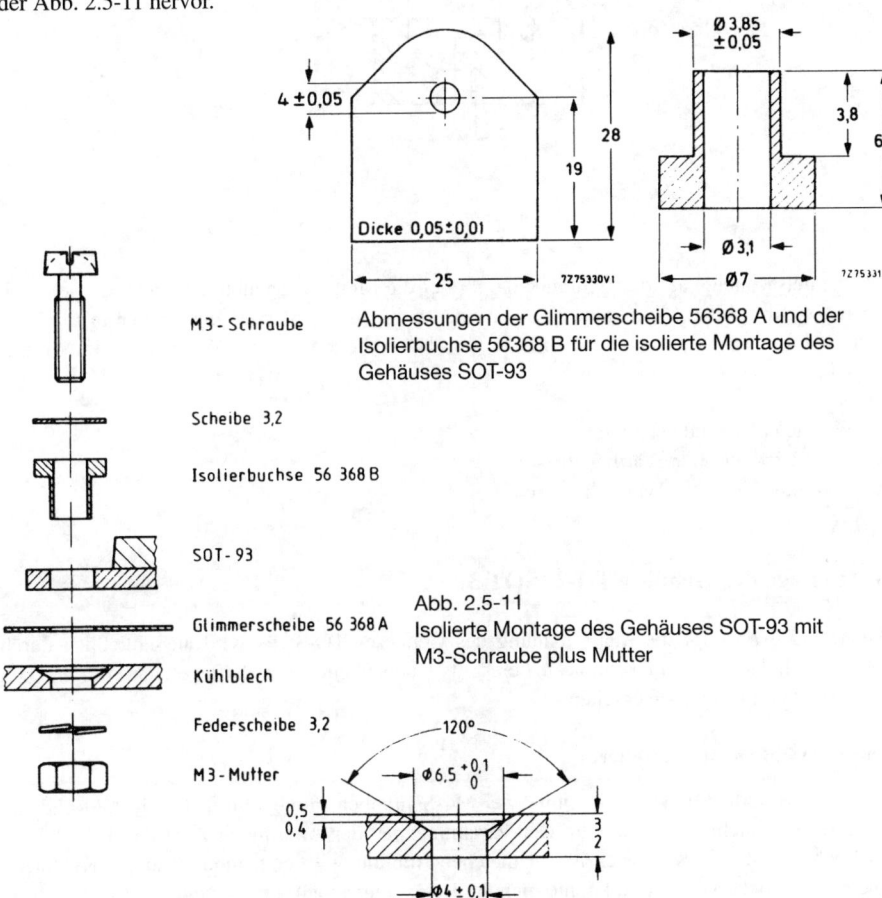

Abb. 2.5-11
Isolierte Montage des Gehäuses SOT-93 mit M3-Schraube plus Mutter

M3 - Schraube

Federscheibe 3,2

Scheibe 3,2

Isolierbuchse 56 368 B

SOT-93

Glimmerscheibe 56 368 A

Kühlblech

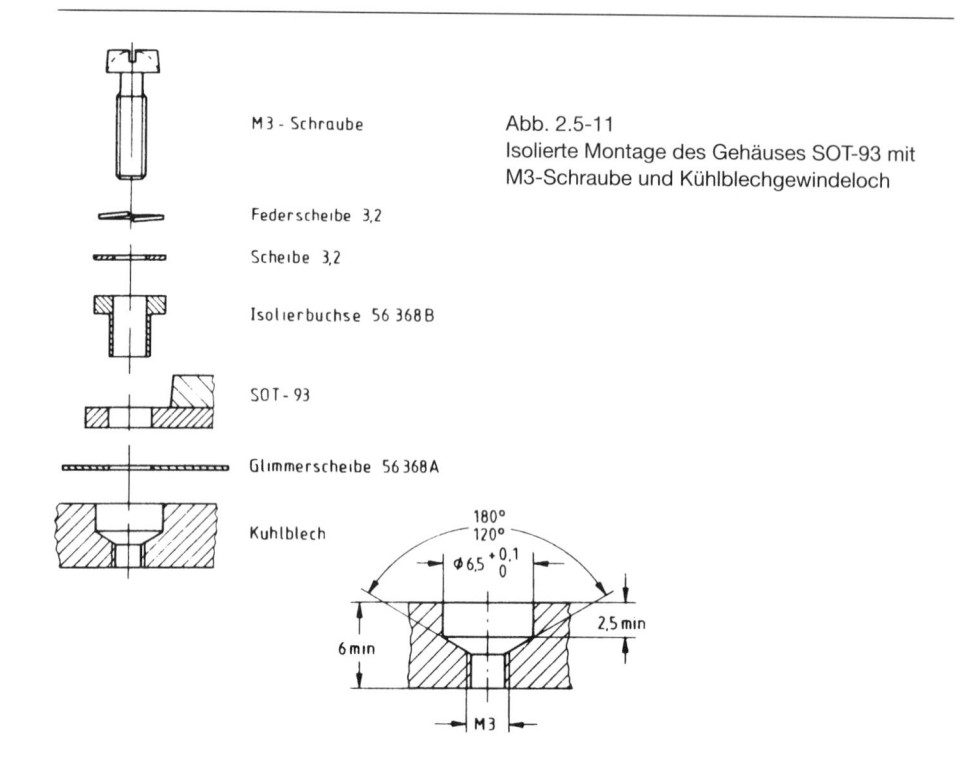

Abb. 2.5-11
Isolierte Montage des Gehäuses SOT-93 mit
M3-Schraube und Kühlblechgewindeloch

Das bei der Montage auf den Schraubenkopf oder die Mutter ausgeübte Drehmoment soll zwischen 0,4 Nm und 0,6 Nm liegen. Stehen der Schraubenkopf oder die Mutter in direktem Kontakt mit einer Federscheibe (Zahnscheibe), dann erhöhen sich die Werte auf 0,55 Nm und 0,8 Nm.

Die Wärmewiderstände betragen:
$R_{th\,G-K} = 2{,}2$ K/W ohne Wärmeleitpaste,
$R_{th\,G-K} = 0{,}8$ K/W mit Wärmeleitpaste.

G Montage der Gehäuse TO-3 (SOT-3)

Die *Abb. 2.5-12* zeigt die Maßzeichnung des Gehäuses TO-3. Es wird ausschließlich durch Schraubmontage auf dem Kühlblech befestigt. Unebenheiten der Auflagefläche dürfen 0,05 mm pro 40 mm nicht überschreiten.

Schraubmontage, nicht isoliert

Die nicht isolierte Montage wird mit zwei M4-Schrauben durchgeführt. Die Kühlblechdicke sollte 1,5 mm nicht unterschreiten. Den Zusammenbau der Anordnung zeigt die *Abb. 2.5-13*; der Lochplan für das Kühlblech ist der gleichen Abbildung zu entnehmen. Hat das Kühlblech eine Mindestdicke von 5 mm, könnte man die Befestigungslöcher mit einem M4-Gewinde ver-

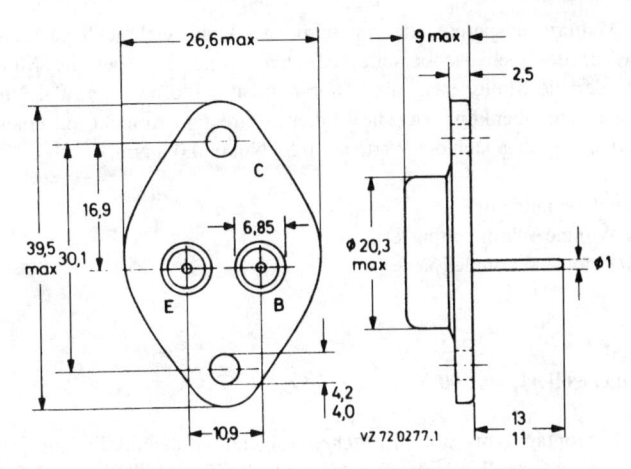

2.5 Montage für spezielle elektronische Bauelemente

Abb. 2.5-12 Abmessungen des Gehäuses TO-3

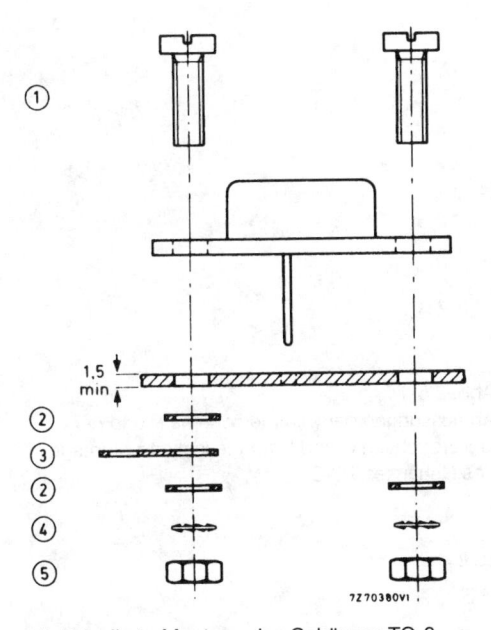

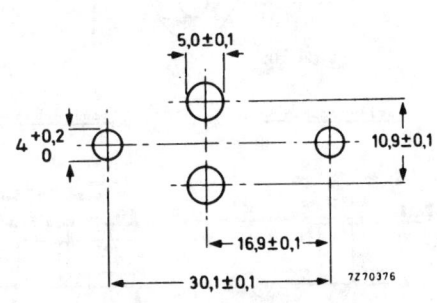

Abb. 2.5-13

Nicht isolierte Montage des Gehäuses TO-3
(1) Schraube M4
(2) Scheibe 4,3
(3) Lötöse
(4) Zahnscheibe 4,3
(5) Mutter M4

Lochplan für das Kühlblech

691

sehen und die Muttern einsparen. Hiervon wird aber kaum Gebrauch gemacht, da sich die Lötfahne dann auf der Gehäuseoberseite befinden würde. Das bei der Montage auf den Schraubenkopf oder die Mutter ausgeübte Drehmoment sollte zwischen 0,4 Nm und 0,6 Nm liegen. Stehen der Schraubenkopf oder die Mutter in direktem Kontakt mit einer Federscheibe (Zahnscheibe), dann erhöhen sich die Werte auf 0,55 Nm und 0,8 Nm.

Für die Wärmewiderstände gilt:
$R_{th\,G-K} = 0,6$ K/W ohne Wärmeleitpaste,
$R_{th\,G-K} = 0,1$ K/W mit Wärmeleitpaste.

Schraubmontage, isoliert, bis 500 V

Für die isolierte Montage (bis 500 V) stehen folgende Zubehörteile zur Verfügung: eine Glimmerscheibe P und die Isolierbuchsen C und D. Die *Abbildungen 2.5-14* zeigen die Abmessungen dieser Teile. Die Wahl der Isolierbuchse ergibt sich aus der Dicke des verwendeten Kühlblechs. Den Lochplan für das Kühlblech, die Vermaßung der Bohrungen sowie den Zusammenbau der Anordnung zeigt ebenfalls die Abb. 2.5-14.

Die Wärmewiderstände betragen:
$R_{th\,G-K} = 1,0$ K/W ohne Wärmeleitpaste,
$R_{th\,G-K} = 0,3$ K/W mit Wärmeleitpaste.

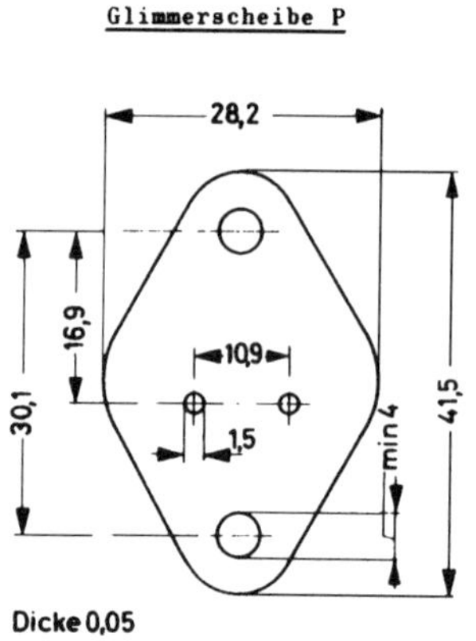

Abb. 2.5-14
Abmessungen der Glimmerscheibe P und der Isolierbuchsen C und D für die isolierte Montage des Gehäuses TO-3

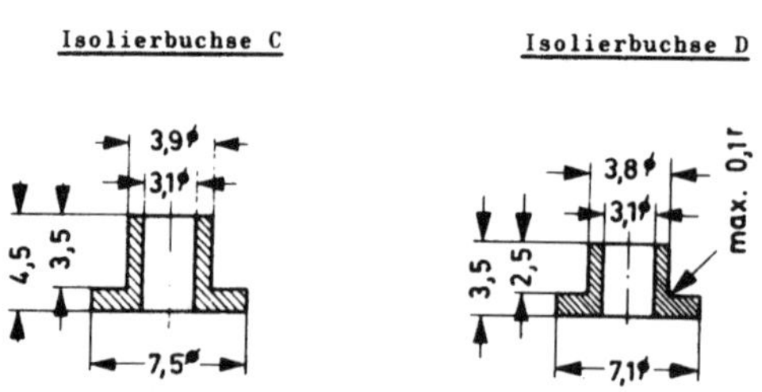

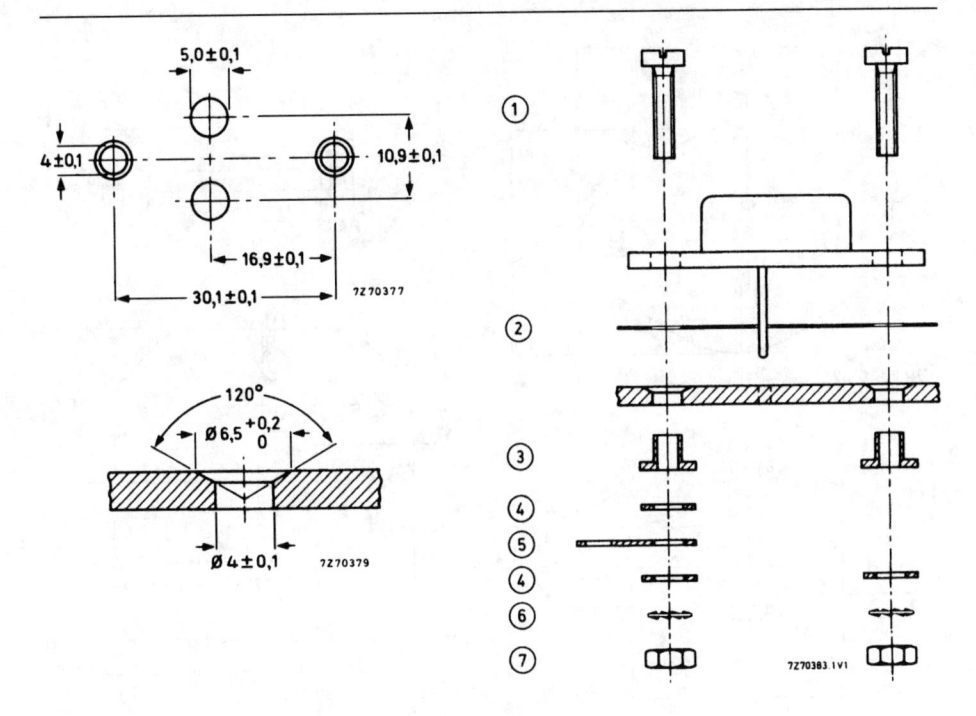

2.5 Montage für spezielle elektronische Bauelemente

Abb. 2.5-14
Lochplan für das Kühlblech, Vermaßung der Bohrung sowie die isolierte Montage des Gehäuses TO-3

(1) Schraube M3
(2) Glimmerscheibe P
(3) Isolierbuchse C oder D
(4) Scheibe 3,2
(5) Lötöse
(6) Zahnscheibe 3,2
(7) Mutter M3

Schraubmontage, isoliert, bis 2000 V

An Zubehör stehen zur Verfügung: eine Glimmerscheibe 56339 sowie ein Isoliersockel 56352. Die Abmessungen dieser Teile sowie den Lochplan für das Kühlblech und den Zusammenbau der Anordnung sind in den *Abbildungen 2.5-15* gezeigt.

Die Wärmewiderstände betragen:
$R_{th\,G-K} = 1{,}25$ K/W ohne Wärmeleitpaste,
$R_{th\,G-K} = 0{,}5$ K/W mit Wärmeleitpaste.

693

2 Mechanik und Elektronik

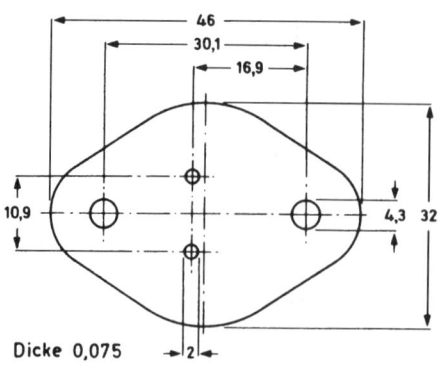

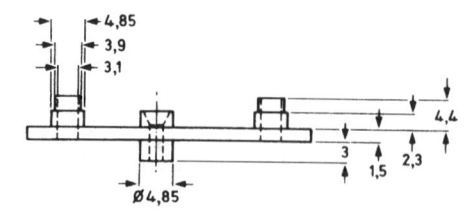

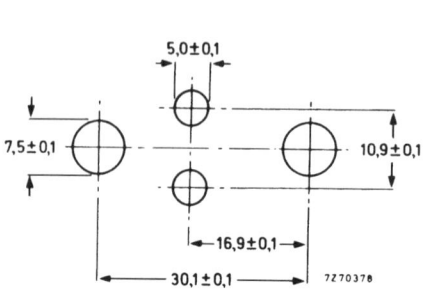

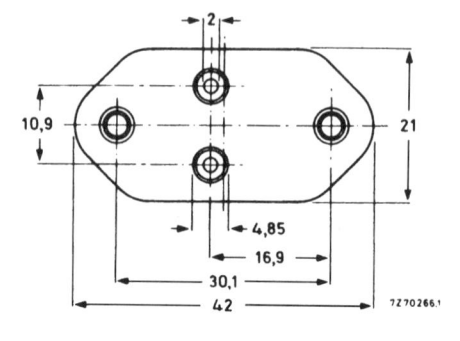

Abmessungen der Glimmerscheibe 56339 und des Isoliersockels 56352 für die isolierte Montage des Gehäuses TO-3

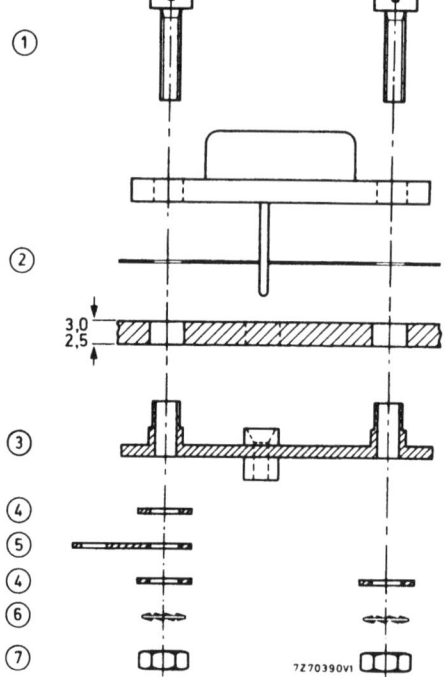

Abb. 2.5-15

Lochplan für das Kühlblech und die isolierte Montage des Gehäuses TO-3 für Spannungen bis 2000 V

(1) Schraube M3
(2) Glimmerscheibe 56339
(3) Isoliersockel 56352
(4) Scheibe 3,2
(5) Lötöse
(6) Zahnscheibe 3,2
(7) Mutter M3

2.5.2 Lötvorschriften für Halbleiterbauelemente

Jeder Halbleiter ist empfindlich gegen Überschreiten der höchstzulässigen Chiptemperatur. Beim Einlöten ist deshalb darauf zu achten, daß die Bauelemente keinesfalls thermisch überlastet werden. Die Chiptemperatur darf beim Löten 200 °C nicht überschreiten (max. 1 Minute). Während des Lötens sind starke mechanische Spannungen von den Anschlüssen fernzuhalten.

Kleinsignaltransistoren

Lötangaben für Kunststoffgehäuse TO 202, TO 92, SOT 89

Löttemperatur	Drahtlänge 0,5 mm	Drahtlänge 1,5 mm	Drahtlänge 5 mm
245 °C	4,0 s	5,0 s	10,0 s
260 °C	3,0 s	5,0 s	5,0 s
300 °C[1])	2,5 s	3,0 s	5,0 s

Lötangaben für Metallgehäuse TO 18, TO 39

Löttemperatur	Drahtlänge 1,5 mm	Drahtlänge 2,5 mm	Drahtlänge 5 mm
245 °C	5,0 s	6,0 s	13,0 s
260 °C	3,5 s	4,0 s	10,0 s
300 °C[1])	3,0 s	3,5 s	8,0 s

Leistungstransistoren

Lötangaben für Metallgehäuse TO 204 (TO 3)

Löttemperatur	Drahtlänge 1,6 mm	Drahtlänge 5 mm
245 °C	15 s	20 s
260 °C	12 s	15 s
300 °C[1])	10 s	15 s

Lötangaben für Kunststoffgehäuse TO 220, TO 238, TO 202, TO 218

Löttemperatur	Drahtlänge 1,6 mm	Drahtlänge 5 mm
245 °C	7 s	10 s
260 °C	7 s	7 s
300 °C[1])	4 s	7 s

[1]) Werte gelten nur für Kolbenlötung, Drahtlänge ab Lötstelle.

Lötvorschriften für Halbleiterbauelemente (allgemeine Empfehlung)

Lötangaben für kunststoffumhüllte Bauelemente

Drahtlänge L = [1])	0,5	1,5	5	mm
Löttemperatur 245 °C	4	5	10	s
Löttemperatur 260 °C	3	5	5	s
Löttemperatur 300 °C[2])	2,5	3	5	s

Lötangaben für hermetisch dichte Bauelemente

Drahtlänge L = [1])	1,5	2,5	5	mm
Löttemperatur 245 °C	5	6	13	s
Löttemperatur 260 °C	3,5	4	10	s
Löttemperatur 300 °C[2])	3	3,5	8	s

1) Die Drahtlänge wird von der Lötstelle an gemessen, d. h. bei normalen kaschierten Platten von der Plattenunterseite, bei durchmetallisierten Bohrungen von der Plattenoberseite.
Drahtlänge L = 0 ist für Transistoren zulässig, sofern das Gehäuse nicht mit dem Lötkolben berührt wird. Hier gilt zusätzlich eine spezielle Lötvorschrift, ebenso für Schichtschaltungsbauelemente (TO-236 usw.).
2) Gilt nur für Kolbenlötung.

Lötverfahren

Je nach Einsatz der Bauelemente gibt es unterschiedliche Lötverfahren. Um Lötverbindungen mit der erforderlichen Qualität und Zuverlässigkeit zu erzielen, empfehlen wir die Beachtung folgender Punkte:

Flußmittel

Es werden Kolophonium-Flußmittel empfohlen (F-SW 32 nach DIN 8511). Die Anschlüsse der Bauelemente haben eine Sn-Pb-Oberfläche und sind auch nach längerer Lagerung gut lötbar.

Lote

Als Lot sollte ein Sn-Pb-Lot, z. B. für Schwall- und Schleppläten L-Sn 60 Pb und für andere Lötverfahren L-Sn 63 PbAg (DIN 1707), verwendet werden. Bei Lötpasten sollte der Metallanteil größer als 80 % sein.

Löttemperaturen

Während des Lötvorgangs sollte die maximale Löttemperatur von 260 °C bei einer Verweildauer von 5 s nicht überschritten werden. Bei niedriger Löttemperatur darf die Lötdauer entsprechend gesteigert werden.

Schwall- und Schleppläten

Die Badtemperatur beträgt in der Regel 255 °C ± 5 °C, wobei die erwähnte Lötzeit von 5 s zugelassen ist. Für das Lötergebnis ist die Lage der Bauelemente, ihr Abstand zueinander sowie ihre Orientierung zur Transportrichtung von Wichtigkeit.

2.5 Montage für spezielle elektronische Bauelemente

Reflowlöten

Beim Reflowlöten erfolgt das Erwärmen in einem Durchlauf-Ofen. Darin werden die Objekte allmählich auf eine Temperatur von ca. 200 °C gebracht, wobei die Lötdauer ca. 5 bis 10 s beträgt.

Vapor-phase-Löten

Hierbei handelt es sich um ein spezielles Reflow-Lötverfahren, für das ähnliche Daten gelten.

Kolbenlöten

Lötungen, z. B. mit einem temperaturgeregelten Miniaturkolben, sind zulässig, dabei muß eine Berührung des Bauelementes mit der Kolbenspitze vermieden werden. Dieses Verfahren sollte jedoch nur in Ausnahmefällen (Reparatur etc.) angewendet werden, da es einige Nachteile aufweist, wie z. B. Gefahr der Beschädigung der Bauelemente und Leiterplatten, ungenaue Positionierung usw.

Reinigungsmittel

Soll nach erfolgtem Lötprozeß gereinigt werden, empfehlen wir ein mildes Reinigungsmittel, z. B. Isopropylalkohol oder Freon.

2.5.3 SMT – Surface Mounted Technology

A Allgemeine Angaben

A 1 Beschreibung

Für Dünn- und Dickfilmschaltungen, aber auch für Miniaturisierung von Platinenaufbauten wird die SMT-Methode herangezogen. In diesem Zusammenhang ist zu erläutern:

SMA – Surface Mounted Assembly (= Oberflächenmontierte Baugruppe)
SMC – Surface Mounted Components (= Oberflächenmontierte Bauteile)
SMD – Surface Mounted Device (= Bauelement für Oberflächenmontage)
SME – Surface Mounted Equipment (= Oberflächenmontage, Bestückungsgeräte)
SMP – Surface Mounted Packages (= Oberflächenmontierbare Gehäuse)
SMT – Surface Mounted Technology (= Technologie der Oberflächenmontage)

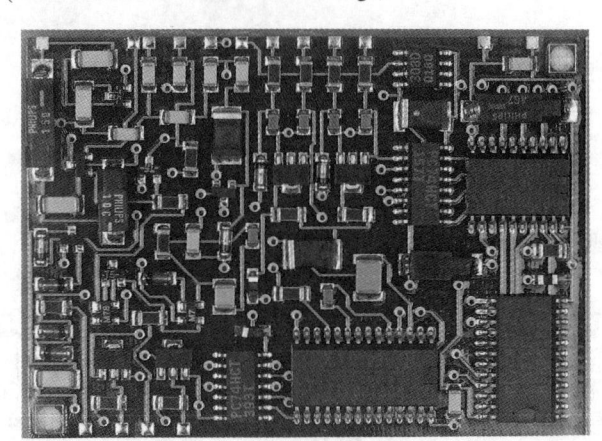

Die *Abb. 2.5.3-1* zeigt den SMT-Aufbau.

697

2 Mechanik und Elektronik

Dazu im Gegensatz in *Abb. 2.5.3-2* die herkömmliche Bestückung.
In der *Abb. 2.5.3-3* ist eine Reihe von SMD-Bauelementen gezeigt.

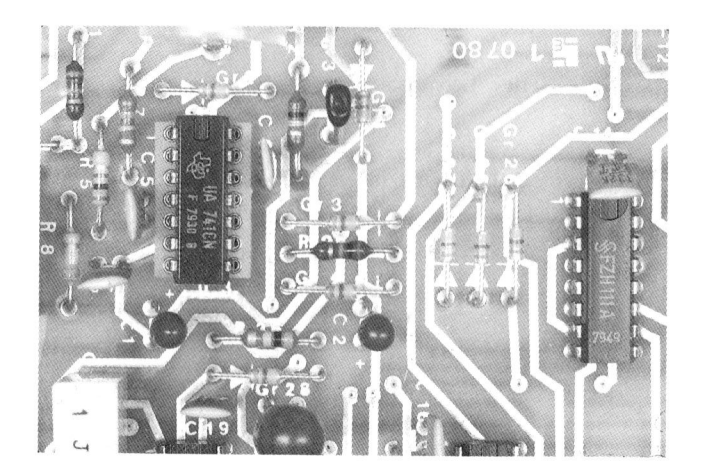

Abb. 2.5.3-2

Abb. 2.5.3-3

Ausgelöst durch die SMD-Technik ist praktisch die gesamte Elektronik-Industrie von einem Innovationsschub erfaßt worden. Die Grundlage für diese Technik bilden miniaturisierte Bauelemente (SMDs – Surface Mounted Devices), die direkt auf die Oberfläche von Leiterplatten oder Keramiksubstraten montiert werden. SMDs sind für die Verarbeitung mit Bestückungsautomaten und für alle Lötverfahren, so z. B. für das Tauchlöten (Lötwelle, Schwallbad) oder Reflowlöten geeignet. Daher können sie – nach Fixierung durch einen Klebetropfen auf der Leiterplatte – zusammen mit dieser durch das Lötbad gefahren werden. SMDs lassen sich auf Leiterplatten einseitig, beidseitig oder in gemischter Bestückung mit herkömmlich bedrahteten Bauelementen einsetzen. Die Mischbestückung ist dann zweckmäßig, wenn die vorgesehene Schaltung mit SMDs allein nicht zu realisieren ist.

Testbedingungen für SMD-Bauteile wurden als Standard-Prüfverfahren durch die europäische Arbeitsgruppe CECC/WG-SMD als CECC 00802 erstellt. Dabei wurden Ansätze aus der IEC 68-2-58 übernommen.

Die SMD-Technik bietet eine Reihe von Vorteilen:

Miniaturisierung
SMDs sind wesentlich kleiner als entsprechende herkömmliche Bauelemente. Bei konsequenter Ausnutzung können der Flächen- bzw. Raumbedarf und das Gewicht von Schaltungen halbiert bis gedrittelt werden.

Günstigere HF-Eigenschaften
Aufgrund der geringeren Abmessungen der SMD-Bauelemente sowie der nicht vorhandenen oder nur stummelförmig ausgebildeten Anschlußbeine ergeben sich bessere HF-Eigenschaften bzw. kürzere Signal-Laufzeiten. Darüber hinaus sind die HF-Eigenschaften bei dieser Bauform auch wesentlich besser reproduzierbar als bei bedrahteten Bauelementen.

Qualität
Durch modernste Herstellungsverfahren und Fertigungsüberwachung konnte die Qualität der SMDs beträchtlich gesteigert werden, so daß die Werte für Fehlerraten im Anliefermoment und für Ausfallraten äußerst günstig liegen. Ganz entscheidend ist jedoch, daß mit MCM-Bestückungsautomaten eine extrem hohe Bestückungssicherheit erreicht wird. Die Fehlbestückungsrate liegt unter 40 ppm. Daher können die bekannten und lästigen Nachbearbeitungskosten (also Kosten zur Qualitätssicherung) entscheidend gesenkt werden.

Kostenreduzierung
Durch optimalen Einsatz der SMD-Technik lassen sich die Gesamtkosten deutlich reduzieren. Die wichtigsten Einflußfaktoren sind dabei:
Kosteneinsparungen an der Leiterplatte:
Fast immer lassen sich die Leiterplatten um wenigstens 30 %, bei konsequenter Ausnutzung dieser Technik bereits im Entwurfsstadium und durch beidseitige Bestückung um 50 % und mehr verkleinern. Darüber hinaus entfallen weitgehend die zusätzlichen Kosten für Bohrlöcher.

Geringere Bestückungskosten
Im Vergleich zur automatischen Bestückung mit bedrahteten Bauelementen ergeben sich zum Teil deutliche Kostensenkungen, wenn größere Mengen verarbeitet werden. Die folgende Übersicht macht dieses deutlich:

automatische Bestückung mit	durchschnittliche Bestückungskosten (Pf/Bauelement)
– axialen Bauelementen	1,5 bis 2
– radialen Bauelementen	3 bis 4
– SMDs (mit MCM-Automaten von Philips)	0,3 bis 1

Auf der Basis der bisherigen SMD-Erfahrungen und unterstützt durch die Vielzahl bereits heute verfügbarer Schaltungen in SMD-Technik kann man feststellen, daß diese Technik für praktisch alle Bereiche der Elektronik geeignet ist. Im Vordergrund stehen dabei oft Anwendungen, bei denen eine Miniaturisierung der Schaltungen, d. h. eine hohe Packungsdichte, höchste Priorität hat. Das gilt z. B. für:

- Tuner für Fernseh- und VCR-Geräte
- Radio-Kompaktgeräte, Portables
- Autosuper
- Videokameras, Fotoapparate
- Funkgeräte, Fernsehsprechgeräte
- Autoelektronik
- Medizinelektronik
- Raumfahrtelektronik
- elektronische Uhren
- Hybridschaltungen
- Näherungsschalter

A 2 Grundsätzliche Konstruktions- und Fertigungshinweise

Bei der Konstruktion und Fertigung einer Flachbaugruppe mit SMD sind einige wichtige Punkte zu beachten:
- Gesamtoptimierung: Alle Beteiligten bei der Entwicklung, Konstruktion und Fertigung müssen viel enger als bisher zuasmmenarbeiten, damit die bestmögliche Gesamtlösung erreicht wird. Die Optimierung nur einzelner Probleme (z. B. Packungsdichte, Bestücken, Löten, Prüfen) kann zu Lasten des Gesamtkonzepts gehen.
- Die größtmögliche Packungsdichte kann nur dann verwirklicht werden, wenn keine Wärmeprobleme auftreten. Lösungsweg: Anwendung einer verlustarmen Technik (CMOS) oder Verwendung gut wärmeleitender Basismaterialien.
- Große Keramikbauteile (> 6 mm Kantenlänge) ohne Anschlußbeinchen können auf Kunststoffleiterplatten wegen der unterschiedlichen Ausdehnungskoeffizienten nur bedingt eingesetzt werden.
- Hochpolige ICs erfordern evtl. eine neue Leiterplattentechnik: feinere Strukturen und/oder Mehrlagenplatte.
- Für die Leiterplatte müssen neue Layoutregeln ausgearbeitet werden.
- Die SMDs müssen teilweise vor dem Löten durch Kleben fixiert werden. Es stehen eine Reihe von Klebern zur Verfügung, die mittels Dosiereinrichtung, Stempelmethode oder Siebdruck aufgebracht werden können. Die Aushärtung erfolgt entweder durch Wärme und/oder UV-Licht.
- Neben dem bisher verwendeten Schwallöten muß in vielen Fällen ein zusätzliches Lötverfahren eingeführt werden (Reflow-Löten). Bei diesem Lötvorgang wird eine Lötpaste, z. B. mittels Siebdruck, aufgebracht und nach dem Aufsetzen des SMD über den Lötschmelzpunkt erhitzt, so daß eine Lötverbindung zwischen SMD und Leiterplatte entsteht. Das hierfür technisch günstigste Verfahren ist das Kodensationslöten (Vapor Phase), bei dem das gesamte Lötgut in den Dampf einer siedenden, inerten Flüssigkeit gebracht wird (Löttemperatur $\approx$ 215 °C) und infolge der auftretenden Kondensationswärme in relativ kurzer Zeit (10 bis 30 s) gelötet wird.
- Für das Prüfen müssen neue Adaptoren und Prüfmethoden entwickelt werden.
- Obwohl die Nacharbeit infolge der hohen Bestücksicherheit stark zurückgehen wird, müssen unabhängig davon die Reparaturmethoden angepaßt werden.

2.5 Montage für spezielle elektronische Bauelemente

A 3 Verschiedene Anwendungen aus der Praxis

Das ist in den folgenden *Abb. 2.5.3-4...12* dargestellt:

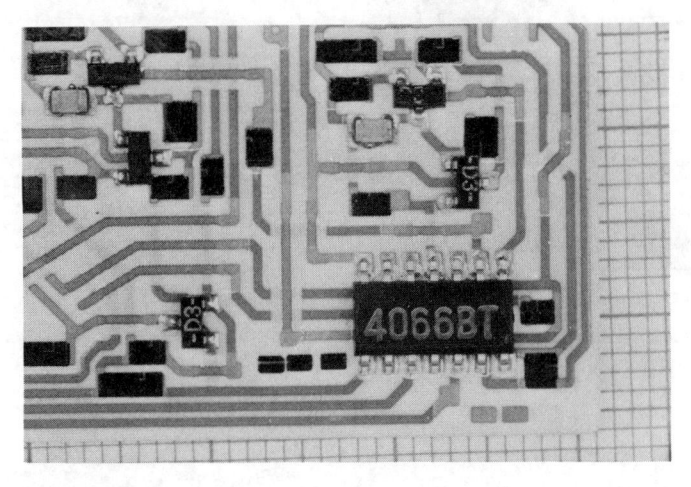

Abb. 2.5.3-4
Teil einer Dickschichtschaltung (Philips). Hier werden kleine Lötgeräte erforderlich.

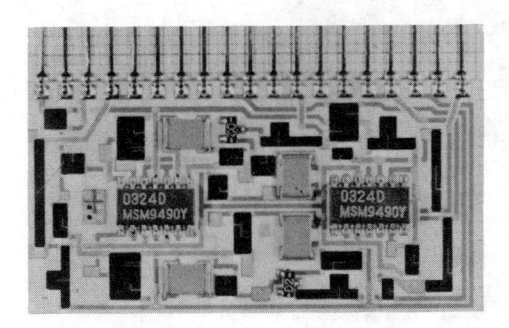

Abb. 2.5.3-5
Hybrid-Schaltung mit Miniaturbausteinen

Abb. 2.5.3-6
Passive SMD-Bauteile werden bevorzugt wegen der kleinen geometrischen Abmessungen auch in der GHZ-(Höchstfrequenz-)Technik benutzt.

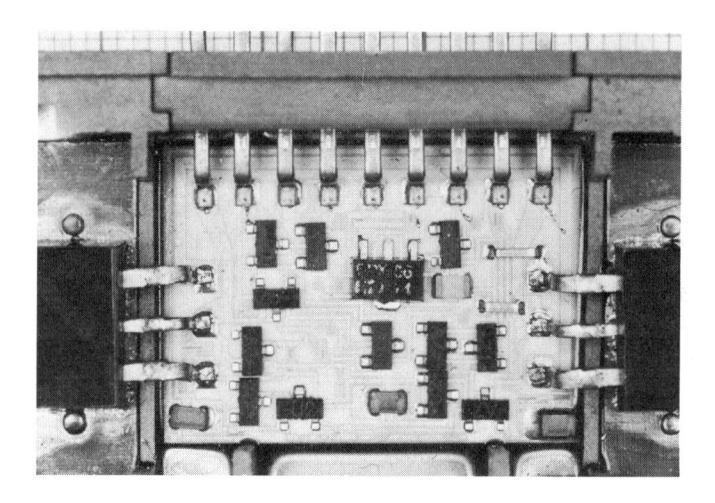

Abb. 2.5.3-7
Eine NF-Verstärker- und Komplementärstufe in Hybridtechnik (Philips). Links und rechts Teile beider Leistungstransistoren. Dazwischen der Keramikträger mit Leiterbahnen und Halbleiterbauelementen.

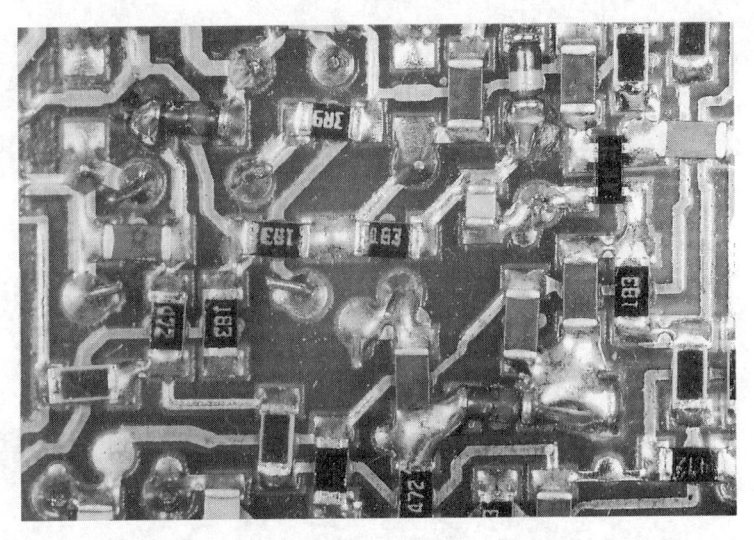

2.5 Montage für spezielle elektronische Bauelemente

Abb. 2.5.3-8
Teil einer mit SMD-Bauteilen bestückten Platine

Abb. 2.5.3-9
Nf-Leistungsverstärker in Hybridbauweise (Philips). Ein Ausschnitt ist im Foto 2.5.3-7 gezeigt.

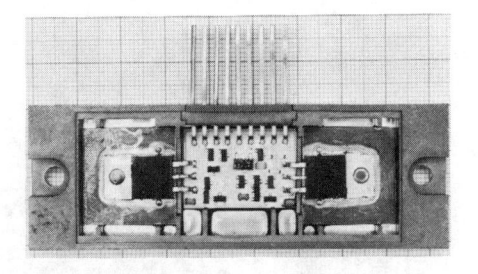

Abb. 2.5.3-10
Operationsverstärker im Miniatur-SO-8-Gehäuse. Daneben Chip-Kondensatoren ein Miniaturtransistor und eine Diode im DO-35-Gehäuse.

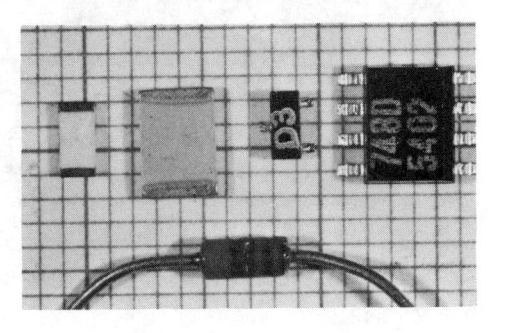

2 Mechanik und Elektronik

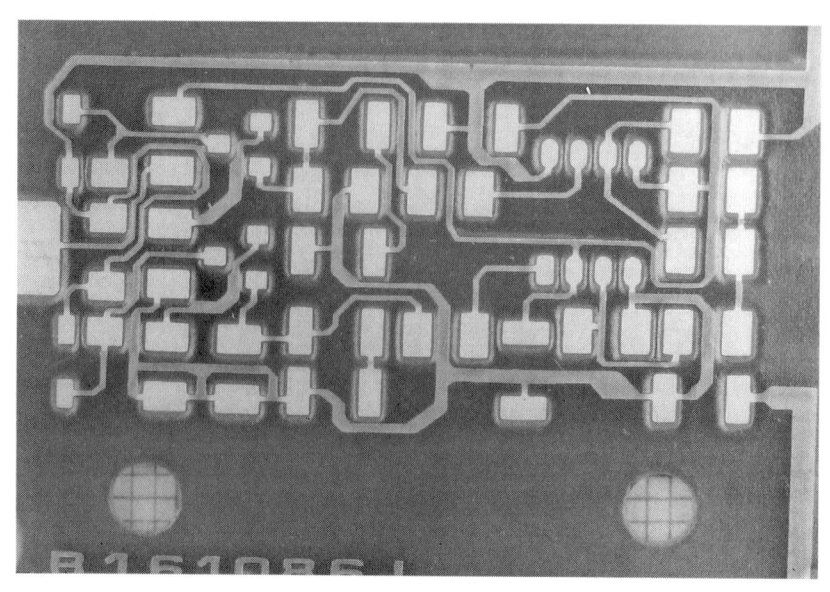

Abb. 2.5.3-11
SMD-Leiterplatte vor der Bestückung

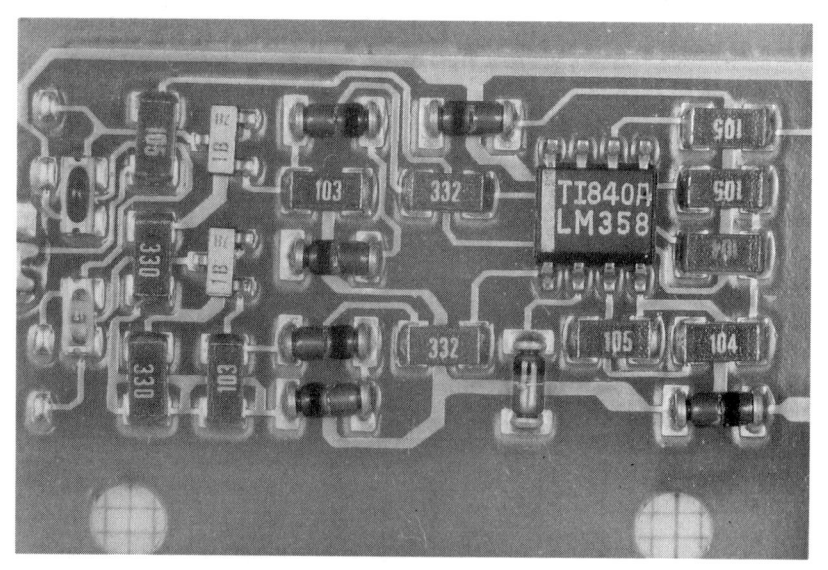

Abb. 2.5.3-12
Bestückte Leiterplatte aus Foto 2.5.3-11

A 4 Gehäuseübersicht

Das Angebotsspektrum oberflächenmontierbarer Bauelemente ist nach *Abb. 2.5.3-13* bereits sehr groß. Die meisten SMDs sind weltweit genormt. Eine Übersicht über verschiedene Bauformen wird in Abb. 2.5.3-13 gegeben.

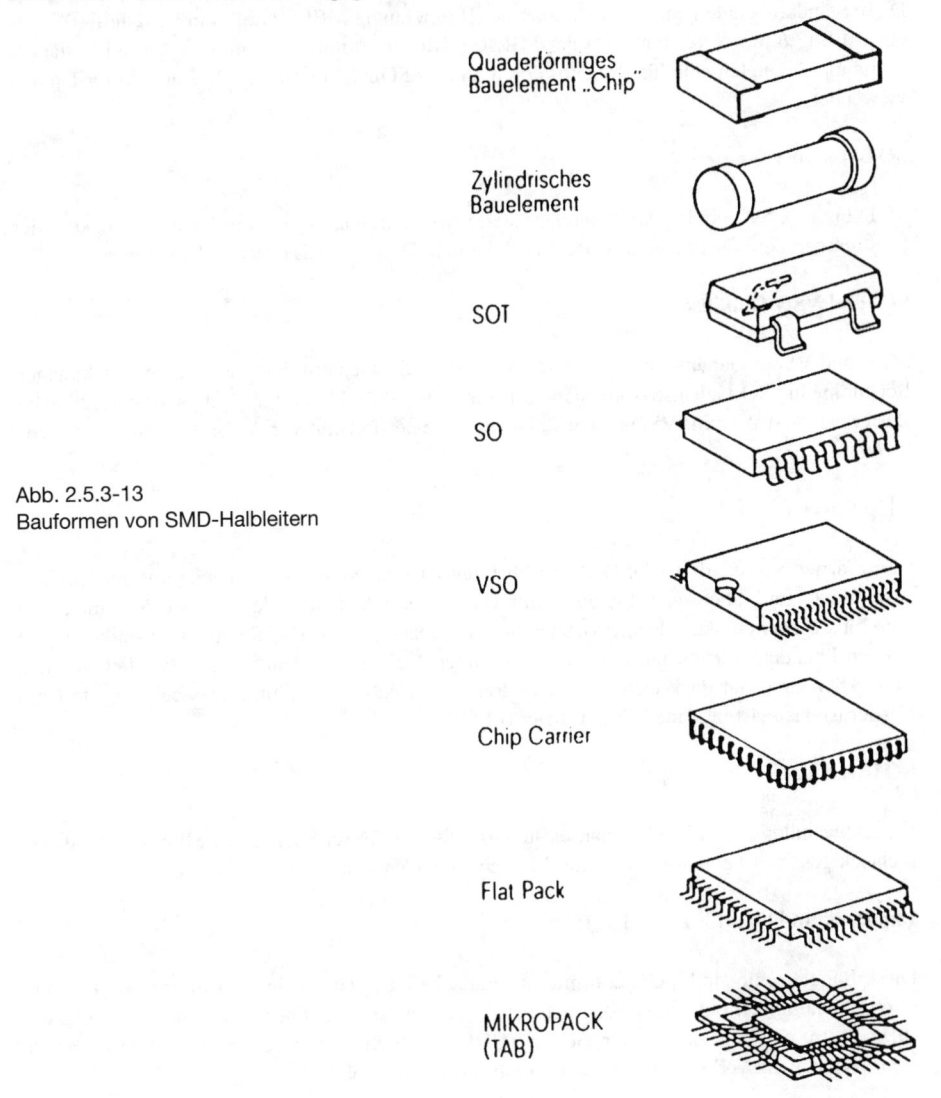

Abb. 2.5.3-13
Bauformen von SMD-Halbleitern

- Quaderformiges Bauelement „Chip"
- Zylindrisches Bauelement
- SOT
- SO
- VSO
- Chip Carrier
- Flat Pack
- MIKROPACK (TAB)

Darin bedeuten:

Quaderförmige Bauelemente

Oft wird dafür der Ausdruck Chip aus der Hybridtechnik übernommen, der aber nicht mit dem Halbleiterchip verwechselt werden sollte. Quader werden hauptsächlich für passive Bauelemente, also für Widerstände, Kondensatoren, Thermistoren, Varistoren, Induktivitäten usw. benutzt. Die Vorzugsbauformen 0805, 1206, 1210, 1812, 2220 usw. sind nach IEC genormt.

Zylinderförmige Bauelemente

Diese Standardbauelemente werden unter der Bezeichnung MELF[1] (5,9 mm x 2,2 mm $\varnothing$), MINIMELF (3,6 mm x 1,4 mm $\varnothing$) oder MIKROMELF (2,0 mm x 1,3 mm $\varnothing$) für Widerstände, als tubulare Bauelemente für Kondensatoren und als SOD 80 (3,5 mm x 1,6 mm $\varnothing$) für Dioden verwendet.

SOT-Gehäuse

SOT 23, 143, 89 und 192 sind standardisierte Miniaturgehäuse aus Plastik mit drei oder vier Lötstummeln, die für Einzelhalbleiter (Transistoren, Dioden, LED) verwendet werden.

SO- und VSO-Gehäuse

SO[2]- und VSO[3]-Gehäuse sind verkleinerte Plastik-DIP-Gehäuse mit nach außen abgebogenen Lötstummeln. SO-Gehäuse sind standardisiert. Die Polzahl liegt zwischen 4 und 28. Das Rastermaß ist 1,27 mm. VSO-Gehäuse haben bei einer Polzahl von 40 und 56 ein Raster von 0,76 mm.

Chip Carrier

Chip Carrier sind quadratische Gehäuse für integrierte Schaltungen mit insgesamt bis über 100 Anschlüssen auf allen vier Seiten. Chip Carrier bestehen aus Plastik oder Keramik. Die Anschlüsse können starr (leadless) oder flexibel (leaded) sein. Die flexiblen Anschlüsse sind wie ein J bis unter das Gehäuse gebogen und unterscheiden sich dadurch z. B. deutlich von den SO-, VSO- und Flat-Pack-Gehäusen. Das Rastermaß beträgt 1,27 mm. Das bekannteste Chip Carrier ist das Plastic Leaded Chip Carrier (PLCC).

SOJ-Gehäuse

Eine Abwandlung des PLCC-Gehäuses stellt das SOJ 20/26 für Speicher (1 Mbit) dar. Es ist ein rechteckiges Plastikgehäuse mit J-Anschlüssen an beiden Längsseiten.

Flat Pack und Quad Flat Pack (QFP)

Diese Bauelemente sind nichtgenormte quadratische oder rechteckige Plastikgehäuse für integrierte Schaltungen mit nach außen gebogenen Anschlüssen (bis über 100) entweder auf zwei (Flat Pack) oder auf allen vier Seiten (QFT). Es gibt verschiedene Anschlußrastermaße ($\geq$ 0,76 mm); die Verbreitung ist vor allem in Japan sehr groß.

---

[1] Metal Electrode Face Bonding
[2] Small Outline
[3] Very Small Outline

2.5 Montage für spezielle elektronische Bauelemente

MIKROPACK (TAB)[4]

Das MIKROPACK® besteht im wesentlichen nur aus einem Halbleiterchip, einer Anzahl fächerförmig vom Chip nach außen führender Kupferbändchen (Kupferspinne) und einem Kaptonrahmen, der die Kupferspinne zusammenhält. Durch diesen Aufbau entsteht ein äußerst flaches, kleines und leichtes SMD-Bauelement, das trotz seiner filigranen Gestalt mit SMD-Bestückautomaten direkt von der Rolle plaziert werden kann. Es sind sehr variable und enge Rasterabstände (≥ 175 μm) und sehr hohe Pinzahlen (etwa 400) möglich. Das MIKROPACK wird vor dem Bestücken vollständig geprüft, kann leicht ausgewechselt werden und braucht keine Gold-Anschlußflächen auf der Leiterplatte.

Gehäusebauformen SIEMENS

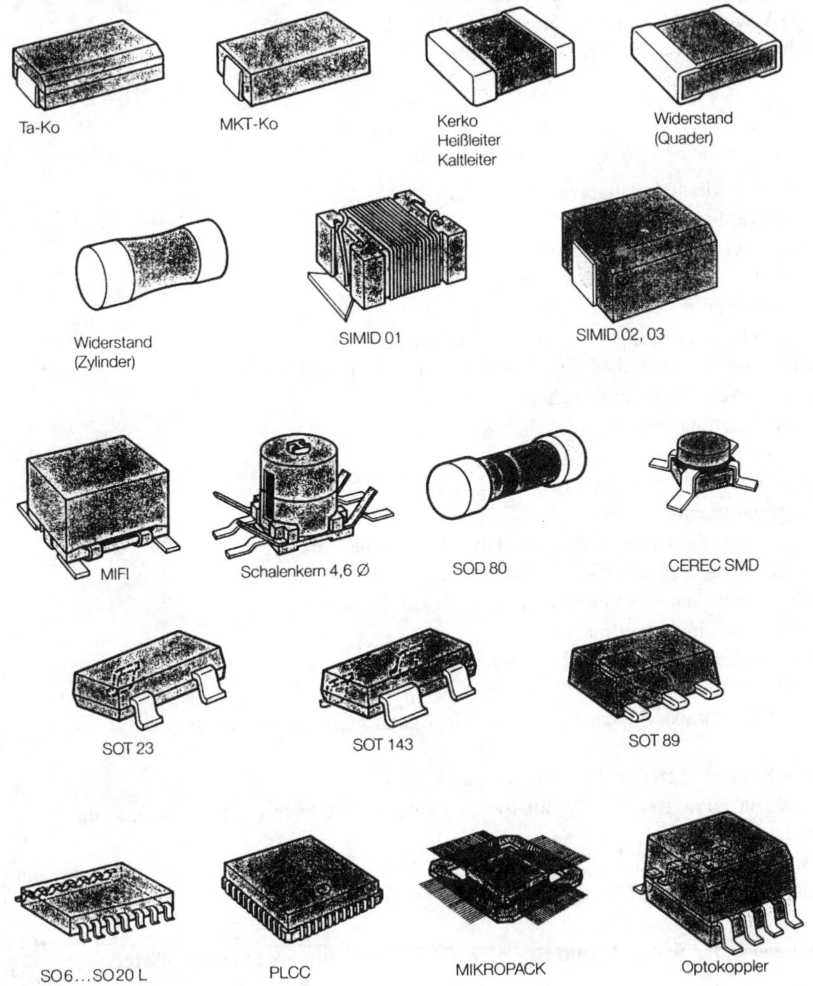

Abb. 2.5.3-14 Verschiedene Gehäusebauformen von SMD-Bauteilen

[4] Tape Automated Bonding

B Allgemeine technische Daten und Codes

B 1 Typenbezeichnung nach Pro Electron für Datenblätter von SMD-Halbleitern

Dieses Typenbezeichnungssystem gilt für Einzelhalbleiter-Bauelemente – im Gegensatz zu integrierten Schaltungen –, Vielfache von solchen Bauelementen und Halbleiterchips.
Die Nummer des Grundtyps besteht aus zwei Buchstaben und einem laufenden Kennzeichen:

Erster Buchstabe

Der erste Buchstabe gibt Auskunft über das Ausgangsmaterial.
 A. Germanium oder anderes Material mit Bandabstand 0,6 ... 1,0 eV
 B. Silizium oder anderes Material mit Bandabstand 1,0 ... 1,3 eV
 C. Gallium-Arsenid oder anderes Material mit Bandabstand 1,3 eV
 R. Verbindungshalbleiter, z. B. Kadmium-Sulfid

Zweiter Buchstabe

Der zweite Buchstabe beschreibt die Hauptfunktion
 A. Diode: Signal, kleine Leistungen
 B. Diode: mit veränderlicher Kapazität
 C. Transistor: kleine Leistungen, Tonfrequenzbereich
 D. Transistor: Leistung, Tonfrequenzbereich
 E. Diode: Tunneldiode
 F. Transistor: kleine Leistungen, Hochfrequenzbereich
 G. Vielfaches von nicht gleichen Typen – Diversen (z. B. Oszillator)
 H. Diode: auf Magnetfelder ansprechend
 L. Transistor: Leistung, Hochfrequenzbereich
 N. Fotokopplungselement
 P. Strahlungsempfindliches Element
 Q. Strahlungserzeugendes Element
 R. Kontrollelement, Schaltzwecke: (z. B. Thyristor) kleine Leistungen
 S. Transistor: für kleine Leistungen, Schaltzwecke
 T. Kontrollelement, Schaltzwecke: (z. B. Thyristor) Leistung
 U. Transistor: Leistungsschalttransistor
 X. Diode: Vervielfacher, z. B. Varaktor, step recovery
 Y. Diode: Gleichrichter, Booster
 Z. Diode: Referenzdiode, Spannungsreglerdiode, Spannungsbegrenzerdiode

Das laufende Kennzeichen der Bezeichnung besteht aus:
– einer 3stelligen Zahl (100 ... 999) für Bauelemente zur Verwendung in Rundfunk- und Fernsehempfängern usw.,
– einem Buchstaben und einer 2stelligen Zahl für Bauelemente für professionelle Geräte und Anwendungen. Der Buchstabe hat keine fest zugeordnete Bedeutung.

B 2 Schreibweise der Symbole und Begriffe (DIN 41785) für SMD-Datenblätter

Die Kennzeichnung der Strom-, Spannungs-, Leistungs- (Wechselwerte, Gleich- bzw. Mittelwerte) und Widerstandsart (Wechsel- bzw. Gleichwerte) wird durch Groß- und Kleinschreibung der Symbole vorgenommen.

Kurzzeichen

Kurzzeichen für Größen

Für Augenblickswerte zeitlich veränderlicher Größen werden kleine Buchstaben verwendet.

Beispiele: i, v, p

Für Gleichwerte, Mittel- und Effektivwerte und für Scheitelwerte periodischer Funktionen des Stromes, der Spannung und der Leistung, d. h. für zeitlich konstante Größen, werden große Buchstaben verwendet.

Beispiele: I, V, P

Indizes für Kurzzeichen von Größen

Es werden folgende Indizes verwendet:

E, e	Emitter
B, b	Basis
C, c	Kollektor
F, f	Vorwärtsrichtung (Diode in Durchlaßrichtung)
R, r	Rückwärtsrichtung (Diode in Sperrichtung)
M, m	Scheitelwert
av	Mittelwert

Der Index für die Kennzeichnung von Scheitel- und Mittelwerten kann weggelassen werden, wenn eine Verwechslung nicht möglich ist.

Für Gesamtwerte vom Wert Null an gezählt werden Indizes mit großen Buchstaben verwendet, z. B. Augenblickswerte, Gleichwerte, Mittel-, Effektiv- und Scheitelwerte.

Beispiele: i_C, I_C, v_{BE}, V_{BE}, p_C, P_C

Für Werte der veränderlichen Komponenten werden Indizes mit kleinen Buchstaben verwendet, z. B. für Augenblickswerte, Scheitel- und Effektivwerte vom arithmetischen Mittelwert an gezählt.

Beispiele: i_c, I_c, v_{be}, V_{be}, p_c, P_c

Um Scheitel-, Mittel- und Effektivwerte voneinander zu unterscheiden, können weitere Indizes hinzugefügt werden. Als Abkürzungen werden empfohlen:

Scheitelwerte	M, m
Mittelwerte (arithmetische Mittelwerte)	Av, av

Beispiele: I_{CM}, I_{CAV}, I_{cm}, I_{cav}

Bei Scheitelwerten kann auch ein „∧" über dem Buchstaben verwendet werden.

Beispiele: $\hat{I}_C$, $\hat{I}_c$

Grenzwerte

Die angegebenen Grenzwerte sind eigenständige Absolutdaten der Belastbarkeit, bei deren Überschreiten eine Zerstörung des Bauelementes oder eine nachhaltige Beeinträchtigung seiner Daten bzw. Funktion zu erwarten ist. Bei Bauelementeprüfungen, etwa der Durchbruchsspannungen, wie auch in der Anwendung, muß deswegen mit entsprechenden Sicherungen das Überschreiten der Grenzwerte zuverlässig verhindert werden.

Kennwerte

Typische Kennwerte charakterisieren den Bauelementetyp unter definierten Betriebsbedingungen in Zahlen und Diagrammen. Sie sind nicht als Daten jedes einzelnen Exemplars aufzufassen. Die aus wichtigen Qualitäts- oder Anwendungserfordernissen angegebenen Minimal- und Maximalwerte bezeichnen den tatsächlichen Streubereich der Kennwerte, in Diagrammen eingetragene Streukurven in der Regel den überwiegend zu erwartenden Streubereich. Die elektrischen Kennwerte sind fallweise nach Gleichstromwerten „statisch" und Wechselstromwerten „dynamisch" gruppiert. Als eng mit der Belastbarkeit gekoppelter Kennwert ist der Wärmewiderstand als oberer Streuwert unmittelbar nach den Grenzwerten angeordnet. Gehäusedaten sind durch Verweis auf Normenblätter oder bemaßte Zeichnung definiert.

EGB (Elektrostatisch Gefährdete Bauelemente)

ESD (Electrostatic Discharge-)empfindliche Bauelemente werden in „antistatischer" Verpackung geliefert. Das aufgedruckte Warnschild verweist auf die Notwendigkeit von Schutzmaßnahmen gegen unkontrollierte Überlastung der Bauelemente durch elektrische Entladungen, beginnend beim Öffnen der Packung.

Normen

Weitere Einzelheiten entnehmen Sie den folgenden Unterlagen:

DIN 41 782: Dioden
DIN 41 785: Grenzwerte
DIN 41 791: Allgemeine Vorschriften
DIN 41 852: Halbleiter-Technologie
DIN 41 853: Begriffe für Dioden
DIN 41 854: Begriffe für Bipolartransistoren

B 3 Codierungen

Wegen der geringen Oberfläche werden die Werte von SMD-Bauteilen für Chips ohne Leitungsführung (MELF) nach Standard RC-8001, sowie rechteckige Chips aus laminierter Keramik nach Standard RC-3699, mit einem Codeaufdruck versehen. Es gibt den Zwei-, Drei- und Vierzeichencode.

Der Zweizeichencode

Dieser Code besteht nach folgender Tabelle *Abb. 2.5.3-15* aus einem Buchstaben und einer Zahl. Die Wertangabe erfolgt in Ohm und Picofarad.

2.5 Montage für spezielle elektronische Bauelemente

Abb. 2.5.3-15 Der Zweizeichencode

Zahlenwert	Code
1	A
1,1	B
1,2	C
1,3	D
1,5	E
1,6	F
1,8	G
2,0	H
2,2	J
2,4	K
2,7	L
3,0	M
3,3	N
3,6	P
3,9	Q
4,3	R
4,7	S
5,1	T
5,6	U
6,2	V
6,8	W
7,5	X
8,2	Y
9,1	Z
2,5	a
3,5	b
4,0	d
4,5	e
5,0	f
6,0	m
7,0	n
8,0	t
90	y

Multiplikator		Zahl
10^0	1	0
10^1	10	1
10^2	100	2
10^3	1 000	3
10^4	10 000	4
10^5	100 000	5
10^6	1 000 000	6
10^7		7
10^8		8
10^{-1}	0,1	9

Beispiele:

W 4 = 68 kΩ oder 68 000 pF = 68 nF
W 3 = 6,8 kΩ oder 6800 pF = 6,8 nF
A 1 = 10 Ω oder 10 pF.

2 Mechanik und Elektronik

Der Dreizeichencode

Hier werden drei Zahlen von links nach rechts gelesen.

1. Zahl : Wertigkeit
2. Zahl : Wertigkeit
3. Zahl : Exponent zu 10

Beispiel: 473 = 47 kΩ oder 47 nF

Bei Widerständen nutzen Hersteller einen „W-Code" wie folgt.

Werte bis 9,9 Ω: Code „WRW". Das erste W bildet die erste Zahl, das R die Kommastelle, das zweite W die Zahl nach dem Komma. Beispiel: 1 R 5 = 1,5 Ω

Werte von 10...99 Ω: Code „WWR". Beide W bilden Zahlen. R steht symbolisch für das Komma nach den Zahlen. Beispiel: 47 R = 47 Ω

Werte ab 100 Ω: Code „WWP". Beide W bilden Zahlen. Das P steht für den Exponenten.

Beispiel (siehe auch oben): 471 = 470 Ω

B 4 Standardabmessungen

Bezeichnung	Abmessung (mm)	Norm
0805	2,0 x 1,25	IEC
1206	3,2 x 1,6	IEC
1210	3,2 x 2,5	IEC
1812	4,5 x 3,2	IEC
2220	5,7 x 5,0	IEC
MELF	5,9 x 2,2 $\varnothing$	
MINIMELF	3,6 x 1,4 $\varnothing$	
MIKROMELF	2,0 x 1,27 $\varnothing$	
SOD 80	3,5 x 1,6 $\varnothing$	
SOT 23	3,0 x 1,3	DIN 23 A 3 JEDEC TO-236
SOT 143	3,0 x 1,3	DIN 23 A 3
SOT 89	4,5 x 1,5	JEDEC TO-243
SOT 192	4,5 x 4,0	
SO 4 ... 28[1])	Raster 1,27	JEDEC MO-046 ...
VSO (SOT 158)[2])	Raster 0,76	
PLCC	Raster 1,27	JEDEC MO-04 ...
LCCC	Raster 1,27	JEDEC MO-04 ...

1) SO 6   3,9 x 4,0 bzw. 3,9 x 6,2 (mit Anschlüssen)
   SO 8   5,2 x 4,0 bzw. 5,2 x 6,2 (mit Anschlüssen)
   SO 14 8,8 x 4,0 bzw. 8,8 x 6,2 (mit Anschlüssen)
   SO 20 L 12,8 x 7,6 bzw. 12,8 x 10,7 (mit Anschlüssen)
2) VSO   15,5 x 7,6 bzw. 15,5 x 12,8 (mit Anschlüssen)

Abb. 2.5.3-16 Standardabmessungen von SMD-Halbleitern und -Bauteilen

B 5 Wärmebilanz bei SMD-Halbleitern

Daten der Wärmeableitung

Bei SMD-Bauformen wird die Wärme im wesentlichen über die Anschlüsse abgeführt. Der Gesamtwärmewiderstand setzt sich hier aus folgenden Komponenten zusammen:

$R_{thJA} = R_{thJT} + R_{thTS} + R_{thSA}$
$R_{thJS} = R_{thJT} + R_{thTS}$

R_{thJA} = Wärmewiderstand zwischen Sperrschicht und Umgebung (Gesamtwärmewiderstand)
R_{thJS} = Wärmewiderstand zwischen Sperrschicht und Lötpunkt
R_{thJT} = Wärmewiderstand zwischen Sperrschicht und Chipunterseite (Chip-Gesamtwärmewiderstand)
R_{thTS} = Wärmewiderstand zwischen Chipunterseite und Lötstelle (Gehäuse/Legierschicht)
R_{thSA} = Wärmewiderstand zwischen Lötstelle und Umgebung (Substrat-Legierschicht)

Der R_{thJS} enthält alle typabhängigen Größen. Mit ihm kann bei vorgegebener Verlustleistung P_{tot} eine exakte Bestimmung der Bauteil-Temperatur vorgenommen werden, wenn die Temperatur T_S der wärmsten Lötstelle gemessen wird (bei Bipolar-Transistoren: typisch Kollektoranschluß, bei FETs: Source-Anschluß).

$T_J = T_S + P_{tot} \cdot R_{thJS}$

Die Lötstellentemperatur T_S ist anwendungsspezifisch von Substrat, Fremderwärmung durch benachbarte Bauteile und die Umgebungstemperatur T_A vorgegeben. Diese Komponenten zusammen bilden den schaltungsabhängigen, durch Wärmeabfuhrmaßnahmen beeinflußbaren Substrat-Wärmewiderstand R_{thSA}.

$T_S = T_A + P_{tot} \cdot R_{thSA}$

Ist die Messung der Lötstellentemperatur T_S nicht möglich oder genügt eine Abschätzung der Sperrschicht-Temperatur, kann der R_{thSA} aus den folgenden Diagrammen abgelesen werden. Damit geben wir einen Anhaltswert des Wärmewiderstandes R_{thSA} zwischen der Lötstelle auf Epoxy- bzw. Keramiksubstrat und ruhender Luft als Funktion der Kollektoranschluß- bzw. Keramik-Fläche. Als Parameter wird die abgeführte Verlustleistung, d. h. die Erwärmung $T_S - T_A$ der Platine angegeben. In diesem Fall gilt für die Betriebs-Temperatur:

$T_J = T_A + P_{tot} \cdot (R_{thJS} + R_{thSA})$

In den Datenblättern ist R_{thJS} als thermische Bezugsgröße der Wärmeableitung angegeben. Zu Vergleichszwecken dient die Angabe des Gesamtwärmewiderstandes R_{thJA}. Dazu werden je nach typischer Bauteile-Anwendung Referenzsubstrate folgender Ausführungen zugrundegelegt:

- NF-Anwendungen
  Epoxid-Leiterplatte: Kollektor-Anschlußfläche 6 cm^2 Cu, 35 μm Cu-Dicke
- HF-Anwendungen
  Keramik-Substrat: 15 mm x 16,7 mm x 0,7 mm

2 Mechanik und Elektronik

Die beiden Diagramme Abb. 2.5.3-17 a und b zeigen näherungsweise den Wärmewiderstand als Funktion der Substratfläche, wobei angenommen wird, daß sich der Prüfling in der Mitte des etwa quadratischen Substrates befindet.

Wärmeableitung von Platine an Umgebung
(Montagefläche: Cu 35 μm, Substrat: Epoxy 1,5 mm)

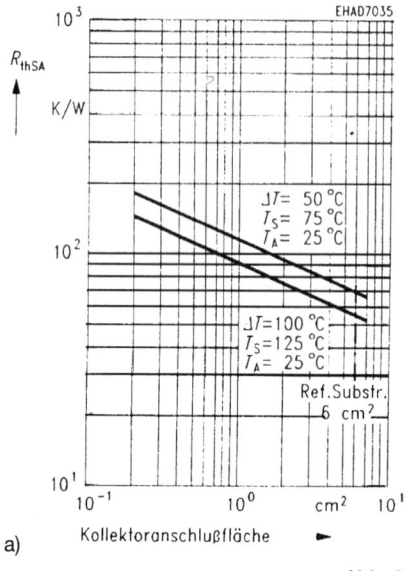

Wärmeableitung vom A 1203-Substrat an Umgebung
(Substrat in ruhender Luft, vertikal 0,6 mm Dicke)

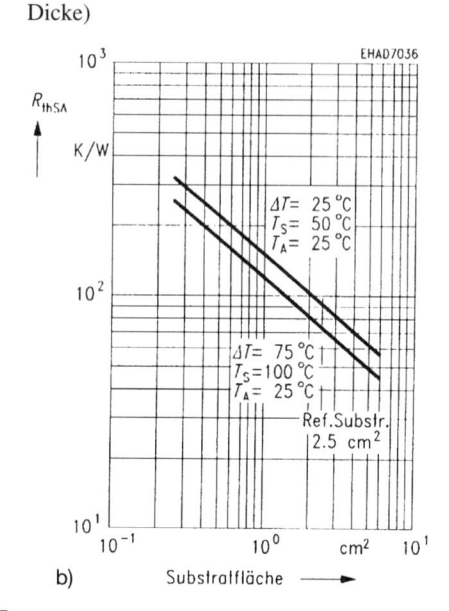

Abb. 2.5.3-17

Wärmewiderstände

Die Wärmeableitung bei SMD-Bauelementen resultiert aus Materialart und -dicke der Platine und der Leiterbahnen (Eigenerwärmung) sowie der Packungsdichte (Fremderwärmung). Eigen- und Fremderwärmung bestimmen also die Sperrschichttemperatur und damit die zulässige Belastbarkeit von SMD-Bauelementen.
Die Datenblattwerte der Wärmewiderstände, Abb. 2.5.3-18, dienen somit nur zum groben Abschätzen der Sperrschichttemperatur T_j, da sie unter bestimmten Randbedingungen im Labor gemessen werden und der jeweilige Anwendungsfall nicht berücksichtigt ist.
Der Wärmewiderstand R_{thJA} errechnet sich aus:

$R_{thJA} = R_{thJL} + R_{thLS} + R_{thSA}$

R_{thJL} = Wärmewiderstand zwischen Sperrschicht und Anschlüssen des Bauelementes

R_{thLS} = Wärmewiderstand zwischen den Anschlüssen und den Lötflächen des Substrats

R_{thSA} = Wärmewiderstand zwischen Substrat und Umgebung, z. B. Luft oder Kühlfläche

Abb. 2.5.3-18
Die Darstellung der Wärmewiderstände

2.5 Montage für spezielle elektronische Bauelemente

Der *innere Wärmewiderstand* R_{thJL} ist durch den Bauelementeaufbau bestimmt und kann deshalb exakt angegeben werden, während der *äußere Wärmewiderstand* als Summe aus R_{thLS} + R_{thSA} vom jeweiligen Anwendungsfall abhängt.

Gesamtverlustleistungsgruppen

SMD-Bauelemente sind entsprechend der max. zulässigen Gesamtverlustleistung P_{tot} gruppiert:

Gruppe	Gehäuse: SOT 23, SOT 143
I	Dioden, HF-Transistoren, MOSFET-Tetroden, Sensoren
II	NF- und Schalttransistoren, Lumineszenz-Dioden
III	Darlington- und Hochvolttransistoren, SIPMOS-Kleinsignaltransistoren

Gruppe	Gehäuse: SOT 89
I	HF- und NF-Transistoren, SIPMOS-Kleinsignaltransistoren

Gruppe	Gehäuse: SOD 80
I	Dioden

Wärmewiderstandsgruppen

Wärmewiderstand	Gehäuse SOT 23, SOT 143			SOT 89	SOD 80
	Gruppe I	II	III	I	I
R_{thJL}	355 K/W	280 K/W	255 K/W	20 K/W	225 K/W
R_{thLS}	30 K/W	30 K/W	30 K/W	15 K/W	30 K/W
R_{thSA}	65 K/W	65 K/W	65 K/W	90 K/W	65 K/W
R_{thJA}[1])	450 K/W	375 K/W[2])	350 K/W	125 K/W	320 K/W

[1]) Die Datenangaben stellen für die jeweilige Bauteilegruppe einen typischen Wert dar, der auf ein Einheitssubstrat 15 mm x 16,7 mm x 0,7 mm bezogen ist.
[2]) Wert gilt für LEDs bei Betrieb mit zwei Systemen (ein System: 750 K/W)

Um ein Reduzieren des Wärmewiderstandes zu erreichen, wird die Anschlußfläche auf der Leiterplatte für den Kollektoranschluß nach *Abb. 2.5.3-19* und den Diagrammen *2.5.3-20 a* und *b* vergrößert. Das ist besonders bei schlecht wärmeleitenden Epoxid-Leiterplatten sehr wirkungsvoll.

| SOT 23 | SOT 143 | SOT 89 | SOD 80 |

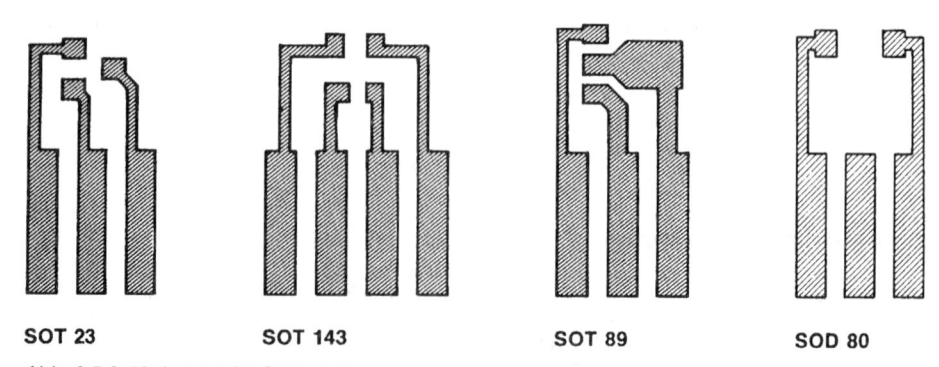

Abb. 2.5.3-19 Layout für SMD-Halbleiter

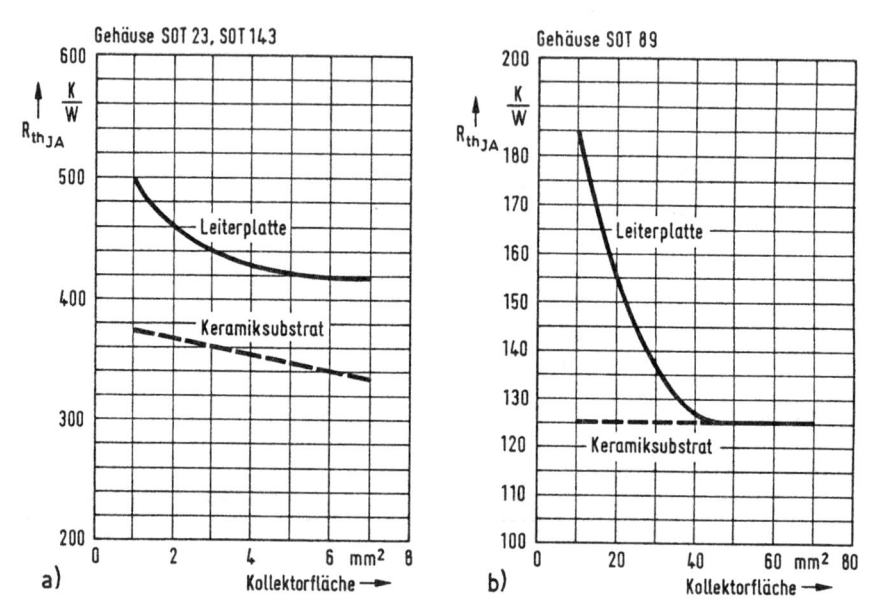

Abb. 2.5.3-20 a und b Kühlflächen für SMD-Halbleiter

In der Regel sind diese Angaben zum Ermitteln der Sperrschichttemperatur T_j ausreichend. Das Bestimmen der Sperrschichttemperatur T_j über die Temperaturabhängigkeit einer Diodenstrecke ist zwar genauer, aber sehr aufwendig.

Muß die Sperrschichttemperatur T_j dennoch exakt bestimmt werden, so mißt man die Temperatur T_L der Bauelementeanschlüsse und berechnet T_j nach folgender Formel:

$$T_j = T_L + R_{thJL} \cdot P_{tot}$$

Temperaturmeßmethoden der Bauelementeanschlüsse

Messen mit Thermoelement (z. B. Thermocoax)
Das Messen erfolgt mittels Miniatur-Mantel-Thermoelement mit niedriger Wärmekapazität. Das Thermoelement ist mit Wärmeleitpaste überzogen und wird gegen den Kollektoranschluß

gedrückt. Ein Beeinflussen des Meßobjektes ist äußerst gering und der Meßfehler beträgt nur wenige Prozent.
Dies wird nicht empfohlen, wenn durch die elektrische Leitung die Funktion der Schaltung beeinflußt werden kann und Wärme von der Lötstelle abgeführt wird, was zu Falschmessungen führt, wenn nicht ein erheblicher Meßaufwand betrieben wird.

Messen mit Temperaturindikatoren (z. B. Thermopapier)
Beim Messen mit Temperaturindikatoren kann die Temperatur ohne zusätzliche Wärmeableitung und somit fast fehlerfrei bestimmt werden. Der entsprechende Fehler ist praktisch nur durch die Abstufung der Temperaturindikatoren gegeben. Diese Methode ist einfach durchzuführen und dabei ausreichend genau. Sie eignet sich besonders für Messungen auf Platinen.

Beispiel einer Berechnung für die maximale Verlustleistung

Die *Abb. 2.5.3-21* zeigt eine typische Berechnung des thermischen Widerstandes für SOT-23-, SOT-89- und SOT-143-Bauelemente, montiert auf Printed Curcuit Board (PCB) oder auf Keramiksubstrat. Da ein PCB einen von der Fläche unabhängigen thermischen Widerstand besitzt, muß für jede Applikation eine neue thermische Verteilung berechnet werden.

Abb. 2.5.3-21
Beispiele zur Berechnung der Verlustleistung mittels der thermischen Widerstände

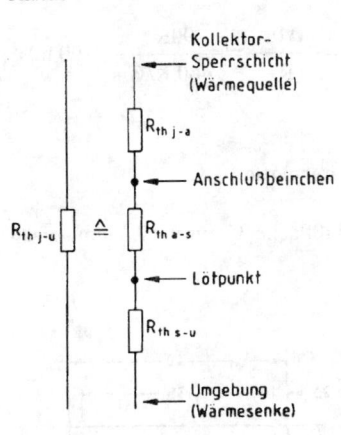

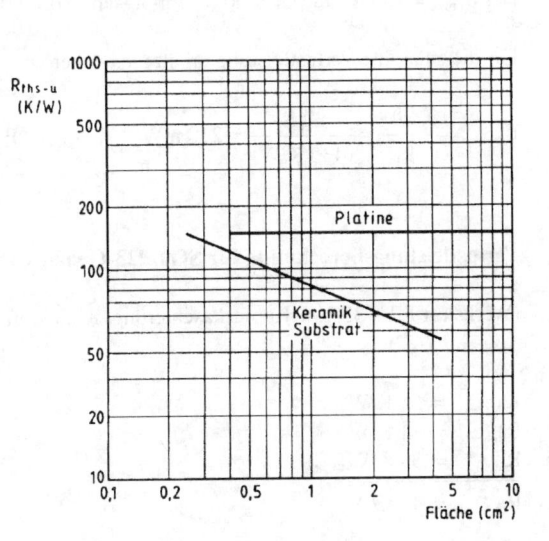

Verlustleistungsberechnung für SOT-89-Gehäuse

auf Keramiksubstrat und Leiterplatte (Hartpapier)
$R_{th\,j-a}$ = 10 K/W $T_{th\,j-a}$ = 10 K/W
$R_{th\,s-u}$ = 80 – 110 K/W $R_{th\,s-u}$ = 140 K/W

$R_{th\,j-u}$ = 90 – 120 K/W $R_{th\,j-u}$ = 150 K/W

Bei $\vartheta_{j\,max}$ = 150 °C und ϑ_u = 60 °C ergibt sich: $\Delta\vartheta$ = 90 K.
Für die Berechnung von $P_{tot\,max}$ sollte jedoch hier eine Lötstellentemperatur von 110 °C nicht überschritten werden, da die Kollektorfläche gelötet wird!

2 Mechanik und Elektronik

Bei $\vartheta_{j\,max} = 110\,°C$ erhält man entsprechend: $\Delta\vartheta = 50\,K$ und daher:

$$P_{tot\,max} = \frac{\Delta\vartheta}{R_{th}} = \frac{50\,K}{120\,K/W} \approx 400\,mW \qquad P_{tot\,max} = \frac{\Delta\vartheta}{R_{th}} = \frac{50\,K}{150\,K/W} \approx 350\,mW$$

Verlustleistungsberechnung für SOT-23/SOT-143-Gehäuse

auf Keramiksubstrat   und   auf Leiterplatte (Hartpapier)
Wärmewiderstände:
Sperrschicht/Anschlüsse
$\quad R_{th\,j-a} = \quad 60\,K/W \qquad\qquad T_{th\,j-a} = 60\,K/W$
Anschlüsse/Substrat
$\quad R_{th\,a-s} = \quad 280\,K/W \qquad\qquad R_{th\,a-s} = 280\,K/W$
Substrat/Umgebung
$\quad R_{th\,s-u} = \quad 60\ldots90\,K/W \qquad\quad R_{th\,s-u} = 120\,K/W$

$\quad R_{th\,(j-u)} = 400\ldots430\,K/W \qquad R_{th\,(j-u)} = 460\,K/W$

Bei $\vartheta_{j\,max} = 150\,°C$ und $\vartheta_u = 60\,°C$ ergibt sich: $\Delta\vartheta = 90\,K$.

Für die zulässige Verlustleistung erhält man daher

$$P_{tot\,max} = \frac{\Delta\vartheta}{R_{th}} = \frac{90\,K}{430\,K/W} \approx 210\,mW \quad bzw. \quad P_{tot\,max} = \frac{\Delta\vartheta}{R_{th}} = \frac{90\,K}{460\,K/W} \approx 190\,mW$$

Verlustleistungsberechnung für SOT-223-Gehäuse auf Leiterplatte

(Werkstoff FR4, 35-µm-Kupferkaschierung, Kollektoranschlußfläche 35 mm x 17,1 mm gemäß Abb. 2.5.3-22)

$R_{th\,j-a} = 5\,K/W$
$R_{th\,a-s} = 1\,K/W$
$R_{th\,s-u} = 39\,K/W$

$R_{th\,(j-u)} = 45\,K/W$

$\vartheta_{j\,max} = 150\,°C$ und $\vartheta_u = 60\,°C$ ergeben $\Delta\vartheta = 90\,K$,
und damit wird

$$P_{tot\,max} = \frac{\Delta\vartheta}{R_{th}} = \frac{90\,K}{45\,K/W} = 2\,W$$

mit
– max. zul. Sperrschichttemperatur $\vartheta_{j\,max} = 150\,°C$
– max. Umgebungstemperatur $\vartheta_u = 60\,°C$
– Temperaturdifferenz $\Delta\vartheta = 90\,K$
– zulässiger Verlustleistung $P_{tot\,max} = \Delta\vartheta/R_{th}$

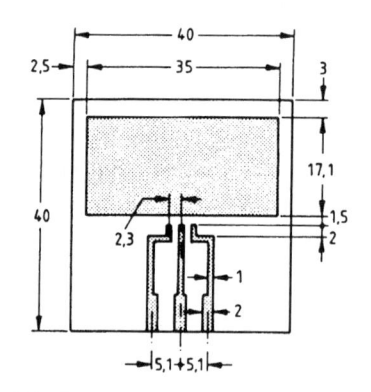

Abb. 2.5.3-22
SMD-Kühlfläche

B 6 SMD-Lay-out

B Platinen für die SMT-Technik

Für die Oberflächenmontage steht je nach Anwendungsfall entsprechendes Platinenmaterial zur Verfügung, wie es die nebenstehenden Tabellen zeigen.

Trägerwerkstoffe für Leiterplatten für SMDs

Trägerwerkstoff[1])	Relative Kosten[2])	Übergangstemperatur T_G des Glases °C	Wärmeausdehnungskoeffizient 10^{-6}/K	Wärmeleitfähigkeit W/mK	Maximale Betriebstemperatur °C	Feuchteaufnahme %	Durchgangswiderstand[4]) Ω/cm	Oberflächenwiderstand[4]) Ω	Dielektrizitätszahl[4]) bei 1 MHz
Papier/ Phenolharz	– –	–	–	–	70 bis 105	0,5	10^{11}	10^{10}	≈ 4,5
Papier/ Epoxidharz	–	125	–	–	90 bis 110	0,5	10^{11}	10^{10}	≈ 4,5
Glas/ Epoxidharz		125	13 bis 17	0,15	bis 125	0,2	10^{12}	10^{11}	≈ 4,8
Glas/ Polyimid	+ +	250	12 bis 16	0,35	bis 250	0,5	10^{12}	10^{11}	≈ 4,8
Glas/Epoxidharz mit anpassungsfähiger Beschichtung	+	125	–	0,15 bis 0,2	–	0,2	10^{12}	10^{11}	≈ 4,8
Glas/Polyimid mit anpassungsfähiger Beschichtung	+ +	250	–	0,15 bis 0,3	–	0,5	10^{12}	10^{11}	≈ 4,8
Glas/Epoxidharz mit Metallkern[3])	+ +	125	abhängig v. Aufbau	abhängig v. Aufbau	bis 125	0,2	10^{12}	10^{11}	≈ 4,8
Glas/Polyimid mit Metallkern[3])	+ +	250	abhängig v. Aufbau	abhängig v. Aufbau	bis 250	0,5	10^{12}	10^{11}	–
Glas/Epoxidharz mit hohem T_G-Wert	+	150 bis 190	–	0,15	bis 125	0,2	10^{12}	10^{11}	≈ 4,8
Glas/Teflon®	+ +	75	6 bis 10	0,25	340	1,3	$2 \cdot 10^{13}$	$3 \cdot 10^{14}$	≈ 2,2
Aluminiumoxid-Keramik	+ +	–	5 bis 7	21	–	–	10^{14}	10^{12}	≈ 8

1) Zur Erfüllung hoher professioneller Anforderungen werden zur Zeit die neuen Werkstoffe Polyimid/Quarzfaser und Polyimid/Kevlar® entwickelt.
2) Hinweis auf die relativen Kosten: – –/–/O/+/+ +.
3) Kupfer, Kupfer-Invar oder andere Metalle sind als innere und/oder äußere Kühlkörper/Träger verwendbar.
4) nach MIL-P-13949.

Technische Daten

	einseitig, starr	zweiseitig, starr	mehrlagig	flexibel und starr-flexibel
Trägerwerkstoff	Papier/Phenolharz Papier/Epoxidharz Glas/Epoxidharz Glas/Polyester	Papier/Phenolharz Papier/Epoxidharz Glas/Epoxidharz Glas/Polyester Glas/Polyimid, Teflon*	Glas/Epoxidharz Glas/Polyimid	Glas/Epoxidharz Polyimid (kupferkaschiert)
Plattendicke Dicke der Kupferkaschierung	0,6 mm bis 3,2 mm 105 µm, 70 µm, 35 µm	0,6 mm bis 3,2 mm 105 µm, 70 µm, 35 µm, 17,5 µm	0,6 mm bis 3,2 mm 70 µm, 35 µm, 17,5 µm	0,1 mm bis 3,2 mm 70 µm, 35 µm, 17,5 µm
Standardgröße[1] (max.)	540 mm × 460 mm	540 mm × 460 mm	540 mm × 460 mm	540 mm × 460 mm
Lochdurchmesser (min.) – gebohrt – gestanzt	0,3 mm halbe Plattendicke	0,3 mm halbe Plattendicke	0,3 mm	0,5 mm
Lochdurchmesser-Toleranz (min.)	± 50 µm	± 50 µm	± 50 µm	± 50 µm
Max. Verhältnis von Dicke : Lochdurchmesser		4 : 1	4 : 1	4 : 1
Leiterbahnbreite/ Leiterbahnabstand (min.)	80 µm/125 µm	80 µm/125 µm	80 µm/125 µm	80 µm/125 µm
Minimale Toleranz von Leiterbahnbreite/ Leiterbahnabstand	± 30 µm	± 30 µm	± 30 µm	[2]
Oberflächenbehandlung der äußeren Schichten	PbSn (galvanisch oder durch Heißverzinnen, mit oder ohne Anschmelzen, ganzflächig oder selektiv), Schwarzoxidation, Konservierung durch Lötlacke, Rollverzinnung			
Aufbringen des Lötstopplacks	durch Siebdruck oder Fotoprozeß (Folie oder Lack)			
Aufbringung der Beschriftung	durch Siebdruck			
Zerlegen in Endgröße	durch Schneiden, Sägen, Stanzen, Fräsen			
elektrische Prüfung	100 %-Prüfung auf Kurzschluß und Unterbrechung mit speziell entwickelten oder standardisierten Testadaptern			

1) größere Platten auf Anfrage
2) abhängig von Werkstoff und Aufbau
* eingetragenes Warenzeichen der E. L. du Pont de Nemours & Co

In der SMT-Technik werden Leiterbahnbreiten bis herab zu 150 µm erzielt, sowie Leiterbahnabstände bis zu 273 µm. Die hohen Packungsdichten werden u. a. durch beidseitige Bestückung und durch Leiterbahnführung unter den einzelnen Bauelementen erreicht. Die *Abb. 2.5.3-23* zeigt einige Beispiele.

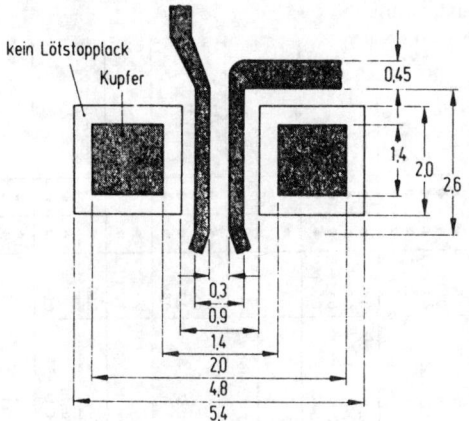

2.5 Montage für spezielle elektronische Bauelemente

Lötflächen für Widerstände mit zwei hindurchgeführten Bahnen

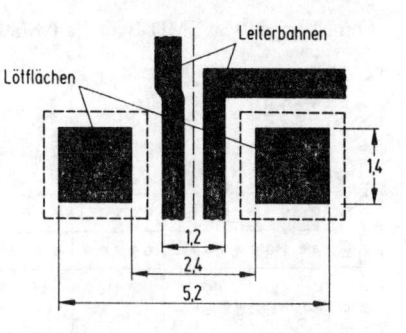

Lötflächen für SOD-80-Bauelemente mit zwei hindurchgeführten Leiterbahnen

Abb. 2.5.3-23
Leiterbahnführungen bei SMD-Platinen

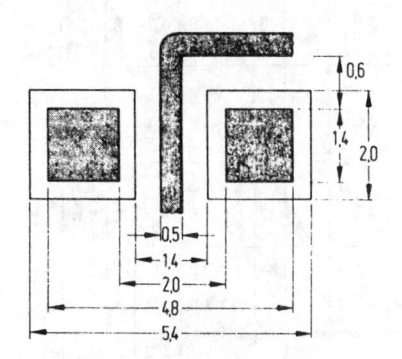

Lötflächen für Chip-Bauelemente mit einer hindurchgeführten Bahn

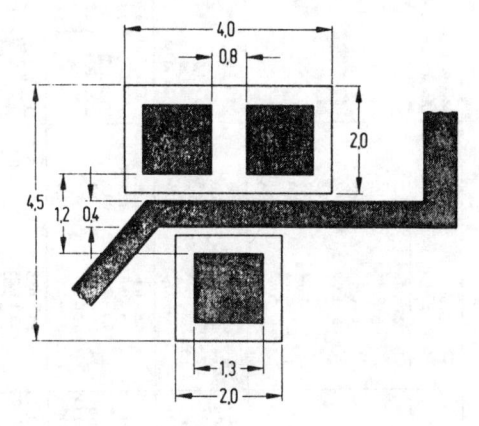

Lötflächen für SOT-23-Bauelemente mit einer Leiterbahn

721

2 Mechanik und Elektronik

Abmessungen von SMD-Bauteilen. Maßangabe in mm.

SMD-Typ	Bauform	Länge L_1[3]) $L_{m\,2})$	Breite B_3[3]) $B_{m\,4})$	Gesamt-Höhe	Lötanschluß Länge x Breite x Höhe	Boden-abstand	Gewicht in g	Lötbarkeit R[5]) S[6])	Bemerkungen
Kerko[7])	0805	2,0 ± 0,2	1,25 ± 0,2	≤1,3			0,015	●	S nur für AgNiSn[8])
PTC	0805	2,0 ± 0,2	1,25 ± 0,2	≤1,3			0,02	●	Ag-Kontaktierung
Kerko	1206	3,2 ± 0,2	1,6 ± 0,2	≤1,3			0,03	●	S nur für AgNiSn[8])
NTC	1206	3,2 ± 0,2	1,6 ± 0,2	≤1,3		0,02...0,06	0,03	●	AgPd-Kontaktierung
Kerko	1210	3,2 ± 0,2	2,5 ± 0,2	≤1,7			0,05	●	S nur für AgNiSn[8])
PTC	1210	3,2 ± 0,2	2,5 ± 0,2	≤1,7			0,05	●	Ag-Kontaktierung
Kerko	1812	4,5 ± 0,2	3,2 ± 0,2	≤1,8			0,06	●	S nur für AgNiSn[8])
PTC	1812	4,5 ± 0,2	3,2 ± 0,2	≤2,0			0,06	●	Ag-Kontaktierung
Kerko	2220	5,7 ± 0,2	5,0 ± 0,2	≤1,7			0,09	●	S nur für AgNiSn[8])
PTC	2220	5,7 ± 0,2	5,0 ± 0,2	≤2,0			0,1	●	Ag-Kontaktierung
SIMID	01	2,8 ± 0,2	2,5 ± 0,2	≤1,6	0,5 × 1,8	0,1 ± 0,05		●●●	△ 1206
SIMID	02	3,2 ± 0,4	2,5 ± 0,3	≤2,0	0,5 × 1,2	0,1...0,15			△ 1206
SIMID	03	4,5 ± 0,4	3,2 ± 0,3	3,2 + 0,3	0,5 × 1,5	0,1...0,15			△ 1812
MIFI		5 − 0,1	3,6	≤3,5	s. Bild 29				
Schalenkern[9])	4,6 Ø	≤4,8	5 − 0,1	5,8 − 0,1	s. Bild 30		0,15		Lötwärmebeständigkeit eingeschränkt (260 °C, 5 sec)
MKT-Ko	A	4,6 − 0,3	4,5 − 0,1	≤2,5				●●●●●	
MKT-Ko	B	4,6 − 0,3	5,5 − 0,1	≤3,2					
MKT-Ko	C	7,0 − 0,3	5,0 − 0,1	≤3,2	(0,5 ± 0,25) × Bauteilbreite × Bauteilhöhe	0,1...0,15	0,26		
MKT-Ko	D	8,5 − 0,3	5,9 − 0,1	≤4,0			0,44		
MKT-Ko	E	9,1 − 0,3	8,0 − 0,1	≤4,7					
MKT-Ko	F	9,1 − 0,3	8,0 − 0,1	≤6,0					
Ta-Ko	A	≤4,3	2,55 ± 0,25	1,77 ± 0,13	(0,75 ± 0,25) × 1,9 × 1,3 / 2,1 / 2,8		0,06	●●●●●	
Ta-Ko	B	≤4,3	2,55 ± 0,25	2,57 ± 0,13	(0,75 ± 0,25) × 1,9 × 1,3 / 2,8	0,1...0,15	0,09		
Ta-Ko	C	≤8,0	4,55 ± 0,25	1,77 ± 0,13	(1,25 ± 0,25) × 3,3 × 2,3 / 3,6		0,2		
Ta-Ko	D	≤8,0	4,55 ± 0,25	2,57 ± 0,13	(1,25 ± 0,25) × 3,3 × 2,3 / 4,3		0,35		
Ta-Ko	E	≤8,0	4,55 ± 0,25	4,97 ± 0,13	5,6		0,7		
Diskrete Halbleiter	SOT 23	2,9 ± 0,1	1,3 ± 0,1	≤1,1	s. Datenbuch	0,05 − 0,1	0,02	●●●●	
	SOT 143	2,9 ± 0,1	1,3 ± 0,1	≤1,1	s. Datenbuch	0,05...0,1	0,03		
	SOT 89	4,5	<2,6	1,5	s. Datenbuch	≤0,2	0,1		
	SOD 80	3,5 ± 0,1	Ø 1,5	Ø 1,6 ± 0,1	0,35		0,035		
Mikrowellen-transistor	CEREC SMD	s. Datenbuch		≤1,8	s. Datenbuch	0	0,3	●	
Opto-Koppler	SO 8 ähnl.	4,9	3,9	3,2		0,1...0,15	ca. 0,5	●	
SO-Gehäuse	SO 6	3,9 − 0,3	4 − 0,2	≤2,5	ca. 0,4 × (0,4 ± 0,1)	≤0,2	0,1	●●●●	Raster 1,27
	SO 8	5,2 − 0,2	6,2 − 0,5	≤2,2			0,15		Raster 1,27
	SO 14	8,8 − 0,3	4 − 0,2	≤2,8			0,2		
	SO 20 L	12,8 − 0,2	10,4 ± 0,3	≤2,7			0,6		
PLCC-Gehäuse	PLCC 44	16,60 ± 0,07 17,53 ± 0,13	wie Länge	4,4 ± 0,2 4,6 ± 0,4	ca. 0,4 × (0,4 ± 0,1)		2	●	Raster 1,27
	PLCC 68	24,21 ± 0,07 25,15 ± 0,13					4		Raster 1,27
MIKROPACK		Variabel		≤0,6	0,4 ± 0,1		0,03/cm²	●	Löttemp. max. 220 °C
Zylinder	MELF[10])	5,9 ± 0,2	Ø = 2,2 ± 0,2		variabel	≤0,15		●●	
	Mini MELF[11])	≤3,6	Ø ≤1,4			−0,1...+0,2			
Widerstand[12])	0805	2,0 ± 0,2	1,25 ± 0,15	0,45 ± 0,05	0,5 − 0,15 / 0,5...0,85	≤0,1	0,02	●●	
	1206	3,2 ± 0,2	1,6 ± 0,15	0,6 ± 0,05	≥0,2 × Bauteilbreite / ≥0,25 × Bauteilhöhe				

1. Länge des Bauelementekörpers ohne Lötanschluß
2. Länge des Bauelementekörpers einschließlich Lötanschluß
3. Breite des Bauelementekörpers ohne Lötanschluß
4. Breite des Bauelementekörpers einschließlich Lötanschluß bzw. Breite des Lötanschlusses
5. Reflowlöten
6. Schwallöten

7. Keramik-Vielschicht-Kondensator
8. die Metallisierung schwallötfähiger Keramik-Kondensatoren besteht aus AgNiSn
9. kompletter Bausatz mit Halterung
10. Datenblattangaben von Taiyo Yuden
11. Datenblattangaben von Beyschlag bzw. Vitrohm
12. Datenblattangaben von Vitrohm

Beispiel: HF-Layout-Entwurf.

Besonders im HF-Bereich sind nicht alle CAD-Programme „denkfähig". Das folgende Schaltbild *Abb. 2.5.3-24* (HF-Bereich bis 1,2 GHz) wurde als Layout im Format 1:1 geklebt.

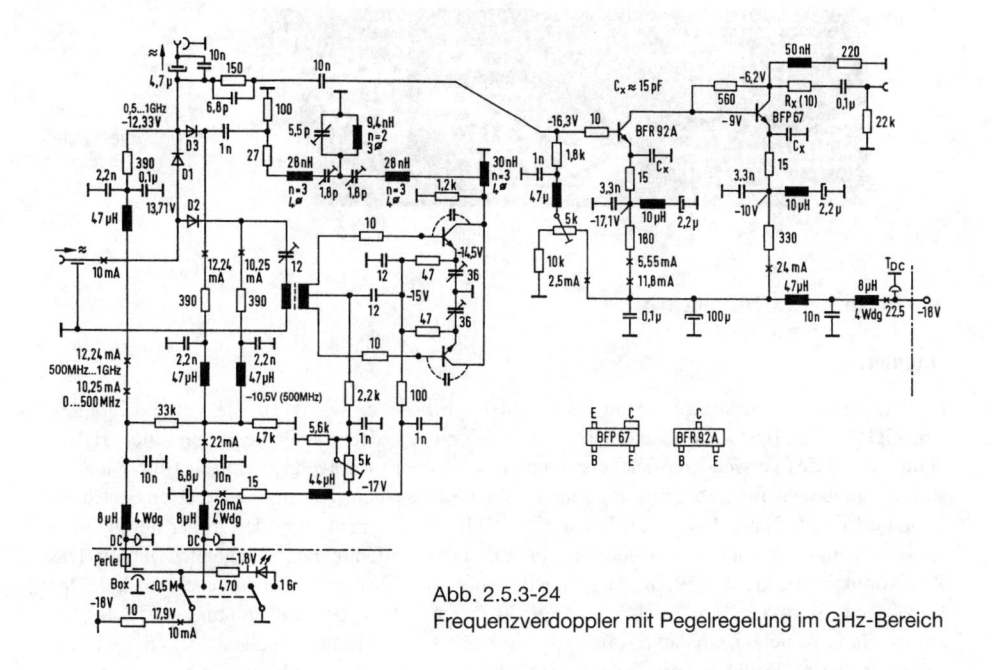

Abb. 2.5.3-24
Frequenzverdoppler mit Pegelregelung im GHz-Bereich

723

2 Mechanik und Elektronik

Die folgende *Abb. 2.5.3-25a und b* zeigt als Vorstufe das Layout ohne Massefläche und im oberen Bild mit ausgefüllten Masseflächen.

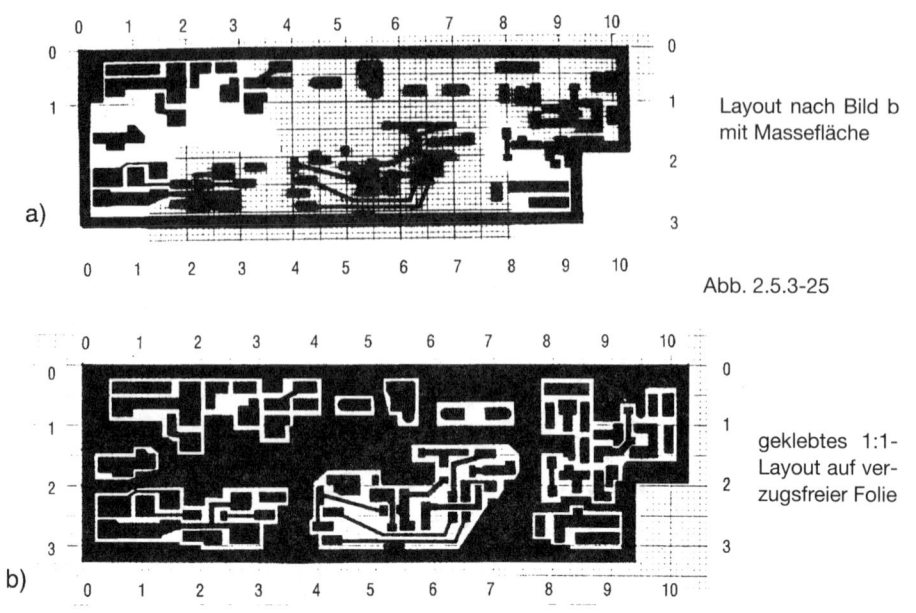

a)

Layout nach Bild b mit Massefläche

Abb. 2.5.3-25

b)

geklebtes 1:1-Layout auf verzugsfreier Folie

B 7 Löten von SMD-Bauteilen

Handlöten

Für automatische Bestückung sind verschiedene Einflüsse, wie z. B. die der Positioniergenauigkeit der Bestückungsautomaten, der Toleranzen der Bauelemente und der Haltebedingungen des verwendeten Klebers möglich. Es sollen im folgenden zunächst die wichtigsten Bedingungen für Labormusterplatinen aufgeführt werden, die eine entsprechende Handlötung erfordern. Nach *Abb. 2.5.3-26* kann das SMD-Bauelement entweder vorher durch einen Klebevorgang oder ohne Kleber durch leichten Druck gehalten und danach gelötet werden. Die Zweikomponentenkleber sind hier angebracht, wobei die Aushärtezeiten zu beachten sind. Der Lötvorgang ist in der *Abb. 2.5.3-27* gezeigt. In jedem Fall ist bei Kolbenlötung die Lötspitze auf die Bahn zu richten, so daß das flüssige Zinn sich von der Bahn ausgehend an den SMD anschmiegt. Beim Entlötvorgang ist entsprechend zu verfahren. Beide Seiten wenn möglich gleichzeitig erhitzen. Geklebte Bauelemente können unter Hitzeeinwirkung gelöst oder vorher gezielt zerstört demontiert werden. Vorsicht, hier kann sich die Leiterbahn abheben. Die Leiterbahnen sind unter einer Lupe mit Entlötlitze zu säubern, um wieder eine ebene Auflage zu erhalten. Chips und Leiterbahn nicht mit Fingerschweiß in Berührung kommen lassen. Für die Entlöttechnik gibt es bereits spezielle Lötwerkzeuge (Fa. Ersa und Fa. Weller).

Im allgemeinen wird bei Handlötung eine Spitzentemperatur von ca. 300 °C gewählt, wobei die Erhitzungszeit des SMD-Elementes nach der Anschmiegung des Zinns bis zu 3 Sekunden dauern darf.

Der Laborarbeitsplatz setzt präzises Arbeiten voraus. So ist ein großflächiges Vergrößerungsglas unumgänglich. Ebenso dafür geeignetes Werkzeug. So z. B. SMD-Pinzetten XCELITE der Fa. Weller. Besser eingerichtete Laboratorien arbeiten mit Stereomikroskopen (Vergrößerung x 3 ... x 20).

2.5 Montage für spezielle elektronische Bauelemente

Abb. 2.5.3-26
Kleben von SMD-Bauteilen

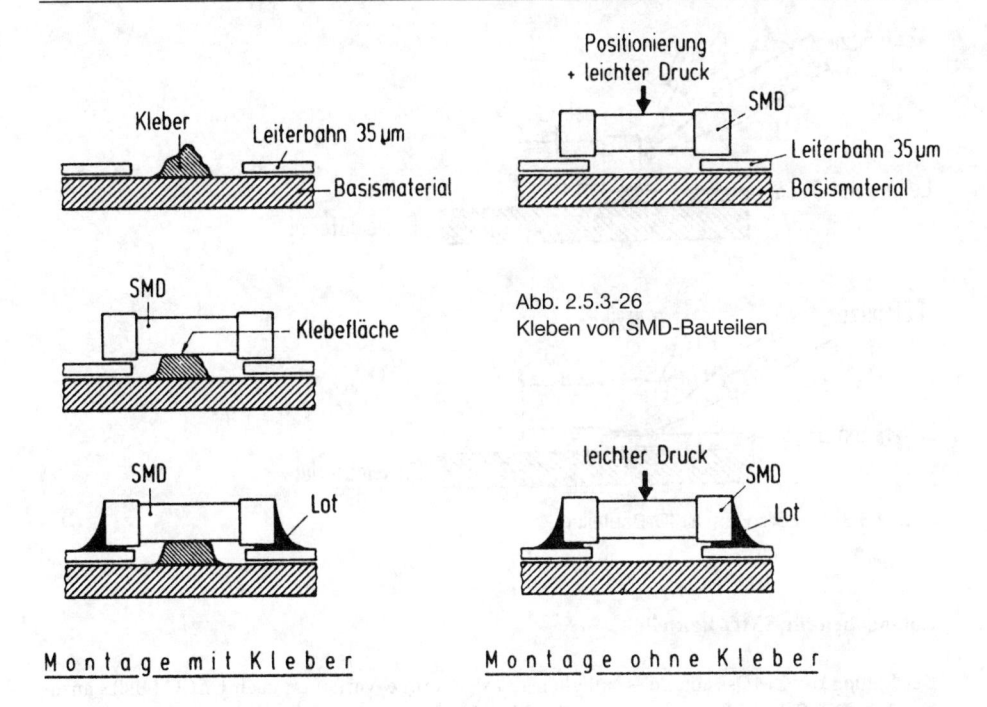

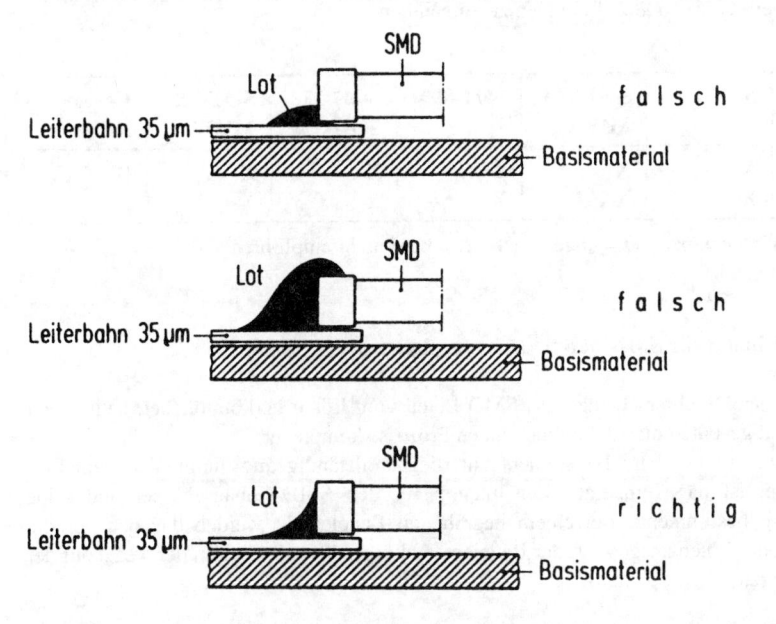

Montage mit Kleber   **Montage ohne Kleber**

Für das Entlöten (Auslöten) von SMD-Bauteilen und ICs hat sich bei mir die Methode mit Streifen dünner (0,05 mm) Aluminiumfolie (Küchenbedarf) bewährt. Ein ca. 6 mm breiter Streifen wird zwischen Platinenbahn und Bauteilfuß im erhitzten Zustand geschoben. Durch seitliche Vorgehensweise können so auch mehrpolige Bauelemente entlötet werden. Aus Stabilitätsgründen kann dieser Streifen auch gefaltet (0,1 mm) werden.

falsch

falsch

richtig

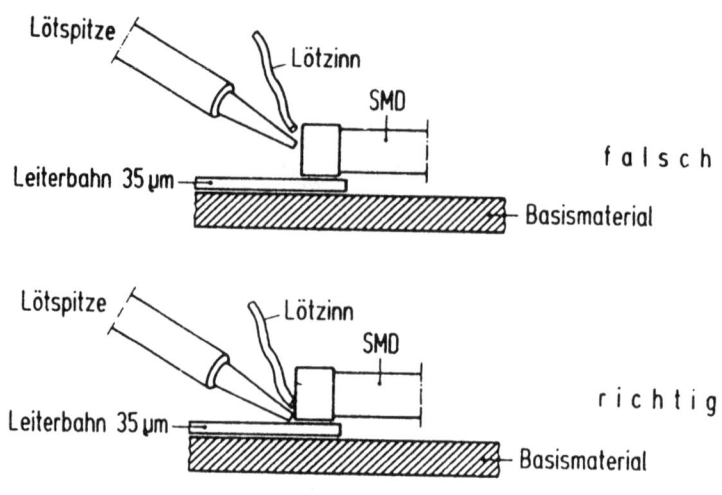

Abb. 2.5.3-27 Löten von SMD-Bauteilen

Lötangaben für SMD-Bauteile

Bei Lötung der SMD-Bauteile ist möglichst das genormte Verfahren nach CECC 00802 anzuwenden. Die Schwallötung ist das in der Flachbaugruppentechnik am häufigsten eingesetzte maschinelle Lötverfahren. Dazu sind die Bauteile zwischen Unterseite und Auflageseite zu fixieren, wobei der Abstand 0,3 mm nicht übersteigen darf. Die Lötflächen dürfen dabei mit dem Kleber nicht in Berührung kommen. Die Lötbadtemperatur kann max. 260 °C betragen.
Eine Verweildauer von 8 s darf dabei nicht überschritten werden. Erfolgt eine Vorwärmung auf ca. 100 °C, so ist die Lötzeit auf max. 5 s zu vermindern. Hinweise über Reinigungsverfahren sind ebenfalls dem CECC 00802-Leitfaden zu entnehmen.

Gehäuse	SOT-23	SOT-143 MW-4	SOT-89	SOD-123 SOD-323	SOT-223 MW-7	Cerec-X/XF
Wellenlötung	X	X	Δ	X	X	O
Reflowlötung	X	X	X	X	X	X

Lötverfahren: X = geeignet O = ungeeignet Δ = wird nicht empfohlen

Industrielle Lötbäder für SMD-bestückte Leiterplatten

Folgende drei Aspekte unterscheiden das SMD-Löten vom Löten herkömmlicher, bedrahteter Bauelemente und gestalten die zu durchlaufenden Prozesse komplexer:
a) Das oberflächenmontierbare Bauelement unterliegt vollständig und unmittelbar dem Lötprozeß; dabei ist das Temperatur-Zeit-Integral für den SMD-Gehäusekörper und seine Lötanschlüsse bestimmend. Bei einem bedrahteten Bauelement werden dagegen nur die Anschlüsse dem Löten ausgesetzt; der Bauelementekörper befindet sich in der Regel auf der entgegengesetzten Leiterplattenseite.

b) Beim Wellenlöten – und noch ausgeprägter beim Schleppbad – stellt der SMD-Körper ein Hindernis dar; die Strömung wird mit wachsender SMD-Baugröße zunehmend beeinträchtigt. Diese Störung kann auf das vom Lot umspülte größere SMD-Bauteil selbst und auf seine Nachbarschaft rückwirken, d. h. die Qualität der Lötverbindung beeinflussen. Dagegen bilden die Drahtanschlüsse herkömmlicher Bauelemente im allgemeinen kein Hindernis.
c) Ein großer Teil der SMDs ist durch die Lötverbindungen starr mit der Leiterplatte verbunden. Bei Temperaturschwankungen können aufgrund unterschiedlicher Wärmeausdehnungskoeffizienten mechanische Spannungen auftreten.

Daraus ergeben sich einige wichtige – teilweise miteinander verknüpfte – Aufgabenstellungen:

- Die angebotenen SMDs sollten lötfest sein. Ihre elektrischen und mechanischen Eigenschaften sollten unter den technisch üblichen Lötbedingungen hinreichend stabil bleiben. Das gilt sowohl für den Zeitabschnitt unmittelbar nach dem Löten als auch für das Langzeitverhalten (Zuverlässigkeit). Um SMDs vergleichen und beurteilen zu können, sind geeignete Prüfungen/Prüfschärfen festzulegen und Bauelementedaten anzugeben.
- Aus Laboruntersuchungen und aus der SMD-Lötpraxis sind grundlegende Regeln für die Auswahl der Lötverfahren für die SMD-Anordnung auf der Leiterplatte und für die Dimensionierung der Lötflächen abzuleiten.

Ganz anders als in herkömmlicher Technik mit bedrahteten Bauelementen ist SMD-Löten ein Komplex, mit dem sich auf der Anwenderseite nicht nur die Fertigung von Flachbaugruppen, sondern auch die Entwicklung auseinandersetzen muß. Die Berücksichtigung löttechnischer Bedingungen ist zwar eine Einengung des Freiheitsgrades beim SMD-Schaltungsentwurf, bedeutet aber, daß die Fertigung einen besseren technischen und wirtschaftlichen Wirkungsgrad erzielt. Andersherum gesagt: Werden die Einflußgrößen beim SMD-Löten nicht beachtet, muß mit Lötproblemen (z. B. Lötbrücken, keine Lötverbindung, kalte Lötstelle etc.) gerechnet werden. In der folgenden Tabelle sind die Verknüpfungen des SMD-Lötens mit den Parametern und Anforderungen des schaltungstechnischen Umfeldes verdeutlicht.

Temperatur/Zeit-Bedingungen im ruhenden Lötbad zur Prüfung des SMD-Lötverhaltens

	$(215 \pm 3)°C$ $(3 \pm 0,3)$ s	$(235 \pm 5)°C$ $(2 \pm 0,2)$ s	$(260 \pm 5)°C$ $(5 \pm 0,5)$ s	$(260 \pm 5)°C$ (30 ± 1) s
Lötbarkeit (Benetzbarkeit)	●	●		
Lötwärmebeständigkeit			●	
Beständigkeit gegen Entnetzung			●	
Ablegierfestigkeit*)				●

*) Anwendbar auf SMD-Keramikkörper mit Lötflächen (Metallisierungen) an den Stirnseiten.

Das Lötverhalten von SMDs

Alle von Valvo für die SMD-Technik konzipierten Bauelemente können auf die gebräuchlichen Leiterplatten (z. B. Hartpapier, glasfaserverstärktes Epoxidharz) oder auf Keramiksubstrat montiert und gelötet werden. Dabei sind auch Lötverfahren zulässig, bei denen das Bauelement ins Lötbad getaucht wird (z. B. Lötwelle).
Das Lötverhalten eines Bauelementes wird durch seine Lötbarkeit und Lötwärmebeständigkeit beschrieben. Siehe dazu DIN IEC 68 Teil 2–44 Leitfaden zur Lötprüfung.
Unter Lötbarkeit (Benetzbarkeit) wird die Eignung zur Ausbildung einer Lötverbindung und unter Lötwärmebeständigkeit die Widerstandsfähigkeit gegen die mit dem Löten verbundene Wärmebeanspruchung verstanden. Im letzteren Fall ist sowohl die Stabilität elektrischer und mechanischer Daten als auch die Beständigkeit der Lötanschlüsse gemeint, ein Punkt, der bei einigen SMDs unter den Stichworten „Entnetzung" oder „Ablegieren" diskutiert wird. Losgelöst von Einflüssen beim praktischen Löten, besteht die Notwendigkeit, das Lötverhalten eines Bauelementes durch eine genormte Prüfung zu beurteilen. Siehe dazu DIN IEC 68 Teil 2–20, Prüfgruppe Löten. Daran ist man z. B. im Fall einer Bauelemente-Freigabe, bei einem Bauelementevergleich oder im Schiedsfall interessiert.
SMDs werden bisher in der Regel unter folgenden Bedingungen geprüft:

Lötbarkeit:
Eintauchen in ein Lötbad mit einer Temperatur von 235 ± 5 °C, dabei Einwirkzeit 2 ± 0,5 s.

Lötwärmebeständigkeit:
Eintauchen in ein Lötbad mit einer Temperatur von 260 ± 5 °C, Einwirkzeit entweder 5 ± 1 s oder 10 ± 1 s.

Die Frage der Ablegierfestigkeit wird in *Abb. 2.5.3-28* dargestellt.

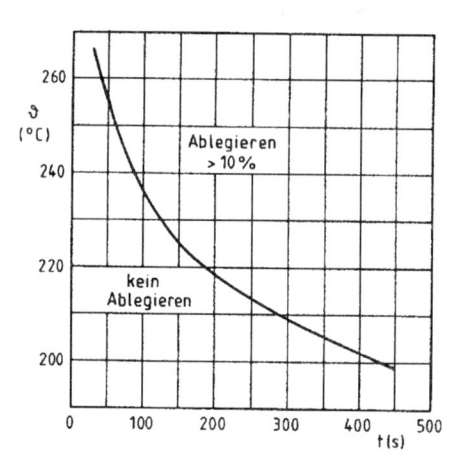

Abb. 2.5.3-28
Ablegierfestigkeit von Keramik-Vielschicht-Chip-Kondensatoren mit PdAg-Anschlüssen (im ruhenden Lötbad)

Da beim SMD-Löten spezielle Verfahren wie das Dampfphasenlöten oder das Doppelwellenlöten in den Vordergrund gerückt sind, also erweiterte Bedingungen hinzukommen, und da das Lötverhalten von SMDs im allgemeinen eine größere Rolle spielt, sind auf internationaler Ebene neue Normentwürfe vorgelegt worden. Danach sind zur Prüfung des Lötverhaltens die vorher angegebenen markierten Temperatur/Zeit-Wertekombinationen vorgesehen.

Eine weitere Möglichkeit, die Lötwärmebeständigkeit von SMD-Bauteilen beurteilen zu können, besteht darin, durch eine Kurvendarstellung (Temperatur über der Zeit) den Bereich möglicher Wertepaare in einen zulässigen (zu empfehlenden) und unzulässigen (nicht zu empfehlenden) einzuteilen, wie in Abb. 2.5.3-28 am Beispiel von Keramik-Vielschicht-Chip-Kondensatoren gezeigt.

Lötverfahren in der SMD-Technik

Schon die gedankliche Auseinandersetzung mit den in Abb. 2.5.3-28 dargestellten Einflußgrößen führt zur Schlußfolgerung, daß es für die SMD-Technik **nicht eine einzige, überlegene Lötmethode** geben kann. Dieses Ergebnis wird durch Untersuchungen in Applikationslabors und durch die Lötpraxis bestätigt.

In der Planungsphase von SMD-Flachbaugruppen muß sich daher der Gerätehersteller nicht nur in der Entwicklung und Fertigung mit den besonderen Lötbedingungen vertraut machen und interne Richtlinien erstellen, sondern unter Umständen auch seine Lötgeräte neu einstellen oder gar zusätzlich Löteinrichtungen anschaffen.

Je nach SMD-Layout kommen die folgenden Lötverfahren in Betracht: Löten im Schwallbad (Wellenlöten), Reflowlöten, Kombination beider Lötverfahren sowie Handlöten (bei Entwicklung, Reparatur und sehr kleinen Serien).

Das Löten im Schwallbad (Wellenlöten)

Dieses in der Fertigung von Flachbaugruppen häufig eingesetzte Verfahren ist auch zum Löten SMD-bestückter Leiterplatten geeignet. Es kommt besonders immer dann zur Anwendung, wenn Leiterplatten in gemischter Bestückung, nämlich mit bedrahteten Bauelementen auf der einen und deren Drahtenden zusammen mit dem SMDs auf der anderen Leiterplatte, in einem Durchgang gelötet werden.

Bei Leiterplatten mit bedrahteten Bauelementen kann das Lot praktisch ungehindert um die Drahtenden herumfließen und eine gute Lötverbindung herstellen. Daher ist es üblich und ausreichend, für solche Flachbaugruppen Lötgeräte mit einer Welle zu verwenden; auch Schleppbäder werden eingesetzt.

SMDs bilden nun ein größeres Hindernis für eine Lötwelle, und es ist klar, daß diese Störung mit wachsender SMD-Baugröße zunimmt. Sie führt bei der Bewegung der Flachbaugruppe durch die Welle auf der Rückseite der SMDs zu „Schattenbildungen" und dann oft genug zu mangelhaften Lötstellen an dem betreffenden SMD selbst und – bei hoher Packungsdichte – auch an benachbarten SMDs, wie in den *Abb. 2.5.3-29a und b* gezeigt.

Abb. 2.5.3-29a
Schattenwirkung: Lot erreicht nicht vollständig die hintere Kontaktierung bei hoher Packungsdichte.

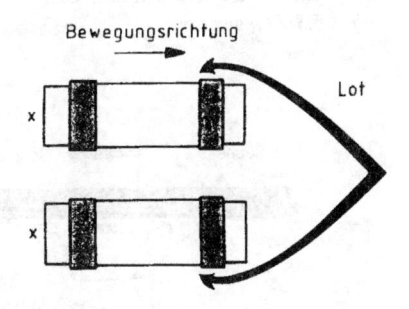

2 Mechanik und Elektronik

Abb. 2.5.3-29b
Schattenwirkung: Ein SMD blockiert das nächste.

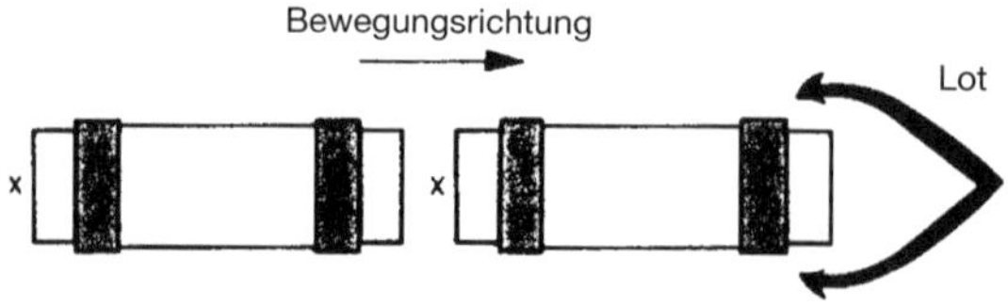

Abb. 2.5.3-30
Löten mit Doppelwelle für beste Lötergebnisse

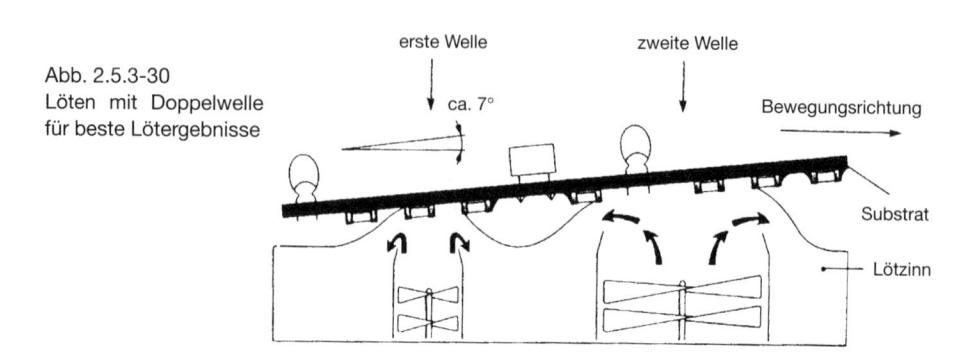

Zur Problemlösung können mehrere Instrumente eingesetzt werden. Erwiesenermaßen werden die besten Lötergebnisse mit einer Doppelwellen-Anlage erzielt, bei der die beiden Wellen unabhängig voneinander regulierbar sind, wie in *Abb. 2.5.3-30*. Wird dabei die erste Lötwelle mit höherem Aufwärtsdruck eingestellt („jet wave"), so erreicht man dadurch auch die Benetzung „abgeschirmter" und kritischer Lötstellen; im übrigen werden bei diesem ersten Lötvorgang Gasblasen (z. B. Flußmittelgase) weggerissen, die ja wegen der fehlenden Löcher in der Leiterplatte nicht entweichen können und sich dann z. B. auch im Winkel zwischen SMD-Anschluß und Lötauge einnisten und eine einwandfreie Lötverbindung verhindern können. Da die erste, kräftig eingestellte Lötwelle zur Überschußlötung führen kann (Lötbrückenbildung), wird dann mit der zweiten, weicher und möglichst unverwirbelt (laminar) eingestellten Welle der Lötüberschuß abgetragen und ein gutes Lötergebnis erzielt.

Eine weitere Maßnahme, dem Schatteneffekt entgegenzuwirken, besteht in der Vergrößerung der Lötflächen. Die Abb. 2.5.3-31a macht deutlich, daß bei zu kleiner Lötflächendimensionierung durch die „Störgröße" SMD eine Benetzung erschwert oder gar verhindert wird. Bei einer Ausdehnung der Lötflächen wird ein Kontakt mit der Lötwelle erreicht, und es kommt infolge der Adhäsionswirkung zur Ausbildung einer vollständigen Lötverbindung, wie in *Abb. 2.5.3-31b* gezeigt.

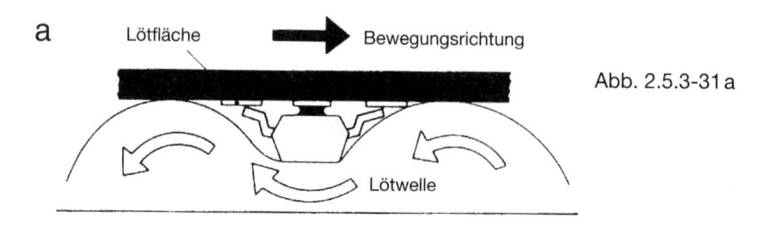

Abb. 2.5.3-31a

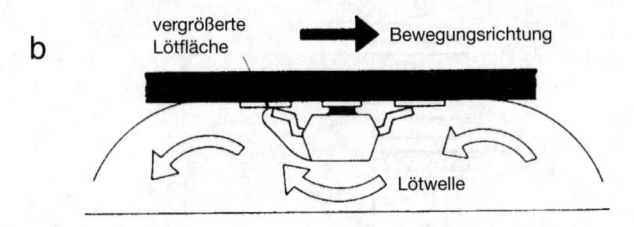

2.5 Montage für spezielle elektronische Bauelemente

Abb. 2.5.3-31
Sicherstellung der Benetzung durch genügend große Lötflächen
a) keine Benetzung aufgrund des Schatteneffekts
b) Benetzung durch vergrößerte Lötflächen sichergestellt (Lösung des Problems)

Außerdem ist es empfehlenswert, die Bauelemente bei wellengelöteten SMD-Layouts in bestimmten Vorzugsrichtungen anzuordnen. Diese Vorzugsrichtungen müssen um so strenger beachtet werden, je größer das SMD-Bauelement und je kleiner das Raster der Anschlußbeinchen ist. Was durch die obige Beschreibung des Schatteneffekts bereits plausibel ist, hat sich auch in der Lötpraxis bestätigt: Die Orientierung eines großen SO- oder eines VSO-Gehäuses quer zur Flußrichtung der Lötwelle nach *Abb. 2.5.3-32a* führt auf der Rückseite sehr leicht zur Lötbrückenbildung, ein optimales Lötergebnis wird dagegen erzielt, wenn die Körperachse nach *Abb. 2.5.3-32b* parallel zur Bewegungsrichtung liegt.

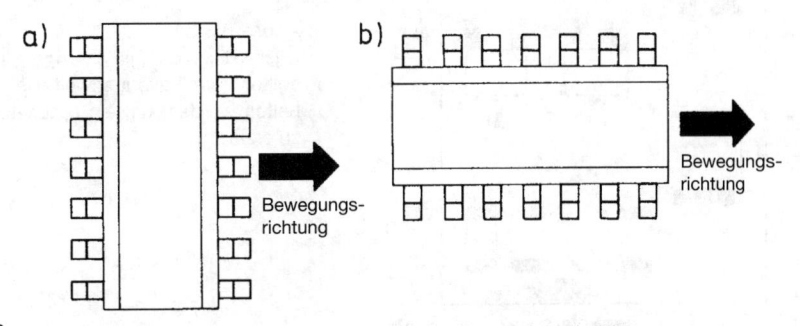

Abb. 2.5.3-32
Zur optimalen Ausrichtung von SO/VSO-Gehäusen beim Wellenlöten
a) Querposition des Gehäuses bei Bewegung durch die Lötwelle kann zu ungenügenden Lötverbindungen führen (Lötbrücken)
b) Vorzugsrichtung: Gehäuse-Längsachse parallel zur Bewegungsrichtung

Selbst bei dieser parallelen Orientierung besteht bei SO- und VSO-Gehäusen eine Neigung zur Lötbrückenbildung an den Anschlüssen bzw. Lötflächen, die „stromabwärts" liegen, also zuletzt aus der Lötwelle herauswandern. Die Problemlösung besteht darin, sogenannte „Lotfänger" vorzusehen, d. h. zusätzliche Lötflächen auf der Leiterplatte hinter dem Lötflächenpaar für die letzten SO-Anschlüsse, wie in *Abb. 2.5.3-33* gezeigt.

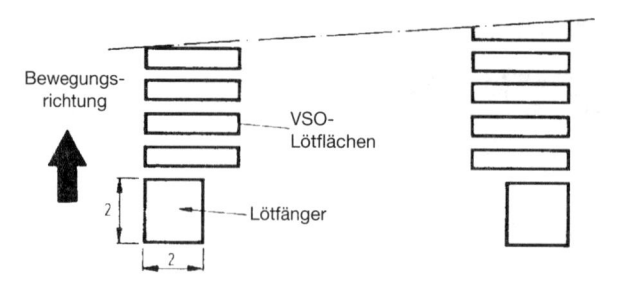

Abb. 2.5.3-33
Beispiel für Lötfänger zum Löten eines VSO-Gehäuses

Wenn es der gesamte SMD-Schaltungsentwurf erlaubt, sollten auch bei kleineren SMD-Typen stets die Vorzugsorientierungen zur Flußrichtung der Lötwelle realisiert werden, wie in *Abb. 2.5.3-34* an einem Beispiel gezeigt.

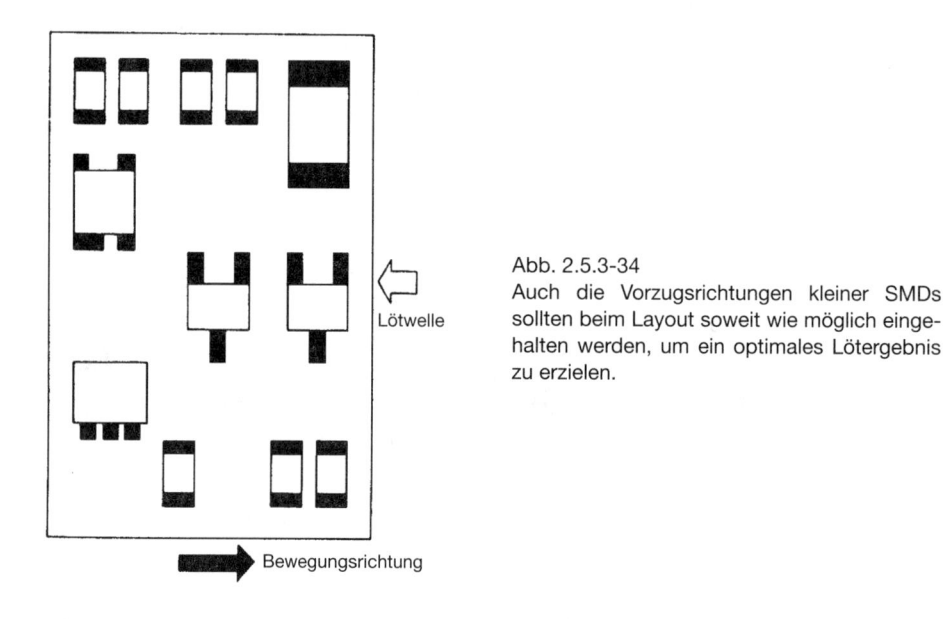

Abb. 2.5.3-34
Auch die Vorzugsrichtungen kleiner SMDs sollten beim Layout soweit wie möglich eingehalten werden, um ein optimales Lötergebnis zu erzielen.

Wesentlich schwieriger ist das Wellenlöten von PLCC-Gehäusen, da sich deren Anschlußbeinchen praktisch unter dem Gehäuse befinden. Die oben erläuterten Lötmaßnahmen liefern bei diesen Gehäusetypen nicht immer den gewünschten Erfolg. Allgemein gültige Empfehlungen können nicht gegeben werden. Der Gerätehersteller muß vielmehr durch eigene Versuche klären, ob mit seinen Einrichtungen auch das Wellenlöten von PLCC-Gehäusen möglich ist.

Eine weitere Ursache zur Lötbrückenbildung beim Wellenlöten besteht darin, daß durch eine ungenaue Bestückung der Abstand benachbarter Lötanschlüsse nach *Abb. 2.5.3-35* reduziert wird. In diesem Zusammenhang spielt also die Plaziergenauigkeit von SMD-Bestückungsautomaten und die Abweichung der Leiterbahnen und Lötflächen von ihren Sollwerten sowie gegenüber dem Leiterplattenaufnahmeloch eine große und zu beachtende Rolle.

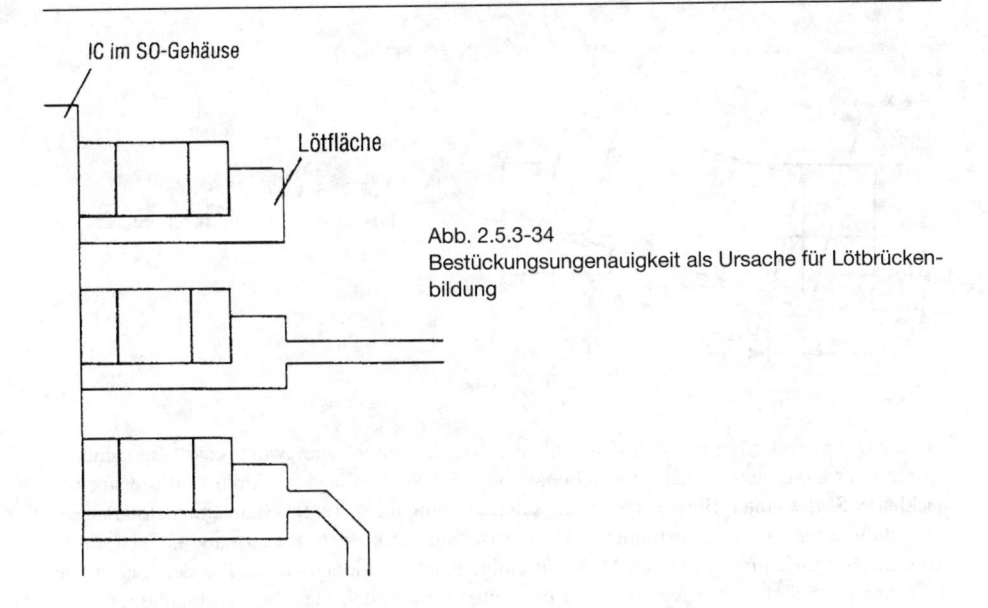

2.5 Montage für spezielle elektronische Bauelemente

IC im SO-Gehäuse

Lötfläche

Abb. 2.5.3-34
Bestückungsungenauigkeit als Ursache für Lötbrückenbildung

Ähnlich gelagert ist die Frage nach dem kleinsten möglichen Abstand benachbarter SMDs, ohne daß eine Lötbrückenbildung in Kauf zu nehmen ist. Die Antwort muß über die Positioniergenauigkeit des Bestückungssystems, die Genauigkeit der Leiterbahnen (Präzision der Leiterplattenfertigung) und über die Maßtoleranzen der SMDs gefunden werden. Aus der *Abb. 2.5.3-36* läßt sich ablesen, daß das kleinste Rastermaß F_{min} benachbarter SMDs durch die größte Breite W_{max} dieser Bauelemente, die Positioniergenauigkeit ΔP und durch S_{min} bestimmt wird. S_{min} ist dabei der (empirisch) ermittelte kleinste Seitenabstand, bei dem das eingesetzte Lötwellenverfahren noch keine Lötbrücken erzeugt.

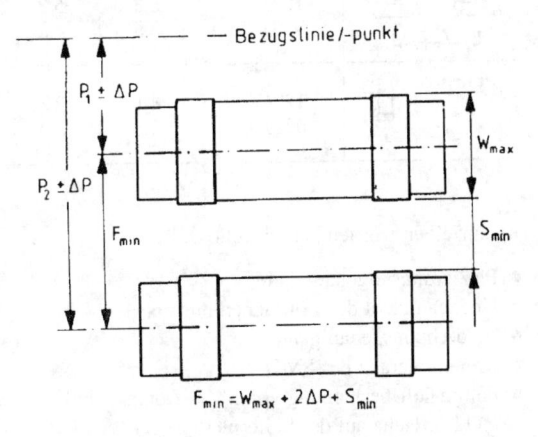

Abb. 2.3.5-36
Bestimmung des Mindestabstands benachbarter SMDs

$$F_{min} = W_{max} + 2\Delta P + S_{min}$$

In die Positionierungenauigkeit geht auch eine Verdrehung des SMD gegen seine Nominallage ein. Um dies zu verdeutlichen, ist ein solcher Fall in *Abb. 2.5.3-37* mit übertriebener Verdrehung dargestellt. Die wirksame Länge wird durch $W \cdot \sin\varphi$ und die Breite durch $L \cdot \sin\varphi$ bestimmt.

733

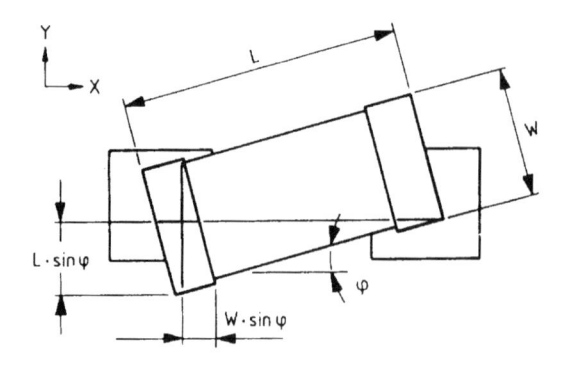

Abb. 2.5.3-37
Der Einfluß des Verdrehfehlers

Ein SMD-Anwender hat nur die Möglichkeit, entweder durch eine „worst case"-Betrachtung oder auf der Basis statistischer Abweichungen von der Nominallage das kleinste Raster für benachbarte SMDs unter Berücksichtigung seiner Bedingungen (z. B. Bauelementetoleranzen, Anschlußflächen usw.) zu bestimmen. Als Richtschnur für kleinste Rastermaße können die in Abb. 2.5.3-38 zusammengestellten Maße für einige Konfigurationen von SMDs der Bauformen 1206 und 0805 dienen. Sie wurden unter der Annahme ermittelt, daß die Abweichungen statistisch verteilt sind.

Konfiguration	SMD-Größe	Raster F_{min} (mm)	
		1206	0805
A, B (F_{min})	1206	3,0	2,8
	0805	2,8	2,6
A, B (F_{min})	1206	5,8	5,3
	0805	5,3	4,8
A, B (F_{min})	1206	4,1	3,7
	0805	3,6	3,0

Abb. 2.5.3-38
Mindestabstand F_{min} für drei verschiedene SMD-Konfigurationen

Im einzelnen wurden berücksichtigt:

- Plazierungsungenauigkeit ΔP $\pm$ 0,3 mm
- Ungenauigkeit des Lötflächenmusters ΔQ $\pm$ 0,3 mm
- Verdrehungsgenauigkeit $\Delta \varphi$ $\pm$ 3°
- Breitentoleranz des SMD $\pm$ 0,15 mm
- minimale Überlappung von SMD-Lötanschluß und Lötfläche auf der Leiterplatte   0,1 mm
- kürzester Seitenabstand benachbarter SMDs, bei dem noch keine Lötbrücken auftreten (Erfahrungswert)   0,5 mm

Da die Werte in der Abb. 2.5.3-38 auf Fehlerverteilungen beruhen (und nicht auf „worst case"), bleibt noch ein gewisser Spielraum übrig. So ist es z. B. möglich, SMDs der Baugröße 1206 im

2,5-mm-Raster anzuordnen. Bei den oben gewählten Bedingungen geht das aber nur auf Kosten der Wahrscheinlichkeit, daß beim Minimalabstand S_{min} = 0,5 mm Lötbrücken auftreten können. Kompensationsmöglichkeiten stecken in den Plazierungs- und Leiterbahntoleranzen, sofern hier präzisere Systeme verfügbar sind.

Wellenlöten – Vor- und Nachteile

- ein bewährtes und den meisten Geräteherstellern bekanntes Verfahren;
- für reine SMD- und besonders vorteilhaft für gemischte Bestückung geeignet (nur ein Durchgang!);
- flüssiges Lot wird im Überschuß angeboten;
- Löttemperatur gut kontrollierbar, typisch 245 ± 10 °C;
- kurze Lötzeit, typisch 4 s (oder 2 x 4 s bei Doppelwelle); dadurch Wärmebeanspruchung der SMDs bekannt und in definierten Grenzen;
- SMDs müssen vor dem Lötvorgang durch Kleben fixiert werden;
- bei größeren SMDs „Schattenbildung" möglich;
- auf PLCC-Gehäuse nur in beschränktem Maße anwendbar;
- bei größeren SMD-Gehäusen Gefahr der „Schattenbildung"; Gegenmaßnahmen sind möglich, stehen jedoch einer optimalen Packungsdichte entgegen, schränken also den Miniaturisierungsgrad ein.

Die *Abb. 2.5.3-39* zeigt schematisch eine typische Lötkurve beim Durchlauf durch eine Doppelwellenlötanlage.

Abb. 2.5.3-39
Temperatur-Zeit-Diagramm einer typischen Doppelwellenlötanlage, auf der Leiterplatte gemessen

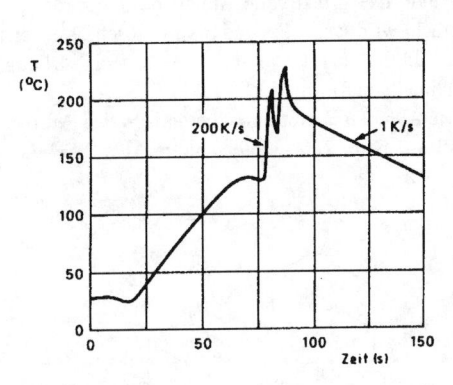

In einem Vorwegschritt wird die bestückte Leiterplatte meist mit einem Flußmittel (z. B. Kolophonium, gelöst in Isopropanol) behandelt. Es folgt dann eine Vorheizstufe, in der das Flußmittel eingedickt und die Leiterplatte mit den Bauelementen vorgewärmt wird. Man erreicht damit eine Verminderung des Temperaturschocks und eine Verkürzung der Lötzeit.
Das Foto *Abb. 2.5.3-40* zeigt gegurtete SMD-Bauelemente, die auf Rollen geliefert werden, für den Bestückungsautomaten.

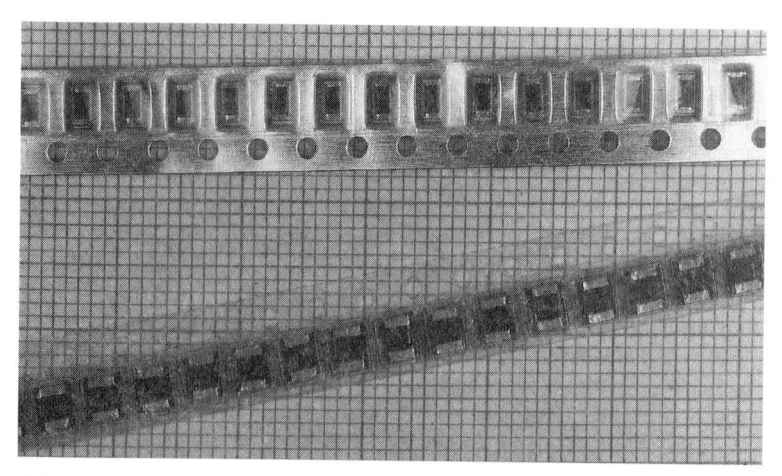

Abb. 2.5.3-40 Gegurtete SMD-Bauelemente

Das Reflowlöten

Auch diese Lötverfahren sind seit Jahren bekannt; sie werden bei der Produktion von Hybridschaltungen (Oberflächenmontage von Miniaturbauelementen auf Keramiksubstraten) angewandt. Der prinzipielle Ablauf besteht darin, daß zunächst Lötpaste auf die Lötflächen aufgebracht wird, anschließend die Lötanschlüsse der Bauelemente in die Paste gedrückt werden und schließlich die Paste durch Wärmeeinwirkung aufgeschmolzen wird (Reflowlöten = Aufschmelzlöten).
Die *Abb. 2.5.3-41* zeigt schematisch den Aufbau einer Reflow-Lötstelle; die einzelnen Arbeitsschritte beim Reflowlöten sind in *Abb. 2.5.3-42* noch einmal schematisch dargestellt.

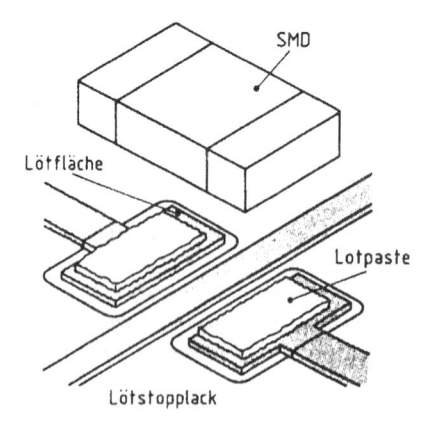

Abb. 2.5.3-41
Aufbau einer Reflow-Lötstelle

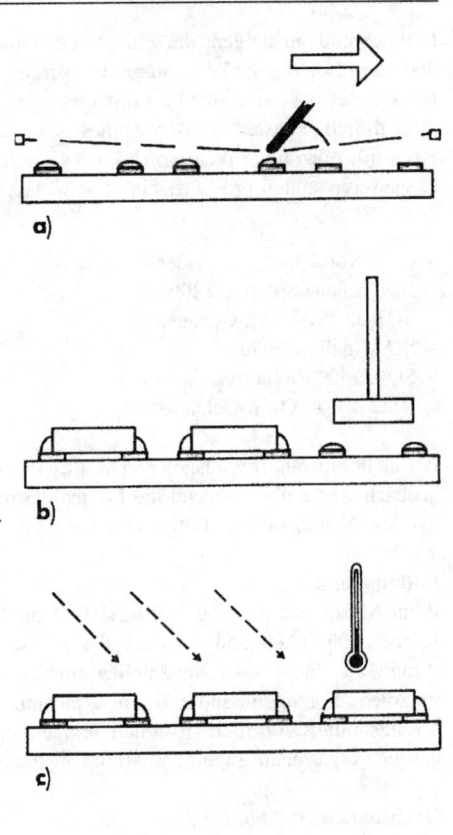

2.5 Montage für spezielle elektronische Bauelemente

Abb. 2.5.3-42 Arbeitsschritte beim Reflowlöten.
a) Lotpaste siebdrucken
b) Bestücken mit SMDs
c) Lotpaste vortrocknen
d) Reflowlöten

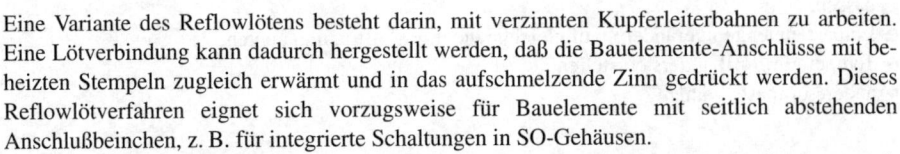

Eine Variante des Reflowlötens besteht darin, mit verzinnten Kupferleiterbahnen zu arbeiten. Eine Lötverbindung kann dadurch hergestellt werden, daß die Bauelemente-Anschlüsse mit beheizten Stempeln zugleich erwärmt und in das aufschmelzende Zinn gedrückt werden. Dieses Reflowlötverfahren eignet sich vorzugsweise für Bauelemente mit seitlich abstehenden Anschlußbeinchen, z. B. für integrierte Schaltungen in SO-Gehäusen.

Man hat inzwischen herausgefunden und in der Praxis nachgewiesen, daß das Reflowlöten auch für SMD-bestückte Leiterplatten gut geeignet ist. Mehr noch: Durch dieses Verfahren erweitern sich die Möglichkeiten der SMD-Technik ganz beträchtlich, vor allem in Richtung hoher Packungsdichte und sehr kleiner SMDs.

Voraussetzung für einwandfreies Reflowlöten ist zunächst die Paste selbst. Sie muß sich für eine Auftragung in Siebdrucktechnik oder mit Dosierpipetten eignen, sie darf nicht zur

Lötkugelbildung neigen, die Flußmittelanteile müssen beim Aufschmelzen aktiv werden und nach dem Lötvorgang keine störenden Verunreinigungen zurücklassen.
Entscheidet man sich für die Lötpastenauftragung in Siebdrucktechnik, so empfehlen wir ein 80-µm-Sieb „Fenster", dessen Abmessungen mit denen der Lötflächen identisch sind, und eine Paste mit Lötzinnpartikeln von weniger als 70 µm Durchmesser. In Abhängigkeit vom SMD-Gehäusetyp sollten pro Lötfläche (Landeplatz) etwa die folgenden Pastenmengen gewählt werden:

- Chip-Kondensatoren/Widerstände in den
  Baugrößen 0805 und 1206   1,5 mg
- SOT-23-/SOT-143-Gehäuse   0,5 – 0,75 mg
- SO-„small"-Gehäuse   0,5 – 0,75 mg
- SO-„large"-Gehäuse   0,75 mg
- VSO-40-/VSO-56-Gehäuse   0,75 – 1,0 mg

Bei nicht einwandfrei ausgelegter Reflowlöttechnik werden gelegentlich folgende Phänomene beobachtet, die überwiegend die Lötqualität reduzieren bzw. die Lötung unbrauchbar machen, in einem Fall jedoch die Lötqualität durch genauere SMD-Positionierung sogar verbessern.

Lotkugelbildung
Beim Aufschmelzvorgang spalten sich kleine Lotkugeln in der Nachbarschaft der Lötstelle ab. Je nach Häufigkeit und Ausmaß dieser Erscheinung muß der Gerätehersteller über die Einstufung als Haupt- oder Nebenfehler entscheiden und zu Gegenmaßnahmen greifen. Ursachen für solche Lotkugeln sind z. B. ein explosionsartiges Verdampfen des in der Paste enthaltenen Lösungsmittels aufgrund zu steilen Temperaturanstiegs beim Aufschmelzen oder eine sehr ungenaue Lotpastenauftragung mit Teilmengen außerhalb der Lötfläche.

Grabsteineffekt *Abb. 2.5.3-43*
(englisch: tombstoning oder drawbridging)
Dabei handelt es sich um das Aufrichten von SMDs (typisch für Chip-Kondensatoren und -Widerstände) an einer der Lötflächen. Dieses Phänomen tritt durch stark unterschiedliche Benetzung an den beiden gegenüberliegenden Lötanschlüssen auf oder auch dadurch, daß die Paste an einer Seite früher und vollständiger aufgeschmolzen wird als an der anderen Seite. Infolge der Oberflächenspannung wird dann das Bauelement aufgerichtet. Mögliche Gegenmaßnahmen sind:

- SMDs mit breiter Auflage an den Lötanschlüssen wählen;
- SMDs symmetrisch plazieren;
- Lötflächen auf der Leiterplatte neu dimensionieren, d. h. an die Lötanschlüsse der SMDs anpassen;
- Lotpastenmengen verändern, auf gleichgewichtige Auftragung achten;
- Temperaturprofil anders einstellen;
- andere Lotpaste wählen.

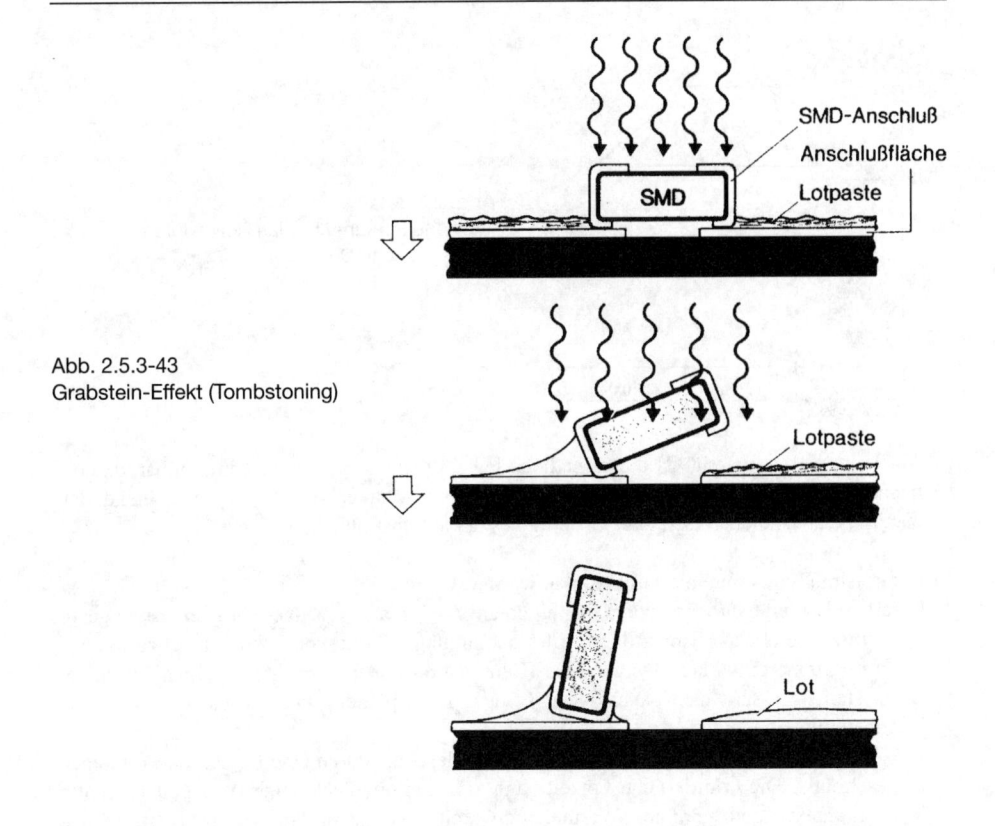

Abb. 2.5.3-43
Grabstein-Effekt (Tombstoning)

Aufschwimmen

Insbesondere bei kleinen SMDs wird beobachtet, daß sie beim Schmelzen der Paste aufschwimmen und sich dann bei einer kleinen Abweichung von der Sollposition infolge der Oberflächenspannung des geschmolzenen Lots selbst zentrieren. Obwohl durch diesen positiven Effekt kleine Plazierungskorrekturen erreicht werden, sollte man ihn nicht als feste Größe beim Reflowlöten einplanen. Alle SMDs, insbesondere jene mit großem Gehäuse und zahlreichen Anschlüssen, sollten stets mit höchster Genauigkeit plaziert werden.

Wärmequellen für das Reflowlöten

Für die Wärmezufuhr zum Schmelzen der Lotpaste steht heute eine ganze Reihe von Verfahren zur Verfügung, von denen hier nur die wichtigsten in groben Zügen beschrieben werden:

a) Kontaktwärme
   Bei diesem aus der Hybridtechnik bekannten Verfahren wird ein temperaturfestes Förderband mit dem darauf liegenden Keramiksubstrat über ein meist mehrstufiges Heizsystem gezogen. In einer ersten Zone wird vorgeheizt, danach findet der eigentliche Lötvorgang statt. Für ein Keramiksubstrat (z. B. im Standardformat 2" x 2" mit 0,6 mm Dicke) ergibt sich eine Lötkurve entsprechend der *Abb. 2.5.3-44* mit einer Lötzeit von etwa 8 Sekunden; die Bandgeschwindigkeit liegt bei 120 cm/Minute.

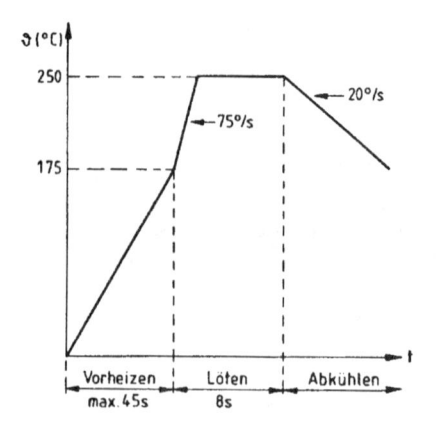

Abb. 2.5.3-44
Typische Lötkurve für das Reflowlöten
(schematische Darstellung)

Auf Leiterplattenmaterial ist diese Methode jedoch nicht ohne weiteres anwendbar, da eine flache Auflage und gute Wärmeleitung nur schwer einzuhalten sind. Es ist einleuchtend, daß man mit einem solchen Gerät nur einseitig bestückte Substrate löten kann.

b) Infrarotstrahlung, kombiniert mit Kontaktwärme
Derartige Lötgeräte arbeiten ebenfalls mit einem Förderband, das über ein Heizsystem gezogen wird; zusätzlich läßt man durch Infrarotstrahlung Wärme von oben auf die zu lötende Flachbaugruppe einwirken. Durch diese Kombination mit getrennter Einstellbarkeit beider Heizsysteme lassen sich auch SMDs auf Leiterplatten und beidseitig bestückte Flachbaugruppen löten.
Die Anwendbarkeit derartiger Lötsysteme wird allerdings durch eine Reihe von Problemen eingeschränkt. Die erforderliche Lötzeit kann z. B. bei unvollständiger Auflage (schlechter Wärmekontakt) und geringer Wärmeleitfähigkeit des Leiterplattenmaterials für große Leiterplatten auf Werte bis zu 60 s ansteigen.
Dieses Lötzeitproblem läßt sich nicht ohne weiteres durch Erhöhung der Infrarotstrahlungsintensität lösen, da die schwarzen IC-Gehäuse (insbesondere große PLCC-Gehäuse) diese Wärmestrahlung in starkem Maße absorbieren, was eine ungleichmäßige Wärmeverteilung und unter Umständen eine kritische Wärmebelastbarkeit dieser Bauelemente zur Folge hätte.
Bei guter Prozeßeinstellung eignet sich die Kombination aus Infrarot- und Kontaktwärme aber sehr wohl für das SMD-Löten. Zudem bietet sie den Vorteil, daß sich mit ihr Flachbaugruppen mit sehr hoher Packungsdichte, alle sonst kritischen IC-Gehäuse (PLCC- und größere SO/VSO-Gehäuse) inbegriffen, löten lassen. Dabei dürfen die SMD-ICs mit beliebiger Ausrichtung auf der Leiterplatte angeordnet sein, denn die beim Wellenlöten zu berücksichtigenden Gesichtspunkte „Schatteneffekt" und „Vorzugsrichtung" spielen hier keine Rolle. Es ist lediglich ein Kompromiß zu finden zwischen Leiterplattengröße (zunehmende Größe bedingt längere Lötzeit) und zulässiger Wärmebelastung der Bauelemente.

c) Dampfphase (Vapor Phase)
Hierbei werden Dämpfe von siedendem, inertem Fluorcarbon (z. B. mit einem Siedepunkt von 215 °C) als Heizmittel benutzt. In diesem Dampf wird die SMD-bestückte Leiterplatte (oder das Substrat) hineingefahren. Die auf der gesamten Oberfläche gleichmäßig freiwerdende Kondensationswärme wird für den Lötvorgang ausgenutzt. Typisch und vorteilhaft ist bei diesem „Kondensationslöten", daß die Temperatur niemals den Siedepunkt der Flüssigkeit (z. B. 215 °C) überschreiten kann.

Grundsätzlich besteht bei derartigen Lötanlagen das Problem, den Dampfverlust so gering wie möglich zu halten, zum einen, da die verwendeten Flüssigkeiten (Fluorcarbon-Mischungen) äußerst teuer sind, zum anderen, weil es aus Rücksicht gegen Menschen und Umwelt behördliche Auflagen gibt. Es müssen also zusätzliche Sicherheitsanlagen installiert werden. Eine Möglichkeit, den Dampfverlust unter Kontrolle zu halten, ist die Anwendung eines zweistufigen Systems. Hierbei findet sich über der „Primärflüssigkeit" (z. B. mit Siedepunkt 215 °C) und seiner Dampfzone eine zweite Dampfzone einer billigeren und ungefährlichen Flüssigkeit mit niedrigerem Siedepunkt.

Die *Abb. 2.5.3-45* zeigt in schematischer Form die Lötkurve einer zweistufigen Dampfphasen-Lötanlage. Je nach Wahl des Substrats (bzw. des Leiterplattenmaterials) und seiner Größe muß mit Lötzyklen von einer Minute und mehr gerechnet werden!

Abb. 2.5.3-45
Lötkurve einer zweistufigen
Dampfphasen-Lötanlage (Beispiel)

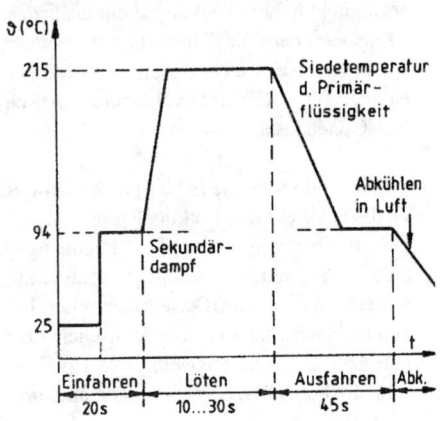

d) Laser
Ein nach Leistung, Verweilzeit und Richtung einstellbarer Laserstrahl wird auf die Lötstelle gerichtet. Vorteilhaft ist die schonende Art der Lötung, denn es werden weitestgehend nur die Anschlüsse, die SMD-Gehäuse hingegen kaum erwärmt. Ein Nachteil dieses Verfahrens besteht darin, daß es sich nur für „sichtbare" Anschlüsse eignet und daß die Verbindungen seriell, d. h. mit relativ großem Zeitaufwand, gelötet werden müssen. Im übrigen kann es infolge der intensiven Laserstrahlung zu Lotkugelspritzern kommen.

e) Heizstempel
Bei diesem z. B. auf IC-Gehäuse angewandten Verfahren wird ein aufgeheiztes Lötwerkzeug gleichmäßig und mit einer Kraft von 75 N auf die Anschlußbeine gedrückt. Die Konturen bzw. wärmeübertragenden Flächen sind so geformt, daß sie mit dem Anschlußbild übereinstimmen. Dieses Verfahren ist auch für das Löten auf vorverzinnten Leiterbahnen geeignet. Da man die Anpreßkraft aufrecht erhalten muß, bis die Lötzinntemperatur unter 165 °C abgesunken ist, dauert der Lötprozeß (einschließlich der Positionierung) 30 bis 45 s.
Die Bedeutung der Heizstempelmethode wird dadurch begrenzt, daß sie praktisch nur für SO-, VSO- und QFP-Gehäuse geeignet ist. Derartige Lötwerkzeuge eignen sich andererseits auch gut für Reparaturarbeiten (Auslöten).

f) Heißgasfön
Die Öffnung des Föns sollte einen Durchmesser von etwa 2,5 mm haben. Man kann mit Luft, Stickstoff oder anderen Gasen löten. Durchflußmenge und Temperatur sollten bei 1,5 l/min bzw. 400 °C liegen.

Bei gedruckten Schaltungen muß ein kontinuierlicher Gasstrom über alle Anschlußbeine hinwegstreichen. Bei einem SO-28-Gehäuse beträgt die Lötzeit etwa 30 s. Keramiksubstrate sollten auf 150 °C vorgewärmt werden. Anschließend können die einzelnen Anschlüsse mit dem Gasstrom nacheinander in etwa 15 s gelötet werden (SO-28-Gehäuse).

Reflowlöten – Vor und Nachteile

Reflowlöten
- setzt Lotpastenauftragung voraus (Ausnahme: Heizstempel-Löten, z. B. von SO-Gehäusen, auf vorverzinnte Leiterbahnen);
- ermöglicht höhere Packungsdichten als das Wellenlöten;
- ist insbesondere für Feinstrukturen geeignet;
- wird vorzugsweise bei Keramiksubstraten eingesetzt, aber auch bei kleineren Leiterplatten;
- ist auch für SMDs mit „verdeckten" Anschlüssen geeignet, z. B. für die J-Anschlußbeine bei PLCC-Gehäusen.

Nachteile und mögliche Fehlerquellen beim Reflowlöten sind:
- Grabsteineffekt und Lotkugelspritzer;
- längere Lötzeiten (bis zu 60 s), ungünstige Gefüge der Lötverbindungen;
- unklare Verhältnisse bezüglich Temperatur, Zeitverlauf sowie Verteilung; Temperaturunterschiede zwischen SMD-Gehäusekörper, Lötanschlüssen und Leiterplatte treten auf, die zu unkontrollierter (und eventuell kritischer) Lötbeanspruchung der SMDs führen.
Die Abb. 2.5.3-46 zeigt einige Beispiele für den Temperatur/Zeit-Verlauf, wie er bei unterschiedlichen Wärmeeinwirkungen auftritt.

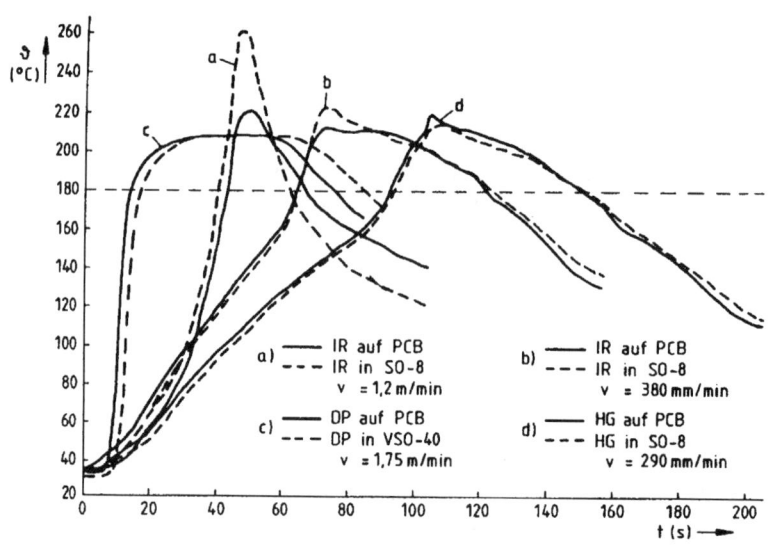

Abb. 2.5.3-46 Temperatur/Zeit-Verläufe für unterschiedliche Wärmeeinwirkungen beim Reflowlöten. Die durchgezogenen Linien geben jeweils den Temperaturverlauf auf der Leiterplatte (PCB) wieder, die gestrichelten Linien den Temperaturverlauf des IC-Gehäuses (SO-8) für
a), b)   Infrarotstrahlungslöten (IR) bei unterschiedlicher Transportgeschwindigkeit
c)   Dampfphasenlöten (DP)
d)   Heißgaslöten (HG)

Das kombinierte Löten

Um alle Möglichkeiten und Vorteile der SMD-Technik, nämlich beidseitige Leiterplattenbestückung (auch kombiniert mit bedrahteten Bauelementen), hohe Packungsdichte und uneingeschränkte Anwendung von ICs (z. B. in SO- und PLCC-Gehäusen), optimal nutzen zu können, ist es zweckmäßig, das Reflow- und das Wellenlöten nacheinander anzuwenden. Ein solcher Fall wird in der Folge der Abbildungen 2.5.3-47 a...n schematisch dargestellt. Man sollte beim Entwurf einer derartigen Schaltung dafür sorgen, daß auf der zunächst mit dem Reflowverfahren gelöteten Seite primär solche SMDs angeordnet werden, die – wie z. B. große IC-Gehäuse oder oberflächenmontierbare Leuchtdioden – dem Wellenlöten nicht ohne weiteres ausgesetzt werden dürfen. Dagegen wird man bevorzugt kleinere SMDs auf die im Schwallbad gelötete Seite plazieren. Experimente und Erfahrungen aus der Lötpraxis haben gezeigt, daß die Reflow-Seite durch den zweiten Lötwellenprozeß nicht beeinträchtigt wird.

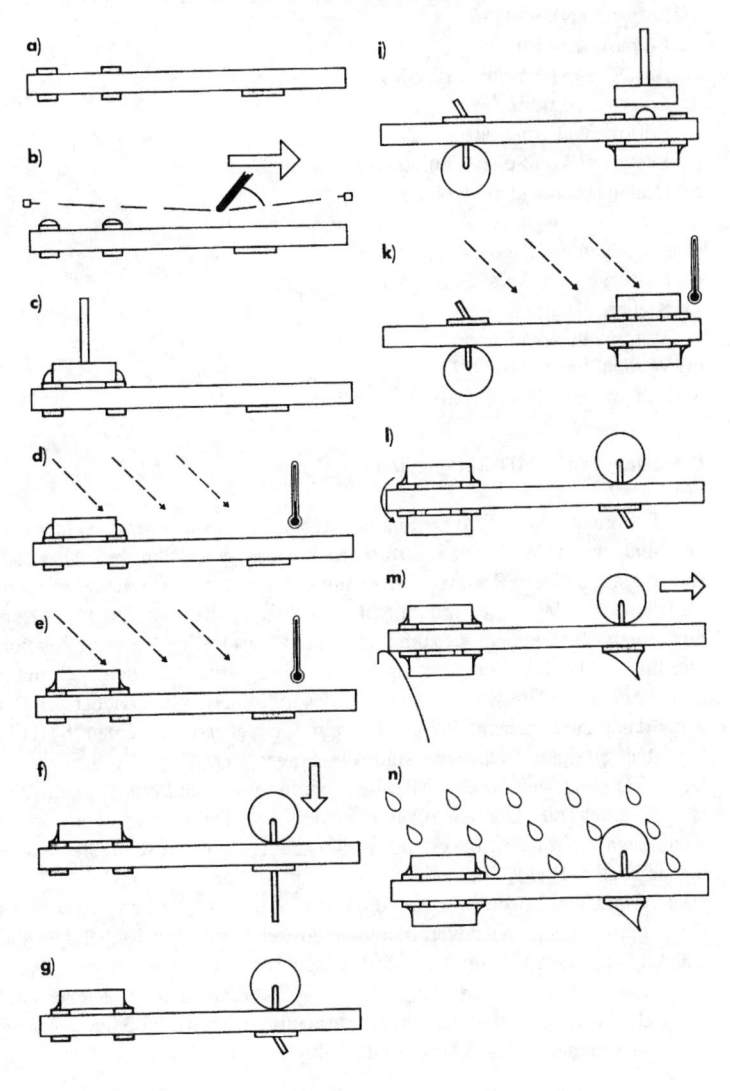

Abb. 2.5.3-47

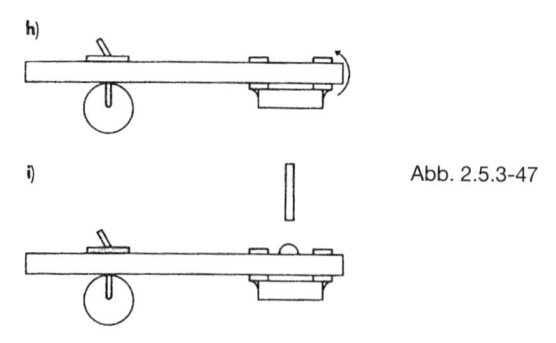

Arbeitsschritte beim sequentiellen Reflowlöten/Wellenlöten von gemischt und beidseitig bestückten Leiterplatten
a) Substrat vorbereiten
b) Lotpaste siebdrucken
c) Bestücken von Seite 1 mit SMDs
d) Lotpaste vortrocknen
e) Reflowlöten von Seite 1
f) Bestücken von Seite 1 mit bedrahteten Bauelementen
g) Drähte abschneiden und biegen
h) Leiterplatte wenden
i) Auftragen des Klebers
j) Bestücken von Seite 2 mit SMDs
k) Kleber aushärten
l) Leiterplatte wenden
m) Wellenlöten von Seite 2
n) Leiterplatte reinigen (falls erforderlich)

B 8 Kleber für SMD-Lötvorgänge

Die Fixierung eines SMDs mittels Kleber ist vor allem bei einer Mischbestückung und anschließendem Wellenlöten erforderlich. Dagegen kann bei Verwendung von Keramiksubstraten mit einem Reflow-Lötvorgang auf den Kleber verzichtet werden. Hier genügt es, das Bauelement in die vorher aufgetragene Lotpaste zu drücken. Die Haftwirkung ist dann groß genug, um das Bauelement bis zum und während des Reflowlötens in Position zu halten.
Die folgenden Überlegungen zum Kleberauftrag gelten für den Fall, daß ein SMD-Anwender z. B. während der Entwicklungsphase oder in Vorserien den Kleber per Hand aufträgt. Sie sind auch dann zu beachten, wenn sich ein Gerätehersteller einen SMD-Bestückungsplatz im Eigenbau einrichtet. Dagegen sind alle Fragen der Kleber-Aufbringung und -Dosierung bei Bestückungsautomaten (z. B. MCM-Systemfamilien von Philips) praktisch gelöst.
Hier könnten die Überlegungen eventuell zur Definierung von Anforderungen an einen Automaten beitragen, bevor man sich zum Kauf entschließt, und außerdem auch bei Störungsfällen eine Rolle spielen.
Hintergrund für die breite Behandlung des Themas „Kleben" ist zum einen, daß man eine äußerst zuverlässige Klebeverbindung anzustreben hat. Ein Klebefehler kann nämlich vor oder während des Lötens zum Verlust des Bauelementes, d. h. zu einer Fehlbestückung führen. Andererseits muß die Dosierung so gewählt werden, daß der Kleber auf gar keinen Fall die Lötfläche beschmutzen kann, denn diese würde ebenfalls zu einer unbrauchbaren Lötung, d. h. wiederum zu einem Bestückungsfehler führen.

2.5 Montage für spezielle elektronische Bauelemente

Die Kleberauftragung – entweder auf die Unterseite des Bauelementes oder auf die Leiterplatte – kann in ihren kritischen Grenzen anhand von *Abb. 2.5.3-48* verdeutlicht werden: Die Höhe C muß größer sein als die Summe aus Leiterbahnstärke A und lichter Höhe B des Bauelementes. Nur dann ist eine Klebeverbindung überhaupt möglich. Wird andererseits eine zu große Klebermenge aufgetragen, besteht die Gefahr, daß überschüssiger Kleber beim Bestücken auf die Lötfläche gequetscht wird und eine einwandfreie Lötung verhindert. Es muß also nach dem Grundsatz „so wenig wie möglich, aber so viel als nötig" verfahren werden. Um das zu erreichen, müssen Zahlenwerte für A und B vorliegen. Die *Abb. 2.5.3-49* zeigt eine typische Leiterbahnstärke für eine einseitige und die *Abb. 2.5.3-50* für eine durchkontaktierte Leiterplatte. In der nebenstehenden Tabelle wird der Aufbau solcher Leiterbahnen im Detail dargestellt (einseitig geätzt = NDK, durchkontaktierte Metallisierung = DK). Somit ist die Leiterbahnstärke A für NDK-Leiterbahnen 35 µm, für die DK-Leiterbahnen liegt sie im Bereich von 75 bis 135 µm.

Abb. 2.5.3-48
SMDs werden nur fixiert,
wenn C > A + B

Abb. 2.5.3-49
Leiterbahnstärke 35 µm für
NDK-Substrate

Abb. 2.5.3-50
Leiterbahnstärke 75 bis
135 µm für durchkontaktierte
Leiterplatten

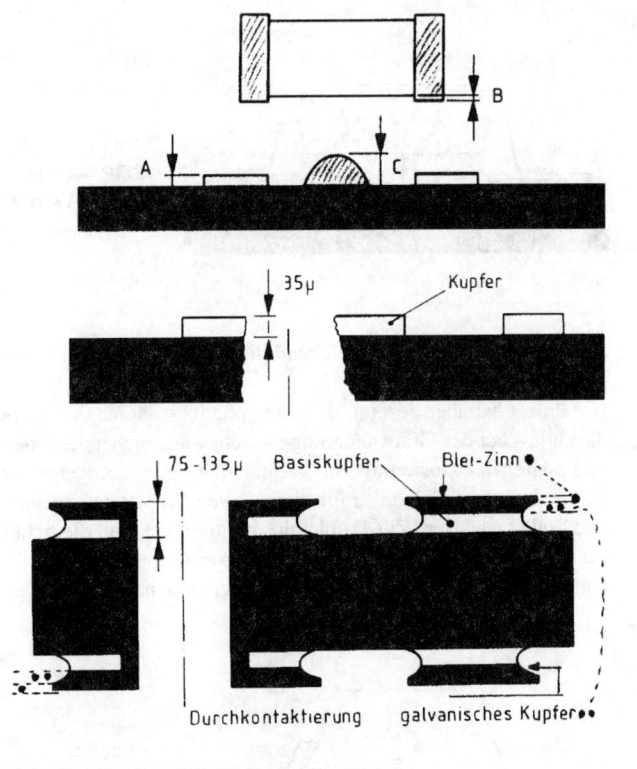

Dicke der Metallisierung (µm)		
	NDK	DK
Basiskupfer	35	35
galvanisches Kupfer	–	30...60
Blei/Zinn, galvanisch (Reflow)	–	10...20 (20...40)
Total	35	75...135

Die *Abb. 2.5.3-51* zeigt ein Beispiel mit geringem Abstand zwischen SMD-Unterseite und Leiterplattenfläche, nämlich die Kombination aus einem Chip-Widerstand der Baugröße 1206 mit einer lichten Höhe B, die zwischen 10 und 50 μm liegt, und einer NDK-Leiterbahn. Wesentlich größer ist dagegen z. B. der Abstand bei der Kombination aus SO-14-Gehäuse mit B_{max} = 250 μm und einer DK-Leiterbahn, die nach *Abb. 2.5.3-52* bis zu 135 μm dick sein kann.

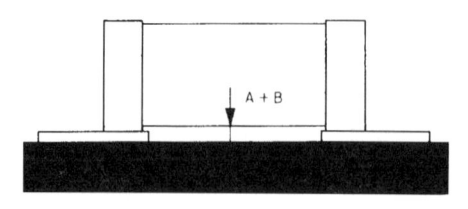

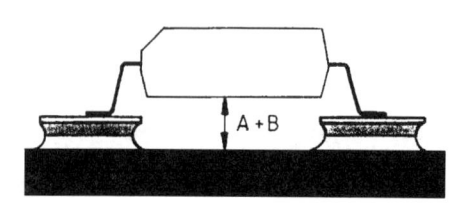

Abb. 2.5.3-51
Passives Chip-Bauelement auf einem NDK-Substrat; A + B = 45 bis 85 μm

Abb. 2.5.3-52
SO-14 auf einer durchkontaktierten Leiterplatte; A + B = 325 bis 385 μm

Der Abstand und dementsprechend die Kleberdosierung können also in einem großen Bereich variieren.
Die Praxis hat aber gezeigt, daß eine möglichst kleine und einheitliche Dosierung Vorteile hat; dies gilt – bei der Gratwanderung zwischen ausreichender Dosierung zwecks sicherer Klebung und begrenzter Dosierung zur Vermeidung einer Lötflächenverschmutzung – ganz besonders für die kleinen SMDs, also für die passiven Chip-Bauelemente und die Halbleiter in den SOT- und SOD-Gehäusen. Zur Problemlösung trägt bei, daß die lichte Höhe der neuen SOT-Gehäuse für SMD-Anwendungen auf max. 100 μm (nominell 70 μm) umgestellt wurde. Die Kombination dieser Gehäusetypen mit DK-Leiterbahnen ist in der *Abb. 2.5.3-53* dargestellt.

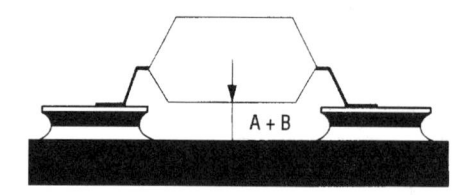

Abb. 2.5.3-53
„Low profile" SOT-23. A + B wird auf 75 bis 235 μm reduziert

Da auch dieser Abstand noch relativ groß ist, kann man zur Kompensation der Leiterbahndicke entweder eine „echte" oder elektrisch funktionslose (dummy) Leiterbahn hindurchführen. Der Abstand für den Kleberauftrag reduziert sich dann nach *Abb. 2.5.3-54* und *55* praktisch auf das Maß der lichten Bauelementehöhe.

2.5 Montage für spezielle elektronische Bauelemente

Abb. 2.5.3-54
Blindleiterbahn (dummy) mit einer Dicke von
75 µm (DK-Substrat)

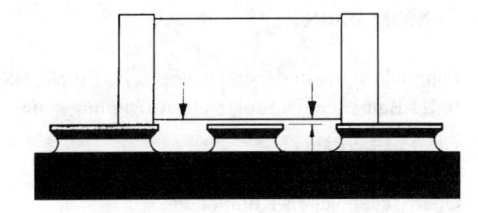

Abb. 2.5.3-55
Wie 54, jedoch mit einer Dicke von 135 µm

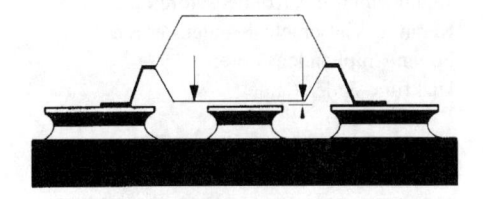

Es ist in der Praxis möglich, unter SMDs der Baugröße 1206 (3,2 mm x 1,6 mm) zwei Leiterbahnen hindurchzuführen. Diese sind in der Regel mit Lötstoplack angedeckt, wie in der *Abb. 2.5.3-56* gezeigt. Eine derartige Doppelspur trägt zur Verringerung der Klebermenge bei und verbreitert die Basis für eine sichere Klebeverbindung.

Abb. 2.5.3-56
Doppelspur („echt" oder dummy), mit
Lötstoplack abgedeckt

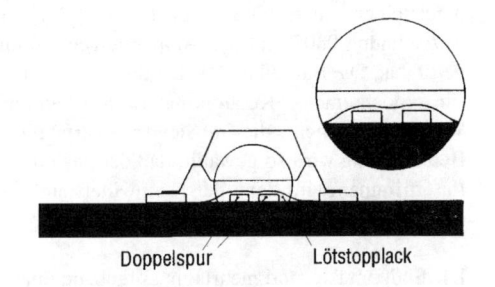

Bei der Dosierung der Klebetropfen für SO- und VSO-Gehäuse gelten die folgenden Erfahrungswerte:

kleine SO-Gehäuse:
1 Tropfen von 1 mm^3,

große SO- und VSO-Gehäuse:
2 Tropfen von je 1,5 mm^3.

Als Kleber werden solche auf Epoxidharz-Basis empfohlen. Bei Aushärtezeiten von ≈ 5 Minuten bei max. 100 °C (Chipelko max. Temp.).

C SMD-Bauteile

Führende Bauteilehersteller wie z. B. SIEMENS haben ein umfangreiches Lieferprogramm an SMD-Bauteilen. Die folgende Aufstellung zeigt nur ein Typenspektrum.

Ferrite-Übertrager
EMV-Komponenten
Oberflächenwellen-Komponenten
Thermistoren
Metalloxid-Varistoren – SIOV –
Tantal-Elektrolyt-Kondensatoren
Keramik-Vielschicht-Kondensatoren
Folien-Chipkondensatoren
Dickfilm-Widerstände

C 1 SMD-Chip-Widerstände (PHILIPS)

Aufbau und Eigenschaften

Chip-Widerstände haben meistens die einheitliche Baugröße 1206 von 3,2 mm Länge, 1,6 mm Breite und 0,6 mm Dicke. Sie sind damit baugleich mit anderen Bauelementen für die Chip-Technik. Trotz ihrer geringen Abmessungen sind diese Chip-Widerstände bis zu 0,25 W belastbar; die maximal zulässige Spannung zwischen Anschluß und isolierender Oberfläche beträgt 200 V_{eff}. Es sind Widerstandswerte von 1 Ω bis 10 MΩ verfügbar. Das Lieferprogramm wird durch einen Kurzschluß (Brücke, ca. 0 Ω) abgerundet. Eine weitere Baureihe ist mit der Bezeichnung 0805 und den Abmessungen 2,0 mm Länge, 1,25 mm Breite und 0,6 mm Dicke verfügbar. Die Baureihe 0603 hat die Abmessungen 1,6 x 0,8 x 0,45 mm; siehe *Abb. 2.5.3-58*.
Ein hochreines Keramikmaterial (Aluminiumoxid) dient als Substrat für die Widerstandsschicht, die im Siebdruckverfahren aufgetragen wird. Die Zusammensetzung der Beschichtung wird so gewählt, daß der gewünschte Widerstand annähernd erreicht wird. Durch Lasertrimmen wird dann der Nennwiderstand fixiert. Zum Schutz der Widerstandsfläche wird das Bauelement mit einer Glasur nach *Abb. 2.5.3-57* überzogen.

Die Endkontakte sind mehrlagig aufgebaut; eine zuverlässige Verbindung zwischen Endkontakten und Widerstandsschicht wird dabei durch eine Basismetallisierung sichergestellt. Um Null-Fehler-Qualität zu erreichen, wird der Wert jedes einzelnen Widerstandes sowohl während der Produktion als auch vor dem Verpacken gemessen.

In Abb. 2.5.3-58 sind die Abmessungen dargestellt. Alle wesentlichen Daten der Chip-Widerstände gehen aus den nachfolgenden Kurzdaten hervor.

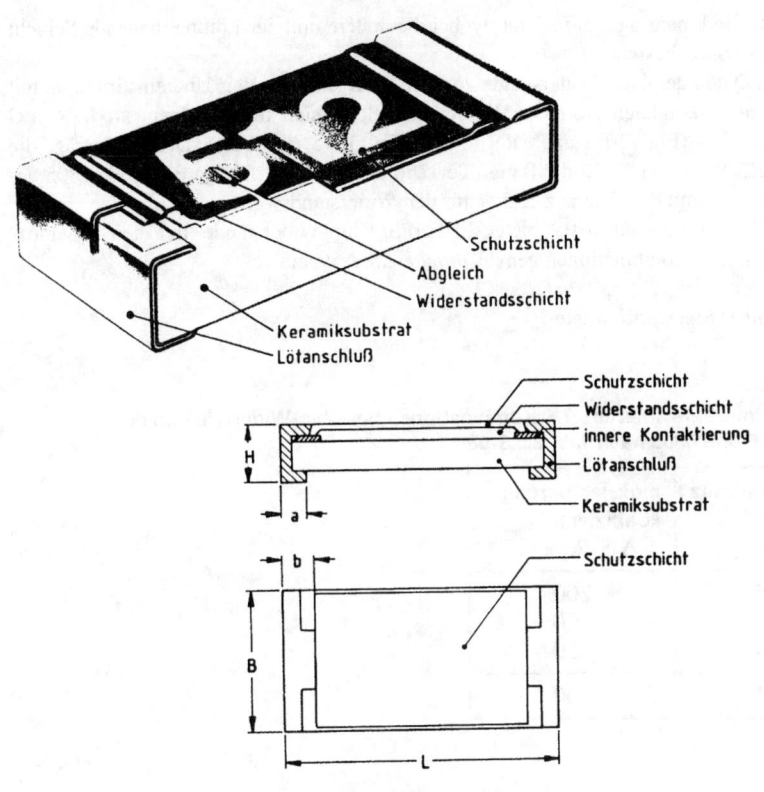

2.5 Montage für spezielle elektronische Bauelemente

Abb. 2.5.3-57 Aufbau und Maße eines Chip-Widerstandes

Tabelle 2.5.3-58 Maße der Chip-Widerstände[1])

Baugröße	Baureihe	a	L	B	H	b
1206	RC 01 { normal { breit RC 02 RC 03 RC 04	$0{,}30^{+0{,}20}_{-0{,}17}$ $0{,}50 \pm 0{,}25$ $0{,}50 \pm 0{,}25$ $0{,}50 \pm 0{,}25$ $0{,}30^{+0{,}20}_{-0{,}17}$	$3{,}2^{+0{,}15}_{-0{,}20}$	$1{,}60 \pm 0{,}15$	$0{,}60 \pm 0{,}10$	$0{,}45 \pm 0{,}20$
0805	RC 11 { normal { breit RC 12	$0{,}25 \pm 0{,}15$ $0{,}40 \pm 0{,}20$ $0{,}25 \pm 0{,}15$	$2{,}0 \pm 0{,}15$	$1{,}25 \pm 0{,}15$	$0{,}60 \pm 0{,}10$	$0{,}40 \pm 0{,}20$
0603	RC 21	$0{,}30 \pm 0{,}20$	$1{,}6 \pm 0{,}10$	$0{,}80^{+0{,}15}_{-0{,}05}$	$0{,}45 \pm 0{,}10$	$0{,}30 \pm 0{,}20$

[1]) in mm

Die Endkontakte sind mehrlagig aufgebaut, wobei die äußere und der Lötung dienende Schicht aus Bleizinn Pb40 Sn60 besteht.
Die technischen Daten der Chip-Widerstände von PHILIPS sind in voller Übereinstimmung mit internationalen und nationalen Normen. Hierbei handelt es sich im einzelnen um DIN IEC 40(CO)620, 621, 623 (Entwürfe) und DIN 45921, Teil 1015 (Entwurf). Danach beträgt die Belastbarkeit 0,25 W bei 70 °C für die Baugröße 1206 und 0,125 W für die Baugröße 0805, jeweils in Kombination mit der Toleranz ± 5 % für den Widerstandswert.
In den Baugrößen 1206 und 0805 bietet PHILIPS Chip-Widerstände mit den Toleranz-Temperaturkoeffizient-Kombinationen gemäß *Tabelle 2.5.3-59* an.

Toleranzen- und Widerstandswerte

Tab. 2.5.3-59 Lieferbare Toleranz-TK-Kombinationen bei Chip-Widerständen der Baugrößen 1206 und 0805 nach Tab. 2.5.3-58

Baugröße	max. Toleranz $\pm \Delta R/R_N$ (%)	max. Temperaturkoeffizient $\pm \Delta (R/R_N) \times 10^{-6}$/K
1206	5	200
	1	100
	1	50
0805	5	200

Qualitätsangaben

Die Qualitätssicherung beruht auf einem mehrstufigen System, bestehend aus Herstellungsprozeß-Kontrollen, 100-%-Endmessung des Nennwertes, Losfreigabe auf Stichprobenbasis und Dauerprüfungen. Unter zusätzlicher Auswertung von Feldausfällen kommen wir für typische praktische Anwendungen zu folgender Qualitätsaussage:

Konformität
Als PPM-Zielgröße wird für Funktionsausfälle im Rahmen einer systematischen Zusammenarbeit ein Wert von $\leq 10 \times 10^{-6}$ angeboten.

Zuverlässigkeit
Typische Ausfallrate $< 1 \times 10^{-9}$ Bauelementebetriebsstunde (Vertrauensbereich 60 %). Widerstandswerte *(Abb. 2.5.3-60)*

Tab. 2.5.3-60 Normreihe der Widerstand-Nennwerte nach DIN IEC 63 Reihe E 24

100 – 110 – 120 – 130 – 150 – 160 – 180 – 200 – 220 – 240 – 270 – 300
330 – 360 – 390 – 430 – 470 – 510 – 560 – 620 – 680 – 750 – 820 – 910

2.5 Montage für spezielle elektronische Bauelemente

Code: siehe auch Abschitt B 3.

Für XX bei ±5-%- und ±2-%-Widerständen die ersten zwei Ziffern des Widerstands-Nennwertes, also die entsprechende Zahl der Reihe E 24 (Tab. 2.5.3-60) ohne die Null an der 3. Stelle.

Für XXX bei ±1-%-Widerständen die ersten drei Ziffern des Widerstands-Nennwertes, also die entsprechende Zahl der Reihe E 24 (E 96).

Für die Ziffer Z bei allen Widerständen:

Wertebereich	Ziffer Z
1 Ω ... 9,1 Ω	8
10 Ω ... 91 Ω	9
100 Ω ... 910 Ω	1
1 kΩ ... 9,1 kΩ	2
10 kΩ ... 91 kΩ	3
100 kΩ ... 910 kΩ	4
1 MΩ ... 3 MΩ	5
10 MΩ	6

Die Kennzeichnung ist weiter der *Abb. 2.5.3-61* zu entnehmen.

Tabelle 2.5.3-61 Kennzeichnung der Chip-Widerstände

Toleranz	Wertebereich	Beschriftungscode			Erläuterungen, Beispiele
5% und 2%	0 Ω (Brücke, Jumper)	0	0	0	x = erste, y = zweite Ziffer des Widerstandswertes
	1,0 Ω ... 9,1 Ω	x	R	y	4R7 ≙ 4,7 Ω
	10 Ω ... 91 V	x	y	R	68R ≙ 68 Ω
	100 Ω ... 10 MΩ	x	y	z	x und y wie zuvor z = Zehnerpotenz des Multiplikators (Anzahl der Nullen) 471 ≙ 470 Ω 274 ≙ 270 kΩ
1%	100 Ω ... 988 Ω	x	y	z R	x, y, z = erste, zweite, dritte Ziffer des Widerstandswertes 100 R ≙ 100 Ω 619 R ≙ 619 Ω
	1 kΩ ... 1 MΩ	x	y	z a	x, y, z wie zuvor a = Zehnerpotenz des Multiplikators (Anzahl der Nullen) 1002 ≙ 10 kΩ 5423 ≙ 542 kΩ 1004 ≙ 1 MΩ

Nach Leistung und Baugröße aufgeschlüsselt, sind die von PHILIPS lieferbaren SMD-Chip-Widerstände in der Tabelle *Abb. 2.5.3-62* gezeigt.

2 Mechanik und Elektronik

Tabelle 2.5.3-62 Lieferprogramm-Übersicht und Kurzdaten[1])

Baureihe	Baugröße	Belastbarkeit	R-Toleranz	TK	Wertebereich	Reihe
RC 01	1206	0,25 W	±5%	$\leq 200 \cdot 10^{-6}$/K	1 Ω ... 10 MΩ, Brücke 0 Ω	E 24
RC 02 H	1206	0,125 W	±1%	$\leq 100 \cdot 10^{-6}$/K	100 Ω ... 1 MΩ	E 24/E 96
RC 02 HP	1206	0,25 W	±1%	$\leq 100 \cdot 10^{-6}$/K	100 Ω ... 150 kΩ	E 24/E 96
RC 02 G	1206	0,125 W	±1%	$\leq 50 \cdot 10^{-6}$/K	100 Ω ... 1 MΩ	E 24/E 96
RC 03	1206	0,125 W	±0,5%	$\leq 50 \cdot 10^{-6}$/K	100 Ω ... 100 kΩ	E 96
RC 11	0805	0,1 W	±5%	$\leq 200 \cdot 10^{-6}$/K	1 Ω ... 10 MΩ, Brücke 0 Ω	E 24
RC 12[2])	0805	0,06 W	±1%	$\leq 100 \cdot 10^{-6}$/K	100 Ω ... 1 MΩ	E 24/E 96
RC 21[2])	0603	0,06 W	±1%	$\leq 250 \cdot 10^{-6}$/K	1,1 Ω ... 6,8 MΩ, Brücke 0 Ω	E 24
abgleichbare Chip-Widerstände						
RC 04	1206	0,25 W	±10%, ±20%	$\leq 200 \cdot 10^{-6}$/K	10 Ω ... 1 MΩ	

[1]) Die Chip-Widerstände aller Baureihen sind für einen Temperaturbereich von −55 °C ... +125 °C geeignet; bei den Baureihen RC 01 und RC 04 beträgt der Temperaturbereich −55 °C ... +155 °C.
[2]) in Vorbereitung.

2.5 Montage für spezielle elektronische Bauelemente

Beispiel einer Lieferübersicht

Eine erweiterte Übersicht zeigt die *Tabelle 2.5.3-63*

Philips Components

TECHNO-LOGY	USE	TYPE	SIZE (Inch)	TOL. (%)	RANGE	TEMP. COEFF. ($\times 10^{-6}$/K)	MAX (V/W)	SERIES (E)
Thick Film	Standard	RC01	1206	5; 2	1 Ω - 10 MΩ	≤±200	200/0.25	24
		RC11	0805	5; 2	1 Ω - 10 MΩ	≤±200	150/0.1	
		RC21	0603	5	1 - 10 Ω 11 Ω - 910 kΩ 1 - 6.8 MΩ	−200/+500 ±200 ±300	50/0.063	
	Precision TC100	RC02H	1206	1	1 - 4.99 Ω 5.1 - 97.6 Ω 100 Ω - 1 MΩ 1.02 - 10 MΩ	≤±250 ≤±200 ≤±100 ≤±200	200/0.125	24/96
		RC02HP					200/0.25	
		RC12H	0805		1 - 4.99 Ω 5.1 - 97.6 Ω 100 Ω - 1 MΩ	≤±250 ≤±200 ≤±100	150/0.1	
		RC22H	0603		1 - 4.99 Ω 5.1 - 97.6 Ω 100 Ω - 1 MΩ	≤±250 ≤±200 ≤±100	50/0.063	
	Precision TC50	RC02G	1206	1	100 Ω - 1 MΩ	≤±50	200/0.125	
		RC02GP			250 Ω - 1 MΩ		200/0.25	
		RC12G	0805		100 - 249 Ω 255 Ω - 1 MΩ	≤±100 ≤±50	150/0.1	
	High Precision	RC03G	1206	0.5	100 - 249 Ω 255 Ω - 1 MΩ	≤±100 ≤±50	200/0.125	
	Application Specific	RC02TR trimmable	1206	+0/−20 or +0/−30	1 - 4.99 Ω 5.1 - 97.6 Ω 100 Ω - 1 MΩ	≤±250 ≤±200 ≤±100	200/0.25	24
		LRC01 low ohmic		5	0.1 - 0.147 Ω 0.15 - 0.392 Ω 0.4 - 0.91 Ω	≤±1000 ≤±700 ≤±250	0.125	
		FRC01 fusible		5	1 - 250 Ω	≤±200	200/0.125	
		PRC201 power	1218	5	1 - 9.1 Ω 10 Ω - 1 MΩ	≤±200 ≤±100	200/1	
Thin Film	High Precision	MPC01	1206	0.1	100 Ω - 100 kΩ	≤±25	100/0.125	all values

TYPE	U.S. CASE SIZE	L (mm)	B (mm)	H (mm)	MASS (g)
RC0 .	1206	3.2	1.6	0.55	1.0
RC1 .	0805	2.0	1.25	0.55	0.55
RC2 .	0603	1.6	0.8	0.45	0.4

Leistungsübersicht der PHILIPS Chip-Widerstände

HF-Eigenschaften der Serie 0603 (PHILIPS)

Widerstände, die oberhalb etwa 100 KHz betrieben werden, weisen zunehmend kapazitiven und induktiven Charakter auf. Die *Tabelle 2.5.3-64* zeigt die extrem gute HF-Eigenschaft von Chip-Widerständen.

Tab. 2.5.3-64

	Dünn-Film 1206 < 1 kΩ	Dick-Film 1206	0805	0603
Kapazität	0,05 pF	0,05 pF	0,09 pF	0,05 pF
Induktivität	2 nH	2 nH	1 nH	0,4 nH

C 2 SMD-Keramik – Chip-Kondensatoren

Aufbau und Eigenschaften

Keramik-Vielschicht-Kondensatoren für die Chip-Technik stehen in mehreren dielektrischen Werkstoffen und mit Kapazitätswerten von 0,47 pF bis 1,0 µF in standardisierten Baugrößen zur Verfügung.
Minimale und maximale Baugrößen (in mm) sind für die folgenden Baugrößen:
2 x 1,25 x 0,51 (0805)
5,7 x 5,0 x 1,90 (2220)
Sie werden u. a. mit einer Nennspannung von 63 V (nach IEC) oder 50 V (nach EIA) spezifiziert. Die verfügbaren dielektrischen Werkstoffe sind u. a.:
Typ I: NPO, N 220 und N 750
Typ II: X 7 R und Z 5 U (Y 5 V)
Diese Dieleketrika unterscheiden sich durch Abhängigkeit des Kapazitätswertes und des Verlustfaktors von Temperatur und Spannung. Die Isolationswiderstandswerte aller Keramikmaterialien sind jedoch durchweg sehr hoch. Außerdem können alle Keramiken hohen Temperaturen und raschen Temperaturwechseln, mithin allen modernen Lötverfahren (Tauchlöten, Lötwelle) ausgesetzt werden.

Abmessungen

Die Abmessungen zeigt die *Abb. 2.5.3-65*.

DIN ISO 9001

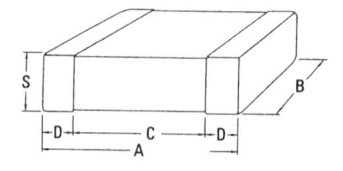

Größe	Baugröße	A	B	S_{min}	S_{max}	D_{min}	D_{max}	C_{min}
1	0603	1,6 ± 0,10	0,80 ± 0,10	0,70	0,90	0,25	0,65	0,40
2	0805	2,0 ± 0,10	1,25 ± 0,10	0,51	1,30	0,25	0,75	0,55
3	1206	3,2 ± 0,20	1,60 ± 0,15	0,51	1,60	0,25	0,75	1,40
4	1210	3,2 ± 0,15	2,50 ± 0,15	0,51	1,60	0,25	0,75	1,40
5	1812	4,5 ± 0,20	3,20 ± 0,20	0,51	1,00	0,25	0,75	2,20
6	2220	5,7 ± 0,20	5,00 ± 0,20	0,51	1,00	0,25	0,75	2,20

Abb. 2.5.3-65 Abmessung von Chip-Kondensatoren und ihre Baureihen

2.5 Montage für spezielle elektronische Bauelemente

Bei dem Aufbau von Keramik-Vielschicht-Kondensatoren wird das Dielektrikum zunächst als Folie hergestellt. In Siebdrucktechnik werden dann die Elektroden in Rasterform aufgebracht. Die Folien werden übereinandergeschichtet und unter Druck so aufbereitet, daß anschließend eine Vereinzelung in kleine Quader erfolgen kann. In einem anschließenden Sinterprozeß erhält die Keramik ihre spezifizierten Eigenschaften. Zuletzt werden die metallischen Endkontakte aufgebracht. Diese verbinden auf beiden Seiten die kammartig ineinandergreifende Struktur der Elektroden. Die verfügbaren Kondensatoren sind in den folgenden Tabellen zusammengestellt.

Kurzdaten

Die Kurzdaten sind in der folgenden Tabelle *Abb. 2.5.3-66* aufgeführt.

Kurzdaten der Keramik-Vielschicht-Chip-Kondensatoren

Werkstoffklasse	1			2	
Werkstoff	NPO	N220	N750	X7R	Y5V
CECC-Kurzbezeichnung	CG	RG	UJ	2R1	2F4
Temperaturbereich	−55 °C bis +125 °C			−55 °C bis +125 °C	−30 °C bis +85 °C
Temperaturkoeffizient	(0 ± 30) $\cdot 10^{-6}/K$	(-220 ± 60) $\cdot 10^{-6}/K$	(-750 ± 120) $\cdot 10^{-6}/K$		
Temperaturabhängigkeit				$\pm 15\%$	$+30/-80\%$
Isolationswiderstand oder $R_i \cdot C$ (es gilt der jeweils kleinere Wert)	$> 10^5$ MΩ > 1000 s			$> 10^5$ MΩ > 1000 s	$> 10^4$ MΩ > 100 s
Verlustfaktor tan δ	$\leq 30 \cdot 10^{-4}$			$\leq 2{,}5 \cdot 10^{-2}$	
typische Alterung				-1%	-5%
Anwendungsklasse	FKF			FKF	4 PF
IEC-Prüfklasse	55/125/56			55/125/56	30/85/56

2 Mechanik und Elektronik

Standardwerte

Standardwerte – E12-Reihe – sind in der folgenden Tabelle Abb. 2.5.3-67 aufgeführt.

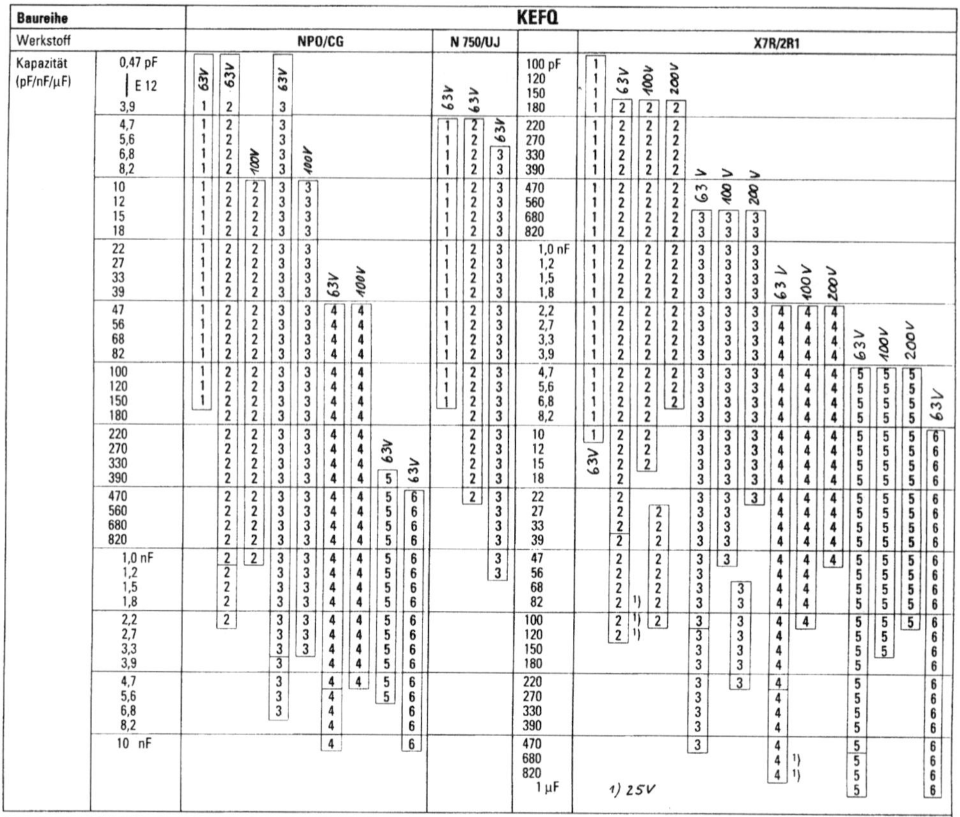

Baureihe		KEFQ		
Werkstoff		NPO/CG	N 750/UJ	X7R/2R1
Kapazität (pF/nF/µF)	0,47 pF ... 3,9	63V / 63V / 63V		63V / 100V / 200V

(Standardwerte-Tabelle für Kondensatoren der E12-Reihe mit Kapazitätswerten von 0,47 pF bis 1 µF und zugehörigen Spannungsklassen 63 V, 100 V, 200 V für die Werkstoffe NPO/CG, N 750/UJ und X7R/2R1.)

Anschlüsse	PdAg oder NiSn (NiSn/X7R nur in 63 V und bis 100 nF)		
Kapazitätstoleranz	± 2%, ±5% (± 1% auf Anfrage)		±5%, ±10%
Nennspannung	63 V_{DC}/100 V_{DC}		25 V_{DC}/63 V_{DC}/100 V_{DC}/200 V_{DC}
Verlustfaktor Isolationswiderstand	<5 pF: ≤30×10⁻⁴, ≥5...<50 pF: 1,5 (150/C+7)×10⁻⁴, ≥50 pF: <10⁻⁴ >10¹¹ Ω		≤ 2,5% > 10¹¹ Ω
Klimakategorie nach DIN IEC 68	55/125/56		
Merkmale	große Kapazität pro Volumeneinheit, geringe Eigeninduktivität, weiter Temperaturbereich		
Anwendungen	Hybridschaltungen, Kfz-Elektronik, Medizin-Elektronik, Audio-/Video-Elektronik, Datentechnik		

Abb. 2.5.3-67 Standardwerte für Kondensatoren nach der E12-Reihe

Vielschicht-Chip-Kondensator-Mikrowellenserie KEFQ

Besondere Merkmale

- Niedrige innere Verluste, kleiner ESR-Wert bis 3 GHz,
  1. Parallelresonanz über 2 GHz,
  2. Parallelresonanz über 3 GHz.
- Kleine Abmessungen:
  Baugröße 0805 und 1206 erhältlich,
  Baugröße 0603 in der Entwicklung.
- Hohe Zuverlässigkeit.

2.5 Montage für spezielle elektronische Bauelemente

- Standard-Toleranzen der Kapazität: (± 10 %, ± 5 % und ± 2 %).
- Erhältlich mit AgPd- und NiSn-Anschlüssen.
- Einsetzbar für Reflow- und Wellenlöten.

HF-Anwendungen
- Mobile Telekommunikation
- Satellitenfernsehen
- Instrumentierung

Eine Übersicht ist in der Tabelle *Abb. 2.5.3-68* gegeben.

Kapazitätsübersicht der Mikrowellenserie
(NPO mit AgPd- und NiSn-Lötanschlüssen)

C (pF)	Baugröße 0805 [1]	Baugröße 1206 [1]
0,47		
0,56		
0,68		
0,82		
1,0		
1,2		
1,5		
1,8		
2,2		
2,7		
3,3		
3,9		
4,7		
5,6		
6,8		
8,2		
10		
12		
15		
18		
22		
27		
33		
39		
47		
56		
68		
82		
100		
120		

Anmerkung
1) Dickenklassifizierung: 0,51 bis 0,7 mm
2) Auf Anfrage Nicht-E-12-Werte erhältlich
3) Toleranzen ± 0,1% für C ≥ 10 pF
   sowie ±0,1 pF für C < 5 pF auf Anfrage
4) CECC-Spezifikation in Vorbereitung
5) Gemessen bei 1V, 1MHz

Referenzdaten-Kurzübersicht

Nennspannung U_R (DC)	63 V (IEC)
Kap.-Bereich Klasse 1 NPO-Dielektrikum	
Baugröße 0805	0,47 pF bis 82 pF (E-12-Serie) [2]
Baugröße 1206	0,47 pF bis 120 pF (E-12-Serie) [2]
Kap.-Toleranz	
C ≥ 10 pF	± 10%, ± 5% und ± 2% [3]
5 pF ≤ C < 10 pF	± 0,5 pF und ± 0,25 pF
C < 5 pF	± 0,25 pF [3]
Prüfspannung (DC) für 1 Minute	$2,5 \times U_R$
Isolationswiderstand nach 60 s bei U_R (DC)	> 100 GΩ
Teilspezifikationen	IEC 384-10, zweite Ausführung 1989-04 CECC 32 100 [4]
Detailspezifikation	CECC 32 101-801 [4]
Klimakategorien (IEC 68)	55/125/56

Technische Daten
bei $\vartheta_u = 20 \pm 1°C$, Atmosphärendruck = 86 - 106 kPa
rel. Feuchte = 63 - 67%, sofern nicht anders angegeben

tan δ [5]	
C < 5 pF	$\leq 30 \times 10^{-4}$
5 pF ≤ C < 50 pF	$1,5 \times (\frac{150}{C} + 7) \times 10^{-4}$; $\leq 30 \times 10^{-4}$ $(30 \times 10^{-4}$ max.)
C ≥ 50 pF	$\leq 10 \times 10^{-4}$
Temperaturkoeffizient	
0,47 pF ≤ C < 5 pF	$0 \pm 150 \times 10^{-6}$/K
5 pF ≤ C < 10 pF	$0 \pm 150 \times 10^{-6}$/K
C ≥ 10 pF	$0 \pm 30 \times 10^{-6}$/K
Hochfrequenzeigenschaften	ESR-Werte siehe Datenblatt. Die erste Parallelresonanzfrequenz der S21- und S12-Parameter liegt über 2 GHz, die zweite Resonanz über 3 GHz.

Abb. 2.5.3-68
Klassifizierung von Kondensatoren für die GHz-Technik

2 Mechanik und Elektronik

Flachbauweise von keramischen SMD-Kondensatoren

Nur 0,6 mm flach sind die in *Abb. 2.5.3-69* gezeigten neuen keramischen Chip-Kondensatoren von Siemens. Damit können sie auch platzsparend unterhalb der integrierten Schaltungen auf der Leiterplatte angebracht werden.

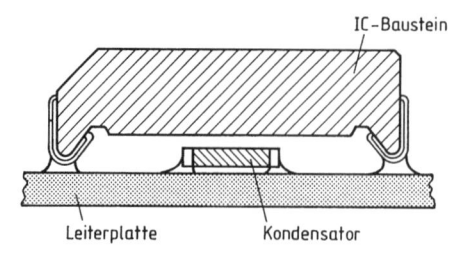

Abb. 2.5.3-69 Superflache Chip-Kondensatoren

Abb. 2.5.3-70 zeigt verschiedene Größen von Chip-Kondensatoren.

Abb. 2.5.3-70
Bauformen von Chip-Kondensatoren

C 3 SMD-Folien-Kondensatoren

Diese werden ähnlich der Abb. 2.5.3-65 in Baugrößen gemäß *Abb. 2.5.3-71* angegeben, mit kapazitätsabhängiger Bauhöhe mit Werten von 1 nF...1 µF.

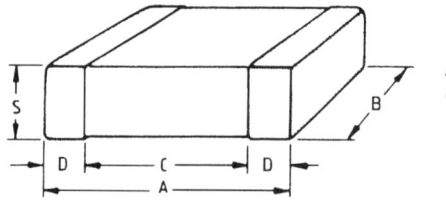

Abb. 2.5.3-71
Chip-Abmessungen

2.5 Montage für spezielle elektronische Bauelemente

Baugröße	A	B
1206	3,2 ± 0,15	1,6 ± 0,15
1210	3,2 ± 0,15	2,5 ± 0,15
1812	4,5 ± 0,2	3,2 ± 0,2
2220	5,7 ± 0,2	5,0 ± 0,2
2824	7,1 ± 0,2	6,1 ± 0,3

Im folgenden werden Daten der WIMA-Chip-Kondensatoren Baugröße 2220 beschrieben.
Der Lötflächenabstand von 5,7 mm stimmt mit dem L-Maß der Size-Codes 2220 und 2225 überein. Eine Substitutionsmöglichkeit von Keramik-Chip-Kondensatoren ist überall dort gegeben, wo ein etwas größeres B- oder H-Maß akzeptabel ist und gleichzeitig eine Nennspannung von 63 V gewünscht wird.
Die Stirnseiten dienen wie bei Keramik-Chip-Kondensatoren umfassend als Lötflächen, daraus resultiert eine abschattungssichere Lötqualität.

Technische Angaben

Dielektrikum: Polyäthylenterephthalat-Folie
Beläge: Aluminium, aufmetallisiert
Umhüllung: Flammhemmendes Kunststoffgehäuse, Epoxidharzverguß. Farbe: Schwarz, Aufdruck: Silber
Anwendungsklasse: FME nach DIN 40040
Temperaturbereich: –55 °C bis +100 °C
Ausfallkriterien:
Totalausfall: Kurzschluß oder Unterbrechung
Änderungsausfall:
Kapazitätsänderung $\left| \dfrac{\Delta C}{C} \right| > 10\,\%$

Verlustfaktor tan δ > 2x obere Grenzwerte
Isolationswiderstand < 150 MΩ
Prüfklasse: 55/100/21 nach IEC
Isolationswerte bei +20 °C:
$\geq 3{,}75 \cdot 10^3$ MΩ (Mittelwert: $1 \cdot 10^4$ MΩ)
Meßspannung: 50 V/1 min.
Nach IEC 384-2
Verlustfaktoren bei +20 °C:
tan δ ≤ 8 · 10^{-3} bei 1 kHz
tan δ ≤ 15 · 10^{-3} bei 10 kHz
tan δ ≤ 30 · 10^{-3} bei 100 kHz
Kapazitätstoleranz: ±20 %, eingeengte Toleranzen auf Anfrage

Impulsbelastung:

C-Wert µF	Flankensteilheit V/µs	
	max. Betrieb	Prüfung
1000 ... 6800	35	350
0.01 ... 0.022	30	300
0.033 ... 0.068	20	200
0.1	10	100

bei vollem Spannungshub

Prüfspannung: 1,6 U_N 2s

Lötwärmebeständigkeit:
Temperatur des Lötbades max. 260 °C
Lötdauer max. 5 s

Kapazitätsänderung $\left|\dfrac{\Delta C}{C}\right| < 3\,\%$

Prüfung Tb nach DIN IEC 68-2-20/CECC 32200
Löttechnik: Wellenlötung und Reflowlötung

Werteübersicht

Kapazität	63 V–/40 V~*		
	L ±0,2	B ±0,3	H ±0,2
1000 pF	5.7	6	2.5
1500 „	5.7	6	2.5
2200 „	5.7	6	2.5
3300 „	5.7	6	2.5
4700 „	5.7	6	2.5
6800 „	5.7	6	2.5
0.01 µF	5.7	6	2.5
0.015 „	5.7	6	2.5
0.022 „	5.7	6	2.5
0.033 „	5.7	6	2.5
0.047 „	5.7	7	3
0.068 „	5.7	7	3
0.1 µF	5.7	7	3

* Wechselspannungen:
f = 50 Hz;
1,4 · U_{eff}~ + U– ≤ U_N

Alle Maße in mm.

Abweichungen und Konstruktionsänderungen vorbehalten.

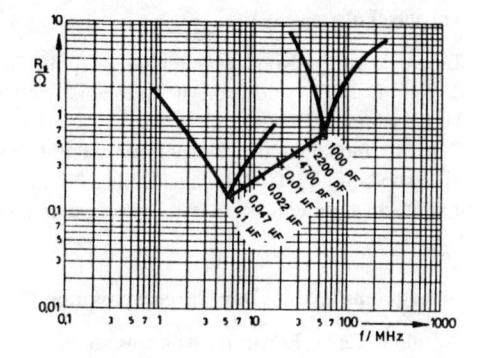

Abb. 2.5.3-72
Scheinwiderstand R_S in Abhängigkeit von der Frequenz (Richtwerte)

C 4 SMD Tantal-Elektrolyt-Kondensatoren

Basis-Konstruktion

Bei Tantal-Elektrolyt-Kondensatoren werden zwei Ausführungen unterschieden: Kondensatoren mit festem Elektrolyten und Kondensatoren mit flüssigem Elektrolyten.
Beide Ausführungen bestehen aus einem Sinterkörper aus Tantalpulver, der die Anode bildet. Durch einen Oxidationsprozeß wird elektrochemisch auf der Anode eine Tantaloxidschicht erzeugt, die das Dielektrikum darstellt.
Bei Kondensatoren mit festem Elektrolyten fungiert als Kathode ein halbleitendes Metalloxid (MnO_2), das auf die anodische Oxidschicht aufgebracht wird. Die Kontaktierung der Kathode erfolgt mit Hilfe einer Graphit- und Leitsilberschicht, die auf den Halbleiterüberzug aufgetragen und mit dem Gehäuse oder Anschlußelement verlötet wird.
Bei Kondensatoren mit feuchtem Elektrolyten bildet die Kathode eine hochleitende Säure. Die Kontaktierung wird mit einem Feinsilbergehäuse (innen vermohrt) hergestellt.

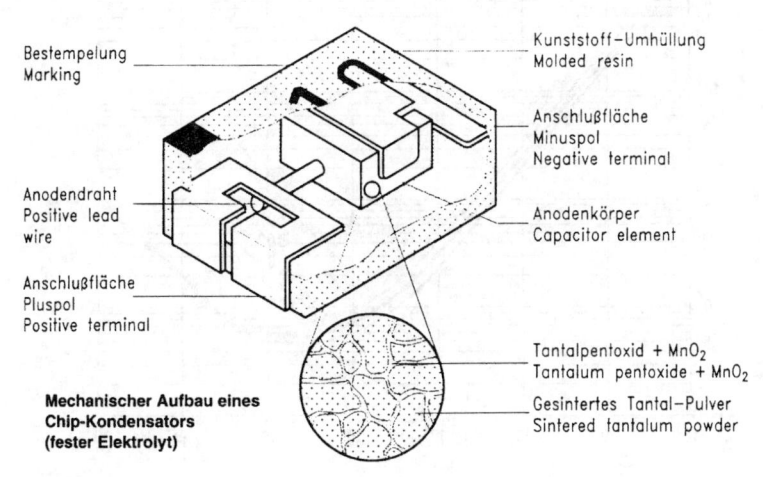

Abb. 2.5.3-73
Aufbauschema eines SMD-Elkos mit festem Elektrolyten

2 Mechanik und Elektronik

Verpolschutz

Tantal-Elektrolyt-Kondensatoren sind gepolte Bauelemente, die nicht verpolt montiert werden dürfen. Deshalb sind nahezu alle radial bedrahteten Baureihen von PHILIPS mit einem Verpolschutz lieferbar.
Der Anschlußdraht der Pluspolseite ist mit einer Prägung von 0,85 mm versehen. Da die Minuspolbohrung der Montagelochung 0,7 mm beträgt, ist somit eine Falschpolung des Kondensators ausgeschlossen. Der Bohrungsdurchmesser auf der Pluspolseite ist auf 1,0 mm zu vergrößern.

Nennspannung (V_R)/Dauergrenzspannung (V_C) sowie zugehörige Diagramme

Bei allen Tantal-Elektrolyt-Kondensatoren ist im Temperaturbereich −55 °C bis +85 °C die Dauergrenzspannung gleich der Nennspannung.
Im Temperaturbereich von +85 °C bis +125 °C ist V_C linear bis auf $2/3$ der Nennspannung zu reduzieren. 85 °C bei V_R und 125 °C bei $2/3$ V_R stellen etwa die gleiche Belastung für den Kondensator dar.

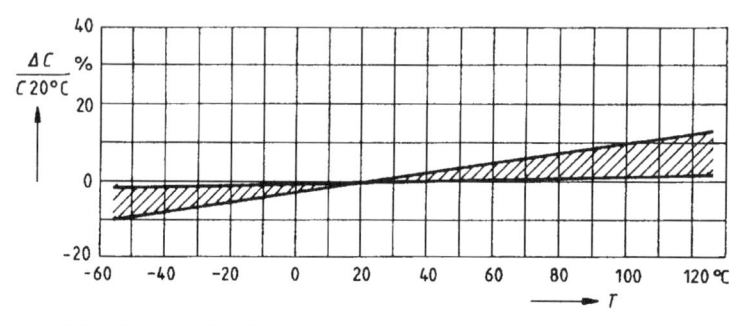

Abb. 2.5.3-74 Kapazitätsänderung in Abhängigkeit von der Temperatur von Kondensatoren mit festem Elektrolyten

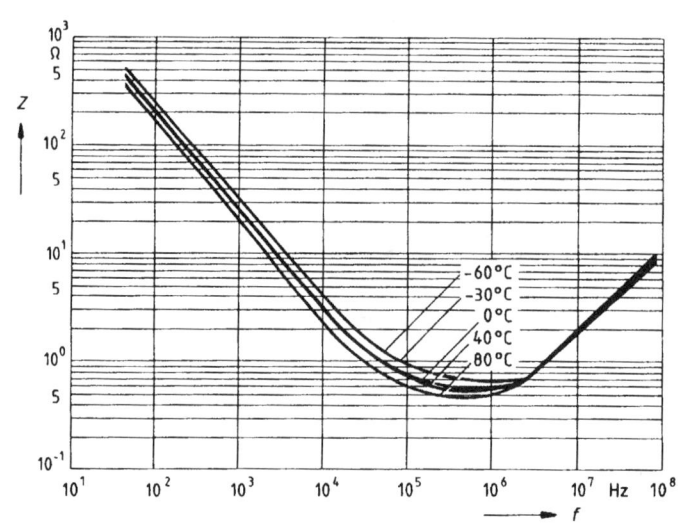

Abb. 2.5.3-75 Scheinwiderstand in Abhängigkeit von der Frequenz eines Kondensators mit festem Elektrolyten (6,8 μF/35 Vdc)

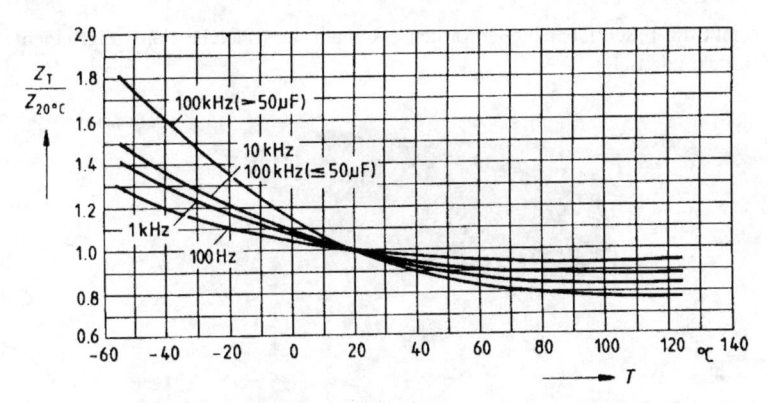

Abb. 2.5.3-76 Scheinwiderstand in Abhängigkeit von der Temperatur von Kondensatoren mit festem Elektrolyten (Richtwerte)

Baugrößen von SMD-Elkos

	B 45 196-E	B 45 196-H	B 45 196-P	B 45 197-A
Ausfallrate Failure rate (40 °C; ≤ V_R; R_S ≥ 3 Ω/V)	Baugröße/Size A, B: ≤ 5 fit Baugröße/Size C, D: ≤ 15 fit	Baugröße/Size A, B: ≤ 10 fit Baugröße/Size C, D: ≤ 30 fit	Baugröße/Size A, B: ≤ 1 fit Baugröße/Size C, D: ≤ 3 fit	Baugröße/Size A, B: ≤ 5 fit Baugröße/Size C, D: ≤ 15 fit
	1 fit = 1 · 10^{-9} Ausfälle/h		1 fit = 1 · 10^{-9} failures/h	
Brauchbarkeitsdauer Service life	> 500 000 h	> 500 000 h	> 500 000 h	> 500 000 h
Bauartnorm Detail specifications	IEC-QC 30 0801/ US0001 CECC 30 801-801	CECC 30 801-802	IEC-QC 30 0801/ US0001 CECC 30 801-801	IEC-QC 30 0801/ US0001 CECC 30 801-801

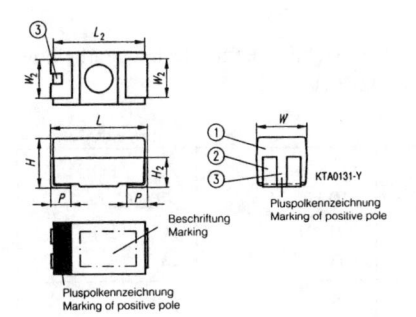

Maße Dimensions mm	Baugröße Size			
	A	B	C	D
L ±0,2	3,2	3,5	6,0	7,3
L_2 typ.	3,0	3,3	5,8	7,1
W ±0,2	1,6	2,8	3,2	4,3
W_2 ±0,1	1,2	2,2	2,2	2,4
H ±0,2	1,6	1,9	2,5	2,8
H_2 typ.	1,0	1,2	1,5	1,6
p ±0,3	0,8	0,8	1,3	1,3

① Umhüllung: Epoxid-Preßmasse
② BdNi oder BdNiFe;
   Oberfläche Sn60/Pb 40
③ Bei Baugröße A
   eingeschränkte Schlitzlänge

Abb. 2.5.3-77

Die *Abb. 2.5.3-78* läßt die beschriebenen Bauformen erkennen. Das gleiche Foto zeigt einen SMD-Keramik-Trimmkondensator.

Abb. 2.5.3-78
Bauformen von SMD-Elkos und ein Keramiktrimmer

Werteübersicht über SMD-Elkos

B 45 196-E

Standardausführung
Für erhöhte Anforderungen in der Nachrichtentechnik (z. B. Mobil-Telefon), Datenverarbeitung (z. B. Laptops) sowie Meß- und Regelungstechnik. Für Kfz-Elektronik.

V_R (bis/up to 85 °C) Vdc	C_R µF	Baugröße Size	I_{lk} (20 °C, V_R, 5 min) µA	Z_{max} (20 °C, 100 kHz) Ω
4	3,3	A	0,5	9,0
	4,7	A	0,5	7,0
	10	B	0,5	4,5
	15	B	0,6	3,5
	22	C	0,9	3,0
	33	C	1,3	2,4
	68	D	2,7	1,8
	100	D	4,0	1,0

2.5 Montage für spezielle elektronische Bauelemente

V_R (bis/up to 85 °C) Vdc	C_R μF	Baugröße Size	I_{lk} (20 °C, V_R, 5 min) μA	Z_{max} (20 °C, 100 kHz) Ω
6,3	2,2	A	0,5	10
	3,3	A	0,5	7,0
	6,8	B	0,5	4,5
	10	B	0,6	3,5
	15	C	1,0	3,0
	22	C	1,4	2,4
	47	D	3,0	1,4
	68	D	4,3	1,0
10	1,5	A	0,5	10
	2,2	A	0,5	7,0
	4,7	B	0,5	4,5
	6,8	B	0,7	3,5
	10	C	1,0	3,0
	15	C	1,5	2,5
	33	D	3,3	1,5
	47	D	4,7	1,0
16	1,0	A	0,5	10
	1,5	A	0,5	8,0
	3,3	B	0,6	5,0
	4,7	B	0,8	3,5
	6,8	C	1,1	3,0
	10	C	1,6	2,5
	22	D	3,6	1,5
	33	D	5,3	1,2
20	0,68	A	0,5	12
	1,0	A	0,5	9,0
	2,2	B	0,5	6,0
	3,3	B	0,7	4,5
	4,7	C	1,0	3,0
	6,8	C	1,4	2,4
	15	D	3,0	1,5
	22	D	4,4	1,2
25	0,47	A	0,5	13
	0,68	A	0,5	10
	1,5	B	0,5	7,0
	2,2	B	0,6	5,0
	3,3	C	0,9	3,5
	4,7	C	1,2	2,8
	6,8	D	1,7	2,2
	10	D	2,5	1,5
	15	D	3,8	1,2

V_R (bis/up to 85 °C) Vdc	C_R μF	Baugröße Size	I_{lk} (20 °C, V_R, 5 min) μA	Z_{max} (20 °C, 100 kHz) Ω
35	0,10	A	0,5	28
	0,15	A	0,5	23
	0,22	A	0,5	19
	0,33	A	0,5	15
	0,47	B	0,5	11
	0,68	B	0,5	8,0
	1,0	B	0,5	7,0
	1,5	C	0,6	6,0
	2,2	C	0,8	4,0
	3,3	C	1,2	3,0
	4,7	D	1,7	1,8
	6,8	D	2,4	1,5
	10	D	3,5	1,2
50	0,10	A	0,5	27
	0,15	B	0,5	22
	0,22	B	0,5	18
	0,33	B	0,5	14
	0,47	C	0,5	9,0
	0,68	C	0,5	8,0
	1,0	C	0,5	6,0
	1,5	D	0,8	5,0
	2,2	D	1,1	3,5
	3,3	D	1,7	2,0
	4,7	D	2,4	1,5

Weitere Ausführungen:

B 45 196-H

Besonders hohe Volumenkapazität
Für erhöhte Anforderungen in der Nachrichtentechnik (z. B. Mobil-Telefon), Datenverarbeitung (z. B. Laptops) sowie Meß- und Regelungstechnik.

B 45 197-A

Niedriger ESR
Für Schaltnetzteile mit sehr hohen Taktfrequenzen (z. B. 300 kHz), für DC/DC-Wandler.

B 45 196-P

Extrem hohe Zuverlässigkeit
Für extrem hohe Anforderungen in der Nachrichtentechnik (z. B. Nebenstellen-Anlagen), EDV (z. B. Main frames) sowie Meß- und Regelungstechnik. Für Kfz-Elektronik und Medizintechnik.

C 5 SMD-Aluminium-Elektrolytkondensatoren

Baureihe CLL (PHILIPS)

Besonderes Merkmal dieser Baureihe ist die Ummantelung der in der Baureihe CS langjährig bewährten Kondensatorzelle durch Kunststoffumspritzung. Die damit erreichte zusätzliche Abdichtung erhöht die Brauchbarkeitsdauer auf mindestens 1500 Stunden (Baugrößen 1a und 1) bzw. 2000 Stunden (Baugrößen 2 und 3), jeweils bei 105 °C.
Somit stehen dem Anwender mit der Baureihe CLL professionelle Chip-Elkos mit flüssigem Elektrolyten zur Verfügung, die mit 150 000 h/40 °C bzw. 200 000 h/40 °C sogar postalische Anforderungen erfüllen.
Der Kapazitätswertebereich von 0,22 µF bis 220 µF und der Nennspannungsbereich von 6,3 V bis 100 V übertreffen die Spannweiten anderer Elektrolytkondensator-Technologien.
Aufbau und Maße gehen aus *Abb. 2.5.3-79* und Tabelle 1 hervor. Die Kurzdaten sind in Tabelle 2 aufgelistet. Tabelle 3 gibt eine Übersicht des CLL-Lieferprogramms.

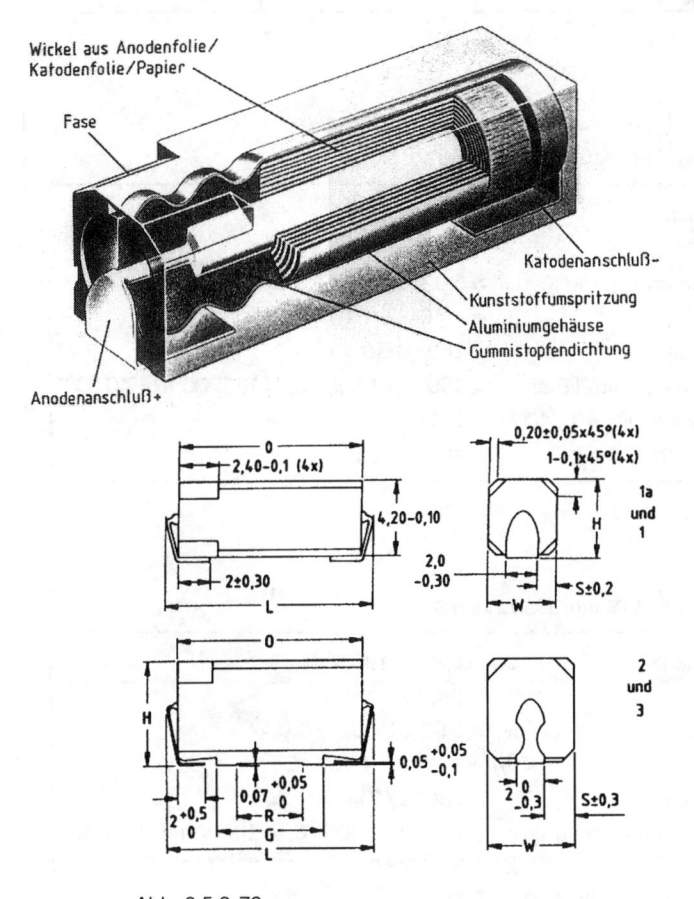

Abb. 2.5.3-79
Aufbau und Maße von Aluminium-Chip-Kondensatoren der Baureihe CLL
(weitere Maße in den folgenden Tabellen)

Tabelle 1a: Maße [1]) der CLL-Baugrößen 1a und 1

Baugröße	L_{max}	W_{max}	H_{max}	O_{max}	S
1a	11,0	4,2	4,5	9,6	1,10
1	14,0	4,2	4,5	12,6	1,10

Tabelle 1b: Maße [1]) der CLL-Baugrößen 2 und 3

Baugröße	L_{max}	W_{max}	H_{max}	O_{max}	G_{max}	R_{min}	S
2	14,5	6,3	7,05	13,0	7,5	4,7	2,15
3	14,5	7,7	8,35	13,0	7,5	4,7	2,85

[1]) in mm

Tabelle 2a: Kurzdaten der CLL-Baugrößen 1a und 1

Nennspannungsbereich	$U_N = 6{,}3 \ldots 63$ V
Kapazitätstoleranz	±20%
Reststrom nach 1 min an U_N	$I_{RL} \leq 0{,}02\, C_N \cdot U_N + 3$ µA
Temperaturbereich	$\vartheta_U = -40 \ldots +105$ °C
Lötwärmebeständigkeit	260 °C/10 s
Brauchbarkeitsdauer nach dem Löten	≥ 1500 h/+105 °C, ≥ 150000 h/+40 °C
Anwendungsklasse nach DIN 40 040	GMF
Klimakategorie nach DIN IEC 68	40/105/56

Tabelle 2b: Kurzdaten der CLL-Baugrößen 2 und 3

Nennspannungsbereich	$U_N = 6{,}3 \ldots 100$ V
Kapazitätstoleranz	±20%
Reststrom nach 1 min an U_N	$I_{RL} \leq 0{,}02\, C_N \cdot U_N + 3$ µA
Temperaturbereich	$\vartheta_U = -55 \ldots +105$ °C
Lötwärmebeständigkeit	260 °C/10 s
Brauchbarkeitsdauer nach dem Löten	≥ 2000 h/+105 °C, ≥ 200000 h/+40 °C
Typ. Ausfallrate	$\lambda \leq 5 \cdot 10^{-8}$/h
Anwendungsklasse nach DIN 40 040	FPF
Klimakategorie nach DIN IEC 68	55/105/56

2.5 Montage für spezielle elektronische Bauelemente

Tabelle 3: Lieferprogramm der Baureihe CLL

C_N (μF)	U_N (V) 6,3	10	16	25	40	50	63	100
0,22							1a	2
0,47							1a	2
1,0							1a	2
1,5						1a	1	2
2,2					1a		1	2
3,3				1a		1	2	3
4,7			1a		1		2	3
6,8		1a		1		2	3	
10	1a		1			2	3	
15		1				2	3	
22	1			2		3		
33				2	3			
47			2	3				
68		2						
100	2		3					
150		3						
220	3							

(Baugröße 1 auf Anfrage, Baugröße 1a in Vorbereitung)

ELECTRICAL DATA CLL 139

Unless otherwise specified, all electrical values in Table 4 apply at
T_{amb} = 20 °C, P = 86 to 106 kPa, RH = 45 to 75 %
C_R = nominal capacitance at 100 Hz, tolerance ±20 %
I_R = rated RMS ripple current at 100 Hz, 105 °C
I_{L1} = max. leakage current after 1 minute at U_R
I_{L5} = max. leakage current after 5 minutes at U_R
Tan δ = max. dissipation factor at 100 Hz
ESR = equivalent series resistance at 100 Hz (calculated from tan δ max. and C_R)
Z = max. impedance at 10 kHz

Table 4 Electrical data

U_R 100 Hz (V)	C_R 100 Hz (μF)	NOMINAL CASE SIZE L x W x H (mm)	CASE CODE	I_R 100 Hz 105 °C (mA)	I_{L1} 1 min (μA)	I_{L5} 5 min (μA)	Tan δ 100 Hz	ESR 100 Hz (Ω)	Z 10 kHz (Ω)
6.3	47	14.3 x 6.2 x 6.9	2	62	9	3.6	0.16	5.4	6.4
	100	14.3 x 6.2 x 6.9	2	79	16	4.3	0.24	3.8	3.0
	220	14.3 x 7.6 x 8.2	3	120	32	5.8	0.24	1.7	1.4
10	33	14.3 x 6.2 x 6.9	2	59	10	3.7	0.14	6.8	6.1
	68	14.3 x 6.2 x 6.9	2	71	17	4.4	0.20	4.7	2.9
	150	14.3 x 7.6 x 8.2	3	110	33	6.0	0.20	2.1	1.3
16	22	14.3 x 6.2 x 6.9	2	52	10	3.7	0.12	8.7	7.3
	47	14.3 x 6.2 x 6.9	2	66	18	4.5	0.16	5.4	3.4
	100	14.3 x 7.6 x 8.2	3	100	35	6.2	0.16	2.5	1.6
25	10	14.3 x 6.2 x 6.9	2	40	8	3.5	0.09	14	12
	22	14.3 x 6.2 x 6.9	2	48	14	4.1	0.14	10	5.5
	33	14.3 x 6.2 x 6.9	2	59	19	4.7	0.14	6.8	3.7
	47	14.3 x 7.6 x 8.2	3	79	27	5.4	0.14	4.7	2.6
40	15	14.3 x 6.2 x 6.9	2	45	15	4.2	0.11	12	6
	33	14.3 x 7.6 x 8.2	3	75	29	5.6	0.11	5.3	2.7
50	6.8	14.3 x 6.2 x 6.9	2	33	10	3.7	0.09	21	10
	10	14.3 x 6.2 x 6.9	2	40	13	4.0	0.09	14	7
	15	14.3 x 7.6 x 8.2	3	56	18	4.5	0.09	9.5	4.7
	22	14.3 x 7.6 x 8.2	3	67	25	5.2	0.09	6.5	3.2
63	0.22	14.3 x 6.2 x 6.9	2	2.5	4	3.0	0.09	650	160
	0.47	14.3 x 6.2 x 6.9	2	5	4	3.1	0.09	300	95
	1	14.3 x 6.2 x 6.9	2	11	4	3.1	0.09	140	55
	1.5	14.3 x 6.2 x 6.9	2	15	5	3.2	0.09	95	37
	2.2	14.3 x 6.2 x 6.9	2	19	6	3.3	0.09	65	25
	3.3	14.3 x 6.2 x 6.9	2	23	7	3.4	0.09	43	21
	4.7	14.3 x 6.2 x 6.9	2	28	9	3.6	0.09	30	17
	6.8	14.3 x 7.6 x 8.2	3	40	12	3.9	0.08	19	11
	10	14.3 x 7.6 x 8.2	3	48	16	4.3	0.08	13	8
100	0.22	14.3 x 6.2 x 6.9	2	4	4	3.0	0.09	650	160
	0.47	14.3 x 6.2 x 6.9	2	8	4	3.1	0.09	300	95
	1.0	14.3 x 6.2 x 6.9	2	12	5	3.2	0.09	140	55
	2.2	14.3 x 6.2 x 6.9	2	19	7	3.4	0.09	65	29
	3.3	14.3 x 7.6 x 8.2	3	27	10	3.7	0.08	39	17
	4.7	14.3 x 7.6 x 8.2	3	33	12	3.9	0.08	27	11

Voltage

Surge voltage for short periods $\quad U_S \leq 1{,}15 \times U_R$

Reverse voltage $\quad U_{rev} \leq 1 \text{ V}$

2.5 Montage für spezielle elektronische Bauelemente

Leakage current

After 1 minute at U_R $\qquad I_{L1} \leq 0{,}02\, C_R \times U_R + 3\, \mu A$

After 5 minutes at U_R $\qquad I_{L5} \leq 0{,}002\, C_R \times U_R + 3\, \mu A$

Equivalent series inductance (ESL)
case size 14,3 x 6,2 x 6,9 mm $\qquad$ typ. 18 nH
case size 14,3 x 7,6 x 8,2 mm $\qquad$ typ. 28 nH

Equivalent series resistance (ESR)

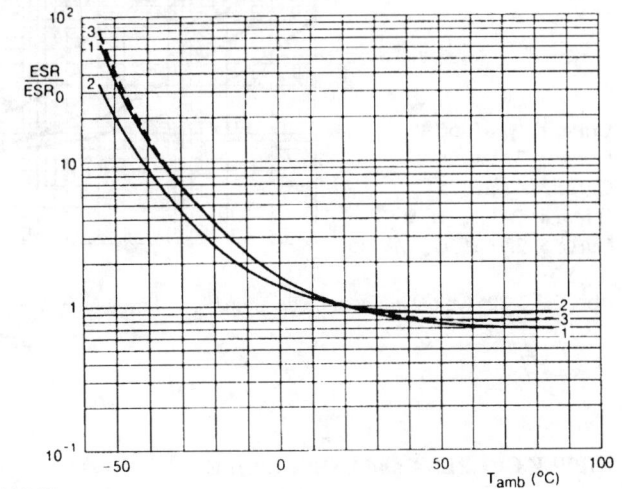

Curve 1: 6,3 V
Curve 2: 40 V to 50 V
Curve 3: 63 V to 100 V

ESR_0 = typical ESR at 20 °C, 100 Hz

Abb. 2.5.3-80 Multiplier of ESR (ESR/ESR_0) as a function of ambient temperature

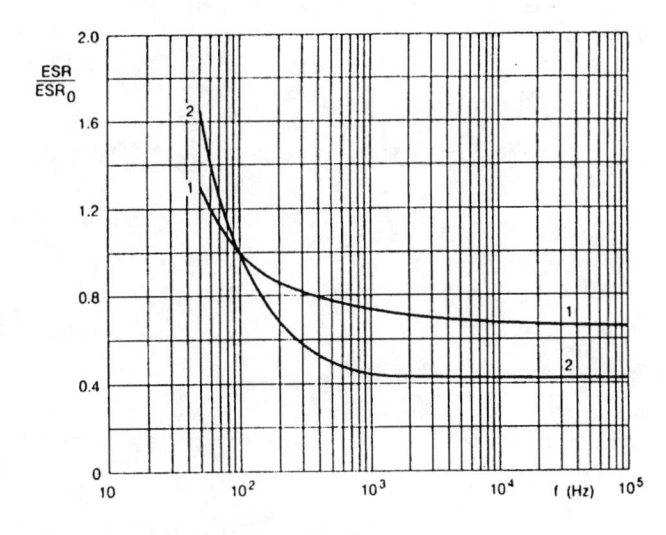

Curve 1: 6,3 V
Curve 2: 40 V to 50 V

Abb. 2.5.3-81 Multiplier of ESR (ESR/ESR_0) as a function of frequency

Impedance (Z)

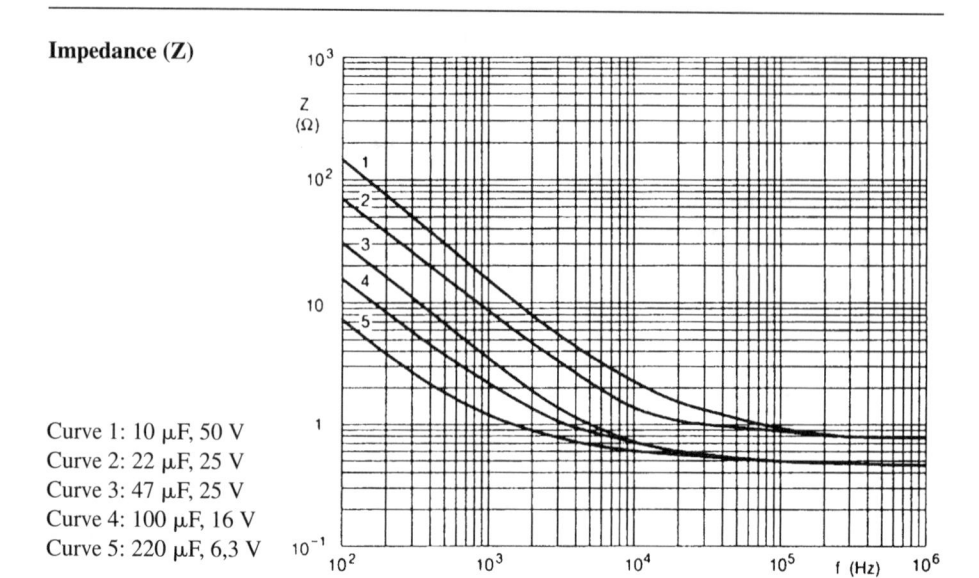

Curve 1: 10 µF, 50 V
Curve 2: 22 µF, 25 V
Curve 3: 47 µF, 25 V
Curve 4: 100 µF, 16 V
Curve 5: 220 µF, 6,3 V

Abb. 2.5.3-82 Typical impedance as a function of frequency at $T_{amb} = 20$ °C

RIPPLE CURRENT and USEFUL LIFE

Multiplier of ripple current I_R as a function of frequency

FREQUENCY (Hz)	I_R MULTIPLIER		
	U_R = 6.3 V to 16 V	U_R = 25 V to 50 V	U_R = 63 V to 100 V
50	0.95	0.9	0.85
100	1.0	1.0	1.0
300	1.07	1.12	1.2
1000	1.12	1.2	1.3
3000	1.15	1.25	1.35
≥10 000	1.2	1.3	1.4

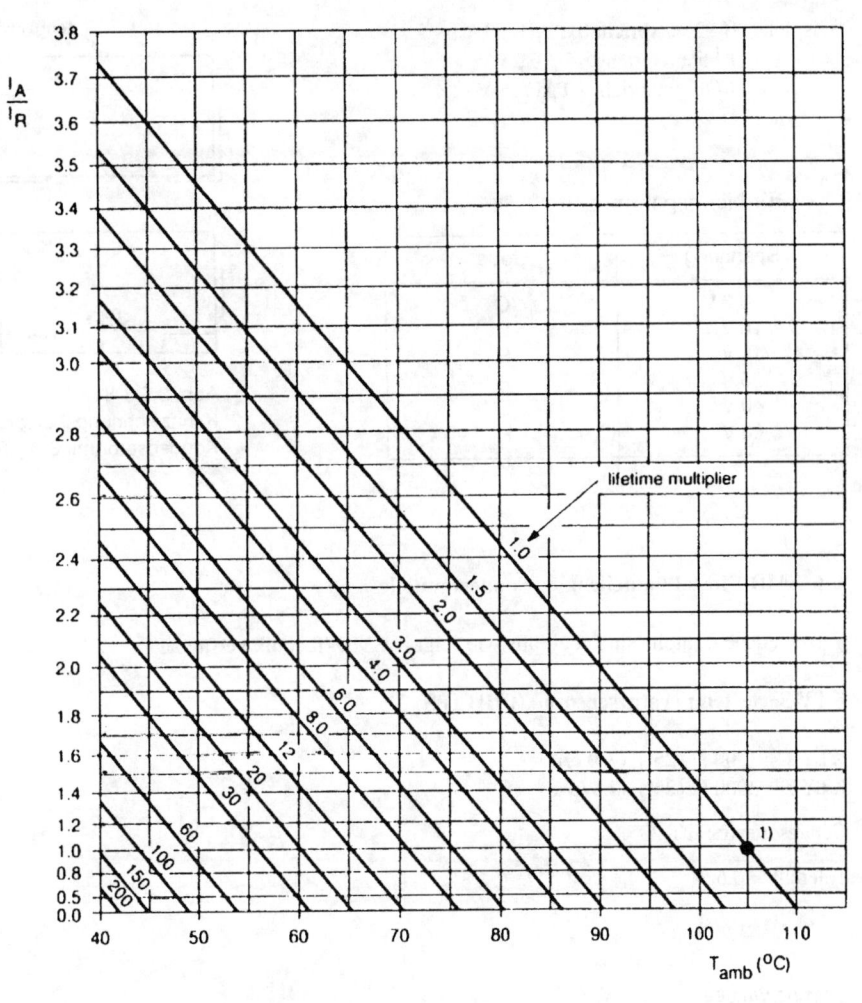

I_A = actual ripple current at 100 Hz
I_R = rated ripple current at 100 Hz, 105 °C

1) Useful life at 105 °C, U_R and I_R applied: 2000 hours

Abb. 2.5.3-83 Multiplier of useful life as a function of ambient temperature and ripple current load (I_A/I_R)

Allgemeine Kennzeichnung

Jeder Kondensator ist mit Kapazitätswert und Nennspannung nach *Abb. 2.5.3-84* gekennzeichnet. Die Zahlen entsprechen den Kapazitätswerten in µF, durch die Buchstaben werden die Nennspannungen festgelegt und die Position des Buchstabens zeigt die Kommastelle des Kapazitätswertes an.

2 Mechanik und Elektronik

Beispiele: H 22 entspricht 0,22 µF/63 V
1 F5 entspricht 1,5 µF/25 V
1 OE entspricht 10 µF/16 V

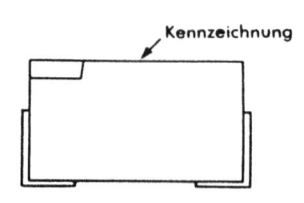

Code für Nennspannungen:

Spannung	Code
6,3 V	C
10 V	D
16 V	E
25 V	F
40 V	G
63 V	H

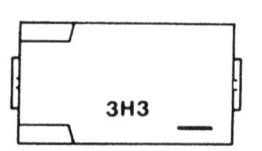

Abb. 2.5.3-84
Kennzeichnungsbeispiel:
Kondensator mit 3,3 µF/63 V

C 6 SMD-Einstellbauteile und -Sonderbauteile

Verschiedene Bauteile sind ebenfalls wie folgt in SMD-Technik verfügbar.

KTY-Serie Temperatursensoren (PHILIPS)

KTY-1 ≈ 1000 Ω (25°) (7 Werte)
KTY-2 ≈ 2000 Ω (25°) (7 Werte)

Gehäuseform: SOT 23

Toleranz ≈ 0,5 %

LIMITING VALUES
In accordance with the Absolute Maximum System (IEC 134).

SYMBOL	PARAMETER	CONDITIONS	MIN.	MAX.	UNIT
I_{cont}	continuous sensor current	in free air; T_{amb} = 25 °C	–	10	mA
		in free air; T_{amb} = 150 °C	–	2	mA
T_{amb}	ambient operating temperature range		–55	150	°C

2.5 Montage für spezielle elektronische Bauelemente

CHARACTERISTICS
$T_{amb} = 25\ °C$, in liquid, unless otherwise specified.

SYMBOL	PARAMETER	CONDITIONS	MIN.	TYP.	MAX.	UNIT
R_{25}	sensor resistance	$T_{amb} = 25\ °C;\ I_{cont} = 1\ mA$				
	KTY82-110		990	–	1010	Ω
	KTY82-120		980	–	1020	Ω
	KTY82-121		980	–	1000	Ω
	KTY82-122		1000	–	1020	Ω
	KTY82-150		950	–	1050	Ω
	KTY82-151		950	–	1000	Ω
	KTY82-152		1000	–	1050	Ω
TC	temperature coefficient		–	0.79	–	%/K
R_{100}/R_{25}	resistance ratio	at $T_{amb} = 100\ °C$ and 25 °C	1.676	1.696	1.716	
R_{-55}/R_{25}	resistance ratio	at $T_{amb} = -55\ °C$ and 25 °C	0.480	0.490	0.500	
τ	thermal time constant (note 1)	in still air	–	7	–	s
		in still liquid (note 2)	–	1	–	s
		in flowing liquid	–	0.5	–	s
	rated temperature range		–55	–	150	°C

Notes
1. The thermal time constant is the time the sensor needs to reach 63.2% of the total temperature difference. For example, the time needed to reach a temperature of 72.4 °C, when a sensor with an initial temperature of 25 °C is put into an ambient with a temperature of 100 °C.
2. Inert liquid FC43 by 3M.

Trimmerkondensatoren mit Keramikdielektrikum

Bei Trimmerkondensatoren wird ein keramischer Werkstoff als Dielektrikum verwendet. Aufgrund des hohen Wertes der Werkstoffkonstanten ϵ_r konnte die Trimmer-Baureihe KTS mit sehr kleinen Abmessungen realisiert werden.

Beispiel eines Keramiktrimmers *Abb. 2.5.3-85*

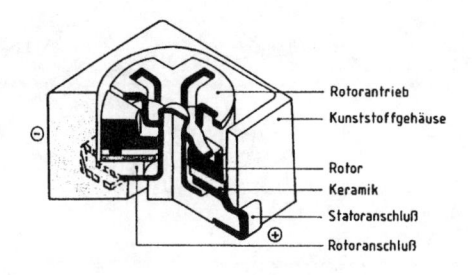

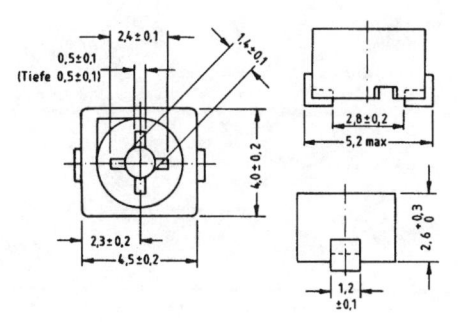

2 Mechanik und Elektronik

Technische Daten (Beispiel)

Dielektrikum	Keramik
Gehäuse	Polyester
Toleranz der Endkapazität	+50/–0 %
Nennspannung	$U_N = 100$ V_
Temperaturbereich	$\vartheta_U = -25\ldots+85$ °C
Temperaturkoeffizient, gemessen bei ca. 70 % von C_{max} und $\vartheta_U = +20\ldots+85$ °C	$TK_C = (0 \pm 200)\ldots(1700 \pm 500) \cdot 10^{-6}$/K
Max. Verlustfaktor bei 1 MHz und C_{max}	$\tan\delta = 20\ldots50 \cdot 10^{-4}$
Isolationswiderstand	$R_{isol} \geq 10^5$ MΩ
Prüfspannung	$U_{Prüf} = 220$ V_ während 5 s
Wirksamer Drehwinkel	$\alpha = 360°$ ohne Anschlag
Betriebsdrehmoment	$M_D \leq 15$ mNm
Zulässiger Axialdruck	$P = 5$ N
Lötwärmebeständigkeit	240 °C/10 s

C_A (pF)	C_E (pF)	$TK_C \cdot 10^{-6}$/K	max. $\tan\delta \cdot 10^{-4}$ (1 MHz)	Farbkennung
1,7	3,0	0 ± 200	30	weiß
2,5	6,0	0 ± 200	20	blau
3,0	10,0	0 ± 300	20	weiß
5,0	20,0	750 ± 300	50	rot
7,0	30,0	900 ± 450	50	grün
9,0	40,0	1200 ± 500	50	gelb
13,0	50,0	1700 ± 500	50	orange

2.5 Montage für spezielle elektronische Bauelemente

AMBIENT TEMPERATURES AND CORRESPONDING RESISTANCE OF SENSOR
$I_{cont} = 1$ mA.

AMBIENT TEMPERATURE (°C)	RESISTANCE (Ω)
–55	490
–50	515
–40	567
–30	624
–20	684
–10	747
0	815
10	886
20	961
25	1000
30	1040
40	1122
50	1209
60	1299
70	1392
80	1490
90	1591
100	1696
110	1805
120	1915
125	1969
130	2023
140	2124
150	2211

SMD-Trimmerkondensatoren mit Foliendielektrikum

Diese Trimmer weisen ein geschlossenes Plastikgehäuse auf. Der C_E-Wert ist gestaffelt in 5/10/15/20 pF. Bauweise nach IEC 68. Drehwinkel 180°. Gewicht ≈ 0,65g. Weitere Daten wie folgt:

max. Betriebsspannung	300 V
Test-Gleichspannung 1 min.	600 V
Isolationswiderstand	$\geq 10\,000$ MΩ
tan δ (C_{max}); 1 MHz	$\leq 10 \cdot 10^{-4}$
Temperaturkoeffizient	$-200 \pm 250 \cdot 10^{-6}$
Temperaturbereich	–40 to +125 °C

2 Mechanik und Elektronik

Die Gehäusebauform zeigt die *Abb. 2.5.3-86*.

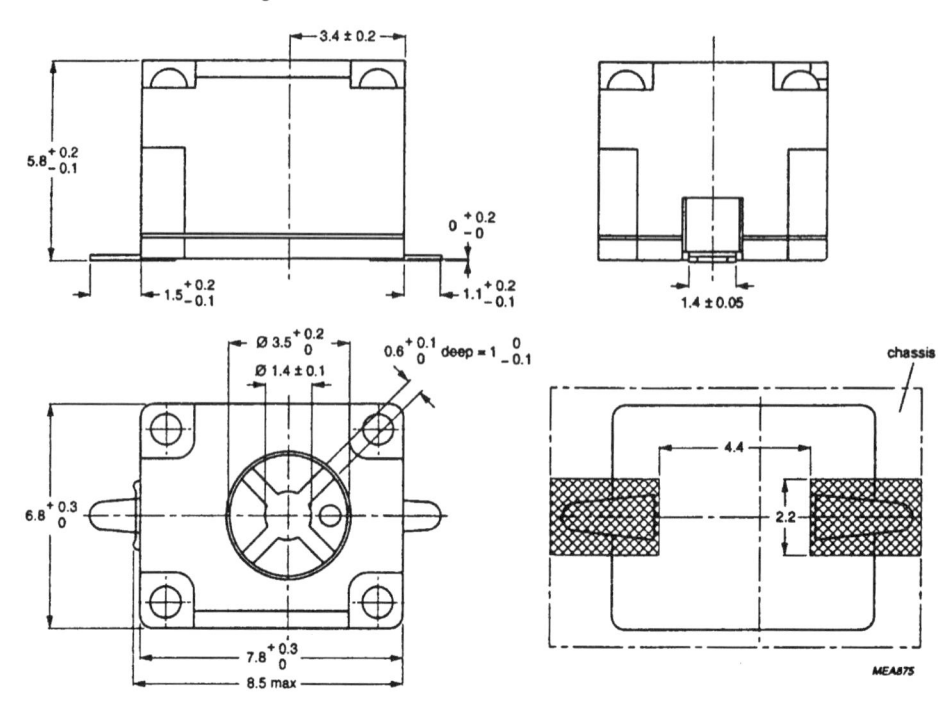

Abb. 2.5.3-86 Trimmers 2222 811 10...series.

MOUNTING REFERENCES

The trimmer is suitable for surface mounting. The trimmer operation can be done during automatic placement, as well as by hand.

Soldering conditions:

Soldering can be done by hand or by reflow.
  manual: max. 260 °C; max. 10 s.
  reflow: max. 240 °C; max. 30 s.

PACKING

Bulk packing in cardboard boxes lined with expanded plastic, 700 pieces per box.

SMD-Trimmer-Widerstände

Diese sind nach dem Foto in Abb. 2.5.3-87 in ähnlicher Bauform wie die Folientrimmer in verschiedenen Werten erhältlich.

2.5 Montage für spezielle elektronische Bauelemente

Abb. 2.5.3-87

SMD-Relais

Relais, z. B. von der Fa. – SDS RELAIS AG – werden nach der vorliegenden Tabelle und dem dazugehörenden *Foto in Abb. 2.5.3-88* für unterschiedlich komplexe Anwendungen angeboten.

Relais-Type		DR-SM	TF2SA	DS2E-SM	S-SM		
Abmessungen l x b x h (über Leiterplatte)	mm	20 x 10 x 10,2	14 x 9 x 8	20 x 9,9 x 11	28,4 x 12,5 x 12		
Kontaktart (a = Arbeit, r = Ruhe, u = Umschalt)		u	2u	2u	2a2r	3a1r	4a
Kontakt-/Durchgangswiderstand	mΩ	10/30	20/50	8/35	10/30		
max. Einschalt-/Dauer-/Abschaltstrom	A	8/3/3	5/1/1	8/4/3	20/5/5		
Schaltspannungsbereich	VDC (VAC)	10^{-5} .. 110 (250)	10^{-3} .. 125	10^{-5} .. 250	10^{-5} .. 250		
Schaltleistungsbereich	W (VA)	10^{-4} .. 30 (60)	10^{-9} .. 100 (100)	10^{-10} .. 90 (250)	10^{-10} .. 100 (1000)		
Ansprech-/Abfall-/Prellzeit	ms	ca. 1,0/0,5/0,4	2/1/1	3/2/1	8/5/1	9/5/2	10/5/2
Schalterhalten		mono-	bistabil	mono-	bistabil	mono-	bistabil	mono-	bistabil
Anzahl der Wicklungen		1	1	2	1	1	2	1	1	2	1	1	2
Betriebsspannung	VDC	3-24	1,5-24	3-24	3 .. 48	1,5 .. 48	3 .. 48	1,5 .. 48
Betriebsleistung bei 12 V	mW	103	63	119	140	100	200	140	70	140	200	100	200
Stoß-, Vibrationsfestigkeit	g, g/Hz	100, 20/2000	50, 20/55	50, 20/2000	50, 20/1000		
Spannungsfestigkeit Kont./Kont.-Spule	V_{eff}	750/1500	750/1000	1000/1500	750/1500		
Effizienz $\eta_L = \dfrac{\text{Schaltleistung (VA) x Kontaktzahl}}{\text{Betriebsleistung (W) x Volumen (cm}^3\text{)}}$		570	935	495	2835	3968	1985	3280	6560	3280	4700	9400	4700

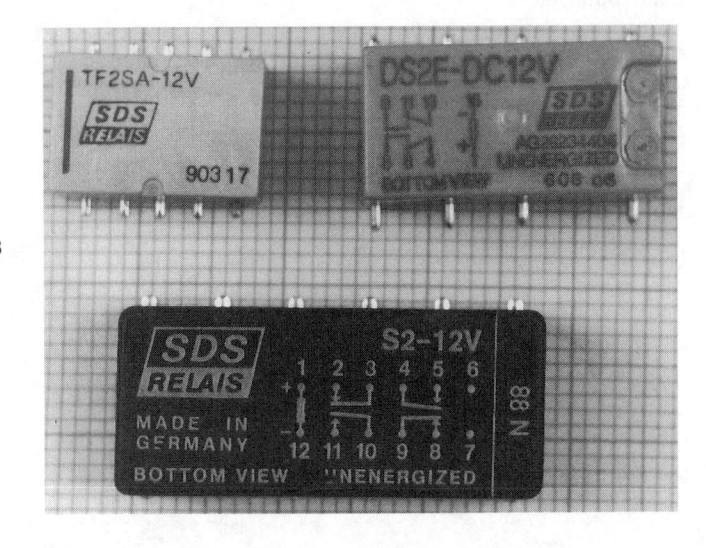

Abb. 2.5.3-88

779

Reflexlichtschranke (SIEMENS)

Reflexlichtschranke im SMT-Gehäuse
Light Reflection Switch in SMT Package

SFH 901

Vorläufige Daten
Preliminary Data

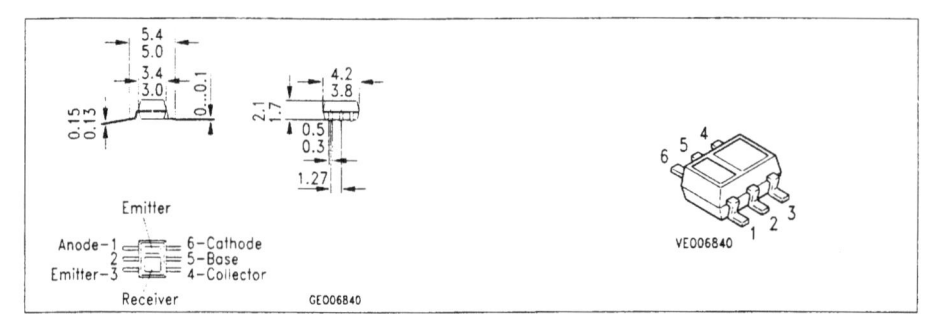

Wesentliche Merkmale

- Reflexlichtschranke für 1 mm bis 5 mm Arbeitsabstand
- IR-GaAs-Lumineszenzdiode: Sender
- Si-NPN-Fototransistor: Empfänger
- Tageslichtsperrfilter
- Hoher Kollektor-Emitter-Strom $0{,}25 \ldots \geq 1{,}0$ mA
- Geringe Sättigungsspannung
- Kein Übersprechen
- Sender und Empfänger galvanisch getrennt
- Basisanschluß herausgeführt

Anwendungen

- Positionsmelder
- Endabschalter
- Drehzahlüberwachung, -regelung
- Bewegungssensor

Grenzwerte
Maximum Ratings

Bezeichnung Description	Symbol Symbol	Wert Value	Einheit Unit
Sender (IR-GaAs-Diode) **Emitter** (IR-GaAs Diode)			
Sperrspannung Reverse voltage	V_R	6	V
Vorwärtsgleichstrom Forward current	I_F	50	mA
Vorwärtsstoßstrom, $(t_p \leq 10\ \mu s)$ Surge current	I_{FSM}	1.5	A
Verlustleistung Power dissipation	P_{tot}	80	mW
Empfänger (Si-Fototransistor) **Detector** (silicon phototransistor)			
Kollektor-Emitter-Sperrspannung Collector-emitter voltage	V_{CEO}	30	V
Emitter-Kollektor-Sperrspannung Emitter-collector voltage	V_{ECO}	7	
Kollektorstrom Collector current	I_C	10	mA
Verlustleistung Total power dissipation	P_{tot}	100	mW

Reflexlichtschranke
Light reflection switch

Lagertemperatur Storage temperature range	T_{stg}	–40 ... +85	°C
Umgebungstemperatur Ambient temperature range	T_A	–40 ... +85	
Sperrschichttemperatur Junction temperature range	T_j	100	

Kennwerte ($T_A = 25\,°C$)
Characteristics

Bezeichnung Description	Symbol Symbol	Wert Value	Einheit Unit
Sender (IR-GaAs-Diode) **Emitter** (IR-GaAs diode)			
Durchlaßspannung Forward voltage $I_F = 50$ mA	V_F	1.25 (≤1.65)	V
Durchbruchspannung Breakdown voltage $I_R = 10\,\mu A$	V_{BR}	≥6	V
Sperrstrom Reverse current $V_R = 6$ V	I_R	0.01 (≤10)	µA
Kapazität Capacitance $V_R = 0$ V, $f = 1$ MHz	C_O	25	pF
Wärmewiderstand[1] Thermal resistance[1]	R_{thJA}	500	K/W

Kennwerte ($T_A = 25\,°C$)
Characteristics

Bezeichnung Description	Symbol Symbol	Wert Value	Einheit Unit
Empfänger (Si-Fototransistor) **Detector** (silicon phototransistor)			
Kapazität Capacitance $V_{CE} = 5$ V, $f = 1$ MHz	C_{CE}	11	pF
Kollektor-Emitter-Reststrom Collector-emitter leakage current $V_{CE} = 10$ V	I_{CEO}	20 (≤200)	nA
Fotostrom (Fremdlichtempfindlichkeit) Photocurrent (outside light density) $V_{CE} = 5$ V, $E_V = 1000$ Lx	I_P	3.5	mA
Wärmewiderstand[1] Thermal resistance[1]	R_{thJA}	500	K/W
Reflexlichtschranke **Light reflection switch**			
Kollektor-Emitterstrom Collector-emitter current Kodak neutral white test card, 90% Reflexion $I_F = 10$ mA; $V_{CE} = 5$ V; $d = 1$ mm	$I_{CE\,min.}$ $I_{CE\,typ.}$	0.25 0.70	mA mA
Kollektor-Emitter-Sättigungsspannung Collector-emitter-saturation voltage Kodak neutral white test card, 90% Reflexion $I_F = 10$ mA; $d = 1$ mm; $I_C = 85\,\mu A$	$V_{CE\,sat}$	0.2 (≤0.6)	V

[1] Montage auf PC-Board mit >5 mm² Padgröße

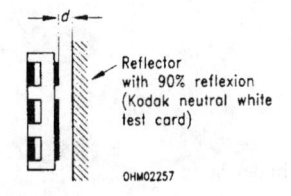

2.5 Montage für spezielle elektronische Bauelemente

Reflector with 90% reflexion (Kodak neutral white test card)

OHM02257

Schaltzeiten ($T_A = 25\,°C$, $V_{CC} = 5\,V$, $I_C = 1\,mA$[1], $R_L = 1\,k\Omega$)
Switching times

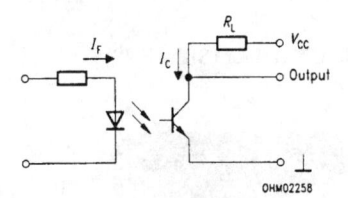

OHM02258

Bezeichnung Description	Symbol Symbol	Wert Value	Einheit Unit
Einschaltzeit Turn-on time	t_{ein} t_{on}	65	µs
Anstiegzeit Rise time	t_r	50	µs
Ausschaltzeit Turn-off time	t_{aus} t_{off}	55	µs
Abfallzeit Fall time	t_f	50	µs

[1] I_C eingestellt über den Durchlaßstrom der Sendediode, den Reflexionsgrad und den Abstand des Reflektors vom Bauteil (d)

C 7 SMD-Induktivitäten

SIMID (**Si**emens-**Mi**niatur-In**d**uktivitäten)

Die neuen Miniatur-Chip-Induktitiväten der Baureihe SIMID 01 bestehen aus einem einlagig mit Kupferdraht bewickelten quaderförmigen Spulenkörper aus Keramik oder Ferrit. Die Wicklungsenden sind mit den stirnseitig angebrachten Kontaktelementen verschweißt.
Die Chip-Induktivitäten sind automatisch bestückbar und für Reflow- und Schwallötung einsetzbar.
Durch ihren speziellen Aufbau sind diese Chip-Induktivitäten besonders für den Einsatz in HF-Schaltungen, wie z. B. Tuner von Autoradios, Fernsehgeräten und Videorecordern, geeignet.
Neben der neuen Baureihe SIMID 01 sind für Anwendungsgebiete, die einen höheren Induktivitätsbereich benötigen, zwei weitere Chip-Baureihen SIMID 02 und SIMID 03 entwickelt. Diese neue Chip-Induktivitäten werden mit flammhemmendem Kunststoff umspritzt und sind für allgemeinen Einsatz vorgesehen.

Vorteile

- Verwendung auf normalen Leiterplatten (keine Montagelöcher)
- Miniaturisierung
- Bessere HF-Eigenschaften der Bauelemente
- Günstiger Schaltungsbau, Verkoppelung und Reproduzierbarkeit in der Serie
- Zwanglos kombinierbar mit bedrahteten Bauelementen
- Kostenreduzierung bei Massenproduktion unbedrahteter Bauelemente (Einsatz im Konsumgüterbereich)
- Verbesserte Zuverlässigkeit durch Reduzieren der Verbindungsstellen
- SMDs eignen sich für alle gängigen Lötverfahren

Die folgende *Abb. 2.5.3-89* zeigt SMD-Miniaturdrosseln und Übertrager (SIEMENS).

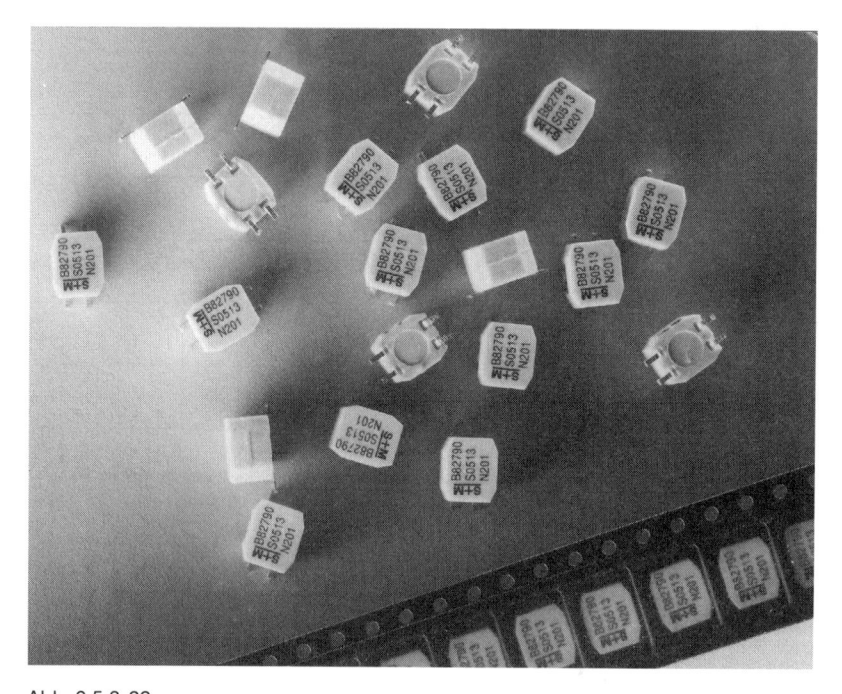

Abb. 2.5.3-89
SMD-Datenleitungsdrosseln von Siemens Matsushita Components eignen sich für den Einsatz in Bussystemen, (ISDN-)Telefonanlagen sowie für die Gebäude- und Automationstechnik. Die Mini-Drosseln zeichnen sich durch geringes Volumen und eine hohe Dämpfung von bis zu 48 dB aus.

2.5 Montage für spezielle elektronische Bauelemente

Technische Daten

Baureihe	SIMID 01	SIMID 02	SIMID 03
Bauform	B 82412	B 82422	B 82432
Aufbau	I-Kern, ohne Umhüllung	Mini-I-Kern, umspritzt	I-Kern, umspritzt
Abmessungen l x b x h (mm) entsprechend EIA	3,2 x 2,5 x 1,6 1210	3,2 x 2,5 x 2,0 1210	4,5 x 3,2 x 3,2 1812
Kennzeichnung	Klartext, Induktivitätswert auf der Verpackung		
Gurtabmessungen	8 mm	8 mm oder 12 mm	12 mm
Nenninduktivität bei Meßfrequenz	0,068 µH bis 8,2 µH 1 MHz	0,1 µH bis 100 µH ≤ 10 µH : 1 MHz > 10 µH : 10 kHz	1 µH bis 1 mH ≤ 10 µH : 1 MHz > 10 µH : 10 kHz
Nenninduktivitätstoleranz	± 20%		
Nennstrom	bezogen auf 40°C Umgebungstemperatur		
Gleichstromwiderstand	gemessen bei 20°C		
Güte	gemessen mit Gütemeßplatz HP 4342 A		
Resonanzfrequenz	Absorptionsmessung entsprechend MIL-C-15305		
Anwendungsklasse nach DIN 40040	FKF (− 55 bis +125°C, Feuchteklasse F)		
Prüfklasse nach IEC 68	55/125/56		
Zulässige Lötverfahren	Reflow-Lötung und Tauchlötung		
Lötwärmebeständigkeit	260°C, 10 s		
Zulässige Durchbiegung der Leiterplatte	1 mm	1 mm	1 mm

Maßbilder

SIMID 01

SIMID 02

SIMID 03

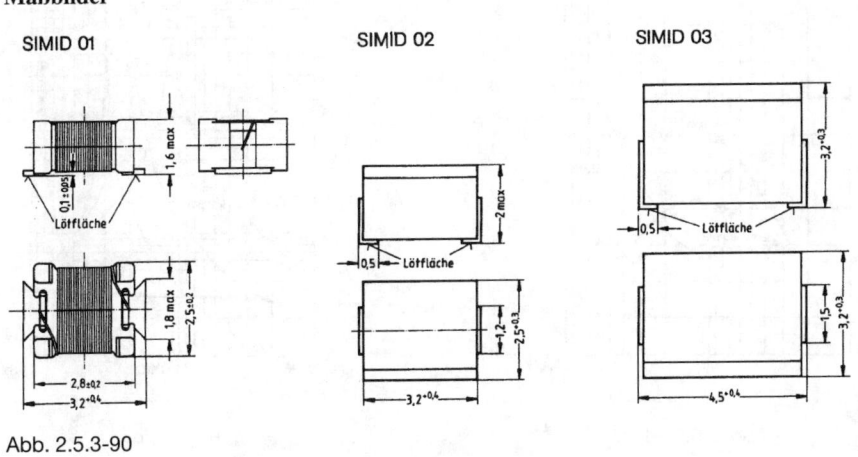

Abb. 2.5.3-90

Baureihe SIMID 01, Bauform B 82412

Induktivität L µH	Güte bei Meßfrequenz		Nennstrom I_N mA	Gleichstromwiderstand $R_{max.}$ Ω	Resonanzfrequenz $f_{min.}$ MHz	Trägermaterial
	$Q_{min.}$	MHz				
0,068	35	50	400	0,30	900	Keramik
0,1	35	50	380	0,35	760	
0,15	35	50	340	0,43	620	
0,22	35	50	300	0,55	510	
0,33	35	50	260	0,70	410	
0,47	35	35	225	1,00	350	
0,68	35	35	175	1,60	300	
1,0	35	7,96	330	0,45	250	Ferrit
1,5	35	7,96	300	0,55	210	
2,2	35	7,96	270	0,70	170	
3,3	40	7,96	200	1,10	140	
4,7	40	7,96	160	1,80	120	
6,8	40	7,96	120	3,50	100	
8,2	45	7,96	110	3,80	90	

Verpackungseinheit: 2500
Kennzeichnung: Induktivitätswert auf der Verpackung

Kennlinien von Chip-Induktivitäten

Güte Q
in Abhängigkeit von der Frequenz f
gemessen mit Gütemeßplatz
HP 4342A

Scheinwiderstand Z
in Abhängigkeit von der Frequenz f
gemessen mit Impedanceanalyzer
HP 4191A

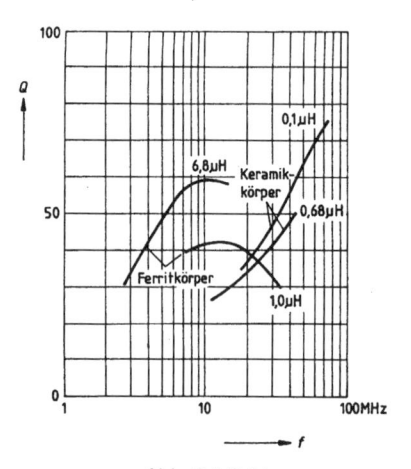

Abb. 2.5.3-91

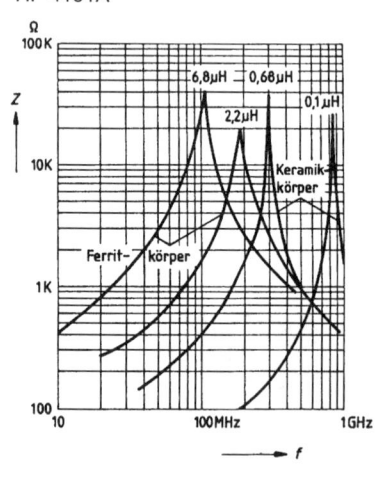

Abb. 2.5.3-92

2.5 Montage für spezielle elektronische Bauelemente

Induktivität L
in Abhängigkeit von der
Gleichstrombelastung I_{DC}
gemessen mit LCR-Meter HP 4275A

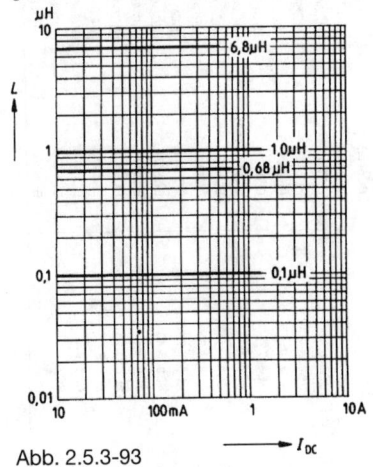

Abb. 2.5.3-93

Strombelastbarkeit $\dfrac{I_B}{I_N}$
in Abhängigkeit von der
Umgebungstemperatur T_{amb}

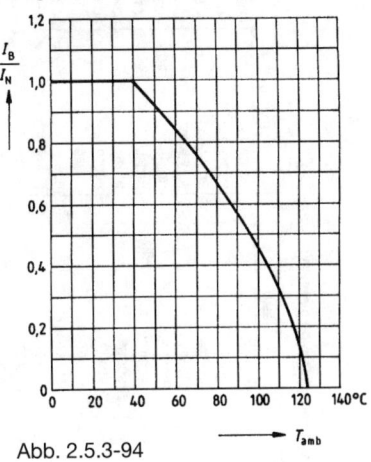

Abb. 2.5.3-94

C 8 SMD-Transistoren und Dioden
Typenvergleichsliste – SIEMENS –

Tabelle 1 Vergleichsliste zwischen SMD-Transistoren und Dioden und entsprechenden konventionellen Bauformen

Konvent. Bauelemente	SMD	Konvent. Bauelemente	SMD	Konvent. Bauelemente	SMD
1N914	SMBD 914	BC 617	BCV 47/BCV 49	BFP 25	BFN 18/26/SMBTA 42
1N4148	BAL 74/BAL 99	BC 618	BCV 47/BCV 49	BFP 26	BFN 19/27/SMBTA 92
	BAL 99/BAR 99	BC 635	BCX 54	BFQ 69	BFQ 81/BFQ 74
1N4148 (2X)	BAV 70/BAV 74	BC 636	BCX 51	BFT 97	BFQ 29P/BFQ 70
	BAV 99/BAW 56	BC 637	BCX 55	BFR 34A	BFR 35AP/BFQ 71
2N2222	BSS 81C/SMBT 2222	BC 638	BCX 52	BFR 90	BFR 92P
2N2222A	BSS 79C/SMBT 2222A	BC 639	BCX 56	BFW 92	BFS 17P
2N2907	BSS 80C/SMBT 2907	BC 640	BCX 53	BFX 89	BFS 17P
2N2907A	BSS 82C/SMBT 2907A	BCX 22	BCX 41	BFQ 51	BFT 92
BA 282	BA 682	BCX 23	BCX 42	BFQ 23	BFT 93
BA 283	BA 683	BCX 58VII,VIII,IX,X	BCW 60A,B,C,D	BFR 91	BFR 93P
BA 389	BA 885	BCX 59VII,VIII,IX,X	BCX 70G,H,J,K	BFR 91A	BFR 93A
BAV 19	BAS 19	BCX 78VII,VIII,IX,X	BCW 61A,B,C,D	BFT 65	BFQ 73
BAV 20	BAS 20	BCX 79VII,VIII,IX,X	BCX 71G,H,J,K	BFR 96	BFQ 19P
BAV 21	BAS 21	BCY 58VII,VIII,IX,X	BCW 60A,B,C,D	BFR 96S	BFQ 19S
BB 304	BB 804	BCY 59VII,VIII,IX,X	BCX 70G,H,J,K	BFT 98T	BFQ 64
BC 237A,B,C	BC 847A,B,C	BCY 78VII,VIII,IX,X	BCW 61A,B,C,D	BFW 16A	BFQ 17P
BC 238A,B,C	BC 848A,B,C	BCY 79VII,VIII,IX,X	BCX 71G,H,J,K	BFT 66	BFQ 29P
BC 239A,B,C	BC 849B	BF 199	BF 599	BFR 15A	BFR 35AP
BC 307A,B,C	BC 857A,B,C	BF 254	BF 554	BFY 90	BFS 17P
BC 308A,B,C	BC 858A,B,C	BF 420	BFN 20	BSS 89	BSS 87
BC 309A,B,C	BC 859A,B,C	BF 421	BFN 21	BSS 91	BSS 87
BC 327-16/25/40	BC 807-16/25/40	BF 420L	SMBTA 42/BFN 18	BSS 98	BSS 138
BC 328-16/25/40	BC 808-16/25/40	BF 421L	SMBTA 92/BFN 19	BSS 100	BSS 123
BC 337-16/25/40	BC 817-16/25/40	BF 422L	SMBTA 43/BFN 16	BSS 101	BSS 131
BC 338-16/25/40	BC 818-16/25/40	BF 423L	SMBTA 93/BFN 17	BSS 110	BSS 84
BC 368	BCX 68	BF 420A	SMBTA 42/BFN 18	LR 3160/5160	LRS 250
BC 369	BCX 69	BF 421A	SMBTA 92/BFN 19	LS 3160/5160	LSS 250
BC 413B,C	BC 850B,C	BF 422A	SMBTA 43/BFN 16	LY 3160/5160	LYS 250
BC 414B,C	BC 850B,C	BF 423A	SMBTA 93/BFN 17	LG 3160/5160	LGS 250
BC 415B,C	BC 860B,C	BF 450	BF 550	LU 5350	LUS 250
BC 416B,C	BC 860B,C	BF 606A	BF 660	KTY 10	KTY 13A,B
BC 516	BCV 26/BCV 28	BF 763	BF 517	KSY 10	KSY 13
BC 517	BCV 27/BCV 29	BF 959	BF 799	MPSA 05	SMBTA 05
BC 546A,B	BC 846A,B	BF 960	BF 989	MPSA 06	SMBTA 06
BC 547A,B,C	BC 847A,B,C	BF 961	BF 995	MPSA 20	SMBTA 20
BC 548A,B,C	BC 848A,B,C	BF 963	BF 993	MPSA 42	SMBTA 42
BC 549B,C	BC 849B,C	BF 964S	BF 994S	MPSA 43	SMBTA 43
BC 550B,C	BC 850B,C	BF 965	BF 997	MPSA 55	SMBTA 55
BC 556A,B	BC 856A,B	BF 996S	BF 996S	MPSA 56	SMBTA 56
BC 557A,B,C	BC 857A,B,C	BF 970	BF 569	MPSA 92	SMBTA 92
BC 558A,B,C	BC 858A,B,C	BF 979S	BF 579	MPSA 93	SMBTA 93
BC 559A,B,C	BC 859A,B,C	BFP 22	BFN 16/24/SMBTA 43	MPS 2222/A	SMBT 2222/A
BC 560B,C	BC 860B,C	BFP 23	BFN 17/25/SMBTA 93	MPS 2907/A	SMBT 2907/A

2 Mechanik und Elektronik

CONVERSION LIST FROM LEADED TO SMD TYPE

LEADED	SMD
BA243	BAT18
BA314	BAS17
BA480	BAT17
BA481	BAT17
BA482	BA582
BA482	BA682
BA483	BA683
BAT81	BAS81
BAT82	BAS82
BAT83	BAS83
BAT85	BAT54
BAT85	BAT54A; C; S
BAT85	BAT54W;AW;CW;SW
BAT85	BAT74
BAT85	BAS85
BAT86	BAS86
BAV10	BAS55
BAV10	BAS56
BAV10	BAV105
BAV18	BAV100
BAV19	BAS19
BAV19	BAV101
BAV20	BAS20
BAV20	BAV102
BAV21	BAS21
BAV21	BAV23
BAV21	BAV23S
BAV21	BAV103
BAW62	BAL74
BAW62	BAL99
BAW62	BAS16W
BAW62	BAS28
BAW62	BAS216
BAW62	BAV70
BAW62	BAV70W
BAW62	BAV74
BAW62	BAV99
BAW62	BAV99W

LEADED	SMD
BAW62	BAW56
BAW62	BAW56W
BAX12	BAS29
BAX12	BAS31
BB405	BAS35
BB405B	BBY31
BB809	BB215
BC107	BBY40
BC107	BC847
BC107A	BCW71/72
BC107A	BC847A
BC107B	BCW71
BC107B	BC847B
BC108	BCW72
BC108	BC848
BC108A	BCW31/32/33
BC108A	BC848A
BC108B	BC848B
BC109	BC849
BC109	BCF32/33
BC109B	BC849B
BC109C	BC849C
BC156	BCV26
BC157	BCV27
BC177	BC857
BC177A	BCW69/70
BC177A	BC857A
BC177B	BC857B
BC178	BC858
BC178	BCW29/30
BC178A	BC858A
BC178A	BCW29
BC178B	BC858B
BC179	BC859
BC179	BCF29/30
BC179B	BC859A
BC179B	BC859B
BC200/01	BC859B
BC200/01	BCF29

CONVERSION LIST FROM LEADED TO SMD TYPE *(Continued)*

LEADED	SMD	LEADED	SMD
BC200/02	BC859B/C	BC338-16	BC818-16W
BC200/02	BCF29/30	BC338-25	BC818-25
BC200/03	BC859C	BC338-25	BC818-25W
BC200/03	BCF30	BC338-40	BC818-40
BC327	BC807	BC338-40	BC818-40W
BC327	BC807W	BC368	BCP68
BC327	BC817W	BC368	BC868
BC327	BCX17	BC369	BC869
BC327-16	BC807-16	BC369	BCP69
BC327-16	BC807-16W	BC516	BCV26
BC327-25	BC807-25	BC516	BCV28
BC327-40	BC807-40	BC517	BCV27
BC327-40	BC807-40W	BC517	BCV29
BC327-16	BC807-16W	BC546	BCV47
BC327	2PB710/A	BC546	BC846
BC328	BC808	BC546	BC846AW
BC328	BC808W	BC546	BC846W
BC328	BCX18	BC546A	BCV71/72
BC328	BCX20	BC546A	BC846A
BC328-16	BC808-16	BC546B	BCV71
BC328-16	BC808-16W	BC546B	BC846B
BC328-25	BC808-25	BC546B	BC846BW
BC328-25	BC808-25W	BC546B	BCV72
BC328-40	BC808-40	BC547	BC847
BC328-40	BC808-40W	BC547	BC847W
BC337	BCX19	BC547	BCV63
BC337	BC817	BC547	BCV65
BC337-16	BC817-16	BC547 series	BCV61 series
BC337-16	BC817-16W	BC547 series	BCX70 series
BC337-25	BC817-25	BC547	2PD601/A
BC337-25	BC817-25W	BC547A	BC847A
BC337-40	BC817-40	BC547A	BC847AW
BC337-40	BC817-40W	BC547B	BCV63B
BC337	2PD602/A	BC547B	BC847B
BC338	BC818	BC547B	BC847BW
BC338	BC818W	BC547B	BCV63B
BC338	BCX20	BC547B	BCV65B
BC338-16	BC818-16	BC547C	BC847C

788

2.5 Montage für spezielle elektronische Bauelemente

LEADED	SMD
BD135-16	BCP54-16
BD135-16	BCX54-16
BD136	BCP51
BD136	BCP54
BD136-10	BCX51
BD136-10	BCP51-10
BD136-16	BCX51-10
BD136-16	BCP51-16
BD137	BCX51-16
BD137	BCX55
BD137-10	BCP55-10
BD137-10	BCX55-10
BD137-16	BCP55-16
BD137-16	BCX55-16
BD138	BCP52
BD138	BCX52
BD138-10	BCP52-10
BD138-10	BCX52-10
BD138-16	BCP52-16
BD138-16	BCX52-16
BD139	BCP56
BD139	BCX56
BD139-10	BCP56-10
BD139-10	BCX56-10
BD139-16	BCP56-16
BD139-16	BCX56-16
BD140	BCP53
BD140	BCX53
BD140-10	BCP53-10
BD140-10	BCX53-10
BD140-16	BCP53-16
BD140-16	BCX53-16
BDX42	BSP50
BDX42	BST50
BDX43	BSP51
BDX43	BST51
BDX44	BSP52

LEADED	SMD
BDX44	BST52
BDX45	BSP60
BDX45	BST60
BDX46	BSP61
BDX46	BST61
BDX47	BSP61
BDX47	BST61
BF199	BFS20
BF240	BF840
BF241	BF841
BF245A	BF545A
BF245B	BF545B
BF345C	BF545C
BF256A	BF556A
BF256B	BF556B
BF256C	BF556C
BF324	BF824
BF370	BF570
BF410A	BF510
BF410B	BF511
BF410C	BF512
BF410D	BF513
BF419	BST40
BF420	BF620
BF420	BF720
BF420	BF820
BF421	BF621
BF421	BF721
BF421	BF821
BF422	BF622
BF422	BF722
BF422	BF822
BF423	BF623
BF423	BF723
BF423	BF823
BF450	BF550
BF451	BF550
BF457	BST40

LEADED	SMD
BF458	BST40
BF459	BST39
BF459C	BFS18
BF459D	BFS18
BF469	BF622
BF469	BF722
BF470	BF623
BF470	BF723
BF471	BF620
BF471	BF720
BF472	BF621
BF472	BF721
BF483	BF720
BF483	BF722
BF484	BF723
BF485	BF720
BF486	BF721
BF494	BFS19
BF494B	BFS19
BF495	BFS18
BF606A	BF660
BF819	BSP20
BF857	BST40
BF857	BSP20
BF858	BST40
BF859	BST39
BF869	BF622
BF870	BF623
BF870	BF723
BF871	BF620
BF871	BF720
BF872	BF621
BF872	BF721
BF926	BF660
BF960	BF989

LEADED	SMD
BF960	BF989
BF964	BF994
BF964S	BF994S
BF965	BF997
BF966S	BF996S
BF980	BF990
BF980A	BF990A
BF980A	BF990AR
BF981	BF991
BF982	BF992
BF988	BF998
BF998	BF998R
BFG195	BFG198
BFG65	BFG67
BFQ135	BFG135
BFQ135	BFG135
BFQ23	BFT93
BFQ24	BFT93
BFQ34	BFQ18A
BFQ34T	BFG35
BFQ34T	BFG135
BFQ51	BFQ18A
BFQ51	BFT92
BFQ52	BFT92W
BFQ65	BFT92
BFQ65	BFQ67W
BFR54	BSV52
BFR90	BFR92
BFR90	BFR92A
BFR90	BFR92AW
BFR91	BFR93
BFR91	BFR93A
BFR91	BFR93AW
BFR96	BFG97
BFR96	BFQ19
BFR96S	BFQ19

789

LEADED	SMD
BFT24	BFT25
BFT44	BSP16
BFT44	BST16
BFT45	BSP15/16
BFT45	BST15/16
BFW11	BFR30
BFW12	BFR31
BFW13	BFT46
BFW16A	BFQ17
BFW30	BFR53
BFW30	BFR53
BFW92	BFS17
BFW93	BFR53
BFX29	BSR16
BFX30	BSR16
BFX84	BSR40
BFX85	BSP41
BFX85	BSR41
BFX86	BSR41
BFX86	BSR41
BFX87	BSR16
BFX88	BSR15
BFY50	BSR40
BFY51	BSP40
BFY51	BSR40
BFY52	BSP40
BFY52	BSR40
BFY55	BSP40
BFY55	BSR40
BFY90	BFS17
BRY39	BRY62
BRY56	BRY61
BRY56	BSP50
BSR50	BST50
BSR51	BSP51
BSR51	BST51
BSR52	BSP52
BSR52	BST52

LEADED	SMD
BSR60	BSP60
BSR60	BST60
BSR61	BSP61
BSR61	BST61
BSR62	BSP62
BSR62	BST62
BSS38	BSS64
BSS50	BSP50
BSS50	BST50
BSS51	BSP51
BSS51	BST51
BSS52	BSP52
BSS52	BST52
BSS60	BSP60
BSS60	BST60
BSS61	BSP61
BSS61	BST61
BSS62	BSP62
BSS62	BST62
BSS68	BSS63
BSS89	BSS89
BSS92	BSP92
BST70A	BST80
BST72A	BST82
BST74A	BST84
BST76A	BST86
BSV15	BSP30/31
BSV15	BSR30/31
BSV15-10	BSP30/31
BSV15-10	BSR30/31
BSV15-16	BSP31
BSV15-16	BSR31
BSV15-6	BSP30
BSV15-6	BSR30
BSV16	BSP30/31
BSV16	BSR30/31
BSV16-10	BSP30/31
BSV16-10	BSR30/31

LEADED	SMD
BSV16-16	BSP31
BSV16-16	BSR31
BSV16-6	BSP30
BSV16-6	BSR30
BSV17	BSP32/33
BSV17	BSR32/33
BSV17-10	BSP32/33
BSV17-10	BSR32/33
BSV17-6	BSP32
BSV17-6	BSR32
BSX20	BSV52
BSX45	BSP40/41
BSX45	BSR40/41
BSX45-10	BSP40/41
BSX45-10	BSR40/41
BSX45-16	BSP41
BSX45-16	BSR41
BSX45-6	BSP40
BSX45-6	BSR40
BSX46	BSP40/41
BSX46	BSR40/41
BSX46-10	BSP40/41
BSX46-16	BSP41
BSX46-6	BSP40
BSX46-6	BSR40
BSX47	BSR42/43
BSX47-10	BSR42-43
BSX47-6	BSR42
BSY50	BSP40
BSY95A	BSV52
BYD13 series	BYD17 series
BYD33 series	BYD37D-M
BYD73 series	BYD77 series
BZ85	BZV49 series
BZ85	BZV90 series
BZX55	BZV55
BZX79	BZV55
BZX79	BZX84

LEADED	SMD
KTY81/1	KTY82/1
KTY81/1	KTY85-1...
KTY81/2	KTY82/2
MPS3904	PMSS3904
MPS3906	PMSS3906
MPS3904	PMST3904
MPS3906	PMST3906
MPS6513	BC848A
MPS6514	BC848A
MPS6515	BC848B
MPS6517	BC858A
MPS6518	BC858A
MPS6519	BC858B
MPS6520	BC858B
MPS6521	BC859C
MPS6522	BC859B
MPS6523	BC859C
MPSA05	PMBTA05
MPSA05	PZTA05
MPSA06	PMBTA06
MPSA06	PZTA06
MPSA13	PMBTA13
MPSA13	PZTA13
MPSA14	PMBTA14
MPSA14	PXTA14
MPSA14	PZTA14
MPSA27	PXTA27
MPSA42	PMBTA42
MPSA42	PZTA42
MPSA43	PMBTA43
MPSA43	PZTA43
MPSA44	PZTA44
MPSA55	PMBTA55
MPSA55	PZTA55
MPSA56	PMBTA56
MPSA56	PZTA56
MPSA63	PMBTA63
MPSA63	PZTA63

2.5 Montage für spezielle elektronische Bauelemente

LEADED	SMD	LEADED	SMD	LEADED	SMD
MPSA64	PMBTA64	PN3439	BST39	2N1613	BSR40	2N4033	BSR33
MPSA64	PXTA64	PN3440	BSP20	2N1711	BSR41	2N4124	BSR18A
MPSA64	PZTA64	PN3440	BST40	2N1893	BSR42	2N4391	PMBF4391
MPSA77	PXTA77	PN5415	BSP15	2N2219A	PZT2222A/PXT2222A	2N4392	PMBF4392
MPSA92	PMBTA92	PN5415	BST15	2N2222	PMBT2222	2N4393	PMBF4393
MPSA92	PXTA92	PN5416	BSP16	2N2222	BSR13/BSR14	2N4401	PMBT4401
MPSA92	PZTA92	PN5416	BST16	2N2222A	PMBT2222A	2N4401	PMST4401
MPSA93	PMBTA93	1N4001D	PRLL4001/4002	2N2297	BSR40	2N4401	PXT4401
MPSA93	PXTA93	1N4148	PMLL4148	2N2369	BSV52	2N4403	PMBT4403
MPSA93	PZTA93	1N4148	BAL74	2N2369	PMBT2369	2N4403	PMST4403
MPSH10	PMBTH10	1N4148	BAL99	2N2369A	BSV52	2N4403	PXT4403
MPSH81	PMBTH81	1N4148	BAS16	2N2483	BC850B	2N4856	BSR56
PH2222	BSR13	1N4148	BAS16W	2N2484	BC850B/C	2N4857	BSR57
PH2222	PMBT2222	1N4148	BAS32L	2N2894A	PMBT3640	2N4858	BSR58
PH2222	PXT2222	1N4148	BAS216	2N2894A	BSR12	2N5088	PMBT5088
PH2222	PZT2222	1N4148	BAV70	2N2905	PXT2907	2N5088	PMST5088
PH2222	BSR14	1N4148	BAV70W	2N2905	PZT2907	2N5089	PMST5089
PH2222A	PMBT2222A	1N4148	BAV74	2N2905A	PXT2907A	2N5400	BSR20/20A
PH2222A	PXT2222A	1N4148	BAV99	2N2905A	PZT2907A	2N5401	PMBT5401
PH2222A	PZT2222A	1N4148	BAV99W	2N2907	PMBT2907	2N5401	BSR20/20A
PH2369	BSV52	1N4148	BAW56	2N2907	BSR15	2N5415	BST15
PH2369	PMBT2369	1N4148	BAW56W	2N2907A	PMBT2907A	2N5416	BST16
PH2907	BSR15	1N4148	1PS181	2N2907A	BSR16	2N5550	PMBT5550
PH2907	PMBT2907	1N4148	1PS184	2N3019	BSR43	2N5550	BSR19/19A
PH2907	PZT2907	1N4148	1PS193	2N3019	BSP43	2N5551	PMBT5551
PH2907A	BSR16	1N4148	1PS226	2N3020	BSR42	2N5551	BSR19/19A
PH2907A	PMBT2907A	1N4150	PMLL4150	2N3053	BSR40/41	2N6428	PMBT6428
PH2907A	PZT2907A	1N4151	PMLL4151	2N3904	PMBT3904	2N6429	PMBT6429
PH2909	PXT2907/A	1N4153	PMLL4153	2N3904	PZT3904	2N929	BC850
PH2907	PMBT2907A	1N4446	PMLL4446	2N3904	PXT3904	2N930	BC850
PM2907A	BSR16	1N5225B to 1N5267B	PMLL5225B to PMLL5267B	2N3906	BSR17A	2N930	BCF81
PM2907A	PMBT2907A			2N3906	PMBT3906		
PM2222A	PMBT2222A	1N5226B to 1N5267B	PMBZ5226B to PMBZ5257B	2N3906	PZT3906		
PN2369	BSV52			2N3906	PXT3906		
PN2369	PMBT2369	1N5817	PRLL5817	2N3906	BSR18A		
PN2907	BSR15	1N5818	PRLL5818	2N4030	BSR30		
PN2907	PMBT2907	1N5819	PRLL5819	2N4031	BSR32		
PN3439	BSP19	2N700	2N7002	2N4032	BSR31		

791

2 Mechanik und Elektronik

Codierung – SIEMENS –

Marking	Type	Package
13	BAS 125	SOT-23
14	BAS 125-04	SOT-23
15	BAS 125-05	SOT-23
16	BAS 125-06	SOT-23
17	BAS 125-07	SOT-143
181	BFQ 181	Cerec-X
182	BFQ 182	Cerec-X
194	BFQ 194	Cerec-X
196	BFQ 196	Cerec-X
1A	SXT 3904	SOT-89
1As	BC 846 A	SOT-23
1Bs	BC 846 B	SOT-23
1D	SXTA 42	SOT-89
1E	SXTA 43	SOT-89
1Es	BC 847 A	SOT-23
1Fs	BC 847 B	SOT-23
1Gs	BC 847 C	SOT-23
1Js	BCV 61 A	SOT-143
1Js	BC 848 A	SOT-23
1Ks	BC 848 B	SOT-23
1Ks	BCV 61 B	SOT-143
1Ls	BC 848 C	SOT-23
1Ls	BCV 61 C	SOT-143
2	BB 439	SOD-323
2	BB 419	SOD-123
2A	SXT 3906	SOT-89
2Bs	BC 849 B	SOT-23
2Cs	BC 849 C	SOT-23
2D	SXTA 92	SOT-89
2E	SXTA 93	SOT-89
2F	SXT 2907 A	SOT-89
2Fs	BC 850 B	SOT-23
2Gs	BC 850 C	SOT-23
2P	SXT 2222 A	SOT-89
32	BAT 32	Cerec-X
3As	BC 856 A	SOT-23
3Bs	BC 856 B	SOT-23
3Es	BC 857 A	SOT-23
3Fs	BC 857 B	SOT-23
3Gs	BC 857 C	SOT-23
3Js	BCV 62 A	SOT-143
3Js	BC 858 A	SOT-23
3Ks	BC 858 B	SOT-23
3Ks	BCV 62 B	SOT-143
3Ls	BC 858 C	SOT-23
3Ls	BCV 62 C	SOT-143

Marking	Type	Package
41	BAT 14-115 R	SOT-143
41	BAT 14-115 S	Cerec-X
41D	BAT 14-115 D	Cerec-X
42	BAT 14-025 R	Cerec-X
42	BAT 14-025 R	Cerec-X
42	BAT 14-025 S	Cerec-X
42D	BAT 14-025 D	Cerec-X
43s	BAS 40	SOT-23
44s	BAS 40-04	SOT-23
45	BAT 14-055 R	Cerec-X
45	BAT 14-055 S	Cerec-X
45	BAT 14-055 R	Cerec-X
45D	BAT 14-055 D	Cerec-X
45s	BAS 40-05	SOT-23
46s	BAS 40-06	SOT-23
47s	BAS 40-07	SOT-143
49	BAT 14-095 R	Cerec-X
49	BAT 14-095 S	Cerec-X
49D	BAT 14-095 D	Cerec-X
4As	BC 859 A	SOT-23
4Bs	BC 859 B	SOT-23
4Cs	BC 859 C	SOT-23
4Fs	BC 860 B	SOT-23
4Gs	BC 860 C	SOT-23
51	BAT 15-115 R	Cerec-X
51	BAT 15-115 S	Cerec-X
51D	BAT 15-115 D	Cerec-X
51D	BAT 15-115 D	Cerec-X
52	BAT 15-025 S	Cerec-X
52	BAT 15-025 R	Cerec-X
52D	BAT 15-025 D	Cerec-X
53s	BAT 17	SOT-23
54s	BAT 17-04	SOT-23
55	BAT 15-055 R	Cerec-X
55	BAT 15-055 S	Cerec-X
55D	BAT 15-055 D	Cerec-X
55s	BAT 17-05	SOT-23
56s	BAT 17-06	SOT-23
59	BAT 15-095 R	Cerec-X
59	BAT 15-095 S	Cerec-X
59D	BAT 15-095 D	Cerec-X
5As	BC 807-16	SOT-23
5Bs	BC 807-25	SOT-23
5Cs	BC 807-40	SOT-23
5Es	BC 808-16	SOT-23
5Fs	BC 808-25	SOT-23

2.5 Montage für spezielle elektronische Bauelemente

Marking	Type	Package	Marking	Type	Package
5Gs	BC 808-40	SOT-23	AC	BCX 51-10	SOT-89
60s	BAR 60	SOT-143	ACs	BCW 60 C	SOT-23
61s	BAR 61	SOT-143	AD	BCX 51-16	SOT-89
62s	BAT 62	SOT-143	ADs	BCW 60 D	SOT-23
63s	BAT 64	SOT-23	AFs	BCW 60 FF	SOT-23
645	BFQ 645	Cerec-X	AG	BCX 52-10	SOT-89
64s	BAT 64-04	SOT-23	AGs	BCX 70 G	SOT-23
65s	BAT 64-05	SOT-23	AHs	BCX 70 H	SOT-23
66s	BAT 64-06	SOT-23	AJs	BCX 70 J	SOT-23
67s	BAT 64-07	SOT-143	AK	BCX 53-10	SOT-89
6As	BC 817-16	SOT-23	AKs	BCX 70 K	SOT-23
6Bs	BC 817-25	SOT-23	AL	BCX 53-16	SOT-89
6Cs	BC 817-40	SOT-23	AM	BCX 52-16	SOT-89
6Es	BC 818-16	SOT-23	AMs	BSS 64	SOT-23
6Fs	BC 818-25	SOT-23	ANs	BCW 60 FN	SOT-23
6Gs	BC 818-40	SOT-23	ASs	BAT 18-05	SOT-23
70	BFQ 70	Cerec-X	ATs	BAT 18-06	SOT-23
71	BFQ 71	Cerec-X	AUs	BAT 18-04	SOT-23
72	BFQ 72	Cerec-X	B	BAT 15-098	SOD-123
73	BFQ 73	Cerec-X	BAs	BCW 61 A	SOT-23
73S	BFQ 73 S	Cerec-X	BBs	BCW 61 B	SOT-23
73s	BAS 70	SOT-23	BC	BCX 54-10	SOT-89
74	BFQ 74	Cerec-X	BCs	BCW 61 C	SOT-23
74s	BAS 70-04	SOT-23	BD	BCX 54-16	SOT-89
75	BFQ 75	Cerec-X	BDs	BCW 61 D	SOT-23
75s	BAS 70-05	SOT-23	BFs	BCW 61 FF	SOT-23
76	BFQ 76	Cerec-X	BG	BCX 55-10	SOT-89
76s	BAS 70-06	SOT-23	BGs	BCX 71 G	SOT-23
77s	BAS 70-07	SOT-143	BHs	BCX 71 H	SOT-23
82	BFQ 82	Cerec-X	BJs	BCX 71 J	SOT-23
83	BAT 68	SOT-23	BK	BCX 56-10	SOT-89
84	BAT 68-04	SOT-23	BKs	BCX 71 K	SOT-23
85	BAT 68-05	SOT-23	BL	BCX 56-16	SOT-89
86	BAT 68-06	SOT-23	BM	BCX 55-16	SOT-89
87	BAT 68-07	SOT-143	BMs	BSS 63	SOT-23
A	BAT 14-098	SOD-123	BNs	BCW 61 FN	SOT-23
A1	CFY 19-18	Cerec-X	C	BAT 65	SOD-123
A1s	BAW 56	SOT-23	C5	CFY 25-17	Micro-X
A2	CFY 19-22	Cerec-X	C6	CFY 25-20	Micro-X
A2s	CFY 30	SOT-143	C7	CFY 25-23	Micro-X
A2s	BAT 18	SOT-23	CB	BCX 68-10	SOT-89
A4s	BAV 70	SOT-23	CC	BCX 68-16	SOT-89
A6s	BAS 16	SOT-23	CCs	BF 554	SOT-23
A7s	BAV 99	SOT-23	CD	BCX 68-25	SOT-89
AAs	BCW 60 A	SOT-23	CDs	BSS 81 B	SOT-23
ABs	BCW 60 B	SOT-23	CEs	BSS 79 B	SOT-23

793

Marking	Type	Package
CF	BCX 69-10	SOT-89
CFs	BSS 79 C	SOT-23
CG	BCX 69-16	SOT-89
CGs	BSS 81 C	SOT-23
CH	BCX 69-25	SOT-89
CHs	BSS 80 B	SOT-23
CJs	BSS 80 C	SOT-23
CLs	BSS 82 B	SOT-23
CMs	BSS 82 C	SOT-23
DA	BF 622	SOT-89
DAs	BCW 67 A	SOT-23
DB	BF 623	SOT-89
DBs	BCW 67 B	SOT-23
DC	BFN 20	SOT-89
DCs	BCW 67 C	SOT-23
DD	BFN 16	SOT-89
DE	BFN 18	SOT-89
DF	BFN 21	SOT-89
DFs	BCW 68 F	SOT-23
DG	BFN 17	SOT-89
DGs	BCW 68 G	SOT-23
DH	BFN 19	SOT-89
DHs	BCW 68 H	SOT-23
DKs	BCX 42	SOT-23
E	BAT 66	SOD-123
EAs	BCW 65 A	SOT-23
EBs	BCW 65 B	SOT-23
ECs	BCW 65 C	SOT-23
ED	BCV 28	SOT-89
EE	BCV 48	SOT-89
EF	BCV 29	SOT-89
EFs	BCW 66 F	SOT-23
EG	BCV 49	SOT-89
EGs	BCW 66 G	SOT-23
EHs	BCW 66 H	SOT-23
EKs	BCX 41	SOT-23
FAs	BFP 81	SOT-143
FDs	BCV 26	SOT-23
FEs	BFP 93 A	SOT-143
FEs	BCV 46	SOT-23
FFs	BCV 27	SOT-23
FG	BFQ 19 S	SOT-89
FGs	BCV 47	SOT-23
FHs	BFN 24	SOT-23
FJs	BFN 26	SOT-23
FKs	BFN 25	SOT-23
FLs	BFN 27	SOT-23
GA	BAW 78 A	SOT-89
GB	BAW 78 B	SOT-89
GC	BAW 78 C	SOT-89
GD	BAW 78 D	SOT-89
GE	BAW 79 A	SOT-89
GF	BAW 79 B	SOT-89
GFs	BFR 92 P/S	SOT-23
GG	BAW 79 C	SOT-89
GGs	BFR 93 P	SOT-23
GH	BAW 79 D	SOT-89
HA	CFY 65-12	Micro-X
HB	CFY 65-14	Micro-X
HBs	BFN 22	SOT-23
HCs	BFN 23	SOT-23
JAs	BAV 74	SOT-23
JBs	BAR 74	SOT-23
JCs	BAL 74	SOT-23
JFs	BAL 99	SOT-23
JGs	BAR 99	SOT-23
JPs	BAS 19	SOT-23
JPs	BAW 101	SOT-143
JRs	BAS 20	SOT-23
JSs	BAW 100	SOT-143
JSs	BAS 21	SOT-23
JTs	BAS 28	SOT-143
JVs	BAS 116	SOT-23
JXs	BAV 170	SOT-23
JYs	BAV 199	SOT-23
JZs	BAW 156	SOT-23
KCs	BFQ 29 P	SOT-23
L6s	BAR 17	SOT-23
L7s	BAR 14-1	SOT-23
L8s	BAR 15-1	SOT-23
L9s	BAR 16-1	SOT-23
LAs	BF 550	SOT-23
LBs	BF 999	SOT-23
LDs	BF 543	SOT-23
LEs	BF 660	SOT-23
LFs	BF 777	SOT-23
LGs	BF 775 A	SOT-23
LHs	BF 569	SOT-23
LJs	BF 579	SOT-23
LKs	BF 799	SOT-23
LOs	BF 775	SOT-23
LRs	BF 517	SOT-23

2.5 Montage für spezielle elektronische Bauelemente

Marking	Type	Package
LSs	BF 770 A	SOT-23
M	BB 512	SOD-123
MCs	BFS 17 P	SOT-23
MGs	BF 994 S	SOT-143
MHs	BF 996 S	SOT-143
MKs	BF 997	SOT-143
MOs	BF 998	SOT-143
MSs	CF 739	SOT-143
MXs	CF 750	SOT-143
NBs	BF 599	SOT-23
NCs	BF 840	SOT-23
NDs	BF 841	SOT-23
P	BA 596	SOD-323
P	BA 586	SOD-123
PAs	BA 885	SOT-23
PCs	BA 886	SOT-23
R2s	BFR 93 A	SOT-23
R7s	BFR 106	SOT-23
RAs	BFQ 81	SOT-23
RAs	BF 772	SOT-143
RBs	BF 771	SOT-23
RC	BFQ 193	SOT-89
RCs	BFP 193	SOT-143
RCs	BFR 193	SOT-23
RDs	BFR 180	SOT-23
RDs	BFP 180	SOT-143
REs	BFP 280	SOT-143
REs	BFR 280	SOT-23
RFs	BFP 181	SOT-143
RFs	BFR 181	SOT-23
RGs	BFP 182	SOT-143
RGs	BFR 182	SOT-23
RHs	BFP 183	SOT-143
RHs	BFR 183	SOT-23
RIs	BFP 196	SOT-143
RIs	BFR 196	SOT-23
RKs	BFP 194	SOT-143
RKs	BFR 194	SOT-23
S	BA 592	SOD-323
S	BB 535	SOD-323
S	BB 639	SOD-323
S	BB 640	SOD-323
S	BA 582	SOD-123
S	BB 515	SOD-123
S	BB 619	SOD-123
S	BB 620	SOD-123

Marking	Type	Package
s1A	SMBT 3904	SOT-23
s1B	SMBT 2222	SOT-23
s1C	SMBTA 20	SOT-23
s1D	SMBTA 42	SOT-23
s1E	SMBTA 43	SOT-23
s1G	SMBTA 06	SOT-23
s1H	SMBTA 05	SOT-23
s1K	SMBT 6428	SOT-23
s1L	SMBT 6429	SOT-23
s1M	SMBTA 13	SOT-23
s1N	SMBTA 14	SOT-23
s1P	SMBT 2222 A	SOT-23
s1V	SMBT 6427	SOT-23
s2A	SMBT 3906	SOT-23
s2B	SMBT 2907	SOT-23
s2C	SMBTA 70	SOT-23
s2D	SMBTA 92	SOT-23
s2E	SMBTA 93	SOT-23
s2F	SMBT 2907 A	SOT-23
s2G	SMBTA 56	SOT-23
s2H	SMBTA 55	SOT-23
s2P	SMBT 5086	SOT-23
s2Q	SMBT 5087	SOT-23
s2U	SMBTA 63	SOT-23
s2V	SMBTA 64	SOT-23
s5A	SMBD 6050	SOT-23
s5B	SMBD 6100	SOT-23
s5C	SMBD 7000	SOT-23
s5D	SMBD 914	SOT-23
S5s	BAT 15-099	SOT-143
S6s	BAT 15-099 R	SOT-143
S9s	BAT 14-099	SOT-143
sA2	SMBD 2836	SOT-23
sA3	SMBD 2835	SOT-23
sA4	SMBD 2838	SOT-23
sA5	SMBD 2837	SOT-23
sC3	SMBT 4126	SOT-23
SF0	BB 804	SOT-23
SF1	BB 804	SOT-23
SF2	BB 804	SOT-23
SF3	BB 804	SOT-23
SF4	BB 804	SOT-23
SH1	BB 814	SOT-23
SH2	BB 814	SOT-23
sZC	SMBT 4124	SOT-23
T	BB 831	SOD-323
T	BB 811	SOD-123
X	BB 813	SOD-123
X	BB 833	SOD-323
U1s	BGX 50 A	SOT-143
W1s	BFT 92	SOT-23
X1s	BFT 93	SOT-23

795

2 Mechanik und Elektronik

MARKING LIST

Types in SOT23, SOT89, SOT143, SOT323, SOD123 and SOD323 envelopes are marked with a code as listed in the following tables. The actual type number and data code are on the packing.
An exception to this is the BZV49 series. The envelope number is shown in those cases where the same marking code applies to more than one type number.

MARK	TYPE NO.
A1	BAW56W
A1p	BAW56
A2p	BAT18
A3p	BAT17
A3t	1PS181
A4	BAV70W
A4p	BAV70
A5p	BRY61
A51	BRY62
A6	BAS16W
A6	BAS216
A6p	BAS16
A7	BAV99W
A7p	BAV99
A91	BAS17
AA	BCX51
AAp	BCW60A
ABp	BCW60B
AC	BCX51-10
ACp	BCW60C
AD	BCX51-16
ADp	BCW60D
AE	BCX52
AG	BCX52-10
AGp	BCX70G
AH	BCX53
AHp	BCX70H
AJp	BCX70J
AK	BCX53-10
AKp	BCX70K
AL	BCX53-16
AM	BCX52-16
AMp	BSS64
AR	2PB709R

MARK	TYPE NO.
AR1	BSR40
AR2	BSR41
AR3	BSR42
AR4	BSR43
AS1	2PB709S
AS2	BST50
AS3	BST51
AQt	BST52
AT1	2PB709Q
AT2	BST39
B2p	BST40
B31	BSV52
B5p	1PS184
B26	BF570
BAp	BCW61A
BA	BCX54
BBp	BCW61B
BCp	BCW61C
BC	BCX54-10
BD	BCW61D
BDp	BCX54-16
BE	BCX55
BG	BCX55-10
BGp	BCX71G
BH	BCX56
BHp	BCX71H
BJp	BCX71J
BK	BCX56-10
BKp	BCX71K
BL	BCX56-16
BM	BCX55-16
BMp	BSS63
BQt	2PB709AQ

MARK	TYPE NO.
BR	2PB709AR
BR1	BSR30
BR2	BSR31
BR3	BSR32
BR4	BSR33
BSt	2PB709AS
BS1	BST60
BS2	BST61
BS3	BST62
BT1	BST15
BT2	BST16
C1p	BCW29
C2p	BCW30
C3T	1PS226
C7p	BCF29
C8p	BCF30
C95	BCV64
C96	BCV64B
CAC	BC868
CBC	BC868-10
CCC	BC868-16
CDC	BC868-25
CEC	BC869
CGC	BC869-10
CQt	2PB710Q
CRt	2PB710R
CSt	2PB710S
D1p	BCW31
D2p	BCW32
D3p	BCW33
D7p	BCF32
D8p	BCF33
D95	BCV63
D96	BCV63B

MARK	TYPE NO.
DA	BF622
DB	BF623
DC	BF620
DF	BF621
DQt	2PB710AQ
DRt	2PB710AR
DSt	2PB710AS
E1	BFS17W
E1p	BFS17
E16	BF547
E16	BF547W
F1p	BFS18
F2p	BFS19
F8p	BF824
FA	BFQ17
FB	BFQ19
FDp	BCV26
FEp	BCV46
FF	BFQ18A
FFp	BCV27
FGp	BCV47
FSt	1PS193
G1p	BFS20
H1p	BCW69
H2p	BCW70
H3p	BCW89
H7p	BCF70
JAp	BAV74
JCp	BAL74
JFp	BAL99
JPp	BAS19
JRp	BAS20
JSp	BAS21
JTp	BAS28
K1p	BCW71
K2p	BCW32
K3p	BCW33
K7p	BCW81
K8p	BCV71
K9p	BCV72
	BCF81

MARK	TYPE NO.
KM	BST80
KN	BST84
KO	BST86
L4p	BAT54
L5p	BAS55
L20	BAS29
L21	BAS31
L22	BAS35
L30	BAV23
L31	BAV23S
L41	BAT74
L42	BAT54A
L43	BAT54C
L44	BAT54S
L51	BAS56
L52	BAS678
LAp	BF550
LEp	BF660
LHp	BF569
LJp	BF579
LM	BST120
LN	BST122
LOp	BSR174
LPp	BSR175
LQp	BSR176
LRp	BSR177
MAp	BF989
MGp	BF994S
MOp	BF998R
M01	BF901
M02	BF901R
M04	BF904
M06	BF904R
M08	PMBF-J308
M09	PMBF-J309
M10	PMBF-J310
M16	PMBF4461A
M:p	BFR30
M2p	BFR31
M3p	BFT46

MARK	TYPE NO.
M4p	BSR56
M5p	BSR57
M6p	BSR58
M31	BSD20
M32	BSD22
M65	BF545A
M66	BF545B
M67	BF545C
M74	BSS83
M84	BF556A
M85	BF556B
M86	BF990AR
M87	BF556C
M91	BF990A
M92	BF991
M97	BF992
M98	BFR101A
MAp	BFR101B
MGp	BF989
MKp	BF994S
MWp	BF997
N1p	BF996S
N0	BFR53
N2	BFS505
N4	BFS520
N5	BFS540
N28	BFS25A
N30	BFR520
N33	BFR505
N39	BFG505
N45	BFG505/X
N36	BFG505/XR
N42	BFG520
N48	BFG520X
N37	BFG520/XR
N43	BFG540
N49	BFG540/X
NCp	BFG540XR
NDp	BF840
	BF841

2.5 Montage für spezielle elektronische Bauelemente

MARK	TYPE NO.	MARK	TYPE NO.	MARK	TYPE NO.	MARK	TYPE NO.	MARK	TYPE NO.
p	BB515	p1P	PMBT2222A	p6J	PMBF4391	R2	BFR93AW	V38	BF752	Z3	BZX84-C5V6
p	BB619	(SOT23)	p6K	PMBF4392	R2p	BFR93A	WQ	2PD602Q	Z4	BZX84-C6V2
p	BB620	PXT2222A	p6M	PMBF5485	SF	BB804	WR	2PD602R	Z5	BZX84-C6V8
p	BA582	(SOT89)	p6S	PMBFJ176	S1p	BBY31	WS	2PD602S	Z6	BZX84-C7V5
P1	BB131	PMBT5088	p6X	PMBFJ175	S2p	BBY40	W1	BFT92W	Z7	BZX84-C8V2
P1p	BFR92	p1Y	PMBT3903	p6Y	PMBFJ174	S4p	BBY62	W1p	BFT92	Z8	BZX84-C9V1
P2	BB132	p2A	PMBT3906	p6A	PMBFJ177	S6p	BF510	XQt	2PD602AQ	Z9	BZX84-C10
	(SOD323)			p6B	PMBZ52226B	S7p	BF511	XRt	2PD602AR	Z11	BZX84-C2V4
P2	BFR92AW			p6C	PMBZ52227B	S8p	BF512	XSt	2PD602AS	Z12	BZX84-C2V7
	(SOT323)	p2B	PXT3906	p6D	PMBZ52228B	S9p	BF513	X1	BFT93W	Z13	BZX84-C3V0
P3	BB133		(SOT89)	p6E	PMBZ52229B	S12	BBY39	X1p	BFT93	Z14	BZX84-C3V3
P4	BB134		PMBT2907	p6F	PMBZ52230B	S13	BBY42	YQt	2PD601Q	Z15	BZX84-C3V6
P5	BB135		(SOT23)	p6G	PMBZ52231B	S14	BB901	YRt	2PD601R	Z16	BZX84-C3V9
p6A	PMBF4416		PXT2907	p6H	PMBZ52232B	T	BB811	YSt	2PD601S	Z17	BZX84-CAV3
pA3	PMBD2835		(SOT89)	p6J	PMBZ52233B	T1p	BCX17	Y1	BZX84-C11	04	PMSS3904
pA2	PMBD2836	p2D	PMBTA92	p6J	PMBZ52234B	T2p	BCX18	Y2	BZX84-C12	06	PMSS3906
pA5	PMBD2837	p2E	PMBTA93	p6K	PMBZ52235B	T7p	BCX15	Y3	BZX84-C13	02p	BST82
pA6	PMBD2838	p2F	PMBT2907A	p6L	PMBZ52236B	T8p	BCR16	Y4	BZX84-C15	1A	BC846AW
p5B	PMBD6100		(SOT23)	p6M	PMBZ52237B	T9p	BSR18	Y5	BZX84-C16	1Ap	PMST3904
p1A	PMBT3904		PXT2907A	p6N	PMBZ52238B	T35	BSR20	Y6	BZX84-C18	1A	BC846A
	(SOT23)		(SOT89)	p6P	PMBZ52239B	T36	BSR20A	Y7	BZX84-C20	1B	BC846BW
	PXT3904	p2G	PMBTA56	p6Q	PMBZ52240B	T92	BSR18A	Y8	BZX84-C22	1Bp	BC846B
	(SOT89)	p2H	PMBTA55	p6R	PMBZ52241B	U1p	BCX19	Y9	BZX84-C24	1D	BC846W
	PMBT2222	p2L	PMBT5401	p6S	PMBZ52242B	U2p	BCX20	Y10	BZX84-C27	1Dp	BC846
p1B	(SOT23)	p2P	BFR92A	p6T	PMBZ52243B	U7p	BSR13	Y11	BZX84-C30	1E	BC847AW
	PXT2222	p2T	PMBT4403	p6U	PMBZ52244B	U8p	BSR14	Y12	BZX84-C33	1Ep	BC847A
	(SOT89)		(SOT23)	p6V	PXT4403	U9p	BSR17	Y13	BZX84-C36	1F	BC847BW
	PMBTA42		PXT4403	p6W	PMBZ52245B	U35	BSR19	Y14	BZX84-C39	1Fp	BC847B
p1D	PMBTA43		(SOT89)	p6X	PMBZ52246B	U36	BSR19A	Y15	BZX84-C43	1G	BC847CW
p1E	PMBT5550	p2V	PMBTA63	p6Y	PMBZ52247B	U92	BSR17A	Y16	BZX84-C47	1Gp	BC847C
p1F	PMBTA05	p2V	PBMTA64	p6Z	PMBZ52248B	V1p	BFT25	Y17	BZX84-C51	1H	BC347W
p1H	PMBT2369		PXTA64	p9A	PMBZ52249B	V2p	BFQ67	Y18	BZX84-C56	1Hp	BC847
p1J	PMBTA06		(SOT89)	p9B	PLVA650A	V2	BFQ67W	Y19	BZX84-C62	1J	BC848AW
p1G	PMBT6428	p2X	PMBT4401	p9C	PLVA653A	V3p	BFG67	Y20	BZX84-C68	1Jp	BC848A
p1K	PMBT6429		(SOT23)	p9D	PLVA659A	V12	BFG67X	Y21	BZX84-C75		(SOT23)
p1L	PMBTA13		PXT4401	p9E	PLVA662A	V25	PMBT3640	ZQ	2PD601AQ	1Jp	BCV61A
p1M	PMBTA14		(SOT89)	p9F	PLVA665A	V30	PMBTH10	ZR	2PD601AR		(SOT143)
p1N	(SOT23)	p6B	PMBF5484	p9G	PLVA668A	V31	PMBTH81	ZS	2PD601AS	1K	BC848BW
	(SOT89)	p6G	PMBF4393	pG1	PMBT5551	V32	BF750	Z1	BZX84-CAV7	1Kp	BC848B
		p6H	PMBF5486	R1p	BFR93	V34	BF749	Z2	BZX84-C5V1		(SOT23)

797

2 Mechanik und Elektronik

MARK	TYPE NO.
1Kp	BCV61B
1L	(SOT143)
1L	BC848CW
1Lp	BC848C
1Lp	(SOT23)
1Lp	BCV61C
1Lp	(SOT143)
1M	BC848W
1Mp	BC848
1Mp	(SOT23)
1Mp	BCV61
1Mp	(SOT143)
1Q	PMST5088
1R	PMST5089
1Vp	BF820
1Wp	BF821
1Xp	BF822
1Yp	BF823
2A	PMST3906
2B	BC849BW
2Bp	BC849B
2C	BC849CW
2Cp	BC849C
2D	BC849W
2Dp	BC849
2F	BC850BW
2Fp	BC850B
2G	BC850CW
2Gp	BC850C
2H	BC850W
2Hp	BC850
2T	PMST4403
2X	PMST4401
2Y4	BZV49-C2V4
2Y7	BZV49-C2V7
3A	BC856AW
3Ap	BC856A
3B	BC856BW
3Bp	BC856B
3BR	BC856BR

MARK	TYPE NO.
3D	BC856W
3Dp	BC856
3E	BC857AW
3Ep	BC857A
3F	BC857BW
3Fp	BC857B
3G	BC857CW
3Gp	BC857C
3H	BC857W
3Hp	BC857
3J	BC858AW
3Jp	BC858A
3K	BC858BW
3Kp	BC858B
3L	BC858CW
3Lp	BC858C
3Jp	BCV62A
3Kp	BCV62B
3Lp	BCV62C
3M	BC858W
3Mp	BC858
3Mp	BCV62
3Y0	BZV49-C3V0
3Y3	BZV49-C3V3
3Y6	BZV49-C3V6
3Y9	BZV49-C3V9
4A	BC859AW
4Ap	BC859A
4B	BC859BW
4Bp	BC859B
4C	BC859CW
4Cp	BC859C
4D	BC859W
4Dp	BC859
4E	BC860AW
4Ep	BC860A
4F	BC860BW
4Fp	BC860B
4G	BC860CW
4Gp	BC860C

MARK	TYPE NO.
4H	BC860W
4Hp	BC860
4Y3	BZV49-C4V3
4Y7	BZV49-C4V7
5A	BC807-16W
5Ap	BC807-16
5B	BC807-25W
5Bp	BC807-25
5C	BC807-40W
5Cp	BC807-40
5D	BC807W
5Dp	BC807
5E	BC808-16W
5Ep	BC808-16
5F	BC808-25W
5Fp	BC808-25
5G	BC808-40W
5Gp	BC808-40
5H	BC808W
5Hp	BC808
5Y1	BZV49-C5V1
5Y6	BZV49-C5V6
6A	BC817-16W
6Ap	BC817-16
6B	BC817-25W
6Bp	BC817-25
6C	BC817-40W
6Cp	BC817-40
6D	BC817W
6Dp	BC817
6E	BC818-16W
6Ep	BC818-16
6F	BC818-25W
6Fp	BC818-25
6G	BC818-40W
6Gp	BC818-40
6H	BC818W
6Hp	BC818
6Y2	BZV49-C6V2
6Y8	BZV49-C6V8

MARK	TYPE NO.
7Y5	BZV49-C7V5
8Y2	BZV49-C8V2
9Y1	BZV49-C9V1
10Y	BZV49-C10
11Y	BZV49-C11
12Y	BZV49-C12
13Y	BZV49-C13
15Y	BZV49-C15
16Y	BZV49-C16
18Y	BZV49-C18
20Y	BZV49-C20
22Y	BZV49-C22
24Y	BZV49-C24
27Y	BZV49-C27
30Y	BZV49-C30
33Y	BZV49-C33
36Y	BZV49-C36
39Y	BZV49-C39
43Y	BZV49-C43
47Y	BZV49-C47
51Y	BZV49-C51
56Y	BZV49-C56
62Y	BZV49-C62
68Y	BZV49-C68
73p	BAS70
74p	BAS70-04
75p	BAS70-05
76p	BAS70-06
77p	BAS70-07
75Y	BZV49-C75
81A	PMBZ52250B
81B	PMBZ52251B
81C	PMBZ52252B
81D	PMBZ52253B
81E	PMBZ52254B
81F	PMBZ52255B
81G	PMBZ52256B
81H	PMBZ52257B
97p	BCV65
98p	BCV65B

MARK	TYPE NO.
110	KTY82-110
120	KTY82-120
121	KTY82-121
122	KTY82-122
150	KTY82-150
151	KTY82-151
152	KTY82-152
210	KTY82-210
220	KTY82-220
221	KTY82-221
222	KTY82-222
250	KTY82-250
251	KTY82-251
252	KTY82-252

2.5 Montage für spezielle elektronische Bauelemente

C Anschluß – Layout; 50 T-Typen

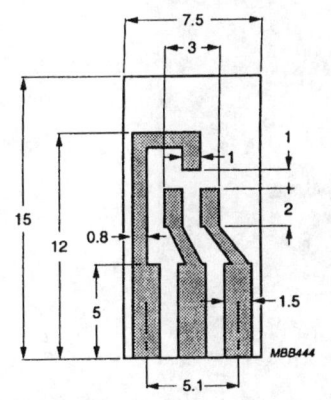

Dimensions in mm
Standard mounting conditions for SOT 23

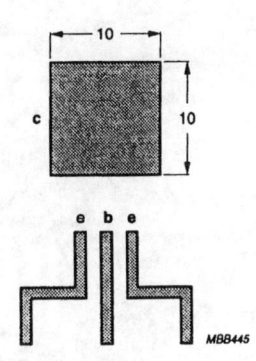

Dimensions in mm
Standard mounting conditions for SOT 89

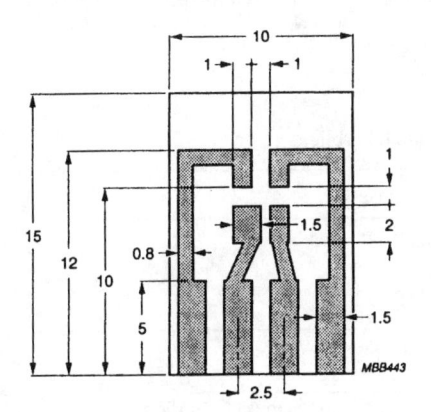

Dimensions in mm
Standard mounting conditions for SOT 223

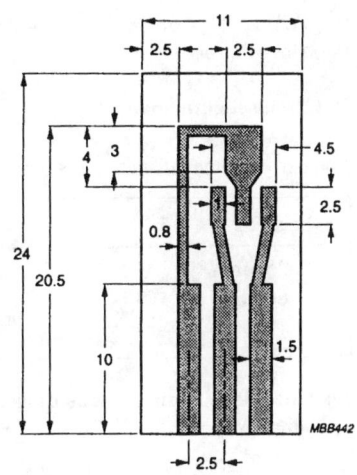

Dimensions in mm
Standard mounting conditions for SOT 143

Abb. 2.5.3-95

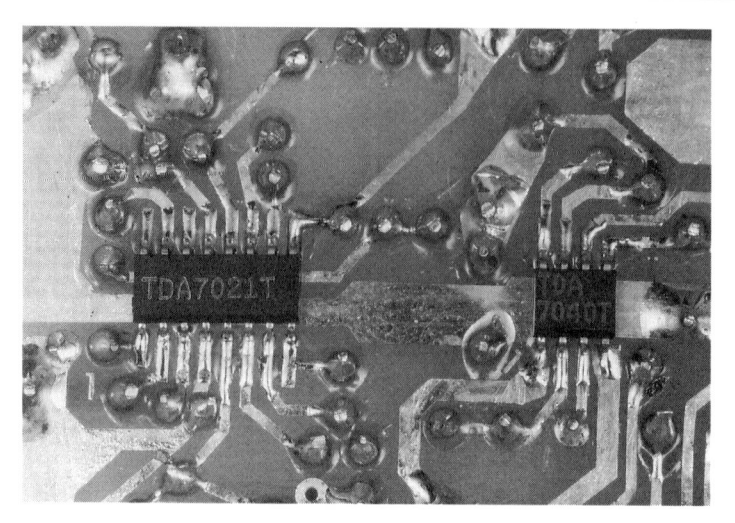

2 Mechanik und Elektronik

Das Foto 2.5.3-96 zeigt zwei SMD-ICs, die sich in eine konventionelle Leiterplatte – Bahnenseite – einfügen.

D Gehäusebauformen

Von der Leistung aus betrachtet, ergibt sich der folgende Überblick:

Leistung	Gehäusetyp
≤ 250 mW	SOT 23
≤ 600 mW	SOT 89
≤ 1000 mW	SOT 223

All dimensions in mm, unless otherwise specified. MW-4

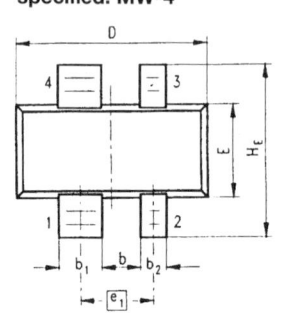

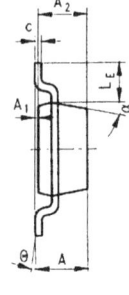

Dim.	min.	typ.	max.	Gradient
A	–	–	1.1	–
A_1	–	–	0.1	–
A_2	–	–	1.0	–
b	–	0.6	–	–
b_1	–	0.7	–	–
b_2	–	0.4	–	–
c	0.08	–	0.15	–
D	2.8	–	3.0	–
E	1.2	–	1.4	–
$|e_1|$	–	1.15	–	–
H_E	–	–	2.6	–
L_E	0.6	–	–	–
α^*	–	–	–	max 10°
θ	–	–	–	2°...30°

Approx. weight: 0.02 g

Abb. 2.5.3-97

* Note: Applicable to all sides.

2.5 Montage für spezielle elektronische Bauelemente

All dimensions in mm, unless otherwise specified.
MW-7

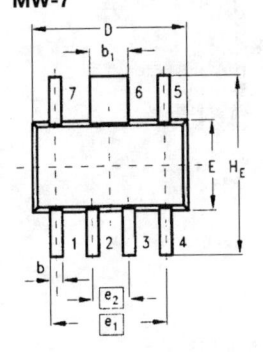

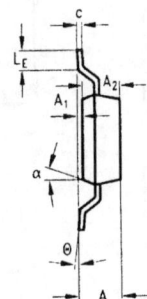

Dim.	min.	typ.	max.	Gradient
A	–	–	1.8	–
A_1	0	–	0.1	–
A_2	1.5	1.6	1.7	–
b	–	0.6	–	–
b_1	1.62	1.67	1.77	–
c	0.24	–	0.32	–
D	6.3	–	6.7	–
E	3.3	–	3.7	–
$|e_1|$	–	3.81	–	–
$|e_2|$	–	1.27	–	–
H_E	6.7	–	7.3	–
L_E	0.5	–	–	–
α^*	–	–	–	max 15°
θ	–	–	–	10°

Approx. weight: 0.15 g

Abb. 2.5.3-98

* Note: Applicable to all sides.

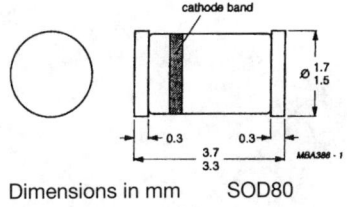

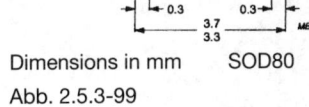

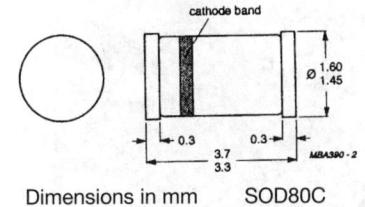

Dimensions in mm   SOD80
Abb. 2.5.3-99

Dimensions in mm   SOD80C
Abb. 2.5.3-100

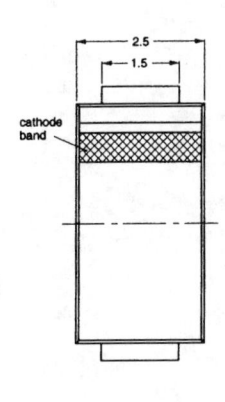

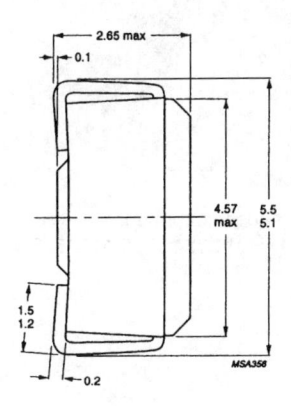

Dimensions in mm   SOD106A
Abb. 2.5.3-101

801

2 Mechanik und Elektronik

Dimensions in mm

SOD87

Abb. 2.5.3-102

Dimensions in mm

SOD110

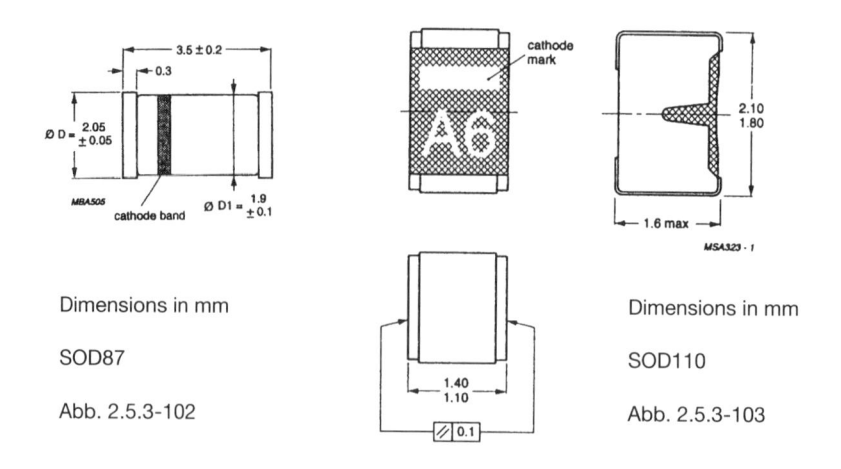

Abb. 2.5.3-103

Die Abb. 2.5.3-104 zeigt derartige Gehäusebauformen.
1: SOD 80; 2: SOD 87; 3: Y9 = BZX84, SOT 23; 4: SOD 106; 5: SOT223.

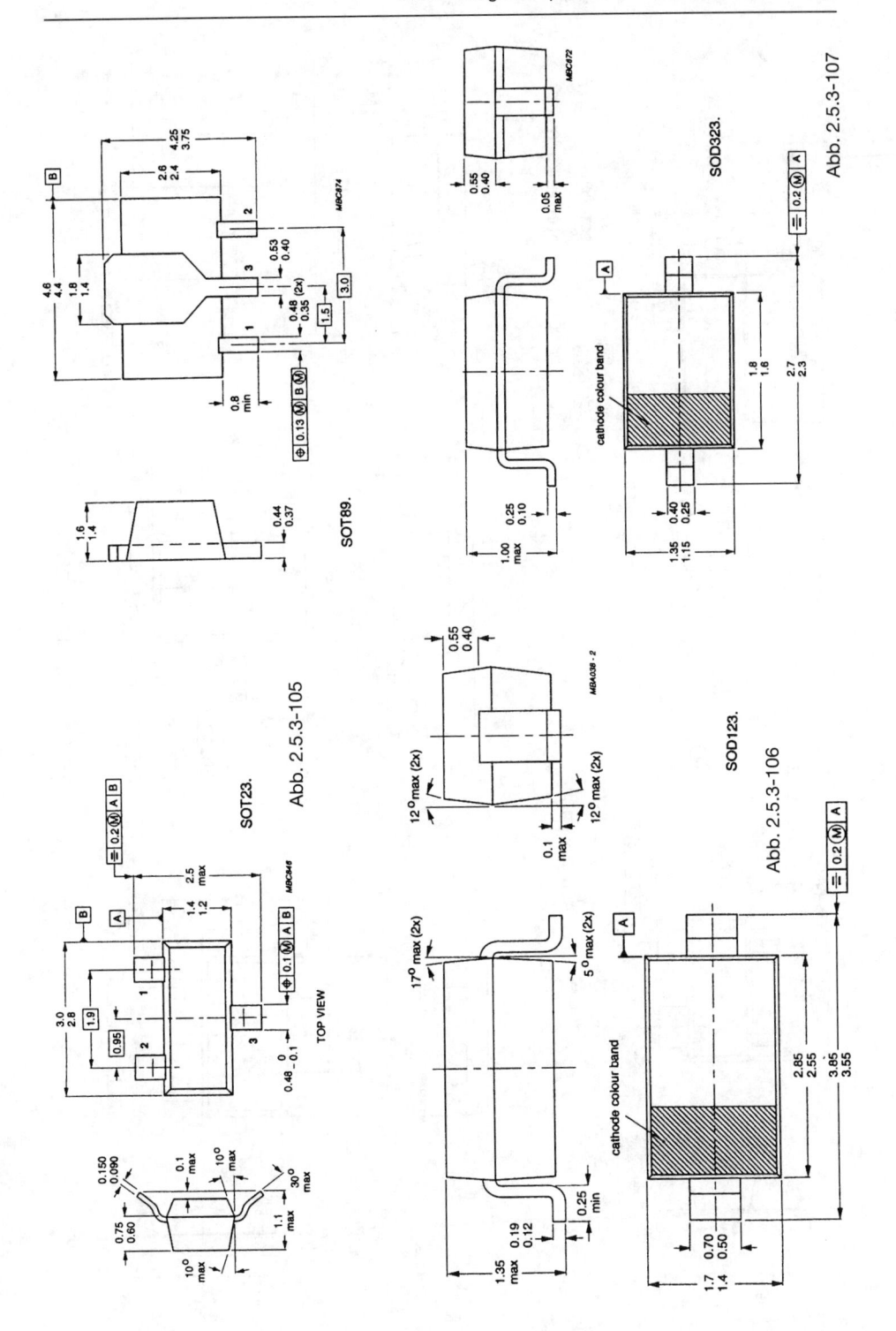

2.5 Montage für spezielle elektronische Bauelemente

Abb. 2.5.3-107 SOD323.

SOT89.

Abb. 2.5.3-105 SOT23.

Abb. 2.5.3-106 SOD123.

803

2 Mechanik und Elektronik

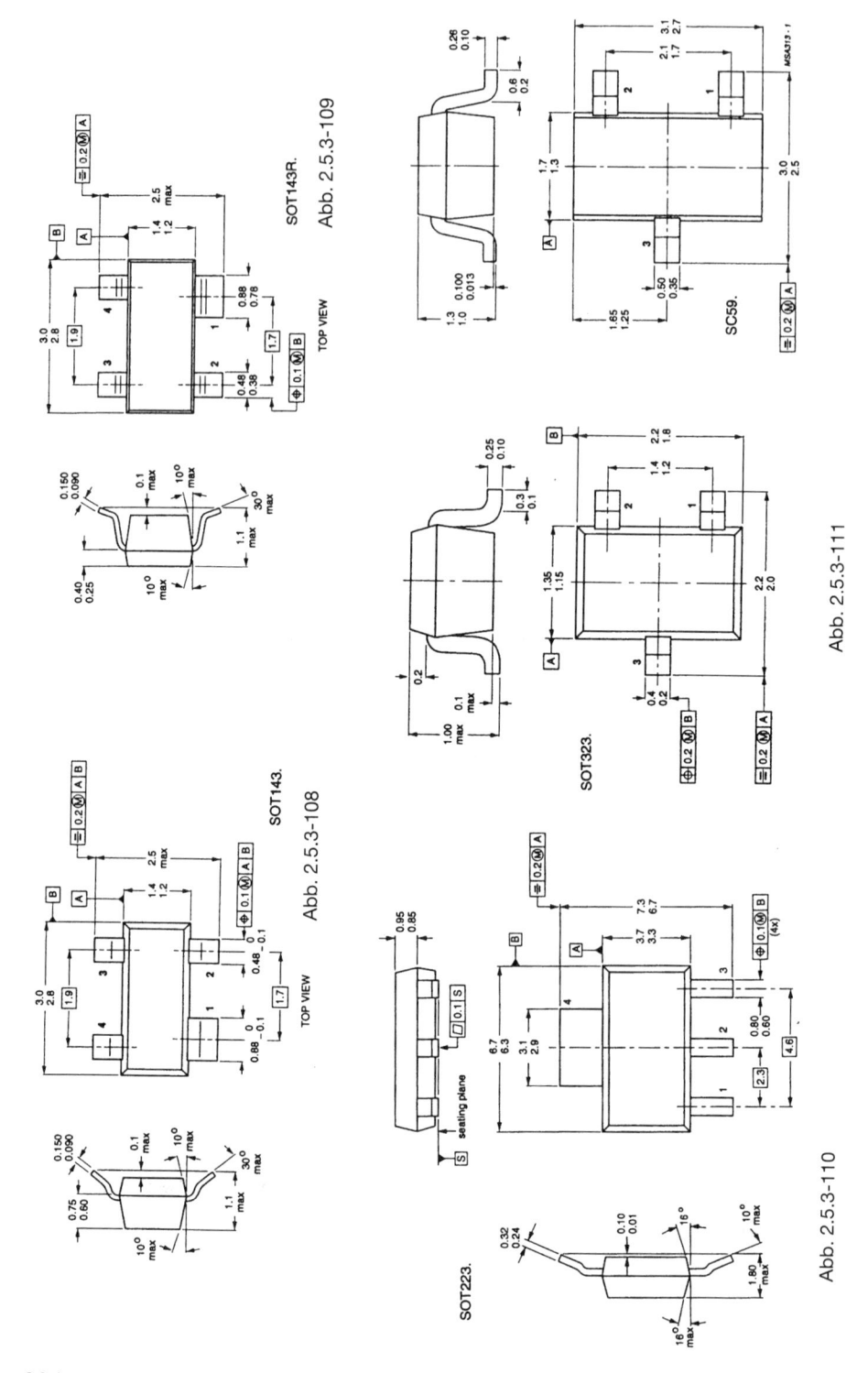

Abb. 2.5.3-109 SOT143R.

Abb. 2.5.3-111 SOT323.

Abb. 2.5.3-108 SOT143.

Abb. 2.5.3-110 SOT223.

804

3

Elektronische Bauelemente für den Schaltungsentwurf, Aufbau, Eigenschaften, Werte, Bauformen und Berechnung aus der Praxis

3 Elektronische Bauelemente

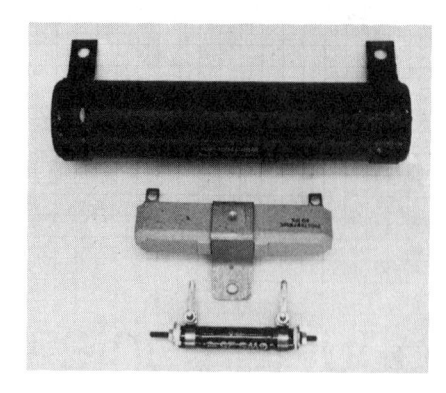

Hochlastwiderstände
25/50 Watt

Überlastete Widerstände. Der
Wendelaufbau ist zu erkennen.

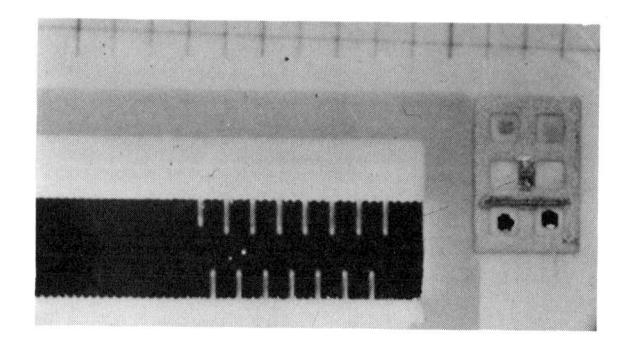

Keramiksubstrat mit laser-
abgeglichenem Widerstand.
(Laserschnitte) für eine
Dickschichtschaltung.

3.1 Widerstände in elektronischen Schaltungen

3.1.1 Ohmsche lineare Widerstände

Lineare ohmsche Widerstände sind solche, deren Spannungsstromverhältnis linear ist und dem Ohmschen Gesetz gehorcht. Normalerweise ist auch der lineare Widerstand temperaturabhängig, wie noch gezeigt wird. Ein „unlinearer" Widerstand ist z. B. der VDR-Widerstand, oder der Durchlaßwiderstand einer Diode.

In der Elektronik werden ohmsche Widerstände für verschiedene Aufgaben benutzt. Entsprechend groß ist auch das Spektrum ihrer Bauformen. *Abb. 3.1.1-1* zeigt das bereits. Darin bedeuten:

1. Glasierter 20-W-Widerstand
2. Metallhalter für 4)
3. Glasierter 15-W-Drahtwiderstand
4. Hochlastwiderstände 20 W 5 %
5. Glasierter 8-W-Drahtwiderstand
6. Glasierter 6-W-Drahtwiderstand
7. 4-W-Drahtwiderstand
8. 3-W-Drahtwiderstand
9. 2-W-Drahtwiderstand mit Abgreifschelle
10. 1-W-Schichtwiderstand
11. 2-W-Schichtwiderstand
12. 2-W-Schichtwiderstand
13. 0,5-W-Schichtwiderstand
14. 2-W-Schichtwiderstand
15. 3-W-Schichtwiderstand
16. Konstantan-Drahtwiderstand

Abb. 3.1.1-1

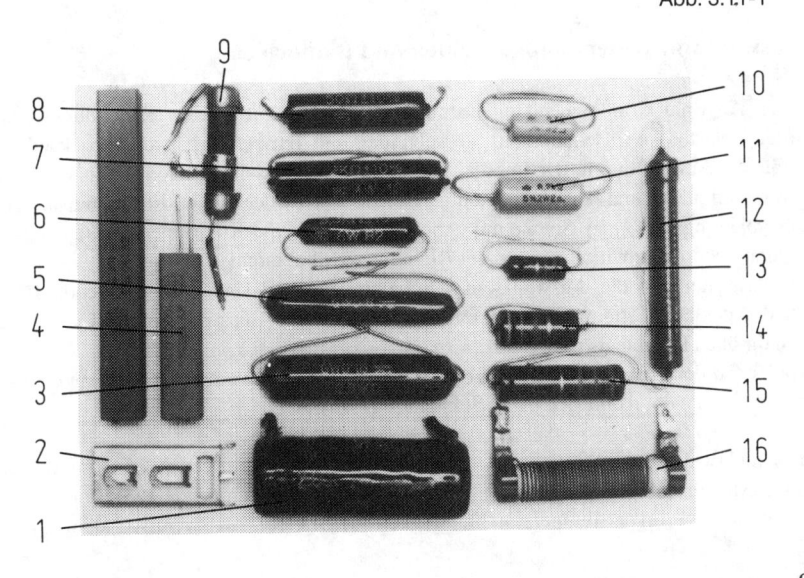

3 Elektronische Bauelemente

17. 0,1...0,25-%-Metallschicht-
    meßwiderstände
18. Miniaturwiderstand
19. 0,05-W-Kohleschichtwiderstand
20. 0,1-W-Kohleschichtwiderstand
21. 0,15-W-Kohleschichtwiderstand
22. 0,25-W-Kohleschichtwiderstand
23. 0,3-W-Kohleschichtwiderstand
24. 0,5-W-Kohleschichtwiderstand
25. 1-W-Kohleschichtwiderstand
26. 270 MΩ 5-%-Meßwiderstand für Hochspannungstastkopf
27. 100 MΩ und 33 MΩ 1-%-Meßwiderstände
28. 2,76-MΩ-Hochohmwiderstand 1%
29. Widerstandsmatrix – mehrere Widerstände in einem Gehäuse –

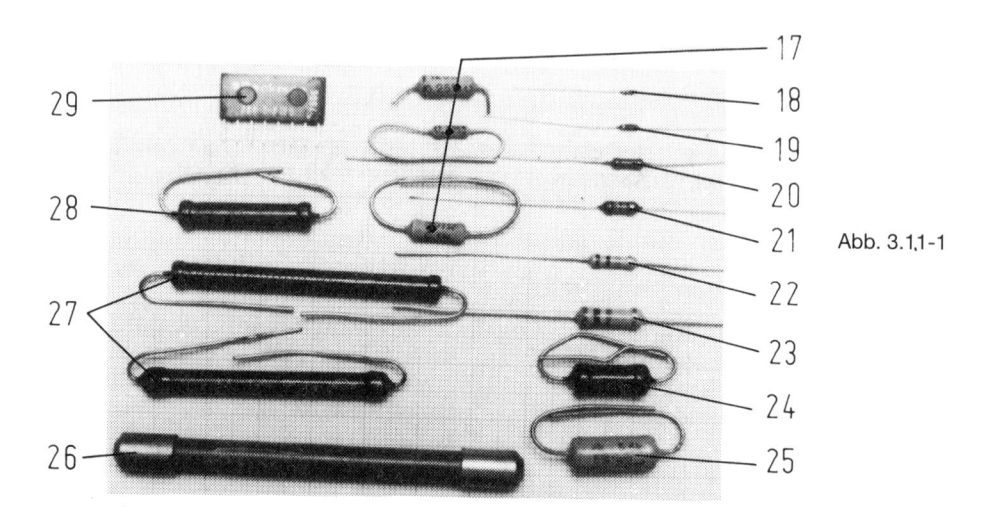

Abb. 3.1,1-1

A Auswahl von Widerstandsschichten und Bauformen

Bei der Auswahl von Widerständen müssen entsprechend ihrem Anwendungsgebiet die Faktoren Belastbarkeit, Genauigkeit, Störspannung und Temperaturbeiwert berücksichtigt werden. Für die Anwendung in der Impuls- und der Hf-Technik sind weiterhin die Werte der Anschlußinduktivitäten und -kapazität wichtig. Bei Hochlastwiderständen ist für eine ausreichende Wärmeableitung zu sorgen. Solche mit gebohrtem Körper und Kühlrippen müssen gemäß einer optimalen Schornsteinwirkung in axialer Richtung vertikal montiert werden.
Erstes Kriterium für die Auswahl eines Schichtwiderstandes ist die auftretende Belastung, durch die gemäß Wärmewiderstand und höchstzulässiger Betriebstemperatur entsprechende Minimalgrößen festgelegt sind.
Entsprechend den Anforderungen an Temperaturkoeffizient, Konstanz und sonstige elektrische Eigenschaften ist dann eine geeignete Schichtart auszuwählen:

Kohleschichtwiderstände zeigen die geringste Empfindlichkeit gegen extreme Impulsüberlastung, Metallschichtwiderstände entsprechen den Wünschen nach sehr hoher Langzeitkonstanz und geringer Temperaturabhängigkeit des Widerstandswertes, Edelmetallschichtwiderstände zeichnen sich durch Unempfindlichkeit gegenüber Feuchtebeanspruchung aus. Eingehende Kenntnisse der wesentlichen Eigenschaften der einzelnen Widerstandsschichten ermöglichen es dem Anwender, schon bei der Projektierung der Schaltung den richtigen Schichtwiderstand zu wählen und so ein optimales Funktionieren seines Gerätes zu gewährleisten.

Anwendungsgebiete von Widerstandsschichten:

	Kohle	Metall	Edelmetall	Schichtgemisch
sehr hohe Langzeitkonstanz		x		
hohe Langzeitkonstanz	x		x	
kleiner Temperaturkoeffizient		x		
sehr niedriges Stromrauschen, sehr niedrige Nichtlinearität		x	x	
hohe Betriebstemperatur		x	x	
Beanspruchung mit Hochleistungs-Einzelimpulsen	x			
Betrieb unter extremer Feuchte-Beanspruchung			x	
sehr hohe Betriebszuverlässigkeit	x	x	x	
extrem niedrige Widerstandswerte			x	
extrem hohe Widerstandswerte				x
niedrige Thermospannung	x	x		

Bauform:
Für niedrig belastbare Widerstände wie z.B. Kohleschicht-Widerstände wird die Belastbarkeit durch Angabe der Baugröße des Widerstandskörpers unterschieden. Die Baugröße eines Widerstandes wird angegeben mit einer vierstelligen Zahl. Ziffer 1 und 2 nennen den ungefähren Durchmesser des Widerstandskörpers in mm, Ziffer 3 und 4 die ungefähre Länge des Widerstandskörpers in mm. DIN 44051/52 unterscheidet folgende Baugrößen:
0204/0207/0309/0414/0617/0922/0933/0952

Beispiel: In Baugröße 0207 fallen Widerstände mit folgenden Abmessungen:
Durchmesser (02): 1,9 ... 2,5 mm
Länge (07):   5,3 ... 6,8 mm
In der Tabelle sind die Werte nach DIN 44052 gegenübergestellt.

Diese Belastbarkeiten sind bezogen auf eine Umgebungstemperatur von 70 °C und eine maximal zulässige Oberflächentemperatur von 125 °C. Der Wärmewiderstand wird angegeben in Kelvin/Watt und die Belastbarkeit in Watt. International werden häufig folgende Wattklassen verwendet:
1/8 Watt, 1/4 Watt, 1/2 Watt.

Baugröße	Wärmewiderstand K/W	Belastbarkeit bei $T_{0max} = 125°C$ Watt
0204	400	0,14
0207	250	0,22
0309	240	0,23
0414	170	0,32
0617	120	0,46
0922	75	0,73
0933	65	0,85
0952	42	

Sie entsprechen den folgenden DIN-Baugrößen:
Baugröße 0204 ↔ 1/8 W
Baugröße 0207 ↔ 1/4 W
Baugröße 0411 ↔ 1/2 W

Diese klassifizierten Belastbarkeiten führen aber bei den entsprechenden Baugrößen nicht zur gleichen Erwärmung. Sie bedeuten deshalb auch keine vergleichbare Belastung der verschiedenen Baugrößen. Deshalb wurde in DIN die Klassifizierung nach Baugrößen vorgenommen und der Wärmewiderstand als maßgebende Größe für die Belastbarkeit eingeführt.
Ein Vergleich zeigt, daß die DIN-Belastbarkeiten von dieser Klassifizierung abweichen:

1/8 W – Baugröße 0204 – 0,14 W nach DIN
1/4 W – Baugröße 0207 – 0,22 W nach DIN

DIN/IEC-Standardwerte

E 3	E 6 ±20%	E 12 ±10%	E 24 ±5 %	E 48 ±2%	E 96 ±1%	E 192 ±0,5%
100	100	100	100	100	100	100
						101
					102	102
						104
				105	105	105
						106
					107	107
						109
			110	110	110	110
						111
					113	113
						114
				115	115	115
						117
					118	118
		120	120			120
				121	121	121
						123
					124	124
						126
				127	127	127
						129
			130		130	130
						132
				133	133	133
						135
					137	137
						138
				140	140	140
						142
					143	143
						145
				147	147	147
						149
	150	150	150		150	150
						152
				154	154	154
						156
					158	158
			160			160
				162	162	162
						164
					165	165
						167

811

3 Elektronische Bauelemente

E 3	E 6 ±20%	E 12 ±10%	E 24 ±5%	E 48 ±2%	E 96 ±1%	E 192 ±0,5%
				169	169	169
						172
					174	174
						176
				178	178	178
		180	180			180
					182	182
						184
				187	187	187
						189
					191	191
						193
				196	196	196
						198
			200		200	200
						203
				205	205	205
						208
					210	210
						213
				215	215	215
						218
220	220	220	220		221	221
						223
				226	226	226
						229
					232	232
						234
				237	237	237
			240			240
					243	243
						246
				249	249	249
						252
					255	255
						258
				261	261	261
						264
		270	270		267	267
						271
				274	274	274
						277
					280	280
						284
				287	287	287
						291
					294	294
						298
			300	301	301	301
						305
					309	309
						312

3.1 Widerstände

E 3	E 6 ± 20%	E 12 ± 10%	E 24 ± 5%	E 48 ± 2%	E 96 ± 1%	E 192 ± 0,5%
				316	316	316
						320
					324	324
						328
		330	330	330			
				332	332	332
						336
					340	340
						344
				348	348	348
						352
					357	357
			360			361
				365	365	365
						370
					374	374
						379
				383	383	383
						388
		390	390			
					392	392
						397
				402	402	402
						407
					412	412
						417
				422	422	422
						427
			430			
					432	432
						437
				442	442	442
						448
					453	453
						459
470	470	470	470	464	464	464
						470
					475	475
						481
				487	487	487
						493
					499	499
						505
			510	511	511	511
						517
					523	523
						530
				536	536	536
						542
					549	549
						556
		560	560	562	562	562
						569
					576	576
						583

813

3 Elektronische Bauelemente

E 3	E 6 ± 20%	E 12 ± 10%	E 24 ± 5%	E 48 ± 2%	E 96 ± 1%	E 192 ± 0,5%
				590	590	590
						597
					604	604
						612
			620	619	619	619
						626
					634	634
						642
				649	649	649
						657
					665	665
						673
	680	680	680	681	681	681
						690
					698	698
						706
				715	715	715
						723
					732	732
						741
			750	750	750	750
						759
					768	768
						777
				787	787	787
						796
					806	806
						816
		820	820	825	825	825
						835
					845	845
						856
				866	866	866
						876
					887	887
						898
			910	909	909	909
						920
					931	931
						942
				953	953	953
						965
					976	976
						988

3.1 Widerstände

Schreibweise der Nenntoleranz nach MIL

Toleranz	MIL
20 %	M
10 %	K
5 %	J
2 %	G
1 %	F
0,5 %	D
0,25 %	C
0,1 %	B

Schreibweise der Widerstandswerte nach IEC bzw. MIL

Widerstandswert	IEC 62	MIL 39008
0,1 Ohm	R10	—
1,0 Ohm	1R0	1R0
10 Ohm	10R	100
100 Ohm	100R	101
1000 Ohm	1K0	102
10 KOhm	10K	103
0,1 MOhm	100K	104
1,0 MOhm	1M0	105
10,0 MOhm	10M	106

Bezeichnung und Codierung von Temperaturkoeffizienten

100 10^{-6}/K	T0	braun
50 10^{-6}/K	T2	rot
25 10^{-6}/K	T9	gelb
15 10^{-6}/K	T10	orange
10 10^{-6}/K	T13	blau
5 10^{-6}/K	T16	violett
2 10^{-6}/K	T18	—

Rastermaße von Widerständen

Es sind Rasterabmessungen von 2,5 resp. 2,54, oder Vielfache davon, üblich. Weiter sind anzutreffen: 3,81; 5,08; 10,16; 16,5; 22,86 mm.

Thermospannungen gegen Kupfer

Bei niederohmigen Widerständen für meßtechnischen Einsatz muß je nach Drahtmaterial der Anschlüsse mit Werten von

$U_T \approx 1 \ldots 3,5$ µV/°C gerechnet werden.

Vierleiteranschluß von niederohmigen Widerständen

Bei niederohmigen Meßwiderständen sind oft vier Anschlüsse vorhanden. Dieser sogenannte Kelvin-Anschluß hat den Vorteil, daß direkt am Widerstandskörper zwei Anschlüsse für die Abnahme der Meßspannung angebracht sind. Die anderen beiden Anschlüsse dienen der Stromzuführung. Dadurch sind hochgenaue Messungen von Strömen über die Spannungsanschlüsse möglich.

Lineare Widerstände – Schichten und ihre Anwendungsgebiete

Art und Charakteristik	Herstellverfahren	Temperaturkoeffizient	Zulässige Temperatur	Anwendung
Kohleschichtwiderstände (Karbowid) – kleine Drift, kleine Ausfallrate	Thermischer Zerfall von Kohlenwasserstoffen	$(-200 \ldots -1200) \cdot 10^{-6}/K$	$-55° \ldots 155°C$	Vermittlungstechnik, Datentechnik, Weitverkehrstechnik
Metallschichtwiderstände (CrNi) – kleiner TK	Aufdampfen im Hochvakuum	$0 \pm 50 \cdot 10^{-6}/K$	$-65 \ldots +175°C$	für extreme klimatische und elektr. Beanspruchung, Luft- und Raumfahrt, Meßgeräte, Seekabelverstärker
Edelmetallschichtwiderstände (Au/Pt) – Niederohmig, definierter TK, gutes Feuchteverhalten. Innen oder außen beschichtet	Reduktion von Edelmetallsalzen durch Einbrennen	$(+200 \ldots +350) \cdot 10^{-6}/K$	$-65 \ldots +155°C$	Temperaturkompensation in Transistorschaltungen. Hochlastwiderstände mit Sicherungswirkung bei der Bundespost
Drahtwiderstände Hochbelastbar (0,25 ... 200W) kleine Drift, kleiner TK; kleiner Wertebereich, Induktivität	Wickeltechnik	CrNi: $<250 \cdot 10^{-6}/K$ Konstantan: $<100 \cdot 10^{-6}/K$	unkritisch	Nachrichten-, Meß- u. Starkstromtechnik, Regelwiderstände

Abmessungen von Widerständen

Leistung	Schicht/Art	Durchmesser [mm]	Baulänge [mm]	Wärmewiderstand K/W
0,1	Kohle	1,4	4	
0,125	Schicht	2,0	6	≈ 400
0,25	Schicht	2,2	6	≈ 250
0,33	Kohle (Standard)	2,5	6,5	≈ 200
0,40	Metall (Standard)	2,5	6,5	≈ 120
0,40	Metall (Präzision)	3,8	10	
0,50	Draht	3,5	9	
0,50	Kohle	3,5	9	≈ 170
1,0	Hochspannung < 10 KV	6,5	16	
1,6	Metall	3,8	9	
2,0	Kohle	7	20	
3,0	Kohle	7	30	
2,5	Metall (Last)	5	16,5	
3,0	Draht	5	13	
4 W	Draht	5	17	
5 W	Draht	6,5	17	
7 W	Draht	6,5	25	
7 W	Draht	6,4 × 6,4	38	
9 W	Draht	9 × 9	38	
11 W	Draht	9 × 9	50	
17 W	Draht	9 × 9	75	

Überblick über wichtige Widerstandsbauformen

	Toleranzbereich [%]	TK-Wert [ppm · °C^{-1}]	Wertebereich [Ω]	Kapazität [pF]	Induktivität [μH]	Kleinste Bauform [W]
Drahtwiderstand	±5 ... ±20 Sonderbereich: ±0,05 ... ±1 0,001% möglich	±10 ... ±30 5 ppm möglich	0,1 ... 150·10^5 Sonderbereich: 0,01 ... 25·10^6	< 0,8 pF (1 MΩ)	< 1 μH (500 Ω)	0,125
Kohleschichtwiderstand	±2 ... ±10(±20) Sonderbereich: 0,1 % möglich.	-200 bis ca. 10 kΩ -1200 b.ca. 1 MΩ	1 Ω ... 4,7·10^6 Sonderbereich: 4,7·10^6...3·10^9 Ω > 3·10^{9}Ω..10^{14}Ω in Glas gekapselt möglich.	< 0,15 pF		0,05
Metalloxidwiderstand	±1 ... ±10 ±1 % > 51 Ω	±200 ... ±400	1 ... 1·10^6	< 0,4 pF		0,1
Metallschichtwiderstand	0,01 ... 1 0,1% < 50 Ω	±20 typisch ±2 ... ±5 ±0,5 ppm (25°) möglich	5 ... 1·10^6	< 0,5 pF ~1 kΩ	0,08 μH ~1 kΩ	0,2

B Der Drahtwiderstand

Drahtwiderstände werden häufig aus einer Nickel-Chrom-Zusammensetzung hergestellt. Sie werden bevorzugt für höhere Lastwerte eingesetzt. Jedoch auch als Präzisionsdrahtwiderstände in Sonderfällen der Meß- und Regeltechnik. Problematisch ist die Einbettung der Wicklung gegen Feuchtigkeit und andere Umwelteinflüsse, so daß die Drahtwiderstände oft in vergossener – glasierter – Ausführung angeboten werden. Durch die Wickeltechnik ist es möglich, einen recht genauen Abgleich des Widerstandswertes zu erzielen, so daß Präzisionswiderstände hier mit einer Genauigkeit bis zu 0,05 % gefertigt werden können. Ebenfalls ist der Temperaturkoeffizient -φ bei entsprechender Materialauswahl mit ca. ± 20 ppm. °C^{-1} als günstig anzusehen. Die Abweichung bei höheren Temperaturen ist aus *Abb. 3.1.1-2* zu sehen. Für den Temperaturkoeffizienten gilt folgende Definition bei φ in $1 \cdot 10^{-6} \cdot °C^{-1} \triangleq 1 \cdot$ ppm $\cdot °C^{-1}$ ppm (ppm = parts per million). 1 ppm = 0,0001 %

$$\varphi = \frac{(R_2 - R_1) \cdot 10^{-6}}{(T_2 - T_1) \cdot R_1} \quad [\text{ppm } °C^{-1}]$$

Dabei ist: T_1 = Bezugstemperatur (25 °C)
T_2 = gewünschte Meßtemperatur
R_1 = Widerstandswert bei T_1
R_2 = Widerstandswert bei T_2

Für die Herstellung von Drahtwiderständen stehen die in den folgenden Tabellen angegebenen Materialien zur Verfügung:

Abb. 3.1.1-2

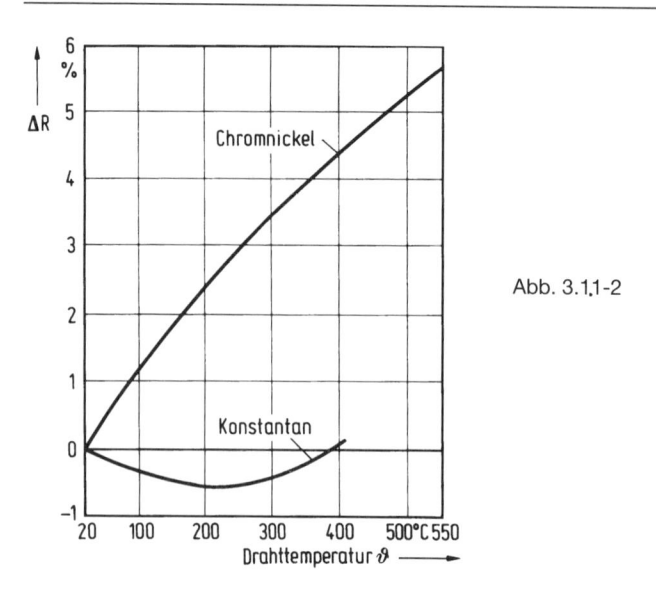

Für Drahtwiderstände – besonders bei kleineren Ohmwerten – ist eine kapazitäts- und induktionsarme Bauweise möglich. In den *Abb. 3.1.1-3a...d* ist diese gezeigt.

Die Abb. a) zeigt die bifilare induktionsarme Wicklung,
die Abb. b) zeigt die gegenläufige, ebenfalls induktionsarme Wicklung,
die Abb. c) ist eine gegenläufig gekreuzte Gegenwicklung, kapazitäts- und induktionsarm und
die Abb. d) kennzeichnet eine mäanderförmige kapazitäts- und induktionsarme Wicklung.

Für Drahtwiderstände ist in lackierter Ausführung eine maximale Oberlächentemperatur von 170 °C bei t_u = 25 °C erlaub. Zementierte Drahtwiderstände dürfen bis zu 330 °C heiß werden. Glasierte Drahtwiderstände lassen je nach Bauform eine Temperatur bis zu 400 °C zu. Zu berücksichtigen ist der Einsatz bei t > 300 °C hinsichtlich der Lötfestigkeit.

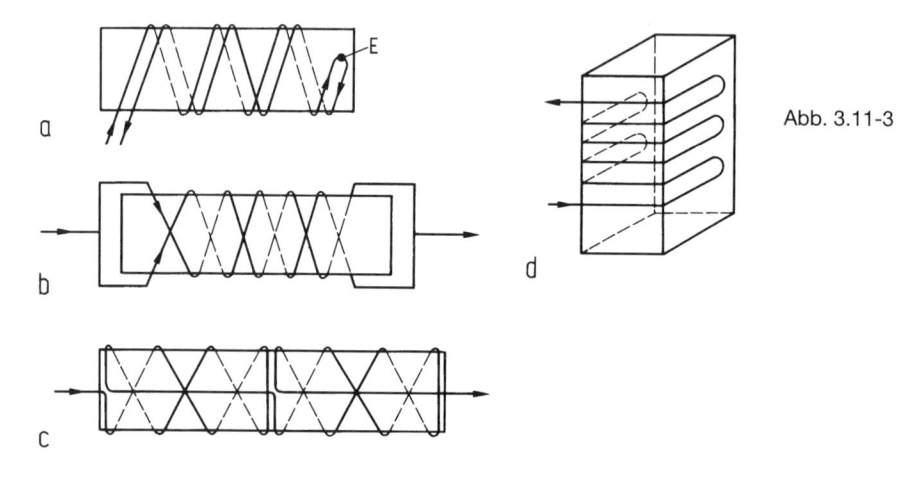

Abb. 3.11-3

3.1 Widerstände

Eigenschaften metallischer Widerstandswerkstoffe: Kupfer-Legierungen

Werkstoff Cu-Legierung 1. zinkhaltig, 2. nickelhaltig, 3. manganhaltig	Chemische Zusammensetzung	Spez. Widerstand bei 20°C ϱ $\Omega mm^2/m$	Spez. Leitwert bei 20°C $\varkappa = 1/\varrho$ Sm/mm^2	Widerstandstemperaturkoeff. $\alpha \times 10^{-3}$ in der Umgebung der Raumtemper. 1/grd	Widerstandstemperaturkoeff. $\alpha \times 10^{-3}$ zwisch. 20 u. 100°C 1/grd	Wärmeleitfähigkeit bei 200°C cal/cm, s, grd	Wärmeleitfähigkeit zwisch. 200 u. 1000°C cal/cm, s, grd	Spezifische Wärme cal/g, grd	Thermo-EMK gegen Kupfer $\mu V/grd$	Dichte g/cm³	Schmelzpunkt °C	Zerreißfestigkeit kp/mm²	Bruchdehnung %	Linearer Ausdehnungskoeffiz. zwisch. 20° u. 100°C $\times 10^{-6}$ mm/m, grd	Höchste zulässige Gebrauchstemperatur °C
1	2	3	4	5	6	7	8	9	10	11	12	13	14	15	16
1 Neusilber Hawe 30	60% Cu 17% Ni 23% Zn	0,3	3,33	—	0,35	0,6	—	0,095	−15	8,6	≈1000	40	35	18	—
Nickelin-Neusilber, Ni III	58% Cu 22% Ni 20% Zn	0,36	2,78	—	0,31	—	—	0,097	—	8,7	1125	weich:51 hart:83	weich:34 hart:1	16,8	—
Nickelin Ni I	54% Cu 26% Ni 20% Zn	0,43	2,32	—	0,23	—	—	0,094	—	8,7	1145	weich:60 hart:85	weich:30 hart:1,5	16	—
2 Konstantan I a I a	54% Ni 45% Cu 1% Mn	0,5	2,0	—	−0,03	0,048	—	0,098	−40	8,9	1275	weich:50 hart:75	weich:30 hart:3	14	400
Nickelin (zink- u. eisenfrei)	67% Cu 30...31% Ni 2...3% Mn	0,4	2,5	—	0,11	—	—	0,095	—	8,9	1230	weich:44	33...15	16	300
3 Manganin	86% Cu 12% Mn 2% Ni	0,43	2,32	0,02	—	—	—	—	+1,0	8,4	960	50...55	25	18,1	300
Isabellin	84% Cu 13% Mn 3% Al	0,5	2,0	−0,02	—	—	—	—	−0,2	8,0	—	50...55	25	16	400
Novokonstant	82,5% Cu 12% Mn 4% Al 1,5% Fe	0,45	2,22	−0,04	—	—	—	—	−0,3	—	970	50...55	15...25	18	400
A-Legierung (Therlo)	85% Cu 9,5% Mn 5,5% Al	0,45	2,22	0,02 (0,001)	—	—	—	—	−0,3	—	—	50...55	15...25	—	—

819

Eigenschaften metallischer Widerstandswerkstoffe: Chrom-Nickel- und Chrom-Eisen-Legierungen

	Werkstoff	Chemische Zusammensetzung	Spezif. Widerstand bei 200 C ϱ	Spezif. Leitwert bei 200 C $\varkappa=1/\varrho$	Widerstands- temp. Koeff. zwisch. 200 u. 1000 C $\alpha \times 10^{-3}$	Wärme- leit- fähig- keit	Line- arer Aus- deh- nungs- koeff. $\times 10^{-6}$	Spezif. Wärme	Thermo. EMK gegen Kupfer	Dichte	Schmelzpunkt	Zerreiß- festig- keit	Bruch- deh- nung	Höchste zu- lässige Ge- brauchs- temp.
			$\Omega mm^2/m$	Sm/mm^2	1/grd	cal/cm, s, grd	mm/m, grd	cal/g, grd	µV/grd	g/cm³	°C	kp/mm²	%	°C
	1	2	3	4	5	6	7	8	9	10	11	12	13	14
	1. Eisenfreie Chrom-Nickel-Leg. (NC) 2. Eisenhaltige Chrom-Nickel-Leg. (NCF u. FNC) 3. Chrom-Eisen-Silizium-Leg. (FC) 4. Chrom-Eisen-Aluminium-Leg. (FCA)													
1	Chronin 100; Hawe 105; Cr Ni; Cekas II; NCT 8; 80/20; CN 80; C 0; C 00	20 % Cr 77...80 % Ni 0... 2 % Mn	1,05...1,10	0,95...0,91	0,14	0,04	14	0,105	+14	8,4	1400	70...75	30	1100... 1150
	Ferrochronin; Hawe 110	62 % Ni 15 % Cr 23 % Fe	1,10	0,91	0,15	0,03	13	0,11	—	8,15	1390	70...75	30	1050... 1100
	Cr Ni Fe II; Cekas	63 % Ni, 15 % Cr, 20 % Fe, 2 % Mn	1,12	0,89	0,13	0,03	13	0,11	—	8,25	1390	70...75	30	1050... 1100
	Cr Ni Fe I; CNF 65; NCT 6; Thermochrom	70 % Ni, 20 % Cr, 8 % Fe, 2 % Mn	1,11	0,90	0,10	0,03	14	0,11	—	8,27	1395	65...70	30	1050... 1100
2	B 7 M (Contracid)	60 % Ni, 15 % Cr, 15 % Fe, 7 % Mo, 2 % Mn, 1 % Si	1,16	0,86	0,09	0,03	13	0,11	—	8,35	1365	80	27	1050
	CNE-Leg; NCT 3; Pyrotherm; Cekas 0; Cekas I; Cr Ni „F"	20 % Ni, 25 % Cr, 55 % Fe	0,97	1,03	0,44	0,03	14,5	0,12	—	7,8	≈ 1375	60	45	1000
	Cr Ni Fe III	29 % Ni, 20 % Cr, 48,5 % Fe, 2 % Mn, 0,5 % Si	1,03	0,97	0,35	0,03	—	—	—	7,9	1400	—	—	1000
3	20 % Chrom	17...20 % Cr 0,5...2 % Si	0,75	1,33	1	0,05	11	0,11	—	7,6	1425	60...70	15	900
	30 % Chrom	28...32 % Cr 0,5...1,5 % Si 0,5 % Mn, Rest Fe	0,81	1,23	1	0,05	10	0,11	—	7,6	1470	60...70	15	1000
	Megapyr I	65 % Fe 30 % Cr 5 % Al	1,4	0,715	0,025	0,03	15,5	0,12	—	7,1	1500	80	15	1300... 1350
	Cekas-Extra; CAF-Leg; Perinatherm; Alsichrom	75 % Fe 20 % Cr 5 % Al	1,4	0,715	0,04	0,03	15	0,12	—	7,1	1500	70	18	1300
4	Kanthal A 1	72 % Fe, 20 % Cr 5 % Al, 3 % Co	1,45	0,69	0,06	0,03	17	0,12	—	7,1	1500	80	14	1300
	Sichromal 12; Megapyr II	20 % Fe 3,5 % Al	1,17	0,855	0,04	0,04	15	0,12	—	7,4	1475	65	14	1200
	CRA-Leg	86 % Fe	1,1	0,91	0,07	0,045	13	0,12	—	7,4	1450	65	14	1000
	Sichromal 10; Megapyr III	12 % Cr 2 % Al	0,88	1,135										

3.1 Widerstände

Meterwiderstand der handelsüblichen Widerstandsdrähte (Ω/m) bei mittlerem spez. Widerstand ϱ_m und 20 °C

Blanker Draht		Platin-Rhodium Platin-Silber Zinnfr. Leg.	Hawe 30 Ni III Patentnickel Neusilber	Ni I Nickelin Manganin NBW 87 NBW 173	Isabellin Novokonstan A-Leg. Konstantan NBW 108 Blanca Resistin Rheotan Spezial	NBW 139	Kulmiz Chrom-Eisen-Silizium	Cu-Mn 25% Fe-Ni 30% Kruppin Superior	Eisenhaltige u. eisenfreie Chrom-Nickel Cu-Mn 30%	Chrom-Eisen-Aluminium	Kanthal D Kanthal A	Kanthal A_1	Kupfer Rechnungswert nach DIN 46441	Aluminium
Durchmesser mm	Querschnitt mm²	$\varrho_m=0{,}23$	$\varrho_m=0{,}34$	$\varrho_m=0{,}43$	$\varrho_m=0{,}48$	$\varrho=0{,}57$	$\varrho_m=0{,}76$	$\varrho_m=0{,}85$	$\varrho_m=1{,}073$	$\varrho_m=1{,}25$	$\varrho_m=1{,}37$	$\varrho=1{,}45$	$\varrho=0{,}01754$	$\varrho=0{,}028$
1	2	3	4	5	6	7	8	9	10	11	12	13	14	15
0,03	0,000707	325	481	608	679	806	1075	1200	1520	1770	1935	2050	24,82	39,60
4	0,00126	182,5	250	341	381	452	603	674	853	992	1085	1150	13,96	22,21
5	0,00196	117	173,5	219	245	291	388	433	548	638	699	740	8,94	14,30
6	0,00283	81,3	120,0	152	169,5	202	268,5	300	380	442	484	512	6,21	9,91
7	0,00385	59,7	83,4	111,5	124,7	147	197,5	220,5	279	325	356	376,5	4,56	7,27
8	0,00503	45,7	67,6	85,6	95,5	113	151,0	168,5	214	249	272	288,0	3,49	5,56
9	0,00636	36,1	53,4	67,6	75,5	89,5	119,5	133,5	169	196,5	215	228,0	2,76	4,40
0,10	0,00785	29,3	43,3	54,8	61,2	72,6	96,8	108,1	137	159,5	174,2	184,5	2,23	3,57
1	0,00950	24,2	35,8	45,3	50,5	60,0	80,0	89,5	113	131,5	144,2	152,5	1,846	2,94
2	0,0113	20,4	30,1	38,0	42,5	50,4	67,2	75,2	95,2	110,5	121,2	128,2	1,551	2,48
4	0,0154	14,9	22,05	27,9	31,4	37,0	49,3	55,2	69,8	81,2	89,0	94,2	1,140	1,82
5	0,0177	13,0	19,4	24,3	27,1	32,2	42,9	48,0	60,6	70,6	72,4	82,0	0,993	1,58
6	0,0201	11,4	16,9	21,4	23,9	28,3	37,8	42,3	53,4	62,2	68,2	72,1	0,873	1,39
8	0,0254	9,05	13,4	16,93	18,9	22,4	29,9	33,4	42,3	49,2	54,0	58,1	0,689	1,10
0,20	0,0314	7,33	10,8	13,7	15,3	18,2	24,2	27,1	34,2	39,8	43,6	46,2	0,558	0,89
2	0,0380	6,05	8,95	11,3	12,65	15,0	20,0	22,4	28,3	32,9	36,0	38,1	0,462	0,73
5	0,0491	4,68	6,92	8,76	9,78	11,6	15,45	17,3	21,85	25,4	27,9	29,5	0,357	0,57
8	0,0616	3,73	5,51	6,98	7,80	9,25	12,31	13,8	17,43	20,2	22,2	23,6	0,285	0,45
0,30	0,0707	3,25	4,81	6,08	6,8	8,06	10,75	12,0	15,15	17,5	19,4	20,5	0,248	0,40
2	0,0804	2,86	4,23	5,35	5,97	7,10	9,45	10,055	13,35	15,5	17,0	18,1	0,218	0,35
5	0,0962	2,39	3,53	4,47	4,99	5,92	7,9	8,84	11,15	13,0	14,4	15,1	0,1824	0,29
0,40	0,126	1,82	2,70	3,41	3,81	4,52	6,03	6,74	8,53	9,92	10,9	11,5	0,1396	0,22
5	0,159	1,45	2,14	2,70	3,02	3,58	4,78	5,34	6,75	7,86	8,6	9,1	0,1103	0,18
0,50	0,196	1,17	1,73	2,19	2,45	2,90	3,88	4,33	5,48	6,37	7,0	7,4	0,0894	0,143
0,60	0,283	0,81	1,20	1,51	1,695	2,01	2,685	3,0	3,79	4,42	4,8	5,1	0,0621	0,099
0,70	0,385	0,598	0,884	1,115	1,245	1,48	1,975	2,21	2,79	3,25	3,6	3,75	0,0456	0,073
0,80	0,503	0,456	0,676	0,855	0,955	1,13	1,51	1,69	2,14	2,49	2,72	2,88	0,0349	0,056
0,90	0,636	0,361	0,534	0,675	0,755	0,895	1,195	1,34	1,69	1,965	2,15	2,28	0,0276	0,044
1,0	0,785	0,293	0,433	0,548	0,612	0,726	0,97	1,08	1,37	1,59	1,74	1,85	0,0223	0,036
1	0,9503	0,241	0,357	0,453	0,505	0,600	0,80	0,895	1,13	1,32	1,44	1,53	0,0185	0,029
2	1,13	0,204	0,30	0,380	0,425	0,504	0,673	0,752	0,95	1,105	1,26	1,28	0,016	0,025
4	1,539	0,148	0,218	0,276	0,304	0,366	0,487	0,545	0,69	0,802	0,88	0,93	0,0114	0,018
6	2,011	0,114	0,169	0,214	0,238	0,283	0,378	0,422	0,535	0,622	0,68	0,72	0,0087	0,014
8	2,54	0,090	0,134	0,169	0,189	0,224	0,299	0,334	0,596	0,492	0,54	0,57	0,0069	0,011
2,0	3,14	0,073	0,108	0,137	0,153	0,182	0,242	0,270	0,342	0,398	0,44	0,46	0,0056	0,009
2	3,80	0,060	0,0895	0,113	0,098	0,150	0,20	0,224	0,282	0,329	0,36	0,38	0,0046	0,007
5	4,91	0,047	0,0692	0,0876	0,116	0,0925	0,155	0,173	0,219	0,255	0,28	0,295	0,0036	0,006
8	6,16	0,037	0,0551	0,0698	0,078	0,0806	0,123	0,138	0,174	0,203	0,222	0,235	0,0029	0,005
3,0	7,07	0,032	0,0481	0,0608	0,068	0,0666	0,1075	0,120	0,152	0,177	0,194	0,205	0,0025	0,004
3	8,553	0,027	0,0397	0,0503	0,056	0,0594	0,0888	0,099	0,126	0,146	0,160	0,170	0,0021	0,003
5	9,621	0,024	0,0354	0,0448	0,050	0,0790	0,088	0,112	0,130	0,143	0,152	0,0018	0,0029

C Der Kohleschichtwiderstand

Bei den am häufigsten anzutreffenden Kohleschichtwiderständen sind die Tabellen 9.1 und 9.2 hinsichtlich der möglichen Widerstandswerte und des Farbcode heranzuziehen. Schichtwiderstände teilt man in die vier Klassen 0,5; 2; 5 und 7 ein, wobei diese Zahlen die zulässigen prozentualen Widerstandsänderungen bei Lagerung und Belastung angeben. Widerstände mit der Zahl 0,5 dürfen jedoch nur mit ihrer halben Nennlast betrieben werden. Nachstehende Tabelle gibt eine Übersicht:

Eigenschaften		Klassenzahl			
		0,5	2	5	7
Auslieferungs-toleranz	normal	± 1 %	± 5 %	± 10 %	± 10 %
	ein-geengt		± 2 % ± 1 %	± 5 %	± 5 %
Temperatur-beiwert in $10^{-3}/°C$	bis 1 MΩ	0 bis –0,5	0 bis –1	0 bis –1	0 bis –1,5
	über 1 MΩ	0 bis –0,5	0 bis –1,5	0 bis –1,5	0 bis –2

Schichtwiderstände erreichen bei Dauernennlast, waagerecht frei aufgehängt, eine maximale Oberflächentemperatur von 110 °C (bei 20 °C Raumtemperatur).
Sie können in folgende Güteklassen unterteilt werden:

Klasse 5: normale Elektronikanforderungen sowie Konsumelektronik
Klasse 2: höhere Anforderungen bei kommerziellen Geräten
Klasse 0,5: Präzisions-Kohleschichtwiderstände für die Meßgeräteelektronik sowie Steuerungen

Sie bestehen aus einem Hartporzellankörper als Träger für die Widerstandsschicht. Diese wird als kristalline Grauglanzkohle durch Pyrolyse von Kohlewasserstoffen auf die Trägerkörper homogen aufgebracht. Durch verschiedene Schichtstärken sowie durch Einschleifen eines Wendels in die Kohlebahn ist ein entsprechend genauer Wertebereich sowie Abgleich möglich. Eine Lackschicht schützt die Widerstandsschicht. Nennwerte sind von 1 Ω ... 22 MΩ als Standardausführung möglich. Der Temperaturkoeffizient ist negativ. Auffallend ist, daß dieser bis zu Werten von ≈ 10 kΩ nahezu konstant verläuft. Siehe dazu die *Abb. 3.1.1-4*. Kohleschichtwiderstände erzeugen eine Rauschspannung, die je nach Ausführung des Widerstandes zwischen

0,1 µV · V^{-1} (50 Ω) ... 5 µV · V^{-1} (1 mΩ) liegt.
(1 kΩ ≈ 0,3 µV · V^{-1}; 10 kΩ ≈ 0,75 µV · V^{-1}; 100 kΩ ≈ 1,5 µV · V^{-1})

Dabei wird der Stromrauschindex A_1 – Mikrovolt pro Volt einer Frequenzdekade – in dB angegeben. Er ist:

$$A_1 = 20 \cdot \log \frac{U_R}{U} \quad [dB] \quad U = \text{angelegte Gleichspannung}$$

3.1 Widerstände

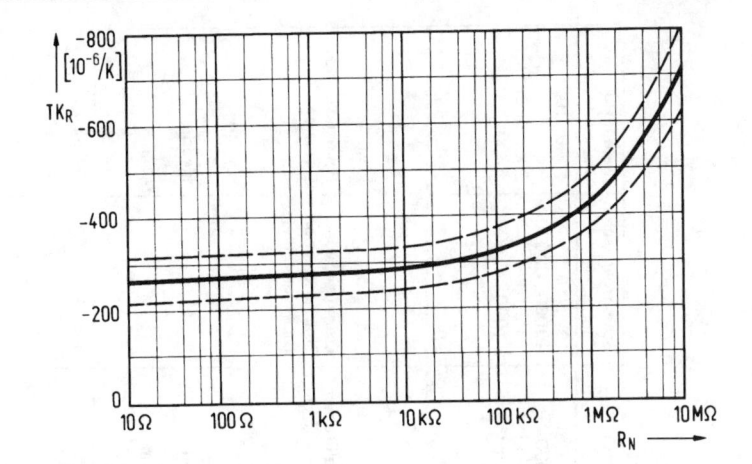

Abb. 3.1.1-4

D Der Metalloxidwiderstand

Metalloxidwiderstände sind im Aufbau denen der Kohleschichtwiderstände ähnlich. Ihr TK-Wert liegt bei ± 200...± 400 ppm °C^{-1}, ähnlich der Abb. 3.1.1-4. Die Rauschspannung ist gegenüber dem Kohleschichtwiderstand etwas geringer.

E Metallschicht- und Filmwiderstände

Diese werden aufgrund ihrer hohen Stabilität, ihrem geringen Temperaturkoeffizienten und genau produzierbaren Toleranzen vorwiegend in der Meß- und Steuertechnik eingesetzt. Neuartige Herstellverfahren erlauben die Aufbringung planer Metallfilme, die nach dem Fotoätzverfahren linienförmig gewendelt werden. Es entsteht so eine mäanderförmige Widerstandsbahn. Dieses erlaubt einen genauen Abgleich, besser als 0,01 %. Der Temperaturkoeffizient dieser Widerstände liegt innerhalb ± 7 · 10^{-6} · °C^{-1}. Sie weisen aufgrund ihrer mäanderförmigen Konstruktion ein gutes Hochfrequenzverhalten auf. Sie haben ein geringes Rauschen und werden in der E 96-Reihe geliefert. Der Temperaturkoeffizient für Normalausführung liegt bei ± 25 ppm °C^{-1}. Rauschspannungen werden mit kleiner als 0,2 μV · V^{-1} für $R_N \leq$ 100 kΩ angegeben. So z. B. 0,05 μV · V^{-1} bei R $\leq$ 10 kΩ. Für die Angaben des TK wird auch der Farbcode als letzter (6.) Streifen wie folgt benutzt:
braun: ±100 · 10^{-6} · °C^{-1}; rot: ±50 · 10^{-6} · °C^{-1}; gelb: ±25 · 10^{-6} · °C^{-1}.

Metallschichtwiderstände

Toleranz (MIL) bei Aufdruck
B = ±0,1 %
C = ±0,25 %
D = ±0,5 %
E = ±0,75 %
F = ±1,0 %
G = ±2,0 %
I = ±5 %
K = ±10 %
M = ±20 %

3 Elektronische Bauelemente

F Übersicht der technischen Eigenschaften

Eigenschaften von Schichtwiderständen (Siemens)

		Kohle C	Metall Cr/Ni	Edelmetall Au/Pt	Schichtgemisch C in Lack	Metalloxid SnO_2
spez. Widerstand	$\Omega \cdot cm$	$3000 \cdot 10^{-6}$	$\approx 100 \cdot 10^{-6}$	$\approx 40 \cdot 10^{-6}$	$10^{-2}...10^{+2}$	$1000 \cdot 10^{-6}$
Schichtdicke	10^{-9} m	10...30000	10...100	10...1000	10000...30000	
Flächenwiderstand	Ω	1...5000	20...1000	0,5...100	$10^3...10^7$	20...1000
Temperaturkoeffizient	ppm/K	−200...−800 (abhängig von $R_\square$)	±100, ±50	+250...+350	−1000...−3000	±300
maximale Schichttemperatur $\vartheta_s \triangleq \vartheta_0$ für Langzeitbetrieb	°C	125	175	155	90	155...250[1]
Drift nach 10^4 h Lagerung bzw. bei Belastung auf $\vartheta_0 = 125°C$, $\Delta R/R$ am Beispiel 10 kΩ nach Norm zulässig Istwerte bei Siemens-Widerständen (Mittel) Ursache der Langzeitdriften	% % %	−1...+3 −0,5...+0,5[2] Oxidation	−0,5...+1 +0,2[2] Oxidation Rekristallisation	−0,5 Rekristallisation		±2 Rekristallisation, Diffusion
relative Impulsbelastbarkeit kurzzeitig mit extremen Impulsenergien (bezogen auf Kohleschicht = 100)	%	100	10...20	5...10		20...40
Stromrauschen (abhängig von Widerstandswert und Baugröße)		klein	sehr klein	sehr klein	hoch	niedrig
Nichtlinearität (abhängig von Widerstandswert und Baugröße)		klein	sehr klein	sehr klein		klein
differentielle Thermospannung bei thermisch unsymmetrischem Einbau	μV/K	1...3	3...5	10...15		20...30
DIN-Normen		44052 44055[5] 44053[3]	44061		44054	44063
MIL-Vorschriften		39008 A[2]	10509[4] 55182[4]			
Siemens-Bauformen		B 51 xxx B 55 xxx	B 543 xx	B 544 xx B 54611	B 53 xxx	(B 545 xx)

[1]) Die maximale Betriebstemperatur ist hier insbesondere von der Umhüllung des Widerstandes abhängig
[2]) für die kappenlosen Siemens-Bauformen Größe 0207 und 0309
[3]) für Meßwiderstände (Karbowide)
[4]) für die umpreßten Ausführungen
[5]) für kappenlose Karbowide

Änderungen des Widerstandswerts

Reversible Wertänderungen beim Betrieb der Widerstände resultieren vor allem aus der Abhängigkeit des spezifischen Widerstands von der Schichttemperatur T. Sie lassen sich aus den Temperaturkoeffizienten α_R errechnen:

$$\frac{\Delta R}{R} = \alpha_R \cdot \Delta T$$

Kohleschichtwiderstände liegen mit ihrem α_R zwischen $-200 \cdot 10^{-6}/K$ bei niederohmigen Schichten und $-1200 \cdot 10^{-6}/K$ bei hochohmigen Schichten.

Metallschichtwiderstände (Cr/Ni) werden mit Temperaturkoeffizienten bis $\alpha_R = \pm 15 \cdot 10^{-6}/K$ geliefert.

Bei Kohle- und Metallschichtwiderständen ist α_R eine Funktion der Temperatur. Mit abnehmender Temperatur wird α_R negativer.

Edelmetallschichtwiderstände haben ein nahezu lineares, d. h. nicht temperaturabhängiges α_R von $+200 \cdot 10^{-6}/K$ bis $+350 \cdot 10^{-6}/K$, wobei α_R eine Funktion des Flächenwiderstandes $R_\square$ ist.

Kohlegemisch-Schichtwiderstände zeigen vom Flächenwiderstand abhängige Temperaturkoeffizienten zwischen $-1000 \cdot 10^{-6}/K$ und $-3000 \cdot 10^{-6}/K$. Sie weisen weitere reversible Wertänderungen auf infolge der Abhängigkeit ihres Widerstandswerts von der relativen Luftfeuchte. Bei sehr hohen Widerstandswerten und Feuchteschwankungen zwischen 40 % und 80 % rel. Feuchte können die Wertänderungen einige Prozent betragen.

3.1.2 Grundlagen der Widerstandsberechnungen in Schaltungen

Hier wird auf die Darlegung in den Abschnitten 1.3, 1.4 hingewiesen, so daß an dieser Stelle nur spezielle Ergänzungen und Kurzfassungen für das Arbeiten mit ohmschen Widerständen erforderlich werden.

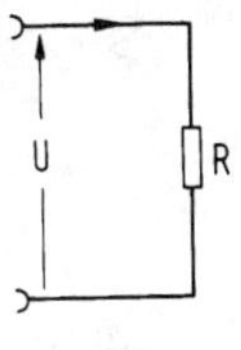

Abb. 3.1.2-1a

A Ohmsches Gesetz – Widerstandsberechnung

Nach *Abb. 3.1.2-1a* ist

Widerstand: $I = \dfrac{U}{R}$; $\quad U = I \cdot R \quad\quad R = \dfrac{U}{I} \quad\quad [V; \Omega; A;]$

Leistung: $P = U \cdot I \quad\quad P = I^2 \cdot R; \quad\quad P = \dfrac{U^2}{R} \quad\quad [VA; \Omega; A; V]$

Für Parallel- und Serienschaltung wird auf die Kapitel 1.3 und 1.4 hingewiesen. In dem Nomogramm *3.1.2-2* ist die Strombelastbarkeit von Widerständen dargestellt.

B Leitwert

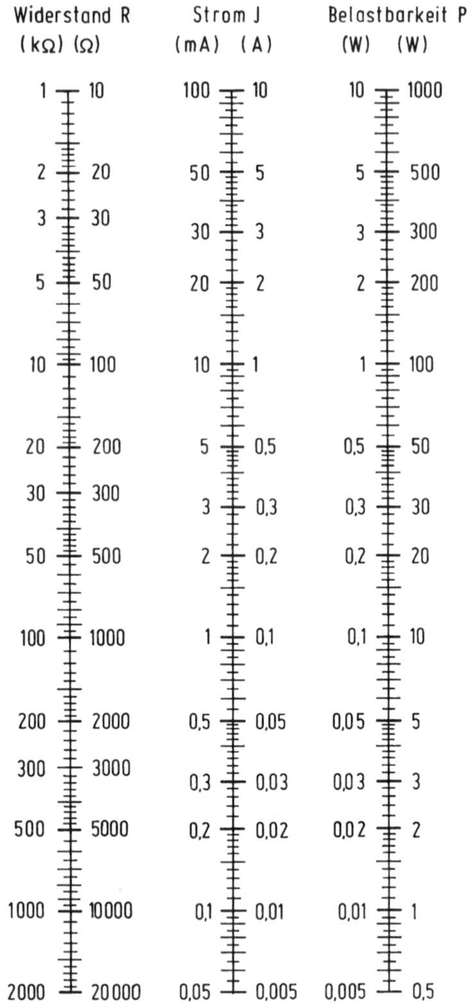

Der Kehrwert des Widerstandes wird als sein Leitwert – G – Dimension Siemens [S] – bezeichnet. Somit ist:

$$G = \frac{1}{R} \quad [\Omega; S]$$

Abb. 3.1.2-2

Widerstand R (kΩ) (Ω)	Strom J (mA) (A)	Belastbarkeit P (W) (W)
1 — 10	100 — 10	10 — 1000
2 — 20	50 — 5	5 — 500
3 — 30	30 — 3	3 — 300
5 — 50	20 — 2	2 — 200
10 — 100	10 — 1	1 — 100
20 — 200	5 — 0,5	0,5 — 50
30 — 300	3 — 0,3	0,3 — 30
50 — 500	2 — 0,2	0,2 — 20
100 — 1000	1 — 0,1	0,1 — 10
200 — 2000	0,5 — 0,05	0,05 — 5
300 — 3000	0,3 — 0,03	0,03 — 3
500 — 5000	0,2 — 0,02	0,02 — 2
1000 — 10000	0,1 — 0,01	0,01 — 1
2000 — 20000	0,05 — 0,005	0,005 — 0,5

C Leitfähigkeit

In Ergänzung dazu wird die Leitfähigkeit in γ oder $\varkappa \left[\dfrac{m}{\Omega \cdot mm^2}\right]$ dargestellt und der spezifische Widerstand eines Stoffes ϱ ind $\left[\dfrac{\Omega \cdot mm^2}{m}\right]$. Es ist

$$\gamma = \frac{1}{\varrho} \quad \text{mit} \quad \gamma \left[\frac{m}{\Omega \cdot mm^2} = \frac{S \cdot m}{mm^2}\right] \quad \text{und}$$

$$\varsigma\left[\frac{\Omega \cdot mm^2}{m} = \frac{mm^2}{S \cdot m}\right] \quad \text{ist} \quad R = \frac{\ell \cdot \varsigma}{A} \quad \begin{array}{l} R\,[\Omega] \\ \ell\,[m] \\ A\,[mm^2] \end{array}$$

D Leitungswiderstand

Somit ergibt sich der Widerstand eines Leiters (Leitungswiderstand) zu

$$R = \frac{1}{\gamma \cdot A} = \frac{\varsigma \cdot \ell}{A} \qquad \text{[R in } \Omega; \ell \text{ (Länge des Leiters) m];}$$
(ς, A und γ bzw. א siehe oben)

E Temperaturkoeffizient

Für den Temperaturbeiwert (Temperaturkoeffizienten) sind folgende Darlegungen wichtig (siehe dazu auch die Tabellen in Kap. 3.1.1):

$$\Delta R = \varsigma \cdot R_K \cdot \Delta t \qquad R_W = R_K\,(1 + \varphi \cdot \Delta t)$$

R_W = Warmwiderstand [Ω]
R_K = Kaltwiderstand (20°) [Ω]
ΔR = Widerstandsänderung in [Ω]
φ = Temperaturkoeffizient in ppm $\cdot$ °C^{-1}
       oder $\varphi \cdot 10^{-6} \cdot$ °C^{-1} (Tabellenwert F3)
Δt = Temperaturänderung °C

In der *Abb. 3.1.2-3* ist der Wert α für Kohleschichtwiderstände gezeigt.

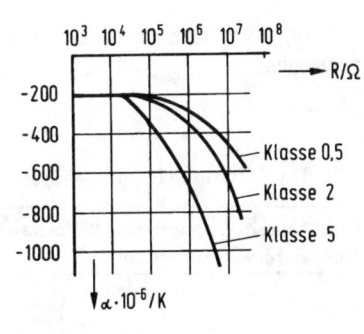

Abb. 3.1.2-3

F Kombination von Widerständen mit unterschiedlichen Temperaturkoeffizienten

Reihenschaltung nach Abb. 3.1.2-3b

$$\varphi = \frac{\varphi_1 \cdot R_1 + \varphi_2 \cdot R_2}{R_1 + R_2}$$

φ = resultierender Temperaturkoeffizient
φ_1, φ_2 = Temperaturkoeffizient des betreffenden Widerstandes
R = Gesamtwiderstand

zu Abb. b): Für die vollständige Temperaturkompensation wird:
$\varphi_1 \cdot R_1 + \varphi_2 \cdot R_2 = 0$; daraus ergibt sich

$$R_2 = \frac{R \cdot \varphi_1}{\varphi_1 - \varphi_2} \quad \text{sowie} \quad R_1 = R - R_2$$

Abb. 3.1.2-3b

3 Elektronische Bauelemente

Parallelschaltung nach Abb. 3.1.2-1c

$$\varphi = \frac{\varphi_2 \cdot R_1 + \varphi_1 \cdot R_2}{R_1 + R_2}$$

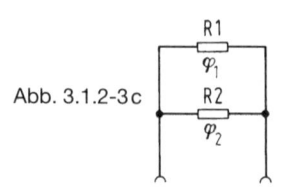

Abb. 3.1.2-3c

zu Abb. c): Für die vollständige Temperaturkompensation wird:
$\varphi_1 \cdot R_2 + \varphi_2 \cdot R_1 = 0$; daraus ergibt sich

$$R_2 = R \cdot \frac{\varphi_1 - \varphi_2}{\varphi_1} \quad \text{sowie} \quad R_1 = \frac{R \cdot R_2}{R_2 - R}$$

Bei den Kombinationen ist zu berücksichtigen, daß Kohleschichtwiderstände bei steigender Temperatur einen negativen TK und metallische Widerstände einen positiven TK aufweisen. Die genauen TK-Werte sind den Herstellerdaten zu entnehmen.
Die prozentuale Widerstandsänderung ergibt sich aus:

$$\Delta R \, [\%] = \frac{R_W - R_K}{R_K} \cdot 100 = \varphi \cdot \Delta t \cdot 100 \, [\%] \quad \text{mit } \Delta t \text{ als } t_W - t_K \quad \begin{array}{l} t_W = \text{Warmtemperatur} \\ t_K = \text{Kalttemperatur} \end{array}$$

Die folgenden Tabellen geben einen Überblick über gebräuchliche Werte bei Widerstandsberechnung:

Tabelle (Leitfähigkeit, spez. Widerstand und Temperaturkoeffizient)

Leitfähigkeit γ, spezifischer Widerstand ς, Temperaturwert φ (bei 20°C)

Stoff	γ in $\frac{m}{\Omega \, mm^2}$	ς in $\frac{\Omega \, mm^2}{m}$	φ in $\frac{1}{K}$
a) Reine Metalle			
Aluminium	41,7	0,024	0,0043
Antimon	2,59	0,386	0,0051
Blei	5,32	0,188	0,0040
Chrom	38,1	0,026	
Eisen	10,0	0,10	0,0056
Gold	50,0	0,020	0,020
Kupfer	62,5	0,016	0,0043
Magnesium	21,7	0,046	0,0044
Nickel	16,4	0,061	0,0069
Platin	10,2	0,098	0,0039
Quecksilber	1,04	0,958	0,9
Silber	66,6	0,015	0,0041
Wismut (WM 120)	0,83	1,2	0,0044
Wolfram	20,4	0,049	0,0048
Zink	20,8	0,048	0,0041
Zinn	10,0	0,10	0,0046

Leitfähigkeit γ, spezifischer Widerstand ς,
Temperaturwert φ (bei 20°C)

Stoff	γ in $\dfrac{m}{\Omega\,mm^2}$	ς in $\dfrac{\Omega\,mm^2}{m}$	φ in $\dfrac{1}{K}$
b) Legierungen			
Aldrey	30,0	0,033	0,0036
Bronze	5,56	0,18	0,0005
Konstantan (WM 50)	2,0	0,50	± 0,00001
Kruppin	1,19	0,84	0,0008
Manganin	2,32	0,43	0,00001
Megapyr (WM 140)	0,72	1,4	0,00003
Messing	15,9	0,063	0,0016
Neusilber (WM 30)	3,33	0,30	0,00035
Nickel-Chrom	0,92	1,09	0,00004
Nickelin (WM 43)	2,32	0,43	0,00023
Platinrhodium	5,0	0,20	0,0017
Stahldraht (WM 13)	7,7	0,13	0,0048
Wood-Metall	1,85	0,54	0,0024
c) Sonstige Leiter			
Graphit	0,046	22	− 0,0013
Kohlenstifte homog.	0,015	65	
Retortengraphit	0,014	70	− 0,0004
Silit (SiC)	0,001	1000	

d) *Flüssigkeiten* (Mittelwerte bei 18°C)

	%[1])	$\gamma\left(\dfrac{S\cdot cm}{cm^2}\right)$	$\delta\left(\dfrac{\Omega\cdot cm^2}{cm}\right)$	$\varphi\left(\dfrac{1}{K}\right)$
Kalilauge	5	0,24	4,2	− 0,02
KOH	10	0,38	2,6	− 0,02
	20	0,42	2,4	− 0,02
Kochsalzlösung	5	0,067	14,5	− 0,02
NaCl	10	0,121	8,27	− 0,02
Kupfersulfat	5	0,019	52,5	− 0,02
$CuSO_4$	10	0,032	31,3	− 0,02
Natronlauge	5	0,198	5,1	− 0,02
NaOH	10	0,314	3,19	− 0,02
Salmiak	5	0,092	10,9	− 0,02
NH_4Cl	10	0,178	5,61	− 0,02
	20	0,335	2,98	− 0,02
Salzsäure	5	0,394	2,54	− 0,02
HCl	10	0,630	1,59	− 0,02
Schwefelsäure	5	0,913	5,18	− 0,02
H_2SO_4	10	0,366	2,74	− 0,02
	20	0,601	1,67	− 0,02
Zinksulfat	5	0,019	52,5	− 0,02
$ZnSO_4$	10	0,032	31,3	− 0,02
	20	0,047	21,7	− 0,02

[1]) Gehalt der Lösung in Gewichtsprozenten

3 Elektronische Bauelemente

G Darstellung von Widerstandsgrößen einer Schaltung im Nomogramm

Als Übersicht über das Verhalten von Schaltungen wird häufig das Nomogramm als grafische Darstellung benutzt. Dabei sei bereits auf die Darstellung des Ohmschen Gesetzes mit den Leistungsgrößen in Kap. 1.4.1 mit seinen Nomogrammen hingewiesen. Die Möglichkeit der grafischen Abbildung des Widerstands- und des Leistungsverlaufes zeigt *Abb. 3.1.2-4a*. Ebenfalls sind dort verschiedene Widerstandsgeraden gezeigt. Für die Anwendung bei aktiven Bauteilen ist der Verlauf von Leistungshyperbel sowie der verschiedener Arbeitswiderstände R_C in *Abb. 3.1.2-4b* gezeigt. Die dort abgebildeten Widerstandsgeraden ergeben sich jeweils aus dem Extremwert $U_C = U_B$ ($I_C = 0$),

sowie für $U_C = 0$ mit $I_C = \dfrac{U_B}{R_C}$. Für die Leistungshyperbel ist $P_T = U_C \cdot I_C$.

H Klirrdämpfung A_3

Abhängig vom Widerstandstyp weisen diese eine Nichtlinearität der Strom-Spannungs-Kennlinie auf. Durch die Krümmung der Kennlinien tritt beim Anlegen einer Sinusspannung eine Stromverzerrung auf, die zu Oberwellenbildung führt. Die Klirrdämpfung A_3 der Grundwelle U_1 zu der dritten Harmonischen U_3 wird definiert als

$$A_3 = 20 \cdot \log \frac{U_1}{U_3} \quad [dB]$$

Der Wert A_3 beträgt bei Metallschichtwiderständen bis ≈ 20 kΩ ca. 130 dB und bei 1 M$\Omega \approx$ 80 dB. Für Kohleschichtwiderstände gilt annähernd bei 20 kΩ um 110 dB und bei 1 $\approx$ 80 dB. Genaue Werte sind den Herstellerdaten zu entnehmen, wenn für hochwertige Anlagen diese Größe berücksichtigt werden muß. Messung nach DIN 44049-II.

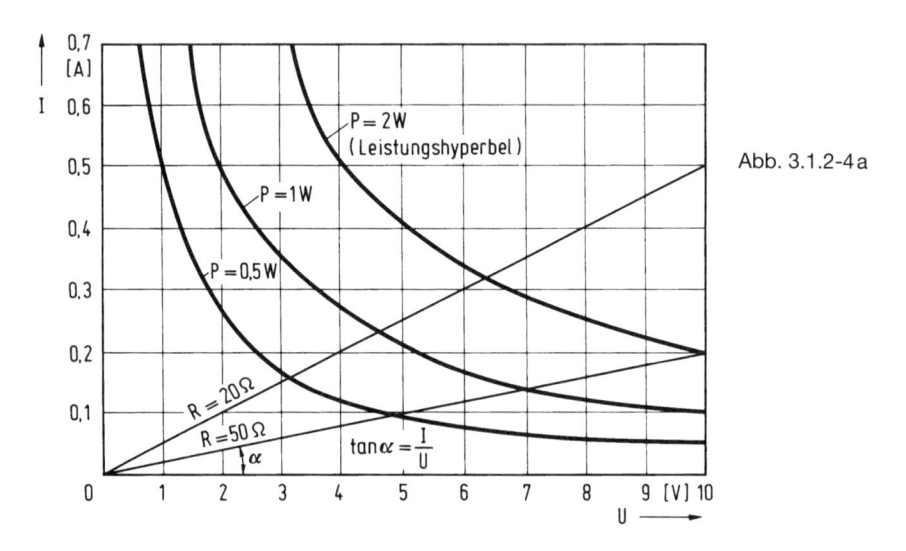

Abb. 3.1.2-4a

Abb. 3.1.2-4b

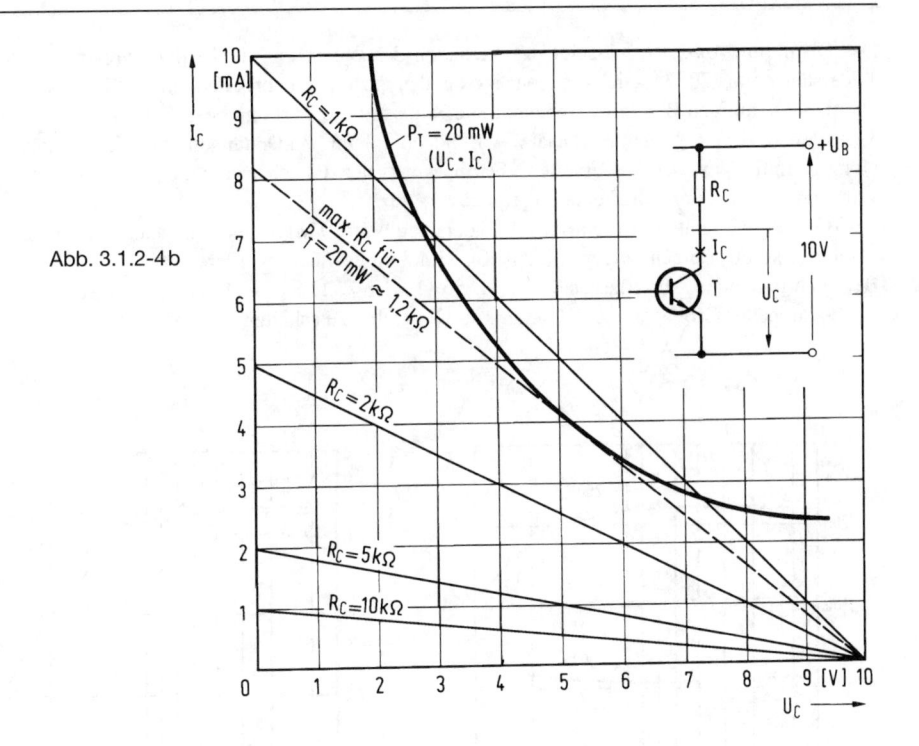

I Hochfrequenzverhalten

Für Hochfrequenzanwendungen werden ungewendelte Kohleschichtwiderstände benutzt. In Sonderfällen Metallschichtwiderstände, deren HF-Verhalten in manchen Fällen kritischer ist.
Skineffekte können unberücksichtigt bleiben, ebenso liegt die Eindringtiefe weit geringer, als die Schichtdicke stark ist. Das hochfrequente Ersatzschaltbild ist der *Abb. 3.1.2-5* zu entnehmen.
Gut brauchbare Kohleschichtwiderstände weisen einen Imaginärteil nach *Abb. 3.1.2-6* auf. Danach ist bei Werten ab ca. 200 Ω die kapazitive Komponente überwiegend. Lediglich im Bereich bis ca. 200 Ω erhält der Realteil einen induktiven Imaginärteil.
Wie Messungen zeigen, ist das induktive – oder kapazitive – Verhalten auch noch von der Baugröße und der Meßfrequenz abhängig. In der Praxis hat sich bei Messungen gezeigt, daß 1/4-Watt-Widerstände solchen von 1/2- oder 1/8-Watt überlegen sind.

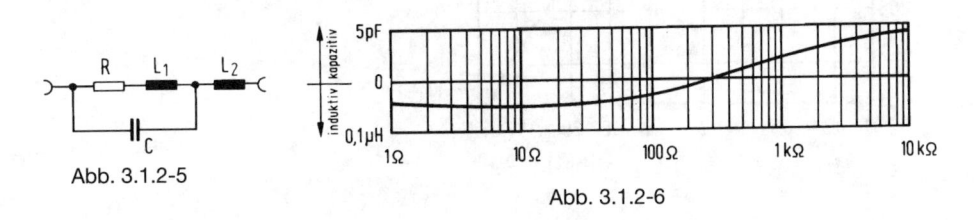

Abb. 3.1.2-5

Abb. 3.1.2-6

Das Diagramm *Abb. 3.1.2-7* zeigt das Verhalten der Wirk-(Rw-) und Blindkomponenten von Widerständen bis 200 Ω. Die Angaben sind bei den einzelnen Fabrikaten unterschiedlich.
Da im hochohmigen Bereich vorwiegend die Kapazität die Wirkung beeinflußt, lassen sich das Verhalten und der geplante Einsatz von hochohmigen Widerständen aus dem folgenden Nomogramm *Abb. 3.1.2-8* ableiten. Darin ist R der Gleichstromwiderstand und R' die Wirkimpedanz bei der betreffenden Frequenz.
Als Beispiel mag gelten, daß ein 1-MΩ-Widerstand bei 100 MHz eine Impedanz von ca. 1...10 kΩ aufweist. Für Berechnungen soll auf Kap. 1.4.3 hingewiesen werden.
Bei hochfrequenten Abschlüssen von z. B. 50 Ω oder 75 Ω ist es oftmals günstiger, 2 Widerstände doppelter Größe, also 100 Ω oder 150 Ω, parallel zu schalten.

Abb. 3.1.2-7

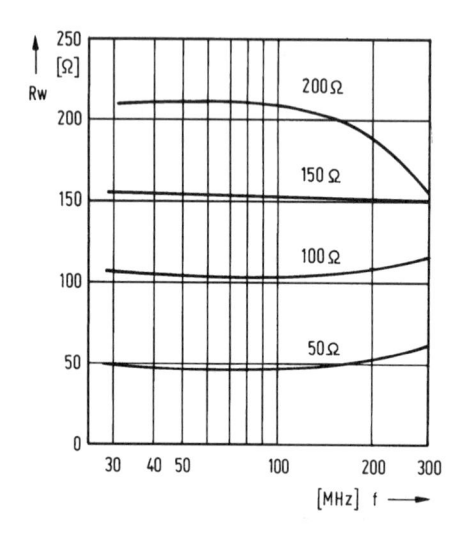

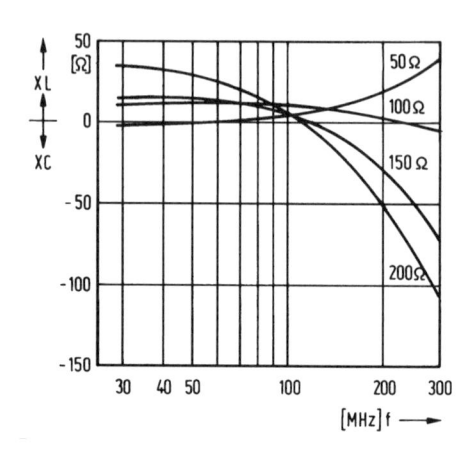

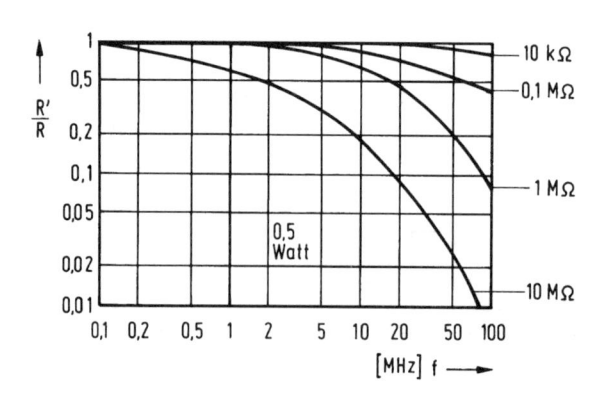

Abb. 3.1.2-8

3.1 Widerstände

Der typische Impedanzverlauf von Widerständen < 300 Ω sowie > 1 kΩ ist in dem Kurvenverlauf der *Abb. 3.1.2-9* zu sehen. Für eine Impedanzänderung von ≦ 10 % ist für

R < 300 Ω $\quad f_0 \approx \dfrac{7 \cdot R}{L}$ [MHz; Ω; nH], sowie für R > 1kΩ $\quad f_u \approx \dfrac{0{,}07}{R \cdot C}$ [MHz; MΩ; pF].

Abb. 3.1.2-9

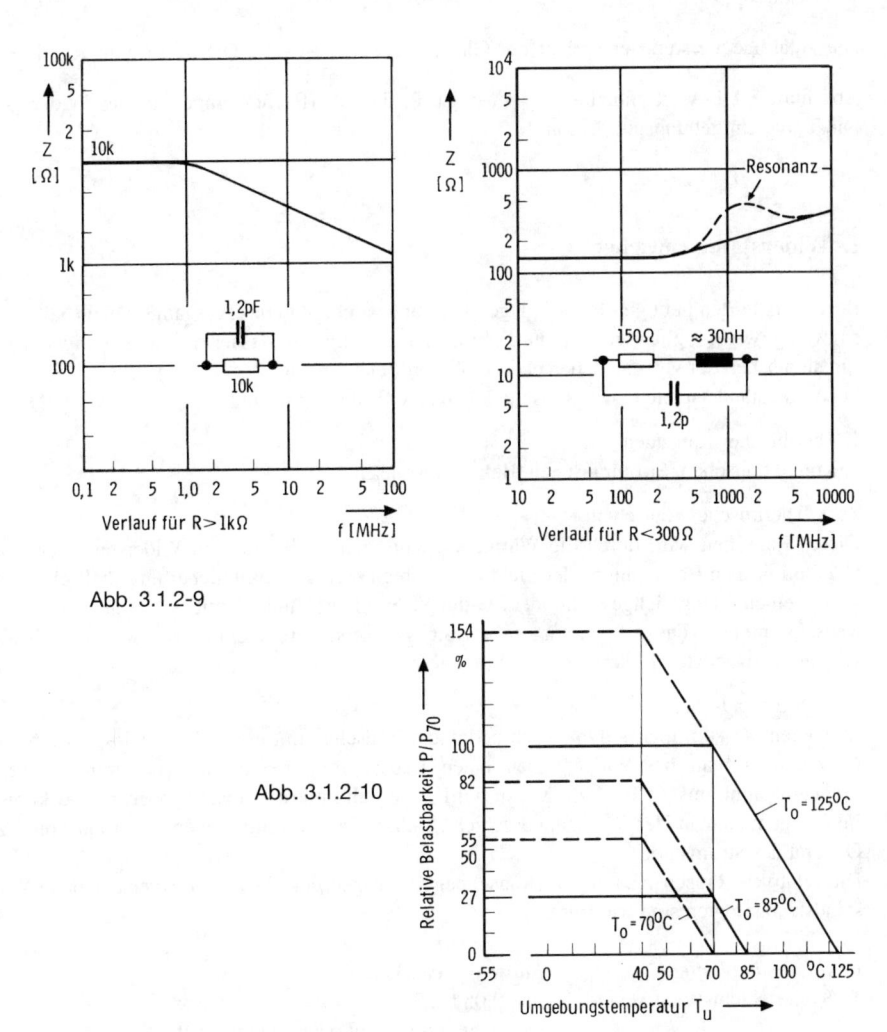

Abb. 3.1.2-10

K Derating und Uprating; Belastbarkeit

Die spezifizierten Belastbarkeiten von Widerständen werden in der Regel auf eine Umgebungstemperatur von 70 °C bezogen. Höhere Umgebungstemperaturen führen zu einer Verminderung der maximalen Belastbarkeit, niedrige Umgebungstemperaturen können eine höhere Belastung möglich machen.

Dieser Sachverhalt wird durch sogenannte Derating-Kurven dargestellt, die angeben, wie sich die maximale Belastbarkeit mit wachsender Umgebungstemperatur vermindert. Als Beispiel

sei in *Abb. 3.1.2-10* die Derating-Kurve für Kohleschicht-Widerstände nach DIN 44052 angegeben.
In diesem Diagramm wird eine maximal zulässige Oberflächentemperatur von 125 °C zugrunde gelegt. Erreicht die Umgebungstemperatur diesen Wert, dann ist keine elektrische Belastung mehr zulässig.

Die zulässige Leistung entspricht der Gleichung $P = \dfrac{T_0 - T_u}{R_{th}}$. Die Werte von R_{th} sind dem Abschnitt 3.1.1-A zu entnehmen. Weiter ist T_0 die Oberflächentemperatur des Widerstandes und T_u die Umgebungstemperatur.

L Widerstandsrauschen

Besonders in den heutigen HiFi-Anlagen wird angestrebt, daß das Ausgangssignal (Nutzsignal) so wenig wie möglich gestört wird. Eine der wichtigsten Ursachen für Störungen ist das Eigenrauschen der verschiedenen elektronischen Bauelemente.
Für Widerstände spielen zwei Rauschquellen eine Rolle. Diese sind:

1. Thermisches Rauschen,
2. Kontaktrauschen, Stromrauschen, Belastungsrauschen.

Zu 1. Thermisches Rauschen:
Dieses Rauschen wird durch die Wärmebewegung der Elektronen im Widerstand verursacht. Die thermischen Bewegungen der Elektronen führen – als grundsätzlicher physikalischer Effekt – zu einem Ungleichgewicht der Ladungsverteilung und damit zu einer bestimmten Rauschspannung. Diese Spannung steigt mit wachsender Temperatur an. Sie ist unabhängig von den verwendeten Materialien und von der Stromstärke.

Zu 2. Stromrauschen:
Im Gegensatz zum thermodynamisch bedingten Rauschen mit einem Frequenzspektrum von 0 bis ∞ kann man bei Widerständen einen Rauscheffekt beobachten, der mit wachsender Frequenz abnimmt (z. B. $1/f$). Meist wird er durch mikroskopische oder makroskopische Inhomogenitäten in der Widerstandsschicht erklärt. Das Stromrauschen ist proportional zum Quadrat der Stromstärke.
Die relativen Rauschspannungen (Rauschpegel), ausgedrückt in μV/V, für verschiedene Widerstandstechnologien sind wie folgt:

Bauart/Technologie	*Rauschpegel μV/V*
1. Kohleschicht-Widerstände	von 0,05 bis 3
	Der Pegel nimmt mit wachsendem *R*-Wert zu; bei abnehmender Schichtdicke fallen Inhomogenitäten stärker ins Gewicht
2. Metallschicht-Widerstände	von 0,01 bis 0,2
3. Metalloxid-Widerstände	$\leq 0{,}2$
4. Metallglasur-Widerstände	von 0,1 bis 2,5
5. Kohlemasse-Widerstände	von 0,1 bis 3
6. Draht-Widerstände	vernachlässigbar klein

Berechnungen von Rauschspannungen sind im Kap. 1.4.9 enthalten und können dem Nomogramm *3.1.2-11* entnommen werden.

Rausch-Urspannung eines Widerstandes

$U_r^2 = 4\,kTR\,\Delta f$
$k\ = $ Boltzmann-Konstante $= 1{,}38 \cdot 10^{-23}$ Ws/°K
$T\ = $ Temperatur in °K $=$ Temperatur in °C $+ 237$
$R\ = $ Widerstand in Ω
$\Delta f = $ Bandbreite in Hz

angenähert gilt bei 20 °C: $U_r \approx 0{,}13\,\sqrt{R \cdot \Delta f}$ in μV, kΩ, kHz

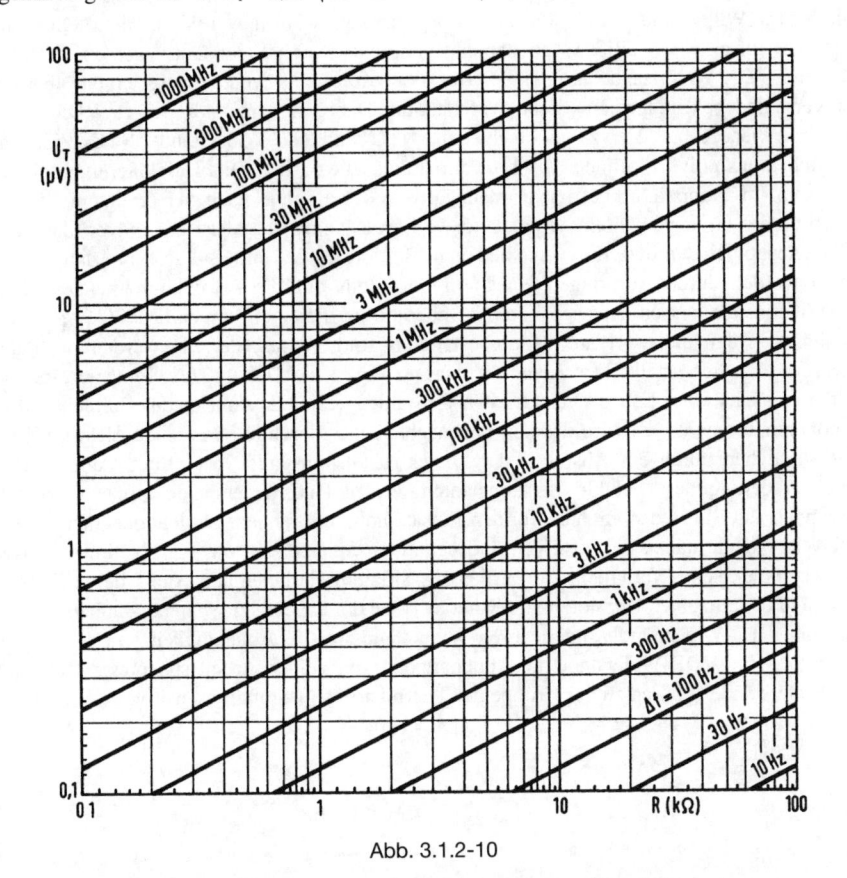

Abb. 3.1.2-10

3.2 Nichtlineare Widerstände (NTC – PTC – VDR)

Nichtlineare Widerstände sind solche, deren Spannungs-Strom-Verhältnis dem Ohmschen Gesetz nur für einen jeweiligen Arbeitspunkt gehorcht. Diese Widerstände werden als NTC-, PTC- und VDR-Widerstände bezeichnet. Das Foto *Abb. 3.2-1a* und *b* zeigt einen Überblick über verschiedene Bauformen dieser Widerstände. Dabei sind in Abb. 3.2-1a VDR-Widerstände zu sehen, Abb. 3.2-1b zeigt verschiedene NTC- und PTC-Widerstände. NTC-Widerstände bestehen aus polykristallinen Mischoxydkristallen, die z. T. bereits Halbleitereigenschaften aufweisen. Ihr Temperaturkoeffizient ist negativ und beträgt je nach verwendetem Material 2,5...6 % pro Grad von ihrem Widerstandswert. Ausgangsmaterial ist ein Pulver, das durch entsprechende Bindemittel die verschiedenen Bauformen mittels Pressen erlaubt. Perlformen werden durch Aufbringen eines Pulvertropfens auf die Anschlußdrähte hergestellt. PTC-Widerstände weisen einen positiven Temperaturkoeffizienten von ca. 5...70 % pro Grad von ihrem Widerstandswert auf. Hauptbestandteil sind Titanoxyde. Sie werden nach dem Sinterverfahren hergestellt. Der Kennlinienverlauf ergibt sich im unteren Temperaturbereich (Kaltleitung) aus einer hohen Dielektrizitätskonstanten verbunden mit einem Halbleitereffekt. Bei höheren Temperaturen wird der Leitungsmechanismus durch frei werdende Elektronen und im wesentlichen durch ein Absinken der Dielektrizitätskonstanten beeinflußt. Aufgrund der starken Änderung der Dielektrizitätskonstanten weisen PTC-Widerstände große Kapazitätsänderungen auf. Sie sind somit auch für den Einsatz höherer Frequenzen nicht geeignet.
VDR-Widerstände haben bei positiven und negativen Spannungen ein vom Nullpunkt ausgehendes symmetrisches Verhalten. Sie werden aus Silizium-Karbiden hergestellt, deren Kontaktwiderstand der einzelnen Karbidteilchen von der Höhe der angelegten Spannung abhängt.
NTC- und PTC-Widerstände ändern ihren Widerstandswert in Abhängigkeit von der Körpertemperatur. Ein VDR-Widerstand in Abhängigkeit von seiner Arbeitsspannung. PTC- und NTC-Widerstände gehören zu der Gruppe der Thermistoren (Thermally sensitive resistors).

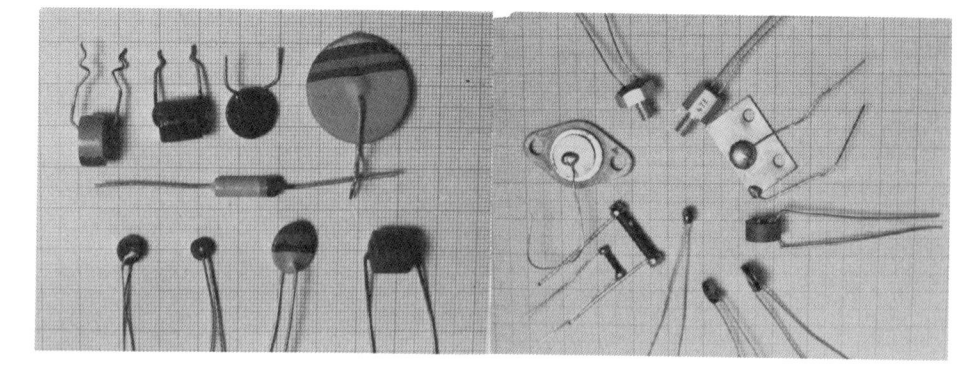

Abb. 3.2-1a   Abb. 3.2-1b

NTC – Negative Temperature Coefficient – Heißleiter
PTC – Positive Temperature Coefficient – Kaltleiter
VDR – Voltage Dependent Resistor – Varistoren

A Bauformen

In dem Foto Abb. 3.2-1b sind bereits verschiedene Bauformen zu erkennen. So kann im wesentlichen unterschieden werden zwischen:
a) Miniatur-Perl-Widerständen, oft im Glasgehäuse als Schutz;
b) scheibenförmigen Widerständen mit/ohne Anschlußdrähte bei angesinterter, lötfähiger Fläche zum Einlöten, Anlöten oder durch Preßkontakt;
c) stabförmigen Widerständen mit achsialem Anschluß;
d) Widerständen mit Schraubdorn im Metallgehäuse;
e) Widerständen auf eine Metallfläche montiert zur besseren Wärmekontaktierung.

Die *Abb. 3.2-2* zeigt die Kennlinien von NTC-, PTC- und VDR-Widerständen als Prinzip.

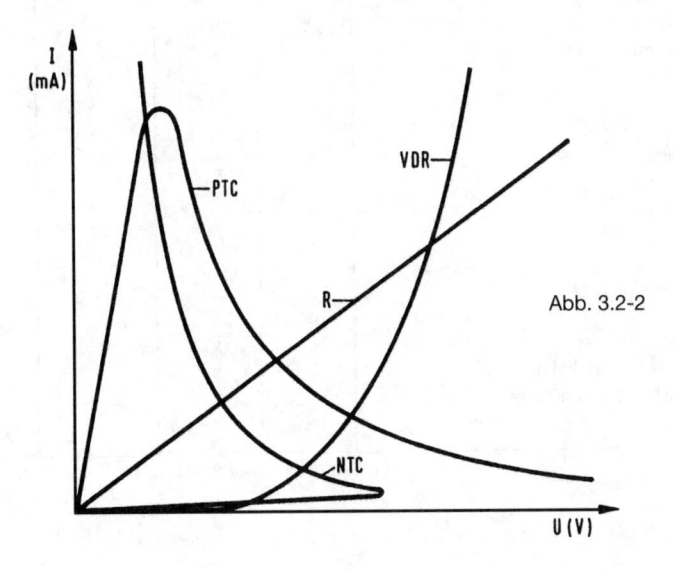

Abb. 3.2-2

3 Elektronische Bauelemente

B Anwendungsbeispiele

Die folgenden Tabellen sollen einen ersten Überblick geben über die Einsatzgebiete dieser Widerstände:

Gebiet	Heiß-leiter NTC	Kalt-leiter PTC	VDR
Temperaturmessung	x		
Temperaturregelung z.b. Kühltruhen, Elektroherde, Klimaanlagen	x		
Flüssigkeitsstandanzeige	x	x	
Kompensation von positiven Temperaturkoeffizienten	x		
Vakuum und Feuchtigkeitsmessung	x		
Wärmemessungen in der Physik	x		
Spannungsstabilisierung	x		x
Verzögerungsschaltungen, z.B. Relais	x	(x)	
Effektivwertmessungen	x		
spannungsabhängige Stromregelung		x	
temperaturabhängige Stromregelung	x	x	
widerstandsabhängige Stromregelung		x	
Funkenlöschung			x
Überspannungsschutz			x
Impulsgleichrichter			x
Körper- und Hauttemperatur	x		
Strömungsgeschwindigkeiten	x		
Kühlwasser und Öltemperatur	x		
Abgastemperaturen	x		
Leistungsmessungen	x		
Temperaturschalter	x	x	
Motoranlaßschutz		x	
Temperaturfühler		x	
Thermostat (selbsttätig regelnd) Beheizungen		x	
Überstromsicherung, Temperatursicherung		x	
Einschaltstrombegrenzung	x		

3.2 Nichtlineare Widerstände

Aufbau, Eigenschaften, Anwendungen

Art – Wirkung	Material	Formeln, Bemerkungen	Charakteristische Werte	Anwendung
Heißleiter – NTC – Widerstand sinkt mit zunehmender Temperatur	polykristalline Mischoxid-keramik	$R_T = R_N\, e^{B(1/T - 1/T_N)}$ B ist eine Materialkonstante mit der Dimension K	$B = 2920 \ldots 3900$ K obere Grenztemperatur $100 \ldots 350\,°C$	Temperatur-Fühler und -Regler, Flüssigkeits-Niveaufühler, Spannungsstabilisierung. Anlaßheißleiter, Verzögerung von Relais, Messung der Strömungsgeschwindigkeit, Temperaturkompensation
Kaltleiter – PTC – Widerstand steigt mit zunehmender Temperatur	ferroelektrische Keramik, z. B. BaTiO₃	(bei der Bezugstemperatur beginnt der steile R-Anstieg und endet bei der Endtemperatur)	Bezugstemperatur $-30 \ldots 180\,°C$ Endtemperatur $+40 \ldots 220\,°C$	Temperaturfühler Thermostat, Flüssigkeits-Niveaufühler, Stromstabilisierung. Einphasen-Motorstart, Meß- und Regel-Überwachung von Grenztemperaturen (Überlastschutz), Bildröhren-Entmagnetisierung
Varistoren – VDR – Widerstand sinkt mit zunehmender Betriebsspannung	heute meist Zinkoxid	$R = (1/K)\, U^{1-\alpha}$ (K = Elementkonstante, α = Nichtlinearitätsexponent)	$\alpha > 30$ bei ZnO Betriebstemperatur $-40 \ldots +85\,°C$ Betriebsspannung $14 \ldots 1500$ V Ansprechzeit < 50 ns	Spannungsstabilisierung. Stoßspannungsbegrenzung. Überspannungsschutz (äußere Überspannung wie Blitz- und induktive Beeinflussung, Schaltungen in Versorgungsanlagen sowie innere Überspannungen, z. B. Schalten von Induktivitäten, Überschlag usw.)

3.2.1 NTC-Widerstände (Heißleiter)

Der typische Widerstandsverlauf eines Heißleiters ist in der *Abb. 3.2.1-1* gezeigt. In der Praxis kommen Werte von $R_{max} \approx 10^8$ Ω und $R_{min} \approx 1$ Ω vor. Der Leistungsbereich der Heißleiter liegt zwischen 40 mW bis 1000 mW. Dabei wird oft die Unterscheidung der zulässigen Leistung bei $t_0 = 25$ °C und $t = 60$ °C angegeben. Der Anwendungstemperaturbereich ist zwischen −60 °C...+200 °C, in Sonderfällen bis +400 °C zu finden. Dabei sind eingeschränkte Bereiche, z. B. −10°...+100 °C für einzelne Typen möglich.

Abb. 3.2.1-1

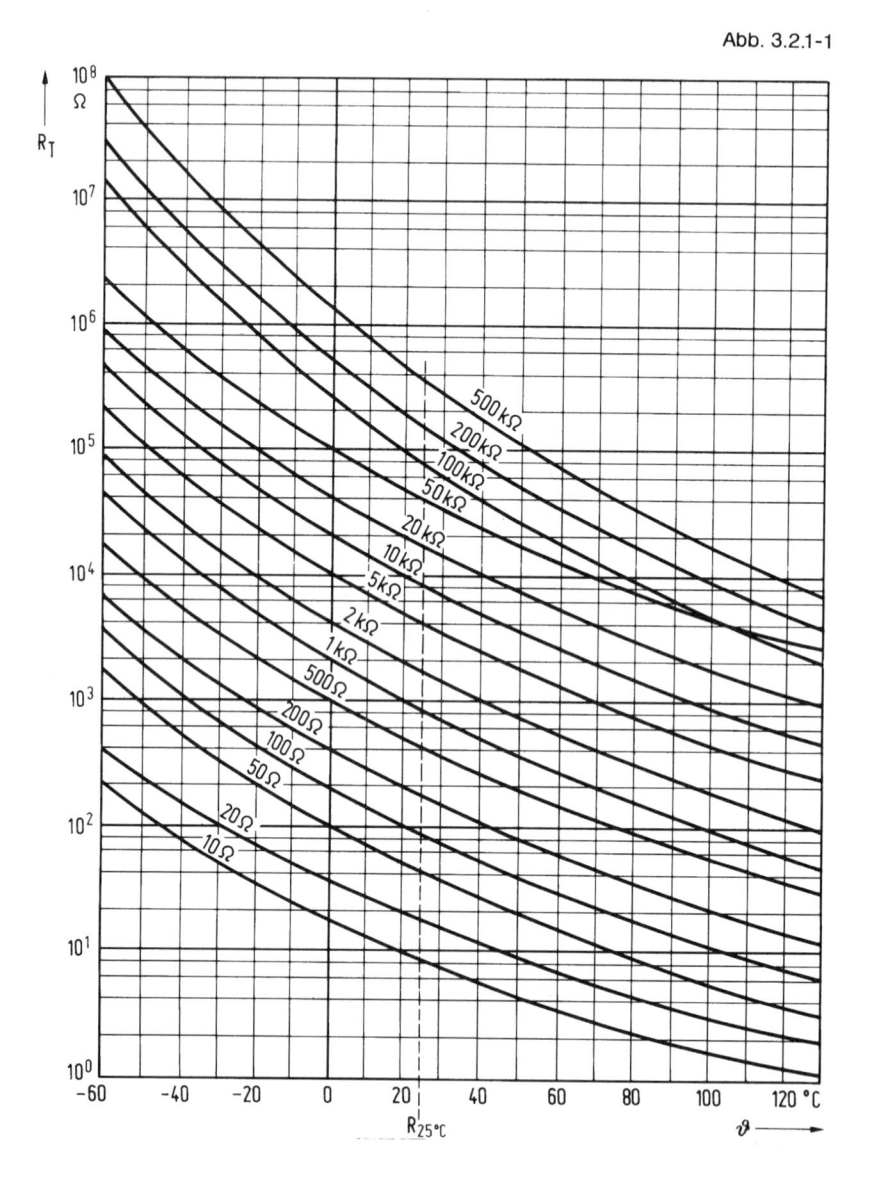

A Kennwiderstand und Farbcode

Gemäß Abb. 3.2.1-1, in der die Kennlinien mehrerer NTC-Widerstände abgebildet sind, wird der Kennwiderstand eines NTC zwischen 20° und 25 °C angegeben. Dieser Kennwiderstand wird oft als $R_{25°}$ bezeichnet, wobei sein Wert nach dem internationalen Farbcode beziffert wird. Ein NTC-Widerstand mit dem Wert $R_{25} = 2000\ \Omega$ hat somit die Farbkennung rot-schwarz-rot. Fehlt ein vierter Farbstreifen, so ist $R_{25°}$ Toleranz mit $\pm 20\ \%$ anzunehmen. Der vierte Streifen – silber – gibt die $\pm 10\ \%$ Toleranz an. Die Farbstreifen werden im allgemeinen von den Anschlußdrähten einer Scheibe aus gemessen. Bei stäbchenförmigen Widerständen ist wie bei der Kennzeichnung eines ohmschen Widerstandes zu verfahren. Für Sonderfälle stehen Widerstände mit Toleranzen von $\pm 5\ \%$ zur Verfügung.

B B-Wert

Der B-Wert, mit der Dimension in K, gibt den jeweils charakteristischen Kennlinienverlauf eines NTC-Widerstandes an. Dieser ist durch die Beziehung

$$R_T = A \cdot e^{\frac{B}{T}}$$

entsprechend $R_T = R_N \cdot e^{B(1/T - 1/T_N)}$. Daraus ergibt sich der Temperaturkoeffizient

$$\alpha_R = \frac{1}{R_T} \cdot \frac{dR_T}{dT} = -\frac{B}{T^2}.$$

Für genaue Messungen über einen großen Temperaturbereich kann man durch verschiedene Korrekturformeln verbesserte Annäherungen erhalten.
Es bedeutet den geringsten Rechenaufwand, wenn nur der B-Wert als temperaturabhängig angenommen wird in der Form

$B(\vartheta) = B\,[1 + \beta\,(\vartheta - 100)]$
$\beta\ \ = 2{,}5 \cdot 10^{-4}\ 1/K$ für $\vartheta > 100\ °C$
$\beta\ \ = 5 \cdot 10^{-4}\ 1/K$ für $\vartheta < 100\ °C$

ϑ ist die Temperatur in °C, also $T = \vartheta + 273{,}15\ K$.

Darin bedeuten:

R_T den Widerstandswert eines Heißleiters bei der Temperatur T in K
R_N den Widerstandswert eines Heißleiters bei der Temperatur T_N in K
A   eine Konstante mit einer Dimension Ω
B   eine Materialkonstante des Heißleiters mit der Dimension K, der „B-Wert".

Die genaue B-Wertbestimmung wird durch Messung von R bei zwei verschiedenen Temperaturen vorgenommen:

$$B = 2{,}3 \cdot \frac{\ln R_1 - \ln R_2}{\dfrac{1}{T_1} - \dfrac{1}{T_2}}$$

Diese Messungen finden z. B. statt bei 25° und 55° oder nach IEC-Richtlinien bei 25° und 85°, so daß häufig die Bezeichnung $B_{25/55}$ oder $B_{25/85}$ zu lesen ist.

Aus dem vorherigen Abschnitt wurde bereits deutlich, daß mit der international festgelegten Bezugstemperatur von 25 °C der Kennwiderstand R_{25} eingeführt wurde. Wird R_T als Widerstandswert einer zweiten gewählten Temperatur bezeichnet, so ergibt sich dieser aus

$$\frac{R_{25}}{R_T} = e^{B \cdot \left(\frac{1}{298 \cdot K} - \frac{1}{T}\right)}$$

Für die in der Praxis vorkommenden Werte von B bis 6000 sind diese in der *Abb. 3.2.1-2a* von +30 °C...+200 °C aufgetragen, sowie in der *Abb. 3.2.1-2b* für Temperaturen von +20 °C... −60 °C.

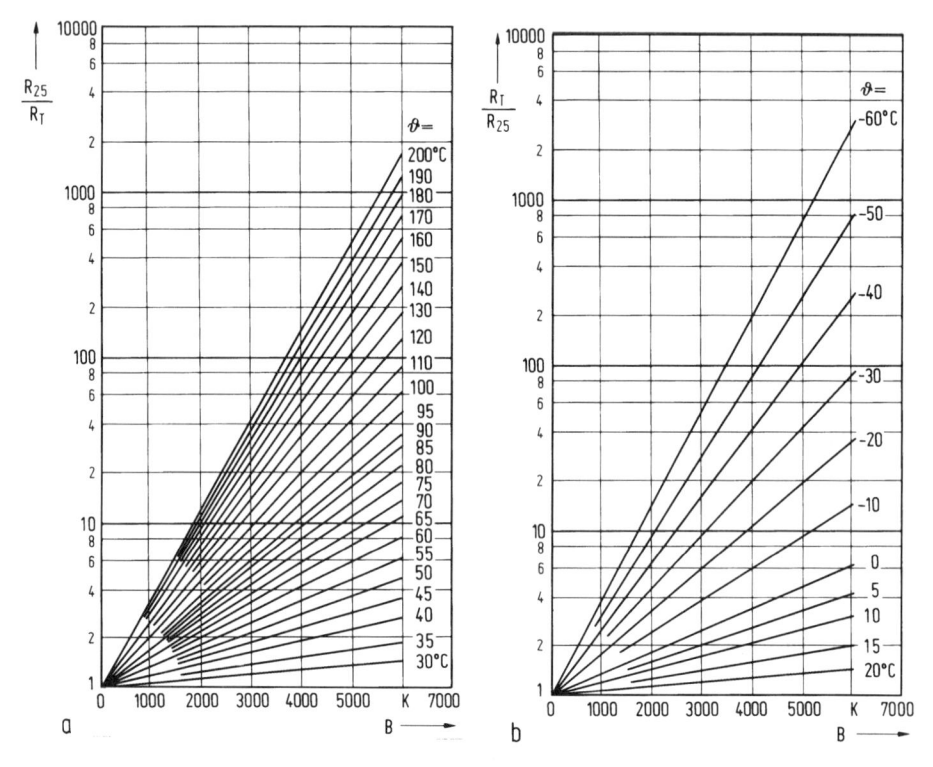

Abb. 3.2.1-2

C Stabilität bei Erwärmung

NTC-Widerstände können künstlich gealtert werden, wobei die Stabilität der Werte nach einer Alterungsperiode von ca. 1000 h bei ca. 100 °C erheblich verbessert wird. Die Kurzzeitstabilität ist durch den Temperaturänderungsvorgang gegeben, der durch Bauform, Umluft und Montage beeinflußt wird. Für den Abkühl- und Heizvorgang sind in *Abb. 3.2.1-3a* für zwei kleine Perl-NTCs sowie in der *Abb. 3.2.1-3b* für zwei Stab-NTCs die dazugehörigen Abkühlkurven angegeben. Es ist zu erkennen, daß der Vorgang der Stabilisierung mehrere Minuten dauern kann.

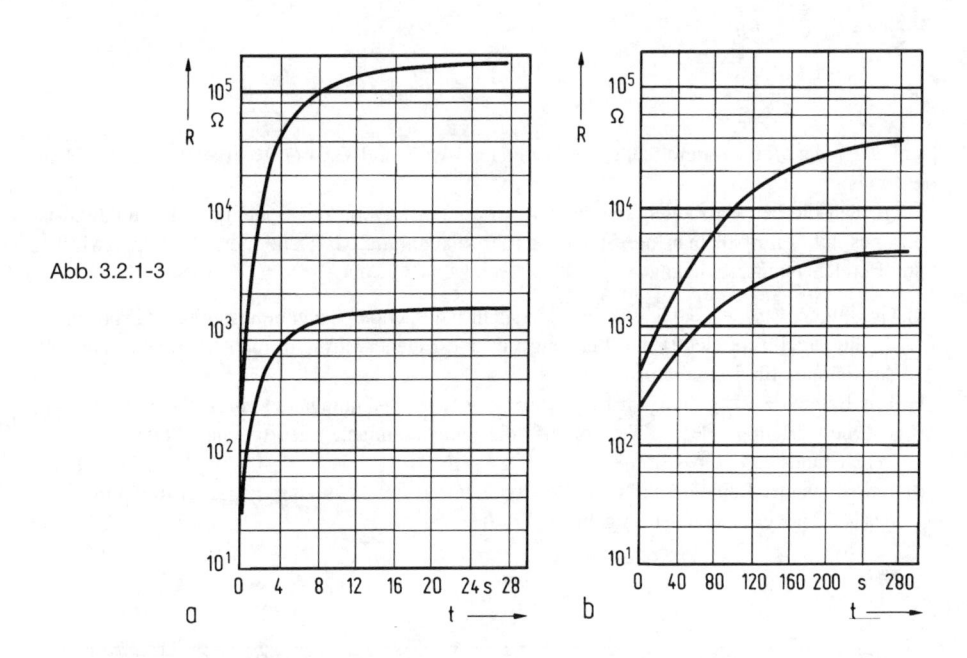

Abb. 3.2.1-3

D Verhalten des elektrisch belasteten Heißleiters

Für die Erwärmung eines Heißleiters durch elektrische Belastung gilt allgemein

$$P = G_{th}(T - T_u) + C_{th} \cdot \frac{dT}{dt}$$

P   elektrische Belastung
G_{th} Wärmeleitwert des Heißleiters
T   Temperatur des Heißleiters
T_u Umgebungstemperatur
C_{th} Wärmekapazität des Heißleiters
$\frac{dT}{dt}$ Änderung der Temperatur mit der Zeit

843

E Spannungs-Stromkennlinie

In *Abb. 3.2.1-4* ist eine Spannungs-Stromkennlinie im doppellogarithmischen Maßstab gezeigt. Diese statische Kennlinie gilt für jeden Punkt bei thermischem Gleichgewicht. Führt man dem Heißleiter konstante elektrische Leistung zu, so wird sich zunächst seine Temperatur erheblich ändern, diese Änderung klingt jedoch ab. Nach einiger Zeit ist der stationäre Zustand erreicht, die zugeführte Leistung wird durch Wärmeleistung oder Wärmestrahlung an die Umgebung abgegeben. In diesem Fall wird $\frac{dT}{dt} = 0$; damit erhält man

$$P = G_{th} (T - T_u)$$
$$I^2 \cdot R_T = G_{th} (T - T_u)$$
$$\frac{U^2}{R_T} = G_{th} (T - T_u)$$

wobei R_T der (temperaturabhängige) Widerstandswert und G_{th} der Wärmeleitwert des Heißleiters ist.

Trägt man die bei konstanter Temperatur gewonnenen Werte der Spannung als Funktion des Stromes auf, so erhält man die Spannungs-Stromkennlinie des Heißleiters. Es wird zwischen drei Bereichen unterschieden:

a) Gradliniger Anstieg. Hier ist der Widerstand nur von der Umgebungstemperatur bestimmt, da die zugeführte elektrische Leistung für eine Eigenerwärmung nicht ausreicht (sinnvolle Anwendung für Temperaturmessungen).

b) Ein Bereich verzögerten Anstieges kurz vor dem Spannungsmaximum. Hier beginnt die Eigenerwärmung des NTC durch die angenommene elektrische Leitung dessen Widerstandswert zu bestimmen.

c) Bei steigender Leistung sinkt der Widerstandswert des Heißleiters. Hier ist die Temperatur des NTC höher als die der umgebenden Luft.

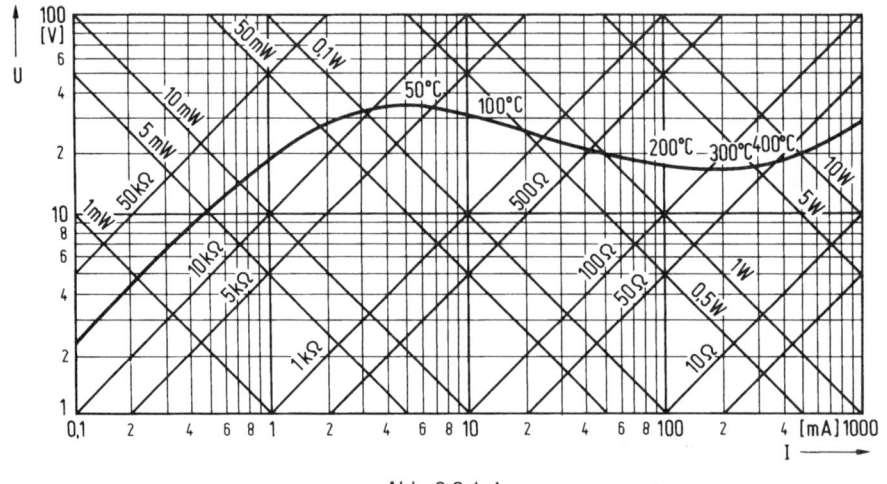

Abb. 3.2.1-4

F Kennlinienbeeinflussung in der Schaltung

Diese Maßnahme ist erforderlich, wenn spezielle Kennlinien gewünscht werden. Im wesentlichen ist die Serien- und Parallelschaltung eines linearen Widerstandes sowie die Kombination beider Möglichkeiten mit einem NTC gegeben. Für diese drei Möglichkeiten ist der Kennlinienverlauf in der *Abb. 3.2.1-5a* und *b* gezeigt. Abb. 3.2.1-5a zeigt die Serien- und Parallelschaltung, Abb. 3.2.1-5b die Kombination beider Möglichkeiten eines NTC-Widerstandes $R_{25} = 130\ \Omega$. Der gewünschte Kennlinienverlauf ergibt sich aus dem am nächsten gelegenen Verlauf eines NTC-Typs. Der Serienwiderstand beeinflußt im besonderen den Kennlinienverlauf bei hohen Temperaturen, während die Parallelschaltung eine Beeinflussung bei niedrigen Temperaturen ergibt. Die Parallelschaltung und die Serienschaltung ergeben demgemäß eine Beeinflussung des oberen und unteren Kennlinienteiles.

G Temperaturkompensation und Linearisierung

Hier ist hinsichtlich der Belastung eines NTC zur Temperaturkompensation einer Schaltung davon auszugehen, daß der NTC-Widerstand so gering wie möglich elektrisch belastet wird, um Temperaturänderungen der Umgebung voll erfassen zu können.

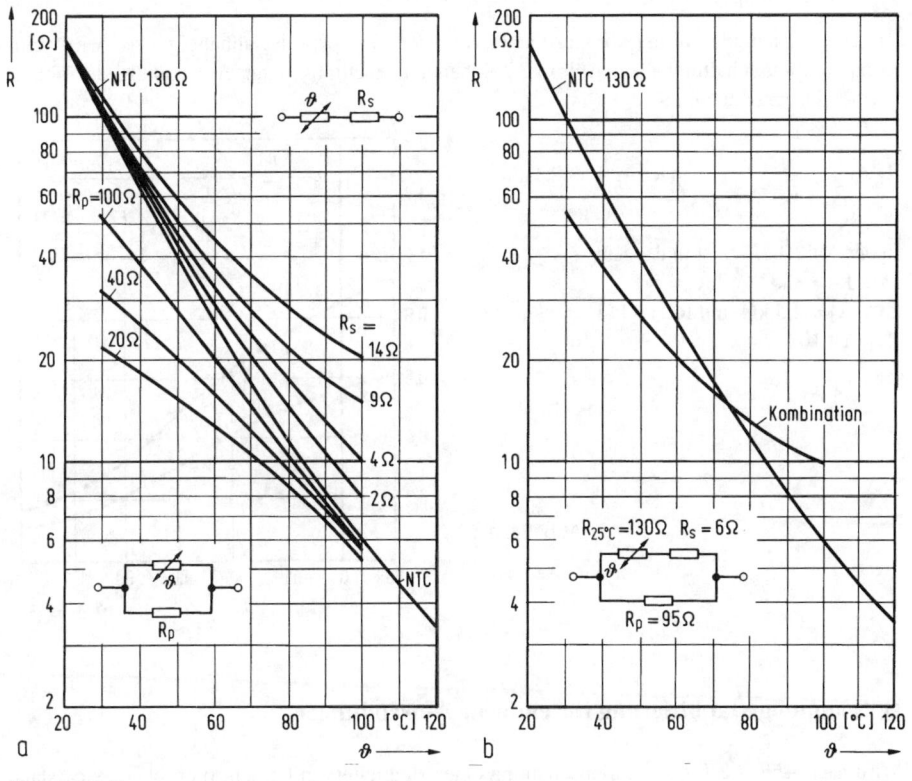

Abb. 3.2.1-5

Bei dieser Anwendung stört oft die unlineare Kennlinie eines NTC-Widerstandes. Eine Linearisierung innerhalb eines Temperaturbereiches von ca. 80 °C ist durch Parallelschaltung eines ohmschen Widerstandes möglich, wobei sich im allgemeinen eine resultierende S-förmige Kennlinie ergibt. Empfohlen wird, den Punkt der mittleren Arbeitstemperatur in den Wendepunkt der S-Kurve zu legen. Der Parallelwiderstand R_P ist:

$$R_P = R_T \cdot \frac{B - 2 \cdot T}{B + 2 \cdot T}$$

Die Steilheit der Widerstandskombination ist temperaturabhängig mit
$$\frac{dR}{dT} = -\frac{B \cdot R_T}{T^2 \cdot \left(1 + \frac{R_T}{R_P}\right)^2}.$$ Wird aus der vorherigen Gleichung der erhaltene Wert R_T/R_P hier eingesetzt, so kann für ein gegebenes dR/dT der geeignete Heißleiterwiderstandswert berechnet werden.

Darin ist:
R_P = Parallelwiderstand [Ω]
R_T = Widerstandswert des NTC bei der Arbeitstemperatur T [Ω]
B = B-Wert des NTC (Datenbuch)
T = Arbeitstemperatur [°C]

Ist eine Spannung direkt proportional von der Temperatur abhängig, so wird eine Kompensationsschaltung nach *Abb. 3.2.1-6* benutzt, ebenfalls unter Anwendung der obigen Formel. Dabei ist dann

$$R_P = \frac{R_1 \cdot R_2}{R_1 + R_2} \quad \text{nach Abb. 3.2.1-6.}$$

In der Abb. 3.2.1-6 ist in der Kurve
„a": $R_1 = 3$ kΩ und $R_2 = \infty$
„b": $R_1 = 4,5$ kΩ und $R_2 = 9$ kΩ;
$R_{T25°}$ ist 10 kΩ.

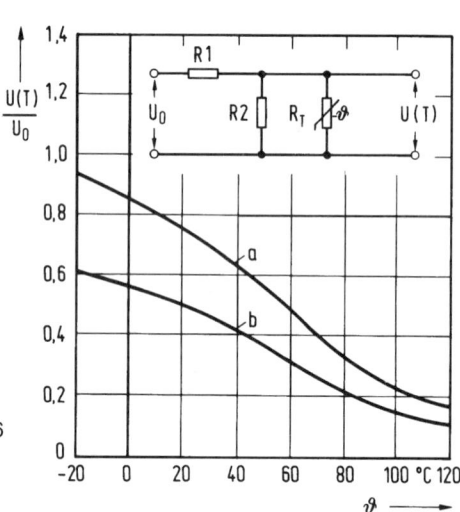

Abb. 3.2.1-6

H Spannungsstabilisierung für einfache Anwendungen

Wird nach *Abb. 3.2.1-7* die Serienschaltung eines Heißleiters mit einem ohmschen Widerstand an eine Spannunsquelle geschaltet, so läßt sich in einem Strombereich bis etwa 1:10 an der

3.2 Nichtlineare Widerstände

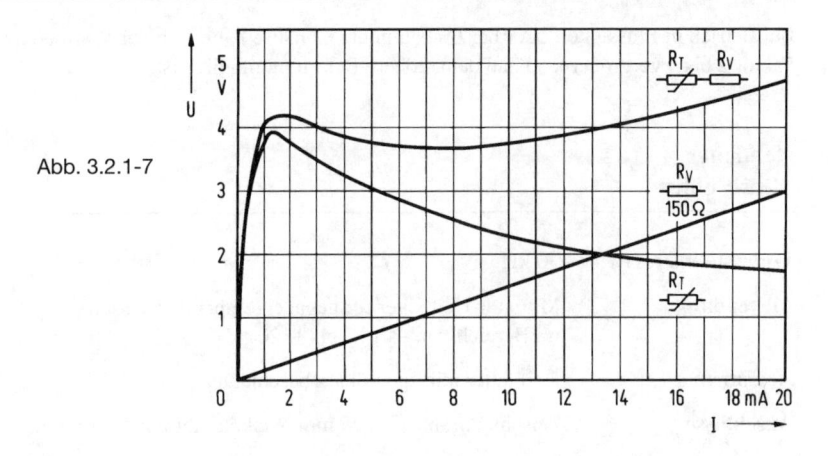

Abb. 3.2.1-7

Serienschaltung eine auf etwa 10 % gleichbleibende Spannung entnehmen. Für die überschlägige Dimensionierung wird der Widerstand R_V mit ca. 1 % des R_{25}-Wertes des NTC gewählt. Für die Kurve in Abb. 3.2.1-7 hatte der NTC einen R_{25}-Wert von $\approx$ 10 kΩ.

I Temperaturmessung und -regelung

Gegenüber anderen handelsüblichen Temperaturfühlern besitzen Heißleiter bei vielen Anwendungsfällen erhebliche Vorteile:
a) der hohe Widerstandswert macht den Einfluß von Zuleitungen vernachlässigbar. Wegen des breiten Spektrums an verschiedenen Widerstandswerten kann für jeden Anwendungsfall der bestmögliche Widerstandswert ausgewählt werden;
b) der große Temperaturkoeffizient macht es möglich, Temperaturkoeffizienten von 10^{-4} K oder weniger mit geringerem Aufwand zu messen;
c) die geringen Baugrößen, die bei Heißleitern möglich sind, ermöglichen kleine Zeitkonstanten und damit sehr schnelles Ansprechen der Fühler. Der kleinste Meßheißleiter besitzt einen Durchmesser von nur 0,4 mm (Siemens).

Die Toleranzen können, falls nötig, durch Vor- und Parallelwiderstände zum Heißleiter abgeglichen werden. Dadurch kann auch die Widerstands-Temperaturkennlinie linearisiert werden. Allerdings wird durch jede Beschaltung mit festen Widerständen die Steilheit der Kennlinie geringer.

Heißleiter, die zur Temperaturmessung eingesetzt werden, sollen elektrisch so schwach belastet sein, daß keine nennenswerte Erwärmung auftritt und der Widerstandswert des Heißleiters nur von der Umgebungstemperatur bestimmt wird.

Wird eine Übertemperatur ΔT durch die Eigenerwärmung zugelassen, so ist

$$I = \sqrt{\frac{G_{th} \cdot \Delta T}{R_T}} \quad \text{und} \quad U = \sqrt{G_{th} \cdot \Delta T \cdot R_T}$$

Als Faustregel gilt, daß die Übertemperatur ΔT kleiner sein soll als die gewünschte Meßgenauigkeit. Der Wärmeleitwert G_{th} ist im Datenblatt des Heißleiters meist für ruhende Luft als umgebendes Medium angegeben.

Bei Betrieb in Flüssigkeit oder bei Einbau in ein Gehäuse kann sich der Wärmeleitwert um den Faktor 2 bis 5 vergrößern, so daß dann höhere Belastung möglich ist.

Heißleiter Mini-Fühler M 861

Widerstandswert	30 kΩ
Anwendung	Miniatur-Heißleiter für genaue Temperaturmessung im Bereich von –40 °C bis +120 °C
Ausführung	Heißleiter mit Epoxidharz beschichtet
Anschlüsse	Anschlußdrähte ⌀ 0,25 mm, Nickeldraht mit Teflonumhüllung
Qualitätsmerkmale	Hohe Stabilität durch spezielle Alterung, Spannungsfestigkeit: 200 V Gleichspannung

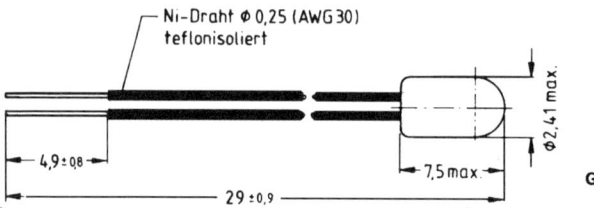

Gewicht ca. 0,1 g

Anwendungsklasse nach DIN 40040	G K C	
Untere Grenztemperatur	G	–40 °C
Obere Grenztemperatur	K	+125 °C
Feuchteklasse	C	Mittlere relative Feuchte ≦ 95 % Höchstwert 100 %, einschl. Betauung

Lagertemperaturen

Untere Grenztemperatur	$\vartheta_{s\,min.}$	–25 °C
Obere Grenztemperatur	$\vartheta_{s\,max.}$	+65 °C

Kenndaten

Belastbarkeit bei 25 °C	P_{25}	140 mW
Nenntemperatur	ϑ_N	25 °C
Nennwiderstand	R_N	30 kΩ
Toleranz[1]	ΔR_N	±5 %
B-Wert	B	3970 K
Wärmeleitwert in Luft	G_{thu}	1,4 mW/K
Thermische Zeitkonstante	T_{th}	< 20 s

[1] AQL = 0,65 %

Typ	Nennwiderstand	B-Wert	Bestellbezeichnung
M861/S1/30 kΩ	30 kΩ	3970 K	Q63086–M1303–S1

3.2 Nichtlineare Widerstände

Widerstands-Temperatur-Charakteristik

Temperatur °C	Widerstand kΩ	Temperatur °C	Widerstand kΩ	Temperatur °C	Widerstand kΩ	Temperatur °C	Widerstand kΩ
−40	887,20	2	86,22	44	13,77	86	3,150
−39	833,20	3	82,12	45	13,24	87	3,052
−38	782,70	4	78,23	46	12,74	88	2,958
−37	735,60	5	74,55	47	12,26	89	2,867
−36	691,60	6	71,06	48	11,80		
−35	650,50	7	67,75	49	11,36	90	2,780
−34	612,10	8	64,62			91	2,695
−33	576,20	9	61,64	50	10,93	92	2,614
−32	542,60			51	10,53	93	2,535
−31	511,10	10	58,82	52	10,14	94	2,460
		11	56,14	53	9,769	95	2,386
−30	481,70	12	53,60	54	9,413	96	2,316
−29	454,10	13	51,18	55	9,071	97	2,247
−28	428,20	14	48,89	56	8,744	98	2,181
−27	404,00	15	46,71	57	8,430	99	2,118
−26	381,30	16	44,64	58	8,128		
−25	360,00	17	42,67	59	7,839	100	2,056
−24	340,00	18	40,80			101	1,997
−23	321,20	19	39,01	60	7,562	102	1,939
−22	303,60			61	7,296	103	1,884
−21	287,00	20	37,32	62	7,040	104	1,830
		21	35,71	63	6,794	105	1,778
−20	271,50	22	34,18	64	6,559	106	1,728
−19	256,80	23	32,72	65	6,332	107	1,680
−18	243,00	24	31,32	66	6,115	108	1,633
−17	230,10	25	30,00	67	5,906	109	1,587
−16	217,90	26	28,74	68	5,705		
−15	206,40	27	27,54	69	5,512	110	1,543
−14	195,60	28	26,39			111	1,501
−13	185,40	29	25,30	70	5,326	112	1,460
−12	175,80			71	5,148	113	1,420
−11	166,80	30	24,25	72	4,976	114	1,382
		31	23,26	73	4,811	115	1,344
−10	158,20	32	22,31	74	4,652	116	1,308
−9	150,20	33	21,41	75	4,499	117	1,273
−8	142,60	34	20,54	76	4,352	118	1,239
−7	135,40	35	19,72	77	4,211	119	1,207
−6	128,60	36	18,93	78	4,074	120	1,175
−5	122,20	37	18,18	79	3,943		
−4	116,20	38	17,46				
−3	110,50	39	16,77	80	3,817		
−2	105,10			81	3,695		
−1	99,96	40	16,12	82	3,578		
		41	15,49	83	3,465		
0	95,13	42	14,89	84	3,356		
1	90,55	43	14,31	85	3,251		

Widerstandstoleranz und Meßgenauigkeit

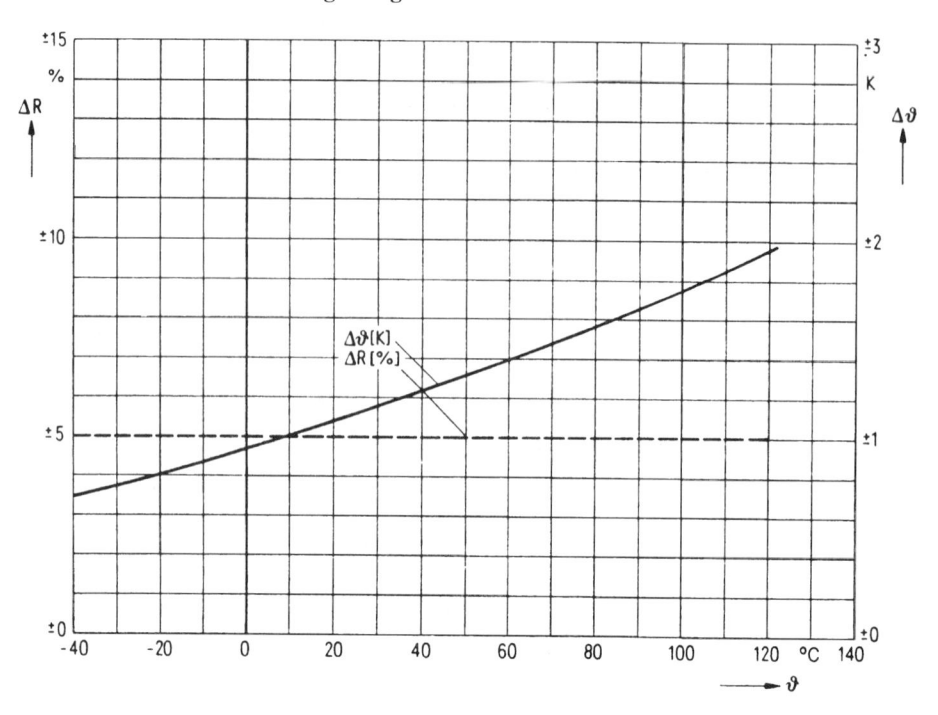

K Anwendungsbeispiele

Temperatur-Warngerät

Die Schaltung *Abb. 3.2.1-8* besteht aus einem Komparator und einem astabilen Multivibrator. In dem Temperatur-Warngerät wird mit Hilfe des Heißleiters M 841 bzw. M 911 die Temperatur gemessen. Überschreitet die gemessene Temperatur die am Einsteller P_1 vorgewählte Temperatur, führt der Ausgang des durch den ersten Operationsverstärker gebildeten Komparators (Anschluß 8) L-Pegel. Wird die zu überwachende Temperatur (z. B. +3 °C) unterschritten, wird der Ausgang des Komparators hochohmig (Open-Collector-Schlatung). Nunmehr kann der aus dem zweiten Operationsverstärker gebildete monostabile Multivibrator in Funktion treten, die LED-Anzeige blinkt. Unterscheidet die Spannung am invertierenden Eingang die augenblicklich am nichtinvertierenden Eingang liegende Spannung, kippt der Ausgang wieder um, und die LED verlöscht.

Temperaturmessung mit NTC-Fühler M 861

Für Anwendungen, bei welchen ohne großen Aufwand in einem weiten Temperaturbereich gemessen und eine Meßgenauigkeit von ±2 °C erreicht werden soll, ist der Heißleiter M 861 in Verbindung mit dem Mikrocomputer SAB 80215 gut geeignet. An die Multiplex-Analogeingänge AN0, AN1, AN2 des Mikrocomputers wird der Temperatursensor M 861 in

3.2 Nichtlineare Widerstände

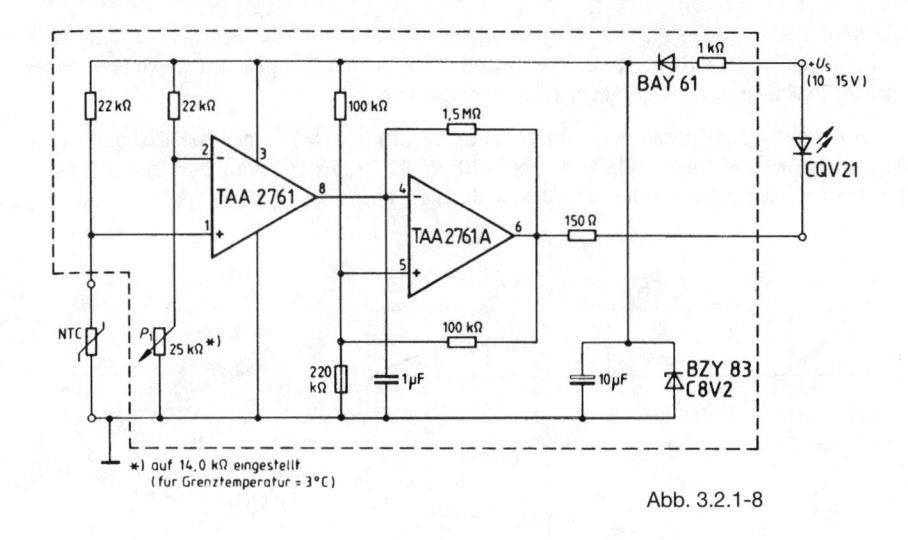

Abb. 3.2.1-8

*) auf 14,0 kΩ eingestellt
(für Grenztemperatur = 3°C)

Spannungsteilerschaltung angeschlossen. Die Vorwiderstände R_v dienen zur Linearisierung des Ausgangssignals U_T im jeweiligen Meßbereich.

Die *Abb. 3.2.1-9* zeigt die Temperaturmessung mit dem Heißleiter M 861 und dem SAB 80215-Baustein als Prinzipschaltbild.

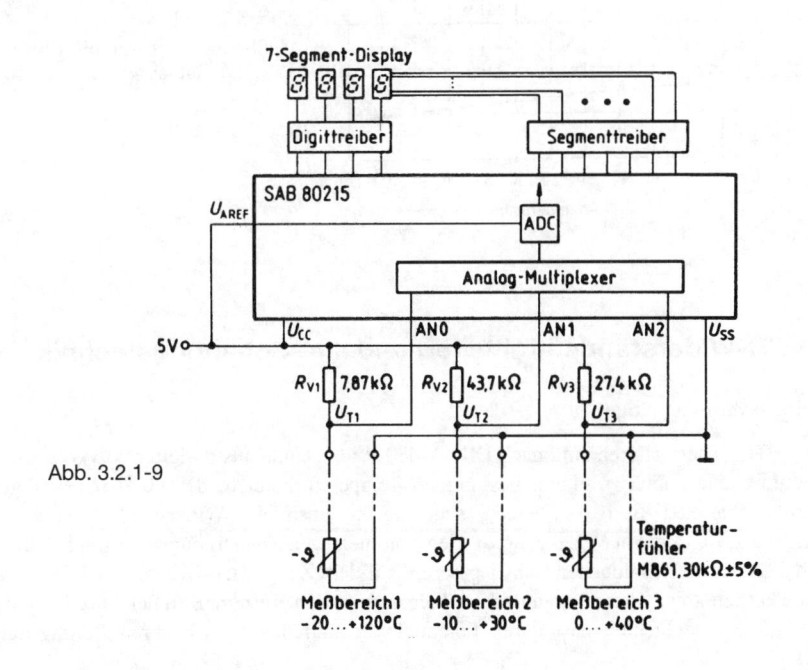

Abb. 3.2.1-9

Meßbereich 1: −20...+120°C
Meßbereich 2: −10...+30°C
Meßbereich 3: 0...+40°C

Temperaturfühler M861, 30kΩ ±5%

851

3 Elektronische Bauelemente

Die *Abb. 3.2.1-10* zeigt für den Temperaturbereich –10 bis +30 °C den max. Meßfehler bei Linearisierung mit Vorwiderstand. Die Grenzkurven berücksichtigen den maximalen Fehler, auch wenn ein Austausch der Fühler vorgenommen wird.

Die *Abb. 3.2.1-11* zeigt den max. Temperaturmeßfehler ebenfalls unter Berücksichtigung des Austauschproblems. Im Meßbereich von –20 °C bis +120 °C wird zur Berechnung der Temperatur eine Linearisierung per Software durchgeführt.

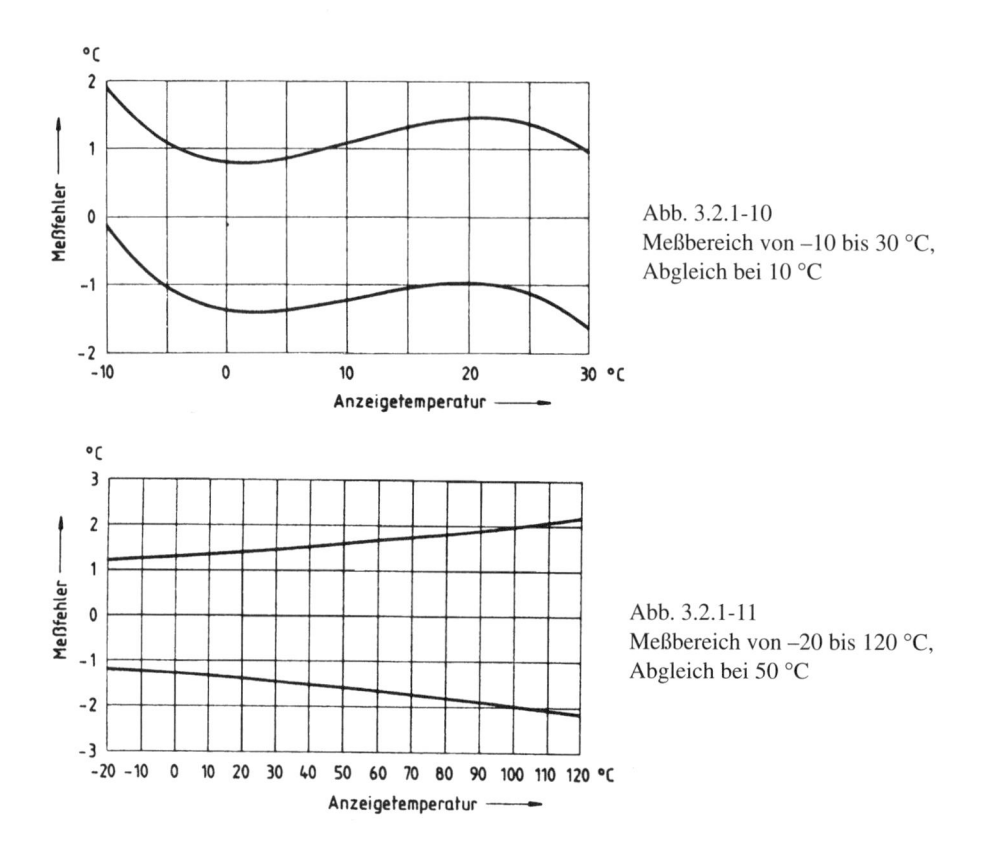

Abb. 3.2.1-10
Meßbereich von –10 bis 30 °C,
Abgleich bei 10 °C

Abb. 3.2.1-11
Meßbereich von –20 bis 120 °C,
Abgleich bei 50 °C

3.2.2 PTC-Widerstände (Kaltleiter) und ihre Schaltungstechnik

Allgemeine technische Angaben

Kaltleiter-(PTC-)Thermistoren sind nach DIN 44080 Widerstände aus dotierter polykristalliner Titanatkeramik. Sie haben in einem bestimmten Temperaturbereich, der für den jeweiligen Kaltleitertyp charakteristisch ist, einen sehr hohen positiven Widerstands-Temperaturkoeffizienten (α_R) und einen Widerstandsanstieg von mehreren Zehnerpotenzen (t_k + 5 %/K ... + 50 %/K). Dieser steile Widerstandsanstieg beruht auf dem Zusammenwirken von Halbleitung und Ferroelektrizität der Titanatkeramik. Es bilden sich an den Korngrenzen der Einzelkristalle des Materials Sperrschichten aus, deren Potentialhöhe und damit auch deren Beitrag zum

Gesamtwiderstand des Körpers stark von der Dielektrizitätskonstanten des umgebenden Materials abhängt. Unterhalb der Curietemperatur, d. h. im Bereich einer hohen Dielektrizitätskonstante, sind die Sperrschichten nur schwach ausgeprägt, und die Kaltleiter sind niederohmig. Oberhalb der Curietemperatur sinkt die Dielektrizitätskonstante nach der Curie-Weißschen Beziehung ab. Damit tritt eine zunehmende Aufbäumung der Sperrpotentiale ein, die den steilen Widerstandsanstieg hervorruft.

Die Wirkung dieses Mechanismus überdeckt die bei allen Halbleitern grundsätzlich vorliegende, durch „thermische Aktivierung" der Ladungsträger gegebene schwache Widerstandsabnahme mit steigender Temperatur. Diese Erscheinung, die einen negativen Temperaturkoeffizienten verursacht, bleibt beim Kaltleiter außerhalb des Gebiets mit steilem Widerstandsanstieg erhalten.

Der grundsätzliche Verlauf der statischen Kennlinie ist in *Abb. 3.2.2-1* gezeigt. Darin bedeuten:

T_A = Anfangstemperatur (Beginn des positiven α_R)
R_A = Anfangswiderstand (bei T_A)
T_N = Nenntemperatur (Beginn des steilen Widerstandsanstiegs)
R_N = Nennwiderstand (bei T_N)
T_E = Endtemperatur (Ende des steilen Widerstandsanstiegs)
R_E = Endwiderstand (bei T_E)

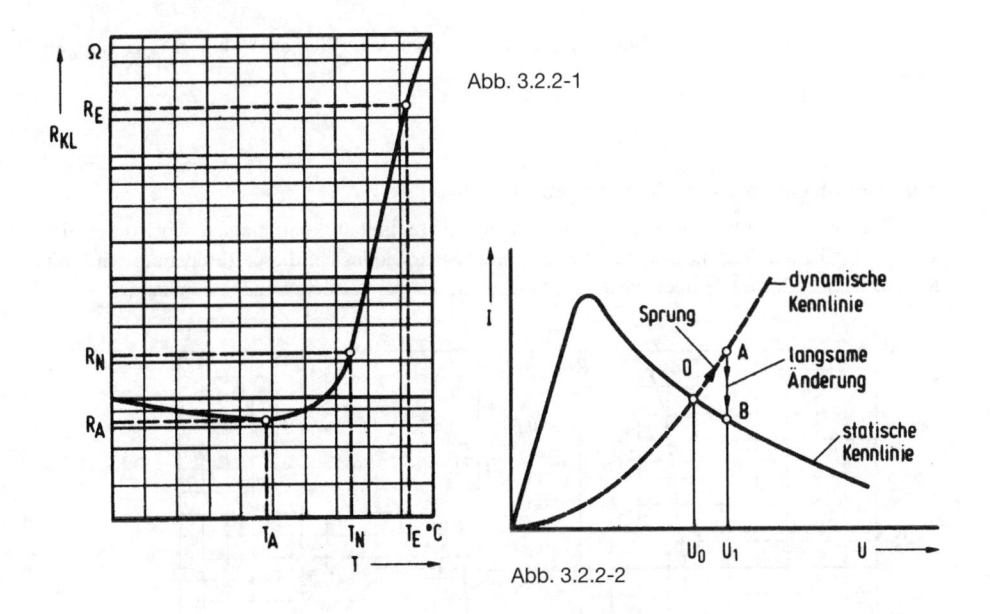

Abb. 3.2.2-1

Abb. 3.2.2-2

A Dynamische Kennlinie

Wird nach *Abb. 3.2.2-2* eine plötzliche Strom-/Spannungsänderung erzwungen, so kann sich das thermische Gleichgewicht nicht sofort einstellen. Der PTC-Widerstand zeigt hier VDR-Verhalten. Die PTC-Wirkung setzt erst ein, wenn der stationäre Zustand des thermischen Verhaltens erreicht ist. In diesem Fall sinkt beispielsweise der Arbeitspunkt A der dynamischen Kennlinie auf den Punkt B der statischen Strom-/Spannungskennlinie zurück.

B Kennlinien und Werte

Für Meßspannungen < 1,5 V – hierbei tritt eine vernachlässigbare Eigenerwärmung auf, weiterhin ist der Varistoreffekt hier noch vernachlässigbar – sind in *Abb. 3.2.2-3a* und *b* die Werte eines PTC-Widerstandes mit R_N = 2000 Ω gezeigt, die Abb. 3.2.2-3b zeigt die dazugehörige Strom-/Spannungskennlinie für statischen Betrieb. Wird nach Abb. 3.2.2-3b dazu in Serie ein ohmscher Widerstand geschaltet, so ergeben sich je nach Wert und somit Neigung der Widerstandsgeraden drei Arbeitspunkte. Davon sind nach Abb. 3.2.2-3b die Punkte A und B stabil. Der Punkt C wird durchlaufen zu Punkt B.
Nach Abb. 3.2.2-1 sowie Abb. 3.2.2-3a und b wird in den Datenblättern je nach Typ mit folgenden Werten gerechnet:

Betriebsspannung:	mV … 300 V_{max} (es gibt Typen mit U_{max} = 10 V!)
maximale Temperatur:	200 °C
T_A :	10 °C … 130 °C
R_A :	10 Ω … 2000 Ω
T_N :	–30 °C … +160 °C
R_N :	1200 Ω … 300 Ω
T_E :	60 °C … 200 °C
R_E :	>100 Ω … > 40 Ω

Kennzeichnende Werte und Daten von PTC-Widerständen (Siemens) sind der vorherigen Tabelle zu entnehmen.

Minimalwiderstand R_A, Anfangstemperatur T_A

Der Beginn des Temperaturbereiches mit positiven Temperaturkoeffizienten wird durch die Temperatur T_A angegeben. Der Wert des Kaltleiterwiderstandes bei dieser Temperatur wird mit R_A bezeichnet. Das ist der kleinste Widerstandswert, den der Kaltleiter annehmen kann.

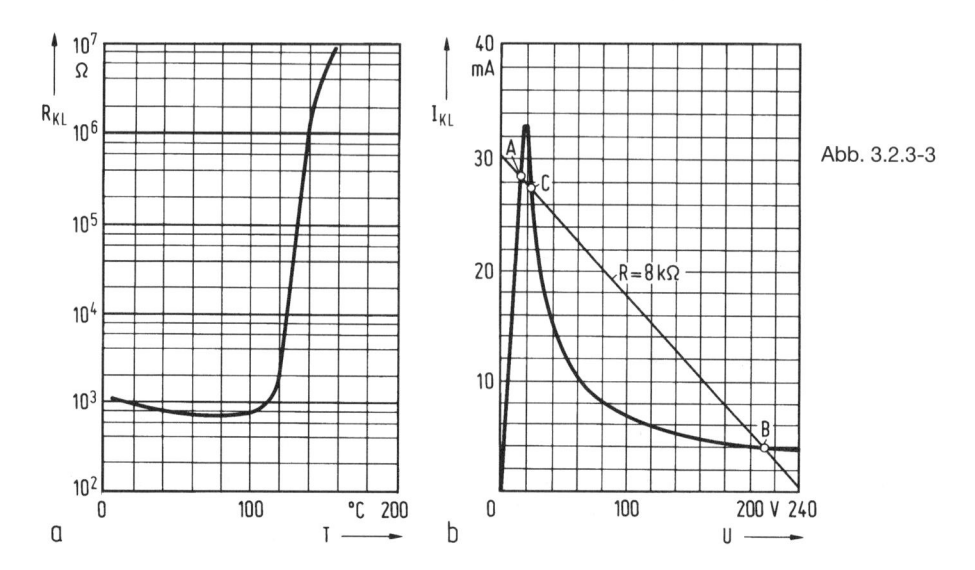

Abb. 3.2.3-3

3.2 Nichtlineare Widerstände

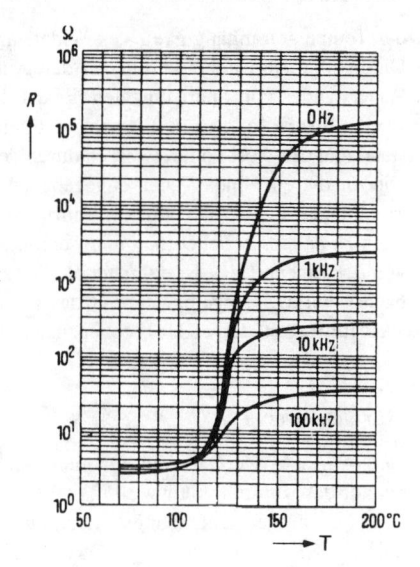

Abb. 3.2.2-3c Kaltleiterwiderstand in Abhängigkeit von der Temperatur T und der Frequenz f

Bezugswiderstand R_N, Bezugstemperatur T_N

Für die Anwendung wichtig ist der Anfang des steilen Widerstandsanstiegs, gekennzeichnet durch die Bezugstemperatur T_N, die ungefähr der ferroelektrischen Curietemperatur entspricht. Sie wird für den einzelnen Kaltleitertyp als diejenige Temperatur definiert, bei welcher der Widerstand den Wert $R_N = 2 \times R_A$ annimmt. Sie ist üblicherweise mit ± 5 °C toleriert. Zur Zeit stehen Kaltleitertypen mit Nenntemperaturen zwischen –30 und 270 °C zur Verfügung.

Endwiderstand R_E, Endtemperatur T_E

Der Widerstandswert R_E ist der Nullast-Widerstandswert bei der Temperatur T_E, für den ein Mindestwert angegeben ist.

Temperaturkoeffizient α_R

Der Temperaturkoeffizient α_R des Kaltleiterwiderstandes ist in jedem Punkt der Kennlinie durch die Beziehung

$$\alpha_R(\vartheta) = \frac{1}{R}\frac{dR}{d\vartheta} = \frac{d}{d\vartheta}(\ell n\, R) \text{ definiert.}$$

Im Bereich des steilen Widerstandsanstiegs kann α_R näherungsweise konstant angenommen werden. Es gilt dann bei $R_N \leqq R_1, R_2 \leqq R_E$

$$R_E = \alpha_R \approx \frac{\ell n\,(R_2/R_1)}{\vartheta_2 - \vartheta_1}$$

Es kann in diesem Temperaturbereich mit der umgekehrten Beziehung $R_2 \approx R_1 \cdot e^{\alpha R} \cdot (\vartheta_2 - \vartheta_1)$ gerechnet werden.

Die Wertangaben von α_R für die einzelnen Typen beziehen sich nur auf den anwendungstechnisch hauptsächlich interessierenden Temperaturbereich des steilen Widerstandsanstiegs. Neben der Temperaturabhängigkeit des Widerstandes ist auch eine Feldstärkeabhängigkeit gegeben. Dieser „Varistoreffekt" beruht auf der grundsätzlich vorliegenden Feldstärkeabhängigkeit des Widerstandes von Sperrschichten. Er tritt beim Kaltleiter vor allem im hochohmigen Zustand, wo die Sperrschichten voll ausgebildet sind, in Erscheinung. Der maximal erreichbare Widerstand und der Wert von α_R werden durch den Varistoreffekt herabgesetzt.

Die für die einzelnen Typen angegebenen Widerstands-Temperaturkennlinien gelten für Meßspannungen U = 1,5 V, um die Einflüsse von Varistoreffekt und Eigenerwärmung genügend klein zu halten. Arbeitet man mit Wechselspannung, so hat man zu beachten, daß der Kaltleiter von der Eigenart des Grundmaterials her kein rein ohmscher Widerstand ist, sondern auch kapazitiv wirkt. Demgemäß nimmt der mit Wechselspannung als Scheinwiderstand gemessene Wert für R_E mit steigender Frequenz nach *Abb. 3.2.2-3c* ab.

Wärmeleitwert G_{th}

Der Wärmeleitwert ist ein Quotient, gebildet aus Belastung und zugeordneter Übertemperatur des Kaltleiters. Er wird in mW/K angegeben und ist ein Maß für die Belastung, die bei einer bestimmten Umgebungstemperatur die stationäre Temperatur des Kaltleiters um 1 K erhöht.

Grenzdaten		P240-E1	P270-E1	P350-E1	P390-E1	P430-E1	
Max. zul. Betriebsspannung (T_U = 25°C, ruhende Luft)	U_{max}	20	20	20	20	20	V
Max. zul. Betriebstemperatur	T_{max}	120	140	160	180	200	°C
Lagertemperatur	T_S		− 55 bis + 200				°C
Kenndaten ($U_{KL} \leqq 1,5$ V)							
Anfangstemperatur (Beginn des positiven α_R)	T_A	− 50	− 30	50	90	130	°C
Anfangswiderstand bei T_A	R_A	600	600	150	150	150	Ω
Toleranz d. Anfangswiderst.			− 50 bis + 100				%
Kaltleiterwiderstand	R_{25}	ca. 200 k	ca. 30 k	ca. 180	ca. 180	ca. 180	Ω
Nenntemperatur	T_N	− 30	0	80	120	160	°C
Toleranz d. Nenntemperatur		± 5	± 5	± 5	± 5	± 5	K
Nennwiderstand bei T_N	R_N	1200	1200	300	300	300	Ω
Temperaturbeiwert im steilsten Bereich der R = f (T) Kennlinie	α_R	10	12	28	29	13	%/K
Endtemperatur	T_E	60	80	125	165	200	°C
Endwiderstand bei T_E	R_E	≧100	≧100	≧80	≧80	≧40	kΩ
Wärmeleitwert (T_U = 25°C)	$G_{th\,U}$	2,5	2,5	2,5	2,5	2,5	mW/K
Wärmeleitwert (T_U = 25°C, Öl)	$G_{th\,Öl}$	ca. 6	ca. 6	ca. 6	ca. 6	ca. 6	mW/K
Kennfarbe		rot	schwarz	orange	grün	braun	

Thermische Abkühlzeitkonstante τ_{th}

Die thermische Abkühlzeitkonstante ist die Zeit, während der sich die mittlere Kaltleiter-Temperatur bei Nullast um ca. 63 % der Differenz zwischen Anfangs- und Endtemperatur ändert.

Maximal zulässige Betriebstemperatur T_{max}

Die max. zulässige Betriebstemperatur ist jene höchste Temperatur, die der Kaltleiter aufgrund seiner elektrischen und thermischen Belastung auf seiner Oberfläche annehmen darf.

C Anwendungen

Die beschriebenen Eigenschaften des Kaltleiters erschließen eine Reihe von Anwendungsmöglichkeiten, deren Anforderungen durch entsprechende Bauformgestaltung Rechnung getragen wird.

Kaltleiter als Temperaturfühler

Der Kaltleiter wird mit einer Feldstärke der Größenordnung 1 V/mm betrieben. Hierbei ist sein Widerstand, wie in der Kennlinie dargestellt, eine Funktion der Umgebungstemperatur. Eigenerwärmung und Varistoreffekt können bei dieser Betriebsart vernachlässigt werden. Es besteht so eine eindeutige Beziehung zwischen Kaltleiterwiderstand und Temperatur. Unter diesen Bedingungen kann der Kaltleiter im Bereich des steilen Widerstandsanstiegs Meß- und Regelaufgaben übernehmen. Die wichtigste Anwendungsart ist hierbei der Schutz elektrischer Maschinen vor Übertemperatur. Für diesen Zweck ist ein Typenspektrum mit Arbeitstemperaturen von 60 bis 180 °C, in Stufen von 10 K verfügbar.

Kaltleiter als selbstregelnder Thermostat

Wird ein Kaltleiter Feldstärken der Größenordnung 10 V/mm ausgesetzt, so heizt er sich auf eine Temperatur oberhalb seiner Bezugstemperatur auf. Die sich dabei einstellende Gleichgewichtstemperatur ist von der Umgebungstemperatur fast unabhängig. Durch seinen positiven Temperaturkoeffizienten erhöht der Kaltleiter bei fallender Temperatur seine Leistungsaufnahme, bei steigender Temperatur setzt er sie herab. Diese Thermostatenwirkung ergibt in einem von Kaltleitern umschlossenen Raum eine Temperaturstabilisierung mit Regelfaktoren T_N/T_A von 5 bis 10. Auch gegenüber Änderungen der Betriebsspannung ist ein Stabilisierungsmechanismus wirksam. Bei Erhöhung der Betriebsspannung nimmt der Kaltleiter zunächst entsprechend mehr Leistung auf, erhöht aber dabei seine Temperatur und regelt dadurch den Strom wieder herab. Die Leistung (und damit die Temperatur) im betrachteten Spannungsbereich ist infolgedessen nicht dem Quadrat der Spannung proportional wie beim ohmschen Widerstand, sondern geht mit einer sehr viel kleineren Potenz, für die man etwa den Exponenten 0,1 ansetzen kann ($N \approx U^{0,1}$). Anders ausgedrückt: Die aufgenommene Leistung ist innerhalb eines weiten Spannungsbereiches praktisch nicht spannungsabhängig.

Kaltleiter als Flüssigkeits-Niveaufühler

Ein mit Feldstärken der Größenordnung 10 V/mm aufgeheizter Kaltleiter reagiert auf Änderungen der äußeren Abkühlbedingungen durch Änderung seiner Leistungsaufnahme. Bei gleichbleibender Spannung ist somit die Stromaufnahme ein Maß für die jeweils gegebene Wärmeleitung. Bei erhöhter Wärmeableitung – also stärkerer Abkühlung – erhöht sich durch den positiven Temperaturkoeffizienten der Kaltleiterstrom. Besonders kraß ist die Stromänderung, wenn der in Luft aufgeheizte Kaltleiter in ein flüssiges Medium, wo die Wärmeableitung erheblich größer ist, gebracht wird.
In der *Abb. 3.2.2-4* sind die stationären Strom-/Spannungs-Kennlinien eines Kaltleiters in Luft und in Öl dargestellt.

Bei gleichbleibenden Umgebungsbedingungen ist die Strom-/Spannungs-Kennlinie näherungsweise eine Hyperbel, da die aufgenommene Leistung zwischen etwa 6 und 30 V/mm fast spannungsunabhängig ist. Für verschiedene Umgebungsbedingungen gelten jeweils verschiedene „Hyperbeln gleicher Leistung". Nach diesem Prinzip kann unterschieden werden, ob sich der Kaltleiter in Luft oder in Flüssigkeit befindet, oder ob das ihn umgebende Medium ruht oder strömt.

Abb. 3.2.2-4
Stationäre Strom-/Spannungs-Kennlinien eines Kaltleiters

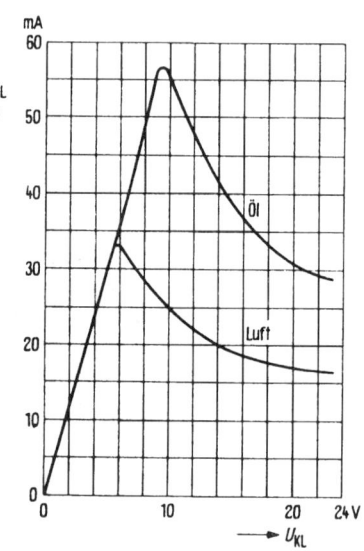

Kaltleiter als Verzögerungs-Schaltglied

Wird ein Kaltleiter an eine Spannung gelegt, die ihn über die Bezugstemperatur aufheizen kann, so hängt die Zeit bis zum Erreichen der Bezugstemperatur und des hochohmigen Zustandes von der gegebenen Anfangsleistung ab. Durch Wahl von Spannung, Vorwiderstand, Kaltleitergröße, Bezugstemperatur und Wärmekapazität kann man die „Schaltzeit" in weiten Grenzen variieren. Es gilt näherungsweise:

$$t_s \approx \frac{c \cdot \delta \cdot V \cdot (T_N - T_A)}{p}$$

t_s = Schaltzeit [s]
c = spezifische Wärme des Kaltleitermaterials $\left[\dfrac{W \cdot s}{K \cdot g}\right]$
δ = Dichte des Kaltleitermaterials [g/cm³]
V = Kaltleitervolumen [cm³]

T_N = Bezugstemperatur des Kaltleiters [°C]
T_A = Kaltleitertemperatur vor Einschalten der Spannung [°C]
p = Anfangs-Heizleistung des Kaltleiters [W]

Die im Kaltleiter bis zum Erreichen der Bezugstemperatur entwickelte Heizleistung ist näherungsweise gegeben durch:

$$p \approx \frac{U^2 \cdot R_0}{(R_v + R_0)^2}$$

U = Betriebsspannung [V]
R_0 = Größe des Widerstandes des Kaltleiters vor Einschalten der Spannung [Ω]
R_v = Größe des Vorwiderstandes [Ω]

Das Produkt c · δ beträgt bei SIEMENS-Kaltleitermaterial etwa 3 W · s/K · cm³, so daß man erhält:

$$t_s \approx \frac{3 \cdot V \cdot (T_N - T_A) \cdot (R_v + R_0)^2}{U^2 \cdot R_0}$$

Nachdem die Zeit t_s ab Einschaltung der Spannung U verstrichen ist, hat das im kalten Zustand vergleichsweise niederohmige System aus Kaltleiter und Vorwiderstand den etwa 100fachen Widerstandswert angenommen, der Strom ist um den gleichen Faktor zurückgegangen.
Anwendungsbeispiele für derartige verzögerte Abschaltungen sind Entmagnetisierungsschaltungen in der Farbfernsehtechnik, Starts von Gasentladungslampen, Steuerung der Anlaufs-Hilfsphase bei Wechselstrommotoren.

Temperaturregler für elektrische Heizungen

Für die Heizungsregelung gibt es unterschiedliche Möglichkeiten. Die einfachste Methode ist das Einschalten der Heizung, wenn der gewünschte Temperaturwert unterschritten wird, und das Wiederausschalten nach Erreichen dieser Temperatur. Wegen der unvermeidlichen Trägheit der Heizelemente ergibt sich dabei – auch bei sehr genau arbeitenden Regelschaltungen – ein gewisses Schwanken der Temperatur.
An der Steuerelektrode des Triac liegt ein Spannungsleiter, der mit einer Wechselspannung von 4 V gespeist wird. Er besteht aus einem Widerstand R_1 und einem Kaltleiter. Liegt die tatsächliche Temperatur niedriger als der eingestellte Wert, so ist der Kaltleiterwiderstand sehr klein, und die Steuerelektrode des Triac erhält eine Spannung, für die dessen Durchsteuerung aus-

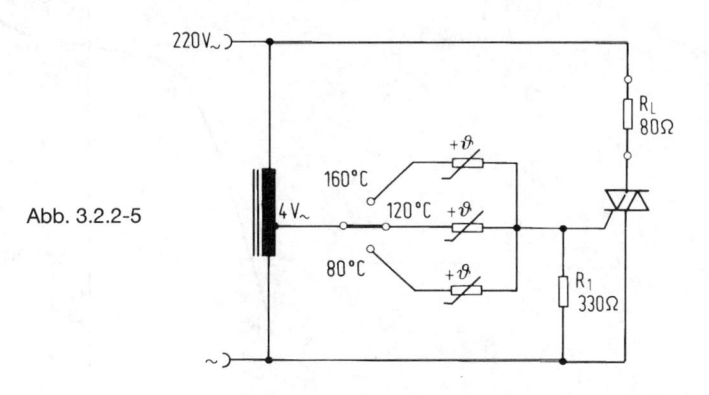

Abb. 3.2.2-5

reicht. Über den Triac ist die Heizung eingeschaltet. Bei Erreichen der Curietemperatur des Kaltleiters steigt dessen Widerstand stark an, wodurch sich die Mittelpunktspannung des Spannungsteilers derart verschiebt, daß die Steuerspannung des Triac kleiner wird. Der Triac sperrt, und die Heizung wird abgeschaltet. Durch Umschaltung auf drei verschiedene Kaltleitertypen lassen sich in der Schaltung drei Temperaturen, nämlich 80, 120 und 160 °C einstellen. Die Schalttemperatur ist jeweils direkt abhängig von der Curietemperatur des als Fühler verwendeten Kaltleiters. Die Kaltleiter eignen sich aufgrund ihrer charakteristischen Strom-/Spannungs-Kennlinien besonders zur Überwachung und Sicherung der Öl- oder Kraftstoffabfüllung in Tanks.

3.2.3 VDR-Widerstände (Varistoren)

Wie eingangs erwähnt, beruht die Kennliniencharakteristik auf dem mit der angelegten Spannung veränderlichen Kontaktwiderstand zwischen den einzelnen Siliziumkarbidkristallen. VDR-Widerstände (voltage dependent resistors) weisen eine von Null ausgehende symmetrische Kennlinie für positive und/oder negative Spannungen auf. Es gibt jedoch auch asymmetrische Varistoren mit Diodencharakteristik. Die Kennlinie für einen symmetrischen VDR-Widerstand ist der *Abb. 3.2.3-1* zu entnehmen. Für kleine Spannungen +U' und –U' ist der Verlauf von A nach B eine Gerade. Hier liegt ohmsches Widerstandsverhalten vor. Das eigentliche VDR-Verhalten ist im positiven Bereich von B-C und im negativen Bereich von A-D gekennzeichnet.

VDR-Widerstände werden durch zwei Größen gekennzeichnet:
C: (Widerstands-)Wert [Ω] (Typengröße)
β: Regelfaktor 0,15...0,35; Steigung der
  Strom-/Spannungs-Kennlinie.

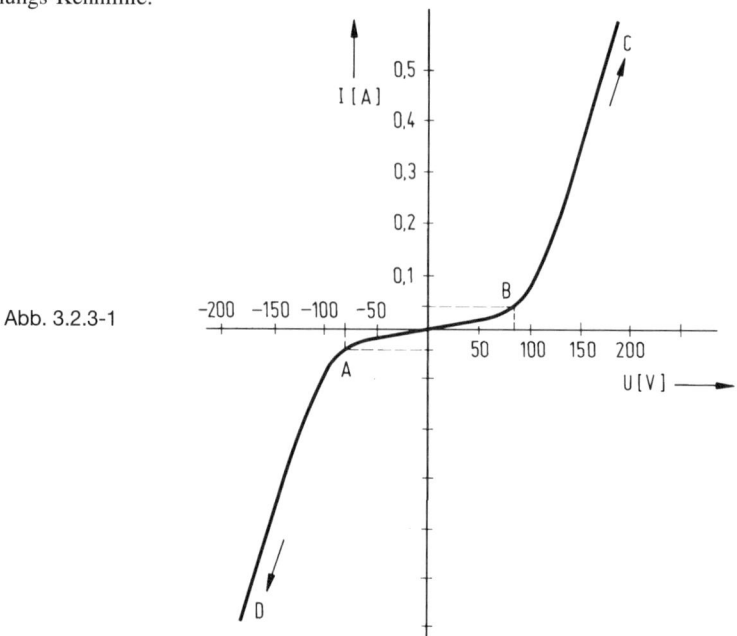

Abb. 3.2.3-1

3.2 Nichtlineare Widerstände

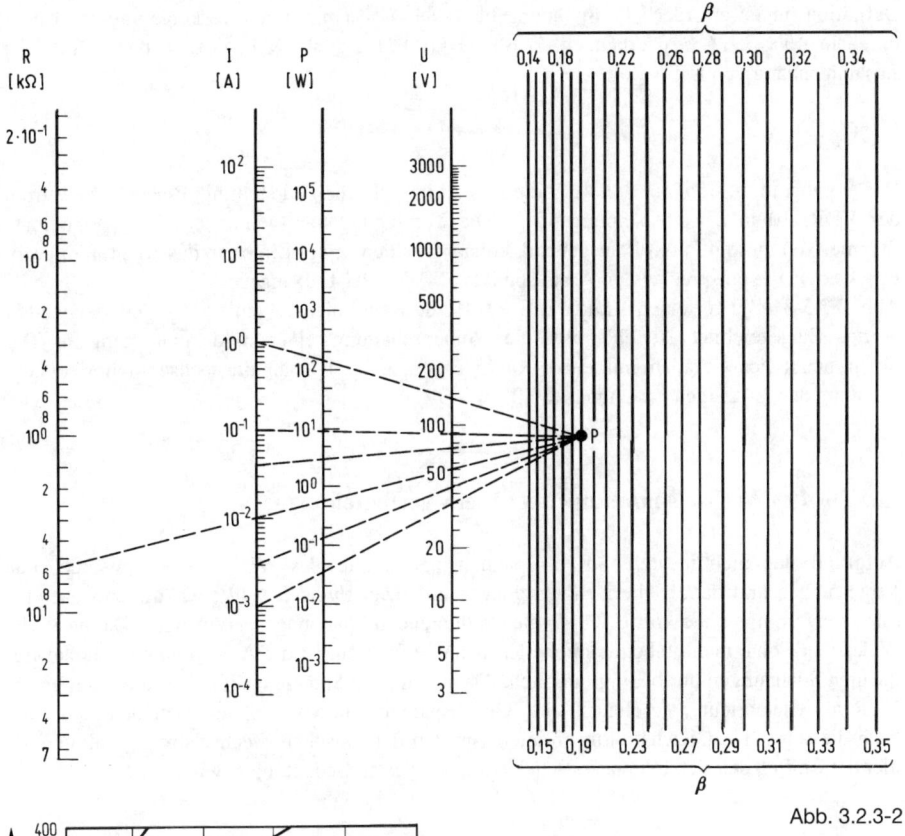

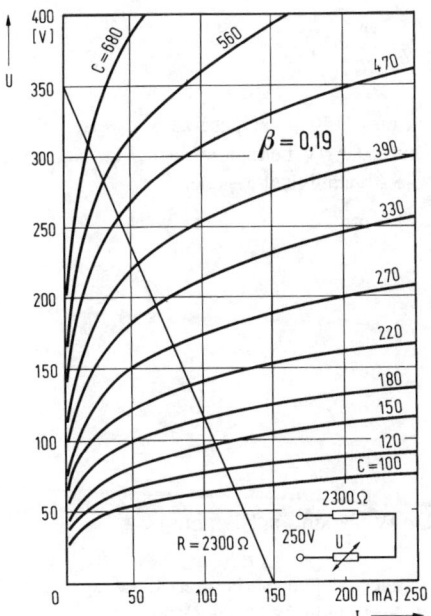

Abb. 3.2.3-2

Abb. 3.2.3-3

$\beta = 0{,}19$

Definition für C: erforderliche Spannung für I = 1 A. Das ist durch Verlängerung der Kennlinien in *Abb. 3.2.3-3* zu erkennen. Z. B. C = 100 Ω ergibt I = 1 A, U = 100 V. Für den Zusammenhang von U-I-R gilt:

$$U = C \cdot I^\beta$$

Das Nomogramm, *Abb. 3.2.3-2*, zeigt die Formel in grafischer Darstellung. Beispiel: Meßstrom des VDR: 10 mA, Meßspannung 55 V. Die Verbindungslinie schneidet die typenbedingte β-Linie. Von diesem Punkt P ausgehend, können strahlenförmig Linien in das Diagramm gezogen werden, die entsprechenden Arbeitspunkte als Wert R-I-U-P angeben. Abb. 3.2.3-3 zeigt für einen VDR mit β = 0,19 die Kennlinien verschiedener C(Widerstands)-Werte. Eingezeichnet ist ebenfalls die Reihenschaltung einer Widerstandsgeraden. Der Schnittpunkt der Geraden mit einer Kurve ergibt auf der Spannungsachse in horizontaler Richtung den jeweiligen Spannungsabfall am VDR.

A VDR bei Wechselspannungen und sein Verhalten

Aufgrund der nichtlinearen Strom-/Spannungs-Kennlinie des VDR treten entsprechende Verzerrungen und damit Oberwellenbildungen auf. Die *Abb. 3.2.3-4a* zeigt die entstehenden Stromverzerrungen, die *Abb. 3.2.3-4b* die resultierenden Spannungsverzerrungen. Da die VDR-Widerstände eine nicht unbeträchtliche Kapazität aufweisen, ist die Anwendung bei höher frequenten Spannungen nur bedingt möglich. Asymmetrische Spannungsimpulse rufen, mit einem VDR als Gleichrichter geschaltet, eine Gleichspannung hervor. So unterscheiden sich dann auch die statischen Gleichstromkennlinien von den dynamischen Wechselstromkennlinien, da hier der Einfluß des sich bildenden Scheinwiderstandes an Bedeutung gewinnt.

B Kennwerte für die Schaltungsauslegung

VDR-Widerstände werden bis zu Temperaturen von max. 150 °C eingesetzt. Sie weisen einen negativen Temperaturkoeffizienten des C-Wertes auf. Der T_K beträgt je nach Material etwa –0,0012...–0,0018. Nach $C_T = C_0 (1 + T_{Kc} \cdot T)$ ist die Abhängigkeit gegeben. Je nach Typ sind folgende Werte erzielbar:

Belastbarkeit:	0,25 W...3 W
Meßstrom:	1 mA...100 mA
Meßspannung:	1300 V...2,7 V
β:	0,15...0,35
C:	14 Ω...1000 Ω
Toleranzen:	±5 %...±20 %

C Varistoren mit kurzen Ansprechzeiten (SIOV-Typen Fa. Siemens)

Für die Begrenzung schneller Überspannungsstörungen stehen Varistoren mit ausgeprägter Spannungscharakteristik bei kurzer Ansprechzeit zur Verfügung. Wichtige Daten sind:

3.2 Nichtlineare Widerstände

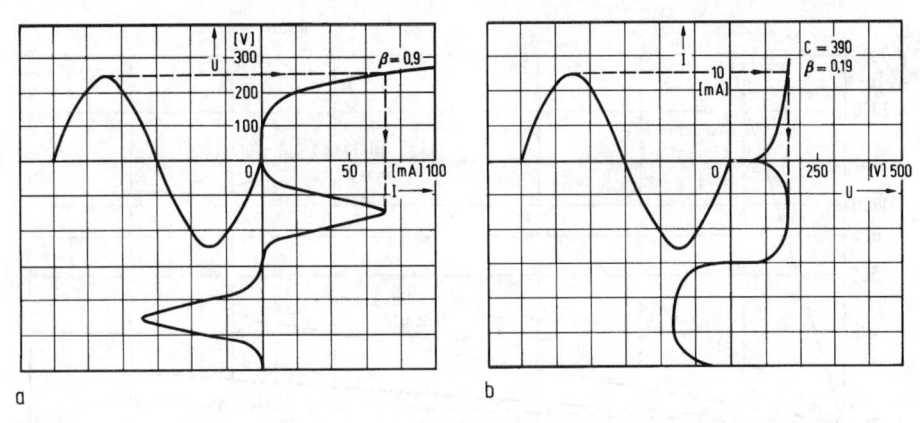

Abb. 3.2.3-4

Verfügbare Varistorelement-Durchmesser	5, 7, 10, 14, 20 mm	25, 32 mm
Schutzpegelbereich (typenabhängig)	22 bis 1800 V	205 bis 910 V
Stoßstrom	bis 4 kA	bis 25 kA
Energieabsorptionsvermögen	bis 400 Ws	bis 1800 Ws
Dauerbelastbarkeit	bis 0,8 W	bis 1,2 W
Temperaturkoeffizient der Ansprechspannung	$<-0,5 \cdot 10^{-3}$/K	
Ansprechzeit	<25 ns	
Standardtoleranz der Ansprechspannung	±10 %	
Betriebstemperaturbereich (Vollast)	−40 bis +85° C	
Lagertemperaturbereich	−40 bis +125°C	−40 bis +110°C

In den Diagrammen *3.2.3-5a* und *b* sind die grundlegenden Eigenschaften (A) als Vergleich zu langsameren Siliziumkarbid-Varistoren (B) gezeigt.

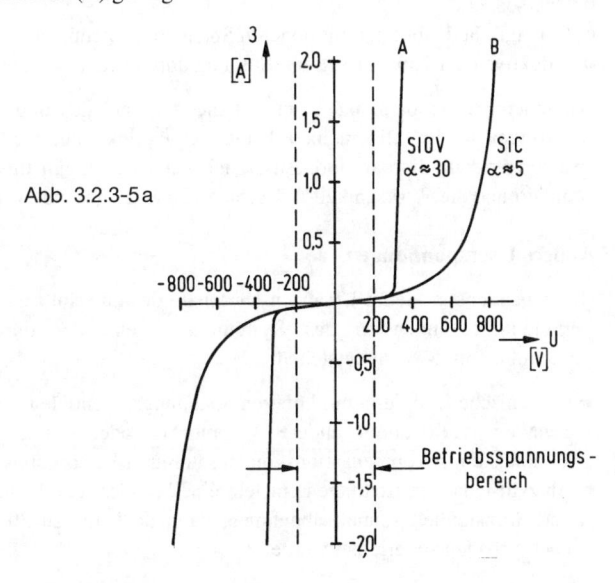

Abb. 3.2.3-5a

863

Abb. 3.2.3-5b

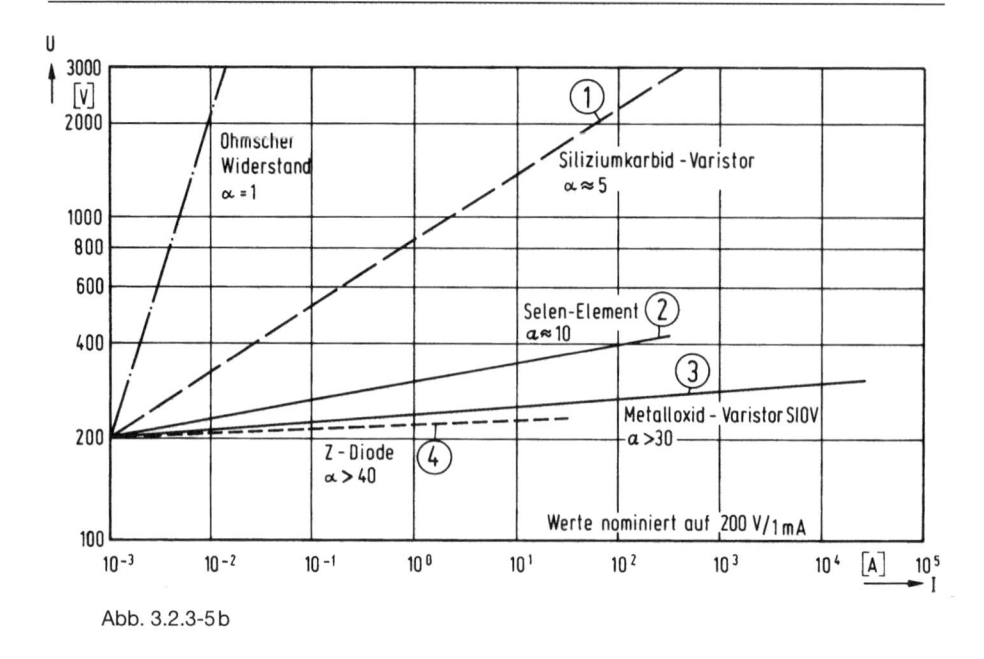

Ursachen von Überspannungen in Netz- und Versorgungsleitung und die Schutzmaßnahmen mit Varistoren sollen jetzt besprochen werden.

Innere Überspannungen

(Überspannungen, die im zu schützenden System selbst verursacht werden)

- Schalten induktiver Kreise
- Überschlag
- Galvanische Kopplung mit höheren Spannungspotentialen
- Induktive oder kapazitive Beeinflussung durch andere Bauteile

Bei inneren Überspannungen bereitet die Auswahl des optimal angepaßten Überspannungsschutzelements im allgemeinen keine Schwierigkeiten, weil Größe und Dauer der Überspannungen kalkulierbar sind. Zusätzlich kann der ungünstigste Fall in einer Probeschaltung simuliert und die Wirksamkeit des Schutzelementes getestet werden.

Äußere Überspannungen

(Überspannungen, deren Ursachen außerhalb des zu schützenden Systems liegen und die über Verbindungsleitungen in das System gelangen oder durch induktive oder kapazitive Einkopplung im System entstehen)

- Galvanische Kopplung mit höheren Spannungspotentialen
- Schalten (z. B. durch andere Verbraucher oder durch das Zu- und Abschalten von Blindleistungs-Kompensationskondensatoren in Versorgungsnetzen)
- Blitzeinschlag (in Leitungen entsteht eine Wanderwelle hoher Spannung; obwohl Amplitude und Stirnsteilheit schnell abnehmen, kann doch bis zu 20 km vom Ursprungsort entfernt noch Schaden angerichtet werden.)

3.2 Nichtlineare Widerstände

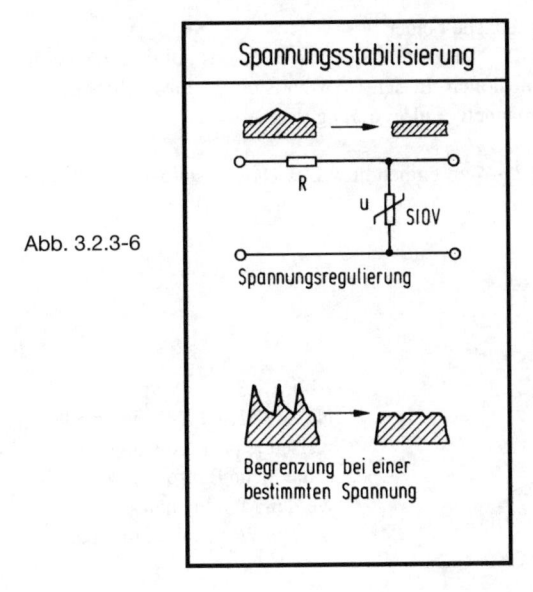

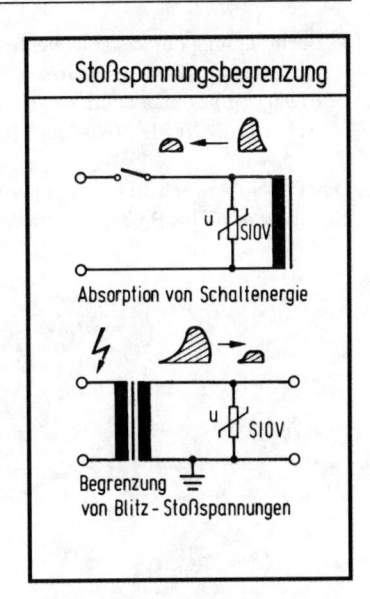

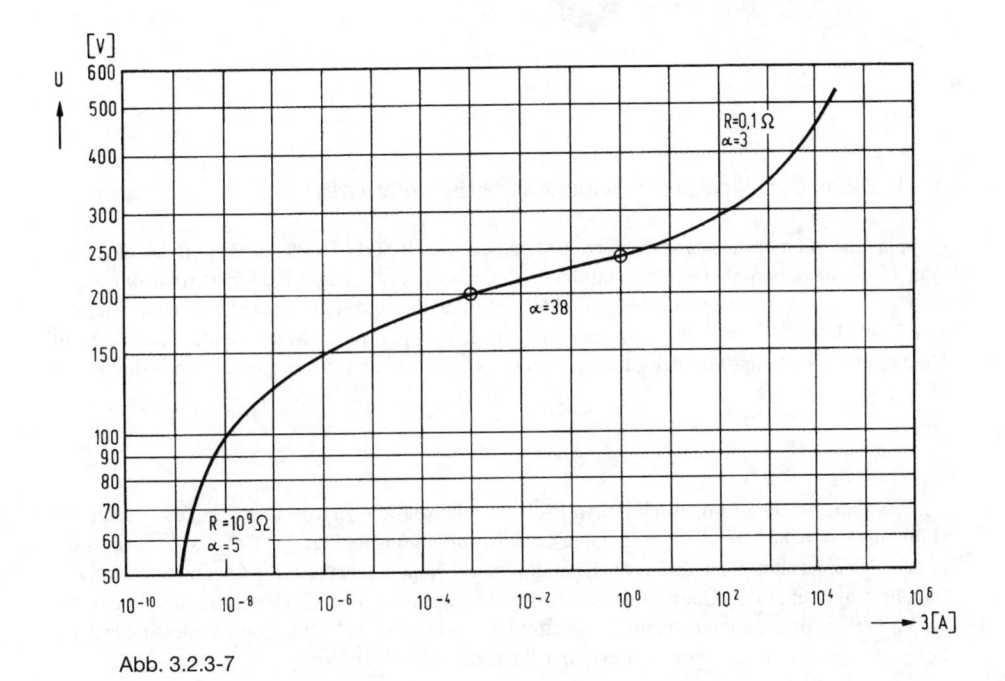

Abb. 3.2.3-6

Spannungsstabilisierung
Spannungsregulierung
Begrenzung bei einer bestimmten Spannung

Stoßspannungsbegrenzung
Absorption von Schaltenergie
Begrenzung von Blitz-Stoßspannungen

Abb. 3.2.3-7

- Induktive Beeinflussung (Tritt in Versorgungsleitungen – besonders bei starrer Sternpunkterdung – ein Kurzschluß auf, so können in benachbarten Systemen hohe Spannungen induziert werden. Dieser Tatsache kommt bei der zunehmenden Verkabelung besondere Bedeutung zu.)

- Beeinflussung durch starke elektromagnetische Felder
  (Verursacht z. B. durch Blitzschlag in der Nähe eines Systems oder – es sollte durchaus in Erwägung gezogen werden – Kernexplosionen. In den USA hat sich für diese Ursache die Abkürzung „NEMP" (Nuclear Electromagnetic Pulse) durchgesetzt.)

Das Prinzip der Schaltung ist der *Abb. 3.2.3-6* zu entnehmen. Das *Diagramm 3.2.3-7* gibt die Kennlinie des Typs B3 2K 130 wieder.

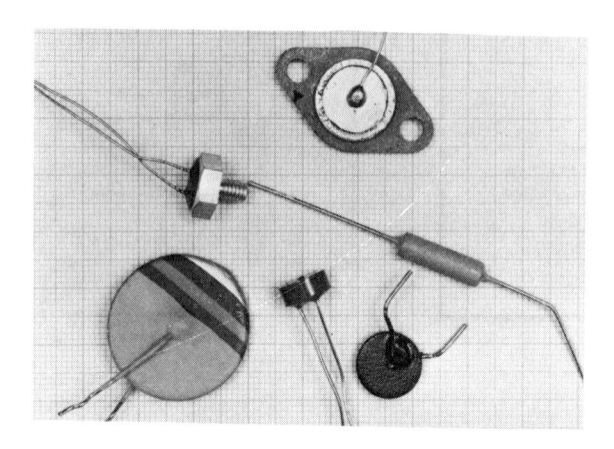

Abb. 3.2.3-8
NTC-VDR-PTC-Widerstände weisen je nach Leistung unterschiedliche Bauformen auf. Oft werden Metallgehäuse für bessere Wärmeableitung benutzt.

3.2.4 Magnetisch steuerbare Widerstände (Feldplatten)

Feldplatten sind magnetisch steuerbare Widerstände aus InSb/NiSb, deren Beeinflußbarkeit auf dem Gaußeffekt beruht. Die den Halbleiter durchlaufenden Ladungsträger werden durch die Einwirkung eines transversalen Magnetfeldes aufgrund der Lorentzkraft seitlich abgelenkt.
Der Winkel, um den sich die Stromrichtung nach Anlegen eines Magnetfeldes ändert, heißt Hallwinkel δ. Er hängt von der Elektronenbeweglichkeit μ und der magnetischen Induktion B ab:

$\operatorname{tg} \delta = \mu \cdot B$

Für InSb mit der außerordentlich hohen Elektronenbeweglichkeit von $\mu = 7$ m^2/Vs beträgt der Hallwinkel $\delta \approx 80°$ bei $B = 1$ T. Quer zur Stromrichtung halten im Gegensatz zum Hallgenerator niederohmige, in den InSb-Kristall legierte Nadeln aus NiSb die Gleichverteilung der Ladungsträger über den Querschnitt des Halbleiters aufrecht. Die Verlängerung des Weges der Ladungsträger mit zunehmendem Magnetfeld bewirkt eine Erhöhung des Widerstandes der Feldplatte, jedoch ohne Unterscheidung der Polarität der Induktion.

Die quantitative Änderung des Feldplattenwiderstandes zur Induktionsstärke ist in der *Abb. 3.2.4-1* gezeigt. R_0 ist der Ruhewiderstand.

Ähnlich wie beim Fotowiderstand wird das Halbleitermaterial mäanderförmig geätzt. Es lassen sich so folgende Widerstandswerte erreichen:

D-Material: 100 Ω/mm^2
L-Material: 40 Ω/mm^2
N-Material: 25 Ω/mm^2

Abb. 3.2.4-1
Abhängigkeit des Feldplattenwiderstandes von der Induktion

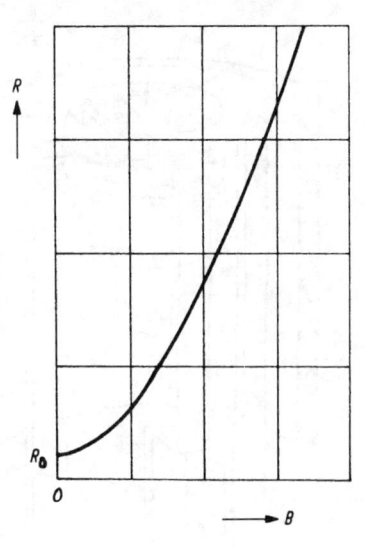

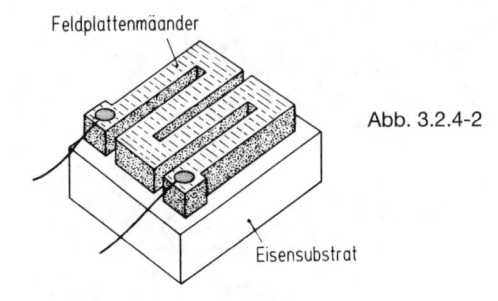

Abb. 3.2.4-2

A Feldplattenarten (Siemens)

Die formgeätzten Halbleitersysteme werden aus der vielelementigen Halbleiterscheibe herausgelöst und auf isolierte Substrate aufgeklebt. In den meisten Fällen wird auf isolierte Eisensubstrate übertragen, so wie es in der *Abb. 3.2.4-2* gezeigt ist. Als Substratmaterial dieser als E-Typen bezeichneten Feldplatten dient Permenorm 5000 H2 (Sättigungsinduktion 1,5 T, statische Koerzitivfeldstärke 0,04 A/cm, maximale Permeabilität 60 000 bis 80 000).
Daneben kann bevorzugt auf Ferrit-, Kunststoffsubstrate aufgeklebt werden. Die Halbleitermäander werden mittels Weichlötung von 80 µm $\varnothing$ CuL-Draht kontaktiert.
Die Halbleiteroberfläche wird zum Schutz gegen mechanische Beschädigung mit einer Lackschicht abgedeckt.
Die Feldplatten werden als Einzel- oder als Doppelfeldplatten hergestellt; letztere eignen sich besonders als Differentialfeldplatten für Brückenschaltungen.

Feldplattendifferentialfühler

Komplette Positionssensoren in der Form von Feldplattendifferentialfühlern erhält man, indem Einzel- oder Doppelfeldplatten in einem permanentmagnetischen Kreis angeordnet und in geeignete Gehäuse eingebaut werden. Bei den Feldplattenfühlern FP 210/211/212 (Siemens) sind die Feldplatten in einem offenen magnetischen Kreis eingesetzt.
Der Fühler besteht jeweils aus den Teilen Polschuh (1), Feldplattensystem (2), Polblech (3), Magnet (4), Anschlußspinne (5) und Gehäuse (6). Der Aufbau ist aus der *Abb. 3.2.4-3* ersichtlich.
Auf einem Eisen-Polschuh (1) mit ausgeprägten Höckern wird das Feldplattensystem (2) auf der isolierten Polschuhfläche aufgeklebt. Das System wird mit Ag-Draht gelötet. Da die

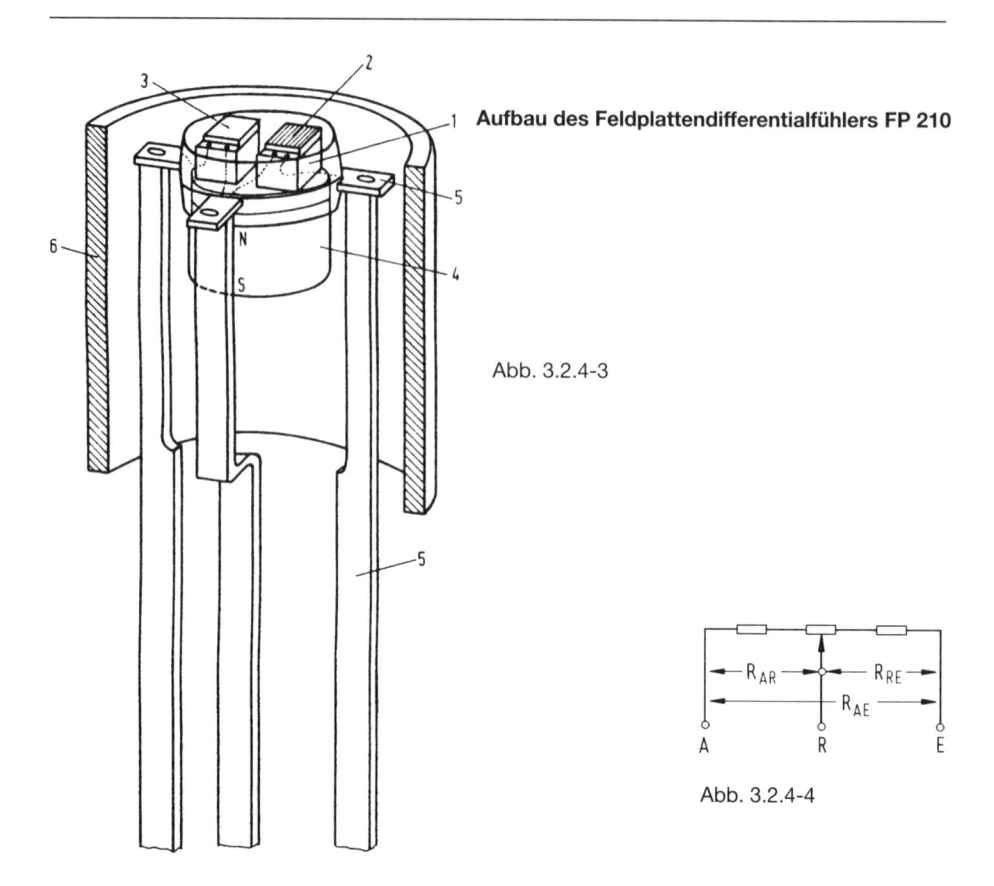

Aufbau des Feldplattendifferentialfühlers FP 210

Abb. 3.2.4-3

Abb. 3.2.4-4

Lötstellen über die Systemoberfläche herausragen, werden auf die aktiven Halbleiterflächen Weicheisenpolbleche (3) mit einer Dicke von 0,2 mm aufgeklebt, um die Systeme vor mechanischer Beschädigung zu schützen und die Lötstellenhöhe bis zur Oberfläche der Umhüllung durch ein hochpermeables Material zu überbrücken.

Kontaktlose Potentiometer

Im Luftspalt eines Permanent-Magnetkreises sind zwei Feldplatten aus N-Material mit einem Grundwiderstand von je 35 Ω angeordnet und elektrisch in Reihe geschaltet. Das ist in dem Prinzipbild *3.2.4-4* gezeigt. Die Feldplatten stellen rein ohmsche Widerstände dar, deren Wert von dem magnetischen Fluß, der die Feldplatten durchsetzt, abhängt. Eine Steuerscheibe aus ferromagnetischem Material bildet die Funktion des Schleifers eines herkömmlichen Potentiometers nach: Durch Drehen der Steuerscheibe wird das konstante Magnetfeld von der einen Feldplatte zu der anderen verschoben. Dadurch ändern sich die Teilwiderstände der in Reihe geschalteten Feldplatten R_{AR} und R_{RE} im gegenläufigen Sinn; der Gesamtwiderstand R_{AE} bleibt dabei annähernd gleich.

Der Verlauf der Widerstandskennlinie wird durch die Formgebung der Steuerscheibe bestimmt (*Abb. 3.2.4-5*). Der kleinste einstellbare Widerstandswert ist durch den Grundwiderstand R_0 einer Feldplatte gegeben. Die beiden Restwiderstände R_{0A} bzw. R_{0E} betragen je etwa 10 bis 15 % des Gesamtwiderstandes R_{AE}.

3.2 Nichtlineare Widerstände

Beim kontaktlosen Potentiometer nach dem zweiten Prinzip wird nicht ein Bereich hohen Feldes über den Feldplatten verschoben, sondern das Feld durch die beiden Feldplatten mit Hilfe eines Permanentmagneten kontinuierlich verändert. Dieser ist exzentrisch auf der Stirnseite einer Steuerachse montiert. Bei 360°-Drehung dieser Achse steuert der Permanentmagnet den Feldplattendifferentialfühler FP 212 L 100 (Siemens) an, so daß ein sinusähnliches Ausgangssignal zustande kommt. Innerhalb eines Winkelbereiches von z. B. 30° ist dieses Ausgangssignal dem Drehwinkel angenähert proportional.

Entsprechend dem Aufbau als offener magnetischer Kreis ist der Aufwand geringer, was mit einer geringen Einbuße an Linearität und Genauigkeit verbunden ist.

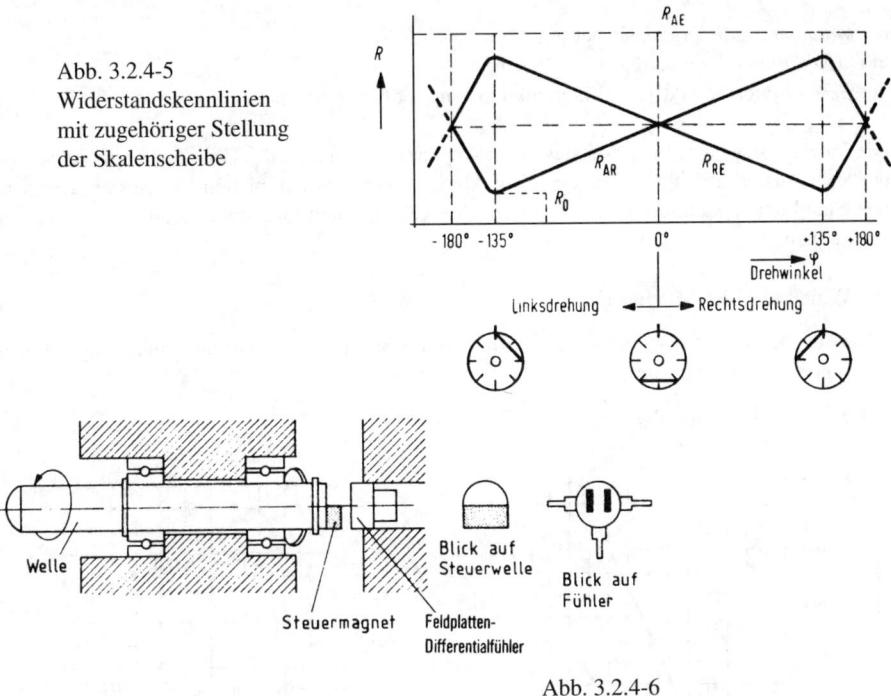

Abb. 3.2.4-5
Widerstandskennlinien mit zugehöriger Stellung der Skalenscheibe

Abb. 3.2.4-6
Lineares Feldplattenpotentiometer FP 310 L 100 mit 30°-Winkelbereich
(SIEMENS)

B Technische Daten

Typenschlüssel (Siemens) z. B.: FP 30 L 100 E

- **FP** Feldplatte
- **30** Bauform, geometrische Abmessungen (s. Maßzeichnungen)
- **L** Verwendeter Werkstoff, kennzeichnet Abhängigkeit des Widerstandes von der magnetischen Induktion und der Temperatur gem. Abb. 3.2.4-1 u. 10
- **100** in Ohm angegebener Wert des Widerstandes R_0 ohne Magnetfeld bei 25 °C
- **E** Trägermaterial

R_0 Grundwiderstand

Der Grundwiderstand R_0 der Feldplatte ist der Widerstand des Halbleitersystems ohne Einwirken eines Magnetfeldes.

Er wird bestimmt durch:
die *Leitfähigkeit* des InSb-NiSb; man unterscheidet drei Dotierungsgrade:

D-Material: $\sigma = 200\ (\Omega\ cm)^{-1}$ (undotiert), $R_0 \approx 100\ \Omega$ (25 °C)
L-Material: $\sigma = 550\ (\Omega\ cm)^{-1}$ $\quad R_0 \approx 80\ \Omega$
N-Material: $\sigma = 850\ (\Omega\ cm)^{-1}$ $\quad R_0 \approx 100\ \Omega$

die *Mäanderstreifenbreite*, sie beträgt meist etwa 80 µm;
die *Mäanderdicke*, sie beträgt etwa 25 µm;
die *Gesamtlänge* der aktiven, d. h. induktionsempfindlichen Mäanderstreifen.

Die Toleranz des Grundwiderstandes hängt von der Homogenität des Grundmaterials sowie von der Reproduzierbarkeit der geometrischen Abmessungen des Feldplatten-Systems ab. Der heutige Stand der Systemfertigung läßt es zu, den gewünschten Grundwiderstand R_0 auf ±20 % einzuhalten.

R_B Widerstand im Magnetfeld

Als Widerstand R_B einer Feldplatte wird ihr Widerstand unter Einwirkung eines Magnetfeldes bezeichnet. Er wird bestimmt durch:

– den Grundwiderstand R_0,

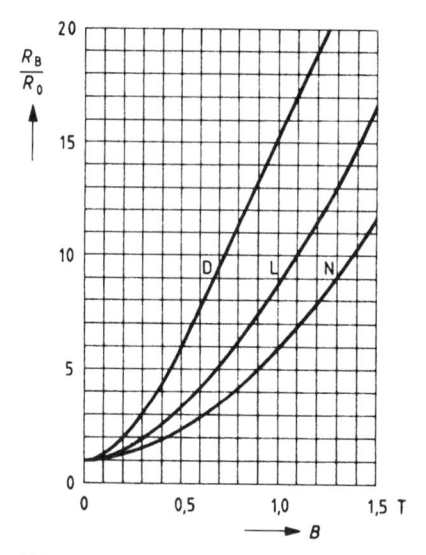

Abb. 3.2.4-7
Widerstandsverhältnis R_B/R_0 in Abhängigkeit von der magnetischen Induktion B bei den verschiedenen Halbleiterdotierungen ($T_u = 25$ °C) D, L, N

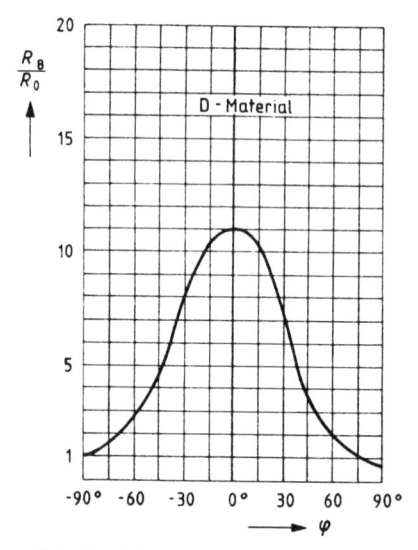

Abb. 3.2.4-8
Abhängigkeit des Widerstandsverhältnisses R_B/R_0 vom Neigungswinkel des Magnetfeldes für D-Halbleitermaterial

– die Größe des senkrecht einwirkenden Magnetfeldes, wobei die Polarität nicht erfaßt wird, und
– den Dotierungsgrad.

In der *Abb. 3.2.4-7* ist die relative Widerstandsänderung R_B/R_0 für die drei Grundmaterialien in Abhängigkeit von der magnetischen Induktion aufgetragen. Bis etwa 0,3 T verlaufen die Kennlinien annähernd quadratisch, zu höheren Feldern hin nähern sie sich asymptotisch einer Geraden. Als Arbeitsunterlage werden die Kurven in *Abb. 3.2.4-9a...c* empfohlen. Es ist jedoch darauf zu achten, daß Feldplatten im homogenen Magnetfeld aufgrund des Bündelungseffektes durch den Eisenträger eine etwa 10 % größere Induktion erfahren.

Die Toleranz der relativen Widerstandsabhängigkeit ist vorwiegend abhängig von der Gleichverteilung der ins Material eingebauten Nickelantimonid-Nadeln sowie von der Streuung der Dotierung. Höhere Dotierung des Grundmaterials reduziert die Induktionsabhängigkeit des Feldplattenwiderstandes infolge Abnahme der Elektronenbeweglichkeit μ.

Da nur die Vertikalkomponente des Feldes für die Widerstandserhöhung maßgeblich ist, geht bei Neigung der Feldrichtung die wirksame Komponente des Feldes mit dem Cosinus des Neigungswinkels φ gegen die Vertikale zurück. Die *Abb. 3.2.4-8* zeigt als Beispiel den Rückgang der Widerstandserhöhung bei B = 1 T und 25 °C für D-Material.

Feldplattenwiderstand und Temperaturabhängigkeit

Das undotierte Feldplattenmaterial InSb/NiSb (D-Material) hat einen negativen Temperaturkoeffizienten. Mit zunehmender Dotierung läßt sich dieser bis hin zu positiven Werten beein-

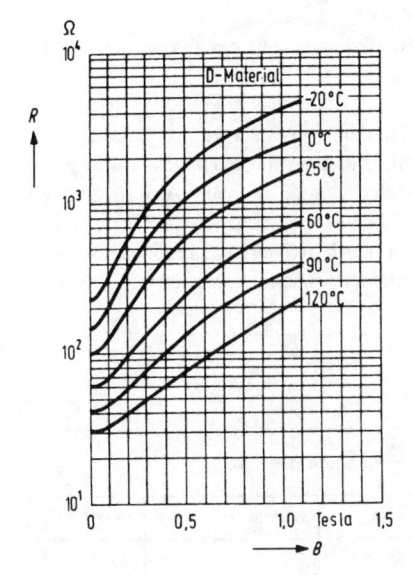

Abb. 3.2.4-9a
Feldplattenwiderstand R = f(B)
für D-Material
T_u = Parameter

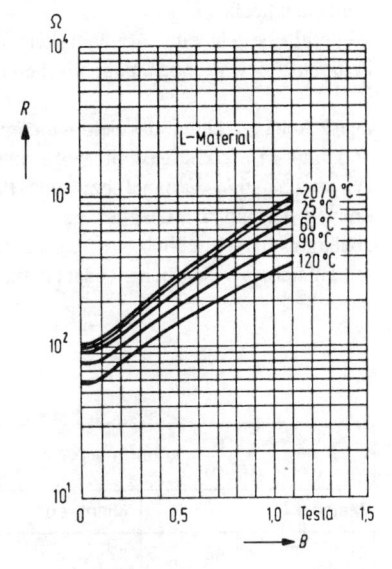

Abb. 3.2.4-9b
Feldplattenwiderstand R = f(B)
für L-Material
T_u = Parameter

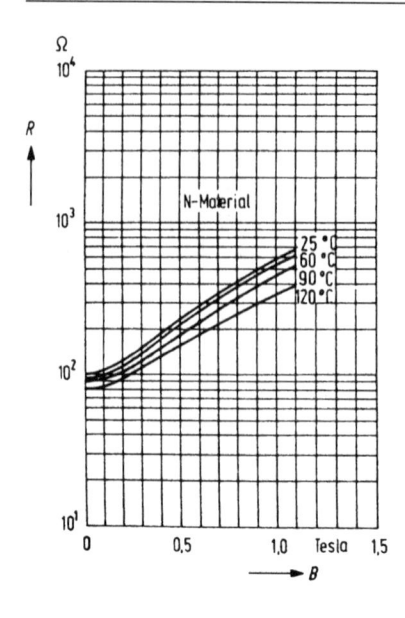

Abb. 3.2.4-9c
Feldplattenwiderstand R = f(B)
für N-Material
T_u = Parameter

flussen. Allerdings ist die Temperaturabhängigkeit bei verschiedenen Temperaturen unterschiedlich hoch.
Weiterhin besteht eine Abhängigkeit des Temperaturkoeffizienten von der Größe der auf die Feldplatte einwirkenden magnetischen Induktion.

Diese Abhängigkeiten des Feldplattenwiderstandes sind in den Abb. 3.2.4-9a...c, *3.2.4-10a...c* und *3.2.4-11a...c* dargestellt, wobei alternativ die Temperatur bzw. die magnetische Induktion als unabhängige Variable bzw. als Parameter verwendet wurde. Je nach Anwendungsfall können deshalb die Diagramme 3.2.4-9 oder 3.2.4-10 benützt werden. Da die Temperaturabhängigkeit schließlich von der Dotierung beeinflußt wird, ist deren Streuung im Halbleitermaterial wesentliche Ursache für die in der folgenden Tabelle aufgeführten Toleranzbereiche.

Material	$\frac{R_{75}}{R_{25}}$ (%) für B = 0 T			$\frac{R_{75}}{R_{25}}$ (%) für B = 1 T		
	min.	Mittelwert	max.	min.	Mittelwert	max.
D	45	47	55	28	28	35
L	74	84	94	53	63	75
N	90	95	99	76	82	89

3.2 Nichtlineare Widerstände

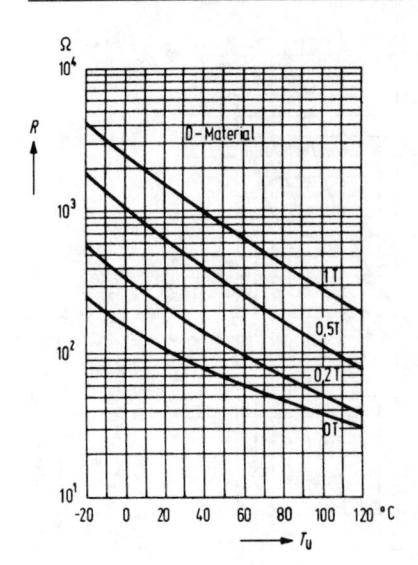

Abb. 3.2.4-10a
Temperaturabhängigkeit
des Feldplattenwiderstandes
$R = f(T_u)$ für D-Material;
B = Parameter

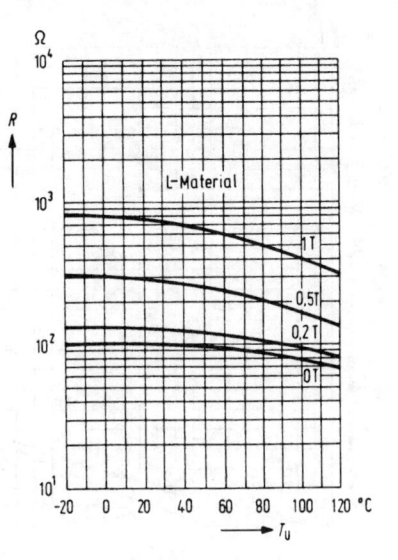

Abb. 3.2.4-10b
Temperaturabhängigkeit
des Feldplattenwiderstandes
$R = f(T_u)$ für L-Material;
B = Parameter

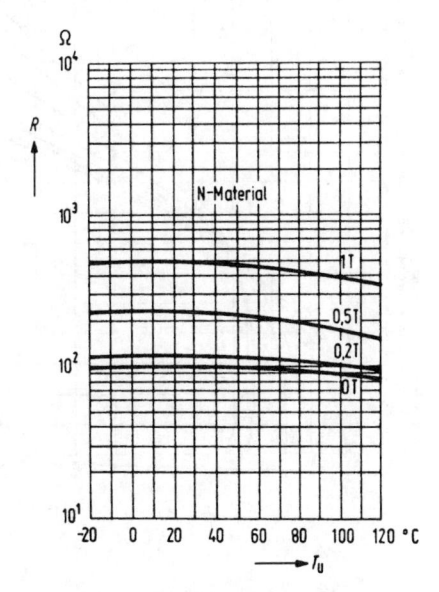

Abb. 3.2.4-10c
Temperaturabhängigkeit
des Feldplattenwiderstandes
$R = f(T_u)$ für N-Material;
B = Parameter

873

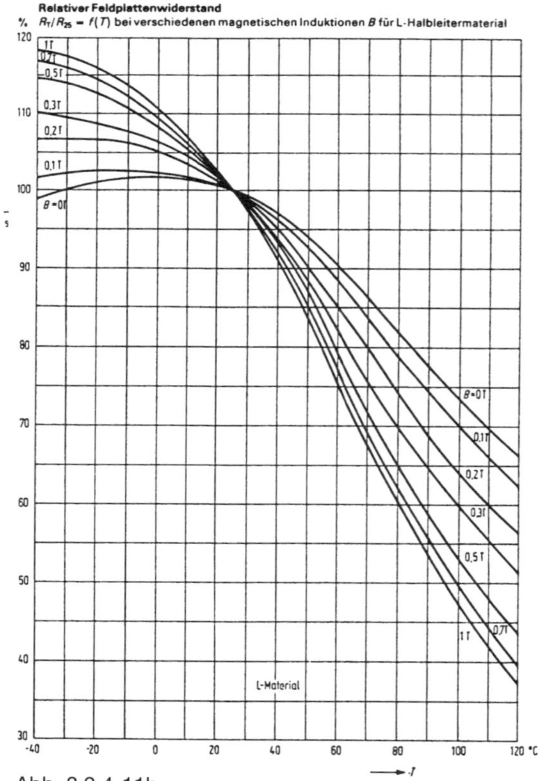

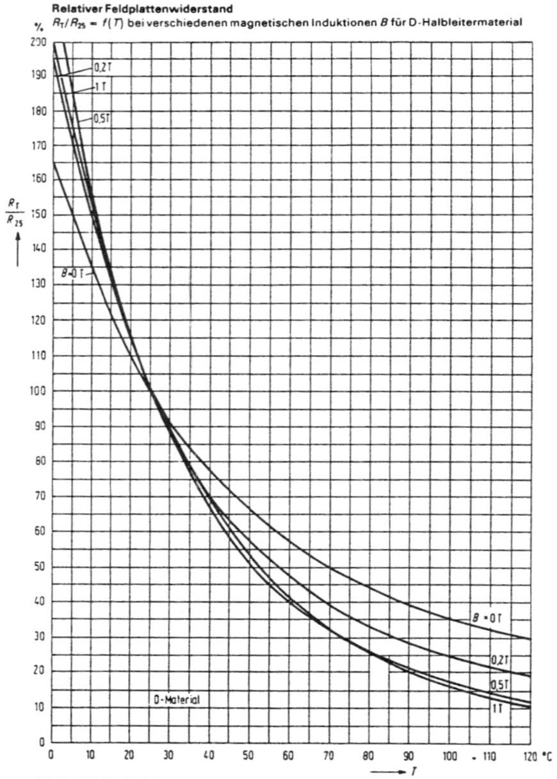

Abb. 3.2.4-11a
Relativer Feldplattenwiderstand
$R_T/R_{25} = f(T)$ bei verschiedenen
magnetischen Induktionen
B für D-Halbleitermaterial

Abb. 3.2.4-11b
Relativer Feldplattenwiderstand
$R_T/R_{25} = f(T)$ bei verschiedenen
magnetischen Induktionen
B für L-Halbleitermaterial

Abb. 3.2.4-11c
Relativer Feldplattenwiderstand
$R_T/R_{25} = f(T)$ bei verschiedenen magnetischen Induktionen B für N-Halbleitermaterial

Relativer Feldplattenwiderstand
% $R_T/R_{25} = f(T)$ bei verschiedenen magnetischen Induktionen B für N-Halbleitermaterial

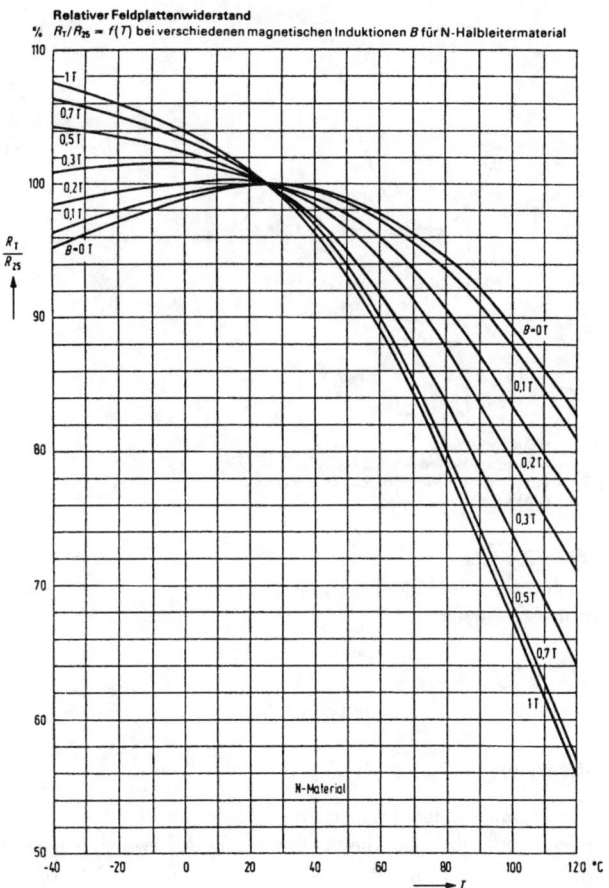

Vormagentisierung

Die Widerstandsänderung ΔR_1 ist für kleine Magnetfelder aufgrund der quadratischen Abhängigkeit des Feldplattenwiderstandes von der Induktion sehr gering. Weiterhin wird die Polarität des Feldes nicht erkannt, so daß positive und negative Steuerinduktion B_{st} zur gleichen Widerstandsänderung führen (*Abb. 3.2.4-12a*).

Um höhere Widerstandsänderungen, also einen höheren Signalhub zu erhalten, legt man den Arbeitspunkt auf der Kennlinie nicht in R_0, sondern in einen Bereich größerer Steilheit. Dies geschieht durch Vormagnetisieren der Feldplatte, z. B. durch Aufbringen der Feldplatte auf einen Permanentmagneten. Der Arbeitspunkt wird so auf den Wert R_{v0} verschoben. Jetzt bewirkt ein Steuerfeld B_{st} eine weit höhere Widerstandsänderung ΔR_2, so wie es die *Abb. 3.2.4-12b* erkennen läßt.

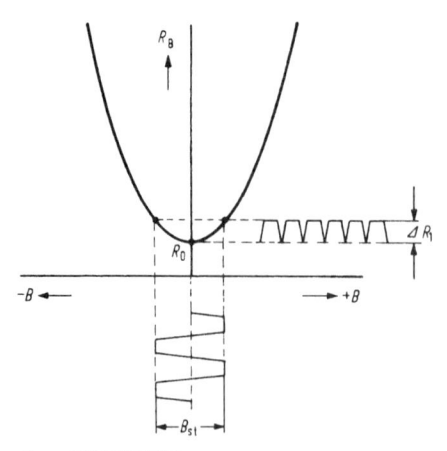

3 Elektronische Bauelemente

B_{st} = Steuerinduktion
R_0 = Widerstand bei Induktion $B = 0$
ΔR_1 = Widerstandsänderung durch Steuerinduktion ohne Vormagnetisierung

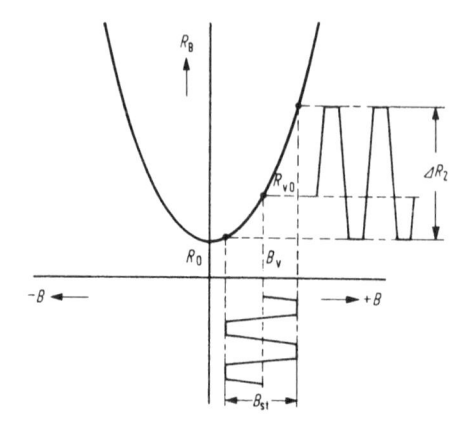

ΔR_2 = Widerstandsänderung durch Steuerinduktion mit Vormagnetisierung
B_v = Vormagnetisierte Induktion
R_{v0} = Arbeitspunkt bei Vormagnetisierung

Abb. 3.2.4-12a
Aussteuerung der Feldplatte ohne Vormagnetisierung

Abb. 3.2.4-12b
Aussteuerung der Feldplatte mit Vormagnetisierung

Offener magnetischer Kreis

Beim offenen magnetischen Kreis werden die Feldplatten vormagnetisiert, die Widerstandsänderungen selbst aber durch Umlenkung des Vormagnetisierungsfeldes mit Hilfe von bewegten Eisenteilen, nach *Abb. 3.2.4-13a* nicht von Fremdfeldern, erzeugt.
Auf einem Dauermagneten (1) wird auf einem Polschuh (2) die Feldplatte (3) aufgeklebt. Die Feldplatte liegt so im Streufluß Φ_v des Vormagnetisierungsmagneten.
Der Feldplattenwiderstand R_B wird so in den steilen Teil der Kennlinie $R_B = f(B)$ auf den Vormagnetisierungswiderstand R_v angehoben, so wie es die *Abb. 3.2.4-13c* zeigt. Bewegt man ein Eisenteil (4) an der Polschuhfläche vorbei, so wird der hier in *Abb. 3.2.4-13b* austretende Streufluß Φ_v verstärkt, und der Widerstand nimmt nach Abb. c um ΔR zu.

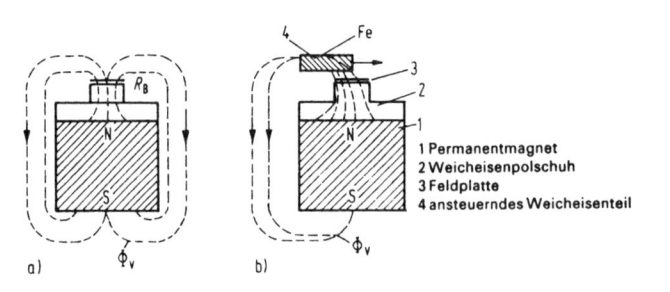

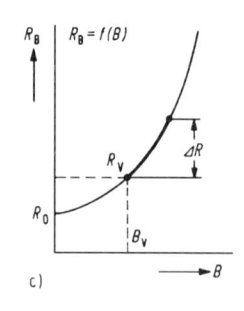

1 Permanentmagnet
2 Weicheisenpolschuh
3 Feldplatte
4 ansteuerndes Weicheisenteil

Abb. 3.2.4-13 Prinzip des offenen magnetischen Kreises

3.2 Nichtlineare Widerstände

Geschlossener magnetischer Kreis

Der geschlossene magnetische Kreis wird im Prinzip in der *Abb. 3.2.4-14* dargestellt. Ein kleiner Permanentmagnet (1) mit flußlenkenden Weicheisenteilen (2) erhöht den Grundwiderstand R_0 der Feldplatte (3) auf den Vormagnetisierungswiderstand R_v. Die Feldplatte ist damit in einem kleinen geschlossenen Magnetkreis eingebaut.
Bewegt man einen Steuermagneten (4) (Abb. 3.2.4-14b) an der Feldplatte vorbei, so überlagert sich anfangs der Steuerfluß Φ_{st} dem Vormagnetisierungsfluß Φ_v, und der Feldplattenwiderstand nimmt um ΔR ab (Abb. 3.2.4-14c).
Beim Weiterbewegen des Steuermagneten entsprechend Abb. 3.2.4-14b wirkt das Steuerfeld Φ_{st} anschließend in Richtung des Vormagnetisierungsfeldes, und der Feldplattenwiderstand nimmt in der Folge um ΔR zu.

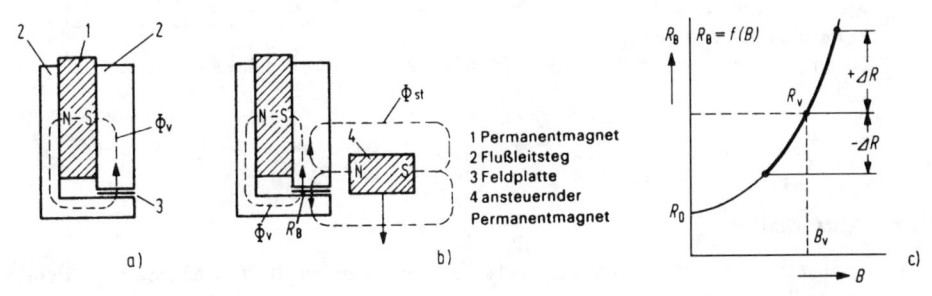

Abb. 3.2.4-14 Prinzip des geschlossenen magnetischen Kreises

Mittensymmetrie M

Die Mittensymmetrie wird bei Differentialfeldplatten als das Verhältnis der Differenz der beiden Einzelwiderstände zu dem größeren Einzelwiderstand in % definiert.

$$M = \frac{R_1 - R_2}{R_1} \cdot 100 \% \quad (R_1 > R_2).$$

Im Datenteil wird die Mittensymmetrie jeweils für den nicht angesteuerten Zustand der Differential-Feldplatte angegeben.

Nullspannung U_{A0}

Die Differenz der beiden Einzelwiderstände bei Differential-Feldplatten kann auch durch die Nullspannung U_{A0} angegeben werden. In der *Abb. 3.2.4-15a* ist die Meßschaltung dargestellt. Die *Abb. 3.2.4-15b* zeigt den Zusammenhang zwischen Mittensymmetrie und Nullspannung. Für die Brückenschaltung entsprechend der Abb. a gilt:

$$M = \frac{2\, U_{A0}}{\dfrac{U_B}{2} + U_{A0}} \qquad U_{A0} = \frac{U_B}{2} \cdot \frac{R_1 - R_2}{R_1 + R_2}.$$

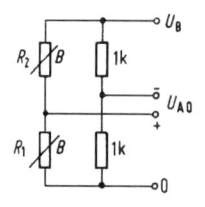

Abb. 3.2.4-15a
Meßschaltung

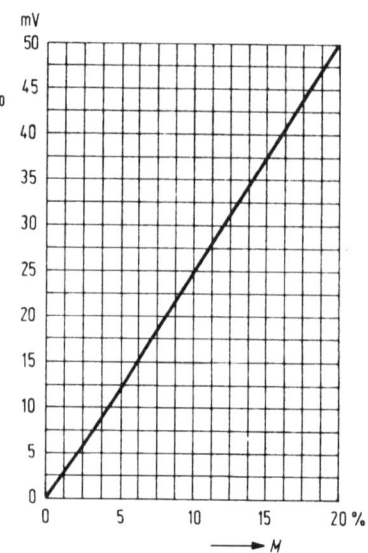

Abb. 3.2.4-15b
Korrelationskurve M = f(U_{A0})
Zusammenhang zwischen U_{A0} und M bei U_B = 1 V

Frequenzverhalten

Die Frequenzunabhängigkeit des Widerstandseffekts wurde bis zu 10 GHz nachgewiesen. Beim Einsatz von Feldplatten auf leitfähiger Unterlage in Wechselfeldern muß das Auftreten von Wirbelströmen beachtet werden. Für höhere Frequenzen kommen nur Ferrit oder Kunststoff als Trägermaterial in Frage.
Ein weiteres Problem ist die im Mäander induzierte Spannung, welche auch bei bifilarem Aufbau durch eine Restschleife entsteht. Eine Kompensation ist am einfachsten mit zwei gegeneinander geschalteten Feldplatten zu erreichen bzw. durch Formung der Anschlußdrähte.

Festlegung der Betriebsspannung

Da bei Feldplattenfühlern die Signalspannung U_{ASS} proportional mit der Betriebsspannung U_B steigt, liegt es nahe, hohe Betriebsspannungen zu wählen. Mit Kenntnis des Wärmeleitwertes, der Temperaturverhältnisse sowie des entsprechenden Feldplattenwiderstandes läßt sich leicht der Verlauf der maximal zulässigen Betriebsspannung ermitteln.

Aus der Beziehung
$$G_{th} = \frac{P}{T_{max} - T_U} \text{ (W/K)}$$

ergibt sich
$$G_{th} \cdot (T_{max} - T_U) = \frac{U_B^2}{R(T_{max})}$$

und daraus
$$U_B = \sqrt{(T_{max} - T_U) \cdot G_{th} \cdot R(T_{max})},$$

wobei T_{max} die maximal zulässige Systemtemperatur,
T_U die Umgebungstemperatur
und $R(T_{max})$ der Feldplattenwiderstand bei T_{max} ist.

Allerdings ist ein Betrieb der Feldplatte bei U_{Bmax}, also bei der Spannung, bei welcher das Feldplattensystem die maximal zulässige Temperatur erfährt, zwar vertretbar, nicht aber empfehlenswert, da die hohe Systemtemperatur zu einer überdurchschnittlich schnellen Alterung der eingesetzten Kunststoffe führen kann. Weiterhin führen schon einige Änderungen des Wärmeleitwerts zu großen Temperaturschwankungen der hoch erhitzten Feldplattensysteme, die sich besonders durch Nullspannungsänderungen beim Einsatz als Differential-Feldplatten negativ auswirken können.

Der empfohlenen Betriebsspannung liegt eine bestimmte Systemübertemperatur (meist 20 K) zugrunde, wobei der Absolutwert von T_{max} nicht überschritten werden soll. Bei den Einzelfeldplatten beschränkte man sich auf die Angabe der empfohlenen Betriebsspannung. Hier ist besonders auf den von der Einbauweise abhängigen Wärmeleitwert zu achten. Soweit sinnvoll, wurde bei den Diagrammen die Bezugstemperatur als Parameter eingeführt. Für $T = T_U$ gilt Betrieb frei in Luft, also kleiner Wärmeleitwert. Für $T = T_G$ ist die Feldplatte bzw. der Fühler mit gutem Wärmekontakt zu einem Medium mit großer Wärmeleitfähigkeit und Wärmekapazität versehen.

Differential-Feldplatte

In der Differentialschaltung bleibt bei gleichem Temperaturgang der beiden Einzelsysteme die Spannung ohne Ansteuerung am Mittelabgriff konstant, da beide Einzelwiderstände gleich groß bleiben.

Für die Temperaturabhängigkeit der Signalspannung bei Ansteuerung ist bei Betrieb mit konstanter Spannung das Verhältnis Steilheit zu R_B maßgebend.

Wie die Abb. 3.2.4-9 zeigt, nimmt sowohl der Widerstand R_B wie auch in der Abb. 3.2.4-21 gezeigt die Steilheit $\frac{dR}{dB}$ mit der Temperatur ab. Beispielsweise ändert sich bei einer Feldplatte aus L-Material bei einer Induktion von B = 0,5 T und einer Erwärmung von +25 °C auf +65 °C die Steilheit um etwa –30 %, der Widerstand um etwa –25 %. In der Differentialschaltung geht nur das Verhältnis dieser beiden Größen ein, d.h. der Quotient $\frac{dR}{R_B \cdot dB}$ wird um weniger als 7 % kleiner.

Die Ergänzung einer Differential-Feldplatte zur Vollbrücke läßt es zu, das Ausgangssignal U_A ohne den Anteil $U_{B/2}$ zu erfassen. Bei einer nicht angesteuerten Anordnung beträgt somit das Ausgangssignal 0 Volt.

Temperaturkompensation in Brückenschaltung

Um die verbleibende Temperaturabhängigkeit der Signalspannung zu kompensieren, gibt es folgende Möglichkeiten:

Verwendung temperaturabhängiger Widerstände

Die Brücke wird über einen temperaturabhängigen Widerstand nach *Abb. 3.2.4-16* an die Betriebsspannung gelegt. Der Temperaturgang der Brückenspannung U_A kann noch über einen Parallelwiderstand zum Vorwiderstand abgeglichen werden. Dies gelingt jedoch nur für einen kleinen Temperaturbereich.

Abb. 3.2.4-16

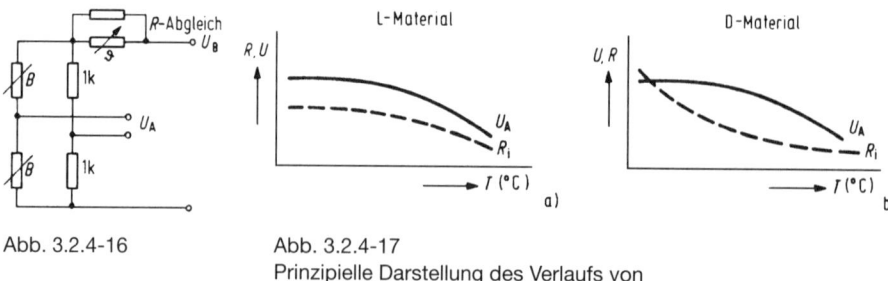

Abb. 3.2.4-17
Prinzipielle Darstellung des Verlaufs von
Ausgangsspannung U_A und Innenwiderstand der Differentialplatte R_i bei L- und D-Material

Ausnützung der Temperaturabhängigkeit der Arbeitspunktinduktion B_0

Entsprechend der Abb. 3.2.4-21 nehmen die Empfindlichkeit und damit die Signalspannung U_A bei konstanter Betriebsspannung oberhalb 0,3 T mit zunehmender Induktion B ab. Verwendet man bei der Vormagnetisierung einen Permanentmagneten mit negativem Temperaturkoeffizienten, so kann man damit den Temperaturgang der Signalspannung teilweise kompensieren.
Der geringe Temperaturgang von Stahlmagneten bzw. SmCo-Magneten reicht nicht aus. In Frage kommen nur die Oxidmagneten wie z.B. Strontiumferrit DS 1 oder DS 2 mit einem Temperaturkoeffizienten der Induktion von etwa −0,3 %/K.

Ausnützung der Temperaturabhängigkeit des Innenwiderstandes der Differential-Feldplatte

Eine Kompensation ohne Bauteilmehraufwand ist die für L- und D-Material anwendbare folgende Methode: Man nützt die Temperaturabhängigkeit des Feldplattenwiderstandes und somit des Innenwiderstandes der Differential-Feldplatten direkt zur Kompensation. Der Kurvenverlauf ist der *Abb. 3.2.4-17a und b* zu entnehmen.
Schaltet man zu den Einzelfeldplatten des Spannungsteilers entsprechend der *Abb. 3.2.4-18* je einen Widerstand R parallel, so verringern sie das Leerlaufausgangssignal U_A der Brücke zu U_{AL}.

$$U_{AL} = U_A \cdot \frac{R_L}{R_i + R_L}.$$

Aus der Beziehung entsprechend dem Ersatzschaltbild in Abb. 3.2.4-18 geht hervor, daß bei Abnahme von R_i der Nenner des Bruchs kleiner wird und dadurch ein größerer Bruchteil von der Leerlaufausgangsspannung U_A als U_{AL} erscheint. Da bei steigender Temperatur die Höhe des Ausgangssignals U_A und der Innenwiderstand der FP-Brücke gleichermaßen zurückgehen, ist eine Kompensation der Abnahme des Ausgangssignals möglich. Als Nachteile dieser Art der Kompensation sind die Verkleinerung des Ausgangssignals und die Verlustleistung in den Belastungswiderständen zu nennen.
Eine verbesserte Kompensationsschaltung beruht auf demselben Prinzip wie die einfache Methode, vermeidet aber deren Nachteile durch Verwendung eines Operationsverstärkers nach *Abb. 3.2.4-19*.

3.2 Nichtlineare Widerstände

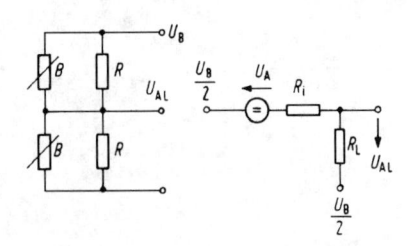

Abb. 3.2.4-18
Schaltung und Ersatzschaltbild von mit Widerständen belasteter Feldplattenbrücke (Belastung $R_L = R/2$)

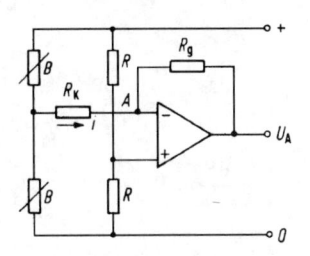

Abb. 3.2.4-19
Schaltung mit verbesserter Temperaturkompensation

Durch die Art der Beschaltung des Opterationsverstärkers hat die Schaltung am Punkt A einen Eingangswiderstand von 0 Ohm. Es wird daher nicht die Ausgangsspannung des Feldplatten-Differentialfühlers ausgewertet, sondern der Ausgangsstrom i. Wenn man den Widerstand R_k genau halb so groß dimensioniert wie einen einzelnen Belastungswiderstand der einfachen Schaltung, so „sieht" der Differentialfühler eine gleich große Last wie bei der einfachen Schaltung, und es herrschen dieselben Verhältnisse bezüglich der Kompensation. Im Gegensatz zur einfachen Schaltung kann jedoch der Widerstand R_k beliebig verkleinert oder sogar fortgelassen werden, wobei das Ausgangssignal sogar zunimmt. Mit der Größe des Widerstands R_k kann die Kompensation optimal an die magnetischen Verhältnisse der verwendeten Anordnung und an den Temperaturbereich angepaßt werden. Als Anfangswert für Versuche bei einer neuen Anordnung wähle man R_k gleich dem Innenwiderstand der Differential-Feldplatte.

Arbeitspunkt von vormagnetisierten Differential-Feldplatten

Das Ausgangssignal eines Differentialfühlers wird neben den magnetischen Bedingungen der Ansteuerung auch von der Stärke der Vormagnetisierung B beeinflußt. Betrachtet man einen Spannungsteiler aus 2 Feldplatten nach *Abb. 3.2.4-20*, gilt bei kleiner Induktionsänderung ΔB:

$R_3 = R_4$
$B_1 = B + \Delta B$
$B_2 = B - \Delta B$
$R_1 = R + \Delta R = R + \dfrac{dR}{dB} \cdot \Delta B$
$R_2 = R - \Delta R = R - \dfrac{dR}{dB} \cdot \Delta B$

Abb. 3.2.4-20 FP-Spannungsteiler

Die Mittenspannung des angesteuerten Feldplattenspannungsteilers ist

$U_{R1} = U_B \dfrac{R_1}{R_1 + R_2},$

während sie an den Festwiderständen $U_R = \dfrac{U_B}{2}$ bleibt.

Daraus folgt:

$$\Delta U = U_{R1} - \frac{U_B}{2} = U_B \left(\frac{R_1}{R_1 + R_2} - \frac{1}{2} \right) = U_B \frac{R_1 - R_2}{2(R_1 + R_2)} = U_B \frac{2 \frac{dR}{dB} \Delta B}{4R}.$$

$$\frac{\Delta U}{U_B} = \frac{1}{2R} \cdot \frac{dR}{dB} \cdot \Delta B$$

Die Höhe des Ausgangssignals hängt also von $\frac{1}{R} \cdot \frac{dR}{dB}$ der relativen Änderung des Widerstands, ab.

Für ein möglichst großes Signal ist also ein möglichst steiler Widerstandsanstieg bei kleinem Widerstand im Arbeitspunkt erforderlich. Da mit wachsendem Magnetfeld der Widerstand der Feldplatte zunimmt, während bei großen Feldern der Widerstandsanstieg langsam abflacht, ergibt sich ein Maximum der Empfindlichkeit bei kleinen bis mittleren Feldstärken. Die *Abb. 3.2.4-21a...c* zeigen den Verlauf von $\frac{1}{R} \cdot \frac{dR}{dB}$ für die 3 Materialien. Da die Maxima relativ flach sind, ist die Größe der Vormagnetisierung nicht kritisch. Wenn man in der Wahl frei ist, sollte man die Vormagnetisierung des Fühlers frei in Luft etwas unter das Maximum legen, da sich durch das ansteuernde Eisenteil eine Flußkonzentration und damit eine Erhöhung der Vormagnetisierung ergibt.

C Anwendung von Feldplatten und Feldplattenfühlern

Feldplatten lassen sich als kontakt- und stufenlos steuerbare Widerstände einsetzen. Die Ansteuerung erfolgt entweder mit einem Permanentmagneten oder über einen Elektromagneten, in dessen Luftspalt der Halbleiter liegt.

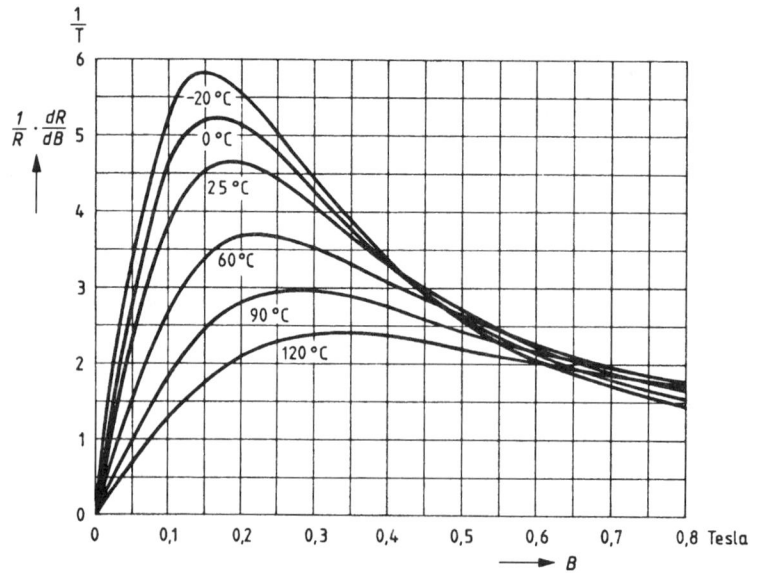

Abb. 3.2.4-21a   Empfindlichkeit $\frac{1}{R} \cdot \frac{dR}{dB} = f(B)$ für D-Material

3.2 Nichtlineare Widerstände

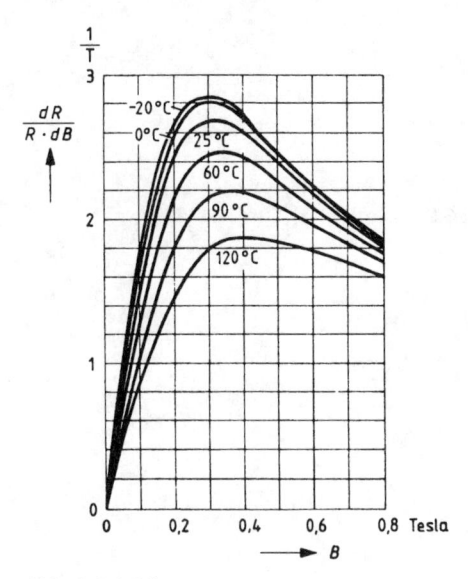

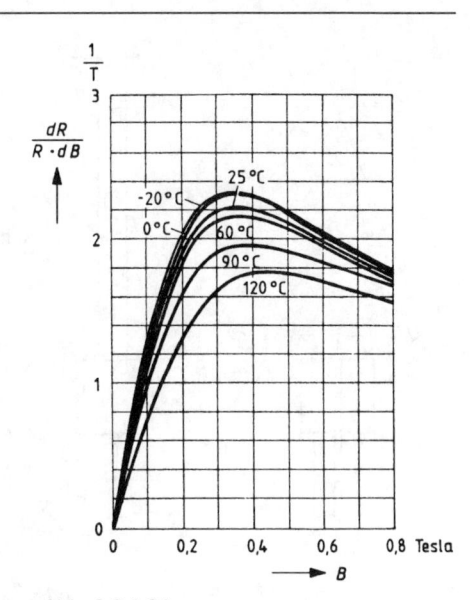

Abb. 3.2.4-21b
Empfindlichkeit $\frac{1}{R} \cdot \frac{dR}{dB}$ = f(B) für L-Material

Abb. 3.2.4-21c
Empfindlichkeit $\frac{1}{R} \cdot \frac{dR}{dB}$ = f(B) für N-Material

Bei den Feldplattenfühlern sind der Magnet und flußlenkende Teile zu einer Einheit zusammengefügt, so daß die Ansteuerung mit Eisenteilen oder kleinen Stiftmagneten erfolgen kann. Der Schwerpunkt der Anwendungen liegt bei den Feldplattenfühlern im Bereich der kontaktlosen und berührungslosen Schaltvorgänge, insbesondere als Drehzahlgeber, Positionsgeber sowie Funktionsgeber.

Feldplatten auf Eisensubstrat werden in Verbindung mit einer Folgeelektronik zur kontaktlosen Signalgabe sowie zur potentialfreien Regelung in elektromagnetischen Kreisen eingesetzt.

Drehzahlerfassung mit Feldplatten-Differential-Fühler

Die Feldplattenfühler FP 210 L 100 bzw. FP 212 L 100, FP 210 D 250 bzw. FP 212 D 250 und FP 211 D 155 der Fa. Siemens eignen sich besonders für die Drehzahlmessung rotierender Zahnräder. Interessant ist dabei die Möglichkeit, auch noch bei niedrigsten Drehzahlen fehlerfrei zu messen, da die Höhe der Ausgangsspannung von der Drehzahl unabhängig ist.

Für ein möglichst großes Ausgangssignal sollte das Zahnrad eine Zahnbreite von 1,2 mm und eine Lückenbreite von 2,2 mm aufweisen. Die Zahnhöhe sollte nicht weniger als 1 mm betragen.

Das Ausgangssignal ist annähernd sinusförmig, wobei der Klirrfaktor mit sinkendem Luftspalt anwächst. Die Tabelle enthält die Effektivspannungen von Grund- und Oberwellen für ver-

3 Elektronische Bauelemente

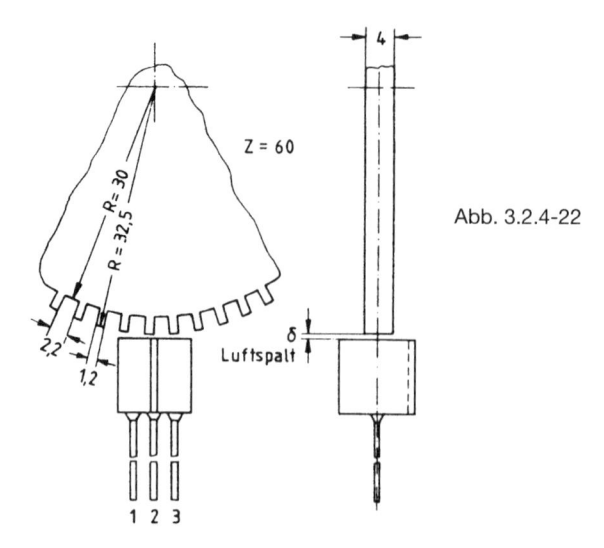

Abb. 3.2.4-22

schiedene Luftspalte und 5-V-Speisespannung für das oben empfohlene Zahnrad bei Abfrage mit FP 210 L 100.

Luftspalt	Grundwelle		1. Oberwelle		2. Oberwelle	
δ in mm	mV	%	mV	%	mV	%
0,02	540	100 %	50	9,0 %	30	5,6 %
0,2	210	100 %	7	3,3 %	5	2,3 %
0,4	100	100 %	2	2,0 %	1	1,0 %
0,6	50	100 %	0,7	1,5 %	0,2	0,4 %

Verteilung von Grund- und Oberwellen für FP 210 L 100 bei Ansteuerung mit Zahnrad entsprechend Abb. 3.2.4-22

Drehsinnerfassung mit Feldplatten-Differential-Fühler

Bei Verwendung eines Feldplatten-Differential-Fühlers, z. B. FP 210 D 250, zur Erfassung der Drehrichtung eines Zahnrades ist ein unsymmetrisches Zahn-Zahnlücke-Verhältnis Voraussetzung. Es werden folgende Abmessungen des Zahnrades nach *Abb. 3.2.4-23* empfohlen.

Zahnhöhe h: $\geq$ 1 mm; Zahnbreite b: 2 mm
Zahndicke d: $\geq$ 3 mm; Zahnlücke l: 6 mm
Der Luftspalt zwischen Zahnrad und Fühlerelement soll unter 0,5 mm liegen.
Die Hysterese des Schaltverstärkers wird so bemessen, daß der Ausgangsspannungsbereich des nicht angesteuerten Fühlers voll erfaßt wird:

Die Mittensymmetrie $M = \dfrac{R_1 - R_2}{R_1}$ bei der FP 210-/212-Serie beträgt weniger als 10 %, so daß die Ausgangsspannung des nicht angesteuerten Fühlers zwischen 47,4 % und 52,6 % der Betriebsspannung liegt. Bei einer Speisespannung von 5 V soll daher der Hysteresebereich des

Verstärkers von 2,37 bis 2,63 V gehen. Wählt man zur Sicherheit 2,32 und 2,68 V, so ergibt sich die in *Abb. 3.2.4-24* skizzierte Schaltung.
Aus der Abfrage des Mittelwertes der Ausgangsspannung der Schaltstufe nach *Abb. 3.2.4-25* ergibt sich der Drehsinn des Zahnrades.
Ein stark unsymmetrisches Zahn-Zahnlücke-Verhältnis ergibt einen großen Unterschied der Mittelwerte der Ausgangsspannung bei Rechts- und Linksdrehung, erniedrigt aber die Folgefrequenz. Das Optimum liegt bei etwa 1:3, wobei die Hälfte der höchstmöglichen Frequenz abgegeben wird und die drehsinnabhängige Spannung bei 25 % oder 75 % des Ausgangsspannungshubes der Schaltstufe liegt.

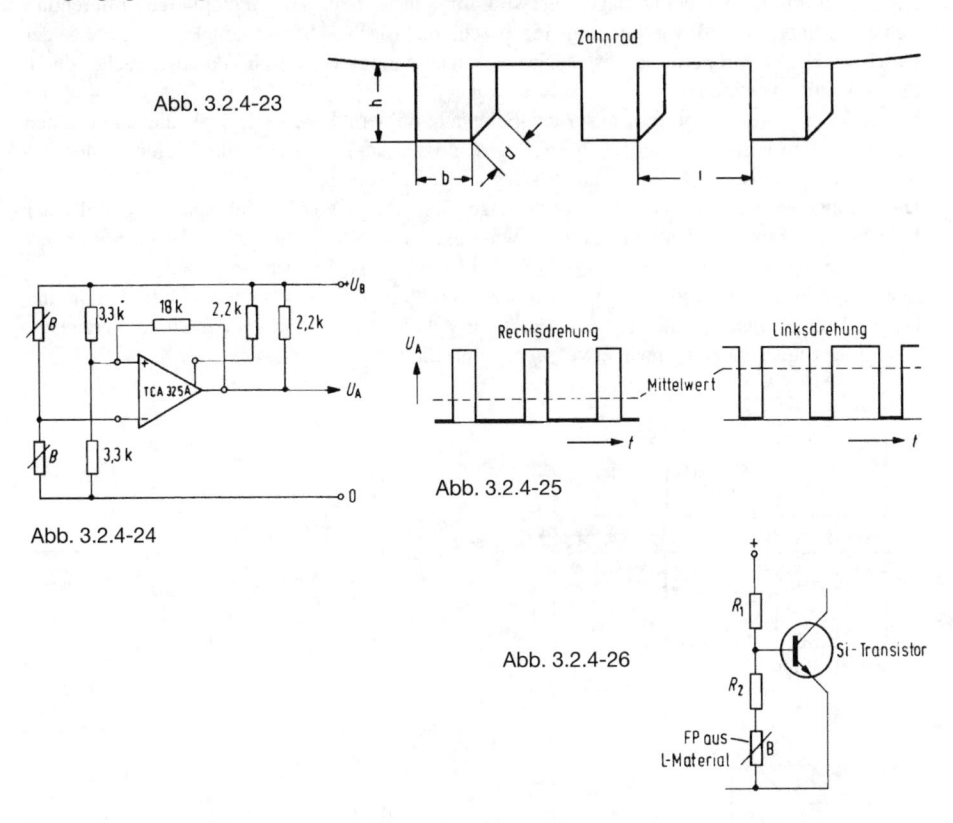

Abb. 3.2.4-23

Abb. 3.2.4-24

Abb. 3.2.4-25

Abb. 3.2.4-26

Ansteuern von Transistoren mit Feldplatten

Bei der Ansteuerung von Transistoren mit Feldplatten wird die Basis des Transistors an einen Spannungsteiler angeschlossen, in dessen einem Zweig die Feldplatte liegt. Durch Ausnutzung der Temperaturabhängigkeit bei B-E-Spannung des Transistors und des Widerstands der Feldplatte kann eine Temperaturkompensation erreicht werden. Dazu legt man zweckmäßig nach *Abb. 3.2.4-26* die Feldplatte in den emitterseitigen Zweig des Spannungsteilers für die Basis des Transistors. Da jedoch bei einer Temperaturänderung von +25 auf +100 °C die Basis-Emitter-Spannung des Transistors auf 80 % absinkt, der Widerstand einer Feldplatte aus L-Material bei einem Fluß von 0,1 T jedoch auf 70 % des Werts bei 25 °C, wird in Reihe mit der Feldplatte der Widerstand R_2 gelegt, wodurch eine weitgehende Temperaturkompensation erreicht werden kann.

Berührungslose Geschwindigkeitsmessung von Rotations- und Linearbewegungen/Feldplatten-Wirbelstromtachometer

In der modernen Steuerungstechnik benötigt man für die Steuerung schneller mechanischer Einrichtungen die Geschwindigkeit und Beschleunigung der bewegten Teile als elektrische Signale. Der Einsatz von Feldplatten-Differentialfühlern erlaubt die berührungs- und damit verschleißfreie Messung dieser Größen.
Die Messung erfolgt nach dem Wirbelstromverfahren, bei dem eine im Magnetfeld bewegte, leitfähige Platte durch die fließenden Wirbelströme eine Verlagerung des Feldes nach *Abb. 3.2.4-27* bewirkt. Die Feldverlagerung wird mit einem oder zwei Feldplatten-Differential-Fühlern gemessen und verzögerungsfrei in ein elektrisches Signal umgewandelt, das der Geschwindigkeit proportional ist. Die Beschleunigung läßt sich daraus leicht durch Differentiation bestimmen.
Der skizzierte Aufbau besteht aus zwei Feldplattenfühlern FP 212 L 100, die durch einen Rückschluß zu einem magnetischen Kreis geschlossen sind. Zwischen den Fühlerköpfen bewegt sich nach *Abb. 3.2.4-28* eine elektrisch gut leitende Scheibe.
Die Feldplatten sind zu einer Vollbrücke verschaltet. Bei 5 Volt Betriebsspannung und einer Induktion von etwa 0,5 Tesla im Luftspalt wird eine Empfindlichkeit von rund 16 mV · s/m erreicht. Dies heißt, eine Geschwindigkeit von 1 m/s ergibt 16 mV Ausgangssignal.
Bei einer Alu-Scheibe von 70 mm Durchmesser erhält man demnach bei n = 3000 U/min und U_B = 5 V eine Signalspannung von U_A = 160 mV. Wenn man auf einen der Fühler verzichtet, beträgt die Signalspannung noch etwas weniger als die Hälfte.

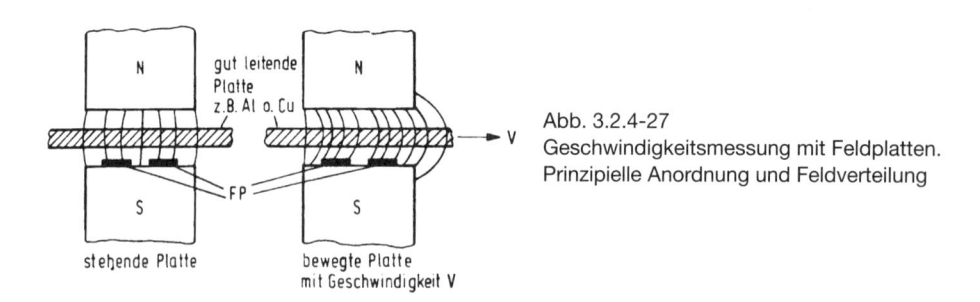

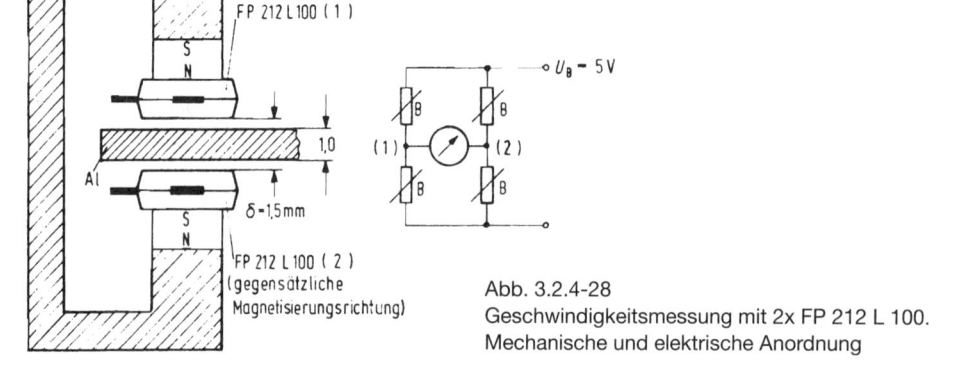

Abb. 3.2.4-27
Geschwindigkeitsmessung mit Feldplatten. Prinzipielle Anordnung und Feldverteilung

Abb. 3.2.4-28
Geschwindigkeitsmessung mit 2x FP 212 L 100. Mechanische und elektrische Anordnung

3.2 Nichtlineare Widerstände

Winkelschrittgeber mit Feldplatten-Differential-Fühlern

Die Eigenschaft der Feldplattenfühler, bei langsam bewegtem oder stehendem Zahnrad die volle Signalhöhe abzugeben, erlaubt ihren Einsatz als Winkelschrittgeber. Zu diesem Zweck werden 2 Differentialfühler so an einem Zahnrad angeordnet, daß ihre Ausgangssignale nach *Abb. 3.2.4-29* um 90° phasenverschoben sind. Die beiden sinusförmigen Ausgangssignale werden mit Operationsverstärkern in Rechtecksignale umgeformt und können dann mit der Anordnung nach *Abb. 3.2.4-30* für einen inkrementalen Winkelschrittgeber ausgewertet werden.

Die Vorwärts-Rückwärts-Zähler FLJ 241 können in der vorgesehenen Weise in Reihe geschaltet werden, um eine mehrstellige Anzeige zu liefern. Die Schaltung zählt bei jeder Zahnflanke um 1 weiter, ein 24zähniges Rad liefert also 48 Zählungen pro Umdrehung.

Abb. 3.2.4-29
Feldplatten-Differential-Fühler
als Drehzahlmesser, Stellungsgeber,
Winkelschrittgeber

a) Aufbauschema
   FP   Feldplatten-Differential-Fühler
   ZR   Steuerndes Zahnrad
         (d_{ZR} = 26 mm; 24 Zähne)
   δ Luftspalt 0,2 mm, U_B = 5 V
   ⌒   Drehrichtung von ZR

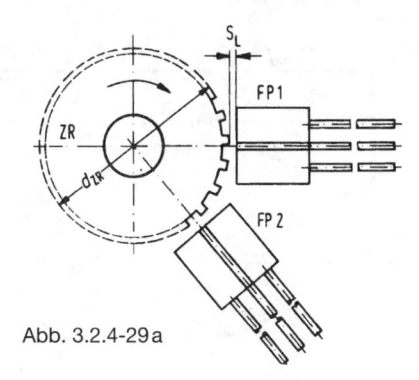

Abb. 3.2.4-29 a

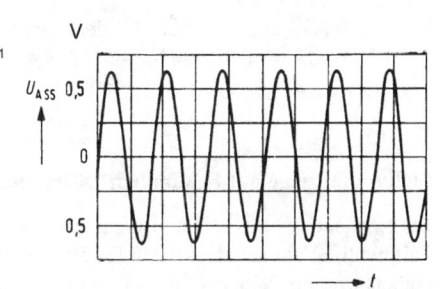

b) Verlauf der Spannung U_A am
   Feldplatten-Differential-Fühler
   b_1)   Mit einem Feldplatten-
         Differential-Fühler
   b_2)   Mit zwei Feldplatten-
         Differential-Fühlern

Abb. 3.2.4-29 b_1

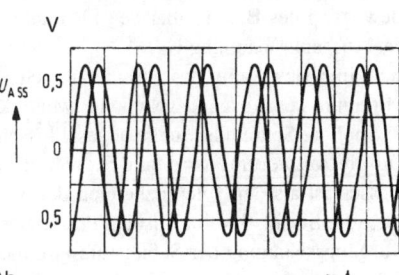

Abb. 3.2.4-29 b_2

887

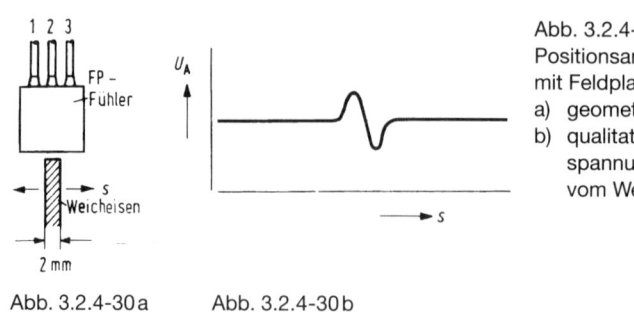

Abb. 3.2.4-30 a und b
Positionsanzeige von Weicheisenteilen
mit Feldplatten-Differential-Fühlern
a) geometrische Anordnung
b) qualitativer Verlauf der Ausgangsspannung U_A in Abhängigkeit vom Weg s

Abb. 3.2.4-30a   Abb. 3.2.4-30b

Abb. 3.2.4-31a

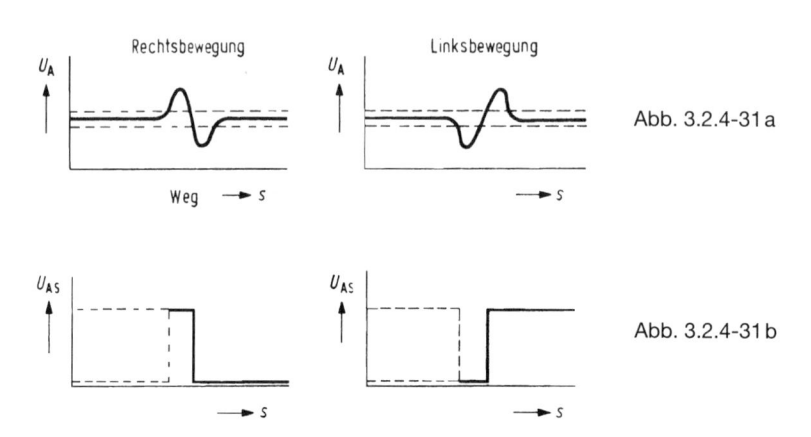

Abb. 3.2.4-31b

Abb. 3.2.4-31 a und b
Verlauf der Ausgangsspannung U_A des Feldplatten-Differential-Fühlers (a) und der Ausgangsspannung U_{AS} der Schaltstufe (b) bei Rechts- und Linksbewegung

Stellungsanzeige mit Feldplatten-Differential-Fühlern

In Verbindung mit einer hysteresebehafteten Schaltstufe kann mit einem Feldplatten-Differential-Fühler, z. B. FP 210 D 250, eine Stellungsanzeige aufgebaut werden. Als Ansteuereinheit wird ein Weicheisenblech mit einer Breite von 2 mm benötigt. Der Luftspalt zwischen Fühlerelement und Weicheisen soll nach Abb. 3.2.4-30 a etwa 0,2 mm betragen. Bei einer Bewegung des Blechs über den FP-Fühler ergibt sich der in Abb. 3.2.4-30 b skizzierte Verlauf der Ausgangsspannung U_A.
Bei einer Bewegung des Eisenteils nach rechts erhält man zunächst das Maximum, dann das Minimum der Ausgangsspannung, wenn Anschluß 1 an den Minuspol und Anschluß 3 an den Pluspol der Spannungsquelle angeschlossen sind (*Abb. 3.2.4-31*).
Für die Auswertung wird eine Schaltstufe verwendet, deren Hysteresebereich etwas größer bemessen ist als der Toleranzbereich der Mittensymmetrie des Feldplattenfühlers. Dadurch verharrt die Schaltstufe im Zustand des letzten Extremwerts beim Vorbeibewegen des Blechs. Die Ausgangsspannung der Schaltstufe gibt dadurch stets die Lage des Weicheisenteils relativ zum Fühler an.

3.3 Veränderbare (Regel-)Widerstände – Potentiometer

Diese werden in der Elektronik für stetige Einstellungen benutzt. Zu unterscheiden sind Einstell-(Trimm-)Justage-Widerstände oder Potentiometer und Regelwiderstände (Potentiometer) für ständigen manuellen oder motorischen Antrieb. Das Foto *Abb. 3.3-1* zeigt die wichtigsten Bauformen, darin bedeuten:

1. Standardpotentiometer 6-mm-Achse, 10-mm-Feingewinde
2. Potentiometer mit Druck-Zug-Netzschalter
3. Zweifach-Potentiometer
4. Zweifach-Kleinpotentiometer
5. Gekapseltes Potentiometer mit Plastikwelle
6. Offenes Kleinpotentiometer
7. Keramisches 4-mm-Kleinpotentiometer
8. Potentiometer mit Schneckentrieb (Feinabstimmung Fernsehen)
9. Potentiometer mit Kombi-Zug-Druck-Schalter
10. Kleinpotentiometer mit Druck-Zug-Schalter
11. Offenes Drahttrimmpotentiometer
12. Metallschleifer bei einem Kleintrimmpotentiometer
13. Trimmer mit Rändeleinstellung
14. Kohleschleifer bei einem Kleintrimmer
15. Gekapseltes Trimmpotentiometer
16. Offenes Trimmpotentiometer mit Schraubflanschbefestigung
17. Hochlasttrimmpotentiometer (1,5 W)
18. Keramische Kleintrimmer
19. Trimmer mit >1 Umdrehung bis zu 10
20. Zehngang-Kleinpotentiometer mit digitaler mechanischer Anzeige
21. Zehngang-Großpotentiometer mit digitaler mechanischer Anzeige
22. 60-Ω-Hf-Potentiometer für koaxialen Drahtanschluß bis $\approx$ 1 GHz >60 dB

3.3.1 Das Potentiometer und seine Bauformen

In den Fotos Abb. 3.3-1 sind bereits die wesentlichen Merkmale und Bauformen gezeigt. Für die elektrischen und mechanischen Werte ist nach DIN 41450 folgendes festgelegt:

3 Elektronische Bauelemente

Abb. 3.3-1

A Anschlag- und Springwerte

Für die verschiedenen Widerstandswerte und Widerstandskurven sind die gültigen Anfangsanschlagwerte R_a und Anfangsspringwerte R_A sowie Endanschlagwerte R_e und Endspringwerte R_E nach DIN 41450 festgelegt. Zwischen R_a bzw. R_e und dem Nennwiderstand R_N gelten die Angaben der folgenden Kurvendarstellungen und Tabellen. Bei Sicht auf die gegen den Uhrzeigersinn gedrehte Welle wird bei Linksanschlag R_a und nach Drehung im Uhrzeigersinn bei Rechtsanschlag R_e gemessen.

Begriffe

R_N = Nennwiderstand, R_M = Mittelwert, φ_N = Nenndrehbereich 270°...300°, A_w = Anfangsweg[1]), E_W = Endweg[1]), A = Anfangslötfahne, S = Schleiflötfahne, E = Endlötfahne.
[1]) = max. 20°.

Widerstandskurven

Die gebräuchlichsten Widerstandskurven sind in den folgenden *Abb. 3.3.1-1a...g* aufgeführt und dargestellt.

3.3 Veränderbare (Regel-)Widerstände – Potentiometer

Der Kurvenverlauf von Drehwiderständen ergibt sich als Meßpunktfolge beim Messen des Widerstandes R, wenn die Welle – von der Bedienungsseite aus gesehen – im Uhrzeigersinn gedreht wird. Bei Knopfdrehwiderständen gilt dementsprechend der Blick auf die Knopfseite.

Bei Trimmerwiderständen gilt der Drehsinn in Blickrichtung auf die der Widerstandsschicht abgewendete Seite, unabhängig von der Ausführung mit oder ohne Isolierstoffwelle bzw. Rändelscheibe. Siehe *Abb. 3.3.1-2* mit den dazugehörigen Toleranzdefinitionen.

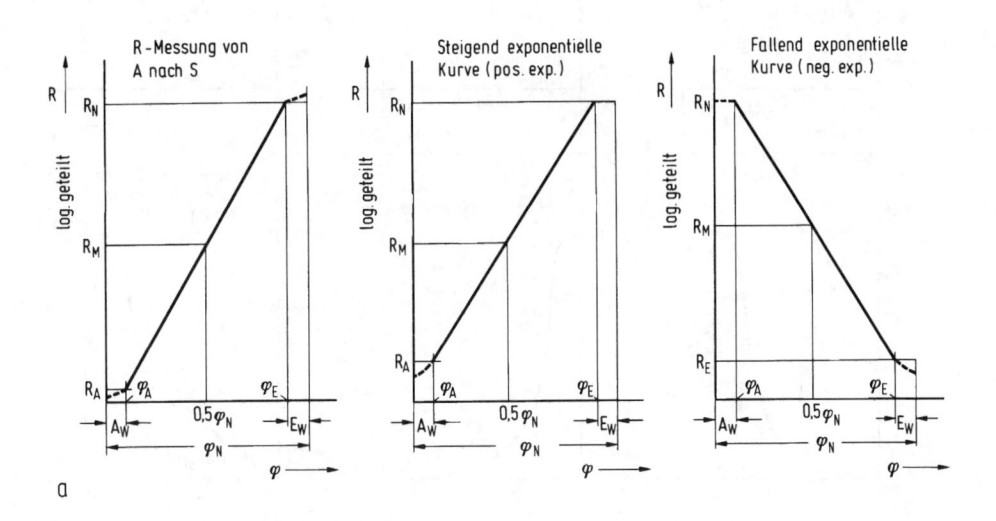

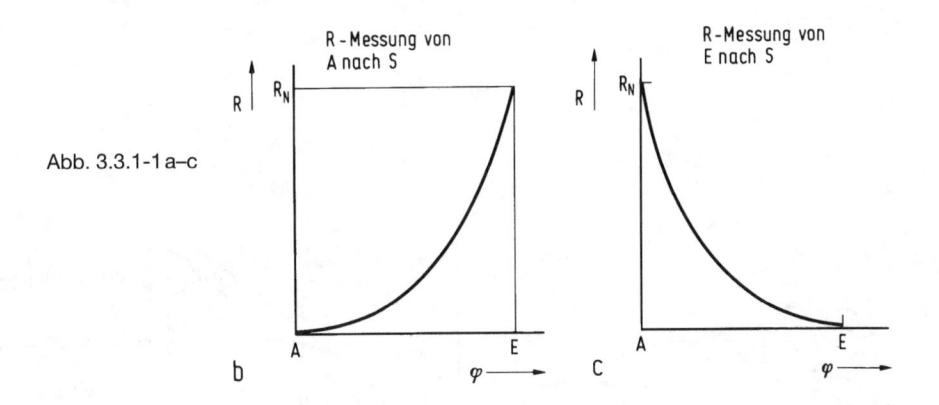

Abb. 3.3.1-1 a–c

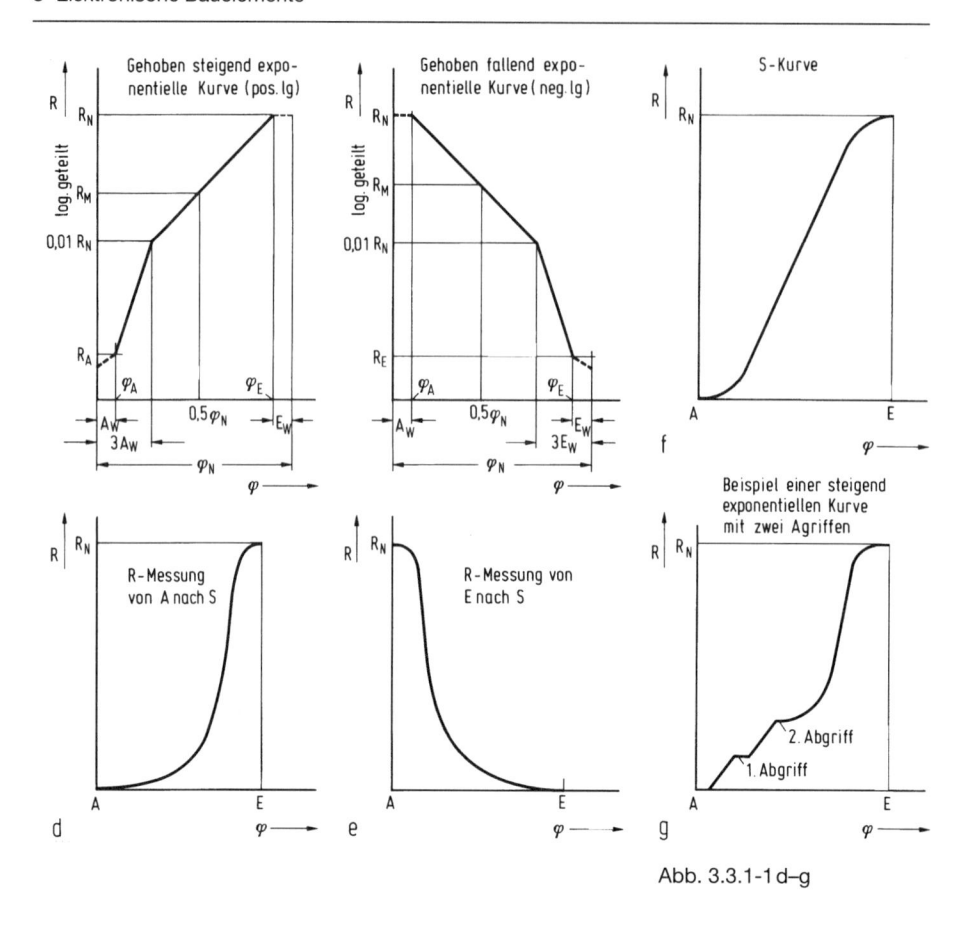

3 Elektronische Bauelemente

Abb. 3.3.1-1 d–g

Abb. 3.3.1-2

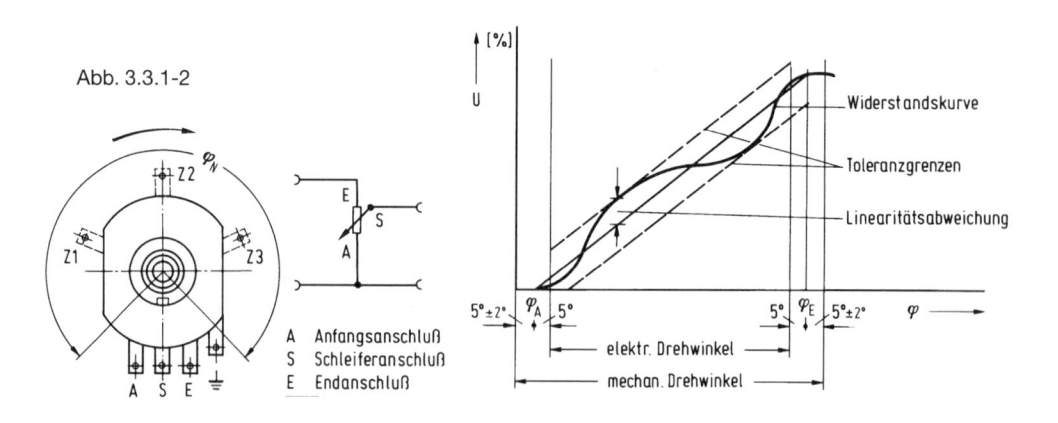

A Anfangsanschluß
S Schleiferanschluß
E Endanschluß

3.3 Veränderbare (Regel-)Widerstände – Potentiometer

Bauformen und Kennlinienübersicht bei Potentiometern

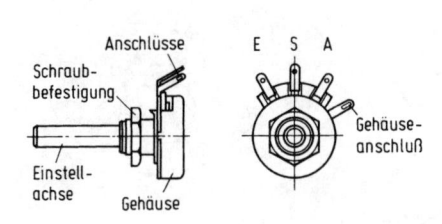

Schichtdrehwiderstand

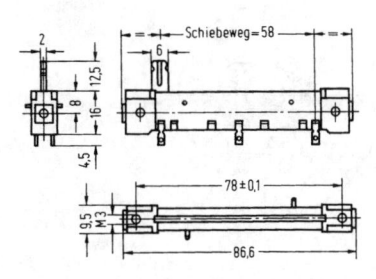

Schichtschiebewiderstand

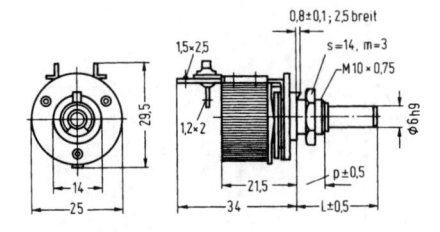

Drahtdrehwiderstand

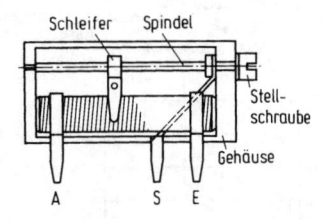

Spindeldrehwiderstand

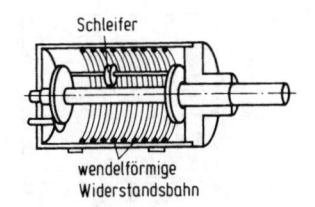

Wendeldrehwiderstand

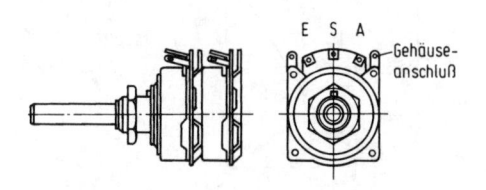

Zweifach-Drehwiderstand

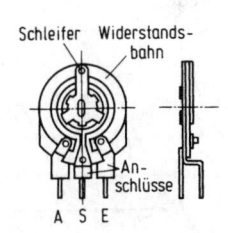

Trimmerwiderstand

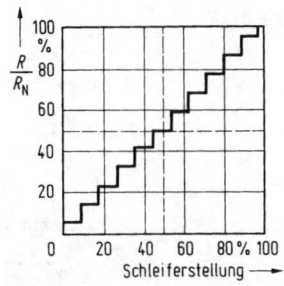

Widerstandskurve eines Drahtwiderstandes

3 Elektronische Bauelemente

Nenndrehbereiche
1 mechanisch   2 elektrisch   3 Anfangsanschlag   4 Schaltwinkel

Widerstandskurven für Schiebepotentiometer

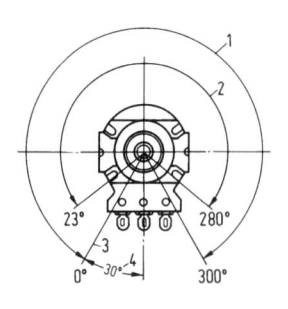

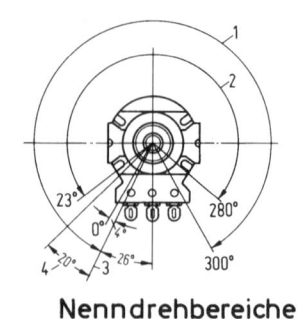

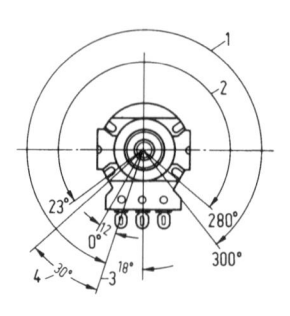

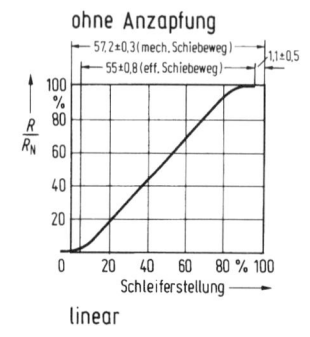

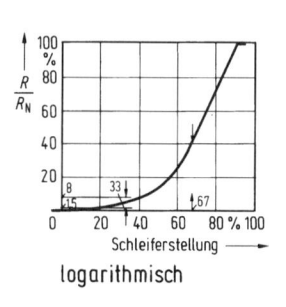

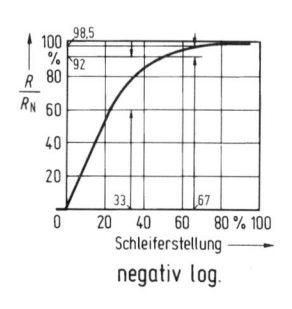

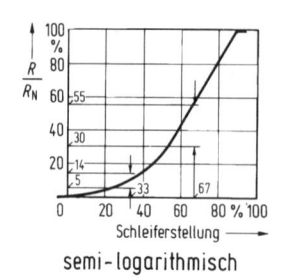

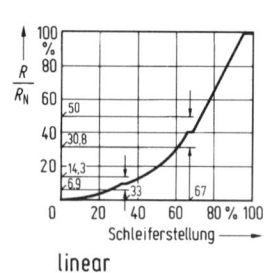

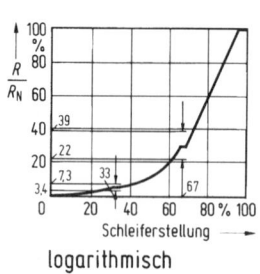

ohne Anzapfung

linear

logarithmisch

negativ log.

semi-logarithmisch

linear

logarithmisch

mit Anzapfung bei 50% des Schiebeweges

semi-logarithmisch

Balance-Einstellung

894

3.3 Veränderbare (Regel-)Widerstände – Potentiometer

B Tabelle zur Ermittlung der Widerstandseigenschaften von Potentiometern (R_A, R_E, R_M, R_a und R_e)

R_N Ω	$0{,}02 R_N$ Ω	$\sqrt{R_N}$ Ω	$0{,}25\sqrt{R_N}$ Ω	$R_{M\,log}$ min Ω	$R_{M\,log}$ max Ω	min Ω	$R_{M\,exp}$ min Ω	$R_{M\,exp}$ max Ω
100	2	10	2,5	2,4	6	15	4,5	13,7	41
250	5	15,8	4	6	15	37,5	10,4	31,4	94,3
500	10	22,4	5,6	12	30	75	17,6	53,5	160
1 k	20	31,6	7,9	24	60	150	29,7	90	270
2,5 k	50	50	12,5	60	150	375	59,5	180	540
5 k	100	70,6	17,6	120	300	750	99	300	900
10 k	200	100	25	240	600	1,5 k	165	500	1,5 k
25 k	500	158	39	600	1,5 k	3,75 k	330	1 k	3 k
50 k	1 k	224	56	1,2 k	3 k	7,5 k	530	1,6 k	4,8 k
100 k	2 k	316	79	2,4 k	6 k	15 k	925	2,8 k	8,4 k
250 k	5 k	500	125	6 k	15 k	37,5 k	1,9 k	5,7 k	17,1 k
500 k	10 k	706	177	12 k	30 k	75 k	3,14 k	9,5 k	28,5 k
1 M	20 k	1 k	250	24 k	60 k	150 k	5 k	15 k	45 k
2,5 M	50 k	1,6 k	395	60 k	150 k	375 k	9,25 k	28 k	84 k
5 M	100 k	2,2 k	560	120 k	300 k	750 k	17,8 k	54 k	162 k
10 M	200 k	3,2 k	780	240 k	600 k	1,5 M	29,2 k	88,6 k	265 k
16 M	320 k	4,0 k	1 k	400 k	1 M	2,5 M	42,5 k	129 k	387 k

C Anschlags- und Endwerte (Übersicht über die Schaltungsgrundlage) (R_A-R_a-R_E-R_e-Werte)

Kurve nach Abb. 3.3.1-1	(a) linear	(b) positiv exp.	(c) negativ exp.	(d) positiv log	(e) negativ lg
$R_A \leqq$	$\sqrt{R_N}$	$0{,}25\sqrt{R_N}$	$0{,}02\,R_N$	$0{,}25\sqrt{R_N}$	$0{,}02\,R_N$
$R_A \leqq$	$\sqrt{R_N}$	$0{,}02\,R_N$	$0{,}25\sqrt{R_N}$	$0{,}02\,R_N$	$0{,}25\sqrt{R_N}$
$R_E \leqq$	$\sqrt{R_N}$	$0{,}25\sqrt{R_N}$	$0{,}02\,R_N$	$0{,}25\sqrt{R_N}$	$0{,}02\,R_N$
$R_e \leqq$	$\sqrt{R_N}$	$0{,}02\,R_N$	$0{,}25\sqrt{R_N}$	$0{,}02\,R_N$	$0{,}25\sqrt{R_N}$

D Genormte Widerstandswerte für Potentiometer

(Toleranz b. 1 MΩ einschl. $\pm 20\,\%$ über 1 MΩ bis 5 MΩ $\pm 30\,\%$)	100 Ω	1 kΩ	10 kΩ	1 MΩ
	250 Ω	2,5 kΩ	25 kΩ	2,5 MΩ
	500 Ω	5 kΩ	50 kΩ	5 MΩ

E Nennlast und Einbaubreite für Potentiometer

Größe	Richtwerte für Baubreite mm	Nennlast Watt	Belastbarkeit in Watt bei Widerstandskurven linear Watt	nicht linear Watt
0	12	0,05	0,05	0,03
1	16	0,1	0,1	0,05
2	20	0,2	0,2	0,1
3	25	0,3	0,3	0,15

F Grenz- und Prüfspannung von Potentiometern

Größe	Richtwerte f. Baubreite mm	Nennlast Watt	Grenzspannung in Volt bei Widerstandskurve linear	nicht linear	Prüfwechselspannung Volt
0	12	0,05	150	100	500
1	16	0,1	200	150	500
2	20	0,2	300	200	750
3	25	0,3	400	250	750

G Temperatur-Koeffizient von Potentiometerbauformen

Widerstandsbereich	Größtwerte Kohle-Schicht N-Schicht	T-Schicht	Cerment C-Schicht	Metall M-Schicht
$R_N \leq 1\,k\Omega$			$\pm 0,3 \cdot 10^{-3}/°C$	$\pm 0,05 \cdot 10^{-3}/°C$
$R_N > 1\,k\Omega$			$\pm 0,15 \cdot 10^{-3}/°C$	$\pm 0,05 \cdot 10^{-3}/°C$
$R_N \leq 100\,k\Omega$	$-2 \cdot 10^{-3}/°C$	$-0,6 \cdot 10^{-3}/°C$		
$R_N > 100\,k\Omega$	$-3 \cdot 10^{-3}/°C$	$-1 \cdot 10^{-3}/°C$		

H Buchsen und Wellen – mechanische Einbaudaten

Wellen-⌀	4	5	6	8
Gewinde	M 7 x 0,75	M 8 x 0,75	M 10 x 0,75	M 12 x 0,75
Flansch-⌀	11	12	14	16
Mutter SW	10	11	14	16
Mutter m	2	2	2,5	2,5
Scheibe	7,2x10,3x0,5	8,2x11,5x0,5	10,3x15,5x0,5	12,5x19x0,6
Anzugsmoment der Mutter max.	20 kpcm	25 kpcm	40 kpcm	60 kpcm

J Besondere Schicht-Eigenschaften und deren Berücksichtigung
N = Normalschicht; T = Tropenschicht; C = Cermetschicht; M = Metallschicht

Für Schichtdrehwiderstände werden zwei verschiedene Widerstandsschichten verwendet, die sich durch die verarbeiteten Rohstoffe und damit auch ihre Eigenschaften unterscheiden.
Für normale Anwendungsfälle, insbesondere für die Lautstärke- und Klang-Einstellung bei Rundfunk- und Fernsehgeräten werden Schichtdrehwiderstände mit N-Schicht verwendet.
Für höhere Beanspruchungen wurde die T-Schicht entwickelt. Die damit hergestellten Schichtdrehwiderstände besitzen einen bemerkenswert kleinen Temperaturbeiwert und eine geringe Empfindlichkeit gegen Feuchteeinflüsse. Sie werden in Automatikschaltungen und dergl. verwendet, wo es auf gute zeitliche Konstanz ankommt.

Cermet- und Metallschicht

In der Elektronik, insbesondere im kommerziellen Bereich, werden an Einstellwiderstände immer höhere Anforderungen gestellt. Für elektronische Meß- und Regelgeräte, die unterschiedlichen Umgebungstemperaturen und extremen Feuchteeinflüssen ausgesetzt sind, bei gleichzeitiger Forderung nach hoher Stabilität, wurden Metall- und Cermet-Schichttrimmer-Widerstände entwickelt. Trotz geringer Abmessungen können diese Bauteile mit hoher Nennlast betrieben werden. Die Metallschicht-Trimmerwiderstände besitzen eine im Hochvakuum auf einen Keramikträger aufgedampfte Widerstandsschicht. Cermet-Trimmerwiderstände besitzen eine Schicht aus Edelmetalloxyden als leitende Pigmente, gebunden mittels Glasfritte. Als Trägermaterial dient ebenfalls wie bei den Metallschicht-Trimmern eine Keramikplatte, und zwar aus Aluminiumoxyd, deren Wärmeleitfähigkeit außerordentlich gut ist (ähnlich Edelstahl). Die Vorteile gegenüber Kohleschicht-Trimmerwiderständen sind:

sehr hohe Stabilität bei Dauerlagerung in Raumtemperatur,
sehr geringe Widerstandswertänderung bei Belastung,
sehr kleiner Temperaturbeiwert,
sehr geringe Feuchteänderung

K Drahttrimmerwiderstände

Für besondere Anwendungsfälle wurden Draht-Drehwiderstände entwickelt, an die hohe Anforderungen bezüglich der Belastbarkeit, des Temperaturkoeffizienten und der Langzeitkonstanz gestellt werden.

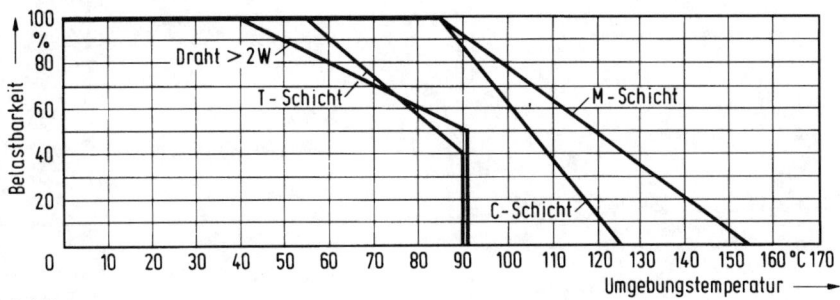

Abb. 3.3.1-3

Die Belastungsangaben 2 Watt und 3 Watt beziehen sich auf eine maximale Umgebungstemperatur von 40 °C. Bei höheren Temperaturen ist das Lastminderungs-Diagramm zu beachten, *Abb. 3.3.1-3*.

Temperaturkoeffizient, Anwendungsklasse

Der Temperaturkoeffizient ist abhängig vom verwendeten Drahtmaterial und beträgt bei Widerständen zwischen 2 Ω...7 Ω + $4 \cdot 10^{-4}$ pro Grad Celsius, bei den Werten bis 500 Ω + $4 \cdot 10^{-5}$...$-8 \cdot 10^{-5}$ pro Grad Celsius.
Die Anschlagwerte für Drahttrimmerwiderstände sind in der folgenden Tabelle zusammengefaßt.

Nennwiderstand Ω	Ra, Ω	Re, Ω
2... 10	≦ 0,1 R_N	≦ 0,1 R_N
>10... 50	≦ 0,07 R_N	≦ 0,07 R_N
>50...500	≦ 0,05 R_N	≦ 0,05 R_N

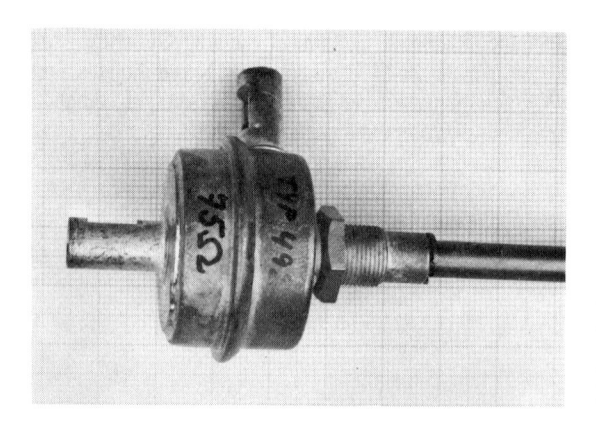

Abb. 3.3.1-4
Hochfrequenzabschwächer. Potentiometerwerte z. B. 60 Ω oder 75 Ω. Dämpfungswerte bis 80 dB. Anwendungsbereich bis 1 GHz. Belastbarkeit < 0,2 W.

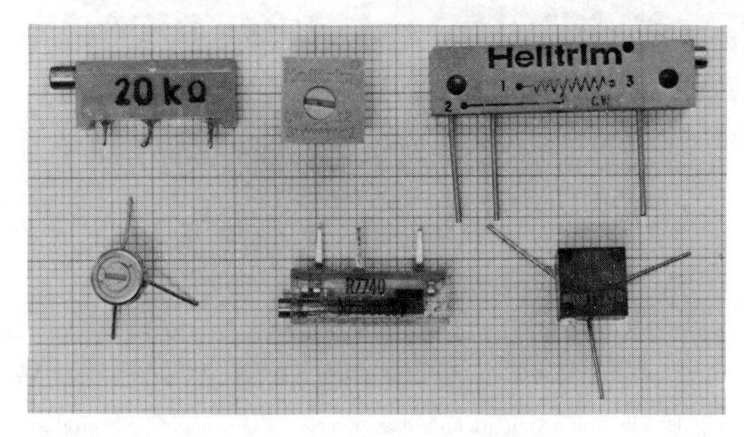

3.3 Veränderbare (Regel-)Widerstände – Potentiometer

Abb. 3.3.1-5 Ausführungsformen von Mehrgangpotentiometern für feinste Werteinstellungen

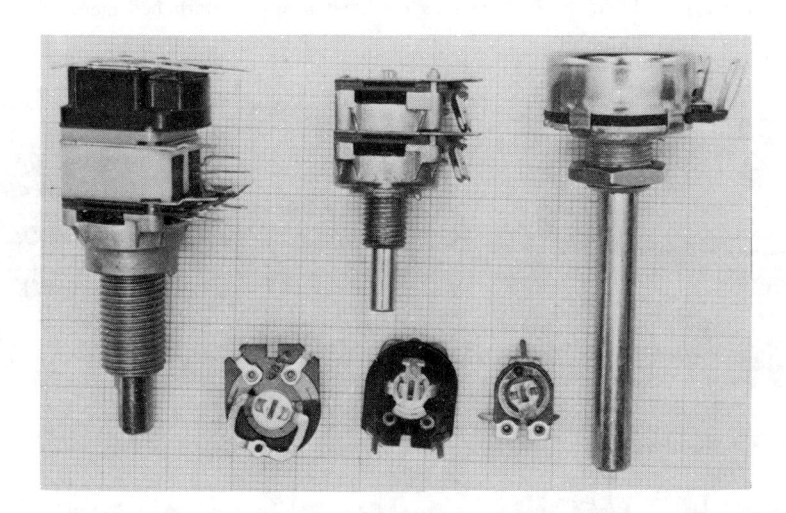

Abb. 3.3.1-6 Bauformen für die allgemeine Anwendung. Hier ist ein Mehrfachpotentiometer zu sehen. Des weiteren ein solches mit Mehrfachschalter.

899

3.4 Kondensatoren – Bauformen, Anwendung und Daten

Kondensatoren dienen in der Elektronik vielfältigen Einsatzgebieten. Dementsprechend groß ist auch die Typenauswahl, welche gezielt für bestimmte Forderungen geliefert wird. Hinzu kommt das Gebiet der Kapazitäten, die sich im Schaltungsaufbau durch mechanisch geometrische Konstruktion ergeben und entsprechend berücksichtigt werden müssen. Für weitere Betrachtungen des Kondensators sei auf die Kapitel: 1.1. Tabellen 3; 1.2.5; 1.3; 1.4.2; 1.4.7; 2.2; 2.3 hingewiesen. Wertetabelle nach IEC sowie der Farbcode ist dem Kapitel 1.1. Tabellen 9.1 und 9.3 zu entnehmen.

Das folgende Foto *Abb. 3.4-1* gibt einen Überblick über Festkondendatoren. Darin bedeuten:

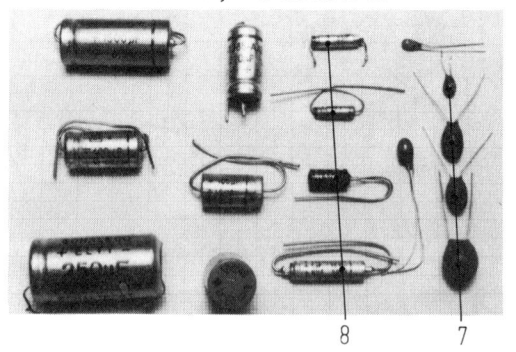

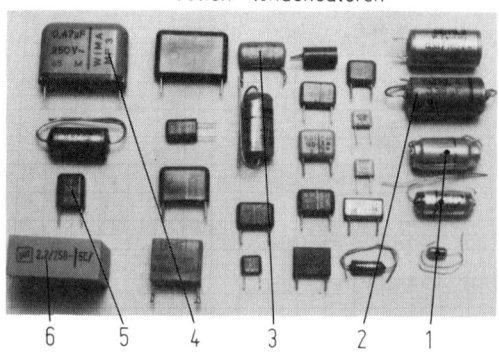

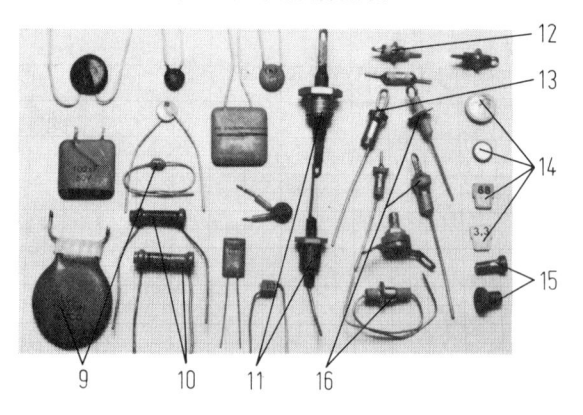

Abb. 3.4-1

3.4 Kondensatoren – Bauformen, Anwendung und Daten

1. Styroflex-Kondensatoren 22 pF; 5 nF, 0,12 µF
2. Rollkondensator mit axialen Anschlüssen
3. verschiedene Baugrößen und Formen von 0,1 µF Kapazität
4. Entstörkondensator für 220 V Wechselspannungsanwendung
5. Kleinkondensator 1 µF, 63 V
6. Standkondensator 2,2 µF mit untenliegenden Anschlüssen für Printmontage
7. Tantal-Perl-Kondensatoren 1 µF … 15 µF
8. Kleinelektrolyt-Kondensatoren 1 µF … 5 µF
9. Keramik-Flachkondensatoren links für Siebzwecke, rechts Schwingkreisanwendungen
10. Keramik-Rohrkondensatoren für Sieb- oder Schwingkreiszwecke
11. Keramik-Durchführungsschraubkondensatoren
12. Keramik-Durchführungslötkondensatoren mit axialem Flansch
13. Keramik-Durchführungslötkondensatoren mit Ferritaufbau als Filter
14. Keramik-Scheibenlötkondensatoren für höchste Frequenzen
15. Keramik-Durchführungen für Innen- und Außenlötungen
16. siehe 12)

Die Kapazitätseinsatzgebiete wichtiger Kondensatortypen sind aus der *Abb. 3.4-2* zu entnehmen:

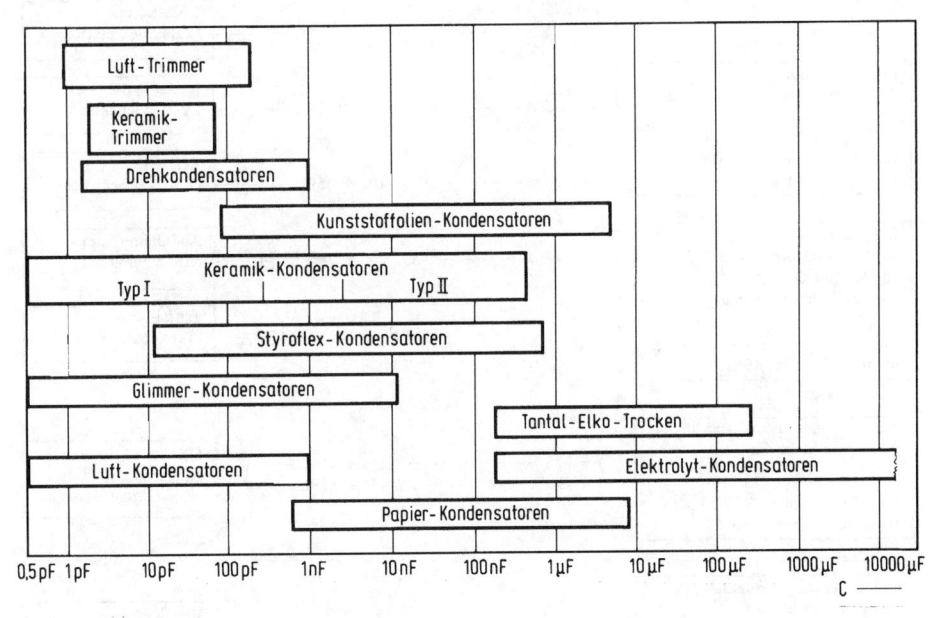

Abb. 3.4-2

3 Elektronische Bauelemente

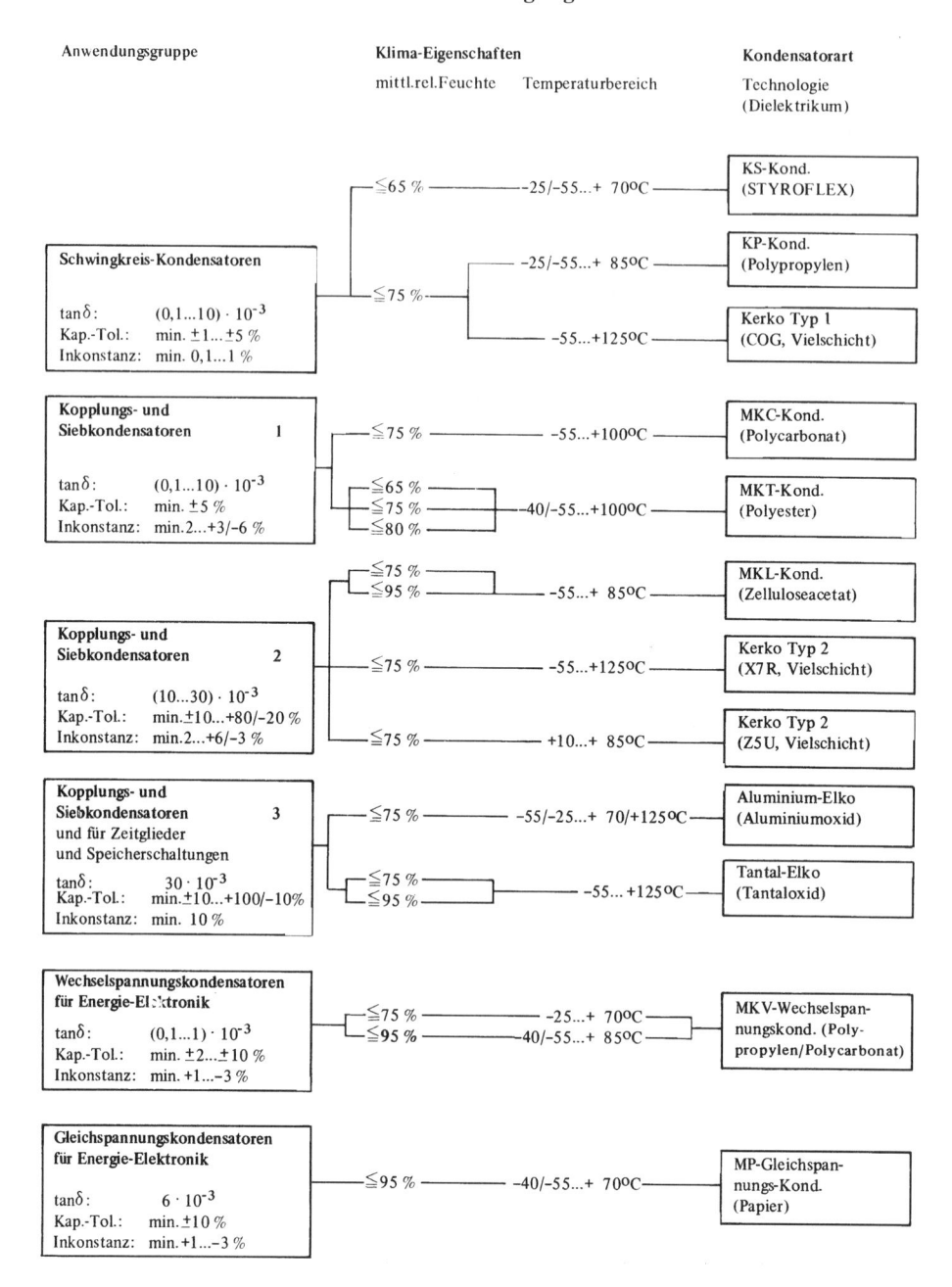

Auswahltabelle mit Richtwerten nach Anwendungen geordnet

Anwendungsgruppe	Klima-Eigenschaften		Kondensatorart
	mittl.rel.Feuchte	Temperaturbereich	Technologie (Dielektrikum)

Schwingkreis-Kondensatoren
tanδ: $(0,1...10) \cdot 10^{-3}$
Kap.-Tol.: min. $\pm 1 ... \pm 5$ %
Inkonstanz: min. $0,1...1$ %

- ≤ 65 % — $-25/-55...+70$°C — KS-Kond. (STYROFLEX)
- ≤ 75 % — $-25/-55...+85$°C — KP-Kond. (Polypropylen)
- ≤ 75 % — $-55...+125$°C — Kerko Typ 1 (C0G, Vielschicht)

Kopplungs- und Siebkondensatoren 1
tanδ: $(0,1...10) \cdot 10^{-3}$
Kap.-Tol.: min. ± 5 %
Inkonstanz: min.$2...+3/-6$ %

- ≤ 75 % — $-55...+100$°C — MKC-Kond. (Polycarbonat)
- ≤ 65 % / ≤ 75 % / ≤ 80 % — $-40/-55...+100$°C — MKT-Kond. (Polyester)
- ≤ 75 % / ≤ 95 % — $-55...+85$°C — MKL-Kond. (Zelluloseacetat)

Kopplungs- und Siebkondensatoren 2
tanδ: $(10...30) \cdot 10^{-3}$
Kap.-Tol.: min.$\pm 10...+80/-20$ %
Inkonstanz: min.$2...+6/-3$ %

- ≤ 75 % — $-55...+125$°C — Kerko Typ 2 (X7R, Vielschicht)
- ≤ 75 % — $+10...+85$°C — Kerko Typ 2 (Z5U, Vielschicht)

Kopplungs- und Siebkondensatoren 3 und für Zeitglieder und Speicherschaltungen
tanδ: $30 \cdot 10^{-3}$
Kap.-Tol.: min.$\pm 10...+100/-10$ %
Inkonstanz: min. 10 %

- ≤ 75 % — $-55/-25...+70/+125$°C — Aluminium-Elko (Aluminiumoxid)
- ≤ 75 % / ≤ 95 % — $-55...+125$°C — Tantal-Elko (Tantaloxid)

Wechselspannungskondensatoren für Energie-Elektronik
tanδ: $(0,1...1) \cdot 10^{-3}$
Kap.-Tol.: min. $\pm 2...\pm 10$ %
Inkonstanz: min. $+1...-3$ %

- ≤ 75 % — $-25...+70$°C / ≤ 95 % — $-40/-55...+85$°C — MKV-Wechselspannungskond. (Polypropylen/Polycarbonat)

Gleichspannungskondensatoren für Energie-Elektronik
tanδ: $6 \cdot 10^{-3}$
Kap.-Tol.: min. ± 10 %
Inkonstanz: min. $+1...-3$ %

- ≤ 95 % — $-40/-55...+70$°C — MP-Gleichspannungs-Kond. (Papier)

3.4 Kondensatoren – Bauformen, Anwendung und Daten

Auswahltabelle mit Richtwerten nach Typen geordnet

Kondensatorenart	Bevorzugte Anwendung	Nennspannung U_N	Kapazitätsbereich	Kapazitätstoleranzen	Temperaturbereich in °C	Verlustfaktor (Richtwerte) $\tan\delta$ in 10^{-3}
1.1 MP-Gleichspannungskondensatoren						
	Nachrichtentechnik (Kopplungs- und Glättungs-Kondensatoren)	250 V-...1000 V-	0,1 µF...64 µF	±10% ±20%	−55...+85	1 kHz: 6...10
1.2 Metallisierte Kunststoff-Kondensatoren						
MKL (MKU)-Ko.	Für Gleichspannung, aber auch für Anwendg. mit überlagerter Wechselsp. geeignet. Glättung, Kopplung, Entkopplung. – Viele Bauformen, auch in Schichtausführung mit Rastermaß.	25 V-...630 V-	0,033 µF...100 µF	±10%...±20%	−55...+85	1 kHz: 12...15
MKT-Ko.		63 (50) V-...12,5 kV-	680 pF...10 µF	±5%...±20%	−55/−40...+100	1 kHz: 5...7
MKC-Ko.		100 V-...250 V-	0,001 µF...1,0 µF	±5%...±20%	−55...+85/+100	1 kHz: 1...3
MKP-Ko.	In Ablenkstufen von Fernsehgeräten	250 V-...40 kV-	1500 pF...4,7 µF	±5%...±20%	−40...+70/+85	1 kHz: 0,25
MKY-Ko.	Für Schwingkreisanwendungen	250 V-	0,10 µF...10 µF	±1%...±5%	−55...+85	1 kHz: 0,5
1.3 Verlustarme Kondensatoren						
STYROFLEX® (KS)-Ko. Polypropylen (KP)-Ko.	Schwingkreisko. in frequenzbestimmenden Kreisen, Filter, hochisolierende Kopplung u. Entkopplung, Miniaturtechnik, Blockko, Meßko, Hochtemp. (Glimmer u. Glas), Glas: sehr hohe Konstanz und strahlungsfest	25 V-...630 V-	2 pF...330 nF	±0,5%...±5%	−55/−10...+70	1 kHz: 0,1...0,3
Glimmer-Ko.		63 V-...630 V-	2 pF...100 nF	±1%...±5%	−55/−40...+85	1 kHz: 0,1...0,5
Glas-Ko.						
1.4 Keramik-Kondensatoren						
Vielschicht-Ko. NDK	In frequenzstab. Schwingkreisen zur Temp.-Kompensation; Filter, Hochsp.-, Impuls-Ko., auch als Chip	50 V und 100 V	1 pF...47 nF	±0,5 pF; ±5%; ±10%	−55...+125	> 50 pF: < 1,5
Vielschicht-Ko. HDK	Kopplung, Siebung: Hochsp.-, Impuls-Ko., auch als Chip	50 V und 100 V	220 pF...2,2 µF	±10%...±20%	−55/−25...+85/+125	25 und 30
SIBATIT® 50000	Kopplung, Siebung, auch als Chip	63 V	22 nF...0,22 µF	+50/−20%	−40/−25...+85	1 kHz: 50...60
1.5 Elektrolyt-Kondensatoren						
Aluminium-Elko	Sieb-, Kopplungs-, Glättungs-, Block-, Motorko., Energiespeicher (Fotoblitz) Nachrichtentechn., Meß- u. Regeltechnik, Chip-Ko für Hybridschaltungen, Glättung und Kopplung	NV: 6,3 V-...100 V- HV: 160 V-...450 V-	0,47 µF...390 000 µF	±20%; +30%; +50% −10%; −10%	+55/−25...+70/+125 (+145)	100 Hz: 60...150 (Kleinbauformen)
Tantal-Elko		4 V-...125 V-	0,1 µF...1200 µF	±5%...±20%	−55...+85 (+125)	120 Hz: ≤ (50...80)
1.6 Kondensatoren für die Leistungs- bzw. Energieelektronik						
MP-Ko.	Glättungs-, Stützungs-, Stoß-Ko. Wechselspannungsko., allgemein magn. Spannungskonstanthalter Kopplung, Bedämpfung, Beschaltung (TSE) Bedämpfung, Kommutierung, Beschaltung (TSE)	450 V...2,8 kV (DB)	32 µF...4800 µF	±10%	−40...+70	50 Hz: 6
		640 V	1 µF...50 µF	±10%	−25...+70	50 Hz: 0,3
		330 V-...660 V~	1,5 µF...60 µF	±10%	−25...+85	50 Hz: 0,5
MKV-Ko.		550 V-...3000 V	0,1 µF...4,7 µF	±10%...±20%	−25...+70	50 Hz: 0,2
		320 V...3000 V	0,1 µF...330 µF	±10%...±20%	−10...+40	50 Hz: 0,2

3 Elektronische Bauelemente

3.4.1 Kapazitäten von Leitern und Aufbauten

A Kugelförmige Körper

Nach *Abb. 3.4.1-1a* ist mit d (Kugeldurchmesser) [cm]
                           h (Mittelpunktabstand) [cm]
die Kapazität bei d < h.

$$C = 0{,}555 \left(1 + \frac{d}{4h}\right) \quad \text{[pF]; für } d < h.$$

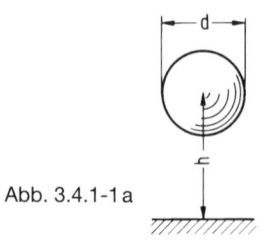

Abb. 3.4.1-1a

B Gerader horizontal gespannter Draht (Zylinder)

Nach *Abb. 3.4.1-1b* ist mit d (Drahtdurchmesser)   [cm]
                              ℓ (Drahtlänge)   [cm]
                              h (Abstand der Drahtachse) [cm]
für $\ell > h$.

$$C = \frac{0{,}241 \cdot \ell}{\lg\left[\frac{2h}{d}\left[1 + \sqrt{1 - \frac{1}{\left(\frac{2 \cdot h}{d}\right)}}\right]\right]} \quad \text{[pF]}$$

Abb. 3.4.1-1b

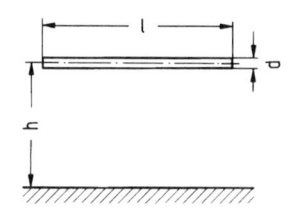

sowie für $\ell > h > d$

$$C = \frac{0{,}241 \cdot \ell}{\lg \cdot \frac{4h}{d}} \quad \text{[pF]}$$

Beispiel: h = 12 mm; ℓ = 45 mm; d = 4 mm; ϵ_r = 1

$$C \approx \frac{0{,}241 \cdot \ell}{\lg \frac{4 \cdot h}{d}} = \frac{1{,}08}{1{,}079} = 1 \text{ pF}$$

Ist ℓ nicht sehr groß gegen h, aber h > d, dann gelten folgende Formeln:

$$C = \frac{0{,}241 \cdot \ell}{\lg \frac{4h}{d} - K_1} \quad \text{[pF]} \quad \text{sowie für } \frac{\ell}{4h} \leqq 1$$

$$C = \frac{0{,}241 \cdot \ell}{\ell g \dfrac{2 \cdot \ell}{d} - K_2} \quad [\text{pF}]$$

Dabei sind K_1 und K_2 der folgenden Tabelle zu entnehmen:

$k_1 = f\left(\dfrac{2h}{l}\right)$				$k_2 = f\left(\dfrac{2h}{l}\right)$	
$\dfrac{2h}{l}$	k_1	$\dfrac{2h}{l}$	k_1	$\dfrac{2h}{l}$	k_2
0	0	1,5	0,450	0,5	0,380
0,1	0,042	2	0,54	0,75	0,280
0,2	0,082	2,5	0,61	1,0	0,210
0,3	0,121	3	0,68	1,5	0,145
0,4	0,157	4	0,79	2,0	0,110
0,5	0,191	5	0,87	2,5	0,085
0,6	0,223	6	0,96	3,0	0,075
0,7	0,254	7	1,01	3,5	0,065
0,8	0,283	8	1,07	4,0	0,057
0,9	0,310	9	1,12	4,5	0,050
1,0	0,336	10	1,16	5,0	0,043
		12	1,23		
		15	1,32		
		20	1,45		

Beispiel:

Gegeben: $\ell = 500$ cm, h = 1000 cm, d = 0,3 cm.

$$C = \frac{0{,}241 \cdot 500}{\ell g \dfrac{4 \cdot 1000}{0{,}3} - 0{,}790} = 36{,}2 \text{ pF}; \qquad \frac{2h}{\ell} = \frac{2000}{500} = 4; \; k_1 = 0{,}790$$

für $\dfrac{\ell}{4 \cdot h} \leq 1$ ist: $\quad C = \dfrac{0{,}241 \cdot 500}{\ell g \dfrac{2 \cdot 500}{0{,}3} - 0{,}057} = 34{,}8$ pF; $\quad \dfrac{2 \cdot h}{\ell} = \dfrac{2000}{500} = 4; \; k_2 = 0{,}057$

Anhand dieses Beispiels ist darauf hingewiesen, daß sich für verschiedene Leitergebilde die Kapazitätswerte nur aus Näherungsrechnungen ermitteln lassen. Je nach den dabei gemachten Vernachlässigungen weichen die nach den einzelnen Formeln errechneten Ergebnisse mehr oder weniger voneinander ab. Jedoch sind im allgemeinen die Abweichungen im Verhältnis zur verlangten Genauigkeit vernachlässigbar.

C Gerader vertikal gespannter Draht (Zylinder)

Nach *Abb. 3.4.1-2* ist mit   h = Entfernung Fußpunkt bis Drahtbeginn   [cm]
ℓ = Drahtlänge   [cm]
d = Drahtdurchmesser   [cm]

$$C = \frac{0{,}241 \cdot \ell}{\lg \frac{4 \cdot \ell}{d}} \quad [pF]$$

Abb. 3.4.1-2

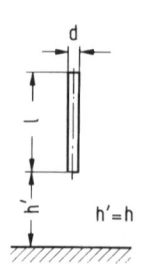

$h' = h$

und für $d < \ell$ wird

$$C = \frac{0{,}241 \cdot \ell}{\lg \frac{2 \cdot \ell}{d} - k_3} \quad [pF]$$

Darin ist $k_3 = f \cdot \dfrac{h}{\ell}$

Beispiel:
$\ell = 10$ cm; h = 20 cm; d = 1 mm

$$C = \frac{0{,}241 \cdot 10}{\lg \frac{4 \cdot 10}{0{,}1}} = 0{,}93 \text{ pF}$$

oder mit $d < \ell$ (hier benutzbar)

$$C = \frac{0{,}241 \cdot 10}{\lg \cdot \frac{2 \cdot 10}{0{,}1} - 0{,}177} = 1{,}13 \text{ pF}$$

mit $\dfrac{h}{\ell} = 2$ ergibt $k_3 = 0{,}177$

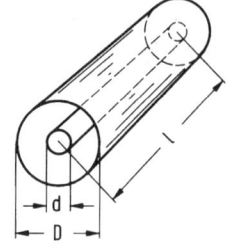

$\dfrac{h}{l}$	k_3	$\dfrac{h}{l}$	k_3
0,02	0,403	1,0	0,207
0,04	0,384	1,5	0,188
0,06	0,369	2,0	0,177
0,08	0,356	2,5	0,170
0,10	0,345	3	0,165
0,15	0,323	4	0,157
0,20	0,305	5	0,152
0,25	0,291	7	0,148
0,30	0,280	10	0,144
0,40	0,261	∞	0,133
0,50	0,247		
0,60	0,236		
0,70	0,227		
0,80	0,219		
0,90	0,213		

Abb. 3.4.1-3a

D Koaxiale (Zylinder-)Leitung

Nach *Abb. 3.4.1-3a* ist mit ℓ = Drahtlänge   [cm]
D = Innendurchmesser des äußeren Zylinders   [cm]
d = Außendurchmesser des inneren Zylinders   [cm]

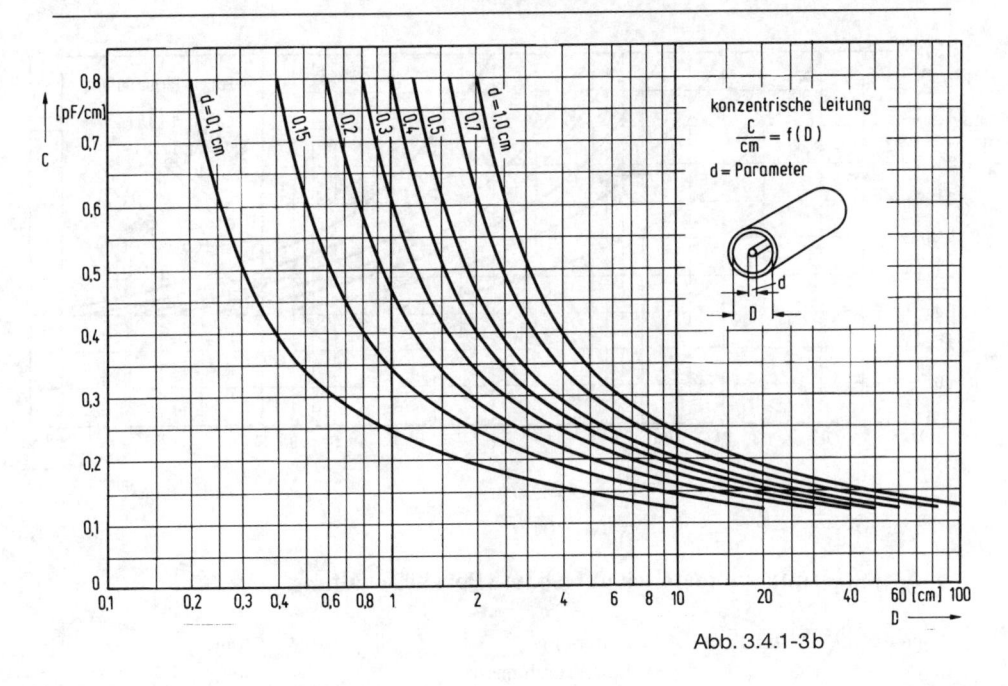

3.4 Kondensatoren – Bauformen, Anwendung und Daten

Abb. 3.4.1-3b

$$C = \frac{0{,}241 \cdot \ell}{\lg \dfrac{D}{d}} \quad [\text{pF}] \quad \text{mit } \ell > D$$

In dem Nomogramm *Abb. 3.4.1-3b* ist der Zusammenhang gezeigt.

Abb. 3.4.1-4a

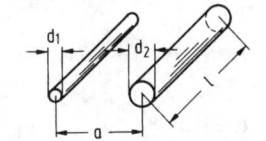

E Paralleldrahtleitung

Nach *Abb. 3.4.1-4a* ist mit ℓ = Drahtlänge [cm]
d_1; d_2 = Drahtdurchmesser [cm]
a = Abstand vom Mittelpunkt [cm]

$$C = \frac{0{,}241 \cdot \ell}{\lg \dfrac{4\,a^2}{d_1 \cdot d_2}} \quad [\text{pF}]$$

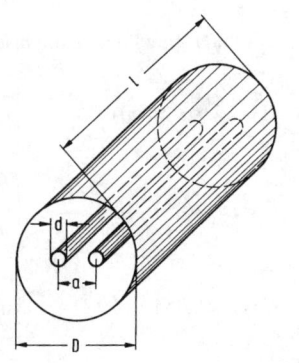

In dem Nomogramm *Abb. 3.4.1-5* ist der Zusammenhang gezeigt.
Sowie für $d_1 = d_2 = d$ sowie $d < a$

$$C = \frac{0{,}12 \cdot \ell}{\lg \dfrac{2\,a}{d}} \quad [\text{pF}]$$

Abb. 3.4.1-4b

907

3 Elektronische Bauelemente

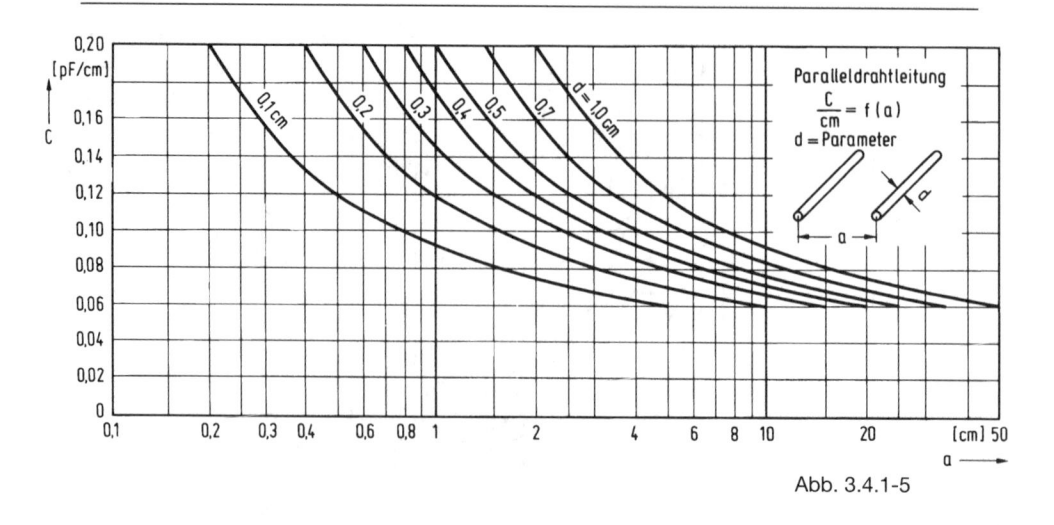

Abb. 3.4.1-5

F Abgeschirmte symmetrisch aufgebaute Parallelschaltung

Nach *Abb. 3.4.1-4b* ist mit ℓ = Leiterlänge [cm]
d = Leiterdurchmesser [cm]
a = Mittenabstand [cm]
D = Innendurchmesser der Abschirmung [cm]

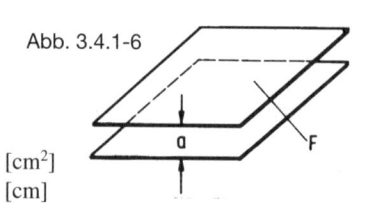

$$C = \frac{0{,}121 \cdot \ell}{\lg \dfrac{2a(D^2 - a^2)}{d(D^2 + a^2)}} \quad [\text{pF}]$$

G Zwei parallele Platten (Plattenkondensator)

Abb. 3.4.1-6

Nach *Abb. 3.4.1-6* ist mit F = Fläche [cm^2]
a = Plattenabstand innen [cm]

$$C = 0{,}0885 \cdot \frac{F}{a} \quad [\text{pF}]$$

Für unterschiedliche Dimensionen gilt:

$C = \varepsilon_r \cdot 8{,}854 \cdot 10^{-8} \cdot \dfrac{F}{a}$ $\left[\mu F; \dfrac{cm^2}{cm}\right]$ $\quad\quad$ $C = \varepsilon_r \cdot 8{,}854 \cdot 10^{-3} \cdot \dfrac{F}{a}$ $\left[pF; \dfrac{mm^2}{mm}\right]$

$C = \varepsilon_r \cdot 8{,}854 \cdot 10^{-5} \cdot \dfrac{F}{a}$ $\left[nF; \dfrac{cm^2}{cm}\right]$ $\quad\quad$ für Kreisplatten $\quad C = 0{,}07 \cdot \dfrac{d^2}{a}$ $[\text{pF}]$

$C = \varepsilon_r \cdot 8{,}854 \cdot 10^{-2} \cdot \dfrac{F}{a}$ $\left[pF; \dfrac{cm^2}{cm}\right]$

Für Mehrfachplattenkondensator nach *Abb. 3.4.1-7* mit der Plattenzahl = n ist:

$$C = 0{,}0885 \cdot (n - 1) \frac{F}{a} \quad [pF]$$

Abb. 3.4.1-7

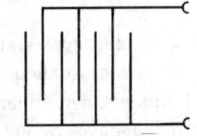

Bei den obigen Formeln ist die Randstreuung nicht berücksichtigt, da in der Praxis die Plattenstärke s < a ist. Die Randstreuung erhöht die Kapazität geringfügig.

H Kapazität einer Durchführung ($\epsilon_r = 1$)

Nach *Abb. 3.4.1-8* ist für d ≪ D und $\ell \approx$ s:

$$C \approx \frac{0{,}56 \cdot \ell}{\ln \frac{2D}{d}} \quad [pF; cm]$$

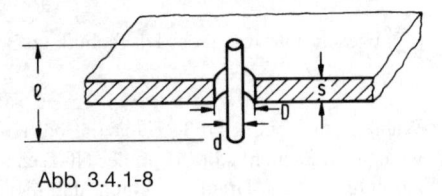

Abb. 3.4.1-8

I Kondensatoren mit Dielektrikum

In den vorhergehenden Abschnitten sind die Formeln für den Fall angegeben, daß das Dielektrikum durch Luft gebildet wird, also $\epsilon = 1$ ist. Ist ein Dielektrikum vorhanden, dessen ϵ größer als 1 ist, so tritt der entsprechende ϵ-Wert in allen Formeln als Faktor hinzu.
Ist das Material zwischen den Kapazitätsflächen nicht homogen, sondern aus verschiedenen Materialien zusammengesetzt, dann sind die Teilabstände durch die zugehörigen ϵ-Werte zu dividieren.

Beispiel: Plattenkondensator (vergleiche G)
  Kapazität für das Dielektrikum Luft $\epsilon = 1$.

$$C = \frac{0{,}0885 \cdot F}{a} \quad [pF];$$

Kapazität für ein Dielektrikum $\epsilon > 1$

$$C = \frac{0{,}0885 \cdot \epsilon \cdot F}{a} \quad [pF];$$

Kapazität für ein geschichtetes Dielektrikum nach *Abb. 3.4.1-9*

$$C = \frac{0{,}0885 \cdot \epsilon \cdot F}{\frac{a_1}{\epsilon_1} + \frac{a_2}{\epsilon_2} + \frac{a_3}{\epsilon_3}} \quad [pF];$$

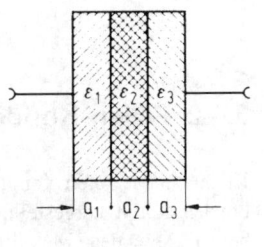

Abb. 3.4.1-9

Für die Werte von ϵ bei verschiedenen Isoliermaterialien wird auf die Tabellen in Kapitel 1, Tab. 3.10 hingewiesen.

K Kapazitäten von abgeschirmten Leitungen

Abgeschirmte koaxiale Leitungen weisen Kapazitäten auf, deren Größe im wesentlichen von den Abmessungen des Innenleiters, der äußeren Abschirmung, des Dielektrikums und der Leitungslänge abhängt. Für handelsübliche koaxiale Kabel der Nf- und Hf-Technik kann von folgenden Werten ausgegangen werden:

a) abgeschirmte Kabel der Nf-Technik: 0,5 pF...0,8 pF pro cm Länge

b) abgeschirmte Kabel der Hf-Technik, definierter Wellenwiderstand:
   0,7 pF...1,2 pF pro cm Länge

c) abgeschirmte Kabel der Hf-Technik (z. B. Autoantennenkabel):
   0,3 pF...0,4 pF pro cm Länge

Während die relativ große Kapazität bei Hf-Kabeln bei richtigem Abschluß mit dem Wellenwiderstand Z_0 nicht stört, ist in der Nf-Technik sowie bei Anwendung höherer Frequenzen ohne Abschluß mit Z_0 darauf zu achten, daß hier mit der Kabelkapazität und dem Innenwiderstand des Generators ein Tiefpaß gebildet wird. Dadurch wird die obere Grenzfrequenz herabgesetzt.

Beispiel:
Kristalltonabnehmer R_i = 50 kΩ;
abgeschirmtes Kabel 3,5 m mit 0,75 pF/cm = 262,5 pF

$$f_0 = \frac{1}{R \cdot 2 \cdot \pi \cdot C} = \frac{1}{50 \cdot 10^3 \cdot 6,28 \cdot 262 \cdot 10^{-12}} = 12,15 \text{ kHz}$$

L Kondensatoren mit Hilfe gedruckter Schaltungen (siehe Kap. 2.3-F)

M Zylindrischer Tauchkondensator

Die dafür gültigen Konstruktions- und Rechenunterlagen können dem Kapitel 4.14 (Topfkreise) entnommen werden.

3.4.2 Folien-Kondensatoren

Kleinkondensatoren von 10 pF...10 µF – Vorzugswerte 1 nF...1 µF – werden als Folienkondensatoren hergestellt, wobei das Dielektrikum aus einer Kunststoff-Folie besteht. Die beiden leitenden Metallflächen werden entweder durch dünne Metallfolien oder durch aufgedampftes Aluminium auf die Isolierfolien gebildet. Derartige Kondensatoren weisen einen Selbstheilungseffekt auf, d. h. bei einem elektrischen Durchschlag verdampft an dieser Stelle das Metall. Die folgenden Tabellen mit Daten der Firmen Röderstein, Siemens, Telefunken, Valvo und Wima geben einen Überblick über wichtige Daten von Folienkondensatoren.

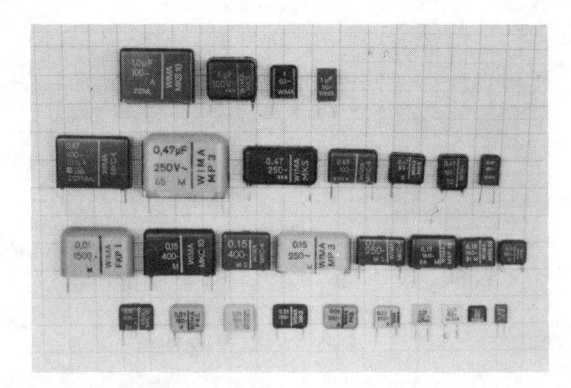

3.4 Kondensatoren – Bauformen, Anwendung und Daten

Je nach Anwendungszweck werden Folienkondensatoren in verschiedenen Bauformen geliefert. Die wesentlichen Merkmale sind Kapazität und Betriebsspannung. Aber auch der spezielle Einsatz erfordert bestimmte Eigenschaften der Kondensatoren. Im Foto sind Werte von 1 μF; 0,47 μF sowie 10 nF Kondensatoren in unterschiedlichen Eigenschaften.

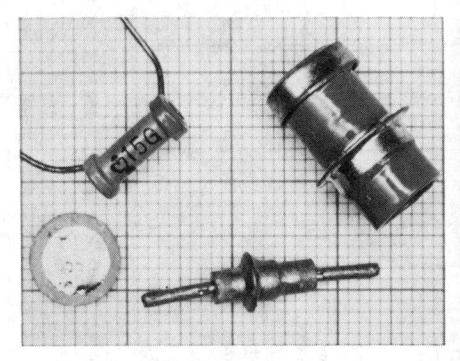

Unterschiedliche Bauformen von Keramikkondensatoren.

Ein Keramikkondensator, hergestellt durch eine Printauslegung. Siehe dazu die Berechnung Kap. 2.3 F

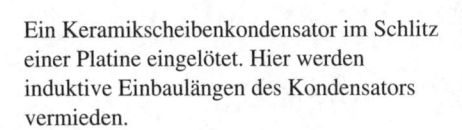

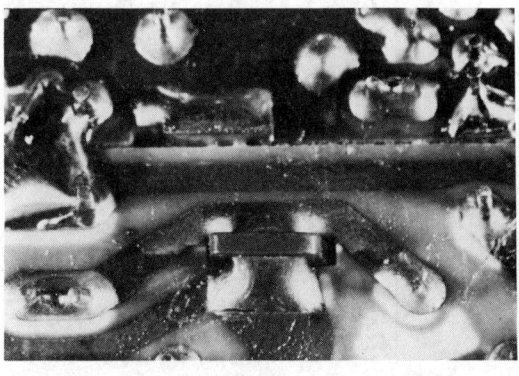

Ein Keramikscheibenkondensator im Schlitz einer Platine eingelötet. Hier werden induktive Einbaulängen des Kondensators vermieden.

3 Elektronische Bauelemente

Typ	Technologie	Betriebsspannung [V]	Kapazitätsbereich [nF]	Toleranz [%]	tg δ (1 KHz)	R_{is} [MΩ]
FKP (KP)	Polypropylen/Aluminiumfolie	63/400/630/1000/1500/2000	0,22 ... 220	$+2,5/+5/+10/+20$	$1 ... 3 \cdot 10^{-4}$	$1 \cdot 10^6$
MKP	Polypropylen/Aluminium metallisiert	160/250/400/630/1000	10 ... 4700	$+10/+20$	$1 ... 3 \cdot 10^{-4}$	$6 \cdot 10^4$
MKC	Polycarbonat/Aluminium metallisiert	63/100/160/400/630/1000	10 ... 22000	$+10/+20$	$1 ... 3 \cdot 10^{-3}$	$3 \cdot 10^4$
MKS	Polyester/Aluminium metallisiert	63/100/250/400/630/1000	10 ... 33000	$+10/+20$	$6,5 \cdot 10^{-3}$	$2,5 \cdot 10^4$
FKC	Polycarbonat/Metallfolie	100/160/400/630/1000	0,1 ... 47	$+10/+20$	$1,5 \cdot 10^{-3}$	$1 \cdot 10^6$
FKS	Polyester/Metallfolie	100/160/400	1 ... 100	$+5/+10/+20$	$5,5 \cdot 10^{-3}$	$1 \cdot 10^6$
TFM	Polyterephthalsäureester/Aluminium metallisiert	63/100/160	10 ... 10000	$+20$	$5 \cdot 10^{-3}$	$2 \cdot 10^4$
MKT	Polyester/metallisiert	100/250/400	10 ... 5600	$+10/+20$	$5 \cdot 10^{-3}$	$5 \cdot 10^4$
KT	Polyesterfolie/Metall	160/400	1 ... 330	$+5/+10$	$4 \cdot 10^{-3}$	$2 \cdot 10^5$
KS	Polystyrolfolie/Metall (Styroflex)	63/125/250/500	0,05 ... 160	$+1\% ... +5\%$	$0,2 ... 0,3 \cdot 10^{-3}$	$1 \cdot 10^6$
PKP	Papier und Polypropylenfolie/Metall	750/1500	1,5 ... 27	$+5$	$1 \cdot 10^{-3}$	$7,5 \cdot 10^4$
PKT	Papier und Polyesterfolie/Metall	250 V 50 Hz	4,7 ... 220	$+10/+20$	$4,5 \cdot 10^{-3}$	$6 \cdot 10^3$

Toleranz nach B-Blatt	%	± 20	± 10	± 5	$\pm 2,5$	± 2	± 1	$\pm 0,5$	$\pm 0,3$
Kennbuchstabe nach IEC-Publikation 62/1968		M	K	J	H	G	F	D	C
zugeordnete E-Reihe für Kondensatoren über 10 pF		E6	E12	E24	E48	E48	E96	E192	E192
zugeordnete E-Reihe für Kondensatoren mit erhöhten Anforderungen über 100 pF					40	50	100	100	150
Grenzwert. Bis herab zu diesem Wert gelten die obigen Toleranzen in %	pF	5	10	20					
Toleranz unterhalb des Grenzwertes	pF	± 1	± 1	± 1	± 1		± 1	$\pm 0,5$	$\pm 0,5$

Nenngleichspannung bei 40 °C	25 V	63 V	160 V	250 V	630 V
Nenngleichspannung bei 70 °C	30 V	50 V	125 V	250 V	500 V
Farbring	blau	gelb	rot	grün	schwarz

A Begriffe und Daten

Für die Kennzeichnung wird auf die Kapitel 1.1 Tab. 9.1 und 9.3 hingewiesen.

Ergänzend sind bei Kondensatoren die Kennzeichnungen ihrer Technologie üblich. Diese Kennzeichnung besteht aus Großbuchstaben und entspricht den vorstehenden Tabellenangaben. So z. B. MKC Isoliermaterial Polycarbonat, leitende Flächen Aluminium metallisiert.

Die modernen Papierwickelkondensatoren sind unter der Bezeichnung *MP-Kondensatoren* (Metall-Papier) bekannt. Es wird eine dünne Metallschicht unmittelbar auf das als Dielektrikum dienende imprägnierte Papier aufgedampft. Mit dieser Bauweise lassen sich große Kapazitätswerte bei geringen Abmessungen der Wickel erreichen.

Die fertigen Wickel werden im allgemeinen an den Stirnseiten kontaktiert und in rechteckigen oder runden Metallbechern luftdicht eingekapselt.

Einige der modernen Kunststoffe eignen sich besonders gut als Dielektrikum in Kondensatoren: Sie vereinen große Festigkeit mit hohem Isolationswiderstand, nehmen keine Feuchtigkeit auf und lassen sich zu sehr dünnen Folien verarbeiten. Kondensatoren mit solchen Dielektrika werden *Kunststoffolienkondensatoren* genannt. Die am häufigsten verwendeten Kunststoffe sind Polystyrol (bekannt auch unter dem Handelsnamen Styroflex), Polyester und Polykarbonat.

Je nach Art des Dielektrikums und der Bauart des Kondensators werden Kunststoffolienkondensatoren mit zwei oder drei Buchstaben bezeichnet. Dabei gibt es ein System mit Kennbuchstaben, deren Bedeutungen in einer Norm (DIN 41379) festgelegt sind. Die nachfolgende Tabelle gibt einen Überblick.

Kennbuchstabe	Art des Kunststoffs	Markennamen (Herstellerwarenzeichen)
C	Polycarbonat	Makrofol
P	Polypropylen	
S	Polystyrol	Styroflex
T	Polyterephthalat	Hostaphan, Melinex, Mylar Terphane
U	Celluloseacetat Lackfolie	

Vor diesen Kennbuchstaben steht der Buchstabe K (Kunststoffolie). Wenn der Aufbau der Kondensatoren nicht aus getrennten Metall- und Kunststoffolien besteht, sondern auf die Kunststoffolien metallische Beläge aufgebracht sind, dann wird dies mit dem (vor K) vorgesetzten Buchstaben M gekennzeichnet.

Ein MKS-Kondensator hat danach ein Dielektrikum aus Polystyrol und als Beläge eine Metallfolie.

Bei einem MKT-Kondensator wird eine metallisierte Kunststoffolie aus Polyterephthalat (was eine andere Bezeichnung für Polyester ist) verwendet. Da die Folien solcher Kondensatoren eine Dicke von nur etwa 6 μm haben, lassen sich leicht Kapazitätswerte bis zu 10 μF erreichen, bei einem Raumbedarf, der zehnmal kleiner sein kann als der eines MP-Kondensators gleicher Kapazität. Kondensatoren mit metallisierter Kunststoffolie sind selbstheilend.

Darüber hinaus werden – so z. B. bei Styroflexkondensatoren – noch besondere Kennzeichen für Toleranzen und Nennspannungen angegeben.

Die Buchstaben für die Toleranzangaben befinden sich meist direkt neben der Kapazitätsangabe. Ein schwarzer Ring oder Strich einseitig an einem Anschluß weist auf die Seite des Außenbelaganschlusses hin – wichtig für die Abschirmfragen. Drei weitere Buchstaben als

Code geben nach der folgenden Aufstellung Auskunft über das Einsatztemperaturgebiet sowie über die zulässige Umgebungsfeuchtigkeit.
Die untenstehende Tabelle gibt einen Überblick der wichtigsten Kondensatorfamilien.

Vergleichstabelle für Kunststoffolien-Kondensatoren (typische Werte)

Technologie	MKT	MKC	KS	KP Small Power	KP Power	PMKT
Kapazitätsbereich	1000 pF ... 12 µF	1000 pF ... 6,8 µF	51 pF ... 0,16 µF	47 pF ... 0,056 µF	1000 pF ... 0,82 µF	0,01 ... 1,0 µF
Kapazitätstoleranz	± 5/10/20 %	± 5/10/20 %	± 1/2/5 %	± 2/5 %	± 5/10 %	± 10/20 %
Nennspannung	63 ... 400 V-	100 ... 1600 V-	63 ... 630 V-	63 ... 250 V-	250 ... 2000 V-	250 V~
Zeitliche Inkonstanz der Kapazität $\Delta C/C$	± 1,5 %	± 1,0 %	± 0,3 %	± 0,3 %	± 0,5 %	—
Verlustfaktor tan δ in 10^{-3} bei 10 kHz bei 100 kHz	≤ 15 ≤ 30	≤ 7,5	≤ 0,5 ... 1,0 ≤ 0,5 ... 1,5	≤ 1,0 ≤ 1,0 ... 1,5	≤ 1,0 ... 2,5	≤ 13
Isolationswiderstand R_{isol} bei $\vartheta_u = 23°C$	> 15 · 10^3 MΩ[1]) > 30 · 10^3 MΩ[2])	> 15 · 10^3 MΩ[1]) > 30 · 10^3 MΩ[2])	> 100 · 10^3 MΩ	> 100 · 10^3 MΩ	> 50 · 10^3 MΩ	> 15 · 10^3 MΩ
Impulsbelastung du/dt	1,4 ... 95 V/µs	3 ... 70 V/µs	—	—	1000 V/µs	100 V/µs
Max. Betriebstemperaturbereiche	−55 ... +100°C −40 ... +100°C −40 ... + 85°C	−55 ... +100°C	−40 ... +70°C −40 ... +85°C −55 ... +70°C	−40 ... +100°C	−40 ... +85°C	−40 ... +85°C
Dielektrizitätskonstante ϵ_r	3,2	2,8	2,4	2,2	2,2	2,0 (P) 3,2 (MKT)
Temperaturkoeffizient TK_c in $10^{-6}/K$	+500	+150	−(125 ± 60)	−(65 ± 60)	−150	—

[1]) $U_N = ≤ 100$ V-   [2]) $U_N > 100$ V-

Kennzeichnung von WIMA-Kondensatoren ohne Typenaufdruck (Miniaturbauweise)

Körperfarbe	Typ	Zahlenaufdruck
Rot	MKS 2	weiß
Rot	MKC 2	schwarz
Grau	MKS 20	
Blau	FKS 2	
Gelb	FKC 2	
Grün	FKP 2	

3.4 Kondensatoren – Bauformen, Anwendung und Daten

1. Kennbuchst.	Unt. Grenztemp. °C
E	−65
F	−55
G	−40
H	−25
J [1]	−10 [1]
K [1]	0 [1]

[1] Niedrigste zulässige Transporttemperatur: −25 °C

2. Kennbuchst.	Ob. Grenztemp. °C
E	200
F	180
G	170
H	155
J	140
K	125
L	110
M	100
N	90
P	85
Q	80
R	75
S	70
T	65
U	60
V	55
W	50
Y	40

3. Kennbuchstabe	zul. Feuchtebeanspruchung rel. Luftfeuchte	
	Höchstwert	Jahresmittel
C	100 %	95 %
D	100 %	$\leq$ 80 %
F	Die zulässige mittlere relative Luftfeuchte ist $\leq$ 75 % im Jahresmittel (an höchstens 30 Tagen im Jahr darf eine mittlere relative Luftfeuchte von 85 % auftreten, mit Spitzen von max. 95 %).	
G	Die zulässige mittlere relative Luftfeuchte ist $\leq$ 65 % im Jahresmittel (an höchstens 60 Tagen im Jahr darf eine mittlere relative Luftfeuchte von 75 % auftreten, mit Spitzen von max. 85 %).	
J	$\leq$ 50 %	$\leq$ 50 %

B Verlustfaktor

Der Verlustfaktor $tg\delta$ ist von der Kapazität, der Art des Dielektrikums, der Temperatur und der Arbeitsfrequenz abhängig. Somit ist $tg\delta$ nicht konstant. Normalerweise wird der Wert für 20 °C bei einer Meßfrequenz von 1 kHz angegeben. Wesentliche Daten sind bereits aus der Tabelle unter A 1 zu entnehmen. Die *Abb. 3.4.2-1* gibt den Verlauf von $tg\delta$ in Abhängigkeit des Kondensatortyps MKT-MKC-KS (Styroflex) – FKC – KT – und FKS sowie die Parameter für die Frequenz und Temperatur wieder.

Typische Eigenschaften der Kunststoffolien

Die Abb. 3.4.2-1 zeigen die wesentlichen Merkmale.

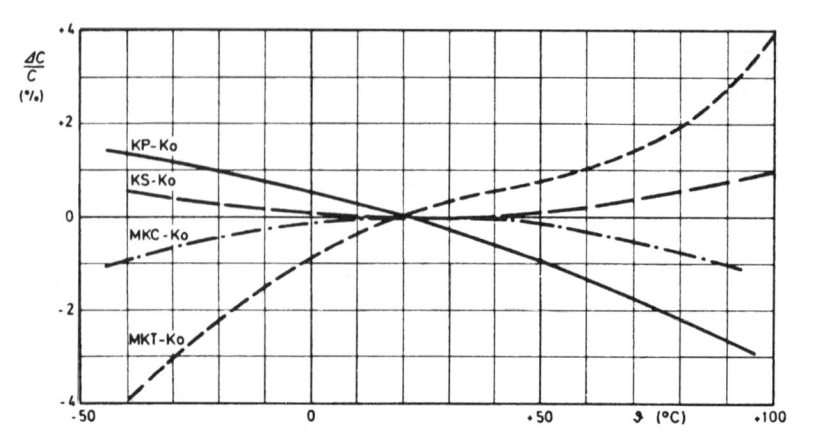

Kapazität in Abhängigkeit von der Temperatur

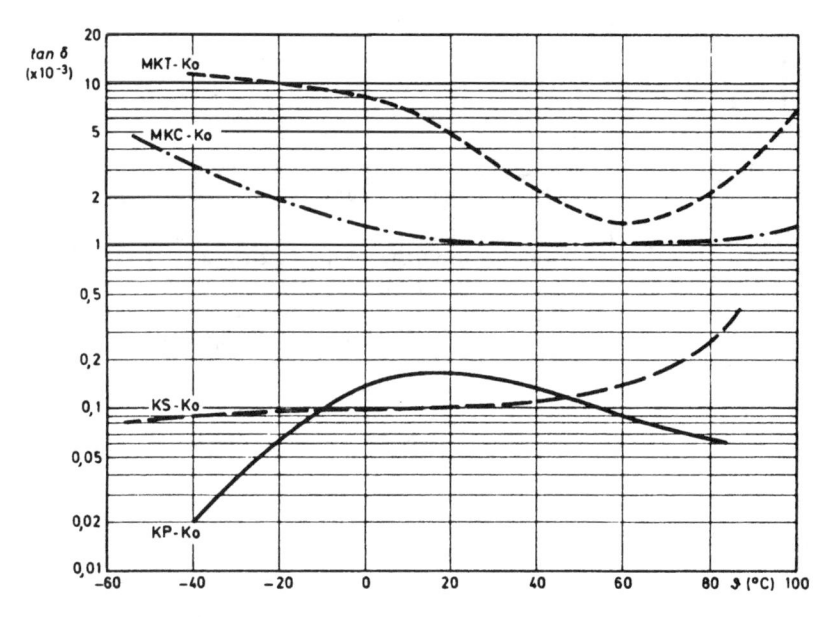

Verlustfaktor in Abhängigkeit von der Temperatur

Abb. 3.4.2-1

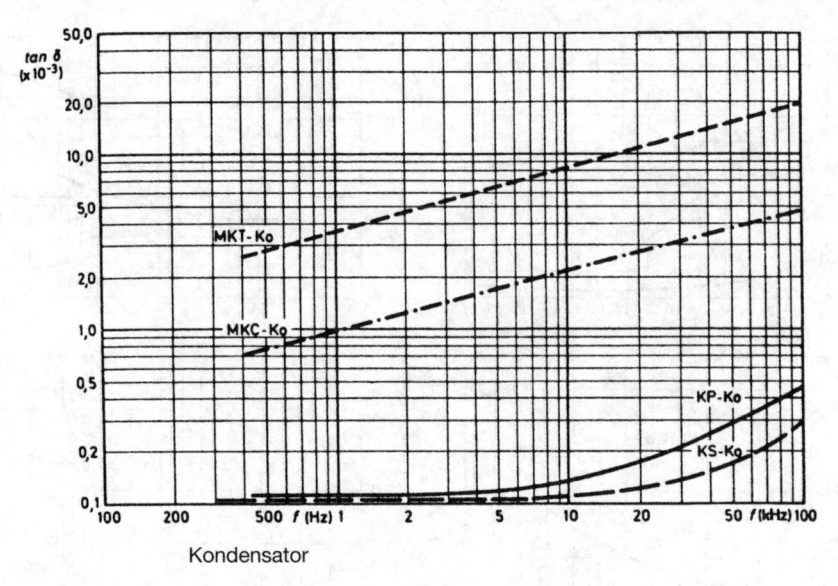

3.4 Kondensatoren – Bauformen, Anwendung und Daten

Kondensator

Verlustfaktor in Abhängigkeit von der Frequenz

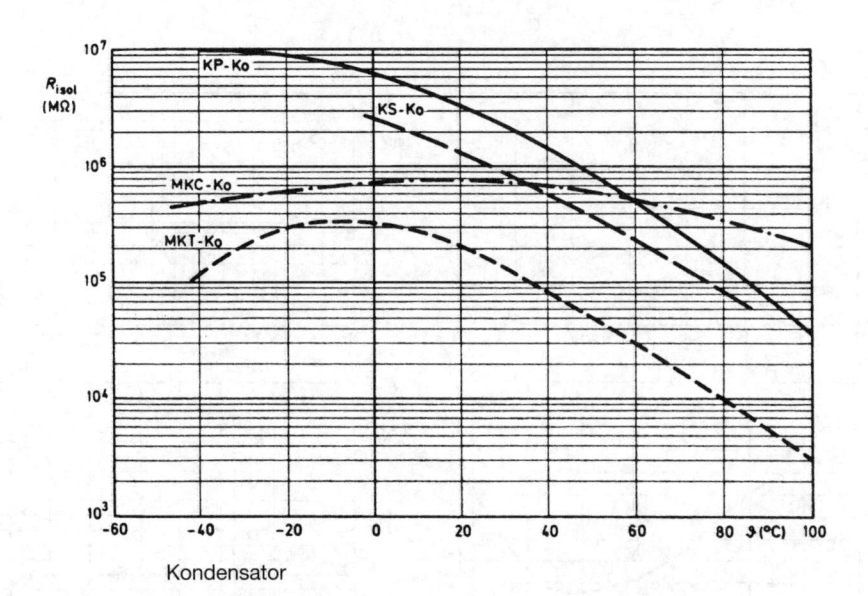

Kondensator

Isolationswiderstand in Abhängigkeit von der Temperatur

Abb. 3.4.2-1

Abb. 3.4.2-1

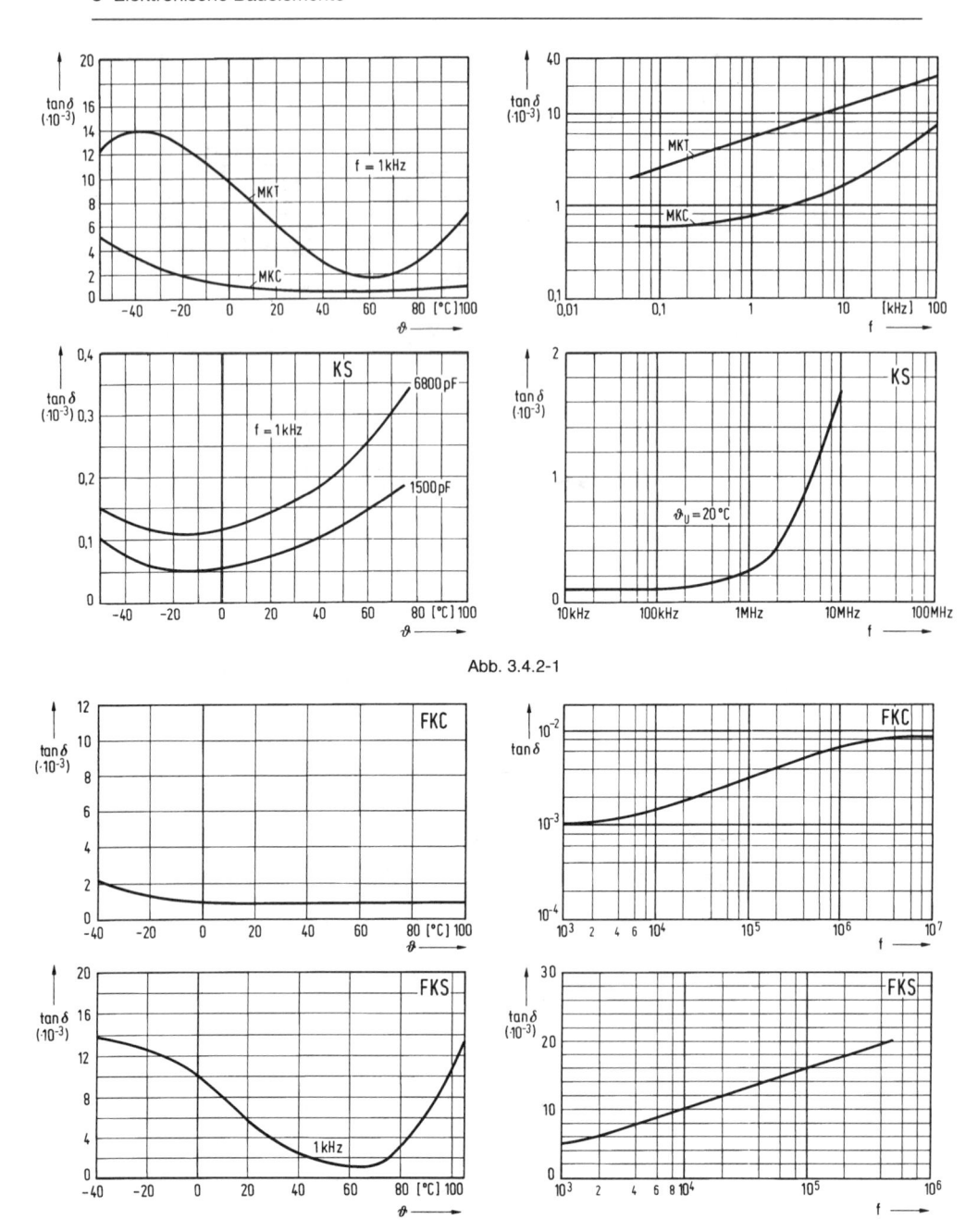

Abb. 3.4.2-1 (Fortsetzung)

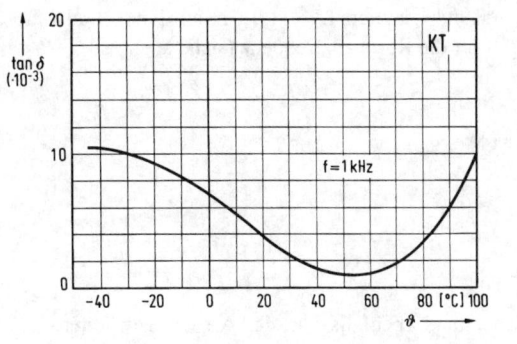

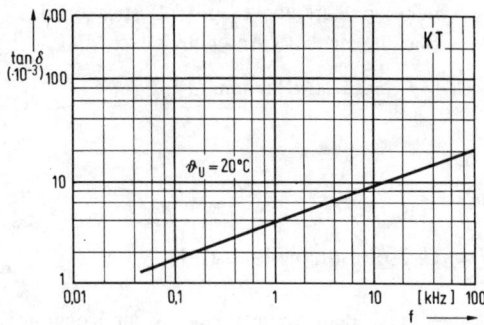

3.4 Kondensatoren – Bauformen, Anwendung und Daten

Abb. 3.4.2-1 (Fortsetzung)

Ersatzschaltbild und Ermittlung des Verlustfaktors tan δ

Der Verlustfaktor tan δ ist das Verhältnis von Ersatzserienwiderstand zu kapazitivem Widerstand in der Ersatzserienschaltung oder von Wirkleistung zu Blindleistung bei sinusförmiger Spannung.

In dem Ersatzschaltbild *Abb. 3.4.2-2* **bedeuten:**

L_s Serieninduktivität
R_s Serienwiderstand
R_i Isolationswiderstand (Parallel-Widerstand)
C Kapazität

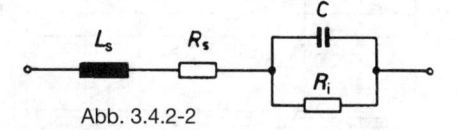

Abb. 3.4.2-2

Unter Vernachlässigung der Induktivität L_s gilt für den Verlustfaktor tan δ bei der Frequenz f

$$\tan \delta = \frac{1}{2\pi \cdot f \cdot C \cdot R_i} + 2\pi \cdot f \cdot C \cdot R_s;$$

dabei ist berücksichtigt: $R_i \gg R_s$ und $f \ll f_r$,

wobei $f_r = \dfrac{1}{2\pi \sqrt{L_s C}}$ die Eigenresonanzfrequenz von L_s und C ist.

Für den *unteren* Frequenzbereich (f < 1 kHz) gilt:

$$\tan \delta_u = \frac{1}{2\pi \cdot f \cdot C \cdot R_i}$$

Für den oberen Frequenzbereich (f ≫ 1 kHz) gilt:
$\tan \delta_o = 2\pi \cdot f \cdot C \cdot R_s$.

Der Wert R_s wird bestimmt durch Zuleitungs- und Übergangswiderstände und entspricht weitgehend dem Ersatzserienwiderstand R_{ESR} (vgl. DIN 41380, Teil 3 und 4, Absatz 4.4).

3 Elektronische Bauelemente

Für den Wert von L_s gilt für stirnkontaktierte Kondensatoren $L_s \approx 1$ [nH; mm] mit 1 als Baulänge incl. der Anschlußdrähte. Mit $L_s \approx 1$ gilt für die Resonanzfrequenz (siehe auch A 4)

$$f_r \approx \frac{160}{\sqrt{\ell \cdot C}} \text{ [MHz; mm; nF]}$$

C Isolationswiderstand

Ähnlich dem Verlustfaktor ist der Isolationswiderstand ebenfalls von der Art des gewählten Dielektrikums, der Höhe der Kapazität und der Temperatur abhängig. Gemäß der Tabelle unter 2.5.2-A sowie der *Abb. 3.4.2-3* ist der typische Verlauf des Isolationswiderstandes zu erkennen. Dieser wird entweder in MΩ oder als Zeitkonstante τ in Sekunden angegeben. Dadurch ist durch Umrechnung mit dem jeweiligen Kapazitätswert die Ermittlung des Widerstandes möglich. Der Isolationswiderstand sinkt bei zunehmender Betriebstemperatur. Das ist wichtig im Hinblick auf Hf-Anwendung, wo durch die entstehenden dielektrischen Verluste eine Eigenerwärmung möglich ist, die dann ihrerseits den Verlustfaktor tgδ verschlechtert.

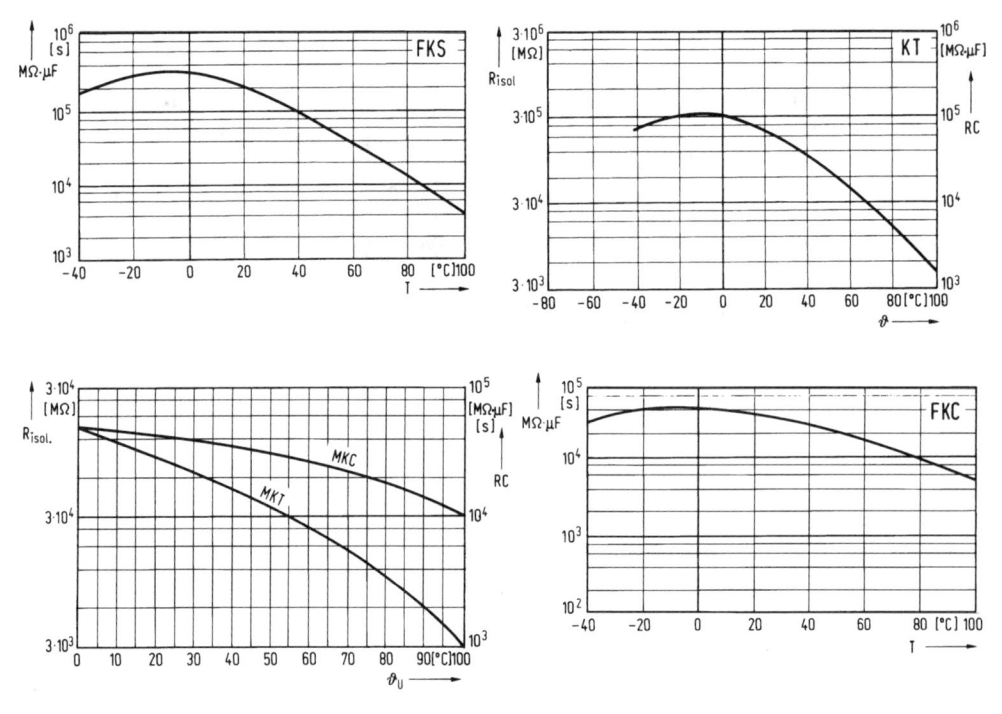

Abb. 3.4.2-3

D Resonanzfrequenz

Bei allen Anwendungen ist daran zu denken, daß Kondensatoren durch ihre Zuleitungen, die als Induktivitäten wirken, zu Serien-Schwingkreisen führen. Besonders für die Hf-Technik gibt es Folienkondensatoren, deren Belege (Wickel) stirnseitig verschweißt sind, um so die Induktivität der aufgewickelten Folien zu umgehen. Mit guter Annäherung kann die Induktivität eines Folien-Kondensators angegeben werden mit

$$a + b \approx L \quad [\text{nH; mm}]$$

Für die Resonanzfrequenz gilt etwa

$$f_r \approx \frac{160}{\sqrt{\ell \cdot C}} \quad [\text{MHz; mm; nF}]$$

Darin ist: a = wirksame äußere Anschlußlänge beider Zuleitungen [mm]
b = Baulänge des Kondensators [mm]
L = Induktivität [nH]

Auch hier handelt es sich wieder um typische Werte, deren Verlauf wichtig ist. Sie können je nach Bauform und Hersteller voneinander abweichen. Die Kurven der *Abb. 3.4.2-4* geben einen Überblick.

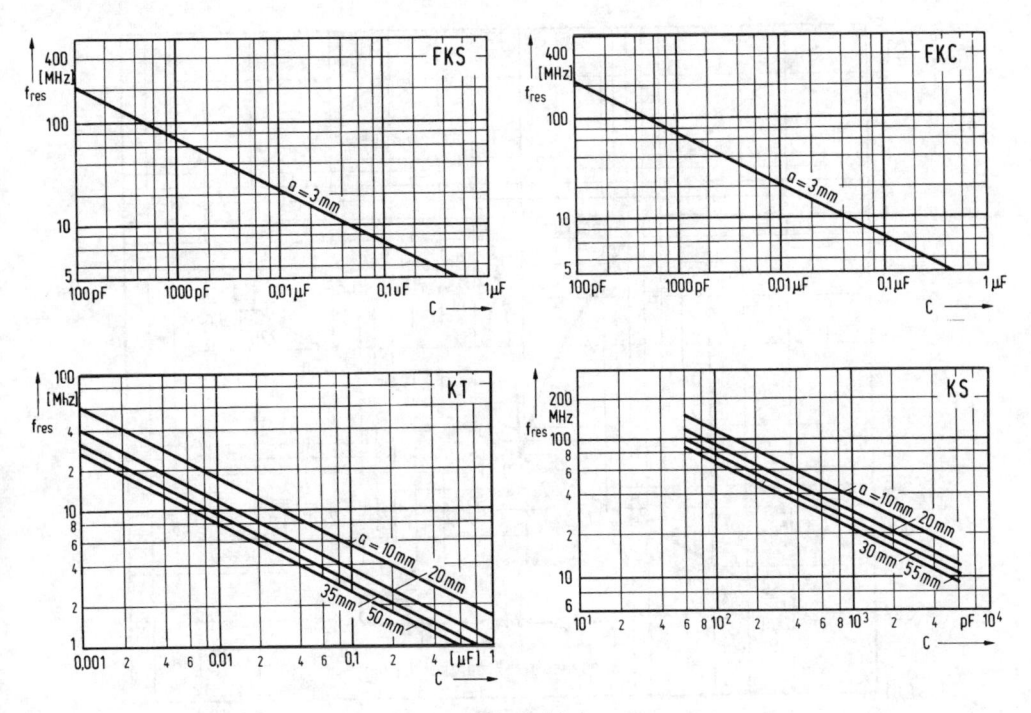

Abb. 3.4.2-4

3 Elektronische Bauelemente

Abb. 3.4.2-4 (Fortsetzung)

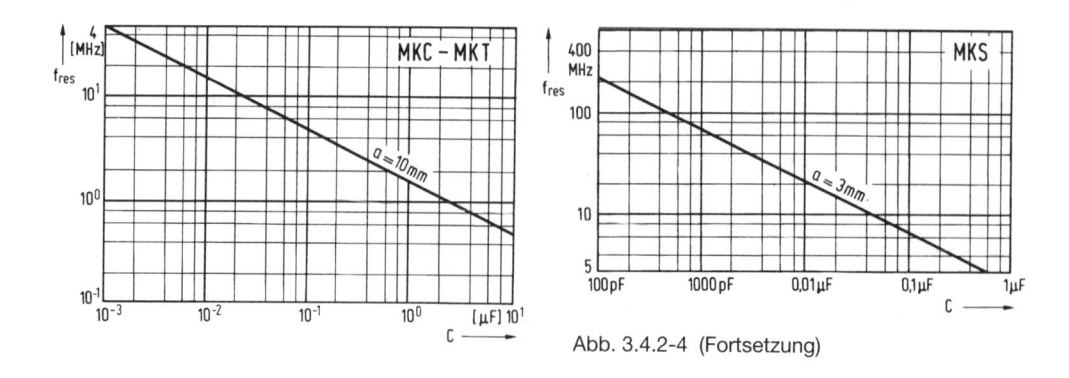

Der Kurvenverlauf der *Abb. 3.4.2-5* läßt den Verlauf des wirksamen Serienwiderstandes R_s erkennen. Am Beispiel des 10-nF-Kondensators ist dieser bei niedrigen Frequenzen kapazitiv und oberhalb des Serienresonanzpunktes induktiv. Praktische Werte von R_s liegen bei 0,1 Ω. Die Steigung der R_s-Linie hängt von den Materialeigenschaften und dem Aufbau des Kondensators ab. Die hier angegebene Kurve im Bereich bis 10 nF ist auch für Keramikkondensatoren gültig. Der R_s-Wert ist maßgebend für den Schaltungseinsatz bei hochfrequenten Anwendungen; auf kürzeste Anschlußlänge ist zu achten.

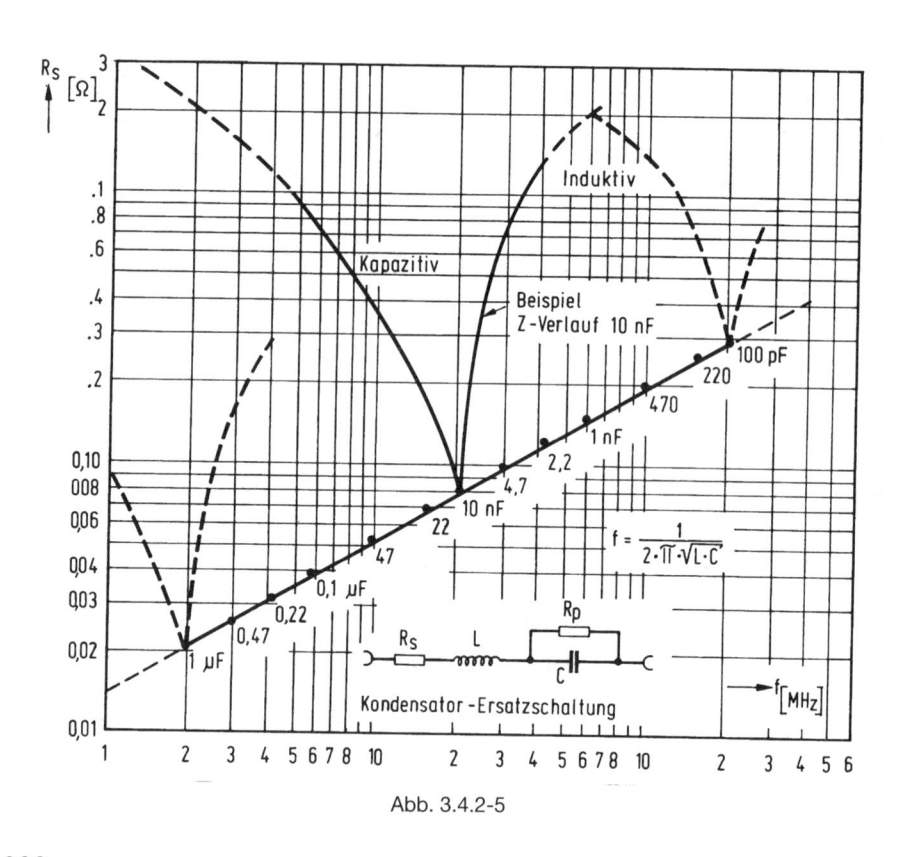

Abb. 3.4.2-5

E Kapazitätsänderung (Temperaturkoeffizient)

Eine Kapazitätsänderung erfolgt einmal durch Änderung der Arbeitstemperatur des Kondensators, zum anderen übt auch die Arbeitsfrequenz einen entsprechenden Einfluß auf den Nennwert der Kapazität aus. Aufgrund der Bauform und des Dielektrikums ergeben sich die Kurven nach *Abb. 3.4.2-6*.

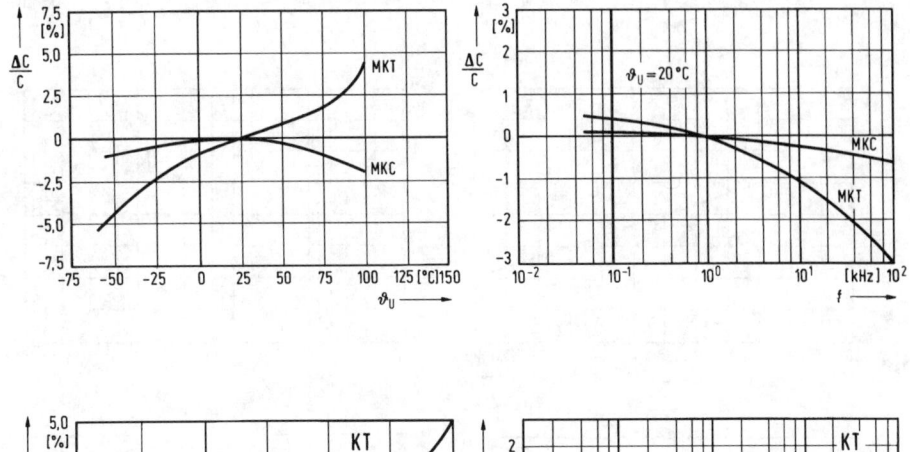

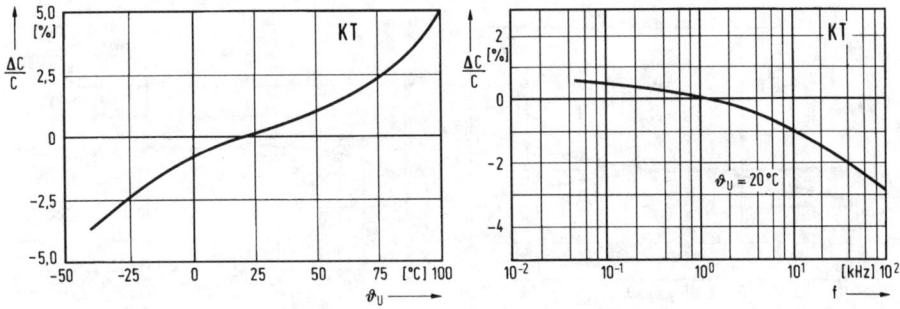

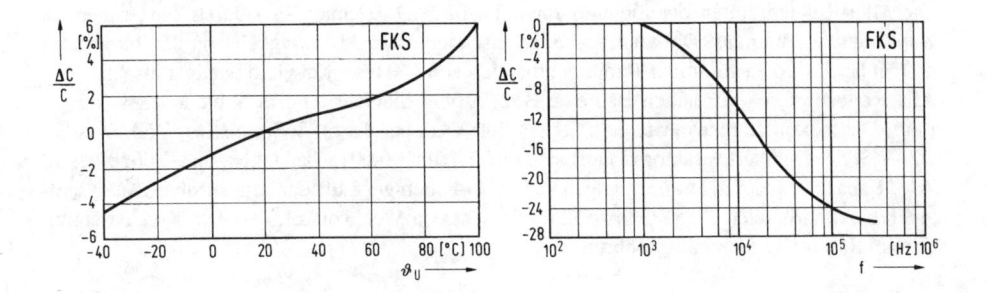

Abb. 3.4.2-6

3 Elektronische Bauelemente

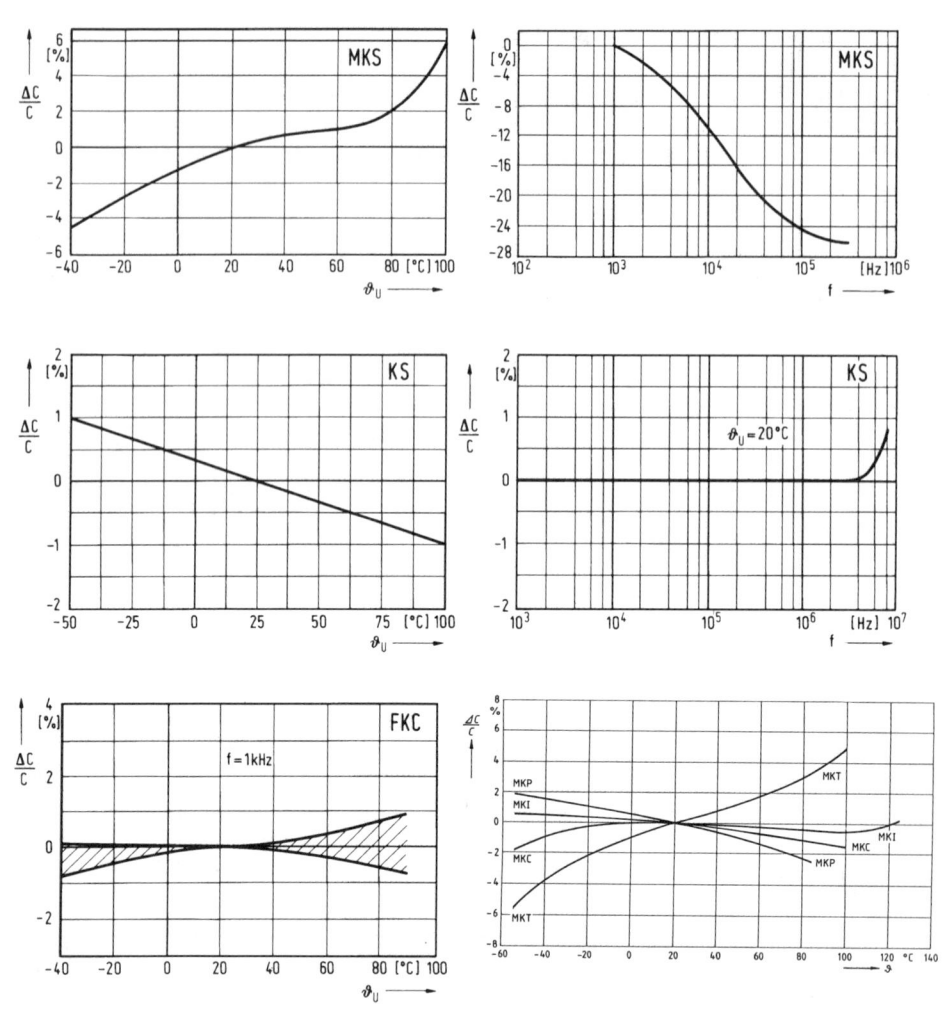

Abb. 3.4.2-6 (Fortsetzung)

Die MKI-Kondensatoren der Siemens-Baureihe B32729 zeichnen sich durch extrem geringe Kapazitätsänderung aus. Die relative Kapazitätsänderung in Abhängigkeit von der Temperatur beträgt bei 1 kHz im gesamten Temperaturbereich von –50 bis +125 Grad weniger als ±1,5 %. Alle Kondensatoren der neuen Baureihe B32729 von Siemens sind in Schichttechnik ausgeführt. Die maximale Flankensteilheit beträgt 200 V/μs bei der 50-V-Serie sowie 250 V/μs der 100-V-Serie. Der Verlustfaktor beläuft sich auf maximal 0,0015 bei 1 kHz und 0,0020 bei 10 kHz. Kapazitätsänderungen übersteigen selbst bei beliebiger Luftfeuchtigkeit über den gesamten Temperaturbereich (–55 °C bis +125 °C) nicht den Wert von ±1,5 %. Die Kondensatoren sind im Rastermaß 5 mm ausgeführt.

Abb. 3.4.2-7

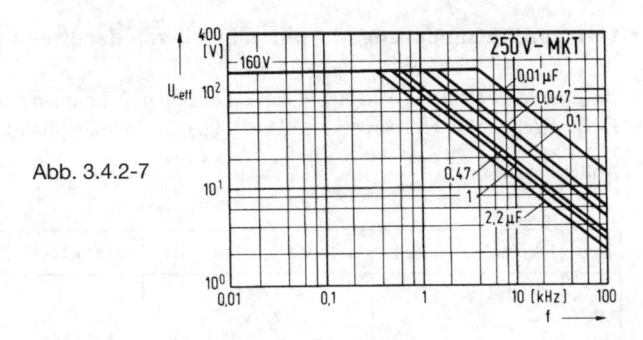

F Spannungsfestigkeit

Für die Angabe der Spannungsfestigkeit ist darauf zu achten, ob sich diese auf einen Gleichspannungswert oder auf eine Wechselspannungangabe bezieht. Für die Anwendung bei hohen Frequenzen ergibt sich eine Spannungsreduzierung, z.B. für einen MKT-250-V-Kondensator nach der Kurve *Abb. 3.4.2-7*.

Nennspannung U_N

Die Nennspannung ist die Spannung, nach der der Kondensator benannt ist; sie ist eine Gleichspannung und bezieht sich auf eine Kondensator-Umgebungstemperatur von 40 °C. Beim Betrieb des Kondensators innerhalb der zugelassenen klimatischen Anwendungsklasse sind die folgenden Grenzbedingungen zu beachten.

Dauergrenzspannung U_g (Betrieb mit Gleichspannung)

Die Dauergrenzspannung U_g ist die höchste Gleichspannung, mit der der Kondensator dauernd betrieben werden darf. Sie ist von der Umgebungstemperatur abhängig. Die entsprechende Spannungsminderung bei höheren Temperaturen ist in den Datenblättern in Form von Diagrammen angegeben (Definition nach DIN 44110).

Dauergrenzspannung U_w (Betrieb mit Wechselspannung)

MK-Gleichspannungskondensatoren sind, sofern nicht eigens ausgewiesen, nicht für die Anwendung in technischen Wechselspannungsnetzen geeignet.
Bei Überlagerung einer zusätzlichen Gleichspannung darf die Summe aus Gleichspannung und Amplitude der Wechselspannung die Dauergrenzspannung U_g nicht überschreiten.

Spitzenspannung

Die Spitzenspannung ist der höchste Scheitelwert der Spannung, die am Kondensator kurzzeitig auftreten darf, z.B. bei nichtperiodischen Schaltvorgängen. Sie ist in Einzelfällen besonders ausgewiesen.
Die Nennspannung U_N von Kondensatoren ungeschützter Ausführung kann durch Klartext-Aufdruck oder durch einen Farbring an der Anschlußseite des Außenbelages nach folgendem Schema gekennzeichnet werden:

Nennspannung U_N	25 V	63 V	160 V	250 V	630 V
Farbring	blau	gelb	rot	grün	schwarz

G Kapazitätsänderung in Abhängigkeit von der Frequenz

Bestimmte Dielektrika verringern ihr ϵ bei höheren Frequenzen. Das macht sich bereits bei Frequenzen >500 Hz bemerkbar. Die folgende Tabelle gibt darüber Aufschluß, wobei die Änderung in % von $\dfrac{\Delta C}{C}$ gemessen wird.

Typ	1 kHz ... 10 kHz	10 kHz ... 100 kHz	100 kHz ... 1 MHz	1 MHz ... 10 MHz
MKC	– 0,2 %	– 0,6 %	–	–
MKT	– 1 %	– 3 %	–	–
KT	– 1 %	– 3 %	–	–
KS	0 %	0 %	0 %	ab 2 MHz bis + 1 %
MKS	– 1 %	– 2,6 %	– 3 %	–
FKS	– 1,1 %	– 2,4 %	– 2,6 %	–

H Rastermaß, Aufbau

Kondensatoren werden in Abhängigkeit ihrer Baugröße mit folgenden Rastermaßen geliefert:

Rastermaßabstand (± 0,5 mm) [mm]:	2,5; 5	7,5; 10	15; 22,5; 27,6	37,5
Drahtdurchmesser [mm]:	0,5	0,7	0,8	1,0

3.4.3 Elektrolyt- und Tantal-Elektrolyt-Kondensatoren

A Aufbau

Die Anwendung des Farbcodes bei Tantal-Elektrolyt-Kondensatoren ist dem Kapitel 1 Tab. 9.3 zu entnehmen.

Allgemeines

Der Elektrolytkondensator ist wegen seiner vorzüglichen Eigenschaften in der elektrischen Nachrichtentechnik ein unentbehrliches Bauelement, das die wesentlichen Vorteile in sich vereinigt: Große Kapazität bei kleinstem Raumbedarf, geringes Gewicht, vielseitige Anwendungsmöglichkeiten, relativ geringer Preis. Diese Vorzüge beruhen auf dem speziellen Aufbau des Kondensators und den besonderen physikalischen Eigenschaften des hier zur Anwendung gelangenden Dielektrikums.
Elektrolytkondensatoren gliedern sich in folgende Hauptgruppen:
Niedervolt-Aluminium-Elektrolytkondensatoren für allgemeine Anwendungen
Hochvolt-Aluminium-Elektrolytkondensatoren für allgemeine Anwendungen
Niedervolt-Aluminium-Elektrolytkondensatoren für erhöhte Anforderungen
Niedervolt-Aluminium-Elektrolytkondensatoren mit festen Elektrolyten und Tantal-Elektrolytkondensatoren.

Aufbau

Im Gegensatz zu anderen Kondensatoren besitzt der Elektrolytkondensator nur eine metallische Elektrode (Anode), auf der das Dielektrikum unmittelbar in dünnster Schicht aufgebracht ist, während die Gegenelektrode (Katode) durch eine Flüssigkeit, den Elektrolyten, gebildet wird, deren Stromzuführung über eine schichtfreie Metallfolie erfolgt.

Die Erzeugung der dielektrischen Schicht auf der Aluminiumanode geschieht auf elektrochemischem Wege im sogenannten Formierprozeß. Die Dicke der Schicht ist dabei der angelegten Spannung proportional. Die Schicht selbst zeigt Halbleitereigenschaften, d.h. sie ist nur in einer Richtung als Dielektrikum wirksam. Aus diesem Grunde sind Elektrolytkondensatoren dieser Art gepolte Kondensatoren. Bei ungepolten (bipolaren) Kondensatoren wird die kathodische Stromzuführung, welche auch aus einer Aluminiumfolie besteht, ebenfalls formiert.

Das Aluminiumoxid (Schicht) besitzt die hohe Dielektrizitätskonstante von 7...8 und hat eine elektrische Durchschlagsfestigkeit von etwa 10^7 V/cm.

Als Anoden verwendet man heute aufgerauhte Aluminiumfolien. Durch die Aufrauhung wird die Oberfläche der Anode erheblich vergrößert, wodurch bei gleichem Raumbedarf eine entsprechend größere Kapazität erreicht wird.

Den Gegenbelag bildet der in einer gleichzeitig als mechanischer Abstandhalter wirkenden Papierschicht gespeicherte flüssige Elektrolyt. Als Stromzuführung dient eine weitere Aluminiumfolie (meist als Katode bezeichnet), die den negativen Anschlußpol bildet. Bei ungepolten (bipolaren) Elkos hat auch die zweite Folie eine Oxidschicht, so daß Gleichspannung beliebiger Polarität an den Kondensator gelegt werden kann. Die Volumenkapazität reduziert sich durch die Reihenschaltung der beiden Teilkapazitäten bei gleicher Nennspannung etwa auf die Hälfte der Volumenkapazität eines gepolten Kondensators. Ein Betrieb von Al-Elkos mit reiner Wechselspannung ist wegen der verhältnismäßig hohen Eigenerwärmung nur begrenzt möglich.

Mögliche Technologien

a) als Wickelkondensatoren mit nassem Elektrolyten,
b) als Wickelkondensatoren mit trockenem Elektrolyten,
c) als Tantal-Sintertypen mit trockenem oder feuchtem Elektrolyten

Allen Elektrolytkondensatoren gemeinsam ist die Verwendung einer Oxidschicht des Aluminiums bzw. Tantals als Dielektrikum. Diese Schicht wird durch einen elektrisch-chemischen Vorgang, die sogenannte Formierung, hergestellt. Die Stärke der Schicht und damit die Kapazität und die Spannungsfestigkeit des Kondensators hängt von der Höhe der Formierspannung ab. Bei Aluminium-Elektrolytkondensatoren dient eine aufgerauhte Anodenfolie, bei Tantal-Kondensatoren ein Sinter-Körper aus Tantal-Pulver als Träger des Dielektrikums.

Als Katode dient bei „nassen" Elkos der in einer Zwischenlage aus saugfähigem Papier enthaltene flüssige Elektrolyt. Die Stromzuführung erfolgt durch die ebenfalls aufgerauhte Katodenfolie (fälschlich of Katode genannt).

Bei den „trockenen" Aluminium-Elkos befindet sich anstelle des flüssigen Elektrolyten eine Schicht aus Mangan-Dioxid MnO_2 in den Zwischenräumen eines Glasfasergewebes als Abstandshalter im innigen Kontakt mit der Oxidschicht der Anodenfolie einerseits und der Katodenfolie andererseits.

Auch bei Tantal-Kondensatoren ist der Elektrolyt Mangan-Dioxid, das über eine leitende Zwischenschicht direkt mit dem Gehäuse verbunden ist. Das Gehäuse ist mittels einer gas- und feuchtigkeitsdichten Glasdurchführung, durch die der Anodenanschluß hindurchführt, abgedichtet. Bei einer anderen Konstruktion ist der Metallbecher durch eine Kunstharzumhüllung ersetzt („perlenförmige Tantal-Kondensatoren").

Aufgrund der Halbleiter-Eigenschaften der Oxidschichten sind Elkos gepolte Kondensatoren. Sie dürfen nur mit Spannungen der vorgeschriebenen Polarität betrieben werden.

Die heute erzielbare hohe spezifische Kapazität ist vor allem auf die Verwendung von rauher Folie zurückzuführen. Mit glatter Folie werden Elkos nur noch für Spezialanwendungen gebaut. Die gute Volumenausnutzung beruht auf folgenden Eigenschaften der Oxidschicht:

a) sehr kleine Schichtdicken von 0,004 bis 0,5 µm, je nach Formierspannung
b) hohe Durchschlagfestigkeit von etwa 10^7 V/cm
c) verhältnismäßig hohe Dielektrizitätskonstante, die bei Aluminium = 7...8 und bei Tantal $\epsilon \approx 30$ beträgt
d) Kapazitätsgewinn durch Aufrauhung der Folie mit einem Faktor bis zu 10, je nach Formierspannung.

Die trockenen Tantal-Sinterkondensatoren sind gepolte Elektrolytkondensatoren mit Sinteranoden, wobei der bei den Elektrolytkondensatoren übliche nasse Elektrolyt durch einen festen Halbleiterelektrolyt ersetzt ist. Sie zeichnen sich durch folgende ausgezeichnete Eigenschaften aus:

1. hohe Lebensdauer
2. geringe Temperaturabhängigkeit von Kapazität, Verlustwinkel und Impedanz
3. kleiner Reststrom
4. großer Temperaturbereich
5. hohe spezifische Kapazität
6. schaltfest und rauscharm

Die Verwendung von Tantalanoden stellt auf dem Gebiet der Elektrolytkondensatoren eine entscheidende Weiterentwicklung dar.
Die Vorteile der Tantal-Elektrolytkondensatoren beruhen auf der chemischen Beständigkeit, der geringen Stärke und der hohen Dielektrizitätskonstante der Tantaloxydschicht und der Möglichkeit, aus Ta-Pulver Anoden sehr großer Oberfläche zu sintern.
Die geringe Reaktivität der Tantaloxydschicht erlaubt es, Elektrolyte hoher Leitfähigkeit zu verwenden und damit einen niederigen Serienwiderstand zu erzielen. Kapazitäts- und Verlustfaktorabhängigkeit von Temperatur und Frequenz gestalten sich dadurch besonders günstig. Die untere Temperaturgrenze kann auf −55° oder −80° herabgesetzt werden. Ein weiterer Vorzug der Inaktivität des Dielektrikums ist ein um den Faktor 10^{-1} bis 10^{-2} kleinerer Reststrom als bei Alu-Elkos, der auch bei spannungsloser Lagerung nicht nennenswert ansteigt. Ta-Elektrolytkondensatoren weisen daher in Betrieb und bei Lagerung eine sehr hohe Lebensdauer auf. Der Temperaturbereich läßt sich auf +85 und +125 °C sowie bei Sonderausführungen auf +200 °C erweitern. Die Kapazitätsausbeute von Ta-Elektrolytkondensatoren ist auf Grund der hohen Dielektrizitätskonstante und der äußerst geringen Schichtdicke des Tantaloxyds sehr hoch. Die Verwendung von Sinteranoden großer Oberfläche erlaubt kleinste Abmessungen, die von keinem anderen Kondensatortyp erreicht oder unterboten werden.

B Nennspannung

Nenngleichspannung: U_N

Die Nenngleichspannung ist die höchste Spannung, mit welcher der Kondensator betrieben werden darf. Als höchste Betriebsspannung gilt die im Dauerbetrieb unter ungünstigsten Betriebsverhältnissen (Netzüberspannung, Toleranz der Schaltelemente usw.) auftretende Betriebsspannung. Sie entspricht dem Scheitelwert der angelegten Wellenspannung.
Elektrolytkondensatoren mit einer Nennspannung <100 V werden als Niedervolt-Elektrolytkondensatoren, solche mit einer Nennspannung >100 V als Hochvolt-Elektrolytkondensatoren bezeichnet. Das Fertigungsprogramm umfaßt Nennspannungen zwischen 3 und 450 V.

Spitzenspannung: U_S

Die Spitzenspannung ist die höchste Spannung (Scheitelwert), die am Kondensator kurzzeitig auftreten darf, z. B. bei Einschaltvorgängen. Den bevorzugten Nennspannungen sind Spitzenspannungen zugeordnet.

3.4 Kondensatoren – Bauformen, Anwendung und Daten

Nach IEC-Empfehlungen werden folgende Nennspannungen benutzt:

U_N Nennspannung [V]	3	6,3	10	16	25	35	50	63	100	160	250	350	450
U_S Spitzenspannung [V]	\multicolumn{7}{c}{$U_S = 1{,}15 \cdot U_N$}							$U_S = 1{,}1 \cdot U_N$	

Häufig wird anstelle des 6,3-V-Wertes auch noch der Wert 6 V angetroffen. Bei den vorgenannten Spannungswerten handelt es sich um reine Gleichspannung.

Max. überlagerte Wechselspannung
10% der Nenngleichspannung bis 100 Hz. Bei höherer Frequenz ist entsprechend *Abb. 3.4.3-1* die Nennspannung zu reduzieren. Die Summe aus der Gleichspannung und dem Scheitelwert der überlagerten Wechselspannung darf die Nennspannung nicht überschreiten.

Umpolspannung
Der Scheitelwert der am Kondensator auftretenden Spannung umgekehrter Polarität darf nicht größer sein als:

0,15% U_N bei 20 °C ⎫
0,10% U_N bei 55 °C ⎬ jedoch max. 1 V
0,05% U_N bei 85 °C ⎭

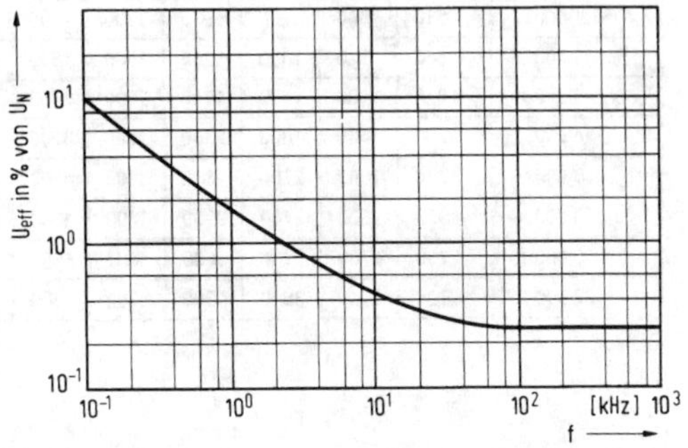

Abb. 3.4.3-1

Sollten höhere Umpolspannungen auftreten, dann können zwei Kondensatoren gleicher Nennkapazität und gleicher Nennspannung in Reihe gegeneinander geschaltet werden. Diese Ausführung kann dann mit Spannungen beliebiger Polarität bis zur Nenngleichspannung betrieben werden. Beim Schalten von Gleichspannungen sind dann allerdings Maßnahmen zu treffen, die eine zu große Belastung des falsch gepolten Kondensators ausschließen, so daß keine Reduzierung der Lebensdauer eintritt. Parallel zu den Kondensatoren ist ein Widerstand je nach Kapazität zwischen 10 kΩ (>1000 µF) und 100 kΩ (200 µF...1000 µF) sowie ca. 1 MΩ bei Kondensatoren kleiner als 100 µF geschaltet.

Wechselstrombelastung
Die Grenzen der Belastung eines Elektrolyt-Kondensators mit Wechselspannung bzw. Wechselstrom sind gegeben durch folgende Regeln:
a) Durch den Scheitelwert der Spannung darf unter Berücksichtigung gleichzeitig anliegender Gleichspannung weder die zulässige Nennspannung überschritten werden noch eine falsch gepolte Spannung von mehr als 2 V auftreten.
b) Der Wechselstrom wird begrenzt durch die von ihm verursachte Eigenerwärmung des Kondensators, die mit $\Delta\vartheta = 10$ K angesetzt wird.
Je nach Typ und Frequenz kann dabei der Fall eintreten, daß der Maximalstrom nicht erreichbar ist, da schon vorher Spannungsbegrenzung eintritt.

Überlagerter Wechselstrom
Der überlagerte Wechselstrom ist der Effektivwert des Wechselstromes, mit dem der Kondensator belastet werden darf. Er ist um so größer, je größer die Kondensatoroberfläche

929

Zulässiger überlagerter Wechselstrom für Al-Elkos für allgemeine Anforderungen
(Richtwerte für den Effektivstrom in mA bei $\vartheta_u \leq 85\,°C$ und $f = 100$ Hz)

Nennkapazität in μF	Nennspannung in V–									
	6,3	10	16	25	40	63	100	160	250	350	450
0,47						5,2	5,6	6,0	6,4	6,7	7,0
1					7,6	8,4	9,3	10	11	12	13
2,2				11	12	14	16	17	18	19	21
4,7			14	16	19	22	26	28	32	35	38
10	17	20	23	27	31	36	42	48	56	62	68
22	30	35	41	47	55	63	74	85	100	110	120
47	50	58	68	80	95	110	130	150	180	200	220
100	83	100	120	140	160	190	230	270	310	350	390
220	150	170	200	240	280	340	400	480	570	630	700
470	240	290	340	410	490	580	700	840	1000	1100	1200
1 000	400	480	580	700	830	1000	1300	1500	1700	2000	2200
1 500	530	640	770	930	1100	1400	1700	2000	2400	2700	3000
2 200	680	820	1000	1200	1500	1800	2200	2600	3200	3600	4000
3 300	920	1100	1400	1700	2000	2400	2900	3600	4300	4900	5400
4 700	1200	1400	1800	2300	2600	3200	3900	4700	5700		
6 800	1500	1800	2200	2800	3300	4100	4900	6100			
10 000	1900	2300	2700	3200	3800	4600	5500				
15 000	2200	2700	3200	3800	4600	5500	6500				
22 000	2700	3100	3800	4500	5300	6300					

Zulässiger überlagerter Wechselstrom für Al-Elkos für erhöhte Anforderungen
(Richtwerte für den Effektivstrom in mA bei $\vartheta_u \leq 85\,°C$ und $f = 100$ Hz)

Nennkapazität in μF	Nennspannung in V–									
	6,3	10	16	25	40	63	100	160	250	350	450
0,47										9	10
1									13	14	15
2,2								18	20	22	23	24
4,7					25	30	32	34	37	40	43
10				38	42	48	52	56	60	71	75
22				60	68	78	86	97	110	120	130
47			71	92	98	120	130	150	170	190	220	240
100	100	120	130	160	190	220	250	280	320	350	380
220	170	200	240	270	310	360	420	460	600	650	710
470	270	320	370	440	510	600	710	870	980	1100	1200
1 000	400	490	600	710	870	980	1200	1500	1700	2000	2200
1 500	490	610	750	930	1100	1300	1600	1900	2300	2600	2900
2 200	600	760	920	1200	1400	1700	2000	2500	3000	3400	3800
3 300	750	960	1200	1500	1800	2200	2600	3200	3900	4600	5100
4 700	920	1200	1500	1800	2200	2700	3300	4000	5000	5600	
6 800	1200	1500	1800	2300	2800	3300	4100	5100	6300		
10 000	1500	1800	2200	2800	3400	4100	5100	6800			
15 000	1800	2200	2800	3400	4200	5100	6300	7600			
22 000	2200	2800	3400	4200	5200	6000	7000				

3.4 Kondensatoren – Bauformen, Anwendung und Daten

(Abkühloberfläche) und je kleiner der Verlustfaktor tan δ (bzw. je kleiner der äquivalente Serienwiderstand R_{ESR}) des Kondensators ist. Hieraus ergibt sich unter Umständen die Notwendigkeit, einen Kondensator aus einer höheren Spannungsreihe zu wählen, als er von der Spannungsbelastung her erforderlich ist. Eine weitere Abhängigkeit besteht von der Umgebungstemperatur und in gewissem Grade auch von der Frequenz des Wechselstromes. Für die Frequenz 100 Hz und die Umgebungstemperatur 85 °C gelten die in der Tabelle aufgeführten Richtwerte der zulässigen überlagerten Wechselströme.

Frequenzabhängigkeit der zulässigen Wechselstrom-Überlagerung

Für von 100 Hz abweichende Frequenzen gelten andere Wechselströme. In der folgenden Tabelle sind Richtwerte für die zugehörigen Umrechnungsfaktoren angegeben; den Daten für die Einzelbauformen können z. T. genauere Werte entnommen werden.

Frequenz in Hz	Umrechnungsfaktor
50	0,8
100	1,0
400	1,2
800	1,3
1000	1,35
≥ 2000	1,4

Text hierzu S. 932 oben.

Anwendungs-klasse	allgemeine Anforderungen				erhöhte Anforderungen			
	GPF und HPF		GPF, HPF und FPD		FKD			
Umgebungs-temperatur ϑ_u in °C	zulässiger Prozentsatz des 85°C-Wertes	Oberflächen-temperatur in °C	zulässiger Prozentsatz des 85°C-Wertes	Oberflächen-temperatur in °C	zulässiger Prozentsatz des 85°C-Wertes	Oberflächen-temperatur in °C		
≤ 40	220 %	55	180 %	50	145 %	50		
45	210 %	59	175 %	55	140 %	55		
50	200 %	62	170 %	60	135 %	60		
55	190 %	66	160 %	64	130 %	65		
60	180 %	70	150 %	68	125 %	70		
65	170 %	73	140 %	72	120 %	74		
70	155 %	77	130 %	76	115 %	78		
75	140 %	81	120 %	80	110 %	82		
80	120 %	85	110 %	84	105 %	86		
85	100 %	88	100 %	88	100 %	90		
90	90 %*)	92*)	90 %*)	92*)	95 %	94		
95	80 %*)	97*)	80 %*)	97*)	90 %	98		
100	70 %*)	101*)	70 %*)	101*)	85 %	102		
105	60 %*)	106*)	60 %*)	106*)	80 %	106		
110	–	–	–	–	70 %	111		
115	–	–	–	–	60 %	116		
120	–	–	–	–	50 %	121		
125	–	–	–	–	40 %	126		

*) Werte gelten nur für Bauformen, die für 105 °C-Betrieb zugelassen sind.

Temperaturabhängigkeit der zulässigen Wechselstrom-Überlagerung

Bei von 85 °C abweichenden Temperaturen ändert sich der zulässige überlagerte Wechselstrom. Richtwerte für die anzuwendenden Umrechnungsfaktoren sind nachfolgend angegeben; auch hierzu existieren in den einzelnen Datenblättern z. T. spezifischere Daten.

C Reststrom

Für die Anwendung von Elektrolyt-Kondensatoren, besonders als Koppelelemente oder in hochohmigen Siebschaltungen, ist der Reststrom von Bedeutung. Dieser ist von der Bauform, der Kapazität und der Temperatur abhängig.

Infolge der besonderen Eigenschaften der als Dielektrikum dienenden Aluminiumoxidschicht fließt auch nach längerem Anliegen von Gleichspannung ein geringer Strom, der sogenannte Reststrom. Aus einem niedrigen Reststrom kann man auf ein gut ausgebildetes Dielektrikum schließen. Der Reststrom kann somit als ein Maß für die Güte des Kondensators angesehen werden. Dabei ist zu berücksichtigen, daß bei ungepolten Kondensatoren aus physikalischen Gründen etwa die doppelten Restströme auftreten müssen.

Zeit- und Temperaturabhängigkeit des Reststroms

Nach Anlegen der Spannung ist der Reststrom zunächst hoch (Einschaltstrom), insbesondere nach vorausgegangener längerer spannungsloser Lagerung, klingt dann aber mit zunehmender Betriebsdauer rasch ab und erreicht schließlich einen nahezu konstanten Endwert. Die Zeit- und Temperaturabhängigkeit ist der *Abb. 3.4.3-2a* und *b* zu entnehmen.

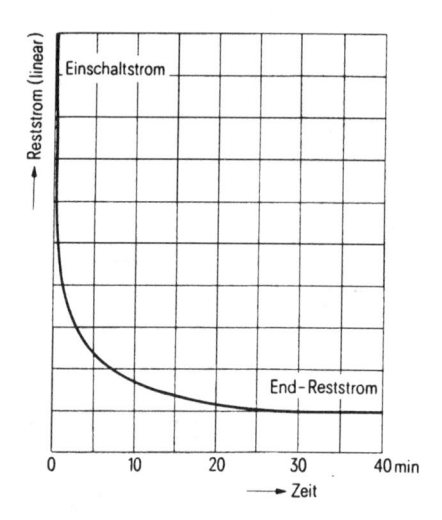

Abb. 3.4.3-2a
Abhängigkeit des Reststromes von der Einschaltzeit

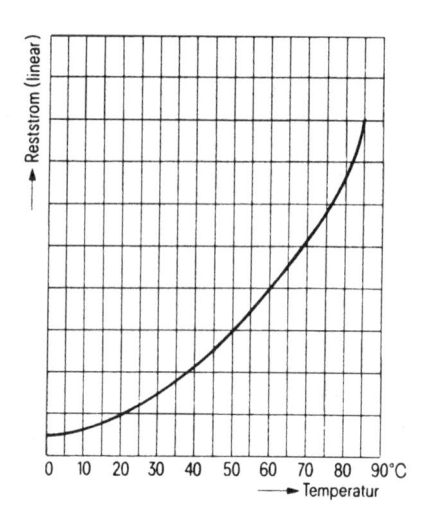

Abb. 3.4.3-2b
Abhängigkeit des Reststromes von der Temperatur

Spannungsabhängigkeit des Reststromes

Bei Betrieb unterhalb der Nennspannung ist der Betriebsreststrom wesentlich kleiner.

Betriebsspannung in % der Nennspannung	20	30	40	50	60	70	80	90	100
Richtwerte in % des Betriebsreststromes I_{rb}	8	9	10	12	15	20	30	50	100

Betriebsreststrom

Dies ist der Endstrom, der sich nach längerer Betriebsdauer einstellt (Abb. 3.4.3-2a).
Richtwerte in μA können nach den Rahmennormen mit folgenden Formeln ermittelt werden:

nach DIN 41240 (erhöhte Anforderungen):

$I_r \approx 0{,}005 \cdot C_N \cdot U_N$ [μA; μF; V]   mindestens ≥ 1 μA

nach DIN 41332 (allgemeine Anforderungen):

$I_r \approx 0{,}02 \cdot C_N \cdot U_N + 3$ μA   [μA; μF; V]. Für ungepolte Elkos gelten jeweils die doppelten Werte.

Die so ermittelten Werte gelten für U_N und eine Temperatur von 20 °C.
Für die Temperaturabhängigkeit des Betriebsreststromes gelten nachstehende Faktoren, mit denen die 20 °C-Werte zu multiplizieren sind.

Temperatur °C	0	20	50	60	70	85	125
Faktor (Richtwert)	0,5	1	4	5	6	10	12,5

Abnahmereststrom

Für die Prüfung des Reststromes ist es wegen der Zeit- und Temperaturabhängigkeit erforderlich, Bezugswerte für Zeit und Temperatur festzulegen. Laut DIN soll der Reststrom nach 5 min mit Nennspannung gemessen werden. Die Bezugstemperatur beträgt 20 °C. Die Größtwerte für den Abnahmereststrom in μA ergeben sich nach den Grundnormen aus folgenden Formeln, wobei je nach der Ladung des Elkos Unterschiede gemacht werden:

nach DIN 41 240 (erhöhte Anforderungen):

Bei $C_N \cdot U_N \leq 1000$ Mikrocoulomb gilt:
$I_r \approx 0{,}01 \cdot C_N \cdot U_N$ [μA; μF; V]   mindestens ≥ 1 μA

Bei $C_N \cdot U_N > 1000$ Mikrocoulomb ist
$I_r \approx 0{,}006 \cdot C_N \cdot U_N + 4$ μA.

Bei $C_N \cdot U_N \leq 1000$ Mikrocoulomb ist nach DIN 41 332 für allgemeine Anforderungen
$I_r \approx 0{,}05 \cdot C_N \cdot U_N$ [μA; μF; V]   mindestens ≥ 5 μA

oder für $C_N \cdot U_N > 1000$ μC
$I_r \approx 0{,}03 \cdot C_N \cdot U_N + 20$ μA.

Für Betriebsbedingungen außerhalb U_N und t = 25 °C gelten die in der *Abb. 3.4.3-3* gegebenen Korrekturkurven.

3 Elektronische Bauelemente

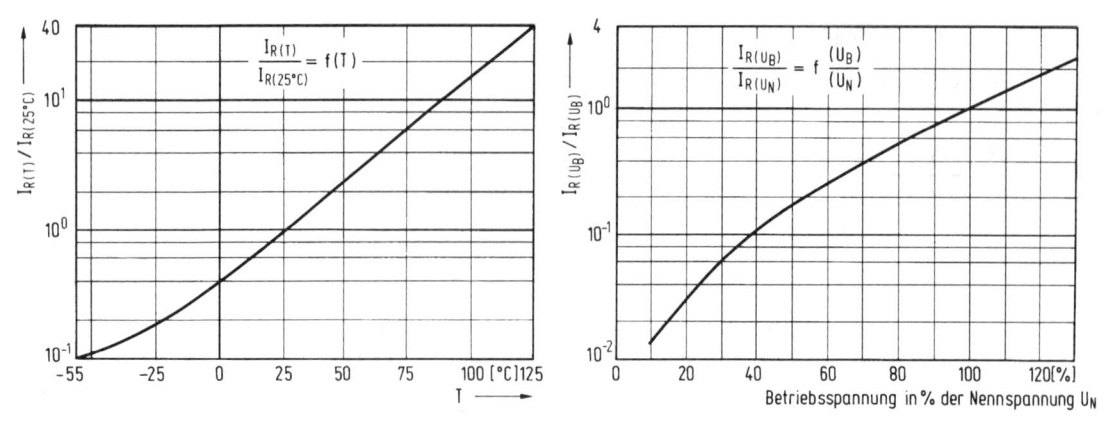

Abb. 3.4.3-3

Formierung

Bei spannungsloser Lagerung (besonders bei hoher Lagertemperatur) kann die Oxidschicht angegriffen werden. Da kein Reststrom fließt, der Sauerstoffionen an die Anode bringt, ist eine Regenerierung der Schicht nicht möglich. Dies hat zur Folge, daß nach Wiederanlegen einer Spannung nach einer Lagerzeit der Reststrom zunächst erhöht ist, dann jedoch mit fortschreitender Ausheilung der Oxidschicht auf seinen normalen Betrag zurückgeht. Die Kondensatoren können mindestens 2 Jahre ohne Minderung der Zuverlässigkeit spannungslos gelagert werden. Sie können danach unmittelbar mit der Nennspannung beansprucht werden. Die Formierbehandlung ist also nicht Voraussetzung für den Betrieb der Kondensatoren. Dabei können die Stromwerte beim Einschalten innerhalb der ersten Minuten bis zu 100mal größer sein. Dies ist bei der Auslegung der Schaltung zu beachten.

Vor der Abnahmemessung, die zur Beurteilung der Kondensatoren und evtl. auch zum Vergleich verschiedener Fabrikate dient, ist zur Erreichung gleicher Ausgangsbedingungen eine Formierbehandlung durchzuführen. Dazu sind die Kondensatoren eine Stunde lang über einen Serienwiderstand von etwa 100 Ω für $U_N \leq 100$ V und etwa 1000 Ω für $U_N > 100$ V an Nennspannung und anschließend 12 bis 48 Stunden spannungslos bei 15 bis 35 °C zu lagern. Die Reststrommessung ist innerhalb dieser Lagerzeit durchzuführen. Erfüllen die Kondensatoren bereits ohne Formierbehandlung die Reststrombedingungen, so kann die Formierbehandlung unterbleiben.

D Verlustfaktor, Serien- und Scheinwiderstand

Verlustfaktor

Der Verlustfaktor tan ϑ ist das Verhältnis vom ohmschen zum kapazitiven Widerstand bei einer bestimmten Meßfrequenz. *Abb. 3.4.3-4* zeigt dieses. Darin ist:

C die Nennkapazität
R_S der Serienwiderstand   Abb. 3.4.3-4
R_P der Parallelwiderstand (Reststrom)
C_P die Parallelkapazität zum Serienwiderstand.

3.4 Kondensatoren – Bauformen, Anwendung und Daten

Es bedeutet: $\tan \vartheta = R_S \cdot \omega C$ [Ω; F]

Die Verluste im Elektrolytkondensator werden vom Serienwiderstand R_S verursacht, der auch mit ESR bezeichnet wird (equivalent series resistance). Er setzt sich aus dem ohmschen Widerstand des Elektrolyten und einem durch dielektrische Verluste in der Oxydschicht verursachten Anteil zusammen und wird weiter unten beschrieben. Der Verlustfaktor $\tan \vartheta$ soll bei gepolten Elektrolytkondensatoren mit rauhen Elektroden bei Kapazitätswerten bis 1000 µF bei 20 °C die in der nachfolgenden Tabelle aufgeführten Werte nicht überschreiten:

Nennspannung V		6,3	10	16	25	40	63	100	160	250	350	450
erhöhte Anfordg. (nach DIN 41 240)	50 Hz	0,30	0,18	0,15	0,14	0,12	0,10	0,10	0,09	0,08	0,08	0,10
	100 Hz	0,45	0,27	0,22	0,21	0,18	0,15	0,15	0,13	0,12	0,12	0,15
allgem. Anfordg. (nach DIN 41 332)	50 Hz	0,25	0,20	0,17	0,15	0,13	0,11	0,10	0,11	0,12	0,13	0,15
	100 Hz	0,37	0,30	0,25	0,22	0,20	0,16	0,15	0,16	0,18	0,20	0,22

Obige Werte gelten für Nennkapazitäten $\leqq$ 1000 µF. Sie erhöhen sich bei 50 Hz um 0,01 und bei 100 Hz um 0,02 je 1000 µF.

Der Verlustfaktor $\tan \vartheta$ kleinerer Elektrolytkondensatoren liegt wesentlich günstiger. Die Messung des Verlustfaktors erfolgt in einer Brückenschaltung mit einer oberwellenfreien Wechselspannung und höchstens 0,5 V bei 20 °C und wird im allgemeinen für 50 Hz angege-

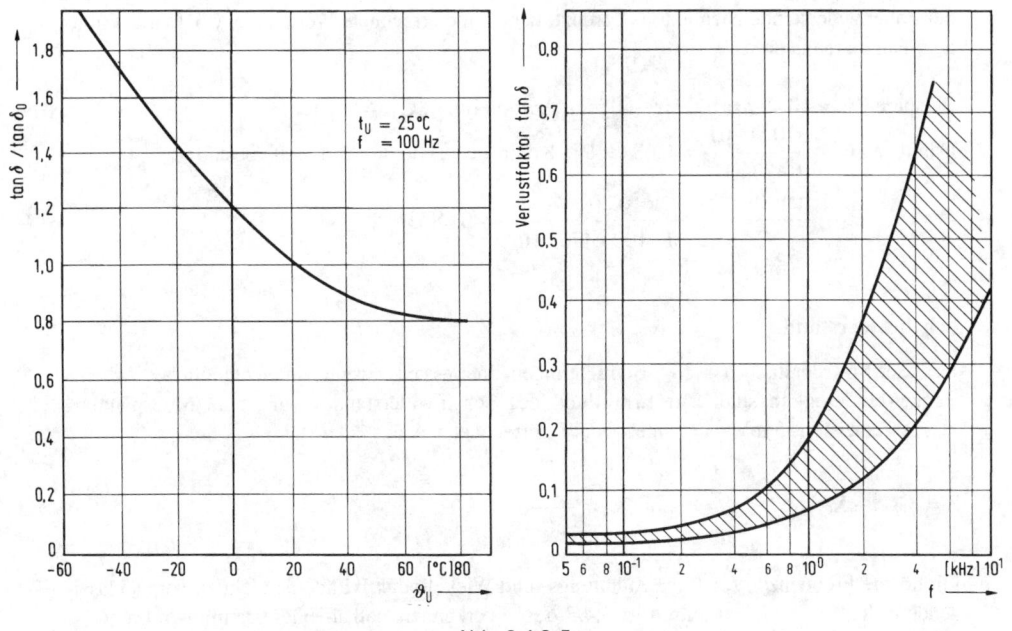

Abb. 3.4.3-5

ben. Der Verlustfaktor ist von der am Kondensator auftretenden Temperatur und Frequenz abhängig. Diese Abhängigkeit ist in *Abb. 3.4.3-5* dargestellt.

Ersatzserienwiderstand R_{ESR}

Der Ersatzserienwiderstand ist der ohmsche Anteil in der Ersatzserienschaltung. Wie der Verlustfaktor ist auch der R_{ESR} temperatur- und frequenzabhängig. Er ist mit dem Verlustfaktor tan δ durch die Formel

$$R_{ESR} = \frac{\tan \delta}{\omega \cdot C_r} \text{ verbunden.}$$

Für den auf 1 μF bezogenen Ersatzserienwiderstand bei 20 °C werden in den Rahmennormen die in nachstehender Tabelle aufgeführten Größtwerte in $\Omega \cdot \mu F$ genannt.

Nennspannung V		6,3	10	16	25	40	63	100	160	250	350	450
erhöhte Anfordg. (nach DIN 41 240)	50 Hz	955	570	480	450	380	320	320	285	255	255	320
	100 Hz	715	430	350	335	290	240	240	210	190	190	240
allgem. Anforderg. (nach DIN 41 332)	50 Hz	800	640	540	480	410	350	320	350	380	410	480
	100 Hz	590	480	400	350	320	250	240	250	290	320	350

Obige Werte gelten für Nennkapazitäten $\leq$ 1000 μF. Sie erhöhen sich um 32 $\Omega \cdot \mu F$ je 1000 μF. Der Ersatzserienwiderstand eines Al-Elkos in Ω ergibt sich aus der Teilung des Tabellenwertes durch C_N.
Der praktisch erreichbare R_{ESR} wird durch den ohmschen Anteil der Kontaktverbindungen und der Folienwiderstände nach unten begrenzt; daher sind errechnete Werte unter 0,1 Ω nicht in jedem Fall zu realisieren.

Beispiel: U_N = 40 V; f = 100 Hz; (allgem. Anforderung); C = 470 μF.
Damit ist $R_S \approx \dfrac{320 \, \Omega \cdot \mu F}{470 \, \mu F} = 0,68 \, \Omega$. Die Kontrolle aus der tan ϑ-Tabelle bestätigt

$$R_S \approx \frac{\tan \vartheta}{\omega \cdot C} = \frac{0,20}{2 \cdot \pi \cdot 100 \cdot 470 \cdot 10^{-6}} = 0,68 \, \Omega.$$

Scheinwiderstand

Der Scheinwiderstand ist für Betrachtungen interessant, wenn unterschiedliche Arbeitsfrequenzen möglich sind. Zur Ermittlung des Scheinwiderstandes wird eine Meßspannung <0,5 V – meistens 5 mV – herangezogen. Er errechnet sich aus

$$Z = \sqrt{R_S^2 + X_C^2} \qquad \text{mit } X_C = \frac{1}{\omega C}$$

Für höhere Frequenzen spielt die Zuleitungs- und Wickelinduktivität eine nicht zu vernachlässigende Rolle. In dem Diagramm *Abb. 3.4.3-6* ist zu erkennen, daß ab einer bestimmten Frequenz der Betrag des Scheinwiderstandes steigt, was auf den zunehmenden induktiven Serienwider-

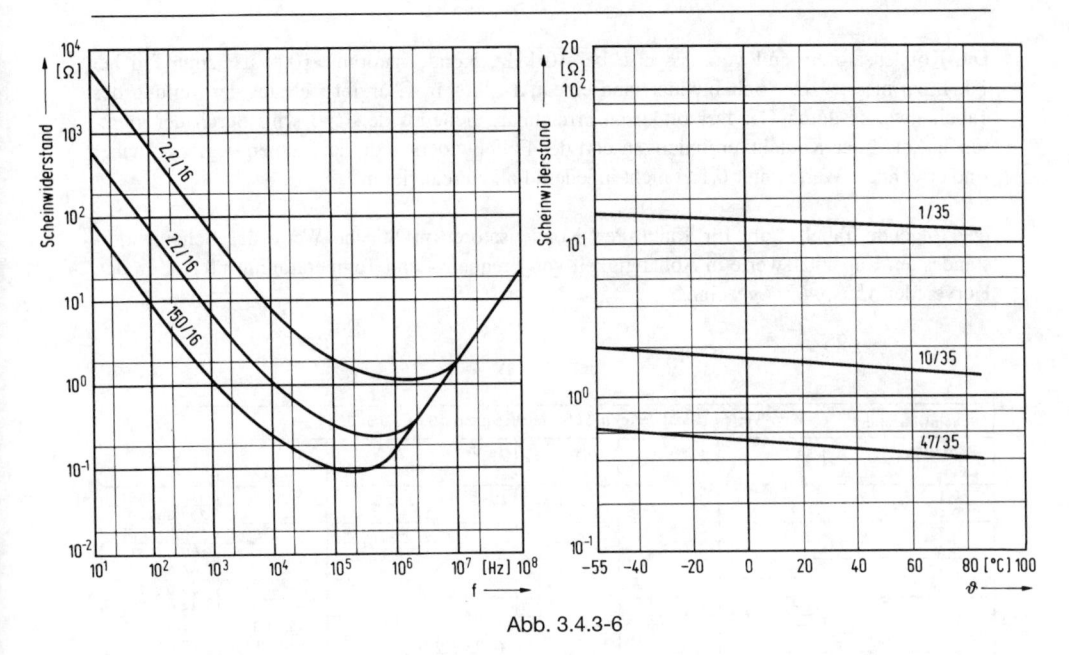

3.4 Kondensatoren – Bauformen, Anwendung und Daten

Abb. 3.4.3-6

stand hindeutet. Der Scheinwiderstand Z kann überschlägig aus der folgenden Tabelle mit Hilfe des spezifischen Scheinwiderstandes z ermittelt werden zu:

$$Z = \frac{z}{C} \quad [\Omega;\ \mu F]$$

Für den auf 1 μF bezogenen Scheinwiderstand bei verschiedenen Temperaturen werden in den Rahmennormen die in nachstehender Tabelle aufgeführten Richtwerte in $\Omega \cdot \mu F$ genannt.

	Frequenz	Anw.-Klasse	Temp.	\multicolumn{10}{c}{Nennspannung V}
				6,3	10	16	25	40	63	100	160	250	350	450
erh. Anforderg. DIN 41 240	1 kHz	alle	+20°C	700	500	350	300	250	200	180	180	190	200	300
		H**	−25°C	15000	10000	6000	4500	3500	2500	2000	2000	2500	5000	10000
		G**	−40°C	30000	20000	12000	9000	7000	5000	4000	4000	–	–	–
		F**	−55°C	30000	20000	12000	9000	7000	5000	4000	4000	5000	10000	–
	10 kHz	alle	+20°C	450	300	180	150	120	90	70	60	70	70	100
		H**	−25°C	15000	9000	5000	4000	3100	2100	1600	1600	1700	2600	6000
		G**	−40°C	30000	20000	10000	8000	6000	4000	3000	3000	–	–	–
		F**	−55°C	30000	20000	10000	8000	6000	4000	3000	3000	3400	5200	–
allg. Anforderg. DIN 41 332	1 kHz	alle	+20°C	480	340	300	230	200	175	170	180	190	210	380
		H**	−25°C	4000	2500	1900	1400	1100	900	820	3000	3400	3800	11000
		G**	−40°C	\multicolumn{11}{l}{Angaben nur für Anwendungsklassen G**, vorgesehen in Bauartnormen}
	10 kHz	alle	+20°C	240	180	150	120	100	80	70	100	150	170	270
		H**	−25°C	3300	2000	1500	1130	920	730	620	2400	3100	3500	12000
		G**	−40°C	\multicolumn{11}{l}{Angaben nur für Anwendungsklassen G**, vorgesehen in Bauartnormen}

937

3 Elektronische Bauelemente

Die Kondensatoren sind vorzugsweise bei 10 kHz, Kondensatoren >1000 μF zum Teil bei 1 kHz zu messen. Der Scheinwiderstand eines Al-Elkos in Ω ergibt sich aus der Teilung des Tabellenwertes durch C_N. Der praktisch erreichbare Scheinwiderstand wird durch den ohmschen Anteil der Kontaktverbindungen und der Folienwiderstände nach unten begrenzt; daher sind errechnete Werte unter 0,1 Ω nicht in jedem Fall zu realisieren.

Die folgende Tabelle gibt für Tantal-Perl-Kondensatoren praktische Werte des Scheinwiderstandes an. Kapazitätswerte in Abhängigkeit von Frequenz- und Temperatureinfluß sind in den Kurven der *Abb. 3.4.3-7* gezeigt.

Scheinwiderstand	Max.-Werte / (Richtwerte) in Ω bei Meßfrequenz 10 kHz und 20 °C.						
Kapazität μF	3 V	6,3 V	10 V	16 V	20 V	25 V	35 V
0,1	–	–	–	–	–	–	310,0 (170)
0,15	–	–	–	–	–	–	200,0 (110)
0,22	–	–	–	–	–	–	150,0 (75)
0,33	–	–	–	–	–	–	100,0 (51)
0,47	–	–	–	–	–	–	68,0 (37)
0,68	–	–	–	–	–	–	53,0 (27)
1,0	–	–	–	–	–	–	34,0 (18)
1,5	–	–	–	–	–	25,0 (12)	25,0 (13)
2,2	–	–	–	25,0 (10)	–	17,0 (9,0)	17,0 (9,0)
3,3	–	–	22,0 (8,0)	14,5 (6,5)	–	14,5 (6,5)	12,0 (6,0)
4,7	–	19,0 (5,6)	12,0 (5,0)	12,0 (5,0)	–	10,0 (4,5)	8,0 (4,0)
6,8	17,0 (5,5)	10,5 (4,0)	10,5 (4,0)	7,5 (3,5)	–	6,0 (3,0)	5,0 (3,0)
10	15,5 (4,5)	9,5 (3,0)	9,5 (3,0)	6,5 (2,5)	–	5,0 (2,0)	4,0 (2,5)
15	8,5 (2,0)	8,5 (2,0)	5,5 (1,8)	4,0 (1,5)	4,0 (1,5)	3,5 (1,7)	3,0 (1,2)
22	7,5 (1,8)	5,0 (1,5)	3,5 (1,0)	2,8 (1,0)	3,0 (1,0)	2,5 (1,2)	2,2 (1,0)
33	7,0 (1,2)	3,5 (0,8)	2,5 (0,8)	–	2,2 (0,8)	2,0 (0,8)	1,7 (0,8)
47	4,2 (0,9)	2,7 (0,6)	2,2 (0,6)	1,9 (0,6)	1,5 (0,7)	1,4 (0,7)	1,2 (0,6)
68	2,8 (0,7)	2,0 (0,5)	1,8 (0,5)	1,3 (0,5)	1,2 (0,6)	1,1 (0,6)	–
100	2,0 (0,5)	1,7 (0,5)	1,2 (0,4)	1,0 (0,4)	0,9 (0,5)	–	–
150	1,8 (0,5)	1,1 (0,4)	0,9 (0,4)	0,8 (0,3)	–	–	–
220	1,1 (0,4)	0,9 (0,4)	0,7 (0,3)	–	–	–	–
330	0,9 (0,4)	0,7 (0,4)	–	–	–	–	–
470	0,8 (0,3)	–	–	–	–	–	–
680	0,7 (0,3)	–	–	–	–	–	–

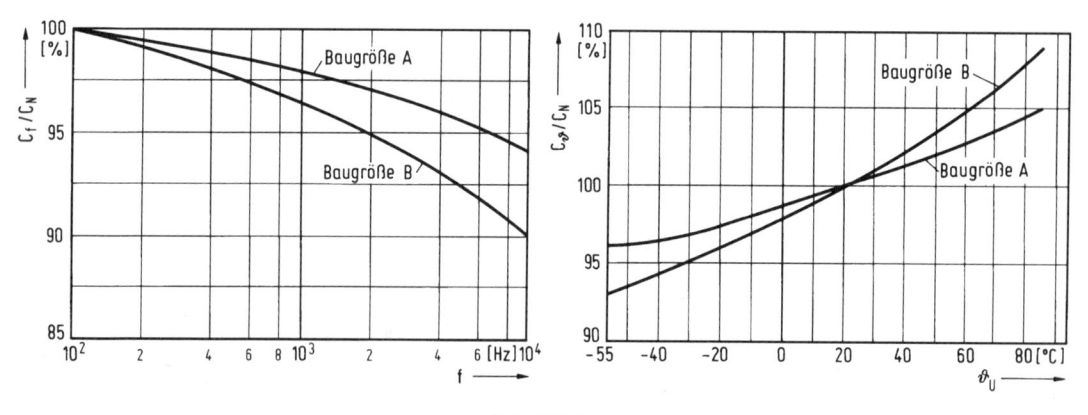

Abb. 3.4.3-7

E Kapazität, Toleranz, Temperaturkoeffizient

Kapazitätswerte werden in einer Kapazitätsmeßbrücke mit reiner Sinusspannung bei 20 °C und 10…100 mV und 100 Hz ermittelt. Dieser Wechselspannung wird häufig eine Gleichspannung von ca. 2 V in Serie geschaltet.
Die Kapazitätswerte entsprechen der IEC-Normreihe. Im allgemeinen gilt die 1,0-1,5-2,2-3,3-4,7-6,8-10-E6-Reihe.
Erhältliche Kapazitätswerte liegen zwischen 0,1 µF…10 000 µF, im praktischen Gebrauch sind solche von 1 µF…4700 µF.

Toleranzen

Elektrolytkondensatoren weisen Toleranzen von ±20 %, in Sonderfällen ±10 % auf. Neue Elektrolytkondensatoren weisen bei

Nennspannungen $\leqq$ 100 V Toleranzen von +100 % bis −10 %, bei
Nennspannungen > 100 V Toleranzen von + 50 % bis −10 % auf.
Im Normalfall ist mit +30 % und −10 % zu rechnen.

Temperaturkoeffizient

Dieser beträgt bei nassen und trockenen
Elektrolytkondensatoren $T_K \approx + 0,15…+ 0,40\% \cdot °C^{-1}$ und bei
Tantal-Elkos (trocken) $T_K \approx + 0,05…+ 0,1 \% \cdot °C^{-1}$.

Die Kurven Abb. 3.4.3-7 geben Auskunft über das grundsätzliche Frequenz- und Temperaturverhalten von Tantal-Miniatur-Elektrolytkondensatoren.

3.4.4 Keramik-Kondensatoren und HF-Durchführungen

Für die Farbcodierung der Keramikkondensatoren ist die Tabelle 9.2 in Kapitel 1 heranzuziehen. Keramik-Kondensatoren werden in zwei Typgruppen angeboten.

Gruppe I ε klein: Hochpräzise Kleinkondensatoren 0,5 pF…ca. 1 nF
                    (Hf-Technik und Schwingkreise)
Gruppe II ε groß: Kondensatoren mit größeren Toleranzen 4,7 nF…ca. 0,2 µF
                    (Koppel- und Siebzwecke).

Innerhalb dieser Gruppen sind verschiedene Bauformen zu unterscheiden, die in dem Foto Abb. 3.4-1 (S. 900) gezeigt sind.

A Kennzeichnung

Eigenschaften und Anwendungen der Gruppen I und II:

Gruppe I

Eigenschaften:
Weitgehende lineare positive oder negative Abhängigkeit der Kapazität von der Temperatur.
Hohe Kapazitäts-Stabilität.
Enge Kapazitäts-Toleranzen.
Kleine Verluste.
Hoher Isolationswiderstand.
Keine Spannungsabhängigkeit der Kapazität.
Gut geeignet für hohe Frequenzen.

Anwendungen:
Als Schwingkreis- und Filter-Kondensator. Kopplung und Entkopplung in Hf-Kreisen, wenn geringe Verluste und enge Kapazitäts-Toleranzen erforderlich sind.

Gruppe II

Eigenschaften:
Große Kapazitäten bei kleinen Abmessungen.
Nichtlineare Abhängigkeit der Kapazität von der Temperatur und Spannung.
Größere Verluste.

Anwendungen:
Koppel- und Entkoppel-Kondensator in Fällen, wo enge Einbauräume, etwas höhere Verluste und keine große Stabilität der Kapazität eine Rolle spielen.

Kennzeichnung der Werte

Die Kennzeichnung erfolgt entweder im Klartext oder gemäß dem internationalen Farbcode. Bei kleinen Abmessungen werden die untenstehenden Codebuchstaben verwendet:

Kapazitäts-Toleranz-Zeichen	$\leq$ 10 pF in pF	> 10 pF in %	Nenn-Spannungs-Zeichen	Nenngleich-spannung
B	± 0,1			
C	± 0,25			
D	± 0,5	± 0,5		
F	± 1	± 1		
G	± 2	± 2		
H	–	± 2,5		
J	–	± 5		
K	–	± 10		
M	–	± 20		
			a	50 V
			b	125 V
			c	160 V
			d	250 V
			e	350 V
			–	500 V
			g	700 V
			h	1000 V
P	–	– 0 + 100	u	250 V~
R	–	– 20 + 30	v	350 V~
S	–	– 20 + 50	w	500 V~
Z	–	– 20 + 100		

3.4 Kondensatoren – Bauformen, Anwendung und Daten

Kennzeichnung keramischer Kleinkondensatoren durch Farbpunkte oder -ringe

Keramische Masse (DIN)	Kennfarbe	1. (größerer) Farbpunkt oder -ring			2.	3.	4.	5. Farbpunkt oder -ring	
		Temperatur- beiwert und	-Toleranz für Gruppe		Kapazitätswert (pF)			Kapazitäts-Toleranz für Kapazitäten	
			IA	IB					
		(10^{-6}/pF grd)			1. Ziffer	2. Ziffer	Multi- plikator	≤ 10 pF	>10 pF
NP 0	Schwarz	± 0	± 15	± 30		0	1	±2 pF	±20 %
N 033	Braun	− 33	± 15	± 30	1	1	10	±0,1 pF	± 1 %
N 075	Rot	− 75	± 15	± 30	2	2	10^2	±0,25 pF	± 2 %
N 150	Orange	− 150	± 15	± 30	3	3	10^3		
N 220	Gelb	− 220	± 15	± 30	4	4	10^4		
N 330	Grün	− 330	± 25	± 60	5	5		±0,5 pF	± 5 %
N 470	Hellblau	− 470	± 35	± 80	6	6			
N 750	Violett	− 750	± 60	±120	7	7			
P 033	Grün/Blau	+ 33	± 15	± 30	8	8	10^{-2}		
–	Weiß				9	9	10^{-1}	±1 pF	±10 %
P 100	Rot/Violett	+ 100	± 15	± 30					
N 047	Blau/Braun	− 47	± 15	± 30					
N 1500	Orange/Orange	−1500	±120	±250					
	Gold	+ 100							

B Temperaturkoeffizient des Dielektrikums

Das Dielektrikum der Gruppe I liegt zwischen 15 ... 150. Gruppe II erreicht weitaus höhere Kapazitäten bei gleichem oder kleinerem Bauvolumen mit höherer Dielektrizitätskonstante $\epsilon \approx 1000 \ldots 10\,000$.
Die folgende Tabelle gibt eine Übersicht über die wichtigsten Daten der Gruppe I.
Der Verlauf des Temperaturkoeffizienten ist in der *Abb. 3.4.4-1* gezeigt.

Gruppe I, professionelle Anwendung

Buch- stabe	TK_C ($10^{-6}/°C$)	DIN-Be- zeichng.	Farbcode	TK-Toleranzen in $10^{-6}/°C$ zwischen + 25 u. + 85°C			Dielektrizi- tätskonstante
				erweitert	normal IB	eingeengt IA	
A	+ 100	P 100	rot/violett	± 100	± 30	–	18
B	+ 33	P 33	grün/blau	± 60	± 30	–	
C	± 0	NP 0	schwarz	± 60	± 30	± 15	40
H	− 33	N 33	braun	± 60	± 30	± 15	
J	− 47	N 47	braun/blau	–	–	± 15	
L	− 75	N 75	rot	± 75	± 30	± 15	42
P	− 150	N 150	orange	± 80	± 30	± 15	45
R	− 220	N 220	gelb	–	± 40	± 20	50
S	− 330	N 330	grün	± 120	± 60	± 25	54
T	− 470	N 470	blau	–	± 80	± 35	65
U	− 750	N 750	violett	± 250	± 120	± 60	90
V	−1500	N 1500	orange/orange	–	± 250	–	120
K	−2200	N 2200		–	± 500	±250	

Abb. 3.4.4-1

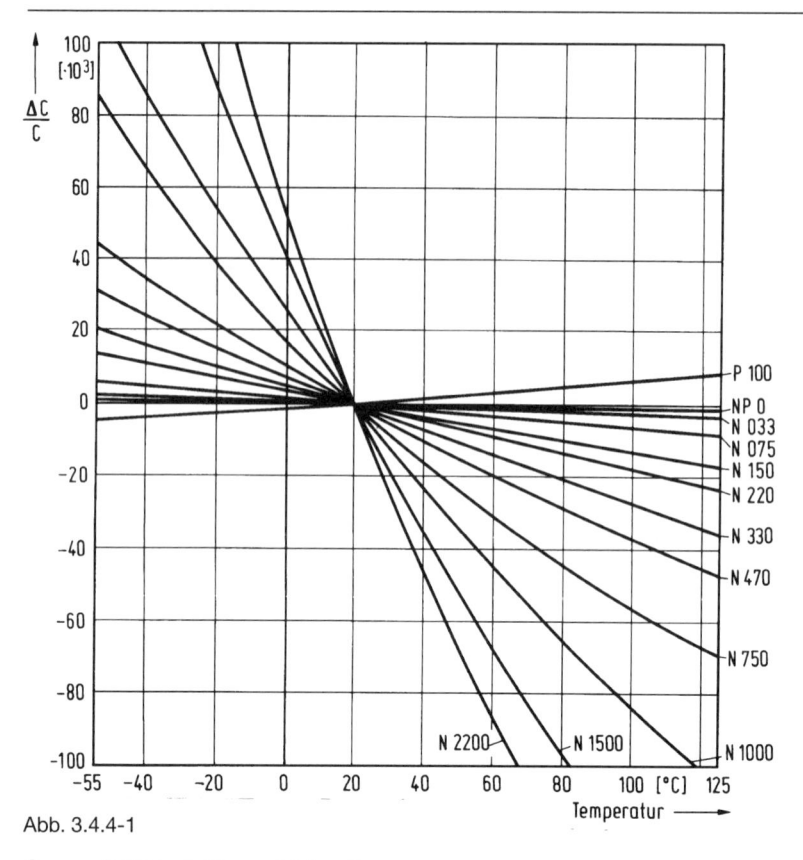

Gruppe I, Unterhaltungselektronik

Buchstabe	Temperaturkoeffizient ($10^{-6}/°C$)	TK-Toleranzen in $10^{-6}/°C$		
		Klasse 3	Klasse 2	Klasse 1
A	+ 100	± 40	± 100	–
H	– 33	± 40	–	–
P	– 150	± 40	± 75	–
U	– 750	± 120	± 250	± 500
K	– 2200	–	± 500	–

bei Kondensatoren der Gruppe II:

Buchstabe	Dielektrizitäts-konstante	Kapazitätsänderung in % zwischen	
		– 10 und + 70°C	– 55 und + 85°C
Z	ca. 1500	– 20% + 10%	± 20%
W	ca. 4000	– 30% + 20%	– 50% + 10%
E	ca. 4000	– 30% + 10%	
X	ca. 6000	– 50% + 30%	– 70% + 10%
Y	ca. 10000	– 70% + 30%	
O		TK nicht definiert	

Keramik-Kondensatoren der Gruppe I mit negativen und positiven Temperaturkoeffizienten eignen sich gut nach Kapitel 1.4.4 für eine annähernd lineare Temperaturcharakteristik oder für spezielle TK_C-Werte nach folgender Übersicht:

3.4 Kondensatoren – Bauformen, Anwendung und Daten

Gewünschter TK ($10^{-6} \cdot K^{-1}$) im Bereich von	Kompensation der Reihenschaltung
$+100 \ldots \pm 0$	P 100 + NP 0
$\pm 0 \ldots -150$	NP 0 + N 150
$-150 \ldots -470$	N 150 + N 470
$-470 \ldots -750$	N 470 + N 750

C Verlustfaktor, Isolationswiderstand

Der Verlustfaktor wird bei 20 °C und ≦ 75% relativer Feuchte angegeben. Er liegt zwischen $0,3 \ldots 0,5 \cdot 10^{-3}$ (Typ I).
Der Isolationswiderstand liegt bei 10^{10} Ω.
Der rechnerische Wert des Verlustfaktors ergibt sich für Typ I überschlägig für Kapazitäen von 5 pF ... 50 pF

$$\text{tg}\delta \leqq \left(\frac{15}{C} + 0,7\right) \cdot 10^{-3}$$

Besonders für den Typ II steigen die Werte des Verlustfaktors nach folgender Tabelle an:

ϵ_r	$\text{tg}\delta \cdot 10^{-3}$
90	≈ 0,4
120	≈ 0,6
250	≈ 7,5
1600	≈ 10
4000	≈ 15
10000	≈ 20

[C pF]
für C > 50 pF, $\text{tg}\delta \leqq 1 \cdot 10^{-3}$.
Für den Typ II ist der Grenzwert mit $\text{tg}\delta < 35 \cdot 10^{-3}$ festgelegt.

D Induktivität und Baulänge

Es ist mit einer Induktivität von ≈ 1 nH pro mm Draht und Baulänge zu rechnen. Für die Hf-Technik und bei Impulsanwendungen ist daher auf kürzeste Anschlußlänge zu achten, da jeder Millimeter zu einem Störfaktor werden kann. Siehe auch Kapitel 2.3 (Printplatte).

E Eigenresonanz von Keramikscheibenkondensatoren

Wert	30 mm	25 mm	15 mm	10 mm	
22 nF	8	9,2	11	13	
10 nF	13	15	18	21	
4,7 nF	16	18,5	22	25,7	
2 nF	25,5	29,5	35,5	41,5	
1 nF	43	52	62	73	
500 pF	56	64	68	80	Anmerkungen:
330 pF	62	71	86	100	Werte in [MHz]
100 pF	130	150	180	210	Drahtlänge beider
56 pF	205	242	290		Anschlußdrähte

$f_r \approx \dfrac{160}{\sqrt{\ell \cdot C}}$ [MHz; mm; nF], wobei ℓ die Baulänge des Kondensators mit Anschlußdrähten ist.

F Bauformen

Keramik-Kondensatoren werden im allgemeinen als Rohrkondensatoren – besonders Typ I – oder als Flach- und Scheibenkondensatoren – besonders Typ II – geliefert.
Für die Anwendung im Hf-Gebiet ist es oft erforderlich, die Drahtlänge der Anschlüsse zu minimieren. Das ist möglich bei Keramik-Kondensatoren nach Abb. 3.4-1, die als Waffel- oder Scheibenkondensatoren mit metallisierter Anschlußfläche (versilbert) geliefert werden. Diese werden auch als Durchführungskondensatoren benutzt, um in Abschirmungen Hf-führende Leitungen unter Kontrolle zu halten. Entsprechende Bauformen sind in *Abb. 3.4.4-2a...d* gezeigt.

Abb. a:
Keramik-Trapezkondensatoren – Abmessung ca. 7 x 8 mm – eignen sich vorzüglich für die Verwendung bei gedruckten Schaltungen. Sie werden in einen gestanzten Schlitz bestimmter Form der kupferkaschierten Hartpapierplatte gesteckt und zusammen mit den übrigen Bauteilen durch Löten mit den Leitungen verbunden. Sie sind für eine Betriebsspannung von 500 V geeignet und können in den Toleranzen ±20% und ±10%, jedoch nicht unter ±0,5 pF (Gruppe I), sowie in den Toleranzen +100% bis –20% (Gruppe II) geliefert werden.
In ähnlicher Form werden keramische beidseitig versilberte kreisförmige oder rechteckige Kondensator-Platten im Durchmesser von 3 mm...10 mm bei verschiedenen Kapazitätswerten geliefert. Diese werden ebenfalls in Schaltungsaufbauten der Hf-Technik direkt eingelötet.

Abb. b:
Keramik-Durchführungskondensator. Anwendungsgebiet für Speisespannungsleitungen, die Hf-mäßig entkoppelt werden müssen. Kapazitätswerte 47 pF...4,7 nF. Ebenfalls in der Abb. b ist ein Keramik-Rohr gezeigt mit innerer und äußerer lötfähiger Kontaktierung für Durchführungen.

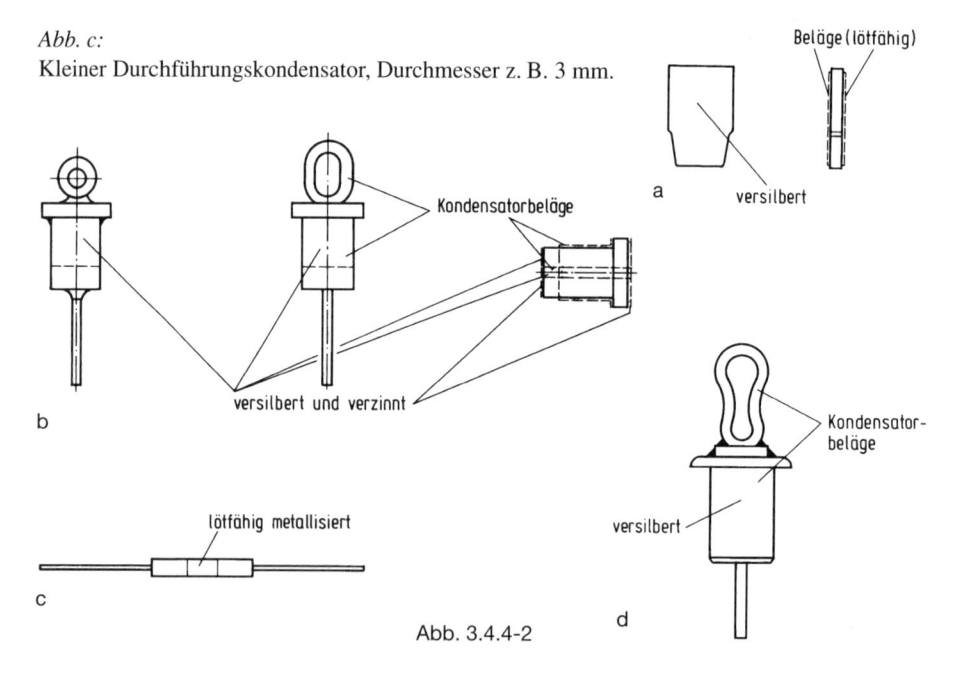

Abb. c:
Kleiner Durchführungskondensator, Durchmesser z. B. 3 mm.

Abb. 3.4.4-2

3.4 Kondensatoren – Bauformen, Anwendung und Daten

Abb. d:
Durchführungsfilter. Dieses stellt eine Kombination zweier Kondensatoren und einer Induktivität dar, die durch ein Ferritrohr gebildet wird. Den Dämpfungsverlauf von 30 MHz bis 1000 MHz gibt die Kurve in *Abb. 3.4.4-3* wieder.
Sämtliche Teile sind von einem Metallröhrchen umgeben, dessen eines Ende zu einem Bund geformt ist, mit dem das Durchführungsfilter gut in ein Chassis eingelötet werden kann. Durch diese Anordnung wird das Filter außerdem weitgehend gegen mechanische Beschädigung geschützt.

Typische Werte:
Kapazität   = 1000 pF
Toleranz   = +80/–20%
Dielektrizitätskonstante $\epsilon \sim 4000$
Isolationswiderstand $> 1 \cdot 10^4$ MΩ
Dämpfung $\geq$ 60 dB bei 600 MHz
Max. Betriebstemperatur = 70 °C
Betriebsspannung   = 500 V$_=$/200 V$_\sim$
Prüfspannung   = 1000 V$_=$

In der gleichen Abb. 3.4.4-3 ist für den Fall einer Hf-Absiebung die Betriebsdämpfung verschiedener Bauformen von Keramik-Kondensatoren gezeigt, wobei das Durchführungsfilter optimale Eigenschaften aufweist. Bei den Einlötkondensatoren ist folgendes hinsichtlich ihrer Behandlung beim Löten zu beachten: Bedingt durch den mechanischen Aufbau der Kondensatoren soll für eine entsprechende Wärmeabfuhr an den Lötstellen gesorgt werden, besonders, wenn sehr kurze Anschlußdrähte verwendet werden.

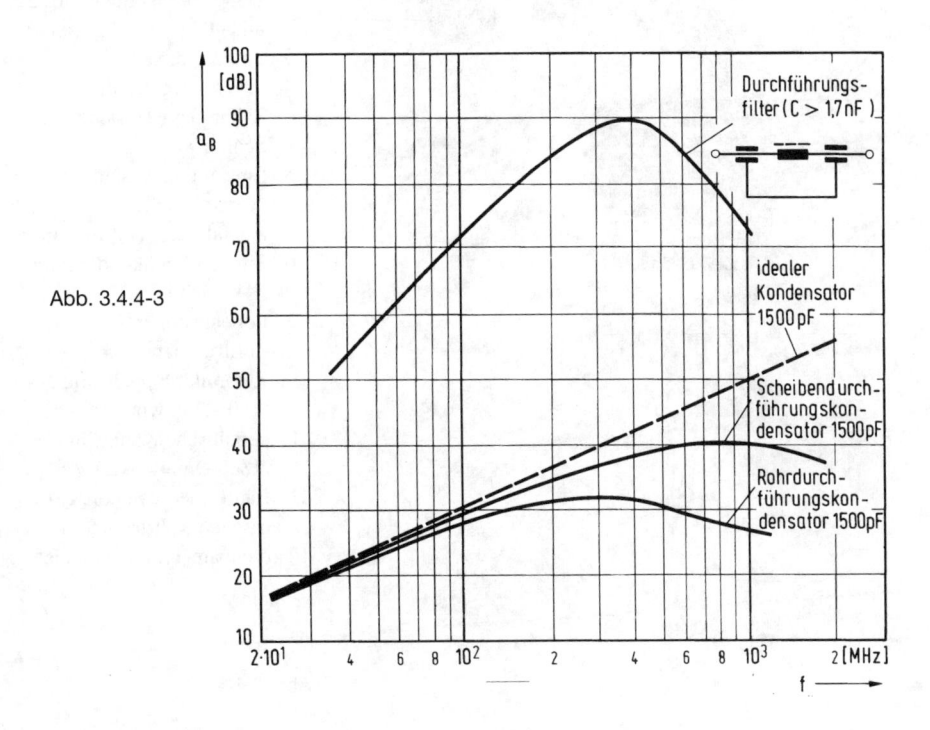

Abb. 3.4.4-3

Die Lötkolbentemperatur soll daher 260 °C nicht übersteigen, die Lötdauer so kurz wie möglich gehalten werden.

Bei den Ausführungsformen von Kondensatoren, die direkt eingelötet werden, ist besonders darauf zu achten, daß der Lötkolben nicht direkt mit den aufmetallisierten Belägen des Kondensators in Verbindung kommt. Die Verwendung eines temperaturgeregelten Lötkolbens wäre zu empfehlen.

Lötdauer und Löttemperatur sind so zu begrenzen, daß der Silberbelag nicht weglegiert. Deshalb soll die Lötzeit 5 s und die Löttemperatur 250 °C nicht überschreiten.

Vorteilhaft ist es, die Kondensatoren vor dem Einlöten auf ca. 150 °C anzuwärmen. Dies ist wegen der Empfindlichkeit des keramischen Werkstoffes (insbesondere Typ II) gegen schroffe Temperaturwechsel empfehlenswert.

Erfahrungsgemäß ist folgende Zusammensetzung des Lötzinns besonders geeignet:

60% Zinn
36% Blei
4% Silber.   Als Flußmittel soll Kolofonium verwendet werden.

3.4.5 Veränderbare Kondensatoren

Veränderbare Kondensatoren werden als (Regel-)Drehkondensatoren und als Trimmkondensatoren gebaut. Bei den letzteren ist zwischen Luft-, Keramik-, Kunststoff- und Folientrimmern

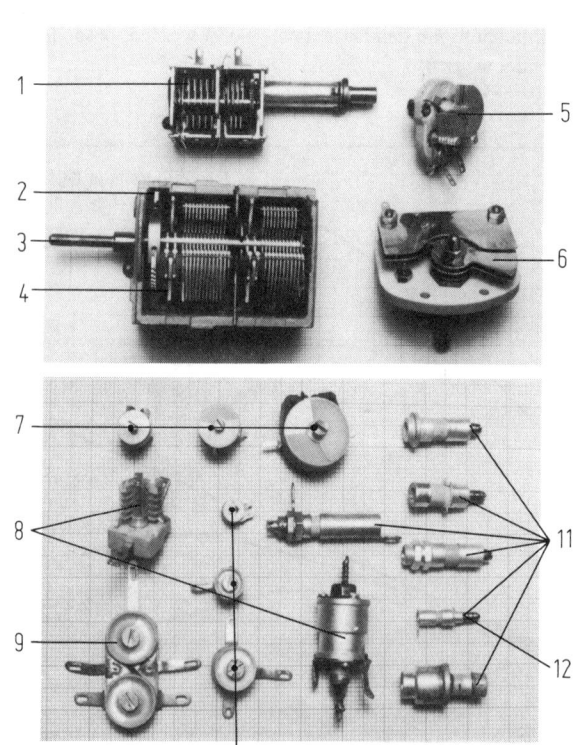

1. Doppeldrehkondensator 15 und 20 pF (UKW-Bereich)
2. Doppeldrehkondensator 320 und 400 pF (Am-Bereich)
3. 6-mm-Drehachse
4. gegenseitig verspannte Zahnräder (Antrieb ohne Schlupf)
5. Einstellkondensator (kommerzielle Ausführung) (Lufttrimmer)
6. Einfach-Drehkondensator (KW-Bereich)
7. Folientrimmer
8. Lufttrimmer
9. Keramik-Doppeltrimmer (180°-Drehwinkel)
10. keramische Kleintrimmer (180°-Drehwinkel)
11. Bauformen von konzentrischen Rohrtrimmern
12. drehbare Trimmerspindel

Abb. 3.4.5-1

zu unterscheiden. Drehkondensatoren und Trimmer – außer Schraubentrimmern – weisen einen Dreh-(Arbeits-)Winkel von 180° auf und bestehen aus zwei halbkreisförmigen Plattenpaaren, wobei meistens Luft oder eine Kunststoffolie das Dielektrikum bildet. Bei Schraubentrimmern wird in einem Isolierrohr eine leitende Schraube gedreht, welche zwischen zwei axialen, konzentrischen Armaturen die Kapazität (Abstand) ändert.

In der *Abb. 3.4.5-1* (Foto) sind verschiedene Ausführungsformen derartiger Regelkondensatoren gezeigt.

A Drehkondensatoren

Drehkondensatoren werden in der Rundfunktechnik zur hochfrequenten Senderabstimmung als schwingkreisbestimmender Kondensator benutzt. Der Drehwinkel beträgt im Normalfall 180° (π). Der Antrieb erfolgt über eine Untersetzung, die meistens mittels Zahnantriebes bereits im Drehkondensatoraufbau enthalten ist. Der Zahnantrieb wird auf der einen Seite durch zwei im Gegensinn verspannte Zahnkränze gebildet, um den Schlupf auszuschalten. Bei dem Drehkondensator wird das Variationsverhältnis

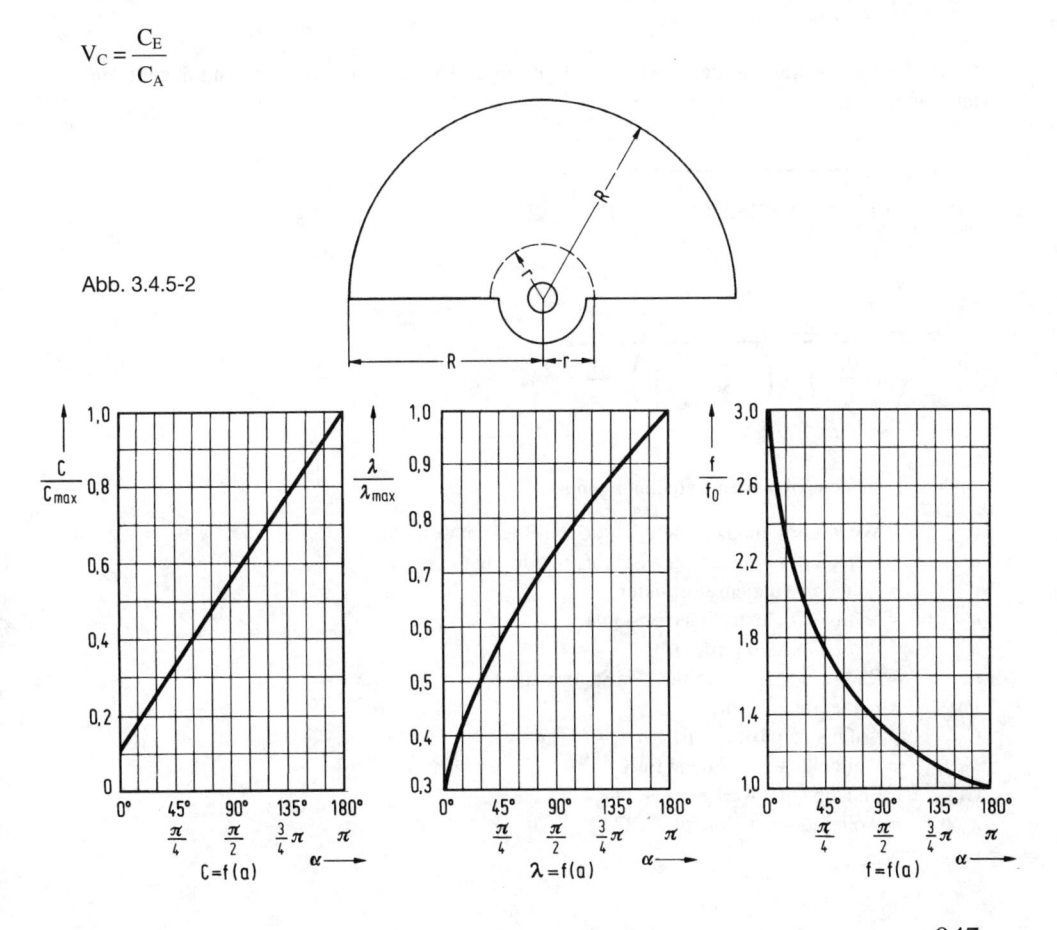

$$V_C = \frac{C_E}{C_A}$$

Abb. 3.4.5-2

festgelegt. Darin ist C_A die unvermeidbare (möglichst geringe) Anfangskapazität und C_E die Endkapazität. Anfangswerte liegen je nach Aufbau und der Endkapazität zwischen 2 pF...10 pF. Entsprechende Endkapazitäten sind 15 pF...400 pF für einen FM- oder AM-Drehkondensator. Für verschiedene Anwendungsgebiete lassen sich entsprechende Plattenschnitte herstellen. Das ist in den *Abb. 3.4.5-2 bis 4* gezeigt.

Kapazitätsgerader Kondensator (Abb. 3.4.5-2)

Der Verwendungszweck ist auf dem Gebiet der Meßtechnik und der Eichkondensatoren zu finden. Voraussetzung ist, daß die Kapazität C sich proportional im Betrag zur Änderung des Drehwinkels α ändert.
Es ist für die Kapazitätsermittlung:

$$C = C_a + (C_{max} - C_0) \cdot \frac{\alpha}{\pi}$$

$$C_{max} = 1{,}11 \cdot (n - 1) \cdot \epsilon \cdot \frac{R^2 - r^2}{8 \cdot d} \quad [\text{pF}; \text{cm}^2; \text{cm}]$$

Sowie für die ebenfalls in der Abb. 3.4.5-2 gezeigten Kurven der Frequenz- und der Wellenlagenänderung:

$$\frac{\lambda}{\lambda_{max}} = \sqrt{\left(\frac{\lambda_0}{\lambda_{max}}\right)^2 + \left(1 - \left[\frac{\lambda_0}{\lambda_{max}}\right]^2\right) \cdot \frac{\alpha}{\pi}}$$

$$\frac{f}{f_0} = \frac{1}{\sqrt{\left(\frac{f_0}{f_{max}}\right)^2 + \left(1 - \left[\frac{f_0}{f_{max}}\right]^2\right) \cdot \frac{\alpha}{\pi}}}$$

In diesen und den folgenden Berechnungen ist:

α	= Winkel des eingedrehten Sektors im Bogenmaß
α^0	= Winkel des eingedrehten Sektors im Gradmaß
n	= Zahl der Kondensatorplatten
ϵ	= relative Dielektrizitätskonstante
d	= Plattenabstand [cm]
r	= Radius des Ausschnittes der Statorplatte [cm]
R	= Plattenradius [cm]
C_0	= Anfangskapazität [pF]
λ_0, f_{max}	= Wellenlänge, Frequenz für C_0
C_{max}	= Endkapazität [pF]
λ_{max}, f_0	= Wellenlänge, Frequenz für C_{max}

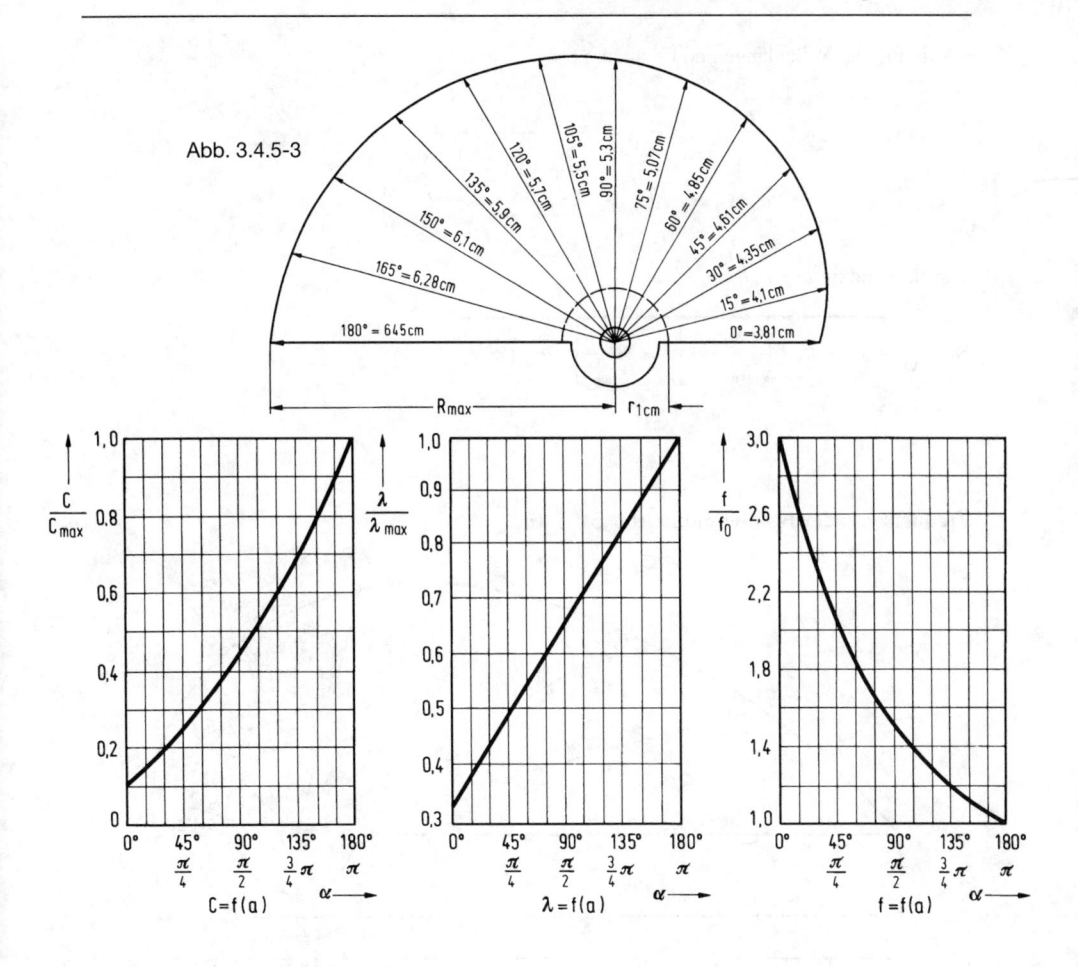

3.4 Kondensatoren – Bauformen, Anwendung und Daten

Abb. 3.4.5-3

Wellengerader Kondensator *(Abb. 3.4.5-3)*

Dieser Typ wird für Geräte benutzt, die eine Wellenlängeneichung aufweisen. Die folgenden Beziehungen finden Verwendung:

$$\frac{C}{C_{max}} = \left(\sqrt{\frac{C_0}{C_{max}}} + \left[1 - \sqrt{\frac{C_0}{C_{max}}}\right] \cdot \frac{\alpha}{\pi}\right)^2$$

$$C_{max} = 1{,}11 \cdot (n-1) \cdot \epsilon \cdot \frac{R_{max}^2 - r^2}{16 \cdot d} \cdot \left(1 - \frac{\lambda_0}{\lambda_{max}}\right) \qquad [\text{pF; cm}^2\text{; cm}]$$

3 Elektronische Bauelemente

Sowie für die Wellenlänge und Frequenz:

$$\lambda = \lambda_0 + (\lambda_{max} - \lambda_n) \cdot \frac{\alpha}{\pi} \qquad \frac{f}{f_0} = \frac{1}{\frac{f_0}{f_{max}} + \left(1 - \frac{f_0}{f_{max}}\right) \cdot \frac{\alpha}{\pi}}$$

Für die Randkurve gilt:

$$R = \sqrt{(R_{max}^2 - r^2) \cdot \left(\frac{\lambda_0}{\lambda_{max}} + \left[1 - \frac{\lambda_0}{\lambda_{max}}\right] \cdot \frac{\alpha}{\pi}\right) + r^2}$$

Frequenzgerader Kondensator (Abb. 3.4.5-4)

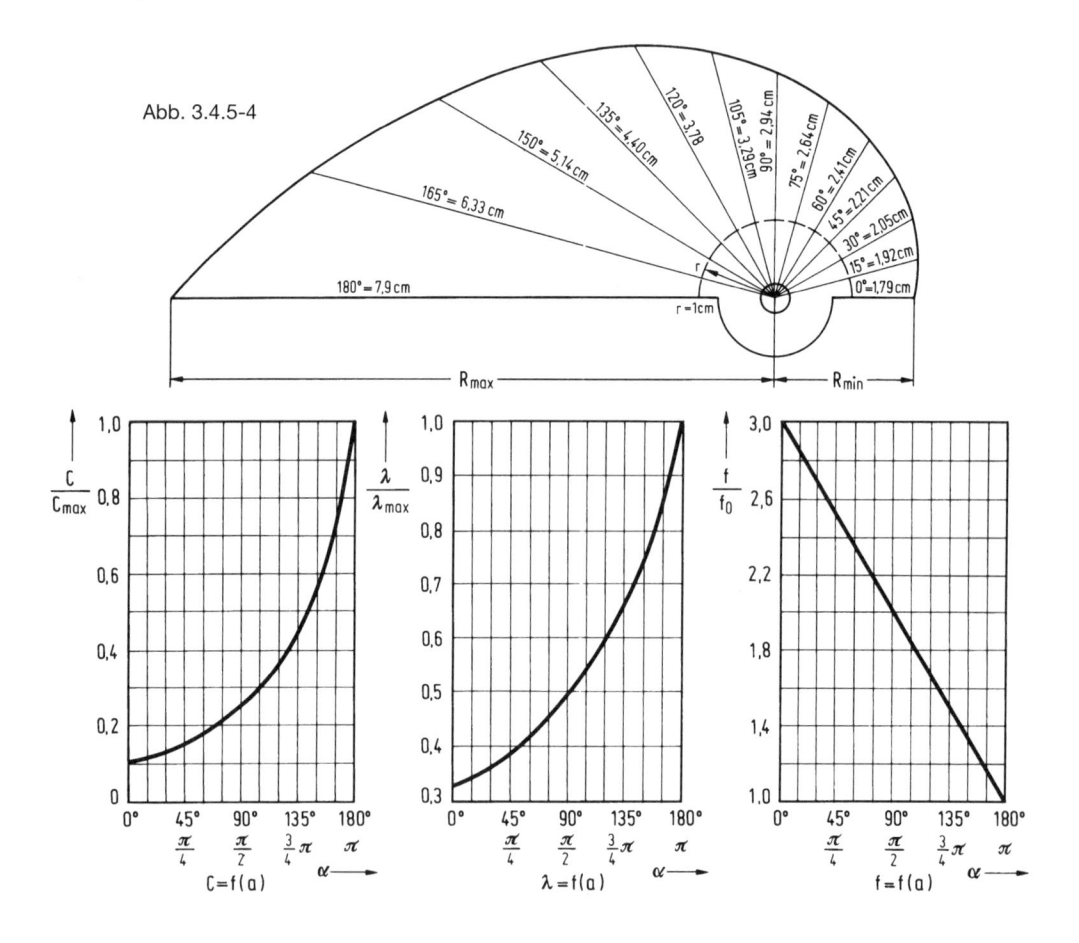

Abb. 3.4.5-4

$C = f(\alpha)$

$\lambda = f(\alpha)$

$f = f(\alpha)$

950

Anwendung bei Geräten mit linearer Frequenzeichnung. Hier gilt:

$$\frac{C}{C_{max}} = \frac{1}{\left(\sqrt{\frac{C_{max}}{C_0}} - \left[\sqrt{\frac{C_{max}}{C_0}} - 1\right] \cdot \frac{\alpha}{\pi}\right)^2}$$

$$C_{max} = 1{,}11 \cdot (n-1) \cdot \epsilon \cdot \frac{R_{max}^2 - r^2}{16\,d} \cdot \left(\frac{f_0}{f_{max}} + \frac{f_0^2}{f_{max}^2}\right) \qquad [\text{pF; cm}^2; \text{cm}]$$

$$\frac{\lambda}{\lambda_{max}} = \frac{1}{\frac{\lambda_{max}}{\lambda_0} - (\frac{\lambda_{max}}{\lambda_0} - 1) \cdot \frac{\alpha}{\pi}} \qquad f = f_{max} - (f_{max} - f_0) \cdot \frac{\alpha}{\pi}$$

Und für die Randkurve eines frequenzgeraden Kondensators:

$$R = \sqrt{\frac{R_{max}^2 - r^2}{\left(\frac{f_{max}}{f_0} - \left[\frac{f_{max}}{f_0} - 1\right] \cdot \frac{\alpha}{\pi}\right)^3} + r^2}$$

B Trimm-Kondensatoren

Typ	T_K [10^{-6}] °C^{-1}	tg δ [10^{-3}] 1 MHz	Ri [MΩ]	ΔC
Keramik N 750		~1	>10 · 10^5	10 pF
Schraubtrimmer mit Sonderspritzmasse	− 100 ... + 50	< 2,5	>10^5	15 pF
Lufttrimmer I II	+ 20 ± 75 + 150 ± 150		10^4 ... >10^5	45 pF
Keramik	− 220 ± 200	< 2	10^4 ... >10^5	20 pF
Kunststofftrimmer: Polyäthylen Folie Polypropylen Folie Polycarbonat Folie Teflon-Folie	− 750 ± 300 − 350 ± 250 0 ± 300 − 250 ± 150	~1 -1 ~5 ~0,5 (3 bei ~100 MHz)	10^4 ... >10^5 10^4 ... >10^5 10^4 ... >10^5 10^4 ... >10^5	20 pF 40 pF 70 pF 25 pF

3 Elektronische Bauelemente

Trimmkondensatoren werden benötigt, um einen schaltungstechnisch bedingten Kapazitätsausgleich herbeizuführen oder um für bestimmte Schaltungen kleine Kapazitätswerte einzustellen. Die Bedienung erfolgt mittels eines Schraubenziehers oder eines Spezialschlüssels. Trimmkondensatoren werden mit Anfangskapazitäten von < 0,2 pF geliefert bei Endkapazitäten von ~ 5 pF. Größere Kondensatoren weisen Anfangswerte $\leqq$ 5 pF bei Endkapazitäten von bis zu 100 pF auf. Die häufigsten Ausführungsformen liegen zwischen $C_A \approx 3$ pF und $C_E \approx 35$ pF.
Die Tabelle sowie das Foto Abb. 3.4.5-1 und *3.4.5-5* zeigen einen Überblick über die wichtigsten Daten der gängigsten Trimmer.

C Mindestplattenabstand bei Drehkondensatoren

Spitzenspannung U_s [kV]	1	1,5	2	2,5	3	3,5	4	4,5	5	6
Plattenabstand [mm]	0,4	0,8	1,3	1,5	1,8	2,1	2,6	3	3,6	4

Abb. 3.4.5-5
Verschiedene Bauformen von Hochfrequenztrimmern. Folien- und Keramikdielektrika weisen gegenüber dem Lufttrimmer eine geringere Güte auf.

Die Mechanik ist bei abstimmbaren Filtern sehr wichtig. Das Foto zeigt die Untersetzung eines Drehkondensatorantriebes.

3.5 Spulen und Übertrager – Bauformen, Anwendungen und Daten

3.5.1 Einfache Induktivitäten

Für Hoch- und Niederfrequenzbetrachtungen ist eine erste rechnerische Ermittlung von Induktivitäten wertvoll. Als bekannt sei dabei vorausgesetzt, daß gerade auf dem Gebiet der Induktivitätsberechnung sehr viele Faktoren wie Frequenzeinflüsse, Wicklungsart, Wicklungsdurchmesser, Wicklungslänge, Drahtmaterial und -durchmesser, Permeabilität u.v.m. einen erheblichen Einfluß auf das Ergebnis ausüben. Deshalb sei für spezielle Untersuchungen auf einschlägige Literatur und Erfahrungsberichte von Spulen- und Kernherstellern hingewiesen.

Die folgenden Fotos *Abb. 3.5.1-1a, b* und *c* vermitteln eine Übersicht über Bauweise und Bauformen von Kernmaterial und Spulen in der Elektronik. Im einzelnen bedeuten:

Abb. 3.5.1-1a (Eisenkerne)

1 und 3	Drehkerne aus Hf-Eisen für Spulen
2	Ober- und Unterteil eines Schalenkernes AL = 250
4	Abgleichkern für Variometer (induktiver Schwingkreisabgleich)
5	Ringkern (Impuls-Breitband-Symmetrie-Übertrager) AL = 1420
6	Kappenkern mit Deckel AL = 33 (siehe -3- in Abb. 3.5.1-1b)
7	Halbschale (Wannenkern) (siehe -6- in Abb. 3.5.1-1b)
8	Dämpfungskern für 3 Windungen (siehe -7- in Abb. 3.5.1-1c)
9	Dämpfungsperlen für Leitungsdurchführungen

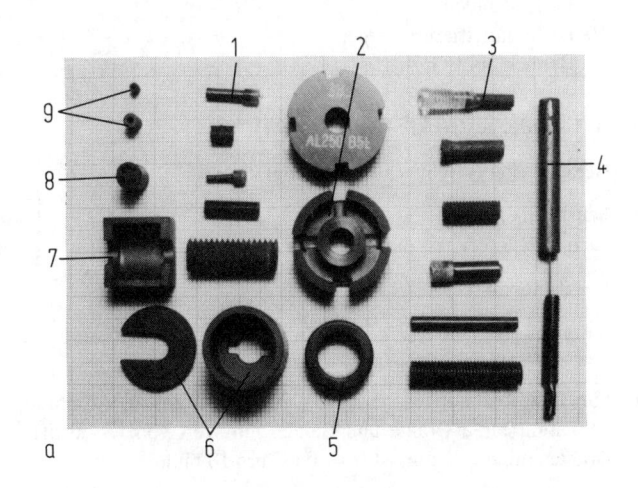

Abb. 3.5.1-1a

Abb. 3.5.1-1b (Spulenbauteile)
1 Oberschale, Spulenkörper, Unterschale und Spannbügel (siehe -2- in Abb. 3.5.1-1a)
2 Spulenkörper, Deckel und Kappenkern (siehe -6- in Abb. 3.5.1-1a)
3 Fertigmontierte Spule aus -2-
4 Abschirmbecher mit Schalenkernspule
5 Verschiedene Spulenkörper für einlagige, mehrlagige und Kammerwicklung
6 montierter Spulenkörper (ohne Wicklung) mit Wannenkern (siehe -7- in Abb. 3.5.1-1a)

Abb. 3.5.1-1b

Abb. 3.5.1-1c (Spulen)
1 und 2 Spulen mit Abschirmbecher und Wannenkern AL-Werte um 15 nH
3 Spule mit zwei Wicklungen, Abgleichkern und Dämpfungswiderstand
4 Fertig montierte Spule mit Schalenkern AL = 25 nH
5 Bandfilter (Kondensatoren fehlen)
6 Einlagige Hf-(Luft-)Spule
7 Gewickelter Dämpfungskern (siehe -8- in Abb. 3.5.1-1a)
8 Hf-Spule mit Kern, Bereich 100 MHz (UKW)
9 Hf-Luftspulen
10 Hf-Symmetrierübertrager, Bereich bis 1 GHz.

Abb. 3.5.1-1c

A Gerade, gestreckte Leiter ($\mu_r = 1$)

Gerade Leiter (vereinfachte Rechnung)

Faustformel nach *Abb. 3.5.1-2* ist die Induktivität

$L \approx \ell$ [nH;mm]

für etwas genauere Rechnungen gilt $L \approx \dfrac{\ell}{d}$ [nH; mm]

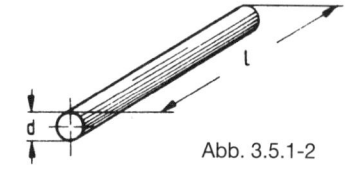

Abb. 3.5.1-2

Für diese Rechnungen ist $\mu_r = 1$. Allgemein gilt für Anschlußlängen von Bauelementen für d >1,5 mm starke Drähte und Bänder ein Wert von $L \approx 6$ nH pro 10 mm Leitungslänge. Bei Drähten mit $d \leq 1$ mm ist $L \approx 10$ nH pro 10 mm.

B Gerader Bandleiter

Für einen Bandleiter nach *Abb. 3.5.1-3* gilt
für $\ell \gg b$ und f < 50 KHz.

$$L \approx 2 \cdot \ell \cdot \ell n \left(\frac{2 \cdot \ell}{b+d} + 0{,}75 \right) \quad [nH; cm]$$

Abb. 3.5.1-3

Beispiel: d = 1 mm; b = 10 mm; ℓ = 10 cm

$$L \approx 2 \cdot 10 \cdot \ell n \left(\frac{2 \cdot 10}{1{,}1} + 0{,}75 \right) = 59 \text{ nH (Faustformel s. o.} \approx 60 \text{ nH)}.$$

Für genauere Rechnungen ist

$$L \approx 2 \cdot \ell \cdot \ell n \left(\frac{2 \cdot \ell}{b+d} + m \right) \text{ mit } m = -0{,}25 + \varphi, \text{ und dem Korrekturfaktor } \varphi \text{ aus dem}$$

Nomogramm der *Abb. 3.5.1-4* (d $\ll$ b).

C Induktivität gerader Leiter (genauere Rechnung)

Nach Abb. 3.5.1-2 und 3.5.1-4 ist für $\ell > 100 \cdot d$

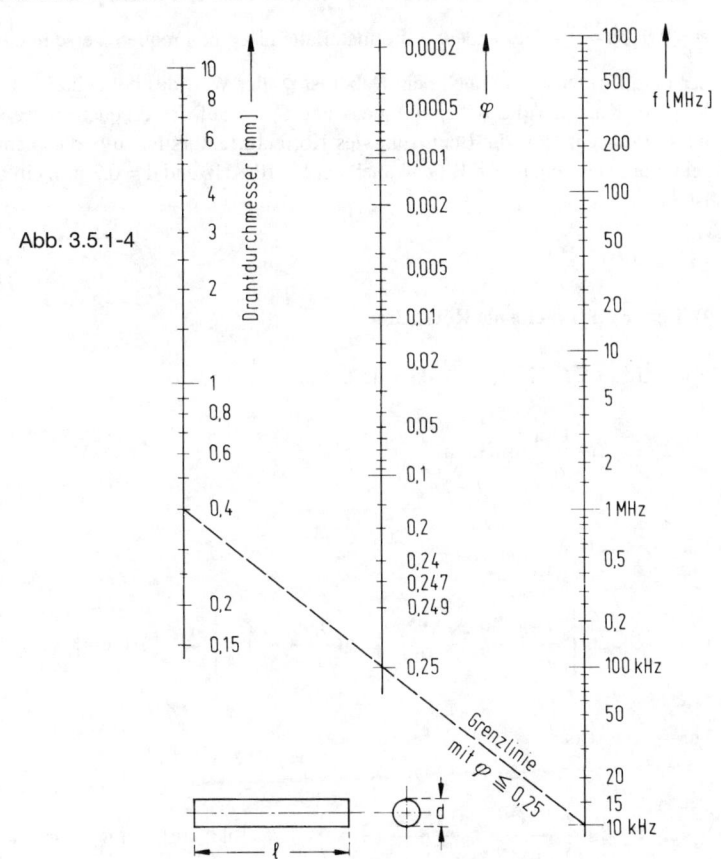

Abb. 3.5.1-4

955

$$L \approx 2 \cdot \ell \cdot \ell n \left(\frac{4 \cdot \ell}{d} + k \right) \quad [nH;cm] \quad \text{mit } k = \varphi - 1 \ (\varphi \text{ siehe Abb. 3.5.1-4})$$

und für $\ell < 100 \cdot d$

$$L \approx 2 \cdot \ell \cdot \ell n \left(\frac{4 \cdot \ell}{d} + \frac{d}{2 \cdot \ell} + k \right) \quad [cm;nH]$$

Beispiel: $\ell = 15$ cm; $d = 2$ mm; $f = 10$ MHz. Die Abb. 3.5.1-4 ergibt $\varphi = 0{,}01$ und daraus $k = -0{,}99$.

$$L \approx 2 \cdot 15 \cdot \ell n \left(\frac{4 \cdot 15}{0{,}2} + \frac{0{,}2}{2 \cdot 15} - 0{,}99 \right) = 171 \text{ nH}.$$

Hierbei wird der *Skineffekt* in Abhängigkeit zur Frequenz berücksichtigt.
Die Berücksichtigung von Leitungslängen hat speziell in der Hochfrequenztechnik bei Frequenzen >5 MHz eine nicht unerhebliche Bedeutung bei Zuleitungen und Anschlüssen von Transistoren an passive Bauteile wie Schwingkreise oder nach Masse führende Kondensatoren. Hier bilden sich oft unerwünschte und zum Teil auch unkontrollierbare Nebenresonanzen. Bei höheren Frequenzen sinkt die Induktivität, weil der Leiterstrom und somit auch das Magnetfeld im Leiterinnern wegen des Skineffektes abgeschwächt werden. Das Nomogramm Abb. 3.5.1-4 gibt für höhere Frequenzen den Korrekturfaktor φ an. Die Daten gelten für Kupferleiter mit $\varrho \approx 0{,}0176 \frac{mm^2}{m}$. Für andere Leitermaterialien ist eine Frequenzverschiebung mit $f' = \frac{\varrho' \cdot f}{\varrho}$ auf der Frequenzachse vorzunehmen. Dabei ist ϱ' der Wert des betrachteten Leitermaterials, ϱ der Wert für Kupfer, f die Arbeitsfrequenz und f' die auf der Frequenzachse einzusetzende korrigierte Frequenz. Für die Benutzung des Korrekturfaktors ist zu berücksichtigen, daß $\varphi \leqq 0{,}25$ sein muß. Das bedeutet z. B., daß auch bei $f = 10$ KHz und $d = 0{,}2$ mm ein $\varphi = 0{,}25$ einzusetzen ist.

D Leiter mit Fläche als Rückleiter

Nach *Abb. 3.5.1-5* ist für $a \gg d$ sowie $\ell \gg a$

$$L \approx 2 \cdot \ell \cdot \ell n \frac{4 \cdot a}{d} \quad [nH;cm].$$

Für $\frac{2 \cdot a}{\ell} \leqq 1$ ist

$$L \approx 2 \cdot \ell \cdot \ell n \left[\frac{4 \cdot a}{d} - \frac{2 \cdot a}{\ell} + \varphi + \left(\frac{0{,}95 \cdot a}{\ell} \right)^2 \right] \quad [nH; cm]$$

Für $\frac{2 \cdot \ell}{a} \leqq 1$ ist

$$L \approx 2 \cdot \ell \cdot \ell n \left(\frac{4 \cdot \ell}{d} - \frac{0{,}25 \cdot \ell}{a} + k \right) \quad [nH; cm] \quad \text{mit } k = \varphi - 1$$

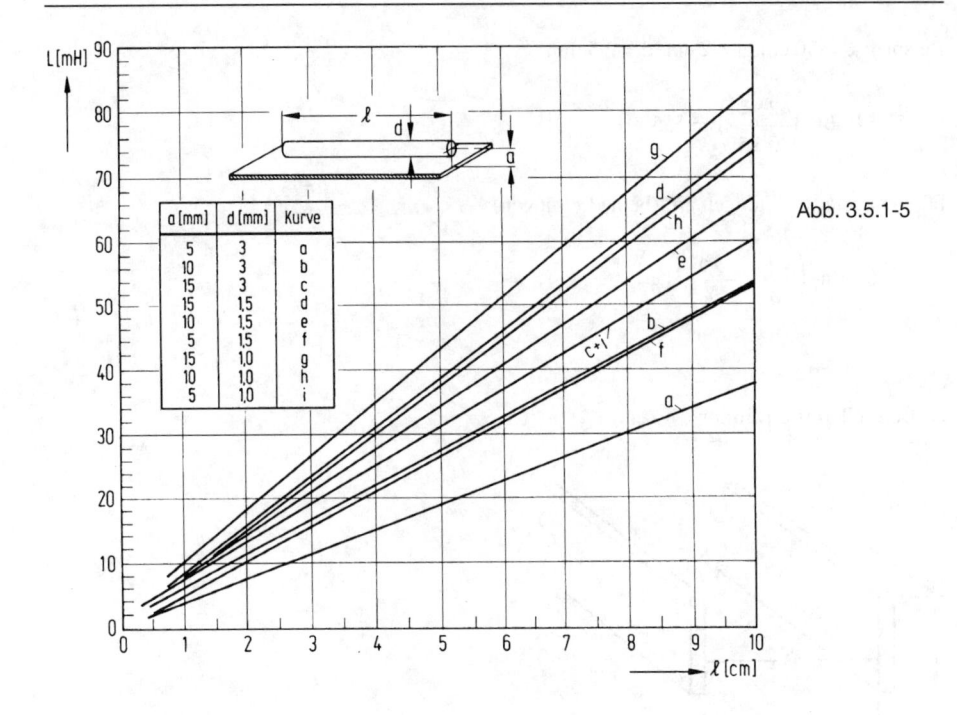

3.5 Spulen und Übertrager – Bauformen, Anwendungen und Daten

a [mm]	d [mm]	Kurve
5	3	a
10	3	b
15	3	c
15	1,5	d
10	1,5	e
5	1,5	f
15	1,0	g
10	1,0	h
5	1,0	i

Abb. 3.5.1-5

E Leiterinduktivität von Koaxkabel

ℓ = Kabellänge; ϵ_r = Dielektrikum; Z = Wellenwiderstand

$$L \approx \frac{\sqrt{\epsilon_r} \cdot Z \cdot \ell}{30} \quad [\text{nH; cm; }\Omega]$$

Für die koaxiale Leitung in *Abb. 3.5.1-6* ist

$$L \approx 2 \cdot \ell \cdot \ell n \left(\frac{D}{d} + \varphi\right); \text{ mit D als Innendurchmesser}$$

des Schirmes und φ aus Abb. 3.5.1-4.

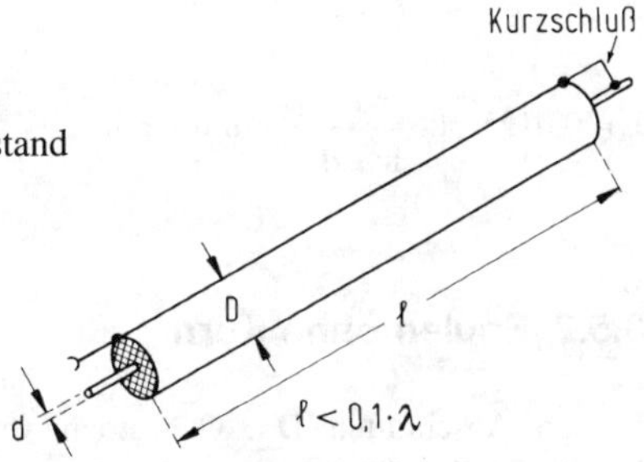

Abb. 3.5.1-6

F Doppelleitung

Nach *Abb. 3.5.1-7* ist für $\ell \gg$ d und 2a > d.

$$L \approx \ell \cdot 4 \cdot \ell n \left(\frac{2 \cdot a}{d}\right) \quad [\text{cm; nH}]$$

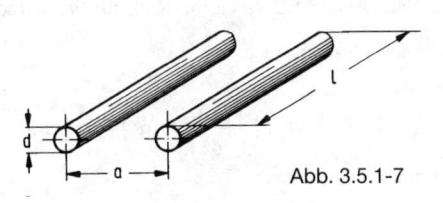

Abb. 3.5.1-7

Beispiel: ℓ = 50 cm; a = 2 cm; d = 2,5 mm

$$L \approx 50 \cdot 4 \cdot \ell n \left(\frac{2 \cdot 2}{0,25} \right) = 555 \text{ nH}$$

Für genauere Rechnungen gilt (beide Leitungen):

$$L \approx 4 \cdot \ell \cdot \ell n \left(\frac{2 \cdot a}{d} - \frac{a}{\ell} + \varphi \right)$$

G Doppelleitung Bänder

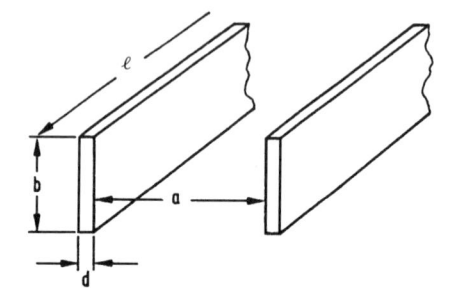

$$L \approx 0{,}0125 \cdot \ell \cdot \frac{a}{b} \qquad \text{für } d \ll b$$

$$L \approx 0{,}0125 \cdot \ell \cdot \frac{a}{b+d} \qquad \text{für } d < b$$

3.5.2 Spulen ohne Kern

In den Abschnitten D…G werden verschiedene Möglichkeiten für die Ermittlung der Induktivität bei Spulen unterschiedlicher Bauart gezeigt. Kontrollrechnungen sind so über die Größe D/ℓ oft möglich.

A Kreisspule

Nach *Abb. 3.5.2-1a* ist mit R als mittlerer Radius die Leiterlänge der Schleife $\ell = 2 \cdot \pi \cdot R$. Die Induktivität ist

$$L \approx 1{,}17 \cdot \ell \cdot \ell n \left(\frac{4 \cdot \ell}{d} - \alpha \right) \quad \text{[nH; cm]} \quad \text{mit } \alpha = \beta - \varphi.$$ Für den einfachen Kreisring gilt auch

3.5 Spulen und Übertrager – Bauformen, Anwendungen und Daten

$$L \approx 2 \cdot \pi \cdot \ell n \left(\frac{16 \cdot R}{d} - 2 \right) \quad [nH; cm].$$ Es ist φ wieder dem Nomogramm der Abb. 3.5.1-4 zu entnehmen. Der Korrekturfaktor β hat folgende Größe:

Schleifenform	β
Kreis	2,5
8-Eck	2,7
6-Eck	2,8
4-Eck (Quadrat)	2,9
3-Eck	3,2

Abb. 3.5.2-1a

Hat der Ring nach *Abb. 3.5.2-1b* rechteckförmiges Aussehen, so gilt:

$$L \approx 1{,}17 \cdot \ell \cdot \ell n \left(\frac{4 \cdot \ell}{b + c} - \alpha \right).$$

Abb. 3.5.2-1b

Beispiel: 4-Eck, Kantenlänge 20 cm, d = 4 mm, f = 50 MHz

Die Abb. 3.5.1-4 ergibt aus d = 4 mm und f = 50 MHz ein $\varphi \approx 0{,}0025$. Damit ist $\alpha = 2{,}9 - 0{,}0025 \approx 2{,}89$ und somit

$$L \approx 1{,}15 \cdot 80 \cdot \ell n \left(\frac{4 \cdot 80}{0{,}4} - 2{,}89 \right) = 615 \text{ nH}$$

B Ringspule – Toroid

Für die Ringspule nach *Abb. 3.5.2-2* ist

$$L \approx \frac{\pi \cdot n^2 \cdot d^2}{D} \quad [nH; cm]$$

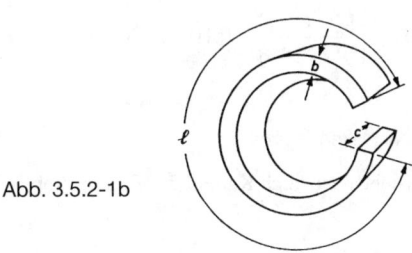

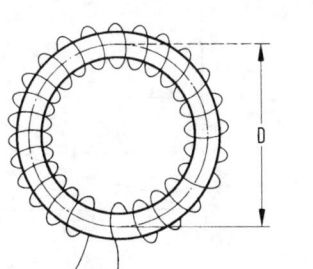

Abb. 3.5.2-2

d = mittlerer Windungsdurchmesser

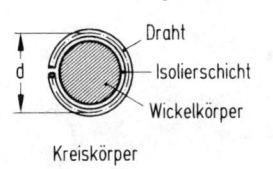

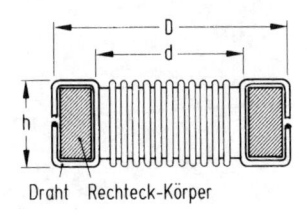

Draht – Isolierschicht – Wickelkörper

Kreiskörper

Draht Rechteck-Körper

Beispiel: $n = 96$; $D = 5$ cm; $d = 1$ cm

$$L \approx \frac{\pi \cdot 96^2 \cdot 1^2}{5} = 5{,}79 \; \mu H$$

Für einen rechteckförmigen Körper nach Abb. 3.5.2-2 ist

$$L \approx 1{,}85 \cdot h \cdot n^2 \cdot \ell n \frac{D}{d} \text{ oder wie oben } L \approx \frac{\pi \cdot n^2 \cdot d_m^2}{D_m} \text{ mit } D_m = \frac{D+d}{2} \text{ und}$$
$$d_m \approx \sqrt{h \cdot (D-d)}$$

C Spiralspule

Nach *Abb. 3.5.2-3* ist mit $D = E - d$

$$L \approx \frac{21{,}5 \cdot n^2 \cdot D}{1 + 2{,}72 \cdot \frac{d}{D}} \quad [nH; cm]$$

Abb. 3.5.2-3

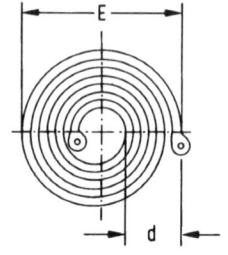

N = Windungszahl.

Siehe dazu auch Kapitel 2.3-E. u. a. Abb. 2.3-10a.

D Einlagige Spule – eng gewickelt

Für derartige Spulen, die für Induktivitätswerte von $\approx 300 \; \mu H \ldots 0{,}3 \; \mu H$ Verwendung finden, gilt die Darstellung nach *Abb. 3.5.2-4*. Reihenmessungen an verschiedenen Spulenexemplaren bestätigen die angegebene Formel mit guter Genauigkeit.

Nach Abb. 3.5.2-4 ist

$$L \approx D \cdot n^2 \cdot \alpha \cdot 10^{-3} \quad [cm; \mu H]$$

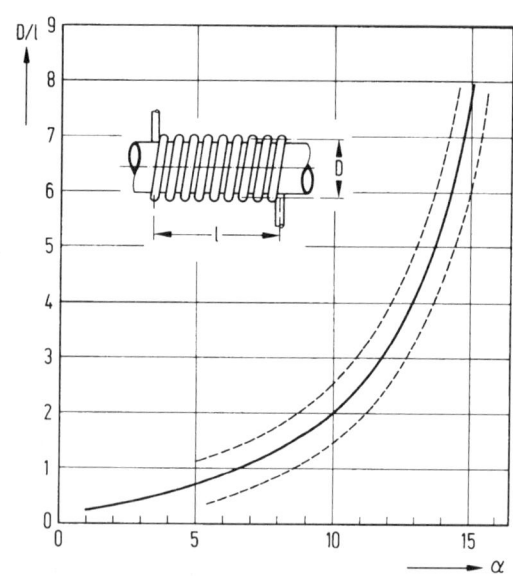

Abb. 3.5.2-4

3.5 Spulen und Übertrager – Bauformen, Anwendungen und Daten

Der Faktor α ist der Kurve in Abb. 3.5.2-4 zu entnehmen. Je nach Geometrie des Körpers kann der Wert α zwischen den angegebenen Toleranzkurven liegen.

Beispiel aus Meßwerten:

a) $n = 22$; $L = 43,2\ \mu H$; $D = 6,9\ cm$; $\ell = 1,6\ cm$; $D/\ell = 4,31$; $\alpha \approx 13,2$
   gerechnet: $L \approx 6,9 \cdot 22^2 \cdot 13,2 \cdot 10^{-3} = 44\ \mu H$.
b) $n = 87$; $L = 24\ \mu H$; $D = 0,85\ cm$; $\ell = 1,73\ cm$; $D/\ell = 0,49$; $\alpha \approx 3,6$
   gerechnet: $L \approx 0,85 \cdot 87^2 \cdot 3,6 \cdot 10^{-3} = 23,2\ \mu H$
c) $n = 33$; $L = 8,55\ \mu H$; $D = 1,325\ cm$; $\ell = 1,35\ cm$; $D/\ell = 0,921$; $\alpha \approx 6,25$
   gerechnet: $L \approx 1,325 \cdot 33^2 \cdot 6,25 \cdot 10^{-3} = 9\ \mu H$.

Für die gleiche Spulenart kann die Induktivität auch nach folgender Formel ermittelt weden mit $D/\ell > 2,5$

$$L \approx \frac{18 \cdot 10^{-3} \cdot D^2 \cdot n^2}{D + 2 \cdot \ell} \quad [cm;\ \mu H]$$

Beispiel: siehe Spule 43,2 μH Beispiel a

$$L \approx \frac{18 \cdot 10^{-3} \cdot 6,9^2 \cdot 22^2}{6,9 + 2 \cdot 1,6} = 42\ \mu H \qquad \text{Abb. 3.5.2-5}$$

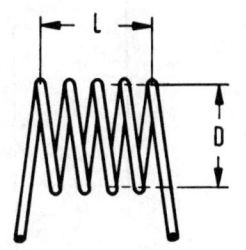

E Einlagige Spule – weit gewickelt mit $D \geqq 0,5 \cdot \ell$

Für $D > \ell$ nach *Abb. 3.5.2.-5* ist

$$L \approx 6,28 \cdot n^2 \cdot D \cdot \ell n \left(\frac{4D}{\ell} + k \right) \quad [cm;\ nH];\ \text{mit}\ k = \varphi - 0,75,\ \text{wobei}\ \varphi\ \text{der Abb. 3.5.1-4 zu}$$

entnehmen ist; für niederfrequente Anwendungen ist $k = -0,5$.

Beispiel: $D = 40\ mm$; $\ell = 9\ mm$, $n = 10$; Drahtstärke = 1 mm; $f = 10\ MHz$.

$$L \approx 2512 \cdot \ell n \left[\frac{16}{0,9} + (0,002 - 0,75) \right] = 7,12\ \mu H$$

Das folgende Nomogramm *Abb. 3.5.2-6* gilt für einlagige – nicht eng gewickelte – Luftspulen. Die eingezeichneten Hilfslinien entsprechen etwa dem obigen Beispiel für $\varphi = 0,25$.

F Einlagige Spule; $D/\ell \approx 0,5 \ldots 4$

Nach *Abb. 3.5.2-7* kann mit der dort angegebenen Kurve für den Faktor α die Induktivität wie folgt bestimmt werden:

$$L \approx D \cdot \alpha \cdot n^2 \cdot 10^{-3} \quad [cm;\ \mu H].$$

Beispiel: $\ell = 1,73\ cm$; $D = 0,85\ cm$; $n = 87$; $L = 24\ \mu H$ (gemessen)

Mit $D/\ell = 0,49$ ist $\alpha \approx 3,8$ und somit $L \approx 0,85 \cdot 87^2 \cdot 3,8 \cdot 10^{-3} = 24,45\ \mu H$.

3 Elektronische Bauelemente

Nomogramm für einlagige Luftspulen $D \gtrless 0{,}5 \cdot l$ für $n > 60$: $10 \cdot n \gtrless 10 \cdot \mu H$

einlagige Luftspule, n = Windungszahl

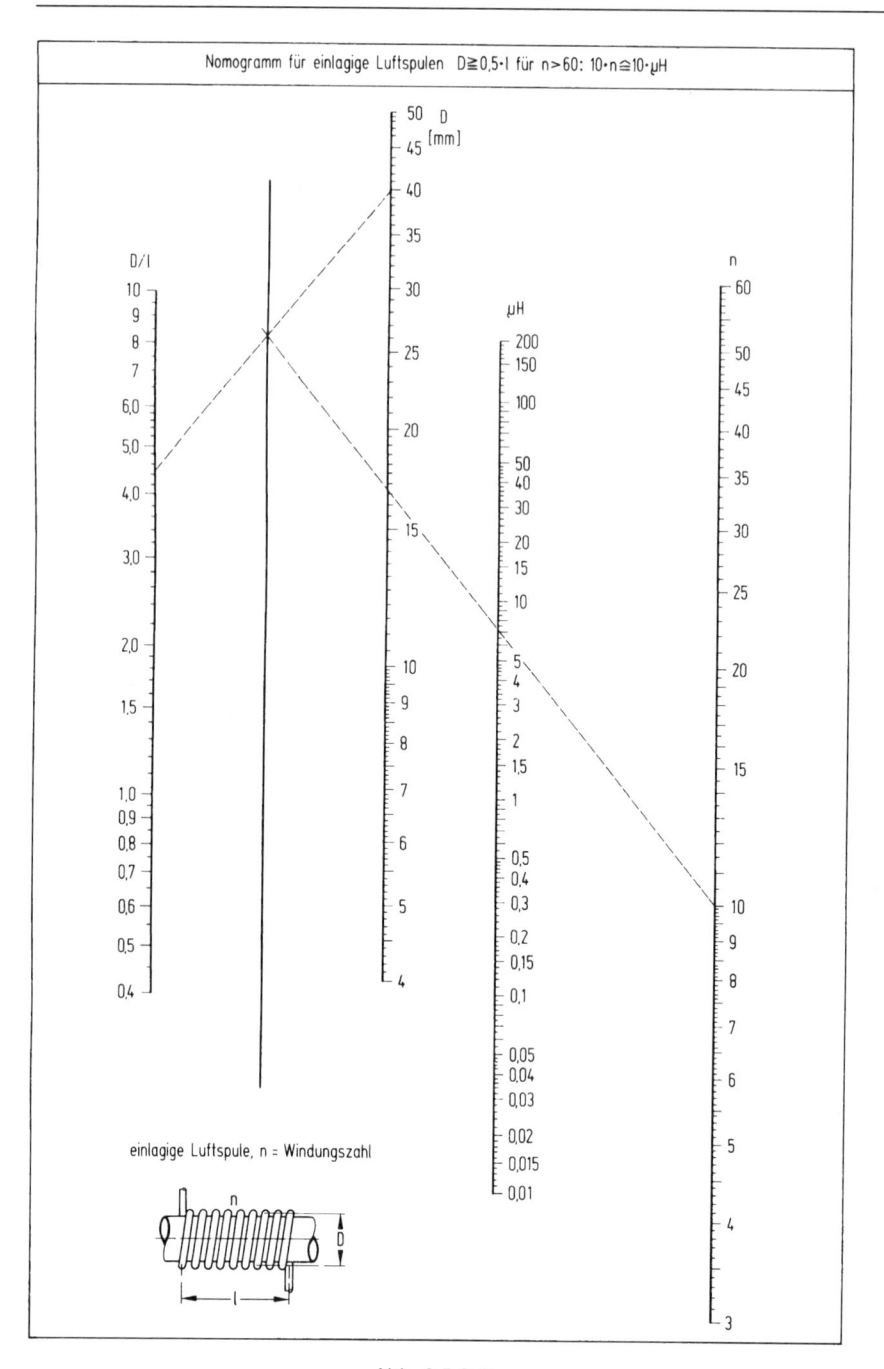

Abb. 3.5.2-6

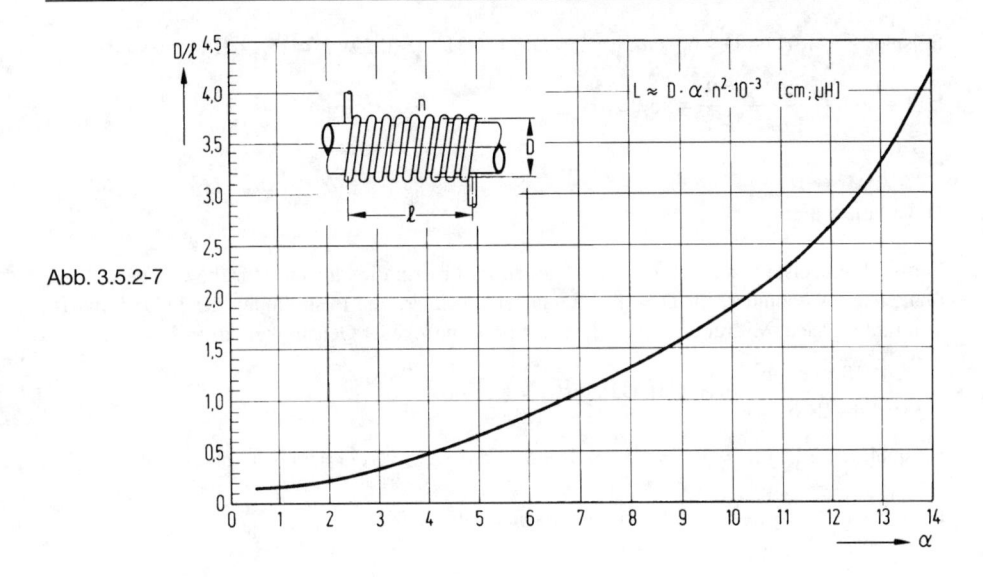

Abb. 3.5.2-7

$$L \approx D \cdot \alpha \cdot n^2 \cdot 10^{-3} \quad [\text{cm}; \mu\text{H}]$$

G Einlagige Spule – kurz

Für kurze Spulen mit $D > \ell$ gelten die in der *Abb. 3.5.2-8* gemachten Angaben. Wie aus dem Kurvenverlauf zu ersehen ist, können mit hinreichender Genauigkeit auch Spulen mit $D < \ell$ berechnet werden. Bei kurzen Spulen ist die hier gezeigte Möglichkeit der Methode in Abb. 3.5.2-7 vorzuziehen. Nach Abb. 3.5.2-8 ist

$$L \approx \frac{10{,}3 \cdot n^2 \cdot \alpha \cdot D^2}{\ell} \quad [\text{cm}; \text{nH}].$$

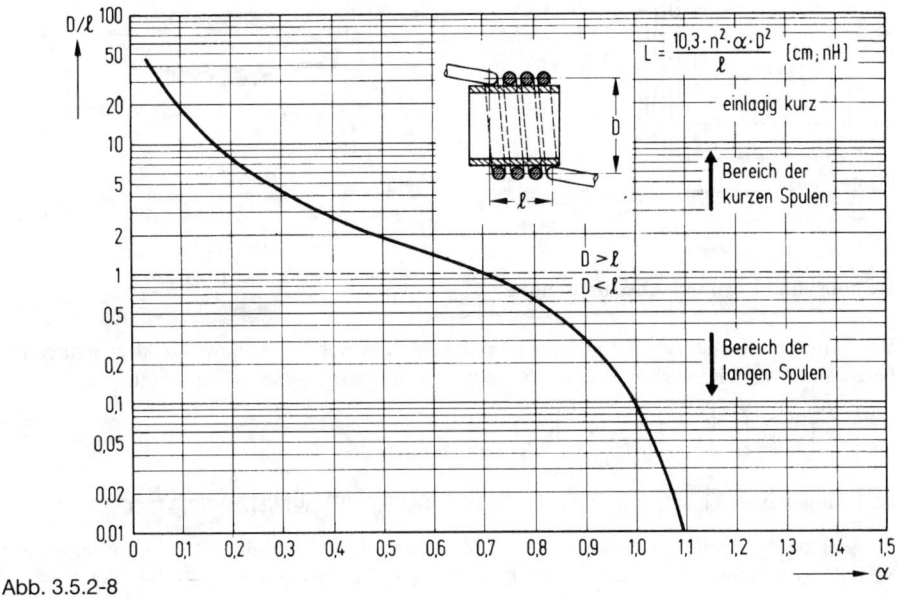

Abb. 3.5.2-8

Beispiel: $\ell = 1{,}6$ cm; $D = 6{,}9$ cm; $n = 22$; $D/\ell = 4{,}31$ ($\varphi = 0{,}29$); $L = 43{,}2$ µH (gemessen)

$$L \approx \frac{10{,}3 \cdot 22^2 \cdot 0{,}29 \cdot 6{,}9^2}{1{,}6} = 43{,}02 \text{ µH}$$

H Rahmenspule

Für die Rahmenspule nach *Abb. 3.5.2-9* gelten im Prinzip die Angaben für die eng gewickelte Spule nach Abschnitt D für $D \gg \ell$. Eine genaue rechnerische Bestimmung der Induktivität ist sehr umfangreich. Mit für den ersten Entwurf praxisbezogener Genauigkeit gilt:

$$L \approx \frac{20 \cdot 10^{-3} \cdot d^2 \cdot n^2}{d + 2 \cdot b} \quad [\text{µH; cm}]. \text{ Darin ist } d = 1{,}27 \cdot L.$$

Beispiel: $L = 27$ cm; $n = 5$; $b = 1{,}5$ cm. Dann ist $d = 1{,}27 \cdot 27$ cm $= 34{,}3$ cm und somit

$$L \approx \frac{20 \cdot 10^{-3} \cdot 34{,}3^2 \cdot 5^2}{34{,}3 + 3} = 15{,}8 \text{ µH (gemessener Wert 16 µH)}.$$

Die Grenzen der Genauigkeit sollen aber auch an folgendem Beispiel beurteilt werden: Gleiche Abmessungen wie oben, aber $n = 10$ und $b = 2$ cm, dann ist

$$L \approx \frac{20 \cdot 10^{-3} \cdot 34{,}3^2 \cdot 10^2}{34{,}3 + 4} = 63{,}1 \text{ µH (gemessener Wert 56 µH)}.$$

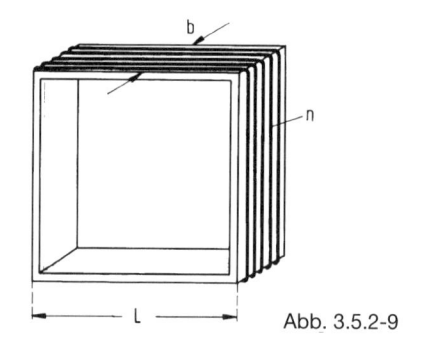

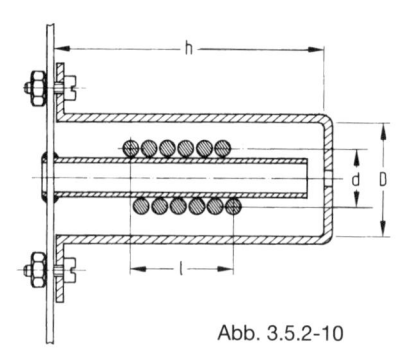

Abb. 3.5.2-9

Abb. 3.5.2-10

I Spule ohne Kern mit Abschirmhaube

Wird eine Spule mit Abschirmhaube montiert, so verringert sich ihre Induktivität um den Faktor k. Dieser wird nach *Abb. 3.5.2-10* aus den Abmessungen wie folgt ermittelt.

$$k \approx \left[1 - \left(\frac{d}{D}\right)^3\right] \cdot \left[1 - \left(\frac{\ell}{2 \cdot h}\right)^2\right]$$

Ist die Induktivität ohne Schirm L, so ist die neue Induktivität mit Schirm $L' \approx k \cdot L$.

Beispiel aus Messung: $d = 0{,}8$ mm; $D = 1{,}55$ cm (mittlerer Wert eines Abschirmbechers mit Seitenlängen 14,5 x 14,5). $L = 23{,}5$ µH; $L' = 18{,}1$ µH; $\ell = 1{,}6$ cm; $h = 3$ cm. Dann ist

$$k \approx \left[1 - \left(\frac{0,8}{1,55}\right)^3\right] \cdot \left[1 - \left(\frac{1,6}{2 \cdot 3}\right)^2\right] = 0,79$$

und damit L' aus der Rechnung L' = L · 0,79 = 18,61 μH.

K Mehrlagige Spule – ohne Eisenkern – mit $\ell < D_m$

In der *Abb. 3.5.2-11* werden folgende Maße benutzt.

ℓ = Länge (Breite) der Spule

H = Höhe der Spule. $H = \dfrac{D - d}{2}$

D_m = mittlerer Durchmesser $D_m = \dfrac{D + d}{2}$

K = Rechenfaktor $K = 2 \cdot (\ell + H)$

Abb. 3.5.2-11

Für die Induktivität gilt dann für $1 > \dfrac{D_m}{K}$ entsprechend $\ell < D_m$

$$L \approx 10,5 \cdot 10^{-3} \cdot n^2 \cdot D_m \cdot \sqrt[4]{\left(\frac{D_m}{K}\right)^3} \quad [\mu H; cm]$$

Mit guter Genauigkeit gilt auch

$$L \approx \frac{8,6 \cdot 10^{-3} \cdot n^2 \cdot D_m^2}{0,33 \cdot D_m + \ell + H} \quad [\mu H; cm].$$

Beispiel: ℓ = 5 mm; n = 80; Dm = 2 cm; H = 1 cm. Daraus K = 2 · 0,5 + 2 · 1 = 3, und somit ist

$$L \approx \frac{8,6 \cdot 10^{-3} \cdot 80^2 \cdot 2^2}{0,33 \cdot 2 + 0,5 + 1} = 101,9 \ \mu H \quad \text{oder nach der 1. Gleichung}$$

$$L \approx 10,5 \cdot 10^{-3} \cdot 80^2 \cdot 2 \cdot \sqrt[4]{\left(\frac{2}{3}\right)^3} = 99,16 \ \mu H.$$

L Mehrlagige Spule – ohne Eisenkern – mit $D_m < \ell$

In der *Abb. 3.5.2-12* ist der Fall der mehrlagigen Spule mit $\ell \gg D_m$ gezeigt. Die Induktivität ist

$$L \approx 6,3 \cdot 10^{-3} \cdot n^2 \cdot \left(\frac{1,5}{0,46 + \dfrac{\ell}{D_m}} - \frac{H \cdot \alpha}{\ell}\right) \quad [\mu H; cm]$$

Der Korrekturfaktor α wird aus $\dfrac{\ell}{H}$ mit folgenden Werten eingesetzt:

ℓ/H	5	10	15	20	25
α	0,225	0,265	0,30	0,31	0,318

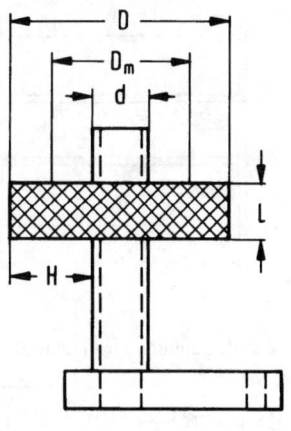

3 Elektronische Bauelemente

Anordnung der Windungen und Lagen

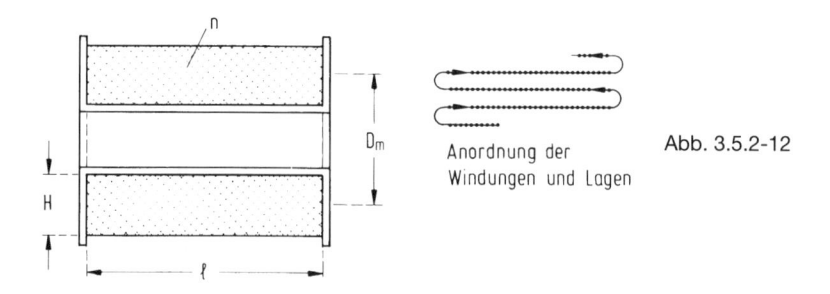

Abb. 3.5.2-12

Mit oft genügender Genauigkeit ist auch

$$L \approx n^2 \cdot 10^{-2} \cdot D_m \cdot \sqrt[4]{\left(\frac{D_m}{K}\right)^3} \quad [\mu H; cm]; \text{ mit } K = 2 \cdot (\ell + H)$$

Beispiel: $n = 500$; $H = 0{,}5$ cm; $\ell = 5$ cm; $D_m = 2$ cm. Die Hilfsgrößen sind $\alpha \approx 0{,}27$ sowie $K = 11$. Dann ist

$$L \approx 6{,}3 \cdot 10^{-3} \cdot 500^2 \cdot 2 \cdot \left(\frac{1{,}5}{0{,}46 + \frac{5}{2}} - \frac{0{,}5 \cdot 0{,}27}{5}\right) = 1{,}51 \cdot 10^3 \; \mu H$$

oder auch als Kontrolle

$$L \approx 500^2 \cdot 10^{-2} \cdot 2 \cdot \sqrt[4]{\left(\frac{2}{11}\right)^3} = 1{,}4 \cdot 10^3 \; \mu H.$$

Wird in der Abb. 3.5.2-11 $\ell = h$ gewählt – Spule mit quadratischer Wicklungsform – so ist mit guter Annäherung:

$$L \approx 10{,}5 \cdot n^2 \cdot D_m \cdot 10^{-6} \quad [cm; \mu H]$$

M Mehrlagige Spule $D \gg \ell$ (Spulenlänge = Drahtdurchmesser)

In der *Abb. 3.5.2-13* sind hierfür die Anordnung und der Korrekturfaktor α abzulesen. Mit Annäherung wird:

$$L \approx 4{,}3 \cdot D \cdot n^2 \cdot \alpha \cdot 10^{-5} \quad [cm; \mu H]$$

Wird der Korrekturfaktor α nicht aus dem Nomogramm der Abb. 3.5.2-13 benutzt, so gilt für $b > 0{,}25 \, D_m$:

$$L \approx \frac{2{,}15 \cdot 10^{-3} \cdot n^2 \cdot D_m}{1 + 3 \cdot \frac{b}{D_m}} \quad [cm; \mu H].$$

In dieser Gleichung ist aus Abb. 3.5.2-13 mit

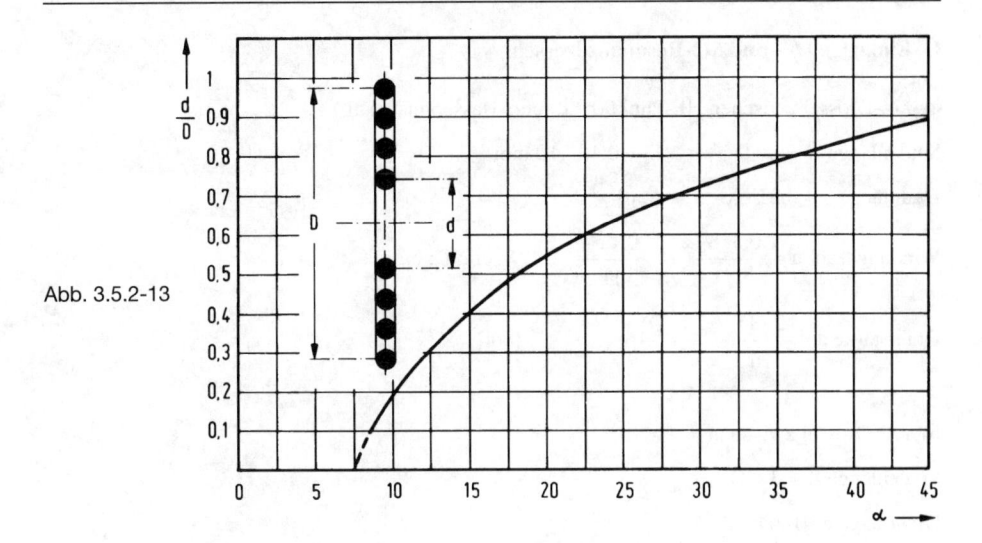

3.5 Spulen und Übertrager – Bauformen, Anwendungen und Daten

Abb. 3.5.2-13

D_m (mittlerer Durchmesser) $D_m = d + b$

b (Spulenbreite = n x Drahtdurchmesser) $b = \dfrac{D - d}{2}$

Beispiel: n = 18; D = 3,9 cm; d = 2,1 cm; L = 9,8 µH (gemessen).

Korrekturfaktor $\dfrac{d}{D} = 0{,}538 \longrightarrow \alpha = 20$.

Werte für die 2. Gleichung: $b = \dfrac{3{,}9 - 2{,}1}{2} = 0{,}9 \text{ cm}$ $D_m = 2{,}1 + 0{,}9 = 3 \text{ cm}$.

Gleichung 1: $L \approx 4{,}3 \cdot 3{,}9 \cdot 18^2 \cdot 20 \cdot 10^{-5} = 10{,}87 \text{ µH}$

Gleichung 2: $L \approx \dfrac{2{,}15 \cdot 10^{-3} \cdot 18^2 \cdot 3}{1 + 3 \cdot \dfrac{0{,}9}{3}} = 10{,}99 \text{ µH}$

N Mehrlagige Toroid-Spule

Für die mehrlagige Toroid-Spule in der *Abb. 2.5.2-14* ist

$$L \approx 6{,}3 \cdot 10^{-3} \cdot n^2 \cdot D \cdot \ln\left(\dfrac{7{,}8 \cdot D}{d_m} - 1{,}8\right)$$

Abb. 3.5.2-14

O Einlagige λ/4- und λ/2-Resonanzdrosseln

a) λ/4-Drossel zwischen HF-Punkt (heiß) und Massepunkt (kalt)

Spulenlänge $\ell \approx 2 \cdot D$ $\qquad D \approx 0{,}4 \ldots 10$ mm

Drahtlänge $a \approx 0{,}32 \cdot \lambda$ $\qquad$ [cm]

Windungszahl $n \approx \dfrac{0{,}318 \cdot a}{D} \approx \dfrac{0{,}1 \cdot \lambda}{D}$ $\qquad$ [λ: cm; D: cm]

Drahtstärke $d \approx \dfrac{2 \cdot D}{n} \approx \dfrac{20 \cdot D^2}{\lambda}$ $\qquad$ [cm]

b) λ/2-Drossel zwischen

Spulenlänge $\ell \approx 3 \cdot D$

Drahtlänge $a \approx 0{,}64 \cdot \lambda$ $\qquad$ [cm]

Windungszahl $n \approx \dfrac{0{,}318 \cdot a}{D} \approx \dfrac{0{,}2 \cdot \lambda}{D}$ $\qquad$ [λ: cm; D: cm]

Drahtstärke $d \approx \dfrac{3 \cdot D}{n} \approx \dfrac{15 \cdot D^2}{\lambda}$ $\qquad$ [cm]

Werden der Drahtdurchmesser und der Spulendurchmesser als Ausgangspunkt betrachtet, so kann auch folgende Gleichung eingesetzt werden. In allen Fällen sollte die Drahtlänge etwas größer als λ/4 oder λ/2 sein.

Für Fall a (λ/4) und b (λ/2) gilt zunächst:

$D \approx 7{,}5 \cdot \sqrt{\lambda \cdot d}$ $\qquad$ [λ: m; d: mm; D: mm]

weiter ist dann

$n \approx \alpha \dfrac{\lambda}{D}$ $\qquad$ [λ: m; D: mm]

Für a ist $\alpha = 98$; für b ist $\alpha = 196$

Beispiel: λ/4-Drossel; $D = 5$ mm; 100 mHz ≙ 300 cm;

$a \approx 0{,}32 \cdot 300 = 96$ cm; $n \approx \dfrac{0{,}1 \cdot \lambda}{D} = 60$

$d \approx \dfrac{3 \cdot D}{n} = 0{,}025$ cm $= 0{,}25$ mm

3.5.3 Gegeninduktivität – Kopplung von Spulen

A Gegeninduktivität – siehe auch Kap. 3.5.8-A

Die Gegeninduktivität M ist wie der daraus abgeleitete Kopplungsfaktor k oder der Streufaktor φ eine Rechengröße, um bei lose gekoppelten Spulen die Übertragungsgrößen feststellen zu können. Der Kopplungsfaktor k läßt erkennen, um wieviel kleiner die Gegeninduktivität M gegenüber einem streufreien Transformator bei gleichen Größen L_1 und L_2 ist. Bei einem streuarmen (streufreien) Transformator, bei dem alle Feldlinien innerhalb des Eisenweges verlaufen, ist k = 1. Aus dieser Überlegung ergibt sich, daß bei streubehafteten Übertragern k <1 ist. Die Sekundärseite des Übertragers ist in *Abb. 3.5.3-1* dargestellt.

Die Spannung U_2 ist dann: $U_2 = i_1 \cdot j \cdot \omega \cdot M - i_2 \cdot j \cdot \omega \cdot L_2$. . Für die Rückwirkung auf den Primärkreis gilt

$$U_1 = i_1 \cdot j \cdot \omega \cdot L_1 - i_2 \cdot j \cdot \omega \cdot M.$$

Für den streufreien Übertrager ist $M = \sqrt{L_1 \cdot L_2}$, wobei hier dann

$$\frac{U_2}{U_1} = ü = \frac{\sqrt{L_2}}{\sqrt{L_1}} = \frac{n_2}{n_1} \text{ gilt.}$$

Bei der festen Kopplung entspricht demnach die Gegeninduktivität M der beiden Spulen dem geometrischen Mittel aus den Induktivitäten dieser Spulen. In der Praxis werden bei fester Kopplung (Transformator) Werte von 0,99 erreicht. Lose gekoppelte Kreise in der HF-Technik arbeiten mit Werten bis 0,01 und kleiner. Dieser Faktor k beeinflußt die Gegeninduktivität wie folgt:

$$M = k \cdot \sqrt{L_1 \cdot L_2}. \quad \text{Mit } k \leqq.$$

Die (Leerlauf-)Sekundärspannung der Sekundärspule ist

$$u_2 = M \cdot \frac{\Delta i_1}{\Delta t} \text{ mit } i_1 \text{ als Primärstrom.}$$

Beispiel: Ist M = 30 μH und Δi_1 = 0,8 mA in der Zeit Δt = 0,5 · 10⁻⁶ s, so ist

$$u_2 = 30 \cdot 10^{-6} \cdot \frac{0,8 \cdot 10^{-3}}{0,5 \cdot 10^{-6}} = 48 \text{ mV}.$$

Zusammengefaßt gilt:

Kopplungsfaktor k < 1 (0,01…0,99), (bei k = 1 ist φ = 0).

$$k = \frac{M}{\sqrt{L_1 \cdot L_2}} = \sqrt{1 - \varphi}$$

Gegeninduktivität $M = k \cdot \sqrt{L_1 \cdot L_2}$.

Streufaktor $\varphi = 1 - k^2 = 1 - \frac{M^2}{L_1 \cdot L_2}$.

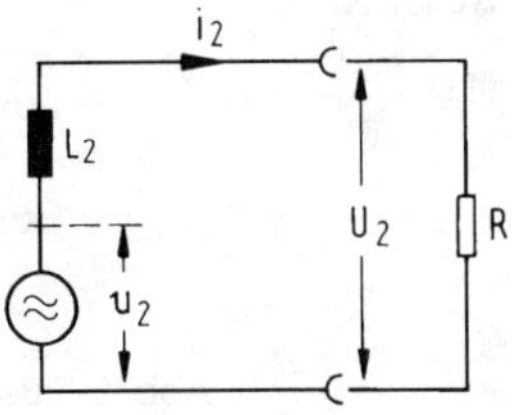

Abb. 3.5.3-1

Für das T-Ersatzschaltbild gilt allgemein nach *Abb. 3.5.3.-2*

(rein induktive Kopplung)

$$k = \frac{L_M}{\sqrt{(L_1 + L_M) \cdot (L_2 + L_M)}}$$

Abb. 3.5.3-2

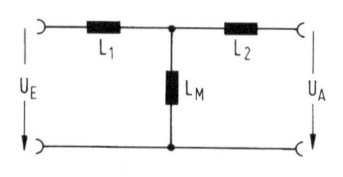

(rein ohmsche Kopplung)

$$k = \frac{R_M}{\sqrt{(R_1 + R_M) \cdot (R_2 + R_M)}}$$

(rein kapazitive Kopplung)

$$k = \frac{\sqrt{C_1 \cdot C_2}}{\sqrt{(C_1 + C_M) \cdot (C_2 + C_M)}}$$

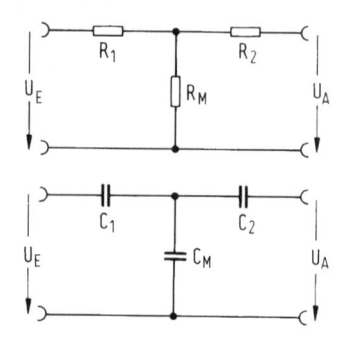

Im Idealfall mit k = 1 ist nach *Abb. 3.5.3-3* dann $u_1 = ü \cdot u_2$ sowie $i_1 = \frac{i_2}{ü}$.

Ist k < 1, so wird mit dem Ersatzbild *3.5.3-4* ähnlich der Abb. 3.5.3-2 gearbeitet.

Es ist $u_2 = u_2' - j \cdot \omega \cdot L_2 \cdot i_2$; wobei u_2' die vorher ermittelte Leerlaufspannung ist. Über die Gegeninduktiviät ist dann

$$u_2 = j \cdot \omega \cdot M \cdot i_1 - j \cdot \omega \cdot L_2 \cdot i_2.$$

Der Sekundärstrom ist

$$i_2 = \frac{u_2'}{j \cdot \omega \cdot L_2 + Z} = \frac{j \cdot \omega \cdot M \cdot i_1}{j \cdot \omega \cdot L_2 + Z}$$

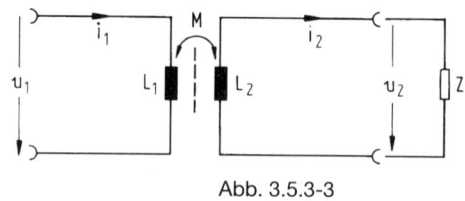

Abb. 3.5.3-3

Das Übersetzungsverhältnis für die Abb. 3.5.3-2

$$ü = \frac{M}{L_2} = \frac{\sqrt{L_1}}{\sqrt{L_2}}$$

wird für $L_1 - M = L_1 \cdot (1 - k)$ und für $L_2 - M = L_2 \cdot ü^2 \cdot (1 - k)$ gesetzt, so ist $L_1 \cdot (1 - k) = L_2 \cdot ü^2 \cdot (1 - k)$.

Weiter ist

$$M = \frac{k \cdot L_1}{ü} = k \cdot L_2 \cdot ü.$$

Abb. 3.5.3-4

Bei sehr loser Kopplung entspricht der Strom i_1 dem Wert des primären Leerlaufstroms. Die sekundäre Leerlaufspannung ist dann

$$u_2' = u_1 \cdot \frac{M}{L_1} = u_1 \cdot \ddot{u} \cdot \frac{L_2}{L_1}.$$

Der Strom i_2 erzeugt bei dieser Kopplung als nahezu reiner Blindstrom nur eine geringe sekundäre Wirkleistung. Deshalb geht man hier zu einer Kompensation des Blindstromes über einen Resonanztransformator über.

Resonanztransformator

Bei sehr loser Kopplung wird oft von dem Prinzip des Resonanztransformators nach *Abb. 3.5.3-5* mit primärer Serienresonanz bei Generatoren mit kleinem Innenwiderstand $r_i < r_o$ Gebrauch gemacht. Dabei ist r_o der ohmsche Serienwiderstand des Primärkreises im Resonanzfall.

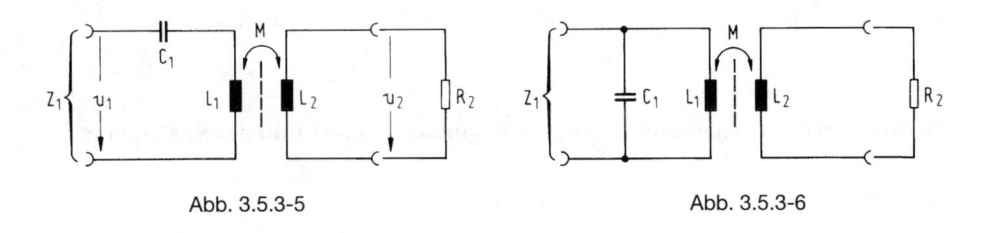

Abb. 3.5.3-5   Abb. 3.5.3-6

Es soll darauf hingewiesen werden, daß ein Resonanztransformator aufgrund seiner kleinen Bandbreite nicht als Breitbandübertrager geeignet ist. Bei höherem Innenwiderstand der steuernden Quelle wird nach *Abb. 3.5.3-6* von der Parallelresonanz Gebrauch gemacht.

Für bei Fälle ist $\omega \cdot L_1 = \dfrac{1}{\omega \cdot C_1}$.

Weiter gilt

$$Z_1 = \frac{(\omega \cdot M)^2}{j \cdot \omega \cdot L_2 + R_2} = \frac{(\omega \cdot M)^2}{\sqrt{(\omega \cdot L_2)^2 + R_2^2}}.$$

Der Eingangswiderstand der Schaltung ist $r_{o1} = \dfrac{(\omega \cdot M)^2}{R_2}$. In der Schaltung 3.5.3-6 ist

$$R_1 = Z = \frac{(\omega \cdot L_1)^2}{r_{o1}} = \left(\frac{L_1}{M}\right)^2 \cdot R_2$$

Damit ist das Übersetzungsverhältnis

$$\frac{R_1}{R_2} = \left(\frac{L_1}{M}\right)^2 = \left(\frac{M}{L_2}\right)^2$$

Abb. 3.5.3-7

Die eben beschriebene Primärresonanz wird sinnvoll angewandt, wenn $R_2 > \omega \cdot L_2$ ist. Bei kleineren Werten von $Z_2 = R_2$ wird nach *Abb. 3.5.3-7* ein Sekundärresonanzkreis aufgebaut.

Es ist dann

$$\omega \cdot L_2 = \frac{1}{\omega \cdot C_2}$$

sowie

$$r_{o2} = \left(\frac{1}{\omega \cdot C_2}\right)^2 \cdot \frac{1}{R_2} = (\omega \cdot L_2)^2 \cdot \frac{1}{R_2}$$

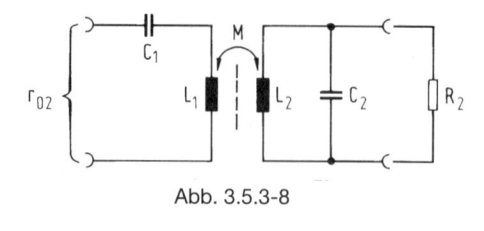

Abb. 3.5.3-8

mit r_{o2} als sekundärer Serienresonanzwiderstand.

Wird r_{o2} in der obigen Gleichung ersetzt durch R_2, so ist der relativ kleine primäre Widerstand

$$r_{o1} = \frac{(\omega \cdot M)^2}{r_{o2}} = \left(\frac{M}{L_2}\right)^2 \cdot R_2 \qquad \text{(nach } \textit{Abb. 3.5.3-8}\text{)}$$

Wird andererseits für beide Seiten eine Parallelresonanz angestrebt (Bandfiltereigenschaften), so ist der hohe Widerstand

$$R_1 = Z_1 = \left(\frac{L_1}{L_2}\right)^2 \cdot r_{o2} = \left(\frac{\omega \cdot L_1 \cdot L_2}{M}\right)^2 \cdot \frac{1}{R_2}.$$

B Messung der Gegeninduktivität, des Kopplungsfaktors und des Streufaktors

Es ist $M = k \cdot \sqrt{L_1 \cdot L_2}$.

Es werden nach *Abb. 3.5.3-9* beide geometrisch angeordneten Übertragungsspulen in Reihe geschaltet; gemessen wird dann die Induktivität L_x. Wird die Spule L_2 umgepolt, mit A an L_1 und B am Außenanschluß, so kann die Induktivität L_y gemessen werden. Es ist dann

$$M = \frac{L_x - L_y}{4}$$

und entsprechend der Kopplungsfaktor

$$k = \frac{L_x - L_y}{4 \cdot \sqrt{L_1 \cdot L_2}}$$

Abb. 3.5.3-9

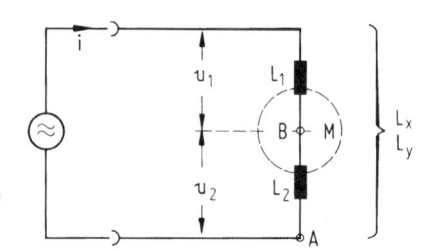

Der Kopplungsfaktor kann auch aus der Leerlaufspannung der Sekundärspule ermittelt werden mit

$$k = \frac{u_2}{u_1} \cdot \sqrt{\frac{L_1}{L_2}}.$$

Beispiel nach *Abb. 3.5.3-10*: Es ist $u_1 = 100$ mV und $u_2 = 50$ mV, ferner $L_1 = 60$ µH und $L_2 = 20$ µH. Damit ist

$$k = \frac{50}{100} \sqrt{\frac{60}{20}} = 0{,}866.$$

Daraus wird

$M = k \cdot \sqrt{L_1 \cdot L_2} = 0{,}866 \cdot \sqrt{60 \ \mu H \cdot 20 \ \mu H} = 30 \ \mu H$.

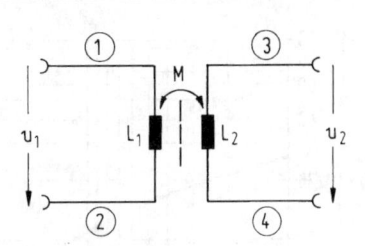

Weiter ist
$L_x = L_1 + L_2 + M = 100 \ \mu H$ und
$L_y = L_1 + L_2 - M = 50 \ \mu H$.

Abb. 3.5.3-10

Der Kopplungsfaktor kann einfach durch eine Spannungsmessung nach Abb. 3.5.3-10 ermittelt werden. Zunächst wird u_1 an 1 – 2 eingespeist; es ist

$u_1 = j \cdot \omega \cdot L_1 \cdot i_1 = a$ und daraus $u_2 = j \cdot \omega \cdot M \cdot i_1 = b$. Anschließend wird eine Spannung u_2 eingespeist, womit $u_2 = j \cdot \omega \cdot L_2 \cdot i_2 = c$ und $u_1 = j \cdot \omega \cdot M \cdot i_2 = d$ ist.

Dann ist $k = \sqrt{\dfrac{b \cdot d}{a \cdot c}}$.

C Berechnung der Gegeninduktivität von Leitern und Spulen

Gegeninduktivität paralleler Leitungen

Nach *Abb. 3.5.3-11* ist für $d \ll a < \ell$

Abb. 3.5.3-11

$M \approx 2 \cdot \ell \cdot \ell n \left(\dfrac{2 \cdot \ell}{a} + \dfrac{a}{\ell} \right)$ [nH; cm].

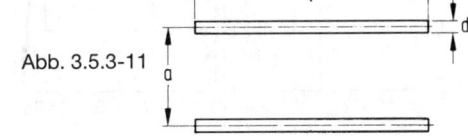

Für $a > 0{,}1 \cdot \ell$ ist $M \approx 2 \cdot \ell \cdot \ell n \left(\dfrac{2 \cdot \ell}{a} + \dfrac{a}{\ell} - 1 \right)$ [nH; cm]

Beispiel: $\ell = 5$ cm; $a = 2$ cm.

$M \approx 2 \cdot 5 \cdot \ell n \left(\dfrac{2 \cdot 5}{2} + \dfrac{2}{5} - 1 \right) = 14{,}82$ [nH]; nach vorheriger Formel $M \approx 16{,}86$ nH.

Gegeninduktivität zweier koaxialer Kreise mit gleichem Durchmesser

Nach *Abb. 3.5.3-12* ist für $a \ll D$ und $D = D_1 + D_2$

$M \approx 2 \cdot D \cdot \ell n \left(\dfrac{4 \cdot D}{a} - 2 \right)$ [nH; cm]

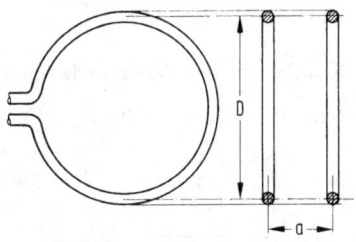

Abb. 3.5.3-12

Gegeninduktivität zweier koaxialer Kreise mit ungleichem Durchmesser

Nach *Abb. 3.5.3-13* ist

$M \approx \alpha \cdot \sqrt{D \cdot d}$

Der Korrekturfaktor ist der Kurve in *Abb. 3.5.3-14* zu entnehmen.

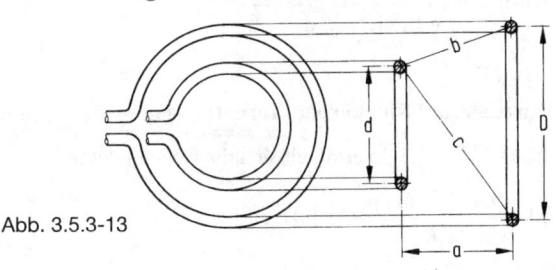

Abb. 3.5.3-13

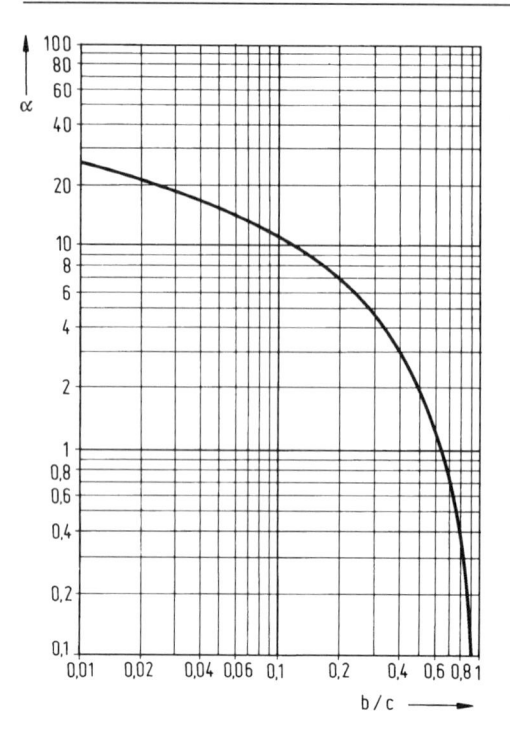

Abb. 3.5.3-14

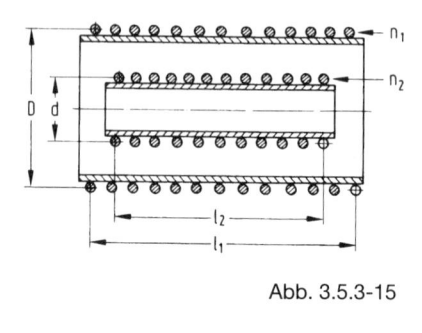

Abb. 3.5.3-15

Beispiele nach Abb. 3.5.3-12 und Abb. 3.5.3-13. D = 10 cm; d = 10 cm; a = 3 cm.

Nach Abb. 3.5.3-12 ist $M \approx 2 \cdot 10 \cdot \ell n \left(\dfrac{4 \cdot 10}{3} - 2 \right) = 48{,}55$ nH, oder nach Abb. 3.5.3-13 mit b/c = 0,287 aus den geometrischen Abmessungen ist mit $\alpha = 4{,}9$ ebenfalls
$M \approx 4{,}9 \cdot \sqrt{10 \cdot 10} = 49$ nH

Koaxiale, ineinanderliegende Spulen mit parallelen Windungsflächen

Nach *Abb. 3.5.3-15* ist für $\ell_1 \geq \ell_2$

$$M \approx \frac{0{,}785 \cdot d^2 \cdot n_1 \cdot n_2}{\ell_1} \quad [\text{nH; cm}],$$

sowie $k = \sqrt{\dfrac{M2}{L_1 \cdot L_2}} = \dfrac{D}{d} \cdot \dfrac{\ell_2}{\ell_1}.$

Koaxiale, auf Ringkörper (Toroid) eng gewickelte Spulen

Nach *Abb. 3.5.3-16* ermittelt sich die Gegeninduktivität

$$M \approx \frac{9{,}8 \cdot D^2 \cdot n_1 \cdot n_2}{\ell} \quad [\text{nH; cm}]$$

Abb. 3.5.3-16

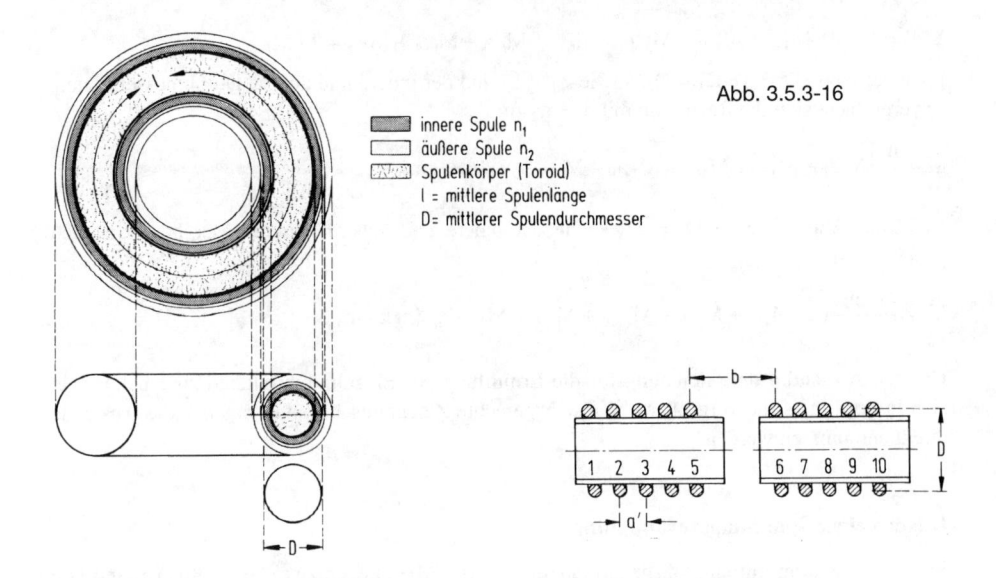

▨ innere Spule n_1
☐ äußere Spule n_2
▨ Spulenkörper (Toroid)
l = mittlere Spulenlänge
D = mittlerer Spulendurchmesser

Gegeninduktivität von zwei nebeneinanderliegenden Spulen – einlagig

Nach *Abb. 3.5.3-17* ist M = ΣM'. Um die Summe M' bilden zu können, ist es erforderlich, die Einzelgegeninduktivitäten nach der Gleichung für Kreisringe mit

$$M' \approx 2 \cdot D \cdot \ell n \left(\frac{4 \cdot D}{a} - 2 \right) \text{ [nH; cm]}$$

auszurechnen. Zu berücksichtigen ist, daß sich das a in der Gleichung aus den jeweiligen Größen von a' und b der jeweils betrachteten Windungsabstände ergibt. Es ist dann die Summe M' zu ermitteln aus:

$$\Sigma M' = M_{5-6} + M_{4-6} + M_{3-6} + M_{2-6} + M_{1-6} + M_{1-7} + M_{1-8} + M_{1-9} + M_{1-10}.$$

Gegeninduktivität von zwei nebeneinanderliegenden Spulen – mehrlagig

Nach *Abb. 3.5.3-18* ist ähnlich dem obigen Beispiel zu verfahren. Es wird wieder die Formel für die parallelen Kreisringe benutzt. In der Praxis wird nach Abb. 3.5.3-18 die Spulenfläche in 5 Punkte aufgeteilt, die zueinander wie folgt einzelne Gegeninduktivitäten bildet. Die Gegeninduktivität ist

$$M = \frac{n_1 \cdot n_2}{6} \cdot \Sigma M' \text{ [nH; cm]}.$$

Es ist dann

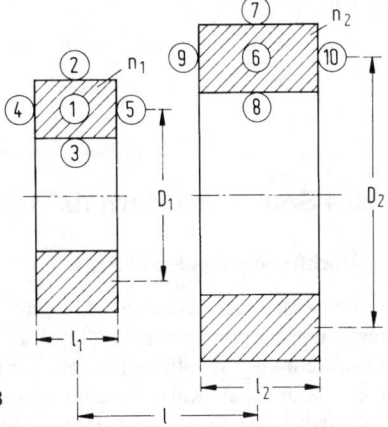

Abb. 3.5.3-18

$\Sigma M' = M_{1-7} + M_{1-8} + M_{1-9} + M_{1-10} + M_{6-2} + M_{6-3} + M_{6-4} + M_{6-5} - 2 \cdot M_{1-6}$.

Ist in der Abb. 3.5.3-18 $D_1 = D_2$, sowie $\ell_1 = \ell_2$ und der innere und äußere Durchmesser gleich, so vereinfacht sich die Rechnung mit $n_1 = n_2$ zu:

$$M \approx \frac{n^2}{3} (M_{1-7} + M_{1-8} + M_{1-9} + M_{1-10} - M_{1-6}) \qquad [nH; cm]$$

Ist in der Abb. 3.5.3-18 $D_1 = D_2$ sowie der innere und äußere Durchmesser beider Spulen gleich, so ist:

$$M \approx \frac{n_1 \cdot n_2}{6} (2 \cdot M_{1-6} + M_{1-9} + M_{1-10} + M_{6-4} + M_{6-5}) \qquad [nH; cm].$$

Um den Abstand a der Gleichung für die Ermittlung der Einzelinduktivitäten zu erhalten, hat sich in der Praxis die vergrößerte maßstabsgerechte Zeichnung bewährt, aus der die Abstände direkt entnommen werden.

Beispiel einer Spannungsverkopplung

In einer Schaltung mit einer Arbeitsfrequenz von 100 MHz liegen zwei Leiter im Abstand von 3 mm nebeneinander. Sie haben einen Durchmesser von 0,5 mm. Leiter 1 hat eine Länge von 10 cm; Leiter 2 ist 4 cm lang. Durch Leiter 2 fließt ein HF-Strom von 3 mA. Es entsteht folgende Überlegung, bei einem flächigen Rückleiter mit Abstand 1 cm

Leiter 1: $\quad L_1 = 2 \cdot 10 \cdot \ell n \dfrac{4 \cdot 1}{0,05} = 87,6 \text{ nH}$

Leiter 2: $\quad L_2 = 2 \cdot 4 \cdot \ell n \dfrac{4 \cdot 1}{0,05} = 35,0 \text{ nH}$

$\qquad u_2 = 2 \cdot \pi \cdot 100 \text{ MHz} \cdot 35 \text{ nH} \cdot 3 \text{ mA} = 0,066 \text{ V}$

$M = 2 \cdot 4 \cdot \ell n \left(\dfrac{2 \cdot 4}{1} + \dfrac{1}{4} - 1 \right) = 15,85 \text{ nH}$

Mit $\dfrac{u_2}{u_1} = k$ sowie $M = k \cdot \sqrt{L_1 \cdot L_2}$ wird

$u_1 = \dfrac{u_2 \cdot \sqrt{L_1 \cdot L_2}}{M} = \dfrac{0,066 \cdot \sqrt{87,6 \cdot 15,85}}{15,85} = 0,23 \text{ V}$

3.5.4 Spulen mit Kern für hochfrequente Anwendungen

A Hochfrequenzspulen f >5 kHz

Diese werden nach dem ersten Abschnitt für höhere Frequenzen als einlagige Luftspulen ausgeführt, um entsprechend hohe Güten zu erreichen. Ein Abgleich erfolgt häufig durch einen Metallkern oder Metallring mit sehr gut leitender Oberfläche (Cu mit versilberter Oberfläche). Dieser Kern ist als Kurzschlußring zu denken, der durch die starke magnetische Kopplung die Induktivität der Spule verkleinert – übertragener Kurzschluß von Windungen –. Luftspulen

finden bereits ab Frequenzen >10 MHz Verwendung. Bei höheren Leistungen (Sender) entsprechend niedriger.
Soll jedoch bei kleiner Windungszahl ein großer Induktivitätswert erreicht werden, so ist die Verwendung von Hochfrequenzkernen oder sogar Schalen- oder Topfkernen nicht zu umgehen. Für den sinnvollen Anwendungsbereich von 5 kHz...150 MHz sind verschiedene Kernmaterialien erhältlich, die den Merkmalen der Frequenzgebiete insbesondere hinsichtlich der Verluste Rechnung tragen. Diese sind den entsprechenden Herstellerangaben zu entnehmen. Dabei sei angemerkt, daß zu höheren Frequenzen hin Kernmaterialien mit kleinerer Permeabilität benutzt werden.
Die Kernmaterialien werden vom Hersteller oft mit Farbkennzeichnungen geliefert. Es kann davon ausgegangen werden, daß ein bestimmtes Kernmaterial in seinen optimalen Eigenschaften ungefähr innerhalb einer Frequenzdekade seinen Arbeitsbereich hat. Dabei wird als unterste Frequenzgrenze diejenige bezeichnet, bei der es gerade sinnvoll erscheint, auf ein Kernmaterial mit höher permeablen Werten überzugehen. Die obere Grenzfrequenz ist dort zu wählen, wo die Verluste sich noch in akzeptablen Werten halten.

Hier wird unterschieden zwischen Spulen mit Kern als Ausführungsform mit:
a) geschachtelten Blechen (Anwendung NF-Gebiet bis ≈ 20 kHz);
b) HF-Eisenkerne (gepreßtes Pulver aus Carbonyleisen, oder Eisenoxyd, deren Kristallstruktur voneinander isoliert ist, um Wickelstromverluste gering zu halten);
c) Ferritmaterial (kleinste Wirbelstromverluste im HF-Gebiet durch erhöhten elektrischen Widerstand der einzelnen Eisenteilchen).

Induktivität einer Spule mit Eisenkern

Die Ermittlung der Induktivität ist recht einfach, da von allen Herstellern für diese Ferritmaterialien der sogenannte spezifische *Induktivitätsfaktor* – A_L – für eine Spule mit entsprechendem Kernmaterial angegeben wird. Es ist:

$$A_L = \frac{L}{n^2} \quad A_L \,[nH];\, L\,[nH] \qquad n = \sqrt{\frac{L}{A_L}}$$

Dabei wird der Wert A_L im allgemeinen in der Dimension [nH] angegeben, wodurch sich dementsprechend die Dimension für L ebenfalls in [nH] ergibt.

In der *Abb. 3.5.4-1* ist dieses in einem Nomogramm für A_L-Werte von 100...10 000 [nH] aufgetragen. Dieses Nomogramm wird wie folgt benutzt:

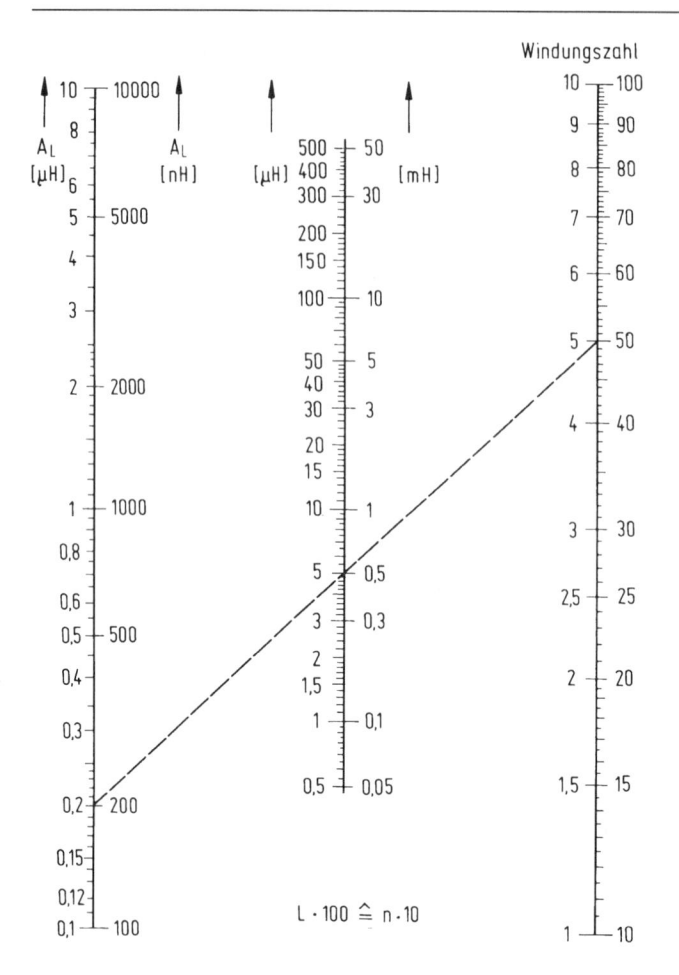

Abb. 3.5.4-1

Die als Beispiel gestrichelte Linie gibt die Werte mit $A_L = 200$ nH $\triangleq 0{,}2$ µH als 5 µH mit 5 Windungen oder bei Benutzung der rechten Skalen mit 0,5 mH bei 50 Windungen an. Wird mit der Windungszahl von 100...1000 gearbeitet, so ist die mH-Skala mit 100 zu multiplizieren. Mit dem gleichen Beispiel jedoch n = 500 wird dann L = 50 mH. Bei A_L-Werten von 10... 100 (1000) wird wie folgt verfahren. Die rechte A_L-Achse ist durch 10 zu dividieren. Dann ist für die rechte mH-Skala der µH-Wert zu setzen. Mit dem gleichen Beispiel von n = 5 ist für $A_L = 20$ nH die Induktivität L = 0,5 µH.

Weiterhin gibt der Hersteller häufig nach *Abb. 3.5.4-2* für einen bestimmten A_L-Wert *Wickel- und Abgleichkurve* an. Tabellarisch ist für verschiedene Drahtsorten die Wickelkapazität erfaßt, ebenfalls die sich daraus ergebende Güte – Q – der Spule.

3.5 Spulen und Übertrager – Bauformen, Anwendungen und Daten

Wickelkurve

L [µH], $A_L = 10{,}2\,nH$, n

Abgleichkurve

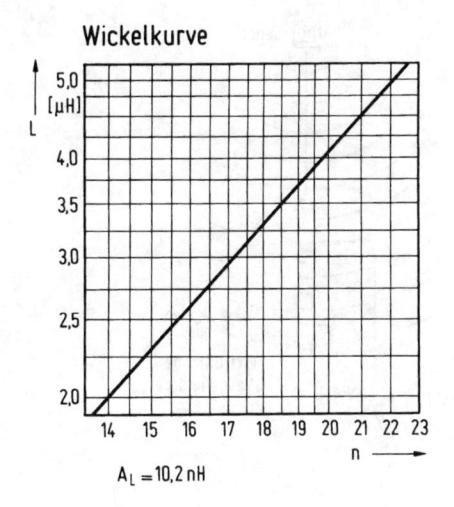

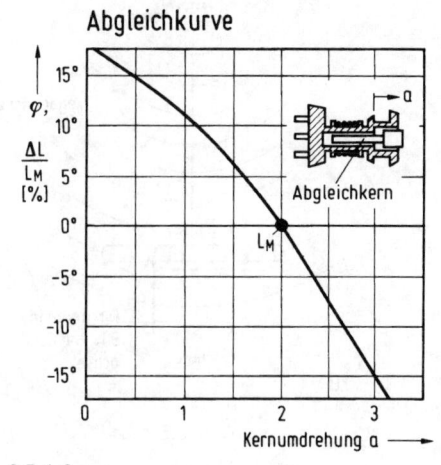

φ, $\dfrac{\Delta L}{L_M}$ [%], Kernumdrehung a

Abb. 3.5.4-2

Bereich	Windungszahl	Drahtsorte	L_M [µH]	Güte Q ($f = 10{,}7$ MHz)
...1	14	12 × 0,03 CuLS	1,7	135
1...2	16	8 × 0,03 CuLS	2,2	135
2...3	18	6 × 0,03 CuLS	2,7	130
4...5	22	0,08 Cu2L	4,25	98

B Ferritantennen

Ferritantennen können als Hilfsantennen oder Peilantennen benutzt werden. In der *Abb. 3.5.4-3* ist das typische Richtverhalten zu erkennen.

Die Schaltungstechnik für die Einfügung in einen Empfangskreis ist in der *Abb. 3.5.4-4a* zu sehen.

Die Ferritantenne findet ihre Grenzen im höheren Kurzwellenbereich, da hier die Kernverluste sehr hoch und die Windungszahlen sehr klein werden. Entsprechend gering ist dann die induzierte Spannung. Ferritantennen können nach *Abb. 3.5.4-5* eine runde oder rechteckförmige Bauform haben.

3 Elektronische Bauelemente

a) U_{max} — Ferritantenne 90° zur Senderachse

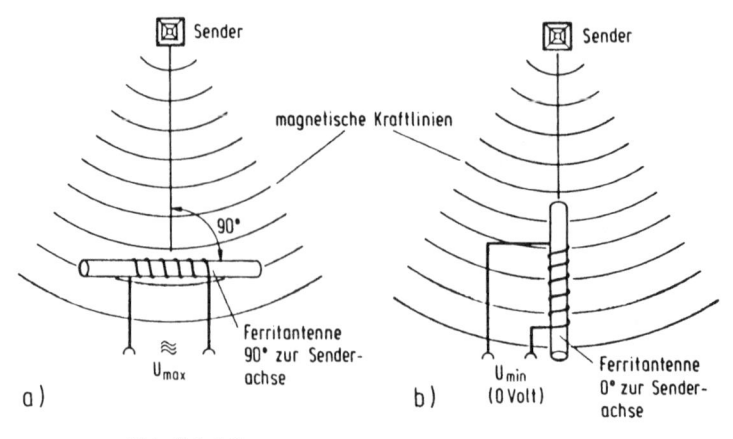

b) U_{min} (0 Volt) — Ferritantenne 0° zur Senderachse

Abb. 3.5.4-3

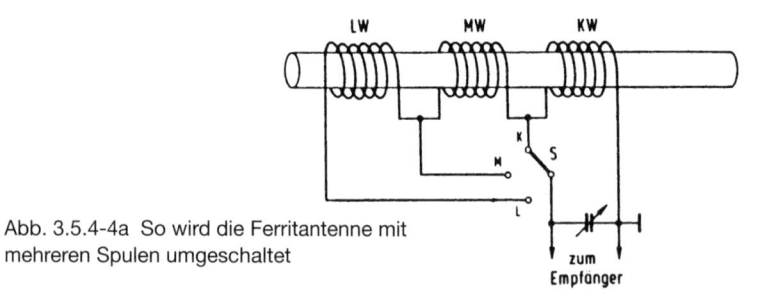

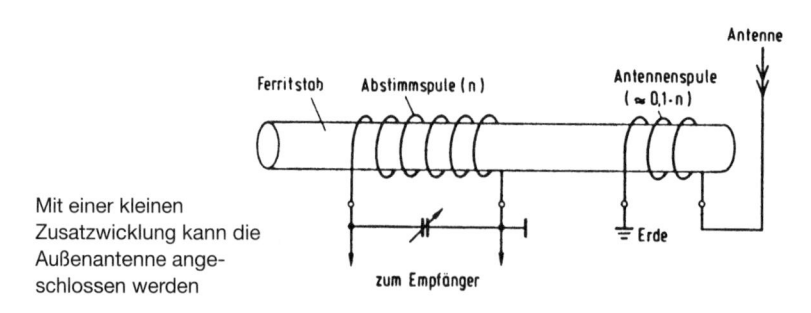

Abb. 3.5.4-4a So wird die Ferritantenne mit mehreren Spulen umgeschaltet

Mit einer kleinen Zusatzwicklung kann die Außenantenne angeschlossen werden

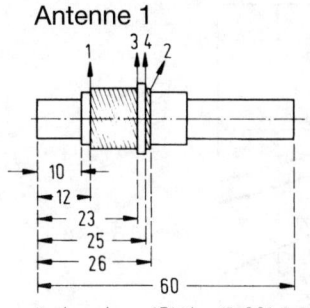

3.5 Spulen und Übertrager – Bauformen, Anwendungen und Daten

Antenne 1

Anschlußfolge:
1 Kreishochpunkt
2 Masse
3 Anschlüsse für die Auskopplung

Kreisspule : 45 Wdg. 12×0,04 CuLS Lagenwicklung
Koppelspule : 5 Wdg. 0,1 CuL auf das kalte Ende gewickelt

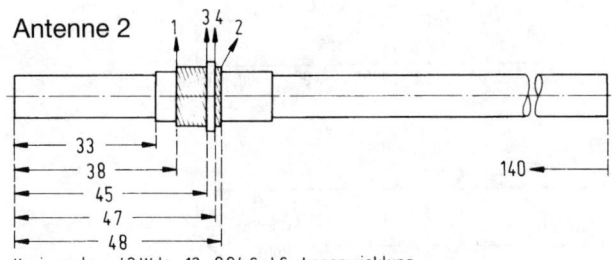

Antenne 2

Kreisspule : 43 Wdg. 12×0,04 CuLS Lagenwicklung
Koppelspule : 6 Wdg. 0,1 CuL auf das kalte Ende gewickelt

Abb. 3.5.4-4b

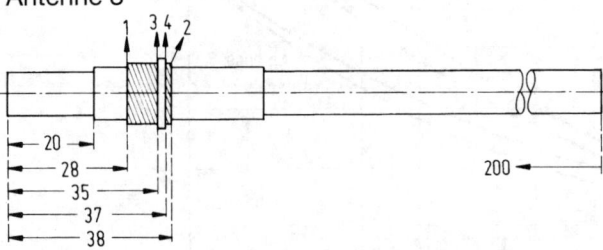

Antenne 3

Kreisspule : 45 Wdg. 12×0,04 CuLS Lagenwicklung
Koppelspule : 6 Wdg. 0,1 CuL auf das kalte Ende gewickelt

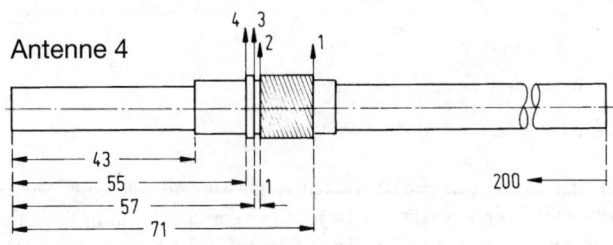

Antenne 4

Kreisspule : 40 Wdg. 30×0,05 CuLS
Koppelspule : 6 Wdg. 30×0,05 CuLS

981

Abb. 3.5.4-4b

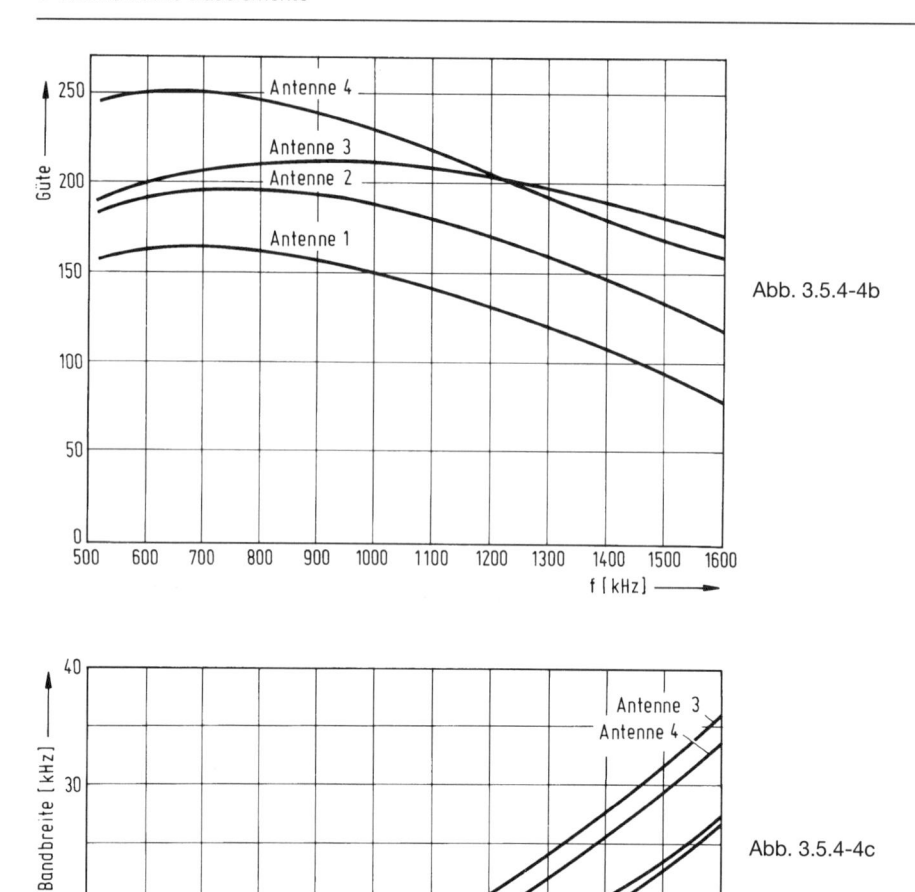

Abb. 3.5.4-4c

Die Induktivität berechnet sich mit

$$L = n^2 \cdot A_L^2 \cdot \alpha \quad [A_L \cdot 10^{-3}; L = \mu H]$$

Die A_L-Werte sind vom Kernmaterial und den geometrischen Abmessungen abhängig. Sie liegen im Mittel bei $60 \cdot 10^{-3}$ nH. Der Korrekturfaktor α ist $\alpha = 1$, wenn die Spule in Stabmitte angeordnet ist und ihre Länge ℓ im Verhältnis zur Stablänge L mit $\ell < 0,4$ L gegeben ist. Der Wert α sinkt auf z. B. $\alpha = 0,8$ bei $\ell \approx 0,7 \cdot L$.

Abb. 3.5.4-5

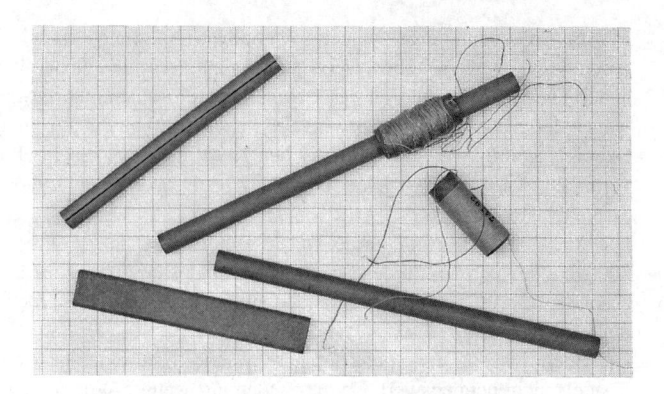

Beispiel: n = 60; Spulenlänge $\ell < 0{,}4 \cdot L$; dann ist $L \approx 60^2 \cdot 60 \cdot 10^{-3} \cdot 1 = 216\ \mu H$.

Die *Abbildungen 3.5.4-4b* und *4c* geben Konstruktionshilfen für den Bau von Ferritantennen im MW-Bereich von 500 kHz...1600 kHz.

Abb. 3.5.4-6

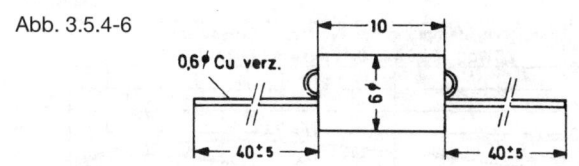

C Breitband-Drosselspulen – PHILIPS

Breitband-Drosselspulen nach *Abb. 3.5.4-6* werden aus FXC 3B bzw. FXC 4B1 hergestellt und sind mit sechs axialen Löchern versehen, durch die 1,5; 2,5 und 2 x 1,5 Windungen aus verzinntem Kupferdraht gezogen sind.
Sie finden Verwendung zur Störstrahlungsverminderung von UKW-Rundfunk- und Fernsehempfängern, Motoren, Zerhackern, Zündanlagen u. ä. sowie zur Vermeidung von unerwünschten Kopplungen in UKW-Schaltungen.

Material	Windungszahl	Z_{max} -20 % kΩ	$f_{Z\ max}$ MHz	Scheinwiderstandsabfall MHz	dB
FXC 3B	1,5	0,35	≈120	10...300	≤7
FXC 4B1	1,5	0,45	≈250	80...300	≤3
FXC 3B	2,5	0,75	≈ 50	10...220 / 30...100	≤7 / ≤3
FXC 4B1	2,5	0,85	≈180	50...300 / 80...220	≤6 / ≤3
FXC 3B	2 x 1,5	0,9	≈ 50	10...220 / 30...100	≤7 / ≤3
FXC 4B1	2 x 1,5	1	≈110	50...300 / 80...220	≤7 / ≤3

Für die Anwendung ergeben sich folgende vorteilhafte Merkmale: Die FXC-Drosselspulen mit geschlossenem Kern haben einen ausgeprägten Breitbandcharakter und ihr Scheinwiderstand ändert sich nur wenig durch das Zuschalten kleiner Schaltkapazitäten, da der Scheinwiderstand wegen der großen Kernverluste im FXC hauptsächlich ein Wirkwiderstand ist. Weiterhin ist ihr Streufeld gering, weil die magnetischen Kraftlinien hauptsächlich im geschlossenen FXC-Kern verlaufen. Dies bedingt eine erhöhte Abhängigkeit der Induktivität der Drossel von der Strombelastung.

Die Auswahl des Kernmaterials wurde so getroffen, daß im Frequenzbereich zwischen 50 und 200 MHz ein Maximum des Scheinwiderstandes erreicht wird. Da man bei diesen Materialien besonderen Wert auf die dämpfenden Eigenschaften legt, werden Induktivitätswerte nicht garantiert.

Die Beeinflussung der Spule durch schwache Streufelder ist wegen des geschlossenen FXC-Mantels nicht nennenswert. Da die Spulen nur wenige Windungen dicken Drahtes enthalten, ist ihr Gleichstromwiderstand und der Widerstand für niederfrequenten Wechselstrom sehr klein.

Der Einfluß der Vormagnetisierung auf die Dämpfung der Breitbanddrosselspulen wird für einige Typen in den folgenden Kurvendarstellungen *Abb. 3.5.4-7* wiedergegeben.

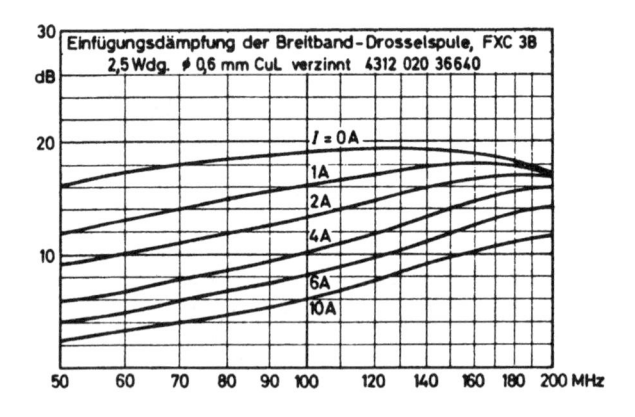

Abb. 3.5.4-7

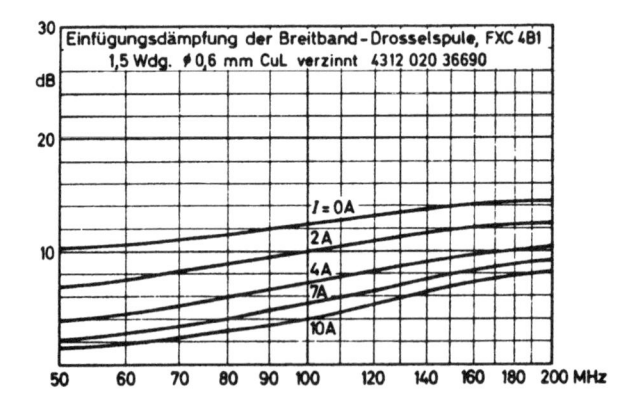

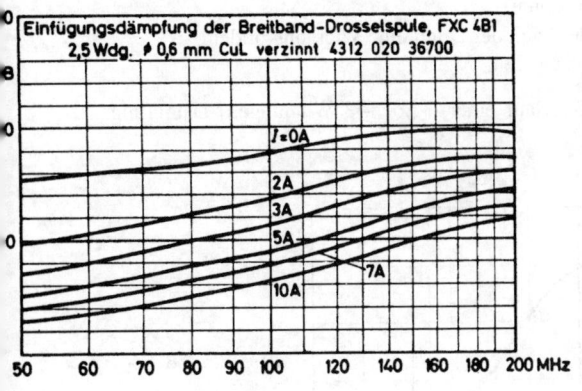

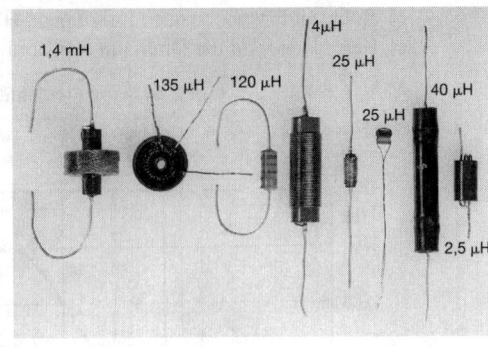

D Mikroinduktivitäten und Dämpfungsperlen

Bei *Mikroinduktivitäten* wird die Spule auf einen Rohrkern gewickelt. Siehe auch Abschnitt C. Danach wird über die Wicklung ein zweites Rohr aus Kernmaterial zur Erhöhung der Induktivität und Verbesserung der magnetischen Abschirmung angebracht. Derartige Induktivitäten haben das Aussehen und den Farbcode eines Widerstandes. Bei einer Körperlänge von 11 mm beträgt ihr Durchmesser

für den Bereich 0,1...1000 µH $D \approx 3$ mm
             1,5... 100 mH $D \approx 5$ mm

Ihre Güte liegt zwischen

45 (0,1 µH)...50 (1000 µH), gemessen bei
25 MHz (0,1 µH)...800 kHz (1000 µH).

Dabei kennzeichnen der 1. und der 2. Ring den Induktivitätswert in [µH], der dritte Ring die Zehnerpotenz.

Beispiel:
braun – schwarz – silber   = 0,1 µH
rot – grün – rot   = 2,5 mH

Für den Induktivitätswert ist zu setzen:
(1. Ring Anschlußnähe)

Ringfarbe	1. Ring	2. Ring	3. Ring
schwarz	0	0	10^0
braun	1	1	10^1
rot	2	2	10^2
orange	3	3	10^3
gelb	4	4	10^4
grün	5	5	10^5
blau	6	6	10^6
violett	7	7	–
grau	8	8	–
weiß	9	9	–
silber	–	–	10^{-2}
gold	–	–	10^{-1}

Dämpfungsperlen

Dämpfungsperlen dienen der hochfrequenten Entstörung von Anlagen und Geräten. Es sind hier drei Ausführungsformen zu unterscheiden:

a) Rohr (Perle): Hier wird *ein* Draht durchgezogen,
b) Rohr mit bis zu 6 axialen Bohrungen: Hier kann der Draht eine Wicklung bilden.
c) Kern: Hier wird der Draht um den Kern gewickelt.

Abb. 3.5.4-8 zeigt einen Scheinwiderstandsverlauf einer 6-Loch-(3 Windungen) Dämpfungsspule.

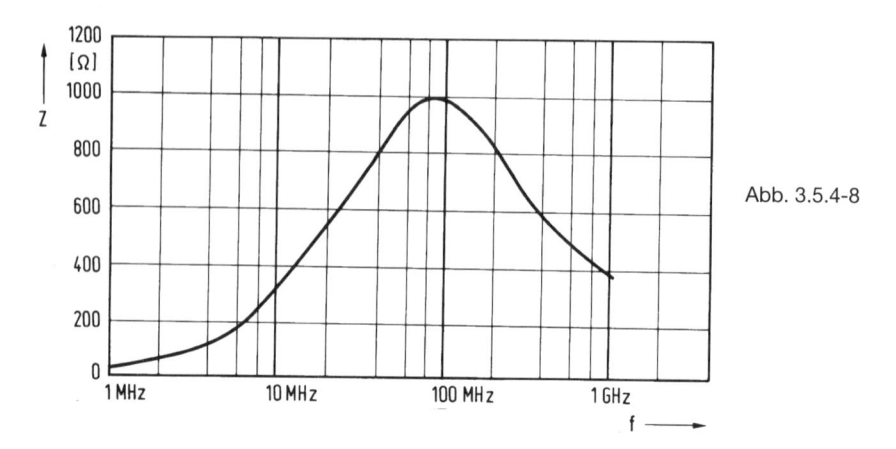

Abb. 3.5.4-8

Ferroxcube-Dämpfungsperlen – PHILIPS

Ferroxcube-Dämpfungsperlen nach *Abb. 3.5.4-9* werden aus FXC 3B und FXC 4B1 hergestellt und sind für den Einbau im Kurzwellen- bis über den Fernsehbereich hinaus geeignet. Über den Leiter geschoben, rufen sie einen Dämpfungsanstieg hervor, der mit der Anzahl der Perlen wächst. Bei Vormagnetisierung der FXC-Dämpfungsperlen wird die Dämpfung herabgesetzt.

Der typische Dämpfungsverlauf einer 5 mm langen Perle ist in der *Abb. 3.5.4-10* wiedergegeben.

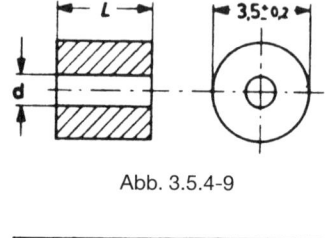

Abb. 3.5.4-9   Abb. 3.5.4-10

Länge L mm	Durchmesser d mm
3 +0,5	1,3 +0,2
5 +0,5	1,3 +0,2
7,5 +0,5	1,3 +0,2
15 +0,5	1,3 +0,2

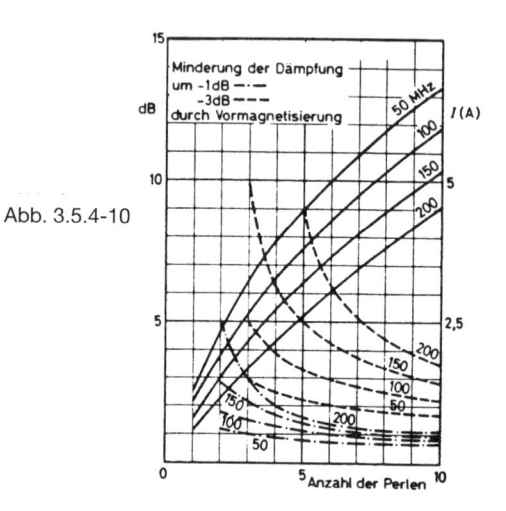

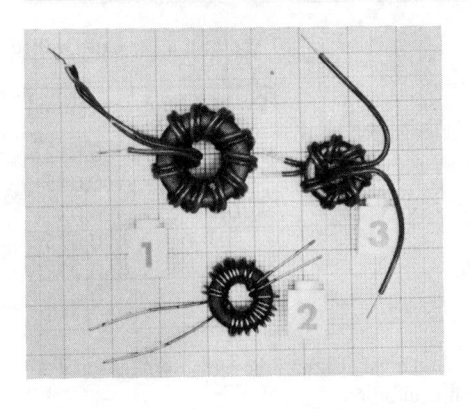

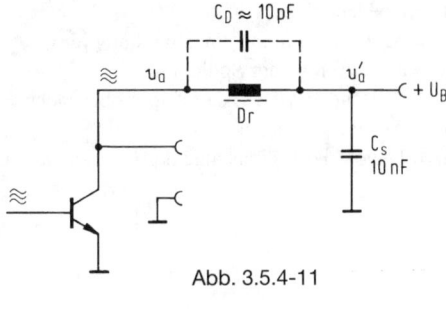

Abb. 3.5.4-11

Induktivitäten der Fa. Vogt (Erlau) für Störfilter. Anwendung bis ca. 30 MHz. Kurzwellensperren sind stromkompensierte Doppeldrosseln, die bei Fernsehgeräten und Schaltnetzteilen in den Netzeingang eingeschaltet werden. Sie verhindern das Eindringen von Störspannungen, deren Frequenz im Kurzwellenbereich liegt, aus dem Versorgungsnetz in das Gerät.
Während die durch den Netzstrom hervorgerufenen Felder sich gegenseitig aufheben, so daß keine Sättigung des Kernmaterials erfolgen kann, bleibt die Impedanz der Wicklungen gegenüber asymmetrischen hochfrequenten Störspannungen voll wirksam.
Die Kurzwellensperre besteht aus einem Ferritringkern, der eine Bifilarwicklung trägt. Er ist auf einem Halter montiert, dessen Grundplatte mit Anschlußstiften für gedruckte Schaltungen versehen ist.
Diese von der Fa. Vogt gelieferten Filterinduktivitäten haben folgende Werte

1 ≈ 400 µH; R ≈ 90 mΩ; Q (100 KHz) ≧ 20
2 ≈ 20 µH
3 ≈ 20 µH; R ≈ 32 mΩ.

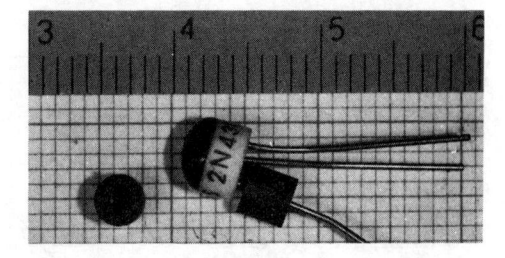

E Siebfaktor einer HF-Drossel

Aufgrund der Eigenkapazität von Spulen ist für eine breitbandige Anwendung die Eigenkapazität von entscheidender Bedeutung. Eine Ausnahme bilden Resonanzdrosseln im Bereich der Resonanzfrequenz. Nach *Abb. 3.5.4-11* ist der Siebfaktor:

$$S = \frac{C_D \cdot C_S}{C_D}. \text{ Da } C_D \ll C_S, \text{ kann gesetzt werden } S \approx \frac{C_S}{C_D}. \text{ Damit ist } u'_a \approx \frac{u_a}{S}.$$

F Eigenkapazitäten von Spulen

Bei *mehrlagigen Spulen* beträgt die Eigenkapazität ≈ 2 pF ... 15 pF und errechnet sich aus:

$$C_E \approx \frac{0{,}118 \cdot U \cdot \ell \cdot \epsilon}{a \cdot n} \quad [pF]$$

Darin bedeutet:
U = Mittlerer Umfang einer Windung [cm]
ℓ = axiale Länge der Spule [cm]
a = Abstand zwischen den Kupferoberflächen zweier Lagen [cm]
n = Anzahl der Lagen
ϵ = Dielektrizitätskonstante des Isoliermaterials (Werte $\approx 2\ldots 6$)

Abstand a für Cul-Drähte

Draht ϕ [mm]	a [mm]
0,05	0,012
0,1	0,015
0,2	0,02
0,3	0,025
0,4	0,03
0,5	0,035

Die wirksame Kapazität ist größer, da noch die Windungskapazität, die evtl. Kernkapazität sowie Kapazitäten zu Masse, Abschirmungen usw. hinzukommen.

Soll für eine mehrlagige Spule eine kapazitivarme Ausführung erfolgen, so gibt es drei Möglichkeiten:

a) Spule mit Kammerwicklung
b) Scheibenspule mit Kreuzwicklung. Die Kapazität der einzelnen Lagen wird dadurch verringert, daß die Drähte benachbarter Lagen nicht parallel laufen, sondern sich unter einem spitzen Winkel schneiden (kreuzen)
c) Zylinderspule mit Stufenwicklung. Hier wird die dritte Wicklung auf die erste und zweite gewickelt. Die 4. neben die 2. und dann die 5. wieder auf die 2. und 4. – also neben die 3. Somit ergibt sich folgendes Schema für eine 3lagige Spule:

3. Lage			6	–	9	–	12	–	15		
2. Lage		3	–	5	–	8	–	11	–	14	
Spulenkörper (1. Lage)	1	–	2	–	4	–	7	–	10	–	13

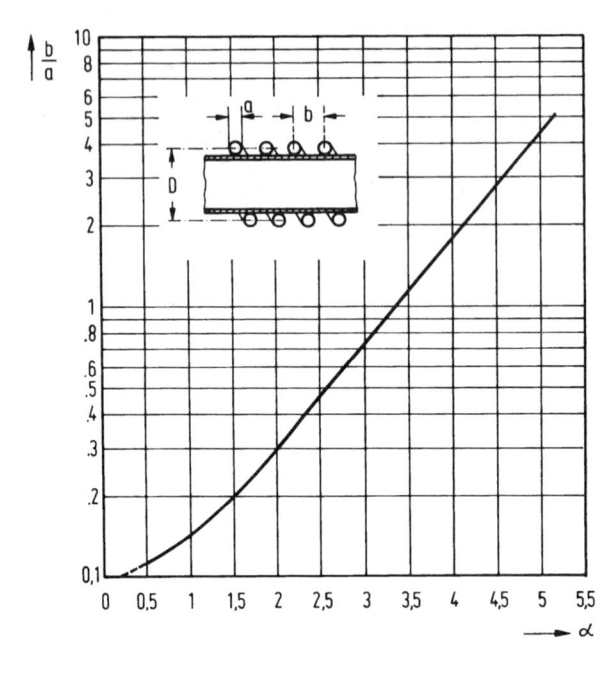

Bei *einlagigen Spulen*, die oft auch als Hf-Drosseln benutzt werden, ist die Eigenkapazität als unerwünschter Resonanzeinfluß zu bedenken. Die Eigenkapazität kann sehr klein gehalten werden, wenn die Spule auf einen axial geschlitzten Metallzylinder gewickelt wird, der geerdet werden muß. Dadurch ergibt sich eine große Kapazität gegen Masse (erwünscht) und nur eine kleine Eigenkapazität 10^{-2} pF.

Abb. 3.5.4-12

Für eine einlagige Spule gilt nach *Abb. 3.5.4-12*

$$C_E \approx \frac{0,85 \cdot D}{\alpha} \quad [pF]$$

Darin ist:
D = mittlerer Spulendurchmesser [cm]
a = Drahtdurchmesser [mm]
b = mittlerer Abstand zweier Windungen [mm]
α = Faktor nach Abb. 3.5.4-12 aus $\frac{b}{a}$ gebildet.

Anhaltswerte sind für eine Spule mit D = 1 cm

b : a	C_E
1,05	$\approx$ 3 pF
1,2	$\approx$ 1,5 pF
1,4	$\approx$ 1 pF
1,7	$\approx$ 0,8 pF
3	$\approx$ 0,5 pF

Die Kapazität C_E ist nicht zu unterschätzen bei der Anwendung von Drosseln im Hf-Gebiet hinsichtlich der daraus resultierenden Resonanzfrequenz.

Eine Drossel mit L = 1 μH und $C_E \approx$ 1,5 pF ergibt $f_0 \approx$ 130 MHz
mit L = 0,1 μH und $C_E \approx$ 1,0 pF ergibt $f_0 \approx$ 500 MHz

Im unteren Frequenzbereich – unterhalb der Parallelresonanz aus Induktivität und Spulenkapazität – wirkt das L vergrößert mit

$$L' = \frac{1}{1 - \omega^2 \cdot L \cdot C_p}.$$ Der sich dann einstellende Verlustwinkel ist $\tan \varphi' = \frac{L' \cdot \tan \varphi}{L}$.

G Die Güte der Spule

Die Güte einer Spule ist außer von den Verlusten des benutzten Kernmaterials wesentlich von dem ohmschen Widerstand der Wicklung abhängig. Die Güte Q wird definiert als

$$Q_L = \frac{\omega \cdot L}{R_S} = \frac{1}{\tan \varphi} = \frac{1}{G \cdot \omega \cdot L}$$

In der *Abb. 3.5.4-13* ist zunächst das erweiterte Ersatzbild einer Spule gezeigt. Die einzelnen Serienwiderstände bedeuten:

R_c Anteil dielektrischer Verluste
  der Isolierung und Wickelkapazitäten
R_k Kernverluste, Wirbelströme
R_a Verluste durch Abschirmungen
R_d ohmsche Kupferverluste des
  Spulendrahtes sowie Verluste
  des Skineffektes

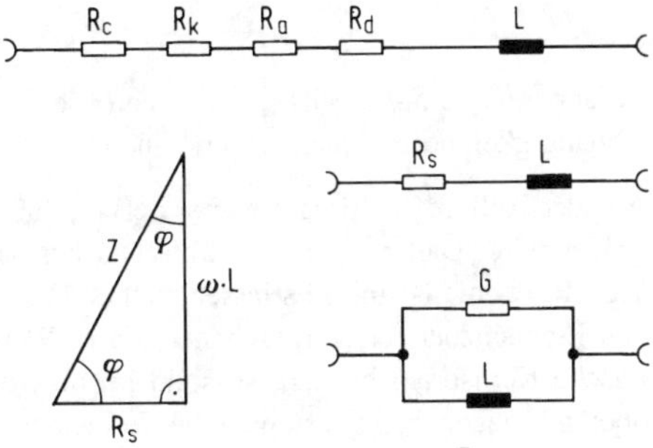

Abb. 3.5.4-13

Die Summe dieser Anteile wird für praktische Überlegungen auf einen Serienwiderstand R_s oder Leitwert G zurückgeführt.

Aus der angeführten Gleichung leitet sich ab:

$R_s = \omega \cdot L \cdot \tan \varphi = \dfrac{\omega \cdot L}{Q}$, sowie $G = \dfrac{\tan \varphi}{\omega \cdot L} = \dfrac{1}{Q \cdot \omega \cdot L}$. Die in der Spule als Wärme umgesetzte Wirkleistung ist:

$P = 0{,}5 \cdot i^2 \cdot R_s = 0{,}5 \cdot i^2 \cdot \omega \cdot L \cdot \tan \varphi$, oder über die Spannung

$P = \dfrac{0{,}5 \cdot u^2 \cdot \tan \varphi}{\omega \cdot L} = \dfrac{0{,}5 \cdot u^2}{R_s}$. Weiter ist $P = Q \cdot \tan \varphi$.

Sollen hohe Werte von Q erzielt werden, so müssen R_k und R_a ausgeschaltet werden. Das führt zu Luftspulen mit oberflächenversilberten Drähten. Im Bereich von 400 kHz…4 MHz wird eine Oberflächenvergrößerung – kleinerer Skineffekt – durch HF-Litze erreicht. Dadurch steigt die Güte etwa um den Faktor 1,5.
In der *Abb. 3.5.4-14* ist als Übersicht das Verhältnis von Volldraht und HF-Litze gezeigt. Diese Daten gelten dort für die Verwendung von Schalenkernspulen.

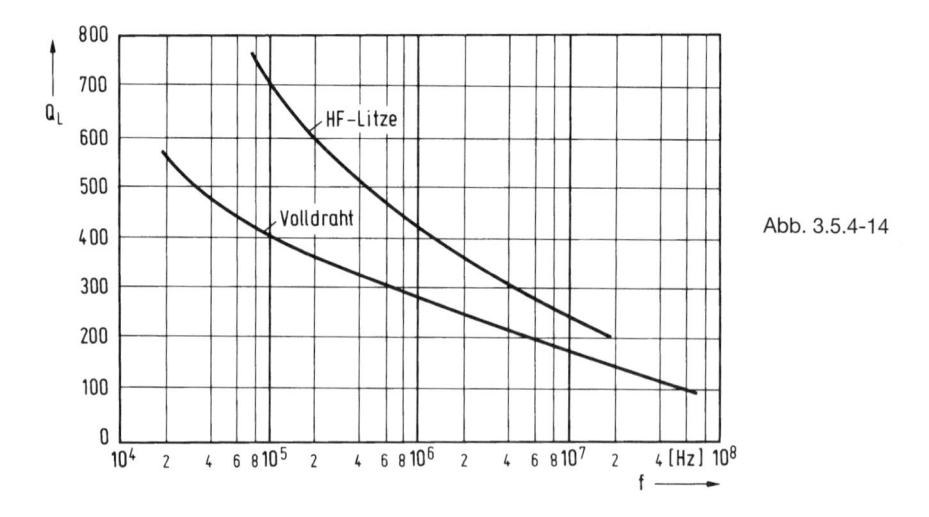

Abb. 3.5.4-14

In der *Abb. 3.5.4-15* ist der Verlauf der Güte einer Luftspule und einer Ferritspule in Abhängigkeit der Frequenz zu erkennen.

Aus der Abb. 3.5.4-15 geht weiter hervor, daß die Güte der Luftspule mit steigender Frequenz größer wird. Das geht aus der Tatsache hervor, daß bei kleiner werdender Windungszahl der Wert R_s ebenfalls sinkt. Es lassen sich etwa folgende Werte erreichen mit dem für den jeweiligen Frequenzbereich vorgesehenen Kern. Werden für die Bereiche von 10 kHz…200 MHz falsche Kernsorten benutzt, so sinkt im unteren Frequenzbereich das Variationsverhältnis; im oberen Frequenzbereich steigen die Verluste. Das führt zu einer Reduzierung der Güte.

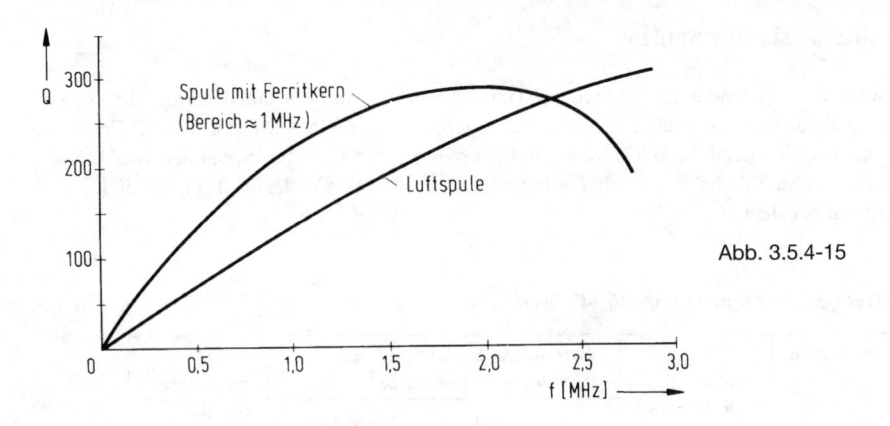

3.5 Spulen und Übertrager – Bauformen, Anwendungen und Daten

Abb. 3.5.4-15

Frequenz	mit Kern	Güte Q
1 kHz	x	≈ 1000
10 kHz	x	≈ 750
100 kHz	x	≈ 200
1 MHz	x	≈ 280
10 MHz	x	≈ 300
10 MHz		≈ 850
100 MHz	x	≈ 150
100 MHz		≈ 1500
1 GHz		≈ 2500

H Eigenresonanz von Spulen

Die Induktivität sowie die Spulenkapazität bilden nach *Abb. 3.5.4-16* eine Parallelresonanz. Bis zu diesem Punkt hat die Anordnung ein induktives Verhalten. Ab der Resonanzfrequenz tritt ein kapazitives Verhalten durch die Eigenkapazität C_E auf.

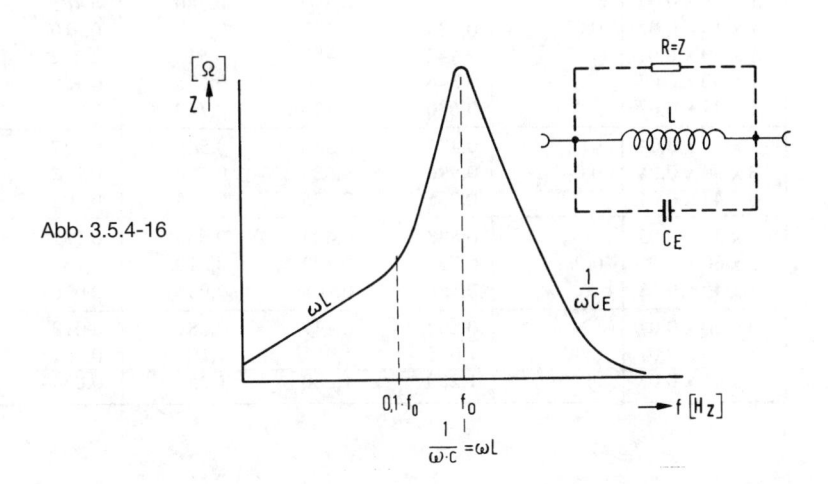

Abb. 3.5.4-16

991

I Drahtmaterial für Spulen

Die Wahl des Spulendrahtes ist bei NF-Transformatoren im wesentlichen von der Strombelastung abhängig. In solchen Fällen, wo dieses Kriterium entfällt – wie z. B. bei HF-Spulen –, bestimmen der vorhandene Wickelraum und die gewünschte Güte der Spule den Draht. Nach der vorliegenden Tabelle sind Drahtdurchmesser und ohmscher Widerstand für Volldrähte und HF-Litze angegeben.

Hochfrequenzlitzen nach DIN 46 447, Blatt 1

Litzenaufbau			Nenn-durch-messer des Kupferlack-drahtes	Größter Außendurchmesser der isolierten Litze			spezifischer Gleich-stromwi-derstand
Litzenanzahl	Anzahl der Einzeldrähte	Einzeldrahtdurchmesser		ohne Um-spinnung	mit Um-spinnung 1x Natur-seide	mit Um-spinnung 2x Natur-seide	(bei 20 °C)
			in mm	in mm	in mm	in mm	ς in Ω/m
1 x 12 x 0,04				0,208	0,243	0,278	1,190
1 x 15 x 0,04				0,228	0,268	0,298	0,950
1 x 20 x 0,04			0,04	0,260	0,300	0,330	0,710
1 x 30 x 0,04				0,321	0,361	0,391	0,475
1 x 45 x 0,04				0,400	0,440	0,470	0,316
1 x 10 x 0,05				0,226	0,266	0,296	0,910
1 x 15 x 0,05				0,282	0,322	0,352	0,610
1 x 20 x 0,05			0,05	0,322	0,362	0,392	0,456
1 x 30 x 0,05				0,398	0,438	0,468	0,304
1 x 45 x 0,05				0,496	0,536	0,566	0,203
1 x 3 x 0,07				0,184	0,219	0,254	1,550
1 x 6 x 0,07				0,255	0,295	0,325	0,780
1 x 10 x 0,07				0,310	0,350	0,380	0,465
1 x 15 x 0,07			0,07	0,387	0,427	0,457	0,310
1 x 20 x 0,07				0,442	0,482	0,512	0,232
1 x 30 x 0,07				0,546	0,586	0,626	0,155
1 x 45 x 0,07				0,680	0,720	0,760	0,103
3 x 20 x 0,04				0,475	0,515	0,545	0,237
3 x 30 x 0,04			0,04	0,590	0,630	0,670	0,158
3 x 45 x 0,04				0,735	0,775	0,815	0,105
3 x 20 x 0,05				0,588	0,628	0,668	0,152
3 x 30 x 0,05			0,05	0,732	0,772	0,812	0,101
3 x 40 x 0,05				0,856	0,906	0,956	0,076
3 x 20 x 0,07				0,807	0,847	0,887	0,078
3 x 30 x 0,07			0,07	1,005	1,055	1,105	0,0517
3 x 45 x 0,07				1,250	1,300	1,350	0,0344

3.5 Spulen und Übertrager – Bauformen, Anwendungen und Daten

HF-Litze

Die Hochfrequenzlitzen sind aus gegeneinander isolierten Adern so gefertigt, daß jede einzelne Ader jede Stellung im Querschnitt ebensooft und ebensolange einnimmt wie jede andere Ader derselben Litze. Das Unterteilen des Leiters in Litzenadern hat nur in einem begrenzten Frequenzbereich einen Wert. Die Grenzen dieses Bereiches sind vom Aufbau der Spule und von ihrem Verwendungszweck abhängig. Für übliche Spulen mit ferromagnetischem Kern erstreckt sich der Anwendungsbereich der HF-Litze von etwa 100 kHz bis ungefähr 4 MHz. Bei Frequenzen unter 100 kHz ist die Hautwirkung in massiven Leitern mit Querschnitten, wie man sie z. B. für Empfängerspulen verwendet, noch einigermaßen gering. Bei Frequenzen über 4 MHz wird die trennende Wirkung der Isolationen zwischen den einzelnen Litzenadern durch die kapazitiven Leitwerte, die den Isolationsleitwerten parallel liegen, beeinflußt, und damit die gleichmäßige Verteilung des Stromes auf die einzelnen Litzenadern beeinträchtigt.

Behandlung der HF-Litze

Die Enden der HF-Litze müssen sorgfältig verlötet werden, damit jede Ader mit dem Anschluß leitende Verbindung bekommt. Hierzu brennt man zunächst die sämtliche Adern umschließende Umspinnung in einer Spiritusflamme vorsichtig ab.
Besteht die Isolation der Einzeladern aus gewöhnlichem Drahtlack, so bringt man das Litzenende vollends auf Rotglut und schreckt es dann in dem Spiritus ab, über dessen Oberfläche die Flamme brennt. Die Reste der verbrannten Lackschicht kann man nun leicht abstreifen und das Litzenende mit dem Lötkolben unter Zugabe von sauberem Kolophonium ohne Schwierigkeit verzinnen.
Weiter gibt es HF-Litze, deren Aderlackierung durch das heiße Kolophonium beim Verzinnen aufgelöst wird, also nicht vor dem Löten entfernt zu werden braucht.

Kupfer-Runddraht (DIN 46435 Bl. 1 u. 46436 Bl. 2) ≈ IEC – 182 – 1/64

Nenn-durchmesser (Leiter-⌀)	Außendurchmesser des isolierten Drahtes (Größtmaße)				Gleichstrom-widerstand bei 20 °C für 1 Meter (Nennwert)
	lackisoliert nach Grad 1 (L)	lackisoliert nach Grad 2 (2L)	lackisoliert nach Grad 1, einfach umsponnen (Seidengarn) (1×52)	lackisoliert nach Grad 1, zweifach umsponnen (Seidengarn) (2×52)	
mm	mm	mm	mm	mm	Ω
● 0.02	0.025	0.027	–	–	54,88
● 0.025	0.031	0.034	–	–	35.12
0.03	0.038	0.041	0.073	0.108	24.39
● 0.032	0.040	0.043	0.077	0.112	21.44
0.036	0.045	0.049	0.081	0.116	16.94
● 0.04	0.050	0.054	0.085	0.120	13.72
0.045	0.056	0.061	0.091	0.126	10.84
● 0.05	0.062	0.068	0.097	0.132	8.781
0.056	0.069	0.076	0.104	0.139	7.000
0.06	0.074	0.081	0.109	0.144	6.098
● 0.063	0.078	0.085	0.113	0.148	5.531
● 0.071	0.088	0.095	0.123	0.158	4.355
● 0.08	0.098	0.105	0.133	0.168	3.430

3 Elektronische Bauelemente

Nenn-durchmesser (Leiter-⌀)	Außendurchmesser des isolierten Drahtes (Größtmaße)				Gleichstrom-widerstand bei 20 °C für 1 Meter (Nennwert)
	lackisoliert nach Grad 1 (L)	lackisoliert nach Grad 2 (2L)	lackisoliert nach Grad 1, einfach umsponnen (Seidengarn) (1×52)	lackisoliert nach Grad 1, zweifach umsponnen (Seidengarn) (2×52)	
mm	mm	mm	mm	mm	Ω
● 0.09	0.110	0.117	0.145	0.180	2.710
● 0.1	0.121	0.129	0.156	0.191	2.195
● 0.112	0.134	0.143	0.169	0.204	1.750
● 0.125	0.149	0.159	0.184	0.219	1.405
● 0.14	0.166	0.176	0.201	0.236	1.120
0.15	0.177	0.187	0.212	0.247	0.9756
● 0.16	0.187	0.199	0.222	0.257	0.8575
0.17	0.198	0.210	0.233	0.268	0.7596
● 0.18	0.209	0.222	0.244	0.279	0.6775
0.19	0.220	0.233	0.255	0.290	0.6081
0.2	0.230	0.245	0.265	0.300	0.5488
● 0.224	0.256	0.272	0.296	0.326	0.4375
● 0.25	0.284	0.301	0.324	0.354	0.3512
● 0.28	0.315	0.334	0.355	0.385	0.2800
0.3	0.336	0.355	0.375	0.405	0.2439
● 0.315	0.352	0.371	0.392	0.422	0.2212
● 0.355	0.395	0.414	0.435	0.465	0.1742
● 0.4	0.442	0.462	0.482	0.512	0.1372
● 0.45	0.495	0.516	0.535	0.565	0.1084
● 0.5	0.548	0.569	0.588	0.618	0.08781
● 0.56	0.611	0.632	0.651	0.691	0.07000
0.6	0.654	0.674	0.693	0.733	0.06098
● 0.63	0.684	0.706	0.724	0.764	0.05531
● 0.71	0.767	0.790	0.807	0.847	0.04355
● 0.75	0.809	0.832	0.849	0.889	0.03903
● 0.8	0.861	0.885	0.901	0.941	0.03430
● 0.85	0.913	0.937	–	1.013	0.03038
● 0.9	0.965	0.990	–	1.065	0.02710
● 0.95	1.017	1.041	–	1.117	0.02432
● 1	1.068	1.093	–	1.168	0.02195

Die mit ● gekennzeichneten Nenndurchmesser entsprechen den in der IEC-Empfehlung 182-1, 1. Ausgabe 1964, Teil 1, „Diameters of conductors for round winding wires" vorgesehenen Durchmessern und sind bevorzugt zu verwenden.

Amerikanische Drahttabelle
American Wire Gauge (A.W.G.)

1 in. = 25.4 mm
1 mil = 1/1000 in.
1 mm = 0.03937 in.

Nenndurchmesser		AWG-Nummer		Nenndurchmesser		AWG-Nummer	
mm	mil	BG[1]	SWG[2]	mm	mil	BG[1]	SWG[2]
2.642	104	–	12	0.2870	11.3	29	–
2.591	102	10	–	0.2743	10.8	–	32
2.337	92	–	13	0.2540	10.0	30	33
2.311	91	11	–	0.2337	9.2	–	34
2.057	81	12	–	0.2261	8.9	31	–

3.5 Spulen und Übertrager – Bauformen, Anwendungen und Daten

Nenndurchmesser		AWG-Nummer		Nenndurchmesser		AWG-Nummer	
mm	mil	BG[1]	SWG[2]	mm	mil	BG[1]	SWG[2]
2.032	80	–	14	0.2134	8.4	–	35
1.829	72	13	15	0.2007	7.9	32	–
1.626	64	14	16	0.1930	7.6	–	36
1.448	57	15	–	0.1803	7.1	33	–
1.422	56	–	17	0.1727	6.8	–	37
1.295	51	16	–	0.1600	6.3	34	–
1.219	48	–	18	0.1524	6.0	–	38
1.143	45	17	–	0.1422	5.6	35	–
1.016	40	18	19	0.1321	5.2	–	39
0.9144	36	19	20	0.1270	5.0	36	–
0.8128	32	20	21	0.1219	4.8	–	40
0.7239	28.5	21	–	0.1118	4.4	37	41
0.7112	28	–	22	0.1016	4.0	38	42
0.6426	25.3	22	–	0.09144	3.6	–	43
0.6096	24	–	23	0.08890	3.5	39	–
0.5740	22.6	23	–	0.08128	3.2	–	44
0.5588	22	–	24	0.07874	3.1	40	–
0.5105	20.1	24	–	0.07112	2.8	41	45
0.5080	20	–	25	0.0633	2.5	42	–
0.4572	18	–	26	0.06096	2.4	–	46
0.4547	17.9	25	–	0.0564	2.2	43	–
0.4166	16.4	–	27	0.05080	2.0	44	47
0.4039	15.9	26	–	0.0447	1.8	45	–
0.3759	14.8	–	28	0.04064	1.6	46	48
0.3607	14.2	27	–	0.0355	1.4	47	–
0.3454	13.6	–	29	0.03048	1.2	48	49
0.3200	12.6	28	–	0.0282	1.1	49	–
0.3150	12.4	–	30	0.02504	1.0	50	50
0.2946	11.6	–	31				

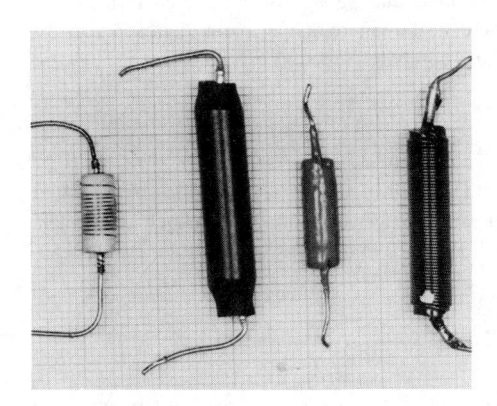

[1] BG ≙ Birmingham gauge
[2] SWG ≙ Standard wire gauge

a Industriell gefertigte HF-Drosseln

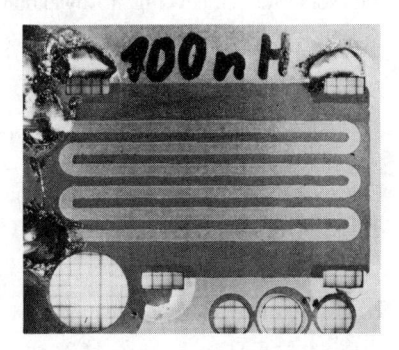

b Eine 100-nH-Induktivität mit Hilfe eines Prints hergestellt

995

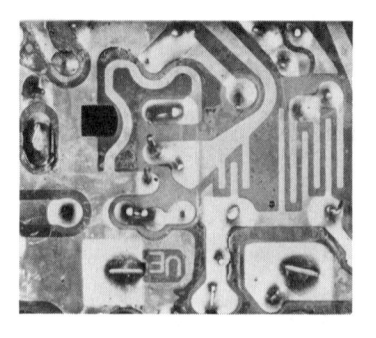

c Bewickelte Spulenkörper mit Abschirmbechern

d Auch wird hier eine Induktivität mit geringem Wert durch eine (geschlungene) Leiterbahn hergestellt.

3.5.5 Spulen mit Kern für NF- und HF-Übertrager

A Genormte Ferritkerne für Frequenzen bis ≈ 1 MHz (Siemens)

Werkstoffe und Frequenzbereiche (Siemens-Bezeichnungen)

Werkstoff	Frequenzbereich (ca.)
N 27, N 41	10 bis 100 kHz
N 67	50 bis 300 kHz
N 47	200 bis 1000 kHz

Der Werkstoff N 41 hat aufgrund seiner höheren Permeabilität günstige Vormagnetisierungseigenschaften, ansonsten ist N 41 mit N 27 vergleichbar.
Der Schwerpunkt der Anwendung für Schaltnetzteile verschiebt sich derzeit auf Frequenzen zwischen 50 und 100 kHz. Für diese Anwendungen wurde speziell der Werkstoff N 67 entwickelt.
Es soll darauf hingewiesen werden, daß von Siemens und Valvo sowie weiteren Firmen eine große Zahl von Kernwerkstoffen angeboten werden, die untereinander nicht identisch sind. Es muß somit für den jeweiligen Anwendungsfall der optimale Werkstoff erfragt werden.

RM- und Schalenkerne

Die weltweit verwendeten RM-Kerne sind nach DIN 41980 und der IEC-Publikation 431 A, B genormt. Für Leistungsanwendungen werden sie vorzugsweise ohne Mittelloch angeboten. Eine gleiche Normung ist für Schalenkerne nach DIN 41293 bzw. IEC-Publikation 133 vorhanden.

Häufig benutzte Kernbauformen

Folgende Kernbauformen sind mit CECC-Gütebestätigung (Rahmenspezifikation DIN 45970, Teil 11 bzw. CECC 25100) lieferbar:

3.5 Spulen und Übertrager – Bauformen, Anwendungen und Daten

Bauart-Spezifikation	Kern-Bauform	A_L-Wert (nH ±%)
DIN 45970 Teil 1112	RM 5	160 ± 3% 200 ± 3% 250 ± 3% >1250
DIN 45970 Teil 1113	RM 6	200 ± 3% 250 ± 3% 315 ± 3% 400 ± 3% >1600
DIN 45970 Teil 1114	RM 8	250 ± 3% 315 ± 3% 400 ± 3% 630 ± 3% 2000
DIN 45970 Teil 1116	Schalen Ø 14 x 8	100 ± 3% 160 ± 3% 250 ± 3% 315 ± 3% >1600
DIN 45970 Teil 1117	Schalen Ø 18 x 11	160 ± 3% 250 ± 3% 315 ± 3% 400 ± 3% 2200
DIN 45970 Teil 1118	Schalen Ø 22 x 13	250 ± 3% 315 ± 3% 400 ± 3% 630 ± 3% 2800

A_L-Faktor und Luftspaltlänge

Der Induktivitätsfaktor A_L in Abhängigkeit vom Luftspalt s ist von der Kerngröße und dem Kernmaterial abhängig. Deshalb gilt die *Abb. 3.5.5-1* nur als grundsätzliches Beispiel

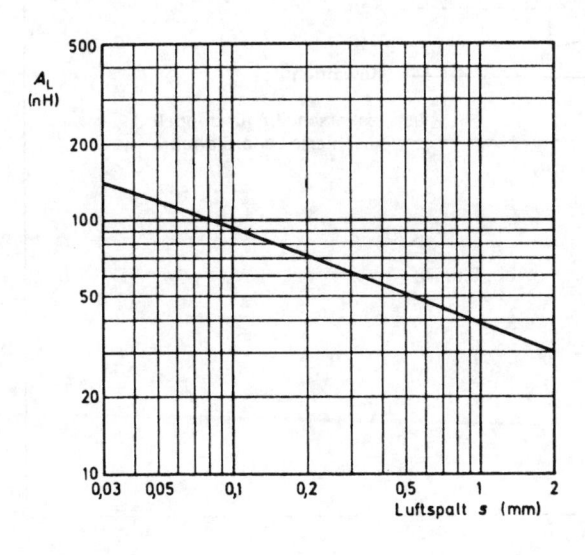

Abb. 3.5.5-1

3 Elektronische Bauelemente

Mechanischer Aufbau der RM-Kerne

Der Montageaufbau ist der *Abb. 3.5.5-2* zu entnehmen.

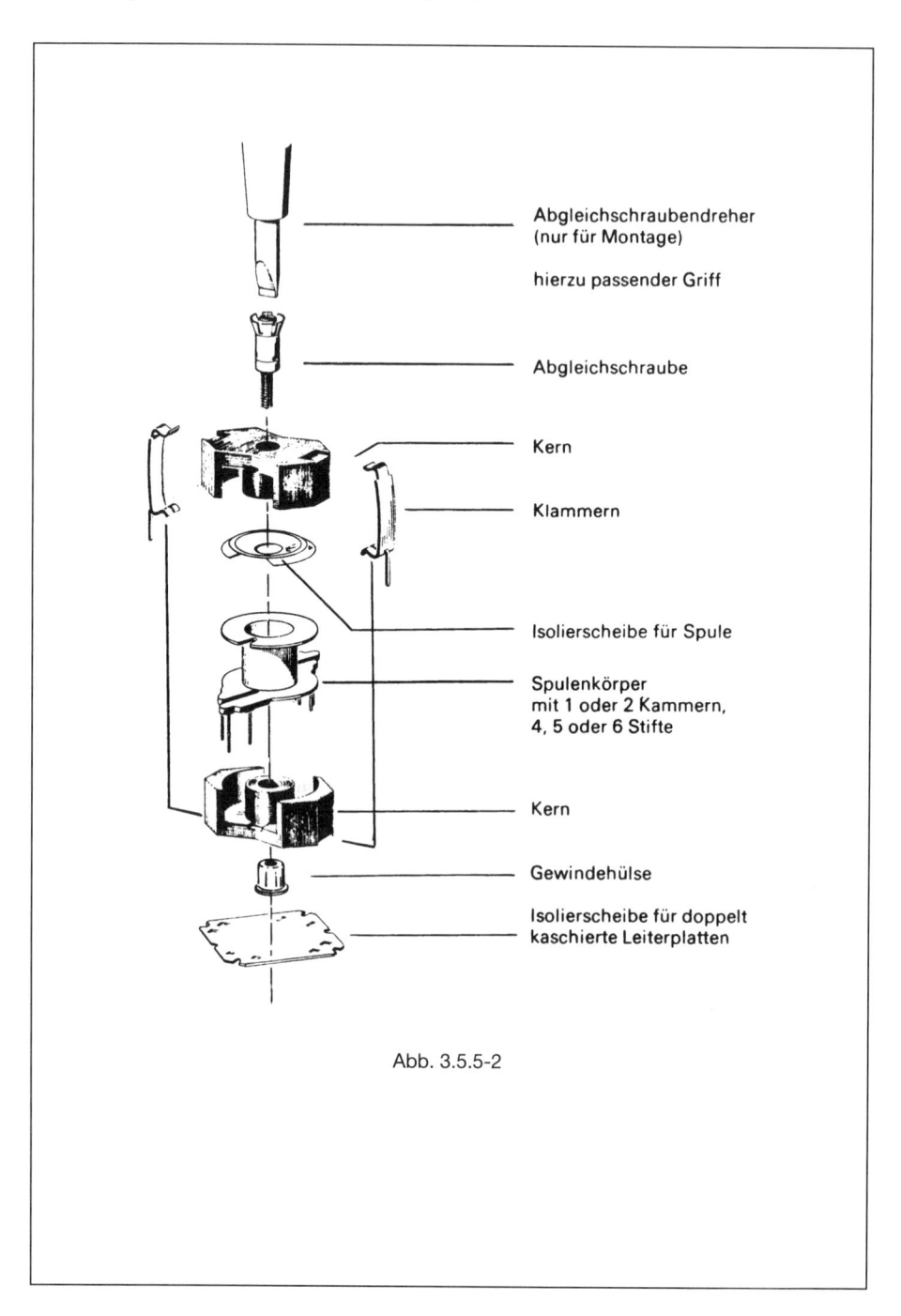

Abgleichschraubendreher
(nur für Montage)

hierzu passender Griff

Abgleichschraube

Kern

Klammern

Isolierscheibe für Spule

Spulenkörper
mit 1 oder 2 Kammern,
4, 5 oder 6 Stifte

Kern

Gewindehülse

Isolierscheibe für doppelt
kaschierte Leiterplatten

Abb. 3.5.5-2

Mechanischer Aufbau der Schalenkerne

Der Montageaufbau ist der *Abb. 3.5.5-3* zu entnehmen.

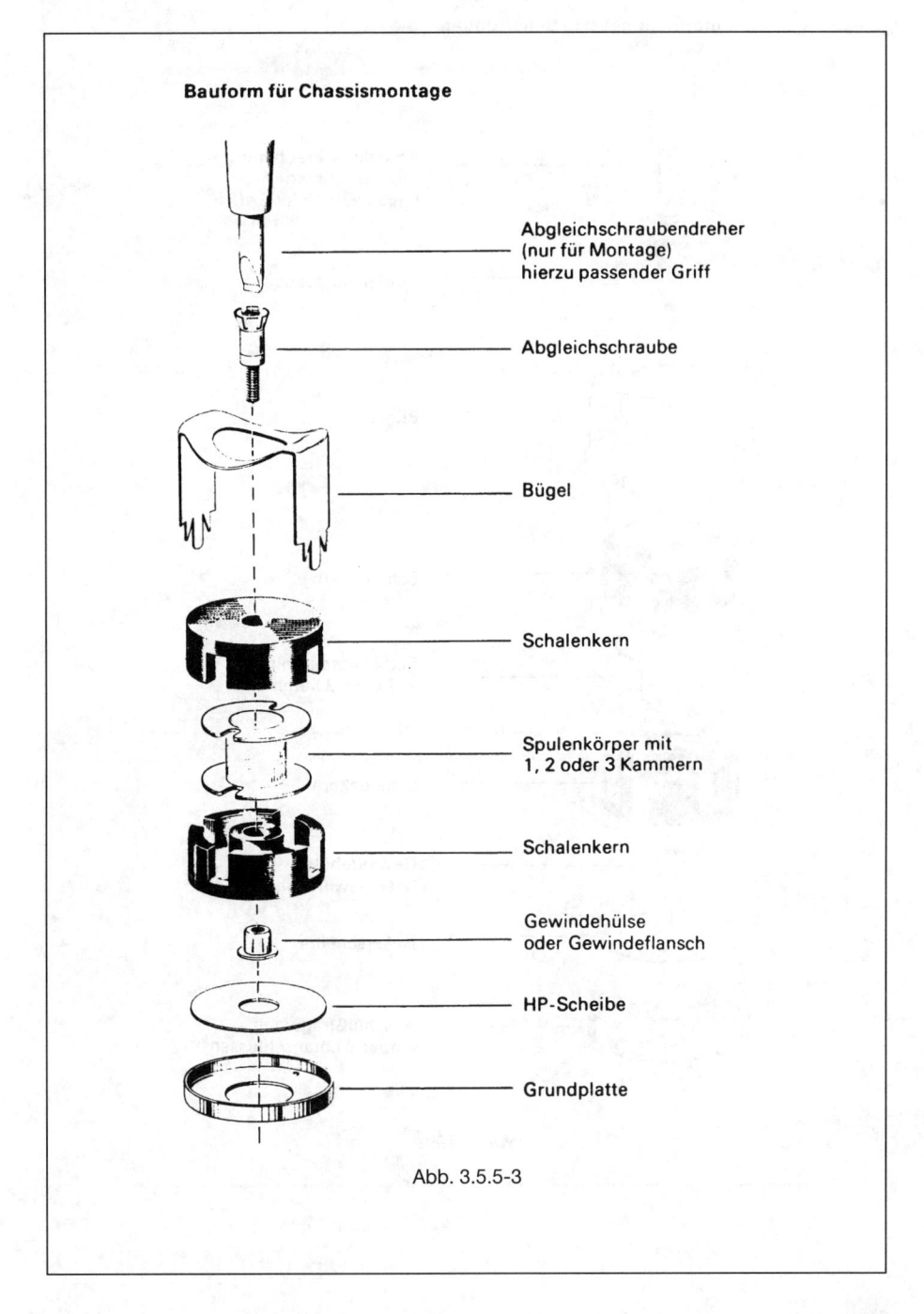

Bauform für Chassismontage

- Abgleichschraubendreher (nur für Montage) hierzu passender Griff
- Abgleichschraube
- Bügel
- Schalenkern
- Spulenkörper mit 1, 2 oder 3 Kammern
- Schalenkern
- Gewindehülse oder Gewindeflansch
- HP-Scheibe
- Grundplatte

Abb. 3.5.5-3

3 Elektronische Bauelemente

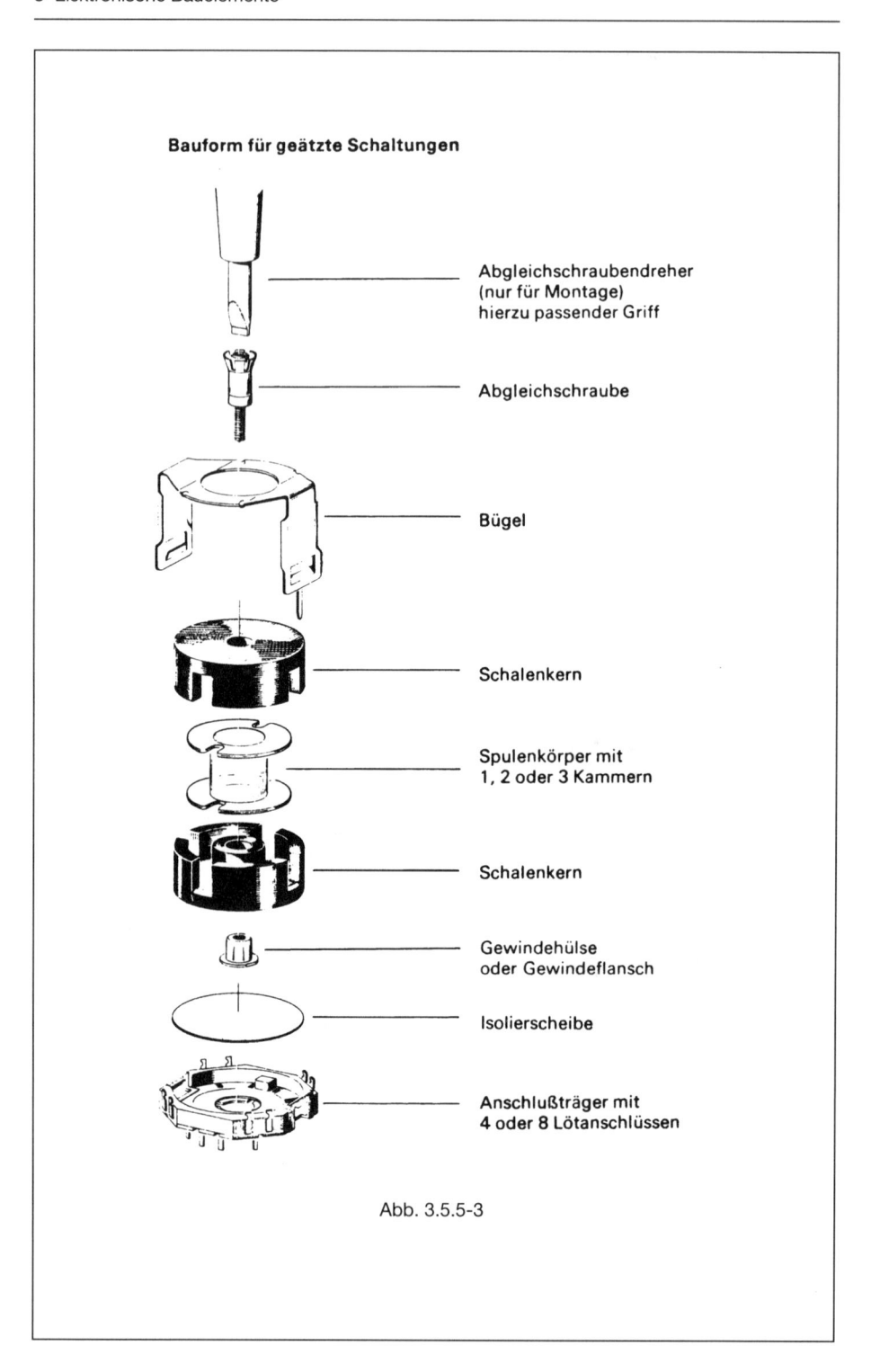

Bauform für geätzte Schaltungen

- Abgleichschraubendreher (nur für Montage) hierzu passender Griff
- Abgleichschraube
- Bügel
- Schalenkern
- Spulenkörper mit 1, 2 oder 3 Kammern
- Schalenkern
- Gewindehülse oder Gewindeflansch
- Isolierscheibe
- Anschlußträger mit 4 oder 8 Lötanschlüssen

Abb. 3.5.5-3

3.5 Spulen und Übertrager – Bauformen, Anwendungen und Daten

Daten der RM-5-Kerne

RM-5-Kerne nach DIN 41980 bzw. IEC-Publikation 431. Für Übertrageranwendungen sind RM-5-Kerne ohne Mittelloch erhältlich.
Kerne mit CECC-Gütebestätigung nach DIN 45970, Teil 1112.

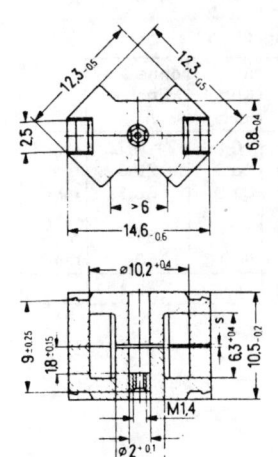

Magnetische Formkenngrößen

	mit Mittelloch	ohne Mittelloch	
Magn. Formfaktor $\Sigma l/A$ =	1,0	0,93	mm^{-1}
Eff. magn. Weglänge l_e =	20,8	22,1	mm
Eff. magn. Querschnitt A_e =	20,8	23,8	mm^2
Min. Kernquerschnitt A_{min} =	15	18	mm^2
Eff. magn. Volumen V_e =	430	526	mm^3

Satzgewicht ca. 3,1 g

Ausführung

ohne Gewindehülse
mit Gewindehülse
ohne Mittelloch

A_L-Wert nH	Toleranz	SIFERRIT-Werkstoff	Gesamt-luftspalt s (ca.) mm	effektive Permeabilität μ_e
mit Luftspalt				
25	±3% ≙ A	K 1	1,0	19,9
40			0,4	31,8
63		M 33	0,4	50,2
100			0,2	79,6
125	±2% ≙ G		0,16	100
160	±3% ≙ A	N 48	0,12	128
200			0,09	159
250			0,06	200
315			0,03	255
ohne Luftspalt				
100		K 1		80
1400	+30% / −20 ≙ R	N 47		1110
1800		N 26		1430
2600		N 41		1910
3500		N 30		2590
5200		T 35		3850
6700	+40% / −30 ≙ Y	T 38		4960
6700	+80% / −0 ≙ U	T 38		4960

1001

3 Elektronische Bauelemente

Daten der RM-6-Kerne

RM-6-Kerne nach DIN 41980 bzw. IEC-Publikation 431. Für Übertrageranwendungen sind RM-6-Kerne ohne Mittelloch erhältlich.
Kerne mit CECC-Gütebestätigung nach DIN 45970, Teil 1113.

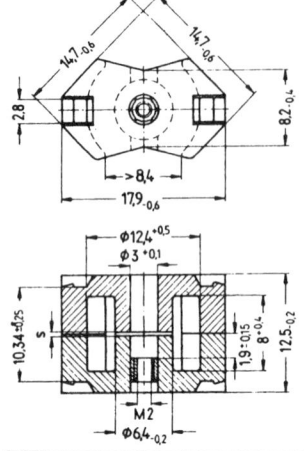

Magnetische Formkenngrößen

	mit Mittelloch	ohne Mittelloch	
Magn. Formfaktor $\Sigma l/A$ =	0,86	0,78	mm^{-1}
Eff. magn. Weglänge l_e =	26,9	28,6	mm
Eff. magn. Querschnitt A_e =	31,3	36,6	mm²
Min. Kernquerschnitt[1] A_{min} =	–	31	mm²
Eff. magn. Volumen V_e =	840	1050	mm³
Satzgewicht (ca.)	4,7	5,1	g

Ausführung

ohne Gewindehülse
mit Gewindehülse
ohne Mittelloch

A_L-Wert nH	Toleranz	SIFERRIT-Werkstoff	Gesamtluftspalt s (ca.) mm	effektive Permeabilität μ_e
mit Luftspalt				
40	± 3% ≙ A	K 1	0,80	27,4
63		M 33	0,60	43,2
100			0,38	68,5
160	± 2% ≙ G		0,22	110
200		N 48	0,17	137
250	± 3% ≙ A		0,12	171
315			0,08	216
400			0,05	274
1000	± 10% ≙ K	N 26	0,006	685
ohne Luftspalt				
120		K 1		82
1700		N 47		1160
2000	+30/−20 % ≙ R	N 26		1370
3100		N 41		1920
4300		N 30		2670
6200		T 35		3850
8600	+40/−30 % ≙ Y	T 38		5340
8600	+80/−0	T 38		5340

3.5 Spulen und Übertrager – Bauformen, Anwendungen und Daten

Daten der RM-8-Kerne

RM-8-Kerne nach DIN 41980 bzw. IEC-Publikation 431. Für Übertrageranwendungen sind RM-8-Kerne ohne Mittelloch erhältlich.
Kerne mit CECC-Gütebestätigung nach DIN 45970, Teil 1114.

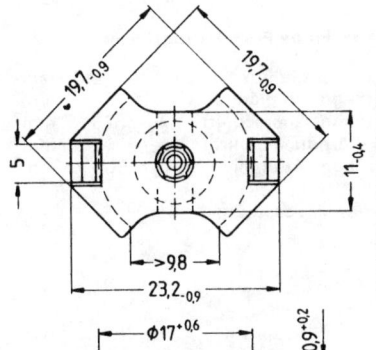

Magnetische Formkenngrößen

		mit Mittelloch	ohne Mittelloch	
Magn. Formfaktor	$\Sigma\, l/A =$	0,67	0,59	mm^{-1}
Eff. magn. Weglänge	$l_e =$	35,1	38,0	mm
Eff. magn. Querschnitt	$A_e =$	52	64	mm^2
Min. Kernquerschnitt[1]	$A_{min} =$	–	55	mm^2
Eff. magn. Volumen	$V_e =$	1840	2430	mm^3
Satzgewicht (ca.)		10,3	13	g

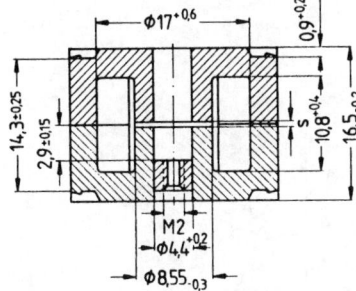

Ausführung

ohne Gewindehülse
mit Gewindehülse
ohne Mittelloch

A_L-Wert		SIFERRIT-Werkstoff	Gesamt-luftspalt s (ca.) mm	effektive Permeabilität
nH	Toleranz			μ_e
mit Luftspalt				
100		M 33	0,6	53
250	± 3% ≙ A		0,23	133
315		N 48	0,18	168
400			0,14	213
500			0,12	267
630	± 5% ≙ J		0,1	336
250		N 41	0,24	117
1600	± 10% ≙ K	N 41	0,04	752
ohne Luftspalt				
2400		N 47		1130
2500		N 26		1330
4100	+30/-20 % ≙ R	N 41		1920
5700		N 30		2680
8400		T 35		3940
12500	+40/-30 % n Y	T 38		5870

1003

3 Elektronische Bauelemente

Daten der Schalenkerne ⌀ 14 x 8

Schalenkerne nach DIN 41293 bzw. IEC-Publikation 133.
Kerne nach DIN 45970, Teil 1116.

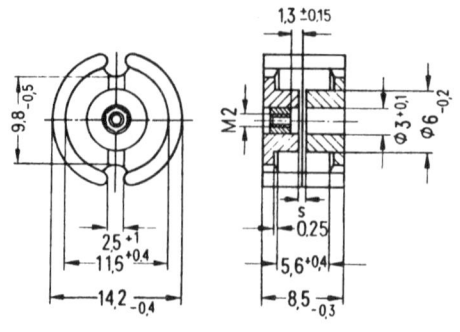

Magnetische Formkenngrößen

Magn. Formfaktor	$\Sigma l/A =$	$0{,}80 \text{ mm}^{-1}$
Eff. magn. Weglänge	$l_e =$	20 mm
Eff. magn. Querschnitt	$A_e =$	25 mm²
Min. Kernquerschnitt[1]	$A_{min} =$	19 mm²
Eff. magn. Volumen	$V_e =$	500 mm³

Satzgewicht ca. 3,2 g

Ausführung

mit Gewindehülse
ohne Gewindehülse

A_L-Wert		SIFERRIT-Werkstoff	Gesamt-luftspalt s (ca.)	effektive Permeabilität
nH	Toleranz		mm	μ_e
mit Luftspalt				
20		K 12	2,0	12,7
40	±3% ≙A	K 1	1,0	25,4
40		M 33	0,9	25,4
100			0,3	64
160	±2% ≙G		0,16	102
250		N 48	0,1	159
315	±3% ≙A		0,08	201
400			0,05	255
ohne Luftspalt				
140		K 1		89
2100	$^{+30}_{-20}$% ≙R	N 26		1340
2800		N 41		1780
4200		N 30		2670
9000	$^{+40}_{-30}$% ≙Y	T 38		5720

Daten der Schalenkerne ⌀ 18 x 11

Schalenkerne nach DIN 41293 bzw. IEC-Publikation 133.
Kerne nach DIN 45970, Teil 1117.

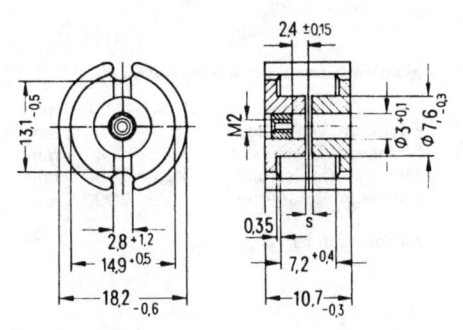

Magnetische Formkenngrößen

Magn. Formfaktor $\Sigma\, l/A =$ 0,60 mm^{-1}
Eff. magn. Weglänge $l_e =$ 25,9 mm
Eff. magn. Querschnitt $A_e =$ 43 mm^2
Min. Kernquerschnitt [1]) $A_{min} =$ 35 mm^2
Eff. magn. Volumen $V_e =$ 1120 mm^3

Satzgewicht ca. 6,0 g

Ausführung

mit Gewindehülse
ohne Gewindehülse

A_L-Wert		SIFERRIT-Werkstoff	Gesamt-luftspalt s (ca.)	effektive Permeabilität
nH	Toleranz		mm	μ_e
mit Luftspalt				
25		K 12	2,35	12
40		K 1	1,6	19,2
63	±3% ≙ A		0,9	30,2
63			1,1	30,2
100		M 33	0,6	47,9
160			0,25	77
160	±2% ≙ G		0,32	77
250			0,2	120
315	±3% ≙ A	N 48	0,15	151
400			0,1	192
500			0,07	240
630	±10% ≙ K	N 26	0,05	302
ohne Luftspalt				
180		K 1		86
2800	+30/−20 % ≙ R	N 26		1340
3900		N 41		1860
5600		N 30		2670
1200	+40/−30 % ≙ Y	T 38		5730

Daten der Schalenkerne ⌀ 22 x 13

Schalenkerne nach DIN 41293 bzw. IEC-Publikation 133.
Kerne nach DIN 45970, Teil 1118.

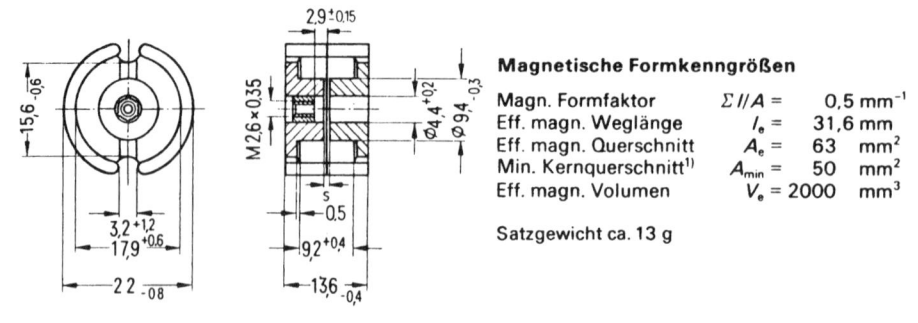

Magnetische Formkenngrößen

Magn. Formfaktor	$\Sigma l/A =$	$0,5$ mm^{-1}
Eff. magn. Weglänge	$l_e =$	$31,6$ mm
Eff. magn. Querschnitt	$A_e =$	63 mm^2
Min. Kernquerschnitt[1]	$A_{min} =$	50 mm^2
Eff. magn. Volumen	$V_e =$	2000 mm^3

Satzgewicht ca. 13 g

Ausführung

mit Gewindehülse
ohne Gewindehülse

A_L-Wert		SIFERRIT-Werkstoff	Gesamt-luftspalt s (ca.)	effektive Permeabilität
nH	Toleranz		mm	μ_e
mit Luftspalt				
40	±3% ≙ A	K 1	1,4	15,9
63			1,3	25
100		M 33	0,9	39,8
160			0,7	64
160	±2% ≙ G		0,5	64
250			0,26	100
315	±3% ≙ A	N 48	0,22	125
400			0,16	159
500			0,14	199
630			0,10	250
1250	±10% ≙ K	N 26	0,05	498
ohne Luftspalt				
9220	+30/−20 % ≙ R	K 1		86
3800		N 26		1510
4900		N 41		1950
7000		N 30		2780
16000	+40/−30 % ≙ Y	T 38		6360

B Doppellochkerne für Symmetrieübertrager PHILIPS

Ferroxcube-Doppellochkerne nach *Abb. 3.5.5-4* dienen zum Aufbau von Symmetrie-Übertragern im Antenneneingang von UKW- und Fernsehempfängern.
Durch die Verwendung weichmagnetischer Materialien wird eine gute Kopplung von Primär- und Sekundärseite erzielt. Die Verluste und damit das Eigenrauschen werden demzufolge gering gehalten. Das Kernmaterial muß also in dem jeweiligen Frequenzbereich eine hohe Anfangspermeabilität sowie einen niedrigen tan δ aufweisen.

Material	Bezeichnung	Länge l mm
FXC 4B1	G 14 × 14/4B1	14 ± 0,4
FXC 4B1	G 8 × 14/4B1	8 ± 0,3

Abb. 3.5.5-4

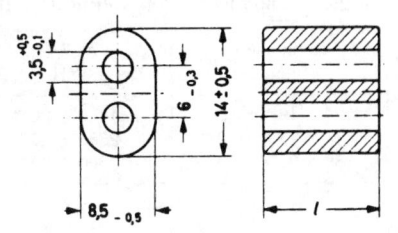

C Ringkerne für Breitband- und Impulsübertrager PHILIPS

Ringkerne aus hochpermeablem Ferroxcube nach *Abb. 3.5.5-5* haben praktisch kein Streufeld. Sie eignen sich daher besonders für den Bau von Übertragern mit hohen Symmetrieanforderungen, ferner für Breitbandübertrager, Impulsübertrager und für Übertrager mit hoher Induktivität bei kleinstem Volumen. Trotz des geschlossenen magnetischen Kreises sind die Verluste im FXC-Ringkern niedrig.
Die Ferroxcube-Sorte ist ersichtlich aus der FXC-Kennfarbe des Epoxydharzes. Die Dicke der Isolationsschicht beträgt ca. 0,3 mm. Wenn keine besonderen Isolationsforderungen vorliegen, können die Ringe unmittelbar bewickelt werden.

Abb. 3.5.5-5

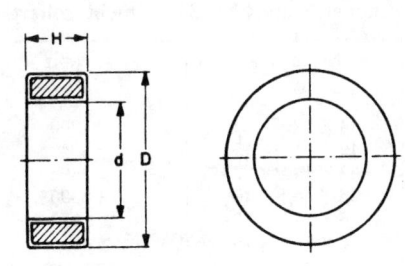

1007

Nennmaße und Toleranzen einschließlich Isolationsschicht aus Rilsan

Abmessungen			magn. Daten	
D mm	d mm	H mm	l_e mm	A_e mm²
4,3 ± 0,2	1,9 ± 0,2	1,4 ± 0,2	9,4	0,99
6,3 ± 0,25	3,7 ± 0,25	2,3 ± 0,2	15,5	2,0
9,4 ± 0,3	5,6 ± 0,3	3,4 ± 0,2	23,3	4,5
14,5 ± 0,4	8,5 ± 0,35	5,5 ± 0,25	35,5	12,5
23,6 ± 0,7	13,4 ± 0,55	7,6 ± 0,4	57,0	31,5
29,6 ± 0,7	18,4 ± 0,60	8,1 ± 0,4	75,0	37,30
36,6 ± 0,9	22,4 ± 0,7	10,6 ± 0,4	92,0	64,8
36,6 ± 0,9	22,4 ± 0,7	15,6 ± 0,4	92,0	97,7

Nennmaße und Toleranzen für nicht isolierte Ringe FCX 3C11

Abmessungen			magn. Daten	
D mm	d mm	H mm	l_e mm	A_e mm²
14,0 ± 0,4	9,0 ± 0,4	5,0 ± 0,3	35,0	11,8
19,0 ± 0,4	10,6 ± 0,3	15,0 ± 0,3	44,0	61,2
23,0 ± 0,5	14,0 ± 0,35	7,0 ± 0,3	56,0	28,0
26,0 ± 0,55	14,5 ± 0,45	10,0 ± 0,3	60,0	55,0
26,0 ± 0,55	14,5 ± 0,45	20,0 ± 0,45	60,0	111
36,0 ± 0,7	23,0 ± 0,5	15,0 ± 0,4	92,0	92,0

Ringkerne aus FXC 3E1; Kennfarbe grün

Nennmaße mm	A_L-Wert nH
29 × 19 × 7,5	1685 ± 20 %
36 × 23 × 10,0	2385 ± 20 %
36 × 23 × 15,0	3600 ± 20 %

Ringkerne aus FXC 3E2; Kennfarbe blau

Nennmaße mm	A_L-Wert nH
4 × 2,2 × 1,1	≥ 657
6 × 4 × 2	≥ 810
9 × 6 × 3	≥ 1215
14 × 9 × 5	≥ 2200
23 × 14 × 7	≥ 3470

Ringkerne aus FXC 3H2; Kennfarbe grau

Nennmaße mm	A_L-Wert nH
4 × 2,2 × 1,1	302 ... 407
6 × 4 × 2	373 ... 502
9 × 6 × 3	559 ... 753
14 × 9 × 5	1014 ... 1366
23 × 14 × 7	1596 ... 2151

Ringkerne aus FXC 4C6; Kennfarbe violett

Nennmaße mm	A_L-Wert nH
6 × 4 × 2	≥ 16,2
9 × 6 × 3	≥ 24,3
14 × 9 × 5	≥ 44,0
23 × 14 × 7	≥ 69,4
36 × 23 × 15	≥ 133

Ringkerne aus FXC 3C11; nicht isoliert

Nennmaße mm	A_L-Wert nH
14 × 9 × 5	≥ 1300
19 × 11 × 15	≥ 5240
23 × 14 × 7	≥ 1895
26 × 14,5 × 10	≥ 3500
26 × 14,5 × 20	≥ 7970
36 × 23 × 15	≥ 4050

3.5.6 Übertrager mit vernachlässigbaren Verlusten

A Übersetzungsverhältnis, Transformationen und Induktivitätsermittlung bei verlustarmen Übertragern

Das Übersetzungsverhältnis eines Übertragers bildet die Grundlage für alle weiteren Betrachtungen.

Im allgemeinen wird zunächst

$$\ddot{u} = \frac{n_1}{n_2}$$

geschrieben. Dabei ist

$\ddot{u} > 1$ bei $n_1 > n_2$

und

$\ddot{u} < 1$ bei $n_2 > n_1$.

Weiter läßt sich bei Übersetzungsverhältnissen besonders bei NF- und HF-Ferritkernübertragern mit der Induktivität einer Wicklung und mit dem A_L-Wert gut rechnen, da dieser über die geforderte oder bekannte Induktivität einer Wicklung mit

$$L = A_L \cdot n^2; \text{ entsprechend } n = \sqrt{\frac{L}{A_L}}$$

festgelegt ist. Der A_L-Wert ist meistens als A_L [nH] angegeben, wodurch sich die Induktivität ebenfalls in [nH] ergibt.

Die relative Permeabilität μ_r eines Kernmaterials wird vom Hersteller angegeben. Der Wert von A_L ermittelt sich daraus mit

$\mu_o = 4 \cdot \pi = 12{,}56$ [nH/cm] (magnetische Feldkonstante) zu:

$$A_L \approx 1{,}256 \cdot 10^{-8} \cdot \mu_{eff} \cdot \frac{A}{\ell} \text{ [H; cm; cm}^2\text{], oder } A_L \approx 12{,}6 \cdot \mu_{eff} \cdot \frac{A}{\ell} \text{ [nH; cm}^2\text{; cm].}$$

Dabei ist A die Fläche des Kernes, der durch die Spule führt, sowie ℓ die mittlere Weglänge des Kernes. Werte von μ_r liegen im Bereich von $50\ldots100\,000$. Bei Trafoblechen ist $\mu_r \approx 500\ldots5000$ siehe Abschnitt 3.5.8. Diese Werte sind sowohl von der Gleichstromdurchflutung als auch von einem aus diesem Grunde festgesetzten Luftspalt – einseitige Schichtung oder Klebespalt bei Ferritmaterial – abhängig. Es ergibt sich daraus ein effektiver Wert μ_{eff} der Permeabilität, der im grundlegenden Verlauf aus der Kurve in *Abb. 3.5.6-3* zu ersehen ist. Diese Kurven sind weiter stark abhängig vom verwendeten Kernmaterial und gelten somit nur als Anhaltspunkte.

Es ist $\mu_{eff} = \dfrac{\text{Induktion mit Stoff im Magnetfeld}}{\text{Induktion ohne Stoff im Magnetfeld}}$.

Nähere Angaben über μ_{eff} sind dem Sachregister zu entnehmen.

Nach *Abb. 3.5.6-1* ergeben sich folgende Transformationsverhältnisse.

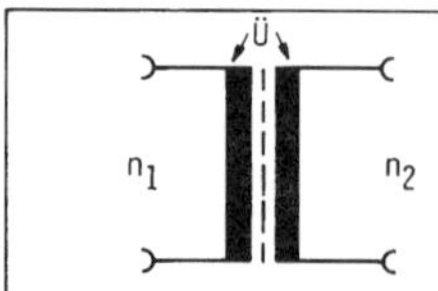	Übersetzungsverhältnis Windungszahl A_L-Faktor	$ü = \dfrac{n_1}{n_2}$ $L_1 = A_L \cdot n_1^2$ $L_2 = A_L \cdot n_2^2$
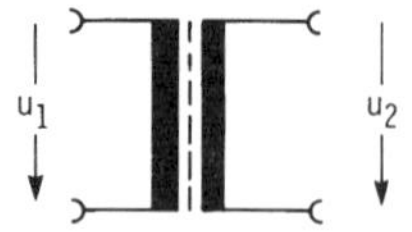	Spannung	$ü = \dfrac{u_1}{u_2}$
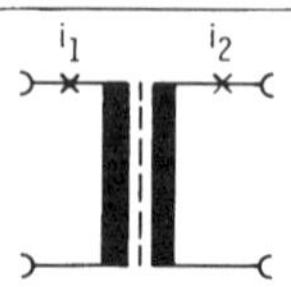	Strom	$ü = \dfrac{i_2}{i_1}$
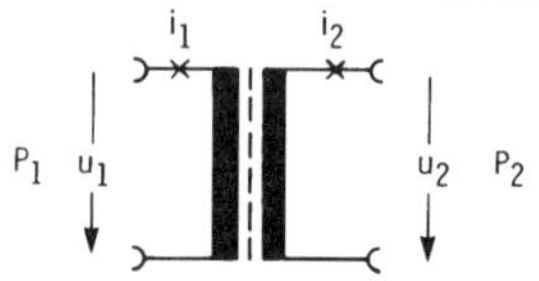	Leistung	$P_1 = P_2$ $u_1 \cdot i_1 = u_2 \cdot i_2$
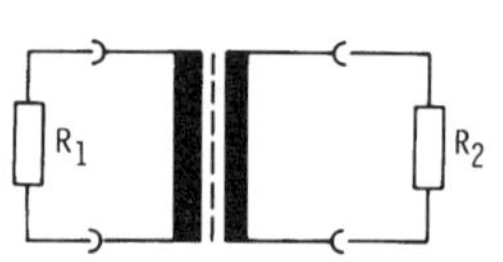	Widerstandstransformation	$ü = \sqrt{\dfrac{R_1}{R_2}}$ $ü^2 = \dfrac{R_1}{R_2}$
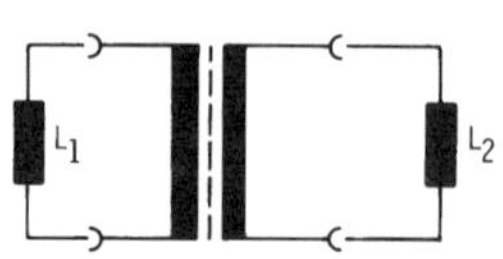	Induktivitätstransformation	$ü = \sqrt{\dfrac{L_1}{L_2}}$ $ü^2 = \dfrac{L_1}{L_2}$
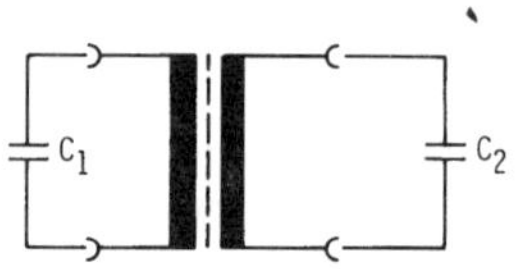	Kapazitätstransformation	$ü = \sqrt{\dfrac{C_2}{C_1}}$ $ü^2 = \dfrac{C_2}{C_1}$
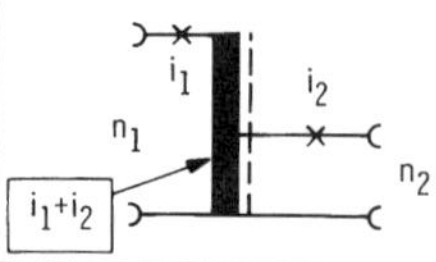	"Spar-Autotrafo"	$ü = \dfrac{n_1}{n_2}$

Abb. 3.5.6-1 Übersetzungsverhältnisse von Transformatoren

3.5 Spulen und Übertrager – Bauformen, Anwendungen und Daten

Für die Abmessungen ℓ und A nach *Abb. 3.5.6-2* gilt allgemein – siehe auch 3.5.8

$$L \approx 12{,}56 \cdot \mu_{\text{eff}} \cdot \frac{n^2 \cdot A}{\ell} \quad [\text{nH; cm}^2; \text{cm}].$$

Darin ist: n = Windungszahl [ℓ]
A = Eisenquerschnitt (Fläche) [cm^2]
ℓ = mittlere Eisenweglänge [cm]

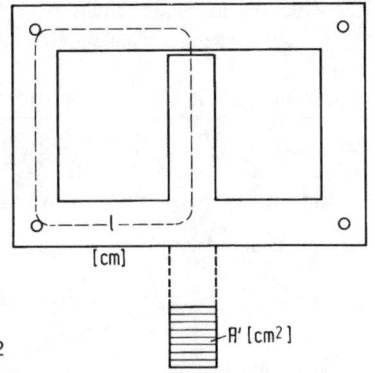

Abb. 3.5.6-2

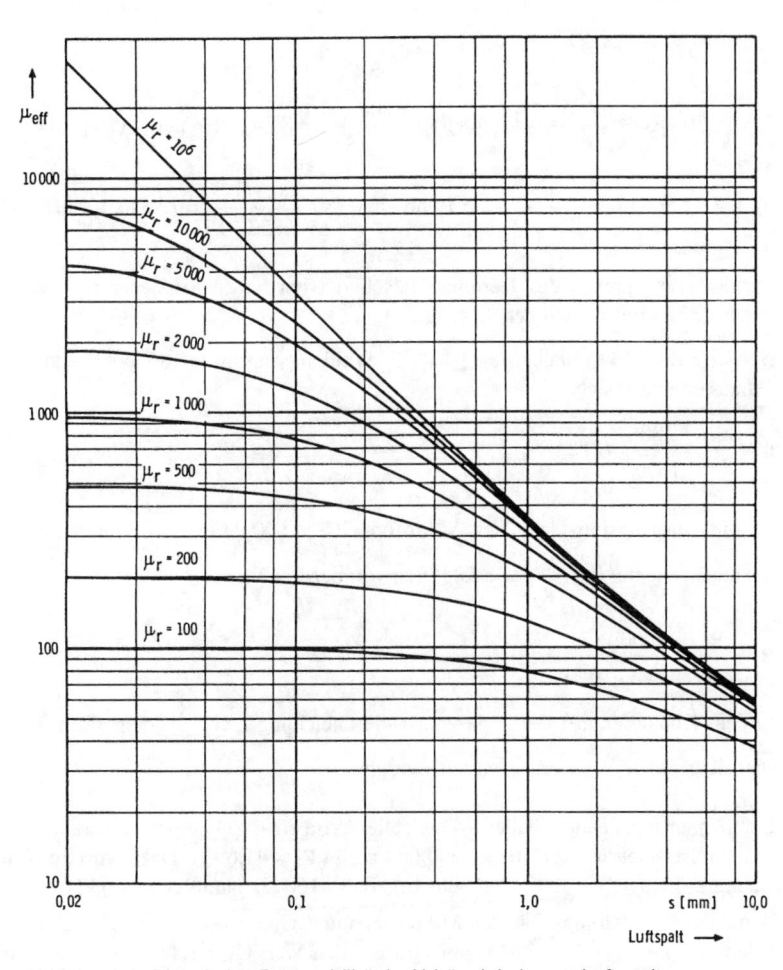

Abb. 3.5.6-3 Die relative Permeabilität in Abhängigkeit vom Luftspalt

Der wirksame Eisenquerschnitt A ist kleiner als der gemessene A', da sich A aufgrund der Papier- und Lackzwischenlagen verringert. Dafür gelten folgende Werte:

Blechstärke:	0,35 mm	0,5 mm	
$\varphi \approx$	0,91 ... 0,95	0,85 ... 0,93;	somit wird $A = \varphi \cdot A'$.

Ein Luftspalt s verringert den A_L-Wert stark.

Hier gilt dann mit dem Luftspalt s:

$$A_L \approx 12{,}56 \cdot \mu_{eff} \cdot \frac{A}{\ell + \mu_{eff} \cdot s} \quad [\text{nH; cm}^2; \text{cm}] \text{ mit s als Luftspaltlänge in Abb. 3.5.6-2.}$$

Beispiel (siehe hier auch das Beispiel in 3.5.8-A)
a) ohne Luftspalt ist L zu ermitteln mit n = 200; ℓ = 15 cm; A = 3 cm²; μ_{eff} = 850; s = 0
b) die gleiche Rechnung mit s = 1 mm.

a) mit $A_L = \dfrac{L}{n^2}$ ist

$$L \approx 12{,}56 \cdot \mu_{eff} \cdot \frac{n^2 \cdot A}{\ell} = 12{,}56 \cdot 850 \cdot \frac{200^2 \cdot 3}{15} = 85{,}41 \cdot 10^6 \text{ nH} = 85{,}41 \text{ mH}.$$

b) $L \approx 12{,}56 \cdot \mu_{eff} \cdot \dfrac{n^2 \cdot A}{\ell + \mu_{eff} \cdot s} = 12{,}56 \cdot 850 \cdot \dfrac{200^2 \cdot 3}{15 + 850 \cdot 0{,}1} = 12{,}81 \cdot 10^6 \text{ nH} = 12{,}81 \text{ mH}.$

Die Sättigungsgrenze des Kernmaterials bildet bei hoher Aussteuerung (Hysteresisschleife) einen starken Einfluß auf den A_L-Wert.

Beispiel: Ein Mikrofonübertrager hat die Windungszahl n_1 = 180 Wgd. und n_2 = 1500 Wdg. Daraus errechnet sich

$$ü = \frac{n_1}{n_2} = \frac{180}{1500} = 0{,}12.$$

Ist die Ausgangsimpedanz des Mikrofons R_1 = 600 Ω, so wird diese Impedanz auf die Sekundärseite mit $ü^2 = \dfrac{R_1}{R_2}$ wie folgt transformiert:

$$R_2 = \frac{R_1}{ü^2} = \frac{600 \text{ Ω}}{1{,}44 \cdot 10^{-2}} = 41{,}6 \text{ kΩ}.$$

In dem Nomogramm (*Abb. 3.5.6-4*) ist die Gleichung $ü^2 = \dfrac{R_1}{R_2}$ dargestellt. Es können damit schnell erforderliche Werte ermittelt werden.

Bei nicht ausreichenden Skalen können alle Werte einer Zehnerpotenz herabgesetzt oder erhöht werden. Beispiel: ü = 0,12 R; R_1 = 600 Ω ergibt R_2 = 41,6 kΩ. Dazu wird im Nomogramm gewählt: ü' = 1,2; R'_1 = 6000 Ω; R'_2 als Ergebnis 4160 Ω; damit R_2 = 41,6 kΩ.
Beträgt die Primärkapazität der Mikrofonleitung C_1 = 680 pF, so wird dieser Wert auf die Sekundärseite mit $C_2 = ü^2 \cdot C_1$ zunächst auf den Wert $C_2 = 1{,}44 \cdot 10^{-2} \cdot 680 \cdot 10^{-12}$ = 9,8 pF reduziert. Aus der Praxis ergibt sich hier die gegenteilige Betrachtung mit dem Wert von C'_2 =

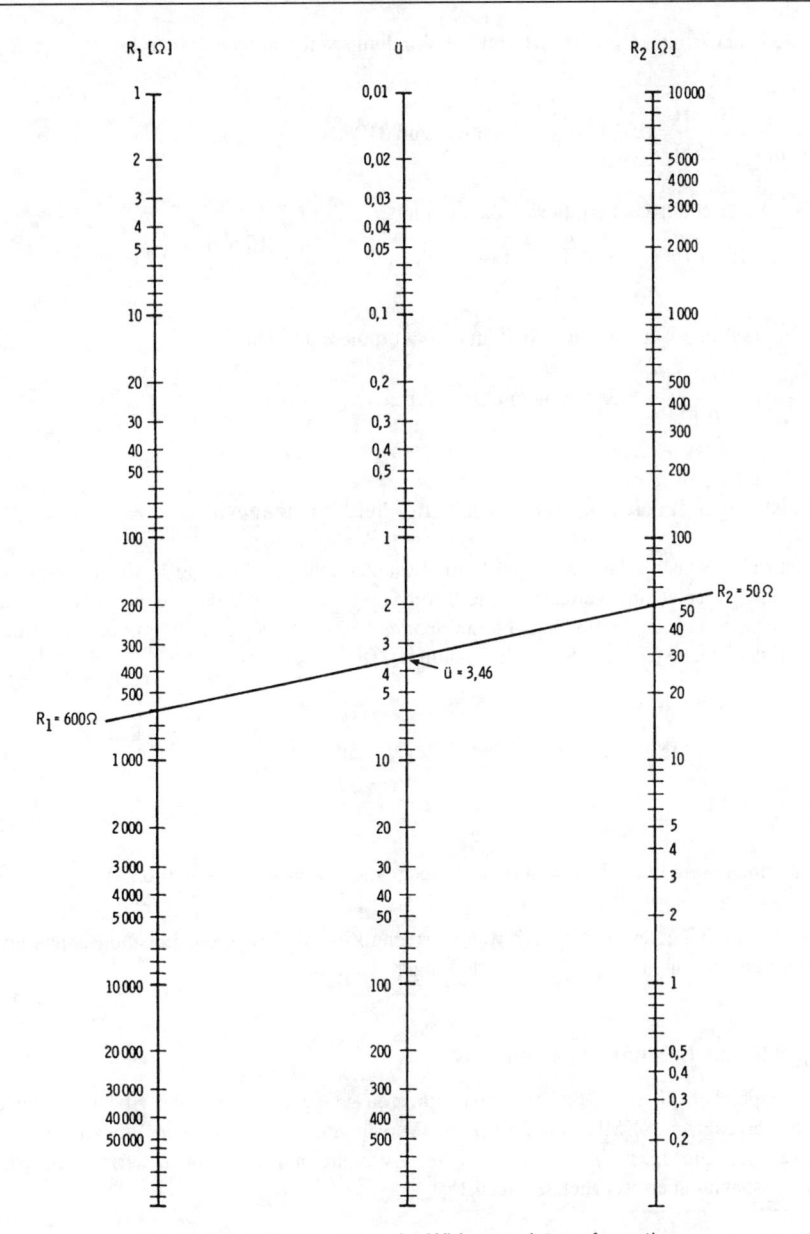

3.5 Spulen und Übertrager – Bauformen, Anwendungen und Daten

Abb. 3.5.6-4 Nomogramm der Widerstandstransformation

270 pF als Verstärkereingangskapazität. Diese Kapazität belastet den Primärkreis mit $C_1 = \dfrac{270 \text{ pF}}{1{,}44 \cdot 10^{-2}} = 18{,}75$ nF ! In diesen Größenordnungen können Betrachtungen der Primärresonanz und der möglichen Einschränkung der oberen Grenzfrequenz des Übertragungssystems angestellt werden.

Bei einer Induktivität $L_1 = 10$ mH und der Windungszahl von $n_1 = 180$ ergibt sich ein A_L-Wert von

$$A_L = \frac{L_1}{n_1^2} = \frac{10 \text{ mH}}{32400} = 0{,}31 \cdot 10^{-6} \text{ H, entsprechend 310 nH.}$$

Die Sekundärinduktivität ergibt sich dadurch mit

$L = 0{,}31 \cdot 10^{-6} \cdot 1500^2 = 0{,}7$ H. $\quad$ Entsprechend $L_2 = \dfrac{L_1}{ü^2} = \dfrac{10 \text{ mH}}{0{,}12^2} = 0{,}7$ H.

Beträgt die Primärspannung $u_1 = 0{,}75$ mV, so wird diese auf den Wert

$$u_2 = \frac{u_1}{ü} = \frac{0{,}75 \text{ mV}}{0{,}12} = 6{,}25 \text{ mV heraustransformiert.}$$

B Leistungsbetrachtung und Anpassung bei Übertragern

Bei dem als verlustlos betrachteten Übertrager entspricht die Leistung P_1 der Leistung P_2. Es tritt je nach Übersetzungsverhältnis eine Strom- und Spannungsänderung auf. Wird ein 220-V-Transformator, dessen Sekundärseite eine Spannung $u_2 = 22$ V aufweist, mit einem Strom von 2 A belastet, so entsteht eine Sekundärleistung von

$P_2 = i_2 \cdot u_2 = 2 \text{ A} \cdot 22 \text{ V} = 44$ W.

Aufgrund des Übersetzungsverhältnisses von

$$ü = \frac{220 \text{ V}}{22 \text{ V}} = 10$$

ist der Primärstrom nur $0{,}1 \cdot I_2 = 200$ mA, entsprechend $i_1 = \dfrac{i_2}{ü} = \dfrac{2 \text{ A}}{10} = 0{,}2$ A.

Für viele Einsatzgebiete in der Übertragungstechnik ist die Frage der Leistungsanpassung sowie der Leistungsanpassung bei Lastverteilungen von Interesse.

Beispiel für die Leistungsanpassung:

Ein Lautsprecher mit $R_i = 16$ Ω wird als Mikrofon – Gegensprechanlage – benutzt. Der Lautsprecher erzeugt eine EMK von 2 mV. Der Verstärkereingang hat einen Eingangswiderstand von 12 kΩ. Um hier eine größtmögliche Spannung am Eingang zu erzeugen, ist eine Leistungsspannung erforderlich. Zunächst ist

$$ü = \sqrt{\frac{R_1}{R_2}} = \sqrt{\frac{16}{12 \cdot 10^3}} = 0{,}0365.$$

Damit errechnet sich die Spannungsübertragung, wenn als

$$u_1 = \frac{\text{EMK}}{2} = \frac{2 \text{ mV}}{2} = 1 \text{ mV}$$

angenommen wird, wie folgt: $u_2 = \dfrac{u_1}{ü} = \dfrac{1 \text{ mV}}{0{,}0365} = 27{,}4$ mV.

Beispiel für die Leistungsverteilung:

Ein 120-W-HiFi-Verstärker mit 100-V-Normausgang soll an zwei Lautsprechern L_a: 50 W mit 8 Ω und L_b: 70 W mit 16 Ω angeschlossen werden.

Ermittelt werden soll $ü_a$; $ü_b$; i_1; R_1.

$ü_a$: Es ist $u_a = \sqrt{P_a \cdot R_a} = \sqrt{50\ W \cdot 8\ \Omega} = 20\ V$.

Damit wird

$$ü_a = \frac{100\ V}{20\ V} = 5.$$

$ü_b$: Es ist $u_b = \sqrt{P_b \cdot R_b} = \sqrt{70\ W \cdot 16\ \Omega} = 33{,}46\ V$.

Damit wird

$$ü_b = \frac{100\ V}{33{,}46\ V} = 2{,}99.$$

i_1: Aus der Summe der Leistung von $P_a + P_b = 120\ W$ ist $i_1 = \dfrac{120\ W}{100\ V} = 1{,}2\ A$.

R_1: Aus $R_1 = \dfrac{u_1}{i_1}$ wird $R_1: \dfrac{100\ V}{1{,}2\ A} = 83{,}3\ \Omega$.

C Grenzfrequenzen und Induktivitäten des Übertragers

Bei einem niederfrequenten Einsatz eines Übertragers lassen sich die Größen von ü, R_1 und R_2 oftmals einfach ermitteln. – Hier sei aber bei der Betrachtung der induktiven Komponente besonders auf den Abschnitt 3.5.7 und 3.5.8 und 3.5.6-D hingewiesen. – Es fehlt in vielen Fällen der Ansatz für die Windungszahl. Maßgebend für die Windungszahl ist die untere Grenzfrequenz f_u, welche die Mindestinduktivität der Primärwicklung festlegt. Dafür wiederum ist der maximal zur Verfügung stehende Steuerstrom des Primärtreibers maßgebend. Nach Abb. 3.5.6-5 ist zu erkennen, daß die Primärseite aus dem transformierten Widerstand $R_1 = ü^2 \cdot R_2$ besteht, zu dem die Induktivität L_1 parallel geschaltet ist. Nach der Gleichung ist der wirksame

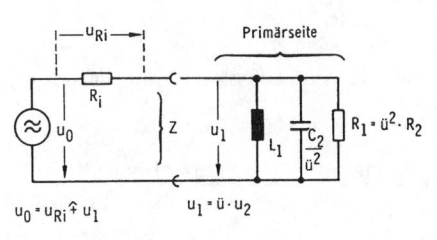

$$Z = \frac{1}{\sqrt{\left(\dfrac{1}{R_1}\right)^2 + \left(\dfrac{1}{L_1}\right)^2}}$$

Abb. 3.5.6-5 Die Frequenzabhängigkeit der Primärseite

Wert Z bei $R_1 = \omega \cdot L_1$ auf den 0,7fachen Betrag gesunken. Bei $\omega \cdot L_1 \approx 10 \cdot R_1$ kann der Einfluß von L_1 zunächst außer acht gelassen werden, da nach Abb. 3.5.6-5 sich die Z-Kurve asymptotisch der Geraden R_1 nähert und somit das Übersetzungsverhältnis ü die Übertragungsgröße bestimmt; denn bei $\omega \cdot L_1 < 10 \cdot R_1$ fällt ein Teil der Spannung u_o als $i_1 \cdot R_i = u_{Ri}$ ab und steht somit der steuernden Primärspannung nicht mehr zur Verfügung. (Siehe dazu den Frequenzgang in Abb. 3.5.6-5.)

Für die Auswahl des Kerntyps gelten hinsichtlich der Leistung ähnliche Überlegungen, wie diese später im Abschnitt über Netztransformatoren festgelegt sind.

Nach *Abb. 3.5.6-6* sind im Zusammenhang mit Abb. 3.5.6-5 folgende Beziehungen gegeben: Die Induktivität kann rechnerisch nur als L_1 oder L_2 angegeben werden – je nachdem, auf welche Seite diese bezogen wird.

Es ist $L_1 = \dfrac{L_2}{ü^2}$.

Der Primärstrom i_1 entspricht der Summe von $i_1 = i_{leer} + \dfrac{\hat{i}_2}{ü}$.

Abb. 3.5.6-6 Die Umrechnung von der Sekundär- auf die Primärseite und umgekehrt

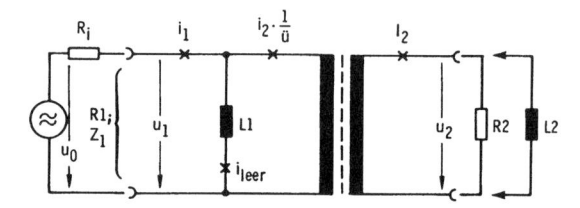

Mit R_2 als Abschluß ist der Eingangswiderstand

$$Z_1 = R_1 = j\omega \cdot L_1 \parallel ü^2 \cdot R_2 = \dfrac{j\omega \cdot L_1 \cdot ü^2 \cdot R_2}{j\omega \cdot L_1 + ü^2 \cdot R_2}.$$

Nach Abb. 3.5.6-6 ist auch in Abb. 3.5.7-2b bei einer Einspeisung des Übertragers über einen Generator mit Innenwiderstand R_i

$$u_1 = \dfrac{u_o \cdot R_1}{R_i \cdot R_1},$$

wobei R_1 einen komplexen Wert annehmen kann.

Weiter ist

$$u_2 = \dfrac{u_1}{ü} = \dfrac{u_o \cdot j\omega \cdot L_1 \cdot ü \cdot R_2}{j\omega \cdot L_1 \cdot ü^2 \cdot R_2 + R_i \cdot (j\omega \cdot L_1 + ü^2 \cdot R_2)}$$

Die Bemessung von L_1 für die untere Grenzfrequenz (– 3 dB) mit $R_i = Z$ ist

$$L_1 = \dfrac{ü^2 \cdot R_2 \cdot R_i}{\omega_u \cdot (ü^2 \cdot R_2 + R_i)}$$

Oder mit $ü^2 \cdot R_2 = R_1$ ist $\quad L_1 = \dfrac{R_1 \cdot R_i}{\omega_u \cdot (R_1 + R_i)}$.

3.5 Spulen und Übertrager – Bauformen, Anwendungen und Daten

Auch hier ist wieder nach Abschnitt 3.5.7 zu überlegen, ob die erweiterte Gleichung mit den Serienwiderständen r_1 oder r_2 Verwendung finden muß.

Für die untere Grenzfrequenz f_u gilt

$$f_u = \frac{R_1 \cdot R_i}{2 \cdot \pi \cdot L_1 \cdot (R_1 + R_i)}$$

Bei Leistungsanpassung ist $R_i = ü^2 \cdot R_2$; dann ist zu wählen

$$L_1 = \frac{R_i}{2 \cdot \omega_1} \text{ mit } \omega_1 = 2 \cdot \pi \cdot f_u.$$

Die Werte von L_1 können entsprechend der Gleichung $n = \sqrt{\dfrac{L_1}{A_L}}$ ermittelt werden.

Sollen weitere Betrachtungen im Bereich von f_u angestellt werden, so kann mit einem Reduktionsfaktor

$$a = \frac{b}{\sqrt{1-b^2}}$$

wie folgt gerechnet werden. Es ist dann $L_a \approx a \cdot L$. Mit $b = \dfrac{u_r}{u_m}$

sind folgende Werte zu ermitteln (u_r = reduzierte Spannung im Bereich um f_u, sowie u_m = Spannung im Frequenzgebiet $\geq \omega_2$, also $u_m \approx 100\%$). Es kann für b auch ein beliebiger Wert zwischen $\approx 5\% \ldots 100\%$, entsprechend $0,05 \ldots 1$ gewählt werden.

Beispiel: Die Spannung an der Primärseite soll bei Leistungsanpassung und der Frequenz f_a nur um 15% sinken. Dann ist mit $b = \dfrac{1-0,15}{1} = 0,85$

$$a = \frac{0,85}{\sqrt{1-0,85^2}} = 1,61.$$

Demmnach ist dann

$$L_{la} \approx 1,61 \cdot \frac{R_i}{2 \cdot \omega_a}.$$

Sind im Übertragungskanal mehrere Glieder, an die im Bereich der gleichen, unteren Grenzfrequenz ähnliche Forderungen gestellt werden, so wird der Faktor b wie folgt erhöht:

$b' = \sqrt[2 \cdot n]{b}$ (n = Zahl der Korrekturstellen).

Sind nach dem obigen Beispiel vier Stellen zu betrachten, so wird für den Übertrager – und auch für die übrigen Stellen – eine Erhöhung von $b = 0,85$ auf

$b' = \sqrt[2 \cdot 4]{0,85} = 0,98$

erforderlich. Damit wird $\quad a' = \dfrac{0,98}{\sqrt{1-0,98^2}} = 4,9.$

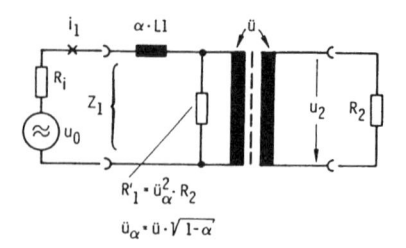

Abb. 3.5.6-7
Berechnung von f_o mit der Streuinduktiviät α

Für die obere Grenzfrequenz f_o steigt die Induktivität des Transformators an. Das erfordert für den Generator bei gleichem Steuerstrom eine höhere Wechselspannung. Hier sind folgende Grenzbetrachtungen anzustellen. Nach *Abb. 3.5.6-7* ist ein Ersatzschaltbild aufgebaut mit der Streuinduktivität $\alpha \cdot L_1$. Der Wert von $\alpha \cdot L$, der kleiner als eins ist, wird in der Praxis wie folgt bestimmt: Im Leerlauffall wird L_{IL} gemessen, danach bei kurzgeschlossener Sekundärseite erneut als L_{IK}. Dann ist

$$\alpha = \frac{L_{IK}}{L_{IL}}.$$

Weiter ist

$$\ddot{u}_\alpha = \ddot{u} \cdot \sqrt{1 - \alpha}.$$

Für bestimmte Umrechnungen ist

$$\alpha = 1 - k^2 \text{ entsprechend } k = \sqrt{1 - \alpha} = \frac{M}{\sqrt{L_1 \cdot L_2}} \leq 1 \text{ mit}$$

M = Gegeninduktivität
k = Kopplungsfaktor
α = Streufaktor
(kleine Streuung bedeutet $k \approx 1$ sowie $\alpha \approx 0$.)

Es stellen sich nach weiteren Rechnungen folgende Gleichungen ein:

$$Z_1 = j\omega \cdot \alpha \cdot L_1 + \frac{j\omega \cdot (1-\alpha) \cdot L_1 \cdot \ddot{u}_\alpha^2 \cdot R_2}{j\omega \cdot (1-\alpha) \cdot L_1 + \ddot{u}_\alpha^2 \cdot R_2}$$

$$u_2 = \frac{u_o \cdot \ddot{u}_\alpha^2 \cdot R_2}{R_i + j\omega \cdot \alpha \cdot L_1 + \ddot{u}_\alpha^2 \cdot R_2}$$

Die obere Grenzfrequenz mit – 3 dB ist erreicht bei

$$f_o = \frac{R_i + \ddot{u}_\alpha^2 \cdot R_2}{2 \cdot \pi \cdot \alpha \cdot L_1}.$$

Soll das Verhältnis von f_o und f_u betrachtet werden, so ist

$$\frac{f_o}{f_u} = \frac{(R_i + \ddot{u}_\alpha^2 \cdot R_2)^2}{\alpha \cdot R_i \cdot \ddot{u}_\alpha^2 \cdot R_2}.$$

Bei Leistungsanpassung mit $R_i = R_I = \ddot{u}_\alpha^2 \cdot R_2$ ist $\dfrac{f_o}{f_u} = \dfrac{4}{\alpha}$.

Der Resonanzpunkt ist gegeben bei

$$f_o = \frac{1}{2 \cdot \pi \cdot \sqrt{L_\alpha \cdot C_o}} \text{ mit } C_o \text{ als transformierte Wicklungskapazität.}$$

In allen Fällen sind nach Abschnitt 3.5.7 vorhandene weitere Verlustwiderstände einzubeziehen. Aus den obigen Gleichungen ist weiter ersichtlich, daß der Widerstand Z_1 immer eine induktive Komponente erhält, wenn die Sekundärseite mit einem ohmschen Widerstand abgeschlossen wird.

Beispiel: Es ist $R_i = 50 \, \Omega$, ü = 0,4; $R_2 = 600 \, \Omega$; $\alpha = 0{,}08$; $L_1 = 10$ mH; mit $ü_\alpha = \sqrt{1 - 0{,}08} = 0{,}153$. Dann ist

$$f_o = \frac{50 \, \Omega + 0{,}153 \cdot 600}{2 \cdot \pi \cdot 0{,}08 \cdot 10 \cdot 10^{-3}} = 28{,}2 \text{ kHz.}$$

D Die erforderliche Induktivität bei der unteren Grenzfrequenz (Beispiel)

Nach *Abb. 3.5.6-8* ist mit $R_i = R_1$ (R_i = Generatorwiderstand) für den streuarmen Transformator

$$ü = \frac{U_1}{U_2} = \sqrt{\frac{R_1}{R_2}}$$

Mit $R_1 = ü^2 \cdot R_2$ wird $\omega \cdot L_1 = \dfrac{R_1 \cdot ü^2 \cdot R_2}{R_1 + ü^2 \cdot R_2}$

und $L_1 = \dfrac{1}{2 \cdot \pi \cdot f_u} \cdot \dfrac{R_1 \cdot ü^2 \cdot R_2}{R_1 + ü^2 \cdot R_2}.$

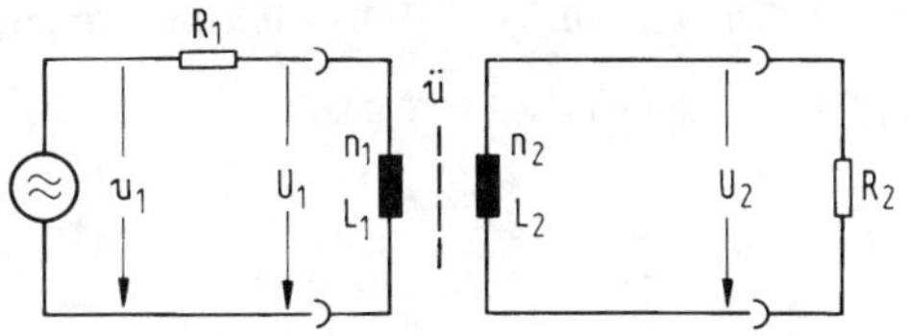

Abb. 3.5.6-8

Mit $R_1 = R_2$ (Leistungsanpassung) ist $L_1 = \dfrac{R}{4 \cdot \pi \cdot f_u}$. Für die Grenzfrequenz f_u gilt der Spannungsabfall – 3 dB $\triangleq$ 30 %. Soll im Bereich von f_u die Spannung auf einen vorgegebenen Wert absinken, so ist zunächst $b = \dfrac{U_u}{U_m}$. Hierbei ist U_u der gewünschte Abfall bei der unteren Frequenz und U_m die Spannung im Mittelfrequenzgebiet. Aus der Größe b wird ein Korrekturfaktor α wie folgt bestimmt:

$$\alpha = \frac{b}{\sqrt{1 - b^2}}$$

Beispiel: $R_1 = 100 \, \Omega$; $R_2 = 600 \, \Omega$; $f_u = 20$ Hz. Dann ist $ü = \sqrt{\dfrac{100}{600}} = 0{,}4$ und somit

$$L_1 = \frac{1}{2 \cdot \pi \cdot 20} \cdot \frac{100 \cdot 0{,}16 \cdot 60}{100 + 0{,}16 \cdot 600} = 389{,}8 \text{ mH.}$$

Soll bei $f_u = 20$ Hz die Spannung nur um den Faktor b = 0,95 absinken, so ist

$$\alpha = \frac{0{,}95}{\sqrt{1 - 0{,}95^2}} = 3{,}04$$

und somit $L_1' = 3{,}04 \cdot 389{,}8$ mH $= 1{,}185$ H. ist der A_L-Wert des Kernes bekannt, so ist $L_1 = A_L \cdot n_1^2$.

A_L-Werte für gebräuchliche M-Schnitte aus Dynamoblech IV sind wie folgt [A_L in μH]; siehe auch dazu Abb. 3.5.8-4 für die $\mu_r \approx \mu_{eff}$-Werte:

Größe von μ_{eff}	M 20	M 30	M 42	M 55	M 65	M 74	M 102
≈ 400	0,25	0,35	1	1,5	1,8	2,3	2,5
≈ 700	0,45	0,60	1,5	2,5	3,2	4,0	4,5
≈ 700 mit Luftspalt s = 0,5 mm	0,12	0,15	0,40	0,75	1	1,2	1,3

Beispiel: $A_L = 1$ μH. Dann ist mit $L_1 = 390$ mH eine Windungszahl von

$$n_1 = \sqrt{\frac{390 \text{ mH}}{1 \cdot 10^{-3} \text{ }\mu\text{H}}} = 624 \text{ Wdg.}$$

erforderlich. Der A_L-Wert in μH ist entsprechend $A_L \cdot 10^{-3}$ ist mH anzugeben.

Ist der A_L-Wert nicht bekannt, so kann dieser nach $\mu_{eff} \approx \mu_A$ (Tabelle) als

$$A_L \approx 1{,}26 \cdot 10^{-5} \cdot \mu_{eff} \cdot \frac{A}{\ell} \text{ [mH; cm}^2\text{; cm]}$$

ermittelt werden, wobei der μ_{eff}-Wert aus der Kurve 3.5.8-4 entnommen wird.

3.5.7 Übertrager mit Verlusten

Bei Übertragern ist grundsätzlich mit Übertragungsverlusten zu rechnen. Diese setzen sich zusammen aus

– Streuverlusten,
– Magnetisierungsverlusten sowie
– ohmschen Verlusten der Wicklung.

A Wirkungsgrad; Verlustfaktor

Wird bei einem Übertrager der Wirkungsgrad η angegeben, so ist mit $\eta < 1$ dann

$$\eta = \frac{P_2}{P_1}.$$

Der Wirkungsgrad bei Netztransformatoren liegt zwischen $\eta \approx 0{,}75$ bei Übertragern kleiner Leistung und bei $\eta \approx 0{,}96$ bei größeren Leistungstypen. Der Verlustfaktor a ist definiert als

$a = \dfrac{1}{\eta}$. Ist der Wirkungsgrad oder der Verlustfaktor bekannt, so kann die Übertragungsgröße ü entsprechend korrigiert werden, die dann einen rechnerischen Einfluß auf alle übrigen Parameter hat.

Beispiel: Es liegt ein Wirkungsgrad von $\eta = 0{,}8$ vor. Das rechnerische Übersetzungsverhältnis des verlustlosen Übertragers ist

$$\ddot{u} = \frac{u_1}{u_2} = 12.$$

Mit $\eta = 0{,}8$ ist jetzt zu rechnen: $\ddot{u}_{eff} \approx 12 \cdot 0{,}8 = 9{,}6$, um die gewünschte Ausgangsspannung von u_2 zu erhalten.

Beispiel: $\ddot{u} = \dfrac{u_1}{u_2} = \dfrac{220\ V}{18{,}33\ V} = 12$. Im Lastfall sind nur noch $18{,}33 \cdot 0{,}8 \approx 14{,}66\ V$ zu messen

Mit $\ddot{u}_{eff} \approx 9{,}6$ ist u_2 im Leerlauffall $u_2 = \dfrac{220\ V}{9{,}6\ V} = 22{,}91\ V$.

Entsprechend multipliziert mit dem Wirkungsgrad, ergibt sich wieder der Wert von 18,33 V.

B Innenwiderstand eines Übertragers

Der untere A angegebene Verlustfaktor a entspricht u. a. dem Verhältnis der sekundären Leerlaufspannung U_{Lo} zur Lastspannung U_L. Also

$$a = \frac{1}{\eta} = \frac{U_{Lo}}{U_L}.$$

Ist in dem obigen Beispiel $U_{Lo} = 22{,}91\ V$ und $U_L = 18{,}33\ V$, so wird $a = \dfrac{22{,}91}{18{,}33} = 1{,}25$.

Die Summe aller Verluste kann nach *Abb. 3.5.7-1* durch einen sekundären Innenwiderstand R_i dargestellt werden. Es ist dann

$u_L = u_{Lo} - u_{Ri}$.

Mit $u_L = i_L \cdot R_L$ sowie $u_{Ri} = i_L \cdot R_i$ läßt sich schreiben

$$R_i = \frac{U_{Lo} - U_L}{i_L} = \frac{u_L \cdot (a-1)}{I_L}.$$

Abb. 3.5.7-1 Die Summe der Verluste wird durch den Widerstand R_i dargestellt

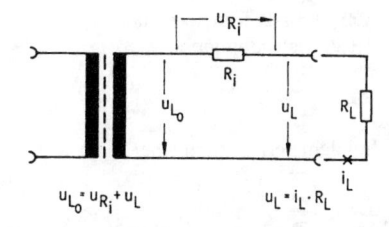

Wird weiter der Lastwiderstand als $R_L = \dfrac{u_L}{i_L}$ geschrieben, so ist eine einfache Beziehung für den Innenwiderstand mit

$R_i = R_L \cdot (a - 1)$ gegeben.

Beispiel für Vollast des Trafos nach obiger Rechnung:

Mit $P = 10$ Watt ist $I_L = \dfrac{10\ W}{18{,}33\ V} = 545$ mA bei einem Widerstand

$$R_L = \frac{18{,}33 \text{ V}}{0{,}545 \text{ A}} = 33{,}6 \text{ }\Omega.$$

Wird jetzt R_i aus der Gleichung ermittelt, so ist $R_i = 33{,}6 \text{ V} \cdot (1{,}25 - 1) = 8{,}4 \text{ }\Omega$. Ein Vergleich zur obigen Rechnung mit a = 1,25 und daraus folgernd $u_{Ri} = u_{Lo} - u_L = 22{,}91 - 18{,}33 = 4{,}58$ ergibt sich nach Abb. 3.5.7-1 jetzt zu $u_{Ri} = R_i \cdot i_L = 8{,}4 \text{ }\Omega \cdot 0{,}545 \text{ A} = 4{,}58 \text{ V}$. Der Innenwiderstand ist als Serienschaltung zum Lastwiderstand R_L zuzuaddieren, wenn mit dem „theoretischen" ü Widerstandstransformationen berechnet werden. Es kann also entweder ein $ü_{eff}$ – über a oder η ermittelt – benutzt werden, oder mit ü wird gerechnet, wenn der Innenwiderstand in die Rechnung einbezogen wird.

C Ohmscher Kupferwiderstand der Wicklung

Der ohmsche Kupferwiderstand der Primär- oder Sekundärwicklung, der in einem späteren Abschnitt in seiner Größe berechnet wird, ist in den Überlegungen des Abschnittes A und B enthalten. Der sekundäre Kupferwiderstand wird in einigen Fällen, besonders bei Berechnungen von Gleichrichterschaltungen mit Ladekondensator, eine Rolle spielen. In dem Abschnitt über Gleichrichtung wird näher auf seine Bedeutung eingegangen. Für die weiteren Betrachtungen gelten die folgenden Überlegungen.

Nach *Abb. 3.5.7-2* ist ein erweitertes Ersatzschaltbild für den mit Widerständen belasteten Übertrager gezeigt. Aus dem Übersetzungsverhältnis ergibt sich $ü = \dfrac{u'_1}{u'_2}$.

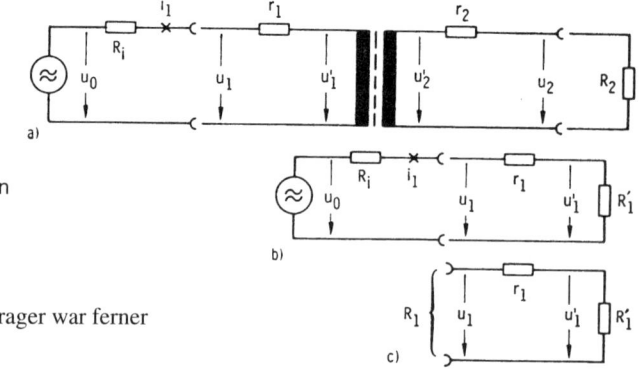

Abb. 3.5.7-2 Transformation der Verlustwiderstände

Bei dem verlustlosen Übertrager war ferner

$$ü = \sqrt{\frac{R_1}{R_2}}.$$

Wie aus weiteren Rechnungen zu sehen ist, wird das rechnerische ü beim belasteten Transformator nach *Abb. 3.5.7-2a* verringert zu

$$ü_{eff} = \sqrt{\frac{R_1 - r_1}{R_2 + r_2}}.$$

Die einzelnen Größen ergeben sich wie folgt: Der auf die Primärseite transformierte Widerstand ist nach *Abb. 3.5.7-2b*

$R'_1 = ü^2 \cdot (R_2 + r_2)$.

Nach *Abb. 3.5.7-2c* ist ferner

$$R_1 = R'_1 + r_1 = \frac{u_1}{i_1} \text{ oder } R_1 = ü^2 \cdot (R_2 + r_2) + r_1.$$

Für die Spannungsbetrachtung ist $u_1 = u_o - U_{Ri}$

und über die Widerstände als Spannungsteiler gerechnet

$$u_1 = \frac{u_o \cdot R_1}{R_1 + R_i} = \frac{u_o \cdot (r_1 \cdot R'_1)}{R_i + (r_1 + R'_1)}.$$

Weiter ist

$$u_2 = \frac{u'_2 \cdot R_2}{R_2 + r_2} \text{ sowie } u'_2 = \frac{u_o \cdot R'_1}{R_i + R_1} \cdot \sqrt{\frac{R_2 + r_2}{R_1 - r_1}}.$$

Daraus wird

$$u_2 = \frac{u_o \cdot R'_1}{R_i + R_1} \cdot \frac{R_2}{R_2 + r_2} \cdot \sqrt{\frac{R_2 \cdot r_2}{R_1 - r_1}}.$$

und mit $R'_1 = R_1 - r_1$ ist

$$u_2 = \frac{u_o \cdot (R_1 - r_1)}{R_i + R_1} \cdot \frac{R_2}{R_2 + r_2} \cdot \sqrt{\frac{R_2 + r_2}{R_1 - r_1}}.$$

Weiter wird

$$u_2 = \underbrace{\frac{u_o \cdot R_2}{R_i + R_1}}_{\substack{\text{Übertra-}\\\text{gungswert}}} \cdot \underbrace{\sqrt{\frac{R_1 - r_1}{R_2 + r_2}}}_{\substack{\text{Übersetzungs-}\\\text{verhältnis}\\\text{effektiv}}} = \frac{u_o \cdot R_2}{R_i + R_1} \cdot ü_{\text{eff}}.$$

Beispiel: $u_o = 8$ V; $R_i = 50\ \Omega$; $r_1 = 3\ \Omega$; $ü = 0,4$; $R_2 = 600\ \Omega$; $r_2 = 7\ \Omega$.

Gesucht wird u_1 und u_2.
Für u_1: $R_1 = r_1 + R'_1 = r_1 + ü^2 \cdot (R_2 + r_2) = 3\ \Omega + 0,16 \cdot 607\ \Omega = 100,12\ \Omega$.

Daraus ist

$$u_1 = \frac{u_o \cdot R_1}{R_i + R_1} = \frac{8\text{ V} \cdot 100,12\ \Omega}{50\ \Omega + 100,12\ \Omega} = 5,335\text{ V}.$$

Für u_2: Lösung a)

$$u'_1 = \frac{u_o \cdot R'_1}{(R_i + r_1) + R_1} \text{ mit } R'_1 = ü^2 \cdot (R_2 + r_2) = 97,12\ \Omega$$

wird $u'_1 = \dfrac{8\text{ V} \cdot 97,12\ \Omega}{50\ \Omega + 3\ \Omega + 97,12\ \Omega} = 5,176$ V;

3 Elektronische Bauelemente

Tabelle 3.5.7-3

Cu-Nenn-durchmesser d [mm]	Cu-Fläche A [mm²]	Kupferwiderstand in OHM/Meter bei:		Maximale Windungszahl (ca. Werte) bei:		Wicklung Innenliegend ↔ Außenliegend Zulässiger Strom in [mA] bei den Stromdichten:				
		20 °C	90 °C	10 mm Wickelbreite	1 cm² Wickelquerschnitt	1 A mm²	1,5 A mm²	2 A mm²	2,55 A mm²	3 A mm²
0,03	0,000707	24,82	31,77	204	41 000	0,707	1,06	1,41	1,80	2,12
0,04	0,00126	13,96	17,85	164	27 000	1,26	1,88	2,51	3,21	3,77
0,05	0,00196	8,94	11,45	141	19 600	1,96	2,94	3,93	5,00	5,89
0,06	0,00283	6,21	7,95	116	13 500	2,83	4,24	5,65	7,21	8,48
0,07	0,00385	4,56	5,84	103	10 700	3,85	5,77	7,70	9,81	11,54
0,08	0,00503	3,49	4,47	93	8 700	5,03	7,54	10,1	12,8	15,1
0,09	0,00636	2,76	3,54	84	7 100	6,36	9,54	12,7	16,2	19,1
0,10	0,00784	2,23	2,86	78	6 000	7,85	11,78	15,7	20,0	23,6
0,11	0,00950	1,846	2,35	69	4 800	9,50	14,25	19,0	24,23	28,5
0,12	0,01131	1,551	1,985	64	4 100	11,31	17	22,6	28,84	33,93
0,13	0,01327	1,322	1,692	60	3 600	13,27	20	26,5	33,85	39,8
0,14	0,01539	1,140	1,459	56	3 200	15,39	23	30,78	39,25	46,18
0,15	0,01767	0,993	1,270	53	2 800	17,67	26,50	35,3	45	53
0,16	0,02011	0,873	1,117	50	2 500	20,1	30,2	40,2	51,3	60,3
0,17	0,02270	0,773	0,989	47	2 300	22,7	34	45,4	57,88	68,1
0,18	0,02545	0,689	0,883	45	2 050	25,44	38,2	50,9	64,89	76,3
0,19	0,02835	0,619	0,792	43	1 850	28,35	42,5	56,7	72,3	85,1
0,20	0,03142	0,558	0,715	41	1 700	31,41	47,1	62,8	80,1	94,2
0,21	0,03464	0,507	0,649	39	1 500	34,64	52	69,3	88,3	103,9
0,22	0,03801	0,462	0,591	37	1 400	38,01	57	76	96,9	114
0,23	0,04155	0,422	0,540	36	1 300	41,55	62,3	83,1	105,9	125
0,24	0,04524	0,388	0,497	24	1 200	45,24	67,9	90,5	115,4	135,7
0,25	0,04909	0,357	0,457	33	1 120	49,1	73,6	98,2	125,2	147,3
0,26	0,05309	0,330	0,422	32	1 030	53,1	79,6	106,2	135,4	159,3
0,27	0,05726	0,306	0,392	31	960	57,25	86	114,5	146	172
0,28	0,06158	0,285	0,365	30	900	61,57	92,4	123,1	157	185
0,29	0,06605	0,266	0,340	29	840	66	99	132,1	162	198,2
0,30	0,07069	0,248	0,318	28	780	70,68	106	141,4	180	212
0,31	0,0755	0,233	0,297	27	729	75,48	113,2	151	192,5	226,4
0,32	0,08042	0,218	0,279	26	670	80,42	120,6	160,8	205,1	241,3
0,33	0,0855	0,205	0,261	25	620	85,52	128,3	171	218	256,6
0,34	0,09079	0,193	0,247	24	570	90,79	136,2	181,5	231,5	272,4
0,35	0,0962	0,182	0,232	24	570	96,21	144,3	192,4	245,3	288,6
0,36	0,1018	0,172	0,220	23	520	101,78	152,6	203,6	255,9	305,3
0,37	0,1075	0,163	0,208	23	520	107,5	161,3	215	274,2	322,5
0,38	0,1134	0,155	0,198	22	480	113,4	170,1	226,8	289,2	340,2
0,39	0,1194	0,147	0,187	22	480	119,46	179,2	239	304,6	358
0,40	0,1257	0,139	0,178	21	440	125,7	188,5	251,3	320,4	377
0,41	0,1320	0,133	0,170	21	420	132	198	264	337	396
0,42	0,1385	0,127	0,1620	20	400	138,5	207,8	277	353	416
0,43	0,1452	0,121	0,159	20	480	145,2	217,8	290,4	370	436
0,44	0,1520	0,116	0,148	20	470	152	228	304	388	456
0,45	0,1590	0,110	0,1412	19	360	159	238,6	318	406,5	477
0,46	0,1661	0,106	0,135	19	340	166,2	249,3	332,4	424	498
0,47	0,1735	0,101	0,129	18	320	173,5	260,2	347	442,4	520
0,48	0,1809	0,0971	0,124	18	310	181	271,4	362	461,4	543
0,49	0,1885	0,0932	0,119	18	300	188,6	283	377,2	480,8	566
0,50	0,1963	0,0894	0,114	17	280	196,4	294,5	392,7	500,7	589
0,51	0,2042	0,0860	0,110	17	270	204,3	306,4	408,6	521	613
0,52	0,2124	0,0827	0,105	17	260	212,4	318,5	424,7	542	637
0,53	0,2206	0,0796	0,101	16	250	220,6	331	441,2	563	662
0,54	0,2290	0,0767	0,0978	16	230	229	343,5	458	584	687
0,55	0,2376	0,0738	0,0945	15	220	237,6	356,4	475	606	713
0,56	0,2463	0,0713	0,0909	15	210	246,3	369,5	492,6	628	739
0,57	0,2552	0,0688	0,0877	15	200	255,2	382,7	510,3	651	766
0,58	0,2642	0,0665	0,0848	15	200	264,2	396,3	528,4	674	793
0,59	0,2734	0,0642	0,0819	14	190	273,4	410	547,8	697	820
0,60	0,2827	0,0621	0,0795	14	190	282,7	424,1	565,5	721	848
0,61	0,2922	0,0600	0,0765	14	180	292,3	438,4	584,5	745	877
0,62	0,3019	0,0582	0,0742	14	170	302	452,8	603,8	770	906

3.5 Spulen und Übertrager – Bauformen, Anwendungen und Daten

Cu-Nenn-durch-messer d [mm]	Cu-Fläche A [mm²]	Kupferwiderstand in OHM/Meter bei:		Maximale Windungszahl (ca. Werte) bei:		Wicklung Innenliegend ↔ Außenliegend Zulässiger Strom in [mA] bei den Stromdichten:				
		20 °C	90 °C	10 mm Wickelbreite	1 cm² Wickelquerschnitt	1 A mm²	1,5 A mm²	2 A mm²	2,55 A mm²	3 A mm²
0,63	0,3117	0,0563	0,0718	14	170	311,7	467,6	623,4	795	935
0,64	0,3217	0,0546	0,0692	13	160	321,7	482,5	643,4	820	965
0,65	0,3318	0,0529	0,0678	13	160	332	497,7	663,7	846	995
0,66	0,3421	0,0513	0,0654	13	160	342	513,2	684,2	872	1 026
0,67	0,3525	0,0498	0,0635	13	160	352,6	528,8	705,1	899	1 058
0,68	0,3632	0,0483	0,0616	13	150	363,2	544,7	726,3	926	1 089
0,69	0,3739	0,0470	0,0599	12	140	374	560,8	747,8	954	1 122
0,70	0,3848	0,0456	0,0584	12	140	385	577,3	769,7	981	1 155
0,71	0,3959	0,0444	0,0566	12	140	396	593,9	791,8	1 010	1 188
0,72	0,4072	0,0431	0,0550	12	130	407	610,7	814,3	1 038	1 221
0,73	0,4185	0,0422	0,0538	12	130	418,5	627,8	837,1	1 067	1 256
0,74	0,4300	0,0408	0,0520	12	130	430	645,1	860,2	1 097	1 290
0,75	0,4418	0,0397	0,0509	11	120	442	662,6	883,6	1 127	1 325
0,76	0,4536	0,0387	0,0493	11	120	453,6	680,5	907,3	1 157	1 361
0,77	0,4656	0,0377	0,0480	11	120	465,6	698,5	931,3	1 187	1 397
0,78	0,4778	0,0367	0,0468	11	120	478	716,5	955,7	1 219	1 434
0,79	0,4901	0,0358	0,0457	11	120	490	735,2	980,3	1 250	1 470
0,80	0,5027	0,0349	0,0447	11	120	503	754	1 005,3	1 282	1 507
0,81	0,5153	0,0341	0,0435	11	110	515,3	773	1 031	1 314	1 546
0,82	0,5281	0,0333	0,0425	11	110	528	792,1	1 056	1 347	1 584
0,83	0,5411	0,0325	0,0414	10	100	541	811,6	1 082	1 380	1 623
0,84	0,5542	0,0317	0,0404	10	100	554,2	831,3	1 108	1 413	1 662
0,85	0,5675	0,0309	0,0396	10	100	567,5	851,7	1 135	1 450	1 702
0,86	0,5808	0,0302	0,0385	10	100	581	871,3	1 162	1 480	1 743
0,87	0,5945	0,0295	0,0376	10	90	594,5	891,6	1 189	1 516	1 783
0,88	0,6082	0,0289	0,0368	10	90	608,2	912,3	1 216	1 551	1 824
0,89	0,6221	0,0282	0,0360	10	90	622,1	933,2	1 244	1 586	1 866
0,90	0,6362	0,0276	0,0354	10	90	636,2	954,2	1 272	1 622	1 909
0,91	0,6504	0,0270	0,0344	10	80	650,4	975,6	1 301	1 658	1 951
0,92	0,6648	0,0264	0,0337	9	80	664,8	997,1	1 330	1 695	1 994
0,93	0,6793	0,0258	0,0329	9	80	679,3	1 019	1 359	1 732	2 038
0,94	0,6940	0,0253	0,0323	9	80	694	1 041	1 388	1 770	2 082
0,95	0,7088	0,0248	0,0318	9	80	708,8	1 063	1 418	1 807	2 126
0,96	0,7238	0,0243	0,0310	9	70	724	1 086	1 448	1 846	2 171
0,97	0,7390	0,0238	0,0304	9	70	739	1 108	1 478	1 884	2 217
0,98	0,7543	0,0233	0,0297	9	70	754,3	1 131	1 508	1 923	2 263
0,99	0,7698	0,0228	0,0291	9	60	769,7	1 155	1 539	1 963	2 309
1,00	0,7854	0,0223	0,0286	9	60	785,4	1 178	1 570	2 002	2 356
1,10	0,9503	0,01846	0,0236	8	60	950,3	1 425	1 900	2 423	2 851
1,20	1,131	0,01551	0,0199	8	50	1 131	1 696	2 262	2 884	3 393
1,30	1,327	0,01322	0,01693	7	45	1 327	1 991	2 655	3 385	3 982
1,40	1,537	0,01140	0,01460	7	40	1 539	2 309	3 078	3 925	4 618
1,50	1,770	0,00993	0,01271	6	35	1 767	2 650	3 534	4 506	5 301
1,60	2,010	0,00873	0,01117	6	25	2 011	3 016	4 021	5 127	6 032
1,70	2,270	0,00773	0,00990	5	20	2 270	3 405	4 540	5 788	6 809
1,80	2,545	0,00689	0,00882	5	16	2 545	3 817	5 089	6 488	7 634
1,90	2,835	0,00619	0,00793	5	14	2 835	4 253	5 670	7 230	8 506
2,00	3,142	0,00558	0,00715	4	12	3 142	4 712	6 283	8 011	9 424
2,10	3,464	0,00507	0,00646	4	11	3 464	5 195	6 927	8 832	10 390
2,20	3,801	0,00462	0,00589	4	10	3 801	5 702	7 603	9 693	11 403
2,30	4,155	0,00423	0,00540	4	9	4 155	6 232	8 309	10 595	12 464
2,40	4,524	0,00388	0,00495	3	9	4 524	6 786	9 048	11 536	13 571
2,50	4,909	0,00358	0,00457	3	8	4 909	7 363	9 817	12 517	14 726
2,60	5,309	0,00331	0,00422	3	7	5 309	7 964	10 618	13 538	15 928
2,70	5,725	0,00307	0,00392	3	6	5 725	8 588	11 451	14 600	17 160
2,80	6,157	0,00285	0,00363	3	5	6 158	9 236	12 320	15 702	18 472
2,90	6,605	0,00266	0,00339	2	4	6 605	9 908	13 210	16 843	19 815
3,00	7,068	0,00248	0,00316	2	4	7 070	10 603	14 137	18 025	21 205
3,10	7,547	0,00233	0,00297	2	4	7 548	11 321	15 095	19 247	22 642
3,20	8,042	0,00218	0,00278	2	4	8 043	12 063	16 085	20 508	24 127

mit $ü = \dfrac{u'_1}{u'_2}$ ist $u'_2 = \dfrac{5{,}176\ V}{0{,}4\ V} = 12{,}94\ V$ und schließlich

$$u_2 = \dfrac{u'_2 \cdot R_2}{R_2 + r_2} = \dfrac{12{,}94\ V \cdot 600\ \Omega}{607\ \Omega} = 12{,}79\ V.$$

Lösung b)

$$u_2 = \dfrac{u_o \cdot R_2}{R_i + R_1} \cdot \sqrt{\dfrac{R_1 - r_1}{R_2 + r_2}} \qquad u_2 = \dfrac{8\ V \cdot 600\ \Omega}{50\ \Omega + 100{,}12\ \Omega} \cdot \sqrt{\dfrac{100{,}12\ \Omega - 3\ \Omega}{600\ \Omega + 7\ \Omega}} = 12{,}79\ V$$

D Drahtwahl der Wicklung

Für die Wicklungen eines Transformators werden vorzugsweise Kupferlackdrähte nach DIN 46435 benutzt. Bei dünneren Drähten werden wegen der höheren Spannungen der einzelnen Lagen diese durch Isolierfolien voneinander getrennt. Die für die Auswahl erforderlichen Kriterien werden jetzt beschrieben. Den folgenden Überlegungen ist die *Tabelle 3.5.7-3* zugrundegelegt.

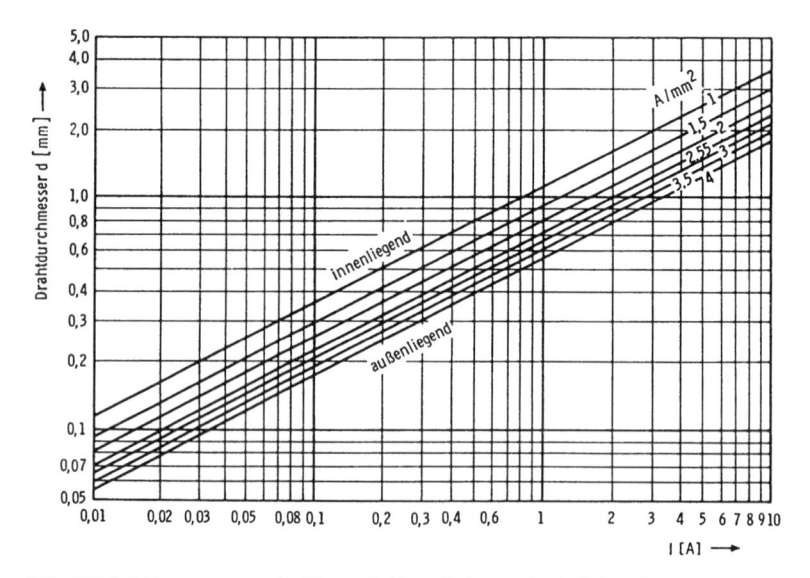

Abb. 3.5.7-4 Nomogramm der Stromdichte mit dem erforderlichen Drahtdurchmesser

E Zulässige Stromdichte – Drahtstärke – Querschnitt

In der Tabelle sind rechts die Stromdichten für innen- und für außenliegende Wicklung – bezogen auf die Drahtstärke – Nenndurchmesser – angegeben. Der Durchmesser des Drahtes errechnet sich bei gegebener Stromdichte aus

$$d = 2 \cdot \sqrt{\dfrac{I}{\pi \cdot a}} \approx 1{,}13 \cdot \sqrt{\dfrac{I}{a}}\ [mm]$$

mit dem gewünschten Strom I [A] sowie der Stromdichte a in [A/$_{mm^2}$]. Das Nomogramm *(Abb. 3.5.7-4)* zeigt eine Kurzübersicht.

Beispiel: Außenliegende Wicklung a = 2,55 A/$_{mm^2}$. Dann ist

$$d \approx 1,13 \cdot \sqrt{\frac{1,2}{2,55}} = 0,78 \text{ mm}$$

entsprechend einer Fläche von: $A = d^2 \cdot \frac{\pi}{4} \approx 0,7854 \cdot d^2 = 0,48 \text{ mm}^2$.

F Der Kupferwiderstand des Spulendrahtes

Die Tabelle 3.5.7-3 gibt u. a. Auskunft über den Kupferwiderstand bei 20° und 90° warmer Wicklung. Für die Ermittlung des Kupferwiderstandes wird der spezifische Widerstand ϱ mit

$$\varrho_{Cu} \approx 0,0176 \quad \left[\frac{\Omega \cdot mm^2}{m}\right]$$

angenommen. Für den 20° warmen Kupferdraht ist der ohmsche Widerstand pro Meter

$$R_{20} = \frac{\varrho}{A} = \frac{\varrho \cdot 4}{d^2 \cdot \pi} \approx 1,27 \cdot \frac{\varrho}{d^2}$$

Beispiel: Für einen Kupferdraht mit Nenndurchmesser d = 0,45 mm soll R_{20} ermittelt werden. Es ist

$$R_{20} = \frac{0,0176 \cdot 4}{d^2 \cdot \pi} = \frac{0,0176 \cdot 4}{0,45^2 \cdot \pi} = 0,11 \text{ }\Omega/_m$$

entsprechend

$$R_{20} \approx 1,27 \cdot \frac{\varrho}{d^2} = \frac{1,27 \cdot 0,0176}{0,203} = 0,11 \text{ }\Omega/_m \text{ (siehe Tabelle 3.5.7-3).}$$

G Widerstandsänderung einer Wicklung bei Erwärmung

Für die Berechnung des Leistungsverlustes einer Wicklung ist die Größe des Kupferwiderstandes maßgebend. In der Drahttabelle ist der Widerstand für 20° (Kaltwiderstand) sowie für 90° (maximale Betriebstemperatur) angegeben (siehe auch Abb. 3.5.7-4). Zwischenwerte errechnen sich wie folgt:

Beispiel: Aufgrund der Leistungsberechnung und der Trafodaten liegen folgende Werte vor: Drahtdurchmesser d = 0,90 mm; Querschnitt A = 0,636 mm² aus der Tabelle oder aus $A = \frac{\pi \cdot d^2}{4} = 0,636$; Drahtlänge 22 m (110 Windungen mit 20 cm Länge) sowie die Betriebstemperatur von 55 °C. Der 20° Widerstand R_k aus der Tabelle ist 0,0276 Ω/m. Entsprechend

$R_{20} = 22 \text{ m} \cdot 0{,}0276 \dfrac{\Omega}{\text{m}} = 0{,}61 \ \Omega.$

Mit der folgenden Beziehung

$R_w = R_{20} \cdot (1 + \alpha_{Cu} \cdot \Delta t)$

erfolgt die Umrechnung auf eine neue Temperatur. Bei 55 °C erreicht der Widerstand R_w im Beispiel die Größe:

$R_{55} = R_{20} \cdot (1 + \alpha_{Cu} \cdot \Delta t)$

Der Temperaturkoeffizient für Kupfer ist $\alpha = 3{,}928 \cdot 10^{-3} \left[\dfrac{1}{°C} \right]$.

Δt ist die Differenz von $R_w - R_k$, also $\Delta t = 55 - 20 = 35$. Somit wird

$R_{55} = 0{,}61 \ \Omega \cdot (1 + 3{,}928 \cdot 10^{-3} \cdot 35) = 0{,}693 \ \Omega.$

Diese Werte lassen sich auch aus den folgenden Beziehungen mit dem spezifischen Widerstand ϱ von Kupferdraht ermitteln. Hierin sind:

Kupferwiderstand der „kalten" 20° Wicklung mit $\varrho_{Cu} = 0{,}0176 \left[\dfrac{\Omega \cdot \text{mm}^2}{\text{m}} \right]$;

ℓ_o = durchschnittliche Drahtlänge einer Windung [m], im Beispiel ≈ 20 cm.

$\alpha_{Cu} = 3{,}928 \cdot 10^{-3}$ Temperaturkoeffizient Kupferdraht;

A = Drahtquerschnitt [mm²],

n = Anzahl der Windungen [1], im Beispiel 110.

$R_{20} = \dfrac{\varrho \cdot \ell_o \cdot n}{A} = \dfrac{0{,}0176 \cdot 0{,}20 \cdot 110}{0{,}636} = 0{,}6088 \ \Omega.$ $\left[\dfrac{\Omega \cdot \text{mm}^2 \cdot \text{m}}{\text{mm}^2 \cdot \text{m}} \right]$.

Für R_{55} ist dann wieder zu rechnen

$R_{55} = R_k \cdot [1 + \alpha_{Cu} \cdot (t_w - t_k)].$

Daraus erhalten wir nach Einsetzen der Zahlen dann:

$R_{55} = 0{,}6088 \cdot [1 + 3{,}928 \cdot 10^{-3} \cdot (55° - 20°)] = 0{,}6925 \ \Omega.$

H Drahtlänge, Wickelraumbelegung und Kupferfüllfaktor einer Wicklung

Die Drahtlänge einer Wicklung ist von der Windungszahl und der mittleren Windungslänge ℓ_m abhängig. Die mittlere Windungslänge

$\ell_m \approx 2(e + c) + 2(e + f)$

mit e = Fensterhöhe, c = Stegbreite und f = Paketstärke ist in *Abb. 3.5.7-5* gezeigt. Es wird davon ausgegangen, daß wegen des Spulenkörpers der Kernabstand um ca. 2–3 mm erhöht werden muß. Weiter muß ein entsprechender Isolationsabstand zwischen Außenseite der Wicklung und dem Kern eingehalten werden. Somit steht in den nachfolgenden Kerntabellen für den Querschnitt der Spule nicht die gesamte Fläche des Fensterquerschnittes zur Verfügung. Gezeigt ist das in der *Abb. 3.5.7-6*. Der Wickelquerschnitt A = X · Y entspricht je nach Stärke

3.5 Spulen und Übertrager – Bauformen, Anwendungen und Daten

e = Fensterhöhe
c = Stegbreite
f = Paketstärke

$l_m \approx 2(e+c) + 2(e+f)$

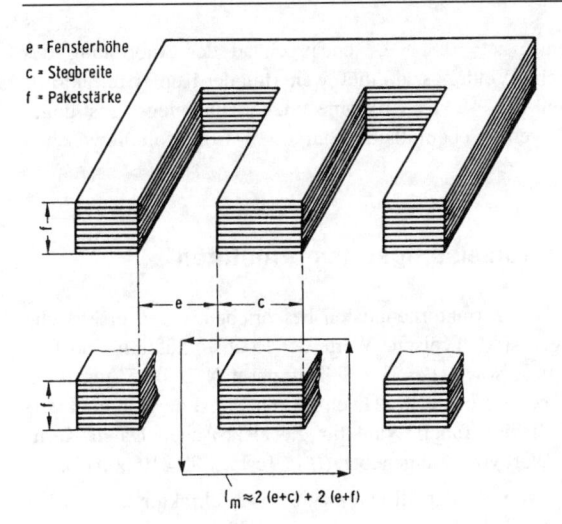

Abb. 3.5.7-5 Die Ermittlung für die mittlere Drahtlänge einer Wicklung

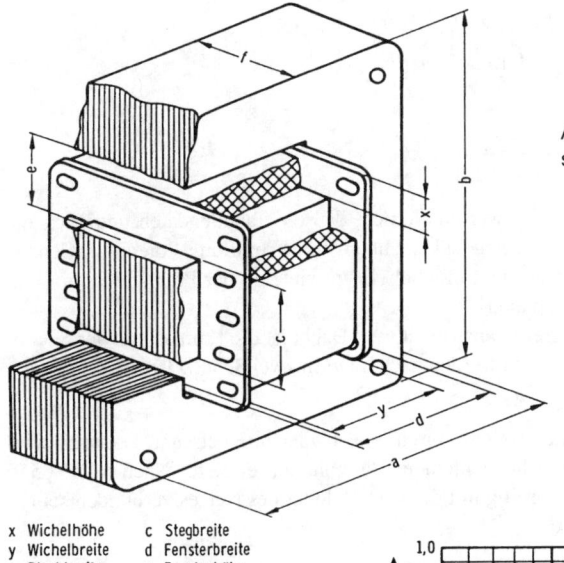

Abb. 3.5.7-6 Möglicher Wickelquerschnitt einer Spule

x Wichelhöhe   c Stegbreite
y Wichelbreite   d Fensterbreite
a Blechbreite   e Fensterhöhe
b Blechhöhe   f Paketstärke

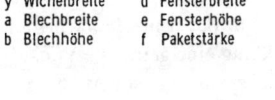

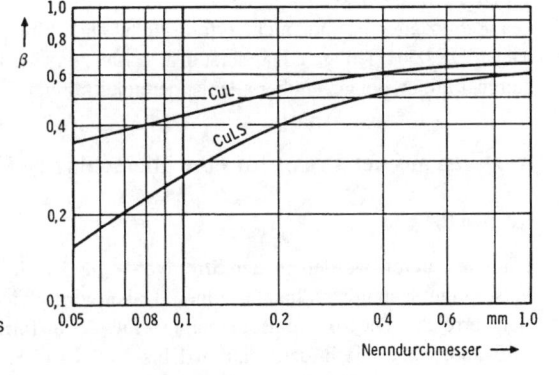

Abb. 3.5.7-7 Die Berücksichtigung des Kupferfüllfaktors β

des Wickelkörpers $A' = \alpha \cdot e \cdot d$ mit $a = 0,8...9,1$ entsprechend der Anordnung des Wickelkörpers. Für die maximal mögliche Windungszahl muß weiterhin der Kupferfüllfaktor β nach Abb. *3.5.7-7* berücksichtigt werden. Die effektiv wirksame Wickelraumbelegung ist gegeben durch $A_{eff} = A' \cdot \beta$. Zu berücksichtigen ist ebenfalls die Stärke von Isolierfolien zwischen den einzelnen Wicklungslagen.

3.5.8 Kerndaten von Netz- und Tonleistungstransformatoren

In den folgenden Tabellen B werden Transformatorkenndaten beschrieben, deren elektrische Werte auf 50 Hz Sinusspannung bezogen sind. Typische Werte der Höchstinduktion sind $B \approx 1,3$ T bei Dynamoblech III; 0,5 mm dick, sowie $B \approx 1,7$ T Trafoperm N 2; 0,35 mm dick. Werden die Kerne im Bereich der Tonfrequenz bis < 20 kHz eingesetzt, so ist die maximal verfügbare Leistung $P_{max} \approx 0,38 \cdot P_{50Hz}$. In der Tabelle sind für die elektrischen Daten Kernblechtypen mit dem jeweils niedrigsten Wert von B angegeben (B in Tesla: 1 T = 10 000 G).

Je nach Blechwahl und dem Verhältnis von Kupferfüllfaktor zum Eisenfüllfaktor können bei gleichen Kernabmessungen die Werte von T im Bereich von $a = 1...1,22$ schwanken. Deshalb sind sämtliche Angaben der elektrischen Daten in den Tabellen nur ca.-Werte.

Beispiel: Kern UI 75-25a lt. Tabelle: $P_2 \approx 150$ W; $\eta \approx 0,83$; $n \approx 5,5$.

Es können etwa folgende Werte mit $a = 1,15$ auftreten:

$\eta \approx 0,83 + (1 - a)^2 = 0,87$

$P_2 \approx 150 \cdot a = 183$ W $\qquad n \approx \dfrac{5,5}{a} = 4,5$

Es soll deshalb noch einmal darauf hingewiesen werden, daß die Tabellendaten und auch die folgenden Rechnungen nur einer ersten überschlägigen Ermittlung dienen. Genaue Transformatorenberechnungen sind hier nicht möglich, da zu viele, in der Praxis nicht erreichbare Daten und Parameter eine Rolle spielen.

Netztransformatoren sind allgemein Trenntransformatoren. Dabei ist die Primär- von der Sekundärseite isoliert. Derartige Transformatoren werden nach VDE in zwei Schutzklassen aufgeteilt.

- *VDE 0550 Schutzklasse I*

Hier ist die Primärseite von der Sekundärseite durch eine Isolierfolie getrennt. Dadurch wird eine hohe Packungsdichte bei entsprechend kleinem Bauvolumen erreicht. Nach VDE 0550 müssen derartige Transformatoren kernseitig mit dem Schutzleiter des Netzes verbunden sein.

- *VDE 0551 Schutzklasse II*

Der Schutzleiter ist hier nicht erforderlich. Die Primärwicklung muß den Einzelvorschriften nach VDE 0551 genügen. Das setzt u. a. voraus, daß die Primärwicklung eine getrennte Wickelkammer erhält, die gegenüber allen anderen leitfähigen Gebilden hochspannungsisoliert ist.

A Daten aus der Praxis für eine überschlägige Übertragerberechnung

Kernwahl

Transformatoren werden in der Stromversorgungstechnik für die Bildung der erforderlichen Versorgungsspannungen herangezogen. Dabei wird gleichzeitig die galvanische Trennung vom Netz erreicht. Die exakte Berechnung eines Transformators erfordert einen umfangreichen Aufwand, wobei die in den Blättern 1 bis 3 DIN 41300 angegebenen Daten mit herangezogen werden. Für die Praxis ist es oft ausreichend, mit einer Überschlagsrechnung die Dimensionierung eines 50-Hz-Netztransformators vorzunehmen, die für den Einzelfall ein schnelles Ergebnis liefert. Bei der Wahl der Bleche sind nicht nur die Abmessungen, sondern ebenfalls die magnetischen Eigenschaften des betreffenden Materials zu beachten. Diese haben u. a. maßgeblichen Einfluß auf die Wirbelstrom- und Hystereseverluste. Der Anteil der Wirbelstromverluste wird durch die Blechstärke beeinflußt. Dünnere, voneinander isolierte Bleche verringern die Wirbelstromverluste. Das findet jedoch auch seine Grenzen bei ca. 0,2 mm, da in diesem Gebiet die Hystereseverluste stark ansteigen. Beide Verluste sind frequenzabhängig, wobei die Wirbelstromverluste im Gebiet der Tonfrequenz überwiegen. Dünnere Bleche verlieren ihre vorgegebenen magnetischen Eigenschaften, wenn diese stark gebogen oder gar geknickt werden, wodurch die Verluste ansteigen.

Bei der Kernwahl ist zu unterscheiden, welcher Verwendungszweck für den Übertrager vorliegt. Je nach Leistungs- und Frequenzgebiet stehen unterschiedliche Kernmaterialien, z. B. Dynamobleche oder gesinterte Ferritkerne, zur Verfügung. Ferritkerne sind im Bereich von 100 Hz...150 MHz einsetzbar. Dynamobleche für Leistungsübertrager bis ca. 10 000 Hz. Für Spulen, Drosseln und Filter kleiner Leistung werden Flußdichten von B ≈ 0,001...0,005 gewählt. Leistungsübertrager erhalten Flußdichten bis 0,5 T. Bei Netztransformatoren (50 Hz) sind Werte von T ≈ 1,5 üblich.

Bei der Wahl eines Kernes wird von der Summe der sekundären Leistungen P_2 ausgegangen. Nach einer relativ genauen Aussage ist der effektiv wirksame Kernquerschnitt A [cm²]

$$A \approx \sqrt{\frac{P_2 \cdot \frac{M_1}{M_2} \cdot 10^2}{f \cdot B \cdot a}} \cdot [cm^2; W; Hz; T; A/mm^2]$$

Darin bedeuten:

P_2 = sekundäre Leistung
M_1 = Gewicht der Kupferwicklung
M_2 = Gewicht des Eisenkerns $\Big\}$ $\frac{M_1}{M_2} \approx 0{,}18\ldots < 1$

f = Betriebsfrequenz
B = Flußdichte T
a = Stromdichte (gewählter Wicklungswert ≈ 1...4; siehe Abb. 3.5.7-4)

Da diese Daten oftmals gerade am Beginn der Planung schwierig zu ermitteln sind, führen vereinfachte Faustformeln zu ersten Anhaltspunkten mit f = 50 Hz:

$A \approx \sqrt{P_2}$ [cm²; W].

Sind für die Kernwahl die Werte von T und η bekannt, so ist mit einer Erweiterung auch für 50 Hz

$A \approx \sqrt{\frac{P_2}{\eta \cdot B}}$ [cm²; W; T]   (M – EI – MD – Kerne).

Bei UI- und S-Kernen ist $A \approx 0{,}55 \sqrt{\frac{P_2}{\eta \cdot B}}$ [cm²; T; W].

Primäre Windungszahlen

Die primäre Windungszahl wird mit folgender Gleichung ermittelt: $n_1 \approx \frac{10^4}{4{,}44 \cdot f \cdot B \cdot A}$

oder für 50 Hz

$$n_1 \approx \frac{45}{B \cdot A}$$

Beispiel: SU 48 b: lt. Tabelle $n_1 = 6,5$; $A = 3,8$ cm^2; $B = 1,8$. Mit den Daten wird

$$n_1 = \frac{45}{1,8 \text{ T} \cdot 3,8 \text{ cm}^2} = 6,57.$$

Das Nomogramm *(Abb. 3.5.8-1)* gibt für eine erste Schätzung den Zusammenhang zwischen der gewünschten Sekundärleistung P_2 und dem effektiven Kernquerschnitt A wieder. Ebenso ist in dem Nomogramm *(Abb. 3.5.8-2)* der Zusammenhang zwischen der Sekundärleistung und dem Wirkungsgrad bei verschiedenen Eisenkernen mit Blechen gezeigt.

Eine weitere Möglichkeit, die primäre Windungszahl zu erhalten, ist über den A_L-Wert des Kernes möglich, der evtl. in der Praxis ermittelt werden muß (Werte $A_L \approx 2$ μH...200 μH). Damit wird bei geforderter Induktivität dann

$$n = \sqrt{\frac{L}{A_L}}.$$

Induktivität von Eisenkernspulen

Für die Berechnung der Induktivität einer Kernspule gilt im Zusammenhang mit *Abb. 3.5.8-3* und den Darlegungen in Abschnitt 3.5.6 A und D die Gleichung

$$L \approx \frac{1,256 \cdot 10^{-8} \cdot \mu_r \cdot n^2 \cdot A}{\ell} \quad \text{[H; cm]} \quad \text{für s = 0.}$$

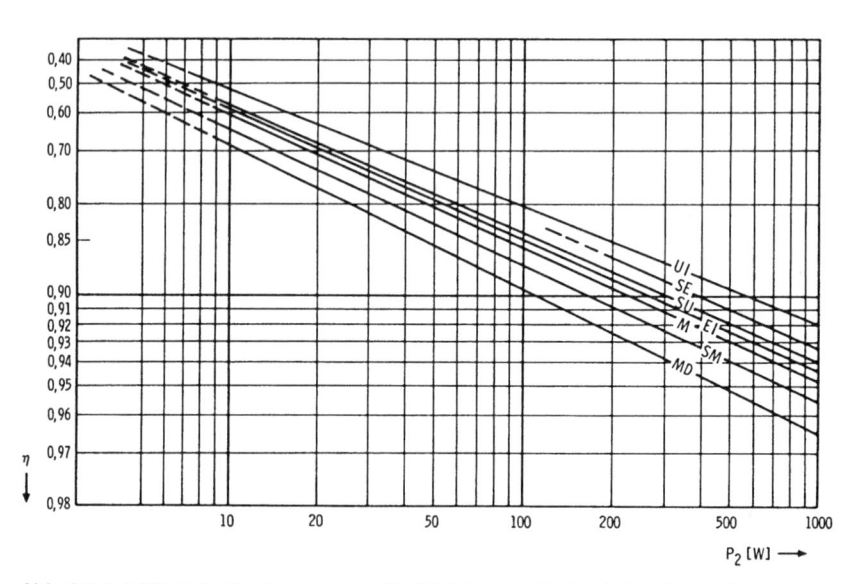

Abb. 3.5.8-1 Mögliche Festlegung einer Trafoleistung in Abhängigkeit ihres Wirkungsgrades

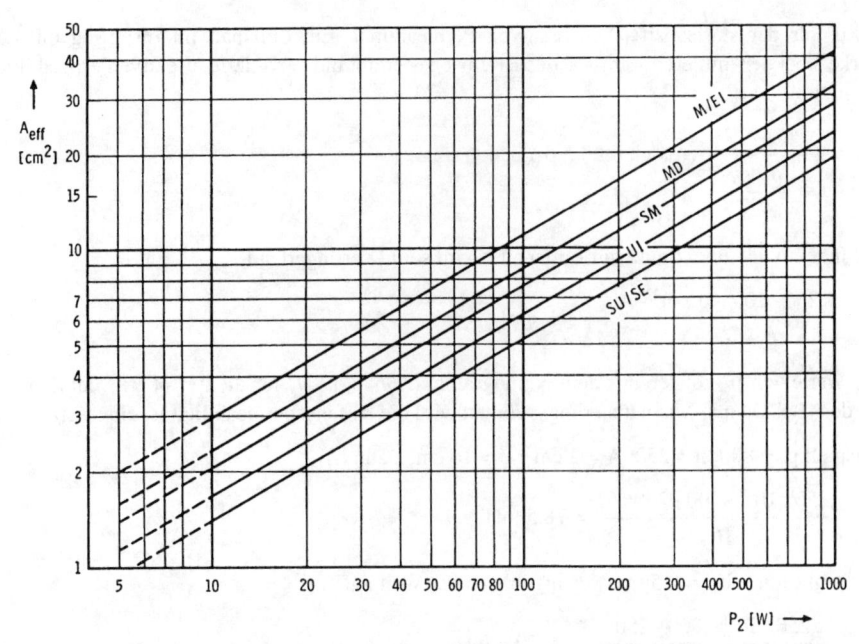

3.5 Spulen und Übertrager – Bauformen, Anwendungen und Daten

Abb. 3.5.8-2 Mögliche Festlegung eines Trafoquerschnittes in Abhängigkeit seiner Sekundärleistung

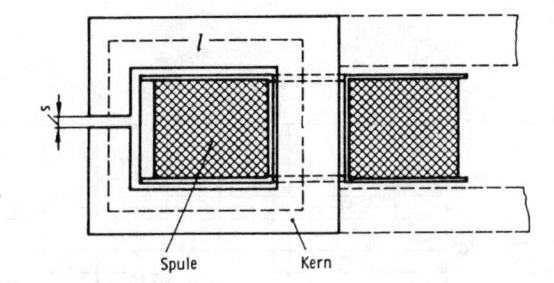

Abb. 3.5.8-3 Die Berücksichtigung des Luftspaltes einer Spule

Der Wert von μ_o (Induktionskonstante) $= 4 \cdot \pi = 12{,}56\ [^{nH}/_{cm}]$ kann eingesetzt werden wie oben mit

$1{,}256 \cdot 10^{-9}$ [H; mm]
$1{,}256 \cdot 10^{-8}$ [H; cm]; $12{,}56$ [nH; cm];
$12{,}56 \cdot 10^{-3}$ [mH; cm]; $12{,}56 \cdot 10^{-6}$ [µH; cm].

Weiter ist A der effektiv wirksame Eisenquerschnitt (Füllfaktor ≈ 0,9, siehe hier den Korrekturfaktor nach 3.5.6 A Abb. 3.5.6-2). Die absolute Permeabilität ist

$\mu = \mu_r \cdot \mu_o$

1033

3 Elektronische Bauelemente

mit μ_r als der stoffspezifischen relativen Permeabilität. Ein Luftspalt im Eisenweg mit der Stärke s bei der mittleren Länge ℓ des Eisenweges ergibt die korrigierte effektive Permeabilität aus μ zu

$$\mu_{eff} = \frac{\mu_r}{1 + \dfrac{\mu \cdot s}{\mu_o \cdot \ell}} \quad \text{(Abschnitt 3.5.6A)}$$

Die Induktivität einer Spule mit Luftspalt s wird somit verringert auf

$$L_s \approx \frac{1{,}256 \cdot 10^{-8} \cdot \mu_r \cdot n^2 \cdot A}{\ell + \mu_r \cdot s} \quad [\text{H; cm}]$$

Die Werte von μ_r können aus dem Nomogramm *(Abb. 3.5.8-4)* für die Trafokerne entnommen werden. Bei kleinen Magnetisierungsströmen wird die Anfangspermeabilität μ_a eingesetzt.

Beispiel: $\mu_r = 800$; $n = 250$; $A = 2 \text{ cm}^2$; $\ell = 16 \text{ cm}$. Dann ist

$$L \approx \frac{1{,}256 \cdot 10^{-8} \cdot 800 \cdot 250^2 \cdot 2}{16} = 78{,}5 \text{ mH}.$$

Mit dem Luftspalt $s = 0{,}5$ mm verringert sich der Wert auf

$$L_s \approx \frac{1{,}256 \cdot 10^{-8} \cdot 800 \cdot 250^2 \cdot 2}{16 + 800 \cdot 0{,}05} = 22{,}4 \text{ mH}.$$

Oder mit $\mu = \mu_o \cdot \mu_r = 1{,}256 \cdot 10^{-8} \cdot 800 = 1 \cdot 10^{-5}$ wird

$$\mu_{eff} = \frac{800}{1 + \dfrac{1 \cdot 10^{-5} \cdot 0{,}05}{1{,}25 \cdot 10^{-8} \cdot 16}} = 228$$

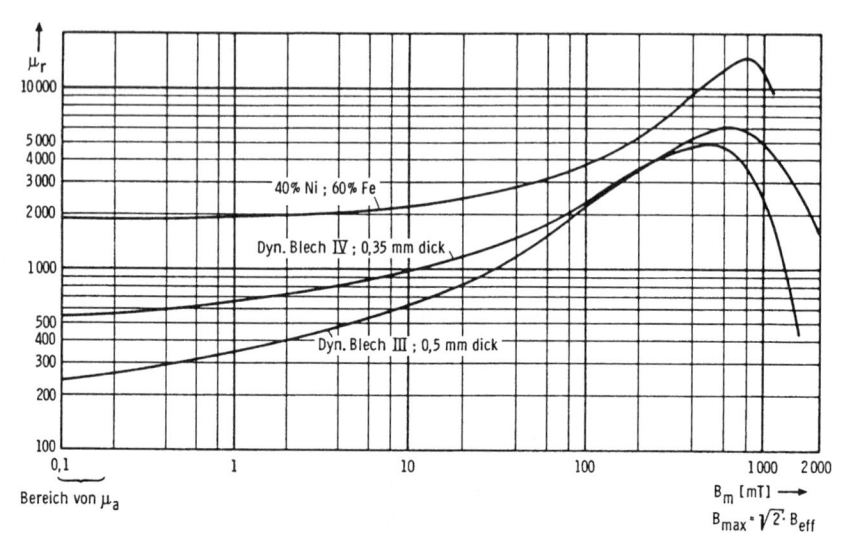

Abb. 3.5.8-4 Die Permeabilität μ_r in Abhängigkeit der Flußdichte

und somit

$$L_s \approx \frac{1{,}256 \cdot 10^{-8} \cdot 228 \cdot 250^2 \cdot 2}{16 + 800 \cdot 0{,}05} = 22{,}4 \text{ mH}.$$

Gegeninduktivität (siehe auch Kap. 3.5.3)

Es ist

$$M = \frac{1{,}256 \cdot 10^{-8} \cdot \mu_r \cdot n_1 \cdot n_2 \cdot A}{\ell} \quad [\text{H; cm}]$$

μ_r und μ_a verschiedener Eisenkernsorten

Zunächst sei darauf hingewiesen, daß besonders im Angelsächsischen für die Anfangspermeabilität (μ_a) die Bezeichnung μ_i zu finden ist. Der Wert der Anfangspermeabilität gilt bei kleinsten magnetischen Strömen. Er erreicht kurz vor der Sättigung den Wert μ_{max}. Für μ_a ist die Induktion B $\leqq$ 0,5 mT. Diese Anfangspermeabilität weist bei Eisenkernen mit Ferritmaterial je nach Kernsorte Werte von μ_a = 8...10 000 auf, entsprechend dem Frequenzeinsatzgebiet des Kernes. Blecheisenkerne erreichen im allgemeinen kleine Werte von μ_a > 2000.

Die folgende Tabelle soll den Bereich der Trafobleche im Hinblick auf andere Kernwerkstoffe eingrenzen.

Typ	Zusammensetzung	Anfangspermeabilität ca. μ_a/μ_o	max. Permeabilität ca. μ_{max}/μ_o
Dynamoblech IV	4% Si	550	5500
Ferrite	-	8 ... 10'000	-
Sendust	9,5% Si; 5,5% Al; 85% Fe	40'000	120'000
Permalloy	75,5% Ni; 21,5% Fe	6'000	70'000
Supermalloy (Mumetalle)	79% Ni; 15% Fe; 0,5% Mn	50'000	300'000

Das Nomogramm (Abb. 3.5.8-4) zeigt den Verlauf der relativen Permeabilität in Abhängigkeit von der magnetischen Induktion B_m. Der Wert von $B_m = B_s = \sqrt{2} \cdot B_{eff}$ ist in milli Tesla gesetzt. Der Wert von μ_r entspricht

$$\mu_r = \frac{B_{eff}}{\mu_o \cdot H_{eff}} \text{ mit H = magnetischer Feldstärke.}$$

Effektiver Kernquerschnitt

Der effektiv wirksame Kernquerschnitt ist geringer als der Rechenwert aus den geometrischen Kerndaten. Die einzelnen Bleche sind einseitig voneinander isoliert. Daraus ergibt sich der Eisenfüllfaktor K wie folgt:

Art der Isolierung	Blechdicke [mm]			
	0,1	0,2	0,35	0,5
Phosphatierung ≈ 0,015 mm	0,85	0,92	0,95	0,97
Lackierung ≈ 0,025 mm		0,87	0,92	0,95
Papier ≈ 0,04 mm			0,90	0,92

Für praktische Fälle kann mit einem Eisenfüllfaktor von K ≈ 0,9 gerechnet werden. Für die nachfolgenden Tabellen wurde mit K ≈ 0,94 gerechnet. Es ist

$A_{eff} = A_{Kern} \cdot k$.

Wobei A_{Kern} die geometrische Abmessung des wirksamen Kernquerschnitts ist.

B Kerntabellen für Transformatoren

Transformatorenbleche sind nach DIN 41302 genormt. Es ist im Einzelfall dort nachzulesen.

M-Kern

M-Kerne sind aus quadratisch geschnittenen Blechen geschachtelt – die Zungen (Luftspalte) werden wechselseitig angeordnet. Die Kantenabmessungen sind in der Bezeichnung enthalten. M 74 bedeutet z. B. Kantenmaße von 74 mm. Die Flußdichte (Tesla) ist im allgemeinen bei Dynamoblech III 0,5 mm dick, B ≈ 1,4 T. Bei Dynamoblech IV 0,35 mm dick ist B ≈ 4 T. Das gilt besonders in der NF-Anwendung bis 5000 Hz. In der *Abb. 3.5.8-5* sind Abmessungsgrößen und Bezeichnungen für die folgende M-Schnitt-Tabelle enthalten.

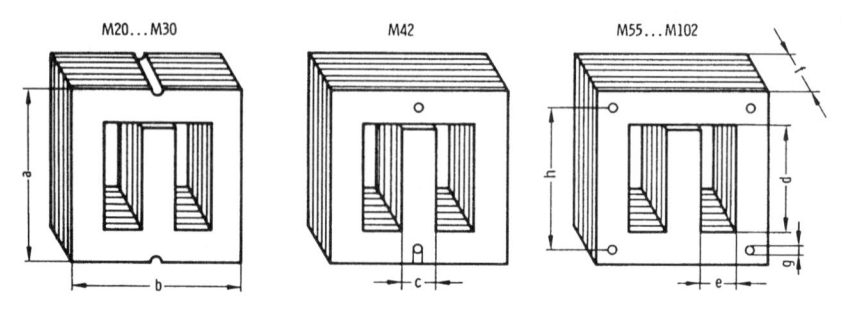

Abb. 3.5.8-5 Abmessungen von M-Kernen

MD-Kern

MD-Kerne sind nach *Abb. 3.5.8-6* nicht quadratisch. Das Kantenmaß a ist größer als das Maß b. In den Bezeichnungen ist die Breite b enthalten. Also z. B. MD 74-32 bedeutet: Breite 74 mm, Paketstärke ca. 32 mm, Spulenkörper entsprechen denen der M-Kerne mit dem Maß a. Bei MD-Kernen sind Induktionswerte von B ≈ 1,7 T üblich. Bei der Verwendung von Trafoperm N 2 sind sie 0,35 mm dick. Kerndaten sind in der folgenden MD-Schnitt-Tabelle gezeigt.

M-Schnitt. B ≈ 1,4 T

Typ M-Schnitt	maximale Leistung sekundär P [VA]	Wirkungsgrad η	Windungszahl pro Volt Primär	Windungszahl pro Volt Sekundär	Kernquerschnitt A [cm²]	Gewicht [kg]	Blechbreite a [cm]	Blechhöhe b [cm]	Stegbreite c [cm]	Fensterbreite d [cm]	Fensterhöhe e [cm]	Fensterquerschnitt d·e [cm²]	Paketstärke f [cm]	Lochdurchmesser g [mm]	Lochabstand h [cm]	Induktion B [T]
20-5	< 3	< 0,5	168	200	0,23	0,011	2	2	0,5	1,3	0,4	0,52	0,5	2,8	1,8	1,36
30-7	< 5	< 0,5	86	145	0,33	0,033	3	3	0,7	2,0	0,65	1,3	0,5	3	2,7	1,36
30-10	< 5	< 0,5	57	85	0,7	0,050	3	3	0,7	2,0	0,65	1,3	1,05	3,5	2,7	1,35
42-15	3,8...5,3	0,51	22,5	35	1,65	0,130	4,2	4,2	1,2	3,0	0,9	2,7	1,46	3,5	3,6	1,37
55-20	13...20	0,69	11,5	14	3,28	0,320	5,5	5,5	1,7	3,8	1,05	4,0	2,05	3,5	4,7	1,38
65-27	25...38	0,77	7,5	9	5,1	0,580	6,5	6,5	2,0	4,5	1,25	5,6	2,7	4,5	5,6	1,39
74-32	50...75	0,82	5,4	6,4	7,0	0,930	7,4	7,4	2,3	5,1	1,4	7,1	3,25	4,5	6,4	1,39
85-32a	70...100	0,84	4,4	5	8,73	1,330	8,5	8,5	2,9	5,6	1,35	7,6	3,2	4,5	7,5	1,37
85-45b	100...145	0,86	3,2	3,5	12,3	1,800	8,5	8,5	2,9	5,6	1,35	7,6	4,5	4,5	7,5	1,33
102-35a	130...250	0,88	3,3	3,5	11,2	2,000	10,2	10,2	3,4	6,8	1,7	11,6	3,5	5,5	9,1	1,37
102-35b	180...300	0,90	2,2	2,4	16,8	3,000	10,2	10,2	3,4	6,8	1,7	11,6	5,25	5,5	9,1	1,31

3 Elektronische Bauelemente

MD-Schnitt. $B \approx 1{,}7$ T.

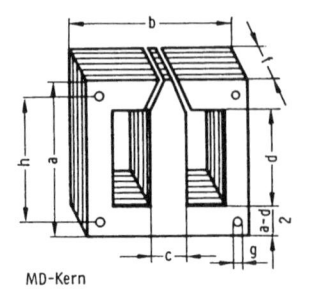

Typ MD-Schnitt	maximale Leistung sekundär P [VA]	Wirkungsgrad η	Windungszahl pro Volt Primär	Windungszahl pro Volt Sekundär	Kernquerschnitt A [cm²]	Gewicht [kg]	Blechhöhe a [cm]	Blechbreite b [cm]	Stegbreite c [cm]	Fensterbreite d [cm]	Fensterhöhe e [cm]	Fensterquerschnitt d·e [cm²]	Paketstärke f [cm]	Lochdurchmesser g [mm]	Induktion B [T]
55-20	25	0,77	7,9	9,1	3,2	0,35	6,4	5,5	1,7	3,8	1,9	7,22	2,0	3,5	1,75
65-27	55	0,85	5,3	5,5	5,1	0,65	7,5	6,5	2,0	4,5	2,25	10,13	2,7	4,5	1,75
74-32	95	0,91	3,8	4,0	7,0	1,0	8,6	7,4	2,3	5,1	2,55	13	3,2	4,5	1,75
85-32a	125	0,92	2,8	3,1	8,7	1,5	10	8,5	2,9	5,6	2,8	15,7	3,2	4,5	1,72
85-45b	165	0,93	2,2	2,4	12,3	2	10	8,5	2,9	5,6	2,8	15,7	4,5	4,5	1,71
102-35a	220	0,935	2,3	2,5	11,2	2,2	12	10,2	3,4	6,8	3,4	23,1	3,5	5,5	1,73
102-52b	330	0,94	1,7	1,9	16,6	3,3	12	10,2	3,4	6,8	3,4	23,1	5,2	5,5	1,72

Abb. 3.5.8-6 Abmessungen von MD-Kernen

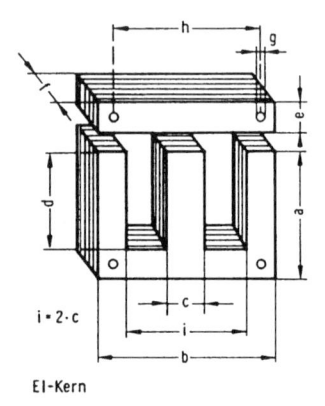

Abb. 3.5.8-7 Abmessungen von EI-Kernen

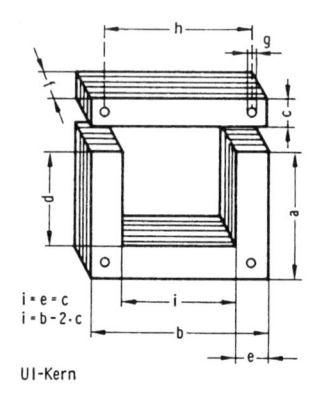

Abb. 3.5.8-8 Abmessungen von UI-Kernen

3.5 Spulen und Übertrager – Bauformen, Anwendungen und Daten

EI-Kern

Ähnlich den M-Kernen werden auch EI-Kerne meistens aus 0,5 mm starkem Dynamoblech III gestanzt. Die Abmessungen sind in der *Abb. 3.5.8-7* gezeigt. Die wichtigsten Daten sind der folgenden EI-Schnitt-Tabelle zu entnehmen.

UI-Kern

Die Abmessungen der UI-Kerne sind in der *Abb. 3.5.8-8* gezeigt. Die Tabelle UI-Schnitt zeigt die genaueren Daten. Der UI-Schnitt wird wegen der höheren Streuung wenig benutzt.

SU-Kerne – Schnittbandkerne nach DIN 41309

Spannbänder/Spulenkörper nach DIN 41303

Schnittbandkerne bestehen aus Werkstoffen mit magnetischen Vorzugsrichtungen der Magnetbezirke. Die Bleche werden so gewickelt, daß diese Vorzugsrichtung dem späteren Feldlinienverlauf entspricht. Die Kerne werden dann geklebt und die Schnittflächen geschliffen. Mit Spannhülsen erfolgt die spätere Montage, nachdem der Wickelkern eingeschoben wurde.

Vorteile der Schnittbandkerne gegenüber den eben behandelten M- und E-Typen sind die folgenden:

- Ungefähr halbes Bauvolumen gegenüber den M-Größen bei gleicher Leistung,
- geringe Streuung,
- hohe Flußdichten möglich von 1,7...1,9 T,
- einfache Montage.

Aus einem U-Schenkel nach *Abb. 3.5.8-9* lassen sich die Su-SM-SE-SG-Typen *Abb. 3.5.8-10* aufbauen. SE und SG durch seitliches Anflanschen an einer geschliffenen Seite von zwei SU- oder SM-Kernen. Die seitliche Spaltdicke beträgt dann je nach Kerntyp zwischen 0,2...0,6 mm (siehe Tabelle SU-Schnitt).

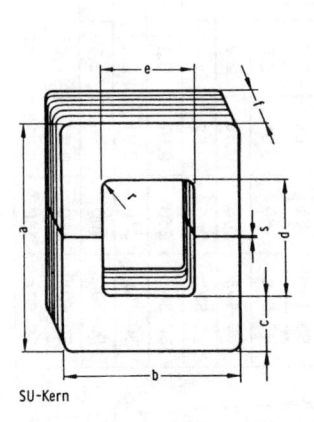

Abb. 3.5.8-9 Abmessungen von SU-Kernen

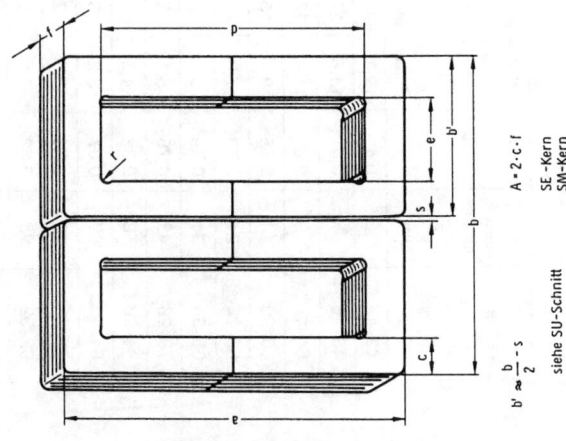

Abb. 3.5.8-10 Abmessungen von kombinierten Schnittbandkernen

EI-Schnitt. B ≈ 1,4 T.

Typ EI-Schnitt	maximale Leistung sekundär P [VA]	Wirkungsgrad η	Windungszahl pro Volt Primär	Windungszahl pro Volt Sekundär	Kernquerschnitt A [cm²]	Gewicht [kg]	Blech-E-Höhe a [cm]	Blechbreite b [cm]	Stegbreite c [cm]	Fensterbreite d [cm]	I-Höhe e [cm]	Fensterquerschnitt $d \cdot \frac{i-c}{2}$ [cm²]	Paketstärke f [cm]	Lochdurchmesser g [mm]	Lochabstand h [cm]	Induktion B [T]
42-14	2,5	0,4	19,3	46	1,8	0,11	2,8	4,2	1,4	2,1	0,7	1,5	1,4	3,5	3,5	1,33
48-16	5	0,5	14,6	27	2,4	0,17	3,2	4,8	1,6	2,4	0,8	1,9	1,6	3,5	4,0	1,34
54-18	9	0,6	11,4	18	3,0	0,25	3,6	5,4	1,8	2,7	0,9	2,4	1,8	3,5	4,5	1,35
60-20	14	0,65	9	13	3,7	0,34	4,0	6,0	2,0	3,0	1,0	3,0	2,0	3,5	5,0	1,36
66-22a	21	0,70	7,3	10	4,5	0,45	4,4	6,6	2,2	3,3	1,1	3,6	2,2	4,5	5,5	1,37
66-34b	31	0,79	5	6,3	7,1	0,7	4,4	6,6	2,2	3,3	1,1	4,7	3,4	4,5	5,5	1,36
78-26	43	0,76	5,1	6,2	6,35	0,76	5,2	7,8	2,6	3,9	1,3	5,0	2,6	4,5	6,5	1,38
84-28a	58	0,82	4,5	5,3	7,4	0,93	5,6	8,4	2,8	4,2	1,4	5,9	2,8	4,5	7,0	1,38
84-42b	82	0,87	3,2	3,7	11,1	1,4	5,6	8,4	2,8	4,2	1,4	5,9	4,2	4,5	7,0	1,35
92-23a	70	0,76	6,3	7,4	5,0	0,72	6,25	9,2	2,3	5,1	1,15	5,9	2,3	4,5	8,2	1,49
92-32b	95	0,82	4,5	5,0	6,9	1,0	6,25	9,2	2,3	5,1	1,15	5,9	3,2	4,5	8,2	1,47
96-34a	100	0,85	3,2	3,6	10,2	1,5	6,4	9,6	3,2	4,8	1,6	7,7	3,4	5,5	8,0	1,40
96-44b	125	0,89	2,6	2,9	13,3	1,9	6,4	9,6	3,2	4,8	1,6	7,7	4,4	5,5	8,0	1,36
96-58c	160	0,91	2,0	2,2	17,4	2,5	6,4	9,6	3,2	4,8	1,6	7,7	5,8	5,5	8,0	1,32
120-40a	205	0,90	2,2	2,4	15,0	2,7	8,0	12,0	4,0	6,0	2,0	12,0	4,0	6,6	10,0	1,38
120-52b	255	0,92	1,8	1,9	19,6	3,5	8,0	12,0	4,0	6,0	2,0	12,0	5,2	6,6	10,0	1,33
130-35a	260	0,87	3,3	3,51	11,84	2,4	8,75	13,0	3,5	7,0	1,75	12,25	3,6		9,5	1,47
130-45b	310	0,91	2,59	2,72	15,13	3	8,75	13,0	3,5	7,0	1,75	12,25	4,6		9,5	1,43
150-40a	400	0,90	2,59	2,72	15,0	3,5	10,0	15,0	4,0	8,0	2,0	16,0	4,0		11,0	1,46
150-50b	450	0,92	2,08	2,18	18,88	4,4	10,0	15,0	4,0	8,0	2,0	16,0	5,0		11,0	1,43
150-60c	550	0,925	1,74	1,8	22,56	5,2	10,0	15,0	4,0	8,0	2,0	16,0	6,0		11,0	1,39

3.5 Spulen und Übertrager – Bauformen, Anwendungen und Daten

UI-Schnitt. $B \approx 1{,}5$ T.

Typ Schnitt	maximale Leistung sekundär P [VA]	Wirkungsgrad η	Windungszahl pro Volt Primär	Windungszahl pro Volt Sekundär	Kernquerschnitt A [cm²]	Gewicht [kg]	Blech-U-Höhe a [cm]	Blechbreite b [cm]	Stegbreite c [cm]	Fensterhöhe d [cm]	Fensterquerschnitt $\frac{d \cdot i}{2}$ [cm²]	Paketstärke f [cm]	Lochdurchmesser g [mm]	Lochabstand h [cm]	Induktion B [T]
30-10a	3	0,35	35	94	0,94	0,09	4,0	3,0	1,0	3,0	1,5	1	3,5	2,0	1,43
30-16b	5	0,45	23	48	1,5	0,14	4,0	3,0	1,0	3,0	1,5	1,6	3,5	2,0	1,41
39-13a	11	0,55	20	34	2,8	0,2	5,2	3,9	2,3	3,9	4,5	1,3	3,5	2,6	1,45
39-20b	16	0,62	14	22	4,3	0,3	5,2	3,9	2,3	3,9	4,5	2,0	3,5	2,6	1,43
48-16a	24	0,65	14	20	2,4	0,35	6,4	4,8	1,6	4,8	3,8	1,6	4,5	3,2	1,47
48-25b	37	0,71	9	12	3,8	0,55	6,4	4,8	1,6	4,8	3,8	2,5	4,5	3,2	1,45
60-20a	64	0,76	8,5	10,5	3,76	0,7	8,0	6,0	2,0	6,0	6,0	2,0	4,5	4,0	1,50
60-30b	90	0,80	6	7,1	5,6	1,0	8,0	6,0	2,0	6,0	6,0	3,0	4,5	4,0	1,48
75-25a	150	0,83	5,5	6,3	5,87	1,4	10,0	7,5	2,5	7,5	9,4	2,5	5,5	5,0	1,51
75-40b	220	0,86	3,5	3,9	9,4	2,2	10,0	7,5	2,5	7,5	9,4	4,0	5,5	5,0	1,48
90-30a	290	0,87	3,6	3,9	8,5	3,8	12,0	9,0	3,0	9,0	13,5	3,0	7,8	6,0	1,52
90-50b	450	0,89	2,3	2,45	14	4,7	12,0	9,0	3,0	9,0	13,5	5,0	7,8	6,0	1,47
114-38a	670	0,90	2,3	2,4	13,6	4,6	15,2	11,4	3,8	11,4	22	3,8	11,0	7,6	1,51
114-62b	970	0,92	1,5	1,53	22,1	7,5	15,2	11,4	3,8	11,4	22	6,2	11,0	7,6	1,45

SE-Schnitt. B ≈ 1,83 T. Blechdicke 0,35 mm.

Typ SE-Schnitt	maximale Leistung sekundär P [VA]	Wirkungsgrad η	Windungszahl pro Volt Primär	Windungszahl pro Volt Sekundär	Kernquerschnitt A [cm²]	Gewicht [kg]	Blechhöhe a [cm]	Blechbreite b [cm]	Stegbreite c [cm]	Fensterhöhe d [cm]	Fensterbreite e [cm]	Fensterquerschnitt d·e [cm²]	Paketstärke f [cm]	Spaltdicke s [mm]	Rundung r [mm]	Induktion B [T]
130- a	385	0,9	2,2	2,3	11,3	2,24	10,88	13,06	1,74	7,3	3,0	2,19	3,72	0,6	2	1,83
130- b	485	0,91	1,7	1,8	14,4	2,86	10,88	13,06	1,74	7,3	3,0	2,19	4,72	0,6	2	1,82
150- a	590	0,92	1,7	1,8	14,4	3,26	12,38	15,04	1,98	8,3	3,5	2,9	4,12	0,6	2	1,83
150- b	720	0,93	1,4	1,45	18,0	4,08	12,38	15,04	1,98	8,3	3,5	2,9	5,12	0,6	2	1,82
150- c	860	0,935	1,1	1,15	21,6	4,91	12,38	15,04	1,98	8,3	3,5	2,9	6,12	0,6	2	1,82
170- a	1130	0,94	1,1	1,15	21,8	5,8	14,58	17,0	2,21	10,0	4,0	4,0	5,6	0,7	3	1,84
170- b	1300	0,95	0,95	0,98	25,9	6,8	14,58	17,0	2,21	10,0	4,0	4,0	6,6	0,7	3	1,83
170- c	1490	0,955	0,83	0,85	29,8	7,9	14,58	17,0	2,21	10,0	4,0	4,0	7,6	0,7	3	1,82

SM-Schnitt. B ≈ 1,78 T. Blechdicke 0,35 mm.

Typ SM-Schnitt	maximale Leistung sekundär P [VA]	Wirkungsgrad η	Windungszahl pro Volt Primär	Windungszahl pro Volt Sekundär	Kernquerschnitt A [cm²]	Gewicht [kg]	Blechhöhe a [cm]	Blechbreite b [cm]	Stegbreite c [cm]	Fensterhöhe d [cm]	Fensterbreite e [cm]	Fensterquerschnitt d·e [cm²]	Paketstärke f [cm]	Spaltdicke s [mm]	Rundung r [mm]	Induktion B [T]
30- a	< 5	< 0,40	≈ 45	102	0,25	0,018	2,86	2,86	0,35	2,1	0,7	1,47	0,7	0,4	1,0	1,7
30- b	< 5	0,40	≈ 35	67	0,38	0,03	2,86	2,86	0,35	2,1	0,7	1,47	1,1	0,4	1,0	1,7
42-	5,3	0,55	34	58	0,44	0,1	4,36	4,36	0,6	3,1	0,95	2,95	1,52	0,4	1,5	1,75
55-	21,1	0,75	7,1	9	2,92	0,276	5,68	5,68	0,85	3,85	1,1	4,23	2,1	0,4	1,5	1,76
65-	45,7	0,82	5,0	5,8	4,5	0,5	6,56	6,64	0,99	4,5	1,3	5,85	2,7	0,6	1,5	1,87
74-	84	0,87	3,6	4	6,3	0,79	7,46	7,54	1,14	5,1	1,45	7,4	3,25	0,6	1,5	1,79
85- a	115	0,88	3,0	3,3	8,0	1,12	8,56	8,64	1,44	5,6	1,4	7,85	3,25	0,6	2,0	1,78
85- b	159	0,9	2,15	2,3	11,3	1,59	8,56	8,64	1,44	5,6	1,4	7,85	4,55	0,6	2,0	1,76
102- a	206	0,91	2,35	2,45	10,4	1,77	10,3	10,38	1,69	6,8	1,75	11,9	3,55	0,6	2,0	1,79
102- b	300	0,92	1,68	1,75	15,6	2,64	10,3	10,38	1,69	6,8	1,75	11,9	5,25	0,6	2,0	1,78

3.5 Spulen und Übertrager – Bauformen, Anwendungen und Daten

SU-Schnitt. B ≈ 1,85 T. Blechdicke 0,35 mm.

Typ SU-Schnitt	maximale Leistung sekundär P [VA]	Wirkungs-grad η	Windungszahl pro Volt Primär	Windungszahl pro Volt Sekundär	Kern-querschnitt A [cm²]	Gewicht [kg]	Blech-höhe a [cm]	Blech-breite b [cm]	Steg-breite c [cm]	Fenster-höhe d [cm]	Fenster-breite e [cm]	Fenster-querschnitt d·e [cm²]	Paket-stärke f [cm]	Spalt-dicke s [mm]	Rundung r [mm]	Induktion B [T]
15	< 3	≈ 0,30			0,25		2,87	1,50	0,49	1,85	0,5	0,925	0,54	0,2	1,5	1,78
24	< 3	≈ 0,35			0,63		4,27	2,4	0,79	2,65	0,8	2,12	0,85	0,2	1,5	1,78
30- a	3,3	0,4	18,2	41	0,94	0,07	5,27	3,0	0,99	3,25	1,0	3,25	1,01	0,2	1,5	1,79
30- b	6,3	0,52	13,5	24	1,5	0,12	5,27	3,0	0,99	3,25	1,0	3,25	1,61	0,2	1,5	1,78
39- a	12,4	0,61	13,7	21,2	1,62	0,16	6,79	3,91	1,29	4,15	1,3	5,4	1,34	0,3	1,5	1,8
39- b	20	0,69	9,5	13	2,47	0,25	6,79	3,91	1,29	4,15	1,3	5,4	2,04	0,3	1,5	1,79
48- a	30,5	0,72	9,5	13	2,45	0,30	8,29	4,8	1,58	5,05	1,6	8,0	1,65	0,3	1,5	1,81
48- b	49	0,78	6,5	8	3,78	0,48	8,29	4,8	1,58	5,05	1,6	8,0	2,55	0,3	1,5	1,8
60- a	80	0,82	6,5	7,7	3,83	0,61	10,36	6,01	1,98	6,3	2,0	12,6	2,06	0,3	2,0	1,83
60- b	122	0,86	4,4	5,0	5,7	0,92	10,36	6,01	1,98	6,3	2,0	12,6	3,06	0,3	2,0	1,82
75- a	200	0,88	4,2	4,7	6,0	1,21	12,86	7,5	2,47	7,8	2,5	19,5	2,61	0,3	2,0	1,84
75- b	306	0,91	2,1	2,3	9,5	1,94	12,86	7,5	2,47	7,8	2,5	19,5	4,11	0,3	2,0	1,83
90- a	387	0,91	3,0	3,22	8,6	2,08	15,58	9,0	2,96	9,5	3,0	28,5	3,09	0,5	3,0	1,85
90- b	630	0,93	1,8	1,9	14,2	3,49	15,58	9,0	2,96	9,5	3,0	28,5	5,09	0,5	3,0	1,84
102- a	620	0,92	2,3	2,4	11,21	3,09	17,54	10,24	3,37	10,6	3,4	36,0	3,54	0,5	3,0	1,85
102- b	960	0,93	1,4	1,5	17,8	4,99	17,54	10,24	3,37	10,6	3,4	36,0	5,64	0,5	3,0	1,84
114- a	920	0,94	1,82	1,92	13,9	4,23	19,56	11,44	3,76	11,8	3,8	45,0	3,92	0,6	3,0	1,86
114- b	1440	0,95	1,15	1,2	22,3	7,0	19,56	11,44	3,76	11,8	3,8	45,0	6,32	0,6	3,0	1,85

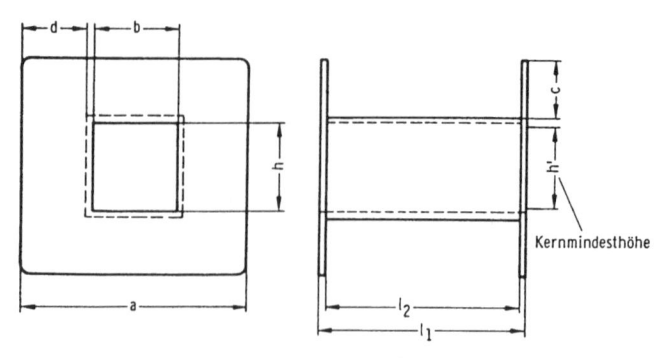

Abb. 3.5.8-11 Abmessungen genormter Spulenkörper

C Spulenkörper

In Zusammenhang mit der *Abb. 3.5.8-11* sind in der folgenden Tabelle Spulenkörper für M-MD-SM-Kerne angegeben; ferner in einer anschließenden Tabelle die für EI-Kerne.

M; MD; SM	Größtmaß mm				Kleinstmaß mm		Kernmindesthöhe
	a	c	l_1	l_2	b	h	h'
20	12,5	3,5	12	-	5,5	5,5	5,5
22	12,7	3,8	13	-	5,2	5,2	5,2
30 a 30 b	19	5,75	19	-	7,5	7,5 11,3	7,5 11,3
42	29	8,1	28	26,1	12,6	15,7	14,6
55	37	9,6	35,5	33,1	17,6	21,7	20,6
65	44	11,6	42	38,6	20,6	27,8	26,7
74	50	13,1	48	44,6	23,6	33,5	32,4
85 a 85 b	54,6	12,4	52	48,5	29,6	33,5 46,5	31,9 44,9
102 a 102 b	65	15,1	64	60,5	34,6	36,5 54	34,9 52,4
EI-Kerne							
92 a 92 b	67,4	-	50	-	23,6	24,5 33,5	22,9 31,9
130 a 130 b	92	-	69	-	35,7	37,7 47,7	36,1 46,1
150 a 150 b 150 c	107	-	79	-	40,7	41,7 51,7 61,7	49,1 50,1 60,1

3.5 Spulen und Übertrager – Bauformen, Anwendungen und Daten

Niederfrequenztransformator als Impedanzwandler oder Symmetrierglied

Niederfrequenztransformator (Netzfrequenz 50 Hz)

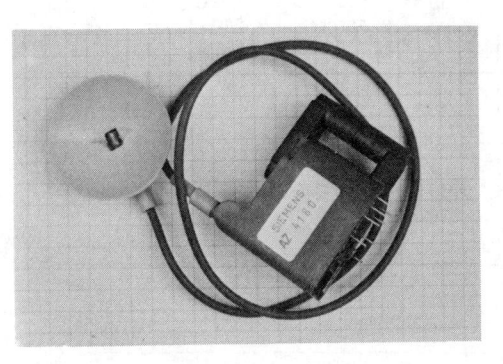

Zeilentransformator im Mittelfrequenzbereich mit Ferritkern. Frequenz ≈ 16 000 Hz.

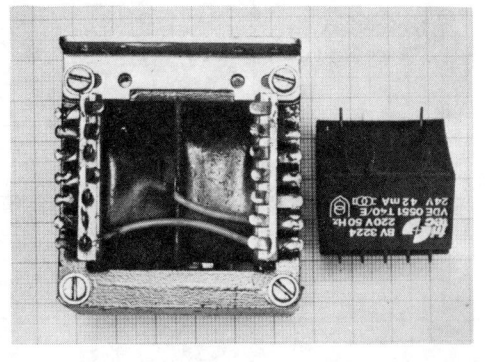

Für kleinere Leistungen werden sogenannte Printtransformatoren direkt auf der Leiterbahn mit den Anschlußfahnen verbunden und befestigt. Größere Transformatoren werden mit Schrauben auf dem Chassis befestigt.

Spulenbauelemente mit Schalenkernen für größere Induktivitäten. Diese Bauelemente werden oft für den Filterbau benötigt.

1045

3.6 Batterien und Normalelemente

Die folgenden Tabellen geben eine erste Übersicht.

Übersicht: Akkumulatoren

Zusammensetzung	Nennspannung [Volt]	Spannungen [Volt]		Kapazität [mA · h]	Temperaturbereich [°C]
		mittlerer Lastwert	Schluß-wert		
Nickel-Cadmium (Masse-Elektrode)	1,20 (1,25)	1,1	> 0,75	≦ 1000 (Knopfzelle)	Entladung: −20°...60° max. Ladung: 0°...45° max.
Nickel-Cadmium (Sinter-Elektrode)	1,20 (1,25)	1,1	> 0,75	≦ 15 000 500 Mignon	Entladung: −45°...75° max. Ladung: −20°...+50°
Blei-Bleioxid (dryfit)	2,00	≧ 1,9	> 1,7	> 10 000	−30°...+50°
Nickel-Metallhydrid Ni/MH	1,2 (1,25)	1,1	> 0,75	> 2400	Entladung: −20°...60° max. Ladung: 0°...45° max

Übersicht: Primärzellen

Zusammensetzung	Nennspannung [Volt]	Spannungen [Volt]		Kapazität [mA · h]	Temperaturbereich [°C]	Lagerzeit [Monate]	Bemerkung
		mittlerer Lastwert	Schluß-wert				
Zink−Luft	1,45	1,15	> 0,9	≦ 70 000	−10...+60	> 12	saurer Elektrolyt
Zink−Luft	1,40	1,20	> 0,9	≦ 400	−10...+60	> 12	ca. 1 %/Jahr Selbstentladung; alkalisch; Knopfzellenaktivierung mit Luftzufuhr
Zink−Braunstein	1,50	1,20	> 0,8	≦ 7500	>−10°...+50°	< 24	bei −10° nur 50 % Kapazität (Leclanché), genormte Abmessungen
Zink−Braunstein (Alkali−Mangan)	1,50	1,20	> 0,8	≦ 10 000	>−15°...+50°	< 24	Knopfzellen 40 mA · h ... 300 mA · h, genormte Abmessungen, bei −15°C nur ca. 30 % Kapazität

Zusammen-setzung	Nenn-spannung [Volt]	Spannungen [Volt]		Kapazität [mA · h]	Temperatur-bereich [°C]	Lagerzeit [Monate]	Bemerkung
		mittlerer Lastwert	Schluß-wert				
Zink–Quecksilberoxid	1,35	1,20	> 0,9	≦ 1000	–10...+60	> 24	Knopfzellen 50 mA · h ... 1 A · h
Zink–Silberoxid	1,55	1,40	> 0,9	≦ 180	–10...+60	> 24	einwertige Verbindung, Kapazitätsangabe für Knopfzellen
Zink–Silberoxid	1,55	1,20	> 0,9	≦ 200	–10...+60	> 24	zweiwertige Verbindung, Kapazitätsangabe für Knopfzellen
Lithium als Basis	1,50...3,80	1,2...3,0	typenabhängig > 1,5	≦ 12000	–40...+85	> 100	ca. 1 %/Jahr Selbstentladung, Aufbau mit: Mangandioxid, Schwefeldioxid, Kupferoxid, Thionylchlorid, Chromoxid
Lithium–Chromoxid	3,80 (3,0)	3,0 (2,5)	ca. 60 % vom Lastwert	≦ 2250	–40...+85	> 100	genaue Daten siehe „Lithium-Batterien"
Lithium–Manganoxid	3,30 (3,0)	3,0 (2,5)		≦ 1500	–30...+70		

3.6.1 Normalelemente

Für die Verwendung genau definierter Spannungen kommt das Weston-Normalelement zur Anwendung. Dieses weist eine Spannung von 1,01830 V auf. Der mittlere negative Temperaturkoeffizient beträgt 0,004% · °C^{-1}. Maximale Stromentnahme < 10^{-4} A. Zeitliche Änderung der EMK < 0,01% über mehrere Jahre.

3.6.2 Bleiakkumulatoren

Bleiakkumulatoren sind robuste Spannungsquellen für kleine, mittlere und große Leistungen. Als Elektrolyt dient verdünnte reine Schwefelsäure H_2SO_4 mit einem spez. Gewicht von 1,18; bei der Ladung wird je nach Zustand der Wert 1,20...1,28 erreicht. Eine positive Bleiplatte steht jeweils zwei negativen gegenüber. Zum Verdünnen und Nachfüllen (Verdampfen) nur destilliertes Wasser verwenden.

A Spannungen

Mittlere Arbeitsspannung (EMK) 2,0 V; K = Kapazität in A · h (DIN 40729).
Ladeendspannung ≦ 2,7 V (Normalladung) ≈ 2,4...2,45 V (DIN 40729).
Ruhespannung nach Aufladung ≈ 2,2 V
Entladespannung ≈ 1,8 V (diese sollte nicht unterschritten werden) (DIN 72311)
Schnellentladung ≈ 1,75 V; bei einer 12-V-Batterie ist dann U_B = 10,5 V

Ladestrom   ≈ 0,09 x K (Ah) ≈ 10 Stunden
Schnelladung   ≈ 0,85 x K (Ah) ≈ 1,5 Stunden
Innenwiderstand ≈ 0,1 ... 0,3 · K^{-1}; R$_i$ [Ω]; K [A · h]

Beispiel für R$_i$: Für K = 55 Ah ist $R_i \approx \frac{0,2}{55} = 3,6$ mΩ.

Die *Abb. 3.6.2-1* zeigt den charakteristischen Verlauf von Lade- und Entladespannung. Dabei ist der Bereich ab t$_x$ als kritisch zu beachten. Das ist am starken „Kochen" während der Endphase des Ladens (Wasserstoffbildung) zu erkennen.

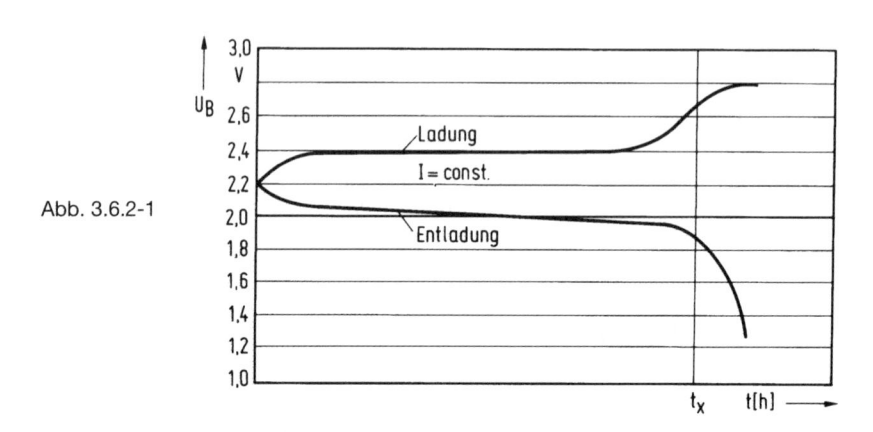

Abb. 3.6.2-1

B Ladestrom

Richtwerte für den Ladestrom sind

$I_L \approx 0,1 \cdot K$ [K = Batteriekapazität in Ah]

Demnach ist eine 20-Ah-Batterie mit einem Ladestrom von 2 A zu laden. Es ist empfehlenswert, im letzten Drittel der Ladephase den Ladestrom auf $I_L \approx 0,025$ herabzusetzen. Die Ladung ist beendet, wenn die Zellenspannung über ca. 2,7 V angestiegen ist oder die Säuredichte über ca. 1,24 liegt.

C Innenwiderstand

Dieser ermittelt sich überschlägig aus

$R_i \approx \dfrac{0,15}{K}$ [Ω; Ah]

pro Zelle. Bei mehreren Zellen ist der Wert von R$_i$ mit der Zellenzahl zu multiplizieren.

D Wartungsfreie Bleiakkumulatoren (Dryfit)

Zellenspannung

Für die Aufladung ist eine Spannungsbegrenzung der Ladespannung $U_L \leqq 2,3$ V einzuhalten, da bereits bei $U_L = 2,4$ V eine starke Gasung einsetzt, die über das Ventil entweicht. Die Nennspannung liegt bei $U_N = 2$ V. Die Entladespannung soll $U_E \geqq 1,8$ V bleiben.

Ladestrom

Hier gilt (siehe Abschnitt A) $I_L \approx 0,1 \cdot K$ für 10 Stunden
oder für die Schnelladung $I_L` \approx 0,8 \cdot K$ für 1,5...2 Stunden mit I (A) und K (A · h). Siehe oben soll die Zellspannung Werte von $U_L \approx 2,3$ V nicht überschreiten.

Kapazitätseinflüsse

In der *Abb. 3.6.2-2* ist der Prozentsatz von K_{20} sowie mit $\alpha \cdot I_{20}$ der Entladestrom angegeben. Die *Abb. 3.6.2-3* gibt Aufschluß über die Selbstentladung der wartungsfreien Bleizelle.

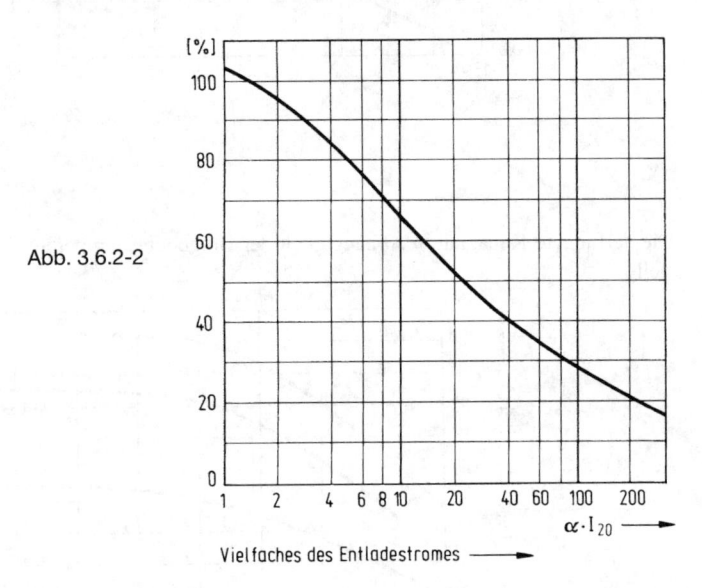

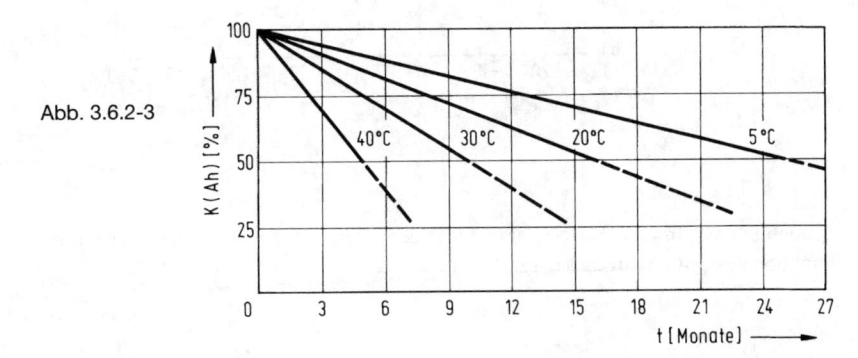

Abb. 3.6.2-2

Vielfaches des Entladestromes

Abb. 3.6.2-3

Der tägliche Kapazitätsverlust entspricht der Darstellung in *Abb. 3.6.2-4*.

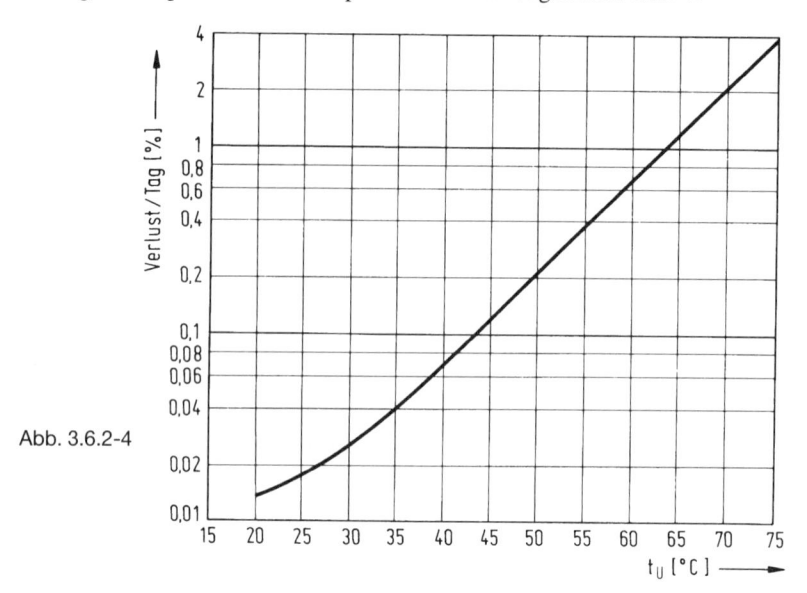

Abb. 3.6.2-4

Die verfügbare Kapazität in Abhängigkeit der Umgebungstemperatur ist in *Abb. 3.6.2-5* dargestellt.

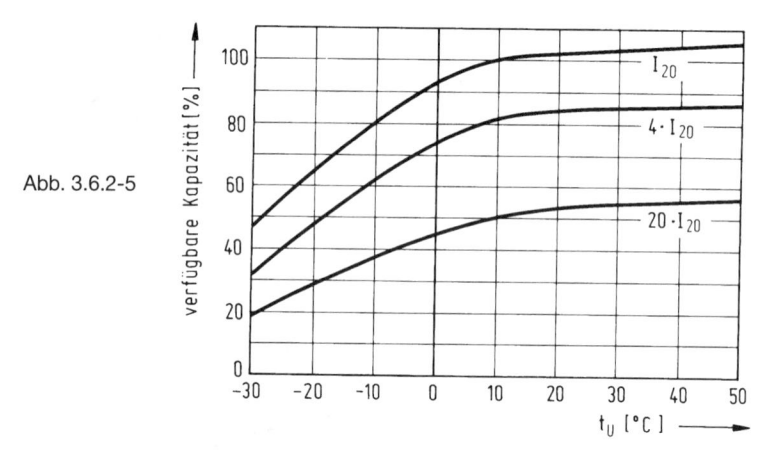

Abb. 3.6.2-5

Schließlich ist in der Kurvendarstellung der *Abb. 3.6.2-6* die verfügbare Entladezeit als Funktion des Entladestromes dargestellt für $t_u \approx 20°C$.

Abb. 3.6.2-6

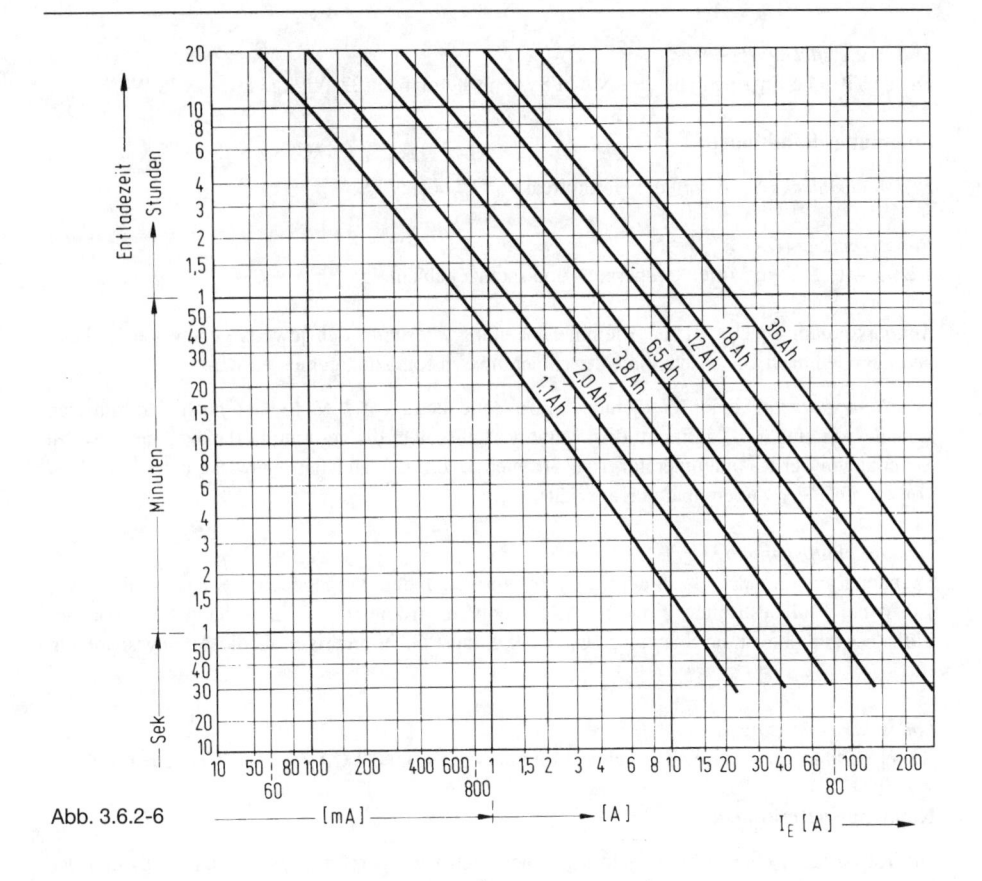

3.6.3 Ni-Cd-Akkumulatoren

In den folgenden Abschnitten werden vorwiegend technische Daten und Angaben der Firma VARTA beschrieben. Diese Angaben können in Einzelfällen auch auf die Produkte anderer Hersteller bei baugleichen Größen bezogen werden.

A Begriffsbestimmungen

Die Grundbegriffe galvanischer Sekundärelemente (Akkumulatoren) sind in der DIN 40729 erläutert. Für die einzelnen Grundbauformen sind folgende wichtige Normen gültig:
Knopfzellen – DIN 40765, IEC 509
Zylindrische Zellen – DIN 40766, IEC 285
Für die Anwendung des Ni/Cd-Systems sind einige Definitionen unerläßlich:

Grundsätzlich:
Für alle technischen Wertangaben und Definitionen gelten – sofern nicht gesondert angegeben – Raumtemperaturbedingungen (R.T. = 20 °C ± 5 °C).

Systemspezifische Angaben:
Die spezifische Energiedichte des Ni/Cd-Systems beträgt 21–27 Wh/kg bzw. 42–78 Wh/ℓ.

Spannungsdefinitionen:

Elektrochemische Spannung der Gesamtreaktion U_o = 1,299 V.

Ruhespannung (O.C.V.):
1,28 V – 1,35 V im Mittel, temperatur- und standzeitabhängig.

Anfangsspannung (U_A) ist die Klemmenspannung, die unter den jeweils gegebenen Entladebedingungen nach 10 % Entnahme der entnehmbaren Kapazität gemessen wird.

Die *Nennspannung* einer gasdichten Ni/Cd-Zelle beträgt 1,2 V. Sie ist nach der mittleren Entladespannung (U_M) definiert, dem Mittelwert aller über die gesamte Entladezeit gemessenen Spannungen bei Raumtemperatur, (bei Strömen $\leq$ 0,2 CA annäherungsweise nach Entnahme von ca. 55 % der entnehmbaren Kapazität).

Entladeschlußspannung (U_E):
Spannung am Entladeende. Sofern nicht in Normen anders vorgegeben, beträgt sie allgemein 1,0 V bei Entladeströmen bis 0,2 CA, für höhere Ströme 0,9 V. In Abhängigkeit von der Entladestromhöhe ist die Spannung (U_E) ca. 0,23 bis 0,33 V niedriger als die Anfangsspannung (U_A).

Ladeschlußspannung:
Klemmenspannung nach Ladevorgang 14 h mit Nennstrom 0,1 CA, $\geq$ 1,45 V/Zelle bei R.T.

Kapazitätsdefinitonen:

Die Kapazität C eines Akkumulators definiert sich nach der Entladestromstärke (ℓ) und der Entladezeit (t).

$C = \ell \cdot t$

t ist die Zeit vom Entladebeginn bis zum Erreichen der Entladeschlußspannung.
ℓ ist der konstante Entladenennstrom.

Nennkapazität:
Als Nennkapazität C in Ah bezeichnet man diejenige Energiemenge, die innerhalb von 5 Stunden bei Entladung mit dem Nennstrom (0,2 CA) entnommen werden kann. Die Bezugstemperatur beträgt 20 °C$\pm$5 °C. Dabei wird bis zu einer Entladeschlußspannung von 1,0 V entladen.

Typische Kapazität:
Die typische Kapazität ist die Durchschnittskapazität bei einem Entladestrom von 0,2 CA bis 1,0 V.

Entnehmbare Kapazität:
Ni/Cd-Zellen geben Strommengen entsprechend ihrer Nennkapazität ab, wenn sie mit Strömen $\leq$ 0,2 CA belastet werden. Voraussetzung ist, daß die Ladung und Entladung vorschriftsmäßig erfolgen.

Einflußgrößen sind:
- Entladestromstärke
- Entladeschlußspannung
- Innenwiderstand
- Umgebungstemperatur
- Ladezustand
- Höhe des Ladestromes

Bei höheren Entladeströmen reduziert sich die entnehmbare Kapazität.

Stromdefinition:

Lade- und Entladeströme werden als Vielfaches von der Nennkapazität (C) in Ampère (A) mit dem Begriff CA angegeben, z. B. Zellentyp RSH 4:

Nennkapazität C = 4 Ah
0,1 CA = 400 mA
1 CA = 4 A
10 CA = 40 A

Ladenennstrom ist der Ladestrom (0,1 CA), der zur Erreichung der Volladung einer Zelle in 14 – 16 Stunden erforderlich ist.

Beispiel: Zellentyp RSH 4
Nennkapazität C = 4 Ah
Ladenennstrom 0,1 CA = 400 mA

Entladenennstrom einer Ni/Cd-Zelle ist der 5stündige Entladestrom (0,2 CA). Es ist der Strom, mit dem innerhalb von 5 Stunden die Nennkapazität einer Zelle zu entnehmen ist.

$$i = \frac{C}{t} = \frac{C}{5} = 0{,}2 \text{ CA bei } t = 5 \text{ h}.$$

Ah-Wirkungsgrad:
Das Verhältnis zwischen effektiv entnehmbarer und eingeladener Kapazität (Strommenge) wird als „Ladewirkungsgrad" bezeichnet.

$$\eta_{Ah} = \frac{\text{entnehmbare Kapazität}}{\text{eingeladene Kapazität}}$$

Bei einer mittleren Temperatur von 20 °C liegt der „Ah"-Wirkungsgrad für gasdichte Zellen mit positiven Sinterelektroden (zylindrische Zellen) bei 0,83. Das bedeutet, daß etwa 83 % der insgesamt eingeladenen Strommenge als entnehmbare Kapazität wieder entnommen werden kann. Bei Massezellen (Knopfzellen) beträgt der Wirkungsgrad 72 %. Der reziproke Wert des Ah-Wirkungsgrades ist der sogenannte Ladefaktor.

$$f_L = \frac{1}{\eta_{Ah}}$$

In der Praxis wird für alle Ni/Cd-Zellen ein einheitlicher Ladefaktor von 1,4 bis 1, 6 angewandt.

3 Elektronische Bauelemente

B Anwendungsgebiete

	Anwendungen	Zylindrische Zellen					Knopfzellen			Knopfzellenbatterien		
		RS	RSH	RSE	RST	RSQ	V...R	V...RT	V...RH (DKZ)	V7/8R	Safe-Tronic* Mempac	Phone-Power
Bereitschaftsparallelbetrieb	Notstromversorgungen für Signal- und Warnanlagen	•	•	•	•							
	Notbeleuchtung und Alarmanlagen			•		•						
	Speicherpufferung (Bürogeräte, Computer)					•		•			•	
	Speicherpufferung Hochtemp. (Kfz-Bord-Computer)					•		•			•	
Zyklenbetrieb	Schnurlose Haushaltsgeräte	•	•	•		•		•		•		
	Schnurlose Telefone Personenrufanlagen	•	•	•			•	•				•
	Handfunksprechgeräte Mobiltelefone	•	•	•			•	•		•	•	
	Meßgeräte allgemein, med. Anw., Pumpen, Waagen	•	•	•	•					•	•	
	Foto, Video, Film Kameras, Blitzgeräte, Leuchten		•	•	•							
	Elektrowerkzeuge schnurlose Gartengeräte	•		•								
	Modellbau	•	•	•			•	•		•		
	Taschenlampen	•	•				•	•				
	Spiel und Hobby	•					•				•	
	Taschenempfänger, drahtl. Mikrof. Elektronik-Rechner							•	•			
	Solar-Rechner und Solaruhren, Hörgeräte							•				
	Telekommunikation, z.B. Fernschreiber	•	•	•			•	•				
	Laptop Computer, Notebook	•	•	•	•							

* nicht für Neuanwendungen

Die Auswahl des jeweils bestgeeigneten Zellen- bzw. Batterietyps orientiert sich ausschließlich an der vorgesehenen Verwendungsart und den dabei herrschenden Betriebsbedingungen.
Die wichtigsten Auswahlkriterien dabei sind:

- Betriebsart der Zelle, d. h. Zyklenbetrieb (kontinuierliche Folge von Lade-/Entladevorgängen) oder Bereitschaftsparallelbetrieb (Erhaltungs- oder Dauerladung)
- Zur Verfügung stehender Einbauraum
- Maximal zulässiges Gewicht
- Einsatztemperatur
- Dauer und Höhe der Belastung
- Geforderte Betriebsspannung mit Spannungsgrenzwerten

Für die Komplettierung von Batterien ist zu berücksichtigen, daß sich die zu erwartenden technischen Daten einer aus mehreren Einzelzellen aufgebauten Batterie aufgrund unvermeidbarer Kapazitätstoleranzen, auftretender Spannungsabfälle und Leitungen und Verbindern und nicht zuletzt aktuellen Temperaturgegebenheiten im Innern einer Batterie nicht unbedingt aus der Summation der Einzeldaten ergeben.
Es wird ausdrücklich darauf hingewiesen, daß nur Zellen gleichen Fabrikates und Designs zu Batterien komplettiert werden sollten.

C Zylindrische Ni/CD-Zellen (VARTA)

Ni/Cd-Rundzellen werden in mehreren Baureihen gefertigt.

Baureihen	Kapazitätsbereiche
Standardbaureihe RS	170 mAh – 750 mAh
Hochstrombaureihe RSH	1400 mAh – 7800 mAh
Hochkapazitätsbaureihe RSE	300 mAh – 5500 mAh
Hochtemperaturbaureihe RST	100 mAh – 7300 mAh
Schnelladebaureihe RSQ	1500 mAh – 4600 mAh

Sie unterscheiden sich durch unterschiedliche Kapazitätsbereiche und differenziertes Design. Die Einzeltypen der Baureihen orientieren sich mit spezifischen Kapazitäten und Baugrößen an den vielfältigen Marktbedürfnissen. Zellen in zylindrischer Bauform sind je nach Bauart für mittlere bis sehr hohe Belastungen bei ausgezeichneter Spannungslage in einem weiten Temperaturbereich geeignet. Für Dauerladen (Erhaltungsladen) und Schnelladen sind diese Zellenausführungen aufgrund ihres Elektrodensystems geradezu prädestiniert.

Das zylindrische Ni/Cd-Zellenprogramm
Untersuchungen zeigten, daß Varta-Zellen der Standardbaureihe sowie applikationsorientierte RST- und RSQ-Zellen überlegene Kapazitäten aufweisen. Es zeigte sich, daß die äußerst geringe Belastungsabhängigkeit auch bei extremen Entladeströmen beispielhaft ist.
Neben Varta-Zellen gibt es weiterhin kaum Produkte, welche bei respektablen Kapazitäten einen derart breiten Temperaturbereich abdecken und sogar bei tiefen Temperaturen ein außergewöhnlich gutes Verhalten aufzeigen.
Besonders positiv zu bewerten ist das Lade- und Überladeverhalten der Zellen, die durchweg mit 0,3 CA geladen werden können.

Standardzellen, Baureihe RS
Diese preiswerte Baureihe ist für alle normalen Anwendungen verwendbar, ausgenommen ausgesprochene Hochstrom- oder Hochtemperaturanwendungen.
Die Zellentypen 5001 (Ladyzelle), 5003 (Microzelle) und 5006 (Mignonzelle) haben die gleichen Abmessungen wie handelsübliche Trockenbatterien und können als wirtschaftliche Alternative anstatt Trockenbatterien verwendet werden.
Bevorzugte Betriebsart: Zyklenbetrieb, Dauerladebetrieb

Hochstromzellen, Baureihe RSH
Diese Baureihe ist für alle Anwendungen mit hohem und sehr hohem Strombedarf sehr gut geeignet. Ausgenommen sind Hochtemperaturanwendungen, für die es spezielle Batterien gibt.

Die Baureihe RSH ist aber auch für Normalanwendungen ohne Einschränkungen verwendbar. Einige Typen sind direkt austauschbar gegen Trockenbatterien.
Bevorzugte Betriebsart: Zyklenbetrieb

Hochkapazitätszellen, Baureihe RSE
Eine optimierte Volumenkapazität gegenüber Zellen der Baureihe RS und RSH bei gleichen Abmessungen weist diese Baureihe auf. Die Kapazitätserhöhung beträgt bis zu 33 %. Entsprechend erhöht sich die Laufzeit bei Geräten, die z. B. wahlweise mit Zellen der Baureihe RSE bestückt werden.
Die Schnelladeeigenschaften der 700 RSE (AA-Baugröße) wurden verbessert. Diese Zelle kann mit 1stündiger Ladung jetzt zu 100 % vollgeladen werden.
Bevorzugte Betriebsart: Zyklenbetrieb, Dauerladebetrieb

Hochtemperaturzellen, Baureihe RST
Die Baureihe RST wurde für Hochtemperaturanwendungen bis max. +70 °C entwickelt. Sie hat etwa die gleichen Eigenschaften bei +40 °C wie Standardzellen bei +20 °C. Verbessert wurde insbesondere die Ladungsaufnahme bei höheren Temperaturen durch Zusätze in der positiven Elektrode und der Einführung eines speziellen Elektrolyten. Auch erfolgte die Verbesserung der Lebensdauer durch Einbringung wärmebeständiger Separation. Die Belastbarkeit der Zellen des Typs RST ist dadurch allerdings etwas geringer als bei den anderen Baureihen.
Bevorzugte Betriebsart: Dauerladebetrieb

Schnelladbare Zellen, Baureihe RSQ
Beschichtungen der negativen Elektrode erhöhen den Gasverzehr und ermöglichen die Schnelladung mit Strömen von bis zu 2 CA bei geeigneten Ladeverfahren. Zusätze in der positiven Elektrode erhöhen bei dieser Baureihe die Ladungsaufnahme bei höheren Temperaturen. Die Zellen der RSQ-Baureihe sind neben der 700-RSE-Zelle die einzigen Zellen, die mit Schnelladung zu 100 % vollgeladen werden können!
Bevorzugte Betriebsart: Zyklenbetrieb

C 1 Entladeeigenschaften

Die entnehmbare Kapazität und die Spannungslage einer Zelle werden durch verschiedene Betriebstemperatur bestimmt.

Die wichtigsten sind:
- Die Höhe des Entladestromes
- Die Umgebungstemperatur
- Die zulässige Entladeschlußspannung

Je höher die Entladestromstärke, desto größer die Neigung der Entladekurve, um so niedriger die Spannungslage und um so geringer die entnehmbare Kapazität.
Von der Konstruktion her können zylindrische Ni/Cd-Zellen von Varta mit extrem hohen Strömen belastet werden. Sie finden die maximalen Werte für die einzelnen Typen in der jeweiligen Belastungstabelle unter „Zulässige Dauerbelastung". Es ist bei diesen Belastungen jedoch mit einer geringeren Spannungslage und Zyklenlebensdauer bedingt durch die hohe Temperaturentwicklung zu rechnen.

Im allgemeinen werden beim Betrieb gasdichter Zellen, insbesondere bei Belastung mit hohen Strömen, die Umgebungsbedingungen überlagert durch die aktuellen Zellbedingungen. So

steigt beim Entladen mit hohen Strömen auch bei niedrigen Umgebungstemperaturen die Zellentemperatur an (Verlustwärme).
Die zellenspezifischen Belastungsdiagramme bei Raumtemperatur sind den jeweiligen Baureihen in den einzelnen Abschnitten zu entnehmen.

Typische Entladekurven zeigt die *Abb. 3.6.3-1a, b* und *c*.

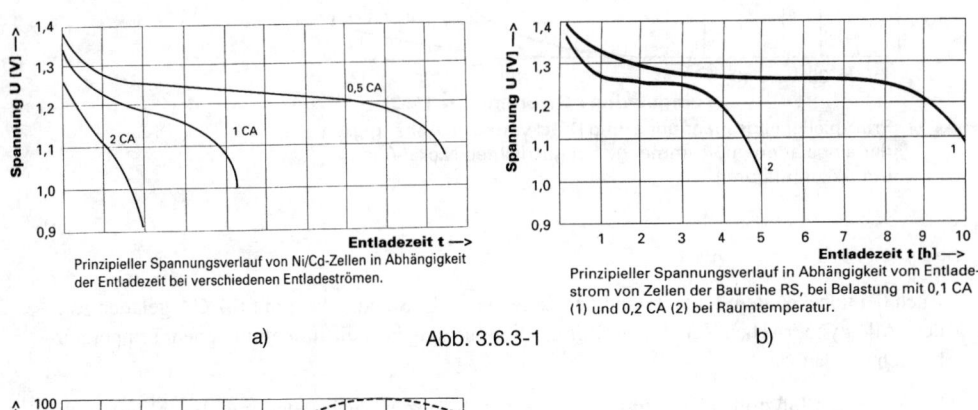

Prinzipieller Spannungsverlauf von Ni/Cd-Zellen in Abhängigkeit der Entladezeit bei verschiedenen Entladeströmen.

a)

Prinzipieller Spannungsverlauf in Abhängigkeit vom Entladestrom von Zellen der Baureihe RS, bei Belastung mit 0,1 CA (1) und 0,2 CA (2) bei Raumtemperatur.

b)

Abb. 3.6.3-1

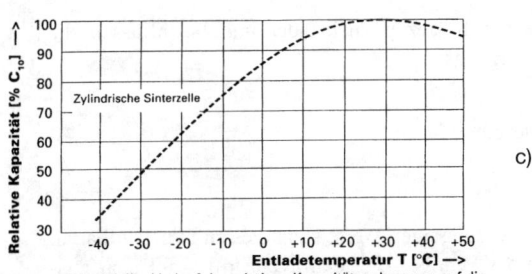

c)

Prinzipieller Verlauf der relativen Kapazitäten, bezogen auf die effektive Kapazität bei T = 25 °C (= 100%), in Abhängigkeit der Entladetemperatur beim Entladen einer zylindrischen Ni/Cd-Zelle mit 1 CA (Ladung: 14 h, 0,1 CA, Ladetemperatur T = 25 °C).

C 2 Ladeeigenschaften

Ni/Cd-Akkumulatoren werden mit Konstantstrom geladen. Die Ladeströme sind dem jeweiligen Zellentyp und den Temperaturbedingungen anzupassen.

Um eine Volladung normal entladener Zellen zu erreichen, wird eine Ladezeit von etwa 14 Stunden benötigt. Diese Ladezeit ist definiert für einen Ladenennstrom von 0,1 CA. Bei Anwendung kleinerer Ladeströme ist die Ladezeit entsprechend länger, bei höheren dagegen kürzer (z. B. 0,2 CA —> 7 h).

Die insgesamt eingeladene Strommenge ergibt sich als Produkt der angewendeten konstanten Stromstärke und der Gesamtladezeit. Bezogen auf die Nennkapazität muß für die Wiederaufladung unter den obigen Ladebedingungen eine Strommenge von 140 % aufgewandt werden. Damit ergibt sich der sogenannte „Ladefaktor" von 1,4.

3 Elektronische Bauelemente

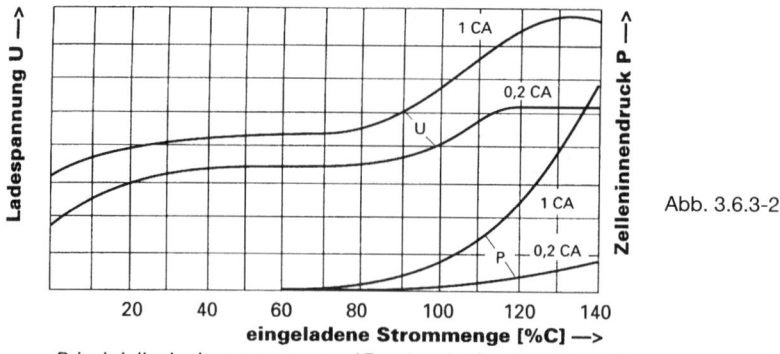

Abb. 3.6.3-2

Prinzipieller Ladespannungs- und Druckverlauf in Abhängigkeit der eingeladenen Strommenge bei gasdichten Nickel-Cadmium-Akkumulatoren.

Auch bei unbekanntem Ladezustand der Zellen kann 14 Stunden lang mit 0,1 CA geladen werden. Alle zylindrischen Zellen sind mit 0,1 CA für längere Zeit im empfohlenen Temperaturbereich überladbar.

Folgende Einflußgrößen stehen in unmittelbarem Bezug zueinander und beeinflussen die Ladekonditionen von und während des Ladevorgangs:

- Ladestrom
- Ladestrommenge (Ladestrom x Gesamtladezeit)
- Umgebungstemperatur
- Ladespannung

Bei Nichtbeachtung der empfohlenen bzw. max. zulässigen Werte kann dies zu Druckaufbau in den Zellen führen (Druckaufbau —> Öffnen des Ventils —> Elektrolytaustritt —> Kapazitätsverlust). Siehe dazu die *Abb. 3.6.3-2*.

C 3 Ladedaten

Ladespannungsverlauf:
Für einige Anwendungsfälle ist es interessant, den Ladespannungsverlauf von gasdichten Ni/Cd-Akkumulatoren zu kennen (so z. B. beim Einsatz im Niedrig- bzw. Hochtemperaturbereich oder bei Verwendung schnelladbarer Zellen). Die typischen Spannungsverläufe, die abhängig von der Ladestromstärke sind, zeigen die folgenden Kennlinien.
Die *Abb. 3.6.3-3* verdeutlicht die Verläufe der Ladespannungen bei verschiedenen Ladeströmen in Abhängigkeit der eingeladenen Strommengen. Erkennbar ist, daß bei ca. 60–70 % der eingeladenen Kapazität je nach Höhe des Ladestromes ein stärkerer Anstieg der Ladespannung erfolgt.
Werden beim Laden die zulässigen Ladeströme angewendet, stellen sich keine Ladespannungen > 1,55 V (1,6 V) pro Zelle ein.
Bei höheren Ladespannungen ist – abhängig vom Elektrodensystem – die Gefahr einer Wasserstoffentwicklung an der negativen Elektrode gegeben. Dies muß unbedingt vermieden werden, da das Wasserstoffgas nicht verzehrt wird.

3.6 Batterien und Normalelemente

Die in Abb. 3.6.3-3 dargestellten Ladespannungsverläufe für unterschiedliche Ladestromstärken zeigen, daß z.B. der max. Ladestrom ohne Spannungsüberwachung bei 0,5 CA liegen könnte, ohne daß die verbotene Spannung >1,55 V erreicht würde. Dies gilt jedoch nur bei Temperaturen oberhalb +20 °C.
Daher wird für die zylindrischen Baureihen unter Berücksichtigung eines Sicherheitsfaktors ein Ladestrom für beschleunigtes Laden von max. 0,3 CA zugelassen. Mit diesem Strom sind die zylindrischen Zellen i. a. auch überladbar, sofern die Ladung im Temperaturbereich von +10 °C bis +35 °C erfolgt.
Umgebungstemperaturen beeinflussen nach *Abb. 3.6.3-4* den Ladespannungsverlauf. Bei tiefen Temperaturen werden kritische Spannungswerte schon beim Ladenennstrom von 0,1 CA erreicht.

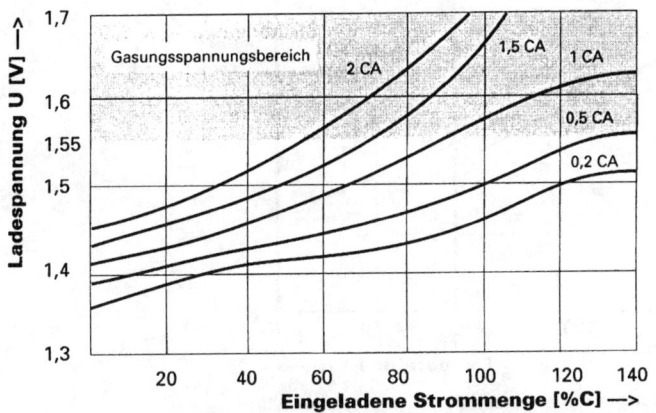

Abb. 3.6.3-3

Prinzipieller Ladespannungsverlauf in Abhängigkeit der eingeladenen Strommenge von zylindrischen Zellen bei verschiedenen Ladeströmen (R.T.).

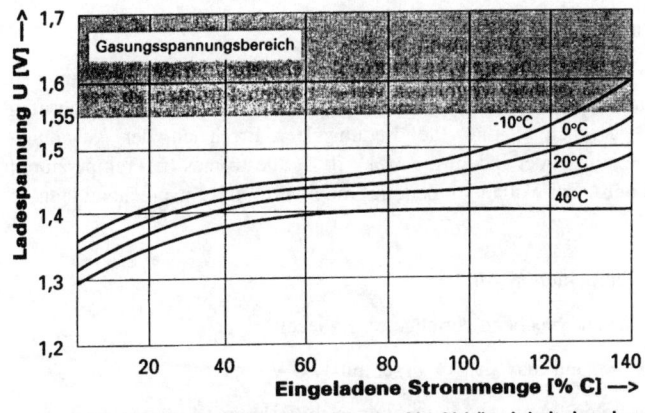

Abb. 3.6.3-4

Prinzipieller Ladespannungsverlauf in Abhängigkeit der eingeladenen Strommenge bei gasdichten Ni/Cd-Akkumulatoren bei verschiedenen Temperaturen und gleichem Ladestrom 0,1 CA.

C 4 Laden bei Extremtemperaturen

Während aufgrund der hohen Spannungslage die Ladungsaufnahme gasdichter Zellen bei tiefen Temperaturen ausgezeichnet ist, sinkt der Ladewirkungsgrad bei höheren Umgebungstemperaturen rapide. Beispielsweise beträgt bei +45 °C – die für die Ladung empfohlene Temperaturobergrenze – die effektiv entnehmbare Strommenge nur noch 60–70 % der mit dem Nennstrom eingeladenen Kapazität. Selbst bei lang anhaltender Überladung wird kaum eine Steigerung der entnehmbaren Kapazität erzielt. Die Ursache dieser Erscheinung hängt unmittelbar mit dem bei höheren Temperaturen niedrigeren Ladepotential zusammen. Das ist in *Abb. 3.6.3-5* zu sehen.

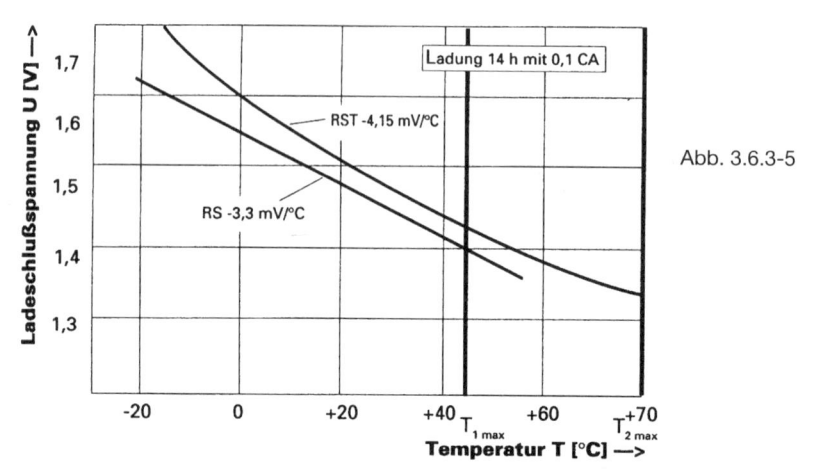

Abb. 3.6.3-5

Ladeschlußspannung in Abhängigkeit der Temperatur für zylindrische Zellen der Baureihe RS bzw. RST beim Laden mit 0,1 CA.
T_{1max} = +45 °C max. Betriebstemperatur für Normalzellen
T_{2max} = +70 °C max. Betriebstemperatur für Hochtemperaturzellen

Laden bei tiefen Temperaturen

Die Ladespannung steigt im Bereich tiefer Temperaturen stark an. Es muß deshalb vermieden werden, daß eine Ladespannung von 1,55 V, in besonderen Fällen von 1,6 V, überschritten wird. Dies kann dadurch geschehen, daß die Ladung bei Erreichen der genannten Abschaltspannung zeitlich begrenzt oder indem die Höhe des Ladestromes bei Temperaturen unter 0 °C drastisch gesenkt wird. Zur Volladung benötigt man dafür eine entsprechend längere Zeit.

Für das Laden bei niedrigen Temperaturen gilt:

- *Senkung des Ladestromes* bei entsprechend verlängerter Ladezeit.
- *Begrenzung der Ladespannung* auf max. 1,6 V, besser auf 1,55 V.

Grundsätzlich ist im Bereich tiefer Temperaturen das Laden mit erhöhten Strömen zu vermeiden. Zugelassen sind Ströme zwischen 0,02 CA bis 0,05 CA im Bereich von 0 °C bis –20 °C. Außerdem ist die empfohlene Abschaltspannung unbedingt zu berücksichtigen.

Naturgemäß sind für das Tieftemperaturladen nur zylindrische Zellen geeignet. Aber auch hier muß bei einer Unterschreitung einer Temperatur von etwa 0 °C eine Reduzierung des Ladestromes in Kauf genommen werden, will man eine irreversible Wasserstoffentwicklung innerhalb der Zelle vermeiden. Siehe dazu die Kurve in *Abb. 3.6.3-6*.

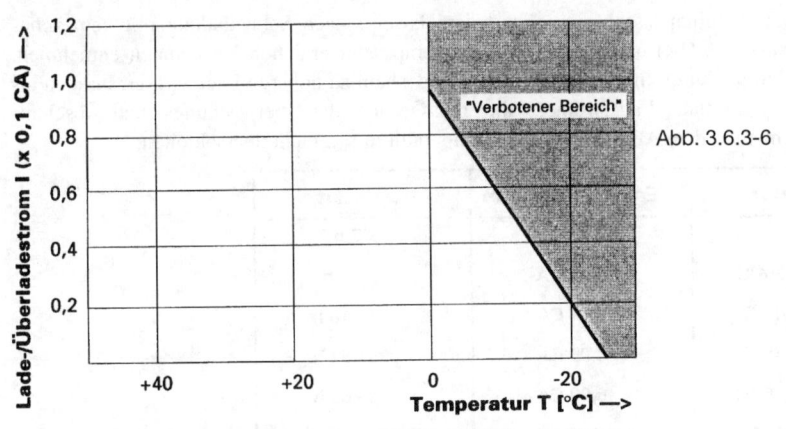

Abb. 3.6.3-6

Empfohlene Ladeströme für zylindrische Zellen im Bereich tiefer Temperaturen. Grenzkriterium $U_L \leq 1{,}55$ V.

Laden bei hohen Temperaturen

Im Bereich hoher Temperaturen (ab ca. +30 °C) fällt die Ladespannung ab.
Der Temperaturkoeffizient liegt je nach Art der Zelle und Höhe des Ladestromes zwischen –2 mV und –4 mV pro grad Temperaturerhöhung.
Bleibt dann bei der Ladung mit kleinen Strömen (z. B. 0,1 CA) die Ladespannung unter 1,4 V, wird das für die Ladungsaufnahme notwendige Oxidationspotential der positiven, aktiven Masse nicht erreicht. Die geringere Ladungsaufnahme im Bereich höherer Temperaturen veranschaulicht die *Abb. 3.6.3-7*.

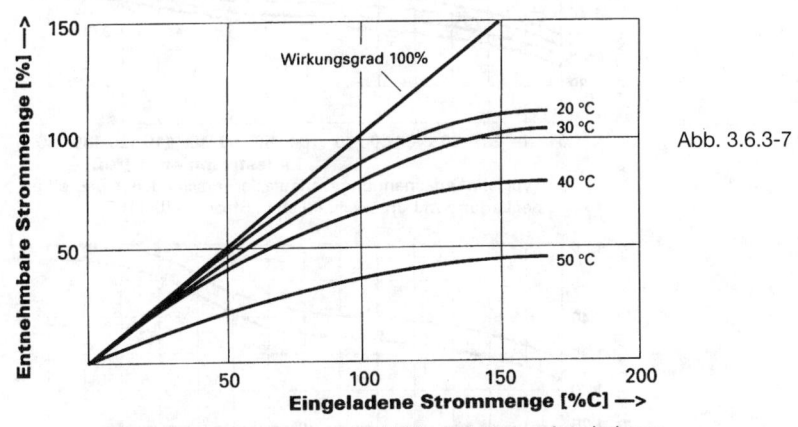

Abb. 3.6.3-7

Entnehmbare Strommenge in Abhängigkeit der eingeladenen Strommenge für zylindrische Zellen der Baureihe RSH bei verschiedenen Temperaturen (Laden 0,1 CA, Entladen 0,2 CA bei gleicher Temperatur).

1061

3 Elektronische Bauelemente

Eine bessere Ladungsaufnahme bei erhöhten Umgebungstemperaturen kann im allgemeinen nur dann erreicht werden, wenn die Ladespannung durch eine entsprechende Steigerung des Ladestromes erhöht wird. Durch die Notwendigkeit, innerhalb der erlaubten Ladestromstärke (Gasverzehr) und unterhalb der max. zulässigen Temperatur zu bleiben, sind der Steigerung des Stromes jedoch Grenzen gesetzt.

Bei zylindrischen Zellen lassen sich aber beispielsweise nach Schnelladung mit dem zehnfachen Nennstrom (1 CA) nahezu die bei Raumtemperatur erzielten Kapazitäten entnehmen. Bei höheren Temperaturen führen Schnelladungen deshalb zu höheren Ladewirkungsgraden als die Anwendung normaler Ladeströme; dabei müssen aber die Überwachungs- und Abschaltkriterien beachtet werden. Also bei höheren Temperaturen I_{max} nicht überschreiten.

Temperatur	Empf. Ladestrom	Ladezeit
über 30 °C	> 0,2 CA	> 7 h
10 °C bis 30 °C	0,2 CA	7 - 8 h
0 °C bis 10 °C	0,1 CA	14 - 16 h
-5 °C bis 0 °C	0,05 CA	28 - 32 h
-10 °C bis -5 °C	0,03 CA	48 - 53 h
unter -10 °C	≤ 0,02 CA	> 70 h

Temperaturübersichtstabelle Ladebedingungen zylindrische Zellen (ausgenommen Hochtemperaturzellen RST)

C 5 Ladespannungsverlauf

Typische Ladespannungsverläufe von zylindrischen Ni/Cd-Zellen
Abb. 3.6.3-8a...b.

Baureihe RS, RSH, RSE

Ladestrom:
1 = 0,1 CA
2 = 0,05 CA
3 = 0,033 CA
4 = 0,02 CA

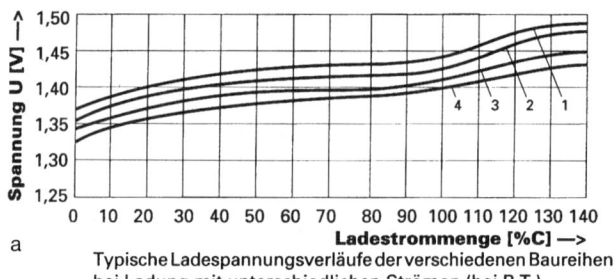

a
Typische Ladespannungsverläufe der verschiedenen Baureihen bei Ladung mit unterschiedlichen Strömen (bei R.T.).

Baureihe RST

Ladestrom:
1 = 0,1 CA
2 = 0,2 CA

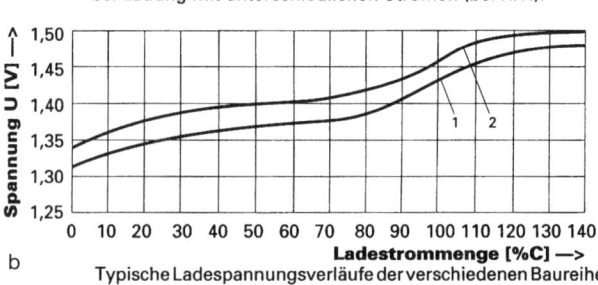

b
Typische Ladespannungsverläufe der verschiedenen Baureihen bei Ladung mit unterschiedlichen Strömen (bei R.T.).

C 6 Ladeverfahren

Die geeignetste Methode zur Volladung gasdichter Akkumulatoren ist das Laden mit konstantem Strom bei begrenzter Zeit. Die *Abb. 3.6.3-9* zeigt mit einem einfachen Spannungsregler die Bildung eines Konstantstromes. Dieser ist abhängig von $I = \dfrac{5\,\text{V}}{R_1}$ oder mit $R_1 \parallel R_2$ für eine Schnelladung.

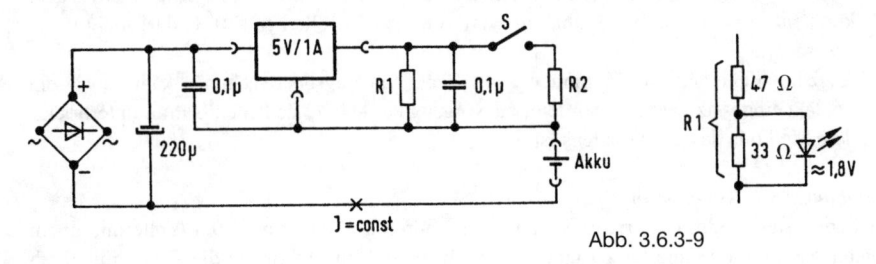

Abb. 3.6.3-9

Für z. B. I = 70 mA kann R_1 auch eine Kontroll-LED erhalten. Das ist ebenfalls in Abb. ??? zu sehen.

Normalladen
(für alle zylindrischen Baureihen)
Mit dem Ladenennstrom 0,1 CA und dem Ladefaktor 1,4 (14 Stunden) werden bei Raumtemperatur 140 % der Nennkapazität eingeladen. 100 % der Nennkapazität stehen danach als entnehmbare Kapazität zur Verfügung. Als Ladenennstrom bezeichnet man den zehnstündigen Entladestrom 0,1 CA, mit dem eine entladene Batterie 14 h lang aufzuladen ist.

Beispiel: RSH 4

$$\text{Ladenennstrom} = \frac{4\,\text{Ah}}{10\,\text{h}} = 0{,}4\,\text{A}$$

Gelegentliches Überladen mit dem Ladenennstrom 0,1 CA ist zulässig.
In besonderen Fällen ist eine 24stündige Ladung mit 0,1 CA zu empfehlen, um die volle Leistungsfähigkeit der Zelle/Batterie zu erzielen oder wiederherzustellen. Dies ist eine normale Maßnahme bei:

– Inbetriebnahme (Erstladung).
– Erster Wiederaufladung nach längerer Lagerung.
– Zellen, die häufig mit sehr kleinen Strömen ge- und entladen wurden.
– Tiefentladenen Zellen/Batterien, insbesondere auch solchen, die unbeabsichtigt umgepolt wurden.

Beschleunigtes Laden
Ladeströme: 0,2 CA bis 0,3 CA.
Zylindrische Zellen aller Baureihen können mit max. 0,3 CA beschleunigt geladen werden. Ausgenommen ist die Baureihe RST und einige RS...-Zellen, die nur mit max. 0,2 CA geladen werden sollten.
Es wird empfohlen, den Ladevorgang mittels Schaltuhr automatisch zu überwachen.

Schnelladen mit Spannungsüberwachung
Ladestrom: 1 CA
Zellen der Baureihe RS, RSE und RSH sind mit 1 CA in 1 Stunde schnelladbar.
Allerdings erfordern diese Ladeströme eine Spannungsabschaltung mit Temperaturkompensation.
Die Abschaltung erfolgt spannungsabhängig und liegt bei 1,52 V/Zelle bezogen auf +20 °C.
Die Abschaltspannung muß mit einem negativen Temperatur-Koeffizienten von im Mittel −4 mV/°C kompensiert werden. Der Spannungswert von 1,55 V/Zelle bei +10 °C darf nicht überschritten werden.
Als zusätzliche Sicherheit, in Verbindung mit der Spannungsüberwachung, kann noch ein Thermokontakt eingesetzt werden, der den Ladevorgang bei +50 °C Zellentemperatur unterbricht.
Eine andere Methode des Schnelladens ist die

Schnelladung nach Vorentladung
Ist der Ladezustand einer Batterie unbekannt, kann durch Entladung bis 0,9 V/Zelle mit einem geeigneten Strom ein definierter Zustand erreicht werden. Danach können die Zellen innerhalb von 1 Stunde mit 1 CA schnellgeladen werden.
Mit dieser Schnellademethode können 80–90 % der Nennkapazität eingeladen werden (siehe Tabelle 2.3).

Schnelladen mit Temperaturüberwachung. Siehe Abb. 3.6.3-10
Zellen der Baureihe RSQ sind mit Strömen bis 2 CA schnelladbar (Ausnahme RSQ 4 max. 1,5 CA). Dieser Ladestrom führt bei Erreichen der Volladung zu deutlicher Erwärmung der Zellen. Der in jedem Batteriepaket serienmäßig eingebaute NTC-Widerstand gibt durch seine temperaturabhängige Widerstandscharakteristik dem Anwender die Möglichkeit, den Schnelladevorgang bei Erreichen einer Zellentemperatur von +50 °C zu unterbrechen.
Bei einem Ladestrom von 1–1,5 CA wird ein Kapazitäts-Füllgrad von 100 % erreicht.
Als zusätzliche Sicherheit in Verbindung mit der Temperaturabschaltung sollte die Ladezeit auf maximal 1,0 h begrenzt werden. Dafür ist der Einbau einer zusätzlichen Ladezeituhr zu empfehlen. Schnelladung mit Zellen der Typenreihe RSQ ist aus beliebigem Ladezustand möglich. Batteriegehäuse müssen so konstruiert sein, daß ein Wärmeaustausch zwischen eingesetzter Batterie und Umgebung möglich ist.

Dauerladen (Erhaltungsladen) zylinderischer Zellen
Alle gasdichten Ni/Cd-Akkumulatoren sind für Dauerladebetrieb geeignet.
Eine Vielzahl von Anwendungen fordert den Einsatz von Zellen/Batterien, die – zu jeder Zeit im Volladezustand gehalten – eine Notstromversorgung oder einen Bereitschaftsparallelbetrieb gewährleisten.
Für eine angemessene Dimensionierung des geeigneten Konstantladestromes gelten folgende Kriterien:

− Maximal zulässiger Dauerladestrom: 0,05 CA.
− Ausgleich der durch Selbstentladung bedingten Kapazitätsverluste.
− Berücksichtigung des Ladewirkungsgrades in Abhängigkeit der Temperatur und des Ladestromes.
− Minimale Wiederaufladezeit nach Ladungsentnahme.

Um die ständigen Verluste durch Selbstentladung zu decken und eine z. B. durch einen Netzausfall entladene Batterie wieder aufladen zu können, wird ein Erhaltungsladestrom zwischen 0,03 CA bis 0,05 CA empfohlen.

Bei diesen Ladeströmen ist mit einer Lebensdauer von ca. 4–6 Jahren zu rechnen.
Eine Einschränkung der Lebensdauer von Batterien ist jedoch zu erwarten, wenn ein Überladen mit dem maximal zulässigen Überladestrom von 0,1 CA erfolgt.

Intervallförmiges Dauerladen
Da die Dauerladung mit 0,05 CA zur Volladung leerer Batterien bei höheren Temperaturen nicht ausreichend ist und die ständige Überladung mit 0,1 CA oder einem noch höheren Strom die Lebensdauer begrenzt, kann zu modifizierten Lademethoden übergegangen werden.
Hierbei sind folgende Punkte zu beachten:

- Die Ladung der entladenen Batterie soll mit einem möglichst hohen Strom erfolgen, z. B. 0,2 CA, um die Batterie nach einem Netzausfall schnell wieder aufzuladen.
- Die Dauerladung soll die Selbstentladeverluste abdecken und dabei die entnehmbare Kapazität stabilisieren.

Hierfür erforderliche Ladeteile müssen deshalb aus einer Volladestufe und einer Dauerladestufe bestehen, wobei aufgrund der Überladefähigkeit der Ni/Cd-Zellen mit einfachen Zeitgliedern geschaltet werden kann.
Nach jeder Belastung der Batterie, unabhängig von der Belastungsdauer, wird eine Volladung durchgeführt, z. B. Ladung 6 bis 7 h mit 0,2 CA. Die Dauerladung dagegen wird gegenüber der bisherigen Methode wesentlich verändert und erfolgt in Intervallen.

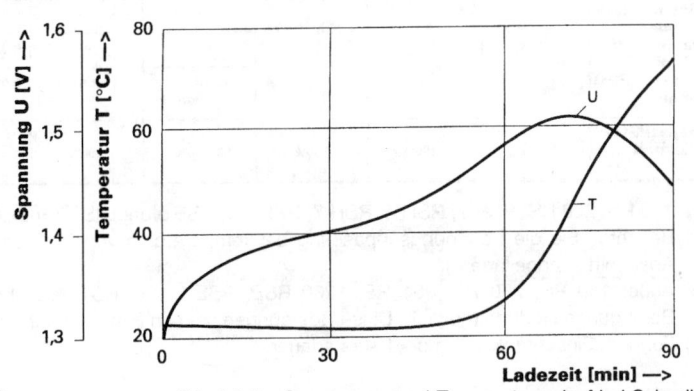

Baureihe RSQ

Abb. 3.6.3-10 Prinzipieller Spannungs- und Temperaturverlauf bei Schnellladung einer RSQ-Zelle mit 1 CA (im praktischen Betrieb würde bei 45 °C bis 50 °C die Abschaltung erfolgen).

Zu empfehlen ist, daß die Intervalle mindestens 1 min/h dauern und eine möglichst hohe Stromstärke aufweisen, z. B. 0,2 CA.
Im Interesse der Lebensdauer der Batterie sollte aber insgesamt nicht mehr als 10 % der Nennkapazität pro Tag nachgeladen werden. Dies ist zur Deckung der Selbstentladeverluste völlig ausreichend.

Während der materielle Aufwand für elektronische Zeitschaltung nicht erheblich ist, wird die erforderliche Trafoleistung für die Volladung nicht in jedem Anwendungsfall vorhanden sein. Es sind dann Kompromisse notwendig, die beispielsweise zur Reduzierung der Stromstärke in der Volladestufe bis auf 0,1 CA führen können.

Es kann z. B. folgendermaßen geladen werden:

a) Volladung
b) Dauerladung

a) 6 bis 7 h mit 0,2 CA
b) 30 bis 40 min/Tag mit 0,2 CA

a) 6 bis 7 h mit 0,2 CA
b) 1 bis 2 min/h mit 0,2 CA

a) 14 h mit 0,1 CA
b) 3 bis 5 min/h mit 0,1 CA

Ladetabelle für zylindrische Ni/Cd-Zellen (VARTA)

Ladeart		Normal-ladung	Beschleunigte Normal-ladung	Beschleunigte Ladung	Schnelladung spann.-überwacht	Schnelladung temp.-überwacht	Dauer-ladung	Max. mögliche Überladbarkeit
Empfohlene Ladewerte bei Raumtemperatur für die Baugruppen	RS	0,1 CA 14 h - 16 h	0,2 CA 7 - 8 h	0,3 CA[1] 4,75 h - 5,33 h	1 CA[2)3)] 1 h	---	0,03 CA - 0,05 CA	0,1 CA[4)]
	RSH					---	0,03 CA - 0,05 CA	0,1 CA[4)]
	RSE					---	0,03 CA - 0,05 CA	0,1 CA[4)]
	RST				---	---	0,03 CA - 0,05 CA	0,1 CA[4)]
	RSQ				nicht erforderlich	1 - 1,5 CA	0,03 CA - 0,05 CA	0,1 CA[4)]
Kapazitäts-Füllgrad		100%	100%	100%	80 - 90%	100%	100%	

1) 150 RS, 200 RS, RSH 2, RSH 4, RSH 7, RSE 2,4, RSE 5 und RST 7 max. 0,2 CA
2) Beachten Sie die Spannungsanpassung bei Temperaturen von 0 °C bis +45 °C (siehe dazu Abschnitt „Schnelladen").
3) Außer 150 RS, 200 RS, 751 RS, 1200 RSE, RSE 5 und RST-Baureihe. Unter bestimmten Bedingungen jedoch möglich. Diese Bdingungen sind im Einzelfall mit Varta abzustimmen.
4) Führt zu Einschränkungen der Lebensdauer.

C 7 Elektronisch gesteuerte Ladung (Telefunken electronic)

Der technologische Stand von schnellladbaren Sinterzellen (NiCd-Zellen) erlaubt unter normalen Bedingungen 300...500 Lade- und Entladezyklen. Diese Zyklenzahl ist jedoch nur dann möglich, wenn der Akku schonend, d. h. kontrolliert geladen wird. Ohne solche Kontrollen wird der Akku oft schon durch wenige Ladezyklen deutlich geschädigt.
Kontrolliertes Laden bedeutet, ein Überladen und den damit verbundenen Temperaturanstieg in der Zelle in jedem Falle zu vermeiden.
Das Problem, das sich hierbei stellt, ist die eventuell vorhandene Restkapazität eines Akkus sicher zu bestimmen. Dies ist eine wesentliche Voraussetzung, um teilentladene Akkus schnell und definiert auf Nennkapazität aufzuladen.
Eine verläßliche Aussage, wenn überhaupt, läßt sich nur über eine Gradientenauswertung nach einem Lastwechsel oder aus dem positiven Anstieg der Zellenspannung ableiten. Diese Methode ist jedoch in der Regel nur aufwendigen und teuren Prozessorlösungen vorbehalten.

Selbst die Abfrage der Akkuspannung, wie z. B. bei der „ΔU-Abschaltmethode", liefert nur eine sekundäre Aussage über den Ladezustand. Die Tendenzumkehr der Zellenspannung ist letztendlich eine Folge des Druck- und Temperaturanstiegs im Innern der Zelle. Das „-ΔU"-Kriterium ist somit nicht im Sinne einer schonenden Akkuladung nach *Abb. 3.6.3.-11 a* zu gebrauchen.

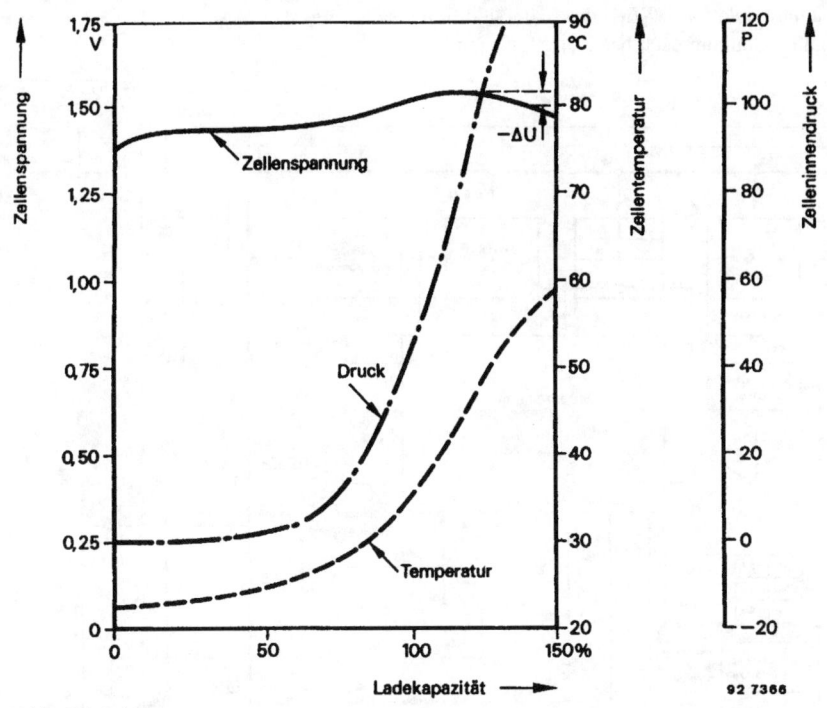

Abb. 3.6.3-11 a
Typischer Verlauf von Spannung, Druck und Temperatur einer NiCd-Zelle bei einem Ladestrom von IC

Aufgrund dieser Fakten wird bei einer Schnelladung hinsichtlich der Ökonomie und der Akkuschonung ein Ladekonzept mit aktiver Vorentladung zur Herstellung eines definierten Ladestart-Zustandes empfohlen. Nicht zuletzt auch deshalb, um damit einem eventuell vorhandenen „Memory-Effekt" regenerativ entgegenzuwirken. Durch die anschließende zeitbegrenzte Konstantstromladung wird die für den jeweiligen Akkutyp erforderliche Lademenge sichergestellt.

Das nachfolgend dargestellte Konzept des Ladecontrollers U 2400 B von TELEFUNKEN electronic bietet hierfür alle erforderlichen Voraussetzungen. Anhand verschiedener Applikationen wird die Nutzung der spezifischen Eigenschaften für die Realisierung effizienter Ladesysteme aufgezeigt.

Besondere Merkmale des U 2400 B:

– Ladezeitgenerierung über internen Oszillator Pin 3, Netzsynchronisierung Pin 1 oder durch externen Takt Pin 16

- Umschaltung zwischen 3 Ladezeiten 0,5 h, 1 h und 12 h bei 50-Hz-Synchronisierung bzw. 200 Hz Oszillatorfrequenz
- Pulsladung bei 12 h Ladezeit
- Automatische Vorentladung und selbsttätiger Ladestart
- Lade- bzw. Entladestopp bei Überspannung, Übertemperatur und Fühlerbruch
- Statusausgang für optische Zustandsanzeige
- Pulsweitenmodulation (PWM) des Lade- und Entladeausgangs
- Pulserhaltungsladung nach beendeter Ladezeit

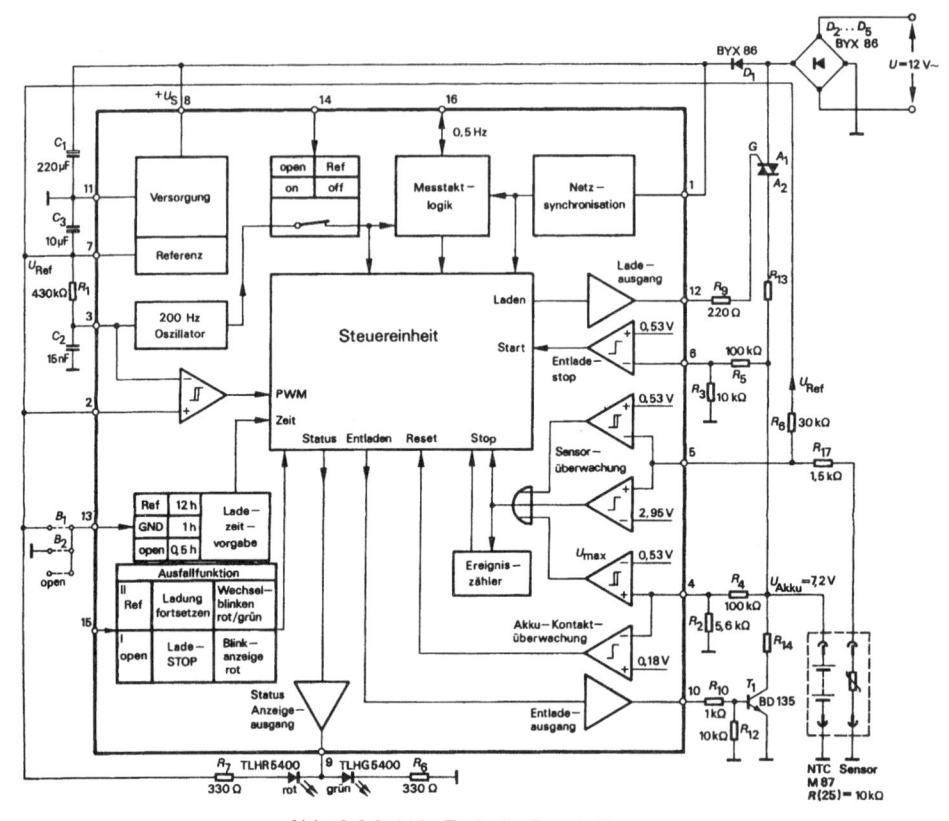

Abb. 3.6.3-11 b Typische Beschaltung

Beschreibung der Schaltung U 2400 B (Telefunken electronic)

Statusanzeige:

Über den Statusausgang Pin 9 kann durch zwei Leuchtdioden, rot und grün wie in *Abb. 3.6.3-11 b* dargestellt, der Betriebszustand des Controllers angezeigt werden.
Nach dem Einschalten der Betriebsspannung, ohne eingelegten Akku, leuchtet die rote LED.
Ein Akku-Kontakt ist dann erkannt, wenn am Überwachungseingang Pin 4 eine Spannung von > 0,18 V auftritt. Nach einer Verzögerung von ca. 2 sec schaltet der Ausgang Pin 10 auf +Us-Potential und gibt die Entladung frei. Das Blinken der roten LED gibt hierfür den Status an.
Der Entladevorgang bleibt so lange aktiv, bis die am Entladestopp-Eingang Pin 6 wirksame Akkuspannung 0,53 V unterschreitet. Ist diese Bedingung erreicht, wird automatisch der

Ladevorgang aktiv, indem der Kollektorausgang Pin 12 auf Massepotential schaltet und gleichzeitig der Ladetimer startet. Ein Blinken der grünen LED signalisiert den Ladestatus. Sofern keine Bereichsüberschreitung, bedingt durch Temperatur Pin 5 oder U_{max}-Überwachung Pin 4, eintritt, wird der Ladevorgang nach Ablauf der Ladezeit entsprechend der Taktvorgabe abgebrochen und durch Dauerleuchten der grünen LED angezeigt. Jede Bereichsüberschreitung unterbricht sowohl beim Laden als auch beim Entladen sofort die entsprechende Funktion. Eine Unterbrechung bleibt so lange erhalten, bis die jeweilige Überschreitung nicht mehr ansteht. Während einer Ladeunterbrechung wird grundsätzlich der Zeitablauf gestoppt.

Tritt eine Unterbrechung 2mal auf, so entscheidet die Beschaltung von Pin 15 „Ausfallfunktion" darüber, ob eine bleibende Abschaltung zustande kommt, oder ob die Ladung zu Ende geführt wird. Wobei die Statusanzeige durch Dauerleuchten der roten LED bzw. durch Blinken der grünen LED unterscheidet, ob eine bleibende Abschaltung oder eine zu Ende geführte Ladung mit vorausgegangener Unterbrechung vorliegt.

Nach Ablauf der Ladezeit geht der Ladeausgang Pin 12 zur Ladungserhaltung in einen Pulsbetrieb über. Bei standardmäßigem Systemtakt beträgt nach *Abb. 3.6.3-11 c* das Puls/Pausen-Verhältnis 0,1 s/16,8 s.

Ladezeitumschaltung: 0,5 h, 1 h, 12 h

Basierend auf der nominalen Taktvorgabe kann durch Beschaltung des Programmiereingangs Pin 13 zwischen 3 festen Ladezeiten umgeschaltet werden:

Pin 13 = offen —> Ladezeit 0,5 h
Pin 13 = GND —> Ladezeit 1,0 h
Pin 13 = U_{ref} —> Ladezeit 12 h

Dabei handelt es sich bei 0,5 h und 1 h um eine Dauerladung, während die 12-h-Ladung dem Anwender die Möglichkeit bietet, einen Akku mit dem 1-h-Stromwert gepulst über 12 h schonend zu laden. Das Puls/Pause-Verhältnis beträgt 100 ms/1200 ms (siehe Abb. 3.6.3-11 c).

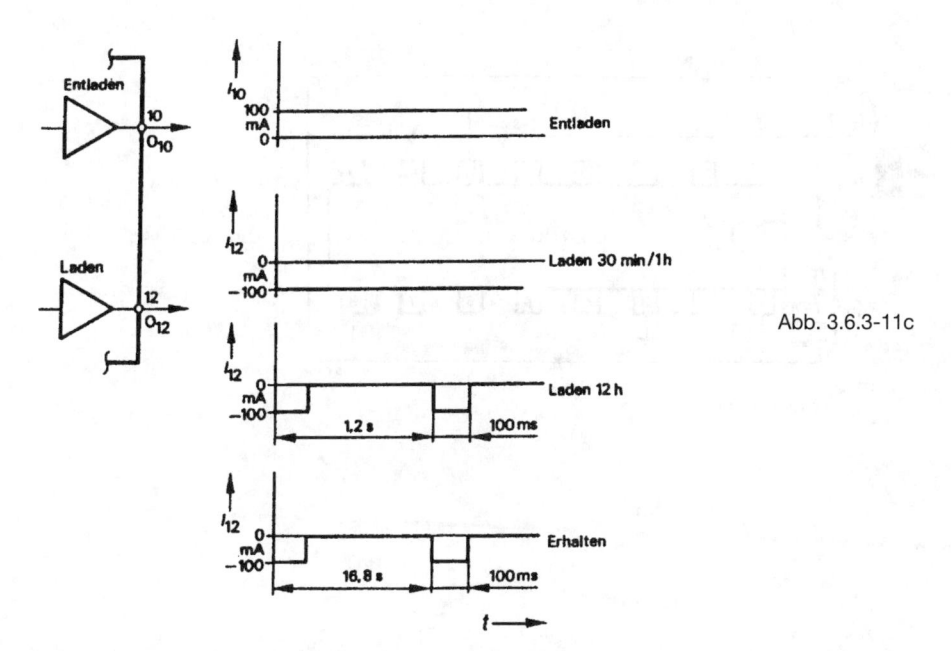

Abb. 3.6.3-11c

Takterzeugung

Der zur Ladezeitgenerierung erforderliche Systemtakt kann auf drei Arten erzeugt werden, wobei für die Standardladezeiten 0,5 h, 1 h und 12 h an den entsprechenden Eingängen folgende Frequenzen zugrunde liegen:

1. Interner bei beschaltbarer Oszillator 200 Hz Pin 3 (Abb. 3.6.3-11b)
2. Netzsynchronisierung 50 Hz Pin 1 (Abb. 3.6.3-11d)
3. Externe Taktvorgabe 0,5 Hz Pin 16 (Abb. 3.6.3-11e)

Pin 16 kann dabei in bidirektionaler Weise genutzt werden:

a) Für die IC-Meßtechnik:
Pin 16 repräsentiert einen gemeinsamen ODER-verknüpften Ausgang der Vorteilerstufen zwischen Netzsynchronisierung Pin 1 und Oszillator Pin 3. Gleichzeitig ist dessen Ausgang mit dem Eingang des Folgeteilers verbunden. Durch Überschreiben des Pin 16 mit entsprechender Eingangsfrequenz läßt sich damit ein schneller Ladezeitablauf für den Ausgang Pin 12 erreichen.
Die Frequenzteilung n beträgt:

Vorteiler: Pin 1 ——> Pin 16 $n_1 = 100$
             Pin 3 ——> Pin 16 $n_3 = 400$
Folgeteiler Pin 16 ——> Pin 12
Programmiereingang Pin 13 offen $n_{13} = 900$
                   Pin 13 GND $n_{13} = 1800$
                   Pin 13 U_{Ref} $n_{13} = 21600$

b) Für externe Takteinspeisung, zur Realisierung abweichender Ladezeiten:
Zur Generierung fester Zeitbedingungen, wie z. B. Blinkfrequenz und Akkuerkennung, muß jedoch eine additive Synchronisierung mit 50 Hz über Pin 1 oder mit 200 Hz über Pin 3 sichergestellt sein (Abb. 3.6.3-11 d und e).

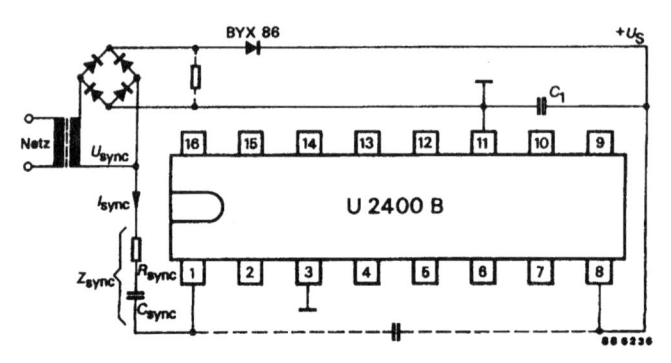

Abb. 3.6.3-11d

Netzsynchronisierung

3.6 Batterien und Normalelemente

Abb. 3.6.3-11e

Externe Taktvorgabe 1) für $U_s > 15$ V

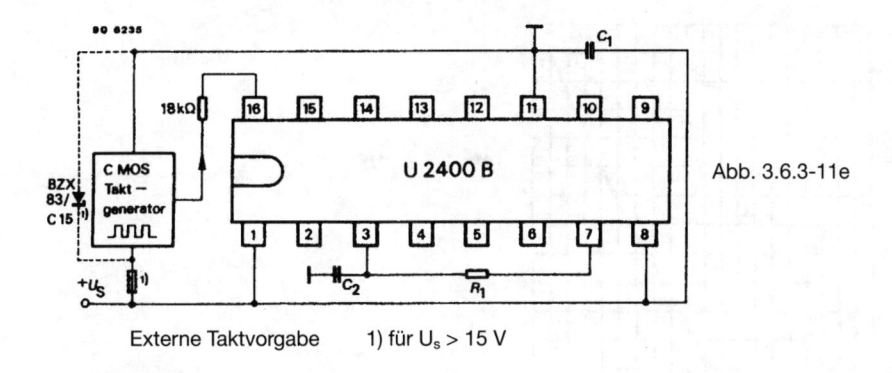

PWM-Steuerung:

Mittels des Komparator-Steuereingangs Pin 2 in Verbindung mit dem internen Oszillator kann das Tastverhältnis der Schaltausgänge nach *Abb. 3.6.3-11f* und *g* gesteuert werden.

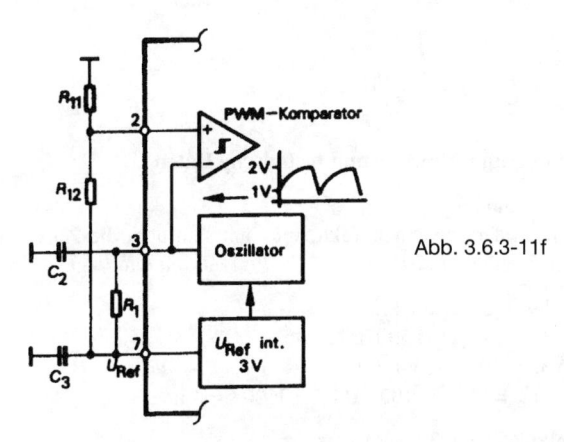

Abb. 3.6.3-11f

PWM-Komparator-Beschaltung zur Anpassung an verschiedene Akku-Zellen-Kapazitäten

Dadurch läßt sich der effektive Lade- und Entladestrom in gewissen Grenzen unabhängig von den Trafo- und Akkugegebenheiten anpassen.

Eine Ladestromsteuerung durch einen PWM-gesteuerten Spannungswandler mit Speicherdrossel ist dann sinnvoll, wenn die interne Takterzeugung durch den Netzsynchronisierungseingang Pin 1 generiert wird, so daß der Oszillator für den PWM-Betrieb mit hoher Frequenz (bis $f_{max} = 50$ kHz) betrieben werden kann.

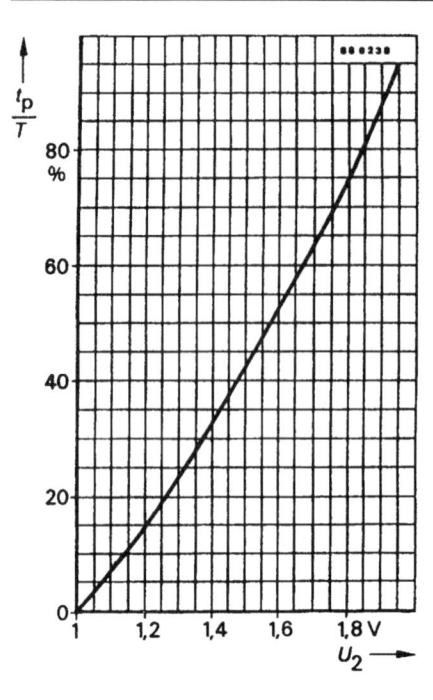

Abb. 3.6.3-11g

Dimensionierungshinweise und technische Daten

Ladezeitbestimmung
Entsprechend der gewählten Taktquelle läßt sich über die Periodendauer T in Verbindung mit der Frequenzteilung n_1 bzw. n_3 und n_{13} die Ladezeit wie folgt bestimmen:

1. Netzsynchronisierung Pin 1
    T = 20 ms bei 50 Hz
    $n_1 = 100$, $n_{13} = 1800$
 $t = T \cdot n_1 \cdot n_{13} = 20 \text{ ms} \cdot 100 \cdot 1800 = 3600 \text{ s} = 1 \text{ h}$

2. Taktoszillator Pin 3
Für die erforderliche Ladezeit t ergibt sich eine Periodendauer T zu: z. B. t = 1 h = 3600 s und $n_{13} = 1800$ (Pin 13 = GND)

$$T = \frac{t}{n_3 \cdot n_{13}} = \frac{3600 \text{ s}}{400 \cdot 1800} = 0,005 \text{ s} = 5 \text{ ms} \quad (f=200 \text{ Hz})$$

Zur Bestimmung der Oszillatorfrequenz können die Werte für die RC-Beschaltung des Oszillators in Näherung wie folgt errechnet werden (Wertebereich für R_t 10 kΩ...1 MΩ):

$$R_t \text{ [k}\Omega\text{]} = \frac{T[s]}{0,7 \cdot 10^{-6} \cdot C_t \text{ [nF]}}$$

entsprechend der Abb. 3.6.3-11 b gilt: $R_t = R_1$, $C_t = C_2$
oder $T \text{ [s]} = 0,7 \, R_t \text{ [k}\Omega\text{]} \cdot C_t \text{ [nF]} \cdot 10^{-6}$

3. **Externe Taktvorgabe Pin 16**

z. B. für eine Ladezeit t = 4 h = 14400 s und n_{13} = 1800 ergibt sich eine Periodendauer T der externen Takteinspeisung von:

$$T = \frac{t}{n_{13}} = \frac{14400 \text{ s}}{1800} = 8 \text{ s}$$

PWM-Lade- und Entladestromsteuerung Pin 2

Der Steuerbereich für das PWM-Tastverhältnis 0...100 % entspricht nach Abb. 3.6.3-11 g einer Spannung U_2 von 1 V...2 V.
Eine dem PWM-Tastverhältnis entsprechende Steuerspannung kann durch den Spannungsteiler R_{11}/R_{12} aus der Referenzspannung Pin 7 nach Abb. 3.6.3-11f erzeugt werden.

$$R_{11} = R_{12} \frac{U_2}{U_7 - U_2} \qquad \text{z. B. R12 = 100k}$$

U_2 entspricht dem Tastverhältnis aus Abb. 3.6.3-11 g.

Entladestopp Pin 6

Bei welcher Zellenspannung ein Akku als entladen gilt, hängt im wesentlichen von dem jeweiligen Entladestrom ab. Im allgemeinen kann man davon ausgehen, daß der Akku, wenn er bei einem Entladestrom von 1 C...3 C bis auf 90 %...80 % seiner Nennspannung absinkt, hinreichend entladen ist.
Der Entladestopp-Komparator beendet den Entladevorgang, wenn $U_6 < U_{T6}$. Ist eine Vorentladung nicht erwünscht, so ist Pin 6 mit GND Pin 11 in der *Abb. 3.6.3-11 h* zu verbinden.
Bestimmung des Spannungsteilers R_5/R_3

$$R_3 = R_5 \frac{U_{T6}}{U_{Akku} - U_{T6}}$$

R_5 sei 100 kΩ
U_{T6} int. Referenzspannung typ. 530 mV
U_{Akku} Entladeschlußspannung

U_{max}-Überwachung Pin 4

Die Detektion der Akkuspannung durch den U_{max}-Komparator hat nicht die Funktion, den Akku auf seinen Ladezustand zu überwachen, sondern dient lediglich dazu, ggf. eine hochohmige Akkuzelle zu erkennen. Damit jedoch durch den ladestrombedingten Anstieg der Zellenspannung nicht eine U_{max}-Abschaltung auftritt, sollte die Abschaltschwelle deutlich über der Akku-Nennspannung liegen. Zum Beispiel empfiehlt es sich bei einer schnelladefähigen RSH-Zelle mit 1,2 Ah, die Abschaltschwelle auf mindestens 1,5 V zu dimensionieren.
Bestimmung des Spannungsteilers R_4/R_2

$$R_2 = R_4 \frac{U_{T4}}{U_{Akku} - U_{T4}}$$

R_4 sei 100 kΩ
U_{T4} int. Referenzspannung typ. 530 mV
U_{Akku} Überspannung

Temperaturerfassung Pin 5

Eine thermische Abschaltung während der Lade- bzw. Entladephase ist dann gegeben, wenn durch einen Temperatursensor am Pin 5 eine Spannung von 530 mV unterschritten wird. In der dargestellten Standard-Applikation ist hierfür ein auf Masse bezogener NTC-Sensor vorgesehen. Ebenso kann ein PTC-Sensor mit entsprechendem NAT-Wert mit Bezug auf U_{Ref} zur Anwendung kommen.
Bestimmung des Spannungsteilers R_{NTC}/R_6

$$R_6 = (R_{NTC} + R_{17}) \frac{U_{Ref} - U_{T5}}{U_{T5}}$$

U_{Ref} Referenzspannung Pin 7 typ. 3 V
U_{T5} int. Referenzspannung typ. 530 mV
R_{17} Schutzwiderstand 1,5 k

Technische Daten der IC U 2400 B

Absolute Grenzdaten

Bezugspunkt Pin 11, falls nicht anders angegeben

Stromaufnahme	Pin 8	I_S	30	mA
Spitzenstromaufnahme $t \leq 10\ \mu s$	Pin 8	I_S	150	mA
Versorgungsspannung	Pin 8	U_S	26,5	V
Spannung am Ladeausgang	Pin 12	U_{12}	27	V
Spannung am Entladeausgang	Pin 10	U_{10}	(U_S + 0,5)	V
Spannung am Anzeigeausgang	Pin 9	U_9	6	V
Synchronisierung:				
U_{syn}	Pin 1	U_1	($U_S \pm 2$)	V
$\pm I_{syn}$	Pin 1	I_1	10	mA
Eingangsspannungen:	Pin 2...6	U_I	6	V
	Pin 14...16	U_I	6	V
Referenz-Ausgangsstrom	Pin 7	$-I_{Ref}$	20	mA
Zeitselektion-Spannung	Pin 13	U_{13}	3	V
Verlustleistung				
T_{amb} = 45 °C		P_{tot}	0,8	W
T_{amb} = 85 °C		P_{tot}	0,4	W
Lagertemperaturbereich		T_{stg}	–40...+125	°C
Umgebungstemperaturbereich		T_{amb}	–10...+85	°C

Max. Wärmewiderstand

Sperrschicht-Umgebung		R_{thJA}	100	K/W

Elektrische Kenngrößen

U_S = 5 V, T_{amb} = 25 °C, Bezugspunkt Pin 11, falls nicht anders angegeben

			Min.	Typ.	Max.	
Stromaufnahme (Ruhezustand)	Pin 8	I_S	1,5		5,0	mA
Versorgungsspannungsbereich	Pin 8	U_S	5,0		25,0	V
Versorgungsspannungsbegrenzung I_S = 10 mA	Pin 8	U_S	26,5		29,5	V

3.6 Batterien und Normalelemente

			Min.	Typ.	Max.	
Referenzspannung	Pin 7	U_{Ref}	2,82	3,0	3,18	V
$I_7 = 0\ldots5$ mA						
Referenzstrom	Pin 7	$-I_{Ref}$			10	mA
Anzeige Ausgang						
Entladestrom	Pin 10	$-I_{10}$	100		135	mA
Ladestrom	Pin 12	$+I_{12}$	100		135	mA
Sättigungsspannung						
Ladeausgang $I_{12} = 100$ mA	Pin 12-11	U_{sat}	0,8		2,5	V
Entladeausgang $I_{10} = -100$ mA	Pin 10-8	U_{sat}	0,8		2,5	V
Oszillator						
Frequenz						
$C_2 = C_{osz} = 15$ nF						
$R_1 = R_{osz} = 430$ kΩ	Pin 3	f_{osz}		200		Hz
Untere Sägezahn-Schaltwelle	Pin 3	U_{T3min}		1,0		V
Obere Sägezahn4.-Schaltwelle	Pin 3	U_{T3max}		2,0		V
Komparatoren						
Entladestopp	Pin 6	U_{T6}		(525 ± 5 %)		mV
Überspannung	Pin 4	U_{T4max}		(525 ± 5 %)		mV
Hysterese	Pin 4	U_{Hyst}		15		mV
Akku-Erkennungsspannung	Pin 4	U_{T4min}	140		200	mV
Temperatursensorspannung	Pin 5	U_{T5min}		(525 ± 5 %)		mV
Hysterese	Pin 5	U_{Hyst}		15		mV
Drahtbrucherkennung	Pin 5	U_{T5max}	$(U_7-0,25)$		$(U_7-0,02)$	V
PWM-Komp.-Eingangsbereich	Pin 2	U_2	0,9		3,0	V
PWM-Komp.-Hysterese	Pin 2	U_{2Hyst}	18		40	mV
Ladezeiten						
f = 50 Hz (Netz) oder 200 Hz (Oszillator)						
Pin 13 = offen		t		30		min
Pin 13 = Masse		t		1		h
Pin 13 = 3 V		t		12		h
Statusausgang:						
Ausgangsstrom	Pin 9	$\pm I_O$	8		15	mA
Sättigungsspannung	Pin 9-11	U_{sat}			0,5	V
	Pin 9-7	$-U_{sat}$			0,5	V

Applikationsbeispiele

Ladestrombestimmung durch den Innenwiderstand des Niedervolttransformators

Einfache und spezifische Lader beinhalten außer der eigentlichen Transformatorimpedanz meist keinen weiteren Aufwand zur Begrenzung oder Regelung des Ladestroms.

Solche Systeme erfordern einen speziell für den jeweiligen Akku ausgelegten Transformator. Dieser wird in der Regel so ausgelegt, daß der Akku innerhalb der Ladezeit bei Nennbetrieb nicht überladen werden kann.

Abb. 3.6.3-11 h

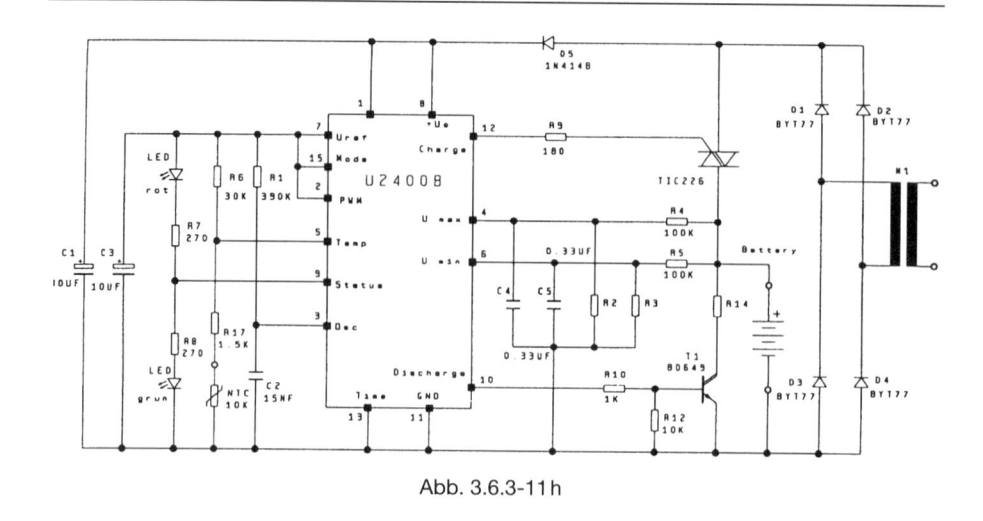

Entladen, Laden und Erhalten spezifischer Akkus

Die Festlegung der Überspannungsabschaltschwelle sowie der Entladeschlußspannung wird durch die Spannungsteiler R_4/R_2 bzw. R_5/R_3 bestimmt (Abb. 3.6.3-11 h).
Praktikable Werte für die meist gebräuchliche Zellenanzahl sind in nachfolgender Tabelle aufgezeigt.

Bestimmung der Widerstände R_2/R_3 in Abhängigkeit der Zellenzahl

Zellen	1	2	3	4	5	6	7	8
R_2	47k	18k	10k	8k2	6k2	5k6	4k7	3k9
R_3	130k	39k	24k	15k	12k	10k	9k1	8k2

Siehe dazu auch die vorherigen Dimensionierungshinweise.

Laden ohne Vorentladung

Oftmals ist aus ökonomischen oder konstruktiven Zwängen eine vorherige Entladung des Akku nicht möglich.
Für diesen Fall entfällt der Leistungsteil für die Entladestufe nach *Abb. 3.6.3-11 i* und somit das Problem der Wärmeenergie beim Entladen.
Um jedoch eine thermische Schädigung beim Laden von teilentladenen Akkus zu begrenzen, sollte eine Sensorüberwachung in das System mit einbezogen werden.
Durch die GND-Beschaltung des „Entlade-Stop-Eingangs" Pin 6 wird nach dem Einlegen des Akkus bzw. nach Anlegen der Betriebsspannung der Ladevorgang freigegeben.

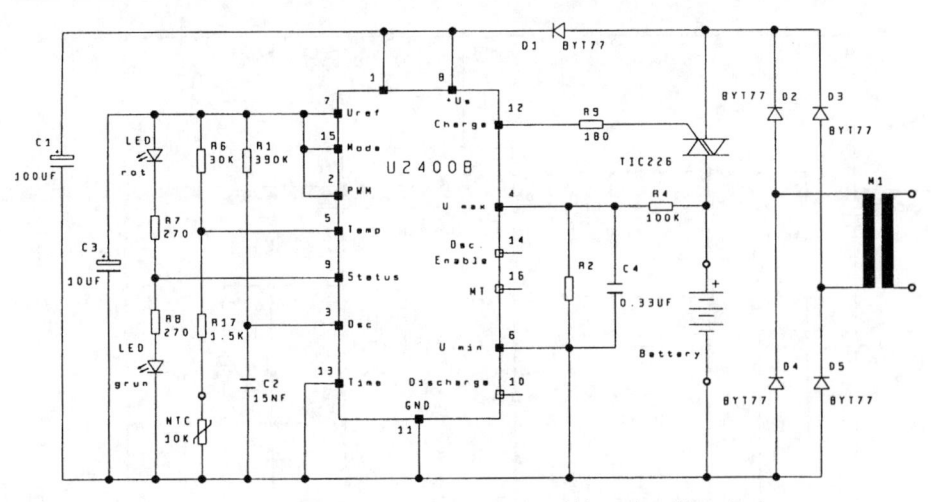

Abb. 3.6.3-11 i Laden und Ladungserhaltung spezifischer Akkus ohne Vorentladung

Versorgung aus einer DC-Quelle

Als Beispiel aus einer 12-V-Autobatterie oder 24-V-Notstromversorgung.
Das Problem derartiger Applikationen besteht in der Begrenzung des Ladestromes. Außerdem wird aufgrund der fehlenden Selbstkommutierung anstatt des einfachen Triac-Schalters ein PNP-Transistor notwendig.
Solange die Spannungsdifferenz zwischen DC-Quelle und der Nennspannung des zu ladenden Akkus sowie die Stromanforderung dies zulassen, kann eine einfache Begrenzung mittels eines entsprechenden Vorwiderstandes zur Anwendung kommen.
Wird jedoch die Verlustleistung am Vorwiderstand zu groß, so muß zu einem Schaltprinzip gem. *Abb. 3.6.3-11 j* übergegangen werden.
Bekannterweise beinhaltet der U 2400 B-Controller zu diesem Zweck die Möglichkeit einer PWM-Steuerung.
Für einfache Anwendungen kann damit der Mittelwert des erforderlichen Ladestromes relativ verlustarm gestellt bzw. geregelt werden. Die dabei entstehenden hohen Strompulse sind für den Akku ladetechnisch von Vorteil, der Transistorschalter sowie die Ladekontakte erfordern jedoch eine entsprechende Dimensionierung. Ein zusätzlicher Widerstand im Ladekreis begrenzt den Pulsstrom auf den dafür vertretbaren Wert.

3 Elektronische Bauelemente

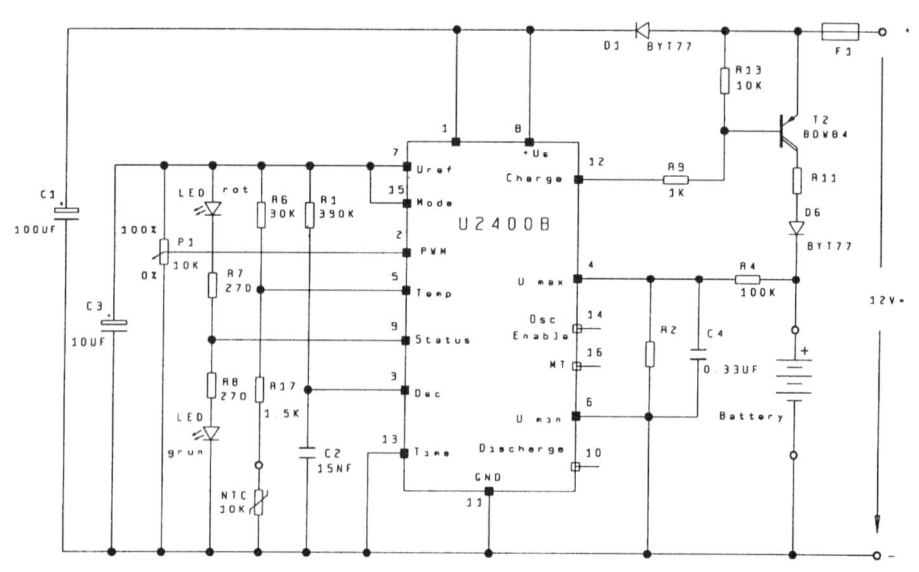

Abb. 3.6.3-11 j DC-gespeister Lader mit PWM-Lade/-Entlade-Stromsteuerung für spezifische Akkus

Akku-Erkennung bei DC-Speisung

Besteht die Forderung eines Akkuwechsels vor Ablauf der Ladezeit mit einem anschließenden Neustart, so muß durch den Akku-Erkennungskomparator Pin 4 eine Reset-Funktion generiert werden. Unterschreitet die Spannung an Pin 4 kurzzeitig den Wert von typisch 180 mV, so wird ein Reset ausgeführt und ein Entlade- bzw. Ladevorgang neu gestartet.
Dieses Kriterium wird bei gleichgerichteter Wechselspannungsversorgung durch die Nullspannungsphase grundsätzlich erfüllt, sofern der Tiefpass R 4, C 4 dies zuläßt. Da bei DC-gespeisten Ladesystemen jedoch keine Nullspannungsphase auftritt, wird hier die Ladespannung bei Akkuentnahme auf ein Maximum überwacht.
Die in *Abb. 3.6.3-11 k* dargestellte Transistorstufe T 1 schaltet den Eingang Pin 4 auf GND, wenn die Ladespannung durch Akkuentnahme die Durchbruchspannung der Z-Diode D 2 überschreitet.

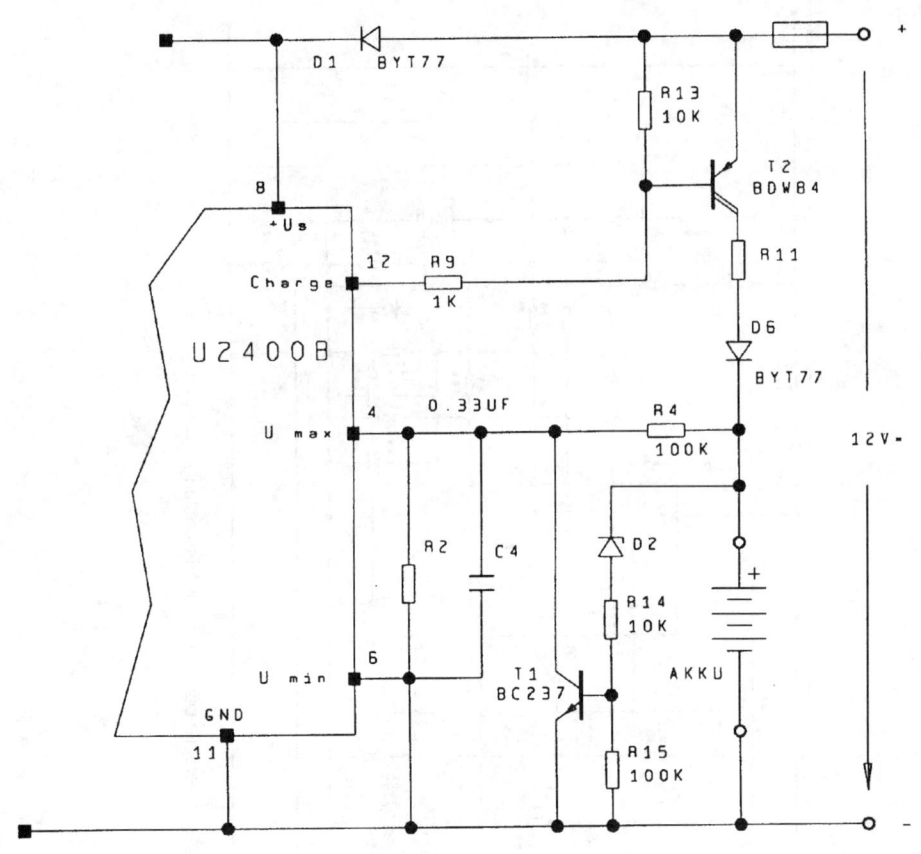

Abb. 3.6.3-11 k Spannungsüberwachung mittel Z-Diode

Begrenzung und Regelung des Ladestromes

Besteht die Notwendigkeit, die systembedingten Nachteile (hoher Pulsstrom sowie schlechte Stromkonstanz) von Abb. 3.6.3-11 j zu umgehen, so kann dies mit entsprechendem Aufwand nach *Abb. 3.6.3-11 ℓ* realisiert werden.

Abweichend von der Standardapplikation des U 2400 B wird hier der Controller in einem stromgeführten PWM-Schaltreglermodus im Abwärtsbetrieb genutzt.

Zu diesem Zweck dient der interne Oszillator Pin 3 zur Generierung der PWM-Schaltfrequenz von ca. 25 kHz. Der zeitbestimmende-100-Hz-Systemtakt wird durch einen Teil des Dual Ops LM 358 Pin 7 gewonnen und am Synchronisiereingang Pin 1 eingespeist.

Der zweite Teil des Dual Ops Pin 1 ist als Integralregler beschaltet und liefert die entsprechende Stellspannung für die Lade- und Entladestromregelung an den PWM-Steuereingang Pin 2.

Um für beide Modi eine Stromregelung zu ermöglichen, werden zwei separate Shuntwiderstände R_4 und R_{32} verwendet.

Während der Entladung detektiert der invertierende Reglereingang Pin 2 den Strom-Istwert am Shunt R_{32}, der Strom durch R_4 ist dabei null, so daß der Sollwertgeber R_{27} auf GND-Potential liegt.

3 Elektronische Bauelemente

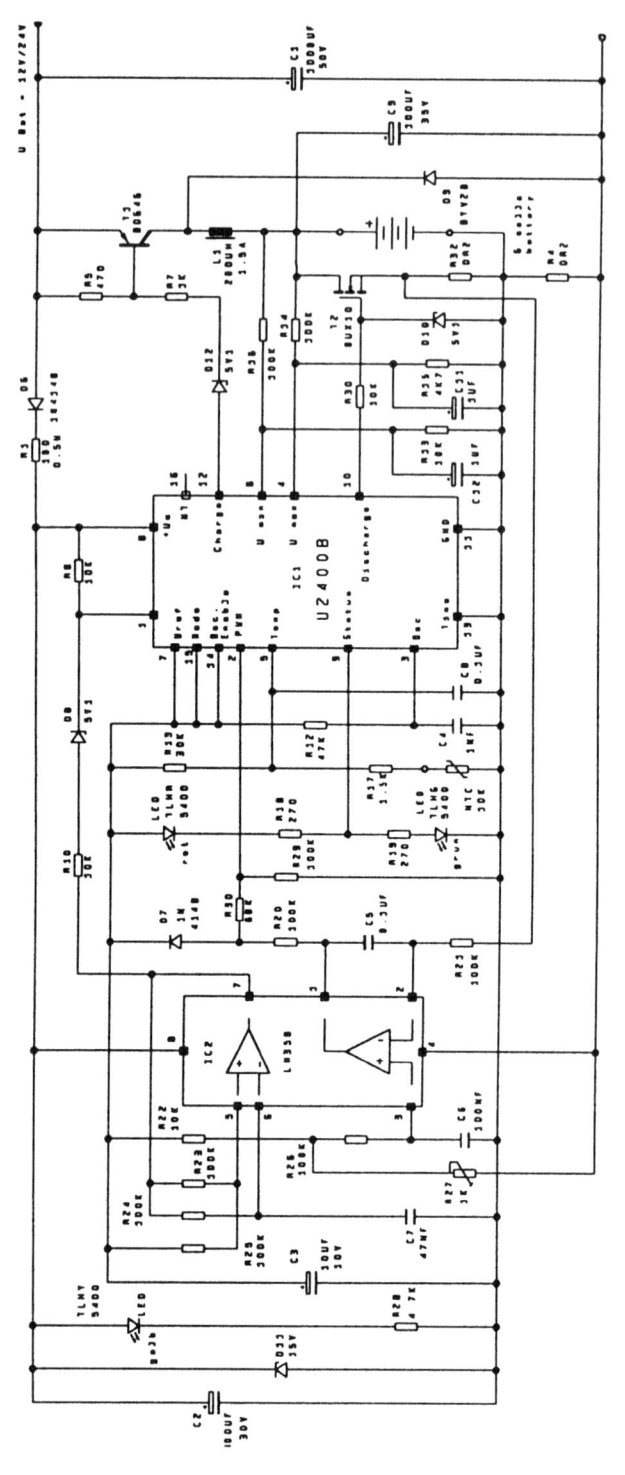

Abb. 3.6.3-11 ℓ Universelle Lade- und Entladeregelung

1080

Im Lademodus fließt der Strom durch R_4, wobei R_{32} stromlos ist. Damit erfaßt Pin 3 über R_{27} den Stromistwert und Pin 2 liegt über R_{21} auf GND. Die Stromvorgabe erfolgt durch die Gewichtung des Istwertes mit R_{27}.

Als Besonderheit wird der hier verwendete Leistungs-MOS-Transistor durch Klammerung der Gatespannung auf ca. 5,1 V mittels der Z-Diode D_{10} als PWM-gesteuerte Stromsenke aktiv betrieben. Die Entladeenergie wird dabei direkt im MOS-Transistor umgesetzt. Dies hat den Vorteil, daß die Wärme durch einfache Montagetechnik über einen Kühlkörper abgeführt werden kann.

Kann oder muß in bestimmten Fällen auf das Vorentladen verzichtet werden, so läßt sich dies in gleicher Weise wie in Abb. 3.6.3-11i beschrieben realisieren.

C 8 Selbstentladung zylindrischer Ni/Cd-Zellen

Die Selbstentladung ist eine thermodynamisch bedingte Eigenschaft vieler auf elektrochemischer Basis arbeitender Energiespeicher. Sie beginnt, sobald ein Element aktiviert ist, bei gasdichten Ni/Cd-Akkumulatoren also nach der Inbetriebsetzungsladung, der sogenannten Formation. Sie hat zur Folge, daß die Zellen bei Lagerung, d. h. ohne als Energiequelle eingesetzt zu werden, nach und nach ihre Kapazität einbüßen.

Die Höhe der Selbstentladung ist im wesentlichen abhängig vom elektrochemischen System und den Verhältnissen im Zellenaufbau, also von der Größe der Elektrodenoberfläche und deren Beschaffenheit, dem Abstand der Elektroden voneinander, der Menge und Konzentration des verwendeten Elektrolyten und dergleichen.

Die Selbstentladung von gasdichten Ni/Cd-Akkumulatoren wird stark durch die Temperatur beeinflußt. Bei Temperaturen unter 0 °C ist die Selbstentladung am geringsten. Hohe Temperaturen und hohe Luftfeuchtigkeit wirken sich dagegen beschleunigend aus.

Die Selbstentladung innerhalb einer Zelle hat zwei Hauptursachen:

- Den unter Sauerstoffabspaltung vor sich gehenden Zerfall hochaufgeladener Nickelhydroxide auf der positiven Elektrode und eine hierzu äquivalente Oxydation der geladenen negativen Elektrode.
- Den Aufbau innerer Selbstentladeströme durch vagabundierende Ionen.

Die sich dabei innerhalb der Zelle abspielenden chemischen Vorgänge sind sehr kompliziert und für den Praktiker von geringem Interesse. Um so mehr interessieren die daraus resultierenden Ergebnisse, die sich wie folgt zusammenfassen lassen:

- Zellen mit hohem Innenwiderstand, also kleiner Belastungsfähigkeit, haben eine geringere Selbstentladung als Zellen für hohe Belastung.
- Höhere Temperaturen beschleunigen die Selbstentladung, da sowohl die Zersetzungsgeschwindigkeit hoch aufgeladener Nickelhydroxide als auch die Diffusionsgeschwindigkeit vagabundierender Ionen mit der Temperatur steigen.
- Tieftemperaturen verringern die Selbstentladung ganz erheblich, da die höheren Nickelhydroxide stabilisiert und die Ionendiffusion gehemmt werden.

Zylindrische Zellen büßen durch die Lagerung bei +20 °C innerhalb von 3 Monaten bis zu 80 % ihrer vorher eingeladenen Kapazität ein. Bei –20 °C dagegen kommt die Selbstentladung nahezu zum Stillstand. Siehe dazu die *Abb. 3.6.3-12*. Sie beträgt nach Ablauf von ca. 6 Monaten nur noch weniger als 1 % pro Monat. Ein besseres Selbstentladeverhalten zeigt *Abb. 3.6.3-13*. Es handelt sich hier um die Zellen der Hochtemperaturbaureihe RST. Prädestiniert für den Einsatz bis +70 °C, wurden für diese Zellen andere Scheidermaterialien verwendet. Der Innenwiderstand ist höher als bei der baugrößengleichen RSH-Serie. Die Diffusionsgeschwindigkeit vagabundierender Ionen ist dadurch geringer. Der Kapazitätsverlust bei +20 °C beträgt jedoch immerhin noch bis zu 60 % der eingeladenen Kapazität nach 3 Monaten.

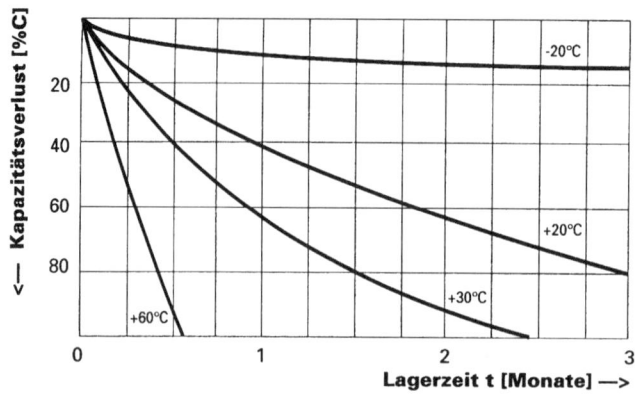

Abb. 3.6.3-12

Verlauf der Selbstentladung von Zellen und Batterien der Baureihe RS, RSH und RSE bei verschiedenen Temperaturen

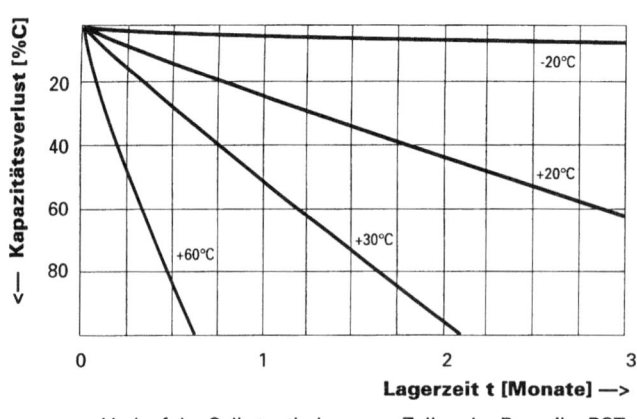

Abb. 3.6.3-13

Verlauf der Selbstentladung von Zellen der Baureihe RST bei verschiedenen Temperaturen

3.6 Batterien und Normalelemente

Belastungsdiagramm für zylindrische Ni/Cd-Zellen

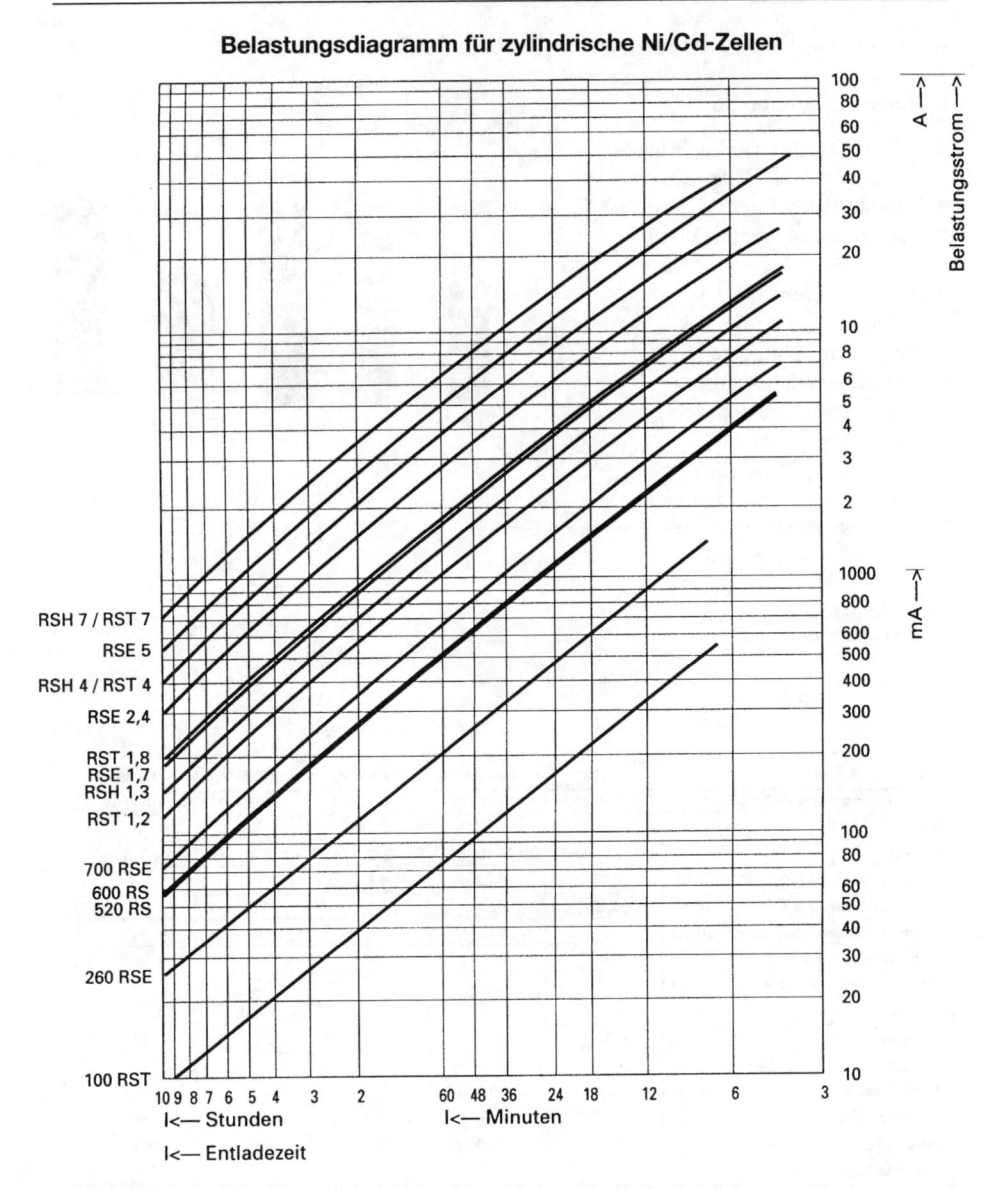

Abb. 3.6.3-14
Belastungsdiagramm zur Auswahl von zylindrischen Zellen (T = 20 °C, bezogen auf Nennkapazität)

1083

C9 Technische Daten zylindrischer Ni/CD-Zellen (VARTA)

a Standardbaureihe RS

- Zellen mit typischen Kapazitäten von 170 mAh bis 750 mAh
- Nennspannung 1,2 V
- Hoch belastbar, kontinuierlich bis 6 CA
- Widerschließende Drucksicherung
- Weiter Temperaturbereich
- Überladbar mit 0,1 CA
- Beschleunigt ladbar mit max. 0,3 CA* zeitüberwacht
- Schnelladung** möglich
- Hohe Lebensdauererwartung:
  – mehr als 1000 Zyklen (IEC 285)
  – bei Dauerladung bis 6 Jahre (20 °C)

*150 RS, 200 RS max. 0,2 CA
**Siehe Ladetabelle

Typ-Bezeichnung		150 RS[1)2)]	200 RS[1)2)]	520 RS[2)]	600 RS[3)]	751 RS[1)3)]
Bezeichnung nach IEC 285		KR 12/30	KR 11/45	KR 18/29	KR 15/51	KR 15/51
Baugröße		N	AAA	2/3A	AA	AA
Bestell-Nr.		05001 101 052[5)]	05003 101 052[5)]	50152 201 052[4)]	50160 201 052[4)]	05006 101 052[5)]
Typische Kapazität (0,2 CA)	[Ah]	0,17	0,22	0,57	0,68	0,75
Nennkapazität (0,2 CA)	[Ah]	0,15	0,2	0,5	0,6	---
Gleichstrominnenwiderstand[6)]	[mΩ]	27	21	35	30	30
Entladenennstrom 0,2 CA	[mA]	30	40	100	120	150
Ladenennstrom 0,1 CA	[mA]	15	20	50	60	75
Ladezeit	[h]	14 - 16	14 - 16	14 - 16	14 - 16	14 - 16
Gewicht	[g]	9	10	19	24	26
Zellenmaße	[mm]					
Durchmesser	(d)	12,0	10,5	17,2	14,7	14,5
Toleranz		-0,5	-0,5	-0,5	-0,5	-0,5
Höhe	(h)	29,0	44,0	28,0	49,5	50,5
Toleranz		-1	-1	-1	-1	-1

Typentabelle Standardbaureihe RS

[1)] Austauschbar gegen Primärzellen gleicher Abmessungen
[2)] Standardtype
[3)] Vorzugstype
[4)] Bestell-Nr. bezieht sich auf Zellen mit Schrumpfschlauch, ohne Ableiter. Die Zellen sind in verschiedenen Batteriekonfigurationen mit verschiedenen Ableitern lieferbar, siehe Katalog: "Gasdichte Ni/Cd-Batterien Batteriekomplettierungen" 40 312.
[5)] Bestell-Nr. beziehen sich auf Zellen mit Folienetikett.
[6)] Gemessen nach Methode Holland (Ri = $\Delta U/\Delta I$).

3.6 Batterien und Normalelemente

Typ-Bezeichnung		150 RS	200 RS	520 RS	600 RS	751 RS
Entladestrom 0,2 CA bis 1,0 V	[A]	0,03	0,04	0,1	0,12	0,15
Entnehmbare Kapazität	[Ah]	0,17	0,22	0,57	0,68	0,75
Entnehmbare Kapazität	[%]	113	105	114	110	100
Entladezeit	[min]	340	315	342	330	300
Entladestrom 1,0 CA bis 0,97 V	[A]	0,15	0,2	0,5	0,6	0,75
Entnehmbare Kapazität	[Ah]	0,135	0,18	0,5	0,6	0,69
Entnehmbare Kapazität	[%]	90	90	100	100	92
Entladezeit	[min]	54	54	60	60	55
Entladestrom 2,0 CA bis 0,95 V	[A]	0,3	0,4	1	1,2	1,5
Entnehmbare Kapazität	[Ah]	0,12	0,16	0,47	0,57	0,65
Entnehmbare Kapazität	[%]	80	80	94	95	87
Entladezeit	[min]	24	24	28,2	28,5	26
Entladestrom 5,0 CA bis 0,9 V	[A]	0,75	1	2,5	3	3,75
Entnehmbare Kapazität	[Ah]	0,082	0,11	0,42	0,53	0,57
Entnehmbare Kapazität	[%]	55	55	84	88	76
Entladezeit	[min]	6,6	6,6	10,0	10,6	9,1
Entladestrom 10 CA bis 0,8 V	[A]	---	---	5	6	7,5
Entnehmbare Kapazität	[Ah]	---	---	0,35	0,5	0,46
Entnehmbare Kapazität	[%]	---	---	70	83	61
Entladezeit	[min]	---	---	4,2	5	3,7
Zulässige Dauerbelastung bis U_E = 0,8 V	[A]	1,2	1,44	10	12	12
Entnehmbare Kapazität	[%]	40	40	55	55	44
Entladezeit	[min]	3	3	3,3	3,3	1,7
Zulässiger Impulsstrom über 2 sec, bis U_E = 0,75 V	[A]	2	3,6	18	25	25

Belastungstabelle Standardbaureihe RS (Typische Werte).

Entnehmbare Kapazität in % der Nennkapazität bei verschiedenen Temperaturen

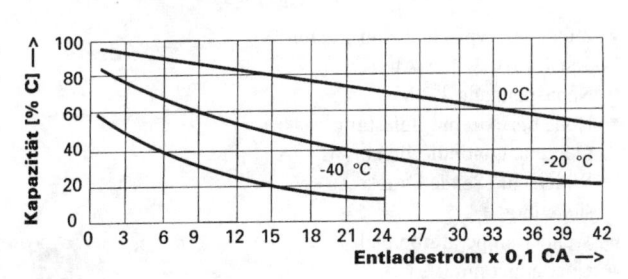

Entladespannungsverlauf bei unterschiedlichen Belastungen bei Raumtemperatur

1 = 0,6 CA
2 = 1 CA
3 = 2 CA

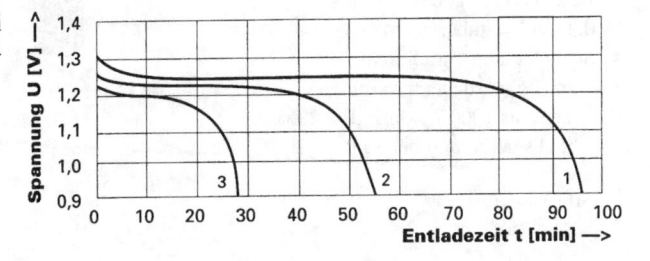

1 = 3 CA
2 = 4 CA

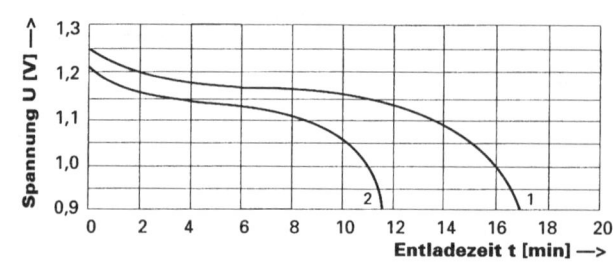

A = Anfangsspannung
M = Mittlere Entlade-
　　spannung
E = Entladeschlußspannung

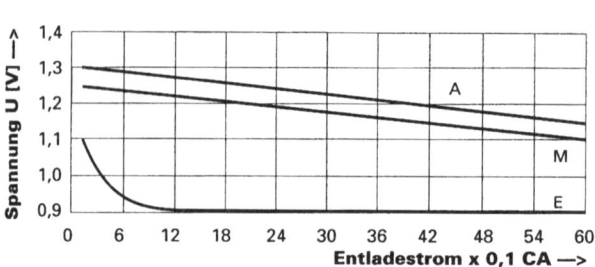

b Hochstrombaureihe RSH

- Zellen mit typischen Kapazitäten von 1,4 Ah bis 7,8 Ah
- Nennspannung 1,2 V
- Hohe bis extreme Belastung möglich, kontinuierlich bis 10 CA
- Widerschließende Druck- sicherung
- Weiter Temperaturbereich
- Überladbar mit 0,1 CA
- Beschleunigt ladbar mit max. 0,2 CA* zeitüberwacht
- Schnelladung** möglich
- Hohe Lebensdauererwartung:
  – mehr als 1000 Zyklen (IEC 285)
  – bei Dauerladung bis 6 Jahre (20 °C)

*RSH 1,3 max. 0,3 CA
**Siehe Ladetabelle

3.6 Batterien und Normalelemente

Typ-Bezeichnung		RSH 1,3[3]	RSH 2[1)2)]	RSH 4[1)2)]	RSH 7[2]
Bezeichnung nach IEC 285		KR 23/43	KR 26/50	KR 35/62	KR 35/91
Baugröße		SC	C	D	F
Bestell-Nr.[4]		50413 201 052	05014 201 052	05020 201 052	50470 201 052
Typische Kapazität (0,2 CA)	[Ah]	1,4	2,2	4,6	7,8
Nennkapazität (0,2 CA)	[Ah]	1,3	2,0	4,0	7,0
Gleichstrominnenwiderstand[5]	[mΩ]	12,5	9,5	4,5	3,1
Entladenennstrom 0,2 CA	[mA]	260	400	800	1400
Ladenennstrom 0,1 CA	[mA]	130	200	400	700
Ladezeit	[h]	14 - 16	14 - 16	14 - 16	14 - 16
Gewicht	[g]	50	75	147	237
Zellenmaße	[mm]				
Durchmesser	(d)	23,0	26,0	33,5	33,5
Toleranz		-1	-1	-1	-1
Höhe	(h)	42,2	46,0 (49,0)	58,0 (61,0)	91,0
Toleranz		-1	-1	-1	-1

Typentabelle Hochstrombaureihe RSH

[1] Austauschbar gegen Primärzellen gleicher Abmessungen in Kontaktknopf-Ausführung (Höhenmaße in Klammern) und Folienetikett. Bestell-Nr. Austauschtypen: 05014 101 052 (RSH 2), 05020 101 052 (RSH 4).
[2] Standardtype
[3] Vorzugstype
[4] Bestell-Nr. bezieht sich auf Zellen mit Schrumpfschlauch, ohne Ableiter. Alle Zellen sind in verschiedenen Batteriekonfigurationen mit verschiedenen Ableitern lieferbar, siehe Katalog: "Gasdichte Ni/Cd-Batterien Batteriekomplettierungen" 40 312.
[5] Gemessen nach Methode Holland (Ri = $\Delta U/\Delta I$).

Typ-Bezeichnung		RSH 1,3	RSH 2	RSH 4	RSH 7
Entladestrom 0,2 CA bis 1,0 V	[A]	0,26	0,4	0,8	1,4
Entnehmbare Kapazität	[Ah]	1,4	2,2	4,6	7,8
Entnehmbare Kapazität	[%]	107	110	115	111
Entladezeit	[min]	323	330	345	334
Entladestrom 1,0 CA bis 0,97 V	[A]	1,3	2,0	4,0	7,0
Entnehmbare Kapazität	[Ah]	1,3	2,1	4,2	7,5
Entnehmbare Kapazität	[%]	100	105	105	107
Entladezeit	[min]	60	63	63	64,2
Entladestrom 2,0 CA bis 0,95 V	[A]	2,6	4,0	8,0	14
Entnehmbare Kapazität	[Ah]	1,25	2,0	4,0	7,4
Entnehmbare Kapazität	[%]	96	100	100	105
Entladezeit	[min]	28,8	30	30	31,7
Entladestrom 5,0 CA bis 0,9 V	[A]	6,5	10	20,0	35
Entnehmbare Kapazität	[Ah]	1,19	1,9	3,8	7,0
Entnehmbare Kapazität	[%]	91	95	95	100
Entladezeit	[min]	10,9	11,4	11,4	12
Entladestrom 10 CA bis 0,8 V	[A]	13	20	40	70
Entnehmbare Kapazität	[Ah]	1,14	1,8	3,7	6,6
Entnehmbare Kapazität	[%]	87	90	92	94
Entladezeit	[min]	5,3	5,4	5,5	5,6
Zulässige Dauerbelastung bis U_E = 0,8 V	[A]	25	40	75	90
Entnehmbare Kapazität	[%]	60	55	48	40
Entladezeit	[min]	1,8	1,7	1,5	1,8
Zulässiger Impulsstrom über 2 sec, bis U_E = 0,75 V	[A]	45	70	120	135

Belastungstabelle Hochstrombaureihe RSH (Typische Werte).

1087

3 Elektronische Bauelemente

Entnehmbare Kapazität in % der Nennkapazität bei verschiedenen Temperaturen

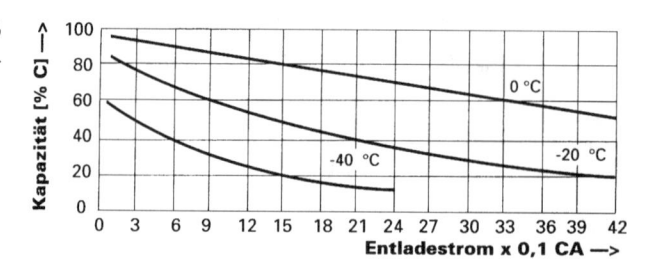

Entladespannungsverlauf bei unterschiedlichen Belastungen bei Raumtemperatur

1 = 1 CA
2 = 2 CA
3 = 3 CA

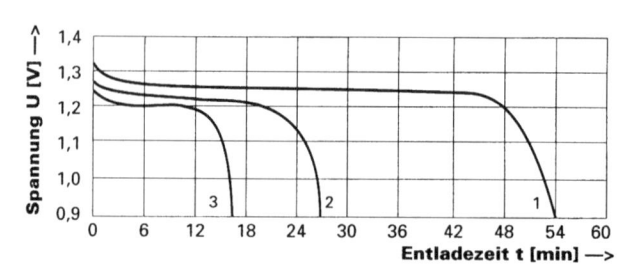

1 = 4 CA
2 = 5 CA
3 = 10 CA

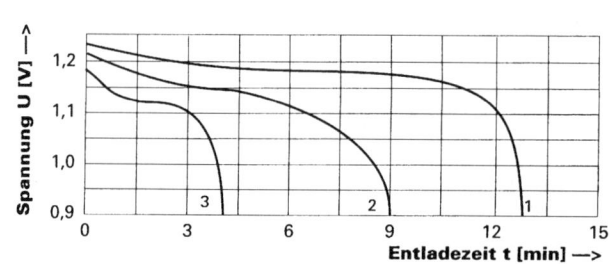

B = RSH 1,3 bis RSH 2
C = RSH 4
D = RSH 7

A = Anfangsspannung
M = Mittlere Entladespannung
E = Entladeschlußspannung

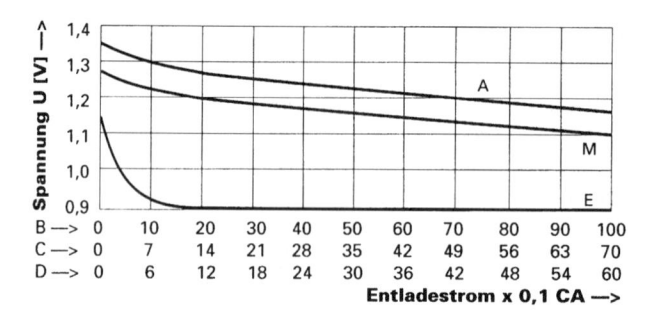

1088

3.6 Batterien und Normalelemente

C Hochkapazitätsbaureihe RSE

- Zellen mit typischen Kapazitäten von 300 mAh bis 5,5 Ah
- Nennspannung 1,2 V
- Erhöhte Volumenkapazität
- Hohe bis extreme Belastung möglich, kontinuierlich bis 10 CA
- Wiederschließende Drucksicherung
- Weiter Temperaturbereich
- Überladbar mit 0,1 CA
- Beschleunigt ladbar mit max. 0,3 CA* zeitüberwacht
- Schnelladung** möglich
- Hohe Lebensdauererwartung:
  - mehr als 1000 Zyklen (IEC 285)
  - bei Dauerladung bis 6 Jahre (20 °C)

*RSE 2,4, RSE 5 max. 0,2 CA
**Siehe Ladetabelle

Typ-Bezeichnung		260 RSE[1]	700 RSE[2]	1200 RSE[1]	RSE 1,7[2]	RSE 2,4[1]	RSE 5[1]
Bezeichnung nach IEC 285		---	KR 15/51	KR 17/50	KR 23/43	KR 26/50	KR 35/62
Baugröße		1/2 AA	AA	A	SC	C	D
Bestell-Nr.[3]		50926 201 052	50970 201 052	51012 201 052	51017 201 052	51024 201 052	51050 201 052
Typische Kapazität (0,2 CA)	[Ah]	0,3	0,8	1,3	1,75	2,6	5,5
Nennkapazität (0,2 CA)	[Ah]	0,26	0,7	1,2	1,7	2,4	5,0
Gleichstrominnenwiderstand[4]	[mΩ]	60	24	18,5	10	9	4
Entladenennstrom 0,2 CA	[mA]	52	140	240	340	480	1000
Ladenennstrom 0,1 CA	[mA]	26	70	120	170	240	500
Ladezeit	[h]	14 - 16	14 - 16	14 - 16	14 - 16	14 - 16	14 - 16
Gewicht	[g]	11,5	24	33	55	70	155
Zellenmaße	[mm]						
Durchmesser	(d)	14,7	14,7	17,2	23,0	26,0	33,5
Toleranz		-0,5	-0,5	-0,5	-1	-1	-1
Höhe	(h)	25,0	49,5	48,7	42,2	46,0	58,0
Toleranz		-1	-1	-1	-1	-1	-1

Typentabelle Hochkapazitätsbaureihe RSE

[1] Standardtype
[2] Vorzugstype
[3] Bestell-Nr. bezieht sich auf Zellen mit Schrumpfschlauch, ohne Ableiter. Alle Zellen sind in verschiedenen Batteriekonfigurationen mit verschiedenen Ableitern lieferbar, siehe Katalog: "Gasdichte Ni/Cd-Akkumulatoren Batteriekomplettierungen" 40 312.
[4] Gemessen nach Methode Holland (Ri = $\Delta U/\Delta I$).

3 Elektronische Bauelemente

Typ-Bezeichnung		260 RSE	700 RSE[1]	1200 RSE	RSE 1,7	RSE 2,4	RSE 5
Entladestrom 0,2 CA bis 1,0 V	[A]	0,052	0,14	0,24	0,34	0,48	1,0
Entnehmbare Kapazität	[Ah]	0,3	0,775	1,3	1,75	2,6	5,5
Entnehmbare Kapazität	[%]	115	110	108	102	108	110
Entladezeit	[min]	346	332	325	308	325	330
Entladestrom 1,0 CA bis 0,97 V	[A]	0,26	0,7	1,2	1,7	2,4	5,0
Entnehmbare Kapazität	[Ah]	0,27	0,7	1,15	1,65	2,5	5,25
Entnehmbare Kapazität	[%]	103	100	96	97	104	105
Entladezeit	[min]	62,3	60	58	58,2	62.5	63
Entladestrom 2,0 CA bis 0,95 V	[A]	0,52	1,4	2,4	3,4	4,8	10,0
Entnehmbare Kapazität	[Ah]	0,25	0,66	1,05	1,6	2,4	5,0
Entnehmbare Kapazität	[%]	96	95	88	94	100	100
Entladezeit	[min]	28,8	28	26	28,2	30	30
Entladestrom 5,0 CA bis 0,9 V	[A]	1,3	3,5	6	8,5	12	25,0
Entnehmbare Kapazität	[Ah]	0,21	0,615	0,92	1,55	2,2	4,25
Entnehmbare Kapazität	[%]	80	88	77	91	91	85
Entladezeit	[min]	9,7	10,5	9,2	10,9	11	10,2
Entladestrom 10 CA bis 0,8 V	[A]	2,6	7	12	17	24	50
Entnehmbare Kapazität	[Ah]	0,16	0,55	0,78	1,5	2,0	3,25
Entnehmbare Kapazität	[%]	61	76	65	88	83	65
Entladezeit	[min]	3,7	4,7	3,9	5,3	5	3,9
Zulässige Dauerbelastung [2] bis U_E = 0,8 V	[A]	5	14	24	35	40	50
Entnehmbare Kapazität	[%]	55	---	---	---	---	---
Entladezeit	[min]	3,3	---	---	---	---	---
Zulässiger Impulsstrom über 2 sec, bis U_E = 0,75 V	[A]	8,5	30	50	60	75	150

Belastungstabelle Hochkapazitätsbaureihe RSE (Typische Werte).

[1] Angegeben sind die nach 72minütiger Schnelladung mit 1 CA entnehmbaren Kapazitäten.

3.6 Batterien und Normalelemente

Entnehmbare Kapazität in % der Nennkapazität bei verschiedenen Temperaturen

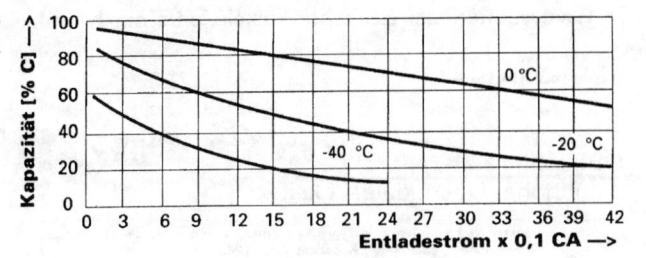

Entladespannungsverlauf bei unterschiedlichen Belastungen bei Raumtemperatur

1 = 0,6 CA
2 = 1 CA
3 = 2 CA

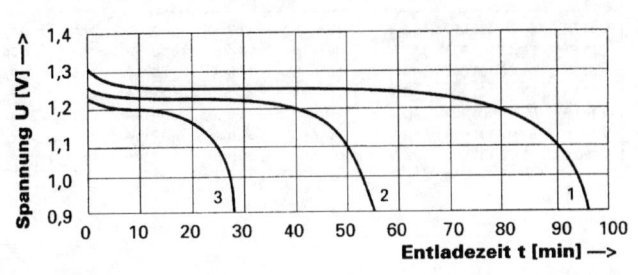

1 = 3 CA
2 = 4 CA
3 = 5 CA

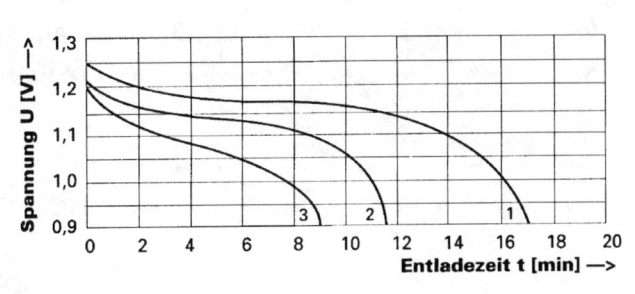

A = Anfangsspannung
M = Mittlere Entladespannung
E = Entladeschlußspannung

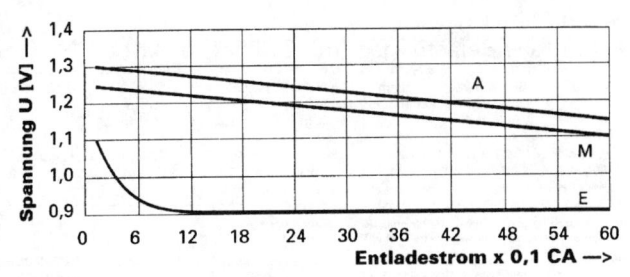

D Wiederaufladbare gasdichte Nickel/Cadmium-Knopfzellen mit Masse-Elektroden

D1 Typenübersicht

■ Baureihe V...R
mit hoher Überladefestigkeit

Typ	Bestell-Nr. Zellen ohne Ableiter	Nenn- spannung	Typische Kapazität 5 stdg.	Entladestrom 0,2 CA 5 stdg.	Lade- strom 14 stdg.	Maße [mm] Ø	h	Gewicht [g]	Bemerkung
V 11 R*	53301 101 000	1,2 V	12 mAh	2,2 mA	1,1 mA	$11,5_{-0,1}$	$3,1_{-0,2}$	1,2	
V 30 R*	53303 101 000	1,2 V	35 mAh	6 mA	3 mA	$11,5_{-0,1}$	$5,35_{-0,3}$	1,7	
V 60 R*	53306 101 000	1,2 V	65 mAh	12 mA	6 mA	$15,5_{-0,1}$	$6,0_{-0,2}$	4,0	
V 110 R	53311 101 000	1,2 V	120 mAh	22 mA	11 mA	oval	$5,9_{-0,25}$	6,0	V 110 R:
V 140 R	53314 101 000	1,2 V	155 mAh	28 mA	14 mA	$25,1_{-0,15}$	$6,1_{-0,6}$	9,5	l = 25,6 (-0,2 mm)
V 170 R	53317 101 000	1,2 V	190 mAh	34 mA	17 mA	$25,1_{-0,15}$	$6,7_{-0,6}$	10,0	b = 14,1 (-0,2 mm)
V 280 R	53328 101 000	1,2 V	300 mAh	56 mA	28 mA	$25,1_{-0,15}$	$8,8_{-0,6}$	13,0	

■ Baureihe V...RT
für hohe Temperaturen (bis zu +65 °C) u. MBU-Anwendungen**

Typ	Bestell-Nr. Zellen ohne Ableiter	Nenn- spannung	Typische Kapazität 5 stdg.	Entladestrom 0,2 CA 5 stdg.	Lade- strom 14 stdg.	Maße [mm] Ø	h	Gewicht [g]	Bemerkung
V 11 RT	54501 101 000	1,2 V	11 mAh	1,6 mA	0,8 mA	$11,5_{-0,1}$	$3,1_{-0,2}$	1,2	
V 60 RT	54506 101 000	1,2 V	60 mAh	8 mA	4 mA	$15,5_{-0,1}$	$6,0_{-0,2}$	3,4	
V 100 RT	54510 101 000	1,2 V	100 mAh	16 mA	8 mA	oval	$5,9_{-0,3}$	6,0	V 100 RT: l = 25,6 (-0,2 mm)
V 280 RT	54528 101 000	1,2 V	280 mAh	50 mA	25 mA	$25,1_{-0,15}$	$8,8_{-0,6}$	13,0	b = 14,1 (-0,2 mm)

■ Baureihe DKZ/V...RH
für hohe Belastungen (mit Zwillingselektrode)

Typ	Bestell-Nr. Zellen ohne Ableiter	Nenn- spannung	Typische Kapazität 5 stdg.	Entladestrom 0,2 CA 5 stdg.	Lade- strom 14 stdg.	Maße [mm] Ø	h	Gewicht [g]	Bemerkung
225 DKZ	53522 101 000	1,2 V	250 mAh	45 mA	22,5 mA	$25,1_{-0,15}$	$9,1_{-0,8}$	12,0	Auslauftyp
V 500 RH	53350 101 000	1,2 V	550 mAh	100 mA	50 mA	$34,4_{-0,2}$	$10,0_{-0,6}$	27,0	

* Austauschbar gegen Trockenbatterien gleicher Abmessungen
**Memory backup (Pufferung elektronischer Datenspeicher)

Folgende Typen sind von Underwriters Laboratories Inc. unter der UL-File Nr. MH 14 209 (N) zugelassen: V 11 R, V 30 R, V 60 R, V 110 R V 140 R, V 170 R, V 280 R, V 6/8 R, V 7/8 R, V 11 RT, V 60 RT, V 100 RT, V 280 RT, V 500 RH

Alle Zellen sind in verschiedenen Batteriekonfigurationen mit verschiedenen Ableitern lieferbar, siehe Katalog 40 312: Gasdichte Ni/Cd-Akkumulatoren Batteriekomplettierungen.

D 2 Allgemeine Informationen

Die Ni/Cd-Knopfzelle stellt die erste Bauform von gasdichten Ni/Cd-Akkumulatoren dar. Seit der Markteinführung durch Varta im Jahre 1950 wurden die Zellen kontinuierlich verbessert und das Programm erweitert. Knopfzellen von Varta zeichnen sich durch folgende Eigenschaften besonders aus:

- Kleine Abmessungen und geringes Gewicht, da kompakte Bauweise.
- Große mechanische Stabilität und hoher Dichtigkeitsgrad.

- Umpolfestigkeit bis zur Belastung mit dem 10stündigen Entladenennstrom.
- Geringe Selbstentladung im Vergleich zu Zellen mit positiven Sinterelektroden.
- Kostengünstig, gutes Preis/Leistungs-Verhältnis.

Inzwischen verfügen nahezu alle gasdichten Ni/Cd-Knopfzellen von Varta über die UL-Anerkennung durch Underwriter Laboratories Inc. (UL-Recognition), welche für Elektro- oder Elektronikkomponenten vergeben wird, die extremen Sicherheitstests standhalten. Solche Tests beinhalten:

- Aussetzung einer offenen Flamme,
- Verpolung beim Laden,
- Quetschtests,
- Kurzschlußtests,
- Überladetests.

Das Ni/Cd-Knopfzellenprogramm
VARTA Ni/Cd-Knopfzellen sind feste, robuste, vollständig dichte Kraftpakete mit geringem Gewicht. Ihre mechanische Stabilität mit hohem Auslaufschutz, exzellenter Wiederaufladbarkeit und die Möglichkeit der Anbringung von Ableitern haben zu einem vielfältigen, nahezu universellen Einsatz dieser Zellen geführt, besonders auf dem Konsumer- und Elektronik-Markt. Des weiteren besitzen die Knopfzellen eine geringe Selbstentladung bei Lagerung. Durch die Möglichkeit des Ladens mit einfachen und preiswerten Ladegeräten eignet sich diese Zelle auch als Memory Backup-Batterie sehr gut. Varta Ni/Cd-Knopfzellen-Batterien sind unter anderem als Memory Backup-Batterien auf vielen PC-„Mother-boards" (286/386/486/586) in der ganzen Welt verbreitet. Die 3/V60R(T) ist Industrie-Standard als MBU-Batterie in großen PC-Märkten wie Taiwan, Hong Kong, Korea und den USA.
Beim Einsatz in schnurlosen Telefonen haben die Ni/Cd-Knopfzellen eine große Akzeptanz gefunden, besonders wegen der Möglichkeit, sie in Batteriefächern unterschiedlichster Abmessungen unterzubringen. Auch sind sie für ein Langzeit-Überladen unter Nennbedingungen gut geeignet. Alle diese Eigenschaften haben diese Knopfzellen auch zum industriellen Standard der ersten Generation von schnurlosen Telefonen gemacht.

Standardbaureihe mit überladefesten Zellen, Baureihe V...R
Die Baureihe V...R zeichnet sich besonders durch Optimierung der elektrischen Leitfähigkeit der positiven Elektrode und des Sauerstoffverzehrs an der negativen Elektrode aus. Aus dem verbesserten Gasverzehr resultiert die ausgezeichnete Überladefähigkeit der Ni/Cd-Knopfzellen. Zellen der V...R-Serie können bei Raumtemperatur mit Strömen von 0,1 CA kontinuierlich und mit Strömen bis 0,2 CA für 1 Jahr überladen werden. Dies ist für Anwendungen sehr wichtig, bei denen teilentladene Batterien mit geringem schaltungstechnischen Aufwand wieder vollgeladen werden sollen.
Bevorzugte Betriebsart:
Zyklenbetrieb, Dauerladebetrieb. Bereitschaftsbetrieb (Standby) in weiten Bereichen der Konsumgüter Elektronik. Personal Computer, schnurlose Telefone, medizinische und wissenschaftliche Meßgeräte.

Hochtemperaturzellen, Baureihe V...RT
Die Zellen sind in gleichen Gehäusen wie die Baureihe V...R eingebaut, besitzen jedoch verbesserte Temperatureigenschaften. Die V...RT-Serie kann bei Temperaturen bis +65 °C eingesetzt werden.
Bevorzugte Betriebsart: Dauerladebetrieb, Datensicherungsanwendungen (MBU).

1093

Zellen für hohe Belastung, Baureihe V...RH (DKZ)
Diese Baureihe zeigt eine geringe Selbstentladung im Vergleich zu Rundzellen. Die Zellen sind mit Dauerlast bis 3 CA belastbar.
Bevorzugte Betriebsart: Zyklenbetrieb.

D 3 Allgemeine Angaben zum Ladevorgang

Für das Laden von Knopfzellen gelten – wie auch für zylindrische Zellen – die allgemeinen Betriebsparameter: Spannung, Strom, Temperatur. Geladen wird mit Konstantstrom. Um eine Volladung zu erreichen, wird bei einem Ladestrom von 0,1 CA eine Ladezeit von ca. 14 Stunden benötigt. Auch bei unbekanntem Ladezustand der Zellen kann 14 h mit 0,1 CA geladen werden.
Knopfzellen werden im großen Umfang im Dauerladebetrieb („Standby-Betrieb", z. B. für MBU-Anwendungen) eingesetzt. Dabei werden Dauerladeströme von 0,01 CA bis 0,03 CA zugelassen, mit denen die Zellen ohne Einschränkung überladbar sind. Mit noch höheren Strömen ist die Baureihe V...R dauerladbar. Das ist auch in der nachfolgenden Tabelle gezeigt.
Für andere Temperaturen als Raumtemperatur gelten die prinzipiellen Ladespannungsverläufe in Abb. 3.6.3-2 und Abb. 3.6.3-4. Der Ladewirkungsgrad (Definitionen siehe Abb. 3.6.3 A) ist bei Knopfzellen etwas schlechter als bei zylindrischen Zellen.
$\eta Ah = 0{,}72$ für Knopfzellen
$\eta Ah = 0{,}83$ für zylindrische Zellen
Im Bereich höherer Temperaturen reduziert sich die Ladungsaufnahme von Ni/Cd-Knopfzellen. Für den Dauereinsatz bei höheren Temperaturen wurde daher die Baureihe V...RT entwickelt, die eine stark verbesserte Ladungsaufnahme in diesem Bereich zeigt.
Es muß beachtet werden, daß Masse-Knopfzellen nicht bei Temperaturen unter 0 °C geladen werden sollten.

Lademethoden

- *Normalladen*

Gültig für alle Knopfzellen-Baureihen.
Die Ladung erfolgt mit Konstantstrom:

14 Stunden mit 0,1 CA
Es gelten alle Ausführungen über das Normalladen (Abschnitt 3.6.3 C 6).

- *Beschleunigtes Laden*

Unter beschleunigtem Laden versteht man das Laden mit Strömen von 0,2 CA. Hierzu gilt:

7 Stunden mit 0,2 CA
Es wird empfohlen, die Ladung mit Hilfe einer Schaltuhr zu überwachen.

- *Bedingtes Schnelladen mit Spannungsüberwachung*

Ni/Cd-Knopfzellen sind mit einem Ladestrom von 0,3 CA schnelladbar. Wegen des relativ niedrigen Ladestromwertes von 0,3 CA (max.) spricht man vom bedingten Schnelladen. Dabei ist es möglich, innerhalb von 2 bis 2,5 h 60 % bis 70 % der Nennkapazität wieder einzuladen. Die Ladung muß abgebrochen werden, bevor eine intensive Sauerstoffentwicklung einsetzt. Es ist daher spannungsabhängig bei folgenden Werten abzuschalten:
Baureihe V...RH, (DKZ): 1,45 V (+0,01)/Zelle
Baureihe V...R, V...RT: 1,49 V (+0,01)/Zelle

3.6 Batterien und Normalelemente

Diese Einschränkung beim Schnelladen wird nur bei Raumtemperaturanwendungen empfohlen.

- *Dauerladen*

Ni/Cd-Knopfzellen sind für Dauerladung besonders geeignet. Hierbei müssen jedoch die Unterschiede zwischen den einzelnen Baureihen beachtet werden. Für die Baugruppen V...RT, (DKZ), kann je nach Beanspruchung ein Dauerladestrom von 0,01 CA bis 0,03 CA gewählt werden. Für die Typenreihe V...R und V...RH sogar von 0,01 CA bis 0,05 CA.
Für den Ausgleich von Selbstentladungsverlusten ist ein Strom von 0,01 CA völlig ausreichend.

- *Intervallförmiges Dauerladen*

Selbstverständlich können auch Knopfzellen mit dieser Lademethode geladen werden. Es gelten alle Bedingungen (siehe Abschnitt 3.6.3 C 6), jedoch unter Berücksichtigung der Werte der Ladetabelle für Ni/Cd-Knopfzellen (siehe nachfolgende Tabelle).
Da der Aufwand jedoch erheblich ist, wird dieses Verfahren für Knopfzellen kaum angewendet.

- *Hinweis*

Das Laden von direkt parallel geschalteten Zellen muß vermieden werden (Entkopplung durch Dioden).

Baureihen	Typ. Kapazitäten
Baureihe mit hoher Überladefestigkeit V...R	12 mAh - 300 mAh
Hochtemperaturbaureihe V...RT	11 mAh - 280 mAh
Baureihe für hohe Belastungen V...RH (DKZ)	250 mAh - 550 mAh

Der chemische Prozeß der Energieumwandlung bei Ni/Cd-Knopfzellen ist dem der zylindrischen Ni/Cd-Zellen gleich.
Daher sind die grundsätzlichen Aussagen der vorher beschriebenen zylindrischen Ni/Cd-Zellen auch für Knopfzellen gültig. Die gleichen wesentlichen Betriebsparameter wie für zylindrische Ni/Cd-Zellen bestimmen die entnehmbare Kapazität und die Spannungslage der Knopfzellen. Während die Spannungsverläufe unter Last bis 0,2 CA sehr ähnlich sind, weichen die entnehmbaren Kapazitäten bei hohen und niedrigen Temperaturen nach *Abb. 3.6.3-15* etwas ab.

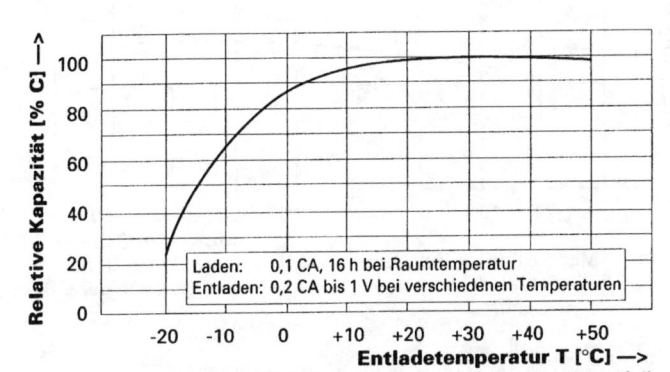

Abb. 3.6.3-15a

Laden: 0,1 CA, 16 h bei Raumtemperatur
Entladen: 0,2 CA bis 1 V bei verschiedenen Temperaturen

Typischer Verlauf der relativen Kapazitäten, bezogen auf die effektive Kapazität (entspricht 100% bei Raumtemperatur) in Abhängigkeit der Entladetemperatur beim Entladen von V...R-Knopfzellen mit 0,2 CA.

1095

3 Elektronische Bauelemente

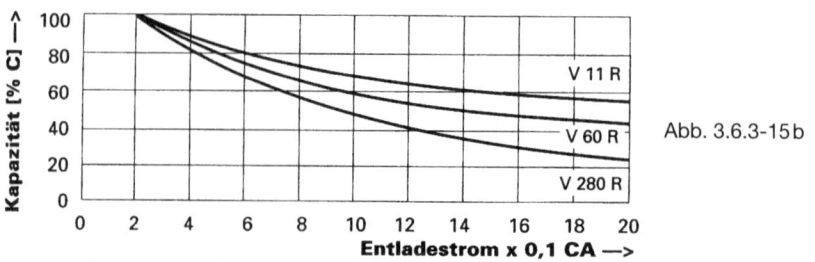

Abb. 3.6.3-15b

Entnehmbare Kapazität von Zellen der Baureihe V...R in Abhängigkeit des Entladestromes bei Raumtemperatur.

Von besonderes großem Einfluß auf die entnehmbare Kapazität gasdichter Zellen ist die Entladetemperatur. Der spezifische Widerstand des Elektrolyten erhöht sich bei tiefen Temperaturen stark. Bei −20 °C beträgt er bereits etwa das Dreifache des bei +20 °C gemessenen Wertes. So steigt der innere Widerstand der Zellen im Bereich tiefer Temperaturen rasch, die entnehmbare Kapazität sinkt. Dieser Kapazitätsabfall ist bei zylindrischen Ni/Cd-Zellen wegen des insgesamt niedrigeren inneren Widerstandes, infolge des hohen Anteils von Leitmaterial in Form des Sintergerüstes, weniger ausgeprägt als bei Zellen mit Masse-Elektroden, d. h. bei Knopfzellen aller Baureihen.
Zylindrische Ni/Cd-Zellen können deshalb auch bei tiefen Temperaturen bis zu etwa −45 °C entladen werden. Ein Entladen von Massezellen (z. B. Knopfzellen) ist nur bis zu einer Temperatur von −20 °C zulässig. Siehe dazu die *Abb. 3.6.3-16*.
Der Kapazitäts- und Spannungsabfall im Bereich tiefer Temperaturen ist bei höherem Belastungsstrom ausgeprägter.

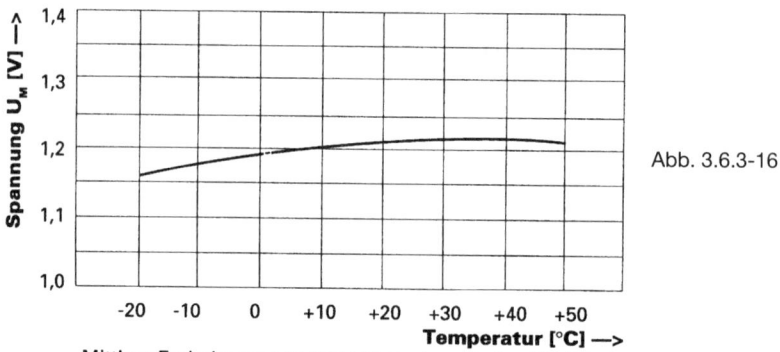

Abb. 3.6.3-16

Mittlere Entladespannung von Masseknopfzellen V...R bei einem Entladestrom von 0,2 CA in Abhängigkeit von der Temperatur.

3.6 Batterien und Normalelemente

Ladetabelle der Ni/Cd-Knopfzellen

Ladeart		Normal-ladung	Beschleunigte Ladung	Bedingte-Schnellladung	Dauerladung	Max. mögliche Überladbarkeit
Empfohlene Ladewerte bei Raum-temperatur für die Baureihen	V…R	0,1 CA 14 h	0,2 CA 7 h möglichst zeitüberwacht	0,3 CA bis 1,49 (+0,01) V spannungsüberwacht, 2-2,5 h[1]	0,01 CA bis 0,05 CA unbegrenzt	Bei +20 °C gilt: 0,1 CA unbegrenzt 0,2 CA max. 1 Jahr
	V…RT				0,01 CA bis 0,03 CA unbegrenzt	
	V…RH (DKZ)			0,3 CA bis 1,45 (+0,01) V spannungsüberwacht, 2-2,5 h[1]	0,01 CA bis 0,05 CA unbegrenzt	
Kapazitätsfüllgrad [%]		100	100	60 - 70	100	>80

[1] Abhängig vom Ladezustand der Zellen bei Ladebeginn.

Belastungsdiagramme für Ni/Cd-Knopfzellen

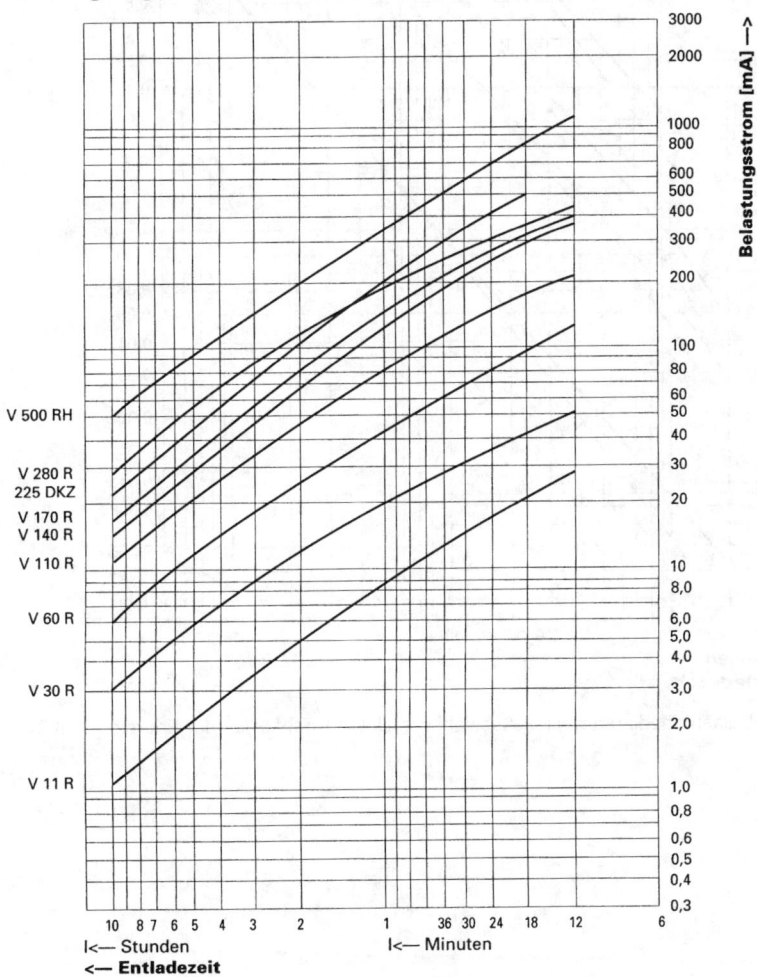

Abb. 3.6.3-17a Diagramm zur Auswahl von Ni/Cd-Knopfzellen V…R & V…RH (DKZ), (T = 20 °C, bezogen auf Nennkapazität)

3 Elektronische Bauelemente

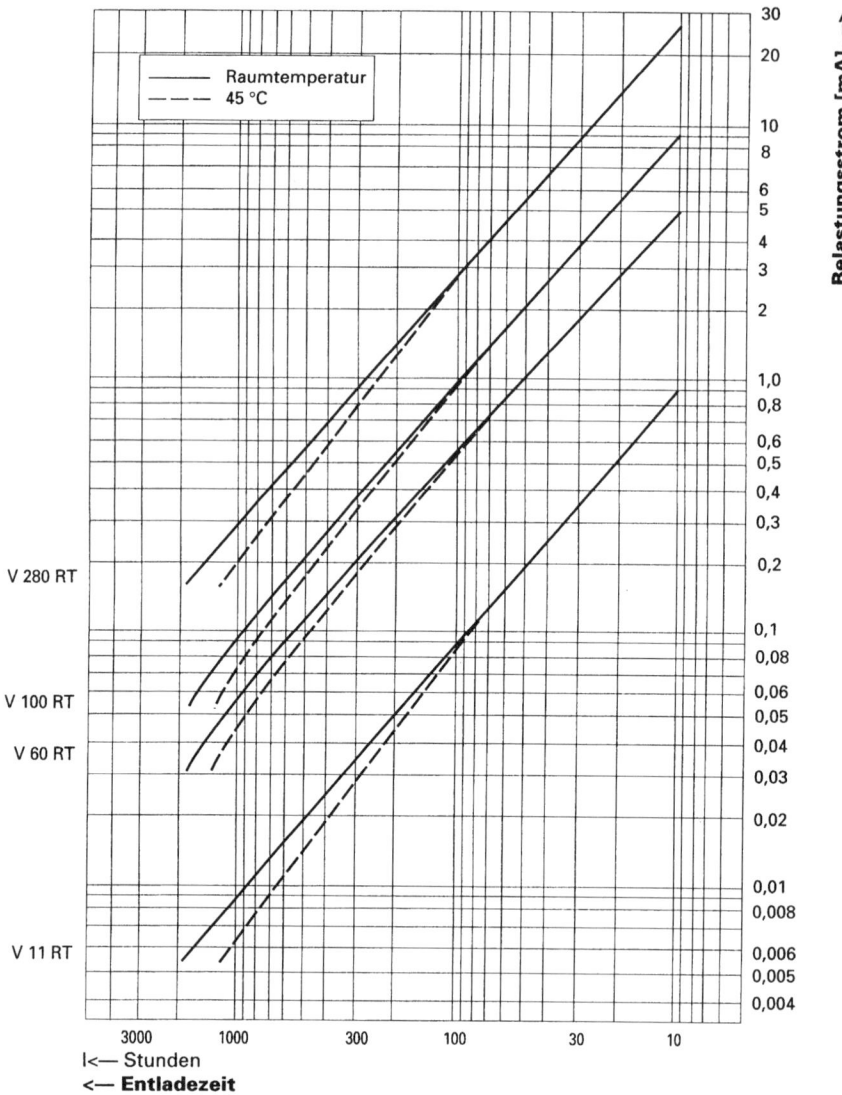

Abb. 3.6.3-17b Belastungsdiagramm zur Auswahl von Ni/Cd-Knopfzellen der Baureihe V...RT

3.6 Batterien und Normalelemente

D4 Technische Daten der Ni/Cd-Knopfzellen (VARTA)

a Baureihe V...R mit hoher Überladefestigkeit

- Zellen mit typischen Kapazitäten von 12 mAh bis 300 mAh
- Nennspannung 1,2 V
- Hohe Überladefestigkeit bei Raumtemperatur möglich: 0,1 CA kontinuierlich max. zulässig: 0,2 CA für max. 1 Jahr
- Bedingt schnelladbar
- Max. zul. Dauerladung 0,05 CA
- Lebensdauererwartung:
  - nach IEC 509: 1000 Zyklen
  - im Dauerladebetrieb bis 0,05 CA bei T = 20 °C bis 6 Jahre
- Alle V...R-Zellen besitzen eine UL-Zulassung: UL-File Nr. 14 209 (N)

Typ-Bezeichnung		V 11 R	V 30 R	V 60 R	V 110 R	V 140 R
Bezeichnung nach IEC		KBL 115/031	KBL 115/054	KBL 155/060	---	KBL 251/061
Bestell-Nr.[1]		53301 101 000	53303 101 000	53306 101 000	53311 101 000	53314 101 000
Typische Kapazität (0,2 CA)	[mAh]	12	35	65	120	155
Nennkapazität (0,2 CA)	[mAh]	11	30	60	110	140
Innenwiderstand (Mittelwert)	[Ω]	3,5	2	1	0,7	0,4
Entladestrom 0,2 CA	[mA]	2,2	6	12	22	28
Standard-Ladestrom	[mA]	1,1	3	6	11	14
Ladezeit	[h]	14 - 16	14 - 16	14 - 16	14 - 16	14 - 16
Gewicht	[g]	1,2	1,7	4,0	6,0	9,5
Zellenmaße	[mm]					
Durchmesser	(d)	11,5	11,5	15,5	oval[2]	25,1
Toleranz		-0,1	-0,2	-0,1	-0,2	-0,15
Höhe	(h)	3,1	5,35	6,0	5,9	6,1
Toleranz		-0,2	-0,3	-0,2	-0,25	-0,6

Typentabelle Baureihe V...R

[1] Bestell-Nr. bezieht sich auf nackte Zellen ohne Ableiter. Alle Zellen sind in verschiedenen Batteriekonfigurationen mit verschiedenen Ableitern lieferbar, siehe Katalog: "Gasdichte Ni/Cd-Batterien Batteriekomplettierungen" 40 312.
[2] l x b = 25,6 x 14,1

3 Elektronische Bauelemente

Typ-Bezeichnung		V 170 R	V 280 R
Bezeichnung nach IEC		KBL 251/067	KBL 251/088
Bestell-Nr.[1]		53317 101 000	53328 101 000
Typische Kapazität (0,2 CA)	[mAh]	190	300
Nennkapazität (0,2 CA)	[mAh]	170	280
Innenwiderstand (Mittelwert)	[Ω]	0,4	0,5
Entladestrom 0,2 CA	[mA]	34	56
Standard-Ladestrom	[mA]	17	28
Ladezeit	[h]	14 - 16	14 - 16
Gewicht	[g]	10	13
Zellenmaße	[mm]		
Durchmesser	(d)	25,1	25,1
Toleranz		-0,15	-0,15
Höhe	(h)	6,7	8,8
Toleranz		-0,6	-0,6

Typentabelle Baureihe V...R

1) Bestell-Nr. bezieht sich auf nackte Zellen ohne Ableiter. Alle Zellen sind in verschiedenenen Batteriekonfigurationen mit verschiedenen Ableitern lieferbar, siehe Katalog: „Gasdichte Ni/Cd-Batterien Batteriekomplettierungen" 40 312.

Typ-Bezeichnung		V 11 R	V 30 R	V 60 R	V 110 R	V 140 R	V 170 R	V 280 R
Typische Kapazität	[mAh]	12	35	65	120	155	190	300
Entladestrom 0,2 CA bis 1,0 V	[mA]	2,2	6	12	22	28	34	56
Entladestrom 1 CA bis 0,95 V	[mA]	11	30	60	110	140	170	280
Entnehmbare Kapazität	[mAh]	8	16	36	70	110	140	130
Entladezeit	[min]	44	32	36	38	47	50	28
Entladestrom 2 CA bis 0,9 V	[mA]	22	60	120	220	280	340	560
Entnehmbare Kapazität	[mAh]	6	9	25	40	90	95	60
Entladezeit	[min]	16	9	12,5	11	19	16	6, 5
Zulässige Belastungen 8 bis 10 min bis U_E = 0,8 V	[mA]	30	90	120	250	280	340	560
Zulässiger max. Impulsstrom über 2 sec bis U_E = 0,75 V	[mA]	50	150	240	400	560	680	1120

Belastungstabelle Baureihe V...R

b Baureihe V...RT für erhöhte Temperaturen – MBU-Anwendungen

- Zellen mit typischen Kapazitäten von 11 mAh bis 280 mAh
- Nennspannung 1,2 V
- Weiter Temperaturbereich
  Ladung: 0 °C bis +65 °C
  Entladung: –20 °C bis +65 °C
- Hohe Überladefestigkeit bei Raumtemperatur möglich:
  0,1 CA kontinuierlich
  max. zulässig: 0,2 CA für max. 1 Jahr
- Max. zul. Dauerladung 0,03 CA
- Lebensdauererwartung bei Dauerladebetrieb (typisch):
  bei 0 bis 40 °C 3 bis 6 Jahre
  bei +40 bis +55 °C bis zu 3 Jahre
  bei +55 bis 65 °C bis zu 1 Jahr
- Alle V...RT-Zellen besitzen eine UL-Zulassung: UL-File Nr. 14 209 (N)

Typ-Bezeichnung		V 11 RT	V 60 RT	V 100 RT	V 280 RT
Bezeichnung nach IEC		KBL 115/031	KBL 155/060	---	KBL 251/088
Bestell-Nr.[1]		54501 101 000	54506 101 000	54510 101 000	54528 101 000
Typische Kapazität (0,2 CA)	[mAh]	11	60	100	280
Nennkapazität (0,2 CA)	[mAh]	8	40	80	250
Innenwiderstand (Mittelwert)	[Ω]	3,5	1,5	0,7	0,5
Standard-Ladestrom	[mA]	0,8	4	8	25
Ladezeit	[h]	14 - 16	14 - 16	14 - 16	14 - 16
Dauerladestrom	[mA]	0,08 - 0,24	0,4 - 1,2	0,8 - 2,4	2,5 - 7,5
Gewicht	[g]	1,2	3,4	6,0	13
Zellenmaße	[mm]				
Durchmesser	(d)	11,5	15,5	oval[2]	25,1
Toleranz		-0,1	-0,1	-0,2	-0,15
Höhe	(h)	3,1	6,0	5,9	8,8
Toleranz		-0,2	-0,2	-0,3	-0,6

Typentabelle Baureihe V...RT

[1] Bestell-Nr. bezieht sich auf nackte Zellen ohne Ableiter. Alle Zellen sind in verschiedenen Batteriekonfigurationen mit verschiedenen Ableitern lieferbar, siehe Katalog: "Gasdichte Ni/Cd-Batterien Batteriekomplettierungen" 40 312.
[2] l x b = 25,6 x 14,1

3 Elektronische Bauelemente

Typ-Bezeichnung	V 11 RT	V 60 RT	V 100 RT	V 280 RT
Typische Kapazität [mAh]	11	60	100	280
Entladestrom 0,2 CA bis 1,0 V [mA]	1,6	8	16	50
Entladestrom 1 CA bis 0,95 V [mA]	8	40	80	250
Entnehmbare Kapazität [mAh]	8	40	70	160
Entladezeit [min]	60	60	50	40
Entladestrom 2 CA bis 0,9 V [mA]	16	80	160	500
Entnehmbare Kapazität [mAh]	7	35	50	80
Entladezeit [min]	26	26	18	10
Zulässige Belastungen 8 bis 10 min bis U_E = 0,8 V [mA]	30	120	250	560
Zulässiger max. Impulsstrom über 2 sec bis U_E = 0,75 V [mA]	50	240	400	1120

Belastungstabelle Baureihe V...RT

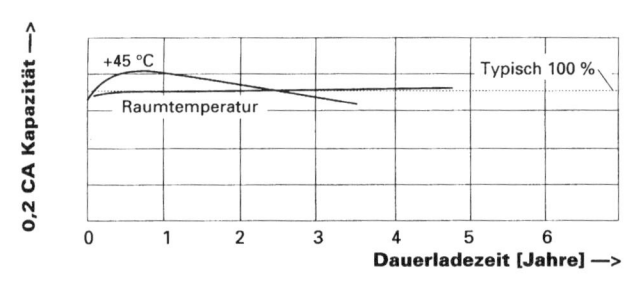

Kapazitäten von V...RT-Zellen bei Dauerladung und unterschiedlichen Temperaturen.

c Knopfzellenbatterie für elektronische Geräte V 7/8 R

- Knopfzellenbatterie, für eine Vielzahl elektronischer Geräte bestens geeignet (komplettiert aus 7 Zellen V 110 R).
- Nennspannung 8,4 V
- Temperaturbereich:
  Laden: 0 °C bis +45 °C
  Entladen: −20 °C bis +50 °C
- Beschleunigt ladbar mit 22 mA 7 h bei 20 °C
- Lebensdauererwartung (IEC 509) bis 1000 Zyklen
- Kontaktplatte[3)] am Pluspol als zusätzlicher Ladekontakt geeignet
- Abmessungen analog zu Primärbatterien 9-V-Block (IEC 6F22, 6LR61)

3.6 Batterien und Normalelemente

Gebräuchlicher Einsatz, z. B. für:

- Taschenempfänger
- Handsprechgeräte
- Elektronische Rechner
- Drahtlose Mikrofone
- Fernsteuerungen
- Medizinische Geräte
- Wissenschaftliche Geräte

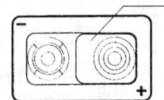

Kontaktplatte[3]

Typ-Bezeichnung		V 7/8 R[1) 2)]
Bestell-Nr.		05022 101 052
Nennspannung	[V]	8,4
Typische Kapazität (0,2 CA)	[mAh]	120
Nennkapazität (0,2 CA)	[mAh]	110
Entladestrom 0,2 CA	[mA]	22
Standard-Ladestrom	[mA]	11
Ladezeit	[h]	14 - 16
Gewicht	[g]	47
Zellenmaße Länge x Breite x Höhe	[mm]	26,6 max. x 15,7 x 48,5
Toleranz		x -0,7 x -1
Ableiterart		Kronenkontakte DUF 3 1/4, passend für Doppelstecker

Typentabelle Knopfzellenbatterie V 7/8 R

1) Austauschbar gegen Primärbatterien 9 V-Block 6F22 bzw. 6LR61 z. B. Varta Typen 3022 oder 4022
2) UL-Zulassung: MH 14 209 (N)
3) Diese Kontaktplatte ist eine zusätzliche Ausstattung dieser Batterie. Sind Batterieladegeräte so konstruiert, daß das Laden über diesen Kontakt erfolgt, wird verhindert, daß irrtümlich 9-V-Primärbatterien geladen werden.

Weitere technische Daten siehe auch V 110 R.

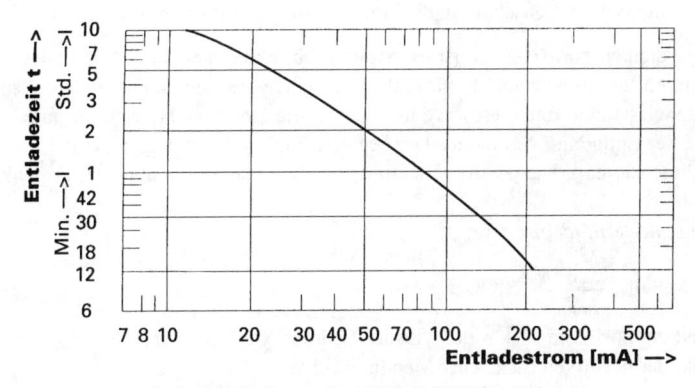

Belastungsdiagramm V 7/8 R (Mittelwerte)

1103

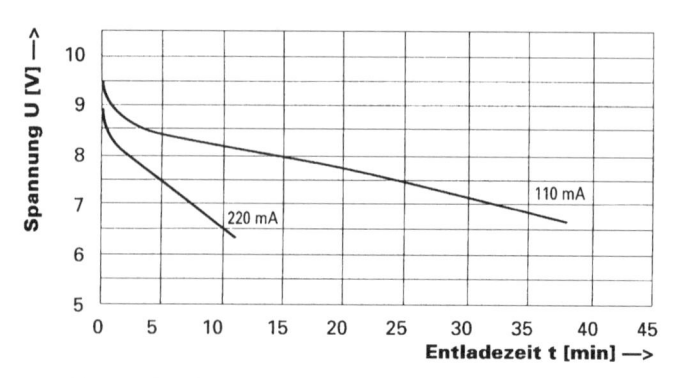

Batterie V 7/8 R; Entladespannungsverlauf bei Belastung mit 110 mA und 220 mA

3.6.4 Ni/MH-Akkumulatoren

A Beschreibung der Ni/MH-Zellen

Da die elektrochemischen Vorgänge dieses Produktes sehr komplex sind, wird eine kurze Beschreibung bestimmter grundsätzlicher Prozesse und Eigenschaften der Ni/MH-Zellen gegeben, die für den Konstruktionsingenieur von Wichtigkeit sein können. Das grundlegende Prinzip von wiederaufladbaren Batteriesystemen und auch des Ni/MH-Systems besteht darin, daß die Lade- und Entladeprozesse reversibel sind. Die Hauptkomponenten einer Ni/MH-Zelle sind: eine positive Elektrode bestehend aus Nickelverbindungen, eine Wasserstoff speichernde Legierung als negatives Elektrodenmaterial und eine alkalische Lösung als Elektrolyt.

Der wesentliche Unterschied zwischen einer Ni/Cd- und einer Ni/MH-Zelle besteht darin, daß das Cadmium durch eine Wasserstoff speichernde Metallegierung in der negativen Elektrode ersetzt wird. Durch die Zusammensetzung der Legierung ergeben sich die folgenden spezifischen Eigenschaften:

- Hohe Wasserstoff-Speicherfähigkeit, wodurch sich eine hohe Entladekapazität ergibt.
- Drucklose Speicherung von Wasserstoff im spezifizierten Betriebstemperaturbereich.
- Hohe Oxidationsstabilität für lange Lebensdauer.
- Günstige kinetische Eigenschaften, die kontinuierliche Belastungsströme von 3 CA erlauben.

Bei einer gasdichten Ni/MH-Zelle ist es erforderlich, daß gegen Ende des Ladevorganges der an der positiven Elektrode erzeugte Sauerstoff verzehrt wird, um einen Druckaufbau zu verhindern. Zusätzlich ist eine Entladereserve notwendig, die eine Oxidation der negativen Elektrode gegen Ende der Entladung verhindert. Die negative Elektrode ist gegenüber der positiven Elektrode überdimensioniert. Die positive Elektrode bestimmt somit die nutzbare Zellenkapazität.

Chemische Lade-/Entladeprozesse:

$$Ni(OH)_2 + Metall \underset{Entladen}{\overset{Laden}{\rightleftharpoons}} NiOOH + MH$$

Ladeprodukt der positiven Elektrode: Nickel (III) hydroxid – $NiOOH$
Ladeprodukt der negativen Elektrode: Metallhydrid
Entladeprodukt der positiven Elektrode: Nickel (II) hydroxid – $Ni(OH)_2$

Entladeprodukt der negativen Elektrode: Metallegierung
Elektrolyt: Alkalische Lösung (KOH)

B Begriffsbestimmungen

Beim Einsatz von Ni/MH-Systemen sind die nachfolgend aufgeführten Angaben von Bedeutung.

Grundsätzlich:

Falls keine anderen Angaben gemacht werden, beziehen sich alle technischen Werte und Definitionen auf Raumtemperaturen (+20 °C ± 5 °C).

Systemspezifische Daten:
Die spezifische Energiedichte des Ni/MH-Systems beträgt ca. 55 Wh/kg oder ca. 180 Wh/ℓ.

Spannung:

Leerlaufspannung (O.C.V.):
Die Leerlaufspannung beträgt im Durchschnitt 1,3 – 1,4 V, abhängig von Temperatur, Standzeit und Ladezustand.

Nennspannung:
Bei einer gasdichten Ni/MH-Zelle beträgt sie 1,2 V, bei einem Entladestrom von ≤ 0,2 CA.

Entladeschlußspannung (V_E):
1,1 V – 0,9 V pro Zelle, abhängig von der Anzahl der Zellen, der jeweiligen Anwendung und der Entladestromstärke.

Ladeschlußspannung:
Spannung an den Ableitern nach einer Ladezeit von 15 bis 16 Stunden mit einem Nennladestrom von 0,1 CA. Sie beträgt ≥ 1,45 V/Zelle bei Raumtemperatur.

Kapazität:

Die Kapazität (C) einer Zelle ergibt sich aus dem Produkt von Entladestrom (I) und Entladezeit (t).

$C = I \cdot t$

t Zeit ab Beginn des Entladevorgangs bis zum Erreichen der Entladeschlußspannung.
I ist der konstante Entladestrom.

Typische Kapazität:
Die typische Kapazität ist die Durchschnittskapazität bei einem Entladestrom von 0,2 CA bis 1,0 V.

Nennkapazität (rated capacity):
Die Nennkapazität C in Ah bezeichnet die Energiemenge, die mit dem 5stündigen Strom (Nennentladestrom 0,2 CA) mindestens entnommen werden kann. Die Bezugstemperatur beträgt 20 °C ± 5 °C, die Entladeschlußspannung = 1,0 V.

Verfügbare Kapazität:
Bei Ni/MH-Zellen kann die Nennkapazität bei Entladeströmen von $\leq$ 0,2 CA entnommen werden. Dies ist jedoch nur möglich, wenn die Lade- und Entladebedingungen den Empfehlungen entsprechend erfolgen. Faktoren, die die verfügbare Kapazität beeinflussen, sind:

- Entladestromstärke
- Entladeschlußspannung
- Umgebungstemperatur
- Ladezustand

Bei Entladeströmen, die höher als die Nennwerte sind, verringert sich die verfügbare Kapazität entsprechend.

Lade-/Entladestrom:

Die angegebenen Lade- und Entladeströme gelten als Vielfaches der Nennkapazität (C) in Ampere (A) mit dem Term CA.

Beispiel:
Nennkapazität C = 1 Ah
0,1 CA = 100 mA
1 CA = 1 A

Nennladestrom:
Der Nennladestrom ist der Ladestrom (0,1 CA) der erforderlich ist, um ein Volladen der Zelle in 15 – 16 Stunden zu gewährleisten.

Dauerladestrom:
Der empfohlene Dauerladestrom beträgt 0,03 bis 0,05 CA im Temperaturbereich +10 °C bis +35 °C zur Beibehaltung der Volladung.

Überladestrom:
Der zulässige Strom für gelegentliches Überladen, über max. 100 Stunden, beträgt 0,1 CA. Häufiges Überladen reduziert die Lebensdauer einer Zelle/Batterie.

Nennentladestrom:
Der Nennentladestrom der Ni/MH-Zelle ist der 5stündige Entladestrom (0,2 CA). Hierbei handelt es sich um den Strom, bei dem die Nennkapazität einer Zelle innerhalb von 5 Stunden entnommen werden kann.

$$I = \frac{C}{t}; I = 0,2 \text{ CA}, (t = 5 \text{ h})$$

Ah-Wirkungsgrad:

Das Verhältnis zwischen der effektiv entnehmbaren Kapazität und der eingeladenen Kapazität wird als Ladewirkungsgrad bezeichnet.

$$\eta Ah = \frac{\text{Entnehmbare Kapazität}}{\text{Eingeladene Kapazität}}$$

ηAh ist abhängig vom Zellentyp mit dem Ladestrom, der Zellentemperatur und dem Entladestrom. Unter Nennbedingungen ist der Wirkungsgrad ungefähr 0,8, d. h. wenigstens 125 % der Nennkapazität sollte eingeladen werden. In der Praxis wird eine Ladung von 150–160 % bei Nennladestrom empfohlen.

C Vergleich von Sekundärsystemen

Eigenschaften	Systeme			
	Ni/Cd	Blei	Ni/MH	Li/Ion*)
Energiedichte (volumenbezogen)	–	–	++	++
Zyklenverhalten	++	–	++	++
Selbstentladung	+	+	+	++
Schnelladefähigkeit	++	–	+	–
Hochstrombelastbarkeit	++	–	+	–
Sicherheit/Zuverlässigkeit	+	++	+	–
Kosten	+	++	–	–
Spannungskompatibilität	++	–	++	– –
Umweltverträglichkeit	– –	–	+	+
Spannungsstabilität beim Entladen	++	–	++	–

Wiederaufladbare Gerätebatterien – Systemvergleich

Legende: ++ : Ausgezeichnet
+ : Gut
– : Ausreichend für viele Anwendungen
– – : beträchtliche Nachteile
*) Projektierte Daten

D Typenreihen (VARTA)

Ni/MH-Rundzellen und prismatische Zellen
■ Baureihe VH ... (0% Cd, 0% Hg, 0% Pb)

Typ	Bestell-Nr.*	Nennspannung	Typische Kapazität 5 stdg.	Nennkapazität 5 stdg.	Entladest. 5 stdg. 0,2 CA	Ladestrom 14 - 16 h	Baugröße	Maße [mm]		Gewicht [g]	Bemerkung
								Ø	h		
VH 1000	55110 201 052	1,2 V	1100 mAh	1050 mAh	210 mA	105 mA	AA	$14,4_{-0,6}$	$48,95_{-0,6}$	26	
VH 1400	55114 201 052	1,2 V	1500 mAh	1450 mAh	290 mA	145 mA	4/5 A	$17,0_{-0,4}$	$42,8_{-0,8}$	32	
VH 2100**	55121 201 052	1,2 V	2400 mAh	2100 mAh	420 mA	210 mA	4/3 A	$17,0_{-0,7}$	$67,0_{-0,1}$	52	

Typ	Bestell-Nr.*	Nennspannung	Typische Kapazität 5 stdg.	Nennkapazität 5 stdg.	Entladest. 5 stdg. 0,2 CA	Ladestrom 14 - 16 h	Baugröße	Maße [mm]			Gewicht [g]
								h	l	b	
VH F 5	55055 201 052	1,2 V	600 mAh	550 mAh	110 mA	55 mA	prismatisch	$48,3_{-0,8}$	$14,4_{-0,6}$	$7,4_{-0,6}$	17

* in Schrumpfschlauch ohne Ableiter
** vorläufige Daten

Ni/MH-Knopfzellen

■ Baureihe V...H (0% Cd, 0% Hg, 0% Pb) für Standard-, Hochtemperatur- und Dauerladeapplikationen geeignet (bis +65 °C)

Typ	Bestell-Nr. Zellen ohne Ableiter	Nenn- spannung	Typische Kapazität 5 stdg.	Entladestrom 0,2 CA 5 stdg.	Lade- strom 14 stdg.	Maße [mm] Ø	h	Gewicht [g]	Bemerkung
V 11 H	55601 101 000	1,2 V	12 mAh	2,2 mA	1,1 mA	$11{,}5_{-0,1}$	$3{,}1_{-0,2}$	1,2	Entwicklungstyp
V 30 H	55603 101 000	1,2 V	35 mAh	6 mA	3 mA	$11{,}5_{-0,2}$	$5{,}35_{-0,3}$	1,7	Entwicklungstyp
V 60 H	55606 101 000	1,2 V	70 mAh	12 mA	6 mA	$15{,}5_{-0,1}$	$6{,}0_{-0,2}$	4,0	
V 110 H*	55611 101 000	1,2 V	120 mAh	22 mA	11 mA	oval	$5{,}9_{-0,25}$	6,0	V 110 H:
V 170 H	55617 101 000	1,2 V	200 mAh	34 mA	17 mA	$25{,}1_{-0,15}$	$6{,}7_{-0,6}$	10,0	l = 25,6 (-0,2 mm)
V 280 H	55628 101 000	1,2 V	320 mAh	56 mA	28 mA	$25{,}1_{-0,15}$	$8{,}8_{-0,6}$	12,0	b = 14,1 (-0,2 mm)

* Von Underwriters Laboratories Inc. unter UL-File Nr. MH 14 209 (N) zugelassen.

E Elektrische Daten

a) Allgemeine elektrische Eigenschaften beim Laden

Der prinzipielle Kurvenverlauf der Spannung beim Laden ist ebenfalls mit dem der Ni/Cd-Zellen vergleichbar. Das Spannungsmaximum am Ende des Ladevorgangs ist jedoch weniger ausgeprägt als bei Ni/Cd-Zellen.

Abb. 3.6.4-1
Vergleich der Ladespannungsverläufe von Ni/MH- und Ni/Cd-Zellen (Laden: 1 CA/Temperatur: 20 °C)

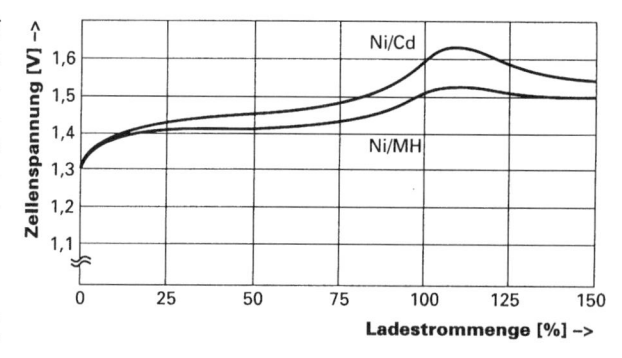

b) Ladespannungsverlauf bei unterschiedlicher Temperatur und Ladestromstärke

Die Ladespannung wird, wie in *Abb. 3.6.4-2 und 3* ersichtlich, durch die Umgebungstemperatur und den Ladestrom beeinflußt.

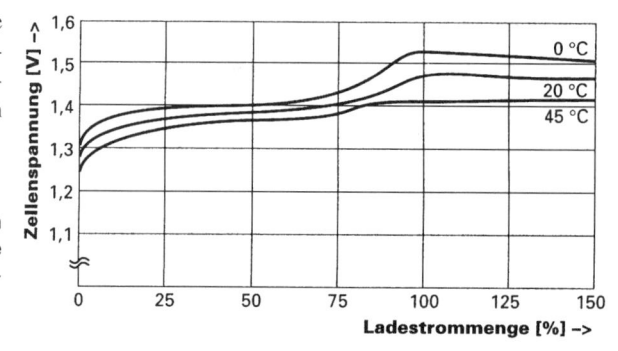

Abb. 3.6.4-2
Zellenspannung als Funktion der eingeladenen Strommenge bei verschiedenen Temperaturen (Laden: 0,3 CA)

3.6 Batterien und Normalelemente

Abb. 3.6.4-3
Zellenspannung als Funktion der eingeladenen Strommenge bei verschiedenen Ladeströmen (Temperatur: 20 °C)

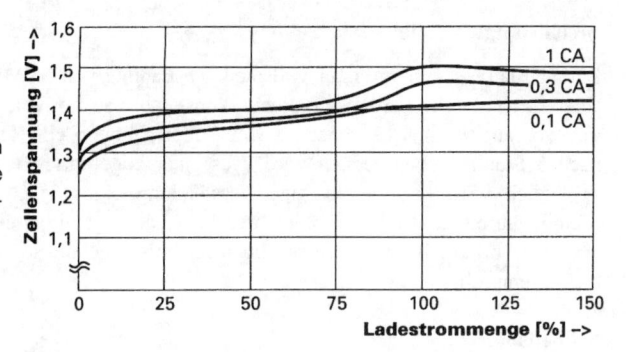

Nach Ladung von ca. 75 % der Nennkapazität erhöht sich die Spannung aufgrund von Sauerstoffentwicklung an der positiven Elektrode. Die nachfolgende Selbsterwärmung der Zelle verursacht einen Spannungsrückgang, nach dem ein Maximum bei ca. 100 % der eingeladenen Kapazität erreicht worden ist.
Dieser Effekt ist dem negativen Temperaturkoeffizienten zuzuschreiben.
Da der Ladewirkungsgrad von der Temperatur abhängt, verringert sich die entnehmbare Kapazität, wenn bei höheren Temperaturen geladen wird nach *Abb. 3.6.4-4* insbesondere bei kleinen Ladeströmen.

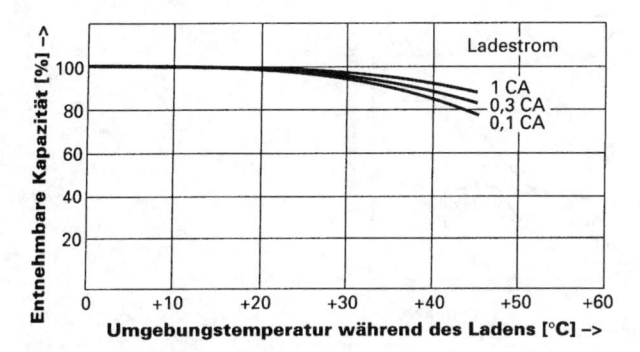

Abb. 3.6.4-4 Entnehmbare Kapazität als Funktion der Umgebungstemperatur während des Ladens (Entladung: 0,2 CA bis 1,0 V)

c) Ladeverfahren

Standardladung

Das gebräuchlichste Standard-Verfahren zur Volladung von gasdichten Ni/MH-Zellen und -Batterien ist das Laden mit konstantem Nennstrom (0,1 CA) und zeitgesteuerter Ladeabschaltung. Der Timer sollte so eingestellt werden, daß der Ladevorgang nach Erreichen von 150 % – 160 % der Nennkapazität (15 – 16 Stunden) abgebrochen wird, um ein Überladen zu vermeiden. Es sollte bei diesem Ladeverfahren im Temperaturbereich von 0 °C bis +45 °C geladen werden. Bei einem maximalen Strom von 0,1 CA sollten die Zellen oder Batterien nicht für mehr als 100 Stunden bei Raumtemperatur überladen werden.

Beschleunigtes Laden

Ein alternatives Verfahren zur vollständigen Ladung von Ni/MH-Zellen und -Batterien in kürzerer Zeit besteht darin, mit einem konstanten Strom von 0,3 CA zu laden, wobei der Ladevorgang zeitlich begrenzt ist. Der Timer sollte so eingestellt sein, daß der Ladevorgang nach 5 Stunden abgebrochen wird, was einer zugeführten Kapazität von 150 % entspricht. Zusätzlich wird die gleichzeitige Verwendung eines TCO (TCO: Temperaturabschaltung (Temperature Cut Off)) empfohlen, der den Ladevorgang bei einer Temperatur von +55 °C bis +60 °C abbricht. Beschleunigtes Laden ist im Umgebungstemperaturbereich von +10 °C bis +45 °C empfohlen.

Schnelladen

Ein weiteres Verfahren zur vollständigen Ladung von Ni/MH-Zellen oder -Batterien in noch kürzerer Zeit ist die Schnelladung mit einem konstanten Strom von 0,5 CA bis 1 CA. Der Einsatz eines Timers allein ist nicht ausreichend. Um eine optimale Lebensdauer zu erreichen, empfehlen wir Schnelladen mit dT/dt-Abschaltung. Bei dT/dt-Ladeabschaltung sollte bei einer Temperaturanstiegsgeschwindigkeit von 1 °C/min die Ladung abgeschaltet werden.
Der zusätzliche TCO sollte bei einer Temperatur von +60 °C abschalten. Wie in der Abb. 3.6.4-5 dargestellt, können sowohl der Temperaturanstieg als auch der Spannungsabfall als Größe für die Beendigung des Ladevorganges herangezogen werden.
Die -ΔV-Abschaltung (genauere Angaben beim Hersteller) ist bei drei und mehr Zellen mit zusätzlicher TCO-Abschaltung möglich.

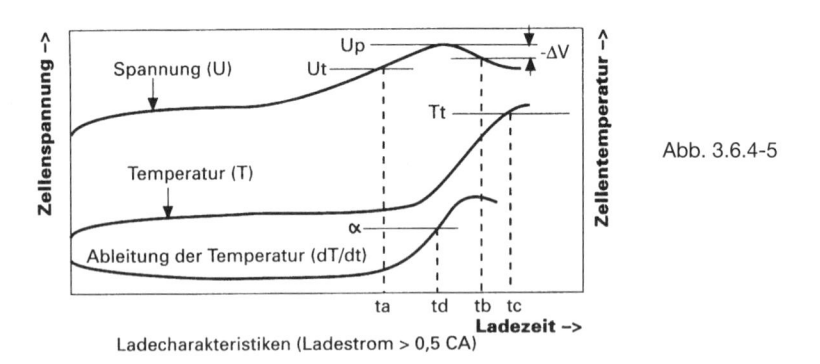

Abb. 3.6.4-5

Ladecharakteristiken (Ladestrom > 0,5 CA)

Der Referenzwert für -ΔV-Abschaltung beträgt 10 – 15 mV/Zelle und der TCO sollte bei +60 °C abschalten. Es besteht auch die Möglichkeit, nach Schnelladung auf Erhaltungsladung (0,03 CA bis 0,05 CA) umzuschalten.

Dauerladen (Erhaltungsladen)

Für eine Vielzahl von Anwendungen werden Zellen und Batterien benötigt, die im vollen Ladungszustand gehalten werden müssen.
Um Kapazitätsverluste durch Selbstentladung zu kompensieren, wird empfohlen, einen Erhaltungsladestrom von 0,03 CA bis 0,05 CA anzuwenden. Der bevorzugte Temperaturbereich für die Erhaltungsladung liegt zwischen +10 °C und +35 °C.
Eine Erhaltungsladung kann nach jedem der voher beschriebenen Ladeverfahren durchgeführt werden.
Elektronisch gesteuerte Ladevorgänge sind nach Abschnitt 3.6.3-C 7 möglich.

d) Allgemeine elektrische Eigenschaften beim Entladen von Ni/MH-Zellen

Die Spannungslage von Ni/MH-Zellen während der Entladung gleicht nach Abb. 3.6.4-6 der von Ni/Cd-Zellen. Die zur Verfügung stehende Kapazität hingegen ist, im Vergleich mit einer Standard-Ni/Cd-Zelle vergleichbarer Größe, nahezu doppelt so hoch.

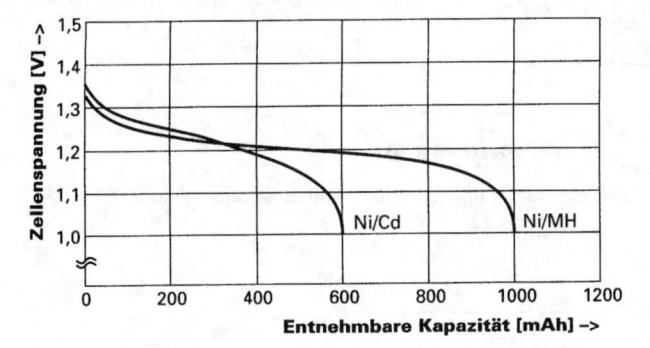

Abb. 3.6.4-6 Vergleich der Entladespannung und der entnehmbaren Kapazität bei Ni/MH- und Ni/Cd-Zellen (AA-Größe)

e) Spannungs- und Kapazitätsverlauf bei unterschiedlicher Belastung und Temperatur

Kapazität und Spannungslage einer Zelle während der Entladung werden nach Abb. 3.6.4-7 und 8 durch verschiedene Betriebsparameter beeinflußt:

- Die Entladestromstärke
- Die Umgebungstemperatur
- Die Entladeschlußspannung

Im allgemeinen gilt, je höher der Entladestrom, desto niedriger die Entladespannung und die verfügbare Kapazität; diese Tendenz wird ausgeprägter, wenn der Entladestrom 3 CA beträgt. Entladespannung und entnehmbare Kapazität werden, wie in Abb. 3.6.4-9 ersichtlich, von der Umgebungstemperatur beeinflußt.

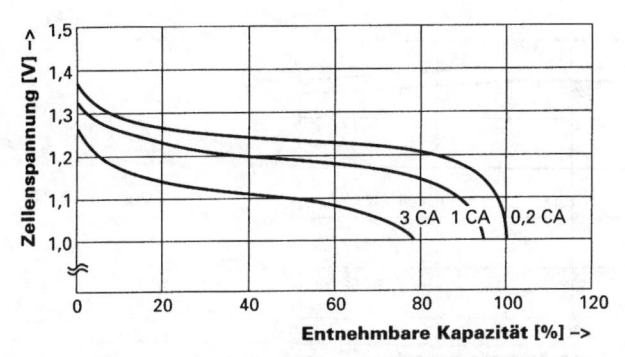

Abb. 3.6.4-7 Zellenspannung als Funktion der entnehmbaren Kapazität bei unterschiedlichen Entladeströmen (Laden: 0,3 CA/5 h/Temperatur: 20 °C)

3 Elektronische Bauelemente

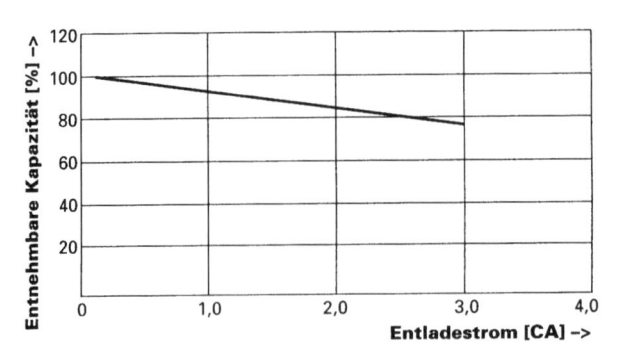

Abb. 3.6.4-8 Entnehmbare Kapazität als Funktion des Entladestroms (Laden: 0,3 CA/ 5 h/Temperatur: 20 °C)

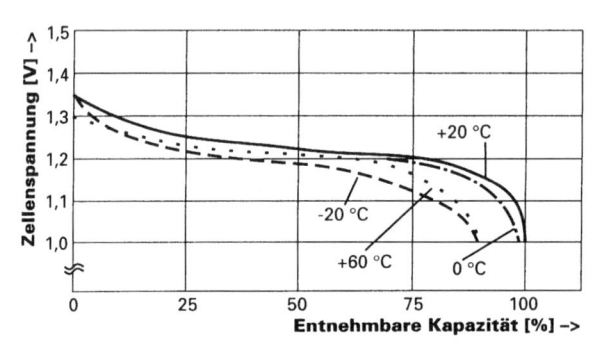

Abb. 3.6.4-9 Zellenspannung als Funktion der entnehmbaren Kapazität bei verschiedenen Temperaturen (Laden: 0,3 CA/5 h/Temperatur. 20 °C) (Entladen: 0,2 CA)

Mit zunehmendem Entladestrom wirkt bei tiefen Temperaturen nach *Abb. 3.6.4-10* die Umgebungstemperatur stärker auf die entnehmbare Kapazität ein.

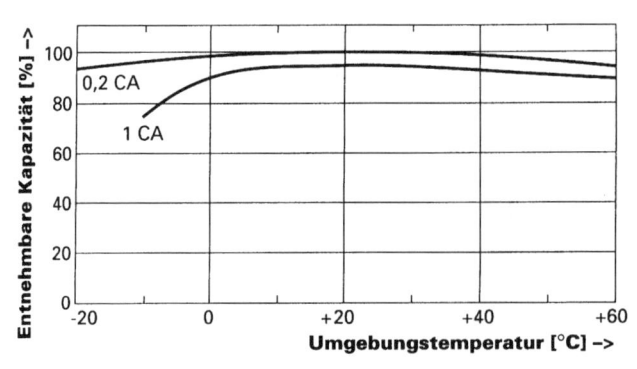

Abb. 3.6.4-10 Entnehmbare Kapazität als Funktion der Umgebungstemperatur bei unterschiedlichen Entladeströmen (Laden: 0,3 CA/5 h/Temperatur: 20 °C)

F Arbeitstemperaturbereiche

Betriebstemperatur beim Laden

Der Ladewirkungsgrad hängt in hohem Maße von der Betriebstemperatur ab. Aufgrund der steigenden Entwicklung von Sauerstoff an der positiven Elektrode verringert sich der Ladewirkungsgrad nach Abb. 3.6.3-4 bei höheren Temperaturen. Bei niedriger Temperatur stellt sich aufgrund abnehmender Sauerstoffentwicklung ein ausgezeichneter Ladewirkungsgrad ein. Da sich der Sauerstoffrekombinationsprozeß bei niedriger Temperatur verlangsamt, kann ein gewisser Innendruckanstieg in der Zelle eintreten, der vom Ladezustand abhängig ist. Aus diesem Grunde werden die folgenden Betriebstemperaturbereiche empfohlen:

Normalladen: 0 +45 °C
Beschleunigtes Laden: +10 +45 °C
Schnelladen: +10 +45 °C
Dauerladen: +10 +35 °C

Betriebstemperatur beim Entladen

Der empfohlene Temperaturbereich liegt zwischen –20 und +60 °C für das Entladen. Die maximale Kapazität wird bei einer Umgebungstemperatur von ca. +20 °C erreicht. Wie aus der Abb. 3.6.4-10 ersichtlich, ergibt sich eine leichte Kapazitätsminderung bei höheren und tieferen Temperaturen. Diese Abnahme der Kapazität ist bei tieferen Temperaturen und hohen Entladeströmen ausgeprägter.

Lagerung und Selbstentladung

Der empfohlene Temperaturbereich für Langzeitlagerung liegt zwischen –20 und +35 °C, Luftfeuchte 50 %. Aufgrund der Selbstentladung der Zellen nimmt die Kapazität mit der Zeit ab. Wie in *Abb. 3.6.4-11* dargestellt, ist die Selbstentladung von der Temperatur abhängig. Je höher die Temperatur, desto größer ist die Selbstentladung über die Zeit.
Kapazitätsverluste durch Selbstentladung sind reversibel. Nach einer Langzeitlagerung (z. B. mehr als ein Jahr bei Raumtemperatur) können bis zu drei volle Lade-/Entladezyklen erforderlich sein, um wieder die volle Kapazität zu erreichen.

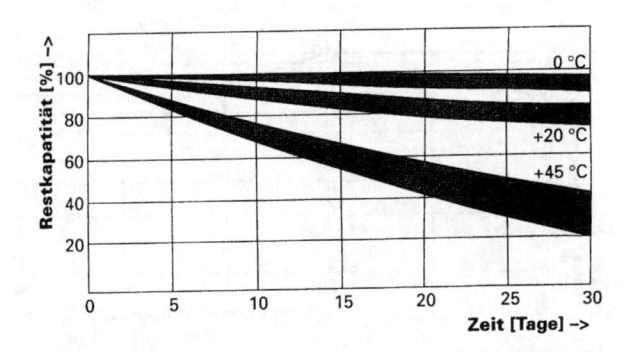

Abb. 3.6.4-11 Selbstentladung bei verschiedenen Temperaturen

G Lebensdauererwartung von Ni/MH-Zellen

Die Lebensdauererwartung hängt von den Lade- und Entladebedingungen sowie der Umgebungstemperatur ab.
Bei Raumtemperatur können mehr als 500 Zyklen erreicht werden, wenn die in der *Abb. 3.6.4-12* dargestellten Bedingungen eingehalten werden.
Die Abhängigkeit der Lebensdauererwartung von der Umgebungstemperatur ist in der *Abb. 3.6.4-13* dargestellt.

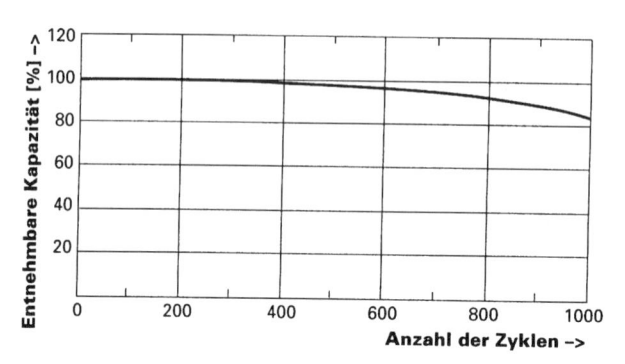

Abb. 3.6.4-12 Lebensdauererwartung
 (Zykel-Bedingungen: Laden: 0,25 CA/3,2 h
 Entladen: 0,25 CA/2,4 h
 Kapazitätsmessung (alle 50 Zyklen)
 Laden: 0,3 CA/5 h
 Entladen: 1,0 CA bis 1,0 V, Temperatur: 20 °C)

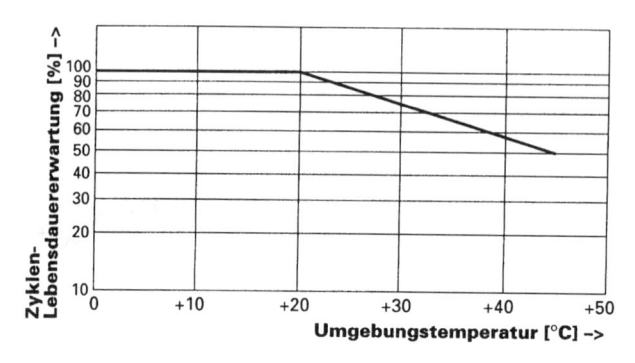

Abb. 3.6.4-13 Zyklen-Lebensdauererwartung als Funktion der Umgebungstemperatur

H Ni/MH-Knopfzellen – Datenübersicht –

Typentabelle Baureihe V ... H

Typ		V 11 H	V 30 H	V 60 H	V 110 H	V 170 H	V 280 H
Bestell-Nr.[1]		55601 101 000	55603 101 000	55606 101 000	55611 101 000	55617 101 000	55628 101 000
Typische Kapazität[2] C	[mAh]	12	35	70	120	200	320
Nennkapazität[2] C	[mAh]	11	30	60	110	170	280
Entladebedingungen		2,2 mA - 1,0 V	6 mA - 1,0 V	12 mA - 1,0 V	22 mA - 1,0 V	34 mA - 1,0 V	56 mA - 1,0 V
Typische entnehmbare Kap.[2]	[mAh]	11	20	40	70	160	110
Entladestrom	[mA]	11	30	60	110	170	280
Typische entnehmbare Kap.[2]	[mAh]	10	4	20	30	80	20
Entladestrom	[mA]	22	60	120	220	340	560
Max. Entladestrom	[mA]	22	60	120	220	340	560
Überladestrom max. 6 h	[mA]	1,1	3	6	11	17	28
Innerer Widerstand	[mΩ]	6	4	2.5	1	0.6	0,7
Ladebedingungen							
Standardladung (14 h)	[mA]	1,1	3	6	11	17	28
Beschleunigte Ladung (7 h)	[mA]	2,2	6	12	22	34	56
Begrenzte Schnellladung[2][3] (3 h)	[mA]	5,5	15	30	55	85	140
Dauerladung	[mA]	0,33	0,9	1,8	3,3	5,1	8,4
Überladung[2]	[mA]	1,1	3	6	11	17	28
Zellenmaße	[mm]						
Durchmesser	(d)	11,5	11,5	15,5	oval[4]	25,1	25,1
Toleranz		-0,1	-0,2	-0,1	-0,2	-0,15	-0,15
Höhe	(h)	3,1	5,35	6,0	5,9	6,7	8,8
Toleranz		-0,2	-0,3	-0,2	-0,25	-0,6	-0,6
Gewicht	[g]	1,2	1,7	4,0	6,0	10	12

1) Bestellnummern beziehen sich auf Einzelzellen ohne Ableiter. Alle Zellen auch in versch. Batteriekonfigurationen mit versch. Ableitern lieferbar.
2) Bezugstemperatur +20 °C
3) Nach vollständiger Entladung
4) $\ell = 25,6$
   $b = 14,1$

3 Elektronische Bauelemente

3.6.5 Primärelemente

A Bauformen und Bezeichnungen – Abmessungen

Alkali-Mangan-Zellen

Monozelle LR20 (1,5 V Mono)
Ø 33,15 max / Ø 32,2 min
0,8 nom / 3,1 nom
60,4 mm max / 60,2 mm min

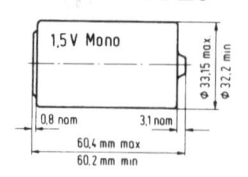

Gewicht in g	96
Entnehmbare Kapazität	10 Ah
Betriebsdauer je nach Belastung	13 bis 420 Std.
Kosten je nach Belastung pro Stunde	0,87 bis 21 Pf

Babyzelle LR14 (1,5 V Baby)
Ø 25,4 max / Ø 25,07 min
0,8 nom / 3,6 nom
50 mm

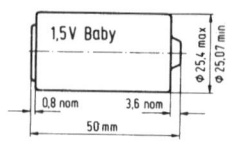

Gewicht in g	50
Entnehmbare Kapazität	5 Ah
Betriebsdauer je nach Belastung	7,5 bis 190 Std.
Kosten je nach Belastung pro Stunde	1,2 bis 16 Pf

Mignonzelle LR6 (1,5 V Mignon)
14,2 max / 13,8 min
0,2 min / 1,0 min
50 mm

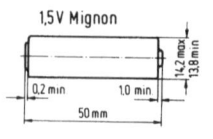

Gewicht in g	20
Entnehmbare Kapazität	1,5 Ah
Betriebsdauer je nach Belastung	4 bis 105 Std.
Kosten je nach Belastung pro Stunde	1,8 bis 50 Pf

Microzelle LR03 (1,5 V Micro)
Ø 10,5 max / Ø 10,16 min
0,25 nom / 1,5 nom
44,5 mm max / 44,0 mm min

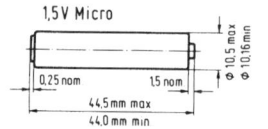

Gewicht in g	13
Entnehmbare Kapazität	750 mAh
Betriebsdauer je nach Belastung	2 bis 60 Std.
Kosten je nach Belastung pro Stunde	2 bis 90 Pf

Ladyzelle LR1 (1,5 V Lady)
Ø 12,0 max / Ø 11,3 min
29,0 mm max / 28,5 mm min

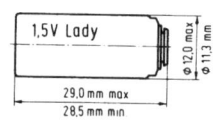

Gewicht in g	8
Entnehmbare Kapazität	580 mAh
Betriebsdauer je nach Belastung	1,5 bis 48 Std.
Kosten je nach Belastung pro Stunde	3 bis 110 Pf

Transistorbatterie 6LF22 (9 V)
26,2 max / 24,6 min
44,8 max / 43,2 min / 48,4 mm max / 46,8 mm min
16,7 max / 15,1 min
12,7

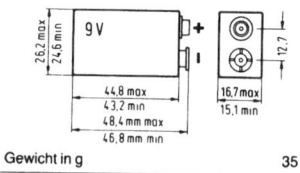

Gewicht in g	35
Entnehmbare Kapazität	380 mAh
Betriebsdauer je nach Belastung	50 Min. bis 30 Std.
Kosten je nach Belastung pro Stunde	6 bis 200 Pf

Zink-Kohle-Zellen

Monozelle R20 (1,5 V Mono)
Ø 33,15 max / Ø 32,2 min
0,8 nom / 3,1 nom
60,4 mm max / 60,2 mm min

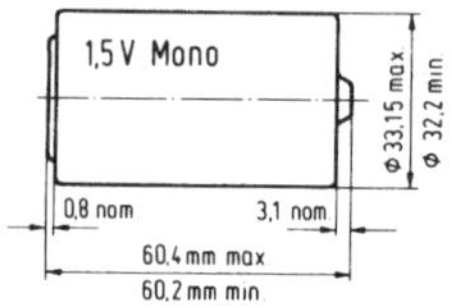

Gewicht in g	90
Entnehmbare Kapazität	6 Ah
Betriebsdauer je nach Belastung	12,5 bis 250 Std.
Kosten je nach Belastung pro Stunde	0,77 bis 19 Pf

Babyzelle R14 (1,5 V Baby)
Ø 25,4 max / Ø 25,07 min
0,8 nom / 3,6 nom
50 mm

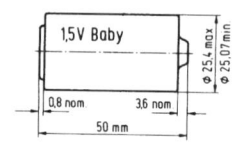

Gewicht in g	46
Entnehmbare Kapazität	2,8 Ah
Betriebsdauer je nach Belastung	4,5 bis 86 Std.
Kosten je nach Belastung pro Stunde	1,4 bis 27 Pf

Mignonzelle R6 (1,5 V Mignon)
14,8 max / 13,8 min
0,2 min / 1,0 min
50 mm

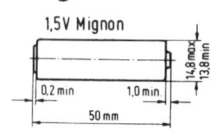

Gewicht in g	18
Entnehmbare Kapazität	1,1 Ah
Betriebsdauer je nach Belastung	3,4 bis 63 Std.
Kosten je nach Belastung	1,8 bis 32 Pf

3.6 Batterien und Normalelemente

Microzelle R03
1,5 V Micro
0,25 nom. 1,5 nom.
44,5 mm max
44,0 mm min
$\varnothing$ 10,5 max
$\varnothing$ 10,16 min

Gewicht in g	11
Entnehmbare Kapazität	500 mAh
Betriebsdauer je nach Belastung	1,6 bis 50 Std.
Kosten je nach Belastung pro Stunde	2 bis 80 Pf

Ladyzelle R1
1,5 V Lady
29,0 mm max
28,5 mm min
$\varnothing$ 12,0 max
$\varnothing$ 11,3

Gewicht in g	7
Entnehmbare Kapazität	400 mAh
Betriebsdauer je nach Belastung	1 bis 40 Std.
Kosten je nach Belastung pro Stunde	3,5 bis 95 Pf

Transistorbatterie 6F22
9 V
26,2 max / 24,6 min
44,8 max
43,2 min
48,4 mm max
46,8 mm min
16,7 max / 15,1 min
12,7

Gewicht in g	33
Entnehmbare Kapazität	310 mAh
Betriebsdauer je nach Belastung	40 Min. bis 27 Std.
Kosten je nach Belastung pro Stunde	3 bis 160 Pf

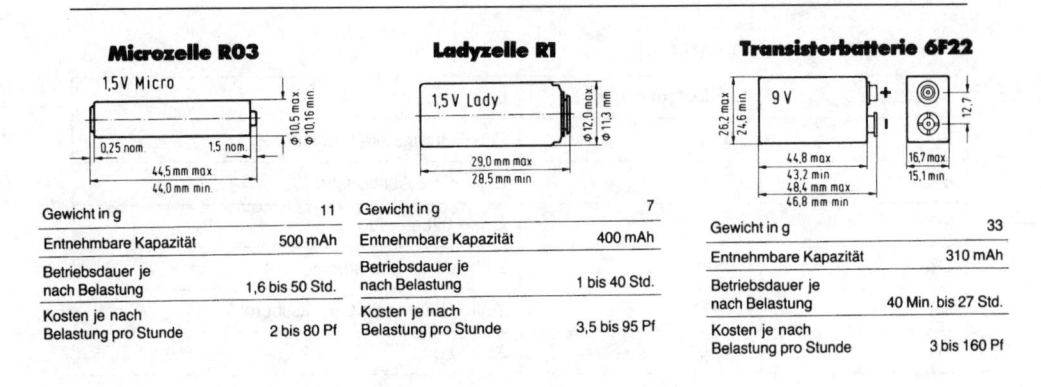

Typische Entladekurven verschiedener Primärelemente bei entsprechender Last
(Abb. 3.6.5-1)

① Zink-Luft
② Zink-Braunstein (Leclanché)
③ Zink-Quecksilberoxid
④ Zink-Silberoxid
⑤ Zink-Braunstein (Alkalisch)
⑥ Lithium-Mn O_2
⑦ Lithium-Cr O_x

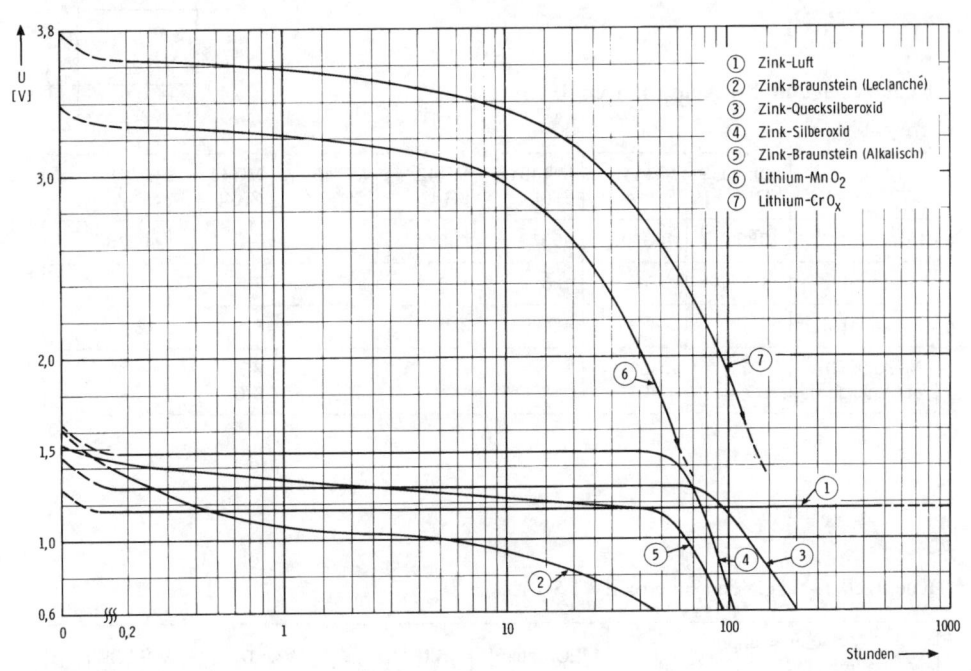

U [V] vs. Stunden

Abb. 3.6.5-1

3 Elektronische Bauelemente

Batteriecode (Zusammensetzung)

Bezeichnung	Leerlaufspannung	Elemente
R *	1,5 V	Zink–Braunstein (Leclanché)
MR	1,35 V	Zink–Quecksilberoxid
SR	1,55 V	Zink–Silberoxid
LR	1,45 V	Zink–Alkali Mangan
NR	1,40 V	Zink–Braunstein Quecksilberoxid
PR	1,40 V	Zink–Luft

*R auch „round" für Knopfzelle.

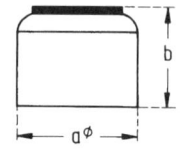

Knopfzellen und ihre Abmessungen (IEC)
(SR: DIN)

IEC	R 9; MR 9 LR 9; NR 9	MR 44 SR 44	MR 43 SR 43	MR 42 SR 42	MR 45 SR 45	MR 48 SR 48	MR 41 SR 41
DIN	40864	40879	40878	40877	–	–	40876
a [mm]	16	11,6	11,6	11,6	9,5	7,9	7,9
b [mm]	6,2	5,4	4,2	3,6	3,6	5,4	3,6
Ni-Cd (IEC) etwa gleich	KBL 16/7	KBL 12/6	–	–	–	KBL 8/6	–

Knopfzellen-Vergleich (Silberoxid ≈ 1,5 V)

Abmessungen a [mm] ⌀	b [mm]	IEC/Japan	UCAR	VARTA	MALLORY
7,9	3,6	–	392	547	393
6,8	2,6	–	364	531	–
11,6	2,1	–	391	553	391
11,6	3,1	G 10	389	554	389
11,6	4,2	SR 43/G 12	386	548	386
11,6	5,4	SR 44/G 13	357	541	357

Vergleichstabelle Trockenbatterie – Ni-Cd-Akku

Typ	Trockenbatterie		Ni-Cd-Akku		Abmessungen
	IEC	A · h ca.	IEC	A · h ca.	$\varnothing \times$ h ca. [mm]
Mono	LR 20	10	KR 35/62	4	34,2 × 61,5
Baby	LR 14	5	KR 27/50	1,8	26,2 × 50
Mignon	LR 6	1,5	KR 15/51	0,5	14,5 × 50,5
Micro	LR 03	0,75	KR 10/44	0,18	10,5 × 44,5
Lady	LR 1	0,55	KR 12/30	0,15	12 × 30
9 V-Pack	6 F 22	0,40	(TR 7/8)	0,11	15,5 × 25 × 48
Knopf	NR 9	0,35	KBL 16/7	0,06	16 × 6,2
Knopf	NR 07	0,20	KBL 12/6	0,02	11,5 × 5,35
Knopf	SR 48	0,07	KBL 8/6	0,01	7,9 × 5,4

B Trockenbatterien

Energiedichte von Primärsystemen (volumenbezogen)

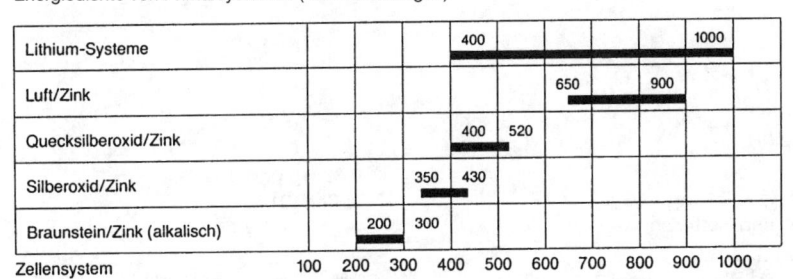

Zellensystem	Energiedichte (m Wh/cm³)
Lithium-Systeme	400 – 1000
Luft/Zink	650 – 900
Quecksilberoxid/Zink	400 – 520
Silberoxid/Zink	350 – 430
Braunstein/Zink (alkalisch)	200 – 300

Zink-(Trocken-)Batterien – Vergleich

Zink-Alkali-Mangan

Typ	A · h	IEC/Japan	Varta	Daimon	Ucar	Mallory	(ANSI) USA
Mono	10	LR 20/AM 1	4020	240	E 95	MN 1300	D
Babyzelle	5	LR 14/AM 2	4014	241	E 93	MN 1400	C
Mignonzelle	1,5	LR 6/AM 3	4006	242	E 91	MN 1500	AA
Microzelle	0,75	LR 03/AM 4	4003	243	E 92	MN 2400	AAA
Ladyzelle (Mikrodyn)	0,58	LR 1/AM 5	4001		E 90	MN 9100	N
9 V-Pack	0,38	6LF 22/AM 6		522		MN 1604	6 AM 6
4,5 V-Pack	–	3 R 12	V 21 PX	PX 21	523	PX 21	
3 V-Pack	–		V 24 PX	PX 24	532	PX 24	
6 V-Pack	–		V 7250 PX	7 H 34	537	7 H 34	

3 Elektronische Bauelemente

Primärbatterien
Zink Kohle

■ Rundzellen, Flachzellen und Batterien

0 % Hg und 0 % Cd
außer Sondertypen: 439 und 2022
3022: 0 % Hg

Typ Bestell-Nr.	Typische Kapazität [mAh]	Nennspannung [V]	Bezeichnung IEC	Bezeichnung Andere	Maße [mm] Ø/l	Maße [mm] b	Maße [mm] h	Gewicht [g]
SUPER*								
2006	960	1,5	R 6	AA/SUM-3	14,5		50,5	20
2012	1800	4,5	3 R 12		62,0	22,0	67,0	110
2014	2300	1,5	R 14	C/SUM-2	26,2		50,0	46
2020	5400	1,5	R 20	D/SUM-1	34,2		61,5	95
2022	280	9	6 F 22		26,5	17,5	48,5	38
LONGLIFE								
3006	1100	1,5	R 6	AA/SUM-3	14,5		50,5	21
3010	1250	3	2 R 10		21,8		74,6	40
3012	1950	4,5	3 R 12		62,0	22,0	67,0	110
3014	3100	1,5	R 14	C/SUM-2	26,2		50,0	46
3020	7300	1,5	R 20	D/SUM-1	34,2		61,5	95
3022	400	9	6 F 22		26,5	17,5	48,5	38
Spezial								
430	8100	6	4 R 25 X		67,0	67,0	111,0	600
431	10000	6	4 R 25 X		67,0	67,0	111,0	600
439	4300	9	6 F 100		66,0	52,0	81,0	460

* nur für Export

Primärbatterien
Alkali Mangan

■ Rundzellen und Batterien

0 % Hg und 0 % Cd
außer 4018

Typ	Bestell-Nr.	Typische Kapazität [mAh]	Nennspannung [V]	Bezeichnung IEC	Bezeichnung Andere	Maße [mm] Ø/l	Maße [mm] b	Maße [mm] h	Gewicht [g]
ALKALINE extra longlife									
4001*	4001	800	1,5	LR 1	N/AM 5	12,0		30,2	10
4003	4003	1050	1,5	LR 03	AAA/AM 4	10,5		44,5	11
4006	4006	2300	1,5	LR 06	AA/AM 3	14,5		50,5	23
4014	4014	6300	1,5	LR 14	C/AM 2	26,2		50,0	61
4018	4018	550	6	4 LR 61	–	48,5	35,6	9,2	34
4020	4020	12000	1,5	LR 20	D/AM 1	34,2		61,5	134
4022	4022	550	9	6 LR 61	6 AM 6	26,5	17,5	48,5	46
4061	4061	550	1,5	(LR 61)	AAAA	8,2		40,2	6
PHOTO									
V 1500 PX	4206	2300	1,5	LR 6	AA/AM 3	14,5		50,5	23
V 2400 PX	4203	1050	1,5	LR 03	AAA/AM 4	10,5		44,5	11

* „electronic"

3.6 Batterien und Normalelemente

■ Knopfzellen und Knopfzellenbatterien

Typ	Bestell-Nr.	Typische Kapazität [mAh]	Nennspannung [V]	Bezeichnung IEC	Andere	Maße [mm] Ø/l	b	h	Gewicht [g]	Bevorzugte Anwendung
V 4034 PX	4034	100	6	4 LR 44	4 G 13	13,0		25,2	10,4	Foto
V 72 PX	4072	70	22,5	(15 LR 20)		27,0	16,0	51,0	39	Foto
V 74 PX	4074	45	15	(10 LR 54)		16,0		35,0	14	Foto
V 3 GA	4261	30	1,5	LR 41	G 3	7,9		3,6	0,6	Universal, Uhren
V 8 GA	4273	25	1,5	LR 55	G 8	11,6		2,1	0,8	elektronische Geräte
V 10 GA	4274	50	1,5	LR 54	G 10	11,6		3,05	1,1	elektronische Geräte
V 12 GA	4278	80	1,5	LR 43	G 12	11,6		4,2	1,6	elektronische Geräte
V 13 GA	4276	100	1,5	LR 44	G 13	11,6		5,4	2,0	elektronische Geräte
V 23 GA	4223	33	12	–	–	10,3		28,5	7,5	Universal, Feuerzeug
V 625 U	4626	185	1,5	LR 9		16,0		6,2	3,3	Foto, Universal
V 825 PX	4825	350	1,5	LR 53	PX 825	23,2		6,1	7,2	Foto

Zink-Braunstein (Leclanché) – Vergleich

Typ	A · h	IEC	(JIS) Japan	(ANSI) USA	DIN ≈
Mono	6	R 20	UM 1	D	40866
Babyzelle	2,8	R 14	UM 2	C	40865
Mignonzelle	1,1	R 6	UM 3	AA	40863
Microzelle	0,5	R 03	UM 4	AAA	40860
Ladyzelle (Mikrodyn)	0,4	R 1	UM 5	N	40861
9 V-Pack	0,31	6 F 22		6 AM 6	
4,5 V-Flach	2,0	3 R 12	UM 10		

Entladekurven der Baugröße R6 bei unterschiedlichen Qualitäten und Systemen
Zelle 2006 (R 6) – Super – Abb. 3.6.5-2a
Nennspannung: 1,5 V, System: Leclanché (Zink-Braunstein), Elektrolyt: Salmiak.

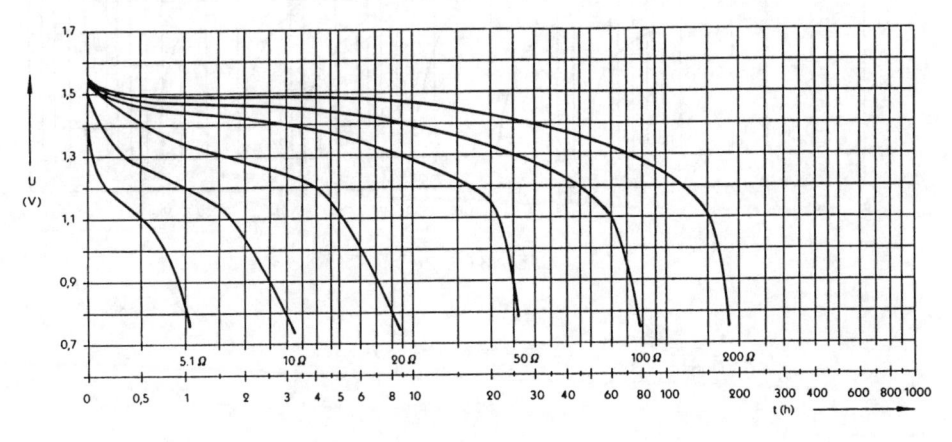

Abb. 3.6.5-2a

1121

Zelle 3006 (R 6) – Super Dry – *Abb. 3.6.5-2b*
Nennspannung: 1,5 V, System: Leclanché (Zink-Braunstein), Elektrolyt: Salmiak.

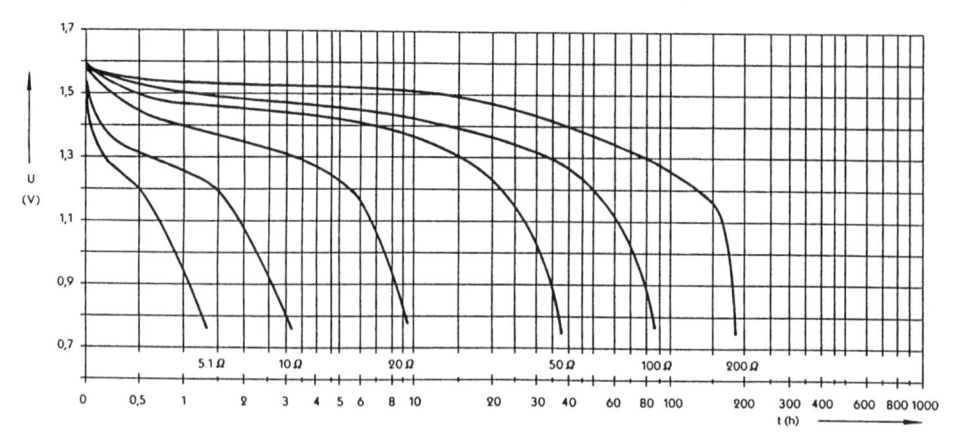

Abb. 3.6.5-2b

Zelle 4006 (R 6) – energy 2000 – *Abb. 3.6.5-2c*
Nennspannung: 1,5 V, System: Alkali-Mangan (Zink-Braunstein), Elektrolyt: Kalilauge.

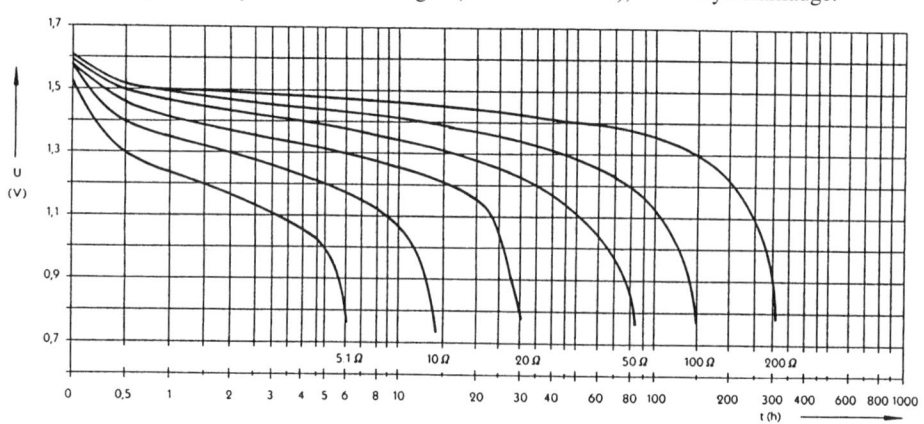

Abb. 3.6.5-2c

3.6 Batterien und Normalelemente

C Quecksilberbatterien – Vergleich

A·h (ca.)	Leistung	Spannung	IEC (Japan)	Ucar	Varta	Mallory	Daimon
1	groß	1,35 V	MR 50/H-SP	EPX 1	—	RM 1 N/PX 1	PX 1
0,075	klein	1,35 V	H-B	EPX 400	—	IRM 400 R IPX 400	PX 400
0,35	mittel	1,35 V	MR 9/H-D	EPX 625	V 625 PX	PX 625	PX 625
0,16	mittel	1,35 V	MR 07/H-C	EPX 675	V 675 PX	PX 675	PX 675
0,50	groß	1,40 V	MR 52/H-SN	EPX 640	—	RM 640 R	RM 640 R
	klein	2,70 V	H-2D	EPX 14	V 14 PX	PX 14	PX 14
	mittel	5,60 V	4 F 16	EPX 23	V 23 PX	PX 23	PX 23
	klein	5,60 V	—	EPX 27	V 27 PX	PX 27	PX 27
	groß	5,60 V	HM 4 N	EPX 164	—	TR 164 R	—

Quecksilberbatterien (Primärelement) können nicht nachgeladen werden. Die Betriebsspannung von ca. 1,35 V ... 1,40 V bleibt über einen langen Zeitraum konstant. Sie werden in extrem kleinen Bauformen (Hörbrille – Uhren) geliefert.

Quecksilberoxid

■ Knopfzellen und Knopfzellenbatterien

Typ	Bestell-Nr.	Typische Kapazität [mAh]	Nenn-spannung [V]	Bezeichnung IEC	Bezeichnung Andere	Maße [mm] Ø	Maße [mm] h	Gewicht [g]	Bevorzugte Anwendung
V 1 PX	4002	1100	1,35	MR 50	PX 1	16,4	16,8	12	Foto
V 13 HM	4013	85	1,4	NR 48	HM 13	7,9	5,4	1,2	Hörgeräte
V 14 PX	4015	420	2,7	2 MR 9	PX 14/H-2D	17,0	16,0	10	Foto
V 23 PX	4023	100	5,6	4 NR 42	PX 23	15,3	20,0	12	Foto
V 27 PX	4027	145	5,6	(4 NR 43)	PX 27	12,85	20,5	10,2	Foto
V 164 PX	4164	550	5,6	(4 NR 52)	PX 164	17,0	45	33	Universal, Foto
V 312 HM	4312	60	1,4	NR 41	HM 312	7,9	3,6	0,85	Hörgeräte
V 400 PX	4400	80	1,35		PX 400/H-B	11,6	3,6	1,1	Foto
V 625 PX	4625	450	1,35	M R 9	PX 625/H-D	16,0	6,2	4,6	Foto
V 640 PX	4640	550	1,35	MR 52	PX 640	16,4	11,4	7,9	Foto
V 675 HP	4675	250	1,4	NR 44	HP 675	11,6	5,4	2,6	Hörgeräte
V 675 PX	4677	210	1,35	MR 44	PX 675/H-C	11,6	5,4	2,7	Foto
V 313	313	240	1,35	MR 44		11,6	5,4	2,8	Uhren
V 323	323	90	1,35	MR 48		7,9	5,4	1,25	Uhren
V 325	325	50	1,35	MR 41		7,9	3,6	0,8	Uhren
V 343	343	110	1,35	MR 42	RW 56	11,6	3,6	1,63	Uhren
V 354	354	150	1,35	MR 43		11,6	4,2	2,0	Uhren
V 387	387	85	1,35		RW 51	11,5	3,6	1,05	Uhren
V 388	388	65	1,35			8,85	3,15	0,95	Uhren

D Silberoxid-Batterien

■ Knopfzellen und Knopfzellenbatterien

Typ	Bestell-Nr.	Typische Kapazität [mAh]	Nenn-spannung [V]	Bezeichnung IEC	Bezeichnung Andere	Maße [mm] Ø	Maße [mm] h	Gewicht [g]	Bevorzugte Anwendung
V 28 PX	4028	145	6,2	4 SR 44	4 G-13	13,0	25,2	10,7	Foto
V 76 PX	4075	145	1,55	SR 44		11,6	5,4	2,2	Foto
V 301	301	115	1,55	SR 43	RW 34/SR 43 SW	11,6	4,2	1,78	Uhren
V 303	303	170	1,55	SR 44	RW 32/SR 44 SW	11,6	5,4	2,33	Uhren
V 309	309	70	1,55	SR 48	RW 38/SR 754 SW	7,9	5,4	1,08	Uhren
V 315	315	19	1,55	SR 67	RW 316/SR 716 SW	7,9	1,65	0,4	Uhren
V 317	317	8	1,55	SR 62	– /SR 516 SW	5,8	1,65	0,18	Uhren
V 319	319	16	1,55	SR 64	– /SR 527 SW	5,8	2,7	0,25	Uhren
V 321	321	13	1,55	SR 65	RW 321/SR 616 SW	6,8	1,65	0,25	Uhren
V 329	329	36	1,55	–	– / –	7,9	3,1	0,6	Uhren
V 335	335	5	1,55	–	– /SR 512 SW	5,8	1,25	0,15	Uhren
V 339	339	11	1,55	–	– /52/ –	6,8	1,4	0,22	Uhren
V 341	341	11	1,55	–	RW 322/SR 714 SW	7,9	1,4	0,27	Uhren
V 344	344	100	1,55	SR 42	RW 36/ –	11,6	3,6	1,49	Uhren
V 346	346	10	1,55	–	– /SR 712 SW	7,9	1,29	0,3	Uhren
V 350*	350	100	1,55	SR 42	– /SR 42	11,6	3,6	1,49	Uhren
V 357*	357	155	1,55	SR 44	RW 42/SR 44 SW	11,6	5,4	2,33	Uhren
V 361*	361	18	1,55	SR 58	RW 410/SR 721 W	7,9	2,1	0,4	Uhren
V 362	362	21	1,55	SR 58	RW 310/SR 721 SW	7,9	2,1	0,4	Uhren
V 363*	363	36	1,55	–	18 /SR 730 W	7,9	3,1	0,58	Uhren
V 364	364	20	1,55	SR 60	RW 320/SR 621 SW	6,8	2,15	0,33	Uhren
V 370*	370	30	1,55	SR 69	RW 415/SR 920 W	9,5	2,1	0,6	Uhren
V 371	371	32	1,55	SR 69	RW 315/SR 920 SW	9,5	2,1	0,61	Uhren
V 373	373	23	1,55	SR 68	RW 317/SR 916 SW	9,5	1,6	0,5	Uhren
V 377	377	23	1,55	SR 66	RW 329/SR 626 SW	6,8	2,6	0,39	Uhren
V 379	379	12	1,55	SR 63	RW 327/SR 521 SW	5,8	2,15	0,23	Uhren
V 381	381	45	1,55	SR 55	RW 30/SR 1120 SW	11,6	2,1	0,9	Uhren
V 384	384	38	1,55	SR 41	RW 37/SR 736 SW	7,9	3,6	0,69	Uhren
V 386*	386	105	1,55	SR 43	RW 44/SR 43 W	11,6	4,2	1,78	Uhren
V 389*	389	85	1,55	SR 54	RW 49/SR 1130 W	11,6	3,05	1,32	Uhren
V 390	390	80	1,55	SR 54	RW 39/SR 1130 SW	11,6	3,05	1,32	Uhren
V 391*	391	40	1,55	SR 55	RW 40/SR 1120 W	11,6	2,1	0,9	Uhren
V 392*	392	38	1,55	SR 41	RW 47/SR 736 W	7,9	3,6	0,69	Uhren
V 393*	393	65	1,55	SR 48	RW 48/SR 754 W	7,9	5,4	1,08	Uhren
V 394	394	67	1,55	–	RW 33/SR 936 SW	9,5	3,6	1,04	Uhren
V 395	395	42	1,55	SR 57	RW 313/SR 926 SW	9,5	2,7	0,75	Uhren
V 396*	396	25	1,55	SR 59	RW 411/SR 726 W	7,9	2,6	0,55	Uhren
V 397	397	30	1,55	SR 59	RW 311/SR 726 SW	7,9	2,6	0,50	Uhren
V 399*	399	42	1,55	SR 57	RW 413/SR 926 SW	9,5	2,7	0,75	Uhren
4016**	4016	3400	1,55			26,0	50,0	68,8	Hochtemperatureinsatz bis 165 °C

*High Drain
**Silberoxid-Rundzelle in Baugröße R 14, mit Ableiter lieferbar.

E Luft-Zink-Zellen

Typenübersicht Luft-Zink-Zellen

Spannung V	Kapazität* mAh	Innerer Widerstand Ω	Abmessungen Ø mm	Abmessungen Höhe mm	Gewicht g	IEC Bezeichnung	Bevorzugte Anwendung
1,40	65	6,0	7,9	3,6	–	PR 41	Hörgeräte
1,40	150	6,0	7,9	5,4	0,84	PR 48	Hörgeräte
1,40	260	3,5	11,6	5,4	1,6	PR 44	Hörgeräte
1,40	400	3,5	11,6	5,4	1,7	PR 44	Hörgeräte

*Mittelwerte bei Entladeschlußspannung von 0,9 V/Zelle

F Alkali-Mangan-Knopfzellen

Typenübersicht Alkali-Mangan Knopfzellen und Knopfzellenbatterien

Spannung V	Kapazität* mAh	Innerer Widerstand Ω	Abmessungen Ø mm	Abmessungen mm Höhe	Gewicht g	IEC-Bezeichnung	Bevorzugte Anwendung
1,5	25	6,0	7,9	3,6	0,6	LR 41	Universal, Uhren
1,5	25	6,0	11,6	2,1	0,8	LR 55	Rechner
1,5	45	6,0	11,6	3,1	1,1	LR 54	Rechner
1,5	75	6,0	11,6	4,2	1,6	LR 43	Rechner
1,5	100	3,4 bis 5,0	11,6	5,4	1,8	LR 44	Rechner
1,5	180	1,8 bis 3,0	16,0	6,2	3,3	LR 9	Universal, Foto
1,5	350	0,65 bis 1,0	23,2	6,1	7,2	LR 53	Foto
6,0	100	14,0 bis 20,0	13,0	25,2	10,4	–	Foto
15,0	40	60,0	16,0	35,0	17,0	**	Foto
22,5	70	90,0	16,0 x 27,0 x 51,0		39,0	***	Foto

*Mittelwerte bei Entladeschlußspannung von 0,9 V/Zelle
**baugleich mit 10 F 15
***baugleich mit 15 F 20

G Typische Entladekennlinien von Knopfzellen der Baugröße 11,6 x 5,4 mm bei unterschiedlichen Systemen

Nennspannung: 1,4 V, System: Quecksilberoxid, Quecksilberoxid-Braunstein/Zink, Elektrolyt: Kalilauge – Nr 44 *(Abb. 3.6.5-3a)*

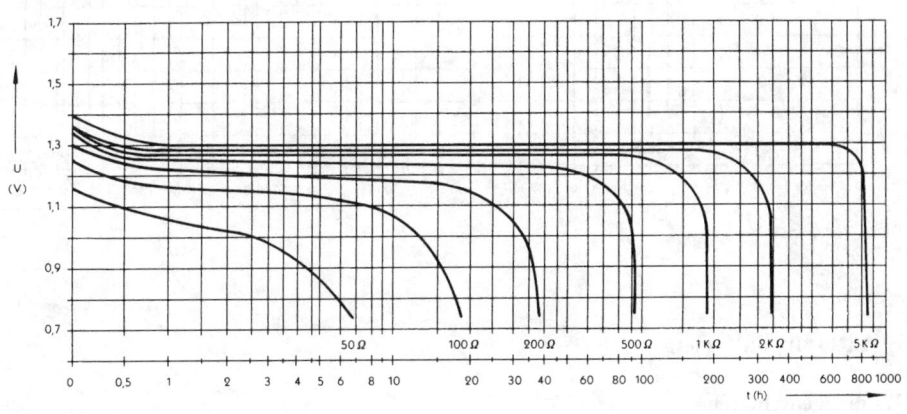

Abb. 3.6.5-3a

3 Elektronische Bauelemente

Nennspannung: 1,5 V, System: Alkali-Mangan, Braunstein/Zink, Elektrolyt: Kalilauge – LR 44 *(Abb. 3.6.5-3b)*

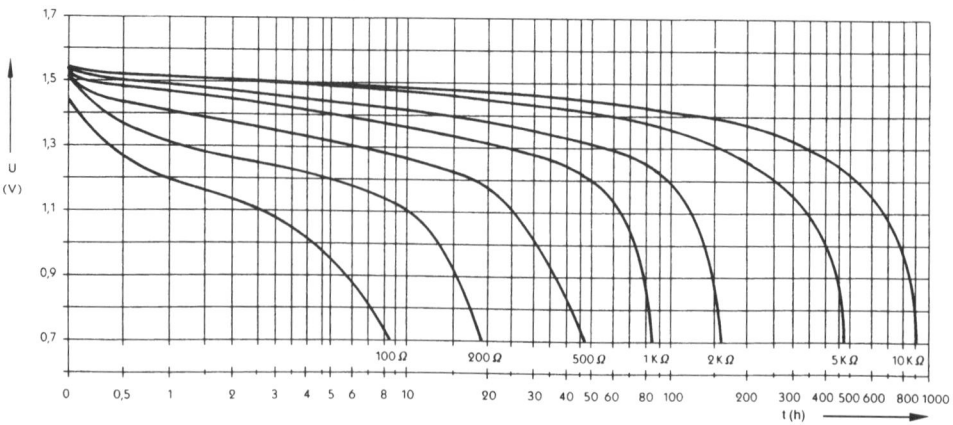

Abb. 3.6.5-3b

Nennspannung: 1,55 V, System: Silberoxid, Silberoxid (Ag_2O)/Zink, Elektrolyt: Kalilauge – SR 44 *(Abb. 3.6.5-3c)*

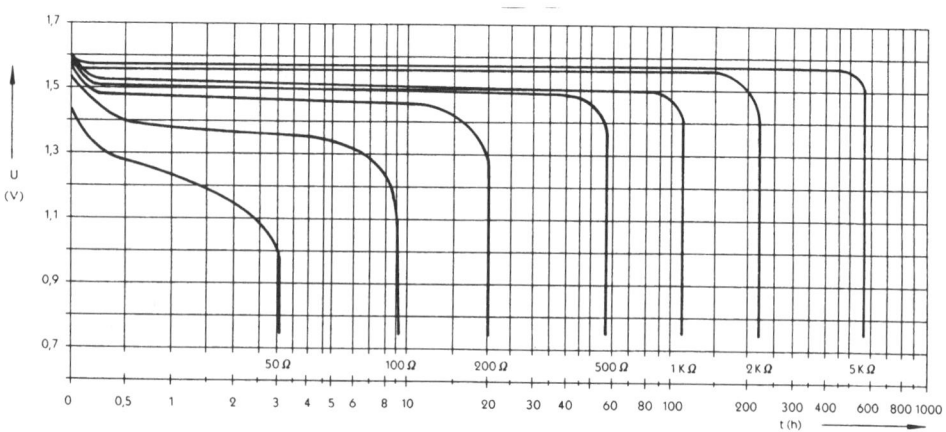

Abb. 3.6.5-3c

H Lithium-Batterien

Haupteigenschaften

- Lange Lager- und Gebrauchsfähigkeit
- geringe Selbstentladung
- hohe Energiedichte
- hohe Systemspannung
- weiter Temperaturbereich

- hohe Betriebssicherheit
- hohe Zuverlässigkeit
- Korrosionsfestigkeit durch Voll-Edelstahlgehäuse und Laserschweißung bei CR-Rundzellen
- hohe Auslaufsicherheit durch organischen nichtätzenden Elektrolyt mit vernachlässigbarer Kriechneigung.

Hauptanwendungen

Da die mechanischen, elektrischen und Zuverlässigkeitseigenschaften den Bedingungen der modernen Elektrotechnik entsprechen, eignen sich VARTA-Lithium-Batterien mit organischen Elektrolyten hervorragend als Energiequelle für die Langzeitversorgung mikroelektronischer Schaltkreise. Für höchste Ansprüche an Zuverlässigkeit und Kapazität und für eine Betriebszeit bis über 10 Jahre, von der Anwendung abhängig, werden Li/MnO$_2$-CR-Rundzellen empfohlen.

Übersichtsdaten

Baureihe	CR-Rundzellen	CR-Knopfzellen
System	Li/MnO$_2$	Li/MnO$_2$
praktische Energiedichte	400 – 800 Wh/dm^3	360 – 660 Wh/dm^3
Nennspannung	3,0 V	3,0 V
unbelastete Spannung	3,2 V	3,2 V
verfügbarer Kapazitätsbereich	400 – 2000 mAh	25 – 500 mAh
Lagerfähigkeit	≥ 10 Jahre [1]	≥ 5 Jahre
Selbstentladung δ = 20 °C	< 1 % p.a.	< 1 % p.a.
Betriebstemperatur	– 30 bis + 75 °C [2) 4)]	– 20 bis + 65 °C
zulässiger Temperaturbereich (kurzzeitig) [3)]	– 40 bis + 85 °C [4)]	– 40 bis + 85 °C
Lagertemperatur	– 55 bis + 75 °C	– 55 bis + 65 °C

1) CR 123 A, 2 CR 5, CR-P 2, (> 5 Jahre), 2) CR 123 A, CR 2 NP (– 20 bis + 70 °C), 3) max ca 14 Tage
4) im µA-Bereich

CR-Reihe

Knopfzellen und kleine Rundzellen für Konsumanwendungen und für Betriebszeiten bis zu ca. 5 Jahren.

Elektronische Armbanduhren
Elektronische Rechner
Elektronische Spiele
Elektronische Datenspeicher
Sportgerätezubehör
Alarmanlagen

Film- und Fotogeräte
Rettungssysteme
Datenerfassungsgeräte
  (z. B. Wärmemengenzähler, Verbrauchszähler für Gas, Wasser, Strom etc.)
Telefongeräte und -anlagen

Innenwiderstand

Es ist zu berücksichtigen, daß der Innenwiderstand einer Lithiumzelle etwa 50...70mal größer ist als der von anderen Primärsystemen. Bei Impulsbelastung ist deshalb eine Elko-Pufferung sinnvoll.

Selbstentladung

Die elektrochemische Selbstentladungsrate beträgt bei +25 °C weniger als 1 % der Nennkapazität pro Jahr. Bei jeweils 10 °C-Temperaturerhöhung verdoppelt sich die Selbstentladungsrate *(Abb. 3.6.5-4)*.
Die Lebensdauer von Lithiumbatterien bei Normaltemperatureinsatz wird also weniger durch die Selbstentladung bestimmt, vielmehr müssen hier auch andere Effekte berücksichtigt werden. Wichtigster Faktor ist das Dichtungssystem. Durch die Verwendung eines organischen Elektrolyten ist es weniger schwierig, eine Lithiumbatterie gegen Elektrolytaustritt zu sichern. Vielmehr soll das Dichtungssystem sicherstellen, daß Diffusionsprozesse (von innen nach außen als auch von außen nach innen) verhindert werden.
Insbesondere muß das Eindiffundieren von Feuchtigkeit in die Zellen verhindert werden. Wasser und Lithiummetall setzt sich zu Lithiumhydroxid um. Dies bildet eine Passivschicht auf der Lithiumoberfläche. Außerdem ist das umgesetzte Lithium für die Entladereaktion unbrauchbar. Das Resultat ist eine Erhöhung des Innenwiderstandes und ein Kapazitätsverlust.

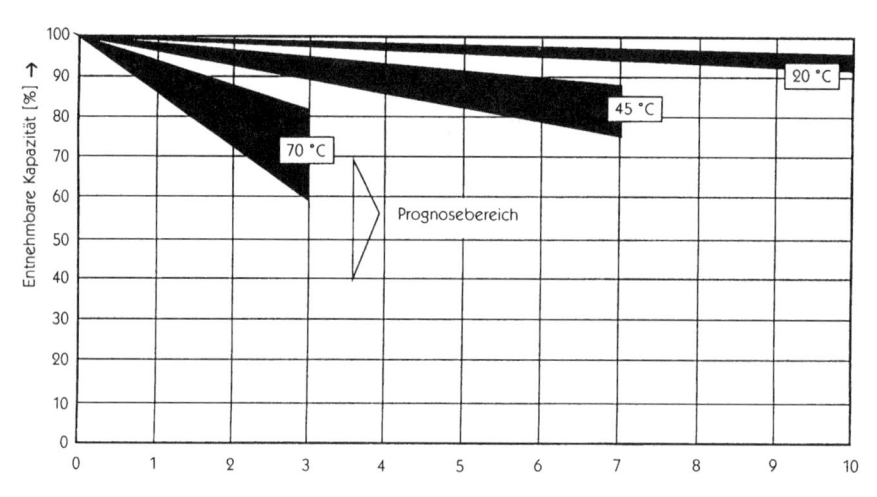

Abb. 3.6.5-4

Anwendungshinweise

Lithium-Batterien mit Stecklötfahnen sind bei Leiterplattenmontage zur direkten Lötung im Lötbad geeignet.

Löttemperatur: ca. 265 °C
Lötzeit: ca. 10 s

3.6 Batterien und Normalelemente

Während des Lötvorgangs wird aufgrund des Kurzschlusses lediglich ein nicht meßbarer Kapazitätsverlust auftreten.

Für optimale Leistungsabgabe und Lebensdauer sind einige Regeln zu beachten:

- Kurzschluß von Batterien vermeiden! Dies ist zwar im allgemeinen ungefährlich, beeinträchtigt jedoch die Kapazität der Batterie.
- Richtige Polung beachten; sonst kann ein Ladestrom fließen.
- Ströme in Laderichtung sind nur bis 10 µA zulässig. Unzulässig hohe Ströme in Laderichtung führen zur inneren Gasung der Batterie und zum Druckanstieg in den Zellen, wie bei allen Primärsystemen. Es besteht Berstgefahr!

Schaltungstechnik für den Einsatz als „Standby"-Batterie

Für diesen Anwendungsfall kommen die Baureihen ER und CR zur Anwendung. In der Praxis werden die zur Netzausfallabsicherung benötigten Batterien und Dioden von der netzabhängigen Gleichspannungsversorgung entkoppelt. Das ist in der *Abb. 3.6.5-5 a* durch die Diode D_1 gezeigt.

Durch die Auswahl einer geeigneten Diode D_2 mit sehr geringem Sperrstrom muß dafür gesorgt werden, daß der in Sperrichtung fließende Strom, der bei vorhandenem Netz zum Ladestrom für die eingesetzte Batterie wird, den maximalen Wert von 10 µA nicht überschreitet.

Bei Ausfall der Spannung $+U_B$ kommt somit die Entkopplungsdiode D_2 (evtl. D_3 in *Abb. 3.6.5-5c*) automatisch in Flußrichtung. Zu beachten ist, daß sich die Arbeitsspannung im „Standby"-Betrieb für das RAM um die Flußspannung von D_2 (und evtl. D_3 in *Abb. 3.6.5-5c*) von der Batteriespannung abgezogen werden muß.

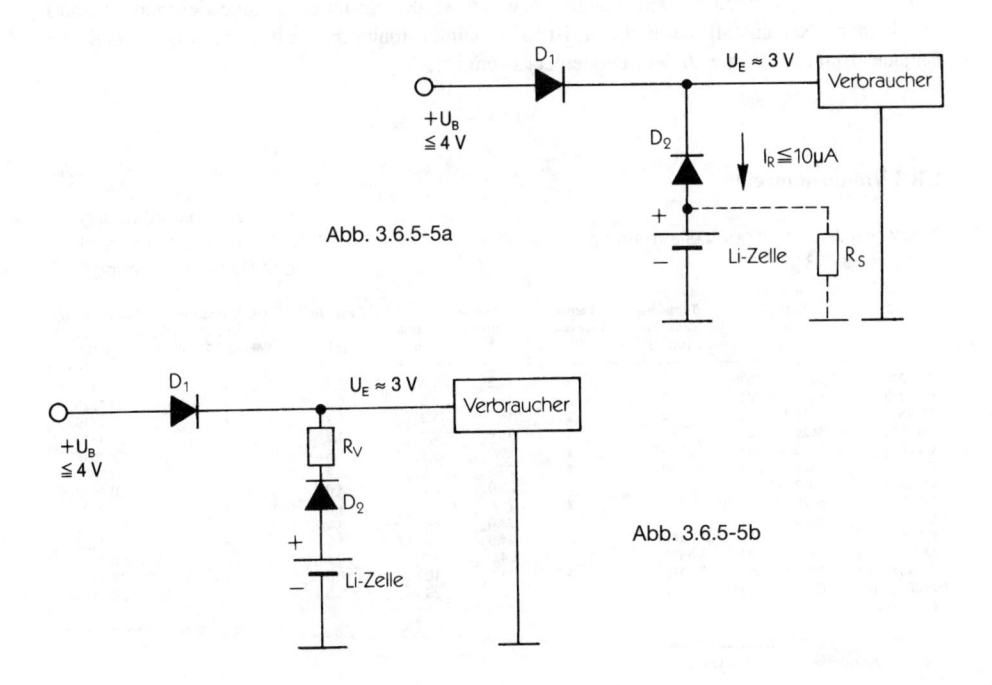

Abb. 3.6.5-5a

Abb. 3.6.5-5b

1129

3 Elektronische Bauelemente

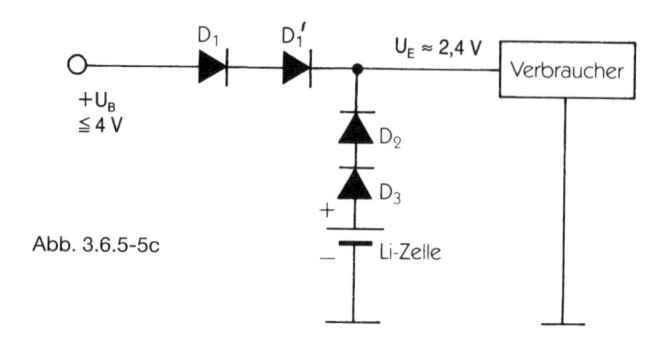

Abb. 3.6.5-5c

D_1, D'_1, D_2:
Entkopplungsdioden in Silizium-Planartechnologie.
D_2, D_3:
Vorzugsweise als Shottky-Dioden.
Der Widerstand R_v in *Abb. 3.6.5-5b* ist so zu dimensionieren, daß der Begrenzungsstrom etwa eine Größenordnung über dem „Standby"-Strom liegt. 15 mA sollen dabei nicht überschritten werden.
In der Abb. 3.6.5-5c wird eine besonders sichere Schaltung vorgeschlagen, die verhindert, daß bei Ausfall einer Blockdiode die Versorgungsspannung ungehindert an der Batterie anliegt und so einen großen Strom in Laderichtung fließen läßt. Diese Schaltung setzt jedoch eine hohe Spannungsreserve voraus.
Ein Shunt R_s in Abb. 3.6.5-5a soll dann eingesetzt werden, wenn über lange Zeiträume (Jahre) mit keinem Netzausfall zu rechnen ist. Die Dimensionierung soll so erfolgen, daß der Entladestrom über R_s gleich dem Diodenleckstrom ist.

CR-Lithium-Baureihe

■ Knopfzellen und Knopfzellenbatterien
Baureihe CR

Geringe Selbstentladung
Weiter Temperaturbereich
Hohe Systemspannung

Typ	Bestell-Nr.	Typische Kapazität [mAh]	Nennspannung [V]	Maße [mm] Länge Ø	Höhe h	Gewicht [g]	UL-Zulassung unter MH 13 654 (N)	Bezeichnung IEC
CR 1216	6216 101 501	25	3	$12{,}5_{0{,}3}$	$1{,}6_{0{,}2}$	0,7	x	CR 1216
CR 1220	6220 101 501	35	3	$12{,}5_{0{,}3}$	$2{,}0_{0{,}2}$	0,8	x	CR 1220
CR 1616	6616 101 501	50	3	$16{,}0_{0{,}3}$	$1{,}6_{0{,}2}$	1,2	x	CR 1616
CR 1620	6620 101 501	60	3	$16{,}0_{0{,}3}$	$2{,}0_{0{,}2}$	1,2	x	CR 1620
CR 2016	6016 101 501	80	3	$20{,}0_{0{,}3}$	$1{,}6_{0{,}2}$	1,8	x	CR 2016
CR 2025	6025 101 501	150	3	$20{,}0_{0{,}3}$	$2{,}5_{0{,}3}$	2,5	x	CR 2025
CR 2032	6032 101 501	220	3	$20{,}0_{0{,}3}$	$3{,}2_{0{,}3}$	3,0	x	CR 2032
CR 2320	6320 101 501	135	3	$23{,}0_{0{,}3}$	$2{,}0_{0{,}2}$	2,9	x	CR 2320
CR 2325	6325 101 501	200	3	$23{,}0_{0{,}4}$	$2{,}5_{0{,}3}$	3,0		CR 2325
CR 2430	6430 101 501	280	3	$24{,}5_{0{,}3}$	$3{,}0_{0{,}3}$	4,0	x	CR 2430
CR 2450	6450 101 501	560	3	$24{,}5_{0{,}3}$	$5{,}0_{0{,}4}$	6,2	x	CR 2450
CR 1/3 N	6131 101 501	170	3	$11{,}6_{0{,}2}$	$10{,}8_{-0{,}4}$	3,0	x	CR 11108
2/CR 1/3 N (V 28 PXL)	6231 101 501	170	6	$13{,}0_{0{,}1}$	$25{,}2_{-1{,}3}$	8,8		2 CR 11108

Alle Zellen auch mit verschiedenen Ableitern lieferbar.

Abmessungen: System BR/CR

mm ⌀	mm ↕	Type
12	1.6	1216
12	2.0	1220
12	2.5	1225
12	4.0	1240
16	1.6	1616
16	2.0	1620
20	1.2	2012
20	1.6	2016
20	2.0	2020
20	2.5	2025
20	3.2	2032
23	1.6	2316
23	2.0	2320
23	2.5	2325
23	3.0	2330
24	2.0	2420
24	3.0	2430

Lithium-Rundzellen CR...

Technische Daten

Typ-Bezeichnung	CR 1/4 AA	CR 1/2 AA	CR 2/3 AA	CR AA	CR 2/3 A	CR 123 A	CR 2 NP
Bestell-Nr.	6147101501	6127101501	6237101501	6117101501	6238101501	6205101401[2]	6202101501
Nennspannung	3 V	3 V	3 V	3 V	3 V	3 V	3 V
Typische Kapazität, bei 20 °C, Endspannung 2,0V,	400 mAh	950 mAh	1.350 mAh	2.000 mAh	1.350 mAh	1.300 mAh	1.400 mAh
Entladung über:	2,0 kΩ	5,6 kΩ	1,0 kΩ	1,0 kΩ	1,0 kΩ	200 Ω	1,0 kΩ
max. Dauerentladestrom	5 mA	10 mA	15 mA	20 mA	15 mA	250 mA	15 mA[1]
Gewicht	6 g	11,5 g	15 g	21,5 g	17 g	16 g	13 g

[1] 50% der Nominalkapazität verfügbar, [2] Blisterverpackung (1 Stück)

3 Elektronische Bauelemente

Typ	Bestell-Nr.	A	B	C	D	E	F	G	H	I	K	L	M	Abb. Nr.	Bemerkung
CR 1/4 AA	6147101 501	14,75−0,3	14,0−0,4	−	−	−	−	−	−	−	−	7,0±0,2	0,6±0,1	10	
CR 1/4 AA SLF	6147201 501	14,75−0,3	14,0−0,4	10,0±0,15	1,0±0,5	1,0±0,1	−	14,2±0,2	−	3,0	5,0±0,25	−	−	11	
CR 1/4 AA LF	6147301 501	14,75−0,3	14,0−0,4	10,0	−	3,5±0,1	2,1	14,2±0,2	2,5	−	−	−	−	12	
CR 1/4 AA CD	6147501 501	14,75−0,3	14,0−0,4	45,0	−	−	−	−	−	−	−	−	−	19	
CR 1/4 AA SLF einfach	6147701 501	14,75−0,3	14,0−0,4	−	1,0±0,5	1,0±0,1	−	14,2±0,2	−	3,0	−	−	−	14	
CR 1/2 AA	6127101 501	14,75−0,3	25,1−0,2	−	−	−	−	−	−	−	−	7,0±0,2	0,6±0,1	10	
CR 1/2 AA SLF	6127201 501	14,75−0,3	25,1−0,2	10,0±0,15	1,0±0,5	1,0±0,1	−	25,4±0,1	−	3,0	5,0±0,25	−	−	11	
CR 1/2 AA LF	6127301 501	14,75−0,3	25,1−0,2	10,0	−	3,5±0,1	2,1	25,4±0,1	2,5	−	−	−	−	12	
CR 1/2 AA CD	6127501 501	14,75−0,3	25,1−0,2	45,0	−	−	−	−	−	−	−	−	−	19	
CR 1/2 AA CD 90° abgewink.	6127601 501	14,75−0,3	25,1−0,2	7,5±1,5	−	−	−	33,5−1,5	−	−	−	−	−	18	
CR 1/2 AA SLF einfach	6127701 501	14,75−0,3	25,1−0,2	−	1,0±0,5	1,0±0,1	−	25,4±0,1	−	3,0	−	−	−	14	
CR 1/2 AA LF 180° versetzt	6127801 501	14,75−0,3	25,1−0,2	14,5	−	3,0	−	25,3±0,1	−	−	−	−	−	16	Ableiter: 0,15 mm
CR 1/2 AA SLF einfach kurz	6127901 501	14,75−0,3	25,1−0,2	−	1,0±0,5	1,0±0,1	−	25,5±0,1	−	3,0	−	−	−	15	Ableiter: 0,25 mm
CR 2/3 AA	6237101 501	14,75−0,3	33,5−0,4	−	−	−	−	−	−	−	−	7,0±0,2	0,6±0,1	10	
CR 2/3 AA SLF	6237201 501	14,75−0,3	33,5−0,4	10,0±0,15	1,0±0,5	1,0±0,1	−	33,7±0,2	−	3,0	5,0±0,25	−	−	11	
CR 2/3 AA LF	6237301 501	14,75−0,3	33,5−0,4	10,0	−	3,5±0,1	2,1	33,7±0,2	2,5	−	−	−	−	12	
CR 2/3 AA CD	6237501 501	14,75−0,3	33,5−0,4	45,0	−	−	−	−	−	−	−	−	−	19	
CR 2/3 AA SLF einfach	6237701 501	14,75−0,3	33,5−0,4	−	1,0±0,5	1,0±0,1	−	33,7±0,2	−	3,0	−	−	−	14	
CR AA	6117101 501	14,75−0,3	50,5−1	−	−	−	−	−	−	−	−	7,0±0,2	0,6±0,1	10	
CR AA SLF	6117201 501	14,75−0,3	50,5−1	10,0±0,15	1,0±0,5	1,0±0,1	−	50,4±0,3	−	3,0	5,0±0,25	−	−	11	
CR AA LF	6117301 501	14,75−0,3	50,5−1	10,0	−	3,5±0,1	2,1	50,4±0,3	2,5	−	−	−	−	12	
CR AA CD	6117501 501	14,75−0,3	50,5−1	45,0	−	−	−	−	−	−	−	−	−	19	
CR AA SLF einfach	6117701 501	14,75−0,3	50,5−1	−	1,0±0,5	1,0±0,1	−	50,4±0,3	−	3,0	−	−	−	14	
CR 2/3 A	6238101 501	17,0−0,5	33,5−0,4	−	−	−	−	−	−	−	−	7,0±0,2	0,4±0,1	7	
CR 2/3 A LF	6238301 501	17,0−0,5	33,5−0,4	10,0	−	3,5±0,1	2,1	33,7±0,2	2,5	−	−	−	−	9	
CR 2/3 A CD	6238501 501	17,0−0,5	33,5−0,4	45,0	−	−	−	−	−	−	−	−	−	16	
CR 123 A	6205101 501	17,0−1	34,5−2,5	−	−	−	−	−	−	−	−	6,25	0,5 minimum	10	
CR 2 NP	6202101 501	11,6−0,4	60−1	−	−	−	−	−	−	−	−	3	1,5	10	
CR 2 NP SLF	6202201 501	11,6−0,4	60−1	10,0±0,15	pos.: 0,5±0,2 neg.: 0,7±0,2	1,0	−	58,8±0,3	−	3,0	5,0±0,25	−	−	17	
CR 2 NP LF	6202301 501	11,6−0,4	60−1	pos. 11 neg. 10	−	4,0	−	58,8±0,3	−	−	−	−	−	13	

Ableiter
Material: Stahlblech vernickelt
Materialstärke: 0,2 mm

3.6 Batterien und Normalelemente

Gehäuse CR-Typen

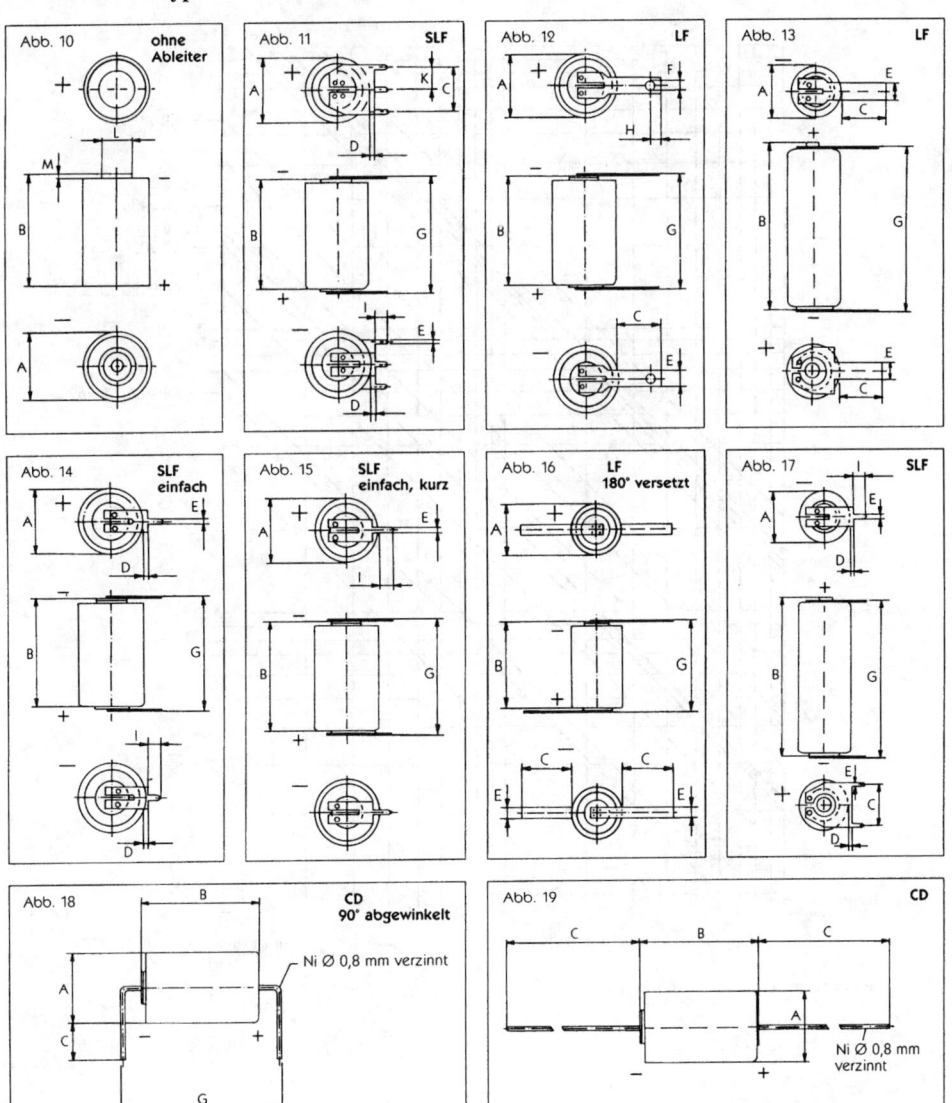

Abb. 10 — ohne Ableiter
Abb. 11 — SLF
Abb. 12 — LF
Abb. 13 — LF
Abb. 14 — SLF einfach
Abb. 15 — SLF einfach, kurz
Abb. 16 — LF 180° versetzt
Abb. 17 — SLF
Abb. 18 — CD 90° abgewinkelt — Ni Ø 0,8 mm verzinnt
Abb. 19 — CD — Ni Ø 0,8 mm verzinnt

3 Elektronische Bauelemente

Entladestrom/Betriebszeit

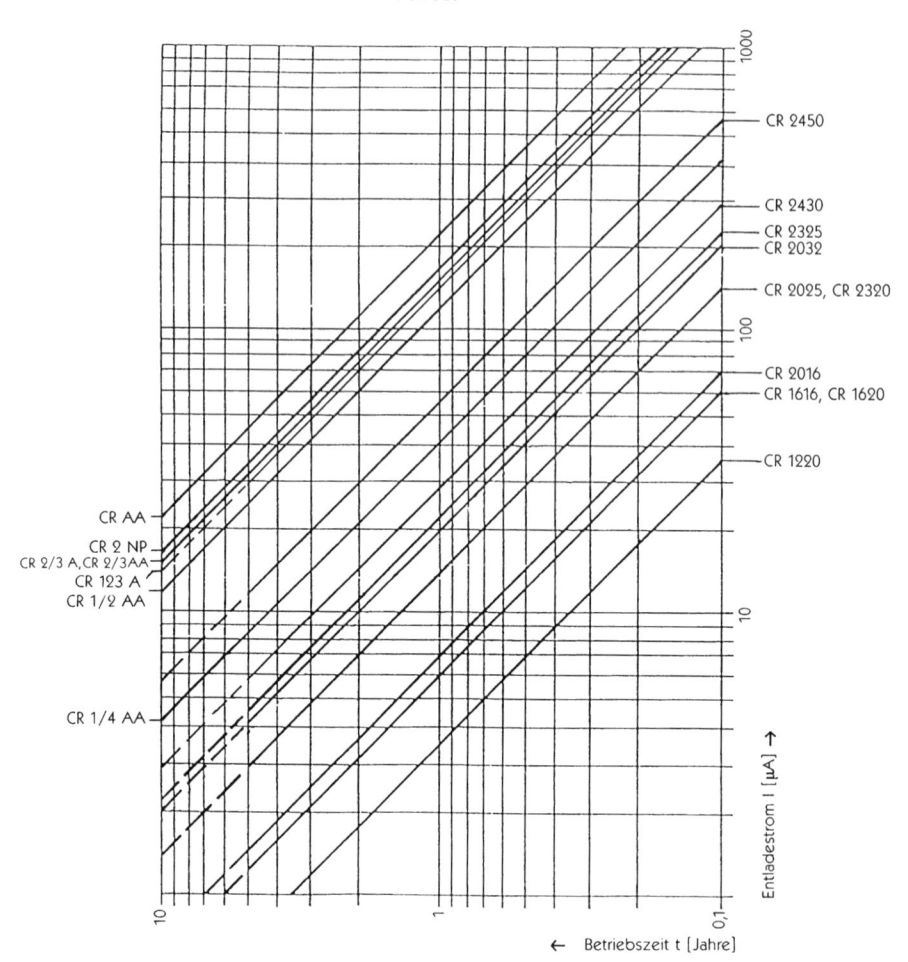

Diagramm zur Auswahl von Lithium-Batterien

3.6 Batterien und Normalelemente

CR 1/4 AA
Belastung: kont. 2 kΩ: U_b
2 s/2 h 510 Ω: U_t
(parallel)
Innerer Widerstand R_i
errechnet aus U_b und U_t bei
$R_t = 510\ \Omega$ und $T_t = 2$ s
Temperatur: $\delta = 20\ °C$

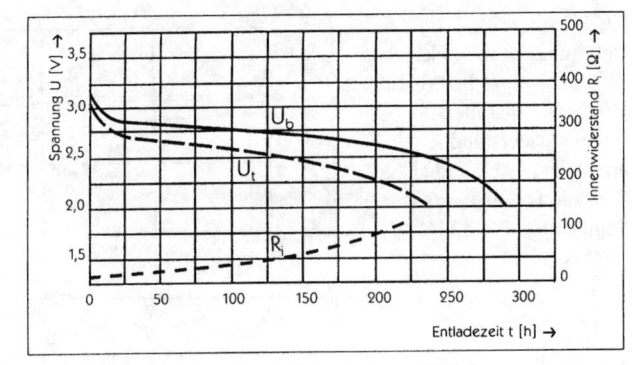

CR 1/2 AA
Belastung: kont. 1 kΩ: U_b
2 s/1 h 200 Ω: U_t
(parallel)
Innerer Widerstand R_i
errechnet aus U_b und U_t bei
$R_t = 200\ \Omega$ und $T_t = 2$ s
Temperatur: $\delta = 20\ °C$

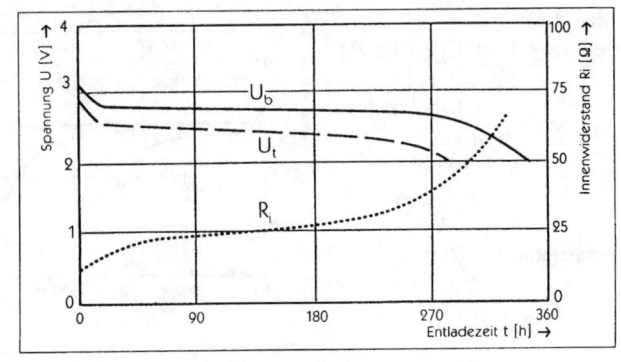

CR 1/2 AA
Belastung: kont. 2 kΩ: U_b
2 s/1 h 200 Ω: U_t
(parallel)
Innerer Widerstand R_i
errechnet aus U_b und U_t bei
$R_t = 200\ \Omega$ und $T_t = 2$ s
Temperatur: $\delta = 20\ °C$

1135

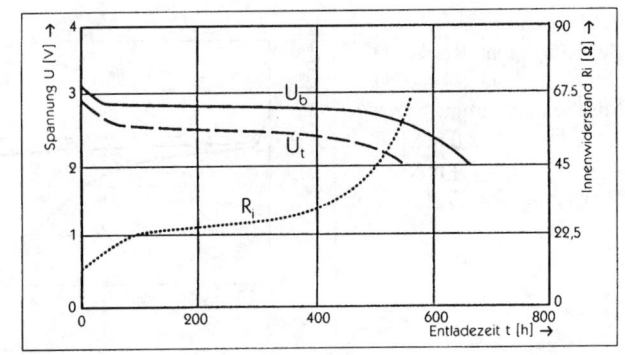

CR 1/2 AA
Belastung: kont. 5,6 kΩ: U_b
2 s/1 h 200 Ω: U_t
(parallel)
Innerer Widerstand R_i
errechnet aus U_b und U_t bei
$R_t = 200$ Ω und $T_t = 2$ s
Temperatur: δ = 20 °C

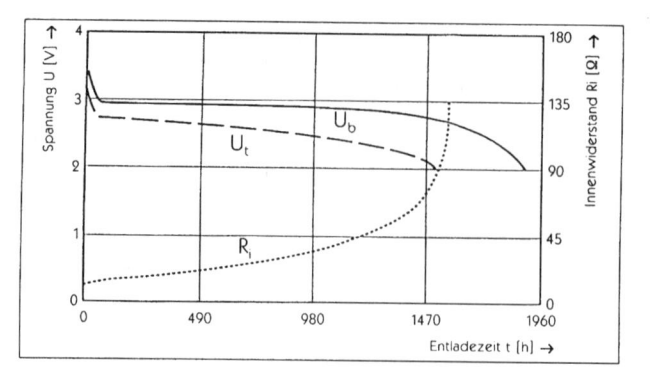

CR 1/2 AA
Belastung: kont. $R_1 = 5,6$ kΩ
kont. $R_2 = 10$ kΩ
kont. $R_3 = 20$ kΩ
Mittl. Entladestrom:
$I_1 = 0,5$ mA
$I_2 = 0,3$ mA
$I_3 = 0,15$ mA
Temperatur: δ = 20 °C

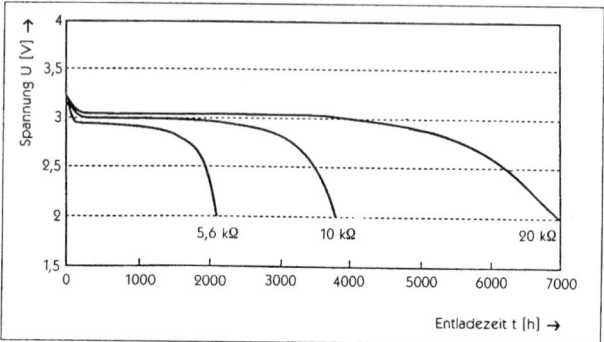

CR 1/2 AA
Belastung: kont. $R_1 = 1$ kΩ
kont. $R_2 = 2$ kΩ
Mittl. Entladestrom:
$I_1 = 2,6$ mA
$I_2 = 1,4$ mA
Temperatur: δ = 20 °C

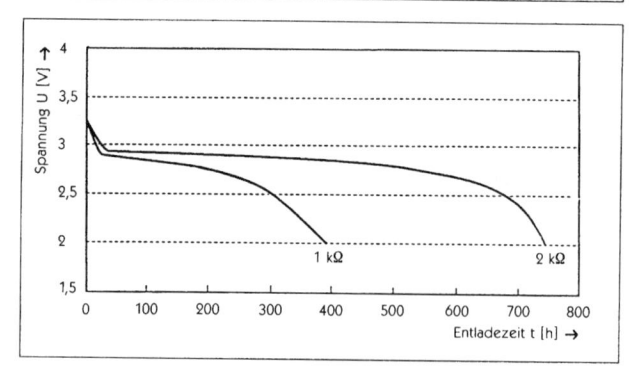

3.7 Solarzellen

Solarzellen nach *Abb. 3.7-1* werden aus monokristallinem oder dem preiswerteren polykristallinem Material, mit derzeit Silizium als Basis, hergestellt. Solarzellen dienen der Spannungsgewinnung aus der Lichtenergie, wie z. B. Sonnenstrahlung. Bei den folgenden Angaben wird u.a. von Daten der Firma Telefunken electronic Gebrauch gemacht.

Das Foto 3.7-1 a – Detail 1 – zeigt eine monokristalline Zelle. Diese sind im allgemeinen daran zu erkennen, daß sie eine dunkle, einfarbige Struktur aufweisen und eine entsprechende Kammteilung. Im Detail 2 ist eine multikristalline Zelle gezeigt, die an den kristallinen Schnittbildern am einfachsten zu erkennen ist. Foto 3.7-1 b läßt vier in Reihe geschaltete Zellen (50 x 25 mm) – sogenannte „strings" – erkennen. Auf dem Foto 3.7.-1c sind sechs Zellen (25 x 8,5 mm), mit einem Platinenelement verbunden, in Reihe geschaltet. Das unterlegte Millimeterpapier soll die Größen verdeutlichen (Hersteller dieser Zellen: Telefunken electronic).

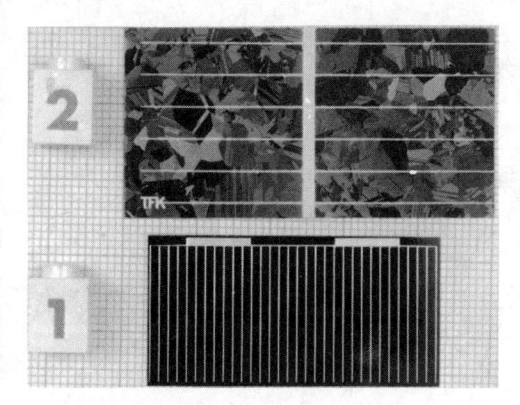

Abb. 3.7-1 a

Abb. 3.7-1 b

Abb. 3.7-1 c

3.7.1 Grundlagen der Anwendung

A Leistungsbilanz der Sonnenstrahlung

Die Gebiete der Erde sind in mehrere Klimazonen – nach Strahlungsstärken E geordnet – eingeteilt. Im folgenden wird im Zusammenhang mit der *Abb. 3.7.1-1* eine Leistungsbilanz für das europäische Gebiet als ungefähre Übersicht gegeben. Es wurden durchschnittliche Jahreswerte ermittelt.

Ort	Gebiet	Zone	Sonnenstunden pro Jahr	Strahlung $W \cdot h/m^2 \cdot Tag$	Strahlung $kW \cdot h/m^2 \cdot Jahr$
Lüdenscheid, Birmingham	Sauerland, Nordengland	I	1300 ... 1500	2480	900
Hamburg, Frankfurt, Warschau, London	Nordeuropa bis Nordostschweiz	II	1500 ... 1750	2660	970
Berlin, München, Budapest, Paris	Süddeutschland, Österreich, Nordungarn, Brandenburg	III	1750 ... 1900	3000	1100
Toulouse, Mailand, Bukarest	Schweiz, Nordspanien, Südungarn, Südostösterreich	IV	1900 ... 2200	3300	1200
Madrid, Bologna, Sofia	Südeuropa, Teile der Südschweiz	V	2200 ... 2350	3600	1300

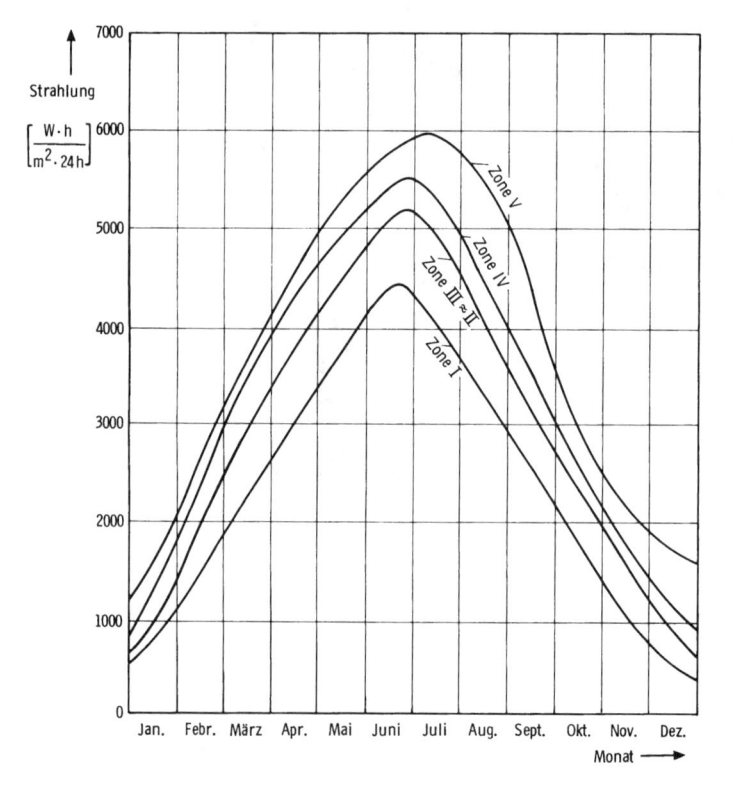

Abb. 3.7.1-1

3.7 Solarzellen

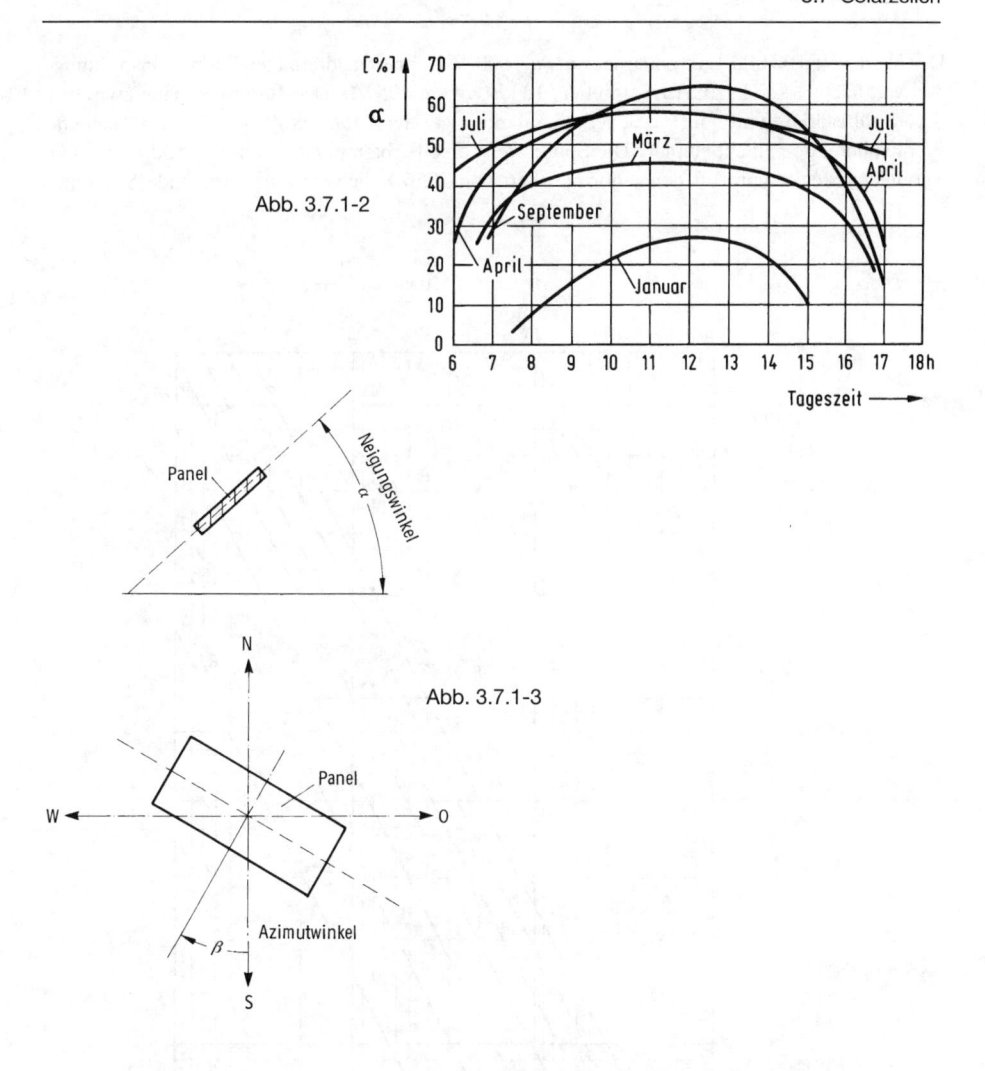

Abb. 3.7.1-2

Abb. 3.7.1-3

Die angegebenen Daten gelten nach *Abb. 3.7.1-3* für einen Neigungswinkel zwischen $\alpha = 30°\ldots50°$, sowie je nach Längengrad einem Azimutwinkel von $\beta = 0\ldots45°$. Die in Abb. 3.7.1-1 angegebenen Kurven gelten als Übersicht mit $\beta = 0°$ und $\alpha = 40°$. In der *Abb. 3.7.1-2* ist die Ausbeute eines Sonnentages für verschiedene Monate gezeigt. Um eine optimale Leistungsbilanz zu erzielen, ist der Kollektor im Tagesverlauf nachzuführen.

Der Begriff Air Mass (AM) definiert weiter Gebiete mit unterschiedlichem Einfallwinkel α. Im Weltenraum ist AM = 0 (Satelliten). Für Gebiete in Mitteleuropa kann mit AM = 1,5...2 gerechnet werden. Oft wird auch zwecks genauerer Festlegungen für AM = 1,5 eine Leistung von 100 mW/cm² definiert. Dies entspricht etwa dem vollen Sonnenlicht auf Meeresniveau bei klarem Himmel in mitteleuropäischen Breitenlagen. AM = 1,5 entspricht einem Einstrahlwinkel von ca. 60° ($\approx$ 1,5facher Luftweg). Für eine maximale Sonnenstrahlung wird die Leistung E = 1000 W/m² für AM 1 angegeben. Für das AM 2-Gebiet wird maximal mit E = 700 W/m² gerechnet. Eine Leistung von 1 W entspricht einer Strahlleistung von ca. 1350 W/m². Für AM = 0 wird auch die Solarkonstante mit 8,12 Joule in der Minute pro cm angegeben.

1139

3 Elektronische Bauelemente

Der Wert von 100 000 Lux entspricht etwa 1000 Watt pro Quadratmeter Sonneneinstrahlung. Als Vergleich: 1 kg Heizöl (EL) ergibt ca. 12 kW · h (η = 95 %). Der Zusammenhang zwischen der Strahlstärke und der Beleuchtungsstärke ist der *Abb. 3.7.1-4* für verschiedene Farbtemperaturen zu entnehmen. Die Sonne weist eine Farbtemperatur von ca. 5500 K auf. Für Vergleichszwecke wird oft der genormte Wert von 2856 K benutzt. Die anfallende Strahlung

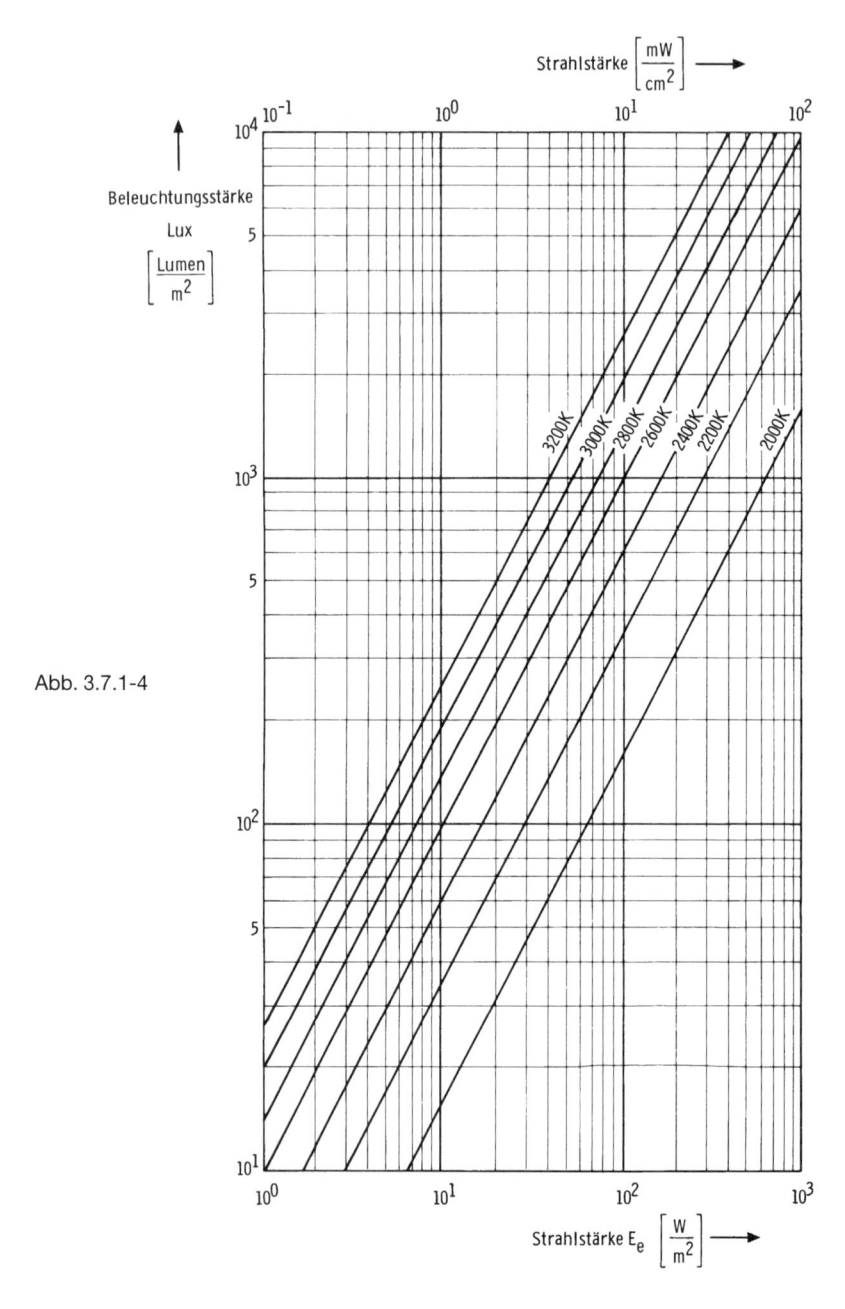

Abb. 3.7.1-4

wird zu rund 56 % reflektiert. Aus den resultierenden 44 % ergibt sich nach Abzug weiterer Verluste ein Zellenwirkungsgrad von max. 14 %. Es ist nicht auszuschließen, daß zukünftig Galliumarsenid-Solarzellen mit einem Wirkungsgrad von ca. 25 % die Siliziumzelle für Sonderanwendungen ablösen.

B Grundlegende elektrische Daten

Solarzellen sind Fotoelemente, die speziell zur Umwandlung der Sonnenstrahlung in elektrische Energie eingesetzt werden. Als Ausgangsmaterial dienen fast ausschließlich P-dotierte, einkristalline Siliziumstäbe mit einem Durchmesser von 50 bis 70 mm und einem spezifischen Widerstand von einigen $\Omega \cdot$ cm. Die Stäbe werden in etwa 200 bis 400 µm dicke Scheiben geschnitten, die mit ihrer vollen Fläche die späteren Solarzellen bilden. Für Sonderzwecke stehen aber auch kleinflächigere Solarzellen in verschiedenen Formen und Abmessungen zur Verfügung.
Von der einen Kristalloberfläche her wird mit Hilfe eines Diffusionsvorgangs eine sehr dünne N-leitende Schicht erzeugt. Die Kontaktierung dieser Schicht erfolgt durch Aufdampfen einer Reihe schmaler, kammartig angeordneter Metallstreifen (Titan-Silber), die alle miteinander verbunden sind und den einen Anschluß der Solarzellen bilden. Der zweite Anschluß befindet sich auf der ganzflächig metallisierten Rückseite der Kristallscheiben. Die stark temperaturabhängige Leerlaufspannung einer bestrahlten Solarzelle beträgt bei $\vartheta = 25$ °C etwa 560 mV; sie sinkt bei Entnahme der maximalen Leistung auf etwa 450 mV ab. Höhere Spannungen kann man nur durch eine Serienschaltung entsprechend vieler Solarzellen erzielen.
Der mit der Bestrahlungsstärke E_e linear ansteigende Kurzschlußstrom beträgt bei $E_e = 1 kW/m^2$ etwa 22...26 mA pro cm^2 Kristallfläche. Alle Solarzellen sind zur Verminderung von Reflexionsverlusten mit einer Oberflächenschicht aus z. B. SiO_2 oder TiO_x versehen. Die mechanische und elektrische Zusammenfassung vieler Solarzellen zu einer Einheit wird als Solarbatterie bezeichnet. Derartige Batterien sind für verschiedene Spannungen und Ströme erhältlich und können ihrerseits wieder durch entsprechende Parallel- und Serienschaltungen zu noch größeren Einheiten kombiniert werden. Entsprechende Schaltungen sind den nachfolgenden Kapiteln zu entnehmen.
Eine 100 cm^2 große Fläche liefert einen Kurschlußstrom von $I_K \leq 2,5$ A bei maximaler Strahlstärke. Aus den Daten und der Lastspannung errechnet sich eine Leistung von ca. 25 mW/cm^2 bei 25 °C und einem optimalen Wirkungsgrad von ≤ 14 %.
Im folgenden werden typische Daten multikristalliner Solarzellen (Telefunken electronic) angegeben:

Basismaterial:	multikristallines Silizium
Spez. Widerstand:	1...5 $\Omega \cdot$ cm
Zelldicke:	300...500 µm
Leerlaufspannung:	560 mV
Kurzschlußstrom:	25 mA/cm^2
Max. Leistungsabgabe:	10,5 mW/cm^2
Wirkungsgrad:	10,5 %
Meßbedingungen:	AM 1,5...100 mW/cm^2 bei 25 °C

3 Elektronische Bauelemente

Standardabmessungen:

Länge x Breite (mm x mm)	Länge x Breite (mm x mm)
100 x 100	50 x 50
50 x 100	25 x 50
25 x 100	20 x 50
20 x 100	10 x 50

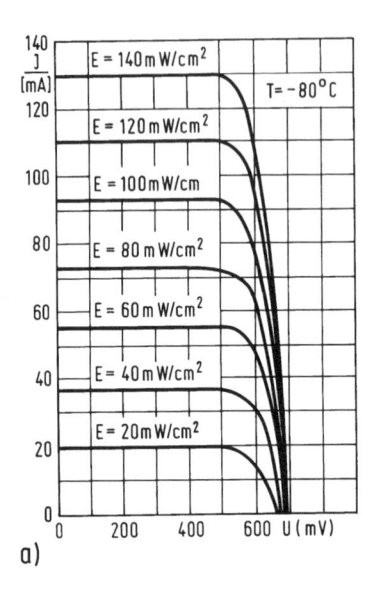

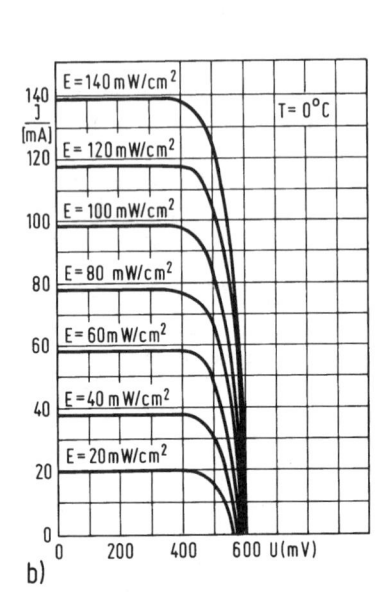

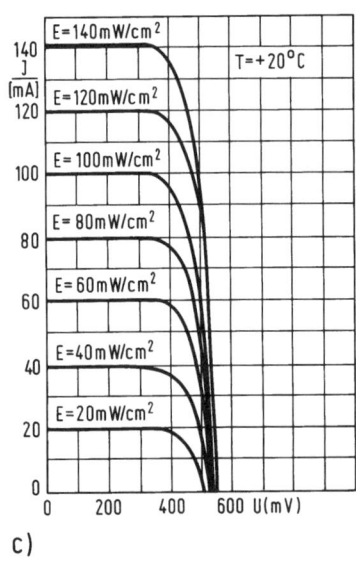

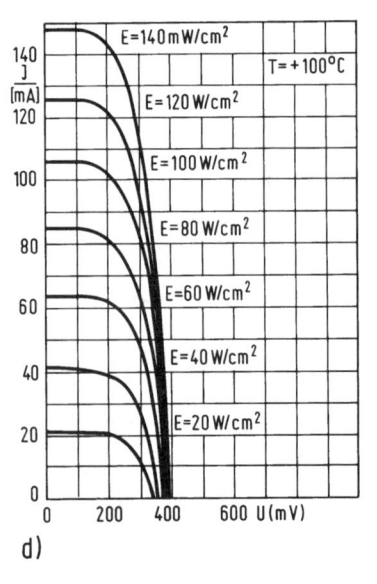

a) $T = -80\,°C$

b) $T = 0\,°C$

c) $T = +20\,°C$

d) $T = +100\,°C$

Abb. 3.7.1-5

Die angegebenen Daten sind außer von der Stärke der Einstrahlung auch stark temperaturabhängig. Während die Änderung der Einstrahlenergie einen praktisch linearen Zusammenhang mit der erzielten Ausgangsleistung ergibt – bei gleicher Farbtemperatur –, steigt bei Änderung der Umgebungstemperatur der erzielte Strom nur geringfügig. Wesentlicher ist die Änderung der Spannungsausbeute, die bei steigender Temperatur sinkt. Dieser Temperatureinfluß ist mit in der *Abb. 3.7.1-5 a...c* gewählten Temperaturen gezeigt.

C Spektrale Empfindlichkeit

Bei der Solarzelle ist für eine optimale Leistungsausbeute die Farbtemperatur ausschlaggebend. Werden multikristalline Solarzellen mit Kunstlicht betrieben, so ist nach *Abb. 3.7.1-6* darauf zu achten. Die Empfindlichkeit s (strength) ist in den Einheiten Ampere pro eingestrahlter Leistung in Watt aufgetragen.

D Wirkungsgrad

Wird die eingestrahlte Energie mit 1 gerechnet, so liegt die Leistungsausbeute einer Zelle bei durchschnittlich 0,12 (12 %). Monokristalline Zellen liegen derzeit zwischen 13...14 % (blaue oder schwarze Ausführung). Amorphe Zellen haben einen Wirkungsgrad von etwas über 11 %. Es werden zukünftig Werte von $\eta = 0{,}15...0{,}19$ möglich sein. Verluste treten besonders durch Energiereflexion auf sowie durch Farbtemperaturgebiete geringerer Energie, die nicht zur Spannungsbildung beitragen. Ebenso wird der Wirkungsgrad durch Fremd- und Eigenerwärmung verringert.

Weiter ist zu beachten, daß der Wirkungsgrad einer Solaranlage von der Art der Schutzschaltung beeinflußt wird. Hier ist z. B. Verlustleistung von Schutzdioden von dem Wert der

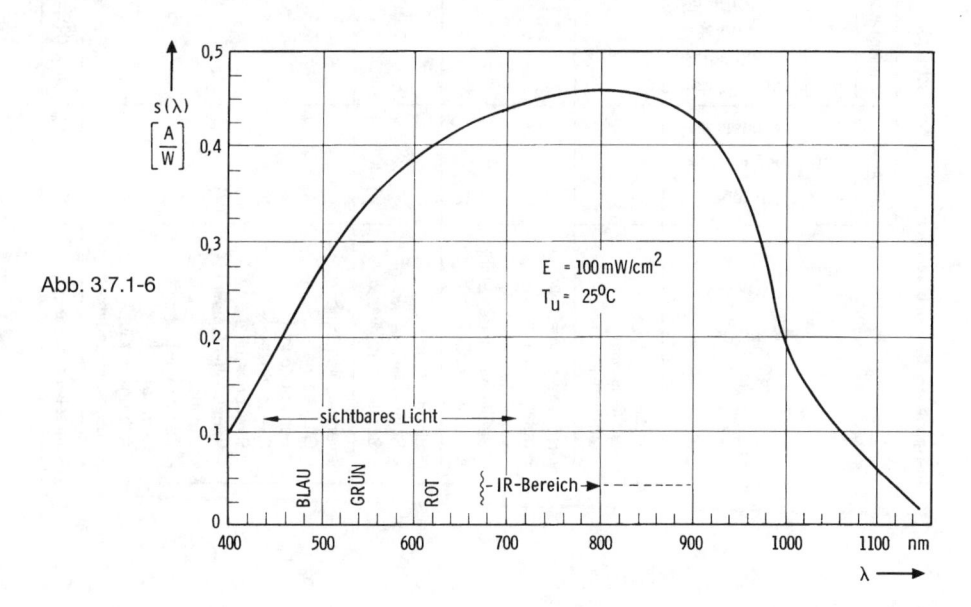

Abb. 3.7.1-6

3 Elektronische Bauelemente

Beispiele von Einsatzbereichen — ( ) = eingeschränkt

	allg. Anwend.			Kommunikation				Sensoren			Militär			Elektrogeräte			Fahrzeuge			Werbemittel			techn. Spielz.			Hobby		
	Ladegerät	Sicherungsanlagen	Meßstationen	Fernbedienung	Sprechfunk	Telefon	Satellit	Lichtvorhang	Intensität	Röntgen	Lkw	Roboter	mob. Stromvers.	Uhren	Radio	Leuchten	Kfz	Caravan	Rollstuhl	Drehelemente	Hinweisschilder	Displays	Exp. Baukasten	Modellbau	Elektroflug	Camping	Berghütte	Segelflug
Solarzellen																												
- multikristallin	X							X	X											X			X	X	X			
- einkristallin	X							X	X	X																		
verschaltete Solarzellen																												
- Solarzellen mit Verbinder														X	X	X							(X)	X	X			
- Streifenverbinder-String					X	X									X	X							X	X	X			
- Schindelstring				X	X																							
Platinenaufbau																												
- Schwachlichtanwend.	(X)	X		X	X	X								X						X								
- Sonnenlichtanwend.	X	X																										
Solarzellenlaminate																												
- Glaslaminat-Schindeltechnik	(X)		(X)								X		X			X	X	X		(X)	(X)	X		(X)	X	X		
- Glaslaminat-Streifenverbind.	X	X	X									X	X			X	X	X	X	(X)	X	X	(X)	X	X	X	X	
- Kunststoff-Aluminium-Laminat	(X)															(X)			X	(X)	X					(X)	X	
- Semiflex-Kunststoff-Laminat																							X	X	X			
- Aufbügelbares Kunststoff-Laminat																					(X)							X
Solarzellenmodule	(X)	(X)				(X)					(X)	(X)						(X)				(X)				X	X	X

Energieausbeute der primären Anlage abzuziehen. Wird z. B. eine Schutzdiode (Akkuladen) mit einem Solarstrom von 1 A betrieben, so geht eine Leistung von $P_V = U_D \cdot I_D = 0,8 \text{ V} \cdot 1 \text{ A} = 0,8 \text{ W}$ verloren.

E Anwendungsbeispiele

Typische Leistungsbereiche

Solarzellen Ausführung	Leistungsbereich					
	µW—mW	mW—W	1 W—5 W	5 W—10 W	> 10 W
Solarzellen - multikristallin - einkristallin	X X	X X			
verschaltete Solarzellen - Solarzellen mit Verbinder - Streifenverbinder-String - Schindelstring	(X) X	X X X	 X 	 X 	
Platinenaufbau - Schwachlichtanwendungen - Sonnenlicht-Anwendungen	X	 X			
Solarzellenlaminate - Glaslaminat-Schindeltechnik - Glaslaminat-Streifenverbinder - Kunststoff-Aluminium-Laminat - Semiflex-Kunststoff-Laminat - Aufbügelbares Kunststoff-Laminat	 (X) (X) 	X X X (X) X	X X X (X) 	 X X 	 X
Solarzellenmodule				(X)	X

( ) = mit Einschränkungen

3.7.2 Technische Daten

A Kenndaten einer Zelle

Das Ersatzschaltbild einer Solarzelle ist in der *Abb. 3.7.2-1* gezeigt. Aus der *Abb. 3.7.2-2* ist zu erkennen, daß in fast allen Anwendungsfällen mehrere Zellen in Serie geschaltet werden müssen, um eine entsprechend hohe Ausgangsspannung zu erhalten. Als Faustregel gelten $U_P \approx 0,4$ V pro Zelle. Somit sind in der Abb. 3.7.2-2 fünf Zellen erforderlich, um eine 2-V-Lampe zu betreiben. Das prinzipielle U_P-I_P-Diagramm ist der *Abb. 3.7.2-3* zu entnehmen. Dort sind drei Kennlinien für unterschiedliche Strahlstärken sowie ein Lastwiderstand mit $R_L = 0,6\ \Omega$ eingezeichnet. Aufgrund der Strombilanz von ca. 0,7 A ist zu erkennen, daß es sich hier um eine großflächige Zelle – auch durch Parallelschalten zu erreichen – handelt. Auf die Bedeutung der Lastlinie wird unter – B – eingegangen.

3 Elektronische Bauelemente

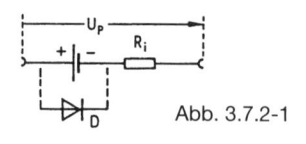

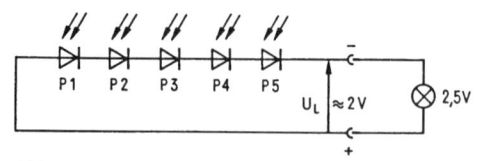

Abb. 3.7.2-1

Abb. 3.7.2-2

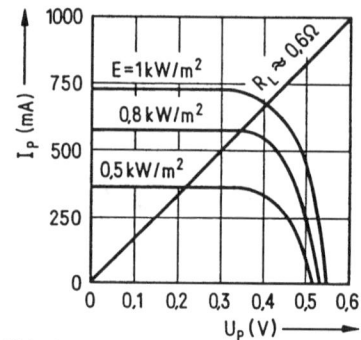

Abb. 3.7.2-3

Einzeldaten am Beispiel Typ TZZM 500 Telefunken electronic

Solarzellenfläche: Länge x Breite = 50 mm x 100 mm
$= 5000\ mm^2$
$\triangleq 50\ cm^2$

Elektrische Kenngrößen für eine Solarzelle Typ TZZM 5000

Leerlaufspannung	U_O	570	mV
Spannung im Punkt maximaler Leistung	U_{Pmax}	450	mV
Kurzschlußstrom (50 cm² x 26 mA/cm²)	I_K	1300	mA
Strom im Punkt maximaler Leistung (50 cm² x 24,5 mA/cm²)	I_{Pmax}	1225	mA
Maximale Leistung	P_{max}	551	mW

Schaltungsmöglichkeiten
1. Serienschaltung von 2 Solarzellen Typ TZZM 5000
   Elektrische Kenngrößen der Anordnung

Leerlaufspannung	U_O	1140	mV
Spannung im Punkt maximaler Leistung	U_{Pmax}	900	mV
Kurzschlußstrom	I_K	1300	mA
Strom im Punkt maximaler Leistung	I_{Pmax}	1225	mA
Maximale Leistung	P_{max}	1102	mW

2. Parallelschaltung von 2 Solarzellen Typ TZZM 5000
   Elektrische Kenngrößen der Anordnung

Leerlaufspannung	U_O	570	mV
Spannung im Punkt maximaler Leistung	U_{Pmax}	450	mV
Kurzschlußstrom	I_K	2600	mA
Strom im Punkt maximaler Leistung	I_{Pmax}	2450	mA
Maximale Leistung	P_{max}	1102	mW

Anmerkung:
Die typischen elektrischen Kenngrößen gelten unter den Standard-Meßbedingungen AM 1,5 / 100 mW/ cm² /25 °C

3.7 Solarzellen

Standardtypen (multikristallin) Telefunken electronic

Bezeichnung	Größe mm × mm	Fläche cm²	I_K mA	$I_{P\,max}$ mA	U_O mV	$U_{P\,max}$ mV
TZZM 0000	100 × 100	100,0	2600	2450	570	450
TZZM 5000	50 × 100	50,0	1300	1225	570	450
TZZM 2500	25 × 100	25,0	650	612	570	450
TZZM 2000	20 × 100	20,0	520	490	570	450
TZZM 0050	100 × 50	50,0	1300	1225	570	450
TZZM 5050	50 × 50	25,0	650	612	570	450
TZZM 2550	25 × 50	12,5	325	306	570	450
TZZM 2050	20 × 50	10,0	260	245	570	450
TZZM 1050	10 × 50	5,0	130	122	570	450
TZZM 1619	16 × 19,5	3,1	81	76	570	450
TZZM 1219	12 × 19,5	2,3	61	57	570	450

B Optimaler Lastwiderstand

In der Abb. 3.7.2-3 ist bereits ein Lastwiderstand in das Kennlinienfeld einer Zelle eingezeichnet. Das Kennlinienfeld *Abb. 3.7.2-4* läßt das Problem der richtigen Wahl einer optimalen Last erkennen. Genaugenommen müßte für jede Einstrahlstärke der Lastwiderstand geändert werden, um jeweils den Punkt maximaler Leistung (MPP) zu erreichen. Da dieses in der Praxis schwer zu erreichen ist, muß überlegt werden, mit welchen Lastwiderständen entsprechend der voraussichtlich zu erwartenden Strahlleistung gearbeitet werden soll. Der Lastwiderstand ist annähernd optimal gewählt bei $R_i \approx R_L$ nach *Abb. 3.7.2-5* (Leistungsanpassung).

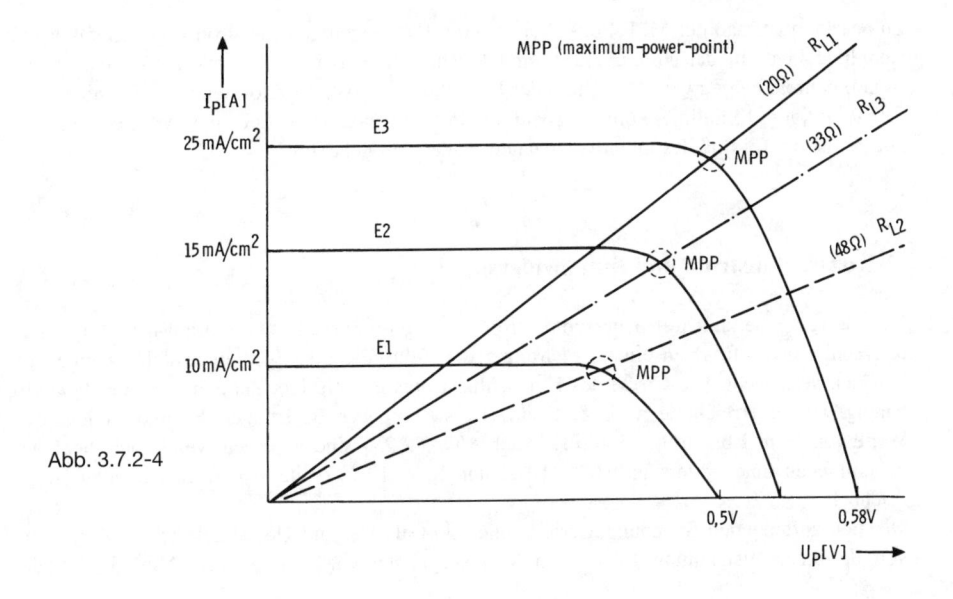

Abb. 3.7.2-4

1147

Abb. 3.7.2-5

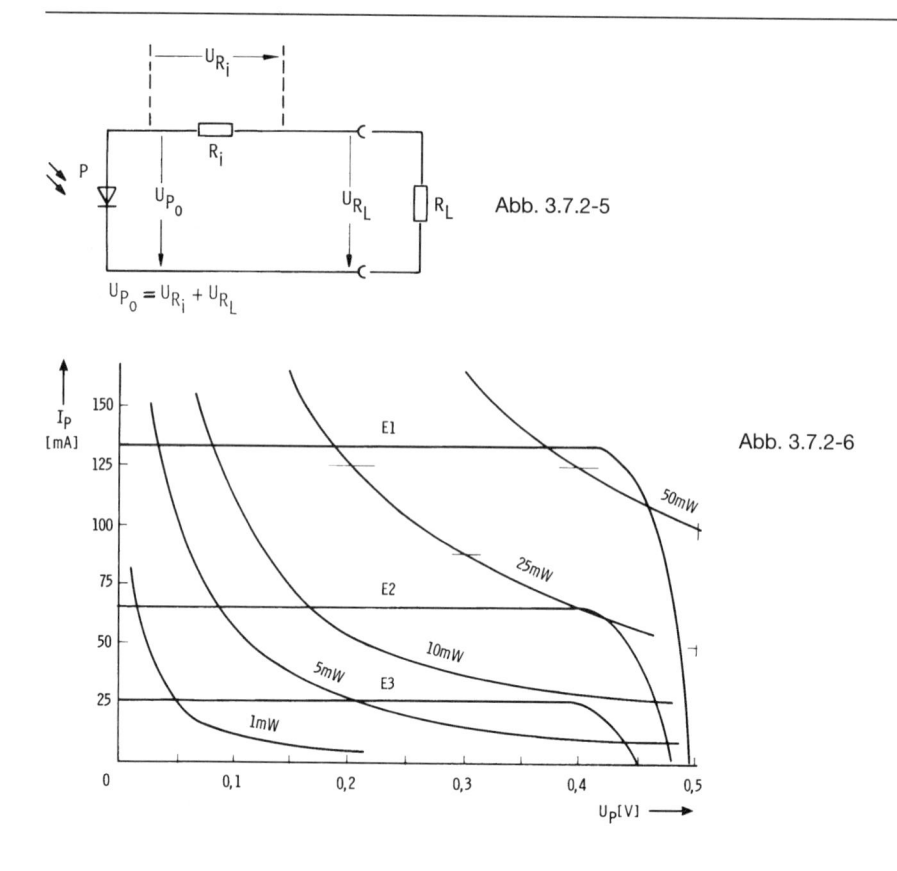

$U_{P_0} = U_{R_i} + U_{R_L}$

Abb. 3.7.2-6

Zu beachten ist, daß der MPP-Punkt bei ca. 90 % des jeweiligen Zellstroms auf der fallenden Kennlinie liegt. In der *Abb. 3.7.2.-6* sind Leistungshyperbeln von 1 mW...50 mW in ein Kennlinienfeld eingetragen. Aufgrund der Lage dieser Kurven in Zuordnung der Schnittpunkte der jeweiligen Kennlinie können ebenfalls Punkte maximaler Leistung definiert werden. Hierbei ist der Einfluß des Innenwiderstandes außer acht gelassen.

C Kurzschlußstrom und Innenwiderstand

Der jeweilig erzielbare Kurzschlußstrom ist proportional zur Strahlstärke E. Der Kurzschlußstrom führt zu einer Erwärmung der Zelle, die im allgemeinen keine bleibenden Schäden verursacht. Die Größe des Kurzschlußstroms ist von dem Zelleninnenwiderstand abhängig. Dieser erreicht je nach Zellenart (Herstellung des Basismaterials) und Zellengröße Werte von 10 mΩ bis größer 500 mΩ. Nach *Abb. 3.7.2.-7* sind für einen (vereinfacht hoch angenommenen Innenwiderstand) $R_i = 10\ \Omega$ und $R_L = 10\ \Omega$ beide Widerstandsgeraden eingezeichnet.
Die sich aufteilenden Spannungswerte können dort als U_{Ri} und U_{RL} abgelesen werden, wenn von der Leerlaufspannung $U_P \approx 0{,}45$ V ausgegangen wird. Wird nach Abb. 3.7.2-5 der

Abb. 3.7.2-7

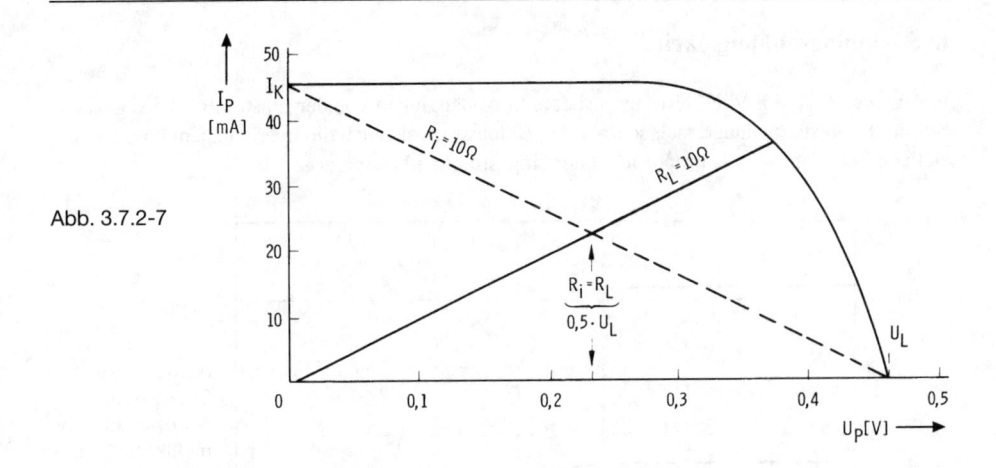

Lastwiderstand R_L verändert, so läßt sich bei konstantem Energieausfall die Ausgangsspannung proportional von R_L zwischen 0 V bis U_P (Leerlauf) ändern, was auch aus dem Diagramm Abb. 3.7.2-7 hervorgeht.

D Temperaturabhängigkeit

Nach *Abb. 3.7.2-8* werden sowohl der Strom als auch die Spannung von der Temperatur beeinflußt. Der Temperaturkoeffizient für die Spannung beträgt etwa $t_K \approx 3$ mV/K. Die Stromänderung beträgt etwa 0,08 %/K. Bei steigender Temperatur nimmt die Leistung etwa um 0,45 %/K ab. Der Temperaturkoeffizient des Kurzschlußstroms ist ca. +0,64 mA/K.

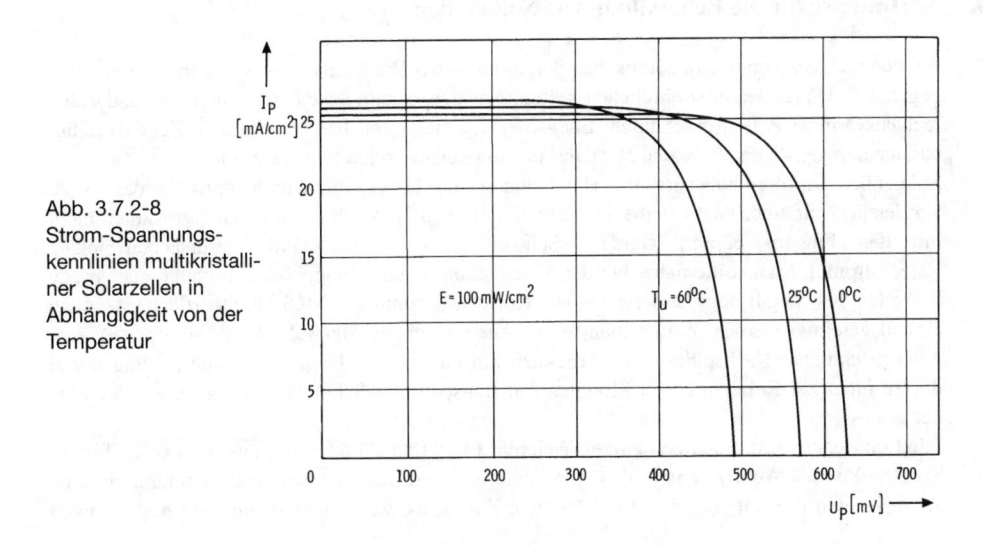

Abb. 3.7.2-8
Strom-Spannungs-
kennlinien multikristalli-
ner Solarzellen in
Abhängigkeit von der
Temperatur

E Strahlungsabhängigkeit

In der *Abb. 3.7.2-9* ist die Leistungsausbeute in Abhängigkeit von der Einstrahlstärke E gezeigt. Mit der Strahlstärke ändert sich sowohl der Zellenstrom als auch die Leerlaufspannung. Die erzielbare Leistung ist etwa proportional der eingestrahlten Leistung.

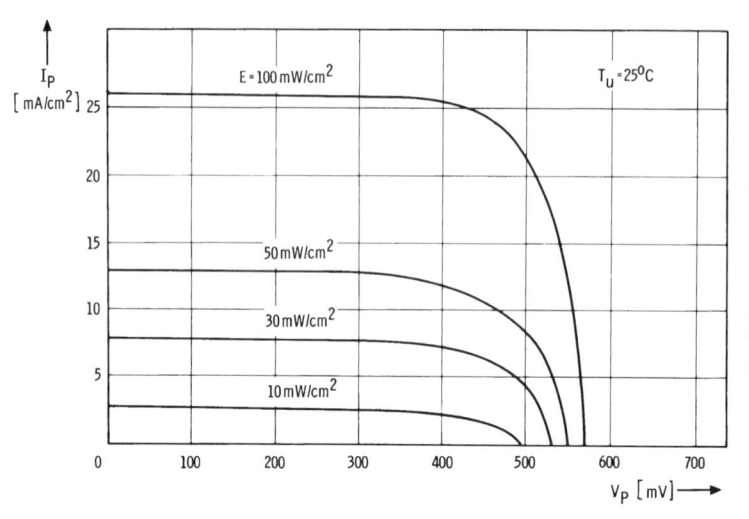

Abb. 3.7.2-9 Strom-Spannungskennlinien multikristalliner Solarzellen in Abhängigkeit von der Intensität

3.7.3 Schaltungstechnik und Anwendung

A Hinweise für die Behandlung von Solarzellen

Bei den rechteckigen und quadratischen Schnitten ist das Preis/Leistungs-Verhältnis ungünstiger gegenüber den runden, ursprünglichen Zellen. Aus den runden Scheiben werden für Sonderfälle rechteckförmige Zellen geschnitten. Ebenso sind viertel- und halbkreisförmige Zellen verfügbar, die demgemäß ca. 25 % und 50 % der Leistung einer vollen Scheibe erreichen.
Solarzellen erfordern eine sorgsame Handhabung. Ihre Druck- und Bruchempfindlichkeit ist zu vergleichen mit einer Glasscheibe von 200 bis 300 µm Dicke. Sie sollten an den Kanten nicht mit den Fingern berührt werden (Schweiß- und Fettrückstände verursachen lokale Kriechströme). Man sollte daher bei der Verwendung dünne Baumwollhandschuhe oder breite Pinzetten aus Metall oder besser noch aus Kunststoff benutzen. Muß die Oberfläche dennoch einmal gereinigt werden, nimmt man reines Aceton, reinen Alkohol oder destilliertes Wasser unter gründlicher Nachspülung und Trocknen mit einem Fön. Diese genannten Lösungsmittel dürfen nicht zur Reinigung von Modulen mit transparenter Schutzlackierung verwendet werden.
Für Lötzwecke wird ein silberhaltiges Weichlot (4%) und säurefreies Flußmittel (z. B. Fluitin Zn 60%/Pb 36%/Ag 4%) empfohlen. Ein längeres Überhitzen der Solarzellenkontaktierung ist zu vermeiden (Schädigung der P-N-Struktur). Zur Aufbewahrung sind folgende Bedingungen

zu beachten: unbedingt trocken (Luftfeuchtigkeit < 40%), staubfrei bei reiner Umgebungsluft (Anlaufen der Silberkontaktierung) und Temperaturen von –20 °C bis 60 °C.

B Serienschaltung

Die Serienschaltung mehrerer Zellen ist in der *Abb. 3.7.3-1 a und b* gezeigt. Den einzelnen Fotoelementen P 1...P 6 sind die Dioden D 1...D 6 gegenpolig parallel geschaltet. Hierbei handelt es sich um eine Schutzmaßnahme. Fällt eine Zelle durch Abschattung – Blätter o. ä. – aus oder ist sie durch teilweise Abschattung nicht mehr zu 100% am Energietransfer beteiligt, so durchfließt sie aber weiterhin der Serienstrom, der aus den restlichen Zellen geliefert wird. Das kann zu einer Zerstörung der Diode führen – „hot spot"-Problem. Aus diesem Grunde werden die Zellen P 1 bis P 6 bei Inversbetrieb > 0,7 V durch die dann leitend werdenden Dioden geschützt. Die Dioden müssen den Stromdaten der Zellen entsprechend dimensioniert sein, um den vollen Laststrom übernehmen zu können.

Beim Ausfall einer Diode tritt nach Abb. 3.7.3-1a ein Spannungsfehlbetrag von $U_f \approx +U_P - (-)U_D = 0{,}45\ V + 0{,}8\ V = 12{,}5\ V$ auf. Es fehlt also einmal die Spannungsgewinnung der Zelle mit $U_P \approx 0{,}45\ V$ und zum anderen muß die Diodenspannung von den Spannungen der übrigen Zellen abgezogen werden. In der Abb. 3.7.3-1 b ist eine ähnliche Schutzschaltung gegeben, die jedoch mit den Dioden D 1...D 3 je zwei Zellen überbrückt.

Es bleibt dem praktischen Anwendungsfall überlassen, ob derartige Schutzschaltungen erforderlich sind. Oft ist es dann sinnvoll, wenn die Anlage längere Zeit unbewacht ist und mit einer Abschattung gerechnet werden könnte. In der *Abb. 3.7.3-2* ist die Kennlinie einer Serienschaltung von zwei Zellen gezeigt. Es ist erkennbar, daß der optimale Lastwiderstand hier größer gewählt werden muß.

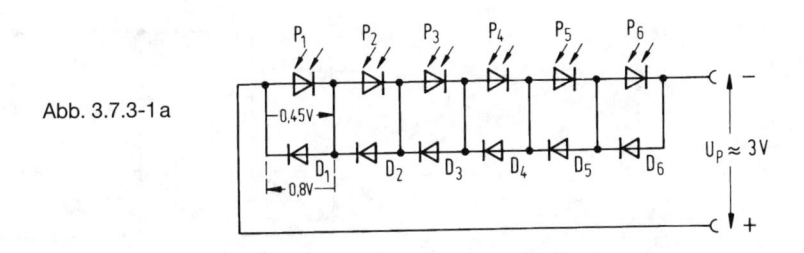

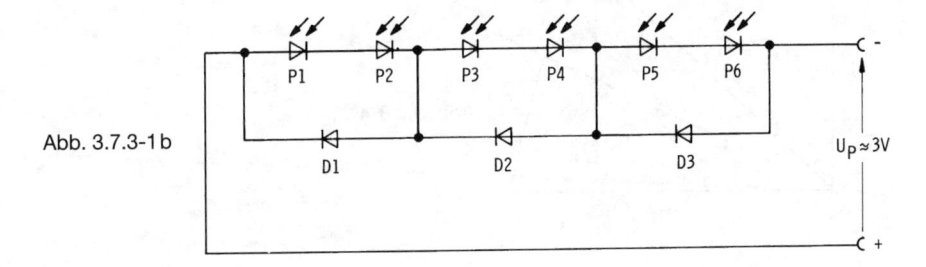

Abb. 3.7.3-1a

Abb. 3.7.3-1b

3 Elektronische Bauelemente

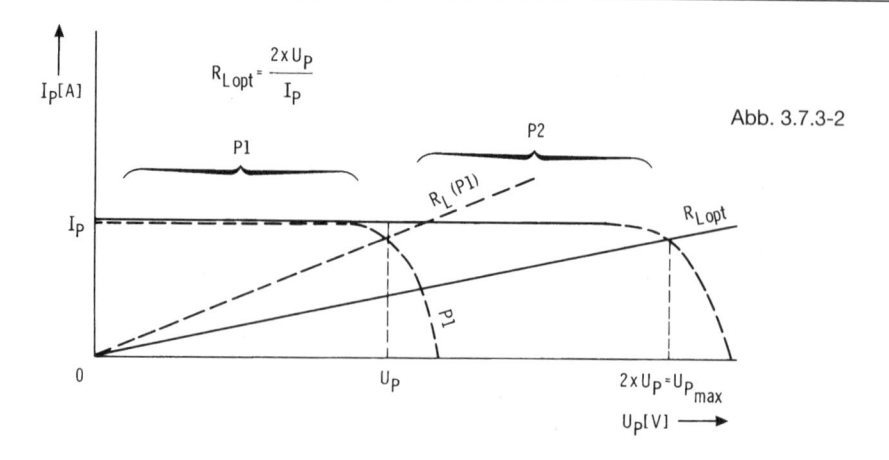

Abb. 3.7.3-2

C Parallelschaltung

Die Parallelschaltung von Solarzellen ist in der *Abb. 3.7.3-3* dargestellt. Wichtig ist, daß die Zellen hinsichtlich ihrer Kennlinie des Innenwiderstandes und des Kurzschlußstromes möglichst gleich sein sollten. Auch hier kann das Problem der Abschattung einer Zelle eine Rolle spielen, so daß gegebenenfalls wieder Schutzdioden – hier in Serienschaltung die Dioden D 1...D 3 – eingeschaltet werden müssen. Die Zellenspannung verringert sich um den Betrag der Spannung U_D einer Diode. Das geht aus der Abb. 3.7.3-3 mit den dort angegebenen Spannungsdaten hervor. Die Kennlinie zweier parallel geschalteter Dioden ist der *Abb. 3.7.3-4* zu entnehmen. Gegenüber der Serienschaltung Abb. 3.7.3-2 ist hier zu erkennen, daß der Lastwiderstand verringert werden muß, um eine optimale Leistungsausbeute zu erzielen.

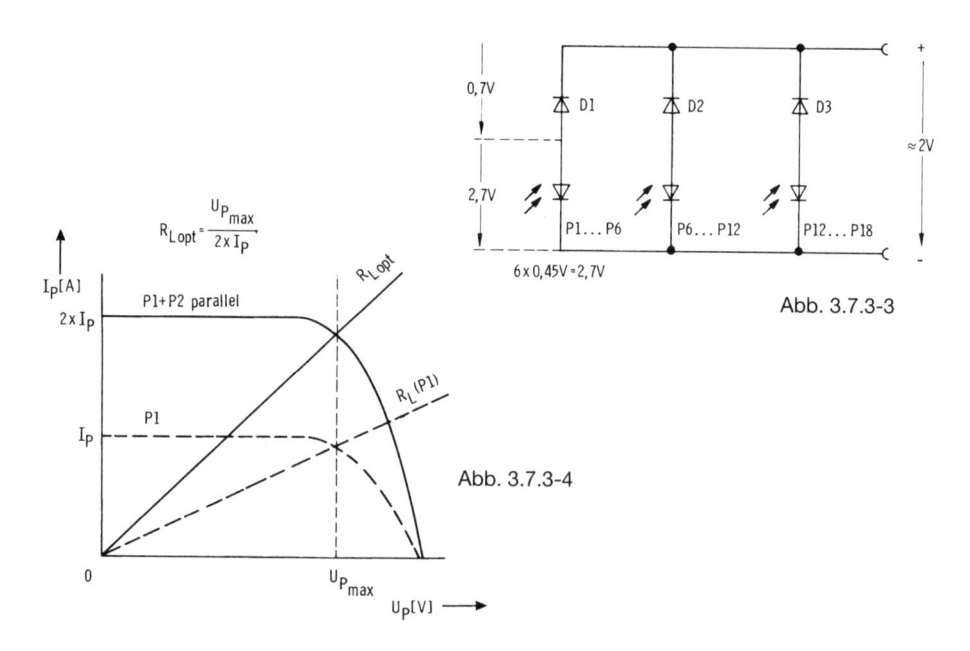

Abb. 3.7.3-3

Abb. 3.7.3-4

D Lastabtrennung

Das Prinzip der Lastabtrennung vom Solargenerator ist in der *Abb. 3.7.3-5* gezeigt. Diese Schaltung wird immer dann benutzt, wenn der eigentliche Verbraucher mit einer Batterie (Akku) gepuffert ist. Ist der Solargenerator ausgeschaltet (keine Einstrahlung), so würde dieser invers von dem Akku betrieben werden. Das verhindert die Diode D in der Abb. 3.7.3-5. Die Diode muß hinsichtlich des Laststroms und der erforderlichen Sperrspannung entsprechend dimensioniert sein.

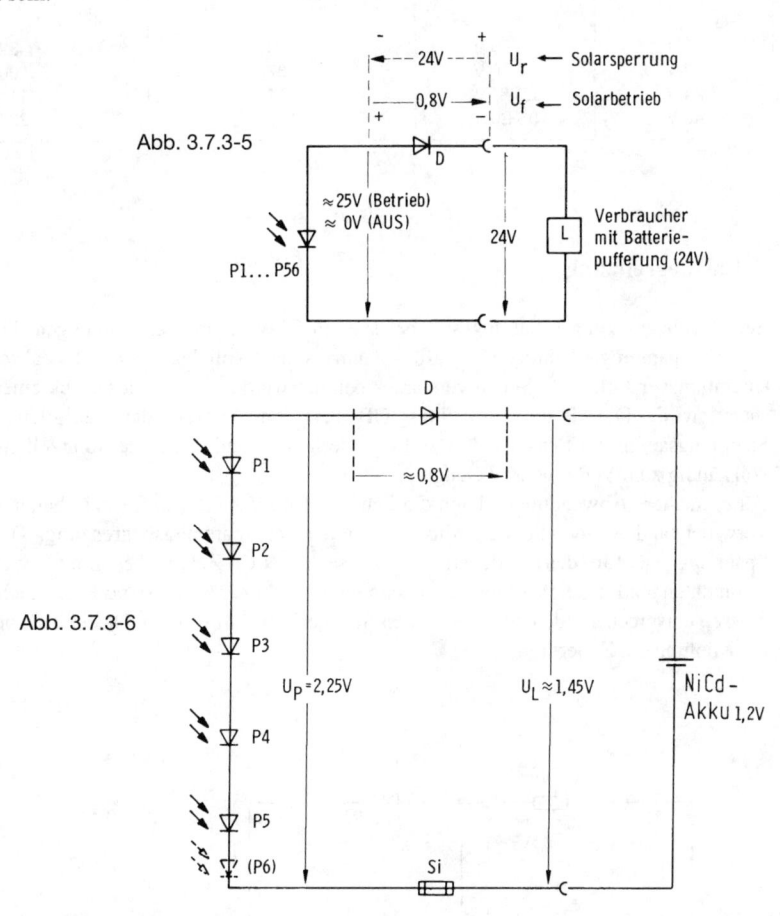

Abb. 3.7.3-5

Abb. 3.7.3-6

E Akkuladebetrieb

Eine häufige Anwendung der Solarzelle ist der Akkuladebetrieb. In der *Abb. 3.7.3-6* ist die dafür übliche Schaltung mit Schutzdiode angegeben. Um den Ladespannungsbedarf einer NiCd-Zelle von ca. 1,45 V zu erzielen, sind mit Spannungsabfall an der Schutzdiode bei starker Sonneneinstrahlung ca. 6 Zellen erforderlich. Bei ungünstigen Lichtverhältnissen können 10 und mehr Zellen nötig sein. In der folgenden Tabelle ist eine Übersicht über den Bedarf der in Serie zu schaltenden Zellen gegeben. Diese Aufstellung enthält bereits die Durchlaßspannung der Schutzdiode D mit $U_D \approx 0,8$ V.

NiCd-Akku	Ladespannung	Zahl der Solarzellen mit Schutzdiode bei:	
		starker Einstrahlung	schwächerer Einstrahlung
1 Zelle	1,45 V	6	10
2 Zellen	2,90 V	10	16
3 Zellen	4,35 V	13	21
4 Zellen	5,80 V	17	28
6 Zellen	8,70 V	24	39
10 Zellen	14,50 V	39	63
Bleiakku			
6 V	6,90 V	20	32
12 V	13,80 V	37	60
24 V	27,6/ V	71	114
48 V	55,20 V	140	224

F Lastbegrenzung

Eine Lastbegrenzungsschaltung soll bei starken Einstrahlungsschwankungen die Last vor zu hoher Spannung schützen. Dafür kann eine vollelektrische Lastabschaltung mit Operationsverstärker als Sensorverstärker benutzt werden, wenn dieser aus einer Batterie gespeist wird. Die Benutzung eines OP hat den Vorteil, daß lediglich ein geringer Spannungsabfall am Sensorwiderstand erforderlich ist und somit die Solarzellenspannung fast vollständig zum Verbraucher gelangt.

Für einfachere Anwendungen kann die Schaltung *Abb. 3.7.3-7* im Prinzip benutzt werden. Der Vorwiderstand R und die Zenerdiode D bilden die Spannungsbegrenzung. Die vorliegende Spannung ist für den Ladebetrieb von sechs NiCd-Zellen bestimmt. Spannungs- und Stromdaten sind der Schaltung zu entnehmen. Sowohl der Widerstand R als auch die Diode D müssen entsprechend den zu erwartenden Strömen gewählt werden. Das betrifft besonders auch die Kühlung der Zenerdiode.

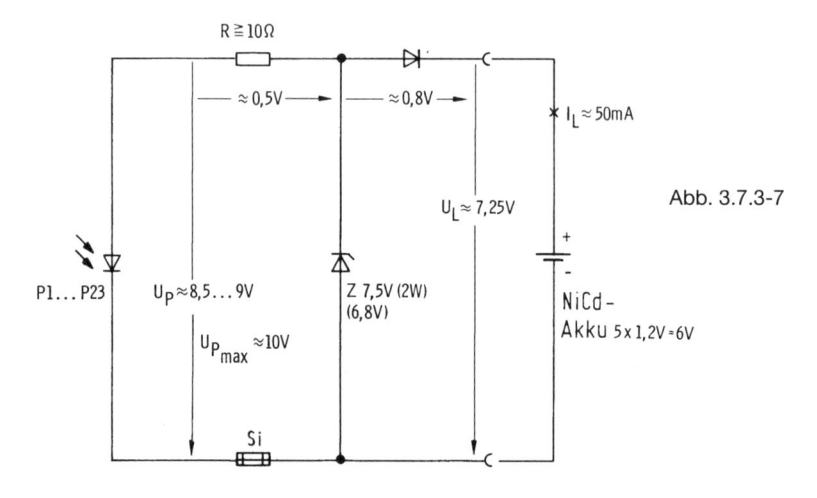

Abb. 3.7.3-7

G Module

Werden mehrere Zellen zusammengeschaltet, so entsteht ein Solarmodul, das im entsprechenden Rahmen mechanisch gehalten und vergossen wird. Ein Spezialglas deckt die Zellen ab. Die elektrische Verdrahtung wird in den meisten Fällen zu einer Serien-Parallelschaltung führen, da einzelne Zellen sowohl eine zu geringe Spannung als auch einen zu kleinen Strom liefern.

Sinnvollerweise sind viele Module für die Versorgung von Akkumulatoren (Ladebetrieb) ausgelegt. So entstehen Module für die Akku-Anschlußwerte von: 6 V – 12 V – 24 V – 48 V – 60 V. Die Modulspannung liegt häufig bis zu 20% höher, um mit zurückgeschaltetem Laderegler auch bei geringerer Einstrahlung noch ausreichende Reserven zur Verfügung zu haben.

Einzeln zusammengeschaltete Module bilden den Solargenerator, der aber auch aus einem einzigen Modul bestehen kann. Ein Modul wird teilweise auch als Laminat bezeichnet, da die einzelnen Zellen zwischen dem Glas und der Rückwand in einem Kunststoff laminiert werden.

H Spannungstransformation

Werden höhere Gleichspannungen oder auch Wechselspannungen benötigt gegenüber der Modulspannung, so kann im einfachsten Fall nach *Abb. 3.7.3-8* ein Eintaktwandler aufgebaut werden. Um mit kleiner Speisespannung auszukommen, werden häufig Germaniumtransistoren ($U_{BE} \approx 0{,}2$ V) benutzt. Der Wirkungsgrad derartiger Schaltungen liegt zwischen 80...95%; hier spielen die Verlustleistung am Transistor und die Trafoverluste eine entsprechende Rolle. Weiterhin sind die Durchlaßspannungen der Dioden D 1 und D 2 zu berücksichtigen. Die Schwingfrequenzen liegen je nach Belastung und Trafoauslegung zwischen 1...30 kHz. Der Kondensator C kann diese Frequenz beeinflussen und auch starke Oberwellenbildung verhindern.

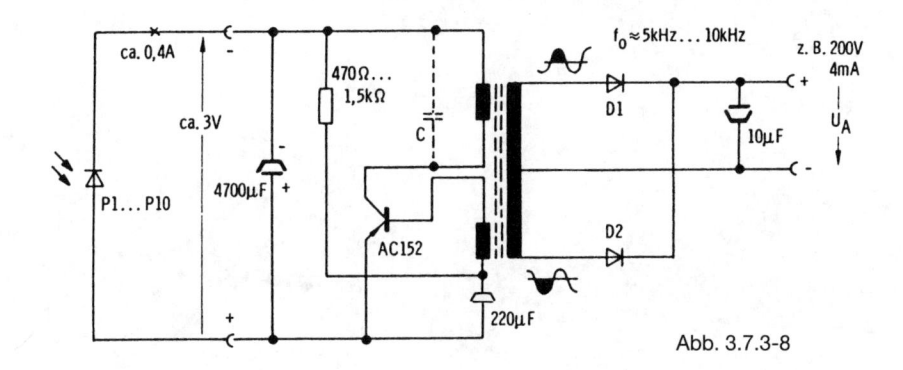

Abb. 3.7.3-8

Notizen

Notizen

Notizen

Notizen